Beilsteins Handbuch der Organischen Chemie

(Beilsteins) Handbuch der Organischen Chemie

Vierte Auflage

Drittes und Viertes Ergänzungswerk

Die Literatur von 1930 bis 1959 umfassend

Herausgegeben vom
Beilstein-Institut für Literatur der Organischen Chemie
Frankfurt am Main

Bearbeitet von

Hans-G. Boit

Unter Mitwirkung von

Oskar Weissbach

Erich Bayer · Marie-Elisabeth Fernholz · Volker Guth · Hans Härter
Irmgard Hagel · Ursula Jacobshagen · Rotraud Kayser · Maria Kobel
Klaus Koulen · Bruno Langhammer · Dieter Liebegott · Richard Meister
Annerose Naumann · Wilma Nickel · Burkhard Polenski · Annemarie Reichard
Eleonore Schieber · Eberhard Schwarz · Ilse Sölken · Achim Trede · Paul Vincke

Achtzehnter Band

Fünfter Teil

Springer-Verlag Berlin · Heidelberg · New York 1976

ISBN 3-540-07783-9 Springer-Verlag, Berlin·Heidelberg·New York
ISBN 0-387-07783-9 Springer-Verlag, New York·Heidelberg·Berlin

© by Springer-Verlag, Berlin · Heidelberg 1976
Library of Congress Catalog Card Number: 22—79
Printed in Germany

Satz, Druck und Bindearbeiten: Universitätsdruckerei H. Stürtz AG Würzburg

Inhalt

Dritte Abteilung

Heterocyclische Verbindungen
(Fortsetzung)

1. Verbindungen mit einem Chalkogen-Ringatom

IV. Carbonsäuren

A. Monocarbonsäuren

B. Dicarbonsäuren

C. Tricarbonsäuren

D. Tetracarbonsäuren

E. Hexacarbonsäuren

Abkürzungen und Symbole
für physikalische Grössen und Einheiten[1])

Å	Ångström-Einheiten (10^{-10} m)
at	technische Atmosphäre(n) (98066,5 N·m^{-2} = 0,980665 bar = 735,559 Torr)
atm	physikalische Atmosphäre(n) (101325 N·m^{-2} = 1,01325 bar = 760 Torr)
C_p (C_p^0)	Wärmekapazität (des idealen Gases) bei konstantem Druck
C_v (C_v^0)	Wärmekapazität (des idealen Gases) bei konstantem Volumen
d	Tag(e)
D	1) Debye (10^{-18} esE·cm)
	2) Dichte (z. B. D_4^{20}: Dichte bei 20°, bezogen auf Wasser von 4°)
D (R—X)	Energie der Dissoziation der Verbindung RX in die freien Radikale R˙ und X˙
E	Erstarrungspunkt
EPR	Elektronen-paramagnetische Resonanz (= Elektronenspin-Resonanz)
F	Schmelzpunkt
h	Stunde(n)
K	Grad Kelvin
Kp	Siedepunkt
$[M]_\lambda^t$	molares optisches Drehungsvermögen für Licht der Wellenlänge λ bei der Temperatur t
min	Minute(n)
n	1) bei Dimensionen von Elementarzellen: Anzahl der Moleküle pro Elementarzelle
	2) Brechungsindex (z. B. $n_{656,1}^{15}$: Brechungsindex für Licht der Wellenlänge 656,1 nm bei 15°)
nm	Nanometer (= mμ = 10^{-9} m)
pK	negativer dekadischer Logarithmus der Dissoziationskonstante
s	Sekunde(n)
Torr	Torr (= mm Quecksilber)
α	optisches Drehungsvermögen (z. B. α_D^{20}: ... [unverd.; $l = 1$]: Drehungsvermögen der unverdünnten Flüssigkeit für Licht der Natrium-D-Linie bei 20° und 1 dm Rohrlänge)
$[\alpha]$	spezifisches optisches Drehungsvermögen (z. B. $[\alpha]_{546}^{23}$: ... [Butanon; c = 1,2]: spezifisches Drehungsvermögen einer Lösung in Butanon, die 1,2 g der Substanz in 100 ml Lösung enthält, für Licht der Wellenlänge 546 nm bei 23°)
ε	1) Dielektrizitätskonstante
	2) Molarer dekadischer Extinktionskoeffizient
μ	Mikron (10^{-6} m)
°	Grad Celcius oder Grad (Drehungswinkel)

---

[1]) Bezüglich weiterer, hier nicht aufgeführter Symbole und Abkürzungen für physikalisch chemische Grössen und Einheiten s. International Union of Pure and Applied Chemistry Manual of Symbols and Terminology for Physicochemical Quantities and Units (1969) [London 1970]; s. a. Symbole, Einheiten und Nomenklatur in der Physik (Vieweg-Verlag, Braunschweig).

Weitere Abkürzungen

A.	Äthanol	Py.	Pyridin
Acn.	Aceton	*RRI*	The Ring Index [**2**. Aufl. **1960**]
Ae.	Diäthyläther	*RIS*	The Ring Index [**2**. Aufl. **1960**]
alkal.	alkalisch		Supplement
Anm.	Anmerkung	S.	Seite
B.	Bildungsweise(n), Bildung	s.	siehe
Bd.	Band	s. a.	siehe auch
Bzl.	Benzol	s. o.	siehe oben
Bzn.	Benzin	sog.	sogenannt
bzw.	beziehungsweise	Spl.	Supplement
Diss.	Dissertation	stdg.	stündig
E	Ergänzungswerk des Beilstein-	s. u.	siehe unten
	Handbuches	Syst. Nr.	System-Nummer (im Beilstein-
E.	Äthylacetat		Handbuch)
Eg.	Essigsäure (Eisessig)	Tl.	Teil
engl. Ausg.	englische Ausgabe	unkorr.	unkorrigiert
Gew.-%	Gewichtsprozent	unverd.	unverdünnt
H	Hauptwerk des Beilstein-	verd.	verdünnt
	Handbuches	vgl.	vergleiche
konz.	konzentriert	W.	Wasser
korr.	korrigiert	wss.	wässrig
Me.	Methanol	z. B.	zum Beispiel
opt.-inakt.	optisch inaktiv	Zers.	Zersetzung
PAe.	Petroläther		

In den Seitenüberschriften sind die Seiten des Beilstein-Hauptwerks angegeben, zu denen der auf der betreffenden Seite des vorliegenden Ergänzungswerks befindliche Text gehört.

Die mit einem Stern (*) markierten Artikel betreffen Präparate, über deren Konfiguration und konfigurative Einheitlichkeit keine Angaben oder hinreichend zuverlässige Indizien vorliegen. Wenn mehrere Präparate in einem solchen Artikel beschrieben sind, ist deren Identität nicht gewährleistet.

Stereochemische Bezeichnungsweisen

Übersicht

Präfix	Definition in §	Symbol	Definition in §
allo	5c,6c	*c*	4
altro	5c, 6c	c_F	7a
anti	9	D	6
arabino	5c	D_g	6b
cat$_F$	7a	D_r	7b
cis	2	D_s	6b
endo	8	(*E*)	3
ent	10e	L	6
erythro	5a	L_g	6b
exo	8	L_r	7b
galacto	5c, 6c	L_s	6b
gluco	5c, 6c	*r*	4c, d, e
glycero	6c	(*r*)	1a
gulo	5c, 6c	(*R*)	1a
ido	5c, 6c	(R_a)	1b
lyxo	5c	(R_p)	1b
manno	5c, 6c	(*s*)	1a
meso	5b	(*S*)	1a
rac	10e	(S_a)	1b
racem.	5b	(S_p)	1b
ribo	5c	*t*	4
syn	9	t_F	7a
talo	5c, 6c	(*Z*)	3
threo	5a	α	10a, c
trans	2	$α_F$	10b, c
xylo	5c	β	10a, c
		$β_F$	10b, c
		ξ	11a
		Ξ	11b
		(Ξ)	11b
		$(Ξ_a)$	11c
		$(Ξ_p)$	11c

§ 1. a) Die Symbole (**R**) und (**S**) bzw. (**r**) und (**s**) kennzeichnen die absolute Konfiguration an Chiralitätszentren (Asymmetriezentren) bzw.,,Pseudoasymmetriezentren" gemäss der ,,Sequenzregel" und ihren Anwendungsvorschriften (*Cahn, Ingold, Prelog,* Experientia **12** [1956] 81; Ang. Ch. **78** [1966] 413, 419; Ang. Ch. internat. Ed. **5** [1966] 385, 390; *Cahn, Ingold,* Soc. **1951** 612; s. a. *Cahn,* J. chem. Educ. **41** [1964] 116, 508). Zur Kennzeichnung der Konfiguration von Racematen aus Verbindungen mit mehreren Chiralitätszentren dienen die Buchstabenpaare (**RS**) und (**SR**), wobei z. B. durch das Symbol (1*RS*:2*SR*) das aus dem (1*R*:2*S*)-Enantiomeren und dem (1*S*:2*R*)-Enantiomeren bestehende Racemat spezifiziert wird (vgl. *Cahn, Ingold, Prelog*, Ang. Ch. **78** 435; Ang. Ch. internat. Ed. **5** 404).

Beispiele:
(*R*)-Propan-1,2-diol [E IV **1** 2468]
(1*R*:2*S*:3*S*)-Pinanol-(3) [E III **6** 281]
(3a*R*:4*S*:8*R*:8a*S*:9*s*)-9-Hydroxy-2.2.4.8-tetramethyl-decahydro-
    4.8-methano-azulen [E III **6** 425]
(1*RS*:2*SR*)-1-Phenyl-butandiol-(1.2) [E III **6** 4663]

b) Die Symbole (***R*~a~**) und (***S*~a~**) bzw. (***R*~p~**) und (***S*~p~**) werden in Anlehnung an den Vorschlag von *Cahn, Ingold* und *Prelog* (Ang. Ch. **78** 437; Ang. Ch. internat. Ed. **5** 406) zur Kennzeichnung der Konfiguration von Elementen der axialen bzw. planaren Chiralität verwendet.

Beispiele:
(*R*~a~)-1,11-Dimethyl-5,7-dihydro-dibenz[*c*, *e*]oxepin [E III/IV **17** 642]
(*R*~a~:*S*~a~)-3.3′.6′.3″-Tetrabrom-2′.5′-bis-[((1*R*)-menthyloxy)-acetoxy]-
    2.4.6.2″.4″.6″-hexamethyl-*p*-terphenyl [E III **6** 5820]
(*R*~p~)-Cyclohexanhexol-(1*r*.2*c*.3*t*.4*c*.5*t*.6*t*) [E III **6** 6925]

§ 2.   Die Präfixe *cis* und *trans* geben an, dass sich in (oder an) der Bezifferungseinheit[1]), deren Namen diese Präfixe vorangestellt sind, die beiden Bezugsliganden[2]) auf der gleichen Seite (*cis*) bzw. auf den entgegengesetzten Seiten (*trans*) der (durch die beiden doppeltgebundenen Atome verlaufenden) Bezugsgeraden (bei Spezifizierung der Konfiguration an einer Doppelbindung) oder der (durch die Ringatome festgelegten) Bezugsfläche (bei Spezifizierung der Konfiguration an einem Ring oder einem Ringsystem) befinden. Bezugsliganden sind

1) bei Verbindungen mit konfigurativ relevanten Doppelbindungen die von Wasserstoff verschiedenen Liganden an den doppelt-gebundenen Atomen,

2) bei Verbindungen mit konfigurativ relevanten angularen Ringatomen die exocyclischen Liganden an diesen Atomen,

3) bei Verbindungen mit konfigurativ relevanten peripheren Ringatomen die von Wasserstoff verschiedenen Liganden an diesen Atomen.

Beispiele:
β-Brom-*cis*-zimtsäure [E III **9** 2732]
trans-β-Nitro-4-methoxy-styrol [E III **6** 2388]
5-Oxo-*cis*-decahydro-azulen [E III **7** 360]
cis-Bicyclohexyl-carbonsäure-(4) [E III **9** 261]

§ 3.   Die Symbole (***E***) und (***Z***) am Anfang des Namens (oder eines Namensteils) einer Verbindung kennzeichnen die Konfiguration an der (den) Doppelbindung(en), deren Stellungsbezeichnung bei Anwesenheit von

---

[1]) Eine Bezifferungseinheit ist ein durch die Wahl des Namens abgegrenztes cyclisches, acyclisches oder cyclisch-acyclisches Gerüst (von endständigen Heteroatomen oder Heteroatom-Gruppen befreites Molekül oder Molekül-Bruchstück), in dem jedes Atom eine andere Stellungsziffer erhält; z. B. liegt im Namen Stilben nur eine Bezifferungseinheit vor, während der Name 3-Phenyl-penten-(2) aus zwei, der Name [1-Äthyl-propenyl]-benzol aus drei Bezifferungseinheiten besteht.

[2]) Als „Ligand" wird hier ein einfach kovalent gebundenes Atom oder eine einfach kovalent gebundene Atomgruppe verstanden.

mehreren Doppelbindungen dem Symbol beigefügt ist. Sie zeigen an, dass sich die — jeweils mit Hilfe der Sequenzregel (s. § 1a) ausgewählten — Bezugsliganden [2]) der beiden doppelt gebundenen Atome auf den entgegengesetzten Seiten (*E*) bzw. auf der gleichen Seite (*Z*) der (durch die doppelt gebundenen Atome verlaufenden) Bezugsgeraden befinden.

Beispiele:
(*E*)-1,2,3-Trichlor-propen [E IV **1** 748]
(*Z*)-1,3-Dichlor-but-2-en [E IV **1** 786]

§ 4. a) Die Symbole *c* bzw. *t* hinter der Stellungsziffer einer C,C-Doppelbindung sowie die der Bezeichnung eines doppelt-gebundenen Radikals (z. B. der Endung ,,yliden'') nachgestellten Symbole -(*c*) bzw. -(*t*) geben an, dass die jeweiligen ,,Bezugsliganden'' [2]) an den beiden doppelt-gebundenen Kohlenstoff-Atomen cis-ständig (*c*) bzw. transständig (*t*) sind (vgl. § 2). Als Bezugsligand gilt auf jeder der beiden Seiten der Doppelbindung derjenige Ligand, der der gleichen Bezifferungseinheit[1]) angehört wie das mit ihm verknüpfte doppelt-gebundene Atom; gehören beide Liganden eines der doppelt-gebundenen Atome der gleichen Bezifferungseinheit an, so gilt der niedriger bezifferte als Bezugsligand.

Beispiele:
3-Methyl-1-[2.2.6-trimethyl-cyclohexen-(6)-yl]-hexen-(2*t*)-ol-(4) [E III **6** 426]
(1*S*:9*R*)-6.10.10-Trimethyl-2-methylen-bicyclo[7.2.0]undecen-(5*t*)
    [E III **5** 1083]
5α-Ergostadien-(7.22*t*) [E III **5** 1435]
5α-Pregnen-(17(20)*t*)-ol-(3*β*) [E III **6** 2591]
(3*S*)-9.10-Seco-ergostatrien-(5*t*.7*c*.10(19))-ol-(3) [E III **6** 2832]
1-[2-Cyclohexyliden-äthyliden-(*t*)]-cyclohexanon-(2) [E III **7** 1231]

b) Die Symbole *c* bzw. *t* hinter der Stellungsziffer eines Substituenten an einem doppelt-gebundenen endständigen Kohlenstoff-Atom eines acyclischen Gerüstes (oder Teilgerüstes) geben an, dass dieser Substituent cis-ständig (*c*) bzw. trans-ständig (*t*) (vgl. § 2) zum ,,Bezugsliganden'' ist. Als Bezugsligand gilt derjenige Ligand [2]) an der nichtendständigen Seite der Doppelbindung, der der gleichen Bezifferungseinheit angehört wie die doppelt-gebundenen Atome; liegt eine an der Doppelbindung verzweigte Bezifferungseinheit vor, so gilt der niedriger bezifferte Ligand des nicht-endständigen doppelt-gebundenen Atoms als Bezugsligand.

Beispiele:
1*c*.2-Diphenyl-propen-(1) [E III **5** 1995]
1*t*.6*t*-Diphenyl-hexatrien-(1.3.5) [E III **5** 2243]

c) Die Symbole *c* bzw. *t* hinter der Stellungsziffer 2 eines Substituenten am Äthylen-System (Äthylen oder Vinyl) geben die cis-Stellung (*c*) bzw. die trans-Stellung (*t*) (vgl. § 2) dieses Substituenten zu dem durch das Symbol *r* gekennzeichneten Bezugsliganden an dem mit 1 bezifferten Kohlenstoff-Atom an.

Beispiele:
1.2*t*-Diphenyl-1*r*-[4-chlor-phenyl]-äthylen [E III **5** 2399]
4-[2*t*-Nitro-vinyl-(*r*)]-benzoesäure-methylester [E III **9** 2756]

d) Die mit der Stellungsziffer eines Substituenten oder den Stellungsziffern einer im Namen durch ein Präfix bezeichneten Brücke eines
Ringsystems kombinierten Symbole *c* bzw. *t* geben an, dass sich
der Substituent oder die mit dem Stamm-Ringsystem verknüpften
Brückenatome auf der gleichen Seite (*c*) bzw. der entgegengesetzten
Seite (*t*) der „Bezugsfläche" befinden wie der Bezugsligand [2]) (der auch
aus einem Brückenzweig bestehen kann), der seinerseits durch Hinzu-
fügen des Symbols *r* zu seiner Stellungsziffer kenntlich gemacht ist.
Die „Bezugsfläche" ist durch die Atome desjenigen Ringes (oder
Systems von ortho/peri-anellierten Ringen) bestimmt, in dem alle
Liganden gebunden sind, deren Stellungsziffern die Symbole *r*, *c*
oder *t* aufweisen. Bei einer aus mehreren isolierten Ringen oder Ring-
systemen bestehenden Verbindung kann jeder Ring bzw. jedes Ringsystem als gesonderte Bezugsfläche für Konfigurationskennzeichen
fungieren; die zusammengehörigen (d. h. auf die gleichen Bezugs-
flächen bezogenen) Sätze von Konfigurationssymbolen *r*, *c* und *t* sind
dann im Namen der Verbindung durch Klammerung voneinander ge-
trennt oder durch Strichelung unterschieden (s. Beispiele 3 und 4
unter Abschnitt e).

Beispiele:
1*r*.2*t*.3*c*.4*t*-Tetrabrom-cyclohexan [E III **5** 51]
1*r*-Äthyl-cyclopentanol-(2*c*) [E III **6** 79]
1*r*.2*c*-Dimethyl-cyclopentanol-(1) [E III **6** 80]

e) Die mit einem (gegebenenfalls mit hochgestellter Stellungsziffer ausgestatteten) Atomsymbol kombinierten Symbole *r*, *c* oder *t* beziehen
sich auf die räumliche Orientierung des indizierten Atoms (das sich
in diesem Fall in einem weder durch Präfix noch durch Suffix be-
nannten Teil des Moleküls befindet). Die Bezugsfläche ist dabei durch
die Atome desjenigen Ringsystems bestimmt, an das alle indizierten
Atome und gegebenenfalls alle weiteren Liganden gebunden sind,
deren Stellungsziffern die Symbole *r*, *c* oder *t* aufweisen. Gehört ein
indiziertes Atom dem gleichen Ringsystem an wie das Ringatom, zu
dessen konfigurativer Kennzeichnung es dient (wie z. B. bei Spiro-
Atomen), so umfasst die Bezugsfläche nur denjenigen Teil des Ringsystems [3]), dem das indizierte Atom nicht angehört.

Beispiele:
2*t*-Chlor-(4a*r*H.8a*t*H)-decalin [E III **5** 250]
(3a*r*H.7a*c*H)-3a.4.7.7a-Tetrahydro-4*c*.7*c*-methano-inden [E III **5** 1232]
1-[(4a*R*)-6*t*-Hydroxy-2*c*.5.5.8a*t*-tetramethyl-(4a*r*H)-decahydro-naphth=
   yl-(1*t*)]-2-[(4a*R*)-6*t*-hydroxy-2*t*.5.5.8a*t*-tetramethyl-(4a*r*H)-decahydro-
   naphthyl-(1*t*)]-äthan [E III **6** 4829]
4*c*.4′*t*′-Dihydroxy-(1*r*H.1′*r*′H)-bicyclohexyl [E III **6** 4153]
6*c*.10*c*-Dimethyl-2-isopropyl-(5*r*C¹)-spiro[4.5]decanon-(8) [E III **7** 514]

§ 5. a) Die Präfixe *erythro* bzw. *threo* zeigen an, dass sich die jeweiligen
„Bezugsliganden" an zwei Chiralitätszentren, die einer acyclischen
Bezifferungseinheit [1]) (oder dem unverzweigten acyclischen Teil einer
komplexen Bezifferungseinheit) angehören, in der Projektionsebene

---

[3]) Bei Spiran-Systemen erfolgt die Unterteilung des Ringsystems in getrennte Bezugs-
systeme jeweils am Spiro-Atom.

auf der gleichen Seite (*erythro*) bzw. auf den entgegengesetzten Seiten (*threo*) der „Bezugsgeraden" befinden. Bezugsgerade ist dabei die in „gerader Fischer-Projektion" [4]) wiedergegebene Kohlenstoff-Kette der Bezifferungseinheit, der die beiden Chiralitätszentren angehören. Als Bezugsliganden dienen jeweils die von Wasserstoff verschiedenen extracatenalen (d. h. nicht der Kette der Bezifferungseinheit angehörenden) Liganden [2]) der in den Chiralitätszentren befindlichen Atome.

Beispiele:
threo-Pentan-2,3-diol [E IV **1** 2543]
threo-2-Amino-3-methyl-pentansäure-(1) [E III **4** 1463]
threo-3-Methyl-asparaginsäure [E III **4** 1554]
erythro-2.4'.α.α'-Tetrabrom-bibenzyl [E III **5** 1819]

b) Das Präfix *meso* gibt an, dass ein mit 2n Chiralitätszentren (n = 1, 2, 3 usw.) ausgestattetes Molekül eine Symmetrieebene aufweist. Das Präfix *racem.* kennzeichnet ein Gemisch gleicher Mengen von Enantiomeren, die zwei identische Chiralitätszentren oder zwei identische Sätze von Chiralitätszentren enthalten.

Beispiele:
meso-Pentan-2,4-diol [E IV **1** 2543]
racem.-1.2-Dicyclohexyl-äthandiol-(1.2) [E III **6** 4156]
racem.-(1rH.1'r'H)-Bicyclohexyl-dicarbonsäure-(2c.2'c') [E III **9** 4020]

c) Die „Kohlenhydrat-Präfixe *ribo, arabino, xylo* und *lyxo* bzw. *allo, altro, gluco, manno, gulo, ido, galacto* und *talo* kennzeichnen die relative Konfiguration von Molekülen mit drei Chiralitätszentren (deren mittleres ein „Pseudoasymmetriezentrum" sein kann) bzw. vier Chiralitätszentren, die sich jeweils in einer unverzweigten acyclischen Bezifferungseinheit [1]) befinden. In den nachstehend abgebildeten „Leiter-Mustern" geben die horizontalen Striche die Orientierung der wie unter a) definierten Bezugsliganden an der jeweils in „abwärts bezifferter vertikaler Fischer-Projektion" [5]) wiedergegebenen Kohlenstoff-Kette an.

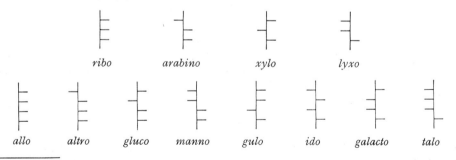

ribo arabino xylo lyxo

allo altro gluco manno gulo ido galacto talo

---

[4]) Bei „gerader Fischer-Projektion" erscheint eine Kohlenstoff-Kette als vertikale oder horizontale Gerade; in dem der Projektion zugrunde liegenden räumlichen Modell des Moleküls sind an jedem Chiralitätszentrum (sowie an einem Zentrum der Pseudoasymmetrie) die catenalen (d. h. der Kette angehörenden) Bindungen nach der dem Betrachter abgewandten Seite der Projektionsebene, die extracatenalen (d. h. nicht der Kette angehörenden) Bindungen nach der dem Betrachter zugewandten Seite der Projektionsebene hin gerichtet.

Beispiele:
  ribo-2,3,4-Trimethoxy-pentan-1,5-diol [E IV **1** 2834]
  galacto-Hexan-1,2,3,4,5,6-hexaol [E IV **1** 2844]

§ 6. a) Die „Fischer-Symbole" D bzw. L im Namen einer Verbindung mit
einem Chiralitätszentrum geben an, dass sich der Bezugsligand (der
von Wasserstoff verschiedene extracatenale Ligand; vgl. § 5a) am
Chiralitätszentrum in der „abwärts-bezifferten vertikalen Fischer-
Projektion" [5]) der betreffenden Bezifferungseinheit [1]) auf der rechten
Seite (D) bzw. auf der linken Seite (L) der das Chiralitätszentrum enthaltenden Kette befindet.

Beispiele:
  D-Tetradecan-1,2-diol [E IV **1** 2631]
  L-4-Hydroxy-valeriansäure [E III **3** 612]

b) In Kombination mit dem Präfix *erythro* geben die Symbole D und L
an, dass sich die beiden Bezugsliganden (s. § 5a) auf der rechten Seite
(D) bzw. auf der linken Seite (L) der Bezugsgeraden in der „abwärts-
bezifferten vertikalen Fischer-Projektion" der betreffenden Bezifferungseinheit befinden. Die mit dem Präfix *threo* kombinierten Symbole D_g und D_s geben an, dass sich der höherbezifferte (D_g) bzw. der
niedrigerbezifferte (D_s) Bezugsligand auf der rechten Seite der „abwärts-bezifferten vertikalen Fischer-Projektion" befindet; linksseitige
Position des jeweiligen Bezugsliganden wird entsprechend durch die
Symbole L_g bzw. L_s angezeigt.
In Kombination mit den in § 5c aufgeführten konfigurationsbestim-
menden Präfixen werden die Symbole D und L ohne Index verwendet;
sie beziehen sich dabei jeweils auf die Orientierung des höchstbezif-
ferten (d. h. des in der Abbildung am weitesten unten erscheinenden)
Bezugsliganden (die in § 5c abgebildeten „Leiter-Muster" repräsen-
tieren jeweils das D-Enantiomere).

Beispiele:
  D-*erythro*-Nonan-1,2,3-triol [E IV **1** 2792]
  D_s-*threo*-2.3-Diamino-bernsteinsäure [E III **4** 1528]
  L_g-*threo*-Hexadecan-7,10-diol [E IV **1** 2636]
  D-*lyxo*-Pentan-1,2,3,4-tetraol [E IV **1** 2811]
  6-Allyloxy-D-*manno*-hexan-1,2,3,4,5-pentaol [E IV **1** 2846]

c) Kombinationen der Präfixe D-*glycero* oder L-*glycero* mit einem der
in § 5c aufgeführten, jeweils mit einem Fischer-Symbol versehenen
Kohlenhydrat-Präfixe für Bezifferungseinheiten mit vier Chiralitätszentren dienen zur Kennzeichnung der Konfiguration von Molekülen
mit fünf in einer Kette angeordneten Chiralitätszentren (deren mittleres auch „Pseudoasymmetriezentrum" sein kann). Dabei bezieht
sich das Kohlenhydrat-Präfix auf die vier niedrigstbezifferten Chiralitätszentren nach der in § 5c und § 6b gegebenen Definition, das
Präfix D-*glycero* oder L-*glycero* auf das höchstbezifferte (d. h. in der
Abbildung am weitesten unten erscheinende) Chiralitätszentrum.

---

[5]) Eine „abwärts-bezifferte vertikale Fischer-Projektion" ist eine vertikal orientierte
„gerade Fischer-Projektion" (s. Anm. 4), bei der sich das niedrigstbezifferte Atom am
oberen Ende der Kette befindet.

Beispiel:

D-*glycero*-L-*gulo*-Heptit [E IV **1** 2854]

§ 7. a) Die Symbole c_F bzw. t_F hinter der Stellungsziffer eines Substituenten an einer mehrere Chiralitätszentren aufweisenden unverzweigten acyclischen Bezifferungseinheit [1]) geben an, dass sich dieser Substituent und der Bezugssubstituent, der seinerseits durch das Symbol r_F gekennzeichnet wird, auf der gleichen Seite (c_F) bzw. auf den entgegengesetzten Seiten (t_F) der wie in § 5a definierten Bezugsgeraden befinden. Ist eines der endständigen Atome der Bezifferungseinheit Chiralitätszentrum, so wird der Stellungsziffer des „catenoiden" Substituenten (d. h. des Substituenten, der in der Fischer-Projektion als Verlängerung der Kette erscheint) das Symbol cat_F beigefügt.

b) Die Symbole D_r bzw. L_r am Anfang eines mit dem Kennzeichen r_F ausgestatteten Namens geben an, dass sich der Bezugssubstituent auf der rechten Seite (D_r) bzw. auf der linken Seite (L_r) der in „abwärtsbezifferter vertikaler Fischer-Projektion" wiedergegebenen Kette der Bezifferungseinheit befindet.

Beispiele:

Heptan-1,2r_F,3c_F,4t_F,5c_F,6c_F,7-heptaol [E IV **1** 2854]

D_r-1cat_F.2cat_F-Diphenyl-1r_F-[4-methoxy-phenyl]-äthandiol-(1.2c_F)
 [E III **6** 6589]

§ 8. Die Symbole *exo* bzw. *endo* hinter der Stellungsziffer eines Substituenten an einem dem Hauptring [6]) angehörenden Atom eines Bicycloalkan-Systems geben an, dass der Substituent der Brücke [6]) zugewandt (*exo*) bzw. abgewandt (*endo*) ist.

Beispiele:

2*endo*-Phenyl-norbornen-(5) [E III **5** 1666]

(±)-1.2*endo*.3*exo*-Trimethyl-norbornandiol-(2*exo*.3*endo*) [E III **6** 4146]

Bicyclo[2.2.2]octen-(5)-dicarbonsäure-(2*exo*.3*exo*) [E III **9** 4054]

§ 9. a) Die Symbole *syn* bzw. *anti* hinter der Stellungsziffer eines Substituenten an einem Atom der Brücke [6]) eines Bicycloalkan-Systems oder einer Brücke über einem ortho- oder ortho/peri-anellierten Ringsystem geben an, dass der Substituent demjenigen Hauptzweig [6]) zugewandt (*syn*) bzw. abgewandt (*anti*) ist, der das niedrigstbezifferte aller in den Hauptzweigen enthaltenen Ringatome aufweist.

Beispiele:

1.7*syn*-Dimethyl-norbornanol-(2*endo*) [E III **6** 236]

(3a*S*)-3*c*.9*anti*-Dihydroxy-1*c*.5.5.8a*c*-tetramethyl-(3a*rH*)-decahydro-
 1*t*.4*t*-methano-azulen [E III **6** 4183]

---

[6]) Ein Brücken-System besteht aus drei „Zweigen", die zwei „Brückenkopf-Atome" miteinander verbinden; von den drei Zweigen bilden die beiden „Hauptzweige" den „Hauptring", während der dritte Zweig als „Brücke" bezeichnet wird. Als Hauptzweige gelten

1. die Zweige, die einem ortho- oder ortho/peri-anellierten Ringsystem angehören (und zwar a) dem Ringsystem mit der grössten Anzahl von Ringen, b) dem Ringsystem mit der grössten Anzahl von Ringgliedern),

2. die gliedreichsten Zweige (z. B. bei Bicycloalkan-Systemen),

3. die Zweige, denen auf Grund vorhandener Substituenten oder Mehrfachbindungen Bezifferungsvorrang einzuräumen ist.

(3aR)-2c.8t.11c.11ac.12anti-Pentahydroxy-1.1.8c-trimethyl-4-methylen-
(3arH.4acH)-tetradecahydro-7t.9at-methano-cyclopenta[b]heptalen
[E III **6** 6892]

b) In Verbindung mit einem stickstoffhaltigen Funktionsabwandlungs-
suffix an einem auf „-aldehyd" oder „-al" endenden Namen kennzeichnen *syn* bzw. *anti* die cis-Orientierung bzw. trans-Orientierung
des Wasserstoff-Atoms der Aldehyd-Gruppe zum Substituenten X der
abwandelnden Gruppe =N-X, bezogen auf die durch die doppelt-
gebundenen Atome verlaufende Gerade.

Beispiel:
Perillaaldehyd-*anti*-oxim [E III **7** 567]

§ 10. a) Die Symbole α bzw. β hinter der Stellungsziffer eines ringständigen
Substituenten im halbrationalen Namen einer Verbindung mit einer
dem Cholestan [E III **5** 1132] entsprechenden Bezifferung und Pro-
jektionslage geben an, dass sich der Substituent auf der dem Betrachter abgewandten (α) bzw. zugewandten (β) Seite der Fläche des
Ringgerüstes befindet.

Beispiele:
3β-Chlor-7α-brom-cholesten-(5) [E III **5** 1328]
Phyllocladandiol-(15α.16α) [E III **6** 4770]
Lupanol-(1β) [E III **6** 2730]
Onocerandiol-(3β.21α) [E III **6** 4829]

b) Die Symbole α$_F$ bzw. β$_F$ hinter der Stellungsziffer eines an der Seitenkette befindlichen Substituenten im halbrationalen Namen einer Verbindung der unter a) erläuterten Art geben an, dass sich der Substituent auf der rechten (α$_F$) bzw. linken (β$_F$) Seite der in „aufwärts-
bezifferter vertikaler Fischer-Projektion" [7]) dargestellten Seitenkette
befindet.

Beispiele:
3β-Chlor-24α$_F$-äthyl-cholestadien-(5.22t) [E III **5** 1436]
24β$_F$-Äthyl-cholesten-(5) [E III **5** 1336]

c) Sind die Symbole α, β, α$_F$ oder β$_F$ nicht mit der Stellungsziffer
eines Substituenten kombiniert, sondern zusammen mit der Stellungsziffer eines angularen Chiralitätszentrums oder eines Wasserstoff-Atoms — in diesem Fall mit dem Atomsymbol H versehen
(αH, βH, α$_F$$H$ bzw. β$_F$$H$) — unmittelbar vor dem Namensstamm einer
Verbindung mit halbrationalem Namen angeordnet, so kennzeichnen
sie entweder die Orientierung einer angularen exocyclischen Bindung,
deren Lage durch den Namen nicht festgelegt ist, oder sie zeigen an,
dass die Orientierung des betreffenden exocyclischen Liganden oder
Wasserstoff-Atoms (das — wie durch Suffix oder Präfix ausge-
drückt — auch substituiert sein kann) in der angegebenen Weise von
der mit dem Namensstamm festgelegten Orientierung abweicht.

Beispiele:
5-Chlor-5α-cholestan [E III **5** 1135]
5β.14β.17βH-Pregnan [E III **5** 1120]

---

[7]) Eine „aufwärts-bezifferte vertikale Fischer-Projektion" ist eine vertikal orientierte
„gerade Fischer-Projektion" (s. Anm. 4), bei der sich das niedrigstbezifferte Atom am
unteren Ende der Kette befindet.

18α.19βH-Ursen-(20(30)) [E III **5** 1444]

(13R)-8βH-Labden-(14)-diol-(8.13) [E III **6** 4186]

5α.20β$_F$H.24β$_F$H-Ergostanol-(3β) [E III **6** 2161]

d) Die Symbole α bzw. β vor einem systematischen oder halbrationalen Namen eines Kohlenhydrats geben an, dass sich die am niedriger bezifferten Nachbaratom des cyclisch gebundenen Sauerstoff-Atoms befindliche Hydroxy-Gruppe (oder sonstige Heteroatom-Gruppe) in der geraden Fischer-Projektion auf der gleichen (α) bzw. der entgegengesetzten (β) Seite der Bezugsgeraden befindet wie der Bezugsligand (vgl. § 5a, 5c, 6a).

Beispiele:

Methyl-α-D-ribopyranosid [E III/IV **17** 2425]

Tetra-O-acetyl-α-D-fructofuranosylchlorid [E III/IV **17** 2651]

e) Das Präfix *ent* vor dem Namen einer Verbindung mit mehreren Chiralitätszentren, deren Konfiguration mit dem Namen festgelegt ist, dient zur Kennzeichnung des Enantiomeren der betreffenden Verbindung. Das Präfix *rac* wird zur Kennzeichnung des einer solchen Verbindung entsprechenden Racemats verwendet.

Beispiele:

ent-7βH-Eudesmen-(4)-on-(3) [E III **7** 692]

rac-Östrapentaen-(1.3.5.7.9) [E III **5** 2043]

§ 11. a) Das Symbol ξ tritt an die Stelle von *cis, trans, c, t, c$_F$, t$_F$, cat$_F$, endo, exo, syn, anti,* α, β, α$_F$ oder β$_F$, wenn die Konfiguration an der betreffenden Doppelbindung bzw. an dem betreffenden Chiralitätszentrum (oder die konfigurative Einheitlichkeit eines Präparats hinsichtlich des betreffenden Strukturelements) ungewiss ist.

Beispiele:

(Ξ)-3.6-Dimethyl-1-[(1Ξ)-2.2.6c-trimethyl-cyclohexyl-(r)]-octen-(6ξ)-in-(4)-ol-(3) [E III **6** 2097]

1t,2-Dibrom-3-methyl-penta-1,3ξ-dien [E IV **1** 1022]

10t-Methyl-(8ξH.10aξH)-1.2.3.4.5.6.7.8.8a.9.10.10a-dodecahydro-phen≈anthren-carbonsäure-(9r) [E III **9** 2626]

D$_r$-1ξ-Phenyl-1ξ-p-tolyl-hexanpentol-(2r$_F$.3t$_F$.4c$_F$.5c$_F$.6) [E III **6** 6904]

(1S)-1.2ξ.3.3-Tetramethyl-norbornanol-(2ξ) [E III **6** 331]

3ξ-Acetoxy-5ξ.17ξ-pregnen-(20) [E III **6** 2592]

28-Nor-17ξ-oleanen-(12) [E III **5** 1438]

5.6β.22ξ.23ξ-Tetrabrom-3β-acetoxy-24β$_F$-äthyl-5α-cholestan [E III **6** 2179]

b) Das Symbol Ξ tritt an die Stelle von D oder L, das Symbol (Ξ) an die Stelle von (R) oder (S) bzw. von (E) oder (Z), wenn die Konfiguration an dem betreffenden Chiralitätszentrum bzw. an der betreffenden Doppelbindung (oder die konfigurative Einheitlichkeit eines Präparats hinsichtlich des betreffenden Strukturelements) ungewiss ist.

Beispiele:

N-{N-[N-(Toluol-sulfonyl-(4))-glycyl]-Ξ-seryl}-L-glutaminsäure [E III **11** 280]

(Ξ)-1-Acetoxy-2-methyl-5-[(R)-2.3-dimethyl-2.6-cyclo-norbornyl-(3)]-pentanol-(2) [E III **6** 4183]

(14Ξ:18Ξ)-Ambranol-(8) [E III **6** 431]

(1Z,3Ξ)-1,2-Dibrom-3-methyl-penta-1,3-dien [E IV **1** 1022]

c) Die Symbole $(\varXi_a)$ und $(\varXi_p)$ zeigen unbekannte Konfiguration von
   Strukturelementen mit axialer bzw. planarer Chiralität (oder unge-
   wisse Einheitlichkeit eines Präparats hinsichtlich dieser Elemente) an;
   das Symbol (ξ) kennzeichnet unbekannte Konfiguration eines Pseudo-
   asymmetriezentrums.

Beispiele:
   $(\varXi_a)$-3β.3'β-Dihydroxy-(7ξH.7'ξH)-[7.7']bi[ergostatrien-(5.8.22t)-yl]
        [E III **6** 5897]
   (3ξ)-5-Methyl-spiro[2.5]octan-dicarbonsäure-(1r.2c) [E III **9** 4002]

Transliteration von russischen Autorennamen

Russisches Schrift- zeichen		Deutsches Äquivalent (BEILSTEIN)	Englisches Äquivalent (Chemical Abstracts)	Russisches Schrift- zeichen		Deutsches Äquivalent (BEILSTEIN)	Englisches Äquivalent (Chemical Abstracts)
А	а	a	a	Р	р	r	r
Б	б	b	b	С	с	s̄	s
В	в	w	v	Т	т	t	t
Г	г	g	g	У	у	u	u
Д	д	d	d	Ф	ф	f	f
Е	е	e	e	Х	х	ch	kh
Ж	ж	sh	zh	Ц	ц	z	ts
З	з	s	z	Ч	ч	tsch	cḧ
И	и	i	i	Ш	ш	sch	sh
Й	й	ï	ï	Щ	щ	schtsch	shch
К	к	k	k	Ы	ы	y	y
Л	л	l	l	Ь	ь	'	'
М	м	m	m	Э	э	ė	e
Н	н	n	n	Ю	ю	ju	yu
О	о	o	o	Я	я	ja	ya
П	п	p	p				

Dritte Abteilung

Heterocyclische Verbindungen

Verbindungen mit einem cyclisch gebundenen Chalkogen-Atom

IV. Carbonsäuren

A. Monocarbonsäuren

Monocarbonsäuren $C_nH_{2n-2}O_3$

Carbonsäuren $C_3H_4O_3$

(±)-Oxirancarbonsäure-äthylester, (±)-2,3-Epoxy-propionsäure-äthylester $C_5H_8O_3$,
Formel I (H 261; dort als Glycidsäure-äthylester bezeichnet).

B. Beim Erwärmen von Äthylacrylat mit Trifluor-peroxyessigsäure und Dinatrium=
hydrogenphosphat in 1,2-Dichlor-äthan (*Emmons, Pagano*, Am. Soc. **77** [1955] 89, 91).
Kp_{60}: 88—90° (*Em., Pa.*, l. c. S. 92); Kp_{26}: 72—73° (*MacPeek et al.*, Am. Soc. **81**
[1959] 680, 682). D^{20}: 1,085 (*MacP. et al.*). n_D^{20}: 1,4180 (*Em., Pa.*, l. c. S. 90); n_D^{30}: 1,4150
(*MacP. et al.*). IR-Spektrum (3—15 μ) des flüssigen sowie des in Heptan gelösten Esters:
Chiurdoglu et al., Bl. Soc. chim. Belg. **65** [1956] 664, 668.

(±)-Oxirancarbonitril, (±)-2,3-Epoxy-propionitril C_3H_3NO, Formel II.

B. Beim Erhitzen von Oxirancarbaldehyd-[*O*-acetyl-oxim] unter 50 Torr auf 140°
(*Payne*, Am. Soc. **81** [1959] 4901, 4904).
Kp_{20}: 47,5—48°. n_D^{20}: 1,4094.

Carbonsäuren $C_4H_6O_3$

Oxiranylessigsäure, 3,4-Epoxy-buttersäure $C_4H_6O_3$, Formel III (R = H).

Die früher (s. H **18** 261) unter dieser Konstitution beschriebene Verbindung (F: 225°)
ist als 2,5-Bis-carboxymethyl-[1,4]dioxan zu formulieren (*Culvenor et al.*, Soc. **1950** 3123).

I   II   III   IV

(±)-Oxiranylessigsäure-methylester, (±)-3,4-Epoxy-buttersäure-methylester $C_5H_8O_3$,
Formel III (R = CH₃).

B. In kleiner Menge neben 4-Hydroxy-*trans*-crotonsäure-methylester beim Erwärmen
von (±)-4-Chlor-3-hydroxy-buttersäure-methylester mit wss. Natriumcarbonat-Lösung
(*Rambaud et al.*, Bl. **1955** 877, 881).
Kp_{10}: 62,5—63,5°; D_4^{15}: 1,128; n_D^{15}: 1,428 (*Ra. et al.*, l. c. S. 882). Raman-Spektrum:
Ra. et al., l. c. S. 885.

(±)-Oxiranylessigsäure-äthylester, (±)-3,4-Epoxy-buttersäure-äthylester $C_6H_{10}O_3$,
Formel III (R = C₂H₅).

B. Beim Behandeln von (±)-4-Chlor-3-hydroxy-buttersäure-äthylester mit wss.
Natriumcarbonat-Lösung (*Raumbaud*, C. r. **220** [1945] 742; *Rambaud et al.*, Bl. **1955**
877, 881; *Rambaud, Ducher*, Bl. **1956** 466, 473).
Kp_{16}: 75,5—76°; D_4^{15}: 1,072; n_D^{15}: 1,427 (*Ra. et al.*, l. c. S. 882). Raman-Spektrum:
Ra. et al., l. c. S. 885.

Beim Erwärmen mit wss. Schwefelsäure (0,1 n) sind 3,4-Dihydroxy-buttersäure-4-lacton
und kleine Mengen 4-Hydroxy-*cis*-crotonsäure-lacton erhalten worden (*Ra. et al.*, l. c.
S. 882), beim Erwärmen mit wss. Natriumcarbonat-Lösung (Überschuss) ist 4-Hydroxy-
trans-crotonsäure (*Ra.*) erhalten worden.

(±)-Oxiranylessigsäure-propylester, (±)-3,4-Epoxy-buttersäure-propylester $C_7H_{12}O_3$, Formel III $(R = CH_2\text{-}CH_2\text{-}CH_3)$.

B. Beim Erwärmen von (±)-4-Chlor-3-hydroxy-buttersäure-propylester mit wss. Natriumcarbonat-Lösung (*Rambaud et al.*, Bl. **1955** 877, 881).

Kp_{10}: 84,5—85°; $D_4^{17,5}$: 1,033; $n_D^{17,5}$: 1,428 (*Ra. et al.*, l. c. S. 882). Raman-Spektrum: *Ra. et al.*, l. c. S. 885.

Oxiranylacetonitril, 3,4-Epoxy-butyronitril C_4H_5NO, Formel IV.

Die früher (s. H **18** 261) unter dieser Konstitution beschriebene Verbindung (F: 162°) ist als 2,5-Bis-cyanmethyl-[1,4]dioxan zu formulieren (*Culvenor et al.*, Soc. **1950** 3123; *Rambaud et al.*, Bl. **1956** 1419, 1420).

(±)-2-Methyl-oxirancarbonsäure-methylester, (±)-α,β-Epoxy-isobuttersäure-methylester $C_5H_8O_3$, Formel V $(R = CH_3)$.

B. Beim Erwärmen von Methacrylsäure-methylester mit Peroxyessigsäure und wenig Hydrochinon in Äthylacetat (*MacPeek et al.*, Am. Soc. **81** [1959] 680, 682) oder mit Trifluor-peroxyessigsäure und Dinatriumhydrogenphosphat in Dichlormethan (*Emmons, Pagano*, Am. Soc. **77** [1955] 89, 91). Bei 3-tägigem Behandeln von Brenztraubensäure-methylester mit Diazomethan in Äther (*Arndt et al.*, Rev. Fac. Sci. Istanbul [A] **4** [1939] 83, 86).

Kp_{32}: 62—65° (*Em., Pa.*, l. c. S. 90); Kp_{30}: 66° (*MacP. et al.*); Kp_{19}: 61° (*Ar. et al.*). D^{20}: 1,0972 (*MacP. et al.*). n_D^{20}: 1,4174 (*Em., Pa.*); n_D^{30}: 1,4134 (*MacP. et al.*).

(±)-2-Methyl-oxirancarbonsäure-äthylester, (±)-α,β-Epoxy-isobuttersäure-äthylester $C_6H_{10}O_3$, Formel V $(R = C_2H_5)$ (H 262; dort als „Äthylester der inaktiven α-Methylglycidsäure" bezeichnet).

B. Beim Behandeln einer Lösung von (±)-β-Chlor-α-hydroxy-isobuttersäure-äthylester in Äthanol und Äther mit äthanol. Kalilauge (*Fourneau, Maréchal*, Bl. [5] **12** [1945] 990, 992). Beim Erwärmen von Methacrylsäure-äthylester mit Trifluor-peroxyessigsäure und Dinatriumhydrogenphosphat in Dichlormethan (*Emmons, Pagano*, Am. Soc. **77** [1955] 89, 90).

Kp_{38}: 80—82° (*Em., Pa.*); Kp_{18}: 68° (*Fo., Ma.*). n_D^{20}: 1,4164 (*Em., Pa.*).

| V | VI | VII |

(±)-*trans*-3-Methyl-oxirancarbonsäure, (±)-*threo*-2,3-Epoxy-buttersäure $C_4H_6O_3$, Formel VI $(R = H)$ + Spiegelbild (H 262; dort als β-Methylglycidsäure bezeichnet).

Konfiguration: *Harada, Oh-Hashi*, Bl. chem. Soc. Japan **39** [1966] 2311.

B. Beim Behandeln von *trans*-Crotonaldehyd mit alkal. wss. Natriumhypobromit-Lösung (*Kaufmann*, D.R.P. 528506 [1928]; Frdl. **18** 338; U.S.P. 1858551 [1929]). Aus *trans*-Crotonsäure bei mehrwöchigem Behandeln mit Peroxybenzoesäure in Chloroform (*Braun*, Am. Soc. **52** [1930] 3185, 3187) sowie beim Erwärmen mit wss. Wasserstoff= peroxid und Natriumwolframat bei pH 4—5,5 (*Payne, Williams*, J. org. Chem. **24** [1959] 54).

Krystalle; F: 89° (*Ka.*), 88,5° [aus CCl_4 + Ae.] (*Br.*), 84,5—85° [aus Bzl.] (*Pa., Wi.*).

Bei mehrwöchigem Behandeln mit Wasser ist *erythro*-2,3-Dihydroxy-buttersäure erhalten worden (*Br.*).

(±)-*trans*-3-Methyl-oxirancarbonsäure-methylester, (±)-*threo*-2,3-Epoxy-buttersäuremethylester $C_5H_8O_3$, Formel VI $(R = CH_3)$ + Spiegelbild.

B. Beim Behandeln von (±)-*trans*-3-Methyl-oxirancarbonsäure mit Diazomethan in Äther (*Linstead et al.*, Soc. **1953** 1218, 1221).

Kp: 160—161°. n_D^{18}: 1,4205.

3-Methyl-oxirancarbonsäure-äthylester, 2,3-Epoxy-buttersäure-äthylester $C_6H_{10}O_3$.

a) **(±)-*trans*-3-Methyl-oxirancarbonsäure-äthylester, (±)-*threo*-2,3-Epoxy-butter**-**säure-äthylester** $C_6H_{10}O_3$, Formel VI (R = C_2H_5) + Spiegelbild (H 262; dort als β-Methyl-glycidsäure-äthylester bezeichnet).

B. Beim Erwärmen von *trans*-Crotonsäure-äthylester mit Peroxyessigsäure in Äthyl-acetat (*MacPeek et al.*, Am. Soc. **81** [1959] 680, 681) oder mit Trifluor-peroxyessigsäure und Dinatriumhydrogenphosphat in Dichlormethan (*Emmons, Pagano*, Am. Soc. **77** [1955] 89, 91).

Kp_{50}: 94—95° (*MacP. et al.*, l. c. S. 682), 88—92° (*Em., Pa.*, l. c. S. 90). D^{29}: 1,0345 (*MacP. et al.*). n_D^{20}: 1,4191 (*Em., Pa.*); n_D^{30}: 1,4150 (*MacP. et al.*). IR-Spektrum (3—15 μ) des flüssigen sowie des in Heptan gelösten Esters: *Chiurdoglu et al.*, Bl. Soc. chim. Belg. **65** [1956] 664, 668.

Beim Behandeln mit Thioharnstoff und konz. Schwefelsäure ist 5-Äthyliden-2-amino-Δ^2-thiazolin-4-on (F: 240—241° [Zers.]), bei 14-tägigem Behandeln mit Thioharnstoff in Methanol ist 2-Amino-5-[1-hydroxy-äthyl]-Δ^2-thiazolin-4-on (F: 157—158°) erhalten worden (*Durden et al.*, Am. Soc. **81** [1959] 1943, 1945).

b) *****Opt.-inakt. 3-Methyl-oxirancarbonsäure-äthylester, 2,3-Epoxy-buttersäure-**äthylester** $C_6H_{10}O_3$.

B. Beim Behandeln von Acetaldehyd mit Chloressigsäure-äthylester, Natrium und Äther (*Rutowskiǐ, Daew*, Ž. russ. fiz.-chim. Obšč. **62** [1930] 2161, 2164; B. **64** [1931] 693, 697).

Kp_{50}: 172—174°.

(±)-*trans*-3-Methyl-oxirancarbonsäure-allylester, (±)-*threo*-2,3-Epoxy-buttersäure-allyl-**ester** $C_7H_{10}O_3$, Formel VI (R = CH_2-CH=CH_2) + Spiegelbild.

B. Beim Erwärmen des Silber-Salzes der (±)-*trans*-3-Methyl-oxirancarbonsäure mit Allylbromid und Benzol (*Columbia Southern Chem. Corp.*, U.S.P. 2680109 [1947]).

Kp_{26}: 100—101°. D_4^{25}: 1,0432.

(±)-1-*trans*-Crotonoyloxy-2-[*trans*-3-methyl-oxirancarbonyloxy]-äthan, (±)-1-*trans*-Crotonoyloxy-2-[*threo*-2,3-epoxy-butyryloxy]-äthan** $C_{10}H_{14}O_5$, Formel VII + Spiegelbild.

B. Beim Erwärmen von 1,2-Bis-*trans*-crotonoyloxy-äthan mit Peroxyessigsäure (1 Mol) in Äthylacetat (*Frostick et al.*, Am. Soc. **81** [1959] 3350, 3354).

Kp_2: 133—137°. n_D^{30}: 1,4595.

*****Opt.-inakt. 3-Methyl-oxirancarbonitril, 2,3-Epoxy-butyronitril** C_4H_5NO, Formel VIII.

Zwei Präparate (a) Kp_{760}: 146—148°; D_4^{30}: 0,9967; b) Kp_{760}: 147—149°; D_4^{30}: 0,9938) von ungewisser Einheitlichkeit sind beim Behandeln von opt.-inakt. 2-Chlor-3-hydroxy-butyronitril (Kp_{10}: 93,4—93,6°; n_D^{30}: 1,4550 bzw. Kp_{10}: 97,8—98°; n_D^{30}: 1,4537) mit wss. Kalilauge erhalten worden (*Moelants*, Bl. Soc. chim. Belg. **52** [1943] 53).

(±)-*trans*(?)-3-Trifluormethyl-oxirancarbonsäure, (±)-*threo*(?)-2,3-Epoxy-4,4,4-trifluor-buttersäure** $C_4H_3F_3O_3$, vermutlich Formel IX (X = OH) + Spiegelbild.

Über die Konfiguration s. *Walborsky, Baum*, Am. Soc. **80** [1958] 187, 188.

B. In kleiner Menge neben dem im folgenden Artikel beschriebenen Äthylester beim Behandeln der beiden opt.-inakt. 2-Chlor-4,4,4-trifluor-3-hydroxy-buttersäure-äthylester (Kp_{11}: 87,5° bzw. Kp_{11}: 93°) mit Natriumhydrid in Äther (*Wa., Baum*, l. c. S. 191, 192).

Krystalle (aus Ae. + PAe.); F: 85—86°. Kp_{35}: 105° [unkorr.].

(±)-*trans*(?)-3-Trifluormethyl-oxirancarbonsäure-äthylester, (±)-*threo*(?)-2,3-Epoxy-4,4,4-trifluor-buttersäure-äthylester** $C_6H_7F_3O_3$, vermutlich Formel IX (X = O-C_2H_5) + Spiegelbild.

B. s. im vorangehenden Artikel.

Kp: 146°; $n_D^{23,5}$: 1,3680 (*Walborsky, Baum*, Am. Soc. **80** [1958] 187, 191).

Überführung in 4,4,4-Trifluor-butan-1,3-diol durch Erwärmen mit Lithiumalanat in Äther: *Wa., Baum*. Bei 2-tägigem Behandeln mit Ammoniumcarbonat enthaltendem wss. Ammoniak ist *erythro*(?)-2-Amino-4,4,4-trifluor-3-hydroxy-buttersäure (F: 190—194° [Zers.]) erhalten worden.

(±)-*trans*(?)-3-Trifluormethyl-oxirancarbonsäure-amid, (±)-*threo*(?)-2,3-Epoxy-4,4,4-tri=
fluor-buttersäure-amid $C_4H_4F_3NO_2$, vermutlich Formel IX (X = NH_2) + Spiegelbild.

B. Bei kurzem Behandeln von (±)-*trans*(?)-3-Trifluormethyl-oxirancarbonsäure-äthyl=
ester (S. 3823) oder den beiden opt.-inakt. 2-Chlor-4,4,4-trifluor-3-hydroxy-buttersäure-
äthylestern (Kp_{11}: 87,5° bzw. Kp_{11}: 93°) mit wss. Ammoniak (*Walborsky, Baum*, Am.
Soc. **80** [1958] 187, 192).

Krystalle (aus A. + W.); F: 121—123° [unkorr.].

***Opt.-inakt. 3-Trichlormethyl-oxirancarbonsäure-äthylester, 4,4,4-Trichlor-2,3-epoxy-
buttersäure-äthylester** $C_6H_7Cl_3O_3$, Formel X.

Eine Verbindung dieser Konstitution hat als Hauptbestandteil in dem früher (s. H **3**
664) als 4,4,4-Trichlor-3-oxo-buttersäure-äthylester angesehenen Präparat (Kp_{11}: 118°;
D^{18}: 1,41) vorgelegen (*Arndt et al.*, Rev. Fac. Sci. Istanbul [A] **8** [1943] 122, 123; *Wald,
Joullié*, J. org. Chem. **31** [1966] 3369, 3370).

B. Neben kleinen Mengen 4,4,4-Trichlor-3-oxo-buttersäure-äthylester beim Erwärmen
von Diazoessigsäure-äthylester mit Chloral (*G. Rutz*, Diss. [Breslau 1933] S. 21; vgl.
H **3** 664) oder mit Chloralhydrat (*Rutz*; *Ar. et al.*, l. c. S. 151).

Kp_{11}: 115—116° (*Ar. et al.*, l. c. S. 152); Kp_9: 114° (*Rutz*).

Carbonsäuren $C_5H_8O_3$

(±)-**Tetrahydro-furan-2-carbonsäure** $C_5H_8O_3$, Formel XI (R = H) (E I 435; E II 262).

B. Neben kleineren Mengen Tetrahydro-furan-2-carbonsäure-amid beim Erhitzen von
2,5(?)-Dihydro-furan mit Kohlenmonoxid, wss.-methanol. Ammoniak und Nickel(II)-cy=
anid unter 70 at auf 135° (*Reppe, Magin*, U.S.P. 2648685 [1950]). Beim Erhitzen von
(±)-Tetrahydrofurfurylalkohol mit wss. Natronlauge oder mit wss. Natronlauge und
Bariumhydroxid in Gegenwart von Kupfer-Pulver oder Raney-Kupfer bis auf 290°
(*Henkel & Cie.*, D.B.P. 859316 [1952]). Beim Erhitzen von (±)-Tetrahydro-furan-
2-carbonsäure-methylester mit wss. Natronlauge (*Jur'ew, Wendelschteïn*, Ž. obšč. Chim.
21 [1951] 264, 266; engl. Ausg. S. 287, 289). Bei der Hydrierung von Furan-2-carbon=
säure an Palladium in Essigsäure bei Raumtemperatur (*Taniyama, Takata*, J. chem.
Soc. Japan Ind. Chem. Sect. **57** [1954] 149, 150; C. A. **1955** 1484), an Raney-Nickel
in wss. Ammoniak bei 150°/90 at (*Wilson*, Soc. **1945** 58, 59) oder an Raney-Nickel in
wss. Natronlauge bei 110°/50 at (*Paul, Hilly*, C. r. **208** [1939] 359).

Kp_{15}: 130—133° (*Henkel & Cie.*); Kp_{13}: 128—129° (*Paul, Hi.*); Kp_8: 115° (*Ta., Ta.*);
$Kp_{0,3}$: 85—88° (*Re., Ma.*). D_{15}^{16}: 1,218 (*Paul, Hi.*); D_4^{25}: 1,2113 (*Ta., Ta.*). n_D^{16}: 1,4616
(*Paul, Hi.*); n_D^{25}: 1,4578 (*Ta., Ta.*).

Beim Erhitzen mit einem Gemisch von Natriumhydroxid und Kaliumhydroxid bis
auf 270° sind Essigsäure (Hauptprodukt), Propionsäure, Bernsteinsäure, Glutarsäure
und kleine Mengen Buttersäure erhalten worden (*Runge et al.*, B. **87** [1954] 1430, 1439).

Charakterisierung als 4-Brom-phenacylester (F: 82° [S. 3827]): *Paul, Tchelitcheff*,
C. r. **235** [1952] 1226; als 4-Phenyl-phenacylester (F: 100,5° [S. 3827]): *Kleene*, Am. Soc.
68 [1946] 718.

S-Benzyl-isothiuronium-Salz $[C_8H_{11}N_2S]C_5H_7O_3$. F: 175° (*Ta., Ta.*).

VIII   IX   X   XI   XII

(±)-**Tetrahydro-furan-2-carbonsäure-methylester** $C_6H_{10}O_3$, Formel XI (R = CH_3).

B. Bei der Hydrierung von Furan-2-carbonsäure-methylester an Raney-Nickel in
Methanol bei 120° unter Druck (*Wilson*, Soc. **1945** 58, 59). Beim Leiten von Furan-
2-carbonsäure-methylester über Palladium/Asbest im Waserstoff-Strom bei 160°
(*Jur'ew, Wendelschteïn*, Ž. obšč. Chim. **21** [1951] 264, 265; engl. Ausg. S. 287, 288).

Kp_{736}: 174,5—180,5° (*Ju., We.*); Kp_{15}: 77—78° (*Wi.*, l. c. S. 59). D_4^{20}: 1,1080 (*Ju.,
We.*). n_D^{20}: 1,4371 (*Ju., We.*). Mit Wasser mischbar (*Wi.*, l. c. S. 59).

Beim Leiten über Silicagel bei 375° sind 2,3-Dihydro-furan und Butyraldehyd, beim Leiten über Silicagel bei 400°, über Natriumphosphat und Phosphorsäure auf Bimsstein bei 500° oder über Aluminiumoxid auf Bimsstein bei 500° sind 2,3-Dihydro-furan, 2,5-Dihydro-furan, Methanol und Cyclopropancarbaldehyd erhalten worden (*Wi.*, l. c. S. 60). Bildung von 2-Acetoxy-5-brom-valeriansäure-methylester sowie kleinen Mengen 2-Acetoxy-5-brom-valeriansäure und 5-Brom-2-hydroxy-valeriansäure bei 2-tägigem Behandeln mit einem Bromwasserstoff enthaltenden Gemisch von Essigsäure, Acet= anhydrid und Acetylbromid: *Wilson*, Soc. **1945** 48, 51.

(±)-Tetrahydro-furan-2-carbonsäure-äthylester $C_7H_{12}O_3$, Formel XI (R = C_2H_5) (E II 262).

B. Aus Furan-2-carbonsäure bei der Hydrierung eines Gemisches mit Äthanol an Raney-Nickel sowie bei der Hydrierung eines Gemisches mit Acetaldehyd und wenig Toluol-4-sulfonsäure an Raney-Nickel, jeweils bei 110° unter Druck (*Air Liquide*, U.S.P. 2843607 [1954]). Bei der Hydrierung von Furan-2-carbonsäure-äthylester ohne Lösungs- mittel an Raney-Nickel bei 100° unter Druck (*Adkins et al.*, Am. Soc. **71** [1949] 3622, 3629) oder bei 150°/100—130 at (*Dounce et al.*, Am. Soc. **57** [1935] 2556, 2557) sowie an Raney-Nickel in Äthylacetat bei 100°/85 at (*Paul*, Bl. [5] **8** [1941] 369, 372) oder bei 100°/100—140 at (*Chrétien*, A. ch. [13] **2** [1957] 682, 696).

Kp$_{740}$: 188—190° (*Do. et al.*); Kp$_{12}$: 81° (*Ch.*); Kp$_{11}$: 80° (*Paul*, Bl. [5] **8** 372), 76° (*Air Liquide*), 73—74° (*Ad. et al.*); Kp$_1$: 51° (*House, Blaker*, Am. Soc. **80** [1958] 6389, 6391). D$_{15}^{10}$: 1,069 (*Paul*, Bl. [5] **8** 372); D$_4^{22}$: 1,0763 (*Air Liquide*). n$_D^{10}$: 1,4392 (*Paul*, Bl. [5] **8** 372); n$_D^{15}$: 1,439 (*Ch.*); n$_D^{20}$: 1,4385 (*Air Liquide*); n$_D^{25}$: 1,4328 (*Ad. et al.*); n$_D^{29}$: 1,4310 (*Ho.*, *Bl.*).

Bildung von 2,3-Dihydro-furan und Cyclopropancarbaldehyd beim Leiten über Alu= miniumphosphat/Bimsstein im Kohlendioxid-Strom bei 350°: *Ch.*, l. c. S. 697. Verhalten beim Erwärmen mit Anisol und Aluminiumchlorid (Bildung von Phenol sowie kleinen Mengen einer als 1-Äthyl-6-methoxy-1,2,3,4-tetrahydro-naphthalin angesehenen Ver- bindung [F: 54°] und einer als 6-Methoxy-5,7,8-triphenyl-1,2,3,4-tetrahydro-[1]naphthoe= säure angesehenen Verbindung [F: 198—200°]): *Ch.*, l. c. S. 687, 696, 697. Beim Erhitzen mit Acetanhydrid und wenig Zinkchlorid auf 230° ist 2,5-Diacetoxy-valeriansäure-äthyl= ester (*Paul*, C. r. **212** [1941] 398, 399; Bl. [5] **8** 374), beim Erwärmen mit Acetylchlorid und wenig Zinkchlorid sind 2-Acetoxy-5-chlor-valeriansäure-äthylester (*Paul*, C. r. **212** 399; *Ch.*, l. c. S. 698) und kleine Mengen 5-Acetoxy-2-chlor-valeriansäure-äthylester [nicht charakterisiert] (*Paul*, C. r. **212** 399) erhalten worden.

(±)-Tetrahydro-furan-2-carbonsäure-propylester $C_8H_{14}O_3$, Formel XI (R = CH_2-CH_2-CH_3). *B*. Bei der Hydrierung von Furan-2-carbonsäure an Raney-Nickel in Propan-1-ol bei 110° unter Druck (*Air Liquide*, U.S.P. 2843607 [1954]).
Kp$_{15}$: 95°. D$_4^{22}$: 1,0528. n$_D^{18}$: 1,4412.

(±)-Tetrahydro-furan-2-carbonsäure-heptylester $C_{12}H_{22}O_3$, Formel XI (R = $[CH_2]_6$-CH_3). *B*. Bei der Hydrierung eines Gemisches von Furan-2-carbonsäure und Heptanal an Raney-Nickel bei 110° unter Druck (*Air Liquide*, U.S.P. 2843607 [1954]).
Kp$_2$: 105—107°. D$_4^{15}$: 0,992. n$_D^{17}$: 1,4502.

*Opt.-inakt. Tetrahydro-furan-2-carbonsäure-[2-äthyl-hexylester] $C_{13}H_{24}O_3$, Formel XI (R = CH_2-$CH(C_2H_5)$-$[CH_2]_3$-CH_3).
B. Bei der Hydrierung von (±)-Furan-2-carbonsäure-[2-äthyl-hexylester] an Nickel/ Chromoxid bei 240°/100 at (*Moschkin*, Trudy Sovešč. Vopr. Ispolz. Pentozan. Syrja Riga 1955 S. 225, 234, 239; C. A. **1959** 15048).
Kp$_4$: 117—120°; D$_{20}^{20}$: 0,9645; n$_D^{20}$: 1,4470 (*Mo.*, l. c. S. 253).

(±)-Tetrahydro-furan-2-carbonsäure-[2-butoxy-äthylester] $C_{11}H_{20}O_4$, Formel XII (R = $[CH_2]_3$-CH_3).
B. Beim Behandeln von (±)-Tetrahydro-furan-2-carbonylchlorid mit 2-Butoxy-äthanol und wss. Natronlauge sowie beim Erhitzen von (±)-Tetrahydro-furan-2-carbonsäure mit 2-Butoxy-äthanol, wenig Toluol-4-sulfonsäure und Toluol (*Eastman Kodak Co.*, U.S.P. 2198000 [1938]).
Bei 153—157°/13 Torr destillierbar.

(±)-1-[2-Äthoxy-äthoxy]-2-[tetrahydro-furan-2-carbonyloxy]-äthan, (±)-Tetrahydro-furan-2-carbonsäure-[2-(2-äthoxy-äthoxy)-äthylester], (±)-*O*-Äthyl-*O'*-[tetrahydro furan-2-carbonyl]-diäthylenglykol $C_{11}H_{20}O_5$, Formel XII (R = CH_2-CH_2-O-C_2H_5) auf S. 3824.

B. Beim Behandeln von (±)-Tetrahydro-furan-2-carbonylchlorid mit *O*-Äthyl-di= äthylenglykol und wss. Natronlauge sowie beim Erhitzen von (±)-Tetrahydro-furan-2-carbonsäure mit *O*-Äthyl-diäthylenglykol, wenig Toluol-4-sulfonsäure und Toluol (*Eastman Kodak Co.*, U.S.P. 2198000 [1938]).

Bei 160—170°/10 Torr destillierbar.

(±)-1-[2-Butoxy-äthoxy]-2-[tetrahydro-furan-2-carbonyloxy]-äthan, (±)-Tetrahydro-furan-2-carbonsäure-[2-(2-butoxy-äthoxy)-äthylester], (±)-*O*-Butyl-*O'*-[tetrahydro-furan-2-carbonyl]-diäthylenglykol $C_{13}H_{24}O_5$, Formel XII (R = CH_2-CH_2-O-$[CH_2]_3$-CH_3) auf S. 3824.

B. Beim Behandeln von (±)-Tetrahydro-furan-2-carbonylchlorid mit *O*-Butyl-di= äthylenglykol und wss. Natronlauge sowie beim Erhitzen von (±)-Tetrahydro-furan-2-carbonsäure mit *O*-Butyl-diäthylenglykol, wenig Toluol-4-sulfonsäure und Toluol (*Eastman Kodak Co.*, U.S.P. 2198000 [1938]).

Bei 170—175°/15 Torr destillierbar.

*Opt.-inakt. 1,2-Bis-[2-(tetrahydro-furan-2-carbonyloxy)-äthoxy]-äthan, *O,O'*-Bis-[tetrahydro-furan-2-carbonyl]-triäthylenglykol $C_{16}H_{26}O_8$, Formel I.

B. Beim Behandeln von (±)-Tetrahydro-furan-2-carbonylchlorid mit Triäthylenglykol und wss. Natronlauge sowie beim Erhitzen von (±)-Tetrahydro-furan-2-carbonsäure mit Triäthylenglykol, wenig Toluol-4-sulfonsäure und Toluol (*Eastman Kodak Co.*, U.S.P. 2198000 [1938]).

Bei 250—260°/15 Torr destillierbar.

I

*Opt.-inakt. Bis-[2-(tetrahydro-furan-2-carbonyloxy)-äthyl]-äther, *O,O'*-Bis-[tetrahydro-furan-2-carbonyl]-diäthylenglykol $C_{14}H_{22}O_7$, Formel II.

B. Beim Behandeln von (±)-Tetrahydro-furan-2-carbonylchlorid mit Diäthylenglykol und wss. Natronlauge sowie beim Erhitzen von (±)-Tetrahydro-furan-2-carbonsäure mit Diäthylenglykol, wenig Toluol-4-sulfonsäure und Toluol (*Eastman Kodak Co.*, U.S.P. 2198000 [1938]). Bei der Hydrierung von Bis-[2-(furan-2-carbonyloxy)-äthyl]-äther an Nickel/Chromoxid bei 240°/100 at (*Moschkin*, Trudy Sovešč. Vopr. Ispolz. Pentozan. Syrja Riga 1955 S. 225, 234, 239; C. A. **1959** 15048).

Bei 248—253°/13 Torr destillierbar (*Eastman Kodak Co.*). Kp₃: 216—218°; D_{20}^{20}: 1,1921; n_D^{20}: 1,4684 (*Mo.*, l. c. S. 253).

II   III

*Opt.-inakt. 1,2-Bis-[tetrahydro-furan-2-carbonyloxy]-äthan $C_{12}H_{18}O_6$, Formel III.

B. Beim Erhitzen von (±)-Tetrahydro-furan-2-carbonsäure mit Äthylenglykol, wenig Toluol-4-sulfonsäure und Xylol (*Eastman Kodak Co.*, U.S.P. 2198000 [1938]).

Bei 210—215°/13 Torr destillierbar.

*Opt.-inakt. 1,3-Bis-[tetrahydro-furan-2-carbonyloxy]-propan $C_{13}H_{20}O_6$, Formel IV.

B. Beim Behandeln von (±)-Tetrahydro-furan-2-carbonylchlorid mit Propan-1,3-diol und wss. Natronlauge sowie beim Erhitzen von (±)-Tetrahydro-furan-2-carbonsäure mit Propan-1,3-diol, wenig Toluol-4-sulfonsäure und Toluol (*Eastman Kodak Co.*, U.S.P. 2198000 [1938]).

Bei 214—220°/12 Torr destillierbar.

IV   V

(±)-Tetrahydro-furan-2-carbonsäure-[4-brom-phenacylester] $C_{13}H_{13}BrO_4$, Formel V.

B. Aus (±)-Tetrahydro-furan-2-carbonsäure (*Paul, Tchelitcheff*, C. r. **235** [1952] 1226). F: 82°.

17β-[(Ξ)-Tetrahydro-furan-2-carbonyloxy]-androst-4-en-3-on, *O*-**[(Ξ)-Tetrahydro-furan-2-carbonyl]-testosteron** $C_{24}H_{34}O_4$, Formel VI.

B. Beim Erwärmen von Testosteron (E III **8** 892) mit (±)-Tetrahydro-furan-2-carbonyl=chlorid, Pyridin und Äther (*Mooradian et al.*, Am. Soc. **71** [1949] 3372).

Krystalle (aus PAe.); F: 116—117°. $[\alpha]_D^{26}$: +76,6° [CHCl₃]. Absorptionsmaximum (A.): 240—241 nm.

VI   VII

(±)-Tetrahydro-furan-2-carbonsäure-[4-phenyl-phenacylester] $C_{19}H_{18}O_4$, Formel VII.

B. Beim Erwärmen des Natrium-Salzes der (±)-Tetrahydro-furan-2-carbonsäure mit 1-Biphenyl-4-yl-2-brom-äthanon in schwach saurem wss.-äthanol. Medium (*Kleene*, Am. Soc. **68** [1946] 718).

Krystalle (aus wss. A.); F: 100,5°.

*Opt.-inakt. Tetrahydro-furan-2-carbonsäure-tetrahydrofurfurylester $C_{10}H_{16}O_4$, Formel VIII.

B. Bei der Hydrierung von (±)-Furan-2-carbonsäure-tetrahydrofurfurylester an Raney-Nickel bei 150°/110 at (*Eastman Kodak Co.*, U.S.P. 2198000 [1938]). Neben Tetra=hydro-furan-2-carbonsäure und kleinen Mengen Tetrahydrofurfural beim Behandeln von (±)-Tetrahydrofurfurylalkohol mit Kaliumdichromat und wss. Schwefelsäure (*Hinz et al.*, B. **76** [1943] 676, 688). Beim Erwärmen von (±)-Tetrahydro-furan-2-carbonsäure mit (±)-Tetrahydrofurfurylalkohol und wenig Schwefelsäure (*Hinz et al.*). Bei der Hydrierung von Furan-2-carbonsäure-furfurylester an Nickel/Chromoxid bei 240°/100 at (*Moschkin*, Trudy Sovešč. Vopr. Ispolz. Pentozan. Syrja Riga 1955 S. 225, 234, 239; C. A. **1959** 15048).

Kp_{12}: 152—155° (*Eastman Kodak Co.*). Kp_{10}: 147—148° [Präparat aus (±)-Tetrahydro=furfurylalkohol] (*Hinz et al.*). Kp_{12}: 132—135° [Präparat aus (±)-Tetrahydro-furan-2-carbonsäure] (*Hinz et al.*). Kp_9: 133—135°; D_4^{20}: 1,140; Viscosität bei 20°: 0,109 g·cm⁻¹·s⁻¹; n_D^{20}: 1,4670 [Präparat von *Moschkin*] (*Benediktowa, Ponomarew*, Trudy Sovešč. Vopr. Ispolz. Pentozan. Syrja Riga 1955 S. 341, 343; C. A. **1959** 11876).

VIII   IX

*Opt.-inakt. Tetrahydro-furan-2-carbonsäure-[3-tetrahydro[2]furyl-propylester] $C_{12}H_{20}O_4$, Formel IX.

B. Beim Erhitzen von (±)-Tetrahydro-furan-2-carbonsäure mit 3-Tetrahydro[2]furyl-propan-1-ol in Benzol oder 1,2-Dichlor-äthan unter Zusatz von Schwefelsäure oder Benzolsulfonsäure bis auf 130° (*Ponomarew et al.*, Naučn. Ežegodnik Saratovsk. Univ.

1954 491; C. A. **1960** 1481).

Kp_9: 173—175°. D_4^{20}: 1,0955. Viscosität bei 20°: 0,1457 g·cm⁻¹·s⁻¹. n_D^{20}: 1,4704.

(±)-Tetrahydro-furan-2-carbonsäure-chlorid, (±)-Tetrahydro-furan-2-carbonylchlorid $C_5H_7ClO_2$, Formel I (X = Cl).

B. Beim Erwärmen von (±)-Tetrahydro-furan-2-carbonsäure mit Phosphor(III)-chlorid (*Mooradian et al.*, Am. Soc. **71** [1949] 3372).

Kp_{30}: 80—81°. n_D^{25}: 1,4592.

Beim Aufbewahren erfolgt explosionsartige Zersetzung.

(±)-Tetrahydro-furan-2-carbonsäure-amid, (±)-Tetrahydro-furan-2-carbamid $C_5H_9NO_2$, Formel I (X = NH₂) (E I 435).

B. Bei der Hydrierung von Furan-2-carbamid an Palladium/Kohle in Äthanol bei Raumtemperatur (*Fieser et al.*, Am. Soc. **61** [1939] 1849, 1853) oder an Raney-Nickel in Äthylacetat bei 100°/70 at (*Paul, Hilly*, C. r. **208** [1939] 359, 360). Beim Behandeln von (±)-Tetrahydro-furan-2-carbonsäure-äthylester mit wss. Ammoniak (*House, Blaker*, Am. Soc. **80** [1958] 6389, 6391).

Krystalle; F: 78—79° [aus Ae.] (*Ho., Bl.*); 78—79° (*Paul, Hi.*). IR-Spektrum (Film; 2—12 μ): *Rogers, Williams*, Am. Soc. **60** [1938] 2619.

Beim Leiten über Silicagel bei 360—400° sind Tetrahydro-furan-2-carbonitril und 2,3-Dihydro-furan (*Wilson*, Soc. **1945** 58, 59), beim Leiten über einen Aluminiumsulfat enthaltenden Aluminiumphosphat-Katalysator bei 450° ist Penta-2,4-diennitril (*Du Pont de Nemours & Co.*, U.S.P. 2334192 [1941]) erhalten worden.

(±)-Tetrahydro-furan-2-carbonitril C_5H_7NO, Formel II (E II 262).

B. Beim Leiten des Dampfes von (±)-Tetrahydro-furan-2-carbonsäure-amid über mit Natriumdihydrogenphosphat und Phosphorsäure imprägnierten Bimsstein bei 400° (*Wilson*, Soc. **1945** 58, 59).

Kp_{10}: 71—73°.

Beim Leiten über Silicagel bei 500° sind 2,3-Dihydro-furan, Tetrahydrofuran und Cyclopropylidenacetonitril, beim Leiten über mit Natriumdihydrogenphosphat und Phosᵥ phorsäure imprägnierten Bimsstein bei 500° sind eine als Cyclopropyl-hydroxy-acetonitril angesehene Verbindung C_5H_7NO (Kp_{14}: 42—44°) und Cyanwasserstoff erhalten worden (*Wi.*, l. c. S. 60).

I   II   III   IV

(±)-Tetrahydro-furan-2-carbonsäure-hydrazid $C_5H_{10}N_2O_2$, Formel I (X = NH-NH₂).

B. Beim Erwärmen von (±)-Tetrahydro-furan-2-carbonsäure-äthylester mit wss. Hydrazin und Äthanol (*Meltzer et al.*, J. Am. pharm. Assoc. **42** [1953] 594, 597).

Kp_2: 112—113°.

*Opt.-inakt. 3-Chlor-tetrahydro-furan-2-carbonsäure $C_5H_7ClO_3$, Formel III (X = OH).

B. Beim Behandeln von opt.-inakt. 3-Chlor-tetrahydro-furan-2-carbonitril (Kp_{21}: 97° bis 99° bzw. Kp_{13}: 87° [S. 3829]) mit konz. wss. Salzsäure (*Reppe et al.*, A. **596** [1955] 1, 116; *Normant*, C. r. **229** [1949] 1348).

F: 92° [aus Bzl.] (*No.*), 91° (*Re. et al.*).

*Opt.-inakt. 3-Chlor-tetrahydro-furan-2-carbonsäure-methylester $C_6H_9ClO_3$, Formel III (X = O-CH₃).

B. Aus opt.-inakt. 3-Chlor-tetrahydro-furan-2-carbonitril [Kp_{13}: 87° (S. 3829)] (*Normant*, C. r. **229** [1949] 1348).

Kp_{15}: 98—99°. D_{18}^{13}: 1,262.

*Opt.-inakt. 3-Chlor-tetrahydro-furan-2-carbonsäure-äthylester $C_7H_{11}ClO_3$, Formel III (X = O-C₂H₅).

B. Beim Behandeln von opt.-inakt. 3-Chlor-tetrahydro-furan-2-carbonitril (Kp_{21}: 97°

bis 99° bzw. Kp_{13}: 87° [s. u.]) mit Schwefelsäure enthaltendem Äthanol (*Reppe et al.*, A. **596** [1955] 1, 116) bzw. mit Chlorwasserstoff enthaltendem Äthanol (*Cuvigny*, A. ch. [13] **1** [1956] 475, 489; s. a. *Normant*, C. r. **229** [1949] 1348).

Kp_{17}: 100—106° (*Re. et al.*). Kp_{13}: 103° (*Cu.*). Kp_{13}: 103—104°; D_{16}^{13}: 1,206 (*No.*).

*Opt.-inakt. 3-Chlor-tetrahydro-furan-2-carbonsäure-amid $C_5H_8ClNO_2$, Formel III (X = NH_2).

B. Aus opt.-inakt. 3-Chlor-tetrahydro-furan-2-carbonitril [Kp_{13}: 87° (s. u.)] (*Normant*, C. r. **229** [1949] 1348).

F: 91° (aus A.).

*Opt.-inakt. 3-Chlor-tetrahydro-furan-2-carbonitril C_5H_6ClNO, Formel IV.

B. Beim Erwärmen von opt.-inakt. 2,3-Dichlor-tetrahydro-furan (Kp_{20}: 62°) mit Kupfer(I)-cyanid auf 100° (*Reppe et al.*, A. **596** [1955] 1, 88, 116; s. a. *Normant*, C. r. **229** [1949] 1348).

Kp_{21}: 97—99° (*Re. et al.*). Kp_{13}: 87°; D_{16}^{11}: 1,263 (*No.*).

*Opt.-inakt. 2,3,4,5-Tetrachlor-tetrahydro-furan-2-carbonsäure-methylester $C_6H_6Cl_4O_3$, Formel V (R = CH_3).

B. Beim Behandeln einer Lösung von Furan-2-carbonsäure-methylester in Tetrachlor≠ methan mit Chlor (*Virginia Carolina Chem. Corp.*, U.S.P. 2811478 [1954]).

$Kp_{0,4}$: 91—93°. D_4^{20}: 1,573. n_D^{23}: 1,5035.

*Opt.-inakt. 2,3,4,5-Tetrachlor-tetrahydro-furan-2-carbonsäure-äthylester $C_7H_8Cl_4O_3$, Formel V (R = C_2H_5) (vgl. H 263).

B. Beim Behandeln einer Lösung von Furan-2-carbonsäure-äthylester in Tetrachlor≠ methan mit Chlor (*Virginia Carolina Chem. Corp.*, U.S.P. 2811478 [1954]; vgl. H 263).

$Kp_{0,07}$: 83—85°. n_D^{25}: 1,4934.

*Opt.-inakt. 2,3,4,5-Tetrachlor-tetrahydro-furan-2-carbonsäure-butylester $C_9H_{12}Cl_4O_3$, Formel V (R = $[CH_2]_3$-CH_3).

B. Beim Behandeln einer Lösung von Furan-2-carbonsäure-butylester in Tetrachlor≠ methan mit Chlor (*Virginia Carolina Chem. Corp.* U.S.P. 2811478 [1954]).

$Kp_{0,3}$: 99—101°. D_4^{20}: 1,345. n_D^{24}: 1,4858.

2,3,4,5-Tetrabrom-tetrahydro-furan-2-carbonsäure-äthylester $C_7H_8Br_4O_3$, Formel VI (vgl. H 263).

Diese Konstitution ist für die nachstehend beschriebene opt.-inakt. Verbindung in Betracht zu ziehen.

B. In kleiner Menge neben anderen Verbindungen beim Behandeln von Furan-2-carbon≠ säure-äthylester mit Brom bei —10° (*Obata*, J. agric. chem. Soc. Japan **16** [1940] 184; C. A. **1940** 5841; vgl. H 263).

Krystalle (aus Bzn.); F: 64,5—65°.

      V   VI   VII   VIII

(±)-Tetrahydro-thiophen-2-carbonsäure $C_5H_8O_2S$, Formel VII (X = OH) (H 263; E II 262).

B. Beim Erhitzen des Natrium-Salzes der (±)-2,5-Dichlor-valeriansäure mit Natrium≠ sulfid in Wasser (*Sacharkin, Kornewa*, Izv. Akad. S.S.S.R. Otd. chim. **1958** 852, 856; engl. Ausg. S. 828, 831). Beim Erhitzen von (±)-5-Chlor-2-mercapto-valeriansäure (aus 1,1,5-Trichlor-pent-1-en über Bis-[1-carboxy-4-chlor-butyl]-disulfid hergestellt) auf 160° (*Sa., Ko.*, l. c. S. 855). Beim Behandeln von (±)-5-Chlor-2-mercapto-valeriansäure-methylester mit wss. Natronlauge (*Sa., Ko.*, l. c. S. 855).

Krystalle; F: 53° [aus W.] (*Putochin, Egorowa*, Ž. obšč. Chim. **18** [1948] 1866, 1868;

C. A. **1949** 3817), 51—52° [aus PAe.] (*Sa., Ko.,* l. c. S. 855). Kp$_2$: 110—111° (*Sa., Ko.,* l. c. S. 856).

Silber-Salz AgC$_5$H$_7$O$_2$S (H 264). Krystalle (*Pu., Eg.*).

(±)-1,1-Dioxo-tetrahydro-1λ^6-thiophen-2-carbonsäure $C_5H_8O_4S$, Formel VIII.

B. Beim Behandeln von (±)-Tetrahydro-thiophen-2-carbonsäure mit wss. Natrium=carbonat-Lösung und Kaliumpermanganat (*Kögl, de Man,* Z. physiol. Chem. **269** [1941] 81, 93, 94).

F: 126—127°.

(±)-Tetrahydro-thiophen-2-carbonsäure-amid, (±)-Tetrahydro-thiophen-2-carbamid C_5H_9NOS, Formel VII (X = NH$_2$).

B. Beim Erwärmen von (±)-Tetrahydro-thiophen-2-carbonsäure mit Phosphor(III)-chlorid und Behandeln einer Lösung des erhaltenen Säurechlorids in Äther mit wss. Ammoniak (*Putochin, Egorowa,* Ž. obšč. Chim. **18** [1948] 1866, 1868; C. A. **1949** 3817).

Krystalle; F: 130—132°.

(±)-Tetrahydro-thiophen-2-carbonsäure-hydrazid $C_5H_{10}N_2OS$, Formel VII (X = NH-NH$_2$).

B. Beim Erwärmen von (±)-Tetrahydro-thiophen-2-carbonsäure-methylester oder von (±)-Tetrahydro-thiophen-2-carbonsäure-äthylester mit Hydrazin-hydrat und Äthanol (*Yale et al.,* Am. Soc. **75** [1953] 1933, 1938).

Krystalle (aus Bzl.); F: 81—83° (*Yale et al.,* l. c. S. 1935).

(±)-Tetrahydro-furan-3-carbonsäure $C_5H_8O_3$, Formel IX (X = OH).

Die Identität eines von *Ghosh, Raha* (Am. Soc. **76** [1954] 282; J. Indian chem. Soc. **31** [1954] 461) unter dieser Konstitution beschriebenen Präparats (F: 129—130°) ist ungewiss (*Boekelheide, Morrison,* Am. Soc. **80** [1958] 3905 Anm. 6).

B. Beim Erhitzen von (±)-Tetrahydro-furan-3-carbonsäure-methylester mit wss. Natronlauge (*Bo., Mo.,* l. c. S. 3907). Neben kleinen Mengen 4-Hydroxy-2-methyl-buttersäure-lacton bei der Hydrierung von Furan-3-carbonsäure an Raney-Nickel in wss. Natronlauge (*Bo., Mo.,* l. c. S. 3907). Bei der Hydrierung von Furan-3-carbonsäure an Palladium/Kohle in Essigsäure (*Arata et al.,* J. pharm. Soc. Japan **77** [1957] 232, 234; C. A. **1957** 11344).

Kp$_{15}$: 140°; n$_D^{25}$: 1,4600 (*Bo., Mo.*).

S-Benzyl-isothiuronium-Salz [C$_8$H$_{11}$N$_2$S]C$_5$H$_7$O$_3$. Krystalle (aus Acn.); F: 148° bis 148,5° (*Ar. et al.*).

(±)-Tetrahydro-furan-3-carbonsäure-methylester $C_6H_{10}O_3$, Formel IX (X = O-CH$_3$).

B. Bei der Hydrierung von 4,5-Dihydro-furan-3-carbonsäure-methylester an Palladium/Bariumsulfat bzw. an Raney-Nickel in Methanol (*Eugster, Waser,* Helv. **40** [1957] 888, 896; *Boekelheide, Morrison,* Am. Soc. **80** [1958] 3905, 3907).

Kp$_{15}$: 80° (*Bo., Mo.*); Kp$_{12}$: 61—65° (*Eu., Wa.*). n$_D^{25}$: 1,4370 (*Bo., Mo.*).

(±)-Tetrahydro-furan-3-carbonsäure-anilid, (±)-Tetrahydro-furan-3-carbanilid $C_{11}H_{13}NO_2$, Formel IX (X = NH-C$_6$H$_5$).

B. Beim Behandeln von (±)-Tetrahydro-furan-3-carbonsäure mit Thionylchlorid und anschliessend mit Anilin (*Boekelheide, Morrison,* Am. Soc. **80** [1958] 3905, 3907). Aus (±)-Tetrahydro-furan-3-carbonsäure-methylester mit Hilfe von Magnesium-anilid-bromid (*Bo., Mo.*).

Krystalle (nach Sublimation); F: 98—99°.

(±)-Tetrahydro-furan-3-carbonsäure-hydrazid $C_5H_{10}N_2O_2$, Formel IX (X = NH-NH$_2$).

B. Beim Erwärmen von (±)-Tetrahydrofuran-3-carbonsäure-methylester mit Hydrazin-hydrat und Äthanol (*Eugster, Waser,* Helv. **40** [1957] 888, 896).

Krystalle; F: 85,5—87°. Bei 100—110°/0,01 Torr destillierbar. Hygroskopisch.

(±)-Tetrahydro-thiophen-3-carbonsäure $C_5H_8O_2S$, Formel X.

B. Beim Erwärmen von (±)-4-Brom-2-brommethyl-buttersäure-methylester (aus

(±)-3-Hydroxymethyl-dihydro-furan-2-on hergestellt) mit Natriumsulfid-nonahydrat in Methanol und Erwärmen des Reaktionsgemisches mit wss. Natronlauge (*Claeson*, Ark. Kemi **12** [1958] 63, 66). Beim Erwärmen von Thiophen-3-carbonsäure mit wss. Natronlauge und Natrium-Amalgam (*Cl.*, l. c. S. 64).

Krystalle (aus PAe.); F: 59—61° (*Cl.*, l. c. S. 66). $Kp_{0,3}$: 95—97°.

IX   X   XI   XII

(±)-1,1-Dioxo-tetrahydro-$1\lambda^6$-thiophen-3-carbonitril $C_5H_7NO_2S$, Formel XI.

B. Beim Erwärmen von 2,3-Dihydro-thiophen-1,1-dioxid (E III/IV **17** 142) mit Cyanwasserstoff und wenig Kaliumcyanid (*Kurtz*, A. **572** [1951] 23, 60).

Krystalle (aus A.); F: 118°.

(±)-3-Oxiranyl-propionsäure-vinylester, (±)-4,5-Epoxy-valeriansäure-vinylester $C_7H_{10}O_3$, Formel XII (R = CH=CH$_2$).

B. Beim Erwärmen von Pent-4-ensäure-vinylester mit Peroxyessigsäure in Aceton oder Äthylacetat (*Frostick et al.*, Am. Soc. **81** [1959] 3350, 3355).

Kp_7: 72—73°; n_D^{30}: 1,4424 (*Fr. et al.*, l. c. S. 3352).

(±)-3-Oxiranyl-propionsäure-allylester, (±)-4,5-Epoxy-valeriansäure-allylester $C_8H_{12}O_3$, Formel XII (R = CH$_2$-CH=CH$_2$).

B. Beim Erwärmen von Pent-4-ensäure-allylester mit Peroxyessigsäure in Aceton oder Äthylacetat (*Frostick et al.*, Am. Soc. **81** [1959] 3350, 3355).

$Kp_{1,5}$: 68—69°; n_D^{30}: 1,4430 (*Fr. et al.*, l. c. S. 3352).

(±)-2-Äthyl-oxirancarbonitril, (±)-2-Äthyl-2,3-epoxy-propionitril C_5H_7NO, Formel I.

B. Beim Behandeln von (±)-2-Chlormethyl-2-hydroxy-butyronitril mit wss. Kalilauge (*Justoni, Terruzzi*, G. **78** [1948] 166, 173). Neben kleineren Mengen 4-Oxo-2-propionyl-hexannitril beim Behandeln von 1-Chlor-butan-2-on mit wss. Kaliumcyanid-Lösung (*Ju., Te.*, l. c. S. 170).

Kp: 152—153° (*Ju., Te.*, l. c. S. 173).

(±)-β,γ-Epoxy-isovaleriansäure-äthylester $C_7H_{12}O_3$, Formel II (X = H).

B. Neben grösseren Mengen 3-Methoxy-crotonsäure-äthylester (Stereoisomeren-Gemisch) bei 3-tägigem Behandeln von Acetessigsäure-äthylester mit Diazomethan in Äther und Methanol (*Arndt et al.*, B. **71** [1938] 1640, 1642).

Kp_1: 42°.

I   II   III   IV

(±)-γ-Chlor-β,γ'-epoxy-isovaleriansäure-äthylester $C_7H_{11}ClO_3$, Formel II (X = Cl).

B. Neben grösseren Mengen 4-Chlor-3-methoxy-ξ-crotonsäure-äthylester ($C_7H_{11}ClO_3$; nicht charakterisiert) bei mehrtägigem Behandeln von 4-Chlor-acetessigsäure-äthylester mit Diazomethan in Äther (*Arndt et al.*, Rev. Fac. Sci. Univ. Istanbul [A] **8** [1943] 122, 148, 149).

Kp_4: 87°.

(±)-*trans*-3-Äthyl-oxirancarbonsäure, (±)-*threo*-2,3-Epoxy-valeriansäure $C_5H_8O_3$, Formel III + Spiegelbild.

Die Konfigurationszuordnung ist auf Grund der genetischen Beziehung zu *trans*-Pent-2-ensäure (E III **2** 1300) erfolgt.

B. Als Natrium-Salz beim Behandeln von (±)-*erythro*(?)-2-Chlor-3-hydroxy-valeriansäure (F: 66° [E III **3** 611]) mit wss.-äthanol. Natronlauge (*Kögl, Veldstra*, A. **552** [1942] 1, 25).

Überführung in (±)-*erythro*(?)-3-Dimethylamino-2-hydroxy-valeriansäure (F: 200° [Zers.] [E III **4** 1657]) mit Hilfe von Dimethylamin in Wasser: *Kögl, Ve.*, l. c. S. 26.

Natrium-Salz $NaC_5H_7O_3$. Krystalle (aus A. + W.).

*Opt.-inakt. 3-Äthyl-oxirancarbonsäure-äthylester, 2,3-Epoxy-valeriansäure-äthylester $C_7H_{12}O_3$, Formel IV.

B. Beim Erwärmen von Pent-2-ensäure-äthylester (Stereoisomeren-Gemisch; Kp_{15} 52—53°; n_D^{30}: 1,42) mit Peroxyessigsäure in Äthylacetat (*MacPeek et al.*, Am. Soc. **81** [1959] 680, 682).

Kp_{15}: 80°. D^{20}: 1,0157. n_D^{30}: 1,4176.

2,3-Dimethyl-oxirancarbonitril, 2,3-Epoxy-2-methyl-butyronitril C_5H_7NO (H **3** 680; E II **18** 262; dort als α.β-Dimethyl-glycidsäure-nitril bezeichnet).

Über die Konfiguration der folgenden Stereoisomeren s. *Justoni, Terruzzi*, G. **78** [1948] 155, 157, 159; *Nagy*, Bl. Acad. Belgique [5] **54** [1968] 177, 181.

a) **(±)-2,3*c*-Dimethyl-oxiran-*r*-carbonitril, (2*RS*,3*SR*)-2,3-Epoxy-2-methyl-butyronitril** C_5H_7NO, Formel V (auf S. 3834) + Spiegelbild.

B. Neben dem unter b) beschriebenen Stereoisomeren beim Behandeln von (±)-3-Chlorbutan-2-on mit wss. Natriumcyanid-Lösung (*Justoni, Terruzzi*, G. **78** [1948] 155, 161; *Kano, Makizumi*, J. pharm. Soc. Japan **75** [1955] 465; C. A. **1956** 2606) oder mit wss. Kaliumcyanid-Lösung (*Gerbaux*, Mém. Acad. Belg. 8° **18** Nr. 4 [1939] 3, 19; vgl. H **3** 680) sowie beim Behandeln von opt.-inakt. 3-Chlor-2-hydroxy-2-methyl-butyronitril (Stereoisomeren-Gemisch; Kp_{22}: 107—117°; aus (±)-3-Chlor-butan-2-on mit Hilfe von Cyanwasserstoff hergestellt) mit wss. Kalilauge (*Ju., Te.*, l. c. S. 162). Beim Behandeln von (2*RS*,3*RS*)-2-Chlor-3-hydroxy-2-methyl-butyronitril (Kp_{10}: 85,4—85,6° [E III **3** 619]) mit wss. Kalilauge (*Ge.*, l. c. S. 32; *Inoff*, Bl. Acad. Belgique [5] **25** [1939] 632, 639).

Kp: 142° (*Ju., Te.*); Kp_{758}: 142—143°; Kp_{50}: 66,6—66,8°; D_4^{15}: 0,95038; D_4^{30}: 0,93511; $n_{656,3}^{15}$: 1,40434; $n_{656,3}^{30}$: 1,39763; n_D^{15}: 1,40639; n_D^{30}: 1,39954; $n_{486,1}^{15}$: 1,41141; $n_{486,1}^{30}$: 1,40446 (*Ge.*, l. c. S. 20). ¹H-NMR-Absorption von flüssigem sowie von in Deuteriochloroform, in Tetrachlormethan und in Benzol gelöstem (±)-2,3*c*-Dimethyl-oxiran-*r*-carbonitril: *Nagy*, Bl. Acad. Belgique [5] **54** [1968] 177, 179. Raman-Spektrum: *Ge.*, l. c. S. 22. UV-Absorption (Hexan) im Bereich von 215 nm bis 310 nm: *Ge.*, l. c. S. 23, 24. Azetrop mit Wasser: *Ju., Te.*, l. c. S. 162.

Reaktion mit Chlorwasserstoff unter Bildung von (2*RS*,3*RS*)-3-Chlor-2-hydroxy-2-methyl-butyronitril (Kp_{10}: 101,4—101,6° [E III **3** 618]): *Ge.*, l. c. S. 28. Beim Erwärmen mit konz. wss. Salzsäure auf 100° ist (2*RS*,3*RS*)-3-Chlor-2-hydroxy-2-methyl-buttersäure (F: 92° [E III **3** 617]) erhalten worden (*Ge.*, l. c. S. 24). Reaktion mit Ammoniak in Wasser unter Bildung von 2,3,5,6-Tetramethyl-piperazin-2,5-dicarbonitril (F: 203° [Zers.]): *Kano, Ma.* Bildung von (2*RS*,3*RS*)-2,3-Dihydroxy-2-methyl-butyronitril (F: 107,4—108° [E III **3** 864]) beim Erhitzen mit verd. wss. Natronlauge: *Ge.*, l. c. S. 26.

b) **(±)-2,3*t*-Dimethyl-oxiran-*r*-carbonitril, (2*RS*,3*RS*)-2,3-Epoxy-2-methyl-butyronitril** C_5H_7NO, Formel VI (auf S. 3834) + Spiegelbild.

B. Beim Behandeln von (2*RS*,3*SR*)-2-Chlor-3-hydroxy-2-methyl-butyronitril (Kp_{10}: 88—88,4° [E III **3** 619]) mit wss. Kalilauge (*Gerbaux*, Mem. Acad. Belg. 8° **18** Nr. 4 [1939] 3, 32). Weitere Bildungsweisen s. bei dem unter a) beschriebenen Stereoisomeren.

Kp: 154° (*Justoni, Terruzzi*, G. **78** [1948] 155, 161); Kp_{758}: 155—156°; Kp_{40}: 71—71,2° (*Ge.*, l. c. S. 20). D_4^{15}: 0,96022; D_4^{30}: 0,94498 (*Ge.*). $n_{656,3}^{15}$: 140941; $n_{656,3}^{30}$: 1,40326; n_D^{15}: 1,41150; n_D^{30}: 1,40539; $n_{486,1}^{15}$: 1,41669; $n_{486,1}^{30}$: 1,41026 (*Ge.*). ¹H-NMR-Spektrum einer Lösung in Tetrachlormethan sowie ¹H-NMR-Absorption von flüssigem und von in Deuterochloroform und in Benzol gelöstem (±)-2,3*t*-Dimethyl-oxiran-*r*-carbonitril: *Nagy*, Bl. Acad. Belgique [5] **54** [1968] 177, 179. Raman-Spektrum: *Ge.*, l. c. S. 22, 23. UV-Absorption

(Hexan) im Bereich von 200 nm bis 275 nm: *Ge.*, l. c. S. 23. Azeotrop mit Wasser: *Ju., Te.*, l. c. S. 162.

Reaktion mit Chlorwasserstoff unter Bildung von (2*RS*,3*SR*)-3-Chlor-2-hydroxy-2-methyl-butyronitril (Kp$_{10}$: 93,2—93,4° [E III **3** 617]): *Ge.*, l. c. S. 28. Beim Erwärmen mit konz. wss. Salzsäure ist (2*RS*,3*SR*)-3-Chlor-2-hydroxy-2-methyl-buttersäure (F: 75° [H **3** 325]; vgl. E III **3** 617]) erhalten worden (*Ge.*, l. c. S. 24). Bildung von (2*RS*,3*SR*)-2,3-Dihydroxy-2-methyl-butyronitril (F: 94,4—95,4° [E III **3** 864]) beim Erhitzen mit verd. wss. Natronlauge: *Ge.*, l. c. S. 26.

(±)-3,3-Dimethyl-oxirancarbonsäure, (±)-α,β-Epoxy-isovaleriansäure C$_5$H$_8$O$_3$,
Formel VII (R = H) (H 264; E II 262; dort als β.β-Dimethyl-glycidsäure bezeichnet).

B. Als Ammonium-Salz (s. u.) beim Behandeln von (±)-α-Chlor-β-hydroxy-isovalerian=säure mit flüssigem Ammoniak (*Abderhalden, Heyns,* B. **67** [1934] 530, 538).

Beim Erhitzen mit Wasser oder wss. Schwefelsäure sowie beim Behandeln mit kalter konz. Schwefelsäure sind α,β-Dihydroxy-isovaleriansäure sowie kleine Mengen Iso=butyraldehyd und α-Oxo-isovaleriansäure erhalten worden (*Hall, Walmsley,* Chem. and Ind. **1957** 760).

Ammonium-Salz [NH$_4$]C$_5$H$_7$O$_3$. Krystalle; F: 123—125° [Zers.; nach Erweichen bei 115°] (*Ab., He.*).

(±)-3,3-Dimethyl-oxirancarbonsäure-methylester, (±)-α,β-Epoxy-isovaleriansäure-methylester C$_6$H$_{10}$O$_3$, Formel VII (R = CH$_3$).

B. Neben Methoxyessigsäure-methylester beim Behandeln von Chloressigsäure-methylester mit Aceton und Natriummethylat in Methanol (*Culvenor et al.,* Soc. **1949** 2573, 2575).

Kp$_{20}$: 66—68°. n$_D^{23}$: 1,4180.

Bei 2-wöchigem bzw. 10-wöchigem Behandeln mit Thioharnstoff in Methanol ist 2-Am=ino-5-[α-hydroxy-isopropyl]-Δ²-thiazolin-4-on bzw. 2-Amino-5-isopropyliden-Δ²-thiazolin-4-on erhalten worden.

(±)-3,3-Dimethyl-oxirancarbonsäure-äthylester, (±)-α,β-Epoxy-isovaleriansäure-äthylester C$_7$H$_{12}$O$_3$, Formel VII (R = C$_2$H$_5$) (H 264; E I 436; E II 262; dort als β.β-Dimethyl-glycidsäure-äthylester bezeichnet).

B. Beim Behandeln eines Gemisches von Chloressigsäure-äthylester und Aceton mit Kalium-*tert*-butylat in *tert*-Butylalkohol (*Johnson et al.,* Am. Soc. **75** [1953] 4995, 4998) oder mit Natrium und Äther (*Rutowškiǐ, Daew,* Ž. russ. fiz.-chim. Obšč. **62** [1930] 2161, 2164; B. **64** [1931] 693, 697). Beim Erwärmen von 3-Methyl-crotonsäure-äthylester mit Peroxyessigsäure in Äthylacetat (*MacPeek et al.,* Am. Soc. **81** [1959] 680, 682).

Kp: 182—184° (*Ru., Daew*); Kp$_{50}$: 100° (*MacP. et al.*), 99—100° (*Danilow, Martynow,* Ž. obšč. Chim. **22** [1952] 1572, 1575; engl. Ausg. S. 1615, 1617); Kp$_{30}$: 87—89,5° (*Jo. et al.*). D$_4^{20}$: 1,0110 (*Da., Ma.*); D^{20}: 1,0059 (*MacP. et al.*). n$_D^{20}$: 1,4203 (*Da., Ma.*); n$_D^{25}$: 1,4181 (*Jo. et al.*); n$_D^{30}$: 1,4172 (*MacP. et al.*).

Beim Behandeln einer Lösung in Äthanol mit Bariumhydrogensulfid in Wasser unter Einleiten von Schwefelwasserstoff ist β-Hydroxy-α-mercapto-isovaleriansäure-äthylester erhalten worden (*Martynow, Rosepina,* Ž. obšč. Chim. **22** [1952] 1577, 1579; engl. Ausg. S. 1619). Reaktion mit Ammoniak in Wasser unter Bildung von β-Amino-α-hydroxy-isovaleriansäure-amid: *Da., Ma.* Bildung von 4-Acetyl-2,2-dimethyl-5-oxo-tetrahydro-furan-3-carbonsäure-äthylester (Kp$_{11}$: 150—152°) beim Behandeln mit Acetessigsäure-äthylester und Natriumäthylat in Äthanol: *Tschelinzew, Ošetrowa,* Ž. obšč. Chim. **7** [1937] 2373; C. **1938** II 845. Eine von *v. Schickh* (B. **69** [1936] 967, 971) beim Erhitzen mit Anilin auf 170° erhaltene Verbindung (F: 70—71°) ist als β-Anilino-α-hydroxy-isovalerian=säure-äthylester zu formulieren (*Martynow,* Sbornik Statei obšč. Chim. **1953** 378, 380; C. A. **1955** 997). Beim Erwärmen mit 2-Amino-thiophenol und äthanol. Kalilauge sind 4H-Benzo[b][1,4]thiazin-3-on, [2-Amino-phenylmercapto]-essigsäure und Aceton erhalten worden (*Culvenor et al.,* Soc. **1949** 278, 281, 282). Verhalten gegen Thioharnstoff und konz. Schwefelsäure (Bildung von α,β-Dihydroxy-isovaleriansäure-äthylester und wenig 2-Amino-5-isopropyliden-Δ²-thiazolin-4-on): *Durden et al.,* Am. Soc. **81** [1959] 1943, 1946.

$$\text{V} \qquad \text{VI} \qquad \text{VII} \qquad \text{VIII} \qquad \text{IX}$$

*Opt.-inakt. 3,3-Dimethyl-oxirancarbonsäure-[2-äthyl-hexylester], α,β-Epoxy-isovaleriansäure-[2-äthyl-hexylester] $C_{13}H_{24}O_3$, Formel VII
($R = CH_2\text{-}CH(C_2H_5)\text{-}[CH_2]_3\text{-}CH_3$).
B. Beim Behandeln von ($\pm$)-Chloressigsäure-[2-äthyl-hexylester] mit Aceton, Äther und Natriummethylat (*Newman et al.*, Am. Soc. **68** [1946] 2112, 2115).
$Kp_{0,5}$: 93—95°; n_D^{25}: 1,4361 (*Ne. et al.*, l. c. S. 2114).

($\pm$)-3,3-Dimethyl-oxirancarbonsäure-amid, ($\pm$)-α,β-Epoxy-isovaleriansäure-amid $C_5H_9NO_2$, Formel VIII ($R = X = H$).
B. Beim Behandeln von Chloressigsäure-amid mit Aceton und Natrium (*v. Schickh*, B. **69** [1936] 967, 970). Beim Behandeln von ($\pm$)-α,β-Epoxy-isovaleriansäure-äthylester mit wss. Ammoniak (*v. Sch.*).
Krystalle; F: 124—125° [unkorr.] (*Speziale, Frazier*, J. org. Chem. **26** [1961] 3176, 3181), 121° [aus Bzl.] (*v. Sch.*).
Eine von *v. Schickh* (l. c. S. 971) beim Erhitzen mit Anilin auf 120° erhaltene, ursprünglich als α-Anilino-β-hydroxy-isovaleriansäure-amid angesehene Verbindung (F: 102°) ist wahrscheinlich als β-Anilino-α-hydroxy-isovaleriansäure-amid (E III **12** 966) zu formulieren (vgl. die Reaktion von ($\pm$)-α,β-Epoxy-isovaleriansäure-äthylester [S. 3833] mit Anilin). Beim Erhitzen mit Harnstoff bis auf 200° ist 2,5,6-Trihydroxy-4,4-dimethyl-4,5-dihydro-pyrimidin (*v. Sch.*, l. c. S. 974), beim Erhitzen mit Phenylhydrazin bis auf 180° ist 4-Hydroxy-3,3-dimethyl-1-phenyl-pyrazolidin-5-on (*v. Sch.*, l. c. S. 973) erhalten worden.
Über ein beim Behandeln von Chloressigsäure-amid mit Aceton und Natriumäthylat erhaltenes, ebenfalls als ($\pm$)-3,3-Dimethyl-oxirancarbonsäure-amid formuliertes Präparat (Krystalle [aus A.], F: 85—87°; Kp_{15}: 127°) s. *Fourneau et al.*, J. pharm. Chim. [8] **19** [1934] 49, 52.

($\pm$)-3,3-Dimethyl-oxirancarbonsäure-diäthylamid, ($\pm$)-α,β-Epoxy-isovaleriansäure-diäthylamid $C_9H_{17}NO_2$, Formel VIII ($R = X = C_2H_5$).
B. Beim Behandeln von Chloressigsäure-diäthylamid mit Aceton und Natriumamid (*v. Schickh*, B. **69** [1936] 967, 971).
Kp_{13}: 122—124°.
Eine beim Erhitzen mit 8-Amino-6-methoxy-chinolin auf 150° erhaltene, ursprünglich als β-Hydroxy-α-[6-methoxy-[8]chinolylamino]-isovaleriansäure-diäthylamid angesehene Verbindung ($Kp_{0,8}$: 225—228°; Hydrochlorid, F: 170—171° [Zers.]) ist wahrscheinlich als α-Hydroxy-β-[6-methoxy-[8]chinolylamino]-isovaleriansäure-diäthylamid zu formulieren (vgl. die Reaktion von ($\pm$)-α,β-Epoxy-isovaleriansäure-äthylester [S. 3833] mit Anilin).

($\pm$)-3,3-Dimethyl-oxirancarbonsäure-[N-methyl-anilid], ($\pm$)-α,β-Epoxy-isovaleriansäure-[N-methyl-anilid] $C_{12}H_{15}NO_2$, Formel VIII ($R = C_6H_5$, $X = CH_3$).
B. Beim Behandeln von Chloressigsäure-[N-methyl-anilid] mit Aceton und Natrium (*Vasiliu et al.*, Anal. Univ. Bukarest Nr. 11 [1956] 127, 129; C. A. **1959** 10163).
Krystalle (aus A.); F: 72°.

($\pm$)-3,3-Dimethyl-oxirancarbonsäure-[N-äthyl-anilid], ($\pm$)-α,β-Epoxy-isovaleriansäure-[N-äthyl-anilid] $C_{13}H_{17}NO_2$, Formel VIII ($R = C_6H_5$, $X = C_2H_5$).
B. Beim Behandeln von Chloressigsäure-[N-äthyl-anilid] mit Aceton und Natrium (*Vasiliu et al.*, Anal. Univ. Bukarest Nr. 11 [1956] 127, 129; C. A. **1959** 10163).
Kp_3: 147°.

($\pm$)-3,3-Dimethyl-oxirancarbonitril, ($\pm$)-α,β-Epoxy-isovaleronitril C_5H_7NO, Formel IX.
B. Beim Behandeln von Chloracetonitril mit Aceton und mit Natriumäthylat in Äther,

anfangs bei −10° (*Martynow, Schtschelkunow,* Ž. obšč. Chim. **27** [1957] 1188, 1189; engl. Ausg. S. 1271).

Das nachstehend beschriebene Präparat ist vermutlich mit wenig 2-Chlor-3-methyl-crotononitril verunreinigt gewesen (*Martynow, Schtschelkunow,* Ž. obšč. Chim. **28** [1958] 3248, 3249; engl. Ausg. S. 3275, 3276). Kp_{10}: 40—40,5°; D_4^{20}: 0,9550; n_D^{20}: 1,4150 (*Ma., Sch.,* Ž. obšč. Chim. **27** 1190). IR-Spektrum (4,3—14,3 μ): *Ma., Sch.,* Ž. obšč. Chim. **28** 3250. Raman-Spektrum: *Ma., Sch.,* Ž. obšč. Chim. **28** 3252.

Beim Erhitzen mit wss.-äthanol. Schwefelsäure ist Isobutyraldehyd erhalten worden (*Ma., Sch.,* Ž. obšč. Chim. **28** 3252).   [*Winckler*]

Carbonsäuren $C_6H_{10}O_3$

(±)-Tetrahydro-pyran-2-carbonsäure $C_6H_{10}O_3$, Formel I (X = OH).

B. Beim Behandeln von (±)-Tetrahydro-pyran-2-carbaldehyd mit Silberoxid in Wasser (*Dumas, Rumpf,* C. r. **242** [1956] 2574). Beim Erhitzen von (±)-Tetrahydro-pyran-2-carbonitril mit wss. Natronlauge (*Nelson et al.,* J. org. Chem. **21** [1956] 798; *Zelinski, Yorka,* J. org. Chem. **23** [1958] 640). Bei der Hydrierung von 5,6-Dihydro-4*H*-pyran-2-carbonsäure an Platin in Äthylacetat (*Paul, Tchelitcheff,* Bl. **1952** 808, 812). Bei der Hydrierung von (±)-3,6-Dihydro-2*H*-pyran-2-carbonsäure an Platin in Äthanol (*Achmatowicz, Zamojski,* Croat. chem. Acta **29** [1957] 269, 272).

Kp_{24}: 144—147° (*Ne. et al.*). Kp_{20}: 142—145° (*Ze., Yo.*); Kp_{20}: 140—141° (*Paul, Tch.*). D_4^{20}: 1,161 (*Ne. et al.*). n_D^{20}: 1,4661 (*Ne. et al.*); n_D^{25}: 1,4620 (*Ze., Yo.*). Scheinbarer Dissoziationsexponent pK_a' (Wasser; potentiometrisch ermittelt) bei 20° bzw. bei 25°: 3,80 (*Du., Ru.*) bzw. 3,88 (*Ne. et al.*).

(±)-Tetrahydro-pyran-2-carbonsäure-äthylester $C_8H_{14}O_3$, Formel I (X = O-C_2H_5).

B. Beim Einleiten von Chlorwasserstoff in eine Lösung von (±)-Tetrahydro-pyran-2-carbonitril in Äthanol und Petroläther und Behandeln des Reaktionsprodukts mit wss. Äthanol (*Scherlin et al.,* Ž. obšč. Chim. **8** [1938] 22, 30; C. **1939** I 1971). Bei der Hydrierung von (±)-3,4-Dihydro-2*H*-pyran-2-carbonsäure-äthylester an Raney-Nickel (*Whetstone, Ballard,* Am. Soc. **73** [1951] 5280).

Kp_{19-20}: 101—103°; D_4^{21}: 1,0419; D_{21}^{21}: 1,0440; n_D^{21}: 1,4430 (*Sch. et al.*). Kp_{9-10}: 89,4—89,8°; n_D^{20}: 1,4439 (*Wh., Ba.*).

I   II   III   IV

(±)-Tetrahydro-pyran-2-carbonsäure-phenacylester $C_{14}H_{16}O_4$, Formel II (X = H).

B. Aus (±)-Tetrahydro-pyran-2-carbonsäure (*Zelinski, Yorka,* J. org. Chem. **23** [1958] 640).

F: 74—76°.

(±)-Tetrahydro-pyran-2-carbonsäure-[4-brom-phenacylester] $C_{14}H_{15}BrO_4$, Formel II (X = Br).

B. Aus (±)-Tetrahydro-pyran-2-carbonsäure (*Paul, Tchelitcheff,* Bl. **1952** 808, 812; *Achmatowicz, Zamojski,* Croat. chem. Acta **29** [1957] 269, 272).

Krystalle; F: 102° (*Paul, Tch.*), 101—102° [unkorr.; aus A.] (*Ach., Za.*).

(±)-Tetrahydro-pyran-2-carbonsäure-anilid, (±)-Tetrahydro-pyran-2-carbanilid $C_{12}H_{15}NO_2$, Formel I (X = NH-C_6H_5).

B. Aus (±)-Tetrahydro-pyran-2-carbonsäure (*Dumas, Rumpf,* C. r. **242** [1956] 2574). F: 122—123°.

(±)-Tetrahydro-pyran-2-carbonitril C_6H_9NO, Formel III.

B. Beim Einleiten von Chlorwasserstoff in 3,4-Dihydro-2*H*-pyran bei −10° und Erwärmen des Reaktionsgemisches mit Silbercyanid in Äther (*Nelson et al.,* J. org. Chem. **21**

[1956] 798). Beim Behandeln von (±)-2-Brom-tetrahydro-pyran mit Silbercyanid oder Quecksilber(II)-cyanid in Toluol (*Zelinski, Yorka*, J. org. Chem. **23** [1958] 640). Beim Erhitzen von (±)-Tetrahydro-pyran-2-carbaldehyd-oxim mit Acetanhydrid (*Scherlin et al.*, Ž. obšč. Chim. **8** [1938] 22, 30; C. **1939** I 1971).

Kp$_{22}$: 81,5°; D$_4^{20}$: 1,0128; n$_D^{20}$: 1,4425 (*Ne. et al.*). Kp$_{15}$: 77°; D$_4^{17}$: 1,0171; D$_{17}^{17}$: 1,0183; n$_D^{17}$: 1,4428 (*Sch. et al.*).

*Opt.-inakt. 2,3-Dibrom-tetrahydro-pyran-2-carbonsäure $C_6H_8Br_2O_3$, Formel IV.
B. Beim Behandeln von 5,6-Dihydro-4*H*-pyran-2-carbonsäure mit Brom in Tetrachlor= methan (*Paul, Tchelitcheff*, Bl. **1952** 808, 812).
Krystalle (aus CHCl$_3$); F: 160°.

(±)-Tetrahydro-pyran-3-carbonsäure $C_6H_{10}O_3$, Formel V (X = OH).
B. Beim Behandeln einer Lösung von (±)-Tetrahydro-pyran-3-carbaldehyd in Essig= säure mit Sauerstoff in Gegenwart von sog. Kobalt-acetylacetonat (*Shell Devel. Co.*, U.S.P. 2514156 [1946]). Bei der Behandlung von 5,6-Dihydro-2*H*-pyran-3-carbonsäure mit wss. Natronlauge und anschliessenden Hydrierung an Raney-Nickel bei 150°/250 at (*ICI*, D.B.P. 823601 [1951]; D.R.B.P. Org. Chem. 1950—1951 **6** 2404; s.a. *Dumas, Rumpf*, C. r. **242** [1956] 2574).
Kp$_{750}$: 257—258°; Kp$_{1,5}$: 104—105°; D$_4^{20}$: 1,685; n$_D^{20}$: 1,4655 (*ICI*). Kp$_1$: 79—81°; n$_D^{20}$: 1,4642 (*Shell Devel. Co.*). Scheinbarer Dissoziationsexponent pK$_a'$ (Wasser; potentio= metrisch ermittelt) bei 18°: 4,25 (*Du., Ru.*).

(±)-Tetrahydro-pyran-3-carbonsäure-[4-brom-phenacylester] $C_{14}H_{15}BrO_4$, Formel VI.
B. Aus (±)-Tetrahydro-pyran-3-carbonsäure (*Paul, Tchelitcheff*, Bl. **1952** 808, 812; *Hall*, Chem. and Ind. **1955** 1772).
Krystalle; F: 98° (*Paul, Tch.*), 97—98° [aus wss. A.] (*Hall*).

V   VI   VII

(±)-Tetrahydro-pyran-3-carbonsäure-anilid, (±)-Tetrahydro-pyran-3-carbanilid $C_{12}H_{15}NO_2$, Formel V (X = NH-C$_6$H$_5$).
B. Aus (±)-Tetrahydro-pyran-3-carbonsäure (*Hall*, Chem. and Ind. **1955** 1772; *Dumas, Rumpf*, C. r. **242** [1956] 2574).
Krystalle; F: 131—132° [aus wss. A.] (*Hall*), 131° (*Du., Ru.*).

Tetrahydro-pyran-4-carbonsäure $C_6H_{10}O_3$, Formel VII (X = OH) (E I 436).
F: 89° (*Hanousek, Prelog*, Collect. **4** [1932] 259, 263), 86,5—87° (*Stanfield, Daugherty*, Am. Soc. **81** [1959] 5167, 5169).
Bei der anodischen Oxydation des Kalium-Salzes in wss. Lösung sind Tetrahydro-pyran-4-ol, Tetrahydro-pyran-4-carbonsäure-tetrahydropyran-4-ylester und Octahydro-[4,4']bipyranyl erhalten worden (*Blood et al.*, Soc. **1952** 2268, 2270).

Tetrahydro-pyran-4-carbonsäure-methylester $C_7H_{12}O_3$, Formel VII (X = O-CH$_3$).
B. Beim Behandeln von Tetrahydro-pyran-4-carbonylchlorid mit Methanol (*Gibson, Johnson*, Soc. **1930** 2525, 2527).
Kp$_{16}$: 80,5—81°.

Tetrahydro-pyran-4-carbonsäure-äthylester $C_8H_{14}O_3$, Formel VII (X = O-C$_2$H$_5$).
B. Beim Behandeln von Tetrahydro-pyran-4-carbonsäure mit Chlorwasserstoff ent= haltendem Äthanol (*Hanousek, Prelog*, Collect. **4** [1932] 259, 263). Beim Behandeln von Tetrahydro-pyran-4-carbonylchlorid mit Äthanol (*Gibson, Johnson*, Soc. **1930** 2525, 2527).
Kp$_{12}$: 82,5° (*Gi., Jo.*). Kp$_{7-8}$: 100—101° (*Ha., Pr.*). D$_4^{13,6}$: 1,0455 (*Ha., Pr.*). n$_D^{12,4}$: 1,4475; n$_{656,3}^{12,4}$: 1,4444; n$_{486,1}^{12,4}$: 1,4499; n$_{434,0}^{12,4}$: 1,4544 (*Ha., Pr.*).

Tetrahydro-pyran-4-carbonsäure-tetrahydropyran-4-ylester $C_{11}H_{18}O_4$, Formel VIII.

B. Neben anderen Verbindungen bei der anodischen Oxydation des Kalium-Salzes der Tetrahydro-pyran-4-carbonsäure in wss. Lösung (*Blood*, Soc. **1952** 2268, 2270).

Kp_{15}: 163—165°. n_D^{25}: 1,4690.

Tetrahydro-pyran-4-carbonsäure-chlorid, Tetrahydro-pyran-4-carbonylchlorid $C_6H_9ClO_2$, Formel VII (X = Cl).

B. Beim Erwärmen von Tetrahydro-pyran-4-carbonsäure mit Thionylchlorid (*Gibson, Johnson*, Soc. **1930** 2525, 2527).

Kp_{21}: 93—95° (*Harnest, Burger*, Am. Soc. **65** [1943] 370); Kp_{16}: 85—86° (*Gi., Jo.*).

Tetrahydro-pyran-4-carbonsäure-amid, Tetrahydro-pyran-4-carbamid $C_6H_{11}NO_2$, Formel VII (X = NH_2).

B. Beim Behandeln von Tetrahydro-pyran-4-carbonsäure-methylester oder von Tetrahydro-pyran-4-carbonylchlorid mit wss. Ammoniak (*Gibson, Johnson*, Soc. **1930** 2525, 2528).

Krystalle (aus A.); F: 179°.

Tetrahydro-pyran-4-carbonsäure-anilid, Tetrahydro-pyran-4-carbanilid $C_{12}H_{15}NO_2$, Formel VII (X = $NH-C_6H_5$).

B. Beim Behandeln von Tetrahydro-pyran-4-carbonylchlorid mit Anilin und Äther (*Gibson, Johnson*, Soc. **1930** 2525, 2528).

Krystalle (aus wss. A.); F: 163°.

Tetrahydro-pyran-4-carbonsäure-ureid, [Tetrahydro-pyran-4-carbonyl]-harnstoff $C_7H_{12}N_2O_3$, Formel VII (X = $NH-CO-NH_2$).

B. Beim Erwärmen von 4-Allophanoyl-tetrahydro-pyran-4-carbonsäure unter 2 Torr auf 88° (*Stanfield, Daugherty*, Am. Soc. **81** [1959] 5167, 5170).

Krystalle (aus Isopropylalkohol); F: 239,5—240° [unkorr.].

N-Äthyl-N-[tetrahydro-pyran-4-carbonyl]-DL-alanin-dimethylamid $C_{13}H_{24}N_2O_3$, Formel VII (X = $N(C_2H_5)-CH(CH_3)-CO-N(CH_3)_2$).

B. Aus Tetrahydro-pyran-4-carbonylchlorid und N-Äthyl-DL-alanin-dimethylamid (*Geigy A.G.*, U.S.P. 2447587 [1944]).

$Kp_{0,13}$: 155—157°.

N-Äthyl-N-[tetrahydro-pyran-4-carbonyl]-DL-alanin-diäthylamid $C_{15}H_{28}N_2O_3$, Formel VII (X = $N(C_2H_5)-CH(CH_3)-CO-N(C_2H_5)_2$).

B. Aus Tetrahydro-pyran-4-carbonylchlorid und N-Äthyl-DL-alanin-diäthylamid (*Geigy A.G.*, U.S.P. 2447587 [1944]).

$Kp_{0,15}$: 156—157°.

(±)-2-[Äthyl-(tetrahydro-pyran-4-carbonyl)-amino]-buttersäure-dimethylamid $C_{14}H_{26}N_2O_3$, Formel VII (X = $N(C_2H_5)-CH(C_2H_5)-CO-N(CH_3)_2$).

B. Aus Tetrahydro-pyran-4-carbonylchlorid und (±)-2-Äthylamino-buttersäure-dimethylamid (*Geigy A.G.*, U.S.P. 2447587 [1944]).

$Kp_{0,13}$: 157°.

(±)-2-[Äthyl-(tetrahydro-pyran-4-carbonyl)-amino]-buttersäure-diäthylamid $C_{16}H_{30}N_2O_3$, Formel VII (X = $N(C_2H_5)-CH(C_2H_5)-CO-N(C_2H_5)_2$).

B. Aus Tetrahydro-pyran-4-carbonylchlorid und (±)-2-Äthylamino-buttersäure-diäthylamid (*Geigy A.G.*, U.S.P. 2447587 [1944]).

$Kp_{0,35}$: 173—175°.

(±)-2-[Propyl-(tetrahydro-pyran-4-carbonyl)-amino]-buttersäure-dimethylamid $C_{15}H_{28}N_2O_3$, Formel VII (X = $N(CH_2-CH_2-CH_3)-CH(C_2H_5)-CO-N(CH_3)_2$).

B. Aus Tetrahydro-pyran-4-carbonylchlorid und (±)-2-Propylamino-buttersäure-dimethylamid (*Geigy A.G.*, U.S.P. 2447587 [1944]).

$Kp_{0,3}$: 175—176°.

VIII   IX   X   XI

Tetrahydro-pyran-4-carbonitril C_6H_9NO, Formel IX.

B. Beim Erhitzen von Tetrahydro-pyran-4-carbonsäure-amid mit Phosphor(V)-oxid unter 20 Torr bis auf 280° (*Harnest, Burger*, Am. Soc. **65** [1943] 370). Beim Erhitzen von 4-Cyan-tetrahydro-pyran-4-carbonsäure bis auf 200° (*Gibson, Johnson*, Soc. **1930** 2525, 2529).

Kp$_{25}$: 100—102°; Kp$_{17}$: 91—95° (*Ha., Bu.*); Kp$_{10}$: 82—83° (*Henze, McKee*, Am. Soc. **64** [1942] 1672). D$_4^{20}$: 1,0343 (*He., McKee*). Oberflächenspannung bei 20°: 40,7 g·s^{-2} (*He., McKee*). n$_D^{20}$: 1,4521 (*He., McKee*).

Tetrahydro-pyran-4-thiocarbonsäure-S-äthylester $C_8H_{14}O_2S$, Formel VII (X = S-C$_2$H$_5$) auf S. 3836.

B. Beim Behandeln von Tetrahydro-pyran-4-carbonylchlorid mit Blei(II)-äthanthiolat in Äther oder Benzol (*Kushner et al.*, Am. Soc. **77** [1955] 1152, 1154).

Kp$_{760}$: 240—245°.

Tetrahydro-thiopyran-4-carbonsäure $C_6H_{10}O_2S$, Formel X (X = OH).

B. Beim Erhitzen von Tetrahydro-thiopyran-4-carbonsäure-äthylester mit wss. Salz=säure (*Prelog, Cerkovnikov*, A. **537** [1939] 214, 216).

Krystalle (aus W.); F: 111,5—112,5°.

1,1-Dioxo-tetrahydro-1λ^6-thiopyran-4-carbonsäure $C_6H_{10}O_4S$, Formel XI.

B. Beim Behandeln von Tetrahydro-thiopyran-4-carbonsäure oder von (±)-1-Tetra=hydrothiopyran-4-yl-äthan-1,2-diol mit wss. Kaliumpermanganat-Lösung (*Cockburn, McKay*, Am. Soc. **76** [1954] 5703).

Krystalle (aus Acn. + PAe.); F: 195—196° [korr.; im vorgeheizten Block].

Tetrahydro-thiopyran-4-carbonsäure-äthylester $C_8H_{14}O_2S$, Formel X (X = O-C$_2$H$_5$).

B. Beim Erhitzen von 4-Brom-2-[2-brom-äthyl]-buttersäure-äthylester mit Kalium=sulfid in Äthanol (*Prelog, Cerkovnikov*, A. **537** [1939] 214, 216).

Kp$_{15}$: 118—120°.

Tetrahydro-thiopyran-4-carbonsäure-chlorid, Tetrahydro-thiopyran-4-carbonylchlorid C_6H_9ClOS, Formel X (X = Cl).

B. Beim Behandeln von Tetrahydro-thiopyran-4-carbonsäure mit Thionylchlorid (*Cockburn, McKay*, Am. Soc. **76** [1954] 5703).

Kp$_{10}$: 100—101°.

Tetrahydro-thiopyran-4-carbonsäure-amid, Tetrahydro-thiopyran-4-carbamid $C_6H_{11}NOS$, Formel X (X = NH$_2$).

B. Beim Behandeln von Tetrahydro-thiopyran-4-carbonylchlorid mit wss. Ammoniak (*Prelog, Cerkovnikov*, A. **537** [1939] 214, 216; *Cockburn, McKay*, Am. Soc. **76** [1954] 5703).

Krystalle (*Pr., Ce.*); F: 190,5—191° [korr.] (*Co., McKay*), 184,5° [aus A.] (*Pr., Ce.*).

Tetrahydro-thiopyran-4-carbonsäure-diäthylamid, N,N-Diäthyl-tetrahydro-thiopyran-4-carbamid $C_{10}H_{19}NOS$, Formel X (X = N(C$_2$H$_5$)$_2$).

B. Beim Erwärmen von Tetrahydro-thiopyran-4-carbonylchlorid mit Diäthylamin und Benzol (*Prelog, Cerkovnikov*, A. **537** [1939] 214, 217).

Krystalle (aus Bzn.); F: 47,5—48,5°. Bei 113—115°/0,02 Torr destillierbar.

(±)-Tetrahydro[2]furyl-essigsäure $C_6H_{10}O_3$, Formel I.

B. Beim Erwärmen von (±)-Tetrahydro[2]furyl-acetonitril mit wss.-äthanol. Kalilauge (*Barger et al.*, Soc. **1937** 718, 721). Bei der Behandlung von [2]Furylessigsäure mit wss. Natronlauge und anschliessenden Hydrierung an Palladium/Kohle (*Pelizzoni, Jommi*, Ann. Chimica **49** [1959] 1461).

Kp$_{16}$: 144—146° (*Ba. et al.*); Kp$_{11}$: 140° (*Ba. et al.*). n$_D^{25}$: 1,4563 (*Pe., Jo.*).

(±)-Tetrahydro[2]furyl-acetonitril C_6H_9NO, Formel II.

B. Beim Erwärmen von (±)-Tetrahydrofurfurylbromid mit Kaliumcyanid in wss. Äthanol (*Barger et al.*, Soc. **1937** 718, 720). Bei mehrtägigem Erwärmen von (±)-Methan≠ sulfonsäure-tetrahydrofurfurylester mit Kaliumcyanid (*Zief et al.*, Am. Soc. **68** [1946] 2743).

Kp_{13}: 92,5°; n_D^{13}: 1,4476 (*Ba. et al.*). Kp_2: 45°; n_D^{15}: 1,4490 (*Zief et al.*).

*Opt.-inakt. [3-Chlor-tetrahydro-[2]furyl]-essigsäure-methylester $C_7H_{11}ClO_3$, Formel III (X = O-CH₃).

B. Beim Erwärmen von opt.-inakt. [3-Chlor-tetrahydro-[2]furyl]-acetylchlorid (s. u.) mit Methanol (*Kratochvil, Frejka*, Chem. Listy **52** [1958] 152; C. A. **1958** 16329).

Kp_{10}: 108,5—109°. D_{10}^{20}: 1,2590. n_D^{20}: 1,4648.

       I   II   III   IV

*Opt.-inakt. [3-Chlor-tetrahydro-[2]furyl]-acetylchlorid $C_6H_8Cl_2O_2$, Formel III (X = Cl).

B. Beim Einleiten von Keten in eine mit Zinkchlorid versetzte Lösung von opt.-inakt. 2,3-Dichlor-tetrahydro-furan (durch Behandlung von Tetrahydrofuran mit Chlor in Tetrachlormethan hergestellt) in Äther (*Kratochvil, Frejka*, Chem. Listy **52** [1958] 152; C. A. **1958** 16329).

Kp_{11}: 105—105,5°. D_{20}^{20}: 1,2694. n_D^{20}: 1,4876.

(±)-Tetrahydro[3]furyl-essigsäure $C_6H_{10}O_3$, Formel IV (R = H).

B. Aus (±)-Tetrahydro[3]furyl-essigsäure-äthylester (*Paul, Tchelitcheff*, C. r. **244** [1957] 2806).

Kp_2: 111—113°. D_4^{22}: 1,163. n_D^{22}: 1,4603.

(±)-Tetrahydro[3]furyl-essigsäure-äthylester $C_8H_{14}O_3$, Formel IV (R = C₂H₅).

B. Bei der Hydrierung von opt.-inakt. 2-Oxa-bicyclo[3.1.0]hexan-6-carbonsäure-äthylester (Kp_{10}: 95—97°; $n_D^{22,5}$: 1,4661 [S. 3884]) an Raney-Nickel bei 100°/50 at (*Paul, Tchelitcheff*, C. r. **244** [1957] 2806).

Kp_{10}: 91—93°. $D_4^{26,5}$: 1,045. $n_D^{26,5}$: 1,4351.

(±)-Tetrahydro[3]furyl-essigsäure-[4-brom-phenacylester] $C_{14}H_{15}BrO_4$, Formel V.

B. Aus (±)-Tetrahydro[3]furyl-essigsäure (*Paul, Tchelitcheff*, C. r. **244** [1957] 2806).

F: 66°.

(±)-2-Methyl-tetrahydro-furan-2-carbonsäure $C_6H_{10}O_3$, Formel VI.

B. Beim Erwärmen von (±)-2-Methyl-tetrahydro-furan-2-carbonitril mit wss.-äthanol. Kalilauge (*Justoni, Terruzzi*, G. **80** [1950] 259, 266). Beim Behandeln von (±)-2-But-3-en-1-inyl-2-methyl-tetrahydro-furan mit Kaliumpermanganat in Wasser (*Nasarow, Torgow*, Ž. obšč. Chim. **18** [1948] 1480, 1483, 1489; C. A. **1949** 2162).

Kp_{762}: 220—221°; Kp_{16}: 112° (*Ju., Te.*). $Kp_{2,5}$: 81—84°; D_4^{20}: 1,1417; n_D^{20}: 1,4520 (*Na., To.*).

       V   VI   VII

(±)-2-Methyl-tetrahydro-furan-2-carbonitril C_6H_9NO, Formel VII.

B. Beim Behandeln von 5-Chlor-pentan-2-on mit Kaliumcyanid in Wasser (*Justoni, Terruzzi*, G. **80** [1950] 259, 265).

Kp_{750}: 167—169°; Kp_{17}: 61—62°.

*Opt.-inakt. 5-Methyl-tetrahydro-furan-2-carbonsäure-methylester $C_7H_{12}O_3$, Formel VIII.

B. Bei der Hydrierung von 5-Methyl-furan-2-carbonsäure-methylester an Nickel/Chrom=
oxid in Methanol bei 160°/150 at (*Mndshojan et al.*, Doklady Akad. Armjansk. S.S.R.
25 [1957] 277, 278; C. A. **1958** 12835).

Kp_{11}: 83—86°. D_4^{20}: 1,0509. n_D^{20}: 1,4350.

VIII   IX   X

(±)-*cis*(?)-5-Chlormethyl-tetrahydro-furan-2-carbonsäure-äthylester $C_8H_{13}ClO_3$, vermutlich Formel IX + Spiegelbild.

B. Beim Behandeln von (±)-*cis*(?)-5-Hydroxymethyl-tetrahydro-furan-2-carbonsäure-
äthylester (n_D^{17}: 1,4540) mit Thionylchlorid und Pyridin (*Haworth et al.*, Soc. **1945** 1, 3).
Bei 82°/0,02 Torr destillierbar. n_D^{25}: 1,4585.

(±)-4-Oxiranyl-buttersäure-allylester, (±)-5,6-Epoxy-hexansäure-allylester $C_9H_{14}O_3$,
Formel X.

B. Beim Erwärmen von Hex-5-ensäure-allylester mit Peroxyessigsäure in Aceton oder
Äthylacetat (*Frostick et al.*, Am. Soc. **81** [1959] 3350, 3352, 3355).

$Kp_{0,3}$: 66—68°. n_D^{30}: 1,4450.

(±)-2-Propyl-oxirancarbonitril, (±)-2,3-Epoxy-2-propyl-propionitril C_6H_9NO, Formel XI.

B. Beim Behandeln von (±)-2-Chlormethyl-2-hydroxy-valeronitril mit wss. Kalilauge
(*Justoni, Terruzzi*, G. **78** [1948] 166, 174).

Kp: 172°.

**(±)-*trans*(?)-3-Propyl-oxirancarbonsäure-äthylester, (±)-*threo*(?)-2,3-Epoxy-hexansäure-
äthylester** $C_8H_{14}O_3$, vermutlich Formel XII + Spiegelbild (E II 263; dort als β-Propyl-
glycidsäure-äthylester bezeichnet).

Konfigurationszuordnung: *English, Heywood*, Am. Soc. **77** [1955] 4661.

Kp_{19}: 97—98°; D_4^{20}: 0,9789; n_D^{20}: 1,4327 (*Martynow, Ol'man*, Ž. obšč. Chim. **25** [1955]
1561, 1563; engl. Ausg. S. 1519, 1521). Kp_{12}: 91—92°; n_D^{25}: 1,4322 (*En., He.*, l. c. S. 4662).

Beim Erwärmen mit wss. Kalilauge ist *erythro*-2,3-Dihydroxy-hexansäure (F: 97—98°)
erhalten worden (*En., He.*).

(±)-2-Isopropyl-oxirancarbonitril, (±)-2,3-Epoxy-2-isopropyl-propionitril C_6H_9NO,
Formel XIII.

B. Als Hauptprodukt beim Behandeln von 1-Chlor-3-methyl-butan-2-on mit Kalium=
cyanid in Wasser (*Justoni, Terruzzi*, G. **78** [1948] 166, 175).

Kp: 161—162°.

XI   XII   XIII   XIV

*Opt.-inakt. 3,4-Epoxy-2,3-dimethyl-buttersäure-äthylester $C_8H_{14}O_3$, Formel XIV.

B. Beim Behandeln einer Lösung von opt.-inakt. 4-Chlor-3-hydroxy-2,3-dimethyl-
buttersäure-äthylester (Kp_9: 103—105° [E III **3** 637]) in Äther mit wss. Kalilauge

(*Arndt et al.*, B. **74** [1941] 1460, 1464).
     Kp_5: 62—63°.

---

*Opt.-inakt. 3-Isopropyl-oxirancarbonsäure-äthylester, 2,3-Epoxy-4-methyl-valeriansäure-
äthylester $C_8H_{14}O_3$, Formel I.
     B. Beim Behandeln von Isobutyraldehyd mit Chloressigsäure-äthylester und Natrium=
äthylat in Äther (*Martynow, Ol'man*, Ž. obšč. Chim. **25** [1955] 1561, 1564; engl. Ausg.
S. 1519, 1521).
     Kp_{13}: 86—87,5°. D_4^{20}: 1,0024. n_D^{20}: 1,4313.

3-Äthyl-2-methyl-oxirancarbonitril, 2,3-Epoxy-2-methyl-valeronitril C_6H_9NO.
     Über die Konfiguration der folgenden Stereoisomeren s. *Justoni, Terruzzi*, G. **78**
[1948] 155, 159.
     a) (±)-3c(?)-**Äthyl-2-methyl-oxiran-*r*-carbonitril, (2RS,3SR?)-2,3-Epoxy-2-methyl-
valeronitril** C_6H_9NO, vermutlich Formel II + Spiegelbild.
     B. Neben dem unter b) beschriebenen Stereoisomeren beim Behandeln von (±)-3-Chlor-
pentan-2-on mit Kaliumcyanid in Wasser (*Justoni, Terruzzi*, G. **78** [1948] 155, 162).
     Kp: 156°.

I   II   III   IV   V

     b) (±)-3t(?)-**Äthyl-2-methyl-oxiran-*r*-carbonitril, (2RS,3RS?)-2,3-Epoxy-2-methyl-
valeronitril** C_6H_9NO, vermutlich Formel III + Spiegelbild.
     B. s. bei dem unter a) beschriebenen Stereoisomeren.
     Kp: 163—164° (*Justoni, Terruzzi*, G. **78** [1948] 155, 163).

2-Äthyl-3-methyl-oxirancarbonitril, 2-Äthyl-2,3-epoxy-butyronitril C_6H_9NO.
     Über die Konfiguration der folgenden Stereoisomeren s. *Justoni, Terruzzi*, G. **78** [1948]
155, 159.
     a) (±)-2-**Äthyl-3c(?)-methyl-oxiran-*r*-carbonitril, (2RS,3SR?)-2-Äthyl-2,3-epoxy-
butyronitril** C_6H_9NO, vermutlich Formel IV + Spiegelbild.
     B. Neben dem unter b) beschriebenen Stereoisomeren beim Behandeln von (±)-2-Chlor-
pentan-3-on mit Kaliumcyanid in Wasser, anfangs bei —20° (*Justoni, Terruzzi*, G. **78**
[1948] 155, 163).
     Kp: 155—156°.
     b) (±)-2-**Äthyl-3t(?)-methyl-oxiran-*r*-carbonitril, (2RS,3RS?)-2-Äthyl-2,3-epoxy-
butyronitril** C_6H_9NO, vermutlich Formel V + Spiegelbild.
     B. s. bei dem unter a) beschriebenen Stereoisomeren.
     Kp: 164° (*Justoni, Terruzzi*, G. **78** [1948] 155, 164).

---

*Opt.-inakt. 3-Äthyl-3-methyl-oxirancarbonsäure-äthylester, 2,3-Epoxy-3-methyl-
valeriansäure-äthylester $C_8H_{14}O_3$, Formel VI (X = O-C_2H_5) (vgl. H 265; E II 263; dort
als β-Methyl-β-äthyl-glycidsäure-äthylester bezeichnet).
     B. Beim Behandeln von Butanon mit Chloressigsäure-äthylester und Natriumäthylat
ohne Lösungsmittel (*Linstead, Mann*, Soc. **1930** 2064, 2070) oder in Äther (*Sjolander et al.*,
Am. Soc. **76** [1954] 1085).
     Kp_{17}: 91—95° (*Li., Mann*). Kp_{2-3}: 60—64°; n_D^{21}: 1,4255 (*Sj. et al.*).
     Beim Behandeln mit Äthanol und Natrium ist 3-Methyl-pentan-1,3-diol als Haupt-
produkt erhalten worden (*Pfau, Plattner*, Helv. **15** [1932] 1250, 1256, 1263; vgl. E II 263).

*Opt.-inakt. 3-Äthyl-3-methyl-oxirancarbonsäure-[*N*-methyl-anilid], 2,3-Epoxy-3-methyl-valeriansäure-[*N*-methyl-anilid] $C_{13}H_{17}NO_2$, Formel VI (X = N(CH$_3$)-C$_6$H$_5$).
  B. Beim Behandeln von Butanon mit Chloressigsäure-[*N*-methyl-anilid] und Natrium (*Vasiliu et al.*, Anal. Univ. Bukarest Nr. 11 [1956] 127, 129; C. A. **1959** 10163).
  Kp$_{12}$: 170°.

*Opt.-inakt. 3-Äthyl-3-methyl-oxirancarbonsäure-*p*-toluidid, 2,3-Epoxy-3-methyl-valeriansäure-*p*-toluidid $C_{13}H_{17}NO_2$, Formel VII.
  B. Beim Behandeln von Butanon mit Chloressigsäure-*p*-toluidid und Natrium (*Vasiliu et al.*, Anal. Univ. Bukarest Nr. 11 [1956] 127, 130; C. A. **1959** 10163).
  Krystalle; F: 254°.

VI   VII   VIII   IX

*Opt.-inakt. 3-Äthyl-3-methyl-oxirancarbonitril, 2,3-Epoxy-3-methyl-valeronitril C_6H_9NO, Formel VIII.
  B. Beim Behandeln von Butanon mit Chloracetonitril und Natriumäthylat (*Martynow, Schtschelkunow*, Ž. obšč. Chim. **27** [1957] 1188, 1190; engl. Ausg. S. 1271).
  Kp$_{10}$: 46—46,5°. D$_4^{20}$: 0,9420. n$_D^{20}$: 1,4215.

3,4-Epoxy-3-methyl-valeriansäure-methylester $C_7H_{12}O_3$.

  a) **(3*RS*,4*SR*)-3,4-Epoxy-3-methyl-valeriansäure-methylester** $C_7H_{12}O_3$, Formel IX + Spiegelbild.
  B. Beim Erwärmen von (3*RS*,4*RS*)-4-Chlor-3-hydroxy-3-methyl-valeriansäure-lacton (E III/IV **17** 4200) mit Natriummethylat in Methanol (*Cornforth*, Soc. **1959** 4052, 4057).
  Kp$_{16}$: 65—67°. n$_D^{21}$: 1,4230.
  Beim Behandeln mit Kaliumjodid und Natriumacetat in einem Gemisch von Propionsäure und Essigsäure und Erwärmen des Reaktionsprodukts mit Zinn(II)-chlorid und Phosphorylchlorid in Pyridin ist 3-Methyl-pent-3*c*-ensäure-methylester erhalten worden.

  b) **(3*RS*,4*RS*)-3,4-Epoxy-3-methyl-valeriansäure-methylester** $C_7H_{12}O_3$, Formel X + Spiegelbild.
  B. Beim Erwärmen von (3*RS*,4*SR*)-4-Chlor-3-hydroxy-3-methyl-valeriansäure-lacton (E III/IV **17** 4200) mit Natriummethylat in Methanol (*Cornforth*, Soc. **1959** 4052, 4056).
  Kp$_{16}$: 69—72°. n$_D^{21}$: 1,4230.
  Beim Behandeln mit Kaliumjodid und Natriumacetat in einem Gemisch von Propionsäure und Essigsäure und Erwärmen des Reaktionsprodukts mit Zinn(II)-chlorid und Phosphorylchlorid in Pyridin ist 3-Methyl-pent-3*t*-ensäure-methylester erhalten worden.

X   XI   XII   XIII

3,4-Epithio-3-methyl-valeriansäure-äthylester $C_8H_{14}O_2S$, Formel XI.
  Eine opt.-inakt. Verbindung dieser Konstitution hat möglicherweise in dem nachstehend beschriebenen, von *Durden et al.* (Am. Soc. **81** [1959] 1943, 1946) als 2,3-Epithio-3-methyl-valeriansäure-äthylester angesehenen Präparat vorgelegen (*Owen et al.*, Soc. **1962** 502, 503).
  B. In kleiner Menge beim Behandeln von opt.-inakt. 3,4(?)-Epoxy-3-methyl-valeriansäure-äthylester (aus 3-Methyl-pent-3(?)-ensäure-äthylester mit Hilfe von Peroxyessigsäure hergestellt [vgl. *Owen et al.*]) mit Thioharnstoff und wss. Schwefelsäure (*Du. et al.*).

Kp_7: $77-79°$; n_D^{23}: 1,4683 (*Du. et al.*).

(±)-Trimethyl-oxirancarbonsäure-äthylester, (±)-2,3-Epoxy-2,3-dimethyl-buttersäure-äthylester $C_8H_{14}O_3$, Formel XII (H 265; E I 436; dort auch als Trimethylglycidsäure-äthylester bezeichnet).

B. Beim Behandeln von (±)-2-Brom-propionsäure-äthylester mit Aceton und Kalium-*tert*-butylat in *tert*-Butylalkohol (*Morris, Young*, Am. Soc. **77** [1955] 6678).

Kp_4: 60°. D_4^0: 1,0105; D_4^{20}: 0,9897. n_D^{20}: 1,4230.

(±)-Trimethyl-oxirancarbonitril, (±)-2,3-Epoxy-2,3-dimethyl-butyronitril C_6H_9NO, Formel XIII.

B. Beim Behandeln von 3-Chlor-3-methyl-butan-2-on mit Kaliumcyanid in Wasser (*Delbaere*, Bl. Soc. chim. Belg. **51** [1942] 1, 4; *Justoni, Terruzzi*, G. **78** [1948] 155, 164).

Kp_{747}: 157,8°; D_4^{20}: 0,9314; n_D^{20}: 1,41334; $n_{656,3}^{20}$: 1,41121; $n_{486,1}^{20}$: 1,41850 (*De.*). Kp: 156,5°; Kp_{50}: 78°; Kp_{40}: 74°; Kp_{30}: 67—68° (*Ju., Te.*).

Carbonsäuren $C_7H_{12}O_3$

Tetrahydropyran-2-yl-essigsäure $C_7H_{12}O_3$.

a) **(−)-Tetrahydropyran-2-yl-essigsäure** $C_7H_{12}O_3$, Formel I (X = OH) oder Spiegelbild.

Partiell racemische Präparate (a) Krystalle [aus Bzn.], F: 37—38°; $[\alpha]_D^{27}$: −5,7° [A.]; b) F: 36—37°; $[\alpha]_D^{25}$: −4,5° [A.]) sind aus dem unter b) beschriebenen Racemat über das Chinin-Salz ($C_{20}H_{24}N_2O_2 \cdot C_7H_{12}O_3$; Krystalle [aus Bzl.], F: 162—163°; $[\alpha]_D^{27}$: −136,3° [A.]) bzw. über das (S)-2-Methylamino-1-phenyl-propan-Salz (,,(+)-Desoxy-ephedrin-Salz''; $C_{10}H_{15}N \cdot C_7H_{12}O_3$; Krystalle [aus Butanon], F: 103—104°; $[\alpha]_D^{25}$: +2,0° [A.]) erhalten worden (*Zelinski et al.*, Am. Soc. **74** [1952] 1504).

b) **(±)-Tetrahydropyran-2-yl-essigsäure** $C_7H_{12}O_3$, Formel I (X = OH) + Spiegelbild.

B. Beim Behandeln von (±)-2-Acetoxy-tetrahydro-pyran mit Keten und Zinkchlorid und Behandeln des Reaktionsprodukts mit wss. Kaliumcarbonat-Lösung (*Eastman Kodak Co.*, U.S.P. 2798080 [1956]). Beim Erhitzen von (±)-Tetrahydropyran-2-yl-malonsäure auf 150° (*Zelinski et al.*, Am. Soc. **74** [1952] 1504).

Krystalle (aus Bzn.); F: 55—57° (*Ze. et al.*). Scheinbare Dissoziationskonstante K_a' (Wasser; potentiometrisch ermittelt) bei 25°: $4,1 \cdot 10^{-5}$ (*Ze. et al.*).

(±)-Tetrahydropyran-2-yl-essigsäure-[4-brom-phenacylester] $C_{15}H_{17}BrO_4$, Formel II.

B. Aus (±)-Tetrahydropyran-2-yl-essigsäure (*Eastman Kodak Co.*, U.S.P. 2798080 [1956]).

F: 109—111°.

(±)-Tetrahydropyran-2-yl-acetylchlorid $C_7H_{11}ClO_2$, Formel I (X = Cl) + Spiegelbild.

B. Beim Erwärmen von (±)-Tetrahydropyran-2-yl-essigsäure mit Thionylchlorid (*Zelinski et al.*, Am. Soc. **74** [1952] 1504).

Kp_3: 60—65°.

I   II   III

Tetrahydropyran-2-yl-essigsäure-amid $C_7H_{13}NO_2$.

a) **(+)-Tetrahydropyran-2-yl-essigsäure-amid** $C_7H_{13}NO_2$, Formel I (X = NH₂) oder Spiegelbild.

Ein partiell racemisches Präparat (F: 84—85°; $[\alpha]_D^{24}$: +12,5° [A.]) ist aus partiell racemischer (−)-Tetrahydropyran-2-yl-essigsäure (s. o.) über das Säurechlorid erhalten worden (*Zelinski et al.*, Am. Soc. **74** [1952] 1504).

b) **(±)-Tetrahydropyran-2-yl-essigsäure-amid** $C_7H_{13}NO_2$, Formel I (X = NH₂) + Spiegelbild.

B. Aus (±)-Tetrahydropyran-2-yl-acetylchlorid beim Behandeln einer Lösung in

Petroläther mit Ammoniak sowie beim Behandeln einer Lösung in Dioxan mit wss. Ammoniak (*Zelinski et al.*, Am. Soc. **74** [1952] 1504).
Krystalle (aus PAe.); F: 99—101°.

(±)-Tetrahydropyran-2-yl-essigsäure-anilid $C_{13}H_{17}NO_2$, Formel I (X = NH-C_6H_5) + Spiegelbild.
B. Beim Erwärmen von (±)-Tetrahydropyran-2-yl-acetylchlorid mit Anilin und Benzol (*Zelinski et al.*, Am. Soc. **74** [1952] 1504).
Krystalle (aus PAe.); F: 83—84°.

(±)-Tetrahydropyran-3-yl-essigsäure $C_7H_{12}O_3$, Formel III (R = H).
B. Aus (±)-Tetrahydropyran-3-yl-essigsäure-äthylester (*Paul*, *Tchelitcheff*, C. r. **244** [1957] 2806).
Kp_3: 124—125°. $D_4^{17,5}$: 1,130. $n_D^{17,5}$: 1,4705.

(±)-Tetrahydropyran-3-yl-essigsäure-äthylester $C_9H_{16}O_3$, Formel III (R = C_2H_5).
B. Bei der Hydrierung von opt.-inakt. 2-Oxa-norcaran-7-carbonsäure-äthylester (Kp_{10}: 108—110°; $n_D^{16,5}$: 1,4712 [S. 3890]) an Raney-Nickel bei 100°/50 at (*Paul*, *Tchelitcheff*, C. r. **244** [1957] 2806).
Kp_{10}: 98—100°. D_4^{11}: 1,034. n_D^{11}: 1,4508.

Tetrahydropyran-4-yl-essigsäure $C_7H_{12}O_3$, Formel IV (X = OH).
B. Beim Erwärmen von Tetrahydropyran-4-yl-acetonitril mit wss.-äthanol. Kalilauge (*Prelog et al.*, A. **532** [1937] 69, 74). Aus Tetrahydropyran-4-yl-malonsäure (*Pr. et al.*).
Krystalle (aus Ae. + PAe.); F: 54—55°.

Tetrahydropyran-4-yl-essigsäure-äthylester $C_9H_{16}O_3$, Formel IV (X = O-C_2H_5).
B. Bei der Hydrierung von Tetrahydropyran-4-yliden-essigsäure-äthylester an Platin in Äthanol (*Prelog et al.*, A. **532** [1937] 69, 77).
Kp_{14}: 108—110°. $D_4^{13,4}$: 1,0268. $n_{656,3}^{13,4}$: 1,4448; $n_{587,6}^{13,4}$: 1,4469; $n_{486,1}^{13,4}$: 1,4526; $n_{434,0}^{13,4}$: 1,4572.

Tetrahydropyran-4-yl-acetylchlorid $C_7H_{11}ClO_2$, Formel IV (X = Cl).
B. Beim Erwärmen von Tetrahydropyran-4-yl-essigsäure mit Thionylchlorid (*Prelog*, A. **545** [1940] 229, 243).
Kp_{15}: 110—111°.

Tetrahydropyran-4-yl-acetonitril $C_7H_{11}NO$, Formel V.
B. Beim Erwärmen von 4-Brommethyl-tetrahydro-pyran mit Kaliumcyanid in wss. Äthanol (*Prelog et al.*, A. **532** [1937] 69, 74).
Kp_{21}: 125—126° (*Pr. et al.*).
Beim Erwärmen mit Chinolin-4-carbonitril in Anisol und Benzol und einer äther. Lösung von Magnesium-bromid-dipentylamid (aus Dipentylamin und Äthylmagnesium= bromid in Äther hergestellt) sind *N,N*-Dipentyl-2-tetrahydropyran-4-yl-acetamidin, *N,N*-Dipentyl-chinolin-4-carbamidin und 3-[4]Chinolyl-3-imino-2-tetrahydropyran-4-yl-propionitril erhalten worden (*Lorz*, *Baltzly*, Am. Soc. **70** [1948] 1904, 1906).

IV   V   VI   VII

***N,N*-Dipentyl-2-tetrahydropyran-4-yl-acetamidin** $C_{17}H_{34}N_2O$, Formel VI (R = [CH_2]$_4$-CH_3).
B. s. im vorangehenden Artikel.
Hydrochlorid $C_{17}H_{34}N_2O \cdot HCl$. Krystalle (aus A. + Ae.); F: 128° [korr.] (*Lorz*, *Baltzly*, Am. Soc. **70** [1948] 1904, 1906).

Tetrahydrothiopyran-4-yl-essigsäure $C_7H_{12}O_2S$, Formel VII (R = H).

B. Aus Tetrahydrothiopyran-4-yl-essigsäure-äthylester mit Hilfe von äthanol. Kali=
lauge (*Prelog, Kohlbach*, B. **72** [1939] 672, 673).

Krystalle (aus PAe.); F: 169—171°.

Tetrahydrothiopyran-4-yl-essigsäure-äthylester $C_9H_{16}O_2S$, Formel VII (R = C_2H_5).

B. Beim Erwärmen von 5-Brom-3-[2-brom-äthyl]-valeriansäure-äthylester mit
äthanol. Kaliumsulfid-Lösung (*Prelog, Kohlbach*, B. **72** [1939] 672, 673).

Kp_{10}: 137—143°.

(2S)-*cis*-4-Methyl-tetrahydro-pyran-2-carbonsäure $C_7H_{12}O_3$, Formel VIII (R = H).

Diese Konstitution und Konfiguration kommt der nachstehend beschriebenen, ursprünglich (*Seidel, Stoll*, Helv. **42** [1959] 1830, 1836) als [3-Methyl-tetrahydro-
[2]furyl]-essigsäure ($C_7H_{12}O_3$) angesehenen Verbindung zu (*Seidel et al.*, Helv. **44**
[1961] 598, 601).

B. Beim Behandeln von (2S)-*cis*-4-Methyl-2-[2-methyl-propenyl]-tetrahydro-pyran
(E III/IV **17** 204) mit Kaliumpermanganat in Wasser (*Se., St.*, l. c. S. 1841; *Se. et al.*,
l. c. S. 603).

Krystalle (aus Cyclohexan + Bzl.); F: 103—104° [unkorr.] (*Se., St.*; *Se. et al.*). $[\alpha]_D^{21}$:
—37,8° [$CHCl_3$; c = 4] (*Se. et al.*). Elektrolytische Dissoziation in wss. 2-Methoxy-
äthanol: *Se. et al.*

(2S)-*cis*-4-Methyl-tetrahydro-pyran-2-carbonsäure-methylester $C_8H_{14}O_3$, Formel VIII
(R = CH_3).

Über die Konstitution und Konfiguration der nachstehend beschriebenen, ursprünglich
als [3-Methyl-tetrahydro-[2]furyl]-essigsäure-methylester ($C_8H_{14}O_3$) angesehenen Verbindung s. die entsprechende Bemerkung im vorangehenden Artikel.

B. Aus (2S)-*cis*-4-Methyl-tetrahydro-pyran-2-carbonsäure (s. o.) mit Hilfe von Diazo=
methan (*Seidel, Stoll*, Helv. **42** [1959] 1830, 1842).

Kp_{12}: 88—89°. D_4^{20}: 1,0416. n_D^{20}: 1,4439. α_D: —34,1° [unverd.; l = 1] (*Se., St.*).

---

*Opt.-inakt. 2,3-Dibrom-6-methyl-tetrahydro-pyran-3-carbonsäure-methylester
$C_8H_{12}Br_2O_3$, Formel IX.

B. Beim Behandeln von (±)-6-Methyl-5,6-dihydro-4H-pyran-3-carbonsäure-methyl=
ester mit Brom in Schwefelkohlenstoff bei —50° (*Korte, Machleidt*, B. **88** [1955] 1676,
1680).

Krystalle (aus PAe.); F: 48,5—49,5°.

An feuchter Luft erfolgt Zersetzung unter Abspaltung von Bromwasserstoff.

---

*Opt.-inakt. 6-Methyl-tetrahydro-pyran-2-carbonsäure-methylester $C_8H_{14}O_3$, Formel X
(X = O-CH_3).

B. Bei der Behandlung von opt.-inakt. 1-[6-Methyl-tetrahydro-pyran-2-yl]-äthanon
(E III/IV **17** 4226) mit wss. Natriumhypobromit-Lösung und Umsetzung des Reaktionsprodukts mit Diazomethan (*Alder et al.*, B. **74** [1941] 905, 917).

Kp: 205—210°.

VIII   IX   X   XI

---

*Opt.-inakt. 6-Methyl-tetrahydro-pyran-2-carbonsäure-hydrazid $C_7H_{14}N_2O_2$, Formel X
(X = NH-NH_2).

B. Beim Erhitzen von opt.-inakt. 6-Methyl-tetrahydro-pyran-2-carbonsäure-methyl=

ester (S. 3845) mit Hydrazin-hydrat (*Alder et al.*, B. **74** [1941] 905, 917).
Krystalle (aus E. + Bzn.); F: 92—93°.

(±)-3-Tetrahydro[2]furyl-propionsäure $C_7H_{12}O_3$, Formel XI (X = OH) (E II 263).

B. Beim Erwärmen von Furfural mit Keten und Kaliumacetat und Hydrieren des Reaktionsprodukts an Raney-Nickel in Dioxan bei 165° (*Eastman Kodak Co.*, U.S.P. 2484497 [1946]). Beim Erhitzen von (±)-3-Tetrahydro[2]furyl-propionsäure-äthylester mit wss. Kalilauge (*Hinz et al.*, B. **76** [1943] 676, 685). Bei der Behandlung von 3-[2]Furyl-propionsäure mit wss. Natriumcarbonat-Lösung und anschliessenden Hydrierung an Palladium (*Scherlin et al.*, Ž. obšč. Chim. **8** [1938] 7, 13; C. **1939** I 1969). Neben kleinen Mengen 5-Propyl-dihydro-furan-2-on bei der Behandlung von 3t(?)-[2]Furyl-acrylsäure mit wss. Natronlauge und anschliessenden Hydrierung an Raney-Nickel bei 100°/70 at (*Paul, Hilly*, C. r. **208** [1939] 359). Beim Erwärmen von (±)-Tetrahydro[2]furfuryl-malon≠ säure-diäthylester mit wss.-äthanol. Kalilauge und Erhitzen des Reaktionsprodukts bis auf 160° (*Barger et al.*, Soc. **1937** 718, 719).

Kp$_{18}$: 157° (*Sch. et al.*); Kp$_3$: 128° (*Taniyama, Takata*, J. chem. Soc. Japan Ind. Chem. Sect. **57** [1954] 149, 150; C. A. **1955** 1484); Kp$_{0,2}$: 119° (*Ba. et al.*). D$_4^{19}$: 1,1272; D$_{19}^{19}$: 1,1290 (*Sch. et al.*); D$_4^{20}$: 1,1176 (*Tan., Tak.*). n$_D^{15}$: 1,4591 (*Ba. et al.*); n$_D^{19}$: 1,4620 (*Sch. et al.*); n$_D^{20}$: 1,4618 (*Tan., Tak.*).

Beim Erhitzen mit Natriumhydroxid und Kaliumhydroxid bis auf 275° sind Pimelin≠ säure, Cyclohex-1-encarbonsäure, Glutarsäure und Essigsäure erhalten worden (*Runge et al.*, B. **87** [1954] 1430, 1437).

S-Benzyl-isothiuronium-Salz [$C_8H_{11}N_2S$]$C_7H_{11}O_3$. F: 160° (*Tan., Tak.*).

(±)-3-Tetrahydro[2]furyl-propionsäure-äthylester $C_9H_{16}O_3$, Formel XI (X = O-C$_2$H$_5$) (E II 263).

B. Bei der Hydrierung von 3-[2]Furyl-propionsäure-äthylester an Raney-Nickel in Äthanol bei 175° (*Hinz et al.*, B. **76** [1943] 676, 684). Bei der Hydrierung von 3t-[2]Furyl-acrylsäure-äthylester an Nickel/Kieselgur in Äthanol bei 120° (*Burdick, Adkins*, Am. Soc. **56** [1934] 438, 440), an Raney-Nickel bei 110°/90 at (*Paul*, Bl. [5] **8** [1941] 369, 372) oder an Raney-Nickel in Äthanol bei 90 at (*Papa et al.*, J. org. Chem. **16** [1951] 253, 257).

Kp$_{15}$: 110°; D$_{15}^7$: 1,024; n$_D^7$: 1,4443 (*Paul*, Bl. [5] **8** 372). Kp$_2$: 73°; n$_D^{25}$: 1,4388 (*Papa et al.*).

Beim Erwärmen mit Chlorwasserstoff (*Hinz et al.*, Reichsamt Wirtschaftsausbau Chem. Ber. **1942** 1043, 1047), mit Thionylchlorid (*Hinz et al.*, Reichsamt Wirtschaftsausbau Chem. Ber. **1942** 1047) oder mit Thionylchlorid und Zinkchlorid (*Moldenhauer et al.*, A. **580** [1953] 169, 175) ist 7-Chlor-4-hydroxy-heptansäure-lacton erhalten worden. Verhalten beim Erhitzen mit Acetanhydrid und Zinkchlorid auf 210° (Bildung von 4,7-Diacetoxy-heptansäure-äthylester und 7-Acetoxy-hept-3(oder 4)-ensäure-äthylester): *Paul*, Bl. [5] **8** 374; s. a. *Hinz et al.*, Reichsamt Wirtschaftsausbau Chem. Ber. **1942** 1047. Bildung von 7-Acetoxy-4-hydroxy-heptansäure-lacton beim Erwärmen mit Acetylchlorid und Zinkchlorid: *Paul*, C. r. **212** [1941] 398, 400. Reaktion mit Carbamoylchlorid (Bildung einer als 7-Allophanoyloxy-4-chlor-heptansäure-äthylester angesehenen Verbindung [F: 152°]): *Mo. et al.*, l. c. S. 174.

XII   XIII

(±)-3-Tetrahydro[2]furyl-propionsäure-[4-brom-phenacylester] $C_{15}H_{17}BrO_4$, Formel XII (X = Br).

B. Aus (±)-3-Tetrahydro[2]furyl-propionsäure (*Papa et al.*, J. org. Chem. **16** [1951]

253, 257).

Krystalle (aus wss. Me.); F: 73,5—74,5°.

**4-Chlor-17β-[3-((Ξ)-tetrahydro[2]furyl)-propionyloxy]-androst-4-en-3-on,
3-[(Ξ)-Tetrahydro[2]furyl]-propionsäure-[4-chlor-3-oxo-androst-4-en-17β-ylester],**
4-Chlor-O-[3-((Ξ)-tetrahydro[2]furyl)-propionyloxy]-testosteron
$C_{26}H_{37}ClO_4$, Formel XIII.

B. Beim Behandeln des Natrium-Salzes der (±)-3-Tetrahydro[2]furyl-propionsäure mit
Oxalylchlorid und Benzol und Behandeln des Reaktionsprodukts mit 4-Chlor-17β-hydr=
oxy-androst-4-en-3-on in Benzol und Pyridin (*Camerino et al.*, Farmaco Ed. scient. **13**
[1958] 52, 60).

Krystalle (aus Ae.); F: 115° [Block]. Absorptionsmaximum (A.): 255 nm.

(±)-3-Tetrahydro[2]furyl-propionsäure-[4-phenyl-phenacylester] $C_{21}H_{22}O_4$, Formel XII
(X = C_6H_5).

B. Aus (±)-3-Tetrahydro[2]furyl-propionsäure (*Kleene*, Am. Soc. **68** [1946] 718; *Papa
et al.*, J. org. Chem. **16** [1951] 253, 257).

Krystalle; F: 110,5—111,5° [korr.; aus Me.] (*Papa et al.*), 97—98° [aus wss. A.] (*Kl.*).

***Opt.-inakt. 3-Tetrahydro[2]furyl-propionsäure-[3-(5-oxo-tetrahydro-[2]furyl)-propyl=
ester], 4-Hydroxy-7-[3-tetrahydro[2]furyl-propionyloxy]-heptansäure-lacton** $C_{14}H_{22}O_5$,
Formel XIV.

B. Bei der Hydrierung von 3t-[2]Furyl-acrylsäure an Raney-Nickel in Dioxan bei 210°
(*Eastman Kodak Co.*, U.S.P. 2364358 [1943]).

$Kp_{1,5}$: 206—207°; $Kp_{0,15}$: 174—175°.

(±)-3-Tetrahydro[2]furyl-propionsäure-amid $C_7H_{13}NO_2$, Formel XI (X = NH_2) auf
S. 3845.

B. Beim Erwärmen von 5-Furfuryliden-2-thioxo-thiazolidin-4-on mit Raney-Nickel
in Methanol (*Behringer et al.*, B. **91** [1958] 2773, 2783).

Bei 100°/0,002 Torr destillierbar.

(±)-3-Tetrahydro[2]furyl-propionsäure-äthylamid $C_9H_{17}NO_2$, Formel XI (X = NH-C_2H_5)
auf S. 3845.

B. Beim Erwärmen von 3-Äthyl-5-furfuryliden-2-thioxo-thiazolidin-4-on mit Raney-
Nickel in Methanol (*Behringer et al.*, B. **91** [1958] 2773, 2783).

Bei 111—119°/0,002 Torr destillierbar (*Be. et al.*, l. c. S. 2775).

*Opt.-inakt. 2-Chlor-3-tetrahydro[2]furyl-propionsäure $C_7H_{11}ClO_3$, Formel XV (X = OH).

B. Beim Erhitzen von (±)-Chlor-tetrahydrofurfuryl-malonsäure bis auf 130° (*Hinz et al.*,
Reichsamt Wirtschaftsausbau Chem. Ber. **1942** 1043, 1048).

Krystalle; F: 69—70° [nach Destillation des Rohprodukts bei 170—172°/9 Torr].

Beim Behandeln mit Phosphor(V)-chlorid sind 2,7-Dichlor-4-hydroxy-heptansäure-
lacton (Kp_{10}: 185° [E III/IV **17** 4214]) und das im folgenden Artikel beschriebene Säure=
chlorid erhalten worden.

*Opt.-inakt. 2-Chlor-3-tetrahydro[2]furyl-propionylchlorid $C_7H_{10}Cl_2O_2$, Formel XV
(X = Cl).

B. s. im vorangehenden Artikel.

Kp_8: 104° (*Hinz et al.*, Reichsamt Wirtschaftsausbau Chem. Ber. **1942** 1043, 1048).

Beim Aufbewahren erfolgt allmählich Umwandlung in 2,7-Dichlor-4-hydroxy-heptan=
säure-lacton [E III/IV **17** 4214] (*Hinz et al.*, l. c. S. 1049).

XIV   XV   XVI

*Opt.-inakt. 2-Chlor-3-tetrahydro[2]furyl-propionsäure-amid $C_7H_{12}ClNO_2$, Formel XV
(X = NH$_2$).
   B. Beim Behandeln eines Gemisches von opt.-inakt. 2-Chlor-3-tetrahydro[2]furyl-propionylchlorid (S. 3847) und Äther mit wss. Ammoniak (*Hinz et al.*, Reichsamt Wirt-schaftsausbau Chem. Ber. **1942** 1043, 1049).
   Krystalle (aus A.); F: 106—108°.

*Opt.-inakt. 2-Chlor-3-tetrahydro[2]furyl-propionsäure-anilid $C_{13}H_{16}ClNO_2$, Formel XV
(X = NH-C$_6$H$_5$).
   B. Beim Behandeln eines Gemisches von opt.-inakt. 2-Chlor-3-tetrahydro[2]furyl-propionylchlorid (S. 3847) und Äther mit Anilin (*Hinz et al.*, Reichsamt Wirtschaftsausbau Chem. Ber. **1942** 1043, 1049).
   Krystalle (aus A.); F: 94—95°.

(±)-2-Äthyl-tetrahydro-furan-2-carbonsäure $C_7H_{12}O_3$, Formel XVI (R = H) (E I 436;
dort als 2-Äthyl-tetrahydrobrenzschleimsäure bezeichnet).
   B. Aus (±)-2-Äthyl-tetrahydro-furan-2-carbonitril mit Hilfe von wss.-äthanol. Kalilauge
(*Normant*, C. r. **232** [1951] 1942, 1943).
   Kp$_{10}$: 116—117°. D^{16}: 1,115. n$_{D(?)}^{18}$: 1,4580.

(±)-2-Äthyl-tetrahydro-furan-2-carbonsäure-äthylester $C_9H_{16}O_3$, Formel XVI
(R = C$_2$H$_5$) (E I 436; dort als 2-Äthyl-tetrahydrobrenzschleimsäure-äthylester bezeichnet).
   B. Beim Erwärmen von (±)-2-Äthyl-tetrahydro-furan-2-carbonsäure mit Schwefelsäure
enthaltendem Äthanol (*Normant*, C. r. **232** [1951] 1942, 1943).
   Kp$_{10,5}$: 82—83°. D^{15}: 1,010. n$_D^{15}$: 1,4372.
   Beim Behandeln mit Äthanol und Natrium sind 2-Äthyl-tetrahydro-furfurylalkohol
und 2-Äthyl-pentan-1,5-diol erhalten worden. Bildung von 2-Acetoxy-2-äthyl-5-chlor-valeriansäure-äthylester beim Erhitzen mit Acetylchlorid und Aluminiumchlorid auf
150°: *No*.

(±)-2-Äthyl-tetrahydro-furan-2-carbonsäure-p-toluidid $C_{14}H_{19}NO_2$, Formel I.
   B. Beim Erhitzen von (±)-2-Äthyl-tetrahydro-furan-2-carbonsäure mit p-Toluidin auf
160° (*Normant*, C. r. **232** [1951] 1942, 1943).
   Krystalle (aus Ae. + PAe.); F: 54°.

(±)-2-Äthyl-tetrahydro-furan-2-carbonitril $C_7H_{11}NO$, Formel II.
   B. Neben kleinen Mengen 1-Cyclopropyl-propan-1-on aus 6-Brom-hexan-3-on mit Hilfe
von Kupfer(I)-cyanid in Toluol (*Normant*, C. r. **232** [1951] 1942, 1943).
   Kp$_{11}$: 72° [unreines Präparat].

---

*Opt.-inakt. [2-Methyl-tetrahydro-[3]furyl]-essigsäure $C_7H_{12}O_3$, Formel III (R = H).
   B. Aus opt.-inakt. [2-Methyl-tetrahydro-[3]furyl]-essigsäure-äthylester [s. u.] (*Paul,
Tchelitcheff*, C. r. **244** [1957] 2806).
   Kp$_2$: 116—117°. D$_4^{23,5}$: 1,117. n$_D^{23,5}$: 1,4580.

I   II   III

*Opt.-inakt. [2-Methyl-tetrahydro-[3]furyl]-essigsäure-äthylester $C_9H_{16}O_3$, Formel III
(R = C$_2$H$_5$).
   B. Bei der Hydrierung von opt.-inakt. 1-Methyl-2-oxa-bicyclo[3.1.0]hexan-6-carbon-säure-äthylester (Kp$_{10}$: 92—94°; n$_D^{20}$: 1,4658 [S. 3892]) an Raney-Nickel bei 100°/50 at
(*Paul, Tchelitcheff*, C. r. **244** [1957] 2806).
   Kp$_{10}$: 94—96°. D$_4^{23}$: 1,010; n$_D^{23}$: 1,4399.

*Opt.-inakt. 2-Methyl-tetrahydro-[3]furyl-essigsäure-[4-brom-phenacylester] $C_{15}H_{17}BrO_4$, Formel IV.

B. Aus opt.-inakt. [2-Methyl-tetrahydro-[3]furyl]-essigsäure [S. 3848] (*Paul, Tchelit-cheff*, C. r. **244** [1957] 2806).

F: 86°.

(±)-*cis*(?)-5-Äthyl-tetrahydro-furan-3-carbonsäure-methylester $C_8H_{14}O_3$, vermutlich Formel V (X = O-CH$_3$) + Spiegelbild.

Bezüglich der Konfigurationszuordnung s. *Eugster, Waser*, Helv. **40** [1957] 888, 891.

B. Bei der Hydrierung von (±)-5-Äthyl-4,5-dihydro-furan-3-carbonsäure-methylester an Platin in Essigsäure (*Eu., Wa.*, l. c. S. 898).

Kp_{13}: 87—88°.

IV   V   VI

(±)-*cis*(?)-5-Äthyl-tetrahydro-furan-3-carbonsäure-hydrazid $C_7H_{14}N_2O_2$, vermutlich Formel V (X = NH-NH$_2$) + Spiegelbild.

B. Beim Erwärmen des im vorangehenden Artikel beschriebenen Esters mit Hydrazin-hydrat und Äthanol (*Eugster, Waser*, Helv. **40** [1957] 888, 898).

Hygroskopische Krystalle; F: 60° [nach Sublimation]. Bei 120—130°/0,02 Torr destillierbar.

---

*Opt.-inakt. 2,5-Dimethyl-tetrahydro-furan-2-carbonsäure $C_7H_{12}O_3$, Formel VI (R = H) (vgl. H 265; dort als 2.5-Dimethyl-tetrahydrobrenzschleimsäure bezeichnet).

B. Beim Erhitzen von (±)-2-Hydroxy-2-methyl-hex-5-ensäure mit wasserhaltiger Phosphorsäure unter 30 Torr bis auf 130° (*Colonge, Lagier*, Bl. **1949** 24; vgl. H 265).

Kp_{11}: 110—112°. D_4^{15}: 1,088. n_D^{15}: 1,4486.

Benzylamin-Salz $C_7H_9N \cdot C_7H_{12}O_3$. Krystalle (aus Bzl. + PAe.); F: 102°.

---

*Opt.-inakt. 2,5-Dimethyl-tetrahydro-furan-2-carbonsäure-butylester $C_{11}H_{20}O_3$, Formel VI (R = [CH$_2$]$_3$-CH$_3$).

B. Aus der im vorangehenden Artikel beschriebenen Säure (*Colonge, Lagier*, Bl. **1949** 24).

Kp_{12}: 104°. D_4^{15}: 0,964. n_D^{15}: 1,4350.

---

*Opt.-inakt. 3-Isobutyl-oxirancarbonsäure-äthylester, 2,3-Epoxy-5-methyl-hexansäure-äthylester $C_9H_{16}O_3$, Formel VII.

B. Beim Behandeln von Isovaleraldehyd mit Chloressigsäure-äthylester und Natrium-äthylat in Äther (*Martynow, Ol'man*, Ž. obšč. Chim. **25** [1955] 1561, 1564; engl. Ausg. S. 1519, 1522).

Kp_{12}: 105—106°. D_4^{20}: 0,9936. n_D^{20}: 1,4396.

Beim Erhitzen mit Anilin auf 150° sind 3-Anilino-2-hydroxy-5-methyl-hexansäure-äthylester (F: 63—63,5°) und kleine Mengen einer vermutlich als 3-Anilino-2-hydroxy-5-methyl-hexansäure-anilid zu formulierenden Verbindung (F: 187—188° [Zers.]) erhalten worden.

(±)-2-*tert*-Butyl-oxirancarbonitril, (±)-2,3-Epoxy-2-*tert*-butyl-propionitril $C_7H_{11}NO$, Formel VIII.

B. Neben 4,4-Dimethyl-3-oxo-valeronitril beim Behandeln von 1-Chlor-3,3-dimethyl-butan-2-on mit Kaliumcyanid in Wasser (*Justoni, Terruzzi*, G. **78** [1948] 166, 176).

Kp: ca. 169°.

VII   VIII   IX   X

*Opt.-inakt. 3-Methyl-3-propyl-oxirancarbonsäure-äthylester, 2,3-Epoxy-3-methyl-hexansäure-äthylester $C_9H_{16}O_3$, Formel IX (vgl. H 266; dort als β-Methyl-β-propyl-glycidsäure-äthylester bezeichnet).

B. Beim Behandeln von Pentan-2-on mit Chloressigsäure-äthylester und Natrium-äthylat ohne Lösungsmittel (*Martynow, Kaštron*, Ž. obšč. Chim. **26** [1956] 63; engl. Ausg. S. 61) oder in Äthanol (*Popowa*, Ž. prikl. Chim. **32** [1959] 2818; engl. Ausg. S. 2901).

Kp$_{12}$: 96—97°; D_4^{20}: 0,9768; n_D^{20}: 1,4279 (*Ma., Ka.*). Kp$_{10}$: 88—93° (*Po.*).

($\pm$)-2-Isopropyl-3*t*-methyl-oxiran-*r*-carbonsäure-methylester, (**2RS,3SR**)-2,3-Epoxy-2-isopropyl-buttersäure-methylester $C_8H_{14}O_3$, Formel X + Spiegelbild.

B. Bei mehrtägigem Behandeln von 2-Isopropyl-*trans*-crotonsäure-methylester mit Peroxybenzoesäure in Chloroform (*Dry, Warren*, Soc. **1955** 65).

Kp$_{35}$: 98—99,5°.

($\pm$)-3,3-Diäthyl-oxirancarbonsäure-amid, ($\pm$)-3-Äthyl-2,3-epoxy-valeriansäure-amid $C_7H_{13}NO_2$, Formel XI (R = H).

B. Bei mehrtägigem Behandeln von ($\pm$)-3-Äthyl-2,3-epoxy-valeriansäure-äthylester mit wss.-äthanol. Ammoniak (*Fourneau et al.*, J. Pharm. Chim. [8] **19** [1934] 49, 51).

Krystalle (aus W.); F: 104°.

($\pm$)-3,3-Diäthyl-oxirancarbonsäure-methylamid, ($\pm$)-3-Äthyl-2,3-epoxy-valeriansäure-methylamid $C_8H_{15}NO_2$, Formel XI (R = CH$_3$).

B. Aus ($\pm$)-3-Äthyl-2,3-epoxy-valeriansäure-äthylester und Methylamin (*Fourneau et al.*, J. Pharm. Chim. [8] **19** [1934] 49, 52).

Krystalle (aus W.); F: 48°.

($\pm$)-3,3-Diäthyl-oxirancarbonsäure-anilid, ($\pm$)-3-Äthyl-2,3-epoxy-valeriansäure-anilid $C_{13}H_{17}NO_2$, Formel XII (R = H).

B. Beim Erhitzen von ($\pm$)-3-Äthyl-2,3-epoxy-valeriansäure-äthylester mit Anilin (*Martynow, Martynowa*, Ž. obšč. Chim. **24** [1954] 2146, 2149; engl. Ausg. S. 2117, 2119).

Krystalle (aus Bzn.); F: 114—115°.

XI   XII   XIII   XIV

($\pm$)-3,3-Diäthyl-oxirancarbonsäure-[*N*-methyl-anilid], ($\pm$)-3-Äthyl-2,3-epoxy-valerian-säure-[*N*-methyl-anilid] $C_{14}H_{19}NO_2$, Formel XII (R = CH$_3$).

B. Beim Behandeln von Chloressigsäure-[*N*-methyl-anilid] mit Pentan-3-on und Natrium in Dibutyläther oder mit Pentan-3-on und Kalium-*tert*-butylat in *tert*-Butylalkohol (*Vasiliu, Gertler*, Anal. Univ. Bukarest Nr. 19 [1958] 65, 68; C. A. **1959** 19921).

Kp$_{12}$: 164—167°. n_D^{23}: 1,5065.

($\pm$)-3,3-Diäthyl-oxirancarbonsäure-[*N*-äthyl-anilid], ($\pm$)-3-Äthyl-2,3-epoxy-valerian-säure-[*N*-äthyl-anilid] $C_{15}H_{21}NO_2$, Formel XII (R = C$_2$H$_5$).

B. Beim Behandeln von Chloressigsäure-[*N*-äthyl-anilid] mit Pentan-3-on und Natrium

in Dibutyläther oder mit Pentan-3-on und Kalium-*tert*-butylat in *tert*-Butylalkohol (*Vasiliu, Gertler*, Anal. Univ. Bukarest Nr. 19 [1958] 65, 68; C. A. **1959** 19921).
Kp$_{10}$: 170—172°. n$_D^{23}$: 1,5130.

(±)-3,3-Diäthyl-oxirancarbonitril, (±)-3-Äthyl-2,3-epoxy-valeronitril C$_7$H$_{11}$NO, Formel XIII.

Ein vermutlich mit wenig 2-Chlor-3-äthyl-pent-2-ennitril verunreinigtes Präparat (Kp$_2$: 41—42°; Kp$_1$: 34—35°; D$_4^{20}$: 0,937; n$_D^{20}$: 1,4352) ist beim Behandeln von Pentan-3-on mit Chloracetonitril und Natriumäthylat in Äther erhalten worden (*Martynow, Schtschelkunow*, Ž. obšč. Chim. **28** [1958] 3248, 3251; engl. Ausg. S. 3275, 3277).

(±)-2-Äthyl-3,3-dimethyl-oxirancarbonsäure-äthylester, (±)-2-Äthyl-2,3-epoxy-3-methylbuttersäure-äthylester C$_9$H$_{16}$O$_3$, Formel XIV (X = O-C$_2$H$_5$).

B. Beim Behandeln von (±)-2-Brom-buttersäure-äthylester mit Aceton und mit Kalium-*tert*-butylat in *tert*-Butylalkohol (*Morris, Young*, Am. Soc. **77** [1955] 6678).
Kp$_4$: 74°. D$_4^0$: 0,9938; D$_4^{20}$: 0,9748. n$_D^{20}$: 1,4252.

(±)-[2-Äthyl-2,3-epoxy-3-methyl-butyryl]-harnstoff, (±)-2-Äthyl-3,3-dimethyl-oxiran-carbonsäure-ureid, (±)-2-Äthyl-2,3-epoxy-3-methyl-buttersäure-ureid C$_8$H$_{14}$N$_2$O$_3$, Formel XIV (X = NH-CO-NH$_2$).

B. Beim Behandeln von [2-Äthyl-3-methyl-crotonoyl]-harnstoff (nicht charakterisiert) mit Peroxybenzoesäure in Chloroform (*Miles Labor. Inc.*, U.S.P. 2748148 [1953]).
Krystalle (aus Bzn.); F: 165—166°.

Carbonsäuren C$_8$H$_{14}$O$_3$

(±)-3-Tetrahydropyran-2-yl-propionsäure C$_8$H$_{14}$O$_3$, Formel I (R = H).

B. Beim Erwärmen von (±)-Tetrahydropyran-2-ylmethyl-malonsäure-diäthylester mit äthanol. Kalilauge und Erhitzen der nach dem Ansäuern mit wss. Salzsäure isolierten Dicarbonsäure unter vermindertem Druck (*Paul, Tchelitcheff*, Bl. **1954** 672, 674).
Kp$_3$: 132—133°.

(±)-3-Tetrahydropyran-2-yl-propionsäure-äthylester C$_{10}$H$_{18}$O$_3$, Formel I (R = C$_2$H$_5$).

B. Beim Erwärmen von (±)-3-Tetrahydropyran-2-yl-propionsäure mit Schwefelsäure enthaltendem Äthanol unter Zusatz von Tetrachlormethan (*Paul, Tchelitcheff*, Bl. **1954** 672, 674).
Kp$_{20}$: 124°. D$_4^{24}$: 0,995. n$_D^{24}$: 1,4430.

3-Tetrahydropyran-4-yl-propionsäure C$_8$H$_{14}$O$_3$, Formel II (R = H).

B. Beim Erhitzen von Tetrahydropyran-4-ylmethyl-malonsäure (*Prelog, Cerkovnikov*, A. **532** [1937] 83, 85).
Krystalle (aus W. oder aus Bzl. + PAe.); F: 92—93°.

I   II   III

3-Tetrahydropyran-4-yl-propionsäure-äthylester C$_{10}$H$_{18}$O$_3$, Formel II (R = C$_2$H$_5$).

B. Beim Erwärmen von 3-Tetrahydropyran-4-yl-propionsäure mit Schwefelsäure enthaltendem Äthanol unter Zusatz von Toluol (*Prelog et al.*, B. **72** [1939] 1325, 1327).
Kp$_{15}$: 132—138°.

(±)-2-Tetrahydropyran-4-yl-propionsäure C$_8$H$_{14}$O$_3$, Formel III (R = H).

B. Beim Erwärmen von (±)-2-Tetrahydropyran-4-yl-propionsäure-äthylester mit wss.-äthanol. Kalilauge (*Prelog*, A. **545** [1940] 229, 234).
Krystalle (aus Bzl. + PAe.); F: 54—55°.

(±)-2-Tetrahydropyran-4-yl-propionsäure-äthylester $C_{10}H_{18}O_3$, Formel III $(R = C_2H_5)$.

B. Bei der Hydrierung von 2-Tetrahydropyran-4-yliden-propionsäure-äthylester an Platin in Äthanol (*Prelog*, A. **545** [1940] 229, 234).

Kp_{13}: 116—117°.

2,6-Dimethyl-tetrahydro-pyran-3-carbonsäure $C_8H_{14}O_3$.

Bezüglich der Konfiguration der folgenden Stereoisomeren an den C-Atomen 2 und 6 vgl. *Cameron, Schütz*, Soc. [C] **1968** 1801.

a) **(+)-2r,6c-Dimethyl-tetrahydro-pyran-3c(?)-carbonsäure** $C_8H_{14}O_3$, vermutlich Formel IV (X = OH) oder Spiegelbild.

B. Neben (−)-2,6-Dimethyl-5,6-dihydro-4*H*-pyran-3-carbonsäure (S. 3893) beim Hydrieren des Natrium-Salzes der (+)-2r,6c-Dimethyl-5,6-dihydro-2*H*-pyran-3-carbonsäure (S. 3894) an Raney-Nickel in Wasser und Ansäuern der Reaktionslösung mit wss. Salz= säure (*Delépine, Willemart*, C. r. **211** [1940] 313, 314).

Krystalle (aus Bzn.); F: 72° [Block]. $[\alpha]_D$: +18,8°; $[\alpha]_{578}$: +19,1°; $[\alpha]_{546}$: +22,0°; $[\alpha]_{436}$: +39,4° [jeweils in $CHCl_3$; c = 5].

b) **(±)-2r,6c-Dimethyl-tetrahydro-pyran-3c(?)-carbonsäure** $C_8H_{14}O_3$, vermutlich Formel IV (X = OH) + Spiegelbild.

B. Beim Behandeln von (±)-[2r,6c-Dimethyl-tetrahydro-pyran-3c(?)-yl]-methanol (Kp_2: 66°; n_D^{16}: 1,4638 [E III/IV **17** 1155]) mit Kaliumdichromat und Schwefelsäure (*Badoche*, C. r. **223** [1946] 479). Neben kleinen Mengen des unter d) beschriebenen Stereoisomeren bei der Hydrierung von (±)-2,6-Dimethyl-5,6-dihydro-4*H*-pyran-3-carbon= säure an Platin in Essigsäure (*Badoche*, A. ch. [11] **19** [1944] 405, 413; C. r. **224** [1947] 282). Als Hauptprodukt neben dem unter c) beschriebenen Stereoisomeren und 2,6-Di= methyl-5,6-dihydro-4*H*-pyran-3-carbonsäure bei der Hydrierung des Natrium-Salzes der (±)-2r,6c-Dimethyl-5,6-dihydro-2*H*-pyran-3-carbonsäure (S. 3895) an Raney-Nickel in Wasser (*Delépine, Horeau*, Bl. [5] **5** [1938] 339, 341; *Delépine, Badoche*, C. r. **211** [1940] 745, 746).

Krystalle; F: 92° [aus PAe.] (*De., Ba.*, l. c. S. 746; *Ba.*), 91° [aus Ae.] (*De., Ho.*). In 100 g Wasser lösen sich bei 20° 7,7 g (*De., Ba.*).

Beim Erhitzen auf 190° erfolgt Umwandlung in das unter c) beschriebene Stereoisomere (*De., Ba.*, l. c. S. 749). Beim Erwärmen mit Bromwasserstoff in Essigsäure und Behandeln des Reaktionsprodukts mit wss. Natriumcarbonat-Lösung sind 6-Brom-hept-2-en (E III **1** 826) und 3-Äthyliden-6-methyl-tetrahydro-pyran-2-on (E III/IV **17** 4320) erhalten wor= den (*Delépine*, R. **57** [1938] 520, 524; A. ch. [12] **10** [1955] 5, 14).

c) **(±)-2r,6c-Dimethyl-tetrahydro-pyran-3t(?)-carbonsäure** $C_8H_{14}O_3$, vermutlich Formel V (X = OH) + Spiegelbild.

B. Aus dem unter b) beschriebenen Stereoisomeren (F: 92°) beim Erhitzen auf 190° sowie beim Erhitzen mit Kaliumhydroxid in Isopentylalkohol oder Benzylalkohol (*Delépine, Badoche*, C. r. **211** [1940] 745, 749).

Krystalle (aus PAe.); F: 89°. In 100 g Wasser lösen sich bei 20° 5 g.

d) **(±)-2r,6t-Dimethyl-tetrahydro-pyran-3ξ-carbonsäure** $C_8H_{14}O_3$, Formel VI (X = OH) + Spiegelbild, **vom F: 102°**.

B. Aus (±)-[2r,6t-Dimethyl-tetrahydro-pyran-3ξ-yl]-methanol (Kp_2: 84°; n_D^{20}: 1,4621 [E III/IV **17** 1156]) mit Hilfe von Kaliumdichromat und Schwefelsäure (*Badoche*, C. r. **224** [1947] 282).

Krystalle (aus PAe.); F: 102°.

(±)-2r,6c(?)-Dimethyl-tetrahydro-pyran-3ξ-carbonsäure-methylester $C_9H_{16}O_3$, vermutlich Formel VII + Spiegelbild.

B. Bei der Hydrierung von (±)-2r,6c(?)-Dimethyl-5,6-dihydro-2*H*-pyran-3-carbon= säure-methylester (S. 3896) an Platin in Methanol (*Bader*, Helv. **36** [1953] 215, 225).

Kp_{16}: 73,5—74° (*Ba.*). IR-Spektrum (CH_2Cl_2; 3—14 μ): *Ba.*, l. c. S. 223.

(±)-2r,6c-Dimethyl-tetrahydro-pyran-3c(?)-carbonylchlorid $C_8H_{13}ClO_2$, vermutlich Formel IV (X = Cl) + Spiegelbild.

B. Beim Erwärmen von (±)-2r,6c-Dimethyl-tetrahydro-pyran-3c(?)-carbonsäure

(F: 92°; S. 3852) mit Thionylchlorid (*Delépine, Badoche*, C. r. **211** [1940] 745, 747).
Kp$_{15}$: 77°. n$_D^{18}$: 1,463.

IV   V   VI   VII

2,6-Dimethyl-tetrahydro-pyran-3-carbonsäure-amid C$_8$H$_{15}$NO$_2$.

a) **(±)-2r,6c-Dimethyl-tetrahydro-pyran-3c(?)-carbonsäure-amid** C$_8$H$_{15}$NO$_2$, vermutlich Formel IV (X = NH$_2$) + Spiegelbild.

B. Beim Behandeln einer äther. Lösung des im vorangehenden Artikel beschriebenen Säurechlorids mit Ammoniak (*Delépine, Badoche*, C. r. **211** [1940] 745, 747).

Krystalle; F: 72—72,5° (*De., Ba.*).

Beim Erhitzen mit wss. Salzsäure ist 2r,6c-Dimethyl-tetrahydro-pyran-3c(?)-carbonsäure (F: 92° [S. 3852]), beim Erhitzen mit wss. Kalilauge ist 2r,6c-Dimethyl-tetrahydropyran-3t(?)-carbonsäure (F: 89° [S. 3852]) erhalten worden.

b) **(±)-2r,6c-Dimethyl-tetrahydro-pyran-3t(?)-carbonsäure-amid** C$_8$H$_{15}$NO$_2$, vermutlich Formel V (X = NH$_2$) + Spiegelbild.

B. Beim Erwärmen von (±)-2r,6c-Dimethyl-tetrahydro-pyran-3t(?)-carbonsäure (F: 89° [S. 3852]) mit Thionylchlorid und Behandeln einer Lösung des Reaktionsprodukts in Äther mit Ammoniak (*Delépine, Badoche*, C. r. **211** [1940] 745, 748).

Krystalle (aus Bzl.); F: 159° [Block].

Beim Erhitzen mit wss. Salzsäure oder mit wss. Natronlauge ist 2r,6c-Dimethyltetrahydro-pyran-3t(?)-carbonsäure (F: 89°) erhalten worden (*De., Ba.*).

c) **(±)-2r,6t-Dimethyl-tetrahydro-pyran-3ξ-carbonsäure-amid** C$_8$H$_{15}$NO$_2$, Formel VI (X = NH$_2$) + Spiegelbild, **vom F: 189°.**

B. Aus (±)-2r,6t-Dimethyl-tetrahydro-pyran-3ξ-carbonsäure [F: 102° (S. 3852)] (*Badoche*, C. r. **224** [1947] 282).

Krystalle (aus Bzl.); F: 189° [im vorgeheizten Block] (*Ba.*, C. r. **224** 282).

Die gleiche Verbindung hat nach *Badoche* (C. r. **224** 282) in einem Präparat (Krystalle [aus W.]; F: 186°) vorgelegen, das in kleiner Menge von *Badoche* (A. ch. [11] **19** [1944] 405, 407, 412) bei der Hydrierung von (±)-2,6-Dimethyl-5,6-dihydro-4H-pyran-3-carbonsäure an Platin in Essigsäure und Behandlung der nicht krystallisierenden Anteile des Reaktionsprodukts mit Thionylchlorid und anschliessend mit wss. Ammoniak erhalten worden ist.

2,6-Dimethyl-tetrahydro-pyran-3-carbonsäure-anilid C$_{14}$H$_{19}$NO$_2$.

a) **(±)-2r,6c-Dimethyl-tetrahydro-pyran-3t(?)-carbonsäure-anilid** C$_{14}$H$_{19}$NO$_2$, vermutlich Formel V (X = NH-C$_6$H$_5$) + Spiegelbild.

Diese Konfiguration ist wahrscheinlich der nachstehend beschriebenen Verbindung auf Grund ihrer Bildungsweise zuzuordnen.

B. Beim Behandeln von (±)-2r,6c-Dimethyl-tetrahydro-pyran-3c(?)-carbonylchlorid (S. 3852) mit Anilin in Äther (*Delépine, Badoche*, C. r. **211** [1940] 745, 747). Beim Erwärmen von (±)-2r,6c-Dimethyl-tetrahydro-pyran-3t(?)-carbonsäure (F: 89° [S. 3852]) mit Thionylchlorid und Behandeln des Reaktionsprodukts mit Anilin und Äther (*De., Ba.*).

Krystalle (aus Ae.); F: 184° [im vorgeheizten Block].

b) **(±)-2r,6t-Dimethyl-tetrahydro-pyran-3ξ-carbonsäure-anilid** C$_{14}$H$_{19}$NO$_2$, Formel VI (X = NH-C$_6$H$_5$) + Spiegelbild, **vom F: 172°.**

B. Beim Hydrieren des Natrium-Salzes eines wahrscheinlich überwiegend aus (±)-2r,6t-Dimethyl-5,6-dihydro-2H-pyran-3-carbonsäure bestehenden Präparats (F: 93—93,5° [S. 3896]) an Raney-Nickel, Erwärmen des Reaktionsprodukts mit Thionylchlorid und Behandeln des erhaltenen Säurechlorids mit Anilin (*Delépine, Badoche*, C. r. **213** [1941] 413, 415).

Krystalle (aus Ae. + PAe.); F: 172° [im vorgeheizten Block] (*De., Ba.*).

Ein Präparat (F: 106°), in dem vermutlich das Epimere bezüglich des C-Atoms 3 vorgelegen hat, ist bei der Hydrierung von (±)-2,6-Dimethyl-5,6-dihydro-4H-pyran-3-carbonsäure an Platin in Essigsäure und Behandlung der nicht krystallisierenden Anteile des Reaktionsprodukts mit Thionylchlorid und anschliessend mit Anilin erhalten und durch Erhitzen mit Kaliumhydroxid in Pentanol auf 180° in 2r,6t-Dimethyl-tetrahydro-pyran-3ξ-carbonsäure (F: 102° [S. 3852]) übergeführt worden (*Badoche*, A. ch. [11] **19** [1944] 405, 412; C. r. **224** [1947] 282, 284).

2,6-Dimethyl-tetrahydro-pyran-3-carbonsäure-[N-methyl-anilid] $C_{15}H_{21}NO_2$.

a) **(±)-2r,6c-Dimethyl-tetrahydro-pyran-3c(?)-carbonsäure-[N-methyl-anilid]** $C_{15}H_{21}NO_2$, vermutlich Formel IV (X = N(CH$_3$)-C$_6$H$_5$) + Spiegelbild.

B. Beim Behandeln von (±)-2r,6c-Dimethyl-tetrahydro-pyran-3c(?)-carbonylchlorid (S. 3852) mit N-Methyl-anilin und Äther (*Delépine, Badoche*, C. r. **211** [1940] 745, 747). Krystalle (aus PAe.); F: 93°.

b) **(±)-2r,6c-Dimethyl-tetrahydro-pyran-3t(?)-carbonsäure-[N-methyl-anilid]** $C_{15}H_{21}NO_2$, vermutlich Formel V (X = N(CH$_3$)-C$_6$H$_5$) + Spiegelbild.

B. Beim Erwärmen von (±)-2r,6c-Dimethyl-tetrahydro-pyran-3t(?)-carbonsäure (F: 89° [S. 3852]) mit Thionylchlorid und Behandeln des Reaktionsprodukts mit N-Methyl-anilin und Äther (*Delépine, Badoche*, C. r. **211** [1940] 745, 747). Krystalle (aus PAe.); F: 75—75,5°.

---

*Opt.-inakt. 4,5-Dimethyl-tetrahydro-pyran-2-carbonsäure $C_8H_{14}O_3$, Formel VIII.

B. Bei der Hydrierung von (±)-4,5-Dimethyl-3,6-dihydro-2H-pyran-2-carbonsäure an Platin (*Achmatowicz, Zamojski*, Croat. chem. Acta **29** [1957] 269, 274).

Kp_{10}: 137—138°. D_4^{20}: 1,091. n_D^{20}: 1,4650.

4-Brom-phenacylester $C_{16}H_{19}BrO_4$. Krystalle (aus A.); F: 126—127° [unkorr.] (*Ach., Za.*).

(±)-4-Tetrahydro[2]furyl-buttersäure $C_8H_{14}O_3$, Formel IX (X = OH).

B. Beim Behandeln von (±)-2-[3-Chlor-propyl]-tetrahydro-furan mit Magnesium und Äther und Einleiten von Kohlendioxid in die Reaktionslösung (*Gilman, Hewlett*, R. **51** [1932] 93, 96). Aus (±)-4-Tetrahydro[2]furyl-buttersäure-äthylester durch Hydrolyse (*Holmquist et al.*, Am. Soc. **81** [1959] 3681, 3685). Beim Erwärmen von (±)-4-Tetrahydro[2]furyl-butyronitril mit wss.-äthanol. Kalilauge (*Szarvasi et al.*, Chim. et Ind. **62** [1949] 143) oder mit wss.-äthanol. Natronlauge (*Hornberger et al.*, Am. Soc. **75** [1953] 1273, 1275).

Kp_5: 145°; D_{25}^{25}: 1,2286; n_D^{25}: 1,4572 (*Gi., He.*). Kp_{15}: 134—135°; D_4^{22}: 1,0827; n_D^{22}: 1,4690 (*Sz. et al.*). $Kp_{2,5}$: 104—106°; n_D^{25}: 1,4572 (*Hol. et al.*). $Kp_{1(?)}$: 160—165°; n_D^{25}: 1,457 (*Hor. et al.*).

(±)-4-Tetrahydro[2]furyl-buttersäure-methylester $C_9H_{16}O_3$; Formel IX (X = O-CH$_3$).

B. Aus (±)-4-Tetrahydro[2]furyl-buttersäure mit Hilfe von Diazomethan (*Hornberger et al.*, Am. Soc. **75** [1953] 1273, 1276).

Kp_{20}: 121—122°; $Kp_{0,25}$: 62—63°. n_D^{25}: 1,4440.

VIII   IX   X

(±)-4-Tetrahydro[2]furyl-buttersäure-äthylester $C_{10}H_{18}O_3$, Formel IX (X = O-C$_2$H$_5$).

B. Beim Erhitzen von (±)-4-Tetrahydro[2]furyl-buttersäure mit Äthanol, Toluol und wenig Schwefelsäure unter Entfernen des entstehenden Wassers (*Arh-Lipovac, Seiwerth*, M. **84** [1953] 992, 994).

Kp_{10}: 118—120° (*Arh-Li., Se.*). $Kp_{0,8}$: 65°; n_D^{25}: 1,4424 (*Holmquist et al.*, Am. Soc. **81** [1959] 3681, 3685).

(±)-4-Tetrahydro[2]furyl-buttersäure-amid $C_8H_{15}NO_2$, Formel IX (X = NH_2).

B. Beim Behandeln von (±)-4-Tetrahydro[2]furyl-buttersäure-methylester mit wss. Ammoniak (*Hornberger et al.*, Am. Soc. **75** [1953] 1273, 1276).

Krystalle (aus $CHCl_3$ + Heptan); F: 66—67°.

(±)-4-Tetrahydro[2]furyl-butyronitril $C_8H_{13}NO$, Formel X.

B. Beim Erwärmen von (±)-2-[3-Chlor-propyl]-tetrahydro-furan mit Kaliumcyanid in wss. Äthanol (*Arsenijevic, Stefanovic*, C. r. **243** [1956] 964). Beim Erwärmen von (±)-2-[3-Brom-propyl]-tetrahydro-furan mit Natriumcyanid in Methanol (*Szarvasi et al.*, Chim. et Ind. **62** [1949] 143) oder in wss. Äthanol (*Hornberger et al.*, Am. Soc. **75** [1953] 1273, 1275).

Kp_{13}: 118—119° (*Ar., St.*). Kp_{10}: 111—112°; D_0^{19}: 0,9838; n_D^{19}: 1,4545 (*Sz. et al.*). $Kp_{0,5}$: 59—61°; n_D^{20}: 1,4510 (*Ho. et al.*).

(±)-4-Tetrahydro[2]thienyl-buttersäure-methylester $C_9H_{16}O_2S$, Formel XI.

B. Bei der Hydrierung von 4-[2]Thienyl-buttersäure an Palladium/Kohle in Schwefel=säure enthaltendem Methanol (*Eastman, Kritchevsky*, J. org. Chem. **24** [1959] 1428, 1430). Hellgelbe Flüssigkeit.

Verbindung mit Quecksilber(II)-chlorid $C_9H_{16}O_2S \cdot HgCl_2$. Krystalle (aus Me.); F: 106,4—106,9° [unkorr.].

---

*Opt.-inakt. 3-Tetrahydro[2]furyl-buttersäure-äthylester $C_{10}H_{18}O_3$, Formel XII.

B. Bei der Hydrierung von 3-[2]Furyl-ξ-crotonsäure-äthylester (Kp_{10}: 124—125° [S. 4172]) an Raney-Nickel in Äthanol bei 170°/110 at (*Seiwerth, Oreščanin-Majhofer*, Arh. Kemiju **24** [1952] 53, 55; C. A. **1955** 295).

Kp_{11}: 110—115°.

---

*Opt.-inakt. 2-Methyl-3-tetrahydro[2]furyl-propionsäure, 2-Tetrahydrofurfuryl-propion=säure $C_8H_{14}O_3$, Formel XIII (R = H).

B. Beim Erhitzen von opt.-inakt. 2-Methyl-3-tetrahydro[2]furyl-propan-1-ol (aus $3ξ$-[2]Furyl-2-methyl-acrylaldehyd hergestellt [vgl. E III/IV **17** 1161]) mit Raney-Kupfer und wss. Natronlauge bis auf 300° (*Henkel & Cie.*, D.B.P. 877762 [1944]).

Kp_4: 134—136°.

XI   XII   XIII

---

*Opt.-inakt. 2-Methyl-3-tetrahydro[2]furyl-propionsäure-äthylester, 2-Tetrahydrofurfuryl-propionsäure-äthylester $C_{10}H_{18}O_3$, Formel XIII (R = C_2H_5).

B. Bei der Hydrierung von $3t(?)$-[2]Furyl-2-methyl-acrylsäure-äthylester (vgl. E II **18** 274) an Raney-Nickel in Äthanol bei 80°/100 at (*Lambert, Mastagli*, C. r. **235** [1952] 626).

Kp_{18}: 110°. $n_D^{17,5}$: 1,442.

---

*Opt.-inakt. 3-[5-Methyl-tetrahydro-[2]furyl]-propionsäure $C_8H_{14}O_3$, Formel I.

B. Beim Erwärmen von opt.-inakt. [5-Methyl-tetrahydro-furfuryl]-malonsäure-diäthylester (Kp_{16}: 159—160°; n_D^{19}: 1,4435) mit wss.-äthanol. Natronlauge und Erhitzen des Reaktionsprodukts auf 180° (*Colonge, Lagier*, Bl. **1949** 17, 23).

Kp_{13}: 154°. D_4^{17}: 1,073. n_D^{17}: 1,4561.

Anilid $C_{14}H_{19}NO_2$. Krystalle (aus Bzl. + PAe.); F: 58° (*Co., La.*).

(±)-5-Thietan-2-yl-valeriansäure $C_8H_{14}O_2S$, Formel II.

B. Neben grösseren Mengen 6,8-Dimercapto-octansäure beim Erwärmen von (±)-8-Acet=ylmercapto-6-hydroxy-octansäure-äthylester mit wss. Natronlauge, Erhitzen des Reak-tionsprodukts mit Thioharnstoff und wss. Jodwasserstoffsäure, Erhitzen der Reaktionslösung mit wss. Natronlauge und anschliessenden Ansäuern mit wss. Salzsäure (*Bullock et al.*, Am. Soc. **79** [1957] 1975, 1977).

$Kp_{0,1}$: 129—130° [Rohprodukt].

Barium-Salz $Ba(C_8H_{13}O_2S)_2$. Krystalle (aus A.) mit 1 Mol H_2O; F: 258—260°.

S-Benzyl-isothiuronium-Salz $[C_8H_{11}N_2S]C_8H_{13}O_2S$. Krystalle (aus A.); F: 152°.

I   II   III

*Opt.-inakt. 3-Butyl-3-methyl-oxirancarbonsäure-äthylester, 2,3-Epoxy-3-methyl-heptansäure-äthylester $C_{10}H_{18}O_3$, Formel III.

B. Beim Behandeln von Hexan-2-on mit Chloressigsäure-äthylester und Natrium-äthylat in Äther (*Martynow, Kaštron*, Ž. obšč. Chim. **28** [1958] 2082, 2083; engl. Ausg. S. 2119) oder mit Chloressigsäure-äthylester und Natrium in Toluol (*Škob et al.*, Sbornik stud. Rabot Moskovsk. selskochoz. Akad. Nr. 9 [1959] 134, 136, 137; C. A. **1961** 23331).

Kp_{2-3}: 83—84°; D_4^{20}: 0,9620; n_D^{20}: 1,4340 (*Škob et al.*). $Kp_{0,5-1}$: 61—63°; D_4^{20}: 0,9640; n_D^{20}: 1,4326 (*Ma., Ka.*).

*Opt.-inakt. 3-sec-Butyl-3-methyl-oxirancarbonsäure-methylester, 2,3-Epoxy-3,4-di-methyl-hexansäure-methylester $C_9H_{16}O_3$, Formel IV (R = CH_3).

B. Beim Behandeln von (±)-3-Methyl-pentan-2-on mit Chloressigsäure-methylester und Natriummethylat (*Trubek Labor. Inc.*, U.S.P. 2889339 [1956]).

Kp_5: 80—85°.

*Opt.-inakt. 3-sec-Butyl-3-methyl-oxirancarbonsäure-isobutylester, 2,3-Epoxy-3,4-di-methyl-hexansäure-isobutylester $C_{12}H_{22}O_3$, Formel IV (R = CH_2-$CH(CH_3)_2$).

B. Beim Erhitzen des im vorangehenden Artikel beschriebenen Methylesters mit Isobutylalkohol und wenig Natriummethylat (*Trubek Labor. Inc.*, U.S.P. 2889339 [1956]).

Kp_{10}: 123—124°.

IV   V

*Opt.-inakt. 3-sec-Butyl-3-methyl-oxirancarbonsäure-[3,7-dimethyl-octa-2t,6-dienylester], 2,3-Epoxy-3,4-dimethyl-hexansäure-[3,7-dimethyl-octa-2t,6-dienylester], 2,3-Epoxy-3,4-dimethyl-hexansäure-geranylester $C_{18}H_{30}O_3$, Formel V.

B. Beim Erhitzen von opt.-inakt. 2,3-Epoxy-3,4-dimethyl-hexansäure-methylester (s. o.) mit Geraniol (3,7-Dimethyl-octa-2t,6-dien-1-ol; E IV **1** 2277) und wenig Natrium-methylat unter vermindertem Druck (*Trubek Labor. Inc.*, U.S.P. 2889339 [1956]).

$Kp_{0,6}$: 141—142°.

*Opt.-inakt. 2-Äthyl-3-propyl-oxirancarbonsäure-methylester, 2-Äthyl-2,3-epoxy-hexansäure-methylester $C_9H_{16}O_3$, Formel VI (X = O-CH_3).

B. Beim Erwärmen von 2-Äthyl-hex-2-ensäure-methylester (Kp_{10}: 72°; n_D^{30}: 1,4405) mit Peroxyessigsäure in Aceton (*MacPeek et al.*, Am. Soc. **81** [1959] 680, 683).

Kp_5: 80°. D^{20}: 0,9857. n_D^{30}: 1,4289.

*Opt.-inakt. 2-Äthyl-3-propyl-oxirancarbonsäure-äthylester, 2-Äthyl-2,3-epoxy-hexansäure-äthylester $C_{10}H_{18}O_3$, Formel VI (X = O-C_2H_5).

B. Beim Erwärmen von 2-Äthyl-hex-2-ensäure-äthylester (Kp$_5$: 72—74°; n_D^{30}: 1,4382) mit Peroxyessigsäure in Aceton (*MacPeek et al.*, Am. Soc. **81** [1959] 680, 683).

Kp$_5$: 86°. D^{20}: 0,9638. n_D^{30}: 1,4279.

*Opt.-inakt. 2-Äthyl-3-propyl-oxirancarbonsäure-allylester, 2-Äthyl-2,3-epoxy-hexansäure-allylester $C_{11}H_{18}O_3$, Formel VI (X = O-CH_2-CH=CH_2).

B. Beim Erwärmen von 2-Äthyl-hex-2-ensäure-allylester (Kp$_5$: 86—87°; n_D^{30}: 1,4523) mit Peroxyessigsäure in Aceton oder in Äthylacetat (*Frostick et al.*, Am. Soc. **81** [1959] 3350, 3352).

Kp$_3$: 91°. n_D^{30}: 1,4415.

2-Äthyl-3-propyl-oxirancarbonsäure-amid, 2-Äthyl-2,3-epoxy-hexansäure-amid $C_8H_{15}NO_2$, Formel VI (X = NH$_2$).

Über ein aus 2-Äthyl-hex-2-ensäure-amid (nicht charakterisiert) mit Hilfe von Monoperoxyphthalsäure erhaltenes opt.-inakt. Präparat (Krystalle [aus Heptan]; F: 90—91°) s. *Merrell Co.*, U.S.P. 2493090 [1946].

VI   VII   VIII

3-Äthyl-2-propyl-oxirancarbonsäure-amid, 2,3-Epoxy-2-propyl-valeriansäure-amid $C_8H_{15}NO_2$, Formel VII.

Über ein aus 2-Propyl-pent-2-ensäure-amid (Gemisch der Stereoisomeren) mit Hilfe von Monoperoxyphthalsäure erhaltenes opt.-inakt. Präparat (Krystalle [aus Heptan]; F: 99—100°) s. *Merrell Co.*, U.S.P. 2493090 [1946].

*Opt.-inakt. 3-Äthyl-2-propyl-oxirancarbonitril, 2,3-Epoxy-2-propyl-valeronitril $C_8H_{13}NO$, Formel VIII.

B. Beim Erwärmen von (±)-3-Chlor-heptan-4-on mit Natriumcyanid in Wasser (*Justoni, Terruzzi*, G. **78** [1948] 155, 165).

Kp: 190—195°.

*Opt.-inakt. 3-Äthyl-3-isopropyl-oxirancarbonsäure-äthylester, 3-Äthyl-2,3-epoxy-4-methyl-valeriansäure-äthylester $C_{10}H_{18}O_3$, Formel IX.

B. Aus 2-Methyl-pentan-3-on mit Hilfe von Chloressigsäure-äthylester und Natriumäthylat (*Dirscherl, Nahm*, B. **76** [1943] 635, 636).

Kp$_{10-12}$: 100°.

IX   X   XI

(±)-3,3-Dimethyl-2-propyl-oxirancarbonsäure-äthylester, (±)-2,3-Epoxy-3-methyl-2-propyl-buttersäure-äthylester $C_{10}H_{18}O_3$, Formel X.

B. Beim Behandeln von (±)-2-Brom-valeriansäure-äthylester mit Aceton und mit Kalium-*tert*-butylat in *tert*-Butylalkohol (*Morris, Young*, Am. Soc. **77** [1955] 6678).

Kp$_3$: 76°. D_4^0: 0,9771; D_4^{20}: 0,9597; n_D^{20}: 1,4289 (*Mo.*, *Yo.*, Am. Soc. **77** 6678). IR-Spek=
trum (CCl$_4$ und CHCl$_3$; 2—12,5 μ): *Morris*, *Young*, Am. Soc. **79** [1957] 3408, 3410.

(±)-2-Isopropyl-3,3-dimethyl-oxirancarbonitril, (±)-2,3-Epoxy-2-isopropyl-3-methyl-
butyronitril $C_8H_{13}NO$, Formel XI.
B. Beim Erwärmen von 2-Chlor-2,4-dimethyl-pentan-3-on mit Natriumcyanid in
Wasser (*Justoni*, *Terruzzi*, G. **78** [1948] 155, 165).
Kp$_{750}$: 172—174°. Kp$_{37}$: 89—90°. Kp$_{27}$: 83—84°.

Carbonsäuren $C_9H_{16}O_3$

(±)-3-Tetrahydropyran-4-yl-buttersäure $C_9H_{16}O_3$, Formel I (R = H).
B. Beim Erwärmen von (±)-3-Tetrahydropyran-4-yl-buttersäure-äthylester mit wss.-
äthanol. Kalilauge (*Prelog*, A. **545** [1940] 229, 249).
Krystalle (aus Ae. + PAe.); F: 64,5—65°.

(±)-3-Tetrahydropyran-4-yl-buttersäure-äthylester $C_{11}H_{20}O_3$, Formel I (R = C$_2$H$_5$).
B. Bei der Hydrierung von 3-Tetrahydropyran-4-yl-ξ-crotonsäure-äthylester (Kp$_{16}$:
136° [S. 3900]) an Platin in Äthanol (*Prelog*, A. **545** [1940] 229, 249).
Kp$_{12}$: 130—131°.

(±)-2-Tetrahydropyran-4-yl-buttersäure $C_9H_{16}O_3$, Formel II (X = OH).
B. Aus (±)-2-Tetrahydropyran-4-yl-buttersäure-äthylester mit Hilfe von wss.-äthanol.
Kalilauge (*Prelog*, A. **545** [1940] 229, 238). Beim Erhitzen von Äthyl-tetrahydropyran-
4-yl-malonsäure auf 200° (*Pr.*).
Kp$_{0,04}$: 125—130°.

(±)-2-Tetrahydropyran-4-yl-buttersäure-äthylester $C_{11}H_{20}O_3$, Formel II (X = O-C$_2$H$_5$).
B. Bei der Hydrierung von 2-Tetrahydropyran-4-yliden-buttersäure-äthylester an
Platin in Äthanol (*Prelog*, A. **545** [1940] 229, 237).
Kp$_{10}$: 119—120°.

(±)-2-Tetrahydropyran-4-yl-buttersäure-anilid $C_{15}H_{21}NO_2$, Formel II (X = NH-C$_6$H$_5$).
B. Beim Erwärmen von (±)-2-Tetrahydropyran-4-yl-buttersäure mit Thionylchlorid
und Behandeln des Reaktionsprodukts mit Anilin und Benzol (*Prelog*, A. **545** [1940] 229,
238).
Krystalle (aus Acn.); F: 155°.

(±)-2-Methyl-3-tetrahydropyran-4-yl-propionsäure $C_9H_{16}O_3$, Formel III (X = OH).
B. Beim Erwärmen von Methyl-tetrahydropyran-4-ylmethyl-malonsäure-diäthylester
mit wss.-äthanol. Kalilauge und Erhitzen des Reaktionsprodukts auf 145° (*Burger et al.*,
Am. Soc. **72** [1950] 5512, 5514).
Bei 37—43° schmelzend [durch Destillation bei 130—135°/0,5 Torr gereinigtes Präpa-
rat].

I   II   III   IV

(±)-2-Methyl-3-tetrahydropyran-4-yl-propionylchlorid $C_9H_{15}ClO_2$, Formel III (X = Cl).
B. Aus (±)-2-Methyl-3-tetrahydropyran-4-yl-propionsäure mit Hilfe von Thionyl=
chlorid (*Burger et al.*, Am. Soc. **72** [1950] 5512, 5515).
Kp$_{0,5}$: 85°.

2-Methyl-2-tetrahydropyran-4-yl-propionsäure $C_9H_{16}O_3$, Formel IV (R = H).
B. Beim Erwärmen von 2-Methyl-2-tetrahydropyran-4-yl-propionsäure-äthylester mit

wss.-äthanol. Kalilauge (*Prelog*, A. **545** [1940] 229, 241).
Krystalle (aus Bzl. + PAe.); F: 90—91°.

2-Methyl-2-tetrahydropyran-4-yl-propionsäure-äthylester $C_{11}H_{20}O_3$, Formel IV (R = C_2H_5).
B. Bei der Hydrierung von 2-[5,6-Dihydro-2*H*-pyran-4-yl]-2-methyl-propionsäure-äthylester an Platin in Äthanol (*Prelog*, A. **545** [1940] 229, 241).
Kp_{13}: 118—122°.

(±)-2,6,6-Trimethyl-tetrahydro-pyran-2-carbonsäure, α-Cinensäure $C_9H_{16}O_3$, Formel V
(R = H) (H 266; E II 263).
B. Beim Erhitzen von (±)-2-Hydroxy-2,6-dimethyl-hept-5-ensäure mit wasserhaltiger
Phosphorsäure unter vermindertem Druck (*Colonge, Lagier*, Bl. **1949** 24).
F: 83—84° (*Co., La.*).
Mechanismus der durch Schwefelsäure katalysierten Umwandlung in Geronsäure
(2,2-Dimethyl-6-oxo-heptansäure) [vgl. H 267]: *Meinwald*, Am. Soc. **77** [1955] 1617; der
Umwandlung in 3*c*-Hydroxy-1,3*t*-dimethyl-cyclohexan-*r*-carbonsäure-lacton: *Meinwald,
Hwang*, Am. Soc. **79** [1957] 2910.
Benzylamin-Salz $C_7H_9N \cdot C_9H_{16}O_3$. Krystalle (aus Bzl.); F: 147° (*Co., La.*).

(±)-2,6,6-Trimethyl-tetrahydro-pyran-2-carbonsäure-methylester, α-Cinensäure-
methylester $C_{10}H_{18}O_3$, Formel V (R = CH_3) (H 267).
B. Aus (±)-2,6,6-Trimethyl-tetrahydro-pyran-2-carbonsäure beim Behandeln mit
wss. Natronlauge und Dimethylsulfat (*Rupe, Hirschmann*, Helv. **16** [1933] 505, 510)
sowie beim Erwärmen des Silber-Salzes mit Methyljodid (*Abe*, J. chem. Soc. Japan **64**
[1943] 302, 304; C. A. **1947** 3777).
Kp_{17}: 85°; D_4^{20}: 1,0025; n_D^{20}: 1,4425 (*Abe*).

(±)-2,6,6-Trimethyl-tetrahydro-pyran-2-carbonsäure-äthylester, α-Cinensäure-
äthylester $C_{11}H_{20}O_3$, Formel V (R = C_2H_5) (H 267).
B. Beim Erwärmen des Silber-Salzes der (±)-2,6,6-Trimethyl-tetrahydro-pyran-
2-carbonsäure mit Äthylbromid (*Abe*, J. chem. Soc. Japan **64** [1943] 302, 304; C. A. **1947**
3777).
Kp_{17}: 96°. D_4^{20}: 0,9795. n_D^{20}: 1,4412.

V   VI   VII

(±)-2,6,6-Trimethyl-tetrahydro-pyran-2-carbonsäure-[4-brom-phenacylester]
$C_{17}H_{21}BrO_4$, Formel V (R = CH_2-CO-C_6H_4-Br).
B. Aus (±)-2,6,6-Trimethyl-tetrahydro-pyran-2-carbonsäure (*Rupe, Hirschmann*, Helv.
16 [1933] 505, 512).
Krystalle (aus PAe.); F: 98—99°.

(±)-5-Tetrahydro[2]furyl-valeriansäure $C_9H_{16}O_3$, Formel VI (R = H).
B. Beim Erwärmen von (±)-[3-Tetrahydro[2]furyl-propyl]-malonsäure-diäthylester
mit äthanol. Kalilauge und Erhitzen des Reaktionsprodukts unter vermindertem Druck
(*Szarvasi et al.*, Chim. et Ind. **62** [1949] 143).
Kp_4: 149—151°. D_4^{28}: 1,051. n_D^{28}: 1,460.

(±)-5-Tetrahydro[2]furyl-valeriansäure-äthylester $C_{11}H_{20}O_3$, Formel VI (R = C_2H_5).
B. Beim Erwärmen von (±)-5-Tetrahydro[2]furyl-valeriansäure mit Äthanol und
Calciumchlorid (*Szarvasi et al.*, Chim. et Ind. **62** [1949] 143). Bei der Hydrierung von

$5t$-[2]Furyl-penta-$2t$(?),4-diensäure-äthylester (F: $14-15°$ bzw. Kp$_2$: $128-132°$) an Raney-Nickel in Äthanol bei $180°/170-250$ at (*Hinz et al.*, B. **76** [1943] 676, 684) bzw. bei $110°$ (*Shono et al.*, J. chem. Soc. Japan Ind. Chem. Sect. **57** [1954] 769; C. A. **1955** 10 234).

Kp$_5$: $111-112°$; D$_4^{20}$: 0,9687; n$_D^{20}$: 1,4452 (*Sz. et al.*). Kp$_3$: $118-124°$; D$_4^{20}$: 0,9687; n$_D^{20}$: 1,4469 (*Sh. et al.*).

Beim Erhitzen mit Acetanhydrid und Zinkchlorid auf $220°$ ist 9-Acetoxy-non-5(oder 6)-ensäure-äthylester (Kp$_{10}$: $163-165°$ [E III **3** 700]) erhalten worden (*Hinz et al.*, Reichsamt Wirtschaftsausbau Chem. Ber. **1942** 1043, 1046).

(±)-5-Tetrahydro[2]thienyl-valeriansäure-methylester $C_{10}H_{18}O_2S$, Formel VII.

B. Bei der Hydrierung von 5-[2]Thienyl-valeriansäure an Palladium/Kohle in Schwe= felsäure enthaltendem Methanol (*Mozingo et al.*, Am. Soc. **67** [1945] 2092, 2094).

Als Verbindung mit Quecksilber(II)-chlorid $C_{10}H_{18}O_2S \cdot HgCl_2$ (Krystalle [aus Me.]; F: $85-86°$) isoliert.

---

*Opt.-inakt. 2-Tetrahydrofurfuryl-buttersäure-[3-(4-äthyl-5-oxo-tetrahydro-[2]furyl)-propylester], 2-Äthyl-3-tetrahydro[2]furyl-propionsäure-[3-(4-äthyl-5-oxo-tetrahydro-[2]furyl)-propylester] $C_{18}H_{30}O_5$, Formel VIII.

B. Bei der Hydrierung von 2-Äthyl-$3t$(?)-[2]furyl-acrylsäure an Raney-Nickel in Dioxan bei $210°/70-140$ at (*Eastman Kodak Co.*, U.S.P. 2364358 [1943]).

Kp$_{0,15}$: $195-197°$.

VIII   IX

*Opt.-inakt. 2-Methyl-4-tetrahydro[2]furyl-buttersäure $C_9H_{16}O_3$, Formel IX.

B. Beim Behandeln von opt.-inakt. 2-[3-Brom-butyl]-tetrahydro-furan (Kp$_4$: 79,5° bis 80°; n$_D^{20}$: 1,4719 [E III/IV **17** 104]) mit Magnesium in Äther und Einleiten von Kohlen= dioxid in die Reaktionslösung (*Gilman, Dickey*, Am. Soc. **52** [1930] 2144).

Kp$_{0,2-0,3}$: $104-106°$. D$_{20}^{20}$: 1,0401. n$_D^{20}$: 1,4528.

*Opt.-inakt. 2-Methyl-4-tetrahydro[2]furyl-buttersäure-[1]naphthylamid $C_{19}H_{23}NO_2$, Formel X.

B. Bei der Behandlung von opt.-inakt. 2-[3-Brom-butyl]-tetrahydro-furan (Kp$_4$: 79,5$-80°$; n$_D^{20}$: 1,4719 [E III/IV **17** 104]) mit Magnesium in Äther und anschliessend mit [1]Naphthylisocyanat und anschliessenden Hydrolyse (*Gilman, Dickey*, Am. Soc. **52** [1930] 2144).

F: $109,5-110°$ [unkorr.].

---

*Opt.-inakt. 2,4,4,5-Tetramethyl-tetrahydro-furan-2-carbonsäure $C_9H_{16}O_3$, Formel XI.

B. Neben anderen Verbindungen beim Behandeln einer Lösung von opt.-inakt. 2-Meth= yl-1-[2,3,3,5-tetramethyl-2,3-dihydro-[2]furyl]-1-[2,4,4,5-tetramethyl-5-(2-methyl-prop= enyl)-tetrahydro-[2]furyl]-propen (Kp$_{0,1}$: 140°; n$_D^{19}$: 1,4908) in Chloroform mit Ozon, Be= handeln des erhaltenen Ozonids mit Wasser und Behandeln der in Äther löslichen Anteile des Reaktionsprodukts mit Blei(IV)-acetat und anschliessend mit Silberoxid (*Wiemann, Le Thi Thuan*, Bl. **1954** 1275).

Kp$_{0,1}$: $120-121°$.

---

*Opt.-inakt. 3-Hexyl-oxirancarbonsäure-äthylester, 2,3-Epoxy-nonansäure-äthylester $C_{11}H_{20}O_3$, Formel XII (R = C_2H_5).

B. Beim Behandeln von Heptanal mit Chloressigsäure-äthylester und Natrium bzw.

Natriumäthylat in Äther (*Masuyama, Hamada*, J. chem. Soc. Japan Pure Chem. Sect. **70** [1949] 198; C. A. **1951** 6593; *Martynow, Ol'man*, Ž. obšč. Chim. **25** [1955] 1561, 1565; engl. Ausg. S. 1519, 1522; s. a. *Kologriwowa, Below*, Ž. obšč. Chim. **28** [1958] 1269, 1273; engl. Ausg. S. 1325, 1328).

Kp_7: $122-123°$; D_4^{20}: 0,9828; n_D^{20}: 1,4450 (*Ko., Be.*). Kp_6: $117-119°$; D_4^{20}: 0,9882; n_D^{20}: 1,4448 (*Ma., Ol.*).

Beim Erhitzen mit wss. Natronlauge ist *erythro*-2,3-Dihydroxy-nonansäure erhalten worden (*Ko., Be.*).

X   XI   XII

*Opt.-inakt. 3-Hexyl-oxirancarbonsäure-butylester, 2,3-Epoxy-nonansäure-butylester $C_{13}H_{24}O_3$, Formel XII (R = $[CH_2]_3$-CH_3).

B. Beim Erwärmen von Heptanal mit Chloressigsäure-butylester und Kalium-*tert*-butylat in *tert*-Butylalkohol (*Ishii et al.*, J. chem. Soc. Japan Ind. Chem. Sect. **61** [1958] 76; C. A. **1959** 18852).

Kp_5: $129-130°$. D_4^{20}: 0,934. n_D^{20}: 1,4383.

*Opt.-inakt. 3-Hexyl-oxirancarbonsäure-[2-äthyl-hexylester], 2,3-Epoxy-nonansäure-[2-äthyl-hexylester] $C_{17}H_{32}O_3$, Formel XII (R = CH_2-$CH(C_2H_5)$-$[CH_2]_3$-CH_3).

B. Beim Erwärmen von Heptanal mit (±)-Chloressigsäure-[2-äthyl-hexylester] und Kalium-*tert*-butylat in *tert*-Butylalkohol (*Ishii et al.*, J. chem. Soc. Japan Ind. Chem. Sect. **61** [1958] 76; C. A. **1959** 18852).

Kp_5: $169-172°$. D_4^{20}: 0,919. n_D^{20}: 1,4467.

(±)-[*cis*-3-Pentyl-oxiranyl]-essigsäure, (±)-*erythro*-3,4-Epoxy-nonansäure $C_9H_{16}O_3$, Formel XIII + Spiegelbild.

B. Neben anderen Verbindungen beim Behandeln von (±)-*erythro*-12,13-Epoxy-octadec-9c-ensäure mit Kaliumpermanganat und Natriumhydrogencarbonat in Aceton (*Pigulewškiǐ, Naǐdenowa*, Ž. obšč. Chim. **28** [1958] 234, 236; engl. Ausg. S. 234, 235).

F: $56-57°$.

(±)-3,3-Dipropyl-oxirancarbonsäure-äthylester, (±)-2,3-Epoxy-3-propyl-hexansäure-äthylester $C_{11}H_{20}O_3$, Formel XIV (X = O-C_2H_5).

B. Beim Behandeln von Heptan-4-on mit Chloressigsäure-äthylester und Natrium-äthylat (*Martynow, Martynowa*, Ž. obšč. Chim. **24** [1954] 2146, 2149; engl. Ausg. S. 2117, 2119).

Kp_{10}: $108-110°$. D_4^{20}: 0,9573. n_D^{20}: 1,4337.

XIII   XIV   XV

(±)-3,3-Dipropyl-oxirancarbonsäure-anilid, (±)-2,3-Epoxy-3-propyl-hexansäure-anilid $C_{15}H_{21}NO_2$, Formel XIV (X = NH-C_6H_5).

B. Beim Erhitzen von (±)-2,3-Epoxy-3-propyl-hexansäure-äthylester mit Anilin (*Martynow, Martynowa*, Ž. obšč. Chim. **24** [1954] 2146, 2149; engl. Ausg. S. 2117, 2119).

Krystalle (aus Bzn.); F: 52—53°. Bei 151—152°/0,5 Torr destillierbar.

(±)-2-Butyl-3,3-dimethyl-oxirancarbonsäure-äthylester, (±)-2-Butyl-2,3-epoxy-3-methyl-buttersäure-äthylester $C_{11}H_{20}O_3$, Formel XV.

B. Beim Behandeln von (±)-2-Brom-hexansäure-äthylester mit Aceton und mit Kalium-*tert*-butylat in *tert*-Butylalkohol (*Morris, Young*, Am. Soc. **77** [1955] 6678).

Kp_4: 86°. D_4^0: 0,9721; D_4^{20}: 0,9510. n_D^{20}: 1,4306.

[*Th. Schmitt*]

Carbonsäuren $C_{10}H_{18}O_3$

(±)-3-Tetrahydropyran-4-yl-valeriansäure $C_{10}H_{18}O_3$, Formel I (R = H).

B. Aus (±)-3-Tetrahydropyran-4-yl-valeriansäure-äthylester (s. u.) mit Hilfe von wss. Alkalilauge (*Prelog*, A. **545** [1940] 229, 252).

$Kp_{0,02}$: 129—131°.

(±)-3-Tetrahydropyran-4-yl-valeriansäure-äthylester $C_{12}H_{22}O_3$, Formel I (R = C_2H_5).

B. Bei der Hydrierung von 3-Tetrahydropyran-4-yl-pent-2-ensäure-äthylester ($Kp_{0,2}$: 92—95°) an Platin in Äthanol (*Prelog*, A. **545** [1940] 229, 251).

Kp_{11}: 139—143°.

(±)-[2,6,6-Trimethyl-tetrahydro-pyran-2-yl]-essigsäure $C_{10}H_{18}O_3$, Formel II (R = H).

B. Beim Behandeln von (±)-3-Hydroxy-3,7-dimethyl-oct-6-ensäure mit wasserhaltiger Phosphorsäure (*Caliezi et al.*, Helv. **34** [1951] 879, 882). Beim Erwärmen von (±)-[2,6,6-Trimethyl-tetrahydro-pyran-2-yl]-essigsäure-methylester mit methanol. Kalilauge (*Ca. et al.*, l. c. S. 883).

Kp_{11}: 97°. D_4^{19}: 1,0212. n_D^{19}: 1,4625.

I   II   III

(±)-[2,6,6-Trimethyl-tetrahydro-pyran-2-yl]-essigsäure-methylester $C_{11}H_{20}O_3$, Formel II (R = CH_3).

B. Beim Behandeln von (±)-3-Hydroxy-3,7-dimethyl-oct-6-ensäure-methylester mit Ameisensäure und wenig Schwefelsäure (*Caliezi et al.*, Helv. **34** [1951] 879, 883). Beim Erwärmen von (±)-[2,6,6-Trimethyl-tetrahydro-pyran-2-yl]-essigsäure mit Schwefelsäure enthaltendem Methanol (*Ca. et al.*, l. c. S. 882).

Kp_{14}: 99,5—101°. D_4^{19}: 0,9849. n_D^{19}: 1,4473. IR-Spektrum (2,2—16,7 μ): *Ca. et al.*, l. c. S. 881.

(±)-[2,6,6-Trimethyl-tetrahydro-pyran-2-yl]-essigsäure-äthylester $C_{12}H_{22}O_3$, Formel II (R = C_2H_5).

B. Beim Erwärmen von (±)-3-Hydroxy-3,7-dimethyl-oct-6-ensäure-äthylester mit Phosphor(V)-oxid in Benzol (*Kilby, Kipping*, Soc. **1939** 435, 438).

Kp_{13}: 118°.

---

*Opt.-inakt. 4-Methyl-5-tetrahydro[2]furyl-valeriansäure-äthylester, 4-Tetrahydro= furfuryl-valeriansäure-äthylester $C_{12}H_{22}O_3$, Formel III.

B. Bei der Hydrierung von 5-[2]Furyl-4-methyl-penta-2,4-diensäure-äthylester (F: 33° bis 35°) an Raney-Nickel in Äthanol bei 115°/120 at (*Pommer*, A. **579** [1953] 47, 69).

Kp_5: 122°.

(±)-[2,2,5,5-Tetramethyl-tetrahydro-[3]furyl]-essigsäure $C_{10}H_{18}O_3$, Formel IV.

B. Beim Erhitzen von (±)-5,5-Dimethyl-4-[2-methyl-propenyl]-dihydro-furan-2-on mit wss. Schwefelsäure (*Matsui et al.*, Bl. chem. Soc. Japan **25** [1952] 210, 213). Bei der Hydrierung von [2,2,5,5-Tetramethyl-dihydro-[3]furyliden]-essigsäure (F: 176—178°) an Palladium/Calciumcarbonat in Methanol (*Tamate*, J. chem. Soc. Japan Pure Chem. Sect. **78** [1957] 1297; C. A. **1960** 476).

Krystalle (aus W.); F: 159° (*Ma. et al.*), 156—157° (*Ta.*). IR-Spektrum (Nujol; 2—15 μ): *Ta.*, l. c. S. 1298.

---

*Opt.-inakt. 3-Heptyl-oxirancarbonsäure, 2,3-Epoxy-decansäure $C_{10}H_{18}O_3$, Formel V (R = H).

B. Aus dem im folgenden Artikel beschriebenen Äthylester mit Hilfe von methanol. Kalilauge (*Cartwright*, Biochem. J. **67** [1957] 663, 669).

Krystalle (aus PAe.); F: 59°. IR-Spektrum (KBr; 5,5—15 μ): *Ca.*, l. c. S. 664.

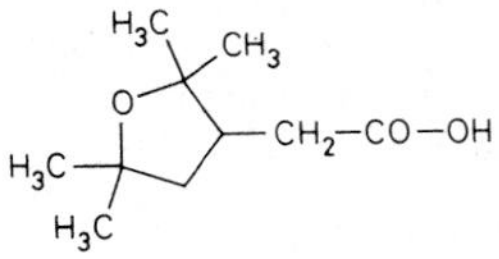

IV 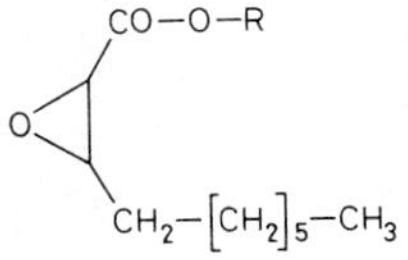   V 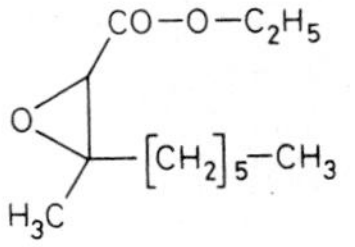   VI 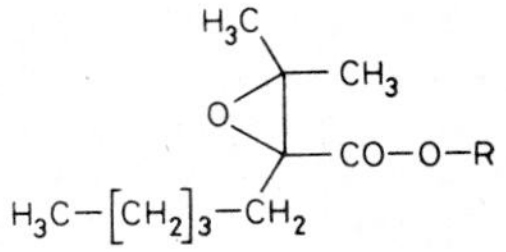   VII

---

*Opt.-inakt. 3-Heptyl-oxirancarbonsäure-äthylester, 2,3-Epoxy-decansäure-äthylester $C_{12}H_{22}O_3$, Formel V (R = C_2H_5).

B. Beim Behandeln von Chloressigsäure-äthylester mit Octanal und Natriummethylat in Äther (*Cartwright*, Biochem. J. **67** [1957] 663, 669).

$Kp_{0,1}$: 90—93°.

---

*Opt.-inakt. 3-Hexyl-3-methyl-oxirancarbonsäure-äthylester, 2,3-Epoxy-3-methyl-nonansäure-äthylester $C_{12}H_{22}O_3$, Formel VI.

B. Beim Behandeln von Chloressigsäure-äthylester mit Octan-2-on und Natrium in Äther (*Fourneau, Billeter*, Bl. [5] **6** [1939] 1616, 1621).

$Kp_{0,9}$: 119°.

(±)-3,3-Dimethyl-2-pentyl-oxirancarbonsäure-äthylester, (±)-2,3-Epoxy-3-methyl-2-pentyl-buttersäure-äthylester $C_{12}H_{22}O_3$, Formel VII (R = C_2H_5).

B. Beim Behandeln von (±)-2-Brom-heptansäure-äthylester mit Aceton und mit Kalium-*tert*-butylat in *tert*-Butylalkohol (*Morris, Young*, Am. Soc. **77** [1955] 6678).

Kp_4: 99°. D_4^0: 0,9575; D_4^{20}: 0,9385. n_D^{20}: 1,4331.

Carbonsäuren $C_{11}H_{20}O_3$

*Opt.-inakt. [2,5,6,6-Tetramethyl-tetrahydro-pyran-2-yl]-essigsäure $C_{11}H_{20}O_3$, Formel VIII (R = H).

B. Beim Behandeln von (±)-3-Hydroxy-3,6,7-trimethyl-oct-6-ensäure mit Phosphor(V)-oxid in Benzol (*Kilby, Kipping*, Soc. **1939** 435, 438).

Bei 110—116°/0,05 Torr destillierbar.

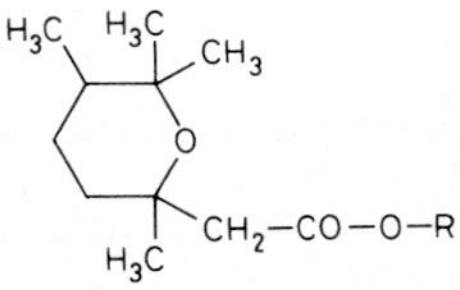

VIII 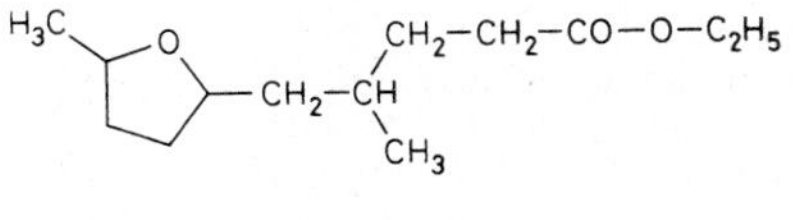   IX

*Opt.-inakt. [2,5,6,6-Tetramethyl-tetrahydro-pyran-2-yl]-essigsäure-äthylester $C_{13}H_{24}O_3$, Formel VIII (R = C_2H_5).

B. Aus ($\pm$)-3-Hydroxy-3,6,7-trimethyl-oct-6-ensäure-äthylester beim Erhitzen mit Jod sowie beim Erwärmen mit Phosphor(V)-oxid in Benzol (*Kilby, Kipping*, Soc. **1939** 435, 437).

Kp_{14}: 121—122°.

---

*Opt.-inakt. 4-Methyl-5-[5-methyl-tetrahydro-[2]furyl]-valeriansäure-äthylester $C_{13}H_{24}O_3$, Formel IX.

B. Bei der Hydrierung von 4-Methyl-5-[5-methyl-[2]furyl]-penta-2,4-diensäure-äthylester ($Kp_{0,03}$: 137—139° [S. 4212]) an Raney-Nickel in Äthanol bei 170°/120 at (*Pommer*, A. **579** [1953] 47, 72).

Kp_{17}: 148—152°.

($\pm$)-9-Oxiranyl-nonansäure, ($\pm$)-10,11-Epoxy-undecansäure $C_{11}H_{20}O_3$, Formel X (R = H).

B. Beim Behandeln von Undec-10-ensäure mit Peroxybenzoesäure in Petroläther (*Harris, Smith*, Soc. **1935** 1572, 1575; *Champetier, Despas*, Bl. **1955** 428, 430; *Despas*, A. ch. [13] **3** [1958] 496, 501) oder mit wss. Wasserstoffperoxid und Ameisensäure, in diesem Falle neben 10,11-Dihydroxy-undecansäure (*Canonica et al.*, R.A.L. [8] **14** [1953] 105, 109).

Krystalle (aus W.), F: 69° (*Ca. et al.*); Krystalle (aus Bzn.), F: 45,5° (*Ha., Sm.*), 45° (*Ch., De.; De.*); über eine Modifikation vom F: 50° s. *Ha., Sm.*

Beim Behandeln einer Lösung in Benzin mit Bromwasserstoff ist 11-Brom-10-hydroxy-undecansäure, beim Behandeln mit wss. Ammoniak ist 11-Amino-10-hydroxy-undecan= säure erhalten worden (*Ch., De.*).

($\pm$)-9-Oxiranyl-nonansäure-methylester, ($\pm$)-10,11-Epoxy-undecansäure-methylester $C_{12}H_{22}O_3$, Formel X (R = CH_3) (E II 263).

B. Beim Behandeln von Undec-10-ensäure-methylester mit Peroxyessigsäure in Essig= säure (*Findley et al.*, Am. Soc. **67** [1945] 412).

Kp_{25}: 168—174° (*Markowa et al.*, Ž. obšč. Chim. **27** [1957] 1270, 1271; engl. Ausg. S. 1353, 1354); $Kp_{0,02}$: 87—93° (*Fi. et al.*).

($\pm$)-9-Oxiranyl-nonansäure-äthylester, ($\pm$)-10,11-Epoxy-undecansäure-äthylester $C_{13}H_{24}O_3$, Formel X (R = C_2H_5) (E II 264).

B. Beim Behandeln von Undec-10-ensäure-äthylester mit Peroxyessigsäure in Äther (*Pigulewškiǐ, Rubaschko*, Ž. obšč. Chim. **25** [1955] 2227, 2228; engl. Ausg. S. 2191, 2192).

$Kp_{0,1}$: 121—123°. D_4^{20}: 0,9523. n_D^{20}: 1,4429.

Bei der Hydrierung an Palladium in Äthanol ist 10-Hydroxy-undecansäure-äthylester erhalten worden; zeitlicher Verlauf der Hydrierung bei 20°/747,4 Torr: *Pi., Ru.*, l. c. S. 2229.

X   XI   XII

($\pm$)-9-Oxiranyl-nonansäure-vinylester, ($\pm$)-10,11-Epoxy-undecansäure-vinylester $C_{13}H_{22}O_3$, Formel X (R = $CH=CH_2$).

B. Beim Erwärmen von Undec-10-ensäure-vinylester mit Peroxyessigsäure in Aceton oder Äthylacetat (*Frostick et al.*, Am. Soc. **81** [1959] 3350, 3355).

$Kp_{0,2}$: 101°; n_D^{30}: 1,4509 (*Fr. et al.*, l. c. S. 3352).

(±)-9-Oxiranyl-nonansäure-allylester, (±)-10,11-Epoxy-undecansäure-allylester
$C_{14}H_{24}O_3$, Formel X (R = CH_2-CH=CH_2).

B. Beim Erwärmen von Undec-10-ensäure-allylester mit Peroxyessigsäure in Aceton oder Äthylacetat (*Frostick et al.*, Am. Soc. **81** [1959] 3350, 3355).

$Kp_{0,5-1}$: 125—130°; n_D^{30}: 1,4492—1,4507 (*Fr. et al.*, l. c. S. 3352).

---

*Opt.-inakt. 3-Octyl-oxirancarbonsäure-butylester, 2,3-Epoxy-undecansäure-butylester
$C_{15}H_{28}O_3$, Formel XI (R = [CH_2]$_3$-CH_3).

B. Beim Behandeln von Chloressigsäure-butylester mit Nonanal und mit Kalium-*tert*-butylat in *tert*-Butylalkohol (*Ishii et al.*, J. chem. Soc. Japan Ind. Chem. Sect. **61** [1958] 76; C. A. **1959** 18852).

Kp_6: 150—151°. D_4^{20}: 0,921. n_D^{20}: 1,4413.

---

*Opt.-inakt. 3-Octyl-oxirancarbonsäure-[2-äthyl-hexylester], 2,3-Epoxy-undecansäure-[2-äthyl-hexylester] $C_{19}H_{36}O_3$, Formel XI (R = CH_2-CH(C_2H_5)-[CH_2]$_3$-CH_3).

B. Beim Behandeln von (±)-Chloressigsäure-[2-äthyl-hexylester] mit Nonanal und mit Kalium-*tert*-butylat (oder Natrium-*tert*-butylat) in *tert*-Butylalkohol (*Ishii et al.*, J. chem. Soc. Japan Ind. Chem. Sect. **61** [1958] 76; C. A. **1959** 18852).

Kp_6: 190—191°; D_4^{20}: 0,912; n_D^{20}: 1,4482 (mit Hilfe von Kalium-*tert*-butylat hergestelltes Präparat). Kp_4: 185—188°; D_4^{20}: 0,910; n_D^{20}: 1,4492 (mit Hilfe von Natrium-*tert*-butylat hergestelltes Präparat).

---

*Opt.-inakt. 3-[3,4-Dimethyl-pentyl]-3-methyl-oxirancarbonsäure-äthylester, 2,3-Epoxy-3,6,7-trimethyl-octansäure-äthylester $C_{13}H_{24}O_3$, Formel XII.

B. Beim Behandeln von Chloressigsäure-äthylester mit (±)-5,6-Dimethyl-heptan-2-on und Natriummethylat (*Hoffmann-La Roche*, U.S.P. 2806874 [1955]).

$Kp_{0,75}$: 89—91°. n_D^{25}: 1,440.

(±)-3,3-Diisobutyl-oxirancarbonitril, (±)-2,3-Epoxy-3-isobutyl-5-methyl-hexannitril
$C_{11}H_{19}NO$, Formel XIII.

Ein vermutlich mit wenig 2-Chlor-3-isobutyl-5-methyl-hex-2-ennitril verunreinigtes Präparat (Kp_2: 28—29°; D_4^{20}: 0,8475; n_D^{20}: 1,4170) ist beim Behandeln von Chloraceto= nitril mit 2,6-Dimethyl-heptan-4-on und Natriumäthylat in Äther erhalten worden (*Martynow, Schtschelkunow*, Ž. obšč. Chim. **28** [1958] 3248, 3251; engl. Ausg. S. 3275, 3277).

(±)-2-Hexyl-3,3-dimethyl-oxirancarbonsäure, (±)-2,3-Epoxy-2-hexyl-3-methyl-butter= säure $C_{11}H_{20}O_3$, Formel XIV (R = H).

B. Beim Behandeln von (±)-2-Hexyl-3,3-dimethyl-oxirancarbonsäure-äthylester mit Natriumäthylat in Äthanol und Eintragen des mit Wasser versetzten Reaktionsgemisches in wss. Salzsäure (*Morris, Young*, Am. Soc. **77** [1955] 6678).

Krystalle (aus PAe.); F: 67—69°.

XIII   XIV

(±)-2-Hexyl-3,3-dimethyl-oxirancarbonsäure-äthylester, (±)-2,3-Epoxy-2-hexyl-3-methyl-buttersäure-äthylester $C_{13}H_{24}O_3$, Formel XIV (R = C_2H_5).

B. Beim Behandeln von (±)-2-Brom-octansäure-äthylester mit Aceton und mit Kalium-*tert*-butylat in *tert*-Butylalkohol (*Morris, Young*, Am. Soc. **77** [1955] 6678).

Kp_8: 120°. D_4^0: 0,9509; D_4^{20}: 0,9341. n_D^{20}: 1,4354.

Carbonsäuren $C_{12}H_{22}O_3$

*Opt.-inakt. 3-Methyl-3-octyl-oxirancarbonsäure-äthylester, 2,3-Epoxy-3-methyl-undecansäure-äthylester $C_{14}H_{26}O_3$, Formel I.

B. Beim Behandeln von Chloressigsäure-äthylester mit Decan-2-on und Natrium oder Natriumamid in Xylol (*I.G. Farbenind.*, D.R.P. 602816 [1930]; Frdl. **20** 217; *Winthrop Chem. Co.*, U.S.P. 1899340 [1931]).

Kp_4: 150—155°.

(±)-2-Heptyl-3,3-dimethyl-oxirancarbonsäure, (±)-2,3-Epoxy-2-heptyl-3-methyl-buttersäure $C_{12}H_{22}O_3$, Formel II (R = H).

B. Beim Behandeln von (±)-2-Heptyl-3,3-dimethyl-oxirancarbonsäure-äthylester mit Natriumäthylat in Äthanol und Eintragen des mit Wasser versetzten Reaktionsgemisches in wss. Salzsäure (*Morris, Young*, Am. Soc. **77** [1955] 6678).

Krystalle (aus PAe.); F: 71—71,5°.

I

II

(±)-2-Heptyl-3,3-dimethyl-oxirancarbonsäure-äthylester, (±)-2,3-Epoxy-2-heptyl-3-methyl-buttersäure-äthylester $C_{14}H_{26}O_3$, Formel II (R = C_2H_5).

B. Beim Behandeln von (±)-2-Brom-nonansäure-äthylester mit Aceton und mit Kalium-*tert*-butylat in *tert*-Butylalkohol (*Morris, Young*, Am. Soc. **77** [1955] 6678).

Kp_4: 125°. D_4^0: 0,9423; D_4^{20}: 0,9257. n_D^{20}: 1,4378.

Carbonsäuren $C_{13}H_{24}O_3$

*Opt.-inakt. 8-[4-Chlor-tetrahydro-pyran-3-yl]-octansäure-methylester $C_{14}H_{25}ClO_3$, Formel III.

B. Beim Erwärmen von opt.-inakt. 8-[4-Hydroxy-tetrahydro-pyran-3-yl]-octansäure-methylester (Kp_3: 176—178°) mit Phosphor(V)-chlorid in Chloroform (*Šolow'ewa et al.*, Ž. obšč. Chim. **27** [1957] 3015, 3020; engl. Ausg. S. 3045, 3049).

Kp_3: 173—175°; D_4^{20}: 1,0682; n_D^{20}: 1,4713 (*Šo. et al.*, l. c. S. 3021).

III

IV

V

*Opt.-inakt. 3-Methyl-3-nonyl-oxirancarbonsäure-äthylester, 2,3-Epoxy-3-methyl-dodecansäure-äthylester $C_{15}H_{28}O_3$, Formel IV (vgl. H 268).

B. Beim Behandeln von Chloressigsäure-äthylester mit Undecan-2-on und Natrium (oder Natriumamid) in Xylol (*I.G. Farbenind.*, D.R.P. 602816 [1930]; Frdl. **20** 217; *Winthrop Chem. Co.*, U.S.P. 1899340 [1931]).

Kp_{3-4}: 155—160° (*I.G. Farbenind.*; *Winthrop Chem. Co.*).

Beim Behandeln mit Äthanol und Natrium sind 3-Methyl-dodecan-1,3-diol sowie kleine Mengen Undecan-2-ol und Undecan-2-on erhalten worden (*Pfau, Plattner*, Helv. **15** [1932] 1250, 1259).

(±)-3,3-Dimethyl-2-octyl-oxirancarbonsäure-äthylester, (±)-2,3-Epoxy-3-methyl-2-octyl-buttersäure-äthylester $C_{15}H_{28}O_3$, Formel V.

B. Beim Behandeln von (±)-2-Brom-decansäure-äthylester mit Aceton und mit Kalium-

tert-butylat in *tert*-Butylalkohol (*Morris, Young*, Am. Soc. **77** [1955] 6678).
Kp$_4$: 139°. D$_4^0$: 0,9380; D$_4^{20}$: 0,9217. n$_D^{20}$: 1,4388.

Carbonsäuren C$_{14}$H$_{26}$O$_3$

*Opt.-inakt. **6-[1-Äthyl-1-methyl-propyl]-2,2-dimethyl-tetrahydro-pyran-3-carbonsäure-methylester** C$_{15}$H$_{28}$O$_3$, Formel VI.

B. Beim Erhitzen von (±)-6-[1-Äthyl-1-methyl-propyl]-2,2-dimethyl-3,4-dihydro-2*H*-pyran-3-carbonsäure-methylester mit wss. Natronlauge, Hydrieren des erhaltenen Natrium-Salzes der 6-[1-Äthyl-1-methyl-propyl]-2,2-dimethyl-3,4-dihydro-2*H*-pyran-3-carbonsäure (C$_{14}$H$_{24}$O$_3$; Öl) an Nickel in Wasser bei 142°/200 at und Erwärmen der erhaltenen 6-[1-Äthyl-1-methyl-propyl]-2,2-dimethyl-tetrahydro-pyran-3-carbonsäure (C$_{14}$H$_{26}$O$_3$; Öl) mit Dimethylsulfat und methanol. Kalilauge (*Rupe, Zweidler*, Helv. **23** [1940] 1025, 1041).
Kp$_{11}$: 147—150°.

VI   VII

(±)-**6c-[1-Äthyl-1-chlor-propyl]-2,2,6t-trimethyl-tetrahydro-pyran-3r-carbonsäure-methylester** C$_{15}$H$_{27}$ClO$_3$, Formel VII + Spiegelbild.

B. Beim Behandeln einer Lösung von (±)-6c-[1-Äthyl-1-hydroxy-propyl]-2,2,6t-trimethyl-tetrahydro-pyran-3r-carbonsäure-lacton in Methanol mit Chlorwasserstoff (*Rupe, Zweidler*, Helv. **23** [1940] 1025, 1039).

Bei 100—110°/0,008 Torr unter partieller Zersetzung (Abspaltung von Chlorwasserstoff) destillierbar.

*Opt.-inakt. **3-Undecyl-oxirancarbonsäure-[2-äthyl-hexylester], 2,3-Epoxy-tetradecan-säure-[2-äthyl-hexylester]** C$_{22}$H$_{42}$O$_3$, Formel VIII.

B. Beim Behandeln von (±)-Chloressigsäure-[2-äthyl-hexylester] mit Dodecanal und mit Natrium-*tert*-butylat in *tert*-Butylalkohol (*Ishii et al.*, J. chem. Soc. Japan Ind. Chem. Sect. **61** [1958] 76; C. A. **1959** 18852).
Kp$_7$: 210—215°. n$_D^{50}$: 1,4370.

VIII   IX

(±)-**3,3-Dimethyl-2-nonyl-oxirancarbonsäure-äthylester, (±)-2,3-Epoxy-3-methyl-2-nonyl-buttersäure-äthylester** C$_{16}$H$_{30}$O$_3$, Formel IX.

B. Beim Behandeln von (±)-2-Brom-undecansäure-äthylester mit Aceton und mit Kalium-*tert*-butylat in *tert*-Butylalkohol (*Morris, Young*, Am. Soc. **77** [1955] 6678).
Kp$_2$: 136°. D$_4^0$: 0,9282; D$_4^{20}$: 0,9144. n$_D^{20}$: 1,4406.

Carbonsäuren C$_{15}$H$_{28}$O$_3$

(±)-**11-Tetrahydro[2]thienyl-undecansäure** C$_{15}$H$_{28}$O$_2$S, Formel X.

B. Beim Erhitzen von (±)-11-[3-Oxo-tetrahydro-[2]thienyl]-undecansäure mit Hydrazin-hydrat und Kaliumhydroxid in Diäthylenglykol unter Stickstoff bis auf 200° (*Schmid, Grob*, Helv. **31** [1948] 360, 367).

Krystalle (aus Acn. oder aus Ae. + PAe.); F: 65,5°.

X

XI

(±)-11-[1,1-Dioxo-tetrahydro-1λ⁶-[2]thienyl]-undecansäure $C_{15}H_{28}O_4S$, Formel XI.

B. Beim Erwärmen von (±)-11-Tetrahydro[2]thienyl-undecansäure mit wss. Wasserstoffperoxid und Essigsäure (*Schmid, Grob*, Helv. **31** [1948] 360, 367).

Krystalle (aus Acn. + PAe.); F: 78°.

---

*Opt.-inakt. 3-[4,8-Dimethyl-nonyl]-3-methyl-oxirancarbonsäure-äthylester, 2,3-Epoxy-3,7,11-trimethyl-dodecansäure-äthylester $C_{17}H_{32}O_3$, Formel XII (vgl. E II 264).

B. Beim Behandeln von Chloressigsäure-äthylester mit (±)-6,10-Dimethyl-undecan-2-on und Natrium in Xylol (*I.G. Farbenind.*, D.R.P. 602816 [1930]; Frdl. **20** 217; *Winthrop Chem. Co.*, U.S.P. 1899340 [1931]).

Kp_{4-5}: 160—165°.

(±)-2-Decyl-3,3-dimethyl-oxirancarbonsäure, (±)-2-Decyl-2,3-epoxy-3-methyl-buttersäure $C_{15}H_{28}O_3$, Formel XIII (R = H).

B. Beim Behandeln von (±)-2-Decyl-3,3-dimethyl-oxirancarbonsäure-äthylester mit äthanol. Natriumäthylat-Lösung und anschliessend mit Wasser und Ansäuern des erhaltenen Reaktionsgemisches mit wss. Salzsäure (*Morris, Lawrence*, Am. Soc. **77** [1955] 1692; s. a. *Darzens*, C. r. **195** [1932] 884).

F: 43—47° (*Mo., La.*).

Beim Erhitzen unter Normaldruck ist 2-Methyl-tridecan-3-on erhalten worden (*Mo., La.*).

XII

XIII

(±)-2-Decyl-3,3-dimethyl-oxirancarbonsäure-äthylester, (±)-2-Decyl-2,3-epoxy-3-methyl-buttersäure-äthylester $C_{17}H_{32}O_3$, Formel XIII (R = C_2H_5).

B. Beim Behandeln von (±)-2-Brom-dodecansäure-äthylester mit Aceton und mit Kalium-*tert*-butylat in *tert*-Butylalkohol (*Morris, Lawrence*, Am. Soc. **77** [1955] 1692).

Kp_4: 169°; D_4^0: 0,9276; D_4^{20}: 0,9128; n_D^{20}: 1,4430 (*Mo., La.*).

Ein ebenfalls unter dieser Konstitution beschriebenes Präparat (Kp_5: 162—165°; D_0^0: 0,993; n_D^{20}: 1,4612) ist beim Behandeln von (±)-2-Chlor-dodecansäure-äthylester mit Aceton und mit Natriumäthylat in Äther erhalten worden (*Darzens*, C. r. **195** [1932] 884).

Carbonsäuren $C_{16}H_{30}O_3$

(±)-12-Tetrahydro[2]thienyl-dodecansäure $C_{16}H_{30}O_2S$, Formel I.

B. Beim Behandeln des aus (±)-11-Tetrahydro[2]thienyl-undecansäure mit Hilfe von Thionylchlorid hergestellten Säurechlorids mit Diazomethan in Äther, Erwärmen des Reaktionsprodukts mit Silberoxid in Methanol und Behandeln des erhaltenen 12-Tetrahydro[2]thienyl-dodecansäure-methylesters ($C_{17}H_{32}O_2S$; Öl; bei 140—150°/0,01 Torr destillierbar) mit äthanol. Kalilauge (*Schmid, Grob*, Helv. **31** [1948] 360, 368).

Krystalle (aus Acn.); F: 63°.

3-Tridecyl-oxirancarbonsäure, 2,3-Epoxy-hexadecansäure $C_{16}H_{30}O_3$.

a) **(±)-*cis*-3-Tridecyl-oxirancarbonsäure, (±)-*erythro*-2,3-Epoxy-hexadecansäure** $C_{16}H_{30}O_3$, Formel II + Spiegelbild.

B. In kleiner Menge neben wenig *threo*-2,3-Epoxy-hexadecansäure (s. u.) beim Behandeln von Hexadec-2t-ensäure mit Brom in Tetrachlormethan, Erhitzen des erhaltenen Dibromids mit Kaliumacetat und Acetanhydrid und Erwärmen des Reaktionsprodukts mit äthanol. Kalilauge (*van Tamelen, Bach*, Am. Soc. **80** [1958] 3079, 3084).

Krystalle (aus PAe.); F: 70—70,9°.

I   II   III

b) **(±)-*trans*-3-Tridecyl-oxirancarbonsäure, (±)-*threo*-2,3-Epoxy-hexadecansäure** $C_{16}H_{30}O_3$, Formel III (R = H) + Spiegelbild.

B. Aus (±)-*threo*-2,3-Epoxy-hexadecansäure-methylester (s. u.) beim Behandeln mit wss.-methanol. Kalilauge (*Weiss*, Biochemistry **4** [1965] 1576, 1578) oder mit äthanol. Alkalilauge (*Artamonow*, Ž. obšč. Chim. **28** [1958] 1355, 1358; engl. Ausg. S. 1414, 1417) sowie beim Erhitzen mit einem Gemisch von wss. Natronlauge und Dioxan (*van Tamelen, Bach*, Am. Soc. **80** [1958] 3079, 3085).

Krystalle; F: 88,5—89,5° [aus PAe.] bzw. F: 86—87° [aus wss. Me.] (*v. Ta., Bach*, l.c. S. 3084, 3085), 82—83° [aus PAe.] (*We.*). IR-Spektrum (7,3—11,8 μ): *Ar.*, l.c. S. 1356.

Hydrierung an Platin in Äthanol unter Bildung von 3-Hydroxy-hexadecansäure: *Ar.*, l.c. S. 1359.

(±)-*trans*-3-Tridecyl-oxirancarbonsäure-methylester, (±)-*threo*-2,3-Epoxy-hexadecan-säure-methylester $C_{17}H_{32}O_3$, Formel III (R = CH₃) + Spiegelbild.

B. Aus Hexadec-2t-ensäure-methylester beim Erwärmen mit Trifluor-peroxyessigsäure und Dinatriumhydrogenphosphat in Dichlormethan (*van Tamelen, Bach*, Am. Soc. **80** [1958] 3079, 3085) oder mit Peroxybenzoesäure in Äther (*Artamonow*, Ž. obšč. Chim. **28** [1958] 1355, 1357; engl. Ausg. S. 1414, 1417) sowie beim Behandeln mit Peroxy-benzoesäure in Chloroform und Benzol (*Weiss*, Biochemistry **4** [1965] 1576, 1578).

$Kp_{0,4}$: 148—152° (*van Ta., Bach*). IR-Banden (CHCl₃) im Bereich von 5,8 μ bis 11,4 μ: *van Ta., Bach*.

Beim Erwärmen mit Lithiumalanat in Äther ist Hexadecan-1,2-diol erhalten worden (*We.*).

Carbonsäuren $C_{18}H_{34}O_3$

3-Pentadecyl-oxirancarbonsäure, 2,3-Epoxy-octadecansäure $C_{18}H_{34}O_3$.

a) **(±)-*cis*-3-Pentadecyl-oxirancarbonsäure, (±)-*erythro*-2,3-Epoxy-octadecansäure** $C_{18}H_{34}O_3$, Formel IV + Spiegelbild.

B. Beim Erwärmen einer Lösung von (±)-*threo*-2-Acetoxy-3-brom-octadecansäure oder von (±)-*threo*-3-Acetoxy-2-brom-octadecansäure in Äthanol mit wss. Kalilauge (*Myers*, Am. Soc. **74** [1952] 1390, 1392).

Krystalle; F: 90—91° [aus Acn.] (*My.*), 84—85,5° [aus PAe.] (*Gunstone, Jacobsberg*, Chem. Physics Lipids **9** [1972] 26, 27).

b) **(±)-*trans*-3-Pentadecyl-oxirancarbonsäure, (±)-*threo*-2,3-Epoxy-octadecansäure** $C_{18}H_{34}O_3$, Formel V + Spiegelbild.

B. Beim Erwärmen einer Lösung von (±)-*erythro*-3-Acetoxy-2-brom-octadecansäure in Äthanol mit wss. Kalilauge (*Myers*, Am. Soc. **74** [1952] 1390, 1392). Beim Behandeln von Octadec-2t-ensäure-methylester mit Peroxybenzoesäure in Äther und Behandeln des Reaktionsprodukts mit äthanol. Alkalilauge (*Artamonow*, Ž. obšč. Chim. **28** [1958] 1355, 1357, 1358; engl. Ausg. S. 1414, 1417).

Krystalle; F: 89—90° [aus Hexan] (*Sisido et al.*, J. org. Chem. **29** [1964] 2783), 87,5°
bis 88° [aus Acn. + A.] (*My.*), 85—88° [aus PAe.] (*Gunstone, Jacobsberg*, Chem. Physics
Lipids **9** [1972] 26, 27). IR-Spektrum (KBr; 3—13 μ bzw. 7,3—11,8 μ): *Ishii et al.*,
J. chem. Soc. Japan Ind. Chem. Sect. **61** [1958] 76; C. A. **1959** 18852; *Ar.*, l. c. S. 1356.
Hydrierung an Platin in Äthanol unter Bildung von 3-Hydroxy-octadecansäure: *Ar.*,
l. c. S. 1359.

IV V VI

5-[3-Undecyl-oxiranyl]-valeriansäure, 6,7-Epoxy-octadecansäure $C_{18}H_{34}O_3$.

a) **(±)-5-[*cis*-3-Undecyl-oxiranyl]-valeriansäure, (±)-*erythro*-6,7-Epoxy-octadecan**
säure $C_{18}H_{34}O_3$, Formel VI + Spiegelbild (E II 264; dort als *cis*-6.7-Oxido-stearinsäure
und als „Oxyd der Petroselinsäure" bezeichnet).

B. Beim Behandeln von Petroselinsäure (Octadec-6c-ensäure) mit Peroxyessigsäure
in Äther (*Farooq, Osman*, Fette Seifen **61** [1959] 636, 638; *Pigulewskiĭ et al.*, Ž. prikl.
Chim. **32** [1959] 937; engl. Ausg. S. 957) oder mit Monoperoxyphthalsäure in Äther
(*Fa., Os.*).

Krystalle, F: 59,5—60° [aus wss. A.] (*Fa., Os.*), 59—60° (*Pi. et al.*), 56,5—58° [Kofler-
App.; aus PAe.] (*Gunstone, Jacobsberg*, Chem. Physics Lipids **9** [1972] 26, 27). IR-Spektrum (Paraffinöl; 3—15 μ): *Fa., Os.*

Beim Erhitzen mit konz. wss. Ammoniak unter Druck auf 130° ist *threo*(?)-6-Amino-
7-hydroxy-octadecansäure (E III **4** 1672) erhalten worden (*Pi. et al.*).

b) **(±)-5-[*trans*-3-Undecyl-oxiranyl]-valeriansäure, (±)-*threo*-6,7-Epoxy-octadecan**
säure $C_{18}H_{34}O_3$, Formel VII + Spiegelbild (E II 264; dort als *trans*-6.7-Oxido-stearinsäure
und als „Oxyd der Petroselidinsäure" bezeichnet).

B. Beim Behandeln von Petroselaidinsäure (Octadec-6t-ensäure) mit Peroxyessigsäure
in Äther (*Farooq, Osman*, Fette Seifen **61** [1959] 636, 638; *Pigulewskiĭ, Šimonowa*, Ž. obšč.
Chim. **9** [1939] 1928, 1930; C. **1940** I 3913; *Pigulewskiĭ et al.*, Ž. obšč. Chim. **29** [1959]
2449, 2451; engl. Ausg. S. 2413) oder mit Monoperoxyphthalsäure in Äther (*Fa., Os.*).

Krystalle; F: 66—66,5° [aus wss. A.] (*Fa., Os.*), 66° [aus wss. A.] (*Pi. et al.*), 65,5°
[aus A. + Ae.] (*Pi., Ši.*), 64,5—65,5° [aus PAe.] (*Gunstone, Jacobsberg*, Chem. Physics
Lipids **9** [1972] 26, 27). IR-Spektrum (Paraffinöl; 3—15 μ): *Fa., Os.*

Beim Erhitzen mit wss. Ammoniak auf 130° ist *erythro*(?)-6-Amino-7-hydroxy-octa-
decansäure (E III **4** 1671) erhalten worden (*Pi. et al.*).

**(±)-11-[*cis*-3-Pentyl-oxiranyl]-undecansäure-methylester, (±)-*erythro*-12,13-Epoxy-
octadecansäure-methylester** $C_{19}H_{36}O_3$, Formel VIII + Spiegelbild.

B. Bei der Hydrierung von (±)-*erythro*-12,13-Epoxy-octadec-9c-ensäure-methylester
an Platin in Äthanol (*Pigulewskiĭ, Naĭdenowa*, Ž. obšč. Chim. **28** [1958] 234, 237; engl.
Ausg. S. 234, 236).

Kp$_7$: 190,5—191°. D$_4^{20}$: 0,9314. n$_D^{20}$: 1,45307.

VII VIII IX

(±)-10-[*cis*-3-Hexyl-oxiranyl]-decansäure, (±)-*erythro*-11,12-Epoxy-octadecansäure
$C_{18}H_{34}O_3$, Formel IX + Spiegelbild.

B. Aus Octadec-11c-ensäure (*Hofman, Sax*, J. biol. Chem. **205** [1953] 55, 59).

F: $46-47,6°$ (*Ho.*, *Sax*), $41,5-44°$ [aus PAe.] (*Gunstone*, *Jacobsberg*, Chem. Physics Lipids **9** [1972] 26, 27).

8-[3-Octyl-oxiranyl]-octansäure, 9,10-Epoxy-octadecansäure $C_{18}H_{34}O_3$.

a) **8-[(2S)-cis-3-Octyl-oxiranyl]-octansäure, (9S)-$erythro$-9,10-Epoxy-octadecansäure** $C_{18}H_{34}O_3$, Formel X (R = H).

Konfigurationszuordnung: *Morris*, *Crouchman*, Lipids **7** [1972] 372, 376.

B. Aus (9S)-$erythro$-9,10-Dihydroxy-octadecansäure (F: 141°; $[\alpha]_D^{50}$: $-0,15°$ [A.]; früher [s. E III **3** 880] als „optisch aktive *erythro*-9.10-Dihydroxy-stearinsäure aus Ricinusöl" bezeichnet) beim Behandeln mit Chlorwasserstoff bei 160° und Erwärmen des Reaktionsprodukts mit wss. Natronlauge oder äthanol. Kalilauge (*King*, Soc. **1942** 387, 390) sowie beim Behandeln mit Bromwasserstoff in Essigsäure und Erwärmen des Reaktionsprodukts mit methanol. Kalilauge (*Mo.*, *Cr.*, l. c. S. 374, 375).

Krystalle (aus Me. + Acn.); F: 59,5° (*King*). $[\alpha]_D^{19}$: $+0,3°$ [A.] (*King*); $[\alpha]_{546}$: $+0,2°$ [Me.] (*Mo.*, *Cr.*, l. c. S. 375).

Beim Erhitzen mit wss. Kalilauge auf 170° ist $(\pm)$-$threo$-9,10-Dihydroxy-octadecansäure erhalten worden (*King*, l. c. S. 387, 390).

b) **$(\pm)$-8-[cis-3-Octyl-oxiranyl]-octansäure, $(\pm)$-$erythro$-9,10-Epoxy-octadecansäure** $C_{18}H_{34}O_3$, Formel X (R = H) + Spiegelbild (E II 264; dort als „inaktive *cis*-9.10-Epoxy-stearinsäure" bezeichnet).

B. Beim Leiten von Sauerstoff durch ein Gemisch von Ölsäure und Benzaldehyd unter Bestrahlung mit UV-Licht (*Raymond*, J. Chim. phys. **28** [1931] 500, 501, 503). Beim Leiten von Luft durch ein Gemisch von Ölsäure, Benzaldehyd und Aceton unter Bestrahlung mit UV-Licht (*Swern et al.*, Am. Soc. **66** [1944] 1925). Beim Behandeln von Ölsäure mit Peroxyessigsäure in Essigsäure (*Findley et al.*, Am. Soc. **67** [1945] 412; *Mack*, *Bickford*, J. org. Chem. **18** [1953] 686, 689), mit Peroxynonansäure (aus Nonansäure mit Hilfe von wss. Wasserstoffperoxid und Schwefelsäure hergestellt) in Benzol (*Parker et al.*, Am. Soc. **77** [1955] 4037, 4038) oder mit Peroxybenzoesäure in Aceton (*Sw. et al.*, Am. Soc. **66** 1925; vgl. E II 264). Beim Behandeln von Ölsäure mit wss. Hypochlorigsäure und Erwärmen des Reaktionsprodukts mit wss. Kalilauge (*Hashi*, J. Soc. chem. Ind. Japan Spl. **39** [1936] 162), mit äthanol. Kalilauge (*King*, Soc. **1943** 37) oder mit äthanol. Natriumäthylat-Lösung (*Ellis*, Biochem. J. **30** [1936] 753, 757). Neben kleinen Mengen *threo*-9,10-Dihydroxy-octadecansäure beim Behandeln von $(\pm)$-$erythro$-9,10-Dihydroxy-octadecansäure mit Chlorwasserstoff bei 160° und Erhitzen des Reaktionsprodukts mit wss. Alkalilauge (*King*, Soc. **1942** 387, 390; *Atherton*, *Hilditch*, Soc. **1943** 204, 207). Aus $(\pm)$-$erythro$-9,10-Epoxy-octadecansäure-methylester (S. 3872) beim Erwärmen mit methanol. Kalilauge (*Gunstone*, *Jacobsberg*, Chem. Physics Lipids **9** [1972] 26, 32) sowie beim Behandeln mit äthanol. Kalilauge (*Pigulewškiǐ*, *Kuranowa*, Ž. prikl. Chim. **28** [1955] 1353; engl. Ausg. S. 1315).

Krystalle; F: 59,5—59,8° [aus Acn.] (*Swern et al.*, Am. Soc. **66** [1944] 1925), 59,5° [aus Acn.] (*King*, Soc. **1942** 387, 390), 59,5° [aus PAe. + Acn.] (*King*, Soc. **1943** 37), 59,5° [aus wss. Acn.] (*Ellis*, Biochem. J. **30** [1936] 753, 758), 59—59,5° [aus Me.] (*Findley et al.*, Am. Soc. **67** [1945] 412), 59° [aus Hexan] (*Mack*, *Bickford*, J. org. Chem. **18** [1953] 686, 689), 57,5—58,3° [aus Me. + PAe.] (*Hashi*, J. Soc. chem. Ind. Japan Spl. **39** [1936] 162), 56—57° [aus PAe.] (*Gunstone*, *Jacobsberg*, Chem. Physics Lipids **9** [1972] 26, 27). Netzebenenabstände: *Witnauer*, *Swern*, Am. Soc. **72** [1950] 3364, 3365. n_D^{60}: 1,4450 (*Swern et al.*, Am. Soc. **70** [1948] 1228, 1229). IR-Spektrum von 2 μ bis 15 μ (Nujol sowie CS_2): *Shreve et al.*, Anal. Chem. **23** [1951] 277, 280, 281; von 2 μ bis 12 μ ($CHCl_3$): *O'Connor et al.*, J. org. Chem. **18** [1953] 693, 694. UV-Spektrum (A.; 200—280 nm): *King*, Soc. **1950** 2897, 2898. Polarographie: *Maruta*, *Iwama*, J. chem. Soc. Japan Pure Chem. Sect. **76** [1955] 548, 550; C. A. **1956** 11135. Schmelzdiagramm des Systems mit $(\pm)$-$threo$-9,10-Epoxy-octadecansäure: *Wi.*, *Sw.*, l. c. S. 3366.

Bildung von Polykondensationsprodukten beim Erhitzen der Schmelze: *Nicolet*, *Poulter*, Am. Soc. **52** [1930] 1186, 1191; *Swern et al.*, Am. Soc. **70** [1948] 1228, 1229, 1231. Beim Erhitzen mit wss. Ammoniak ist eine nach *Pigulewškiǐ*, *Kuranowa* (Ž. obšč. Chim. **24** [1954] 2006, 2007; engl. Ausg. S. 1971; Ž. prikl. Chim. **28** [1955] 213, 214; engl. Ausg. S. 193) als *threo*(?)-9-Amino-10-hydroxy-octadecansäure zu formulierende Säure (E III **4** 1672) erhalten worden (*Swern*, *Findley*, Am. Soc. **74** [1952] 6139).

Calcium-Salz $Ca(C_{18}H_{33}O_3)_2$. F: 112° (*Janowškiĭ et al.*, Ž. prikl. Chim. **32** [1959] 1575, 1580; engl. Ausg. S. 1606, 1610).

Barium-Salz $Ba(C_{18}H_{33}O_3)_2$. F: 188° (*Ja. et al.*).

Zink-Salz $Zn(C_{18}H_{33}O_3)_2$. F: 101° (*Ja. et al.*).

Cadmium-Salz $Cd(C_{18}H_{33}O_3)_2$. F: 105° (*Ja. et al.*).

Blei(II)-Salz $Pb(C_{18}H_{33}O_3)_2$. F: 96—97° (*Ja. et al.*).

Einschlussverbindung mit Harnstoff (2,7 Mol). Dissoziationstemperatur: 118° [Kofler-App.] (*Knight et al.*, Anal. Chem. **24** [1952] 1331, 1332, 1333).

c) (±)-8-[*trans*-3-Octyl-oxiranyl]-octansäure, (±)-*threo*-9,10-Epoxy-octadecansäure $C_{18}H_{34}O_3$, Formel XI (R = H) + Spiegelbild (E II 265; dort als *trans*-9.10-Epoxy-stearinsäure bezeichnet).

B. Beim Behandeln von Elaidinsäure (Octadec-9*t*-ensäure) mit Peroxyessigsäure in Essigsäure (*Findley et al.*, Am. Soc. **67** [1945] 412; s. a. *Pigulewškiĭ, Kuranowa*, Ž. obšč. Chim. **24** [1954] 2006, 2008; engl. Ausg. S. 1971). Beim Behandeln von Elaidinsäure mit wss. Hypochlorigsäure und Erwärmen des erhaltenen Reaktionsprodukts mit wss. Kali‹ lauge (*Hashi*, J. Soc. chem. Ind. Japan Spl. **39** [1936] 162), mit äthanol. Kalilauge (*Atherton, Hilditch*, Soc. **1943** 204, 207) oder mit äthanol. Natriummethylat-Lösung (*Ellis*, Biochem. J. **30** [1936] 753, 756). Neben kleinen Mengen *erythro*-9,10-Dihydroxy-octa‹ decansäure beim Behandeln von (±)-*threo*-9,10-Dihydroxy-octadecansäure mit Chlor‹ wasserstoff bei 160° und Erhitzen des Reaktionsprodukts mit wss. Alkalilauge (*King*, Soc. **1942** 387, 390; *At., Hi.*). Beim Erwärmen von (±)-*threo*-9,10-Epoxy-octadecansäure-methylester (S. 3873) mit methanol. Kalilauge (*Gunstone, Jacobsberg*, Chem. Physics Lipids **9** [1972] 26, 32).

Krystalle; F: 55,5° [aus PAe. bzw. aus PAe., Acn. oder A.] (*O'Connor et al.*, J. org. Chem. **18** [1953] 693, 699; *El.*), 55—55,5° [aus Acn. bzw. aus PAe. + A.] (*Fi. et al.*; *Pi., Ku.*), 54,5—55,3° [aus Me. + PAe.] (*Ha.*), 52—53° [aus PAe.] (*Gu., Ja.*). Netzebenen-abstände: *Witnauer, Swern*, Am. Soc. **72** [1950] 3364, 3365. n_D^{60}: 1,4419 (*Swern et al.*, Am. Soc. **70** [1948] 1228, 1230). IR-Spektrum von 2 μ bis 15 μ (Nujol sowie CS_2): *Shreve et al.*, Anal. Chem. **23** [1951] 277, 280, 281; von 2 μ bis 12 μ ($CHCl_3$): *O'Co. et al.*, l. c. S. 694. UV-Spektrum (A.; 220—370 nm bzw. 200—280 nm): *Holman et al.*, Am. Soc. **67** [1945] 1285, 1289; *King*, Soc. **1950** 2897, 2898. Schmelzdiagramm des Systems mit (±)-*erythro*-9,10-Epoxy-octadecansäure: *Wi., Sw.*, l. c. S. 3366.

Bildung von Polykondensationsprodukten beim Erhitzen der Schmelze: *Nicolet, Poulter*, Am. Soc. **52** [1930] 1186, 1191; *Morrell, Phillips*, J. Soc. chem. Ind. **59** [1940] 144, 147; *Sw. et al.* Beim Erhitzen mit wss. Ammoniak auf 130° ist *erythro*(?)-9-Amino-10-hydroxy-octadecansäure (E III **4** 1672) erhalten worden (*Pi., Ku.*).

Einschlussverbindung mit Harnstoff (2,7 Mol). Dissoziationstemperatur: 125° [Kofler-App.] (*Knight et al.*, Anal. Chem. **24** [1952] 1331, 1332, 1333).

X   XI   XII

8-[3-Octyl-oxiranyl]-octansäure-methylester, 9,10-Epoxy-octadecansäure-methylester $C_{19}H_{36}O_3$.

a) (±)-8-[*cis*-3-Octyl-oxiranyl]-octansäure-methylester, (±)-*erythro*-9,10-Epoxy-octadecansäure-methylester $C_{19}H_{36}O_3$, Formel X (R = CH_3) + Spiegelbild.

B. Beim Behandeln von Ölsäure-methylester mit Peroxyessigsäure in Essigsäure (*Findley et al.*, Am. Soc. **67** [1945] 412; *Mack, Bickford*, J. org. Chem. **18** [1953] 686, 690; *Jungermann, Spoerri*, Am. Soc. **75** [1953] 4704; *Greenspan, Gall*, Ind. eng. Chem. **45** [1953] 2722, 2725) oder mit Peroxybenzoesäure in Aceton (*Swern et al.*, Am. Soc. **66** [1944] 1925). Beim Behandeln von (±)-*erythro*-9,10-Epoxy-octadecansäure mit Methanol und Phosphor(V)-oxid (*Nicolet, Poulter*, Am. Soc. **52** [1930] 1186, 1189, 1190).

Krystalle; F: 18° [aus Me.] (*Ni., Po.*), 17,1—17,8° [aus Acn.] (*Ju., Sp.*), 15—16,5°

[aus Acn.] (*Sw. et al.*). Bei 120—128°/0,015 Torr destillierbar (*Shreve et al.*, Anal. Chem. **23** [1951] 277, 278). n_D^{30}: 1,4479 (*Sh. et al.*, l. c. S. 278). IR-Spektrum (CS_2; 2—15 μ): *Sh. et al.*, l. c. S. 280.

Bei der Hydrierung an Palladium/Kohle in Essigsäure sind 10-Hydroxy-octadecan‍säure-methylester, 9-Hydroxy-octadecansäure-methylester und Stearinsäure-methylester sowie kleine Mengen 9-Oxo-octadecansäure-methylester und 10-Oxo-octadecansäure-methylester erhalten worden (*Mack, Bi.*, l. c. S. 690; *Howton, Kaiser*, J. org. Chem. **29** [1964] 2420, 2423).

b) (±)-8-[*trans*-3-Octyl-oxiranyl]-octansäure-methylester, (±)-*threo*-9,10-Epoxy-octadecansäure-methylester $C_{19}H_{36}O_3$, Formel XI (R = CH_3) + Spiegelbild (E II 265).

B. Beim Behandeln von Elaidinsäure-methylester mit Peroxyessigsäure in Essigsäure (*Mack, Bickford*, J. org. Chem. **18** [1953] 686, 691). Beim Behandeln von (±)-*threo*-9,10-Epoxy-octadecansäure mit Methanol und Phosphor(V)-oxid (*Nicolet, Poulter*, Am. Soc. **52** [1930] 1186, 1189).

F: 32° (*Gold*, Soc. **1958** 934, 937), 25° [aus Me.] (*Ni., Po.*). $Kp_{0,02}$: 126—128°; n_D^{30}: 1,4449 (*Shreve et al.*, Anal. Chem. **23** [1951] 277, 278). IR-Spektrum (CS_2; 2—15 μ): *Sh. et al.*, l. c. S. 280.

Bei der Hydrierung an Palladium/Kohle in Essigsäure sind 10-Hydroxy-octadecan‍säure-methylester, 9-Hydroxy-octadecansäure-methylester und Stearinsäure-methylester sowie kleine Mengen 9-Oxo-octadecansäure-methylester und 10-Oxo-octadecansäure-methylester erhalten worden (*Mack, Bi.*, l. c. S. 691, 692; *Howton, Kaiser*, J. org. Chem. **29** [1964] 2420, 2423, 2424).

(±)-8-[*cis*-3-Octyl-oxiranyl]-octansäure-äthylester, (±)-*erythro*-9,10-Epoxy-octadecan‍säure-äthylester $C_{20}H_{38}O_3$, Formel X (R = C_2H_5) + Spiegelbild (E II 265).

B. Beim Behandeln von Ölsäure-äthylester mit Peroxyessigsäure in Essigsäure (*King*, Soc. **1949** 1817, 1823) oder mit Peroxybenzoesäure in Äther (*Pigulewškǐ, Rubaschko*, Ž. obšč. Chim. **9** [1939] 829; C. **1940** I 690).

Krystalle; F: 21° [aus PAe.] (*King*), 21° (*Pi., Ru.*). $Kp_{0,1}$: 182—183°; D_4^{21}: 0,9183; n_D^{21}: 1,4512 (*Pi., Ru.*).

(±)-8-[*cis*-3-Octyl-oxiranyl]-octansäure-vinylester, (±)-*erythro*-9,10-Epoxy-octadecan‍säure-vinylester $C_{20}H_{36}O_3$, Formel X (R = $CH=CH_2$) + Spiegelbild.

B. Beim Behandeln von Ölsäure-vinylester mit Peroxyessigsäure in Essigsäure (*Silbert et al.*, J. Polymer Sci. **21** [1956] 161, 168; s. a. *Frostick et al.*, Am. Soc. **81** [1959] 3350, 3352).

Krystalle (aus Me.); F: 22,2—22,6° (*Si. et al.*). D_4^{30}: 0,9133; n_D^{30}: 1,4529 (*Si. et al.*).

(±)-8-[*cis*-3-Octyl-oxiranyl]-octansäure-allylester, (±)-*erythro*-9,10-Epoxy-octadecan‍säure-allylester $C_{21}H_{38}O_3$, Formel X (R = $CH_2-CH=CH_2$) + Spiegelbild.

Über ein unter dieser Konstitution beschriebenes, aus Ölsäure-allylester mit Hilfe von Peroxyessigsäure hergestelltes Präparat (bei 180—195°/0,5 Torr destillierbar; n_D^{30}: 1,4547) s. *Frostick et al.*, Am. Soc. **81** [1959] 3350, 3352.

(±)(*Ξ*)-*erythro*-9,10-Epoxy-octadecansäure-[(*Ξ*)-2,3-epoxy-propylester] $C_{21}H_{38}O_4$, Formel XII + Spiegelbild.

Über ein beim Erhitzen des Natrium-Salzes der (±)-*erythro*-9,10-Epoxy-octadecansäure mit (±)-Epichlorhydrin auf 150° erhaltenes Präparat (F: 43—44°; $Kp_{0,04}$: 160°; n_D^{50}: 1,4500) s. *Witnauer et al.*, Ind. eng. Chem. **47** [1955] 2304, 2305, 2306.

(±)(*Ξ*)-*erythro*-9,10-Epoxy-octadecansäure-[(*Ξ*)-*erythro*-9,10-epoxy-octadecylester] $C_{36}H_{68}O_4$, Formel I + Spiegelbild oder (und) Formel II + Spiegelbild.

Über ein beim Behandeln von Ölsäure-octadec-9*c*-enylester mit Peroxyessigsäure in Essigsäure erhaltenes Präparat (F: 44—46°; n_D^{50}: 1,4590) s. *Witnauer et al.*, Ind. eng. Chem. **47** [1955] 2304, 2305.

(±)-8-[*cis*-3-Octyl-oxiranyl]-octansäure-amid, (±)-*erythro*-9,10-Epoxy-octadecansäure-amid $C_{18}H_{35}NO_2$, Formel III (R = H) + Spiegelbild.

B. Beim Behandeln von Ölsäure-amid mit Peroxyessigsäure in Essigsäure (*Roe et al.*,

Am. Soc. **71** [1949] 2219).
Krystalle (aus Acn.); F: 94°.

I   II

**(±)-8-[*cis*-3-Octyl-oxiranyl]-octansäure-methylamid, (±)-*erythro*-9,10-Epoxy-octadecan=
säure-methylamid** $C_{19}H_{37}NO_2$, Formel III (R = CH₃) + Spiegelbild.
B. Beim Behandeln von Ölsäure-methylamid mit Peroxyessigsäure in Essigsäure (*Roe et al.*, Am. Soc. **71** [1949] 2219).
Krystalle (aus Acn.); F: 65,5—66°.

**(±)-8-[*cis*-3-Octyl-oxiranyl]-octansäure-hexylamid, (±)-*erythro*-9,10-Epoxy-octadecan=
säure-hexylamid** $C_{24}H_{47}NO_2$, Formel III (R = [CH₂]₅-CH₃) + Spiegelbild.
B. Beim Behandeln von Ölsäure-hexylamid mit Peroxyessigsäure in Essigsäure (*Roe et al.*, Am. Soc. **71** [1949] 2219).
Krystalle (aus Acn.); F: 66—66,5°.

**(±)-8-[*cis*-3-Octyl-oxiranyl]-octansäure-decylamid, (±)-*erythro*-9,10-Epoxy-octadecan=
säure-decylamid** $C_{28}H_{55}NO_2$, Formel III (R = [CH₂]₉-CH₃) + Spiegelbild.
B. Beim Behandeln von Ölsäure-decylamid mit Peroxyessigsäure in Essigsäure (*Roe et al.*, Am. Soc. **71** [1949] 2219).
Krystalle (aus Acn. oder A.); F: 75—75,5°.

**(±)-8-[*cis*-3-Octyl-oxiranyl]-octansäure-dodecylamid, (±)-*erythro*-9,10-Epoxy-octadecan=
säure-dodecylamid** $C_{30}H_{59}NO_2$, Formel III (R = [CH₂]₁₁-CH₃) + Spiegelbild.
B. Beim Behandeln von Ölsäure-dodecylamid mit Peroxyessigsäure in Essigsäure (*Roe et al.*, Am. Soc. **71** [1949] 2219).
Krystalle (aus Acn.); F: 78,5—79°.

III   IV

**(±)-8-[*cis*-3-Octyl-oxiranyl]-octansäure-anilid, (±)-*erythro*-9,10-Epoxy-octadecansäure-
anilid** $C_{24}H_{39}NO_2$, Formel III (R = C₆H₅) + Spiegelbild.
B. Beim Behandeln von Ölsäure-anilid mit Peroxyessigsäure in Essigsäure (*Roe et al.*, Am. Soc. **71** [1949] 2219).
Krystalle (aus Acn.); F: 83—83,5°.

**(±)-8-[*cis*-3-Octyl-oxiranyl]-octansäure-[2-hydroxy-äthylamid], (±)-*erythro*-9,10-Epoxy-
octadecansäure-[2-hydroxy-äthylamid]** $C_{20}H_{39}NO_3$, Formel III (R = CH₂-CH₂OH) +
Spiegelbild.
B. Beim Behandeln von Ölsäure-[2-hydroxy-äthylamid] mit Peroxyessigsäure in
Essigsäure (*Roe et al.*, Am. Soc. **71** [1949] 2219).
Krystalle (aus A.); F: 81,5—82°.

**(±)-Acetyl-[*erythro*-9,10-epoxy-octadecanoyl]-amin, (±)-8-[*cis*-3-Octyl-oxiranyl]-
octansäure-acetylamid, (±)-*erythro*-9,10-Epoxy-octadecansäure-acetylamid** $C_{20}H_{37}NO_3$,
Formel III (R = CO-CH₃) + Spiegelbild.
B. Beim Behandeln von Ölsäure-acetylamid mit Peroxyessigsäure in Essigsäure (*Roe*

et al., Am. Soc. 71 [1949] 2219).

Krystalle (aus A.); F: 74—75°.

(±)-8-[*trans*-3-Octyl-thiiranyl]-octansäure, (±)-*threo*-9,10-Epithio-octadecansäure
$C_{18}H_{34}O_2S$, Formel IV + Spiegelbild.

Diese Konstitution und Konfiguration kommt der früher (s. E III **3** 885, Zeile 1—18 von oben) beschriebenen, aus (±)-*erythro*-9,10-Dithiocyanato-octadecansäure („Elaidin-säure-dirhodanid") hergestellten Verbindung $C_{18}H_{34}O_2S$ (oder $C_{36}H_{68}O_4S_2$) vom F: 63—64° zu (*McGhie et al.*, Soc. **1962** 4638, 4639).

Carbonsäuren $C_{20}H_{38}O_3$

(±)-10-[*cis*-3-Octyl-oxiranyl]-decansäure, (±)-*erythro*-11,12-Epoxy-eicosansäure
$C_{20}H_{38}O_3$, Formel V + Spiegelbild.

B. Beim Behandeln von Eicos-11c-ensäure mit Peroxyessigsäure in Essigsäure (*Hopkins et al.*, Canad. J. Res. [B] **27** [1949] 35, 40).

Krystalle (aus Me.); F: 55—55,5° (*Ho. et al.*, l. c. S. 38).

V   VI   VII

Carbonsäuren $C_{22}H_{42}O_3$

(±)-*trans*-3-Nonadecyl-oxirancarbonsäure, (±)-*threo*-2,3-Epoxy-docosansäure $C_{22}H_{42}O_3$, Formel VI + Spiegelbild.

B. Beim Behandeln von Docos-2t-ensäure-methylester mit Peroxybenzoesäure in Äther und Behandeln des Reaktionsprodukts mit äthanol. Alkalilauge (*Artamonow*, Ž. obšč. Chim. **28** [1958] 1355, 1357, 1358; engl. Ausg. S. 1414, 1417).

F: 89,5°. IR-Spektrum (7,3—11,8 μ): *Ar.*, l. c. S. 1356.

Hydrierung an Platin in Äthanol unter Bildung von 3-Hydroxy-docosansäure: *Ar.*, l. c. S. 1359.

12-[3-Octyl-oxiranyl]-dodecansäure, 13,14-Epoxy-docosansäure $C_{22}H_{42}O_3$.

Über die Konfiguration der folgenden Stereoisomeren s. *Hashi*, J. Soc. chem. Ind. Japan Spl. **39** [1936] 469. In dem E II **18** 265 unter dieser Konstitution beschriebenen Präparat vom F: 67,5° hat wahrscheinlich ein Gemisch der beiden nachstehend beschriebenen Stereoisomeren vorgelegen (*Dorée*, *Pepper*, Soc. **1942** 477, 478).

a) **(±)-12-[*cis*-3-Octyl-oxiranyl]-dodecansäure, (±)-*erythro*-13,14-Epoxy-docosan-säure** $C_{22}H_{42}O_3$, Formel VII (X = OH) + Spiegelbild (H 269; dort als „niedrigerschmel-zende μ,ν-Oxido-behensäure" bezeichnet).

B. Beim Behandeln von Erucasäure (Docos-13c-ensäure) mit Peroxyessigsäure in Essigsäure (*Canonica et al.*, R.A.L. [8] **14** [1953] 105, 112) oder mit Peroxybenzoesäure in Chloroform (*Dorée*, *Pepper*, Soc. **1942** 477, 483). Beim Behandeln von (±)-*erythro*-13,14-Epoxy-docosansäure-methylester (S. 3876) mit äthanol. Kalilauge (*Do.*, *Pe.*, l. c. S. 482).

Krystalle; F: 63,7° [aus Bzn.] (*Do.*, *Pe.*, l. c. S. 483), 63,5° [aus PAe.] (*Ca. et al.*), 62,3—63° [aus E.] (*Hashi*, J. Soc. chem. Ind. Japan Spl. **39** [1936] 469).

b) **(±)-12-[*trans*-3-Octyl-oxiranyl]-dodecansäure, (±)-*threo*-13,14-Epoxy-docosan-säure** $C_{22}H_{42}O_3$, Formel VIII (X = OH) + Spiegelbild (H 268; dort als „höherschmelzende μ,ν-Oxido-behensäure" bezeichnet).

B. Bei mehrtägigem Behandeln von Brassidinsäure (Docos-13t-ensäure) mit Peroxy-benzoesäure in Chloroform (*Dorée*, *Pepper*, Soc. **1942** 477, 482). Beim Behandeln von (±)-*threo*-13,14-Epoxy-docosansäure-methylester mit äthanol. Kalilauge (*Do.*, *Pe.*).

Krystalle; F: 70,8° (*Do.*, *Pe.*, l. c. S. 483), 67,3—68,3° [aus E.] (*Hashi*, J. Soc. chem. Ind. Japan Spl. **39** [1936] 469).

12-[3-Octyl-oxiranyl]-dodecansäure-methylester, 13,14-Epoxy-docosansäure-methylester $C_{23}H_{44}O_3$.

a) **(±)-12-[cis-3-Octyl-oxiranyl]-dodecansäure-methylester, (±)-erythro-13,14-Epoxy-docosansäure-methylester** $C_{23}H_{44}O_3$, Formel VII (X = O-CH$_3$) + Spiegelbild.

B. Bei mehrtägigem Behandeln von Docos-13c-ensäure-methylester mit Peroxybenzoe=säure in Chloroform (*Dorée, Pepper*, Soc. **1942** 477, 482).

Krystalle (aus Me.); F: 28°.

b) **(±)-12-[trans-3-Octyl-oxiranyl]-dodecansäure-methylester, (±)-threo-13,14-Epoxy-docosansäure-methylester** $C_{23}H_{44}O_3$, Formel VIII (X = O-CH$_3$) + Spiegelbild.

B. Bei mehrtägigem Behandeln von Docos-13t-ensäure-methylester mit Peroxybenzoe=säure in Chloroform (*Dorée, Pepper*, Soc. **1942** 477, 482).

F: 42,3°.

(±)-12-[cis-3-Octyl-oxiranyl]-dodecansäure-äthylester, (±)-erythro-13,14-Epoxy-docosansäure-äthylester $C_{24}H_{46}O_3$, Formel VII (X = O-C$_2$H$_5$) + Spiegelbild.

B. Bei 3-tägigem Behandeln von Docos-13c-ensäure-äthylester mit Peroxyessigsäure in Äther (*Pigulewskiĭ, Rubaschko*, Ž. obšč. Chim. **25** [1955] 2227, 2229; engl. Ausg. S. 2191, 2193).

F: 29—29,5°. Kp$_{0,18}$: 207—208°.

Zeitlicher Verlauf der Hydrierung an Palladium in Äthanol bei 17°/756 Torr (Bildung von 14-Hydroxy-docosansäure-äthylester): *Pi., Ru.*, l. c. S. 2230.

(±)-12-[cis-3-Octyl-oxiranyl]-dodecansäure-amid, (±)-erythro-13,14-Epoxy-docosan=säure-amid $C_{22}H_{43}NO_2$, Formel VII (X = NH$_2$) + Spiegelbild.

B. Beim Behandeln von Docos-13c-ensäure-amid mit Peroxyessigsäure in Essigsäure sowie beim Behandeln von (±)-erythro-13,14-Epoxy-docosansäure-äthylester (s. o.) mit flüssigem Ammoniak (*Mageli et al.*, Canad. J. Chem. **31** [1953] 23, 29).

Krystalle (aus A.); F: 101,5°.

VIII   IX

(±)-12-[trans-3-Octyl-thiiranyl]-dodecansäure, (±)-threo-13,14-Epithio-docosansäure $C_{22}H_{42}O_2S$, Formel IX + Spiegelbild.

Diese Konstitution und Konfiguration kommt der früher (s. E III **3** 888, Zeile 8—20 von oben) beschriebenen, aus (±)-erythro-13,14-Dithiocyanato-docosansäure („Brassidin=säure-dirhodanid“) hergestellten Verbindung $C_{22}H_{42}O_2S$ (oder $C_{44}H_{84}O_4S_2$) vom F: 70° zu (vgl. *McGhie et al.*, Soc. **1962** 4638, 4641).   [*Schurek*]

Monocarbonsäuren $C_nH_{2n-4}O_3$

Carbonsäuren $C_5H_6O_3$

4,5-Dihydro-furan-2-carbonsäure $C_5H_6O_3$, Formel I (X = OH).

B. Beim Behandeln von 2,3-Dihydro-furan mit Pentylnatrium in Petroläther und anschliessend mit festem Kohlendioxid (*Paul, Tchelitcheff*, C. r. **235** [1952] 1226). Beim Behandeln von 4,5-Dihydro-furan-2-carbonitril mit wss. Kalilauge (*Normant*, C. r. **229** [1949] 1348).

Krystalle; F: 120° [aus A. + Bzl.] (*No.*), 117° (*Paul, Tch.*).

4,5-Dihydro-furan-2-carbonsäure-äthylester $C_7H_{10}O_3$, Formel I (X = O-C$_2$H$_5$).

B. Beim Behandeln von opt.-inakt. 3-Chlor-tetrahydro-furan-2-carbonsäure-äthylester (Kp$_{13}$: 103° [S. 3828]) mit Diäthylamin (*Cuvigny*, A. ch. [13] **1** [1956] 475, 489).

Kp$_{11}$: 92°. D$_4^{20}$: 1,100. n$_D^{20}$: 1,4651.

4,5-Dihydro-furan-2-carbonsäure-amid, 4,5-Dihydro-furan-2-carbamid $C_5H_7NO_2$,
Formel I (X = NH$_2$).

B. Aus 4,5-Dihydro-furan-2-carbonitril mit Hilfe von wss. Kalilauge (*Normant*, C. r.
229 [1949] 1348).

F: 172°.

4,5-Dihydro-furan-2-carbonitril C_5H_5NO, Formel II.

B. Beim Behandeln von opt.-inakt. 3-Chlor-tetrahydro-furan-2-carbonitril (Kp$_{13}$: 87°
[S. 3829]) mit Diäthylamin (*Normant*, C. r. **229** [1949] 1348).

Kp$_{14}$: 64–65°; D$_{16}^{17}$: 1,062 (*No.*). Kp$_{12}$: 61°; D$_4^{17}$: 1,056; n$_D^{17}$: 1,4628 (*Cuvigny*, A.ch. [13]
1 [1956] 475, 480).

4,5-Dihydro-furan-3-carbonsäure $C_5H_6O_3$, Formel III (X = OH).

B. Beim Behandeln von 4,5-Dihydro-furan-3-carbonsäure-methylester mit wss. Kali=
lauge (*Korte, Machleidt*, B. **88** [1955] 1684, 1688). Beim Behandeln von 4,5-Dihydro-furan-
3-carbonylchlorid mit wss. Natronlauge (*Soc. Usines Chim. Rhône-Poulenc*, U.S.P.
2768174 [1956]).

Krystalle (*Ko., Ma.*); F: 181° (*Soc. Usines Chim. Rhône-Poulenc*), 176,7° [aus Bzl.]
(*Ko., Ma.*).

Bildung von 4-Hydroxy-butyraldehyd beim Erhitzen mit wss. Perchlorsäure oder wss.
Salzsäure: *Ko., Ma.* Beim Behandeln mit [2,4-Dinitro-phenyl]-hydrazin und wss. Per=
chlorsäure ist 2-Oxo-tetrahydro-furan-3-carbaldehyd-[2,4-dinitro-phenylhydrazon] er=
halten worden (*Ko., Ma.*).

I   II   III   IV   V

4,5-Dihydro-furan-3-carbonsäure-methylester $C_6H_8O_3$, Formel III (X = O-CH$_3$).

B. Beim Erhitzen von opt.-inakt. 2-Methoxy-tetrahydro-furan-3-carbonsäure-methyl=
ester (Kp$_{13}$: 85–86°) mit wenig Schwefelsäure auf 125° (*Korte, Machleidt*, B. **88** [1955]
1684, 1687).

Krystalle (aus PAe.); F: 36,5–37,5°. Bei 70°/10 Torr destillierbar. Absorptionsmaxi=
mum (Me.): 252 nm.

4,5-Dihydro-furan-3-carbonsäure-äthylester $C_7H_{10}O_3$, Formel III (X = O-C$_2$H$_5$).

B. Beim Behandeln von 4,5-Dihydro-furan-3-carbonylchlorid mit Äthanol und Pyridin
(*Soc. Usines Chim. Rhône-Poulenc*, U.S.P. 2768174 [1956]).

Kp$_{20}$: 94–96°.

4,5-Dihydro-furan-3-carbonsäure-chlorid, 4,5-Dihydro-furan-3-carbonylchlorid $C_5H_5ClO_2$,
Formel III (X = Cl).

B. Neben 2-Chlor-tetrahydro-furan beim Behandeln von 2,3-Dihydro-furan mit
Phosgen und Triäthylamin (*Soc. Usines Chim. Rhône-Poulenc*, U.S.P. 2768174 [1956]).
Beim Erwärmen von 4,5-Dihydro-furan-3-carbonsäure mit Thionylchlorid und Benzin
(*Korte, Machleidt*, B. **88** [1955] 1684, 1688).

Krystalle; F: 41° [nach Destillation bei 93–95°/20 Torr] (*Soc. Usines Chim. Rhône-
Poulenc*), 40–41° [aus PAe.] (*Ko., Ma.*).

4,5-Dihydro-furan-3-carbonsäure-*p*-toluidid $C_{12}H_{13}NO_2$, Formel IV.

B. Beim Behandeln von 4,5-Dihydro-furan-3-carbonylchlorid mit *p*-Toluidin und
Äther (*Korte, Machleidt*, B. **88** [1955] 1684, 1688).

Krystalle (aus Bzl. + Cyclohexan); F: 166–166,5°.

4,5-Dihydro-thiophen-3-carbonsäure $C_5H_6O_2S$, Formel V (X = OH).

B. Beim Behandeln von 4,5-Dihydro-thiophen-3-carbonsäure-methylester mit wss.
Kalilauge (*Korte, Löhmer*, B. **90** [1957] 1290, 1293).

Krystalle (aus Bzl.); F: 159–160° [oberhalb 120° sublimierend]. Absorptionsmaximum
(*Me.*): 296 nm.

4,5-Dihydro-thiophen-3-carbonsäure-methylester $C_6H_8O_2S$, Formel V (X = O-CH_3).
B. Beim Erwärmen von 3-Hydroxymethylen-dihydro-thiophen-2-on (E III/IV **17** 5833)
mit Chlorwasserstoff enthaltendem Methanol (*Korte, Löhmer*, B. **90** [1957] 1290, 1293).
$Kp_{0,5}$: 43 — 46°. Absorptionsmaximum (Me.): 297 nm.

Carbonsäuren $C_6H_8O_3$

5,6-Dihydro-4H-pyran-2-carbonsäure $C_6H_8O_3$, Formel VI (R = H).
B. Beim Behandeln von 3,4-Dihydro-2H-pyran mit Pentylnatrium in Petroläther und
anschliessend mit festem Kohlendioxid (*Paul, Tchelitcheff*, Bl. **1952** 808, 811).
Hygroskopische Krystalle (aus Cyclohexan + Bzl.); F: 68°.
Charakterisierung als Dibromid (2,3-Dibrom-tetrahydro-pyran-2-carbonsäure; F: 160°)
und als 4-Brom-phenacylester (F: 129° [s. u.]): *Paul, Tch.*

5,6-Dihydro-4H-pyran-2-carbonsäure-[4-brom-phenacylester] $C_{14}H_{13}BrO_4$, Formel VI
(R = CH_2-CO-C_6H_4-Br).
B. Aus 5,6-Dihydro-4H-pyran-2-carbonsäure (*Paul, Tchelitcheff*, Bl. **1952** 808, 812).
Krystalle; F: 129°.

(±)-3,6-Dihydro-2H-pyran-2-carbonsäure $C_6H_8O_3$, Formel VII (R = H).
B. Beim Erhitzen von 3,6-Dihydro-pyran-2,2-dicarbonsäure auf 120° (*Achmatowicz,
Zamojski*, Croat. chem. Acta **29** [1957] 269, 272).
$Kp_{0,005}$: 60°. D_4^{20}: 1,218. n_D^{20}: 1,4831.

(±)-3,6-Dihydro-2H-pyran-2-carbonsäure-[4-brom-phenacylester] $C_{14}H_{13}BrO_4$, Formel VII
(R = CH_2-CO-C_6H_4-Br).
B. Aus (±)-3,6-Dihydro-2H-pyran-2-carbonsäure (*Achmatowicz, Zamojski*, Croat. chem.
Acta **29** [1957] 269, 272).
Krystalle (aus A.); F: 127 — 128° [unkorr.].

VI   VII   VIII   IX

(±)-3,4-Dihydro-2H-pyran-2-carbonsäure $C_6H_8O_3$, Formel VIII (X = OH).
B. In kleiner Menge beim Behandeln einer Lösung von (±)-3,4-Dihydro-2H-pyran-
2-carbaldehyd (E III/IV **17** 4305) in wss. Äthanol mit Silbernitrat und wss. Natronlauge
(*Scherlin et al.*, Ž. obšč. Chim. **8** [1938] 22, 31; C. **1939** I 1971).
Als Natrium-Salz NaC_6H_7O_3 (Krystalle [aus A. + Ae.] mit 1 Mol H_2O) isoliert.
Charakterisierung als 4-Brom-phenacylester (F: 88° [S. 3879]): *Paul, Tchelitcheff*, Bl.
1952 808, 812.

(±)-3,4-Dihydro-2H-pyran-2-carbonsäure-methylester $C_7H_{10}O_3$, Formel VIII
(X = O-CH_3).
B. In kleiner Menge beim Erhitzen von Acrylaldehyd mit Methylacrylat auf 200°
(*Smith et al.*, Am. Soc. **73** [1951] 5270).
Kp_{25}: 91° (*Sm. et al.*). Kp_{13}: 70° (*Schulz, Wagner*, Ang. Ch. **62** [1950] 105, 112).

(±)-3,4-Dihydro-2H-pyran-2-carbonsäure-äthylester $C_8H_{12}O_3$, Formel VIII (X = O-C_2H_5).
B. Beim Erwärmen von (±)-3,4-Dihydro-2H-pyran-2-carbaldehyd (E III/IV **17** 4305)
mit Benzol und Silberoxid und Erwärmen des Reaktionsprodukts mit Benzol und Äthyl=
jodid (*Whetstone, Ballard*, Am. Soc. **73** [1951] 5280).
Kp_{10}: 84 — 84,2°. n_D^{20}: 1,4555.
Beim Behandeln mit wss. Natronlauge, anschliessenden Ansäuern mit wss. Salzsäure
und Erwärmen des Reaktionsprodukts ((±)-3,4-Dihydro-2H-pyran-2-carbonsäure; wenig
beständig) unter vermindertem Druck ist 6-Hydroxy-tetrahydro-pyran-2-carbonsäure-
lacton erhalten worden.

(±)-3,4-Dihydro-2H-pyran-2-carbonsäure-butylester $C_{10}H_{16}O_3$, Formel VIII (X = O-[CH$_2$]$_3$-CH$_3$).

B. Beim Behandeln von (±)-3,4-Dihydro-2H-pyran-2-carbaldehyd mit Aluminium=butylat in Butan-1-ol (*Schulz, Wagner*, Ang. Ch. **62** [1950] 105, 111).

Kp$_4$: 92—94°. D$_4^{20}$: 1,0313. n$_D^{20}$: 1,4560.

(±)-3,4-Dihydro-2H-pyran-2-carbonsäure-allylester $C_9H_{12}O_3$, Formel VIII (X = O-CH$_2$-CH=CH$_2$).

B. Beim Erwärmen von (±)-3,4-Dihydro-2H-pyran-2-carbonsäure-äthylester mit Allyl=alkohol und Natrium (*Shell Devel. Co.*, U.S.P. 2514172 [1946]).

Kp$_{10}$: 96—96,9°.

(±)-3,4-Dihydro-2H-pyran-2-carbonsäure-[4-brom-phenacylester] $C_{14}H_{13}BrO_4$, Formel VIII (X = O-CH$_2$-CO-C$_6$H$_4$-Br).

B. Aus (±)-3,4-Dihydro-2H-pyran-2-carbonsäure und 2-Brom-1-[4-brom-phenyl]-äthanon (*Paul, Tchelitcheff*, Bl. **1952** 808, 812).

F: 88°.

*Opt.-inakt. 3,4-Dihydro-2H-pyran-2-carbonsäure-[3,4-dihydro-2H-pyran-2-ylmethyl=ester] $C_{12}H_{16}O_4$, Formel IX.

B. Beim Behandeln von (±)-3,4-Dihydro-2H-pyran-2-carbaldehyd mit Aluminium=isopropylat ohne Lösungsmittel (*Shell Devel. Co.*, U.S.P. 2537921 [1948]) oder in Tetra=chlormethan (*Shell Devel. Co.*, U.S.P. 2562849 [1949]).

Bei 115—125°/0,5 Torr destillierbar.

(±)-3,4-Dihydro-2H-pyran-2-carbonsäure-amid, (±)-3,4-Dihydro-2H-pyran-2-carbamid $C_6H_9NO_2$, Formel VIII (X = NH$_2$).

B. Beim Erwärmen von (±)-3,4-Dihydro-2H-pyran-2-carbonsäure-methylester (*Smith et al.*, Am. Soc. **73** [1951] 5270) oder von (±)-3,4-Dihydro-2H-pyran-2-carbonsäure-äthylester (*Whetstone, Ballard*, Am. Soc. **73** [1951] 5280) mit wss. Ammoniak.

Krystalle; F: 112,5° (*Sm. et al.*), 112—112,5° [unkorr.] (*Wh., Ba.*).

(±)-3,4-Dihydro-2H-pyran-2-carbonitril C_6H_7NO, Formel X.

B. In kleiner Menge beim Erhitzen von Acrylaldehyd mit Acrylonitril (*Schulz, Wagner*, Ang. Ch. **62** [1950] 105, 112).

Kp$_{11}$: 69—70°. D$_4^{20}$: 1,1118. n$_D^{20}$: 1,4674.

5,6-Dihydro-4H-pyran-3-carbonsäure $C_6H_8O_3$, Formel XI (X = OH).

B. Beim Behandeln von 3,4-Dihydro-2H-pyran mit Phosgen und Behandeln des Reak=tionsgemisches mit Wasser (*ICI*, U.S.P. 2436645 [1944]).

Krystalle; F: 74° (*Paul, Tchelitcheff*, Bl. **1952** 808, 812; *Hall*, Chem. and Ind. **1955** 1772), 72—74° [aus W.] (*ICI*).

5,6-Dihydro-4H-pyran-3-carbonsäure-methylester $C_7H_{10}O_3$, Formel XI (X = O-CH$_3$).

B. Aus 5,6-Dihydro-4H-pyran-3-carbonylchlorid und Methanol (*ICI*, U.S.P. 2436645 [1944]).

Kp$_{10}$: 90°.

X   XI   XII

5,6-Dihydro-4H-pyran-3-carbonsäure-äthylester $C_8H_{12}O_3$, Formel XI (X = O-C$_2$H$_5$).

B. Aus 5,6-Dihydro-4H-pyran-3-carbonylchlorid und Äthanol (*ICI*, U.S.P. 2436645 [1944]).

Kp$_{12}$: 100°.

5,6-Dihydro-4H-pyran-3-carbonsäure-phenylester $C_{12}H_{12}O_3$, Formel XI (X = O-C_6H_5).
B. Beim Erwärmen von 5,6-Dihydro-4H-pyran-3-carbonylchlorid mit Phenol und wss. Natronlauge (*ICI*, U.S.P. 2436645 [1944]).
Kp: 320°.

5,6-Dihydro-4H-pyran-3-carbonsäure-[4-chlor-2-nitro-phenylester] $C_{12}H_{10}ClNO_5$, Formel XII.
B. Beim Behandeln von 4-Chlor-2-nitro-phenol mit 5,6-Dihydro-4H-pyran-3-carbonyl≠ chlorid, Pyridin und Äther (*ICI*, U.S.P. 2436645 [1944]).
F: 58—59° [nach Destillation bei 226—230°/1 Torr].

5,6-Dihydro-4H-pyran-3-carbonsäure-[2-äthoxy-äthylester] $C_{10}H_{16}O_4$, Formel XI (X = O-CH_2-CH_2-O-C_2H_5).
B. Aus 5,6-Dihydro-4H-pyran-3-carbonylchlorid und 2-Äthoxy-äthanol (*ICI*, U.S.P. 2436645 [1944]).
Kp_{11}: 143—144°.

Bis-[2-(5,6-dihydro-4H-pyran-3-carbonyloxy)-äthyl]-äther, *O,O'*-Bis-[5,6-dihydro-4H-pyran-3-carbonyl]-diäthylenglykol $C_{16}H_{22}O_7$, Formel XIII.
B. Aus 5,6-Dihydro-4H-pyran-3-carbonylchlorid und Diäthylenglykol (*ICI*, U.S.P. 2436645 [1944]).
Bei 250—256°/8 Torr destillierbar.

XIII   XIV

1,2-Bis-[5,6-dihydro-4H-pyran-3-carbonyloxy]-äthan $C_{14}H_{18}O_6$, Formel XIV.
B. Aus 5,6-Dihydro-4H-pyran-3-carbonylchlorid und Äthylenglykol (*ICI*, U.S.P. 2436645 [1944]).
F: 92°.

1,5-Bis-[5,6-dihydro-4H-pyran-3-carbonyloxy]-pentan $C_{17}H_{24}O_6$, Formel XV.
B. Aus 5,6-Dihydro-4H-pyran-3-carbonylchlorid und Pentan-1,5-diol (*ICI*, U.S.P. 2436645 [1944]).
Kp_5: 240—242°.

5,6-Dihydro-4H-pyran-3-carbonsäure-[4-brom-phenacylester] $C_{14}H_{13}BrO_4$, Formel XI (X = O-CH_2-CO-C_6H_4-Br).
B. Aus 5,6-Dihydro-4H-pyran-3-carbonsäure (*Paul*, *Tchelitcheff*, Bl. **1952** 808, 812).
Krystalle; F: 108° [aus wss. A.] (*Hall*, Chem. and Ind. **1955** 1772), 108° (*Paul*, *Tch.*).

XV   XVI

5,6-Dihydro-4H-pyran-3-carbonsäure-anhydrid $C_{12}H_{14}O_5$, Formel XVI.
B. Beim Erhitzen des Natrium-Salzes der 5,6-Dihydro-4H-pyran-3-carbonsäure mit 5,6-Dihydro-4H-pyran-3-carbonylchlorid unter vermindertem Druck (*ICI*, U.S.P. 2436645 [1944]).
F: 90°.

5,6-Dihydro-4H-pyran-3-carbonsäure-chlorid, 5,6-Dihydro-4H-pyran-3-carbonylchlorid $C_6H_7ClO_2$, Formel XI (X = Cl).
B. Beim Behandeln von 3,4-Dihydro-2H-pyran mit Phosgen (*ICI*, U.S.P. 2436645 [1944]).
Kp_{15}: 115—117°.

5,6-Dihydro-4*H*-pyran-3-carbonsäure-amid, 5,6-Dihydro-4*H*-pyran-3-carbamid $C_6H_9NO_2$, Formel XI (X = NH$_2$) auf S. 3879.

B. Beim Behandeln von 5,6-Dihydro-4*H*-pyran-3-carbonylchlorid mit Benzol und wss. Ammoniak (*ICI*, U.S.P. 2436645 [1944]).

Krystalle (aus Bzl.); F: 136—137°.

5,6-Dihydro-4*H*-pyran-3-carbonsäure-anilid, 5,6-Dihydro-4*H*-pyran-3-carbanilid $C_{12}H_{13}NO_2$, Formel I (R = H).

B. Beim Erwärmen von 5,6-Dihydro-4*H*-pyran-3-carbonylchlorid mit Anilin und wss. Natronlauge (*ICI*, U.S.P. 2436645 [1944]).

Krystalle (aus Bzl.); F: 118—119°.

5,6-Dihydro-4*H*-pyran-3-carbonsäure-*p*-toluidid $C_{13}H_{15}NO_2$, Formel I (R = CH$_3$).

B. Beim Erwärmen von 5,6-Dihydro-4*H*-pyran-3-carbonylchlorid mit *p*-Toluidin und wss. Natronlauge (*ICI*, U.S.P. 2436645 [1944]).

Krystalle (aus Bzl.); F: 126°.

I   II

4,4′-Bis-äthoxycarbonylamino-2-[5,6-dihydro-4*H*-pyran-3-carbonylamino]-biphenyl, 5,6-Dihydro-4*H*-pyran-3-carbonsäure-[4,4′-bis-äthoxycarbonylamino-biphenyl-2-ylamid] $C_{24}H_{27}N_3O_6$, Formel II (R = C$_2$H$_5$).

B. Beim Behandeln von 4,4′-Bis-äthoxycarbonylamino-2-amino-biphenyl mit 5,6-Dihydro-4*H*-pyran-3-carbonylchlorid und Pyridin (*Walls, Whittaker*, Soc. **1950** 41, 45).

Krystalle (aus A.); F: 186—188°.

5,6-Dihydro-4*H*-thiopyran-3-carbonsäure $C_6H_8O_2S$, Formel III (R = H).

B. Beim Erwärmen von 5,6-Dihydro-4*H*-thiopyran-3-carbonsäure-methylester mit wss. Kalilauge (*Korte, Löhmer*, B. **91** [1958] 1397, 1402).

Krystalle; F: 92—94° [oberhalb 82° sublimierend]. Absorptionsmaximum (Me.): 279 nm.

1-Oxo-5,6-dihydro-4*H*-1λ⁴-thiopyran-3-carbonsäure $C_6H_8O_3S$, Formel IV.

B. Beim Behandeln von 5,6-Dihydro-4*H*-thiopyran-3-carbonsäure mit Monoperoxyphthalsäure (1 Mol) in Äther bei −40° (*Korte, Löhmer*, B. **91** [1958] 1397, 1403).

Krystalle (aus Acn. + PAe.); F: 173—175°. Absorptionsmaximum (Me.): 208 nm.

1,1-Dioxo-5,6-dihydro-4*H*-1λ⁶-thiopyran-3-carbonsäure $C_6H_8O_4S$, Formel V.

B. Beim Behandeln von 5,6-Dihydro-4*H*-thiopyran-3-carbonsäure mit Monoperoxyphthalsäure (Überschuss) in Äther bei −30° (*Korte, Löhmer*, B. **91** [1958] 1397, 1403).

Krystalle (aus Acn. + PAe.); F: 152—154°. Absorptionsmaximum (Me.): 210 nm.

III   IV   V   VI

5,6-Dihydro-4*H*-thiopyran-3-carbonsäure-methylester $C_7H_{10}O_2S$, Formel III (R = CH$_3$).

B. Beim Erwärmen von 2-Oxo-tetrahydro-thiopyran-3-carbaldehyd (E III/IV **17** 5835) mit Chlorwasserstoff enthaltendem Methanol (*Korte, Löhmer*, B. **91** [1958] 1397, 1402).

Kp$_{0,15}$: 64—66°. Absorptionsmaximum (Me.): 281 nm.

5,6-Dihydro-2*H*-pyran-3-carbonsäure $C_6H_8O_3$, Formel VI (X = OH).

B. Beim Behandeln von 5,6-Dihydro-2*H*-pyran-3-carbaldehyd mit wss.-äthanol. Silbernitrat-Lösung und mit Bariumhydroxid in Wasser (*Shell Devel. Co.*, U.S.P. 2514156 [1946]; s. a. *Hall*, Chem. and Ind. **1955** 1772).

Krystalle; F: 83—84° (*Dumas, Rumpf*, C. r. **242** [1956] 2574), 82—83° [aus Bzn.] (*Hall*).

5,6-Dihydro-2*H*-pyran-3-carbonsäure-[4-brom-phenacylester] $C_{14}H_{13}BrO_4$, Formel VI (X = O-CH₂-CO-C₆H₄-Br).

B. Aus 5,6-Dihydro-2*H*-pyran-3-carbonsäure (*Hall*, Chem. and Ind. **1955** 1772; *Shell Devel. Co.*, U.S.P. 2514156 [1946]).

Krystalle (aus A.); F: 89° (*Hall*), 86,8—87,2° (*Shell Devel. Co.*).

5,6-Dihydro-2*H*-pyran-3-carbonsäure-anilid, 5,6-Dihydro-2*H*-pyran-3-carbanilid $C_{12}H_{13}NO_2$, Formel VI (X = NH-C₆H₅).

B. Aus 5,6-Dihydro-2*H*-pyran-3-carbonsäure (*Hall*, Chem. and Ind. **1955** 1772).

Krystalle (aus wss. A.); F: 104°.

2-Methyl-4,5-dihydro-furan-3-carbonsäure $C_6H_8O_3$, Formel VII (X = OH) (H 269).

B. Beim Behandeln von 2-Methyl-4,5-dihydro-furan-3-carbonsäure-methylester mit wss. Kalilauge (*Korte, Machleidt*, B. **90** [1957] 2137, 2148).

Krystalle (aus Bzl. + Bzn.); F: 153—154° [oberhalb 140° sublimierend]. Absorptionsmaximum einer Lösung des Natrium-Salzes in wss. Natronlauge: 250 nm.

Beim Erhitzen mit wss. Perchlorsäure und Behandeln der Reaktionslösung mit [2,4-Dinitro-phenyl]-hydrazin und wss. Perchlorsäure ist 5-Hydroxy-pentan-2-on-[2,4-dinitrophenylhydrazon] (F: 155—156°) erhalten worden.

2-Methyl-4,5-dihydro-furan-3-carbonsäure-methylester $C_7H_{10}O_3$, Formel VII (X = O-CH₃).

B. Beim Erwärmen von 3-Acetyl-dihydro-furan-2-on mit Chlorwasserstoff enthaltendem Methanol und Erwärmen des Reaktionsprodukts mit Schwefelsäure unter vermindertem Druck (*Korte, Machleidt*, B. **90** [1957] 2137, 2148).

Krystalle (aus PAe.); F: 31,5—32,5°. Bei 72—73°/11 Torr destillierbar. Absorptionsmaximum (Me.): 257 nm.

2-Methyl-4,5-dihydro-furan-3-carbonsäure-äthylester $C_8H_{12}O_3$, Formel VII (X = O-C₂H₅).

B. Neben 2-Äthoxy-2-methyl-tetrahydro-furan beim Behandeln von 5-Methyl-2,3-dihydro-furan mit Phosgen und Triäthylamin und Behandeln des Reaktionsgemisches mit Äther, Äthanol und Pyridin (*Soc. Usines Chim. Rhône-Poulenc*, U.S.P. 2768174 [1956]).

Kp₂₀: 97—100°.

| VII | VIII | IX | X |

2-Methyl-4,5-dihydro-furan-3-carbonylchlorid $C_6H_7ClO_2$, Formel VII (X = Cl).

B. Beim Erwärmen von 2-Methyl-4,5-dihydro-furan-3-carbonsäure mit Thionylchlorid und Cyclohexan (*Korte, Machleidt*, B. **90** [1957] 2276, 2279).

Kp₀,₀₅: 51—52°.

2-Methyl-4,5-dihydro-thiophen-3-carbonsäure $C_6H_8O_2S$, Formel VIII (R = H).

B. Beim Erwärmen von 2-Methyl-4,5-dihydro-thiophen-3-carbonsäure-methylester mit wss. Kalilauge (*Korte, Löhmer*, B. **90** [1957] 1290, 1294).

Krystalle; F: 138° [geschlossene Kapillare]. Absorptionsmaximum (Me.): 293 nm.

2-Methyl-1-oxo-4,5-dihydro-1λ^4-thiophen-3-carbonsäure $C_6H_8O_3S$, Formel IX.

B. Beim Behandeln von 2-Methyl-4,5-dihydro-thiophen-3-carbonsäure mit Monoperoxyphthalsäure (1 Mol) in Äther bei —25° (*Korte, Löhmer*, B. **90** [1957] 1290, 1294).

Krystalle (aus Ae. + Acn.); F: 165°. Absorptionsmaximum (Me.): 223 nm.

2-Methyl-1,1-dioxo-4,5-dihydro-1λ^6-thiophen-3-carbonsäure $C_6H_8O_4S$, Formel X.

B. Beim Erhitzen von 2-Methyl-4,5-dihydro-thiophen-3-carbonsäure mit einem Gemisch von wss. Wasserstoffperoxid und Essigsäure (*Korte, Löhmer*, B. **90** [1957] 1290, 1294).

Krystalle (aus Acn.); F: 151°. Absorptionsmaximum (Me.): 217 nm.

2-Methyl-4,5-dihydro-thiophen-3-carbonsäure-methylester $C_7H_{10}O_2S$, Formel VIII (R = CH$_3$).

B. Beim Erwärmen von 3-Acetyl-dihydro-thiophen-2-on (E III/IV **17** 5845) mit Chlor=wasserstoff enthaltendem Methanol (*Korte, Löhmer*, B. **90** [1957] 1290, 1294).

Kp$_{0,5}$: 52—54°. Absorptionsmaximum: 294 nm.

(±)-4-Methyl-2,5-dihydro-thiophen-2-carbonsäure $C_6H_8O_2S$, Formel I, und **(±)-4-Methyl-4,5-dihydro-thiophen-2-carbonsäure** $C_6H_8O_2S$, Formel II.

Diese beiden Konstitutionsformeln kommen für die nachstehend beschriebene Verbindung auf Grund ihrer Bildungsweise in Betracht.

B. Beim Behandeln von 3-Brom-4-methyl-thiophen-2-carbonsäure (S. 4074) mit wss. Natronlauge und mit Natrium-Amalgam (*Rinkes*, R. **54** [1935] 940).

Krystalle (aus PAe.); F: 79° (*Ri.*).

(±)-5-Methyl-4,5-dihydro-furan-3-carbonsäure $C_6H_8O_3$, Formel III (R = H).

B. Beim Erwärmen von (±)-5-Methyl-4,5-dihydro-furan-3-carbonsäure-methylester mit wss. Kalilauge (*Korte et al.*, B. **92** [1959] 884, 894).

Krystalle (aus Bzn.); F: 61°. Absorptionsmaximum (Me.): 249 nm.

| I | II | III | IV |

(±)-5-Methyl-4,5-dihydro-furan-3-carbonsäure-methylester $C_7H_{10}O_3$, Formel III (R = CH$_3$).

B. Beim Erhitzen von opt.-inakt. 2-Methoxy-5-methyl-tetrahydro-furan-3-carbonsäure-methylester (Kp$_9$: 84°) mit wenig Schwefelsäure auf 125° (*Korte et al.*, B. **92** [1959] 884, 894).

Kp$_9$: 75°. Absorptionsmaximum (Me.): 250 nm.

4-Methyl-1,1-dioxo-2,5-dihydro-1λ^6-thiophen-3-carbonitril $C_6H_7NO_2S$, Formel IV.

Diese Konstitution ist für die nachstehend beschriebene Verbindung in Betracht gezogen worden (*Krug, Yen*, J. org. Chem. **21** [1956] 1441).

B. Beim Erwärmen von 3-Brommethyl-2,5-dihydro-thiophen-1,1-dioxid mit Kupfer(I)-cyanid in wss. Äthanol (*Krug, Yen*, l. c. S. 1443).

Krystalle (aus A.); F: 136—137° [unkorr.]. Absorptionsmaximum: 235 nm.

(±)-3t-[trans-3-Methyl-oxiranyl]-acrylsäure, (±)-threo-4,5-Epoxy-hex-2t-ensäure $C_6H_8O_3$, Formel V (R = H) + Spiegelbild.

B. Beim Behandeln von (±)-threo-4,5-Epoxy-hex-2t-ensäure-methylester mit wss. Natronlauge (*Heinänen*, Ann. Acad. Sci. fenn. [A] **49** Nr. 4 [1938] 100).

Krystalle (aus CCl$_4$); F: 84—86°.

(±)-3t-[trans-3-Methyl-oxiranyl]-acrylsäure-methylester, (±)-threo-4,5-Epoxy-hex-2t-ensäure-methylester $C_7H_{10}O_3$, Formel V (R = CH$_3$) + Spiegelbild.

B. Beim Behandeln von Sorbinsäure-methylester (Hexa-2t,4t-diensäure-methylester) mit Peroxybenzoesäure in Tetrachlormethan (*Heinänen*, Ann. Acad. Sci. fenn. [A] **49** Nr. 4 [1938] 98).

Kp$_{10}$: 89°. D$_4^{20}$: 1,0611, 1,0613. n$_D^{21}$: 1,4640; n$_D^{25}$: 1,4612 (*He.*, Ann. Acad. Sci. fenn. [A] **49** Nr. 4, 99).

Geschwindigkeit der Autoxydation in Benzol unter der Einwirkung von UV-Licht: *Heinänen*, Suomen Kem. **16** B [1943] 14, 18. Hydrierung an Platin in Äthanol unter Bildung von Hexansäure-methylester und 4-Hydroxy-hexansäure-methylester: *He.*, Suomen Kem. **16** B 16. Geschwindigkeitskonstante der Hydrolyse in Natriumhydroxid enthaltendem wss. Aceton bei Temperaturen von 0° bis 40°: *Heinänen*, Ann. Acad. Sci. fenn. [A II] Nr. 9 [1943] 10.

(±)-1-Oxa-spiro[2.3]hexan-2-carbonsäure-äthylester $C_8H_{12}O_3$, Formel VI (R = C$_2$H$_5$).

B. Beim Behandeln von Cyclobutanon mit Chloressigsäure-äthylester und Natrium-äthylat oder Natrium (*Chiurdoglu et al.*, Bl. Soc. chim. Belg. **65** [1956] 664, 665).

Kp$_{12}$: 106—107°; D$_4^{20}$: 1,0350; n$_D^{20}$: 1,4316 (*Ch. et al.*, l. c. S. 670). IR-Spektrum (3—15 µ): *Ch. et al.*

---

*Opt.-inakt. 2-Oxa-bicyclo[3.1.0]hexan-6-carbonsäure-äthylester $C_8H_{12}O_3$, Formel VII (R = C$_2$H$_5$).

B. Beim Erwärmen von 2,3-Dihydro-furan mit Diazoessigsäure-äthylester und Kupfer(II)-sulfat (*Paul, Tchelitcheff*, C. r. **244** [1957] 2806).

Kp$_{10}$: 95—97°. D$_4^{22,5}$: 1,104. n$_D^{22,5}$: 1,4661.

Hydrierung an Raney-Nickel bei 100°/50 at unter Bildung von Tetrahydro[3]furyl-essigsäure-äthylester: *Paul, Tch.* Beim Erwärmen mit Chlorwasserstoff enthaltendem Äthanol ist [2-Äthoxy-tetrahydro-[3]furyl]-essigsäure-äthylester (Kp$_{20}$: 124—126°; n$_D^{24}$: 1,4327) erhalten worden.

V   VI   VII   VIII   IX

(±)-1,2-Epoxy-cyclopentancarbonitril C_6H_7NO, Formel VIII.

B. Beim Erwärmen von (±)-2-Chlor-cyclopentanon mit Kaliumcyanid in Äthanol (*Mousseron et al.*, Bl. **1948** 878, 881).

Kp$_{16}$: 119°. D$_{25}^{25}$: 1,026. n$_D^{25}$: 1,4576.

Beim Erhitzen mit wss. Schwefelsäure sind Cyclopentanon und eine vermutlich als 1,2c-Dihydroxy-cyclopentan-1r-carbonsäure zu formulierende Verbindung (F: 103—104°) erhalten worden. Bildung von Cyclopent-2-enon beim Erwärmen mit Isopropylalkohol und Aluminiumisopropylat sowie beim Erwärmen einer äther. Lösung mit Natrium-methylat in Methanol: *Mo. et al.*

---

*Opt.-inakt. 2,3-Epoxy-cyclopentancarbonitril C_6H_7NO, Formel IX.

B. Beim Behandeln von (±)-Cyclopent-2-encarbonitril mit Peroxybenzoesäure in Chloroform (*Mousseron, Winternitz*, Bl. **1948** 78, 92).

Kp$_{16}$: 95—97°. D$_{25}^{25}$: 1,064. n$_D^{25}$: 1,4752.

Carbonsäuren $C_7H_{10}O_3$

[5,6-Dihydro-4H-pyran-3-yl]-essigsäure $C_7H_{10}O_3$, Formel I (R = H).

B. Aus [5,6-Dihydro-4H-pyran-3-yl]-essigsäure-äthylester (*Paul, Tchelitcheff*, C. r. **244** [1957] 2806).

F: 58—60°.

Beim Behandeln mit [2,4-Dinitro-phenyl]-hydrazin und wss. Schwefelsäure ist 3-[(2,4-Dinitro-phenylhydrazono)-methyl]-6-hydroxy-hexansäure erhalten worden.

[5,6-Dihydro-4*H*-pyran-3-yl]-essigsäure-äthylester $C_9H_{14}O_3$, Formel I (R = C_2H_5).

B. Beim Erhitzen von opt.-inakt. [2-Äthoxy-tetrahydro-pyran-3-yl]-essigsäure-äthyl=
ester (Kp$_2$: 95—96°; n$_D^{18}$: 1,4431) mit 1%ig. wss. Schwefelsäure (*Paul, Tchelitcheff,*
C. r. **244** [1957] 2806).

Kp$_{20}$: 128—130°. D$_4^{26}$: 1,042. n$_D^{26}$: 1,4518.

[5,6-Dihydro-2*H*-pyran-3-yl]-essigsäure $C_7H_{10}O_3$, Formel II (X = OH).

B. Beim Erhitzen von [5,6-Dihydro-2*H*-pyran-3-yl]-acetonitril mit wss. Salzsäure
(*Müller et al.,* Am. Soc. **81** [1959] 3959, 3961).

Krystalle (aus Ae. + PAe.); F: 67—68°.

[5,6-Dihydro-2*H*-pyran-3-yl]-essigsäure-methylester $C_8H_{12}O_3$, Formel II (X = O-CH$_3$).

B. Beim Erwärmen von [5,6-Dihydro-2*H*-pyran-3-yl]-acetonitril mit Schwefelsäure
enthaltendem Methanol (*Belleau,* Canad. J. Chem. **35** [1957] 663, 669).

Kp$_6$: 103—105°.

Beim Behandeln mit wss. Kaliumcarbonat-Lösung und anschliessenden Ansäuern ist
[2-Hydroxy-tetrahydro-pyran-3-yl]-essigsäure-lacton (nicht charakterisiert) erhalten
worden (*Be.,* l. c. S. 664).

I   II   III   IV

[5,6-Dihydro-2*H*-pyran-3-yl]-acetylchlorid $C_7H_9ClO_2$, Formel II (X = Cl).

B. Beim Erwärmen von [5,6-Dihydro-2*H*-pyran-3-yl]-essigsäure mit Thionylchlorid
(*Müller et al.,* Am. Soc. **81** [1959] 3959, 3963).

Kp$_9$: 96—98°. n$_D^{20}$: 1,5953.

Wenig beständig.

[5,6-Dihydro-2*H*-pyran-3-yl]-acetonitril C_7H_9NO, Formel III.

B. Beim Erhitzen von 5-Chlormethyl-3,6-dihydro-2*H*-pyran mit Kupfer(I)-cyanid in
Xylol (*Belleau,* Canad. J. Chem. **35** [1957] 663, 669). Beim Erwärmen von [5,6-Dihydro-
2*H*-pyran-3-yl]-methanol mit wss. Salzsäure und Kupfer(I)-cyanid (*Müller et al.,* Am.
Soc. **81** [1959] 3959, 3961).

Kp$_{18}$: 120—122° (*Be.*); Kp$_{11}$: 105—108° (*Mü. et al.*). n$_D^{20}$: 1,4808 (*Mü. et al.*).

Beim Erwärmen mit äthanol. Kalilauge und Ansäuern einer wss. Lösung des Reaktionsprodukts ist [2-Hydroxy-tetrahydro-pyran-3-yl]-essigsäure-lacton (Kp$_{0,2}$: 86—88°)
erhalten worden (*Be.*).

[3,6-Dihydro-2*H*-pyran-4-yl]-acetonitril C_7H_9NO, Formel IV.

B. Beim Erhitzen von Cyan-tetrahydropyran-4-yliden-essigsäure (*Prelog et al.,* A. **532**
[1937] 69, 78).

Kp$_{23}$: ca. 135°.

Tetrahydropyran-4-yliden-essigsäure-äthylester $C_9H_{14}O_3$, Formel V.

B. Beim Erhitzen von [4-Acetoxy-tetrahydro-pyran-4-yl]-essigsäure-äthylester
(*Prelog et al.,* A. **532** [1937] 69, 76).

Kp$_{15}$: 113°. D$_4^{13}$: 1,0663. n$_{656,3}^{13}$: 1,4766; n$_{587,6}^{13}$: 1,4798; n$_{486,1}^{13}$: 1,4886; n$_{434,0}^{13}$: 1,4961.

(±)-2-Methyl-3,4-dihydro-2*H*-pyran-2-carbonsäure-methylester $C_8H_{12}O_3$, Formel VI
(X = O-CH$_3$).

B. Beim Erhitzen von Acrylaldehyd mit Methacrylsäure-methylester und wenig
Hydrochinon auf 180° (*Smith et al.,* Am. Soc. **73** [1951] 5270).

Kp$_{100}$: 119—120°. D$_4^{20}$: 1,0774. n$_D^{20}$: 1,4549.

(±)-2-Methyl-3,4-dihydro-2H-pyran-2-carbonsäure-amid $C_7H_{11}NO_2$, Formel VI (X = NH₂).

B. Beim Erwärmen von (±)-2-Methyl-3,4-dihydro-2H-pyran-2-carbonsäure-methyl=ester mit wss. Ammoniak (*Smith et al.*, Am. Soc. **73** [1951] 5270). Beim Erhitzen von (±)-2-Methyl-3,4-dihydro-2H-pyran-2-carbonitril mit wss. Natriumcarbonat-Lösung (*Sm. et al.*).

Krystalle (aus Isooctan); F: 86,4−87,4°.

(±)-2-Methyl-3,4-dihydro-2H-pyran-2-carbonitril C_7H_9NO, Formel VII.

B. In kleiner Menge beim Erhitzen von Acrylaldehyd mit Methacrylnitril und wenig Hydrochinon auf 190° (*Smith et al.*, Am. Soc. **73** [1951] 5270).

Kp_{100}: 113°; n_D^{20}: 1,4508 [Rohprodukt].

2-Methyl-5,6-dihydro-4H-pyran-3-carbonsäure-methylester $C_8H_{12}O_3$, Formel VIII (X = O-CH₃).

B. Beim Erwärmen von Acetessigsäure-methylester mit Natriummethylat in Methanol und anschliessend mit 1,3-Dibrom-propan (*Yale et al.*, Am. Soc. **75** [1953] 1933, 1939).

Kp_2: 67−69°.

V   VI   VII   VIII

2-Methyl-5,6-dihydro-4H-pyran-3-carbonsäure-äthylester $C_9H_{14}O_3$, Formel VIII (X = O-C₂H₅) (H 270).

B. Neben 2-[3-Chlor-propyl]-acetessigsäure-äthylester beim Behandeln von Acet=essigsäure-äthylester mit Natriumäthylat in Äthanol und anschliessend mit 1-Brom-3-chlor-propan (*Montaigne*, A. ch. [12] **9** [1954] 310, 314).

Kp_{760}: 216,6°; Kp_{27}: 120−121°; Kp_{10}: 104−105°; D_4^{20}: 1,0564; n_D^{20}: 1,4780 (*Anderson et al.*, Am. Soc. **68** [1946] 1294). Kp_{11}: 104−105°; D_4^{20}: 1,0759; n_D^{20}: 1,4780 (*Gol'mow*, Ž. obšč. Chim. **20** [1950] 1881, 1882; engl. Ausg. S. 1947, 1948).

2-Methyl-5,6-dihydro-4H-pyran-3-carbonsäure-[2-diäthylamino-äthylester] $C_{13}H_{23}NO_3$, Formel VIII (X = O-CH₂-CH₂-N(C₂H₅)₂).

B. Beim Erwärmen von 2-Methyl-5,6-dihydro-4H-pyran-3-carbonsäure mit Diäthyl-[2-chlor-äthyl]-amin in Isopropylalkohol (*Searle & Co.*, U.S.P. 2776300 [1951]).

Kp_1: ca. 120−123°.

Hydrochlorid. F: ca. 147−148° [unkorr.].

2-Methyl-5,6-dihydro-4H-pyran-3-carbonsäure-[2-diisopropylamino-äthylester] $C_{15}H_{27}NO_3$, Formel VIII (X = O-CH₂-CH₂-N[CH(CH₃)₂]₂).

B. Beim Erwärmen von 2-Methyl-5,6-dihydro-4H-pyran-3-carbonylchlorid (aus 2-Methyl-5,6-dihydro-4H-pyran-3-carbonsäure mit Hilfe von Thionylchlorid hergestellt) mit 2-Diisopropylamino-äthanol in Benzol (*Searle & Co.*, U.S.P. 2776300 [1951]).

$Kp_{0,3}$: ca. 125−128°.

Hydrochlorid. Krystalle (aus E. + Isopropylalkohol); F: ca. 147° [unkorr.].

Diisopropyl-methyl-[2-(2-methyl-5,6-dihydro-4H-pyran-3-carbonyloxy)-äthyl]-ammonium, 2-Methyl-5,6-dihydro-4H-pyran-3-carbonsäure-[2-(diisopropyl-methyl-ammonio)-äthylester] $[C_{16}H_{30}NO_3]^+$, Formel VIII (X= O-CH₂-CH₂-N[CH(CH₃)₂]₂-CH₃]⁺).

Bromid $[C_{16}H_{30}NO_3]Br$. B. Beim Erwärmen von 2-Methyl-5,6-dihydro-4H-pyran-3-carbonsäure-[2-diisopropylamino-äthylester] mit Methylbromid und Chloroform (*Searle & Co.*, U.S.P. 2776300 [1951]). − Krystalle (aus Butanon); F: ca. 130−131° [unkorr.].

2-Methyl-5,6-dihydro-4H-pyran-3-carbonsäure-hydrazid $C_7H_{12}N_2O_2$, Formel VIII (X = NH-NH₂).

B. Beim Erwärmen von 2-Methyl-5,6-dihydro-4H-pyran-3-carbonsäure-methylester

mit Hydrazin-hydrat und Äthanol (*Yale et al.*, Am. Soc. **75** [1953] 1933, 1938).
Krystalle (aus A.); F: 171—173° (*Yale et al.*, l. c. S. 1934).

2-Methyl-5,6-dihydro-4H-thiopyran-3-carbonsäure $C_7H_{10}O_2S$, Formel IX (R = H).

B. Beim Erwärmen von 2-Methyl-5,6-dihydro-4*H*-thiopyran-3-carbonsäure-methyl=
ester mit wss. Kalilauge (*Korte, Löhmer*, B. **91** [1958] 1397, 1402). Beim Behandeln
von 3-Acetyl-tetrahydro-thiopyran-2-on mit konz. wss. Salzsäure (*Korte, Büchel*, Ang.
Ch. **71** [1959] 709, 722).

Krystalle; F: 130° [durch Sublimation gereinigtes Präparat] (*Ko., Lö.*). Absorptionsmaximum (Me.): 280 nm (*Ko., Lö.*).

2-Methyl-5,6-dihydro-4H-thiopyran-3-carbonsäure-methylester $C_8H_{12}O_2S$, Formel IX
(R = CH₃).

B. Beim Erwärmen von 3-Acetyl-tetrahydro-thiopyran-2-on mit Chlorwasserstoff enthaltendem Methanol (*Korte, Löhmer*, B. **91** [1958] 1397, 1402).

$Kp_{0,4}$: 65—67°. Absorptionsmaximum (Me.): 281 nm.

(±)-6-Methyl-5,6-dihydro-4H-pyran-3-carbonsäure $C_7H_{10}O_3$, Formel X (X = OH).

B. Beim Erwärmen von (±)-6-Methyl-5,6-dihydro-4*H*-pyran-3-carbonsäure-methyl=
ester mit wss.-methanol. Kalilauge (*Korte, Machleidt*, B. **88** [1955] 1676, 1680). Beim
Behandeln von (±)-6-Methyl-2-oxo-tetrahydro-pyran-3-carbaldehyd (E III/IV **17** 5852)
mit wss. Salzsäure (*Korte, Büchel*, B. **92** [1959] 877, 880).

Krystalle (aus Bzl. + Bzn.); F: 116—117° (*Ko., Ma.*, l. c. S. 1680). Absorptionsmaximum einer Lösung der Säure in Methanol: 236 nm (*Ko., Bü.*); einer Lösung des
Natrium-Salzes in wss. Natronlauge: 240 nm (*Ko., Ma.*, l. c. S. 1680).

Bildung von 5-Hydroxy-hexanal beim Erhitzen mit wss. Perchlorsäure oder wss.
Salzsäure: *Korte, Machleidt*, B. **88** [1955] 1684, 1689. Beim Behandeln mit [2,4-Dinitro-
phenyl]-hydrazin und wss. Perchlorsäure ist 6-Methyl-2-oxo-tetrahydro-pyran-3-carb=
aldehyd-[2,4-dinitro-phenylhydrazon] erhalten worden (*Ko., Ma.*, l. c. S. 1689).

IX   X   XI

(±)-6-Methyl-5,6-dihydro-4H-pyran-3-carbonsäure-methylester $C_8H_{12}O_3$, Formel X
(X = O-CH₃).

B. Beim Erhitzen von opt.-inakt. 2-Methoxy-6-methyl-tetrahydro-pyran-3-carbon=
säure-methylester ($Kp_{0,05}$: 43—44°) mit wenig Schwefelsäure bis auf 130° (*Korte, Machleidt*, B. **88** [1955] 1676, 1680).

Kp_{11}: 91°.

Charakterisierung als Dibromid (2,3-Dibrom-6-methyl-tetrahydro-pyran-3-carbon=
säure-methylester; F: 48,5—49,5°): *Ko., Ma.*

(±)-6-Methyl-5,6-dihydro-4H-pyran-3-carbonylchlorid $C_7H_9ClO_2$, Formel X (X = Cl).

B. Beim Erwärmen von (±)-6-Methyl-5,6-dihydro-4*H*-pyran-3-carbonsäure oder von
opt.-inakt. 2-Methoxy-6-methyl-tetrahydro-pyran-3-carbonsäure (F: 118—119°) mit
Thionylchlorid (*Korte, Machleidt*, B. **88** [1955] 1676, 1680, 1681).

Krystalle (aus PAe.); F: 56—57° (*Ko., Ma.*, l. c. S. 1680).

(±)-6-Methyl-5,6-dihydro-4H-pyran-3-carbonsäure-p-toluidid $C_{14}H_{17}NO_2$, Formel XI.

B. Beim Behandeln von (±)-6-Methyl-5,6-dihydro-4*H*-pyran-3-carbonylchlorid mit
p-Toluidin in Äther (*Korte, Machleidt*, B. **88** [1955] 1676, 1680).

Krystalle (aus Bzl. + Bzn.); F: 148°.

(±)-6-Methyl-5,6-dihydro-4H-pyran-2-carbonsäure $C_7H_{10}O_3$, Formel XII (R = H).

B. Beim Erhitzen von (±)-[6-Methyl-2-oxo-tetrahydro-pyran-3-yl]-glyoxylsäure-äthyl=

ester mit wss. Schwefelsäure (*Korte, Machleidt*, B. **90** [1957] 2150, 2156).

Krystalle (aus Ae. + Bzn.); F: 98° [oberhalb 80° sublimierend]. Absorptionsmaximum einer Lösung des Natrium-Salzes in wss. Natronlauge: 237 nm.

(±)-6-Methyl-5,6-dihydro-4H-pyran-2-carbonsäure-methylester $C_8H_{12}O_3$, Formel XII (R = CH₃).

B. Beim Behandeln von (±)-6-Methyl-5,6-dihydro-4*H*-pyran-2-carbonsäure mit Chlor= wasserstoff enthaltendem Methanol und Erwärmen des Reaktionsprodukts mit wenig Polyphosphorsäure unter vermindertem Druck (*Korte, Machleidt*, B. **90** [1957] 2150, 2156, 2157).

Kp₁₁: 98°. Absorptionsmaximum (Me.): 243 nm.

(±)-4-Methyl-5,6-dihydro-4H-pyran-3-carbonsäure $C_7H_{10}O_3$, Formel XIII (R = H).

B. Beim Behandeln von (±)-4-Methyl-2-oxo-tetrahydro-pyran-3-carbaldehyd (E III/IV **17** 5853) mit wss. Salzsäure (*Korte, Büchel*, B. **92** [1959] 877, 881).

Krystalle; F: 134° [nach Sublimation]. Absorptionsmaximum (Me.): 236 nm.

XII   XIII   XIV   XV

(±)-4-Methyl-5,6-dihydro-4H-pyran-3-carbonsäure-methylester $C_8H_{12}O_3$, Formel XIII (R = CH₃).

B. Beim Erwärmen von opt.-inakt. 2-Methoxy-4-methyl-tetrahydro-pyran-3-carbon= säure-methylester (Kp₀,₂: 38—40°) mit wenig Polyphosphorsäure, zuletzt unter vermin= dertem Druck (*Korte et al.*, B. **92** [1959] 884, 890).

Kp₁,₅: 59°. Absorptionsmaximum (Me.): 238 nm.

(2RS,3SR?)-2,3-Dibrom-3-[(4Ξ)-4r,5t(?)-dibrom-4,5-dihydro-[2]furyl]-propionsäure $C_7H_6Br_4O_3$, vermutlich Formel XIV (R = H) + Spiegelbild oder Formel XV (R = H) + Spiegelbild.

Eine Verbindung, für die diese Formeln in Betracht kommen, hat möglicherweise als Hauptbestandteil in dem aus 3*t*-[2]Furyl-acrylsäure und Brom in Chloroform erhal= tenen, früher (s. E II **18** 273) als „*O*-Dibromid der α.β-Dibrom-β-[furyl-(2)]-propion= säure(?)" bezeichneten Präparat (F: 110—111° [Zers.; Block]) vorgelegen (*Dann*, B. **80** [1947] 435, 438).

(2RS,3SR?)-2,3-Dibrom-3-[(4Ξ)-4r,5t(?)-dibrom-4,5-dihydro-[2]furyl]-propionsäure-äthylester $C_9H_{10}Br_4O_3$, vermutlich Formel XIV (R = C₂H₅) + Spiegelbild oder Formel XV (R = C₂H₅) + Spiegelbild.

Eine Verbindung, für die diese Formeln in Betracht kommen, hat in dem nachstehend beschriebenen Präparat vorgelegen.

B. Beim Behandeln von 3*t*-[2]Furyl-acrylsäure-äthylester mit je 1 Mol Brom in Schwefelkohlenstoff bei −15° und anschliessend bei −25° (*Dann*, B. **80** [1947] 435, 441).

Krystalle (aus Bzl. + PAe.); F: 50—51° [Zers.; Block].

Wenig beständig.

(±)-5-Äthyl-4,5-dihydro-furan-3-carbonsäure-methylester $C_8H_{12}O_3$, Formel I.

B. Beim Behandeln von (±)-4-Hydroxy-hexansäure-lacton mit Äthylformiat, wenig Äthanol, Natrium und Äther, Erwärmen des Reaktionsprodukts mit Chlorwasserstoff enthaltendem Methanol und Erwärmen des danach isolierten 5-Äthyl-2-methoxy-tetrahydro-furan-3-carbonsäure-methylesters ($C_9H_{16}O_4$; bei 95—101°/12 Torr destillierbar) mit wenig Schwefelsäure (*Eugster, Waser*, Helv. **40** [1957] 888, 897).

Kp_{12-13}: 89—92°. Absorptionsmaximum (A.): 254 nm.

5,5-Dimethyl-4,5-dihydro-furan-3-carbonsäure $C_7H_{10}O_3$, Formel II (R = H).

B. Beim Erwärmen von 5,5-Dimethyl-4,5-dihydro-furan-3-carbonsäure-methylester mit wss. Kalilauge (*Korte et al.*, B. **92** [1959] 884, 892).

Krystalle (aus W.); F: 99°. Absorptionsmaximum (Me.): 249 nm.

5,5-Dimethyl-4,5-dihydro-furan-3-carbonsäure-methylester $C_8H_{12}O_3$, Formel II (R = CH₃).

B. Beim Erhitzen von opt.-inakt. 2-Methoxy-5,5-dimethyl-tetrahydro-furan-3-carbon⸗säure-methylester (Kp_9: 84—85°) mit wenig Schwefelsäure auf 125° (*Korte et al.*, B. **92** [1959] 884, 892).

Kp_9: 75—76°. Absorptionsmaximum (Me.): 251 nm.

(±)-2,5-Dimethyl-4,5-dihydro-furan-3-carbonsäure $C_7H_{10}O_3$, Formel III (R = X = H).

B. Beim Behandeln von (±)-2,5-Dimethyl-4,5-dihydro-furan-3-carbonsäure-methylester mit wss.-methanol. Kalilauge (*Korte, Machleidt*, B. **90** [1957] 2137, 2149).

Krystalle (aus Bzl. + Bzn.); F: 96—97°. Absorptionsmaximum einer Lösung des Natrium-Salzes in wss. Natronlauge: 250 nm.

(±)-2,5-Dimethyl-4,5-dihydro-furan-3-carbonsäure-methylester $C_8H_{12}O_3$, Formel III (R = CH₃, X = H).

B. Beim Erwärmen von (±)-3-Acetyl-5-methyl-dihydro-furan-2-on mit Chlorwasserstoff enthaltendem Methanol und Erwärmen des Reaktionsprodukts mit wenig Polyphosphor⸗säure unter vermindertem Druck (*Korte, Machleidt*, B. **90** [1957] 2137, 2149).

Kp_{11}: 76°. Absorptionsmaximum (Me.): 257 nm.

(±)-5-Chlormethyl-2-methyl-4,5-dihydro-furan-3-carbonsäure $C_7H_9ClO_3$, Formel III (R = H, X = Cl) (H 270).

B. Beim Erhitzen von (±)-5-Chlormethyl-2-methyl-4,5-dihydro-furan-3-carbonsäure-methylester mit wss. Natronlauge (*Pojarlieff*, Am. Soc. **56** [1934] 2685).

Krystalle (aus W.); F: 110° [korr.].

I   II   III   IV

(±)-5-Chlormethyl-2-methyl-4,5-dihydro-furan-3-carbonsäure-methylester $C_8H_{11}ClO_3$, Formel III (R = CH₃, X = Cl).

B. Beim Behandeln von opt.-inakt. 5-Chlormethyl-2-methoxy-2-methyl-tetrahydro-furan-3-carbonsäure-methylester ($Kp_{1,3}$: 98°) mit Chlorwasserstoff bei 120—130° (*Pojar-lieff*, Am. Soc. **56** [1934] 2685).

Kp_{14}: 127°. $n_D^{21,5}$: 1,4968.

Beim Erwärmen mit Phloroglucin und wss. Salzsäure ist eine vermutlich als 3-[3-Chlor-2-hydroxy-propyl]-5,7-dihydroxy-4-methyl-cumarin zu formulierende Verbindung (F: 250°) erhalten worden.

(±)-1-Oxa-spiro[2.4]heptan-2-carbonsäure $C_7H_{10}O_3$, Formel IV (X = OH).

B. In kleiner Menge neben [1-Amino-cyclopentyl]-hydroxy-essigsäure-amid (Hydrochlorid, F: 217—218°) beim Erhitzen von (±)-1-Oxa-spiro[2.4]heptan-2-carbon⸗säure-äthylester mit wss. Ammoniak (*Martynow et al.*, Ž. obšč. Chim. **26** [1956] 1405,

1410; engl. Ausg. S. 1585, 1588).

Als Ammonium-Salz $[NH_4]C_7H_9O_3$ (Krystalle [aus wss. A.], F: 222—223° [Zers.]) isoliert.

(±)-1-Oxa-spiro[2.4]heptan-2-carbonsäure-äthylester $C_9H_{14}O_3$, Formel IV (X = O-C_2H_5).
B. Aus Cyclopentanon und Chloressigsäure-äthylester mit Hilfe von Natriumäthylat (*Newman*, Am. Soc. **57** [1935] 732; *Wenuš-Danilowa*, Ž. obšč. Chim. **6** [1936] 1757, 1760; C. **1937** I 4088), mit Hilfe von Natriumamid in Benzol (*Rodionow*, *Kišelewa*, Izv. Akad. S.S.S.R. Otd. chim. **1952** 278, 282; C. A. **1953** 3300) oder mit Hilfe von Natrium in Toluol (*Martynow*, Ž. obšč. Chim. **23** [1953] 1659; engl. Ausg. S. 1739).
Kp_{11}: 110—111°; D_4^{20}: 1,0689; n_D^{20}: 1,4562 (*Chiurdoglu et al.*, Bl. Soc. chim. Belg. **65** [1956] 664, 670). Kp_5: 93—93,5°; D_0^4: 1,0701; D_{20}^2: 1,0652 (*We.-Da.*). IR-Spektrum (3—15 μ): *Ch. et al.*, l. c. S. 667. Raman-Spektrum: *Ch. et al.*, l. c. S. 671.

(±)-1-Oxa-spiro[2.4]heptan-2-carbonsäure-amid, (±)-1-Oxa-spiro[2.4]heptan-2-carb=amid $C_7H_{11}NO_2$, Formel IV (X = NH_2).
B. Beim Behandeln von (±)-1-Oxa-spiro[2.4]heptan-2-carbonsäure-äthylester mit wss. Ammoniak (*Martynow et al.*, Ž. obšč. Chim. **26** [1956] 1405, 1410; engl. Ausg. S. 1585, 1588).
Krystalle (aus Bzl.); F: 144—145°.

(±)-1-Oxa-spiro[2.4]heptan-2-carbonitril C_7H_9NO, Formel V.
B. Beim Behandeln von Cyclopentanon mit Chloracetonitril und Natriumäthylat in Äther (*Martynow*, *Schtschelkunow*, Ž. obšč. Chim. **27** [1957] 1188, 1190; engl. Ausg. S. 1271).
Kp_{10}: 93—94°. D_4^{20}: 1,0200. n_D^{20}: 1,4575.

---

*Opt.-inakt. 2-Oxa-norcaran-7-carbonsäure $C_7H_{10}O_3$, Formel VI (X = OH).
B. Beim Erwärmen von opt.-inakt. 2-Oxa-norcaran-7-carbonsäure-äthylester ($Kp_{0,8}$: 71—72°; n_D^{15}: 1,4658) mit methanol. Kalilauge (*Canonica et al.*, G. **87** [1957] 998, 1007).
Krystalle; F: 108° [aus CH_2Cl_2 + PAe.] (*Ca. et al.*), 104° [unkorr.; nach Sublimation] (*Novák et al.*, Collect. **22** [1957] 1836, 1848).

*Opt.-inakt. 2-Oxa-norcaran-7-carbonsäure-äthylester $C_9H_{14}O_3$, Formel VI (X = O-C_2H_5).
B. Beim Erwärmen von 3,4-Dihydro-2H-pyran mit Diazoessigsäure-äthylester und wenig Kupfer(II)-sulfat (*Paul*, *Tchelitcheff*, C. r. **244** [1957] 2806; *Canonica et al.*, G. **87** [1957] 998, 1006).
Kp_{10}: 108—110°; $D_4^{16,5}$: 1,085; $n_D^{16,5}$: 1,4712 (*Paul, Tch.*). $Kp_{0,8}$: 71—72°; n_D^{15}: 1,4658 (*Ca. et al.*).
Bei der Hydrierung an Raney-Nickel bei 100°/50 at ist Tetrahydropyran-3-yl-essig=säure-äthylester erhalten worden (*Paul, Tch.*).

*Opt.-inakt. 2-Oxa-norcaran-7-carbonsäure-chlorid, 2-Oxa-norcaran-7-carbonylchlorid $C_7H_9ClO_2$, Formel VI (X = Cl).
B. Aus opt.-inakt. 2-Oxa-norcaran-7-carbonsäure (F: 104°) mit Hilfe von Thionyl=chlorid (*Novák et al.*, Collect. **22** [1957] 1836, 1848).
Kp_{15}: 89—93°.

V   VI   VII   VIII   IX

(±)-1,2-Epoxy-cyclohexancarbonsäure-butylester $C_{11}H_{18}O_3$, Formel VII (R = $[CH_2]_3$-CH_3).
B. Beim Erwärmen von Cyclohex-1-encarbonsäure-butylester mit Peroxyessigsäure in Äthylacetat (*MacPeek et al.*, Am. Soc. **81** [1959] 680, 683).
$Kp_{1,2}$: 94°. D^{20}: 1,0353. n_D^{30}: 1,4553.

(±)-1,2-Epoxy-cyclohexancarbonitril C_7H_9NO, Formel VIII.

B. Als Hauptprodukt beim Behandeln von (±)-2-Chlor-cyclohexanon mit Kalium=
cyanid in Äthanol (*Mousseron et al.,* Bl. **1950** 1209, 1216). Neben 2-Oxo-cyclohexan=
carbonitril aus opt.-inakt. 2-Chlor-1-hydroxy-cyclohexancarbonitril (F: 38°) mit Hilfe von
Natriumäthylat (*Mousseron, Jullien,* C. r. **231** [1950] 410).

Kp_{15}: 99° (*Mo., Ju.*).

Beim Erhitzen mit wss. Kaliumcyanid-Lösung und Ansäuern des Reaktionsgemisches
sowie beim Erwärmen mit Natriumäthylat in Äthanol und Behandeln des Reaktionsgemisches mit Schwefelsäure enthaltendem Äthanol ist 2-Oxo-cyclohexancarbonitril erhalten worden (*Mo. et al.*).

---

*Opt.-inakt. 2,3-Epoxy-cyclohexancarbonitril C_7H_9NO, Formel IX.

B. Beim Behandeln von (±)-Cyclohex-2-encarbonitril mit Peroxybenzoesäure in Chloro=
form (*Mousseron, Winternitz,* Bl. **1948** 79, 81).

Kp_{16}: 105—110°. D_{25}^{25}: 1,086. n_D^{25}: 1,4102.

(±)-3t,4t-Epoxy-cyclohexan-r-carbonsäure-methylester $C_8H_{12}O_3$, Formel X (R = CH_3)
+ Spiegelbild.

Konfigurationszuordnung: *Henbest, Nicholls,* Soc. **1959** 221, 222.

B. Beim Behandeln von (±)-Cyclohex-3-encarbonsäure-methylester mit Peroxyessig=
säure in Dichlormethan (*Nelson, Mortimer,* J. org. Chem. **22** [1957] 1146, 1153) oder mit
Peroxybenzoesäure in Äther (*He., Ni.,* l. c. S. 224).

Kp_{17}: 109,5—110,5°; n_D^{25}: 1,4625 (*Ne., Mo.*). $Kp_{0,5}$: 50—51°; n_D^{21}: 1,4630 (*He., Ni.*).

Beim Erwärmen mit Lithiumalanat in Äther ist *trans*-3-Hydroxymethyl-cyclohexanol
erhalten worden (*He., Ni.*).

Ein Präparat (Kp_9: 101—109°), in dem wahrscheinlich ein Gemisch von (±)-3t,4t-Epoxy-
cyclohexan-r-carbonsäure-methylester mit 3c,4c-Epoxy-cyclohexan-r-carbonsäure-meth=
ylester vorgelegen hat, ist beim Behandeln von (±)-Cyclohex-3-encarbonsäure-methylester
mit einer wss. Lösung von Hypochlorigsäure und anschliessend mit wss. Natronlauge
erhalten worden (*Hopff, Hoffmann,* Helv. **40** [1957] 1585, 1586, 1590).

---

*Opt.-inakt. 3,4-Epoxy-cyclohexan-carbonsäure-äthylester $C_9H_{14}O_3$, Formel XI
(R = C_2H_5).

B. Beim Erwärmen von (±)-Cyclohex-3-encarbonsäure-äthylester mit Peroxyessigsäure
in Aceton (*Union Carbide & Carbon Corp.,* U.S.P. 2794812 [1953]).

Kp_3: 85°; n_D^{30}: 1,4568 (*Union Carbide & Carbon Corp.; Frostick et al.,* Am. Soc. **81** [1959]
3350, 3356).

---

*Opt.-inakt. 3,4-Epoxy-cyclohexan-carbonsäure-*tert*-butylester $C_{11}H_{18}O_3$, Formel XI
(R = $C(CH_3)_3$).

B. Beim Erwärmen von (±)-3t,4t-Epoxy-cyclohexan-r-carbonsäure-methylester mit
Kalium-*tert*-butylat in *tert*-Butylalkohol (*Nelson, Mortimer,* J. org. Chem. **22** [1957] 1146,
1153).

$Kp_{1,4}$: 80,5—81,5°. n_D^{25}: 1,4525.

     X   XI   XII   XIII

*Opt.-inakt. 3,4-Epoxy-cyclohexancarbonsäure-vinylester $C_9H_{12}O_3$, Formel XI
(R = $CH=CH_2$).

B. Beim Behandeln von (±)-Cyclohex-3-encarbonsäure-vinylester mit Peroxyessigsäure
in Aceton oder Äthylacetat (*Frostick et al.,* Am. Soc. **81** [1959] 3350, 3355).

Kp_1: 75—76°. n_D^{30}: 1,4741 (*Fr. et al.,* l. c. S. 3352).

*Opt.-inakt. 3,4-Epoxy-cyclohexancarbonsäure-allylester $C_{10}H_{14}O_3$, Formel XI
($R = CH_2$-CH=CH_2).

B. Beim Erwärmen von ($\pm$)-Cyclohex-3-encarbonsäure-allylester mit Peroxyessigsäure in Aceton oder Äthylacetat (*Frostick et al.*, Am. Soc. **81** [1959] 3350, 3355).

Kp_2: 91—95°. n_D^{30}: 1,4709 (*Fr. et al.*, l. c. S. 3352).

($\pm$)-3t,4t-Epoxy-cyclohexan-r-carbonitril C_7H_9NO, Formel XII + Spiegelbild.

Konfigurationszuordnung: *Anastas'ewa et al.*, Izv. Akad. S.S.S.R. Otd. chim. **1970** 1485, 1489; engl. Ausg. S. 1404, 1407.

B. Aus ($\pm$)-Cyclohex-3-encarbonitril beim Behandeln mit Peroxyessigsäure in Äther (*Arbusow et al.*, Uč. Zap. Kazansk. Univ. **110** [1950] Nr. 9, S. 175, 178) sowie beim Behandeln einer Lösung in Chloroform mit Peroxyessigsäure in Essigsäure (*Sultanow et al.*, Ž. org. Chim. **4** [1968] 789; engl. Ausg. S. 769).

Dipolmoment (ε; CCl_4): 3,31 D (*An. et al.*, l. c. S. 1490). Kp_5: 111—112°; D_4^{20}: 1,0938; n_D^{20}: 1,4740 (*Su. et al.*). Kp_3: 84,5—86°; D_0^{20}: 1,0926; n_D^{20}: 1,4755 (*Ar. et al.*). Kerr-Konstante (CCl_4): *An. et al.*, l. c. S. 1490.

Ein Präparat (Kp_9: 111—124°), in dem ein Gemisch von ($\pm$)-3t,4t-Epoxy-cyclohexan-r-carbonitril mit ($\pm$)-3c,4c-Epoxy-cyclohexan-r-carbonitril vorgelegen hat, ist beim Behandeln von ($\pm$)-Cyclohex-3-encarbonitril mit einer wss. Lösung von Hypochlorigsäure und Behandeln des Reaktionsprodukts mit methanol. Natronlauge erhalten worden (*Hopff*, *Hoffmann*, Helv. **40** [1957] 1585, 1586, 1589).

---

*Opt.-inakt. 1-Methyl-2-oxa-bicyclo[3.1.0]hexan-6-carbonsäure-äthylester $C_9H_{14}O_3$, Formel XIII.

B. Beim Erwärmen von 5-Methyl-2,3-dihydro-furan mit Diazoessigsäure-äthylester und wenig Kupfer(II)-sulfat (*Paul*, *Tchelitcheff*, C. r. **244** [1957] 2806).

Kp_{10}: 92—94°. $D_4^{22,5}$: 1,051. $n_D^{22,5}$: 1,4658.

Carbonsäuren $C_8H_{12}O_3$

2-Tetrahydropyran-4-yliden-propionsäure-äthylester $C_{10}H_{16}O_3$, Formel I.

B. Beim Erhitzen von ($\pm$)-2-[4-Hydroxy-tetrahydro-pyran-4-yl]-propionsäure-äthyl=ester mit Acetanhydrid und wenig Schwefelsäure und wiederholten Erhitzen des Reaktions-produkts (*Prelog*, A. **545** [1940] 229, 234).

Kp_{11}: 117—120°.

---

*Opt.-inakt. 2,4-Dimethyl-3,4-dihydro-2H-pyran-2-carbonsäure-methylester $C_9H_{14}O_3$, Formel II.

B. In kleiner Menge beim Erhitzen von *trans*(?)-Crotonaldehyd mit Methacrylsäure-methylester und wenig Hydrochinon auf 200° (*Smith et al.*, Am. Soc. **73** [1951] 5270).

Kp_{50}: 115°. n_D^{20}: 1,4459.

($\pm$)-2,5-Dimethyl-3,4-dihydro-2H-pyran-2-carbonsäure $C_8H_{12}O_3$, Formel III ($R = H$).

B. Beim Erhitzen von ($\pm$)-2,5-Dimethyl-3,4-dihydro-2H-pyran-2-carbonsäure-methyl=ester mit wss. Natronlauge (*Smith et al.*, Am. Soc. **73** [1951] 5270). Neben [2,5-Dimethyl-3,4-dihydro-2H-pyran-2-yl]-methanol beim Behandeln von ($\pm$)-2,5-Dimethyl-3,4-dihydro-2H-pyran-2-carbaldehyd mit wss. Natronlauge (*Shell Devel. Co.*, U.S.P. 2479283 [1946]).

Krystalle (aus PAe.); F: 62,7—63,5° (*Sm. et al.*).

I   II   III

($\pm$)-2,5-Dimethyl-3,4-dihydro-2H-pyran-2-carbonsäure-methylester $C_9H_{14}O_3$, Formel III ($R = CH_3$).

B. Beim Erhitzen von Methacrylaldehyd mit Methacrylsäure-methylester und wenig

Hydrochinon bis auf 170° (*Smith et al.*, Am. Soc. **73** [1951] 5270).

Kp_{50}: 114—115°. D_4^{20}: 1,0430. n_D^{20}: 1,4550.

*Opt.-inakt. **2,5-Dimethyl-3,4-dihydro-2H-pyran-2-carbonsäure-[2,5-dimethyl-3,4-dihydro-2H-pyran-2-ylmethylester]** $C_{16}H_{24}O_4$, Formel IV.

B. Aus (±)-2,5-Dimethyl-3,4-dihydro-2*H*-pyran-2-carbaldehyd mit Hilfe von Alu=miniumisopropylat (*Shell Devel. Co.*, U.S.P. 2537921 [1948], 2562849 [1949]).

Bei 110—116°/0,5 Torr destillierbar.

2,6-Dimethyl-5,6-dihydro-4H-pyran-3-carbonsäure $C_8H_{12}O_3$.

a) **(+)-2,6-Dimethyl-5,6-dihydro-4H-pyran-3-carbonsäure** $C_8H_{12}O_3$, Formel V (X = OH) oder Spiegelbild.

B. Beim Erwärmen des Natrium-Salzes der (−)-2*r*,6*c*-Dimethyl-5,6-dihydro-2*H*-pyran-3-carbonsäure (S. 3895) mit Raney-Nickel in Wasser und Ansäuern der Reaktionslösung mit wss. Salzsäure (*Delépine, Willemart*, C. r. **211** [1940] 313, 315).

Krystalle (aus Bzn.); F: 121° [Block]. $[\alpha]_D$: +253,5°; $[\alpha]_{578}$: +266,6° [$CHCl_3$]; $[\alpha]_{546}$: +309,2° [$CHCl_3$]; $[\alpha]_{436}$: +598° [$CHCl_3$].

b) **(−)-2,6-Dimethyl-5,6-dihydro-4H-pyran-3-carbonsäure** $C_8H_{12}O_3$, Formel V (X = OH) oder Spiegelbild.

B. Aus (+)-2*r*,6*c*-Dimethyl-5,6-dihydro-2*H*-pyran-3-carbonsäure [S. 3894] (*Delépine, Amiard*, C. r. **215** [1942] 309, 311). Neben grösseren Mengen (+)-2*r*,6*c*-Dimethyl-tetra=hydro-pyran-3*c*(?)-carbonsäure (F: 72° [S. 3852]) beim Hydrieren des Natrium-Salzes der (+)-2*r*,6*c*-Dimethyl-5,6-dihydro-2*H*-pyran-3-carbonsäure an Raney-Nickel in Wasser und Ansäuern der Reaktionslösung mit wss. Salzsäure (*Delépine, Willemart*, C. r. **211** [1940] 313, 314).

Krystalle [aus Bzn.] (*De., Wi.*). $[\alpha]_D$: −267° [$CHCl_3$] (*De., Am.*); $[\alpha]_D$: −259°; $[\alpha]_{578}$: −270,8°; $[\alpha]_{546}$: −314°; $[\alpha]_{436}$: −606° [jeweils $CHCl_3$] (*De., Wi.*).

Beim Erhitzen auf 150° ist (−)-2,6-Dimethyl-3,4-dihydro-2*H*-pyran erhalten worden (*De., Am.*).

c) **(±)-2,6-Dimethyl-5,6-dihydro-4H-pyran-3-carbonsäure** $C_8H_{12}O_3$, Formel V (X = OH) + Spiegelbild (E I 437).

B. Beim Erwärmen von (±)-2,6-Dimethyl-5,6-dihydro-4*H*-pyran-3-carbonsäure-methylester mit wss.-methanol. Kalilauge (*Korte, Machleidt*, B. **90** [1957] 2137, 2146).

Krystalle (aus Bzl. + Bzn.); F: 131—132° [von 100° an sublimierend] (*Ko., Ma.*). Absorptionsmaximum einer Lösung in Methanol: 244 nm (*Korte, Büchel*, B. **92** [1959] 877, 881); einer Lösung des Natrium-Salzes in wss. Natronlauge: 236 nm (*Ko., Ma.*).

Bei der Hydrierung an Platin in Essigsäure sind 2*r*,6*c*-Dimethyl-tetrahydro-pyran-3*c*(?)-carbonsäure (F: 92° [S. 3852]) und kleine Mengen 2*r*,6*t*-Dimethyl-tetrahydro-pyran-3*ξ*-carbonsäure (F: 102° [S. 3852]) erhalten worden (*Badoche*, A. ch. [11] **19** [1944] 405, 412; C. r. **224** [1947] 282).

(±)-2,6-Dimethyl-5,6-dihydro-4H-pyran-3-carbonsäure-methylester $C_9H_{14}O_3$, Formel V (X = O-CH_3) + Spiegelbild.

B. Beim 3-tägigen Behandeln von (±)-3-Acetyl-6-methyl-tetrahydro-pyran-2-on mit Chlorwasserstoff enthaltendem Methanol und Erwärmen des Reaktionsprodukts mit wenig Polyphosphorsäure unter vermindertem Druck (*Korte, Machleidt*, B. **90** [1957] 2137, 2145).

Kp_{12}: 92°. Absorptionsmaximum (Me.): 248 nm.

IV   V   VI

(±)-2,6-Dimethyl-5,6-dihydro-4H-pyran-3-carbonsäure-äthylester $C_{10}H_{16}O_3$, Formel V (X = O-C_2H_5) + Spiegelbild (E I 437).

B. Beim Erwärmen einer Lösung von opt.-inakt. 3-Acetyl-6-methyl-2-oxo-tetrahydro-pyran-3-carbonsäure-äthylester ($Kp_{0,03}$: 94°) in Essigsäure mit wenig Schwefelsäure, zuletzt unter vermindertem Druck (*Korte, Machleidt*, B. **90** [1957] 2137, 2144).

Krystalle (aus Bzn.); F: 32—33° (*Ko., Ma.*). IR-Spektrum (CH_2Cl_2; 3—13 μ): *Bader*, Helv. **36** [1953] 215, 222. UV-Spektrum (210—340 nm): *Ba.*, l. c. S. 217.

(±)-2,6-Dimethyl-5,6-dihydro-4H-pyran-3-carbonsäure-[2-diäthylamino-äthylester]
$C_{14}H_{25}NO_3$, Formel V (X = O-CH_2-CH_2-N(C_2H_5)$_2$) + Spiegelbild.
B. Beim Erwärmen von (±)-2,6-Dimethyl-5,6-dihydro-4H-pyran-3-carbonsäure mit Diäthyl-[2-chlor-äthyl]-amin in Isopropylalkohol (*Searle & Co.*, U.S.P. 2776300 [1951]).
Kp_1: ca. 128—132°.
Hydrochlorid. Krystalle (aus E.); F: ca. 148—149,5° [unkorr.].

(±)-Diäthyl-[2-(2,6-dimethyl-5,6-dihydro-4H-pyran-3-carbonyloxy)-äthyl]-methyl-ammonium, (±)-2,6-Dimethyl-5,6-dihydro-4H-pyran-3-carbonsäure-[2-(diäthyl-methyl-ammonio)-äthylester] $[C_{15}H_{28}NO_3]^+$, Formel V (X = O-CH_2-CH_2-N(C_2H_5)$_2$-CH_3]$^+$) + Spiegelbild.
Bromid $[C_{15}H_{28}NO_3]$Br. *B*. Beim Erwärmen von (±)-2,6-Dimethyl-5,6-dihydro-4H-pyran-3-carbonsäure-[2-diäthylamino-äthylester] mit Methylbromid und Chloroform (*Searle & Co.*, U.S.P. 2776300 [1951]). — Krystalle (aus Butanon + E.); F: ca. 105,5° bis 106,5° [unkorr.].

(±)-2,6-Dimethyl-5,6-dihydro-4H-pyran-3-carbonsäure-[2-diisopropylamino-äthylester]
$C_{16}H_{29}NO_3$, Formel V (X = O-CH_2-CH_2-N[CH(CH_3)$_2$]$_2$) + Spiegelbild.
B. Beim Erwärmen des Natrium-Salzes der (±)-2,6-Dimethyl-5,6-dihydro-4H-pyran-3-carbonsäure mit [2-Chlor-äthyl]-diisopropyl-amin-hydrochlorid in Isopropylalkohol (*Searle & Co.*, U.S.P. 2776300 [1951]).
$Kp_{0,5}$: ca. 129—131°.
Hydrochlorid. Krystalle (aus E. + Isopropylalkohol); F: ca. 168,5—170° [unkorr.].

(±)-[2-(2,6-Dimethyl-5,6-dihydro-4H-pyran-3-carbonyloxy)-äthyl]-diisopropyl-methyl-ammonium, (±)-2,6-Dimethyl-5,6-dihydro-4H-pyran-3-carbonsäure-[2-(diisopropyl-methyl-ammonio)-äthylester] $[C_{17}H_{32}NO_3]^+$, Formel V (X = O-CH_2-CH_2-N[CH(CH_3)$_2$]$_2$-CH_3]$^+$) + Spiegelbild.
Bromid $[C_{17}H_{32}NO_3]$Br. *B*. Beim Erwärmen von (±)-2,6-Dimethyl-5,6-dihydro-4H-pyran-3-carbonsäure-[2-diisopropylamino-äthylester] mit Methylbromid und Chloroform (*Searle & Co.*, U.S.P. 2776300 [1951]). — Krystalle (aus Butanon); F: ca. 130,5° bis 131° [unkorr.].

(±)-2,6-Dimethyl-5,6-dihydro-4H-pyran-3-carbonsäure-amid $C_8H_{13}NO_2$, Formel V (X = NH_2) + Spiegelbild.
B. Aus (±)-2,6-Dimethyl-5,6-dihydro-4H-pyran-3-carbonsäure über das Säurechlorid (*Badoche*, C.r. **215** [1942] 142).
F: 192°.

(±)-2,6-Dimethyl-5,6-dihydro-4H-thiopyran-3-carbonsäure-methylester $C_9H_{14}O_2S$, Formel VI.
B. Beim Erwärmen von (±)-3-Acetyl-6-methyl-tetrahydro-thiopyran-2-on ($Kp_{0,6}$: 88—90°) mit Chlorwasserstoff enthaltendem Methanol (*Korte, Büchel*, Ang. Ch. **71** [1959] 709, 714; *Korte, Christoph*, B. **94** [1961] 1966, 1974).
$Kp_{0,1}$: 103° (*Ko., Bü.*). $Kp_{0,01}$: 58° (*Ko., Ch.*). Absorptionsmaximum (Me.): 290 nm (*Ko., Ch.*).

2,6-Dimethyl-5,6-dihydro-2H-pyran-3-carbonsäure $C_8H_{12}O_3$.

a) **(+)-2r,6c-Dimethyl-5,6-dihydro-2H-pyran-3-carbonsäure** $C_8H_{12}O_3$, Formel VII (X = OH) oder Spiegelbild.
Gewinnung aus dem unter c) beschriebenen Racemat über das (in Methylacetat schwer lösliche) Salz des (+)-Ephedrins (S. 3895): *Delépine, Willemart*, C.r. **211** [1940] 153.
Krystalle (aus W.); F: 95—96° (*De., Wi.*, l. c. S. 154). Optisches Drehungsvermögen

von Lösungen in Benzol, Schwefelkohlenstoff, Chloroform, Äthanol und Wasser für Licht der Wellenlängen von 436 nm bis 589 nm: *De., Wi.,* l. c. S. 155. Bei 20° lösen sich in 1 l Wasser 25 g (*De., Wi.,* l. c. S. 154).

Bildung von (+)-2*r*,6*c*(?)-Dimethyl-3,6-dihydro-2*H*-pyran (bezüglich der Konfiguration dieser Verbindung s. *Cameron, Schütz,* Soc. [C] **1968** 1801) beim Erhitzen mit Kupferoxid-Chromoxid und Chinolin auf 240°: *Delépine, Amiard,* C. r. **215** [1942] 309, 310. Beim Hydrieren des Natrium-Salzes an Raney-Nickel in Wasser und Ansäuern der Reaktions-lösung mit wss. Salzsäure sind (+)-2*r*,6*c*-Dimethyl-tetrahydro-pyran-3*c*(?)-carbonsäure (F: 72° [S. 3852]) und (−)-2,6-Dimethyl-5,6-dihydro-4*H*-pyran-3-carbonsäure (S. 3893) erhalten worden (*Delépine, Willemart,* C. r. **211** [1940] 313, 314).

Salz des (+)-Ephedrins. Krystalle (aus Methylacetat); F: 134° (*De., Wi.,* l. c. S. 155). In 1 l Methylacetat lösen sich bei 20° 38 g (*De., Wi.,* l. c. S. 155).

Salz des (−)-Ephedrins. Krystalle (aus Methylacetat); F: 124° (*De., Wi.,* l. c. S. 155). In 1 l Methylacetat lösen sich bei 20° 50 g (*De., Wi.,* l. c. S. 155).

b) **(−)-2*r*,6*c*-Dimethyl-5,6-dihydro-2*H*-pyran-3-carbonsäure** $C_8H_{12}O_3$, Formel VII (X = OH) oder Spiegelbild.

Gewinnung aus dem unter c) beschriebenen Racemat über das (in Methylacetat schwer lösliche) Salz des (−)-Ephedrins: *Delépine, Willemart,* C. r. **211** [1940] 153.

Krystalle (aus W.); F: 95—96° (*De., Wi.,* l. c. S. 154). $[\alpha]_D$: −236,3° [CHCl$_3$]; $[\alpha]_{578}$: −247° [CHCl$_3$]; $[\alpha]_{564}$: −284,2° [CHCl$_3$]; $[\alpha]_{436}$: −504° [CHCl$_3$] (*De., Wi.,* l. c. S. 155). Bei 20° lösen sich in 1 l Wasser 25 g (*De., Wi.,* l. c. S. 154).

Beim Erwärmen des Natrium-Salzes mit Raney-Nickel in Wasser und Ansäuern der Reaktionslösung mit wss. Salzsäure ist (+)-2,6-Dimethyl-5,6-dihydro-4*H*-pyran-3-carbon≠ säure (F: 121° [S. 3893]) erhalten worden (*Delépine, Willemart,* C. r. **211** [1940] 313, 315).

c) **(±)-2*r*,6*c*-Dimethyl-5,6-dihydro-2*H*-pyran-3-carbonsäure** $C_8H_{12}O_3$, Formel VII (X = OH) + Spiegelbild (vgl. E I 437).

Konfigurationszuordnung: *Cameron, Schütz,* Soc. [C] **1968** 1801.

B. Beim Behandeln von (±)-2*r*,6*c*-Dimethyl-5,6-dihydro-2*H*-pyran-3-carbaldehyd (E III/IV 4324) mit Chrom(VI)-oxid und wasserhaltigem Aceton (*Ca., Sch.*).

Krystalle, F: 93,5° [aus Ae. + PAe.] (*Ca., Sch.*), 91,5° [im vorgeheizten Block; aus PAe.] (*Delépine, Badoche,* C. r. **213** [1941] 413); Krystalle (aus W.) mit 1 Mol H$_2$O, F: 68,5° (*Ca., Sch.*). ¹H-NMR-Absorption (CDCl$_3$): *Ca., Sch.* Absorptionsmaximum (A.): 215 nm (*Ca., Sch.*). In 100 g Wasser lösen sich bei 19° 0,7 g (*De., Ba.,* C. r. **213** 414).

Überführung in 2*r*,6*c*(?)-Dimethyl-3,6-dihydro-2*H*-pyran (Kp: 115—117°; n$_D^{13}$: 1,4392) durch Erhitzen mit Kupferoxid-Chromoxid und Chinolin auf 240°: *Delépine, Amiard,* C. r. **215** [1942] 309. Beim Erwärmen des Natrium-Salzes mit Raney-Nickel in Wasser und Ansäuern der Reaktionslösung mit wss. Salzsäure ist 2,6-Dimethyl-5,6-dihydro-4*H*-pyran-3-carbonsäure erhalten worden (*Delépine, Horeau,* Bl. [5] **5** [1938] 339, 342). Eine beim Behandeln mit Brom in Wasser erhaltene Verbindung $C_8H_{13}BrO_4$ vom F: 187° (vgl. E I 437) ist wahrscheinlich als 3ξ-Brom-4ξ-hydroxy-2*r*,6*c*-dimethyl-tetra≠ hydro-pyran-3ξ-carbonsäure zu formulieren (*Delépine, Amiard,* C. r. **219** [1944] 265; s. dazu *Ca., Sch.*). Hydrierung an Platin in Essigsäure unter Bildung von *cis*(?)-2,6-Di≠ methyl-tetrahydro-pyran (Kp: 115—117°; n$_D^{18}$: 1,4298), 2*r*,6*c*-Dimethyl-tetrahydro-pyran-3*c*(?)-carbonsäure (F: 92° [S. 3852]), 3-Äthyl-6-methyl-tetrahydro-pyran-2-on (Kp$_{12}$: 110—111°; n$_D^{15}$: 1,4492) und 2-Äthyl-hexansäure: *Badoche,* A. ch. [11] **19** [1944] 405, 409—412). Bei der Hydrierung des Natrium-Salzes an Raney-Nickel in Wasser sind 2*r*,6*c*-Dimethyl-tetrahydro-pyran-3*c*(?)-carbonsäure (F: 92°) und kleinere Mengen 2*r*,6*c*-Dimethyl-tetrahydro-pyran-3*t*(?)-carbonsäure (F: 89° [S. 3852]) erhalten worden (*Delépine, Badoche,* C. r. **211** [1940] 745; s. a. *De., Ho.*).

VII   VIII   IX   X

d) **(±)-2r,6t-Dimethyl-5,6-dihydro-2H-pyran-3-carbonsäure** $C_8H_{12}O_3$, Formel VIII + Spiegelbild.

B. Beim Behandeln von (±)-2r,6t-Dimethyl-5,6-dihydro-2H-pyran-3-carbaldehyd (E III/IV **17** 4324) mit Chrom(VI)-oxid und wasserhaltigem Aceton (*Cameron, Schütz*, Soc. [C] **1968** 1801).

Krystalle (aus Ae. + PAe.); F: 111° (*Ca., Sch.*). ^{1}H-NMR-Absorption (CDCl$_3$): *Ca., Sch.* Absorptionsmaximum (A.): 216 nm (*Ca., Sch.*).

Die gleiche Verbindung hat vermutlich als Hauptbestandteil in einem von *Delépine, Badoche* (C. r. **213** [1941] 413) beim Behandeln von opt.-inakt. 2,6-Dimethyl-5,6-dihydro-2H-pyran-3-carbaldehyd (Stereoisomeren-Gemisch) mit Silbernitrat und Bariumhydroxid in wss. Äthanol neben grösseren Mengen des unter c) beschriebenen Stereoisomeren erhaltenen, ursprünglich (*Delépine, Amiard*, C. r. **219** [1944] 265) als (±)-2r,6c-Dimethyl-5,6-dihydro-2H-pyran-3-carbonsäure angesehenen Präparat (Krystalle [aus PAe.], F: 93–93,5°) vorgelegen (*Cameron, Schütz*, Soc. [C] **1968** 1801).

(±)-2r,6c(?)-Dimethyl-5,6-dihydro-2H-pyran-3-carbonsäure-methylester $C_9H_{14}O_3$, Formel VII (X = O-CH$_3$) + Spiegelbild.

Diese Konfiguration ist wahrscheinlich der nachstehend beschriebenen Verbindung auf Grund ihrer Bildungsweise zuzuordnen (vgl. *Cameron, Schütz*, Soc. [C] **1968** 1801).

B. Beim Behandeln von (±)-2r,6c(?)-Dimethyl-5,6-dihydro-2H-pyran-3-carbonsäure (aus konfigurativ nicht einheitlichem (±)-2r,6c-Dimethyl-5,6-dihydro-2H-pyran-3-carbaldehyd-[2,4-dinitro-phenylhydrazon] [$C_{14}H_{16}N_4O_5$; F: 167–168°] hergestellt) mit Diazomethan in Äther (*Bader*, Helv. **36** [1953] 215, 225).

Kp$_{14}$: 89–91° (*Ba.*). IR-Spektrum (CH$_2$Cl$_2$; 2–14 μ): *Ba.*, l. c. S. 222. UV-Spektrum (220–350 nm): *Ba.*, l. c. S. 217.

(±)-2r,6c-Dimethyl-5,6-dihydro-2H-pyran-3-carbonsäure-amid $C_8H_{13}NO_2$, Formel VII (X = NH$_2$) + Spiegelbild.

B. Aus (±)-2r,6c-Dimethyl-5,6-dihydro-2H-pyran-3-carbonsäure über das Säurechlorid (*Delépine, Badoche*, C. r. **213** [1941] 413, 415).

Krystalle (aus PAe.); F: 168° [im vorgeheizten Block] bzw. F: 163° [bei langsamem Erhitzen].

(±)-4,5-Dimethyl-3,6-dihydro-2H-pyran-2-carbonsäure $C_8H_{12}O_3$, Formel IX (X = OH).

B. Beim Erhitzen von 4,5-Dimethyl-3,6-dihydro-pyran-2,2-dicarbonsäure auf 150° (*Achmatowicz, Zamojski*, Croat. chem. Acta **29** [1957] 269, 273).

Krystalle (aus CCl$_4$ oder CS$_2$); F: 85–86°.

(±)-4,5-Dimethyl-3,6-dihydro-2H-pyran-2-carbonsäure-amid $C_8H_{13}NO_2$, Formel IX (X = NH$_2$).

B. Aus (±)-4,5-Dimethyl-3,6-dihydro-2H-pyran-2-carbonsäure (*Achmatowicz, Zamojski*, Croat. chem. Acta **29** [1957] 269, 274).

Krystalle (aus W.); F: 164° [unkorr.].

---

*Opt.-inakt. 4,6-Dimethyl-5,6-dihydro-4H-pyran-3-carbonsäure $C_8H_{12}O_3$, Formel X (R = H).

B. Bei 60-stdg. Behandeln von opt.-inakt. 4,6-Dimethyl-2-oxo-tetrahydro-pyran-3-carbaldehyd (E III/IV **17** 5862) mit konz. wss. Salzsäure (*Korte, Büchel*, B. **92** [1959] 877, 881).

Krystalle (aus W.); F: 92–93°. Absorptionsmaximum (Me.): 236 nm.

*Opt.-inakt. 4,6-Dimethyl-5,6-dihydro-4H-pyran-3-carbonsäure-methylester $C_9H_{14}O_3$, Formel X (R = CH$_3$).

B. Beim Erhitzen von opt.-inakt. 2-Methoxy-4,6-dimethyl-tetrahydro-pyran-3-carbonsäure-methylester (Kp$_2$: 56–57,5°) mit wenig Schwefelsäure auf 140° (*Korte, Machleidt*, B. **88** [1955] 136, 142).

Kp$_{12}$: 91–92°.

2,5,5-Trimethyl-4,5-dihydro-furan-3-carbonsäure $C_8H_{12}O_3$, Formel I (R = H).

B. Beim Behandeln von 2,5,5-Trimethyl-4,5-dihydro-furan-3-carbonsäure-methylester mit wss.-methanol. Kalilauge (*Korte et al.*, B. **92** [1959] 884, 893).

Krystalle (aus Bzl. + Bzn.); F: 121—122°. Absorptionsmaximum (Me.): 254 nm.

2,5,5-Trimethyl-4,5-dihydro-furan-3-carbonsäure-methylester $C_9H_{14}O_3$, Formel I (R = CH$_3$).

B. Beim Erwärmen von 3-Acetyl-5,5-dimethyl-dihydro-furan-2-on (E III/IV **17** 5865) mit Chlorwasserstoff enthaltendem Methanol und Erhitzen des Reaktionsprodukts mit wenig Polyphosphorsäure, zuletzt unter vermindertem Druck (*Korte et al.*, B. **92** [1959] 884, 893).

Kp$_{12}$: 81—82°. Absorptionsmaximum (Me.): 255 nm.

(±)-4,5-Epoxy-2,5-dimethyl-hex-2t-ensäure-methylester $C_9H_{14}O_3$, Formel II.

B. Bei 5-tägigem Behandeln von 2,5-Dimethyl-hexa-2t,4-diensäure-methylester mit Peroxybenzoesäure in Chloroform (*Inouye*, Bl. Inst. chem. Res. Kyoto **35** [1957] 49, 65; *Inouye et al.*, Bl. agric. chem. Soc. Japan **21** [1957] 222).

Kp$_6$: 91—92°; n$_D^{20}$: 1,4672 (*In.*; *In. et al.*).

---

*Opt.-inakt. **3-Methyl-3-[2-methyl-propenyl]-oxirancarbonsäure, 2,3-Epoxy-3,5-dimethyl-hex-4-ensäure** $C_8H_{12}O_3$, Formel III (R = H).

B. Beim Behandeln von Mesityloxid (4-Methyl-pent-3-en-2-on) mit Chloressigsäureäthylester und Natriummethylat in Äther und Behandeln des Reaktionsprodukts mit äthanol. Kalilauge (*Heilbron et al.*, Soc. **1942** 727, 732).

Krystalle (aus PAe. + CHCl$_3$); F: 72°. Absorptionsmaximum (A.): 234,5 nm (*He. et al.*, l. c. S. 730).

*Opt.-inakt. **3-Methyl-3-[2-methyl-propenyl]-oxirancarbonsäure-methylester, 2,3-Epoxy-3,5-dimethyl-hex-4-ensäure-methylester** $C_9H_{14}O_3$, Formel III (R = CH$_3$).

B. Aus opt.-inakt. 2,3-Epoxy-3,5-dimethyl-hex-4-ensäure mit Hilfe von Diazomethan (*Heilbron et al.*, Soc. **1942** 727, 732).

n$_D^{21}$: 1,4791.

I   II   III   IV

(±)-1-Oxa-spiro[2.5]octan-2-carbonsäure $C_8H_{12}O_3$, Formel IV (X = OH).

B. Beim Behandeln von (±)-1-Oxa-spiro[2.5]octan-2-carbonsäure-äthylester mit äthanol. Kalilauge (*Berlin, Šokolowa*, Ž. obšč. Chim. **24** [1954] 1874, 1882; engl. Ausg. S. 1839, 1845).

F: 61—62° (*Be., Šo.*). IR-Spektrum (3—15 μ): *Chiurdoglu et al.*, Bl. Soc. chim. Belg. **65** [1956] 664, 669. IR-Spektrum (KBr; 3—15 μ) des Natrium-Salzes: *Ch. et al.*

Wenig beständig (*Be., Šo.*). Beim Behandeln einer Suspension des Natrium-Salzes in Äther mit Chlorwasserstoff bzw. mit Bromwasserstoff ist Cyclohexancarbaldehyd bzw. [1-Brom-cyclohexyl]-hydroxy-essigsäure, beim Behandeln des Natrium-Salzes mit wss. Salzsäure bei Raumtemperatur sind Cyclohex-1-enyl-hydroxy-essigsäure und kleine Mengen Cyclohexancarbaldehyd, beim Erhitzen des Natrium-Salzes mit wss. Salzsäure ist [2-Hydroxy-cyclohexyliden]-essigsäure (F: 156—156,8°) erhalten worden (*Johnson et al.*, Am. Soc. **75** [1953] 4995, 5000).

Ammonium-Salz [NH$_4$]C$_8$H$_{11}$O$_3$. Krystalle (aus wss. A.); F: 253—254° [Zers.] (*Martynow et al.*, Ž. obšč. Chim. **26** [1956] 1405, 1411; engl. Ausg. S. 1585, 1589).

Kalium-Salz KC$_8$H$_{11}$O$_3$. Krystalle [aus A.] (*Be., Šo.*).

(±)-1-Oxa-spiro[2.5]octan-2-carbonsäure-äthylester $C_{10}H_{16}O_3$, Formel IV (X = O-C_2H_5) (H 270; dort als $\beta.\beta$-Pentamethylen-glycidsäure-äthylester bezeichnet).

B. Beim Behandeln von Cyclohexanon mit Chloressigsäure-äthylester unter Zusatz von Kalium-*tert*-butylat in *tert*-Butylalkohol (*Johnson et al.*, Am. Soc. **75** [1953] 4995, 4997; *Hunt et al.*, Org. Synth. Coll. Vol. IV [1963] 459), unter Zusatz von Natrium-*tert*-pentylat in *tert*-Pentylalkohol (*Bergmann et al.*, Am. Soc. **81** [1959] 2775, 2778) oder unter Zusatz einer Suspension von Natrium in Toluol (*Martynow*, Ž. obšč. Chim. **23** [1953] 2006; engl. Ausg. S. 2121; *Chiurdoglu et al.*, Bl. Soc. chim. Belg. **65** [1956] 664, 665). Beim Erwärmen der Natrium-Verbindung des Cyclohexanons mit Benzol und [Toluol-4-sulfonyloxy]-essigsäure-äthylester (*Newman*, *Magerlein*, Am. Soc. **69** [1947] 469). Beim Behandeln von (±)-Chlor-[1-hydroxy-cyclohexyl]-essigsäure-äthylester mit äthanol. Kalilauge (*Billimoria*, *Maclagan*, Soc. **1951** 3067, 3069).

Kp_{10}: 119,8°; D_4^{20}: 1,0553; n_D^{20}: 1,46026 (*Ch. et al.*, l. c. S. 670). $Kp_{4,5}$: 105°; n_D^{20}: 1,4570 (*House*, *Blaker*, Am. Soc. **80** [1958] 6389, 6391). ¹H-NMR-Absorption: *Ho.*, *Bl.* IR-Spektrum (3—15 μ): *Ch. et al.*, l. c. S. 667. Raman-Spektrum: *Ch. et al.*, l. c. S. 671.

(±)-1-Oxa-spiro[2.5]octan-2-carbonsäure-*tert*-butylester $C_{12}H_{20}O_3$, Formel IV (X = O-C(CH₃)₃).

B. Beim Behandeln von Cyclohexanon mit Chloressigsäure-*tert*-butylester und Kalium-*tert*-butylat in *tert*-Butylalkohol (*Johnson et al.*, Am. Soc. **75** [1953] 4995, 4998).

$Kp_{0,35}$: 81°. n_D^{25}: 1,4530.

(±)-1-Oxa-spiro[2.5]octan-2-carbonsäure-[4-brom-phenacylester] $C_{16}H_{17}BrO_4$, Formel IV (X = O-CH₂-CO-C₆H₄-Br).

B. Aus (±)-1-Oxa-spiro[2.5]octan-2-carbonsäure und 2-Brom-1-[4-brom-phenyl]-äthanon (*Johnson et al.*, Am. Soc. **75** [1953] 4995, 4999).

Krystalle (aus A.); F: 108,6—109,4° [korr.].

(±)-1-Oxa-spiro[2.5]octan-2-carbonsäure-amid, (±)-1-Oxa-spiro[2.5]octan-2-carbamid $C_8H_{13}NO_2$, Formel IV (X = NH₂).

B. Bei 3-tägigem Behandeln von (±)-1-Oxa-spiro[2.5]octan-2-carbonsäure-äthylester mit wss. Ammoniak (*Martynow et al.*, Ž. obšč. Chim. **26** [1956] 1405, 1411; engl. Ausg. S. 1585, 1589).

Krystalle (aus Bzl.); F: 137—138°.

(±)-1-Oxa-spiro[2.5]octan-2-carbonsäure-[*N*-methyl-anilid], (±)-*N*-Methyl-1-oxa-spiro[2.5]octan-2-carbanilid $C_{15}H_{19}NO_2$, Formel IV (X = N(CH₃)-C₆H₅).

B. Beim Behandeln von Cyclohexanon mit Chloressigsäure-[*N*-methyl-anilid] und Kalium-*tert*-butylat in *tert*-Butylalkohol (*Vasiliu*, *Gertler*, Anal. Univ. Bukarest Nr. 19 [1958] 65, 67; C. A. **1959** 19921).

F: 46° [nach Destillation bei 191°/12 Torr].

(±)-1-Oxa-spiro[2.5]octan-2-carbonsäure-[*N*-äthyl-anilid], (±)-*N*-Äthyl-1-oxa-spiro-[2.5]octan-2-carbanilid $C_{16}H_{21}NO_2$, Formel IV (X = N(C₂H₅)-C₆H₅).

B. Beim Behandeln von Cyclohexanon mit Chloressigsäure-[*N*-äthyl-anilid] und Kalium-*tert*-butylat in *tert*-Butylalkohol (*Vasiliu*, *Gertler*, Anal. Univ. Bukarest Nr. 19 [1958] 65, 67; C. A. **1959** 19921).

F: 63°.

(±)-1-Oxa-spiro[2.5]octan-2-carbonitril $C_8H_{11}NO$, Formel V.

B. Beim Behandeln von Cyclohexanon mit Chloracetonitril und Natriumäthylat in Äther (*Martynow*, *Schtschelkunow*, Ž. obšč. Chim. **27** [1957] 1188, 1190; engl. Ausg. S. 1271).

Kp_5: 84—84,5°; D_4^{20}: 1,0275; n_D^{20}: 1,4665 (*Ma.*, *Sch.*, Ž. obšč. Chim. **27** 1190). IR-Spektrum (4,3—14,3 μ): *Martynow*, *Schtschelkunow*, Ž. obšč. Chim. **28** [1958] 3248, 3250; engl. Ausg. S. 3275, 3276. Raman-Spektrum: *Ma.*, *Sch.*, Ž. obšč. Chim. **28** 3252.

(±)-2-Methyl-1-oxa-spiro[2.4]heptan-2-carbonsäure-äthylester $C_{10}H_{16}O_3$, Formel VI.

B. Beim Behandeln von Cyclopentanon mit (±)-2-Chlor-propionsäure-äthylester und

Natriumäthylat (*Yarnall, Wallis*, J. org. Chem. **4** [1939] 270, 278; *Chiurdoglu et al.*, Bl. Soc. chim. Belg. **65** [1956] 664, 666, 670).

Kp$_{25}$: 128° (*Ya., Wa.*). Kp$_{1,4}$: 76—77°; D$_4^{20}$: 1,0553; n$_D^{20}$: 1,4602 (*Ch. et al.*). IR-Spektrum (3—15 μ): *Ch. et al.*

---

*Opt.-inakt. **4,5-Epoxy-2-methyl-cyclohexancarbonsäure-vinylester** C$_{10}$H$_{14}$O$_3$, Formel VII (R = CH=CH$_2$).

B. Beim Behandeln von opt.-inakt. 6-Methyl-cyclohex-3-encarbonsäure-vinylester (Kp$_{2,5}$: 54°; n$_D^{30}$: 1,4627) mit Peroxyessigsäure in Aceton oder Äthylacetat (*Frostick et al.*, Am. Soc. **81** [1959] 3350, 3355).

Kp$_5$: 99—102°; n$_D^{30}$: 1,4691 (*Fr. et al.*, l. c. S. 3352).

V VI VII

*Opt.-inakt. **4,5-Epoxy-2-methyl-cyclohexancarbonsäure-allylester** C$_{11}$H$_{16}$O$_3$, Formel VII (R = CH$_2$-CH=CH$_2$).

B. Beim Erwärmen von opt.-inakt. 6-Methyl-cyclohex-3-encarbonsäure-allylester (Kp$_6$: 85°; n$_D^{30}$: 1,4632) mit Peroxyessigsäure in Aceton oder Äthylacetat (*Frostick et al.*, Am. Soc. **81** [1959] 3350, 3355).

Kp$_6$: 122°; n$_D^{30}$: 1,4671 (*Fr. et al.*, l. c. S. 3352).

*Opt.-inakt. **4,5-Epoxy-2-methyl-cyclohexancarbonsäure-[4,5-epoxy-2-methyl-cyclohexylmethylester]** C$_{16}$H$_{24}$O$_4$, Formel VIII.

B. Beim Erwärmen von opt.-inakt. 6-Methyl-cyclohex-3-encarbonsäure-[6-methylcyclohex-3-enylmethylester] (Kp$_3$: 133°; n$_D^{30}$: 1,4870) mit Peroxyessigsäure in Aceton (*Union Carbide Corp.*, U.S.P. 2890209 [1956]).

Kp$_{760}$: 335°; Kp$_3$: 185—186°. n$_D^{30}$: 1,4880.

8-Oxa-bicyclo[3.2.1]octan-3-carbonsäure C$_8$H$_{12}$O$_3$, Formel IX.

a) Stereoisomeres vom F: 135°.

B. Neben dem unter b) beschriebenen Isomeren und 8-Oxa-bicyclo[3.2.1]octan-3,3-dicarbonsäure beim Erhitzen von 8-Oxa-bicyclo[3.2.1]octan-3,3-dicarbonsäure-diäthylester mit wss. Natronlauge und Ansäuern der Reaktionslösung mit wss. Salzsäure (*Cope, Anderson*, Am. Soc. **78** [1956] 149, 151).

Krystalle (aus CCl$_4$); F: 133,5—135° [korr.].

b) Stereoisomeres vom F: 103°.

B. s. bei dem unter a) beschriebenen Isomeren.

Krystalle (aus Bzn.); F: 102,2—103,2° [korr.] (*Cope, Anderson*, Am. Soc. **78** [1956] 149, 151).

VIII IX X

8-Oxa-bicyclo[3.2.1]octan-3-carbonitril C$_8$H$_{11}$NO, Formel X.

a) Stereoisomeres vom F: 103°.

B. Neben kleinen Mengen des unter b) beschriebenen Isomeren beim Erhitzen der beiden opt.-inakt. 3-Cyan-8-oxa-bicyclo[3.2.1]octan-3-carbonsäuren (F: 214,5—216,6° bzw. F: 177,2—178,6°) mit Chinolin bis auf 200° (*Cope, Anderson*, Am. Soc. **78** [1956] 149, 152).

Krystalle (aus Bzn.); F: 102,8—103,6° [korr.].

b) **Stereoisomeres vom F: 88°.**

B. Neben kleinen Mengen des unter a) beschriebenen Isomeren beim Erhitzen der opt.-inakt. 3-Cyan-8-oxa-bicyclo[3.2.1]octan-3-carbonsäure vom F: 177,2—178° auf 220° (*Cope, Anderson,* Am. Soc. **78** [1956] 149, 152).

Krystalle; F: 87—88° [durch Sublimation unter vermindertem Druck gereinigtes Präparat].

Carbonsäuren $C_9H_{14}O_3$

2-Tetrahydropyran-4-yliden-buttersäure-äthylester $C_{11}H_{18}O_3$, Formel I.

B. Beim Erwärmen von (±)-2-[4-Hydroxy-tetrahydro-pyran-4-yl]-buttersäure-äthyl=
ester mit Acetanhydrid und wenig Schwefelsäure und Erhitzen des Reaktionsprodukts (*Prelog,* A. **545** [1940] 229, 237).

Kp_{10}: 124—125°.

I   II   III

3-Tetrahydropyran-4-yl-ξ-crotonsäure-äthylester $C_{11}H_{18}O_3$, Formel II.

B. Beim Erwärmen von 1-Tetrahydropyran-4-yl-äthanon mit Bromessigsäure-äthyl=
ester, Zink und Benzol und Erwärmen des nach der Hydrolyse (wss. Schwefelsäure) erhaltenen Reaktionsprodukts mit Kaliumhydrogensulfat (*Prelog,* A. **545** [1940] 229, 249).

Kp_{16}: 136°.

2-[3,6-Dihydro-2H-pyran-4-yl]-2-methyl-propionsäure-äthylester $C_{11}H_{18}O_3$, Formel III.

B. Beim Erhitzen von 2-[4-Hydroxy-tetrahydro-pyran-4-yl]-2-methyl-propionsäure-
äthylester ($Kp_{0,06}$: 100—110°; aus Tetrahydro-pyran-4-on und α-Brom-isobuttersäure-
äthylester mit Hilfe von Zink hergestellt) mit Acetanhydrid und wenig Schwefelsäure und Erhitzen des Reaktionsprodukts auf Siedetemperatur (*Prelog,* A. **545** [1940] 229, 241).

Kp_{12}: 124—126°.

(±)-6-Isopropyl-5,6-dihydro-4H-pyran-3-carbonsäure $C_9H_{14}O_3$, Formel IV (X = OH).

B. Beim Erwärmen von (±)-6-Isopropyl-5,6-dihydro-4H-pyran-3-carbonsäure-methyl=
ester mit wss.-methanol. Kalilauge (*Korte et al.,* B. **91** [1958] 759, 765). Bei 60-stdg. Behandeln von (±)-6-Isopropyl-2-oxo-tetrahydro-pyran-3-carbaldehyd mit konz. wss. Salzsäure (*Korte, Büchel,* B. **92** [1959] 877, 880).

Krystalle (aus wss. A.); F: 71—72° (*Ko. et al.*). Absorptionsmaximum (Me.): 238 nm (*Ko. et al.*).

(±)-6-Isopropyl-5,6-dihydro-4H-pyran-3-carbonsäure-methylester $C_{10}H_{16}O_3$, Formel IV (X = O-CH$_3$).

B. Beim 2-tägigen Behandeln von (±)-6-Isopropyl-2-oxo-tetrahydro-pyran-3-carb=
aldehyd mit Chlorwasserstoff enthaltendem Methanol und Erwärmen des Reaktionsprodukts mit wenig Polyphosphorsäure unter vermindertem Druck (*Korte et al.,* B. **91** [1958] 759, 765).

$Kp_{0,03}$: 57°. Absorptionsmaximum (Me.): 240 nm.

(±)-6-Isopropyl-5,6-dihydro-4H-pyran-3-carbonylchlorid $C_9H_{13}ClO_2$, Formel IV (X = Cl).

B. Beim Erwärmen von (±)-6-Isopropyl-5,6-dihydro-4H-pyran-3-carbonsäure mit Thionylchlorid (*Korte et al.,* B. **91** [1958] 759, 765).

$Kp_{0,4}$: 69°.

(±)-6-Isopropyl-5,6-dihydro-4H-pyran-3-carbonsäure-p-toluidid $C_{16}H_{21}NO_2$, Formel V.

B. Beim Behandeln von (±)-6-Isopropyl-5,6-dihydro-4H-pyran-3-carbonylchlorid mit

p-Toluidin in Äther (*Korte et al.*, B. **91** [1958] 759, 765).
Krystalle (aus Bzl. + Bzn.); F: 107°.

IV   V   VI

(±)-[3*r*,6*t*-Dimethyl-3,6-dihydro-2*H*-thiopyran-4-yl]-essigsäure $C_9H_{14}O_2S$, Formel VI + Spiegelbild.

B. Beim Erhitzen von (±)-Cyan-[(*Ξ*)-2*r*,5*t*-dimethyl-tetrahydro-thiopyran-4-yliden]-essigsäure (Stereoisomeren-Gemisch) unter vermindertem Druck auf 170°, Erhitzen des erhaltenen Gemisches von (±)-[3*r*,6*t*-Dimethyl-3,6-dihydro-2*H*-thiopyran-4-yl]-acetonitril und (±)-[2,5-Dimethyl-3,6-dihydro-2*H*-thiopyran-4-yl]-acetonitril mit Essigsäure und wss. Salzsäure und Erwärmen der in wss. Natriumcarbonat-Lösung unlöslichen Anteile des Reaktionsprodukts mit Kaliumhydroxid in Isoamylalkohol (*Nasarow, Kusnezowa*, Ž. obšč. Chim. **22** [1952] 835, 842; engl. Ausg. S. 897, 903).
Krystalle (aus Bzl.); F: 94—95°.

(±)-[3*r*,6*t*-Dimethyl-1,1-dioxo-3,6-dihydro-2*H*-1λ^6-thiopyran-4-yl]-essigsäure $C_9H_{14}O_4S$, Formel VII + Spiegelbild.

B. Aus (±)-[3*r*,6*t*-Dimethyl-3,6-dihydro-2*H*-thiopyran-4-yl]-essigsäure beim Behandeln einer Lösung in Essigsäure mit wss. Wasserstoffperoxid sowie beim Behandeln einer Lösung in Chloroform mit Ozon (*Nasarow, Kusnezowa*, Ž. obšč. Chim. **22** [1952] 835, 842; engl. Ausg. S. 897, 903).
Krystalle (aus W.); F: 185°.

(±)-[2,5-Dimethyl-3,6-dihydro-2*H*-thiopyran-4-yl]-essigsäure $C_9H_{14}O_2S$, Formel VIII.

B. In kleiner Menge neben anderen Verbindungen beim Erhitzen von opt.-inakt. [4*ξ*-Hydroxy-2*r*,5*t*-dimethyl-tetrahydro-thiopyran-4*ξ*-yl]-essigsäure-äthylester   (Kp$_4$: 134°; n$_D^{20}$: 1,4941) mit Kaliumhydrogensulfat unter 30 Torr auf 200° (*Nasarow, Kusnezowa*, Ž. obšč. Chim. **22** [1952] 835, 845; engl. Ausg. S. 897, 906).
Krystalle (aus W.); F: 88—89°.

VII   VIII   IX

(±)-[2,5-Dimethyl-1-oxo-3,6-dihydro-2*H*-1λ^4-thiopyran-4-yl]-essigsäure $C_9H_{14}O_3S$, Formel IX.

B. Neben kleineren Mengen [3*r*,6*t*-Dimethyl-1,1-dioxo-3,6-dihydro-2*H*-1λ^6-thiopyran-4-yl]-essigsäure (s. o.) beim Behandeln eines Gemisches von (±)-[3*r*,6*t*-Dimethyl-3,6-dihydro-2*H*-thiopyran-4-yl]-essigsäure und (±)-[2,5-Dimethyl-3,6-dihydro-2*H*-thiopyran-4-yl]-essigsäure mit Essigsäure und wss. Wasserstoffperoxid (*Nasarow, Kusnezowa*, Ž. obšč. Chim. **22** [1952] 835, 843; engl. Ausg. S. 897, 904).
Krystalle (aus A.); F: 255—256°.

(±)-[2,5-Dimethyl-1,1-dioxo-3,6-dihydro-2*H*-1λ^6-thiopyran-4-yl]-essigsäure $C_9H_{14}O_4S$, Formel X.

B. Beim Erhitzen einer Lösung von (±)-[2,5-Dimethyl-1-oxo-3,6-dihydro-2*H*-1λ^4-thio= pyran-4-yl]-essigsäure (s. o.) in Essigsäure mit wss. Wasserstoffperoxid (*Nasarow, Kusne-*

zowa, Ž. obšč. Chim. **22** [1952] 835, 843; engl. Ausg. S. 897, 904).

Krystalle (aus W.); F: 146—147°.

(±)-[(Ξ)-2r,5t-Dimethyl-tetrahydro-thiopyran-4-yliden]-essigsäure $C_9H_{14}O_2S$, Formel XI + Spiegelbild.

B. Neben [2,5-Dimethyl-3,6-dihydro-2*H*-thiopyran-4-yl]-essigsäure (S. 3901) beim Erhitzen von (±)-[4ξ-Hydroxy-2r,5t-dimethyl-tetrahydro-thiopyran-4ξ-yl]-essigsäure-äthyl≈ ester (Kp$_4$: 134°; n$_D^{20}$: 1,4941) mit Kaliumhydrogensulfat unter 30 Torr auf 200° und wiederholten Erwärmen des erhaltenen Ester-Gemisches mit äthanol. Kalilauge (*Nasarow, Kusnezowa*, Ž. obšč. Chim. **22** [1952] 835, 845; engl. Ausg. S. 897, 906, 907).

Krystalle (aus PAe.); F: 111—112°.

Anilid $C_{15}H_{19}NOS$. Krystalle (aus A.); F: 154° (*Na., Ku.*, l. c. S. 846).

X   XI   XII   XIII

(±)-[(Ξ)-2r,5t-Dimethyl-1,1-dioxo-tetrahydro-1λ⁶-thiopyran-4-yliden]-essigsäure $C_9H_{14}O_4S$, Formel XII + Spiegelbild.

B. Beim Behandeln einer Lösung von (±)-[(Ξ)-2r,5t-Dimethyl-tetrahydro-thiopyran-4-yliden]-essigsäure (s. o.) in Essigsäure mit wss. Wasserstoffperoxid (*Nasarow, Kusnezowa*, Ž. obšč. Chim. **22** [1952] 835, 846; engl. Ausg. S. 897, 907).

Krystalle (aus W.); F: 197—198°.

4,6,6-Trimethyl-5,6-dihydro-2*H*-thiopyran-3-carbonsäure-äthylester $C_{11}H_{18}O_2S$, Formel XIII.

B. Beim Behandeln von 3-[1,1-Dimethyl-3-oxo-butylmercapto]-propionsäure-äthylester mit Natriumäthylat in Benzol (*Földi*, Acta chim. hung. **5** [1955] 187, 201).

Krystalle (aus wss. Acn.); F: 87—89°.

(±)-4,6,6-Trimethyl-5,6-dihydro-4*H*-pyran-3-carbonsäure $C_9H_{14}O_3$, Formel I (X = OH).

B. Beim Erwärmen von (±)-4,6,6-Trimethyl-5,6-dihydro-4*H*-pyran-3-carbonsäuremethylester mit wss.-methanol. Kalilauge (*Korte, Machleidt*, B. **88** [1955] 1676, 1682). Bei 60-stdg. Behandeln von (±)-4,6,6-Trimethyl-2-oxo-tetrahydro-pyran-3-carbaldehyd mit konz. wss. Salzsäure (*Korte, Büchel*, B. **92** [1959] 877, 881).

Krystalle (aus W.); F: 96—97° (*Ko., Ma.*, l. c. S. 1682).

Beim Behandeln mit [2,4-Dinitro-phenyl]-hydrazin und wss. Perchlorsäure ist 4,6,6-Trimethyl-2-oxo-tetrahydro-pyran-3-carbaldehyd-[2,4-dinitro-phenylhydrazon] erhalten worden (*Korte, Machleidt*, B. **88** [1955] 1684, 1689).

(±)-4,6,6-Trimethyl-5,6-dihydro-4*H*-pyran-3-carbonsäure-methylester $C_{10}H_{16}O_3$, Formel I (X = O-CH$_3$).

B. Beim Erhitzen von opt.-inakt. 2-Methoxy-4,6,6-trimethyl-tetrahydro-pyran-3-carbonsäure-methylester (Kp$_{0,07}$: 41°) mit wenig Schwefelsäure auf 125° unter Durchleiten von Stickstoff (*Korte, Machleidt*, B. **88** [1955] 1676, 1682).

Kp$_{12}$: 104—105°. Absorptionsmaximum (Me.): 240 nm.

(±)-4,6,6-Trimethyl-5,6-dihydro-4*H*-pyran-3-carbonylchlorid $C_9H_{13}ClO_2$, Formel I (X = Cl).

B. Beim Erwärmen von (±)-4,6,6-Trimethyl-5,6-dihydro-4*H*-pyran-3-carbonsäure mit Thionylchlorid und Benzol (*Korte, Machleidt*, B. **88** [1955] 1676, 1683).

Kp$_{0,05}$: 58—59°.

I   II   III

(±)-4,6,6-Trimethyl-5,6-dihydro-4*H*-pyran-3-carbonsäure-*p*-toluidid C$_{16}$H$_{21}$NO$_2$, Formel II.

B. Beim Behandeln von (±)-4,6,6-Trimethyl-5,6-dihydro-4*H*-pyran-3-carbonylchlorid mit *p*-Toluidin in Äther (*Korte, Machleidt,* B. **88** [1955] 1676, 1683).

Krystalle (aus Bzn.); F: 155°.

(±)-5-[3-Nitro-2,5-dihydro-[2]thienyl]-valeriansäure-methylester C$_{10}$H$_{15}$NO$_4$S, Formel III.

B. Beim Behandeln von opt.-inakt. 5-[4-Hydroxy-3-nitro-tetrahydro-[2]thienyl]-valeriansäure-methylester (aus (±)-7-Nitro-6-[2-oxo-äthylmercapto]-heptansäure-methyl$=$ ester mit Hilfe von Natriummethylat in Methanol hergestellt) mit Acetylchlorid und Erwärmen des Reaktionsprodukts mit Kaliumhydrogencarbonat und Äther (*Grob, v. Spre$=$cher,* Helv. **35** [1952] 885, 897).

Krystalle (aus Ae.); F: 43—43,5°. Bei 70—80°/0,01 Torr destillierbar.

An der Luft nicht beständig.

(±)-2,4,4,5-Tetramethyl-4,5-dihydro-furan-3-carbonsäure C$_9$H$_{14}$O$_3$, Formel IV (R = H).

B. Bei der Hydrierung von 2,4,4-Trimethyl-5-methylen-4,5-dihydro-furan-3-carbon$=$säure an Palladium/Bariumsulfat in Äthanol (*Crombie, Mackenzie,* Soc. **1958** 4417, 4429).

Krystalle (aus PAe.); F: 95,5—96°. Absorptionsmaximum (A.): 254 nm.

(±)-2,4,4,5-Tetramethyl-4,5-dihydro-furan-3-carbonsäure-methylester C$_{10}$H$_{16}$O$_3$, Formel IV (R = CH$_3$).

B. Bei der Hydrierung von 2,4,4-Trimethyl-5-methylen-4,5-dihydro-furan-3-carbon$=$säure-methylester an Palladium/Bariumsulfat in Äthanol (*Crombie, Mackenzie,* Soc. **1958** 4417, 4429).

Kp$_{10}$: 86°. n$_D^{20}$: 1,4680. ^{1}H-NMR-Absorption sowie ^{1}H-^{1}H-Spin-Spin-Kopplungskonstan$=$ten: *Cr., Ma.* Absorptionsmaxima: 256 nm [A.] bzw. 257 nm [CHCl$_3$].

---

*Opt.-inakt. 3-Cyclohexyl-oxirancarbonsäure-amid, 3-Cyclohexyl-2,3-epoxy-propionsäure-amid C$_9$H$_{15}$NO$_2$, Formel V.

B. Aus Cyclohexancarbaldehyd mit Hilfe von Chloressigsäure-amid und Natrium$=$äthylat (*Fourneau et al.,* J. Pharm. Chim. [8] **19** [1934] 49, 50, 52).

F: 139°.

(±)-2-Methyl-1-oxa-spiro[2.5]octan-2-carbonsäure-methylester C$_{10}$H$_{16}$O$_3$, Formel VI (R = CH$_3$).

B. Beim Behandeln von Cyclohexanon mit (±)-2-Chlor-propionsäure-methylester und Natriummethylat in Äther unter Stickstoff (*Newman et al.,* Am. Soc. **68** [1946] 2112; *M. S. Newman, B. J. Magerlein,* Organic Reactions, Bd. 5 [New York 1949] S. 413, 427).

Kp$_{8,5}$: 116—118° (*Ne., Ma.*). Kp$_6$: 104—106°; n$_D^{20}$: 1,4615 (*Ne. et al.*).

IV   V   VI   VII

(±)-2-Methyl-1-oxa-spiro[2.5]octan-2-carbonsäure-äthylester $C_{11}H_{18}O_3$, Formel VI
(R = C_2H_5) (H 271; dort als α-Methyl-β.β-pentamethylen-glycidsäure-äthylester
bezeichnet).

B. Beim Behandeln von Cyclohexanon mit (±)-2-Chlor-propionsäure-äthylester und
Natriumäthylat, anfangs bei $-80°$ (*Yarnall, Wallis*, J. org. Chem. **4** [1939] 270, 277; vgl.
H 271), mit (±)-2-Chlor-propionsäure-äthylester und Kalium-*tert*-butylat in *tert*-Butyl=
alkohol (*Johnson et al.*, Am. Soc. **75** [1953] 4995, 4998) oder mit (±)-2-Brom-propionsäure-
äthylester und Natriumäthylat in Xylol (*Morris, Lusth*, Am. Soc. **76** [1954] 1237, 1238,
1239).

Kp_{19}: $126-128°$ (*Ya., Wa.*). Kp_4: $91°$; D_4^0: 1,0540; D_4^{20}: 1,0362; n_D^{20}: 1,4589 (*Mo., Lu.*).
$Kp_{0,1}$: $86°$; D_4^{20}: 1,0350; n_D^{20}: 1,4590 (*Chiurdoglu et al.*, Bl. Soc. chim. Belg. **65** [1956] 664,
670). IR-Spektrum $(3-15\,\mu)$: *Ch. et al.*, l. c. S. 667. Raman-Spektrum: *Ch. et al.*, l. c.
S. 671.

Beim Behandeln mit äthanol. Natronlauge und Ansäuern einer wss. Lösung des gebildeten Natrium-Salzes mit wss. Salzsäure sind 2-Cyclohex-1-enyl-2-hydroxy-propionsäure,
1-Cyclohexyl-äthanon und eine Verbindung $C_9H_{16}O_4$ (Krystalle [aus Bzl.], F: $125-126°$
[korr.]; vielleicht 2-Hydroxy-2-[1-hydroxy-cyclohexyl]-propionsäure) erhalten
worden (*Jo. et al.*, l. c. S. 5001).

(±)-2-Methyl-1-oxa-spiro[2.5]octan-2-carbonsäure-propylester $C_{12}H_{20}O_3$, Formel VI
(R = CH_2-CH_2-CH_3).

B. Beim Erwärmen von (±)-2-Methyl-1-oxa-spiro[2.5]octan-2-carbonsäure-methylester
mit Propan-1-ol und wenig Toluol-4-sulfonsäure (*Newman et al.*, Am. Soc. **68** [1946] 2112).

$Kp_{0,5}$: $109-113°$. n_D^{20}: 1,4757.

(±)-2-Methyl-1-oxa-spiro[2.5]octan-2-carbonsäure-*tert*-butylester $C_{13}H_{22}O_3$, Formel VI
(R = $C(CH_3)_3$).

B. Beim Behandeln von Cyclohexanon mit (±)-2-Chlor-propionsäure-*tert*-butylester
und Kalium-*tert*-butylat in *tert*-Butylalkohol (*Johnson et al.*, Am. Soc. **75** [1953] 4995,
4998).

Kp_{13}: $127-128°$. n_D^{25}: 1,4508.

---

*Opt.-inakt. 4-Methyl-1-oxa-spiro[2.5]octan-2-carbonsäure-äthylester $C_{11}H_{18}O_3$,
Formel VII (R = C_2H_5) (vgl. H 271; dort als β.β-[α-Methyl-pentamethylen]-glycidsäure-
äthylester bezeichnet).

B. Beim Behandeln von (±)-2-Methyl-cyclohexanon mit Chloressigsäure-äthylester und
Natrium in Toluol (*Chiurdoglu et al.*, Bl. Soc. chim. Belg. **65** [1956] 664, 665). Beim
Behandeln von opt.-inakt. Chlor-[1-hydroxy-2-methyl-cyclohexyl]-essigsäure-äthylester
($Kp_{0,003}$: $78°$; n_D^{20}: 1,4702) mit Natriumäthylat in Äthanol (*Billimoria*, Soc. **1953** 2626,
2631).

Kp_{44}: $157°$; D_4^{20}: 1,0386; n_D^{20}: 1,4627 (*Ch. et al.*, l. c. S. 670). Kp_{10}: $130°$; n_D^{21}: 1,4620 (*Bi.*).
IR-Spektrum $(3-15\,\mu)$: *Ch. et al.*, l. c. S. 668.

5-Methyl-1-oxa-spiro[2.5]octan-2-carbonsäure-äthylester $C_{11}H_{18}O_3$.

a) **(2Ξ,3Ξ,5R)-5-Methyl-1-oxa-spiro[2.5]octan-2-carbonsäure-äthylester** $C_{11}H_{18}O_3$,
Formel VIII (R = C_2H_5).

Ein Präparat (Kp_{15}: $135°$; D^{25}: 1,027; n_D^{25}: 1,4543; $[\alpha]_{546}$: $-32,1°$ [unverd. (?)]) von ungewisser Einheitlichkeit ist beim Erwärmen einer Lösung von (R)-3-Methyl-cyclohexanon
in Äther mit Natriumamid und anschliessend mit Bromessigsäure-äthylester erhalten
worden (*Mousseron et al.*, Bl. **1947** 605, 611).

b) ***Opt.-inakt. 5-Methyl-1-oxa-spiro[2.5]octan-2-carbonsäure-äthylester** $C_{11}H_{18}O_3$,
Formel VIII (R = C_2H_5) + Spiegelbild (vgl. H 271; dort als β.β-[β-Methyl-penta=
methylen]-glycidsäure-äthylester bezeichnet).

B. Beim Behandeln von (±)-3-Methyl-cyclohexanon mit Chloressigsäure-äthylester und
Natrium in Toluol (*Chiurdoglu et al.*, Bl. Soc. chim. Belg. **65** [1956] 664, 665).

Kp_{44}: $155°$; D_4^{20}: 1,0330; n_D^{20}: 1,4600 (*Ch. et al.*, l. c. S. 670). IR-Spektrum $(3-15\,\mu)$:
Ch. et al., l. c. S. 668.

VIII   IX   X   XI

*(±)-6-Methyl-1-oxa-spiro[2.5]octan-2-carbonsäure-äthylester $C_{11}H_{18}O_3$, Formel IX
(R = C_2H_5) (vgl. H 271; dort als β.β-[γ-Methyl-pentamethylen]-glycidsäure-äthylester
bezeichnet).

B. Beim Behandeln von 4-Methyl-cyclohexanon mit Chloressigsäure-äthylester und
Natrium in Toluol (*Chiurdoglu et al.*, Bl. Soc. chim. Belg. **65** [1956] 664, 665).

Kp_{44}: 154°; D_4^{20}: 1,030; n_D^{20}: 1,4580 (*Ch. et al.*, l. c. S. 670). IR-Spektrum (3—15 μ):
Ch. et al., l. c. S. 668.

(±)-3t,4t-Epoxy-2c,3c-dimethyl-cyclohexan-r-carbonsäure $C_9H_{14}O_3$, Formel X + Spiegelbild.

B. Neben 3c,4t-Dihydroxy-2c,3t-dimethyl-cyclohexan-r-carbonsäure-3-lacton beim Be-
handeln von (±)-2c,3-Dimethyl-cyclohex-3-en-r-carbonsäure mit Peroxyessigsäure in
Chloroform (*Kutscherow et al.*, Izv. Akad. S.S.S.R. Otd. chim. **1959** 682, 688; engl. Ausg.
S. 652, 657).

Krystalle (aus Ae.); F: 127—128°.

9-Oxa-bicyclo[3.3.1]nonan-3-carbonsäure $C_9H_{14}O_3$, Formel XI.

a) Stereoisomeres vom F: 137°.

B. Neben kleinen Mengen des unter b) beschriebenen Isomeren beim Erhitzen von
9-Oxa-bicyclo[3.3.1]nonan-3,3-dicarbonsäure auf 200° (*Cope, Fournier*, Am. Soc. **79** [1957]
3896, 3898).

Krystalle (aus CCl_4); F: 137,2—137,8° [korr.].

b) Stereoisomeres vom F: 90°.

B. s. bei dem unter a) beschriebenen Isomeren.

Krystalle (aus Hexan); F: 90—90,6° (*Cope, Fournier*, Am. Soc. **79** [1957] 3896, 3898).

Carbonsäuren $C_{10}H_{16}O_3$

3-Tetrahydropyran-4-yl-pent-2ξ-ensäure-äthylester $C_{12}H_{20}O_3$, Formel I.

B. Beim Erwärmen von 4-Propionyl-tetrahydro-pyran mit Bromessigsäure-äthylester,
Zink und Benzol und Erwärmen des nach der Hydrolyse (wss. Schwefelsäure) erhaltenen
Reaktionsprodukts mit Kaliumhydrogensulfat (*Prelog*, A. **545** [1940] 229, 251).

$Kp_{0,2}$: 92—95°.

(±)-[6-Isopropyl-5,6-dihydro-4H-pyran-3-yl]-essigsäure-methylester $C_{11}H_{18}O_3$, Formel II.

B. Beim Erwärmen von opt.-inakt. [6-Isopropyl-2-methoxy-tetrahydro-pyran-3-yl]-
essigsäure-methylester ($Kp_{0,1}$: 64—66°) mit wenig Polyphosphorsäure unter Durchleiten
von Stickstoff (*Korte et al.*, B. **91** [1958] 759, 767).

$Kp_{0,1}$: 68—70°. Absorptionsmaximum (Me.): 208 nm.

(±)-2,4,6,6-Tetramethyl-5,6-dihydro-4H-pyran-3-carbonsäure $C_{10}H_{16}O_3$, Formel III
(X = OH).

B. Bei mehrtägigem Erwärmen von (±)-2,4,6,6-Tetramethyl-5,6-dihydro-4H-pyran-
3-carbonsäure-methylester mit wss.-äthanol. Kalilauge (*Korte, Machleidt*, B. **90** [1957]
2137, 2147). Beim Behandeln von (±)-3-Acetyl-4,6,6-trimethyl-tetrahydro-pyran-2-on
mit wss. Salzsäure (*Korte, Büchel*, B. **92** [1959] 877, 881).

Krystalle (aus Bzn.); F: 109—110° [oberhalb 100° sublimierend] (*Ko., Ma.*).

I   II   III

(±)-2,4,6,6-Tetramethyl-5,6-dihydro-4*H*-pyran-3-carbonsäure-methylester $C_{11}H_{18}O_3$, Formel III (X = O-CH$_3$).

B. Beim mehrtägigen Behandeln von (±)-3-Acetyl-4,6,6-trimethyl-tetrahydro-pyran-2-on mit Chlorwasserstoff enthaltendem Methanol und Erwärmen des Reaktionsprodukts mit wenig Schwefelsäure unter vermindertem Druck (*Korte, Machleidt*, B. **90** [1957] 2137, 2146).

Kp$_{12}$: 97°. n$_D^{21}$: 1,4703. Absorptionsmaximum (Me.): 248 nm.

(±)-2,4,6,6-Tetramethyl-5,6-dihydro-4*H*-pyran-3-carbonylchlorid $C_{10}H_{15}ClO_2$, Formel III (X = Cl).

B. Beim Erwärmen von (±)-2,4,6,6-Tetramethyl-5,6-dihydro-4*H*-pyran-3-carbonsäure mit Thionylchlorid und Benzin (*Korte, Machleidt*, B. **90** [1957] 2137, 2147).

Kp$_{0,05}$: 50—51°.

(±)-2,4,6,6-Tetramethyl-5,6-dihydro-4*H*-pyran-3-carbonsäure-*p*-toluidid $C_{17}H_{23}NO_2$, Formel IV.

B. Beim Behandeln von (±)-2,4,6,6-Tetramethyl-5,6-dihydro-4*H*-pyran-3-carbonyl⸗chlorid mit *p*-Toluidin in Äther (*Korte, Machleidt*, B. **90** [1957] 2137, 2147).

Krystalle (aus Cyclohexan); F: 161—162° [oberhalb 120° sublimierend].

IV   V   VI

[2,2,5,5-Tetramethyl-2,5-dihydro-[3]furyl]-essigsäure $C_{10}H_{16}O_3$, Formel V.

Diese Konstitution ist für die nachstehend beschriebene Verbindung in Betracht gezogen worden (*Tamate*, J. chem. Soc. Japan Pure Chem. Sect. **78** [1957] 1297; C. A. **1960** 476).

B. Neben anderen Verbindungen beim Hydrieren von Cyan-[2,2,5,5-tetramethyl-dihydro-[3]furyliden]-essigsäure-äthylester (F: 50—51°) an Palladium/Calciumcarbonat in Äthanol, Erwärmen des Hydrierungsprodukts (Kp$_2$: 114—115°) mit wss. Kalilauge und Erhitzen des danach isolierten Reaktionsprodukts auf 160° (*Ta.*, l. c. S. 1299).

Krystalle; F: 121—122°. IR-Spektrum (Nujol; 3—15 μ): *Ta.*

[(Ξ)-2,2,5,5-Tetramethyl-dihydro-[3]furyliden]-essigsäure $C_{10}H_{16}O_3$, Formel VI.

B. Beim Erhitzen von Cyan-[2,2,5,5-tetramethyl-dihydro-[3]furyliden]-essigsäure-äthylester (F: 50—51°) mit wss. Kalilauge (*Tamate*, J. chem. Soc. Japan Pure Chem. Sect. **78** [1957] 1297; C. A. **1960** 476).

Krystalle (aus W.); F: 176—178°.

*Opt.-inakt. 3-Methyl-3-[4-methyl-pent-3-enyl]-oxirancarbonsäure-äthylester, 2,3-Epoxy-3,7-dimethyl-oct-6-ensäure-äthylester $C_{12}H_{20}O_3$, Formel VII (vgl. E II 265; dort als β-Methyl-β-[δ-methyl-γ-pentenyl]-glycidsäure-äthylester bezeichnet).

B. Beim Behandeln von 6-Methyl-hept-5-en-2-on mit Chloressigsäure-äthylester und Natriummethylat (*Hoffmann-La Roche*, U.S.P. 2840583 [1952]; vgl. E II 265).

Kp$_1$: 84°. n$_D^{25}$: 1,4530.

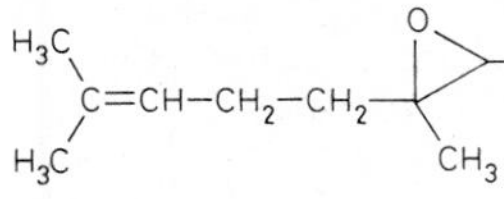

VII 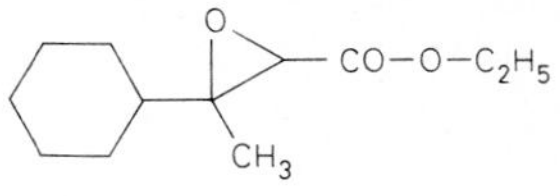   VIII 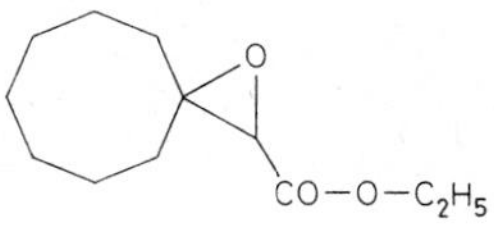   IX

***Opt.-inakt. 3-Cyclohexyl-3-methyl-oxirancarbonsäure-äthylester, 3-Cyclohexyl-2,3-ep=
oxy-buttersäure-äthylester** $C_{12}H_{20}O_3$, Formel VIII.

B. Beim Behandeln von 1-Cyclohexyl-äthanon mit Chloressigsäure-äthylester und
Natriumäthylat, anfangs bei $-80°$ (*Blout, Elderfield*, J. org. Chem. **8** [1943] 29, 33).
$Kp_{0,3}$: 86—90°. n_D^{25}: 1,4588.

(±)-1-Oxa-spiro[2.7]decan-2-carbonsäure-äthylester $C_{12}H_{20}O_3$, Formel IX.

B. Beim Behandeln von Cyclooctanon mit Chloressigsäure-äthylester und Natrium=
äthylat (*Ruzicka, Boekenoogen*, Helv. **14** [1931] 1319, 1328).
$Kp_{2,5}$: 125°. D_4^{20}: 1,051. n_D^{20}: 1,4743.

(±)-2-Äthyl-1-oxa-spiro[2.5]octan-2-carbonsäure-äthylester $C_{12}H_{20}O_3$, Formel X.

B. Beim Behandeln von Cyclohexanon mit (±)-2-Brom-buttersäure-äthylester und
Natriumäthylat in Xylol unter Stickstoff (*Morris, Lusth*, Am. Soc. **76** [1954] 1237, 1239).
$Kp_{3,5}$: 99—100°. D_4^{20}: 1,0177. n_D^{20}: 1,4612.

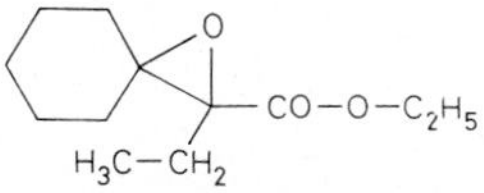

X 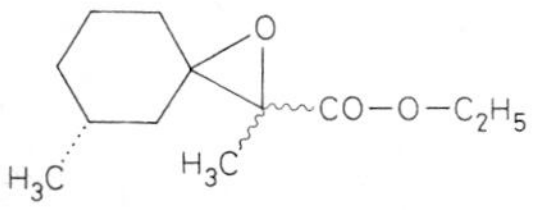   XI 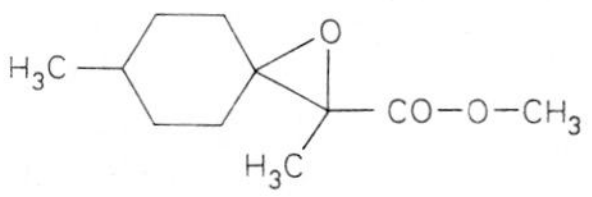   XII

**(2Ξ,3Ξ,5R)-2,5-Dimethyl-1-oxa-spiro[2.5]octan-2-carbonsäure-äthylester, (1R,3Ξ,8Ξ)-
3,8-Epoxy-*m*-menthan-9-säure-äthylester** $C_{12}H_{20}O_3$, Formel XI.

Ein Präparat (Kp_{15}: 145°; D^{25}: 1,007; n_D^{25}: 1,4542; $[α]_{546}$: $-9,9°$ [unverd.(?)]) von
ungewisser Einheitlichkeit ist beim Erwärmen von (R)-3-Methyl-cyclohexanon mit
Natriumamid in Äther und anschliessend mit (±)-2-Brom-propionsäure-äthylester erhalten
worden (*Mousseron, Granger*, C. r. **218** [1944] 358; *Mousseron et al.*, Bl. **1947** 605, 611).

***(±)-2,6-Dimethyl-1-oxa-spiro[2.5]octan-2-carbonsäure-methylester, (±)-4,8-Epoxy-
p-menthan-9-säure-methylester** $C_{11}H_{18}O_3$, Formel XII.

B. Beim Behandeln von 4-Methyl-cyclohexanon mit (±)-2-Chlor-propionsäure-methyl=
ester und Natriummethylat in Äther (*Newman et al.*, Am. Soc. **68** [1946] 2112).
Kp_4: 101—105°. n_D^{20}: 1,4594.

(±)(3ξ)-5r,7c-Dimethyl-1-oxa-spiro[2.5]octan-2-carbonsäure-methylester $C_{11}H_{18}O_3$,
Formel XIII + Spiegelbild.

B. Beim Behandeln von *cis*-3,5-Dimethyl-cyclohexanon (E III **7** 95) mit Chloressig=
säure-methylester und Natriummethylat (*Horning et al.*, Am. Soc. **71** [1949] 1771).
Kp_{16}: 130—131°.

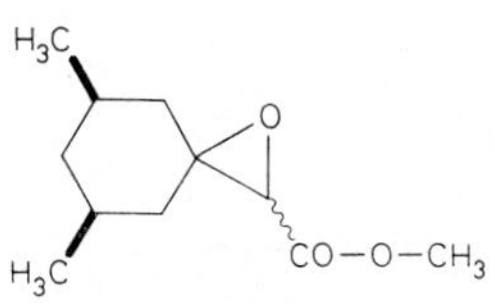

XIII 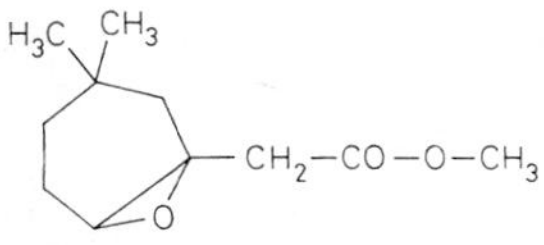   XIV 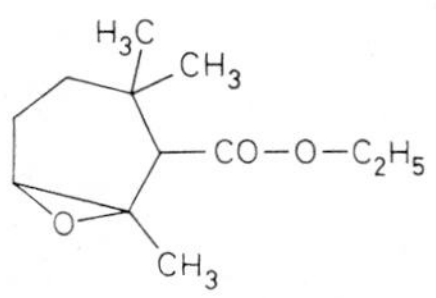   XV

(±)-[1,2-Epoxy-5,5-dimethyl-cyclohexyl]-essigsäure-methylester $C_{11}H_{18}O_3$, Formel XIV.

B. Beim Behandeln von [5,5-Dimethyl-cyclohex-1-enyl]-essigsäure-methylester mit Monoperoxyphthalsäure in Äther (*Vodoz, Schinz,* Helv. **33** [1950] 1040, 1048).

Kp_{11}: 109°. D_4^{16}: 1,0257. n_D^{16}: 1,4557.

---

*Opt.-inakt. 2,3-Epoxy-2,6,6-trimethyl-cyclohexancarbonsäure-äthylester $C_{12}H_{20}O_3$, Formel XV.

B. Beim Behandeln von (±)-2,6,6-Trimethyl-cyclohex-2-encarbonsäure-äthylester mit Monoperoxyphthalsäure in Äther (*Vodoz, Schinz,* Helv. **33** [1950] 1040, 1047).

Kp_{12}: 112—113°. $D_4^{13,5}$: 1,0128. $n_D^{13,5}$: 1,4585.

Carbonsäuren $C_{11}H_{18}O_3$

*Opt.-inakt. 3-[3,4-Dimethyl-pent-3-enyl]-3-methyl-oxirancarbonsäure-äthylester,
2,3-Epoxy-3,6,7-trimethyl-oct-6-ensäure-äthylester $C_{13}H_{22}O_3$, Formel I ($R = C_2H_5$).

B. Beim Behandeln von 5,6-Dimethyl-hept-5-en-2-on mit Chloressigsäure-äthylester und Natriummethylat in Toluol (*Hoffmann-La Roche,* U.S.P. 2840853 [1952]).

Kp_{13}: 97°. n_D^{25}: 1,458.

I   II   III

(±)-2-Propyl-1-oxa-spiro[2.5]octan-2-carbonsäure-äthylester $C_{13}H_{22}O_3$, Formel II
($R = C_2H_5$).

B. Beim Behandeln von Cyclohexanon mit (±)-2-Brom-valeriansäure-äthylester und Natriumäthylat in Xylol (*Morris, Lusth,* Am. Soc. **76** [1954] 1237, 1238).

Kp_4: 110°; D_4^{20}: 1,0060; n_D^{20}: 1,4610 (*Mo., Lu.,* l. c. S. 1239). IR-Spektrum (CHCl$_3$ und CCl$_4$; 2,5—12,5 μ): *Morris, Young,* Am. Soc. **79** [1957] 3408, 3410.

(2Ξ,3Ξ,5R)-2-Äthyl-5-methyl-1-oxa-spiro[2.5]octan-2-carbonsäure-äthylester $C_{13}H_{22}O_3$,
Formel III ($R = C_2H_5$).

Ein Präparat (Kp_{15}: 151—152°; D^{25}: 1,004; n_D^{25}: 1,4585; $[\alpha]_{546}$: −10,3° [unverd. (?)]) von ungewisser Einheitlichkeit ist beim Erwärmen von (R)-3-Methyl-cyclohexanon mit Natriumamid in Äther und anschliessend mit (±)-2-Brom-buttersäure-äthylester erhalten worden (*Mousseron et al.,* Bl. **1947** 605, 611).

---

*Opt.-inakt. 5,5,7-Trimethyl-1-oxa-spiro[2.5]octan-2-carbonsäure-äthylester $C_{13}H_{22}O_3$,
Formel IV.

B. Beim Behandeln von (±)-3,3,5-Trimethyl-cyclohexanon mit Chloressigsäure-äthyl$=$ ester und Natriumäthylat in Äthanol (*Barbier,* Helv. **23** [1940] 519, 520).

Kp_4: 105°.

---

*Opt.-inakt. [2,3-Epoxy-2,6,6-trimethyl-cyclohexyl]-essigsäure $C_{11}H_{18}O_3$, Formel V
($R = H$).

B. Beim Behandeln von (±)-[2,6,6-Trimethyl-cyclohex-2-enyl]-essigsäure mit Mono$=$ peroxyphthalsäure in Äther (*Stoll et al.,* Helv. **33** [1950] 1510, 1513).

Krystalle (aus PAe.); F: 97,5—98,5°.

---

*Opt.-inakt. [2,3-Epoxy-2,6,6-trimethyl-cyclohexyl]-essigsäure-methylester $C_{12}H_{20}O_3$,
Formel V ($R = CH_3$).

B. Beim Behandeln von (±)-[2,6,6-Trimethyl-cyclohex-2-enyl]-essigsäure-methylester mit Monoperoxyphthalsäure in Äther (*Stoll et al.*, Helv. **33** [1950] 1510, 1513).

Kp$_{13}$: 128,5—130°.

IV   V   VI

*Opt.-inakt. **1,3,3-Trimethyl-2-oxa-bicyclo[2.2.2]octan-6-carbonsäure-amid** C$_{11}$H$_{19}$NO$_2$, Formel VI (X = H).

B. In kleiner Menge neben 5-Isopropyl-2-methyl-cyclohexancarbonsäure-amid (F: 183° [E III **9** 108]) beim Erwärmen von opt.-inakt. 6-Hydroxy-1,3,3-trimethyl-2-oxa-bicyclo[2.2.2]octan-6-carbonsäure-amid (F: 208—209°) mit Äthanol und Natrium (*Gandini*, G. **69** [1939] 177, 187).

F: 160—162°.

*Opt.-inakt. **6-Chlor-1,3,3-trimethyl-2-oxa-bicyclo[2.2.2]octan-6-carbonsäure-amid** C$_{11}$H$_{18}$ClNO$_2$, Formel VI (X = Cl).

B. Beim Behandeln von (±)-1,8-Epoxy-*p*-menthan-2-on-nitroimin („Pernitrosoketo-cineol"; bezüglich der Konstitution dieser Verbindung vgl. *Freeman*, J. org. Chem. **26** [1961] 4190) mit Kaliumcyanid in Wasser und Behandeln einer Suspension des Reaktionsprodukts in Äther mit Chlorwasserstoff (*Gandini*, G. **69** [1939] 177, 188).

Krystalle; F: 139°.

Carbonsäuren C$_{12}$H$_{20}$O$_3$

*Opt.-inakt. **3-[2,6-Dimethyl-hept-5-enyl]-oxirancarbonsäure-äthylester, 2,3-Epoxy-5,9-dimethyl-dec-8-ensäure-äthylester** C$_{14}$H$_{24}$O$_3$, Formel VII.

B. Beim Behandeln von opt.-inakt. 2-Chlor-3-hydroxy-5,9-dimethyl-dec-8-ensäure-äthylester (Kp$_{0,08}$: 94—97°; n$_D^{20}$: 1,4731) mit Natriumäthylat in Äthanol (*Cornforth et al.*, Biochem. J. **65** [1957] 94, 98).

Kp$_{0,06}$: 89—91° [Rohprodukt].

VII   VIII   IX

(±)-2-Butyl-1-oxa-spiro[2.5]octan-2-carbonsäure-äthylester C$_{14}$H$_{24}$O$_3$, Formel VIII (R = C$_2$H$_5$).

B. Beim Behandeln von Cyclohexanon mit (±)-2-Brom-hexansäure-äthylester und Natriumäthylat in Äther (*Nelson, Morris*, Am. Soc. **75** [1953] 3337).

Kp$_{18}$: 160°; Kp$_2$: 126°. D$_4^{20}$: 0,9907; D$_4^{25}$: 0,9862; D$_4^{30}$: 0,9825; D$_4^{35}$: 0,9787; D$_4^{40}$: 0,9747. n$_D^{20}$: 1,4606.

*Opt.-inakt. **3-[2,3-Epoxy-2,6,6-trimethyl-cyclohexyl]-propionsäure-methylester** C$_{13}$H$_{22}$O$_3$, Formel IX.

B. Beim Behandeln von (±)-3-[2,6,6-Trimethyl-cyclohex-2-enyl]-propionsäure-methylester mit Monoperoxyphthalsäure in Äther (*de Tribolet, Schinz*, Helv. **37** [1954] 2184, 2193).

Kp$_{0,08}$: 77°. D$_4^{20}$: 1,0231. n$_D^{20}$: 1,4661.

Carbonsäuren $C_{13}H_{22}O_3$

(2Ξ,3Ξ)-3-[(R)-2,6-Dimethyl-hept-5-enyl]-2-methyl-oxirancarbonsäure-äthylester,
(2Ξ,3Ξ,5R)-2,3-Epoxy-2,5,9-trimethyl-dec-8-ensäure-äthylester $C_{15}H_{26}O_3$, Formel X.

B. Beim Behandeln von (*R*)-Citronellal (E IV **1** 3515) mit (±)-2-Chlor-propionsäure-
äthylester und Natriumäthylat in Äthanol (*Barbier*, Helv. **17** [1934] 1026, 1029).
Kp₂: 123°.

X   XI   XII

*Opt.-inakt. 2-Cyclohexyl-3-tetrahydro[2]furyl-propionsäure $C_{13}H_{22}O_3$, Formel XI
(R = H).

B. Neben 3-Cyclohexyl-5-propyl-dihydro-furan-2-on (Kp₃: 130—132°; n_D^{25}: 1,4795)
beim Erwärmen von 2-Cyclohex-1-enyl-3*t*(?)-[2]furyl-acrylsäure (F: 151,5—152° [S. 4282])
mit Nickel-Aluminium-Legierung und wss. Natronlauge (*Papa et al.*, J. org. Chem. **16**
[1951] 253, 258).
Kp₂: 174°. n_D^{25}: 1,4950.

*Opt.-inakt. 2-Cyclohexyl-3-tetrahydro[2]furyl-propionsäure-äthylester $C_{15}H_{26}O_3$,
Formel XI (R = C_2H_5).

B. Aus opt.-inakt. 2-Cyclohexyl-3-tetrahydro[2]furyl-propionsäure [s. o.] (*Papa et al.*,
J. org. Chem. **16** [1951] 253, 258).
Kp₂: 125°. n_D^{20}: 1,4792.

(±)-2-Pentyl-1-oxa-spiro[2.5]octan-2-carbonsäure-äthylester $C_{15}H_{26}O_3$, Formel XII
(n = 3).

B. Beim Behandeln von Cyclohexanon mit (±)-2-Brom-heptansäure-äthylester und
Natriumäthylat in Xylol (*Morris*, *Lusth*, Am. Soc. **76** [1954] 1237, 1239, 1240).
Kp₄: 140°. D_4^{20}: 0,9838; D_4^{30}: 0,9760. n_D^{20}: 1,4601.

Carbonsäuren $C_{14}H_{24}O_3$

(±)-6-[1-Äthyl-1-methyl-propyl]-2,2-dimethyl-3,4-dihydro-2H-pyran-3-carbonsäure-
methylester $C_{15}H_{26}O_3$, Formel I.

B. Beim Erwärmen von (±)-6*c*-[1-Äthyl-1-hydroxy-propyl]-2,2,6*t*-trimethyl-tetra‑
hydro-pyran-3*r*-carbonsäure-methylester mit Phosphor(V)-oxid in Benzol (*Rupe*, *Zweidler*,
Helv. **23** [1940] 1025, 1040).
Kp₁₅: 142—145°.

*Opt.-inakt. 3-Cyclohexyl-2-tetrahydrofurfuryl-propionsäure $C_{14}H_{24}O_3$, Formel II
(R = H).

B. Beim Erhitzen von (±)-Cyclohexylmethyl-tetrahydrofurfuryl-malonsäure-diäthyl‑
ester mit äthanol. Kalilauge auf 160° und Erhitzen der erhaltenen Dicarbonsäure auf 180°
(*Moffett*, *Hart*, J. Am. pharm. Assoc. **42** [1953] 717).
Krystalle (aus Bzn.); F: 73—76°.

H₃C—CH₂ ... H₃C—C ... H₃C—CH₂ ... O ... H₃C CH₃ ... CO—O—CH₃

I

O ... CH₂—CH ... CO—O—R ... CH₂

II

*Opt.-inakt. 3-Cyclohexyl-2-tetrahydrofurfuryl-propionsäure-[2-diäthylamino-äthylester]
$C_{20}H_{37}NO_3$, Formel II (R = CH_2-CH_2-$N(C_2H_5)_2$).

B. Beim Behandeln einer Lösung von opt.-inakt. 3-Cyclohexyl-2-tetrahydrofurfuryl-propionsäure (F: 73—76°) in Isopropylalkohol mit Natriumäthylat in Äthanol und Erwärmen der Reaktionslösung mit Diäthyl-[2-chlor-äthyl]-amin in Isopropylalkohol (*Moffett, Hart,* J. Am. pharm. Assoc. **42** [1953] 717).

Als **Hydrochlorid** $C_{20}H_{37}NO_3 \cdot HCl$ (F: 109—112,5°) isoliert.

(±)-2-Hexyl-1-oxa-spiro[2.5]octan-2-carbonsäure-äthylester $C_{16}H_{28}O_3$, Formel XII (n = 4).

B. Beim Behandeln von Cyclohexanon mit (±)-2-Brom-octansäure-äthylester und Natriumäthylat in Äther (*Nelson, Morris,* Am. Soc. **75** [1953] 3337).

Kp_2: 151°. D_4^{20}: 0,9741; D_4^{25}: 0,9699; D_4^{30}: 0,9659; D_4^{35}: 0,9620; D_4^{40}: 0,9581. n_D^{20}: 1,4619.

H₃C O CH₃ ... CO—OH ... H₃C CH₃

III

H₃C O CH₃ ... CH₂—CO—OH ... H₃C CH₃

IV

[CH₂]ₙ ... C ... O ... C—CO—NH₂ ... H

V

*Opt.-inakt. 2,5,5,8a-Tetramethyl-hexahydro-chroman-2-carbonsäure $C_{14}H_{24}O_3$, Formel III.

B. Bei 16-tägigem Behandeln von opt.-inakt. 2-Hydroxy-2-methyl-4-[2,6,6-trimethyl-cyclohex-2-enyl]-butyronitril (aus (±)-Dihydro-α-jonon [E III 7 489] hergestellt) mit einem Gemisch von Essigsäure, Schwefelsäure und Dioxan und Erwärmen der (von Dihydro-α-jonon befreiten) unterhalb 95°/0,15 Torr siedenden Anteile des Reaktionsprodukts mit wss.-äthanol. Kalilauge (*Stoll et al.,* Helv. **33** [1950] 1245, 1249).

Krystalle (aus PAe.); F: 123°.

Carbonsäuren $C_{15}H_{26}O_3$

(±)-2-Heptyl-1-oxa-spiro[2.5]octan-2-carbonsäure-äthylester $C_{17}H_{30}O_3$, Formel XII (n = 5).

B. Beim Behandeln von Cyclohexanon mit (±)-2-Brom-nonansäure-äthylester und Natriumäthylat in Xylol (*Morris, Lusth,* Am. Soc. **76** [1954] 1237, 1239, 1240).

Kp_7: 170°. D_4^0: 0,9855; D_4^{20}: 0,9717. n_D^{20}: 1,4636.

---

*Opt.-inakt. [2,5,5,8a-Tetramethyl-hexahydro-chroman-2-yl]-essigsäure $C_{15}H_{26}O_3$, Formel IV.

Konstitutionszuordnung: *Caliezi et al.,* Helv. **34** [1951] 879, 880.

B. Beim Behandeln von opt.-inakt. 3-Hydroxy-3-methyl-5-[2,6,6-trimethyl-cyclohex-2-enyl]-valeriansäure [$Kp_{0,2}$: 140—145°; n_D^{20}: 1,4916 bzw. $Kp_{0,5}$: 145—150°] (*Collin-Asselineau et al.,* Bl. **1950** 715, 719; *Ca. et al.,* l. c. S. 882) oder von (±)-3-Hydroxy-3-methyl-5-[2,6,6-trimethyl-cyclohex-1-enyl]-valeriansäure (*Co.-As. et al.*) mit wasserhaltiger Phosphorsäure.

$Kp_{0,2}$: 145—150° (*Ca. et al.,* l. c. S. 882). $Kp_{0,1}$: 144°; D_4^{18}: 1,050; n_D^{22}: 1,4918 [Präparat aus 3-Hydroxy-3-methyl-5-[2,6,6-trimethyl-cyclohex-2-enyl]-valeriansäure] (*Co.-As. et al.*). $Kp_{0,1}$: 144°; D_4^{20}: 1,050; n_D^{18}: 1,4930 [Präparat aus 3-Hydroxy-3-methyl-5-[2,6,6-trimethyl-cyclohex-1-enyl]-valeriansäure] (*Co.-As. et al.*). IR-Spektrum (2,2—16,6 μ): *Ca.*

et al., l. c. S. 881.

Methylester $C_{16}H_{28}O_3$. $Kp_{0,01}$: 85°; D_4^{20}: 1,0151; n_D^{20}: 1,4772 (*Ca. et al.*, l. c. S. 882).
4-Phenyl-phenacylester $C_{29}H_{36}O_4$. Krystalle (aus wss. A.); F: 94—97° (*Co.-As. et al.*).

Carbonsäuren $C_{16}H_{28}O_3$

(±)-2-Octyl-1-oxa-spiro[2.5]octan-2-carbonsäure-äthylester $C_{18}H_{32}O_3$, Formel XII (n = 6) auf S. 3910.

B. Beim Behandeln von Cyclohexanon mit (±)-2-Brom-decansäure-äthylester und Natriumäthylat in Xylol (*Morris, Lusth*, Am. Soc. **76** [1954] 1237, 1239, 1240).
$Kp_{3,5}$: 164°. D_4^0: 0,9788; D_4^{20}: 9638; n_D^{20}: 1,4638.

Carbonsäuren $C_{17}H_{30}O_3$

**(±)-1-Oxa-spiro[2.14]heptadecan-2-carbonsäure-amid, (±)-1-Oxa-spiro[2.14]hepta⸗
decan-2-carbamid** $C_{17}H_{31}NO_2$, Formel V (n = 14).

Diese Konstitution ist für die nachstehend beschriebene Verbindung in Betracht gezogen worden (*Stoll, Rouvé*, Helv. **20** [1937] 525, 540).
B. In kleiner Menge bei mehrtägigem Behandeln von Cyclopentadecanon mit Chlor⸗
essigsäure-äthylester und Natriumamid in Äther (*St., Ro.*, l. c. S. 539).
Krystalle; F: 174—175,5°.

Carbonsäuren $C_{18}H_{32}O_3$

11-[3-Pentyl-oxiranyl]-undec-9-ensäure, 12,13-Epoxy-octadec-9-ensäure $C_{18}H_{32}O_3$.

a) **11-[(2R)-*cis*-3-Pentyl-oxiranyl]-undec-9c-ensäure, L-*erythro*-12,13-Epoxy-
octadec-9c-ensäure, (−)-Vernolsäure** $C_{18}H_{32}O_3$, Formel VI.
Konfiguration: *Morris, Wharry*, Lipids **1** [1966] 41, 45.
Isolierung aus dem beim Behandeln des Öls der Samen von Hibiscus cannabinus mit äthanol. Kalilauge erhaltenen Säure-Gemisch: *Hopkins, Chisholm*, J. Am. Oil Chemists Soc. **36** [1959] 95.
Krystalle (aus Acn. bei −40°); F: 29—30° (*Ho., Ch.*).

b) **11-[(2S)-*cis*-3-Pentyl-oxiranyl]-undec-9c-ensäure, D-*erythro*-12,13-Epoxy-
octadec-9c-ensäure, (+)-Vernolsäure** $C_{18}H_{32}O_3$, Formel VII (R = H).
Konfiguration: *Morris, Wharry*, Lipids **1** [1966] 41, 45.
Isolierung aus dem beim Behandeln des Öls der Samen von Vernonia anthelmintica mit wss.-äthanol. Kalilauge bzw. mit methanol. Kalilauge erhaltenen Säure-Gemisch: *Smith et al.*, J. Am. Oil Chemists Soc. **36** [1959] 219; *Krewson et al.*, J. Am. Oil Chemists Soc. **39** [1962] 334, 337; *Krewson, Luddy*, J. Am. Oil Chemists Soc. **41** [1964] 134.
Krystalle; F: 32,5° (*Kr., Lu.*), 25—28° [aus Hexan] (*Sm. et al.*). n_D^{40}: 1,4628; n_D^{60}: 1,4547 (*Kr., Lu.*). $[\alpha]_D^{20}$: +2,0° [Hexan] (*Kr., Lu.*).

VI   VII

c) **(±)-11-[*cis*-3-Pentyl-oxiranyl]-undec-9c-ensäure, (±)-*erythro*-12,13-Epoxy-
octadec-9c-ensäure, (±)-Vernolsäure** $C_{18}H_{32}O_3$, Formel VII (R = H) + Spiegelbild.
B. Aus (±)-*erythro*-12,13-Epoxy-octadec-9c-ensäure-methylester (*Pigulewškiǐ, Naǐdenowa*, Ž. obsc. Chim. **28** [1958] 234, 236; engl. Ausg. S. 234, 235). Bei partieller Hydrie-
rung von (±)-*erythro*-12,13-Epoxy-octadec-9-insäure (F: 55—57°) an Lindlar-Katalysator in Chinolin enthaltendem Benzin (*Osbond*, Soc. **1961** 5270, 5274). Herstellung aus gleichen Mengen der unter a) und b) beschriebenen Enantiomeren: *Ewing, Hopkins*, Canad. J. Chem. **45** [1967] 1259, 1264.
Krystalle; F: 35—36° [aus PAe.] (*Os.*), 34—35° (*Ew., Ho.*). IR-Banden (CS_2) im Bereich von 3,2 μ bis 14 μ: *Os.*

(±)-11-[*cis*-3-Pentyl-oxiranyl]-undec-9c-ensäure-methylester, (±)-*erythro*-12,13-Epoxy-octadec-9c-ensäure-methylester, (±)-Vernolsäure-methylester $C_{19}H_{34}O_3$, Formel VII (R = CH_3) + Spiegelbild.

B. Beim Behandeln von Linolsäure-methylester (Octa-9c,12c-diensäure-methylester) mit Peroxyessigsäure in Äther (*Pigulewškiĭ, Naĭdenowa*, Ž. obšč. Chim. **28** [1958] 234, 236; engl. Ausg. S. 234, 235).

Kp_6: 195—197°. D_4^{20}: 0,9376. n_D^{20}: 1,4600.

Zeitlicher Verlauf der Hydrierung an Platin in Äthanol bei 18°: *Pi., Na.*

(±)-2-Decyl-1-oxa-spiro[2.5]octan-2-carbonsäure-äthylester $C_{20}H_{36}O_3$, Formel XII (n = 8) auf S. 3910.

B. Beim Behandeln von Cyclohexanon mit (±)-2-Chlor-dodecansäure-äthylester und Natriumäthylat (*Darzens*, C. r. **195** [1932] 884) oder mit (±)-2-Brom-dodecansäure-äthylester und Natriumäthylat in Xylol (*Morris, Lusth*, Am. Soc. **76** [1954] 1237, 1239, 1241).

Kp_5: 173—176°; D_0^0: 0,994; n_D^{20}: 1,4652 (*Da.*). Kp_4: 185°; D_4^0: 0,9667; D_4^{20}: 0,9518; n_D^{20}: 1,4657 (*Mo., Lu.*).

Carbonsäuren $C_{19}H_{34}O_3$

(±)-1-Oxa-spiro[2.16]nonadecan-2-carbonsäure-amid, (±)-1-Oxa-spiro[2.16]nonadecan-2-carbamid $C_{19}H_{35}NO_2$, Formel V (n = 16) auf S. 3911.

Diese Konstitution ist für die nachstehend beschriebene Verbindung in Betracht gezogen worden (*Stoll, Rouvé*, Helv. **20** [1937] 525, 536).

B. In kleiner Menge bei 3-tägigem Behandeln von Cycloheptadecanon mit Chlor= essigsäure-äthylester und Natriumamid in Äther (*St., Ro.*).

Krystalle (aus Ae.); F: ca. 158—159°.

Carbonsäuren $C_{21}H_{38}O_3$

(±)-8-[4-Octyl-3,6-dihydro-2H-pyran-3-yl]-octansäure $C_{21}H_{38}O_3$, Formel VIII, und (±)-8-[3-Octyl-3,6-dihydro-2H-pyran-4-yl]-octansäure $C_{21}H_{38}O_3$, Formel IX.

Diese beiden Konstitutionsformeln kommen für die nachstehend beschriebene Verbindung in Betracht (*Pigulewškiĭ, Tatarškaja*, Ž. obšč. Chim. **20** [1950] 1456, 1457; engl. Ausg. S. 1517, 1518).

B. Beim Erwärmen einer wahrscheinlich als 8-[5-Hydroxy-4-octyl-tetrahydro-pyran-3-yl]-octansäure oder als 8-[3-Hydroxy-5-octyl-tetrahydro-pyran-4-yl]-octansäure zu formulierenden opt.-inakt. Verbindung (F: 116—117°; aus Ölsäure und Formaldehyd hergestellt) mit Phosphor(V)-chlorid in Chloroform, Erwärmen des Reaktionsgemisches mit Wasser und Erwärmen des Reaktionsprodukts mit äthanol. Kalilauge (*Pi., Ta.,* l. c. S. 1463, 1464).

$Kp_{0,14}$: 240°. D_4^{18}: 0,9729; D_4^{20}: 0,9711. n_D^{20}: 1,47616.

Beim Behandeln einer Lösung in Chloroform mit Ozon, Behandeln des gebildeten Ozonids mit Wasserdampf, Erwärmen der mit Wasserdampf nicht flüchtigen Anteile des Reaktionsprodukts mit wss. Alkalilauge und Behandeln des danach isolierten öligen Reaktionsprodukts mit Semicarbazid-acetat in wss. Methanol ist eine Verbindung $C_{21}H_{40}N_6O_4$ (Krystalle; F: 229—229,5°) erhalten worden (*Pi., Ta.,* l. c. S. 1465, 1466). Hydrierung an Platin in Äther oder an Raney-Nickel in Äthanol (Bildung einer Verbindung $C_{21}H_{40}O_3$ vom F: 39,5—40°; vermutlich 8-[4(oder 3)-Octyl-tetrahydro-pyran-3(oder 4)-yl]-octansäure): *Pi., Ta.,* l. c. S. 1464.

[*Th. Schmitt*]

VIII   IX

Monocarbonsäuren $C_nH_{2n-6}O_3$

Carbonsäuren $C_5H_4O_3$

Furan-2-carbonsäure, Brenzschleimsäure, Pyromuconsäure $C_5H_4O_3$, Formel I (R = H) auf S. 3918 (H 272; E I 438; E II 265).

B. Beim Erwärmen von Furan mit Dibenzylquecksilber und Natrium und Behandeln des Reaktionsprodukts mit festem Kohlendioxid (*Gilman, Breuer,* Am. Soc. **56** [1934] 1123, 1126). Beim Behandeln von Furfural mit wss. Natronlauge und Luft (oder Sauer= stoff) in Gegenwart von Silberoxid und Kupferoxid (*Narasaki, Ito,* Rep. Gov. chem. ind. Res. Inst. Tokyo **46** [1951] 199, 201; C. A. **1952** 4524; *Taniyama,* J. chem. Soc. Japan Ind. Chem. Sect. **54** [1951] 248; C. A. **1953** 8725; Scient. Rep. Toho Rayon Co. **2** [1955] 51, 52; C. A. **1959** 4247; *Kimura, Morita,* Bl. Inst. chem. Res. Kyoto **34** [1956] 250, 252; *Harrisson, Moyle,* Org. Synth. Coll. Vol. IV [1963] 493). Beim Behandeln von Furfural mit wss. Wasserstoffperoxid und Pyridin (*Baba,* Rep. scient. Res. Inst. Tokyo **33** [1957] 168), mit alkal. wss. Natriumhypochlorit-Lösung (*Minter, Birnbaum,* Rev. Chim. Bukarest **9** [1958] 420; C. A. **1961** 9937), mit alkal. wss. Natriumhypobromit-Lösung (*Šaltschinkin,* Ž. prikl. Chim. **29** [1956] 141, 142; engl. Ausg. S. 155) oder mit Kaliumdichromat und wss. Schwefelsäure (*Hurd et al.,* Am. Soc. **55** [1933] 1082; *Jurjew,* B. **69** [1936] 1944; Ž. obšč. Chim. **7** [1937] 267). Beim Behandeln von 1-[2]Furyl-propan-1-on mit alkal. wss. Natriumhypochlorit-Lösung (*Farrar, Levine,* Am. Soc. **71** [1949] 1496).

Atomabstände und Bindungswinkel (aus dem Röntgen-Diagramm ermittelt): *Goodwin, Thomson,* Acta cryst. **7** [1954] 166, 167. Dipolmoment: 1,38 D [ε; Bzl.] (*Nasarowa, Šyrkin,* Izv. Akad. S.S.S.R. Otd. chim. **1949** 35, 36; C. A. **1949** 4913), 2,29 D [ε; Dioxan] (*Rogers, Campbell,* Am. Soc. **77** [1955] 4527). ^{1}H-^{1}H-Spin-Spin-Kopplungskonstanten: *Leane, Richards,* Trans. Faraday Soc. **55** [1959] 518, 520.

Krystalle; F: 133° [aus W.] (*Goodwin, Thomson,* Acta cryst. **7** [1954] 166, 172), 132° [aus CHCl$_3$] (*German, Vogel,* Analyst **62** [1937] 271, 273; *German et al.,* Soc. **1937** 1604, 1606), 130,8—131° [korr.; aus W.] (*Hazlet, Callison,* Am. Soc. **66** [1944] 1248). Triklin; Raumgruppe $P\bar{1}$ (= C_i^1); aus dem Röntgen-Diagramm ermittelte Dimensionen der Elementarzelle: a = 10,24 Å; b = 6,80 Å; c = 3,81 Å; α = 92,95°; β = 94,24°; γ = 106,16°; n = 2 (*Go., Th.*). Anisotropie der thermischen Ausdehnung von krystalliner Furan-2-carbonsäure bei Temperaturen von −83° bis +20°: *Pollock et al.,* Pr. roy. Soc. [A] **235** [1956] 149, 154. Dampfdruck bei Temperaturen von 44,06° (6,23·10^{-3} Torr) bis 55,05° (22,7·10^{-3} Torr): *Bradley, Care,* Soc. **1953** 1688. Assoziation in Benzol: *Oae, Price,* Am. Soc. **79** [1957] 2547. Dichte der Krystalle: 1,483 (*Go., Th.*), 1,47 [bei 18°] (*Br., Care*). Verdampfungsentropie: 58,28 cal·grad^{-1}·mol^{-1} (*Br., Care*). Sublimations-enthalpie: 25920 cal·mol^{-1} (*Br., Care*). Standard-Bildungsenthalpie: −119,14 kcal·mol^{-1} (*Parks et al.,* J. chem. Physics **18** [1950] 152). Standard-Verbrennungsenthalpie: −487,75 kcal·mol^{-1} (*Pa. et al.*). Brechungsindices der Krystalle: *Go., Th.,* l. c. S. 167. ^{1}H-NMR-Spektrum (Acn.): *Leane, Richards,* Trans. Faraday Soc. **55** [1959] 518, 519; s. a. *Corey et al.,* Am. Soc. **80** [1958] 1204. IR-Spektrum (KBr; 2—22 μ): *Daasch,* Chem. and Ind. **1958** 1113. IR-Banden im Bereich von 3 μ bis 13 μ (KBr): *Oae, Pr.;* im Bereich von 5,6 μ bis 15,4 μ (Paraffin bzw. KBr): *Mantica et al.,* Rend. Ist. lomb. **91** [1957] 817, 825; *Cross et al.,* J. appl. Chem. **7** [1957] 562. UV-Spektrum von Lösungen in Hexan (180 nm bis 280 nm): *Smakula,* Ang. Ch. **47** [1934] 657, 659; *Hausser et al.,* Z. physik. Chem. [B] **29** [1935] 378, 380; in Äthanol (190—280 nm bzw. 200—270 nm bzw. 200—300 nm bzw. 220—280 nm): *Ha. et al.,* Z. physik. Chem. [B] **29** 380; *Andrisano, Pappalardo,* G. **83** [1953] 340, 342; R.A.L. [8] **15** [1953] 64, 69; G. **85** [1955] 1430, 1432; *Hausser et al.,* Z. tech. Phys. **15** [1934] 10; *Hughes, Johnson,* Am. Soc. **53** [1931] 737, 741; in Wasser (220—290 nm bzw. 200—270 nm bzw. 225—300 nm): *Paul et al.,* J. biol. Chem. **180** [1949] 345, 349; *Andrisano, Tundo,* G. **81** [1951] 414, 415; R.A.L. [8] **13** [1952] 158, 162; *Andrisano, Passerini,* G. **80** [1950] 730, 731; *Löw,* Acta chem. scand. **4** [1950] 294, 295. Absorptionsspektrum einer Lösung in 96%ig. wss. Schwefelsäure (220—320 nm) sowie einer Lösung in 83%ig. wss. Phosphorsäure (240—520 nm): *Bandow,* Bio. Z. **299** [1938] 199, 200. Elektrische Leit-fähigkeit bei 50° sowie Temperaturabhängigkeit der elektrischen Leitfähigkeit bei 40—50°: *Pollock, Ubbelohde,* Trans. Faraday Soc. **52** [1956] 1112, 1116. Wahre Dis-soziationskonstante K_a bei 25°: 6,776·10^{-4} [Wasser; konduktometrisch ermittelt] bzw.

$7,00 \cdot 10^{-4}$ [Wasser; potentiometrisch ermittelt] (*Ge. et al.*, l. c. S. 1609, 1611). Scheinbare Dissoziationskonstante K_a' (Wasser; potentiometrisch ermittelt) bei Raumtemperatur: $7,52 \cdot 10^{-4}$ (*Catlin*, Iowa Coll. J. **10** [1935/36] 65). Elektrolytische Dissoziation in 50%ig. und 78,5%ig. wss. Äthanol: *Otsuji et al.*, J. chem. Soc. Japan Pure Chem. Sect. **80** [1959] 1300, 1302; C. A. **1961** 6476; s. a. *Price, Dudley*, Am. Soc. **78** [1956] 68; *Oae, Pr.* Polarographie: *Nakaya et al.*, J. chem. Soc. Japan Pure Chem. Sect. **78** [1957] 935; C. A. **1959** 21276.

In 100 g Wasser lösen sich bei 0° 2,8 g (*Harrisson, Moyle*, Org. Synth. Coll. Vol. IV [1963] 493). Verteilung zwischen Wasser und Äther bei 25°: *Dermer et al.*, Am. Soc. **63** [1941] 3524. Schmelzdiagramme der binären Systeme mit Benzoesäure: *Mislow*, J. phys. Chem. **52** [1948] 729, 731; mit Thiophen-2-carbonsäure und mit Pyrrol-2-carbon= säure: *Mislow*, J. phys. Chem. **52** [1948] 740, 745.

Beim Erhitzen des Barium-Salzes oder des Calcium-Salzes mit Natronkalk sind Furan, Kohlendioxid, wenig Propin und kleine Mengen von gasförmigen ungesättigten Kohlen= wasserstoffen, jedoch kein Cyclopropen, erhalten worden (*Hurd, Pilgrim*, Am. Soc. **55** [1933] 1195). Bildung von Furan-2,5-dicarbonsäure und Furan beim Erhitzen des Kalium-Salzes in Gegenwart von Cadmium-Katalysatoren unter Kohlendioxid: *Raecke*, Ang. Ch. **70** [1958] 1, 4.

Elektrochemische Oxydation an Blei-Anoden in wss. Schwefelsäure (Bildung von Maleinaldehydsäure und Maleinsäure): *Hellström*, Svensk kem. Tidskr. **60** [1948] 214, 218. Bildung von Maleinsäure-anhydrid beim Behandeln mit Luft in Gegenwart von Vana= dium(V)-oxid bei 320°: *Milas, Walsh*, Am. Soc. **57** [1935] 1389, 1392. Bildung von Maleinsäure beim Behandeln mit wss. Kalilauge und wss. Kaliumpermanganat-Lösung: *Obata*, J. agric. chem. Soc. Japan **16** [1940] 187, 188; C. A. **1940** 5841. In der beim Be= handeln mit 2 Mol Brom in Wasser erhaltenen Verbindung $C_4H_3BrO_2$ vom F: 84° (s. H 274) hat möglicherweise eine polymorphe Modifikation des 3-Brom-4-hydroxy-*cis*-crotonsäure-lactons (E III/IV **17** 4296) vorgelegen (*Mabry*, J. org. Chem. **28** [1963] 1699). Beim Erwärmen von in der Carboxy-Gruppe markierter Furan-2-carbonsäure mit 1 Mol Brom in Wasser sind Mucobromsäure (Dibrom-maleinaldehydsäure) und markiertes Kohlendioxid erhalten worden (*Gensler et al.*, Am. Soc. **77** [1955] 2890). Bildung von 2-Jod-furan beim Erhitzen mit wss. Natronlauge und einer wss. Lösung von Jod und Kaliumjodid: *Gilman et al.*, Am. Soc. **54** [1932] 733, 734. Verhalten gegen Salpetersäure und Acetanhydrid bei −10° (Bildung von kleinen Mengen 5-Nitro-furan-2-carbonsäure und 2-Nitro-furan): *Rinkes*, R. **49** [1930] 1169. Bildung von Furan-2-sulfonsäure beim Erhitzen mit 1-Sulfo-pyridinium-betain: *Terent'ew*, Vestnik Moskovsk. Univ. **1947** Nr. 6, S. 9, 12; C. A. **1950** 1480; *Terent'ew, Kasizyna*, Ž. obšč. Chim. **19** [1949] 531, 536; engl. Ausg. S. 481, 485; *Kasizyna*, Uč. Zap. Moskovsk. Univ. Nr. 131 [1950] 5, 19, 32; C. A. **1953** 10518. Geschwindigkeitskonstante der Hydrierung an Platin in Essig= säure bei 16—40° (Bildung von 5-Hydroxy-valeriansäure und Tetrahydro-furan-2-carbonsäure): *Smith et al.*, Am. Soc. **73** [1951] 4633, 4635; s. a. *Smith, Fuzek*, Am. Soc. **71** [1949] 415, 417. Beim Behandeln des Natrium-Salzes mit Quecksilber(II)- chlorid (1 Mol) in Wasser und Erhitzen der Reaktionslösung sind [2]Furylquecksilber= chlorid und 2,5-Bis-chloromercurio-furan erhalten worden (*Gilman, Wright*, Am. Soc. **55** [1933] 3302, 3311).

In dem beim Behandeln mit Benzol und Aluminiumchlorid erhaltenen, früher (s. E II **18** 266, 278) als 3-Phenyl-2,3-dihydro-furan-2-carbonsäure ($C_{11}H_{10}O_3$) angesehenen Prä= parat (F: 159°) hat wahrscheinlich [1]Naphthoesäure ($C_{11}H_8O_2$) vorgelegen (*Gilman et al.*, Am. Soc. **56** [1934] 745; s. a. *Price et al.*, Am. Soc. **63** [1941] 1857, 1859). Reaktion mit 1,2,3,4-Tetrahydro-naphthalin in Gegenwart von Aluminiumchlorid (Bildung von 1,2,3,= 4,5,6,7,8-Octahydro-anthracen-1-carbonsäure und kleinen Mengen einer als 1,2,3,4,= 5,6,7,8-Octahydro-phenanthren-1-carbonsäure angesehenen Verbindung [F: 143—143,5°]): *Price, Deno*, Am. Soc. **64** [1942] 2601. Geschwindigkeitskonstante der Reaktion mit Methanol in Gegenwart von Chlorwasserstoff bei 25—55° (Bildung von Furan-2-carbon= säure-methylester): *Sm. et al.* Beim Erwärmen des Natrium-Salzes mit Chlorothiophos= phorsäure-*O*,*O*′-diäthylester, Pyridin und Chlorbenzol ist eine krystalline Verbindung $C_9H_{13}O_5PS$ erhalten worden (*Semljanškiĭ, Malinowškiĭ*, Ž. obšč. Chim. **26** [1956] 1677; engl. Ausg. S. 1881; s. dazu *Miller*, Am. Soc. **82** [1960] 3924, 3925). Verhalten beim Erhitzen mit Propylmagnesiumjodid in Xylol (Bildung von 1-[2]Furyl-butan-1-on, 4-[2]Furyl-heptan-4-ol und Undec-7-en-4,5-dion [E III **1** 3162]) sowie beim Erhitzen mit Isopentylmagnesiumjodid in Xylol (Bildung von 1-[2]Furyl-4-methyl-pentan-1-on, 5-[2]Furyl-5-isopentyl-2,8-dimethyl-nonan, 5-[2]Furyl-2,8-dimethyl-nonan-5-ol und 2,12-Dimethyl-tridec-8-en-5,6-dion [E III **1** 3163]): *Kusnezow*, Ž. obšč. Chim. **12** [1942] 631, 633, 635; C. A. **1944** 1494.

Furan-2-carbonsäure reizt die Schleimhäute (*Gilman et al.*, Iowa Coll. J. **6** [1932] 137, 140).

Charakterisierung als Piperazin-Salz (F: 234—236° [Zers.]): *Prigot, Pollard*, Am. Soc. **70** [1948] 2758; als Phenacylester (F: 85—86° [S. 3925]) und als 4-Phenyl-phenacylester (F: 110—111° [S. 3926]): *Kleene*, Am. Soc. **68** [1946] 718.

Ammonium-Salz [NH_4]$C_5H_3O_3$ (H 274). Krystalle (aus wss. Acn.), F: 188—189° [Zers.]. Absorptionsmaximum (W.): 245 nm (*Adler, Wintersteiner*, J. biol. Chem. **176** [1948] 873, 888).

Beryllium-Salz $Be_4O(C_5H_3O_3)_6$. Krystalle (aus $CHCl_3$); F: 368—370° [Zers.] (*Krasnec, Krätsmár-Šmogrovič*, Chem. Zvesti **7** [1953] 421, 426; C. A. **1954** 10473).

Europium(III)-Salz $Eu(C_5H_3O_3)_3$ (vgl. E I 438). Krystalle (aus W.) mit 7 Mol H_2O (*McCoy*, Am. Soc. **61** [1939] 2455).

Mangan(II)-Salz $Mn(C_5H_3O_3)_2$. Krystalle (aus W.) mit 3 Mol H_2O; Zers. bei ca. 290° (*Hurd et al.*, Am. Soc. **55** [1933] 1082).

S-Benzyl-isothiuronium-Salz [$C_8H_{11}N_2S$]$C_5H_3O_3$. F: 211—212° (*Veibel, Ottung*, Bl. [5] **6** [1939] 1434), 196° (*Taniyama, Takata*, J. chem. Soc. Japan Ind. Chem. Sect. **57** [1954] 149, 150; C. A. **1955** 1484).

S-[1]Naphthylmethyl-isothiuronium-Salz [$C_{12}H_{13}N_2S$]$C_5H_3O_3$. Krystalle (aus A.); F: 220° [korr.] (*Bonner*, Am. Soc. **70** [1948] 3508).

Dodecylamin-Salz $C_{12}H_{27}N \cdot C_5H_4O_3$. F: 72,5—73° (*Hunter*, Iowa Coll. J. **15** [1940/41] 223, 228).

Octadecylamin-Salz $C_{18}H_{39}N \cdot C_5H_4O_3$. F: 91—92° (*Hunter*, Iowa Coll. J. **15** [1940/41] 223, 227).

N,N'-Diphenyl-formamidin-Salz $C_{13}H_{12}N_2 \cdot C_5H_4O_3$. Krystalle (aus Me.); F: 144° [unkorr.] (*Knott*, Soc. **1945** 686, 688).

Phenylquecksilber-Salz [C_6H_5Hg]$C_5H_3O_3$. Krystalle (aus wss. A.); F: 115° (*Lever Brothers Co.*, U.S.P. 2022997 [1935]).

Triäthylblei-Salz [$C_6H_{15}Pb$]$C_5H_3O_3$. Krystalle; F: 156—157° [unkorr.; Zers.; aus A. + W.] (*Gilman et al.*, J. org. Chem. **18** [1953] 1341, 1344), 153-154° [aus Bzl. + PAe.] *Gilman, Robinson*, R. **49** [1930] 766).

O-Deuterio-furan-2-carbonsäure $C_5H_3DO_3$, Formel I (R = D) auf S. 3918.

B. Bei wiederholtem Erwärmen von Furan-2-carbonsäure mit Deuteriumoxid (*Pollock et al.*, Pr. roy. Soc. [A] **235** [1956] 149, 150).

Anisotropie der thermischen Ausdehnung von krystalliner O-Deuterio-furan-2-carbon= säure bei Temperaturen von —83° bis +20° (Isotopeneffekt): *Po. et al.*, l. c. S. 152.

Furan-2-carbonsäure-methylester $C_6H_6O_3$, Formel I (R = CH_3) auf S. 3918 (H 274; E I 438; E II 266).

B. Beim Erhitzen von Furan-2-carbonsäure mit wss. Kalilauge und Dimethylsulfat (*Vernon et al.*, Trans. Kentucky Acad. **9** [1946] 23, 25). Beim Erwärmen von Furan-2-carbonsäure mit Schwefelsäure enthaltendem Methanol (*Price et al.*, Am. Soc. **63** [1941] 1857, 1859). Aus dem Silber-Salz der Furan-2-carbonsäure und Methyljodid (*Guainazzi*, Pitture Vernici **4** [1948] 181). Beim Erwärmen von Furan-2-carbonylchlorid mit Magnesi= ummethylat in Methanol und Petroläther (*Trautner, Polya*, Austral. chem. Inst. J. Pr. **15** [1948] 52).

Kp_{760}: 183° (*Andrisano, Passerini*, G. **80** [1950] 730, 739), 181,8—182,1° (*Mathews, Fehlandt*, Am. Soc. **53** [1931] 3212, 3216); Kp_{750}: 180,5° (*Pr. et al.*); Kp_{25}: 83—84° (*Sunier*, J. phys. Chem. **35** [1931] 1756, 1757); Kp_{20}: 81—82° (*Katz*, Food Technol. **9** [1955] 636), 76° (*Pr. et al.*); Kp_{15}: 73,2° (*Mantica et al.*, Rend. Ist. lomb. **91** [1957] 817, 821).D_4^{20}: 1,1792 (*Pr. et al.*), 1,1765 (*Ashida, Shimizu*, Coal Tar Tokyo **4** [1952] 357; C. A. **1953** 6119). Ver-dampfungsenthalpie bei 181,8°: 84,18 cal·g^{-1} (*Ma., Fe.*). n_D^{20}: 1,4879 (*Ma. et al.*), 1,4875 (*Pr. et al.*), 1,4820 (*Ash., Sh.*). IR-Spektrum (2—22 μ): *Daasch*, Chem. and Ind. **1958** 1113. IR-Banden von unverdünntem Ester im Bereich von 5,6 μ bis 15,4 μ: *Ma. et al.*, l. c. S. 825; von in Chloroform gelöstem Ester im Bereich von 5 μ bis 12,5 μ: *Katritzky*,

Lagowski, Soc. **1959** 657, 658. Raman-Spektrum: *Matsuno, Han*, Bl. chem. Soc. Japan **9** [1934] 327, 336. UV-Spektrum von Lösungen in 2,2,4-Trimethyl-pentan (220 nm bis 280 nm): *Willard, Hamilton*, Am. Soc. **73** [1951] 4805, 4806; in Äthanol (200—280 nm): *Andrisano, Pappalardo*, G. **83** [1953] 340, 342, **85** [1955] 1430, 1432; in Wasser (210—320 nm bzw. 200—270 nm): *An., Pas.*, G. **80** 732; *Andrisano, Tundo*, G. **81** [1951] 414, 415. Polarographie: *Nakaya et al.*, J. chem. Soc. Japan Pure Chem. Sect. **78** [1957] 935; C. A. **1959** 21 276.

Bei der Elektrolyse eines Schwefelsäure enthaltenden Gemisches mit Methanol ist 2,5-Dimethoxy-2,5-dihydro-furan-2-carbonsäure-methylester erhalten worden (*Clauson-Kaas, Limborg*, Acta chem. scand. **6** [1952] 551, 553). Hydrierung an Platin bei 275° (Bildung von Methylbutyrat): *Schuikīn, Bel'skiĭ*, Doklady Akad. S.S.S.R. **127** [1959] 359; Pr. Acad. Sci. U.S.S.R. Chem. Sect. **124—129** [1959] 557. Verhalten gegen Salpetersäure und Acetanhydrid (Bildung von 5-Nitro-furan-2-carbonsäure-methylester und 2-Acetoxy-5-nitro-2,5-dihydro-furan-2-carbonsäure-methylester [F: 95,9°; über die Konstitution dieser Verbindung s. *Peštunowitsch et al.*, Latvijas Akad. Vēstis **1968** Nr. 10, S. 69, 70; C. A. **70** [1969] 52882]): *Freure, Johnson*, Am. Soc. **53** [1931] 1142, 1144; *Nishida et al.*, Rep. scient. Res. Inst. Tokyo **31** [1955] 430, 435; C. A. **1956** 15504. Beim Behandeln mit Methylchlorid, Aluminiumchlorid und Schwefelkohlenstoff ist eine als 5-Methylmercapto≈ thiocarbonyl-furan-2-carbonsäure-methylester angesehene Verbindung [F: 102—103°] (*Gilman, Calloway*, Am. Soc. **55** [1933] 4197, 4202), beim Behandeln mit Propylchlorid (oder Isopropylchlorid), Aluminiumchlorid und Schwefelkohlenstoff ist 5-Isopropyl-furan-2-carbonsäure-methylester (*Gi., Ca.*), beim Behandeln mit *sec*-Butylbromid, Aluminium≈ chlorid und Schwefelkohlenstoff ist ein Gemisch von 5-*sec*-Butyl-furan-2-carbonsäure-methylester und 5-*tert*-Butyl-furan-2-carbonsäure-methylester (*Hurd, Oliver*, Am. Soc. **76** [1954] 50) erhalten worden. Bildung von 5-Chlormethyl-furan-2-carbonsäure-methylester, Bis-[5-methoxycarbonyl-furfuryl]-äther   und   Bis-[5-methoxycarbonyl-furfuryloxy]-methan beim Behandeln mit Paraformaldehyd, Zinkchlorid (oder Eisen(III)-chlorid), Natriumsulfat, Chloroform und Chlorwasserstoff: *Moldenhauer et al.*, A. **580** [1953] 169, 179. Verhalten beim Erhitzen mit Anilin in Gegenwart von Aluminiumoxid auf 200—300° bzw. auf 350—475° (Bildung von Furan-2-carbonsäure-anilid bzw. von 1-Phenyl-pyrrol): *Jur'ew, Wendelschtein*, Ž. obšč. Chim. **21** [1951] 259; engl. Ausg. S. 281.

Furan-2-carbonsäure-äthylester $C_7H_8O_3$, Formel I (R = C_2H_5) (H 275; E II 266).

B. Beim Behandeln von Chlorokohlensäure-äthylester mit [2]Furylmagnesiumjodid in Äther (*Gilman, Franz*, R. **51** [1932] 991, 994). Beim Erwärmen von Furan-2-carbonsäure mit Äthanol, Benzol und wenig Schwefelsäure (*German, Vogel*, Analyst **62** [1937] 271, 273; vgl. H 275), mit Äthanol, Toluol und wenig Schwefelsäure (*Klostergaard*, J. org. Chem. **23** [1958] 108), mit Äthanol, Benzol und wenig Toluol-4-sulfonsäure (*Virginia Carolina Chem. Corp.*, U.S.P. 2811478 [1954]) oder mit wss. Kalilauge und Diäthylsulfat (*Vernon et al.*, Trans. Kentucky Acad. **9** [1946] 23, 25). Aus dem Silber-Salz der Furan-2-carbon≈ säure und Äthyljodid (*Guainazzi*, Pitture Vernici **4** [1948] 181).

F: 38° (*Ge., Vo.; Gu.*), 36—37° (*Kindler*, B. **69** [1936] 2792, 2809). Kp_{746}: 192° (*Ge., Vo.*); Kp_{600}: 161° (*Bonino, Manzoni-Ansidei*, Z. physik. Chem. [B] **25** [1934] 327, 339); Kp_{95}: 128° (*Hughes, Johnson*, Am. Soc. **53** [1931] 737, 744); Kp_{77}: 123° (*Virginia Carolina Chem. Corp.*); Kp_{15}: 90° (*Kl.*); Kp_{10}: 83° (*Chrétien*, A. ch. [13] **2** [1957] 682, 685), 75—76° (*Otsuji et al.*, J. chem. Soc. Japan Pure Chem. Sect. **80** [1959] 1293, 1306; C. A. **1961** 6476). D_4^{40}: 1,0974; n_D^{40}: 1,4699 (*Hu., Jo.*). Brechungsindex n^{40} für Licht der Wellenlängen von 643,8 nm (1,4662) bis 435,9 nm (1,4906): *Hu., Jo.* IR-Banden des flüssigen unverdünn≈ ten Esters im Bereich von 5,6 μ bis 13,3 μ: *Mantica et al.*, Rend. Ist. lomb. **91** [1957] 817, 825; des in Chloroform gelösten Esters im Bereich von 5 μ bis 12,5 μ: *Katritzky, Lagowski*, Soc. **1959** 657, 658. Raman-Spektrum: *Matsuno, Han*, Bl. chem. Soc. Japan **9** [1934] 327, 337; *Bo., Ma.-An.*, l. c. S. 341. UV-Spektrum einer Lösung in Äthanol (200—280 nm): *Andrisano, Pappalardo*, G. **83** [1953] 340, 342, **85** [1955] 1430, 1432; von Lösungen in Wasser (200—280 nm): *Andrisano, Passerini*, G. **80** [1950] 730, 733; *Andrisano, Tundo*, G. **81** [1951] 414, 415. Polarographie: *Nakaya et al.*, J. chem. Soc. Japan Pure Chem. Sect. **78** [1957] 935; C. A. **1959** 21 276.

Beim Einleiten von Chlor in eine Natriumcarbonat enthaltende warme äthanol. Lösung und Behandeln des Reaktionsprodukts mit [2,4-Dinitro-phenyl]-hydrazin, Methanol und Schwefelsäure sind 2,5-Bis-[2,4-dinitro-phenylhydrazono]-pent-3-ensäure-äthylester (F:

238—239° [Zers.]) und 2-[2,4-Dinitro-phenylhydrazono]-glutarsäure-1 (oder 5)-methyl=
ester-5 (oder 1)-äthylester (F: 117—119°) erhalten worden (*Murakami et al.*, Mem. Inst.
scient. ind. Res. Osaka Univ. **13** [1956] 173, 181; C. A. **1957** 5745). Reaktion mit Brom
bei —10° (Bildung von 2,3,4,5-Tetrabrom-tetrahydro-furan-2-carbonsäure-äthylester
[?; S. 3829]): *Obata*, J. agric. chem. Soc. Japan **16** [1940] 184; C. A. **1940** 5841. Geschwindigkeitskonstante der Hydrolyse in wss. Natronlauge bei 30°: *Kindler*, B. **69**
[1936] 2792, 2809; in Natriumhydroxid enthaltendem 70%ig. wss. Dioxan bei 7,5—32,5°:
Oae, *Price*, Am. Soc. **79** [1957] 2547; bei 25°: *Price*, *Dudley*, Am. Soc. **78** [1956] 68; in
85%ig. wss.-äthanol. Natronlauge bei 25°, 35° und 45°: *Imoto et al.*, J. chem. Soc. Japan
Pure Chem. Sect. **77** [1956] 809, 810; C. A. **1958** 9066; *Otsuji et al.*, J. chem. Soc. Japan
Pure Chem. Sect. **80** [1959] 1293, 1301; C. A. **1961** 6476. Bildung von 1-[2]Furyl-butan-
1,3-dion, 1,3-Di-[2]furyl-propan-1,3-dion und Äthylacetat beim Erhitzen mit dem
Natrium-Salz des Pentan-2,4-dions bis auf 155°: *McElvain*, *Weber*, Am. Soc. **63** [1941]
2192, 2193. Bei 2-tägigem Behandeln mit Chloressigsäure-[hydroxymethyl-amid] und
konz. Schwefelsäure ist 5-[(Chloracetyl-amino)-methyl]-furan-2-carbonsäure-äthylester
erhalten worden (*Marini*, G. **69** [1939] 340, 343). Reaktion mit Biguanid in Methanol unter
Bildung von 2,4-Diamino-6-[2]furyl-[1,3,5]triazin: *Am. Cyanamid Co.*, U.S.P. 2535968
[1945]. Umesterung mit Furfurylacetat in Gegenwart von Aluminiumäthylat: *Calingaert
et al.*, Am. Soc. **62** [1940] 1545.

Furan-2-carbonsäure-[2-chlor-äthylester] $C_7H_7ClO_3$, Formel I (R = CH_2-CH_2Cl).
   B. Beim Behandeln einer Lösung von Furan-2-carbonsäure in Benzol mit 2-Chlor-
äthanol und mit Chlorwasserstoff (*Gilman et al.*, Iowa Coll. J. **7** [1933] 419, 427).
   Kp_{30}: 155° (*Röhm & Haas Co.*, U.S.P. 2220521 [1938]). Kp_9: 116—117°; D: 1,295
(*Gi. et al.*).

Furan-2-carbonsäure-propylester $C_8H_{10}O_3$, Formel I (R = CH_2-CH_2-CH_3) (H 275;
E II 266).
   Kp_{20}: 112° (*Katritzky*, *Lagowski*, Soc. **1959** 657, 658). IR-Banden ($CHCl_3$) im Bereich
von 5 μ bis 12,5 μ: *Ka.*, *La.*

Furan-2-carbonsäure-butylester $C_9H_{12}O_3$, Formel I (R = $[CH_2]_3$-CH_3) (E II 266).
   Kp_{20}: 117° (*Katritzky*, *Lagowski*, Soc. **1959** 657, 658). IR-Banden ($CHCl_3$) im Bereich
von 5 μ bis 12,5 μ: *Ka.*, *La.*

Furan-2-carbonsäure-*tert*-butylester $C_9H_{12}O_3$, Formel I (R = $C(CH_3)_3$).
   B. Beim Erwärmen von Furan-2-carbonylchlorid mit *tert*-Butylalkohol, *N,N*-Dimethyl-
anilin und Äther (*Holdren*, *Barry*, Am. Soc. **69** [1947] 1230).
   Kp_{24}: 90°. n_D^{30}: 1,4639.

**(±)-1-[Furan-2-carbonyloxy]-3,7-dimethyl-octan, (±)-Furan-2-carbonsäure-[3,7-di=
methyl-octylester]** $C_{15}H_{24}O_3$, Formel I (R = CH_2-CH_2-$CH(CH_3)$-$[CH_2]_3$-$CH(CH_3)_2$).
   B. Beim Erwärmen von Furan-2-carbonylchlorid mit (±)-3,7-Dimethyl-octan-1-ol und
Pyridin (*Grünanger*, *Piozzi*, G. **89** [1959] 897, 908).
   Kp_6: 150°. n_D^{19}: 1,4765. IR-Spektrum (2—15,4 μ): *Gr.*, *Pi.*, l. c. S. 899.

Furan-2-carbonsäure-dodecylester $C_{17}H_{28}O_3$, Formel I (R = $[CH_2]_{11}$-CH_3).
   B. Aus Furan-2-carbonsäure und Dodecan-1-ol (*Yamashita*, *Ishii*, J. chem. Soc.
Japan Ind. Chem. Sect. **56** [1953] 811; C. A. **1955** 6904).
   F: 20—22°. Kp_5: 160—175°.

I   II   III

Furan-2-carbonsäure-vinylester $C_7H_6O_3$, Formel I (R = CH=CH$_2$).

B. Beim Erhitzen von Furan-2-carbonsäure mit Acetylen, Zinkoxid, Acetanhydrid und Xylol auf 230° (*Hopff, Lüssi*, Makromol. Ch. **18/19** [1956] 227, 232).

F: 14—14,5°; Kp: 182—184°; D_4^{27}: 1,1127; n_D^{20}: 1,5060; n_D^{25}: 1,5035 (*Hardy, Szita*, Acta chim. hung. **15** [1958] 339, 340). Kp$_{10}$: 70—73° (*Ho., Lü.*).

Furan-2-carbonsäure-allylester $C_8H_8O_3$, Formel I (R = CH$_2$-CH=CH$_2$).

B. Beim Erwärmen von Furan-2-carbonsäure mit Allylalkohol und wenig Schwefel=säure (*Mangini*, Boll. scient. Fac. Chim. ind. Bologna **1** [1940] 167; s. a. *Dow Chem. Co.*, U.S.P. 2195382 [1937]).

Kp: 209° (*Andrisano, Tundo, G.* **81** [1951] 414, 417), 206—209° (*Ma.*); Kp$_6$: 84—88° (*Katz*, Food Technol. **9** [1955] 636); Kp$_4$: 81—82° (*Dow Chem. Co.*). D_{25}^{25}: 1,118 (*Dow Chem. Co.*). n_D^{19}: 1,4960 (*Katz*); n_D^{20}: 1,4945 (*Dow Chem. Co.*). UV-Spektrum (W.; 200—280 nm): *An., Tu.*

Furan-2-carbonsäure-[2-chlor-allylester] $C_8H_7ClO_3$, Formel I (R = CH$_2$-CCl=CH$_2$).

B. Beim Erhitzen von Furan-2-carbonsäure mit 2-Chlor-allylalkohol und wenig Benzol=sulfonsäure (*Dow Chem. Co.*, U.S.P. 2127660 [1937]).

Kp$_4$: 105—107°. D_4^{20}: 1,253. n_D^{20}: 1,530.

Furan-2-carbonsäure-methallylester $C_9H_{10}O_3$, Formel I (R = CH$_2$-C(CH$_3$)=CH$_2$).

B. Beim Erhitzen des Blei(II)-Salzes der Furan-2-carbonsäure mit Methallylchlorid auf 160° (*Dow Chem. Co.*, U.S.P. 2195382 [1937]).

Kp$_{2,5}$: 82—84°. D_{25}^{25}: 1,086. n_D^{20}: 1,4922.

Furan-2-carbonsäure-cyclohexylester $C_{11}H_{14}O_3$, Formel II.

B. Beim Erhitzen von Furan-2-carbonylchlorid mit Cyclohexanol (*Holdren, Barry*, Am. Soc. **69** [1947] 1230).

F: 32—33°. Kp$_2$: 122—124°. n_D^{30}: 1,4499.

Furan-2-carbonsäure-prop-2-inylester, Furan-2-carbonsäure-propargylester $C_8H_6O_3$, Formel I (R = CH$_2$-C≡CH).

B. Beim Behandeln von Furan-2-carbonylchlorid mit Prop-2-in-1-ol und Pyridin (*Skraup, Hedler*, B. **85** [1952] 1161, 1167).

Kp$_{25}$: 125°. n_D^{20}: 1,5047.

1-[Furan-2-carbonyloxy]-3,7-dimethyl-octa-2t,6-dien, Furan-2-carbonsäure-[3,7-di=methyl-octa-2t,6-dienylester], Furan-2-carbonsäure-geranylester $C_{15}H_{20}O_3$, Formel III.

B. Beim Erhitzen von Furan-2-carbonsäure mit Geraniol (E IV **1** 2277), Chlorbenzol und wenig Schwefelsäure auf 150° (*Dow Chem. Co.*, U.S.P. 2195382 [1937]).

Kp$_5$: 148—155°. D_{25}^{25}: 0,975.

Furan-2-carbonsäure-phenylester $C_{11}H_8O_3$, Formel IV (R = X = H) (H 275).

B. Beim Behandeln von Furan-2-carbonylchlorid mit Phenol, Benzol und Magnesium (*Sen, Bhattacharji*, J. Indian chem. Soc. **31** [1954] 581) oder mit Phenol und wss. Natron=lauge (*Dakshinamurthy, Saharia*, J. scient. ind. Res. India **15** B [1956] 69, 70; vgl. H 275).

F: 42° [aus wss. A. bzw. PAe.] (*Da., Sa.*; *Gilman, Dickey*, R. **52** [1933] 389, 391), 41—43° (*Sen, Bh.*). Kp$_{44}$: 145° (*Hewlett*, Iowa Coll. J. **6** [1932] 439, 442). Polarographie: *Nakaya et al.*, J. chem. Soc. Japan Pure Chem. Sect. **78** [1957] 935; C. A. **1959** 21276.

Furan-2-carbonsäure-[4-chlor-phenylester] $C_{11}H_7ClO_3$, Formel IV (R = H, X = Cl).

B. Beim Erwärmen von Furan-2-carbonylchlorid mit 4-Chlor-phenol, Benzol und Magnesium (*Tiwari, Tripathi*, J. Indian chem. Soc. **31** [1954] 841).

F: 79°.

Furan-2-carbonsäure-[2,4-dichlor-phenylester] $C_{11}H_6Cl_2O_3$, Formel IV (R = X = Cl).

B. Beim Erwärmen von Furan-2-carbonylchlorid mit 2,4-Dichlor-phenol, Benzol und Magnesium (*Tiwari, Tripathi*, J. Indian chem. Soc. **31** [1954] 841).

F: 82°.

Furan-2-carbonsäure-[4-brom-phenylester] $C_{11}H_7BrO_3$, Formel IV (R = H, X = Br).

B. Beim Erwärmen von Furan-2-carbonylchlorid mit 4-Brom-phenol, Benzol und Magnesium (*Tiwari, Tripathi*, J. Indian chem. Soc. **31** [1954] 841).

F: 85°.

Furan-2-carbonsäure-[2-nitro-phenylester] $C_{11}H_7NO_5$, Formel IV (R = NO_2, X = H).

B. Beim Behandeln von Furan-2-carbonylchlorid mit Kalium-[2-nitro-phenolat] in Wasser (*Raiford, Huey*, J. org. Chem. **6** [1941] 858, 863).

Hellgrüne Krystalle (aus A.); F: 83—84°.

Beim Behandeln einer Lösung in Äthanol mit Zinn(II)-chlorid und konz. wss. Salz= säure sind bei 0° 2-[2]Furyl-benzoxazol und kleine Mengen einer chlorhaltigen Ver= bindung vom F: 225—226°, bei höherer Temperatur hingegen Furan-2-carbonsäure-[2-hydroxy-anilid] und kleine Mengen 2-[2]Furyl-benzoxazol erhalten worden.

4-Brom-1-[furan-2-carbonyloxy]-2-nitro-benzol, Furan-2-carbonsäure-[4-brom-2-nitro-phenylester] $C_{11}H_6BrNO_5$, Formel IV (R = NO_2, X = Br).

B. Beim Behandeln von Furan-2-carbonylchlorid mit Kalium-[4-brom-2-nitro-phen= olat] in Wasser (*Raiford, Huey*, J. org. Chem. **6** [1941] 858, 863).

Hellgrüne Krystalle (aus A.); F: 88—89°.

Beim Behandeln einer Lösung in Äthanol mit Zinn(II)-chlorid und konz. wss. Salz= säure sind 5-Brom-2-[2]furyl-benzoxazol und Furan-2-carbonsäure-[5-brom-2-hydroxy-anilid] erhalten worden.

1,5-Dibrom-2-[furan-2-carbonyloxy]-3-nitro-benzol, Furan-2-carbonsäure-[2,4-dibrom-6-nitro-phenylester] $C_{11}H_5Br_2NO_5$, Formel V.

B. Beim Behandeln von Furan-2-carbonylchlorid mit Kalium-[2,4-dibrom-6-nitro-phenolat] in Wasser (*Raiford, Huey*, J. org. Chem. **6** [1941] 858, 863).

Hellgrüne Krystalle (aus CCl_4); F: 133—134°.

Beim Behandeln einer Lösung in Äthanol mit Zinn(II)-chlorid und konz. wss. Salz= säure ist Furan-2-carbonsäure-[3,5-dibrom-2-hydroxy-anilid] erhalten worden.

IV   V   VI

Furan-2-carbonsäure-*o*-tolylester $C_{12}H_{10}O_3$, Formel IV (R = CH_3, X = H).

B. Beim Behandeln von Furan-2-carbonylchlorid mit *o*-Kresol, Benzol und Magnesium (*Sen, Bhattacharji*, J. Indian chem. Soc. **31** [1954] 581) oder mit *o*-Kresol und wss. Natronlauge (*Dakshinamurthy, Saharia*, J. scient. ind. Res. India **15** B [1956] 69, 70).

F: 22° (*Sen, Bh.*). Kp: 285—286° (*Da., Sa.*); Kp_{12}: 171—172° (*Sen, Bh.*).

Furan-2-carbonsäure-*m*-tolylester $C_{12}H_{10}O_3$, Formel VI (R = X = H).

B. Beim Behandeln von Furan-2-carbonylchlorid mit *m*-Kresol und wss. Natronlauge (*Gilman et al.*, Iowa Coll. J. **7** [1933] 419, 421; *Dakshinamurthy, Saharia*, J. scient. ind. Res. India **15** B [1956] 69, 71) oder mit *m*-Kresol, Benzol und Magnesium (*Sen, Bhatta-charji*, J. Indian chem. Soc. **31** [1954] 581).

Krystalle; F: 40° (*Hewlett*, Iowa Coll. J. **6** [1932] 439, 442), 39,5° (*Gi. et al.*), 37—38° [aus PAe.] (*Da., Sa.*). Kp: 294—295° (*Da., Sa.*); Kp_5: 155° (*He.*); $Kp_{3,5}$: 150—152° (*Sen, Bh.*).

2-Brom-5-[furan-2-carbonyloxy]-4-nitro-toluol, Furan-2-carbonsäure-[4-brom-5-methyl-2-nitro-phenylester] $C_{12}H_8BrNO_5$, Formel VI (R = NO_2, X = Br).

B. Beim Behandeln von Furan-2-carbonylchlorid mit Kalium-[4-brom-5-methyl-2-nitro-phenolat] in Wasser (*Raiford, Huey*, J. org. Chem. **6** [1941] 858, 863).

Hellgrüne Krystalle (aus A.); F: 74—76°.

Beim Behandeln einer Lösung in Äthanol mit Zinn(II)-chlorid und konz. wss. Salz=

säure sind 5-Brom-2-[2]furyl-6-methyl-benzoxazol und Furan-2-carbonsäure-[5-brom-2-hydroxy-4-methyl-anilid] erhalten worden.

Furan-2-carbonsäure-*p*-tolylester $C_{12}H_{10}O_3$, Formel IV (R = H, X = CH_3).

B. Beim Behandeln von Furan-2-carbonylchlorid mit *p*-Kresol und wss. Natronlauge (*Gilman et al.*, Iowa Coll. J. **7** [1933] 419, 421; *Dakshinamurthy, Saharia*, J. scient. ind. Res. India **15** B [1956] 69, 71) oder mit *p*-Kresol, Benzol und Magnesium (*Sen, Bhattacharji*, J. Indian chem. Soc. **31** [1954] 581).

Krystalle; F: 59—60° [aus wss. A.] (*Da., Sa.*), 57—58° (*Sen, Bh.*), 55° (*Gi. et al.*). Kp$_5$: 152° (*Gi. et al.*).

Furan-2-carbonsäure-benzylester $C_{12}H_{10}O_3$, Formel VII (E II 267).

B. Beim Erhitzen von Furan-2-carbonylchlorid mit Benzylalkohol (*Holdren, Barry*, Am. Soc. **69** [1947] 1230; vgl. E II 267). Beim Erhitzen des Natrium-Salzes der Furan-2-carbonsäure mit Benzylchlorid, Pyridin und Toluol bis auf 150° (*Dowlatjan, Tschakrjan*, Izv. Armjansk. Akad. Ser. chim. **12** [1959] 417, 420; C. A. **1961** 27250). Beim Erhitzen von Furan-2-carbonsäure-methylester mit Benzyl-dimethyl-amin unter Stickstoff auf 190° (*Eliel, Anderson*, Am. Soc. **74** [1952] 547).

Kp$_{13}$: 173—175° (*El., An.*); Kp$_2$: 155—156° (*Do., Tsch.*), 141—142° (*Ho., Ba.*). D$_4^{20}$: 1,1717 (*Do., Tsch.*). n$_D^{20}$: 1,5540 (*Do., Tsch.*); n$_D^{25}$: 1,5513 (*El., An.*); n$_D^{30}$: 1,5505 (*Ho., Ba.*).

(±)-1,1,1-Trichlor-2-[4-chlor-phenyl]-2-[furan-2-carbonyloxy]-äthan, (±)-Furan-2-carbonsäure-[2,2,2-trichlor-1-(4-chlor-phenyl)-äthylester] $C_{13}H_8Cl_4O_3$, Formel VIII.

B. Beim Behandeln von Furan-2-carbonylchlorid mit (±)-2,2,2-Trichlor-1-[4-chlor-phenyl]-äthanol und wss. Natronlauge (*Chen, Sumerford*, Am. Soc. **72** [1950] 5124).

Krystalle (aus A.); F: 106—107,5°.

Furan-2-carbonsäure-[3,4-dimethyl-phenylester] $C_{13}H_{12}O_3$, Formel VI (R = H,X = CH_3).

B. Beim Erwärmen von Furan-2-carbonylchlorid mit 3,4-Dimethyl-phenol, Benzol und Magnesium (*Tiwari, Tripathi*, J. Indian chem. Soc. **31** [1954] 841).

Kp$_{18}$: 115°.

VII   VIII   IX

Furan-2-carbonsäure-[3,5-dimethyl-phenylester] $C_{13}H_{12}O_3$, Formel IX.

B. Beim Erwärmen von Furan-2-carbonylchlorid mit 3,5-Dimethyl-phenol, Benzol und Magnesium (*Tiwari, Tripathi*, J. Indian chem. Soc. **31** [1954] 841).

Kp$_{14}$: 171°.

Beim Erhitzen mit Aluminiumchlorid, Zinn(IV)-chlorid oder Zinkchlorid in Schwefel=kohlenstoff, 1,1,2,2-Tetrachlor-äthan oder Nitrobenzol ist [2]Furyl-[2-hydroxy-4,6-di=methyl-phenyl]-keton erhalten worden (*Ti., Tr.*, l. c. S. 844).

X   XI

4-*tert*-Butyl-2-chlor-1-[furan-2-carbonyloxy]-benzol, Furan-2-carbonsäure-[4-*tert*-butyl-2-chlor-phenylester] $C_{15}H_{15}ClO_3$, Formel X.

B. Beim Erwärmen von Furan-2-carbonylchlorid mit 4-*tert*-Butyl-2-chlor-phenol,

Benzol und Magnesium (*Tiwari, Tripathi*, J. Indian chem. Soc. **31** [1954] 841).
Kp$_{13}$: 122°.

3-[Furan-2-carbonyloxy]-*p*-cymol, Furan-2-carbonsäure-[2-isopropyl-5-methyl-phenyl=ester] $C_{15}H_{16}O_3$, Formel XI.

B. Beim Erwärmen von Furan-2-carbonylchlorid mit Thymol, Benzol und Magnesium (*Tiwari, Tripathi*, J. Indian chem. Soc. **31** [1954] 841).
Kp$_{10}$: 102°.

(±)-5*t*-[Furan-2-carbonyloxy]-(3a*r*,7a*c*)-3a,4,5,6,7,7a-hexahydro-4*t*,7*t*-methano-inden $C_{15}H_{16}O_3$, Formel XII + Spiegelbild, und **(±)-6*t*-[Furan-2-carbonyloxy]-(3a*r*,7a*c*)-3a,4,5,6,7,7a-hexahydro-4*t*,7*t*-methano-inden** $C_{15}H_{16}O_3$, Formel XIII + Spiegelbild.

Diese beiden Formeln kommen für die nachstehend beschriebene Verbindung in Betracht (vgl. *Bruson, Riener*, Am. Soc. **68** [1946] 8).

B. Beim Erwärmen von Furan-2-carbonsäure mit (±)-*endo*-Dicyclopentadien ((±)-(3a*r*,7a*c*)-3a,4,7,7a-Tetrahydro-4*c*,7*c*-methano-inden) und dem Borfluorid-Äther-Addukt (*Bruson, Riener*, Am. Soc. **67** [1945] 1178).

F: 73°; Kp$_2$: 165—167° (*Br., Ri.*, Am. Soc. **67** 1179).

XII   XIII

Furan-2-carbonsäure-[1]naphthylester $C_{15}H_{10}O_3$, Formel I.

B. Beim Behandeln von Furan-2-carbonylchlorid mit [1]Naphthol und wss. Natron=lauge (*Dakshinamurthy, Saharia*, J. scient. ind. Res. India **15** B [1956] 69, 71) oder mit [1]Naphthol, Benzol und Magnesium (*Sen, Bhattacharji*, J. Indian chem. Soc. **31** [1954] 581).

Krystalle; F: 51—52° [aus wss. A.] (*Da., Sa.*), 41—43° (*Sen, Bh.*).

Furan-2-carbonsäure-[2]naphthylester $C_{15}H_{10}O_3$, Formel II.

B. Beim Behandeln von Furan-2-carbonylchlorid mit [2]Naphthol und wss. Natron=lauge (*Dakshinamurthy, Saharia*, J. scient. ind. Res. India **15** B [1956] 69, 71) oder mit [2]Naphthol, Benzol und Magnesium (*Sen, Bhattacharji*, J. Indian chem. Soc. **31** [1954] 581).

Krystalle; F: 120—121° (*Sen, Bh.*), 119—120° [aus wss. A.] (*Da., Sa.*).

2-[Furan-2-carbonyloxy]-äthanol, Furan-2-carbonsäure-[2-hydroxy-äthylester] $C_7H_8O_4$, Formel III (R = H).

B. Beim Behandeln von Furan-2-carbonsäure mit Äthylenglykol, Toluol und wenig Toluol-4-sulfonsäure (*Eastman Kodak Co.*, U.S.P. 2198000 [1938]). Beim Behandeln von Furan-2-carbonsäure mit Äthylenoxid und wenig Eisen(III)-chlorid (*Gilman, Yale*, Am. Soc. **72** [1950] 3593). Beim Behandeln von Furan-2-carbonylchlorid mit Äthylen=glykol und wss. Natronlauge (*Eastman Kodak Co.*).

F: 63—65°; Kp$_{15}$: 161—162° (*Gi., Yale*).

I   II   III

Furan-2-carbonsäure-[2-butoxy-äthylester] $C_{11}H_{16}O_4$, Formel III (R = [CH$_2$]$_3$-CH$_3$).

B. Beim Behandeln von Furan-2-carbonylchlorid mit 2-Butoxy-äthanol und wss. Natronlauge sowie beim Erhitzen von Furan-2-carbonsäure mit 2-Butoxy-äthanol, Toluol (oder Xylol) und wenig Toluol-4-sulfonsäure (*Eastman Kodak Co.*, U.S.P. 2198000 [1938]).

Kp_{14}: 150—155°.

1-[2-Äthoxy-äthoxy]-2-[furan-2-carbonyloxy]-äthan, Furan-2-carbonsäure-[2-(2-äth=oxy-äthoxy)-äthylester], *O*-Äthyl-*O'*-[furan-2-carbonyl]-diäthylenglykol $C_{11}H_{16}O_5$, Formel III (R = CH_2-CH_2-O-C_2H_5).

B. Beim Behandeln von Furan-2-carbonylchlorid mit *O*-Äthyl-diäthylenglykol und wss. Natronlauge sowie beim Erhitzen von Furan-2-carbonsäure mit *O*-Äthyl-diäthylen= glykol, Toluol (oder Xylol) und wenig Toluol-4-sulfonsäure (*Eastman Kodak Co.*, U.S.P. 2198000 [1938]).

Bei 160—168°/10 Torr destillierbar.

1-[2-Butoxy-äthoxy]-2-[furan-2-carbonyloxy]-äthan, Furan-2-carbonsäure-[2-(2-but=oxy-äthoxy)-äthylester], *O*-Butyl-*O'*-[furan-2-carbonyl]-diäthylenglykol $C_{13}H_{20}O_5$, Formel III (R = CH_2-CH_2-O-$[CH_2]_3$-CH_3).

B. Beim Behandeln von Furan-2-carbonylchlorid mit *O*-Butyl-diäthylenglykol und wss. Natronlauge sowie beim Erhitzen von Furan-2-carbonsäure mit *O*-Butyl-diäthylen= glykol, Toluol (oder Xylol) und wenig Toluol-4-sulfonsäure (*Eastman Kodak Co.*, U.S.P. 2198000 [1938]).

Bei 175—185°/15 Torr destillierbar.

1,2-Bis-[2-(furan-2-carbonyloxy)-äthoxy]-äthan, *O,O'*-Bis-[furan-2-carbonyl]-triäthylenglykol $C_{16}H_{18}O_8$, Formel IV.

B. Beim Erhitzen von Furan-2-carbonylchlorid mit Triäthylenglykol und wss. Natron= lauge auf 205° (*Eastman Kodak Co.*, U.S.P. 2198000 [1938]).

F: 61—63°.

IV

Bis-[2-(furan-2-carbonyloxy)-äthyl]-äther, *O,O'*-Bis-[furan-2-carbonyl]-diäthylen=glykol $C_{14}H_{14}O_7$, Formel V.

B. Beim Erhitzen von Furan-2-carbonsäure mit Diäthylenglykol, Xylol und wenig Toluol-4-sulfonsäure (*Eastman Kodak Co.*, U.S.P. 2198000 [1938]).

Krystalle (aus A.); F: 65—66°.

1,2-Bis-[furan-2-carbonyloxy]-äthan $C_{12}H_{10}O_6$, Formel VI (n = 2).

B. Beim Erhitzen von Furan-2-carbonsäure mit Äthylenglykol bis auf 210° (*Abramowa, Egorowa*, Ž. prikl. Chim. **23** [1950] 976; C. A. **1952** 10148) oder mit Äthylenglykol, Toluol (oder Xylol) und wenig Toluol-4-sulfonsäure (*Eastman Kodak Co.*, U.S.P. 2198000 [1938]). Beim Behandeln von Furan-2-carbonylchlorid mit Äthylenglykol und wss. Natronlauge (*Eastman Kodak Co.*).

Krystalle; F: 110—111° (*Eastman Kodak Co.*). Kp_{15}: 225—230° (*Eastman Kodak Co.*).

V   VI

(±)-1-Chlor-3-[furan-2-carbonyloxy]-propan-2-ol, (±)-Furan-2-carbonsäure-[3-chlor-2-hydroxy-propylester] $C_8H_9ClO_4$, Formel VII.

B. Beim Behandeln von Furan-2-carbonsäure mit (±)-Epichlorhydrin und wenig Eisen(III)-chlorid (*Gilman, Yale*, Am. Soc. **72** [1950] 3593).

Kp_{15}: 191°. n_D^{26}: 1,5191.

1,3-Bis-[furan-2-carbonyloxy]-propan $C_{13}H_{12}O_6$, Formel VI (n = 3).

B. Beim Behandeln von Furan-2-carbonylchlorid mit Propan-1,3-diol und wss. Natron≈
lauge sowie beim Erhitzen von Furan-2-carbonsäure mit Propan-1,3-diol, Toluol (oder
Xylol) und wenig Toluol-4-sulfonsäure (*Eastman Kodak Co.*, U.S.P. 2198000 [1938]).
Kp_{12}: 220—225°.

1,5-Bis-[furan-2-carbonyloxy]-pentan $C_{15}H_{16}O_6$, Formel VI (n = 5).

B. Beim Erhitzen von Furan-2-carbonsäure mit Pentan-1,5-diol, Xylol und wenig
Toluol-4-sulfonsäure (*Sun Oil Co.*, U.S.P. 2578246 [1948]).

F: ca. 12—15°; bei 240—260°/4 Torr destillierbar; D_4^{20}: 1,189; n_D^{20}: 1,5118 (unreines
Präparat).

Furan-2-carbonsäure-[2-methoxy-phenylester] $C_{12}H_{10}O_4$, Formel VIII.

B. Beim Behandeln von Furan-2-carbonylchlorid mit 2-Methoxy-phenol und wss.
Natronlauge (*Gilman et al.*, Iowa Coll. J. **7** [1933] 419, 421).

F: 76°. Kp_5: 175°.

VII   VIII   IX

1,2-Bis-[furan-2-carbonyloxy]-benzol $C_{16}H_{10}O_6$, Formel IX.

B. Beim Erwärmen von Furan-2-carbonylchlorid mit Brenzcatechin (*Gilman et al.*,
Iowa Coll. J. **7** [1933] 419, 425).

Krystalle (aus A.); F: 116°.

1,3-Bis-[furan-2-carbonyloxy]-benzol $C_{16}H_{10}O_6$, Formel X (H 275; dort als Difur≈
furoylresorcin bezeichnet).

B. Beim Behandeln von Furan-2-carbonylchlorid mit Resorcin und wss. Kalilauge
(*Gilman et al.*, Iowa Coll. J. **7** [1933] 419, 421).

F: 130°.

4-[Furan-2-carbonyloxy]-phenol, Furan-2-carbonsäure-[4-hydroxy-phenylester] $C_{11}H_8O_4$,
Formel XI.

B. Beim Behandeln von Furan-2-carbonylchlorid mit Hydrochinon und Aluminium≈
chlorid in Schwefelkohlenstoff oder Nitrobenzol (*Gilman, Dickey*, R. **52** [1933] 389, 393).

F: 193—195°.

X   XI   XII

1,4-Bis-[furan-2-carbonyloxy]-benzol $C_{16}H_{10}O_6$, Formel XII.

B. Beim Erhitzen von Furan-2-carbonylchlorid mit Hydrochinon bis auf 175° (*Gilman et al.*, Iowa Coll. J. **7** [1933] 419, 424).

Krystalle (aus Acn.); F: 200°.

**3-[Furan-2-carbonyloxy]-östra-1,3,5(10)-trien-17β-ol, Furan-2-carbonsäure-[17β-hydr≈
oxy-östra-1,3,5(10)-trien-3-ylester]** $C_{23}H_{26}O_4$, Formel I.

B. Beim Erwärmen von Furan-2-carbonylchlorid mit Östradiol (Östra-1,3,5(10)-trien-
3,17β-diol) und wss. Alkalilauge (*Morren*, J. Pharm. Belg. **23** [1941] 56).

Krystalle (aus wss. A.); F: 195°.

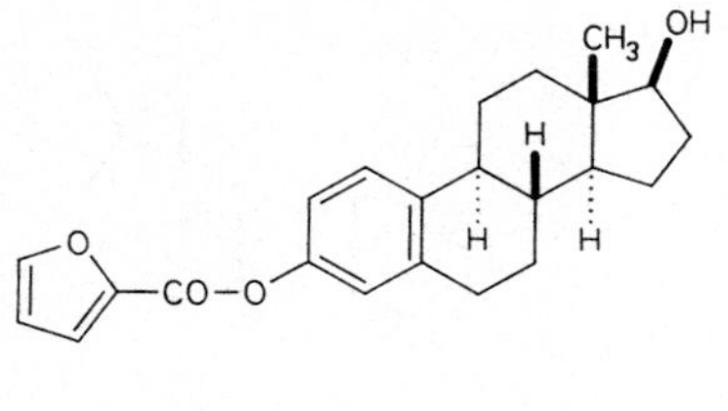

I 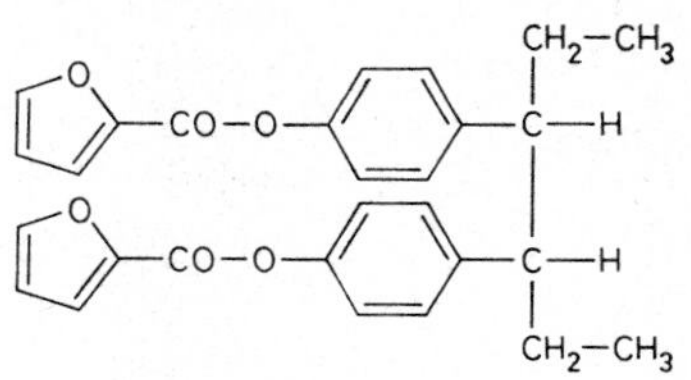   II

meso-3,4-Bis-[4-(furan-2-carbonyloxy)-phenyl]-hexan, meso-α,α′-Diäthyl-4,4′-bis-[furan-2-carbonyloxy]-bibenzyl, Bis-O-[furan-2-carbonyl]-hexöstrol $C_{28}H_{26}O_6$, Formel II.

B. Beim Behandeln von Furan-2-carbonylchlorid mit Hexöstrol (*meso-α,α′*-Diäthyl-bibenzyl-4,4′-diol [E III **6** 5503]) und Pyridin (*Colonna*, Boll. scient. Fac. Chim. ind. Bologna **6** [1948] 38).

Krystalle (aus A.); F: 177—178°.

3,4-Bis-[4-(furan-2-carbonyloxy)-phenyl]-hexa-2t,4t-dien, α,α′-Di-[(E)-äthyliden]-4,4′-bis-[furan-2-carbonyloxy]-bibenzyl, Bis-O-[furan-2-carbonyl]-dienöstrol $C_{28}H_{22}O_6$, Formel III.

B. Beim Behandeln von Furan-2-carbonylchlorid mit Dienöstrol (α,α′-Di-[(E)-äthyliden]-bibenzyl-4,4′-diol [E III **6** 5713]) und Pyridin (*Colonna*, Boll. scient. Fac. Chim. ind. Bologna **6** [1948] 38).

Krystalle (aus Eg.); F: 181—182°.

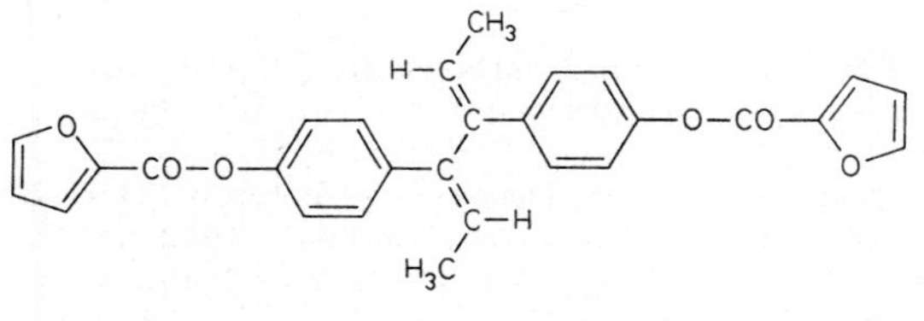

III 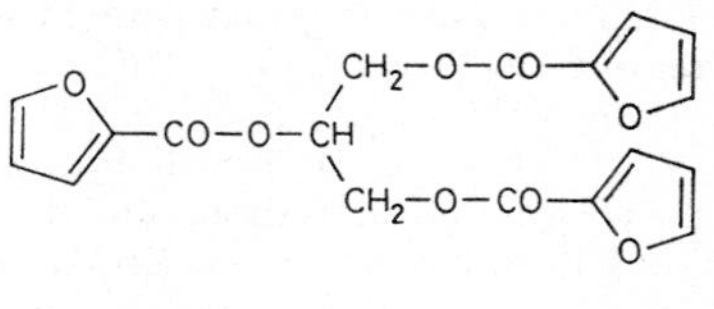   IV

1,2,3-Tris-[furan-2-carbonyloxy]-propan, Tris-O-[furan-2-carbonyl]-glycerin $C_{18}H_{14}O_9$, Formel IV.

B. Beim Behandeln von Furan-2-carbonylchlorid mit Glycerin, Pyridin und Benzol (*Skraup, Hedler*, B. **85** [1952] 1161, 1167). Beim Erhitzen von Furan-2-carbonsäure mit Glycerin bis auf 240° (*Abramowa, Egorowa*, Ž. prikl. Chim. **23** [1950] 976, 978; C. A. **1952** 10148).

Krystalle; F: 98—99° [aus A.] (*Ab., Eg.*), 96° (*Sk., He.*).

Beim Erhitzen auf 347° sind Furan-2-carbonsäure-allenylester ($C_8H_6O_3$) und kleine Mengen von Furan-2-carbonsäure-prop-2-inylester erhalten worden (*Sk., He.*).

1-[2-(Furan-2-carbonyloxy)-phenyl]-äthanon, Furan-2-carbonsäure-[2-acetyl-phenylester] $C_{13}H_{10}O_4$, Formel V.

B. Beim Behandeln von Furan-2-carbonylchlorid mit 1-[2-Hydroxy-phenyl]-äthanon und Pyridin (*Ollis, Weight*, Soc. **1952** 3826, 3829).

Krystalle (aus A.); F: 92°.

Beim Behandeln mit Kaliumhydroxid in Pyridin und Behandeln des Reaktionsgemisches mit wss. Essigsäure ist 1-[2]Furyl-3-[2-hydroxy-phenyl]-propan-1,3-dion erhalten worden.

2-[Furan-2-carbonyloxy]-1-phenyl-äthanon, Furan-2-carbonsäure-phenacylester $C_{13}H_{10}O_4$, Formel VI (R = H).

B. Beim Behandeln einer Lösung des Natrium-Salzes der Furan-2-carbonsäure in Wasser mit Phenacylbromid in Äthanol (*Kleene*, Am. Soc. **68** [1946] 718).

Krystalle (aus wss. A.); F: 85—86°.

V   VI   VII

17β-[Furan-2-carbonyloxy]-androst-4-en-3-on, Furan-2-carbonsäure-[3-oxo-androst-4-en-17β-ylester], O-[Furan-2-carbonyl]-testosteron $C_{24}H_{30}O_4$, Formel VII.

B. Beim Behandeln von Furan-2-carbonylchlorid mit Testosteron (17β-Hydroxy-androst-4-en-3-on) und Pyridin (*Gould et al.*, Am. Soc. **79** [1957] 4472, 4474; s. a. *Mooradian et al.*, Am. Soc. **71** [1949] 3372).

Krystalle; F: 227—230° [korr.; aus Me. oder aus Me. + Bzl.] (*Go. et al.*), 221° [unkorr.; aus PAe.] (*Mo. et al.*). $[\alpha]_D^{25}$: +149,5° [Dioxan] (*Go. et al.*); $[\alpha]_D^{27}$: +170,5° [CHCl₃; c = 1] (*Mo. et al.*). Absorptionsmaximum (A.): 244—246 nm (*Mo. et al.*).

1-Biphenyl-4-yl-2-[furan-2-carbonyloxy]-äthanon, Furan-2-carbonsäure-[4-phenyl-phenacylester] $C_{19}H_{14}O_4$, Formel VI (R = C_6H_5).

B. Beim Behandeln einer Lösung des Natrium-Salzes der Furan-2-carbonsäure in Wasser mit 1-Biphenyl-4-yl-2-brom-äthanon in Äthanol (*Kleene*, Am. Soc. **68** [1946] 718).

Krystalle (aus wss. A.); F: 110—111°.

21-[Furan-2-carbonyloxy]-pregn-4-en-3,20-dion, Furan-2-carbonsäure-[3,20-dioxo-pregn-4-en-21-ylester], O-[Furan-2-carbonyl]-desoxycorticosteron $C_{26}H_{32}O_5$, Formel VIII.

B. Beim Behandeln von Furan-2-carbonylchlorid mit Desoxycorticosteron (21-Hydroxy-pregn-4-en-3,20-dion) und Pyridin bei −15° (*CIBA*, D.B.P. 931947 [1952]; U.S.P. 2734056 [1952]). Beim Erwärmen des Natrium-Salzes der Furan-2-carbonsäure mit 21-Chlor-pregn-4-en-3,20-dion in Aceton (*CIBA*). Beim Erhitzen von Furan-2-carbonsäure mit 3β-Hydroxy-21-diazo-pregn-5-en-20-on in Xylol und Behandeln des Reaktionsprodukts mit Cyclohexanon und Aluminiumisopropylat (*CIBA*).

Krystalle (aus Acn. + Me.); F: 178,5—179,5°. $[\alpha]_D^{21}$: +208° [CHCl₃].

VIII   IX

2-[β-(Furan-2-carbonyloxy)-ξ-styryl]-1,4-diphenyl-but-2ξ-en-1,4-dion, Furan-2-carbonsäure-[3-benzoyl-5-oxo-1,5-diphenyl-penta-1,3ξ-dien-ξ-ylester] $C_{29}H_{20}O_5$, Formel IX.

B. Beim Behandeln von Furan-2-carbonylchlorid mit 3-Benzoyl-1,5-diphenyl-pent-2-en-1,5-dion (F: 121—123°) und Pyridin (*Devitt et al.*, Soc. **1958** 510).

Gelbbraune Krystalle (aus A.); F: 158—160°.

21-[Furan-2-carbonyloxy]-17-hydroxy-pregn-4-en-3,20-dion, Furan-2-carbonsäure-[17-hydroxy-3,20-dioxo-pregn-4-en-21-ylester] $C_{26}H_{32}O_6$, Formel X.

B. Beim Behandeln von Furan-2-carbonylchlorid mit 17,21-Dihydroxy-pregn-4-en-3,20-dion und Pyridin bei −15° (*CIBA*, D.B.P. 931947 [1952]; U.S.P. 2734056 [1952]).

Krystalle (aus CHCl₃ + A.); F: 223—223,5°. $[\alpha]_D^{20}$: +182° [CHCl₃; c = 1].

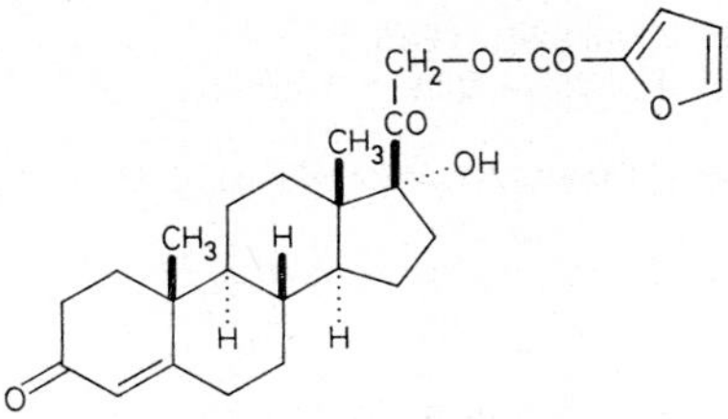

X 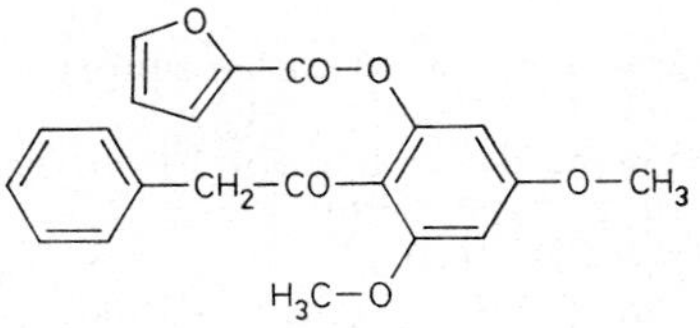   XI

2-[Furan-2-carbonyloxy]-4,6-dimethoxy-desoxybenzoin, Furan-2-carbonsäure-[4,6-dimethoxy-α-oxo-bibenzyl-2-ylester] $C_{21}H_{18}O_6$, Formel XI.

B. Beim Behandeln von Furan-2-carbonylchlorid mit 2-Hydroxy-4,6-dimethoxy-desoxybenzoin und Pyridin (*Ollis, Weight,* Soc. **1952** 3826, 3830).

Krystalle (aus A.); F: 116°.

21-[Furan-2-carbonyloxy]-11β,17-dihydroxy-pregn-4-en-3,20-dion, Furan-2-carbonsäure-[11β,17-dihydroxy-3,20-dioxo-pregn-4-en-21-ylester] $C_{26}H_{32}O_7$, Formel XII.

B. Beim Behandeln von Furan-2-carbonylchlorid mit Hydrocortison (11β,17,21-Trihydroxy-pregn-4-en-3,20-dion) und Pyridin (*CIBA,* D.B.P. 931947 [1952]).

Krystalle (aus Acn. + Me.); F: 238,5—241,5°.

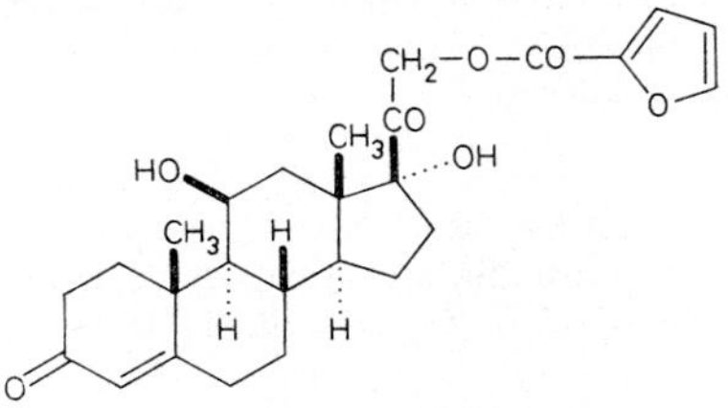

XII 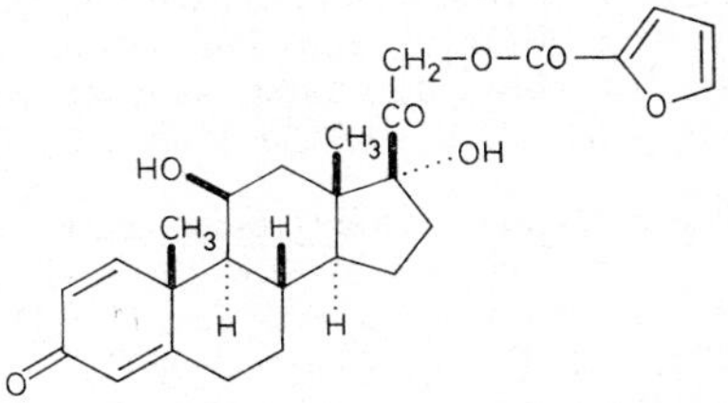   XIII

21-[Furan-2-carbonyloxy]-11β,17-dihydroxy-pregna-1,4-dien-3,20-dion, Furan-2-carbonsäure-[11β,17-dihydroxy-3,20-dioxo-pregna-1,4-dien-21-ylester] $C_{26}H_{30}O_7$, Formel XIII.

B. Beim Behandeln von Furan-2-carbonsäure-anhydrid mit 11β,17,21-Trihydroxy-pregna-1,4-dien-3,20-dion und Pyridin (*Schering Corp.,* U.S.P. 2783226 [1955]).

Krystalle (aus wss. Acn.); F: 240—242° [Zers.].

21-[Furan-2-carbonyloxy]-17-hydroxy-pregn-4-en-3,11,20-trion, Furan-2-carbonsäure-[17-hydroxy-3,11,20-trioxo-pregn-4-en-21-ylester] $C_{26}H_{30}O_7$, Formel I.

B. Beim Behandeln von Furan-2-carbonylchlorid mit Cortison (17,21-Dihydroxy-pregn-4-en-3,11,20-trion) und Pyridin bei −15° (*CIBA,* D.B.P. 931947 [1952]; U.S.P. 2734056 [1952]).

Krystalle (aus A. + CHCl₃); F: 255—257°. $[\alpha]_D^{20}$: +242° [CHCl₃; c = 0,5].

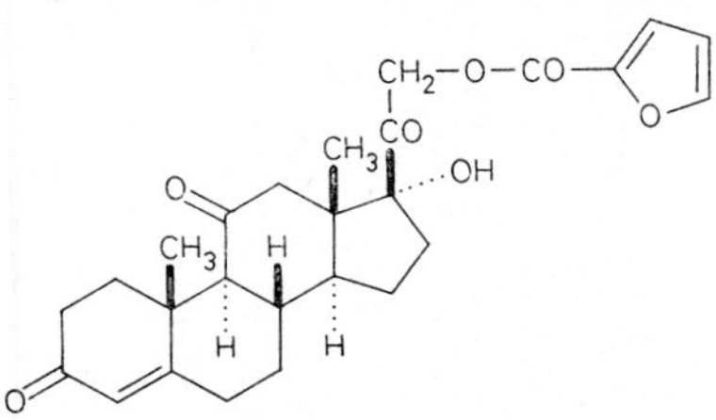

I 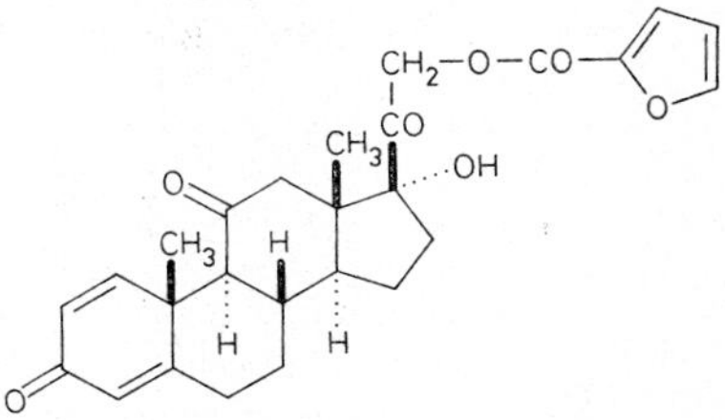   II

21-[Furan-2-carbonyloxy]-17-hydroxy-pregna-1,4-dien-3,11,20-trion, Furan-2-carbonsäure-[17-hydroxy-3,11,20-trioxo-pregna-1,4-dien-21-ylester] $C_{26}H_{28}O_7$, Formel II.

B. Beim Behandeln von Furan-2-carbonylchlorid mit 17,21-Dihydroxy-pregna-1,4-dien-

3,11,20-trion und Pyridin (*Schering Corp.*, U.S.P. 2783226 [1955]).
Krystalle (aus Bzl. + Me.); F: 233—235° und F: 251—254° [dimorph].

Essigsäure-[furan-2-carbonsäure]-anhydrid, Acetyl-[furan-2-carbonyl]-oxid $C_7H_6O_4$, Formel III (R = CO-CH$_3$).
B. Beim Behandeln von Furan-2-carbonsäure mit Keten in Äther (*Hurd, Dull*, Am. Soc. **54** [1932] 3427, 3430).
Kp$_5$: 109—110°.
Beim Erhitzen unter Normaldruck sind Furan-2-carbonsäure-anhydrid und Acet-anhydrid erhalten worden. Reaktion mit Anilin unter Bildung von Acetanilid und Furan-2-carbonsäure: *Hurd, Dull*.

[Furan-2-carbonsäure]-trifluoressigsäure-anhydrid, [Furan-2-carbonyl]-trifluoracetyl-oxid $C_7H_3F_3O_4$, Formel III (R = CO-CF$_3$).
B. Beim Behandeln von Furan-2-carbonylchlorid mit Silber-trifluoracetat in Äther (*Ferris, Emmons*, Am. Soc. **75** [1953] 232). Beim Behandeln von Furan-2-carbonsäure mit Trifluoressigsäure-anhydrid in Dibutyläther (*Emmons et al.*, Am. Soc. **75** [1953] 6047).
Kp$_{0,6}$: 42—43°; n_D^{20}: 1,4310 (*Fe., Em.*).
An feuchter Luft erfolgt Hydrolyse (*Fe., Em.*).

[Furan-2-carbonyloxy]-essigsäure-äthylester $C_9H_{10}O_5$, Formel III (R = CH$_2$-CO-O-C$_2$H$_5$).
B. Beim Erhitzen des Natrium-Salzes der Furan-2-carbonsäure mit Chloressigsäure-äthylester, Pyridin und Toluol bis auf 150° (*Dowlatjan, Tschakrjan*, Izv. Armjansk. Akad. Ser. chim. **12** [1959] 417, 429; C. A. **1961** 27250).
Kp$_2$: 134—135°. D^{20}: 1,2158. n_D^{20}: 1,4858.

2-[Furan-2-carbonyloxy]-benzoesäure $C_{12}H_8O_5$, Formel IV (R = H).
B. Beim Behandeln von Furan-2-carbonylchlorid mit Salicylsäure, *N,N*-Dimethyl-anilin und Benzol (*Bayer & Co.*, U.S.P. 2140052 [1936]; *I.G. Farbenind.*, D.R.P. 704909 [1937]; D.R.P. Org. Chem. **6** 2347).
Krystalle (aus Bzl. oder wss. A.); F: 131—133° (*I.G. Farbenind.*).

2-[Furan-2-carbonyloxy]-4-methyl-benzoesäure $C_{13}H_{10}O_5$, Formel IV (R = CH$_3$).
B. Beim Behandeln von Furan-2-carbonylchlorid mit 2-Hydroxy-4-methyl-benzoesäure, *N,N*-Dimethyl-anilin und Benzol (*I.G. Farbenind.*, D.R.P. 704909 [1937]; D.R.P. Org. Chem. **6** 2347).
Krystalle (aus Bzl. + PAe.); F: 139°.

Furan-2-carbonsäure-[2-dimethylamino-äthylester] $C_9H_{13}NO_3$, Formel V (R = X = CH$_3$).
B. Beim Erwärmen von Furan-2-carbonylchlorid mit 2-Dimethylamino-äthanol und Benzol (*Mndshojan, Ž. obšč. Chim.* **16** [1946] 751, 754; C. A. **1947** 2033; *Mndshojan, Grigorjan*, Doklady Akad. Armjansk. S.S.R. **17** [1953] 107, 108).
Kp$_{20}$: 145—146° (*Mn.; Mn., Gr.*). D$_4^{20}$: 1,0784; n_D^{20}: 1,4854 (*Mn., Gr.*, l. c. S. 110).
Hydrochlorid $C_9H_{13}NO_3$·HCl. Krystalle; F: 183° (*Mn.; Mn., Gr.*, l. c. S. 111).
Hydrobromid. Krystalle; F: 146—147° (*Mn., Gr.*, l. c. S. 111).
Picrat. F: 155—156° (*Mn.*, l. c. S. 753).

III   IV   V

[2-(Furan-2-carbonyloxy)-äthyl]-trimethyl-ammonium, Furan-2-carbonsäure-[2-tri-methylammonio-äthylester], O-[Furan-2-carbonyl]-cholin $[C_{10}H_{16}NO_3]^+$, Formel VI (R = X = CH$_3$).
Chlorid $[C_{10}H_{16}NO_3]$Cl. *B.* Beim Erwärmen von Furan-2-carbonylchlorid mit Cholin-

chlorid [[2-Hydroxy-äthyl]-trimethyl-ammonium-chlorid] (*Bell, Carr,* J. Am. pharm. Assoc. **36** [1947] 272).

Perchlorat [$C_{10}H_{16}NO_3$]ClO_4. Krystalle; F: 143—144° [Fisher-Johns-App.] (*Bell, Carr*). In Aceton leicht löslich, in Wasser löslich, in wasserfreiem Äthanol schwer löslich (*Bell, Carr*).

Jodid [$C_{10}H_{16}NO_3$]I. *B.* Beim Behandeln von Furan-2-carbonsäure-[2-dimethylamino-äthylester] mit Methyljodid und Äther (*Mndshojan, Grigorjan,* Doklady Akad. Armjansk. S.S.R. **17** [1953] 107, 109). — Krystalle; F: 184—185° (*Mn., Gr.,* l. c. S. 112).

Äthyl-[2-(furan-2-carbonyloxy)-äthyl]-dimethyl-ammonium, Furan-2-carbonsäure-[2-(äthyl-dimethyl-ammonio)-äthylester] [$C_{11}H_{18}NO_3$]$^+$, Formel VI (R = CH_3, X = C_2H_5).

Jodid [$C_{11}H_{18}NO_3$]I. *B.* Beim Behandeln von Furan-2-carbonsäure-[2-dimethylamino-äthylester] mit Äthyljodid und Äther (*Mndshojan, Grigorjan,* Doklady Akad. Armjansk. S.S.R. **17** [1953] 107, 109). — Krystalle; F: 123—124° (*Mn., Gr.,* l. c. S. 112).

Furan-2-carbonsäure-[2-diäthylamino-äthylester] $C_{11}H_{17}NO_3$, Formel V (R = X = C_2H_5) (E II 267).

B. Beim Erwärmen von Furan-2-carbonylchlorid mit 2-Diäthylamino-äthanol und Benzol (*Mndshojan,* Ž. obšč. Chim. **16** [1946] 751, 755; C. A. **1947** 2033; *Mndshojan, Grigorjan,* Doklady Akad. Armjansk. S.S.R. **17** [1953] 107, 108; vgl. E II 267). Beim Behandeln von Furan-2-carbonylazid mit 2-Diäthylamino-äthanol (*Hutton,* J. org. Chem. **20** [1955] 808, 810).

Kp_{22}: 175° (*Mn.*). Kp_{22}: 175—176°; D_4^{20}: 1,0102; n_D^{20}: 1,4820 (*Mn., Gr.,* l. c. S. 110). Hydrochlorid $C_{11}H_{17}NO_3 \cdot HCl$ (E II 267). F: 132° (*Mn.; Mn., Gr.,* l. c. S. 110), 130,4—131,9° [korr.; aus A. + Ae.] (*Cook, Kreke,* Am. Soc. **62** [1940] 1951). Ober-flächenspannung einer wss. Lösung: *Cook, Kr.*

Hydrobromid. Krystalle; F: 113—114° (*Mn., Gr.,* l. c. S. 110).
Picrat. F: 105—106° (*Mn.,* l. c. S. 753).

Diäthyl-[2-(furan-2-carbonyloxy)-äthyl]-methyl-ammonium, Furan-2-carbonsäure-[2-(diäthyl-methyl-ammonio)-äthylester] [$C_{12}H_{20}NO_3$]$^+$, Formel VI (R = C_2H_5, X = CH_3).

Jodid [$C_{12}H_{20}NO_3$]I. *B.* Beim Behandeln von Furan-2-carbonsäure-[2-diäthylamino-äthylester] mit Methyljodid und Äther (*Mndshojan, Grigorjan,* Doklady Akad. Armjansk. S.S.R. **17** [1953] 107, 109). — Krystalle; F: 107—108° (*Mn., Gr.,* l. c. S. 112).

Triäthyl-[2-(furan-2-carbonyloxy)-äthyl]-ammonium, Furan-2-carbonsäure-[2-triäthyl⸗ ammonio-äthylester] [$C_{13}H_{22}NO_3$]$^+$, Formel VI (R = X = C_2H_5).

Jodid [$C_{13}H_{22}NO_3$]I. *B.* Beim Behandeln von Furan-2-carbonsäure-[2-diäthylamino-äthylester] mit Äthyljodid und Äther (*Mndshojan, Grigorjan,* Doklady Akad. Armjansk. S.S.R. **17** [1953] 107, 109). — Krystalle; F: 138—139° (*Mn., Gr.,* l. c. S. 112).

Furan-2-carbonsäure-[2-dibutylamino-äthylester] $C_{15}H_{25}NO_3$, Formel V (R = X = [CH_2]$_3$-CH_3).

B. Beim Behandeln von Furan-2-carbonylchlorid mit 2-Dibutylamino-äthanol und wss. Natronlauge (*Cook, Kreke,* Am. Soc. **62** [1940] 1951).

Hydrobromid $C_{15}H_{25}NO_3 \cdot HBr$. F: 90,9—91,9°. Oberflächenspannung einer wss. Lösung: *Cook, Kr.*

1-[N-Äthyl-anilino]-2-[furan-2-carbonyloxy]-äthan, Furan-2-carbonsäure-[2-(N-äthyl-anilino)-äthylester] $C_{15}H_{17}NO_3$, Formel V (R = C_2H_5, X = C_6H_5).

B. Beim Behandeln von Furan-2-carbonylchlorid mit 2-[N-Äthyl-anilino]-äthanol und wss. Natronlauge (*Cook, Kreke,* Am. Soc. **62** [1940] 1951).

Hydrobromid $C_{15}H_{17}NO_3 \cdot HBr$. F: 119,5—122,5° [korr.]. Oberflächenspannung einer wss. Lösung: *Cook, Kr.*

       VI   VII   VIII

Furan-2-carbonsäure-[3-dimethylamino-propylester] $C_{10}H_{15}NO_3$, Formel VII (R = CH_3).
B. Beim Erwärmen von Furan-2-carbonylchlorid mit 3-Dimethylamino-propan-1-ol und Benzol (*Mndshojan, Ž. obšč. Chim.* **16** [1946] 751, 756; C. A. **1947** 2033; *Mndshojan, Grigorjan*, Doklady Akad. Armjansk. S.S.R. **17** [1953] 107, 108).
Kp_{20}: 134—135° (*Mn.*). D_4^{20}: 1,0584; n_D^{20}: 1,4833 (*Mn., Gr.*, l. c. S. 110).
Hydrochlorid $C_{10}H_{15}NO_3 \cdot HCl$. Krystalle; F: 157° (*Mn., Gr.*, l. c. S. 111), 151° [aus Acn.] (*Mn.*).
Hydrobromid. F: 150—151° (*Mn., Gr.*, l. c. S. 111).
Picrat. F: 189—190° (*Mn.*, l. c. S. 753).

[3-(Furan-2-carbonyloxy)-propyl]-trimethyl-ammonium, Furan-2-carbonsäure-[3-tri=methylammonio-propylester] $[C_{11}H_{18}NO_3]^+$, Formel VIII (R = X = CH_3).
Jodid $[C_{11}H_{18}NO_3]I$. *B.* Beim Behandeln von Furan-2-carbonsäure-[3-dimethylamino-propylester] mit Methyljodid und Äther (*Mndshojan, Grigorjan*, Doklady Akad. Armjansk. S.S.R. **17** [1953] 107, 109). — Krystalle; F: 183—184° (*Mn., Gr.*, l. c. S. 112).

Äthyl-[3-(furan-2-carbonyloxy)-propyl]-dimethyl-ammonium, Furan-2-carbonsäure-[3-(äthyl-dimethyl-ammonio)-propylester] $[C_{12}H_{20}NO_3]^+$, Formel VIII (R = CH_3, X = C_2H_5).
Jodid $[C_{12}H_{20}NO_3]I$. *B.* Beim Behandeln von Furan-2-carbonsäure-[3-dimethylamino-propylester] mit Äthyljodid und Äther (*Mndshojan, Grigorjan*, Doklady Akad. Armjansk. S.S.R. **17** [1953] 107, 109). — Krystalle; F: 155—156° (*Mn., Gr.*, l. c. S. 112).

Furan-2-carbonsäure-[3-diäthylamino-propylester] $C_{12}H_{19}NO_3$, Formel VII (R = C_2H_5).
B. Beim Erwärmen von Furan-2-carbonylchlorid mit 3-Diäthylamino-propan-1-ol und Benzol (*Cook, Kreke*, Am. Soc. **62** [1940] 1951; *Mndshojan, Ž. obšč. Chim.* **16** [1946] 751, 756; C. A. **1947** 2033; *Mndshojan, Grigorjan*, Doklady Akad. Armjansk. S.S.R. **17** [1953] 107, 108).
Kp_{15}: 173° (*Mn.*); Kp_{15}: 173—174°; D_4^{20}: 1,0088; n_D^{20}: 1,4795 (*Mn., Gr.*, l. c. S. 110).
Hydrochlorid $C_{12}H_{19}NO_3 \cdot HCl$. Krystalle; F: 132—134° [korr.; aus A. + Ae.] (*Cook, Kr.*), 132° [aus Acn.] (*Mn.*). Oberflächenspannung einer wss. Lösung: *Cook, Kr.*
Hydrobromid. F: 96—98° (*Mn., Gr.*, l. c. S. 111).
Picrat. F: 110—112° (*Mn.*, l. c. S. 753).

Diäthyl-[3-(furan-2-carbonyloxy)-propyl]-methyl-ammonium, Furan-2-carbonsäure-[3-(diäthyl-methyl-ammonio)-propylester] $[C_{13}H_{22}NO_3]^+$, Formel VIII (R = C_2H_5, X = CH_3).
Jodid $[C_{13}H_{22}NO_3]I$. *B.* Beim Behandeln von Furan-2-carbonsäure-[3-diäthylamino-propylester] mit Methyljodid und Äther (*Mndshojan, Grigorjan*, Doklady Akad. Armjansk. S.S.R. **17** [1953] 107, 109). — Krystalle; F: 76—77° (*Mn., Gr.*, l. c. S. 112).

Triäthyl-[3-(furan-2-carbonyloxy)-propyl]-ammonium, Furan-2-carbonsäure-[3-triäthyl=ammonio-propylester] $[C_{14}H_{24}NO_3]^+$, Formel VIII (R = X = C_2H_5).
Jodid $[C_{14}H_{24}NO_3]I$. *B.* Beim Behandeln von Furan-2-carbonsäure-[3-diäthylamino-propylester] mit Äthyljodid und Äther (*Mndshojan, Grigorjan*, Doklady Akad. Armjansk. S.S.R. **17** [1953] 107, 109). — Krystalle; F: 132—133° (*Mn., Gr.*, l. c. S. 112).

Furan-2-carbonsäure-[3-dipropylamino-propylester] $C_{14}H_{23}NO_3$, Formel VII (R = CH_2-CH_2-CH_3).
B. Beim Erwärmen von Furan-2-carbonylchlorid mit 3-Dipropylamino-propan-1-ol und Benzol (*Mndshojan, Ž. obšč. Chim.* **16** [1946] 751, 756; C. A. **1947** 2033).
Kp_{11}: 167—168°.
Hydrochlorid. F: 113° (*Mn.*, l. c. S. 753). Hygroskopisch (*Mn.*, l. c. S. 757).

Furan-2-carbonsäure-[3-dibutylamino-propylester] $C_{16}H_{27}NO_3$, Formel VII (R = $[CH_2]_3$-CH_3).
B. Beim Behandeln von Furan-2-carbonylchlorid mit 3-Dibutylamino-propan-1-ol und wss. Natronlauge (*Cook, Kreke*, Am. Soc. **62** [1940] 1951).
Hydrobromid $C_{16}H_{27}NO_3 \cdot HBr$. F: 93,6—95,6° [korr.]. Oberflächenspannung einer wss. Lösung: *Cook, Kr.*

Furan-2-carbonsäure-[β,β′-bis-dimethylamino-isopropylester] $C_{12}H_{20}N_2O_3$, Formel IX (R = CH₃).

B. Beim Behandeln von Furan-2-carbonylchlorid mit 1,3-Bis-dimethylamino-propan-2-ol und Benzol und Erhitzen des Reaktionsgemisches bis auf 110° (*Mndshojan*, Ž. obšč. Chim. **16** [1946] 751, 762; C. A. **1947** 2033; s. a. *Mndshojan, Grigorjan*, Doklady Akad. Armjansk. S.S.R. **17** [1953] 107, 108).

Kp_{19}: 158—159° (*Mn.*; *Mn., Gr.*, l. c. S. 110). D_4^{20}: 1,0328; n_D^{20}: 1,4823 (*Mn., Gr.*, l. c. S. 110).

Hydrochlorid $C_{12}H_{20}N_2O_3 \cdot HCl$. F: 126° (*Mn.*; *Mn., Gr.*, l. c. S. 111).
Hydrobromid. F: 197—199° (*Mn., Gr.*, l. c. S. 111).
Picrat. F: 220—221° (*Mn.*, l. c. S. 753).

2-[Furan-2-carbonyloxy]-1,3-bis-trimethylammonio-propan, Furan-2-carbonsäure-[β,β′-bis-trimethylammonio-isopropylester] $[C_{14}H_{26}N_2O_3]^{2+}$, Formel X (R = X = CH₃).

Dijodid $[C_{14}H_{26}N_2O_3]I_2$. B. Beim Behandeln von Furan-2-carbonsäure-[β,β′-bis-dimethylamino-isopropylester] mit Methyljodid und Äther (*Mndshojan, Grigorjan*, Doklady Akad. Armjansk. S.S.R. **17** [1953] 107, 109). — Krystalle; F: 220—221° (*Mn., Gr.*, l. c. S. 113).

1,3-Bis-[äthyl-dimethyl-ammonio]-2-[furan-2-carbonyloxy]-propan, Furan-2-carbonsäure-[β,β′-bis-(äthyl-dimethyl-ammonio)-isopropylester] $[C_{16}H_{30}N_2O_3]^{2+}$, Formel X (R = CH₃, X = C₂H₅).

Dijodid $[C_{16}H_{30}N_2O_3]I_2$. B. Beim Behandeln von Furan-2-carbonsäure-[β,β′-bis-dimethylamino-isopropylester] mit Äthyljodid und Äther (*Mndshojan, Grigorjan*, Doklady Akad. Armjansk. S.S.R. **17** [1953] 107, 109). — Krystalle; F: 70—72° (*Mn., Gr.*, l. c. S. 113).

Furan-2-carbonsäure-[β,β′-bis-diäthylamino-isopropylester] $C_{16}H_{28}N_2O_3$, Formel IX (R = C₂H₅).

B. Beim Behandeln von Furan-2-carbonylchlorid mit 1,3-Bis-diäthylamino-propan-2-ol und Benzol und Erhitzen des Reaktionsgemisches bis auf 110° (*Mndshojan*, Ž. obšč. Chim. **16** [1946] 751, 762; C. A. **1947** 2033; s. a. *Mndshojan, Grigorjan*, Doklady Akad. Armjansk. S.S.R. **17** [1953] 107, 108).

Kp_{12}: 191—192° (*Mn.*; *Mn., Gr.*, l. c. S. 110). D_4^{20}: 0,9875; n_D^{20}: 1,4772 (*Mn., Gr.*, l. c. S. 110).

Hydrochlorid $C_{16}H_{28}N_2O_3 \cdot HCl$. Krystalle (aus A.); F: 139—140° (*Mn.*).
Picrat. F: 155—156° (*Mn.*).

2-[Furan-2-carbonyloxy]-1,3-bis-triäthylammonio-propan, Furan-2-carbonsäure-[β,β′-bis-triäthylammonio-isopropylester] $[C_{20}H_{38}N_2O_3]^{2+}$, Formel X (R = X = C₂H₅).

Dijodid $[C_{20}H_{38}N_2O_3]I_2$. B. Beim Behandeln von Furan-2-carbonsäure-[β,β′-bis-diäthylamino-isopropylester] mit Äthyljodid und Äther (*Mndshojan, Grigorjan*, Doklady Akad. Armjansk. S.S.R. **17** [1953] 107, 109). — Krystalle; F: 96—97° (*Mn., Gr.*, l. c. S. 113).

Furan-2-carbonsäure-[β,β′-bis-dipropylamino-isopropylester] $C_{20}H_{36}N_2O_3$, Formel IX (R = CH₂-CH₂-CH₃).

B. Beim Behandeln von Furan-2-carbonylchlorid mit 1,3-Bis-dipropylamino-propan-2-ol und Benzol und Erhitzen des Reaktionsgemisches bis auf 110° (*Mndshojan*, Ž. obšč. Chim. **16** [1946] 751, 763; C. A. **1947** 2033).

Kp_{16}: 180—182°.
Picrat. Krystalle (aus A.); F: 141—142°.

IX   X   XI

Furan-2-carbonsäure-[β,β'-bis-dibutylamino-isopropylester] $C_{24}H_{44}N_2O_3$, Formel IX ($R = [CH_2]_3$-CH_3).

B. Beim Behandeln von Furan-2-carbonylchlorid mit 1,3-Bis-dibutylamino-propan-2-ol und Benzol und Erhitzen des Reaktionsgemisches bis auf 110° (*Mndshojan*, Ž. obšč. Chim. **16** [1946] 751, 764; C. A. **1947** 2033).

Kp_{16}: 186—187°.

Picrat. F: 130—131°.

Furan-2-carbonsäure-[β,β'-bis-diisobutylamino-isopropylester] $C_{24}H_{44}N_2O_3$, Formel IX ($R = CH_2$-$CH(CH_3)_2$).

B. Beim Behandeln von Furan-2-carbonylchlorid mit 1,3-Bis-diisobutylamino-propan-2-ol und Benzol und Erhitzen des Reaktionsgemisches bis auf 110° (*Mndshojan*, Ž. obšč. Chim. **16** [1946] 751, 764; C. A. **1947** 2033).

Kp_{17}: 182—183°.

Picrat. Krystalle (aus A.); F: 128—129° (*Mn.*, l. c. S. 765).

Furan-2-carbonsäure-[β,β'-bis-diallylamino-isopropylester] $C_{20}H_{28}N_2O_3$, Formel IX ($R = CH_2$-$CH=CH_2$).

B. Beim Behandeln von Furan-2-carbonylchlorid mit 1,3-Bis-diallylamino-propan-2-ol und Benzol und Erhitzen des Reaktionsgemisches bis auf 110° (*Mndshojan*, Ž. obšč. Chim. **16** [1946] 751, 763; C. A. **1947** 2033).

Kp_{17}: 186—187°.

Picrat. Krystalle (aus A.); F: 140—141° (*Mn.*, l. c. S. 753).

($\pm$)-1-Dimethylamino-3-[furan-2-carbonyloxy]-butan, ($\pm$)-Furan-2-carbonsäure-[3-dimethylamino-1-methyl-propylester] $C_{11}H_{17}NO_3$, Formel XI ($R = CH_3$).

B. Beim Erwärmen von Furan-2-carbonylchlorid mit ($\pm$)-4-Dimethylamino-butan-2-ol und Benzol (*Mndshojan, Grigorjan*, Doklady Akad. Armjansk. S.S.R. **17** [1953] 107, 108).

Kp_{12}: 134—135°; D_4^{20}: 1,0322; n_D^{20}: 1,4803 (*Mn., Gr.*, l. c. S. 110).

Hydrochlorid. F: 123—124° (*Mn., Gr.*, l. c. S. 111).

Hydrobromid. F: 111—112° (*Mn., Gr.*, l. c. S. 111).

($\pm$)-[3-(Furan-2-carbonyloxy)-butyl]-trimethyl-ammonium, ($\pm$)-Furan-2-carbonsäure-[1-methyl-3-trimethylammonio-propylester] $[C_{12}H_{20}NO_3]^+$, Formel XII ($R = X = CH_3$).

Jodid $[C_{12}H_{20}NO_3]I$. *B.* Beim Behandeln von ($\pm$)-Furan-2-carbonsäure-[3-dimethyl=amino-1-methyl-propylester] mit Methyljodid und Äther (*Mndshojan, Grigorjan*, Doklady Akad. Armjansk. S.S.R. **17** [1953] 107, 109). — Krystalle; F: 174—175° (*Mn., Gr.*, l. c. S. 112).

($\pm$)-Äthyl-[3-(furan-2-carbonyloxy)-butyl]-dimethyl-ammonium, ($\pm$)-Furan-2-carbon=säure-[3-(äthyl-dimethyl-ammonio)-1-methyl-propylester] $[C_{13}H_{22}NO_3]^+$, Formel XII ($R = CH_3$, $X = C_2H_5$).

Jodid $[C_{13}H_{22}NO_3]I$. *B.* Beim Behandeln von ($\pm$)-Furan-2-carbonsäure-[3-dimethyl=amino-1-methyl-propylester] mit Äthyljodid und Äther (*Mndshojan, Grigorjan*, Doklady Akad. Armjansk. S.S.R. **17** [1953] 107, 109). — Krystalle; F: 149—150° (*Mn., Gr.*, l. c. S. 112).

($\pm$)-1-Diäthylamino-3-[furan-2-carbonyloxy]-butan, ($\pm$)-Furan-2-carbonsäure-[3-diäthylamino-1-methyl-propylester] $C_{13}H_{21}NO_3$, Formel XI ($R = C_2H_5$).

B. Beim Erwärmen von Furan-2-carbonylchlorid mit ($\pm$)-4-Diäthylamino-butan-2-ol und Benzol (*Mndshojan, Grigorjan*, Doklady Akad. Armjansk. S.S.R. **17** [1953] 107, 108).

Kp_5: 134—135°; D_4^{20}: 1,0128; n_D^{20}: 1,4796 (*Mn., Gr.*, l. c. S. 110).

Hydrochlorid. F: 98—99° (*Mn., Gr.*, l. c. S. 111).

Hydrobromid. F: 60—61° (*Mn., Gr.*, l. c. S. 111).

($\pm$)-Diäthyl-[3-(furan-2-carbonyloxy)-butyl]-methyl-ammonium, ($\pm$)-Furan-2-carbon=säure-[3-(diäthyl-methyl-ammonio)-1-methyl-propylester] $[C_{14}H_{24}NO_3]^+$, Formel XII ($R = C_2H_5$, $X = CH_3$).

Jodid $[C_{14}H_{24}NO_3]I$. *B.* Beim Behandeln von ($\pm$)-Furan-2-carbonsäure-[3-diäthyl=

amino-1-methyl-propylester] mit Methyljodid und Äther (*Mndshojan, Grigorjan*, Doklady Akad. Armjansk. S.S.R. **17** [1953] 107, 109). — Krystalle; F: 108—109° (*Mn., Gr.*, l. c. S. 112).

XII   XIII

(±)-Triäthyl-[3-(furan-2-carbonyloxy)-butyl]-ammonium, (±)-Furan-2-carbonsäure-[3-triäthylammonio-1-methyl-propylester] $[C_{15}H_{26}NO_3]^+$, Formel XII (R = X = C_2H_5).
Jodid $[C_{15}H_{26}NO_3]I$. *B*. Beim Behandeln von (±)-Furan-2-carbonsäure-[3-diäthyl-amino-1-methyl-propylester] mit Äthyljodid und Äther (*Mndshojan, Grigorjan*, Doklady Akad. Armjansk. S.S.R. **17** [1953] 107, 109). — Krystalle; F: 121—122° (*Mn., Gr.*, l. c. S. 112).

1-[Furan-2-carbonyloxy]-2-methyl-2-propylamino-propan, Furan-2-carbonsäure-[β-propylamino-isobutylester] $C_{12}H_{19}NO_3$, Formel XIII (R = CH_2-CH_2-CH_3).
Hydrochlorid $C_{12}H_{19}NO_3 \cdot HCl$. *B*. Beim Erhitzen von Furan-2-carbonylchlorid mit β-Propylamino-isobutylalkohol bis auf 150° (*Pierce, Rutter*, Am. Soc. **74** [1952] 3954). — Krystalle (aus A. + Diisopropyläther); F: 184—185° [unkorr.].

2-Butylamino-1-[furan-2-carbonyloxy]-2-methyl-propan, Furan-2-carbonsäure-[β-butylamino-isobutylester] $C_{13}H_{21}NO_3$, Formel XIII (R = $[CH_2]_3$-CH_3).
Hydrochlorid $C_{13}H_{21}NO_3 \cdot HCl$. *B*. Beim Erhitzen von Furan-2-carbonylchlorid mit β-Butylamino-isobutylalkohol bis auf 150° (*Pierce, Rutter*, Am. Soc. **74** [1952] 3954). — Krystalle (aus A. + Diisopropyläther); F: 146—147° [unkorr.].

1-[Furan-2-carbonyloxy]-2-methyl-2-pentylamino-propan, Furan-2-carbonsäure-[β-pentylamino-isobutylester] $C_{14}H_{23}NO_3$, Formel XIII (R = $[CH_2]_4$-CH_3).
Hydrochlorid $C_{14}H_{23}NO_3 \cdot HCl$. *B*. Beim Erhitzen von Furan-2-carbonylchlorid mit β-Pentylamino-isobutylalkohol bis auf 150° (*Pierce, Rutter*, Am. Soc. **74** [1952] 3954). — Krystalle (aus A. +Diisopropyläther); F: 144—145° [unkorr.].

(±)-1-Diäthylamino-4-[furan-2-carbonyloxy]-pentan, (±)-Furan-2-carbonsäure-[4-diäthylamino-1-methyl-butylester] $C_{14}H_{23}NO_3$, Formel I (R = C_2H_5).
B. Beim Erhitzen von Furan-2-carbonylchlorid mit (±)-5-Diäthylamino-pentan-2-ol (*Mndshojan*, Ž. obšč. Chim. **16** [1946] 751, 761; C. A. **1947** 2033).
Kp_4: 142—143°.
Picrat. Krystalle (aus A.); F: 136—137°.

(±)-1-Dimethylamino-2-[furan-2-carbonyloxy]-2-methyl-butan, (±)-Furan-2-carbonsäure-[1-dimethylaminomethyl-1-methyl-propylester] $C_{12}H_{19}NO_3$, Formel II (R = CH_3) (E II 267).
B. Beim Erwärmen von Furan-2-carbonylchlorid mit (±)-1-Dimethylamino-2-methyl-butan-2-ol und Benzol (*Mndshojan*, Ž. obšč. Chim. **16** [1946] 751, 761; C. A. **1947** 2033).
Kp_{14}: 126°.
Hydrochlorid $C_{12}H_{19}NO_3 \cdot HCl$ (E II 267). Krystalle (aus A.); F: 193,5°.
Picrat. F: 120—121° (*Mn.*, l. c. S. 753).

*Opt.-inakt. 1-Dimethylamino-3-[furan-2-carbonyloxy]-2-methyl-butan, Furan-2-carbonsäure-[3-dimethylamino-1,2-dimethyl-propylester] $C_{12}H_{19}NO_3$, Formel III (R = CH_3).
B. Beim Erwärmen von Furan-2-carbonylchlorid mit opt.-inakt. 4-Dimethylamino-3-methyl-butan-2-ol (Kp_{22}: 72—75°) und Benzol (*Mndshojan*, Ž. obšč. Chim. **16** [1946] 751, 759; C. A. **1947** 2033; *Mndshojan, Grigorjan*, Doklady Akad. Armjansk. S.S.R. **17** [1953] 107, 108).
Kp_{19}: 136—137° (*Mn., Gr.*, l. c. S. 110); Kp_{10}: 136—137° (*Mn.*). D_4^{20}: 1,0145; n_D^{20}: 1,4778 (*Mn., Gr.*, l. c. S. 110).

Hydrochlorid $C_{12}H_{19}NO_3 \cdot HCl$. Krystalle (aus A.); F: 147° (*Mn.*).
Hydrobromid. F: 107—108° (*Mn., Gr.*, l. c. S. 111).

      I   II   III

*Opt.-inakt. [3-(Furan-2-carbonyloxy)-2-methyl-butyl]-trimethyl-ammonium, Furan-2-carbonsäure-[1,2-dimethyl-3-trimethylammonio-propylester] $[C_{13}H_{22}NO_3]^+$, Formel IV (R = X = CH₃).

CH_3 — siehe: (R = X = CH_3).
Jodid $[C_{13}H_{22}NO_3]I$. *B.* Beim Behandeln der im vorangehenden Artikel beschriebenen Verbindung mit Methyljodid und Äther (*Mndshojan, Grigorjan*, Doklady Akad. Armjansk. S.S.R. **17** [1953] 107, 109). — Krystalle; F: 137—139° (*Mn., Gr.*, l. c. S. 113).

*Opt.-inakt. Äthyl-[3-(furan-2-carbonyloxy)-2-methyl-butyl]-dimethyl-ammonium, Furan-2-carbonsäure-[3-(äthyl-dimethyl-ammonio)-1,2-dimethyl-propylester] $[C_{14}H_{24}NO_3]^+$, Formel IV (R = CH₃, X = C₂H₅).

Jodid $[C_{14}H_{24}NO_3]I$. *B.* Beim Behandeln von opt.-inakt. Furan-2-carbonsäure-[3-dimethylamino-1,2-dimethyl-propylester] (S. 3933) mit Äthyljodid und Äther (*Mndshojan, Grigorjan*, Doklady Akad. Armjansk. S.S.R. **17** [1953] 107, 109). — Krystalle; F: 82° (*Mn., Gr.*, l. c. S. 113).

*Opt.-inakt. 1-Diäthylamino-3-[furan-2-carbonyloxy]-2-methyl-butan, Furan-2-carbonsäure-[3-diäthylamino-1,2-dimethyl-propylester] $C_{14}H_{23}NO_3$, Formel III (R = C₂H₅).

B. Beim Erwärmen von Furan-2-carbonylchlorid mit opt.-inakt. 4-Diäthylamino-3-methyl-butan-2-ol (vgl. E III **4** 803) und Benzol (*Mndshojan*, Ž. obšč. Chim. **16** [1946] 751, 760; C. A. **1947** 2033; *Mndshojan, Grigorjan*, Doklady Akad. Armjansk. S.S.R. **17** [1953] 107, 108).

Kp_{22}: 165—166° (*Mn.*; *Mn., Gr.*, l. c. S. 110). D_4^{20}: 0,9951; n_D^{20}: 1,4748 (*Mn., Gr.*, l. c. S. 110).

Hydrochlorid $C_{14}H_{23}NO_3 \cdot HCl$. F: 161—163° (*Mn.*; *Mn., Gr.*, l. c. S. 111).
Picrat. F: 142—143° (*Mn.*, l. c. S. 753).

*Opt.-inakt. Triäthyl-[3-(furan-2-carbonyloxy)-2-methyl-butyl]-ammonium, Furan-2-carbonsäure-[1,2-dimethyl-3-triäthylammonio-propylester] $[C_{16}H_{28}NO_3]^+$, Formel IV (R = X = C₂H₅).

Jodid $[C_{16}H_{28}NO_3]I$. *B.* Beim Behandeln der im vorangehenden Artikel beschriebenen Verbindung mit Äthyljodid und Äther (*Mndshojan, Grigorjan*, Doklady Akad. Armjansk. S.S.R. **17** [1953] 107, 109). — Krystalle; F: 107° (*Mn., Gr.*, l. c. S. 113).

*Opt.-inakt. 1-Dipropylamino-3-[furan-2-carbonyloxy]-2-methyl-butan, Furan-2-carbonsäure-[3-dipropylamino-1,2-dimethyl-propylester] $C_{16}H_{27}NO_3$, Formel III (R = CH₂-CH₂-CH₃).

B. Beim Erhitzen von Furan-2-carbonylchlorid mit opt.-inakt. 4-Dipropylamino-3-methyl-butan-2-ol (Kp_{17}: 195—197°) und Benzol bis auf 110° (*Mndshojan*, Ž. obšč. Chim. **16** [1946] 751, 760; C. A. **1947** 2033).

Kp_{17}: 180—181°.
Picrat. Krystalle (aus A.); F: 114—115° (*Mn.*, l. c. S. 761).

    IV   V   VI

1-Dimethylamino-3-[furan-2-carbonyloxy]-2,2-dimethyl-propan, Furan-2-carbonsäure-[3-dimethylamino-2,2-dimethyl-propylester] $C_{12}H_{19}NO_3$, Formel V (R = CH_3).

B. Beim Erwärmen von Furan-2-carbonylchlorid mit 3-Dimethylamino-2,2-dimethyl-propan-1-ol und Benzol (*Mndshojan*, Ž. obšč. Chim. **16** [1946] 751, 757; C. A. **1947** 2033; *Mndshojan, Grigorjan*, Doklady Akad. Armjansk. S.S.R. **17** [1953] 107, 108).

Kp$_{16}$: 125—126° (*Mn.*; *Mn., Gr.*, l. c. S. 110). D$_4^{20}$: 1,0137; n$_D^{20}$: 1,4761 (*Mn., Gr.*, l. c. S. 110).

Hydrochlorid $C_{12}H_{19}NO_3 \cdot HCl$. Krystalle (aus A.); F: 155° (*Mn.*).

Hydrobromid. F: 117—118° (*Mn., Gr.*, l. c. S. 111).

Picrat. F: 126—127° (*Mn.*, l. c. S. 753).

[3-(Furan-2-carbonyloxy)-2,2-dimethyl-propyl]-trimethyl-ammonium, Furan-2-carbonsäure-[2,2-dimethyl-3-trimethylammonio-propylester] $[C_{13}H_{22}NO_3]^+$, Formel VI (R = X = CH_3).

Jodid $[C_{13}H_{22}NO_3]I$. *B.* Beim Behandeln von Furan-2-carbonsäure-[3-dimethylamino-2,2-dimethyl-propylester] mit Methyljodid und Äther (*Mndshojan, Grigorjan*, Doklady Akad. Armjansk. S.S.R. **17** [1953] 107, 109). — Krystalle; F: 197° (*Mn., Gr.*, l. c. S. 113).

Äthyl-[3-(furan-2-carbonyloxy)-2,2-dimethyl-propyl]-dimethyl-ammonium, Furan-2-carbonsäure-[3-(äthyl-dimethyl-ammonio)-2,2-dimethyl-propylester] $[C_{14}H_{24}NO_3]^+$, Formel VI (R = CH_3, X = C_2H_5).

Jodid $[C_{14}H_{24}NO_3]I$. *B.* Beim Behandeln von Furan-2-carbonsäure-[3-dimethylamino-2,2-dimethyl-propylester] mit Äthyljodid und Äther (*Mndshojan, Grigorjan*, Doklady Akad. Armjansk. S.S.R. **17** [1953] 107, 109). — Krystalle; F: 147—149° (*Mn., Gr.*, l. c. S. 113).

1-Diäthylamino-3-[furan-2-carbonyloxy]-2,2-dimethyl-propan, Furan-2-carbonsäure-[3-diäthylamino-2,2-dimethyl-propylester] $C_{14}H_{23}NO_3$, Formel V (R = C_2H_5).

B. Beim Erwärmen von Furan-2-carbonylchlorid mit 3-Diäthylamino-2,2-dimethyl-propan-1-ol und Benzol (*Mndshojan*, Ž. obšč. Chim. **16** [1946] 751, 758; C. A. **1947** 2033; *Mndshojan, Grigorjan*, Doklady Akad. Armjansk. S.S.R. **17** [1953] 107, 108).

Kp$_{22}$: 163° (*Mn.*). Kp$_{22}$: 163—164°; D$_4^{20}$: 0,9979; n$_D^{20}$: 1,4773 (*Mn., Gr.*, l. c. S. 110).

Hydrochlorid $C_{14}H_{23}NO_3 \cdot HCl$. Krystalle (aus A.); F: 169—170° (*Mn.*).

Hydrobromid. F: 144—146° (*Mn., Gr.*, l. c. S. 111).

Picrat. F: 115—116° (*Mn.*, l. c. S. 753).

Diäthyl-[3-(furan-2-carbonyloxy)-2,2-dimethyl-propyl]-methyl-ammonium, Furan-2-carbonsäure-[3-(diäthyl-methyl-ammonio)-2,2-dimethyl-propylester] $[C_{15}H_{26}NO_3]^+$, Formel VI (R = C_2H_5, X = CH_3).

Jodid $[C_{15}H_{26}NO_3]I$. *B.* Beim Behandeln von Furan-2-carbonsäure-[3-diäthylamino-2,2-dimethyl-propylester] mit Methyljodid und Äther (*Mndshojan, Grigorjan*, Doklady Akad. Armjansk. S.S.R. **17** [1953] 107, 109). — Krystalle; F: 107—108° (*Mn., Gr.*, l. c. S. 113).

1-Dipropylamino-3-[furan-2-carbonyloxy]-2,2-dimethyl-propan, Furan-2-carbonsäure-[3-dipropylamino-2,2-dimethyl-propylester] $C_{16}H_{27}NO_3$, Formel V (R = CH_2-CH_2-CH_3).

B. Beim Erhitzen von Furan-2-carbonylchlorid mit 3-Dipropylamino-2,2-dimethyl-propan-1-ol und Benzol bis auf 130° (*Mndshojan*, Ž. obšč. Chim. **16** [1946] 751, 758; C. A. **1947** 2033).

Kp$_{21}$: 176—178°.

Picrat. Krystalle (aus A.); F: 126—127° (*Mn.*, l. c. S. 759).

1-Diisobutylamino-3-[furan-2-carbonyloxy]-2,2-dimethyl-propan, Furan-2-carbonsäure-[3-diisobutylamino-2,2-dimethyl-propylester] $C_{18}H_{31}NO_3$, Formel V (R = CH_2-$CH(CH_3)_2$).

B. Beim Erhitzen von Furan-2-carbonylchlorid mit 3-Diisobutylamino-2,2-dimethyl-propan-1-ol und Benzol bis auf 150° (*Mndshojan*, Ž. obšč. Chim. **16** [1946] 751, 759; C. A. **1947** 2033).

Kp$_{19}$: 175—176°.

Picrat. Krystalle (aus A.); F: 89—90°.

(±)-*trans*-1-Diäthylamino-2-[furan-2-carbonyloxy]-cyclohexan, (±)-Furan-2-carbon=
säure-[*trans*-2-diäthylamino-cyclohexylester] $C_{15}H_{23}NO_3$, Formel VII (R = C_2H_5)
+ Spiegelbild.

B. Als Hydrochlorid (s. u.) beim Behandeln von Furan-2-carbonylchlorid mit (±)-*trans*-
2-Diäthylamino-cyclohexanol in Benzol (*Taguchi*, J. pharm. Soc. Japan **72** [1952] 921,
923; C. A. **1953** 6359).

Hydrochlorid. Krystalle (aus E. + Acn.); F: 170°.

Picrat $C_{15}H_{23}NO_3 \cdot C_6H_3N_3O_7$. Krystalle (aus A.); F: 181—182°.

VII   VIII   IX

(±)-2-Diäthylamino-1-[furan-2-carbonyloxy]-1-phenyl-äthan, (±)-Furan-2-carbonsäure-
[2-diäthylamino-1-phenyl-äthylester] $C_{17}H_{21}NO_3$, Formel VIII (R = C_2H_5).

B. Als Hydrochlorid (s. u.) beim Erwärmen von Furan-2-carbonylchlorid mit (±)-2-Di=
äthylamino-1-phenyl-äthanol und Benzol (*Shapiro et al.*, Am. Soc. **81** [1959] 203, 211).

Hydrochlorid $C_{17}H_{21}NO_3 \cdot HCl$. Krystalle (aus Isopropylalkohol + Diisopropyläther);
F: 118—120° [unkorr.; Fisher-Johns-App.] (*Sh. et al.*, l. c. S. 206).

(±)-Furan-2-carbonsäure-tetrahydrofurfurylester $C_{10}H_{12}O_4$, Formel IX (E II 267).

B. Beim Erhitzen von Furan-2-carbonsäure mit (±)-Tetrahydrofurfurylalkohol, Toluol
und wenig Toluol-4-sulfonsäure (*Eastman Kodak Co.*, U.S.P. 2198000 [1938]; vgl.
E II 267).

Kp_{10}: 153—158°.

(±)-1-[Furan-2-carbonyloxy]-3-tetrahydro[2]furyl-propan, (±)-Furan-2-carbonsäure-
[3-tetrahydro[2]furyl-propylester] $C_{12}H_{16}O_4$, Formel X.

B. Beim Erhitzen von Furan-2-carbonsäure mit (±)-3-Tetrahydro[2]furyl-propan-1-ol,
Benzol und wenig Schwefelsäure oder Benzolsulfonsäure bis auf 130° (*Ponomarew et al.*,
Naučn. Ežegodnik Saratovsk. Univ. **1954** 491; C. A. **1960** 1481).

Kp_9: 168—169°. D^{20}: 1,1315. n_D^{20}: 1,4958. Viscosität bei 20°: 0,2662 $g \cdot cm^{-1} \cdot s^{-1}$.

X   XI

Furan-2-carbonsäure-furfurylester $C_{10}H_8O_4$, Formel XI (E II 267).

B. Beim Erwärmen von Furfural mit Natrium-furfurylat in Benzol (*Nielsen*, Am. Soc.
66 [1944] 1230).

F: 18,5°. $Kp_{1,5}$: 121°. D_{25}^{25}: 1,2384. n_D^{20}: 1,5280.

Tetrakis-*O*-[furan-2-carbonyl]-[tetrakis-*O*-(furan-2-carbonyl)-β-D-fructofuranosyl]-
α-D-glucopyranosid, Octakis-*O*-[furan-2-carbonyl]-saccharose, Octakis-*O*-[furan-2-carb=
onyl]-sucrose $C_{52}H_{38}O_{27}$, Formel XII.

B. Beim Behandeln von Furan-2-carbonylchlorid mit Saccharose (E III/IV **17** 3786)
und Pyridin (*Zief*, Am. Soc. **72** [1950] 1137, 1139).

Zwischen 90° und 99° schmelzend [nach Sintern bei 88°]. $[\alpha]_D^{25}$: +48,2° [$CHCl_3$].

2-[Furan-2-carbonyloxy]-1-[2]furyl-äthanon, Furan-2-carbonsäure-[2-[2]furyl-2-oxo-
äthylester] $C_{11}H_8O_5$, Formel I (X = O).

B. Beim Erwärmen von Furan-2-carbonsäure mit 2-Diazo-1-[2]furyl-äthanon in
Benzol (*Kipnis et al.*, Am. Soc. **70** [1948] 142).

Krystalle (aus Hexan); F: 95°.

XII

2-[Furan-2-carbonyloxy]-1-[2]furyl-äthanon-semicarbazon, Furan-2-carbonsäure-[2-[2]furyl-2-semicarbazono-äthylester] $C_{12}H_{11}N_3O_5$, Formel I (X = N-NH-CO-NH$_2$).

B. Aus dem im vorangehenden Artikel beschriebenen Keton und Semicarbazid (*Allcock et al.*, Am. Soc. **70** [1948] 3949).

Krystalle (aus wss. A.); F: 122—123° [Zers.; Fisher-Johns-App.].

I   **II**   **III**

2-[Furan-2-carbonyloxy]-1-[2]thienyl-äthanon, Furan-2-carbonsäure-[2-oxo-2-[2]thienyl-äthylester] $C_{11}H_8O_4S$, Formel II.

B. Beim Erhitzen von Furan-2-carbonsäure mit 2-Brom-1-[2]thienyl-äthanon in wss. Äthylenglykol (*Kipnis et al.*, Am. Soc. **71** [1949] 10).

Krystalle (aus Hexan); F: 93,5°.

[4-(Furan-2-carbonyloxy)-phenyl]-[2]furyl-keton $C_{16}H_{10}O_5$, Formel III.

B. Aus Furan-2-carbonylchlorid und [2]Furyl-[4-hydroxy-phenyl]-keton (*Gilman, Dickey*, R. **52** [1933] 389, 391). Neben Furan-2-carbonsäure-phenylester beim Behandeln von Furan-2-carbonylchlorid mit Phenol und Aluminiumchlorid in Schwefelkohlenstoff und anschliessenden Erwärmen (*Gi., Di.*).

Krystalle (aus Bzl. + PAe.); F: 84°.

Furan-2-carbonsäure-anhydrid $C_{10}H_6O_5$, Formel IV.

B. Aus Furan-2-carbonylchlorid beim Erwärmen mit wss. Trinatriumphosphat-Lösung (*Eastman Kodak Co.*, U.S.P. 2087030 [1934]) sowie beim Behandeln mit Petroläther und Pyridin und Behandeln des Reaktionsprodukts mit wasserhaltigem Aceton (*Adkins, Thompson*, Am. Soc. **71** [1949] 2242). Beim Erhitzen von Furan-2-carbonsäure mit Acetanhydrid und Toluol (*Kacnelson, Goldfarb*, C. r. Doklady **1936** IV 413, 414; C. **1937** I 3806). Neben Acetanhydrid beim Erhitzen von Essigsäure-[furan-2-carbonsäure]-anhydrid unter Normaldruck (*Hurd, Dull*, Am. Soc. **54** [1932] 3427, 3430).

Krystalle (aus Bzn. + PAe.); F: 73° (*Ka., Go.*).

Beim Erhitzen mit 1-[4-Hydroxy-6-nitro-[3]chinolyl]-äthanon und Triäthylamin bis auf 180° ist 3-[Furan-2-carbonyl]-2-[2]furyl-9-nitro-pyrano[3,2-c]chinolin-4-on erhalten worden (*Elliott, Tittensor*, Soc. **1959** 484).

Furan-2-peroxycarbonsäure, Furan-2-carbonylhydroperoxid $C_5H_4O_4$, Formel V (R = H).

B. Beim Behandeln einer Lösung von Bis-[furan-2-carbonyl]-peroxid in Äther mit Natriummethylat in Methanol (*Milas, McAlevy*, Am. Soc. **56** [1934] 1219).

Krystalle (aus CCl$_4$); F: 59,5° [Zers.] (*Mi., McA.*, l. c. S. 1219).

Beim Aufbewahren bei 35° erfolgt Zersetzung [Bildung von Kohlendioxid, Furan-2-carbonsäure und Substanzen von hohem Molekulargewicht] (*Milas, McAlevy*, Am. Soc. **56** [1934] 1221, 1223). Geschwindigkeitskonstante der Zersetzung in Chloroform-Lösung bei 35° und 40°: *Mi., McA.*, l. c. S. 1224.

IV   V   VI

tert-Butyl-[furan-2-carbonyl]-peroxid, Furan-2-peroxycarbonsäure-*tert*-butylester $C_9H_{12}O_4$, Formel V (R = $C(CH_3)_3$).

B. Beim Behandeln von Furan-2-carbonylchlorid mit *tert*-Butylhydroperoxid und wss. Kalilauge (*Milas, Surgenor*, Am. Soc. **68** [1946] 642).

Bei $40-49°/0,0025$ Torr destillierbar. D_4^{20}: 1,092. n_D^{20}: 1,4747.

Bis-[furan-2-carbonyl]-peroxid $C_{10}H_6O_6$, Formel VI (E II 267; dort als Difurfuroyl=peroxyd bezeichnet).

B. Beim Behandeln von Furan-2-carbonylchlorid mit Natriumperoxid in Wasser (*Milas, McAlevy*, Am. Soc. **56** [1934] 1219).

F: $86-87°$ [Zers.]. In 100 ml Äther lösen sich bei 25° 6,4 g.

Beim Behandeln mit Chlorwasserstoff enthaltendem Äthanol sind 2,5-Dioxo-pent-3-ensäure-äthylester, 2-Oxo-glutarsäure-diäthylester und Furan-2-carbonsäure-äthylester, beim Behandeln mit Chlorwasserstoff enthaltendem Äthanol und Erhitzen der Reaktions=lösung mit Wasser ist 4-Oxo-buttersäure erhalten worden (*Murakami et al.*, Mem. Inst. scient. ind. Res. Osaka Univ. **13** [1956] 173, 176; Pr. Acad. Tokyo **32** [1956] 135).

Furan-2-carbonsäure-chlorid, Furan-2-carbonylchlorid $C_5H_3ClO_2$, Formel VII (X = Cl) auf S. 3940 (H 276; E II 267).

B. Aus Furan-2-carbonsäure beim Erwärmen mit Thionylchlorid und Benzol (*Hartman, Dickey*, Ind. eng. Chem. **24** [1932] 151) sowie beim Erhitzen mit Phosphor(III)-chlorid (*Reichstein, Morsmann*, Helv. **17** [1934] 1119, 1122).

Kp: 174° (*Wilson*, Soc. **1945** 58, 59), 173-174° (*Dakshinamurthy, Saharia*, J. scient. ind. Res. India **15** B [1956] 69); Kp_{50}: 118-120° (*Sen, Bhattacharji*, J. Indian chem. Soc. **31** [1954] 581); Kp_{35}: 84° (*Gilman et al.*, Iowa Coll. J. **6** [1932] 137, 139); Kp_{24}: 72° (*Frank et al.*, J. Polymer Sci. **3** [1948] 58, 60); Kp_{23}: 74-77° (*Okuzumi*, J. chem. Soc. Japan Pure Chem. Sect. **79** [1958] 1366, 1369; C. A. **1960** 24633); Kp_{15}: 72-73,5° (*Carreras Linares et al.*, An. Soc. españ. [B] **46** [1950] 735, 738); Kp_{14}: 66-66,5° (*Mantica et al.*, Rend. Ist. lomb. **91** [1957] 817, 821); Kp_{12}: 58° (*Re., Mo.*); Kp_7: 59,5-61,5° (*Ha., Di.*). n_D^{20}: 1,5319 (*Ma. et al.*). ^{35}Cl-Kernquadrupolresonanz bei $-196°$: *Bray*, J. chem. Physics **23** [1955] 703, 704. IR-Banden im Bereich von 5,6 µ bis 15,4 µ: *Ma. et al.*, l. c. S. 825. Raman-Spektrum: *Matsuno, Han*, Bl. chem. Soc. Japan **9** [1934] 327, 330, 336, 341; *Thatte, Joglekar*, Phil. Mag. [7] **23** [1937] 1067, 1073.

Beim Behandeln mit Phenol und Aluminiumchlorid in Schwefelkohlenstoff bzw. in Nitrobenzol sind Furan-2-carbonsäure-phenylester und [4-(Furan-2-carbonyloxy)-phen=yl]-[2]furyl-keton bzw. [2]Furyl-[4-hydroxy-phenyl]-keton erhalten worden (*Gilman, Dickey*, R. **52** [1933] 389, 391). Reaktion mit Resorcin in Gegenwart von Aluminium=chlorid in Schwefelkohlenstoff oder in Nitrobenzol unter Bildung von [2,4-Dihydroxy-phenyl]-[2]furyl-keton sowie Reaktion mit Hydrochinon in Gegenwart von Aluminium=chlorid in Schwefelkohlenstoff oder in Nitrobenzol unter Bildung von Furan-2-carbon=säure-[4-hydroxy-phenylester]: *Gi., Di.*. Bildung von 5-Amino-2-[2]furyl-[1,3,4]thiadiazol und 5-[Furan-2-carbonylamino]-2-[2]furyl-[1,3,4]thiadiazol bzw. von 5-Amino-2-[2]furyl-[1,3,4]thiadiazol und 1-[Furan-2-carbonyl]-thiosemicarbazid beim Erhitzen mit 0,5 Mol bzw. 1 Mol Thiosemicarbazid auf 120°: *Colonna, Passerini*, Ann. Chimica applic. **38** [1948] 434, 435.

Furan-2-carbonsäure-bromid, Furan-2-carbonylbromid $C_5H_3BrO_2$, Formel VII (X = Br) auf S. 3940.

B. Beim Erhitzen von Furan-2-carbonsäure mit Phosphor(III)-bromid (*Reichstein, Morsmann*, Helv. **17** [1934] 1119, 1128).

Kp_{11}: 78°.

Furan-2-carbonsäure-amid, Furan-2-carbamid $C_5H_5NO_2$, Formel VIII (R = H) auf S. 3940 (H 276; E II 268).

B. Beim Behandeln von Furan-2-carbonylchlorid mit wss. Ammoniak (*Willard, Hamil-*

ton, Am. Soc. **75** [1953] 2370, 2372). Beim Erhitzen von Furfural mit Schwefel und wss. Ammoniak bis auf 110° (*Blanchette, Brown*, Am. Soc. **74** [1952] 2098). Beim Erwärmen von Furfural-(Z)-oxim mit Raney-Nickel auf 100° (*Paul*, Bl. [5] **4** [1937] 1115, 1120; *Bryson, Dwyer*, J. Pr. Soc. N.S. Wales **74** [1940] 471).

Dipolmoment (ε; Dioxan): 3,64 D (*Rogers, Campbell*, Am. Soc. **77** [1955] 4527).

F: 143° (*Andrisano, Pappalardo*, G. **85** [1955] 1430, 1437), 142° (*Ro., Ca.*), 141—142° [aus W. oder Bzl.] (*Bl., Br.*). $\mathrm{Kp_{11}}$: 145—148° (*Wilson*, Soc. **1945** 58). IR-Spektrum (Dioxan und Nujol; 5,9—6,4 μ): *Richards, Thompson*, Soc. **1947** 1248, 1249, 1251. IR-Banden im Bereich von 5,8 μ bis 14,3 μ (Paraffin oder Hexachlorbuta-1,3-dien): *Mantica et al.*, Rend. Ist. lomb. **91** [1957] 817, 825; im Bereich von 8 μ bis 13 μ (KBr): *Cross et al.*, J. appl. Chem. **7** [1957] 562. UV-Spektrum (A.; 210—280 nm): *An., Pa.*

Hydrierung an Kupferoxid-Chrom(III)-oxid in Dioxan bei 175—250°/100—300 at (Bildung von Furfurylamin und Difurfurylamin): *Adkins, Wojzik*, Am. Soc. **56** [1934] 247. Beim Behandeln mit wss. Formaldehyd bei pH 4 ist Bis-[furan-2-carbonylamino]-methan, beim Erwärmen mit wss. Formaldehyd, Äthanol und Schwefelsäure oder wss. Salzsäure ist eine als Bis-[(furan-2-carbonylamino)-methyl]-äther angesehene Verbindung $\mathrm{C_{12}H_{12}N_2O_5}$ (Krystalle [aus A.], F: 280° [Zers.]) erhalten worden (*Chechelska, Urbański*, Roczniki Chem. **27** [1953] 410, 413; C. A. **1955** 1000). Bildung von N-Dimethylaminomethyl-furan-2-carbamid-hydrochlorid bzw. von Bis-[furan-2-carbonylamino]-methan beim Erwärmen mit wss. Formaldehyd, Äthanol und Dimethylamin-hydrochlorid bzw. Diäthylamin-hydrochlorid: *Ch., Ur.* Verhalten beim Erhitzen mit Paraformaldehyd (Bildung einer möglicherweise als N-Hydroxymethyl-furan-2-carbamid anzusehenden öligen Verbindung): *Moldenhauer et al.*, A. **583** [1953] 37, 40. Reaktion mit Chloral unter Bildung von N-[2,2,2-Trichlor-1-hydroxy-äthyl]-furan-2-carbamid: *Wi., Ha.*, l. c. S. 2372. Beim Erwärmen mit 4-Allyl-1,2-dimethoxy-benzol, Phosphorylchlorid und Benzol ist 1-[2]Furyl-6,7-dimethoxy-3-methyl-3,4-dihydro-isochinolin erhalten worden (*Kametani et al.*, Pharm. Bl. **3** [1955] 263, 265; C. A. **1956** 11 343).

Charakterisierung durch Überführung in 9-[Furan-2-carbonylamino]-xanthen (F: 209—211°): *Phillips, Pitt*, Am. Soc. **65** [1943] 1355.

Furan-2-carbonsäure-methylamid, N-Methyl-furan-2-carbamid $\mathrm{C_6H_7NO_2}$, Formel VIII (R = CH₃) (H 277).

B. Beim Behandeln von Furan-2-carbonylchlorid mit Methylamin in Äther bei −30° (*Meltzer et al.*, Am. Soc. **77** [1955] 4062, 4065). Beim Erwärmen von Furan-2-carbonsäure-methylester mit Methylamin in Wasser (*Gilman, Yale*, Am. Soc. **72** [1950] 3593).

Krystalle (aus Ae.); F: 62—64,5° (*Me. et al.*). $\mathrm{Kp_{18}}$: 144—145° (*Gi., Yale*).

Furan-2-carbonsäure-dimethylamid, N,N-Dimethyl-furan-2-carbamid $\mathrm{C_7H_9NO_2}$, Formel IX (R = CH₃).

B. Beim Behandeln von Furan-2-carbonylchlorid mit Dimethylamin in Äther bei −30° (*Meltzer et al.*, Am. Soc. **77** [1955] 4062, 4065).

Krystalle (aus PAe.); F: 45—46°.

Furan-2-carbonsäure-äthylamid, N-Äthyl-furan-2-carbamid $\mathrm{C_7H_9NO_2}$, Formel VIII (R = C₂H₅) (H 277).

B. Beim Behandeln von Furan-2-carbonylchlorid mit Äthylamin und wss. Kalilauge (*Takahashi et al.*, J. pharm. Soc. Japan **68** [1948] 42; C. A. **1950** 1954) oder mit Äthylamin und 1,2-Dichlor-äthan (*Hahn et al.*, Croat. chem. Acta **29** [1957] 319, 322).

F: 34—35°; $\mathrm{Kp_{15}}$: 136—138° (*Hahn et al.*); $\mathrm{Kp_{10}}$: 130—132° (*Ta. et al.*).

Furan-2-carbonsäure-diäthylamid, N,N-Diäthyl-furan-2-carbamid $\mathrm{C_9H_{13}NO_2}$, Formel IX (R = C₂H₅).

B. Beim Erwärmen von Furan-2-carbonsäure mit Tetrachlorsilan und Benzol und anschliessend mit Diäthylamin (*Mndshojan et al.*, Doklady Akad. Armjansk. S.S.R. **27** [1958] 305, 308; C. A. **1960** 481). Beim Behandeln von Furan-2-carbonylchlorid mit Diäthylamin und Benzol (*Maxim*, Bulet. Soc. Chim. România **12** [1930] 33) oder mit Diäthylamin und Äther (*Willard, Hamilton*, Am. Soc. **73** [1951] 4805, 4807).

F: 23° (*Ma.*). $\mathrm{Kp_{743}}$: 243° (*Wi., Ha.*); $\mathrm{Kp_{20}}$: 140° (*Ma.*); $\mathrm{Kp_{18}}$: 134—136° (*Hahn et al.*, Croat. chem. Acta **29** [1957] 319, 324); Kp$_3$: 108—109° (*Mn. et al.*). D$_4^{20}$: 1,0638 (*Mn. et al.*); D$_4^{25,5}$: 1,068 (*Wi., Ha.*). n$_D^{20}$: 1,5040 (*Mn. et al.*); n$_D^{25}$: 1,5048 (*Wi., Ha.*). UV-Spektrum (Heptan; 220—320 nm): *Wi., Ha.*

Beim Behandeln mit Chloral und konz. Schwefelsäure ist 5-[2,2,2-Trichlor-1-hydroxy-äthyl]-furan-2-carbonsäure-diäthylamid erhalten worden (*Wi., Ha.*).

VII   VIII   IX   X

Furan-2-carbonsäure-propylamid, N-Propyl-furan-2-carbamid $C_8H_{11}NO_2$, Formel VIII ($R = CH_2\text{-}CH_2\text{-}CH_3$).

B. Beim Behandeln von Furan-2-carbonylchlorid mit Propylamin und wss. Kalilauge (*Degnan, Pope*, Am. Soc. **62** [1940] 1960).

Krystalle (aus Acn. oder wss. A.); F: 39—40°.

Furan-2-carbonsäure-butylamid, N-Butyl-furan-2-carbamid $C_9H_{13}NO_2$, Formel VIII ($R = [CH_2]_3\text{-}CH_3$).

B. Beim Behandeln von Furan-2-carbonylchlorid mit Butylamin und wss. Kalilauge (*Degnan, Pope*, Am. Soc. **62** [1940] 1960).

Krystalle (aus Acn. oder wss. A.); F: 40—41°.

(±)-Furan-2-carbonsäure-sec-butylamid, (±)-N-sec-Butyl-furan-2-carbamid $C_9H_{13}NO_2$, Formel VIII ($R = CH(CH_3)\text{-}CH_2\text{-}CH_3$).

B. Beim Behandeln von Furan-2-carbonylchlorid mit (±)-sec-Butylamin und wss. Kalilauge (*Degnan, Pope*, Am. Soc. **62** [1940] 1960).

Krystalle (aus Acn. oder wss. A.); F: 122—123°.

Furan-2-carbonsäure-tert-butylamid, N-tert-Butyl-furan-2-carbamid $C_9H_{13}NO_2$, Formel VIII ($R = C(CH_3)_3$).

B. Beim Behandeln von Furan-2-carbonylchlorid mit tert-Butylamin und wss. Kalilauge (*Degnan, Pope*, Am. Soc. **62** [1940] 1960).

Krystalle (aus Acn. oder wss. A.); F: 99°.

Furan-2-carbonsäure-pentylamid, N-Pentyl-furan-2-carbamid $C_{10}H_{15}NO_2$, Formel VIII ($R = [CH_2]_4\text{-}CH_3$).

B. Beim Behandeln von Furan-2-carbonylchlorid mit Pentylamin und wss. Kalilauge (*Degnan, Pope*, Am. Soc. **62** [1940] 1960).

Krystalle (aus Acn. oder wss. A.); F: 31—32°.

(±)-2-[Furan-2-carbonylamino]-pentan, (±)-Furan-2-carbonsäure-[1-methyl-butylamid], (±)-N-[1-Methyl-butyl]-furan-2-carbamid $C_{10}H_{15}NO_2$, Formel VIII ($R = CH(CH_3)\text{-}CH_2\text{-}CH_2\text{-}CH_3$).

B. Beim Behandeln von Furan-2-carbonylchlorid mit (±)-1-Methyl-butylamin und wss. Kalilauge (*Degnan, Pope*, Am. Soc. **62** [1940] 1960).

Krystalle (aus Acn. oder wss. A.); F: 48—56°.

Furan-2-carbonsäure-tert-pentylamid, N-tert-Pentyl-furan-2-carbamid $C_{10}H_{15}NO_2$, Formel VIII ($R = C(CH_3)_2\text{-}CH_2\text{-}CH_3$).

B. Beim Behandeln von Furan-2-carbonylchlorid mit tert-Pentylamin und wss. Kalilauge (*Degnan, Pope*, Am. Soc. **62** [1940] 1960).

Krystalle (aus Acn. oder wss. A.); F: 68—69°.

Furan-2-carbonsäure-isopentylamid, N-Isopentyl-furan-2-carbamid $C_{10}H_{15}NO_2$, Formel VIII ($R = CH_2\text{-}CH_2\text{-}CH(CH_3)_2$).

B. Beim Behandeln von Furan-2-carbonylchlorid mit Isopentylamin und wss. Kalilauge (*Degnan, Pope*, Am. Soc. **62** [1940] 1960).

Krystalle (aus Acn. oder wss. A.); F: 53—54°.

(±)-2-[Furan-2-carbonylamino]-4-methyl-pentan, (±)-Furan-2-carbonsäure-[1,3-di=
methyl-butylamid], (±)-*N*-[1,3-Dimethyl-butyl]-furan-2-carbamid $C_{11}H_{17}NO_2$,
Formel VIII (R = CH(CH₃)-CH₂-CH(CH₃)₂).

B. Beim Behandeln von Furan-2-carbonylchlorid mit (±)-1,3-Dimethyl-butylamin
und wss. Kalilauge (*Degnan, Pope*, Am. Soc. **62** [1940] 1960).

Krystalle (aus Acn. oder wss. A.); F: 54—55°.

Furan-2-carbonsäure-dodecylamid, *N*-Dodecyl-furan-2-carbamid $C_{17}H_{29}NO_2$, Formel VIII
(R = [CH₂]₁₁-CH₃).

B. Beim Erhitzen des Dodecylamin-Salzes der Furan-2-carbonsäure unter Stickstoff
bis auf 250° (*Hunter*, Iowa Coll. J. **15** [1941] 223, 230). Aus Furan-2-carbonylchlorid
und Dodecylamin (*Hu.*, l. c. S. 228).

Krystalle (aus PAe. oder A.); F: 57—58°.

Furan-2-carbonsäure-octadecylamid, *N*-Octadecyl-furan-2-carbamid $C_{23}H_{41}NO_2$,
Formel VIII (R = [CH₂]₁₇-CH₃).

B. Beim Erhitzen des Octadecylamin-Salzes der Furan-2-carbonsäure unter Stickstoff
bis auf 250° (*Hunter*, Iowa Coll. J. **15** [1941] 223, 230). Aus Furan-2-carbonylchlorid
und Octadecylamin (*Hu.*, l. c. S. 227).

Krystalle (aus PAe. oder A.); F: 79,5—80,5°.

Furan-2-carbonsäure-allylamid, *N*-Allyl-furan-2-carbamid $C_8H_9NO_2$, Formel VIII
(R = CH₂-CH=CH₂).

B. Beim Behandeln von Furan-2-carbonylchlorid mit Allylamin und wss. Kalilauge
(*Takahashi et al.*, J. pharm. Soc. Japan **68** [1948] 42; C. A. **1950** 1954).

Kp₁₄: 157—159°.

Furan-2-carbonsäure-cyclohexylamid, *N*-Cyclohexyl-furan-2-carbamid $C_{11}H_{15}NO_2$,
Formel X.

B. Beim Behandeln von Furan-2-carbonylchlorid mit Cyclohexylamin ohne Zusatz
(*Bowen, Smith*, Am. Soc. **62** [1940] 3522) oder unter Zusatz von wss. Kalilauge (*Degnan,
Pope*, Am. Soc. **62** [1940] 1960).

Krystalle; F: 112—112,5° [unkorr.] (*Bo., Sm.*), 108,5—109° [aus Acn. oder wss. A.]
(*De., Pope*).

Furan-2-carbonsäure-anilid, Furan-2-carbanilid $C_{11}H_9NO_2$, Formel I (X = H) (H 277).

B. Bei der Behandlung von Phenylisocyanat mit [2]Furylmagnesiumbromid (*Shepard
et al.*, Am. Soc. **52** [1930] 2083, 2090) oder [2]Furylmagnesiumjodid (*Gilman et al.*, Am.
Soc. **54** [1932] 733, 735) in Äther und anschliessenden Hydrolyse. Beim Erhitzen von
Furan-2-carbonsäure-methylester mit Anilin und Aluminiumoxid bis auf 310° (*Jur'ew,
Wendel'schtein*, Ž. obšč. Chim. **21** [1951] 259, 261; engl. Ausg. S. 281). Beim Behandeln
von Furan-2-carbonylchlorid mit Anilin und Benzol (*Mndshojan et al.*, Doklady Akad.
Armjansk. S.S.R. **17** [1953] 119, 122). Beim Erhitzen von Furan-2-thiocarbonsäure-
S-phenylester mit Anilin bis auf 150° (*Yamagishi*, J. pharm. Soc. Japan **76** [1956]
1200, 1203; C. A. **1957** 3491).

F: 124° [aus A.] (*Vargha, Gönczy*, Am. Soc. **72** [1950] 2738), 123—124° [unkorr.]
(*Hahn et al.*, Croat. chem. Acta **29** [1957] 319, 322), 121—122° [korr.; aus W.] (*Sh. et al.*).
UV-Spektrum (A.; 230—350 nm): *Grammaticakis*, Bl. **1948** 979, 984.

Reaktion mit Brom in Chloroform unter Bildung von 5-Brom-furan-2-carbonsäure-
[4-brom-anilid]: *Hahn et al.*, Arh. Kemiju **27** [1955] 155.

Furan-2-carbonsäure-[2-chlor-anilid] $C_{11}H_8ClNO_2$, Formel I (X = Cl).

B. Beim Behandeln von Furan-2-carbonylchlorid mit 2-Chlor-anilin und Äther (*Fărcăşan, Makkay*, Acad. Cluj Stud. Cerc. Chim. **8** [1957] 363, 365; C. A. **1960** 4531).

Krystalle (aus wss. Eg.); F: 90°.

Furan-2-carbonsäure-[3-chlor-anilid] $C_{11}H_8ClNO_2$, Formel II (X = Cl).

B. Beim Behandeln von Furan-2-carbonylchlorid mit 3-Chlor-anilin und Pyridin
(*Buu-Hoï, Nguyen-Hoán*, R. **68** [1949] 5, 20).

Krystalle; F: 116°.

Furan-2-carbonsäure-[4-chlor-anilid] $C_{11}H_8ClNO_2$, Formel III (X = Cl).

B. Beim Behandeln von Furan-2-carbonylchlorid mit 4-Chlor-anilin und Pyridin (*Buu-Hoï, Nguyen-Hoán*, R. **68** [1949] 5, 20; s. a. *Fărcăşan, Makkay*, Acad. Cluj Stud. Cerc. Chim. **8** [1957] 363, 365; C. A. **1960** 4531).

Krystalle; F: 148° [aus A.] (*Fă., Ma.*), 146° (*Buu-Hoï, Ng.-Hoán*).

I   II   III

Furan-2-carbonsäure-[2,4-dichlor-anilid] $C_{11}H_7Cl_2NO_2$, Formel IV (X = Cl).

B. Beim Behandeln von Furan-2-carbonylchlorid mit 2,4-Dichlor-anilin (*Fărcăşan, Makkay*, Acad. Cluj Stud. Cerc. Chim. **8** [1957] 363, 365; C. A. **1960** 4531).

Krystalle (aus A. + W.); F: 86°.

Furan-2-carbonsäure-[2,4,6-trichlor-anilid] $C_{11}H_6Cl_3NO_2$, Formel V (X = Cl).

B. Beim Erhitzen von Furan-2-carbonylchlorid mit 2,4,6-Trichlor-anilin bis auf 145° (*Fărcăşan, Makkay*, Acad. Cluj Stud. Cerc. Chim. **8** [1957] 363, 365; C. A. **1960** 4531).

Krystalle (aus wss. A.); F: 150°.

Furan-2-carbonsäure-[4-brom-anilid] $C_{11}H_8BrNO_2$, Formel III (X = Br).

B. Beim Behandeln von Furan-2-carbonylchlorid mit 4-Brom-anilin und Äther (*Fărcăşan, Makkay*, Acad. Cluj Stud. Cerc. Chim. **10** [1959] 145, 148; C. A. **1960** 17376).

Krystalle (aus wss. Me.); F: 151°.

Furan-2-carbonsäure-[2,4,6-tribrom-anilid] $C_{11}H_6Br_3NO_2$, Formel V (X = Br).

B. Beim Erhitzen von Furan-2-carbonylchlorid mit 2,4,6-Tribrom-anilin bis auf 130° (*Gilman, Young*, Am. Soc. **56** [1934] 464).

Krystalle (aus A.); F: 164°.

Furan-2-carbonsäure-[2-nitro-anilid] $C_{11}H_8N_2O_4$, Formel I (X = NO₂).

B. Beim Behandeln von Furan-2-carbonylchlorid mit 2-Nitro-anilin und Pyridin (*Fărcăşan, Makkay*, Acad. Cluj Stud. Cerc. Chim. **8** [1957] 363, 366; C. A. **1960** 4531).

Gelbe Krystalle (aus A.); F: 115—116°.

Furan-2-carbonsäure-[3-nitro-anilid] $C_{11}H_8N_2O_4$, Formel II (X = NO₂).

B. Beim Erwärmen von Furan-2-carbonylchlorid mit 3-Nitro-anilin, Kaliumcarbonat und Benzol (*DuPont de Nemours & Co.*, U.S.P. 2144220 [1933]).

Krystalle (aus wss. Acn.); F: 147—148°.

Furan-2-carbonsäure-[4-nitro-anilid] $C_{11}H_8N_2O_4$, Formel III (X = NO₂).

B. Beim Behandeln von Furan-2-carbonylchlorid mit 4-Nitro-anilin und Äther (*Fărcăşan, Makkay*, Acad. Cluj Stud. Cerc. Chim. **8** [1957] 363, 366; C. A. **1960** 4531).

Gelbbraune Krystalle (aus A.); F: 208—209°.

IV   V   VI

Furan-2-carbonsäure-[2-chlor-5-nitro-anilid] $C_{11}H_7ClN_2O_4$, Formel VI.

B. Beim Erwärmen von Furan-2-carbonylchlorid mit 2-Chlor-5-nitro-anilin, Kalium‌carbonat und Benzol (*DuPont de Nemours & Co.*, U.S.P. 2144220 [1933]).

Krystalle (aus wss. Acn.); F: 180—183°.

Furan-2-carbonsäure-[2,4-dinitro-anilid] $C_{11}H_7N_3O_6$, Formel IV (X = NO_2).

B. Beim Behandeln von Furan-2-carbonylchlorid mit 2,4-Dinitro-anilin und Pyridin (*Fărcăşan, Makkay*, Acad. Cluj Stud. Cerc. Chim. **8** [1957] 363, 366; C. A. **1960** 4531). Gelbbraune Krystalle (aus wss. Eg.); F: 169°.

Furan-2-carbonsäure-[2,4,6-trinitro-anilid] $C_{11}H_6N_4O_8$, Formel V (X = NO_2).

B. Beim Erwärmen von Furan-2-carbonylchlorid mit 2,4,6-Trinitro-anilin und Pyridin (*Fărcăşan, Makkay*, Acad. Cluj Stud. Cerc. Chim. **8** [1957] 363, 366; C. A. **1960** 4531). Gelbliche Krystalle (aus Acn.); F: 221°.

Furan-2-carbonsäure-[*N*-methyl-anilid], *N*-Methyl-furan-2-carbanilid $C_{12}H_{11}NO_2$, Formel VII (R = CH_3).

B. Beim Behandeln von Furan-2-carbonylchlorid mit *N*-Methyl-anilin ohne Lösungsmittel (*Gilman, Young*, Am. Soc. **56** [1934] 464), mit *N*-Methyl-anilin und Benzol (*Maxim et al.*, Bl. [5] **6** [1939] 1339, 1343) oder mit *N*-Methyl-anilin und Pyridin (*Hahn et al.*, Croat. chem. Acta **29** [1957] 319, 325).

Krystalle; F: 127—128° [unkorr.] (*Hahn et al.*), 125° [aus A.] (*Gi., Yo.*), 120° [aus Bzl. oder A.] (*Ma. et al.*).

Furan-2-carbonsäure-[*N*-äthyl-anilid], *N*-Äthyl-furan-2-carbanilid $C_{13}H_{13}NO_2$, Formel VII (R = C_2H_5).

B. Beim Behandeln von Furan-2-carbonylchlorid mit *N*-Äthyl-anilin und Benzol (*Maxim et al.*, Bl. [5] **6** [1939] 1339, 1343).

Krystalle; F: 128—129° [unkorr.] (*Hahn et al.*, Croat. chem. Acta **29** [1957] 319, 325), 127° [aus Bzl.] (*Ma. et al.*).

Bei der Behandlung mit Phenylmagnesiumbromid in Äther und anschliessenden Hydrolyse sind *N*-Äthyl-anilin, [2]Furyl-phenyl-keton und *N*-Äthyl-*N*-[[2]furyl-diphenyl-methyl]-anilin erhalten worden (*Ma. et al.*, l. c. S. 1345).

Furan-2-carbonsäure-diphenylamid, *N,N*-Diphenyl-furan-2-carbamid $C_{17}H_{13}NO_2$, Formel VII (R = C_6H_5).

B. Beim Behandeln von Furan-2-carbonylchlorid mit Diphenylamin in Benzol (*Maxim et al.*, Bl. [5] **6** [1939] 1339, 1343).

Krystalle; F: 157° (*Ma. et al.*), 154—156° [unkorr.] (*Hahn et al.*, Croat. chem. Acta **29** [1957] 319, 325).

Furan-2-carbonsäure-*o*-toluidid $C_{12}H_{11}NO_2$, Formel VIII (X = H) (H 277).

F: 72° [aus Ae. + Bzn.] (*Grammaticakis*, Bl. **1948** 979, 989), 66—67° [aus Bzl. + PAe.] (*Hahn et al.*, Croat. chem. Acta **29** [1957] 319, 322). Kp$_9$: 198—200° (*Hahn et al.*). UV-Spektrum (A.; 220—350 nm): *Gr.*, l. c. S. 984.

VII   VIII   IX

Furan-2-carbonsäure-[2-methyl-4-nitro-anilid] $C_{12}H_{10}N_2O_4$, Formel VIII (X = NO_2).

B. Beim Erwärmen von Furan-2-carbonylchlorid mit 2-Methyl-4-nitro-anilin, Kaliumcarbonat und Benzol (*Du Pont de Nemours & Co.*, U.S.P. 2144220 [1933]).

Krystalle (aus A.); F: 166°.

Furan-2-carbonsäure-[4-methyl-3-nitro-anilid] $C_{12}H_{10}N_2O_4$, Formel IX.

B. Beim Erwärmen von Furan-2-carbonylchlorid mit 4-Methyl-3-nitro-anilin, Kaliumcarbonat und Benzol (*Du Pont de Nemours & Co.*, U.S.P. 2144220 [1933]).

Krystalle (aus wss. Acn.); F: 126°.

Furan-2-carbonsäure-benzylamid, N-Benzyl-furan-2-carbamid $C_{12}H_{11}NO_2$, Formel X (R = H).

B. Beim Behandeln von Furan-2-carbonylchlorid mit Benzylamin (*Bowen, Smith*, Am. Soc. **62** [1940] 3522) oder mit Benzylamin und Benzol (*Mndshojan et al.*, Doklady Akad. Armjansk. S.S.R. **17** [1953] 119, 122). Beim Erhitzen eines Furan-2-carbonsäure-esters mit Benzylamin und Ammoniumchlorid (*Dermer, King*, J. org. Chem. **8** [1943] 168, 171).

Krystalle; F: 113° (*Mn. et al.*), 111—111,5° [korr.; aus wss. Acn. oder A.] (*De., King*), 111° [unkorr.] (*Hahn et al.*, Croat. chem. Acta **29** [1957] 319, 322), 110,5—111° [unkorr.] (*Bo., Sm.*).

Furan-2-carbonsäure-[N-benzyl-anilid], N-Benzyl-furan-2-carbanilid $C_{18}H_{15}NO_2$, Formel X (R = C₆H₅).

B. Beim Behandeln von Furan-2-carbonylchlorid mit N-Benzyl-anilin (*Mndshojan et al.*, Doklady Akad. Armjansk. S.S.R. **17** [1953] 119, 122) oder mit N-Benzyl-anilin und Pyridin (*Hahn et al.*, Croat. chem. Acta **29** [1957] 319, 325).

Krystalle (aus A.); F: 111—112° [unkorr.] (*Hahn et al.*; s. a. *Mn. et al.*).

Furan-2-carbonsäure-dibenzylamid, N,N-Dibenzyl-furan-2-carbamid $C_{19}H_{17}NO_2$, Formel X (R = CH₂-C₆H₅).

B. Beim Behandeln von Furan-2-carbonylchlorid mit Dibenzylamin und Benzol (*Mndshojan et al.*, Doklady Akad. Armjansk. S.S.R. **17** [1953] 119, 122).

Krystalle; F: 74°.

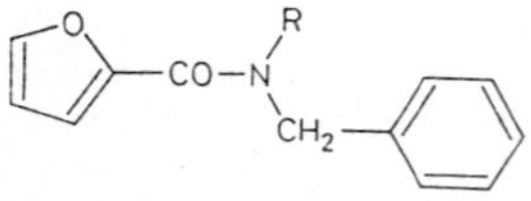

X 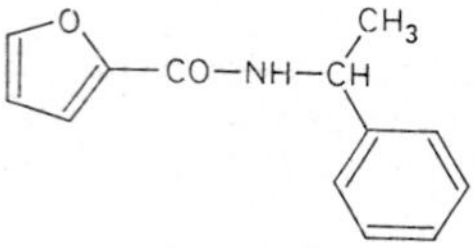   XI 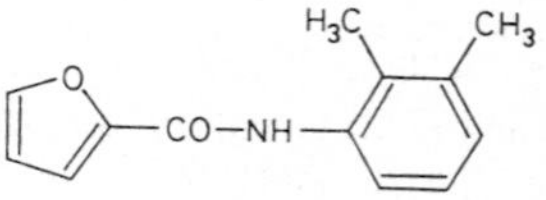   XII

(±)-Furan-2-carbonsäure-[1-phenyl-äthylamid], (±)-N-[1-Phenyl-äthyl]-furan-2-carbamid $C_{13}H_{13}NO_2$, Formel XI.

B. Beim Behandeln von Furan-2-carbonylchlorid mit (±)-1-Phenyl-äthylamin und Benzol (*Mndshojan et al.*, Doklady Akad. Armjansk. S.S.R. **17** [1953] 119, 122).

Krystalle; F: 95—96°.

Furan-2-carbonsäure-[2,3-dimethyl-anilid] $C_{13}H_{13}NO_2$, Formel XII.

B. Beim Behandeln von Furan-2-carbonylchlorid mit 2,3-Dimethyl-anilin und Pyridin (*Buu-Hoï, Nguyen-Hoán*, R. **68** [1949] 5, 20).

Krystalle; F: 118°.

Furan-2-carbonsäure-[3,4-dimethyl-anilid] $C_{13}H_{13}NO_2$, Formel I.

B. Beim Behandeln von Furan-2-carbonylchlorid mit 3,4-Dimethyl-anilin und Pyridin (*Buu-Hoï, Nguyen-Hoán*, R. **68** [1949] 5, 20).

Krystalle; F: 97°.

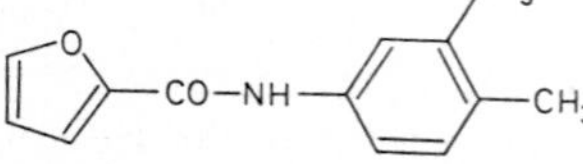

I 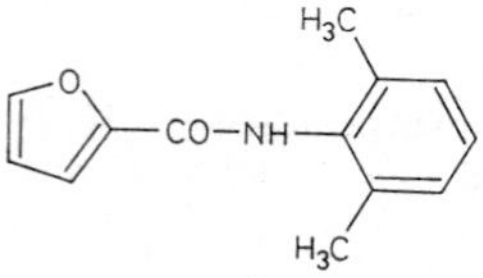   II 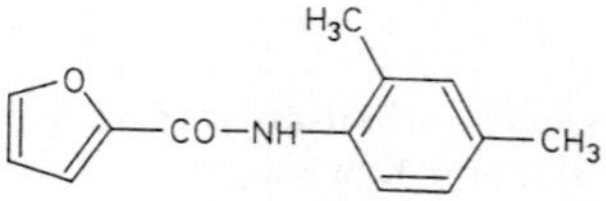   III

Furan-2-carbonsäure-[2,6-dimethyl-anilid] $C_{13}H_{13}NO_2$, Formel II.

B. Beim Behandeln von Furan-2-carbonylchlorid mit 2,6-Dimethyl-anilin ohne Lösungsmittel (*Bowen, Smith*, Am. Soc. **62** [1940] 3522) oder mit 2,6-Dimethyl-anilin und

Pyridin (*Buu-Hoi, Nguyen-Hoán*, R. **68** [1949] 5, 21).
Krystalle; F: 125—126° [unkorr.] (*Bo., Sm.*), 101° (*Buu-Hoi, Ng.-Hoán*).

Furan-2-carbonsäure-[2,4-dimethyl-anilid] $C_{13}H_{13}NO_2$, Formel III.
B. Beim Behandeln von Furan-2-carbonylchlorid mit 2,4-Dimethyl-anilin (*Bowen, Smith*, Am. Soc. **62** [1940] 3522) oder mit 2,4-Dimethyl-anilin und Pyridin (*Buu-Hoi, Nguyen-Hoán*, R. **68** [1949] 5, 20).
Krystalle; F: 104—105° [unkorr.] (*Bo., Sm.*), 96° (*Buu-Hoi, Ng.-Hoán*).

Furan-2-carbonsäure-[2,5-dimethyl-anilid] $C_{13}H_{13}NO_2$, Formel IV.
B. Beim Behandeln von Furan-2-carbonylchlorid mit 2,5-Dimethyl-anilin (*Bowen, Smith*, Am. Soc. **62** [1940] 3522) oder mit 2,5-Dimethyl-anilin und Pyridin (*Buu-Hoi, Nguyen-Hoán*, R. **68** [1949] 5, 20).
Krystalle; F: 89—90° [unkorr.] (*Bo., Sm.*), 89° (*Buu-Hoi, Ng.-Hoán*).

(±)-Furan-2-carbonsäure-[1-phenyl-propylamid], (±)-N-[1-Phenyl-propyl]-furan-2-carbamid $C_{14}H_{15}NO_2$, Formel V.
B. Beim Behandeln von Furan-2-carbonylchlorid mit (±)-1-Phenyl-propylamin und Benzol (*Mndshojan et al.*, Doklady Akad. Armjansk. S.S.R. **17** [1953] 119, 122).
Krystalle; F: 110—111°.

IV   V   VI

2-[Furan-2-carbonylamino]-1-phenyl-propan, Furan-2-carbonsäure-[1-methyl-2-phenyl-äthylamid], N-[1-Methyl-2-phenyl-äthyl]-furan-2-carbamid $C_{14}H_{15}NO_2$.
a) **N-[(S)-1-Methyl-2-phenyl-äthyl]-furan-2-carbamid** $C_{14}H_{15}NO_2$, Formel VI.
B. Beim Behandeln von Furan-2-carbonylchlorid mit (S)-2-Amino-1-phenyl-propan und Benzol (*Shapiro et al.*, Am. Soc. **80** [1958] 6065, 6069).
Krystalle (aus Hexan und E.); F: 103—104° [unkorr.] (*Sh. et al.*, l. c. S. 6066).

b) **(±)-N-[1-Methyl-2-phenyl-äthyl]-furan-2-carbamid** $C_{14}H_{15}NO_2$, Formel VI
+ Spiegelbild.
B. Beim Behandeln von Furan-2-carbonylchlorid mit (±)-2-Amino-1-phenyl-propan und Benzol (*Mndshojan et al.*, Doklady Akad. Armjansk. S.S.R. **17** [1953] 119, 122).
Krystalle; F: 83°.

(±)-Furan-2-carbonsäure-[1-phenyl-butylamid], (±)-N-[1-Phenyl-butyl]-furan-2-carbamid $C_{15}H_{17}NO_2$, Formel VII.
B. Beim Behandeln von Furan-2-carbonylchlorid mit (±)-1-Phenyl-butylamin und Benzol (*Mndshojan et al.*, Doklady Akad. Armjansk. S.S.R. **17** [1953] 119, 122).
Krystalle; F: 123°.

VII   VIII   IX

Furan-2-carbonsäure-[1]naphthylamid, N-[1]Naphthyl-furan-2-carbamid $C_{15}H_{11}NO_2$,
Formel VIII.
B. Beim Behandeln von Furan-2-carbonylchlorid mit [1]Naphthylamin (*Bowen, Smith*, Am. Soc. **62** [1940] 3522) oder mit [1]Naphthylamin und Pyridin (*Buu-Hoi,*

Nguyen-Hoán, R. **68** [1949] 5, 21).
Krystalle; F: 155—156° [unkorr.] (*Bo., Sm.*), 151—152° (*Buu-Hoi, Ng.-Hoán*).

Furan-2-carbonsäure-[2]naphthylamid, *N*-[2]Naphthyl-furan-2-carbamid $C_{15}H_{11}NO_2$, Formel IX.
B. Beim Behandeln von Furan-2-carbonylchlorid mit [2]Naphthylamin (*Bowen, Smith,* Am. Soc. **62** [1940] 3522) oder mit [2]Naphthylamin und Pyridin (*Buu-Hoi, Nguyen-Hoán,* R. **68** [1949] 5, 21).
Krystalle; F: 152—153° [unkorr.] (*Bo., Sm.;* s. a. *Buu-Hoi, Ng.-Hoán*).

Furan-2-carbonsäure-biphenyl-2-ylamid, *N*-Biphenyl-2-yl-furan-2-carbamid $C_{17}H_{13}NO_2$, Formel X.
B. Beim Behandeln von Furan-2-carbonylchlorid mit Biphenyl-2-ylamin und Pyridin (*Buu-Hoi, Nguyen-Hoán,* R. **68** [1949] 5, 21; *Mamalis, Petrow,* Soc. **1950** 703, 705).
Krystalle; F: 76—77,5° [aus A. oder A. + PAe.] (*Ma., Pe.*), 76° (*Buu-Hoi, Ng.-Hoán*). Kp_{24}: 260° (*Buu-Hoi, Ng.-Hoán*).

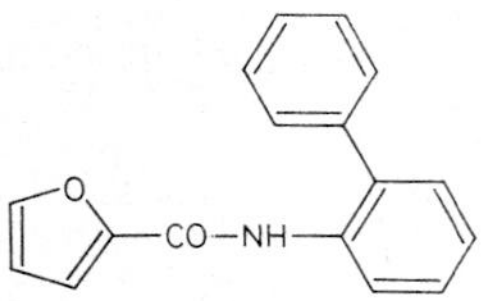

X 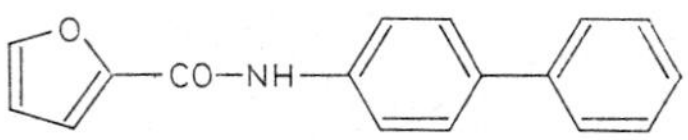   XI 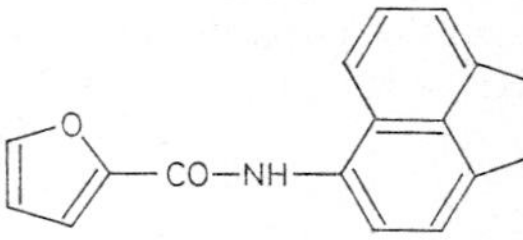   XII

Furan-2-carbonsäure-biphenyl-4-ylamid, *N*-Biphenyl-4-yl-furan-2-carbamid $C_{17}H_{13}NO_2$, Formel XI.
B. Beim Behandeln von Furan-2-carbonylchlorid mit Biphenyl-4-ylamin (*Bowen, Smith,* Am. Soc. **62** [1940] 3522) oder mit Biphenyl-4-ylamin und Pyridin (*Buu-Hoi, Nguyen-Hoán,* R. **68** [1949] 5, 21).
Krystalle; F: 171—172° [unkorr.] (*Bo., Sm.*), 168° [Zers.] (*Buu-Hoi, Ng.-Hoán*).

Furan-2-carbonsäure-acenaphthen-5-ylamid, *N*-Acenaphthen-5-yl-furan-2-carbamid $C_{17}H_{13}NO_2$, Formel XII.
B. Beim Behandeln von Furan-2-carbonylchlorid mit Acenaphthen-5-ylamin und Pyridin (*Buu-Hoi, Nguyen-Hoán,* R. **68** [1949] 5, 21; s. a. *Sachachi, Tsuge,* J. chem. Soc. Japan Ind. Chem. Sect. **59** [1956] 524, 525; C. A. **1958** 3779).
Krystalle; F: 147—147,5° [aus A.] (*Sa., Ts.*), 145° (*Buu-Hoi, Ng.-Hoán*).

Furan-2-carbonsäure-benzhydrylamid, *N*-Benzhydryl-furan-2-carbamid $C_{18}H_{15}NO_2$, Formel I.
B. Beim Behandeln von Furan-2-carbonylchlorid mit Benzhydrylamin und Benzol (*Mndshojan et al.,* Doklady Akad. Armjansk. S.S.R. **17** [1953] 119, 122).
Krystalle; F: 155—156°.

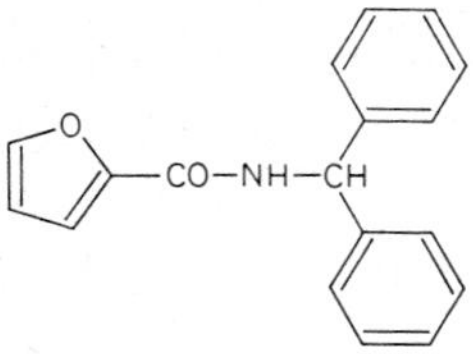

I 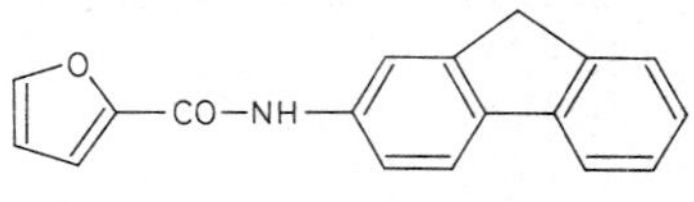   II

Furan-2-carbonsäure-fluoren-2-ylamid, *N*-Fluoren-2-yl-furan-2-carbamid $C_{18}H_{13}NO_2$, Formel II.
B. Beim Behandeln von Furan-2-carbonylchlorid mit Fluoren-2-ylamin (*Bowen, Smith,* Am. Soc. **62** [1940] 3522) oder mit Fluoren-2-ylamin, Benzol und Pyridin (*Sawicki, Chastain,* J. org. Chem. **21** [1956] 1028).
Krystalle; F: 201—201,5° [unkorr.] (*Bo., Sm.*), 198—199° [aus Bzl.] (*Sa., Ch.*).

1-[Furan-2-carbonylamino]-5-[4-nitro-phenoxy]-pentan, Furan-2-carbonsäure-
[5-(4-nitro-phenoxy)-pentylamid], *N*-[5-(4-Nitro-phenoxy)-pentyl]-furan-2-carbamid
C₁₆H₁₈N₂O₅, Formel III (X = NO₂).

B. Beim Behandeln von Furan-2-carbonsäure-anhydrid mit 5-[4-Nitro-phenoxy]-
pentylamin und Pyridin (*May & Baker Ltd.*, U.S.P. 2830008 [1956]).

F: 112—114°.

1-[4-Amino-phenoxy]-5-[furan-2-carbonylamino]-pentan, Furan-2-carbonsäure-
[5-(4-amino-phenoxy)-pentylamid], *N*-[5-(4-Amino-phenoxy)-pentyl]-furan-2-carbamid
C₁₆H₂₀N₂O₃, Formel III (X = NH₂).

B. Beim Erwärmen der im vorangehenden Artikel beschriebenen Verbindung mit
Natriumsulfid-nonahydrat in Äthanol (*May & Baker Ltd.*, U.S.P. 2830008 [1956]).

Krystalle (aus wss. A.); F: 118—119°.

III   IV

2-[Furan-2-carbonylamino]-phenol, Furan-2-carbonsäure-[2-hydroxy-anilid] C₁₁H₉NO₃,
Formel IV (X = OH).

B. Beim Erwärmen von Furan-2-carbonsäure-[2-nitro-phenylester] mit Äthanol,
Zinn(II)-chlorid und wss. Salzsäure (*Raiford, Huey*, J. org. Chem. **6** [1941] 858, 860, 863).
Beim Erwärmen der im folgenden Artikel beschriebenen Verbindung mit wss. Alkalilauge
(*Ra., Huey*, l. c. S. 866).

Krystalle (aus A.); F: 161—162°.

1-[Furan-2-carbonylamino]-2-[furan-2-carbonyloxy]-benzol C₁₆H₁₁NO₅, Formel V.

B. Beim Behandeln von Furan-2-carbonylchlorid mit 2-Amino-phenol, Dioxan und
Pyridin (*Raiford, Huey*, J. org. Chem. **6** [1941] 858, 866).

Braune Krystalle (aus A.); F: 113—114°.

4-Brom-2-[furan-2-carbonylamino]-phenol, Furan-2-carbonsäure-[5-brom-2-hydroxy-
anilid] C₁₁H₈BrNO₃, Formel VI.

B. Beim Erwärmen von 4-Brom-1-[furan-2-carbonyloxy]-2-nitro-benzol mit Äthanol,
Zinn(II)-chlorid und wss. Salzsäure (*Raiford, Huey*, J. org. Chem. **6** [1941] 858, 864).

Krystalle (aus A.); F: 238°.

Furan-2-carbonsäure-[2-methoxy-4-nitro-anilid] C₁₂H₁₀N₂O₅, Formel VII (X = H).

B. Beim Erwärmen von Furan-2-carbonylchlorid mit 2-Methoxy-4-nitro-anilin, Ka=
liumcarbonat und Benzol (*Du Pont de Nemours & Co.*, U.S.P. 2144220 [1933]).

Krystalle (aus wss. Acn.); F: 181—182°.

V   VI   VII

Furan-2-carbonsäure-[2-methoxy-5-nitro-anilid] C₁₂H₁₀N₂O₅, Formel VIII.

B. Beim Erwärmen von Furan-2-carbonylchlorid mit 2-Methoxy-5-nitro-anilin, Ka=
liumcarbonat und Benzol (*Du Pont de Nemours & Co.*, U.S.P. 2144220 [1933]).

Krystalle (aus wss. Acn.); F: 165°.

Furan-2-carbonsäure-[5-chlor-2-methoxy-4-nitro-anilid] C₁₂H₉ClN₂O₅, Formel VII
(X = Cl).

B. Beim Behandeln von Furan-2-carbonylchlorid mit 5-Chlor-2-methoxy-4-nitro-anilin

und Natriumacetat in Wasser (*Kishner, Krašowa*, Anilinokr. Promyšl. **3** [1933] 430, 433;
C. **1935** II 761).
Krystalle (aus Bzl.); F: 194,5°.

2-[Furan-2-carbonylamino]-thiophenol, Furan-2-carbonsäure-[2-mercapto-anilid]
$C_{11}H_9NO_2S$, Formel IV (X = SH).
B. Beim Erwärmen von Bis-[2-(furan-2-carbonylamino)-phenyl]-disulfid (E II 268) mit
Methanol, Zink-Pulver und wss. Salzsäure (*Am. Cyanamid Co.*, U.S.P. 2787605 [1953],
2787621 [1953]).
Das Zink-Salz $Zn(C_{11}H_8NO_2S)_2$ schmilzt zwischen 158° und 180°.

Furan-2-carbonsäure-*p*-anisidid $C_{12}H_{11}NO_3$, Formel IX (R = CH_3).
B. Beim Behandeln von Furan-2-carbonylchlorid mit *p*-Anisidin und Benzol (*Vargha,
Gönczy*, Am. Soc. **72** [1950] 2738, 2740; *Mndshojan et al.*, Doklady Akad. Armjansk.
S.S.R. **17** [1953] 119, 122) oder mit *p*-Anisidin und Pyridin (*Hahn et al.*, Croat. chem.
Acta **29** [1957] 319, 323). Beim Erwärmen von [2]Furyl-[4-methoxy-phenyl]-keton-
[O-(toluol-4-sulfonyl)-oxim] in Äthanol (*Va., Gö.*).
Krystalle; F: 105−106° [aus W.] (*Va., Gö.*), 104−105° [unkorr.] (*Hahn et al.*).

VIII   IX

Furan-2-carbonsäure-*p*-phenetidid $C_{13}H_{13}NO_3$, Formel IX (R = C_2H_5).
B. Beim Behandeln von Furan-2-carbonylchlorid mit *p*-Phenetidin und wss. Natron=
lauge (*Hahn et al.*, Croat. chem. Acta **29** [1957] 319, 324) oder mit *p*-Phenetidin und
Benzol (*Mndshojan et al.*, Doklady Akad. Armjansk. S.S.R. **17** [1953] 119, 122).
Krystalle; F: 130−131° [aus wss. A.; unkorr.] (*Hahn et al.*), 129° (*Mn. et al.*).

Furan-2-carbonsäure-[4-propoxy-anilid] $C_{14}H_{15}NO_3$, Formel IX (R = CH_2-CH_2-CH_3).
B. Beim Erwärmen von Furan-2-carbonylchlorid mit 4-Propoxy-anilin und Benzol
(*Mndshojan et al.*, Doklady Akad. Armjansk. S.S.R. **17** [1953] 119, 122).
Krystalle; F: 125°.

Furan-2-carbonsäure-[4-butoxy-anilid] $C_{15}H_{17}NO_3$, Formel IX (R = $[CH_2]_3$-CH_3).
B. Beim Erwärmen von Furan-2-carbonylchlorid mit 4-Butoxy-anilin und Benzol
(*Mndshojan et al.*, Doklady Akad. Armjansk. S.S.R. **17** [1953] 119, 122).
Krystalle; F: 123°.

Furan-2-carbonsäure-[4-(4-nitro-phenylmercapto)-anilid] $C_{17}H_{12}N_2O_4S$, Formel X.
B. Beim Behandeln von Furan-2-carbonylchlorid mit 4-[4-Nitro-phenylmercapto]-
anilin und Pyridin (*Miura, Bando*, J. pharm. Soc. Japan **63** [1943] 75, 78; C. A. **1951**
3346).
Gelbe Krystalle (aus A.); F: 166°.

Furan-2-carbonsäure-[4-(4-nitro-benzolsulfonyl)-anilid] $C_{17}H_{12}N_2O_6S$, Formel XI
(X = NO_2).
B. Beim Behandeln von Furan-2-carbonylchlorid mit 4-[4-Nitro-benzolsulfonyl]-anilin
und Pyridin (*Miura, Bando*, J. pharm. Soc. Japan **63** [1943] 75, 78; C. A. **1951** 3346).
Gelbe Krystalle (aus Eg.); F: 241°.

X   XI

Furan-2-carbonsäure-[4-sulfanilyl-anilid] $C_{17}H_{14}N_2O_4S$, Formel XI (X = NH₂).

B. Bei der Hydrierung von Furan-2-carbonsäure[4-(4-nitro-benzolsulfonyl)-anilid] an Raney-Nickel in wss. Äthanol (*Miura, Bando,* J. pharm. Soc. Japan **63** [1943] 75, 78; C. A. **1951** 3346).

Krystalle; F: 230°.

Furan-2-carbonsäure-[4-(N-acetyl-sulfanilyl)-anilid] $C_{19}H_{16}N_2O_5S$, Formel XI (X = NH-CO-CH₃).

B. Beim Erwärmen von Furan-2-carbonylchlorid mit Essigsäure-[4-sulfanilyl-anilid] und Pyridin (*Shonle, Van Arendonk,* Am. Soc. **65** [1943] 2375).

Krystalle (aus A.); F: 240—241°.

Bis-[4-(furan-2-carbonylamino)-phenyl]-sulfon $C_{22}H_{16}N_2O_6S$, Formel XII.

B. Beim Behandeln von Furan-2-carbonylchlorid mit Bis-[4-amino-phenyl]-sulfon, Aceton und Pyridin (*Sašošow,* Ž. obšč. Chim. **17** [1947] 471, 474; C. A. **1948** 534).

Krystalle (aus Py.); F: 286°.

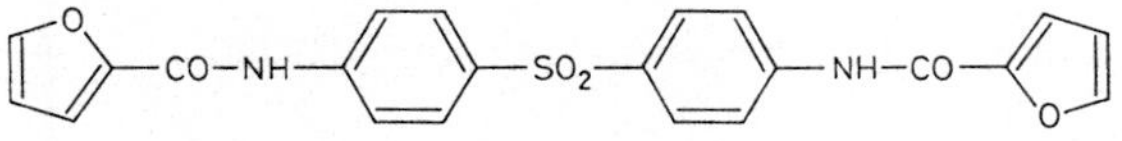

XII 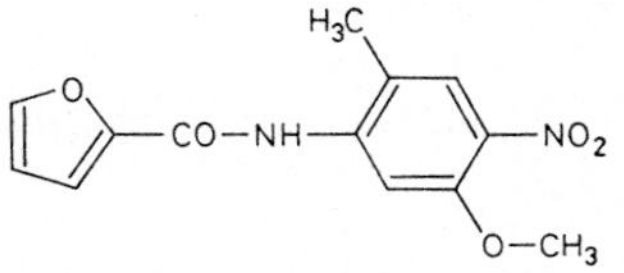   XIII

Furan-2-carbonsäure-[5-methoxy-2-methyl-4-nitro-anilid] $C_{13}H_{12}N_2O_5$, Formel XIII.

B. Beim Behandeln von Furan-2-carbonylchlorid mit 5-Methoxy-2-methyl-4-nitro-anilin und Natriumacetat in Wasser (*Kishner, Krašowa,* Anilinokr. Promyšl. **3** [1933] 430, 431; C. **1935** II 761).

Krystalle (aus Bzl.); F: 175°.

2-[Furan-2-carbonylamino]-5-methyl-phenol, Furan-2-carbonsäure-[2-hydroxy-4-methyl-anilid] $C_{12}H_{11}NO_3$, Formel I (R = X = H).

B. Beim Behandeln von Furan-2-carbonylchlorid mit 2-Amino-5-methyl-phenol, Chinolin und Dioxan (*Tong, Glesmann,* Am. Soc. **79** [1957] 4305, 4310).

F: 167—168°.

4-Brom-2-[furan-2-carbonylamino]-5-methyl-phenol, Furan-2-carbonsäure-[5-brom-2-hydroxy-4-methyl-anilid] $C_{12}H_{10}BrNO_3$, Formel I (R = H, X = Br).

B. Neben 5-Brom-2-[2]furyl-6-methyl-benzoxazol beim Erwärmen von 2-Brom-5-[furan-2-carbonyloxy]-4-nitro-toluol mit Äthanol, Zinn(II)-chlorid und wss. Salzsäure (*Raiford, Huey,* J. org. Chem. **6** [1941] 858, 863).

Krystalle (aus A.); F: 239—240°.

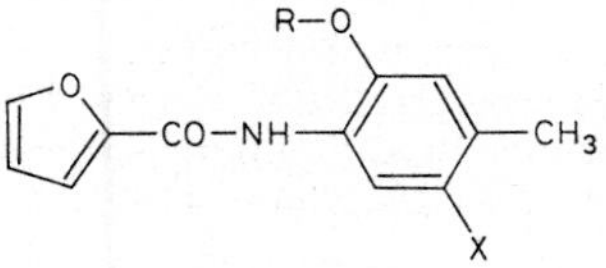

I 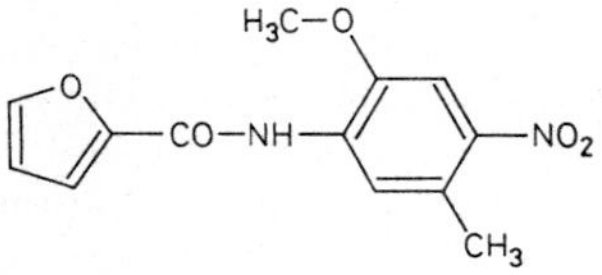   II 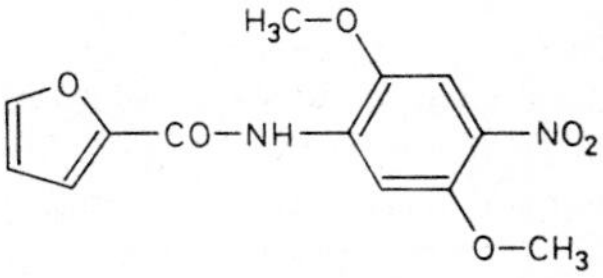   III

Furan-2-carbonsäure-[2-methoxy-5-methyl-4-nitro-anilid] $C_{13}H_{12}N_2O_5$, Formel II.

B. Beim Behandeln von Furan-2-carbonylchlorid mit 2-Methoxy-5-methyl-4-nitro-anilin und Natriumacetat in Wasser (*Kishner, Krašowa,* Anilinokr. Promyšl. **3** [1933] 430, 432; C. **1935** II 761).

Krystalle (aus Eg.); F: 170,8°.

Furan-2-carbonsäure-[2-methoxy-4-methyl-5-nitro-anilid] $C_{13}H_{12}N_2O_5$, Formel I (R = CH₃, X = NO₂).

B. Aus Furan-2-carbonylchlorid und 2-Methoxy-4-methyl-5-nitro-anilin (*Bogoslowskiǐ,*

Zil'man, Ž. obšč. Chim. **16** [1946] 1263, 1264, 1266; C. A. **1947** 3070).
Hellgelb; F: 170°.

Furan-2-carbonsäure-[2,5-dimethoxy-4-nitro-anilid] $C_{13}H_{12}N_2O_6$, Formel III.
B. Beim Behandeln einer Lösung von Furan-2-carbonylchlorid in Tetrachlormethan
mit 2,5-Dimethoxy-4-nitro-anilin und Natriumcarbonat in wss. Aceton (*Du Pont de
Nemours & Co.*, U.S.P. 2144220 [1933]).
Gelbliche Krystalle (aus wss. Acn.); F: 174°.

**2-[Furan-2-carbonylamino]-1-[4-nitro-phenyl]-propan-1,3-diol, Furan-2-carbonsäure-
[2-hydroxy-1-hydroxymethyl-2-(4-nitro-phenyl)-äthylamid], *N*-[2-Hydroxy-1-hydroxy:
methyl-2-(4-nitro-phenyl)-äthyl]-furan-2-carbamid** $C_{14}H_{14}N_2O_6$.

a) **(1*R*,2*R*)-2-[Furan-2-carbonylamino]-1-[4-nitro-phenyl]-propan-1,3-diol**
$C_{14}H_{14}N_2O_6$, Formel IV.
B. Beim Behandeln von Furan-2-carbonylchlorid mit (1*R*,2*R*)-2-Amino-1-[4-nitro-
phenyl]-propan-1,3-diol, Äthylacetat und wss. Kalilauge (*Rebstock*, Am. Soc. **72** [1950]
4800, 4803).
F: 150−151°.

b) **(1*S*,2*S*)-2-[Furan-2-carbonylamino]-1-[4-nitro-phenyl]-propan-1,3-diol**
$C_{14}H_{14}N_2O_6$, Formel V.
B. Beim Behandeln von Furan-2-carbonylchlorid mit (1*S*,2*S*)-2-Amino-1-[4-nitro-
phenyl]-propan-1,3-diol und Äthylacetat (*Scoffone*, *Iliceto*, G. **81** [1951] 881, 888).
Krystalle (aus wss. A.); F: 149,5−150,5°.

IV   V   VI

c) **(1*RS*,2*RS*)-2-[Furan-2-carbonylamino]-1-[4-nitro-phenyl]-propan-1,3-diol**
$C_{14}H_{14}N_2O_6$, Formel IV + V.
B. Beim Behandeln von Furan-2-carbonylchlorid mit (1*RS*,2*RS*)-2-Amino-1-[4-nitro-
phenyl]-propan-1,3-diol und Äthylacetat (*Scoffone*, *Iliceto*, G. **81** [1951] 881, 889; s. a.
Rebstock, Am. Soc. **72** [1950] 4800, 4802).
F: 138−139° (*Re.*), 136,5−137° (*Sc.*, *Il.*).

**Furan-2-carbonsäure-[dimethylaminomethyl-amid], *N*-Dimethylaminomethyl-furan-
2-carbamid, *N'*-[Furan-2-carbonyl]-*N*,*N*-dimethyl-methylendiamin** $C_8H_{12}N_2O_2$, Formel VI.
B. Beim Erwärmen von Furan-2-carbamid mit wss. Formaldehyd, Dimethylamin-
hydrochlorid und Äthanol (*Chechelska*, *Urbański*, Roczniki Chem. **27** [1953] 410, 413;
C. A. **1955** 1000).
Hydrochlorid $C_8H_{12}N_2O_2 \cdot HCl$. Krystalle (aus A.); F: 163−164°.

Bis-[furan-2-carbonylamino]-methan, *N*,*N'*-Bis-[furan-2-carbonyl]-methylendiamin
$C_{11}H_{10}N_2O_4$, Formel VII.
B. Beim Behandeln von Furan-2-carbamid mit Formaldehyd in wss. Lösung vom
pH 4 (*Chechelska*, *Urbański*, Roczniki Chem. **27** [1953] 410, 412; C. A. **1955** 1000).
Krystalle (aus A.); F: 180−182°.

**(±)-Furan-2-carbonsäure-[2,2,2-trichlor-1-hydroxy-äthylamid], (±)-*N*-[2,2,2-Trichlor-
1-hydroxy-äthyl]-furan-2-carbamid** $C_7H_6Cl_3NO_3$, Formel VIII (R = H).
B. Beim Erhitzen von Furan-2-carbamid mit Chloral (*Willard*, *Hamilton*, Am. Soc.

75 [1953] 2370, 2372).

Krystalle (aus A.); F: 153—154°.

(±)-**Furan-2-carbonsäure-[2,2,2-trichlor-1-methoxy-äthylamid], (±)-*N*-[2,2,2-Trichlor-1-methoxy-äthyl]-furan-2-carbamid** C₈H₈Cl₃NO₃, Formel VIII (R = CH₃).

B. Beim Erwärmen von (±)-*N*-[2,2,2-Trichlor-1-hydroxy-äthyl]-furan-2-carbamid mit Phosphor(V)-chlorid und Erwärmen des Reaktionsprodukts mit Methanol (*Willard, Hamilton*, Am. Soc. **75** [1953] 2370, 2373).

Krystalle (aus wss. Me.); F: 84—85°.

(±)-**Furan-2-carbonsäure-[1-äthoxy-2,2,2-trichlor-äthylamid], (±)-*N*-[1-Äthoxy-2,2,2-trichlor-äthyl]-furan-2-carbamid** C₉H₁₀Cl₃NO₃, Formel VIII (R = C₂H₅).

B. Analog der im vorangehenden Artikel beschriebenen Verbindung (*Willard, Hamilton*, Am. Soc. **75** [1953] 2370, 2373).

Krystalle (aus E. + PAe.); F: 81—82°.

(±)-**Furan-2-carbonsäure-[1-benzoyloxy-2,2,2-trichlor-äthylamid], (±)-*N*-[1-Benzoyl=oxy-2,2,2-trichlor-äthyl]-furan-2-carbamid** C₁₄H₁₀Cl₃NO₄, Formel VIII (R = CO-C₆H₅).

B. Beim Behandeln von (±)-*N*-[2,2,2-Trichlor-1-hydroxy-äthyl]-furan-2-carbamid mit Benzoylchlorid und Pyridin (*Willard, Hamilton*, Am. Soc. **75** [1953] 2370, 2373).

Krystalle (aus A.); F: 162—163,5°.

VII   VIII   IX

(±)-**Furan-2-carbonsäure-[1-amino-2,2,2-trichlor-äthylamid], (±)-*N*-[1-Amino-2,2,2-trichlor-äthyl]-furan-2-carbamid, (±)-2,2,2-Trichlor-*N*-[furan-2-carbonyl]-äthylidendiamin** C₇H₇Cl₃N₂O₂, Formel IX (R = H).

B. Beim Erwärmen von (±)-*N*-[2,2,2-Trichlor-1-hydroxy-äthyl]-furan-2-carbamid mit Phosphor(V)-chlorid und Behandeln einer Lösung des Reaktionsprodukts in Äther mit Ammoniak (*Willard, Hamilton*, Am. Soc. **75** [1953] 2370, 2373).

Krystalle (aus E. + PAe.); F: 102,5—104°.

(±)-**Furan-2-carbonsäure-[2,2,2-trichlor-1-methylamino-äthylamid], (±)-*N*-[2,2,2-Tri=chlor-1-methylamino-äthyl]-furan-2-carbamid, (±)-2,2,2-Trichlor-*N*-[furan-2-carbonyl]-*N'*-methyl-äthylidendiamin** C₈H₉Cl₃N₂O₂, Formel IX (R = CH₃).

B. Beim Erwärmen von (±)-*N*-[2,2,2-Trichlor-1-hydroxy-äthyl]-furan-2-carbamid mit Phosphor(V)-chlorid und Behandeln einer Lösung des Reaktionsprodukts in Äther mit Methylamin (*Willard, Hamilton*, Am. Soc. **75** [1953] 2370, 2372).

Krystalle (aus E. + PAe.); F: 120—121°.

(±)-**Furan-2-carbonsäure-[1-anilino-2,2,2-trichlor-äthylamid], (±)-*N*-[1-Anilino-2,2,2-trichlor-äthyl]-furan-2-carbamid, (±)-2,2,2-Trichlor-*N*-[furan-2-carbonyl]-*N'*-phenyl-äthylidendiamin** C₁₃H₁₁Cl₃N₂O₂, Formel IX (R = C₆H₅).

B. Beim Erwärmen von (±)-*N*-[2,2,2-Trichlor-1-hydroxy-äthyl]-furan-2-carbamid mit Phosphor(V)-chlorid und Behandeln einer Lösung des Reaktionsprodukts in Äther mit Anilin (*Willard, Hamilton*, Am. Soc. **75** [1953] 2370, 2372).

Krystalle (aus A.); F: 162—163°.

(±)-**Furan-2-carbonsäure-[1-benzylamino-2,2,2-trichlor-äthylamid], (±)-*N*-[1-Benzyl=amino-2,2,2-trichlor-äthyl]-furan-2-carbamid, (±)-*N*-Benzyl-2,2,2-trichlor-*N'*-[furan-2-carbonyl]-äthylidendiamin** C₁₄H₁₃Cl₃N₂O₂, Formel IX (R = CH₂-C₆H₅).

B. Beim Erwärmen von (±)-*N*-[2,2,2-Trichlor-1-hydroxy-äthyl]-furan-2-carbamid mit Phosphor(V)-chlorid und Behandeln einer Lösung des Reaktionsprodukts in Äther mit Benzylamin (*Willard, Hamilton*, Am. Soc. **75** [1953] 2370, 2372).

Krystalle (aus E. + PAe.); F: 132,5—133,5°.

(±)-Furan-2-carbonsäure-[2,2,2-trichlor-1-phenäthylamino-äthylamid],
(±)-*N*-[2,2,2-Trichlor-1-phenäthylamino-äthyl]-furan-2-carbamid, (±)-2,2,2-Trichlor-
N-[furan-2-carbonyl]-*N'*-phenäthyl-äthylidendiamin $C_{15}H_{15}Cl_3N_2O_2$, Formel IX
(R = CH$_2$-CH$_2$-C$_6$H$_5$).

B. Beim Erwärmen von (±)-*N*-[2,2,2-Trichlor-1-hydroxy-äthyl]-furan-2-carbamid mit
Phosphor(V)-chlorid und Behandeln einer Lösung des Reaktionsprodukts in Äther mit
Phenäthylamin (*Willard, Hamilton*, Am. Soc. **75** [1953] 2370, 2372).
Krystalle (aus E. + PAe.); F: 120,5—121,5°.

*Opt.-inakt. Bis-[2,2,2-trichlor-1-(furan-2-carbonylamino)-äthyl]-amin $C_{14}H_{11}Cl_6N_3O_4$,
Formel X.

B. Beim Erwärmen von (±)-*N*-[2,2,2-Trichlor-1-hydroxy-äthyl]-furan-2-carbamid mit
Phosphor(V)-chlorid und Behandeln einer Lösung des Reaktionsprodukts in Äther mit
wss. Ammoniak (*Willard, Hamilton*, Am. Soc. **75** [1853] 2370, 2373).
Krystalle (aus A.); F: 222—224°.

**2-[Furan-2-carbonylamino]-1-phenyl-äthanon, Furan-2-carbonsäure-phenacylamid,
N-Phenacyl-furan-2-carbamid** $C_{13}H_{11}NO_3$, Formel XI (X = H).

B. Beim Erwärmen von Furan-2-carbonylchlorid mit 2-Amino-1-phenyl-äthanon-
hydrochlorid und Pyridin (*Hayes et al.*, Am. Soc. **77** [1955] 1850).
Krystalle (aus Toluol); F: 138° [Block].

X   XI

**2-[Furan-2-carbonylamino]-1-[4-nitro-phenyl]-äthanon, Furan-2-carbonsäure-[4-nitro-
phenacylamid], *N*-[4-Nitro-phenacyl]-furan-2-carbamid** $C_{13}H_{10}N_2O_5$, Formel XI
(X = NO$_2$).

B. Beim Behandeln von Furan-2-carbonylchlorid mit 2-Amino-1-[4-nitro-phenyl]-
äthanon und Natriumacetat in Wasser (*Scoffone, Iliceto*, G. **81** [1951] 881).
F: 168—170°.

**1-Biphenyl-4-yl-2-[furan-2-carbonylamino]-äthanon, Furan-2-carbonsäure-[4-phenyl-
phenacylamid], *N*-[4-Phenyl-phenacyl]-furan-2-carbamid** $C_{19}H_{15}NO_3$, Formel XII.

B. Beim Behandeln von Furan-2-carbonylchlorid mit 2-Amino-1-biphenyl-4-yl-äthanon
(*Hayes et al.*, Am. Soc. **74** [1952] 1106) oder mit 2-Amino-1-biphenyl-4-yl-äthanon-
hydrochlorid und Pyridin (*Parke, Davis & Co.*, U.S.P. 2543266 [1950]).
F: 145° [Block] (*Ha. et al.*).

XII   XIII

(±)-2-[Furan-2-carbonylamino]-3-hydroxy-1-[4-nitro-phenyl]-propan-1-on, (±)-Furan-
2-carbonsäure-[1-hydroxymethyl-2-(4-nitro-phenyl)-2-oxo-äthylamid], (±)-*N*-[1-Hydroxymethyl-2-(4-nitro-phenyl)-2-oxo-äthyl]-furan-2-carbamid $C_{14}H_{12}N_2O_6$, Formel XIII.

B. Beim Behandeln von Furan-2-carbonsäure mit (±)-2-Amino-3-hydroxy-1-[4-nitro-
phenyl]-propan-1-on-hydrochlorid und Natriumacetat in Wasser (*Scoffone, Iliceto*, G. **81**
[1951] 881, 886). Beim Erwärmen von *N*-[4-Nitro-phenacyl]-furan-2-carbamid mit Paraformaldehyd und Natriumcarbonat in Äthanol (*Sc., Il.*).
Gelbliche Krystalle (aus A. + E.); F: 172°.

1-[Furan-2-carbonylamino]-anthrachinon, Furan-2-carbonsäure-[9,10-dioxo-9,10-di⁼ hydro-[1]anthrylamid], N-[9,10-Dioxo-9,10-dihydro-[1]anthryl]-furan-2-carbamid $C_{19}H_{11}NO_4$, Formel I (X = H).

B. Beim Erhitzen von Furan-2-carbonsäure mit 1-Amino-anthrachinon bis auf 210° (*Mangini, Weger*, Boll. scient. Fac. Chim. ind. Bologna **3** [1942] 223, 226). Beim Erhitzen von Furan-2-carbonylchlorid mit 1-Amino-anthrachinon in Nitrobenzol bis auf 160° (*Ma., We.*).

Gelbe Krystalle (aus Nitrobenzol + wss. Salzsäure; bei schnellem Abkühlen); orange-farbene Krystalle (aus Nitrobenzol; bei langsamem Abkühlen); F: 275—276°. Absorptionsspektrum (Nitrobenzol; 440—540 nm): *Ma., We.*, l. c. S. 228.

2-Brom-1-[furan-2-carbonylamino]-anthrachinon, Furan-2-carbonsäure-[2-brom-9,10-di⁼ oxo-9,10-dihydro-[1]anthrylamid], N-[2-Brom-9,10-dioxo-9,10-dihydro-[1]anthryl]-furan-2-carbamid $C_{19}H_{10}BrNO_4$, Formel I (X = Br).

B. Beim Erhitzen von Furan-2-carbonylchlorid mit 1-Amino-2-brom-anthrachinon in Nitrobenzol (*Mangini, Weger*, Boll. scient. Fac. Chim. ind. Bologna **3** [1942] 223, 228).

Grüne Krystalle (aus Py. + A.); F: 232—233°. Absorptionsspektrum (Pyridin sowie Nitrobenzol; 440—620 nm): *Ma., We.*, l. c. S. 230.

I   II   III

2-[Furan-2-carbonylamino]-phenanthren-9,10-chinon, Furan-2-carbonsäure-[9,10-dioxo-9,10-dihydro-[2]phenanthrylamid], N-[9,10-Dioxo-9,10-dihydro-[2]phenanthryl]-furan-2-carbamid $C_{19}H_{11}NO_4$, Formel II.

B. Beim Erwärmen von Furan-2-carbonylchlorid mit 2-Amino-phenanthren-9,10-chinon und Pyridin (*Desai, Kumta*, J. scient. ind. Res. India **11** B [1952] 282).

Rote Krystalle (aus Py. + A.); F: 292—293° [Zers.].

1-[Furan-2-carbonylamino]-4-hydroxy-anthrachinon, Furan-2-carbonsäure-[4-hydroxy-9,10-dioxo-9,10-dihydro-[1]anthrylamid], N-[4-Hydroxy-9,10-dioxo-9,10-dihydro-[1]anthryl]-furan-2-carbamid $C_{19}H_{11}NO_5$, Formel III.

B. Beim Erhitzen von Furan-2-carbonylchlorid mit 1-Amino-4-hydroxy-anthrachinon in Nitrobenzol (*Mangini, Dal Monte*, Boll. scient. Fac. Chim. ind. Bologna **4** [1943] 73, 74).

Rote Krystalle (aus Nitrobenzol); F: 273°. Absorptionsspektrum (Nitrobenzol; 440—620 nm): *Ma., Dal Mo.*, l. c. S. 75.

N-[Furan-2-carbonyl]-N′-phenyl-harnstoff $C_{12}H_{10}N_2O_3$, Formel IV.

B. Beim Erwärmen von Furan-2-carbonylchlorid mit Phenylharnstoff in Benzol (*Willard, Hamilton*, Am. Soc. **75** [1953] 2270). Beim Erhitzen von Furan-2-carbamid mit Phenylisocyanat (*Wi., Ha.*).

Krystalle (aus A.); F: 187—188°.

Furan-2-carbonsäure-thioureid, [Furan-2-carbonyl]-thioharnstoff $C_6H_6N_2O_2S$, Formel V (R = H).

B. Beim Erwärmen von Furan-2-carbonylchlorid mit Ammoniumisothiocyanat in Aceton und Behandeln der Reaktionslösung mit Ammoniak (*Douglass, Dains*, Am. Soc. **56** [1934] 719).

F: 183°.

N-[Furan-2-carbonyl]-N′-methyl-thioharnstoff $C_7H_8N_2O_2S$, Formel V (R = CH_3).

B. Beim Erwärmen von Furan-2-carbonylchlorid mit Ammoniumisothiocyanat in

Aceton und Behandeln der Reaktionslösung mit Methylamin (*Douglass, Dains*, Am. Soc. **56** [1934] 719).
F: 142°.

IV   V   VI

N-Äthyl-N′-[furan-2-carbonyl]-thioharnstoff $C_8H_{10}N_2O_2S$, Formel V (R = C_2H_5).
B. Analog N-[Furan-2-carbonyl]-N′-methyl-thioharnstoff [S. 3953] (*Douglass, Dains*. Am. Soc. **56** [1934] 719).
F: 101—102°.

N-[Furan-2-carbonyl]-N′-phenyl-thioharnstoff $C_{12}H_{10}N_2O_2S$, Formel VI (R = H).
B. Analog N-[Furan-2-carbonyl]-N′-methyl-thioharnstoff [S. 3953] (*Douglass, Dains*, Am. Soc. **56** [1934] 719).
F: 116°.

N′-[Furan-2-carbonyl]-N-methyl-N-phenyl-thioharnstoff $C_{13}H_{12}N_2O_2S$, Formel VI (R = CH_3).
B. Analog N-[Furan-2-carbonyl]-N′-methyl-thioharnstoff [S. 3953] (*Douglass, Dains*, Am. Soc. **56** [1934] 719).
F: 98—99°.

N′-[Furan-2-carbonyl]-N,N-diphenyl-thioharnstoff $C_{18}H_{14}N_2O_2S$, Formel VI (R = C_6H_5).
B. Analog N-[Furan-2-carbonyl]-N′-methyl-thioharnstoff [S. 3953] (*Douglass, Dains*, Am. Soc. **56** [1934] 719).
F: 139—140°.

N-[Furan-2-carbonyl]-N′-o-tolyl-thioharnstoff $C_{13}H_{12}N_2O_2S$, Formel VII (R = CH_3, X = H).
B. Analog N-[Furan-2-carbonyl]-N′-methyl-thioharnstoff [S. 3953] (*Douglass, Dains*, Am. Soc. **56** [1934] 719).
F: 115—116°.

VII   VIII

N-[Furan-2-carbonyl]-N′-m-tolyl-thioharnstoff $C_{13}H_{12}N_2O_2S$, Formel VII (R = H, X = CH_3).
B. Analog N-[Furan-2-carbonyl]-N′-methyl-thioharnstoff [S. 3953] (*Douglass, Dains*, Am. Soc. **56** [1934] 719).
F: 99°.

N-[Furan-2-carbonyl]-N′-p-tolyl-thioharnstoff $C_{13}H_{12}N_2O_2S$, Formel VIII.
B. Analog N-[Furan-2-carbonyl]-N′-methyl-thioharnstoff [S. 3953] (*Douglass, Dains*, Am. Soc. **56** [1934] 719).
F: 130°.

N-Benzyl-N′-[furan-2-carbonyl]-thioharnstoff $C_{13}H_{12}N_2O_2S$, Formel V (R = $CH_2-C_6H_5$).
B. Analog N-[Furan-2-carbonyl]-N′-methyl-thioharnstoff [S. 3953] (*Douglass, Dains*, Am. Soc. **56** [1934] 719).
F: 122°.

N-Benzyl-N'-[furan-2-carbonyl]-N-phenyl-thioharnstoff $C_{19}H_{16}N_2O_2S$, Formel VI
(R = CH_2-C_6H_5).

B. Analog N-[Furan-2-carbonyl]-N'-methyl-thioharnstoff [S. 3953] (*Douglass, Dains,*
Am. Soc. **56** [1934] 719).

F: 124°.

N-[Furan-2-carbonyl]-N'-[1]naphthyl-thioharnstoff $C_{16}H_{12}N_2O_2S$, Formel IX.

B. Analog N-[Furan-2-carbonyl]-N'-methyl-thioharnstoff [S. 3953] (*Douglass, Dains,*
Am. Soc. **56** [1934] 719).

F: 186°.

IX   X

N-[Furan-2-carbonyl]-N'-[2]naphthyl-thioharnstoff $C_{16}H_{12}N_2O_2S$, Formel X.

B. Analog N-[Furan-2-carbonyl-N'-methyl-thioharnstoff [S. 3953] (*Douglass, Dains,*
Am. Soc. **56** [1934] 719).

F: 139—140°.

N'-[Furan-2-carbonyl]-N-[2-hydroxy-äthyl]-N-phenyl-thioharnstoff $C_{14}H_{14}N_2O_3S$,
Formel VI (R = CH_2-CH_2OH).

B. Analog N-[Furan-2-carbonyl]-N'-methyl-thioharnstoff [S. 3953] (*Douglass, Dains,*
Am. Soc. **56** [1934] 719).

F: 111°.

N-[Furan-2-carbonyl]-N'-[4-thiocyanato-phenyl]-thioharnstoff $C_{13}H_9N_3O_2S_2$, Formel XI
(R = H).

B. Beim Erwärmen von Furan-2-carbonylchlorid mit Ammoniumisothiocyanat in
Aceton und anschliessend mit 4-Thiocyanato-anilin (*Horii, Kinouchi,* J. pharm. Soc.
Japan **56** [1936] 811; dtsch. Ref. S. 140; C. A. **1938** 8380).

Krystalle (aus A.); F: 155—155,5°.

N-[Furan-2-carbonyl]-N'-[2-methyl-4-thiocyanato-phenyl]-thioharnstoff $C_{14}H_{11}N_3O_2S_2$,
Formel XI (R = CH_3).

B. Analog N-[Furan-2-carbonyl]-N'-[4-thiocyanato-phenyl]-thioharnstoff [s. o.] (*Horii,
Kinouchi,* J. pharm. Soc. Japan **56** [1936] 811; dtsch. Ref. S. 140; C. A. **1938** 8380).

Krystalle; F: 122—123°.

XI   XII   XIII

N-[Furan-2-carbonyl]-N'-phenyl-selenoharnstoff $C_{12}H_{10}N_2O_2Se$, Formel XII.

B. Beim Behandeln von Furan-2-carbonylchlorid mit Kaliumselenocyanat in Aceton
und Erwärmen der Reaktionslösung mit Anilin (*Douglass,* Am. Soc. **59** [1937] 740).

Gelbe Krystalle (aus A.); F: 106—107° [korr.].

Furan-2-carbonylisothiocyanat $C_6H_3NO_2S$, Formel XIII.

B. Beim Erwärmen von Furan-2-carbonylchlorid mit Blei(II)-thiocyanat in Benzol
(*Lipp et al.,* B. **91** [1958] 1660, 1664).

Kp_9: 109—110°. n_D^{21}: 1,6326.

N-[Furan-2-carbonyl]-glycin $C_7H_7NO_4$, Formel I (H 277; E I 438; E II 268).

UV-Spektrum (W.; 220—290 nm): *Paul et al.,* J. biol. Chem. **180** [1949] 345, 349.

N-[Furan-2-carbonyl]-N-phenyl-glycin-diäthylamid $C_{17}H_{20}N_2O_3$, Formel II (R $= C_2H_5$).
B. Beim Erwärmen von Furan-2-carbonylchlorid mit *N*-Phenyl-glycin-diäthylamid, Pyridin und Toluol (*Am. Home Prod. Corp.*, U.S.P. 2676188 [1950]).
F: 103—104°.

I   II   III

Furan-2-carbonsäure-[bis-(2-cyan-äthyl)-amid], N,N-Bis-[2-cyan-äthyl]-furan-2-carbamid $C_{11}H_{11}N_3O_2$, Formel III.
B. Beim Behandeln von Furan-2-carbamid mit Acrylonitril und wss. Benzyl-trimethyl-ammonium-hydroxid-Lösung (*Mariella, Jonauskas*, J. org. Chem. **23** [1958] 923).
Krystalle; F: 112°.

N-[Furan-2-carbonyl]-anthranilsäure $C_{12}H_9NO_4$, Formel IV.
B. Beim Erwärmen von Furan-2-carbonylchlorid mit Anthranilsäure und Natrium=carbonat in Benzol (*Andrisano, Pappalardo*, Ann. Chimica **43** [1953] 723, 724).
Krystalle (aus Me.); F: 218°.

(±)-3-[Furan-2-carbonylamino]-2-hydroxy-propionsäure, N-[Furan-2-carbonyl]-DL-isoserin $C_8H_9NO_5$, Formel V.
B. Beim Behandeln von Furan-2-carbonylchlorid mit DL-Isoserin und wss. Natronlauge (*Utzino et al.*, J. Biochem. Tokyo **26** [1937] 477, 478).
Krystalle (aus W.); F: 125° [unkorr.].

Furan-2-carbonsäure-[4-sulfamoyl-anilid], N-[Furan-2-carbonyl]-sulfanilsäure-amid $C_{11}H_{10}N_2O_4S$, Formel VI (X $=$ H).
B. Beim Erwärmen von Furan-2-carbonylchlorid mit Sulfanilamid und Pyridin (*Kolloff, Hunter*, Am. Soc. **62** [1940] 1646; s. a. *Mousseron et al.*, Trav. Soc. Pharm. Montpellier **6** [1946/47] 38).
Krystalle; F: 273,5° [unkorr.; aus Acn. + PAe.] (*Ko., Hu.*), 273° [aus Me.] (*Mo. et al.*).

IV   V   VI

Furan-2-carbonsäure-[4-phenylsulfamoyl-anilid], N-[Furan-2-carbonyl]-sulfanilsäure-anilid $C_{17}H_{14}N_2O_4S$, Formel VII (X $=$ H).
B. Beim Erwärmen von Furan-2-carbonylchlorid mit Sulfanilanilid und Pyridin (*Kolloff, Hunter*, Am. Soc. **62** [1940] 1646).
Krystalle (aus Acn. + PAe.); F: 243,5—244° [unkorr.].

Furan-2-carbonsäure-[4-(4-nitro-phenylsulfamoyl)-anilid], N-[Furan-2-carbonyl]-sulfanilsäure-[4-nitro-anilid] $C_{17}H_{13}N_3O_6S$, Formel VII (X $=$ NO$_2$).
B. Beim Erwärmen von Furan-2-carbonylchlorid mit Sulfanilsäure-[4-nitro-anilid] und Pyridin (*Kolloff, Hunter*, Am. Soc. **62** [1940] 1646).
Krystalle (aus Acn. + PAe.); F: 259° [unkorr.].

Furan-2-carbonsäure-[4-(4-amino-phenylsulfamoyl)-anilid], N-[Furan-2-carbonyl]-sulfanilsäure-[4-amino-anilid] $C_{17}H_{15}N_3O_4S$, Formel VII (X $=$ NH$_2$).
B. Beim Behandeln von Furan-2-carbonsäure-[4-(4-nitro-phenylsulfamoyl)-anilid] mit Eisen(II)-sulfat, wss. Natronlauge und wss. Ammoniak (*Kolloff, Hunter*, Am. Soc. **62**

[1940] 1646).
Krystalle (aus A.); F: 238—238,5°.

Furan-2-carbonsäure-[4-hydrazinosulfonyl-anilid], N-[Furan-2-carbonyl]-sulfanilsäure-hydrazid $C_{11}H_{11}N_3O_4S$, Formel VI (X = NH$_2$).
B. Beim Erwärmen von *N*-[Furan-2-carbonyl]-sulfanilylchlorid (nicht näher beschrieben) mit Hydrazin-hydrat in Methanol (*Rothmann*, D.B.P. 901650 [1943]).
Krystalle (aus Eg.); F: 189° [Zers.].

VII   VIII

7-[Furan-2-carbonylamino]-4-hydroxy-naphthalin-2-sulfonsäure $C_{15}H_{11}NO_6S$, Formel VIII.
B. Beim Erwärmen einer Lösung von Furan-2-carbonylchlorid in Äther mit 7-Amino-4-hydroxy-naphthalin-2-sulfonsäure, Natriumcarbonat und Natriumacetat in Wasser (*Nishi, Ikeuchi*, J. chem. Soc. Japan Ind. Chem. Sect. **53** [1950] 118; C. A. **1952** 8376).
Hellgelbe Krystalle.
Natrium-Salz $NaC_{15}H_{10}NO_6S$. Krystalle (aus W.).

Furan-2-carbonsäure-[3-amino-anilid], N-[Furan-2-carbonyl]-m-phenylendiamin $C_{11}H_{10}N_2O_2$, Formel IX (X = H).
B. Beim Erhitzen von Furan-2-carbonsäure-[3-nitro-anilid] mit Eisen-Pulver und wss. Essigsäure (*Du Pont de Nemours & Co.*, U.S.P. 2144220 [1933]).
Krystalle; F: 142—143°.

IX   X

Furan-2-carbonsäure-[5-amino-2-chlor-anilid], 4-Chlor-N³-[furan-2-carbonyl]-m-phenylendiamin $C_{11}H_9ClN_2O_2$, Formel IX (X = Cl).
B. Beim Erhitzen von Furan-2-carbonsäure-[2-chlor-5-nitro-anilid] mit Eisen-Pulver und wss. Essigsäure (*Du Pont de Nemours & Co.*, U.S.P. 2144220 [1933]).
Krystalle; F: 169—171°.

N-Acetyl-N'-[furan-2-carbonyl]-p-phenylendiamin, Furan-2-carbonsäure-[4-acetyl-amino-anilid] $C_{13}H_{12}N_2O_3$, Formel X.
B. Beim Behandeln von Furan-2-carbonylchlorid mit Essigsäure-[4-amino-anilid] und Pyridin (*Buu-Hoï, Nguyen-Hoán*, R. **68** [1949] 5, 21).
Krystalle; F: 215°.

N,N'-Bis-[4-dimethylamino-phenyl]-N-[furan-2-carbonyl]-harnstoff $C_{22}H_{24}N_4O_3$, Formel XI.
B. Beim Behandeln von Furan-2-carbonsäure mit Bis-[4-dimethylamino-phenyl]-carbodiimid in Äther (*Zetzsche, Röttger*, B. **72** [1939] 1599, 1612).
Gelbe Krystalle (aus Acn.); F: 141° [nach Sintern bei 136°].

2,4-Bis-[furan-2-carbonylamino]-toluol, N,N'-Bis-[furan-2-carbonyl]-4-methyl-m-phenylendiamin $C_{17}H_{14}N_2O_4$, Formel XII.
B. Beim Behandeln von Furan-2-carbonylchlorid mit 4-Methyl-m-phenylendiamin und Pyridin (*Buu-Hoï, Nguyen-Hoán*, R. **68** [1949] 5, 22).
Krystalle; F: 193°.

XI   XII

Furan-2-carbonsäure-[3-amino-4-methyl-anilid], N^1-**[Furan-2-carbonyl]-4-methyl-
m-phenylendiamin** $C_{12}H_{12}N_2O_2$, Formel I.
B. Beim Erhitzen von Furan-2-carbonsäure-[4-methyl-3-nitro-anilid] mit Eisen-Pulver
und wss. Essigsäure (*Du Pont de Nemours & Co.*, U.S.P. 2144220 [1933]).
Krystalle; F: 116—117°.

I   II

N,N'-Bis-[furan-2-carbonyl]-benzidin $C_{22}H_{16}N_2O_4$, Formel II.
B. Beim Behandeln von Furan-2-carbonylchlorid mit Benzidin und Pyridin (*Buu-Hoï,
Nguyen-Hoán*, R. **68** [1949] 5, 21).
Krystalle, die unterhalb 310° nicht schmelzen.

Furan-2-carbonsäure-[4-amino-2-methoxy-anilid], N^1-**[Furan-2-carbonyl]-2-methoxy-
p-phenylendiamin** $C_{12}H_{12}N_2O_3$, Formel III (X = H).
B. Beim Erhitzen von Furan-2-carbonsäure-[2-methoxy-4-nitro-anilid] mit Eisen-
Pulver und wss. Essigsäure (*Du Pont de Nemours & Co.*, U.S.P. 2144220 [1933]).
Krystalle; F: 124°.

Furan-2-carbonsäure-[4-amino-5-chlor-2-methoxy-anilid], **2-Chlor-N^4-[furan-2-carb=
onyl]-5-methoxy-p-phenylendiamin** $C_{12}H_{11}ClN_2O_3$, Formel III (X = Cl).
B. Beim Erwärmen von Furan-2-carbonsäure-[5-chlor-2-methoxy-4-nitro-anilid] mit
Äthanol, Zink-Pulver und wss. Salzsäure (*Kishner, Krašowa*, Anilinokr. Promyšl. **3**
[1933] 430, 433; C. **1935** II 761).
Krystalle (aus A.); F: 181,5°.

Furan-2-carbonsäure-[5-amino-2-methoxy-anilid], N^3-**[Furan-2-carbonyl]-4-methoxy-
m-phenylendiamin** $C_{12}H_{12}N_2O_3$, Formel IV (R = H).
B. Beim Erhitzen von Furan-2-carbonsäure-[2-methoxy-5-nitro-anilid] mit Eisen-
Pulver und wss. Essigsäure (*Du Pont de Nemours & Co.*, U.S.P. 2144220 [1933]).
Krystalle; F: 133—134°.

III   IV   V

Furan-2-carbonsäure-[4-amino-5-methoxy-2-methyl-anilid], N^4-**[Furan-2-carbonyl]-
2-methoxy-5-methyl-p-phenylendiamin** $C_{13}H_{14}N_2O_3$, Formel V.
B. Beim Erwärmen von Furan-2-carbonsäure-[5-methoxy-2-methyl-4-nitro-anilid] mit
Äthanol, Zink-Pulver und wss. Salzsäure (*Kishner, Krašowa*, Anilinokr. Promyšl. **3** [1933]

430, 431; C. **1935** II 761).
Krystalle (aus A.); F: 134°.

Furan-2-carbonsäure-[4-amino-2-methoxy-5-methyl-anilid], N^1-[Furan-2-carbonyl]-2-methoxy-5-methyl-p-phenylendiamin $C_{13}H_{14}N_2O_3$, Formel III (X = CH$_3$).
B. Beim Erwärmen von Furan-2-carbonsäure-[2-methoxy-5-methyl-4-nitro-anilid] mit Äthanol, Zink-Pulver und wss. Salzsäure (*Kishner, Krašowa*, Anilinokr. Promyšl. **3** [1933] 430, 432; C. **1935** II 761).
Krystalle (aus A.); F: 169°.

Furan-2-carbonsäure-[5-amino-2-methoxy-4-methyl-anilid], N^3-[Furan-2-carbonyl]-4-methoxy-6-methyl-m-phenylendiamin $C_{13}H_{14}N_2O_3$, Formel IV (R = CH$_3$).
B. Beim Erwärmen von Furan-2-carbonsäure-[2-methoxy-4-methyl-5-nitro-anilid] mit Äthanol, Zink-Pulver und wss. Salzsäure (*Bogošlowskiǐ, Zil'man*, Ž. obšč. Chim. **16** [1946] 1263, 1266, 1267; C. A. **1947** 3070).
Krystalle; F: 157°.

*****Opt.-inakt. α,α'-Bis-[furan-2-carbonylamino]-bibenzyl-2,2'-diol** $C_{24}H_{20}N_2O_6$, Formel VI (R = H).
B. Beim Behandeln einer Lösung von [2,2']Furil und Salicylaldehyd in Äthanol mit Ammoniak (*Sircar, Guha*, J. Indian chem. Soc. **13** [1936] 704, 705).
Gelbe Krystalle, die unterhalb 307° nicht schmelzen.

*****Opt.-inakt. 2,2'-Diacetoxy-α,α'-bis-[furan-2-carbonylamino]-bibenzyl** $C_{28}H_{24}N_2O_8$, Formel VI (R = CO-CH$_3$).
B. Beim Erhitzen der im vorangehenden Artikel beschriebenen Verbindung mit Acet=anhydrid (*Sircar, Guha*, J. Indian chem. Soc. **13** [1936] 704, 706).
Krystalle; F: 246°.

2-Brom-1-[furan-2-carbonylamino]-4-p-toluidino-anthrachinon, Furan-2-carbonsäure-[2-brom-9,10-dioxo-4-p-toluidino-9,10-dihydro-[1]anthrylamid], N-[2-Brom-9,10-dioxo-4-p-toluidino-9,10-dihydro-[1]anthryl]-furan-2-carbamid $C_{26}H_{17}BrN_2O_4$, Formel VII (R = CH$_3$).
B. Beim Erhitzen von Furan-2-carbonylchlorid mit 1-Amino-2-brom-4-p-toluidino-anthrachinon in Nitrobenzol (*Mangini, Weger*, Boll. scient. Fac. Chim. ind. Bologna **3** [1942] 232, 236).
Violette Krystalle (aus Py. + A.); F: 259°. Absorptionsspektrum (Nitrobenzol; 445 nm bis 620 nm): *Ma., We.*, l. c. S. 240.

VI

VII

2-Brom-1-[furan-2-carbonylamino]-4-[1]naphthylamino-anthrachinon, Furan-2-carbon=säure-[2-brom-4-[1]naphthylamino-9,10-dioxo-9,10-dihydro-[1]anthrylamid], N-[2-Brom-4-[1]naphthylamino-9,10-dioxo-9,10-dihydro-[1]anthryl]-furan-2-carbamid $C_{29}H_{17}BrN_2O_4$, Formel VIII.
B. Beim Behandeln von Furan-2-carbonylchlorid mit 1-Amino-2-brom-4-[1]naphthyl=amino-anthrachinon in Nitrobenzol (*Mangini, Weger*, Boll. scient. Fac. Chim. ind. Bologna **3** [1942] 232, 237).
Violette Krystalle (aus Py.); F: 227—228°. Absorptionsspektrum (Nitrobenzol; 445 nm bis 620 nm): *Ma., We.*, l. c. S. 240.

VIII   IX

2-Brom-1-[furan-2-carbonylamino]-4-[2]naphthylamino-anthrachinon, Furan-2-carbon=
säure-[2-brom-4-[2]naphthylamino-9,10-dioxo-9,10-dihydro-[1]anthrylamid],
N-[2-Brom-4-[2]naphthylamino-9,10-dioxo-9,10-dihydro-[1]anthryl]-furan-2-carbamid
$C_{29}H_{17}BrN_2O_4$, Formel IX.
B. Beim Behandeln von Furan-2-carbonylchlorid mit 1-Amino-2-brom-4-[2]naphthyl=
amino-anthrachinon in Nitrobenzol (*Mangini, Weger*, Boll. scient. Fac. Chim. ind. Bologna
3 [1942] 232, 237).
Violette Krystalle (aus Py.); F: 242°. Absorptionsspektrum (Nitrobenzol; 445 nm
bis 620 nm): *Ma., We.,* l. c. S. 240.

4-Biphenyl-4-ylamino-2-brom-1-[furan-2-carbonylamino]-anthrachinon, Furan-2-carbon=
säure-[4-biphenyl-4-ylamino-2-brom-9,10-dioxo-9,10-dihydro-[1]anthrylamid], *N*-[4-Bi=
phenyl-4-ylamino-2-brom-9,10-dioxo-9,10-dihydro-[1]anthryl]-furan-2-carbamid
$C_{31}H_{19}BrN_2O_4$, Formel VII (R = C_6H_5).
B. Beim Behandeln von Furan-2-carbonylchlorid mit 1-Amino-4-biphenyl-4-ylamino-
2-brom-anthrachinon in Nitrobenzol (*Mangini, Weger*, Boll. scient. Fac. Chim. ind.
Bologna **3** [1942] 232, 237).
Violette Krystalle (aus Py.); F: 259°. Absorptionsspektrum (Nitrobenzol; 445 nm
bis 620 nm): *Ma., We.,* l. c. S. 240.

2-Brom-1-[furan-2-carbonylamino]-4-*p*-phenetidino-anthrachinon, Furan-2-carbonsäure-
[2-brom-9,10-dioxo-4-*p*-phenetidino-9,10-dihydro-[1]anthrylamid], *N*-[2-Brom-9,10-di=
oxo-4-*p*-phenetidino-9,10-dihydro-[1]anthryl]-furan-2-carbamid $C_{27}H_{19}BrN_2O_5$,
Formel VII (R = O-C_2H_5).
B. Beim Erhitzen von Furan-2-carbonylchlorid mit 1-Amino-2-brom-4-*p*-phenetidino-
anthrachinon in Nitrobenzol (*Mangini, Weger*, Boll. scient. Fac. Chim. ind. Bologna **3**
[1942] 232, 236).
Violette Krystalle (aus Py.); F: 207−208°. Absorptionsspektrum (Nitrobenzol; 445 nm
bis 620 nm): *Ma., We.,* l. c. S. 240.

1,5-Bis-[furan-2-carbonylamino]-anthrachinon $C_{24}H_{14}N_2O_6$, Formel X (X = H).
B. Beim Erhitzen von Furan-2-carbonylchlorid mit 1,5-Diamino-anthrachinon in
Nitrobenzol (*Mangini, Weger*, Boll. scient. Fac. Chim. ind. Bologna **3** [1942] 223, 227).
Gelbbraune Krystalle (aus Nitrobenzol), die unterhalb 350° nicht schmelzen. Ab-
sorptionsspektrum (Nitrobenzol; 445−520 nm): *Ma., We.,* l. c. S. 229.

X   XI

1,8-Bis-[furan-2-carbonylamino]-anthrachinon $C_{24}H_{14}N_2O_6$, Formel XI.
B. Beim Erhitzen von Furan-2-carbonylchlorid mit 1,8-Diamino-anthrachinon in
Nitrobenzol (*Mangini, Weger*, Boll. scient. Fac. Chim. ind. Bologna **3** [1942] 223, 227).

Orangegelbe Krystalle (aus Nitrobenzol); F: 345°. Absorptionsspektrum (Nitrobenzol; 445—620 nm): *Ma., We.,* l. c. S. 229.

4,8-Dianilino-2,6-dibrom-1,5-bis-[furan-2-carbonylamino]-anthrachinon $C_{36}H_{22}Br_2N_4O_6$, Formel XII (R = H).

B. Beim Erhitzen von Furan-2-carbonylchlorid mit 1,5-Diamino-4,8-dianilino-2,6-di= brom-anthrachinon in Nitrobenzol (*Mangini, Dal Monte,* Boll. scient. Fac. Chim. ind. Bologna **4** [1943] 15, 17).

Violette Krystalle (aus Butan-1-ol); F: 263°. Absorptionsspektrum (Nitrobenzol; 445 nm bis 620 nm): *Ma., Dal M.,* l. c. S. 20.

2,6-Dibrom-1,5-bis-[furan-2-carbonylamino]-4,8-di-*p*-toluidino-anthrachinon $C_{38}H_{26}Br_2N_4O_6$, Formel XII (R = CH_3).

B. Beim Erhitzen von Furan-2-carbonylchlorid mit 1,5-Diamino-2,6-dibrom-4,8-di-*p*-toluidino-anthrachinon in Nitrobenzol (*Mangini, Dal Monte,* Boll. scient. Fac. Chim. ind. Bologna **4** [1943] 15, 17).

Violette Krystalle (aus Dioxan + A.); F: 285°. Absorptionsspektrum (Nitrobenzol; 445—620 nm): *Ma., Dal M.,* l. c. S. 20.

4,8-Di-*p*-anisidino-2,6-dibrom-1,5-bis-[furan-2-carbonylamino]-anthrachinon $C_{38}H_{26}Br_2N_4O_8$, Formel XII (R = O-CH_3).

B. Beim Erhitzen von Furan-2-carbonylchlorid mit 1,5-Diamino-4,8-di-*p*-anisidino-2,6-dibrom-anthrachinon in Nitrobenzol (*Mangini, Dal Monte,* Boll. scient. Fac. Chim. ind. Bologna **4** [1943] 15, 17).

Violette Krystalle (aus Dioxan + A.); F: 265°. Absorptionsspektrum (Nitrobenzol; 445—620 nm): *Ma., Dal M.,* l. c. S. 20.

XII   XIII

2,6-Dibrom-1,5-bis-[furan-2-carbonylamino]-4,8-di-*p*-phenetidino-anthrachinon $C_{40}H_{30}Br_2N_4O_8$, Formel XII (R = O-C_2H_5).

B. Beim Erhitzen von Furan-2-carbonylchlorid mit 1,5-Diamino-2,6-dibrom-4,8-di-*p*-phenetidino-anthrachinon in Nitrobenzol (*Mangini, Dal Monte,* Boll. scient. Fac. Chim. ind. Bologna **4** [1943] 15, 17).

Violette Krystalle (aus Dioxan + A.); F: 259°. Absorptionsspektrum (Nitrobenzol; 445—620 nm): *Ma., Dal M.,* l. c. S. 20.

4,5-Dianilino-2,7-dibrom-1,8-[furan-2-carbonylamino]-anthrachinon $C_{36}H_{22}Br_2N_4O_6$, Formel XIII (R = H).

B. Beim Erhitzen von Furan-2-carbonylchlorid mit 1,8-Diamino-4,5-dianilino-2,7-di= brom-anthrachinon in Nitrobenzol (*Mangini, Dal Monte,* Boll. scient. Fac. Chim. ind. Bologna **4** [1943] 15, 17).

Violette Krystalle (aus Butan-1-ol); F: 165°. Absorptionsspektrum (Nitrobenzol; 445—620 nm): *Ma., Dal M.,* l. c. S. 20.

2,7-Dibrom-1,8-[furan-2-carbonylamino]-4,5-di-*p*-toluidino-anthrachinon $C_{38}H_{26}Br_2N_4O_6$, Formel XIII (R = CH_3).

B. Beim Erhitzen von Furan-2-carbonylchlorid mit 1,8-Diamino-2,7-dibrom-4,5-di-*p*-toluidino-anthrachinon in Nitrobenzol (*Mangini, Dal Monte,* Boll. scient. Fac. Chim. ind. Bologna **4** [1943] 15, 17).

Violette Krystalle (aus Dioxan + A.); F: 192—193°. Absorptionsspektrum (Nitro=
benzol; 445—620 nm): *Ma.*, *Dal M.*, 1. c. S. 21.

4,5-Di-*p*-anisidino-2,7-dibrom-1,8-[furan-2-carbonylamino]-anthrachinon
$C_{38}H_{26}Br_2N_4O_8$, Formel XIII (R = O-CH₃).
B. Beim Erhitzen von Furan-2-carbonylchlorid mit 1,8-Diamino-4,5-di-*p*-anisidino-
2,7-dibrom-anthrachinon in Nitrobenzol (*Mangini*, *Dal Monte*, Boll. scient. Fac. Chim.
ind. Bologna **4** [1943] 15, 17).
Violette Krystalle (aus Xylol); F: 173—175°. Absorptionsspektrum (Nitrobenzol;
445—620 nm): *Ma.*, *Dal M.*, 1. c. S. 21.

2,7-Dibrom-1,8-[furan-2-carbonylamino]-4,5-di-*p*-phenetidino-anthrachinon
$C_{40}H_{30}Br_2N_4O_8$, Formel XIII (R = O-C₂H₅).
B. Beim Erhitzen von Furan-2-carbonylchlorid mit 1,8-Diamino-2,7-dibrom-4,5-di-
p-phenetidino-anthrachinon in Nitrobenzol (*Mangini*, *Dal Monte*, Boll. scient. Fac. Chim.
ind. Bologna **4** [1943] 15, 17).
Violette Krystalle (aus Butan-1-ol); F: 172—173°. Absorptionsspektrum (Nitrobenzol;
445—620 nm): *Ma.*, *Dal M.*, 1. c. S. 22.

1,5-Bis-[furan-2-carbonylamino]-4-hydroxy-anthrachinon $C_{24}H_{14}N_2O_7$, Formel X
(X = OH) auf S. 3960.
B. Beim Behandeln von 1,5-Bis-[furan-2-carbonylamino]-anthrachinon mit rauchender
Schwefelsäure und anschliessend mit Wasser (*Mangini*, *Dal Monte*, Boll. scient. Fac.
Chim. ind. Bologna **4** [1943] 73).
Rote Krystalle (aus Nitrobenzol), die unterhalb 350° nicht schmelzen. Absorptions=
spektrum (Nitrobenzol; 445—620 nm): *Ma.*, *Dal M.*, 1. c. S. 75.

4,4'-Bis-[furan-2-carbonylamino]-ξ-stilben-2,2'-disulfonsäure $C_{24}H_{18}N_2O_{10}S_2$, Formel I
(X = H).
B. Beim Erwärmen von Furan-2-carbonylchlorid mit 4,4'-Diamino-stilben-2,2'-di=
sulfonsäure (aus 4-Nitro-toluol-2-sulfonsäure hergestellt) und Pyridin (*Hein*, *Pierce*,
Am. Soc. **76** [1954] 2725, 2730).
Dinatrium-Salz $Na_2C_{24}H_{16}N_2O_{10}S_2 \cdot 2\,H_2O$. Krystalle (aus W. oder wss. A.). Ab-
sorptionsmaximum (A.): 345 nm (*Hein*, *Pi.*, 1. c. S. 2727).

I

5,5'-Dichlor-4,4'-bis-[furan-2-carbonylamino]-ξ-stilben-2,2'-disulfonsäure
$C_{24}H_{16}Cl_2N_2O_{10}S_2$, Formel I (X = Cl).
B. Beim Erwärmen von Furan-2-carbonylchlorid mit 4,4'-Diamino-5,5'-dichlor-
stilben-2,2'-disulfonsäure (aus 5-Chlor-4-nitro-toluol-2-sulfonsäure hergestellt) und Pyridin
(*Hein*, *Pierce*, Am. Soc. **76** [1954] 2725, 2730).
Dinatrium-Salz $Na_2C_{24}H_{14}Cl_2N_2O_{10}S_2$. Krystalle (aus W. oder wss. A.). Absorp-
tionsmaximum (A.): 326 nm (*Hein*, *Pi.*, 1. c. S. 2727).

**7-[Furan-2-carbonylamino]-4-hydroxy-3-[4-(4-sulfo-phenylazo)-phenylazo]-naphthalin-
2-sulfonsäure, 4'-[6-(Furan-2-carbonylamino)-1-hydroxy-3-sulfo-[2]naphthylazo]-
azobenzol-4-sulfonsäure** $C_{27}H_{19}N_5O_9S_2$, Formel II (R = X = H).
B. Beim Behandeln von 7-[Furan-2-carbonylamino]-4-hydroxy-naphthalin-2-sulfon=
säure mit wss. Natronlauge, Natriumcarbonat und einer aus 4'-Amino-azobenzol-4-sulfon=
säure bereiteten Diazoniumsalz-Lösung (*Nishi*, *Keuchi*, J. chem. Soc. Japan Ind. Chem.
Sect. **53** [1950] 118; C. A. **1952** 8376).
Dinatrium-Salz $Na_2C_{27}H_{17}N_5O_9S_2$. Krystalle (aus W.).

7-[Furan-2-carbonylamino]-4-hydroxy-3-[2-methoxy-5-methyl-4-(4-sulfo-phenylazo)-phenylazo]-naphthalin-2-sulfonsäure, **4′-[6-(Furan-2-carbonylamino)-1-hydroxy-3-sulfo-[2]naphthylazo]-5′-methoxy-2′-methyl-azobenzol-4-sulfonsäure** $C_{29}H_{23}N_5O_{10}S_2$, Formel II (R = CH$_3$, X = O-CH$_3$).

B. Beim Behandeln von 7-[Furan-2-carbonylamino]-4-hydroxy-naphthalin-2-sulfon=säure mit wss. Natronlauge, Natriumcarbonat und einer aus 4′-Amino-5′-methoxy-2′-methyl-azobenzol-4-sulfonsäure bereiteten Diazoniumsalz-Lösung (*Nishi et al.*, Bl. Yamagata Univ. Eng. **4** [1957] 123, 125; C. A. **1958** 21 112).

Dinatrium-Salz Na$_2$C$_{29}$H$_{21}$N$_5$O$_{10}$S$_2$. Schwarzviolett. Absorptionsspektrum (430 nm bis 750 nm): *Ni. et al.*, l. c. S. 128.

II

3-[5-*tert*-Butyl-2-methoxy-4-(4-sulfo-phenylazo)-phenylazo]-7-[furan-2-carbonyl amino]-4-hydroxy-naphthalin-2-sulfonsäure, **2′-*tert*-Butyl-4′-[6-(furan-2-carbonylamino)-1-hydr=oxy-3-sulfo-[2]naphthylazo]-5′-methoxy-azobenzol-4-sulfonsäure** $C_{32}H_{29}N_5O_{10}S_2$, Formel II (R = C(CH$_3$)$_3$, X = O-CH$_3$).

B. Beim Behandeln von 7-[Furan-2-carbonylamino]-4-hydroxy-naphthalin-2-sulfon=säure mit wss. Natronlauge, Natriumcarbonat und einer aus 4′-Amino-2′-*tert*-butyl-5′-methoxy-azobenzol-4-sulfonsäure bereiteten Diazoniumsalz-Lösung (*Nishi et al.*, Bl. Yamagata Univ. Eng. **4** [1957] 287, 292; C. A. **1958** 21 112).

Dinatrium-Salz Na$_2$C$_{32}$H$_{27}$N$_5$O$_{10}$S$_2$. Rotviolett. Absorptionsspektrum (430 nm bis 720 nm): *Ni. et al.*, l. c. S. 294.

Bis-[furan-2-carbonyl]-amin $C_{10}H_7NO_4$, Formel III.

B. Beim Behandeln von Furan-2-carbonylchlorid mit Chloroform und Pyridin und anschliessend mit Furan-2-carbamid (*Thompson*, Am. Soc. **73** [1951] 5841, 5844).

Krystalle (aus Ae. + PAe.); F: 149—150° [korr.].

Tris-[furan-2-carbonyl]-amin $C_{15}H_9NO_6$, Formel IV.

B. Beim Behandeln von Bis-[furan-2-carbonyl]-amin mit Furan-2-carbonylchlorid und Pyridin (*Thompson*, Am. Soc. **73** [1951] 5841, 5845).

Krystalle (aus Ae. + PAe.); F: 161—161,5° [korr.].

III   IV   V

[Furan-2-carbonyl]-[4-hydroxy-benzolsulfonyl]-amin, **N-[4-Hydroxy-benzolsulfonyl]-furan-2-carbamid** $C_{11}H_9NO_5S$, Formel V (X = OH).

B. Beim Erwärmen von Furan-2-carbonylchlorid mit 4-Hydroxy-benzolsulfonsäure-amid und Pyridin und Erwärmen des Reaktionsgemisches mit wss. Alkalilauge (*Am. Cyanamid Co.*, U.S.P. 2694720 [1949]).

Krystalle; F: 198—203° [Zers.].

[Furan-2-carbonyl]-sulfanilyl-amin, **N-Sulfanilyl-furan-2-carbamid** $C_{11}H_{10}N_2O_4S$, Formel V (X = NH$_2$).

B. Bei der Behandlung des aus Furan-2-carbamid mit Hilfe von Natriumamid in Toluol hergestellten Reaktionsgemisches mit N-Acetyl-sulfanilylchlorid und anschliessen=den Hydrolyse (*Geigy A.G.*, U.S.P. 2417005 [1944]). Beim Erhitzen von N-Sulfanilyl-furan-2-carbamidin mit wss. Salzsäure (*Geigy A.G.*, U.S.P. 2417006 [1944]). Beim Erhitzen von *N*-[*N*-Acetyl-sulfanilyl]-furan-2-carbamid (*Crossley et al.*, Am. Soc. **61** [1939] 2950, 2954) oder von *N*-[*N*-Äthoxycarbonyl-sulfanilyl]-furan-2-carbamid (*Schering A.G.*, D.B.P. 848813 [1951]; D.R.B.P. Org. Chem. 1950—1951 **3** 967; *Schering Corp.*, U.S.P. 2411495 [1939]) mit wss. Natronlauge.

Krystalle; F: 191,5—192° [aus wss. A.] (*Cr. et al.*), 191—192° (*Geigy A.G.*, U.S.P. 2417005), 188—189° [aus W.] (*Schering A.G.*).

[*N*-Acetyl-sulfanilyl]-[furan-2-carbonyl]-amin, *N*-[*N*-Acetyl-sulfanilyl]-furan-2-carbamid $C_{13}H_{12}N_2O_5S$, Formel V (X = NH-CO-CH₃).
B. Beim Erwärmen von Furan-2-carbonylchlorid mit *N*-Acetyl-sulfanilsäure-amid und Pyridin (*Crossley et al.*, Am. Soc. **61** [1939] 2950, 2953).
Krystalle (aus wss. A.); F: 240,5—241,5°.

[*N*-Äthoxycarbonyl-sulfanilyl]-[furan-2-carbonyl]-amin, *N*-[*N*-Äthoxycarbonyl-sulfanilyl]-furan-2-carbamid, [4-(Furan-2-carbonylsulfamoyl)-phenyl]-carbamidsäure-äthylester $C_{14}H_{14}N_2O_6S$, Formel V (X = NH-CO-O-C₂H₅).
B. Beim Behandeln von Furan-2-carbonylchlorid mit [4-Sulfamoyl-phenyl]-carbamid-säure-äthylester und Pyridin (*Schering A.G.*, D.B.P. 907649 [1938], 848813 [1951]; D.R.B.P. Org. Chem. 1950—1951 **3** 967; *Schering Corp.*, U.S.P. 2411495 [1939]).
F: 259° [Zers.; nach Umfällen].

[Furan-2-carbonyl]-[*N*-(furan-2-carbonyl)-sulfanilyl]-amin, *N*-[Furan-2-carbonyl]-sulfanilsäure-[furan-2-carbonylamid] $C_{16}H_{12}N_2O_6S$, Formel VI.
B. Beim Behandeln von Furan-2-carbonylchlorid mit Sulfanilamid und Pyridin (*Rajagopalan*, Pr. Indian Acad. [A] **19** [1944] 343, 347).
Krystalle (aus Acn.); F: 255° [Zers.].

Furan-2-carbonsäure-[äthylester-imin], Furan-2-carbimidsäure-äthylester $C_7H_9NO_2$, Formel VII (X = O-C₂H₅) (H 278; dort als Brenzschleimsäure-iminoäthyläther bezeichnet).
Beim Behandeln mit Malononitril in äthanol. Lösung ist [α-Amino-furfuryliden]-malononitril (Syst. Nr. 2621) erhalten worden (*Kenner et al.*, Soc. **1943** 388).

VI   VII   VIII

Furan-2-carbonitril C_5H_3NO, Formel VIII (H 278; E II 268).
B. Beim Behandeln von Furfural-oxim mit Thionylchlorid und Äther und Erwärmen des Reaktionsgemisches (*Borsche et al.*, B. **71** [1938] 957, 960). Beim Erhitzen von Furan-2-carbamid mit Ammoniumsulfamat auf 200° (*Gagnon et al.*, Canad. J. Chem. **34** [1956] 1662, 1666).
Kp_{760}: 145—146° (*Bo. et al.*); Kp_{738}: 146° (*Hughes, Johnson*, Am. Soc. **53** [1931] 737, 744). D_4^{20}: 1,0822 (*Hu., Jo.*, l. c. S. 745). n_D^{20}: 1,4799 (*Bicelli*, Ann. Chimica **46** [1956] 782, 784), 1,4798 (*Hu., Jo.*). $n_{643,8}^{20}$: 1,4757; $n_{579,0}^{20}$: 1,4808; $n_{546,1}^{20}$: 1,4839; $n_{435,9}^{20}$: 1,5032 (*Hu., Jo.*). IR-Banden des Dampfes im Bereich von 4,5 μ bis 13,4 μ: *Bi.*, l. c. S. 785. IR-Banden des unverdünnt flüssigen Nitrils im Bereich von 4,5 μ bis 21,4 μ: *Bi.* IR-Banden des in Chloroform gelösten Nitrils im Bereich von 5 μ bis 12,5 μ: *Katritzky, Lagowski*, Soc. **1959** 657. Einfluss von organischen Lösungsmitteln auf die IR-Absorption: *Bi.*, l. c. S. 787. Statische Dielektrizitätskonstante bei 25°: 5,1 (*Bi.*, l. c. S. 789).
Bildung von Furfurylamin und wenig Difurfurylamin bei der Hydrierung an Raney-Nickel in Ammoniak enthaltendem Methanol unter Druck: *Huber*, Am. Soc. **66** [1944] 876, 877; beim Behandeln mit Äthanol und Natrium: *Wil'jams*, C. r. Doklady **1930** 523, 526; C. **1931** II 56. Bei der Hydrierung an Palladium/Kohle in Chlorwasserstoff enthaltendem Äthanol ist Furfurylamin, bei der Hydrierung an Palladium/Kohle in Essigsäure sind kleine Mengen Difurfurylamin, bei der Hydrierung an Palladium/Kohle in Acetanhydrid ist *N*-Tetrahydrofurfuryl-acetamid erhalten worden (*Wi.*). Bildung von [2,4-Dihydroxy-phenyl]-[2]furyl-keton beim Behandeln mit Resorcin, Zinkchlorid und

Chlorwasserstoff in Äther und Erhitzen des Reaktionsgemisches mit Wasser: *Borsche et al.*, B. **71** [1938] 957, 960.

Furan-2-carbonsäure-[amid-imin], Furan-2-carbamidin $C_5H_6N_2O$, Formel VII
(X = NH$_2$) (H 279).
Beim Behandeln mit Malononitril in äthanol. Lösung ist [α-Amino-furfuryliden]-malononitril (Syst. Nr. 2621) erhalten worden (*Kenner et al.*, Soc. **1943** 388).

N-Phenyl-furan-2-carbamidin $C_{11}H_{10}N_2O$, Formel IX (R = H) und Tautomeres.
B. Beim Erhitzen von Furfural-phenylhydrazon mit Natriumamid in Xylol unter Einleiten von Luft (*Robev*, B. **91** [1958] 244).
Krystalle (aus Bzn.); F: 106—107°.

N-Phenyl-N′-propyl-furan-2-carbamidin $C_{14}H_{16}N_2O$, Formel IX (R = CH$_2$-CH$_2$-CH$_3$) und Tautomeres.
B. Beim Behandeln von N-Propyl-furan-2-carbamid mit Phosphor(V)-chlorid in Benzol und Erwärmen des Reaktionsgemisches mit Anilin (*Degnan, Pope*, Am. Soc. **62** [1940] 1960).
Krystalle (aus wss. A.); F: 63,5—64,0°.
Hydrochlorid $C_{14}H_{16}N_2O \cdot$ HCl. Krystalle (aus A. + Ae.); F: 139—140°.

N-Butyl-N′-phenyl-furan-2-carbamidin $C_{15}H_{18}N_2O$, Formel IX (R = [CH$_2$]$_3$-CH$_3$) und Tautomeres.
B. Beim Behandeln von N-Butyl-furan-2-carbamid mit Phosphor(V)-chlorid in Benzol und Erwärmen des Reaktionsgemisches mit Anilin (*Degnan, Pope*, Am. Soc. **62** [1940] 1960).
Krystalle (aus wss. A.); F: 67—68°.
Hydrochlorid $C_{15}H_{18}N_2O \cdot$ HCl. Krystalle (aus A. + Ae.); F: 141—142°.

N-Cyclohexyl-N′-phenyl-furan-2-carbamidin $C_{17}H_{20}N_2O$, Formel X (X = H) und Tautomeres.
B. Beim Behandeln von N-Cyclohexyl-furan-2-carbamid mit Phosphor(V)-chlorid in Benzol und Erwärmen des Reaktionsgemisches mit Anilin (*Degnan, Pope*, Am. Soc. **62** [1940] 1960).
Krystalle (aus wss. A.); F: 78,5—79°.
Hydrochlorid $C_{17}H_{20}N_2O \cdot$ HCl. Krystalle (aus A. + Ae.); F: 174°.

N-Butyl-N′-[1]naphthyl-furan-2-carbamidin $C_{19}H_{20}N_2O$, Formel XI und Tautomeres.
B. Beim Behandeln von N-Butyl-furan-2-carbamid mit Phosphor(V)-chlorid in Benzol und Erwärmen des Reaktionsgemisches mit [1]Naphthylamin (*Degnan, Pope*, Am. Soc. **62** [1940] 1960).
Krystalle (aus wss. A.); F: 54,5—55,5°.
Hydrochlorid $C_{19}H_{20}N_2O \cdot$ HCl. Krystalle (aus A. + Ae.); F: 99—101°.

IX   X   XI

N-Butyl-N′-[2]naphthyl-furan-2-carbamidin $C_{19}H_{20}N_2O$, Formel XII und Tautomeres.
B. Beim Behandeln von N-Butyl-furan-2-carbamid mit Phosphor(V)-chlorid in Benzol und Erwärmen des Reaktionsgemisches mit [2]Naphthylamin (*Degnan, Pope*, Am. Soc. **62** [1940] 1960).
Krystalle (aus wss. A.); F: 61,5—62°.
Hydrochlorid $C_{19}H_{20}N_2O \cdot$ HCl. Krystalle (aus A. + Ae.); F: 91,5—92,5°.

N-[4-Äthoxy-phenyl]-*N'*-propyl-furan-2-carbamidin $C_{16}H_{20}N_2O_2$, Formel XIII (R = CH$_2$-CH$_2$-CH$_3$) und Tautomeres.

B. Beim Behandeln von *N*-Propyl-furan-2-carbamid mit Phosphor(V)-chlorid in Benzol und Erwärmen des Reaktionsgemisches mit *p*-Phenetidin (*Degnan, Pope,* Am. Soc. **62** [1940] 1960).

Krystalle (aus wss. A.); F: 81 — 81,5°.

Hydrochlorid $C_{16}H_{20}N_2O_2 \cdot$ HCl. Krystalle (aus A. + Ae.) mit 1 Mol H$_2$O; F: 78,5° bis 79,5°.

N-[4-Äthoxy-phenyl]-*N'*-butyl-furan-2-carbamidin $C_{17}H_{22}N_2O_2$, Formel XIII (R = [CH$_2$]$_3$-CH$_3$) und Tautomeres.

B. Beim Behandeln von *N*-Butyl-furan-2-carbamid mit Phosphor(V)-chlorid in Benzol und Erwärmen des Reaktionsgemisches mit *p*-Phenetidin (*Degnan, Pope,* Am. Soc. **62** [1940] 1960).

Krystalle (aus wss. A.); F: 65,5 — 66°.

Hydrochlorid $C_{17}H_{22}N_2O_2 \cdot$ HCl. Krystalle (aus A. + Ae.); F: 78,5 — 79,5° [Mono-hydrat]; F: 135 — 136° [wasserfreies Präparat].

(±)-*N*-[4-Äthoxy-phenyl]-*N'*-*sec*-butyl-furan-2-carbamidin $C_{17}H_{22}N_2O_2$, Formel XIII (R = CH(CH$_3$)-CH$_2$-CH$_3$) und Tautomeres.

B. Beim Behandeln von (±)-*N*-*sec*-Butyl-furan-2-carbamid mit Phosphor(V)-chlorid in Benzol und Erwärmen des Reaktionsgemisches mit *p*-Phenetidin (*Degnan, Pope,* Am. Soc. **62** [1940] 1960).

Krystalle (aus wss. A.); F: 52 — 52,5°.

Hydrochlorid $C_{17}H_{22}N_2O_2 \cdot$ HCl. Krystalle (aus A. + Ae.); F: 132 — 133°.

N-[4-Äthoxy-phenyl]-*N'*-pentyl-furan-2-carbamidin $C_{18}H_{24}N_2O_2$, Formel XIII (R = [CH$_2$]$_4$-CH$_3$) und Tautomeres.

B. Beim Behandeln von *N*-Pentyl-furan-2-carbamid mit Phosphor(V)-chlorid in Benzol und Erwärmen des Reaktionsgemisches mit *p*-Phenetidin (*Degnan, Pope,* Am. Soc. **62** [1940] 1960).

Krystalle (aus wss. A.); F: 61 — 61,5°.

Hydrochlorid $C_{18}H_{24}N_2O_2 \cdot$ HCl. Krystalle (aus A. + Ae.) mit 1 Mol H$_2$O; F: 75 — 76°.

XII XIII XIV

(±)-*N*-[4-Äthoxy-phenyl]-*N'*-[1-methyl-butyl]-furan-2-carbamidin $C_{18}H_{24}N_2O_2$, Formel XIII (R = CH(CH$_3$)-CH$_2$-CH$_2$-CH$_3$) und Tautomeres.

B. Beim Behandeln von (±)-*N*-[1-Methyl-butyl]-furan-2-carbamid mit Phosphor(V)-chlorid in Benzol und Erwärmen des Reaktionsgemisches mit *p*-Phenetidin (*Degnan, Pope,* Am. Soc. **62** [1940] 1960).

Krystalle (aus wss. A.); F: 75 — 76°.

Hydrochlorid $C_{18}H_{24}N_2O_2 \cdot$ HCl. Krystalle (aus A. + Ae.); F: 125,5 — 126,5°.

N-[4-Äthoxy-phenyl]-*N'*-isopentyl-furan-2-carbamidin $C_{18}H_{24}N_2O_2$, Formel XIII (R = CH$_2$-CH$_2$-CH(CH$_3$)$_2$) und Tautomeres.

B. Beim Behandeln von *N*-Isopentyl-furan-2-carbamid mit Phosphor(V)-chlorid in Benzol und Erwärmen des Reaktionsgemisches mit *p*-Phenetidin (*Degnan, Pope,* Am. Soc. **62** [1940] 1960).

Krystalle (aus wss. A.); F: 78 — 79°.

Hydrochlorid $C_{18}H_{24}N_2O_2 \cdot$ HCl. Krystalle (aus A. + Ae.); F: 142 — 143°.

(±)-*N*-[4-Äthoxy-phenyl]-*N'*-[1,3-dimethyl-butyl]-furan-2-carbamidin $C_{19}H_{26}N_2O_2$, Formel XIII (R = CH(CH$_3$)-CH$_2$-CH(CH$_3$)$_2$) und Tautomeres.

B. Beim Behandeln von (±)-*N*-[1,3-Dimethyl-butyl]-furan-2-carbamid mit Phos=

phor(V)-chlorid in Benzol und Erwärmen des Reaktionsgemisches mit *p*-Phenetidin
(*Degnan*, *Pope*, Am. Soc. **62** [1940] 1960).
    Krystalle (aus wss. A.); F: 77°.
    Hydrochlorid $C_{19}H_{26}N_2O_2 \cdot HCl$. Krystalle (aus A. + Ae.); F: 120—121°.

N-Allyl-*N'*-[4-methoxy-phenyl]-furan-2-carbamidin $C_{15}H_{16}N_2O_2$, Formel XIV und Tautomeres.
    B. Beim Behandeln von *N*-Allyl-furan-2-carbamid mit Phosphor(V)-chlorid in Benzol
und anschliessend mit *p*-Anisidin (*Takahashi et al.*, J. pharm. Soc. Japan **68** [1948]
42; C. A. **1950** 1954).
    Krystalle (aus Bzn.); F: 65—66°.

N-[4-Äthoxy-phenyl]-*N'*-allyl-furan-2-carbamidin $C_{16}H_{18}N_2O_2$, Formel XIII
(R = CH$_2$-CH=CH$_2$) und Tautomeres.
    B. Beim Behandeln von *N*-Allyl-furan-2-carbamid mit Phosphor(V)-chlorid in Benzol
und anschliessend mit *p*-Phenetidin (*Takahashi et al.*, J. pharm. Soc. Japan **68** [1948]
42; C. A. **1950** 1954).
    Kp$_2$: 210—216°.
    Hydrochlorid $C_{16}H_{18}N_2O_2 \cdot HCl$. Krystalle; F: 232—233°.

N-[4-Äthoxy-phenyl]-*N'*-cyclohexyl-furan-2-carbamidin $C_{19}H_{24}N_2O_2$, Formel X
(X = O-C$_2$H$_5$) [auf S. 3965] und Tautomeres.
    B. Beim Behandeln von *N*-Cyclohexyl-furan-2-carbamid mit Phosphor(V)-chlorid in
Benzol und Erwärmen des Reaktionsgemisches mit *p*-Phenetidin (*Degnan*, *Pope*, Am.
Soc. **62** [1940] 1960).
    Krystalle (aus wss. A.); F: 108—109°.
    Hydrochlorid $C_{19}H_{24}N_2O_2 \cdot HCl$. Krystalle (aus A. + Ae.); F: 170—171°.

N-Phenyl-*N'*-phenylcarbamoyl-furan-2-carbamidin, *N*-Phenyl-*N'*-[*N*-phenyl-furan-
2-carbimidoyl]-harnstoff $C_{18}H_{15}N_3O_2$, Formel XV und Tautomeres.
    B. Aus *N*-Phenyl-furan-2-carbamidin und Phenylisocyanat (*Robev*, B. **91** [1958] 244).
    Krystalle (aus A.); F: 168—169°.

XV   XVI

N-[4-Äthoxycarbonyl-phenyl]-*N'*-propyl-furan-2-carbamidin, 4-[(*N*-Propyl-furan-
2-carbimidoyl)-amino]-benzoesäure-äthylester $C_{17}H_{20}N_2O_3$, Formel XVI
(R = CH$_2$-CH$_2$-CH$_3$) und Tautomeres.
    B. Beim Behandeln von *N*-Propyl-furan-2-carbamid mit Phosphor(V)-chlorid in Benzol
und Erwärmen des Reaktionsgemisches mit 4-Amino-benzoesäure-äthylester (*Degnan*,
Pope, Am. Soc. **62** [1940] 1960).
    Krystalle (aus wss. A.); F: 86—87°.
    Hydrochlorid $C_{17}H_{20}N_2O_3 \cdot HCl$. Krystalle (aus A. + Ae.); F: 167—168°.

N-[4-Äthoxycarbonyl-phenyl]-*N'*-butyl-furan-2-carbamidin, 4-[(*N*-Butyl-furan-2-carb=
imidoyl)-amino]-benzoesäure-äthylester $C_{18}H_{22}N_2O_3$, Formel XVI (R = [CH$_2$]$_3$-CH$_3$) und
Tautomeres.
    B. Beim Behandeln von *N*-Butyl-furan-2-carbamid mit Phosphor(V)-chlorid in Benzol
und Erwärmen des Reaktionsgemisches mit 4-Amino-benzoesäure-äthylester (*Degnan*,
Pope, Am. Soc. **62** [1940] 1960).
    Krystalle (aus wss. A.); F: 75,5—76°.
    Hydrochlorid $C_{18}H_{22}N_2O_3 \cdot HCl$. Krystalle (aus A. + Ae.); F: 128—129°.

N-[4-Äthoxycarbonyl-phenyl]-*N'*-cyclohexyl-furan-2-carbamidin, 4-[(*N*-Cyclohexyl-furan-2-carbimidoyl)-amino]-benzoesäure-äthylester $C_{20}H_{24}N_2O_3$, Formel X
(X = CO-O-C$_2$H$_5$) [auf S. 3965] und Tautomeres.

B. Beim Behandeln von *N*-Cyclohexyl-furan-2-carbamid mit Phosphor(V)-chlorid und Erwärmen des Reaktionsgemisches mit 4-Amino-benzoesäure-äthylester (*Degnan, Pope*, Am. Soc. **62** [1940] 1960).

Krystalle (aus wss. A.); F: 114—115°.

Hydrochlorid $C_{20}H_{24}N_2O_3 \cdot HCl$. Krystalle (aus A. + Ae.); F: 188—189°.

[Furan-2-carbimidoyl]-sulfanilyl-amin, *N*-Sulfanilyl-furan-2-carbamidin $C_{11}H_{11}N_3O_3S$, Formel I und Tautomeres.

F: 165—166° (*Geigy A.G.*, U.S.P. 2417006 [1944]).

Aceton-[*O*-(furan-2-carbonyl)-oxim] $C_8H_9NO_3$, Formel II.

B. Beim Erwärmen von Furan-2-carbonylchlorid mit Aceton-oxim in Benzol (*Yale et al.*, Am. Soc. **75** [1953] 1941).

Krystalle (aus Hexan); F: 34—35°.

Furan-2-carbonsäure-hydroxyamid, Furan-2-carbohydroxamsäure $C_5H_5NO_3$, Formel III
(R = H) (H 279; E II 268).

F: 125—127° [Zers.; aus wss. A.] (*Green et al.*, Soc. **1958** 1583, 1586), 121—122° [aus Acn.] (*Gilman, Yale*, Am. Soc. **72** [1950] 3593). Elektrolytische Dissoziation in Kalium-chlorid enthaltender wss. Lösung bei 25°: *Gr. et al.*

Geschwindigkeitskonstante der Reaktionen mit Methylphosphonsäure-fluorid-iso-propylester, mit Tetraäthyldiphosphat und mit Phosphorsäure-diäthylester-[4-nitro-phenylester] in gepufferten wss. Lösungen vom pH 7,64 bei 25°: *Gr. et al.*

Furan-2-carbonsäure-[*N*-hydroxy-anilid], *N*-Phenyl-furan-2-carbohydroxamsäure
$C_{11}H_9NO_3$, Formel III (R = C_6H_5).

B. Beim Behandeln von Furan-2-carbonylchlorid mit *N*-Phenyl-hydroxylamin in Pyridin enthaltendem Äther (*Lutwick, Ryan*, Canad. J. Chem. **32** [1954] 949, 950; *Armour, Ryan*, Canad. J. Chem. **35** [1957] 1454).

Krystalle (aus wss. A. oder aus Ae. + Hexan); F: 134° [Zers.] (*Lu., Ryan*, l. c. S. 951; *Ar., Ryan*, l. c. S. 1455). pH einer 1%ig. Lösung in Äthanol: 6,85 (*Ar., Ryan*, l. c. S. 1456). In 100 ml Wasser lösen sich 0,013 g (*Lu., Ryan*). Stabilitätskonstante (A.) des Eisen(III)-Komplexes (3:1): *Ar., Ryan*, l. c. S. 1459; Absorptionsspektrum (A.; 350—550 nm) dieses Komplexes: *Ar., Ryan*, l. c. S. 1458.

Furan-2-carbonsäure-[amid-oxim], Furan-2-carbamidoxim $C_5H_6N_2O_2$, Formel IV.

B. Beim Erwärmen von Furan-2-carbonitril mit Hydroxylamin in wss.-äthanol. Lösung (*Leandri et al.*, Boll. scient. Fac. Chim. ind. Bologna **15** [1957] 57, 59).

Öl.

Hydrochlorid $C_5H_6N_2O_2 \cdot HCl$. Krystalle; F: 178—179°.

Furan-2-carbonsäure-hydrazid $C_5H_6N_2O_2$, Formel V (R = H) (H 279).

B. Beim Erwärmen von Furan-2-carbonsäure-äthylester mit Hydrazin-hydrat und Äthanol (*Miyatake et al.*, J. pharm. Soc. Japan **75** [1955] 1066, 1068; C. A. **1956** 5616; vgl. H 279).

F: 86° (*Supniewski et al.*, Bl. Acad. polon. [II] **3** [1955] 55, 59; C. A. **1956** 7800), 76—78° (*Itai et al.*, Bl. nation. hyg. Labor. Tokyo **74** [1956] 115, 116; C. A. **1957** 8740), 77° (*Carrara et al.*, G. **82** [1952] 652, 659; *Mi. et al.*). Kp$_9$: 149° (*Mi. et al.*).

Geschwindigkeitskonstante der Oxydation beim Behandeln einer wss. Lösung mit

Luft in Gegenwart von Kupfer(II)-Salz oder von Hämin bei 37°: *Winder, Denneny,* Biochem. J. **73** [1959] 500, 505. Reaktion mit Hexan-2,5-dion unter Bildung von N-[2,5-Di= methyl-pyrrol-1-yl]-furan-2-carbamid: *Yale et al.,* Am. Soc. **75** [1953] 1933, 1938, 1941. Beim Erhitzen mit Benzil, Ammoniumacetat und Essigsäure ist 3-[2]Furyl-5,6-di= phenyl-[1,2,4]triazin erhalten worden (*Laakso et al.,* Tetrahedron **1** [1957] 103, 113). Reaktion mit Orthoameisensäure-triäthylester unter Bildung von [2]Furyl-[1,3,4]oxa= diazol: *Grekow et al.,* Ž. obšč. Chim. **29** [1959] 2027, 2031; engl. Ausg. S. 1996. Bildung von 5-[2]Furyl-3H-[1,3,4]oxadiazol-2-on beim Behandeln einer Lösung in Wasser mit Phosgen in Toluol: *Yale et al.,* Am. Soc. **76** [1954] 2208, 2210.

Furan-2-carbonsäure-[N',N'-dimethyl-hydrazid] $C_7H_{10}N_2O_2$, Formel VI (R = CH₃).

B. Beim Behandeln von Furan-2-carbonylchlorid mit N,N-Dimethyl-hydrazin und Äther (*Yale et al.,* Am. Soc. **75** [1953] 1933, 1941).

Hydrochlorid $C_7H_{10}N_2O_2 \cdot HCl$. Krystalle (aus Butan-1-ol); F: 207—209° [Zers.].

            V   VI   VII

Furan-2-carbonsäure-[N'-isopropyl-hydrazid] $C_8H_{12}N_2O_2$, Formel V (R = CH(CH₃)₂).

B. Bei der Hydrierung von Furan-2-carbonsäure-isopropylidenhydrazid an Platin in Äthanol bei 60° unter Druck (*Yale et al.,* Am. Soc. **75** [1953] 1933, 1936, 1940). Krystalle (aus Heptan); F: 82—84°.

N-[2,4-Dinitro-phenyl]-N'-[furan-2-carbonyl]-hydrazin, Furan-2-carbonsäure-[N'-(2,4-dinitro-phenyl)-hydrazid] $C_{11}H_8N_4O_6$, Formel V (R = C₆H₃(NO₂)₂).

B. Beim Behandeln von Furan-2-carbonylchlorid mit [2,4-Dinitro-phenyl]-hydrazin und Pyridin (*Bredereck, Fritzsche,* B. **70** [1937] 802, 808). Braune Krystalle (aus Acn. + Bzn.); F: 211—212°.

N-[2,4-Dinitro-phenyl]-N'-[furan-2-carbonyl]-N-methyl-hydrazin, Furan-2-carbonsäure-[N'-(2,4-dinitro-phenyl)-N'-methyl-hydrazid] $C_{12}H_{10}N_4O_6$, Formel VI (R = C₆H₃(NO₂)₂).

B. Beim Behandeln von Furan-2-carbonylchlorid mit N-[2,4-Dinitro-phenyl]-N-methyl-hydrazin und Pyridin (*Bredereck, Fritzsche,* B. **70** [1937] 802, 809). Gelbliche Krystalle (aus Acn. + Bzn.); F: 177—179°.

(±)-N-[Furan-2-carbonyl]-N'-[β-methoxy-isopropyl]-hydrazin, (±)-Furan-2-carbon= säure-[N'-(β-methoxy-isopropyl)-hydrazid] $C_9H_{14}N_2O_3$, Formel V (R = CH(CH₃)-CH₂-O-CH₃).

B. Bei der Hydrierung von Furan-2-carbonsäure-[β-methoxy-isopropylidenhydrazid] an Platin in Äthanol (*Meltzer et al.,* J. Am. pharm. Assoc. **42** [1953] 594, 597). Kp₀,₆: 153—163°. n_D^{26}: 1,520.

(±)-N-[Furan-2-carbonyl]-N'-[3-hydroxy-1,3-dimethyl-butyl]-hydrazin, (±)-Furan-2-carbonsäure-[N'-(3-hydroxy-1,3-dimethyl-butyl)-hydrazid] $C_{11}H_{18}N_2O_3$, Formel V (R = CH(CH₃)-CH₂-C(CH₃)₂-OH).

B. Bei der Hydrierung von Furan-2-carbonsäure-[3-hydroxy-1,3-dimethyl-butyliden= hydrazid] an Platin in Äthanol (*Meltzer et al.,* J. Am. pharm. Assoc. **42** [1953] 594, 599). Krystalle (aus Isopropylalkohol); F: 114—116°.

(±)-Furan-2-carbonsäure-[8-oxo-(4ar,8ac)-1,4,8,8a-tetrahydro-4aH-1c,4c-methano-naphthalin-5-ylidenhydrazid], (±)-(4ar,8ac)-1,4,4a,8a-Tetrahydro-1c,4c-methano-naphthalin-5,8-dion-mono-[furan-2-carbonylhydrazon] $C_{16}H_{14}N_2O_3$, Formel VII + Spiegelbild, und Tautomeres ((±)-Furan-2-carbonsäure-[N'-(8-hydroxy-1,4-dihydro-1,4-methano-naphthalin-5-yl)-hydrazid]).

B. Beim Behandeln einer Lösung von (4ar,8ac)-1,4,4a,8a-Tetrahydro-1c,4c-methano-naphthalin-5,8-dion (E III **6** 5311) in Äthanol mit Furan-2-carbonsäure-hydrazid und wss. Salpetersäure (*Farbenfabr. Bayer*, D.B.P. 1002340 [1955]).

Gelbe Krystalle (aus Dimethylformamid + W.); Zers. bei 162°.

Furan-2-carbonsäure-isopropylidenhydrazid, Aceton-[furan-2-carbonylhydrazon] $C_8H_{10}N_2O_2$, Formel VIII (R = CH_3) (H 280).

B. Beim Erwärmen von Furan-2-carbonsäure-hydrazid mit Aceton (*Yale et al.*, Am. Soc. **75** [1953] 1933, 1935, 1940; vgl. H 280).

Krystalle (aus Bzl.); F: 92—94°.

Furan-2-carbonsäure-isobutylidenhydrazid, Isobutyraldehyd-[furan-2-carbonylhydrazon] $C_9H_{12}N_2O_2$, Formel IX (R = $CH(CH_3)_2$).

B. Beim Behandeln von Furan-2-carbonsäure-hydrazid mit Isobutyraldehyd in Wasser (*Yale et al.*, Am. Soc. **75** [1953] 1933, 1935, 1939).

Krystalle (aus Toluol); F: 100—101°.

Furan-2-carbonsäure-benzylidenhydrazid, Benzaldehyd-[furan-2-carbonylhydrazon] $C_{12}H_{10}N_2O_2$, Formel IX (R = C_6H_5) (H 280).

B. Beim Erwärmen von Furan-2-carbonsäure-hydrazid mit Benzaldehyd und Methanol (*Farbenfabr. Bayer*, D.B.P. 915813 [1951]).

Krystalle (aus Me.); F: 226°.

Furan-2-carbonsäure-[1-methyl-2-oxo-propylidenhydrazid], Butandion-mono-[furan-2-carbonylhydrazon] $C_9H_{10}N_2O_3$, Formel VIII (R = $CO\text{-}CH_3$).

B. Beim Behandeln von Furan-2-carbonsäure-hydrazid mit Butandion und Wasser (*Metze*, B. **89** [1956] 2056, 2058).

Krystalle (aus A.); F: 185°.

VIII   IX   X

Furan-2-carbonsäure-[4-hydroxyimino-cyclohexa-2,5-dienylidenhydrazid], [1,4]Benzo⸗chinon-[furan-2-carbonylhydrazon]-oxim $C_{11}H_9N_3O_3$, Formel X.

B. Beim Behandeln von Furan-2-carbonsäure-hydrazid mit 4-Nitroso-phenol (E III **7** 3367) und wss.-methanol. Salzsäure (*Petersen et al.*, Ang. Ch. **67** [1955] 217, 219).

Rote Krystalle (aus Tetrahydrofuran); gelbe Krystalle (aus W.) mit 1 Mol H_2O; Zers. bei 203°.

Furan-2-carbonsäure-[β-methoxy-isopropylidenhydrazid], Methoxyaceton-[furan-2-carbonylhydrazon] $C_9H_{12}N_2O_3$, Formel VIII (R = $CH_2\text{-}O\text{-}CH_3$).

B. Beim Erwärmen von Furan-2-carbonsäure-hydrazid mit Methoxyaceton und Benzol (*Meltzer et al.*, J. Am. pharm. Assoc. **42** [1953] 594, 597).

Krystalle (aus CCl_4 + PAe.); F: 91—92°.

Furan-2-carbonsäure-[3-hydroxy-1,3-dimethyl-butylidenhydrazid], 4-Hydroxy-4-methyl-pentan-2-on-[furan-2-carbonylhydrazon] $C_{11}H_{16}N_2O_3$, Formel VIII (R = $CH_2\text{-}C(CH_3)_2\text{-}OH$).

B. Aus Furan-2-carbonsäure-hydrazid und 4-Hydroxy-4-methyl-pentan-2-on (*Meltzer et al.*, J. Am. pharm. Assoc. **42** [1953] 594, 597).

Krystalle (aus Isopropylalkohol); F: 131—132°.

Furan-2-carbonsäure-salicylidenhydrazid, Salicylaldehyd-[furan-2-carbonylhydrazon] $C_{12}H_{10}N_2O_3$, Formel XI.

Nickel(II)-Verbindung $Ni(C_{12}H_9N_2O_3)_2$. *B*. Beim Erwärmen von Furan-2-carbon⸗säure-hydrazid mit der Nickel(II)-Verbindung des Salicylaldehyds in Äthanol (*Sacconi*, Am. Soc. **76** [1954] 3400). — Gelbgrüne Krystalle, die unterhalb 300° nicht schmelzen. Magnetische Susceptibilität: $+7,44 \cdot 10^{-6}$ cm³·g⁻¹.

Furan-2-carbonsäure-[D-glucit-1-ylidenhydrazid], D-Glucose-[furan-2-carbonylhydrazon]
$C_{11}H_{16}N_2O_7$, Formel XII und cyclische Tautomere.
B. Beim Erwärmen von Furan-2-carbonsäure-hydrazid mit D-Glucose in wss. Äthanol
(*Yale et al.*, Am. Soc. **75** [1953] 1933, 1935, 1940).
Krystalle (aus Me.); F: 174—175° [Zers.].

***N*-Formyl-*N'*-[furan-2-carbonyl]-hydrazin, Furan-2-carbonsäure-[*N'*-formyl-hydrazid]**
$C_6H_6N_2O_3$, Formel XIII (R = CHO).
B. Beim Erhitzen von Furan-2-carbonsäure-hydrazid mit Ameisensäure (*Yale et al.*,
Am. Soc. **75** [1953] 1933, 1936, 1940).
Krystalle (aus Acetonitril); F: 144—146°.

***N*-Acetyl-*N'*-[furan-2-carbonyl]-hydrazin, Furan-2-carbonsäure-[*N'*-acetyl-hydrazid]**
$C_7H_8N_2O_3$, Formel XIII (R = CO-CH$_3$) (H 280).
B. Beim Erhitzen von Furan-2-carbonsäure-hydrazid mit Acetanhydrid und Essigsäure
(*Yale et al.*, Am. Soc. **75** [1953] 1933, 1936, 1940; vgl. H 280).
Krystalle (aus Me. + Ae.); F: 149—150°.

***N*-Dichloracetyl-*N'*-[furan-2-carbonyl]-hydrazin, Furan-2-carbonsäure-[*N'*-dichlor=
acetyl-hydrazid]** $C_7H_6Cl_2N_2O_3$, Formel XIII (R = CO-CHCl$_2$).
B. Beim Behandeln von Furan-2-carbonsäure-hydrazid mit Dichloracetylchlorid und
Acetanhydrid (*Wang*, *Pan*, Chemistry Taipei **1955** 19, 20; C. A. **1956** 1809).
Krystalle (aus Bzl. + A.); F: 182—183°.

***N*-Benzoyl-*N'*-[furan-2-carbonyl]-hydrazin, Furan-2-carbonsäure-[*N'*-benzoyl-hydrazid]**
$C_{12}H_{10}N_2O_3$, Formel XIII (R = CO-C$_6$H$_5$) (H 280).
B. Beim Erwärmen von Furan-2-carbonylchlorid mit Benzoesäure-hydrazid und
Pyridin (*Rogers et al.*, U.S. Atomic Energy Comm. **LA-1639** [1953] 17).
Krystalle (aus Toluol); F: 223—224°.

***N*-Carbamoyl-*N'*-[furan-2-carbonyl]-hydrazin, 1-[Furan-2-carbonyl]-semicarbazid**
$C_6H_7N_3O_3$, Formel XIII (R = CO-NH$_2$).
B. Beim Behandeln von Furan-2-carbonylchlorid mit Semicarbazid-hydrochlorid und
Pyridin (*Yale et al.*, Am. Soc. **76** [1954] 2208, 2209).
Krystalle (aus W.); F: 189—190° [unkorr.; Zers.].

***N*-Dimethylcarbamoyl-*N'*-[furan-2-carbonyl]-hydrazin, 1-[Furan-2-carbonyl]-4,4-di=
methyl-semicarbazid** $C_8H_{11}N_3O_3$, Formel XIII (R = CO-N(CH$_3$)$_2$).
B. Beim Erhitzen von Furan-2-carbonsäure-hydrazid mit Dimethylcarbamoylchlorid
und Acetonitril (*Yale et al.*, Am. Soc. **76** [1954] 2208, 2209).
Krystalle (aus Isopropylalkohol); F: 213—214° [unkorr.].

***N*-Äthylcarbamoyl-*N'*-[furan-2-carbonyl]-hydrazin, 4-Äthyl-1-[furan-2-carbonyl]-semi=
carbazid** $C_8H_{11}N_3O_3$, Formel XIII (R = CO-NH-C$_2$H$_5$).
B. Beim Erhitzen von Furan-2-carbonsäure-hydrazid mit Äthylisocyanat und Aceto=
nitril (*Yale et al.*, Am. Soc. **76** [1954] 2208, 2210).
Krystalle (aus A.); F: 191—193° [unkorr.].

XI   XII   XIII

N-[Furan-2-carbonyl]-*N'*-octadecylcarbamoyl-hydrazin, 1-[Furan-2-carbonyl]-4-octa=
decyl-semicarbazid $C_{24}H_{43}N_3O_3$, Formel XIII (R = CO-NH-[CH$_2$]$_{17}$-CH$_3$).
B. Beim Erhitzen von Furan-2-carbonsäure-hydrazid mit Octadecylisocyanat und
Acetonitril (*Yale et al.*, Am. Soc. **76** [1954] 2208, 2210).
Krystalle (aus A.); F: 141—143° [unkorr.].

N-Allylcarbamoyl-*N'*-[furan-2-carbonyl]-hydrazin, 4-Allyl-1-[furan-2-carbonyl]-semi=
carbazid $C_9H_{11}N_3O_3$, Formel XIII (R = CO-NH-CH$_2$-CH=CH$_2$).
B. Beim Erhitzen von Furan-2-carbonsäure-hydrazid mit Allylisocyanat und Acetonitril
(*Yale et al.*, Am. Soc. **76** [1954] 2208, 2210).
Krystalle (aus W.); F: 150—152° [unkorr.].

Furan-2-carbonsäure-[*N'*-carbamimidoyl-hydrazid], [Furan-2-carbonylamino]-guanidin
$C_6H_8N_4O_2$, Formel XIII (R = C(NH$_2$)=NH) und Tautomeres.
B. Beim Behandeln von Furan-2-carbonylchlorid mit Aminoguanidin-hydrochlorid und
Pyridin (*Yale et al.*, Am. Soc. **76** [1954] 2208, 2210).
F: 209° [unkorr.; Zers.].
Hydrochlorid $C_6H_8N_4O_2$·HCl. Krystalle (aus A.); F: 256—257° [unkorr.; Zers.].

N-[Furan-2-carbonyl]-*N'*-thiocarbamoyl-hydrazin, 1-[Furan-2-carbonyl]-thiosemicarb=
azid $C_6H_7N_3O_2S$, Formel XIII (R = CS-NH$_2$).
B. Beim Behandeln von Furan-2-carbonylchlorid mit Thiosemicarbazid und Pyridin
(*Yale et al.*, Am. Soc. **76** [1954] 2208, 2209; *Mndshojan et al.*, Izv. Armjansk. Akad. Ser.
chim. **10** [1957] 421, 422; C. A. **1958** 16341) oder mit Thiosemicarbazid und wss. Natron=
lauge (*Colonna*, *Passerini*, Ann. Chimica applic. **38** [1948] 434, 436).
Krystalle; F: 204—205° [unkorr.; Zers.; aus wss. A.] (*Yale et al.*), 203° [aus Eg.]
(*Mn. et al.*), 202° [Zers.; aus A.] (*Co.*, *Pa.*).

N-Dimethylthiocarbamoyl-*N'*-[furan-2-carbonyl]-hydrazin, 1-[Furan-2-carbonyl]-4,4-di=
methyl-thiosemicarbazid $C_8H_{11}N_3O_2S$, Formel XIII (R = CS-N(CH$_3$)$_2$).
B. Beim Behandeln von Furan-2-carbonylchlorid mit 4,4-Dimethyl-thiosemicarbazid
und Pyridin (*Yale et al.*, Am. Soc. **76** [1954] 2208, 2210).
Krystalle (aus Butanon); F: 174—175° [unkorr.; Zers.].

N-Diäthylthiocarbamoyl-*N'*-[furan-2-carbonyl]-hydrazin, 4,4-Diäthyl-1-[furan-2-carb=
onyl]-thiosemicarbazid $C_{10}H_{15}N_3O_2S$, Formel XIII (R = CS-N(C$_2$H$_5$)$_2$).
B. Beim Behandeln von Furan-2-carbonylchlorid mit 4,4-Diäthyl-thiosemicarbazid und
Pyridin (*Yale et al.*, Am. Soc. **76** [1954] 2208, 2210).
Krystalle (aus W.); F: 117—119° [unkorr.].

N-Allylthiocarbamoyl-*N'*-[furan-2-carbonyl]-hydrazin, 4-Allyl-1-[furan-2-carbonyl]-
thiosemicarbazid $C_9H_{11}N_3O_2S$, Formel XIII (R = CS-NH-CH$_2$-CH=CH$_2$).
B. Beim Erhitzen von Furan-2-carbonsäure-hydrazid mit Allylisothiocyanat und
Acetonitril (*Yale et al.*, Am. Soc. **76** [1954] 2208, 2210).
Krystalle (aus Isopropylalkohol oder W.); F: 169—170°.

N-[1-Cyan-1-methyl-äthyl]-*N'*-[furan-2-carbonyl]-hydrazin, Furan-2-carbonsäure-
[*N'*-(1-cyan-1-methyl-äthyl)-hydrazid] $C_9H_{11}N_3O_2$, Formel XIII (R = C(CH$_3$)$_2$-CN).
B. Beim Behandeln von Furan-2-carbonsäure-isopropylidenhydrazid mit Cyanwasser=
stoff (*Yale et al.*, Am. Soc. **75** [1953] 1933, 1936, 1941).
Krystalle (aus Toluol); F: 133—135°.

(±)-4-[*N'*-(Furan-2-carbonyl)-hydrazino]-valeriansäure-äthylester $C_{12}H_{18}N_2O_4$,
Formel XIII (R = CH(CH$_3$)-CH$_2$-CH$_2$-CO-O-C$_2$H$_5$).
B. Bei der Hydrierung von 4-[Furan-2-carbonylhydrazono]-valeriansäure-äthylester
an Platin in Äthanol (*Meltzer et al.*, J. Am. pharm. Assoc. **42** [1953] 594, 597).
Krystalle (aus CCl$_4$); F: 86—87°.

2-[Furan-2-carbonylhydrazono]-propionsäure, Brenztraubensäure-[furan-2-carb=
onylhydrazon] $C_8H_8N_2O_4$, Formel I (R = COOH).
B. Beim Behandeln von Furan-2-carbonsäure-hydrazid mit Brenztraubensäure und

Wasser (*Yale et al.*, Am. Soc. **75** [1953] 1933, 1936, 1939).
Krystalle (aus W.); F: 168—169° [Zers.].

4-[Furan-2-carbonylhydrazono]-valeriansäure-äthylester, Lävulinsäure-äthylester-
[furan-2-carbonylhydrazon] $C_{12}H_{16}N_2O_4$, Formel I (R = CH_2-CH_2-CO-O-C_2H_5).
    B. Beim Erwärmen von Furan-2-carbonsäure-hydrazid mit Lävulinsäure-äthylester
und Äthanol (*Meltzer et al.*, J. Am. pharm. Assoc. **42** [1953] 594, 597).
    Krystalle (aus CCl_4); F: 91—92°.

                I   II

N-[4-Amino-phenyl]-*N'*-[furan-2-carbonyl]-hydrazin, Furan-2-carbonsäure-
[*N'*-(4-amino-phenyl)-hydrazid] $C_{11}H_{11}N_3O_2$, Formel II.
    B. Aus Furan-2-carbonsäure-[4-hydroxyimino-cyclohexa-2,5-dienylidenhydrazid] mit
Hilfe von Ammoniumsulfid (*Petersen et al.*, Ang. Ch. **67** [1955] 217, 220).
    Krystalle (aus Me.); F: 172° [Zers.].

Furan-2-carbonsäure-[4-acetylamino-benzylidenhydrazid], 4-Acetylamino-benzaldehyd-
[furan-2-carbonylhydrazon] $C_{14}H_{13}N_3O_3$, Formel III.
    B. Beim Erwärmen von Furan-2-carbonsäure-hydrazid mit 4-Acetylamino-benz=
aldehyd und wss. Äthanol (*Yale et al.*, Am. Soc. **75** [1953] 1933, 1940).
    Krystalle (aus Eg.), die unterhalb 300° nicht schmelzen.

            III   IV

N-[4-Acetylamino-benzoyl]-*N'*-[furan-2-carbonyl]-hydrazin, Furan-2-carbonsäure-
[*N'*-(4-acetylamino-benzoyl)-hydrazid] $C_{14}H_{13}N_3O_4$, Formel IV.
    B. Beim Erwärmen von Furan-2-carbonsäure-hydrazid mit 4-Acetylamino-benzoyl=
chlorid und Pyridin (*Hu, Liu*, Acta pharm. Sinica **7** [1959] 109, 115; C. A. **1960** 759).
Beim Erwärmen von Furan-2-carbonylchlorid mit 4-Acetylamino-benzoesäure-hydrazid
in Acetonitril (*Hu, Liu*).
    Krystalle (aus Propan-1-ol); F: 253°.

Furan-2-carbonsäure-furfurylidenhydrazid, Furfural-[furan-2-carbonylhydrazon]
$C_{10}H_8N_2O_3$, Formel V (R = X = H).
    B. Beim Erwärmen von Furan-2-carbonsäure-hydrazid mit Furfural und Methanol
bzw. Äthanol (*Farbenfabr. Bayer*, D.B.P. 915813 [1951]; *Miyatake et al.*, J. pharm.
Soc. Japan **75** [1955] 1066, 1068; C. A. **1956** 5616).
    Krystalle; F: 204° [aus Me.] (*Farbenfabr. Bayer*), 198,5° [aus A.] (*Mi. et al.*).

Furan-2-carbonsäure-[5-nitro-furfurylidenhydrazid], 5-Nitro-furfural-[furan-2-carbonyl=
hydrazon] $C_{10}H_7N_3O_5$, Formel V (R = H, X = NO_2).
    B. Aus Furan-2-carbonsäure-hydrazid und 5-Nitro-furfural (*Štradyn' et al.*, Latvijas
Akad. Vēstis **1958** Nr. 1, S. 113, 116; C. A. **1958** 14287).
    F: 249°. Löslichkeit in Wasser bei 18°: 20,2 mg/l.

Furan-2-carbonsäure-[1-[2]furyl-äthylidenhydrazid], 1-[2]Furyl-äthanon-[furan-2-carb=
onylhydrazon] $C_{11}H_{10}N_2O_3$, Formel V (R = CH_3, X = H).
    B. Beim Erwärmen von Furan-2-carbonsäure-hydrazid mit 1-[2]Furyl-äthanon und
Essigsäure erhaltendem Äthanol (*Miyatake et al.*, J. pharm. Soc. Japan **75** [1955] 1066,
1068; C. A. **1956** 5616).
    Krystalle (aus Bzl. + A.); F: 173°.

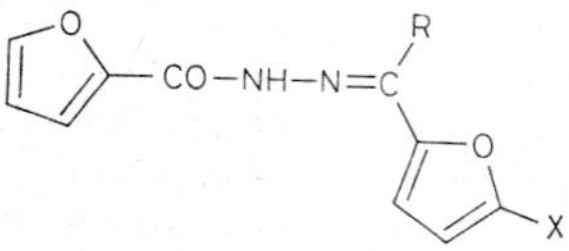

V 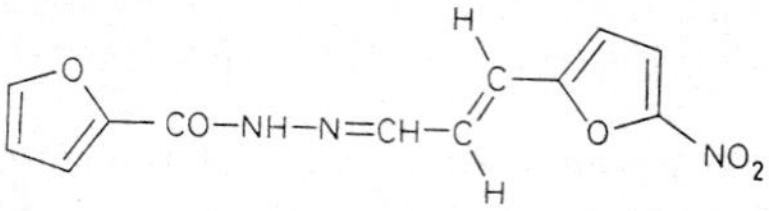   VI

Furan-2-carbonsäure-[3t(?)-(5-nitro-[2]furyl)-allylidenhydrazid], 3t(?)-[5-Nitro-[2]furyl]-acrylaldehyd-[furan-2-carbonylhydrazon] $C_{12}H_9N_3O_5$, vermutlich Formel VI.

B. Aus Furan-2-carbonsäure-hydrazid und 3t(?)-[5-Nitro-[2]furyl]-acrylaldehyd [E III/IV **17** 4700] (*Giller* [*Hillers*], Trudy Sovešč. Vopr. Ispolz. Pentozan. Syrja Riga 1955 S. 451, 474; C. A. **1959** 16388; *Štradyn' et al.*, Latvijas Akad. Vēstis **1958** Nr. 1, S. 113, 116; C. A. **1958** 14287).

F: 251° (*Gi.*, l. c. S. 472; *Št. et al.*). Absorptionsspektrum (230—450 nm): *Eĭduš, Muzenieze*, Latvijas Akad. Vēstis **1961** Nr. 11, S. 65, 72 Abb. 12; C. A. **56** [1962] 13680; s. a. *Gi.*, l. c. S. 472.

Furan-2-carbonsäure-[2-brom-3ξ-(5-nitro-[2]thienyl)-allylidenhydrazid], 2-Brom-3ξ-[5-nitro-[2]thienyl]-acrylaldehyd-[furan-2-carbonylhydrazon] $C_{12}H_8BrN_3O_4S$, Formel VII.

B. Beim Erwärmen von Furan-2-carbonsäure-hydrazid mit 2-Brom-3-[5-nitro-[2]thienyl]-acrylaldehyd (F: 186—188°) und Äthanol (*Carrara et al.*, Am. Soc. **76** [1954] 4391, 4395).

Gelbe Krystalle (aus A.); F: 247° [Zers.].

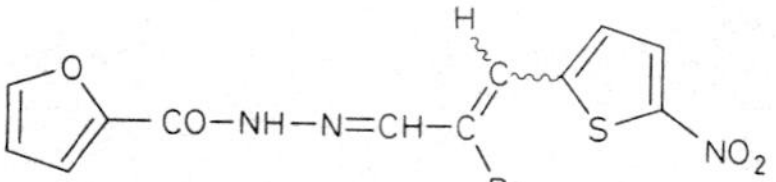

VII 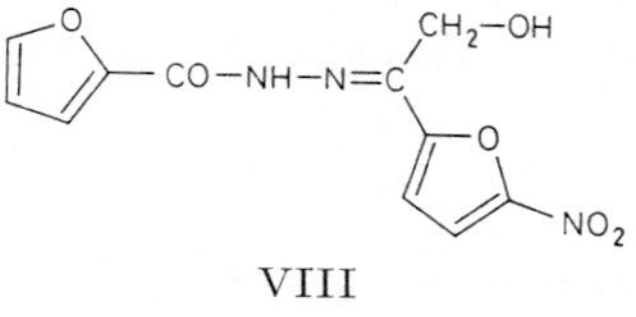   VIII

Furan-2-carbonsäure-[2-hydroxy-1-(5-nitro-[2]furyl)-äthylidenhydrazid], 2-Hydroxy-1-[5-nitro-[2]furyl]-äthanon-[furan-2-carbonylhydrazon] $C_{11}H_9N_3O_6$, Formel VIII.

B. Beim Erwärmen von Furan-2-carbonsäure-hydrazid mit 2-Hydroxy-1-[5-nitro-[2]furyl]-äthanon in Äthanol (*Šaldabol et al.*, Latvijas Akad. Vēstis **1959** Nr. 4, S. 81, 85; C. A. **1959** 21862).

Krystalle (aus A.); F: 200—201° [Zers.].

***N,N'*-Bis-[furan-2-carbonyl]-*N*-methyl-hydrazin** $C_{11}H_{10}N_2O_4$, Formel IX.

B. Aus Furan-2-carbonylchlorid und Methylhydrazin (*Wiley, Irick*, J. org. Chem. **24** [1959] 1925, 1927).

Krystalle (aus W.); F: 88°.

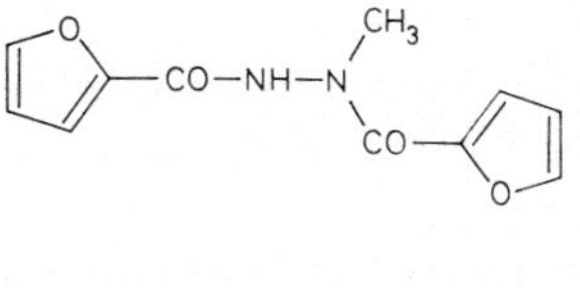

IX 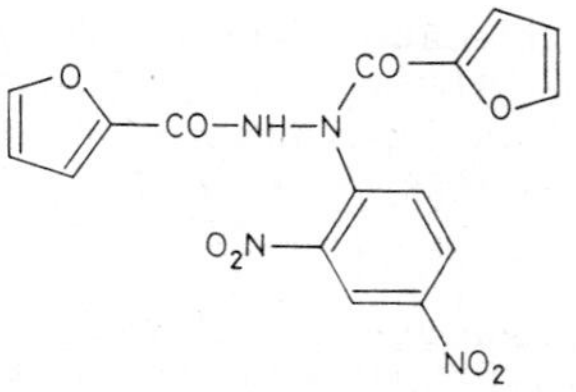   X

***N,N'*-Bis-[furan-2-carbonyl]-*N*-[2,4-dinitro-phenyl]-hydrazin** $C_{16}H_{10}N_4O_8$, Formel X.

B. Beim Behandeln von Furan-2-carbonylchlorid mit [2,4-Dinitro-phenyl]-hydrazin

und Pyridin (*Bredereck, Fritzsche*, B. **70** [1937] 802, 809).
   Gelbe Krystalle (aus Acn. + Bzn.); F: 195—197°.

**N-Benzolsulfonyl-N′-[furan-2-carbonyl]-hydrazin, Furan-2-carbonsäure-[N′-benzol⸗
sulfonyl-hydrazid]** $C_{11}H_{10}N_2O_4S$, Formel XI (X = H).
   B. Beim Behandeln von Furan-2-carbonsäure-hydrazid mit Benzolsulfonylchlorid und
Pyridin (*Newman, Caflisch*, Am. Soc. **80** [1958] 862).
   Krystalle (aus A.); F: 185,5—187,2° [Zers.].

**N-[Furan-2-carbonyl]-N′-sulfanilyl-hydrazin, Furan-2-carbonsäure-[N′-sulfanilyl-
hydrazid]** $C_{11}H_{11}N_3O_4S$, Formel XI (X = NH₂).
   B. Beim Erhitzen von N-[N-Acetyl-sulfanilyl]-N′-[furan-2-carbonyl]-hydrazin mit
wss. Salzsäure (*Meltzer et al.*, J. Am. pharm. Assoc. **42** [1953] 594, 597).
   Krystalle (aus A.); F: 205—206°.

XI   XII

**N-[N-Acetyl-sulfanilyl]-N′-[furan-2-carbonyl]-hydrazin, Furan-2-carbonsäure-
[N′-(N-acetyl-sulfanilyl)-hydrazid]** $C_{13}H_{13}N_3O_5S$, Formel XI (X = NH-CO-CH₃).
   B. Beim Behandeln von Furan-2-carbonsäure-hydrazid mit N-Acetyl-sulfanilylchlorid
und wss. Natronlauge (*Meltzer et al.*, J. Am. pharm. Assoc. **42** [1953] 594, 597).
   Krystalle (aus wss. A.); F: 215—217°.

3-[2]Furyl-1,5-diphenyl-formazan $C_{17}H_{14}N_4O$, Formel XII (R = C₆H₅).
   B. Beim Behandeln einer Lösung von Furfural-phenylhydrazon in Pyridin mit wss.
Benzoldiazoniumchlorid-Lösung (*Cottrell et al.*, Soc. **1954** 2968).
   Purpurrote Krystalle (aus Bzn.); F: 118°.

N-Diphenylcarbamoyl-3-[2]furyl-N‴-phenyl-formazan $C_{24}H_{19}N_5O_2$, Formel XII
(R = CO-N(C₆H₅)₂) und Tautomeres.
   B. Beim Behandeln von Furfural-[4,4-diphenyl-semicarbazon] (C₁₈H₁₅N₃O₂;
F: 153°) mit methanol. Kalilauge und mit wss. Benzoldiazoniumchlorid-Lösung (*Ried,
Hillenbrand*, A. **581** [1953] 44, 48).
   Rote Krystalle (aus Me.); F: 153°.

3-[2]Furyl-N-[[2]naphthyl-phenyl-carbamoyl]-N‴-phenyl-formazan $C_{28}H_{21}N_5O_2$,
Formel XIII und Tautomeres.
   B. Beim Behandeln von Furfural-[4-[2]naphthyl-4-phenyl-semicarbazon] mit methanol.
Kalilauge und mit wss. Benzoldiazoniumsalz-Lösung (*Ried, Hillenbrand*, A. **590** [1954]
128, 133).
   Rote Krystalle (aus Me.); F: 158°.

XIII   XIV

N-[Di-[2]naphthyl-carbamoyl]-3-[2]furyl-N‴-phenyl-formazan $C_{32}H_{23}N_5O_2$,
Formel XIV und Tautomeres.
   B. Beim Behandeln einer Lösung von Furfural-[4,4-di-[2]naphthyl-semicarbazon] mit

methanol. Kalilauge und mit wss. Benzoldiazoniumsalz-Lösung (*Ried, Hillenbrand,* A. **590** [1954] 128, 134).

Dunkel gefärbte Krystalle (aus Me.); F: 179—180°.

3-[2]Furyl-*N*-phenyl-*N'''*-[3α,7α,12α-trihydroxy-5β-cholan-24-oyl]-formazan $C_{35}H_{48}N_4O_5$, Formel I und Tautomeres.

B. Aus 3α,7α,12α-Trihydroxy-5β-cholan-24-säure-furfurylidenhydrazid und Benzol= diazonium-Salz (*Čapka*, Chem. Zvesti **2** [1948] 1, 3; C. A. **1950** 1523).

F: 58°.

I   II

4,4'-Bis-[3-[2]furyl-*N'''*-phenyl-[*N*]formazano]-3,3'-dimethoxy-biphenyl $C_{36}H_{30}N_8O_4$, Formel II und Tautomeres.

B. Beim Behandeln einer Lösung von Furfural-phenylhydrazon in Pyridin mit Natrium= acetat, Methanol und einer aus 3,3'-Dimethoxy-benzidin bereiteten wss. Diazoniumsalz-Lösung (*Ried, Gick,* A. **581** [1953] 16, 21; *Ried et al.,* A. **581** [1953] 29, 39).

Schwarze Krystalle (aus Py. + W.); F: 223° [unkorr.; Block]. In Pyridin, Chloroform und Aceton mit blauer Farbe löslich (*Ried, Gick*).

Furan-2-carbonsäure-azid, Furan-2-carbonylazid $C_5H_3N_3O_2$, Formel III (H 281).

B. Beim Behandeln von Furan-2-carbonsäure-hydrazid mit wss. Salzsäure und Na= triumnitrit (*Yale et al.,* Am. Soc. **75** [1953] 1933, 1941; vgl. H 281). Beim Behandeln einer Lösung von Furan-2-carbonylchlorid in Äther mit Natriumazid in Wasser (*Singleton, Edwards,* Am. Soc. **60** [1938] 540, 541).

Krystalle (aus Hexan); F: 62—63° (*Yale et al.*).

Geschwindigkeitskonstante der Zersetzung in Essigsäure bei 70° sowie in Toluol bei 70°, 80° und 86°: *Otsuji et al.,* J. chem. Soc. Japan Pure Chem. Sect. **80** [1959] 1293, 1308; C. A. **1961** 6477.

[Furan-2-carbonyl]-phosphorsäure-diäthylester $C_9H_{13}O_6P$, Formel IV (X = $PO(OC_2H_5)_2$).

B. Beim Behandeln von Furan-2-carbonylchlorid mit Triäthylphosphat bis auf 150° (*Shell Devel. Co.,* U.S.P. 2648969 [1951]).

Bei 140—152°/2 Torr destillierbar.

Triacetoxy-[furan-2-carbonyloxy]-silan $C_{11}H_{12}O_9Si$, Formel IV (X = $Si(O-CO-CH_3)_3$).

B. Beim Erwärmen von Trichlor-[furan-2-carbonyloxy]-silan mit Essigsäure (*Jur'ew et al.,* Ž. obšč. Chim. **29** [1959] 3652, 3654; engl. Ausg. S. 3611).

F: 80—81,5°.

Trichlor-[furan-2-carbonyloxy]-silan, Furan-2-carbonsäure-trichlorsilylester $C_5H_3Cl_3O_3Si$, Formel IV (X = $SiCl_3$).

B. Beim Erwärmen von Furan-2-carbonsäure mit Tetrachlorsilan (*Jur'ew et al.,* Ž. obšč. Chim. **29** [1959] 1463, 1467; engl. Ausg. S. 1438).

Kp_8: 93—94° (*Ju. et al.,* l. c. S. 1467).

Beim Behandeln mit Äthanol (1 Mol) bei $-30°$ sind Furan-2-carbonsäure, Diäthoxy-dichlor-silan und Äthoxy-trichlor-silan erhalten worden (*Jur'ew et al.*, Ž. obšč. Chim. **29** [1959] 3652, 3654; engl. Ausg. S. 3611).   [*Herbst*]

4-Chlor-furan-2-carbonsäure $C_5H_3ClO_3$, Formel V (X = OH).

Diese Konstitution kommt auch der von *Hill, Jackson* (s. H **18** 282), von *Shepard et al.* (Am. Soc. **52** [1930] 2083, 2086), von *Hughes, Johnson* (Am. Soc. **53** [1931] 737, 741) und von *Catlin* (Iowa Coll. J. **10** [1935/36] 65) als 3-Chlor-furan-2-carbonsäure („3-Chlor-brenzschleimsäure"; $C_5H_3ClO_3$) angesehenen Verbindung zu (*VanderWal*, Iowa Coll. J. **11** [1936] 128; *Kuh, Shepard*, Am. Soc. **75** [1953] 4597 Anm. 3); dementsprechend ist auch die von *Okuzumi* (J. chem. Soc. Japan Pure Chem. Sect. **79** [1958] 1366, 1369; C. A. **1960** 24633) als 3-Chlor-furan-2-carbonsäure beschriebene Verbindung als 4-Chlor-furan-2-carbonsäure zu formulieren.

B. Beim Erwärmen von 3,4-Dichlor-furan-2-carbonsäure mit Wasser und Natrium-Amalgam (*Ok.*; *Kuh, Sh.*; vgl. H 282).

Krystalle; F: 148,5—149,5° [korr.] (*Sh. et al.*), 148—149° [aus W.] (*Ok.*, l. c. S. 1367). UV-Spektrum (A.; 220—290 nm): *Hu., Jo.* Scheinbare Dissoziationskonstante K'_a (Wasser; potentiometrisch ermittelt) bei Raumtemperatur: $2,041 \cdot 10^{-3}$ (*Ca.*).

Beim Erhitzen mit Brom und Wasser ist 2-Brom-3-chlor-maleinaldehydsäure erhalten worden (*Kuh, Sh.*).

4-Chlor-furan-2-carbonsäure-äthylester $C_7H_7ClO_3$, Formel V (X = O-C$_2$H$_5$).

Diese Konstitution kommt der von *Hill, Jackson* (s. H **18** 282) und von *Hughes, Johnson* (Am. Soc. **53** [1931] 737, 744, 745) als 3-Chlor-furan-2-carbonsäure-äthylester ($C_7H_7ClO_3$) formulierten Verbindung zu (vgl. die Bemerkung im Artikel 4-Chlor-furan-2-carbonsäure [s. o.]).

D_4^{35}: 1,2408; $n_{643,8}^{35}$: 1,4823; n_D^{35}: 1,4857; $n_{579,0}^{35}$: 1,4864; $n_{546,1}^{35}$: 1,4894; $n_{435,9}^{35}$: 1,5057 (*Hu., Jo.*, l. c. S. 745).

4-Chlor-furan-2-carbonylchlorid $C_5H_2Cl_2O_2$, Formel V (X = Cl).

Diese Konstitution kommt der nachstehend beschriebenen, von *Okuzumi* (J. chem. Soc. Japan Pure Chem. Sect. **79** [1958] 1366, 1367; C. A. **1960** 24633) als 3-Chlor-furan-2-carbonylchlorid ($C_5H_2Cl_2O_2$) angesehenen Verbindung zu (vgl. die Bemerkung im Artikel 4-Chlor-furan-2-carbonsäure [s. o.]).

B. Beim Erwärmen von 4-Chlor-furan-2-carbonsäure (s. o.) mit Thionylchlorid und Benzol (*Ok.*).

Kp_{20}: 90—92°.

Die beim Behandeln mit einer aus Diäthylmalonat und Magnesiumäthylat in Äthanol und Äther bereiteten Reaktionslösung und Erhitzen des Reaktionsprodukts mit einem Gemisch von Essigsäure und wss. Schwefelsäure erhaltene Verbindung (*Ok.*) ist als 1-[4-Chlor-[2]furyl]-äthanon zu formulieren.

III   IV   V   VI

5-Chlor-furan-2-carbonsäure $C_5H_3ClO_3$, Formel VI (X = OH) (H 282; dort als 5-Chlor-brenzschleimsäure bezeichnet).

B. Beim Einleiten von Chlor (1 Mol) in Furan-2-carbonylchlorid und Behandeln des Reaktionsprodukts mit äthanol. Natronlauge (*Okuzumi*, J. chem. Soc. Japan Pure Chem. Sect. **79** [1958] 1366, 1367, 1369; C. A. **1960** 24633). Beim Erwärmen von 5-Chlor-furan-2-carbonylchlorid mit wss. Natronlauge (*Gilman et al.*, Iowa Coll. J. **6** [1932] 137, 139).

Krystalle; F: 179—180° [korr.] (*Shepard et al.*, Am. Soc. **52** [1930] 2083, 2086), 177° (*Gi. et al.*), 176—177° [aus wss. Me.] (*Ok.*). UV-Spektrum (A.; 220—290 nm): *Hughes, Johnson*, Am. Soc. **53** [1931] 737, 741. Scheinbare Dissoziationskonstante K'_a (Wasser; potentiometrisch ermittelt) bei Raumtemperatur: $1,474 \cdot 10^{-3}$ (*Catlin*, Iowa Coll. J. **10** [1935/36] 65).

5-Chlor-furan-2-carbonsäure-methylester $C_6H_5ClO_3$, Formel VI (X = O-CH$_3$).

B. Beim Behandeln von Furan-2-carbonsäure-methylester mit Chlor bei 150° (*Manly, Amstutz*, J. org. Chem. **22** [1957] 323).

F: 40—42° (*VanderWal*, Iowa Coll. J. **11** [1936] 128), 40—41° (*Ma., Am.*). Absorptionsmaximum (A.): 260,5 nm (*Ma., Am.*).

5-Chlor-furan-2-carbonsäure-äthylester $C_7H_7ClO_3$, Formel VI (X = O-C$_2$H$_5$) (H 282).

B. Beim Behandeln von Furan-2-carbonsäure-äthylester mit Chlor (1 Mol) bei 145° (*Hachihama, Shono*, Technol. Rep. Osaka Univ. **7** [1957] 177, 182).

Kp$_{23}$: 108—112° (*Okuzumi*, J. chem. Soc. Japan Pure Chem. Sect. **79** [1958] 1366, 1370; C. A. **1960** 24633); Kp$_5$: 88° (*Hughes, Johnson*, Am. Soc. **53** [1931] 737, 744). D_4^{25}: 1,2418; $n_{643,8}^{25}$: 1,4905; n_D^{25}: 1,4944; $n_{579,0}^{25}$: 1,4954; $n_{546,1}^{25}$: 1,4987; $n_{435,9}^{25}$: 1,5176 (*Hu., Jo.*, l. c. S. 745).

Eine von *Okuzumi* (l. c. S. 1367, 1370) beim Behandeln mit Chlor, anschliessenden Erhitzen und Behandeln des Reaktionsprodukts mit äthanol. Natronlauge erhaltene Verbindung (F: 155—156°) ist als 4,5-Dichlor-furan-2-carbonsäure (S. 3979) zu formulieren. Beim Behandeln mit *tert*-Butylbromid und Aluminiumchlorid in Schwefelkohlenstoff und Erwärmen des Reaktionsprodukts mit äthanol. Kalilauge ist 4-*tert*-Butyl-5-chlor-furan-2-carbonsäure erhalten worden (*Gilman, Turck*, Am. Soc. **61** [1939] 473, 477).

2-[5-Chlor-furan-2-carbonyloxy]-benzoesäure $C_{12}H_7ClO_5$, Formel VII.

B. Beim Behandeln von Salicylsäure mit 5-Chlor-furan-2-carbonylchlorid, Pyridin und Benzol (*I.G. Farbenind.*, D.R.P. 704909 [1937]; D.R.P. Org. Chem. **6** 2347).

Krystalle (aus Bzl.); F: 125°.

5-Chlor-furan-2-carbonylchlorid $C_5H_2Cl_2O_2$, Formel VI (X = Cl).

B. Beim Behandeln von Furan-2-carbonylchlorid mit Chlor bei 100° (*Hewlett*, Iowa Coll. J. **6** [1932] 439, 440; s. a. *Gilman et al.*, Iowa Coll. J. **6** [1932] 137, 139). Beim Erwärmen von 5-Chlor-furan-2-carbonsäure mit Thionylchlorid (*Étienne*, Bl. **1946** 669, 671) oder mit Thionylchlorid und Benzol (*Okuzumi*, J. chem. Soc. Japan Pure Chem. Sect. **79** [1958] 1366, 1367; C. A. **1960** 24633).

Krystalle; F: 29—30° (*Manly, Amstutz*, J. org. Chem. **22** [1957] 133), 29° (*Ok.*), 27° (*Ét.*). Kp$_{18}$: 92—93° (*Ét.*); Kp$_{16}$: 85—86° (*Ma., Am.*).

5-Chlor-furan-2-carbonsäure-hydrazid $C_5H_5ClN_2O_2$, Formel VI (X = NH-NH$_2$).

B. Beim Erwärmen von 5-Chlor-furan-2-carbonsäure-äthylester mit Hydrazin-hydrat (*Meltzer et al.*, J. Am. pharm. Assoc. **42** [1953] 594, 597, 599).

Krystalle (aus Bzl.); F: 124—125°.

3,4-Dichlor-furan-2-carbonsäure $C_5H_2Cl_2O_3$, Formel VIII (X = OH) (H 282; dort als 3,4-Dichlor-brenzschleimsäure bezeichnet).

B. Aus 3,4-Dichlor-furan-2-carbonsäure-methylester mit Hilfe von äthanol. Kalilauge (*Hata*, J. chem. Soc. Japan Pure Chem. Sect. **79** [1958] 1531, 1535; C. A. **1960** 24620). Beim Erhitzen von 3,4-Dichlor-furan-2,5-dicarbonsäure mit Kupfer-Pulver unter Stickstoff auf 250° (*Gilman, Vanderwal*, R. **52** [1933] 267, 269).

Krystalle; F: 169,5—170,5° [korr.] (*Shepard et al.*, Am. Soc. **52** [1930] 2083, 2086), 167—168° [aus W.] (*Hata*). Scheinbare Dissoziationskonstante K_a' (Wasser; potentiometrisch ermittelt) bei Raumtemperatur: $4,003 \cdot 10^{-3}$ (*Catlin*, Iowa Coll. J. **10** [1935/36] 65).

Die beim Erwärmen mit Wasser und Natrium-Amalgam erhaltene Verbindung (s. H 282) ist nicht als 3-Chlor-furan-2-carbonsäure, sondern als 4-Chlor-furan-2-carbonsäure (S. 3977) zu formulieren. Beim Erwärmen des Natrium-Salzes mit Quecksilber(II)-chlorid in Wasser ist 3,4-Dichlor-[2]furylquecksilber-chlorid erhalten worden (*Gi., Va.*).

3,4-Dichlor-furan-2-carbonsäure-methylester $C_6H_4Cl_2O_3$, Formel VIII (X = O-CH$_3$).

B. In kleiner Menge beim Erwärmen von opt.-inakt. 3,4-Dichlor-2,5-dimethoxy-tetrahydro-furan-2-carbonsäure-methylester (Kp$_4$: 119—136°; n_D^{25}: 1,4656) mit Natriummethylat in Methanol (*Hata*, J. chem. Soc. Japan Pure Chem. Sect. **79** [1958] 1531, 1535; C. A. **1960** 24620; *Murakami et al.*, Mem. Inst. scient. ind. Res. Osaka Univ. **16**

[1959] 219, 228).
  Krystalle (aus Ae.); F: 77,5° (*Hata*). Kp$_6$: 107—108° (*Hata*; *Mu. et al.*).

| VII | VIII | IX | X |

3,4-Dichlor-furan-2-carbonylchlorid C$_5$HCl$_3$O$_2$, Formel VIII (X = Cl).
  B. Beim Erwärmen von 3,4-Dichlor-furan-2-carbonsäure mit Thionylchlorid und Benzol (*Okuzumi*, J. chem. Soc. Japan Pure Chem. Sect. **79** [1958] 1366, 1367; C.A. **1960** 24633).
  F: 24°. Bei 115—120°/20 Torr destillierbar.

3,5-Dichlor-furan-2-carbonsäure C$_5$H$_2$Cl$_2$O$_3$, Formel IX (R = H).
  Diese Konstitution kommt der früher (s. H **18** 283) als 4,5-Dichlor-furan-2-carbonsäure („4,5-Dichlor-brenzschleimsäure") angesehenen Verbindung (F: 197—198°) zu (*Vander-Wal*, Iowa Coll. J. **11** [1936] 128); die früher (s. H **18** 283) als 3,5-Dichlor-furan-2-carbon= säure („3,5-Dichlor-brenzschleimsäure") beschriebene Verbindung (F: 155—156°) ist hingegen als 4,5-Dichlor-furan-2-carbonsäure (s. u.) zu formulieren (*Va.*; *Gilman et al.*, Am. Soc. **72** [1950] 3, 5; *Kuh*, *Shepard*, Am. Soc. **75** [1953] 4597 Anm. 3).
  Krystalle (aus Bzl.); F: 204—205° (*Merck & Co.*, Brit. P. 1143586 [1966]). Schein= bare Dissoziationskonstante K$_a'$ (Wasser; potentiometrisch ermittelt) bei Raumtempera= tur: 2,486·10^{-3} (*Catlin*, Iowa Coll. J. **10** [1935/36] 65).
  Die beim Erwärmen mit konz. wss. Salzsäure erhaltene (s. H 283), ursprünglich als 3-Chlor-5H-furan-2-on angesehene Verbindung (F: 52—53°) ist als 4-Chlor-5H-furan-2-on (E III/IV **17** 4294) zu formulieren; die beim Behandeln mit rauchender Schwefel= säure erhaltene (s. H 283), ursprünglich als 4,5-Dichlor-3-sulfo-furan-2-carbonsäure angesehene Verbindung ist wahrscheinlich als 3,5-Dichlor-4-sulfo-furan-2-carbonsäure zu formulieren.

3,5-Dichlor-furan-2-carbonsäure-äthylester C$_7$H$_6$Cl$_2$O$_3$, Formel IX (R = C$_2$H$_5$).
  Diese Konstitution kommt der früher (s. H **18** 283) als 4,5-Dichlor-furan-2-carbon= säure-äthylester angesehenen Verbindung (F: 72—73°) zu (*Gilman et al.*, Am. Soc. **72** [1950] 3, 6, 7).
  Beim Behandeln mit Phenylmagnesiumbromid in Äther ist 5-Benzhydryliden-4-chlor-5H-furan-2-on erhalten worden (*Gi. et al.*, l. c. S. 7).

4,5-Dichlor-furan-2-carbonsäure C$_5$H$_2$Cl$_2$O$_3$, Formel X (X = OH).
  Diese Konstitution kommt der früher (s. H **18** 283) als 3,5-Dichlor-furan-2-carbon= säure („3,5-Dichlor-brenzschleimsäure") angesehenen Verbindung (F: 155—156°) zu (*VanderWal*, Iowa Coll. J. **11** [1936] 128; *Gilman et al.*, Am. Soc. **72** [1950] 3, 5; *Kuh*, *Shepard*, Am. Soc. **75** [1953] 4597 Anm. 3); die früher (s. H **18** 283) als 4,5-Dichlor-furan-2-carbonsäure („4.5-Dichlor-brenzschleimsäure") beschriebene Verbindung (F: 197—198°) ist hingegen als 3,5-Dichlor-furan-2-carbonsäure (s. o.) zu formulieren (*Va.*).
  F: 156—157° (*Gilman et al.*, Iowa Coll. J. **7** [1933] 429). Scheinbare Dissoziations= konstante K$_a'$ (Wasser; potentiometrisch ermittelt) bei Raumtemperatur: 3,774·10^{-3} (*Catlin*, Iowa Coll. J. **10** [1935/36] 65).
  Die beim Erwärmen mit wss. Ammoniak und Zink-Pulver erhaltene (s. H 283), früher als 3-Chlor-furan-2-carbonsäure angesehene Verbindung (F: 145—146°) ist als 4-Chlor-furan-2-carbonsäure (S. 3977) zu formulieren.

4,5-Dichlor-furan-2-carbonsäure-äthylester C$_7$H$_6$Cl$_2$O$_3$, Formel X (X = O-C$_2$H$_5$).
  Diese Konstitution kommt der früher (s. H **18** 283) als 3,5-Dichlor-furan-2-carbon= säure-äthylester beschriebenen Verbindung (F: 2—3°) zu, die aus der im vorangehenden Artikel beschriebenen Säure hergestellt worden ist.

4,5-Dichlor-furan-2-carbonylchlorid C$_5$HCl$_3$O$_2$, Formel X (X = Cl).
  Diese Konstitution kommt der nachstehend beschriebenen, von *Okuzumi* (J. chem.

Soc. Japan Pure Chem. Sect. **79** [1958] 1366, 1367; C. A. **1960** 24633) irrtümlich als 3,5-Dichlor-furan-2-carbonylchlorid ($C_5HCl_3O_2$) angesehenen Verbindung zu.

B. Beim Erwärmen von 4,5-Dichlor-furan-2-carbonsäure (S. 3979) mit Thionylchlorid und Benzol (*Ok.*).

Kp_{15}: 96°. n_D^{10}: 1,564.

4,5-Dichlor-furan-2-carbonsäure-amid $C_5H_3Cl_2NO_2$, Formel X (X = NH_2).

Diese Konstitution kommt der früher (s. H **18** 283) als 3,5-Dichlor-furan-2-carb‧ onsäure-amid ($C_5H_3Cl_2NO_2$) beschriebenen Verbindung (F: 153—154°) zu, die aus 4,5-Dichlor-furan-2-carbonsäure-äthylester (S. 3979) hergestellt worden ist.

4-Brom-furan-2-carbonsäure $C_5H_3BrO_3$, Formel XI (X = OH) (H 284 [dort als 3-Brom‧ brenzschleimsäure bezeichnet]; E II 268; dort als 4-Brom-brenzschleimsäure bezeichnet).

Bestätigung der Konstitutionszuordnung: *Nasarowa, Syrkin*, Ž. obšč. Chim. **19** [1949] 777, 778; engl. Ausg. S. 759, 760.

Dipolmoment (ε; Bzl.): 1,03 D (*Nasarowa, Syrkin*, Izv. Akad. S.S.S.R. Otd. chim. **1949** 35, 36; C. A. **1949** 4913).

F: 131,4—132,2° [korr.] (*Na., Sy.*, Izv. Akad. S.S.S.R. Otd. chim. **1949** 39).

4-Brom-furan-2-carbonsäure-äthylester $C_7H_7BrO_3$, Formel XI (X = O-C_2H_5).

Diese Konstitution kommt der früher (s. H **18** 284) als 3-Brom-furan-2-carbon‧ säure-äthylester ($C_7H_7BrO_3$) angesehenen Verbindung (F: 28—29°) zu, die aus der im vorangehenden Artikel beschriebenen Säure hergestellt worden ist.

Beim Behandeln mit Pentylchlorid und Aluminiumchlorid in Schwefelkohlenstoff und Erwärmen des Reaktionsprodukts mit äthanol. Kalilauge ist 5-*tert*-Butyl-furan-2-carbon‧ säure erhalten worden (*Gilman, Turck*, Am. Soc. **61** [1939] 473, 474).

4-Brom-furan-2-carbonsäure-amid $C_5H_4BrNO_2$, Formel XI (X = NH_2).

Diese Konstitution kommt der früher (s. H **18** 284) als 3-Brom-furan-2-carbon‧ säure-amid ($C_5H_4BrNO_2$) angesehenen Verbindung (F: 155—156°) zu, die aus dem im vorangehenden Artikel beschriebenen Ester hergestellt worden ist.

5-Brom-furan-2-carbonsäure $C_5H_3BrO_3$, Formel XII (R = H) (H 284; dort als 5-Brom-brenzschleimsäure bezeichnet).

B. Beim Behandeln von 5-Brom-furfural mit alkal. wss. Natriumhypobromit-Lösung (*Kotschetkow, Nifant'ew*, Vestnik Moskovsk. Univ. **13** [1958] Nr. 5, S. 119, 120; C. A. **1959** 12267). Beim Erwärmen von Furan-2-carbonsäure mit Brom in Tetrachlormethan (*Étienne*, Bl. **1946** 669, 672), in 1,2-Dichlor-äthan (*Ko., Ni.*), in Essigsäure (*Moldenhauer et al.*, A. **580** [1953] 169, 188, 189) oder in Chloroform unter Zusatz von rotem Phosphor (*Whittaker*, R. **52** [1933] 352, 355; *Mndshojan*, Ž. obšč. Chim. **16** [1946] 767, 768; C. A. **1947** 2033). Beim Erwärmen von 2-Brom-1-[5-brom-[2]furyl]-äthanon mit Pyridin und Äther und Behandeln des Reaktionsprodukts mit wss. Natronlauge (*Brown*, Iowa Coll. J. **11** [1937] 221, 224).

Dipolmoment (ε; Bzl.): 2,19 D (*Nasarowa, Syrkin*, Izv. Akad. S.S.S.R. Otd. chim. **1949** 35, 36; C. A. **1949** 4913).

Krystalle; F: 190—191° [aus W.] (*Raiford, Huey*, J. org. Chem. **6** [1941] 858, 863; *Andrisano, Pappalardo*, G. **85** [1955] 391, 398), 190° [Block; nach Sublimation unter Normaldruck] (*Brisson*, A. ch. [12] **7** [1952] 311, 325), 187° [aus W.] (*Mo. et al.*, l. c. S. 190), 187° [nach Sublimation unter vermindertem Druck; Block] (*Ét.*), 186—187° (*Na., Sy.*, l. c. S. 38). IR-Banden (KBr) im Bereich von 8 μ bis 13 μ: *Cross et al.*, J. appl. Chem. **7** [1957] 562, 564. UV-Spektrum (A.; 210—280 nm): *An., Pa.*, l. c. S. 397. Scheinbare Dissoziationskonstante K_a' (Wasser; potentiometrisch ermittelt) bei Raum-temperatur: $1,443 \cdot 10^{-3}$ (*Catlin*, Iowa Coll. J. **10** [1935/36] 65).

Bildung von Fumarsäure beim Behandeln mit Sauerstoff in Gegenwart von Eosin unter der Einwirkung von Licht: *Schenck*, A. **584** [1953] 156, 175. Geschwindigkeit der Reaktion mit Brom in Wasser bei 0° und 21°: *Hughes, Acree*, Ind. eng. Chem. Anal. **6** [1934] 292. Beim Erhitzen mit Kaliumcyanid und Kupfer(I)-cyanid in Wasser bis auf 220°, auch nach Zusatz von Natriumhydrogencarbonat, ist Furan-2,5-dicarbonsäure, beim Erhitzen mit Kupfer(I)-cyanid und Natriumhydrogencarbonat in wss. Äthanol bis

auf 150° ist hingegen Furan-2,5-dicarbonsäure-monoamid erhalten worden (*Mo. et al.*, l. c. S. 190). Verhalten der Säure und des Natrium-Salzes beim Erwärmen mit Quecksil=
ber(II)-chlorid in Wasser (Bildung von 2-Brom-furan bzw. von 5-Brom-[2]furylqueck=
silber-chlorid): *Gilman, Wright*, Am. Soc. **55** [1933] 3302, 3310. Bildung von 2-Brom-
5-nitro-furan beim Behandeln mit Salpetersäure und Acetanhydrid: *Rinkes*, R. **50**
[1931] 981, 984.

XI   XII   XIII

5-Brom-furan-2-carbonsäure-methylester $C_6H_5BrO_3$, Formel XII (R = CH_3).

B. Beim Erwärmen von 5-Brom-furan-2-carbonsäure mit Methanol, 1,2-Dichlor-äthan
und wenig Schwefelsäure (*Moldenhauer et al.*, A. **580** [1953] 169, 190; *Kotschetkow,
Nifant'ew*, Vestnik Moskovsk. Univ. **13** [1958] Nr. 5, S. 119, 120; C. A. **1959** 12267).
Neben 5-Brom-furan-2-carbonsäure beim Erwärmen von Furan-2-carbonsäure-methyl=
ester mit Brom (*Manly, Amstutz*, J. org. Chem. **21** [1956] 516; *Hachihama, Shono*,
Technol. Rep. Osaka Univ. **7** [1957] 177, 182; *Shono, Hachihama*, J. chem. Soc. Japan
Ind. Chem. Sect. **60** [1957] 370; C. A. **1959** 9054).

Krystalle; F: 68° [aus A.] (*Mo. et al.*), 65—65,5° [aus Me. + 1,2-Dichlor-äthan] (*Ko.,
Ni.*), 63° (*Ha., Sh.*; *Sh., Ha.*), 62,5—63,5° [aus wss. Dioxan] (*Petfield, Amstutz*, J. org.
Chem. **19** [1954] 1944). Kp_{15}: 105—106° (*Ko., Ni.*). UV-Spektrum (A.; 210—290 nm):
Andrisano, Pappalardo, G. **85** [1955] 391, 393). Absorptionsmaximum (A.): 264,1 nm
(*Manly, Amstutz*, J. org. Chem. **22** [1957] 323). Polarographie: *Nakaya et al.*, J. chem.
Soc. Japan Pure Chem. Sect. **78** [1957] 935, 938; C. A. **1959** 21276. 5-Brom-furan-
2-carbonsäure ist mit Wasserdampf flüchtig (*Ma., Am.*, J. org. Chem. **21** 517; *Ha., Sh.*;
Sh., Ha.).

Bei der Elektrolyse eines Gemisches mit Schwefelsäure und Methanol unterhalb 0°
ist 2,5,5-Trimethoxy-2,5-dihydro-furan-2-carbonsäure-methylester erhalten worden (*Hata
et al.*, J. chem. Soc. Japan Pure Chem. Sect. **79** [1958] 1447, 1449; C. A. **1960** 24619;
Murakami et al., Mem. Inst. scient. ind. Res. Osaka Univ. **16** [1959] 219, 225). Ge=
schwindigkeitskonstante der Reaktion mit Natriummethylat in Methanol bei 66—85°:
Pe., Am. Bildung von Furan-2,5-dicarbonsäure-monoamid beim Erhitzen mit Kalium=
cyanid und Kupfer(I)-cyanid in wss. Äthanol auf 160°: *Mo. et al.* Beim Erhitzen mit
Quecksilber(II)-acetat auf 160° ist [2-Brom-5-methoxycarbonyl-[3]furyl]-quecksilber=
acetat erhalten worden (*Beck, Hamilton*, Am. Soc. **60** [1938] 620).

Eine ebenfalls als 5-Brom-furan-2-carbonsäure-methylester beschriebene, auf Grund
ihrer Bildungsweise aber vielleicht als 5 - B r o m - f u r a n - 2 - c a r b o n s ä u r e - b r o m m e t h y l =
ester ($C_6H_4Br_2O_3$; Formel XII [R = CH_2Br]) zu formulierende Verbindung (Krystalle
[aus A.], F: 109—110°) ist beim Erwärmen von Furan-2-carbonsäure-methylester mit
N-Brom-succinimid und Dibenzoylperoxid in Tetrachlormethan erhalten und durch
Erwärmen mit wss.-äthanol. Natronlauge in 5-Brom-furan-2-carbonsäure übergeführt
worden (*Akashi et al.*, J. chem. Soc. Japan Ind. Chem. Sect. **56** [1953] 536; C. A. **1955**
8241).

5-Brom-furan-2-carbonsäure-äthylester $C_7H_7BrO_3$, Formel XII (R = C_2H_5) (H 284).

B. Beim Erwärmen von 5-Brom-furan-2-carbonsäure mit Äthanol, 1,2-Dichlor-äthan
und wenig Schwefelsäure (*Moldenhauer et al.*, A. **580** [1953] 169, 190). Beim Behandeln
von 5-Brom-furan-2-carbonylchlorid mit Äthanol (*Blomquist, Stevenson*, Am. Soc. **56**
[1934] 146).

Krystalle; F: 17° (*Mo. et al.*). Kp_{34}: 134—136° (*Shepard et al.*, Am. Soc. **52** [1930]
2083, 2086); Kp_{16}: 115—117° (*Hachihama, Shono*, Technol. Rep. Osaka Univ. **7** [1957]
177, 182); Kp_{13}: 113° (*Bl., St.*); Kp_8: 112° (*Mo. et al.*).

Geschwindigkeitskonstante der Hydrolyse in einer 0,1-normalen Lösung von Natrium=
hydroxid in 85%ig. wss. Äthanol bei 25°, 35° und 45°: *Imoto et al.*, J. chem. Soc. Japan
Pure Chem. Sect. **77** [1956] 809, 810; C. A. **1958** 9066. Über die Reaktion mit 4—18 Koh=

lenstoffatome enthaltenden Alkylhalogeniden und Aluminiumchlorid in Schwefelkohlen=stoff (jeweils Bildung von 5-*tert*-Butyl-furan-2-carbonsäure-äthylester oder 5-Brom-4-*tert*-butyl-furan-2-carbonsäure-äthylester oder eines Gemisches dieser beiden Ester) s. *Gilman, Turck*, Am. Soc. **61** [1939] 473, 476, 477.

5-Brom-furan-2-carbonsäure-isopropylester $C_8H_9BrO_3$, Formel XII (R = CH(CH₃)₂).
  B. Beim Erwärmen von Furan-2-carbonsäure-isopropylester mit Brom (*Manly, Amstutz*, J. org. Chem. **21** [1956] 516, 517).
  Kp₂₈: 132—133°.

5-Brom-furan-carbonsäure-*tert*-butylester $C_9H_{11}BrO_3$, Formel XII (R = C(CH₃)₃).
  B. Beim Erwärmen von 5-Brom-furan-2-carbonylchlorid mit Natrium-*tert*-butylat und *tert*-Butylalkohol (*Manly, Amstutz*, J. org. Chem. **21** [1956] 516, 517).
  Kp₁₆: 123—128°.

5-Brom-furan-2-carbonsäure-phenylester $C_{11}H_7BrO_3$, Formel XII (R = C₆H₅).
  B. Beim Erhitzen von 5-Brom-furan-2-carbonylchlorid mit Natriumphenolat und Phenol (*Manly, Amstutz*, J. org. Chem. **21** [1956] 516, 517).
  F: 50—52°.

5-Brom-furan-2-carbonsäure-[4-brom-2-nitro-phenylester] $C_{11}H_5Br_2NO_5$, Formel XIII.
  B. Beim Behandeln von 5-Brom-furan-2-carbonylchlorid mit Kalium-[4-brom-2-nitro-phenolat] in Wasser (*Raiford, Huey*, J. org. Chem. **6** [1941] 858, 863).
  Gelbliche Krystalle (aus A.); F: 135° (*Ra., Huey*, l. c. S. 864).
  Beim Behandeln einer Suspension in Äthanol mit Zinn(II)-chlorid und konz. wss. Salzsäure ist 5-Brom-furan-2-carbonsäure-[5-brom-2-hydroxy-anilid] erhalten worden (*Ra., Huey*, l. c. S. 863).

5-Brom-furan-2-carbonsäure-[2-dimethylamino-äthylester] $C_9H_{12}BrNO_3$, Formel I (R = CH₃).
  B. Beim Erwärmen von 5-Brom-furan-2-carbonylchlorid mit 2-Dimethylamino-äthanol und Benzol (*Mndshojan*, Ž. obšč. Chim. **16** [1946] 767, 768; C. A. **1947** 2033; *Mndshojan, Grigorjan*, Doklady Akad. Armjansk. S.S.R. **17** [1953] 107, 108).
  Krystalle (aus Bzl.); F: 42—43° (*Mn.*). Kp₁₁: 165—168°; D_4^{20}: 1,4899; n_D^{20}: 1,5199 (*Mn., Gr.*, l. c. S. 114).
  Hydrochlorid $C_9H_{12}BrNO_3 \cdot HCl$. Krystalle; F: 169° (*Mn.*), 168—169° (*Mn., Gr.*, l. c. S. 115).
  Hydrobromid. Krystalle; F: 173—174° (*Mn., Gr.*, l. c. S. 115).
  Picrat. F: 162° (*Mn.*).

[2-(5-Brom-furan-2-carbonyloxy)-äthyl]-trimethyl-ammonium, 5-Brom-furan-2-carbon=säure-[2-trimethylammonio-äthylester] $[C_{10}H_{15}BrNO_3]^+$, Formel II (R = X = CH₃).
  Jodid $[C_{10}H_{15}BrNO_3]I$; *O*-[5-Brom-furan-2-carbonyl]-cholin-jodid. *B.* Beim Behandeln von 5-Brom-furan-2-carbonsäure-[2-dimethylamino-äthylester] mit Methyl=jodid und Äther (*Mndshojan, Grigorjan*, Doklady Akad. Armjansk. S.S.R. **17** [1953] 107, 109). — Krystalle; F: 235—236° (*Mn., Gr.*, l. c. S. 116).

Äthyl-[2-(5-brom-furan-2-carbonyloxy)-äthyl]-dimethyl-ammonium, 5-Brom-furan-2-carbonsäure-[2-(äthyl-dimethyl-ammonio)-äthylester] $[C_{11}H_{17}BrNO_3]^+$, Formel II (R = CH₃, X = C₂H₅).
  Jodid $[C_{11}H_{17}BrNO_3]I$. *B.* Beim Behandeln von 5-Brom-furan-2-carbonsäure-[2-di=methylamino-äthylester] mit Äthyljodid und Äther (*Mndshojan, Grigorjan*, Doklady Akad. Armjansk. S.S.R. **17** [1953] 107, 109). — Krystalle; F: 161—162° (*Mn., Gr.*, l. c. S. 116).

5-Brom-furan-2-carbonsäure-[2-diäthylamino-äthylester] $C_{11}H_{16}BrNO_3$, Formel I
(R = C_2H_5).

B. Beim Erwärmen von 5-Brom-furan-2-carbonylchlorid mit 2-Diäthylamino-äthanol und Benzol (*Mndshojan, Ž. obšč. Chim.* **16** [1946] 767, 768; C. A. **1947** 2033; *Mndshojan, Grigorjan,* Doklady Akad. Armjansk. S.S.R. **17** [1953] 107, 108).

Kp$_{25}$: 180° (*Mn.*); Kp$_{25}$: 180—181°; D$_4^{20}$: 1,3088; n$_D^{20}$: 1,5133 (*Mn., Gr.,* l. c. S. 114).
Hydrochlorid $C_{11}H_{16}BrNO_3 \cdot HCl$. F: 162° (*Mn.*), 160—162° (*Mn., Gr.,* l. c. S. 115).
Hydrobromid. F: 159—160° (*Mn., Gr.,* l. c. S. 115).
Picrat. F: 109° (*Mn.*).

Diäthyl-[2-(5-brom-furan-2-carbonyloxy)-äthyl]-methyl-ammonium, 5-Brom-furan-2-carbonsäure-[2-(diäthyl-methyl-ammonio)-äthylester] $[C_{12}H_{19}BrNO_3]^+$, Formel II
(R = C_2H_5, X = CH_3).

Jodid $[C_{12}H_{19}BrNO_3]$I. *B.* Beim Behandeln von 5-Brom-furan-2-carbonsäure-[2-di＝äthylamino-äthylester] mit Methyljodid und Äther (*Mndshojan, Grigorjan,* Doklady Akad. Armjansk. S.S.R. **17** [1953] 107, 109). — Krystalle; F: 166—167° (*Mn., Gr.,* l. c. S. 116).

Triäthyl-[2-(5-brom-furan-2-carbonyloxy)-äthyl]-ammonium, 5-Brom-furan-2-carbon＝säure-[2-triäthylammonio-äthylester] $[C_{13}H_{21}BrNO_3]^+$, Formel II (R = X = C_2H_5).

Jodid $[C_{13}H_{21}BrNO_3]$I. *B.* Beim Behandeln von 5-Brom-furan-2-carbonsäure-[2-di＝äthylamino-äthylester] mit Äthyljodid und Äther (*Mndshojan, Grigorjan,* Doklady Akad. Armjansk. S.S.R. **17** [1953] 107, 109). — Krystalle; F: 177—178° (*Mn., Gr.,* l. c. S. 116).

5-Brom-furan-2-carbonsäure-[3-dimethylamino-propylester] $C_{10}H_{14}BrNO_3$, Formel III
(R = CH_3).

B. Beim Erwärmen von 5-Brom-furan-2-carbonylchlorid mit 3-Dimethylamino-propan-1-ol und Benzol (*Mndshojan, Grigorjan,* Doklady Akad. Armjansk. S.S.R. **17** [1953] 107, 108).

Kp$_{2,5}$: 142—143°; D$_4^{20}$: 1,3588; n$_D^{20}$: 1,5164 (*Mn., Gr.,* l. c. S. 114).
Hydrochlorid. F: 173—174° (*Mn., Gr.,* l. c. S. 115).
Hydrobromid. F: 148—149° (*Mn., Gr.,* l. c. S. 115).

[3-(5-Brom-furan-2-carbonyloxy)-propyl]-trimethyl-ammonium, 5-Brom-furan-2-carb＝onsäure-[3-trimethylammonio-propylester] $[C_{11}H_{17}BrNO_3]^+$, Formel IV (R = X = CH_3).

Jodid $[C_{11}H_{17}BrNO_3]$I. *B.* Beim Behandeln von 5-Brom-furan-2-carbonsäure-[3-di＝methylamino-propylester] mit Methyljodid und Äther (*Mndshojan, Grigorjan,* Doklady Akad. Armjansk. S.S.R. **17** [1953] 107, 109). — Krystalle; F: 181—182° (*Mn., Gr.,* l. c. S. 116).

III   IV

Äthyl-[3-(5-brom-furan-2-carbonyloxy)-propyl]-dimethyl-ammonium, 5-Brom-furan-2-carbonsäure-[3-(äthyl-dimethyl-ammonio)-propylester] $[C_{12}H_{19}BrNO_3]^+$, Formel IV
(R = CH_3, X = C_2H_5).

Jodid $[C_{12}H_{19}BrNO_3]$I. *B.* Beim Behandeln von 5-Brom-furan-2-carbonsäure-[3-di＝methylamino-propylester] mit Äthyljodid und Äther (*Mndshojan, Grigorjan,* Doklady Akad. Armjansk. S.S.R. **17** [1953] 107, 109). — Krystalle; F: 139—140° (*Mn., Gr.,* l. c. S. 116).

5-Brom-furan-2-carbonsäure-[3-diäthylamino-propylester] $C_{12}H_{18}BrNO_3$, Formel III
(R = C_2H_5).

B. Beim Erwärmen von 5-Brom-furan-2-carbonylchlorid mit 3-Diäthylamino-propan-1-ol und Benzol (*Mndshojan, Grigorjan,* Doklady Akad. Armjansk. S.S.R. **17** [1953] 107, 108).

Kp$_9$: 182—184°; D$_4^{20}$: 1,2349; n$_D^{20}$: 1,5032 (*Mn., Gr.,* l. c. S. 114).

Hydrochlorid. F: 70—71° (*Mn., Gr.*, 1. c. S. 115).
Hydrobromid. F: 162—163° (*Mn., Gr.*, 1. c. S. 115).

**Triäthyl-[3-(5-brom-furan-2-carbonyloxy)-propyl]-ammonium, 5-Brom-furan-2-carbon=
säure-[3-triäthylammonio-propylester]** $[C_{14}H_{23}BrNO_3]^+$, Formel IV (R = X = C_2H_5).
Jodid $[C_{14}H_{23}BrNO_3]I$. *B.* Beim Behandeln von 5-Brom-furan-2-carbonsäure-[3-di=
äthylamino-propylester] mit Äthyljodid und Äther (*Mndshojan, Grigorjan*, Doklady
Akad. Armjansk. S.S.R. **17** [1953] 107, 109). — Krystalle; F: 151—152° (*Mn., Gr.*, 1. c.
S. 116).

**5-Brom-furan-2-carbonsäure-[β,β'-bis-dimethylamino-isopropylester], 2-[5-Brom-furan-
2-carbonyloxy]-tetra-N-methyl-propandiyldiamin** $C_{12}H_{19}BrN_2O_3$, Formel V (R = CH_3).
B. Beim Erwärmen von 5-Brom-furan-2-carbonylchlorid mit 1,3-Bis-dimethylamino-
propan-2-ol und Benzol (*Mndshojan, Grigorjan*, Doklady Akad. Armjansk. S.S.R. **17**
[1953] 107, 108).
Kp_6: 161—162°; D_4^{20}: 1,2981; n_D^{20}: 1,5131 (*Mn., Gr.*, 1. c. S. 114).
Hydrochlorid. F: 131° (*Mn., Gr.*, 1. c. S. 115).
Hydrobromid. F: 176—177° (*Mn., Gr.*, 1. c. S. 115).

**2-[5-Brom-furan-2-carbonyloxy]-1,3-bis-trimethylammonio-propan, 5-Brom-furan-
2-carbonsäure-[β,β'-bis-trimethylammonio-isopropylester]** $[C_{14}H_{25}BrN_2O_3]^{2+}$, Formel VI
(R = X = CH_3).
Dijodid $[C_{14}H_{25}BrN_2O_3]I_2$. *B.* Beim Behandeln von 5-Brom-furan-2-carbonsäure-
[β,β'-bis-dimethylamino-isopropylester] mit Methyljodid und Äther (*Mndshojan, Grigorjan*, Doklady Akad. Armjansk. S.S.R. **17** [1953] 107, 109). — Krystalle; F: 217—218°
(*Mn., Gr.*, 1. c. S. 117).

**1,3-Bis-[äthyl-dimethyl-ammonio]-2-[5-brom-furan-2-carbonyloxy]-propan, 5-Brom-
furan-2-carbonsäure-[β,β'-bis-(äthyl-dimethyl-ammonio)-isopropylester]**
$[C_{16}H_{29}BrN_2O_3]^{2+}$, Formel VI (R = CH_3, X = C_2H_5).
Dijodid $[C_{16}H_{29}BrN_2O_3]I_2$. *B.* Beim Behandeln von 5-Brom-furan-2-carbonsäure-
[β,β'-bis-dimethylamino-isopropylester] mit Äthyljodid und Äther (*Mndshojan, Grigorjan*,
Doklady Akad. Armjansk. S.S.R. **17** [1953] 107, 109). — Krystalle; F: 129—130° (*Mn.,
Gr.*, 1. c. S. 117).

V   VI

**5-Brom-furan-2-carbonsäure-[β,β'-bis-diäthylamino-isopropylester], Tetra-N-äthyl-
2-[5-brom-furan-2-carbonyloxy]-propandiyldiamin** $C_{16}H_{27}BrN_2O_3$, Formel V (R = C_2H_5).
B. Beim Erwärmen von 5-Brom-furan-2-carbonylchlorid mit 1,3-Bis-diäthylamino-
propan-2-ol und Benzol (*Mndshojan, Ž.* obšč. Chim. **16** [1946] 767, 768; C. A. **1947** 2033;
Mndshojan, Grigorjan, Doklady Akad. Armjansk. S.S.R. **17** [1953] 107, 108).
Kp_{17}: 182° (*Mn.*); Kp_{17}: 181—182°; D_4^{20}: 1,1861; n_D^{20}: 1,4985 (*Mn., Gr.*, 1. c. S. 114).
Hydrochlorid. F: 180° (*Mn., Gr.*, 1. c. S. 115).
Hydrobromid. F: 187—188° (*Mn., Gr.*, 1. c. S. 115).
Picrat. F: 208° (*Mn.*).

**2-[5-Brom-furan-2-carbonyloxy]-1,3-bis-[diäthyl-methyl-ammonio]-propan, 5-Brom-
furan-2-carbonsäure-[β,β'-bis-(diäthyl-methyl-ammonio)-isopropylester]**
$[C_{18}H_{33}BrN_2O_3]^{2+}$, Formel VI (R = C_2H_5, X = CH_3).
Dijodid $[C_{18}H_{33}BrN_2O_3]I_2$. *B.* Beim Behandeln von 5-Brom-furan-2-carbonsäure-
[β,β'-bis-diäthylamino-isopropylester] mit Methyljodid und Äther (*Mndshojan, Grigorjan*,
Doklady Akad. Armjansk. S.S.R. **17** [1953] 107, 109). — Krystalle; F: 152—153° (*Mn.,
Gr.*, 1. c. S. 117).

5-Brom-furan-2-carbonsäure-[β,β'-bis-dipropylamino-isopropylester], 2-[5-Brom-furan-2-carbonyloxy]-tetra-N-propyl-propandiyldiamin $C_{20}H_{35}BrN_2O_3$, Formel V
($R = CH_2$-CH_2-CH_3).

B. Beim Erwärmen von 5-Brom-furan-2-carbonylchlorid mit 1,3-Bis-dipropylamino-propan-2-ol und Benzol (*Mndshojan, Ž. obšč. Chim.* **16** [1946] 767, 768; C. A. **1947** 2033).
Kp_{17}: 202°.
Picrat. F: 181°.

($\pm$)-3-[5-Brom-furan-2-carbonyloxy]-1-dimethylamino-butan, ($\pm$)-5-Brom-furan-2-carbonsäure-[3-dimethylamino-1-methyl-propylester] $C_{11}H_{16}BrNO_3$, Formel VII
($R = CH_3$).

B. Beim Erwärmen von 5-Brom-furan-2-carbonylchlorid mit ($\pm$)-4-Dimethylamino-butan-2-ol und Benzol (*Mndshojan, Grigorjan*, Doklady Akad. Armjansk. S.S.R. **17** [1953] 107, 108).
Kp_6: 158—159°; D_4^{20}: 1,2919; n_D^{20}: 1,5074 (*Mn., Gr.,* l. c. S. 114).
Hydrochlorid. F: 94—95° (*Mn., Gr.,* l. c. S. 115).
Hydrobromid. F: 106—107° (*Mn., Gr.,* l. c. S. 115).

($\pm$)-[3-(5-Brom-furan-2-carbonyloxy)-butyl]-trimethyl-ammonium, ($\pm$)-5-Brom-furan-2-carbonsäure-[1-methyl-3-trimethylammonio-propylester] $[C_{12}H_{19}BrNO_3]^+$, Formel VIII
($R = X = CH_3$).

Jodid $[C_{12}H_{19}BrNO_3]$I. B. Beim Behandeln von ($\pm$)-5-Brom-furan-2-carbonsäure-[3-dimethylamino-1-methyl-propylester] mit Methyljodid und Äther (*Mndshojan, Grigorjan*, Doklady Akad. Armjansk. S.S.R. **17** [1953] 107, 109). — Krystalle; F: 144—146° (*Mn., Gr.,* l. c. S. 116).

($\pm$)-Äthyl-[3-(5-brom-furan-2-carbonyloxy)-butyl]-dimethyl-ammonium, ($\pm$)-5-Brom-furan-2-carbonsäure-[3-(äthyl-dimethyl-ammonio)-1-methyl-propylester]
$[C_{13}H_{21}BrNO_3]^+$, Formel VIII ($R = CH_3$, $X = C_2H_5$).

Jodid $[C_{13}H_{21}BrNO_3]$I. B. Beim Behandeln von ($\pm$)-5-Brom-furan-2-carbonsäure-[3-dimethylamino-1-methyl-propylester] mit Äthyljodid und Äther (*Mndshojan, Grigorjan*, Doklady Akad. Armjansk. S.S.R. **17** [1953] 107, 109). — Krystalle; F: 116—117° (*Mn., Gr.,* l. c. S. 116).

VII   VIII

($\pm$)-3-[5-Brom-furan-2-carbonyloxy]-1-diäthylamino-butan, ($\pm$)-5-Brom-furan-2-carbonsäure-[3-diäthylamino-1-methyl-propylester] $C_{13}H_{20}BrNO_3$, Formel VII ($R = C_2H_5$).

B. Beim Erwärmen von 5-Brom-furan-2-carbonylchlorid mit ($\pm$)-4-Diäthylamino-butan-2-ol und Benzol (*Mndshojan, Grigorjan*, Doklady Akad. Armjansk. S.S.R. **17** [1953] 107, 108).
Kp_2: 165—166°; D_4^{20}: 1,2493; n_D^{20}: 1,5034 (*Mn., Gr.,* l. c. S. 114).
Hydrochlorid. F: 138° (*Mn., Gr.,* l. c. S. 115).
Hydrobromid. F: 108—110° (*Mn., Gr.,* l. c. S. 115).

($\pm$)-Diäthyl-[3-(5-brom-furan-2-carbonyloxy)-butyl]-methyl-ammonium, ($\pm$)-5-Brom-furan-2-carbonsäure-[3-(diäthyl-methyl-ammonio)-1-methyl-propylester]
$[C_{14}H_{23}BrNO_3]^+$, Formel VIII ($R = C_2H_5$, $X = CH_3$).

Jodid $[C_{14}H_{23}BrNO_3]$I. B. Beim Behandeln von ($\pm$)-5-Brom-furan-2-carbonsäure-[3-diäthylamino-1-methyl-propylester] mit Methyljodid und Äther (*Mndshojan, Grigorjan*, Doklady Akad. Armjansk. S.S.R. **17** [1953] 107, 109). — Krystalle; F: 145—146° (*Mn., Gr.,* l. c. S. 116).

(±)-Triäthyl-[3-(5-brom-furan-2-carbonyloxy)-butyl]-ammonium, (±)-5-Brom-furan-2-carbonsäure-[3-triäthylammonio-1-methyl-propylester] $[C_{15}H_{25}BrNO_3]^+$, Formel VIII (R = X = C₂H₅).

Jodid $[C_{15}H_{25}BrNO_3]I$. *B.* Beim Behandeln von (±)-5-Brom-furan-2-carbonsäure-[3-diäthylamino-1-methyl-propylester] mit Äthyljodid und Äther (*Mndshojan, Grigorjan,* Doklady Akad. Armjansk. S.S.R. **17** [1953] 107, 109). — Krystalle; F: 179—180° (*Mn., Gr.,* l. c. S. 116).

*Opt.-inakt. 3-[5-Brom-furan-2-carbonyloxy]-1-dimethylamino-2-methyl-butan, 5-Brom-furan-2-carbonsäure-[3-dimethylamino-1,2-dimethyl-propylester] $C_{12}H_{18}BrNO_3$, Formel IX (R = CH₃).

B. Beim Erwärmen von 5-Brom-furan-2-carbonylchlorid mit opt.-inakt. 4-Dimethyl=amino-3-methyl-butan-2-ol (Kp₂₂: 72—75° [*Mndshojan, Ž.* obšč. Chim. **16** [1946] 751, 759; C. A. **1947** 2033]) und Benzol (*Mndshojan, Grigorjan,* Doklady Akad. Armjansk. S.S.R. **17** [1953] 107, 108).

Kp₁₀: 171—172°; D₄²⁰: 1,2846; n_D²⁰: 1,5079 (*Mn., Gr.,* l. c. S. 114).
Hydrochlorid. F: 156° (*Mn., Gr.,* l. c. S. 115).

*Opt.-inakt. [3-(5-Brom-furan-2-carbonyloxy)-2-methyl-butyl]-trimethyl-ammonium, 5-Brom-furan-2-carbonsäure-[1,2-dimethyl-3-trimethylammonio-propylester] $[C_{13}H_{21}BrNO_3]^+$, Formel X (R = X = CH₃).

Jodid $[C_{13}H_{21}BrNO_3]I$. *B.* Beim Behandeln von opt.-inakt. 5-Brom-furan-2-carbon=säure-[3-dimethylamino-1,2-dimethyl-propylester] (s. o.) mit Methyljodid und Äther (*Mndshojan, Grigorjan,* Doklady Akad. Armjansk. S.S.R. **17** [1953] 107, 109). — Krystalle; F: 150—151° (*Mn., Gr.,* l. c. S. 116).

IX   X

*Opt.-inakt. Äthyl-[3-(5-brom-furan-2-carbonyloxy)-2-methyl-butyl]-dimethyl-ammo=nium, 5-Brom-furan-2-carbonsäure-[3-(äthyl-dimethyl-ammonio)-1,2-dimethyl-propyl=ester] $[C_{14}H_{23}BrNO_3]^+$, Formel X (R = CH₃, X = C₂H₅).

Jodid $[C_{14}H_{23}BrNO_3]I$. *B.* Beim Behandeln von opt.-inakt. 5-Brom-furan-2-carbon=säure-[3-dimethylamino-1,2-dimethyl-propylester] (s. o.) mit Äthyljodid und Äther (*Mndshojan, Grigorjan,* Doklady Akad. Armjansk. S.S.R. **17** [1953] 107, 109). — Kry=stalle; F: 132—133° (*Mn., Gr.,* l. c. S. 117).

*Opt.-inakt. 3-[5-Brom-furan-2-carbonyloxy]-1-diäthylamino-2-methyl-butan, 5-Brom-furan-2-carbonsäure-[3-diäthylamino-1,2-dimethyl-propylester] $C_{14}H_{22}BrNO_3$, Formel IX (R = C₂H₅).

B. Beim Erwärmen von 5-Brom-furan-2-carbonylchlorid mit opt.-inakt. 4-Diäthyl=amino-3-methyl-butan-2-ol (vgl. E III **4** 803) und Benzol (*Mndshojan, Grigorjan,* Doklady Akad. Armjansk. S.S.R. **17** [1953] 107, 108).

Kp₇: 177—179°; D₄²⁰: 1,2229; n_D²⁰: 1,5013 (*Mn., Gr.,* l. c. S. 114).
Hydrochlorid. F: 125—127° (*Mn., Gr.,* l. c. S. 115).
Hydrobromid. F: 119—120° (*Mn., Gr.,* l. c. S. 115).

*Opt.-inakt. Diäthyl-[3-(5-brom-furan-2-carbonyloxy)-2-methyl-butyl]-methyl-ammo=nium, 5-Brom-furan-2-carbonsäure-[3-(diäthyl-methyl-ammonio)-1,2-dimethyl-propyl=ester] $[C_{15}H_{25}BrNO_3]^+$, Formel X (R = C₂H₅, X = CH₃).

Jodid $[C_{15}H_{25}BrNO_3]I$. *B.* Beim Behandeln von opt.-inakt. 5-Brom-furan-2-carbon=säure-[3-diäthylamino-1,2-dimethyl-propylester] (s. o.) mit Methyljodid und Äther (*Mndshojan, Grigorjan,* Doklady Akad. Armjansk. S.S.R. **17** [1953] 107, 109). — Kry=stalle; F: 111—112° (*Mn., Gr.,* l. c. S. 117).

***Opt.-inakt. Triäthyl-[3-(5-brom-furan-2-carbonyloxy)-2-methyl-butyl]-ammonium,
5-Brom-furan-2-carbonsäure-[1,2-dimethyl-3-triäthylammonio-propylester]**
$[C_{16}H_{27}BrNO_3]^+$, Formel X (R = X = C_2H_5).
Jodid $[C_{16}H_{27}BrNO_3]I$. *B.* Beim Behandeln von opt.-inakt. 5-Brom-furan-2-carbon=
säure-[3-diäthylamino-1,2-dimethyl-propylester] (S. 3986) mit Äthyljodid und Äther
(*Mndshojan, Grigorjan*, Doklady Akad. Armjansk. S.S.R. **17** [1953] 107, 109). — Krystalle; F: 118—120° (*Mn., Gr.,* l. c. S. 117).

5-Brom-furan-2-carbonsäure-[3-dimethylamino-2,2-dimethyl-propylester] $C_{12}H_{18}BrNO_3$,
Formel XI (R = CH_3).
B. Beim Erwärmen von 5-Brom-furan-2-carbonylchlorid mit 3-Dimethylamino-2,2-di=
methyl-propan-1-ol und Benzol (*Mndshojan*, Ž. obšč. Chim. **16** [1946] 767, 768; C. A.
1947 2033; *Mndshojan, Grigorjan*, Doklady Akad. Armjansk. S.S.R. **17** [1953] 107, 108).
Kp$_{22}$: 172° (*Mn.*); Kp$_{19}$: 172—173°; D_4^{20}: 1,2773; n_D^{20}: 1,5045 (*Mn., Gr.,* l. c. S. 114).
Hydrochlorid $C_{12}H_{18}BrNO_3 \cdot HCl$. Krystalle; F: 184° (*Mn.; Mn., Gr.,* l. c. S. 115).
Hydrobromid. Krystalle; F: 180—181° (*Mn., Gr.,* l. c. S. 115).
Picrat. F: 132° (*Mn.*).

**[3-(5-Brom-furan-2-carbonyloxy)-2,2-dimethyl-propyl]-trimethyl-ammonium, 5-Brom-
furan-2-carbonsäure-[2,2-dimethyl-3-trimethylammonio-propylester]** $[C_{13}H_{21}BrNO_3]^+$,
Formel XII (R = X = CH_3).
Jodid $[C_{13}H_{21}BrNO_3]I$. *B.* Beim Behandeln von 5-Brom-furan-2-carbonsäure-[3-di=
methylamino-2,2-dimethyl-propylester] mit Methyljodid und Äther (*Mndshojan, Grigorjan*, Doklady Akad. Armjansk. S.S.R. **17** [1953] 107, 109). — Krystalle; F: 206—207°
(*Mn., Gr.,* l. c. S. 117).

XI   XII

**Äthyl-[3-(5-brom-furan-2-carbonyloxy)-2,2-dimethyl-propyl]-dimethyl-ammonium,
5-Brom-furan-2-carbonsäure-[3-(äthyl-dimethyl-ammonio)-2,2-dimethyl-propylester]**
$[C_{14}H_{23}BrNO_3]^+$, Formel XII (R = CH_3, X = C_2H_5).
Jodid $[C_{14}H_{23}BrNO_3]I$. *B.* Beim Behandeln von 5-Brom-furan-2-carbonsäure-[3-di=
methylamino-2,2-dimethyl-propylester] mit Äthyljodid und Äther (*Mndshojan, Grigorjan*,
Doklady Akad. Armjansk. S.S.R. **17** [1953] 107, 109). — Krystalle; F: 171—172° (*Mn.,
Gr.,* l. c. S. 117).

5-Brom-furan-2-carbonsäure-[3-diäthylamino-2,2-dimethyl-propylester] $C_{14}H_{22}BrNO_3$,
Formel XI (R = C_2H_5).
B. Beim Erwärmen von 5-Brom-furan-2-carbonylchlorid mit 3-Diäthylamino-2,2-di=
methyl-propan-1-ol und Benzol (*Mndshojan, Grigorjan*, Doklady Akad. Armjansk. S.S.R.
17 [1953] 107, 108).
Kp$_{16}$: 193—194°; D_4^{20}: 1,2096; n_D^{20}: 1,4972 (*Mn., Gr.,* l. c. S. 114).
Hydrochlorid. F: 153—155° (*Mn., Gr.,* l. c. S. 115).
Hydrobromid. F: 162—163° (*Mn., Gr.,* l. c. S. 115).

**Diäthyl-[3-(5-brom-furan-2-carbonyloxy)-2,2-dimethyl-propyl]-methyl-ammonium,
5-Brom-furan-2-carbonsäure-[3-(diäthyl-methyl-ammonio)-2,2-dimethyl-propylester]**
$[C_{15}H_{25}BrNO_3]^+$, Formel XII (R = C_2H_5, X = CH_3).
Jodid $[C_{15}H_{25}BrNO_3]I$. *B.* Beim Behandeln von 5-Brom-furan-2-carbonsäure-[3-di=
äthylamino-2,2-dimethyl-propylester] mit Methyljodid und Äther (*Mndshojan, Grigorjan*,
Doklady Akad. Armjansk. S.S.R. **17** [1953] 107, 109). — Krystalle; F: 169—170°
(*Mn., Gr.,* l. c. S. 117).

5-Brom-furan-2-carbonsäure-[3-dipropylamino-2,2-dimethyl-propylester], Brom = furocain Nr. 24 $C_{16}H_{26}BrNO_3$, Formel XI ($R = CH_2\text{-}CH_2\text{-}CH_3$).

B. Beim Erwärmen von 5-Brom-furan-2-carbonylchlorid mit 3-Dipropylamino-2,2-di = methyl-propan-1-ol und Benzol (*Mndshojan*, Ž. obšč. Chim. **16** [1946] 767, 768; C. A. **1947** 2033).

Kp_{16}: 198°.

Hydrochlorid $C_{16}H_{26}BrNO_3 \cdot HCl$. F: 155°.

Picrat. F: 110°.

5-Brom-furan-2-carbonylchlorid $C_5H_2BrClO_2$, Formel I ($X = Cl$).

B. Beim Erwärmen von 5-Brom-furan-2-carbonsäure mit Thionylchlorid (*Raiford, Huey*, J. org. Chem. **6** [1941] 858, 863; *Hahn et al.*, Arh. Kemiju **27** [1955] 155) oder mit Thionylchlorid und Benzol (*Mndshojan*, Ž. obšč. Chim. **16** [1946] 767, 768; C. A. **1947** 2033).

Krystalle; F: 58—60° (*Mn.*), 54—56° (*Ra., Huey*), 53—54° (*Hahn et al.*). Kp_{20}: 102° bis 103° (*Hahn et al.*); Kp_8: 89° (*Ra., Huey*).

5-Brom-furan-2-carbonsäure-amid $C_5H_4BrNO_2$, Formel I ($X = NH_2$) (H 284).

B. Beim Behandeln von 5-Brom-furan-2-carbonylchlorid mit wss. Ammoniak (*Willard, Hamilton*, Am. Soc. **75** [1953] 2370, 2372).

F: 145—146,5°.

5-Brom-furan-2-carbonsäure-anilid $C_{11}H_8BrNO_2$, Formel II ($X = H$).

B. Beim Behandeln von 5-Brom-furan-2-carbonylchlorid mit Anilin und Dioxan (*Raiford, Huey*, J. org. Chem. **6** [1941] 858, 863).

Krystalle (aus A.); F: 145°.

I   II   III

5-Brom-furan-2-carbonsäure-[4-brom-anilid] $C_{11}H_7Br_2NO_2$, Formel II ($X = Br$).

B. Beim Erwärmen von 5-Brom-furan-2-carbonylchlorid mit 4-Brom-anilin, Pyridin und Benzol (*Hahn et al.*, Arh. Kemiju **27** [1955] 155). Beim Behandeln von Furan-2-carbonsäure-anilid mit Brom (3 Mol) in Chloroform (*Hahn et al.*).

Krystalle (aus A.); F: 154—155° [unkorr.].

5-Brom-furan-2-carbonsäure-[5-brom-2-hydroxy-anilid] $C_{11}H_7Br_2NO_3$, Formel III.

B. Beim Behandeln einer Suspension von 5-Brom-furan-2-carbonsäure-[4-brom-2-nitro-phenylester] in Äthanol mit Zinn(II)-chlorid und konz. wss. Salzsäure (*Raiford, Huey*, J. org. Chem. **6** [1941] 858, 863).

Krystalle (aus Acn.); F: 282—284° [Zers.] (*Ra., Huey*, l. c. S. 865).

(±)-5-Brom-furan-2-carbonsäure-[2,2,2-trichlor-1-hydroxy-äthylamid] $C_7H_5BrCl_3NO_3$, Formel IV ($R = H$).

B. Beim Erhitzen von 5-Brom-furan-2-carbonsäure-amid mit Chloral (*Willard, Hamilton*, Am. Soc. **75** [1953] 2370, 2372).

Krystalle (aus A.); F: 159—160° (*Wi., Ha.*, l. c. S. 2371).

(±)-5-Brom-furan-2-carbonsäure-[2,2,2-trichlor-1-methoxy-äthylamid] $C_8H_7BrCl_3NO_3$, Formel IV ($R = CH_3$).

B. Beim Erwärmen von (±)-5-Brom-furan-2-carbonsäure-[2,2,2-trichlor-1-hydroxy-äthylamid] mit Phosphor(V)-chlorid und Erwärmen des Reaktionsprodukts mit Methanol (*Willard, Hamilton*, Am. Soc. **75** [1953] 2370, 2373).

Krystalle (aus E. + PAe.); F: 99—100,5° (*Wi., Ha.*, l. c. S. 2371).

IV   V

(±)-5-Brom-furan-2-carbonsäure-[1-benzoyloxy-2,2,2-trichlor-äthylamid]
$C_{14}H_9BrCl_3NO_4$, Formel IV (R = CO-C_6H_5).
B. Beim Behandeln von (±)-5-Brom-furan-2-carbonsäure-[2,2,2-trichlor-1-hydroxy-
äthylamid] mit Benzoylchlorid und Pyridin (*Willard, Hamilton,* Am. Soc. **75** [1953]
2370, 2373).
Krystalle (aus Bzl. + PAe.); F: 146—147° (*Wi., Ha.,* l. c. S. 2371).

(±)-5-Brom-furan-2-carbonsäure-[1-anilino-2,2,2-trichlor-äthylamid], (±)-N-[5-Brom-
furan-2-carbonyl]-2,2,2-trichlor-N′-phenyl-äthylidendiamin $C_{13}H_{10}BrCl_3N_2O_2$, Formel V
(R = C_6H_5).
B. Beim Erwärmen von (±)-5-Brom-furan-2-carbonsäure-[2,2,2-trichlor-1-hydroxy-
äthylamid] mit Phosphor(V)-chlorid und Behandeln einer Lösung des Reaktionsprodukts
in Äther mit Anilin (*Willard, Hamilton,* Am. Soc. **75** [1953] 2370, 2373).
Krystalle (aus A.); F: 181—182,5° (*Wi., Ha.,* l. c. S. 2372).

(±)-5-Brom-furan-2-carbonsäure-[1-benzylamino-2,2,2-trichlor-äthylamid],
(±)-N-Benzyl-N′-[5-brom-furan-2-carbonyl]-2,2,2-trichlor-äthylidendiamin
$C_{14}H_{12}BrCl_3N_2O_2$, Formel V (R = CH_2-C_6H_5).
B. Beim Erwärmen von (±)-5-Brom-furan-2-carbonsäure-[2,2,2-trichlor-1-hydroxy-
äthylamid] mit Phosphor(V)-chlorid und Behandeln einer Lösung des Reaktionsprodukts
in Äther mit Benzylamin (*Willard, Hamilton,* Am. Soc. **75** [1953] 2370, 2373).
Krystalle (aus E. + PAe.); F: 136,5—138° (*Wi., Ha.,* l. c. S. 2372).

*Opt.-inakt. Bis-[1-(5-brom-furan-2-carbonylamino)-2,2,2-trichlor-äthyl]-amin
$C_{14}H_9Br_2Cl_6N_3O_4$, Formel VI.
B. Beim Erwärmen von (±)-5-Brom-furan-2-carbonsäure-[2,2,2-trichlor-1-hydroxy-
äthylamid] mit Phosphor(V)-chlorid und Behandeln einer Lösung des Reaktionsprodukts
in Äther mit wss. Ammoniak (*Willard, Hamilton,* Am. Soc. **75** [1953] 2370, 2373).
Krystalle (aus A.); F: 215—216° (*Wi., Ha.,* l. c. S. 2372).

N-[5-Brom-furan-2-carbonyl]-N′-phenyl-harnstoff $C_{12}H_9BrN_2O_3$, Formel I
(X = NH-CO-NH-C_6H_5).
B. Beim Erhitzen von 5-Brom-furan-2-carbonsäure-amid mit Phenylisocyanat (*Wil-
lard, Hamilton,* Am. Soc. **75** [1953] 2270).
Krystalle (aus Eg.); F: 198—200°.

5-Brom-furan-2-carbonsäure-hydrazid $C_5H_5BrN_2O_2$, Formel I (X = NH-NH_2).
B. Beim Erhitzen von 5-Brom-furan-2-carbonsäure-äthylester mit Hydrazin-hydrat
auf 130° (*Blomquist, Stevenson,* Am. Soc. **56** [1934] 146, 148).
Krystalle (aus wss. A.); F: 135,5—136°.

VI   VII

5-Brom-furan-2-carbonsäure-benzylidenhydrazid, Benzaldehyd-[5-brom-furan-2-carbon-
ylhydrazon] $C_{12}H_9BrN_2O_2$, Formel VII (X = H).
B. Beim Behandeln von Benzaldehyd mit 5-Brom-furan-2-carbonsäure-hydrazid in
Essigsäure enthaltendem Äthanol (*Ivanov, Dodova,* Doklady Bolgarsk. Akad. **10** [1957]
477, 479).
Krystalle (aus A.); F: 162—165° [Zers.].

5-Brom-furan-2-carbonsäure-[1-phenyl-äthylidenhydrazid], Acetophenon-[5-brom-furan-2-carbonylhydrazon] $C_{13}H_{11}BrN_2O_2$, Formel VIII.

B. Beim Behandeln von Acetophenon mit 5-Brom-furan-2-carbonsäure-hydrazid in Essigsäure enthaltendem Äthanol (*Ivanov, Dodova*, Doklady Bolgarsk. Akad. **10** [1957] 477, 479).

Krystalle (aus A.); F: 158—160° [Zers.].

VIII   IX

5-Brom-furan-2-carbonsäure-[4-methyl-benzylidenhydrazid], *p*-Toluylaldehyd-[5-brom-furan-2-carbonylhydrazon] $C_{13}H_{11}BrN_2O_2$, Formel VII (X = CH_3).

B. Beim Behandeln von *p*-Toluylaldehyd mit 5-Brom-furan-2-carbonsäure-hydrazid in Essigsäure enthaltendem Äthanol (*Ivanov, Dodova*, Doklady Bolgarsk. Akad. **10** [1957] 477, 479).

Krystalle (aus A.); F: 159—162° [Zers.].

5-Brom-furan-2-carbonsäure-*trans*(?)-cinnamylidenhydrazid, *trans*(?)-Zimtaldehyd-[5-brom-furan-2-carbonylhydrazon] $C_{14}H_{11}BrN_2O_2$, vermutlich Formel XI.

B. Beim Behandeln von *trans*(?)-Zimtaldehyd mit 5-Brom-furan-2-carbonsäure-hydrazid in Essigsäure enthaltendem Äthanol (*Ivanov, Dodova*, Doklady Bolgarsk. Akad. **10** [1957] 477, 479).

Krystalle (aus A.); F: 208—210° [Zers.].

5-Brom-furan-2-carbonsäure-salicylidenhydrazid, Salicylaldehyd-[5-brom-furan-2-carbonylhydrazon] $C_{12}H_9BrN_2O_3$, Formel X.

B. Beim Behandeln von Salicylaldehyd mit 5-Brom-furan-2-carbonsäure-hydrazid in Essigsäure enthaltendem Äthanol (*Ivanov, Dodova*, Doklady Bolgarsk. Akad. **10** [1957] 477, 479).

Krystalle (aus A.); F: 194—197° [Zers.].

5-Brom-furan-2-carbonsäure-[4-dimethylamino-benzylidenhydrazid], 4-Dimethylamino-benzaldehyd-[5-brom-furan-2-carbonylhydrazon] $C_{14}H_{14}BrN_3O_2$, Formel VII (X = $N(CH_3)_2$).

B. Beim Behandeln von 4-Dimethylamino-benzaldehyd mit 5-Brom-furan-2-carbon-säure-hydrazid in Essigsäure enthaltendem Äthanol (*Ivanov, Dodova*, Doklady Bolgarsk. Akad. **10** [1957] 477, 479).

Krystalle (aus A.); F: 153—155° [Zers.].

5-Brom-furan-2-carbonsäure-[4-acetylamino-benzylidenhydrazid], 4-Acetylamino-benz-aldehyd-[5-brom-furan-2-carbonylhydrazon] $C_{14}H_{12}BrN_3O_3$, Formel VII (X = $NH-CO-CH_3$).

B. Beim Behandeln von 4-Acetylamino-benzaldehyd mit 5-Brom-furan-2-carbonsäure-hydrazid in Essigsäure enthaltendem Äthanol (*Ivanov, Dodova*, Doklady Bolgarsk. Akad. **10** [1957] 477, 479).

Krystalle (aus A.); F: 276—280° [Zers.].

X   XI

5-Brom-furan-2-carbonsäure-furfurylidenhydrazid, Furfural-[5-brom-furan-2-carbonyl=hydrazon] $C_{10}H_7BrN_2O_3$, Formel XI (X = H).

B. Beim Behandeln von Furfural mit 5-Brom-furan-2-carbonsäure-hydrazid in Essig=säure enthaltendem Äthanol (*Ivanov, Dodova*, Doklady Bolgarsk. Akad. **10** [1957] 477, 479).

Krystalle (aus A.); F: 197—200° [Zers.].

5-Brom-furan-2-carbonsäure-[5-brom-furfurylidenhydrazid], 5-Brom-furfural-[5-brom-furan-2-carbonylhydrazon] $C_{10}H_6Br_2N_2O_3$, Formel XI (X = Br).

B. Beim Behandeln von 5-Brom-furfural mit 5-Brom-furan-2-carbonsäure-hydrazid in Essigsäure enthaltendem Äthanol (*Ivanov, Dodova*, Doklady Bolgarsk. Akad. **10** [1957] 477, 479).

Krystalle (aus A.); F: 175—179° [Zers.].

5-Brom-furan-2-carbonsäure-[5-nitro-furfurylidenhydrazid], 5-Nitro-furfural-[5-brom-furan-2-carbonylhydrazon] $C_{10}H_6BrN_3O_5$, Formel XI (X = NO₂).

B. Beim Behandeln von 5-Nitro-furfural mit 5-Brom-furan-2-carbonsäure-hydrazid in Essigsäure enthaltendem Äthanol (*Ivanov, Dodova*, Doklady Bolgarsk. Akad. **10** [1957] 477, 479).

Krystalle (aus A.); F: 225—228° [Zers.].

5-Brom-furan-2-carbonsäure-[3*t*(?)-(5-nitro-[2]furyl)-allylidenhydrazid], 3*t*(?)-[5-Nitro-[2]furyl]-acrylaldehyd-[5-brom-furan-2-carbonylhydrazon] $C_{12}H_8BrN_3O_5$, vermutlich Formel XII.

B. Aus 3*t*(?)-[5-Nitro-[2]furyl]-acrylaldehyd (E III/IV **17** 4700) und 5-Brom-furan-2-carbonsäure-hydrazid (*Giller* [*Hillers*], Trudy Sovešč. Vopr. Ispolz. Pentozan. Syrja Riga 1955 S. 451, 474; C. A. **1959** 16388).

F: 240° [Zers.] (*Gi.*, l. c. S. 472 d; *Štradyn' et al.*, Latvijas Akad. Vēstis **1958** Nr. 1, S. 113, 116; C. A. **1958** 14287). Absorptionsspektrum (220—470 nm): *Eĭduš, Muzenieze*, Latvijas Akad. Vēstis **1961** Nr. 11, S. 65, 72 Abb. 12; C. A. **56** [1962] 13680; s. a. *Gi.*, l. c. S. 472 e. Löslichkeit in Wasser bei 18°(?): 3 mg/l (*Št. et al.*).

XII   XIII

5-Brom-furan-2-carbonsäure-[2-hydroxy-1-(5-nitro-[2]furyl)-äthylidenhydrazid], 2-Hydroxy-1-[5-nitro-[2]furyl]-äthanon-[5-brom-furan-2-carbonylhydrazon] $C_{11}H_8BrN_3O_6$, Formel XIII.

B. Beim Erwärmen von 2-Hydroxy-1-[5-nitro-[2]furyl]-äthanon mit 5-Brom-furan-2-carbonsäure-hydrazid in Äthanol (*Šaldabol et al.*, Latvijas Akad. Vēstis **1959** Nr. 4, S. 81, 83, 85; C. A. **1959** 21862).

Krystalle (aus A.); Zers. bei 196—197°.

5-Brom-furan-2-carbonylazid $C_5H_2BrN_3O_2$, Formel I.

B. Beim Behandeln einer wss.-äthanol. Lösung von 5-Brom-furan-2-carbonsäure-hydrazid mit Natriumnitrit und wss. Essigsäure (*Blomquist, Stevenson*, Am. Soc. **56** [1934] 146, 148 Anm. 21).

F: 66—67° [durch Sublimation bei 1 Torr gereinigtes Präparat].

4,5-Dibrom-furan-2-carbonsäure $C_5H_2Br_2O_3$, Formel II (X = OH) (H 285 [dort als 3.5-Dibrom-brenzschleimsäure bezeichnet]; E II 268; dort als 4.5-Dibrom-brenzschleim=säure bezeichnet).

Bestätigung der Konstitutionszuordnung: *Nasarowa, Šyrkin*, Ž. obšč. Chim. **19** [1949] 777, 778; engl. Ausg. S. 759, 760.

Krystalle; F: 170,5—171,2° [aus W.] (*Na., Šy.*), 168—168,5° (*Gilman et al.*, Iowa Coll.

J. 7 [1933] 429). Scheinbare Dissoziationskonstante K_a' (Wasser; potentiometrisch ermittelt) bei Raumtemperatur: $3,268 \cdot 10^{-3}$ (*Catlin*, Iowa Coll. J. **10** [1935/36] 65).

Die beim Behandeln mit Zink-Pulver und wss. Ammoniak erhaltene (s. H 285), ursprünglich als 3-Brom-furan-2-carbonsäure angesehene Verbindung (F: 128—129°) ist als 4-Brom-furan-2-carbonsäure (S. 3980) zu formulieren; die beim Erhitzen mit wss. Bromwasserstoffsäure erhaltene (s. H 285), ursprünglich als 4-Brom-5*H*-furan-2-on angesehene Verbindung (F: 58°) ist als 3-Brom-5*H*-furan-2-on (E III/IV **17** 4296) zu formulieren.

I   II   III   IV

4,5-Dibrom-furan-2-carbonsäure-äthylester $C_7H_6Br_2O_3$, Formel II (X = $O\text{-}C_2H_5$).

Diese Konstitution kommt der früher (s. H **18** 286) als 3,5-Dibrom-furan-2-carbonsäure-äthylester ($C_7H_6Br_2O_3$) angesehenen Verbindung (F: 57—58°) zu, die aus der im vorangehenden Artikel beschriebenen Säure hergestellt worden ist.

4,5-Dibrom-furan-2-carbonylbromid $C_5HBr_3O_2$, Formel II (X = Br).

Diese Konstitution kommt der früher (s. H **18** 286) als 3,5-Dibrom-furan-2-carbonylbromid ($C_5HBr_3O_2$) angesehenen Verbindung (F: 45—46°) zu.

4,5-Dibrom-furan-2-carbonsäure-amid $C_5H_3Br_2NO_2$, Formel II (X = NH_2).

Diese Konstitution kommt der früher (s. H **18** 286) als 3,5-Dibrom-furan-2-carbonsäure-amid ($C_5H_3Br_2NO_2$) angesehenen Verbindung (F: 175—176°) zu.

4,5-Dibrom-furan-2-carbonitril C_5HBr_2NO, Formel III.

Diese Konstitution kommt der früher (s. H **18** 286) als 3,5-Dibrom-furan-2-carbonitril (C_5HBr_2NO) angesehenen Verbindung (F: 88°) zu.

5-Jod-furan-2-carbonsäure $C_5H_3IO_3$, Formel IV (R = H).

B. Beim Behandeln einer Lösung von 2,5-Dijod-furan in Äther mit Magnesium-Kupfer-Legierung und anschliessend mit Kohlendioxid (*Gilman, Wright*, Iowa Coll. J. **5** [1931] 85, 88). Beim Behandeln von 5-Jod-furfural mit wss. Natronlauge und kleinen Mengen wss. Wasserstoffperoxid (*Chute et al.*, J. org. Chem. **6** [1941] 157, 167; *Nasarowa*, Ž. obšč. Chim. **25** [1955] 539, 543; engl. Ausg. S. 509, 511) oder mit alkal. wss. Natrium-hypobromit-Lösung (*Kotschetkow, Nifant'ew*, Vestnik Moskovsk. Univ. **13** [1958] Nr. 5, S. 119, 121; C. A. **1959** 12267).

Krystalle; F: 197—198° [aus Bzl.; Zers.] (*Na.*), 197—198° [im vorgeheizten Bad; aus Bzl. + Bzn.] (*Ch. et al.*), 197° [Zers.] (*Ko., Ni.*). Scheinbare Dissoziationskonstante K_a' (Wasser; potentiometrisch ermittelt) bei Raumtemperatur: $1,16 \cdot 10^{-3}$ (*Catlin*, Iowa Coll. J. **10** [1935/36] 65).

5-Jod-furan-2-carbonsäure-methylester $C_6H_5IO_3$, Formel IV (R = CH_3).

B. Beim Erwärmen von 5-Jod-furan-2-carbonsäure mit Methanol, 1,2-Dichlor-äthan und wenig Schwefelsäure (*Kotschetkow, Nifant'ew*, Vestnik Moskovsk. Univ. **13** [1958] Nr. 5, S. 119, 121; C. A. **1959** 12267).

Krystalle (aus Me.); F: 76—78°.

3-Nitro-furan-2-carbonsäure $C_5H_3NO_5$, Formel V auf S. 3994.

B. Beim Erhitzen von 2-Methyl-3-nitro-furan mit Kalium-hexacyanoferrat(III) und Kaliumacetat in Wasser (*Rinkes*, R. **57** [1938] 390, 392).

Gelbe Krystalle (aus Bzl.); F: 125°.

5-Nitro-furan-2-carbonsäure $C_5H_3NO_5$, Formel VI (R = H) auf S. 3994 (H 287; E II 269; dort als 5-Nitro-brenzschleimsäure bezeichnet).

B. Beim Behandeln von Furan-2-carbonsäure mit rauchender Schwefelsäure und anschliessend mit Salpetersäure (*Sasaki*, Bl. chem. Soc. Japan **27** [1954] 395; vgl. H 287).

Beim Erhitzen von 2-Methyl-5-nitro-furan mit Kalium-hexacyanoferrat(III) und Kalium=
acetat in Wasser (*Rinkes*, R. **57** [1938] 390, 392, 393). Beim Behandeln von 5-Nitro-
furfural mit Natriumdichromat und wss. Schwefelsäure (*Gilman, Wright*, Am. Soc. **52**
[1930] 2550, 2552). Beim Erwärmen von 2-Diacetoxymethyl-5-nitro-furan mit Kalium=
dichromat und wss. Schwefelsäure (*Giller* [*Hillers*] *et al.*, Latvijas Akad. Vēstis **1959**
Nr. 3, S. 49; C. A. **1960** 6677). Beim Erhitzen von 5-Nitro-furan-2-carbonitril mit konz.
wss. Salzsäure (*Nenitzescu, Bucur*, Rev. Chim. Acad. roum. **1** [1956] Nr. 1, S. 155, 162).

Dipolmoment (ε; Bzl.): 4,091 D (*Nasarowa, Syrkin*, Izv. Akad. S.S.S.R. Otd. chim.
1949 35, 36; C. A. **1949** 4913).

Krystalle; F: 188° [korr.] (*Johnson et al.*, J. biol. Chem. **153** [1944] 37, 40), 186°
(*Gilman et al.*, Iowa Coll. J. **7** [1933] 429), 185,6—186,5° [korr.] (*Na., Sy.*, l. c. S. 38),
185—185,5° [korr.; aus W.] (*Freure, Johnson*, Am. Soc. **53** [1931] 1142, 1144). IR-
Spektrum (KBr; 2—22 μ): *Daasch*, Chem. and Ind. **1958** 1113. IR-Banden (KBr) im
Bereich von 6,5 μ bis 13,5 μ: *Cross et al.*, J. appl. Chem. **7** [1957] 562, 564. Absorptions-
spektrum einer Lösung in Wasser (220—420 nm; λ_{max}: 315 nm): *Paul et al.*, J. biol. Chem.
180 [1949] 345, 354; einer Lösung in Äthanol (210—375 nm; λ_{max}: 212 nm und 314 nm):
Andrisano, Pappalardo, R.A.L. [8] **15** [1953] 64, 69. Scheinbare Dissoziationskonstante
K_a' (Wasser; potentiometrisch ermittelt) bei Raumtemperatur: 8,7·10^{-3} (*Catlin*, Iowa
Coll. J. **10** [1935/36] 65). Polarographie: *Sasaki*, Pharm. Bl. **2** [1954] 104, 106; *Stradiņ*
et al., Doklady Akad. S.S.S.R. **129** [1959] 816; Pr. Acad. Sci. U.S.S.R. Chem. Sect.
124—129 [1959] 1077.

Beim Erhitzen des Natrium-Salzes mit Quecksilber(II)-chlorid in Wasser bis auf 160°
ist 5-Nitro-[2]furylquecksilber-chlorid erhalten worden (*Gilman, Wright*, Am. Soc. **55**
[1933] 3302, 3311).

5-Nitro-furan-2-carbonsäure-methylester $C_6H_5NO_5$, Formel VI (R = CH_3) (H 287).

B. Beim Behandeln von 5-Nitro-furan-2-carbonsäure mit Diazomethan in Äther
(*Beckett, Robinson*, J. med. pharm. Chem. **1** [1959] 135, 136). Beim Erwärmen von
2-Acetoxy-5-nitro-2,5-dihydro-furan-2-carbonsäure-methylester (F: 95,9°; über die Konstitution dieser Verbindung s. *Peštunowitsch et al.*, Latvijas Akad. Vēstis **1968** Nr. 10,
S. 69, 70; C. A. **70** [1969] 52882) mit Pyridin (*Freure, Johnson*, Am. Soc. **53** [1931]
1142, 1145).

Hellgelbe Krystalle (aus W.), F: 82° (*Be., Ro.*); farblose Krystalle (aus Me.), F: 81,6°
(*Fr., Jo.*). IR-Spektrum (KBr; 2—22 μ): *Daasch*, Chem. and Ind. **1958** 1113. UV-Spek=
trum (A.; 210—360 nm): *Andrisano, Pappalardo*, R.A.L. [8] **15** [1953] 64, 67. Absorptionsmaxima von Lösungen in Wasser: 305 nm (*Be., Ro.*, l. c. S. 139) bzw. 304 nm
(*Paul et al.*, J. biol. Chem. **180** [1949] 345, 352); von Lösungen in Äthanol: 213 nm und
295 nm (*An., Pa.*) bzw. 295,4 nm (*Manly, Amstutz*, J. org. Chem. **22** [1957] 323).

Beim Behandeln mit Natriummethylat in Methanol, Behandeln des Reaktionsgemisches mit Wasser und anschliessenden Ansäuern mit wss. Salzsäure sind Fumar=
säure-monomethylester und 4-Oxo-*trans*-pentendisäure-1-methylester erhalten worden
(*Irie, Kurosawa*, J. Fac. Sci. Hokkaido [III] **5** [1957] 1, 3). Reaktion mit dem Natrium-
Salz des Benzylmercaptans in Methanol und Pyridin unter Bildung von 2-Benzylmercapto-
5-nitro-2,5-dihydro-furan-2-carbonsäure-methylester (F: 172° [Hauptprodukt]) und
2-Benzylmercapto-5-nitro-2,5-dihydro-furan-2-carbonsäure (F: 147,5°): *Irie, Ku.*, l. c. S. 4.

5-Nitro-furan-2-carbonsäure-äthylester $C_7H_7NO_5$, Formel VI (R = C_2H_5) (H 288).

B. Aus 2-Acetoxy-5-nitro-2,5-dihydro-furan-2-carbonsäure-äthylester (F: 48—50°) mit
Hilfe von Pyridin (*Sasaki*, Bl. Inst. chem. Res. Kyoto **33** [1955] 39, 46).

F: 102—104° (*Raffauf*, Am. Soc. **72** [1950] 753), 99—101° (*Sa.*, Bl. Inst. chem. Res.
Kyoto **33** 46). IR-Banden (Nujol) im Bereich von 5,5 μ bis 14 μ: *Kimura*, J. pharm.
Soc. Japan **75** [1955] 1175, 1176; C. A. **1956** 8586. Absorptionsmaxima: 305 nm [W.]
(*Ra.*) bzw. 213 nm und 297 nm [A.] (*Andrisano, Pappalardo*, R.A.L. [8] **15** [1953] 64,
66). Polarographie: *Sasaki*, Pharm. Bl. **2** [1954] 104, 106; *Imoto et al.*, J. chem. Soc.
Japan Pure Chem. Sect. **77** [1956] 812, 813; C. A. **1958** 9066; *Stradiņ et al.*, Doklady
Akad. S.S.S.R. **129** [1959] 816; Pr. Acad. Sci. U.S.S.R. Chem. Sect. **124—129** [1959] 1077.

Geschwindigkeitskonstante der Hydrolyse in einer 0,1-normalen Lösung von Natrium=
hydroxid in 85%ig. wss. Äthanol bei 1° und 10°: *Imoto et al.*, J. chem. Soc. Japan Pure
Chem. Sect. **77** [1956] 809, 810; C. A. **1958** 9066.

V VI VII VIII

5-Nitro-furan-2-carbonsäure-[2-nitryloxy-äthylester] $C_7H_6N_2O_8$, Formel VI
($R = CH_2\text{-}CH_2\text{-}O\text{-}NO_2$).
B. Beim Behandeln von 2-Acetoxy-5-nitro-2,5-dihydro-furan-2-carbonsäure-[2-nitryl=
oxy-äthylester] (F: 125°) mit Pyridin (*Gilman, Yale*, Am. Soc. **72** [1950] 3593).
Krystalle (aus Me.) mit 1 Mol Methanol; F: 81—82°.

(±)-5-Nitro-furan-2-carbonsäure-[2-nitryloxy-propylester] $C_8H_8N_2O_8$, Formel VI
($R = CH_2\text{-}CH(O\text{-}NO_2)\text{-}CH_3$).
B. Beim Behandeln von Furan-2-carbonsäure mit (±)-Propylenoxid und Eisen(III)-
chlorid, Behandeln des gebildeten (±)-Furan-2-carbonsäure-[2-hydroxy-propylesters] mit
Salpetersäure und Acetanhydrid und Behandeln des danach isolierten Reaktionsprodukts
mit Pyridin (*Gilman, Yale*, Am. Soc. **72** [1950] 3593).
Krystalle (aus PAe.); F: 70—71°.

(±)-5-Nitro-furan-2-carbonsäure-[3-chlor-2-nitryloxy-propylester] $C_8H_7ClN_2O_8$,Formel
VI ($R = CH_2\text{-}CH(O\text{-}NO_2)\text{-}CH_2Cl$).
B. Beim Behandeln von (±)-Furan-2-carbonsäure-[3-chlor-2-hydroxy-propylester] mit
Salpetersäure und Acetanhydrid und Behandeln des Reaktionsprodukts mit Pyridin
(*Gilman, Yale*, Am. Soc. **72** [1950] 3593).
Krystalle (aus PAe.); F: 73—74°.

5-Nitro-furan-2-carbonsäure-[2-diäthylamino-äthylester] $C_{11}H_{16}N_2O_5$, Formel VI
($R = CH_2\text{-}CH_2\text{-}N(C_2H_5)_2$).
B. Beim Behandeln von 5-Nitro-furan-2-carbonylchlorid mit 2-Diäthylamino-äthanol
und Benzol (*Dann*, B. **76** [1943] 419, 428; *Nenitzescu, Bucur*, Rev. Chim. Acad. roum. **1**
[1956] 155, 162).
Gelbe Krystalle (aus PAe.); F: 61—61,5° (*Ne., Bu.*), 59—60° (*Dann*).
Hydrochlorid $C_{11}H_{16}N_2O_5 \cdot HCl$. Gelbliche Krystalle (aus A.); F: 157—159° [unkorr.;
Zers.; Block] (*Dann*).

5-Nitro-furan-2-carbonsäure-[4-amino-phenylester] $C_{11}H_8N_2O_5$, Formel VI
($R = C_6H_4\text{-}NH_2$).
Diese Konstitution kommt wahrscheinlich der nachstehend beschriebenen, ursprüng-
lich (*Takahashi et al.*, J. pharm. Soc. Japan **69** [1949] 286, 287; C. A. **1950** 5373) als
5-Nitro-furan-2-carbonsäure-[4-hydroxy-anilid] angesehenen Verbindung zu (*Fărcăşan,
Makkay*, Acad. Cluj Stud. Cerc. Chim. **8** [1957] 151, 152, 154; C. A. **1958** 16328).
B. Beim Behandeln einer Lösung von 5-Nitro-furan-2-carbonylchlorid in Äther mit
4-Amino-phenol-hydrochlorid und anschliessend mit Pyridin (*Ta. et al.*).
Orangefarbene Krystalle (aus A.); F: 143° (*Ta. et al.*).

5-Nitro-furan-2-carbonylchlorid $C_5H_2ClNO_4$, Formel VII (X = Cl) (H 288).
F: 38° (*Nenitzescu, Bucur*, Rev. Chim. Acad. roum. **1** [1956] 155, 162). Kp_{15}: 140°
(*Ne., Bu.*); Kp_4: 119—123° (*Gilman, Young*, Am. Soc. **56** [1934] 464).

5-Nitro-furan-2-carbonsäure-amid $C_5H_4N_2O_4$, Formel VII (X = NH_2) (H 288).
B. Beim Behandeln von 5-Nitro-furan-2-carbonylchlorid mit wss. Ammoniak (*Gilman,
Yale*, Am. Soc. **72** [1950] 3593; vgl. H 288). Beim Erhitzen von 5-Nitro-furan-2-carbo=
nitril mit Schwefelsäure enthaltender wss. Essigsäure (*Nenitzescu, Bucur*, Rev. Chim.
Acad. roum. **1** [1956] 155, 162).
Krystalle; F: 161,5—162° [aus W.] (*Ne., Bu.*), 161° [aus A.] (*Gi., Yale*). IR-Banden
(KBr) im Bereich von 6,5 µ bis 14 µ: *Cross et al.*, J. appl. Chem. **7** [1957] 562, 564.

UV-Spektrum (W.; 230—380 nm): *Paul et al.*, J. biol. Chem. **180** [1949] 345, 354. Polarographie: *Sasaki*, Pharm. Bl. **2** [1954] 104, 106.

5-Nitro-furan-2-carbonsäure-methylamid $C_6H_6N_2O_4$, Formel VII (X = NH-CH$_3$).
B. Beim Behandeln einer Lösung von 5-Nitro-furan-2-carbonylchlorid in Äther mit Methylamin in Wasser (*Gilman, Yale*, Am. Soc. **72** [1950] 3593).
Krystalle (aus A.); F: 202—203°.

5-Nitro-furan-2-carbonsäure-butylamid $C_9H_{12}N_2O_4$, Formel VII (X = NH-[CH$_2$]$_3$-CH$_3$).
B. Beim Erwärmen von 5-Nitro-furan-2-carbonylchlorid mit Butylamin und Benzol (*Gilman, Yale*, Am. Soc. **72** [1950] 3593).
Krystalle (aus PAe.); F: 89—90°.

5-Nitro-furan-2-carbonsäure-anilid $C_{11}H_8N_2O_4$, Formel VIII (X = H) (H 288).
Polarographie: *Sasaki*, Pharm. Bl. **2** [1954] 104, 107.

5-Nitro-furan-2-carbonsäure-[2-chlor-anilid] $C_{11}H_7ClN_2O_4$, Formel VIII (X = Cl).
B. Beim Behandeln von 5-Nitro-furan-2-carbonylchlorid mit 2-Chlor-anilin und Äther (*Fărcăşan, Makkay*, Acad. Cluj Stud. Cerc. Chim. **8** [1957] 363, 366; C. A. **1960** 4531).
Grünliche Krystalle (aus A.); F: 137°.

5-Nitro-furan-2-carbonsäure-[4-chlor-anilid] $C_{11}H_7ClN_2O_4$, Formel IX (X = Cl).
B. Beim Behandeln von 5-Nitro-furan-2-carbonylchlorid mit 4-Chlor-anilin, Äther und Pyridin (*Takahashi et al.*, J. pharm. Soc. Japan **69** [1949] 286, 287; C. A. **1950** 5373).
Orangefarbene Krystalle (aus A.); F: 181°.

5-Nitro-furan-2-carbonsäure-[2,4-dichlor-anilid] $C_{11}H_6Cl_2N_2O_4$, Formel X (X = Cl).
B. Beim Behandeln von 5-Nitro-furan-2-carbonylchlorid mit 2,4-Dichlor-anilin und Äther (*Fărcăşan, Makkay*, Acad. Cluj Stud. Cerc. Chim. **8** [1957] 151, 157; C. A. **1958** 16328). Beim Behandeln einer Suspension von 5-Nitro-furan-2-carbonsäure-anilid in Chloroform mit Chlor (*Fă., Ma.*).
Gelbe Krystalle (aus A.); F: 141—142°.

5-Nitro-furan-2-carbonsäure-[2,4,6-trichlor-anilid] $C_{11}H_5Cl_3N_2O_4$, Formel XI (X = Cl).
B. Beim Behandeln von 5-Nitro-furan-2-carbonylchlorid mit 2,4,6-Trichlor-anilin und Äther (*Fărcăşan, Makkay*, Acad. Cluj Stud. Cerc. Chim. **8** [1957] 363, 366; C. A. **1960** 4531).
Krystalle (aus wss. Acn.); F: 172°.

5-Nitro-furan-2-carbonsäure-[4-brom-anilid] $C_{11}H_7BrN_2O_4$, Formel IX (X = Br).
B. Beim Behandeln von 5-Nitro-furan-2-carbonylchlorid mit 4-Brom-anilin und Äther (*Fărcăşan, Makkay*, Acad. Cluj Stud. Cerc. Chim. **8** [1957] 151, 154; C. A. **1958** 16328).
Gelbe Krystalle (aus A.); F: 196°.

5-Nitro-furan-2-carbonsäure-[2,4,6-tribrom-anilid] $C_{11}H_5Br_3N_2O_4$, Formel XI (X = Br).
B. Beim Erhitzen von 5-Nitro-furan-2-carbonylchlorid mit 2,4,6-Tribrom-anilin (*Gilman, Young*, Am. Soc. **56** [1934] 464).
Krystalle (aus A.); F: 191—192°.

5-Nitro-furan-2-carbonsäure-[2-nitro-anilid] $C_{11}H_7N_3O_6$, Formel VIII (X = NO$_2$).
B. Beim Behandeln einer Lösung von 5-Nitro-furan-2-carbonylchlorid in Äther mit 2-Nitro-anilin und *N,N*-Dimethyl-anilin (*Fărcăşan, Makkay*, Acad. Cluj Stud. Cerc. Chim. **8** [1957] 363, 367; C. A. **1960** 4531).
Grüngelbe Krystalle (aus Eg.); F: 193—194°.

5-Nitro-furan-2-carbonsäure-[4-nitro-anilid] $C_{11}H_7N_3O_6$, Formel IX (X = NO$_2$).
B. Beim Behandeln von 5-Nitro-furan-2-carbonylchlorid mit 4-Nitro-anilin, Äther und Pyridin (*Takahashi et al.*, J. pharm. Soc. Japan **69** [1949] 286; C. A. **1950** 5373) oder mit 4-Nitro-anilin und Nitrobenzol (*Fărcăşan, Makkay*, Acad. Cluj Stud. Cerc. Chim. **8** [1957]

151, 155; C. A. **1958** 16 328).

Orangegelbe Krystalle [aus A.] (*Ta. et al.*); F: 255° (*Ta. et al.; Fă., Ma.*). Polarographie: *Sasaki*, Pharm. Bl. **2** [1954] 104, 107.

5-Nitro-furan-2-carbonsäure-[2,4-dinitro-anilid] $C_{11}H_6N_4O_8$, Formel X (X = NO_2).

B. Beim Erhitzen von 5-Nitro-furan-2-carbonylchlorid mit 2,4-Dinitro-anilin auf 140° (*Fărcăşan, Makkay*, Acad. Cluj Stud. Cerc. Chim. **8** [1957] 363, 367; C. A. **1960** 4531).

Gelbliche Krystalle (aus Acn. + W.); F: 175°.

IX   X   XI

5-Nitro-furan-2-carbonsäure-*p*-toluidid $C_{12}H_{10}N_2O_4$, Formel IX (X = CH_3) (H 288).

Polarographie: *Sasaki*, Pharm. Bl. **2** [1954] 104, 107.

5-Nitro-furan-2-carbonsäure-benzylamid $C_{12}H_{10}N_2O_4$, Formel VII (X = $NH\text{-}CH_2\text{-}C_6H_5$) auf S. 3994.

B. Beim Behandeln von 5-Nitro-furan-2-carbonylchlorid mit Benzylamin und Äther (*Fărcăşan, Makkay*, Acad. Cluj Stud. Cerc. Chim. **8** [1957] 151, 156; C. A. **1958** 16328).

Krystalle (aus wss. A.); F: 91°.

5-Nitro-furan-2-carbonsäure-biphenyl-2-ylamid $C_{17}H_{12}N_2O_4$, Formel VIII (X = C_6H_5) auf S. 3994.

B. Beim Erwärmen von 5-Nitro-furan-2-carbonylchlorid mit Biphenyl-2-ylamin und Pyridin (*Mamalis, Petrow*, Soc. **1950** 703, 705, 706).

Gelbe Krystalle (aus A. oder aus A. + PAe.); F: 134—135° [unkorr.].

5-Nitro-furan-2-carbonsäure-[2-hydroxy-anilid] $C_{11}H_8N_2O_5$, Formel VIII (X = OH) auf S. 3994.

B. Beim Erwärmen von 5-Nitro-furan-2-carbonylchlorid mit 2-Amino-phenol, Äther und Pyridin (*Takahashi et al*, J. pharm. Soc. Japan **69** [1949] 286, 287; C. A. **1950** 5373).

Hellgelbe Krystalle (aus A.); Zers. bei 250—253°.

5-Nitro-furan-2-carbonsäure-[4-hydroxy-anilid] $C_{11}H_8N_2O_5$, Formel IX (X = OH).

Eine von *Takahashi et al.* (J. pharm. Soc. Japan **69** [1949] 286, 287; C. A. **1950** 5373) unter dieser Konstitution beschriebene Verbindung (F: 143°) ist wahrscheinlich als 5-Nitro-furan-2-carbonsäure-[4-amino-phenylester] (S. 3994) zu formulieren (*Fărcăşan, Makkay*, Acad. Cluj Stud. Cerc. Chim. **8** [1957] 151, 152, 154; C. A. **1958** 16328).

B. Beim Behandeln einer Lösung von 4-Amino-phenol in Pyridin mit 5-Nitro-furan-2-carbonylchlorid in Äther (*Fă., Ma.*). Beim Erhitzen von 5-Nitro-furan-2-carbonsäure-[4-acetoxy-anilid] mit wss. Salzsäure (*Fă., Ma.*).

Orangegelbe Krystalle (aus A.); F: 267° (*Fă., Ma.*).

5-Nitro-furan-2-carbonsäure-*p*-anisidid $C_{12}H_{10}N_2O_5$, Formel IX (X = $O\text{-}CH_3$).

B. Beim Erwärmen von 5-Nitro-furan-2-carbonylchlorid mit *p*-Anisidin, Äther und Pyridin (*Takahashi et al.*, J. pharm. Soc. Japan **69** [1949] 286, 287; C. A. **1950** 5373).

Orangefarbene Krystalle (aus A.); F: 185° (*Fărcăşan, Makkay*, Acad. Cluj Stud. Cerc. Chim. **8** [1957] 151, 155; C. A. **1958** 16328), 183° (*Ta. et al.*).

5-Nitro-furan-2-carbonsäure-[4-acetoxy-anilid] $C_{13}H_{10}N_2O_6$, Formel IX (X = $O\text{-}CO\text{-}CH_3$).

B. Beim Erwärmen von 5-Nitro-furan-2-carbonylchlorid mit 4-Acetoxy-anilin in Äther (*Fărcăşan, Makkay*, Acad. Cluj Stud. Cerc. Chim. **8** [1957] 151, 154; C. A. **1958** 16328).

Grüngelbe Krystalle (aus A.); F: 213—214°.

5-Nitro-furan-2-carbonsäure-[4-(4-nitro-phenylmercapto)-anilid] $C_{17}H_{11}N_3O_6S$, Formel IX (X = $S\text{-}C_6H_4\text{-}NO_2$).

B. Beim Behandeln von 5-Nitro-furan-2-carbonylchlorid mit 4-[4-Nitro-phenyl=

mercapto]-anilin, Äther und Pyridin (*Takahashi et al.*, J. pharm. Soc. Japan **69** [1949] 286, 287; C. A. **1950** 5373).

Krystalle (aus A.); Zers. bei 186—188°.

5-Nitro-furan-2-carbonsäure-[4-thiocyanato-anilid] $C_{12}H_7N_3O_4S$, Formel IX (X = SCN).

B. Beim Behandeln einer Lösung von 5-Nitro-furan-2-carbonylchlorid in Äther mit 4-Thiocyanato-anilin (*Fărcăşan, Makkay*, Acad. Cluj Stud. Cerc. Chim. **8** [1957] 151, 155; C. A. **1958** 16328).

Gelbbraun; amorph; F: 156° [aus Eg.].

(±)-5-Nitro-furan-2-carbonsäure-[2,2,2-trichlor-1-hydroxy-äthylamid] $C_7H_5Cl_3N_2O_5$, Formel XII (X = OH).

B. Beim Erhitzen von 5-Nitro-furan-2-carbonsäure-amid mit Chloral (*Willard, Hamilton*, Am. Soc. **75** [1953] 2370, 2372).

Hellgelbe Krystalle (aus A.); F: 153,5—154,5° (*Wi., Ha.*, l. c. S. 2371).

(±)-5-Nitro-furan-2-carbonsäure-[2,2,2-trichlor-1-methoxy-äthylamid] $C_8H_7Cl_3N_2O_5$, Formel XII (X = O-CH₃).

B. Beim Erwärmen von (±)-5-Nitro-furan-2-carbonsäure-[2,2,2-trichlor-1-hydroxy-äthylamid] mit Phosphor(V)-chlorid und Erwärmen des Reaktionsprodukts mit Methanol (*Willard, Hamilton*, Am Soc. **75** [1953] 2370, 2373).

Hellgelbe Krystalle (aus E. + PAe.); F: 103—104° (*Wi., Ha.*, l. c. S. 2371).

(±)-5-Nitro-furan-2-carbonsäure-[1-anilino-2,2,2-trichlor-äthylamid], (±)-2,2,2-Trichlor-N-[5-nitro-furan-2-carbonyl]-N′-phenyl-äthylidendiamin $C_{13}H_{10}Cl_3N_3O_4$, Formel XII (X = NH-C₆H₅).

B. Beim Erwärmen von (±)-5-Nitro-furan-2-carbonsäure-[2,2,2-trichlor-1-hydroxy-äthylamid] mit Phosphor(V)-chlorid und Behandeln einer Lösung des Reaktionsprodukts in Aceton mit Anilin (*Willard, Hamilton*, Am. Soc. **75** [1953] 2370, 2373).

Gelborangefarbene Krystalle (aus Eg.); F: 195—196° [im vorgeheizten Bad].

(±)-5-Nitro-furan-2-carbonsäure-[1-benzylamino-2,2,2-trichlor-äthylamid], (±)-N-Benzyl-2,2,2-trichlor-N′-[5-nitro-furan-2-carbonyl]-äthylidendiamin $C_{14}H_{12}Cl_3N_3O_4$, Formel XII (X = NH-CH₂-C₆H₅).

B. Beim Erwärmen von (±)-5-Nitro-furan-2-carbonsäure-[2,2,2-trichlor-1-hydroxy-äthylamid] mit Phosphor(V)-chlorid und Behandeln einer Lösung des Reaktionsprodukts in Äther mit Benzylamin (*Willard, Hamilton*, Am. Soc. **75** [1953] 2370, 2373).

Hellgelbe Krystalle (aus E. + PAe.); F: 169—171° (*Wi., Ha.*, l. c. S. 2372).

Acetyl-[5-nitro-furan-2-carbonyl]-amin, 5-Nitro-furan-2-carbonsäure-acetylamid $C_7H_6N_2O_5$, Formel XIII (X = CO-CH₃).

B. Beim Erhitzen von 5-Nitro-furfural-oxim (Stereoisomeren-Gemisch; aus Furfural-(Z)-oxim hergestellt) mit Acetanhydrid auf 140° (*Nenitzescu, Bucur*, Rev. Chim. Acad. roum. **1** [1956] 155, 161).

Gelbliche Krystalle (aus A.); F: 172,5—173,5°.

N-[5-Nitro-furan-2-carbonyl]-N′-phenyl-harnstoff $C_{12}H_9N_3O_5$, Formel XIII (X = CO-NH-C₆H₅).

B. Beim Erhitzen von 5-Nitro-furan-2-carbonsäure-amid mit Phenylisocyanat (*Willard, Hamilton*, Am. Soc. **75** [1953] 2270).

Gelbe Krystalle (aus Eg.); F: 249—251°.

XII   XIII   XIV

4-[5-Nitro-furan-2-carbonylamino]-benzoesäure $C_{12}H_8N_2O_6$, Formel XIV (X = COOH).

B. Beim Behandeln von 5-Nitro-furan-2-carbonylchlorid mit 4-Amino-benzoesäure in Äther (*Fărcăşan, Makkay*, Acad. Cluj Stud. Cerc. Chim. **8** [1957] 151, 155; C. A. **1958**

16328).

Krystalle (aus Me.), die unterhalb 250° nicht schmelzen.

**5-Nitro-furan-2-carbonsäure-[4-sulfamoyl-anilid], *N*-[5-Nitro-furan-2-carbonyl]-sulfanil=
säure-amid** $C_{11}H_9N_3O_6S$, Formel XIV (X = SO_2-NH_2).

B. Beim Behandeln von 5-Nitro-furan-2-carbonylchlorid mit Sulfanilamid, Äther und
Pyridin (*Takahashi et al.*, J. pharm. Soc. Japan **69** [1949] 286, 287; C. A. **1950** 5373).

Hellgelbe Krystalle (aus A.); Zers. bei 288—292°.

**5-Nitro-furan-2-carbonsäure-[4-acetylsulfamoyl-anilid], *N*-[5-Nitro-furan-2-carbonyl]-
sulfanilsäure-acetylamid** $C_{13}H_{11}N_3O_7S$, Formel XIV (X = SO_2-NH-CO-CH_3).

B Beim Behandeln von 5-Nitro-furan-2-carbonylchlorid mit Acetyl-sulfanilyl-amin,
Äther und Pyridin (*Takahashi et al.*, J. pharm. Soc. Japan **69** [1949] 286, 287; C. A. **1950**
5373).

Hellgelbe Krystalle (aus A.); Zers. bei 286°.

**5-Nitro-furan-2-carbonsäure-[4-anilino-anilid], *N*-[5-Nitro-furan-2-carbonyl]-*N'*-phenyl-
p-phenylendiamin** $C_{17}H_{13}N_3O_4$, Formel XIV (X = NH-C_6H_5).

B. Beim Behandeln von *N*-Phenyl-*p*-phenylendiamin mit 5-Nitro-furan-2-carbonyl=
chlorid in Benzol (*Fărcăşan, Makkay*, Acad. Cluj Stud. Cerc. Chim. **8** [1957] 151, 156;
C. A. **1958** 16328).

Rotbraune Krystalle (aus A.); F: 183°.

***N*-Acetyl-*N'*-[5-nitro-furan-2-carbonyl]-*p*-phenylendiamin, 5-Nitro-furan-2-carbonsäure-
[4-acetylamino-anilid]** $C_{13}H_{11}N_3O_5$, Formel XIV (X = NH-CO-CH_3).

B. Beim Behandeln einer Lösung von 5-Nitro-furan-2-carbonylchlorid in Äther mit
N-Acetyl-*p*-phenylendiamin (*Fărcăşan, Makkay*, Acad. Cluj Stud. Cerc. Chim. **8** [1957]
151, 155; C. A. **1958** 16328).

Orangegelb; amorph; unterhalb 300° nicht schmelzend.

***N,N'*-Bis-[5-nitro-furan-2-carbonyl]-*p*-phenylendiamin** $C_{16}H_{10}N_4O_8$, Formel I.

B. Beim Behandeln von 5-Nitro-furan-2-carbonylchlorid mit *p*-Phenylendiamin in
Äther (*Fărcăşan, Makkay*, Acad. Cluj Stud. Cerc. Chim. **8** [1957] 151, 155; C. A. **1958**
16328).

Braun; amorph; unterhalb 300° nicht schmelzend.

**4'-Äthoxycarbonylamino-2-[5-nitro-furan-2-carbonylamino]-biphenyl, [2'-(5-Nitro-
furan-2-carbonylamino)-biphenyl-4-yl]-carbamidsäure-äthylester** $C_{20}H_{17}N_3O_6$, Formel II
(X = H).

B. Beim Erwärmen von 5-Nitro-furan-2-carbonylchlorid mit [2'-Amino-biphenyl-
4-yl]-carbamidsäure-äthylester und Pyridin (*Mamalis, Petrow*, Soc. **1950** 703, 705).

Krystalle (aus 2-Äthoxy-äthanol); F: 179—180° [unkorr.] (*Ma., Pe.*, l. c. S. 706).

I   II

**4,4'-Bis-äthoxycarbonylamino-2-[5-nitro-furan-2-carbonylamino]-biphenyl,
N,N'-[2-(5-Nitro-furan-2-carbonylamino)-biphenyl-4,4'-diyl]-bis-carbamidsäure-diäthyl=
ester** $C_{23}H_{22}N_4O_8$, Formel II (X = NH-CO-O-C_2H_5).

B. Beim Erwärmen von 5-Nitro-furan-2-carbonylchlorid mit *N,N'*-[2-Amino-biphenyl-
4,4'-diyl]-bis-carbamidsäure-diäthylester und Pyridin (*Walls, Whittaker*, Soc. **1950** 41, 45).

Gelbbraune Krystalle (aus Eg.); F: 223—225°.

N,N'-Bis-[5-nitro-furan-2-carbonyl]-benzidin $C_{22}H_{14}N_4O_8$, Formel III.

B. Beim Behandeln von 5-Nitro-furan-2-carbonylchlorid mit Benzidin in Äther (*Fărcăşan, Makkay*, Acad. Cluj Stud. Cerc. Chim. **8** [1957] 151, 155; C. A. **1958** 16328).
Krystalle (aus Nitrobenzol), die unterhalb 250° nicht schmelzen.

III   IV

5-Nitro-furan-2-carbonitril $C_5H_2N_2O_3$, Formel IV.

B. Beim Erhitzen von 5-Nitro-furfural-(*Z*)-oxim mit Natriumacetat und Acetanhydrid (*Raffauf*, Am. Soc. **68** [1946] 1765; s. a. *Nenitzescu, Bucur*, Rev. Chim. Acad. roum. **1** [1956] 155, 161).
Krystalle; F: 65° [aus A. oder aus W.] (*Ne., Bu.*), 63—65° [aus wss. Me.] (*Ra.*).
Absorptionsmaximum (W.): 297 nm (*Paul et al.*, J. biol. Chem. **180** [1949] 345, 352).
Polarographie: *Sasaki*, Pharm. Bl. **2** [1954] 104, 106.

5-Nitro-furan-2-carbonsäure-hydroxyamid, 5-Nitro-furan-2-carbohydroxamsäure
$C_5H_4N_2O_5$, Formel V (X = OH).

B. Beim Erwärmen von 5-Nitro-furan-2-carbonylchlorid mit Äther, Hydroxylamin und Methanol (*Gilman, Yale*, Am. Soc. **72** [1950] 3593).
F: 169° [Zers.].

O-Methyl-N-[5-nitro-furan-2-carbonyl]-hydroxylamin, 5-Nitro-furan-2-carbonsäure-methoxyamid, *O*-Methyl-5-nitro-furan-2-carbohydroxamsäure $C_6H_6N_2O_5$,
Formel V (X = O-CH₃).

B. Neben *O*-Methyl-*N,N*-bis-[5-nitro-furan-2-carbonyl]-hydroxylamin beim Behandeln einer Lösung von 5-Nitro-furan-2-carbonylchlorid in Äther mit *O*-Methyl-hydroxylamin (*Gilman, Yale*, Am. Soc. **72** [1950] 3593).
Krystalle (aus Acn.); F: 151—152°.

O-Methyl-N,N-bis-[5-nitro-furan-2-carbonyl]-hydroxylamin $C_{11}H_7N_3O_9$, Formel VI.

B. s. im vorangehenden Artikel.
Krystalle (aus Me.); F: 105,6—106° (*Gilman, Yale*, Am. Soc. **72** [1950] 3593).

5-Nitro-furan-2-carbonsäure-hydrazid $C_5H_5N_3O_4$, Formel V (X = NH₂).

B. Beim Erwärmen von 5-Nitro-furan-2-carbonsäure-methylester oder von 5-Nitro-furan-2-carbonsäure-äthylester mit Hydrazin-hydrat und Äthanol (*Yale et al.*, Am. Soc. **75** [1953] 1933, 1938). Neben kleinen Mengen *N,N'*-Bis-[5-nitro-furan-2-carbonyl]-hydrazin beim Behandeln einer Lösung von 5-Nitro-furan-2-carbonsäure-methylester in Äthanol mit Hydrazin-hydrat (*Amorosa, Lipparini*, Ann. Chimica **45** [1955] 724, 726).
Krystalle; F: 173—174° [aus Me.] (*Meltzer et al.*, J. Am. Pharm. Assoc. **42** [1953] 594, 597, 598), 170—171° [aus A.] (*Yale et al.*, l. c. S. 1934), 169—171° [Zers.; aus A.] (*Am., Li.*), 169—170° [aus A.] (*Sasaki*, Pharm. Bl. **2** [1954] 95, 97).
Hydrochlorid. Krystalle (aus A.); F: 186° [Zers.] (*Sa.*).

5-Nitro-furan-2-carbonsäure-isopropylidenhydrazid, Aceton-[5-nitro-furan-2-carbonyl=hydrazon] $C_8H_9N_3O_4$, Formel V (X = N=C(CH₃)₂).

B. Aus 5-Nitro-furan-2-carbonsäure-hydrazid und Aceton (*Sasaki*, Pharm. Bl. **2** [1954] 95, 97; *Amorosa, Lipparini*, Ann. Chimica **45** [1955] 724, 726).
Gelbe Krystalle; F: 185—188° [aus A.] (*Am., Li.*), 185—186° [Zers.; aus Bzl.] (*Sa.*).

5-Nitro-furan-2-carbonsäure-*trans*(?)-cinnamylidenhydrazid, *trans*(?)-Zimtaldehyd-[5-nitro-furan-2-carbonylhydrazon] $C_{14}H_{11}N_3O_4$, vermutlich Formel VII.

B. Beim Erwärmen von *trans*(?)-Zimtaldehyd mit 5-Nitro-furan-2-carbonsäure-hydrazid in Äthanol (*Amorosa, Lipparini*, Ann. Chimica **45** [1955] 724, 727).
Orangegelbe Krystalle (aus A.); F: 233—238° [Zers.].

V   VI   VII

5-Nitro-furan-2-carbonsäure-salicylidenhydrazid, Salicylaldehyd-[5-nitro-furan-2-carbonylhydrazon] $C_{12}H_9N_3O_5$, Formel VIII.
B. Beim Erwärmen von Salicylaldehyd mit 5-Nitro-furan-2-carbonsäure-hydrazid in Äthanol (*Amorosa, Lipparini*, Ann. Chimica **45** [1955] 724, 726).
Hellgelbe Krystalle (aus A.); F: 223—224°.

N-Acetyl-N'-[5-nitro-furan-2-carbonyl]-hydrazin, 5-Nitro-furan-2-carbonsäure-[N'-acetyl-hydrazid] $C_7H_7N_3O_5$, Formel V (X = NH-CO-CH$_3$).
B. Beim Erwärmen von 5-Nitro-furan-2-carbonsäure-hydrazid mit Acetanhydrid (*Sasaki*, Pharm. Bl. **2** [1954] 95, 97).
Krystalle (aus A.); F: 189,5°.

N-Benzoyl-N'-[5-nitro-furan-2-carbonyl]-hydrazin, 5-Nitro-furan-2-carbonsäure-[N'-benzoyl-hydrazid] $C_{12}H_9N_3O_5$, Formel V (X = NH-CO-C$_6$H$_5$).
B. Beim Behandeln von 5-Nitro-furan-2-carbonsäure-hydrazid mit Benzoylchlorid und wss. Alkalilauge (*Sasaki*, Pharm. Bl. **2** [1954] 95, 97).
Krystalle (aus Eg.); F: 206° [Zers.].

VIII   IX

N-[4-Acetylamino-benzoyl]-N'-[5-nitro-furan-2-carbonyl]-hydrazin $C_{14}H_{12}N_4O_6$, Formel IX.
B. Beim Erwärmen von 4-Acetylamino-benzoylchlorid mit 5-Nitro-furan-2-carbonsäure-hydrazid in Acetonitril (*Hu, Liu*, Acta pharm. sinica **7** [1959] 109, 114; C. A. **1960** 759).
Krystalle (aus wss. A.); F: 267—269°.

5-Nitro-furan-2-carbonsäure-furfurylidenhydrazid, Furfural-[5-nitro-furan-2-carbonylhydrazon] $C_{10}H_7N_3O_5$, Formel X (X = H).
B. Beim Erwärmen von Furfural mit 5-Nitro-furan-2-carbonsäure-hydrazid in Äthanol (*Amorosa, Lipparini*, Ann. Chimica **45** [1955] 724, 727).
Goldgelbe Krystalle (aus A.); F: 215—217°.

5-Nitro-furan-2-carbonsäure-[5-nitro-furfurylidenhydrazid], 5-Nitro-furfural-[5-nitro-furan-2-carbonylhydrazon] $C_{10}H_6N_4O_7$, Formel X (X = NO$_2$).
B. Beim Erwärmen von 5-Nitro-furfural mit 5-Nitro-furan-2-carbonsäure-hydrazid in Äthanol (*Amorosa, Davalli*, Farmaco Ed. scient. **11** [1956] 21, 26).
Gelbe Krystalle (aus A.); F: 229—231° [Zers.].

X   XI

5-Nitro-furan-2-carbonsäure-[3t(?)-(5-nitro-[2]furyl)-allylidenhydrazid],
3t(?)-[5-Nitro-[2]furyl]-acrylaldehyd-[5-nitro-furan-2-carbonylhydrazon] $C_{12}H_8N_4O_7$,
vermutlich Formel XI.

B. Aus 3t(?)-[5-Nitro-[2]furyl]-acrylaldehyd (E III/IV **17** 4700) und 5-Nitro-furan-2-carbonsäure-hydrazid (*Giller* [*Hillers*], Trudy Sovešč. Vopr. Ispolz. Pentozan. Syrja Riga 1955 S. 451, 474; C. A. **1959** 16388).

F: 241° (*Gi.*, l. c. S. 472d; *Štradyn' et al.*, Latvijas Akad. Vēstis **1958** Nr. 1, S. 113, 116; C. A. **1958** 14287). Absorptionsspektrum (260—450 nm): *Eǐduš, Muzenieze,* Latvijas Akad. Vēstis **1961** Nr. 11, S. 65, 72 Abb. 12; C. A. **56** [1962] 13680; s. a. *Gi.*, l. c. S. 472e. Löslichkeit in Wasser bei 18°: 14,2 mg/l (*Št. et al.*).

N,N'-Bis-[5-nitro-furan-2-carbonyl]-hydrazin $C_{10}H_6N_4O_8$, Formel XII.

B. Beim Behandeln einer wss. Lösung von 5-Nitro-furan-2-carbonsäure-hydrazid mit Natriumnitrit und wss. Essigsäure (*Amorosa, Lipparini,* Ann. Chimica **46** [1956] 343, 346). Beim Behandeln von 5-Nitro-furan-2-carbonylchlorid mit Pyridin und Erwärmen des Reaktionsprodukts mit 5-Nitro-furan-2-carbonsäure-hydrazid (*Sasaki,* Pharm. Bl. **2** [1954] 95, 97).

Krystalle (aus wss. A.); F: 236° [Zers.] (*Sa.*), 234—236° (*Am., Li.*).

XII   XIII   XIV

5-Nitro-furan-2-carbonsäure-[methyl-nitro-amid] $C_6H_5N_3O_6$, Formel XIII.

B. Beim Behandeln von 5-Nitro-furan-2-carbonsäure-methylamid mit Salpetersäure und wenig Harnstoff (*Gilman, Yale,* Am. Soc. **72** [1950] 3593).

F: 89—90°.

5-Nitro-furan-2-carbonylazid $C_5H_2N_4O_4$, Formel XIV.

B. Beim Behandeln von 5-Nitro-furan-2-carbonsäure-hydrazid mit wss. Salzsäure und mit wss. Natriumnitrit-Lösung (*Amorosa, Lipparini,* Ann. Chimica **46** [1956] 343, 345).

Krystalle (aus Ae. + PAe.); F: 66,5—67,5° [Zers.].

Beim Erhitzen der Schmelze erfolgt explosionsartige Zersetzung.

4-Chlor-5-nitro-furan-2-carbonsäure $C_5H_2ClNO_5$, Formel I (X = Cl).

Diese Konstitution ist der früher (s. H **18** 288) als 3-Chlor-5-nitro-furan-2-carb=onsäure (,,3-Chlor-5-nitro-brenzschleimsäure''; $C_5H_2ClNO_5$) angesehenen Verbindung (F: 140—141°) auf Grund ihrer genetischen Beziehung zu 4-Chlor-furan-2-carbonsäure (S. 3977) zuzuordnen.

4-Brom-5-nitro-furan-2-carbonsäure $C_5H_2BrNO_5$, Formel I (X = Br).

Diese Konstitution kommt auch der früher (s. H **18** 288) als 3-Brom-5-nitro-furan-2-carbonsäure (,,3-Brom-5-nitro-brenzschleimsäure''; $C_5H_2BrNO_5$) angesehenen Verbindung (F: 159—160°) zu (*Tarašowa, Gol'dfarb,* Izv. Akad. S.S.S.R. Ser. chim. **1965** 2013, 2015; engl. Ausg. S. 1978, 1979).

B. Beim Behandeln von 4-Brom-furan-2-carbonsäure mit Salpetersäure und Acet=anhydrid (*Ta., Go.,* l. c. S. 2016). Beim Erwärmen von 4-Brom-5-nitro-furan-2-carb=aldehyd mit Essigsäure und wss. Wasserstoffperoxid (*Ta., Go.*).

Krystalle (aus W.); F: 160—161° (*Ta., Go.,* l. c. S. 2017).

Furan-2-thiocarbonsäure $C_5H_4O_2S$, Formel II (R = H) und Formel III (X = OH).

B. Neben kleinen Mengen Bis-[furan-2-carbonyl]-disulfan (S. 4003) beim Behandeln von Furan-2-carbonylchlorid mit wss. Natriumhydrogensulfid-Lösung (*Patton,* Am. Soc. **71** [1949] 3571).

Gelbes Öl. F: −9°. Kp_{16}: 101—103°. n_D^{24}: 1,589.

Über ein Natrium-Salz (gelb) und ein Kupfer(II)-Salz (grüngelb) s. *Pa.*

Furan-2-thiocarbonsäure-S-phenylester $C_{11}H_8O_2S$, Formel IV (R = H).

B. Beim Behandeln von Thiophenol mit Furan-2-carbonylchlorid und wss. Natron=
lauge (*Sumrell et al.*, Am. Soc. **81** [1959] 4313) oder mit Furan-2-carbonylchlorid und
Pyridin (*Miyaki, Yamagishi*, J. pharm. Soc. Japan **76** [1956] 1196, 1198; C. A. **1957** 3490).
Hellgelbe Krystalle (*Mi., Ya.*). F: 51—53° [aus A.] (*Mi., Ya.*), 50—53° (*Su. et al.*).

I   II   III   IV

Furan-2-thiocarbonsäure-S-[4-chlor-phenylester] $C_{11}H_7ClO_2S$, Formel IV (R = Cl).

B. Beim Erwärmen von 4-Chlor-thiophenol mit Furan-2-carbonylchlorid in Benzol
(*Sumrell et al.*, Am. Soc. **81** [1959] 4313).
Krystalle; F: 106—107° [unkorr.].

Furan-2-thiocarbonsäure-S-pentachlorphenylester $C_{11}H_3Cl_5O_2S$, Formel V.

B. Beim Erhitzen von Furan-2-carbonylchlorid mit Pentachlorthiophenol und Pyridin
(*Sumrell et al.*, Am. Soc. **81** [1959] 4313).
Krystalle (aus A.); F: 156—158° [unkorr.].

Furan-2-thiocarbonsäure-S-p-tolylester $C_{12}H_{10}O_2S$, Formel IV (R = CH_3).

B. Beim Behandeln von Furan-2-carbonylchlorid mit *p*-Thiokresol und Pyridin
(*Miyaki, Yamagishi*, J. pharm. Soc. Japan **76** [1956] 1196, 1198; C. A. **1957** 3490).
Krystalle (aus wss. A.); F: 78—79°.

**Dimethylthiocarbamoyl-[furan-2-carbonyl]-sulfan, Dimethyldithiocarbamidsäure-[furan-
2-carbonsäure]-anhydrid** $C_8H_9NO_2S_2$, Formel II (R = CS-N(CH_3)_2).

B. Beim Behandeln einer Lösung von Natrium-dimethyldithiocarbamat in Dimethyl=
formamid mit Furan-2-carbonylchlorid (*Rohm & Haas Co.*, U.S.P. 2846350 [1956]).
Gelb; F: 68—69°.

**Diisopropylthiocarbamoyl-[furan-2-carbonyl]-sulfan, Diisopropyldithiocarbamidsäure-
[furan-2-carbonsäure]-anhydrid** $C_{12}H_{17}NO_2S_2$, Formel II (R = CS-N[CH(CH_3)_2]_2).

B. Beim Behandeln von Furan-2-carbonylchlorid mit Natrium-diisopropyldithiocarb=
amat in Aceton (*Rohm & Haas Co.*, U.S.P. 2846350 [1956]).
Krystalle (aus PAe.); F: 73—75°.

V   VI

**N,N'-Bis-[furan-2-carbonylmercaptothiocarbonyl]-äthylendiamin, [N,N'-Äthandiyl-bis-
dithiocarbamidsäure]-[furan-2-carbonsäure]-dianhydrid** $C_{14}H_{12}N_2O_4S_4$, Formel VI.

B. Beim Behandeln von Furan-2-carbonylchlorid mit dem Natrium-Salz der N,N'-Äth=
andiyl-bis-dithiocarbamidsäure in Aceton (*Rohm & Haas Co.*, U.S.P. 2846350 [1956]).
F: 114—116°.

Furan-2-thiocarbonsäure-S-[3]thienylester $C_9H_6O_2S_2$, Formel VII.

B. Beim Erwärmen von Furan-2-carbonylchlorid mit Thiophen-3-thiol, Pyridin und
Benzol (*Brooks et al.*, Am. Soc. **72** [1950] 1289).
Krystalle (aus Cyclohexan); F: 51—52°.

Furan-2-thiocarbonsäure-S-[2]thienylmethylester $C_{10}H_8O_2S_2$, Formel VIII.

B. Beim Behandeln von Furan-2-carbonylchlorid oder von Furan-2-carbonsäure-
anhydrid mit [2]Thienyl-methanthiol und Pyridin (*Kipnis et al.*, Am. Soc. **71** [1949]

3570).

Krystalle (aus wss. Me.); F: 55°.

VII   VIII   IX

Bis-[furan-2-carbonyl]-disulfan $C_{10}H_6O_4S_2$, Formel IX.

B. Beim Behandeln einer Lösung von Furan-2-carbonylchlorid in Äther mit Natrium= disulfid in Äthanol (*Frank et al.*, J. Polymer Sci. **3** [1948] 58, 63). Aus Furan-2-thio= carbonsäure beim Aufbewahren an der Luft (*Patton*, Am. Soc. **71** [1949] 3571).

Krystalle; F: 107—108° [aus Acn. + W.] (*Pa.*), 106—107° [aus Acn.] (*Fr. et al.*, l. c. S. 61, 63).

Furan-2-thiocarbonsäure-amid, Furan-2-thiocarbamid C_5H_5NOS, Formel III (X = NH_2). (H 289).

B. Beim Erhitzen von Furan-2-carbonsäure-amid mit Phosphor(V)-sulfid und Pyridin (*Hahn et al.*, Croat. chem. Acta **29** [1957] 319, 322). Beim Erhitzen des Ammonium-Salzes der Furan-2-dithiocarbonsäure mit wss. Ammoniak unter 70 at auf 128° (*Am. Cyanamid Co.*, U.S.P. 2723969 [1953]).

Hellgelbe Krystalle (*Hahn et al.*); F: 131,5—132,5° [unkorr.; Fisher-Johns-App.; aus W.] (*Meltzer et al.*, Am. Soc. **77** [1955] 4062, 4064), 130—131° [unkorr.; aus Bzl. + A.] (*Hahn et al.*, l. c. S. 322), 124—127° [aus W.] (*Am. Cyanamid Co.*). Kp_{15}: 160—162° (*Hahn et al.*).

Bei 3-tägigem Behandeln mit Jod in Äthanol ist Di-[2]furyl-[1,2,4]thiadiazol erhalten worden (*Me. et al.*, l. c. S. 4066).

Furan-2-thiocarbonsäure-methylamid, N-Methyl-furan-2-thiocarbamid C_6H_7NOS, Formel III (X = NH-CH_3).

B. Beim Behandeln von *N*-Methyl-furan-2-carbamid mit Phosphor(V)-sulfid und Pyridin (*Hahn et al.*, Croat. chem. Acta **29** [1957] 319, 322) oder mit Phosphor(V)-sulfid und Toluol (*Meltzer et al.*, Am. Soc. **77** [1955] 4062, 4063). Beim Behandeln des Ammonium-Salzes der Furan-2-dithiocarbonsäure mit Methylamin in Wasser (*Am. Cyan-amid Co.*, U.S.P. 2875202 [1955]).

Hellgelbe Krystalle (*Hahn et al.*); F: 71,5—72,5° [aus Hexan] (*Warner-Lambert Pharm. Co.*, U.S.P. 2833774 [1956]), 71—71,5° [aus PAe.] (*Me. et al.*), 70—71° [aus Bzl. + PAe.] (*Hahn et al.*). IR-Spektrum im Bereich von 6 μ bis 15 μ (Mineralöl oder Hexachlor-buta-1,3-dien [6—15 μ] sowie CCl_4 [6—7,5 μ]): *Hadži*, Soc. **1957** 847, 848.

Beim Erwärmen mit Methyljodid ist *N*-Methyl-furan-2-thiocarbimidsäure-methylester-hydrojodid (S. 4006) erhalten worden (*Me. et al.*, l. c. S. 4063, 4065).

Furan-2-thiocarbonsäure-[N-deuterio-methylamid] C_6H_6DNOS, Formel III (X = ND-CH_3).

B. Beim Behandeln einer Lösung von *N*-Methyl-furan-2-thiocarbamid in Dioxan mit Deuteriumoxid (*Hadži*, Soc. **1957** 847, 851).

IR-Spektrum (Mineralöl oder Hexachlor-buta-1,3-dien; 6—15 μ): *Ha.*, l. c. S. 848.

Furan-2-thiocarbonsäure-dimethylamid, N,N-Dimethyl-furan-2-thiocarbamid C_7H_9NOS, Formel III (X = $N(CH_3)_2$).

B. Beim Erhitzen von Furfural mit Schwefel und Pyridin unter Einleiten von Di= methylamin (*Meltzer et al.*, Am. Soc. **77** [1955] 4062, 4063, 4065). Beim Erhitzen von *N,N*-Dimethyl-furan-2-carbamid mit Phosphor(V)-sulfid in Xylol (*Me. et al.*).

Krystalle (aus PAe.); F: 34,5—35° [Fisher-Johns-App.].

Furan-2-thiocarbonsäure-äthylamid, N-Äthyl-furan-2-thiocarbamid C_7H_9NOS, Formel III (X = NH-C_2H_5).

B. Beim Erhitzen von *N*-Äthyl-furan-2-carbamid mit Phosphor(V)-sulfid und Pyridin (*Hahn et al.*, Croat. chem. Acta **29** [1957] 319, 322).

Gelbes Öl. Kp_{11}: 148—150°. D_{25}^{25}: 1,1629. n_D^{25}: 1,6236.

Furan-2-thiocarbonsäure-diäthylamid, N,N-Diäthyl-furan-2-thiocarbamid $C_9H_{13}NOS$, Formel X (X = $N(C_2H_5)_2$).

B. Beim Erhitzen von *N,N*-Diäthyl-furan-2-carbamid mit Phosphor(V)-sulfid und Pyridin (*Hahn et al.*, Croat. chem. Acta **29** [1957] 319, 324).

Gelbes Öl. Kp_5: 143–144°. D_{25}^{25}: 1,1025. n_D^{25}: 1,5960.

Furan-2-thiocarbonsäure-isopropylamid, N-Isopropyl-furan-2-thiocarbamid $C_8H_{11}NOS$, Formel X (X = $NH\text{-}CH(CH_3)_2$).

B. Beim Behandeln des Ammonium-Salzes der Furan-2-dithiocarbonsäure mit Iso≈ propylamin in Wasser (*Am. Cyanamid Co.*, U.S.P. 2875202 [1955]).

Krystalle (aus wss. A.); F: 71,5–72,5°.

X   XI   XII   XIII

Furan-2-thiocarbonsäure-cyclohexylamid, N-Cyclohexyl-furan-2-thiocarbamid $C_{11}H_{15}NOS$, Formel XI.

B. Beim Erhitzen des Cyclohexylamin-Salzes der Furan-2-dithiocarbonsäure mit Cyclo≈ hexylamin auf 120° (*Am. Cyanamid Co.*, U.S.P. 2723969 [1953]). Beim Behandeln von Furan-2-dithiocarbonsäure mit Chlor-cyclohexyl-amin und wss. Natronlauge (*Alliger et al.*, J. org. Chem. **14** [1949] 962, 965).

Gelbe Krystalle (*Am. Cyanamid Co.*); F: 81–82° [aus PAe.] (*Al. et al.*), 78–80° [aus wss. A.] (*Am. Cyanamid Co.*).

Furan-2-thiocarbonsäure-anilid, Furan-2-thiocarbanilid $C_{11}H_9NOS$, Formel XII (R = X = H).

B. Beim Erhitzen von Furan-2-carbanilid mit Phosphor(V)-sulfid und Pyridin (*Hahn et al.*, Croat. chem. Acta **29** [1957] 319, 322; *Fărcăşan, Makkay*, Acad. Cluj Stud. Cerc. Chim. **10** [1959] 145, 147; C.A. **1960** 17376). Beim Erhitzen von Furfural-phenylimin mit Schwefel und Pyridin (*Fă., Ma.*).

Gelbe Krystalle; F: 107–108° [unkorr.; aus Bzl. + PAe.] (*Hahn et al.*), 105° [aus A.] (*Fă., Ma.*). IR-Spektrum (Mineralöl oder Hexachlor-buta-1,3-dien [6–15 μ] sowie CCl_4 [6–10,5 μ]): *Hadži*, Soc. **1957** 847, 848.

Beim Erwärmen mit Dimethylsulfat und wss. Natronlauge ist *N*-Phenyl-furan-2-thio≈ carbimidsäure-methylester erhalten worden (*Hahn et al.*, l. c. S. 321, 326).

Furan-2-thiocarbonsäure-[N-deuterio-anilid], N-Deuterio-furan-2-thiocarbanilid $C_{11}H_8DNOS$, Formel XII (R = D, X = H).

B. Beim Behandeln einer Lösung von Furan-2-thiocarbanilid in Dioxan mit Deuterium≈ oxid (*Hadži*, Soc. **1957** 847, 851).

IR-Spektrum (Mineralöl oder Hexachlor-buta-1,3-dien; 6–15 μ): *Ha.*, l. c. S. 848.

Furan-2-thiocarbonsäure-[4-chlor-anilid] $C_{11}H_8ClNOS$, Formel XII (R = H, X = Cl).

B. Beim Erhitzen von Furfural-[4-chlor-phenylimin] mit Schwefel und Pyridin (*Făr≈ căşan, Makkay*, Acad. Cluj Stud. Cerc. Chim. **10** [1959] 145, 147; C.A. **1960** 17376). Beim Erhitzen von Furan-2-carbonsäure-[4-chlor-anilid] mit Phosphor(V)-sulfid und Pyridin (*Stojanac, Hahn*, Croat. chem. Acta **34** [1962] 237, 240).

Gelbe Krystalle (*Fă., Ma.*); F: 105–106° [unkorr.; aus wss. A.] (*St., Hahn*), 101° [aus Me.] (*Fă., Ma.*).

Furan-2-thiocarbonsäure-[4-brom-anilid] $C_{11}H_8BrNOS$, Formel XII (R = H, X = Br).

B. Beim Erhitzen von Furan-2-carbonsäure-[4-brom-anilid] mit Phosphor(V)-sulfid und Pyridin (*Fărcăşan, Makkay*, Acad. Cluj Stud. Cerc. Chim. **10** [1959] 145, 148; C. A. **1960** 17376; *Stojanac, Hahn*, Croat. chem. Acta **34** [1962] 237, 240).

Gelbe Krystalle; F: 114—115° [unkorr.; aus wss. A.] (*St., Hahn*), 109—110° [aus wss. Me.] (*Fä., Ma.*).

Furan-2-thiocarbonsäure-[*N*-methyl-anilid], *N*-Methyl-furan-2-thiocarbanilid $C_{12}H_{11}NOS$, Formel XII (R = CH_3, X = H).

B. Beim Erhitzen von *N*-Methyl-furan-2-carbanilid mit Phosphor(V)-sulfid und Pyridin (*Hahn et al.*, Croat. chem. Acta **29** [1957] 319, 325).

Krystalle (aus wss. A.); F: 70,5—71° (*Hahn et al.*). IR-Spektrum (Mineralöl oder Hexachlor-buta-1,3-dien; 6—15 μ): *Hadži*, Soc. **1957** 847, 848.

Furan-2-thiocarbonsäure-[*N*-äthyl-anilid], *N*-Äthyl-furan-2-thiocarbanilid $C_{13}H_{13}NOS$, Formel XII (R = C_2H_5, X = H).

B. Beim Erhitzen von *N*-Äthyl-furan-2-carbanilid mit Phosphor(V)-sulfid und Pyridin (*Hahn et al.*, Croat. chem. Acta **29** [1957] 319, 325).

Hellgelbe Krystalle (aus A.); F: 85—86°.

Furan-2-thiocarbonsäure-diphenylamid, *N,N*-Diphenyl-furan-2-thiocarbamid $C_{17}H_{13}NOS$, Formel XII (R = C_6H_5, X = H).

B. Beim Erhitzen von *N,N*-Diphenyl-furan-2-carbamid mit Phosphor(V)-sulfid und Pyridin (*Hahn et al.*, Croat. chem. Acta **29** [1957] 319, 325).

Orangegelbe Krystalle (aus A.); F: 138—139° [unkorr.].

Furan-2-thiocarbonsäure-*o*-toluidid $C_{12}H_{11}NOS$, Formel XIII.

B. Beim Erhitzen von Furan-2-carbonsäure-*o*-toluidid mit Phosphor(V)-sulfid und Pyridin (*Hahn et al.*, Croat. chem. Acta **29** [1957] 319, 322).

Hellgelbe Krystalle (aus Bzl. + PAe.); F: 85—85,5°.

Furan-2-thiocarbonsäure-*m*-toluidid $C_{12}H_{11}NOS$, Formel I.

B. Beim Erhitzen von Furan-2-carbonsäure-*m*-toluidid mit Phosphor(V)-sulfid und Pyridin (*Hahn et al.*, Croat. chem. Acta **29** [1957] 319, 323).

Gelbe Krystalle (aus wss. Me.); F: 46,5—47°.

Furan-2-thiocarbonsäure-*p*-toluidid $C_{12}H_{11}NOS$, Formel II (X = CH_3).

B. Beim Erhitzen von Furan-2-carbonsäure-*p*-toluidid mit Phosphor(V)-sulfid und Pyridin (*Hahn et al.*, Croat. chem. Acta **29** [1957] 319, 323).

Gelbe Krystalle (aus Bzl. + PAe.); F: 88—89°.

Furan-2-thiocarbonsäure-benzylamid, *N*-Benzyl-furan-2-thiocarbamid $C_{12}H_{11}NOS$, Formel III (R = H).

B. Beim Erhitzen von *N*-Benzyl-furan-2-carbamid mit Phosphor(V)-sulfid und Pyridin (*Hahn et al.*, Croat. chem. Acta **29** [1957] 319, 322). Bei 3-wöchigem Behandeln von Furan-2-thiocarbamid mit Benzylamin unter Stickstoff (*Meltzer et al.*, Am. Soc. **77** [1955] 4062, 4065).

Krystalle (aus PAe.); F: 49—50° (*Hahn et al.*), 48,5—50° (*Me. et al.*).

I   II   III

Furan-2-thiocarbonsäure-[*N*-benzyl-anilid], *N*-Benzyl-furan-2-thiocarbanilid $C_{18}H_{15}NOS$, Formel III (R = C_6H_5).

B. Beim Erhitzen von *N*-Benzyl-furan-2-carbanilid mit Phosphor(V)-sulfid und Pyridin (*Hahn et al.*, Croat. chem. Acta **29** [1957] 319, 325).

Gelbe Krystalle (aus A.); F: 76—77°.

Furan-2-thiocarbonsäure-[2]naphthylamid, N-[2]Naphthyl-furan-2-thiocarbamid
$C_{15}H_{11}NOS$, Formel IV.
   B. Beim Erhitzen von N-[2]Naphthyl-furan-2-carbamid mit Phosphor(V)-sulfid und Pyridin (*Hahn et al.*, Croat. chem. Acta **29** [1957] 319, 323).
   Hellgelbe Krystalle (aus wss. A.); F: 129,5—130° [unkorr.].

Furan-2-thiocarbonsäure-[2-hydroxy-äthylamid], N-[2-Hydroxy-äthyl]-furan-2-thio≈carbamid $C_7H_9NO_2S$, Formel V.
   B. Beim Behandeln einer wss. Lösung des Ammonium-Salzes der Furan-dithiocarbon≈säure mit 2-Amino-äthanol (*Am. Cyanamid Co.*, U.S.P. 2875202 [1955]).
   Gelbe Krystalle; F: 82—84°.

        IV   V   VI

Furan-2-thiocarbonsäure-p-anisidid $C_{12}H_{11}NO_2S$, Formel II (X = O-CH$_3$).
   B. Beim Erhitzen von Furan-2-carbonsäure-p-anisidid mit Phosphor(V)-sulfid und Pyridin (*Hahn et al.*, Croat. chem. Acta **29** [1957] 319, 323).
   Gelbe Krystalle (aus Me.); F: 129—130° [unkorr.].

Furan-2-thiocarbonsäure-p-phenetidid $C_{13}H_{13}NO_2S$, Formel II (X = O-C$_2$H$_5$).
   B. Beim Erhitzen von Furan-2-carbonsäure-p-phenetidid mit Phosphor(V)-sulfid und Pyridin (*Hahn et al.*, Croat. chem. Acta **29** [1957] 319, 324).
   Gelbe Krystalle (aus Bzl. + PAe.); F: 80—81°.

N-Benzoyl-N-[furan-2-thiocarbonyl]-anilin, N-Benzoyl-furan-2-thiocarbanilid
$C_{18}H_{13}NO_2S$, Formel VI.
   B. Beim Behandeln von Furan-2-thiocarbanilid mit wss. Kalilauge und Benzoylchlorid (*Hahn et al.*, Croat. chem. Acta **29** [1957] 319, 326).
   Rote Krystalle (aus A.); F: 129—129,5° [unkorr.].

Furan-2-thiocarbimidsäure-methylester C_6H_7NOS, Formel VII (R = H).
   Hydrochlorid $C_6H_7NOS \cdot HCl$. *B.* Beim Behandeln eines Gemisches von Furan-2-carbonitril, Methanthiol und Äther mit Chlorwasserstoff (*Meltzer et al.*, Am. Soc. **77** [1955] 4062, 4065). — Krystalle (aus Acetonitril); F: 178—180° [unkorr.; Zers.; Fisher-Johns-App.] (*Me. et al.*, l. c. S. 4064). — Beim Behandeln mit Natriumcarbonat in Wasser ist eine Verbindung $C_{15}H_9N_3O_3$ (Krystalle [aus Bzl.], F: 244,5—245° [Fisher-Johns-App.]; vermutlich 2,4,6-Tri-[2]furyl-[1,3,5]triazin) erhalten worden.

N-Methyl-furan-2-thiocarbimidsäure-methylester C_7H_9NOS, Formel VII (R = CH$_3$).
   B. Beim Erwärmen von N-Methyl-furan-2-thiocarbamid mit Methyljodid und äthanol. Natriumäthylat-Lösung (*Meltzer et al.*, Am. Soc. **77** [1955] 4062, 4065). Als Hydrojodid (s. u.) beim Erwärmen von N-Methyl-furan-2-thiocarbamid mit Methyljodid (*Me. et al.*).
   Hydrojodid $C_7H_9NOS \cdot HI$. Krystalle (aus Isopropylalkohol); F: 110—112° [unkorr.; Fisher-Johns-App.].

Dimethyl-[α-methylmercapto-furfuryliden]-ammonium $[C_8H_{12}NOS]^+$, Formel VIII (R = CH$_3$), und **[α-Dimethylamino-furfuryliden]-methyl-sulfonium** $[C_8H_{12}NOS]^+$, Formel IX (R = CH$_3$).
   Diese beiden Formeln sind für das Kation des nachstehend beschriebenen Salzes in Betracht gezogen worden (*Meltzer et al.*, Am. Soc. **77** [1955] 4062, 4063).
   Jodid $[C_8H_{12}NOS]I$. *B.* Beim Behandeln von N,N-Dimethyl-furan-2-thiocarbamid oder von N-Methyl-furan-2-thiocarbimidsäure-methylester mit Methyljodid und Aceton (*Me. et al.*, l. c. S. 4066). — Krystalle (aus Acn. + Ae.); F: 128—128,5° [unkorr.; Fisher-Johns-App.] (*Me. et al.*, l. c. S. 4064).

N-Phenyl-furan-2-thiocarbimidsäure-methylester $C_{12}H_{11}NOS$, Formel VII ($R = C_6H_5$).

B. Beim Erwärmen von Furan-2-thiocarbanilid mit wss. Natronlauge und Dimethyl=
sulfat (*Hahn et al.*, Croat. chem. Acta **29** [1957] 319, 326).

Krystalle (aus wss. A.); F: 41,5—42°.

VII   VIII   IX   X

[α-Allylmercapto-furfuryliden]-dimethyl-ammonium $[C_{10}H_{14}NOS]^+$, Formel VIII
($R = CH_2$-CH=CH$_2$), und Allyl-[α-dimethylamino-furfuryliden]-sulfonium $[C_{10}H_{14}NOS]^+$,
Formel IX ($R = CH_2$-CH=CH$_2$).

Diese beiden Formeln sind für das Kation des nachstehend beschriebenen Salzes in
Betracht gezogen worden (*Warner-Lambert Pharm. Co.*, U.S.P. 2833774 [1956]).

Jodid $[C_{10}H_{14}NOS]I$. *B.* Beim Behandeln von *N,N*-Dimethyl-furan-2-thiocarbamid
mit Allyljodid und Aceton (*Warner-Lambert Pharm. Co.*). — F: 70—72°.

[α-Methallylmercapto-furfuryliden]-dimethyl-ammonium $[C_{11}H_{16}NOS]^+$, Formel VIII
($R = CH_2$-C(CH$_3$)=CH$_2$), und [α-Dimethylamino-furfuryliden]-methallyl-sulfonium
$[C_{11}H_{16}NOS]^+$, Formel IX ($R = CH_2$-C(CH$_3$)=CH$_2$).

Diese beiden Formeln sind für das Kation des nachstehend beschriebenen Salzes in
Betracht gezogen worden (*Warner-Lambert Pharm. Co.*, U.S.P. 2833774 [1956]).

Bromid $[C_{11}H_{16}NOS]Br$. *B.* Beim Behandeln von *N,N*-Dimethyl-furan-2-thiocarbamid
mit Methallylbromid und Aceton (*Warner-Lambert Pharm. Co.*). — F: 136—136,5°.

Dimethyl-[α-phenylmercapto-furfuryliden]-ammonium $[C_{13}H_{14}NOS]^+$, Formel VIII
($R = C_6H_5$), und [α-Dimethylamino-furfuryliden]-phenyl-sulfonium $[C_{13}H_{14}NOS]^+$,
Formel IX ($R = C_6H_5$).

Diese beiden Formeln sind für das Kation des nachstehend beschriebenen Salzes in
Betracht gezogen worden (*Warner-Lambert Pharm. Co.*, U.S.P. 2833774 [1956]).

Jodid $[C_{13}H_{14}NOS]I$. *B.* Beim Erwärmen von *N*-Methyl-furan-2-carbamid mit Thionyl=
chlorid, Erwärmen des erhaltenen Furan-2-carbimidoylchlorids mit Natriumthiophenolat
in Acetonitril und Benzol und Behandeln des Reaktionsprodukts mit Methyljodid und
Äther (*Warner-Lambert Pharm. Co.*). — Krystalle (aus Acn. + Ae.); F: 175—176°.

[α-Benzylmercapto-furfuryliden]-dimethyl-ammonium $[C_{14}H_{16}NOS]^+$, Formel VIII
($R = CH_2$-C$_6$H$_5$), und Benzyl-[α-dimethylamino-furfuryliden]-sulfonium $[C_{14}H_{16}NOS]^+$,
Formel IX ($R = CH_2$-C$_6$H$_5$).

Diese beiden Formeln sind für das Kation des nachstehend beschriebenen Salzes
in Betracht gezogen worden (*Warner-Lambert Pharm. Co.*, U.S.P. 2833744 [1956]).

Bromid $[C_{14}H_{16}NOS]Br$. *B.* Beim Behandeln von *N,N*-Dimethyl-furan-2-thiocarbamid
mit Benzylbromid und Aceton (*Warner-Lambert Pharm. Co.*). — Krystalle (aus Acn.
+ Ae.); F: 94—95°.

Furan-2-thiocarbonsäure-hydrazid $C_5H_6N_2OS$, Formel X.

B. Beim Behandeln einer Lösung des Ammonium-Salzes der Furan-2-dithiocarbon=
säure in wss. Äthanol mit Hydrazin-hydrat (*Jensen, Pedersen*, Acta chem. scand. **15**
[1961] 1097, 1101; s. a. *Jensen, Jensen*, Acta chem. scand. **6** [1952] 957). Beim Behandeln
einer wss. Lösung des Natrium-Salzes der [Furan-2-thiocarbonylmercapto]-essigsäure
(S. 4008) mit Hydrazin-hydrat (*Je., Pe.*).

Krystalle (aus Bzl.); F: 135° (*Je., Je.*), 132—133° (*Je., Pe.*).

Furan-2-thiocarbonsäure-[4-acetylamino-benzylidenhydrazid], 4-Acetylamino-benz=
aldehyd-[furan-2-thiocarbonylhydrazon] $C_{14}H_{13}N_3O_2S$, Formel XI.

B. Beim Behandeln von 4-Acetylamino-benzaldehyd mit Furan-2-thiocarbonsäure-
hydrazid in wss. Äthanol (*Jensen, Pedersen*, Acta chem. scand. **15** [1961] 1097, 1101).

Gelb; F: 197° (*Jensen, Jensen*, Acta chem. scand. **6** [1952] 957; *Je., Pe.*).

XI   XII

Furan-2-thiocarbonsäure-furfurylidenhydrazid, Furfural-[furan-2-thiocarbonylhydrazon]
$C_{10}H_8N_2O_2S$, Formel XII.
B. Beim Behandeln von Furfural mit Furan-2-thiocarbonsäure-hydrazid in wss.
Äthanol (*Jensen, Pedersen,* Acta chem. scand. **15** [1961] 1097, 1101).
Gelb; F: 138° (*Jensen, Jensen,* Acta chem. scand. **6** [1952] 957; *Je., Pe.*).

Furan-2-dithiocarbonsäure $C_5H_4OS_2$, Formel I (R = H) (E II 269).
B. Beim Erwärmen von Furfural mit einer aus Natriumsulfid, Schwefel und wss.
Schwefelsäure hergestellten Lösung (*Quaker Oats Co.,* U.S.P. 1756158 [1926]; vgl.
E II 269).
Charakterisierung als Cyclohexylamin-Salz (s. u.) und als Piperidin-Salz (F: 107°):
Wingfoot Corp., U.S.P. 2448714 [1944].
Cyclohexylamin-Salz. Rote Krystalle; F: 120—121° (*Wingfoot Corp.*), 113—114°
[Zers.; aus W.] (*Alliger et al.,* J. org. Chem. **14** [1949] 962, 965).
1-Phenyl-biguanid-Salz. Rote Krystalle (aus W.); F: 158° (*Romani,* Caoutch.
Guttap. **20** [1923] 12005, 12007).

Furan-2-dithiocarbonsäure-hydroxymethylester $C_6H_6O_2S_2$, Formel I (R = CH_2-OH).
B. Beim Behandeln einer wss. Lösung des Ammonium-Salzes der Furan-2-dithio=
carbonsäure mit wss. Formaldehyd und wss. Salzsäure (*Wingfoot Corp.,* U.S.P. 2515119
[1945]).
Krystalle; F: 40°.

Furan-2-dithiocarbonsäure-anilinomethylester $C_{12}H_{11}NOS_2$, Formel I (R = CH_2-NH-C_6H_5).
B. Beim Behandeln einer äthanol. Lösung von Furan-2-dithiocarbonsäure-hydroxy=
methylester mit Anilin (*Wingfoot Corp.,* U.S.P. 2515119 [1945]).
Orangefarbene Krystalle; F: 97°.

I   II

Tris-[furan-2-thiocarbonylmercapto-methyl]-amin $C_{18}H_{15}NO_3S_6$, Formel II.
B. Beim Behandeln einer Lösung von Furan-2-dithiocarbonsäure-hydroxymethylester
in Benzol mit wss. Ammoniak (*Wingfoot Corp.,* U.S.P. 2515119 [1945]).
Rote Krystalle; F: 114°.

N,N'-Bis-[furan-2-thiocarbonylmercapto-methyl]-N,N'-diphenyl-p-phenylendiamin
$C_{30}H_{24}N_2O_2S_4$, Formel III.
B. Beim Behandeln von Furan-2-dithiocarbonsäure-hydroxymethylester mit N,N'-Di=
phenyl-p-phenylendiamin in Aceton (*Wingfoot Corp.,* U.S.P. 2515119 [1945]).
Krystalle; F: 147°.

[Furan-2-thiocarbonylmercapto]-essigsäure $C_7H_6O_3S_2$, Formel IV (R = H).
B. Beim Behandeln des Ammonium-Salzes der Furan-2-dithiocarbonsäure mit Am=
monium-chloracetat in Wasser und Behandeln des erhaltenen Ammonium-Salzes (gelbe
Krystalle) mit wss. Salzsäure (*Kelly-Springfield Tire Co.,* U.S.P. 1939692 [1928]). Beim
Behandeln des Natrium-Salzes der Furan-2-dithiocarbonsäure mit Natrium-chloracetat
in Wasser und Ansäuern der Reaktionslösung mit wss. Salzsäure (*Jensen, Pedersen,*
Acta chem. scand. **15** [1961] 1087, 1093).

Orangerote Krystalle; F: 132—133° [aus Bzl.] (*Je.*, *Pe.*, l. c. S. 1089), 130° (*Kelly-Springfield Tire Co.*). IR-Banden (KBr) im Bereich von 6,6 μ bis 25 μ: *Bak et al.*, Acta chem. scand. **12** [1958] 1451, 1453.

[Furan-2-thiocarbonylmercapto]-essigsäure-methylester $C_8H_8O_3S_2$, Formel IV (R = CH₃).
B. Beim Erwärmen einer wss. Lösung des Ammonium-Salzes der Furan-2-dithiocarbon=
säure mit Chloressigsäure-methylester (*Kelly-Springfield Tire Co.*, U.S.P. 2042047 [1933]).
F: 16° [Rohprodukt].

[Furan-2-thiocarbonylmercapto]-essigsäure-äthylester $C_9H_{10}O_3S_2$, Formel IV (R = C_2H_5).
B. Beim Erwärmen einer wss. Lösung des Ammonium-Salzes der Furan-2-dithiocarbon=
säure mit Chloressigsäure-äthylester (*Kelly-Springfield Tire Co.*, U.S.P. 2042047 [1933]).
Krystalle (aus A.); F: 25°.

[Furan-2-thiocarbonylmercapto]-essigsäure-propylester $C_{10}H_{12}O_3S_2$, Formel IV
(R = CH₂-CH₂-CH₃).
B. Beim Erwärmen einer wss. Lösung des Ammonium-Salzes der Furan-2-dithio=
carbonsäure mit Chloressigsäure-propylester (*Kelly-Springfield Tire Co.*, U.S.P. 2042047 [1933]).
F: 43° [Rohprodukt].

III　　　　　　　　　　　　　　　　　　IV

[Furan-2-thiocarbonylmercapto]-essigsäure-butylester $C_{11}H_{14}O_3S_2$, Formel IV
(R = [CH₂]₃-CH₃).
B. Beim Erwärmen einer wss. Lösung des Ammonium-Salzes der Furan-2-dithio=
carbonsäure mit Chloressigsäure-butylester (*Kelly-Springfield Tire Co.*, U.S.P. 2042047 [1933]).
F: 9° [Rohprodukt].

(±)-[Furan-2-thiocarbonylmercapto]-essigsäure-[1-methyl-heptylester] $C_{15}H_{22}O_3S_2$,
Formel IV (R = CH(CH₃)-[CH₂]₅-CH₃).
B. Beim Erwärmen einer wss. Lösung des Ammonium-Salzes der Furan-2-dithiocarbon=
säure mit (±)-Chloressigsäure-[1-methyl-heptylester] (*Kelly-Springfield Tire Co.*, U.S.P.
2042047 [1933]).
F: 17° [Rohprodukt].

[Furan-2-thiocarbonylmercapto]-essigsäure-cyclohexylester $C_{13}H_{16}O_3S_2$, Formel V.
B. Beim Erwärmen einer wss. Lösung des Ammonium-Salzes der Furan-2-dithiocarbon=
säure mit Chloressigsäure-cyclohexylester (*Kelly-Springfield Tire Co.*, U.S.P. 2042047 [1933]).
Krystalle; F: 58°.

[Furan-2-thiocarbonylmercapto]-essigsäure-phenylester $C_{13}H_{10}O_3S_2$, Formel IV
(R = C_6H_5).
B. Beim Erwärmen einer wss. Lösung des Ammonium-Salzes der Furan-2-dithiocarbon=
säure mit Chloressigsäure-phenylester (*Kelly-Springfield Tire Co.*, U.S.P. 2042047 [1933]).
Krystalle; F: 105°.

[Furan-2-thiocarbonylmercapto]-essigsäure-benzylester $C_{14}H_{12}O_3S_2$, Formel IV
($R = CH_2\text{-}C_6H_5$).

B. Beim Erwärmen einer wss. Lösung des Ammonium-Salzes der Furan-2-dithiocarbon=
säure mit Chloressigsäure-benzylester (*Kelly-Springfield Tire Co.*, U.S.P. 2042047 [1933]).
Krystalle; F: 55°.

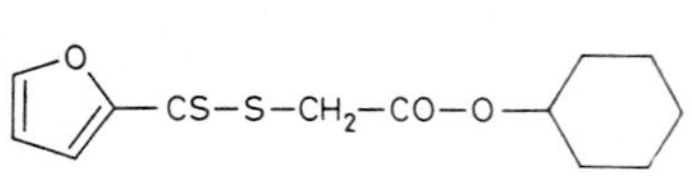

V

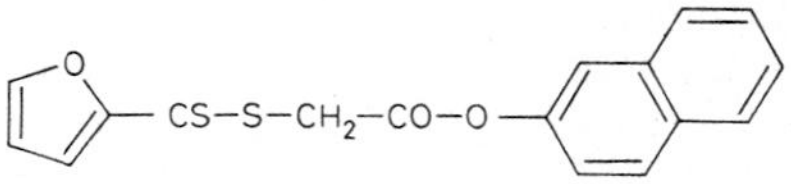

VI

[Furan-2-thiocarbonylmercapto]-essigsäure-[2]naphthylester $C_{17}H_{12}O_3S_2$, Formel VI.

B. Beim Erwärmen einer wss. Lösung des Ammonium-Salzes der Furan-2-dithiocarbon=
säure mit Chloressigsäure-[2]naphthylester (*Kelly-Springfield Tire Co.*, U.S.P. 2042047
[1933]).
Krystalle; F: 71°.

**Furan-2-dithiocarbonsäure-carbamoylmethylester, [Furan-2-thiocarbonylmercapto]-
essigsäure-amid** $C_7H_7NO_2S_2$, Formel VII ($R = H$).

B. Beim Behandeln des Ammonium-Salzes der Furan-2-dithiocarbonsäure mit Chlor=
essigsäure-amid in warmem Wasser (*Kelly-Springfield Tire Co.*, U.S.P. 2042048 [1933]).
Rote Krystalle; F: 123° [Rohprodukt].

**Furan-2-dithiocarbonsäure-[phenylcarbamoyl-methylester], [Furan-2-thiocarbonyl=
mercapto]-essigsäure-anilid** $C_{13}H_{11}NO_2S_2$, Formel VII ($R = C_6H_5$).

B. Beim Behandeln einer äthanol. Lösung des Ammonium-Salzes der Furan-2-dithio=
carbonsäure mit Chloressigsäure-anilid (*Kelly-Springfield Tire Co.*, U.S.P. 2042048
[1933]).
Krystalle; F: 135° [Rohprodukt].

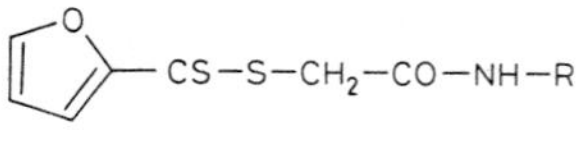

VII

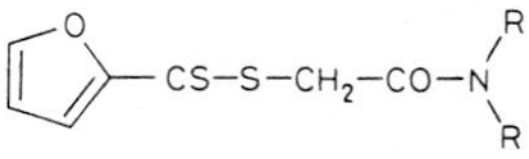

VIII

**Furan-2-dithiocarbonsäure-[diphenylcarbamoyl-methylester], [Furan-2-thiocarbonyl=
mercapto]-essigsäure-diphenylamid** $C_{19}H_{15}NO_2S_2$, Formel VIII ($R = C_6H_5$).

B. Beim Behandeln des Ammonium-Salzes der Furan-2-dithiocarbonsäure mit Chlor=
essigsäure-diphenylamid in Methanol (*Kelly-Springfield Tire Co.*, U.S.P. 2042048 [1933]).
Krystalle (aus A.); F: 138°.

**Furan-2-dithiocarbonsäure-[dibenzylcarbamoyl-methylester], [Furan-2-thiocarbonyl=
mercapto]-essigsäure-dibenzylamid** $C_{21}H_{19}NO_2S_2$, Formel VIII ($R = CH_2\text{-}C_6H_5$).

B. Beim Behandeln des Ammonium-Salzes der Furan-2-dithiocarbonsäure mit Chlor=
essigsäure-dibenzylamid in Methanol (*Kelly-Springfield Tire Co.*, U.S.P. 2042048 [1933]).
F: 118°.

**Furan-2-dithiocarbonsäure-[[1]naphthylcarbamoyl-methylester], [Furan-2-thiocarbonyl=
mercapto]-essigsäure-[1]naphthylamid** $C_{17}H_{13}NO_2S_2$, Formel IX.

B. Beim Behandeln des Ammonium-Salzes der Furan-2-dithiocarbonsäure mit Chlor=
essigsäure-[1]naphthylamid in Methanol (*Kelly-Springfield Tire Co.*, U.S.P. 2042048
[1933]).
F: 200°.

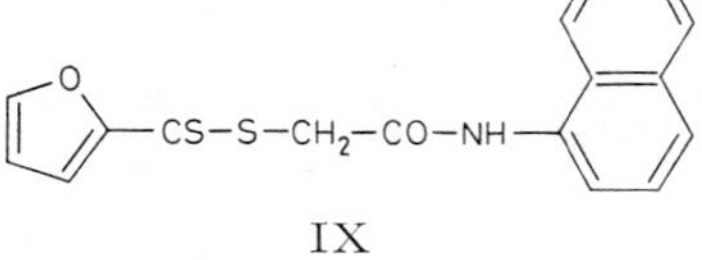

IX

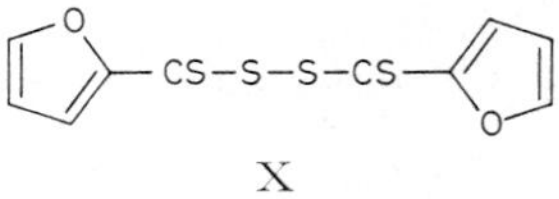

X

Bis-[furan-2-thiocarbonyl]-disulfan $C_{10}H_6O_2S_4$, Formel X (E II 269; dort als Bis-thio= furfuroyl-disulfid bezeichnet).

B. Beim Behandeln des Cyclohexylamin-Salzes der Furan-2-dithiocarbonsäure mit Kalium-hexacyanoferrat(III) in Wasser (*Alliger et al.*, J. org. Chem. **14** [1949] 962, 965). Rote Krystalle (aus Hexan); F: 100—101°.   [*Schenk*]

Thiophen-2-carbonsäure $C_5H_4O_2S$, Formel I (R = H) auf S. 4014 (H 289; E I 438; E II 269).

B. Beim Erwärmen von Thiophen mit Butyllithium in Äther und anschliessend mit festem Kohlendioxid (*Gilman, Shirley*, Am. Soc. **71** [1949] 1870; *Acheson et al.*, Soc. **1956** 698, 702). Beim Erwärmen von Thiophen mit Natrium-Amalgam, Äthylchlorid (oder Brombenzol) und Äther und Behandeln der Reaktionslösung mit festem Kohlendioxid (*Schick, Hartough*, Am. Soc. **70** [1948] 286; *Hirao, Hatta*, J. pharm. Soc. Japan **73** [1953] 1058; C. A. **1954** 12026). Beim Behandeln von Thiophen mit dem Äthylnatrium-Diäthyl= zink-Komplex unter Stickstoff und Behandeln des Reaktionsgemisches mit festem Kohlen= dioxid und Äther (*Ludwig, Schulze*, J. org. Chem. **24** [1959] 1573). Beim Erhitzen von Thiophen mit Äthylmagnesiumbromid und *N,N*-Dimethyl-anilin unter Stickstoff bis auf 170° und Behandeln des Reaktionsgemisches mit Kohlendioxid (*Challenger, Gibson*, Soc. **1940** 305, 308). Beim Behandeln von [2]Thienyl-methanol mit Kaliumpermanganat und wss. Kalilauge (*Putochin, Egorowa*, Ž. obšč. Chim. **10** [1940] 1873, 1877; C. **1941** II 613). Beim Behandeln von Thiophen-2-carbonylchlorid mit wss. Natronlauge (*Kühnhanss et al.*, J. pr. [4] **3** [1956] 137, 144). Aus Thiophen-2-carbamid beim Erhitzen mit wss. Kalilauge (*Blanchette, Brown*, Am. Soc. **73** [1951] 2779) sowie beim Behandeln mit wss. Natronlauge (*Kü. et al.*, l. c. S. 142). Beim Behandeln von Thiophen-2-carbaldehyd mit Natron= lauge und Silberoxid (*Reichstein*, Helv. **13** [1930] 349, 356). Beim Erhitzen von Thiophen-2-carbonsäure-äthylester mit wss. Kalilauge (*Texas Co.*, U.S.P. 2552978 [1949]). Aus 1-[2]Thienyl-äthanon beim Erhitzen mit wss. Salpetersäure und Essigsäure (*Socony-Vacuum Oil Co.*, U.S.P. 2492645 [1949]), beim Erwärmen mit wss. Natriumhypochlorit-Lösung (*Hartough, Conley*, Am. Soc. **69** [1947] 3096; *Walls, Whittaker*, Soc. **1950** 41, 44) sowie beim Behandeln mit alkal. wss. Natriumhypobromit-Lösung (*Buu-Hoï, Nguyen-Hoán*, R. **68** [1949] 5, 19).

F: 129—130° [aus W.] (*Hartough*, Am. Soc. **69** [1947] 1355, 1357; *Buu-Hoï, Nguyen-Hoán*, R. **68** [1949] 5, 19; *Gronowitz, Rosenberg*, Ark. Kemi **8** [1955] 23, 25), 128—129° [aus W. bzw. nach Sublimation] (*Schick, Hartough*, Am. Soc. **70** [1948] 286; *Imoto et al.*, J. chem. Soc. Japan Pure Chem. Sect. **77** [1956] 804, 805; C. A. **1958** 9066), 128° [aus Bzn.] (*Gilman, Shirley*, Am. Soc. **71** [1949] 1870; *Acheson et al.*, Soc. **1956** 698, 702). Mono= klin; Raumgruppe $P\,2_1/c$ ($= C_{2h}^5$); aus dem Röntgen-Diagramm ermittelte Dimensionen der Elementarzelle bei −170°: a = 5,665 Å; b = 5,018 Å; c = 19,551 Å; β = 98,2°; n = 4 (*Hudson, Robertson*, Acta cryst. **15** [1962] 913); bei Raumtemperatur: a = 5,67 Å; b = 5,03 Å; c = 19,57 Å; β = 98,2°; n = 4 (*Nardelli et al.*, Acta cryst. **15** [1962] 737; Ric. scient. **28** [1958] 383; *Nardelli, Fava*, G. **88** [1958] 229). Dampfdruck bei Temperaturen von 41,8° (2,79·10⁻³ Torr) bis 50,0° (7,23·10⁻³ Torr): *Bradley, Care*, Soc. **1953** 1688. Assoziation in Benzol-Lösung: *Oae, Price*, Am. Soc. **79** [1957] 2547. Dichte der Krystalle bei 18°: 1,42 (*Br., Care*). Verdampfungsentropie: 48,71 cal·grad⁻¹·mol⁻¹ (*Br., Care*). Sublimations-enthalpie: 23170 cal·mol⁻¹ (*Br., Care*). ¹H-NMR-Spektrum (Acn.): *Leane, Richards*, Trans. Faraday Soc. **55** [1959] 518, 519; s. a. *Gronowitz, Hoffman*, Ark. Kemi **13** [1958/59] 279, 281. IR-Spektrum (CHCl₃; 2—13 µ): *Gronowitz*, Ark. Kemi **7** [1954] 361, 367. IR-Banden (KBr) im Bereich von 3 µ bis 13,8 µ: *Oae, Pr.* UV-Spektrum einer Lösung in Hexan (210—300 nm): *Pappalardo*, G. **89** [1959] 540, 543; von Lösungen in Äthanol (200—350 nm bzw. 210—310 nm): *Gronowitz*, Ark. Kemi **13** [1958/59] 239, 241; *Andri-sano, Pappalardo*, Spectrochim. Acta **12** [1958] 350, 351. Scheinbare Dissoziations-konstante K'_a (Wasser; potentiometrisch ermittelt) bei Raumtemperatur: 3,426·10⁻⁴ (*Catlin*, Iowa Coll. J. **10** [1935/36] 65); bei 25°: 3,24·10⁻⁴ (*Imoto, Motoyama*, Bl. Naniwa Univ. [A] **2** [1954] 127, 128; C. A. **1955** 9614) bzw. 3,236·10⁻⁴ (*Otsuji et al.*, J. chem. Soc. Japan Pure Chem. Sect. **80** [1959] 1021, 1023; C. A. **1961** 5467). Elektrolytische Dis-soziation in 50%ig. wss. Äthanol bei 25°: *Otsuji et al.*, J. chem. Soc. Japan Pure Chem. Sect. **80** [1959] 1300, 1302; C. A. **1961** 6476; in 78%ig. wss. Äthanol bei 25°: *Price et al.*, Am. Soc. **76** [1954] 5131; *Oae, Pr.*; *Ot. et al.*, l. c. S. 1302. Polarographie: *Nakaya et al.*, J. chem. Soc. Japan Pure Chem. Sect. **78** [1957] 935, 938; C. A. **1959** 21276. Schmelzdiagramme der binären Systeme mit Benzoesäure: *Mislow*, J. phys. Chem. **52** [1948] 729, 734; mit Thiazol-5-carbonsäure, mit Furan-2-carbonsäure und mit Pyrrol-2-carbon= säure: *Mislow*, J. phys. Chem. **52** [1948] 740, 744, 745.

Bildung von Thiophen-2,5-dicarbonsäure und Thiophen beim Erhitzen des Kalium-Salzes in Gegenwart von Cadmium-Katalysatoren unter Kohlendioxid: *Raecke*, Ang. Ch. **70** [1958] 1, 4. Reaktion mit Chlor in 50%ig. wss. Essigsäure (Bildung von 5-Chlor-thiophen-2-carbonsäure): *Steinkopf et al.*, A. **512** [1934] 136, 161; in wasserfreier Essigsäure (Bildung von 2,2,3,4,5(oder 2,3,3,4,5)-Pentachlor-2,3-dihydro-thiophen(?) (E III/IV **17** 142) und wenig 4,5-Dichlor-thiophen-2-carbonsäure): *Steinkopf, Köhler*, A. **532** [1937] 250, 280. Beim Behandeln mit alkal. wss. Natrium= hypochlorit-Lösung und Behandeln der Reaktionslösung mit wss. Salzsäure ist je nach den Reaktionsbedingungen 5-Chlor-thiophen-2-carbonsäure oder 4,5-Di= chlor-thiophen-2-carbonsäure (*Bunnett et al.*, Am. Soc. **71** [1949] 1493), beim Erwärmen mit wss. Natronlauge und mit Brom ist 2-Brom-thiophen (*Berman, Price*, Am. Soc. **79** [1957] 5474) erhalten worden. Verhalten gegen Salpetersäure und Acet= anhydrid bei −5° (Bildung von 2-Nitro-thiophen, 4-Nitro-thiophen-2-carbonsäure und 5-Nitro-thiophen-2-carbonsäure): *Rinkes*, R. **51** [1932] 1134, 1137; *Tirouflet, Fournari*, C. r. **246** [1958] 2003. Bildung von Valeriansäure beim Behandeln mit wss. Natronlauge und Nickel-Aluminium-Legierung: *Papa et al.*, J. org. Chem. **14** [1949] 723, 727; beim Erwärmen mit wss. Natriumcarbonat-Lösung und Raney-Nickel auf 75°: *Blicke, Sheets*, Am. Soc. **71** [1949] 4010; beim Erwärmen mit wss. Natriumcarbonat-Lösung und Raney-Kobalt auf 90°: *Badger et al.*, Soc. **1959** 440, 442. Bildung von Sebacinsäure und Valeriansäure beim Erwärmen mit wss. Natriumcarbonat-Lösung und Raney-Nickel auf 90°: *Badger, Sasse*, Soc. **1957** 3862, 3867. Beim Erwärmen mit Natriummethylat (oder Natriumoxid), Raney-Nickel und Deuteriumoxid ist 2,2,3,4,5,5-Hexadeuterio-valerian= säure erhalten worden (*Buu-Hoi, Xuong*, C. r. **247** [1958] 654). Geschwindigkeitskonstante der Reaktion mit Methanol in Gegenwart von Chlorwasserstoff (Bildung von Thiophen-2-carbonsäure-methylester) bei 30°, 45° und 58°: *Imoto et al.*, J. chem. Soc. Japan Pure Chem. Sect. **77** [1956] 804, 807; C. A. **1958** 9066. Eine beim Behandeln mit Diisopropyl= äther und Fluorwasserstoff erhaltene Verbindung vom F: 81° (*Weinmayr*, Am. Soc. **72** [1950] 918) ist als 5-Isopropyl-thiophen-2-carbonsäure zu formulieren (*Spaeth, Germain*, Am. Soc. **77** [1955] 4066, 4068).

Beryllium-Salz $Be_4O(C_5H_3O_2S)_6$. Krystalle (aus E. oder $CHCl_3$); F: 391−392° (*Krasnec et al.*, Chem. Zvesti **7** [1953] 421, 426; C. A. **1954** 10473).

Thiophen-2-carbonsäure-methylester $C_6H_6O_2S$, Formel I (R = CH_3) auf S. 4014.

B. Beim Erwärmen von Thiophen-2-carbonsäure mit Methanol in Gegenwart von Chlorwasserstoff (*Gauthier, Maillard*, Ann. pharm. franç. **11** [1953] 509, 521) oder in Gegenwart von Schwefelsäure (*Weinstein*, Am. Soc. **77** [1955] 6709).

Kp_{24}: 97−98° (*Ga., Ma.*); Kp_{17}: 89−90° (*Katritzky, Boulton*, Soc. **1959** 3500); Kp_{11-12}: 83−83,5° (*Nakaya et al.*, J. chem. Soc. Japan Pure Chem. Sect. **78** [1957] 935, 936; C. A. **1959** 21276); $Kp_{0,5}$: 40° (*We.*). D_4^{20}: 1,2290 (*We.*); n_D^{12}: 1,5468 (*Na. et al.*); n_D^{20}: 1,5420 (*We.*); n_D^{22}: 1,5384 (*Ga., Ma.*). IR-Banden ($CHCl_3$) im Bereich von 6,5 μ bis 12,7 μ: *Ka., Bo.* UV-Spektrum (210−300 nm) einer Lösung in Hexan: *Pappalardo*, G. **89** [1959] 540, 543; einer Lösung in Äthanol: *Andrisano, Pappalardo*, Spectrochim. Acta **12** [1958] 350, 351, 353. Polarographie: *Na. et al.*, l. c. S. 938.

Geschwindigkeitskonstante der Hydrolyse in Natriumhydroxid enthaltendem 85%ig. wss. Äthanol bei 25°: *Tirouflet, Chane*, C. r. **245** [1957] 80.

Thiophen-2-carbonsäure-äthylester $C_7H_8O_2S$, Formel I (R = C_2H_5) auf S. 4014 (H 289; E I 438; E II 269).

B. Beim Erhitzen von Thiophen mit Tetrachlormethan, Äthanol und Kaliumhydroxid auf 150° (*Texas Co.*, U.S.P. 2552978 [1949]). Beim Erwärmen von Thiophen-2-carbon= säure mit Schwefelsäure enthaltendem Äthanol (*Weinstein*, Am. Soc. **77** [1955] 6709).

Dipolmoment (ε; Bzl.): 1,91 D (*Keswani, Freiser*, Am. Soc. **71** [1949] 1789).

Kp_{18}: 98,5−100° (*Nakaya et al.*, J. chem. Soc. Japan Pure Chem. Sect. **78** [1957] 935; C. A. **1959** 21276); Kp_{17}: 101−102° (*Katritzky, Boulton*, Soc. **1959** 3500); Kp_{16}: 99−100° (*Otsuji et al.*, J. chem. Soc. Japan Pure Chem. Sect. **80** [1959] 1021, 1023; C. A. **1961** 5467); Kp_{14}: 94,5° (*Dann*, B. **76** [1943] 419, 426); Kp_{10}: 94° (*Texas Co.*); Kp_6: 81,7° (*Ke.*,

Fr.); Kp$_3$: 73—74° (*Imoto et al.*, J. chem. Soc. Japan Pure Chem. Sect. **77** [1956] 804, 805; C. A. **1958** 9066); Kp$_{1,0}$: 71° (*Price et al.*, Am. Soc. **76** [1954] 5131); Kp$_{0,04}$: 45° (*We.*). D$_4^{20}$: 1,1620 (*We.*); D$_4^{30}$: 1,1749 (*Ke.*, *Fr.*). n$_D^{20}$: 1,5262 (*Pr. et al.*); n$_D^{30}$: 1,51745 (*Ke.*, *Fr.*). IR-Banden (CHCl$_3$) im Bereich von 6,5 μ bis 12,3 μ: *Ka.*, *Bo.* UV-Spektrum (210—310 nm) einer Lösung in Hexan: *Pappalardo*, G. **89** [1959] 540, 543; einer Lösung in Äthanol: *Andrisano*, *Pappalardo*, Spectrochim. Acta **12** [1958] 350, 351. Polarographie: *Na. et al.*, l. c. S. 938.

Geschwindigkeitskonstante der Hydrolyse in Natriumhydroxid enthaltendem 70%ig. wss. Dioxan bei 20—45°: *Oae*, *Price*, Am. Soc. **79** [1957] 2547; bei 25° und 40°: *Pr. et al.*; in Natriumhydroxid enthaltendem 87%ig. wss. Äthanol bei 30°: *Kindler*, B. **69** [1936] 2792, 2809; in Natriumhydroxid enthaltendem 85%ig. wss. Äthanol bei 25°, 35° und 45°: *Ot. et al.*; bei 30°, 40° und 50°: *Im. et al.*, l. c. S. 807. Geschwindigkeitskonstante der Reaktion mit Quecksilber(II)-acetat in Essigsäure bei 35°, 42° und 50°: *Motoyama et al.*, J. chem. Soc. Japan Pure Chem. Sect. **78** [1957] 962, 964; C. A. **1960** 14224.

Triäthoxy-[2]thienyl-methan, Thiophen-2-orthocarbonsäure-triäthylester C$_{11}$H$_{18}$O$_3$S, Formel II (R = C$_2$H$_5$).

B. Beim Behandeln von Orthokohlensäure-tetraäthylester mit [2]Thienylmagnesium≠ jodid in Äther und anschliessend mit Essigsäure und Wasser (*I.G. Farbenind.*, D.R.P. 629196 [1932]; Frdl. **23** 246; *Agfa Ansco Corp.*, U.S.P. 2060382 [1933]).

Kp$_{30}$: 110—120°.

Thiophen-2-carbonsäure-propylester C$_8$H$_{10}$O$_2$S, Formel I (R = CH$_2$-CH$_2$-CH$_3$).

B. Beim Erwärmen von Thiophen-2-carbonsäure mit Propan-1-ol und wenig Schwefel≠ säure (*Weinstein*, Am. Soc. **77** [1955] 6709). Beim Behandeln von Thiophen-2-carbonyl≠ chlorid mit Propan-1-ol unter Zusatz von Äther oder Benzol (*Sy et al.*, Soc. **1955** 21, 23).

Kp$_{24}$: 124—125°; n$_D^{28}$: 1,5137 (*Sy et al.*). Kp$_{0,45}$: 57°; D$_4^{20}$: 1,1123; n$_D^{20}$: 1,5170 (*We.*).

Tripropoxy-[2]thienyl-methan, Thiophen-2-orthocarbonsäure-tripropylester C$_{14}$H$_{24}$O$_3$S, Formel II (R = CH$_2$-CH$_2$-CH$_3$).

B. Beim Behandeln von Orthokohlensäure-tetrapropylester mit [2]Thienylmagnesium≠ jodid in Äther und anschliessend mit Essigsäure und Wasser (*I.G. Farbenind.*, D.R.P. 629196 [1932]; Frdl. **23** 246).

Bei ca. 245°/760 Torr bzw. bei 140—160°/30 Torr destillierbar.

Thiophen-2-carbonsäure-isopropylester C$_8$H$_{10}$O$_2$S, Formel I (R = CH(CH$_3$)$_2$).

B. Beim Erwärmen von Thiophen-2-carbonsäure mit Isopropylalkohol und wenig Schwefelsäure (*Weinstein*, Am. Soc. **77** [1955] 6709). Beim Behandeln von Thiophen-2-carbonylchlorid mit Isopropylalkohol unter Zusatz von Äther oder Benzol (*Sy et al.*, Soc. **1955** 21, 23).

Kp$_{22}$: 110°; n$_D^{26}$: 1,5128 (*Sy et al.*). Kp$_{0,05}$: 36°; D$_4^{20}$: 1,1026; n$_D^{20}$: 1,5120 (*We.*).

Thiophen-2-carbonsäure-butylester C$_9$H$_{12}$O$_2$S, Formel I (R = [CH$_2$]$_3$-CH$_3$).

B. Beim Erwärmen von Thiophen-2-carbonsäure mit Butan-1-ol und wenig Schwefel≠ säure (*Weinstein*, Am. Soc. **77** [1955] 6709). Beim Behandeln von Thiophen-2-carbonyl≠ chlorid mit Butan-1-ol unter Zusatz von Äther oder Benzol (*Sy et al.*, Soc. **1955** 21, 23).

Kp$_{24}$: 137—138°; n$_D^{27}$: 1,5112 (*Sy et al.*). Kp$_{0,15}$: 58°; D$_4^{20}$: 1,0859; n$_D^{20}$: 1,5122 (*We.*).

(±)-Thiophen-2-carbonsäure-*sec*-butylester C$_9$H$_{12}$O$_2$S, Formel I (R = CH(CH$_3$)-CH$_2$-CH$_3$).

B. Beim Erwärmen von Thiophen-2-carbonsäure mit (±)-*sec*-Butylalkohol und wenig Schwefelsäure (*Weinstein*, Am. Soc. **77** [1955] 6709).

Kp$_{0,18}$: 46°. D$_4^{20}$: 1,0862. n$_D^{20}$: 1,5075.

Thiophen-2-carbonsäure-isobutylester C$_9$H$_{12}$O$_2$S, Formel I (R = CH$_2$-CH(CH$_3$)$_2$).

B. Beim Erwärmen von Thiophen-2-carbonsäure mit Isobutylalkohol und wenig Schwefelsäure (*Weinstein*, Am. Soc. **77** [1955] 6709). Beim Behandeln von Thiophen-2-carbonylchlorid mit Isobutylalkohol unter Zusatz von Äther oder Benzol (*Sy et al.*, Soc. **1955** 21, 23).

Kp$_{22}$: 129°; n$_D^{27}$: 1,5088 (*Sy et al.*). Kp$_{0,06}$: 43°; D$_4^{20}$: 1,0751; n$_D^{20}$: 1,5083 (*We.*).

Thiophen-2-carbonsäure-pentylester $C_{10}H_{14}O_2S$, Formel I ($R = [CH_2]_4\text{-}CH_3$).

B. Beim Erwärmen von Thiophen-2-carbonsäure mit Pentan-1-ol und wenig Schwefel=
säure (*Weinstein*, Am. Soc. **77** [1955] 6709). Beim Behandeln von Thiophen-2-carbonyl=
chlorid mit Pentan-1-ol unter Zusatz von Äther oder Benzol (*Sy et al.*, Soc. **1955** 21, 23).

Kp_{27}: 152—153°; n_D^{27}: 1,5079 (*Sy et al.*). $Kp_{0,13}$: 63°; D_4^{20}: 1,0573; n_D^{20}: 1,5071 (*We.*).

Thiophen-2-carbonsäure-isopentylester $C_{10}H_{14}O_2S$, Formel I ($R = CH_2\text{-}CH_2\text{-}CH(CH_3)_2$).

B. Beim Erwärmen von Thiophen-2-carbonsäure mit Isopentylalkohol und wenig
Schwefelsäure (*Weinstein*, Am. Soc. **77** [1955] 6709, **78** [1956] 6421). Beim Behandeln
von Thiophen-2-carbonylchlorid mit Isopentylalkohol unter Zusatz von Äther oder
Benzol (*Sy et al.*, Soc. **1955** 21, 23).

Kp_{22}: 142—143°; n_D^{28}: 1,5049 (*Sy et al.*). $Kp_{0,07}$: 76°; D_4^{20}: 1,0593; n_D^{20}: 1,5068 (*We.*).

Thiophen-2-carbonsäure-decylester $C_{15}H_{24}O_2S$, Formel I ($R = [CH_2]_9\text{-}CH_3$).

B. Beim Erwärmen von Thiophen-2-carbonsäure mit Decan-1-ol und wenig Schwefel=
säure (*Weinstein*, Am. Soc. **77** [1955] 6709). Beim Behandeln von Thiophen-2-carbonyl=
chlorid mit Decan-1-ol unter Zusatz von Äther oder Benzol (*Sy et al.*, Soc. **1955** 21, 23).

Kp_{20}: 207—208°; n_D^{26}: 1,4943 (*Sy et al.*). $Kp_{0,13}$: 130°; D_4^{20}: 0,9995; n_D^{20}: 1,4947 (*We.*).

I   II   III

(±)-Thiophen-2-carbonsäure-[3,7-dimethyl-octylester] $C_{15}H_{24}O_2S$, Formel I
($R = CH_2\text{-}CH_2\text{-}CH(CH_3)\text{-}[CH_2]_3\text{-}CH(CH_3)_2$).

B. Beim Behandeln von Thiophen-2-carbonylchlorid mit (±)-3,7-Dimethyl-octan-1-ol
unter Zusatz von Äther oder Benzol (*Sy et al.*, Soc. **1955** 21, 23).

Kp_{22}: 198°. n_D^{27}: 1,4986.

Thiophen-2-carbonsäure-dodecylester $C_{17}H_{28}O_2S$, Formel I ($R = [CH_2]_{11}\text{-}CH_3$).

B. Beim Behandeln von Thiophen-2-carbonylchlorid mit Dodecan-1-ol unter Zusatz
von Äther oder Benzol (*Sy et al.*, Soc. **1955** 21, 23).

Kp_{20}: 224—225°. n_D^{28}: 1,4901.

Thiophen-2-carbonsäure-tetradecylester $C_{19}H_{32}O_2S$, Formel I ($R = [CH_2]_{13}\text{-}CH_3$).

B. Beim Behandeln von Thiophen-2-carbonylchlorid mit Tetradecan-1-ol unter Zusatz
von Äther oder Benzol (*Sy et al.*, Soc. **1955** 21, 23).

Kp_{20}: 245—246°. n_D^{27}: 1,4891.

Thiophen-2-carbonsäure-hexadecylester $C_{21}H_{36}O_2S$, Formel I ($R = [CH_2]_{15}\text{-}CH_3$).

B. Beim Behandeln von Thiophen-2-carbonylchlorid mit Hexadecan-1-ol unter Zusatz
von Äther oder Benzol (*Sy et al.*, Soc. **1955** 21, 23).

Kp_{22}: 266—268°. n_D^{26}: 1,4882.

Thiophen-2-carbonsäure-vinylester $C_7H_6O_2S$, Formel I ($R = CH\text{=}CH_2$).

B. Beim Erhitzen von Thiophen-2-carbonsäure mit Acetylen, Zinkoxid, Acetanhydrid
und Xylol auf 230° (*Hopff*, *Lüssi*, Makromol. Ch. **18/19** [1956] 227, 232).

Kp_{10}: 84—87°.

(±)-2,6-Dimethyl-8-[thiophen-2-carbonyloxy]-oct-2-en, (±)-Thiophen-2-carbonsäure-
[3,7-dimethyl-oct-6-enylester] $C_{15}H_{22}O_2S$, Formel I
($R = CH_2\text{-}CH_2\text{-}CH(CH_3)\text{-}CH_2\text{-}CH\text{=}C(CH_3)_2$).

B. Beim Behandeln von Thiophen-2-carbonylchlorid mit (±)-Citronellol (E IV **1** 2188)
unter Zusatz von Äther oder Benzol (*Sy et al.*, Soc. **1955** 21, 23).

Kp_{20}: 198—199°. n_D^{26}: 1,4981.

Thiophen-2-carbonsäure-phenylester $C_{11}H_8O_2S$, Formel III (X = H).

B. Beim Behandeln von Thiophen-2-carbonylchlorid mit Phenol und wss. Natronlauge
(*Ford*, *Mackay*, Soc. **1957** 4620, 4622).

Krystalle; F: 54° [aus PAe.] (*Ford, Ma.*), 53—54,5° (*Nakaya et al.*, J. chem. Soc. Japan Pure Chem. Sect. **78** [1957] 935, 936; C. A. **1959** 21276). Polarographie: *Na. et al.*, l. c. S. 938.

Thiophen-2-carbonsäure-[4-chlor-phenylester] $C_{11}H_7ClO_2S$, Formel III (X = Cl).
B. Beim Behandeln von Thiophen-2-carbonylchlorid mit 4-Chlor-phenol und wss. Natronlauge (*Ford, Mackay*, Soc. **1957** 4620, 4622).
Krystalle (aus PAe).; F: 84—84,5°.

Thiophen-2-carbonsäure-[4-brom-phenylester] $C_{11}H_7BrO_2S$, Formel III (X = Br).
B. Beim Behandeln von Thiophen-2-carbonylchlorid mit 4-Brom-phenol und wss. Natronlauge (*Ford, Mackay*, Soc. **1957** 4620, 4622).
Krystalle (aus PAe.); F: 85°.

Thiophen-2-carbonsäure-[4-nitro-phenylester] $C_{11}H_7NO_4S$, Formel III (X = NO₂).
B. Beim Behandeln von Thiophen-2-carbonylchlorid mit 4-Nitro-phenol und Pyridin (*Ford, Mackay*, Soc. **1957** 4620, 4622).
Krystalle (aus Me.); F: 181°.

Thiophen-2-carbonsäure-benzylester $C_{12}H_{10}O_2S$, Formel IV (R = CH₂-C₆H₅).
B. Beim Erwärmen von Thiophen-2-carbonsäure mit Benzylalkohol und wenig Schwe=felsäure (*Weinstein*, Am. Soc. **77** [1955] 6709). Beim Behandeln von Thiophen-2-carbonyl=chlorid mit Benzylalkohol unter Zusatz von Äther oder Benzol (*Sy et al.*, Soc. **1955** 21, 23).
Kp_{24}: 195—196°; n_D^{25}: 1,5786 (*Sy et al.*). $Kp_{0,03}$: 98°; D_4^{20}: 1,1672; n_D^{20}: 1,5720 (*We.*).

Thiophen-2-carbonsäure-phenäthylester $C_{13}H_{12}O_2S$, Formel IV (R = CH₂-CH₂-C₆H₅).
B. Beim Behandeln von Thiophen-2-carbonylchlorid mit Phenäthylalkohol unter Zusatz von Äther oder Benzol (*Sy et al.*, Soc. **1955** 21, 23).
Kp_{18}: 199—201°. n_D^{26}: 1,5731.

Thiophen-2-carbonsäure-[3-phenyl-propylester] $C_{14}H_{14}O_2S$, Formel IV (R = [CH₂]₃-C₆H₅).
B. Beim Behandeln von Thiophen-2-carbonylchlorid mit 3-Phenyl-propan-1-ol unter Zusatz von Äther oder Benzol (*Sy et al.*, Soc. **1955** 21, 23).
Kp_{24}: 222°. n_D^{26}: 1,5649.

Thiophen-2-carbonsäure-[1]naphthylester $C_{15}H_{10}O_2S$, Formel V.
B. Beim Behandeln von Thiophen-2-carbonylchlorid mit [1]Naphthol und wss. Natron=lauge (*Ford, Mackay*, Soc. **1957** 4620, 4622).
Krystalle (aus PAe.); F: 80°.

IV   V   VI   VII

Trimethyl-[2-(thiophen-2-carbonyloxy)-äthyl]-ammonium, Thiophen-2-carbonsäure-[2-trimethylammonio-äthylester] $[C_{10}H_{16}NO_2S]^+$, Formel IV (R = CH₂-CH₂-N(CH₃)₃)⁺).
Perchlorat $[C_{10}H_{16}NO_2S]ClO_4$; *O*-[Thiophen-2-carbonyl]-cholin-perchlorat.
B. Aus Thiophen-2-carbonylchlorid und Cholin-chlorid [[2-Hydroxy-äthyl]-trimethyl-ammonium-chlorid] (*Bell, Carr*, J. Am. pharm. Assoc. **36** [1947] 272). — Krystalle; F: 189—190° [Fisher-Johns-App.].

Thiophen-2-carbonsäure-[3-dibutylamino-propylester] $C_{16}H_{27}NO_2S$, Formel IV (R = [CH₂]₃-N([CH₂]₃-CH₃)₂).
B. Beim Erwärmen von Thiophen-2-carbonylchlorid mit 3-Dibutylamino-propan-1-ol und Benzol (*Campaigne, LeSuer*, Am. Soc. **70** [1948] 3498).
Kp_1: 151—152°. n_D^{20}: 1,4946.
Hydrochlorid $C_{16}H_{27}NO_2S \cdot HCl$. F: 83—87°.

Thiophen-2-carbonsäure-[β-propylamino-isobutylester] $C_{12}H_{19}NO_2S$, Formel VI
(R = CH₂-CH₂-CH₃).

Hydrochlorid $C_{12}H_{19}NO_2S \cdot HCl$. *B.* Beim Erhitzen von Thiophen-2-carbonylchlorid mit β-Propylamino-isobutylalkohol-hydrochlorid auf 150° (*Pierce, Rutter*, Am. Soc. **74** [1952] 3954). — Krystalle (aus A. + Diisopropyläther); F: 165—166° [unkorr.].

Thiophen-2-carbonsäure-[β-butylamino-isobutylester] $C_{13}H_{21}NO_2S$, Formel VI
(R = [CH₂]₃-CH₃).

Hydrochlorid $C_{13}H_{21}NO_2S \cdot HCl$. *B.* Beim Erhitzen von Thiophen-2-carbonylchlorid mit β-Butylamino-isobutylalkohol-hydrochlorid auf 150° (*Pierce, Rutter*, Am. Soc. **74** [1952] 3954). — Krystalle (aus A. + Diisopropyläther); F: 175—176° [unkorr.].

Thiophen-2-carbonsäure-[β-pentylamino-isobutylester] $C_{14}H_{23}NO_2S$, Formel VI
(R = [CH₂]₄-CH₃).

Hydrochlorid $C_{14}H_{23}NO_2S \cdot HCl$. *B.* Beim Erhitzen von Thiophen-2-carbonylchlorid mit β-Pentylamino-isobutylalkohol-hydrochlorid auf 150° (*Pierce, Rutter*, Am. Soc. **74** [1952] 3954). — Krystalle (aus A. + Diisopropyläther); F: 130—131° [unkorr.].

Thiophen-2-carbonsäure-[2]thienylester $C_9H_6O_2S_2$, Formel VII.
B. Beim Behandeln von Thiophen-2-carbonylchlorid mit Thiophen-2-ol (E III/IV **17** 4286) und wss. Natronlauge (*Ford, Mackay*, Soc. **1957** 4620, 4622).
Krystalle (aus PAe.); F: 54°.

Bis-[thiophen-2-carbonyl]-peroxid $C_{10}H_6O_4S_2$, Formel VIII.
B. Beim Behandeln von Thiophen-2-carbonylchlorid mit wss. Wasserstoffperoxid und Pyridin (*Breitenbach, Karlinger*, M. **80** [1949] 739) oder mit Cyclohexan, wss. Wasserstoffperoxid und wss. Natronlauge (*Ford, Mackay*, Soc. **1957** 4620, 4622).
Krystalle; F: 103° [Zers.; aus Bzl. + PAe.] (*Ford, Ma.*), 92—93° [Zers.; aus Acn.] (*Br., Ka.*).
Bei 2-tägigem Erwärmen mit Benzol unter Ausschluss von Licht und Luft sind Thiophen-2-carbonsäure, Thiophen-2-carbonsäure-phenylester, Thiophen-2-carbonsäure-anhydrid und Kohlendioxid, bei 2-tägigem Erwärmen mit Chlorbenzol unter Ausschluss von Licht und Luft sind Thiophen-2-carbonsäure, Thiophen-2-carbonsäure-phenylester, Thiophen-2-carbonsäure-[4-chlor-phenylester], Thiophen-2-carbonsäure-[2]thienylester und Thiophen-2-carbonsäure-anhydrid, bei 2-tägigem Erwärmen mit Brombenzol unter Ausschluss von Licht und Luft sind Thiophen-2-carbonsäure, Thiophen-2-carbonsäure-phenylester und Thiophen-2-carbonsäure-[4-brom-phenylester], beim Erhitzen mit Jodbenzol unter Ausschluss von Licht und Luft auf 150° sind Thiophen-2-carbonsäure, Thiophen-2-carbonsäure-phenylester, Thiophen-2-carbonsäure-anhydrid und Jod erhalten worden (*Ford, Ma.*). Reaktion mit Nitrobenzol (Bildung von Thiophen-2-carbonsäure und Thiophen-2-carbonsäure-[4-nitro-phenylester]), Reaktion mit Toluol (Bildung von Thiophen-2-carbonsäure, Bibenzyl, 2-Benzyl-thiophen, Thiophen-2-carbonsäure-benzylester, Thiophen-2-carbonsäure-o-tolylester, 5(?)-[Thiophen-2-carbonyloxy]-thiophen-2-carbonsäure (F: 195°) und Kohlendioxid) sowie Reaktion mit Cumol (Bildung von Thiophen-2-carbonsäure und 2,3-Dimethyl-2,3-diphenyl-butan): *Ford, Ma.* Bildung von Thiophen-2-carbonsäure, Thiophen-2-carbonsäure-[2]thienylester und [2,2']Bithienyl beim Erhitzen mit Thiophen: *Ford, Ma.* Beim Behandeln mit Diäthylsulfid sind Thiophen-2-carbonsäure und Thiophen-2-carbonsäure-anhydrid erhalten worden (*Ford, Ma.*).

Thiophen-2-carbonsäure-chlorid, Thiophen-2-carbonylchlorid C_5H_3ClOS, Formel IX
(X = Cl) (H 290; E II 269).
Kp: 201° (*Buu-Hoi, Nguyen-Hoán*, R. **68** [1949] 5, 19); Kp_{14}: 85° (*McElvain, Carney*, Am. Soc. **68** [1946] 2592, 2599); Kp_{10}: 77° (*Ford, Mackay*, Soc. **1957** 4620, 4622).

Thiophen-2-carbonsäure-amid, Thiophen-2-carbamid C_5H_5NOS, Formel IX (X = NH₂)
(H 290).
B. Beim Behandeln von Thiophen mit Carbamoylchlorid (*Kühnhanss et al.*, J. pr. [4] **3** [1956] 137, 142). Beim Erhitzen von Thiophen-2-carbaldehyd mit Schwefel und wss. Ammoniak (*Blanchette, Brown*, Am. Soc. **73** [1951] 2779). Beim Erwärmen von Thiophen-2-carbonsäure mit Phosphor(V)-chlorid und Behandeln einer Lösung des Reaktions-

produkts in Äther mit wss. Ammoniak (*Putochin, Egorowa*, Ž. obšč. Chim. **18** [1948] 1866, 1867; C. A. **1949** 3817). Beim Behandeln von Thiophen-2-carbonsäure-äthylester mit wss. Ammoniak (*Challenger, Gibson*, Soc. **1940** 305, 308).

Krystalle; F: 179—180° [aus W.] (*Bl., Br.*), 179° [aus W.] (*Kü. et al.*), 176—177° [aus CHCl₃] (*Ch., Gi.*). UV-Spektrum (210—310 nm) einer Lösung in Hexan: *Pappalardo*, G. **89** [1959] 540, 543; einer Lösung in Äthanol: *Andrisano, Pappalardo*, Spectrochim. Acta **12** [1958] 350, 351.

VIII   IX   X

Thiophen-2-carbonsäure-methylamid, *N*-Methyl-thiophen-2-carbamid C₆H₇NOS, Formel IX (X = NH-CH₃).

B. Aus Thiophen-2-carbonylchlorid und Methylamin (*Hurd, Moffat*, Am. Soc. **73** [1951] 613).

Krystalle; F: 113—114° [aus Bzl.] (*Hurd, Mo.*), 110—112° [unkorr.; aus E. + Hexan] (*Shapiro et al.*, Am. Soc. **81** [1959] 3728, 3732).

Thiophen-2-carbonsäure-äthylamid, *N*-Äthyl-thiophen-2-carbamid C₇H₉NOS, Formel IX (X = NH-C₂H₅).

Krystalle (aus E. + Hexan); F: 75—77° (*Shapiro et al.*, Am. Soc. **81** [1959] 3728, 3732).

Thiophen-2-carbonsäure-allylamid, *N*-Allyl-thiophen-2-carbamid C₈H₉NOS, Formel IX (X = NH-CH₂-CH=CH₂).

B. Beim Behandeln von Thiophen-2-carbonylchlorid mit Allylamin und wss. Natronlauge oder mit Allylamin, Chloroform und Pyridin (*Behrens et al.*, J. biol. Chem. **175** [1948] 771, 778).

Krystalle (aus 1,1-Dichlor-äthan oder E.); F: 65°.

Thiophen-2-carbonsäure-anilid, Thiophen-2-carbanilid C₁₁H₉NOS, Formel X (X = H) (H 290).

B. Aus Thiophen-2-carbonylchlorid und Anilin (*Badger et al.*, Soc. **1952** 2849, 2852). Beim Erwärmen von Phenyl-[2]thienyl-keton in Trichloressigsäure mit Natriumazid und konz. Schwefelsäure (*Ba. et al.*).

Krystalle (aus A.); F: 144—145°. Unter 0,2 Torr bei 150° sublimierbar.

Thiophen-2-carbonsäure-[3-chlor-anilid] C₁₁H₈ClNOS, Formel X (X = Cl).

B. Beim Behandeln von Thiophen-2-carbonylchlorid mit 3-Chlor-anilin und Pyridin (*Buu-Hoï, Hoán*, R. **68** [1949] 5, 20).

Krystalle; F: 139°. In Methanol leicht löslich.

Thiophen-2-carbonsäure-[4-chlor-anilid] C₁₁H₈ClNOS, Formel XI (X = Cl).

B. Beim Behandeln von Thiophen-2-carbonylchlorid mit 4-Chlor-anilin und Pyridin (*Buu-Hoï, Hoán*, R. **68** [1949] 5, 20).

Krystalle; F: 164°. In Methanol schwer löslich.

Thiophen-2-carbonsäure-[*N*-methyl-anilid], *N*-Methyl-thiophen-2-carbanilid C₁₂H₁₁NOS, Formel IX (X = N(CH₃)-C₆H₅).

B. Beim Behandeln von Thiophen-2-carbonylchlorid mit *N*-Methyl-anilin und Benzol (*Baker et al.*, J. org. Chem. **18** [1953] 138, 147).

Krystalle (aus Heptan); F: 82—84°.

XI   XII   XIII

Thiophen-2-carbonsäure-*o*-toluidid $C_{12}H_{11}NOS$, Formel XII (R = H).

B. Beim Behandeln von Thiophen-2-carbonylchlorid mit *o*-Toluidin und Pyridin (*Buu-Hoi, Hoán,* R. **68** [1949] 5, 20).

Krystalle; F: 132°.

Thiophen-2-carbonsäure-*m*-toluidid $C_{12}H_{11}NOS$, Formel X (X = CH_3).

B. Beim Behandeln von Thiophen-2-carbonylchlorid mit *m*-Toluidin und Pyridin (*Buu-Hoi, Hoán,* R. **68** [1949] 5, 20).

Krystalle; F: 105°.

Thiophen-2-carbonsäure-*p*-toluidid $C_{12}H_{11}NOS$, Formel XI (X = CH_3).

B. Beim Behandeln von Thiophen-2-carbonylchlorid mit *p*-Toluidin und Pyridin (*Buu-Hoi, Hoán,* R. **68** [1949] 5, 19).

Krystalle; F: 168°.

Thiophen-2-carbonsäure-[2,3-dimethyl-anilid] $C_{13}H_{13}NOS$, Formel XII (R = CH_3).

B. Beim Behandeln von Thiophen-2-carbonylchlorid mit 2,3-Dimethyl-anilin und Pyridin (*Buu-Hoi, Hoán,* R. **68** [1949] 5, 20).

Krystalle; F: 152°.

Thiophen-2-carbonsäure-[3,4-dimethyl-anilid] $C_{13}H_{13}NOS$, Formel XIII.

B. Beim Behandeln von Thiophen-2-carbonylchlorid mit 3,4-Dimethyl-anilin und Pyridin (*Buu-Hoi, Hoán,* R. **68** [1949] 5, 20).

Krystalle; F: 143°.

Thiophen-2-carbonsäure-[2,6-dimethyl-anilid] $C_{13}H_{13}NOS$, Formel I.

B. Beim Behandeln von Thiophen-2-carbonylchlorid mit 2,6-Dimethyl-anilin und Pyridin (*Buu-Hoi, Hoán,* R. **68** [1949] 5, 20).

Krystalle; F: 139°.

I   II   III

Thiophen-2-carbonsäure-[2,4-dimethyl-anilid] $C_{13}H_{13}NOS$, Formel II.

B. Beim Behandeln von Thiophen-2-carbonylchlorid mit 2,4-Dimethyl-anilin und Pyridin (*Buu-Hoi, Hoán,* R. **68** [1949] 5, 20).

Krystalle; F: 132°.

Thiophen-2-carbonsäure-[2,5-dimethyl-anilid] $C_{13}H_{13}NOS$, Formel III.

B. Beim Behandeln von Thiophen-2-carbonylchlorid mit 2,5-Dimethyl-anilin und Pyridin (*Buu-Hoi, Hoán,* R. **68** [1949] 5, 20).

Krystalle; F: 146°.

1-Phenyl-2-[thiophen-2-carbonylamino]-propan, Thiophen-2-carbonsäure-[1-methyl-2-phenyl-äthylamid], *N*-[1-Methyl-2-phenyl-äthyl]-thiophen-2-carbamid $C_{14}H_{15}NOS$.

a) ***N*-[(*S*)-1-Methyl-2-phenyl-äthyl]-thiophen-2-carbamid** $C_{14}H_{15}NOS$, Formel IV.

B. Beim Behandeln von Thiophen-2-carbonylchlorid mit (*S*)-2-Amino-1-phenyl-propan und Benzol (*Shapiro et al.,* Am. Soc. **80** [1958] 6065, 6069).

Krystalle (aus Bzl. + Hexan); F: 142° [unkorr.].

b) **(±)-*N*-[1-Methyl-2-phenyl-äthyl]-thiophen-2-carbamid** $C_{14}H_{15}NOS$, Formel IV + Spiegelbild.

B. Beim Behandeln von Thiophen-2-carbonylchlorid mit (±)-2-Amino-1-phenyl-propan und Pyridin (*Xuong,* C. r. **244** [1957] 138).

Krystalle (aus A.); F: 126°.

IV   V   VI

Thiophen-2-carbonsäure-[1]naphthylamid, N-[1]Naphthyl-thiophen-2-carbamid
$C_{15}H_{11}NOS$, Formel V.
B. Beim Behandeln von Thiophen-2-carbonylchlorid mit [1]Naphthylamin und Pyridin
(*Buu-Hoi, Hoán,* R. **68** [1949] 5, 21).
Krystalle; F: 210°.

Thiophen-2-carbonsäure-[2]naphthylamid, N-[2]Naphthyl-thiophen-2-carbamid
$C_{15}H_{11}NOS$, Formel VI.
B. Beim Behandeln von Thiophen-2-carbonylchlorid mit [2]Naphthylamin und Pyridin
(*Buu-Hoi, Hoán,* R. **68** [1949] 5, 21).
Krystalle; F: 194°.

Thiophen-2-carbonsäure-biphenyl-2-ylamid, N-Biphenyl-2-yl-thiophen-2-carbamid
$C_{17}H_{13}NOS$, Formel VII.
B. Beim Behandeln von Thiophen-2-carbonylchlorid mit Biphenyl-2-ylamin und
Pyridin (*Buu-Hoi, Hoán,* R. **68** [1949] 5, 21).
F: 80°. Kp_{40}: 280°.

VII   VIII   IX

Thiophen-2-carbonsäure-biphenyl-4-ylamid, N-Biphenyl-4-yl-thiophen-2-carbamid
$C_{17}H_{13}NOS$, Formel VIII.
B. Beim Behandeln von Thiophen-2-carbonylchlorid mit Biphenyl-4-ylamin und
Pyridin (*Buu-Hoi, Hoán,* R. **68** [1949] 5, 21).
Krystalle; F: 203°.

Thiophen-2-carbonsäure-acenaphthen-5-ylamid, N-Acenaphthen-5-yl-thiophen-2-carb⸗
amid $C_{17}H_{13}NOS$, Formel IX.
B. Beim Behandeln von Thiophen-2-carbonylchlorid mit Acenaphthen-5-ylamin und
Pyridin (*Buu-Hoi, Hoán,* R. **68** [1949] 5, 21).
Krystalle; F: 162°.

Thiophen-2-carbonsäure-fluoren-2-ylamid, N-Fluoren-2-yl-thiophen-2-carbamid
$C_{18}H_{13}NOS$, Formel X.
B. Beim Behandeln von Thiophen-2-carbonylchlorid mit Fluoren-2-ylamin und Pyridin
(*Buu-Hoi, Hoán,* R. **68** [1949] 5, 21).
Krystalle; F: 218—219°.

Thiophen-2-carbonsäure-chrysen-6-ylamid, N-Chrysen-6-yl-thiophen-2-carbamid
$C_{23}H_{15}NOS$, Formel XI.
B. Beim Behandeln von Thiophen-2-carbonylchlorid mit Chrysen-6-ylamin und Pyridin
(*Buu-Hoi,* J. org. Chem. **19** [1954] 721, 723).
Krystalle (aus Eg.); F: 228°.

Thiophen-2-carbonsäure-[2-hydroxy-äthylamid], N-[2-Hydroxy-äthyl]-thiophen-2-carb⸗
amid $C_7H_9NO_2S$, Formel XII (R = CH_2-CH_2OH).
B. Beim Erhitzen von Thiophen-2-carbonsäure-methylester oder von Thiophen-

2-carbonsäure-äthylester mit 2-Amino-äthanol (*Behrens et al.*, J. biol. Chem. **175** [1948] 771, 778).

Krystalle; F: 90—91°.

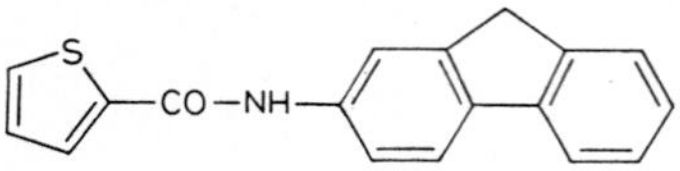

X 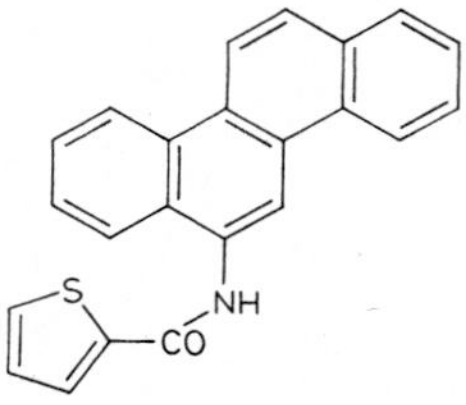   XI 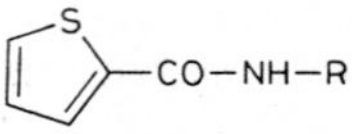   XII

1-[4-Nitro-phenoxy]-5-[thiophen-2-carbonylamino]-pentan, Thiophen-2-carbonsäure-[5-(4-nitro-phenoxy)-pentylamid], *N*-[5-(4-Nitro-phenoxy)-pentyl]-thiophen-2-carbamid $C_{16}H_{18}N_2O_4S$, Formel XIII (X = NO$_2$).

B. Beim Behandeln von Thiophen-2-carbonsäure-anhydrid mit 5-[4-Nitro-phenoxy]-pentylamin und Pyridin (*May & Baker Ltd.*, U.S.P. 2830008 [1956]).

F: 129—131°.

1-[4-Amino-phenoxy]-5-[thiophen-2-carbonylamino]-pentan, Thiophen-2-carbonsäure-[5-(4-amino-phenoxy)-pentylamid], *N*-[5-(4-Amino-phenoxy)-pentyl]-thiophen-2-carb= amid $C_{16}H_{20}N_2O_2S$, Formel XIII (X = NH$_2$).

B. Beim Erwärmen der im vorangehenden Artikel beschriebenen Verbindung mit Natriumsulfid-nonahydrat in Äthanol (*May & Baker Ltd.*, U.S.P. 2830008 [1956]).

F: 115—116°.

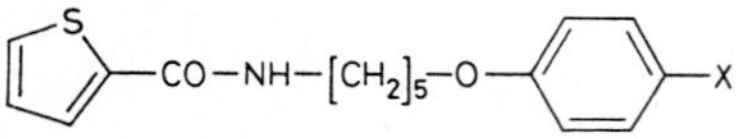

XIII 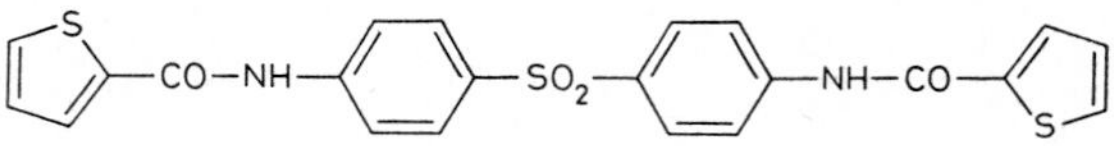   XIV

Bis-[4-(thiophen-2-carbonylamino)-phenyl]-sulfon $C_{22}H_{16}N_2O_4S_3$, Formel XIV.

B. Beim Behandeln von Thiophen-2-carbonylchlorid mit Bis-[4-amino-phenyl]-sulfon in Aceton und Pyridin (*Sašošow*, Ž. obšč. Chim. **17** [1947] 471, 474; C. A. **1948** 534).

Krystalle (aus Py.); F: 283°.

Thiophen-2-carbonsäure-[3,4-dimethoxy-phenäthylamid], *N*-[3,4-Dimethoxy-phenäthyl]-thiophen-2-carbamid $C_{15}H_{17}NO_3S$, Formel XV.

B. Beim Behandeln von Thiophen-2-carbonylchlorid mit 3,4-Dimethoxy-phenäthyl= amin, Äther und wss. Natronlauge (*Kametani, Inagaki*, J. pharm. Soc. Japan **74** [1954] 417; C. A. **1955** 5495).

Krystalle (aus A.); F: 104,7°.

1-Phenyl-2-[thiophen-2-carbonylamino]-äthanon, Thiophen-2-carbonsäure-phenacylamid, *N*-Phenacyl-thiophen-2-carbamid $C_{13}H_{11}NO_2S$, Formel XII (R = CH$_2$-CO-C$_6$H$_5$).

B. Beim Erwärmen von Thiophen-2-carbonylchlorid mit 2-Amino-1-phenyl-äthanon-hydrochlorid und Pyridin (*Hayes et al.*, Am. Soc. **77** [1955] 1850).

Krystalle (aus Toluol); F: 140—141° [Block].

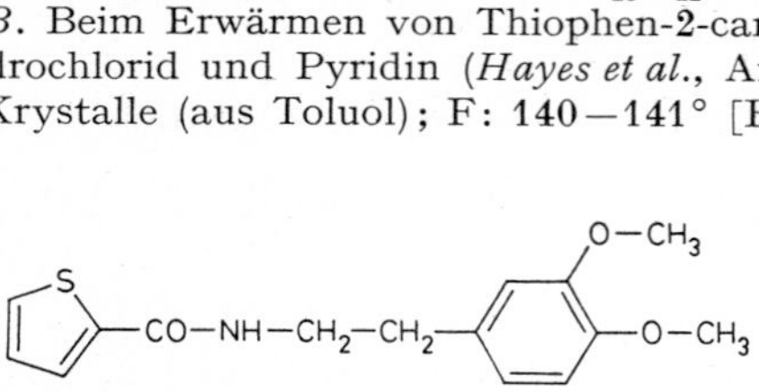

XV 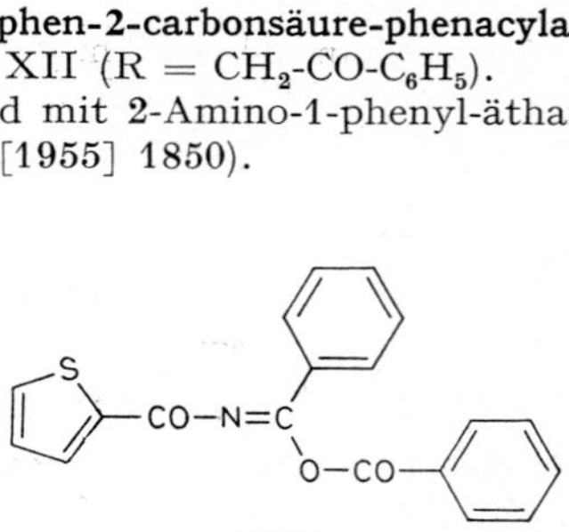   XVI

Acetyl-[thiophen-2-carbonyl]-amin, Thiophen-2-carbonsäure-acetylamid, *N*-Acetyl-thio⸗ phen-2-carbamid $C_7H_7NO_2S$, Formel XII (R = CO-CH₃).

   B. Beim Erhitzen von Thiophen-2-carbamid mit Acetanhydrid (*Putochin, Egorowa*, Ž. obšč. Chim. **18** [1948] 1866, 1867; C. A. **1949** 3817).

   Krystalle (aus A.); F: 135—136°.

Benzoesäure-[*N*-(thiophen-2-carbonyl)-benzimidsäure]-anhydrid, Benzoyl-[*N*-(thiophen-2-carbonyl)-benzimidoyl]-oxid, *N*-[α-Benzoyloxy-benzyliden]-thiophen-2-carbamid $C_{19}H_{13}NO_3S$, Formel XVI.

   B. Beim Behandeln von 1-Phenyl-2-[2]thienyl-äthandion-1-(*E*)-oxim mit Benzoyl⸗ chlorid und Pyridin (*Steinkopf*, A. **540** [1939] 14, 19).

   Gelbliche Krystalle (aus Bzn.); F: 111—113°.

   Beim Behandeln einer Lösung in Äthanol mit wss. Natronlauge sind Thiophen-2-carbon⸗ säure und Benzonitril erhalten worden.

2-[Thiophen-2-carbonylamino]-acetimidsäure-äthylester $C_9H_{12}N_2O_2S$, Formel XII (R = CH₂-C(O-C₂H₅)=NH).

   Hydrochlorid $C_9H_{12}N_2O_2S \cdot HCl$. *B.* Beim Behandeln eines Gemisches von *N*-Cyan⸗ methyl-thiophen-2-carbamid, Äthanol und Chloroform mit Chlorwasserstoff (*Freuden-berg et al.*, B. **65** [1932] 1183, 1186). — Krystalle; Zers. bei 117—120°.

Thiophen-2-carbonsäure-[cyanmethyl-amid], *N*-Cyanmethyl-thiophen-2-carbamid, *N*-[Thiophen-2-carbonyl]-glycin-nitril $C_7H_6N_2OS$, Formel XII (R = CH₂-CN).

   B. Beim Behandeln einer Lösung von Thiophen-2-carbonylchlorid in Benzol mit Glycin-nitril-sulfat und wss. Natronlauge (*Freudenberg et al.*, B. **65** [1932] 1183, 1186).

   Krystalle (aus wss. A.); F: 129—130°.

2-[Thiophen-2-carbonylamino]-acetamidin $C_7H_9N_3OS$, Formel XII (R = CH₂-C(NH₂)=NH).

   Hydrochlorid $C_7H_9N_3OS \cdot HCl$. *B.* Bei mehrtägigem Behandeln von 2-[Thiophen-2-carbonylamino]-acetimidsäure-äthylester-hydrochlorid mit Ammoniak in Äthanol (*Freudenberg et al.*, B. **65** [1932] 1183, 1186). — Krystalle (aus wss. A.); Zers. bei ca. 275°.

N-[Thiophen-2-carbonyl]-DL-valin $C_{10}H_{13}NO_3S$, Formel XII (R = CH(COOH)-CH(CH₃)₂).

   B. Beim Behandeln von Thiophen-2-carbonylchlorid mit DL-Valin und wss. Natron⸗ lauge oder mit DL-Valin, Chloroform und Pyridin (*Behrens et al.*, J. biol. Chem. **175** [1948] 771, 778).

   Krystalle; F: 123—124°.

Thiophen-2-carbonsäure-[4-sulfamoyl-anilid], *N*-[Thiophen-2-carbonyl]-sulfanilsäure-amid $C_{11}H_{10}N_2O_3S_2$, Formel I.

   B. Beim Erwärmen von Thiophen-2-carbonylchlorid mit Sulfanilamid und Pyridin (*Kolloff, Hunter*, Am. Soc. **62** [1940] 1646).

   F: 278—278,5° [unkorr.].

         I   II

Thiophen-2-carbonsäure-[4-phenylsulfamoyl-anilid], *N*-[Thiophen-2-carbonyl]-sulfanil⸗ säure-anilid $C_{17}H_{14}N_2O_3S_2$, Formel II (X = H).

   B. Beim Erwärmen von Thiophen-2-carbonylchlorid mit Sulfanilsäure-anilid und Pyridin (*Kolloff, Hunter*, Am. Soc. **62** [1940] 1646).

   Krystalle (aus wss. A.); F: 228—230° [unkorr.].

Thiophen-2-carbonsäure-[4-(4-nitro-phenylsulfamoyl)-anilid], *N*-[Thiophen-2-carbonyl]-sulfanilsäure-[4-nitro-anilid] $C_{17}H_{13}N_3O_5S_2$, Formel II (X = NO₂).

   B. Beim Erwärmen von Thiophen-2-carbonylchlorid mit Sulfanilsäure-[4-nitro-anilid] und Pyridin (*Kolloff, Hunter*, Am. Soc. **62** [1940] 1646).

   Krystalle (aus wss. Acn.); F: 261—262,5° [unkorr.].

Thiophen-2-carbonsäure-[4-(4-amino-phenylsulfamoyl)-anilid], *N*-[Thiophen-2-carb=
onyl]-sulfanilsäure-[4-amino-anilid] $C_{17}H_{15}N_3O_3S_2$, Formel II (X = NH$_2$).
 B. Beim Behandeln von Thiophen-2-carbonsäure-[4-(4-nitro-phenylsulfamoyl)-anilid]
mit wss. Natronlauge, Eisen(II)-sulfat und wss. Ammoniak (*Kolloff, Hunter*, Am. Soc.
62 [1940] 1646).
 Krystalle (aus wss. Acn.); F: 267,2° [unkorr.].

Thiophen-2-carbonsäure-[2-dimethylamino-äthylamid], *N*-[2-Dimethylamino-äthyl]-
thiophen-2-carbamid, *N,N*-Dimethyl-*N'*-[thiophen-2-carbonyl]-äthylendiamin
$C_9H_{14}N_2OS$, Formel III (R = H, X = CH$_3$).
 B. Beim Behandeln von Thiophen-2-carbonylchlorid mit *N,N*-Dimethyl-äthylendi=
amin, Natriumhydrogencarbonat und Äther (*Kametani et al.*, Japan. J. Pharm. Chem. **26**
[1954] 544, 547; C. A. **1955** 9612).
 Bei 150—160°/3 Torr destillierbar.
 Picrat $C_9H_{14}N_2OS \cdot C_6H_3N_3O_7$. Krystalle (aus A.); F: 185°.

Thiophen-2-carbonsäure-[2-diäthylamino-äthylamid], *N*-[2-Diäthylamino-äthyl]-
thiophen-2-carbamid, *N,N*-Diäthyl-*N'*-[thiophen-2-carbonyl]-äthylendiamin $C_{11}H_{18}N_2OS$,
Formel III (R = H, X = C$_2$H$_5$).
 B. Beim Behandeln einer Lösung von Thiophen-2-carbonylazid in Äther mit *N,N*-Di=
äthyl-äthylendiamin (*Kametani et al.*, Japan. J. Pharm. Chem. **26** [1954] 544, 548; C. A.
1955 9612).
 Picrat $C_{11}H_{18}N_2OS \cdot C_6H_3N_3O_7$. Krystalle (aus Eg. oder Acn.) mit 0,5 Mol H$_2$O. F: 260°
[Zers.].

III   IV   V

Thiophen-2-carbonsäure-[benzyl-(2-dimethylamino-äthyl)-amid], *N*-Benzyl-*N*-[2-di=
methylamino-äthyl]-thiophen-2-carbamid, *N*-Benzyl-*N',N'*-dimethyl-*N*-[thiophen-
2-carbonyl]-äthylendiamin $C_{16}H_{20}N_2OS$, Formel III (R = CH$_2$-C$_6$H$_5$, X = CH$_3$).
 B. Beim Erwärmen von Thiophen-2-carbonylchlorid mit *N'*-Benzyl-*N,N*-dimethyl-
äthylendiamin und Pyridin (*Villani et al.*, Am. Soc. **72** [1950] 2724, 2726).
 Kp$_{0,5}$: 187—193°. n$_D^{27}$: 1,5721.

***N,N'*-Bis-[thiophen-2-carbonyl]-*o*-phenylendiamin** $C_{16}H_{12}N_2O_2S_2$, Formel IV.
 B. Beim Behandeln von Thiophen-2-carbonylchlorid mit *o*-Phenylendiamin und
Pyridin (*Buu-Hoi, Hoán*, R. **68** [1949] 5, 21).
 Krystalle; F: 266° [Zers.].

***N*-Acetyl-*N'*-[thiophen-2-carbonyl]-*p*-phenylendiamin, Thiophen-2-carbonsäure-
[4-acetylamino-anilid]** $C_{13}H_{12}N_2O_2S$, Formel V.
 B. Beim Behandeln von Thiophen-2-carbonylchlorid mit Essigsäure-[4-amino-anilid]
und Pyridin (*Buu-Hoi, Hoán*, R. **68** [1949] 5, 21).
 Krystalle; F: 245°.

VI   VII

N,*N*′-Bis-[4-dimethylamino-phenyl]-*N*-[thiophen-2-carbonyl]-harnstoff C$_{22}$H$_{24}$N$_4$O$_2$S, Formel VI.

B. Aus Thiophen-2-carbonsäure und Bis-[4-dimethylamino-phenyl]-carbodiimid in Äther (*Zetzsche, Röttger*, B. **72** [1939] 1599, 1612).

Orangegelbe Krystalle (aus Acn.); F: 136,5—137°.

4-Methyl-*N*,*N*′-bis-[thiophen-2-carbonyl]-*m*-phenylendiamin C$_{17}$H$_{14}$N$_2$O$_2$S$_2$, Formel VII.

B. Beim Behandeln von Thiophen-2-carbonylchlorid mit 4-Methyl-*m*-phenylendiamin und Pyridin (*Buu-Hoï, Hoán*, R. **68** [1949] 5, 22).

Krystalle; F: 209—210°.

N,*N*′-Bis-[thiophen-2-carbonyl]-benzidin C$_{22}$H$_{16}$N$_2$O$_2$S$_2$, Formel VIII.

B. Beim Behandeln von Thiophen-2-carbonylchlorid mit Benzidin und Pyridin (*Buu-Hoï, Hoán*, R. **68** [1949] 5, 21).

Krystalle, die unterhalb 315° nicht schmelzen.

VIII   IX

4,4′-Bis-äthoxycarbonylamino-2-[thiophen-2-carbonylamino]-biphenyl, *N*,*N*′-[2-(Thiophen-2-carbonylamino)-biphenyl-4,4′-diyl]-bis-carbamidsäure-diäthylester C$_{23}$H$_{23}$N$_3$O$_5$S, Formel IX (R = CO-O-C$_2$H$_5$).

B. Beim Erhitzen von Thiophen-2-carbonylchlorid mit 4,4′-Bis-äthoxycarbonylamino-2-amino-biphenyl in Nitrobenzol auf 150° (*Walls, Whittaker*, Soc. **1950** 41, 44).

Krystalle (aus 2-Äthoxy-äthanol); F: 197—198°.

Thiophen-2-carbonsäure-[imin-methylester], Thiophen-2-carbimidsäure-methylester C$_6$H$_7$NOS, Formel X (R = CH$_3$).

B. Als Hydrochlorid beim Behandeln eines Gemisches von Thiophen-2-carbonitril und Methanol mit Chlorwasserstoff (*Berçot-Vatteroni*, A. ch. [13] **7** [1962] 303, 310).

Kp$_{13}$: 95,5° (*Delaby et al.*, C. r. **246** [1958] 125; *Be.-Va.*).

Hydrochlorid C$_6$H$_7$NOS·HCl. Krystalle [aus Me. + Ae.]; F: 173° [Zers.] (*Be.-Va.*).

Thiophen-2-carbonsäure-[äthylester-imin], Thiophen-2-carbimidsäure-äthylester C$_7$H$_9$NOS, Formel X (R = C$_2$H$_5$) (H 290; dort als Thiophen-α-carbonsäure-iminoäthyläther bezeichnet).

Hydrochlorid C$_7$H$_9$NOS·HCl. B. Beim Behandeln eines Gemisches von Thiophen-2-carbonitril, Äthanol und Äther mit Chlorwasserstoff (*Elpern, Nachod*, Am. Soc. **72** [1950] 3379, 3382; vgl. H 290). — F: 124—126° [Zers.] (*El., Na.*), 123—126° [Zers.; aus A. + Ae.] (*Freudenberg et al.*, B. **65** [1932] 1183, 1185).

Thiophen-2-carbonitril C$_5$H$_3$NS, Formel XI (H 290; E II 270).

B. Beim Erhitzen von 2-Methyl-thiophen mit Ammoniak in Gegenwart eines Molybdän(VI)-oxid-Aluminiumoxid-Katalysators auf 500° (*Socony-Vacuum Oil Co.*, U.S.P. 2551572 [1948]). Beim Erhitzen von 2-Chlor-thiophen mit Cyanwasserstoff in Gegenwart eines Nickeloxid-Aluminiumoxid-Katalysators auf 550° (*Du Pont de Nemours & Co.*, U.S.P. 2716646 [1951]; D.B.P. 943225 [1952]). Beim Erhitzen von Thiophen-2-carbaldehyd-(Z)-oxim mit Acetanhydrid (*Reynaud, Delaby*, Bl. **1955** 1614; *Meltzer et al.*, Am. Soc. **77** [1955] 4062, 4065) oder mit Acetanhydrid und Natriumacetat (*Putochin, Egorowa*, Ž. obšč. Chim. **18** [1948] 1866, 1867; C. A. **1949** 3817).

Kp: 196° (*Pu., Eg.*); Kp$_{20}$: 89° (*Re., De.*); Kp$_{11-12}$: 77,5—78° (*Pu., Eg.*); Kp$_{10}$: 74° (*Me. et al.*). D$_4^{15}$: 1,1800 (*Pu., Eg.*). n$_D^{15}$: 1,5641 (*Pu., Eg.*); n$_D^{25}$: 1,5620 (*Me. et al.*). UV-Spek trum (2,2,4-Trimethyl-pentan; 220—300 nm): *Boig et al.*, J. org. Chem. **18** [1953] 775.

Beim Behandeln mit Salpetersäure und Acetanhydrid sind 4-Nitro-thiophen-2-carbo=nitril (Hauptprodukt) und 5-Nitro-thiophen-2-carbonitril erhalten worden (*Re., De.*).

X   XI   XII   XIII

Thiophen-2-carbonsäure-[amid-imin], Thiophen-2-carbamidin $C_5H_6N_2S$, Formel XII (R = H).

B. Als Benzolsulfonat (s. u.) beim Erwärmen von Thiophen-2-carbimidsäure-methyl=ester mit Ammonium-benzolsulfonat in Methanol (*Delaby et al.*, C. r. **246** [1958] 125). Als Hydrochlorid (s. u.) beim 3-tägigen Behandeln von Thiophen-2-carbimidsäure-äthylester-hydrochlorid mit Ammoniak in Äthanol (*Freudenberg et al.*, B. **65** [1932] 1183, 1186).

Hydrochlorid $C_5H_6N_2S \cdot HCl$. Krystalle (aus A.); F: 176° [gelbe Schmelze] (*Fr. et al.*).

Benzolsulfonat $C_5H_6N_2S \cdot C_6H_6O_3S$. Krystalle (aus Butanon); F: 110° (*De. et al.*).

***N*-Phenyl-thiophen-2-carbamidin** $C_{11}H_{10}N_2S$, Formel XII (R = C_6H_5) und Tautomeres.

B. Beim Erhitzen von Thiophen-2-carbaldehyd-phenylhydrazon mit Natriumamid in Xylol unter Durchleiten von Luft (*Robev*, B. **91** [1958] 244).

Krystalle (aus Bzn. oder wss. A.); F: 144—145°.

***N*-Phenyl-*N'*-phenylcarbamoyl-thiophen-2-carbamidin, *N*-Phenyl-*N'*-[*N*-phenyl-thiophen-2-carbimidoyl]-harnstoff** $C_{18}H_{15}N_3OS$, Formel XIII und Tautomeres.

B. Aus *N*-Phenyl-thiophen-2-carbamidin und Phenylisocyanat (*Robev*, B. **91** [1958] 244).

Krystalle (aus A.); F: 185°.

Thiophen-2-carbonsäure-[*N*-hydroxy-anilid], *N*-Phenyl-thiophen-2-carbohydroxamsäure $C_{11}H_9NO_2S$, Formel I.

B. Beim Behandeln von Thiophen-2-carbonylchlorid mit *N*-Phenyl-hydroxylamin, Äther und Pyridin (*Armour, Ryan*, Canad. J. Chem. **35** [1957] 1454).

Krystalle (aus Ae. + Hexan); F: 97°. Absorptionsspektrum (350—550 nm) und Stabili-tätskonstante des Eisen(III)-Komplexes (3:1) in äthanol. Lösung: *Ar., Ryan*, l. c. S. 1458, 1459.

Thiophen-2-carbonsäure-[amid-oxim], Thiophen-2-carbamidoxim $C_5H_6N_2OS$, Formel II und Tautomeres (H 290).

In den Krystallen und in Lösung liegt nach Ausweis des IR-Spektrums Thiophen-2-carbonsäure-[amid-oxim] vor (*Prevorsek*, J. phys. Chem. **66** [1962] 769, 771, 774).

B. Beim Erwärmen von Furan-2-carbonitril mit Hydroxylamin und wss. Äthanol (*Leandri et al.*, Boll. scient. Fac. Chim. ind. Bologna **15** [1957] 57, 59; vgl. H 290).

Krystalle (aus Bzl.); F: 191—192° (*Le. et al.*).

Hydrochlorid. F: 180° (*Le. et al.*).

I   II   III   IV

Thiophen-2-carbonsäure-hydrazid $C_5H_6N_2OS$, Formel III (R = H) (H 291).

F: 141—142° (*Carrara et al.*, G. **82** [1952] 652, 659), 138° (*Libermann et al.*, Bl. **1954** 1430, 1434). In 100 ml Wasser lösen sich 0,6 g (*Ca. et al.*).

Geschwindigkeitskonstante der Oxydation beim Behandeln einer wss. Lösung mit Luft in Gegenwart von Mangan(II)-Salz, von Kupfer(II)-Salz oder von Hämin bei 37°: *Winder, Denneny*, Biochem. J. **73** [1959] 500, 505.

Thiophen-2-carbonsäure-[N'-phenyl-hydrazid] $C_{11}H_{10}N_2OS$, Formel III (R = C_6H_5).

B. Beim Behandeln von Thiophen-2-carbonylchlorid mit Phenylhydrazin und Pyridin (*Buu-Hoi, Joán,* R. **68** [1949] 5, 22).

Krystalle; F: 177—178°.

Thiophen-2-carbonsäure-isobutylidenhydrazid, Isobutyraldehyd-[thiophen-2-carbonyl⸗ hydrazon] $C_9H_{12}N_2OS$, Formel IV (R = CH(CH$_3$)$_2$).

B. Aus Thiophen-2-carbonsäure-hydrazid und Isobutyraldehyd (*Yale et al.,* Am. Soc. **75** [1953] 1933, 1935, 1939).

Krystalle (aus Bzl.); F: 113—114°.

Thiophen-2-carbonsäure-heptylidenhydrazid, Heptanal-[thiophen-2-carbonylhydrazon] $C_{12}H_{18}N_2OS$, Formel IV (R = [CH$_2$]$_5$-CH$_3$).

B. Aus Thiophen-2-carbonsäure-hydrazid und Heptanal (*Yale et al.,* Am. Soc. **75** [1953] 1933, 1935, 1939).

Krystalle (aus Heptan); F: 84—85°.

Thiophen-2-carbonsäure-[1-methyl-hexylidenhydrazid], Heptan-2-on-[thiophen-2-carbonylhydrazon] $C_{12}H_{18}N_2OS$, Formel V.

B. Aus Thiophen-2-carbonsäure-hydrazid und Heptan-2-on (*Yale et al.,* Am. Soc. **75** [1953] 1933, 1935, 1940).

Krystalle (aus Bzl.); F: 100—101°.

V   VI

Thiophen-2-carbonsäure-cyclohexylidenhydrazid, Cyclohexanon-[thiophen-2-carbonyl⸗ hydrazon] $C_{11}H_{14}N_2OS$, Formel VI.

B. Aus Thiophen-2-carbonsäure-hydrazid und Cyclohexanon (*Yale et al.,* Am. Soc. **75** [1953] 1933, 1935, 1939).

Krystalle (aus Me.); F: 142—143°.

Thiophen-2-carbonsäure-[2-chlor-benzylidenhydrazid], 2-Chlor-benzaldehyd-[thiophen-2-carbonylhydrazon] $C_{12}H_9ClN_2OS$, Formel VII (X = H).

B. Aus Thiophen-2-carbonsäure-hydrazid und 2-Chlor-benzaldehyd (*Buu-Hoi et al.,* Soc. **1953** 547).

Krystalle (aus A.); F: 186°.

Thiophen-2-carbonsäure-[2,4-dichlor-benzylidenhydrazid], 2,4-Dichlor-benzaldehyd-[thiophen-2-carbonylhydrazon] $C_{12}H_8Cl_2N_2OS$, Formel VII (X = Cl).

B. Aus Thiophen-2-carbonsäure-hydrazid und 2,4-Dichlor-benzaldehyd (*Buu-Hoi et al.,* Soc. **1953** 1358, 1360).

F: 231°.

VII   VIII

Thiophen-2-carbonsäure-[3,4-dichlor-benzylidenhydrazid], 3,4-Dichlor-benzaldehyd-[thiophen-2-carbonylhydrazon] $C_{12}H_8Cl_2N_2OS$, Formel VIII.

B. Aus Thiophen-2-carbonsäure-hydrazid und 3,4-Dichlor-benzaldehyd (*Buu-Hoi et al.,* Soc. **1953** 547).

Krystalle (aus A.); F: 219°.

Thiophen-2-carbonsäure-[acenaphthen-5-ylmethylen-hydrazid], Acenaphthen-5-carb⸗ aldehyd-[thiophen-2-carbonylhydrazon] $C_{18}H_{14}N_2OS$, Formel IX.

B. Aus Thiophen-2-carbonsäure-hydrazid und Acenaphthen-5-carbaldehyd (*Buu-Hoi et al.*, Soc. **1953** 547).

Gelbe Krystalle (aus A.); F: 240°.

IX   X

Thiophen-2-carbonsäure-[pyren-1-ylmethylen-hydrazid], Pyren-1-carbaldehyd-[thiophen-2-carbonylhydrazon] $C_{22}H_{14}N_2OS$, Formel X.

B. Aus Thiophen-2-carbonsäure-hydrazid und Pyren-1-carbaldehyd (*Buu-Hoi et al.*, Soc. **1953** 547).

Gelbe Krystalle (aus A.); F: 270°.

Thiophen-2-carbonsäure-[2-hydroxy-3,5-dijod-benzylidenhydrazid], 2-Hydroxy-3,5-dijod-benzaldehyd-[thiophen-2-carbonylhydrazon] $C_{12}H_8I_2N_2O_2S$, Formel XI.

B. Aus Thiophen-2-carbonsäure-hydrazid und 2-Hydroxy-3,5-dijod-benzaldehyd (*Buu-Hoi et al.*, Soc. **1953** 1358, 1360).

Gelbe Krystalle (aus A.); Zers. bei 261°.

Thiophen-2-carbonsäure-[4-hydroxy-benzylidenhydrazid], 4-Hydroxy-benzaldehyd-[thiophen-2-carbonylhydrazon] $C_{12}H_{10}N_2O_2S$, Formel XII (R = X = H).

B. Aus Thiophen-2-carbonsäure-hydrazid und 4-Hydroxy-benzaldehyd (*Buu-Hoi et al.*, Soc. **1953** 547).

Krystalle (aus A.); Zers. oberhalb 262°.

Thiophen-2-carbonsäure-[4-methoxy-benzylidenhydrazid], 4-Methoxy-benzaldehyd-[thiophen-2-carbonylhydrazon] $C_{13}H_{12}N_2O_2S$, Formel XII (R = CH₃, X = H).

B. Aus Thiophen-2-carbonsäure-hydrazid und 4-Methoxy-benzaldehyd (*Buu-Hoi et al.*, Soc. **1953** 547).

Krystalle (aus A.); F: 185°.

XI   XII

Thiophen-2-carbonsäure-[3,5-dibrom-4-hydroxy-benzylidenhydrazid], 3,5-Dibrom-4-hydroxy-benzaldehyd-[thiophen-2-carbonylhydrazon] $C_{12}H_8Br_2N_2O_2S$, Formel XII (R = H, X = Br).

B. Aus Thiophen-2-carbonsäure-hydrazid und 3,5-Dibrom-4-hydroxy-benzaldehyd (*Buu-Hoi et al.*, Soc. **1953** 547).

Krystalle (aus A.); Zers. oberhalb 264°.

Thiophen-2-carbonsäure-[4-hydroxy-3,5-dijod-benzylidenhydrazid], 4-Hydroxy-3,5-dijod-benzaldehyd-[thiophen-2-carbonylhydrazon] $C_{12}H_8I_2N_2O_2S$, Formel XII (R = H, X = I).

B. Aus Thiophen-2-carbonsäure-hydrazid und 4-Hydroxy-3,5-dijod-benzaldehyd (*Buu-Hoi et al.*, Soc. **1953** 547).

Krystalle (aus A.); Zers. oberhalb 237°.

Thiophen-2-carbonsäure-veratrylidenhydrazid, Veratrumaldehyd-[thiophen-2-carbonylhydrazon] $C_{14}H_{14}N_2O_3S$, Formel I (R = CH₃).

B. Aus Thiophen-2-carbonsäure-hydrazid und Veratrumaldehyd (*Buu-Hoi et al.*, Soc.

1953 547).

Krystalle (aus A.); F: 171°.

Thiophen-2-carbonsäure-[4-dodecyloxy-3-methoxy-benzylidenhydrazid], 4-Dodecyloxy-3-methoxy-benzaldehyd-[thiophen-2-carbonylhydrazon] $C_{25}H_{36}N_2O_3S$, Formel I
(R = [CH₂]₁₁-CH₃).

B. Aus Thiophen-2-carbonsäure-hydrazid und 4-Dodecyloxy-3-methoxy-benzaldehyd (*Buu-Hoï et al.*, Soc. **1953** 1358, 1360).

F: 112°.

I   II

Thiophen-2-carbonsäure-D-glucit-1-ylidenhydrazid, D-Glucose-[thiophen-2-carbonyl= hydrazon] $C_{11}H_{16}N_2O_6S$, Formel II und cyclische Tautomere.

B. Beim Erwärmen von Thiophen-2-carbonsäure-hydrazid mit D-Glucose in wss. Äthanol (*Yale et al.*, Am. Soc. **75** [1953] 1933, 1935, 1940).

Krystalle (aus Me.); F: 190—192° [Zers.].

N-Carbamoyl-N′-[thiophen-2-carbonyl]-hydrazin, 1-[Thiophen-2-carbonyl]-semicarbazid $C_6H_7N_3O_2S$, Formel III (R = CO-NH₂).

B. Aus Thiophen-2-carbonylchlorid und Semicarbazid (*Yale et al.*, Am. Soc. **76** [1954] 2208, 2210).

Krystalle (aus W.); F: 215—216° [unkorr.].

N-Dimethylcarbamoyl-N′-[thiophen-2-carbonyl]-hydrazin, 4,4-Dimethyl-1-[thiophen-2-carbonyl]-semicarbazid $C_8H_{11}N_3O_2S$, Formel III (R = CO-N(CH₃)₂).

B. Aus Thiophen-2-carbonylchlorid und 4,4-Dimethyl-semicarbazid (*Yale et al.*, Am. Soc. **76** [1954] 2208, 2209).

Krystalle (aus Isopropylalkohol); F: 213—214° [unkorr.; Zers.].

N-Äthylcarbamoyl-N′-[thiophen-2-carbonyl]-hydrazin, 4-Äthyl-1-[thiophen-2-carbonyl]-semicarbazid $C_8H_{11}N_3O_2S$, Formel III (R = CO-NH-C₂H₅).

B. Aus Thiophen-2-carbonsäure-hydrazid und Äthylisocyanat (*Yale et al.*, Am. Soc. **76** [1954] 2208, 2210).

Krystalle (aus A.); F: 185—186° [unkorr.].

N-Octadecylcarbamoyl-N′-[thiophen-2-carbonyl]-hydrazin, 4-Octadecyl-1-[thiophen-2-carbonyl]-semicarbazid $C_{24}H_{43}N_3O_2S$, Formel III (R = CO-NH-[CH₂]₁₇-CH₃).

B. Aus Thiophen-2-carbonsäure-hydrazid und Octadecylisocyanat (*Yale et al.*, Am. Soc. **76** [1954] 2208, 2210).

Krystalle (aus A.); F: 127—129° [unkorr.].

N-Allylcarbamoyl-N′-[thiophen-2-carbonyl]-hydrazin, 4-Allyl-1-[thiophen-2-carbonyl]-semicarbazid $C_9H_{11}N_3O_2S$, Formel III (R = CO-NH-CH₂-CH=CH₂).

B. Aus Thiophen-2-carbonsäure-hydrazid und Allylisocyanat (*Yale et al.*, Am. Soc. **76** [1954] 2208, 2210).

Krystalle (aus W.); F: 164—166° [unkorr.].

Thiophen-2-carbonsäure-[N′-carbamimidoyl-hydrazid], [Thiophen-2-carbonylamino]-guanidin $C_6H_8N_4OS$, Formel III (R = C(NH₂)=NH) und Tautomeres.

B. Aus Thiophen-2-carbonylchlorid und Aminoguanidin (*Yale et al.*, Am. Soc. **76**

[1954] 2208, 2210).

Krystalle (aus A.); F: 215—216° [Zers.; unkorr.].

Hydrochlorid $C_6H_8N_4OS \cdot HCl$. Krystalle (aus A.); F: 255—256° [unkorr.; Zers.].

III   IV   V

**N-Thiocarbamoyl-N'-[thiophen-2-carbonyl]-hydrazin, 1-[Thiophen-2-carbonyl]-thiosemi=
carbazid** $C_6H_7N_3OS_2$, Formel III (R = CS-NH$_2$).

B. Aus Thiophen-2-carbonylchlorid und Thiosemicarbazid (*Yale et al.*, Am. Soc. **76**
[1954] 2208, 2210).

Krystalle (aus A. oder W.); F: 202—203° [unkorr.; Zers.].

**N-Dimethylthiocarbamoyl-N'-[thiophen-2-carbonyl]-hydrazin, 4,4-Dimethyl-1-[thiophen-
2-carbonyl]-thiosemicarbazid** $C_8H_{11}N_3OS_2$, Formel III (R = CS-N(CH$_3$)$_2$).

B. Aus Thiophen-2-carbonylchlorid und 4,4-Dimethyl-thiosemicarbazid (*Yale et al.*,
Am. Soc. **76** [1954] 2208, 2210).

Krystalle (aus Butanon); F: 153—155° [unkorr.].

**N-Diäthylthiocarbamoyl-N'-[thiophen-2-carbonyl]-hydrazin, 4,4-Diäthyl-1-[thiophen-
2-carbonyl]-thiosemicarbazid** $C_{10}H_{15}N_3OS_2$, Formel III (R = CS-N(C$_2$H$_5$)$_2$).

B. Aus Thiophen-2-carbonylchlorid und 4,4-Diäthyl-thiosemicarbazid (*Yale et al.*, Am.
Soc. **76** [1954] 2208, 2210).

Krystalle (aus W.); F: 115—116° [unkorr.].

**N-Allylthiocarbamoyl-N'-[thiophen-2-carbonyl]-hydrazin, 4-Allyl-1-[thiophen-2-carb=
onyl]-thiosemicarbazid** $C_9H_{11}N_3OS_2$, Formel III (R = CS-NH-CH$_2$-CH=CH$_2$).

B. Aus Thiophen-2-carbonsäure-hydrazid und Allylisothiocyanat (*Yale et al.*, Am. Soc.
76 [1954] 2208, 2210).

Krystalle (aus A.); F: 198—199° [unkorr.; Zers.].

**N-[1-Cyan-1-methyl-äthyl]-N'-[thiophen-2-carbonyl]-hydrazin, Thiophen-2-carbonsäure-
[N'-(1-cyan-1-methyl-äthyl)-hydrazid]** $C_9H_{11}N_3OS$, Formel III (R = C(CH$_3$)$_2$-CN).

B. Beim Behandeln von Thiophen-2-carbonsäure-isopropylidenhydrazid mit Cyan=
wasserstoff (*Yale et al.*, Am. Soc. **75** [1953] 1933, 1936, 1941).

Krystalle (aus Toluol); F: 147—148°.

2-[Thiophen-2-carbonylhydrazono]-propionsäure, Brenztraubensäure-[thiophen-
2-carbonylhydrazon] $C_8H_8N_2O_3S$, Formel IV (R = COOH).

B. Aus Thiophen-2-carbonsäure-hydrazid und Brenztraubensäure (*Carrara et al.*, G.
82 [1952] 652, 658).

Krystalle; F: 200°.

4-[Thiophen-2-carbonylhydrazono]-valeriansäure, Lävulinsäure-[thiophen-2-carb=
onylhydrazon] $C_{10}H_{12}N_2O_3S$, Formel IV (R = CH$_2$-CH$_2$-COOH).

B. Aus Thiophen-2-carbonsäure-hydrazid und Lävulinsäure (*Carrara et al.*, G. **82** [1952]
652, 658).

Krystalle; F: 175—176°.

**Thiophen-2-carbonsäure-[4-dimethylamino-benzylidenhydrazid], 4-Dimethylamino-benz=
aldehyd-[thiophen-2-carbonylhydrazon]** $C_{14}H_{15}N_3OS$, Formel V.

B. Aus Thiophen-2-carbonsäure-hydrazid und 4-Dimethylamino-benzaldehyd in
Äthanol (*Buu-Hoï et al.*, Soc. **1953** 547).

Krystalle (aus A.); F: 203°.

N,N'-Bis-[thiophen-2-carbonyl]-hydrazin $C_{10}H_8N_2O_2S_2$, Formel VI (H 291; dort als
N.N'-Di-α-thenoyl-hydrazin bezeichnet).

B. Beim Behandeln von Thiophen-2-carbonylchlorid mit Hydrazin-hydrat und Äther

(*Yale et al.*, Am. Soc. **75** [1953] 1933, 1940).
  Krystalle (aus W.); F: 256—257°.

VI   VII   VIII

N-Phenyl-3-[2]thienyl-N'''-[3-trifluormethyl-phenyl]-formazan $C_{18}H_{13}F_3N_4S$, Formel VII
und Tautomeres.

  B. Beim Behandeln einer Lösung von Thiophen-2-carbaldehyd-phenylhydrazon in
Äthanol und Pyridin mit einer aus 3-Trifluormethyl-anilin bereiteten wss. Diazonium=
salz-Lösung unter Zusatz von Natriumacetat und Methanol (*Ried et al.*, A. **581** [1953]
29, 32).

  Rote Krystalle; F: 128°.

2-[N'''-Phenyl-3-[2]thienyl-[N]formazano]-benzoesäure $C_{18}H_{14}N_4O_2S$, Formel VIII und
Tautomeres.

  B. Beim Behandeln einer aus Anthranilsäure bereiteten wss. Diazoniumsalz-Lösung
mit wss.-methanol. Natronlauge und mit Thiophen-2-carbaldehyd-phenylhydrazon
(*Seyhan, Fernelius*, B. **89** [1956] 2482).

  Rote Krystalle (aus A.); F: 181—182° [Zers.].

  K u p f e r (II) - S a l z. $CuC_{18}H_{12}N_4O_2S$. Violette Krystalle; F: 243—244° [Zers.].

  N i c k e l (II) - S a l z $NiC_{18}H_{12}N_4O_2S$. Grüne Krystalle, die unterhalb 320° nicht schmelzen.

4,4'-Bis-[N'''-phenyl-3-[2]thienyl-[N]formazano]-biphenyl $C_{34}H_{26}N_8S_2$, Formel IX
(X = H) und Tautomere.

  B. Beim Behandeln einer Lösung von Thiophen-2-carbaldehyd-phenylhydrazon in
Pyridin und Methanol mit einer aus Benzidin bereiteten wss. Diazoniumsalz-Lösung
unter Zusatz von Natriumacetat (*Ried et al.*, A. **581** [1953] 29, 40).

  Schwarze Krystalle (aus Py. + W.); F: 233°. In Pyridin mit blauer Farbe löslich.

3,3'-Dimethoxy-4,4'-bis-[N'''-phenyl-3-[2]thienyl-[N]formazano]-biphenyl $C_{36}H_{30}N_8O_2S_2$,
Formel IX (X = O-CH₃) und Tautomere.

  B. Beim Behandeln einer Lösung von Thiophen-2-carbaldehyd-phenylhydrazon in
Pyridin und Methanol mit einer aus 3,3'-Dimethoxy-benzidin bereiteten wss. Diazonium=
salz-Lösung unter Zusatz von Natriumacetat (*Ried, Gick*, A. **581** [1953] 16, 22; *Ried
et al.*, A. **581** [1953] 29, 39).

  Schwarze Krystalle (aus Py.); F: 230° [unkorr.; Block] (*Ried, Gick*). In Pyridin,
Chloroform und Aceton mit blauer Farbe löslich (*Ried, Gick*).

IX   X   XI

Thiophen-2-carbonsäure-azid, Thiophen-2-carbonylazid $C_5H_3N_3OS$, Formel X (H 291).

  F: 32—33° (*Otsuji et al.*, J. chem. Soc. Japan Pure Chem. Sect. **80** [1959] 1293; C. A.
1961 6477).

  Geschwindigkeitskonstante der Zersetzung in Essigsäure bei 70° sowie in Toluol bei
70°, 80° und 86°: *Ot. et al.*, l. c. S. 1308.

Triacetoxy-[thiophen-2-carbonyloxy]-silan $C_{11}H_{12}O_8SSi$, Formel XI (X = Si(O-CO-CH$_3$)$_3$).
B. Beim Erwärmen von Trichlor-[thiophen-2-carbonyloxy]-silan mit Essigsäure (*Jur'ew et al.*, Ž. obšč. Chim. **29** [1959] 3652, 3654; engl. Ausg. S. 3611).
F: 65—67°.

Trichlor-[thiophen-2-carbonyloxy]-silan, Thiophen-2-carbonsäure-trichlorsilylester $C_5H_3Cl_3O_2SSi$, Formel XI (X = SiCl$_3$).
B. Beim Erwärmen von Thiophen-2-carbonsäure mit Tetrachlorsilan (*Jur'ew et al.*, Ž. obšč. Chim. **29** [1959] 1463, 1467; engl. Ausg. S. 1438).
Kp$_5$: 95—96° (*Ju. et al.*, l. c. S. 1467).
Beim Behandeln mit Äthanol (1 Mol) bei −30° sind Thiophen-2-carbonsäure und Äthoxy-trichlor-silan erhalten worden (*Jur'ew et al.*, Ž. obšč. Chim. **29** [1959] 3652, 3654; engl. Ausg. S. 3611).   [*Herbst*]

3-Chlor-thiophen-2-carbonsäure $C_5H_3ClO_2S$, Formel I.
Bestätigung der Konstitutionszuordnung: *Profft, Solf*, J. pr. [4] **24** [1964] 38, 50, 64.
B. In kleiner Menge beim Erwärmen von 2,3-Dichlor-thiophen mit Magnesium in Äther und Behandeln der Reaktionslösung mit Kohlendioxid (*Steinkopf, Köhler*, A. **532** [1937] 250, 274). Beim Behandeln von 3-Chlor-thiophen-2-carbaldehyd mit wss. Wasserstoffperoxid und wss. Kalilauge (*Pr., Solf*, l. c. S. 65). Beim Behandeln von 1-[3-Chlor-[2]thienyl]-äthanon mit alkal. wss. Natriumhypochlorit-Lösung (*Pr., Solf*, l. c. S. 64).
Krystalle (aus Bzl.); F: 183—185° [korr.] (*Pr., Solf*), 175—176° (*St., Kö.*).

5-Chlor-thiophen-2-carbonsäure $C_5H_3ClO_2S$, Formel II (X = OH) (H 291).
B. Beim Erwärmen von 2-Chlor-thiophen mit Natrium oder Natrium-Amalgam in Äther und Behandeln der Reaktionslösung mit festem Kohlendioxid (*Schick, Hartough*, Am. Soc. **70** [1948] 286). Beim Behandeln von 2-Chlor-thiophen oder von 2,5-Dichlor-thiophen mit Butyllithium in Äther und anschliessend mit festem Kohlendioxid (*Bachman, Heisey*, Am. Soc. **70** [1948] 2378). Beim Behandeln einer Lösung von Thiophen-2-carbonsäure in wss. Essigsäure mit Chlor (*Steinkopf et al.*, A. **512** [1934] 136, 161). Neben 2,5-Dichlor-thiophen beim Erwärmen von Thiophen-2-carbonsäure mit alkal. wss. Natriumhypochlorit-Lösung und anschliessend mit wss. Salzsäure (*Bunnett et al.*, Am. Soc. **71** [1949] 1493). Beim Behandeln von 5-Chlor-thiophen-2-carbonylchlorid mit wss. Natronlauge (*Kühnhanss et al.*, J. pr. [4] **3** [1956] 137, 144). Beim Erwärmen von 1-[5-Chlor-[2]thienyl]-äthanon mit alkal. wss. Natriumhypochlorit-Lösung (*Hartough, Conley*, Am. Soc. **69** [1947] 3096) oder mit einer Dioxan enthaltenden alkal. wss. Natrium= hypobromit-Lösung (*Buu-Hoï et al.*, R. **69** [1950] 1083, 1099).
Krystalle; F: 153—154° [korr.] (*Farrar, Levine*, Am. Soc. **72** [1950] 3695, 3696, Tabelle 1, Anm. u), 153—153,5° [aus W.] (*Sch., Ha.*), 150—152° (*Ba., He.*), 149—150° [unkorr.; nach Sublimation] (*Bu. et al.*). UV-Spektrum (Hexan; 215—310 nm; λ_{max}: 256 nm und 280 nm): *Sugimoto et al.*, Bl. Univ. Osaka Prefect. [A] **8** [1959] 71, 76. Scheinbarer Dissoziationsexponent pK'_a (Wasser; potentiometrisch ermittelt) bei 25°: 3,41 (*Imoto, Motoyama*, Bl. Naniwa Univ. [A] **2** [1954] 127, 129). Elektrolytische Dissoziation in 78%ig. wss. Äthanol bei 25°: *Price et al.*, Am. Soc. **76** [1954] 5131.
Geschwindigkeitskonstante der Reaktion mit Methanol in Gegenwart von Chlorwasser= stoff (Bildung von 5-Chlor-thiophen-2-carbonsäure-methylester) bei 30°, 45° und 58°: *Imoto et al.*, J. chem. Soc. Japan Pure Chem. Sect. **77** [1956] 804, 807; C. A. **1958** 9066.

5-Chlor-thiophen-2-carbonsäure-methylester $C_6H_5ClO_2S$, Formel II (X = O-CH$_3$).
B. Aus 5-Chlor-thiophen-2-carbonsäure mit Hilfe von Methanol (*Hurd, Kreuz*, Am. Soc. **74** [1952] 2965, 2967; *Tirouflet, Chane*, C. r. **245** [1957] 80).
F: 16,5—18° (*Hurd, Kr.*), 15° (*Ti., Ch.*). Kp$_7$: 95—97° (*Hurd, Kr.*).
Geschwindigkeitskonstante der Hydrolyse in einer 0,01-molaren Lösung von Natrium= hydroxid in 85%ig. wss. Äthanol bei 25°: *Ti., Ch.*

5-Chlor-thiophen-2-carbonsäure-äthylester $C_7H_7ClO_2S$, Formel II (X = O-C$_2$H$_5$).
B. Beim Erwärmen von 5-Chlor-thiophen-2-carbonsäure mit Äthanol in Gegenwart von Chlorwasserstoff oder Schwefelsäure (*Price et al.*, Am. Soc. **76** [1954] 5131). Beim

Behandeln von 5-Chlor-thiophen-2-carbonylchlorid mit Äthanol (*Buu-Hoi et al.*, Soc. **1953** 547).

Kp: 234—236° (*Buu-Hoi et al.*); $Kp_{0,3}$: 75°; n_D^{25}: 1,5376 (*Pr. et al.*).

Geschwindigkeitskonstante der Hydrolyse in einer 0,1-molaren Lösung von Natrium= hydroxid in 70%ig. wss. Dioxan bei 25°: *Pr. et al.*

    I   II   III   IV

5-Chlor-thiophen-2-carbonylchlorid $C_5H_2Cl_2OS$, Formel II (X = Cl).

B. Beim Erwärmen von 2-Chlor-thiophen mit Oxalylchlorid (*Kühnhanss et al.*, J. pr. [4] **3** [1956] 137, 144). Beim Behandeln von 5-Chlor-thiophen-2-carbonsäure mit Thionyl= chlorid (*Buu-Hoi et al.*, R. **69** [1950] 1083, 1099).

Kp: 220—225° (*Buu-Hoi et al.*); Kp_{16}: 122—127° (*Kü. et al.*).

5-Chlor-thiophen-2-carbonsäure-amid C_5H_4ClNOS, Formel II (X = NH_2).

B. In mässiger Ausbeute bei 2-tägigem Behandeln von 2-Chlor-thiophen mit Carb= amoylchlorid (*Kühnhanss et al.*, J. pr. [4] **3** [1956] 137, 143).

Krystalle; F: 177° (*Tirouflet, Chane*, C. r. **245** [1957] 80), 176° [aus wss. A.] (*Fournari, Chane*, Bl. **1963** 479, 483).

***N*-Acetyl-*N′*-[5-chlor-thiophen-2-carbonyl]-*p*-phenylendiamin, 5-Chlor-thiophen-2-carbonsäure-[4-acetylamino-anilid]** $C_{13}H_{11}ClN_2O_2S$, Formel III.

B. Beim Behandeln von Essigsäure-[4-amino-anilid] mit 5-Chlor-thiophen-2-carbonyl= chlorid und Pyridin (*Buu-Hoi et al.*, R. **69** [1950] 1083, 1099).

Krystalle (aus Eg.); F: 288°.

5-Chlor-thiophen-2-carbimidsäure-methylester C_6H_6ClNOS, Formel IV (X = $O-CH_3$).

B. Aus 5-Chlor-thiophen-2-carbonitril (*Delaby et al.*, C. r. **246** [1958] 125).

Kp_{13}: 113°.

Hydrochlorid. F: 175° [Zers.].

5-Chlor-thiophen-2-carbimidsäure-äthylester C_7H_8ClNOS, Formel IV (X = $O-C_2H_5$).

B. Aus 5-Chlor-thiophen-2-carbonitril (*Delaby et al.*, C. r. **246** [1958] 125).

Kp_{13}: 122°.

Hydrochlorid. F: 174° [Zers.].

5-Chlor-thiophen-2-carbonitril C_5H_2ClNS, Formel V.

B. Neben wenig 5-Chlor-thiophen-2-carbonsäure-amid aus 5-Chlor-thiophen-2-carb= aldehyd-oxim (E III/IV **17** 4485) mit Hilfe von Acetanhydrid (*Tirouflet, Chane*, C. r. **245** [1957] 80; *Delaby et al.*, C. r. **246** [1958] 125; *Fournari, Chane*, Bl. **1963** 479, 483).

F: 15° (*Ti., Ch.; Fo., Ch.*). Kp_{15}: 90—92° (*Fo., Ch.*); Kp_{14}: 89° (*De. et al.*).

5-Chlor-thiophen-2-carbamidin $C_5H_5ClN_2S$, Formel IV (X = NH_2).

B. Als Benzolsulfonat (s. u.) beim Erwärmen von 5-Chlor-thiophen-2-carbimidsäure-methylester (oder von 5-Chlor-thiophen-2-carbimidsäure-äthylester) mit Ammonium-benzolsulfonat in Methanol (*Delaby et al.*, C. r. **246** [1958] 125).

Benzolsulfonat. Krystalle (aus Me.); F: 196°.

5-Chlor-thiophen-2-carbonsäure-hydrazid $C_5H_5ClN_2OS$, Formel II (X = $NH-NH_2$).

B. Beim Erwärmen von 5-Chlor-thiophen-2-carbonsäure-äthylester mit Hydrazin-hydrat und Methanol (*Buu-Hoi et al.*, Soc. **1953** 547).

Krystalle (aus Me.); F: 151° [Zers.].

5-Chlor-thiophen-2-carbonsäure-benzylidenhydrazid, Benzaldehyd-[5-chlor-thiophen-2-carbonylhydrazon] $C_{12}H_9ClN_2OS$, Formel VI (X = H).

B. Aus 5-Chlor-thiophen-2-carbonsäure-hydrazid und Benzaldehyd (*Buu-Hoi et al.*,

Soc. **1953** 547).
Krystalle (aus A.); F: 189°.

5-Chlor-thiophen-2-carbonsäure-[2-chlor-benzylidenhydrazid], 2-Chlor-benzaldehyd-[5-chlor-thiophen-2-carbonylhydrazon] $C_{12}H_8Cl_2N_2OS$, Formel VII (X = H).
B. Aus 5-Chlor-thiophen-2-carbonsäure-hydrazid und 2-Chlor-benzaldehyd (*Buu-Hoi et al.*, Soc. **1953** 1358, 1360).
Krystalle (aus A.); F: 210°.

5-Chlor-thiophen-2-carbonsäure-[2,4-dichlor-benzylidenhydrazid], 2,4-Dichlor-benzaldehyd-[5-chlor-thiophen-2-carbonylhydrazon] $C_{12}H_7Cl_3N_2OS$, Formel VII (X = Cl).
B. Aus 5-Chlor-thiophen-2-carbonsäure-hydrazid und 2,4-Dichlor-benzaldehyd (*Buu-Hoi et al.*, Soc. **1953** 1358, 1360).
Krystalle (aus A.); F: 227°.

V   VI   VII

5-Chlor-thiophen-2-carbonsäure-[3,4-dichlor-benzylidenhydrazid], 3,4-Dichlor-benzaldehyd-[5-chlor-thiophen-2-carbonylhydrazon] $C_{12}H_7Cl_3N_2OS$, Formel VIII.
B. Aus 5-Chlor-thiophen-2-carbonsäure-hydrazid und 3,4-Dichlor-benzaldehyd (*Buu-Hoi et al.*, Soc. **1953** 1358, 1360).
Krystalle (aus A.); F: 244°.

VIII   IX

5-Chlor-thiophen-2-carbonsäure-[3-nitro-benzylidenhydrazid], 3-Nitro-benzaldehyd-[5-chlor-thiophen-2-carbonylhydrazon] $C_{12}H_8ClN_3O_3S$, Formel IX.
B. Aus 5-Chlor-thiophen-2-carbonsäure-hydrazid und 3-Nitro-benzaldehyd (*Buu-Hoi et al.*, Soc. **1953** 1358, 1360).
Krystalle (aus A.); F: 239°.

5-Chlor-thiophen-2-carbonsäure-[acenaphthen-5-ylmethylen-hydrazid], Acenaphthen-5-carbaldehyd-[5-chlor-thiophen-2-carbonylhydrazon] $C_{18}H_{13}ClN_2OS$, Formel X.
B. Aus 5-Chlor-thiophen-2-carbonsäure-hydrazid und Acenaphthen-5-carbaldehyd (*Buu-Hoi et al.*, Soc. **1953** 1358, 1360).
Gelbe Krystalle (aus A.); F: 231°.

X   XI

5-Chlor-thiophen-2-carbonsäure-[pyren-1-ylmethylen-hydrazid], Pyren-1-carbaldehyd-[5-chlor-thiophen-2-carbonylhydrazon] $C_{22}H_{13}ClN_2OS$, Formel XI.
B. Aus 5-Chlor-thiophen-2-carbonsäure-hydrazid und Pyren-1-carbaldehyd [E III 7 2713] (*Buu-Hoi et al.*, Soc. **1953** 1358, 1360).
Gelbe Krystalle (aus A.); F: 288°.

5-Chlor-thiophen-2-carbonsäure-salicylidenhydrazid, Salicylaldehyd-[5-chlor-thiophen-2-carbonylhydrazon] $C_{12}H_9ClN_2O_2S$, Formel XII (X = H).

B. Aus 5-Chlor-thiophen-2-carbonsäure-hydrazid und Salicylaldehyd (*Buu-Hoi et al.*, Soc. **1953** 1358, 1360).

Krystalle (aus A.); F: 229°.

5-Chlor-thiophen-2-carbonsäure-[5-chlor-2-hydroxy-benzylidenhydrazid], 5-Chlor-2-hydroxy-benzaldehyd-[5-chlor-thiophen-2-carbonylhydrazon] $C_{12}H_8Cl_2N_2O_2S$, Formel XII (X = Cl).

B. Aus 5-Chlor-thiophen-2-carbonsäure-hydrazid und 5-Chlor-2-hydroxy-benzaldehyd (*Buu-Hoi et al.*, Soc. **1953** 1358, 1360).

Krystalle (aus A.); F: 219°.

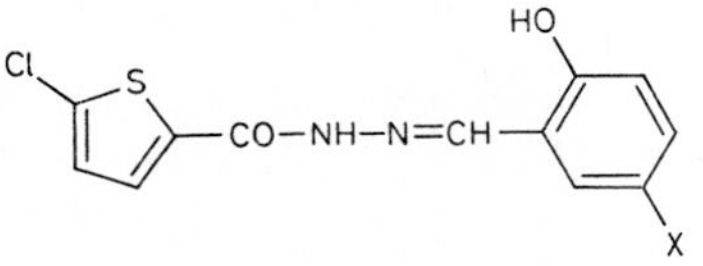

XII 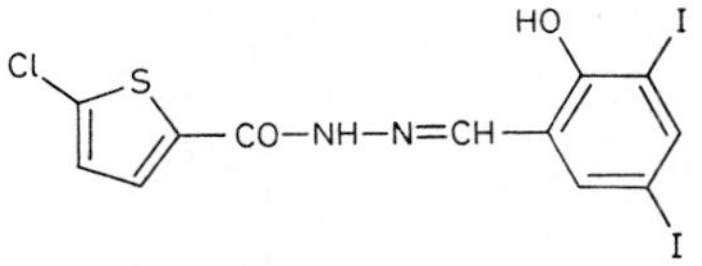   XIII

5-Chlor-thiophen-2-carbonsäure-[5-brom-2-hydroxy-benzylidenhydrazid], 5-Brom-2-hydroxy-benzaldehyd-[5-chlor-thiophen-2-carbonylhydrazon] $C_{12}H_8BrClN_2O_2S$, Formel XII (X = Br).

B. Aus 5-Chlor-thiophen-2-carbonsäure-hydrazid und 5-Brom-2-hydroxy-benzaldehyd (*Buu-Hoi et al.*, Soc. **1953** 1358, 1360).

Krystalle (aus A.); F: 222°.

5-Chlor-thiophen-2-carbonsäure-[2-hydroxy-3,5-dijod-benzylidenhydrazid], 2-Hydroxy-3,5-dijod-benzaldehyd-[5-chlor-thiophen-2-carbonylhydrazon] $C_{12}H_7ClI_2N_2O_2S$, Formel XIII.

B. Aus 5-Chlor-thiophen-2-carbonsäure-hydrazid und 2-Hydroxy-3,5-dijod-benzaldehyd (*Buu-Hoi et al.*, Soc. **1953** 1358, 1360).

Krystalle (aus A.); F: 264°.

5-Chlor-thiophen-2-carbonsäure-[4-methoxy-benzylidenhydrazid], 4-Methoxy-benzaldehyd-[5-chlor-thiophen-2-carbonylhydrazon] $C_{13}H_{11}ClN_2O_2S$, Formel VI (X = O-CH₃).

B. Aus 5-Chlor-thiophen-2-carbonsäure-hydrazid und 4-Methoxy-benzaldehyd (*Buu-Hoi et al.*, Soc. **1953** 1358, 1360).

Krystalle (aus A.); F: 175°.

5-Chlor-thiophen-2-carbonsäure-[2-hydroxy-3-methoxy-benzylidenhydrazid], 2-Hydroxy-3-methoxy-benzaldehyd-[5-chlor-thiophen-2-carbonylhydrazon] $C_{13}H_{11}ClN_2O_3S$, Formel XIV.

B. Aus 5-Chlor-thiophen-2-carbonsäure-hydrazid und 2-Hydroxy-3-methoxy-benzaldehyd (*Buu-Hoi et al.*, Soc. **1953** 1358, 1360).

Krystalle (aus A.); F: 245°.

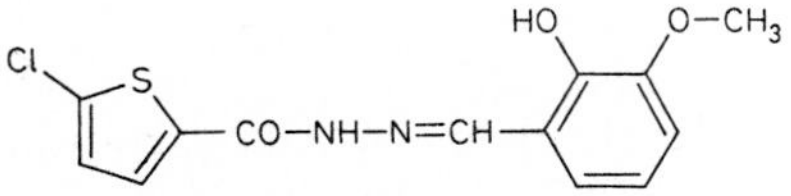

XIV 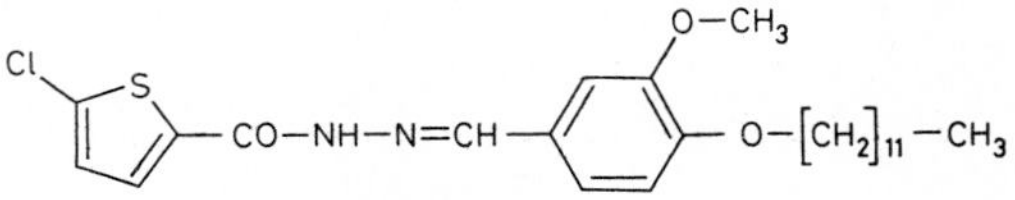   XV

5-Chlor-thiophen-2-carbonsäure-[4-dodecyloxy-3-methoxy-benzylidenhydrazid], 4-Dodecyloxy-3-methoxy-benzaldehyd-[5-chlor-thiophen-2-carbonylhydrazon] $C_{25}H_{35}ClN_2O_3S$, Formel XV.

B. Aus 5-Chlor-thiophen-2-carbonsäure-hydrazid und 4-Dodecyloxy-3-methoxy-benzaldehyd (*Buu-Hoi et al.*, Soc. **1953** 1358, 1360).

Krystalle (aus A.); F: 141°.

5-Chlor-thiophen-2-carbonsäure-[4-dimethylamino-benzylidenhydrazid], 4-Dimethyl=amino-benzaldehyd-[5-chlor-thiophen-2-carbonylhydrazon] $C_{14}H_{14}ClN_3OS$, Formel VI (X = N(CH$_3$)$_2$) auf S. 4032.

B. Aus 5-Chlor-thiophen-2-carbonsäure-hydrazid und 4-Dimethylamino-benzaldehyd (*Buu-Hoi et al.*, Soc. **1953** 1358, 1360).

Krystalle (aus A.); F: 207°.

5-Chlor-thiophen-2-carbonsäure-[(5-propyl-[2]thienylmethylen)-hydrazid], 5-Propyl-thiophen-2-carbaldehyd-[5-chlor-thiophen-2-carbonylhydrazon] $C_{13}H_{13}ClN_2OS_2$, Formel I (R = CH$_2$-CH$_2$-CH$_3$).

B. Aus 5-Chlor-thiophen-2-carbonsäure-hydrazid und 5-Propyl-thiophen-2-carbaldehyd (*Buu-Hoi et al.*, Soc. **1953** 1358, 1360).

Gelbe Krystalle (aus A.); F: 153°.

5-Chlor-thiophen-2-carbonsäure-[(5-tetradecyl-[2]thienylmethylen)-hydrazid], 5-Tetra=decyl-thiophen-2-carbaldehyd-[5-chlor-thiophen-2-carbonylhydrazon] $C_{24}H_{35}ClN_2OS_2$, Formel I (R = [CH$_2$]$_{13}$-CH$_3$).

B. Aus 5-Chlor-thiophen-2-carbonsäure-hydrazid und 5-Tetradecyl-thiophen-2-carb=aldehyd (*Buu-Hoi et al.*, Soc. **1953** 1358, 1360).

Krystalle (aus A.); F: 107°.

3,5-Dichlor-thiophen-2-carbonsäure $C_5H_2Cl_2O_2S$, Formel II.

Eine ursprünglich (*Profft, Wolf*, A. **628** [1959] 96, 100; Wiss. Z.T.H. Chemie Leuna-Merseburg **2** [1959/60] 181, 184) unter dieser Konstitution beschriebene Verbindung (F: 191°) ist als 4,5-Dichlor-thiophen-2-carbonsäure (s. u.) zu formulieren (*Profft, Solf*, A. **649** [1961] 100, 102).

B. Beim Behandeln von 3,5-Dichlor-thiophen-2-carbaldehyd (F: 35—36°) mit wss. Wasserstoffperoxid und wss. Kalilauge (*Profft, Solf*, J. pr. [4] **24** [1964] 38, 68).

Krystalle; F: 186—187° (*Pr., Solf*, J. pr. [4] **24** 68).

I   II   III   IV

4,5-Dichlor-thiophen-2-carbonsäure $C_5H_2Cl_2O_2S$, Formel III (X = H).

Diese Konstitution kommt auch einer ursprünglich (*Profft, Wolf*, A. **628** [1959] 96, 100; Wiss. Z.T.H. Chemie Leuna-Merseburg **2** [1959/60] 181, 184) als 3,5-Dichlor-thiophen-2-carbonsäure angesehenen Verbindung (F: 191°) zu (*Profft, Solf*, A. **649** [1961] 100, 102).

B. Beim Behandeln von 4,5-Dichlor-thiophen-2-carbaldehyd (F: 58° [E III/IV **17** 4486]) mit Kaliumpermanganat in Aceton (*Pr., Wolf*). Als Hauptprodukt beim Be-handeln einer heissen Lösung von 4,5-Dibrom-thiophen-2-carbonsäure in Essigsäure mit Chlor (*Steinkopf, Köhler*, A. **532** [1937] 250, 271).

Krystalle; F: 196—197° [aus Bzl.] (*St., Kö.*), 194—194,5° [unkorr.; aus W.] (*Bunnett et al.*, Am. Soc. **71** [1949] 1493), 191° [aus A.] (*Pr., Wolf*). Unter Normaldruck bei 120° sublimierend (*St., Kö.*).

3,4,5-Trichlor-thiophen-2-carbonsäure $C_5HCl_3O_2S$, Formel III (X = Cl).

B. Beim Erwärmen von Tetrachlorthiophen mit Butyllithium in Äther (*Bachman, Heisey*, Am. Soc. **70** [1948] 2378) oder mit Magnesium, Methyljodid und Äther (*Stein-kopf et al.*, A. **512** [1934] 136, 151) und Behandeln der jeweiligen Reaktionslösung mit Kohlendioxid.

Krystalle; F: 224° [aus Eg.; nach Sintern] (*St. et al.*), 223—224° (*Ba., He.*).

3-Brom-thiophen-2-carbonsäure $C_5H_3BrO_2S$, Formel IV.

B. Beim Behandeln von 3-Brom-thiophen mit Phenyllithium in Äther und anschliessend mit Kohlendioxid (*Gronowitz*, Ark. Kemi **7** [1954/55] 361, 366). Beim Behandeln von 2,3-Dibrom-thiophen mit Butyllithium in Äther bei —40° und anschliessend mit Kohlen=

dioxid (*Lawesson*, Acta chem. scand. **10** [1956] 1020, 1023) oder mit Magnesium, Methyl=
bromid und Äther und anschliessend mit Kohlendioxid (*Steinkopf et al.*, A. **512** [1934]
136, 160). Beim Erwärmen von 3-Brom-thiophen-2-carbaldehyd mit Silberoxid und
wss. Natronlauge (*Motoyama et al.*, J. chem. Soc. Japan Pure Chem. Sect. **78** [1957]
954, 957; C. A. **1960** 14224; *Nishimura et al.*, Bl. Univ. Osaka Prefect. [A] **6** [1958]
127, 131). Beim Behandeln von 1-[3-Brom-[2]thienyl]-äthanon mit Kaliumpermanganat
und wss. Natronlauge und Erwärmen der Reaktionslösung mit wss. Wasserstoffperoxid
(*Gol'dfarb, Wol'kenschteïn*, Doklady Akad. S.S.S.R. **128** [1959] 536, 538; Pr. Acad. Sci.
U.S.S.R. Chem. Sect. **124–129** [1959] 767, 769).

Krystalle; F: **197**–197,5° [aus W.] (*Go., Wo.*), 195–197° [aus W.] (*Gr.*), 193–195°
[aus wss. A.] (*La.*, Acta chem. scand. **10** 1023), 190° [aus W.] (*St. et al.*). IR-Spektrum
(KBr [2–15 μ] bzw. Nujol [4–14 μ]): *Lawesson*, Ark. Kemi **11** [1957] 317, 321; *Gr.*,
l. c. S. 366.

Beim Behandeln mit Brom in Essigsäure ist 3,5-Dibrom-thiophen-2-carbonsäure
erhalten worden (*La.*, Ark. Kemi **11** 323).

4-Brom-thiophen-2-carbonsäure $C_5H_3BrO_2S$, Formel V (R = H).

B. Beim Behandeln von 2,4-Dibrom-thiophen mit Magnesium, Äthylbromid und Äther
oder mit Butyllithium in Äther bei −40° und jeweils anschliessend mit festem Kohlen=
dioxid (*Lawesson*, Ark. Kemi **11** [1957] 317, 322). Beim Behandeln von 3,4-Dibrom-
thiophen-2-carbonsäure (*Lawesson*, Ark. Kemi **11** [1957] 345, 348) oder von 4,5-Dibrom-
thiophen-2-carbonsäure (*Gronowitz*, Ark. Kemi **8** [1955/56] 87) mit Butyllithium (2 Mol)
in Äther bei −70° und anschliessend mit Wasser. Aus 1-[4-Brom-[2]thienyl]-äthanon
beim Erwärmen mit alkal. wss. Natriumhypochlorit-Lösung (*Motoyama et al.*, J. chem.
Soc. Japan Pure Chem. Sect. **78** [1957] 954, 957; C. A. **1960** 14224; *Nishimura et al.*,
Bl. Univ. Osaka Prefect. [A] **6** [1958] 127, 132) sowie beim Behandeln mit Kalium=
permanganat und wss. Natronlauge und Erwärmen der Reaktionslösung mit wss. Wasser=
stoffperoxid (*Gol'dfarb, Wol'kenschteïn*, Doklady Akad. S.S.S.R. **128** [1959] 536, 538;
Pr. Acad. Sci. U.S.S.R. Chem. Sect. **124–129** [1959] 767, 769).

Krystalle; F: 122–124° [aus wss. A.] (*La.*, l. c. S. 322), 122–123,5° [Kofler-App.;
aus W.] (*Gr.*), 121–122° [aus W.] (*Go., Wo.*). UV-Spektrum (A.; 220–310 nm; λ_{max}:
245 nm und 279 nm): *Sugimoto et al.*, Bl. Univ. Osaka Prefect. [A] **8** [1959] 71, 76.
Scheinbarer Dissoziationsexponent pK_a' (Wasser; potentiometrisch ermittelt) bei 25°:
3,11 (*Otsuji et al.*, J. chem. Soc. Japan Pure Chem. Sect. **80** [1959] 1021, 1023; C. A.
1961 5467).

4-Brom-thiophen-2-carbonsäure-äthylester $C_7H_7BrO_2S$, Formel V (R = C_2H_5).

B. Aus 4-Brom-thiophen-2-carbonsäure (*Otsuji et al.*, J. chem. Soc. Japan Pure Chem.
Sect. **80** [1959] 1021, 1022; C. A. **1961** 5467).

Kp_7: 124–125°.

Geschwindigkeitskonstante der Hydrolyse in einer 0,1-molaren Lösung von Natrium=
hydroxid in 85%ig. wss. Äthanol bei 25°, 35° und 45°: *Ot. et al.*, l. c. S. 1023.

5-Brom-thiophen-2-carbonsäure $C_5H_3BrO_2S$, Formel VI (X = OH) (H 291).

B. Beim Erwärmen von 2-Brom-thiophen mit Natrium in Äther und Behandeln des Reaktionsgemisches mit festem Kohlendioxid (*Schick, Hartough*, Am. Soc. **70** [1948] 286). Beim
Erwärmen von 2,5-Dibrom-thiophen mit Magnesium, Methylbromid und Äther (*Steinkopf
et al.*, A. **512** [1934] 136, 160) oder mit Äthylmagnesiumbromid in Äther (*Hurd, Hoiysz*,
Am. Soc. **72** [1950] 1732, 1734; *Lawesson*, Ark. Kemi **11** [1957] 337, 340, 342) und Behandeln der jeweiligen Reaktionslösung mit Kohlendioxid. Beim Behandeln von Thiophen-
2-carbonsäure mit Brom (1 Mol) in wss. Essigsäure (*St. et al.*). Beim Erwärmen von
1-[5-Brom-[2]thienyl]-äthanon mit alkal. wss. Natriumhypochlorit-Lösung (*Hartough,
Conley*, Am. Soc. **69** [1947] 3096) oder mit einer Dioxan enthaltenden alkal. wss. Natrium=
hypobromit-Lösung (*Buu-Hoï, Hoán*, R. **68** [1949] 5, 25).

Krystalle; F: 142° [aus wss. Me.] (*Buu-Hoï, Hoán*), 141–142° [korr.] (*Farrar, Levine*,
Am. Soc. **72** [1950] 3095, 3696, Tab. 1, Anm. y), 141–142° [aus W.] (*St. et al.*), 141°
bis 141,5° [aus W. oder Bzl.] (*Ha., Co.*), 140,5–141,5° [nach Sublimation] (*Sch., Ha.*).
UV-Spektrum (Hexan; 210–320 nm): *Pappalardo*, G. **89** [1959] 540, 544; *Sugimoto
et al.*, Bl. Univ. Osaka Prefect. [A] **8** [1959] 71, 76. Absorptionsmaxima (A.): **257 nm**

und 269 nm (*Pa.*, l. c. S. 542). Scheinbarer Dissoziationsexponent pK_a' (Wasser; potentiometrisch ermittelt) bei 25°: 3,30 (*Imoto, Motoyama*, Bl. Naniwa Univ. [A] **2** [1954] 127, 128). Polarographie: *Nakaya et al.*, J. chem. Soc. Japan Pure Chem. Sect. **78** [1957] 935, 938; C. A. **1959** 21 276. Schmelzdiagramme der binären Systeme mit 4-Brom-benzoe≠ säure (Eutektikum), mit *p*-Toluylsäure (Eutektikum) und mit 5-Methyl-thiophen- 2-carbonsäure (Eutektikum): *Mislow*, J. phys. Chem. **52** [1948] 729, 736, 737.

Beim Behandeln mit einem Gemisch von 70%ig. wss. Salpetersäure und Schwefelsäure unterhalb −5° sind 2-Brom-3,5-dinitro-thiophen und kleine Mengen 5-Brom-4-nitro- thiophen-2-carbonsäure erhalten worden (*Motoyama et al.*, J. chem. Soc. Japan Pure Chem. Sect. **78** [1957] 779, 781; C. A. **1960** 22 559). Geschwindigkeitskonstante der Reaktion mit Methanol in Gegenwart von Chlorwasserstoff (Bildung von 5-Brom- thiophen-2-carbonsäure-methylester) bei 30° und 45°: *Imoto et al.*, J. chem. Soc. Japan Pure Chem. Sect. **77** [1956] 804, 807; C. A. **1958** 9066.

5-Brom-thiophen-2-carbonsäure-methylester $C_6H_5BrO_2S$, Formel VI (X = O-CH$_3$).
B. Beim Erwärmen von 5-Brom-thiophen-2-carbonsäure mit Methanol in Gegenwart von Chlorwasserstoff (*Nishimura et al.*, Bl. Univ. Osaka Prefekt. [A] **6** [1958] 127, 130) oder in Gegenwart von Schwefelsäure (*Pappalardo*, G. **89** [1959] 540, 549).
Krystalle; F: 62−63° (*Nakaya et al.*, J. chem. Soc. Japan Pure Chem. Sect. **80** [1959] 1334, 1335; C. A. **1961** 4471), 61−62° [aus wss. A.] (*Pa.*), 60−62° (*Ni. et al.*). UV- Spektrum (Hexan; 210−320 nm; λ_{max}: 259 nm und 277 nm): *Pa.*, l. c. S. 544. Absorp- tionsmaxima (A.): 259 nm und 279 nm (*Pa.*, l. c. S. 542). Polarographie: *Nakaya et al.*, J. chem. Soc. Japan Pure Chem. Sect. **78** [1957] 935, 938; C. A. **1959** 21 276.

5-Brom-thiophen-2-carbonsäure-äthylester $C_7H_7BrO_2S$, Formel VI (X = O-C$_2$H$_5$).
B. Beim Behandeln von 5-Brom-thiophen-2-carbonylchlorid mit Äthanol (*Buu-Hoi et al.*, Soc. **1953** 547).
Kp_{30}: 134−136° (*Buu-Hoi et al.*); Kp_6: 113−114° (*Imoto et al.*, J. chem. Soc. Japan Pure Chem. Sect. **77** [1956] 804, 805; C. A. **1958** 9066); Kp_4: 94−96° (*Pappalardo*, G. **89** [1959] 540, 549). UV-Spektrum (Hexan; 210−320 nm; λ_{max}: 258 nm und 276,5 nm): *Pa.*, l. c. S. 544. Absorptionsmaxima (A.): 259 nm und 278,5 nm (*Pa.*, l. c. S. 542).
Geschwindigkeitskonstante der Hydrolyse in einer 0,1-molaren Lösung von Natrium≠ hydroxid in 85%ig. wss. Äthanol bei 30°, 40° und 50°: *Im. et al.*, l. c. S. 807.

5-Brom-thiophen-2-carbonylchlorid $C_5H_2BrClOS$, Formel VI (X = Cl).
B. Beim Erwärmen von 5-Brom-thiophen-2-carbonsäure mit Thionylchlorid (*Steinkopf, Köhler*, A. **522** [1936] 17, 27; *Buu-Hoi, Hoán*, R. **68** [1949] 5, 25).
Krystalle; F: 41−42° [aus Bzn.] (*Buu-Hoi, Hoán*), 37−38° [aus PAe.] (*St., Kö.*). Kp: 238−240° (*St., Kö.*); Kp_{14}: 126−130° (*Buu-Hoi, Hoán*).

5-Brom-thiophen-2-carbonsäure-amid C_5H_4BrNOS, Formel VI (X = NH$_2$).
B. Beim Behandeln von 5-Brom-thiophen-2-carbonylchlorid mit wss. Ammoniak (*Buu- Hoi, Hoán*, R. **68** [1949] 5, 25).
Krystalle (aus wss. A.); F: 163°. Absorptionsmaxima (A.): 226 nm und 276 nm (*Pappa- lardo*, G. **89** [1959] 540, 542).

5-Brom-thiophen-2-carbonsäure-[3-chlor-anilid] $C_{11}H_7BrClNOS$, Formel VII.
B. Beim Behandeln von 5-Brom-thiophen-2-carbonylchlorid mit 3-Chlor-anilin und Pyridin (*Buu-Hoi, Hoán*, R. **68** [1949] 5, 26).
Krystalle; F: 156°.

V   VI   VII

5-Brom-thiophen-2-carbonsäure-[4-chlor-anilid] $C_{11}H_7BrClNOS$, Formel VIII (X = Cl).
B. Beim Behandeln von 5-Brom-thiophen-2-carbonylchlorid mit 4-Chlor-anilin und

Pyridin (*Buu-Hoi, Hoán*, R. **68** [1949] 5, 26).
Krystalle; F: 193°.

5-Brom-thiophen-2-carbonsäure-[2,3-dimethyl-anilid] $C_{13}H_{12}BrNOS$, Formel IX.
B. Beim Behandeln von 5-Brom-thiophen-2-carbonylchlorid mit 2,3-Dimethyl-anilin und Pyridin (*Buu-Hoi, Hoán*, R. **68** [1949] 5, 26).
Krystalle; F: 162—163°.

5-Brom-thiophen-2-carbonsäure-[1]naphthylamid $C_{15}H_{10}BrNOS$, Formel X.
B. Beim Behandeln von 5-Brom-thiophen-2-carbonylchlorid mit [1]Naphthylamin und Pyridin (*Buu-Hoi, Hoán*, R. **68** [1949] 5, 26).
Krystalle; F: 172°.

VIII   IX   X

5-Brom-thiophen-2-carbonsäure-[2]naphthylamid $C_{15}H_{10}BrNOS$, Formel XI.
B. Beim Behandeln von 5-Brom-thiophen-2-carbonylchlorid mit [2]Naphthylamin und Pyridin (*Buu-Hoi, Hoán*, R. **68** [1949] 5, 26).
Krystalle; F: 210°.

5-Brom-thiophen-2-carbonsäure-biphenyl-4-ylamid $C_{17}H_{12}BrNOS$, Formel VIII
(X = C_6H_5).
B. Beim Behandeln von 5-Brom-thiophen-2-carbonylchlorid mit Biphenyl-4-ylamin und Pyridin (*Buu-Hoi, Hoán*, R. **68** [1949] 5, 26).
Krystalle; F: 235—236°.

XI   XII   XIII

N,N'-Bis-[5-brom-thiophen-2-carbonyl]-*o*-phenylendiamin $C_{16}H_{10}Br_2N_2O_2S_2$, Formel XII.
B. Beim Behandeln von 5-Brom-thiophen-2-carbonylchlorid mit *o*-Phenylendiamin und Pyridin (*Buu-Hoi, Hoán*, R. **68** [1949] 5, 26).
Krystalle; F: ca. 302—303° [bei schnellem Erhitzen].
Beim Erhitzen auf Temperaturen oberhalb des Schmelzpunkts sind 5-Brom-thiophen-2-carbonsäure und 2-[5-Brom-[2]thienyl]-benzimidazol erhalten worden.

N-Acetyl-*N'*-[5-brom-thiophen-2-carbonyl]-*p*-phenylendiamin, 5-Brom-thiophen-2-carbonsäure-[4-acetylamino-anilid] $C_{13}H_{11}BrN_2O_2S$, Formel VIII (X = NH-CO-CH$_3$).
B. Beim Behandeln von 5-Brom-thiophen-2-carbonylchlorid mit Essigsäure-[4-amino-anilid] und Pyridin (*Buu-Hoi, Hoán*, R. **68** [1949] 5, 26).
Krystalle; F: 300°.

5-Brom-thiophen-2-carbonsäure-hydrazid $C_5H_5BrN_2OS$, Formel XIII (R = H).
B. Beim Erwärmen von 5-Brom-thiophen-2-carbonsäure-äthylester mit Hydrazin-hydrat und Methanol (*Buu-Hoi et al.*, Soc. **1953** 547).
Krystalle (aus Me.); F: 144° [Zers.].

5-Brom-thiophen-2-carbonsäure-[*N'*-phenyl-hydrazid] $C_{11}H_9BrN_2OS$, Formel XIII
(X = C_6H_5).
B. Beim Behandeln von 5-Brom-thiophen-2-carbonylchlorid mit Phenylhydrazin und

Pyridin (*Buu-Hoi, Hoán*, R. **68** [1949] 5, 26).
  Gelbliche Krystalle; F: ca. 179° [Zers.; bei schnellem Erhitzen].

5-Brom-thiophen-2-carbonsäure-benzylidenhydrazid, Benzaldehyd-[5-brom-thiophen-2-carbonylhydrazon] $C_{12}H_9BrN_2OS$, Formel I (X = H).
  B. Aus 5-Brom-thiophen-2-carbonsäure-hydrazid und Benzaldehyd (*Buu-Hoi et al.*, Soc. **1953** 547).
  Krystalle (aus A.); F: 201°.

5-Brom-thiophen-2-carbonsäure-[2-chlor-benzylidenhydrazid], 2-Chlor-benzaldehyd-[5-brom-thiophen-2-carbonylhydrazon] $C_{12}H_8BrClN_2OS$, Formel II.
  B. Aus 5-Brom-thiophen-2-carbonsäure-hydrazid und 2-Chlor-benzaldehyd (*Buu-Hoi et al.*, Soc. **1953** 1358, 1360).
  Krystalle (aus A.); F: 208°.

5-Brom-thiophen-2-carbonsäure-[4-chlor-benzylidenhydrazid], 4-Chlor-benzaldehyd-[5-brom-thiophen-2-carbonylhydrazon] $C_{12}H_8BrClN_2OS$, Formel I (X = Cl).
  B. Aus 5-Brom-thiophen-2-carbonsäure-hydrazid und 4-Chlor-benzaldehyd (*Buu-Hoi et al.*, Soc. **1953** 1358, 1360).
  Krystalle (aus A.); F: 225°.

I   II

5-Brom-thiophen-2-carbonsäure-[3,4-dichlor-benzylidenhydrazid], 3,4-Dichlor-benz-aldehyd-[5-brom-thiophen-2-carbonylhydrazon] $C_{12}H_7BrCl_2N_2OS$, Formel III.
  B. Aus 5-Brom-thiophen-2-carbonsäure-hydrazid und 3,4-Dichlor-benzaldehyd (*Buu-Hoi et al.*, Soc. **1953** 1358, 1360).
  Krystalle (aus A.); F: 237°.

5-Brom-thiophen-2-carbonsäure-[4-methyl-benzylidenhydrazid], *p*-Toluylaldehyd-[5-brom-thiophen-2-carbonylhydrazon] $C_{13}H_{11}BrN_2OS$, Formel I (X = CH$_3$).
  B. Aus 5-Brom-thiophen-2-carbonsäure-hydrazid und *p*-Toluylaldehyd (*Buu-Hoi et al.*, Soc. **1953** 1358, 1360).
  Krystalle (aus A.); F: 191°.

III   IV

5-Brom-thiophen-2-carbonsäure-[acenaphthen-5-ylmethylen-hydrazid], Acenaphthen-5-carbaldehyd-[5-brom-thiophen-2-carbonylhydrazon] $C_{18}H_{13}BrN_2OS$, Formel IV.
  B. Aus 5-Brom-thiophen-2-carbonsäure-hydrazid und Acenaphthen-5-carbaldehyd (*Buu-Hoi et al.*, Soc. **1953** 1358, 1360).
  Gelbe Krystalle (aus A.); F: 228°.

5-Brom-thiophen-2-carbonsäure-[pyren-1-ylmethylen-hydrazid], Pyren-1-carbaldehyd-[5-brom-thiophen-2-carbonylhydrazon] $C_{22}H_{13}BrN_2OS$, Formel V.
  B. Aus 5-Brom-thiophen-2-carbonsäure-hydrazid und Pyren-1-carbaldehyd (*Buu-Hoi et al.*, Soc. **1953** 1358, 1360).
  Gelbe Krystalle (aus A.); F: 288°.

5-Brom-thiophen-2-carbonsäure-salicylidenhydrazid, Salicylaldehyd-[5-brom-thiophen-2-carbonylhydrazon] $C_{12}H_9BrN_2O_2S$, Formel VI (X = H).
  B. Aus 5-Brom-thiophen-2-carbonsäure-hydrazid und Salicylaldehyd (*Buu-Hoi et al.*,

Soc. **1953** 1358, 1360).
Krystalle (aus A.); F: 239°.

**5-Brom-thiophen-2-carbonsäure-[5-chlor-2-hydroxy-benzylidenhydrazid], 5-Chlor-2-hydr‑
oxy-benzaldehyd-[5-brom-thiophen-2-carbonylhydrazon]** $C_{12}H_8BrClN_2O_2S$, Formel VI
(X = Cl).
B. Aus 5-Brom-thiophen-2-carbonsäure-hydrazid und 5-Chlor-2-hydroxy-benzaldehyd
(*Buu-Hoi et al.*, Soc. **1953** 1358, 1360).
Krystalle (aus A.); F: 233°.

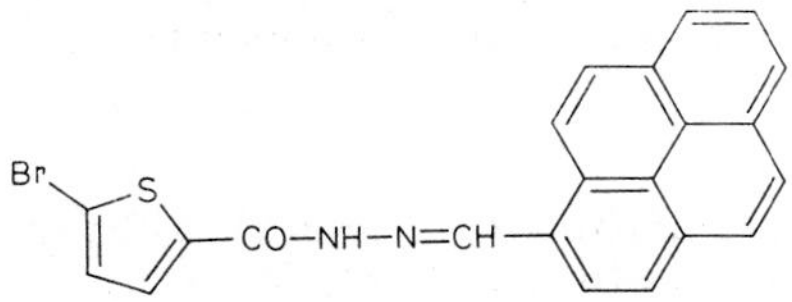

V 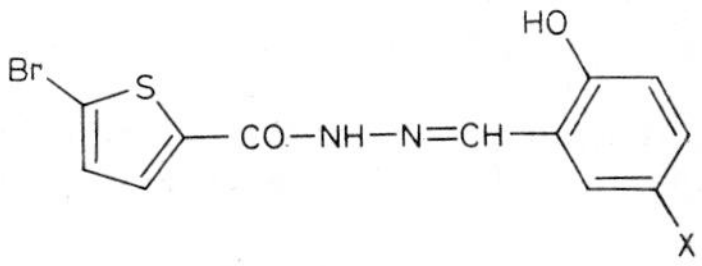   VI

**5-Brom-thiophen-2-carbonsäure-[3,5-dichlor-2-hydroxy-benzylidenhydrazid],
3,5-Dichlor-2-hydroxy-benzaldehyd-[5-brom-thiophen-2-carbonylhydrazon]**
$C_{12}H_7BrCl_2N_2O_2S$, Formel VII (X = Cl).
B. Aus 5-Brom-thiophen-2-carbonsäure-hydrazid und 3,5-Dichlor-2-hydroxy-benz‑
aldehyd (*Buu-Hoi et al.*, Soc. **1953** 1358, 1360).
Krystalle (aus A.); F: 246°.

**5-Brom-thiophen-2-carbonsäure-[5-brom-2-hydroxy-benzylidenhydrazid], 5-Brom-
2-hydroxy-benzaldehyd-[5-brom-thiophen-2-carbonylhydrazon]** $C_{12}H_8Br_2N_2O_2S$,
Formel VI (X = Br).
B. Aus 5-Brom-thiophen-2-carbonsäure-hydrazid und 5-Brom-2-hydroxy-benzaldehyd
(*Buu-Hoi et al.*, Soc. **1953** 1358, 1360).
Krystalle (aus A.); F: 232°.

**5-Brom-thiophen-2-carbonsäure-[2-hydroxy-3,5-dijod-benzylidenhydrazid], 2-Hydroxy-
3,5-dijod-benzaldehyd-[5-brom-thiophen-2-carbonylhydrazon]** $C_{12}H_7BrI_2N_2O_2S$,
Formel VII (X = I).
B. Aus 5-Brom-thiophen-2-carbonsäure-hydrazid und 2-Hydroxy-3,5-dijod-benz‑
aldehyd (*Buu-Hoi et al.*, Soc. **1953** 1358, 1360).
Gelbe Krystalle (aus A.); F: 255°.

**5-Brom-thiophen-2-carbonsäure-[4-hydroxy-benzylidenhydrazid], 4-Hydroxy-benz‑
aldehyd-[5-brom-thiophen-2-carbonylhydrazon]** $C_{12}H_9BrN_2O_2S$, Formel I (X = OH).
B. Aus 5-Brom-thiophen-2-carbonsäure-hydrazid und 4-Hydroxy-benzaldehyd (*Buu-
Hoi et al.*, Soc. **1953** 1358, 1360).
Krystalle (aus A.); F: 245°.

**5-Brom-thiophen-2-carbonsäure-[4-methoxy-benzylidenhydrazid], 4-Methoxy-benz‑
aldehyd-[5-brom-thiophen-2-carbonylhydrazon]** $C_{13}H_{11}BrN_2O_2S$, Formel I (X = O-CH₃).
B. Aus 5-Brom-thiophen-2-carbonsäure-hydrazid und 4-Methoxy-benzaldehyd (*Buu-
Hoi et al.*, Soc. **1953** 1358, 1360).
Krystalle (aus A.); F: 187°.

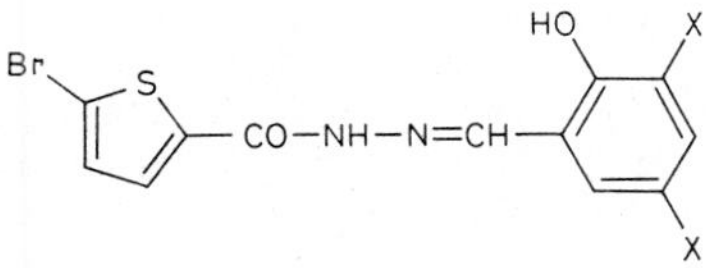

VII 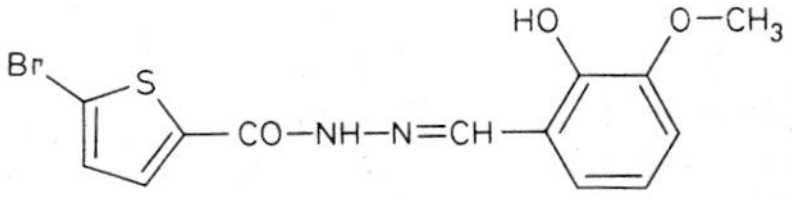   VIII

5-Brom-thiophen-2-carbonsäure-[2-hydroxy-3-methoxy-benzylidenhydrazid], 2-Hydroxy-3-methoxy-benzaldehyd-[5-brom-thiophen-2-carbonylhydrazon] $C_{13}H_{11}BrN_2O_3S$, Formel VIII.

B. Aus 5-Brom-thiophen-2-carbonsäure-hydrazid und 2-Hydroxy-3-methoxy-benzaldehyd (*Buu-Hoi et al.*, Soc. **1953** 1358, 1360).

Krystalle (aus A.); F: 249°.

5-Brom-thiophen-2-carbonsäure-[4-dimethylamino-benzylidenhydrazid], 4-Dimethylamino-benzaldehyd-[5-brom-thiophen-2-carbonylhydrazon] $C_{14}H_{14}BrN_3OS$, Formel I $(X = N(CH_3)_2)$ auf S. 4038.

B. Aus 5-Brom-thiophen-2-carbonsäure-hydrazid und 4-Dimethylamino-benzaldehyd (*Buu-Hoi et al.*, Soc. **1953** 1358, 1360).

Gelbe Krystalle (aus A.); F: 213°.

5-Brom-thiophen-2-carbonsäure-[(5-propyl-[2]thienylmethylen)-hydrazid], 5-Propyl-thiophen-2-carbaldehyd-[5-brom-thiophen-2-carbonylhydrazon] $C_{13}H_{13}BrN_2OS_2$, Formel IX.

B. Aus 5-Brom-thiophen-2-carbonsäure-hydrazid und 5-Propyl-thiophen-2-carbaldehyd (*Buu-Hoi et al.*, Soc. **1953** 1358, 1360).

Gelbe Krystalle (aus A.); F: 154°.

3,4-Dibrom-thiophen-2-carbonsäure $C_5H_2Br_2O_2S$, Formel X $(X = OH)$.

B. Beim Behandeln von 3,4-Dibrom-thiophen oder von 2,3,4-Tribrom-thiophen mit Butyllithium in Äther und Behandeln der Reaktionslösung mit festem Kohlendioxid (*Lawesson*, Ark. Kemi **11** [1957] 325, 331, 334). Beim Behandeln von 3,4,5-Tribrom-thiophen-2-carbonsäure mit Butyllithium (2 Mol) in Äther bei −70° und Behandeln der Reaktionslösung mit Wasser (*Lawesson*, Ark. Kemi **11** [1957] 345, 348).

Krystalle; F: 201−203° [aus wss. A.] (*La.*, l.c. S. 331, 348), 198° [aus W.] (*Steinkopf et al.*, A. **512** [1934] 136, 152). IR-Spektrum (KBr; 2−15 μ): *La.*, l.c. S. 333.

Beim Behandeln mit Butyllithium (2 Mol) in Äther bei −70° und anschliessend mit Wasser ist 4-Brom-thiophen-2-carbonsäure erhalten worden (*La.*, l.c. S. 348).

IX   X

3,4-Dibrom-thiophen-2-carbonsäure-[3,4-dibrom-[2]thienylmethylester] $C_{10}H_4Br_4O_2S_2$, Formel XI.

B. Beim Erhitzen von 3,4-Dibrom-thiophen-2,5-dicarbaldehyd mit Calciumhydroxid und Wasser unter Durchleiten von Wasserdampf (*Steinkopf, Eger*, A. **533** [1938] 270, 274).

Gelbliche Krystalle (aus Bzn.); F: 115°.

Beim Erhitzen mit 50%ig. wss. Kalilauge sind Ameisensäure und 3,4-Dibrom-thiophen sowie kleine Mengen [3,4-Dibrom-[2]thienyl]-methanol und 3,4-Dibrom-thiophen-2-carbonsäure erhalten worden.

3,4-Dibrom-thiophen-2-carbonylchlorid C_5HBr_2ClOS, Formel X $(X = Cl)$.

B. Beim Erwärmen von 3,4-Dibrom-thiophen-2-carbonsäure mit Thionylchlorid (*Steinkopf, Köhler*, A. **522** [1936] 17, 27).

Krystalle (aus PAe.); F: 84−85°.

3,5-Dibrom-thiophen-2-carbonsäure $C_5H_2Br_2O_2S$, Formel XII.

B. Beim Behandeln von 2,4-Dibrom-thiophen (*Lawesson*, Ark. Kemi **11** [1957] 317, 323) oder von 2,3,5-Tribrom-thiophen (*Lawesson*, Acta chem. scand. **10** [1956] 1020, 1022) mit Butyllithium in Äther und anschliessend mit festem Kohlendioxid. Beim Behandeln einer Lösung von 3-Brom-thiophen-2-carbonsäure in Essigsäure mit Brom (*La.*, Ark. Kemi **11** 323).

Hellgelbe Krystalle (aus wss. A.); F: 210−212° (*La.*, Acta chem. scand. **10** 1022),

210—211° (*La.*, Ark. Kemi **11** 323). IR-Spektrum (KBr; 2—15 μ): *La.*, Acta chem. scand. **10** 1021; Ark. Kemi **11** 321.

4,5-Dibrom-thiophen-2-carbonsäure $C_5H_2Br_2O_2S$, Formel XIII (H 292; E II 271).

B. Als Hauptprodukt neben 3,5-Dibrom-thiophen-2-carbonsäure beim Erwärmen von 2,3,5-Tribrom-thiophen mit Magnesium, Methylbromid und Äther und Behandeln der Reaktionslösung mit Kohlendioxid (*Steinkopf et al.*, A. **512** [1934] 136, 158). Beim Behandeln von 5-Brom-thiophen-2-carbonsäure (*St. et al.*, A. **512** 160) oder von 5-Jod-thiophen-2-carbonsäure (*Steinkopf et al.*, A. **527** [1937] 237, 239) mit Brom. Beim Behandeln von 1-[4,5-Dibrom-[2]thienyl]-äthanon mit Kaliumpermanganat und wss. Natron= lauge und Erwärmen der Reaktionslösung mit wss. Wasserstoffperoxid (*Gol'dfarb, Wol'kenschtein*, Doklady Akad. S.S.S.R. **128** [1959] 536, 538; Pr. Acad. Sci. U.S.S.R. Chem. Sect. **124—129** [1959] 767, 769).

Krystalle (aus Bzl.); F: 228—229,5° (*St. et al.*, A. **512** 160), 227—228° (*Go., Wo.*). IR-Spektrum (KBr; 2—15 μ): *Lawesson*, Acta chem. scand. **10** [1956] 1020, 1021.

Beim Erhitzen mit Kupfer-Pulver und Chinolin ist 3-Brom-thiophen erhalten worden (*Motoyama et al.*, J. chem. Soc. Japan Pure Chem. Sect. **78** [1957] 950, 953; C. A. **1960** 14223; *Nishimura et al.*, Bl. Univ. Osaka Prefect. [A] **6** [1958] 127, 128). Bildung von 4,5-Dichlor-thiophen-2-carbonsäure beim Behandeln einer heissen Lösung in Essigsäure mit Chlor: *Steinkopf, Köhler*, A. **532** [1937] 250, 271. Überführung in 2,3-Dibrom-5-nitro-thiophen durch Behandlung mit einem Gemisch von Salpetersäure und konz. Schwefelsäure unterhalb −5°: *Motoyama et al.*, J. chem. Soc. Japan Pure Chem. Sect. **78** [1957] 779, 783; C. A. **1960** 22559. Beim Behandeln mit Butyllithium (2 Mol) in Äther bei −65° und anschliessend mit Wasser ist 4-Brom-thiophen-2-carbonsäure erhalten worden (*Gronowitz*, Ark. Kemi **8** [1956] 87).

XI   XII   XIII   XIV

3,4,5-Tribrom-thiophen-2-carbonsäure $C_5HBr_3O_2S$, Formel XIV (X = OH).

B. Beim Behandeln von Tetrabromthiophen mit Butyllithium in Äther bei −20° (*Lawesson*, Ark. Kemi **11** [1957] 345, 347) oder mit Magnesium, Methyljodid und Äther (*Steinkopf et al.*, A. **512** [1934] 136, 150) und Behandeln der jeweiligen Reaktionslösung mit Kohlendioxid. Beim Behandeln von 3,4-Dibrom-thiophen-2-carbonsäure mit Brom (*St. et al.*, l. c. S. 153).

Krystalle; F: 258—261° [aus Ameisensäure] (*La.*), 259° [aus Eg.] (*St. et al.*, l. c. S. 150). Beim Behandeln mit Butyllithium (2 Mol) in Äther bei −70° und anschliessend mit Wasser ist 3,4-Dibrom-thiophen-2-carbonsäure erhalten worden (*La.*, l. c. S. 348).

3,4,5-Tribrom-thiophen-2-carbonsäure-methylester $C_6H_3Br_3O_2S$, Formel XIV (X = O-CH₃).

B. Beim Erwärmen von 3,4,5-Tribrom-thiophen-2-carbonylchlorid mit Methanol (*Steinkopf, Köhler*, A. **522** [1936] 17, 27).

Krystalle (aus Bzn.); F: 113—116°.

3,4,5-Tribrom-thiophen-2-carbonylchlorid C_5Br_3ClOS, Formel XIV (X = Cl).

B. Beim Erwärmen von 3,4,5-Tribrom-thiophen-2-carbonsäure mit Phosphor(V)-chlorid (*Steinkopf, Köhler*, A. **522** [1936] 17, 26).

Krystalle (aus PAe.); F: 83—85°.

3-Jod-thiophen-2-carbonsäure $C_5H_3IO_2S$, Formel I.

B. Beim Erwärmen von 2,3-Dijod-thiophen mit Magnesium, Äthylbromid und Äther und Behandeln der Reaktionslösung mit Kohlendioxid (*Steinkopf et al.*, A. **527** [1937] 237, 251).

Gelbliche Krystalle (aus W.); F: 193—195° [Zers.].

5-Jod-thiophen-2-carbonsäure $C_5H_3IO_2S$, Formel II (H 292).

B. Beim Erwärmen von 2-Jod-thiophen mit Natrium in Äther und Behandeln des Reaktionsgemisches mit festem Kohlendioxid (*Schick, Hartough*, Am. Soc. **70** [1948] 286). Beim Behandeln von 1-[5-Jod-[2]thienyl]-äthanon mit wss. Kaliumpermanganat-Lösung und wss. Natronlauge und Erwärmen der Reaktionslösung mit wss. Wasserstoffperoxid (*Rinkes*, R. **53** [1934] 643, 649; vgl. H 292).

Krystalle; F: 133—134° (*Ri.*; *Sugimoto et al.*, Bl. Univ. Osaka Prefect. [A] **8** [1959] 71, 72), 132,5—133,5° [nach Sublimation] (*Sch., Ha.*). UV-Spektrum (Hexan; 220 nm bis 330 nm; λ_{max}: 267 nm und 293 nm): *Su. et al.*, l. c. S. 76.

Beim Behandeln mit Brom ist 4,5-Dibrom-thiophen-2-carbonsäure erhalten worden (*Steinkopf et al.*, A. **527** [1937] 237, 239).

4,5-Dibrom-3-jod-thiophen-2-carbonsäure $C_5HBr_2IO_2S$, Formel III (X = Br).

B. Beim Behandeln von 3-Jod-thiophen-2-carbonsäure mit Brom [Überschuss] (*Steinkopf et al.*, A. **527** [1937] 237, 251).

Krystalle (aus Toluol); F: 267—268°.

I   II   III   IV   V

3,4,5-Trijod-thiophen-2-carbonsäure $C_5HI_3O_2S$, Formel III (X = I).

B. In kleiner Menge beim Erwärmen von Tetrajodthiophen mit Äthylmagnesium= bromid in Äther und Behandeln des Reaktionsgemisches mit festem Kohlendioxid (*Lawesson*, Ark. Kemi **11** [1957] 337, 342).

Gelbe Krystalle (aus A. + W.); F: 240—243° [Zers.].

3-Nitro-thiophen-2-carbonsäure $C_5H_3NO_4S$, Formel IV (R = H).

B. Beim Erwärmen einer Lösung von 2-Methyl-3-nitro-thiophen in Aceton mit Kalium= permanganat und Magnesiumsulfat in Wasser (*Rinkes*, R. **53** [1934] 643, 646).

Krystalle (aus Bzl.); F: 137°.

3-Nitro-thiophen-2-carbonsäure-methylester $C_6H_5NO_4S$, Formel IV (R = CH_3).

B. Beim Erwärmen von 3-Nitro-thiophen-2-carbonsäure mit Schwefelsäure enthal= tendem Methanol (*Rinkes*, R. **53** [1934] 643, 646).

Krystalle (aus PAe. oder aus Me.); F: 56°.

3-Nitro-thiophen-2-carbonitril $C_5H_2N_2O_2S$, Formel V.

B. Beim Erhitzen von 2,5-Dibrom-3-nitro-thiophen mit Kupfer(I)-cyanid in Chinolin (*Nishimura, Imoto*, J. chem. Soc. Japan Pure Chem. Sect. **82** [1961] 1411; C. A. **59** [1963] 3860).

F: 91,5—92,5° (*Ni., Im.*), 90—91° (*Sugimoto et al.*, Bl. Univ. Osaka Prefect. [A] **8** [1959] 71, 72). Absorptionsmaxima (Hexan): 222 nm und 265 nm (*Su. et al.*).

4-Nitro-thiophen-2-carbonsäure $C_5H_3NO_4S$, Formel VI (R = H) (H 292; E II 271).

B. Beim Behandeln von 4-Nitro-thiophen-2-carbaldehyd mit Natriumdichromat und wss. Schwefelsäure (*Gever*, Am. Soc. **77** [1955] 577). Beim Erhitzen von 4-Nitro-thiophen-2-carbonsäure-methylester mit wss. Schwefelsäure (*Rinkes*, R. **52** [1933] 538, 543; *Nishimura et al.*, Bl. Univ. Osaka Prefect. [A] **6** [1958] 127, 131). Beim Erhitzen von 4-Nitro-thiophen-2-carbonitril mit konz. wss. Salzsäure (*Reynaud, Delaby*, Bl. **1955** 1614).

Krystalle; F: 154—155° [aus Bzl.] (*Ni. et al.*), 154° [aus Bzl.] (*Ri.*, R. **52** 543), 152° [Block; aus W.] (*Re., De.*). UV-Spektrum (A.; 220—310 nm; λ_{max}: 238 nm und 267 nm): *Sugimoto et al.*, Bl. Univ. Osaka Prefect. [A] **8** [1959] 71, 76. Scheinbarer Dissoziations= exponent pK'_a (Wasser; potentiometrisch ermittelt) bei 25°: 2,86 (*Otsuji et al.*, J. chem. Soc. Japan Pure Chem. Sect. **80** [1959] 1021, 1023; C. A. **1961** 5467) bzw. 2,81 (*Imoto, Motoyama*, Bl. Naniwa Univ. [A] **2** [1954] 127, 129). Polarographie: *Tirouflet, Chane*.

C. r. **243** [1956] 500.

Beim Erwärmen mit Raney-Nickel und Acetanhydrid ist 4-Acetylamino-thiophen-2-carbonsäure, beim Erwärmen mit Raney-Nickel und wss. Ammoniak ist 4-Amino-valeriansäure erhalten worden (*Gol'dfarb et al.*, Ž. obšč. Chim. **29** [1959] 3636, 3639, 3643; engl. Ausg. S. 3596, 3598, 3599).

Das Barium-Salz ist in kaltem Wasser schwer löslich (*Rinkes*, R. **51** [1932] 1134, 1137).

4-Nitro-thiophen-2-carbonsäure-methylester $C_6H_5NO_4S$, Formel VI (R = CH_3).

B. Beim Erwärmen von 4-Nitro-thiophen-2-carbonsäure mit Schwefelsäure enthaltendem Methanol (*Gever*, Am. Soc. **77** [1955] 577).

Krystalle; F: 100—101° [aus Bzn.] (*Nishimura et al.*, Bl. Univ. Osaka Prefect. [A] **6** [1958] 127, 131), 99—100° [aus Me.] (*Ge.*), 99° [aus PAe.] (*Rinkes*, R. **51** [1932] 1134, 1138). Polarographie: *Nakaya et al.*, J. chem. Soc. Japan Pure Chem. Sect. **78** [1957] 935, 938; C. A. **1959** 21276.

Geschwindigkeitskonstante der Hydrolyse in einer 0,01-molaren Lösung von Natrium= hydroxid in 85%ig. wss. Äthanol bei 25°: *Tirouflet, Chane*, C. r. **245** [1957] 80.

4-Nitro-thiophen-2-carbonsäure-äthylester $C_7H_7NO_4S$, Formel VI (R = C_2H_5).

B. Aus 4-Nitro-thiophen-2-carbonsäure (*Otsuji et al.*, J. chem. Soc. Japan Pure Chem. Sect. **80** [1959] 1021, 1022; C. A. **1961** 5467).

F: 57—58°.

Geschwindigkeitskonstante der Hydrolyse in einer 0,1-molaren Lösung von Natrium= hydroxid in 85%ig. wss. Äthanol bei 15°, 25° und 35°: *Ot. et al.*, l. c. S. 1023.

4-Nitro-thiophen-2-carbimidsäure-methylester $C_6H_6N_2O_3S$, Formel VII (X = O-CH_3).

B. Aus 4-Nitro-thiophen-2-carbonitril (*Delaby et al.*, C. r. **246** [1958] 125).

F: 105° [unter Sublimation].

Hydrochlorid. F: 180° [Zers.].

4-Nitro-thiophen-2-carbimidsäure-äthylester $C_7H_8N_2O_3S$, Formel VII (X = O-C_2H_5).

B. Aus 4-Nitro-thiophen-2-carbonitril (*Delaby et al.*, C. r. **246** [1958] 125).

F: 108° [unter Sublimation].

Hydrochlorid. F: 180° [Zers.].

4-Nitro-thiophen-2-carbonitril $C_5H_2N_2O_2S$, Formel VIII.

B. Neben kleineren Mengen 5-Nitro-thiophen-2-carbonitril (S. 4046) beim Behandeln von Thiophen-2-carbonitril mit Salpetersäure und Acetanhydrid (*Reynaud, Delaby*, Bl. **1955** 1614). Beim Erhitzen von 4-Nitro-thiophen-2-carbaldehyd-oxim (F: 172° [Zers.]) mit Acetanhydrid (*Tirouflet, Fournari*, C. r. **243** [1956] 61; *Fournari, Chane*, Bl. **1963** 479, 483).

Krystalle; F: 102—103° (*Ti., Fo.*), 102° [aus A.] (*Re., De.*; *Fo., Ch.*). Polarographie: *Tirouflet, Chane*, C. r. **243** [1956] 500.

4-Nitro-thiophen-2-carbamidin $C_5H_5N_3O_2S$, Formel VII (X = NH_2).

B. Als Benzolsulfonat (s. u.) beim Erwärmen von 4-Nitro-thiophen-2-carbimidsäure-methylester oder von 4-Nitro-thiophen-2-carbimidsäure-äthylester mit Ammonium-benzolsulfonat in Methanol (*Delaby et al.*, C. r. **246** [1958] 125).

Benzolsulfonat. Krystalle (aus Me.); F: 217°.

VI   VII   VIII   IX

5-Nitro-thiophen-2-carbonsäure $C_5H_3NO_4S$, Formel IX (X = OH).

B. Neben kleineren Mengen 4-Nitro-thiophen-2-carbonsäure (S. 4042) und wenig 2-Nitro-thiophen beim Behandeln von Thiophen-2-carbonsäure mit Salpetersäure und Acetanhydrid bei —5° (*Rinkes*, R. **51** [1932] 1134, 1137, 1138). Aus 5-Nitro-thiophen-2-carbaldehyd beim Behandeln mit wss. Kaliumpermanganat-Lösung und wss. Natron=

lauge (*Patrick, Emerson*, Am. Soc. **74** [1952] 1356; *Combes*, Bl. **1952** 701) sowie bei langsamem Erhitzen mit Chrom(VI)-oxid und wss. Schwefelsäure bis auf 110° (*Subarowskiĭ*, Doklady Akad. S.S.S.R. **83** [1952] 85, 86; C. A. **1953** 2166). Beim Erhitzen von 5-Nitro-thiophen-2-carbonitril mit konz. wss. Salzsäure (*Dann*, B. **76** [1943] 419, 426).

Krystalle; F: 159° (*Johnson et al.*, J. biol. Chem. **153** [1944] 37, 40), 157—158° [aus W.] (*Su.*), 156,5—158° [aus W.] (*Dann*), 156° [aus W.] (*Co.*). UV-Spektrum (A.; 210—380 nm bzw. 220—340 nm): *Pappalardo*, G. **89** [1959] 551, 552; *Sugimoto et al.*, Bl. Univ. Osaka Prefect. [A] **8** [1959] 71, 76. Scheinbarer Dissoziationsexponent pK'_a (Wasser; potentiometrisch ermittelt) bei 25°: 2,68 (*Imoto, Motoyama*, Bl. Naniwa Univ. [A] **2** [1954] 127, 130). Elektrolytische Dissoziation in 78%ig. wss. Äthanol: *Price et al.*, Am. Soc. **76** [1954] 5131. Polarographie: *Tirouflet, Chane*, C. r. **243** [1956] 500.

Geschwindigkeitskonstante der Reaktion mit Methanol in Gegenwart von Chlor= wasserstoff (Bildung von 5-Nitro-thiophen-2-carbonsäure-methylester) bei 45°: *Imoto et al.*, J. chem. Soc. Japan Pure Chem. Sect. **77** [1956] 804, 807; C. A. **1958** 9066.

5-Nitro-thiophen-2-carbonsäure-methylester $C_6H_5NO_4S$, Formel IX (X = O-CH$_3$).

B. Beim Behandeln von 5-Nitro-thiophen-2-carbonsäure mit Chlorwasserstoff ent= haltendem Methanol (*Patrick, Emerson*, Am. Soc. **74** [1952] 1356). Beim Behandeln von 5-Nitro-thiophen-2-carbonitril mit Methanol und konz. Schwefelsäure (*Bellenghi et al.*, G. **82** [1952] 773, 804).

Krystalle; F: 81—82° (*Be. et al.*), 76° [aus wss. Me.] (*Pa., Em.*), 76° [aus PAe.] (*Rinkes*, R. **51** [1932] 1134, 1138). UV-Spektrum (210—360 nm) von Lösungen in Hexan und in Äthanol: *Pappalardo*, G. **89** [1959] 551, 552.

Geschwindigkeitskonstante der Hydrolyse in einer 0,01-molaren Lösung von Natrium= hydroxid in 85%ig. wss. Äthanol: *Tirouflet, Chane*, C. r. **245** [1957] 80.

Ein ebenfalls als 5-Nitro-thiophen-2-carbonsäure-methylester beschriebenes Präparat (Krystalle [aus Me.], F: 66—67°), in dem möglicherweise ein Gemisch dieser Verbindung mit 4-Nitro-thiophen-2-carbonsäure-methylester vorgelegen hat, ist beim Behandeln einer Lösung von Thiophen-2-carbonsäure-methylester in Acetanhydrid mit Salpeter= säure und Essigsäure erhalten worden (*Gauthier, Maillard*, Ann. pharm. franç. **11** [1953] 509, 521).

5-Nitro-thiophen-2-carbonsäure-äthylester $C_7H_7NO_4S$, Formel IX (X = O-C$_2$H$_5$).

B. Beim Behandeln von 5-Nitro-thiophen-2-carbonsäure mit Diazoäthan in Äther (*Dann*, B. **76** [1943] 419, 426). Neben kleineren Mengen 4-Nitro-thiophen-2-carbonsäure- äthylester beim Behandeln von Thiophen-2-carbonsäure-äthylester mit Salpetersäure und Acetanhydrid bei —10° (*Dann*, l. c. S. 426) oder mit Salpetersäure, Essigsäure und Acetanhydrid (*Gauthier, Maillard*, Ann. pharm. franç. **11** [1953] 509, 520).

Krystalle (aus PAe.), F: 63—64,5°; bei 70°/12 Torr destillierbar (*Dann*). Absorptions= spektrum von Lösungen in Hexan (210—360 nm) und in Äthanol (210—330 nm): *Pappalardo*, G. **89** [1959] 551, 552. Polarographie: *Tirouflet, Chane*, C. r. **243** [1956] 500; *Imoto et al.*, Bl. Naniwa Univ. [A] **3** [1955] 203, 205; J. chem. Soc. Japan Pure Chem. Sect. **77** [1956] 812, 813; C. A. **1958** 9066.

Geschwindigkeitskonstante der Hydrolyse in einer 0,1-molaren Lösung von Natrium= hydroxid in 85%ig. wss. Äthanol bei 30° und bei 40°: *Imoto et al.*, J. chem. Soc. Japan Pure Chem. Sect. **77** [1956] 804, 807; C. A. **1958** 9066. Über die Hydrolyse in 70%ig. wss. Dioxan bei 25° s. *Price et al.*, Am. Soc. **76** [1954] 5131.

5-Nitro-thiophen-2-carbonsäure-[2-diäthylamino-äthylester] $C_{11}H_{16}N_2O_4S$, Formel IX (X = O-CH$_2$-CH$_2$-N(C$_2$H$_5$)$_2$).

Hydrochlorid $C_{11}H_{16}N_2O_4S \cdot HCl$. *B.* Beim Erwärmen von 5-Nitro-thiophen-2-carbon= ylchlorid mit 2-Diäthylamino-äthanol und Benzol (*Dann*, B. **76** [1943] 419, 428). — F: ca. 118° [Zers.].

5-Nitro-thiophen-2-carbonylchlorid $C_5H_2ClNO_3S$, Formel IX (X = Cl).

B. Beim Erwärmen von 5-Nitro-thiophen-2-carbonsäure mit Thionylchlorid (*Rinkes*, R. **52** [1933] 538, 543; *Dann*, B. **76** [1943] 419, 428).

Krystalle; F: 52—53° (*Ri.*). Kp$_{17}$: 146—148° (*Dann*).

5-Nitro-thiophen-2-carbonsäure-amid $C_5H_4N_2O_3S$, Formel IX $(X = NH_2)$ auf S. 4043.
B. Beim Behandeln einer Lösung von 5-Nitro-thiophen-2-carbonylchlorid in Aceton mit wss. Ammoniak (*Dann, Möller*, B. **80** [1947] 21, 34). Beim Erwärmen von 5-Nitro-thiophen-2-carbonitril mit 90%ig. wss. Schwefelsäure (*Bellenghi et al.*, G. **82** [1952] 773, 801).
Krystalle; F: 191° (*Johnson et al.*, J. biol. Chem. **153** [1944] 37, 40), 185—187° [unkorr.; Block; aus W.] (*Dann, Mö.*), 185—187° [aus W.] (*Be. et al.*).

5-Nitro-thiophen-2-carbonsäure-allylamid $C_8H_8N_2O_3S$, Formel IX
$(X = NH-CH_2-CH=CH_2)$ auf S. 4043.
B. Beim Behandeln von 5-Nitro-thiophen-2-carbonylchlorid mit Allylamin und Benzol (*Foye, Hefferren*, J. Am. pharm. Assoc. **43** [1954] 602, 603).
Krystalle (aus wss. A.); F: 113—114° [korr.].

5-Nitro-thiophen-2-carbonsäure-anilid $C_{11}H_8N_2O_3S$, Formel X $(X = H)$.
B. Beim Behandeln von 5-Nitro-thiophen-2-carbonylchlorid mit Anilin und Benzol (*Bellenghi et al.*, G. **82** [1952] 773, 801).
Krystalle (aus A.); F: 189—191° (*Be. et al.*, l. c. S. 802).

5-Nitro-thiophen-2-carbonsäure-[3-brom-anilid] $C_{11}H_7BrN_2O_3S$, Formel X $(X = Br)$.
B. Beim Erwärmen von 5-Nitro-thiophen-2-carbonylchlorid mit 3-Brom-anilin, Pyridin und Benzol (*Foye, Hefferren*, J. Am. pharm. Assoc. **43** [1954] 602, 604).
Gelbe Krystalle (aus A.); F: 232—234° [korr.].

5-Nitro-thiophen-2-carbonsäure-[3-nitro-anilid] $C_{11}H_7N_3O_5S$, Formel X $(X = NO_2)$.
B. Beim Erwärmen von 5-Nitro-thiophen-2-carbonylchlorid mit 3-Nitro-anilin, Pyridin und Benzol (*Foye, Hefferren*, J. Am. pharm. Assoc. **43** [1954] 602, 604).
Gelbe Krystalle (aus Eg.); F: 204—205° [korr.].

5-Nitro-thiophen-2-carbonsäure-[4-nitro-anilid] $C_{11}H_7N_3O_5S$, Formel XI.
B. Beim Erwärmen von 5-Nitro-thiophen-2-carbonylchlorid mit 4-Nitro-anilin, Pyridin und Benzol (*Foye, Hefferren*, J. Am. pharm. Assoc. **43** [1954] 602, 604).
Gelbe Krystalle (aus Eg.); F: 274—275° [korr.].

5-Nitro-thiophen-2-carbonsäure-benzylamid $C_{12}H_{10}N_2O_3S$, Formel XII $(R = CH_2-C_6H_5)$.
B. Beim Behandeln von 5-Nitro-thiophen-2-carbonylchlorid mit Benzylamin und Benzol (*Bellenghi et al.*, G. **82** [1952] 773, 801; *Foye, Hefferren*, J. Am. pharm. Assoc. **43** [1954] 602, 604).
Krystalle (aus wss. A.); F: 127—128° (*Be. et al.*), 117—118° [korr.] (*Foye, He.*).

5-Nitro-thiophen-2-carbonsäure-[2-hydroxy-äthylamid] $C_7H_8N_2O_4S$, Formel XII
$(R = CH_2-CH_2OH)$.
B. Beim Behandeln von 5-Nitro-thiophen-2-carbonylchlorid mit 2-Amino-äthanol, Äther und Benzol (*Bellenghi et al.*, G. **82** [1952] 773, 801, 802).
Krystalle (aus W.); F: 148°.

Acetyl-[5-nitro-thiophen-2-carbonyl]-amin, 5-Nitro-thiophen-2-carbonsäure-acetylamid
$C_7H_6N_2O_4S$, Formel XII $(R = CO-CH_3)$.
B. Beim Erhitzen von 5-Nitro-thiophen-2-carbonsäure-amid mit Acetanhydrid (*Bellenghi et al.*, G. **82** [1952] 773, 801).
Krystalle (aus W.); F: 196—197° (*Be. et al.*, l. c. S. 804).

X   XI   XII

5-Nitro-thiophen-2-carbonsäure-ureid, N-[5-Nitro-thiophen-2-carbonyl]-harnstoff
$C_6H_5N_3O_4S$, Formel XII $(R = CO-NH_2)$.
B. Beim Erwärmen von 5-Nitro-thiophen-2-carbonylchlorid mit Harnstoff, Benzol

und wenig Schwefelsäure (*Foye, Hefferren*, J. Am. pharm. Assoc. **43** [1954] 602, 604).
Krystalle (aus Eg.); F: 216—218° [korr.].

5-Nitro-thiophen-2-carbonsäure-thioureid, N-[5-Nitro-thiophen-2-carbonyl]-thioharnstoff
$C_6H_5N_3O_3S_2$, Formel XII (R = CS-NH$_2$).
B. Beim Erwärmen von 5-Nitro-thiophen-2-carbonylchlorid mit Thioharnstoff, Benzol
und wenig Schwefelsäure (*Foye, Hefferren*, J. Am. pharm. Assoc. **43** [1954] 602, 604).
Krystalle (aus A.); F: 205—206° [korr.].

N-[5-Nitro-thiophen-2-carbonyl]-glycin-äthylester $C_9H_{10}N_2O_5S$, Formel XII
(R = CH$_2$-CO-O-C$_2$H$_5$).
B. Beim Erwärmen einer Lösung von 5-Nitro-thiophen-2-carbonylchlorid in Benzol
mit Glycin-äthylester-hydrochlorid und Pyridin [2 Mol] (*Foye, Hefferren*, J. Am. pharm.
Assoc. **43** [1954] 602, 604).
Krystalle (aus A. + W.); F: 122—124° [korr.].

5-Nitro-thiophen-2-carbonsäure-[2-diäthylamino-äthylamid], N,N-Diäthyl-N'-[5-nitro-
thiophen-2-carbonyl]-äthylendiamin $C_{11}H_{17}N_3O_3S$, Formel XII (R = CH$_2$-CH$_2$-N(C$_2$H$_5$)$_2$).
Hydrochlorid $C_{11}H_{17}N_3O_3S \cdot HCl$. *B*. Beim Behandeln von 5-Nitro-thiophen-2-carb=
onylchlorid mit N,N-Diäthyl-äthylendiamin und Benzol (*Foye, Hefferren*, J. Am. pharm.
Assoc. **43** [1954] 602, 604). — Krystalle (aus A.); F: 200—202° [korr.].

(±)-1-Diäthylamino-4-[5-nitro-thiophen-2-carbonylamino]-pentan, (±)-5-Nitro-thio=
phen-2-carbonsäure-[4-diäthylamino-1-methyl-butylamid] $C_{14}H_{23}N_3O_3S$, Formel XII
(R = CH(CH$_3$)-[CH$_2$]$_3$-N(C$_2$H$_5$)$_2$).
B. Beim Erwärmen von 5-Nitro-thiophen-2-carbonylchlorid mit (±)-1-Diäthylamino-
4-amino-pentan und Pyridin (*Du Pont de Nemours & Co.*, U.S.P. 2647120 [1949]).
F: 99—101°.
Hydrochlorid. Hygroskopische Krystalle (aus A.); F: 133—134°.

5-Nitro-thiophen-2-carbimidsäure-methylester $C_6H_6N_2O_3S$, Formel XIII (X = O-CH$_3$).
B. Aus 5-Nitro-thiophen-2-carbonitril (*Delaby et al.*, C. r. **246** [1958] 125).
F: 75° [unter Sublimation].
Hydrochlorid. F: 170° [Zers.].

5-Nitro-thiophen-2-carbimidsäure-äthylester $C_7H_8N_2O_3S$, Formel XIII (X = O-C$_2$H$_5$).
B. Aus 5-Nitro-thiophen-2-carbonitril (*Delaby et al.*, C. r. **246** [1958] 125).
F: 99° [unter Sublimation].

5-Nitro-thiophen-2-carbonitril $C_5H_2N_2O_2S$, Formel XIV.
B. Beim Erhitzen von 2-Jod-5-nitro-thiophen mit Kupfer(I)-cyanid und Pyridin
(*Dann*, B. **76** [1943] 419, 425). Beim Erhitzen von 5-Nitro-thiophen-2-carbaldehyd-oxim
(F: 164° [Zers.]) mit Acetanhydrid (*Tirouflet, Fournari*, C. r. **243** [1956] 61; *Fournari,
Chane*, Bl. **1963** 479, 483).
Krystalle; F: 46—47° [aus PAe.] (*Dann*), 45° [aus Bzn.] (*Reynaud, Delaby*, Bl. **1955**
1614), 44° [aus A.] (*Fo., Ch.*). Polarographie: *Tirouflet, Chane*, C. r. **243** [1956] 500.

XIII   XIV   XV   XVI

5-Nitro-thiophen-2-carbamidin $C_5H_5N_3O_2S$, Formel XIII (X = NH$_2$).
B. Als Benzolsulfonat (s. u.) beim Erwärmen von 5-Nitro-thiophen-2-carbimidsäure-
methylester oder von 5-Nitro-thiophen-2-carbimidsäure-äthylester mit Ammonium-
benzolsulfonat in Methanol (*Delaby et al.*, C. r. **246** [1958] 125).
Benzolsulfonat. Krystalle (aus Me.); F: 236—237°.

5-Nitro-thiophen-2-carbonsäure-hydrazid $C_5H_5N_3O_3S$, Formel XII (R = NH$_2$) auf S. 4045.
    B. Beim Erwärmen von 5-Nitro-thiophen-2-carbonsäure-methylester oder von 5-Nitro-thiophen-2-carbonsäure-äthylester mit Hydrazin und wss. Äthanol (*Carrara et al.*, G. **82** [1952] 652, 655, 662).
    Gelbe Krystalle; F: 164° (*Ca. et al.*, l. c. S. 659). In 100 ml Wasser lösen sich bei Raumtemperatur 0,2 g.

5-Chlor-4-nitro-thiophen-2-carbonsäure $C_5H_2ClNO_4S$, Formel XV (R = H).
    B. Beim Erhitzen von 5-Chlor-4-nitro-thiophen-2-carbonsäure-methylester mit wss. Schwefelsäure (*Hurd, Kreuz*, Am. Soc. **74** [1952] 2965, 2967).
    Krystalle (aus Bzl.); F: 156,5—157,5°.

5-Chlor-4-nitro-thiophen-2-carbonsäure-methylester $C_6H_4ClNO_4S$, Formel XV (R = CH$_3$).
    B. Beim Behandeln von 5-Chlor-thiophen-2-carbonsäure-methylester mit Salpeter=säure und Schwefelsäure (*Hurd, Kreuz*, Am. Soc. **74** [1952] 2965, 2967).
    Krystalle (aus Hexan); F: 83—84°.

3-Brom-4-nitro-thiophen-2-carbonsäure $C_5H_2BrNO_4S$, Formel XVI.
    B. Beim Erwärmen von 3-Brom-4-nitro-thiophen-2-carbaldehyd mit Natriumdichromat und wss. Schwefelsäure (*Motoyama et al.*, J. chem. Soc. Japan Pure Chem. Sect. **78** [1957] 954, 957; C. A. **1960** 14223; *Nishimura et al.*, Bl. Univ. Osaka Prefect. [A] **6** [1958] 127, 132).
    Krystalle (aus Bzl.); F: 214—215° (*Mo. et al.*; *Ni. et al.*).

5-Brom-4-nitro-thiophen-2-carbonsäure $C_5H_2BrNO_4S$, Formel I (R = H).
    B. Beim Erhitzen von 5-Brom-4-nitro-thiophen-2-carbonsäure-methylester mit wss. Schwefelsäure (*Motoyama et al.*, J. chem. Soc. Japan Pure Chem. Sect. **78** [1957] 779, 782; C. A. **1960** 22559; *Nishimura et al.*, Bl. Univ. Osaka Prefect. [A] **6** [1958] 127, 130).
    Krystalle (aus W.); F: 172—173° (*Mo. et al.*, l. c. S. 782; *Ni. et al.*). UV-Spektrum (Hexan; 220—300 nm): *Sugimoto et al.*, Bl. Univ. Osaka Prefect. [A] **8** [1959] 71, 78.
    Beim Erhitzen mit Kupfer-Pulver und Chinolin ist 3-Nitro-thiophen erhalten worden (*Motoyama et al.*, J. chem. Soc. Japan Pure Chem. Sect. **78** [1957] 950, 953; C. A. **1960** 14223; *Ni. et al.*, l. c. S. 128).

5-Brom-4-nitro-thiophen-2-carbonsäure-methylester $C_6H_4BrNO_4S$, Formel I (R = CH$_3$).
    B. Beim Behandeln von 5-Brom-thiophen-2-carbonsäure-methylester mit Salpeter=säure und Schwefelsäure bei —5° (*Motoyama et al.*, J. chem. Soc. Japan Pure Chem. Sect. **78** [1957] 779, 782; C. A. **1960** 22559; *Nishimura et al.*, Bl. Univ. Osaka Prefect. [A] **6** [1958] 127, 130).
    Krystalle (aus Me.); F: 100—102° (*Mo. et al.*), 98,5—102° (*Ni. et al.*). Absorptions-maxima (Hexan): 244 nm und 270 nm (*Sugimoto et al.*, Bl. Univ. Osaka Prefect. [A] **8** [1959] 71, 72). Polarographie: *Nakaya et al.*, J. chem. Soc. Japan Pure Chem. Sect. **78** [1957] 935, 938; C. A. **1959** 21276.

5-Jod-4-nitro-thiophen-2-carbonsäure $C_5H_2INO_4S$, Formel II (R = H).
    B. Neben kleineren Mengen 2-Jod-5-nitro-thiophen beim Behandeln von 5-Jod-thio=phen-2-carbonsäure mit Salpetersäure und Acetanhydrid bei —10° (*Rinkes*, R. **53** [1934] 643, 649).
    Krystalle (aus W.); F: 201°.

       I   II   III   IV

5-Jod-4-nitro-thiophen-2-carbonsäure-methylester $C_6H_4INO_4S$, Formel II (R = CH$_3$).
    B. Beim Erwärmen von 5-Jod-4-nitro-thiophen-2-carbonsäure mit Schwefelsäure ent=haltendem Methanol (*Rinkes*, R. **53** [1934] 643, 650).
    Gelbe Krystalle (aus Me.); F: 118°.

3,5-Dinitro-thiophen-2-carbonsäure $C_5H_2N_2O_6S$, Formel III (X = OH).
B. Beim Erhitzen von 3,5-Dinitro-thiophen-2-carbonsäure-methylester mit wss. Schwe=
felsäure (*Rinkes*, R. **52** [1933] 538, 547).
Gelbliche Krystalle (aus Bzl.); F: 135—136°.

3,5-Dinitro-thiophen-2-carbonsäure-methylester $C_6H_4N_2O_6S$, Formel III (X = O-CH$_3$).
B. Beim Behandeln von 5-Nitro-thiophen-2-carbonsäure-methylester mit Salpeter=
säure und Schwefelsäure (*Rinkes*, R. **52** [1933] 538, 547; *Bellenghi et al.*, G. **82** [1952]
773, 804).
Gelbliche Krystalle (aus A.); F: 61—62° (*Be. et al.*).

3,5-Dinitro-thiophen-2-carbonsäure-amid $C_5H_3N_3O_5S$, Formel III (X = NH$_2$).
B. Beim Behandeln von 3,5-Dinitro-thiophen-2-carbonsäure mit Phosphor(V)-chlorid
und Behandeln einer Lösung des Reaktionsprodukts in Benzol mit wss. Ammonium=
carbonat-Lösung (*Bellenghi et al.*, G. **82** [1952] 773, 804).
Krystalle (aus A.); F: 146°.

**Acetyl-[3,5-dinitro-thiophen-2-carbonyl]-amin, 3,5-Dinitro-thiophen-2-carbonsäure-
acetylamid** $C_7H_5N_3O_6S$, Formel III (X = NH-CO-CH$_3$).
B. Beim Erhitzen von 3,5-Dinitro-thiophen-2-carbonsäure-amid mit Acetanhydrid
(*Bellenghi et al.*, G. **82** [1952] 773, 805).
Krystalle (aus W.); F: 139°.

Bis-[thiophen-2-carbonyl]-disulfan $C_{10}H_6O_2S_4$, Formel IV.
B. Beim Behandeln von Thiophen-2-carbonylchlorid mit Kaliumhydrogensulfid in
Äthanol und Behandeln der mit wss. Salzsäure angesäuerten Reaktionslösung mit wss.
Wasserstoffperoxid (*Bory et al.*, Ann. pharm. franç. **12** [1954] 673).
Krystalle (aus A.); F: 125° [korr.; rote Schmelze].

Thiophen-2-thiocarbonsäure-amid, Thiophen-2-thiocarbamid $C_5H_5NS_2$, Formel V
(X = NH$_2$).
B. Beim Behandeln einer Lösung von Thiophen-2-carbonitril in Äthanol mit Ammo=
niak und anschliessend mit Schwefelwasserstoff (*Meltzer et al.*, Am. Soc. **77** [1955]
4062, 4065).
Krystalle (aus W.); F: 110—111° [unkorr.; Fisher-Johns-App.] (*Me. et al.*, l. c. S. 4064).

Thiophen-2-thiocarbonsäure-hydrazid $C_5H_6N_2S_2$, Formel V (X = NH-NH$_2$).
B. Beim Behandeln einer Lösung des Ammonium-Salzes der Thiophen-2-dithio=
carbonsäure (aus Thiophen-2-carbaldehyd mit Hilfe von Ammoniumpolysulfid hergestellt) in wss. Äthanol mit Hydrazin-hydrat (*Jensen, Pedersen*, Acta chem. scand.
15 [1961] 1097, 1101; s. a. *Jensen, Jensen*, Acta chem. scand. **6** [1952] 957). Beim Behandeln einer wss. Lösung des Natrium-Salzes der [Thiophen-2-thiocarbonylmercapto]-
essigsäure (s. u.) mit Hydrazin-hydrat (*Je., Pe.*, l. c. S. 1098).
Krystalle; F: 156° (*Je., Je.*), 155—156° [aus Bzl. + A.] (*Je., Pe.*, l. c. S. 1098).

[Thiophen-2-thiocarbonylmercapto]-essigsäure $C_7H_6O_2S_3$, Formel VI.
B. Beim Behandeln des Natrium-Salzes der Thiophen-2-dithiocarbonsäure (aus Thio=
phen-2-carbaldehyd mit Hilfe von Ammoniumpolysulfid hergestellt) mit Natrium-chlor=
acetat in Wasser und Ansäuern der Reaktionslösung mit wss. Salzsäure (*Jensen, Pedersen*,
Acta chem. scand. **15** [1961] 1087, 1093).
Rote Krystalle (aus Bzl.); F: 123—124° (*Je., Pe.*, l. c. S. 1089). IR-Banden (KBr)
im Bereich von 7 µ bis 25 µ: *Bak et al.*, Acta chem. scand. **12** [1958] 1451, 1453.

Selenophen-2-carbonsäure $C_5H_4O_2Se$, Formel VII (X = OH).
B. Beim Erwärmen von 2-Jod-selenophen mit Phenyllithium in Äther (*Jur'ew, Šadowaja*, Ž. obšč. Chim. **26** [1956] 3154, 3156; engl. Ausg. S. 3517, 3519) oder mit Magnesium
in Äther (*Nešmejanow et al.*, Izv. Akad. S.S.S.R. Otd. chim. **1957** 1389; engl. Ausg.
S. 1406; *Jur'ew, Šadowaja*, Ž. obšč. Chim. **28** [1958] 2162; engl. Ausg. S. 2200) und Behandeln des jeweiligen Reaktionsgemisches mit festem Kohlendioxid. Beim Behandeln
von Selenophen-2-carbaldehyd mit Silberoxid und wss. Natronlauge (*Chierici, Pappa-*

lardo, G. **88** [1958] 453, 461). Beim Erwärmen von 1-Selenophen-2-yl-äthanon mit alkal. wss. Natriumhypochlorit-Lösung (*Ch.*, *Pa.*). Beim Erwärmen von Selenophen-2-yl-glyoxylsäure mit wss. Wasserstoffperoxid (*Umezawa*, Bl. chem. Soc. Japan **14** [1939] 155, 161). Beim Behandeln von 1-Selenophen-2-yl-propan-1-on mit wss. Kaliumpermanganat-Lösung und wss. Natronlauge (*Um.*, l. c. S. 160). Beim Erwärmen von 3ξ-Selenophen-2-yl-acrylaldehyd (Kp$_9$: 148—149°; n$_D^{20}$: 1,7006) mit wss. Natronlauge und wss. Wasserstoffperoxid (*Jur'ew et al.*, Ž. obšč. Chim. **28** [1958] 3262, 3265; engl. Ausg. S. 3288).

Krystalle (aus W.); F: 122—124° (*Um.*, l. c. S. 160; *Ch.*, *Pa.*), 119,5—120° (*Ju. et al.*). Monoklin; Raumgruppe *P*2$_1$/*c* (= *C*$_{2h}^5$); aus dem Röntgen-Diagramm ermittelte Dimensionen der Elementarzelle: a = 5,80 Å; b = 5,05 Å; c = 20,05 Å; β = 97,9°; n = 4 (*Nardelli, Fava*, G. **88** [1958] 229; *Nardelli et al.*, Acta cryst. **15** [1962] 737). UV-Spektrum (Hexan; 210—320 nm; λ$_{max}$: 261 nm und 284 nm): *Ch.*, *Pa.*, l. c. S. 455. Absorptionsmaximum (A.): 258 nm (*Ch.*, *Pa.*, l. c. S. 458). Elektrolytische Dissoziation in 80%ig. wss. Äthanol: *Ju.*, *Ša.*, Ž. obšč. Chim. **28** 2162.

Silber-Salz AgC$_5$H$_3$O$_2$Se. Krystalle (*Um.*).

        V   VI   VII   VIII

Selenophen-2-carbonsäure-methylester C$_6$H$_6$O$_2$Se, Formel VII (X = O-CH$_3$).

B. Beim Erwärmen von Selenophen-2-carbonsäure mit Chlorwasserstoff enthaltendem Methanol (*Chierici, Pappalardo*, G. **88** [1958] 453, 461).

Kp$_{18}$: 95—96°. D$_4^{22}$: 1,5902. n$_D^{20}$: 1,5732. UV-Spektrum (Hexan; 210—320 nm; λ$_{max}$: 258 nm und 281 nm): *Ch.*, *Pa.*, l. c. S. 455. Absorptionsmaxima (A.): 260 nm und 284 nm (*Ch.*, *Pa.*, l. c. S. 458).

Selenophen-2-carbonsäure-äthylester C$_7$H$_8$O$_2$Se, Formel VII (X = O-C$_2$H$_5$).

B. Beim Erwärmen von Selenophen-2-carbonsäure mit Chlorwasserstoff enthaltendem Äthanol (*Chierici, Pappalardo*, G. **88** [1958] 453, 461).

Kp$_{14}$: 106—107°. D$_4^{22}$: 1,4765. n$_D^{20}$: 1,5525. UV-Spektrum (Hexan; 210—320 nm; λ$_{max}$: 258 nm und 278 nm): *Ch.*, *Pa.*, l. c. S. 455. Absorptionsmaxima (A.): 260 nm und 285 nm (*Ch.*, *Pa.*, l. c. S. 458).

Selenophen-2-carbonsäure-chlorid, Selenophen-2-carbonylchlorid C$_5$H$_3$ClOSe, Formel VII (X = Cl).

B. Beim Behandeln von Selenophen-2-carbonsäure mit Thionylchlorid (*Chierici, Pappalardo*, G. **88** [1958] 453, 462).

Kp$_{17}$: 97—98°. D$_4^{22}$: 1,7652. n$_D^{20}$: 1,6274.

Selenophen-2-carbonsäure-amid, Selenophen-2-carbamid C$_5$H$_5$NOSe, Formel VII (X = NH$_2$).

B. Beim Behandeln von Selenophen-2-carbonylchlorid mit wss. Ammoniak (*Chierici, Pappalardo*, G. **88** [1958] 453, 462).

Krystalle (aus W. oder A.); F: 168°. UV-Spektrum (A.; 210—320 nm; λ$_{max}$: 259 nm): *Ch.*, *Pa.*, l. c. S. 456.

Selenophen-2-carbonsäure-methylamid, *N*-Methyl-selenophen-2-carbamid C$_6$H$_7$NOSe, Formel VII (X = NH-CH$_3$).

B. Beim Behandeln einer Lösung von Selenophen-2-carbonylchlorid in Äther mit Methylamin (*Chierici, Pappalardo*, G. **88** [1958] 453, 462).

Krystalle (aus W. oder Ae.); F: 91—92°. UV-Spektrum (A.; 210—310 nm; λ$_{max}$: 261 nm): *Ch.*, *Pa.*, l. c. S. 456.

Selenophen-2-carbonsäure-dimethylamid, *N*,*N*-Dimethyl-selenophen-2-carbamid C$_7$H$_9$NOSe, Formel VII (X = N(CH$_3$)$_2$).

B. Beim Behandeln einer Lösung von Selenophen-2-carbonylchlorid in Äther mit Dimethylamin (*Chierici, Pappalardo*, G. **88** [1958] 453, 462).

Krystalle (aus Ae.); F: 47—48°. UV-Spektrum (A.; 210—320 nm; λ_{max}: 255,5 nm): *Ch.*, *Pa.*, l. c. S. 456.

Selenophen-2-carbonitril C_5H_3NSe, Formel VIII.

B. Beim Erhitzen von Selenophen-2-carbaldehyd-oxim (F: 133—133,5° [E III/IV **17** 4492]) mit Acetanhydrid und Natriumacetat (*Jur'ew, Mesenzowa, Ž.* obšč. Chim. **28** [1958] 3041, 3044; engl. Ausg. S. 3071, 3073).

Kp_{12}: 100—101°. D_4^{20}: 1,6506. n_D^{20}: 1,6120.

5-Chlor-selenophen-2-carbonsäure $C_5H_3ClO_2Se$, Formel IX (X = OH).

B. Beim Behandeln von 5-Chlor-selenophen-2-carbaldehyd mit Silberoxid und wss. Natronlauge (*Chierici, Pappalardo, G.* **89** [1959] 1900, 1908). Beim Erwärmen von 1-[5-Chlor-selenophen-2-yl]-äthanon mit alkal. wss. Natriumhypochlorit-Lösung (*Ch., Pa.*).

Krystalle (aus wss. A.); F: 172°. UV-Spektrum (Hexan; 210—320 nm; λ_{max}: 275 nm und 290 nm): *Ch., Pa.*, l. c. S. 1903. Absorptionsmaximum (A.): 270 nm (*Ch., Pa.*, l. c. S. 1901).

5-Chlor-selenophen-2-carbonsäure-methylester $C_6H_5ClO_2Se$, Formel IX (X = O-CH₃).

B. Beim Erwärmen von 5-Chlor-selenophen-2-carbonsäure mit Chlorwasserstoff enthaltendem Methanol (*Chierici, Pappalardo, G.* **89** [1959] 1900, 1908).

Krystalle (aus wss. A.); F: 27—28°. UV-Spektrum (Hexan; 210—320 nm; λ_{max}: 272 nm und 285 nm): *Ch., Pa.*, l. c. S. 1903. Absorptionsmaximum (A.): 273 nm (*Ch., Pa.*, l. c. S. 1901).

5-Chlor-selenophen-2-carbonsäure-äthylester $C_7H_7ClO_2Se$, Formel IX (X = O-C₂H₅).

B. Beim Erwärmen von 5-Chlor-selenophen-2-carbonsäure mit Chlorwasserstoff enthaltendem Äthanol (*Chierici, Pappalardo, G.* **89** [1959] 1900, 1909).

Kp_{14}: 120°. UV-Spektrum (Hexan; 210—320 nm; λ_{max}: 271 nm und 286 nm): *Ch., Pa.*, l. c. S. 1903. Absorptionsmaximum (A.): 273 nm (*Ch., Pa.*, l. c. S. 1901).

5-Chlor-selenophen-2-carbonsäure-amid $C_5H_4ClNOSe$, Formel IX (X = NH₂).

B. Beim Erwärmen von 5-Chlor-selenophen-2-carbonsäure mit Thionylchlorid und Behandeln des mit Äther versetzten Reaktionsgemisches mit Ammoniak (*Chierici, Pappalardo, G.* **89** [1959] 1900, 1909).

Krystalle (aus A.); F: 117°. UV-Spektrum (A.: 220—335 nm; λ_{max}: 273 nm): *Ch., Pa.*, l. c. S. 1904.

5-Chlor-selenophen-2-carbonsäure-methylamid $C_6H_6ClNOSe$, Formel IX (X = NH-CH₃).

B. Beim Erwärmen von 5-Chlor-selenophen-2-carbonsäure mit Thionylchlorid und Behandeln des mit Äther versetzten Reaktionsgemisches mit Methylamin (*Chierici, Pappalardo, G.* **89** [1959] 1900, 1909).

Krystalle (aus A.); F: 163°. UV-Spektrum (A.; 220—320 nm; λ_{max}: 276 nm): *Ch., Pa.*, l. c. S. 1904.

5-Chlor-selenophen-2-carbonsäure-dimethylamid $C_7H_8ClNOSe$, Formel IX (X = N(CH₃)₂).

B. Beim Erwärmen von 5-Chlor-selenophen-2-carbonsäure mit Thionylchlorid und Behandeln des mit Äther versetzten Reaktionsgemisches mit Dimethylamin (*Chierici, Pappalardo, G.* **89** [1959] 1900, 1909).

Kp_{14}: 110°. UV-Spektrum (A.; 210—325 nm; λ_{max}: 272 nm): *Ch., Pa.*, l. c. S. 1904. Absorptionsmaxima (Hexan): 284 nm und 307 nm (*Ch., Pa.*, l. c. S. 1901).

5-Brom-selenophen-2-carbonsäure $C_5H_3BrO_2Se$, Formel X (X = OH).

B. Beim Behandeln von 5-Brom-selenophen-2-carbaldehyd mit Silberoxid und wss. Natronlauge (*Chierici, Pappalardo, G.* **89** [1959] 560, 568). Beim Behandeln von Selenophen-2-carbonsäure mit Brom in wss. Essigsäure (*Ch., Pa.*).

Krystalle (aus wss. A.); F: 176°. UV-Spektrum (Hexan: 210—320 nm; λ_{max}: 276 nm): *Ch., Pa.*, l. c. S. 562. Absorptionsmaximum (A.): 270,5 nm (*Ch., Pa.*, l. c. S. 561).

5-Brom-selenophen-2-carbonsäure-methylester $C_6H_5BrO_2Se$, Formel X (X = O-CH₃).

B. Beim Behandeln von 5-Brom-selenophen-2-carbonsäure mit Chlorwasserstoff ent-

haltendem Methanol (*Chierici, Pappalardo*, G. **89** [1959] 560, 569).
Krystalle (aus wss. A.); F: 42°. UV-Spektrum (Hexan; 210—320 nm; λ_{max}: 274 nm):
Ch., Pa., l. c. S. 562. Absorptionsmaximum (A.): 276 nm (*Ch., Pa.*, l. c. S. 561).

IX   X   XI   XII

5-Brom-selenophen-2-carbonsäure-äthylester $C_7H_7BrO_2Se$, Formel X (X = $O\text{-}C_2H_5$).
B. Beim Erwärmen von 5-Brom-selenophen-2-carbonsäure mit Chlorwasserstoff enthaltendem Äthanol (*Chierici, Pappalardo*, G. **89** [1959] 560, 569).
Kp_6: 102°. UV-Spektrum (Hexan; 210—320 nm; λ_{max}: 275 nm): *Ch., Pa.*, l. c. S. 562.
Absorptionsmaximum (A.): 276 nm (*Ch., Pa.*, l. c. S. 561).

5-Brom-selenophen-2-carbonylchlorid $C_5H_2BrClOSe$, Formel X (X = Cl).
B. Beim Behandeln von 5-Brom-selenophen-2-carbonsäure mit Thionylchlorid (*Chierici,
Pappalardo*, G. **89** [1959] 560, 569).
F: 52° [Rohprodukt].

5-Brom-selenophen-2-carbonsäure-amid $C_5H_4BrNOSe$, Formel X (X = NH_2).
B. Beim Behandeln einer Lösung von 5-Brom-selenophen-2-carbonylchlorid in Äther
mit Ammoniak (*Chierici, Pappalardo*, G. **89** [1959] 560, 569).
Krystalle (aus A.); F: 175°. UV-Spektrum (A.; 210—325 nm; λ_{max}: 275 nm): *Ch., Pa.*,
l. c. S. 562.

5-Brom-selenophen-2-carbonsäure-methylamid $C_6H_6BrNOSe$, Formel X (X = $NH\text{-}CH_3$).
B. Beim Behandeln einer Lösung von 5-Brom-selenophen-2-carbonylchlorid in Äther
mit Methylamin (*Chierici, Pappalardo*, G. **89** [1959] 560, 569).
Krystalle (aus Ae.); F: 170—171°. UV-Spektrum (A.; 210—320 nm; λ_{max}: 278 nm und
286 nm): *Ch., Pa.*, l. c. S. 562.

5-Brom-selenophen-2-carbonsäure-dimethylamid $C_7H_8BrNOSe$, Formel X (X = $N(CH_3)_2$).
B. Beim Behandeln einer Lösung von 5-Brom-selenophen-2-carbonylchlorid in Äther
mit Dimethylamin (*Chierici, Pappalardo*, G. **89** [1959] 560, 570).
F: 35°. Kp_{10}: 170°. UV-Spektrum (A.; 210—320 nm; λ_{max}: 270,5 nm): *Ch., Pa.*, l. c.
S. 562. Absorptionsmaximum (Hexan): 267,5 nm (*Ch., Pa.*, l. c. S. 561).

5-Nitro-selenophen-2-carbonsäure $C_5H_3NO_4Se$, Formel XI (X = OH).
B. Beim Behandeln von 5-Nitro-selenophen-2-carbaldehyd mit Kaliumdichromat und
wss. Schwefelsäure (*Jur'ew, Saizewa*, Ž. obšč. Chim. **28** [1958] 2164, 2166; engl. Ausg.
S. 2203, 2205). Beim Erhitzen von 5-Nitro-selenophen-2-carbonitril mit konz. wss. Salz=
säure (*Jur'ew, Saizewa*, Ž. obšč. Chim. **29** [1959] 3644; engl. Ausg. S. 3603).
Gelbe Krystalle (aus W.); F: 188,5—190° (*Ju., Sa.*, Ž. obšč. Chim. **28** 2166, **29** 3645).
Elektrolytische Dissoziation in 80%ig. wss. Äthanol: *Ju., Sa.*, Ž. obšč. Chim. **28**
2167. Polarographie: *Štradin' et al.*, Doklady Akad. S.S.S.R. **129** [1959] 816, 817; Pr.
Acad. Sci. U.S.S.R. Chem. Sect. **124—129** [1959] 1077, 1078.

5-Nitro-selenophen-2-carbonsäure-methylester $C_6H_5NO_4Se$, Formel XI (X = $O\text{-}CH_3$).
B. Beim Behandeln von 5-Nitro-selenophen-2-carbonsäure mit Chlorwasserstoff ent-
haltendem Methanol (*Jur'ew, Saizewa*, Ž. obšč. Chim. **28** [1958] 2164, 2167; engl. Ausg.
S. 2203, 2205).
Gelbe Krystalle (aus PAe.); F: 76—76,5°.

5-Nitro-selenophen-2-carbonylchlorid $C_5H_2ClNO_3Se$, Formel XI (X = Cl).
B. Beim Erwärmen von 5-Nitro-selenophen-2-carbonsäure mit Thionylchlorid (*Jur'ew,
Saizewa*, Ž. obšč. Chim. **29** [1959] 3644; engl. Ausg. S. 3603).
Gelbe Krystalle (aus $CHCl_3$); F: 53—53,5°.

5-Nitro-selenophen-2-carbonsäure-amid $C_5H_4N_2O_3Se$, Formel XI (X = NH_2).
B. Beim Behandeln einer Lösung von 5-Nitro-selenophen-2-carbonylchlorid in Aceton

mit wss. Ammoniak (*Jur'ew, Saizewa,* Ž. obšč. Chim. **29** [1959] 3644; engl. Ausg. S. 3603). Gelbe Krystalle (aus W.); F: 198,5—199°.

5-Nitro-selenophen-2-carbonitril $C_5H_2N_2O_2Se$, Formel XII.

B. Beim Erhitzen von 5-Nitro-selenophen-2-carbaldehyd-oxim (F: 152—153° [E III/IV **17** 4494]) mit Acetanhydrid (*Jur'ew, Saizewa,* Ž. obšč. Chim. **29** [1959] 3644; engl. Ausg. S. 3603).

Gelbe Krystalle (aus Bzn.); F: 90—90,5°.   [*Schenk*]

Furan-3-carbonsäure $C_5H_4O_3$, Formel I (X = OH) (E I 439).

Isolierung aus der Wurzelrinde von Euonymus (Evonymus) atropurpureus: *Reichstein, Zschokke,* Helv. **15** [1932] 268, 273; aus Samen von Euonymus europaeus: *Ramstad,* J. Am. pharm. Assoc. **42** [1953] 119; aus von Schwarzfäule befallenen Knollen von Ipomoea batatas: *Kubota,* Tetrahedron **4** [1958] 68; *Kubota et al.,* J. chem. Soc. Japan Pure Chem. Sect. **73** [1952] 897; C. A. **1953** 6394; *Taira, Fukagawa,* J. agric. chem. Soc. Japan **32** [1958] 513; C. A. **1959** 4645.

B. Beim Behandeln von 3-Jod-furan mit Natrium-Kalium-Legierung und anschliessend mit Kohlendioxid (*Gilman, Wright,* Am. Soc. **55** [1933] 2893, 2895). Beim Behandeln von Furan-3-carbaldehyd mit Silberoxid und Wasser (*Kotake et al.,* A. **606** [1957] 148, 152). Beim Erhitzen von Furan-2,3-dicarbonsäure auf 250° (*Re., Zsch.*). Beim Erhitzen von Furan-2,4-dicarbonsäure (*Re., Zsch.*; s. a. *Gilman, Burtner,* Am. Soc. **55** [1933] 2903, 2906) oder von Furan-3,4-dicarbonsäure (*Reichstein et al.,* Helv. **16** [1933] 276, 281) mit Kupfer-Pulver und Chinolin. Beim Erhitzen von Furantetracarbonsäure mit Kupfer-Pulver und Chinolin (*Smith et al.,* Am. Soc. **73** [1951] 4633; s. a. *Eugster, Waser,* Helv. **40** [1957] 888, 900) oder mit Kupferoxid-Chromoxid und Chinolin (*Grünanger, Mantegani,* G. **89** [1959] 913, 916).

Krystalle; F: 123,5° [aus wss. A.] (*Ta., Fu.*), 122—123° [korr.; aus W.] (*Re. et al.*), 122—123° [nach Sublimation im Vakuum] (*Ko. et al.*), 120—120,5° [korr.; geschlossene Kapillare; aus W.] (*Beroza,* Am. Soc. **74** [1952] 1585, 1588). ^{1}H-NMR-Spektrum ($CDCl_3$): *Corey et al.,* Am. Soc. **80** [1958] 1204. UV-Spektren von Lösungen der Säure in Äthanol und in Wasser (220—260 nm): *Andrisano, Pappalardo,* G. **83** [1953] 340, 342; von Lösungen der Säure und des Natrium-Salzes in Wasser (220—300 nm): *Be.,* l. c. S. 1587. Scheinbare Dissoziationskonstante K'_a (Wasser; potentiometrisch ermittelt) bei Raumtemperatur: $1{,}13 \cdot 10^{-4}$ (*Catlin,* Iowa Coll. J. **10** [1935/36] 65). Elektrolytische Dissoziation in 50%ig. und 78%ig. wss. Äthanol: *Otsuji et al.,* J. chem. Soc. Japan Pure Chem. Sect. **80** [1959] 1300, 1302; C. A. **1961** 6476.

Reaktion mit Brom in Chloroform (Bildung von 5-Brom-furan-3-carbonsäure): *Gi., Bu.* Beim Behandeln mit Quecksilber(II)-acetat in Wasser ist Quecksilber-acetat-[furan-3-carbonat] erhalten worden (*Gilman, Wright,* Am. Soc. **55** [1933] 3302, 3312). Geschwindigkeitskonstante der Hydrierung an Platin in Essigsäure (Bildung von 4-Hydroxy-2-methyl-buttersäure) bei 20—50°: *Sm. et al.* Geschwindigkeitskonstante der Reaktion mit Methanol in Gegenwart von Chlorwasserstoff (Bildung von Furan-3-carbonsäure-methylester) bei 25—55°: *Sm. et al.*

Furan-3-carbonsäure-methylester $C_6H_6O_3$, Formel I (X = $O\text{-}CH_3$) (E I 439).

B. Beim Erwärmen von Furan-3-carbonsäure mit Methanol, 1,2-Dichlor-äthan und wenig Schwefelsäure (*Eugster, Waser,* Helv. **40** [1957] 888, 900).

Kp_{42}: 78—80° (*Eu., Wa.*); Kp_2: 112—114° (*Andrisano, Pappalardo,* G. **83** [1953] 340, 344). UV-Spektren (200—260 nm) von Lösungen in Äthanol und in Wasser: *An., Pa.,* l. c. S. 342.

Beim Behandeln mit Dimethylformamid und Phosphorylchlorid und Erhitzen des Reaktionsgemisches bis auf 130° ist 5-Formyl-furan-3-carbonsäure-methylester erhalten worden (*Zwicky et al.,* Helv. **42** [1959] 1177, 1184).

Furan-3-carbonsäure-äthylester $C_7H_8O_3$, Formel I (X = $O\text{-}C_2H_5$).

B. Beim Erwärmen von Furan-3-carbonsäure mit Äthanol und Schwefelsäure (*Kubota, Matsuura,* Soc. **1958** 3667, 3670). Beim Behandeln von Furan-3-carbonylchlorid mit Äthanol (*Gilman, Burtner,* Am. Soc. **55** [1933] 2903, 2906; *Andrisano, Pappalardo,* G. **83** [1953] 340, 344).

Kp$_{35}$: 93—95° (*Ku., Ma.*); Kp$_{14}$: 66—67° (*Otsuji et al.*, J. chem. Soc. Japan Pure Chem. Sect. **80** [1959] 1300, 1306; C. A. **1961** 6476), 65—67° (*Gi., Bu.*; *An., Pa.*). D$_{20}^{20}$: 1,038; n$_{D}^{20}$: 1,4592 (*Gi., Bu.*). UV-Spektrum (200—260 nm) von Lösungen in Äthanol und in Wasser: *An., Pa.*, l. c. S. 341.

Geschwindigkeitskonstante der Hydrolyse in Natriumhydroxid enthaltendem 85%ig. wss. Äthanol bei 25°, 35° und 45°: *Ot. et al.*, l. c. S. 1301.

I   II   III

Furan-3-carbonsäure-chlorid, Furan-3-carbonylchlorid C$_5$H$_3$ClO$_2$, Formel I (X = Cl).

B. Aus Furan-3-carbonsäure beim Erwärmen mit Thionylchlorid und Benzol (*Gilman, Burtner*, Am. Soc. **55** [1933] 2903, 2906; *Matsuura*, Bl. chem. Soc. Japan **30** [1957] 430) sowie beim Erhitzen mit Thionylchlorid bis auf 120° (*Kuhn, Krüger*, B. **89** [1956] 1473, 1483).

F: 29° (*Gi., Bu.*), 27° (*Grünanger, Mantegani*, G. **89** [1959] 913, 916). Kp$_{85}$: 87° (*Gardner et al.*, J. org. Chem. **23** [1958] 823, 826); Kp$_{55}$: 78—80° (*Quilico et al.*, Tetrahedron **1** [1957] 187, 190; *Gr., Ma.*); Kp$_{55}$: 77—79° (*Arata, Achiwa*, Ann. Rep. Fac. Pharm. Kanazawa Univ. **8** [1958] 29; C. A. **1959** 5228); Kp$_{46}$: 73—76° (*Ma.*); Kp$_{12}$: 46—47° (*Kuhn, Kr.*).

Furan-3-carbonsäure-amid, Furan-3-carbamid C$_5$H$_5$NO$_2$, Formel I (X = NH$_2$).

B. Beim Behandeln von Furan-3-carbonylchlorid mit Ammoniak in Äther (*Reichstein, Zschokke*, Helv. **15** [1932] 268, 273).

Krystalle; F: 169° (*Gilman, Burtner*, Am. Soc. **55** [1933] 2903, 2906), 168—169° [korr.; aus Bzl. + Bzn.] (*Re., Zsch.*). Im Hochvakuum sublimierbar (*Re., Zsch.*).

Furan-3-carbonsäure-anilid, Furan-3-carbanilid C$_{11}$H$_9$NO$_2$, Formel I (X = NH-C$_6$H$_5$).

B. Beim Behandeln von Furan-3-carbonylchlorid mit Anilin und Äther (*Reichstein, Zschokke*, Helv. **15** [1932] 268, 273).

Krystalle (aus Bzn.); F: 131—132° [korr.; durch Sublimation im Hochvakuum gereinigtes Präparat].

2,7-Bis-[furan-3-carbonylamino]-phenanthren-9,10-chinon C$_{24}$H$_{14}$N$_2$O$_6$, Formel II.

B. Beim Erhitzen von Furan-3-carbonylchlorid mit 2,7-Diamino-phenanthren-9,10-chinon in Nitrobenzol (*Desai, Kundel*, J. scient. ind. Res. India **12**B [1953] 234).

Braune Krystalle (aus Nitrobenzol), die unterhalb 330° nicht schmelzen.

Furan-3-carbonsäure-hydrazid C$_5$H$_6$N$_2$O$_2$, Formel I (X = NH-NH$_2$).

B. Aus Furan-3-carbonsäure-äthylester mit Hilfe von Hydrazin-hydrat (*Burtner*, Am. Soc. **56** [1934] 666).

Krystalle (aus Bzl. + Me.); F: 124—124,5°.

Furan-3-carbonsäure-azid, Furan-3-carbonylazid C$_5$H$_3$N$_3$O$_2$, Formel I (X = N$_3$).

B. Beim Behandeln einer Lösung von Furan-3-carbonylchlorid in Äther mit Natrium= azid in Wasser (*Kuhn, Krüger*, B. **89** [1956] 1473, 1483). Beim Behandeln von Furan-3-carbonsäure-hydrazid mit wss. Schwefelsäure und Natriumnitrit (*Burtner*, Am. Soc. **56** [1934] 666).

Krystalle; F: 24—25° (*Otsuji et al.*, J. chem. Soc. Japan Pure Chem. Sect. **80** [1959] 1307; C. A. **1961** 6477).

Geschwindigkeitskonstante der Zersetzung in Toluol bei 70°: *Ot. et al.*, l. c. S. 1308.

2-Brom-furan-3-carbonsäure C$_5$H$_3$BrO$_3$, Formel III.

B. Beim Erhitzen von 5-Brom-furan-2,4-dicarbonsäure mit Quecksilber(II)-chlorid in Wasser, zuletzt unter Zusatz von wss. Natronlauge (*Gilman, Burtner*, Am. Soc. **55**

[1933] 2903, 2907).

Krystalle (aus W.); F: 158°.

5-Brom-furan-3-carbonsäure $C_5H_3BrO_3$, Formel IV.

B. Beim Behandeln von Furan-3-carbonsäure mit Brom in Chloroform (*Gilman. Burtner*, Am. Soc. **55** [1933] 2903, 2907).

Krystalle (aus W.); F: 130°.

5-Nitro-furan-3-carbonsäure $C_5H_3NO_5$, Formel V (R = H).

B. Aus Furan-3-carbonsäure (*Gilman, Burtner*, Am. Soc. **55** [1933] 2903, 2907). Beim Erhitzen von 5-Nitro-furan-3-carbonsäure-äthylester mit wss. Schwefelsäure (*Gi., Bu.*, Am. Soc. **55** 2907). Beim Erhitzen von 5-Nitro-furan-2,3-dicarbonsäure auf 235° (*Gilman, Burtner*, Am. Soc. **71** [1949] 1213).

Krystalle (aus W.); F: 138° (*Gi., Bu.*, Am. Soc. **55** 2907).

5-Nitro-furan-3-carbonsäure-äthylester $C_7H_7NO_5$, Formel V (R = C_2H_5).

B. Beim Behandeln von Furan-3-carbonsäure-äthylester mit Acetanhydrid und Sal≠ petersäure bei −15° (*Gilman, Burtner*, Am. Soc. **55** [1933] 2903, 2907).

Krystalle (aus A.); F: 56°.

Thiophen-3-carbonsäure $C_5H_4O_2S$, Formel VI (X = OH) (H 292).

B. Beim Behandeln von 3-Brom-thiophen mit Butyllithium in Äther bei −70° (*Gronowitz*, Ark. Kemi **7** [1954] 361, 368) oder mit Magnesium, Äthylbromid und Äther (*Gronowitz*, Ark. Kemi **7** [1954] 267, 270) und Behandeln des jeweiligen Reaktionsgemisches mit festem Kohlendioxid. Aus 3-Jod-thiophen beim Erhitzen mit Kaliumcyanid, Kupfer(I)-cyanid und wss. Äthanol auf 180° (*Rinkes*, R. **55** [1936] 991) sowie beim Behandeln mit Magnesium, Äthylbromid und Äther und anschliessend mit Kohlendioxid (*Steinkopf, Schmitt*, A. **533** [1938] 264, 267). Beim Behandeln von Thiophen-3-carbaldehyd mit Silberoxid und wss. Natronlauge (*Campaigne, Le Suer*, Am. Soc. **70** [1948] 1555, 1557; Org. Synth. Coll. Vol. IV [1963] 919). Beim Erhitzen von Thiophen-3-carbonitril mit konz. wss. Salzsäure (*Nishimura et al.*, Bl. Univ. Osaka Prefect. [A] **6** [1958] 127, 133). Bei der Hydrierung von 2,5-Dichlor-thiophen-3-carbonsäure an Palladium/Kohle (*Blanchette, Brown*, Am. Soc. **73** [1951] 2779).

Krystalle (aus W.); F: 138−139° (*Gr.*, Ark. Kemi **7** 368), 137−138° (*Ri.; St., Sch.; Ca., Le S.; Otsuji et al.*, J. chem. Soc. Japan Pure Chem. Sect. **80** [1959] 1300, 1306; C. A. **1961** 6476). Monoklin; Raumgruppe $C\,2/c$ (= C_{2h}^6); aus dem Röntgen-Diagramm bei −170° ermittelte Dimensionen der Elementarzelle: a = 13,601 Å; b = 5,447 Å; c = 15,054 Å; β = 99,1°; n = 8 (*Hudson, Robertson*, Acta cryst. **17** [1964] 1497; s. a. *Visser et al.*, Acta cryst. [B] **24** [1968] 467). Dichte der Krystalle: 1,514 (*Hu., Ro.*). ^{1}H-NMR-Absorption: *Gronowitz, Hoffman*, Ark. Kemi **13** [1958/59] 279, 281. UV-Spek≠ trum (A.; 210−300 nm bzw. 210−280 nm): *Gronowitz*, Ark. Kemi **13** [1958/59] 239, 241; *Andrisano, Pappalardo*, Spektrochim. Acta **12** [1958] 350, 352. Scheinbarer Dissoziations-exponent pK_a' (Wasser; potentiometrisch ermittelt) bei 25°: 4,08 (*Otsuji et al.*, J. chem. Soc. Japan Pure Chem. Sect. **80** [1959] 1021, 1023; C. A. **1961** 5467. Elektrolytische Dissoziation in 50%ig. wss. Äthanol: *Ot. et al.*, J. chem. Soc. Japan Pure Chem. Sect. **80** 1302; in 78%ig. wss. Äthanol: *Price et al.*, Am. Soc. **76** [1954] 5131; *Ot. et al.*, J. chem. Soc. Japan Pure Chem. Sect. **80** 1302. Schmelzdiagramm des Systems mit Benzoesäure: *Mislow*, J. phys. Chem. **52** [1948] 729, 735.

IV   V   VI   VII

Thiophen-3-carbonsäure-methylester $C_6H_6O_2S$, Formel VI (X = O-CH$_3$).

B. Beim Erwärmen von Thiophen-3-carbonsäure mit Schwefelsäure enthaltendem Methanol (*Rinkes*, R. **53** [1934] 643, 647).

Kp$_{10}$: 98° (*Ri.*). UV-Spektrum (A.; 210−280 nm): *Andrisano, Pappalardo*, Spectrochim. Acta **12** [1958] 350, 352.

Thiophen-3-carbonsäure-äthylester $C_7H_8O_2S$, Formel VI (X $=$ O-C_2H_5).

B. Aus Thiophen-3-carbonylchlorid und Äthanol (*Campaigne, Le Suer*, Am. Soc. **70** [1948] 1555, 1557).

Kp_{736}: 207—208° (*Ca., Le Suer*); Kp_3: 85° (*Otsuji et al.*, J. chem. Soc. Japan Pure Chem. Sect. **80** [1959] 1021, 1022; C. A. **1961** 5467); $Kp_{2,3}$: 82° (*Price et al.*, Am. Soc. **76** [1954] 5131). D_4^{27}: 1,1799 (*Ca., Le Suer*). n_D^{20}: 1,5219 (*Pr. et al.*), 1,5230 (*Ca., Le Suer*). UV-Spektrum (A.; 210—280 nm): *Andrisano, Pappalardo*, Spectrochim. Acta **12** [1958] 350, 352.

Geschwindigkeitskonstante der Hydrolyse in Natriumhydroxid enthaltendem 85%ig. wss. Äthanol bei 25°, 35° und 45°: *Ot. et al.*, l. c. S. 1023; der Hydrolyse in Natrium=hydroxid enthaltendem 70%ig. wss. Dioxan bei 20—45°: *Oae, Price*, Am. Soc. **79** [1957] 2547; bei 25° und 40°: *Pr. et al.*

Charakterisierung als 4-Brom-phenacylester (F: 129—130°; s. u.) und als Amid (F: 179—180°; S. 4056): *Ca., Le Suer*.

Thiophen-3-carbonsäure-[4-brom-phenacylester], 1-[4-Brom-phenyl]-2-[thiophen-3-carbonyloxy]-äthanon $C_{13}H_9BrO_3S$, Formel VII.

B. Aus Thiophen-3-carbonsäure (*Campaigne, Le Suer*, Am. Soc. **70** [1948] 1555, 1557). Krystalle (aus A.); F: 129—130°.

Thiophen-3-carbonsäure-[2-dimethylamino-äthylester] $C_9H_{13}NO_2S$, Formel VIII (R $=$ CH_3).

B. Beim Erwärmen von Thiophen-3-carbonylchlorid mit 2-Dimethylamino-äthanol und Benzol (*Campaigne, Le Suer*, Am. Soc. **70** [1948] 3498).

Kp_1: 106—108°. n_D^{20}: 1,5200.

Hydrochlorid $C_9H_{13}NO_2S \cdot HCl$. F: 193—195°.

Thiophen-3-carbonsäure-[2-diäthylamino-äthylester] $C_{11}H_{17}NO_2S$, Formel VIII (R $=$ C_2H_5).

B. Beim Erwärmen von Thiophen-3-carbonylchlorid mit 2-Diäthylamino-äthanol und Benzol (*Campaigne, Le Suer*, Am. Soc. **70** [1948] 3498).

Kp_1: 113—114°. n_D^{20}: 1,5131.

Hydrochlorid $C_{11}H_{17}NO_2S \cdot HCl$. F: 100—101°.

Thiophen-3-carbonsäure-[2-dibutylamino-äthylester] $C_{15}H_{25}NO_2S$, Formel VIII (R $=$ [CH_2]$_3$-CH_3).

B. Beim Erwärmen von Thiophen-3-carbonylchlorid mit 2-Dibutylamino-äthanol und Benzol (*Campaigne, Le Suer*, Am. Soc. **70** [1948] 3498).

Kp_1: 137—139°. n_D^{20}: 1,4981.

Hydrochlorid $C_{15}H_{25}NO_2S \cdot HCl$. F: 74—76°.

Thiophen-3-carbonsäure-[3-dibutylamino-propylester] $C_{16}H_{27}NO_2S$, Formel IX.

B. Beim Erwärmen von Thiophen-3-carbonylchlorid mit 3-Dibutylamino-propan-1-ol und Benzol (*Campaigne, Le Suer*, Am. Soc. **70** [1948] 3498).

Kp_1: 152—153°. n_D^{20}: 1,4965.

Hydrochlorid $C_{16}H_{27}NO_2S \cdot HCl$. F: 109—111°.

VIII   IX   X

Thiophen-3-carbonsäure-anhydrid $C_{10}H_6O_3S_2$, Formel X.

B. Beim Erhitzen von Thiophen-3-carbonsäure mit Acetanhydrid und Toluol (*Stein-kopf, Schmitt*, A. **533** [1938] 264, 267).

Krystalle (aus Bzn.); F: 54,5—56°.

Thiophen-3-carbonsäure-chlorid, Thiophen-3-carbonylchlorid C_5H_3ClOS, Formel VI (X $=$ Cl).

B. Beim Erwärmen von Thiophen-3-carbonsäure mit Thionylchlorid (*Steinkopf, Schmitt*, A. **533** [1938] 264, 267; *Nishimura et al.*, Bl. Univ. Osaka Prefect. [A] **6** [1958]

127, 133).

Krystalle; F: 53—54° [aus Bzn.] (*St., Sch.*), 51—52° (*Campaigne, Le Suer*, Am. Soc. **70** [1948] 1555, 1557), 50—52° (*Ni. et al.*). Kp$_{748}$: 203—204°; Kp$_{36}$: 110—111° (*Ca., Le Suer*); Kp$_{60}$: 120° (*Gardner et al.*, J. org. Chem. **23** [1958] 823, 826).

Thiophen-3-carbonsäure-amid, Thiophen-3-carbamid C_5H_5NOS, Formel VI (X = NH_2) auf S. 4054 (H 293).

Krystalle (aus W.); F: 179—180° (*Campaigne, Le Suer*, Am. Soc. **70** [1948] 1555, 1557). UV-Spektrum (A.; 210—280 nm): *Andrisano, Pappalardo*, Spectrochim. Acta **12** [1958] 350, 352.

Thiophen-3-carbonsäure-anilid, Thiophen-3-carbanilid $C_{11}H_9NOS$, Formel VI (X = NH-C_6H_5) auf S. 4054.

B. Beim Behandeln von Thiophen-3-carbonylchlorid mit Anilin und Pyridin (*Nishimura et al.*, Bl. Univ. Osaka Prefect. [A] **6** [1958] 127, 133).

Krystalle (aus Me.); F: 141—142°.

Thiophen-3-carbonsäure-[äthylester-imin], Thiophen-3-carbimidsäure-äthylester C_7H_9NOS, Formel XI (R = C_2H_5).

B. Aus Thiophen-3-carbonitril (*Elpern, Nachod*, Am. Soc. **72** [1950] 3379, 3382).

Hydrochlorid. F: 110—111° [Zers.].

Thiophen-3-carbonitril C_5H_3NS, Formel XII.

B. Beim Erhitzen von 3-Brom-thiophen mit Kupfer(I)-cyanid und Chinolin (*Nishimura et al.*, Bl. Univ. Osaka Prefect. [A] **6** [1958] 127, 132). Beim Erhitzen von 3-Methylthiophen mit Ammoniak in Gegenwart eines Molybdän(VI)-oxid-Aluminiumoxid-Katalysators auf 500° (*Socony-Vacuum Oil Co.*, U.S.P. 2551572 [1948]). Beim Erhitzen von 3-Methyl-thiophen mit Ammoniak, Schwefel und Benzol unter 25 at auf 340° (*California Research Corp.*, U.S.P. 2783266 [1953]). Beim Erhitzen von Thiophen-3-carbaldehyd-oxim (F: 113—114°) mit Acetanhydrid (*Campaigne, Thomas*, Am. Soc. **77** [1955] 5365, 5368).

Kp: 203—205° (*Elpern, Nachod*, Am. Soc. **72** [1950] 3379, 3382); Kp$_{30}$: 100—102° (*Ni. et al.*); Kp$_{11}$: 82° (*Sugimoto et al.*, Bl. Univ. Osaka Prefect. [A] **8** [1959] 71, 72). Kp$_3$: 59°; D_{20}^{20}: 1,1956; n_D^{21}: 1,5565 (*Ca., Th.*). n_D^{25}: 1,5534 (*El., Na.*). Absorptionsmaxima (Hexan): 225 nm und 236 nm (*Su. et al.*).

Thiophen-3-carbonsäure-hydrazid $C_5H_6N_2OS$, Formel VI (X = NH-NH_2) auf S. 4054.

B. Beim Erwärmen von Thiophen-3-carbonsäure-methylester oder von Thiophen-3-carbonsäure-äthylester mit Hydrazin-hydrat und Äthanol (*Yale et al.*, Am. Soc. **75** [1953] 1933, 1935, 1938).

Krystalle (aus Bzl.); F: 122—123°.

Thiophen-3-carbonsäure-azid, Thiophen-3-carbonylazid $C_5H_3N_3OS$, Formel VI (X = N_3) auf S. 4054.

B. Beim Behandeln von Thiophen-3-carbonsäure-hydrazid mit wss. Salzsäure und Natriumnitrit (*Otsuji et al.*, J. chem. Soc. Japan Pure Chem. Sect. **80** [1959] 1300, 1307; C. A. **1961** 6476).

Flüssigkeit. Geschwindigkeitskonstante der Zersetzung in Essigsäure bei 70° sowie in Toluol bei 70°, 80° und 86°: *Ot. et al.*, l. c. S. 1308.

2-Chlor-thiophen-3-carbonsäure $C_5H_3ClO_2S$, Formel XIII (X = OH).

B. Beim Behandeln einer Lösung von 2-Chlor-thiophen-3-carbaldehyd in Äthanol mit Silberoxid und wss. Natronlauge (*Campaigne, Le Suer*, Am. Soc. **71** [1949] 333).

Krystalle (aus W.); F: 163°.

2-Chlor-thiophen-3-carbonsäure-amid C_5H_4ClNOS, Formel XIII (X = NH_2).

B. Beim Erwärmen von 2-Chlor-thiophen-3-carbonsäure mit Thionylchlorid und Behandeln des erhaltenen Säurechlorids mit wss. Ammoniak (*Campaigne, Monroe*, Am. Soc. **76** [1954] 2447, 2449).

Krystalle (aus W.); F: 120—121° [unkorr.].

XI   XII   XIII   XIV   XV

5-Chlor-thiophen-3-carbonsäure $C_5H_3ClO_2S$, Formel XIV (X = OH).

B. Beim Behandeln einer Lösung von Thiophen-3-carbonsäure in Essigsäure mit Chlor (*Campaigne, Bourgeois,* Am. Soc. **76** [1954] 2445).

Krystalle (aus W.); F: 156—157° [unkorr.].

5-Chlor-thiophen-3-carbonsäure-amid C_5H_4ClNOS, Formel XIV (X = NH_2).

B. Beim Erwärmen von 5-Chlor-thiophen-3-carbonsäure mit Thionylchlorid und Behandeln des erhaltenen Säurechlorids mit wss. Ammoniak (*Campaigne, Bourgeois,* Am. Soc. **76** [1954] 2445).

Krystalle (aus W.); F: 135—136° [unkorr.].

5-Chlor-thiophen-3-carbonsäure-anilid $C_{11}H_8ClNOS$, Formel XIV (X = NH-C_6H_5).

B. Beim Erwärmen von 5-Chlor-thiophen-3-carbonsäure mit Thionylchlorid und Erwärmen des erhaltenen Säurechlorids mit Anilin und Benzol (*Campaigne, Bourgeois,* Am. Soc. **76** [1954] 2445).

Krystalle (aus wss. A.); F: 170—171° [unkorr.].

2,5-Dichlor-thiophen-3-carbonsäure $C_5H_2Cl_2O_2S$, Formel XV (X = OH).

B. Beim Behandeln einer Lösung von Thiophen-3-carbonsäure, von 2-Chlor-thiophen-3-carbonsäure oder von 5-Chlor-thiophen-3-carbonsäure in Essigsäure mit Chlor (*Campaigne, Bourgeois,* Am. Soc. **76** [1954] 2445). Aus 2,5-Dichlor-thiophen-3-carbaldehyd mit Hilfe von Silberoxid (*Campaigne, Le Suer,* Am. Soc. **71** [1949] 333). Beim Erwärmen von 1-[2,5-Dichlor-[3]thienyl]-äthanon mit wss. Natriumhypochlorit-Lösung (*Hartough, Conley,* Am. Soc. **69** [1947] 3096).

Krystalle; F: 147—148° [unkorr.; aus W.] (*Ca., Bo.*), 147—148° [aus W. oder Bzl.] (*Ha., Co.*), 146,5—147,5° [aus wss. A.] (*Ca., Le S.*).

Beim Behandeln mit Lithiumalanat in Äther ist [3]Thienyl-methanol erhalten worden (*Ca., Bo.*).

2,5-Dichlor-thiophen-3-carbonsäure-amid $C_5H_3Cl_2NOS$, Formel XV (X = NH_2).

B. Beim Erwärmen von 2,5-Dichlor-thiophen-3-carbonsäure mit Thionylchlorid und Behandeln des erhaltenen Säurechlorids mit wss. Ammoniak (*Campaigne, Monroe,* Am. Soc. **76** [1954] 2447, 2449).

Krystalle (aus W.); F: 115—116° [unkorr.].

2,4,5-Trichlor-thiophen-3-carbonsäure $C_5HCl_3O_2S$, Formel I.

B. Beim Erhitzen einer Lösung von 2,5-Dibrom-4-jod-thiophen-3-carbonsäure in Essigsäure unter Einleiten von Chlor und Abdestillieren von Essigsäure (*Steinkopf, Köhler,* A. **532** [1937] 250, 267).

Krystalle (aus Bzl.); F: 176—177°.

2-Brom-thiophen-3-carbonsäure $C_5H_3BrO_2S$, Formel II (X = OH).

B. Beim Behandeln einer Lösung von 2-Brom-thiophen-3-carbaldehyd in Äthanol mit Silberoxid und wss. Natronlauge (*Campaigne, Le Suer,* Am. Soc. **71** [1949] 333).

Krystalle (aus wss. A.); F: 178—179°.

2-Brom-thiophen-3-carbonsäure-methylester $C_6H_5BrO_2S$, Formel II (X = O-CH_3).

B. Beim Behandeln von 2-Brom-thiophen-3-carbonsäure mit Diazomethan in Äther (*Owen, Nord,* J. org. Chem. **16** [1951] 1864, 1866).

Kp_4: 114—115°.

2-Brom-thiophen-3-carbonsäure-amid C_5H_4BrNOS, Formel II (X = NH_2).

B. Beim Erwärmen von 2-Brom-thiophen-3-carbonsäure mit Thionylchlorid und Behandeln des erhaltenen Säurechlorids mit wss. Ammoniak (*Campaigne, Monroe*, Am. Soc. **76** [1954] 2447, 2449).

Krystalle (aus W.); F: 135—137° [unkorr.].

4-Brom-thiophen-3-carbonsäure $C_5H_3BrO_2S$, Formel III (X = OH).

B. Beim Behandeln von 3,4-Dibrom-thiophen mit Butyllithium in Äther bei —70° (*Lawesson*, Ark. Kemi **11** [1957] 325, 331) oder mit Magnesium, Methylbromid (bzw. Äthylbromid) und Äther (*Steinkopf et al.*, A. **512** [1934] 136, 154; *La.*,) und Behandeln des jeweiligen Reaktionsgemisches mit festem Kohlendioxid.

Krystalle; F: 157—159° [aus wss. A.] (*La.*), 150—152° [aus W.] (*St. et al.*). IR-Spektrum (KBr; 2—15 µ): *La.*, l. c. S. 332.

Beim Behandeln mit Salpetersäure und Schwefelsäure bei —10° ist 4-Brom-5-nitro-thiophen-3-carbonsäure erhalten worden (*La.*, l. c. S. 335).

I   II   III   IV

4-Brom-thiophen-3-carbonsäure-amid C_5H_4BrNOS, Formel III (X = NH_2).

B. Beim Erwärmen von 4-Brom-thiophen-3-carbonsäure mit Thionylchlorid und Behandeln des erhaltenen Säurechlorids mit wss. Ammoniak (*Lawesson*, Ark. Kemi **11** [1957] 325, 331).

Krystalle (aus wss. A.); F: 136—138°.

5-Brom-thiophen-3-carbonsäure $C_5H_3BrO_2S$, Formel IV (X = OH).

B. Beim Behandeln von Thiophen-3-carbonsäure mit Brom in Essigsäure (*Campaigne, Bourgeois*, Am. Soc. **76** [1954] 2445).

Krystalle; F: 117—119° (*Lawesson*, Ark. Kemi **11** [1957] 345, 348), 117—118° [unkorr.; aus W.] (*Ca., Bo.*), 117—118° (*Otsuji et al.*, J. chem. Soc. Japan Pure Chem. Sect. **80** [1959] 1021, 1022; C. A. **1961** 5467). Scheinbarer Dissoziationsexponent pK_a' (Wasser; potentiometrisch ermittelt) bei 25°: 3,66 (*Ot. et al.*, l. c. S. 1023).

5-Brom-thiophen-3-carbonsäure-äthylester $C_7H_7BrO_2S$, Formel IV (X = O-C_2H_5).

B. Aus 5-Brom-thiophen-3-carbonsäure (*Otsuji et al.*, J. chem. Soc. Japan Pure Chem. Sect. **80** [1959] 1021, 1022; C. A. **1961** 5467).

Kp_7: 81°.

Geschwindigkeitskonstante der Hydrolyse in Natriumhydroxid enthaltendem 85%ig. wss. Äthanol bei 25° und 35°: *Ot. et al.*, l. c. S. 1023.

5-Brom-thiophen-3-carbonsäure-amid C_5H_4BrNOS, Formel IV (X = NH_2).

B. Beim Erwärmen von 5-Brom-thiophen-3-carbonsäure mit Thionylchlorid und Behandeln des erhaltenen Säurechlorids mit wss. Ammoniak (*Campaigne, Bourgeois*, Am. Soc. **76** [1954] 2445).

Krystalle (aus W.); F: 100—101° [unkorr.].

5-Brom-thiophen-3-carbonsäure-anilid $C_{11}H_8BrNOS$, Formel IV (X = NH-C_6H_5).

B. Beim Erwärmen von 5-Brom-thiophen-3-carbonsäure mit Thionylchlorid und Erwärmen des erhaltenen Säurechlorids mit Anilin und Benzol (*Campaigne, Bourgeois*, Am. Soc. **76** [1954] 2445).

Krystalle (aus wss. A.); F: 142—143° [unkorr.].

2,5-Dibrom-thiophen-3-carbonsäure $C_5H_2Br_2O_2S$, Formel V (X = OH).

B. Beim Erwärmen von Thiophen-3-carbonsäure mit Brom in Essigsäure (*Campaigne, Bourgeois*, Am. Soc. **76** [1954] 2445).

Krystalle (aus W.); F: 175—176° [unkorr.] (*Ca., Bo.*).

Beim Behandeln mit Butyllithium (2 Mol) in Äther bei —70° und Behandeln des

Reaktionsgemisches mit wss. Säure ist 5-Brom-thiophen-3-carbonsäure erhalten worden (*Lawesson*, Ark. Kemi **11** [1957] 345, 348).

2,5-Dibrom-thiophen-3-carbonsäure-amid $C_5H_3Br_2NOS$, Formel V (X = NH_2).

B. Beim Erwärmen von 2,5-Dibrom-thiophen-3-carbonsäure mit Thionylchlorid und Behandeln des erhaltenen Säurechlorids mit wss. Ammoniak (*Campaigne, Monroe*, Am. Soc. **76** [1954] 2447, 2449).

Krystalle (aus W.); F: 147—148° [unkorr.].

4,5-Dibrom-thiophen-3-carbonsäure $C_5H_2Br_2O_2S$, Formel VI (X = OH).

B. Beim Behandeln von 4-Brom-thiophen-3-carbonsäure mit Brom in Essigsäure (*Lawesson*, Ark. Kemi **11** [1957] 325, 334).

Krystalle (aus wss. A.); F: 192—194° (*La.*, l. c. S. 334).

Beim Behandeln mit Butyllithium (2 Mol) in Äther bei —70° und Behandeln des Reaktionsgemisches mit wss. Säure ist 4-Brom-thiophen-3-carbonsäure erhalten worden (*Lawesson*, Ark. Kemi **11** [1957] 345, 348).

4,5-Dibrom-thiophen-3-carbonsäure-amid $C_5H_3Br_2NOS$, Formel VI (X = NH_2).

B. Beim Erwärmen von 4,5-Dibrom-thiophen-3-carbonsäure mit Thionylchlorid und Behandeln des erhaltenen Säurechlorids mit wss. Ammoniak (*Lawesson*, Ark. Kemi **11** [1957] 325, 334).

Krystalle (aus wss. A.); F: 166—168°.

V   VI   VII   VIII

2,4,5-Tribrom-thiophen-3-carbonsäure $C_5HBr_3O_2S$, Formel VII (X = OH).

B. Beim Behandeln von Thiophen-3-carbonsäure mit Brom (*Gronowitz, Rosenberg*, Ark. Kemi **8** [1955] 23, 25). Beim Erhitzen von 4-Brom-thiophen-3-carbonsäure oder von 4,5-Dibrom-thiophen-3-carbonsäure mit Brom in Essigsäure (*Lawesson*, Ark. Kemi **11** [1957] 325, 334).

Krystalle; F: 203—205° [aus Toluol] (*Gr., Ro.*), 202—204° [aus wss. A.] (*La.*, l. c. S. 334).

Beim Behandeln mit Butyllithium (2 Mol) in Äther bei —70° und Behandeln des Reaktionsgemisches mit wss. Säure ist 4,5-Dibrom-thiophen-3-carbonsäure erhalten worden (*Lawesson*, Ark. Kemi **11** [1957] 345, 348).

2,4,5-Tribrom-thiophen-3-carbonsäure-amid $C_5H_2Br_3NOS$, Formel VII (X = NH_2).

B. Beim Erwärmen von 2,4,5-Tribrom-thiophen-3-carbonsäure mit Thionylchlorid und Behandeln des erhaltenen Säurechlorids mit wss. Ammoniak (*Lawesson*, Ark. Kemi **11** [1957] 325, 335).

Krystalle (aus wss. A.); F: 219—221°.

4-Jod-thiophen-3-carbonsäure $C_5H_3IO_2S$, Formel VIII (X = H).

B. Beim Erwärmen von 3,4-Dijod-thiophen mit Magnesium, Äthylbromid und Äther, Einleiten von Kohlendioxid in die Reaktionslösung und Behandeln des Reaktionsgemisches mit Wasser (*Steinkopf et al.*, A. **527** [1937] 237, 249).

Krystalle (aus W.); F: 169—170°.

2,5-Dibrom-4-jod-thiophen-3-carbonsäure $C_5HBr_2IO_2S$, Formel VIII (X = Br).

B. Beim Behandeln von 4-Jod-thiophen-3-carbonsäure mit Brom (*Steinkopf et al.*, A. **527** [1937] 237, 251).

Krystalle (aus wss. Eg.); F: 182° (*St. et al.*).

Beim Erhitzen einer Lösung in Essigsäure unter Einleiten von Chlor und Abdestillieren von Essigsäure ist 2,4,5-Trichlor-thiophen-3-carbonsäure erhalten worden (*Steinkopf, Köhler*, A. **532** [1937] 250, 267).

2-Nitro-thiophen-3-carbonsäure $C_5H_3NO_4S$, Formel IX (X = OH).

B. Beim Behandeln einer Lösung von 3-Methyl-2-nitro-thiophen in Aceton mit Kaliumpermanganat und Magnesiumsulfat in Wasser (*Rinkes*, R. **53** [1934] 643, 647). Neben
2-Nitro-thiophen-3-carbaldehyd beim Behandeln von [2-Nitro-[3]thienyl]-methanol mit
wss. Salpetersäure (*Raich, Hamilton*, Am. Soc. **79** [1957] 3800, 3804).

Krystalle (aus Bzl.); F: 156—157° [unkorr.] (*Ra., Ha.*), 155—156° (*Ri.*).

2-Nitro-thiophen-3-carbonsäure-amid $C_5H_4N_2O_3S$, Formel IX (X = NH_2).

B. Aus 2-Nitro-thiophen-3-carbonsäure über das Säurechlorid (*Raich, Hamilton*, Am.
Soc. **79** [1957] 3800, 3804).

Gelbe Krystalle (aus W.); F: 184—185° [unkorr.].

2-Nitro-thiophen-3-carbonitril $C_5H_2N_2O_2S$, Formel X.

B. Beim Erhitzen von 3-Brom-2-nitro-thiophen mit Kupfer(I)-cyanid und Chinolin
(*Nishimura, Imoto*, J. chem. Soc. Japan Pure Chem. Sect. **82** [1961] 1411; C. A. **1961**
3860).

F: 85—86° (*Ni., Im.*; *Sugimoto et al.*, Bl. Univ. Osaka Prefect. [A] **8** [1959] 71, 72).
Absorptionsmaxima (Hexan): 286 nm und 292 nm: *Su. et al.*

5-Nitro-thiophen-3-carbonsäure $C_5H_3NO_4S$, Formel XI (X = OH).

B. Beim Erhitzen von 4-Acetoxymethyl-2-nitro-thiophen mit wss. Schwefelsäure und
Erwärmen der Reaktionslösung mit Natriumdichromat in Wasser (*Raich, Hamilton*,
Am. Soc. **79** [1957] 3800, 3803). Beim Behandeln von Thiophen-3-carbonsäure mit
Salpetersäure und Schwefelsäure unterhalb —5° (*Campaigne, Bourgeois*, Am. Soc. **76**
[1954] 2445). Beim Erhitzen von 5-Nitro-thiophen-3-carbonsäure-methylester mit wss.
Schwefelsäure (*Rinkes*, R. **53** [1934] 643, 647).

Krystalle (aus Bzl.); F: 147° [unkorr.] (*Ra., Ha.*), 145—146° [unkorr.] (*Ca., Bo.*).
Scheinbarer Dissoziationsexponent pK_a' (Wasser; potentiometrisch ermittelt) bei 23°:
3,14 (*Otsuji et al.*, J. chem. Soc. Japan Pure Chem. Sect. **80** [1959] 1021, 1023; C. A.
1961 5467).

IX   X   XI   XII

5-Nitro-thiophen-3-carbonsäure-methylester $C_6H_5NO_4S$, Formel XI (X = O-CH_3).

B. Beim Behandeln von Thiophen-3-carbonsäure-methylester mit Salpetersäure und
Acetanhydrid bei —10° (*Rinkes*, R. **53** [1934] 643, 647).

Krystalle (aus Me.); F: 81°.

5-Nitro-thiophen-3-carbonsäure-äthylester $C_7H_7NO_4S$, Formel XI (X = O-C_2H_5).

B. Aus 5-Nitro-thiophen-3-carbonsäure (*Otsuji et al.*, J. chem. Soc. Japan Pure Chem.
Sect. **80** [1959] 1021; C. A. **1961** 5467).

Kp_{17}: 134—135°.
Geschwindigkeitskonstante der Hydrolyse in Natriumhydroxid enthaltendem 85%ig.
wss. Äthanol bei 25°, 35° und 45°: *Ot. et al.*, l. c. S. 1023.

5-Nitro-thiophen-3-carbonsäure-amid $C_5H_4N_2O_3S$, Formel XI (X = NH_2).

B. Beim Erwärmen von 5-Nitro-thiophen-3-carbonsäure mit Thionylchlorid und Behandeln des Reaktionsgemisches mit wss. Ammoniak (*Campaigne, Bourgeois*, Am. Soc.
76 [1954] 2445). Beim Behandeln von Thiophen-3-carbamid mit Salpetersäure und
Schwefelsäure (*Campaigne, Monroe*, Am. Soc. **76** [1954] 2447, 2449).

Gelbliche Krystalle (aus W.); F: 166—167° [unkorr.] (*Ca., Mo.*).

5-Nitro-thiophen-3-carbonsäure-anilid $C_{11}H_8N_2O_3S$, Formel XI (X = NH-C_6H_5).

B. Beim Erwärmen von 5-Nitro-thiophen-3-carbonsäure mit Thionylchlorid und Erwärmen des erhaltenen Säurechlorids mit Anilin und Benzol (*Campaigne, Bourgeois,* Am. Soc. **76** [1954] 2445).

Gelbliche Krystalle (aus wss. A.); F: 179—180° [unkorr.].

4-Brom-5-nitro-thiophen-3-carbonsäure $C_5H_2BrNO_4S$, Formel XII (X = OH).

B. Beim Behandeln von 4-Brom-thiophen-3-carbonsäure mit Salpetersäure und Schwefelsäure bei —10° (*Lawesson*, Ark. Kemi **11** [1957] 325, 335).

Gelbe Krystalle (aus wss. A.); F: 236—238°.

4-Brom-5-nitro-thiophen-3-carbonsäure-amid $C_5H_3BrN_2O_3S$, Formel XII (X = NH_2).

B. Aus 4-Brom-5-nitro-thiophen-3-carbonsäure (*Lawesson*, Ark. Kemi **11** [1957] 325, 335).

Gelbe Krystalle (aus wss. A.); F: 188—190°.   [*Herbst*]

Carbonsäuren $C_6H_6O_3$

[2]Furylessigsäure $C_6H_6O_3$, Formel I (R = H).

B. Beim Behandeln von [2]Furylacetaldehyd mit Äthanol, Silberoxid und wss. Natron= lauge (*Reichstein*, B. **63** [1930] 749, 753). Aus [2]Furylacetonitril mit Hilfe von Chlor= wasserstoff enthaltendem Äthanol (*Re.*, l. c. S. 752), mit Hilfe von wss. Alkalilauge (*Runde et al.*, Am. Soc. **52** [1930] 1284, 1287; *Plucker, Amstutz*, Am. Soc. **62** [1940] 1512) oder mit Hilfe von methanol. Alkalilauge (*Re.*, l. c. S. 752; *Moldenhauer et al.*, A. **583** [1953] 37, 62). Beim Erhitzen von [2]Furylmalonsäure (*Reichstein, Morsmann*, Helv. **17** [1934] 1119, 1126). Beim Erhitzen von [2]Furylglyoxylsäure mit Natriummethylat in Methanol und mit Hydrazin-hydrat bis auf 200° (*Re., Mor.*, l. c. S. 1123) oder mit Natriumäthylat in Äthanol und mit Hydrazin-hydrat bis auf 200° (*Re.*, l. c. S. 752).

Krystalle; F: 68—69° [aus Bzn.] (*Re.*, l. c. S. 753), 68° [aus Bzn.] (*Re., Mor.*, l. c. S. 1123; *Mol. et al.*), 67,3—67,5° [aus PAe.] (*Ru. et al.*). Krystallhabitus sowie Krystall= optik: *Ru. et al.* $Kp_{0,4}$: 102—104° (*Re., Mor.*, l. c. S. 1123). Elektrolytische Dissoziation in 78,5%ig. wss. Äthanol: *Otsuji et al.*, J. chem. Soc. Japan Pure Chem. Sect. **80** [1959] 1293, 1305; C. A. **1961** 6476. Löslichkeit in Wasser bei 15°: *Re.*, l. c. S. 753.

Verhalten beim Erhitzen auf 250° (Bildung von 2-Methyl-furan): *Ru. et al.*, l. c. S. 1288. Geschwindigkeitskonstante der Hydrierung an Platin in Essigsäure (Bildung von [2]Tetrahydrofuryl-essigsäure und 3-Hydroxy-hexansäure (?)) bei 20—50°: *Smith et al.*, Am. Soc. **73** [1951] 4633, 4635. Geschwindigkeitskonstante der Reaktion mit Methanol in Gegenwart von Chlorwasserstoff (Bildung von [2]Furylessigsäure-methylester) bei 25° bis 55°: *Sm. et al.*, l. c. S. 4634. Beim Erwärmen des Kalium-Salzes mit 2-Nitro-benz= aldehyd und Acetanhydrid ist ein Gemisch von 2-[2]Furyl-3*c*-[2-nitro-phenyl]-acrylsäure und 2-[2]Furyl-3*t*-[2-nitro-phenyl]-acrylsäure erhalten worden (*Amstutz, Spitzmiller*, Am. Soc. **65** [1943] 367).

[2]Furylessigsäure-methylester $C_7H_8O_3$, Formel I (R = CH_3).

B. Aus [2]Furylessigsäure beim Erwärmen mit Methanol in Gegenwart von Chlor= wasserstoff (*Reichstein, Morsmann*, Helv. **17** [1934] 1119, 1123) oder in Gegenwart von Schwefelsäure (*Ryan et al.*, Am. Soc. **62** [1940] 2037) sowie beim Behandeln mit Diazo= methan in Äther (*Re., Mo.*).

Kp_{21}: 87—88°; D_4^{25}: 1,1250; n_D^{25}: 1,4638 (*Ryan et al.*). Kp_{14}: 78—80°; Kp_{11}: 74—75° (*Re., Mo.*).

Beim Behandeln mit Dimethyloxalat und Kaliummethylat in Methanol und Äther und Erhitzen des Reaktionsprodukts unter vermindertem Druck sind [2]Furylmalonsäure-dimethylester und [2]Furylbrenztraubensäure-methylester erhalten worden (*Re., Mo.*).

[2]Furylessigsäure-äthylester $C_8H_{10}O_3$, Formel I (R = C_2H_5).

B. Beim Behandeln des aus Furan-2-carbonsäure mit Hilfe von Thionylchlorid her= gestellten Säurechlorids mit Diazomethan in Dioxan, Versetzen der Reaktionslösung mit Äthanol und anschliessenden Erhitzen in Gegenwart von Platin auf 180° (*Arndt, Eistert*, D.R.P. 650706 [1933]; Frdl. **23** 582). Beim Erwärmen von [2]Furylessigsäure mit Äthanol in Gegenwart von Chlorwasserstoff (*Reichstein, Morsmann*, Helv. **17** [1934] 1119, 1123) oder in Gegenwart von Schwefelsäure (*Hinz et al.*, B. **76** [1943] 676, 683; *Ryan et al.*, Am. Soc. **62** [1940] 2037).

Kp_{15}: 88°; D_4^{25}: 1,0763; n_D^{25}: 1,4571 (*Ryan et al.*). Kp_{11}: 81—82° (*Re., Mo.*).

Geschwindigkeitskonstante der Hydrolyse in einer 0,1-molaren Lösung von Natrium=hydroxid in 85%ig. wss. Äthanol bei 25°, 35° und 45°: *Otsuji et al.*, J. chem. Soc. Japan Pure Chem. Sect. **80** [1959] 1293, 1305; C. A. **1961** 6476.

[2]Furylessigsäure-propylester $C_9H_{12}O_3$, Formel I (R = CH_2-CH_2-CH_3).

B. Beim Erwärmen von [2]Furylessigsäure mit Propan-1-ol und wenig Schwefelsäure (*Ryan et al.*, Am. Soc. **62** [1940] 2037).

Kp_{34}: 115—116°. D_4^{25}: 1,0436. n_D^{25}: 1,4558.

[2]Furylessigsäure-isopropylester $C_9H_{12}O_3$, Formel I (R = $CH(CH_3)_2$).

B. Beim Erwärmen von [2]Furylessigsäure mit Isopropylalkohol und wenig Schwefel=säure (*Ryan et al.*, Am. Soc. **62** [1940] 2037).

Kp_{17}: 92—93°. D_4^{25}: 1,0338. n_D^{25}: 1,4511.

[2]Furylessigsäure-butylester $C_{10}H_{14}O_3$, Formel I (R = $[CH_2]_3$-CH_3).

B. Beim Erhitzen von [2]Furylessigsäure mit Butan-1-ol und wenig Schwefelsäure (*Ryan et al.*, Am. Soc. **62** [1940] 2037).

Kp_{13}: 110—111°. D_4^{25}: 1,0232. n_D^{25}: 1,4558.

[2]Furylessigsäure-isobutylester $C_{10}H_{14}O_3$, Formel I (R = CH_2-$CH(CH_3)_2$).

B. Beim Erhitzen von [2]Furylessigsäure mit Isobutylalkohol und wenig Schwefelsäure (*Ryan et al.*, Am. Soc. **62** [1940] 2037).

Kp_{21}: 112—113°. D_4^{25}: 1,0168. n_D^{25}: 1,4518.

[2]Furylacetylchlorid $C_6H_5ClO_2$, Formel II (X = Cl).

B. Beim Erwärmen von [2]Furylessigsäure mit Thionylchlorid (*Reichstein*, B. **63** [1930] 749, 753).

Kp_1: ca. 65°.

[2]Furylessigsäure-anilid $C_{12}H_{11}NO_2$, Formel II (X = NH-C_6H_5).

B. Beim Erhitzen von [2]Furylessigsäure mit Anilin (*Runde et al.*, Am. Soc. **52** [1930] 1284, 1287). Beim Behandeln von [2]Furylacetylchlorid mit Anilin und Äther (*Reichstein*, B. **63** [1930] 749, 753).

Krystalle; F: 84—85° [aus Bzn.] (*Re.*), 79—80° [aus wss. A.] (*Ru. et al.*).

I   II   III   IV

[2]Furylessigsäure-ureid, [2]Furylacetyl-harnstoff $C_7H_8N_2O_3$, Formel II (X = NH-CO-NH_2).

B. Beim Erwärmen von [2]Furylacetylchlorid mit Harnstoff in Benzol (*Spielman et al.*, Am. Soc. **70** [1948] 4189).

F: 186—187°.

[2]Furylacetonitril C_6H_5NO, Formel III.

B. Neben 5-Methyl-furan-2-carbonitril beim Behandeln von 2-Chlormethyl-furan mit Natriumcyanid oder Kaliumcyanid in Wasser (*Reichstein*, B. **63** [1930] 749, 752; *Scott, Johnson*, Am. Soc. **54** [1932] 2549, 2554; *Moldenhauer et al.*, A. **583** [1953] 37, 62). Beim Erhitzen von [2]Furylacetaldehyd-oxim (E II **17** 314) mit Acetanhydrid (*Re.; Runde et al.*, Am. Soc. **52** [1930] 1284, 1286). Beim Erhitzen von 3-[2]Furyl-2-hydroxyimino-propionsäure mit Acetanhydrid (*Plucker, Amstutz*, Am. Soc. **62** [1940] 1512; s. a. *Hinz et al.*, B. **76** [1943] 676, 683).

Kp_{20}: 78—80° (*Ru. et al.*); Kp_{17}: 84° (*Pl., Am.*); Kp_{10}: 69—73° (*Re.*). D_4^{25}: 1,0854 (*Ru. et al.*). n_D^{25}: 1,4715 (*Ru. et al.*), 1,4691 (*Pl., Am.*).

[2]Thienylessigsäure $C_6H_6O_2S$, Formel IV (R = H) (H 293).

B. Neben 2-Methyl-thiophen-3-carbonsäure beim Behandeln einer äther. Lösung von [2]Thienyl-methylmagnesium-chlorid mit festem Kohlendioxid (*Gaertner*, Am. Soc. **73**

[1951] 3934, 3936; s. dazu *Campaigne, Collins*, J. heterocycl. Chem. **2** [1965] 136). Beim Behandeln von Thiophen-2-carbonylchlorid mit Diazomethan in Äther und Erwärmen einer Lösung des Reaktionsprodukts in Dioxan mit Silberoxid und Natriumthiosulfat in Wasser (*Arndt, Eistert*, D.R.P. 650706 [1933]; Frdl. **23** 582). Beim Erhitzen von 1-[2]Thienyl-äthanon mit wss. Ammoniumpolysulfid-Lösung, Schwefel und Dioxan und Erhitzen des erhaltenen Säureamids mit wss. Salzsäure (*CIBA*, D.R.P. 740539 [1941]; D.R.P. Org. Chem. **3** 1376) oder mit wss. Kalilauge (*Dann, Distler*, B. **84** [1951] 423, 425; *Dann*, D.B.P. 832755 [1951]; D.R.B.P. Org. Chem. 1950–1951 **3** 687; *Blanchette, Brown*, Am. Soc. **74** [1952] 1066). Aus [2]Thienylessigsäure-methylester (*Blicke, Zienty*, Am. Soc. **63** [1941] 2945) oder aus [2]Thienylessigsäure-äthylester (*Hill, Brooks*, J. org. Chem. **23** [1958] 1289, 1290). Beim Erwärmen von [2]Thienylacetonitril mit wss.-äthanol. Kalilauge (*Bl., Zi.*; *Cagniant*, Bl. **1949** 847, 851; *Crowe, Nord*, J. org. Chem. **15** [1950] 81, 86; s. a. *Hill, Br.*).

Dimorph (*Ford et al.*, Am. Soc. **72** [1950] 2109, 2110 Anm. 11; s. a. *Ga.*). Krystalle (aus CCl₄ und PAe.), F: 76° (*Hill, Br.*), 75–76° (*Bl., Zi.*); Krystalle (aus PAe.), F: 66° (*Cag.*); Krystalle (aus W.), F: 64° (*Dann, Di.*); Krystalle (aus Hexan), F: 61–62,5° (*Ga.*). Kp₂₂: 160° (*Cag.*); Kp₂₀: 156,5° (*Cag.*). Absorptionsmaximum (Hexan oder A.): 235 nm (*Sugimoto et al.*, Bl. Univ. Osaka Prefect. [A] **8** [1959] 71, 72). Scheinbarer Dissoziationsexponent pK′ₐ (Wasser; potentiometrisch ermittelt) bei 25°: 3,89 (*Imoto, Motoyama*, Bl. Naniwa Univ. [A] **2** [1954] 127, 130). Elektrolytische Dissoziation in 78,5%ig. wss. Äthanol: *Otsuji et al.*, J. chem. Soc. Japan Pure Chem. Sect. **80** [1959] 1293, 1305; C. A. **1961** 6476.

[2]Thienylessigsäure-methylester C₇H₈O₂S, Formel IV (R = CH₃).

B. Beim Behandeln von Thiophen-2-carbonylchlorid mit Diazomethan in Äther und Erwärmen des Reaktionsprodukts mit Silberoxid und Methanol (*Blicke, Zienty*, Am. Soc. **63** [1941] 2945). Beim Erwärmen von [2]Thienylessigsäure mit Methanol in Gegenwart von Schwefelsäure (*Dann, Distler*, B. **84** [1951] 423, 425) oder von Toluol-4-sulfonsäure (*Ford et al.*, Am. Soc. **72** [1950] 2109, 2110).

Kp₂₅: 119–122° (*Dann, Di.*); Kp₂₃: 115–118° (*Bl., Zi.*); Kp₁₄: 100–104° (*Ford et al.*). n_D^{19,5}: 1,5243 (*Dann, Di.*).

[2]Thienylessigsäure-äthylester C₈H₁₀O₂S, Formel IV (R = C₂H₅).

B. Beim Behandeln von Thiophen-2-carbonylchlorid mit Diazomethan in Äther und Erwärmen des Reaktionsprodukts mit Silberoxid und Äthanol (*Blicke, Zienty*, Am. Soc. **63** [1941] 2945). Beim Erwärmen von [2]Thienylacetonitril mit Äthanol und konz. Schwefelsäure (*Leonard*, Am. Soc. **74** [1952] 2915, 2916) oder mit Äthanol, Chlorwasserstoff und wenig Wasser (*Blicke, Leonard*, Am. Soc. **68** [1946] 1934).

Kp₂₆: 124–129° (*Bl., Zi.*); Kp₂₃: 119–121° (*Bl., Le.*); 122–123° (*Otsuji et al.*, J. chem. Soc. Japan Pure Chem. Sect. **80** [1959] 1293, 1306; C. A. **1961** 6476); Kp₂₂: 120° (*Cagniant*, Bl. **1949** 847, 851); Kp₆₋₇: 100–106° (*Le.*). n_D^{20}: 1,5106 (*Le.*).

Geschwindigkeitskonstante der Hydrolyse in einer 0,1-molaren Lösung von Natriumhydroxid in 85%ig. wss. Äthanol bei 25°, 35° und 45°: *Ot. et al.*, l. c. S. 1305. Beim Erwärmen mit Diäthylcarbonat und Natriumäthylat unter Entfernen des entstehenden Äthanols bildet sich [2]Thienylmalonsäure-diäthylester (*Bl., Le.*)

[2]Thienylessigsäure-butylester C₁₀H₁₄O₂S, Formel IV (R = [CH₂]₃-CH₃).

B. Beim Erhitzen von [2]Thienylessigsäure mit Butan-1-ol und wenig Toluol-4-sulfonsäure (*Ford et al.*, Am. Soc. **72** [1950] 2109, 2110).

Kp₀,₃: 80–82°.

[2]Thienylacetylchlorid C₆H₅ClOS, Formel V (X = Cl).

B. Beim Erwärmen von [2]Thienylessigsäure mit Thionylchlorid (*Miller et al.*, Am. Soc. **70** [1948] 500; *Cagniant*, Bl. **1949** 847, 851; *Kametani, Inagaki*, J. pharm. Soc. Japan **74** [1954] 1040; C. A. **1955** 11659).

Kp₉₀: 130–135° (*Ka., In.*); Kp₂₂: 105–106° (*Ca.*); Kp₃: 62–65° (*Mi. et al.*).

[2]Thienylessigsäure-amid, 2-[2]Thienyl-acetamid C₆H₇NOS, Formel V (X = NH₂).

B. Beim Erhitzen von 2-Vinyl-thiophen oder von (±)-1-[2]Thienyl-äthanol mit

Schwefel, wss. Ammoniumpolysulfid und Dioxan (*Blanchette, Brown*, Am. Soc. **73** [1951] 2779). Beim Erhitzen von 1-[2]Thienyl-äthanon mit Schwefel, wss. Ammoniumpolysulfid-Lösung, wss. Ammoniak und Dioxan (*Dann, Distler*, B. **84** [1951] 423, 425; s. a. *Blanchette, Brown*, Am. Soc. **74** [1952] 1066). Beim Behandeln von [2]Thienylessigsäure-methylester mit wss. Ammoniak (*Ford et al.*, Am. Soc. **72** [1950] 2109, 2110). Beim Behandeln von [2]Thienylacetylchlorid mit wss. Ammoniak (*Cagniant*, Bl. **1949** 847, 851). Beim Erwärmen von [2]Thienylacetonitril mit wss. Wasserstoffperoxid und wss. Kalilauge (*Crowe, Nord*, J. org. Chem. **15** [1950] 81, 87).

Krystalle; F: 148° [aus PAe.] (*Ca.*), 148° [aus W.] (*Bl., Br.*, Am. Soc. **74** 1066), 147° bis 148° [aus W.] (*Bl., Br.*, Am. Soc. **73** 2779; *Cr., Nord*), 146—147° [aus W.] (*Ford et al.*).

[2]Thienylessigsäure-methylamid C_7H_9NOS, Formel V (X = NH-CH$_3$).
B. Beim Behandeln von [2]Thienylacetylchlorid mit Methylamin (*Campaigne, McCarthy*, Am. Soc. **76** [1954] 4466).
Krystalle (aus Bzl.); F: 75—75,5°.

[2]Thienylessigsäure-[2-hydroxy-äthylamid] $C_8H_{11}NO_2S$, Formel V
(X = NH-CH$_2$-CH$_2$OH).
B. Beim Erhitzen von [2]Thienylessigsäure-methylester mit 2-Amino-äthanol (*Jones et al.*, Am. Soc. **70** [1948] 2843, 2845; s. a. *E. Lilly Co.*, U.S.P. 2479295 [1946]).
Krystalle; F: 66—67° (*E. Lilly Co.*; *Jo. et al.*). UV-Spektrum (220—300 nm): *Behrens*, Chem. Penicillin **1949** 657, 671.

[2]Thienylessigsäure-[3,4-dimethoxy-phenäthylamid] $C_{16}H_{19}NO_3S$, Formel VI.
B. Beim Behandeln von [2]Thienylacetylchlorid mit 3,4-Dimethoxy-phenäthylamin in Äther (*Kametani, Inagaki*, J. pharm. Soc. Japan **74** [1954] 1040; C. A. **1955** 11 659).
Krystalle (aus A.); F: 92,5°.

[2]Thienylessigsäure-ureid, [2]Thienylacetyl-harnstoff $C_7H_8N_2O_2S$, Formel V
(X = NH-CO-NH$_2$).
B. Beim Erwärmen von [2]Thienylacetylchlorid mit Harnstoff in Benzol (*Spielman et al.*, Am. Soc. **70** [1948] 4189).
F: 203—204°.

N-**[2]Thienylacetyl-DL-valin** $C_{11}H_{15}NO_3S$, Formel V (X = NH-CH(COOH)-CH(CH$_3$)$_2$).
B. Beim Behandeln von DL-Valin mit wss. Natronlauge und mit [2]Thienylacetyl=
chlorid (*Jones et al.*, Am. Soc. **70** [1948] 2843, 2848).
F: 110—112°.

V   VI   VII

2-[2]Thienyl-acetimidsäure-äthylester $C_8H_{11}NOS$, Formel VII.
Hydrochlorid $C_8H_{11}NOS \cdot HCl$. *B.* Beim Behandeln eines Gemisches von [2]Thienyl=
acetonitril, Äthanol und Äther mit Chlorwasserstoff (*Hill, Brooks*, J. org. Chem. **23** [1958] 1289, 1290). — Krystalle; F: 97,5°.

[2]Thienylacetonitril C_6H_5NS, Formel VIII.
B. Beim Erwärmen von 2-Chlormethyl-thiophen mit Natriumcyanid (oder Kalium=
cyanid) in Aceton und Wasser (*Blicke, Leonard*, Am. Soc. **68** [1946] 1934; *Petterson*, Acta chem. scand. **4** [1950] 395; *Cagniant*, Bl. **1949** 847, 850). Beim Erhitzen von [2]Thienyl=
essigsäure-amid mit Phosphor(V)-oxid (*Dann, Distler*, B. **87** [1954] 365, 373). Beim Er-
wärmen von 2-Hydroxyimino-3-[2]thienyl-propionsäure mit Acetanhydrid (*Crowe, Nord*, J. org. Chem. **15** [1950] 81, 86).
Kp_{23}: 120—121° (*Ca.*); Kp_{22}: 115—120° (*Bl., Le.*); Kp_{13}: 110—113° (*Pe.*); Kp_3: 87° bis 90° (*Cr., Nord*). D_4^{25}: 1,153 (*Ca.*). n_D^{22}: 1,5436 (*Dann, Di.*); n_D^{24}: 1,5399 (*Ca.*); n_D^{30}: 1,5041 (*Cr., Nord*).

Beim Behandeln mit 3-Brom-cyclohexen unter Zusatz von Natriumamid und Toluol bei
−30° oder unter Zusatz von Natriummethylat in Dioxan bei 50° ist Cyclohex-2-enyl-
[2]thienyl-acetonitril (S. 4230) erhalten worden (*Leonard, Simet*, Am. Soc. **74** [1952] 3218,
3220). Reaktion mit Cyclopentanon in Gegenwart von Natriumäthylat in Äthanol unter
Bildung von Cyclopentyliden-[2]thienyl-acetonitril (S. 4220): *Jackman et al.*, Am. Soc.
71 [1949] 2301, 2302. Beim Behandeln mit Bis-[2-chlor-äthyl]-methyl-amin, Natrium=
amid und Toluol ist 1-Methyl-4-[2]thienyl-piperidin-4-carbonitril erhalten worden (*Univ.
Michigan*, U.S.P. 2425721 [1945]).

[2]Thienylessigsäure-hydrazid $C_6H_8N_2OS$, Formel V (X = NH-NH$_2$).
   B. Beim Erwärmen von [2]Thienylessigsäure-äthylester mit Hydrazin-hydrat (*Meltzer
et al.*, J. Am. pharm. Assoc. **42** [1953] 594, 596).
   Krystalle (aus Bzl.); F: 99−100°.

[4-Chlor-[2]thienyl]-essigsäure-äthylester $C_8H_9ClO_2S$, Formel IX.
   B. Beim Behandeln von [4-Hydroxy-[2]thienyl]-essigsäure-äthylester mit Thionyl=
chlorid (*Chakrabarty, Mitra*, Soc. **1940** 1385).
   Kp$_8$: 128°.

VIII   IX   X   XI

[5-Chlor-[2]thienyl]-essigsäure $C_6H_5ClO_2S$, Formel X (X = OH).
   B. Beim Erwärmen von [5-Chlor-[2]thienyl]-essigsäure-methylester mit wss. Kalilauge
(*Cairns, McKusick*, J. org. Chem. **15** [1950] 790, 793) oder mit methanol. Kalilauge
(*Ford et al.*, Am. Soc. **72** [1950] 2109, 2111).
   Krystalle; F: 66−67° (*Imoto, Motoyama*, Bl. Naniwa Univ. [A] **2** [1954] 127, 130,
133), 65,5−66° [aus Cyclohexan] (*Ca., McK.*, l. c. S. 791), 64,5−65,5° [aus CCl$_4$] (*Ford
et al.*). Scheinbarer Dissoziationsexponent pK$_a'$ (Wasser; potentiometrisch ermittelt) bei
25°: 3,89 (*Im., Mo.*).

[5-Chlor-[2]thienyl]-essigsäure-methylester $C_7H_7ClO_2S$, Formel X (X = OCH$_3$).
   B. Beim Behandeln von [5-Chlor-[2]thienyl]-acetonitril mit Chlorwasserstoff enthal-
tendem Methanol und Erhitzen des Reaktionsprodukts mit Wasser (*Ford et al.*, Am.
Soc. **72** [1950] 2109, 2111; *Cairns, McKusick*, J. org. Chem. **15** [1950] 790, 792).
   Kp$_{0,5}$: 67−72° (*Ca., McK.*); Kp$_{0,4}$: 77−78° (*Ford et al.*). n$_D^{25}$: 1,5301 (*Ca., McK.*).

[5-Chlor-[2]thienyl]-essigsäure-amid C_6H_6ClNOS, Formel X (X = NH$_2$).
   B. Beim Behandeln von [5-Chlor-[2]thienyl]-essigsäure-methylester mit wss. Ammo=
niak (*Ford et al.*, Am. Soc. **72** [1950] 2109, 2110).
   Krystalle (aus Bzl.); F: 121,5−122,5° (*Ford et al.*), 121−122° (*Cairns, McKusick*,
J. org. Chem. **15** [1950] 790, 792).

[5-Chlor-[2]thienyl]-acetonitril C_6H_4ClNS, Formel XI.
   B. Beim Erhitzen von 2-Chlor-5-chlormethyl-thiophen mit Kaliumcyanid in Wasser
(*Cairns, McKusick*, J. org. Chem. **15** [1950] 790, 792) oder mit Natriumcyanid in wss.
Aceton (*Ford et al.*, Am. Soc. **72** [1950] 2109, 2111).
   Kp$_7$: 117−119°; D$_4^{25}$: 1,3144; n$_D^{25}$: 1,5551 (*Ca., McK.*, l. c. S. 791). Kp$_{0,25}$: 87−88°
(*Ford et al.*).
   Beim Behandeln mit wss. Schwefelsäure (*Ford et al.*), mit wss. Kalilauge oder äthanol.
Kalilauge (*Ford et al.*; *Ca., McK.*) sowie mit Natriumäthylat in Äthanol (*Rogers et al.*,
J. org. Chem. **22** [1957] 1492) erfolgt Zersetzung.

[5-Chlor-[2]thienyl]-essigsäure-hydrazid $C_6H_7ClN_2OS$, Formel X (X = NH-NH$_2$).
   B. Beim Erwärmen von [5-Chlor-[2]thienyl]-essigsäure-äthylester mit Hydrazin-hydrat
(*Meltzer et al.*, J. Am. pharm. Assoc. **42** [1953] 594, 596).
   Krystalle (aus Bzl.); F: 104−105° (*Me. et al.*, l. c. S. 598).

[5-Brom-[2]thienyl]-essigsäure-amid C_6H_6BrNOS, Formel XII.

B. Beim Behandeln von [2]Thienylessigsäure-methylester mit Brom in Tetrachlor=
methan und Behandeln des Reaktionsprodukts mit wss. Ammoniak (*Ford et al.*, Am.
Soc. **72** [1950] 2109, 2110, 2111).

Krystalle (aus W.); F: 125,5—126,5°.

---

[3]Furylessigsäure $C_6H_6O_3$, Formel XIII (X = OH).

B. In kleiner Menge neben 3-Methyl-furan-2-carbonsäure beim Behandeln einer äther.
Lösung von [3]Furyl-methylmagnesium-chlorid mit festem Kohlendioxid (*Sherman*,
Amstutz, Am. Soc. **72** [1950] 2195, 2199). Aus [3]Furylessigsäure-methylester (*Smith
et al.*, Am. Soc. **73** [1951] 4633). Beim Erwärmen von [3]Furylacetonitril (neben 3-Methyl-
furan-2-carbonitril beim Erwärmen von 3-Chlormethyl-furan mit Kaliumcyanid in Wasser
erhalten) mit methanol. Kalilauge (*Sh.*, *Am.*, l. c. S. 2198).

Krystalle (aus PAe.); F: 61,9—62,2° (*Sh.*, *Am.*, l. c. S. 2198), 61,5—62,1° (*Sm. et al.*).
Geschwindigkeitskonstante der Hydrierung an Platin in Essigsäure bei 20—45°
(Bildung von 3-Hydroxymethyl-valeriansäure als Hauptprodukt): *Sm. et al.*, l. c. S. 4635.
Geschwindigkeitskonstante der Reaktion mit Methanol in Gegenwart von Chlorwasser=
stoff (Bildung von [3]Furylessigsäure-methylester) bei 25—55°: *Sm. et al.*, l. c. S. 4634.

[3]Furylessigsäure-methylester $C_7H_8O_3$, Formel XIII (X = O-CH$_3$).

B. Beim Behandeln von Furan-3-carbonylchlorid mit Diazomethan in Äther und
Erwärmen des Reaktionsprodukts mit Silberbenzoat, Triäthylamin und Methanol (*Smith
et al.*, Am. Soc. **73** [1951] 4633).

Kp$_{21}$: 89,8°.

[3]Furylacetylchlorid $C_6H_5ClO_2$, Formel XIII (X = Cl).

B. Beim Behandeln von [3]Furylessigsäure mit Thionylchlorid (*Sherman*, *Amstutz*,
Am. Soc. **72** [1950] 2195, 2198).

Kp$_3$: 53°.

[3]Furylessigsäure-amid, 2-[3]Furyl-acetamid $C_6H_7NO_2$, Formel XIII (X = NH$_2$).

B. Beim Behandeln von [3]Furylacetylchlorid mit Ammoniak in Äther (*Sherman*,
Amstutz, Am. Soc. **72** [1950] 2195, 2198).

Krystalle (aus Bzl. + PAe.); F: 114—115° [unkorr.].

XII   XIII   XIV   XV

[3]Furylessigsäure-anilid $C_{12}H_{11}NO_2$, Formel XIII (X = NH-C$_6$H$_5$).

B. Beim Behandeln von [3]Furylacetylchlorid mit Anilin und Methanol (*Sherman*,
Amstutz, Am. Soc. **72** [1950] 2195, 2198).

Krystalle (aus Bzl. + PAe.); F: 122,6—123,2° [unkorr.].

[3]Thienylessigsäure $C_6H_6O_2S$, Formel XIV (X = OH).

B. Beim Erwärmen von [3]Thienylessigsäure-äthylester mit äthanol. Natronlauge
(*Otsuji et al.*, J. chem. Soc. Japan Pure Chem. Sect. **80** [1959] 1293, 1306; C. A. **1961**
6476). Beim Erhitzen von [3]Thienylessigsäure-amid mit wss. Kalilauge (*Blanchette*,
Brown, Am. Soc. **73** [1951] 2779). Beim Erwärmen von 3-Brommethyl-thiophen mit
Natriumcyanid in wss. Äthanol und Erwärmen des Reaktionsprodukts mit äthanol.
Kalilauge (*Campaigne*, *LeSuer*, Am. Soc. **70** [1948] 1555, 1557).

Krystalle; F: 80—81° (*Sugimoto et al.*, Bl. Univ. Osaka Prefect. [A] **8** [1959] 71, 72),
79,5—80° [aus W.] (*Ot. et al.*), 79—80° [aus PAe.] (*Bl.*, *Br.*), 79—80° [aus Bzn.] (*Ca.*,
LeS.). Elektrolytische Dissoziation in 78%ig. wss. Äthanol: *Ot. et al.*, l. c. S. 1305. Absorptionsmaximum (Hexan oder A.): 234 nm (*Su. et al.*).

[3]Thienylessigsäure-äthylester $C_8H_{10}O_2S$, Formel XIV (X = O-C$_2$H$_5$).

B. Beim Behandeln von Thiophen-3-carbonylchlorid mit Diazomethan in Äther und

Erwärmen des Reaktionsprodukts mit Silberoxid und Äthanol (*Otsuji et al.*, J. chem. Soc. Japan Pure Chem. Sect. **80** [1959] 1293, 1306; C. A. **1961** 6476). Beim Erwärmen von [3]Thienylacetonitril mit Äthanol und konz. Schwefelsäure (*Campaigne, Patrick*, Am. Soc. **77** [1955] 5425).

Kp_8: 97—98° (*Ot. et al.*).

Geschwindigkeitskonstante der Hydrolyse in einer 0,1-normalen Lösung von Natriumhydroxid in 85%ig. wss. Äthanol bei 25°: *Ot. et al.*, l. c. S. 1305.

[3]Thienylessigsäure-amid, 2-[3]Thienyl-acetamid C_6H_7NOS, Formel XIV (X = NH_2).

B. Beim Erhitzen von 1-[3]Thienyl-äthanon mit Schwefel, Ammoniumpolysulfid und Dioxan auf 160° (*Blanchette, Brown*, Am. Soc. **73** [1951] 2779).

Krystalle (aus W.); F: 154—155°.

[3]Thienylacetonitril C_6H_5NS, Formel XV.

B. Beim Erwärmen von 3-Brommethyl-thiophen mit Kaliumcyanid (oder Natriumcyanid) in wss. Äthanol (*Herz*, Am. Soc. **73** [1951] 351; *Campaigne, McCarthy*, Am. Soc. **76** [1954] 4466).

Kp_{16}: 124—125°; D_4^{23}: 1,080; n_D^{23}: 1,5422 (*Ca., McC.*). Kp_{1-2}: 70—75° (*Herz*).

[3]Thienylessigsäure-hydrazid $C_6H_8N_2OS$, Formel XIV (X = NH-NH_2).

B. Beim Erwärmen von [3]Thienylessigsäure-äthylester mit Hydrazin-hydrat und Äthanol (*Yale et al.*, Am. Soc. **75** [1953] 1933, 1935, 1938).

Krystalle (aus Bzl.); F: 83—84°.

———————

3-Methyl-furan-2-carbonsäure, Elsholtziasäure $C_6H_6O_3$, Formel I (X = OH) (E I 439; E II 271).

B. Neben kleinen Mengen [3]Furylessigsäure beim Behandeln einer äther. [3]Furylmethylmagnesium-chlorid-Lösung mit festem Kohlendioxid (*Sherman, Amstutz*, Am. Soc. **72** [1950] 2195, 2199). Beim Behandeln von 3-Methyl-furan-2-carbaldehyd mit Silberoxid und wss. Natronlauge (*Reichstein et al.*, Helv. **14** [1931] 1277, 1281). Beim Erhitzen von 3-Methyl-furan-2-carbonsäure-methylester mit wss. Natronlauge (*Burness*, J. org. Chem. **21** [1956] 102; Org. Synth. **39** [1959] 46). Beim Erwärmen von 3-Methyl-furan-2-carbonitril mit wss.-methanol. Kalilauge (*Sh., Am.*, l. c. S. 2198). Beim Erhitzen von 5-Cyan-4-methyl-furan-2,3-dicarbonsäure mit Chinolin und Kupfer-Pulver auf 210° und Erwärmen des Reaktionsprodukts mit methanol. Kalilauge (*Asahina, Yanagita*, B. **69** [1936] 1646, 1649).

Krystalle; F: 136—137° [korr.; aus W.] (*Re. et al.*), 134—135° [unkorr.; aus W.] (*Sh., Am.*).

Beim Behandeln mit Salpetersäure und Acetanhydrid bei —10° sind 3-Methyl-2-nitrofuran und kleine Mengen einer bei 195° schmelzenden Säure erhalten worden (*Rinkes*, R. **49** [1930] 1118, 1120, 1125).

3-Methyl-furan-2-carbonsäure-methylester $C_7H_8O_3$, Formel I (X = O-CH_3) (E II 271).

B. Beim Behandeln von 4,4-Dimethoxy-butan-2-on mit Chloressigsäure-methylester und Natriummethylat in Äther und Erhitzen des erhaltenen 2,3-Epoxy-5,5-dimethoxy-3-methyl-valeriansäure-methylesters unter Abdestillieren von Methanol auf 160° (*Burness*, J. org. Chem. **21** [1956] 102; Org. Synth. **39** [1959] 49). Beim Erwärmen von 3-Methyl-furan-2-carbonylchlorid mit Methanol (*Reichstein et al.*, Helv. **14** [1931] 1277, 1281).

Krystalle; F: 37,5—38° [aus Pentan] (*Re. et al.*), 36,5—37° [aus A.] (*Bu.*).

3-Methyl-furan-2-carbonsäure-äthylester $C_8H_{10}O_3$, Formel I (X = O-C_2H_5) (E II 271).

B. Beim Erwärmen von 3-Methyl-furan-2-carbonylchlorid mit Äthanol (*Reichstein et al.*, Helv. **14** [1931] 1277, 1281).

Krystalle (aus Pentan); F: 47—48°.

3-Methyl-furan-2-carbonylchlorid $C_6H_5ClO_2$, Formel I (X = Cl) (E II 271).

B. Beim Behandeln von 3-Methyl-furan-2-carbonsäure mit Thionylchlorid (*Reichstein et al.*, Helv. **14** [1931] 1277, 1281).

F: 18,5—19,5°. Kp_{12}: 80°.

3-Methyl-furan-2-carbonsäure-amid $C_6H_7NO_2$, Formel I (X = NH$_2$) (E II 271).
B. Beim Behandeln von 3-Methyl-furan-2-carbonylchlorid mit Ammoniak in Äther (*Reichstein et al.*, Helv. **14** [1931] 1277, 1281).
Krystalle (aus Bzl. + Bzn.); F: 90—90,5°.

3-Methyl-furan-2-carbonsäure-anilid $C_{12}H_{11}NO_2$, Formel I (X = NH-C$_6$H$_5$) (E II 271).
B. Beim Behandeln von 3-Methyl-furan-2-carbonylchlorid mit Anilin (*Reichstein et al.*, Helv. **14** [1931] 1277, 1281).
Krystalle (aus Bzn.); F: 90,5—91°.

3-Methyl-furan-2-carbonitril C_6H_5NO, Formel II.
B. Beim Erhitzen von 3-Methyl-furan-2-carbaldehyd-oxim mit Acetanhydrid (*Reichstein et al.*, Helv. **14** [1931] 1277, 1282). Neben [3]Furylacetonitril beim Erwärmen von 3-Chlormethyl-furan mit Kaliumcyanid in Wasser (*Sherman, Amstutz*, Am. Soc. **72** [1950] 2195, 2198).
F: ca. 19°; Kp$_{12}$: 54,5—55° (*Re. et al.*).

I   II   III   IV

3-Methyl-furan-2-carbonsäure-hydrazid $C_6H_8N_2O_2$, Formel I (X = NH-NH$_2$).
B. Beim Erwärmen von 3-Methyl-furan-2-carbonsäure-methylester oder von 3-Methyl-furan-2-carbonsäure-äthylester mit Hydrazin-hydrat und Äthanol (*Yale et al.*, Am. Soc. **75** [1953] 1933, 1934, 1938).
Krystalle (aus Bzl.); F: 103—105°.

3-Methyl-5-nitro-furan-2-carbonsäure $C_6H_5NO_5$, Formel III (R = H).
B. Beim Erhitzen von 3-Methyl-5-nitro-furan-2-carbonsäure-äthylester mit wss. Schwe=felsäure (*Rinkes*, R. **50** [1931] 981, 987).
Krystalle (aus Bzl.); F: 160°.

3-Methyl-5-nitro-furan-2-carbonsäure-äthylester $C_8H_9NO_5$, Formel III (R = C$_2$H$_5$).
B. Beim Behandeln von 3-Methyl-furan-2-carbonsäure-äthylester mit Salpetersäure und Acetanhydrid (*Rinkes*, R. **50** [1931] 981, 987).
Hellgelbe Krystalle (aus Bzl. + PAe.); F: 61°.

3-Methyl-thiophen-2-carbonsäure $C_6H_6O_2S$, Formel IV (X = OH) (H 293).
B. Beim Behandeln von äther. 3-Methyl-[2]thienylmagnesium-halogenid-Lösung mit Kohlendioxid (*Steinkopf, Jacob*, A. **515** [1935] 273, 277; *Steinkopf, Hanske*, A. **532** [1937] 236, 245; *Blanchette, Brown*, Am. Soc. **73** [1951] 2779; s. a. *Campaigne, LeSuer*, Am. Soc. **70** [1948] 1555, 1557). Beim Behandeln von 3-Methyl-thiophen-2-carbaldehyd mit alkal. wss. Kaliumpermanganat-Lösung (*King, Nord*, J. org. Chem. **13** [1948] 635, 637). Beim Behandeln von 1-[3-Methyl-[2]thienyl]-äthanon mit alkal. wss. Natrium=hypochlorit-Lösung (*Hartough, Conley*, Am. Soc. **69** [1947] 3096) oder mit alkal. wss. Natriumhypobromit-Lösung (*Buu-Hoï, Hoán*, R. **68** [1949] 5, 29). Beim Behandeln von 1-[3-Methyl-[2]thienyl]-äthanon, von 1-[3-Methyl-[2]thienyl]-propan-1-on oder von 1-[3-Methyl-[2]thienyl]-butan-1-on mit alkal. wss. Alkalihypojodit-Lösung (*Farrar, Levine*, Am. Soc. **72** [1950] 3695, 3696).
Krystalle; F: 148° [aus W.] (*St., Ja.*), 147—148° [aus W. oder Bzl.] (*Ha., Co.*), [aus W.] (*Bl., Br.*), 146—147° [korr.] (*Fa., Le.*). Schmelzdiagramm des Systems mit 2-Methyl-benzoesäure: *Mislow*, J. phys. Chem. **52** [1948] 729, 735.
Mengenverhältnis der Reaktionsprodukte beim Behandeln mit Salpetersäure und Acetanhydrid bei —10°: *Rinkes*, R. **52** [1933] 1052, 1059.

3-Methyl-thiophen-2-carbonsäure-methylester $C_7H_8O_2S$, Formel IV (X = O-CH$_3$).
B. Beim Behandeln von 3-Methyl-thiophen-2-carbonsäure mit Diazomethan in Äther

(*Steinkopf, Hanske,* A. **532** [1937] 236, 245).
  Kp: 116—117,5° (*St., Ha.*).
  Beim Behandeln einer Lösung in Schwefelkohlenstoff mit Chlor ist 4,5,x,x-T e t r a c h l o r-
3-m e t h y l-t e t r a h y d r o-t h i o p h e n-2-c a r b o n s ä u r e-m e t h y l e s t e r (C₇H₈Cl₄O₂S;
Krystalle [aus Me.], F: 52,5—53,5°) erhalten worden, der sich durch Erwärmen mit
äthanol. Kalilauge in 4,5-Dichlor-3-methyl-thiophen-2-carbonsäure hat überführen lassen
(*Steinkopf, Nitschke,* A. **536** [1938] 135, 141).

3-Methyl-thiophen-2-carbonylchlorid C_6H_5ClOS, Formel IV (X = Cl) (H 293).
  B. Beim Erwärmen von 3-Methyl-thiophen-2-carbonsäure mit Thionylchlorid (*Du Pont
de Nemours & Co.,* U.S.P. 2144220 [1933]).
  Kp₇₆₀: 216—217° (*Buu-Hoi, Hoán,* R. **68** [1949] 5, 29); Kp₃₀: 120—124° (*Du Pont*).

3-Methyl-thiophen-2-carbonsäure-anilid $C_{12}H_{11}NOS$, Formel V (R = H).
  B. Aus 3-Methyl-thiophen-2-carbonylchlorid und Anilin (*Baker et al.,* J. org. Chem.
18 [1953] 138, 151).
  Krystalle (aus Heptan); F: 128—130°.

3-Methyl-thiophen-2-carbonsäure-*p*-toluidid $C_{13}H_{13}NOS$, Formel V (R = CH₃).
  B. Aus 3-Methyl-thiophen-2-carbonylchlorid und *p*-Toluidin (*Buu-Hoi, Hoán,* R. **68**
[1949] 5, 30).
  Krystalle; F: 91°.

3-Methyl-thiophen-2-carbonsäure-[1]naphthylamid $C_{16}H_{13}NOS$, Formel VI.
  B. Aus 3-Methyl-thiophen-2-carbonylchlorid und [1]Naphthylamin (*Buu-Hoi, Hoán,*
R. **68** [1949] 5, 30).
  Krystalle; F: 137°.

3-Methyl-thiophen-2-carbonsäure-[2]naphthylamid $C_{16}H_{13}NOS$, Formel VII.
  B. Aus 3-Methyl-thiophen-2-carbonylchlorid und [2]Naphthylamin (*Buu-Hoi, Hoán,*
R. **68** [1949] 5, 30).
  Krystalle; F: 115°.

         V   VI   VII

3-Methyl-thiophen-2-carbonsäure-biphenyl-4-ylamid $C_{18}H_{15}NOS$, Formel V (R = C₆H₅).
  B. Aus 3-Methyl-thiophen-2-carbonylchlorid und Biphenyl-4-ylamin (*Buu-Hoi, Hoán,*
R. **68** [1949] 5, 30).
  Krystalle; F: 150°.

**3-Methyl-thiophen-2-carbonsäure-[4-sulfamoyl-anilid], *N*-[3-Methyl-thiophen-2-carbon=
yl]-sulfanilsäure-amid** $C_{12}H_{12}N_2O_3S_2$, Formel V (R = SO₂-NH₂).
  B. Aus 3-Methyl-thiophen-2-carbonylchlorid und Sulfanilamid (*Buu-Hoi, Hoán,* R. **68**
[1949] 5, 30).
  Krystalle; F: 260—261°.

***N*-Acetyl-*N*′-[3-methyl-thiophen-2-carbonyl]-*p*-phenylendiamin, 3-Methyl-thiophen-
2-carbonsäure-[4-acetylamino-anilid]** $C_{14}H_{14}N_2O_2S$, Formel V (X = NH-CO-CH₃).
  B. Aus 3-Methyl-thiophen-2-carbonylchlorid und *N*-Acetyl-*p*-phenylendiamin (*Buu-
Hoi, Hoán,* R. **68** [1949] 5, 30).
  Krystalle; F: 185—186°.

**3-Methyl-thiophen-2-carbonsäure-[4-amino-2-methyl-anilid], 2-Methyl-*N*¹-[3-methyl-
thiophen-2-carbonyl]-*p*-phenylendiamin** $C_{13}H_{14}N_2OS$, Formel VIII.
  B. Beim Erwärmen von 3-Methyl-thiophen-2-carbonylchlorid mit 2-Methyl-4-nitro-

anilin in Benzol und Erhitzen des Reaktionsprodukts mit Eisen-Spänen und wss. Essig=
säure (*Du Pont de Nemours & Co.*, U.S.P. 2144220 [1933]).
Krystalle; F: 107—108°.

4,5-Dichlor-3-methyl-thiophen-2-carbonsäure $C_6H_4Cl_2O_2S$, Formel IX (R = H).
B. Beim Behandeln einer Lösung von 3-Methyl-thiophen-2-carbonsäure-methylester in
Schwefelkohlenstoff mit Chlor und Erwärmen des Reaktionsprodukts mit äthanol. Kali=
lauge (*Steinkopf, Nitschke*, A. **536** [1938] 135, 142).
Krystalle (aus Bzn.); F: 197—197,5°.

4,5-Dichlor-3-methyl-thiophen-2-carbonsäure-methylester $C_7H_6Cl_2O_2S$, Formel IX
(R = CH₃).
B. Beim Behandeln von 4,5-Dichlor-3-methyl-thiophen-2-carbonsäure mit Diazo=
methan in Äther (*Steinkopf, Nitschke*, A. **536** [1938] 135, 142).
Krystalle (aus Me.); F: 83,5—84°.

VIII   IX   X   XI

4-Brom-3-methyl-thiophen-2-carbonsäure $C_6H_5BrO_2S$, Formel X (R = H).
Konstitution: *Steinkopf, Nitschke*, A. **536** [1938] 135, 136.
B. Neben anderen Verbindungen beim Behandeln von 2,4-Dibrom-3-methyl-thiophen
mit Magnesium in Äther unter Zusatz von Methylbromid und Behandeln des Reaktionsgemisches mit Kohlendioxid (*Steinkopf, Jacob*, A. **515** [1935] 273, 280). Beim Erhitzen
von 4-Brom-3-methyl-thiophen-2-carbonsäure-äthylester mit wss. Natronlauge (*St., Ni.*).
Krystalle (aus Bzn.); F: 187,5—188,5° (*St., Ni.*).

4-Brom-3-methyl-thiophen-2-carbonsäure-methylester $C_7H_7BrO_2S$, Formel X (R = CH₃).
B. Beim Behandeln von 4-Brom-3-methyl-thiophen-2-carbonsäure mit Diazomethan in
Äther (*Steinkopf, Nitschke*, A. **536** [1938] 135, 139). Beim Behandeln von 3-Methyl-
thiophen-2-carbonsäure-methylester mit Brom in Wasser (*St., Ni.*).
Krystalle (aus Bzn. oder Me.); F: 61—61,5°.

3-Brommethyl-4,5-dichlor-thiophen-2-carbonsäure-methylester $C_7H_5BrCl_2O_2S$, Formel XI.
B. Beim Behandeln einer heissen Lösung von 4,5-Dibrom-3-methyl-thiophen-2-carbon=
säure-methylester in Essigsäure mit Chlor (*Steinkopf, Nitschke*, A. **536** [1938] 135, 141).
Beim Behandeln von 4,5-Dichlor-3-hydroxymethyl-thiophen-2-carbonsäure-methylester
mit Phosphor(III)-bromid in Chloroform (*St., Ni.*).
Krystalle (aus PAe. oder A.); F: 64—65°.
Beim Erhitzen mit wss. Kalilauge ist 4,5-Dichlor-3-hydroxymethyl-thiophen-2-carbon=
säure erhalten worden.

4,5-Dibrom-3-methyl-thiophen-2-carbonsäure $C_6H_4Br_2O_2S$, Formel XII (R = H).
B. Beim Erwärmen von 4,5-Dibrom-3-methyl-thiophen-2-carbonsäure-methylester mit
wss. Kalilauge (*Steinkopf, Hanske*, A. **532** [1937] 236, 246).
Krystalle (aus Bzn.); F: 228—229,5°.

4,5-Dibrom-3-methyl-thiophen-2-carbonsäure-methylester $C_7H_6Br_2O_2S$, Formel XII
(R = CH₃).
B. Beim Behandeln von 4-Jod-3-methyl-thiophen-2-carbonsäure-methylester (aus der
Säure mit Hilfe von Diazomethan hergestellt), von 5-Jod-3-methyl-thiophen-2-carbon=
säure-methylester, von 4,5-Dijod-3-methyl-thiophen-2-carbonsäure-methylester oder von
3-Methyl-thiophen-2-carbonsäure-methylester mit Brom (*Steinkopf, Hanske*, A. **532** [1937]
236, 244, 246).
Krystalle (aus Bzn.); F: 102—103°.

4-Jod-3-methyl-thiophen-2-carbonsäure $C_6H_5IO_2S$, Formel XIII.

B. Neben 4-Jod-3-methyl-thiophen-2,5-dicarbonsäure beim Behandeln von 2,3,5-Trijod-4-methyl-thiophen mit Magnesium, Äthylbromid und Äther und Behandeln des Reaktionsgemisches mit Kohlendioxid (*Steinkopf, Hanske*, A. **532** [1937] 236, 243).

Krystalle (aus Bzn.); F: 208—209°.

XII   XIII   XIV   XV

5-Jod-3-methyl-thiophen-2-carbonsäure $C_6H_5IO_2S$, Formel XIV (R = H).

B. Neben 4,5-Dijod-3-methyl-thiophen-2-carbonsäure beim Behandeln von 3-Methyl-thiophen-2-carbonsäure-methylester mit Jod und Quecksilber(II)-acetat in Essigsäure und Erwärmen des Reaktionsprodukts mit methanol. Kalilauge (*Steinkopf, Hanske*, A. **532** [1937] 236, 245).

Krystalle (aus Bzn.); F: 178—179,5° [über den Methylester (s. u.) gereinigtes Präparat].

5-Jod-3-methyl-thiophen-2-carbonsäure-methylester $C_7H_7IO_2S$, Formel XIV (R = CH_3).

B. Beim Behandeln von 5-Jod-3-methyl-thiophen-2-carbonsäure mit Diazomethan in Äther (*Steinkopf, Hanske*, A. **532** [1937] 236, 245).

Krystalle (aus Bzn.); F: 84—86°.

4,5-Dijod-3-methyl-thiophen-2-carbonsäure $C_6H_4I_2O_2S$, Formel XV (R = H).

B. s. o. im Artikel 5-Jod-3-methyl-thiophen-2-carbonsäure.

Krystalle (aus Bzn. oder Eg.); F: 264,5° [Zers.] (*Steinkopf, Hanske*, A. **532** [1937] 236, 245).

4,5-Dijod-3-methyl-thiophen-2-carbonsäure-methylester $C_7H_6I_2O_2S$, Formel XV (R = CH_3).

B. Beim Behandeln von 4,5-Dijod-3-methyl-thiophen-2-carbonsäure mit Diazomethan in Äther (*Steinkopf, Hanske*, A. **532** [1937] 236, 245).

Krystalle (aus Bzn.); F: 157—158°.

3-Methyl-4-nitro-thiophen-2-carbonsäure $C_6H_5NO_4S$, Formel I (R = H).

B. Neben 3-Methyl-2,4-dinitro-thiophen und 3-Methyl-5-nitro-thiophen-2-carbonsäure beim Behandeln von 3-Methyl-thiophen-2-carbonsäure mit Salpetersäure und Acetanhydrid bei —10° (*Rinkes*, R. **52** [1933] 1052, 1059).

Krystalle (aus W.); F: 208° [über den Methylester (s. u.) gereinigtes Präparat].

3-Methyl-4-nitro-thiophen-2-carbonsäure-methylester $C_7H_7NO_4S$, Formel I (R = CH_3).

B. Aus 3-Methyl-4-nitro-thiophen-2-carbonsäure beim Erwärmen mit Methanol in Gegenwart von konz. Schwefelsäure oder aus 3-Methyl-4-nitro-thiophen-2-carbonyl≤ chlorid [aus der Säure mit Hilfe von Thionylchlorid hergestellt] (*Rinkes*, R. **52** [1933] 1052, 1059).

Krystalle (aus Me.); F: 94°.

3-Methyl-5-nitro-thiophen-2-carbonsäure $C_6H_5NO_4S$, Formel II (R = H).

B. s. o. im Artikel 3-Methyl-4-nitro-thiophen-2-carbonsäure.

Krystalle (aus W.); F: 182° (*Rinkes*, R. **52** [1933] 1052, 1059).

3-Methyl-5-nitro-thiophen-2-carbonsäure-methylester $C_7H_7NO_4S$, Formel II (R = CH_3).

B. Beim Erwärmen von 3-Methyl-5-nitro-thiophen-2-carbonsäure mit Methanol und wenig Schwefelsäure (*Rinkes*, R. **52** [1933] 1052, 1060).

Krystalle (aus Me); F: 87°.

3-Methyl-selenophen-2-carbonsäure $C_6H_6O_2Se$, Formel III.

B. Beim Behandeln von 2-Jod-3-methyl-selenophen mit Phenyllithium in Äther und

Behandeln des Reaktionsgemisches mit festem Kohlendioxid (*Jur'ew, Šadowaja,* Ž. obšč. Chim. **26** [1956] 3154; engl. Ausg. S. 3517, 3519). Beim Behandeln von 2-Jod-3-methyl-selenophen mit Magnesium in Äther und anschliessend mit festem Kohlendioxid (*Jur'ew, Šadowaja,* Ž. obšč. Chim. **28** [1958] 2162; engl. Ausg. S. 2200). Beim Behandeln von 3-Methyl-selenophen-2-carbaldehyd mit wss.-äthanol. Silbernitrat-Lösung und mit wss. Natronlauge (*Jur'ew et al.,* Ž. obšč. Chim. **28** [1958] 620, 622; engl. Ausg. S. 602, 604).

Krystalle (aus W.); F: 133—134° (*Ju., Ša.,* Ž. obšč. Chim. **26** 3156; *Ju. et al.*).

2-Methyl-furan-3-carbonsäure $C_6H_6O_3$, Formel IV (X = OH) (H 293; E I 439; E II 271).

B. Aus dem beim Erwärmen von Acetessigsäure-äthylester mit Glykolaldehyd und Zinkchlorid in wss. Äthanol erhaltenen Ester mit Hilfe von Alkalilauge (*García González et al.,* An. Soc. españ. [B] **50** [1954] 311, 314). Beim Erwärmen von 2-Methyl-furan-3-carbonsäure-äthylester (s. u.) mit äthanol. Kalilauge (*Gilman, Burtner,* Iowa Coll. J. **5** [1931] 189, 191). Beim Erhitzen von [3-Carboxy-[2]furyl]-essigsäure auf 230° (*Reichstein, Zschokke,* Helv. **15** [1932] 268, 271). Beim Erhitzen von 5-Methyl-furan-2,4-di= carbonsäure auf 280° (*Gilman et al.,* Am. Soc. **56** [1934] 220; *García González,* An. Soc. españ. **32** [1934] 815, 828; *Müller, Varga,* B. **72** [1939] 1993, 1998).

Krystalle (aus Bzn.); F: 101—102° [korr.] (*Re., Zsch.*). ¹H-NMR-Absorption (CDCl₃): *Corey et al.,* Am. Soc. **80** [1958] 1204. UV-Spektrum (A.; 220—280 nm): *Hughes, Johnson,* Am. Soc. **53** [1931] 737, 741. Scheinbare Dissoziationskonstante K'_a (Wasser; potentio-metrisch ermittelt) bei Raumtemperatur: $2{,}94 \cdot 10^{-5}$ (*Catlin,* Iowa Coll. J. **10** [1935/36] 65).

I   II   III   IV

2-Methyl-furan-3-carbonsäure-äthylester $C_8H_{10}O_3$, Formel IV (X = O-C₂H₅) (E I 439).

B. Beim Behandeln von Acetessigsäure-äthylester mit Äthyl-[1,2-dichlor-äthyl]-äther unter Zusatz von wss. Natronlauge (*Gilman, Burtner,* Iowa Coll. J. **5** [1931] 189, 191; *Gilman et al.,* R. **51** [1932] 407, 408) oder von Pyridin (*Scott, Johnson,* Am. Soc. **54** [1932] 2549, 2552; *Blomquist, Stevenson,* Am. Soc. **56** [1934] 146, 148).

Kp₂₅: 85—89° (*Bl., St.*); Kp₂₀: 85—87° (*Gi., Bu.*); Kp₁₇: 57° (*Hughes, Johnson,* Am. Soc. **53** [1931] 737, 744, 745); Kp₁₀: 49° (*Hu., Jo.*). D_4^{25}: 1,0102 (*Hu., Jo.*). n_D^{25}: 1,4159; $n_{643,8}^{25}$: 1,4140; $n_{579,0}^{25}$: 1,4163; $n_{546,1}^{25}$: 1,4177; $n_{435,9}^{25}$: 1,4252 (*Hu., Jo.*).

2-Methyl-furan-3-carbonsäure-amid $C_6H_7NO_2$, Formel IV (X = NH₂).

B. Beim Behandeln von 2-Methyl-furan-3-carbonylchlorid (E II 271) mit Ammoniak in Äther (*García González,* An. Soc. españ. **32** [1934] 815, 828).

Krystalle (nach Sublimation); F: 90°.

2-Methyl-furan-3-carbonsäure-anilid $C_{12}H_{11}NO_2$, Formel IV (X = NH-C₆H₅).

B. Beim Behandeln von 2-Methyl-furan-3-carbonylchlorid (E II 271) mit Anilin und Äther (*García González,* An. Soc. españ. **32** [1934] 815, 828).

Krystalle (nach Sublimation); F: 111—112°.

2-Methyl-furan-3-carbonsäure-hydrazid $C_6H_8N_2O_2$, Formel IV (X = NH-NH₂).

B. Beim Erhitzen von 2-Methyl-furan-3-carbonsäure-äthylester mit Hydrazin-hydrat (*Blomquist, Stevenson,* Am. Soc. **56** [1934] 146, 148; *Stevenson, Johnson,* Am. Soc. **59** [1937] 2525, 2528).

Krystalle; F: 152—153° (*St., Jo.*), 149,5—150° [aus W.] (*Bl., St.*).

2-Methyl-furan-3-carbonylazid $C_6H_5N_3O_2$, Formel IV (X = N₃).

B. Beim Behandeln von 2-Methyl-furan-3-carbonsäure-hydrazid mit Natriumnitrit in Wasser und mit wss. Essigsäure (*Blomquist, Stevenson,* Am. Soc. **56** [1934] 146, 148; *Stevenson, Johnson,* Am. Soc. **59** [1937] 2525, 2528).

Krystalle; F: ca. 25° (*St., Jo.*), 22—23° [durch Sublimation bei 1—2 Torr gereinigtes Präparat] (*Bl., St.*).

5-Chlor-2-methyl-furan-3-carbonsäure $C_6H_5ClO_3$, Formel V.

B. Beim Behandeln von 2-Methyl-furan-3-carbonsäure-äthylester mit Chlor und Erwärmen des Reaktionsprodukts mit äthanol. Natronlauge (*Scott, Johnson*, Am. Soc. **54** [1932] 2549, 2552).

Krystalle (aus W.); F: 122—123° [unkorr.].

5-Brom-2-methyl-furan-3-carbonsäure $C_6H_5BrO_3$, Formel VI.

B. Beim Behandeln von 2-Methyl-furan-3-carbonsäure mit Brom (*Gilman et al.*, R. **51** [1932] 407, 409).

Krystalle (aus W.); F: 118°.

2-Methyl-5-nitro-furan-3-carbonsäure $C_6H_5NO_5$, Formel VII (R = H).

B. Beim Behandeln von 2-Methyl-furan-3-carbonsäure mit Salpetersäure und Acet⸗anhydrid bei —10° (*Gilman et al.*, R. **51** [1932] 407, 408). Beim Erhitzen von 2-Methyl-5-nitro-furan-3-carbonsäure-äthylester mit wss. Salzsäure oder wss. Schwefelsäure (*Gi. et al.*).

Gelbe Krystalle (nach Sublimation); F: 154—154,5°.

V   VI   VII   VIII

2-Methyl-5-nitro-furan-3-carbonsäure-äthylester $C_8H_9NO_5$, Formel VII (R = C_2H_5).

B. Beim Behandeln von 2-Methyl-furan-3-carbonsäure-äthylester mit Salpetersäure und Acetanhydrid bei —25° (*Gilman, Burtner*, Iowa Coll. J. **5** [1931] 189, 192).

Krystalle (aus Ae.); F: 52,5°.

2-Methyl-thiophen-3-carbonsäure $C_6H_6O_2S$, Formel VIII (X = OH).

B. Beim Behandeln von 3-Brom-2-methyl-thiophen mit Magnesium, Methylbromid und Äther und anschliessend mit Kohlendioxid (*Steinkopf, Jacob*, A. **515** [1935] 273, 277). Beim Behandeln von 2-Chlormethyl-thiophen mit Magnesium und Äther und anschliessend mit Chlorokohlensäure-äthylester und Erwärmen des Reaktionsprodukts mit äthanol. Alkalilauge (*Gaertner*, Am. Soc. **73** [1951] 3934, 3936). Neben grösseren Mengen [2]Thienyl⸗essigsäure beim Behandeln von 2-Chlormethyl-thiophen mit Magnesium und Äther und Behandeln des Reaktionsgemisches mit festem Kohlendioxid (*Ga.*).

Gelbe Krystalle; F: 115—117° [aus W.] (*St., Ja.*), 115—117° [korr.; aus wss. Eg.] (*Ga.*).

2-Methyl-thiophen-3-carbonylchlorid C_6H_5ClOS, Formel VIII (X = Cl).

B. Beim Behandeln von 2-Methyl-thiophen-3-carbonsäure mit Thionylchlorid (*Gaertner*, Am. Soc. **73** [1951] 3934, 3937).

Kp_{16}: 98—100°.

———

4-Methyl-furan-2-carbonsäure $C_6H_6O_3$, Formel IX.

B. Beim Erwärmen von 4-Methyl-furan-2-carbonitril mit wss.-methanol. Kalilauge (*Rinkes*, R. **50** [1931] 1127, 1133; *Reichstein, Zschokke*, Helv. **14** [1931] 1270, 1276).

Krystalle; F: 131—132° [korr.; nach Sublimation] (*Re., Zsch.*), 129° [aus W.] (*Ri.*).

4-Methyl-furan-2-carbonitril C_6H_5NO, Formel X.

B. Beim Erhitzen von 2-Cyan-4-methyl-furan-3-carbonsäure mit Chinolin und Kupfer-Pulver (*Rinkes*, R. **50** [1931] 1127, 1130; *Reichstein, Zschokke*, Helv. **14** [1931] 1270, 1275).

Kp_{12}: 57—58° (*Re., Zsch.*).

4-Methyl-thiophen-2-carbonsäure $C_6H_6O_2S$, Formel XI (R = H) (H 294; E II 272).

B. Beim Behandeln von 3-Methyl-thiophen mit Natrium in Äther unter Zusatz von Äthylchlorid, Äthylbromid oder Butylbromid und Behandeln des Reaktionsgemisches mit festem Kohlendioxid (*Schick, Hartough*, Am. Soc. **70** [1948] 1645; *Blanchette, Brown*,

Am. Soc. **74** [1952] 1848). Neben kleineren Mengen 3-Methyl-thiophen-2-carbonsäure beim Erwärmen von 3-Methyl-thiophen mit Butyllithium in Äther und Behandeln des Reaktionsgemisches mit festem Kohlendioxid (*Gronowitz*, Ark. Kemi **7** [1954/55] 361, 365; s. a. *Hoffman, Gronowitz*, Ark. Kemi **16** [1961] 563, 564). Aus 4-Methyl-thiophen-2-carbaldehyd (E III/IV 17 4523) mit Hilfe von Silberoxid (*Sicé*, J. org. Chem. **19** [1954] 70, 71). Beim Behandeln von 4-Methyl-2-vinyl-thiophen mit Kaliumpermanganat und wss. Natronlauge (*Perweew, Kudrjaschowa*, Ž. obšč. Chim. **23** [1953] 976, 978; engl. Ausg. S. 1017, 1018). Beim Erwärmen von 1-[4-Methyl-[2]thienyl]-äthanon (*Hartough, Conley*, Am. Soc. **69** [1947] 3096; s. a. *Farrar, Levine*, Am. Soc. **72** [1950] 3695, 3696), von 1-[4-Methyl-[2]thienyl]-propan-1-on oder von 1-[4-Methyl-[2]thienyl]-butan-1-on (*Fa., Le.*) mit alkal. wss. Natriumhypochlorit-Lösung.

Krystalle; F: 123—124° [korr.; aus Hexan] (*Sicé*), 122—124° (*Imoto, Motoyama*, Bl. Naniwa Univ. [A] **2** [1954] 127, 133; C. A. **1955** 9614), 120—122° [aus Bzn.] (*Gr.*). Kp_{16}: 158° (*Rinkes*, R. **52** [1933] 1052, 1056). IR-Spektrum (CHCl$_3$; 8—10 μ): *Gr.* Scheinbarer Dissoziationsexponent pK_a' (Wasser; potentiometrisch ermittelt) bei 25°: 3,56 (*Otsuji et al.*, J. chem. Soc. Japan Pure Chem. Sect. **80** [1959] 1021, 1023; C. A. **1961** 5467) bzw. 3,76 (*In., Mo.*, l. c. S. 129).

Beim Erwärmen mit wss. Natronlauge und Nickel-Aluminium-Legierung ist 4-Methyl-valeriansäure erhalten worden (*Papa et al.*, J. org. Chem. **14** [1949] 723, 727).

IX   **X**   **XI**   **XII**

4-Methyl-thiophen-2-carbonsäure-methylester $C_7H_8O_2S$, Formel XI (R = CH$_3$).
B. Aus 4-Methyl-thiophen-2-carbonsäure (*Nakaya et al.*, J. chem. Soc. Japan Pure Chem. Sect. **78** [1957] 935, 936, 939; C. A. **1959** 21 276).
Kp_{70}: 145—145,5°. n_D^{13}: 1,5178. Polarographie: *Na. et al.*

3-Brom-4-methyl-thiophen-2-carbonsäure $C_6H_5BrO_2S$, Formel XII (R = H).
Konstitution: *Steinkopf, Nitschke*, A. **536** [1938] 135, 136.
B. Beim Behandeln von 2,3-Dibrom-4-methyl-thiophen mit Magnesium, Äthylbromid und Äther und anschliessend mit Kohlendioxid (*St., Ni.*, l. c. S. 139).
Krystalle; F: 225—225,5° [aus Bzn.] (*St., Ni.*), 219—220° [aus Toluol] (*Rinkes*, R. **54** [1935] 940).

3-Brom-4-methyl-thiophen-2-carbonsäure-methylester $C_7H_7BrO_2S$, Formel XII (R = CH$_3$).
B. Aus 3-Brom-4-methyl-thiophen-2-carbonsäure beim Erwärmen mit Methanol und wenig Schwefelsäure (*Rinkes*, R. **54** [1935] 940) sowie beim Behandeln mit Diazomethan in Äther (*Steinkopf, Nitschke*, A. **536** [1938] 135, 140).
Krystalle; F: 77,5—78° [aus Me.] (*St., Ni.*), 76° [aus Bzn.] (*Ri.*). Kp_{12}: 140,5° (*St., Ni.*).

3,5-Dibrom-4-methyl-thiophen-2-carbonsäure $C_6H_4Br_2O_2S$, Formel I (R = H).
B. Beim Erhitzen von 3,5-Dibrom-4-methyl-thiophen-2-carbonsäure-methylester mit wss. Natronlauge (*Steinkopf, Nitschke*, A. **536** [1938] 135, 140).
Krystalle (aus Bzn.); F: 216—217°.

3,5-Dibrom-4-methyl-thiophen-2-carbonsäure-methylester $C_7H_6Br_2O_2S$, Formel I (R = CH$_3$).
B. Beim Behandeln von 3-Brom-4-methyl-thiophen-2-carbonsäure-methylester mit Brom (*Steinkopf, Nitschke*, A. **536** [1938] 135, 140).
Krystalle (aus Bzn.); F: 89—90°.

3-Jod-4-methyl-thiophen-2-carbonsäure $C_6H_5IO_2S$, Formel II (R = H).
B. Beim Behandeln von 2,3-Dijod-4-methyl-thiophen mit Magnesium, Äthylbromid und Äther und anschliessend mit Kohlendioxid (*Steinkopf, Hanske*, A. **532** [1937] 236, 247).
Krystalle (aus Bzn.); F: 215—218°.

    I   II   III   IV

3-Jod-4-methyl-thiophen-2-carbonsäure-methylester $C_7H_7IO_2S$, Formel II (R = CH_3).

B. Beim Behandeln von 3-Jod-4-methyl-thiophen-2-carbonsäure mit Diazomethan in Äther (*Steinkopf, Hanske*, A. **532** [1937] 236, 247).

Krystalle (aus Bzn.); F: 75,5—76,5°.

5-Jod-4-methyl-thiophen-2-carbonsäure $C_6H_5IO_2S$, Formel III.

B. Beim Behandeln von 2,5-Dijod-3-methyl-thiophen mit Magnesium, Äthylbromid und Äther und anschliessend mit Kohlendioxid (*Steinkopf, Hanske*, A. **541** [1939] 238, 260).

Krystalle (aus Bzn.); F: 172—173°.

5-Brom-3-jod-4-methyl-thiophen-2-carbonsäure-methylester $C_7H_6BrIO_2S$, Formel IV.

B. Beim Behandeln von 3-Jod-4-methyl-thiophen-2-carbonsäure-methylester mit Brom (*Steinkopf, Hanske*, A. **532** [1937] 236, 247).

Krystalle (aus Bzn.); F: 75,5—76,5°.

3,5-Dijod-4-methyl-thiophen-2-carbonsäure $C_6H_4I_2O_2S$, Formel V (R = H).

B. Beim Erhitzen von 3,5-Dijod-4-methyl-thiophen-2-carbonsäure-methylester mit wss. Kalilauge (*Steinkopf, Hanske*, A. **532** [1937] 236, 248).

Krystalle (aus Bzn.); F: 240,5—242° [Zers.].

3,5-Dijod-4-methyl-thiophen-2-carbonsäure-methylester $C_7H_6I_2O_2S$, Formel V (R = CH_3).

B. Beim Erhitzen von 3-Jod-4-methyl-thiophen-2-carbonsäure-methylester mit Jod und Quecksilber(II)-acetat in Essigsäure (*Steinkopf, Hanske*, A. **532** [1937] 236, 248).

Krystalle (aus Bzn.); F: 112—112,5°.

4-Methyl-5-nitro-thiophen-2-carbonsäure $C_6H_5NO_4S$, Formel VI (R = H).

B. Beim Behandeln von 4-Methyl-thiophen-2-carbonsäure mit Salpetersäure und Acetanhydrid (*Rinkes*, R. **52** [1933] 1052, 1056).

Krystalle; F: 180°.

4-Methyl-5-nitro-thiophen-2-carbonsäure-methylester $C_7H_7NO_4S$, Formel VI (R = CH_3).

B. Beim Erwärmen von 4-Methyl-5-nitro-thiophen-2-carbonsäure mit Methanol und wenig Schwefelsäure (*Rinkes*, R. **52** [1933] 1052, 1057).

Krystalle (aus Me.); F: 93°.

4-Methyl-3,5-dinitro-thiophen-2-carbonsäure $C_6H_4N_2O_6S$, Formel VII (R = H).

B. Beim Erhitzen von 4-Methyl-3,5-dinitro-thiophen-2-carbonsäure-methylester mit wss. Schwefelsäure (*Rinkes*, R. **52** [1933] 1052, 1057).

Krystalle (aus W.); F: 191° [Zers.].

      V   VI   VII

4-Methyl-3,5-dinitro-thiophen-2-carbonsäure-methylester $C_7H_6N_2O_6S$, Formel VII (R = CH_3).

B. Beim Behandeln von 4-Methyl-5-nitro-thiophen-2-carbonsäure-methylester mit Sal=petersäure und Schwefelsäure (*Rinkes*, R. **52** [1933] 1052, 1057).

Krystalle (aus PAe.); F: 65°.

5-Methyl-furan-3-carbonsäure $C_6H_6O_3$, Formel VIII (R = H).

B. Beim Erwärmen von 5-Hydrazonomethyl-furan-3-carbonsäure mit äthanol. Kali=
lauge (*Gilman et al.*, Am. Soc. **55** [1933] 403, 405). Beim Erwärmen von 5-Methyl-
furan-3-carbonsäure-äthylester mit wss.-äthanol. Kalilauge (*Jones*, Am. Soc. **77** [1955]
4069, 4072).

Krystalle; F: 119° [aus W.] (*Gi. et al.*), 115—116° [nach Sublimation] (*Jo.*).

5-Methyl-furan-3-carbonsäure-äthylester $C_8H_{10}O_3$, Formel VIII (R = CH_3).

B. Beim Behandeln von 2-Formyl-4-oxo-valeriansäure-äthylester mit konz. Schwefel=
säure (*Jones*, Am. Soc. **77** [1955] 4069, 4072).

Kp_6: 69—71°. D_{25}^{25}: 1,066. n_D^{25}: 1,4590.

5-Methyl-thiophen-3-carbonsäure $C_6H_6O_2S$, Formel IX.

B. Beim Behandeln von 4-Jod-2-methyl-thiophen mit Magnesium, Methylbromid und
Äther und anschliessend mit Kohlendioxid (*Steinkopf, Hanske,* A. **527** [1937] 264, 269).

Krystalle (aus W.); F: 131—132°.

5-Methyl-furan-2-carbonsäure $C_6H_6O_3$, Formel X (R = H) (H 294; E I 439; E II 272).

B. Beim Behandeln von 2-Jod-5-methyl-furan mit Magnesium und Äther und anschliessend mit Kohlendioxid (*Gilman, Wright,* Am. Soc. **55** [1933] 3302, 3310). Beim Erwärmen
von 5-Methyl-furan-2-carbonsäure-methylester (*Mndshojan et al.*, Doklady Akad. Armjansk. S.S.R. **24** [1957] 207, 209; C. A. **1958** 4596; *Andrisano*, Ann. Chimica **40** [1950]
30, 32) oder von 5-Methyl-furan-2-carbonsäure-äthylester (*An.; Andrisano, Passerini,*
G. **80** [1950] 730, 739) mit wss. Natronlauge. Beim Erhitzen von 5-Hydrazonomethyl-
furan-2-carbonsäure-hydrazid mit Natriumäthylat in Äthanol auf 160° (*Votoček, Krošlák,*
Collect. **11** [1939] 47, 52). Beim Behandeln von 1-[5-Methyl-[2]furyl]-äthanon, von
1-[5-Methyl-[2]furyl]-propan-1-on oder von 1-[5-Methyl-[2]furyl]-butan-1-on mit alkal.
wss. Alkalihypochlorit-Lösung (*Farrar, Levine,* Am. Soc. **72** [1950] 3695, 3696).

Krystalle; F: 108,8—109,8° [korr.] (*Fa., Le.*), 108—109° [aus W.] (*An.*). Krystallhabitus sowie Krystalloptik: *Runde et al.*, Am. Soc. **52** [1930] 1284, 1288. UV-Spektren
von Lösungen in Äthanol (200—300 nm): *Maekawa*, Scient. Rep. Matsuyama agric. Coll.
3 [1950] 113, 114, 122; C. A. **1952** 4523; von Lösungen in Wasser (210—330 nm): *An.,
Pa.*, l. c. S. 731; *Andrisano, Tundo,* R.A.L. [8] **13** [1952] 158, 163. Scheinbare Dissoziationskonstante K_a' (Wasser; potentiometrisch ermittelt) bei Raumtemperatur:
$3,812 \cdot 10^{-4}$ (*Catlin*, Iowa Coll. J. **10** [1935/36] 65).

Die beim Eintragen in rauchende Schwefelsäure erhaltene, früher (s. H 294) als
5-Methyl-3-sulfo-furan-2-carbonsäure angesehene Verbindung ist nach *Scully, Brown*
(J. org. Chem. **19** [1954] 894, 899, 900) als 5-Methyl-4-sulfo-furan-2-carbonsäure zu
formulieren. Beim Behandeln des Natrium-Salzes mit Quecksilber(II)-chlorid in Wasser
ist 5-Methyl-[2]furylquecksilber-chlorid erhalten worden (*Gilman, Wright,* Am. Soc. **55**
[1933] 3302, 3310).

VIII   IX   X

5-Methyl-furan-2-carbonsäure-methylester $C_7H_8O_3$, Formel X (R = CH_3).

B. Beim Behandeln von 5-Methyl-furan-2-carbonsäure mit Chlorwasserstoff enthaltendem Methanol (*Rinkes*, R. **49** [1930] 1118, 1123). Beim Behandeln von 5-Chlormethyl-
furan-2-carbonsäure-methylester mit Zink und Essigsäure (*Andrisano*, Ann. Chimica **40**
[1950] 30, 32; *Andrisano, Passerini,* G. **80** [1950] 730, 739; *Mndshojan et al.*, Doklady
Akad. Armjansk. S.S.R. **24** [1957] 207, 208; C. A. **1958** 4596; s. a. *Mndshojan et al.*,
Doklady Akad. Armjansk. S.S.R. **17** [1953] 97, 101).

Kp_{760}: 205° (*An.; An., Pa.*); Kp_{680}: 193—196° (*Mn. et al.*, Doklady Akad. Armjansk.
S.S.R. **17** 101); $Kp_{18,5}$: 96—97° (*Nakaya et al.*, J. chem. Soc. Japan Pure Chem. Sect.
78 [1957] 935, 939; C. A. **1959** 21276); Kp_{15}: 98° (*Ri.*); Kp_{12}: 97—99° (*Mn. et al.*).
UV-Spektrum (W.; 210—350 nm): *An., Pa.*, l. c. S. 732. Polarographie: *Na. et al.*

5-Methyl-furan-2-carbonsäure-äthylester $C_8H_{10}O_3$, Formel X (R = C_2H_5) (H 294).

B. Beim Behandeln von 5-Methyl-furan-2-carbonylchlorid mit Äthanol (*Blomquist, Stevenson*, Am. Soc. **56** [1934] 146, 147). Beim Behandeln von 5-Chlormethyl-furan-2-carbonsäure-äthylester mit Zink und Essigsäure (*Andrisano*, Ann. Chimica **40** [1950] 30, 32; s. a. *Andrisano, Passerini*, G. **80** [1950] 730, 739).

Kp$_{760}$: 216° (*An.*, Ann. Chimica **40** 32; *An., Pa.*); Kp$_{10}$: 88−89° (*Bl., St.*). UV-Spektrum (W.; 200−300 nm): *An., Pa.*, l. c. S. 733.

Geschwindigkeitskonstante der Hydrolyse in einer 0,1-normalen Lösung von Natriumhydroxid in 85%ig. wss. Äthanol bei 25°, 35° und 45°: *Imoto et al.*, J. chem. Soc. Japan Pure Chem. Sect. **77** [1956] 809, 810; C. A. **1958** 9066. Beim Erwärmen mit Acetanhydrid, Zinn(IV)-chlorid und Benzol ist 4-Acetyl-5-methyl-furan-2-carbonsäure-äthylester erhalten worden (*Gilman et al.*, Am. Soc. **56** [1934] 220). Bildung von 3-[5-Methyl-[2]furyl]-3-oxo-propionsäure-äthylester beim Erhitzen mit Äthylacetat und Natrium und Behandeln des Reaktionsgemisches mit wss. Essigsäure: *Andrisano*, G. **80** [1950] 426, 427.

5-Methyl-furan-2-carbonsäure-[2-dimethylamino-äthylester] $C_{10}H_{15}NO_3$, Formel XI (R = CH_3).

B. Beim Erwärmen von 5-Methyl-furan-2-carbonylchlorid mit 2-Dimethylaminoäthanol und Benzol (*Mndshojan et al.*, Doklady Akad. Armjansk. S.S.R. **24** [1957] 207, 210, 216; C. A. **1958** 4596).

Kp$_5$: 129−130°. D$_4^{20}$: 1,0587. n$_D^{20}$: 1,4810.

Hydrochlorid. F: 155−156° (*Mn. et al.*, l. c. S. 211).

Picrat. F: 157° (*Mn. et al.*, l. c. S. 211).

Trimethyl-[2-(5-methyl-furan-2-carbonyloxy)-äthyl]-ammonium, 5-Methyl-furan-2-carbonsäure-[2-trimethylammonio-äthylester] $[C_{11}H_{18}NO_3]^+$, Formel XII (R = X = CH_3).

Jodid $[C_{11}H_{18}NO_3]I$; *O*-[5-Methyl-furan-2-carbonyl]-cholin-jodid. *B.* Beim Behandeln von 5-Methyl-furan-2-carbonsäure-[2-dimethylamino-äthylester] mit Methyljodid und Äther (*Mndshojan et al.*, Doklady Akad. Armjansk. S.S.R. **24** [1957] 207, 212, 216; C. A. **1958** 4596). − Krystalle; F: 191−192°.

XI   XII

Äthyl-dimethyl-[2-(5-methyl-furan-2-carbonyloxy)-äthyl]-ammonium, 5-Methyl-furan-2-carbonsäure-[2-(äthyl-dimethyl-ammonio)-äthylester] $[C_{12}H_{20}NO_3]^+$, Formel XII (R = CH_3, X = C_2H_5).

Jodid $[C_{12}H_{20}NO_3]I$. *B.* Beim Behandeln von 5-Methyl-furan-2-carbonsäure-[2-dimethylamino-äthylester] mit Äthyljodid und Äther (*Mndshojan et al.*, Doklady Akad. Armjansk. S.S.R. **24** [1957] 207, 212, 216; C. A. **1958** 4596). − Krystalle; F: 99−100°.

5-Methyl-furan-2-carbonsäure-[2-diäthylamino-äthylester] $C_{12}H_{19}NO_3$, Formel XI (R = C_2H_5).

B. Beim Erwärmen von 5-Methyl-furan-2-carbonylchlorid mit 2-Diäthylamino-äthanol und Benzol (*Mndshojan et al.*, Doklady Akad. Armjansk. S.S.R. **24** [1957] 207, 210, 216; C. A. **1958** 4596).

Kp$_5$: 145−146°. D$_4^{20}$: 1,0254. n$_D^{20}$: 1,4765.

Hydrochlorid. F: 136−137° (*Mn. et al.*, l. c. S. 211).

Picrat. F: 99° (*Mn. et al.*, l. c. S. 211).

Diäthyl-methyl-[2-(5-methyl-furan-2-carbonyloxy)-äthyl]-ammonium, 5-Methyl-furan-2-carbonsäure-[2-(diäthyl-methyl-ammonio)-äthylester] $[C_{13}H_{22}NO_3]^+$, Formel XII (R = C_2H_5, X = CH_3).

Jodid $[C_{13}H_{22}NO_3]I$. *B.* Beim Behandeln von 5-Methyl-furan-2-carbonsäure-[2-diäthylamino-äthylester] mit Methyljodid und Äther (*Mndshojan et al.*, Doklady Akad. Armjansk. S.S.R. **24** [1957] 207, 212, 216; C. A. **1958** 4596). − Krystalle; F: 149−150°.

Triäthyl-[2-(5-methyl-furan-2-carbonyloxy)-äthyl]-ammonium, 5-Methyl-furan-2-carbonsäure-[2-triäthylammonio-äthylester] $[C_{14}H_{24}NO_3]^+$, Formel XII
(R = X = C_2H_5).
Jodid $[C_{14}H_{24}NO_3]I$. *B*. Beim Behandeln von 5-Methyl-furan-2-carbonsäure-[2-diäthyl=amino-äthylester] mit Äthyljodid und Äther (*Mndshojan et al.*, Doklady Akad. Armjansk. S.S.R. **24** [1957] 207, 212, 216; C. A. **1958** 4596). — Krystalle; F: 147—149°.

5-Methyl-furan-2-carbonsäure-[3-dimethylamino-propylester] $C_{11}H_{17}NO_3$, Formel XIII
(R = CH_3).
B. Beim Erwärmen von 5-Methyl-furan-2-carbonylchlorid mit 3-Dimethylamino-propan-1-ol und Benzol (*Mndshojan et al.*, Doklady Akad. Armjansk. S.S.R. **24** [1957] 207, 210, 216; C. A. **1958** 4596).
Kp_2: 133—134°. D_4^{20}: 1,0443. n_D^{20}: 1,4860.
Hydrochlorid. F: 172—173° (*Mn. et al.*, l. c. S. 211).
Picrat. F: 87—89° (*Mn. et al.*, l. c. S. 211).

Trimethyl-[3-(5-methyl-furan-2-carbonyloxy)-propyl]-ammonium, 5-Methyl-furan-2-carbonsäure-[3-trimethylammonio-propylester] $[C_{12}H_{20}NO_3]^+$, Formel XIV
(R = X = CH_3).
Jodid $[C_{12}H_{20}NO_3]I$. *B*. Beim Behandeln von 5-Methyl-furan-2-carbonsäure-[3-di=methylamino-propylester] mit Methyljodid und Äther (*Mndshojan et al.*, Doklady Akad. Armjansk. S.S.R. **24** [1957] 207, 212, 216; C. A. **1958** 4596). — Krystalle; F: 195—196°.

Äthyl-dimethyl-[3-(5-methyl-furan-2-carbonyloxy)-propyl]-ammonium, 5-Methyl-furan-2-carbonsäure-[3-(äthyl-dimethyl-ammonio)-propylester] $[C_{13}H_{22}NO_3]^+$, Formel XIV
(R = CH_3, X = C_2H_5).
Jodid $[C_{13}H_{22}NO_3]I$. *B*. Beim Behandeln von 5-Methyl-furan-2-carbonsäure-[3-di=methylamino-propylester] mit Äthyljodid und Äther (*Mndshojan et al.*, Doklady Akad. Armjansk. S.S.R. **24** [1957] 207, 212, 216; C. A. **1958** 4596). — Krystalle; F: 145—146°.

5-Methyl-furan-2-carbonsäure-[3-diäthylamino-propylester] $C_{13}H_{21}NO_3$, Formel XIII
(R = C_2H_5).
B. Beim Erwärmen von 5-Methyl-furan-2-carbonylchlorid mit 3-Diäthylamino-propan-1-ol und Benzol (*Mndshojan et al.*, Doklady Akad. Armjansk. S.S.R. **24** [1957] 207, 210, 216; C. A. **1958** 4596).
Kp_2: 142—143°. D_4^{20}: 1,0155. n_D^{20}: 1,4830.
Hydrochlorid. F: 116—117° (*Mn. et al.*, l. c. S. 211).
Picrat. F: 111—113° (*Mn. et al.*, l. c. S. 211).

XIII   XIV

Diäthyl-methyl-[3-(5-methyl-furan-2-carbonyloxy)-propyl]-ammonium, 5-Methyl-furan-2-carbonsäure-[3-(diäthyl-methyl-ammonio)-propylester] $[C_{14}H_{24}NO_3]^+$, Formel XIV
(R = C_2H_5, X = CH_3).
Jodid $[C_{14}H_{24}NO_3]I$. *B*. Beim Behandeln von 5-Methyl-furan-2-carbonsäure-[3-diäthyl=amino-propylester] mit Methyljodid und Äther (*Mndshojan et al.*, Doklady Akad. Arm-jansk. S.S.R. **24** [1957] 207, 212, 216; C. A. **1958** 4596). — Krystalle; F: 106—107°.

Triäthyl-[3-(5-methyl-furan-2-carbonyloxy)-propyl]-ammonium, 5-Methyl-furan-2-carbonsäure-[3-triäthylammonio-propylester] $[C_{15}H_{26}NO_3]^+$, Formel XIV
(R = X = C_2H_5).
Jodid $[C_{15}H_{26}NO_3]I$. *B*. Beim Behandeln von 5-Methyl-furan-2-carbonsäure-[3-diäthyl=amino-propylester] mit Äthyljodid und Äther (*Mndshojan et al.*, Doklady Akad. Arm-jansk. S.S.R. **24** [1957] 207, 212, 216; C. A. **1958** 4596). — Krystalle; F: 149—150°.

5-Methyl-furan-2-carbonsäure-[β,β′-bis-dimethylamino-isopropylester], Tetra-N-methyl-2-[5-methyl-furan-2-carbonyloxy]-propandiyldiamin $C_{13}H_{22}N_2O_3$, Formel I (R = CH$_3$).

B. Beim Erwärmen von 5-Methyl-furan-2-carbonylchlorid mit 1,3-Bis-dimethylamino-propan-2-ol und Benzol (*Mndshojan et al.*, Doklady Akad. Armjansk. S.S.R. **24** [1957] 207, 210, 216; C. A. **1958** 4596).

Kp$_2$: 168—169°. D$_4^{20}$: 1,0007. n$_D^{20}$: 1,4825.

Hydrochlorid. F: 103° (*Mn. et al.*, l. c. S. 211).

Picrat. F: 221° (*Mn. et al.*, l. c. S. 211).

2-[5-Methyl-furan-2-carbonyloxy]-1,3-bis-trimethylammonio-propan, 5-Methyl-furan-2-carbonsäure-[β,β′-bis-trimethylammonio-isopropylester] $[C_{15}H_{28}N_2O_3]^{2+}$, Formel II (R = X = CH$_3$).

Dijodid $[C_{15}H_{28}N_2O_3]I_2$. *B.* Beim Behandeln von 5-Methyl-furan-2-carbonsäure-[β,β′-bis-dimethylamino-isopropylester] mit Methyljodid und Äther (*Mndshojan et al.*, Doklady Akad. Armjansk. S.S.R. **24** [1957] 207, 215, 216; C. A. **1958** 4596). — Krystalle; F: 206—207°.

1,3-Bis-[äthyl-dimethyl-ammonio]-2-[5-methyl-furan-2-carbonyloxy]-propan, 5-Methyl-furan-2-carbonsäure-[β,β′-bis-(äthyl-dimethyl-ammonio)-isopropylester] $[C_{17}H_{32}N_2O_3]^{2+}$, Formel II (R = CH$_3$, X = C$_2H_5$).

Dijodid $[C_{17}H_{32}N_2O_3]I_2$. *B.* Beim Behandeln von 5-Methyl-furan-2-carbonsäure-[β,β′-bis-dimethylamino-isopropylester] mit Äthyljodid und Äther (*Mndshojan et al.*, Doklady Akad. Armjansk. S.S.R. **24** [1957] 207, 215, 216; C. A. **1958** 4596). — Krystalle; F: 130—131°.

I   II

5-Methyl-furan-2-carbonsäure-[β,β′-bis-diäthylamino-isopropylester], Tetra-N-äthyl-2-[5-methyl-furan-2-carbonyloxy]-propandiyldiamin $C_{17}H_{30}N_2O_3$, Formel I (R = C$_2$H$_5$).

B. Beim Erwärmen von 5-Methyl-furan-2-carbonylchlorid mit 1,3-Bis-diäthylamino-propan-2-ol und Benzol (*Mndshojan et al.*, Doklady Akad. Armjansk. S.S.R. **24** [1957] 207, 210, 216; C. A. **1958** 4596).

Kp$_2$: 167—168°. D$_4^{20}$: 0,9876. n$_D^{20}$: 1,4820.

Hydrochlorid. F: 99—100° (*Mn. et al.*, l. c. S. 211).

Picrat. F: 193° (*Mn. et al.*, l. c. S. 211).

1,3-Bis-[diäthyl-methyl-ammonio]-2-[5-methyl-furan-2-carbonyloxy]-propan, 5-Methyl-furan-2-carbonsäure-[β,β′-bis-(diäthyl-methyl-ammonio)-isopropylester] $[C_{19}H_{36}N_2O_3]^{2+}$, Formel II (R = C$_2H_5$, X = CH$_3$).

Dijodid $[C_{19}H_{36}N_2O_3]I_2$. *B.* Beim Behandeln von 5-Methyl-furan-2-carbonsäure-[β,β′-bis-diäthylamino-isopropylester] mit Methyljodid und Äther (*Mndshojan et al.*, Doklady Akad. Armjansk. S.S.R. **24** [1957] 207, 215, 216; C. A. **1958** 4596). — Krystalle; F: 108—109°.

2-[5-Methyl-furan-2-carbonyloxy]-1,3-bis-triäthylammonio-propan, 5-Methyl-furan-2-carbonsäure-[β,β′-bis-triäthylammonio-isopropylester] $[C_{21}H_{40}N_2O_3]^{2+}$, Formel II (R = X = C$_2H_5$).

Dijodid $[C_{21}H_{40}N_2O_3]I_2$. *B.* Beim Behandeln von 5-Methyl-furan-2-carbonsäure-[β,β′-bis-diäthylamino-isopropylester] mit Äthyljodid und Äther (*Mndshojan et al.*, Doklady Akad. Armjansk. S.S.R. **24** [1957] 207, 215, 216; C. A. **1958** 4596). — Krystalle; F: 148—150°.

(±)-1-Dimethylamino-3-[5-methyl-furan-2-carbonyloxy]-butan, (±)-5-Methyl-furan-2-carbonsäure-[3-dimethylamino-1-methyl-propylester] $C_{12}H_{19}NO_3$, Formel III (R = CH$_3$).

B. Beim Erwärmen von 5-Methyl-furan-2-carbonylchlorid mit (±)-4-Dimethylamino-

butan-2-ol und Benzol (*Mndshojan et al.*, Doklady Akad. Armjansk. S.S.R. **24** [1957]
207, 210, 216; C. A. **1958** 4596).

Kp$_2$: 127—129°. D$_4^{20}$: 1,0254. n$_D^{20}$: 1,4826.

Hydrochlorid. F: 149—150° (*Mn. et al.*, l. c. S. 211).

Picrat. F: 105—107° (*Mn. et al.*, l. c. S. 211).

(±)-Trimethyl-[3-(5-methyl-furan-2-carbonyloxy)-butyl]-ammonium, (±)-5-Methyl-furan-2-carbonsäure-[1-methyl-3-trimethylammonio-propylester] $[C_{13}H_{22}NO_3]^+$, Formel IV (R = X = CH$_3$).

Jodid $[C_{13}H_{22}NO_3]$I. *B*. Beim Behandeln von (±)-5-Methyl-furan-2-carbonsäure-[3-di=methylamino-1-methyl-propylester] mit Methyljodid und Äther (*Mndshojan et al.*, Doklady Akad. Armjansk. S.S.R. **24** [1957] 207, 212, 216; C. A. **1958** 4596). — Krystalle; F: 168—170°.

(±)-Äthyl-dimethyl-[3-(5-methyl-furan-2-carbonyloxy)-butyl]-ammonium, (±)-5-Methyl-furan-2-carbonsäure-[3-(äthyl-dimethyl-ammonio)-1-methyl-propylester] $[C_{14}H_{24}NO_3]^+$, Formel IV (R = CH$_3$, X = C$_2$H$_5$).

Jodid $[C_{14}H_{24}NO_3]$I. *B*. Beim Behandeln von (±)-5-Methyl-furan-2-carbonsäure-[3-di=methylamino-1-methyl-propylester] mit Äthyljodid und Äther (*Mndshojan et al.*, Doklady Akad. Armjansk. S.S.R. **24** [1957] 207, 212, 216; C. A. **1958** 4596). — Krystalle; F: 129° bis 130°.

(±)-1-Diäthylamino-3-[5-methyl-furan-2-carbonyloxy]-butan, (±)-5-Methyl-furan-2-carbonsäure-[3-diäthylamino-1-methyl-propylester] $C_{14}H_{23}NO_3$, Formel III (R = C$_2$H$_5$).

B. Beim Erwärmen von 5-Methyl-furan-2-carbonylchlorid mit (±)-4-Diäthylamino-butan-2-ol und Benzol (*Mndshojan et al.*, Doklady Akad. Armjansk. S.S.R. **24** [1957] 207, 210, 216; C. A. **1958** 4596).

Kp$_1$: 137—138°. D$_4^{20}$: 1,0015. n$_D^{20}$: 1,4830.

Hydrochlorid. F: 75° (*Mn. et al.*, l. c. S. 211).

Picrat. F: 104° (*Mn. et al.*, l. c. S. 211).

III   IV

(±)-Diäthyl-methyl-[3-(5-methyl-furan-2-carbonyloxy)-butyl]-ammonium, (±)-5-Methyl-furan-2-carbonsäure-[3-(diäthyl-methyl-ammonio)-1-methyl-propylester] $[C_{15}H_{26}NO_3]^+$, Formel IV (R = C$_2$H$_5$, X = CH$_3$).

Jodid $[C_{15}H_{26}NO_3]$I. *B*. Beim Behandeln von (±)-5-Methyl-furan-2-carbonsäure-[3-di=äthylamino-1-methyl-propylester] mit Methyljodid und Äther (*Mndshojan et al.*, Doklady Akad. Armjansk. S.S.R. **24** [1957] 207, 212, 216; C. A. **1958** 4596). — Krystalle; F: 112° bis 114°.

(±)-Triäthyl-[3-(5-methyl-furan-2-carbonyloxy)-butyl]-ammonium, (±)-5-Methyl-furan-2-carbonsäure-[1-methyl-3-triäthylammonio-propylester] $[C_{16}H_{28}NO_3]^+$, Formel IV (R = X = C$_2$H$_5$).

Jodid $[C_{16}H_{28}NO_3]$I. *B*. Beim Behandeln von (±)-5-Methyl-furan-2-carbonsäure-[3-di=äthylamino-1-methyl-propylester] mit Äthyljodid und Äther (*Mndshojan et al.*, Doklady Akad. Armjansk. S.S.R. **24** [1957] 207, 212, 216; C. A. **1958** 4596). — Krystalle; F: 147° bis 148°.

1-Dimethylamino-3-methyl-3-[5-methyl-furan-2-carbonyloxy]-butan, 5-Methyl-furan-2-carbonsäure-[3-dimethylamino-1,1-dimethyl-propylester] $C_{13}H_{21}NO_3$, Formel V (R = CH$_3$).

B. Beim Erwärmen von 5-Methyl-furan-2-carbonylchlorid mit 4-Dimethylamino-2-methyl-butan-2-ol und Benzol (*Mndshojan et al.*, Doklady Akad. Armjansk. S.S.R. **24** [1957] 207, 210, 216; C. A. **1958** 4596).

Kp$_3$: 142—144°. D$_4^{20}$: 1,0142. n$_D^{20}$: 1,4850.

Hydrochlorid. F: 125—127° (*Mn. et al.*, l. c. S. 211).
Picrat. F: 152° (*Mn. et al.*, l. c. S. 211).

Trimethyl-[3-methyl-3-(5-methyl-furan-2-carbonyloxy)-butyl]-ammonium, 5-Methyl-furan-2-carbonsäure-[1,1-dimethyl-3-trimethylammonio-propylester] $[C_{14}H_{24}NO_3]^+$, Formel VI (R = X = CH$_3$).
Jodid [C$_{14}$H$_{24}$NO$_3$]I. *B*. Beim Behandeln von 5-Methyl-furan-2-carbonsäure-[3-di=methylamino-1,1-dimethyl-propylester] mit Methyljodid und Äther (*Mndshojan et al.*, Doklady Akad. Armjansk. S.S.R. **24** [1957] 207, 213, 216; C. A. **1958** 4596). — Krystalle; F: 180—181°.

Äthyl-dimethyl-[3-methyl-3-(5-methyl-furan-2-carbonyloxy)-butyl]-ammonium, 5-Methyl-furan-2-carbonsäure-[3-(äthyl-dimethyl-ammonio)-1,1-dimethyl-propylester] $[C_{15}H_{26}NO_3]^+$, Formel VI (R = CH$_3$, X = C$_2$H$_5$).
Jodid [C$_{15}$H$_{26}$NO$_3$]I. *B*. Beim Behandeln von 5-Methyl-furan-2-carbonsäure-[3-di=methylamino-1,1-dimethyl-propylester] mit Äthyljodid und Äther (*Mndshojan et al.*, Doklady Akad. Armjansk. S.S.R. **24** [1957] 207, 213, 216; C. A. **1958** 4596). — Krystalle; F: 155—156°.

V   VI

1-Diäthylamino-3-methyl-3-[5-methyl-furan-2-carbonyloxy]-butan, 5-Methyl-furan-2-carbonsäure-[3-diäthylamino-1,1-dimethyl-propylester] C$_{15}$H$_{25}$NO$_3$, Formel V (R = C$_2$H$_5$).
B. Beim Erwärmen von 5-Methyl-furan-2-carbonylchlorid mit 4-Diäthylamino-2-methyl-butan-2-ol und Benzol (*Mndshojan et al.*, Doklady Akad. Armjansk. S.S.R. **24** [1957] 207, 210, 216; C. A. **1958** 4596).
Kp$_3$: 159—161°. D$_4^{20}$: 0,9956. n$_D^{20}$: 1,4860.

Diäthyl-methyl-[3-methyl-3-(5-methyl-furan-2-carbonyloxy)-butyl]-ammonium, 5-Methyl-furan-2-carbonsäure-[3-(diäthyl-methyl-ammonio)-1,1-dimethyl-propylester] $[C_{16}H_{28}NO_3]^+$, Formel VI (R = C$_2$H$_5$, X = CH$_3$).
Jodid [C$_{16}$H$_{28}$NO$_3$]I. *B*. Beim Behandeln von 5-Methyl-furan-2-carbonsäure-[3-diäthyl=amino-1,1-dimethyl-propylester] mit Methyljodid und Äther (*Mndshojan et al.*, Doklady Akad. Armjansk. S.S.R. **24** [1957] 207, 213, 216; C. A. **1958** 4596). — Krystalle; F: 125° bis 127°.

Triäthyl-[3-methyl-3-(5-methyl-furan-2-carbonyloxy)-butyl]-ammonium, 5-Methyl-furan-2-carbonsäure-[1,1-dimethyl-3-triäthylammonio-propylester] $[C_{17}H_{30}NO_3]^+$, Formel VI (R = X = C$_2$H$_5$).
Jodid [C$_{17}$H$_{30}$NO$_3$]I. *B*. Beim Behandeln von 5-Methyl-furan-2-carbonsäure-[3-diäthyl=amino-1,1-dimethyl-propylester] mit Äthyljodid und Äther (*Mndshojan et al.*, Doklady Akad. Armjansk. S.S.R. **24** [1957] 207, 213, 216; C. A. **1958** 4596). — Krystalle; F: 120° bis 121°.

*Opt.-inakt. 1-Dimethylamino-2-methyl-3-[5-methyl-furan-2-carbonyloxy]-butan, 5-Methyl-furan-2-carbonsäure-[3-dimethylamino-1,2-dimethyl-propylester] C$_{13}$H$_{21}$NO$_3$, Formel VII (R = CH$_3$).
B. Beim Erwärmen von 5-Methyl-furan-2-carbonylchlorid mit opt.-inakt. 4-Dimethyl=amino-3-methyl-butan-2-ol (Kp$_{32}$: 85—86°) und Benzol (*Mndshojan et al.*, Doklady Akad. Armjansk. S.S.R. **24** [1957] 207, 210, 216; C. A. **1958** 4596).
Kp$_1$: 127—128°. D$_4^{20}$: 1,0128. n$_D^{20}$: 1,4832.
Hydrochlorid. F: 130—132° (*Mn. et al.*, l. c. S. 211).

*Opt.-inakt. Trimethyl-[2-methyl-3-(5-methyl-furan-2-carbonyloxy)-butyl]-ammonium, 5-Methyl-furan-2-carbonsäure-[1,2-dimethyl-3-trimethylammonio-propylester] $[C_{14}H_{24}NO_3]^+$, Formel VIII (R = X = CH$_3$).
Jodid [C$_{14}$H$_{24}$NO$_3$]I. *B*. Beim Behandeln von opt.-inakt. 5-Methyl-furan-2-carbonsäure-

[3-dimethylamino-1,2-dimethyl-propylester] (S. 4081) mit Methyljodid und Äther (*Mndshojan et al.*, Doklady Akad. Armjansk. S.S.R. **24** [1957] 207, 213, 216; C. A. **1958** 4596). — Krystalle; F: 174—175°.

VII   VIII

*Opt.-inakt. Äthyl-dimethyl-[2-methyl-3-(5-methyl-furan-2-carbonyloxy)-butyl]-ammonium, 5-Methyl-furan-2-carbonsäure-[3-(äthyl-dimethyl-ammonio)-1,2-dimethyl-propylester] $[C_{15}H_{26}NO_3]^+$, Formel VIII (R = CH_3, X = C_2H_5).
Jodid $[C_{15}H_{26}NO_3]$I. *B.* Beim Behandeln von opt.-inakt. 5-Methyl-furan-2-carbonsäure-[3-dimethylamino-1,2-dimethyl-propylester] (S. 4081) mit Äthyljodid und Äther (*Mndshojan et al.*, Doklady Akad. Armjansk. S.S.R. **24** [1957] 207, 214, 216; C. A. **1958** 4596). — Krystalle; F: 154—155°.

*Opt.-inakt. 1-Diäthylamino-2-methyl-3-[5-methyl-furan-2-carbonyloxy]-butan, 5-Methyl-furan-2-carbonsäure-[3-diäthylamino-1,2-dimethyl-propylester] $C_{15}H_{25}NO_3$, Formel VII (R = C_2H_5).
B. Beim Erwärmen von 5-Methyl-furan-2-carbonylchlorid mit opt.-inakt. 4-Diäthyl= amino-3-methyl-butan-2-ol (Kp_{35}: 100—102°) und Benzol (*Mndshojan et al.*, Doklady Akad. Armjansk. S.S.R. **24** [1957] 207, 210, 216; C. A. **1958** 4596).
Kp_1: 141—142°. D_4^{20}: 0,9927. n_D^{20}: 1,4795.

*Opt.-inakt. Diäthyl-methyl-[2-methyl-3-(5-methyl-furan-2-carbonyloxy)-butyl]-ammonium, 5-Methyl-furan-2-carbonsäure-[3-(diäthyl-methyl-ammonio)-1,2-dimethyl-propylester] $[C_{16}H_{28}NO_3]^+$, Formel VIII (R = C_2H_5, X = CH_3).
Jodid $[C_{16}H_{28}NO_3]$I. *B.* Beim Behandeln von opt.-inakt. 5-Methyl-furan-2-carbonsäure-[3-diäthylamino-1,2-dimethyl-propylester] (s. o.) mit Methyljodid und Äther (*Mndshojan et al.*, Doklady Akad. Armjansk. S.S.R. **24** [1957] 207, 214, 216; C. A. **1958** 4596). — Krystalle; F: 102—103°.

*Opt.-inakt. Triäthyl-[2-methyl-3-(5-methyl-furan-2-carbonyloxy)-butyl]-ammonium, 5-Methyl-furan-2-carbonsäure-[1,2-dimethyl-3-triäthylammonio-propylester] $[C_{17}H_{30}NO_3]^+$, Formel VIII (R = X = C_2H_5).
Jodid $[C_{17}H_{30}NO_3]$I. *B.* Beim Behandeln von opt.-inakt. 5-Methyl-furan-2-carbon= säure-[3-diäthylamino-1,2-dimethyl-propylester] (s. o.) mit Äthyljodid und Äther (*Mndshojan et al.*, Doklady Akad. Armjansk. S.S.R. **24** [1957] 207, 214, 216; C. A. **1958** 4596). — Krystalle; F: 130—131°.

5-Methyl-furan-2-carbonsäure-[3-dimethylamino-2,2-dimethyl-propylester] $C_{13}H_{21}NO_3$, Formel IX (R = CH_3).
B. Beim Erwärmen von 5-Methyl-furan-2-carbonylchlorid mit 3-Dimethylamino-2,2-di= methyl-propan-1-ol und Benzol (*Mndshojan et al.*, Doklady Akad. Armjansk. S.S.R. **24** [1957] 207, 210, 216; C. A. **1958** 4596).
Kp_4: 148—149°. D_4^{20}: 1,0087. n_D^{20}: 1,4795.
Hydrochlorid. F: 136—137° (*Mn. et al.*, l. c. S. 211).
Picrat. F: 129° (*Mn. et al.*, l. c. S. 211).

[2,2-Dimethyl-3-(5-methyl-furan-2-carbonyloxy)-propyl]-trimethyl-ammonium, 5-Methyl-furan-2-carbonsäure-[2,2-dimethyl-3-trimethylammonio-propylester] $[C_{14}H_{24}NO_3]^+$, Formel X (R = X = CH_3).
Jodid $[C_{14}H_{24}NO_3]$I. *B.* Beim Behandeln von 5-Methyl-furan-2-carbonsäure-[3-di= methylamino-2,2-dimethyl-propylester] mit Methyljodid und Äther (*Mndshojan et al.*, Doklady Akad. Armjansk. S.S.R. **24** [1957] 207, 214, 216; C. A. **1958** 4596). — Krystalle; F: 187—188°.

Äthyl-[2,2-dimethyl-3-(5-methyl-furan-2-carbonyloxy)-propyl]-dimethyl-ammonium,
5-Methyl-furan-2-carbonsäure-[3-(äthyl-dimethyl-ammonio)-2,2-dimethyl-propylester]
$[C_{15}H_{26}NO_3]^+$, Formel X (R = CH_3, X = C_2H_5).
Jodid $[C_{15}H_{26}NO_3]I$. *B*. Beim Behandeln von 5-Methyl-furan-2-carbonsäure-[3-di=
methylamino-2,2-dimethyl-propylester] mit Äthyljodid und Äther (*Mndshojan et al.*,
Doklady Armjansk. S.S.R. **24** [1957] 207, 214, 216; C. A. **1958** 4596). — Krystalle;
F: 139—141°.

5-Methyl-furan-2-carbonsäure-[3-diäthylamino-2,2-dimethyl-propylester] $C_{15}H_{25}NO_3$,
Formel IX (R = C_2H_5).
B. Beim Erwärmen von 5-Methyl-furan-2-carbonylchlorid mit 3-Diäthylamino-2,2-di=
methyl-propan-1-ol und Benzol (*Mndshojan et al.*, Doklady Akad. Armjansk. S.S.R. **24**
[1957] 207, 210, 216; C. A. **1958** 4596).
Kp₅: 168—170°. D_4^{20}: 0,9904. n_D^{20}: 1,4790.
Hydrochlorid. F: 132° (*Mn. et al.*, l. c. S. 211).
Picrat. F: 126° (*Mn. et al.*, l. c. S. 211).

Diäthyl-[2,2-dimethyl-3-(5-methyl-furan-2-carbonyloxy)-propyl]-methyl-ammonium,
5-Methyl-furan-2-carbonsäure-[3-(diäthyl-methyl-ammonio)-2,2-dimethyl-propylester]
$[C_{16}H_{28}NO_3]^+$, Formel X (R = C_2H_5, X = CH_3).
Jodid $[C_{16}H_{28}NO_3]I$. *B*. Beim Behandeln von 5-Methyl-furan-2-carbonsäure-[3-diäthyl=
amino-2,2-dimethyl-propylester] mit Methyljodid und Äther (*Mndshojan et al.*, Doklady
Akad. Armjansk. S.S.R. **24** [1957] 207, 214, 216; C. A. **1958** 4596). — Krystalle; F: 165°
bis 166°.

Triäthyl-[2,2-dimethyl-3-(5-methyl-furan-2-carbonyloxy)-propyl]-ammonium, 5-Methyl-
furan-2-carbonsäure-[2,2-dimethyl-3-triäthylammonio-propylester] $[C_{17}H_{30}NO_3]^+$,
Formel X (R = X = C_2H_5).
Jodid $[C_{17}H_{30}NO_3]I$. *B*. Beim Behandeln von 5-Methyl-furan-2-carbonsäure-[3-diäthyl=
amino-2,2-dimethyl-propylester] mit Äthyljodid und Äther (*Mndshojan et al.*, Doklady
Akad. Armjansk. S.S.R. **24** [1957] 207, 215, 216; C. A. **1958** 4596). — Krystalle; F: 129°
bis 130°.

5-Methyl-furan-2-carbonylchlorid $C_6H_5ClO_2$, Formel XI (X = Cl) (H 294).
B. Beim Erwärmen von 5-Methyl-furan-2-carbonsäure mit Thionylchlorid (*Reichstein*,
Zschokke, Helv. **15** [1932] 249, 252) oder mit Thionylchlorid und Benzol (*Mndshojan et al.*,
Doklady Akad. Armjansk. S.S.R. **24** [1957] 207, 209; C. A. **1958** 4596).
Krystalle; F: 30—33° (*Mn. et al.*). Kp₁₁: ca. 82° (*Re., Zsch.*).
Beim Behandeln mit Cyanwasserstoff, Pyridin und Äther bei —15° ist [5-Methyl-
[2]furyl]-glyoxylonitril erhalten worden (*Re., Zsch.*).

5-Methyl-furan-2-carbonsäure-amid $C_6H_7NO_2$, Formel XI (X = NH_2) (H 294).
B. Beim Behandeln von 5-Methyl-furan-2-carbonylchlorid mit Ammoniak in Äther
(*Kuhn et al.*, Z. physiol. Chem. **247** [1937] 197, 208; *Willard, Hamilton*, Am. Soc. **75**
[1953] 2370, 2372).
Krystalle; F: 132—133° [korr.] (*Kuhn et al.*), 130—131,5° (*Wi., Ha.*).
Beim Erhitzen mit Schwefelsäure ist 6-Methyl-pyridin-2,3-diol erhalten worden (*Aso*,
J. agric. chem. Soc. Japan **16** [1940] 253, 262; C. A. **1940** 6940).

5-Methyl-furan-2-carbonsäure-[1]naphthylamid $C_{16}H_{13}NO_2$, Formel XII.
B. Beim Behandeln von 2-Jod-5-methyl-furan mit Magnesium in Äther und Behandeln
des Reaktionsgemisches mit [1]Naphthylisocyanat (*Gilman, Wright*, Am. Soc. **55** [1933]
3302, 3310). Aus 5-Methyl-furan-2-carbonylchlorid und [1]Naphthylamin (*Gi., Wr.*).
F: 149,5°.

XI   XII   XIII

(±)-5-Methyl-furan-2-carbonsäure-[2,2,2-trichlor-1-hydroxy-äthylamid] $C_8H_8Cl_3NO_3$, Formel XI (X = NH-CH(OH)-CCl$_3$).
B. Beim Erhitzen von 5-Methyl-furan-2-carbonsäure-amid mit Chloral (*Willard, Hamilton*, Am. Soc. **75** [1953] 2370, 2371, 2372).
Krystalle (aus A. + W.); F: 151—152°.

***N*-[5-Methyl-furan-2-carbonyl]-*N'*-phenyl-harnstoff** $C_{13}H_{12}N_2O_3$, Formel XI (X = NH-CO-NH-C$_6$H$_5$).
B. Beim Erhitzen von 5-Methyl-furan-2-carbonsäure-amid mit Phenylisocyanat (*Willard, Hamilton*, Am. Soc. **75** [1953] 2370).
Krystalle (aus A.); F: 162—163°.

***N*-[5-Methyl-furan-2-carbonyl]-anthranilsäure** $C_{13}H_{11}NO_4$, Formel XIII.
B. Beim Erwärmen von 5-Methyl-furan-2-carbonylchlorid mit Anthranilsäure, Natrium= carbonat und Benzol (*Pappalardo, Tornetta*, Boll. Accad. Gioenia Catania [4] **3** [1955/57] 59, 60).
Krystalle (aus Me.); F: 195°.
Beim Erhitzen mit Anilin, Phosphor(III)-chlorid und Toluol ist 2-[5-Methyl-[2]furyl]-3-phenyl-3*H*-chinazolin-4-on erhalten worden.

5-Methyl-furan-2-carbonitril C_6H_5NO, Formel XIV (E II 272).
B. Beim Erhitzen von 5-Methyl-furan-2-carbaldehyd-oxim mit Acetanhydrid (*Scott, Johnson*, Am. Soc. **54** [1932] 2549, 2553).
Kp$_{15}$: 66—68° (*Moldenhauer et al.*, A. **583** [1953] 37, 62).

5-Methyl-furan-2-carbonsäure-hydrazid $C_6H_8N_2O_2$, Formel XI (X = NH-NH$_2$).
B. Beim Erhitzen von 5-Methyl-furan-2-carbonsäure-äthylester mit Hydrazin-hydrat (*Blomquist, Stevenson*, Am. Soc. **56** [1934] 146, 148).
Krystalle (aus Toluol); F: 61—62°.

5-Methyl-furan-2-carbonylazid $C_6H_5N_3O_2$, Formel XI (X = N$_3$).
B. Beim Behandeln von 5-Methyl-furan-2-carbonsäure-hydrazid mit Natriumnitrit und wss. Essigsäure (*Blomquist, Stevenson*, Am. Soc. **56** [1934] 146, 148).
Krystalle (nach Sublimation); F: 35—36°.

5-Chlormethyl-furan-2-carbonsäure-methylester $C_7H_7ClO_3$, Formel XV (R = CH$_3$).
B. Beim Behandeln eines Gemisches von Furan-2-carbonsäure-methylester, Paraform= aldehyd, Zinkchlorid und Chloroform (oder 1,2-Dichlor-äthan bzw. Dichlormethan) mit Chlorwasserstoff (*Andrisano*, Ann. Chimica **40** [1950] 30, 31; *Moldenhauer et al.*, A. **580** [1953] 169, 179; *Mndshojan et al.*, Doklady Akad. Armjansk. S.S.R. **17** [1953] 97, 101; *ICI*, U.S.P. 2450108 [1945]; D.B.P. 830050 [1951]; D.R.B.P. Org. Chem. 1950—1951 **6** 2308).
Krystalle; F: 34—36° (*Mn. et al.*, l. c. S. 103), 33° (*An.*, l. c. S. 31), 32,5° [aus PAe.] (*ICI*), 32° (*Mo. et al.*). Kp$_{17}$: 136° (*An.*, l. c. S. 31); Kp$_{15}$: 136° (*ICI*); Kp$_{12}$: 110—111° (*Mn. et al.*, l. c. S. 102); Kp$_7$: 117—118° (*Mo. et al.*); Kp$_3$: 107—109° (*Mo. et al.*), Kp$_{0,05}$: 88—90° (*Mo. et al.*). UV-Spektrum (W.; 210—280 nm): *Andrisano, Passerini*, G. **80** [1950] 730, 737.
Beim Eintragen einer methanol. Lösung in wss. Kaliumhydrogensulfid-Lösung sind Bis-[5-methoxycarbonyl-furfuryl]-sulfid und kleine Mengen 5-Mercaptomethyl-furan-2-carbonsäure-methylester, beim Eintragen von wss. Natriumsulfid-Lösung in eine

methanol. Lösung sind hingegen Bis-[5-carboxy-furfuryl]-sulfid und Bis-[5-methoxy-carbonyl-furfuryl]-sulfid erhalten worden (*Mo. et al.*, l. c. S. 181). Reaktion mit Furan-2-carbonsäure-methylester in Gegenwart von Aluminiumchlorid in Schwefelkohlenstoff unter Bildung von Bis-[5-methoxycarbonyl-[2]furyl]-methan: *Mndshojan et al.*, Doklady Akad. Armjansk. S.S.R. **27** [1958] 305, 307; C. A. **1960** 481.

H_3C ⟨O⟩ —CN $ClCH_2$ ⟨O⟩ —CO—O—R $BrCH_2$ ⟨O⟩ —CO—O—R H_3C ⟨O⟩ —CO—O—R, O_2N

     XIV   XV   XVI   XVII

5-Chlormethyl-furan-2-carbonsäure-äthylester $C_8H_9ClO_3$, Formel XV ($R = C_2H_5$).

B. Aus Furan-2-carbonsäure-äthylester analog der im vorangehenden Artikel beschriebenen Verbindung (*Andrisano*, Ann. Chimica **40** [1950] 30, 31; *Moldenhauer*, A. **580** [1953] 169, 179; *ICI*, U.S.P. 2450108 [1945]; D.B.P. 830050 [1951]; D.R.B.P. Org. Chem. 1950—1951 **6** 2308; *Mndshojan et al.*, Doklady Akad. Armjansk. S.S.R. **17** [1953] 97, 101; *Hachihama et al.*, Technol. Rep. Osaka Univ. **8** [1958] 475, 476). Beim Behandeln einer Lösung von 5-Hydroxymethyl-furan-2-carbonsäure-äthylester in Tetrachlormethan mit Chlorwasserstoff (*Haworth, Jones*, Soc. **1944** 667, 670).

Kp_{25}: 150—152° (*ICI*); Kp_{17}: 140° (*An.*); $Kp_{13,5}$: 138—139° (*Ha. et al.*); Kp_{12}: 118—119° (*Mn. et al.*); Kp_6: 114—117° (*Mo. et al.*). D_4^{20}: 1,2304 (*Mn. et al.*). n_D^{20}: 1,5103 (*Ha., Jo.*), 1,4970 (*Mn. et al.*). UV-Spektrum (W.; 210—280 nm): *Andrisano, Passerini,* G. **80** [1950] 730, 737.

5-Chlormethyl-furan-2-carbonsäure-propylester $C_9H_{11}ClO_3$, Formel XV ($R = CH_2$-CH_2-CH_3).

B. Aus Furan-2-carbonsäure-propylester analog 5-Chlormethyl-furan-2-carbonsäure-methylester [S. 4084] (*Mndshojan et al.*, Doklady Akad. Armjansk. S.S.R. **17** [1953] 97, 101).

Kp_{12}: 128—129°. D_4^{20}: 1,1821. n_D^{20}: 1,4970.

5-Chlormethyl-furan-2-carbonsäure-isopropylester $C_9H_{11}ClO_3$, Formel XV ($R = CH(CH_3)_2$).

B. Aus Furan-2-carbonsäure-isopropylester analog 5-Chlormethyl-furan-2-carbonsäure-methylester [S. 4084] (*Mndshojan et al.*, Doklady Akad. Armjansk. S.S.R. **17** [1953] 97, 101).

Kp_{12}: 118—120°. D_4^{20}: 1,1780. n_D^{20}: 1,4910.

5-Chlormethyl-furan-2-carbonsäure-butylester $C_{10}H_{13}ClO_3$, Formel XV ($R = [CH_2]_3$-CH_3).

B. Aus Furan-2-carbonsäure-butylester analog 5-Chlormethyl-furan-2-carbonsäure-methylester [S. 4084] (*Mndshojan et al.*, Doklady Akad. Armjansk. S.S.R. **17** [1953] 97, 101; *ICI*, U.S.P. 2450108 [1945]; D.B.P. 830050 [1951]; D.R.B.P. Org. Chem. 1950—1951 **6** 2308).

Kp_{12}: 137—138°; D_4^{20}: 1,1571; n_D^{20}: 1,4910 (*Mn. et al.*). Kp_5: 134—135° (*ICI*).

5-Chlormethyl-furan-2-carbonsäure-isobutylester $C_{10}H_{13}ClO_3$, Formel XV ($R = CH_2$-$CH(CH_3)_2$).

B. Aus Furan-2-carbonsäure-isobutylester analog 5-Chlormethyl-furan-2-carbonsäure-methylester [S. 4084] (*Mndshojan et al.*, Doklady Akad. Armjansk. S.S.R. **17** [1953] 97, 101, 103).

Kp_{12}: 130—131°. D_4^{20}: 1,1475. n_D^{20}: 1,4900.

5-Brommethyl-furan-2-carbonsäure-methylester $C_7H_7BrO_3$, Formel XVI ($R = CH_3$).

B. Beim Einleiten von Bromwasserstoff in ein Gemisch von Furan-2-carbonsäure-methylester, Paraformaldehyd, Zinkchlorid und 1,2-Dichlor-äthan (*Mndshojan et al.*, Doklady Akad. Armjansk. S.S.R. **17** [1953] 97, 101).

Krystalle; F: 32—36°. Kp_{17}: 116—118°. D_4^{20}: 1,5568. n_D^{20}: 1,5420.

5-Brommethyl-furan-2-carbonsäure-äthylester $C_8H_9BrO_3$, Formel XVI ($R = C_2H_5$).

B. Beim Einleiten von Bromwasserstoff in ein Gemisch von Furan-2-carbonsäure-äthylester, Paraformaldehyd, Zinkchlorid und 1,2-Dichlor-äthan (*Mndshojan et al.*, Doklady Akad. Armjansk. S.S.R. **17** [1953] 97, 101). Beim Behandeln einer Lösung von 5-Hydroxymethyl-furan-2-carbonsäure-äthylester in Äther mit Bromwasserstoff (*Haworth, Jones*, Soc. **1944** 667, 670).

Kp_{11}: 130—132°; D_4^{20}: 1,4426; n_D^{20}: 1,5270 (*Mn. et al.*). n_D^{18}: 1,5414 (*Ha., Jo.*).

5-Methyl-4-nitro-furan-2-carbonsäure $C_6 H_5 NO_5$, Formel XVII (R = H).

B. In kleiner Menge neben 2-Methyl-5-nitro-furan beim Behandeln von 5-Methyl-furan-2-carbonsäure mit Salpetersäure und Acetanhydrid (*Rinkes*, R. **49** [1930] 1118, 1124). Krystalle (aus Bzl.); F: 159—160°.

5-Methyl-4-nitro-furan-2-carbonsäure-methylester $C_7 H_7 NO_5$, Formel XVII (R = CH_3).

B. Beim Behandeln von 5-Methyl-furan-2-carbonsäure-methylester mit Salpetersäure und Acetanhydrid (*Rinkes*, R. **49** [1930] 1118, 1124). Beim Behandeln von 5-Methyl-4-nitro-furan-2-carbonsäure mit Chlorwasserstoff enthaltendem Methanol (*Rinkes*, R. **51** [1932] 349, 354).

Krystalle (aus Me.); F: 81° (*Ri.*, R. **51** 354).

5-Methyl-thiophen-2-carbonsäure $C_6 H_6 O_2 S$, Formel I (X = OH) (H 295).

B. Beim Behandeln von 2-Methyl-thiophen mit Natrium, Äther und Äthylchlorid und Behandeln des Reaktionsgemisches mit festem Kohlendioxid (*Schick, Hartough*, Am. Soc. **70** [1948] 1645). Beim Erwärmen von 2-Methyl-thiophen mit Natrium, Hexan und Dibenzylquecksilber und Behandeln des Reaktionsgemisches mit festem Kohlendioxid (*Gilman, Breuer*, Am. Soc. **56** [1934] 1123, 1126). Beim Behandeln von 2-Jod-5-methyl-thiophen mit Magnesium in Äther und anschliessend mit Kohlendioxid (*Rinkes*, R. **52** [1933] 538, 546). Beim Behandeln von 5-Methyl-thiophen-2-carbaldehyd mit alkal. wss. Kaliumpermanganat-Lösung (*King, Nord*, J. org. Chem. **13** [1948] 635, 637). Neben Thiophen-2,5-dicarbonsäure beim Behandeln von 1-[5-Methyl-[2]thienyl]-äthanon mit wss. Kalilauge und Kaliumpermanganat und Behandeln des Reaktionsprodukts mit wss. Wasserstoffperoxid (*Rinkes*, R. **51** [1932] 1134, 1140). Beim Erwärmen von 1-[5-Methyl-[2]thienyl]-äthanon mit wss. Natriumhypochlorit-Lösung (*Hartough, Conley*, Am. Soc. **69** [1947] 3096) oder mit wss. Natriumhypobromit-Lösung (*Buu-Hoï, Hoán*, R. **68** [1949] 5, 28). Beim Erwärmen von 1-[5-Methyl-[2]thienyl]-propan-1-on oder von 1-[5-Methyl-[2]thienyl]-butan-1-on mit wss. Natriumhypochlorit-Lösung (*Farrar, Levine*, Am. Soc. **72** [1950] 3695, 3696).

Grundschwingungsfrequenzen des Moleküls: *Hidalgo*, An. Soc. españ. [B] **51** [1955] 165, 167.

Krystalle; F: 138—139° [aus W.] (*Ri.*, R. **51** 1141), 138—139° (*Mislow*, J. phys. Chem. **52** [1948] 729, 730), 138—138,5° [aus W.] (*Sch., Ha.*), 137—138° [aus W. oder Bzl.] (*Ha., Co.*), 137—138° [korr.] (*Fa., Le.*). IR-Spektrum (2—25 µ): *Hi.*, l. c. S. 166. Scheinbarer Dissoziationsexponent pK_a' (Wasser; potentiometrisch ermittelt): 3,76 (*Imoto, Motoyama*, Bl. Naniwa Univ. [A] **2** [1954] 127, 129; C. A. **1955** 9614). Elektrolytische Dissoziation in 78%ig. wss. Äthanol: *Price et al.*, Am. Soc. **76** [1954] 5131. Schmelzdiagramm der binären Systeme mit 4-Methyl-benzoesäure und mit 5-Brom-thiophen-2-carbonsäure: *Mi. et al.*, l. c. S. 736, 737.

Beim Behandeln mit Quecksilber(II)-acetat in wss. Äthanol und Erwärmen des Reaktionsprodukts mit Jod in Essigsäure ist 2,3,4-Trijod-5-methyl-thiophen erhalten worden (*Steinkopf, Hanske*, A. **527** [1937] 264, 271). Bildung von 5-Methyl-4-nitro-thiophen-2-carbonsäure, 2-Methyl-5-nitro-thiophen und 2-Methyl-3,5-dinitro-thiophen beim Behandeln mit Salpetersäure und Acetanhydrid: *Ri.*, R. **51** 1141. Geschwindigkeitskonstante der Reaktion mit Methanol in Gegenwart von Chlorwasserstoff (Bildung von 5-Methyl-thiophen-2-carbonsäure-methylester) bei 30°, 45° und 58°: *Imoto et al.*, J. chem. Soc. Japan Pure Chem. Sect. **77** [1956] 804, 807; C. A. **1958** 9066.

5-Methyl-thiophen-2-carbonsäure-methylester $C_7 H_8 O_2 S$, Formel I (X = $O\text{-}CH_3$).

B. Beim Behandeln von 5-Methyl-thiophen-2-carbonsäure mit Methanol in Gegenwart von Chlorwasserstoff (*Rinkes*, R. **52** [1933] 538, 546) oder in Gegenwart von Schwefelsäure (*Grose, Campaigne*, Am. Soc. **71** [1949] 3258).

Kp_{16}: 102° (*Ri.*). Kp_5: 77—79°; D_4^{20}: 1,1736; n_D^{20}: 1,5380 (*Gr., Ca.*).

H₃C—S—CO—X

I

H₃C—S—CO—NH—[naphthyl]

II

H₃C—S—CO—NH—[phenyl]—X

III

H₃C—S—CN

IV

5-Methyl-thiophen-2-carbonsäure-äthylester $C_8H_{10}O_2S$, Formel I (X = O-C_2H_5).
B. Beim Erwärmen von 5-Methyl-thiophen-2-carbonsäure mit Äthanol und wenig
Schwefelsäure (*Grose, Campaigne*, Am. Soc. **71** [1949] 3258).
Kp_{12}: 112—115° (*Teste, Lozac'h*, Bl. **1955** 437, 438); Kp_5: 87—89° (*Gr., Ca.*). D_4^{20}:
1,1234 (*Gr., Ca.*). n_D^{20}: 1,5247 (*Price et al.*, Am. Soc. **76** [1954] 5131), 1,5233 (*Gr., Ca.*).
Polarographie: *Nakaya et al.*, J. chem. Soc. Japan Pure Chem. Sect. **78** [1957] 935,
939; C. A. **1959** 21276.
Geschwindigkeitskonstante der Hydrolyse in einer 0,1-normalen Lösung von Natrium≈
hydroxid in 85%ig. wss. Äthanol bei 30°, 40° und 50°: *Imoto et al.*, J. chem. Soc. Japan
Pure Chem. Sect. **77** [1956] 804, 807; C. A. **1958** 9066; in Natriumhydroxid enthaltendem
70%ig. wss. Dioxan bei 25°: *Pr. et al.*

5-Methyl-thiophen-2-carbonsäure-propylester $C_9H_{12}O_2S$, Formel I (X = O-CH_2-CH_2-CH_3).
B. Beim Erwärmen von 5-Methyl-thiophen-2-carbonsäure mit Propan-1-ol und wenig
Schwefelsäure (*Grose, Campaigne*, Am. Soc. **71** [1949] 3258).
Kp_5: 95—98°. D_4^{20}: 1,0936. n_D^{20}: 1,5075.

5-Methyl-thiophen-2-carbonsäure-isopropylester $C_9H_{12}O_2S$, Formel I (X = O-CH(CH_3)$_2$).
B. Beim Erwärmen von 5-Methyl-thiophen-2-carbonsäure mit Isopropylalkohol und
wenig Schwefelsäure (*Grose, Campaigne*, Am. Soc. **71** [1949] 3258).
Kp_5: 87—88°. D_4^{20}: 1,0760. n_D^{20}: 1,5092.

5-Methyl-thiophen-2-carbonsäure-butylester $C_{10}H_{14}O_2S$, Formel I (X = O-[CH_2]$_3$-CH_3).
B. Beim Erhitzen von 5-Methyl-thiophen-2-carbonsäure mit Butan-1-ol und wenig
Schwefelsäure (*Grose, Campaigne*, Am. Soc. **71** [1949] 3258).
Kp_5: 106,5—108,5°. D_4^{20}: 1,0668. n_D^{20}: 1,4955.

5-Methyl-thiophen-2-carbonsäure-isobutylester $C_{10}H_{14}O_2S$, Formel I
(X = O-CH_2-CH(CH_3)$_2$).
B. Beim Erhitzen von 5-Methyl-thiophen-2-carbonsäure mit Isobutylalkohol und
wenig Schwefelsäure (*Grose, Campaigne*, Am. Soc. **71** [1949] 3258).
Kp_5: 102—105°. D_4^{20}: 1,0610. n_D^{20}: 1,5082.

5-Methyl-thiophen-2-carbonsäure-pentylester $C_{11}H_{16}O_2S$, Formel I (X = O-[CH_2]$_4$-CH_3).
B. Beim Erhitzen von 5-Methyl-thiophen-2-carbonsäure mit Pentan-1-ol und wenig
Schwefelsäure (*Grose, Campaigne*, Am. Soc. **71** [1949] 3258).
Kp_5: 116—118°. D_4^{20}: 1,0456. n_D^{20}: 1,5054.

5-Methyl-thiophen-2-carbonylchlorid C_6H_5ClOS, Formel I (X = Cl).
B. Beim Behandeln von 5-Methyl-thiophen-2-carbonsäure mit Thionylchlorid (*Buu-
Hoi, Hoán*, R. **68** [1949] 5, 28).
Kp: 225—226°.

5-Methyl-thiophen-2-carbonsäure-[1]naphthylamid $C_{16}H_{13}NOS$, Formel II.
B. Aus 5-Methyl-thiophen-2-carbonylchlorid und [1]Naphthylamin (*Buu-Hoi, Hoán*,
R. **68** [1949] 5, 28).
Krystalle; F: 192°.

**5-Methyl-thiophen-2-carbonsäure-[4-sulfamoyl-anilid], N-[5-Methyl-thiophen-2-carbon≈
yl]-sulfanilsäure-amid** $C_{12}H_{12}N_2O_3S_2$, Formel III (X = SO_2-NH_2).
B. Aus 5-Methyl-thiophen-2-carbonylchlorid und Sulfanilamid (*Buu-Hoi, Hoán*, R. **68**
[1949] 5, 28).
Krystalle; F: ca. 294° [Zers.].

5-Methyl-thiophen-2-carbonitril C_6H_5NS, Formel IV.
B. Beim Erhitzen von 2-Jod-5-methyl-thiophen mit Kupfer(I)-cyanid und Pyridin (*Vecchi, Melone*, J. org. Chem. **22** [1957] 1636, 1638).
Kp_{10}: 87—90°. n_D^{20}: 1,5512.

4-Brom-5-methyl-thiophen-2-carbonsäure $C_6H_5BrO_2S$, Formel V (X = H).
B. Beim Behandeln von 3,5-Dibrom-2-methyl-thiophen mit Magnesium, Methyl= bromid und Äther und anschliessend mit Kohlendioxid (*Steinkopf*, A. **513** [1934] 281, 291).
Krystalle (aus Bzl.); F: 197—198°.

3,4-Dibrom-5-methyl-thiophen-2-carbonsäure $C_6H_4Br_2O_2S$, Formel V (X = Br).
B. Beim Behandeln von 3,4,5-Tribrom-2-methyl-thiophen mit Magnesium, Methyl= bromid und Äther und anschliessend mit Kohlendioxid (*Steinkopf*, A. **513** [1934] 281, 287).
Krystalle (aus Bzn.); F: 224°.

3-Jod-5-methyl-thiophen-2-carbonsäure $C_6H_5IO_2S$, Formel VI (X = H).
B. Neben 3,4-Dijod-5-methyl-thiophen-2-carbonsäure beim Behandeln von 2,3,4-Tri= jod-5-methyl-thiophen mit Magnesium, Methylbromid und Äther und anschliessend mit Kohlendioxid (*Steinkopf, Hanske*, A. **527** [1937] 264, 271).
Krystalle (aus Bzn.); F: 186—188°.

3,4-Dijod-5-methyl-thiophen-2-carbonsäure $C_6H_4I_2O_2S$, Formel VI (X = I).
B. s. im vorangehenden Artikel.
Krystalle (nach Sublimation); F: 236° [Zers.] (*Steinkopf, Hanske*, A. **527** [1937] 264, 271).

5-Methyl-4-nitro-thiophen-2-carbonsäure $C_6H_5NO_4S$, Formel VII (X = OH).
B. Neben anderen Verbindungen beim Behandeln von 5-Methyl-thiophen-2-carbon= säure mit Salpetersäure und Acetanhydrid bei —10° (*Rinkes*, R. **51** [1932] 1134, 1141; *Campaigne, Grose*, Am. Soc. **73** [1951] 3812; s. a. *Snyder et al.*, Am. Soc. **79** [1957] 2556, 2557) oder mit Salpetersäure und Schwefelsäure bei ca. —10° (*Ca., Gr.*).
Krystalle; F: 181—181,5° [aus wss. A.] (*Ca., Gr.*), 180—181° [aus Bzl.] (*Ri.*), 180—181° [nach Sublimation] (*Sn. et al.*).
Bildung von 2-Methyl-3,5-dinitro-thiophen beim Behandeln mit Salpetersäure und Schwefelsäure bei 20°: *Ca., Gr.* Beim Erwärmen eines Gemisches der Säure mit Acet= anhydrid und Raney-Nickel ist 4-Acetylamino-5-methyl-thiophen-2-carbonsäure, beim Erwärmen des Ammonium-Salzes mit Raney-Nickel in wss. Ammoniak ist 4-Amino-hexansäure erhalten worden (*Gol'dfarb et al.*, Ž. obšč. Chim. **29** [1959] 3636, 3639; engl. Ausg. S. 3596, 3598).

V   VI   VII   VIII

5-Methyl-4-nitro-thiophen-2-carbonsäure-methylester $C_7H_7NO_4S$, Formel VII (X = O-CH_3).
B. Beim Behandeln von 5-Methyl-thiophen-2-carbonsäure-methylester mit Salpeter= säure und Acetanhydrid (*Rinkes*, R. **52** [1933] 538, 546).
Krystalle (aus Me.); F: 79—80° (*Ri.*). UV-Spektrum (Hexan; 220—300 nm): *Sugi= moto et al.*, Bl. Univ. Osaka Prefect. [A] **8** [1959] 71, 72, 78; C. A. **1961** 12029.

5-Methyl-4-nitro-thiophen-2-carbonsäure-äthylester $C_8H_9NO_4S$, Formel VII (X = O-C_2H_5).
B. Aus 5-Methyl-4-nitro-thiophen-2-carbonylchlorid und Äthanol (*Campaigne, Grose*, Am. Soc. **73** [1951] 3812).
Gelbes Öl; Kp_{10}: 158—161°.

5-Methyl-4-nitro-thiophen-2-carbonsäure-[2-diäthylamino-äthylester] $C_{12}H_{18}N_2O_4S$,
Formel VII (X = O-CH$_2$-CH$_2$-N(C$_2$H$_5$)$_2$).
  B. Beim Erwärmen von 5-Methyl-4-nitro-thiophen-2-carbonylchlorid mit 2-Diäthyl=
amino-äthanol und Benzol (*Campaigne, Grose*, Am. Soc. **73** [1951] 3812).
  Kp$_1$: 160,5—162°. D$_4^{20}$: 1,1742. n$_D^{20}$: 1,5338.
  Hydrochlorid $C_{12}H_{18}N_2O_4S \cdot$ HCl. Krystalle (aus A. + E.); F: 172,5—174°.

5-Methyl-4-nitro-thiophen-2-carbonsäure-[3-dibutylamino-propylester] $C_{17}H_{28}N_2O_4S$,
Formel VII (X = O-[CH$_2$]$_3$-N([CH$_2$]$_3$-CH$_3$)$_2$).
  B. Beim Erwärmen von 5-Methyl-4-nitro-thiophen-2-carbonylchlorid mit 3-Dibutyl=
amino-propan-1-ol und Benzol (*Campaigne, Grose*, Am. Soc. **73** [1951] 3812).
  Hydrochlorid $C_{17}H_{28}N_2O_4S \cdot$ HCl. Krystalle (aus A. + Ae.); F: 93—95°.

5-Methyl-4-nitro-thiophen-2-carbonylchlorid $C_6H_4ClNO_3S$, Formel VII (X = Cl).
  B. Beim Erwärmen von 5-Methyl-4-nitro-thiophen-2-carbonsäure mit Thionylchlorid
und Benzol (*Campaigne, Grose*, Am. Soc. **73** [1951] 3812).
  Hellgelb. F: 45,5—47,5°.

5-Methyl-selenophen-2-carbonsäure $C_6H_6O_2Se$, Formel VIII.
  B. Beim Behandeln von 2-Aminomethyl-5-methyl-selenophen mit wss. Natronlauge
und Kaliumpermanganat (*Jur'ew et al.*, Ž. obšč. Chim. **29** [1959] 3647, 3651; engl. Ausg.
S. 3606, 3609). Beim Erwärmen von 1-[5-Methyl-selenophen-2-yl]-äthanon mit wss.
Kalilauge und Kaliumpermanganat (*Kamaew, Palkina*, Uč. Zap. Kazansk. Univ. **113**
[1953] Nr. 8, S. 115, 123; C. A. **1958** 3762).
  Krystalle (aus W.); F: 134—136° (*Ka., Pa.*), 134—134,5° (*Ju. et al.*).

4-Methyl-furan-3-carbonsäure $C_6H_6O_3$, Formel IX (X = OH).
  B. Beim Erhitzen von 4-Methyl-furan-2,3-dicarbonsäure (*Reichstein, Grüssner*, Helv.
16 [1933] 28, 34; s. a. *Reichstein, Zschokke*, Helv. **14** [1931] 1270, 1275).
  Krystalle (aus Bzl. + Bzn.); F: 138—139° [korr.] (*Re., Zsch.*). ^{1}H-NMR-Absorption
(CDCl$_3$): *Corey et al.*, Am. Soc. **80** [1958] 1204.

4-Methyl-furan-3-carbonylchlorid $C_6H_5ClO_2$, Formel IX (X = Cl).
  B. Beim Erwärmen von 4-Methyl-furan-3-carbonsäure mit Phosphor(V)-chlorid und
Tetrachlormethan oder mit Thionylchlorid (*Reichstein, Grüssner*, Helv. **16** [1933] 28, 34).
  Kp$_{11}$: 59°.

5-Brom-4-methyl-furan-3-carbonsäure $C_6H_5BrO_3$, Formel X.
  B. Beim Behandeln von 4-Methyl-furan-3-carbonsäure mit Brom in Essigsäure (*Gilman,
Burtner*, Am. Soc. **71** [1949] 1213). Beim Behandeln von 5-Chlormercurio-4-methyl-
furan-3-carbonsäure-methylester mit Brom in Essigsäure und Erwärmen des mit Wasser
versetzten und mit Schwefelwasserstoff gesättigten Reaktionsgemisches (*Gi., Bu.*).
Beim Erhitzen von 5-Brom-4-methyl-furan-2,3-dicarbonsäure mit Quecksilber(II)-chlorid
und wss. Natronlauge (*Gi., Bu.*).
  Krystalle (aus W.); F: 165°.

4-Methyl-5-nitro-furan-3-carbonsäure $C_6H_5NO_5$, Formel XI (R = H).
  B. Beim Behandeln von 4-Methyl-furan-3-carbonsäure mit Salpetersäure und Acet=
anhydrid bei —15° (*Gilman, Burtner*, Am. Soc. **71** [1949] 1213). Beim Erhitzen von
4-Methyl-5-nitro-furan-3-carbonsäure-äthylester mit wss. Schwefelsäure (*Gi., Bu.*). Beim
Erhitzen von 4-Methyl-5-nitro-furan-2,3-dicarbonsäure auf 225° (*Gi., Bu.*).
  Krystalle (aus W.); F: 194°.

IX   X   XI   XII

4-Methyl-5-nitro-furan-3-carbonsäure-äthylester $C_8H_9NO_5$, Formel XI $(R = C_2H_5)$.

B. Beim Behandeln von 4-Methyl-furan-3-carbonsäure-äthylester mit Salpetersäure und Acetanhydrid bei $-10°$ (*Gilman, Burtner*, Am. Soc. **71** [1949] 1213).
Krystalle (aus Me.); F: 42°.

4-Methyl-thiophen-3-carbonsäure $C_6H_6O_2S$, Formel XII $(X = H)$.

B. Beim Behandeln von 3-Jod-4-methyl-thiophen mit Magnesium, Äthylbromid und Äther und anschliessend mit Kohlendioxid (*Steinkopf, Hanske*, A. **532** [1937] 236, 244).
Krystalle (aus W.); F: 136,5—138,5°.

2,5-Dibrom-4-methyl-thiophen-3-carbonsäure $C_6H_4Br_2O_2S$, Formel XII $(X = Br)$.

B. Beim Behandeln von 4-Methyl-thiophen-3-carbonsäure mit Brom (*Steinkopf, Hanske*, A. **532** [1937] 236, 244).
Krystalle (aus Bzn.); F: 178,5—179°.

2,5-Dijod-4-methyl-thiophen-3-carbonsäure $C_6H_4I_2O_2S$, Formel XII $(X = I)$.

B. Beim Erhitzen von 4-Methyl-thiophen-3-carbonsäure mit Jod und Quecksilber(II)-acetat in Essigsäure (*Steinkopf, Hanske*, A. **532** [1937] 236, 244).
Krystalle (aus Bzn.); F: 181—183°.   [*Schurek*]

Carbonsäuren $C_7H_8O_3$

3-[2]Furyl-propionsäure $C_7H_8O_3$, Formel I $(X = OH)$ (H 295; E I 439; E II 272).

B. Beim Erwärmen von 2-[2-Chlor-äthyl]-furan mit Magnesium in Äther und Behandeln des Reaktionsgemisches mit festem Kohlendioxid (*Amstutz, Plucker*, Am. Soc. **63** [1941] 206). Aus [2]Furylacetylchlorid über das Diazoketon (*Arndt, Eistert*, D.R.P. 650706 [1933]; Frdl. **23** 582). Beim Behandeln von 3-[2]Furyl-propionaldehyd mit Silbernitrat in wss. Äthanol und mit wss. Natronlauge (*Scherlin et al.*, Ž. obšč. Chim. **8** [1938] 7, 12; C. **1939** I 1969). Bei der Hydrierung von 3*t*-[2]Furyl-acrylsäure (S. 4143) an Raney-Nickel in wss. Natronlauge (*Pasini et al.*, G. **86** [1956] 266, 269; *Taylor*, Soc. **1959** 2767; s. a. *Lambert*, Rev. Nickel **21** [1955] 79, 81). Beim Erhitzen von 3*t*-[2]Fur=yl-acrylsäure mit Tetralin in Gegenwart von Palladium unter Zusatz von *N,N*-Dimethyl-anilin (*Kindler, Peschke*, A. **497** [1932] 193, 196). Aus 3*t*-[2]Furyl-acrylsäure bei der Hydrierung an Palladium in Essigsäure (*Taniyama, Takata*, J. chem. Soc. Japan Ind. chem. Sect. **57** [1954] 149, 150; C. A. **1955** 1484) sowie bei der Hydrierung an Palladium/Strontiumcarbonat in wss. Kalilauge bei 5 at (*Rallings, Smith*, Soc. **1953** 618, 621).
F: 59° [aus PAe. bzw. nach Destillation] (*Sch. et al.*; *Ki., Pe.*), 58° (*Tay.*), 56,6—57,6° [aus Bzn.] (*Am., Pl.*), 54—55° [aus PAe.] (*Pa. et al.*). Kp$_{13}$: 135° (*Ki., Pe.*).
Silber-Salz AgC$_7$H$_7$O$_3$. In Wasser fast unlösliches Pulver (*Sch. et al.*).
S-Benzyl-isothiuronium-Salz [$C_8H_{11}N_2S$]$C_7H_7O_3$. F: 151° (*Tan., Tak.*).

3-[2]Furyl-propionsäure-methylester $C_8H_{10}O_3$, Formel I $(X = O-CH_3)$.

B. Beim Behandeln von 3-[2]Furyl-propionsäure mit Diazomethan in Äther (*Scherlin et al.*, Ž. obšč. Chim. **8** [1938] 7, 12; C. **1939** I 1969). Beim Behandeln von 3*t*-[2]Furyl-acrylsäure-methylester mit Essigsäure enthaltendem Äthanol und mit Natrium-Amalgam (*Matsuno, Han*, Bl. chem. Soc. Japan **12** [1937] 155).
Kp$_{15}$: 89° (*Sch. et al.*); Kp$_{14}$: 90° (*Katritzky, Lagowski*, Soc. **1959** 657, 658); Kp$_3$: 67° (*Ma., Han*). D$_4^{20}$: 1,0880; D$_{20}^{20}$: 1,0899; n$_D^{20}$: 1,4662 (*Sch. et al.*). IR-Banden (CHCl$_3$) im Bereich von 5 μ bis 12,5 μ: *Ka., La.* Raman-Spektrum: *Ma., Han*, l. c. S. 159.

3-[2]Furyl-propionsäure-äthylester $C_9H_{12}O_3$, Formel I $(X = O-C_2H_5)$ (E II 272).

B. Aus 3*t*-[2]Furyl-acrylsäure-äthylester bei der Hydrierung an Raney-Nickel in Äthanol bei 110—120° (*Hinz et al.*, B. **76** [1943] 676, 684; s. a. *Lambert, Mastagli*, C. r. **235** [1952] 626), bei der Behandlung mit Benzol, Kohlenmonoxid und Wasserstoff in Gegenwart von Octacarbonyldikobalt bei 125°/26 at (*Adkins, Krsek*, Am. Soc. **71** [1949] 3051, 3055) sowie bei der Behandlung mit Essigsäure enthaltendem Äthanol und mit Natrium-Amalgam (*Matsuno, Han*, Bl. chem. Soc. Japan **12** [1937] 155; *Schalygin*, Vestnik Čkalovsk. Otd. chim. Obšč. Nr. 5 [1954] 51, 58; C. A. **1959** 1295).

Kp: 212° (*La.*, *Ma.*); Kp$_{22}$: 101—102° (*Hughes*, *Johnson*, Am. Soc. **53** [1931] 737, 744); Kp$_{17}$: 108° (*Katritzky*, *Lagowski*, Soc. **1959** 657, 658); Kp$_{10}$: 95—96° (*Sch.*); Kp$_8$: 74° (*Ma.*, *Han*). D$_4^{20}$: 1,0458 (*Sch.*); D$_4^{25}$: 1,0527 (*Hu.*, *Jo.*). n$_D^{20}$: 1,4544 (*Sch.*); n$_D^{25}$: 1,4569; n$_{643,8}^{25}$: 1,4534; n$_{579,0}^{25}$: 1,4576; n$_{546,1}^{25}$: 1,4585; n$_{435,9}^{25}$: 1,4705 (*Hu.*, *Jo.*). IR-Banden (CHCl$_3$) im Bereich von 5 μ bis 12,5 μ: *Ka.*, *La.* Raman-Spektrum: *Ma.*, *Han*, l. c. S. 157.

       I   II   III   IV

3-[2]Furyl-propionsäure-propylester C$_{10}$H$_{14}$O$_3$, Formel I (X = O-CH$_2$-CH$_2$-CH$_3$).

Kp$_{17}$: 115—116°; n$_D^{22,5}$: 1,4618 (*Katritzky*, *Lagowski*, Soc. **1959** 657, 658). IR-Banden (CHCl$_3$) im Bereich von 5 μ bis 12,5 μ: *Ka.*, *La.*

3-[2]Furyl-propionsäure-butylester C$_{11}$H$_{16}$O$_3$, Formel I (X = O-[CH$_2$]$_3$-CH$_3$).

Kp$_{14}$: 118—119°; n$_D^{22}$: 1,4570 (*Katritzky*, *Lagowski*, Soc. **1959** 657, 658). IR-Banden (CHCl$_3$) im Bereich von 5 μ bis 12,5 μ: *Ka.*, *La.*

3-[2]Furyl-propionsäure-dodecylester C$_{19}$H$_{32}$O$_3$, Formel I (X = O-[CH$_2$]$_{11}$-CH$_3$).

B. Bei der Hydrierung von 3*t*-[2]Furyl-acrylsäure-dodecylester an Platin oder Raney-Nickel in Essigsäure oder Butylacetat bei 50° (*Yamashita*, *Ishii*, J. chem. Soc. Japan Ind. Chem. Sect. **56** [1953] 811, 812; C. A. **1955** 6904).

F: 34—36°.

[2-(3-[2]Furyl-propionyloxy)-äthyl]-trimethyl-ammonium, 3-[2]Furyl-propionsäure-[2-trimethylammonio-äthylester], *O*-[3-[2]Furyl-propionyl]-cholin [C$_{12}$H$_{20}$NO$_3$]$^+$, Formel I (X = O-CH$_2$-CH$_2$-N(CH$_3$)$_3$]$^+$).

Chlorid [C$_{12}$H$_{20}$NO$_3$]Cl. *B.* Beim Erwärmen des Ammonium-Salzes der 3-[2]Furyl-propionsäure mit 2-Chlor-äthanol und Äthanol und Erwärmen des erhaltenen 3-[2]Furyl-propionsäure-[2-chlor-äthylesters] (C$_9$H$_{11}$ClO$_3$; bei 50—70°/0,5 Torr destillierbar) mit Trimethylamin (*Pasini et al.*, G. **86** [1956] 266, 270).

Picrat [C$_{12}$H$_{20}$NO$_3$]C$_6$H$_2$N$_3$O$_7$. Krystalle (aus A.); F: 116—117°.

3-[2]Furyl-propionsäure-amid, 3-[2]Furyl-propionamid C$_7$H$_9$NO$_2$, Formel I (X = NH$_2$) (H 296).

B. Beim Behandeln einer Lösung von 3-[2]Furyl-propionsäure in Äther mit Phosphor(III)-chlorid und Behandeln des Reaktionsprodukts mit wss. Ammoniak (*Rallings*, *Smith*, Soc. **1953** 618, 621).

Krystalle (aus W. + A.); F: 107—108°.

3-[2]Furyl-propionitril C$_7$H$_7$NO, Formel II.

B. Beim Behandeln von 2-Cyan-3*t*-[2]furyl-acrylsäure mit Wasser und Natrium-Amalgam und Erhitzen des Reaktionsprodukts mit Kupfer-Pulver auf 185° (*Šorm*, *Brandejs*, Collect. **12** [1947] 444, 449).

Kp$_{11}$: 103—104°.

3-[2]Furyl-propionsäure-hydrazid C$_7$H$_{10}$N$_2$O$_2$, Formel I (X = NH-NH$_2$) (E II 272).

B. Beim Erwärmen von 3-[2]Furyl-propionsäure-äthylester mit Äthanol und Hydrazin-hydrat (*Kametani et al.*, J. pharm. Soc. Japan **74** [1954] 1298, 1300; C. A. **1955** 15896; vgl. E II 272).

Krystalle (aus A.); F: 75°.

(±)-3-Chlor-3-[2]furyl-propionsäure-methylester $C_8H_9ClO_3$, Formel III.

B. Beim Behandeln eines Gemisches von (±)-3-[2]Furyl-3-hydroxy-propionsäure-methylester, Pyridin und Äther mit einem Gemisch von Thionylchlorid und Petroläther (*Arata, Iwai*, Ann. Rep. Fac. Pharm. Kanazawa Univ. **8** [1958] 32; C. A. **1959** 5227).

Kp_5: 87—89°.

(2*RS*,3*SR*?)-2,3-Dibrom-3-[5-brom-[2]furyl]-propionsäure $C_7H_5Br_3O_3$, vermutlich Formel IV (R = H) + Spiegelbild (vgl. H 296; E II 273).

B. Beim Behandeln einer Lösung von 3*t*-[5-Brom-[2]furyl]-acrylsäure in Schwefelkohlenstoff mit Brom (*Dann*, B. **80** [1947] 435, 442).

Krystalle (aus Ae. + PAe.); Zers. bei 124—125° [unkorr.; im vorgeheizten Block].

(2*RS*,3*SR*?)-2,3-Dibrom-3-[5-brom-[2]furyl]-propionsäure-äthylester $C_9H_9Br_3O_3$, vermutlich Formel IV (R = C_2H_5) + Spiegelbild.

B. Aus (2*RS*,3*SR*?)-2,3-Dibrom-3-[(4*Ξ*)-4*r*,5*t*(?)-dibrom-4,5-dihydro-[2]furyl]-propionsäure-äthylester (S. 3888) beim Aufbewahren einer Lösung in Hexan, Äther oder Schwefelkohlenstoff (*Dann*, B. **80** [1947] 435, 438, 441).

Krystalle (aus Ae. + PAe.); F: 102—105° [unkorr.; Block] (*Dann*).

Beim Behandeln mit wss. Natronlauge ist 1-[5-Brom-[2]furyl]-äthanon erhalten worden (*Gilman et al.*, Am. Soc. **53** [1931] 4192, 4194).

3-[2]Thienyl-propionsäure $C_7H_8O_2S$, Formel V (X = OH).

B. Beim Erhitzen von 3-[2]Thienyl-propionitril mit wss.-äthanol. Kalilauge (*Cagniant et al.*, Bl. **1948** 1083, 1085). Beim Erhitzen von 3-[2]Thienyl-propionsäure-amid mit wss. Kalilauge (*Blanchette, Brown*, Am. Soc. **73** [1951] 2779, **74** [1952] 1066). Beim Behandeln von 3*t*-[2]Thienyl-acrylsäure (S. 4165) in neutraler Lösung mit Natrium-Amalgam (*Barger, Easson*, Soc. **1938** 2100, 2103). Beim Erhitzen von [2]Thienylmethyl-malonsäure unter 12 Torr auf 150° (*Cagniant, Cagniant*, Bl. **1954** 1349, 1353).

Krystalle; F: 47,5—48° (*Ca., Ca.*), 46,7—47,7° (*Westfahl, Gresham*, Am. Soc. **76** [1954] 1076, 1077), 44—45° [aus PAe.] (*Bl., Br.*), 43—45° (*Ba., Ea.*). $Kp_{15,5}$: 160° (*Ca. et al.*); Kp_{12}: 151° (*Ca., Ca.*).

Beim Leiten eines Gemisches der Dämpfe von 3-[2]Thienyl-propionsäure und Essigsäure über Thoriumoxid bei 400° ist 4-[2]Thienyl-butan-2-on erhalten worden (*Ca., Ca.*, l. c. S. 1354).

3-[2]Thienyl-propionsäure-äthylester $C_9H_{12}O_2S$, Formel V (X = O-C_2H_5).

B. Beim Behandeln von 3-[2]Thienyl-propionylchlorid mit Äthanol (*Cagniant, Cagniant*, Bl. **1954** 1349, 1354).

Kp_{11}: 122—122,5°. $D_4^{20,5}$: 1,103. $n_D^{19,6}$: 1,5071.

3-[2]Thienyl-propionylchlorid C_7H_7ClOS, Formel V (X = Cl).

B. Beim Behandeln von 3-[2]Thienyl-propionsäure mit Thionylchlorid (*Cagniant et al.*, Bl. **1948** 1083, 1085) oder mit Thionylchlorid, Äther und Pyridin (*Cagniant, Cagniant*, Bl. **1954** 1349, 1353).

Kp_{16}: 116° (*Ca., Ca.*); Kp_{15}: 121° (*Ca. et al.*). $n_D^{20,2}$: 1,5400 (*Ca., Ca.*).

3-[2]Thienyl-propionsäure-amid, 3-[2]Thienyl-propionamid C_7H_9NOS, Formel V (X = NH_2).

B. Beim Behandeln einer Lösung von 3-[2]Thienyl-propionsäure in Chloroform mit Thionylchlorid und Behandeln des Reaktionsgemisches mit wss. Ammoniak und wss. Natronlauge (*Barger, Easson*, Soc. **1938** 2100, 2103). Beim Erhitzen von [2]Thienylaceton bzw. von 1-[2]Thienyl-propan-1-on mit Schwefel, wss. Ammoniak und Dioxan oder mit Ammoniumpolysulfid und Dioxan bis auf 160° bzw. 140° (*Blanchette, Brown*, Am. Soc. **73** [1951] 2779, **74** [1952] 1066).

Krystalle; F: 102,5—103,4° [unkorr.] (*Westfahl, Gresham*, Am. Soc. **76** [1954] 1076, 1077), 102° [aus Bzl. + PAe.] (*Cagniant, Cagniant*, Bl. **1954** 1349, 1353), 99—100° [aus Bzl. + PAe.] (*Bl., Br.*).

3-[2]Thienyl-propionitril C_7H_7NS, Formel VI.

B. Beim Erhitzen einer Lösung von 2-[2-Brom-äthyl]-thiophen in Äthanol mit Natriumcyanid in Wasser (*Cagniant et al.*, Bl. **1948** 1083, 1085).

Kp_{17}: 129°. n_D^{20}: 1,5402.

$$V \qquad VI \qquad VII \qquad VIII$$

(2RS,3SR?)-2,3-Dibrom-3-[2]thienyl-propionsäure $C_7H_6Br_2O_2S$, vermutlich Formel VII (R = H) + Spiegelbild.

B. Beim Behandeln einer warmen Lösung von 3t-[2]Thienyl-acrylsäure (S. 4165) in Tetrachlormethan mit Brom (*Keskin et al.*, J. org. Chem. **16** [1951] 199, 202).

Krystalle (aus CCl_4); F: 185—186° [Zers.; nach Erweichen bei 135—140°].

Beim Behandeln mit wss. Kalilauge ist 2-[2-Brom-vinyl]-thiophen (Kp_2: 65—67°; n_D^{20}: 1,6386) erhalten worden.

(2RS,3SR?)-2,3-Dibrom-3-[2]thienyl-propionsäure-äthylester $C_9H_{10}Br_2O_2S$, vermutlich Formel VII (R = C_2H_5) + Spiegelbild.

B. Beim Behandeln einer Lösung von 3t-[2]Thienyl-acrylsäure-äthylester in Tetrachlormethan mit Brom (*Keskin et al.*, J. org. Chem. **16** [1951] 199, 203).

Krystalle (aus Bzn.); F: 68—70°.

(±)-3t-[4r,5t(?)-Dibrom-4,5-dihydro-[2]furyl]-acrylsäure-äthylester $C_9H_{10}Br_2O_3$, vermutlich Formel VIII + Spiegelbild.

Diese Konstitution kommt der nachstehend beschriebenen, ursprünglich (*Gilman, Wright*, Am. Soc. **52** [1930] 3349, 3352) als 3-[2,5-Dibrom-2,5-dihydro-[2]furyl]-acrylsäure-äthylester ($C_9H_{10}Br_2O_3$) angesehenen Verbindung zu (*Dann*, B. **80** [1947] 435, 437).

B. Beim Behandeln von 3t-[2]Furyl-acrylsäure-äthylester mit Brom in Schwefelkohlenstoff (*Gi., Wr.*).

Krystalle (aus PAe.); F: 70° (*Gi., Wr.*), 65—67° (*Dann*, l. c. S. 440). UV-Spektrum (Hexan; 200—300 nm): *Dann*, l. c. S. 437.

3-[3]Thienyl-propionsäure $C_7H_8O_2S$, Formel IX (X = OH).

B. Beim Behandeln einer wss. Lösung des Natrium-Salzes der 3t(?)-[3]Thienyl-acrylsäure (F: 151°) mit Natrium-Amalgam (*Mihailović, Tot*, J. org. Chem. **22** [1957] 652). Beim Erhitzen von [3]Thienylmethyl-malonsäure bis auf 170° (*Campaigne, McCarthy*, Am. Soc. **76** [1954] 4466; s. a. *Mi., Tot*).

Krystalle (aus W.); F: 62—62,5° (*Mi., Tot*), 61—62° (*Ca., McC.*).

3-[3]Thienyl-propionylchlorid C_7H_7ClOS, Formel IX (X = Cl).

B. Beim Erwärmen von 3-[3]Thienyl-propionsäure mit Thionylchlorid (*Campaigne, McCarthy*, Am. Soc. **76** [1954] 4466).

Bei 90—100°/3 Torr destillierbar.

(±)-2-[2]Thienyl-propionitril C_7H_7NS, Formel X.

B. Beim Behandeln von [2]Thienylacetonitril in Äther mit Natriumamid oder Lithiumamid und anschliessend mit Methyljodid (*Hill, Brooks*, J. org. Chem. **23** [1958] 1289, 1291).

Kp_{10}: 94°.

$$IX \qquad X \qquad XI \qquad XII$$

[2-Methyl-[3]thienyl]-essigsäure $C_7H_8O_2S$, Formel XI.

B. Neben kleinen Mengen [2-Methyl-[3]thienyl]-glyoxylsäure beim Erhitzen von 1-[2-Methyl-[3]thienyl]-äthanon mit Schwefel und Morpholin und anschliessend mit wss. Kalilauge (*Gaertner*, Am. Soc. **73** [1951] 3934, 3937).

Krystalle (aus Hexan); F: 68,3—69,3°.

2-Äthyl-furan-3-carbonsäure $C_7H_8O_3$, Formel XII.

B. Beim Behandeln von 3-Oxo-valeriansäure-äthylester mit Bis-[2-chlor-äthyl]-äther und wss. Ammoniak und Erhitzen des Reaktionsprodukts mit wss.-äthanol. Kalilauge (*Fischer, Höfelmann*, Z. physiol. Chem. **251** [1938] 218, 224).

Krystalle (aus W.); F: 43°. Kp_{11}: 123°; bei der Destillation erfolgt Umwandlung in eine bei 66° schmelzende Substanz (*Fi., Hö.*, l. c. S. 221).

[3-Methyl-[2]thienyl]-essigsäure $C_7H_8O_2S$, Formel I (X = OH).

B. Beim Erhitzen von [3-Methyl-[2]thienyl]-essigsäure-amid mit wss. Kalilauge (*Blanchette, Brown*, Am. Soc. **73** [1951] 2779).

Krystalle (aus PAe.); F: 89—90°.

[3-Methyl-[2]thienyl]-essigsäure-amid C_7H_9NOS, Formel I (X = NH_2).

B. Beim Erhitzen von 1-[3-Methyl-[2]thienyl]-äthanon mit Schwefel, wss. Ammoniak und Dioxan oder mit Ammoniumpolysulfid und Dioxan bis auf 160° (*Blanchette, Brown*, Am. Soc. **73** [1951] 2779).

Krystalle (aus W.); F: 142°.

5-Äthyl-thiophen-3-carbonsäure $C_7H_8O_2S$, Formel II (R = H).

B. Beim Erhitzen von 5-[1-Semicarbazono-äthyl]-thiophen-3-carbonsäure-äthylester mit Äthylenglykol und Natriumhydroxid (*Otsuji et al.*, J. chem. Soc. Japan Pure Chem. Sect. **80** [1959] 1021, 1022; C. A. **1961** 5467).

Krystalle (aus W.); F: 58—59°. Scheinbarer Dissoziationsexponent pK_a' (Wasser; potentiometrisch ermittelt) bei 25°: 4,19 (*Ot. et al.*, l. c. S. 1023).

5-Äthyl-thiophen-3-carbonsäure-äthylester $C_9H_{12}O_2S$, Formel II (R = C_2H_5).

B. Beim Erwärmen von 5-Äthyl-thiophen-3-carbonsäure mit Chlorwasserstoff enthaltendem Äthanol (*Otsuji et al.*, J. chem. Soc. Japan Pure Chem. Sect. **80** [1959] 1021, 1022; C. A. **1961** 5467).

Kp_3: 96—97°.

Geschwindigkeitskonstante der Hydrolyse in Natriumhydroxid enthaltendem 85%ig. wss. Äthanol bei 25°: *Ot. et al.*, l. c. S. 1023.

5-Äthyl-furan-2-carbonsäure $C_7H_8O_3$, Formel III (R = H).

B. Beim Behandeln von 1-[2]Furyl-äthanol mit Phosphor(III)-bromid (oder Thionylchlorid), Pyridin und Pentan bei —15°, Behandeln der Reaktionslösung mit wss. Kaliumcyanid-Lösung und Erwärmen des erhaltenen 5-Äthyl-furan-2-carbonitrils (C_7H_7NO; Kp: ca. 68—70°) mit methanol. Kalilauge (*Reichstein, Zschokke*, Helv. **15** [1932] 1124, 1126). Beim Behandeln von 5-Äthyl-furan-2-carbaldehyd mit wss. Natronlauge und Silberoxid (*Re., Zsch.*). Beim Erwärmen von 5-Äthyl-furan-2-carbonsäureäthylester mit wss. Natronlauge (*Mndshojan, Arojan*, Doklady Akad. Armjansk. S.S.R. **25** [1957] 267, 271; C. A. **1958** 12834).

Krystalle; F: 94,5—95° [aus Bzn.] (*Re., Zsch.*), 93,5—94,5° [aus Bzl.] (*Traynelis et al.*, J. org. Chem. **22** [1957] 1269), 92—93° [aus Bzl.] (*Mn., Ar.*).

I   II   III   IV

5-Äthyl-furan-2-carbonsäure-methylester $C_8H_{10}O_3$, Formel III (R = CH_3).

B. Beim Behandeln von 5-[1-Chlor-äthyl]-furan-2-carbonsäure-methylester mit Essig=
säure und Zink-Pulver und Behandeln des warmen Reaktionsgemisches mit Chlorwasser=
stoff (*Mndshojan, Arojan*, Doklady Akad. Armjansk. S.S.R. **25** [1957] 267, 271; C. A.
1958 12834).

Kp_4: 84—85°. D_4^{20}: 1,0946. n_D^{20}: 1,4900.

5-Äthyl-furan-2-carbonsäure-äthylester $C_9H_{12}O_3$, Formel III (R = C_2H_5).

B. Beim Behandeln von 5-[1-Chlor-äthyl]-furan-2-carbonsäure-äthylester mit Essig=
säure und Zink-Pulver und Behandeln des warmen Reaktionsgemisches mit Chlorwasser=
stoff (*Mndshojan, Arojan*, Doklady Akad. Armjansk. S.S.R. **25** [1957] 267, 271; C. A.
1958 12834).

Kp_4: 91—92°. D_4^{20}: 1,0618. n_D^{20}: 1,4835.

(±)-5-[1-Chlor-äthyl]-furan-2-carbonsäure-methylester $C_8H_9ClO_3$, Formel IV (R = CH_3).

B. Beim Behandeln von Furan-2-carbonsäure-methylester mit Acetaldehyd, Zink=
chlorid und Chloroform und anschliessend mit Chlorwasserstoff (*Mndshojan, Arojan*,
Doklady Akad. Armjansk. S.S.R. **25** [1957] 267, 270; C. A. **1958** 12834).

Kp_3: 108—110°. D_4^{20}: 1,2365. n_D^{20}: 1,5128.

(±)-5-[1-Chlor-äthyl]-furan-2-carbonsäure-äthylester $C_9H_{11}ClO_3$, Formel IV (R = C_2H_5).

B. Beim Behandeln von Furan-2-carbonsäure-äthylester mit Acetaldehyd, Zink=
chlorid und Chloroform und anschliessend mit Chlorwasserstoff (*Mndshojan, Arojan*,
Doklady Akad. Armjansk. S.S.R. **25** [1957] 267, 270; C. A. **1958** 12834).

Kp_3: 117—121°. $D_{4(?)}^{20}$: 1,1839. n_D^{20}: 1,5042.

5-Äthyl-thiophen-2-carbonsäure $C_7H_8O_2S$, Formel V (X = OH) (H 296).

B. Beim Erwärmen von 2-Äthyl-5-brom-thiophen mit Magnesium in Äther und Behandeln der Reaktionslösung mit Kohlendioxid bei —10° (*Cagniant, Cagniant*, Bl. **1952**
713, 716). Beim Behandeln von 5-Äthyl-thiophen-2-carbaldehyd mit alkal. wss. Kalium=
permanganat-Lösung (*King, Nord*, J. org. Chem. **13** [1948] 635, 637). Beim Erhitzen von
5-Acetyl-thiophen-2-carbonsäure mit Äthylenglykol und Hydrazin-hydrat auf 145° und
Erhitzen des Reaktionsgemisches mit Kaliumhydroxid bis auf 193° (*Gol'dfarb et al.*, Izv.
Akad. S.S.S.R. Otd. chim. **1959** 2021, 2025; engl. Ausg. S. 1925, 1928). Beim Erwärmen
von 1-[5-Äthyl-[2]thienyl]-äthanon mit wss. Natriumhypochlorit-Lösung (*Teste, Lozac'h*,
Bl. **1955** 437, 440; *Gol'dfarb et al.*, Ž. obšč. Chim. **29** [1959] 3636, 3638; engl. Ausg. S. 3596,
3598).

Krystalle; F: 69,5° [aus PAe.] (*Ca., Ca.*), 67,5—68,5° [aus W.] (*Go. et al.*, Izv. Akad.
S.S.S.R. Otd. chim. **1959** 2026). Kp_{15}: 164—165° (*Ca., Ca.*).

Beim Erhitzen mit wss. Natronlauge und Nickel-Aluminium-Legierung ist Heptansäure
erhalten worden (*Hansen*, Acta chem. scand. **8** [1954] 695). Bildung von 5-Äthyl-4-nitro-
thiophen-2-carbonsäure und 2-Äthyl-3,5-dinitro-thiophen beim Behandeln mit einem
Gemisch von Salpetersäure und Schwefelsäure bei —5°: *Go. et al.*, Ž. obšč. Chim. **29** 3639.

5-Äthyl-thiophen-2-carbonsäure-äthylester $C_9H_{12}O_2S$, Formel V (X = O-C_2H_5).

B. Aus 5-Äthyl-thiophen-2-carbonsäure (*Cagniant, Cagniant*, Bl. **1952** 713, 715; *Teste,
Lozac'h*, Bl. **1955** 437, 439).

K_{27}: 131°; $Kp_{19,7}$: 114° (*Ca., Ca.*). $Kp_{12,5}$: 124—125°; n_D^{18}: 1,5181 (*Te., Lo.*).

5-Äthyl-thiophen-2-carbonylchlorid C_7H_7ClOS, Formel V (X = Cl).

B. Aus 5-Äthyl-thiophen-2-carbonsäure mit Hilfe von Thionylchlorid (*Cagniant,
Cagniant*, Bl. **1952** 713, 715).

$Kp_{13,7}$: 119°. $n_D^{18,2}$: 1,5740.

5-Äthyl-thiophen-2-carbonsäure-amid C_7H_9NOS, Formel V (X = NH_2).

Krystalle (aus Bzl.); F: 140° (*Cagniant, Cagniant*, Bl. **1952** 713, 715).

5-Äthyl-4-chlor-thiophen-2-carbonsäure $C_7H_7ClO_2S$, Formel VI (X = Cl).

B. Beim Erwärmen von 1-[5-Äthyl-[2]thienyl]-äthanon mit wss. Natriumhypochlorit-

Lösung (*Teste, Lozac'h*, Bl. **1955** 437, 440).
Krystalle (aus Bzl.); F: 143°.

V   VI   VII   VIII

5-Äthyl-4-brom-thiophen-2-carbonsäure $C_7 H_7 BrO_2 S$, Formel VI (X = Br).
B. Beim Erwärmen von 1-[5-Äthyl-[2]thienyl]-äthanon mit wss. Natriumhypobromit-Lösung (*Teste, Lozac'h*, Bl. **1955** 437, 440).
Krystalle; F: 160°. In Wasser schwer löslich.

5-Äthyl-4-nitro-thiophen-2-carbonsäure $C_7 H_7 NO_4 S$, Formel VI (X = NO₂).

B. Neben 2-Äthyl-3,5-dinitro-thiophen beim Behandeln von 5-Äthyl-thiophen-2-carbon=säure mit Salpetersäure und Schwefelsäure (*Gol'dfarb et al.*, Ž. obšč. Chim. **29** [1959] 3636, 3640; engl. Ausg. S. 3596, 3598).
F: 156—157°.
Beim Erwärmen mit Raney-Nickel und Acetanhydrid ist 4-Acetylamino-5-äthyl-thiophen-2-carbonsäure, beim Behandeln mit Raney-Nickel und wss. Ammoniak ist 4-Amino-heptansäure erhalten worden.

[5-Methyl-[2]furyl]-essigsäure $C_7 H_8 O_3$, Formel VII (X = OH).
B. Aus [5-Methyl-[2]furyl]-acetonitril beim Erwärmen mit methanol. Kalilauge (*Reichstein, Zschokke*, Helv. **15** [1932] 249, 252) sowie beim Erhitzen mit wss. Kalilauge (*Scott, Johnson*, Am. Soc. **54** [1932] 2549, 2555). Beim Erhitzen von [5-Methyl-[2]furyl]-essigsäure-amid mit wss. Kalilauge (*Blanchette, Brown*, Am. Soc. **74** [1952] 2098). Beim Erhitzen von [5-Methyl-[2]furyl]-glyoxylsäure mit Hydrazin-hydrat und Natriumäthylat in Äthanol bis auf 200° (*Re., Zsch.*).
Krystalle; F: 61—62° [aus Bzn.] (*Re., Zsch.*), 61° [nach Sublimation im Hochvakuum] (*Haynes, Jones*, Soc. **1946** 503, 506), 57—58° [aus Bzn.] (*Sc., Joh.; Bl., Br.*). Absorptions-maximum (A.): 210 nm (*Ha., Jones*).

[5-Methyl-[2]furyl]-essigsäure-amid $C_7 H_9 NO_2$, Formel VII (X = NH₂).
B. Beim Erhitzen von 1-[5-Methyl-[2]furyl]-äthanon mit Schwefel, wss. Ammoniak und Dioxan oder mit Ammoniumpolysulfid und Dioxan bis auf 110° (*Blanchette, Brown*, Am. Soc. **74** [1952] 2098).
Krystalle (aus PAe.); F: 112—114°.

[5-Methyl-[2]furyl]-acetonitril $C_7 H_7 NO$, Formel VIII.
B. Beim Behandeln einer Lösung von 2-Chlormethyl-5-methyl-furan in Äther mit wss. Kaliumcyanid-Lösung (*Reichstein, Zschokke*, Helv. **15** [1932] 249, 252) oder mit wss. Natriumcyanid-Lösung (*Scott, Johnson*, Am. Soc. **54** [1932] 2549, 2554). Beim Erhitzen von Trimethyl-[5-methyl-furfuryl]-ammonium-jodid mit Natriumcyanid und wenig Wasser auf 200° (*Eliel, Peckham*, Am. Soc. **72** [1950] 1209, 1211).
Kp_{12}: 82—85° (*El., Pe.*); Kp_{10}: 79—84° (*Re., Zsch.*).

[5-Methyl-[2]thienyl]-essigsäure $C_7 H_8 O_2 S$, Formel IX (X = OH).
B. Beim Erhitzen von [5-Methyl-[2]thienyl]-essigsäure-amid mit wss. Kalilauge (*Blanchette, Brown*, Am. Soc. **73** [1951] 2779).
Krystalle (aus PAe.); F: 54—55°.

[5-Methyl-[2]thienyl]-essigsäure-amid $C_7 H_9 NOS$, Formel IX (X = NH₂).
B. Beim Erhitzen von 1-[5-Methyl-[2]thienyl]-äthanon mit Schwefel, wss. Ammoniak und Dioxan oder mit Ammoniumpolysulfid und Dioxan bis auf 160° (*Blanchette, Brown*, Am. Soc. **73** [1951] 2779).
Krystalle (aus W.); F: 143—144°.

IX   X   XI   XII

[3-Brom-5-methyl-[2]thienyl]-acetonitril C₇H₆BrNS, Formel X.

B. Aus 3-Brom-2,5-dimethyl-thiophen mit Hilfe von *N*-Brom-succinimid und Alkali=
cyanid (*Lecocq, Buu-Hoi,* C. r. **224** [1947] 658).

Bei 140—150°/15 Torr destillierbar.

3,4-Dimethyl-furan-2-carbonsäure C₇H₈O₃, Formel XI.

B. Beim Behandeln von 3,4-Dimethyl-furan-2-carbaldehyd mit Silberoxid und wss.
Natronlauge (*Reichstein, Grüssner,* Helv. **16** [1933] 28, 37).

Krystalle (aus Toluol + Bzn.); F: 156—158° [korr.]. Im Hochvakuum sublimierbar.

3,4-Dimethyl-thiophen-2-carbonsäure C₇H₈O₂S, Formel XII.

B. Beim Behandeln von 3,4-Dimethyl-thiophen mit Butyllithium in Äther und anschliessend mit Kohlendioxid (*Sicé,* J. org. Chem. **19** [1954] 70, 72).

Krystalle (aus Bzl. + Hexan); F: 188—189° [korr.; evakuierte Kapillare]. Bei 75°
im Hochvakuum sublimierbar. Absorptionsmaximum (W.): 253 nm.

3,4-Dimethyl-selenophen-2-carbonsäure C₇H₈O₂Se, Formel I.

B. Beim Behandeln von 2-Jod-3,4-dimethyl-selenophen mit Phenyllithium in Äther
(*Jur'ew, Šadowaja,* Ž. obšč. Chim. **26** [1956] 3154, 3156; engl. Ausg. S. 3517, 3519) oder
mit Magnesium in Äther (*Jur'ew, Šadowaja,* Ž. obšč. Chim. **28** [1958] 2162; engl. Ausg.
S. 2200) und Behandeln des jeweiligen Reaktionsgemisches mit festem Kohlendioxid.
Beim Behandeln von 3,4-Dimethyl-selenophen-2-carbaldehyd mit Silberoxid und wss.-
äthanol. Natronlauge (*Jur'ew et al.,* Ž. obšč. Chim. **29** [1959] 1970, 1972; engl. Ausg.
S. 1940, 1942).

Krystalle (aus wss. A.); F: 183,5—184° [Zers.] (*Ju., Ša.,* Ž. obšč. Chim. **26** 3156).

2,4-Dimethyl-furan-3-carbonsäure C₇H₈O₃, Formel II (X = OH) (H 296).

B. Beim Erhitzen von [3-Carboxy-4-methyl-[2]furyl]-essigsäure bis auf 240° (*Reichstein, Zschokke,* Helv. **15** [1932] 1105, 1107; vgl. H 296). Beim Erwärmen von 2,4-Di=
methyl-furan-3-carbonsäure-äthylester mit wss. Natronlauge (*Hurd, Wilkinson,* Am. Soc.
70 [1948] 739; *Alexander, Baldwin,* Am. Soc. **73** [1951] 356) oder mit äthanol.
Alkalilauge (*Garcia González et al.,* An. Soc. españ. [B] **50** [1954] 407, 412).

Krystalle (aus Bzn.); F: 125—126° [korr.] (*Re., Zsch.*). Kp₁₂: 131° (*Re., Zsch.*). Scheinbare Dissoziationskonstante K'ₐ (Wasser; potentiometrisch ermittelt) bei Raumtemperatur:
2,79·10⁻⁵ (*Catlin,* Iowa Coll. J. **10** [1935/36] 65).

2,4-Dimethyl-furan-3-carbonsäure-äthylester C₉H₁₂O₃, Formel II (X = O-C₂H₅) (H 296).

B. Beim Behandeln eines Gemisches von Acetessigsäure-äthylester, Chloraceton und
Äther mit Ammoniak (*Hurd, Wilkinson,* Am. Soc. **70** [1948] 739; vgl. H 296). Beim
Behandeln eines Gemisches von Acetessigsäure-äthylester, Chloraceton und Äther mit
Chlorwasserstoff und Behandeln einer Lösung des Reaktionsprodukts in Äther mit
Triäthylamin (*Alexander, Baldwin,* Am. Soc. **73** [1951] 356). Beim Erwärmen von Acet=
essigsäure-äthylester mit Hydroxyaceton, Zinkchlorid und Äthanol (*Garcia González et al.,*
An. Soc. españ. [B] **50** [1954] 407, 412). Beim Erhitzen von [3-Äthoxycarbonyl-4-methyl-
[2]furyl]-essigsäure mit Chinolin und Kupfer-Pulver unter Stickstoff bis auf 300° (*Blomquist, Stevenson,* Am. Soc. **56** [1934] 146, 147).

Kp₁₆: 100—101° (*Bl., St.*). Kp₁₄: 95—98°; n²⁵_D: 1,482 (*Hurd, Wi.*). Kp₀,₈: 52°; n²⁰_D:
1,4681 (*Al., Ba.*).

2,4-Dimethyl-furan-3-carbonsäure-phenacylester C₁₅H₁₄O₄, Formel II (X = O-CH₂-CO-C₆H₅).

B. Aus 2,4-Dimethyl-furan-3-carbonsäure (*Garcia González et al.,* An. Soc. españ. [B] **50**

[1954] 407, 412).
   F: 82—83°.

I   II   III   IV

2,4-Dimethyl-furan-3-carbonylchlorid $C_7H_7ClO_2$, Formel II (X = Cl).
   B. Beim Erwärmen von 2,4-Dimethyl-furan-3-carbonsäure mit Thionylchlorid (*Reichstein, Zschokke*, Helv. **15** [1932] 1105, 1108).
   Kp$_{11}$: 78—79°.

2,4-Dimethyl-furan-3-carbonsäure-anilid $C_{13}H_{13}NO_2$, Formel II (X = NH-C$_6$H$_5$).
   B. Beim Behandeln von 2,4-Dimethyl-furan-3-carbonylchlorid mit Anilin und Äther (*Reichstein, Zschokke*, Helv. **15** [1932] 1105, 1109).
   Krystalle (aus Bzn.); F: 135—136° [korr.].
   Beim Erwärmen mit Phosphor(V)-chlorid (1 Mol) in Toluol ist 2,4-Dimethyl-*N*-phenyl-furan-3-carbimidoylchlorid, beim Erwärmen mit Phosphor(V)-chlorid (Überschuss) in Toluol, Behandeln des Reaktionsprodukts mit Zinn(II)-chlorid und Chlorwasserstoff in Äther und anschliessenden Erhitzen mit wss. Schwefelsäure ist eine als 5-Chlor-2,4-dimethyl-furan-3-carbaldehyd oder als 2-Chlormethyl-4-methyl-furan-3-carbaldehyd angesehene Verbindung (F: 42° [E III/IV **17** 4552]) erhalten worden.

2,4-Dimethyl-*N*-phenyl-furan-3-carbimidoylchlorid $C_{13}H_{12}ClNO$, Formel III.
   B. Beim Erwärmen von 2,4-Dimethyl-furan-3-carbonsäure-anilid mit Phosphor(V)-chlorid in Toluol (*Reichstein, Zschokke*, Helv. **15** [1932] 1105, 1109).
   Kp$_{0,7}$: 132°.
   Beim Behandeln mit Zinn(II)-chlorid und Chlorwasserstoff in Äther und Erwärmen des Reaktionsprodukts mit wss. Schwefelsäure ist 2,4-Dimethyl-furan-3-carbaldehyd erhalten worden.

2,4-Dimethyl-furan-3-carbonitril C_7H_7NO, Formel IV.
   B. Beim Erhitzen von 2,4-Dimethyl-furan-3-carbaldehyd-oxim mit Acetanhydrid (*Reichstein, Zschokke*, Helv. **15** [1932] 1105, 1108).
   Kp$_{11}$: 66°.

2,4-Dimethyl-furan-3-carbonsäure-hydrazid $C_7H_{10}N_2O_2$, Formel II (X = NH-NH$_2$).
   B. Bei 2-tägigem Erhitzen von 2,4-Dimethyl-furan-3-carbonsäure-äthylester mit Hydrazin-hydrat bis auf 140° (*Blomquist, Stevenson*, Am. Soc. **56** [1934] 146, 148).
   Krystalle (aus W.); F: 144—145°. Bei 2 Torr sublimierbar.

5-Brom-2,4-dimethyl-furan-3-carbonsäure $C_7H_7BrO_3$, Formel V (X = Br).
   B. Beim Behandeln einer Lösung von 2,4-Dimethyl-furan-3-carbonsäure in Essigsäure mit Brom (*Gilman, Burtner*, R. **51** [1932] 667, 671).
   Krystalle (aus W.); F: 154° [Zers.].

V   VI   VII   VIII

2,4-Dimethyl-5-nitro-furan-3-carbonsäure $C_7H_7NO_5$, Formel V (X = NO$_2$).
   B. Beim Behandeln von 2,4-Dimethyl-furan-3-carbonsäure mit einem Gemisch von

Salpetersäure und Acetanhydrid bei −10° (*Gilman, Burtner*, R. **51** [1932] 667, 671). Krystalle (aus W.); F: 182°.

2,4-Dimethyl-thiophen-3-carbonsäure $C_7H_8O_2S$, Formel VI.

B. Beim Erwärmen von 3-Brom-2,4-dimethyl-thiophen mit Magnesium, Äthylbromid und Äther und Behandeln des Reaktionsgemisches mit Kohlendioxid (*Sicé*, J. org. Chem. **19** [1954] 70, 71).

Krystalle (aus Hexan); F: 165—166° [korr.; evakuierte Kapillare]. Bei 60° im Hochvakuum sublimierbar. Absorptionsmaximum (W.): 243 nm.

4,5-Dimethyl-furan-3-carbonsäure $C_7H_8O_3$, Formel VII.

B. Beim Erhitzen von 4,5-Dimethyl-furan-2,3-dicarbonsäure auf 250° (*Reichstein, Grüssner*, Helv. **16** [1933] 28, 32).

Krystalle (aus Bzn.); F: 130—131° [korr.]. Im Hochvakuum sublimierbar.

4,5-Dimethyl-thiophen-3-carbonsäure $C_7H_8O_2S$, Formel VIII.

B. Beim Behandeln von 2,3-Dibrom-4,5-dimethyl-thiophen mit Magnesium, Äthylbromid und Äther und Behandeln des Reaktionsgemisches mit Kohlendioxid (*Sicé*, J. org. Chem. **19** [1954] 70, 72).

Krystalle (aus Hexan); F: 144—145° [korr.; evakuierte Kapillare]. Bei 70° im Hochvakuum sublimierbar. Absorptionsmaximum (W.): 245 nm.

3,5-Dimethyl-furan-2-carbonsäure $C_7H_8O_3$, Formel IX.

B. Beim Behandeln einer Lösung von 3,5-Dimethyl-furan-2-carbaldehyd in Äthanol mit Silberoxid und wss. Natronlauge (*Reichstein et al.*, Helv. **14** [1931] 1277, 1279).

Krystalle (aus W.); F: 146—147° [korr.]. Im Hochvakuum sublimierbar.

3,5-Dimethyl-thiophen-2-carbonsäure $C_7H_8O_2S$, Formel X (H 296; E I 439).

B. Aus 3,5-Dimethyl-thiophen-2-carbaldehyd mit Hilfe von Silberoxid (*Sicé*, J. org. Chem. **19** [1954] 70, 72).

Krystalle (aus Bzl.); F: 173—174° [korr.; evakuierte Kapillare].

3,5-Dimethyl-selenophen-2-carbonsäure $C_7H_8O_2Se$, Formel XI.

B. Beim Behandeln von 2-Jod-3,5-dimethyl-selenophen mit Phenyllithium in Äther (*Jur'ew, Šadowaja*, Ž. obšč. Chim. **26** [1956] 3154, 3156; engl. Ausg. S. 3517, 3519) oder mit Magnesium in Äther (*Jur'ew, Šadowaja*, Ž. obšč. Chim. **28** [1958] 2162; engl. Ausg. S. 2200) und Behandeln des jeweiligen Reaktionsgemisches mit festem Kohlendioxid.

Krystalle (aus wss. A.); F: 177—177,5° [Zers.] (*Ju., Ša.*, Ž. obšč. Chim. **26** 3156).

2,5-Dimethyl-furan-3-carbonsäure $C_7H_8O_3$, Formel XII (X = OH) (H 297; E II 273).

B. Beim Erhitzen von 2-Acetyl-pent-4-insäure-äthylester mit wss. Natronlauge (*Colonge, Gelin*, C. r. **237** [1953] 393). Beim Erhitzen von 2-Acetyl-4-oxo-valeriansäure-äthylester mit Oxalsäure und anschliessend mit methanol. Kalilauge (*Dann et al.*, B. **85** [1952] 457, 460; vgl. H 297). Beim Erwärmen von 1-[2,5-Dimethyl-[3]furyl]-äthanon mit alkal. wss. Kaliumhypochlorit-Lösung (*Khawam, Brown*, Am. Soc. **74** [1952] 5603) oder mit alkal. wss. Natriumhypojodit-Lösung (*Hurd, Wilkinson*, Am. Soc. **70** [1948] 739).

F: 138° (*Gault et al.*, Bl. **1959** 1167, 1173), 136—137° [aus Bzn.] (*Crombie, Mackenzie*, Soc. **1958** 4417, 4431), 135,4° [aus W.] (*Hurd, Wi.*), 134—135° [aus A.] (*Kh., Br.*), 134° [unkorr.; aus wss. Eg.] (*Dann et al.*). Scheinbare Dissoziationskonstante K_a' (Wasser; potentiometrisch ermittelt) bei Raumtemperatur: $2,296 \cdot 10^{-5}$ (*Catlin*, Iowa Coll. J. **10** [1935/36] 65).

Beim langsamen bzw. schnellen Behandeln mit einem Gemisch von Salpetersäure und Acetanhydrid bei −10° ist 2,5-Dimethyl-4-nitro-furan-3-carbonsäure bzw. 2,5-Dimethyl-3-nitro-furan erhalten worden (*Gilman, Burtner*, R. **51** [1932] 667, 670).

2,5-Dimethyl-furan-3-carbonsäure-äthylester $C_9H_{12}O_3$, Formel XII (X = O-C_2H_5) (H 298).

B. Beim Erwärmen der Natrium-Verbindung des Acetessigsäure-äthylesters mit Chlor=

aceton und Natriummäthylat in Äthanol und Behandeln des Reaktionsgemisches mit konz. Schwefelsäure (*Hurd, Wilkinson*, Am. Soc. **70** [1948] 739). Aus 2-Acetyl-4-oxovaleriansäure-äthylester beim Behandeln mit Natrium-äthylat in Äthanol (*Acheson, Robinson*, Soc. **1952** 1127, 1133) sowie beim Erhitzen mit wss.-äthanol. Schwefelsäure (*Stevenson, Johnson*, Am. Soc. **59** [1937] 2525, 2529). Aus 2,5-Dimethyl-furan-3-carbonsäure mit Hilfe von Diazoäthan (*Crombie, Mackenzie*, Soc. **1958** 4417, 4431). Beim Erhitzen von [4-Äthoxycarbonyl-5-methyl-[2]furyl]-essigsäure bis auf 300° (*Scott, Johnson*, Am. Soc. **54** [1932] 2549, 2555).

Kp_{19}: 96—100° (*St., Jo.*); Kp_{15}: 90—94° (*Ach., Ro.*); Kp_{14}: 99—101°; Kp_6: 83—85° (*Sc., Jo.*). D_4^0: 1,0718; D_4^{20}: 1,0537; D_4^{23}: 1,0490 (*Sc., Jo.*). n_D^{20}: 1,46897; $n_{656,3}^{20}$: 1,46535; $n_{486,1}^{20}$: 1,47812; $n_{430,8}^{20}$: 1,48607 (*Sc., Jo.*). n_D^{23}: 1,4693 (*Ach., Ro.*).

IX   X   XI   XII

2,5-Dimethyl-furan-3-carbonylchlorid $C_7H_7ClO_2$, Formel XII (X = Cl).
B. Beim Erwärmen von 2,5-Dimethyl-furan-3-carbonsäure mit Thionylchlorid und Benzol (*Gilman, Burtner*, R. **51** [1932] 667, 670).
Krystalle; F: ca. 20°; Kp_{15}: 87—89°.

2,5-Dimethyl-furan-3-carbonsäure-amid $C_7H_9NO_2$, Formel XII (X = NH$_2$).
B. Beim Erwärmen von 2,5-Dimethyl-furan-3-carbonitril mit wss.-äthanol. Kalilauge (*Justoni*, G. **71** [1941] 375, 384).
Krystalle (aus A.); F: 125°.

2,5-Dimethyl-furan-3-carbonsäure-[1]naphthylamid $C_{17}H_{15}NO_2$, Formel XIII.
B. Beim Behandeln von 2,5-Dimethyl-furan-3-carbonylchlorid mit [1]Naphthylamin, wss. Natronlauge und Benzol (*Gilman, Burtner*, R. **51** [1932] 667, 671).
Krystalle (aus A.); F: 148°.

2,5-Dimethyl-furan-3-carbonitril C_7H_7NO, Formel XIV.
B. Beim Erwärmen von 2-Acetyl-4-oxo-valeronitril mit konz. wss. Salzsäure (*Justoni*, G. **71** [1941] 375, 383).
Kp: 183—183,5°.

2,5-Dimethyl-furan-3-carbonsäure-hydrazid $C_7H_{10}N_2O_2$, Formel XII (X = NH-NH$_2$).
B. Aus 2,5-Dimethyl-furan-3-carbonsäure-äthylester beim Erhitzen mit Hydrazinhydrat bis auf 140° (*Blomquist, Stevenson*, Am. Soc. **56** [1934] 146, 148) sowie beim Erwärmen mit Hydrazin-hydrat und Äthanol (*Stevenson, Johnson*, Am. Soc. **59** [1937] 2525, 2529).
Krystalle (aus W.); F: 136—136,3° (*Bl., St.*). Bei 2 Torr sublimierbar (*Bl., St.*).

XIII   XIV   XV

2,5-Dimethyl-furan-3-carbonylazid $C_7H_7N_3O_2$, Formel XII (X = N$_3$).
B. Beim Behandeln von 2,5-Dimethyl-furan-3-carbonsäure-hydrazid mit Natriumnitrit und wss. Essigsäure (*Blomquist, Stevenson*, Am. Soc. **56** [1934] 146, 148; *Stevenson, Johnson*, Am. Soc. **59** [1937] 2525, 2529).
F: 24—25° (*St., Jo.*). Bei Raumtemperatur unter 1—2 Torr sublimierbar (*Bl., St.*).

4-Brom-2,5-dimethyl-furan-3-carbonsäure $C_7H_7BrO_3$, Formel XV.

B. Beim Behandeln einer Lösung von 2,5-Dimethyl-furan-3-carbonsäure in Essigsäure mit Brom (*Gilman, Burtner*, R. **51** [1932] 667, 669).

Krystalle (aus Eg.); F: 181° [Zers.].

4-Jod-2,5-dimethyl-furan-3-carbonsäure $C_7H_7IO_3$, Formel I (R = H).

B. In kleiner Menge beim Behandeln von 3,4-Dijod-2,5-dimethyl-furan mit Methyl=magnesiumjodid in Äther und anschliessend mit festem Kohlendioxid (*Hurd, Wilkinson*, Am. Soc. **70** [1948] 739).

Krystalle (aus wss. Me.); F: 208,8°.

4-Jod-2,5-dimethyl-furan-3-carbonsäure-äthylester $C_9H_{11}IO_3$, Formel I (R = C_2H_5).

B. Beim Erwärmen von 2,5-Dimethyl-furan-3-carbonsäure-äthylester mit Queck=silber(II)-acetat in wss. Äthanol und Behandeln des Reaktionsprodukts mit einer wss. Lösung von Kaliumjodid und Jod (*Khawam, Brown*, Am. Soc. **74** [1952] 5603).

Krystalle (aus Me.); F: 41—42°.

2,5-Dimethyl-4-nitro-furan-3-carbonsäure $C_7H_7NO_5$, Formel II (R = H).

B. Beim langsamen Behandeln von 2,5-Dimethyl-furan-3-carbonsäure mit einem Gemisch von Salpetersäure und Acetanhydrid bei —10° (*Gilman, Burtner*, R. **51** [1932] 667, 670).

Gelbe Krystalle (aus W.); F: 176°.

2,5-Dimethyl-4-nitro-furan-3-carbonsäure-äthylester $C_9H_{11}NO_5$, Formel II (R = C_2H_5).

B. Beim langsamen Behandeln von 2,5-Dimethyl-furan-3-carbonsäure-äthylester mit einem Gemisch von Salpetersäure und Acetanhydrid bei —10° (*Gilman, Burtner*, R. **51** [1932] 667, 669).

Kp_{20}: 119—120°.

2,5-Dimethyl-thiophen-3-carbonsäure $C_7H_8O_2S$, Formel III (X = OH).

B. Beim Erwärmen von 3-Jod-2,5-dimethyl-thiophen mit Magnesium, Äthylbromid und Äther und Behandeln des Reaktionsgemisches mit Kohlendioxid (*Steinkopf et al.*, A. **536** [1938] 128, 130). Aus 2,5-Dimethyl-thiophen-3-carbaldehyd mit Hilfe von Per=manganat (*King, Nord*, J. org. Chem. **14** [1949] 638, 641). Aus 1-[2,5-Dimethyl-[3]thienyl]-äthanon beim Behandeln mit wss. Natriumhypobromit-Lösung (*Buu-Hoï, Nguyen-Hoán*, R. **67** [1948] 309, 319) sowie beim Erwärmen mit Pyridin und Jod und Erhitzen des Reaktionsprodukts mit wss.-äthanol. Natronlauge (*Gol'dfarb, Konstantinow*, Izv. Akad. S.S.S.R. Otd. chim. **1957** 112, 117; engl. Ausg. S. 113, 117). Beim Behandeln einer Lösung von [2,5-Dimethyl-[3]thienyl]-glyoxal in Äthanol mit wss. Wasserstoffperoxid (*Sprio, Madonia*, G. **87** [1957] 454, 466). Beim Erwärmen einer Lösung von [2,5-Di=methyl-[3]thienyl]-glyoxylnitril in Äthanol mit wss. Kalilauge (*Sp., Ma.*).

Krystalle; F: 120—120,5° [aus A.] (*Jean, Nord*, J. org. Chem. **20** [1955] 1370), 117° bis 118° [aus wss. A.] (*Buu-Hoï, Ng.-Hoán*), 116—117° [aus wss. A.] (*Gol'dfarb, Konda-kowa*, Izv. Akad. S.S.S.R. Otd. chim. **1956** 495, 504; engl. Ausg. S. 487, 494), 117° [aus W.] (*Sp., Ma.*). UV-Spektrum (A.; 220—290 nm): *Jean, Nord*, l. c. S. 1372.

　　　I　　　　　　　　　II　　　　　　　　　III　　　　　　　　　IV

2,5-Dimethyl-thiophen-3-carbonsäure-methylester $C_8H_{10}O_2S$, Formel III (X = O-CH_3).

B. Beim Behandeln von 2,5-Dimethyl-thiophen-3-carbonsäure mit Diazomethan in Äther (*Jean, Nord*, J. org. Chem. **20** [1955] 1363, 1365).

Kp_4: 97°. n_D^{27}: 1,5238 (*Jean, Nord*, l. c. S. 1365). UV-Spektrum (A.; 220—290 nm): *Jean, Nord*, J. org. Chem. **20** [1955] 1370, 1374.

2,5-Dimethyl-thiophen-3-carbonylchlorid C_7H_7ClOS, Formel III (X = Cl).

B. Beim Behandeln von 2,5-Dimethyl-thiophen-3-carbonsäure mit Thionylchlorid (*Buu-Hoï, Nguyen-Hoán*, R. **67** [1948] 309, 319).

Kp_{42}: 135° (*Brown, Blanchette*, Am. Soc. **72** [1950] 3414, 3415); Kp_{13}: 144—145° (*Buu-Hoï, Ng.-Hoán*); Kp_{12}: 103—105° (*Gol'dfarb, Kondakowa*, Izv. Akad. S.S.S.R. Otd. chim. **1956** 495, 504; engl. Ausg. S. 487, 494); Kp_{10}: 113—114° (*Br., Bl.*).

2,5-Dimethyl-thiophen-3-carbonsäure-amid C_7H_9NOS, Formel III (X = NH_2) (H 298).

B. Beim Erwärmen von 2,5-Dimethyl-thiophen-3-carbonitril mit wss.-äthanol. Kali=lauge (*Justoni*, G. **71** [1941] 375, 386). Beim Behandeln von 2,5-Dimethyl-thiophen-3-carbonylchlorid mit Ammoniak (*Jean, Nord*, J. org. Chem. **20** [1955] 1370, 1371).

Krystalle (aus A.); F: 136,5—137° (*Jean, Nord*). UV-Spektrum (A.; 220—290 nm): *Jean, Nord*, l. c. S. 1373.

2,5-Dimethyl-thiophen-3-carbonsäure-anilid $C_{13}H_{13}NOS$, Formel III (X = NH-C_6H_5).

B. Aus 2,5-Dimethyl-thiophen-3-carbonylchlorid und Anilin (*Badger et al.*, Soc. **1952** 2849, 2852).

Krystalle (aus PAe.); F: 139,5—140°.

2,5-Dimethyl-thiophen-3-carbonitril C_7H_7NS, Formel IV.

B. Beim Erwärmen von 2,5-Dimethyl-thiophen mit Bromcyan und Aluminiumchlorid in Schwefelkohlenstoff (*Justoni*, G. **71** [1941] 375, 385). Neben anderen Verbindungen beim Erwärmen von 2-Acetyl-4-oxo-valeronitril mit Phosphor(III)-sulfid oder mit Phosphor(V)-sulfid (*Ju.*).

Kp: 227—230°.

4-Brom-2,5-dimethyl-thiophen-3-carbonsäure $C_7H_7BrO_2S$, Formel V (H 298).

B. Beim Behandeln von 2,5-Dimethyl-thiophen-3-carbonsäure mit Brom in Wasser oder in Essigsäure (*Buu-Hoï, Nguyen-Hoán*, R. **68** [1949] 5, 31; vgl. H 298).

Krystalle (aus wss. A.); F: 194—195° [Zers.].

4-Jod-2,5-dimethyl-thiophen-3-carbonsäure $C_7H_7IO_2S$, Formel VI (R = H).

B. Beim Erwärmen von 3,4-Dijod-2,5-dimethyl-thiophen mit Magnesium, Äthylbromid und Äther und Behandeln des Reaktionsgemisches mit Kohlendioxid (*Steinkopf et al.*, A. **536** [1938] 128, 131).

Krystalle (aus Bzl.); F: 199°.

V   VI   VII   VIII

4-Jod-2,5-dimethyl-thiophen-3-carbonsäure-methylester $C_8H_9IO_2S$, Formel VI (R = CH_3).

B. Beim Erwärmen von 2,5-Dimethyl-thiophen-3-carbonsäure-methylester mit Queck=silber(II)-acetat und Jod in Essigsäure (*Jean, Nord*, J. org. Chem. **20** [1955] 1363, 1366).

Krystalle (aus wss. A.); F: 33,5—34,5°.

4,5-Dimethyl-furan-2-carbonsäure $C_7H_8O_3$, Formel VII (R = H).

B. Beim Behandeln von 4,5-Dimethyl-furan-2-carbaldehyd mit Silberoxid und wss. Natronlauge (*Reichstein, Grüssner*, Helv. **16** [1933] 28, 33). Beim Erwärmen von 4,5-Di=methyl-furan-2-carbonsäure-methylester mit wss. Natronlauge (*Mndshojan et al.*, Doklady Akad. Armjansk. S.S.R. **25** [1957] 277, 279; C. A. **1958** 12835). Beim Erwärmen von 4,5-Dimethyl-furan-2-carbonitril mit wss.-äthanol. Kalilauge (*Re., Gr.*).

Krystalle (aus Bzl. oder aus Toluol + Bzn.); F: 158,5—159,5° [korr.] (*Re., Gr.*).

4,5-Dimethyl-furan-2-carbonsäure-methylester $C_8H_{10}O_3$, Formel VII (R = CH_3).

B. Beim Erwärmen von 4-Chlormethyl-5-methyl-furan-2-carbonsäure-methylester mit

Zink-Pulver und wss. Essigsäure (*Mndshojan et al.*, Doklady Akad. Armjansk. S.S.R. **25** [1957] 277, 279; C. A. **1958** 12 835).

Kp_1: 78—80°.

4,5-Dimethyl-furan-2-carbonitril C_7H_7NO, Formel VIII.

B. Beim Erhitzen von 2-Cyan-4,5-dimethyl-furan-3-carbonsäure mit Kupfer-Pulver und Chinolin (*Reichstein, Grüssner*, Helv. **16** [1933] 28, 31).

Kp_{11}: 77—78°.

4-Chlormethyl-5-methyl-furan-2-carbonsäure-methylester $C_8H_9ClO_3$, Formel IX.

B. Beim Behandeln eines Gemisches von 5-Methyl-furan-2-carbonsäure-methylester, Paraformaldehyd, Zinkchlorid und Chloroform mit Chlorwasserstoff (*Mndshojan et al.*, Doklady Akad. Armjansk. S.S.R. **25** [1957] 277, 278; C. A. **1958** 12 835).

Krystalle; F: 42—43° [aus dem Destillat]. Kp_1: 108—109°. D_4^{20}: 1,2490. n_D^{20}: 1,5181.

4,5-Dimethyl-thiophen-2-carbonsäure $C_7H_8O_2S$, Formel X.

B. Beim Behandeln von 2,3-Dimethyl-thiophen mit Butyllithium in Äther und anschliessend mit Kohlendioxid (*Sicé*, J. org. Chem. **19** [1954] 70, 72). Aus 4,5-Dimethyl-thiophen-2-carbaldehyd mit Hilfe von Silberoxid (*Lozac'h, Mollier*, Bl. **1959** 1389).

Krystalle; F: 213° [aus Bzl. + Cyclohexan] (*Lo., Mo.*), 210—212° [korr.; evakuierte Kapillare; aus Bzl.] (*Sicé*). Bei 100° im Hochvakuum sublimierbar (*Sicé*). Absorptionsmaxima (W.): 250 nm und 284 nm (*Sicé*).

IX   X   XI

4,5-Dimethyl-selenophen-2-carbonsäure $C_7H_8O_2Se$, Formel XI.

B. Beim Behandeln von 4,5-Dimethyl-selenophen-2-carbaldehyd mit Silberoxid und wss.-äthanol. Natronlauge (*Jur'ew et al.*, Ž. obšč. Chim. **29** [1959] 1970, 1971; engl. Ausg. S. 1940, 1941).

Krystalle (aus wss. A.); F: 197—197,5°.

Carbonsäuren $C_8H_{10}O_3$

4-[2]Furyl-buttersäure $C_8H_{10}O_3$, Formel I (X = OH).

B. Beim Behandeln von 4-[2]Furyl-butyronitril mit wss.-äthanol. Kalilauge (*Rallings, Smith*, Soc. **1953** 618, 621; *Hofmann et al.*, Am. Soc. **71** [1949] 1253, 1255).

$Kp_{0,4}$: 108—110°; D_4^{20}: 1,1307; n_D^{20}: 1,4796 (*Ra., Sm.*).

Ein ebenfalls als 4-[2]Furyl-buttersäure angesehenes Präparat (F: 151°) ist beim Hydrieren von 3*t*(?)-[2]Furyl-acrylaldehyd-oxim an Raney-Nickel und Palladium in Äther unter Zusatz von Kohlendioxid bei 80—100°/100—125 at und Erhitzen des als 4-[2]Furyl-buttersäure-amid angesehenen Reaktionsprodukts (F: 67°) mit wss. Salzsäure erhalten worden (*Phrix-Werke*, D.B.P. 855863 [1950]).

4-[2]Furyl-buttersäure-äthylester $C_{10}H_{14}O_3$, Formel I (X = O-C_2H_5).

B. Beim Behandeln von 4-[2]Furyl-buttersäure mit Chlorwasserstoff enthaltendem Äthanol (*Hofmann et al.*, Am. Soc. **71** [1949] 1253, 1255).

Kp_{23}: 119—122°.

4-[2]Furyl-buttersäure-amid, 4-[2]Furyl-butyramid $C_8H_{11}NO_2$, Formel I (X = NH_2).

B. Beim Behandeln von 4-[2]Furyl-buttersäure mit Phosphor(III)-chlorid in Äther und Behandeln des Reaktionsprodukts mit wss. Ammoniak (*Rallings, Smith*, Soc. **1953** 618, 621).

Krystalle (aus W. + A.); F: 88—89°.

4-[2]Furyl-buttersäure-anilid $C_{14}H_{15}NO_2$, Formel I (X = NH-C_6H_5).

B. Beim Erhitzen von 4-[2]Furyl-buttersäure mit Anilin auf 175° (*Hofmann et al.*, Am. Soc. **71** [1949] 1253, 1255).

Krystalle (aus PAe. + Ae.); F: 62—64°. Bei 140° im Hochvakuum sublimierbar.

4-[2]Furyl-butyronitril C_8H_9NO, Formel II.

B. Beim Behandeln von 2-[3-Brom-propyl]-furan mit Kaliumcyanid in wss. Äthanol (*Rallings, Smith*, Soc. **1953** 618, 621). Beim Behandeln von 3-[2]Furyl-propan-1-ol mit Benzolsulfonylchlorid und Pyridin und Erwärmen des Reaktionsprodukts mit Natrium=cyanid in wss. Methanol (*Taylor*, Soc. **1959** 2767).

Kp_{10}: 104—108°; n_D^{20}: 1,4712 (*Ra., Sm.*). Kp_8: 110°; n_D^{20}: 1,4695 (*Ta.*).

        I   II   III

4-[2]Thienyl-buttersäure $C_8H_{10}O_2S$, Formel III (X = OH).

B. Aus 4-Oxo-4-[2]thienyl-buttersäure beim Behandeln mit amalgamiertem Zink und wss. Salzsäure (*Fieser, Kennelly*, Am. Soc. **57** [1935] 1611, 1615), bei der Hydrierung an Kobaltpolysulfid in Essigsäure bei 200—225°/100 at (*Campaigne, Diedrich*, Am. Soc. **73** [1951] 5240, 5241) sowie beim Erhitzen mit Hydrazin-hydrat, Kaliumhydroxid und Diäthylenglykol (*Buu-Hoï et al.*, J. org. Chem. **14** [1949] 802, 807; *Cagniant, Cagniant*, Bl. **1953** 62, 64; *Badger et al.*, Soc. **1954** 4162, 4165). Aus 4-[2]Thienyl-buttersäure-amid mit Hilfe von wss. Kalilauge (*Blanchette, Brown*, Am. Soc. **74** [1952] 1066).

Krystalle; F: 13,5—15° (*Fi., Ke.*). Kp_{20}: 172—174° (*Gol'dfarb et al.*, Ž. obšč. Chim. **29** [1959] 3564, 3570; engl. Ausg. S. 3526, 3531); $Kp_{14,5}$: 168° (*Fabritschnyi et al.*, Ž. obšč. Chim. **28** [1958] 2520, 2523; engl. Ausg. S. 2556, 2558); Kp_{14}: 167° (*Cag., Cag.*); Kp_8: 160—162° (*Willputte, Martin*, Bl. Soc. chim. Belg. **65** [1956] 874, 896); Kp_2: 138—140° (*Cam., Di.*); $Kp_{1,5}$: 130—134° (*Fi., Ke.*); $Kp_{0,5}$: 120° (*Ba. et al.*, Soc. **1954** 4165); $Kp_{0,1}$: 115° (*Badger et al.*, Soc. **1959** 440, 442). D_4^{19}: 1,184 (*Cag., Cag.*). n_D^{20}: 1,5394 (*Cam., Di.*), 1,5321 (*Cag., Cag.*), 1,5317 (*Fa. et al.*), 1,5305 (*Go. et al.*). Absorptions= maximum (A.): 234 nm (*Cam., Di.*).

Beim Erwärmen mit wss. Natriumcarbonat-Lösung und Raney-Nickel sind Hexa= decandisäure und Octansäure erhalten worden (*Badger, Sasse*, Soc. **1957** 3862, 3866).

4-[2]Thienyl-buttersäure-äthylester $C_{10}H_{14}O_2S$, Formel III (X = O-C_2H_5).

B. Beim Erwärmen von 4-[2]Thienyl-buttersäure mit Chlorwasserstoff enthaltendem Äthanol (*Gol'dfarb et al.*, Izv. Akad. S.S.S.R. Otd. chim. **1956** 1276; engl. Ausg. S. 1311; *Fabritschnyi et al.*, Ž. obšč. Chim. **28** [1958] 2520, 2522; engl. Ausg. S. 2556, 2558).

Kp_{20}: 164—165° (*Buu-Hoï et al.*, C. r. **240** [1955] 442), 143,5—144° (*Fa. et al.*); Kp_{13}: 137—138° (*Willputte, Martin*, Bl. Soc. chim. Belg. **65** [1956] 874, 896). D_4^{20}: 1,0797; n_D^{20}: 1,5020; n_D^{23}: 1,5007 (*Fa. et al.*); n_D^{23}: 1,5081 (*Buu-Hoï et al.*).

Bis-[2-(4-[2]thienyl-butyryloxy)-äthyl]-äther, O,O'-Bis-[4-[2]thienyl-butyryl]-diäthylenglykol $C_{20}H_{26}O_5S_2$, Formel IV.

B. Beim Behandeln von 4-[2]Thienyl-buttersäure mit Diäthylenglykol und wss. Salz= säure (*Cagniant, Cagniant*, Bl. **1953** 62, 65).

Kp_4: 247—248°. n_D^{28}: 1,5308.

                                 IV

4-[2]Thienyl-buttersäure-[4-brom-phenacylester] $C_{16}H_{15}BrO_3S$, Formel V.

B. Aus 4-[2]Thienyl-buttersäure und 2-Brom-1-[4-brom-phenyl]-äthanon (*Blanchette, Brown*, Am. Soc. **74** [1952] 1066).

Krystalle; F: 58—59° [aus wss. A.] (*Papa et al.*, J. org. Chem. **14** [1949] 723, 727), 51,5—52,5° [aus A.] (*Bl., Br.*).

4-[2]Thienyl-butyrylchlorid C_8H_9ClOS, Formel III (X = Cl).

B. Beim Erwärmen von 4-[2]Thienyl-buttersäure mit Thionylchlorid, Pyridin und Äther (*Fieser, Kennelly*, Am. Soc. **57** [1935] 1611, 1615; s. a. *Cagniant, Cagniant*, Bl. **1953** 62, 65).

Kp_2: 104—110° (*Fi., Ke.*); $Kp_{0,7}$: 102—104° (*Gol'dfarb et al.*, Ž. obšč. Chim. **29** [1959] 3564, 3570; engl. Ausg. S. 3526, 3531).

4-[2]Thienyl-buttersäure-amid, 4-[2]Thienyl-butyramid $C_8H_{11}NOS$, Formel III (X = NH_2).

B. Beim Behandeln von 4-[2]Thienyl-butyrylchlorid mit wss. Ammoniak (*Cagniant, Cagniant*, Bl. **1953** 62, 65). Beim Erhitzen von 1-[2]Thienyl-butan-1-on mit Schwefel, wss. Ammoniak und Dioxan oder mit Ammoniumpolysulfid und Dioxan auf 140° (*Blanchette, Brown*, Am. Soc. **74** [1952] 1066).

Krystalle; F: 83—84° [aus W.] (*Bl., Br.*), 82° [aus Bzl. + PAe.] (*Ca., Ca.*).

V   VI

4-[5-Chlor-[2]thienyl]-buttersäure $C_8H_9ClO_2S$, Formel VI (X = OH).

B. Beim Erhitzen von 4-[5-Chlor-[2]thienyl]-4-oxo-buttersäure mit Hydrazin-hydrat, Kaliumhydroxid und Diäthylenglykol auf 195° (*Buu-Hoï et al.*, R. **69** [1950] 1083, 1108).

Kp_{30}: 205°; Kp_{15}: 185°.

4-[5-Chlor-[2]thienyl]-butyrylchlorid $C_8H_8Cl_2OS$, Formel VI (X = Cl).

B. Beim Erwärmen von 4-[5-Chlor-[2]thienyl]-buttersäure mit Thionylchlorid, Pyridin und Äther (*Buu-Hoï et al.*, R. **69** [1950] 1083, 1108).

Kp_{18}: 170°.

---

*Opt.-inakt. 3-[2]Furyl-2,4-dinitro-buttersäure-äthylester $C_{10}H_{12}N_2O_7$, Formel VII.

Diäthylamin-Salz $C_4H_{11}N \cdot C_{10}H_{12}N_2O_7$. *B.* Beim Behandeln von 2-[2-Nitro-vinyl]-furan (aus Furfural und Nitromethan mit Hilfe von Alkalilauge hergestellt) mit Nitro=essigsäure-äthylester, Diäthylamin und Benzin (*Dornow, Frese*, A. **581** [1953] 211, 218). — Krystalle (aus Bzn.); F: 104°.

VII   VIII   IX

(±)-3-[2]Thienyl-buttersäure-äthylester $C_{10}H_{14}O_2S$, Formel VIII.

B. Beim Erwärmen von 3-[2]Thienyl-crotonsäure-äthylester (Kp_4: 116—119°) mit Äthanol und Natrium-Amalgam (*Miller, Nord*, J. org. Chem. **15** [1950] 89, 93).

Kp_3: 106—107°. n_D^{30}: 1,4993.

(±)-2-[2]Furyl-buttersäure $C_8H_{10}O_3$, Formel IX (X = OH).

B. Beim Erwärmen von Äthyl-[2]furyl-malonsäure-dimethylester mit wss.-methanol. Natronlauge (*Reichstein, Morsmann*, Helv. **17** [1934] 1119, 1127).

Krystalle (aus Pentan); F: 50°.

(±)-2-[2]Furyl-buttersäure-amid, (±)-2-[2]Furyl-butyramid $C_8H_{11}NO_2$, Formel IX (X = NH_2).

B. Neben anderen Verbindungen beim Erhitzen von Äthyl-[2]furyl-malonsäure-dimethylester mit Harnstoff und Natriummethylat in Methanol auf 105° (*Reichstein, Morsmann*, Helv. **17** [1934] 1119, 1127).

Krystalle (aus Bzl. + Bzn.); F: 97—98,5°. Bei 100—120° im Hochvakuum sublimier-bar.

(±)-3-[2]Furyl-2-methyl-propionsäure-äthylester $C_{10}H_{14}O_3$, Formel X (X = $O-C_2H_5$).

B. Bei der Hydrierung von 3t-[2]Furyl-2-methyl-acrylsäure-äthylester an Palladium/

Calciumcarbonat in Äthanol (*Searle & Co.*, U.S.P. 2734904 [1954]).
$Kp_{0,25}$: $47-48°$. n_D^{25}: 1,4559.

(±)-[3-[2]Furyl-2-methyl-propionyl]-guanidin $C_9H_{13}N_3O_2$, Formel X
(X = NH-C(NH$_2$)=NH) und Tautomeres.
B. Beim Erwärmen von (±)-3-[2]Furyl-2-methyl-propionsäure-äthylester mit Guanidin
in Methanol (*Searle & Co.*, U.S.P. 2734904 [1954]).
Krystalle (aus W.); F: $137-138°$.

(±)-2-Methyl-3-[2]thienyl-propionsäure $C_8H_{10}O_2S$, Formel XI (X = OH).
B. Aus Methyl-[2]thienylmethyl-malonsäure (*Cagniant*, C. r. **232** [1951] 734).
$Kp_{11,4}$: $162,5°$. $n_D^{18,2}$: 1,5242.

X   XI   XII   XIII

(±)-2-Methyl-3-[2]thienyl-propionylchlorid C_8H_9ClOS, Formel XI (X = Cl).
B. Aus (±)-2-Methyl-3-[2]thienyl-propionsäure (*Cagniant*, C. r. **232** [1951] 734).
$Kp_{6,5}$: $94,5°$.

(±)-2-Methyl-3-[2]thienyl-propionsäure-amid $C_8H_{11}NOS$, Formel XI (X = NH$_2$).
Krystalle (aus Bzl.); F: $105,5°$ (*Cagniant*, C. r. **232** [1951] 734).

2-Methyl-2-[2]thienyl-propionitril C_8H_9NS, Formel XII.
B. Beim Behandeln von 2-[2]Thienyl-propionitril mit Natriumamid oder Lithiumamid
in Äther und Erwärmen des Reaktionsgemisches mit Methyljodid (*Hill, Brooks*, J. org.
Chem. **23** [1958] 1289, 1291).
Kp_{11}: $93-95°$.

5-Propyl-thiophen-2-carbonsäure $C_8H_{10}O_2S$, Formel XIII (H 299).
B. Aus 5-Propyl-thiophen-2-carbaldehyd mit Hilfe von alkal. wss. Kaliumpermanganat-
Lösung (*King, Nord*, J. org. Chem. **13** [1948] 635, 637).
F: $58°$.

5-Propyl-thiophen-2-carbonsäure-[[2]thienylmethylen-hydrazid], **Thiophen-2-carb-
aldehyd-[5-propyl-thiophen-2-carbonylhydrazon]** $C_{13}H_{14}N_2OS_2$, Formel I.
B. Beim Erwärmen von 5-Propyl-thiophen-2-carbonsäure-hydrazid (nicht beschrieben)
mit Thiophen-2-carbaldehyd in Äthanol (*Buu-Hoi et al.*, Soc. **1953** 547).
Gelbe Krystalle (aus A.); F: $173°$.

3-[5-Methyl-[2]furyl]-propionsäure $C_8H_{10}O_3$, Formel II (X = OH).
B. Beim Erwärmen von 4,7-Dioxo-octansäure mit Phosphor(V)-oxid in Benzol (*Robin-
son, Todd*, Soc. **1939** 1743, 1747). Beim Behandeln von 3t-[5-Methyl-[2]furyl]-acrylsäure
(S. 4179) mit Natrium-Amalgam und Wasser (*Wichterle*, Collect. **11** [1939] 171, 174) oder
mit Nickel-Aluminium-Legierung und wss. Natronlauge (*Taylor*, Soc. **1959** 2767). Beim
Erwärmen von 3-[5-Methyl-[2]furyl]-propionsäure-äthylester mit äthanol. Kalilauge
(*Wi.*).
Krystalle; F: $61-62°$ [aus W.] (*Wi.*), $57-57,5°$ [aus Pentan] (*Ta.*), $54-55°$ [aus W.]
(*Ro., Todd*).

I   II   III

3-[5-Methyl-[2]furyl]-propionsäure-methylester $C_9H_{12}O_3$, Formel II (X = O-CH$_3$).
B. Beim Behandeln von 3-[5-Methyl-[2]furyl]-propionsäure mit Diazomethan in Äther (*Robinson, Todd*, Soc. **1939** 1743, 1747).
Kp$_{2-3}$: 82°. n$_D^{20}$: 1,465.

3-[5-Methyl-[2]furyl]-propionsäure-äthylester $C_{10}H_{14}O_3$, Formel II (X = O-C$_2$H$_5$).
B. In kleiner Menge neben 4,7-Dioxo-octansäure-äthylester beim Erwärmen von 3-[5-Methyl-[2]furyl]-propionsäure oder von 4,7-Dioxo-octansäure mit Äthanol und wenig Schwefelsäure (*Robinson, Todd*, Soc. **1939** 1743, 1747) sowie beim Erwärmen von 4,7-Di≈ oxo-octansäure mit Äthanol, Benzol und wenig Schwefelsäure unter Entfernen des ent- stehenden Wassers (*Wichterle*, Collect. **11** [1939] 171, 172).
Kp$_{9,5}$: 102—102,5°; D$_4^{20}$: 1,0336; n$_D^{20}$: 1,46132; n$_{656,3}^{20}$: 1,45836; n$_{486,1}^{20}$: 1,46886; n$_{430,8}^{20}$: 1,47533 (*Wi.*).

3-[5-Methyl-[2]furyl]-propionsäure-amid $C_8H_{11}NO_2$, Formel II (X = NH$_2$).
B. Beim Behandeln von 3-[5-Methyl-[2]furyl]-propionsäure-äthylester mit wss. Am≈ moniak (*Wichterle*, Collect. **11** [1939] 171, 174).
Krystalle (aus A.); F: 99—100°.

3-Isopropyl-thiophen-2-carbonsäure $C_8H_{10}O_2S$, Formel III.
B. Beim Erwärmen von 1-[3-Isopropyl-[2]thienyl]-äthanon mit wss. Natriumhypo≈ chlorit-Lösung (*Spaeth, Germain*, Am. Soc. **77** [1955] 4066, 4067).
F: 110—111,5° [korr.].

3-Isopropyl-thiophen-2-carbonsäure-[4-brom-phenacylester] $C_{16}H_{15}BrO_3S$, Formel IV.
B. Aus 3-Isopropyl-thiophen-2-carbonsäure (*Spaeth, Germain*, Am. Soc. **77** [1955] 4066, 4067).
F: 88—89°.

2-Isopropyl-furan-3-carbonsäure $C_8H_{10}O_3$, Formel V (R = H).
B. Beim Erwärmen von 2-Isopropyl-furan-3-carbonsäure-äthylester mit wss.-methanol. Kalilauge (*Reichstein et al.*, Helv. **15** [1932] 1118, 1122).
Krystalle (aus Pentan); F: 79°.

2-Isopropyl-furan-3-carbonsäure-äthylester $C_{10}H_{14}O_3$, Formel V (R = C$_2$H$_5$).
B. Beim Behandeln von 4-Methyl-3-oxo-valeriansäure-äthylester mit 1-Äthoxy-1,2-di≈ chlor-äthan, Äther und wss. Natronlauge (*Reichstein et al.*, Helv. **15** [1932] 1118, 1122).
Kp$_{14}$: 95° (*Reichstein, Hirt*, Helv. **16** [1933] 121, 125); Kp$_{12}$: 92° (*Re. et al.*).

4-Isopropyl-furan-2-carbonsäure $C_8H_{10}O_3$, Formel VI (X = OH).
B. Beim Behandeln einer Lösung von 4-Isopropyl-furan-2-carbaldehyd in Äthanol mit Silberoxid und wss. Natronlauge (*Elming*, Acta chem. scand. **6** [1952] 605; s. a. *Gilman, Calloway*, Am. Soc. **55** [1933] 4197, 4200; *Gilman et al.*, Am. Soc. **57** [1935] 906).
Krystalle; F: 76—77,5° [aus Ae. + PAe.] (*El.*), 76—77° [aus wss. A.] (*Gi., Ca.*).

IV   V   VI

4-Isopropyl-furan-2-carbonsäure-methylester $C_9H_{12}O_3$, Formel VI (X = O-CH$_3$).
B. Beim Erwärmen von 4-Isopropyl-furan-2-carbonsäure mit Methanol und konz. Schwefelsäure (*Elming*, Acta chem. scand. **6** [1952] 605).
Kp$_{14}$: 110—112°. n$_D^{25}$: 1,4783.

4-Isopropyl-furan-2-carbonsäure-äthylester $C_{10}H_{14}O_3$, Formel VI (X = O-C$_2$H$_5$).
B. Beim Erwärmen von 4-Isopropyl-furan-2-carbonsäure mit Chlorwasserstoff ent-

haltendem Äthanol (*Meltzer et al.*, J. Am. pharm. Assoc. **42** [1953] 594, 597).
Kp_{14}: 122—123°. n_D^{24}: 1,4744.

4-Isopropyl-furan-2-carbonsäure-hydrazid $C_8H_{12}N_2O_2$, Formel VI (X = NH-NH$_2$).
B. Beim Erhitzen von 4-Isopropyl-furan-2-carbonsäure-äthylester mit Hydrazin-
hydrat (*Meltzer et al.*, J. Am. pharm. Assoc. **42** [1953] 594, 597).
Krystalle (aus wss. A.); F: 85—86°.

5-Brom-4-isopropyl-furan-2-carbonsäure $C_8H_9BrO_3$, Formel VII (X = OH).
B. Aus 5-Brom-4-isopropyl-furan-2-carbaldehyd (hergestellt aus 5-Brom-furan-2-carb-
aldehyd und Isopropylchlorid mit Hilfe von Aluminiumchlorid in Schwefelkohlenstoff)
mit Hilfe von Silberoxid (*Gilman et al.*, Am. Soc. **57** [1935] 906). Aus 5-Brom-4-iso-
propyl-furan-2-carbonsäure-äthylester mit Hilfe von äthanol. Kalilauge (*Gi. et al.*).
Krystalle (aus wss. A.); F: 103—104°.

5-Brom-4-isopropyl-furan-2-carbonsäure-äthylester $C_{10}H_{13}BrO_3$, Formel VII
(X = O-C$_2$H$_5$).
B. Beim Behandeln von 5-Brom-furan-2-carbonsäure-äthylester mit Isopropylchlorid
und Aluminiumchlorid in Schwefelkohlenstoff (*Gilman et al.*, Am. Soc. **57** [1935] 906).
Kp_{17}: 141—144°. n_D^{25}: 1,5072.

5-Brom-4-isopropyl-furan-2-carbonylchlorid $C_8H_8BrClO_2$, Formel VII (X = Cl).
B. Aus 5-Brom-4-isopropyl-furan-2-carbonsäure mit Hilfe von Thionylchlorid (*Gilman
et al.*, Am. Soc. **57** [1935] 906).
Kp_{15}: 129—131°.

VII   VIII   IX

4-Isopropyl-thiophen-2-carbonsäure $C_8H_{10}O_2S$, Formel VIII (R = H).
B. Beim Erwärmen von 1-[4-Isopropyl-[2]thienyl]-äthanon mit wss. Natriumhypochlorit-Lösung (*Spaeth, Germain*, Am. Soc. **77** [1955] 4066, 4067).
F: 92—93° (*Sp., Ge.*), 91—92° (*Otsuji et al.*, J. chem. Soc. Japan Pure Chem. Sect.
80 [1959] 1021, 1022; C. A. **1961** 5467), 90—91° (*Sugimoto et al.*, Bl. Univ. Osaka Prefect.
[A] **8** [1959] 71, 72). UV-Spektrum (A.; 220—300 nm): *Su. et al.*, l. c. S. 76. Scheinbarer Dissoziationsexponent pK_a' (Wasser; potentiometrisch ermittelt) bei 25°: 3,66 (*Ot.
et al.*, l. c. S. 1023).

4-Isopropyl-thiophen-2-carbonsäure-äthylester $C_{10}H_{14}O_2S$, Formel VIII (R = C$_2$H$_5$).
B. Aus 4-Isopropyl-thiophen-2-carbonsäure (*Otsuji et al.*, J. chem. Soc. Japan Pure
Chem. Sect. **80** [1959] 1021, 1022; C. A. **1961** 5467).
Kp_5: 118—119°.
Geschwindigkeitskonstante der Hydrolyse in Natriumhydroxid enthaltendem 85%ig.
wss. Äthanol bei 25°, 35° und 45°: *Ot. et al.*, l. c. S. 1023.

4-Isopropyl-thiophen-2-carbonsäure-[4-brom-phenacylester] $C_{16}H_{15}BrO_3S$, Formel IX.
B. Aus 4-Isopropyl-thiophen-2-carbonsäure (*Spaeth, Germain*, Am. Soc. **77** [1955]
4066, 4067).
F: 80,5—81,5°.

_____

5-Isopropyl-furan-2-carbonsäure $C_8H_{10}O_3$, Formel X (X = OH).
B. Beim Behandeln von 5-Isopropyl-furan-2-carbaldehyd mit Silberoxid und wss.-
äthanol. Natronlauge (*Reichstein et al.*, Helv. **15** [1932] 1118, 1121). Beim Erwärmen von
5-Isopropyl-furan-2-carbonsäure-methylester mit äthanol. Kalilauge (*Gilman, Calloway*,
Am. Soc. **55** [1933] 4197, 4202).
Krystalle; F: 66—67° [aus PAe.] (*Re. et al.*), 65—66° [aus wss. A.] (*Gi., Ca.*).

5-Isopropyl-furan-2-carbonsäure-methylester $C_9H_{12}O_3$, Formel X (X = O-CH$_3$).

B. Beim Behandeln von Furan-2-carbonsäure-methylester mit Propylchlorid oder Isopropylchlorid und Aluminiumchlorid (*Gilman, Calloway*, Am. Soc. **55** [1933] 4197, 4201).

Kp$_{20}$: 110—112°; D$_{25}^{25}$: 1,076; n$_D^{25}$: 1,4851 (*Gi., Ca.*). Kp$_{14}$: 106—107°; n$_D^{25}$: 1,4834 (*Nedenskov et al.*, Acta chem. scand. **9** [1955] 17, 19).

5-Isopropyl-furan-2-carbonylchlorid $C_8H_9ClO_2$, Formel X (X = Cl).

B. Aus 5-Isopropyl-furan-2-carbonsäure mit Hilfe von Thionylchlorid (*Gilman, Burtner*, Am. Soc. **57** [1935] 909, 910).

Kp$_{16}$: 117—121°.

5-Isopropyl-thiophen-2-carbonsäure $C_8H_{10}O_2S$, Formel XI.

Konstitutionszuordnung: *Spaeth, Germain*, Am. Soc. **77** [1955] 4066, 4068.

B. Beim Behandeln von Thiophen-2-carbonsäure mit Diisopropyläther und Fluorwasserstoff (*Weinmayr*, Am. Soc. **72** [1950] 918). Beim Erwärmen von 1-[5-Isopropyl-[2]thienyl]-äthanon mit wss. Kaliumhypochlorit-Lösung (*Messina, Brown*, Am. Soc. **74** [1952] 920, 922).

Krystalle; F: 81—82° [aus W.] (*Me., Br.*), 81° (*We.*), 80—80,5° (*Sp., Ge.*).

[5-Äthyl-[2]thienyl]-essigsäure $C_8H_{10}O_2S$, Formel XII (X = OH).

B. Beim Erhitzen von [5-Äthyl-[2]thienyl]-essigsäure-amid mit wss. Kalilauge (*Blanchette, Brown*, Am. Soc. **73** [1951] 2779). Beim Erhitzen von [5-Äthyl-[2]thienyl]-acetonitril mit wss.-äthanol. Kalilauge (*Cagniant, Cagniant*, Bl. **1952** 713, 715).

Krystalle (aus W.); F: 67—68° (*Bl., Br.*). Kp$_{14}$: 168° (*Ca., Ca.*).

[5-Äthyl-[2]thienyl]-essigsäure-äthylester $C_{10}H_{14}O_2S$, Formel XII (X = O-C$_2$H$_5$).

B. Beim Erwärmen von 1-[5-Äthyl-[2]thienyl]-2-diazo-äthanon mit Silberoxid und Äthanol (*Cagniant, Cagniant*, Bl. **1952** 713, 716).

Kp$_{14}$: 130—131°. n$_D^{19,4}$: 1,5138.

[5-Äthyl-[2]thienyl]-acetylchlorid C_8H_9ClOS, Formel XII (X = Cl).

B. Beim Behandeln von [5-Äthyl-[2]thienyl]-essigsäure mit Thionylchlorid (*Cagniant, Cagniant*, Bl. **1952** 713, 715).

Kp$_{16}$: 125°.

[5-Äthyl-[2]thienyl]-essigsäure-amid $C_8H_{11}NOS$, Formel XII (X = NH$_2$).

B. Aus [5-Äthyl-[2]thienyl]-acetylchlorid mit Hilfe von Ammoniak (*Cagniant, Cagniant*, Bl. **1952** 713, 715). Beim Erhitzen von 1-[5-Äthyl-[2]thienyl]-äthanon mit Schwefel, wss. Ammoniak und Dioxan oder mit Ammoniumpolysulfid und Dioxan bis auf 160° (*Blanchette, Brown*, Am. Soc. **73** [1951] 2779).

Krystalle; F: 148° [aus W.] (*Bl., Br.*), 143° [aus Bzl.] (*Ca., Ca.*).

[5-Äthyl-[2]thienyl]-acetonitril C_8H_9NS, Formel XIII.

B. Beim Erwärmen von 2-Äthyl-5-chlormethyl-thiophen mit Kaliumcyanid in wss. Aceton (*Cagniant, Cagniant*, Bl. **1952** 713, 715).

Kp$_{17}$: 132°. n$_D^{20}$: 1,5380.

4-Äthyl-2-methyl-furan-3-carbonsäure $C_8H_{10}O_3$, Formel I.

B. Beim Erhitzen von [4-Äthyl-3-carboxy-[2]furyl]-essigsäure auf Temperaturen oberhalb des Schmelzpunkts (*Reichstein, Grüssner*, Helv. **16** [1933] 6, 10).

Krystalle (aus Bzn.); F: 105—106° [korr.].

[3,4-Dimethyl-[2]thienyl]-essigsäure-amid $C_8H_{11}NOS$, Formel II.

B. Beim Erhitzen von 1-[3,4-Dimethyl-[2]thienyl]-äthanon mit wss. Ammoniak, Schwefel und Dioxan bis auf 160° (*Blanchette, Brown*, Am. Soc. **73** [1951] 2779, **74** [1952] 1066).

Krystalle (aus W.); F: 152° (*Bl., Br.*, Am. Soc. **73** 2779).

I II III IV

5-Äthyl-2-methyl-furan-3-carbonsäure $C_8H_{10}O_3$, Formel III (H 299).

B. Beim Erhitzen von 2-Acetyl-4-oxo-hexansäure-äthylester mit wss. Schwefelsäure und Erwärmen des erhaltenen 5-Äthyl-2-methyl-furan-3-carbonsäure-äthyl‐ esters ($C_{10}H_{14}O_3$; bei 83—98°/0,2 Torr destillierbar) mit methanol. Kalilauge (*Reichstein, Grüssner*, Helv. **16** [1933] 6, 8).

Krystalle (aus Bzn.); F: 98,5—99°.

[4,5-Dimethyl-[2]thienyl]-essigsäure $C_8H_{10}O_2S$, Formel IV (X = OH).

B. Beim Erhitzen von [4,5-Dimethyl-[2]thienyl]-essigsäure-amid mit wss. Kalilauge (*Blanchette, Brown*, Am. Soc. **73** [1951] 2779).

Krystalle (aus PAe.); F: 97—98°.

[4,5-Dimethyl-[2]thienyl]-essigsäure-amid $C_8H_{11}NOS$, Formel IV (X = NH_2).

B. Beim Erhitzen von 1-[4,5-Dimethyl-[2]thienyl]-äthanon mit Schwefel, wss. Ammoniak und Dioxan oder mit Ammoniumpolysulfid und Dioxan bis auf 160° (*Blanchette, Brown*, Am. Soc. **73** [1951] 2779).

Krystalle (aus W.); F: 165—166°.

[2,5-Dimethyl-[3]furyl]-essigsäure $C_8H_{10}O_3$, Formel V (X = OH).

B. Beim Erhitzen von [2,5-Dimethyl-[3]furyl]-essigsäure-amid mit wss. Kalilauge (*Blanchette, Brown*, Am. Soc. **74** [1952] 2098).

Krystalle (aus PAe.); F: 94—95°.

[2,5-Dimethyl-[3]furyl]-essigsäure-amid $C_8H_{11}NO_2$, Formel V (X = NH_2).

B. Beim Erhitzen von 1-[2,5-Dimethyl-[3]furyl]-äthanon mit Schwefel, wss. Am‐ moniak und Dioxan oder mit Ammoniumpolysulfid und Dioxan bis auf 110° (*Blanchette, Brown*, Am. Soc. **74** [1952] 2098).

Krystalle (aus PAe.); F: 82—83°.

[2,5-Dimethyl-[3]thienyl]-essigsäure $C_8H_{10}O_2S$, Formel VI (X = OH).

B. Beim Erhitzen von [2,5-Dimethyl-[3]thienyl]-essigsäure-amid mit wss. Kalilauge (*Brown, Blanchette*, Am. Soc. **72** [1950] 3414) oder mit wss.-methanol. Kalilauge (*Dann, Distler*, B. **87** [1954] 365, 370). Beim Erhitzen von [2,5-Dimethyl-[3]thienyl]-acetonitril mit wss.-äthanol. Kalilauge (*Br., Bl.*). Beim Erwärmen von [2,5-Dimethyl-[3]thienyl]-thioessigsäure-morpholid mit methanol. Kalilauge (*Dann, Distler*, B. **84** [1951] 423, 426).

Krystalle; F: 68—70° [aus wss. Eg.] (*Dann, Di.*, B. **87** 370), 69,5° [aus W.] (*Br., Bl.*). $Kp_{2,6}$: 152—153° (*Dann, Di.*, B. **84** 426).

V VI VII

[2,5-Dimethyl-[3]thienyl]-essigsäure-amid $C_8H_{11}NOS$, Formel VI (X = NH_2).

B. Beim Erhitzen von 1-[2,5-Dimethyl-[3]thienyl]-äthanon mit wss. Ammoniumpoly=
sulfid-Lösung, Schwefel und Dioxan (*Brown, Blanchette*, Am. Soc. **72** [1950] 3414; *Dann,
Distler*, B. **87** [1954] 365, 370) oder mit wss. Ammoniak, Schwefel und Dioxan bis auf 160°
(*Blanchette, Brown*, Am. Soc. **74** [1952] 1066).

Krystalle; F: 153,5° [korr.; aus W.] (*Br., Bl.*), 147—148° [unkorr.; aus wss. Eg.]
(*Dann, Di.*).

[2,5-Dimethyl-[3]thienyl]-acetonitril C_8H_9NS, Formel VII.

B. Beim Erwärmen von 3-Chlormethyl-2,5-dimethyl-thiophen mit Kaliumcyanid in
wss. Aceton (*Buu-Hoï, Hoán*, J. org. Chem. **16** [1951] 874, 880; s. a. *Brown, Blanchette*,
Am. Soc. **72** [1950] 3414).

Kp_{15}: 180—185° (*Buu-Hoï, Hoán*).

5-Äthyl-4-methyl-furan-2-carbonsäure $C_8H_{10}O_3$, Formel VIII (R = H).

B. Beim Erwärmen von 5-Äthyl-4-methyl-furan-2-carbonsäure-äthylester mit wss.
Natronlauge (*Mndshojan, Arojan*, Doklady Akad. Armjansk. S.S.R. **27** [1958] 101, 105;
C. A. **1959** 18934).

Krystalle (aus Bzl.); F: 135—136°.

5-Äthyl-4-methyl-furan-2-carbonsäure-methylester $C_9H_{12}O_3$, Formel VIII (R = CH_3).

B. Beim Erwärmen von 5-Äthyl-4-chlormethyl-furan-2-carbonsäure-methylester mit
Zink-Pulver und Essigsäure unter Durchleiten von Chlorwasserstoff (*Mndshojan, Arojan*,
Doklady Akad. Armjansk. S.S.R. **27** [1958] 101, 105; C. A. **1959** 18934).

Kp_2: 86—87°. D_4^{20}: 1,0829. n_D^{20}: 1,4870.

5-Äthyl-4-methyl-furan-2-carbonsäure-äthylester $C_{10}H_{14}O_3$, Formel VIII (R = C_2H_5).

B. Beim Erwärmen von 5-Äthyl-4-chlormethyl-furan-2-carbonsäure-äthylester mit
Zink-Pulver und Essigsäure unter Durchleiten von Chlorwasserstoff (*Mndshojan, Arojan*,
Doklady Akad. Armjansk. S.S.R. **27** [1958] 101, 105; C. A. **1959** 18934).

Kp_2: 90—91°. D_4^{20}: 1,0500. n_D^{20}: 1,4800.

5-Äthyl-4-chlormethyl-furan-2-carbonsäure-methylester $C_9H_{11}ClO_3$, Formel IX (R = CH_3).

B. Beim Behandeln von 5-Äthyl-furan-2-carbonsäure-methylester mit Chloroform,
Zinkchlorid, Paraformaldehyd und Chlorwasserstoff (*Mndshojan, Arojan*, Doklady Akad.
Armjansk. S.S.R. **27** [1958] 101, 105; C. A. **1959** 18934).

$Kp_{0,5}$: 109—111°. D_4^{20}: 1,2098. n_D^{20}: 1,5145.

      VIII   IX   X   XI

5-Äthyl-4-chlormethyl-furan-2-carbonsäure-äthylester $C_{10}H_{13}ClO_3$, Formel IX (R = C_2H_5).

B. Aus 5-Äthyl-furan-2-carbonsäure-äthylester analog der im vorangehenden Artikel
beschriebenen Verbindung (*Mndshojan, Arojan*, Doklady Akad. Armjansk. S.S.R. **27**
[1958] 101, 104; C. A. **1959** 18934).

Kp_1: 119—121°. D_4^{20}: 1,1663. n_D^{20}: 1,5040.

3,4,5-Trimethyl-furan-2-carbonsäure $C_8H_{10}O_3$, Formel X.

B. Beim Behandeln von 3,4,5-Trimethyl-furan-2-carbaldehyd mit Silberoxid und wss.-
äthanol. Natronlauge (*Reichstein et al.*, Helv. **15** [1932] 1112, 1117).

Krystalle (aus Bzn.); F: 185° [Zers.]. Im Hochvakuum sublimierbar.

3,4,5-Trimethyl-selenophen-2-carbonsäure $C_8H_{10}O_2Se$, Formel XI.

B. Beim Behandeln von 3,4,5-Trimethyl-selenophen-2-carbaldehyd mit Silberoxid und
wss.-äthanol. Natronlauge (*Jur'ew et al.*, Ž. obšč. Chim. **29** [1959] 1970, 1972; engl. Ausg.

S. 1940, 1943).
Krystalle (aus wss. A.); F: 202—202,5°.

2,4,5-Trimethyl-furan-3-carbonsäure $C_8H_{10}O_3$, Formel XII (R = H).
B. Beim Erhitzen von 3-Acetyl-4,5-dimethyl-5*H*-furan-2-on mit Essigsäure und wss. Salzsäure (*Lacey*, Soc. **1954** 822, 825). Beim Erwärmen von 2,4,5-Trimethyl-furan-3-carbonsäure-äthylester mit methanol. Kalilauge (*Reichstein et al.*, Helv. **15** [1932] 1112, 1114). Beim Erhitzen von [3-Carboxy-4,5-dimethyl-[2]furyl]-essigsäure bis auf 250° (*Re. et al.*, l. c. S. 1116).
Krystalle; F: **132**—133° [aus wss. Eg.] (*Crombie, Mackenzie*, Soc. **1958** 4417, 4431), 132° [aus W.] (*Garcia González et al.*, An. Soc. españ. [B] **50** [1954] 407, 412), 131—132° [korr.; aus Bzn.] (*Re. et al.*), 130—131° [korr.; Block; aus wss. Me.] (*La.*). Im Hochvakuum sublimierbar (*Re. et al.*). Absorptionsmaximum (A.): 258 nm (*Cr., Ma.*).

2,4,5-Trimethyl-furan-3-carbonsäure-methylester $C_9H_{12}O_3$, Formel XII (R = CH_3).
B. Beim Behandeln von 2,4,5-Trimethyl-furan-3-carbonsäure mit Diazomethan in Äther (*Crombie, Mackenzie*, Soc. **1958** 4417, 4431).
Kp_{10}: 104°.

2,4,5-Trimethyl-furan-3-carbonsäure-äthylester $C_{10}H_{14}O_3$, Formel XII (R = C_2H_5).
B. Aus 2,4,5-Trimethyl-furan-3-carbonsäure mit Hilfe von Diazoäthan (*Crombie, Mackenzie*, Soc. **1958** 4417, 4431). Beim Erwärmen von Acetessigsäure-äthylester mit 3-Hydroxy-butan-2-on, Zinkchlorid und Äthanol (*Garcia González et al.*, An. Soc. españ. [B] **50** [1954] 407, 412). Beim Erhitzen von 2-Acetyl-3-methyl-4-oxo-valeriansäure-äthylester mit wss. Schwefelsäure (*Reichstein et al.*, Helv. **15** [1932] 1112, 1114).
Kp_{12}: 100—105° (*Re. et al.*).

XII   XIII   XIV   XV

2,4,5-Trimethyl-furan-3-carbonsäure-phenacylester $C_{16}H_{16}O_4$, Formel XII (R = CH_2-CO-C_6H_5).
B. Aus 2,4,5-Trimethyl-furan-3-carbonsäure (*Garcia González et al.*, An. Soc. españ. [B] **50** [1954] 407, 412).
Krystalle (aus wss. A.); F: 84—85°.

2,4,5-Trimethyl-thiophen-3-carbonsäure $C_8H_{10}O_2S$, Formel XIII.
B. Beim Behandeln von 3-Brom-2,4,5-trimethyl-thiophen mit Magnesium, Äthylbromid und Äther und anschliessend mit festem Kohlendioxid (*Sicé*, J. org. Chem. **19** [1954] 70, 72).
Krystalle (aus Bzl. + Hexan); F: 167—168° [korr.; evakuierte Kapillare]. Bei 90° im Hochvakuum sublimierbar. Absorptionsmaximum (W.): 241 nm.

(±)-3*exo*-Trifluormethyl-7-oxa-norborn-5-en-2*endo*-carbonsäure $C_8H_7F_3O_3$, Formel XIV + Spiegelbild.
B. Bei mehrtägigem Behandeln von Furan mit 4,4,4-Trifluor-*trans*-crotonsäure (*McBee et al.*, Am. Soc. **78** [1956] 3389, 3392).
Krystalle (aus Bzl. + Hexan); F: 104—106° [unkorr.].
Beim Behandeln mit Brom in Wasser oder mit Brom und wss. Natriumhydrogencarbonat-Lösung ist 5*exo*-Brom-6*endo*-hydroxy-3*exo*-trifluormethyl-7-oxa-norbornan-2*endo*-carbonsäure-lacton erhalten worden.

(±)-5*exo*,6*exo*-Epoxy-norbornan-2*endo*-carbonsäure-methylester $C_9H_{12}O_3$, Formel XV + Spiegelbild.
B. Beim Behandeln von (±)-Norborn-5-en-2*endo*-carbonsäure-methylester mit Peroxy≠

benzoesäure in Äther (*Henbest, Nicholls*, Soc. **1959** 221, 226).

Kp_{17}: 122,5—124°. n_D^{23}: 1,4812.

Beim Behandeln mit Ameisensäure und anschliessenden Erhitzen unter Durchleiten von Wasserdampf ist 5*exo*,6*endo*-Dihydroxy-norbornan-2*endo*-carbonsäure-6-lacton erhalten worden.

[*Herbst*]

Carbonsäuren $C_9H_{12}O_3$

(±)-2,4,6-Trimethyl-4*H*-pyran-3-carbonsäure-äthylester $C_{11}H_{16}O_3$, Formel I.

B. Beim Erwärmen von (±)-2-Acetoxy-4-brom-pent-2-en (Kp_3: 45—47°) mit Acet≠ essigsäure-äthylester und Natriummäthylat in Äthanol (*Matschinskaja, Barchasch*, Ž. obšč. Chim. **28** [1958] 2873, 2876; engl. Ausg. S. 2899, 2901).

Kp_2: 102—103°.

Beim Erwärmen mit äthanol. Kalilauge ist 2,4,6-Trimethyl-4*H*-pyran erhalten worden.

5-[2]Furyl-valeriansäure $C_9H_{12}O_3$, Formel II (X = OH).

B. Beim Erwärmen von 5-[2]Furyl-valeriansäure-äthylester mit wss.-methanol. Natronlauge (*Treibs, Heyer*, B. **87** [1954] 1197, 1200). Bei der Hydrierung des Kalium-Salzes der 5-[2]Furyl-pent-2*t*(?)-ensäure (S. 4181) an Palladium in wss. Kalilauge (*Rallings, Smith*, Soc. **1953** 618, 621). Aus 5*t*(?)-[2]Furyl-penta-2*t*(?),4-diensäure (S. 4199) bei der Hydrierung an Palladium in Wasser (*Ra., Sm.*) sowie bei der Hydrierung des Natrium-Salzes an Raney-Nickel in wss. Natronlauge (*Hamada, Isogai*, J. chem. Soc. Japan Pure Chem. Sect. **77** [1956] 1128; C. A. **1959** 5227; s.a. *Asano, Nakatoni*, J. pharm. Soc. Japan **53** [1933] 176, 178; dtsch. Ref. S. 36; C. A. **1933** 2703). Beim Hydrieren von [3*t*(?)-[2]Furyl-allyliden]-malonsäure [S. 4546] an Palladium in Methanol (*Hofmann*, Am. Soc. **66** [1944] 51) oder Wasser (*Ra., Sm.*) und Erhitzen des Reaktionsprodukts mit Pyridin.

Krystalle (aus PAe.); F: 44—45° (*Tr., He.*), 42—43° (*Ra., Sm.; Ha., Is.; Ho.*). Kp_9: 155—160° (*Ha., Is.*); Kp_1: 127° (*As., Na.*).

Beim Behandeln mit Säuren erfolgt Zersetzung (*Ra., Sm.*). Beim Erwärmen mit Butindisäure-diäthylester, Hydrieren des Reaktionsprodukts an Palladium in Äthyl≠ acetat und Erhitzen des danach isolierten Reaktionsprodukts unter vermindertem Druck auf 200° ist 2-[4-Carboxy-butyl]-furan-3,4-dicarbonsäure-diäthylester erhalten worden (*Ho.*).

5-[2]Furyl-valeriansäure-äthylester $C_{11}H_{16}O_3$, Formel II (X = O-C_2H_5).

B. Beim Behandeln von 5-[2]Furyl-valeriansäure mit Chlorwasserstoff enthaltendem Äthanol (*Hofmann*, Am. Soc. **67** [1945] 421). Bei der Hydrierung von 5*t*(?)-[2]Furyl-penta-2*t*(?),4-diensäure-äthylester (S. 4199) an Raney-Nickel in Äthanol unter Druck (*Treibs, Heyer*, B. **87** [1954] 1197, 1199).

Kp_{16}: 130—133° [korr.] (*Ho.*). Kp_1: 77—78°; D_{20}: 1,0230; $n_D^{25,5}$: 1,4622 (*Tr., He.*).

5-[2]Furyl-valerylchlorid $C_9H_{11}ClO_2$, Formel II (X = Cl).

B. Beim Behandeln von 5-[2]Furyl-valeriansäure mit Thionylchlorid und Äther (*Treibs, Heyer*, B. **87** [1954] 1197, 1200).

Kp_3: 95° [unter Stickstoff].

Beim Erwärmen mit Zinn(IV)-chlorid und Schwefelkohlenstoff ist 5,6,7,8-Tetrahydro-cyclohepta[*b*]furan-4-on erhalten worden.

I   II   III

5-[2]Furyl-valeriansäure-amid, 5-[2]Furyl-valeramid $C_9H_{13}NO_2$, Formel II (X = NH_2).

B. Aus 5-[2]Furyl-valerylchlorid mit Hilfe von Ammoniumcarbonat (*Treibs, Heyer*,

B. **87** [1954] 1197, 1200).

Krystalle; F: 118—119° (*Tr., He.*), 116—117° [aus wss. A.] (*Rallings, Smith*, Soc. **1953** 618, 621).

5-[2]Furyl-valeriansäure-anilid $C_{15}H_{17}NO_2$, Formel II (X = NH-C_6H_5).

B. Beim Erhitzen von 5-[2]Furyl-valeriansäure mit Anilin auf 180° (*Hofmann*, Am. Soc. **66** [1944] 51).

Krystalle (aus Ae. + PAe.); F: 75—76°.

5-[2]Thienyl-valeriansäure $C_9H_{12}O_2S$, Formel III (X = OH).

B. Aus 5-Oxo-5-[2]thienyl-valeriansäure nach dem Verfahren von Clemmensen (*Melville et al.*, J. biol. Chem. **146** [1942] 482, 491; *Cagniant, Deluzarche*, C. r. **222** [1946] 1301). Aus 5-Oxo-5-[2]thienyl-valeriansäure (*Cagniant, Cagniant*, Bl. **1955** 680, 682) oder aus 5-Oxo-5-[2]thienyl-valeriansäure-methylester (*Gol'dfarb et al.*, Izv. Akad. S.S.S.R. Otd. chim. **1956** 1276; engl. Ausg. S. 1311, 1313) nach dem Verfahren von Huang-Minlon.

Krystalle; F: 41—43° (*Fabritschnyĭ et al.*, Ž. obšč. Chim. **28** [1958] 2520, 2523; engl. Ausg. S. 2556, 2558), 41° [aus Bzn.] (*Ca., Ca.*), 40—41° (*Me. et al.*). Kp_{14}: 177° (*Fa. et al.*); Kp_{12}: 181—182° (*Ca., Ca.*); Kp_9: 163—164° (*Gol'dfarb et al.*, Ž. obšč. Chim. **29** [1959] 3564, 3570; engl. Ausg. S. 3526, 3531). UV-Spektrum (A.; 210—260 nm): *Me. et al.*, l. c. S. 489.

5-[2]Thienyl-valeriansäure-methylester $C_{10}H_{14}O_2S$, Formel III (X = O-CH_3).

B. Beim Erwärmen von 5-[2]Thienyl-valeriansäure mit Chlorwasserstoff enthaltendem Methanol (*Fabritschnyĭ et al.*, Ž. obšč. Chim. **28** [1958] 2520, 2522; engl. Ausg. S. 2556, 2559).

Kp_{14}: 141,5—143° (*Gol'dfarb et al.*, Izv. Akad. S.S.S.R. Otd. chim. **1957** 1262, 1264; engl. Ausg. S. 1287, 1289), 137,5—138° (*Fa. et al.*). D_4^{20}: 1,0894 (*Go. et al.*), 1,0620 (*Fa. et al.*). n_D^{20}: 1,5064 (*Go. et al.; Fa. et al.*).

5-[2]Thienyl-valerylchlorid $C_9H_{11}ClOS$, Formel III (X = Cl).

B. Beim Behandeln von 5-[2]Thienyl-valeriansäure mit Thionylchlorid, Äther und wenig Pyridin (*Cagniant, Cagniant*, Bl. **1955** 680, 683; s. a. *Cagniant, Deluzarche*, C. r. **222** [1946] 1301).

Kp_{15}: 143°; Kp_{11}: 135° (*Ca., De.*); Kp_9: 136°; Kp_4: 125° (*Ca., Ca.*); $Kp_{0,7}$: 102—105° (*Gol'dfarb et al.*, Ž. obšč. Chim. **29** [1959] 3564, 3570; engl. Ausg. S. 3526, 3531). n_D^{19}: 1,5294 (*Ca., Ca.*).

Beim Behandeln mit Zinn(IV)-chlorid und Benzol (*Go. et al.*) oder mit Zinn(IV)-chlorid und Schwefelkohlenstoff (*Ca., De.*) ist 5,6,7,8-Tetrahydro-cyclohepta[b]thiophen-4-on, beim Behandeln mit Aluminiumchlorid und Benzol (*Ca., Ca.*) ist 1-Phenyl-5-[2]thienyl-pentan-1-on erhalten worden.

5-[2]Thienyl-valeriansäure-amid, 5-[2]Thienyl-valeramid $C_9H_{13}NOS$, Formel III (X = NH₂).

B. Aus 5-[2]Thienyl-valerylchlorid (*Cagniant, Deluzarche*, C. r. **222** [1946] 1301; *Cagniant, Cagniant*, Bl. **1955** 680, 683).

Krystalle; F: 118—119° [aus A.] (*Ca., De.*), 118° [aus Bzl.] (*Ca., Ca.*).

(±)-2-[2]Thienyl-valeriansäure $C_9H_{12}O_2S$, Formel IV (R = H).

B. Beim Erwärmen von Propyl-[2]thienyl-malonsäure-diäthylester mit wss.-äthanol. Kalilauge (*Leonard*, Am. Soc. **74** [1952] 2915, 2917).

Kp_4: 137—140°.

(±)-2-[2]Thienyl-valeriansäure-[2-diäthylamino-äthylester] $C_{15}H_{25}NO_2S$, Formel IV (R = CH_2-CH_2-N(C_2H_5)₂).

Hydrochlorid $C_{15}H_{25}NO_2S \cdot HCl$. B. Beim Erwärmen von (±)-2-[2]Thienyl-valeriansäure mit Diäthyl-[2-chlor-äthyl]-amin und Isopropylalkohol (*Leonard*, Am. Soc. **74** [1952] 2915, 2916). — Krystalle (aus Acn. + Ae.); F: 95—96°.

(±)-3-Methyl-4-[2]thienyl-buttersäure $C_9H_{12}O_2S$, Formel V (X = OH).
  B. Aus (±)-3-Methyl-4-[2]thienyl-buttersäure-äthylester (*Cagniant,* C. r. **232** [1951] 734).
  $Kp_{15,5}$: 177,5 — 178°. $n_D^{18,4}$: 1,5242.

       IV   V

(±)-3-Methyl-4-[2]thienyl-buttersäure-äthylester $C_{11}H_{16}O_2S$, Formel V (X = O-C_2H_5).
  B. Beim Erwärmen von (±)-1-Diazo-3-methyl-4-[2]thienyl-butan-2-on mit Äthanol und Silberoxid (*Cagniant,* C. r. **232** [1951] 734; s. a. *Blicke, Zienty,* Am. Soc. **63** [1941] 2945).
  $Kp_{13,3}$: 141,5°; n_D^{19}: 1,4997 (*Ca.*).

(±)-3-Methyl-4-[2]thienyl-butyrylchlorid $C_9H_{11}ClOS$, Formel V (X = Cl).
  B. Aus (±)-3-Methyl-4-[2]thienyl-buttersäure (*Cagniant,* C. r. **232** [1951] 734).
  Kp_7: 107 — 108°.

(±)-3-Methyl-4-[2]thienyl-buttersäure-amid $C_9H_{13}NOS$, Formel V (X = NH_2).
  B. Aus (±)-3-Methyl-4-[2]thienyl-butyrylchlorid (*Cagniant,* C. r. **232** [1951] 734).
  Krystalle (aus Bzl. + PAe.); F: 79°.

(±)-2-Methyl-4-[2]thienyl-buttersäure $C_9H_{12}O_2S$, Formel VI.
  B. Beim Behandeln von (±)-2-Methyl-4-oxo-4-[2]thienyl-buttersäure mit wss. Salz=säure und amalgamiertem Zink (*Kitchen, Sandin,* Am. Soc. **67** [1945] 1645).
  Krystalle; F: 28 — 29°. Kp_{15}: 130 — 135°.

(±)-3-[2]Furyl-valeriansäure $C_9H_{12}O_3$, Formel VII (X = OH).
  B. Beim Erwärmen von (±)-3-[2]Furyl-valeriansäure-diphenylamid mit äthanol. Kali=lauge (*Maxim, Zugravescu,* Bl. [5] **1** [1934] 1087, 1093).
  Kp_{17}: 145°.

(±)-3-[2]Furyl-valeriansäure-äthylester $C_{11}H_{16}O_3$, Formel VII (X = O-C_2H_5).
  B. Beim Erwärmen von (±)-3-[2]Furyl-valeriansäure mit Äthanol und wenig Schwefel=säure (*Maxim, Zugravescu,* Bl. [5] **1** [1934] 1087, 1094).
  Kp_{18}: 114°.

(±)-3-[2]Furyl-valeriansäure-diäthylamid $C_{13}H_{21}NO_2$, Formel VII (X = $N(C_2H_5)_2$).
  B. Beim Behandeln von 3*t*-[2]Furyl-acrylsäure-diäthylamid mit Äthylmagnesium=bromid in Äther (*Maxim, Zugravescu,* Bl. [5] **1** [1934] 1087, 1093).
  Kp_{41}: 196°.

       VI   VII   VIII

(±)-3-[2]Furyl-valeriansäure-[*N*-methyl-anilid] $C_{16}H_{19}NO_2$, Formel VII
(X = N(CH_3)-C_6H_5).
  B. Beim Behandeln von 3*t*-[2]Furyl-acrylsäure-[*N*-methyl-anilid] mit Äthylmagne=siumbromid in Äther (*Maxim, Zugravescu,* Bl. [5] **1** [1934] 1087, 1097).
  Kp_3: 130°.

(±)-3-[2]Furyl-valeriansäure-[*N*-äthyl-anilid] $C_{17}H_{21}NO_2$, Formel VII
(X = N(C_2H_5)-C_6H_5).
  B. Beim Behandeln von 3*t*-[2]Furyl-acrylsäure-[*N*-äthyl-anilid] mit Äthylmagnesium=

bromid in Äther (*Maxim, Zugravescu*, Bl. [5] **1** [1934] 1087, 1098).
Kp$_{27}$: 211°.

(±)-3-[2]Furyl-valeriansäure-diphenylamid $C_{21}H_{21}NO_2$, Formel VII (X = N(C$_6$H$_5$)$_2$).
B. Beim Behandeln von 3*t*-[2]Furyl-acrylsäure-diphenylamid mit Äthylmagnesium=
bromid in Äther (*Maxim, Zugravescu*, Bl. [5] **1** [1934] 1087, 1093).
Kp$_{15}$: 253°.

(±)-3-Methyl-2-[2]thienyl-buttersäure $C_9H_{12}O_2S$, Formel VIII (R = H).
B. Beim Behandeln eines Gemisches von (±)-2-Hydroxy-3-methyl-2-[2]thienyl-butter=
säure, Zinn(II)-chlorid und Essigsäure mit Chlorwasserstoff (*Univ. Michigan*, U.S.P.
2541634 [1949]).
Kp$_{20}$: 163—164°.

(±)-3-Methyl-2-[2]thienyl-buttersäure-[2-diäthylamino-äthylester] $C_{15}H_{25}NO_2S$,
Formel VIII (R = CH$_2$-CH$_2$-N(C$_2$H$_5$)$_2$).
B. Beim Erwärmen von (±)-3-Methyl-2-[2]thienyl-buttersäure mit Diäthyl-[2-chlor-
äthyl]-amin und Isopropylalkohol (*Univ. Michigan*, U.S.P. 2541634 [1949]).
Kp$_{0,7}$: 135—136,5°.

4-[5-Methyl-[2]furyl]-buttersäure $C_9H_{12}O_3$, Formel IX.
B. Beim Erhitzen von 4-[5-Methyl-[2]furyl]-butyronitril mit wss. Natronlauge (*Taylor*,
Soc. **1959** 2767).
Krystalle (aus Pentan); F: 57—58°.

4-[5-Methyl-[2]furyl]-butyronitril $C_9H_{11}NO$, Formel X.
B. Beim Behandeln von 3-[5-Methyl-[2]furyl]-propan-1-ol (E III/IV **17** 1293) mit
Benzolsulfonylchlorid und Pyridin und Erwärmen des Reaktionsprodukts mit Natrium=
cyanid in wss. Methanol (*Taylor*, Soc. **1959** 2767).
Kp$_2$: 91°. n$_D^{20}$: 1,4710.

IX   X   XI

4-[5-Methyl-[2]thienyl]-buttersäure $C_9H_{12}O_2S$, Formel XI (X = OH).
B. Beim Erhitzen von 4-[5-Methyl-[2]thienyl]-4-oxo-buttersäure mit Kaliumhydroxid,
Hydrazin-hydrat und Diäthylenglykol unter Entfernen des entstehenden Wassers
(*Buu-Hoi et al.*, R. **69** [1950] 1053, 1068).
Krystalle (aus Bzn.); F: 38—39° (*Buu-Hoi et al.*), 36° (*Cagniant, Cagniant*, Bl. **1955**
1252, 1256). Kp$_{18}$: 189° (*Ca., Ca.*); Kp$_{15}$: 179—180° (*Buu-Hoi et al.*).

4-[5-Methyl-[2]thienyl]-butyrylchlorid $C_9H_{11}ClOS$, Formel XI (X = Cl).
B. Beim Behandeln von 4-[5-Methyl-[2]thienyl]-buttersäure mit Thionylchlorid, Äther
und wenig Pyridin (*Buu-Hoi et al.*, R. **69** [1950] 1053, 1069).
Kp$_{15}$: 140—145° (*Buu-Hoi et al.*). Kp$_{7,5}$: 125°; n$_D^{18,3}$: 1,5310 (*Cagniant, Cagniant*, Bl.
1955 1252, 1256).

4-[5-Methyl-[2]thienyl]-buttersäure-amid $C_9H_{13}NOS$, Formel XI (X = NH$_2$).
B. Aus 4-[5-Methyl-[2]thienyl]-butyrylchlorid (*Cagniant, Cagniant*, Bl. **1955** 1252,
1256).
Krystalle (aus Bzl. + PAe.); F: 87,5°.

5-Isobutyl-thiophen-2-carbonsäure $C_9H_{12}O_2S$, Formel I (X = H).
B. Beim Erwärmen von 1-[5-Isobutyl-[2]thienyl]-äthanon mit wss. Natriumhypo=
chlorit-Lösung (*Gol'dfarb et al.*, Ž. obšč. Chim. **29** [1959] 3636, 3638; engl. Ausg. S. 3596,
3597).
Krystalle (aus W.); F: 45—46°.

5-Isobutyl-4-nitro-thiophen-2-carbonsäure $C_9H_{11}NO_4S$, Formel I (X = NO$_2$).

B. Neben 2-Isobutyl-3,5-dinitro-thiophen beim Behandeln von 5-Isobutyl-thiophen-2-carbonsäure mit Salpetersäure und Schwefelsäure (Gol'dfarb et al., Ž. obšč. Chim. **29** [1959] 3636, 3639; engl. Ausg. S. 3596, 3598).

Krystalle (aus W.); F: 119—120°.

Beim Behandeln mit wss. Ammoniak und anschliessendem Erwärmen mit Raney-Nickel auf 65° ist 4-Amino-7-methyl-octansäure erhalten worden.

4-tert-Butyl-furan-2-carbonsäure $C_9H_{12}O_3$, Formel II (X = H).

B. Beim Behandeln von 5-Brom-4-tert-butyl-furan-2-carbonsäure mit wss. Ammoniak und Zink-Pulver (Gilman, Burtner, Am. Soc. **57** [1935] 909, 910).

Krystalle (aus W. + A.); F: 89°.

4-tert-Butyl-5-chlor-furan-2-carbonsäure $C_9H_{11}ClO_3$, Formel II (X = Cl).

B. Beim Behandeln von 5-Chlor-furan-2-carbonsäure-äthylester mit tert-Butylbromid, Aluminiumchlorid und Schwefelkohlenstoff und Erwärmen des Reaktionsprodukts mit äthanol. Kalilauge (Gilman, Turck, Am. Soc. **61** [1939] 473, 477).

Krystalle (aus Bzn.); F: 172—173°.

I   II   III

5-Brom-4-tert-butyl-furan-2-carbonsäure $C_9H_{11}BrO_3$, Formel III (R = H).

B. Beim Erwärmen von 5-Brom-4-tert-butyl-furan-2-carbonsäure-äthylester mit äthanol. Kalilauge (Gilman, Burtner, Am. Soc. **57** [1935] 909, 910).

Krystalle (aus wss. A.); F: 164°.

5-Brom-4-tert-butyl-furan-2-carbonsäure-äthylester $C_{11}H_{15}BrO_3$, Formel III (R = C$_2$H$_5$).

B. Beim Behandeln eines Gemisches von 5-Brom-furan-2-carbonsäure-äthylester, Aluminiumchlorid und Schwefelkohlenstoff mit Butylchlorid, tert-Butylbromid, Pentyl=chlorid, Pentyljodid, Isopentylbromid, Hexylchlorid, Dodecylbromid, Hexadecylbromid oder Octadecylbromid (Gilman, Turck, Am. Soc. **61** [1939] 473, 476, 477), mit tert-Butyl=chlorid, Pentylchlorid oder Hexylbromid (Gilman, Burtner, Am. Soc. **57** [1935] 909, 910, 912).

Kp$_{13}$: 152—155° (Gi., Bu., l. c. S. 912).

4-tert-Butyl-thiophen-2-carbonsäure $C_9H_{12}O_2S$, Formel IV.

B. Beim Behandeln von 1-[4-tert-Butyl-[2]thienyl]-äthanon mit wss. Natriumhypo=bromit-Lösung (Sy et al., Soc. **1955** 21, 23).

Krystalle (aus W.); F: 77°.

5-tert-Butyl-furan-2-carbonsäure $C_9H_{12}O_3$, Formel V (R = H).

B. In kleiner Menge beim Behandeln von Furan-2-carbonsäure mit Butylchlorid, Aluminiumchlorid und Schwefelkohlenstoff (Gilman, Calloway, Am. Soc. **55** [1933] 4197, 4203). Beim Behandeln von Furan-2-carbonsäure-methylester mit Butylchlorid, Iso=butylbromid oder tert-Butylbromid, Aluminiumchlorid und Schwefelkohlenstoff (Gi., Ca.; Hurd, Oliver, Am. Soc. **76** [1954] 50) oder mit tert-Butylchlorid, Eisen(III)-chlorid und Schwefelkohlenstoff (Gi., Ca.) und Erwärmen des erhaltenen 5-tert-Butyl-furan-2-carbon=säure-methylesters (S. 4118) mit äthanol. Kalilauge (Gi., Ca.; Hurd, Ol.). Beim Behandeln von Furan-2-carbonsäure-äthylester mit tert-Butylchlorid, Aluminiumchlorid und Schwe=felkohlenstoff (Willard, Hamilton, Am. Soc. **75** [1953] 2370, 2372) oder mit tert-Butyl=chlorid und Tetrachlormethan in Gegenwart von Fluorwasserstoff (Simons et al., Am. Soc. **60** [1938] 2956) und Erwärmen des erhaltenen 5-tert-Butyl-furan-2-carbonsäure-äthyl=esters (S. 4118) mit äthanol. Kalilauge (Si. et al.; Wi., Ha.).

Krystalle; F: 105—105,5° (Si. et al.), 104—105° [aus wss. A.] (Gi., Ca.).

IV   V   VI

5-*tert*-Butyl-furan-2-carbonsäure-methylester $C_{10}H_{14}O_3$, Formel V (R = CH_3).
B. s. im vorangehenden Artikel.

Krystalle; F: 27—28°; Kp_{11-12}: 110—113°; n_D^{25}: 1,4789 (*Nedenskov et al.*, Acta chem. scand. **9** [1955] 17, 19). Kp_{20}: 112—114°; Kp_{15}: 110—114°; n_D^{25}: 1,4792 (*Gilman, Calloway*, Am. Soc. **55** [1933] 4197, 4201, 4202).

Bei der Elektrolyse eines Gemisches mit Methanol und konz. Schwefelsäure ist 5-*tert*-Butyl-2,5-dimethoxy-2,5-dihydro-furan-2-carbonsäure-methylester ($Kp_{0,2-0,3}$: 67—71°; n_D^{25}: 1,4502) erhalten worden (*Ne. et al.*).

5-*tert*-Butyl-furan-2-carbonsäure-äthylester $C_{11}H_{16}O_3$, Formel V (R = C_2H_5).
B. s. S. 4117 im Artikel 5-*tert*-Butyl-furan-2-carbonsäure.

Kp_{16}: 116—117°; n_D^{20}: 1,4749 (*Simons et al.*, Am. Soc. **60** [1938] 2956).

21-[5-*tert*-Butyl-furan-2-carbonyloxy]-11β,17-dihydroxy-pregna-1,4-dien-3,20-dion,
5-*tert*-Butyl-furan-2-carbonsäure-[11β,17-dihydroxy-3,20-dioxo-pregna-1,4-dien-21-yl≡ ester] $C_{30}H_{38}O_7$, Formel VI.
B. Beim Behandeln von 11β,17,21-Trihydroxy-pregna-1,4-dien-3,20-dion mit 5-*tert*-Butyl-furan-2-carbonylchlorid und Pyridin (*Schering Corp.*, U.S.P. 2783226 [1955]).
Krystalle (aus Bzl. + Me.); F: 237—239° [Zers.].

21-[5-*tert*-Butyl-furan-2-carbonyloxy]-17-hydroxy-pregna-1,4-dien-3,11,20-trion,
5-*tert*-Butyl-furan-2-carbonsäure-[17-hydroxy-3,11,20-trioxo-pregna-1,4-dien-21-ylester]
$C_{30}H_{36}O_7$, Formel VII.
B. Beim Behandeln von 17,21-Dihydroxy-pregna-1,4-dien-3,11,20-trion mit 5-*tert*-Butyl-furan-2-carbonylchlorid und Pyridin (*Schering Corp.*, U.S.P. 2783226 [1955]).
Krystalle (aus wss. Me.); F: 241—243°.

5-*tert*-Butyl-furan-2-carbonylchlorid $C_9H_{11}ClO_2$, Formel VIII (X = Cl).
B. Beim Erwärmen von 5-*tert*-Butyl-furan-2-carbonsäure mit Thionylchlorid (*Gilman, Calloway*, Am. Soc. **55** [1933] 4197, 4200).
Kp: 220°. D_{25}^{25}: 1,108. n_D^{25}: 1,5091.

5-*tert*-Butyl-furan-2-carbonsäure-amid $C_9H_{13}NO_2$, Formel VIII (X = NH_2).
B. Beim Behandeln eines Gemisches von 5-*tert*-Butyl-furan-2-carbonylchlorid und Äther mit Ammoniak (*Willard, Hamilton*, Am. Soc. **75** [1953] 2370, 2372).
Krystalle; F: 121—123° (*Wi., Ha.*), 121° [aus PAe.] (*Gilman, Burtner*, Am. Soc. **57** [1935] 909, 910).

VII   VIII

(±)-5-*tert*-Butyl-furan-2-carbonsäure-[2,2,2-trichlor-1-hydroxy-äthylamid] $C_{11}H_{14}Cl_3NO_3$, Formel VIII (X = NH-CH(OH)-CCl$_3$).

B. Beim Erhitzen von 5-*tert*-Butyl-furan-2-carbonsäure-amid mit Chloral (*Willard, Hamilton*, Am. Soc. **75** [1953] 2370, 2371).

Krystalle (aus. Me.); F: 146—147°.

(±)-5-*tert*-Butyl-furan-2-carbonsäure-[2,2,2-trichlor-1-methoxy-äthylamid] $C_{12}H_{16}Cl_3NO_3$, Formel VIII (X = NH-CH(CCl$_3$)-O-CH$_3$).

B. Beim Erwärmen von (±)-5-*tert*-Butyl-furan-2-carbonsäure-[2,2,2-trichlor-1-hydroxy-äthylamid] mit Phosphor(V)-chlorid und Erwärmen des Reaktionsprodukts mit Methanol (*Willard, Hamilton*, Am. Soc. **75** [1953] 2370, 2371).

Krystalle (aus E. + PAe.); F: 98—99°.

(±)-5-*tert*-Butyl-furan-2-carbonsäure-[1-benzylamino-2,2,2-trichlor-äthylamid] $C_{18}H_{21}Cl_3N_2O_2$, Formel VIII (X = NH-CH(CCl$_3$)-NH-CH$_2$-C$_6$H$_5$).

B. Beim Erwärmen von (±)-5-*tert*-Butyl-furan-2-carbonsäure-[2,2,2-trichlor-1-hydroxy-äthylamid] mit Phosphor(V)-chlorid und Behandeln des Reaktionsprodukts mit Benzyl= amin und Äther (*Willard, Hamilton*, Am. Soc. **75** [1953] 2370, 2372).

Krystalle (aus E. + PAe.); F: 176—177°.

N-[5-*tert*-Butyl-furan-2-carbonyl]-N'-phenyl-harnstoff $C_{16}H_{18}N_2O_3$, Formel VIII (X = NH-CO-NH-C$_6$H$_5$).

B. Beim Erhitzen von 5-*tert*-Butyl-furan-2-carbonsäure-amid mit Phenylisocyanat (*Willard, Hamilton*, Am. Soc. **75** [1953] 2270).

Krystalle (aus A.); F: 186—188°.

[5-*tert*-Butyl-furan-2-carbonyl]-[4-nitro-benzolsulfonyl]-amin, 5-*tert*-Butyl-furan-2-carbonsäure-[4-nitro-benzolsulfonylamid] $C_{15}H_{16}N_2O_6S$, Formel IX (X = NO$_2$).

B. Beim Erwärmen von 5-*tert*-Butyl-furan-2-carbonylchlorid mit 4-Nitro-benzolsulfon= säure-amid und Pyridin (*Geigy A.G.*, Schweiz. P. 251296 [1943]).

Krystalle (aus A.); F: 212°.

[5-*tert*-Butyl-furan-2-carbonyl]-sulfanilyl-amin, 5-*tert*-Butyl-furan-2-carbonsäure-sulf= anilylamid $C_{15}H_{18}N_2O_4S$, Formel IX (X = NH$_2$).

B. Aus 5-*tert*-Butyl-furan-2-carbonsäure-[4-nitro-benzolsulfonylamid] mit Hilfe von Eisen und wss. Salzsäure (*Geigy A.G.*, Schweiz. P. 251296 [1943]).

Krystalle; F: 239°.

5-*tert*-Butyl-thiophen-2-carbonsäure $C_9H_{12}O_2S$, Formel X (X = OH).

B. Beim Behandeln von 2-*tert*-Butyl-thiophen mit Natrium, Äther und Äthylchlorid und Behandeln des Reaktionsgemisches mit festem Kohlendioxid (*Schick, Hartough*, Am. Soc. **70** [1948] 1645). Beim Behandeln von 5-*tert*-Butyl-thiophen-2-carbaldehyd mit alkal. wss. Kaliumpermanganat-Lösung (*Messina, Brown*, Am. Soc. **74** [1952] 920, 923). Beim Erwärmen von 1-[5-*tert*-Butyl-[2]thienyl]-äthanon mit wss. Natriumhypo= chlorit-Lösung (*Hartough, Conley*, Am. Soc. **69** [1947] 3096) oder mit wss. Natrium= hypobromit-Lösung (*Sy et al.*, Soc. **1954** 1975, 1978).

Krystalle; F: 128—128,5° [aus PAe.] (*Ha., Co.*), 128—128,5° [korr.] (*Hartough, Dickert*, Am. Soc. **71** [1949] 3922, 3924), 127—128° [aus A. + W.] (*Me., Br.*), 126° [aus W.] (*Sy et al.*).

5-*tert*-Butyl-thiophen-2-carbonsäure-äthylester $C_{11}H_{16}O_2S$, Formel X (X = O-C$_2$H$_5$).

B. Aus 5-*tert*-Butyl-thiophen-2-carbonylchlorid und Äthanol (*Sy et al.*, Soc. **1955** 21, 24).

Kp$_{20}$: 150—151°. n_D^{26}: 1,5138.

5-*tert*-Butyl-thiophen-2-carbonsäure-isopentylester $C_{14}H_{22}O_2S$, Formel X (X = O-CH$_2$-CH$_2$-CH(CH$_3$)$_2$).

B. Aus 5-*tert*-Butyl-thiophen-2-carbonylchlorid und Isopentylalkohol (*Sy et al.*, Soc. **1955** 21, 24).

Kp$_{20}$: 174—175°. n_D^{25}: 1,5025.

5-*tert*-Butyl-thiophen-2-carbonsäure-benzylester $C_{16}H_{18}O_2S$, Formel X (X = O-CH$_2$-C$_6$H$_5$).
B. Aus 5-*tert*-Butyl-thiophen-2-carbonylchlorid und Benzylalkohol (*Sy et al.*, Soc. **1955** 21, 24).
Kp$_{29}$: 226—227°. n$_D^{27}$: 1,5608.

5-*tert*-Butyl-thiophen-2-carbonsäure-phenäthylester $C_{17}H_{20}O_2S$, Formel X
(X = O-CH$_2$-CH$_2$-C$_6$H$_5$).
B. Aus 5-*tert*-Butyl-thiophen-2-carbonylchlorid und Phenäthylalkohol (*Sy et al.*, Soc. **1955** 21, 24).
Kp$_{31}$: 238—239°. n$_D^{27}$: 1,5493.

IX   X

5-*tert*-Butyl-thiophen-2-carbonsäure-[2-diäthylamino-äthylester] $C_{15}H_{25}NO_2S$, Formel X
(X = O-CH$_2$-CH$_2$-N(C$_2$H$_5$)$_2$).
B. Beim Behandeln von 5-*tert*-Butyl-thiophen-2-carbonylchlorid mit 2-Diäthylamino-
äthanol und Benzol (*Sy et al.*, Soc. **1954** 1975, 1978).
Kp$_{13}$: 198°. n$_D^{22}$: 1,5143.
Hydrochlorid. Hygroskopische Krystalle (aus Me.); F: 118°.

5-*tert*-Butyl-thiophen-2-carbonylchlorid $C_9H_{11}ClOS$, Formel X (X = Cl).
B. Beim Behandeln von 5-*tert*-Butyl-thiophen-2-carbonsäure mit Thionylchlorid (*Sy et al.*, Soc. **1954** 1975, 1978).
Kp$_{13}$: 120—122°. n$_D^{23}$: 1,5522.

5-*tert*-Butyl-thiophen-2-carbonsäure-amid $C_9H_{13}NOS$, Formel X (X = NH$_2$).
B. Aus 5-*tert*-Butyl-thiophen-2-carbonylchlorid (*Sy et al.*, Soc. **1954** 1975, 1978).
Krystalle (aus Me.); F: 148°.

3-[5-Äthyl-[2]thienyl]-propionsäure $C_9H_{12}O_2S$, Formel I (X = OH).
B. Beim Erhitzen von 1-[5-Äthyl-[2]thienyl]-propan-1-on mit Schwefel und Morpholin
und Erwärmen des Reaktionsprodukts mit wss.-äthanol. Kalilauge (*Cagniant, Cagniant*, Bl. **1952** 713, 717).
Krystalle (aus PAe.); F: 54,5°.

3-[5-Äthyl-[2]thienyl]-propionylchlorid $C_9H_{11}ClOS$, Formel I (X = Cl).
B. Aus 3-[5-Äthyl-[2]thienyl]-propionsäure (*Cagniant, Cagniant*, Bl. **1952** 713, 718).
Kp$_{14}$: 130—131°.

3-[2,5-Dimethyl-[3]thienyl]-propionsäure $C_9H_{12}O_2S$, Formel II (X = OH).
B. Beim Erhitzen von 3-[2,5-Dimethyl-[3]thienyl]-propionsäure-amid (S. 4121) mit wss.
Kalilauge (*Brown, Blanchette*, Am. Soc. **72** [1950] 3414). Beim Behandeln von 3t(?)-[2,5-
Dimethyl-[3]thienyl]-acrylsäure (S. 4183) mit Wasser und Natrium-Amalgam (*Br., Bl.*).
Krystalle; F: 59,5° [aus W.] (*Br., Bl.*), 58° (*Cagniant et al.*, Bl. **1970** 302, 308).
Die Identität eines von *Buu-Hoi, Hoán* (R. **68** [1949] 5, 32) ebenfalls als 3-[2,5-Di-
methyl-[3]thienyl]-propionsäure angesehenen, beim Erhitzen von 1-[2,5-Dimethyl-
[3]thienyl]-propan-1-on mit Schwefel und Morpholin und Erwärmen des Reaktionsprodukts mit wss.-äthanol. Kalilauge erhaltenen Präparats [Krystalle (aus W.); F: 116°]
ist ungewiss.

I   II   III

3-[2,5-Dimethyl-[3]thienyl]-propionsäure-amid C$_9$H$_{13}$NOS, Formel II (X = NH$_2$).

B. Beim Erhitzen von 1-[2,5-Dimethyl-[3]thienyl]-propan-1-on mit Schwefel, wss. Ammoniak und Dioxan oder mit Ammoniumpolysulfid und Dioxan auf 160° (*Brown, Blanchette*, Am. Soc. **72** [1950] 3414).

Krystalle (aus W.); F: 144° [korr.].

2,5-Diäthyl-furan-3-carbonitril C$_9$H$_{11}$NO, Formel III.

B. Beim Erhitzen von 4-Oxo-2-propionyl-hexannitril (E III **3** 1343) mit wss. Salzsäure (*Justoni, Terruzzi*, G. **78** [1948] 166, 172).

Kp: ca. 215°.

2,5-Diäthyl-thiophen-3-carbonsäure C$_9$H$_{12}$O$_2$S, Formel IV (X = OH).

B. Beim Behandeln einer Lösung von 1-[2,5-Diäthyl-[3]thienyl]-äthanon in Dioxan mit wss. Kaliumhypobromit-Lösung (*Cagniant, Cagniant*, Bl. **1953** 713, 718). Beim Erwärmen von [2,5-Diäthyl-[3]thienyl]-[4-dimethylamino-phenylimino]-acetonitril mit wss. Schwefelsäure und Erwärmen des erhaltenen [2,5-Diäthyl-[3]thienyl]-glyoxylo= nitrils mit äthanol. Kalilauge (*Ca., Ca.*).

Krystalle (aus PAe.); F: 65°.

2,5-Diäthyl-thiophen-3-carbonsäure-äthylester C$_{11}$H$_{16}$O$_2$S, Formel IV (X = O-C$_2$H$_5$).

B. Beim Erwärmen von 2,5-Diäthyl-thiophen-3-carbonylchlorid mit Äthanol (*Cagniant, Cagniant*, Bl. **1953** 713, 718).

Kp$_{12}$: 123°. D$_4^{20,8}$: 1,054. n$_D^{19,3}$: 1,5111.

IV   V

2,5-Diäthyl-thiophen-3-carbonylchlorid C$_9$H$_{11}$ClOS, Formel IV (X = Cl).

B. Beim Behandeln von 2,5-Diäthyl-thiophen-3-carbonsäure mit Thionylchlorid und Chloroform (*Cagniant, Cagniant*, Bl. **1953** 713, 718).

Kp$_{9,5}$: 125°. n$_D^{20,3}$: 1,5505.

2,5-Diäthyl-thiophen-3-carbonsäure-amid C$_9$H$_{13}$NOS, Formel IV (X = NH$_2$).

B. Aus 2,5-Diäthyl-thiophen-3-carbonylchlorid mit Hilfe von Ammoniak (*Cagniant, Cagniant*, Bl. **1953** 713, 718).

Krystalle (aus Bzl. + PAe.); F: 116°.

[5-Äthyl-3-methyl-[2]thienyl]-essigsäure-[4-brom-phenacylester] C$_{17}$H$_{17}$BrO$_3$S, Formel V.

B. Aus [5-Äthyl-3-methyl-[2]thienyl]-essigsäure-amid durch Hydrolyse und anschlies= sende Umsetzung mit 2-Brom-1-[4-brom-phenyl]-äthanon (*Blanchette, Brown*, Am. Soc. **74** [1952] 1848).

F: 95—97°.

[5-Äthyl-3-methyl-[2]thienyl]-essigsäure-amid C$_9$H$_{13}$NOS, Formel VI.

B. Beim Erhitzen von 1-[5-Äthyl-3-methyl-[2]thienyl]-äthanon mit Schwefel, wss. Ammoniak und Dioxan oder mit Ammoniumpolysulfid und Dioxan auf 160° (*Blanchette, Brown*, Am. Soc. **74** [1952] 1848).

F: 98—99°.

(±)-5-Äthyl-4-[1-chlor-äthyl]-furan-2-carbonsäure-äthylester C$_{11}$H$_{15}$ClO$_3$, Formel VII.

B. Beim Behandeln eines Gemisches von 5-Äthyl-furan-2-carbonsäure-äthylester, Chloroform, Acetaldehyd und Zinkchlorid mit Chlorwasserstoff (*Mndshojan et al.*, Doklady

Akad. Armjansk. S.S.R. **25** [1957] 267, 273; C. A. **1958** 12834).

Kp$_2$: 117—123°. $D_{4(?)}^{20}$: 1,1236. n_D^{20}: 1,4995.

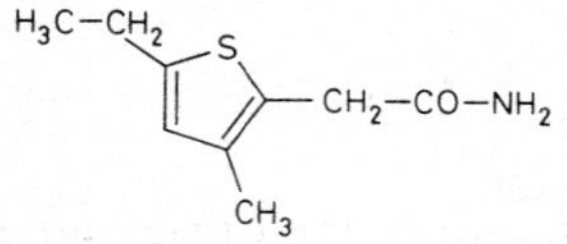

VI 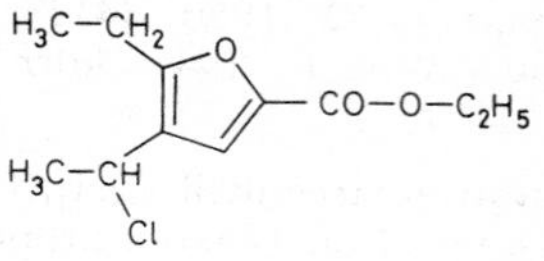   VII

2,4,4-Trimethyl-5-methylen-4,5-dihydro-furan-3-carbonsäure $C_9H_{12}O_3$, Formel VIII
(R = H).

B. Beim Erwärmen von 2,4,4-Trimethyl-5-methylen-4,5-dihydro-furan-3-carbonsäure-
methylester mit äthanol. Kalilauge (*Crombie, Mackenzie*, Soc. **1958** 4417, 4427).

Krystalle (aus PAe.); F: 124—125°. Absorptionsmaximum (A.): 263 nm.

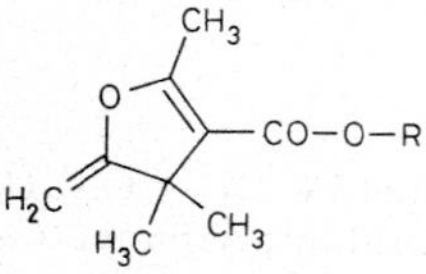

VIII 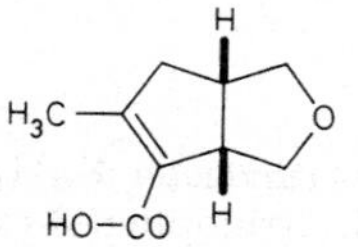   IX 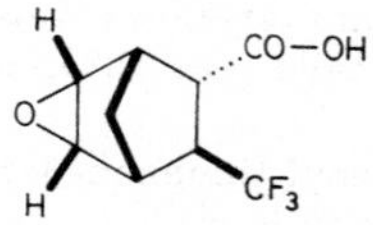   X

2,4,4-Trimethyl-5-methylen-4,5-dihydro-furan-3-carbonsäure-methylester $C_{10}H_{14}O_3$,
Formel VIII (R = CH$_3$).

B. Neben anderen Verbindungen beim Eintragen von 3-Chlor-3-methyl-but-1-in
(E IV **1** 1000) in eine methanol. Lösung der Natrium-Verbindung des Acetessigsäure-
methylesters (*Crombie, Mackenzie*, Soc. **1958** 4417, 4425).

Kp$_{20}$: 98°. $n_D^{21,5}$: 1,481. ^{1}H-NMR-Absorption: *Cr., Ma.*, l. c. S. 4419. Absorptionsmaximum (Äthanol und äthanol. Alkalilauge): 266 nm.

(±)-5-Methyl-(3ar,6ac)-3,3a,6,6a-tetrahydro-1H-cyclopenta[c]furan-4-carbonsäure
$C_9H_{12}O_3$, Formel IX + Spiegelbild.

B. Beim Behandeln von (±)-5-Methyl-(3ar,6ac)-3,3a,6,6a-tetrahydro-1H-cyclopenta=
[c]furan-4-carbaldehyd mit Silberoxid und Äthanol (*Wendler, Slates*, Am. Soc. **80** [1958]
3937).

Krystalle (aus Ae.); F: 100—102° [korr.].

(±)-5endo,6endo-Epoxy-3exo-trifluormethyl-norbornan-2endo-carbonsäure $C_9H_9F_3O_3$,
Formel X + Spiegelbild.

B. Beim Erhitzen von (±)-5exo-Brom-6endo-hydroxy-3exo-trifluormethyl-norbornan-
2endo-carbonsäure-lacton mit wss. Natronlauge (*McBee et al.*, Am. Soc. **78** [1956] 3389,
3392).

Krystalle (aus W.).

Carbonsäuren $C_{10}H_{14}O_3$

6-[2]Furyl-hexansäure $C_{10}H_{14}O_3$, Formel I (X = OH).

B. Beim Behandeln von 1-[2]Furyl-5-jod-pentan mit Magnesium in Äther und anschliessend mit festem Kohlendioxid (*Rallings, Smith*, Soc. **1953** 618, 621). Aus 6-[2]Furyl-
hexannitril mit Hilfe von wss.-äthanol. Kalilauge (*Ra., Sm.*).

F: 18—19°. D_4^{20}: 1,080. n_D^{20}: 1,477.

6-[2]Furyl-hexansäure-amid $C_{10}H_{15}NO_2$, Formel I (X = NH$_2$).

B. Aus 6-[2]Furyl-hexansäure (*Rallings, Smith*, Soc. **1953** 618, 621).

Krystalle (aus wss. A.); F: 81—82°.

6-[2]Furyl-hexannitril $C_{10}H_{13}NO$, Formel II.

B. Beim Behandeln von 1-Brom-5-[2]furyl-pentan mit Kaliumcyanid in wss. Äthanol (*Rallings, Smith*, Soc. **1953** 618, 621).

Kp_{20}: $147-149°$. n_D^{20}: 1,4731.

I   II   III

6-[2]Thienyl-hexansäure $C_{10}H_{14}O_2S$, Formel III (X = OH).

B. Beim Behandeln von 6-Oxo-6-[2]thienyl-hexansäure mit Toluol, amalgamiertem Zink und wss. Salzsäure (*Cagniant, Deluzarche*, Bl. **1948** 1083, 1086; *Fieser et al.*, Am. Soc. **70** [1948] 3197, 3202). Aus 6-Oxo-6-[2]thienyl-hexansäure-äthylester nach dem Verfahren von Huang-Minlon (*Fabritschnyǐ et al.*, Ž. obšč. Chim. **28** [1958] 2520, 2522, 2523; engl. Ausg. S. 2556, 2558, 2559; *Gol'dfarb et al.*, Ž. obšč. Chim. **29** [1959] 3564, 3569, 3570; engl. Ausg. S. 3526, 3530, 3531).

Krystalle; F: $41,4-42,8°$ (*Fi. et al.*), $41-41,5°$ (*Fa. et al.; Go. et al.*), 40° [aus W.] (*Ca., De.*). Kp_{19}: 201° (*Ca., De.*).

6-[2]Thienyl-hexansäure-methylester $C_{11}H_{16}O_2S$, Formel III (X = O-CH₃).

B. Beim Erwärmen von 6-[2]Thienyl-hexansäure mit Chlorwasserstoff enthaltendem Methanol (*Fabritschnyǐ et al.*, Ž. obšč. Chim. **28** [1958] 2520, 2522, 2523; engl. Ausg. S. 2556, 2558, 2559).

Kp_{12}: $143,5-144°$. D_4^{20}: 1,0636. n_D^{20}: 1,5032.

6-[2]Thienyl-hexanoylchlorid $C_{10}H_{13}ClOS$, Formel III (X = Cl).

B. Beim Behandeln von 6-[2]Thienyl-hexansäure mit Thionylchlorid (*Cagniant, Deluzarche*, Bl. **1948** 1083, 1086) oder mit Thionylchlorid und Äther (*Gol'dfarb et al.*, Ž. obšč. Chim. **29** [1959] 3564, 3569, 3570; engl. Ausg. S. 3526, 3530, 3531).

$Kp_{7,5}$: 147° (*Ca., De.*); $Kp_{0,5}$: $120-122°$; D_4^{20}: 1,1443; n_D^{20}: 1,5234 (*Go. et al.*).

Beim Behandeln einer verdünnten Lösung in Benzol mit Zinn(IV)-chlorid ist 21,22-Dithia-tricyclo[16.2.1.1^{8,11}]docosa-8,10,18,20-tetraen-2,12-dion erhalten worden (*Go. et al.*).

6-[2]Thienyl-hexansäure-amid $C_{10}H_{15}NOS$, Formel III (X = NH₂).

B. Aus 6-[2]Thienyl-hexanoylchlorid (*Cagniant, Deluzarche*, Bl. **1948** 1083, 1086).

Krystalle (aus Bzl. + PAe.); F: 103°.

(±)-2-[2]Thienyl-hexansäure $C_{10}H_{14}O_2S$, Formel IV (R = H).

B. Beim Erwärmen von Butyl-[2]thienyl-malonsäure-diäthylester mit wss.-äthanol. Kalilauge (*Leonard*, Am. Soc. **74** [1952] 2915, 2917).

$Kp_{4,5}$: $148-151°$.

(±)-2-[2]Thienyl-hexansäure-[2-diäthylamino-äthylester] $C_{16}H_{27}NO_2S$, Formel IV (R = CH₂-CH₂-N(C₂H₅)₂).

Hydrochlorid $C_{16}H_{27}NO_2S \cdot HCl$. *B.* Beim Erwärmen von (±)-2-[2]Thienyl-hexansäure mit Diäthyl-[2-chlor-äthyl]-amin und Isopropylalkohol (*Leonard*, Am. Soc. **74** [1952] 2915, 2916). — Krystalle (aus Acn. + Ae.); F: $79-81°$ [geschlossene Kapillare].

(±)-2-[2]Thienylmethyl-valeriansäure, (±)-2-Propyl-3-[2]thienyl-propionsäure $C_{10}H_{14}O_2S$, Formel V (R = H).

B. Beim Erhitzen von Propyl-[2]thienylmethyl-malonsäure auf 180° (*Blicke, Leonard*, Am. Soc. **68** [1946] 1934).

Kp_6: $159-162°$.

IV   V   VI

(±)-2-[2]Thienylmethyl-valeriansäure-[2-diäthylamino-äthylester] $C_{16}H_{27}NO_2S$, Formel V (R = CH$_2$-CH$_2$-N(C$_2$H$_5$)$_2$).

Hydrochlorid $C_{16}H_{27}NO_2S \cdot HCl$. *B.* Beim Erwärmen von (±)-2-[2]Thienylmethyl-valeriansäure mit Diäthyl-[2-chlor-äthyl]-amin und Isopropylalkohol (*Blicke, Leonard,* Am. Soc. **68** [1946] 1934). — Krystalle (aus Isopropylalkohol + Ae.); F: 113—114°.

(±)-3-Methyl-5-[2]thienyl-valeriansäure $C_{10}H_{14}O_2S$, Formel VI (R = H).

B. Aus (±)-3-Methyl-5-oxo-5-[2]thienyl-valeriansäure-methylester nach dem Verfahren von Huang-Minlon (*Fabritschnyĭ et al.,* Ž. obšč. Chim. **28** [1950] 2520, 2522, 2523; engl. Ausg. S. 2556, 2558, 2559).

Kp$_{12}$: 172—173°. D$_4^{20}$: 1,1112. n$_D^{20}$: 1,5212.

(±)-3-Methyl-5-[2]thienyl-valeriansäure-methylester $C_{11}H_{16}O_2S$, Formel VI (R = CH$_3$).

B. Beim Erwärmen von (±)-3-Methyl-5-[2]thienyl-valeriansäure mit Chlorwasserstoff enthaltendem Methanol (*Fabritschnyĭ et al.,* Ž. obšč. Chim. **28** [1958] 2520, 2522, 2523; engl. Ausg. S. 2556, 2558, 2559).

Kp$_{14,5}$: 141,5—142°. D$_4^{20}$: 1,0641. n$_D^{20}$: 1,5037.

(±)-3-[2]Furyl-hexansäure $C_{10}H_{14}O_3$, Formel VII (X = OH).

B. Beim Erwärmen von (±)-3-[2]Furyl-hexansäure-diphenylamid mit äthanol. Kali= lauge (*Maxim, Zugravescu,* Bl. [5] **1** [1934] 1087, 1094). Beim Erwärmen von opt.-inakt. 2-Cyan-3-[2]furyl-hexansäure (F: 140°) oder von opt.-inakt. 2-Cyan-3-[2]furyl-hexan= säure-äthylester (Kp$_8$: 154°) mit wss.-äthanol. Kalilauge und Erhitzen des jeweiligen Reaktionsprodukts unter vermindertem Druck (*Maxim, Georgescu,* Bl. [5] **3** [1936] 1114, 1122).

Kp$_{15}$: 152° (*Ma., Ge.*); Kp$_{11}$: 148° (*Ma., Zu.*).

(±)-3-[2]Furyl-hexansäure-äthylester $C_{12}H_{18}O_3$, Formel VII (X = O-C$_2$H$_5$).

B. Beim Erwärmen von (±)-3-[2]Furyl-hexansäure mit Äthanol und wenig Schwefel= säure (*Maxim, Zugravescu,* Bl. [5] **1** [1934] 1087, 1095).

Kp$_{16}$: 126°.

(±)-3-[2]Furyl-hexansäure-diphenylamid $C_{22}H_{23}NO_2$, Formel VII (X = N(C$_6$H$_5$)$_2$).

B. Beim Behandeln von 3t-[2]Furyl-acrylsäure-diphenylamid mit Propylmagnesium= bromid in Äther (*Maxim, Zugravescu,* Bl. [5] **1** [1934] 1087, 1094).

Krystalle (nach Destillation); F: 47°. Kp$_{10}$: 241°.

(±)-4-Methyl-2-[2]thienyl-valeriansäure $C_{10}H_{14}O_2S$, Formel VIII (R = H).

B. Beim Behandeln eines Gemisches von (±)-2-Hydroxy-4-methyl-2-[2]thienyl-valeri= ansäure, Zinn(II)-chlorid und Essigsäure mit Chlorwasserstoff (*Univ. Michigan,* U.S.P. 2541634 [1949]). Beim Erwärmen von Isobutyl-[2]thienyl-malonsäure-diäthylester mit wss.-äthanol. Kalilauge (*Leonard,* Am. Soc. **74** [1952] 2915, 2917).

Krystalle; F: 60—63°; Kp$_{0,4}$: 128—130° (*Univ. Michigan*). Kp$_4$: 142—144° (*Le.*).

VII   VIII   IX

(±)-4-Methyl-2-[2]thienyl-valeriansäure-[2-diäthylamino-äthylester] $C_{16}H_{27}NO_2S$, Formel VIII (R = CH$_2$-CH$_2$-N(C$_2$H$_5$)$_2$).

B. Beim Erwärmen von (±)-4-Methyl-2-[2]thienyl-valeriansäure mit Diäthyl-[2-chlor-äthyl]-amin und Isopropylalkohol (*Univ. Michigan,* U.S.P. 2541634 [1949]; *Leonard,* Am. Soc. **74** [1952] 2915, 2916).

Hydrochlorid $C_{16}H_{27}NO_2S \cdot HCl$. Krystalle; F: 116—118° [aus A. + Ae.] (*Univ. Michigan*), 110—111° [aus Bzn. + Ae.] (*Le.*).

(±)-2-Furfuryl-3-methyl-buttersäure-ureid, (±)-[2-Furfuryl-3-methyl-butyryl]-harnstoff $C_{11}H_{16}N_2O_3$, Formel IX.

Bildung bei 3-jährigem Behandeln des Natrium-Salzes der 5-Furfuryl-5-isopropyl-barbitursäure mit Wasser: *Fretwurst*, Arzneimittel-Forsch. **8** [1958] 44, 49.

F: 164—165°.

5-[5-Methyl-[2]thienyl]-valeriansäure $C_{10}H_{14}O_2S$, Formel X (X = OH).

B. Aus 5-[5-Methyl-[2]thienyl]-5-oxo-valeriansäure nach dem Verfahren von Huang-Minlon (*Cagniant, Cagniant*, Bl. **1956** 1152, 1156).

Krystalle; F: 57,5° [geschlossene Kapillare]. Kp_{17}: 200° [unkorr.].

5-[5-Methyl-[2]thienyl]-valerylchlorid $C_{10}H_{13}ClOS$, Formel X (X = Cl).

B. Beim Behandeln von 5-[5-Methyl-[2]thienyl]-valeriansäure mit Thionylchlorid, Äther und wenig Pyridin (*Cagniant, Cagniant*, Bl. **1956** 1152, 1156).

Kp_{12}: 152,5° [unkorr.]. n_D^{19}: 1,5261.

5-[5-Methyl-[2]thienyl]-valeriansäure-amid $C_{10}H_{15}NOS$, Formel X (X = NH$_2$).

B. Aus 5-[5-Methyl-[2]thienyl]-valerylchlorid (*Cagniant, Cagniant*, Bl. **1956** 1152, 1156).

Krystalle (aus Bzl. + PAe.); F: 110° [unkorr.; geschlossene Kapillare; Block].

(±)-5-[1-Methyl-butyl]-thiophen-2-carbonsäure $C_{10}H_{14}O_2S$, Formel XI.

B. Beim Erwärmen von (±)-1-[5-(1-Methyl-butyl)-[2]thienyl]-äthanon mit wss. Natriumhypochlorit-Lösung (*Hartough, Conley*, Am. Soc. **69** [1947] 3096).

Kp_{11}: 152—155°. n_D^{25}: 1,5405.

5-*tert*-Pentyl-furan-2-carbonsäure $C_{10}H_{14}O_3$, Formel XII (R = H).

B. Aus 5-*tert*-Pentyl-furan-2-carbaldehyd mit Hilfe von Silberoxid (*Gilman, Burtner*, Am. Soc. **57** [1935] 909, 911). Beim Erwärmen von 5-*tert*-Pentyl-furan-2-carbonsäure-methylester mit wss.-methanol. Kalilauge (*Reichstein et al.*, Helv. **18** [1935] 721, 722) oder mit äthanol. Kalilauge (*Gilman, Calloway*, Am. Soc. **55** [1933] 4197, 4201).

Krystalle; F: 69—70° [aus wss. A.] (*Gi., Ca.*), 68,5—69° [aus Bzn.] (*Re. et al.*).

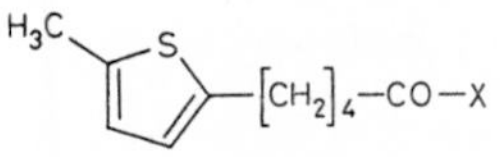

X 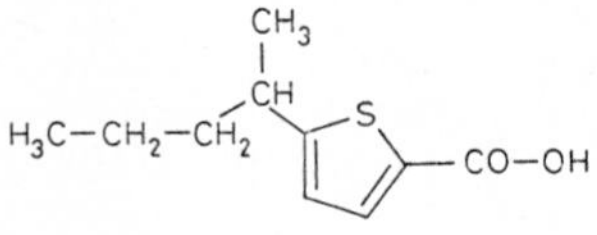   XI 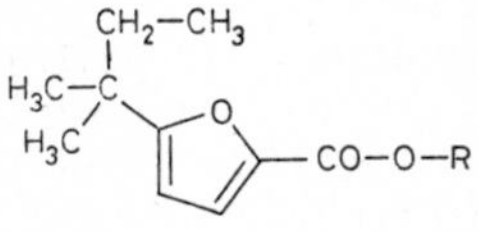   XII

5-*tert*-Pentyl-furan-2-carbonsäure-methylester $C_{11}H_{16}O_3$, Formel XII (R = CH$_3$).

B. Beim Behandeln von Furan-2-carbonsäure-methylester mit Pentylchlorid (*Gilman, Calloway*, Am. Soc. **55** [1933] 4197, 4201) oder 2-Chlor-2-methyl-butan (*Reichstein et al.*, Helv. **18** [1935] 721, 722), Aluminiumchlorid und Schwefelkohlenstoff.

Kp_{13}: 113—116°; D_{25}^{25}: 1,032; n_D^{25}: 1,4804 (*Gi., Ca.*). Kp_{11}: 108—110° (*Re. et al.*).

5-*tert*-Pentyl-furan-2-carbonsäure-[1]naphthylamid $C_{20}H_{21}NO_2$, Formel I.

B. Aus 5-*tert*-Pentyl-furan-2-carbonsäure über das Säurechlorid (*Gilman, Burtner*, Am. Soc. **57** [1935] 909, 911).

F: 201°.

5-*tert*-Pentyl-thiophen-2-carbonsäure $C_{10}H_{14}O_2S$, Formel II.

B. Beim Behandeln von 2-*tert*-Pentyl-thiophen (E III/IV **17** 316) mit Natrium, Äther und Äthylchlorid und anschliessend mit festem Kohlendioxid (*Schick, Hartough*, Am. Soc. **70** [1948] 1645). Beim Erwärmen von 1-[5-*tert*-Pentyl-[2]thienyl]-äthanon mit wss. Natriumhypochlorit-Lösung (*Hartough, Conley*, Am. Soc. **69** [1947] 3096).

Krystalle (aus PAe.); F: 86,5—87,5° (*Sch., Ha.*), 85—86° (*Ha., Co.*).

4-[5-Äthyl-[2]thienyl]-buttersäure $C_{10}H_{14}O_2S$, Formel III (X = OH).

B. Beim Erhitzen von 4-[5-Äthyl-[2]thienyl]-4-oxo-buttersäure mit Hydrazin-hydrat,

Kaliumhydroxid und Diäthylenglykol unter Entfernen des entstehenden Wassers (*Buu-Hoi et al.*, J. org. Chem. **15** [1950] 957, 959; *Cagniant, Cagniant*, Bl. **1953** 62, 67; *Badger et al.*, Soc. **1954** 4162, 4165).

Öl; Kp_{18}: 190—192° (*Buu-Hoi et al.*); $Kp_{11,5}$: 185° (*Ca., Ca.*); $Kp_{0,5}$: 150° (*Ba. et al.*). D_4^{18}: 1,115; n_D^{20}: 1,5225 (*Ca., Ca.*).

4-[5-Äthyl-[2]thienyl]-buttersäure-amid $C_{10}H_{15}NOS$, Formel III (X = NH_2).

B. Beim Behandeln von 4-[5-Äthyl-[2]thienyl]-buttersäure mit Thionylchlorid und Äther (oder Chloroform) und Behandeln des Reaktionsprodukts mit wss. Ammoniak (*Cagniant, Cagniant*, Bl. **1953** 62, 67).

Krystalle (aus PAe.); F: 81°.

[5-*tert*-Butyl-[2]thienyl]-essigsäure-methylester $C_{11}H_{16}O_2S$, Formel IV (X = O-CH_3).

B. Beim Erhitzen von 1-[5-*tert*-Butyl-[2]thienyl]-äthanon mit Schwefel und Morpholin, Erwärmen des Reaktionsprodukts mit wss.-methanol. Natronlauge und Behandeln des danach isolierten Reaktionsprodukts mit Methanol und wenig Toluol-4-sulfonsäure (*Ford et al.*, Am. Soc. **72** [1950] 2109, 2111).

$Kp_{0,15}$: 75—76°.

[5-*tert*-Butyl-[2]thienyl]-essigsäure-amid $C_{10}H_{15}NOS$, Formel IV (X = NH_2).

B. Beim Behandeln von [5-*tert*-Butyl-[2]thienyl]-essigsäure-methylester mit wss. Ammoniak (*Ford et al.*, Am. Soc. **72** [1950] 2109, 2110).

Krystalle (aus Bzl.); F: 134—136° [korr.].

3-[5-Propyl-[2]thienyl]-propionsäure $C_{10}H_{14}O_2S$, Formel V (R = H).

B. Beim Behandeln von 3-[5-Propyl-[2]thienyl]-propionsäure-methylester mit wss.-äthanol. Kalilauge (*Guddal, Sörensen*, Acta chem. scand. **13** [1959] 1185, 1188). Beim Behandeln von 3*t*(?)-[5-Propyl-[2]thienyl]-acrylsäure (S. 4185) mit wss. Natriumhydrogen≈carbonat-Lösung und Natrium-Amalgam (*Gu., Sö.*).

Krystalle (aus Ae. + Hexan); F: 59,5—60°.

3-[5-Propyl-[2]thienyl]-propionsäure-methylester $C_{11}H_{16}O_2S$, Formel V (R = CH_3).

B. Beim Erwärmen von 3-[5-Propyl-[2]thienyl]-propionsäure mit Methanol und wenig Schwefelsäure (*Guddal, Sörensen*, Acta chem. scand. **13** [1959] 1185, 1188). Bei der Hydrierung von 3*c*-[5-Prop-1-inyl-[2]thienyl]-acrylsäure-methylester an Palladium in Äthanol (*Gu., Sö.*).

Bei 40—45°/0,003 Torr bzw. bei 35—40°/0,001 Torr destillierbar. n_D^{20}: 1,5043. IR-Spek≈trum (2—15 μ): *Gu., Sö.*, l. c. S. 1187.

4-[4,5-Dimethyl-[2]thienyl]-buttersäure $C_{10}H_{14}O_2S$, Formel VI (X = OH).

B. Beim Erhitzen von 4-[4,5-Dimethyl-[2]thienyl]-4-oxo-buttersäure mit Hydrazin-hydrat, Kaliumhydroxid und Diäthylenglykol unter Entfernen des entstehenden Wassers (*Lamy et al.*, Soc. **1958** 4202, 4204).

Krystalle (aus Cyclohexan); F: 44°. Kp_{40}: 213—214°.

4-[4,5-Dimethyl-[2]thienyl]-butyrylchlorid $C_{10}H_{13}ClOS$, Formel VI (X = Cl).

B. Beim Behandeln von 4-[4,5-Dimethyl-[2]thienyl]-buttersäure mit Thionylchlorid, Äther und wenig Pyridin (*Lamy et al.*, Soc. **1958** 4202, 4204).

Kp_{18}: 150—151°.

4-[2,5-Dimethyl-[3]thienyl]-buttersäure $C_{10}H_{14}O_3S$, Formel VII (X = OH).

B. Beim Erhitzen von 1-[2,5-Dimethyl-[3]thienyl]-butan-1-on mit Morpholin und Schwefel und Erwärmen des Reaktionsprodukts mit wss.-äthanol. Kalilauge (*Buu-Hoï, Hoán*, R. **68** [1949] 5, 32). Beim Erhitzen von 4-[2,5-Dimethyl-[3]thienyl]-butter=säure-amid mit wss. Kalilauge (*Brown, Blanchette*, Am. Soc. **72** [1950] 3414). Aus 4-[2,5-Dimethyl-[3]thienyl]-4-oxo-buttersäure beim Erwärmen mit amalgamiertem Zink und wss. Salzsäure (*Steinkopf et al.*, A. **536** [1938] 128, 132; s. a. *Br., Bl.*) sowie beim Erhitzen mit Hydrazin-hydrat, Kaliumhydroxid und Diäthylenglykol unter Ent=fernen des entstehenden Wassers (*Buu-Hoï et al.*, R. **69** [1950] 1053, 1069; *Badger et al.*, Soc. **1954** 4162, 4165).

Krystalle; F: 58—59° [aus W.] (*Br., Bl.*), 55—56° [aus PAe.] (*St. et al.; Ba. et al.*). Kp_{15}: 186—190° (*Buu-Hoï et al.*). IR-Spektrum (2—25 µ) der Schmelze: *Hidalgo*, An. Soc. españ. [B] **54** [1958] 259, 260.

Beim Erwärmen mit konz. Schwefelsäure (*St. et al.*) sowie beim Behandeln des Säure=chlorids (s. u.) mit Zinn(IV)-chlorid und Schwefelkohlenstoff (*Buu-Hoï et al.*) ist 1,3-Di=methyl-6,7-dihydro-5H-benzo[c]thiophen-4-on erhalten worden.

VI   VII   VIII

4-[2,5-Dimethyl-[3]thienyl]-butyrylchlorid $C_{10}H_{13}ClOS$, Formel VII (X = Cl).

B. Beim Erwärmen von 4-[2,5-Dimethyl-[3]thienyl]-buttersäure mit Thionylchlorid, Äther und wenig Pyridin (*Buu-Hoï et al.*, R. **69** [1950] 1053, 1069).

Kp_{13}: 145—149°.

4-[2,5-Dimethyl-[3]thienyl]-buttersäure-amid $C_{10}H_{15}NOS$, Formel VII (X = NH₂).

B. Beim Erhitzen von 1-[2,5-Dimethyl-[3]thienyl]-butan-1-on mit Schwefel, wss. Ammoniak und Dioxan oder mit Schwefel, Ammoniumpolysulfid und Dioxan auf 160° (*Brown, Blanchette*, Am. Soc. **72** [1950] 3414).

Krystalle (aus W.); F: 100,5° [korr.].

5-*tert*-Butyl-2-methyl-furan-3-carbonsäure $C_{10}H_{14}O_3$, Formel VIII (R = H).

B. Beim Erhitzen von 5-*tert*-Butyl-2-methyl-furan-3-carbonsäure-äthylester mit wss. Kalilauge (*Messina, Brown*, Am. Soc. **74** [1952] 1087).

Krystalle (aus wss. A.); F: 95°.

5-*tert*-Butyl-2-methyl-furan-3-carbonsäure-äthylester $C_{12}H_{18}O_3$, Formel VIII (R = C₂H₅).

B. Beim Behandeln von 2-Methyl-furan-3-carbonsäure-äthylester mit *tert*-Butylbromid, Aluminiumchlorid und Schwefelkohlenstoff (*Messina, Brown*, Am. Soc. **74** [1952] 1087). Beim Erhitzen von 2-Acetyl-5,5-dimethyl-4-oxo-hexansäure-äthylester mit wss. Kalium=carbonat-Lösung (*Me., Br.*).

Kp_2: 80—81°; Kp_1: 75—77°.

5-*tert*-Butyl-2-methyl-thiophen-3-carbonsäure $C_{10}H_{14}O_2S$, Formel IX.

B. Beim Behandeln von 2-Methyl-thiophen-3-carbonsäure-methylester mit *tert*-Butyl=bromid, Aluminiumchlorid und Schwefelkohlenstoff und Erhitzen des Reaktionsprodukts mit wss. Kalilauge (*Gol'dfarb, Konstantinow*, Izv. Akad. S.S.S.R. Otd. chim. **1957** 112, 114; engl. Ausg. S. 113, 115). Beim Behandeln von 3-Brom-5-*tert*-butyl-2-methyl-thiophen mit Magnesium, Äthylbromid und Äther und anschliessend mit festem Kohlendioxid (*Go., Ko.*). Beim Behandeln von 5-*tert*-Butyl-2-methyl-thiophen-3-carbaldehyd mit wss.-äthanol. Silbernitrat-Lösung und mit äthanol. Alkalilauge (*Go., Ko.*). Beim Erwärmen von 1-[5-*tert*-Butyl-2-methyl-[3]thienyl]-äthanon mit Jod und Pyridin und Erwärmen des Reaktionsprodukts mit wss.-äthanol. Natronlauge (*Go., Ko.*).

Krystalle (aus wss. A.); F: 131—132°.

[2,5-Diäthyl-[3]thienyl]-essigsäure $C_{10}H_{14}O_2S$, Formel X (X = OH).

B. Beim Erwärmen von [2,5-Diäthyl-[3]thienyl]-acetonitril mit wss.-äthanol. Kalilauge (*Cagniant, Cagniant*, Bl. **1953** 713, 718).

Kp_{12}: 173—175° [unkorr.]; Kp_3: 151,5—152° [unkorr.]. $D_4^{18,5}$: 1,111. $n_D^{18,4}$: 1,5268.

[2,5-Diäthyl-[3]thienyl]-essigsäure-äthylester $C_{12}H_{18}O_2S$, Formel X (X = O-C_2H_5).

B. Beim Erwärmen von [2,5-Diäthyl-[3]thienyl]-acetylchlorid mit Äthanol (*Cagniant, Cagniant*, Bl. **1953** 713, 718).

Kp_{10}: 137° [unkorr.]. D_4^{21}: 1,042. $n_D^{20,4}$: 1,5028.

[2,5-Diäthyl-[3]thienyl]-acetylchlorid $C_{10}H_{13}ClOS$, Formel X (X = Cl).

B. Beim Behandeln von [2,5-Diäthyl-[3]thienyl]-essigsäure mit Thionylchlorid und Chloroform (*Cagniant, Cagniant*, Bl. **1953** 713, 718).

Kp_3: 110° [unkorr.]. n_D^{18}: 1,5301.

IX   X   XI

[2,5-Diäthyl-[3]thienyl]-essigsäure-amid $C_{10}H_{15}NOS$, Formel X (X = NH₂).

B. Beim Erhitzen von 1-[2,5-Diäthyl-[3]thienyl]-äthanon mit Schwefel, wss. Ammoniak und Dioxan oder mit Schwefel, Ammoniumpolysulfid und Dioxan auf 160° (*Blanchette, Brown*, Am. Soc. **73** [1951] 2779). Aus [2,5-Diäthyl-[3]thienyl]-acetylchlorid mit Hilfe von Ammoniak (*Cagniant, Cagniant*, Bl. **1953** 713, 718).

Krystalle; F: 116—117° [aus W.] (*Bl., Br.*), 110° [unkorr.; geschlossene Kapillare; Block; aus Bzl. + PAe.] (*Ca., Ca.*).

[2,5-Diäthyl-[3]thienyl]-acetonitril $C_{10}H_{13}NS$, Formel XI.

B. Beim Erwärmen von 2,5-Diäthyl-3-chlormethyl-thiophen mit Kaliumcyanid in wss. Aceton (*Cagniant, Cagniant*, Bl. **1953** 713, 717).

Kp_{11}: 145—145,5° [unkorr.]. $D_4^{18,5}$: 1,048. $n_D^{21,4}$: 1,5244.

4,5-Diäthyl-2-methyl-furan-3-carbonsäure $C_{10}H_{14}O_3$, Formel XII.

B. Beim Erwärmen von 3-Acetyl-4,5-diäthyl-5*H*-furan-2-on mit wss. Salzsäure und Essigsäure (*Lacey*, Soc. **1954** 822, 825).

Krystalle (aus wss. Me.); F: 105—106° [korr.; Kofler-App.].

[4-Äthyl-2,5-dimethyl-[3]thienyl]-essigsäure-amid $C_{10}H_{15}NOS$, Formel XIII.

B. Beim Erhitzen von 1-[4-Äthyl-2,5-dimethyl-[3]thienyl]-äthanon mit Schwefel, wss. Ammoniumpolysulfid-Lösung und Dioxan auf 160° (*Messina, Brown*, Am. Soc. **74** [1952] 920, 922).

Krystalle (aus W.); F: 143—144°.

(±)-4-Äthyl-2,4-dimethyl-5-methylen-4,5-dihydro-furan-3-carbonsäure $C_{10}H_{14}O_3$, Formel XIV (R = H).

B. Beim Erwärmen von (±)-4-Äthyl-2,4-dimethyl-5-methylen-4,5-dihydro-furan-

3-carbonsäure-methylester mit äthanol. Kalilauge (*Crombie, Mackenzie*, Soc. **1958** 4417, 4430).

Krystalle (aus PAe.); F: 107—108°. Absorptionsmaximum (A.): 265 nm.

XII   **XIII**   **XIV**

(±)-4-Äthyl-2,4-dimethyl-5-methylen-4,5-dihydro-furan-3-carbonsäure-methylester
$C_{11}H_{16}O_3$, Formel XIV (R = CH_3).

B. Beim Erwärmen von (±)-3-Chlor-3-methyl-pent-1-in mit der Natrium-Verbindung des Acetessigsäure-äthylesters in Methanol (*Crombie, Mackenzie*, Soc. **1958** 4417, 4430).

Kp_{10}: 95—96°. n_D^{20}: 1,4823. Absorptionsmaximum (A.): 267 nm.

Carbonsäuren $C_{11}H_{16}O_3$

(±)-4-Butyl-2-methyl-4*H*-pyran-3-carbonsäure $C_{11}H_{16}O_3$, Formel I (R = H).

B. Beim Erwärmen von (±)-4-Butyl-2-methyl-4*H*-pyran-3-carbonsäure-äthylester mit methanol. Kalilauge (*Matschinškaja, Barchasch*, Ž. obšč. Chim. **28** [1958] 2873, 2875; engl. Ausg. S. 2899, 2901).

Kp_4: 145—147°.

Beim Erwärmen mit [2,4-Dinitro-phenyl]-hydrazin, Äthanol und konz. Schwefelsäure ist 3-Butyl-5-[2,4-dinitro-phenylhydrazono]-hexanal-[2,4-dinitro-phenylhydrazon] erhalten worden.

(±)-4-Butyl-2-methyl-4*H*-pyran-3-carbonsäure-äthylester $C_{13}H_{20}O_3$, Formel I (R = C_2H_5).

B. Beim Erwärmen von (±)-1-Acetoxy-3-brom-hept-1-en mit Acetessigsäure-äthylester und Natriumäthylat in Äthanol (*Matschinškaja, Barchasch*, Ž. obšč. Chim. **28** [1958] 2873, 2875; engl. Ausg. S. 2899, 2901).

Kp_4: 118—120°.

7-[2]Furyl-heptansäure $C_{11}H_{16}O_3$, Formel II (X = OH).

B. Bei der Hydrierung des Kalium-Salzes der 7*t*(?)-[2]Furyl-hepta-2*t*(?),4*t*(?),6-trien≈ säure (F: 199,5—200°) an Palladium in Wasser (*Rallings, Smith*, Soc. **1953** 618, 621, 622). Bei der Umsetzung von 1-Brom-5-[2]furyl-pentan mit der Natrium-Verbindung des Malonsäure-diäthylesters, Hydrolyse und Decarboxylierung (*Ra., Sm.*).

Krystalle (aus PAe.); F: 35—36°.

I   **II**   **III**

7-[2]Furyl-heptansäure-amid $C_{11}H_{17}NO_2$, Formel II (X = NH_2).

B. Aus 7-[2]Furyl-heptansäure (*Rallings, Smith*, Soc. **1953** 618, 622).

Krystalle (aus wss. A.); F: 96—97°.

7-[2]Thienyl-heptansäure $C_{11}H_{16}O_2S$, Formel III (X = OH).

B. Aus 7-Oxo-7-[2]thienyl-heptansäure nach dem Verfahren von Huang-Minlon (*Cagniant, Cagniant*, Bl. **1954** 1349, 1351).

Krystalle (aus PAe.); F: 30°. Kp_{10}: 195,5° [unkorr.].

7-[2]Thienyl-heptansäure-äthylester $C_{13}H_{20}O_2S$, Formel III (X = O-C_2H_5).

B. Beim Erwärmen von 7-[2]Thienyl-heptansäure mit Äthanol und wenig Schwefel≈

säure (*Cagniant, Cagniant*, Bl. **1954** 1349, 1352).
Kp_{16}: 182° [unkorr.]. D_4^{21}: 1,027. n_D^{19}: 1,4984.

7-[2]Thienyl-heptanoylchlorid $C_{11}H_{15}ClOS$, Formel III (X = Cl).
B. Beim Behandeln von 7-[2]Thienyl-heptansäure mit Thionylchlorid, Äther und wenig Pyridin (*Cagniant, Cagniant*, Bl. **1954** 1349, 1351).
Kp_{10}: 164° [unkorr.]. $n_D^{20,7}$: 1,5172.

7-[2]Thienyl-heptansäure-amid $C_{11}H_{17}NOS$, Formel III (X = NH_2).
B. Aus 7-[2]Thienyl-heptanoylchlorid (*Cagniant, Cagniant*, Bl. **1954** 1349, 1351).
Krystalle (aus Bzl.); F: 102° [unkorr.; Block].

(±)-2-[2]Thienyl-heptansäure $C_{11}H_{16}O_2S$, Formel IV.
B. Beim Erwärmen von Pentyl-[2]thienyl-malonsäure-diäthylester mit wss.-äthanol.
Kalilauge (*Leonard*, Am. Soc. **74** [1952] 2915, 2917).
Kp_4: 153—155°.

(±)-5-Methyl-2-[2]thienyl-hexansäure $C_{11}H_{16}O_2S$, Formel V (R = H).
B. Beim Behandeln eines Gemisches von (±)-2-Hydroxy-5-methyl-2-[2]thienyl-hexan≈säure, Zinn(II)-chlorid und Essigsäure mit Chlorwasserstoff (*Univ. Michigan*, U.S.P. 2 541 634 [1949]).
Kp_{4-5}: 150—155°.

(±)-5-Methyl-2-[2]thienyl-hexansäure-[2-diäthylamino-äthylester] $C_{17}H_{29}NO_2S$,
Formel V (R = CH_2-CH_2-$N(C_2H_5)_2$).
B. Beim Erwärmen von (±)-5-Methyl-2-[2]thienyl-hexansäure mit Diäthyl-[2-chlor-äthyl]-amin und Isopropylalkohol (*Univ. Michigan*, U.S.P. 2 541 634 [1949]).
$Kp_{0,05}$: 160°.

(±)-3-[2]Furyl-5-methyl-hexansäure $C_{11}H_{16}O_3$, Formel VI (X = OH).
B. Beim Erwärmen von (±)-[1-[2]Furyl-3-methyl-butyl]-malonsäure-diäthylester oder von opt.-inakt. 2-Cyan-3-[2]furyl-5-methyl-hexansäure-äthylester (Kp_{20}: 171°) mit äthanol. Kalilauge und Erhitzen des Reaktionsprodukts unter vermindertem Druck (*Maxim, Georgescu*, Bl. [5] **3** [1936] 1114, 1119, 1122).
Kp_{15}: 153°; Kp_{14}: 151°.

IV   V   VI

(±)-3-[2]Furyl-5-methyl-hexanoylchlorid $C_{11}H_{15}ClO_2$, Formel VI (X = Cl).
B. Beim Erwärmen von (±)-3-[2]Furyl-5-methyl-hexansäure mit Thionylchlorid und Benzol (*Maxim, Georgescu*, Bl. [5] **3** [1936] 1114, 1119).
Kp_{18}: 95°.

(±)-3-[2]Furyl-5-methyl-hexansäure-amid $C_{11}H_{17}NO_2$, Formel VI (X = NH_2).
B. Beim Behandeln von (±)-3-[2]Furyl-5-methyl-hexanoylchlorid mit wss. Ammoniak (*Maxim, Georgescu*, Bl. [5] **3** [1936] 1114, 1119).
Krystalle (aus W.); F: 79°.

5-Hexyl-furan-2-carbonsäure $C_{11}H_{16}O_3$, Formel VII (R = H).
B. Beim Erwärmen von 5-Hexyl-furan-2-carbonsäure-methylester mit wss.-äthanol.
Kalilauge (*Gilman, Calloway*, Am. Soc. **55** [1933] 4197, 4201).
Krystalle (aus wss. A.); F: 36—37°.

5-Hexyl-furan-2-carbonsäure-methylester $C_{12}H_{18}O_3$, Formel VII (R = CH_3).

B. Beim Behandeln von Furan-2-carbonsäure-methylester mit Hexylbromid, Alu= miniumchlorid und Schwefelkohlenstoff (*Gilman, Calloway*, Am. Soc. **55** [1933] 4197, 4201).

Kp_{19}: 132—136°. D_{25}^{25}: 1,016. n_D^{25}: 1,4814.

5-[5-Äthyl-[2]thienyl]-valeriansäure $C_{11}H_{16}O_2S$, Formel VIII (X = OH).

B. Beim Erhitzen von 5-[5-Äthyl-[2]thienyl]-5-oxo-valeriansäure mit Hydrazin-hydrat, Kaliumhydroxid und Diäthylenglykol unter Entfernen des entstehenden Wassers (*Cag-niant, Cagniant*, Bl. **1955** 680, 685).

Krystalle (aus PAe.); F: 45°. $Kp_{13,7}$: 197° [unkorr.].

5-[5-Äthyl-[2]thienyl]-valerylchlorid $C_{11}H_{15}ClOS$, Formel VIII (X = Cl).

B. Beim Behandeln von 5-[5-Äthyl-[2]thienyl]-valeriansäure mit Thionylchlorid, Äther und wenig Pyridin (*Cagniant, Cagniant*, Bl. **1955** 680, 685).

Kp_7: 146° [unkorr.]. $n_D^{18,5}$: 1,5220.

VII   VIII   IX

5-[5-Äthyl-[2]thienyl]-valeriansäure-amid $C_{11}H_{17}NOS$, Formel VIII (X = NH_2).

B. Aus 5-[5-Äthyl-[2]thienyl]-valerylchlorid (*Cagniant, Cagniant*, Bl. **1955** 680, 685).

Krystalle (aus Bzl.); F: 90,5° [Block].

5-[2,5-Dimethyl-[3]thienyl]-valeriansäure $C_{11}H_{16}O_2S$, Formel IX (X = OH).

B. Beim Erhitzen von 5-[2,5-Dimethyl-[3]thienyl]-valeriansäure-amid mit wss. Kali= lauge (*Brown, Blanchette*, Am. Soc. **72** [1950] 3414).

Krystalle (aus A. + W.); F: 43,5°.

5-[2,5-Dimethyl-[3]thienyl]-valeriansäure-amid $C_{11}H_{17}NOS$, Formel IX (X = NH_2).

B. Beim Erhitzen von 1-[2,5-Dimethyl-[3]thienyl]-pentan-1-on mit wss. Ammoniak, Schwefel und Dioxan oder mit Ammoniumpolysulfid, Schwefel und Dioxan auf 160° (*Brown, Blanchette*, Am. Soc. **72** [1950] 3414).

Krystalle (aus W.); F: 104,5° [korr.].

4-[5-Äthyl-4-methyl-[2]thienyl]-buttersäure $C_{11}H_{16}O_2S$, Formel X (X = OH).

B. Beim Erhitzen von 4-[5-Äthyl-4-methyl-[2]thienyl]-4-oxo-buttersäure mit Hydrazin-hydrat, Kaliumhydroxid und Diäthylenglykol unter Entfernen des entstehenden Wassers (*Lamy et al.*, Soc. **1958** 4202, 4205).

Kp_{14}: 193—195°.

4-[5-Äthyl-4-methyl-[2]thienyl]-butyrylchlorid $C_{11}H_{15}ClOS$, Formel X (X = Cl).

B. Beim Behandeln von 4-[5-Äthyl-4-methyl-[2]thienyl]-buttersäure mit Thionyl= chlorid, Äther und wenig Pyridin (*Lamy et al.*, Soc. **1958** 4202, 4205).

Kp_{12}: 159—161°.

2,5-Dipropyl-thiophen-3-carbonsäure $C_{11}H_{16}O_2S$, Formel XI.

B. Aus 1-[2,5-Dipropyl-[3]thienyl]-äthanon mit Hilfe von wss. Natriumhypobromit-Lösung (*Sy et al.*, C. r. **239** [1954] 1224).

Krystalle (aus PAe.); F: 126—127°. Kp_{16}: 187—188°.

3-[2,5-Diäthyl-[3]thienyl]-propionsäure $C_{11}H_{16}O_2S$, Formel XII (X = OH).

B. Beim Erhitzen von [2,5-Diäthyl-[3]thienylmethyl]-malonsäure unter vermindertem

Druck (*Cagniant, Cagniant*, Bl. **1953** 713, 719).
Kp$_{10,5}$: 189° [unkorr.]. n$_D^{21,6}$: 1,5229.

X   XI   XII

3-[2,5-Diäthyl-[3]thienyl]-propionylchlorid $C_{11}H_{15}ClOS$, Formel XII (X = Cl).
B. Beim Behandeln von 3-[2,5-Diäthyl-[3]thienyl]-propionsäure mit Thionylchlorid und Chloroform (*Cagniant, Cagniant*, Bl. **1953** 713, 719).
Kp$_3$: 119° [unkorr.]. n$_D^{18,4}$: 1,5278.

[4-Isopropyl-2,5-dimethyl-[3]thienyl]-essigsäure-amid $C_{11}H_{17}NOS$, Formel XIII.
B. Beim Erhitzen von 1-[4-Isopropyl-2,5-dimethyl-[3]thienyl]-äthanon mit Schwefel, wss. Ammoniumpolysulfid-Lösung und Dioxan auf 160° (*Messina, Brown*, Am. Soc. **74** [1952] 920, 922).
Krystalle (aus Bzl. + PAe.); F: 149°.

4,4a-Epoxy-decahydro-[1]naphthoesäure $C_{11}H_{16}O_3$.
a) **(±)-4c,4a-Epoxy-(4ar,8ac)-decahydro-[1t]naphthoesäure** $C_{11}H_{16}O_3$, Formel XIV (R = H) + Spiegelbild.
B. Beim Behandeln einer Lösung von (±)-(8ar)-1,2,3,5,6,7,8,8a-Octahydro-[1t]naphthoe=säure in Chloroform mit Peroxyessigsäure (*Nasarow et al.*, Croat. chem. Acta **29** [1957] 369, 387; *Kutscherow et al.*, Izv. Akad. S.S.S.R. Otd. chim. **1959** 671, 677; engl. Ausg. S. 644, 647).
Krystalle (aus Ae.); F: 125–126°.
Beim Behandeln mit wss. Salzsäure, beim Behandeln einer Lösung in Benzol mit Chlor=wasserstoff sowie beim Erwärmen mit Methanol ist 4t,4a-Dihydroxy-(4ar,8at)-decahydro-[1c]naphthoesäure-4a-lacton erhalten worden (*Ku. et al.*; s. a. *Na. et al.*).
b) **(±)-4c,4a-Epoxy-(4ar,8at)-decahydro-[1t]naphthoesäure** $C_{11}H_{16}O_3$, Formel XV (R = H) + Spiegelbild.
B. Beim Behandeln einer Lösung von (±)-(8ar)-1,2,3,5,6,7,8,8a-Octahydro-[1c]=naphthoesäure in Chloroform mit Peroxyessigsäure (*Nasarow et al.*, Croat. chem. Acta **29** [1957] 369, 389; *Kutscherow et al.*, Izv. Akad. S.S.S.R. Otd. chim. **1959** 682, 686; engl. Ausg. S. 652, 655).
Krystalle (aus Ae. + PAe.); F: 136–137°.

XIII   XIV   XV   XVI

4,4a-Epoxy-decahydro-[1]naphthoesäure-methylester $C_{12}H_{18}O_3$.
a) **(±)-4c,4a-Epoxy-(4ar,8ac)-decahydro-[1t]naphthoesäure-methylester** $C_{12}H_{18}O_3$, Formel XIV (R = CH$_3$) + Spiegelbild.
B. Beim Behandeln von (±)-4c,4a-Epoxy-(4ar,8ac)-decahydro-[1t]naphthoesäure mit Diazomethan in Äther (*Kutscherow et al.*, Izv. Akad. S.S.S.R. Otd. chim. **1959** 671, 677; engl. Ausg. S. 644, 647).
Kp$_3$: 105–106°. D$_4^{20}$: 1,1310. n$_D^{20}$: 1,4800.

Beim Erhitzen mit wss. Schwefelsäure und Dioxan ist 4*t*,4a-Dihydroxy-(4a*r*,8a*t*)-deca≈ hydro-[1*c*]naphthoesäure-4a-lacton erhalten worden.

b) (±)-**4*c*,4a-Epoxy-(4a*r*,8a*t*)-decahydro-[1*t*]naphthoesäure-methylester** $C_{12}H_{18}O_3$, Formel XV (R = CH_3) + Spiegelbild.

B. Beim Behandeln von (±)-4*c*,4a-Epoxy-(4a*r*,8a*t*)-decahydro-[1*t*]naphthoesäure mit Diazomethan in Äther (*Kutscherow et al.*, Izv. Akad. S.S.S.R. Otd. chim. **1959** 682, 686; engl. Ausg. S. 652, 655).

Kp_2: 103—105°. D_4^{20}: 1,1325. n_D^{20}: 1,4860.

(1*S*,2*Ξ*,3'*Ξ*)-**7,7-Dimethyl-spiro[norbornan-2,2'-oxiran]-3'-carbonsäure-äthylester** $C_{13}H_{20}O_3$, Formel XVI (R = C_2H_5).

B. Beim Behandeln von (+)-[(1*S*,2*Ξ*)-7,7-Dimethyl-norborn-2-yliden]-essigsäure-äthyl≈ ester ($n_D^{19,7}$: 1,4990; $[α]_{578}$: +118,2° [$CHCl_3$]; aus (−)-*β*-Pinen über (+)-Nopinon her≈ gestellt) mit 4-Nitro-peroxybenzoesäure in Benzol und Chloroform (*Vilkas*, *Abraham*, C. r. **246** [1958] 1434; *Vilkas*, Bl. **1959** 1401, 1405; *Abraham*, A. ch. [13] **5** [1960] 961, 977).

$Kp_{0,17}$: 90—91° (*Vi.*; *Ab.*). $n_D^{27,8}$: 1,4750 (*Vi.*, *Ab.*; *Ab.*). $[α]_{578}$: +34,7° [$CHCl_3$] (*Ab.*; s. a. *Vi.*, *Ab.*; *Vi.*).

Carbonsäuren $C_{12}H_{18}O_3$

8-[2]Furyl-octansäure $C_{12}H_{18}O_3$, Formel I (R = H).

B. Beim Erhitzen von 8-[2]Furyl-8-oxo-octansäure mit Hydrazin-hydrat, Natrium≈ hydroxid und Äthylenglykol auf 150° unter Entfernen des entstehenden Wassers und Erhitzen des Reaktionsprodukts mit Toluol und wss.-äthanol. Natronlauge (*Gruber*, B. **88** [1955] 178, 184).

Öl.

S-Benzyl-isothiuronium-Salz $[C_8H_{11}N_2S]C_{12}H_{17}O_3$. Krystalle (aus Me.); F: 131° bis 133° (*Gr.*, l. c. S. 179).

8-[2]Furyl-octansäure-äthylester $C_{14}H_{22}O_3$, Formel I (R = C_2H_5).

B. Beim Erwärmen von 8-[2]Furyl-octansäure mit Äthanol, Benzol und wenig Schwefel≈ säure (*Gruber*, B. **88** [1955] 178, 184).

$Kp_{0,7}$: 118—121°.

I   II   III

8-[2]Thienyl-octansäure $C_{12}H_{18}O_2S$, Formel II (X = OH).

B. Beim Erwärmen von 8-Oxo-8-[2]thienyl-octansäure mit Toluol, amalgamiertem Zink und wss. Salzsäure (*Cagniant et al.*, Bl. **1948** 1083, 1086).

Krystalle (nach Destillation); F: 15°. Kp_{17}: 219°. $D_4^{20,5}$: 1,058. $n_D^{17,5}$: 1,5115.

8-[2]Thienyl-octanoylchlorid $C_{12}H_{17}ClOS$, Formel II (X = Cl).

B. Beim Erwärmen von 8-[2]Thienyl-octansäure mit Thionylchlorid (*Cagniant et al.*, Bl. **1948** 1083, 1086).

$Kp_{7,5}$: 169° [unter partieller Zersetzung].

8-[2]Thienyl-octansäure-amid $C_{12}H_{19}NOS$, Formel II (X = NH_2).

B. Aus 8-[2]Thienyl-octanoylchlorid (*Cagniant et al.*, Bl. **1948** 1083, 1086).

Krystalle (aus Bzl. + PAe.); F: 95°.

(±)-**2-[2]Thienyl-octansäure** $C_{12}H_{18}O_2S$, Formel III.

B. Beim Erwärmen von Hexyl-[2]thienyl-malonsäure-diäthylester mit wss.-äthanol. Kalilauge (*Leonard*, Am. Soc. **74** [1952] 2915, 2917).

$Kp_{5,0}$: 168—172°.

(±)-3-[2]Furyl-6-methyl-heptansäure $C_{12}H_{18}O_3$, Formel IV (X = OH).
B. Beim Erwärmen von (±)-[1-[2]Furyl-4-methyl-pentyl]-malonsäure-diäthylester mit äthanol. Kalilauge und Erhitzen des Reaktionsprodukts unter vermindertem Druck (*Maxim, Georgescu*, Bl. [5] **3** [1936] 1114, 1120).
Kp_8: 156°.

(±)-3-[2]Furyl-6-methyl-heptanoylchlorid $C_{12}H_{17}ClO_2$, Formel IV (X = Cl).
B. Beim Erwärmen von (±)-3-[2]Furyl-6-methyl-heptansäure mit Thionylchlorid und Benzol (*Maxim, Georgescu*, Bl. [5] **3** [1936] 1114, 1120).
Kp_{15}: 115°.

(±)-3-[2]Furyl-6-methyl-heptansäure-amid $C_{12}H_{19}NO_2$, Formel IV (X = NH$_2$).
B. Beim Behandeln von (±)-3-[2]Furyl-6-methyl-heptanoylchlorid mit wss. Ammoniak (*Maxim, Georgescu*, Bl. [5] **3** [1936] 1114, 1120).
Krystalle (aus W.); F: 55°.

6-[5-Äthyl-[2]thienyl]-hexansäure $C_{12}H_{18}O_2S$, Formel V (X = OH).
B. Aus 6-[5-Äthyl-[2]thienyl]-6-oxo-hexansäure nach dem Verfahren von Huang-Minlon (*Cagniant, Cagniant*, Bl. **1956** 1152, 1162).
Kp_{14}: 212—213° [unkorr.]. $D_4^{22,8}$: 1,072. $n_D^{23,6}$: 1,5142.

IV   V   VI

6-[5-Äthyl-[2]thienyl]-hexanoylchlorid $C_{12}H_{17}ClOS$, Formel V (X = Cl).
B. Beim Behandeln von 6-[5-Äthyl-[2]thienyl]-hexansäure mit Thionylchlorid, Äther und wenig Pyridin (*Cagniant, Cagniant*, Bl. **1956** 1152, 1162).
Kp_3: 150° [unkorr.]. $n_D^{19,9}$: 1,5161; $n_D^{21,5}$: 1,5155.

6-[5-Äthyl-[2]thienyl]-hexansäure-amid $C_{12}H_{19}NOS$, Formel V (X = NH$_2$).
B. Aus 6-[5-Äthyl-[2]thienyl]-hexanoylchlorid (*Cagniant, Cagniant*, Bl. **1956** 1152, 1162).
Krystalle (aus Bzl. + PAe.); F: 99°.

5-[5-Propyl-[2]thienyl]-valeriansäure $C_{12}H_{18}O_2S$, Formel VI (X = OH).
B. Aus 5-Oxo-5-[5-propyl-[2]thienyl]-valeriansäure nach dem Verfahren von Huang-Minlon (*Cagniant, Cagniant*, Bl. **1956** 1152, 1157).
Krystalle (nach Destillation); F: 42°. $Kp_{12,5}$: 203° [unkorr.].

5-[5-Propyl-[2]thienyl]-valerylchlorid $C_{12}H_{17}ClOS$, Formel VI (X = Cl).
B. Beim Behandeln von 5-[5-Propyl-[2]thienyl]-valeriansäure mit Thionylchlorid, Äther und wenig Pyridin (*Cagniant, Cagniant*, Bl. **1956** 1152, 1157).
Kp_{11}: 159° [unkorr.]. $n_D^{15,6}$: 1,5190.

5-[5-Propyl-[2]thienyl]-valeriansäure-amid $C_{12}H_{19}NOS$, Formel VI (X = NH$_2$).
B. Aus 5-[5-Propyl-[2]thienyl]-valerylchlorid (*Cagniant, Cagniant*, Bl. **1956** 1152, 1157).
Krystalle (aus Bzl. + PAe.); F: 85°.

4-[4-*tert*-Butyl-[2]thienyl]-buttersäure $C_{12}H_{18}O_2S$, Formel VII.
B. Beim Erhitzen von 4-[4-*tert*-Butyl-[2]thienyl]-4-oxo-buttersäure mit Hydrazin-hydrat, Kaliumhydroxid und Diäthylenglykol unter Entfernen des entstehenden Wassers (*Sy et al.*, Soc. **1955** 21, 23).
Kp_{13}: 200—201°.

4-[5-*tert*-Butyl-[2]thienyl]-buttersäure $C_{12}H_{18}O_2S$, Formel VIII.

B. Beim Erhitzen von 4-[5-*tert*-Butyl-[2]thienyl]-4-oxo-buttersäure mit Hydrazinhydrat, Kaliumhydroxid und Diäthylenglykol unter Entfernen des entstehenden Wassers (*Sy et al.*, Soc. **1955** 21, 22).

Krystalle (aus Bzn.); F: 47°. Kp_{24}: 214°.

4-[2,5-Diäthyl-[3]thienyl]-buttersäure $C_{12}H_{18}O_2S$, Formel IX (X = OH).

B. Beim Erhitzen von 4-[2,5-Diäthyl-[3]thienyl]-4-oxo-buttersäure mit Hydrazinhydrat, Kaliumhydroxid und Diäthylenglykol unter Entfernen des entstehenden Wassers (*Cagniant, Cagniant*, Bl. **1953** 713, 719).

Kp_{16}: 207° [unkorr.]; Kp_{10}: 193° [unkorr.]; D_4^{20}: 1,076; n_D^{19}: 1,5200 (*Ca., Ca.*).

Beim Behandeln mit Thionylchlorid und Chloroform ist 1,3-Diäthyl-6,7-dihydro-5*H*-benzo[*c*]thiophen-4-on erhalten worden (*Ca., Ca.*).

Die Identität eines von *Sy et al.* (C. r. **239** [1954] 1813) ebenfalls als 4-[2,5-Diäthyl-[3]thienyl]-buttersäure angesehenen Präparats (Krystalle [aus PAe.]; F: 61°) ist ungewiss.

VII   VIII   IX

4-[2,5-Diäthyl-[3]thienyl]-butyrylchlorid $C_{12}H_{17}ClOS$, Formel IX (X = Cl).

B. Beim Behandeln von 4-[2,5-Diäthyl-[3]thienyl]-buttersäure mit Thionylchlorid, Äther und wenig Pyridin (*Cagniant, Cagniant*, Bl. **1953** 713, 719).

$Kp_{8,7}$: 155° [unkorr.]. $D_4^{18,8}$: 1,092. $n_D^{17,2}$: 1,5220.

2-Methyl-4,5-dipropyl-furan-3-carbonsäure $C_{12}H_{18}O_3$, Formel X.

B. Beim Erwärmen von 3-Acetyl-4,5-dipropyl-5*H*-furan-2-on mit Essigsäure und konz. wss. Salzsäure (*Lacey*, Soc. **1954** 822, 825).

Krystalle (aus wss. Me.); F: 61°.

X   XI

*Opt.-inakt. **3-[2,6-Dimethyl-hepta-1,5-dienyl]-oxirancarbonsäure-amid, 2,3-Epoxy-5,9-dimethyl-deca-4,8-diensäure-amid** $C_{12}H_{19}NO_2$, Formel XI.

B. Beim Behandeln von Citral (E IV **1** 3569) mit *N*-Chlor-acetamid, Natriumäthylat und Äther (*Schering-Kahlbaum A.G.*, D.R.P. 586645 [1932]; Friedl. **20** 781).

Krystalle (aus Bzl.); F: 118,5°.

---

*Opt.-inakt. **4,7,7-Trimethyl-1-oxa-spiro[2.6]non-4-en-2-carbonsäure-äthylester** $C_{14}H_{22}O_3$, Formel XII.

B. Beim Behandeln von 2,5,5-Trimethyl-cyclohept-2-en-1-on mit Chloressigsäure-äthylester und Natriummethylat in Benzol (*Barbier*, Helv. **23** [1940] 524, 532).

Kp_4: 124°.

---

*Opt.-inakt. **3*t*-[(1*Ξ*,2*Ξ*)-2,3-Epoxy-2,6,6-trimethyl-cyclohexyl]-acrylsäure-methylester** $C_{13}H_{20}O_3$, Formel XIII.

B. Beim Behandeln von (±)-3*t*-[2,6,6-Trimethyl-cyclohex-2-enyl]-acrylsäure-methyl=

ester (E III **9** 329) mit Monoperoxyphthalsäure in Äther (*de Tribolet, Schinz*, Helv. **37** [1954] 2184, 2193).

$Kp_{0,05}$: 98°. D_4^{20}: 1,0314. n_D^{20}: 1,4850.

XII   XIII

(±)(1Ξ,4aΞ,3′Ξ)-(4ar,8at)-Octahydro-spiro[naphthalin-1,2′-oxiran]-3′-carbonsäure $C_{12}H_{18}O_3$, Formel XIV + Spiegelbild.

B. Beim Behandeln von (±)-*trans*-Octahydro-naphthalin-1-on mit Chloressigsäuremethylester und Natriummethylat in Äther und Behandeln des Reaktionsprodukts mit wss. Natronlauge (*Dauben et al.*, Am. Soc. **76** [1954] 4420, 4425).

Krystalle (aus Ae. + Pentan); F: 107—108,5° [korr.].

Octahydro-spiro[naphthalin-2,2′-oxiran]-3′-carbonsäure-äthylester $C_{14}H_{22}O_3$.

a) (±)(2Ξ,4aΞ,3′Ξ)-(4ar,8ac)-Octahydro-spiro[naphthalin-2,2′-oxiran]-3′-carbonsäure-äthylester $C_{14}H_{22}O_3$, Formel XV + Spiegelbild (R = C_2H_5).

B. Beim Behandeln von (±)-*cis*-Octahydro-naphthalin-2-on mit Chloressigsäureäthylester und Natriumamid in Benzol (*Rodinow, Antik*, Izv. Akad. S.S.S.R. Otd. chim. **1953** 253, 254; engl. Ausg. S. 231, 232).

Kp_{20}: 178—181°.

XIV   XV   XVI   XVII

b) (±)-(2Ξ,4aΞ,3′Ξ)-(4ar,8at)-Octahydro-spiro[naphthalin-2,2′-oxiran]-3′-carbonsäure-äthylester $C_{14}H_{22}O_3$, Formel XVI + Spiegelbild (R = C_2H_5) (vgl. E I 440; dort als „Äthylester der 2.2¹-Oxido-dekahydronaphthalin-essigsäure-(2)" bezeichnet).

B. Beim Behandeln von (±)-*trans*-Octahydro-naphthalin-2-on mit Chloressigsäureäthylester und Natrium in Xylol (*I.G. Farbenind.*, D.R.P. 602 816 [1930]; Frdl. **20** 217; *Winthrop Chem. Co.*, U.S.P. 1 899 340 [1931]).

Kp_5: 152—157°.

(1Ξ,2Ξ,3aR)-1,2-Epoxy-1,2,4c-trimethyl-(6ac)-hexahydro-pentalen-3ar-carbonsäuremethylester $C_{13}H_{20}O_3$, Formel XVII.

B. Beim Behandeln von (3aR)-1,2,4c-Trimethyl-(6ac)-4,5,6,6a-tetrahydro-3H-pentalen-3ar-carbonsäure-methylester mit Peroxybenzoesäure in Chloroform (*Plattner et al.*, Helv. **25** [1942] 1345, 1355).

Kp_{12}: 132—133°. D_4^{20}: 1,062. n_D^{20}: 1,4716. $[\alpha]_D$: —42,3° [Me.; c = 2].

Carbonsäuren $C_{13}H_{20}O_3$

9-[2]Thienyl-nonansäure $C_{13}H_{20}O_2S$, Formel I (X = OH).

B. Aus 9-Oxo-9-[2]thienyl-nonansäure [F: 60°] (*Cagniant, Cagniant*, Bl. **1954** 1349, 1352) oder aus 9-Oxo-9-[2]thienyl-nonansäure-äthylester (*Gol'dfarb et al.*, Ž. obšč. Chim. **29** [1959] 3564, 3569, 3570; engl. Ausg. S. 3526, 3530, 3531) nach dem Verfahren von Huang-Minlon.

Krystalle; F: 35,5—36° (*Go. et al.*), 35° [aus Bzl. + PAe.] (*Ca., Ca.*). Kp_{10}: 217° (*Ca., Ca.*).

Über eine ebenfalls als 9-[2]Thienyl-nonansäure beschriebene Verbindung (Kp_{18}: 225—226°; n_D^{26}: 1,5138; Äthylester [$C_{15}H_{24}O_2S$], Kp_{32}: 210—211°; n_D^{28}: 1,4889), die aus einer als 9-Oxo-9-[2]thienyl-nonansäure angesehenen Verbindung vom F: 87° erhalten worden ist, s. *Buu-Hoi et al.*, Bl. **1955** 1583, 1585.

9-[2]Thienyl-nonanoylchlorid $C_{13}H_{19}ClOS$, Formel I (X = Cl).

B. Beim Behandeln von 9-[2]Thienyl-nonansäure mit Thionylchlorid, Äther und Pyridin (*Cagniant, Cagniant*, Bl. **1954** 1349, 1352; s. a. *Gol'dfarb et al.*, Ž. obšč. Chim. **29** [1959] 3564, 3569, 3570; engl. Ausg. S. 3526, 3530, 3531).

$Kp_{3,2}$: 165° (*Ca., Ca.*); Kp_1: 142—146° (*Go. et al.*). n_D^{17}: 1,5130 (*Ca., Ca.*).

Beim Behandeln einer verdünnten Lösung in Benzol bzw. Äther mit Zinn(IV)-chlorid bzw. Aluminiumchlorid ist 27,28-Dithia-tricyclo[22.2.1.1^{11,14}]octacosa-11,13,24,26-tetraen-2,15-dion erhalten worden (*Go. et al.*).

               I   II   III

9-[2]Thienyl-nonansäure-amid $C_{13}H_{21}NOS$, Formel I (X = NH_2).

B. Beim Behandeln von 9-[2]Thienyl-nonanoylchlorid mit wss. Ammoniak (*Cagniant, Cagniant*, Bl. **1954** 1349, 1352).

Krystalle (aus Bzl.); F: 94,5°.

5-[1,1,3,3-Tetramethyl-butyl]-thiophen-2-carbonsäure $C_{13}H_{20}O_2S$, Formel II.

B. Beim Behandeln von 2-[1,1,3,3-Tetramethyl-butyl]-thiophen (E III/IV **17** 335) mit Natrium, Äther und Äthylchlorid und anschliessend mit festem Kohlendioxid (*Schick, Hartough*, Am. Soc. **70** [1948] 1645).

Krystalle (aus PAe.); F: 122—123°.

5-[5-*tert*-Butyl-[2]thienyl]-valeriansäure $C_{13}H_{20}O_2S$, Formel III (X = OH).

B. Aus 5-[5-*tert*-Butyl-[2]thienyl]-5-oxo-valeriansäure nach dem Verfahren von Huang-Minlon (*Cagniant, Cagniant*, Bl. **1956** 1152, 1159).

Krystalle (aus PAe.); F: 62,5°. Kp_{25}: 230° [unkorr.]; Kp_{14}: 208—209° [unkorr.].

5-[5-*tert*-Butyl-[2]thienyl]-valerylchlorid $C_{13}H_{19}ClOS$, Formel III (X = Cl).

B. Beim Behandeln von 5-[5-*tert*-Butyl-[2]thienyl]-valeriansäure mit Thionylchlorid, Äther und Pyridin (*Cagniant, Cagniant*, Bl. **1956** 1152, 1159).

Kp_3: 142,5° [unkorr.]. n_D^{20}: 1,5140.

5-[5-*tert*-Butyl-[2]thienyl]-valeriansäure-amid $C_{13}H_{21}NOS$, Formel III (X = NH_2).

B. Aus 5-[5-*tert*-Butyl-[2]thienyl]-valerylchlorid (*Cagniant, Cagniant*, Bl. **1956** 1152, 1159).

Krystalle (aus Bzl. + PAe.); F: 88,5°.

4-[5-Isopentyl-[2]thienyl]-buttersäure $C_{13}H_{20}O_2S$, Formel IV.

B. Aus 4-[5-Isopentyl-[2]thienyl]-4-oxo-buttersäure nach dem Verfahren von Huang-Minlon (*Sy et al.*, C. r. **239** [1954] 1813).

Kp_{20}: 216—218°. n_D^{22}: 1,5186.

5-[2,5-Diäthyl-[3]thienyl]-valeriansäure $C_{13}H_{20}O_2S$, Formel V (X = OH).

B. Beim Erhitzen von 5-[2,5-Diäthyl-[3]thienyl]-5-oxo-valeriansäure mit Hydrazinhydrat, Kaliumhydroxid und Diäthylenglykol unter Entfernen des entstehenden Wassers

(*Cagniant, Cagniant*, Bl. **1953** 713, 720).

Krystalle (aus PAe.); F: 55,5°. $Kp_{9,8}$: 209—210° [unkorr.]. $D_4^{21,2}$: 1,093; $n_D^{19,7}$: 1,5239 [unterkühlte Schmelze].

IV

V

5-[2,5-Diäthyl-[3]thienyl]-valerylchlorid $C_{13}H_{19}ClOS$, Formel V (X = Cl).

B. Beim Behandeln von 5-[2,5-Diäthyl-[3]thienyl]-valeriansäure mit Thionylchlorid, Äther und Pyridin (*Cagniant, Cagniant*, Bl. **1953** 713, 720).

Kp_7: 170° [unkorr.]. n_D^{18}: 1,5258.

2,5-Di-*tert*-butyl-thiophen-3-carbonsäure $C_{13}H_{20}O_2S$, Formel VI (X = OH).

B. Beim Behandeln von 3-Brom-2,5-di-*tert*-butyl-thiophen mit Magnesium, Äther und Äthylbromid und anschliessend mit festem Kohlendioxid (*Gol'dfarb, Konštantinow*, Izv. Akad. S.S.S.R. Otd. chim. **1957** 112, 116; engl. Ausg. S. 113, 117). Beim Erhitzen von 1-[2,5-Di-*tert*-butyl-[3]thienyl]-äthanon mit Jod und Pyridin und Erwärmen des Reaktionsgemisches mit äthanol. Natronlauge (*Go., Ko.*).

Krystalle (aus wss. A.); F: 168—169°.

VI

VII

2,5-Di-*tert*-butyl-thiophen-3-carbonylchlorid $C_{13}H_{19}ClOS$, Formel VI (X = Cl).

B. Beim Erwärmen von 2,5-Di-*tert*-butyl-thiophen-3-carbonsäure mit Thionylchlorid (*Gol'dfarb, Konštantinow*, Izv. Akad. S.S.S.R. Otd. chim. **1959** 121, 124; engl. Ausg. S. 108, 111).

Kp_7: 129—130°.

*Opt.-inakt. 3-[2,6-Dimethyl-hepta-1,5-dienyl]-2-methyl-oxirancarbonsäure-äthylester, 2,3-Epoxy-2,5,9-trimethyl-deca-4,8-diensäure-äthylester $C_{15}H_{24}O_3$, Formel VII.

Über ein beim Behandeln von Citral (E IV **1** 3569) mit (±)-2-Chlor-propionsäure-äthylester und Natriumäthylat in Äthanol erhaltenes Präparat (Kp_2: 135°), das sich durch Erwärmen mit wss. Alkalilauge in 5,9-Dimethyl-deca-4,8-dien-2-on (n_D^{20}: 1,4598) hat überführen lassen, s. *Barbier*, Helv. **17** [1934] 1026, 1027.

Carbonsäuren $C_{14}H_{22}O_3$

10-[2]Thienyl-decansäure $C_{14}H_{22}O_2S$, Formel VIII (X = OH).

B. Beim Erhitzen von 10-Oxo-10-[2]thienyl-decansäure mit Toluol, amalgamiertem Zink und wss. Salzsäure (*Cagniant, Deluzarche*, Bl. **1948** 1083, 1086). Aus 10-Oxo-10-[2]thienyl-decansäure (*Cagniant, Cagniant*, Bl. **1954** 1349, 1352) oder aus 10-Oxo-10-[2]thienyl-decansäure-äthylester (*Gol'dfarb et al.*, Ž. obšč. Chim. **29** [1959] 3564, 3569, 3570; engl. Ausg. S. 3526, 3530, 3531) nach dem Verfahren von Huang-Minlon.

Krystalle; F: 33—33,8° (*Go. et al.*), 25,5° [aus PAe.] (*Ca., Ca.*). Kp_{19}: 240° (*Ca., De.*); $Kp_{9,8}$: 222° (*Ca., Ca.*); Kp_1: 171—173° (*Go. et al.*).

10-[2]Thienyl-decanoylchlorid $C_{14}H_{21}ClOS$, Formel VIII (X = Cl).

B. Beim Behandeln von 10-[2]Thienyl-decansäure mit Thionylchlorid, Äther und

Pyridin (*Cagniant, Cagniant*, Bl. **1954** 1349, 1352; s. a. *Gol'dfarb et al.*, Ž. obšč. Chim.
29 [1959] 3564, 3569, 3570; engl. Ausg. S. 3526, 3530, 3531).

$Kp_{5,5}$: 190° (*Ca., Ca.*); Kp_2: 163—165° (*Go. et al.*).

Beim Behandeln einer verdünnten Lösung in Schwefelkohlenstoff und Äther mit
Aluminiumchlorid sind 15-Thia-bicyclo[10.2.1]pentadeca-12,14-dien-2-on und 29,30-Di=
thia-tricyclo[24.2.1.1^{12,15}]triaconta-12,14,26,28-tetraen-2,16-dion erhalten worden (*Go.
et al.*).

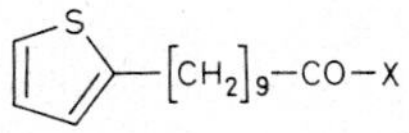

VIII

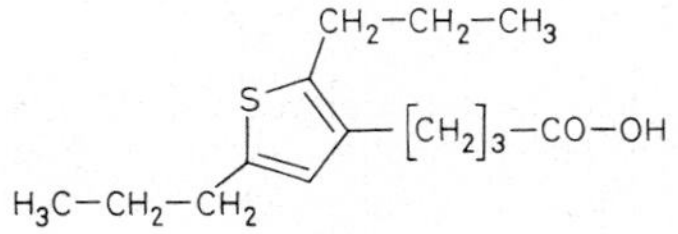

IX

10-[2]Thienyl-decansäure-amid $C_{14}H_{23}NOS$, Formel VIII (X = NH_2).
B. Beim Behandeln von 10-[2]Thienyl-decanoylchlorid mit wss. Ammoniak (*Cagniant,
Cagniant*, Bl. **1954** 1349, 1352).
Krystalle; F: 91° [aus Bzl.] (*Ca., Ca.*), 83° [aus Bzl. + PAe.] (*Cagniant, Deluzarche*,
Bl. **1948** 1083, 1086).

4-[2,5-Dipropyl]-[3]thienyl]-buttersäure $C_{14}H_{22}O_2S$, Formel IX.
B. Aus 4-[2,5-Dipropyl-[3]thienyl]-4-oxo-buttersäure nach dem Verfahren von Huang-
Minlon (*Sy et al.*, C. r. **239** [1954] 1813).
Kp_{18}: 238—240°.

[7,8,8-Trimethyl-octahydro-4,7-methano-benzofuran-3-yl]-essigsäure $C_{14}H_{22}O_3$, Formel X.
Die folgenden Angaben beziehen sich auf ein Präparat von unbekannten opt. Drehungs-
vermögen.
B. Beim Erhitzen von [7,8,8-Trimethyl-octahydro-4,7-methano-benzofuran-3-yl]-
malonsäure (S. 4528) auf 160° (*Jäger, Färber*, B. **92** [1959] 2492, 2499).
Krystalle (aus Pentan); F: 50—51°. $Kp_{0,1}$: 170°.

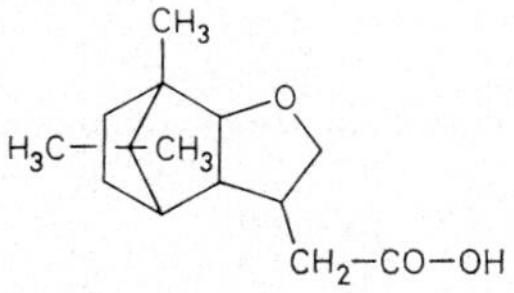

X

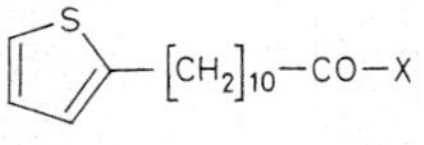

XI

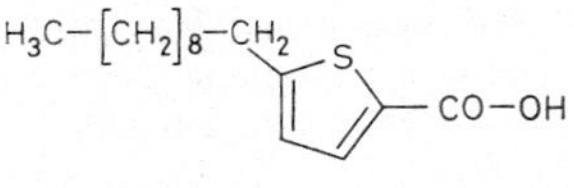

XII

Carbonsäuren $C_{15}H_{24}O_3$

11-[2]Thienyl-undecansäure $C_{15}H_{24}O_2S$, Formel XI (X = OH).
B. Aus 11-[2]Thienyl-undecansäure-äthylester mit Hilfe von wss.-äthanol. Kalilauge
(*Cagniant, Cagniant*, Bl. **1954** 1349, 1352).
Krystalle (aus PAe.); F: 42°. Kp_{10}: 230° [unkorr.]; n_D^{19}: 1,5090 [flüssiges Präparat].

11-[2]Thienyl-undecansäure-äthylester $C_{17}H_{28}O_2S$, Formel XI (X = O-C_2H_5).
B. Beim Behandeln von 10-[2]Thienyl-decanoylchlorid mit Diazomethan in Äther
und Erwärmen des Reaktionsprodukts mit Silberoxid und Äthanol (*Cagniant, Cagniant*,
Bl. **1954** 1349, 1352).
$Kp_{12,9}$: 219—223° [unkorr.]. D_4^{19}: 1,009. $n_D^{17,5}$: 1,4970.

11-[2]Thienyl-undecanoylchlorid $C_{15}H_{23}ClOS$, Formel XI (X = Cl).
B. Beim Behandeln von 11-[2]Thienyl-undecansäure mit Thionylchlorid, Äther und Pyridin (*Cagniant, Cagniant*, Bl. **1954** 1349, 1353).
Kp$_6$: 200° [unkorr.]. n$_D^{18}$: 1,5090.

11-[2]Thienyl-undecansäure-amid $C_{15}H_{25}NOS$, Formel XI (X = NH$_2$).
B. Aus 11-[2]Thienyl-undecanoylchlorid (*Cagniant, Cagniant*, Bl. **1954** 1349, 1353).
Krystalle (aus Bzl. + PAe.); F: 97—97,5°.

5-Decyl-thiophen-2-carbonsäure $C_{15}H_{24}O_2S$, Formel XII.
B. Beim Behandeln von 1-[5-Decyl-[2]thienyl]-äthanon mit wss. Natriumhypochlorit-Lösung (*Wynberg, Logothetis*, Am. Soc. **78** [1956] 1958, 1960).
Krystalle; F: 84—85°.

4-[5-Heptyl-[2]thienyl]-buttersäure $C_{15}H_{24}O_2S$, Formel XIII.
B. Beim Erhitzen von 4-[5-Heptyl-[2]thienyl]-4-oxo-buttersäure mit Hydrazin-hydrat, Kaliumhydroxid und Diäthylenglykol unter Entfernen des entstehenden Wassers (*Badger et al.*, Soc. **1954** 4162, 4165).
Krystalle (aus PAe.); F: 39—40°. Kp$_{0,04}$: 152°.

$$H_3C-[CH_2]_5-CH_2$$

XIII   XIV

Carbonsäuren $C_{16}H_{26}O_3$

12-[2]Furyl-dodecansäure $C_{16}H_{26}O_3$, Formel XIV (X = OH).
Diese Konstitution ist der nachstehend beschriebenen Verbindung zugeordnet worden (*Rallings, Smith*, Soc. **1953** 618, 622).
B. Bei der Behandlung von 11-[2]Furyl-uncedan-1-ol mit Toluol-4-sulfonylchlorid und Pyridin, Behandlung des Reaktionsprodukts mit Natriumjodid in Aceton, Umsetzung des erhaltenen 1-[2]Furyl-11-jod-undecans mit Kaliumcyanid und anschliessenden Hydrolyse (*Ra., Sm.*).
Krystalle (aus PAe.); F: 41—42°.

12-[2]Furyl-dodecansäure-amid $C_{16}H_{27}NO_2$, Formel XIV (X = NH$_2$).
Diese Konstitution ist der nachstehend beschriebenen Verbindung zugeordnet worden (*Rallings, Smith*, Soc. **1953** 618, 622).
B. Aus der im vorangehenden Artikel beschriebenen Säure (*Ra., Sm.*).
Krystalle (aus wss. A.); F: 119—120°.

5-Undecyl-thiophen-2-carbonsäure-[[2]thienylmethylen-hydrazid], Thiophen-2-carb=aldehyd-[5-undecyl-thiophen-2-carbonylhydrazon] $C_{21}H_{30}N_2OS_2$, Formel I (n = 9).
Gelbe Krystalle (aus A.); F: 105° (*Buu-Hoï et al.*, Soc. **1953** 547).

$$H_3C-[CH_2]_n-CH_2 \quad CO-NH-N=CH$$

$$H_3C-[CH_2]_5-CH_2 \quad [CH_2]_4-CO-OH$$

I   II

5-[5-Heptyl-[2]thienyl]-valeriansäure $C_{16}H_{26}O_2S$, Formel II.
B. Aus 5-[5-Heptyl-[2]thienyl]-5-oxo-valeriansäure nach dem Verfahren von Huang-Minlon (*Cagniant, Cagniant*, Bl. **1956** 1152, 1160).
Krystalle (aus PAe.); F: 48—49°.

Carbonsäuren $C_{17}H_{28}O_3$

5-Dodecyl-thiophen-2-carbonsäure-[[2]thienylmethylen-hydrazid], Thiophen-2-carb‡ aldehyd-[5-dodecyl-thiophen-2-carbonylhydrazon] $C_{22}H_{32}N_2OS_2$, Formel I (n = 10).
Gelbe Krystalle (aus A.); F: 102° (*Buu-Hoi et al.*, Soc. **1953** 547).

Carbonsäuren $C_{18}H_{30}O_3$

(±)-4-[5-(5-Äthyl-octyl)-[2]thienyl]-buttersäure $C_{18}H_{30}O_2S$, Formel III.
B. Beim Erhitzen von (±)-4-[5-(5-Äthyl-octyl)-[2]thienyl]-4-oxo-buttersäure mit Hydrazin-hydrat, Kaliumhydroxid und Diäthylenglykol unter Entfernen des entstehenden Wassers (*Badger et al.*, Soc. **1954** 4162, 4165).
$Kp_{0,1}$: 192°; $Kp_{0,04}$: 180°.

III   IV

Carbonsäuren $C_{19}H_{32}O_3$

5-Tetradecyl-thiophen-2-carbonsäure-[[2]thienylmethylen-hydrazid], Thiophen-2-carb‡ aldehyd-[5-tetradecyl-thiophen-2-carbonylhydrazon] $C_{24}H_{36}N_2OS_2$, Formel I (n = 12).
Gelbe Krystalle (aus A.); F: 106° (*Buu-Hoi et al.*, Soc. **1953** 547).

4-[5-Undecyl-[2]thienyl]-buttersäure $C_{19}H_{32}O_2S$, Formel IV.
B. Beim Erhitzen von 4-Oxo-4-[5-undecyl-[2]thienyl]-buttersäure mit Hydrazin-hydrat, Kaliumhydroxid und Diäthylenglykol unter Entfernen des entstehenden Wassers (*Badger et al.*, Soc. **1954** 4162, 4165).
Krystalle (aus PAe.); F: 32°. $Kp_{0,07}$: 200°.

(±)-4-[5-(2-Methyl-decyl)-[2]thienyl]-buttersäure $C_{19}H_{32}O_2S$, Formel V.
B. Aus (±)-4-[5-(2-Methyl-decyl)-[2]thienyl]-4-oxo-buttersäure nach dem Verfahren von Huang-Minlon (*Sy et al.*, C. r. **239** [1954] 1813).
Krystalle (aus PAe.); F: 37—38°. Kp_{28}: 275—277°. n_D^{22}: 1,4952 [flüssiges Präparat].

V   VI

5-[5-Decyl-[2]thienyl]-valeriansäure $C_{19}H_{32}O_2S$, Formel VI.
B. Aus 5-[5-Decyl-[2]thienyl]-5-oxo-valeriansäure nach dem Verfahren von Huang-Minlon (*Cagniant, Cagniant*, Bl. **1956** 1152, 1160).
Krystalle (aus PAe.); F: 50—50,5°. Kp_4: 227° [unkorr.].

(6a*R*)-3ξ-Isopropyl-7*t*,10a-dimethyl-(4a*ξ*,6a*r*,10a*t*,10b*c*)-dodecahydro-benzo[*f*]chromen-7*c*-carbonsäure, 13ξ-Isopropyl-14-oxa-8ξ-podocarpan-15-säure [1] $C_{19}H_{32}O_3$, Formel VII.
Diese Konstitution und Konfiguration ist der nachstehend beschriebenen Verbindung zugeordnet worden (*Ruzicka et al.*, Helv. **24** [1941] 504, 512).
B. Bei der Hydrierung von 14,14-Dimethyl-8,13-dioxo-8,14-seco-podocarpan-15-säure (E III **10** 3535) an Platin in Essigsäure (*Ru. et al.*).

---

[1] Stellungsbezeichnung bei von Podocarpan abgeleiteten Namen s. E III **6** 2098 Anm. 2.

Krystalle (aus Hexan); F: ca. 142−147°. UV-Absorption (A.) im Bereich von 235 nm bis 250 nm: *Ru. et al.*, l. c. S. 506.

VII   VIII   IX

(4aR)-3c,4a,7,7,10a-Pentamethyl-(4ar,6at,10ac,10bt)-dodecahydro-benzo[f]chromen-3t-carbonsäure, (13R)-8,13-Epoxy-15-nor-labdan-14-säure [1] $C_{19}H_{32}O_3$, Formel VIII.
Konstitution und Konfiguration: *Hodges, Reed*, Tetrahedron **10** [1960] 71.
B. Beim Behandeln von Manoyloxid (E III/IV **17** 395) mit Kaliumpermanganat in Aceton (*Hosking, Brandt*, B. **68** [1935] 37, 43).
Orthorhombische Krystalle (aus Acn.); F: 74−75° (*Ho., Br.*). Krystallhabitus: *Ho., Br.*, l. c. S. 44.

Carbonsäuren $C_{20}H_{34}O_3$

4-[5-Dodecyl-[2]thienyl]-buttersäure $C_{20}H_{34}O_2S$, Formel IX.
B. Aus 4-[5-Dodecyl-[2]thienyl]-4-oxo-buttersäure nach dem Verfahren von Huang-Minlon (*Sy et al.*, C. r. **239** [1954] 1813).
Krystalle (aus PAe.); F: 87°.

5-[5-Undecyl-[2]thienyl]-valeriansäure $C_{20}H_{34}O_2S$, Formel X.
B. Aus 5-Oxo-5-[5-undecyl-[2]thienyl]-valeriansäure nach dem Verfahren von Huang-Minlon (*Cagniant, Cagniant*, Bl. **1956** 1152, 1161).
Krystalle (aus PAe.); F: 51,5°. $Kp_{2,5}$: 230° [unkorr.].

X   XI

[(4aR)-3ξ,4a,7,7,10a-Pentamethyl-(4ar,6at,10ac,10bt)-dodecahydro-benzo[f]chromen-3ξ-yl]-essigsäure-methylester, (13Ξ)-8,13-Epoxy-labdan-15-säure-methylester [1]
$C_{21}H_{36}O_3$, Formel XI.
B. Neben anderen Verbindungen beim Behandeln von Sclareol ((13R)-Labd-14-en-8,13-diol [E III **6** 4185]) mit wss. Essigsäure, wss. Schwefelsäure, wss. Natriumdichromat-Lösung und Benzol, Behandeln des Reaktionsprodukts mit wss. Silbernitrat-Lösung und wss. Kalilauge und Behandeln des danach isolierten Reaktionsprodukts mit Diazomethan in Äther (*Bory, Lederer*, Croat. chem. Acta **29** [1957] 157, 159).
Krystalle (aus Me.); F: 109−111°. $[\alpha]_D$: +18° [CHCl$_3$; c = 1].

Carbonsäuren $C_{23}H_{40}O_3$

5-Octadecyl-thiophen-2-carbonsäure $C_{23}H_{40}O_2S$, Formel XII.
B. Beim Erhitzen von 1-[5-Octadecyl-[2]thienyl]-äthanon mit wss. Natriumhypo=

---

[1] Stellungsbezeichnung bei von **Labdan** abgeleiteten Namen s. E IV **5** 369.

chlorit-Lösung (*Wynberg, Logothetis*, Am. Soc. **78** [1956] 1958, 1960).
Krystalle (aus Ae. + PAe.); F: 101,8—102,7° [korr.].

$H_3C-[CH_2]_{16}-CH_2$ — S — CO—OH

XII

$H_3C-[CH_2]_9-CH_2$ ... CH_3 ... $CH_2-[CH_2]_9-CH_3$ ... CO—OH ... CH_3 ... O

XIII

Carbonsäuren $C_{28}H_{50}O_3$

2-Methyl-4,5-diundecyl-furan-3-carbonsäure $C_{28}H_{50}O_3$, Formel XIII.

B. Beim Erhitzen von (±)-13-Hydroxy-tetracosan-12-on mit Diketen (3-Hydroxy-but-3-ensäure-lacton) in Toluol in Gegenwart von Triäthylamin und Erhitzen des Reaktionsprodukts mit einem Gemisch von Essigsäure und konz. wss. Salzsäure (*Lacey*, Soc. **1954** 822, 825; s. a. *Lacey*, Soc. **1954** 816, 821).
Krystalle (aus 1,2-Dichlor-äthan); F: 74° (*La.*, l. c. S. 825).

[*Schurek*]

Monocarbonsäuren $C_nH_{2n-8}O_3$

Carbonsäuren $C_7H_6O_3$

3-[2]Furyl-acrylsäure $C_7H_6O_3$.
Über die Konfiguration der Stereoisomeren s. *Filippakis, Schmidt*, Soc. [B] **1967** 229, 231; *Plišow et al.*, Biol. aktiv. Soedin. **1968** 281, 283, 285; C. A. **71** [1969] 112237; s. a. *Plišow, Bykowez*, Ž. obšč. Chim. **25** [1955] 1194, 1195; engl. Ausg. S. 1143.

a) **3c-[2]Furyl-acrylsäure** $C_7H_6O_3$, Formel I (R = H) auf S. 4145 (H 301; dort als „labile β-[α-Furyl]-acrylsäure" und als Allo-β-[α-furyl]-acrylsäure bezeichnet).
Krystalle (aus Bzl.); F: 103° (*Plišow, Bykowez*, Ž. obšč. Chim. **25** [1955] 1194, 1196; engl. Ausg. S. 1143). ¹H-NMR-Spektrum: *Plišow et al.*, Biol. aktiv. Soedin. **1968** 281, 283; C. A. **71** [1969] 112237. IR-Spektrum einer Lösung in Tetrachlormethan (2,5—14 μ) sowie einer Lösung in Dioxan (2,5—15 μ): *Pl. et al.*, l. c. S. 282. UV-Absorptionsmaximum: 307 nm [Hexan] bzw. 303 nm [A.] (*Pl. et al.*, l. c. S. 281).

b) **3t-[2]Furyl-acrylsäure** $C_7H_6O_3$, Formel II (R = H) auf S. 4145 (H 300; E I 440; E II 273; dort als „stabile β-[α-Furyl]-acrylsäure" bezeichnet).
B. Beim Erwärmen von Furfural mit Keten und Natriumacetat und Erhitzen des Reaktionsprodukts (*Hagemeyer*, Ind. eng. Chem. **41** [1949] 765, 768). Beim Erhitzen von Furfural mit Blei(II)-acetat und wenig Pyridin auf 170° (*Schur, Moiseenko*, Ž. prikl. Chim. **27** [1954] 219; engl. Ausg. S. 205). Beim Erwärmen von Furfural mit Malonsäure und Chinolin (*Dalal, Dutt*, J. Indian chem. Soc. **9** [1932] 309, 313). Beim Leiten von Luft oder Sauerstoff durch eine Suspension von 3t-[2]Furyl-acrylaldehyd in wss. Natronlauge in Gegenwart eines Kupfer(II)-oxid-Silberoxid-Katalysators (*Scipioni*, Chimica e Ind. **34** [1952] 78, 80). Beim Erhitzen von 3t-[2]Furyl-acrylsäure-äthylester (*Posner, Sichert-Modrow*, B. **63** [1930] 3078, 3084) oder von 3t-[2]Furyl-acrylonitril (*Ried, Reitz*, B. **89** [1956] 2570, 2573) mit wss. Natronlauge. Beim Behandeln von 4t-[2]Furyl-but-3-en-2-on mit Calciumhypochlorit in Wasser (*Hurd, Thomas*, Am. Soc. **55** [1933] 1646, 1648). Beim Behandeln von 4t-[2]Furyl-2-oxo-but-3-ensäure mit wss. Essigsäure und wss. Wasserstoff=peroxid (*Friedmann*, Helv. **14** [1931] 783, 792). Über die Herstellung aus Furfural und Acetanhydrid in Gegenwart von basischen Katalysatoren (vgl. H 300) s. *Gilman et al.*, Iowa Coll. J. **4** [1930] 355, 358; *Scipioni, Borsetto*, Ann. Chimica **42** [1952] 185; *Arata et al.*, J. pharm. Soc. Japan **76** [1956] 211; C. A. **1956** 14698; *Šimek, Hanuš*, Chem. Zvesti **13** [1959] 108; C. A. **1959** 17994.

Krystalle; F: 143° [korr.; aus Bzl.] (*Hausser et al.*, Z. physik. Chem. [B] **29** [1935] 378, 383), 142—143° (*Price, Dudley*, Am. Soc. **78** [1956] 68), 142° [aus W.] (*Ried, Reitz*, B. **89**

[1956] 2570, 2573), 142° (*Andrisano, Tundo*, R.A.L. [8] **13** [1952] 158, 164), 141° [aus Bzn.] (*Filippakis, Schmidt*, Soc. [B] **1967** 229). Monoklin; Raumgruppe $C2/c$ (= C_{2h}^6); aus dem Röntgen-Diagramm ermittelte Dimensionen der Elementarzelle: a = 18,975 Å; b = 3,843 Å; c = 20,132 Å; β=113,9°; n = 8 (*Fi., Sch.*). ¹H-NMR-Spektrum: *Plišow et al.*, Biol. aktiv. Soedin. **1968** 281, 283; C. A. **71** [1969] 112237. IR-Spektrum einer Lösung in Tetrachlormethan (2,5−13,5 μ) sowie einer Lösung in Dioxan (2,5−16 μ): *Pl. et al.*, l. c. S. 282. Raman-Spektrum (A.): *Matsuno, Han*, Bl. chem. Soc. Japan **9** [1934] 327, 338. UV-Spektrum von Lösungen in Hexan (180−340 nm): *Smakula*, Ang. Ch. **47** [1934] 657,659; *Ha. et al.*, l. c. S. 380; von Lösungen in Äthanol (190−340 nm): *Ha. et al.*; *Andrisano, Pappalardo*, R.A.L. [8] **15** [1953] 64, 69; einer Lösung in Wasser (210 nm bis 350 nm): *An., Tu.*, l. c. S. 161, 162, 163. Absorptionsmaximum: 307 nm [Hexan] bzw. 303 nm [A.] (*Pl. et al.*). Elektrolytische Dissoziation in 78%ig. wss. Äthanol: *Pr., Du.*

Beim Erhitzen mit Chinolin in Gegenwart von Raney-Nickel (*Breault, Dermer*, Pr. Oklahoma Acad. **28** [1948] 82) sowie beim Leiten des Dampfes im Gemisch mit Propan durch ein auf 350° erhitztes Rohr (*Phillips Petr. Co.*, U.S.P. 2431216 [1943]) ist 2-Vinyl-furan erhalten worden. Bildung von 4-Oxo-hepta-2,5-diendisäure bei mehrtägigem Behandeln mit wss. Wasserstoffperoxid und wss. Salzsäure: *Midorikawa*, Bl. chem. Soc. Japan **26** [1953] 302. Hydrierung an Platin in Essigsäure (Bildung von 3-Tetrahydro=[2]furyl-propionsäure sowie kleinen Mengen von Heptansäure und 5-Propyl-dihydro-furan-2-on): *Keimatsu et al.*, J. pharm. Soc. Japan **50** [1930] 653, 655, 656; dtsch. Ref. S. 99; C. A. **1930** 5022. Hydrierung an Raney-Nickel in Dioxan bei 210°/70−140 at (Bildung von 4-Hydroxy-7-[3-tetrahydro[2]furyl-propionyloxy]-heptansäure-lacton [S. 3847]): *Eastman Kodak Co.*, U.S.P. 2364358 [1943]. Überführung in 3-[2]Furyl-propion=säure durch Erhitzen mit Tetralin in Gegenwart von Palladium unter Zusatz von N,N-Di=methyl-anilin: *Kindler, Peschke*, A. **497** [1932] 193, 196, 197. Reaktion mit Hydroxylamin unter Bildung von 1-[2]Furyl-äthanon-E-oxim, wenig 3-Amino-3-[2]furyl-propionsäure und wenig 3-[2]Furyl-Δ^2-isoxazolin-5-on: *Posner, Sichert-Modrow*, B. **63** [1930] 3078, 3081, 3086; s. a. *Posner*, A. **389** [1912] 1, 104. Beim Behandeln einer Suspension von 3t-[2]Furyl-acrylsäure in Äthanol unterhalb 0° mit Chlorwasserstoff ist 3t-[2]Furyl-acrylsäure-äthylester (*Chem. Werke Albert*, D.B.P. 851064 [1945]), beim Behandeln mit Chlorwasserstoff enthaltendem Äthanol bei Raumtemperatur und Erwärmen des Reaktionsgemisches ist hingegen 4-Oxo-heptandisäure-diäthylester (*Robertson Co.*, U.S.P. 2436532 [1945]; *Scipioni*, Ann. Chimica **42** [1952] 53, 55; *Hachihama et al.*, Technol. Rep. Osaka Univ. **2** [1952] 271, 281; *Micheel, Flitsch*, B. **88** [1955] 509) erhalten worden. Eine von *Grünanger, Grasso* (G. **85** [1955] 1271, 1281) beim Erwärmen mit Benzonitriloxid in Äther erhaltene Verbindung (F: 146−147°) ist als N-Benzoyl-O-[3t-[2]furyl-acryloyl]-hydroxylamin (S. 4152) zu formulieren (*Grünanger, Finzi*, R.A.L. [8] **26** [1959] 386, 387). Verhalten beim Behandeln einer Lösung in Aceton mit wss. 4-Nitro-benzoldiazonium-chlorid-Lösung und Natriumacetat und anschliessend mit Kupfer(II)-chlorid: *Brown, Kon*, Soc. **1948** 2147, 2154; *Akashi, Oda*, J. chem. Soc. Japan Ind. Chem. Sect. **55** [1952] 206; C. A. **1954** 9360; *Freund*, Soc. **1952** 3068, 3070.

S-Benzyl-isothiuronium-Salz [$C_8H_{11}N_2S$]$C_7H_5O_3$. F: 170,5° (*Taniyama, Takata*, J. chem. Soc. Japan Ind. Chem. Sect. **57** [1954] 149, 150; C. A. **1955** 1484), 170−171° (*Friediger, Pedersen*, Acta chem. scand. **9** [1955] 1425, 1426).

Triäthylblei-Salz [PbC_6H_{15}]$C_7H_5O_3$. Krystalle; F: 132−133° [Zers.; aus A. + W.] (*Gilman et al.*, J. org. Chem. **18** [1953] 1341, 1344).

3t-[2]Furyl-acrylsäure-methylester $C_8H_8O_3$, Formel II (R = CH_3) (H 300; E I 440).

B. Beim Behandeln einer Suspension von 3t-[2]Furyl-acrylsäure in Methanol mit Chlorwasserstoff unterhalb 0° (*Chem. Werke Albert*, D.B.P. 851064 [1945]). Beim Erwärmen von 3t-[2]Furyl-acrylsäure mit Methanol, wenig Acetylchlorid und Tetrachlor=methan (*Baker et al.*, J. org. Chem. **18** [1953] 153, 165).

Krystalle; F: 29° (*Ba. et al.*), 27° (*Nakaya et al.*, J. chem. Soc. Japan Pure Chem. Sect. **78** [1957] 935, 941; C. A. **1959** 21277), 26,5° (*Matsuno, Han*, Bl. chem. Soc. Japan **12** [1937] 155). Kp$_{23}$: 117° (*Katritzky, Lagowski*, Soc. **1959** 657, 658); Kp$_{15}$: 113−115° (*Ba. et al.*); Kp$_{15}$: 112° (*Na. et al.*); Kp$_3$: 96° (*Ma., Han*). IR-Banden (CHCl$_3$) im Bereich von 6,4 μ bis 12,3 μ: *Ka., La.* Raman-Spektrum (Ae.): *Ma., Han*, l. c. S. 157. UV-Spektrum (W.; 210−370 nm): *Andrisano, Tundo*, R.A.L. [8] **13** [1952] 158, 161. Polarographie: *Na. et al.*, l. c. S. 942.

3-[2]Furyl-acrylsäure-äthylester $C_9H_{10}O_3$.

a) **3c-[2]Furyl-acrylsäure-äthylester** $C_9H_{10}O_3$, Formel I ($R = C_2H_5$).

B. Beim Behandeln einer Suspension von 3c-[2]Furyl-acrylsäure in Äthanol mit Chlor= wasserstoff (*Chem. Werke Albert*, D.B.P. 851064 [1945]). Beim Erwärmen des Silber-Salzes der 3c-[2]Furyl-acrylsäure mit Äthyljodid (*Plišow, Bykowez, Ž.* obšč. Chim. **25** [1955] 1194, 1196; engl. Ausg. S. 1143).

Kp$_5$: 82°; n$_D^{20}$: 1,5398 (*Pl., By.*).

Wenig beständig; innerhalb eines Tages erfolgt Umwandlung in 3t-[2]Furyl-acrylsäure-äthylester (*Chem. Werke Albert*).

b) **3t-[2]Furyl-acrylsäure-äthylester** $C_9H_{10}O_3$, Formel II ($R = C_2H_5$) (H 300; E I 440).

B. Beim Behandeln von Furfural mit Äthylacetat und Natriumhydrid bei −10° (*Du Pont de Nemours & Co.*, D.R.P. 709227 [1937]; D.R.P. Org. Chem. **6** 77, 81). Beim Erwärmen von Furfural mit Malonsäure-monoäthylester, Pyridin und wenig Piperidin (*Moureu et al.*, Bl. **1951** 203). Beim Behandeln einer Suspension von 3t-[2]Furyl-acrylsäure in Äthanol mit Chlorwasserstoff unterhalb 0° (*Chem. Werke Albert*, D.B.P. 851064 [1945]). Beim Erwärmen von 3t-[2]Furyl-acrylsäure mit Äthanol und wenig Acetylchlorid (*Chem. Werke Albert*, D.B.P. 854525 [1945]). Beim Erwärmen des Silber-Salzes der 3t-[2]Furyl-acrylsäure mit Äthyljodid (*Hughes, Johnson*, Am. Soc. **53** [1931] 737, 744; *Matsuno, Han*, Bl. chem. Soc. Japan **12** [1937] 155; *Plišow, Bykowez, Ž.* obšč. Chim. **25** [1955] 1194, 1196; engl. Ausg. S. 1143).

F: 24° (*Marvel et al.*, Ind. eng. Chem. **45** [1953] 2311, 2314). Kp$_{22}$: 124° (*Katritzky, Lagowski*, Soc. **1959** 657, 658); Kp$_{15}$: 122—123° (*Mo. et al.*); Kp$_{12}$: 120° (*Chem. Werke Albert*, D.B.P. 854525); Kp$_{11}$: 118—119° (*Price, Dudley*, Am. Soc. **78** [1956] 68); Kp$_{10}$: 118—119° (*Hu., Jo.*); Kp$_3$: 114° (*Ma., Han*, Bl. chem. Soc. Japan **12** 155). Dampf-druck bei Temperaturen von 155° (62 Torr) bis 227° (603 Torr): *Fromm, Loeffler*, J. phys. Chem. **60** [1956] 252. D$_4^{25}$: 1,0891 (*Hu., Jo.*). n$_D^{18}$: 1,5480 (*Pl., By.*); n$_D^{25}$: 1,5459; n$_{643,8}^{25}$: 1,5347; n$_{579,0}^{25}$: 1,5479; n$_{546,1}^{25}$: 1,5548; n$_{435,9}^{25}$: 1,6008 (*Hu., Jo.*, l. c. S. 745). IR-Banden (CHCl$_3$) im Bereich von 6,4 μ bis 12,4 μ: *Ka., La.* Raman-Spektrum: *Matsuno, Han*, Bl. chem. Soc. Japan **9** [1934] 327, 339, **12** 157. UV-Spektrum einer Lösung in Äthanol (250—350 nm): *Hu., Jo.*, l. c. S. 740; einer Lösung in Wasser (250—360 nm): *Andrisano, Tundo*, R.A.L. [8] **13** [1952] 158, 184.

Bei der Elektrolyse eines Gemisches mit Schwefelsäure und Methanol unterhalb −4° ist 3-[2,5-Dimethoxy-2,5-dihydro-[2]furyl]-acrylsäure-äthylester (Kp$_{10}$: 141—143°; n$_D^{25}$: 1,4642) erhalten worden (*Hata et al.*, J. chem. Soc. Japan Pure Chem. Sect. **79** [1958] 1447, 1450, 1451; C. A. **1960** 24619; *Murakami et al.*, Mem. Inst. scient. ind. Res. Osaka Univ. **16** [1959] 219, 226). Eine von *Gilman, Wright* (Am. Soc. **52** [1930] 3349, 3352) beim Behandeln mit Brom (1 Mol) in Schwefelkohlenstoff bei −15° erhaltene Verbindung (F: 70°) ist als 3t-[4r,5t(?)-Dibrom-4,5-dihydro-[2]furyl]-acrylsäure-äthylester (S. 4093) zu formulieren (*Dann*, B. **80** [1947] 435, 437). Über eine beim Behandeln mit je 1 Mol Brom in Schwefelkohlenstoff bei −15° und anschliessend bei −25° erhaltene, vermutlich als (2RS,3SR)-2,3-Dibrom-3-[(4Ξ)-4r,5t-dibrom-4,5-dihydro-[2]furyl]-propionsäure-äthyl= ester zu formulierende, wenig beständige Verbindung (F: 50—51° [S. 3888]) s. *Dann*, l. c. S. 441. Geschwindigkeitskonstante der Hydrolyse in Natriumhydroxid enthalten-dem 70%ig. wss. Dioxan bei 25°: *Pr., Du.* Reaktion mit Benzonitriloxid in Äther (Bildung von 5-[2]Furyl-3-phenyl-Δ²-isoxazolin-4-carbonsäure-äthylester): *Grünanger, Grasso*, G. **85** [1955] 1271, 1280. Beim Erwärmen mit Malonsäure-diäthylester und Natriumäthylat in Äthanol ist 2-[2]Furyl-propan-1,1,3-tricarbonsäure-triäthylester er-halten worden (*Reichstein et al.*, Helv. **15** [1932] 1118, 1123).

I   II   III

3t-[2]Furyl-acrylsäure-[2-chlor-äthylester] $C_9H_9ClO_3$, Formel II ($R = CH_2\text{-}CH_2Cl$).

B. Beim Erwärmen von 3t-[2]Furyl-acryloylchlorid mit 2-Chlor-äthanol und Chloro=

form (*Pasini et al.*, G. **86** [1956] 266, 270).

Kp_4: $130-132°$; D_{20}^{20}: 1,2343 (*Gilman et al.*, Iowa Coll. J. **7** [1933] 419, 427); $Kp_{0,3}$: $105-110°$ (*Pa. et al.*).

3*t*-[2]Furyl-acrylsäure-propylester $C_{10}H_{12}O_3$, Formel II (R = CH_2-CH_2-CH_3).

B. Beim Erwärmen von 3*t*-[2]Furyl-acryloylchlorid mit Propan-1-ol, Benzol und Pyridin (*Bartlett, Ross*, Am. Soc. **69** [1947] 460).

Kp_{16}: $113°$ (*Katritzky, Lagowski*, Soc. **1959** 657, 658); Kp_3: $91-94°$; n_D^{24}: 1,5392 (*Ba., Ross*). IR-Banden (CHCl$_3$) im Bereich von $6,4-12,4$ μ: *Ka., La.*

3*t*-[2]Furyl-acrylsäure-butylester $C_{11}H_{14}O_3$, Formel II (R = $[CH_2]_3$-CH_3).

B. Beim Behandeln von Furfural mit Butylacetat und Natrium bei $-10°$ (*Wienhaus, Leonardi*, Ber. Schimmel **1929** 225, 231). Neben kleinen Mengen 4-Oxo-heptandisäure-dibutylester beim Behandeln einer Suspension von 3*t*-[2]Furyl-acrylsäure in Butan-1-ol mit Chlorwasserstoff (*Chem. Werke Albert*, D.B.P. 851064 [1945]). Beim Erwärmen von 3*t*-[2]Furyl-acrylsäure mit Butan-1-ol und wenig Acetylchlorid (*Chem. Werke Albert*, D.B.P. 854525 [1945]).

Kp_{15}: $147-150°$ (*Chem. Werke Albert*, D.B.P. 851064); Kp_{14}: $147°$ (*Katritzky, Lagowsky*, Soc. **1959** 657, 658); Kp_{12}: $142°$ (*Chem. Werke Albert*, D.B.P. 854525); Kp_3: $117-118°$; D^{20}: 1,045; n_D^{20}: 1,5336 (*Wi., Le.*). IR-Banden (CHCl$_3$) im Bereich von $6,4$ μ bis $12,4$ μ: *Ka., La.*

3*t*-[2]Furyl-acrylsäure-isobutylester $C_{11}H_{14}O_3$, Formel II (R = CH_2-$CH(CH_3)_2$).

B. Beim Erwärmen von 3*t*-[2]Furyl-acryloylchlorid mit Isobutylalkohol, Benzol und Pyridin (*Bartlett, Ross*, Am. Soc. **69** [1947] 460).

Kp_2: $94-95°$. n_D^{24}: 1,5277.

3*t*-[2]Furyl-acrylsäure-pentylester $C_{12}H_{16}O_3$, Formel II (R = $[CH_2]_4$-CH_3).

B. Beim Erwärmen von 3*t*-[2]Furyl-acryloylchlorid mit Pentan-1-ol, Benzol und Pyridin (*Bartlett, Ross*, Am. Soc. **69** [1947] 460).

Kp_2: $116,5-118°$. n_D^{24}: 1,5289.

3*t*-[2]Furyl-acrylsäure-isopentylester $C_{12}H_{16}O_3$, Formel II (R = CH_2-CH_2-$CH(CH_3)_2$).

B. Beim Erwärmen von 3*t*-[2]Furyl-acryloylchlorid mit Isopentylalkohol, Benzol und Pyridin (*Bartlett, Ross*, Am. Soc. **69** [1947] 460).

Kp_5: $123-124°$. n_D^{25}: 1,5253.

3*t*-[2]Furyl-acrylsäure-[2-äthyl-butylester] $C_{13}H_{18}O_3$, Formel II (R = CH_2-$CH(C_2H_5)_2$).

B. Beim Erwärmen von 3*t*-[2]Furyl-acryloylchlorid mit 2-Äthyl-butan-1-ol, Benzol und Pyridin (*Bartlett, Ross*, Am. Soc. **69** [1947] 460).

Kp_3: $119-120°$. n_D^{25}: 1,5239.

(±)-3*t*-[2]Furyl-acrylsäure-[1-methyl-heptylester] $C_{15}H_{22}O_3$, Formel II (R = $CH(CH_3)$-$[CH_2]_5$-CH_3).

B. Neben kleinen Mengen 4-Oxo-heptandisäure-bis-[1-methyl-heptylester] (nicht charakterisiert) beim Erhitzen von 3*t*-[2]Furyl-acrylsäure mit (±)-Octan-2-ol und wenig Acetylchlorid unter Entfernen des entstehenden Wassers (*Chem. Werke Albert*, D.B.P. 854525 [1945]).

Kp_1: $143°$.

3*t*-[2]Furyl-acrylsäure-dodecylester $C_{19}H_{30}O_3$, Formel II (R = $[CH_2]_{11}$-CH_3).

B. Beim Erhitzen von 3*t*-[2]Furyl-acrylsäure mit Dodecan-1-ol und wenig Toluol-4-sulfonsäure in Xylol unter Entfernen des entstehenden Wassers (*Yamashita, Ishii*, J. chem. Soc. Japan Ind. Chem. Sect. **56** [1953] 811, 812; C. A. **1955** 6904).

F: $37-38°$.

3*t*-[2]Furyl-acrylsäure-allylester $C_{10}H_{10}O_3$, Formel II (R = CH_2-CH=CH_2) (E I 440).

B. Neben 4-Oxo-heptandisäure-diallylester beim Erwärmen von 3*t*-[2]Furyl-acrylsäure mit Chlorwasserstoff enthaltendem Allylalkohol (*Schur, Šokolowskaja*, Ž. prikl. Chim. **28** [1955] 444; engl. Ausg. S. 423; *Schur*, Trudy Sovešč. Vopr. Ispolz. Pentozan. Syrja

Riga 1955 S. 289, 291; C. A. **1959** 14076). Beim Erwärmen von 3*t*-[2]Furyl-acryloyl⸗chlorid mit Allylalkohol, Benzol und Pyridin (*Bartlett, Ross*, Am. Soc. **69** [1947] 460).
Kp$_{20}$: 140—142° (*Sch., So.*). Kp$_{16}$: 131—133°; n$_D^{25}$: 1,5573 (*Ba., Ross*).
Über die durch Dibenzoylperoxid initiierte thermische Polymerisation (vgl. E I 440) s. *Trifonow, Panajotow*, Acta chim. hung. **18** [1959] 487.

3*t*-[2]Furyl-acrylsäure-methallylester C$_{11}$H$_{12}$O$_3$, Formel II (R = CH$_2$-C(CH$_3$)=CH$_2$) auf S. 4145.
B. Beim Erwärmen von 3*t*-[2]Furyl-acryloylchlorid mit Methallylalkohol, Benzol und Pyridin (*Bartlett, Ross*, Am. Soc. **69** [1947] 460).
Kp$_3$: 93,5—94°. n$_D^{25}$: 1,5500.

3*t*-[2]Furyl-acrylsäure-cyclohexylester C$_{13}$H$_{16}$O$_3$, Formel III auf S. 4145.
B. Beim Erwärmen von 3*t*-[2]Furyl-acryloylchlorid mit Cyclohexanol, Benzol und Pyridin (*Bartlett, Ross*, Am. Soc. **69** [1947] 460).
F: 52—53°. Kp$_3$: 121—124°.

3*t*-[2]Furyl-acrylsäure-phenylester C$_{13}$H$_{10}$O$_3$, Formel IV (X = H).
B. Beim Erwärmen von 3*t*-[2]Furyl-acryloylchlorid mit Phenol und Benzol (*Hewlett*, Iowa Coll. J. **6** [1932] 439, 441, 442; *Gilman et al.*, Iowa Coll. J. **7** [1933] 419, 424).
Kp$_4$: 185° (*He.; Gi. et al.*).

3*t*-[2]Furyl-acrylsäure-*m*-tolylester C$_{14}$H$_{12}$O$_3$, Formel IV (X = CH$_3$).
B. Beim Erwärmen von 3*t*-[2]Furyl-acryloylchlorid mit *m*-Kresol und Benzol (*Hewlett*, Iowa Coll. J. **6** [1932] 439, 441, 442; *Gilman et al.*, Iowa Coll. J. **7** [1933] 419, 424).
Kp$_5$: 185° (*He.; Gi. et al.*). D$_4^{34}$: 1,0728; n$_D^{34}$: 1,5980 (*Gi. et al.*).

3*t*-[2]Furyl-acrylsäure-*p*-tolylester C$_{14}$H$_{12}$O$_3$, Formel V (X = CH$_3$).
B. Beim Erwärmen von 3*t*-[2]Furyl-acryloylchlorid mit *p*-Kresol und Benzol (*Hewlett*, Iowa Coll. J. **6** [1932] 439, 441, 442; *Gilman et al.*, Iowa Coll. J. **7** [1933] 419, 424).
F: 75° (*He.; Gi. et al.*).

3*t*-[2]Furyl-acrylsäure-benzylester C$_{14}$H$_{12}$O$_3$, Formel VI (R = CH$_2$-C$_6$H$_5$) (E II 274).
B. Beim Erhitzen des Natrium-Salzes der 3*t*-[2]Furyl-acrylsäure mit Benzylchlorid bis auf 230° (*Gilman, Wright*, Iowa Coll. J. **3** [1929] 109, 110). Beim Erwärmen von 3*t*-[2]Furyl-acryloylchlorid mit Benzylalkohol, Benzol und Pyridin (*Bartlett, Ross*, Am. Soc. **69** [1947] 460).
F: 42—43° (*Gi., Wr.; Ba., Ross*). Kp$_{12}$: 202° (*Gi., Wr.*); Kp$_{3(?)}$: 131—132° (*Ba., Ross*).

3*t*-[2]Furyl-acrylsäure-phenäthylester C$_{15}$H$_{14}$O$_3$, Formel VI (R = CH$_2$-CH$_2$-C$_6$H$_5$).
B. Beim Erwärmen von 3*t*-[2]Furyl-acryloylchlorid mit Phenäthylalkohol, Benzol und Pyridin (*Bartlett, Ross*, Am. Soc. **69** [1947] 460).
Kp$_3$: 155—156°. n$_D^{25}$: 1,5872.

IV   V   VI

3*t*-[2]Furyl-acrylsäure-[2-hydroxy-äthylester] C$_9$H$_{10}$O$_4$, Formel VI (R = CH$_2$-CH$_2$OH).
B. Beim Erhitzen von 3*t*-[2]Furyl-acrylsäure mit Äthylenglykol auf 160° (*Egorowa, Abramowa*, Ž. obšč. Chim. **23** [1953] 1158; engl. Ausg. S. 1215).
Kp$_{28}$: 182—184°. n$_D^{25}$: 1,5678.

3*t*-[2]Furyl-acrylsäure-[2-methoxy-äthylester] C$_{10}$H$_{12}$O$_4$, Formel VI (R = CH$_2$-CH$_2$-O-CH$_3$).
B. Beim Erwärmen von 3*t*-[2]Furyl-acryloylchlorid mit 2-Methoxy-äthanol, Benzol

und Pyridin (*Bartlett, Ross*, Am. Soc. **69** [1947] 460).
  F: 33—34°. Kp$_3$: 118—120° [Rohprodukt].

3t-[2]Furyl-acrylsäure-[2-äthoxy-äthylester] $C_{11}H_{14}O_4$, Formel VI (R = CH$_2$-CH$_2$-O-C$_2$H$_5$).
  B. Beim Erwärmen von 3t-[2]Furyl-acryloylchlorid mit 2-Äthoxy-äthanol, Benzol und
Pyridin (*Bartlett, Ross*, Am. Soc. **69** [1947] 460).
  Kp$_3$: 124—126°. n_D^{25}: 1,5398.

1,2-Bis-[3t-[2]furyl-acryloyloxy]-äthan $C_{16}H_{14}O_6$, Formel VII.
  B. Beim Erhitzen von 3t-[2]Furyl-acrylsäure mit Äthylenglykol bis auf 200°
(*Egorowa, Abramowa*, Ž. obšč. Chim. **23** [1953] 1158; engl. Ausg. S. 1215).
  Krystalle (aus A.); F: 93—95°.

3t-[2]Furyl-acrylsäure-[2-hydroxy-phenylester] $C_{13}H_{10}O_4$, Formel VIII (R = H).
  B. Beim Erwärmen von 3t-[2]Furyl-acryloylchlorid mit Brenzcatechin und Benzol
(*Hewlett*, Iowa Coll. J. **6** [1932] 439, 441, 442; *Gilman et al.*, Iowa Coll. J. **7** [1933] 419,
425).
  F: 132° (*He.; Gi. et al.*).

VII   VIII

3t-[2]Furyl-acrylsäure-[2-methoxy-phenylester] $C_{14}H_{12}O_4$, Formel VIII (R = CH$_3$).
  B. Beim Erwärmen von 3t-[2]Furyl-acryloylchlorid mit 2-Methoxy-phenol und
Benzol (*Hewlett*, Iowa Coll. J. **6** [1932] 439, 441, 442; *Gilman et al.*, Iowa Coll. J. **7** [1933]
419, 424).
  F: 105°; Kp$_6$: 210° (*He.; Gi. et al.*).

3t-[2]Furyl-acrylsäure-[3-hydroxy-phenylester] $C_{13}H_{10}O_4$, Formel IV (X = OH).
  B. Beim Erwärmen von 3t-[2]Furyl-acryloylchlorid mit Resorcin und Benzol (*Hewlett*,
Iowa Coll. J. **6** [1932] 439, 441, 442; *Gilman et al.*, Iowa Coll. J. **7** [1933] 419, 425).
  Krystalle [aus Bzl.] (*Gi. et al.*); F: 128° (*He.; Gi. et al.*).

1,3-Bis-[3t-[2]furyl-acryloyloxy]-benzol $C_{20}H_{14}O_6$, Formel IX.
  B. Beim Erwärmen von 3t-[2]Furyl-acryloylchlorid mit Resorcin und Benzol (*Hewlett*,
Iowa Coll. J. **6** [1932] 439, 441, 442; *Gilman et al.*, Iowa Coll. J. **7** [1933] 419, 425).
  F: 112° (*He.; Gi. et al.*).

3t-[2]Furyl-acrylsäure-[4-hydroxy-phenylester] $C_{13}H_{10}O_4$, Formel V (X = OH).
  B. Beim Erwärmen von 3t-[2]Furyl-acryloylchlorid mit Hydrochinon und Benzol
(*Hewlett*, Iowa Coll. J. **6** [1932] 439, 441, 442; *Gilman et al.*, Iowa Coll. J. **7** [1933] 419,
424).
  F: 173° (*He.; Gi. et al.*).

IX   X   XI

[2-(3t-[2]Furyl-acryloyloxy)-äthyl]-trimethyl-ammonium, 3t-[2]Furyl-acrylsäure-[2-tri⸗ methylammonio-äthylester], O-[3t-[2]Furyl-acryloyl]-cholin [$C_{12}H_{18}NO_3$]$^+$, Formel VI (R = CH$_2$-CH$_2$-N(CH$_3$)$_3$]$^+$) auf S. 4147.

    Chlorid [$C_{12}H_{18}NO_3$]Cl. *B.* Beim Erwärmen von 3t-[2]Furyl-acrylsäure-[2-chlor-äthyl⸗ ester] mit Trimethylamin in Dioxan (*Pasini et al.*, G. **86** [1956] 266, 271, 272). — Krystalle (aus A.); F: 215—217°.

    Picrat [$C_{12}H_{18}NO_3$]$C_6H_2N_3O_7$. F: 164—165° [Zers.] (*Pa. et al.*, l. c. S. 272).

(±)-3t-[2]Furyl-acrylsäure-tetrahydrofurfurylester $C_{12}H_{14}O_4$, Formel X.

    B. Aus 3t-[2]Furyl-acryloylchlorid und (±)-Tetrahydrofurfurylalkohol (*Gilman et al.*, Iowa Coll. J. **7** [1933] 419, 427).

    Kp$_4$: 163—167°. D$_{20}^{20}$: 1,1450.

3t-[2]Furyl-acrylsäure-furfurylester $C_{12}H_{10}O_4$, Formel XI.

    B. Beim Erwärmen von 3t-[2]Furyl-acryloylchlorid mit Furfurylalkohol und Benzol (*Gilman*, *Wright*, Iowa Coll. J. **3** [1929] 109, 110).

    Krystalle (aus A.); F: 52°.

3t-[2]Furyl-acrylsäure-anhydrid $C_{14}H_{10}O_5$, Formel XII.

    B. Beim Erhitzen von 3t-[2]Furyl-acrylsäure mit Acetanhydrid auf 110° (*Ikeda*, J. pharm. Soc. Japan **75** [1955] 60; C. A. **1956** 929).

    Krystalle (aus Bzl.); F: 75—76°.

XII   XIII

Bis-[3t-[2]furyl-acryloyl]-peroxid $C_{14}H_{10}O_6$, Formel XIII.

    B. Beim Behandeln eines Gemisches von 3t-[2]Furyl-acryloylchlorid und Äther mit Natriumperoxid und Eis (*Milas*, *McAlevy*, Am. Soc. **56** [1934] 1219).

    Krystalle (aus Ae. + E.); F: 104° [Zers.]. Bei schnellem Erhitzen erfolgt Explosion.

3t-[2]Furyl-acryloylchlorid $C_7H_5ClO_2$, Formel I (X = Cl) (E I 441; E II 274).

    Kp$_{30}$: 126° (*Bartlett*, *Ross*, Am. Soc. **69** [1947] 460).

    Beim Behandeln mit 1 Mol Brom in Schwefelkohlenstoff ist 3t-[5-Brom-[2]furyl]-acryloylchlorid, beim Erwärmen mit 2 Mol Brom in Schwefelkohlenstoff und Erhitzen des Reaktionsprodukts unter 30 Torr auf 100° ist 2-Brom-3t-[5-brom-[2]furyl]-acryloyl⸗ chlorid (S. 4155) erhalten worden (*Gilman et al.*, Am. Soc. **53** [1931] 4192, 4194, 4195).

3t-[2]Furyl-acrylsäure-amid, 3t-[2]Furyl-acrylamid $C_7H_7NO_2$, Formel I (X = NH$_2$) (H 300; E II 274).

    B. Beim Erhitzen von Furfural mit Diacetamid (oder N-Acetyl-benzamid) und Natri⸗ umacetat auf 180° (*Polya*, *Spotswood*, R. **70** [1951] 146, 152, 153).

    Krystalle (aus wss. A.); F: 168—169°.

3t-[2]Furyl-acrylsäure-diäthylamid $C_{11}H_{15}NO_2$, Formel I (X = N(C$_2$H$_5$)$_2$).

    B. Beim Erwärmen von 3t-[2]Furyl-acryloylchlorid mit Diäthylamin und Benzol (*Maxim*, *Zugravescu*, Bl. [5] **1** [1934] 1087, 1090; *Papa et al.*, Am. Soc. **72** [1950] 3885).

    Kp$_{15}$: 186° (*Ma.*, *Zu.*); Kp$_5$: 152—154° (*Papa et al.*).

    Beim Erwärmen mit Lithiumalanat (0,5 Mol) in Äther ist 2-Furfuryl-3-[2]furyl-glutarsäure-bis-diäthylamid (Kp$_{0,5}$: 195°; Monohydrat: F: 59—61°) erhalten worden (*Snyder*, *Putnam*, Am. Soc. **76** [1954] 1893, 1898).

3t-[2]Furyl-acrylsäure-isopentylamid $C_{12}H_{17}NO_2$, Formel I (X = NH-CH$_2$-CH$_2$-CH(CH$_3$)$_2$).

    B. Beim Behandeln von 3t-[2]Furyl-acryloylchlorid mit Isopentylamin und Benzol (*Kanao*, *Inagawa*, J. pharm. Soc. Japan **58** [1938] 261, 264; dtsch. Ref. S. 65, 67; C. A.

1938 4141).

Krystalle (aus PAe.); F: ca. 60—61°. $Kp_{5,5}$: 197—198° [Rohprodukt].

3t-[2]Furyl-acrylsäure-anilid $C_{13}H_{11}NO_2$, Formel I (X = NH-C_6H_5).

B. Beim Erwärmen von 3t-[2]Furyl-acrylsäure-anhydrid mit Anilin und Benzol (*Ikeda*, J. pharm. Soc. Japan **75** [1955] 60; C. A. **1956** 929).

Krystalle (aus A.); F: 129—130°.

3t-[2]Furyl-acrylsäure-[N-methyl-anilid] $C_{14}H_{13}NO_2$, Formel I (X = N(CH$_3$)-C_6H_5).

B. Beim Erwärmen von 3t-[2]Furyl-acryloylchlorid mit N-Methyl-anilin und Benzol (*Maxim, Zugravescu*, Bl. [5] **1** [1934] 1087, 1091).

Krystalle (aus Bzl.); F: 117,5°.

3t-[2]Furyl-acrylsäure-[N-äthyl-anilid] $C_{15}H_{15}NO_2$, Formel I (X = N(C$_2$H$_5$)-C_6H_5).

B. Beim Erwärmen von 3t-[2]Furyl-acryloylchlorid mit N-Äthyl-anilin und Benzol (*Maxim, Zugravescu*, Bl. [5] **1** [1934] 1087, 1091).

Krystalle; F: 65—66° (*Pravdić, Hahn*, Croat. chem. Acta **37** [1965] 55, 57). F: 60°; Kp_{11}: 215° [Rohprodukt] (*Ma., Zu.*).

3t-[2]Furyl-acrylsäure-diphenylamid $C_{19}H_{15}NO_2$, Formel I (X = N(C$_6H_5$)$_2$).

B. Beim Erwärmen von N,N-Diphenyl-acetamid mit Furfural und Natriumäthylat in Benzol (*Tschelinzew, Benewolenškaja*, Ž. obšč. Chim. **7** [1937] 2361, 2364; C. **1938** II 843). Beim Erwärmen von 3t-[2]Furyl-acryloylchlorid mit Diphenylamin und Benzol (*Maxim, Zugravescu*, Bl. [5] **1** [1934] 1087, 1092).

Krystalle; F: 186—187° [aus A.] (*Tsch., Be.*), 184—185° (*Pravdić, Hahn*, Croat. chem. Acta **37** [1965] 55, 57), 181,5° [aus Bzl.] (*Ma., Zu.*).

3t-[2]Furyl-acrylsäure-benzylamid $C_{14}H_{13}NO_2$, Formel I (R = NH-CH$_2$-C_6H_5).

B. Beim Erhitzen von 3t-[2]Furyl-acrylsäure mit Benzylamin und wenig Ammoniumchlorid (*Dermer, King*, J. org. Chem. **8** [1943] 168, 171).

Krystalle (aus wss. A. oder wss. Acn.); F: 145—146° [korr.] (*De., King*, l. c. S. 170).

I   II   III

3t-[2]Furyl-acrylsäure-phenäthylamid $C_{15}H_{15}NO_2$, Formel I (R = NH-CH$_2$-CH$_2$-C_6H_5).

B. Beim Behandeln eines Gemisches von 3t-[2]Furyl-acryloylchlorid und Chloroform mit Phenäthylamin und wss. Natronlauge (*Harwood, Johnson*, Am. Soc. **55** [1933] 2555, 2558).

Krystalle (aus Bzl.); F: 124—125°.

(S)-2-[3t-[2]Furyl-acryloylamino]-1-phenyl-propan, 3t-[2]Furyl-acrylsäure-[(S)-1-methyl-2-phenyl-äthylamid] $C_{16}H_{17}NO_2$, Formel II.

B. In kleiner Menge beim Erhitzen von 3t-[2]Furyl-acrylsäure-äthylester mit (S)-2-Amino-1-phenyl-propan [E III **12** 2665] (*Shapiro et al.*, Am. Soc. **80** [1958] 6065, 6069).

Krystalle (aus Hexan + E.); F: 112—114° [unkorr.] (*Sh. et al.*, l. c. S. 6066).

3t-[2]Furyl-acrylsäure-[3,4-dimethoxy-phenäthylamid] $C_{17}H_{19}NO_4$, Formel III.

B. Beim Behandeln eines Gemisches von 3t-[2]Furyl-acryloylchlorid und Chloroform mit 3,4-Dimethoxy-phenäthylamin und wss. Natronlauge (*Harwood, Johnson*, Am. Soc. **55** [1933] 2555, 2557).

Krystalle (aus Bzl.); F: 108—109°.

Beim Erhitzen mit Phosphorylchlorid und Toluol ist 1-[*trans*-2-[2]Furyl-vinyl]-6,7-di= methoxy-3,4-dihydro-isochinolin erhalten worden.

3*t*-[2]Furyl-acrylsäure-[hydroxymethyl-amid] $C_8H_9NO_3$, Formel I (X = NH-CH$_2$OH).

B. Beim Erwärmen von 3*t*-[2]Furyl-acrylsäure-amid mit Paraformaldehyd und Kaliumcarbonat in Wasser (*Moldenhauer et al.*, A. **583** [1953] 37, 41).

Krystalle (aus W.); F: 121° [Zers.].

(±)-3*t*-[2]Furyl-acrylsäure-[2,2,2-trichlor-1-hydroxy-äthylamid] $C_9H_8Cl_3NO_3$, Formel I (X = NH-CH(OH)-CCl$_3$).

B. Beim Erhitzen von 3*t*-[2]Furyl-acrylsäure-amid mit Chloral (*Willard, Hamilton*, Am. Soc. **75** [1953] 2370, 2372).

Krystalle (aus A.); F: 155—157°.

3*t*-[2]Furyl-acrylsäure-ureid, [3*t*-[2]Furyl-acryloyl]-harnstoff $C_8H_8N_2O_3$, Formel I (X = NH-CO-NH$_2$).

B. Beim Erwärmen von 3*t*-[2]Furyl-acryloylchlorid mit Harnstoff (*Lott, Christiansen*, J. Am. pharm. Assoc. **23** [1934] 788, 790).

Krystalle (aus wss. A.); F: 204—206°.

***N*-[3*t*-[2]Furyl-acryloyl]-*N'*-phenyl-harnstoff** $C_{14}H_{12}N_2O_3$, Formel I (X = NH-CO-NH-C$_6$H$_5$).

B. Beim Erhitzen von 3*t*-[2]Furyl-acrylsäure-amid mit Phenylisocyanat (*Willard, Hamilton*, Am. Soc. **75** [1953] 2270).

Krystalle (aus A.); F: 198—201°.

[3*t*-[2]Furyl-acryloyl]-guanidin $C_8H_9N_3O_2$, Formel I (X = NH-C(NH$_2$)=NH) und Tautomeres.

B. Beim Erwärmen von 3*t*-[2]Furyl-acrylsäure-äthylester mit Guanidin und Methanol (*Searle & Co.*, U.S.P. 2734904 [1945]).

Krystalle (aus Isopropylalkohol); F: ca. 181° [Zers.].

Hydrochlorid. F: ca. 260° [Zers.].

1-[Bis-(4-chlor-phenyl)-acetyl]-4-[3*t*-[2]furyl-acryloyl]-thiosemicarbazid $C_{22}H_{17}Cl_2N_3O_3S$, Formel IV.

B. Beim Erwärmen von 3*t*-[2]Furyl-acryloylisothiocyanat (s. u.) mit Bis-[4-chlor-phenyl]-essigsäure-hydrazid in Dioxan, Äthanol oder Acetonitril (*Lipp et al.*, B. **91** [1958] 1660, 1664).

Krystalle (aus Dioxan oder Acetonitril); F: 202,8° [korr.].

3*t*-[2]Furyl-acryloylisothiocyanat $C_8H_5NO_2S$, Formel I (X = NCS).

B. Beim Erwärmen von 3*t*-[2]Furyl-acryloylchlorid mit Blei(II)-thiocyanat in Benzol (*Lipp et al.*, B. **91** [1958] 1660, 1664).

Kp$_1$: 116—117° (*Lipp et al.*, l. c. S. 1661).

IV   V

3*t*-[2]Furyl-acrylsäure-[benzyl-(2-diäthylamino-äthyl)-amid], *N,N*-Diäthyl-*N'*-benzyl-*N'*-[3*t*-[2]furyl-acryloyl]-äthylendiamin $C_{20}H_{26}N_2O_2$, Formel I (X = N(CH$_2$-C$_6$H$_5$)-CH$_2$CH$_2$-N(C$_2$H$_5$)$_2$).

B. Beim Erwärmen von 3*t*-[2]Furyl-acryloylchlorid mit *N,N*-Diäthyl-*N'*-benzyl-äthylendiamin, Benzol und Pyridin (*Villani et al.*, Am. Soc. **76** [1954] 87).

Kp$_1$: 205—208°. n$_D^{24}$: 1,5798.

N,N'-Bis-[4-dimethylamino-phenyl]-N-[3t-[2]furyl-acryloyl]-harnstoff $C_{24}H_{26}N_4O_3$, Formel V.

B. Beim Behandeln von 3t-[2]Furyl-acrylsäure mit Bis-[4-dimethylamino-phenyl]-carbodiimid in Äther (*Zetzsche, Röttger*, B. **72** [1939] 1599, 1606).

Orangefarbene Krystalle; F: 153—154° [korr.].

1,3-Bis-[3t-[2]furyl-acryloylamino]-aceton $C_{17}H_{16}N_2O_5$, Formel VI.

B. Beim Behandeln von 3t-[2]Furyl-acryloylchlorid mit 1,3-Diamino-aceton-dihydrochlorid und Natriumacetat in Wasser (*Ueda, Sasaki*, Sci. Rep. Hyogo Univ. Agric. Ser. nat. Sci. **1** [1953] 16; C. A. **1956** 2538).

Krystalle (aus A.); F: 220° [nach Erweichen bei 216°].

VI   VII

[N-Acetyl-sulfanilyl]-[3t-[2]furyl-acryloyl]-amin, 3t-[2]Furyl-acrylsäure-[(N-acetyl-sulfanilyl)-amid] $C_{15}H_{14}N_2O_5S$, Formel VII (R = CO-CH$_3$).

B. Beim Behandeln eines Gemisches von 3t-[2]furyl-acryloylchlorid und Benzol mit der Natrium-Verbindung des N-Acetyl-sulfanilsäure-amids (*Plišow et al.*, Trudy Odessk. technol. Inst. piščevoj cholodil. Promyšl. **9** [1959] Nr. 2, S. 97, 98; C. A. **1960** 24492).

F: 213°.

3t-[2]Furyl-acrylonitril C_7H_5NO, Formel VIII.

B. Beim Leiten der Dämpfe von Furfural und Acetonitril über mit Natriumcarbonat imprägniertes Silicagel bei 320° (*Du Pont de Nemours & Co.*, U.S.P. 2341016 [1941]). Beim Behandeln von 3t-[2]Furyl-acrylsäure-amid mit Phosphor(V)-chlorid (*Gilman, Hewlett*, Iowa Coll. J. **4** [1929] 27, 32). Beim Erhitzen von 4t-[2]Furyl-2-hydroxyimino-but-3-ensäure mit Wasser (*Ried, Reitz*, B. **89** [1956] 2570, 2573).

Krystalle; F: 38° (*Du Pont*), 36° [aus W. + Me.] (*Ried, Re.*), 32° (*Gi., He.*). Kp$_5$: 100° [Rohprodukt] (*Gi., He.*).

N-Benzoyl-O-[3t-[2]furyl-acryloyl]-hydroxylamin, N-[3t-[2]Furyl-acryloyloxy]-benz-amid $C_{14}H_{11}NO_4$, Formel IX (X = O-NH-CO-C$_6$H$_5$).

Diese Konstitution kommt der nachstehend beschriebenen, ursprünglich (*Grünanger, Grasso*, G. **85** [1955] 1271, 1275) als 4-[2]Furyl-3-phenyl-Δ^2-isoxazolin-5-carbonsäure angesehenen Verbindung zu (*Grünanger, Finzi*, R.A.L. [8] **26** [1959] 386, 387).

B. Beim Erwärmen von 3t-[2]Furyl-acrylsäure mit Benzonitriloxid in Äther (*Gr., Gr.*, l. c. S. 1281). Beim Erwärmen von 3t-[2]Furyl-acryloylchlorid mit Benzohydroxam-säure (*Gr., Fi.*, l. c. S. 390).

Krystalle; F: 146—147° [aus A.] (*Gr., Gr.*), 143—145° (*Gr., Fi.*).

VIII   IX   X

O-[3t-[2]Furyl-acryloyl]-N-[α-methoxy-benzyliden]-hydroxylamin, N-[3t-[2]Furyl-acryloyloxy]-benzimidsäure-methylester $C_{15}H_{13}NO_4$, Formel X.

Diese Konstitution ist wahrscheinlich der nachstehend beschriebenen, von *Grünanger, Grasso* (G. **85** [1955] 1271, 1281) als 4-[2]Furyl-3-phenyl-Δ^2-isoxazolin-5-carbonsäure-methylester formulierten Verbindung zuzuordnen.

B. Beim Behandeln der im vorangehenden Artikel beschriebenen Verbindung mit Diazomethan in Dioxan (*Gr.*, *Gr.*).
Krystalle (aus Me.); F: 82—83°.

3*t*-[2]Furyl-acrylsäure-hydroxyamid, 3*t*-[2]Furyl-acrylohydroxamsäure $C_7H_7NO_3$, Formel IX (X = NH-OH).
B. Beim Behandeln eines Gemisches von 3*t*-[2]Furyl-acryloylchlorid und Äther mit Hydroxylamin und Methanol (*Gilman*, *Yale*, Am. Soc. **72** [1950] 3593).
Krystalle (aus E.); F: 137—138° [Zers.].

3*t*-[2]Furyl-acrylsäure-hydrazid $C_7H_8N_2O_2$, Formel IX (X = NH-NH$_2$).
B. Beim Erwärmen von 3*t*-[2]Furyl-acrylsäure-methylester oder von 3*t*-[2]Furyl-acrylsäure-äthylester mit Hydrazin-hydrat und Äthanol (*Yale et al.*, Am. Soc. **75** [1953] 1933, 1938).
Krystalle (aus Bzl.); F: 108—110° (*Yale et al.*, l. c. S. 1934).

3*t*-[4-Chlor-[2]furyl]-acrylsäure $C_7H_5ClO_3$, Formel XI.
B. Beim Erwärmen von 4-Chlor-furfural (E III/IV **17** 4454; vom Autor irrtümlich als 3-Chlor-furfural angesehen) mit Malonsäure und Pyridin (*Okuzumi*, J. chem. Soc. Japan Pure Chem. Sect. **79** [1958] 1366, 1370; C. A. **1960** 24633).
Krystalle; F: 172° (*Ok.*, l. c. S. 1368).

3*t*-[5-Chlor-[2]furyl]-acrylsäure $C_7H_5ClO_3$, Formel XII (R = H).
B. Aus 5-Chlor-furfural beim Erhitzen mit Acetanhydrid und Kaliumacetat auf 140° (*Nasarowa*, *Pimenowa*, Ž. obšč. Chim. **27** [1957] 2842, 2843; engl. Ausg. S. 2879) sowie beim Erwärmen mit Malonsäure und Pyridin (*Okuzumi*, J. chem. Soc. Japan Pure Chem. Sect. **79** [1958] 1366, 1370; C. A. **1960** 24633).
Krystalle; F: 164° [Zers.] (*Na.*, *Pi.*), 162° [aus wss. Me.] (*Ok.*).

XI   XII   XIII

3*t*-[5-Chlor-[2]furyl]-acrylsäure-methylester $C_8H_7ClO_3$, Formel XII (R = CH$_3$).
B. Beim Behandeln der im vorangehenden Artikel beschriebenen Säure mit Schwefel= säure enthaltendem Methanol (*Nasarowa*, *Pimenowa*, Ž. obšč. Chim. **27** [1957] 2842, 2843; engl. Ausg. S. 2879).
F: 35° [aus A.].

3*t*-[5-Chlor-[2]furyl]-acrylsäure-äthylester $C_9H_9ClO_3$, Formel XII (R = C$_2$H$_5$).
Diese Verbindung hat vermutlich als Hauptbestandteil in dem nachstehend beschriebenen Präparat vorgelegen.
B. Beim Erwärmen von 3*t*(?)-[2]Furyl-acrylsäure-äthylester (Kp$_4$: 99—100°) mit Sulfurylchlorid und Tetrachlormethan (*Okuzumi*, J. chem. Soc. Japan Pure Chem. Sect. **79** [1958] 1366, 1370; C. A. **1960** 24633).
Bei 101—110°/4 Torr destillierbar. n$_D^{27}$: 1,5220.

3*t*-[3,4-Dichlor-[2]furyl]-acrylsäure $C_7H_4Cl_2O_3$, Formel XIII (R = H).
B. Beim Erwärmen von 3,4-Dichlor-furfural mit Malonsäure und Pyridin (*Okuzumi*, J. chem. Soc. Japan Pure Chem. Sect. **79** [1958] 1366, 1370; C. A. **1960** 24633).
Krystalle; F: 195—196° (*Ok.*, l. c. S. 1368).

3*t*-[3,4-Dichlor-[2]furyl]-acrylsäure-methylester $C_8H_6Cl_2O_3$, Formel XIII (R = CH$_3$).
B. Beim Behandeln von 3*t*-[3,4-Dichlor-[2]furyl]-acrylsäure mit Chlorwasserstoff enthaltendem Methanol (*Okuzumi*, J. chem. Soc. Japan Pure Chem. Sect. **79** [1958] 1366, 1370; C. A. **1960** 24633).
F: 69—70°.

3t-[4,5-Dichlor-[2]furyl]-acrylsäure $C_7H_4Cl_2O_3$, Formel I.

B. Beim Erwärmen von 4,5-Dichlor-furfural (E III/IV **17** 4456; vom Autor irrtümlich als 3,5-Dichlor-furfural angesehen) mit Malonsäure und Pyridin (*Okuzumi*, J. chem. Soc. Japan Pure Chem. Sect. **79** [1958] 1366, 1370; C. A. **1960** 24633).

Krystalle; F: 215—216° (*Ok.*, l. c. S. 1368).

3t-[5-Brom-[2]furyl]-acrylsäure $C_7H_5BrO_3$, Formel II (X = OH) (H 301).

B. Beim Erhitzen von 5-Brom-furfural mit Acetanhydrid, Natriumacetat und wenig Pyridin auf 147° (*Gilman, Wright*, R. **49** [1930] 195) oder mit Acetanhydrid und Kalium= acetat auf 140° (*Nasarowa, Pimenowa*, Ž. obšč. Chim. **27** [1957] 2842, 2843; engl. Ausg. S. 2879). Bei kurzem Behandeln (10 min) von 5-Brom-furfural mit Äthanol, Aceton und wss. Kalilauge und Erwärmen des Reaktionsgemisches mit alkal. wss. Natriumhypo= chlorit-Lösung (*Sakutškaja, Bobrik*, Doklady Akad. Uzbeksk. S.S.S.R. **1958** Nr. 10, S. 21, 22; C. A. **1959** 11335). Beim Behandeln von 3t-[4r,5t(?)-Dibrom-4,5-dihydro-[2]furyl]-acrylsäure-äthylester (F: 70° [S. 4093]) mit äthanol. Kalilauge und Erwärmen der Reaktionslösung mit wss. Natronlauge (*Gilman, Wright*, Am. Soc. **52** [1930] 3349, 3352).

Krystalle; F: 177—178° (*Na., Pi.*), 174—175° (*Gi., Wr.*, R. **49** 196; *Sa., Bo.*). Absorptionsmaxima (Ae.): 215 nm und 306 nm (*Dann*, B. **80** [1947] 435, 439).

Über eine ebenfalls unter dieser Konstitution beschriebene Verbindung (F: 180°; Methylester; F: 92—93°; Äthylester; F: 77°) s. *Andrisano, Pappalardo*, G. **85** [1955] 391, 398.

I   II   III

3t-[5-Brom-[2]furyl]-acrylsäure-methylester $C_8H_7BrO_3$, Formel II (X = O-CH$_3$).

B. Beim Behandeln von 3t-[5-Brom-[2]furyl]-acrylsäure mit Schwefelsäure enthaltendem Methanol (*Nasarowa, Pimenowa*, Ž. obšč. Chim. **27** [1957] 2842, 2844; engl. Ausg. S. 2879). Beim Behandeln von 3t-[5-Brom-[2]furyl]-acryloylchlorid mit Benzol und Methanol (*Na., Pi.*).

Krystalle (aus Me.); F: 62°.

Beim Erhitzen mit Kaliumjodid, wenig Kupfer(II)-sulfat und Essigsäure unter Bestrahlung mit Sonnenlicht ist 3t-[5-Jod-[2]furyl]-acrylsäure erhalten worden.

3t-[5-Brom-[2]furyl]-acrylsäure-äthylester $C_9H_9BrO_3$, Formel II (X = O-C$_2$H$_5$) (H 301).

B. Beim Behandeln von 3t-[5-Brom-[2]furyl]-acryloylchlorid mit Benzol und Äthanol (*Nasarowa, Pimenowa*, Ž. obšč. Chim. **27** [1957] 2842, 2843; engl. Ausg. S. 2879). Beim Erwärmen von (2RS,3SR?)-2,3-Dibrom-3-[5-brom-[2]furyl]-propionsäure-äthylester (F: 102—105° [S. 4092]) mit Äthanol und Zink-Pulver (*Dann*, B. **80** [1947] 435, 442).

Krystalle (aus PAe.); F: 41—42° (*Na., Pi.*), 39—41° (*Dann*).

3t-[5-Brom-[2]furyl]-acryloylchlorid $C_7H_4BrClO_2$, Formel II (X = Cl).

B. Beim Behandeln von 3t-[2]Furyl-acryloylchlorid mit Brom in Schwefelkohlen= stoff (*Gilman et al.*, Am. Soc. **53** [1931] 4192, 4194). Beim Erwärmen von 3t-[5-Brom-[2]furyl]-acrylsäure mit Thionylchlorid und Benzol (*Nasarowa, Pimenowa*, Ž. obšč. Chim. **27** [1957] 2842, 2843; engl. Ausg. S. 2879).

Krystalle; F: 54—55° (*Na., Pi.*), 54° (*Gi. et al.*). Kp$_{10}$: 180—183° [Rohprodukt] (*Na., Pi.*).

3t-[5-Brom-[2]furyl]-acrylsäure-amid $C_7H_6BrNO_2$, Formel II (X = NH$_2$).

B. Beim Behandeln eines Gemisches von 3t-[5-Brom-[2]furyl]-acryloylchlorid und Benzol mit Ammoniak (*Nasarowa, Pimenowa*, Ž. obšč. Chim. **27** [1957] 2842, 2843; engl. Ausg. S. 2879).

Krystalle (aus A. + W.); F: 148°.

2-Brom-3t-[5-brom-[2]furyl]-acrylsäure $C_7H_4Br_2O_3$, Formel III (X = OH) (H 301).

Konfigurationszuordnung: *Wereschtschagin et al.*, Ž. org. Chim. **2** [1966] 522, 524; engl.

Ausg. S. 524, 526.

B. Beim Behandeln einer Lösung von 2-Brom-3*t*-[5-brom-[2]furyl]-acrylsäure-äthyl=
ester in Methanol mit äthanol. Kalilauge (*We. et al.*, l. c. S. 526; s. a. *Gilman et al.*, Am.
Soc. **53** [1931] 4192, 4195).

Krystalle (aus wss. A.); F: 176—178° (*We. et al.*, l. c. S. 523).

Beim Erwärmen des Kalium-Salzes mit äthanol. Kalilauge (1 Mol KOH) ist [5-Brom-
[2]furyl]-propiolsäure erhalten worden (*Gi. et al.*).

2-Brom-3*t*-[5-brom-[2]furyl]-acrylsäure-äthylester $C_9H_8Br_2O_3$, Formel III (X = O-C₂H₅) (H 301).

(X = O-C_2H_5) (H 301).

Konfigurationszuordnung: *Wereschtschagin et al.*, Ž. org. Chim. **2** [1966] 522, 524; engl.
Ausg. S. 524, 526.

B. Beim Erwärmen von 5-Brom-furfural mit Brom-triphenylphosphoranyliden-essig=
säure-äthylester in Benzol (*We. et al.*, l. c. S. 526). Aus 2-Brom-3*t*-[5-brom-[2]furyl]-
acryloylchlorid und Äthanol (*Gilman et al.*, Am. Soc. **53** [1931] 4192, 4195).

Krystalle; F: 58—59° (*We. et al.*, l. c. S. 523).

2-Brom-3*t*-[5-brom-[2]furyl]-acryloylchlorid $C_7H_3Br_2ClO_2$, Formel III (X = Cl).

Die Konfiguration ergibt sich aus der genetischen Beziehung zu 2-Brom-3*t*-[5-brom-
[2]furyl]-acrylsäure-äthylester (s. o.).

B. Beim Erwärmen von 3*t*-[2]Furyl-acryloylchlorid mit Brom in Schwefelkohlen=
stoff und Erhitzen des Reaktionsprodukts unter 30 Torr auf 100° (*Gilman et al.*, Am.
Soc. **53** [1931] 4192, 4195).

Krystalle (aus CCl₄ oder CHCl₃); F: 72°. Kp₂₁: 182—183° [Rohprodukt].

Beim Behandeln mit wss. Natronlauge (1 Mol NaOH) bei Raumtemperatur sind kleine
Mengen 1-[5-Brom-[2]furyl]-äthanon (*Gi. et al.*, l. c. S. 4196), beim Eintragen der
Schmelze in wss. Natronlauge (3 Mol NaOH) bei 70—80° ist [5-Brom-[2]furyl]-propiol=
säure (*Gi. et al.*, l. c. S. 4195) erhalten worden.

3*t*-[5-Jod-[2]furyl]-acrylsäure $C_7H_5IO_3$, Formel IV (R = H).

B. Beim Erhitzen von 5-Jod-furfural mit Acetanhydrid und Kaliumacetat auf 150°
(*Nasarowa*, Ž. obšč. Chim. **25** [1955] 539, 543; engl. Ausg. S. 509, 512). Beim Erhitzen
von 3*t*-[5-Brom-[2]furyl]-acrylsäure-methylester mit Kaliumjodid, wenig Kupfer(II)-sulfat
und Essigsäure unter Bestrahlung mit Sonnenlicht (*Nasarowa, Pimenowa*, Ž. obšč. Chim.
27 [1957] 2842, 2844; engl. Ausg. S. 2879).

F: 169—170° [über den Methylester bzw. den Äthylester gereinigtes Präparat] (*Na.,
Pi.*); Krystalle (aus Dioxan + W.); Zers. bei 159—160° (*Na.*).

3*t*-[5-Jod-[2]furyl]-acrylsäure-methylester $C_8H_7IO_3$, Formel IV (R = CH₃).

B. Beim Behandeln von 3*t*-[5-Jod-[2]furyl]-acrylsäure mit Schwefelsäure enthaltendem
Methanol sowie mit Thionylchlorid und Benzol und anschliessend mit Methanol (*Nasarowa,
Pimenowa*, Ž. obšč. Chim. **27** [1957] 2842, 2844; engl. Ausg. S. 2879).

F: 81—82° [aus Me.].

3*t*-[5-Jod-[2]furyl]-acrylsäure-äthylester $C_9H_9IO_3$, Formel IV (R = C₂H₅).

B. Beim Behandeln von 3*t*-[5-Jod-[2]furyl]-acrylsäure mit Thionylchlorid und Benzol
und anschliessend mit Äthanol (*Nasarowa, Pimenowa*, Ž. obšč. Chim. **27** [1957] 2842, 2844;
engl. Ausg. S. 2879).

F: 61—62° [aus A.].

3*t*-[5-Nitro-[2]furyl]-acrylsäure $C_7H_5NO_5$, Formel V (R = H).

B. Beim Erhitzen von 5-Nitro-furfural mit Acetanhydrid, Natriumacetat und wenig
Pyridin (*Gilman, Wright*, Am. Soc. **52** [1930] 2550, 2553). Beim Behandeln von 3*t*-[2]Furyl-
acrylsäure mit Salpetersäure und Acetanhydrid unterhalb —5° (*Gi., Wr.*; *Sasaki*, Bl.
chem. Soc. Japan **27** [1954] 398, 399; *Arata et al.*, J. pharm. Soc. Japan **76** [1956] 211;
C. A. **1956** 14698), auch in Gegenwart von Phosphorsäure (*Saikachi et al.*, J. pharm. Soc.
Japan **73** [1953] 1132, 1135; C. A. **1954** 12072).

Hellgelbe Krystalle (*Ar. et al.*). F: 236° (*Sai. et al.*, l. c. S. 1134), 235—236° [aus Me.
oder Furfural] (*Gi., Wr.*), 235° [Zers.] (*Ikeda*, J. pharm. Soc. Japan **75** [1955] 60; C. A.
1956 929), 233° [Zers.] (*Ar. et al.*). Absorptionsspektrum (A.; 210—420 nm [λ_{max}:

233,5 nm, 265 nm und 353,5 nm]): *Andrisano, Pappalardo*, R.A.L. [8] **15** [1953] 64, 69.
Polarographie: *Sasaki*, Pharm. Bl. **2** [1954] 104, 106.

3*t*-[5-Nitro-[2]furyl]-acrylsäure-methylester $C_8H_7NO_5$, Formel V (R = CH$_3$).
B. Beim Behandeln von 3*t*-[2]Furyl-acrylsäure-methylester mit Salpetersäure und
Acetanhydrid bei —5° (*Ikeda*, Ann. Rep. Fac. pharm. Kanazawa Univ. **3** [1953] 27;
C. A. **1956** 10701).
F: 150° (*Andrisano, Pappalardo*, R.A.L. [8] **15** [1953] 64, 65 Anm. 6), 146—147° (*Ik.*).
Absorptionsspektrum (A.; 210—410 nm [λ_{max}: 236 nm, 274 nm und 341,5 nm]): *An., Pa.*,
l. c. S. 67.

  IV   V   VI

3*t*-[5-Nitro-[2]furyl]-acrylsäure-äthylester $C_9H_9NO_5$, Formel V (R = C$_2$H$_5$).
B. Beim Behandeln von 3*t*-[2]Furyl-acrylsäure-äthylester mit Salpetersäure und Acet=
anhydrid bei —5° (*Gilman, Wright*, Am. Soc. **52** [1930] 2550, 2554; *Sasaki*, Bl. chem. Soc.
Japan **27** [1954] 398; *Taborsky*, J. org. Chem. **24** [1959] 1123). Beim Erwärmen von
3*t*-[5-Nitro-[2]furyl]-acrylsäure mit Schwefelsäure enthaltendem Äthanol (*Norwich Phar=
macal Co.*, U.S.P. 2890982 [1956]).
Krystalle; F: 125° [aus Bzl.] (*Gi., Wr.*), 124—126° [aus A.] (*Norwich Pharmacal Co.*),
123,5—124° (*Ta.*). Absorptionsmaxima (A.): 236 nm, 273,5 nm und 342 nm (*Andrisano,
Pappalardo*, R.A.L. [8] **15** [1953] 64, 65). Polarographie: *Sasaki*, Pharm. Bl. **2** [1954]
104, 106.

3*t*-[5-Nitro-[2]furyl]-acrylsäure-phenylester $C_{13}H_9NO_5$, Formel VI (X = H).
B. Beim Behandeln von 3*t*-[5-Nitro-[2]furyl]-acryloylchlorid mit Phenol und Natrium
in Äther (*Ikeda*, J. pharm. Soc. Japan **75** [1955] 631; C. A. **1956** 3383).
Grüngelbe Krystalle (aus A.); F: 172—173°.

3*t*-[5-Nitro-[2]furyl]-acrylsäure-[4-chlor-phenylester] $C_{13}H_8ClNO_5$, Formel VI (X = Cl).
B. Beim Behandeln von 3*t*-[5-Nitro-[2]furyl]-acryloylchlorid mit 4-Chlor-phenol und
Natrium in Äther (*Ikeda*, J. pharm. Soc. Japan **75** [1955] 631; C. A. **1956** 3383).
Grüngelbe Krystalle (aus A.); F: 142°.

3*t*-[5-Nitro-[2]furyl]-acrylsäure-[2]naphthylester $C_{17}H_{11}NO_5$, Formel VII (X = H).
B. Beim Behandeln einer Lösung von 3*t*-[5-Nitro-[2]furyl]-acryloylchlorid in Äther mit
[2]Naphthol und wss. Natronlauge (*Ikeda*, J. pharm. Soc. Japan **75** [1955] 631; C. A.
1956 3383).
Gelbe Krystalle (aus Acn.); F: 213°.

3*t*-[5-Nitro-[2]furyl]-acrylsäure-[1-brom-[2]naphthylester] $C_{17}H_{10}BrNO_5$, Formel VII
(X = Br).
B. Beim Behandeln einer Lösung von 3*t*-[5-Nitro-[2]furyl]-acryloylchlorid in Äther mit
1-Brom-[2]naphthol und wss. Natronlauge (*Ikeda*, J. pharm. Soc. Japan **75** [1955] 631;
C. A. **1956** 3383).
Grüne Krystalle (aus A.); F: 179°.

**Essigsäure-[3*t*-(5-nitro-[2]furyl)-acrylsäure]-anhydrid, Acetyl-[3*t*-(5-nitro-[2]furyl)-
acryloyl]-oxid** $C_9H_7NO_6$, Formel V (R = CO-CH$_3$).
B. Beim Erwärmen von 3*t*-[5-Nitro-[2]furyl]-acrylsäure mit Acetanhydrid (*Ikeda*, J.
pharm. Soc. Japan **75** [1955] 60; C. A. **1956** 929). Neben 3*t*-[5-Nitro-[2]furyl]-acrylsäure-
anhydrid beim Erwärmen von 3*t*-[5-Nitro-[2]furyl]-acryloylchlorid mit Natriumacetat
in Benzol (*Ik.*).
Gelbe Krystalle (aus Bzl.); F: 126°.
Beim Behandeln mit Anilin und Aceton sind Acetanilid, 3*t*-[5-Nitro-[2]furyl]-acrylsäure
und kleine Mengen 3*t*-[5-Nitro-[2]furyl]-acrylsäure-anilid erhalten worden.

VII   VIII

3t-[5-Nitro-[2]furyl]-acrylsäure-anhydrid $C_{14}H_8N_2O_9$, Formel VIII.

B. Beim Behandeln von 3t-[2]Furyl-acrylsäure-anhydrid mit Salpetersäure und Acet≠anhydrid bei −5° (*Ikeda*, J. pharm. Soc. Japan **75** [1955] 60; C. A. **1956** 929). Beim Erwärmen von 3t-[5-Nitro-[2]furyl]-acryloylchlorid mit Natrium-[3t-(5-nitro-[2]furyl)-acrylat] in Benzol (*Ik*.).

Gelbe Krystalle (aus Bzl.); F: 171°.

Beim Erwärmen mit Acetanhydrid ist Essigsäure-[3t-(5-nitro-[2]furyl)-acrylsäure]-anhydrid erhalten worden.

3t-[5-Nitro-[2]furyl]-acryloylchlorid $C_7H_4ClNO_4$, Formel IX (X = Cl).

B. Beim Erwärmen von 3t-[5-Nitro-[2]furyl]-acrylsäure (*Takahashi et al.*, J. pharm. Soc. Japan **69** [1949] 286; C. A. **1950** 5373) oder von Essigsäure-[3t-(5-nitro-[2]furyl)-acrylsäure]-anhydrid (*Ikeda*, J. pharm. Soc. Japan **75** [1955] 60; C. A. **1956** 929) mit Thionylchlorid.

Hellgelbe Krystalle; F: 92−94° [aus Bzl.] (*Ta. et al.*), 92−93° (*Ikeda*, Ann. Rep. Fac. Pharm. Kanazawa Univ. **3** [1953] 27; C. A. **1956** 10701).

3t-[5-Nitro-[2]furyl]-acrylsäure-amid $C_7H_6N_2O_4$, Formel IX (X = NH$_2$).

B. Beim Behandeln von 3t-[2]Furyl-acrylsäure-amid mit Salpetersäure und Acet≠anhydrid bei −5° (*Ikeda*, Ann. Rep. Fac. Pharm. Kanazawa Univ. **3** [1953] 27; C. A. **1956** 10701). Beim Behandeln von 3t-[5-Nitro-[2]furyl]-acrylsäure-methylester mit Am≠moniak in Methanol (*Ik*.). Beim Behandeln einer Lösung von 3t-[5-Nitro-[2]furyl]-acryl≠oylchlorid in Äther mit Ammoniak (*Takahashi et al.*, J. pharm. Soc. Japan **69** [1949] 286, 288; C. A. **1950** 5373).

Hellgelbe Krystalle (aus A.); F: 225° [Zers.] (*Ik*.), 223° [Zers.] (*Ta. et al.*). Polaro≠graphie: *Sasaki*, Pharm. Bl. **2** [1954] 104, 107.

3t-[5-Nitro-[2]furyl]-acrylsäure-methylamid $C_8H_8N_2O_4$, Formel IX (X = NH-CH$_3$).

B. Beim Behandeln einer Lösung von 3t-[5-Nitro-[2]-furyl]-acryloylchlorid in Äther mit Methylamin (*Saikachi, Suzuki*, Chem. pharm. Bl. **6** [1958] 693, 695).

Gelbliche Krystalle (aus A.); F: 195−196° [Zers.].

3t-[5-Nitro-[2]furyl]-acrylsäure-dimethylamid $C_9H_{10}N_2O_4$, Formel X (R = CH$_3$).

B. Beim Behandeln einer Lösung von 3t-[5-Nitro-[2]furyl]-acryloylchlorid in Äther mit Dimethylamin (*Saikachi, Suzuki*, Chem. pharm. Bl. **6** [1958] 693, 694).

Gelbe Krystalle (aus A. + E.); F: 194° [Zers.].

3t-[5-Nitro-[2]furyl]-acrylsäure-äthylamid $C_9H_{10}N_2O_4$, Formel IX (X = NH-C$_2$H$_5$).

B. Beim Behandeln einer Lösung von 3t-[5-Nitro-[2]furyl]-acryloylchlorid in Chloro≠form mit Äthylamin (*Saikachi, Suzuki*, Chem. pharm. Bl. **6** [1958] 693, 694).

Gelbe Krystalle (aus wss. A.); F: 178−180°.

3t-[5-Nitro-[2]furyl]-acrylsäure-diäthylamid $C_{11}H_{14}N_2O_4$, Formel X (R = C$_2$H$_5$).

B. Beim Behandeln einer Lösung von 3t-[5-Nitro-[2]-furyl]-acryloylchlorid in Äther bzw. Benzol mit Diäthylamin (*Ikeda*, Ann. Rep. Fac. Pharm. Kanazawa Univ. **3** [1953] 27; C. A. **1956** 10701; *Saikachi, Suzuki*, Chem. pharm. Bl. **6** [1958] 693, 694).

Gelbe Krystalle; F: 89−90° [aus A.] (*Sa., Su.*), 89° [aus W.] (*Ik*.).

3t-[5-Nitro-[2]furyl]-acrylsäure-propylamid $C_{10}H_{12}N_2O_4$, Formel IX (X = NH-CH$_2$-CH$_2$-CH$_3$).

B. Beim Behandeln einer Lösung von 3t-[5-Nitro-[2]furyl]-acryloylchlorid in Äther mit Propylamin (*Saikachi, Suzuki*, Chem. pharm. Bl. **6** [1958] 693, 694).

Hellgelbe Krystalle (aus A.); F: 170°.

3*t*-[5-Nitro-[2]furyl]-acrylsäure-dipropylamid $C_{13}H_{18}N_2O_4$, Formel X
(R = CH_2-CH_2-CH_3).
B. Beim Behandeln einer Lösung von 3*t*-[5-Nitro-[2]furyl]-acryloylchlorid in Äther
mit Dipropylamin (*Saikachi, Suzuki*, Chem. pharm. Bl. **6** [1958] 693, 694).
Gelbe Krystalle (aus A.); F: 78—79°.

3*t*-[5-Nitro-[2]furyl]-acrylsäure-isopropylamid $C_{10}H_{12}N_2O_4$, Formel IX
(X = NH-$CH(CH_3)_2$).
B. Beim Behandeln einer Lösung von 3*t*-[5-Nitro-[2]furyl]-acryloylchlorid in Äther
mit Isopropylamin (*Saikachi, Suzuki*, Chem. pharm. Bl. **6** [1958] 693, 694).
Gelbe Krystalle (aus A.); F: 187—188°.

IX   X   XI

3*t*-[5-Nitro-[2]furyl]-acrylsäure-diisopropylamid $C_{13}H_{18}N_2O_4$, Formel X
(R = $CH(CH_3)_2$).
B. Beim Behandeln einer Lösung von 3*t*-[5-Nitro-[2]furyl]-acryloylchlorid in Chloro=
form mit Diisopropylamin (*Saikachi, Suzuki*, Chem. pharm. Bl. **6** [1958] 693, 695).
Gelbe Krystalle (aus A.); F: 96—98°.

3*t*-[5-Nitro-[2]furyl]-acrylsäure-butylamid $C_{11}H_{14}N_2O_4$, Formel IX (X = NH-$[CH_2]_3$-CH_3).
B. Beim Behandeln einer Lösung von 3*t*-[5-Nitro-[2]furyl]-acryloylchlorid in Äther
mit Butylamin (*Saikachi, Suzuki*, Chem. pharm. Bl. **6** [1958] 693, 694).
Gelbe Krystalle (aus W. + A.); F: 116—117°.

3*t*-[5-Nitro-[2]furyl]-acrylsäure-dibutylamid $C_{15}H_{22}N_2O_4$, Formel X (R = $[CH_2]_3$-CH_3).
B. Beim Behandeln einer Lösung von 3*t*-[5-Nitro-[2]furyl]-acryloylchlorid in Benzol
mit Dibutylamin (*Saikachi, Suzuki*, Chem. pharm. Bl. **6** [1958] 693, 694).
Gelbe Krystalle (aus A.); F: 104—105°.

(±)-3*t*-[5-Nitro-[2]furyl]-acrylsäure-*sec*-butylamid $C_{11}H_{14}N_2O_4$, Formel IX
(X = NH-$CH(CH_3)$-CH_2-CH_3).
B. Beim Behandeln einer Lösung von 3*t*-[5-Nitro-[2]furyl]-acryloylchlorid in Benzol
mit (±)-*sec*-Butylamin (*Saikachi, Suzuki*, Chem. pharm. Bl. **6** [1958] 693, 694).
Hellgelbe Krystalle (aus A.); F: 106—108°.

3*t*-[5-Nitro-[2]furyl]-acrylsäure-isobutylamid $C_{11}H_{14}N_2O_4$, Formel IX
(X = NH-CH_2-$CH(CH_3)_2$).
B. Beim Behandeln einer Lösung von 3*t*-[5-Nitro-[2]furyl]-acryloylchlorid in Benzol
mit Isobutylamin (*Saikachi, Suzuki*, Chem. pharm. Bl. **6** [1958] 693, 694).
Gelbe Krystalle (aus A.); F: 115—117°.

3*t*-[5-Nitro-[2]furyl]-acrylsäure-diisobutylamid $C_{15}H_{22}N_2O_4$, Formel X
(R = CH_2-$CH(CH_3)_2$).
B. Beim Behandeln einer Lösung von 3*t*-[5-Nitro-[2]furyl]-acryloylchlorid in Äther
mit Diisobutylamin (*Saikachi, Suzuki*, Chem. pharm. Bl. **6** [1958] 693, 694).
Hellgelbe Krystalle (aus A.); F: 75—76°.

3*t*-[5-Nitro-[2]furyl]-pentylamid $C_{12}H_{16}N_2O_4$, Formel IX (X = NH-$[CH_2]_4$-CH_3).
B. Beim Behandeln einer Lösung von 3*t*-[5-Nitro-[2]furyl]-acryloylchlorid in Benzol
mit Pentylamin (*Saikachi, Suzuki*, Chem. pharm. Bl. **6** [1958] 693, 694).
Gelbe Krystalle (aus A.); F: 108—109°.

3*t*-[5-Nitro-[2]furyl]-acrylsäure-isopentylamid $C_{12}H_{16}N_2O_4$, Formel IX
(X = NH-CH_2-CH_2-$CH(CH_3)_2$).
B. Beim Behandeln einer Lösung von 3*t*-[5-Nitro-[2]furyl]-acryloylchlorid in Äther

bzw. Benzol mit Isopentylamin (*Ikeda*, Ann. Rep. Fac. Pharm. Kanazawa Univ. **3** [1953] 27; C. A. **1956** 10701; *Saikachi, Suzuki*, Chem. pharm. Bl. **6** [1958] 693, 695).

Hellgelbe Krystalle (aus wss. A. bzw. A.); F: 110—111° (*Ik.; Sa., Su.*, l. c. S. 694).

3*t*-[5-Nitro-[2]furyl]-acrylsäure-diisopentylamid C$_{17}$H$_{26}$N$_2$O$_4$, Formel X (R = CH$_2$-CH$_2$-CH(CH$_3$)$_2$).

B. Beim Behandeln einer Lösung von 3*t*-[5-Nitro-[2]furyl]-acryloylchlorid in Benzol mit Diisopentylamin (*Saikachi, Suzuki*, Chem. pharm. Bl. **6** [1958] 693, 694).

Gelbe Krystalle (aus A.); F: 94—95°.

3*t*-[5-Nitro-[2]furyl]-acrylsäure-allylamid C$_{10}$H$_{10}$N$_2$O$_4$, Formel IX (X = NH-CH$_2$-CH=CH$_2$).

B. Beim Behandeln einer Lösung von 3*t*-[5-Nitro-[2]furyl]-acryloylchlorid in Äther mit Allylamin (*Saikachi, Suzuki*, Chem. pharm. Bl. **6** [1958] 693, 694).

Gelbe Krystalle (aus A.); F: 167—168°.

3*t*-[5-Nitro-[2]furyl]-acrylsäure-anilid C$_{13}$H$_{10}$N$_2$O$_4$, Formel XI (X = H).

B. Neben 3*t*-[5-Nitro-[2]furyl]-acrylsäure und Acetanilid beim Behandeln von Essig= säure-[3*t*-(5-nitro-[2]furyl)-acrylsäure]-anhydrid mit Anilin und Aceton (*Ikeda*, J. pharm. Soc. Japan **75** [1955] 60; C. A. **1956** 929).

Krystalle (aus A.); F: 195°.

3*t*-[5-Nitro-[2]furyl]-acrylsäure-[2-chlor-anilid] C$_{13}$H$_9$ClN$_2$O$_4$, Formel XII (X = H).

B. Beim Erwärmen von 3*t*-[5-Nitro-[2]furyl]-acrylsäure mit Phosphor(V)-chlorid in Benzol und Behandeln der Reaktionslösung mit 2-Chlor-anilin und wss. Natronlauge (*Taborsky*, J. org. Chem. **24** [1959] 1123). Beim Behandeln von 3*t*-[5-Nitro-[2]furyl]-acryloylchlorid mit 2-Chlor-anilin, Äther und Pyridin (*Ikeda*, J. pharm. Soc. Japan **75** [1955] 628; C. A. **1956** 3383).

Gelbe Krystalle (*Ik.*). F: 188° [aus A.] (*Ik.*), 187° [Block] (*Ta.*).

3*t*-[5-Nitro-[2]furyl]-acrylsäure-[3-chlor-anilid] C$_{13}$H$_9$ClN$_2$O$_4$, Formel XIII (X = H).

B. Beim Erwärmen von 3*t*-[5-Nitro-[2]furyl]-acrylsäure mit Phosphor(V)-chlorid in Benzol und Behandeln der Reaktionslösung mit 3-Chlor-anilin und wss. Natronlauge (*Taborsky*, J. org. Chem. **24** [1959] 1123). Beim Behandeln von 3*t*-[5-Nitro-[2]furyl]-acryloylchlorid mit 3-Chlor-anilin, Äther und Pyridin (*Ikeda*, J. pharm. Soc. Japan **75** [1955] 628; C. A. **1956** 3383).

Gelbe Krystalle (aus A.) (*Ik.*). F: 205,5—206° [Block] (*Ta.*), 201° [Zers.] (*Ik.*).

3*t*-[5-Nitro-[2]furyl]-acrylsäure-[4-chlor-anilid] C$_{13}$H$_9$ClN$_2$O$_4$, Formel XI (X = Cl).

B. Aus 3*t*-[5-Nitro-[2]furyl]-acrylsäure beim Erwärmen mit Phosphor(III)-chlorid, 4-Chlor-anilin und Benzol sowie beim Erwärmen mit Phosphor(V)-chlorid in Benzol und Behandeln der Reaktionslösung mit 4-Chlor-anilin und wss. Natronlauge (*Taborsky*, J. org. Chem. **24** [1959] 1123). Beim Erwärmen von 3*t*-[5-Nitro-[2]furyl]-acrylsäure-anhydrid mit 4-Chlor-anilin und Benzol (*Ikeda*, J. pharm. Soc. Japan **75** [1955] 60; C. A. **1956** 929). Beim Behandeln von 3*t*-[5-Nitro-[2]furyl]-acryloylchlorid mit 4-Chlor-anilin und Äther bzw. Toluol (*Takahashi et al.*, J. pharm. Soc. Japan **69** [1949] 286, 288; C. A. **1950** 5373; *Ikeda*, J. pharm. Soc. Japan **75** [1955] 628; C. A. **1956** 3383).

Orangefarbene Krystalle (aus A.), F: 216° [Block] (*Tab.*); gelbe Krystalle, F: 214° [aus Acn.] (*Ik.*, l. c. S. 628), 214° [aus A.] (*Ik.*, l. c. S. 60), 213—214° [aus Ae.] (*Tak. et al.*).

O$_2$N   C—CO—NH   X

XII   XIII

3*t*-[5-Nitro-[2]furyl]-acrylsäure-[2,4-dichlor-anilid] C$_{13}$H$_8$Cl$_2$N$_2$O$_4$, Formel XII (X = Cl).

B. Beim Erwärmen von 3*t*-[5-Nitro-[2]furyl]-acrylsäure mit Phosphor(V)-chlorid in

Benzol und Behandeln der Reaktionslösung mit 2,4-Dichlor-anilin und wss. Natronlauge (*Taborsky*, J. org. Chem. **24** [1959] 1123).
Krystalle (aus A.); F: 217,5—218° [Block].

3*t*-[5-Nitro-[2]furyl]-acrylsäure-[2,5-dichlor-anilid] $C_{13}H_8Cl_2N_2O_4$, Formel XIII (X = Cl).
B. Beim Behandeln von 3*t*-[5-Nitro-[2]furyl]-acryloylchlorid mit 2,5-Dichlor-anilin und Äther (*Ikeda*, J. pharm. Soc. Japan **75** [1955] 628; C. A. **1956** 3383).
Grüngelbe Krystalle (aus Acn.); F: 213°.

3*t*-[5-Nitro-[2]furyl]-acrylsäure-[4-brom-anilid] $C_{13}H_9BrN_2O_4$, Formel XI (X = Br) auf S. 4158.
B. Beim Erwärmen von 3*t*-[5-Nitro-[2]furyl]-acrylsäure mit Phosphor(V)-chlorid in Benzol und Behandeln der Reaktionslösung mit 4-Brom-anilin und wss. Natronlauge (*Taborsky*, J. org. Chem. **24** [1959] 1123). Beim Behandeln von 3*t*-[5-Nitro-[2]furyl]-acryloylchlorid mit 4-Brom-anilin, Äther und Pyridin (*Ikeda*, J. pharm. Soc. Japan **75** [1955] 628; C. A. **1956** 3383).
Gelbe Krystalle (*Ik.*). F: 230,5—231° [Block; aus A.] (*Ta.*), 221—222° [Zers.; aus Me.] (*Ik.*).

3*t*-[5-Nitro-[2]furyl]-acrylsäure-[4-jod-anilid] $C_{13}H_9IN_2O_4$, Formel XI (X = I) auf S. 4158.
B. Beim Behandeln von 3*t*-[5-Nitro-[2]furyl]-acryloylchlorid mit 4-Jod-anilin, Äther und Pyridin (*Ikeda*, J. pharm. Soc. Japan **75** [1955] 628; C. A. **1956** 3383).
Gelbe Krystalle (aus Me.); F: 129°.

3*t*-[5-Nitro-[2]furyl]-acrylsäure-[4-nitro-anilid] $C_{13}H_9N_3O_6$, Formel XI (X = NO₂) auf S. 4158.
B. Beim Behandeln von 3*t*-[5-Nitro-[2]furyl]-acryloylchlorid mit 4-Nitro-anilin, Äther und Pyridin (*Ikeda*, J. pharm. Soc. Japan **75** [1955] 628; C. A. **1956** 3383).
Gelbe Krystalle (aus Me.); F: 284° [Zers.].

3*t*-[5-Nitro-[2]furyl]-acrylsäure-*p*-toluidid $C_{14}H_{12}N_2O_4$, Formel XI (X = CH₃) auf S. 4158.
B. Beim Behandeln von 3*t*-[5-Nitro-[2]furyl]-acryloylchlorid mit *p*-Toluidin und Äther (*Takahashi et al.*, J. pharm. Soc. Japan **69** [1949] 286, 288; C. A. **1950** 5373).
Gelbe Krystalle (aus A.); F: 203—205°.

3*t*-[5-Nitro-[2]furyl]-acrylsäure-benzylamid $C_{14}H_{12}N_2O_4$, Formel I (X = NH-CH₂-C₆H₅).
B. Beim Behandeln von 3*t*-[5-Nitro-[2]furyl]-acryloylchlorid mit Benzylamin und Äther (*Ikeda*, J. pharm. Soc. Japan **75** [1955] 628; C. A. **1956** 3383).
Grüngelbe Krystalle (aus A.); F: 175—176°.

I   II

3*t*-[5-Nitro-[2]furyl]-acrylsäure-[1]naphthylamid $C_{17}H_{12}N_2O_4$, Formel II (X = H).
B. Beim Behandeln von 3*t*-[5-Nitro-[2]furyl]-acryloylchlorid mit [1]Naphthylamin und Äther (*Ikeda*, J. pharm. Soc. Japan **75** [1955] 631; C. A. **1956** 3383).
Gelbe Krystalle (aus Acn.); F: 222° [Zers.].

3*t*-[5-Nitro-[2]furyl]-acrylsäure-[4-chlor-[1]naphthylamid] $C_{17}H_{11}ClN_2O_4$, Formel II (X = Cl).
B. Beim Behandeln von 3*t*-[5-Nitro-[2]furyl]-acryloylchlorid mit 4-Chlor-[1]naphthyl=amin und Äther (*Ikeda*, J. pharm. Soc. Japan **75** [1955] 631; C. A. **1956** 3383).
Gelbe Krystalle (aus A.); F: 218°.

3t-[5-Nitro-[2]furyl]-acrylsäure-[4-brom-[1]naphthylamid] $C_{17}H_{11}BrN_2O_4$, Formel II (X = Br).

B. Beim Behandeln von 3t-[5-Nitro-[2]furyl]-acryloylchlorid mit 4-Brom-[1]naphthyl=amin und Äther (*Ikeda*, J. pharm. Soc. Japan **75** [1955] 631; C. A. **1956** 3383).

Gelbe Krystalle (aus A.); F: 231° [Zers.].

3t-[5-Nitro-[2]furyl]-acrylsäure-[2]naphthylamid $C_{17}H_{12}N_2O_4$, Formel III (X = H).

B. Beim Behandeln von 3t-[5-Nitro-[2]furyl]-acryloylchlorid mit [2]Naphthylamin und Äther (*Ikeda*, J. pharm. Soc. Japan **75** [1955] 631; C. A. **1956** 3383).

Orangefarbene Krystalle (aus Acn.); F: 222° [Zers.].

3t-[5-Nitro-[2]furyl]-acrylsäure-[1-brom-[2]naphthylamid] $C_{17}H_{11}BrN_2O_4$, Formel III (X = Br).

B. Beim Behandeln von 3t-[5-Nitro-[2]furyl]-acryloylchlorid mit 1-Brom-[2]naphthyl=amin und Äther (*Ikeda*, J. pharm. Soc. Japan **75** [1955] 631; C. A. **1956** 3383).

Gelbe Krystalle (aus A.); F: 225° [Zers.].

3t-[5-Nitro-[2]furyl]-acrylsäure-[2-hydroxy-äthylamid] $C_9H_{10}N_2O_5$, Formel I (X = NH-CH$_2$-CH$_2$-OH).

B. Beim Behandeln von 3t-[5-Nitro-[2]furyl]-acryloylchlorid mit 2-Amino-äthanol und Äther (*Ikeda*, Ann. Rep. Fac. Pharm. Kanazawa Univ. **3** [1953] 27; C. A. **1956** 10 701).

Gelbe Krystalle (aus W.); F: 151°.

3t-[5-Nitro-[2]furyl]-acrylsäure-[bis-(2-hydroxy-äthyl)-amid] $C_{11}H_{14}N_2O_6$, Formel I (X = N(CH$_2$-CH$_2$-OH)$_2$).

B. Beim Behandeln von 3t-[5-Nitro-[2]furyl]-acryloylchlorid mit Bis-[2-hydroxy-äthyl]-amin und Äther (*Ikeda*, Ann. Rep. Fac. Pharm. Kanazawa Univ. **3** [1953] 27; C. A. **1956** 10 701).

Hellgelbe Krystalle (aus W.); F: 129—130°.

(±)-3t-[5-Nitro-[2]furyl]-acrylsäure-[2-hydroxy-propylamid] $C_{10}H_{12}N_2O_5$, Formel I (X = NH-CH$_2$-CH(OH)-CH$_3$).

B. Beim Behandeln von 3t-[5-Nitro-[2]furyl]-acryloylchlorid mit (±)-1-Amino-propan-2-ol, Äthanol und Äther (*Saikachi*, *Suzuki*, Chem. pharm. Bl. **6** [1958] 693, 694).

Gelbe Krystalle (aus A. + Ae.); F: 156—157°.

III   IV

3t-[5-Nitro-[2]furyl]-acrylsäure-[2-hydroxy-anilid] $C_{13}H_{10}N_2O_5$, Formel IV (X = H).

B. Beim Behandeln von 3t-[5-Nitro-[2]furyl]-acryloylchlorid mit 2-Amino-phenol, Äther und wenig Pyridin (*Takahashi et al.*, J. pharm. Soc. Japan **69** [1949] 286, 288; C. A. **1950** 5373).

Gelbe Krystalle (aus A.); F: 235—237°.

3t-[5-Nitro-[2]furyl]-acrylsäure-[5-chlor-2-hydroxy-anilid] $C_{13}H_9ClN_2O_5$, Formel IV (X = Cl).

B. Beim Behandeln von 3t-[5-Nitro-[2]furyl]-acryloylchlorid mit 2-Amino-4-chlor-phenol und Äther (*Ikeda*, J. pharm. Soc. Japan **75** [1955] 628; C. A. **1956** 3383).

Gelbe Krystalle (aus A.); F: 243° [Zers.].

3t-[5-Nitro-[2]furyl]-acrylsäure-[5-brom-2-hydroxy-anilid] $C_{13}H_9BrN_2O_5$, Formel IV (X = Br).

B. Beim Behandeln von 3t-[5-Nitro-[2]furyl]-acryloylchlorid mit 2-Amino-4-brom-phenol und Äther (*Ikeda*, J. pharm. Soc. Japan **75** [1955] 628; C. A. **1956** 3383).

Gelbe Krystalle (aus Acn.); F: 265° [Zers.].

3t-[5-Nitro-[2]furyl]-acrylsäure-[3-hydroxy-anilid] $C_{13}H_{10}N_2O_5$, Formel V.

B. Beim Behandeln von 3t-[5-Nitro-[2]furyl]-acryloylchlorid mit 3-Amino-phenol, Äther und Pyridin (*Ikeda*, J. pharm. Soc. Japan **75** [1955] 628; C. A. **1956** 3383).

Orangefarbene Krystalle (aus A.); F: 279° [Zers.].

3t-[5-Nitro-[2]furyl]-acrylsäure-[4-hydroxy-anilid] $C_{13}H_{10}N_2O_5$, Formel VI (X = OH).

B. Beim Behandeln von 3t-[5-Nitro-[2]furyl]-acryloylchlorid mit 4-Amino-phenol, Äther und Pyridin (*Ikeda*, J. pharm. Soc. Japan **75** [1955] 628; C. A. **1956** 3383).

Orangefarbene Krystalle (aus A.); F: 274° [Zers.].

V   VI

3t-[5-Nitro-[2]furyl]-acrylsäure-*p*-anisidid $C_{14}H_{12}N_2O_5$, Formel VI (X = O-CH₃).

B. Beim Behandeln von 3t-[5-Nitro-[2]furyl]-acryloylchlorid mit *p*-Anisidin, Äther und wenig Pyridin (*Takahashi et al.*, J. pharm. Soc. Japan **69** [1949] 286, 288; C. A. **1950** 5373).

Gelblichrote Krystalle (aus A.); F: 182—184°.

3t-[5-Nitro-[2]furyl]-acrylsäure-[4-mercapto-anilid] $C_{13}H_{10}N_2O_4S$, Formel VI (X = SH).

B. Beim Behandeln von 3t-[5-Nitro-[2]furyl]-acryloylchlorid mit 4-Amino-thiophenol, Äther und Pyridin (*Ikeda*, J. pharm. Soc. Japan **75** [1955] 628; C. A. **1956** 3383).

Orangefarbene Krystalle (aus Dioxan); F: 228°.

3t-[5-Nitro-[2]furyl]-acrylsäure-[4-(4-nitro-phenylmercapto)-anilid] $C_{19}H_{13}N_3O_6S$, Formel VII.

B. Beim Erwärmen von 3t-[5-Nitro-[2]furyl]-acryloylchlorid mit 4-[4-Nitro-phenyl≈mercapto]-anilin und Toluol (*Takahashi et al.*, J. pharm. Soc. Japan **69** [1949] 286, 288; C. A. **1950** 5373).

Gelbe Krystalle (aus Py.); F: 243—245°.

3t-[5-Nitro-[2]furyl]-acrylsäure-[4-hydroxy-5-isopropyl-2-methyl-anilid] $C_{17}H_{18}N_2O_5$, Formel VIII (X = H).

B. Beim Behandeln von 3t-[5-Nitro-[2]furyl]-acryloylchlorid mit 4-Amino-2-isopropyl-5-methyl-phenol-hydrochlorid, Pyridin und Äther (*Ikeda*, J. pharm. Soc. Japan **75** [1955] 628; C. A. **1956** 3383).

Rotbraune Krystalle (aus Me.); F: 236° [Zers.].

VII   VIII

3t-[5-Nitro-[2]furyl]-acrylsäure-[3-chlor-4-hydroxy-5-isopropyl-2-methyl-anilid] $C_{17}H_{17}ClN_2O_5$, Formel VIII (X = Cl).

B. Beim Behandeln von 3t-[5-Nitro-[2]furyl]-acryloylchlorid mit 4-Amino-2-chlor-6-isopropyl-3-methyl-phenol in Äther (*Ikeda*, J. pharm. Soc. Japan **75** [1955] 628; C. A. **1956** 3383).

Gelbe Krystalle (aus A.); F: 242° [Zers.].

3t-[5-Nitro-[2]furyl]-acrylsäure-[3-brom-4-hydroxy-5-isopropyl-2-methyl-anilid] $C_{17}H_{17}BrN_2O_5$, Formel VIII (X = Br).

B. Beim Behandeln von 3t-[5-Nitro-[2]furyl]-acryloylchlorid mit 4-Amino-2-brom-

6-isopropyl-3-methyl-phenol in Äther (*Ikeda*, J. pharm. Soc. Japan **75** [1955] 628; C. A. **1956** 3383).
Gelbe Krystalle (aus A.); F: 241° [Zers.].

3*t*-[5-Nitro-[2]furyl]-acrylsäure-[2-hydroxy-[1]naphthylamid] C₁₇H₁₂N₂O₅, Formel IX.
B. Beim Behandeln von 3*t*-[5-Nitro-[2]furyl]-acryloylchlorid mit 1-Amino-[2]naphthol und Äther (*Ikeda*, J. pharm. Soc. Japan **75** [1955] 631; C. A. **1956** 3383).
Orangefarbene Krystalle (aus Acn.); F: 209—210°.

IX   X

3*t*-[5-Nitro-[2]furyl]-acrylsäure-[2-äthoxy-6-brom-[1]naphthylamid] C₁₉H₁₅BrN₂O₅, Formel X (R = C₂H₅).
B. Beim Behandeln von 3*t*-[5-Nitro-[2]furyl]-acryloylchlorid mit 2-Äthoxy-6-brom-[1]naphthylamin und Äther (*Ikeda*, J. pharm. Soc. Japan **75** [1955] 631; C. A. **1956** 3383).
Gelbe Krystalle (aus A.); F: 238°.

3*t*-[5-Nitro-[2]furyl]-acrylsäure-[4-hydroxy-[1]naphthylamid] C₁₇H₁₂N₂O₅, Formel XI.
B. Beim Behandeln von 3*t*-[5-Nitro-[2]furyl]-acryloylchlorid mit 4-Amino-[1]naphthol und Äther (*Ikeda*, J. pharm. Soc. Japan **75** [1955] 631; C. A. **1956** 3383).
Orangefarbene Krystalle (aus A.); F: 256° [Zers.].

Acetyl-[3*t*-(5-nitro-[2]furyl)-acryloyl]-amin, 3*t*-[5-Nitro-[2]furyl]-acrylsäure-acetylamid C₉H₈N₂O₅, Formel XII (X = CO-CH₃).
B. Beim Erhitzen von 3*t*-[5-Nitro-[2]furyl]-acrylsäure-amid mit Acetanhydrid (*Takahashi et al.*, J. pharm. Soc. Japan **69** [1949] 286, 288; C. A. **1950** 5373).
Hellgelbe Krystalle (aus A.); F: 206—207°.

XI   XII

4-[3*t*-(5-Nitro-[2]furyl)-acryloylamino]-benzoesäure C₁₄H₁₀N₂O₆, Formel XIII (X = COOH).
B. Beim Behandeln von 3*t*-[5-Nitro-[2]furyl]-acryloylchlorid mit 4-Amino-benzoesäure, Äther und Pyridin (*Ikeda*, J. pharm. Soc. Japan **75** [1955] 628; C. A. **1956** 3383).
Gelbe Krystalle (aus Me.), die unterhalb 280° nicht schmelzen.

3*t*-[5-Nitro-[2]furyl]-acrylsäure-[4-cyan-anilid] C₁₄H₉N₃O₄, Formel XIII (X = CN).
B. Beim Behandeln von 3*t*-[5-Nitro-[2]furyl]-acryloylchlorid mit 4-Amino-benzonitril, Äther und Pyridin (*Ikeda*, J. pharm. Soc. Japan **75** [1955] 628; C. A. **1956** 3383).
Gelbe Krystalle (aus Me.); F: 275° [Zers.].

3*t*-[5-Nitro-[2]furyl]-acrylsäure-[4-sulfamoyl-anilid], N-[3*t*-(5-Nitro-[2]furyl)-acryloyl]-sulfanilsäure-amid C₁₃H₁₁N₃O₆S, Formel XIII (X = SO₂-NH₂).
B. Beim Behandeln von 3*t*-[5-Nitro-[2]furyl]-acryloylchlorid mit Sulfanilamid, Äther und wenig Pyridin (*Takahashi et al.*, J. pharm. Soc. Japan **69** [1949] 286, 288; C. A. **1950** 5373).
Gelbe Krystalle (aus Py.); F: >250°.

XIII   XIV

3*t*-**[5-Nitro-[2]furyl]-acrylsäure-[4-acetylsulfamoyl-anilid]**, *N*-**[3***t*-**(5-Nitro-[2]furyl)-acryloyl]-sulfanilsäure-acetylamid** $C_{15}H_{13}N_3O_7S$, Formel XIII (X = SO_2-NH-CO-CH$_3$).
B. Beim Behandeln von 3*t*-[5-Nitro-[2]furyl]-acryloylchlorid mit *N*-Sulfanilyl-acet=amid, Äther und wenig Pyridin (*Takahashi et al.*, J. pharm. Soc. Japan **69** [1949] 286, 288; C. A. **1950** 5373).
Gelbes Pulver; Zers. oberhalb 250°.

3*t*-**[5-Nitro-[2]furyl]-acrylsäure-[4-sulfamoyl-benzylamid]**, *α*-**[3***t*-**(5-Nitro-[2]furyl)-acryloylamino]-toluol-4-sulfonsäure-amid** $C_{14}H_{13}N_3O_6S$, Formel XIV.
B. Beim Behandeln von 3*t*-[5-Nitro-[2]furyl]-acryloylchlorid mit *α*-Amino-toluol-4-sulfonsäure-amid und Pyridin (*Ikeda*, Ann. Rep. Fac. Pharm. Kanazawa Univ. **3** [1953] 27; C. A. **1956** 10701).
Hellgelbe Krystalle (aus Me.); F: 196—197°.

3*t*-**[5-Nitro-[2]furyl]-acrylsäure-[4-dimethylamino-anilid]**, *N,N*-**Dimethyl-***N'*-**[3***t*-**(5-nitro-[2]furyl)-acryloyl]-***p*-**phenylendiamin** $C_{15}H_{15}N_3O_4$, Formel XIII (X = $N(CH_3)_2$).
B. Beim Behandeln von 3*t*-[5-Nitro-[2]furyl]-acryloylchlorid mit *N,N*-Dimethyl-*p*-phenylendiamin, Äther und Pyridin (*Ikeda*, J. pharm. Soc. Japan **75** [1955] 628; C. A. **1956** 3383).
Violette Krystalle (aus A.); F: 202° [Zers.].

3*t*-**[5-Nitro-[2]furyl]-acrylonitril** $C_7H_4N_2O_3$, Formel XV.
B. Beim Erwärmen von 3*t*(?)-[5-Nitro-[2]furyl]-acrylaldehyd-[(*Z*)-*O*-acetyl-oxim] (E III/IV **17** 4702) mit Pyridin (*Ikeda*, Ann. Rep. Fac. Pharm. Kanazawa Univ. **3** [1953] 25; C. A. **1956** 10701). Beim Behandeln von 3*t*-[5-Nitro-[2]furyl]-acrylsäure-amid mit Toluol-4-sulfonylchlorid und Pyridin (*Sugihara*, J. pharm. Soc. Japan **86** [1966] 525; C. A. **65** [1966] 12193).
Krystalle (aus A.); F: 110—111° (*Ik.*; *Su.*).

3*t*-**[5-Nitro-[2]furyl]-acrylsäure-hydrazid** $C_7H_7N_3O_4$, Formel XII (X = NH$_2$).
B. Neben kleineren Mengen *N,N'*-Bis-[3*t*-(5-nitro-[2]furyl)-acryloyl]-hydrazin beim Behandeln einer Lösung von 3*t*-[5-Nitro-[2]furyl]-acryloylchlorid in Benzol mit Hydrazinhydrat und Wasser (*Sasaki*, Pharm. Bl. **2** [1954] 95, 98).
Gelbe Krystalle (aus A.); F: 203—204° [Zers.].
Hydrochlorid. F: 183—188° [Zers.].

3*t*-**[5-Nitro-[2]furyl]-acrylsäure-[***N'*-**phenyl-hydrazid]** $C_{13}H_{11}N_3O_4$, Formel XII (X = NH-C$_6$H$_5$).
B. Beim Behandeln von 3*t*-[5-Nitro-[2]furyl]-acryloylchlorid mit Phenylhydrazin und Benzol (*Sasaki*, Pharm. Bl. **2** [1954] 95, 98).
Krystalle (aus A.); F: 195° [Zers.].

3*t*-**[5-Nitro-[2]furyl]-acrylsäure-isopropylidenhydrazid**, **Aceton-[3***t*-**(5-nitro-[2]furyl)-acryloylhydrazon]** $C_{10}H_{11}N_3O_4$, Formel XII (X = N=C(CH$_3$)$_2$).
B. Beim Erwärmen von 3*t*-[5-Nitro-[2]furyl]-acrylsäure-hydrazid mit Aceton (*Sasaki*, Pharm. Bl. **2** [1954] 95, 98).
Krystalle (aus A.); F: 188—189° [Zers.].

N-**Acetyl-***N'*-**[3***t*-**(5-nitro-[2]furyl)-acryloyl]-hydrazin**, **3***t*-**[5-Nitro-[2]furyl]-acrylsäure-[***N'*-**acetyl-hydrazid]** $C_9H_9N_3O_5$, Formel XII (X = NH-CO-CH$_3$).
B. Beim Erhitzen von 3*t*-[5-Nitro-[2]furyl]-acrylsäure-hydrazid mit Acetanhydrid (*Sasaki*, Pharm. Bl. **2** [1954] 95, 98).
Hellgelbe Krystalle (aus A.); F: 278° [Zers.].

N-Benzoyl-*N'*-[3*t*-(5-nitro-[2]furyl)-acryloyl]-hydrazin, 3*t*-[5-Nitro-[2]furyl]-acryl=
säure-[*N'*-benzoyl-hydrazid] $C_{14}H_{11}N_3O_5$, Formel XII (X = NH-CO-C_6H_5) auf S. 4163.

  B. Beim Behandeln einer Lösung von 3*t*-[5-Nitro-[2]furyl]-acrylsäure-hydrazid in
Äthanol mit Benzoylchlorid und wss. Natronlauge (*Sasaki*, Pharm. Bl. **2** [1954] 95, 98).
Krystalle (aus Eg.); F: 275—280° [Zers.].

              XV   XVI

N-[Furan-2-carbonyl]-*N'*-[3*t*-(5-nitro-[2]furyl)-acryloyl]-hydrazin $C_{12}H_9N_3O_6$,
Formel XVI.

  B. Beim Behandeln von 3*t*-[5-Nitro-[2]furyl]-acryloylchlorid mit Furan-2-carbonsäure-
hydrazid, Äther und Pyridin (*Sasaki*, Pharm. Bl. **2** [1954] 95, 98).
Gelbe Krystalle (aus A.); F: 270° [Zers.].

N,N'-Bis-[3*t*-(5-nitro-[2]furyl)-acryloyl]-hydrazin $C_{14}H_{10}N_4O_8$, Formel I.

  B. s. S. 4164 im Artikel 3*t*-[5-Nitro-[2]furyl]-acrylsäure-hydrazid.
Gelbe Krystalle (aus Eg.); F: 289—290° [Zers.] (*Sasaki*, Pharm. Bl. **2** [1954] 95, 98).

3ξ-[2]Furyl-2-nitro-acrylonitril $C_7H_4N_2O_3$, Formel II.

  B. Beim Behandeln von Furfural mit Nitroacetonitril, Äthanol, wenig Methylamin-
hydrochlorid und Natriumcarbonat (*Ried, Köhler*, A. **598** [1956] 145, 155).
Gelbe Krystalle (aus CCl_4); F: 126°.

3*t*-[2]Thienyl-acrylsäure $C_7H_6O_2S$, Formel III (X = OH) (H 301).

  Konfiguration: *Block et al.*, Soc. [B] **1967** 233, 236; *Taniguchi, Katô*, Chem. pharm.
Bl. **21** [1973] 2070, 2071.

  B. Beim Erhitzen von Thiophen-2-carbaldehyd mit Tetraacetoxysilan (E IV **2** 445)
und Kaliumacetat auf 170° (*Jur'ew et al.*, Ž. obšč. Chim. **28** [1958] 1554, 1556; engl.
Ausg. S. 1603). Beim Erhitzen von Thiophen-2-carbaldehyd mit Malonsäure, Pyridin
und wenig Piperidin (*Barger, Easson*, Soc. **1938** 2100, 2103; *King, Nord*, J. org. Chem.
14 [1949] 405, 409; *Freund*, Soc. **1952** 3073, 3074). Beim Erhitzen von 3*t*-[2]Thienyl-
acrylsäure-äthylester mit wss. Natronlauge (*King, Nord*, l. c. S. 408 Anm. d).

  Krystalle; F: 147—148° (*Freund*, Soc. **1953** 2889), 147° [aus Eg. oder A.] (*Bl. et al.*, l. c.
S. 233), 146—147° [aus Bzl.] (*Ta., Katô*, l. c. S. 2072), 144,5—145° (*Ju. et al.*); über eine
instabile Modifikation (Krystalle [aus Dimethylformamid], die sich bei 130—135° in die
stabile Modifikation umwandeln) s. *Bl. et al.* Die stabile Modifikation ist monoklin; Raumgruppe $P2_1/c$ (= C_{2h}^5); aus dem Röntgen-Diagramm ermittelte Dimensionen der Elementarzelle: a = 11,412 Å; b = 5,040 Å; c = 13,005 Å; β = 98,2°; n = 4; die instabile
Modifikation ist ebenfalls monoklin; Raumgruppe $P2/c$ (= C_{2h}^4); Dimensionen der Elementarzelle: a = 9,585 Å; b = 3,911 Å; c = 20,192 Å; β = 109,51°; n = 4 (*Bl. et al.*,
l. c. S. 233). Dichte der Krystalle der stabilen Modifikation: 1,37; der instabilen Modifikation: 1,45 (*Bl. et al.*, l. c. S. 233). ¹H-NMR-Absorption: *Ta., Katô*, l. c. S. 2071.
Absorptionsspektrum (A.; 210—370 nm [λ_{max}: 272 nm und 297 nm]): *Pappalardo*, G. **89**
[1959] 540, 544. Elektrolytische Dissoziation in 78%ig. wss. Äthanol: *Price, Dudley*,
Am. Soc. **78** [1956] 68.

  Beim Behandeln mit 1 Mol Brom in warmem Tetrachlormethan ist (2*RS*,3*SR*?)-
2,3-Dibrom-3-[2]thienyl-propionsäure (F: 185—186° [Zers.; S. 4093]), beim Behandeln mit 1 Mol Brom in Tetrachlormethan bei Siedetemperatur ist 2-Brom-3-[2]thienyl-
acrylsäure (F: 185—188°; S. 4168), beim Erhitzen einer Lösung in Essigsäure mit
2 Mol Brom in Tetrachlormethan ist 2-Brom-3-[5-brom-[2]thienyl]-acrylsäure (F: 234°
bis 235°; S. 4169) erhalten worden (*Keskin et al.*, J. org. Chem. **16** [1951] 199, 202).
Bildung von Heptansäure beim Erwärmen mit wss. Natronlauge und Nickel-Aluminium-
Legierung: *Papa et al.*, J. org. Chem. **14** [1949] 723, 727. Eine von *Grünanger, Grasso*
(G. **85** [1955] 1271, 1280) beim Erwärmen mit Benzonitriloxid in Äther erhaltene Verbindung (F: 155—156°) ist als *N*-Benzoyl-*O*-[3*t*-[2]thienyl-acryloyl]-hydroxylamin

(S. 4167) zu formulieren (*Grünanger, Finzi*, R.A.L. [8] **26** [1959] 386, 387). Verhalten beim Behandeln einer Lösung in Aceton mit wss. 4-Nitro-benzoldiazonium-chlorid-Lösung, Natriumacetat und Kupfer(II)-chlorid (Bildung von 2-[4-Nitro-phenyl]-5-[4-nitro-styryl]-thiophen [F: 232°], 2-[4-Nitro-styryl]-thiophen [F: 174°] und 2-[4-Nitro-phenyl]-3t-[2]thienyl-acrylsäure (?) [F: 235—238°; S. 4328]): *Fr.*, Soc. **1953** 2890.

I   II   III

3t-[2]Thienyl-acrylsäure-methylester $C_8H_8O_2S$, Formel III (X = O-CH$_3$).

B. Beim Erwärmen von 3t-[2]Thienyl-acrylsäure mit Chlorwasserstoff enthaltendem Methanol (*Pappalardo*, G. **89** [1959] 540, 549) oder mit Schwefelsäure enthaltendem Methanol (*Wynberg et al.*, Am. Soc. **79** [1957] 1972, 1975; *Katritzky, Boulton*, Soc. **1959** 3500, 3501).

Krystalle; F: 52° (*Nakaya et al.*, J. chem. Soc. Japan Pure Chem. Sect. **78** [1957] 940, 941; C. A. **1959** 21277), 48—49° [aus wss. Me.] (*Wy. et al.*), 47—48° [aus Bzn.] (*Ka., Bo.*). Bei 100°/0,1 Torr destillierbar (*Ka., Bo.*). IR-Banden (CHCl$_3$) im Bereich von 6,5 μ bis 12,1 μ: *Ka., Bo.* UV-Spektrum einer Lösung in Hexan (210—360 nm [λ$_{max}$: 304,5 nm]) sowie einer Lösung in Äthanol (210—370 nm [λ$_{max}$: 311 nm]): *Pa.*, l.c. S. 543, 544. Polarographie: *Na. et al.*, l. c. S. 942.

3t-[2]Thienyl-acrylsäure-äthylester $C_9H_{10}O_2S$, Formel III (X = O-C$_2$H$_5$).

B. Beim Behandeln von Thiophen-2-carbaldehyd mit Äthylacetat, Natrium und wenig Äthanol (*King, Nord*, J. org. Chem. **14** [1949] 405, 410). Beim Erwärmen von 3t-[2]Thienyl-acrylsäure mit Schwefelsäure enthaltendem Äthanol (*Keskin et al.*, J. org. Chem. **16** [1951] 199, 203).

Kp$_{23}$: 155—157° (*Ke. et al.*); Kp$_{22}$: 151—154° (*Marvel et al.*, J. org. Chem. **18** [1953] 1730, 1734); Kp$_8$: 128—129° (*Ke. et al.*); Kp$_5$: 120—122° (*Ke. et al.*); Kp$_{3,5}$: 110—116° (*King, Nord*, l. c. S. 408); Kp$_{1,3}$: 109—111° (*Katritzky, Boulton*, Soc. **1959** 3500, 3501). D$_4^{20}$: 1,1439 (*King, Nord*). n$_D^{20}$: 1,5831 (*Ma. et al.*); n$_D^{20}$: 1,5868 (*King, Nord*). IR-Banden (CHCl$_3$) im Bereich von 6,5 μ bis 12,1 μ: *Ka., Bo.* UV-Spektrum einer Lösung in Hexan (210—350 nm [λ$_{max}$: 303,5 nm]) sowie einer Lösung in Äthanol (210—370 nm [λ$_{max}$: 311 nm]): *Pappalardo*, G. **89** [1959] 540, 543, 544.

Geschwindigkeitskonstante der Hydrolyse in Natriumhydroxid enthaltendem 70%ig. wss. Dioxan bei 25°: *Price, Dudley*, Am. Soc. **78** [1956] 68. Beim Erwärmen mit Benzonitriloxid in Äther ist 3-Phenyl-5-[2]thienyl-Δ²-isoxazolin-4-carbonsäure-äthylester erhalten worden (*Grünanger, Grasso*, G. **85** [1955] 1271, 1279).

3t-[2]Thienyl-acryloylchlorid C_7H_5ClOS, Formel III (X = Cl).

B. Aus 3t-[2]Thienyl-acrylsäure beim Erwärmen mit Thionylchlorid (*Lampe et al.*, Chem. Listy **26** [1932] 454, 457; C. **1933** I 3080) sowie beim Behandeln mit Thionylchlorid und wenig Dimethylformamid (*Kornilow et al.*, Ž. org. Chim. **9** [1973] 2577, 2581; engl. Ausg. S. 2596, 2599).

Krystalle; F: 128—129° [aus PAe.] (*La. et al.*), 122° (*Ko. et al.*).

3t-[2]Thienyl-acrylsäure-amid, 3t-[2]Thienyl-acrylamid C_7H_7NOS, Formel III (X =NH$_2$).

B. Beim Behandeln von 3t-[2]Thienyl-acrylsäure mit Thionylchlorid und Chloroform und Eintragen der Reaktionslösung in mit Natriumhydroxid versetztes wss. Ammoniak (*Mason, Nord*, J. org. Chem. **16** [1951] 1869, 1871).

Krystalle (aus wss. A.); F: 152—153° (*Ma., Nord*).

Die gleiche Verbindung hat wahrscheinlich in einem Präparat (Krystalle, F: 155—156° [nach Sublimation bei 140°/0,001 Torr]) vorgelegen, das neben einer isomeren Verbindung (F: 225—226° [nach Sublimation bei 210°/0,001 Torr]) und wenig 6-[2]Thienyl-dihydro-pyrimidin-2,4-dion beim Erhitzen von 3t-[2]Thienyl-acrylsäure mit Harnstoff auf 190° erhalten worden ist (*Birkofer, Storch*, B. **86** [1953] 529, 531, 534).

3t-[2]Thienyl-acrylsäure-methylamid C_8H_9NOS, Formel III (X = NH-CH$_3$).

B. Beim Behandeln von 3t-[2]Thienyl-acryloylchlorid mit Methylamin und Äther (*Pappalardo*, G. **89** [1959] 1736, 1743). Beim Behandeln von 4t-[2]Thienyl-but-3-en-2-on-(Z)-oxim (E III/IV **17** 4718) mit Phosphor(V)-chlorid in Äther (*Pa*.).

Krystalle (aus W.); F: 136—137°.

3t-[2]Thienyl-acrylsäure-isopropylamid $C_{10}H_{13}NOS$, Formel III (X = NH-CH(CH$_3$)$_2$).

B. Beim Behandeln von 3t-[2]Thienyl-acryloylchlorid mit Isopropylamin und Benzol (*Parke, Davis & Co.*, U.S.P. 2632010 [1951]).

Krystalle; F: 125—127°.

(±)-3t-[2]Thienyl-acrylsäure-*sec*-butylamid $C_{11}H_{15}NOS$, Formel III (X = NH-CH(CH$_3$)-CH$_2$-CH$_3$).

B. Beim Behandeln von 3t-[2]Thienyl-acryloylchlorid mit (±)-*sec*-Butylamin und Äther (*Parke, Davis & Co.*, U.S.P. 2632010 [1951]).

Krystalle (aus wss. A.); F: 123—124°.

N-[3t-[2]Thienyl-acryloyl]-N′-[2-[2]thienyl-äthyliden]-harnstoff $C_{14}H_{12}N_2O_2S_2$, Formel IV, und **N-[3t-[2]Thienyl-acryloyl]-N′-[*trans*(?)-2-[2]thienyl-vinyl]-harnstoff** $C_{14}H_{12}N_2O_2S_2$, vermutlich Formel V.

Diese beiden Formeln kommen für die nachstehend beschriebene Verbindung in Betracht.

B. In kleiner Menge beim Behandeln einer Lösung von 3t-[2]Thienyl-acrylsäure-amid in Äthanol mit wss. Kaliumhypochlorit-Lösung (*Mason, Nord*, J. org. Chem. **16** [1951] 1869, 1871).

Gelbe Krystalle (aus Eg.); F: 225—226°.

IV   V

[3t-[2]Thienyl-acryloyl]-guanidin $C_8H_9N_3OS$, Formel III (X = NH-C(NH$_2$)=NH) und Tautomeres.

B. Beim Erwärmen von 3t-[2]Thienyl-acrylsäure-methylester mit Guanidin und Methanol (*Searle & Co.*, U.S.P. 2734904 [1954]).

Krystalle (aus E.); F: ca. 163°.

3t-[2]Thienyl-acryloylisothiocyanat $C_8H_5NOS_2$, Formel III (X = NCS).

B. Beim Erwärmen von 3t-[2]Thienyl-acryloylchlorid mit Blei(II)-thiocyanat in Benzol (*Lipp et al.*, B. **91** [1958] 1660, 1661).

Kp$_3$: 150—151°.

N-Benzoyl-O-[3t-[2]thienyl-acryloyl]-hydroxylamin, N-[3t-[2]Thienyl-acryloyloxy]-benzamid $C_{14}H_{11}NO_3S$, Formel VI.

Diese Konstitution kommt der nachstehend beschriebenen, ursprünglich (*Grünanger, Grasso*, G. **85** [1955] 1271, 1275) als 3-Phenyl-4-[2]thienyl-Δ^2-isoxazolin-5-carbonsäure angesehenen Verbindung zu (*Grünanger, Finzi*, R.A.L. [8] **26** [1959] 386, 387).

B. Beim Erwärmen von 3t-[2]Thienyl-acrylsäure mit Benzonitriloxid in Äther (*Gr., Gr.*, l. c. S. 1280). Beim Erwärmen von 3t-[2]Thienyl-acryloylchlorid mit Benzohydroxam= säure (*Gr., Fi.*, l. c. S. 390).

Krystalle (aus A.); F: 155—156° (*Gr., Gr.*, l. c. S. 1281), 155° (*Gr., Fi.*).

3t(?)-[2]Thienyl-acrylohydroximoylchlorid C_7H_6ClNOS, vermutlich Formel VII.

B. Beim Behandeln von 3t(?)-[2]Thienyl-acrylaldehyd-oxim (F: 147—148° [E III/IV **17** 4708]) mit Nitrosylchlorid und Äther (*Pappalardo*, G. **89** [1959] 1736, 1747).

Krystalle (aus Hexan); F: 108—109°.

Beim Behandeln einer Lösung in Äther mit wss. Natronlauge und anschliessend mit

Äthylen ist 3-[2t(?)-[2]Thienyl-vinyl]-Δ^2-isoxazolin (F: 116—117°) erhalten worden (*Pa.*, l. c. S. 1748).

VI   VII   VIII

3t-[5-Chlor-[2]thienyl]-acrylsäure $C_7H_5ClO_2S$, Formel VIII (X = OH).
B. Beim Erhitzen von 5-Chlor-thiophen-2-carbaldehyd mit Malonsäure, Pyridin und wenig Piperidin (*King, Nord*, J. org. Chem. **14** [1949] 405, 409). Beim Erhitzen von 3-[5-Chlor-[2]thienyl]-3-hydroxy-propionsäure-äthylester mit wss. Kalilauge und Ansäuern der Reaktionslösung mit wss. Salzsäure (*Miller, Nord*, J. org. Chem. **15** [1950] 89, 90, 94).
Krystalle; F: 201—203° [Zers.; aus wss. A.] (*King, Nord*, l. c. S. 408), 198,5—199° [Fisher-Johns-App.; aus A.] (*Mi., Nord*).

3t-[5-Chlor-[2]thienyl]-acrylsäure-amid C_7H_6ClNOS, Formel VIII (X = NH$_2$).
B. Beim Behandeln von 3t-[5-Chlor-[2]thienyl]-acrylsäure mit Thionylchlorid und Chloroform und Eintragen der Reaktionslösung in mit Natriumhydroxid versetztes wss. Ammoniak (*Mason, Nord*, J. org. Chem. **16** [1951] 1869, 1871).
F: 148—149°.

3t-[5-Brom-[2]thienyl]-acrylsäure $C_7H_5BrO_2S$, Formel I (R = H).
Konfiguration: *Taniguchi, Katô*, Chem. pharm. Bl. **21** [1973] 2070, 2071.
B. Beim Erhitzen von 3t-[5-Brom-[2]thienyl]-acrylsäure-äthylester mit wss. Kalilauge (*Miller, Nord*, J. org. Chem. **15** [1950] 89, 91, 94).
Krystalle; F: 209—210° [Fisher-Johns-App.; aus A.] (*Mi., Nord*), 209—210° [aus Bzl.] (*Ta., Katô*, l. c. S. 2072). ^{1}H-NMR-Absorption: *Ta., Katô*, l. c. S. 2071. Absorptionsmaxima (A.): 243,5 nm und 308 nm (*Pappalardo*, G. **89** [1959] 540, 542).

3t-[5-Brom-[2]thienyl]-acrylsäure-methylester $C_8H_7BrO_2S$, Formel I (R = CH$_3$).
B. Beim Erwärmen von 3t-[5-Brom-[2]thienyl]-acrylsäure mit Schwefelsäure enthaltendem Methanol (*Pappalardo*, G. **89** [1959] 540, 549).
Krystalle (aus A.); F: 64—65°. UV-Spektrum (Hexan; 210—390 nm [λ_{max}: 314,5 nm]): *Pa.*, l. c. S. 544. Absorptionsmaximum (A.): 319,5 nm (*Pa.*, l. c. S. 542).

3t-[5-Brom-[2]thienyl]-acrylsäure-äthylester $C_9H_9BrO_2S$, Formel I (R = C$_2$H$_5$).
B. Beim Erhitzen von 5-Brom-thiophen-2-carbaldehyd mit Bromessigsäure-äthylester, Zink-Pulver, Benzol und Toluol und Behandeln des Reaktionsgemisches mit wss. Salzsäure (*Miller, Nord*, J. org. Chem. **15** [1950] 89, 94).
Kp$_3$: 141—144°; n_D^{30}: 1,5988 (*Mi., Nord*, l. c. S. 91). UV-Spektrum (Hexan; 210 nm bis 360 nm [λ_{max}: 314,5 nm]): *Pappalardo*, G. **89** [1959] 540, 544.

2-Brom-3ξ-[2]thienyl-acrylsäure $C_7H_5BrO_2S$, Formel II (X = H).
B. Beim Erhitzen von (2RS,3SR?)-2,3-Dibrom-3-[2]thienyl-propionsäure (F: 185° bis 186° [Zers.] [S. 4093]) mit Essigsäure (*Keskin et al.*, J. org. Chem. **16** [1951] 199, 202). Beim Behandeln von 3t-[2]Thienyl-acrylsäure mit Brom in Tetrachlormethan bei Siedetemperatur (*Ke. et al.*).
Krystalle (aus Eg.); F: 185—188°.
Beim Erwärmen mit äthanol. Kalilauge ist [2]Thienylpropiolsäure erhalten worden (*Ke. et al.*, l. c. S. 204).

2-Brom-3ξ-[5-chlor-[2]thienyl]-acrylsäure $C_7H_4BrClO_2S$, Formel II (X = Cl).
B. Beim Erhitzen einer Lösung von 3t-[5-Chlor-[2]thienyl]-acrylsäure in Essigsäure mit Brom in Tetrachlormethan (*Keskin et al.*, J. org. Chem. **16** [1951] 199, 202).
Krystalle (aus A.); F: 226—228°.

I   II   III

2-Brom-3ξ-[5-brom-[2]thienyl]-acrylsäure $C_7H_4Br_2O_2S$, Formel II (X = Br).

B. Beim Erhitzen einer Lösung von 3*t*-[2]Thienyl-acrylsäure in Essigsäure mit Brom in Tetrachlormethan (*Keskin et al.*, J. org. Chem. **16** [1951] 199, 202).

Krystalle (aus Eg.); F: 234—235°.

3*t*-[5-Nitro-[2]thienyl]-acrylsäure $C_7H_5NO_4S$, Formel III (X = OH).

Konfigurationszuordnung: *Taniguchi, Katô*, Chem. pharm. Bl. **21** [1973] 2070, 2071.

B. Beim Erhitzen von 5-Nitro-thiophen-2-carbaldehyd (vom Autor irrtümlich als 3-[5-Nitro-[2]thienyl]-acrylaldehyd bezeichnet) mit Acetanhydrid und Natrium= acetat bis auf 175° (*Carrara et al.*, Am. Soc. **76** [1954] 4391, 4394). Beim Erwärmen von 5-Nitro-thiophen-2-carbaldehyd mit Malonsäure und Pyridin und Erhitzen des Reaktions- produkts (*Tirouflet, Fournari*, C. r. **243** [1956] 61). Beim Erwärmen von 3*t*-[5-Nitro- [2]thienyl]-acrylaldehyd mit Chrom(VI)-oxid in Essigsäure (*Lepetit S.p.A.*, D.B.P. 942994 [1954]).

Gelbe Krystalle; F: 260° (*Ti., Fo.*), 256° [aus E.] (*Ta., Katô*, l. c. S. 2072), 253° [Zers.; aus wss. A.] (*Lepetit S.p.A.*), 251—252° [Zers.; aus A.] (*Ca. et al.*). ¹H-NMR-Absorp- tion: *Ta., Katô*, l. c. S. 2071. Absorptionsspektrum (A.; 210—425 nm [λ_{max}: 245 nm und 365 nm]): *Pappalardo*, G. **89** [1959] 551, 553.

3*t*-[5-Nitro-[2]thienyl]-acrylsäure-methylester $C_8H_7NO_4S$, Formel III (X = O-CH₃).

B. Beim Erwärmen von 3*t*-[5-Nitro-[2]thienyl]-acrylsäure mit Schwefelsäure enthal- tendem Methanol (*Pappalardo*, G. **89** [1959] 551, 558).

Gelbe Krystalle (aus Acn. + W.); F: 157°. Absorptionsspektrum einer Lösung in Hexan (210—390 nm [λ_{max}: 243 nm und 345 nm]) sowie einer Lösung in Äthanol (210 nm bis 410 nm [λ_{max}: 257 nm und 352,5 nm]): *Pa.*, l. c. S. 553.

3*t*-[5-Nitro-[2]thienyl]-acrylsäure-äthylester $C_9H_9NO_4S$, Formel III (X = O-C₂H₅).

B. Beim Behandeln eines Gemisches von 3*t*-[5-Nitro-[2]thienyl]-acrylsäure und Äthanol mit Chlorwasserstoff (*Carrara et al.*, Am. Soc. **76** [1954] 4391, 4394).

F: 96—98° (*Ca. et al.*). Absorptionsspektrum einer Lösung in Hexan (210—400 nm [λ_{max}: 243 nm und 345 nm]) sowie einer Lösung in Äthanol (210—410 nm [λ_{max}: 245 nm und 352,5 nm]): *Pappalardo*, G. **89** [1959] 551, 553.

3*t*-[5-Nitro-[2]thienyl]-acrylsäure-amid $C_7H_6N_2O_3S$, Formel III (X = NH₂).

B. Beim Erwärmen von 3*t*-[5-Nitro-[2]thienyl]-acrylsäure mit Phosphor(V)-chlorid und Behandeln einer Lösung des Reaktionsprodukts in Benzol mit Ammoniak (*Carrara et al.*, Am. Soc. **76** [1954] 4391, 4394).

Gelbe Krystalle (aus wss. Me.); F: 234—235°.

2-Brom-3ξ-[5-nitro-[2]thienyl]-acrylsäure $C_7H_4BrNO_4S$, Formel IV (X = OH).

B. Beim Behandeln von 2-Brom-3ξ-[5-nitro-[2]thienyl]-acrylaldehyd (F: 186—188° [E III/IV **17** 4711]) mit Chrom(VI)-oxid in Essigsäure bei 60° oder mit Peroxyphthalsäure in Dioxan und Äther unter Lichtausschluss bei 20° (*Carrara et al.*, Am. Soc. **76** [1954] 4391, 4394).

Gelbe Krystalle (aus A.); F: 255—256°.

2-Brom-3ξ-[5-nitro-[2]thienyl]-acrylsäure-äthylester $C_9H_8BrNO_4S$, Formel IV (X = O-C₂H₅).

B. Beim Erwärmen von 2-Brom-3-[5-nitro-[2]thienyl]-acrylsäure (F: 255—256° [s. o.]) mit Schwefelsäure enthaltendem Äthanol (*Carrara et al.*, Am. Soc. **76** [1954] 4391, 4394).

F: 128—129°.

2-Brom-3ξ-[5-nitro-[2]thienyl]-acrylsäure-amid $C_7H_5BrN_2O_3S$, Formel IV (X = NH₂).

B. Beim Erwärmen von 2-Brom-3-[5-nitro-[2]thienyl]-acrylsäure (F: 255—256° [s. o.])

mit Phosphor(V)-chlorid bzw. Thionylchlorid und Behandeln einer Lösung des Reaktions-produkts in Benzol mit Ammoniak (*Carrara et al.*, Am. Soc. **76** [1954] 4391, 4394; *Saikachi*, *Taniguchi*, J. pharm. Soc. Japan **87** [1967] 704, 711; C. A. **68** [1968] 21 762).

Gelbe Krystalle; F: 218,5—220° [aus Me.] (*Sa.*, *Ta.*), 217—218° (*Ca. et al.*; *Lepetit S.p.A.*, D.B.P. 942 994 [1954]).

3t(?)-Selenophen-2-yl-acrylsäure $C_7H_6O_2Se$, vermutlich Formel V (R = H).
B. Aus Selenophen-2-carbaldehyd beim Erhitzen mit Acetanhydrid und Natriumacetat auf 200° sowie beim Erwärmen mit Malonsäure und Pyridin auf 100° (*Jur'ew*, *Mesenzowa*, Ž. obšč. Chim. **27** [1957] 179, 181; engl. Ausg. S. 201, 203). Beim Behandeln von 3t(?)-Se=lenophen-2-yl-acrylaldehyd (Kp$_{15}$: 155—155,5°; n$_D^{20}$: 1,7006) mit wss.-äthanol. Natron=lauge und wss. Silbernitrat-Lösung (*Jur'ew et al.*, Ž. obšč. Chim. **28** [1958] 3262, 3265; engl. Ausg. S. 3288).

Krystalle (aus W.); F: 144° (*Ju.*, *Me.*), 139—140° (*Ju. et al.*). UV-Spektrum (Hexan; 210—365 nm [λ_{max}: 293,5 nm und 321,5 nm]): *Chierici*, *Pappalardo*, G. **90** [1960] 69, 75. Absorptionsmaxima (A.): 292 nm und 318,5 nm (*Ch.*, *Pa.*, l. c. S. 71).

    IV   V   VI

3t(?)-Selenophen-2-yl-acrylsäure-methylester $C_8H_8O_2Se$, vermutlich Formel V (R = CH$_3$).
B. Beim Behandeln von Selenophen-2-carbaldehyd mit Methylacetat, Natrium und wenig Äthanol (*Jur'ew et al.*, Ž. obšč. Chim. **29** [1959] 3239, 3241; engl. Ausg. S. 3203, 3204). Beim Erwärmen von 3t(?)-Selenophen-2-yl-acrylsäure (s. o.) mit Chlorwasserstoff enthaltendem Methanol (*Chierici*, *Pappalardo*, G. **90** [1960] 69, 77).

Krystalle; F: 38—39° [aus wss. A.] (*Ch.*, *Pa.*, l. c. S. 77), 36—37° [aus Bzn.] (*Ju. et al.*). Absorptionsspektrum (Hexan; 210—360 nm [λ_{max}: 292 nm und 315 nm]): *Ch.*, *Pa.*, l. c. S. 75. Absorptionsmaxima (A.): 294 nm und 322 nm (*Ch.*, *Pa.*, l. c. S. 71).

3t(?)-Selenophen-2-yl-acrylsäure-äthylester $C_9H_{10}O_2Se$, vermutlich Formel V (R = C$_2$H$_5$)
B. Beim Behandeln von Selenophen-2-carbaldehyd mit Äthylacetat, Natrium und wenig Äthanol (*Jur'ew et al.*, Ž. obšč. Chim. **29** [1959] 3239, 3241; engl. Ausg. S. 3203, 3204). Beim Erwärmen von 3t(?)-Selenophen-2-yl-acrylsäure (s. o.) mit Chlorwasserstoff enthaltendem Äthanol (*Chierici*, *Pappalardo*, G. **90** [1960] 69, 77).

Krystalle (aus wss. A.); F: 24—25° (*Ch.*, *Pa.*). Kp$_{15}$: 115—116°; D$_4^{20}$: 1,4239; n$_D^{20}$: 1,6157 (*Ju. et al.*). UV-Spektrum (Hexan; 210—360 nm [λ_{max}: 291,5 nm und 315 nm]): *Ch.*, *Pa.*, l. c. S. 75. Absorptionsmaxima (A.): 294,5 nm und 321,5 nm (*Ch.*, *Pa.*, l. c. S. 71).

3t(?)-[5-Nitro-selenophen-2-yl]-acrylsäure $C_7H_5NO_4Se$, vermutlich Formel VI (R = H).
B. Aus 5-Nitro-selenophen-2-carbaldehyd beim Erhitzen mit Acetanhydrid und Natriumacetat auf 160° sowie beim Erwärmen mit Malonsäure und Pyridin auf 100° (*Jur'ew*, *Saizewa*, Ž. obšč. Chim. **29** [1959] 1965, 1966, 1967; engl. Ausg. S. 1935, 1936, 1937).

Gelbe Krystalle (aus A.); F: 252—253° [Zers.] (*Ju.*, *Sa.*). Polarographie: *Štradin' et al.*, Doklady Akad. S.S.S.R. **129** [1959] 816; Pr. Acad. Sci. U.S.S.R. Chem. Sect. **124—129** [1959] 1077.

3t(?)-[5-Nitro-selenophen-2-yl]-acrylsäure-methylester $C_8H_7NO_4Se$, vermutlich Formel VI (R = CH$_3$).
B. Beim Behandeln der im vorangehenden Artikel beschriebenen Säure mit Chlor=wasserstoff enthaltendem Methanol (*Jur'ew*, *Saizewa*, Ž. obšč. Chim. **29** [1959] 1965, 1967; engl. Ausg. S. 1935, 1937).

Gelbe Krystalle (aus A.); F: 149—149,5°.

3ξ-[3]Furyl-acrylsäure-methylester $C_8H_8O_3$, Formel VII.
B. Aus 3-Chlor-3-[3]furyl-propionsäure-methylester beim Erwärmen mit Trimeth=

ylamin und Methanol sowie beim Erhitzen mit 3-[5-Methyl-[2]pyridyl]-propionsäure-
äthylester auf 140° (*Arata, Iwai*, Ann. Rep. Fac. Pharm. Kanazawa Univ. **8** [1958] 32;
C. A. **1959** 5227).
F: 35—37°. Bei 85—100°/8 Torr destillierbar.

3*t*(?)-[3]Thienyl-acrylsäure C₇H₆O₂S, vermutlich Formel VIII (R = H).

B. Beim Erhitzen von Thiophen-3-carbaldehyd mit Malonsäure, Pyridin und wenig
Piperidin (*Mihailović, Tot*, J. org. Chem. **22** [1957] 652; *Raich, Hamilton*, Am. Soc. **79**
[1957] 3800, 3804).

Krystalle (aus wss. A.); F: 153—153,5° [korr.] (*Ra., Ha.*), 151° (*Mi., Tot*), 149—150°
(*Mamaew, Rubina*, Ž. obšč. Chim. **27** [1957] 464; engl. Ausg. S. 525).

Beim Behandeln mit Salpetersäure, Essigsäure und Acetanhydrid sind kleine Mengen
3*t*(?)-[2-Nitro-[3]thienyl]-acrylsäure (F: 219—222° [Zers.]) erhalten worden (*Ra., Ha.*,
l. c. S. 3803, 3804).

VII   VIII   IX

3*t*(?)-[3]Thienyl-acrylsäure-äthylester C₉H₁₀O₂S, vermutlich Formel VIII (R = C₂H₅).

B. Beim Erhitzen von Thiophen-3-carbaldehyd mit Malonsäure-monoäthylester,
Pyridin und wenig Piperidin (*Raich, Hamilton*, Am. Soc. **79** [1957] 3800, 3804). Beim
Behandeln der im vorangehenden Artikel beschriebenen Säure mit Schwefelsäure enthal-
tendem Äthanol (*Ra., Ha.*).

Kp₁₇: 154—155°; Kp₁₄: 148°. D₄²⁰: 1,163. n_D²⁰: 1,5819; n_D²⁵: 1,5796.

3*t*(?)-[2-Nitro-[3]thienyl]-acrylsäure C₇H₅NO₄S, vermutlich Formel IX (R = H).

B. Beim Erhitzen von 2-Nitro-thiophen-3-carbaldehyd mit Malonsäure, Pyridin und
wenig Piperidin (*Raich, Hamilton*, Am. Soc. **79** [1957] 3800, 3804).

Krystalle (aus A.); F: 220—222° [unkorr.; Zers.; bei schnellem Erhitzen] (bei langsamem Erhitzen wird oberhalb 175° Kohlendioxid abgegeben).

3*t*(?)-[2-Nitro-[3]thienyl]-acrylsäure-äthylester C₉H₉NO₄S, vermutlich Formel IX
(R = C₂H₅).

B. Beim Behandeln der im vorangehenden Artikel beschriebenen Säure mit Schwefel=
säure enthaltendem Äthanol (*Raich, Hamilton*, Am. Soc. **79** [1957] 3800, 3804).

Krystalle (aus wss. A.); F: 73—74°.

5-Vinyl-furan-2-carbonsäure-äthylester C₉H₁₀O₃, Formel X.

B. Beim Erhitzen von 5-[1-Chlor-äthyl]-furan-2-carbonsäure-äthylester mit Pyridin
und Toluol (*Mndshojan, Arojan*, Doklady Akad. Armjansk. S.S.R. **25** [1957] 267, 272;
C. A. **1958** 12834).

Kp₃,₅: 105—109°. D₄²⁰: 1,1303. n_D²⁰: 1,5150.

5-[ξ-2-Nitro-vinyl]-furan-2-carbonsäure-methylester C₈H₇NO₅, Formel XI.

B. Beim Behandeln einer Lösung von 5-Formyl-furan-2-carbonsäure-methylester in
Methanol mit einer aus Nitromethan und methanol. Natronlauge hergestellten Lösung
(*Moldenhauer et al.*, A. **583** [1953] 46, 48).

Hellgelbe Krystalle (aus CCl₄); F: 89°.

X   XI   XII

5-[ξ-2-Nitro-vinyl]-thiophen-2-carbonitril $C_7H_4N_2O_2S$, Formel XII (X = H).

B. Beim Behandeln von 5-Cyan-thiophen-2-carbaldehyd mit Nitromethan und methanol. Kalilauge und Erhitzen des Reaktionsgemisches mit Acetanhydrid (*Vecchi, Melone*, J. org. Chem. **22** [1957] 1636, 1640).

F: 181—182°.

5-[(Ξ)-2-Brom-2-nitro-vinyl]-thiophen-2-carbonitril $C_7H_3BrN_2O_2S$, Formel XII (X = Br).

B. Beim Erwärmen von 5-[2-Nitro-vinyl]-thiophen-2-carbonitril (F: 181—182° [s. o.]) mit Brom und Erwärmen des mit Essigsäure und Kaliumcarbonat versetzten Reaktionsgemisches (*Vecchi, Melone*, J. org. Chem. **22** [1957] 1636, 1640).

Hellgelbe Krystalle (aus A.); F: 151—153°.

Carbonsäuren $C_8H_8O_3$

3-[2]Furyl-ξ-crotonsäure-äthylester $C_{10}H_{12}O_3$, Formel I.

B. Beim Erwärmen von 1-[2]Furyl-äthanon mit Bromessigsäure-äthylester, Zink-Pulver und Benzol und Erhitzen des nach der Hydrolyse (wss. Schwefelsäure) erhaltenen Reaktionsprodukts mit wss. Oxalsäure (*Seiwerth, Oreščanin-Majhofer*, Arh. Kemiju **24** [1952] 53, 55; C. A. **1955** 295).

Kp_{10}: 124—125°.

3-[2]Thienyl-ξ-crotonsäure $C_8H_8O_2S$, Formel II (R = H).

B. Beim Erhitzen von 3-[2]Thienyl-crotonsäure-äthylester (s. u.) oder von [1-[2]Thienyl-äthyliden]-malonsäure-diäthylester mit wss. Kalilauge und Ansäuern der Reaktionslösung mit wss. Salzsäure (*Miller, Nord*, J. org. Chem. **15** [1950] 89, 94).

Krystalle (aus A.); F: 112,5—113° [Fisher-Johns-App.] (*Mi., Nord*, l. c. S. 90).

I   II   III

3-[2]Thienyl-ξ-crotonsäure-äthylester $C_{10}H_{12}O_2S$, Formel II (R = C_2H_5).

B. Beim Erwärmen von 1-[2]Thienyl-äthanon mit Chloressigsäure-äthylester, Magnesium-Kupfer-Legierung (mit Jod aktiviert), Benzol und Äther (*Miller, Nord*, J. org. Chem. **16** [1951] 728, 729) oder mit Bromessigsäure-äthylester, Zink-Pulver, Benzol und Toluol (*Miller, Nord*, J. org. Chem. **15** [1950] 89, 94) und Behandeln des jeweiligen Reaktionsgemisches mit wss. Salzsäure. Beim Erhitzen von (±)-3-Hydroxy-3-[2]thienyl-buttersäure-äthylester mit wss. Oxalsäure (*Schuetz, Houff*, Am. Soc. **77** [1955] 1836).

Kp_4: 118—120° (*Mi., Nord*, J. org. Chem. **16** 729), 116—119° (*Mi., Nord*, J. org. Chem. **15** 90); Kp_1: 104—106° (*Sch., Ho.*), 92—95° (*Mi., Nord*, J. org. Chem. **16** 735). n_D^{25}: 1,5588 (*Sch., Ho.*); n_D^{30}: 1,5575 (*Mi., Nord*, J. org. Chem. **15** 90).

3-[3]Thienyl-ξ-crotonsäure-äthylester $C_{10}H_{12}O_2S$, Formel III.

B. Beim Erhitzen von (±)-3-Hydroxy-3-[3]thienyl-buttersäure-äthylester mit wss. Oxalsäure (*Schuetz, Houff*, Am. Soc. **77** [1955] 1836).

Kp_1: 99—100°. n_D^{25}: 1,5571.

3t-[2]Furyl-2-methyl-acrylsäure $C_8H_8O_3$, Formel IV (X = OH) (H 302; E II 274).

Konfigurationszuordnung: *Karminski-Zamola, Jakopčić*, Croat. chem. Acta **46** [1974] 71, 74.

B. Beim Erhitzen von Furfural mit Propionsäure-anhydrid und Natriumpropionat auf 135° (*Searle & Co.*, U.S.P. 2734904 [1954]), mit Tetrakis-propionyloxy-silan (E IV **2** 733) und Kaliumcarbonat auf 160° (*Jur'ew et al.*, Ž. obšč. Chim. **28** [1958] 1554, 1555; engl. Ausg. S. 1603) oder mit Methylmalonsäure, Piperidin (jeweils 2 Mol) und Pyridin auf 100° (*Gensler, Berman*, Am. Soc. **80** [1958] 4949, 4953). Beim Behandeln von 4ξ-[2]Furyl-

3-methyl-but-3-en-2-on (Kp$_{20}$: 124—125° [E III/IV **17** 4729]) mit alkal. wss. Natrium≈
hypochlorit-Lösung (*Midorikawa*, Bl. chem. Soc. Japan **26** [1953] 460, 462).

Krystalle, F: 118—119° [unkorr.] (*Ka.-Za.*, *Ja.*), 117—118° (*Searle & Co.*), 116—117°
[aus W.] (*Mi.*), 115,5—116,2° (*Ju. et al.*), 114,5—115° (*Ge.*, *Be.*, l. c. S. 4950).

Cyclohexylamin-Salz C$_6$H$_{13}$N·C$_8$H$_8$O$_3$. Krystalle (aus Bzl.); F: 171—172° [un-
korr.] (*Ka.-Za.*, *Ja.*, l. c. S. 75, 77).

Phenylhydrazin-Salz C$_6$H$_8$N$_2$·C$_8$H$_8$O$_3$. Krystalle; F: 79—80° (*Ka.-Za.*, *Ja.*).

3t-[2]Furyl-2-methyl-acrylsäure-äthylester C$_{10}$H$_{12}$O$_2$, Formel IV (X = O-C$_2$H$_5$) (E II 274).
B. Beim Behandeln von Furfural mit Propionsäure-äthylester und Natriumhydrid
(*Du Pont de Nemours & Co.*, U.S.P. 2211419 [1939]; D.R.P. 709227 [1937]; D.R.P. Org.
Chem. **6** 77, 81). Beim Erwärmen von 3t-[2]Furyl-2-methyl-acrylsäure mit Chlorwasser≈
stoff enthaltendem Äthanol (*Searle & Co.*, U.S.P. 2734904 [1954]).

Kp$_{0,4}$: 71—72°; n$_D^{25}$: 1,5442 (*Searle & Co.*).

3t(?)-[2]Furyl-2-methyl-acrylsäure-amid C$_8$H$_9$NO$_2$, vermutlich Formel IV (X = NH$_2$).
B. Neben kleinen Mengen Furan-2-carbonsäure beim Erhitzen von Furfural mit
Dipropionamid und Natriumacetat auf 180° (*Polya*, *Spotswood*, R. **70** [1951] 146, 153).
Krystalle (aus wss. A.); F: 135—136°.

[3t-[2]Furyl-2-methyl-acryloyl]-guanidin C$_9$H$_{11}$N$_3$O$_2$, Formel IV (X = NH-C(NH$_2$) = NH)
und Tautomeres.
B. Beim Erwärmen von 3t-[2]Furyl-2-methyl-acrylsäure-äthylester mit Guanidin und
Methanol (*Searle & Co.*, U.S.P. 2734904 [1954]).
Krystalle (aus E.); F: ca. 138°.

2-Chlormethyl-3ξ-[2]furyl-acrylonitril C$_8$H$_6$ClNO, Formel V.
B. Beim Erwärmen von 3-[2]Furyl-2-hydroxymethyl-acrylonitril (aus Furfural und
Acrylonitril hergestellt) mit Chlorwasserstoff enthaltendem Äthanol unter Zusatz von
wenig Wasser (*Treibs et al.*, J. pr. [4] **2** [1955] 1, 28) oder mit Thionylchlorid in Benzol
(*Drechsler*, J. pr. [4] **27** [1965] 251, 256).
Krystalle; F: 47—48° (*Tr. et al.*), 46—48° (*Dr.*). Kp$_2$: 108—109° (*Dr.*); Kp$_{0,5}$: 88--90°
(*Tr. et al.*). IR-Spektrum (CHCl$_3$; 2,5—25 μ): *Dr.*, l. c. S. 254.

IV   V   VI   VII

3ξ-[5-Brom-[2]furyl]-2-brommethyl-acrylonitril C$_8$H$_5$Br$_2$NO, Formel VI.
a) Stereoisomeres vom F: 91°.
B. Neben kleinen Mengen des unter b) beschriebenen Stereoisomeren beim Behandeln
von 3ξ-[2]Furyl-2-hydroxymethyl-acrylonitril (aus Furfural und Acrylonitril hergestellt)
mit Brom (5 Mol) in Chloroform (*Treibs et al.*, J. pr. [4] **2** [1955] 1, 29).
Hellgelbe Krystalle (nach Sublimation bei 0,1 Torr); F: 90,5—91°.

b) Stereoisomeres vom F: 67°.
B. s. bei dem unter a) beschriebenen Stereoisomeren.
Hellgelbe Krystalle (nach Sublimation bei 0,1 Torr); F: 65—67° (*Treibs et al.*, J. pr. [4]
2 [1955] 1, 30).

2-Methyl-3t-[5-nitro-[2]furyl]-acrylsäure C$_8$H$_7$NO$_5$, Formel VII (R = H).
B. Beim Behandeln von 3t-[2]Furyl-2-methyl-acrylsäure mit Salpetersäure und Acet≈
anhydrid bei —5° (*Saikachi*, *Suzuki*, Chem. pharm. Bl. **7** [1959] 584, 585).
Hellgelbe Krystalle (aus Me.); F: 211—212° [Zers.] (*Sa.*, *Su.*, l. c. S. 588).

2-Methyl-3t-[5-nitro-[2]furyl]-acrylsäure-methylester C$_9$H$_9$NO$_5$, Formel VII (R = CH$_3$).
B. Beim Erwärmen von 2-Methyl-3t-[5-nitro-[2]furyl]-acryloylchlorid mit Methanol
(*Saikachi*, *Suzuki*, Chem. pharm. Bl. **7** [1959] 584, 588).
Gelbe Krystalle (aus Me.); F: 125—127° (*Sa.*, *Su.*, l. c. S. 587).

2-Methyl-3*t*-[5-nitro-[2]furyl]-acrylsäure-äthylester $C_{10}H_{11}NO_5$, Formel VII (R = C_2H_5).
    B. Beim Erwärmen von 2-Methyl-3*t*-[5-nitro-[2]furyl]-acryloylchlorid mit Äthanol (*Saikachi, Suzuki*, Chem. pharm. Bl. **7** [1959] 584, 588).
    Hellgelbe Krystalle (aus Me.); F: 80—82° (*Sa., Su.,* l. c. S. 587).

2-Methyl-3*t*-[5-nitro-[2]furyl]-acrylsäure-propylester $C_{11}H_{13}NO_5$, Formel VII
(R = CH_2-CH_2-CH_3).
    B. Beim Erwärmen von 2-Methyl-3*t*-[5-nitro-[2]furyl]-acryloylchlorid mit Propan-1-ol (*Saikachi, Suzuki*, Chem. pharm. Bl. **7** [1959] 584, 588).
    Hellgelbe Krystalle (aus Me.); F: 56—57° (*Sa., Su.,* l. c. S. 587).

2-Methyl-3*t*-[5-nitro-[2]furyl]-acrylsäure-isopropylester $C_{11}H_{13}NO_5$, Formel VII
(R = $CH(CH_3)_2$).
    B. Beim Erwärmen von 2-Methyl-3*t*-[5-nitro-[2]furyl]-acryloylchlorid mit Isopropyl=
alkohol (*Saikachi, Suzuki*, Chem. pharm. Bl. **7** [1959] 584, 588).
    Hellgelbe Krystalle (aus Me.); F: 75—76° (*Sa., Su.,* l. c. S. 587).

(±)-2-Methyl-3*t*-[5-nitro-[2]furyl]-acrylsäure-*sec*-butylester $C_{12}H_{15}NO_5$, Formel VII
(R = $CH(CH_3)$-CH_2-CH_3).
    B. Beim Erwärmen von 2-Methyl-3*t*-[5-nitro-[2]furyl]-acryloylchlorid mit (±)-*sec*-Butyl=
alkohol (*Saikachi, Suzuki*, Chem. pharm. Bl. **7** [1959] 584, 588).
    Hellgelbe Krystalle (aus Me.); F: 40—42° (*Sa., Su.,* l. c. S. 587).

2-Methyl-3*t*-[5-nitro-[2]furyl]-acrylsäure-isobutylester $C_{12}H_{15}NO_5$, Formel VII
(R = CH_2-$CH(CH_3)_2$).
    B. Beim Erwärmen von 2-Methyl-3*t*-[5-nitro-[2]furyl]-acryloylchlorid mit Isobutyl=
alkohol (*Saikachi, Suzuki*, Chem. pharm. Bl. **7** [1959] 584, 588).
    Hellgelbe Krystalle (aus Me.); F: 45—46° (*Sa., Su.,* l. c. S. 587).

2-Methyl-3*t*-[5-nitro-[2]furyl]-acryloylchlorid $C_8H_6ClNO_4$, Formel VIII (X = Cl).
    B. Beim Erwärmen von 2-Methyl-3*t*-[5-nitro-[2]furyl]-acrylsäure mit Thionylchlorid (*Saikachi, Suzuki*, Chem. pharm. Bl. **7** [1959] 584, 588).
    Hellgelbe Krystalle (aus Bzl.); F: 120—122°.

2-Methyl-3*t*-[5-nitro-[2]furyl]-acrylsäure-amid $C_8H_8N_2O_4$, Formel VIII (X = NH_2).
    B. Beim Behandeln einer Lösung von 2-Methyl-3*t*-[5-nitro-[2]furyl]-acryloylchlorid in Aceton mit Ammoniak (*Saikachi, Suzuki*, Chem. pharm. Bl. **7** [1959] 584, 588).
    Gelbe Krystalle (aus Me.); F: 165° (*Sa., Su.,* l. c. S. 586).

2-Methyl-3*t*-[5-nitro-[2]furyl]-acrylsäure-methylamid $C_9H_{10}N_2O_4$, Formel VIII
(X = NH-CH_3).
    B. Beim Behandeln einer Lösung von 2-Methyl-3*t*-[5-nitro-[2]furyl]-acryloylchlorid in Aceton mit Methylamin (*Saikachi, Suzuki*, Chem. pharm. Bl. **7** [1959] 584, 588).
    Gelbe Krystalle (aus Me.); F: 138—139° (*Sa., Su.,* l. c. S. 586).

2-Methyl-3*t*-[5-nitro-[2]furyl]-acrylsäure-äthylamid $C_{10}H_{12}N_2O_4$, Formel VIII
(X = NH-C_2H_5).
    B. Beim Behandeln einer Lösung von 2-Methyl-3*t*-[5-nitro-[2]furyl]-acryloylchlorid in Aceton mit Äthylamin (*Saikachi, Suzuki*, Chem. pharm. Bl. **7** [1959] 584, 588).
    Hellgelbe Krystalle (aus Me.); F: 117—119° (*Sa., Su.,* l. c. S. 586).

2-Methyl-3*t*-[5-nitro-[2]furyl]-acrylsäure-propylamid $C_{11}H_{14}N_2O_4$, Formel VIII
(X = NH-CH_2-CH_2-CH_3).
    B. Beim Behandeln einer Lösung von 2-Methyl-3*t*-[5-nitro-[2]furyl]-acryloylchlorid in Aceton mit Propylamin (*Saikachi, Suzuki*, Chem. pharm. Bl. **7** [1959] 584, 588).
    Hellgelbe Krystalle (aus Me.); F: 111—113° (*Sa., Su.,* l. c. S. 586).

2-Methyl-3*t*-[5-nitro-[2]furyl]-acrylsäure-isopropylamid $C_{11}H_{14}N_2O_4$, Formel VIII
(X = NH-$CH(CH_3)_2$).
    B. Beim Behandeln einer Lösung von 2-Methyl-3*t*-[5-nitro-[2]furyl]-acryloylchlorid

in Aceton mit Isopropylamin (*Saikachi*, *Suzuki*, Chem. pharm. Bl. **7** [1959] 584, 588).
Gelbe Krystalle (aus Me.); F: 146—147° (*Sa.*, *Su.*, l. c. S. 586).

2-Methyl-3*t*-[5-nitro-[2]furyl]-acrylsäure-butylamid C₁₂H₁₆N₂O₄, Formel VIII
(X = NH-[CH₂]₃-CH₃).
B. Beim Behandeln einer Lösung von 2-Methyl-3*t*-[5-nitro-[2]furyl]-acryloylchlorid
in Aceton mit Butylamin (*Saikachi*, *Suzuki*, Chem. pharm. Bl. **7** [1959] 584, 588).
Hellgelbe Krystalle (aus Me.); F: 90—92° (*Sa.*, *Su.*, l. c. S. 586).

(±)-2-Methyl-3*t*-[5-nitro-[2]furyl]-acrylsäure-*sec*-butylamid C₁₂H₁₆N₂O₄, Formel VIII
(X = NH-CH(CH₃)-CH₂-CH₃).
B. Beim Behandeln einer Lösung von 2-Methyl-3*t*-[5-nitro-[2]furyl]-acryloylchlorid
in Aceton mit (±)-*sec*-Butylamin (*Saikachi*, *Suzuki*, Chem. pharm. Bl. **7** [1959] 584, 588).
Hellgelbe Krystalle (aus Me.); F: 116—118° (*Sa.*, *Su.*, l. c. S. 586).

2-Methyl-3*t*-[5-nitro-[2]furyl]-acrylsäure-isobutylamid C₁₂H₁₆N₂O₄, Formel VIII
(X = NH-CH₂-CH(CH₃)₂).
B. Beim Behandeln einer Lösung von 2-Methyl-3*t*-[5-nitro-[2]furyl]-acryloylchlorid
in Aceton mit Isobutylamin (*Saikachi*, *Suzuki*, Chem. pharm. Bl. **7** [1959] 584, 588).
Hellgelbe Krystalle (aus Me.); F: 111—112° (*Sa.*, *Su.*, l. c. S. 586).

2-Methyl-3*t*-[5-nitro-[2]furyl]-acrylsäure-isopentylamid C₁₃H₁₈N₂O₄, Formel VIII
(X = NH-CH₂-CH₂-CH(CH₃)₂).
B. Beim Behandeln einer Lösung von 2-Methyl-3*t*-[5-nitro-[2]furyl]-acryloylchlorid
in Aceton mit Isopentylamin (*Saikachi*, *Suzuki*, Chem. pharm. Bl. **7** [1959] 584, 588).
Hellgelbe Krystalle (aus Me.); F: 100—101° (*Sa.*, *Su.*, l. c. S. 586).

2-Methyl-3*t*-[5-nitro-[2]furyl]-acrylsäure-octylamid C₁₆H₂₄N₂O₄, Formel VIII
(X = NH-[CH₂]₇-CH₃).
B. Beim Behandeln einer Lösung von 2-Methyl-3*t*-[5-nitro-[2]furyl]-acryloylchlorid in
Aceton mit Octylamin (*Saikachi*, *Suzuki*, Chem. pharm. Bl. **7** [1959] 584, 588).
Hellgelbe Krystalle (aus Me.); F: 95—96° (*Sa.*, *Su.*, l. c. S. 586).

VIII   IX   X

2-Methyl-3*t*-[5-nitro-[2]furyl]-acrylsäure-allylamid C₁₁H₁₂N₂O₄, Formel VIII
(X = NH-CH₂-CH=CH₂).
B. Beim Behandeln einer Lösung von 2-Methyl-3*t*-[5-nitro-[2]furyl]-acryloylchlorid
in Aceton mit Allylamin (*Saikachi*, *Suzuki*, Chem. pharm. Bl. **7** [1959] 584, 588).
Gelbe Krystalle (aus Me.); F: 115—116°.

2-Methyl-3*t*-[5-nitro-[2]furyl]-acrylsäure-cyclohexylamid C₁₄H₁₈N₂O₄, Formel IX.
B. Beim Behandeln einer Lösung von 2-Methyl-3*t*-[5-nitro-[2]furyl]-acryloylchlorid
in Benzol mit einem Gemisch von Cyclohexylamin und Äthanol (*Saikachi*, *Suzuki*,
Chem. pharm. Bl. **7** [1959] 584, 588).
Gelbe Krystalle (aus Dioxan); F: 142—144° (*Sa.*, *Su.*, l. c. S. 586).

2-Methyl-3*t*-[5-nitro-[2]furyl]-acrylsäure-anilid C₁₄H₁₂N₂O₄, Formel X (R = H).
B. Beim Behandeln einer Lösung von 2-Methyl-3*t*-[5-nitro-[2]furyl]-acryloylchlorid
in Aceton mit Anilin (*Saikachi*, *Suzuki*, Chem. pharm. Bl. **7** [1959] 584, 588).
Gelbe Krystalle (aus Me.); F: 174—175° (*Sa.*, *Su.*, l. c. S. 586).

2-Methyl-3*t*-[5-nitro-[2]furyl]-acrylsäure-[4-chlor-anilid] C₁₄H₁₁ClN₂O₄, Formel XI
(X = Cl).
B. Beim Behandeln einer Lösung von 2-Methyl-3*t*-[5-nitro-[2]furyl]-acryloylchlorid

in Aceton mit 4-Chlor-anilin (*Saikachi*, *Suzuki*, Chem. pharm. Bl. **7** [1959] 584, 588). Gelbe Krystalle (aus Me.); F: 196—197° (*Sa.*, *Su.*, l. c. S. 587).

2-Methyl-3*t*-[5-nitro-[2]furyl]-acrylsäure-[4-brom-anilid] $C_{14}H_{11}BrN_2O_4$, Formel XI (X = Br).

B. Beim Behandeln einer Lösung von 2-Methyl-3*t*-[5-nitro-[2]furyl]-acryloylchlorid in Aceton mit 4-Brom-anilin (*Saikachi*, *Suzuki*, Chem. pharm. Bl. **7** [1959] 584, 588). Gelbe Krystalle (aus Me.); F: 207—208° [Zers.] (*Sa.*, *Su.*, l. c. S. 587).

2-Methyl-3*t*-[5-nitro-[2]furyl]-acrylsäure-*o*-toluidid $C_{15}H_{14}N_2O_4$, Formel X (R = CH$_3$).
B. Beim Behandeln einer Lösung von 2-Methyl-3*t*-[5-nitro-[2]furyl]-acryloylchlorid in Aceton mit *o*-Toluidin (*Saikachi*, *Suzuki*, Chem. pharm. Bl. **7** [1959] 584, 588). Gelbe Krystalle (aus Me.); F: 149—151° (*Sa.*, *Su.*, l. c. S. 586).

2-Methyl-3*t*-[5-nitro-[2]furyl]-acrylsäure-*p*-toluidid $C_{15}H_{14}N_2O_4$, Formel XI (X = CH$_3$).
B. Beim Behandeln einer Lösung von 2-Methyl-3*t*-[5-nitro-[2]furyl]-acryloylchlorid in Aceton mit *p*-Toluidin (*Saikachi*, *Suzuki*, Chem. pharm. Bl. **7** [1959] 584, 588). Gelbe Krystalle (aus Me.); F: 189—191° (*Sa.*, *Su.*, l. c. S. 586).

2-Methyl-3*t*-[5-nitro-[2]furyl]-acrylsäure-benzylamid $C_{15}H_{14}N_2O_4$, Formel VIII (X = NH-CH$_2$-C$_6$H$_5$).
B. Beim Behandeln einer Lösung von 2-Methyl-3*t*-[5-nitro-[2]furyl]-acryloylchlorid in Aceton mit Benzylamin (*Saikachi*, *Suzuki*, Chem. pharm. Bl. **7** [1959] 584, 588). Krystalle (aus Me.); F: 111—113° (*Sa.*, *Su.*, l. c. S. 586).

XI   XII

2-Methyl-3*t*-[5-nitro-[2]furyl]-acrylsäure-[1]naphthylamid $C_{18}H_{14}N_2O_4$, Formel XII.
B. Beim Behandeln einer Lösung von 2-Methyl-3*t*-[5-nitro-[2]furyl]-acryloylchlorid in Aceton mit [1]Naphthylamin (*Saikachi*, *Suzuki*, Chem. pharm. Bl. **7** [1959] 584, 588). Gelbe Krystalle (aus Me.); F: 159—161° (*Sa.*, *Su.*, l. c. S. 586).

2-Methyl-3*t*-[5-nitro-[2]furyl]-acrylsäure-[2-hydroxy-äthylamid] $C_{10}H_{12}N_2O_5$, Formel VIII (X = NH-CH$_2$-CH$_2$-OH).
B. Beim Behandeln einer Lösung von 2-Methyl-3*t*-[5-nitro-[2]furyl]-acryloylchlorid in Aceton mit 2-Amino-äthanol (*Saikachi*, *Suzuki*, Chem. pharm. Bl. **7** [1959] 584, 588). Gelbe Krystalle (aus Me.); F: 144—146° (*Sa.*, *Su.*, l. c. S. 586).

(±)-2-Methyl-3*t*-[5-nitro-[2]furyl]-acrylsäure-[2-hydroxy-propylamid] $C_{11}H_{14}N_2O_5$, Formel VIII (X = NH-CH$_2$-CH(OH)-CH$_3$).
B. Beim Behandeln einer Lösung von 2-Methyl-3*t*-[5-nitro-[2]furyl]-acryloylchlorid in Aceton mit (±)-1-Amino-propan-2-ol (*Saikachi*, *Suzuki*, Chem. pharm. Bl. **7** [1959] 584, 588). Gelbe Krystalle (aus Me.); F: 149—150° (*Sa.*, *Su.*, l. c. S. 586).

2-Methyl-3*t*-[5-nitro-[2]furyl]-acrylsäure-[3-hydroxy-anilid] $C_{14}H_{12}N_2O_5$, Formel XIII.
B. Beim Behandeln einer Lösung von 2-Methyl-3*t*-[5-nitro-[2]furyl]-acryloylchlorid in Aceton mit 3-Amino-phenol (*Saikachi*, *Suzuki*, Chem. pharm. Bl. **7** [1959] 584, 588). Orangegelbe Krystalle (aus Me.); F: 250° [Zers.] (*Sa.*, *Su.*, l. c. S. 587).

2-Methyl-3*t*-[5-nitro-[2]furyl]-acrylsäure-[4-hydroxy-anilid] $C_{14}H_{12}N_2O_5$, Formel XI (X = OH).
B. Beim Behandeln einer Lösung von 2-Methyl-3*t*-[5-nitro-[2]furyl]-acryloylchlorid in Aceton mit 4-Amino-phenol (*Saikachi*, *Suzuki*, Chem. pharm. Bl. **7** [1959] 584, 588). Orangefarbene Krystalle (aus Me.); F: 260° [Zers.] (*Sa.*, *Su.*, l. c. S. 587).

2-Methyl-3*t*-[5-nitro-[2]furyl]-acrylsäure-*p*-anisidid $C_{15}H_{14}N_2O_5$, Formel XI (X = O-CH$_3$).

B. Beim Behandeln einer Lösung von 2-Methyl-3*t*-[5-nitro-[2]furyl]-acryloylchlorid in Aceton mit *p*-Anisidin (*Saikachi, Suzuki*, Chem. pharm. Bl. **7** [1959] 584, 588).

Rötlichgelbe Krystalle (aus Me.); F: 190—191° [Zers.] (*Sa., Su.,* l. c. S. 587).

XIII   **XIV**

N,N′-Bis-[2-methyl-3*t*-(5-nitro-[2]furyl)-acryloyl]-äthylendiamin $C_{18}H_{18}N_4O_8$, Formel XIV.

B. Beim Behandeln einer Lösung von 2-Methyl-3*t*-[5-nitro-[2]furyl]-acryloylchlorid in Benzol mit Äthylendiamin und Äthanol (*Saikachi, Suzuki*, Chem. pharm. Bl. **7** [1959] 584, 588).

Gelbe Krystalle (aus Dioxan); F: 226° [Zers.] (*Sa., Su.,* l. c. S. 586).

N,N′-Bis-[2-methyl-3*t*-(5-nitro-[2]furyl)-acryloyl]-hydrazin $C_{16}H_{14}N_4O_8$, Formel I.

B. Beim Behandeln einer Lösung von 2-Methyl-3*t*-[5-nitro-[2]furyl]-acryloylchlorid in Benzol mit Hydrazin-hydrat und Äthanol (*Saikachi, Suzuki*, Chem. pharm. Bl. **7** [1959] 584, 588).

Gelbe Krystalle (aus Dioxan); F: 242° [Zers.] (*Sa., Su.,* l. c. S. 586).

2-Chlormethyl-3*c*(?)-[5-nitro-[2]furyl]-acrylonitril $C_8H_5ClN_2O_3$, vermutlich Formel II.

B. Beim Erwärmen von 3*c*(?)-[5-Nitro-[2]furyl]-2-nitryloxymethyl-acrylonitril (F: 104—105°; über die Konfiguration dieser Verbindung s. *Drechsler*, J. pr. [4] **27** [1965] 251, 255) mit Chlorwasserstoff enthaltendem Äthanol (*Treibs et al.*, J. pr. [4] **2** [1955] 1, 28).

Gelbe Krystalle (aus A.); F: 124° (*Tr. et al.*).

2-Methyl-3ξ-[2]thienyl-acrylsäure $C_8H_8O_2S$, Formel III (X = OH).

B. Beim Erhitzen von opt.-inakt. 3-Hydroxy-2-methyl-3-[2]thienyl-propionsäure-äthylester (Kp$_4$: 119—122°; n$_D^{30}$: 1,5151) mit wss. Kalilauge (*Miller, Nord*, J. org. Chem. **15** [1950] 89, 94).

Krystalle (aus A.); F: 139,5—140° [Fisher-Johns-App.] (*Mi., Nord,* l. c. S. 90).

I   **II**   **III**

2-Methyl-3ξ-[2]thienyl-acrylsäure-äthylester $C_{10}H_{12}O_2S$, Formel III (X = O-C$_2$H$_5$).

B. Beim Erhitzen von opt.-inakt. 3-Hydroxy-2-methyl-3-[2]thienyl-propionsäure-äthylester (Kp$_4$: 119—122°; n$_D^{30}$: 1,5151 bzw. Kp$_{0,5}$: 108—110°; n$_D^{25}$: 1,5129) mit wss. Oxalsäure (*Miller, Nord*, J. org. Chem. **15** [1950] 89, 93; *Schuetz, Houff*, Am. Soc. **77** [1955] 1936).

Kp$_2$: 111—113°; n$_D^{30}$: 1,5779 (*Mi., Nord*). Kp$_{0,5}$: 109—110°; n$_D^{25}$: 1,5769 (*Sch., Ho.*).

[2-Methyl-3ξ-[2]thienyl-acryloyl]-guanidin $C_9H_{11}N_3OS$, Formel III (X = NH-C(NH$_2$)=NH) und Tautomeres.

B. Beim Erwärmen von 2-Methyl-3-[2]thienyl-acrylsäure (F: 139,5—140° [s. o.]) mit Schwefelsäure enthaltendem Methanol und Erwärmen des erhaltenen Methylesters mit Guanidin und Methanol (*Searle & Co.*, U.S.P. 2734904 [1954]).

Krystalle (aus E.); F: 143—144°.

3ξ-[5-Chlor-[2]thienyl]-2-methyl-acrylsäure $C_8H_7ClO_2S$, Formel IV.

B. Beim Erhitzen von opt.-inakt. 3-[5-Chlor-[2]thienyl]-3-hydroxy-2-methyl-propion≈säure-äthylester (Kp$_4$: 144—147°; n$_D^{30}$: 1,5595) mit wss. Kalilauge (*Miller, Nord*, J. org. Chem. **15** [1950] 89, 94).

Krystalle (aus A.); F: 197—197,5° [Fisher-Johns-App.] (*Mi., Nord*, l. c. S. 91).

3ξ-[5-Brom-[2]thienyl]-2-methyl-acrylsäure $C_8H_7BrO_2S$, Formel V (R = H).

B. Beim Erhitzen von 3-[5-Brom-[2]thienyl]-2-methyl-acrylsäure-äthylester (Kp$_3$: 143—145° [s. u.]) mit wss. Kalilauge (*Miller, Nord*, J. org. Chem. **15** [1950] 89, 94).

Krystalle (aus A.); F: 204—205° [Fisher-Johns-App.] (*Mi., Nord*, l. c. S. 91).

IV   V   VI   VII

3ξ-[5-Brom-[2]thienyl]-2-methyl-acrylsäure-äthylester $C_{10}H_{11}BrO_2S$, Formel V (R = C_2H_5).

B. Beim Erhitzen von 5-Brom-thiophen-2-carbaldehyd mit (±)-2-Brom-propionsäure-äthylester, Zink-Pulver, wenig Jod, Benzol und Toluol und Behandeln des Reaktions-gemisches mit wss. Salzsäure (*Miller, Nord*, J. org. Chem. **15** [1950] 89, 91, 94).

Kp$_3$: 143—145°. n$_D^{30}$: 1,5396 (?).

2-Methyl-3ξ-[3]thienyl-acrylsäure-äthylester $C_{10}H_{12}O_2S$, Formel VI (R = C_2H_5).

B. Beim Erhitzen von opt.-inakt. 3-Hydroxy-2-methyl-3-[3]thienyl-propionsäure-äthylester (Kp$_{0,5}$: 114—115°; n$_D^{25}$: 1,5110) mit wss. Oxalsäure (*Schuetz, Houff*, Am. Soc. **77** [1955] 1836).

Kp$_1$: 112—113°. n$_D^{25}$: 1,5760.

3t(?)-[3-Methyl-[2]thienyl]-acrylsäure $C_8H_8O_2S$, vermutlich Formel VII (R = H).

B. Beim Erhitzen von 3-Methyl-thiophen-2-carbaldehyd mit Malonsäure, Pyridin und wenig Piperidin (*King, Nord*, J. org. Chem. **14** [1949] 405, 409). Beim Erhitzen von 3t(?)-[3-Methyl-[2]thienyl]-acrylsäure-äthylester (s. u.) mit wss. Natronlauge (*King, Nord*, l. c. S. 408 Anm. d) oder mit wss. Kalilauge (*Miller, Nord*, J. org. Chem. **15** [1950] 89, 94).

Krystalle; F: 172—173° [aus wss. A.] (*King, Nord*, l. c. S. 408), 171,5—172° [Fisher-Johns-App.; aus A.] (*Mi., Nord*).

3t(?)-[3-Methyl-[2]thienyl]-acrylsäure-äthylester $C_{10}H_{12}O_2S$, vermutlich Formel VII (R = C_2H_5).

B. Aus 3-Methyl-thiophen-2-carbaldehyd beim Behandeln mit Natrium, Äthylacetat und wenig Äthanol bei —10° (*King, Nord*, J. org. Chem. **14** [1949] 405, 409) sowie beim Erhitzen mit Bromessigsäure-äthylester, Zink-Pulver, wenig Jod, Benzol und Toluol und Behandeln des Reaktionsgemisches mit wss. Salzsäure (*Miller, Nord*, J. org. Chem. **15** [1950] 89, 94).

F: 37,5—38° [Fisher-Johns-App.]; Kp$_4$: 122—126° (*Mi., Nord*, l. c. S. 90). Kp$_3$: 121° bis 126°; D$_4^{20}$: 1,1365; n$_D^{20}$: 1,5837 (*King, Nord*, l. c. S. 408).

5-ξ-Propenyl-thiophen-2-carbonsäure $C_8H_8O_2S$, Formel VIII.

B. Beim Behandeln von 5-Propenyl-thiophen-2-carbaldehyd (Kp$_{0,15}$: 68—69° [E III/IV **17** 4724]) mit Quecksilber(II)-jodid, Kaliumjodid und wss. Natronlauge (*Schulte, Jantos*, Ar. **292** [1959] 536, 539).

Krystalle (aus wss. Me.); F: 138—139°.

3*t*-[5-Methyl-[2]furyl]-acrylsäure $C_8H_8O_3$, Formel IX (X = OH) (H 302).

Konfigurationszuordnung: *Karminski-Zamola, Jakopčić*, Croat. Chem. Acta **46** [1974] 71, 74.

B. Beim Erwärmen von 5-Methyl-furfural mit Malonsäure und Pyridin (*Kuhn et al.*, Z. physiol. Chem. **247** [1937] 197, 208; *Andrisano, Tundo*, R.A.L. [8] **13** [1952] 158, 165; *Taylor*, Soc. **1959** 2767). Beim Erhitzen von 3*t*-[5-Methyl-[2]furyl]-acrylsäure-methylester mit wss. Natriumcarbonat-Lösung (*Ernest, Staněk*, Collect. **24** [1959] 530, 534).

Krystalle; F: 157° [korr.; aus wss. Me.] (*Kuhn et al.*), 157° (*An., Tu.*), 156—157° [unkorr.] (*Ka.-Za., Ja.*), 154° [unkorr.; aus W.] (*Er., St.*), 152—153° [aus wss. Me.] (*Ta.*). UV-Spektrum (W.; 210—370 nm [λ_{max}: 308 nm]): *An., Tu.*, l. c. S. 161, 163.

Phenylhydrazin-Salz $C_6H_8N_2 \cdot C_8H_8O_3$. Krystalle; F: 67—68° (*Ka.-Za., Ja.*, l. c. S. 75).

3*t*-[5-Methyl-[2]furyl]-acrylsäure-methylester $C_9H_{10}O_3$, Formel IX (X = O-CH$_3$).

Konfigurationszuordnung: *Karminski-Zamola, Jakopčić*, Croat. chem. Acta **46** [1974] 71, 76.

B. Aus 3*t*-[5-Methyl-[2]furyl]-acrylsäure beim Erwärmen mit Schwefelsäure enthaltendem Methanol (*Andrisano, Tundo*, R.A.L. [8] **13** [1952] 158, 165) sowie beim Behandeln mit Diazomethan in Äther (*Ka.-Za., Ja.*, l. c. S. 77). Beim Behandeln von 4,7-Dioxo-oct-5-ensäure-methylester (E: —20°; Kp$_2$: 119—120°) mit Chlorwasserstoff enthaltender Essigsäure (*Ernest, Staněk*, Collect. **24** [1959] 530, 534).

Krystalle; F: 39—40° (*Ka.-Za., Ja.*, l. c. S. 76), 36—37° (*Er., St.*). Kp$_{15}$: 127° (*An., Tu.*); Kp$_5$: 89—90° (*Ka.-Za., Ja.*). UV-Spektrum (W.; 210—380 nm [λ_{max}: 230,5 nm und 321,5 nm]): *An., Tu.*, l. c. S. 161.

VIII IX X

3*t*-[5-Methyl-[2]furyl]-acrylsäure-äthylester $C_{10}H_{12}O_3$, Formel IX (X = O-C$_2$H$_5$).

B. Beim Erwärmen von 3*t*-[5-Methyl-[2]furyl]-acrylsäure mit Schwefelsäure enthaltendem Äthanol (*Andrisano, Tundo*, R.A.L. [8] **13** [1952] 158, 165).

Kp$_{15}$: 134°. Absorptionsspektrum (W.; 210—400 nm [λ_{max}: 233 nm und 321 nm]): *An., Tu.*, l. c. S. 161.

3*t*-[5-Methyl-[2]furyl]-acryloylchlorid $C_8H_7ClO_2$, Formel IX (X = Cl).

B. Beim Erwärmen von 3*t*-[5-Methyl-[2]furyl]-acrylsäure mit Thionylchlorid und Äther (*Kuhn et al.*, Z. physiol. Chem. **247** [1937] 197, 208).

Krystalle; F: 37°. Kp$_9$: 124°.

3*t*-[5-Methyl-[2]furyl]-acrylsäure-amid $C_8H_9NO_2$, Formel IX (X = NH$_2$).

B. Beim Behandeln einer Lösung von 3*t*-[5-Methyl-[2]furyl]-acryloylchlorid in Äther mit flüssigem Ammoniak (*Kuhn et al.*, Z. physiol. Chem. **247** [1937] 197, 209).

Krystalle (aus Acn. oder wss. Acn.); F: 130—131° [korr.].

3*t*(?)-[5-Methyl-[2]thienyl]-acrylsäure $C_8H_8O_2S$, vermutlich Formel X (R = H).

B. Beim Erwärmen von 5-Methyl-thiophen-2-carbaldehyd mit Malonsäure, Pyridin und wenig Piperidin (*King, Nord*, J. org. Chem. **14** [1949] 405, 409). Beim Erhitzen von 3*t*(?)-[5-Methyl-[2]thienyl]-acrylsäure-äthylester (Kp$_5$: 116—122° [s. u.]) mit wss. Natronlauge (*King, Nord*, l. c. S. 408 Anm. d).

Krystalle (aus wss. A.); F: 165—166° (*King, Nord*, l. c. S. 408), 164—165° (*Gol'dfarb et al.*, Ž. obšč. Chim. **28** [1958] 213, 216; engl. Ausg. S. 213, 216).

3*t*(?)-[5-Methyl-[2]thienyl]-acrylsäure-äthylester $C_{10}H_{12}O_2S$, vermutlich Formel X (R = C$_2$H$_5$).

B. Beim Behandeln von 5-Methyl-thiophen-2-carbaldehyd mit Natrium, Äthylacetat

und wenig Äthanol bei $-10°$ (*King, Nord*, J. org. Chem. **14** [1949] 405, 409).
Kp$_5$: $116-122°$; D$_4^{20}$: 1,1218; n$_D^{20}$: 1,5834 (*King, Nord*, l. c. S. 408).

3*t*(?)-[5-Methyl-selenophen-2-yl]-acrylsäure $C_8H_8O_2Se$, vermutlich Formel XI.
B. Beim Erwärmen von 5-Methyl-selenophen-2-carbaldehyd mit Malonsäure und Pyridin (*Jur'ew et al.*, Ž. obšč. Chim. **27** [1957] 3155, 3159; engl. Ausg. S. 3193, 3197).
Hellgelbe Krystalle (aus W.); F: 162°.

2-Methyl-5-[ξ-2-nitro-vinyl]-furan-3-carbonsäure $C_8H_7NO_5$, Formel XII (R = H).
B. Beim Behandeln einer Lösung von 5-Formyl-2-methyl-furan-3-carbonsäure in Äthanol mit Nitromethan und methanol. Kalilauge (*García González et al.*, An. Soc. españ. [B] **47** [1951] 545, 548).
Gelbe Krystalle (aus A.); F: $193-194°$ [Zers.].

2-Methyl-5-[ξ-2-nitro-vinyl]-furan-3-carbonsäure-äthylester $C_{10}H_{11}NO_5$, Formel XII (R = C_2H_5).
B. Beim Behandeln einer Lösung von 5-Formyl-2-methyl-furan-3-carbonsäure-äthyl= ester in Äthanol mit Nitromethan und methanol. Kalilauge (*García González et al.*, An. Soc. españ. [B] **47** [1951] 545, 547).
Hellgelbe Krystalle (aus A.); F: $105-106°$.

2-[2]Thienyl-cyclopropancarbonsäure $C_8H_8O_2S$.
Über die Konfiguration der folgenden Stereoisomeren s. *McFarland*, J. org. Chem. **30** [1965] 3298, 3299.

a) **(±)-*cis*-2-[2]Thienyl-cyclopropancarbonsäure** $C_8H_8O_2S$, Formel XIII (X = OH) + Spiegelbild.
B. Neben dem unter b) beschriebenen Stereoisomeren beim Erwärmen von 2-[2]Thi= enyl-cyclopropancarbonsäure-äthylester (Stereoisomeren-Gemisch [S. 4181]) mit äthanol. Natronlauge (*Burger et al.*, Am. Soc. **71** [1949] 3307, 3309; *McFarland*, J. org. Chem. **30** [1965] 3298, 3301).
Krystalle; F: $124-126°$ [korr.; aus Acn. + Hexan] (*McFa.*), $124-125°$ [korr.; aus W.] (*Bu. et al.*). Elektrolytische Dissoziation in 50%ig. wss. Äthanol: *McFa.*, l. c. S. 3299.

b) **(±)-*trans*-2-[2]Thienyl-cyclopropancarbonsäure** $C_8H_8O_2S$, Formel XIV (X = OH) + Spiegelbild.
B. Beim Behandeln von (±)-*trans*-2-[2]Thienyl-cyclopropancarbonylchlorid (S. 4181) mit Wasser (*Smith, Kline & French Labor.*, U.S.P. 2638471 [1948]). Weitere Bildungsweise s. bei dem unter a) beschriebenen Stereoisomeren.
Krystalle; F: $60-61°$ [aus Hexan] (*McFarland*, J. org. Chem. **30** [1965] 3298, 3301), $58-60°$ [aus W.] (*Smith, Kline & French Labor.*). Elektrolytische Dissoziation in 50%ig. wss. Äthanol: *McFa.*, l. c. S. 3299.

XI   XII   XIII   XIV

2-[2]Thienyl-cyclopropancarbonsäure-äthylester $C_{10}H_{12}O_2S$.
a) **(±)-*cis*-2-[2]Thienyl-cyclopropancarbonsäure-äthylester** $C_{10}H_{12}O_2S$, Formel XIII (X = O-C_2H_5) + Spiegelbild.
B. Beim Behandeln von (±)-*cis*-2-[2]Thienyl-cyclopropancarbonsäure mit Chlorwasser= stoff enthaltendem Äthanol (*McFarland*, J. org. Chem. **30** [1965] 3298, 3301).
D$_{24}^{24}$: 1,1445; n$_D^{24}$: 1,5250 (*McFa.*, l. c. S. 3300).

b) **(±)-*trans*-2-[2]Thienyl-cyclopropancarbonsäure-äthylester** $C_{10}H_{12}O_2S$, Formel XIV (X = O-C_2H_5) + Spiegelbild.
B. Beim Behandeln von (±)-*trans*-2-[2]Thienyl-cyclopropancarbonsäure mit Chlor=

wasserstoff enthaltendem Äthanol (*McFarland*, J. org. Chem. **30** [1965] 3298, 3301). Im Gemisch mit kleineren Mengen des unter a) beschriebenen Stereoisomeren beim Erhitzen von 2-Vinyl-thiophen mit Diazoessigsäure-äthylester in Xylol auf 130° (*Burger et al.*, Am. Soc. **71** [1949] 3307, 3308; *McFa.*).

D_{24}^{24}: 1,1350; n_D^{24}: 1,5259 (*McFa.*, l. c. S. 3300).

(±)-*trans*-2-[2]Thienyl-cyclopropancarbonsäure-[2-diäthylamino-äthylester] $C_{14}H_{21}NO_2S$, Formel XIV (X = O-CH$_2$-CH$_2$-N(C$_2$H$_5$)$_2$) + Spiegelbild.

B. Beim Erwärmen von 2-[2]Thienyl-cyclopropancarbonsäure (Stereoisomeren-Gemisch [S. 4180]) mit Thionylchlorid und Behandeln des erhaltenen Säurechlorids mit 2-Diäthylamino-äthanol und Benzol (*Burger et al.*, Am. Soc. **71** [1949] 3307, 3309, 3310).

Kp$_{2,5}$: 161°.

(±)-*trans*-2-[2]Thienyl-cyclopropancarbonylchlorid C_8H_7ClOS, Formel XIV (X = Cl) + Spiegelbild.

Die Konfiguration ergibt sich aus der genetischen Beziehung zu (±)-*trans*-2-[2]Thienyl-cyclopropancarbonsäure (S. 4180).

B. Beim Erwärmen von 2-[2]Thienyl-cyclopropancarbonsäure (Stereoisomeren-Gemisch [S. 4180]) mit Thionylchlorid (*Smith, Kline & French Labor.*, U.S.P. 2638471 [1948]).

Kp$_4$: ca. 107°.

2-[2]Thienyl-cyclopropancarbonsäure-amid C_8H_9NOS.
Über die Konfiguration der folgenden Stereoisomeren s. *McFarland*, J. org. Chem. **30** [1965] 3298, 3299.

a) **(±)-*cis*-2-[2]Thienyl-cyclopropancarbonsäure-amid** C_8H_9NOS, Formel XIII (X = NH$_2$) + Spiegelbild.

B. Beim Behandeln von (±)-*cis*-2-[2]Thienyl-cyclopropancarbonsäure mit Oxalylchlorid und Dichlormethan und Behandeln des erhaltenen Säurechlorids mit wss. Ammoniak (*McFarland*, J. org. Chem. **30** [1965] 3298, 3301).

Krystalle (aus Bzl.); F: 118—119° [korr.] (*McFa.*, l. c. S. 3299).

b) **(±)-*trans*-2-[2]Thienyl-cyclopropancarbonsäure-amid** C_8H_9NOS, Formel XIV (X = NH$_2$) + Spiegelbild.

B. Beim Behandeln von (±)-*trans*-2-[2]Thienyl-cyclopropancarbonylchlorid (aus (±)-*trans*-2-[2]Thienyl-cyclopropancarbonsäure mit Hilfe von Oxalylchlorid hergestellt) mit wss. Ammoniak (*McFarland*, J. org. Chem. **30** [1965] 3298, 3301; s. a. *Burger et al.*, Am. Soc. **71** [1949] 3307, 3310).

Krystalle; F: 166—168° [korr.; aus Isopropylalkohol] (*McFa.*, l. c. S. 3299), 163° bis 164° [korr.; aus W.] (*Bu. et al.*, l. c. S. 3309).

(±)-*trans*-2-[2]Thienyl-cyclopropancarbonsäure-anilid $C_{14}H_{13}NOS$, Formel XIV (X = NH-C$_6$H$_5$) + Spiegelbild.

B. Beim Erwärmen von 2-[2]Thienyl-cyclopropancarbonsäure (Stereoisomeren-Gemisch [S. 4180]) mit Thionylchlorid und Behandeln des erhaltenen (±)-*trans*-2-[2]Thienyl-cyclopropancarbonylchlorids mit Anilin und Benzol (*Burger et al.*, Am. Soc. **71** [1949] 3307, 3309, 3310).

Krystalle (aus Bzl. + PAe.); F: 119° [korr.] (*Bu. et al.*, l. c. S. 3309).

Carbonsäuren $C_9H_{10}O_3$

5-[2]Furyl-pent-2*t*(?)-ensäure $C_9H_{10}O_3$, vermutlich Formel I.
B. Beim Erhitzen von 3-[2]Furyl-propionaldehyd mit Malonsäure, Pyridin und wenig Piperidin (*Rallings, Smith*, Soc. **1953** 618, 619).

Krystalle (aus PAe.); F: 75—76°. Bei 160—170°/0,3 Torr destillierbar.

(±)-2-[2]Thienyl-pent-4-ensäure $C_9H_{10}O_2S$, Formel II (R = H).
B. Beim Erwärmen von Allyl-[2]thienyl-malonsäure-diäthylester mit wss.-äthanol. Kalilauge und Erhitzen des nach dem Ansäuern mit wss. Salzsäure isolierten Reaktions-

produkts auf 180° (*Leonard*, Am. Soc. **74** [1952] 2915, 2917).
Kp$_5$: 136—140°.

I   II   III

(±)-2-[2]Thienyl-pent-4-ensäure-[2-diäthylamino-äthylester] $C_{15}H_{23}NO_2S$, Formel II
(R = CH_2-CH_2-N(C_2H_5)$_2$).
Hydrochlorid $C_{15}H_{23}NO_2S\cdot HCl$. *B.* Beim Erwärmen von (±)-2-[2]Thienyl-pent-4-ensäure mit Diäthyl-[2-chlor-äthyl]-amin und Isopropylalkohol (*Leonard*, Am. Soc. **74** [1952] 2915, 2918). — Krystalle (aus Acn. + Ae.); F: 81—83° (*Le.*, l. c. S. 2916).

***

2-Äthyl-3t(?)-[2]furyl-acrylsäure $C_9H_{10}O_3$, vermutlich Formel III (H 302; E II 274).
B. Bei 30-stdg. Erwärmen von Furfural mit Tetrakis-butyryloxy-silan (E IV **2** 808) und Kaliumcarbonat (*Jur'ew et al.*, Ž. obšč. Chim. **28** [1958] 1554, 1555; engl. Ausg. S. 1603).
F: 98,5—99°.

***

3-[2]Thienyl-pent-2ξ-ensäure-äthylester $C_{11}H_{14}O_2S$, Formel IV.
Diese Konstitution kommt wahrscheinlich der nachstehend beschriebenen Verbindung zu (*Schuetz, Houff*, Am. Soc. **77** [1955] 1836).
B. Beim Erhitzen von (±)-3-Hydroxy-3-[2]thienyl-valeriansäure-äthylester mit wss. Oxalsäure (*Sch., Ho.*).
Kp$_1$: 116—117°. n_D^{25}: 1,5529.

IV   V   VI

2-Methyl-3-[2]thienyl-ξ-crotonsäure-äthylester $C_{11}H_{14}O_2S$, Formel V.
B. Beim Erhitzen von opt.-inakt. 3-Hydroxy-2-methyl-3-[2]thienyl-buttersäure-äthylester (Kp$_3$: 113—117°; n_D^{30}: 1,5168 bzw. Kp$_1$: 102—103°; n_D^{25}: 1,5122) mit wss. Oxalsäure (*Miller, Nord*, J. org. Chem. **15** [1950] 89, 93; *Schuetz, Houff*, Am. Soc. **77** [1955] 1836).
Kp$_3$: 110—112°; n_D^{25}: 1,5263 (*Sch., Ho.*). Kp$_2$: 104—105°; n_D^{30}: 1,5246 (*Mi., Nord*).

***

2-Methyl-3-[3]thienyl-ξ-crotonsäure-äthylester $C_{11}H_{14}O_2S$, Formel VI.
B. Beim Erhitzen von opt.-inakt. 3-Hydroxy-2-methyl-3-[3]thienyl-buttersäure-äthylester (Kp$_{0,5}$: 104—106°; n_D^{25}: 1,5114) mit wss. Oxalsäure (*Schuetz, Houff*, Am. Soc. **77** [1955] 1836).
Kp$_{1,5}$: 103—105°. n_D^{25}: 1,5248.

***

2-Methyl-3ξ-[3-methyl-[2]thienyl]-acrylsäure $C_9H_{10}O_2S$, Formel VII (R = H).
B. Beim Erhitzen von opt.-inakt. 3-Hydroxy-2-methyl-3-[3-methyl-[2]thienyl]-propionsäure-äthylester (Kp$_4$: 136—139°; n_D^{30}: 1,5170) mit wss. Kalilauge und Ansäuern der Reaktionslösung mit wss. Salzsäure (*Miller, Nord*, J. org. Chem. **15** [1950] 89, 94).
Krystalle (aus A.); F: 152—153° [Fisher-Johns-App.] (*Mi., Nord*, l. c. S. 90).

2-Methyl-3ξ-[3-methyl-[2]thienyl]-acrylsäure-äthylester $C_{11}H_{14}O_2S$, Formel VII
(R = C_2H_5).
B. Beim Erhitzen von opt.-inakt. 3-Hydroxy-2-methyl-3-[3-methyl-[2]thienyl]-propion

säure-äthylester (Kp$_4$: 136—139°; n$_D^{30}$: 1,5170) mit wss. Oxalsäure (*Miller, Nord*, J. org. Chem. **15** [1950] 89, 93).

Kp$_1$: 108—110°. n$_D^{30}$: 1,5738.

VII   VIII   IX

2-Methyl-3ξ-[5-methyl-[2]furyl]-acrylsäure-äthylester C$_{11}$H$_{14}$O$_3$, Formel VIII.

B. Beim Erwärmen von 5-Methyl-furan-2-carbaldehyd mit (±)-2-Brom-propionsäure-äthylester, Zink-Pulver und Äther und Erwärmen des nach der Hydrolyse (wss. Schwefel-säure) isolierten Reaktionsprodukts mit wenig Jod in Benzol (*Mndshojan et al.*, Doklady Akad. Armjansk. S.S.R. **27** [1958] 305, 313; C. A. **1960** 481).

Kp$_2$: 105—106°. D$_4^{20}$: 1,0595. n$_D^{20}$: 1,4990.

3*t*(?)-[5-Äthyl-[2]furyl]-acrylsäure-methylester C$_{10}$H$_{12}$O$_3$, vermutlich Formel IX.

B. Beim Behandeln von 4,7-Dioxo-non-5-ensäure-methylester (F: 47—48°) mit Chlor-wasserstoff enthaltender Essigsäure (*Ernest, Staněk*, Collect. **24** [1959] 531, 534).

Kp$_{1,5}$: 75—80°. Absorptionsmaximum: 318 nm.

3*t*(?)-[5-Äthyl-[2]thienyl]-acrylsäure C$_9$H$_{10}$O$_2$S, vermutlich Formel X (R = H).

B. Beim Erhitzen von 5-Äthyl-thiophen-2-carbaldehyd mit Malonsäure, Pyridin und wenig Piperidin (*King, Nord*, J. org. Chem. **14** [1949] 405, 409). Beim Erhitzen des im folgenden Artikel beschriebenen Äthylesters mit wss. Natronlauge (*King, Nord*, l. c. S. 408 Anm. d).

Krystalle (aus wss. A.); F: 102—103° (*King, Nord*, l. c. S. 408), 100—101° (*Gol'dfarb et al.*, Ž. obšč. Chim. **28** [1958] 213, 217; engl. Ausg. S. 213, 217).

X   XI   XII

3*t*(?)-[5-Äthyl-[2]thienyl]-acrylsäure-äthylester C$_{11}$H$_{14}$O$_2$S, vermutlich Formel X (R = C$_2$H$_5$).

B. Beim Behandeln von 5-Äthyl-thiophen-2-carbaldehyd mit Natrium, Äthylacetat und wenig Äthanol bei —10° (*King, Nord*, J. org. Chem. **14** [1949] 405, 409).

Kp$_2$: 122—128°; D$_4^{20}$: 1,0968; n$_D^{20}$: 1,5780 (*King, Nord*, l. c. S. 408).

3*t*(?)-[2,5-Dimethyl-[3]thienyl]-acrylsäure C$_9$H$_{10}$O$_2$S, vermutlich Formel XI.

B. Beim Erhitzen von 2,5-Dimethyl-thiophen-3-carbaldehyd mit Malonsäure, Pyridin und wenig Piperidin (*Brown, Blanchette*, Am. Soc. **72** [1950] 3414).

Krystalle (aus wss. A.); F: 165—166° [korr.].

4,5,6,7-Tetrahydro-benzo[*b*]thiophen-2-carbonsäure C$_9$H$_{10}$O$_2$S, Formel XII (X = OH).

B. Beim Behandeln von 2-Brom-4,5,6,7-tetrahydro-benzo[*b*]thiophen mit Magnesium, wenig Äthylbromid und Äther und Behandeln des Reaktionsgemisches mit festem Kohlendioxid (*Cagniant, Cagniant*, Bl. **1955** 1252, 1254). Beim Behandeln von 4,5,6,7-Tetra-hydro-benzo[*b*]thiophen-2-carbaldehyd oder von 1-[4,5,6,7-Tetrahydro-benzo[*b*]thiophen-2-yl]-äthanon mit alkal. wss. Natriumhypobromit-Lösung (*Buu-Hoï, Khenissi*, Bl. **1958** 359). Beim Erwärmen von 1-[4,5,6,7-Tetrahydro-benzo[*b*]thiophen-2-yl]-äthanon mit alkal. wss. Kaliumhypobromit-Lösung und Dioxan (*Cagniant, Cagniant*, Bl. **1953** 62, 66).

Krystalle; F: 196° [von 160° an sublimierend; aus Bzl.] (*Buu-Hoi, Kh.*), 184° [unkorr.; Block] (*Ca., Ca.*, Bl. **1955** 1254), 183° [unkorr.; Block; aus Bzl. + PAe.] (*Ca., Ca.*, Bl. **1953** 66).

4,5,6,7-Tetrahydro-benzo[b]thiophen-2-carbonsäure-amid $C_9H_{11}NOS$, Formel XII (X = NH_2).

B. Beim Behandeln von 4,5,6,7-Tetrahydro-benzo[b]thiophen-2-carbonsäure mit Thionylchlorid und Behandeln des Reaktionsprodukts mit wss. Ammoniak (*Cagniant, Cagniant*, Bl. **1953** 62, 66).

Krystalle; F: 155,5° [unkorr.; Block] (*Cagniant, Cagniant*, Bl. **1955** 1252, 1254), 155° [unkorr.; nach Erweichen von 143° an; Block; aus Bzl.] (*Ca., Ca.*, Bl. **1953** 67).

Carbonsäuren $C_{10}H_{12}O_3$

3t(?)-[2]Furyl-2-propyl-acrylsäure $C_{10}H_{12}O_3$, vermutlich Formel I.

Bezüglich der Konfigurationszuordnung vgl. die analog hergestellte 3t-[2]Furyl-2-methyl-acrylsäure (S. 4172).

B. Beim Erhitzen von Furfural mit Tetrakis-valeryloxy-silan und Kaliumcarbonat auf 150° (*Jur'ew et al.*, Ž. obšč. Chim. **28** [1958] 1554, 1555; engl. Ausg. S. 1603).

F: 100—101°.

I   II   III

3-[2]Thienyl-hex-2ξ-ensäure-äthylester $C_{12}H_{16}O_2S$, Formel II.

Diese Konstitution kommt wahrscheinlich der nachstehend beschriebenen Verbindung zu (*Schuetz, Houff*, Am. Soc. **77** [1955] 1836).

B. Beim Erhitzen von (±)-3-Hydroxy-3-[2]thienyl-hexansäure-äthylester mit wss. Oxalsäure (*Sch., Ho.*).

Kp_1: 117—119°. n_D^{25}: 1,5501.

(±)-4-Methyl-2-[2]thienyl-pent-4-ensäure $C_{10}H_{12}O_2S$, Formel III.

B. Beim Erwärmen von Methallyl-[2]thienyl-malonsäure-diäthylester mit wss.-äthanol. Kalilauge und Erhitzen des nach dem Ansäuern mit wss. Salzsäure isolierten Reaktionsprodukts auf 180° (*Leonard*, Am. Soc. **74** [1952] 2915, 2917).

Kp_4: 142—146°.

3t(?)-[2]Furyl-2-isopropyl-acrylsäure $C_{10}H_{12}O_3$, vermutlich Formel IV (vgl. E I 441).

Bezüglich der Konfigurationszuordnung vgl. die analog hergestellte 3t-[2]Furyl-2-methyl-acrylsäure (S. 4172).

B. In mässiger Ausbeute beim Erhitzen von Furfural mit Tetrakis-isovaleryloxy-silan und Kaliumcarbonat auf 120° (*Jur'ew et al.*, Ž. obšč. Chim. **28** [1958] 1554, 1555; engl. Ausg. S. 1603).

F: 114—114,5°.

2-Methyl-3-[2]thienyl-pent-2ξ-ensäure-äthylester $C_{12}H_{16}O_2S$, Formel V.

Diese Konstitution kommt wahrscheinlich der nachstehend beschriebenen Verbindung zu (*Schuetz, Houff*, Am. Soc. **77** [1955] 1836).

B. Beim Erhitzen von opt.-inakt. 3-Hydroxy-2-methyl-3-[2]thienyl-valeriansäure-äthylester ($Kp_{0,1}$: 103—104°; n_D^{25}: 1,5018) mit wss. Oxalsäure (*Sch., Ho.*).

Kp_1: 111—112°. n_D^{25}: 1,5448.

3t(?)-[5-Propyl-[2]thienyl]-acrylsäure C₁₀H₁₂O₂S, vermutlich Formel VI (R = H).

B. Beim Erhitzen von 5-Propyl-thiophen-2-carbaldehyd mit Malonsäure, Pyridin und wenig Piperidin (*King, Nord,* J. org. Chem. **14** [1949] 405, 409). Beim Erhitzen des im folgenden Artikel beschriebenen Äthylesters mit wss. Natronlauge (*King, Nord,* l. c. S. 408 Anm. d).

Krystalle (aus wss. A.); F: 109—110° (*King, Nord,* l. c. S. 408).

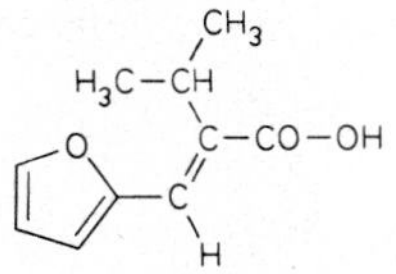

IV 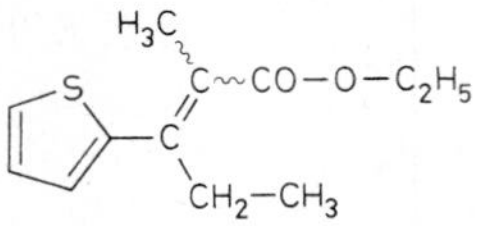 V 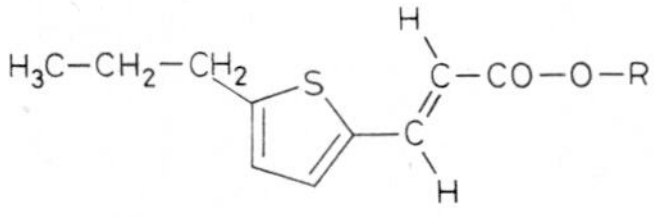 VI

3t(?)-[5-Propyl-[2]thienyl]-acrylsäure-äthylester C₁₂H₁₆O₂S, vermutlich Formel VI (R = C₂H₅).

B. Beim Behandeln von 5-Propyl-thiophen-2-carbaldehyd mit Natrium, Äthylacetat und wenig Äthanol bei —10° (*King, Nord,* J. org. Chem. **14** [1949] 405, 409).

Kp₂: 135—140°; D₄²⁰: 1,0724; n_D²⁰: 1,5708 (*King, Nord,* l. c. S. 408).

3t(?)-[4-Isopropyl-[2]furyl]-acrylsäure C₁₀H₁₂O₃, vermutlich Formel VII.

Diese Konstitution ist wahrscheinlich der nachstehend beschriebenen, von *Gilman, Calloway* (Am. Soc. **55** [1933] 4197, 4200) als 3-[x-Isopropyl-x,x-dihydro-[2]furyl]-acryl= säure (C₁₀H₁₄O₃) angesehenen Verbindung auf Grund ihrer Bildungsweise zuzuordnen; bezüglich der Konfigurationszuordnung vgl. die analog hergestellte 3t-[2]Furyl-acrylsäure (S. 4143).

B. Beim Erhitzen von 4-Isopropyl-furan-2-carbaldehyd (E III/IV **17** 4566) mit Acet= anhydrid und Natriumacetat (*Gi., Ca.*).

Krystalle (aus wss. A.); F: 102—103°.

5-[ξ-2-Nitro-vinyl]-2-propyl-furan-3-carbonsäure-äthylester C₁₂H₁₅NO₅, Formel VIII.

B. Beim Behandeln einer Lösung von 5-Formyl-2-propyl-furan-3-carbonsäure-äthyl= ester in Äthanol mit Nitromethan und wss. Natronlauge (*García González et al.,* An. Soc. españ. [B] **47** [1951] 295, 297).

Krystalle (aus A.); F: 46—47°.

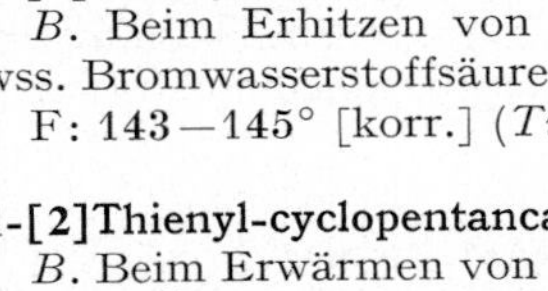

VII 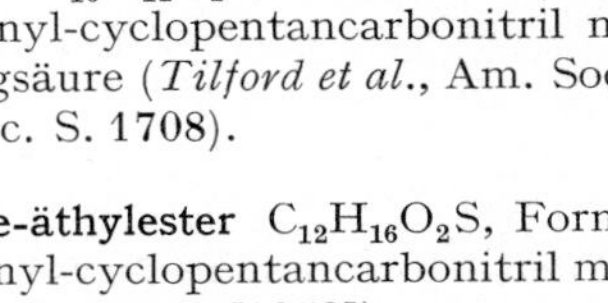 VIII 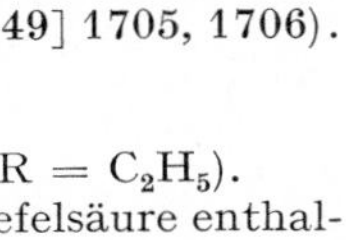 IX

1-[2]Thienyl-cyclopentancarbonsäure C₁₀H₁₂O₂S, Formel IX (R = H).

B. Beim Erhitzen von 1-[2]Thienyl-cyclopentancarbonitril mit einem Gemisch von wss. Bromwasserstoffsäure und Essigsäure (*Tilford et al.,* Am. Soc. **71** [1949] 1705, 1706). F: 143—145° [korr.] (*Ti. et al.,* l. c. S. 1708).

1-[2]Thienyl-cyclopentancarbonsäure-äthylester C₁₂H₁₆O₂S, Formel IX (R = C₂H₅).

B. Beim Erwärmen von 1-[2]Thienyl-cyclopentancarbonitril mit Schwefelsäure enthal= tendem Äthanol (*Merrell Co.,* U.S.P. 2685589 [1952]).

Kp₁₆: 145—150°.

1-[2]Thienyl-cyclopentancarbonsäure-[2-diäthylamino-äthylester] C₁₆H₂₅NO₂S, Formel IX (R = CH₂-CH₂-N(C₂H₅)₂).

B. Beim Erhitzen von 1-[2]Thienyl-cyclopentancarbonsäure-äthylester mit 2-Diäthyl=

amino-äthanol, Xylol und wenig Natrium unter Entfernen des entstehenden Äthanols (*Tilford et al.*, Am. Soc. **71** [1949] 1705, 1706).

Hydrochlorid $C_{16}H_{25}NO_2S \cdot HCl$. F: 118—121° [korr.] (*Ti. et al.*, l. c. S. 1707).

1-[2]Thienyl-cyclopentancarbonitril $C_{10}H_{11}NS$, Formel X.

B. Beim Behandeln von [2]Thienylacetonitril mit Natriumamid in flüssigem Ammoniak bei —30° und anschliessend mit 1,4-Dibrom-butan in Äther bei —50° und Erwärmen des vom Ammoniak befreiten, mit Toluol versetzten Reaktionsgemisches auf Siedetemperatur (*Tilford et al.*, Am. Soc. **71** [1949] 1705, 1706).

$Kp_{0,3}$: 95—98° (*Ti. et al.*, l. c. S. 1708).

2-Methyl-4,5,6,7-tetrahydro-benzofuran-3-carbonsäure $C_{10}H_{12}O_3$, Formel XI (R = H) (E II 275).

B. Beim Erwärmen von 3-Acetyl-5,6,7,7a-tetrahydro-4*H*-benzofuran-2-on mit einem Gemisch von Essigsäure und konz. wss. Salzsäure (*Lacey*, Soc. **1954** 822, 826). Aus 2-Methyl-4,5,6,7-tetrahydro-benzofuran-3-carbonsäure-äthylester beim Erhitzen mit wss. Natronlauge (*Kühn*, J. pr. [2] **156** [1940] 103, 146) sowie beim Erwärmen mit wss.-methanol. Kalilauge (*Boberg*, A. **626** [1959] 71, 81) oder mit wss.-äthanol. Kalilauge (*Matschinškaja, Barchasch*, Ž. obšč. Chim. **27** [1957] 1978; engl. Ausg. S. 2038; vgl. E II 275).

Krystalle; F: 165—166° [korr.; Kofler-App.; aus E. + Bzn.] (*La.*), 163° [aus Me.] (*Bo.*, l. c. S. 82), 161° [aus Me.] (*Kühn; Ma., Ba.*).

Eine von *Stetter, Lauterbach* (B. **93** [1960] 603, 605) beim Erhitzen mit Schwefel auf 210° erhaltene, ursprünglich als 2-Methyl-benzofuran-3-carbonsäure angesehene Verbindung (F: 135—136°) ist als 3-Acetyl-3*H*-benzofuran-2-on (E III/IV **17** 6179) zu formulieren. Beim Erwärmen mit [2,4-Dinitro-phenyl]-hydrazin, Äthanol und Schwefelsäure ist 2-[2-(2,4-Dinitro-phenylhydrazono)-propyl]-cyclohexanon-[2,4-dinitro-phenylhydrazon] erhalten worden (*Ma., Ba.*).

X   XI   XII

2-Methyl-4,5,6,7-tetrahydro-benzofuran-3-carbonsäure-äthylester $C_{12}H_{16}O_3$, Formel XI (R = C$_2$H$_5$) (E II 275) [1]).

B. Beim Erwärmen von (±)-2-Chlor-cyclohexanon mit der Natrium-Verbindung des Acetessigsäure-äthylesters in Toluol und Erhitzen der Reaktionslösung mit Äthylenglykol und wenig Benzolsulfonsäure unter Entfernen des entstehenden Wassers (*Kühn*, J. pr. [2] **156** [1940] 103, 146). Beim Behandeln von (±)-1-Acetoxy-6-brom-cyclohexen mit der Natrium-Verbindung des Acetessigsäure-äthylesters in Äthanol (*Matschinškaja, Barchasch*, Ž. obšč. Chim. **27** [1957] 1978; engl. Ausg. S. 2038).

Kp_{13}: 143—144°; D_4^{18}: 1,0998 (*Kühn*). Kp_1: 112—115°; D^{20}: 1,0842; n_D^{20}: 1,4870 (*Ma., Ba.*).

Beim Erwärmen mit [2,4-Dinitro-phenyl]-hydrazin, Äthanol und Schwefelsäure ist 2-[2-(2,4-Dinitro-phenylhydrazono)-propyl]-cyclohexanon-[2,4-dinitro-phenylhydrazon] erhalten worden (*Ma., Ba.*).

(±)-1,4-Dimethyl-3-methylen-7-oxa-norborn-5-en-2ξ-carbonitril $C_{10}H_{11}NO$, Formel XII + Spiegelbild.

a) Stereoisomeres vom F: 52°.

B. Neben dem unter b) beschriebenen Stereoisomeren beim Erwärmen von 2,5-Di≈

---

[1]) Berichtigung zu E II, S. 275, Zeile 9 von oben: An Stelle von „Kp: 134°" ist zu setzen „Unter vermindertem Druck bei 134° destillierbar".

methyl-furan mit Butadiennitril (*Kurtz et al.*, A. **624** [1959] 1, 24).
  Krystalle (aus PAe.); F: 52°. Kp_9: 115° [unkorr.]; n_D^{20}: 1,4846 [flüssiges Präparat].
IR-Banden im Bereich von 4,4 μ bis 11,2 μ: *Ku. et al.*
  b) Stereoisomeres vom F: 41°.
B. s. bei dem unter a) beschriebenen Stereoisomeren.
  Krystalle (aus PAe.); F: 41° (*Kurtz et al.*, A. **624** [1959] 1, 24). Kp_9: 98°; n_D^{20}: 1,4736
[flüssiges Präparat]. IR-Banden im Bereich von 4,4 μ bis 11,2 μ: *Ku. et al.*

Carbonsäuren $C_{11}H_{14}O_3$

2-Butyl-3t(?)-[2]furyl-acrylsäure $C_{11}H_{14}O_3$, vermutlich Formel I.
  Bezüglich der Konfigurationszuordnung vgl. die analog hergestellte 3t-[2]Furyl-
2-methyl-acrylsäure (S. 4172).
  B. Beim Erhitzen von Furfural mit Tetrakis-hexanoyloxy-silan und Kaliumcarbonat
auf 160° (*Jur'ew et al.*, Ž. obšč. Chim. **28** [1958] 1554, 1555; engl. Ausg. S. 1603).
  F: 73,8 — 74,2°.

2-Methyl-3-[2]thienyl-hex-2ξ-ensäure-äthylester $C_{13}H_{18}O_2S$, Formel II.
  Diese Konstitution kommt wahrscheinlich der nachstehend beschriebenen Verbindung
zu (*Schuetz, Houff*, Am. Soc. **77** [1955] 1836).
  B. Beim Erhitzen von opt.-inakt. 3-Hydroxy-2-methyl-3-[2]thienyl-hexansäure-äthyl=
ester ($Kp_{0,1}$: 112 — 113°; n_D^{25}: 1,4970) mit wss. Oxalsäure (*Sch., Ho.*).
  Kp_1: 114 — 115°. n_D^{25}: 1,5422.

2-Isopropyl-3-[2]thienyl-ξ-crotonsäure $C_{11}H_{14}O_2S$, Formel III (R = H).
  B. Beim Erhitzen des im folgenden Kapitel beschriebenen Äthylesters mit wss. Kali=
lauge (*Miller, Nord*, J. org. Chem. **16** [1951] 728, 739).
  F: 53 — 53,5° (*Mi., Nord*, l. c. S. 729).

I   II   III

2-Isopropyl-3-[2]thienyl-ξ-crotonsäure-äthylester $C_{13}H_{18}O_2S$, Formel III (R = C_2H_5).
  B. Beim Erhitzen von 1-[2]Thienyl-äthanon mit (±)-α-Brom-isovaleriansäure-äthyl=
ester, amalgiertem Magnesium und Toluol und Erwärmen des nach der Hydrolyse erhaltenen Reaktionsprodukts mit wss. Oxalsäure (*Miller, Nord*, J. org. Chem. **16** [1951]
728, 738).
  Kp_3: 115 — 118°; n_D^{20}: 1,5190 (*Mi., Nord*, l. c. S. 729).

2-Isopropyl-3ξ-[3-methyl-[2]thienyl]-acrylsäure-äthylester $C_{13}H_{18}O_2S$, Formel IV.
  B. Beim Erhitzen von 3-Methyl-thiophen-2-carbaldehyd mit (±)-α-Brom-isovalerian=
säure-äthylester, Zink-Pulver, Benzol und Toluol und Behandeln des Reaktionsgemisches
mit wss. Salzsäure (*Miller, Nord*, J. org. Chem. **15** [1950] 89, 94).
  $Kp_{1,5}$: 118 — 120°; n_D^{30}: 1,5338 (*Mi., Nord*, l. c. S. 90).

3t(?)-[5-*tert*-Butyl-[2]thienyl]-acrylsäure $C_{11}H_{14}O_2S$, vermutlich Formel V.
  B. Neben kleineren Mengen 3-Amino-3-[5-*tert*-butyl-[2]thienyl]-propionsäure beim
Erwärmen von 5-*tert*-Butyl-thiophen-2-carbaldehyd mit Malonsäure und Ammonium=
acetat in Äthanol (*Gol'dfarb et al.*, Ž. obšč. Chim. **28** [1958] 213, 219; engl. Ausg. S. 213,
218).
  Krystalle (aus wss. A.); F: 140°.

1-[2]Thienyl-cyclohexancarbonsäure $C_{11}H_{14}O_2S$, Formel VI (R = H).
B. Beim Erhitzen von 1-[2]Thienyl-cyclohexancarbonitril mit einem Gemisch von wss. Bromwasserstoffsäure und Essigsäure (*Tilford et al.*, Am. Soc. **71** [1949] 1705, 1706). F: 145—147° [korr.] (*Ti. et al.*, l. c. S. 1708).

IV   V   VI

1-[2]Thienyl-cyclohexancarbonsäure-äthylester $C_{13}H_{18}O_2S$, Formel VI (R = C_2H_5).
B. Beim Erwärmen von 1-[2]Thienyl-cyclohexancarbonitril mit Schwefelsäure enthaltendem Äthanol (*Merrell Co.*, U.S.P. 2685589 [1952]).
$Kp_{0,26}$: 119—124°.

1-[2]Thienyl-cyclohexancarbonsäure-[2-dimethylamino-äthylester] $C_{15}H_{23}NO_2S$, Formel VI (R = CH_2-CH_2-N(CH_3)$_2$).
B. Beim Erhitzen von 1-[2]Thienyl-cyclohexancarbonsäure-äthylester mit 2-Dimethyl≠ amino-äthanol, Xylol und wenig Natrium unter Entfernen des entstehenden Äthanols (*Tilford et al.*, Am. Soc. **71** [1949] 1705, 1706).
Hydrochlorid $C_{15}H_{23}NO_2S \cdot HCl$. F: 138—139° [korr.] (*Ti. et al.*, l. c. S. 1707).

1-[2]Thienyl-cyclohexancarbonsäure-[2-diäthylamino-äthylester] $C_{17}H_{27}NO_2S$, Formel VI (R = CH_2-CH_2-N(C_2H_5)$_2$).
B. Beim Erhitzen von [2]Thienyl-cyclohexancarbonsäure-äthylester mit 2-Diäthyl≠ amino-äthanol, Xylol und wenig Natrium unter Entfernen des entstehenden Äthanols (*Tilford et al.*, Am. Soc. **71** [1949] 1705, 1706).
Hydrochlorid $C_{17}H_{27}NO_2S \cdot HCl$. F: 140—141° [korr.] (*Ti. et al.*, l. c. S. 1707).

1-[2]Thienyl-cyclohexancarbonitril $C_{11}H_{13}NS$, Formel VII.
B. Beim Behandeln von [2]Thienylacetonitril mit Natriumamid in flüssigem Ammoniak bei —30° und anschliessend mit 1,5-Dibrom-pentan in Äther bei —50° und Erhitzen des vom Ammoniak befreiten, mit Toluol versetzten Reaktionsgemisches (*Tilford et al.*, Am. Soc. **71** [1949] 1705, 1706).
Kp_1: 102—103° (*Ti. et al.*, l. c. S. 1708).

(±)-Cyclopentyl-[2]thienyl-essigsäure $C_{11}H_{14}O_2S$, Formel VIII (R = H).
B. Beim Erwärmen von Cyclopentyl-[2]thienyl-malonsäure-diäthylester mit wss.-äthanol. Kalilauge und Erhitzen des nach dem Ansäuern mit wss. Salzsäure isolierten Reaktionsprodukts auf 180° (*Leonard*, Am. Soc. **74** [1952] 2915, 2917).
F: 73—75°.

VII   VIII   IX   X

(±)-Cyclopentyl-[2]thienyl-essigsäure-[2-diäthylamino-äthylester] $C_{17}H_{27}NO_2S$, Formel VIII (R = CH_2-CH_2-N(C_2H_5)$_2$).
Hydrochlorid $C_{17}H_{27}NO_2S \cdot HCl$. *B.* Beim Erwärmen von (±)-Cyclopentyl-[2]thienyl-essigsäure mit Diäthyl-[2-chlor-äthyl]-amin und Isopropylalkohol (*Leonard*, Am. Soc. **74** [1952] 2915, 2918). — Krystalle (aus Acn. + Ae.); F: 122—123° [unkorr.] (*Le.*, l. c. S. 2916).

(±)-[*trans*-3-[2]Thienyl-cyclopentyl]-essigsäure $C_{11}H_{14}O_2S$, Formel IX (X = OH)
+ Spiegelbild.

Diese Konstitution und Konfiguration ist möglicherweise der nachstehend beschriebenen, von *Buu-Hoi, Cagniant* (C. r. **220** [1945] 744) als [2-[2]Thienyl-cyclopentyl]-essig=säure (Formel X) angesehenen Verbindung auf Grund ihrer Bildungsweise zuzuordnen (vgl. die wahrscheinlich als (±)-[*trans*-3-Phenyl-cyclopentyl]-essigsäure zu formulierende Verbindung [E III **9** 2851]).

B. In kleiner Menge neben anderen Verbindungen beim Behandeln von Thiophen mit (±)-Cyclopent-2-enyl-essigsäure-äthylester und Aluminiumchlorid und Erwärmen des Reaktionsprodukts (Kp$_{22}$: 195—198°; möglicherweise (±)-[*trans*-3-[2]Thienyl-cyclo=pentyl]-essigsäure-äthylester $C_{13}H_{18}O_2S$ [Formel IX (X = OC$_2$H$_5$) + Spiegelbild]) mit äthanol. Kalilauge (*Buu-Hoi, Ca.*).

Krystalle (aus Bzn.); F: 65°.

Überführung in das Säurechlorid und in das möglicherweise als (±)-[*trans*-3-[2]Thi=enyl-cyclopentyl]-essigsäure-amid (Formel IX [X = NH$_2$] + Spiegelbild) zu for=mulierende Amid $C_{11}H_{15}NOS$ (Krystalle, F: 106°): *Buu-Hoi, Ca.*

2-Methyl-5,6,7,8-tetrahydro-4*H*-cyclohepta[*b*]furan-3-carbonsäure $C_{11}H_{14}O_3$, Formel XI (R = H).

B. Beim Erwärmen von 2-Methyl-5,6,7,8-tetrahydro-4*H*-cyclohepta[*b*]furan-3-carbon=säure-äthylester mit wss.-methanol. Kalilauge (*Boberg*, A. **626** [1959] 71, 81).

Krystalle (aus Me.); F: 145° (*Bo.*, l. c. S. 82).

2-Methyl-5,6,7,8-tetrahydro-4*H*-cyclohepta[*b*]furan-3-carbonsäure-äthylester $C_{13}H_{18}O_3$, Formel XI (R = C$_2$H$_5$).

B. Beim Behandeln von 1-Nitro-cyclohepten mit der Natrium-Verbindung des Acet=essigsäure-äthylesters in Äther, Erwärmen des erhaltenen Esters mit Methanol und wenig Harnstoff und Erhitzen des danach isolierten Reaktionsprodukts mit konz. wss. Salzsäure (*Boberg*, A. **626** [1959] 71, 80).

Kp$_{0,3}$: 91—96° (*Bo.*, l. c. S. 81).

XI   XII   XIII

3-[4,5,6,7-Tetrahydro-benzo[*b*]thiophen-2-yl]-propionsäure $C_{11}H_{14}O_2S$, Formel XII.

B. Beim Erwärmen von 3-[4,5,6,7-Tetrahydro-benzo[*b*]thiophen-2-yl]-propionitril mit wss.-äthanol. Kalilauge (*Cagniant, Cagniant*, Bl. **1955** 1252, 1255).

Krystalle; F: 86,5—87,5°.

3-[4,5,6,7-Tetrahydro-benzo[*b*]thiophen-2-yl]-propionitril $C_{11}H_{13}NS$, Formel XIII.

B. Beim Erwärmen von 2-[2-Brom-äthyl]-4,5,6,7-tetrahydro-benzo[*b*]thiophen mit Kaliumcyanid in wss. Aceton (*Cagniant, Cagniant*, Bl. **1955** 1252, 1255).

Kp$_{19}$: 167—170°.

2-Äthyl-4,5,6,7-tetrahydro-benzofuran-3-carbonsäure $C_{11}H_{14}O_3$, Formel XIV (R = H).

B. Beim Erwärmen von 2-Äthyl-4,5,6,7-tetrahydro-benzofuran-3-carbonsäure-äthyl=ester mit wss.-methanol. Kalilauge (*Boberg*, A. **626** [1959] 71, 81).

Krystalle (aus Me.); F: 138° (*Bo.*, l. c. S. 82).

2-Äthyl-4,5,6,7-tetrahydro-benzofuran-3-carbonsäure-äthylester $C_{13}H_{18}O_3$, Formel XIV (R = C$_2$H$_5$).

B. Beim Erwärmen von (±)-2-[2-*aci*-Nitro-cyclohexyl]-3-oxo-valeriansäure-äthylester (Zers. bei 73—74°) mit Methanol und wenig Harnstoff und Erhitzen des Reaktions=produkts mit konz. wss. Salzsäure (*Boberg*, A. **626** [1959] 71, 80).

Kp$_{0,7}$: 114°; n$_D^{20}$: 1,4963 (*Bo.*, l. c. S. 81).

XIV   XV   XVI

(**R**)-3,6-Dimethyl-4,5,6,7-tetrahydro-benzofuran-2-carbonsäure $C_{11}H_{14}O_3$, Formel XV
(X = OH).

B. Beim Erhitzen des im folgenden Artikel beschriebenen Anilids mit Bariumhydroxid-octahydrat und Äthylenglykol auf 140° (*Eastman, Wither*, Am. Soc. **75** [1953] 1492).
F: 179—179,5° [korr.; Zers.]. Absorptionsmaximum (A.): 270 nm.

Beim Behandeln mit Lithiumalanat in Äther ist eine als (*R*)-[3,6-Dimethyl-4,5,6,7-tetrahydro-benzofuran-2-yl]-methanol (Formel XVI) angesehene Verbindung $C_{11}H_{16}O_2$ (F: 50°) erhalten worden.

(**R**)-3,6-Dimethyl-4,5,6,7-tetrahydro-benzofuran-2-carbonsäure-anilid $C_{17}H_{19}NO_2$,
Formel XV (X = NH-C_6H_5).

B. Beim Erhitzen von (+)-Menthofuran ((*R*)-3,6-Dimethyl-4,5,6,7-tetrahydro-benzo≈furan) mit Chlorwasserstoff enthaltendem Phenylisocyanat auf 160° (*Eastman, Wither*, Am. Soc. **75** [1953] 1492).

Krystalle (aus wss. A.); F: 156—156,5° [korr.]. Absorptionsmaximum (A.): 292 nm.

Carbonsäuren $C_{12}H_{16}O_3$

(±)-Cyclohexyl-[2]thienyl-essigsäure $C_{12}H_{16}O_2S$, Formel I (R = H).

B. Beim Behandeln eines Gemisches von (±)-Cyclohexyl-hydroxy-[2]thienyl-essigsäure, Zinn(II)-chlorid und Essigsäure mit Chlorwasserstoff (*Blicke, Tsao*, Am. Soc. **66** [1944] 1645, 1647). Beim Erwärmen von Cyclohexyl-[2]thienyl-malonsäure-diäthylester mit wss.-äthanol. Kalilauge und Erhitzen des nach dem Ansäuern mit wss. Salzsäure isolierten Reaktionsprodukts auf 180° (*Leonard*, Am. Soc. **74** [1952] 2915, 2917).

Krystalle; F: 129—132° [aus wss. Eg.] (*Bl., Tsao*, l. c. S. 1646), 129—130° [unkorr.] (*Le.*).

(±)-Cyclohexyl-[2]thienyl-essigsäure-[2-diäthylamino-äthylester] $C_{18}H_{29}NO_2S$, Formel I
(R = CH_2-CH_2-N(C_2H_5)$_2$).

Hydrochlorid $C_{18}H_{29}NO_2S \cdot HCl$. *B*. Beim Erwärmen von (±)-Cyclohexyl-[2]thienyl-essigsäure mit Diäthyl-[2-chlor-äthyl]-amin und Isopropylalkohol (*Leonard*, Am. Soc. **74** [1952] 2915, 2918). — Krystalle (aus Isopropylalkohol + Ae.); F: 143—144° [unkorr.] (*Le.*, l. c. S. 2916).

I   II   III

(±)-Cyclohexyl-[2]thienyl-acetonitril $C_{12}H_{15}NS$, Formel II.

B. Beim Behandeln von [2]Thienyl-acetonitril mit Bromcyclohexan und Natriumamid in Benzol und Toluol (*Blicke, Krapcho*, Am. Soc. **74** [1952] 4001, 4002).

Kp_{1-2}: 129—132°.

5-[1-Methyl-cyclohexyl]-furan-2-carbonsäure $C_{12}H_{16}O_3$, Formel III (R = H).

B. Beim Erwärmen von 5-[1-Methyl-cyclohexyl]-furan-2-carbonsäure-methylester mit wss.-methanol. Kalilauge (*Reichstein et al.*, Helv. **18** [1935] 721, 723).

Krystalle (aus Bzn.); F: 110°.

Beim Behandeln mit wss. Kalilauge und wss. Kaliumpermanganat-Lösung ist 1-Methyl-cyclohexancarbonsäure erhalten worden (*Re. et al.*, l. c. S. 724).

5-[1-Methyl-cyclohexyl]-furan-2-carbonsäure-methylester $C_{13}H_{18}O_3$, Formel III
($R = CH_3$).

B. Beim Behandeln von Furan-2-carbonsäure-methylester mit 1-Chlor-1-methyl-cyclo$=$
hexan und Aluminiumchlorid in Schwefelkohlenstoff (*Reichstein et al.*, Helv. **18** [1935]
721, 723).

Kp$_{11}$: 145—146°.

(±)-2-Cyclopentyl-3-[2]furyl-propionsäure $C_{12}H_{16}O_3$, Formel IV ($R = H$).

B. Beim Erhitzen von Cyclopentyl-furfuryl-malonsäure-diäthylester mit äthanol. Kali$=$
lauge auf 150° und Erhitzen des nach dem Ansäuern mit wss. Salzsäure isolierten Reaktionsprodukts auf 180° (*Moffett et al.*, Am. Soc. **69** [1947] 1849, 1851).

Kp$_{0,025}$: 105°. D$_4^{25}$: 1,1010. n$_D^{25}$: 1,4962.

(±)-2-Cyclopentyl-3-[2]furyl-propionsäure-[2-diäthylamino-äthylester] $C_{18}H_{29}NO_3$,
Formel IV ($R = CH_2\text{-}CH_2\text{-}N(C_2H_5)_2$).

B. Beim Erwärmen einer Lösung von (±)-2-Cyclopentyl-3-[2]furyl-propionsäure in
Isopropylalkohol mit Natriummethylat (1 Mol) in Methanol und mit Diäthyl-[2-chlor-
äthyl]-amin (*Moffett et al.*, Am. Soc. **69** [1947] 1849, 1852).

Hydrochlorid $C_{18}H_{29}NO_3 \cdot HCl$. Krystalle (aus Isopropylalkohol + Äther), die zwischen 81° und 88° schmelzen.

IV   V   VI

(±)-2-Cyclopentyl-3-[2]thienyl-propionsäure $C_{12}H_{16}O_2S$, Formel V ($R = H$).

B. Beim Erhitzen von Cyclopentyl-[2]thienylmethyl-malonsäure-diäthylester mit
äthanol. Kalilauge auf 160° und Erhitzen des nach dem Ansäuern mit wss. Salzsäure
isolierten Reaktionsprodukts auf 180° (*Moffett et al.*, J. org. Chem. **15** [1950] 343, 345).

Kp$_{0,07}$: 135°; D$_4^{25}$: 1,1422; n$_D^{25}$: 1,5330 (*Mo. et al.*, l. c. S. 349).

(±)-2-Cyclopentyl-3-[2]thienyl-propionsäure-[2-diäthylamino-äthylester] $C_{18}H_{29}NO_2S$,
Formel V ($R = CH_2\text{-}CH_2\text{-}N(C_2H_5)_2$).

B. Beim Erwärmen einer Lösung von (±)-2-Cyclopentyl-3-[2]thienyl-propionsäure in
Isopropylalkohol mit Natriummethylat (1 Mol) in Methanol und mit Diäthyl-[2-chlor-
äthyl]-amin (*Moffett et al.*, J. org. Chem. **15** [1950] 343, 352).

Kp$_{0,015}$: 113°; D$_4^{25}$: 1,0353; n$_D^{25}$: 1,5051 (*Mo. et al.*, l. c. S. 351).

Hydrochlorid $C_{18}H_{29}NO_2S \cdot HCl$. F: 130—133° (*Mo. et al.*).

2-Methyl-4,5,6,7,8,9-hexahydro-cycloocta[*b*]furan-3-carbonsäure $C_{12}H_{16}O_3$, Formel VI
($R = H$).

B. Beim Erwärmen von 2-Methyl-4,5,6,7,8,9-hexahydro-cycloocta[*b*]furan-3-carbon$=$
säure-äthylester mit wss.-methanol. Kalilauge (*Boberg*, A. **626** [1959] 71, 81).

Krystalle (aus Me.); F: 131° (*Bo.*, l. c. S. 82).

2-Methyl-4,5,6,7,8,9-hexahydro-cycloocta[*b*]furan-3-carbonsäure-äthylester $C_{14}H_{20}O_3$,
Formel VI ($R = C_2H_5$).

B. Beim Erwärmen von 2-[2-*aci*-Nitro-cyclooctyl]-acetessigsäure-äthylester (Zers. bei
70—73°) mit Methanol und wenig Harnstoff und Erhitzen des Reaktionsprodukts mit
konz. wss. Salzsäure (*Boberg*, A. **626** [1959] 71, 80).

Kp$_{0,6}$: 112°; n$_D^{20}$: 1,5036 (*Bo.*, l. c. S. 81).

3-[5,6,7,8-Tetrahydro-4*H*-cyclohepta[*b*]furan-2-yl]-propionsäure $C_{12}H_{16}O_3$, Formel VII.

B. In kleiner Menge beim Erwärmen von 2-Furfuryliden-cycloheptanon (Kp$_{29}$: 185°

bis 188° [E III/IV **17** 4997]) mit wss.-äthanol. Salzsäure (*Gardner et al.*, Am. Soc. **80** [1958] 143, 147).

Krystalle (nach Sublimation bei 0,1 Torr); F: 103—104,5° [korr.].

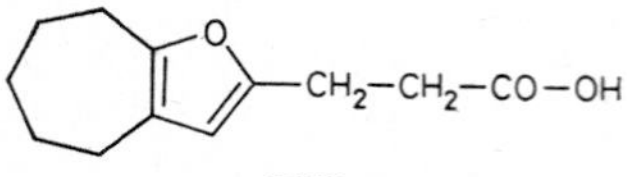

VII

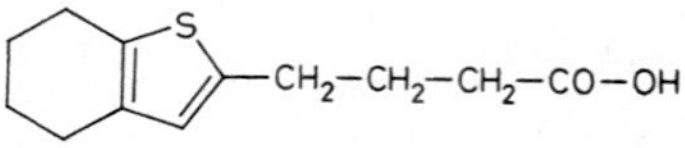

VIII

4-[4,5,6,7-Tetrahydro-benzo[*b*]thiophen-2-yl]-buttersäure $C_{12}H_{16}O_2S$, Formel VIII.

B. Beim Erhitzen von 4-Oxo-4-[4,5,6,7-tetrahydro-benzo[*b*]thiophen-2-yl]-buttersäure mit Hydrazin, Kaliumhydroxid und Diäthylenglykol bis auf 210° (*Cagniant, Cagniant*, Bl. **1952** 336, 342).

Krystalle (aus PAe.); F: 60°.

Carbonsäuren $C_{13}H_{18}O_3$

(±)-2-Cyclohexyl-3-[2]thienyl-propionsäure $C_{13}H_{18}O_2S$, Formel IX (R = H).

B. Beim Erhitzen von Cyclohexyl-[2]thienylmethyl-malonsäure-diäthylester mit wss.-äthanol. Kalilauge und Ansäuern der Lösung des Reaktionsprodukts mit wss. Salzsäure (*Blicke, Leonard*, Am. Soc. **68** [1946] 1934).

Krystalle (aus PAe.); F: 62—63°.

(±)-2-Cyclohexyl-3-[2]thienyl-propionsäure-[2-diäthylamino-äthylester] $C_{19}H_{31}NO_2S$, Formel IX (R = CH_2-CH_2-$N(C_2H_5)_2$).

Hydrochlorid $C_{19}H_{31}NO_2S \cdot HCl$. *B.* Beim Erwärmen von (±)-2-Cyclohexyl-3-[2]thi≠enyl-propionsäure mit Diäthyl-[2-chlor-äthyl]-amin und Isopropylalkohol (*Blicke, Leonard*, Am. Soc. **68** [1946] 1934). — Krystalle (aus Isopropylalkohol + Äther); F: 152—154°.

2-Äthyl-4,5,6,7,8,9-hexahydro-cycloocta[*b*]furan-3-carbonsäure $C_{13}H_{18}O_3$, Formel X (R = H).

B. Beim Erwärmen von 2-Äthyl-4,5,6,7,8,9-hexahydro-cycloocta[*b*]furan-3-carbon≠säure-äthylester mit wss.-methanol. Kalilauge (*Boberg*, A. **626** [1959] 71, 81).

Krystalle (aus Me.); F: 96° (*Bo.*, l. c. S. 82).

2-Äthyl-4,5,6,7,8,9-hexahydro-cycloocta[*b*]furan-3-carbonsäure-äthylester $C_{15}H_{22}O_3$, Formel X (R = C_2H_5).

B. Beim Behandeln von 1-Nitro-cyclooocten mit der Natrium-Verbindung des 3-Oxo-valeriansäure-äthylesters in Äther, Erwärmen des erhaltenen Esters mit Methanol und wenig Harnstoff und Erhitzen des danach isolierten Reaktionsprodukts mit konz. wss. Salzsäure (*Boberg*, A. **626** [1959] 71, 80).

$Kp_{0,3}$: 112° (*Bo.*, l. c. S. 81).

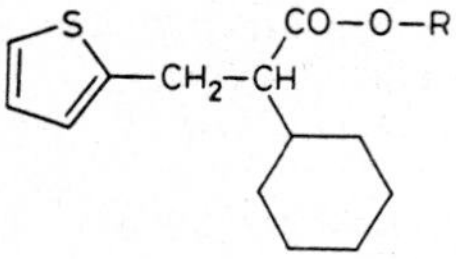

IX

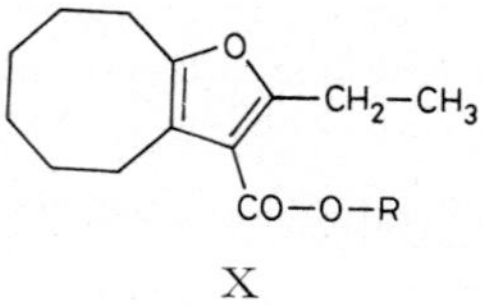

X

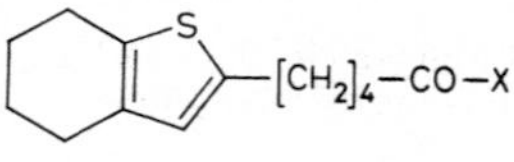

XI

5-[4,5,6,7-Tetrahydro-benzo[*b*]thiophen-2-yl]-valeriansäure $C_{13}H_{18}O_2S$, Formel XI (X = OH).

B. Beim Erhitzen von 5-Oxo-5-[4,5,6,7-tetrahydro-benzo[*b*]thiophen-2-yl]-valerian≠säure mit Hydrazin, Kaliumhydroxid und Diäthylenglykol bis auf 210° (*Cagniant, Cagniant*, Bl. **1953** 921).

Krystalle (aus PAe.); F: 81°.

5-[4,5,6,7-Tetrahydro-benzo[b]-thiophen-2-yl]-valeriansäure-amid $C_{13}H_{19}NOS$,
Formel XI (X = NH_2).

B. Beim Behandeln von 5-[4,5,6,7-Tetrahydro-benzo[b]thiophen-2-yl]-valeriansäure
mit Thionylchlorid, Äther und wenig Pyridin und Behandeln des erhaltenen Säure=
chlorids mit wss. Ammoniak (*Cagniant, Cagniant*, Bl. **1953** 921).

Krystalle (aus Bzl.); F: 120—121°.

Carbonsäuren $C_{14}H_{20}O_3$

**(±)-2-Cyclohexylmethyl-3-[2]thienyl-propionsäure, (±)-3-Cyclohexyl-2-[2]thienyl=
methyl-propionsäure** $C_{14}H_{20}O_2S$, Formel XII (R = H).

B. Beim Erhitzen von Cyclohexylmethyl-[2]thienylmethyl-malonsäure auf 180°
(*Blicke, Leonard*, Am. Soc. **68** [1946] 1934).

Krystalle (aus PAe.); F: 54—56°.

(±)-2-Cyclohexylmethyl-3-[2]thienyl-propionsäure-[2-diäthylamino-äthylester]
$C_{20}H_{33}NO_2S$, Formel XII (R = CH_2-CH_2-$N(C_2H_5)_2$).

Hydrochlorid $C_{20}H_{33}NO_2S \cdot HCl$. B. Beim Erwärmen von (±)-2-Cyclohexylmethyl-
3-[2]thienyl-propionsäure mit Diäthyl-[2-chlor-äthyl]-amin und Isopropylalkohol (*Blicke,
Leonard*, Am. Soc. **68** [1946] 1934). — Krystalle (aus Bzl. + Ae.); F: 89—91°.

XII　　　　　　　　　　　　　　　XIII

2-Pentyl-4,5,6,7-tetrahydro-benzofuran-3-carbonsäure $C_{14}H_{20}O_3$, Formel XIII.

B. Beim Behandeln von 1-Nitro-cyclohexen mit der Natrium-Verbindung des 3-Oxo-
octansäure-äthylesters in Äther, Erwärmen des Reaktionsprodukts mit Methanol und
wenig Harnstoff und anschliessend mit konz. wss. Salzsäure und Erwärmen des erhaltenen
2-Pentyl-4,5,6,7-tetrahydro-benzofuran-3-carbonsäure-äthylesters mit wss.-methanol.
Kalilauge (*Boberg*, A. **626** [1959] 71, 80, 81).

Krystalle (aus Me.); F: 82° (*Bo.*, l. c. S. 82).

Carbonsäuren $C_{15}H_{22}O_3$

(±)-4-Cyclohexyl-2-[2]thienylmethyl-buttersäure $C_{15}H_{22}O_2S$, Formel I (R = H).

B. Beim Erhitzen von [2-Cyclohexyl-äthyl]-[2]thienylmethyl-malonsäure auf 180°
(*Blicke, Leonard*, Am. Soc. **68** [1946] 1934).

Kp_5: 211—212°.

(±)-4-Cyclohexyl-2-[2]thienylmethyl-buttersäure-[2-diäthylamino-äthylester]
$C_{21}H_{35}NO_2S$, Formel I (R = CH_2-CH_2-$N(C_2H_5)_2$).

Hydrochlorid $C_{21}H_{35}NO_2S \cdot HCl$. B. Beim Erwärmen von (±)-4-Cyclohexyl-2-[2]thi=
enylmethyl-buttersäure mit Diäthyl-[2-chlor-äthyl]-amin und Isopropylalkohol (*Blicke,
Leonard*, Am. Soc. **68** [1946] 1934). — Krystalle (aus Isopropylalkohol + Äther); F:
103—105°.

**3-Methyl-3-[trans-2-(2,6,6-trimethyl-cyclohex-2-enyl)-vinyl]-oxirancarbonsäure,
2,3-Epoxy-3-methyl-5t-[2,6,6-trimethyl-cyclohex-2-enyl]-pent-4-ensäure** $C_{15}H_{22}O_3$,
Formel II (R = H).

Die Identität einer von *Inhoffen et al.* (A. **588** [1954] 117, 122) unter dieser Konstitution
und Konfiguration beschriebenen, beim Behandeln von opt.-inakt. 2,3-Epoxy-3-methyl-
5t-[2,6,6-trimethyl-cyclohex-2-enyl]-pent-4-ensäure-äthylester (bei 115—150°/0,06 Torr
destillierbar; aus (±)-trans-α-Jonon und Chloressigsäure-äthylester hergestellt) mit
methanol. Kalilauge und Erhitzen des nach dem Ansäuern mit wss. Schwefelsäure
isolierten Reaktionsprodukts mit Kupfer-Pulver unter 15 Torr auf 140° erhaltenen

opt.-inakt. Verbindung (Krystalle [aus PAe.], F: 141—143°; λ_{max} [Me.]: 234 nm) ist ungewiss (vgl. die Ausführungen im Artikel 2,3-Epoxy-3-methyl-5t-[2,6,6-trimethyl-cyclohex-1-enyl]-pent-4-ensäure-äthylester [s. u.]).

I   II   III

*Opt.-inakt. 2,3-Epoxy-3-methyl-5t-[2,6,6-trimethyl-cyclohex-2-enyl]-pent-4-ensäure-äthylester $C_{17}H_{26}O_3$, Formel II (R = C_2H_5).

Die folgenden Angaben beziehen sich wahrscheinlich auf Präparate von ungewisser Einheitlichkeit (vgl. die Ausführungen im Artikel 2,3-Epoxy-3-methyl-5t-[2,6,6-trimethyl-cyclohex-1-enyl]-pent-4-ensäure-äthylester [s. u.]).

B. Beim Behandeln von (±)-trans-α-Jonon ((±)-4t-[2,6,6-Trimethyl-cyclohex-2-enyl]-but-3-en-2-on) mit Chloressigsäure-äthylester und Natriummethylat in Benzol bzw. Äther und Ansäuern des Reaktionsgemisches mit wss. Essigsäure (*Ishikawa, Matsuura*, Sci. Rep. Tokyo Bunrika Daigaku [A] **3** [1935/40] 173, 176; *Heilbron et al.*, Soc. **1942** 727, 732).

$Kp_{2,5}$: 116—120°; D_{22}^{22}: 1,0329; n_D^{25}: 1,5099 (*Is., Ma.*). $Kp_{0,2}$: 135—145°; n_D^{24}: 1,4996 (*He. et al.*, l. c. S. 732). Absorptionsmaximum (A.): 234 nm (*He. et al.*, l. c. S. 730).

3-Methyl-3-[trans-2-(2,6,6-trimethyl-cyclohex-1-enyl)-vinyl]-oxirancarbonsäure,
2,3-Epoxy-3-methyl-5t-[2,6,6-trimethyl-cyclohex-1-enyl]-pent-4-ensäure $C_{15}H_{22}O_3$,
Formel III (R = H).

Eine von *Heilbron et al.* (Soc. **1942** 727, 732) unter dieser Konstitution und Konfiguration beschriebene opt.-inakt. Verbindung (F: 132° [Zers.]) ist als 2-Hydroxy-3-methyl-5-[2,6,6-trimethyl-cyclohex-2-enyliden]-pent-3-ensäure (E III **10** 658) zu formulieren (*Oediger, Eiter*, B. **97** [1964] 549, 552). Entsprechendes gilt für den von *Heilbron et al.* (l. c.) beschriebenen Methylester (bei 70—80°/0,0001 Torr destillierbar; n_D^{22}: 1,5540; λ_{max} [A.]: 286 nm), der als 2-Hydroxy-3-methyl-5-[2,6,6-trimethyl-cyclohex-2-enyliden]-pent-3-ensäure-methylester ($C_{16}H_{24}O_3$) zu formulieren ist.

2,3-Epoxy-3-methyl-5t-[2,6,6-trimethyl-cyclohex-1-enyl]-pent-4-ensäure-äthylester
$C_{17}H_{26}O_3$, Formel III (R = C_2H_5).

Die folgenden Angaben beziehen sich auf Präparate, in denen vermutlich Gemische einer opt.-inakt. Verbindung dieser Konstitution mit 2-Hydroxy-3-methyl-5-[2,6,6-trimethyl-cyclohex-2-enyliden]-pent-3-ensäure-äthylester und 3-Methyl-2-oxo-5t-[2,6,6-trimethyl-cyclohex-1-enyl]-pent-4-ensäure-äthylester (⇌ 2-Hydroxy-3-methyl-5t-[2,6,6-trimethyl-cyclohex-1-enyl]-penta-2ξ,4-diensäure-äthylester) vorgelegen haben (vgl. *Milas et al.*, Am. Soc. **70** [1948] 1584, 1585; *Oediger, Eiter*, B. **97** [1964] 549, 550).

B. Beim Behandeln von trans-β-Jonon (4t-[2,6,6-Trimethyl-cyclohex-1-enyl]-but-3-en-2-on) mit Chloressigsäure-äthylester und Natriummethylat in Benzol (*Ishikawa, Matsuura*, Sci. Rep. Tokyo Bunrika Daigaku [A] **3** [1935/40] 173, 178), in Petroläther (*Heilbron et al.*, Soc. **1942** 727, 732) oder in Toluol (*Mi. et al.*, l. c. S. 1588) und Behandeln des jeweiligen Reaktionsgemisches mit wss. Essigsäure (*Is., Ma.; He. et al.*) bzw. mit wss. Weinsäure (*Mi. et al.*).

Kp_2: 154—156°; n_D^{25}: 1,5293; λ_{max} (A.): 286 nm (*Mi. et al.*). Kp_2: 146—149° (*Is., Ma.*). Bei 55°/0,001 Torr destillierbar; λ_{max} (A.): 287 nm (*He. et al.*).

Carbonsäuren $C_{16}H_{24}O_3$

4-[5-(3-Cyclopentyl-propyl)-[2]thienyl]-buttersäure $C_{16}H_{24}O_2S$, Formel IV.

B. Beim Erhitzen von 4-[5-(3-Cyclopentyl-propyl)-[2]thienyl]-4-oxo-buttersäure mit Hydrazin-hydrat und Kaliumhydroxid (*Buu-Hoï et al.*, C. r. **240** [1955] 785).

Kp_{26}: 258—260°.

2-Pentyl-4,5,6,7,8,9-hexahydro-cycloocta[b]furan-3-carbonsäure $C_{16}H_{24}O_3$, Formel V
(R = H).

B. Beim Erwärmen von 2-Pentyl-4,5,6,7,8,9-hexahydro-cycloocta[b]furan-3-carbon=
säure-äthylester mit wss.-methanol. Kalilauge (*Boberg*, A. **626** [1959] 71, 81).

Krystalle (aus Me.); F: 103° (*Bo.*, l. c. S. 82).

IV   V

2-Pentyl-4,5,6,7,8,9-hexahydro-cycloocta[b]furan-3-carbonsäure-äthylester $C_{18}H_{28}O_3$,
Formel V (R = C_2H_5).

B. Beim Behandeln von 1-Nitro-cycloocten mit der Natrium-Verbindung des 3-Oxo-
octansäure-äthylesters in Äther, Erwärmen des erhaltenen Esters mit Methanol und
wenig Harnstoff und Erhitzen des danach isolierten Reaktionsprodukts mit konz. wss.
Salzsäure (*Boberg*, A. **626** [1959] 71, 80).

$Kp_{0,6}$: 146—150° (*Bo.*, l. c. S. 81).

Carbonsäuren $C_{17}H_{26}O_3$

4-[5-(3-Cyclohexyl-propyl)-[2]thienyl]-buttersäure $C_{17}H_{26}O_2S$, Formel VI.

B. Aus 4-[5-(3-Cyclohexyl-propyl)-[2]thienyl]-4-oxo-buttersäure nach dem Verfahren
von Huang-Minlon (*Buu-Hoï et al.*, C. r. **240** [1955] 785).

Krystalle (aus PAe.); F: 36—37°.

VI   VII

Carbonsäuren $C_{18}H_{28}O_3$

6-[5-(3-Cyclopentyl-propyl)-[2]thienyl]-hexansäure $C_{18}H_{28}O_2S$, Formel VII.

B. Aus 6-[5-(3-Cyclopentyl-propyl)-[2]thienyl]-6-oxo-hexansäure nach dem Verfahren
von Huang-Minlon (*Buu-Hoï et al.*, C. r. **240** [1955] 785).

Kp_{35}: 292—295°.

Carbonsäuren $C_{20}H_{32}O_3$

4,7,11b-Trimethyl-hexadecahydro-phenanthro[3,2-b]furan-4-carbonsäure-methylester
$C_{21}H_{34}O_3$.

a) **(4aR)-4t,7c,11b-Trimethyl-(4ar,6at,7aξ,10aξ,11ac,11bt)-hexadecahydro-phen=
anthro[3,2-b]furan-4c-carbonsäure-methylester, 12ξ,17-Epoxy-14α-methyl-13ξH-15-nor-
pimaran-18-säure-methylester** [1]) $C_{21}H_{34}O_3$, Formel VIII, **vom F: 91°; Tetrahydrovinhatico=
säure-methylester.**

B. Bei der Hydrierung von Vinhaticosäure-methylester (12,17-Epoxy-14α-methyl-
15-nor-pimara-12,16-dien-18-säure-methylester [S. 4289]) an Platin in Essigsäure (*Haworth
et al.*, Soc. **1955** 1983, 1989).

Krystalle (aus Me.); F: 90—91°.

b) **(4aR)-4c,7c,11b-Trimethyl-(4ar,6at,7aξ,10aξ,11ac,11bt)-hexadecahydro-phen=
anthro[3,2-b]furan-4t-carbonsäure-methylester, 12ξ,17-Epoxy-14α-methyl-13ξH-15-nor-
pimaran-19-säure-methylester** [1]) $C_{21}H_{34}O_3$, Formel IX; **Tetrahydrovouacapensäure-
methylester.**

Zwei Präparate (Krystalle [aus wss. Me.], F: 129—131,5°; $[\alpha]_D$: +44,9° [CCl_4] bzw.

---

[1]) Stellungsbezeichnung bei von Pimaran abgeleiteten Namen s. E III **9** 355 Anm. 2.

Krystalle [aus Me.], F: 115—118°; [α]$_D$: +40,5° [CCl$_4$]), in denen wahrscheinlich Gemische von stereoisomeren Verbindungen dieser Konstitution vorgelegen haben, sind neben anderen Verbindungen bei der Hydrierung von Vouacapensäure-methylester (12,17-Epoxy-14α-methyl-15-nor-pimara-12,16-dien-19-säure-methylester [S. 4289]) an Platin in Essigsäure bzw. Äthylacetat erhalten worden (*Spoelstra*, R. **49** [1930] 226, 234, 236).

VIII   IX   X

(4aS)-8c,8a-Epoxy-7t-isopropyl-1c,4a-dimethyl-(4ar,4bt,8ac,10at)-tetradecahydro-phen‌anthren-1t-carbonsäure, 8,14β-Epoxy-13α-isopropyl-podocarpan-15-säure[1]), 8,14β-Epoxy-13βH-abietan-18-säure [2]) C$_{20}$H$_{32}$O$_3$, Formel X.

Diese Konstitution und Konfiguration kommt der nachstehend beschriebenen, ursprünglich (*Royals et al.*, J. org. Chem. **23** [1958] 151) als 7ξ,8-Epoxy-13α-isopropyl-8ξ-podocarpan-15-säure angesehenen Verbindung zu (*Huffman et al.*, J. org. Chem. **31** [1966] 4128, 4130).

B. Beim Behandeln des Dipentylamin-Salzes der Abietinsäure (13-Isopropyl-podo‌carpa-7,13-dien-15-säure) mit Lithium, Äther und flüssigem Ammoniak und anschliessend mit Äthanol und Behandeln des Reaktionsprodukts mit Monoperoxyphthalsäure in Äther (*Ro. et al.*) oder mit 3-Chlor-peroxybenzoesäure in Äther (*Hu. et al.*).

Krystalle; F: 170—171° [unkorr.; aus Butanon] (*Hu. et al.*), 167—168,5° [unkorr.] (*Ro. et al.*). ^{1}H-NMR-Absorption: *Hu. et al.*

(4aS)-7c-Äthyl-8ξ,8a-epoxy-1c,4a,7t-trimethyl-(4ar,4bt,8aξ,10at)-tetradecahydro-phen‌anthren-1t-carbonsäure-methylester, 13β-Äthyl-8,14ξ-epoxy-13α-methyl-8ξ-podocarpan-15-säure-methylester[1]), (13R)-8,14ξ-Epoxy-8ξ-pimaran-18-säure-methylester[3]) C$_{21}$H$_{34}$O$_3$, Formel XI.

a) Stereoisomeres vom F: 119°.

B. Bei 60-stdg. Behandeln von Dihydrodextropimarsäure-methylester (13β-Äthyl-13α-methyl-podocarp-8(14)-en-15-säure-methylester) mit Peroxybenzoesäure in Chloro‌form bei —10° (*Ruzicka, Frank*, Helv. **15** [1932] 1294, 1299).

Krystalle (aus E.); F: 118—119°.

Beim Behandeln mit Essigsäure und wenig Schwefelsäure und Erwärmen des Reaktionsprodukts mit methanol. Alkalilauge ist eine nach *J. Simonsen* und *D. H. R. Barton* (The Terpenes, 2. Aufl., Bd. **3** [Cambridge 1952] S. 450) vielleicht als 13β-Äthyl-13α-methyl-podocarpa-8(14),9(11)-dien-15-säure (Formel XII) zu formulierende Säure C$_{20}$H$_{30}$O$_2$ (F: 186—188°) erhalten worden (*Ru., Fr.*).

XI   XII

---

[1]) Stellungsbezeichnung bei von **Podocarpan** abgeleiteten Namen s. E III **6** 2098 Anm. 2.

[2]) Stellungsbezeichnung bei von **Abietan** abgeleiteten Namen s. E III **5** 1310 Anm.

[3]) Stellungsbezeichnung bei von **Pimaran** abgeleiteten Namen s. E III **9** 355 Anm. 2.

b) Stereoisomeres vom F: 104°.

B. Bei 24-stdg. Behandeln von Dihydrodextropimarsäure-methylester (13β-Äthyl-13α-methyl-podocarp-8(14)-en-15-säure-methylester) mit Peroxybenzoesäure in Chloroform bei —10° (*Ruzicka, Frank*, Helv. **15** [1932] 1294, 1298).

Krystalle (aus PAe.); F: 103—104°. Wenig beständig.

[*Winckler*]

Monocarbonsäuren $C_nH_{2n-10}O_3$

Carbonsäuren $C_7H_4O_3$

[2]Furylpropiolsäure $C_7H_4O_3$, Formel I (X = H) (E II 275).

B. Beim Erwärmen von [5-Brom-[2]furyl]-propiolsäure mit Zink-Pulver und wss. Ammoniak (*Gilman et al.*, Am. Soc. **53** [1931] 4192, 4195).

Krystalle (aus PAe.); F: 112—113°.

[5-Brom-[2]furyl]-propiolsäure $C_7H_3BrO_3$, Formel I (X = Br).

B. Beim Erwärmen des Kalium-Salzes der 2-Brom-3t-[5-brom-[2]furyl]-acrylsäure (S. 4154) mit äthanol. Kalilauge (*Gilman et al.*, Am. Soc. **53** [1931] 4192, 4195). Beim Erhitzen von 2-Brom-3t-[5-brom-[2]furyl]-acrylsäure-äthylester mit wss. Kalilauge (*Wereschtschagin et al.*, Ž. org. Chim. **2** [1966] 522, 524; engl. Ausg. S. 524, 526).

Krystalle; F: 143—145° [aus Bzl. + Bzn.] (*We. et al.*), 143° [aus wss. A.] (*Gi. et al.*).

Beim Erhitzen mit Wasser sind 2-Äthinyl-5-brom-furan und 1-[5-Brom-[2]furyl]-äthanon erhalten worden (*Gi. et al.*, l. c. S. 4195).

[5-Brom-[2]furyl]-propiolsäure-[1]naphthylamid $C_{17}H_{10}BrNO_2$, Formel II.

B. Beim Behandeln von 2-Äthinyl-5-brom-furan mit Äthylmagnesiumbromid in Äther und anschliessend mit [1]Naphthylisocyanat (*Gilman et al.*, Am. Soc. **53** [1931] 4192, 4196).

Krystalle (aus wss. A.); F: 150°.

I   II   III

[2]Thienylpropiolsäure $C_7H_4O_2S$, Formel III (R = H).

B. Beim Erwärmen von (2RS,3SR?)-2,3-Dibrom-3-[2]thienyl-propionsäure-äthylester (F: 68—70° [S. 4093]) oder von 2-Brom-3-[2]thienyl-acrylsäure (F: 185—188°) mit äthanol. Kalilauge (*Keskin et al.*, J. org. Chem. **16** [1951] 199, 203, 204). Beim Behandeln einer Lösung von [2]Thienyl-propiolsäure-äthylester in Benzol mit wss. Natronlauge (*Osbahr et al.*, Am. Soc. **77** [1955] 1911).

Krystalle; F: 130—133° (*Os. et al.*), 130—131° [aus CCl₄] (*Ke. et al.*).

[2]Thienylpropiolsäure-äthylester $C_9H_8O_2S$, Formel III (R = C_2H_5).

B. Beim Behandeln einer Lösung von 2-Äthinyl-thiophen in Äther mit Natriumamid in flüssigem Ammoniak und Behandeln des erhaltenen Natrium-Salzes mit Chlorokohlensäure-äthylester und Äther (*Osbahr et al.*, Am. Soc. **77** [1955] 1911).

Kp_1: 95—98°.

[5-Chlor-[2]thienyl]-propiolsäure $C_7H_3ClO_2S$, Formel IV (R = H).

B. Beim Erwärmen von 2-Brom-3-[5-chlor-[2]thienyl]-acrylsäure (F: 226—228°) mit äthanol. Kalilauge (*Keskin et al.*, J. org. Chem. **16** [1951] 199, 204). Beim Behandeln einer Lösung von [5-Chlor-[2]thienyl]-propiolsäure-äthylester in Benzol mit wss. Natronlauge (*Osbahr et al.*, Am. Soc. **77** [1955] 1911).

Krystalle [aus CHCl₄] (*Ke. et al.*). F: 118—120° (*Ke. et al.*; *Os. et al.*).

[5-Chlor-[2]thienyl]-propiolsäure-äthylester $C_9H_7ClO_2S$, Formel IV (R = C_2H_5).

B. Beim Behandeln einer Lösung von 2-Äthinyl-5-chlor-thiophen in Äther mit Natrium=
amid in flüssigem Ammoniak und Behandeln des erhaltenen Natrium-Salzes mit Chloro=
kohlensäure-äthylester und Äther (*Osbahr et al.*, Am. Soc. **77** [1955] 1911).

Kp$_1$: 56—58°.

IV   V   VI

[5-Brom-[2]thienyl]-propiolsäure $C_7H_3BrO_2S$, Formel V.

B. Beim Erwärmen von 2-Brom-3-[5-brom-[2]thienyl]-acrylsäure (F: 234—235°) mit
äthanol. Kalilauge (*Keskin et al.*, J. org. Chem. **16** [1951] 199, 204).

Krystalle (aus CCl$_4$); F: 125—126°.

[2,5-Dichlor-[3]thienyl]-propiolsäure $C_7H_2Cl_2O_2S$, Formel VI (R = H).

B. Beim Behandeln einer Lösung von [2,5-Dichlor-[3]thienyl]-propiolsäure-äthylester
in Benzol mit wss. Natronlauge (*Osbahr et al.*, Am. Soc. **77** [1955] 1911).

F: 139—141°.

[2,5-Dichlor-[3]thienyl]-propiolsäure-äthylester $C_9H_6Cl_2O_2S$, Formel VI (R = C_2H_5).

B. Beim Behandeln einer Lösung von 3-Äthinyl-2,5-dichlor-thiophen in Äther mit
Natriumamid in flüssigem Ammoniak und Behandeln des erhaltenen Natrium-Salzes mit
Chlorokohlensäure-äthylester und Äther (*Osbahr et al.*, Am. Soc. **77** [1955] 1911).

Kp$_1$: 92—95°.

Carbonsäuren $C_8H_6O_3$

[3-Methyl-[2]thienyl]-propiolsäure $C_8H_6O_2S$, Formel VII (R = H).

B. Beim Behandeln einer Lösung von [3-Methyl-[2]thienyl]-propiolsäure-äthylester in
Benzol mit wss. Natronlauge (*Osbahr et al.*, Am. Soc. **77** [1955] 1911).

F: 115—118°.

VII   VIII

[3-Methyl-[2]thienyl]-propiolsäure-äthylester $C_{10}H_{10}O_2S$, Formel VII (R = C_2H_5).

B. Beim Behandeln einer Lösung von 2-Äthinyl-3-methyl-thiophen in Äther mit
Natriumamid in flüssigem Ammoniak und Behandeln des erhaltenen Natrium-Salzes mit
Chlorokohlensäure-äthylester und Äther (*Osbahr et al.*, Am. Soc. **77** [1955] 1911).

Kp$_1$: 65—67°.

5-Prop-1-inyl-thiophen-2-carbonsäure, Junipinsäure $C_8H_6O_2S$, Formel VIII (R = H).

B. Beim Behandeln von 2-Prop-1-inyl-thiophen mit Butyllithium in Äther und Be=
handeln der Reaktionslösung mit festem Kohlendioxid (*Skatteböl*, Acta chem. scand. **13**
[1959] 1460). Beim Behandeln einer Suspension von Junipal (5-Prop-1-inyl-thiophen-
2-carbaldehyd) in Wasser mit Quecksilber(II)-jodid, Kaliumjodid und wss. Natronlauge
(*Birkinshaw, Chaplen*, Biochem. J. **60** [1955] 255, 259; *Schulte, Jantos*, Ar. **292** [1959]
536, 540).

Hellgelbe Krystalle; F: 180° [unkorr.; aus wss. A.] (*Bi., Ch.*), 179—180° [aus Me. +
W.] (*Sch., Ja.*), 176,5—177,5° [unkorr.; aus Bzn. + Ae.] (*Sk.*). Im Hochvakuum bei
140—145° sublimierbar (*Bi., Ch.*). Absorptionsmaximum (A.): 293 nm (*Sk.; Bi., Ch.*).

5-Prop-1-inyl-thiophen-2-carbonsäure-methylester $C_9H_8O_2S$, Formel VIII (R = CH_3).

B. Beim Behandeln von 5-Prop-1-inyl-thiophen-2-carbonsäure mit Diazomethan in Äther (*Birkinshaw, Chaplen,* Biochem. J. **60** [1955] 255, 259).

Krystalle (aus wss. Me.); F: 62°. Bei 50—55°/16 Torr sublimierbar.

Carbonsäuren $C_9H_8O_3$

5*t*(?)-[2]Furyl-penta-2*t*(?),4-diensäure $C_9H_8O_3$, vermutlich Formel IX (R = H) (H 302; dort als γ-Furfuryliden-crotonsäure bezeichnet).

B. Beim Erhitzen von 3*t*(?)-[2]Furyl-acrylaldehyd (E III/IV **17** 4695) mit Diacetamid und Natriumacetat auf 180° und Erhitzen der in Wasser löslichen Anteile des Reaktionsprodukts mit wss. Natronlauge (*Polya, Spotswood,* R. **70** [1951] 146, 153). Aus 3*t*(?)-[2]Furyl-acrylaldehyd und Malonsäure mit Hilfe von Pyridin (*Hausser et al.,* Z. physik. Chem. [B] **29** [1935] 378, 383). Aus 5*t*(?)-[2]Furyl-penta-2*t*(?),4-diensäure-äthyl=ester (s. u.) mit Hilfe von wss.-äthanol. Kalilauge (*Rallings, Smith,* Soc. **1953** 618, 619). Beim Erhitzen von [3*t*(?)-[2]Furyl-allyliden]-malonsäure (F: 186°) mit Wasser (*Asano, Nakatomi,* J. pharm. Soc. Japan **53** [1953] 176, 179; dtsch. Ref. S. 36).

Hellgelbe Krystalle (aus W.); F: 158—159° (*As., Na.*), 153—154° (*Po., Sp.; Ra., Sm.*), 152° [korr.; aus W.] (*Ha. et al.*). Absorptionsspektrum einer Lösung in Hexan (180 nm bis 380 nm [λ_{max}: 337 nm]) sowie einer Lösung in Äthanol (190—380 nm [λ_{max}: 320 nm]): *Ha. et al.,* l. c. S. 380.

Beim Erhitzen bis auf 200° sind kleine Mengen 2-Buta-1,3-dien-*t*(?)-yl-furan (E III/IV **17** 398) erhalten worden (*Schur, Matjuschinškiĭ,* Uč. Zap. Kišinevsk. Univ. **7** [1953] 97; C. A. **1955** 11 618).

5*t*(?)-[2]Furyl-penta-2*t*(?),4-diensäure-äthylester $C_{11}H_{12}O_3$, vermutlich Formel IX (R = C_2H_5).

B. Beim Behandeln von 3*t*(?)-[2]Furyl-acrylaldehyd (E III/IV **17** 4695) mit Äthyl=acetat und Natrium (*Hinz et al.,* B. **76** [1943] 676, 683; *Shono et al.,* J. chem. Soc. Japan Ind. Chem. Sect. **57** [1954] 769; C. A. **1955** 10234) oder mit Äthylacetat und Natrium=äthylat (*Rallings, Smith,* Soc. **1953** 618, 619).

Krystalle; F: 22—23° (*Ra., Sm.*), 14—15° (*Hinz et al.*). Kp_{10}: 145—150° (*Hinz et al.*); Kp_2: 128—132° (*Sh. et al.*).

IX   X   XI

5*t*(?)-[2]Thienyl-penta-2*t*,4-diensäure $C_9H_8O_2S$, vermutlich Formel X (R = H).

B. Beim Erwärmen von Thiophen-2-carbaldehyd mit 4-Brom-*trans*-crotonsäure-äthylester, Zink, Benzol und Tetrahydrofuran und Behandeln des nach der Hydrolyse (wss. Salzsäure) erhaltenen Reaktionsprodukts mit wss.-äthanol. Kalilauge (*Miller, Nord,* J. org. Chem. **16** [1951] 1720, 1725). Beim Erwärmen von 2-Cyan-5*t*(?)-[2]thienyl-penta-2ξ,4-diensäure-äthylester (S. 4546) mit wss.-äthanol. Kalilauge (*Mi., Nord,* l. c. S. 1726).

Krystalle (aus Bzl. oder wss. A.); F: 170—171° (*Mi., Nord,* l. c. S. 1725).

5*t*(?)-[2]Thienyl-penta-2*t*,4-diensäure-äthylester $C_{11}H_{12}O_2S$, vermutlich Formel X (R = C_2H_5).

B. Beim Erwärmen von (±)-5-Hydroxy-5-[2]thienyl-pent-2*t*-ensäure-äthylester mit wss. Oxalsäure (*Schuetz, Houff,* Am. Soc. **77** [1955] 1839).

Kp_1: 148—149°.

5*t*(?)-[3]Thienyl-penta-2*t*,4-diensäure-äthylester $C_{11}H_{12}O_2S$, vermutlich Formel XI.

B. Beim Erwärmen von (±)-5-Hydroxy-5-[3]thienyl-pent-2*t*-ensäure-äthylester mit wss. Oxalsäure (*Schuetz, Houff,* Am. Soc. **77** [1955] 1839).

Kp_1: 149—151°.

3-Phenyl-oxirancarbonsäure, 2,3-Epoxy-3-phenyl-propionsäure $C_9H_8O_3$.

a) **(2R)-*trans*-3-Phenyl-oxirancarbonsäure, (2R,3S)-2,3-Epoxy-3-phenyl-propion-säure** $C_9H_8O_3$, Formel XII (X = OH).

Diese Konfiguration ist der im Hauptwerk (H **18** 302) beschriebenen, dort als „links-drehende β-Phenyl-glycidsäure" bezeichneten Verbindung zuzuordnen (*Harada*, J. org. Chem. **31** [1966] 1407, 1408).

b) **(±)-*trans*-3-Phenyl-oxirancarbonsäure, (2RS,3SR)-2,3-Epoxy-3-phenyl-propion-säure** $C_9H_8O_3$, Formel XII (X = OH) + Spiegelbild (H 302; E I 441; E II 275; dort als „inakt. β-Phenyl-glycidsäure" bezeichnet).

Über die Konfiguration s. *House et al.*, Am. Soc. **80** [1958] 6386; *Harada*, J. org. Chem. **31** [1966] 1407, 1409.

B. Als Natrium-Salz (s. u.) beim Behandeln von *trans*-Zimtaldehyd mit wss. Wasser-stoffperoxid und wss. Natronlauge (*Kaufmann*, D.R.P. 509938 [1927]; Frdl. **17** 515), mit alkal. wss. Natriumhypochlorit-Lösung und Natriumbromid (*Colonge et al.*, Bl. **1956** 813) oder mit wss. Natronlauge, Chlorkalk und Natriumbromid (*Kaufmann*, D.R.P. 515034 [1928]; Frdl. **17** 517).

Krystalle; F: 85° [Zers.] (*Ho. et al.*, l. c. S. 6388).

Wenig beständig (*Ho. et al.*). Bildung von kleinen Mengen Benzoesäure beim Behandeln mit alkal. wss. Natriumhypobromit-Lösung: *Straus, Kühnel*, B. **66** [1933] 1834, 1840. Beim Erwärmen des Kalium-Salzes mit Glycin und wss. Kalilauge ist (2RS,3RS)-3-[Carb-oxymethyl-amino]-2-hydroxy-3-phenyl-propionsäure (E III **14** 1591) erhalten worden (*Madelung, Obermann*, B. **63** [1930] 2870, 2873).

Natrium-Salz (vgl. H 303). Krystalle (aus wss. A.), F: 265° [korr.; Zers.]; der Schmelzpunkt hängt von der Geschwindigkeit des Erhitzens ab (*Ho. et al.*, l. c. S. 6388).

Kalium-Salz $KC_9H_7O_3$ (H 303). Krystalle (aus A.); F: 285° [Zers.] (*Culvenor et al.*, Soc. **1949** 278, 282).

Silber-Salz (vgl. H 303). F: 165—166° [Zers.] (*Ho. et al.*, l. c. S. 6388).

(±)-*trans*-3-Phenyl-oxirancarbonsäure-methylester, (2RS,3SR)-2,3-Epoxy-3-phenyl-propionsäure-methylester $C_{10}H_{10}O_3$, Formel XII (X = O-CH$_3$) + Spiegelbild.

Diese Verbindung hat vermutlich als Hauptbestandteil neben (±)-*cis*-3-Phenyl-oxi-rancarbonsäure-methylester ((2RS,3RS)-2,3-Epoxy-3-phenyl-propionsäure-methylester; Formel XIII [X = O-CH$_3$] + Spiegelbild) in den nachfolgend beschriebe-nen Präparaten vorgelegen (*Bachelor, Bansal*, J. org. Chem. **34** [1969] 3600, 3602).

B. Beim Behandeln von Benzaldehyd mit Chloressigsäure-methylester und Natrium-methylat in Benzol (*Linstead et al.*, Soc. **1953** 1218, 1222), in Toluol (*Ishikawa, Yamamoto*, Rep. Scient. Res. Inst. Tokyo **26** [1950] 170, 172; C. A. **1951** 2148) oder in Methanol (*Ban, Oishi*, Chem. pharm. Bl. **6** [1958] 574) sowie mit Chloressigsäure-methylester und Kalium-*tert*-butylat in *tert*-Butylalkohol (*Ba., Ba.*, l. c. S. 3603).

Kp$_6$: 115—116° (*Ban, Oi.*). Kp$_4$: 121—122°; D^{12}: 1,1824; n^{29}: 1,5430 (*Is., Ya.*). Kp$_{0,6}$: 100—110°; n$_D^{15}$: 1,5333 (*Li. et al.*). Kp$_{0,02}$: 73—74°; n$_D^{25}$: 1,5235 (*Ba., Ba.*).

3-Phenyl-oxirancarbonsäure-äthylester, 2,3-Epoxy-3-phenyl-propionsäure-äthylester $C_{11}H_{12}O_3$ (vgl. H 303; E II 275; dort als β-Phenyl-glycidsäure-äthylester bezeichnet).

a) **(±)-*cis*-3-Phenyl-oxirancarbonsäure-äthylester, (2RS,3RS)-2,3-Epoxy-3-phenyl-propionsäure-äthylester** $C_{11}H_{12}O_3$, Formel XIII (X = O-C$_2$H$_5$) + Spiegelbild.

B. Neben kleineren Mengen des unter b) beschriebenen Stereoisomeren beim Behandeln von Benzaldehyd mit Chloressigsäure-äthylester und Kalium-*tert*-butylat in Dimethyl-formamid (*Kamandi et al.*, Ar. **307** [1974] 871, 876).

Kp$_{2,5}$: 120—124°. n$_D^{25}$: 1,5163.

XII   XIII   XIV

b) **(±)-*trans*-3-Phenyl-oxirancarbonsäure-äthylester, (2RS,3SR)-2,3-Epoxy-3-phenyl-propionsäure-äthylester** $C_{11}H_{12}O_3$, Formel XII (X = O-C$_2$H$_5$) + Spiegelbild.

B. Beim Erwärmen von *trans*-Zimtsäure-äthylester mit Peroxyessigsäure in Äthylacetat (*Mac Peek et al.*, Am. Soc. **81** [1959] 680, 682). — Präparate, in denen Gemische mit kleinen Mengen (±)-*cis*-3-Phenyl-oxirancarbonsäure-äthylester vorgelegen haben (*Seyden-Penne et al.*, Tetrahedron **26** [1970] 2649, 2651; *Bachelor, Bansal*, J. org. Chem. **34** [1969] 3600, 3602), sind aus Benzaldehyd und Chloressigsäure-äthylester mit Hilfe von Natriummethylat, Natriumäthylat oder Kalium-*tert*-butylat erhalten worden (*Ishikawa, Yamamoto*, Rep. scient. Res. Inst. Tokyo **26** [1950] 170, 173; C. A. **1951** 2148; *Nobori, Kimura*, J. chem. Soc. Japan Ind. Chem. Sect. **52** [1949] 332; C. A. **1953** 5913; *Martynow, Ol'man*, Ž. obšč. Chim. **27** [1957] 1881, 1886; engl. Ausg. S. 1944, 1949; *Johnson et al.*, Am. Soc. **75** [1953] 4995, 4998; *House et al.*, Am. Soc. **80** [1958] 6386).

$Kp_{0,3}$: 104°; D^{20}: 1,1023; n_D^{30}: 1,5095 (*Mac Peek et al.*). ¹H-NMR-Absorption: *Ho. et al.*, l. c. S. 6388.

Eine von *Tiffeneau, Levy* (An. Asoc. quim. arg. **16** [1928] 144, 150) beim Leiten des Dampfes über Aluminiumoxid bei 200—310° erhaltene Verbindung (Kp_{18}: 150—151°; n_D^{21}: 1,532) ist als Phenylbrenztraubensäure-äthylester zu formulieren (*Ho. et al.*). Bildung von 3-Phenyl-propan-1-ol, 1-Phenyl-propan-1,3-diol und wenig Benzylalkohol beim Behandeln mit Äthanol und Natrium: *Pfau, Plattner*, Helv. **15** [1932] 1250, 1265. Verhalten beim Erwärmen mit Diäthylmalonat und Natriumäthylat in Äthanol (Bildung von 2-Oxo-5-phenyl-tetrahydro-furan-3,4-dicarbonsäure-diäthylester [Kp_1: 225—227°]): *Tschelinzew, Ošetrowa*, Ž. obšč. Chim. **7** [1937] 2373; C. **1938** II 845. Bei 60-stdg. Behandeln mit Thioharnstoff in Äthanol bei 25° ist *trans*-Zimtsäure-äthylester, bei 50-tägigem Behandeln mit Thioharnstoff in Äthanol bei 0° ist daneben 2-Amino-5-benzyliden-Δ^2-thiazolin-4-on (F: 294° [Zers.]) erhalten worden (*Culvenor et al.*, Soc. **1949** 278, 280, 2573, 2576). Verhalten beim Erwärmen mit 2-Amino-thiophenol und äthanol. Kalilauge: *Cu. et al.*, l. c. S. 282.

(±)-*trans*-3-Phenyl-oxirancarbonsäure-amid, (2*RS*,3*SR*)-2,3-Epoxy-3-phenyl-propion⸗ säure-amid $C_9H_9NO_2$, Formel XII (X = NH₂) + Spiegelbild.

Konfigurationszuordnung: *Baldas, Porter*, Austral. J. Chem. **20** [1967] 2655, 2666.

B. Beim Behandeln von (±)-*trans*-3-Phenyl-oxirancarbonsäure-äthylester mit Am⸗ moniak in wss. Äthanol (*Fourneau et al.*, J. Pharm. Chim. [8] **19** [1934] 49, 51) oder in Äthanol (*Ba., Po.*, l. c. S. 2668; s. a. *Fourneau, Billeter*, Bl. [5] **7** [1940] 593, 596).

Krystalle; F: 150° (*Ba., Po.*), 148° [aus W.] (*Fo. et al.; Fo., Bi.*). ¹H-NMR-Absorption: *Ba., Po.*, l. c. S. 2666. Massenspektrum: *Ba., Po.*, l. c. S. 2664.

(±)-*trans*-3-Phenyl-oxirancarbonsäure-benzylamid, (2*RS*,3*SR*)-2,3-Epoxy-3-phenyl-propionsäure-benzylamid $C_{16}H_{15}NO_2$, Formel XII (X = NH-CH₂-C₆H₅) + Spiegelbild.

Bezüglich der Konfigurationszuordnung vgl. das analog hergestellte (±)-*trans*-3-Phenyl-oxirancarbonsäure-amid (s. o.).

B. Beim Behandeln von (±)-*trans*-3-Phenyl-oxirancarbonsäure-äthylester mit Benzyl⸗ amin (*Fourneau, Billeter*, Bl. [5] **7** [1940] 593, 597).

Krystalle (aus A.); F: 128°.

*Opt.-inakt. 3-[4-Chlor-phenyl]-oxirancarbonsäure-äthylester, 3-[4-Chlor-phenyl]-2,3-epoxy-propionsäure-äthylester $C_{11}H_{11}ClO_3$, Formel XIV.

In den nachstehend beschriebenen Präparaten haben vermutlich Gemische von (±)-*trans*-3-[4-Chlor-phenyl]-oxirancarbonsäure-äthylester mit kleineren Mengen (±)-*cis*-3-[4-Chlor-phenyl]-oxirancarbonsäure-äthylester vorgelegen (vgl. *Bachelor, Bansal*, J. org. Chem. **34** [1969] 3600, 3602).

B. Beim Behandeln von 4-Chlor-benzaldehyd mit Chloressigsäure-äthylester und Natrium in Xylol (*I.G. Farbenind.*, D.R.P. 591452 [1930]; Frdl. **19** 288; *Winthrop Chem. Co.*, U.S.P. 1899340 [1931]) oder mit Chloressigsäure-äthylester und Natrium⸗ äthylat in Äther (*Martynow, Ol'man*, Ž. obšč. Chim. **28** [1958] 592, 600; engl. Ausg. S. 576, 581).

Kp_4: 155—160° (*I.G. Farbenind.*). Kp_1: 160°; D_4^{20}: 1,2527; n_D^{20}: 1,5458 (*Ma., Ol.*). IR-Spektrum (7—14 μ): *Ma., Ol.*, l. c. S. 596.

(±)-*trans*-3-[2-Nitro-phenyl]-oxirancarbonsäure, (2*RS*,3*SR*)-2,3-Epoxy-3-[2-nitro-phenyl]-propionsäure $C_9H_7NO_5$, Formel I (X = OH) + Spiegelbild.

Diese Konfiguration ist der früher (s. H **18** 303) beschriebenen, dort als β-[2-Nitro-phen⸗

yl]-glycidsäure bezeichneten Verbindung (F: 124,5—125°; Monohydrat, F: 94°) auf Grund ihrer genetischen Beziehung zu 2-Nitro-*trans*-zimtsäure zuzuordnen; Entsprechendes gilt für den Methylester $C_{10}H_9NO_5$ (F: 65° [H **18** 304]) dieser Säure, der als (±)-*trans*-3-[2-Nitro-phenyl]-oxirancarbonsäure-methylester ((2*RS*,3*SR*)-2,3-Epoxy-3-[2-nitro-phenyl]-propionsäure-methylester) zu formulieren ist.

Anilin-Salz $C_6H_7N \cdot C_9H_7NO_5$. Dieses Salz hat in dem früher (s. H **14** 625) als 3-Anilino-2-hydroxy-3-[2-nitro-phenyl]-propionsäure beschriebenen Präparat (F: 127°) vorgelegen (*Martynow, Ol'man*, Ž. obšč. Chim. **28** [1958] 592, 593; engl. Ausg. S. 576). — Hellgelbe Krystalle (aus W.); F: 125—127°. IR-Spektrum (KBr; 10,1—12,2 μ): *Ma., Ol.*, l. c. S. 593.

(±)-*trans*-3-[2-Nitro-phenyl]-oxirancarbonsäure-äthylester, (2*RS*,3*SR*)-2,3-Epoxy-3-[2-nitro-phenyl]-propionsäure-äthylester $C_{11}H_{11}NO_5$, Formel I (X = O-C$_2$H$_5$) + Spiegelbild.

Bezüglich der Konfigurationszuordnung vgl. den analog hergestellten (±)-*trans*-3-[3-Nitro-phenyl]-oxirancarbonsäure-äthylester (S. 4203).

B. Beim Behandeln von 2-Nitro-benzaldehyd mit Chloressigsäure-äthylester und Natriumäthylat in Äther (*Martynow, Ol'man*, Ž. obšč. Chim. **28** [1958] 592, 597; engl. Ausg. S. 576, 580).

Krystalle (aus A.); F: 62,5°. IR-Spektrum (KBr; 10,1—12,2 μ): *Ma., Ol.*, l. c. S. 593. Beim Erhitzen unter 0,2 Torr auf 170° erfolgt explosionsartige Zersetzung.

(±)-*trans*-3-[2-Nitro-phenyl]-oxirancarbonsäure-amid, (2*RS*,3*SR*)-2,3-Epoxy-3-[2-nitro-phenyl]-propionsäure-amid $C_9H_8N_2O_4$, Formel I (X = NH$_2$) + Spiegelbild.

B. In mässiger Ausbeute beim Erwärmen von (±)-*trans*-3-[2-Nitro-phenyl]-oxiran≠carbonsäure-äthylester (s. o.) mit Ammoniak in Äthanol (*Martynow, Ol'man*, Ž. obšč. Chim. **28** [1958] 592, 598; engl. Ausg. S. 576, 580).

Krystalle (aus Dioxan); F: 193—195°.

3-[3-Nitro-phenyl]-oxirancarbonsäure, 2,3-Epoxy-3-[3-nitro-phenyl]-propionsäure $C_9H_7NO_5$.

a) **(±)-*cis*-3-[3-Nitro-phenyl]-oxirancarbonsäure, (2*RS*,3*RS*)-2,3-Epoxy-3-[3-nitro-phenyl]-propionsäure** $C_9H_7NO_5$, Formel II (X = OH) + Spiegelbild.

Diese Konstitution und Konfiguration kommt wahrscheinlich auch der früher (s. E I **10** 324) unter Vorbehalt als 3-[3-Nitro-phenyl]-3-oxo-propionsäure formulierten Verbindung (F: 150° [Zers.]) zu (*Cristol, Norris*, Am. Soc. **75** [1953] 632 Anm. 5).

B. Beim Erhitzen von (2*RS*,3*SR*)-2-Brom-3-hydroxy-3-[3-nitro-phenyl]-propionsäure mit wss. Natriumcarbonat-Lösung (*Cr., No.*, l. c. S. 635). Beim Behandeln von (±)-*cis*-3-[3-Nitro-phenyl]-oxirancarbonsäure-äthylester mit äthanol. Natronlauge (*Cr., No.*, l. c. S. 635).

Krystalle (aus Bzl.); F: 155—157° [Zers.].

Benzylamin-Salz $C_7H_9N \cdot C_9H_7NO_5$. Krystalle (aus E.); F: 126—127°.

I   II   III

b) **(±)-*trans*-3-[3-Nitro-phenyl]-oxirancarbonsäure, (2*RS*,3*SR*)-2,3-Epoxy-3-[3-nitro-phenyl]-propionsäure** $C_9H_7NO_5$, Formel III (X = OH) + Spiegelbild.

B. Beim Behandeln von 3-Nitro-benzaldehyd mit Chloressigsäure-äthylester, Natrium und wenig Natriumäthylat in Xylol und Erhitzen des Reaktionsprodukts mit wss. Natronlauge (*Nerdel, Fröhlich*, B. **85** [1952] 171, 173). Beim Erhitzen von (2*RS*,3*RS*)-2-Brom-3-hydroxy-3-[3-nitro-phenyl]-propionsäure mit wss. Natriumcarbonat-Lösung (*Cristol, Norris*, Am. Soc. **75** [1953] 632, 636).

Krystalle; F: 142° [Zers.; aus W.] (*Ne., Fr.*), 139—140° [aus Bzl.] (*Cr., No.*).

(±)-*trans*-3-[3-Nitro-phenyl]-oxirancarbonsäure-methylester, (2*RS*,3*SR*)-2,3-Epoxy-
3-[3-nitro-phenyl]-propionsäure-methylester $C_{10}H_9NO_5$, Formel III (X = O-CH$_3$)
+ Spiegelbild.

B. Beim Erwärmen von (2*RS*,3*RS*)-2-Brom-3-hydroxy-3-[3-nitro-phenyl]-propion=
säure-methylester mit Natriumacetat in Methanol (*Cristol, Norris*, Am. Soc. **75** [1953]
632, 636). Beim Erwärmen des Silber-Salzes der (±)-*trans*-3-[3-Nitro-phenyl]-oxiran=
carbonsäure mit Methyljodid (*Cr., No.*).

Krystalle (aus Me.); F: 98,5—99°.

3-[3-Nitro-phenyl]-oxirancarbonsäure-äthylester, 2,3-Epoxy-3-[3-nitro-phenyl]-propion=
säure-äthylester $C_{11}H_{11}NO_5$.

a) (±)-*cis*-3-[3-Nitro-phenyl]-oxirancarbonsäure-äthylester, (2*RS*,3*RS*)-2,3-Epoxy-
3-[3-nitro-phenyl]-propionsäure-äthylester $C_{11}H_{11}NO_5$, Formel II (X = O-C$_2$H$_5$) + Spiegelbild.

B. Neben grösseren Mengen 1-[*cis*-2-Brom-vinyl]-3-nitro-benzol beim Erwärmen von
(2*RS*,3*SR*)-2,3-Dibrom-3-[3-nitro-phenyl]-propionsäure mit Natriumacetat und Äthanol
(*Cristol, Norris*, Am. Soc. **75** [1953] 632, 635).

Krystalle (aus CCl$_4$); F: 94—94,5°.

b) (±)-*trans*-3-[3-Nitro-phenyl]-oxirancarbonsäure-äthylester, (2*RS*,3*SR*)-2,3-Ep=
oxy-3-[3-nitro-phenyl]-propionsäure-äthylester $C_{11}H_{11}NO_5$, Formel III (X = O-C$_2$H$_5$)
+ Spiegelbild.

B. Beim Behandeln von 3-Nitro-benzaldehyd mit Chloressigsäure-äthylester und
Natriumäthylat in Äthanol (*Martynow, Ol'man*, Ž. obšč. Chim. **28** [1958] 592, 598; engl.
Ausg. S. 576, 581). Beim Erwärmen des Silber-Salzes der (±)-*trans*-3-[3-Nitro-phenyl]-
oxirancarbonsäure mit Äthyljodid (*Cristol, Norris*, Am. Soc. **75** [1953] 632, 636).

Krystalle; F: 58—59° [aus Cyclohexan + CCl$_4$] (*Cr., No.*), 55,5° [aus A.] (*Ma., Ol.*).
IR-Spektrum (KBr; 7—14 µ): *Ma., Ol.*, l. c. S. 596.

Bei 15-stdg. Erwärmen mit Ammoniak in Äthanol auf 100° ist *trans*-3-[3-Nitro-phenyl]-
oxirancarbonsäure-amid (s. u.), bei 30-tägigem Behandeln mit Ammoniak in Äthanol
bei Raumtemperatur ist hingegen (2*RS*,3*RS*)-3-Amino-2-hydroxy-3-[3-nitro-phenyl]-
propionsäure-amid erhalten worden (*Ma., Ol.*). Verhalten beim Erhitzen mit Anilin
und Äthanol auf 150° (Bildung von (2*RS*,3*RS*)-2-Anilino-3-hydroxy-3-[3-nitro-phenyl]-
propionsäure-äthylester): *Ma., Ol.*

(±)-*trans*-3-[3-Nitro-phenyl]-oxirancarbonsäure-amid, (2*RS*,3*SR*)-2,3-Epoxy-3-[3-nitro-
phenyl]-propionsäure-amid $C_9H_8N_2O_4$, Formel III (X = NH$_2$) + Spiegelbild.

B. Beim Erwärmen von (±)-*trans*-3-[3-Nitro-phenyl]-oxirancarbonsäure-äthylester
(s. o.) mit Ammoniak in Äthanol auf 100° (*Martynow, Ol'man*, Ž. obšč. Chim. **28** [1958]
592, 599; engl. Ausg. S. 576, 581).

Krystalle (aus Dioxan); F: 180—181°.

(±)-*trans*-3-[4-Nitro-phenyl]-oxirancarbonsäure-äthylester, (2*RS*,3*SR*)-2,3-Epoxy-
3-[4-nitro-phenyl]-propionsäure-äthylester $C_{11}H_{11}NO_5$, Formel IV (X = O-C$_2$H$_5$) + Spiegelbild.

Bezüglich der Konfigurationszuordnung vgl. den analog hergestellten (±)-*trans*-
3-[3-Nitro-phenyl]-oxirancarbonsäure-äthylester (s. o.).

B. Beim Behandeln von 4-Nitro-benzaldehyd mit Chloressigsäure-äthylester und
Natriumäthylat in Äthanol (*Martynow, Ol'man*, Ž. obšč. Chim. **28** [1958] 592, 598; engl.
Ausg. S. 576, 580).

Hellgelbe Krystalle (aus wss. A.); F: 80°. IR-Spektrum (KBr; 7—14 µ): *Ma., Ol.*,
l. c. S. 596.

(±)-*trans*-3-[4-Nitro-phenyl]-oxirancarbonsäure-amid, (2*RS*,3*SR*)-2,3-Epoxy-3-[4-nitro-
phenyl]-propionsäure-amid $C_9H_8N_2O_4$, Formel IV (X = NH$_2$) + Spiegelbild.

B. Beim Erwärmen von (±)-*trans*-3-[4-Nitro-phenyl]-oxirancarbonsäure-äthylester
(s. o.) mit Ammoniak in Äthanol (*Martynow, Ol'man*, Ž. obšč. Chim. **28** [1958] 592, 598;
engl. Ausg. S. 576, 580).

Krystalle (aus Dioxan); F: 209—210° [Zers.].

2,3-Dihydro-benzofuran-2-carbonsäure $C_9H_8O_3$.

a) **(R)-2,3-Dihydro-benzofuran-2-carbonsäure** $C_9H_8O_3$, Formel V.
Konfigurationszuordnung: *Bonner et al.*, Tetrahedron **20** [1964] 1419, 1420.
Gewinnung aus dem unter c) beschriebenen Racemat über das Brucin-Salz: *Fredga*, *Vázquez de Castro y Sarmiento*, Ark. Kemi **7** [1954/55] 387, 388, 389.
Krystalle (aus CCl_4); F: 104—105°; $[\alpha]_D^{25}$: +55,2° [Bzl.; c = 3]; $[\alpha]_D^{25}$: +54,0° [$CHCl_3$; c = 3]; $[\alpha]_D^{25}$: +13,6° [Eg.; c = 3]; $[\alpha]_D^{25}$: +1,0° [Acn.; c = 3]; $[\alpha]_D^{25}$: +22,6° [A.; c = 3]; $[\alpha]_D^{25}$: +76,6° [Natrium-Salz in W.; c = 3] (*Fr., Vá. de Ca. y Sa.*).

IV   V   VI   VII

b) **(S)-2,3-Dihydro-benzofuran-2-carbonsäure** $C_9H_8O_3$, Formel VI.
Gewinnung aus dem unter c) beschriebenen Racemat nach Abtrennung des Enantiomeren: *Fredga*, *Vázquez de Castro y Sarmiento*, Ark. Kemi **7** [1954/55] 387, 389.
Krystalle (aus CCl_4); F: 104—105°; $[\alpha]_D^{25}$: −55,0° [Bzl.; c = 2] (*Fr., Va. de Ca. y Sa.*). $[M]_D^{29}$: −30° [Me.; c = 0,1] (*Sjöberg*, Ark. Kemi **15** [1960] 451, 469). Optisches Drehungsvermögen $[M]^{29}$ einer Lösung in Methanol (c = 0,1) für Licht der Wellenlängen von 300 nm bis 700 nm: *Sj. et al.*, l. c. S. 462, 469.

c) **(±)-2,3-Dihydro-benzofuran-2-carbonsäure** $C_9H_8O_3$, Formel VI + Spiegelbild (H 305; dort als Cumaran-carbonsäure-(2) und als **Hydrocumarilsäure** bezeichnet).
Krystalle; F: 117—119° [aus PAe.] (*Baddeley, Cooke*, Soc. **1958** 2797), 116—117° [aus Bzl. oder Ameisensäure] (*Fredga, Vázquez de Castro y Sarmiento*, Ark. Kemi **7** [1954/55] 387, 388). Absorptionsmaxima (Hexan): 279 nm und 285 nm (*Ba., Co.*). Scheinbarer Dissoziationsexponent pK_a' (Wasser; potentiometrisch ermittelt) bei 25°: 3,25 (*Ba., Co.*).

2,3-Dihydro-benzo[b]thiophen-2-carbonsäure $C_9H_8O_2S$.

a) **(R)-2,3-Dihydro-benzo[b]thiophen-2-carbonsäure** $C_9H_8O_2S$, Formel VII.
Bezüglich der Konfigurationszuordnung s. *Sjöberg*, Ark. Kemi **15** [1960] 451, 462; *Bonner et al.*, Tetrahedron **20** [1964] 1419, 1420, 1421.
Gewinnung aus dem unter c) beschriebenen Racemat über das Brucin-Salz: *Fredga*, Acta chem. scand. **9** [1955] 719.
Krystalle (aus Bzn.); F: 94,5—95°; $[\alpha]_D^{25}$: +365,4° [A.] (*Fr.*).

b) **(S)-2,3-Dihydro-benzo[b]thiophen-2-carbonsäure** $C_9H_8O_2S$, Formel VIII.
Gewinnung aus dem unter c) beschriebenen Racemat nach Abtrennung des Enantiomeren: *Fredga*, Acta chem. scand. **9** [1955] 719.
Krystalle (aus Bzn.); F: 94,5—95° (*Fr.*). $[\alpha]_D^{25}$: −365,8° [A.] (*Fr.*); $[M]_D^{29}$: −660° [Me.; c = 0,1] (*Sjöberg*, Ark. Kemi **15** [1960] 451, 470). Optisches Drehungsvermögen $[M]^{29}$ von Lösungen in Methanol (c = 0,1 und 0,01) für Licht der Wellenlängen von 310 nm bis 700 nm: *Sj.*, l. c. S. 462, 470.

VIII   IX   X   XI

c) **(±)-2,3-Dihydro-benzo[b]thiophen-2-carbonsäure** $C_9H_8O_2S$, Formel VIII + Spiegelbild.
B. Aus (±)-2-Brom-2,3-dihydro-benzo[b]thiophen (F: 64°) mit Hilfe von Magnesium und Kohlendioxid (*Numanow et al.*, Doklady Akad. Tadžiksk. S.S.R. **13** [1970] 31; C. A. **73** [1970] 14599). Beim Behandeln von Benzo[b]thiophen-2-carbonsäure mit wss. Natronlauge und anschliessend mit Natrium-Amalgam (*Fredga*, Acta chem. scand. **9** [1955] 719).
Krystalle; F: 126—127° (*Nu. et al.*, l. c. S. 32), 112—113° [aus Bzl. oder wss. Ameisensäure] (*Fr.*).

(±)-2,3-Dihydro-benzo[b]thiophen-3-carbonsäure $C_9H_8O_2S$, Formel IX.

B. Beim Behandeln von Benzo[b]thiophen-3-carbonsäure mit wss. Natronlauge und anschliessend mit Natrium-Amalgam (*Fredga*, Acta chem. scand. **9** [1955] 719).

Krystalle (aus Cyclohexan); F: 99,5—100,5°.

2,3-Dihydro-benzofuran-5-carbonsäure $C_9H_8O_3$, Formel X.

B. Beim Erwärmen von 1-[2,3-Dihydro-benzofuran-5-yl]-äthanon mit alkal. wss. Natriumhypochlorit-Lösung (*Baddeley, Vickars*, Soc. **1958** 4665, 4667).

Krystalle (aus A.); F: 188—190°.

Phthalan-4-carbonsäure $C_9H_8O_3$, Formel XI.

B. In mässiger Ausbeute beim Behandeln von 2,3-Bis-hydroxymethyl-anilin mit Alkalinitrit und wss. Salzsäure, Eintragen der erhaltenen, mit Natriumcarbonat versetzten wss. Diazoniumsalz-Lösung in eine wss. Lösung von Kalium-tetracyanoniccolat(II) und Erhitzen des Reaktionsprodukts mit wss. Kalilauge (*Blair et al.*, Soc. **1958** 304).

Krystalle (aus Bzl.); F: 195,5—199°. Absorptionsmaxima (A.): 206,5 nm, 230 nm und 285 nm.

Beim Erhitzen mit wss. Salzsäure (5 n) sind kleine Mengen einer vermutlich als 4-Hydr≠oxymethyl-phthalid zu formulierenden Verbindung (F: 103—105,5°) erhalten worden.

Carbonsäuren $C_{10}H_{10}O_3$

5-[2]Thienyl-hexa-2t,4ξ-diensäure $C_{10}H_{10}O_2S$, vermutlich Formel I (R = H).

B. Beim Behandeln von 5-[2]Thienyl-hexa-2t,4ξ-diensäure-äthylester (Rohprodukt; aus 1-[2]Thienyl-äthanon und 4-Brom-*trans*-crotonsäure-äthylester mit Hilfe von Zink hergestellt) mit wss.-äthanol. Kalilauge (*Miller, Nord*, J. org. Chem. **16** [1951] 1720, 1726).

Krystalle (aus Bzl. oder wss. A.); F: 173—174°.

I   II   III

5-[2]Thienyl-hexa-2t,4ξ-diensäure-äthylester $C_{12}H_{14}O_2S$, vermutlich Formel I (R = C_2H_5).

B. Beim Erwärmen von 1-[2]Thienyl-äthanon mit 4-Brom-*trans*-crotonsäure-äthylester, Zink-Pulver und Benzol und Erwärmen der (vermutlich überwiegend aus (±)-5-Hydroxy-5-[2]thienyl-hex-2t-ensäure-äthylester bestehenden) höher siedenden Fraktion (Kp_1: 155° bis 156°) des Reaktionsprodukts mit wss. Oxalsäure (*Schuetz, Houff*, Am. Soc. **77** [1955] 1839).

Kp_1: 147—148,5°.

5ξ-[2]Furyl-4-methyl-penta-2ξ,4-diensäure-äthylester $C_{12}H_{14}O_3$, Formel II.

B. Beim Behandeln von 3-[2]Furyl-2-methyl-acrylaldehyd (Kp_{55}: 141—142° [E III/IV **17** 4722]) mit Äthylacetat und Natrium (*Pommer*, A. **579** [1953] 47, 69).

Krystalle (aus A.); F: 33—35°. $Kp_{0,3}$: 134—138° [Rohprodukt].

2-[(Ξ)-Furfuryliden]-pent-3t-ennitril, 3ξ-[2]Furyl-2-*trans*-propenyl-acrylonitril $C_{10}H_9NO$, Formel III.

B. Beim Erwärmen von Furfural mit Pent-3t-ennitril und Natriumäthylat in Äthanol (*Arthur et al.*, J. org. Chem. **23** [1958] 803).

Kp_6: 117—118°. n_D^{25}: 1,6270.

5-[2]Furyl-3-methyl-penta-2,4-diensäure $C_{10}H_{10}O_3$.

a) **5t-[2]Furyl-3-methyl-penta-2c,4-diensäure** $C_{10}H_{10}O_3$, Formel IV.

Diese Konfiguration ist vermutlich der nachstehend beschriebenen, von *Matsui et al.* (J. Vitaminol. Japan **4** [1958] 190, 194, 195) als 5c-[2]Furyl-3-methyl-penta-2t,4-diensäure formulierten Verbindung $C_{10}H_{10}O_3$ zuzuordnen (vgl. die analog herge-stellte 3-Methyl-5t-phenyl-penta-2c,4-diensäure [E III **9** 3078; dort als 3-Methyl-1t-phen=yl-pentadien-(1.3c)-säure-(5) bezeichnet]).

B. Beim Behandeln von Furan-2-carbaldehyd mit 3-Methyl-crotonsäure-äthylester und Natriumamid in flüssigem Ammoniak bei $-50°$ und Erwärmen des Reaktionsprodukts mit Wasser (*Ma. et al.*, l. c. S. 194). Beim Erwärmen von [3t(?)-[2]Furyl-1-methyl-allyliden]-malonsäure (aus Furan-2-carbaldehyd und Isopropylidenmalonsäure-diäthylester her-gestellt) mit Pyridin und wenig Kupfer(II)-acetat (*Eastman Kodak Co.*, U.S.P. 2 662 914 [1950]).

Krystalle; F: 145,5—146,5° [aus wss. A.] (*Ma. et al.*, l. c. S. 195), 143° (*Eastman Kodak Co.*). Absorptionsspektrum (210—390 nm [λ_{max}: 230 nm und 328 nm]): *Ma. et al.*, l. c. S. 192.

Bei der Bestrahlung einer mit wenig Jod versetzten Lösung in Benzol und Äther mit UV-Licht erfolgt Umwandlung in das unter b) beschriebene Stereoisomere (*Ma. et al.*, l. c. S. 196).

In einem von *Matsui et al.* (l. c. S. 192, 195, 197) als 5t-[2]Furyl-3-methyl-penta-2c,4-diensäure beschriebenen Präparat (Krystalle [aus A. + W.], F: 105°; λ_{max}: 228 nm und 326 nm), das beim Erwärmen von 4t-[2]Furyl-but-3-en-2-on mit Bromessigsäure-äthylester, Zink-Kupfer-Legierung, wenig Jod und Benzol und Erwärmen des Reak-tionsprodukts mit wss.-äthanol Kalilauge erhalten worden ist, hat möglicherweise ein Gemisch mit dem unter b) beschriebenen Stereoisomeren vorgelegen.

IV   V   VI

b) **5t-[2]Furyl-3-methyl-penta-2t,4-diensäure** $C_{10}H_{10}O_3$, Formel V.

Konfigurationszuordnung: *Matsui et al.*, J. Vitaminol. Japan **4** [1958] 190, 192.

B. Bei der Bestrahlung einer mit wenig Jod versetzten Lösung des unter a) beschrie-benen Stereoisomeren (F: 145,5—146,5°) in Benzol und Äther mit UV-Licht (*Ma. et al.*, l. c. S. 195, 196).

F: 138° (*Ma. et al.*, l. c. S. 196). Absorptionsspektrum (220—390 nm [λ_{max}: 225 nm und 325 nm]): *Ma. et al.*, l. c. S. 192.

2-[(Ξ)-Furfuryliden]-3-methyl-but-3-ensäure, 3ξ-[2]Furyl-2-isopropenyl-acrylsäure $C_{10}H_{10}O_3$, Formel VI.

In dem nachstehend aufgeführten, von *Ishikawa, Katoh* (Sci. Rep. Tokyo Bunrika Daigaku [A] **1** [1930/34] 297, 305) unter dieser Konstitution beschriebenen Präparat hat aufgrund der Bildungsweise vermutlich ein Gemisch der im vorangehenden Artikel unter a) und b) abgehandelten stereoisomeren 5-[2]Furyl-3-methyl-penta-2,4-diensäuren vorge-legen.

B. Beim Erhitzen von Furan-2-carbaldehyd mit 3-Methyl-crotonsäure-anhydrid und Triäthylamin auf 130° (*Is., Ka.*).

Gelbliche Krystalle (aus W.); F: 127° [korr.; Block].

5t(?)-[5-Methyl-[2]thienyl]-penta-2t,4-diensäure $C_{10}H_{10}O_2S$, vermutlich Formel VII.

B. Beim Erwärmen von 5-Methyl-thiophen-2-carbaldehyd mit 4-Brom-*trans*-croton=säure-äthylester, Zink, Benzol und Tetrahydrofuran und Behandeln des nach der Hydro=lyse (wss. Salzsäure) erhaltenen Reaktionsprodukts mit wss.-äthanol. Kalilauge (*Miller, Nord*, J. org. Chem. **16** [1951] 1720, 1725).

Krystalle (aus Bzl. oder wss. A.); F: 135—136°.

---

*Opt.-inakt. 3,4-Epoxy-2-phenyl-butyronitril $C_{10}H_9NO$, Formel VIII.

B. Neben grösseren Mengen 3t-Methoxy-2-phenyl-acrylonitril (F: 67—68°; über die Konfiguration dieser Verbindung s. *Štrukow*, Ž. obšč. Chim. **22** [1952] 1615, 1616; engl. Ausg. S. 1657, 1658) beim Behandeln von Phenylmalonaldehydonitril mit Diazomethan in Äther (*Chase et al.*, Soc. **1951** 3439, 3442).

Krystalle (aus wss. A.); F: 176—178° (*Ch. et al.*).

Beim Erhitzen mit wss. Kalilauge ist Phenylessigsäure erhalten worden (*Ch. et al.*).

---

*Opt.-inakt. 3-p-Tolyl-oxirancarbonsäure-äthylester, 2,3-Epoxy-3-p-tolyl-propionsäure-äthylester $C_{12}H_{14}O_3$, Formel IX.

B. Beim Behandeln von 4-Methyl-benzaldehyd mit Chloressigsäure-äthylester und Natrium in Xylol (*I.G. Farbenind.*, D.R.P. 591452 [1930]; Frdl. **19** 288; *Winthrop Chem. Co.*, U.S.P. 1899340 [1931]) oder mit Chloressigsäure-äthylester und Natriummethylat in Äther (*Martynow, Ol'man*, Ž. obšč. Chim. **27** [1957] 1881, 1889; engl. Ausg. S. 1944, 1950).

Kp$_{3-4}$: 145—147° (*I.G. Farbenind.*; *Winthrop Chem. Co.*); Kp$_{0,5}$: 119—123° (*Ma., Ol.*). IR-Spektrum (10,1—12,2 μ): *Ma., Ol.*, l. c. S. 1887.

Beim Erwärmen mit Ammoniak in Äthanol sind kleine Mengen einer als 2-Amino-3-hydroxy-3-p-tolyl-propionsäure-amid angesehenen Verbindung (F: 168°) erhalten worden (*Ma., Ol.*, l. c. S. 1890).

($\pm$)-2-Methyl-3t(?)-phenyl-oxiran-r-carbonsäure, (2RS,3SR?)-2,3-Epoxy-2-methyl-3-phenyl-propionsäure $C_{10}H_{10}O_3$, vermutlich Formel X (X = OH) + Spiegelbild.

B. Beim Behandeln eines wahrscheinlich überwiegend aus ($\pm$)-2-Methyl-3t(?)-phenyl-oxiran-r-carbonsäure-äthylester bestehenden Präparats (Kp$_4$: 117—121°; aus Benzaldehyd und ($\pm$)-2-Chlor-propionsäure-äthylester mit Hilfe von Natriumamid hergestellt) mit äthanol. Natronlauge (*Blicke et al.*, Am. Soc. **76** [1954] 3161).

Krystalle (aus Bzn.); F: 68—69°.

---

*Opt.-inakt. 2-Methyl-3-phenyl-oxirancarbonsäure-methylester, 2,3-Epoxy-2-methyl-3-phenyl-propionsäure-methylester $C_{11}H_{12}O_3$.

Ein Präparat (Kp$_{11}$: 136—140°), in dem wahrscheinlich überwiegend (2RS,3SR)-2,3-Epoxy-2-methyl-3-phenyl-propionsäure-methylester ($C_{11}H_{12}O_3$, Formel X [X = O-CH$_3$] + Spiegelbild) vorgelegen hat, ist beim Behandeln von Benzaldehyd mit ($\pm$)-2-Chlor-propionsäure-methylester, Natriummethylat und Äthanol erhalten worden (*Knoll A.G.*, D.R.P. 702007 [1938]; D.R.P. Org. Chem. **6** 2066).

VII   VIII   IX   X

($\pm$)-2-Methyl-3t-phenyl-oxiran-r-carbonsäure-äthylester, (2RS,3SR)-2,3-Epoxy-2-methyl-3-phenyl-propionsäure-äthylester $C_{12}H_{14}O_3$, Formel X (X = O-C$_2$H$_5$) + Spiegelbild.

Diese Verbindung hat wahrscheinlich auch als Hauptbestandteil in dem im Hauptwerk (s. H **18** 305) aufgeführten, dort als α-Methyl-β-phenyl-glycidsäure-äthylester bezeichneten Präparat sowie in einem von *Blicke et al* (Am. Soc. **76** [1954] 3161) beschriebenen, aus Benzaldehyd und ($\pm$)-2-Chlor-propionsäure-äthylester mit Hilfe von Natriumamid hergestellten Präparat (Kp$_4$: 117—121°) vorgelegen (*Valente, Wolfhagen*, J. org. Chem. **31** [1966] 2509, 2510).

B. Beim Erwärmen von 2-Methyl-3t-phenyl-acrylsäure-äthylester mit Peroxyessigsäure in Äthylacetat (*MacPeek et al.*, Am. Soc. **81** [1959] 680, 683) oder mit 3-Chlor-peroxy-benzoesäure in Dichlormethan (*Va., Wo.*, l. c. S. 2511).

Kp$_4$: 121°; D^{20}: 1,0865; n$_D^{30}$: 1,5052 (*MacP. et al.*). Bei 130°/0,01 Torr destillierbar; n$_D^{25}$: 1,4997 (*Va., Wo.*).

(±)-2-Methyl-3t(?)-phenyl-oxiran-r-carbonsäure-[2-diäthylamino-äthylester],
(2RS,3SR(?))-2,3-Epoxy-2-methyl-3-phenyl-propionsäure-[2-diäthylamino-äthylester]
$C_{16}H_{23}NO_3$, vermutlich Formel X (X = O-CH$_2$-CH$_2$-N(C$_2$H$_5$)$_2$) + Spiegelbild.
   Hydrochlorid $C_{16}H_{23}NO_3 \cdot HCl$. *B.* Beim Erwärmen von (±)-2-Methyl-3t(?)-phenyl-oxiran-r-carbonsäure (F: 68 — 69° [S. 4207]) mit Diäthyl-[2-chlor-äthyl]-amin und Chloroform (*Blicke et al.*, Am. Soc. **76** [1954] 3161). — Krystalle (aus A. + Ae.); F: 115 — 116°.

(±)-2-Methyl-3t(?)-phenyl-oxiran-r-carbonsäure-amid, (2RS,3SR?)-2,3-Epoxy-
2-methyl-3-phenyl-propionsäure-amid $C_{10}H_{11}NO_2$, vermutlich Formel X (X = NH$_2$)
+ Spiegelbild.
   B. Beim Behandeln eines vermutlich überwiegend aus (±)-2-Methyl-3t(?)-phenyl-oxiran-r-carbonsäure-äthylester bestehenden Präparats mit wss. Ammoniak (*v. Schickh*,
B. **69** [1936] 967, 970).
   Krystalle (aus A.); F: 134°.

(±)-2-Methyl-3t(?)-phenyl-oxiran-r-carbonsäure-methylamid, (2RS,3SR?)-2,3-Epoxy-
2-methyl-3-phenyl-propionsäure-methylamid $C_{11}H_{13}NO_2$, vermutlich Formel X
(X = NH-CH$_3$) + Spiegelbild.
   B. Beim Behandeln von Benzaldehyd mit (±)-2-Brom-propionsäure-methylamid und
Natriummethylat in Äther (*Schering-Kahlbaum A.G.*, D.R.P. 586645 [1932]; Frdl. **20**
781). Beim Behandeln eines vermutlich überwiegend aus (±)-2-Methyl-3t(?)-phenyl-oxiran-r-carbonsäure-äthylester bestehenden Präparats mit wss. Methylamin-Lösung
(*v. Schickh*, B. **69** [1936] 967, 970).
   Krystalle (aus W.); F: 116° (*Schering-Kahlbaum A.G.*; *v. Sch.*).

*Opt.-inakt. 2-Methyl-3-phenyl-oxirancarbonitril, 2,3-Epoxy-2-methyl-3-phenyl-propio≈
nitril $C_{10}H_9NO$, Formel I.
   B. Beim Behandeln einer Lösung von (±)-1-Chlor-1-phenyl-aceton in Äther mit
Kaliumcyanid in wss. Äthanol (*Richard*, C. r. **199** [1934] 71).
   Kp$_{14}$: 131,5 — 132°. D$_4^{20}$: 1,0823. n$_D^{20}$: 1,5206.
   Beim Behandeln einer Lösung in Äthanol mit Chlorwasserstoff und anschliessend mit
Wasser ist 3-Chlor-2-hydroxy-2-methyl-3-phenyl-propionsäure-äthylester vom F: 71 — 72°
erhalten worden.

I   II   III   IV

*Opt.-inakt. 3-[2-Chlor-phenyl]-2-methyl-oxirancarbonsäure-methylester, 3-[2-Chlor-
phenyl]-2,3-epoxy-2-methyl-propionsäure-methylester $C_{11}H_{11}ClO_3$, Formel II.
   B. Beim Behandeln von 2-Chlor-benzaldehyd mit (±)-2-Brom-propionsäure-methyl≈
ester, Natrium, Benzol und wenig Äthanol (*Knoll A.G.*, D.R.P. 702007 [1938]; D.R.P.
Org. Chem. **6** 2066).
   Kp$_{10}$: 148 — 150°.

(±)-3t-Methyl-2-phenyl-oxiran-r-carbonsäure-äthylester, (2RS,3SR)-2,3-Epoxy-
2-phenyl-buttersäure-äthylester $C_{12}H_{14}O_3$, Formel III + Spiegelbild.
   B. Beim Erwärmen von 2-Phenyl-*trans*-crotonsäure-äthylester mit Peroxyessigsäure
in Äthylacetat (*MacPeek et al.*, Am. Soc. **81** [1959] 680, 683).
   Kp$_3$: 110 — 111°. n$_D^{30}$: 1,4993.

3-Methyl-2-phenyl-oxirancarbonsäure-amid, 2,3-Epoxy-2-phenyl-buttersäure-amid
$C_{10}H_{11}NO_2$, Formel IV.
   Diese Konstitution ist der nachstehend beschriebenen, ursprünglich (*Knowles*, *Cloke*,
Am. Soc. **54** [1932] 2028, 2036) als 2-Phenyl-acetessigsäure-amid formulierten opt.-inakt.
Verbindung zuzuordnen (*Knowles*, *Cloke*, Rensselaer polytech. Inst. Bl. Nr. 49 [1934]

1, 5, 20; *Murray, Cloke*, Am. Soc. **56** [1934] 2749).

B. Beim Behandeln von 2-Phenyl-crotononitril (Kp_{751}: 244—246°; n_D^{20}: 1,5555 [E III **9** 2763]) mit wss. Wasserstoffperoxid und wss. Natriumcarbonat-Lösung (*Kn., Cl.,* Rensselaer polytechn. Inst. Bl. Nr. 49, S. 20).

Krystalle (aus W.); F: 177—178° (*Kn., Cl.,* Rensselaer polytech. Inst. Bl. Nr. 49, S. 20).

---

*Opt.-inakt. 3-Methyl-3-phenyl-oxirancarbonsäure-dimethylamid, 2,3-Epoxy-3-phenyl-buttersäure-dimethylamid $C_{12}H_{15}NO_2$, Formel V.

B. Aus Acetophenon und Chloressigsäure-dimethylamid mit Hilfe von Natriumäthylat (*Fourneau et al.,* J. Pharm. Chim. [8] **19** [1934] 49, 50, 52).

Krystalle (aus W.); F: 132°.

V   VI   VII

---

*Opt.-inakt. 3-Methyl-3-phenyl-oxirancarbonitril, 2,3-Epoxy-3-phenyl-butyronitril $C_{10}H_9NO$, Formel VI.

B. Beim Behandeln von Acetophenon mit Chloracetonitril, Natriumäthylat und Äther (*Martynow, Schtschelkunow,* Ž. obšč. Chim. **27** [1957] 1188, 1190; engl. Ausg. S. 1271, 1273).

Kp_7: 128—128,5°. D_4^{20}: 1,0520. n_D^{20}: 1,5147.

*Opt.-inakt. 3-[4-Brom-phenyl]-3-methyl-oxirancarbonsäure-äthylester, 3-[4-Brom-phenyl]-2,3-epoxy-buttersäure-äthylester $C_{12}H_{13}BrO_3$, Formel VII.

B. Beim Behandeln von 1-[4-Brom-phenyl]-äthanon mit Chloressigsäure-äthylester, Natriumamid und Benzol (*Goerner, Pearce,* Am. Soc. **73** [1951] 2304).

$Kp_{1,5}$: 137—140°. n_D^{20}: 1,5360.

*Opt.-inakt. 3-Methyl-3-[3-nitro-phenyl]-oxirancarbonsäure, 2,3-Epoxy-3-[3-nitro-phenyl]-buttersäure $C_{10}H_9NO_5$, Formel VIII (R = H).

B. Beim Behandeln des im folgenden Artikel beschriebenen Äthylesters mit äthanol. Natronlauge (*Nerdel, Fröhlich,* B. **85** [1952] 171, 173).

Krystalle (aus Ae.) mit 1 Mol H_2O.

Gegen Wasser nicht beständig.

Natrium-Salz $NaC_{10}H_8NO_5$. Krystalle (aus W.); Zers. von 225° an.

*Opt.-inakt. 3-Methyl-3-[3-nitro-phenyl]-oxirancarbonsäure-äthylester, 2,3-Epoxy-3-[3-nitro-phenyl]-buttersäure-äthylester $C_{12}H_{13}NO_5$, Formel VIII (R = C_2H_5).

B. Beim Behandeln von 1-[3-Nitro-phenyl]-äthanon mit Chloressigsäure-äthylester, Natrium, Xylol und wenig Äthanol (*Nerdel, Fröhlich,* B. **85** [1952] 171, 173).

Gelbes Öl; $Kp_{0,2}$: 104—107°.

(±)-Chroman-2-carbonsäure $C_{10}H_{10}O_3$, Formel IX.

B. Beim Behandeln einer methanol. Lösung von (±)-2-Chlor-3,4-dihydro-2*H*-naphthalin-1-on mit Kaliumperoxodisulfat und Schwefelsäure und Erwärmen des Reaktionsprodukts mit wss. Alkalilauge (*Schroeter,* D.R.P. 562827 [1928]; Frdl. **19** 655). In kleiner Menge beim mehrtägigen Behandeln von (±)-2-Brom-3,4-dihydro-2*H*-naphthalin-1-on mit Peroxybenzoesäure in Chloroform, Behandeln einer Lösung des erhaltenen 2-Brom-4-[2-hydroxy-phenyl]-buttersäure-lactons in Äthanol mit wss. Wasserstoffperoxid und mit wss. Natronlauge bis zur neutralen Reaktion und Erwärmen des danach isolierten Reaktionsprodukts mit wss. Natronlauge (*Baddeley, Cooke,* Soc. **1958** 2797).

Krystalle; F: 102° (*Sch.*), 98,5—100° [aus PAe.] (*Ba., Co.*). Absorptionsmaxima (Hexan): **273,5** nm und **281** nm (*Ba., Co.*). Scheinbarer Dissoziationsexponent pK_a' (Wasser; potentiometrisch ermittelt) bei 25°: 3,38 (*Ba., Co.*).

Chroman-6-carbonitril $C_{10}H_9NO$, Formel X.
   B. Beim Erhitzen von 6-Brom-chroman mit Kupfer(I)-cyanid auf 250° (*Chatelus*, A. ch. [12] **4** [1949] 505, 527).
   Krystalle (aus PAe.); F: 71°.

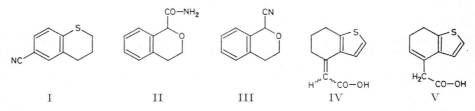

VIII   IX   X   XI

Thiochroman-6-carbonsäure $C_{10}H_{10}O_2S$, Formel XI (X = OH).
   B. Aus Thiochroman-6-carbonitril mit Hilfe von wss.-äthanol. Kalilauge (*Cagniant*, *Cagniant*, C. r. **231** [1950] 1508).
   Krystalle (aus Bzl.); F: 204,5° [unkorr.; Block].

Thiochroman-6-carbonsäure-chlorid, Thiochroman-6-carbonylchlorid $C_{10}H_9ClOS$, Formel XI (X = Cl).
   B. Aus Thiochroman-6-carbonsäure (*Cagniant*, *Cagniant*, C. r. **231** [1950] 1508).
   Krystalle (aus PAe.); F: 49°.

Thiochroman-6-carbonsäure-amid, Thiochroman-6-carbamid $C_{10}H_{11}NOS$, Formel XI (X = NH$_2$).
   B. Aus Thiochroman-6-carbonylchlorid (*Cagniant*, *Cagniant*, C. r. **231** [1950] 1508).
   Krystalle; F: 157,5°.

Thiochroman-6-carbonitril $C_{10}H_9NS$, Formel I.
   B. Beim Erhitzen von 6-Brom-thiochroman mit Kupfer(I)-cyanid bis auf 300° (*Cagniant*, *Cagniant*, C. r. **231** [1950] 1508).
   Krystalle; F: 52°.

(±)-Isochroman-1-carbonsäure-amid, (±)-Isochroman-1-carbamid $C_{10}H_{11}NO_2$, Formel II.
   B. Beim Erwärmen von (±)-Isochroman-1-carbonitril mit äthanol. Kalilauge (*Maitte*, A. ch. [12] **9** [1954] 431, 472).
   Krystalle (aus A.); F: 151—152°.

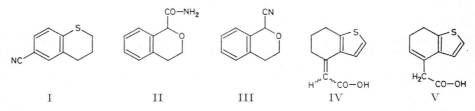

   I   II   III   IV   V

(±)-Isochroman-1-carbonitril $C_{10}H_9NO$, Formel III.
   B. Beim Erwärmen von (±)-1-Chlor-isochroman mit Kupfer(I)-cyanid in Benzol (*Maitte*, A. ch. [12] **9** [1954] 431, 472).
   Kp$_{12,5}$: 145°. D$_4^{21}$: 1,1462. n$_D^{21}$: 1,5431.

[(Ξ)-6,7-Dihydro-5H-benzo[b]thiophen-4-yliden]-essigsäure $C_{10}H_{10}O_2S$, Formel IV, und **[6,7-Dihydro-benzo[b]thiophen-4-yl]-essigsäure** $C_{10}H_{10}O_2S$, Formel V.
   Zwei Verbindungen (Krystalle [aus Eg.], F: 186—187° [unkorr.] (Hauptprodukt) bzw. Krystalle [aus wss. Eg.], F: 107—109° [unkorr.]), für die diese beiden Konstitutionsformeln in Betracht kommen, sind beim Erwärmen einer Lösung von 6,7-Dihydro-5H-benzo[b]thiophen-4-on in Benzol und Äther mit Bromessigsäure-äthylester, amalgamiertem Zink und wenig Jod und Erwärmen des nach der Hydrolyse (wss. Salzsäure)

und anschliessenden Destillation erhaltenen Ester-Gemisches (Kp$_3$: 135—150°) mit wss. Natronlauge erhalten worden (*Kloetzel et al.*, J. org. Chem. **18** [1953] 1511, 1514, 1515).

(±)-2-Methyl-2,3-dihydro-benzofuran-5-carbonsäure C$_{10}$H$_{10}$O$_3$, Formel VI (X = OH) (E I 442; dort als 2-Methyl-cumaran-carbonsäure-(5) bezeichnet).
  B. Beim Erwärmen von 3-Allyl-4-hydroxy-benzoesäure-methylester mit einem Gemisch von Essigsäure und wss. Bromwasserstoffsäure und Erwärmen des Reaktionsprodukts mit wss. Natronlauge (*Gen. Aniline & Film Corp.*, U.S.P. 2937188 [1951]). Beim Erwärmen von (±)-1-[2-Methyl-2,3-dihydro-benzofuran-5-yl]-äthanon mit alkal. wss. Natriumhypochlorit-Lösung (*Baddeley, Vickars*, Soc. **1958** 4665, 4668).
  Krystalle (aus Bzn.); F: 149—150° (*Ba., Vi.*).

(±)-2-Methyl-2,3-dihydro-benzofuran-5-carbonylchlorid C$_{10}$H$_9$ClO$_2$, Formel VI (X = Cl).
  B. Aus (±)-2-Methyl-2,3-dihydro-benzofuran-5-carbonsäure (s. o.) mit Hilfe von Thionylchlorid (*Gen. Aniline & Film Corp.*, U.S.P. 2937188 [1951]).
  Kp$_3$: 114—116°.

VI   VII   VIII

(±)-2-Brommethyl-2,3-dihydro-benzofuran-5-carbonsäure-methylester C$_{11}$H$_{11}$BrO$_3$, Formel VII.
  B. Beim Behandeln von 4-Acetoxy-3-allyl-benzoesäure-methylester mit Brom (1 Mol) in Benzol und Erwärmen des Reaktionsprodukts mit Natriumäthylat in Äthanol (*Gomez*, J. pharm. Chim. [8] **20** [1934] 337, 341).
  Kp$_1$: 165—169°.

(±)-2-Brommethyl-2,3-dihydro-benzofuran-6-carbonsäure-methylester C$_{11}$H$_{11}$BrO$_3$, Formel VIII.
  B. Beim Behandeln von 3-Acetoxy-4-allyl-benzoesäure-methylester mit Brom (1 Mol) in Benzol und Erwärmen des Reaktionsprodukts mit Natriumäthylat in Äthanol (*Gomez*, J. Pharm. Chim. [8] **20** [1934] 337, 340).
  Kp$_1$: 167°.

(±)-2-Methyl-2,3-dihydro-benzofuran-7-carbonsäure C$_{10}$H$_{10}$O$_3$, Formel IX (X = OH).
  B. Beim Erhitzen von 3-Allyl-2-hydroxy-benzoesäure-methylester mit einem Gemisch von Essigsäure und wss. Bromwasserstoffsäure und Erwärmen des Reaktionsprodukts mit wss. Natronlauge (*Gen. Aniline & Film Corp.*, U.S.P. 2937188 [1951]; *Okumura, Inoue*, J. pharm. Soc. Japan **81** [1961] 453, 457; C. A. **1961** 16534).
  Krystalle; F: 120—123° [aus Me.] (*Gen. Aniline & Film Corp.*), 120—122° [aus wss. A.] (*Ok., In.*).

(±)-2-Methyl-2,3-dihydro-benzofuran-7-carbonylchlorid C$_{10}$H$_9$ClO$_2$, Formel IX (X = Cl).
  B. Beim Erwärmen von (±)-2-Methyl-2,3-dihydro-benzofuran-7-carbonsäure mit Thionylchlorid (*Gen. Aniline & Film Corp.*, U.S.P. 2937188 [1951]).
  Kp$_5$: 125—127°.

(±)-2-Brommethyl-2,3-dihydro-benzofuran-7-carbonsäure-methylester C$_{11}$H$_{11}$BrO$_3$, Formel X.
  B. Beim Behandeln von 2-Acetoxy-3-allyl-benzoesäure-methylester mit Brom (1 Mol) in Benzol und Erwärmen des Reaktionsprodukts mit Natriumäthylat in Äthanol (*Gomez*, J. pharm. Chim. [8] **20** [1934] 337, 338).
  Kp$_{0,9}$: 177°.

5-Methyl-2,3-dihydro-benzofuran-7-carbonsäure $C_{10}H_{10}O_3$, Formel XI (X = OH).

B. Beim Erhitzen von 5-Methyl-2,3-dihydro-benzofuran-7-carbonitril mit wss.-äthanol. Kalilauge (*Cagniant, Cagniant*, Bl. **1957** 827, 835, 836). Beim Erwärmen von [4-Dimethyl≠ amino-phenylimino]-[5-methyl-2,3-dihydro-benzofuran-7-yl]-acetonitril mit wss. Schwe≠ felsäure (*Ca., Ca.*).

Krystalle (aus Bzl. + PAe.); F: 172° [unkorr.; Block].

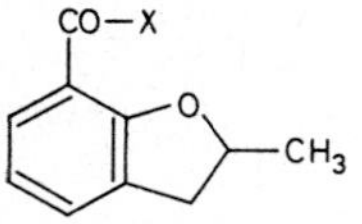

IX 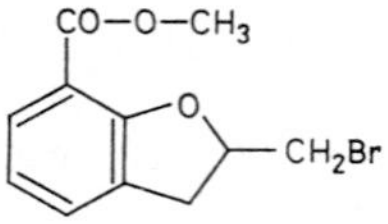 X 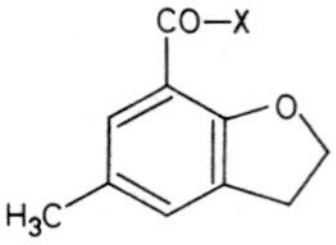 XI 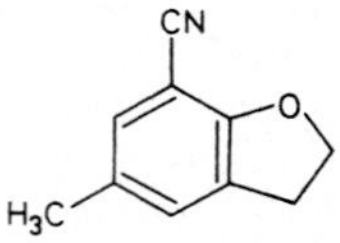 XII

5-Methyl-2,3-dihydro-benzofuran-7-carbonylchlorid $C_{10}H_9ClO_2$, Formel XI (X = Cl).

B. Aus 5-Methyl-2,3-dihydro-benzofuran-7-carbonsäure mit Hilfe von Thionylchlorid (*Cagniant, Cagniant*, Bl. **1957** 827, 835).

Krystalle (aus PAe.); F: 76—77°.

5-Methyl-2,3-dihydro-benzofuran-7-carbonsäure-amid $C_{10}H_{11}NO_2$, Formel XI (X = NH₂).

B. Aus 5-Methyl-2,3-dihydro-benzofuran-7-carbonylchlorid (*Cagniant, Cagniant*, Bl. **1957** 827, 828, 835).

Krystalle (aus Bzl. + PAe.); F: 178° [unkorr.; Block].

5-Methyl-2,3-dihydro-benzofuran-7-carbonitril $C_{10}H_9NO$, Formel XII.

B. Beim Erhitzen von 7-Brom-5-methyl-2,3-dihydro-benzofuran mit Kupfer(I)-cyanid (*Cagniant, Cagniant*, Bl. **1957** 827, 835).

Krystalle (aus PAe.); F: 77°.

Carbonsäuren $C_{11}H_{12}O_3$

5-[2]Thienyl-hepta-2*t*,4ξ-diensäure-äthylester $C_{13}H_{16}O_2S$, vermutlich Formel I.

B. Beim Erwärmen von 1-[2]Thienyl-propan-1-on mit 4-Brom-*trans*-crotonsäure-äthylester, Zink-Pulver und Benzol und Erhitzen des Reaktionsprodukts mit wss. Oxal≠ säure (*Schuetz, Houff*, Am. Soc. **77** [1955] 1839).

Kp₁: 149—150°.

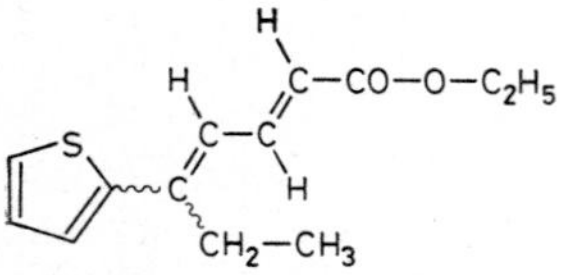

I 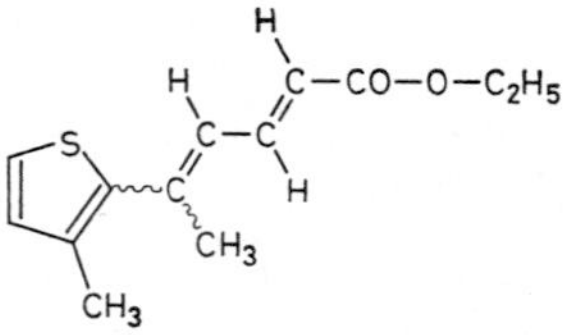 II 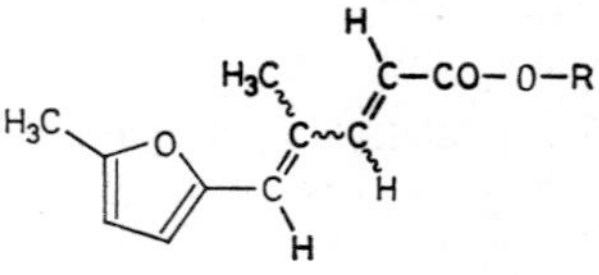 III

5-[3-Methyl-[2]thienyl]-hexa-2*t*,4ξ-diensäure-äthylester $C_{13}H_{16}O_2S$, vermutlich Formel II.

B. Beim Erwärmen von 1-[3-Methyl-[2]thienyl]-äthanon mit 4-Brom-*trans*-croton≠ säure-äthylester, Zink-Pulver und Benzol und Erhitzen des Reaktionsprodukts mit wss. Oxalsäure (*Schuetz, Houff*, Am. Soc. **77** [1955] 1839).

Kp₁: 164—165°.

4-Methyl-5ξ-[5-methyl-[2]furyl]-penta-2ξ,4-diensäure-äthylester $C_{13}H_{16}O_3$, Formel III (R = C_2H_5).

B. Beim Behandeln von 2-Methyl-3ξ-[5-methyl-[2]furyl]-acrylaldehyd (F: 39—40° [E III/IV **17** 4731]) mit Natrium und Äthylacetat (*Pommer*, A. **579** [1953] 47, 72).

Kp₀,₀₃: 137—139°.

*Opt.-inakt. **3-[4-Äthyl-phenyl]-oxirancarbonsäure-äthylester**, 3-[4-Äthyl-phenyl]-2,3-epoxy-propionsäure-äthylester C$_{13}$H$_{16}$O$_3$, Formel IV.

B. Beim Behandeln von 4-Äthyl-benzaldehyd mit Chloressigsäure-äthylester, Natrium und Xylol (*I.G. Farbenind.*, D.R.P. 591452 [1930]; Frdl. **19** 288; *Winthrop Chem. Co.*, U.S.P. 1 899340 [1931]).

Kp$_3$: 155—160°.

IV   V

*Opt.-inakt. **3-[2,4-Dimethyl-phenyl]-oxirancarbonsäure-äthylester**, 3-[2,4-Dimethyl-phenyl]-2,3-epoxy-propionsäure-äthylester C$_{13}$H$_{16}$O$_3$, Formel V.

B. Beim Behandeln von 2,4-Dimethyl-benzaldehyd mit Chloressigsäure-äthylester, Natrium und Xylol (*I.G. Farbenind.*, D.R.P. 591452 [1930]; Frdl. **19** 288; *Winthrop Chem. Co.*, U.S.P. 1 899340 [1931]).

Kp$_3$: 150—155°.

3,4-Epoxy-2-methyl-4-phenyl-buttersäure C$_{11}$H$_{12}$O$_3$, Formel VI.

Diese Konstitution ist für die nachstehend beschriebene opt.-inakt. Verbindung in Betracht gezogen worden (*Hock, Siebert*, B. **87** [1954] 546, 549).

B. In kleiner Menge neben anderen Verbindungen bei mehrtägigem Leiten von Luft durch 3-Methyl-1-phenyl-but-1-en (Kp: 201°) bei 40—45° (*Hock, Si.*, l. c. S. 552, 553).

Krystalle; F: 117—118°; Kp$_{0,1}$: 90° (*Hock, Si.*, l. c. S. 554).

3-Benzyl-3-methyl-oxirancarbonsäure-äthylester, 2,3-Epoxy-3-methyl-4-phenyl-butter-säure-äthylester C$_{13}$H$_{16}$O$_3$, Formel VII (X = O-C$_2$H$_5$).

Die im Hauptwerk (H **18** 306) unter dieser Konstitution beschriebene, dort als β-Methyl-β-benzyl-glycidsäure-äthylester bezeichnete Verbindung (Kp$_{16}$: 175—180°) ist als 2,3-Epoxy-3-methyl-5-phenyl-valeriansäure-äthylester (C$_{14}$H$_{18}$O$_3$ [S. 4231]) zu formulieren, nachdem sich der aus ihr durch Hydrolyse und Decarboxylierung erhaltene vermeintliche 2-Methyl-3-phenyl-propionaldehyd als 2-Methyl-4-phenyl-butyraldehyd (E III **7** 1122) erwiesen hat (vgl. *Hanley et al.*, J. org. Chem. **23** [1958] 1461, 1462 Anm. 9).

VI   VII   VIII

*Opt.-inakt. **3-Benzyl-3-methyl-oxirancarbonsäure-amid**, 2,3-Epoxy-3-methyl-4-phenyl-buttersäure-amid C$_{11}$H$_{13}$NO$_2$, Formel VII (X = NH$_2$).

B. Aus Phenylaceton und Chloressigsäure-amid mit Hilfe von Natriumäthylat (*Fourneau et al.*, J. pharm. Chim. [8] **19** [1934] 49, 50, 52).

Krystalle (aus W.); F: 133°.

*Opt.-inakt. **2-Methyl-3-p-tolyl-oxirancarbonsäure-äthylester**, 2,3-Epoxy-2-methyl-3-p-tolyl-propionsäure-äthylester C$_{13}$H$_{16}$O$_3$, Formel VIII.

B. Beim Behandeln von p-Toluylaldehyd mit (±)-2-Brom-propionsäure-äthylester und Natriumäthylat (*Ruzicka, Ehmann*, Helv. **15** [1932] 140, 160).

Kp$_{12}$: 148—152°.

**3-Methyl-3-*p*-tolyl-oxirancarbonsäure-äthylester, 2,3-Epoxy-3-*p*-tolyl-buttersäure-äthyl=
ester** $C_{13}H_{16}O_3$ (vgl. H 306; dort als β-Methyl-β-*p*-tolyl-glycidsäure-äthylester bezeichnet).
Über die Konfiguration der folgenden Stereoisomeren s. *Gast, Naves*, Soap Perfum.
Cosmet. **45** [1972] 165, 167, Parf. Cosmét. Savons **2** [1972] 213, 215.

a) **(±)-3*c*(?)-Methyl-3*t*(?)-*p*-tolyl-oxiran-*r*-carbonsäure-äthylester, (2*RS*,3*SR*?)-
2,3-Epoxy-3-*p*-tolyl-buttersäure-äthylester** $C_{13}H_{16}O_3$, vermutlich Formel IX + Spiegelbild.
B. Neben dem unter b) beschriebenen Stereoisomeren bei 8-tägigem Behandeln von
1-*p*-Tolyl-äthanon mit Chloressigsäure-äthylester und Natriumäthylat in Petroläther
(*Gast, Naves*, Parf. Cosmét. Savons **2** [1972] 213, 216; s. a. *Dutta*, J. Indian chem.
Soc. **18** [1941] 233, 235).
$Kp_{0,1}$: 102°; D_4^{21}: 1,1074; n_D^{21}: 1,5089 (*Gast, Na.*). ¹H-NMR-Absorption: *Gast, Na.*,
l. c. S. 214. IR-Spektrum (3—25 μ): *Gast, Na.*, l. c. S. 216.

IX   X

b) **(±)-3*t*(?)-Methyl-3*c*(?)-*p*-tolyl-oxiran-*r*-carbonsäure-äthylester, (2*RS*,3*RS*?)-
2,3-Epoxy-3-*p*-tolyl-buttersäure-äthylester** $C_{13}H_{16}O_3$, vermutlich Formel X + Spiegelbild.
B. s. bei dem unter a) beschriebenen Stereoisomeren.
Kp_{12}: 150°; D_4^{21}: 1,0803; n_D^{21}: 1,5010 (*Gast, Naves*, Parf. Cosmét. Savons **2** [1972]
213, 216). ¹H-NMR-Absorption: *Gast, Na.*, l. c. S. 214. IR-Spektrum (3—25 μ): *Gast,
Na.*, l. c. S. 216.

*Opt.-inakt. **3-Methyl-3-*p*-tolyl-oxirancarbonsäure-isopropylester, 2,3-Epoxy-3-*p*-tolyl-
buttersäure-isopropylester** $C_{14}H_{18}O_3$, Formel XI.
B. Beim Behandeln von 1-*p*-Tolyl-äthanon mit Chloressigsäure-isopropylester und
Natriummethylat in Äther (*Newman et al.*, Am. Soc. **68** [1946] 2112, 2114).
$Kp_{0,1}$: 102—104°. n_D^{20}: 1,4986.

XI   XII

*Opt.-inakt. **2-Äthyl-3-phenyl-oxirancarbonsäure-propylester, 2-Äthyl-2,3-epoxy-
3-phenyl-propionsäure-propylester** $C_{14}H_{18}O_3$, Formel XII.
B. Beim Behandeln von Benzaldehyd mit (±)-2-Chlor-buttersäure-propylester und
Natriummethylat in Äther (*Newman et al.*, Am. Soc. **68** [1946] 2112, 2114).
$Kp_{0,5}$: 105—108°. n_D^{25}: 1,5087.

**(±)-3*t*(?)-Äthyl-2-phenyl-oxiran-*r*-carbonsäure-amid, (2*RS*,3*SR*?)-2,3-Epoxy-2-phenyl-
valeriansäure-amid** $C_{11}H_{13}NO_2$, vermutlich Formel I + Spiegelbild.
B. Beim Behandeln einer Lösung von 2-Phenyl-pent-2*t*(?)-ennitril (Kp_2: 112—112,5°;
n_D^{20}: 1,5430; in 2-Phenyl-pent-2*t*-ensäure [E III **9** 2781] überführbar) in Aceton mit wss.
Wasserstoffperoxid und wss. Natriumcarbonat-Lösung (*Murray, Cloke*, Am. Soc. **58**
[1936] 2014, 2017).
Krystalle (aus W.); F: 155° [korr.].

I   II   III

*Opt.-inakt. 3-Äthyl-3-phenyl-oxirancarbonsäure-isopropylester, 2,3-Epoxy-3-phenyl-valeriansäure-isopropylester $C_{14}H_{18}O_3$, Formel II (X = O-CH(CH$_3$)$_2$).

B. Beim Behandeln von Propiophenon mit Chloressigsäure-isopropylester und Natrium= methylat in Äther (*Newman et al.*, Am. Soc. **68** [1946] 2112, 2114).

Kp$_{0,5}$: 107—109°. n$_D^{20}$: 1,4962.

*Opt.-inakt. 3-Äthyl-3-phenyl-oxirancarbonsäure-amid, 2,3-Epoxy-3-phenyl-valerian= säure-amid $C_{11}H_{13}NO_2$, Formel II (X = NH$_2$).

B. Beim Behandeln von Propiophenon mit Chloressigsäure-amid und Natriumäthylat in Äther (*Schering-Kahlbaum A.G.*, D.R.P. 586645 [1932]; Frdl. **20** 781).

Krystalle (aus CCl$_4$ oder Bzl.); F: 119—121°.

(±)-2,3c-Dimethyl-3t-phenyl-oxiran-r-carbonsäure-methylester, (2RS,3SR)-2,3-Epoxy-2-methyl-3-phenyl-buttersäure-methylester $C_{12}H_{14}O_3$, Formel III + Spiegelbild.

Konfigurationszuordnung: *Canceill et al.*, Bl. **1966** 2653, 2654.

B. Beim Behandeln von Acetophenon mit (±)-2-Brom-propionsäure-methylester und Natriumamid in Äther (*Yasuda*, Rep. scient. Res. Inst. Tokyo **31** [1955] 360; C. A. **1956** 12013). Beim Behandeln von 2-Methyl-3-phenyl-*cis*-crotonsäure-methylester mit 4-Nitro-peroxybenzoesäure in Chloroform und Benzol (*Ca. et al.*, l. c. S. 2656).

Krystalle; F: 72—73° [aus wss. Eg.] (*Ya.*), 70° [aus Pentan] (*Ca. et al.*).

---

*Opt.-inakt. Cyclopent-2-enyl-[2]thienyl-essigsäure $C_{11}H_{12}O_2S$, Formel IV (R = H) auf S. 4217.

B. Beim Erwärmen von (±)-Cyclopent-2-enyl-[2]thienyl-malonsäure-diäthylester mit wss.-äthanol. Kalilauge und Ansäuern des Reaktionsgemisches mit wss. Salzsäure (*Leonard*, Am. Soc. **74** [1952] 2915, 2917).

Gelbes Öl vom Kp$_3$: 161—166°, das zu wachsartigen Krystallen vom F: 60—65° erstarrt.

*Opt.-inakt. Cyclopent-2-enyl-[2]thienyl-essigsäure-methylester $C_{12}H_{14}O_2S$, Formel IV (R = CH$_3$) auf S. 4217.

B. Beim Erwärmen von opt.-inakt. Cyclopent-2-enyl-[2]thienyl-essigsäure (F: 60—65° [s. o.]) mit Methanol, 1,2-Dichlor-äthan und wenig Methansulfonsäure unter Entfernen des entstehenden Wassers (*Leonard, Simet*, Am. Soc. **74** [1952] 3218, 3221).

Kp$_2$: 119—120° [unkorr.]. n$_D^{20}$: 1,5340.

*Opt.-inakt. Cyclopent-2-enyl-[2]thienyl-essigsäure-äthylester $C_{13}H_{16}O_2S$, Formel IV (R = C$_2$H$_5$) auf S. 4217.

B. Beim Erwärmen von opt.-inakt. Cyclopent-2-enyl-[2]thienyl-acetonitril (Kp$_1$: 113° bis 117°; n$_D^{20}$: 1,5530 [S. 4220]) mit Schwefelsäure enthaltendem Äthanol (*Leonard, Simet*, Am. Soc. **74** [1952] 3218, 3221).

Kp$_{0,05}$: 89—92°. n$_D^{20}$: 1,5264.

*Opt.-inakt. Cyclopent-2-enyl-[2]thienyl-essigsäure-[2-brom-äthylester] $C_{13}H_{15}BrO_2S$, Formel IV (R = CH$_2$-CH$_2$Br) auf S. 4217.

B. Beim Erwärmen von opt.-inakt. Cyclopent-2-enyl-[2]thienyl-acetylchlorid (Kp$_3$: 121°; n$_D^{20}$: 1,5547 [S. 4219]) mit 2-Brom-äthanol und Benzol (*Leonard, Simet*, Am. Soc. **77** [1955] 2855, 2857).

Kp$_{0,003}$: 135—136° [unkorr.]. n$_D^{20}$: 1,5545.

*Opt.-inakt. Cyclopent-2-enyl-[2]thienyl-essigsäure-[5-brom-pentylester] $C_{16}H_{21}BrO_2S$, Formel IV (R = [CH$_2$]$_4$-CH$_2$Br) auf S. 4217.

B. Beim Erwärmen von opt.-inakt. Cyclopent-2-enyl-[2]thienyl-essigsäure (F: 60—65° [s. o.]) mit 1,5-Dibrom-pentan, Kaliumcarbonat und Äthylacetat (*Leonard, Simet*, Am. Soc. **77** [1955] 2855, 2857).

Kp$_{0,008}$: 148—150° [unkorr.]. n$_D^{20}$: 1,5383.

Beim Erwärmen mit Diäthylamin (2 Mol) und Benzol ist Cyclopent-2-enyl-[2]thienyl-essigsäure-[5-diäthylamino-pentylester] (Hydrochlorid, F: 91,5—92°) erhalten worden (*Le., Si.*, l. c. S. 2858, 2860).

*Opt.-inakt. Cyclopent-2-enyl-[2]thienyl-essigsäure-[2-dimethylamino-äthylester]
$C_{15}H_{21}NO_2S$, Formel V (R = X = CH_3).

B. Beim Erwärmen von opt.-inakt. Cyclopent-2-enyl-[2]thienyl-essigsäure-[2-brom-äthylester] ($Kp_{0,003}$: 135—136°; n_D^{20}: 1,5545 [S. 4215]) mit Dimethylamin und Benzol (*Leonard, Simet,* Am. Soc. **77** [1955] 2855, 2860). Beim Behandeln von opt.-inakt. Cyclopent-2-enyl-[2]thienyl-acetylchlorid (Kp_3: 121°; n_D^{20}: 1,5547 [S. 4219]) mit 2-Di=methylamino-äthanol und Benzol (*Le., Si.*).

Hydrochlorid $C_{15}H_{21}NO_2S \cdot HCl$. Krystalle (aus Isopropylalkohol + Ae.); F: 105,5° bis 106,5° [unkorr.] (*Le., Si.,* l. c. S. 2858).

*Opt.-inakt. Cyclopent-2-enyl-[2]thienyl-essigsäure-[2-(äthyl-methyl-amino)-äthylester]
$C_{16}H_{23}NO_2S$, Formel V (R = CH_3, X = C_2H_5).

B. Beim Erwärmen von opt.-inakt. Cyclopent-2-enyl-[2]thienyl-essigsäure-[2-brom-äthylester] ($Kp_{0,003}$: 135—136°; n_D^{20}: 1,5545 [S. 4215]) mit Äthyl-methyl-amin und Benzol (*Leonard, Simet,* Am. Soc. **77** [1955] 2855, 2860). Beim Behandeln von opt.-inakt. Cyclopent-2-enyl-[2]thienyl-acetylchlorid (Kp_3: 121°; n_D^{20}: 1,5547 [S. 4219]) mit 2-[Äthyl-methyl-amino]-äthanol und Benzol (*Le., Si.*).

Bei 123—131°/0,001 Torr destillierbar; n_D^{20}: 1,5312 (*Le., Si.,* l. c. S. 2858).

Hydrobromid $C_{16}H_{23}NO_2S \cdot HBr$. Krystalle (aus E. + Ae.); F: 81,5—83,5° (*Le., Si.,* l. c. S. 2858).

*Opt.-inakt. Cyclopent-2-enyl-[2]thienyl-essigsäure-[2-diäthylamino-äthylester]
$C_{17}H_{25}NO_2S$, Formel V (R = X = C_2H_5).

B. Beim Erwärmen von opt.-inakt. Cyclopent-2-enyl-[2]thienyl-essigsäure (F: 60—65° [S. 4215]) mit Diäthyl-[2-chlor-äthyl]-amin und Isopropylalkohol (*Leonard,* Am. Soc. **74** [1952] 2915, 2918) oder mit Diäthyl-[2-chlor-äthyl]-amin, Kaliumcarbonat und Äthyl=acetat (*Leonard, Simet,* Am. Soc. **74** [1952] 3218, 3221). Beim Erhitzen von opt.-inakt. Cyclopent-2-enyl-[2]thienyl-essigsäure-äthylester ($Kp_{0,05}$: 89—92°; n_D^{20}: 1,5264 [S. 4215]) mit 2-Diäthylamino-äthanol, wenig Natrium und Xylol unter Entfernen des entstehenden Äthanols (*Le., Si.,* Am. Soc. **74** 3222). Beim Erwärmen von opt.-inakt. Cyclopent-2-enyl-[2]thienyl-essigsäure-[2-brom-äthylester] ($Kp_{0,003}$: 135—136°; n_D^{20}: 1,5545 [S. 4215]) mit Diäthylamin und Benzol (*Leonard, Simet,* Am. Soc. **77** [1955] 2855, 2860). Beim Behandeln von opt.-inakt. Cyclopent-2-enyl-[2]thienyl-acetylchlorid (Kp_3: 121°; n_D^{20}: 1,5547 [S. 4219]) mit 2-Diäthylamino-äthanol und Benzol (*Le., Si.,* Am. Soc. **77** 2860).

Bei 115—123°/0,001 Torr destillierbar; n_D^{20}: 1,5170 [Präparat aus Cyclopent-2-enyl-[2]thienyl-essigsäure-äthylester] (*Le., Si.,* Am. Soc. **74** 3222).

Hydrochlorid $C_{17}H_{25}NO_2S \cdot HCl$. Krystalle; F: 134—135° [unkorr.; aus E. + A.] [Präparat aus Cyclopent-2-enyl-[2]thienyl-essigsäure-äthylester] (*Le., Si.,* Am. Soc. **74** 3222), 130—132° [unkorr.; aus Isopropylalkohol + Ae.] [Präparat aus Cyclopent-2-enyl-[2]thienyl-essigsäure] (*Le.,* Am. Soc. **74** 2916, 2918), 131—132,5° [unkorr.; aus E. + A.] [Präparat aus Cyclopent-2-enyl-[2]thienyl-essigsäure] (*Le., Si.,* Am. Soc. **74** 3222).

Hydrobromid $C_{17}H_{25}NO_2S \cdot HBr$. Krystalle (aus E. + Ae.); F: 100—101° [unkorr.] [Präparat aus Cyclopent-2-enyl-[2]thienyl-essigsäure-[2-brom-äthylester] (*Le., Si.,* Am. Soc. **77** 2858).

Hydrogenoxalat $C_{17}H_{25}NO_2S \cdot C_2H_2O_4$. Krystalle (aus E.); F: 109,5—110,5° [unkorr.] [Präparat aus Cyclopent-2-enyl-[2]thienyl-essigsäure-[2-brom-äthylester] (*Le., Si.,* Am. Soc. **77** 2858).

Dihydrogencitrat $C_{17}H_{25}NO_2S \cdot C_6H_8O_7$. Krystalle (aus 1,2-Dichlor-äthan); F: 126° bis 127° [unkorr.] [Präparat aus Cyclopent-2-enyl-[2]thienyl-essigsäure-[2-brom-äthyl=ester] (*Le., Si.,* Am. Soc. **77** 2858).

*Opt.-inakt. Diäthyl-[2-(cyclopent-2-enyl-[2]thienyl-acetoxy)-äthyl]-methyl-ammonium, Cyclopent-2-enyl-[2]thienyl-essigsäure-[2-(diäthyl-methyl-ammonio)-äthylester]
$[C_{18}H_{28}NO_2S]^+$, Formel VI (R = C_2H_5, X = CH_3).

Jodid $[C_{18}H_{28}NO_2S]I$. *B.* Beim Erwärmen von opt.-inakt. Cyclopent-2-enyl-[2]thienyl-essigsäure-[2-diäthylamino-äthylester] ($Kp_{0,001}$: 115—123°; n_D^{20}: 1,5170 [s. o.]) mit Methyl=jodid und Aceton (*Leonard, Simet,* Am. Soc. **77** [1955] 2855). — Krystalle (aus Butanon + Ae.); F: 101—103° [unkorr.] (*Le., Si.,* l. c. S. 2858).

IV   V   VI

*Opt.-inakt. Triäthyl-[2-(cyclopent-2-enyl-[2]thienyl-acetoxy)-äthyl]-ammonium,
Cyclopent-2-enyl-[2]thienyl-essigsäure-[2-triäthylammonio-äthylester] $[C_{19}H_{30}NO_2S]^+$,
Formel VI (R = X = C_2H_5).
    Jodid $[C_{19}H_{30}NO_2S]I$. *B.* Beim Erwärmen von opt.-inakt. Cyclopent-2-enyl-[2]thienyl-
essigsäure-[2-diäthylamino-äthylester] ($Kp_{0,001}$: 115—123°; n_D^{20}: 1,5170 [S. 4216]) mit
Äthyljodid und Aceton (*Leonard, Simet*, Am. Soc. **77** [1955] 2855). — Krystalle (aus E.
+ Me.); F: 140—141° [unkorr.] (*Le., Si.,* l. c. S. 2858).

*Opt.-inakt. Cyclopent-2-enyl-[2]thienyl-essigsäure-[2-dipropylamino-äthylester]
$C_{19}H_{29}NO_2S$, Formel V (R = X = $CH_2-CH_2-CH_3$).
    B. Beim Erwärmen von opt.-inakt. Cyclopent-2-enyl-[2]thienyl-essigsäure-[2-brom-
äthylester] ($Kp_{0,003}$: 135—136°; n_D^{20}: 1,5545 [S. 4215]) mit Dipropylamin und Benzol
(*Leonard, Simet*, Am. Soc. **77** [1955] 2855, 2860).
    Bei 115—126°/0,001 Torr destillierbar; n_D^{20}: 1,5106 (*Le., Si.,* l. c. S. 2858).
    Hydrochlorid $C_{19}H_{29}NO_2S\cdot HCl$. Krystalle (aus 1,2-Dichlor-äthan + Ae.); F: 88°
bis 89° (*Le., Si.,* l. c. S. 2858).

*Opt.-inakt. Cyclopent-2-enyl-[2]thienyl-essigsäure-[2-isopropylamino-äthylester]
$C_{16}H_{23}NO_2S$, Formel V (R = $CH(CH_3)_2$, X = H).
    B. Beim Erwärmen von opt.-inakt. Cyclopent-2-enyl-[2]thienyl-essigsäure-[2-brom-
äthylester] ($Kp_{0,003}$: 135—136°; n_D^{20}: 1,5545 [S. 4215]) mit Isopropylamin und Benzol
(*Leonard, Simet*, Am. Soc. **77** [1955] 2855, 2860).
    $Kp_{0,001}$: 121—125° [unkorr.]; n_D^{20}: 1,5235 (*Le., Si.,* l. c. S. 2858).
    Hydrochlorid $C_{16}H_{23}NO_2S\cdot HCl$. Krystalle (aus A. + Ae.); F: 149—151° [unkorr.]
(*Le., Si.,* l. c. S. 2858).

*Opt.-inakt. Cyclopent-2-enyl-[2]thienyl-essigsäure-[2-diisopropylamino-äthylester]
$C_{19}H_{29}NO_2S$, Formel V (R = X = $CH(CH_3)_2$).
    B. Beim Erwärmen von opt.-inakt. Cyclopent-2-enyl-[2]thienyl-acetylchlorid (S. 4219)
mit 2-Diisopropylamino-äthanol, Triäthylamin und Benzol (*McMillan, Scott*, J. Am.
pharm. Assoc. **45** [1956] 578, 580).
    $Kp_{0,3}$: 138—142° [unkorr.].
    Hydrochlorid $C_{19}H_{29}NO_2S\cdot HCl$. Krystalle (aus E.); F: 138—140° [unkorr.].

*Opt.-inakt. [2-(Cyclopent-2-enyl-[2]thienyl-acetoxy)-äthyl]-diisopropyl-methyl-
ammonium, Cyclopent-2-enyl-[2]thienyl-essigsäure-[2-(diisopropyl-methyl-ammonio)-
äthylester] $[C_{20}H_{32}NO_2S]^+$, Formel VI (R = $CH(CH_3)_2$, X = CH_3).
    Bromid $[C_{20}H_{32}NO_2S]Br$. *B.* Beim Erwärmen von opt.-inakt. Cyclopent-2-enyl-
[2]thienyl-essigsäure-[2-diisopropylamino-äthylester] ($Kp_{0,3}$: 138—142° [s. o.]) mit
Methylbromid und Aceton (*McMillan, Scott*, J. Am. pharm. Assoc. **45** [1956] 578, 580). —
Krystalle (aus A. + Ae.); F: 156—158° [unkorr.].

*Opt.-inakt. Diäthyl-benzyl-[2-(cyclopent-2-enyl-[2]thienyl-acetoxy)-äthyl]-ammonium,
Cyclopent-2-enyl-[2]thienyl-essigsäure-[2-(diäthyl-benzyl-ammonio)-äthylester]
$[C_{24}H_{32}NO_2S]^+$, Formel VI (R = C_2H_5, X = $CH_2-C_6H_5$).
    Bromid $[C_{24}H_{32}NO_2S]Br$. *B.* Beim Erwärmen von opt.-inakt. Cyclopent-2-enyl-[2]thi=
enyl-essigsäure-[2-diäthylamino-äthylester] ($Kp_{0,001}$: 115—123°; n_D^{20}: 1,5170 [S. 4216])
mit Benzylbromid und Aceton (*Leonard, Simet*, Am. Soc. **77** [1955] 2855). — Krystalle
(aus Isopropylalkohol + Ae.); F: 128—130° [unkorr.] (*Le., Si.,* l. c. S. 2858).

*Opt.-inakt. Cyclopent-2-enyl-[2]thienyl-essigsäure-[2-dibenzylamino-äthylester]
$C_{27}H_{29}NO_2S$, Formel V (R = X = CH_2-C_6H_5).

B. Beim Erwärmen von opt.-inakt. Cyclopent-2-enyl-[2]thienyl-acetylchlorid (Kp$_3$: 121°; n$_D^{20}$: 1,5547 [S. 4219]) mit 2-Dibenzylamino-äthanol und Benzol (*Leonard, Simet,* Am. Soc. **77** [1955] 2855, 2860).

Hydrochlorid $C_{27}H_{29}NO_2S \cdot HCl$. Krystalle (aus Acn. + Ae.); F: 114,5—116,5° [unkorr.] (*Le., Si.,* l. c. S. 2858).

*Opt.-inakt. Äthoxycarbonylmethyl-diäthyl-[2-(cyclopent-2-enyl-[2]thienyl-acetoxy)-äthyl]-ammonium, {Diäthyl-[2-(cyclopent-2-enyl-[2]thienyl-acetoxy)-äthyl]-ammonio}-essigsäure-äthylester $[C_{21}H_{32}NO_4S]^+$, Formel VI (R = C_2H_5, X = CH_2-CO-O-C_2H_5).

Bromid $[C_{21}H_{32}NO_4S]Br$. *B.* Beim Erwärmen von opt.-inakt. Cyclopent-2-enyl-[2]thienyl-essigsäure-[2-diäthylamino-äthylester] (Kp$_{0,001}$: 115—123°; n$_D^{20}$: 1,5170 [S. 4216]) mit Bromessigsäure-äthylester und Aceton (*Leonard, Simet,* Am. Soc. **77** [1955] 2855). — Krystalle (aus Acn.); F: 134,5—135,5° [unkorr.] (*Le., Si.,* l. c. S. 2858).

*Opt.-inakt. Diäthyl-[3t(?)-butoxycarbonyl-allyl]-[2-(cyclopent-2-enyl-[2]thienyl-acetoxy)-äthyl]-ammonium, 4-{Diäthyl-[2-(cyclopent-2-enyl-[2]thienyl-acetoxy)-äthyl]-ammonio}-*trans*(?)-crotonsäure-butylester $[C_{25}H_{38}NO_4S]^+$, vermutlich Formel VI (R = C_2H_5, X = CH_2-CH$\underline{=}$CH-CO-O-$[CH_2]_3$-CH_3).

Bromid $[C_{25}H_{38}NO_4S]Br$. *B.* Beim Erwärmen von opt.-inakt. Cyclopent-2-enyl-[2]thienyl-essigsäure-[2-diäthylamino-äthylester] (Kp$_{0,001}$: 115—123°; n$_D^{20}$: 1,5170 [S. 4216]) mit 4-Brom-*trans*(?)-crotonsäure-butylester und Aceton (*Leonard, Simet,* Am. Soc. **77** [1955] 2855). — Krystalle (aus A. + Ae.); F: 116—117° [unkorr.] (*Le., Si.,* l. c. S. 2858).

*Opt.-inakt. α,α'-Bis-{diäthyl-[2-(cyclopent-2-enyl-[2]thienyl-acetoxy)-äthyl]-ammonio}-*p*-xylol, *N,N,N',N'*-Tetraäthyl-*N,N'*-bis-[2-(cyclopent-2-enyl-[2]thienyl-acetoxy)-äthyl]-*N,N'*-*p*-xylylen-di-ammonium $[C_{42}H_{58}N_2O_4S_2]^{2+}$, Formel VII.

Dibromid $[C_{42}H_{58}N_2O_4S_2]Br_2$. *B.* Beim Erwärmen von opt.-inakt. Cyclopent-2-enyl-[2]thienyl-essigsäure-[2-diäthylamino-äthylester] (Kp$_{0,001}$: 115—123°; n$_D^{20}$: 1,5170 [S. 4216]) mit α,α'-Dibrom-*p*-xylol und Aceton (*Leonard, Simet,* Am. Soc. **77** [1955] 2855). — Krystalle (aus A. + Ae.); F: 189—191° [unkorr.] (*Le., Si.,* l. c. S. 2858).

*Opt.-inakt. Cyclopent-2-enyl-[2]thienyl-essigsäure-[3-diäthylamino-propylester]
$C_{18}H_{27}NO_2S$, Formel VIII (R = $[CH_2]_3$-$N(C_2H_5)_2$).

B. Beim Erwärmen von opt.-inakt. Cyclopent-2-enyl-[2]thienyl-essigsäure (F: 60—65° [S. 4215]) mit Diäthyl-[3-chlor-propyl]-amin, Kaliumcarbonat und Benzol (*Leonard, Simet,* Am. Soc. **77** [1955] 2855, 2860).

Hydrochlorid $C_{18}H_{27}NO_2S \cdot HCl$. Krystalle (aus E.); F: 117,5—119,5° [unkorr.] (*Le., Si.,* l. c. S. 2858).

VII   VIII

*Opt.-inakt. Cyclopent-2-enyl-[2]thienyl-essigsäure-[β-diäthylamino-isopropylester]
$C_{18}H_{27}NO_2S$, Formel VIII (R = CH(CH$_3$)-CH_2-$N(C_2H_5)_2$).

B. Beim Erwärmen von opt.-inakt. Cyclopent-2-enyl-[2]thienyl-acetylchlorid (Kp$_3$: 121°; n$_D^{20}$: 1,5547 [S. 4219]) mit (±)-1-Diäthylamino-propan-2-ol und Benzol (*Leonard, Simet,* Am. Soc. **77** [1955] 2855, 2860).

Bei 113—123°/0,001 Torr destillierbar; n$_D^{20}$: 1,5117 (*Le., Si.,* l. c. S. 2858).

Das Hydrochlorid ($C_{18}H_{27}NO_2S \cdot HCl$) ist hygroskopisch.

*Opt.-inakt. Cyclopent-2-enyl-[2]thienyl-essigsäure-[β,β'-bis-diäthylamino-isopropylester], **Tetra-N-äthyl-2-[cyclopent-2-enyl-[2]thienyl-acetoxy]-propandiyldiamin** $C_{22}H_{36}N_2O_2S$, **Formel IX** (R = C_2H_5).

B. Beim Erwärmen von opt.-inakt. Cyclopent-2-enyl-[2]thienyl-acetylchlorid (Kp$_3$: 121°; n$_D^{20}$: 1,5547 [s. u.]) mit 1,3-Bis-diäthylamino-propan-2-ol und Benzol (*Leonard, Simet,* Am. Soc. **77** [1955] 2855, 2860).

Bei 140—148°/0,001 Torr destillierbar (*Le., Si.,* l. c. S. 2858).

Hydrochlorid $C_{22}H_{36}N_2O_2S \cdot HCl$. Krystalle (aus E. + Ae.); F: 129,5—130° [unkorr.] (*Le., Si.,* l. c. S. 2858).

*Opt.-inakt. Cyclopent-2-enyl-[2]thienyl-essigsäure-[β,β'-bis-dipropylamino-isopropyl=ester], 2-[Cyclopent-2-enyl-[2]thienyl-acetoxy]-tetra-N-propyl-propandiyldiamin $C_{26}H_{44}N_2O_2S$, **Formel IX** (R = CH_2-CH_2-CH_3).

B. Beim Erwärmen von opt.-inakt. Cyclopent-2-enyl-[2]thienyl-acetylchlorid (Kp$_3$: 121°; n$_D^{20}$: 1,5547 [s. u.]) mit 1,3-Bis-dipropylamino-propan-2-ol und Benzol (*Leonard, Simet,* Am. Soc. **77** [1955] 2855, 2860).

Bei 150—162°/0,001 Torr destillierbar (*Le., Si.,* l. c. S. 2858).

Dihydrochlorid $C_{26}H_{44}N_2O_2S \cdot 2$ HCl. Krystalle (aus E. + A. + Hexan); F: 166° bis 166,5° [unkorr.] (*Le., Si.,* l. c. S. 2858).

*Opt.-inakt. Cyclopent-2-enyl-[2]thienyl-essigsäure-[5-diäthylamino-pentylester] $C_{20}H_{31}NO_2S$, **Formel VIII** (R = $[CH_2]_5$-$N(C_2H_5)_2$).

B. Beim Erwärmen von opt.-inakt. Cyclopent-2-enyl-[2]thienyl-essigsäure-[5-brom-pentylester] (Kp$_{0,008}$: 148—150°; n$_D^{20}$: 1,5383 [S. 4215]) mit Diäthylamin und Benzol (*Leonard, Simet,* Am. Soc. **77** [1955] 2855, 2860).

Bei 146—154°/0,001 Torr destillierbar; n$_D^{20}$: 1,5105 (*Le., Si.,* l. c. S. 2858).

Hydrochlorid $C_{20}H_{31}NO_2S \cdot HCl$. Krystalle (aus Acn. + Ae.); F: 91,5—92° (*Le., Si.,* l. c. S. 2858).

*Opt.-inakt. Cyclopent-2-enyl-[2]thienyl-essigsäure-[3-diäthylamino-2,2-dimethyl-propylester] $C_{20}H_{31}NO_2S$, **Formel VIII** (R = CH_2-$C(CH_3)_2$-CH_2-$N(C_2H_5)_2$).

B. Beim Erwärmen von opt.-inakt. Cyclopent-2-enyl-[2]thienyl-acetylchlorid (Kp$_3$: 121°; n$_D^{20}$: 1,5547 [s. u.]) mit 3-Diäthylamino-2,2-dimethyl-propan-1-ol und Benzol (*Leonard, Simet,* Am. Soc. **77** [1955] 2855, 2860).

Kp$_{0,005}$: 115—122° (*Le., Si.,* l. c. S. 2858).

Nitrat $C_{20}H_{31}NO_2S \cdot HNO_3$. Krystalle (aus Acn. + Ae.); F: 85—86° (*Le., Si.,* l. c. S. 2858).

IX   X   XI   XII

*Opt.-inakt. Cyclopent-2-enyl-[2]thienyl-essigsäure-[*trans*-2-diäthylamino-cyclohexyl=ester] $C_{21}H_{31}NO_2S$, **Formel X** (R = C_2H_5) + Spiegelbild.

B. Beim Erwärmen von opt.-inakt. Cyclopent-2-enyl-[2]thienyl-acetylchlorid (Kp$_3$: 121°; n$_D^{20}$: 1,5547 [s. u.]) mit ($\pm$)-*trans*-2-Diäthylamino-cyclohexanol und Benzol (*Leonard, Simet,* Am. Soc. **77** [1955] 2855, 2860).

Bei 127—141°/0,005 Torr destillierbar; n$_D^{20}$: 1,5453 (*Le., Si.,* l. c. S. 2858).

Hydrobromid $C_{21}H_{31}NO_2S \cdot HBr$. Krystalle (aus E. + Ae.); F: 153—154° [unkorr.] (*Le., Si.,* l. c. S. 2858).

*Opt.-inakt. Cyclopent-2-enyl-[2]thienyl-acetylchlorid $C_{11}H_{11}ClOS$, **Formel XI** (X = Cl).

B. Beim Erwärmen von opt.-inakt. Cyclopent-2-enyl-[2]thienyl-essigsäure (F: 60—65° [S. 4215]) mit Thionylchlorid und Benzol (*Leonard, Simet,* Am. Soc. **77** [1955] 2855,

2857).

Kp$_3$: 121° [unkorr.]. n_D^{20}: 1,5547.

*Opt.-inakt. Cyclopent-2-enyl-[2]thienyl-essigsäure-[2-diäthylamino-äthylamid], N,N-Diäthyl-N'-[cyclopent-2-enyl-[2]thienyl-acetyl]-äthylendiamin $C_{17}H_{26}N_2OS$, Formel XI (X = NH-CH$_2$-CH$_2$-N(C$_2$H$_5$)$_2$).

B. Beim Erwärmen von opt.-inakt. Cyclopent-2-enyl-[2]thienyl-acetylchlorid (S. 4219) mit N,N-Diäthyl-äthylendiamin und Benzol (*Leonard, Simet*, Am. Soc. **77** [1955] 2855, 2860).

Bei 150—156°/0,001 Torr destillierbar; n_D^{20}: 1,5381 (*Le., Si.*, l. c. S. 2858).

Hydrochlorid $C_{17}H_{26}N_2OS \cdot HCl$. Krystalle (aus E. + A. + Hexan); F: 123—124° [unkorr.] (*Le., Si.*, l. c. S. 2858).

*Opt.-inakt. Cyclopent-2-enyl-[2]thienyl-acetonitril $C_{11}H_{11}NS$, Formel XII.

B. Beim Behandeln von [2]Thienyl-acetonitril mit (±)-3-Chlor-cyclopenten und Natriumamid in Toluol (*Leonard, Simet*, Am. Soc. **74** [1952] 3218, 3220).

Kp$_1$: 113—117° [unkorr.]. n_D^{20}: 1,5530.

*Opt.-inakt. Cyclopent-2-enyl-[2]thienyl-thioessigsäure-S-[2-diäthylamino-äthylester] $C_{17}H_{25}NOS_2$, Formel I.

B. Beim Erwärmen von opt.-inakt. Cyclopent-2-enyl-[2]thienyl-acetylchlorid (Kp$_3$: 121°; n_D^{20}: 1,5547 [S. 4219]) mit 2-Diäthylamino-äthanthiol und Benzol (*Leonard, Simet*, Am. Soc. **77** [1955] 2855, 2860).

Bei 132—141°/0,01 Torr destillierbar; n_D^{20}: 1,5472 (*Le., Si.*, l. c. S. 2858).

Hydrochlorid $C_{17}H_{25}NOS_2 \cdot HCl$. Krystalle (aus E. + Hexan); F: 109,5—110,5° [unkorr.] (*Le., Si.*, l. c. S. 2858).

Cyclopentyliden-[2]thienyl-acetonitril $C_{11}H_{11}NS$, Formel II.

Für die nachstehend beschriebene Verbindung kommt ausser dieser Konstitution auch die Formulierung als (±)-Cyclopent-1-enyl-[2]thienyl-acetonitril ($C_{11}H_{11}NS$, Formel III) in Betracht (*Jackman et al.*, Am. Soc. **71** [1949] 2301, 2302).

B. Beim Behandeln von [2]Thienyl-acetonitril mit Cyclopentanon und Natriumäthylat rn Äthanol (*Jackman et al.*, Am. Soc. **71** [1949] 2301, 2302; *Sterling Drug Inc.*, D.B.P. 930562 [1951]; D.R.B.P. Org. Chem. 1950—1951 **3** 95, 101; U.S.P. 2647122 [1948], 2762812 [1952]).

Krystalle (aus PAe. bzw. aus Ae. + PAe.); F: 46—48° (*Ja. et al.; Sterling Drug Inc.*).
UV-Spektrum (A.; 210—320 nm [λ_{max}: 288 nm]): *Ja. et al.*, l. c. S. 2301.

Beim Erwärmen mit [2-Chlor-äthyl]-dimethyl-amin und Natriumamid in Benzol und Erhitzen des Reaktionsprodukts mit Natriumamid in Xylol sind 2-Cyclopent-1-enyl-4-dimethylamino-2-[2]thienyl-butyronitril (Hydrochlorid; F: 194—195,8° [korr.]) und eine als [3-Cyclopentyliden-3-[2]thienyl-propyl]-dimethyl-amin angesehene Verbindung (Hydrochlorid: F: 200,4—203,5° [korr.]; λ_{max} [A.]: 278 nm) erhalten worden (*Ja. et al.*).

I   II   III   IV

(±)-2,3,4,5-Tetrahydro-benz[b]oxepin-2-carbonsäure $C_{11}H_{12}O_3$, Formel IV.

B. In mässiger Ausbeute beim mehrtägigen Behandeln von (±)-6-Brom-6,7,8,9-tetra-hydro-benzocyclohepten-5-on mit Peroxybenzoesäure in Chloroform, Behandeln einer Lösung des erhaltenen 3-Brom-3,4,5,6-tetrahydro-benz[b]oxocin-2-ons in Äthanol mit 90%ig. wss. Wasserstoffperoxid unter Zusatz von wss. Natronlauge und Erwärmen des danach isolierten Reaktionsprodukts mit wss. Natronlauge (*Baddeley, Cooke*, Soc. **1958** 2797).

Krystalle (aus PAe.); F: 100—102,5°. Absorptionsmaxima (Hexan): 265 nm und 270 nm. Scheinbarer Dissoziationsexponent pK'_a (Wasser; potentiometrisch ermittelt) bei 25°: 3,63.

2,3,4,5-Tetrahydro-benz[b]oxepin-7-carbonsäure $C_{11}H_{12}O_3$, Formel V.

B. Aus 1-[2,3,4,5-Tetrahydro-benz[b]oxepin-7-yl]-äthanon mit Hilfe von alkal. wss. Alkalihypochlorit-Lösung (*Baddeley et al.*, Soc. **1956** 2455, 2461).
Krystalle (aus wss. A.); F: 165—165,5°.

2,3,4,x-Tetrahydro-cyclohepta[b]pyran-x-carbonsäure $C_{11}H_{12}O_3$.

B. Beim Erhitzen von Chroman mit Diazoessigsäure-äthylester auf 150° und Behandeln des Reaktionsprodukts mit methanol. Kalilauge (*Johnson et al.*, Soc. **1953** 2136, 2138).
Krystalle (aus Cyclohexan); F: 165—166°. Absorptionsmaxima (A.): 227 nm und 325 nm.

Isochroman-x-yl-essigsäure $C_{11}H_{12}O_3$, Formel VI (X = OH).

B. Beim Erwärmen von Isochroman-x-yl-acetonitril (F: 82° [s. u.]) mit äthanol. Natronlauge (*BASF*, D.B.P. 924387 [1952]; U.S.P. 2701254 [1953]).
Krystalle (aus Me.); F: 153,5—154,5°.

Beim Erwärmen mit Alkoholen und wenig Schwefelsäure sind die folgenden Ester hergestellt worden: Methylester $C_{12}H_{14}O_3$ ($Kp_{1,5}$: 144—147°), Äthylester $C_{13}H_{16}O_3$ (Kp_{10}: 170—171°), 2-Chlor-äthylester $C_{13}H_{15}ClO_3$ (Kp_2: 177—178°), Isopropylester $C_{14}H_{18}O_3$ ($Kp_{0,05}$: 138°), Butylester $C_{15}H_{20}O_3$ (Kp_2: 161—164°), Octylester $C_{19}H_{28}O_3$ ($Kp_{1,5}$: 199—201°), Decylester $C_{21}H_{32}O_3$ ($Kp_{1,5}$: 202—205°) und 2-[2,4-Dichlor-phenoxy]-äthylester $C_{19}H_{18}Cl_2O_4$ (Krystalle [aus A.], F: 81°).

V   VI   VII

Isochroman-x-yl-essigsäure-amid $C_{11}H_{13}NO_2$, Formel VI (X = NH₂).

B. Aus Isochroman-x-yl-acetonitril (F: 82° [s. u.]) mit Hilfe von wss. Säure (*BASF*, D.B.P. 924387 [1952]; U.S.P. 2701254 [1953]).
Krystalle; F: 177—178°.

Isochroman-x-yl-acetonitril $C_{11}H_{11}NO$, Formel VII.

B. Beim Erwärmen von x-Chlormethyl-isochroman (F: 94° [E III/IV **17** 433]) mit Kaliumcyanid in Äthanol (*BASF*, D.B.P. 924387 [1952]; U.S.P. 2701254 [1953]).
Krystalle; F: 82°.

Isochroman-x-yl-essigsäure-hydrazid $C_{11}H_{14}N_2O_2$, Formel VI (X = NH-NH₂).

B. Beim Behandeln von Isochroman-x-yl-essigsäure-äthylester (Kp_{10}: 170—171° [s. o.]) mit Hydrazin-hydrat (*BASF*, D.B.P. 924387 [1952]; U.S.P. 2701254 [1953]).
Krystalle (aus A.); F: 156°.

(±)-3-[2,3-Dihydro-benzofuran-2-yl]-propionsäure $C_{11}H_{12}O_3$, Formel VIII (X = OH).

B. Aus (±)-[2,3-Dihydro-benzofuran-2-ylmethyl]-malonsäure (*Normant*, A. ch. [11] **17** [1942] 333, 346; *Paul, Normant*, C. r. **220** [1945] 919).
F: 66° (*Paul, No.*, l. c. S. 921).

(±)-3-[2,3-Dihydro-benzofuran-2-yl]-propionsäure-methylester $C_{12}H_{14}O_3$, Formel VIII (X = O-CH₃).

B. Beim Behandeln einer Lösung von (±)-3-[2,3-Dihydro-benzofuran-2-yl]-propion-säure in Benzol mit Schwefelsäure enthaltendem Methanol (*Normant*, A. ch. [11] **17** [1942] 333, 346).
$Kp_{11,5}$: 163—164°. D_{16}^{11}: 1,140. n_D^{11}: 1,5255.

Beim Behandeln mit Äthanol und Natrium ist 5-Phenyl-pentan-1,4-diol erhalten worden.

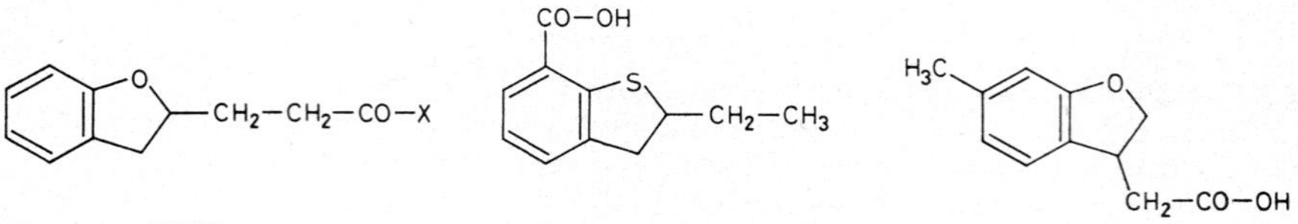

VIII   IX   X

(±)-3-[2,3-Dihydro-benzofuran-2-yl]-propionsäure-amid $C_{11}H_{13}NO_2$, Formel VIII (X = NH$_2$).

B. Beim Behandeln von (±)-3-[2,3-Dihydro-benzofuran-2-yl]-propionsäure-methylester mit wss. Ammoniak oder mit Ammoniak in Äthanol (*Normant*, A. ch. [11] **17** [1942] 333, 347).

Krystalle (aus A.); F: 122° [Block].

(±)-2-Äthyl-2,3-dihydro-benzo[*b*]thiophen-7-carbonsäure $C_{11}H_{12}O_2S$, Formel IX.

B. Neben 2-Äthyl-2,3-dihydro-benzo[*b*]thiophen und 2-Mercapto-benzoesäure beim Erhitzen von 2-But-2*t*-enylmercapto-benzoesäure unter Stickstoff auf 250° (*Petropoulos et al.*, Am. Soc. **75** [1953] 1130, 1132).

Krystalle (aus Me. + W.); F: 147—148° [korr.].

(±)-[6-Methyl-2,3-dihydro-benzofuran-3-yl]-essigsäure $C_{11}H_{12}O_3$, Formel X.

B. Bei der Hydrierung einer als [6-Methyl-benzofuran-3-yliden]-essigsäure angesehenen Verbindung (F: 107° [S. 4275]) an Platin in Äthanol (*Dey, Radhabai*, J. Indian Chem. Soc. **11** [1934] 635, 645).

Krystalle (aus W.); F: 130°.

[5-Methyl-2,3-dihydro-benzofuran-7-yl]-essigsäure $C_{11}H_{12}O_3$, Formel XI (X = OH).

B. Aus [5-Methyl-2,3-dihydro-benzofuran-7-yl]-acetonitril mit Hilfe von wss.-äthanol. Kalilauge (*Cagniant, Cagniant*, Bl. **1957** 827, 836).

Krystalle (aus Bzl. + PAe.); F: 125—125,5° [unkorr.; Block].

[5-Methyl-2,3-dihydro-benzofuran-7-yl]-acetylchlorid $C_{11}H_{11}ClO_2$, Formel XI (X = Cl).

B. Aus [5-Methyl-2,3-dihydro-benzofuran-7-yl]-essigsäure (*Cagniant, Cagniant*, Bl. **1957** 827, 836).

Krystalle; F: 32—33°. Kp$_{15}$: 166° [unkorr.].

[5-Methyl-2,3-dihydro-benzofuran-7-yl]-essigsäure-amid $C_{11}H_{13}NO_2$, Formel XI (X = NH$_2$).

B. Aus [5-Methyl-2,3-dihydro-benzofuran-7-yl]-acetylchlorid (*Cagniant, Cagniant*, Bl. **1957** 827, 836).

Krystalle (aus Bzl.); F: 165—166° [unkorr.; Block].

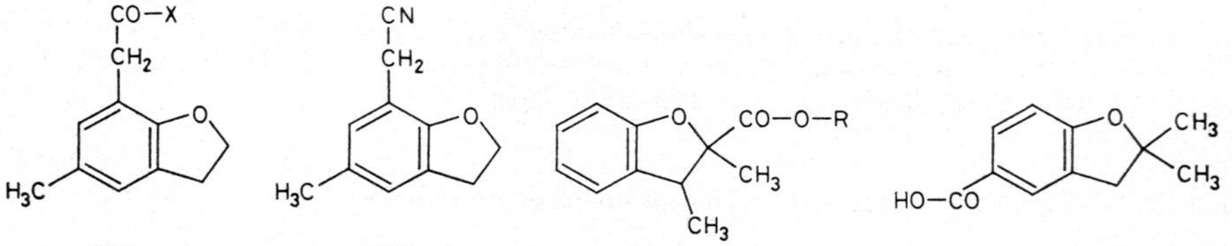

XI   XII   XIII   XIV

[5-Methyl-2,3-dihydro-benzofuran-7-yl]-acetonitril $C_{11}H_{11}NO$, Formel XII.

B. Aus 7-Chlormethyl-5-methyl-2,3-dihydro-benzofuran und Kaliumcyanid (*Cagniant,*

Cagniant, Bl. **1957** 827, 835).
  Krystalle (aus wss. A.); F: 59°.

---

*Opt.-inakt. 2,3-Dimethyl-2,3-dihydro-benzofuran-2-carbonsäure $C_{11}H_{12}O_3$, Formel XIII
(R = H).
  B. Aus opt.-inakt. 2,3-Dimethyl-2,3-dihydro-benzofuran-2-carbonsäure-äthylester
($Kp_{0,2}$: 81—83° [s. u.]) mit Hilfe von äthanol. Kalilauge (*Gaertner*, Am. Soc. **74** [1952]
5319).
  Krystalle (aus Hexan); F: 98—99°. Bei 90°/0,1 Torr sublimierbar.

*Opt.-inakt. 2,3-Dimethyl-2,3-dihydro-benzofuran-2-carbonsäure-äthylester $C_{13}H_{16}O_3$,
Formel XIII (R = C_2H_5).
  B. Bei der Hydrierung von (±)-2-Methyl-3-methylen-2,3-dihydro-benzofuran-2-carbon=
säure-äthylester ($Kp_{0.3}$: 91—92°; n_D^{20}: 1,5445 [S. 4275 im Artikel (±)-2-Methyl-3-meth=
ylen-2,3-dihydro-benzofuran-2-carbonsäure]) an Platin in Äthanol (*Gaertner*, Am. Soc.
74 [1952] 5319).
  $Kp_{0,2}$: 82°. n_D^{20}: 1,5098.

2,2-Dimethyl-2,3-dihydro-benzofuran-5-carbonsäure $C_{11}H_{12}O_3$, Formel XIV.
  B. Beim Erwärmen von 1-[2,2-Dimethyl-2,3-dihydro-benzofuran-5-yl]-äthanon mit
alkal. wss. Natriumhypochlorit-Lösung (*Baddeley*, *Vickars*, Soc. **1958** 4665, 4668).
  Krystalle (aus wss. A.); F: 174—176°.

Carbonsäuren $C_{12}H_{14}O_3$

5-[2]Thienyl-octa-2*t*,4ξ-diensäure-äthylester $C_{14}H_{18}O_2S$, vermutlich Formel I.
  B. Beim Erwärmen von 1-[2]Thienyl-butan-1-on mit 4-Brom-*trans*-crotonsäure-äthyl=
ester, Zink-Pulver und Benzol und Erhitzen des Reaktionsprodukts mit wss. Oxalsäure
(*Schuetz*, *Houff*, Am. Soc. **77** [1955] 1839).
  Kp_1: 162—164°.

4-Phenyl-tetrahydro-pyran-4-carbonsäure $C_{12}H_{14}O_3$, Formel II (R = H).
  B. Beim Erhitzen von 4-Phenyl-tetrahydro-pyran-4-carbonsäure-amid (*I.G. Farbenind.*,
D.R.P. 682078 [1938]; *Winthrop Chem. Co.*,U.S.P. 2242575 [1939]) oder von 4-Phenyl-
tetrahydro-pyran-4-carbonitril (*Eisleb*, B. **74** [1941] 1433, 1447) mit methanol. Kalilauge
bis auf 200°. Beim Erhitzen von 4-Phenyl-tetrahydro-pyran-4-carbonitril mit Kalium=
hydroxid in Isopentylalkohol (*Burger et al.*, Am. Soc. **72** [1950] 5512, 5514).
  Krystalle; F: 129—130° [aus wss. Me.] (*Ei.*), 128—130° [aus wss. Me.] (*I.G. Farbenind.*;
Winthrop Chem. Co.), 125,5—128,5° [korr.] (*Bu. et al.*).

**1-[2-Diäthylamino-äthoxy]-2-[4-phenyl-tetrahydro-pyran-4-carbonyloxy]-äthan,
4-Phenyl-tetrahydro-pyran-4-carbonsäure-[2-(2-diäthylamino-äthoxy)-äthylester]**
$C_{20}H_{31}NO_4$, Formel II (R = CH_2-CH_2-O-CH_2-CH_2-$N(C_2H_5)_2$).
  B. Beim Behandeln von 4-Phenyl-tetrahydro-pyran-4-carbonylchlorid mit 2-[2-Diäthyl=
amino-äthoxy]-äthanol und Chloroform bzw. Toluol (*Petrow et al.*, J. Pharm. Pharmacol.
10 [1958] 40, 46; *Union Chim. Belge*, U.S.P. 2842585 [1954]).
  $Kp_{0,2}$: 179° (*Pe. et al.*); $Kp_{0,02}$: 170° (*Union Chim. Belge*).
  Hydrobromid $C_{20}H_{31}NO_4 \cdot HBr$. Krystalle (aus Isopropylalkohol + Ae.); F: 101°
(*Pe. et al.*).

I   II   III

4-Phenyl-tetrahydro-pyran-4-carbonsäure-[2-diäthylamino-äthylester] $C_{18}H_{27}NO_3$, Formel III (R = C_2H_5).

Hydrochlorid. *B.* Aus 4-Phenyl-tetrahydro-pyran-4-carbonylchlorid und 2-Diäthyl=amino-äthanol (*Eisleb*, B. **74** [1941] 1433, 1447). — Krystalle (aus A.); F: 181°.

4-Phenyl-tetrahydro-pyran-4-carbonsäure-[2-dipropylamino-äthylester] $C_{20}H_{31}NO_3$, Formel III (R = CH_2-CH_2-CH_3).

B. Beim Erwärmen von 4-Phenyl-tetrahydro-pyran-4-carbonsäure mit [2-Chlor-äthyl]-dipropyl-amin-hydrochlorid und Natriummethylat in Isopropylalkohol (*Searle & Co.*, U.S.P. 2774765 [1954]).

Hydrochlorid. Krystalle (aus Me. + Ae.); F: ca. 183—184°.

4-Phenyl-tetrahydro-pyran-4-carbonsäure-[2-diisopropylamino-äthylester] $C_{20}H_{31}NO_3$, Formel III (R = $CH(CH_3)_2$).

B. Beim Erwärmen von 4-Phenyl-tetrahydro-pyran-4-carbonylchlorid mit 2-Diiso=propylamino-äthanol und Benzol (*Searle & Co.*, U.S.P. 2774765 [1954]).

Bei 175—180°/1,3 Torr destillierbar.

Hydrochlorid. Krystalle (aus E. + Isopropylalkohol); F: ca. 147—148°.

Diisopropyl-methyl-[2-(4-phenyl-tetrahydro-pyran-4-carbonyloxy)-äthyl]-ammonium,
4-Phenyl-tetrahydro-pyran-4-carbonsäure-[2-(diisopropyl-methyl-ammonio)-äthylester]
$[C_{21}H_{34}NO_3]^+$, Formel IV (R = $CH(CH_3)_2$).

Bromid $[C_{21}H_{34}NO_3]Br$. *B.* Beim Erwärmen von 4-Phenyl-tetrahydropyran-4-carbon=säure-[2-diisopropylamino-äthylester] mit Methylbromid und Chloroform (*Searle & Co.*, U.S.P. 2774765 [1954]). — Krystalle (aus E. + Isopropylalkohol); F: ca. 173,5—174° [Zers.].

*Opt.-inakt. 4-Phenyl-tetrahydro-pyran-4-carbonsäure-[2-di-*sec*-butylamino-äthylester]
$C_{22}H_{35}NO_3$, Formel III (R = $CH(CH_3)$-CH_2-CH_3).

B. Beim Erwärmen von 4-Phenyl-tetrahydro-pyran-4-carbonylchlorid mit opt.-inakt. 2-Di-*sec*-butylamino-äthanol und Benzol (*Searle & Co.*, U.S.P. 2774765 [1954]).

Hydrochlorid. Krystalle (aus E.); F: ca. 137—140°.

IV   V   VI

(±)-4-Phenyl-tetrahydro-pyran-4-carbonsäure-[β-diisopropylamino-isopropylester]
$C_{21}H_{33}NO_3$, Formel V (R = $CH(CH_3)_2$).

B. Beim Erwärmen von 4-Phenyl-tetrahydro-pyran-4-carbonylchlorid mit (±)-1-Di=isopropylamino-propan-2-ol und Benzol (*Searle & Co.*, U.S.P. 2774765 [1954]).

Hydrochlorid. Krystalle (aus E. + Isopropylalkohol), F: ca. 167—170°.

4-Phenyl-tetrahydro-pyran-4-carbonsäure-[β,β'-bis-diäthylamino-isopropylester], Tetra-
N-äthyl-2-[4-phenyl-tetrahydro-pyran-4-carbonyloxy]-propandiyldiamin $C_{23}H_{38}N_2O_3$, Formel VI (R = C_2H_5).

B. Beim Erhitzen von 4-Phenyl-tetrahydro-pyran-4-carbonylchlorid mit 1,3-Bis-diäthylamino-propan-2-ol und Pyridin (*Morren et al.*, Ind. chim. belge **20** [1955] 733, 735, 739).

Kp_2: 185°.

Dihydrochlorid $C_{23}H_{38}N_2O_3 \cdot 2\,HCl$: *Mo. et al.*

4-Phenyl-tetrahydro-pyran-4-carbonsäure-[4-diisopropylamino-butylester] $C_{22}H_{35}NO_3$, Formel VII (R = $CH(CH_3)_2$).

B. Beim Erhitzen von 4-Phenyl-tetrahydro-pyran-4-carbonylchlorid mit 4-Diisopropyl=

amino-butan-1-ol in Xylol (*Searle & Co.*, U.S.P. 2774765 [1954]).
Bei 180—187°/1 Torr destillierbar.

4-Phenyl-tetrahydro-pyran-4-carbonylchlorid $C_{12}H_{13}ClO_2$, Formel VIII (X = Cl).
B. Beim Erwärmen von 4-Phenyl-tetrahydro-pyran-4-carbonsäure mit Thionylchlorid (*Eisleb*, B. **74** [1941] 1433, 1447).
Krystalle; F: 53—54° (*Ei.*), 51—52° (*Burger et al.*, Am. Soc. **72** [1950] 5512, 5514).
Kp₃: 140° (*Ei.*).

4-Phenyl-tetrahydro-pyran-4-carbonsäure-amid $C_{12}H_{15}NO_2$, Formel VIII (X = NH₂).
B. Beim Erwärmen von 4-Phenyl-tetrahydro-pyran-4-carbonitril mit 66%ig. wss. Schwefelsäure (*Eisleb*, B. **74** [1941] 1433, 1447).
Krystalle (aus Me.); F: 216—218°.

4-Phenyl-tetrahydro-pyran-4-carbonitril $C_{12}H_{13}NO$, Formel IX.
B. Beim Erhitzen von Phenylacetonitril mit Bis-[2-chlor-äthyl]-äther und Natrium=amid in Toluol (*Eisleb*, B. **74** [1941] 1433, 1447).
Krystalle (aus PAe. oder Me.); F: 49—50° (*Ei.*).
Beim Erhitzen mit wss. Bromwasserstoffsäure ist 4-Brom-2-[2-brom-äthyl]-2-phenyl-buttersäure erhalten worden (*Bergel et al.*, Soc. **1944** 267; *Walton, Green*, Soc. **1945** 315, 317).

VII   VIII   IX   X

4-Phenyl-tetrahydro-thiopyran-4-carbonsäure $C_{12}H_{14}O_2S$, Formel X (X = OH).
B. Beim Erhitzen von 4-Phenyl-tetrahydro-thiopyran-4-carbonitril mit methanol. Kalilauge auf 200° (*Eisleb*, B. **74** [1941] 1433, 1448).
Krystalle (aus E.); F: 157—158°.

1,1-Dioxo-4-phenyl-tetrahydro-1λ^6-thiopyran-4-carbonsäure $C_{12}H_{14}O_4S$, Formel XI (X = OH).
B. Beim Erwärmen von 4-Phenyl-tetrahydro-thiopyran-4-carbonsäure mit wss. Natron=lauge und mit wss. Kaliumpermanganat-Lösung (*Eisleb*, B. **74** [1941] 1433, 1448).
Krystalle; F: 215°.

1,1-Dioxo-4-phenyl-tetrahydro-1λ^6-thiopyran-4-carbonsäure-[2-diäthylamino-äthylester] $C_{18}H_{27}NO_4S$, Formel XI (X = O-CH₂-CH₂-N(C₂H₅)₂).
B. Aus 1,1-Dioxo-4-phenyl-tetrahydro-1λ^6-thiopyran-4-carbonylchlorid und 2-Diäthyl=amino-äthanol (*I.G. Farbenind.*, D.R.P. 682078 [1938]; D.R.P. Org. Chem. **6** 2549; *Winthrop Chem. Co.*, U.S.P. 2242575 [1939]).
Krystalle; F: 100—101°.
Hydrochlorid. Krystalle (aus Me.); Zers. bei 228—229°.

1,1-Dioxo-4-phenyl-tetrahydro-1λ^6-thiopyran-4-carbonylchlorid $C_{12}H_{13}ClO_3S$, Formel XI (X = Cl).
B. Aus 1,1-Dioxo-4-phenyl-tetrahydro-1λ^6-thiopyran-4-carbonsäure mit Hilfe von Thionylchlorid (*I.G. Farbenind.*, D.R.P. 682078 [1938]; D.R.P. Org. Chem. **6** 2549; *Winthrop Chem. Co.*, U.S.P. 2242575 [1939]).
Krystalle; F: 90—91°.

4-Phenyl-tetrahydro-thiopyran-4-carbonsäure-amid $C_{12}H_{15}NOS$, Formel X (X = NH₂).
B. Neben kleinen Mengen 4-Phenyl-tetrahydro-thiopyran-4-carbonsäure beim Er=wärmen von 4-Phenyl-tetrahydro-thiopyran-4-carbonitril mit 80%ig. wss. Schwefelsäure

(*Eisleb*, B. **74** [1941] 1433, 1448).
Krystalle (aus Me.); F: 158—159°.

1,1-Dioxo-4-phenyl-tetrahydro-1λ^6-thiopyran-4-carbonsäure-amid $C_{12}H_{15}NO_3S$,
Formel XI (X = NH$_2$).
B. Beim Erwärmen einer Lösung von 4-Phenyl-tetrahydro-thiopyran-4-carbonsäure-amid in Essigsäure mit wss. Wasserstoffperoxid (*Eisleb*, B. **74** [1941] 1433, 1448).
Krystalle (aus Butan-1-ol); F: 237—238°.

4-Phenyl-tetrahydro-thiopyran-4-carbonitril $C_{12}H_{13}NS$, Formel XII.
B. Beim Erhitzen von Phenylacetonitril mit Bis-[2-chlor-äthyl]-sulfid und Natrium-amid in Toluol (*Eisleb*, B. **74** [1941] 1433, 1447).
Krystalle (aus Me.); F: 56—57°.

XI   XII   XIII   XIV

1,1-Dioxo-4-phenyl-tetrahydro-1λ^6-thiopyran-4-carbonitril $C_{12}H_{13}NO_2S$, Formel XIII.
B. Aus 4-Phenyl-tetrahydro-thiopyran-4-carbonitril mit Hilfe von wss. Wasserstoff-peroxid oder mit Hilfe von Kaliumpermanganat (*I.G. Farbenind.*, D.R.P. 682078 [1938]; D.R.P. Org. Chem. **6** 2549; *Winthrop Chem. Co.*, U.S.P. 2242575 [1939]).
Krystalle (aus Me.); F: 149°.

---

*Opt.-inakt. Cyclohex-2-enyl-[2]thienyl-essigsäure $C_{12}H_{14}O_2S$, Formel XIV (R = H).
B. Beim Erwärmen von opt.-inakt. Cyclohex-2-enyl-[2]thienyl-acetonitril (Kp$_4$: 132° bis 135°; n$_D^{20}$: 1,5557) mit wss.-äthanol. Kalilauge (*Leonard, Simet*, Am. Soc. **74** [1952] 3218, 3220). Beim Erwärmen von Cyclohex-2-enyl-[2]thienyl-malonsäure-diäthylester mit wss.-äthanol. Kalilauge, Ansäuern der Reaktionslösung mit wss. Salzsäure und Erhitzen des Reaktionsprodukts auf 180° (*Leonard*, Am. Soc. **74** [1952] 2915, 2917).
Krystalle; F: 104—107° [unkorr.] (*Le., Si.*), 101—103° [unkorr.] (*Le.*). Kp$_{3,5}$: 172° bis 173° (*Le.*).

*Opt.-inakt. Cyclohex-2-enyl-[2]thienyl-essigsäure-methylester $C_{13}H_{16}O_2S$, Formel XIV (R = CH$_3$).
B. Beim Erwärmen von opt.-inakt. Cyclohex-2-enyl-[2]thienyl-essigsäure (F: 104° bis 107° [s. o.]) mit Methanol, 1,2-Dichlor-äthan und wenig Methansulfonsäure (*Leonard, Simet*, Am. Soc. **74** [1952] 3218, 3221).
Kp$_{0,8}$: 116—117°. n$_D^{20}$: 1,5396.

*Opt.-inakt. Cyclohex-2-enyl-[2]thienyl-essigsäure-äthylester $C_{14}H_{18}O_2S$, Formel XIV (R = C$_2$H$_5$).
B. Beim Erwärmen von [2]Thienylessigsäure-äthylester mit ($\pm$)-3-Brom-cyclohexen und einem Kaliumhydroxid-Formaldehyd-dibutylacetal-Addukt (*Leonard, Simet*, Am. Soc. **74** [1952] 3218, 3221). Beim Erwärmen von opt.-inakt. Cyclohex-2-enyl-[2]thienyl-essigsäure (F: 104—107° [s. o.]) oder von opt.-inakt. Cyclohex-2-enyl-[2]thienyl-aceto-nitril (Kp$_4$: 132—135°; n$_D^{20}$: 1,5557 [S. 4230]) mit Schwefelsäure enthaltendem Äthanol (*Le., Si.*).
Kp$_{5-6}$: 144—146°. n$_D^{20}$: 1,5300.

*Opt.-inakt. Cyclohex-2-enyl-[2]thienyl-essigsäure-[5-brom-pentylester] $C_{17}H_{23}BrO_2S$,
Formel XIV (R = [CH$_2$]$_4$-CH$_2$Br).
B. Beim Erwärmen von opt.-inakt. Cyclohex-2-enyl-[2]thienyl-essigsäure (F: 104° bis 107° [s. o.]) mit 1,5-Dibrom-pentan, Kaliumcarbonat und Äthylacetat (*Leonard, Simet*, Am. Soc. **77** [1955] 2855, 2860).
Kp$_{0,001}$: 142—143°. n$_D^{20}$: 1,5430.

*Opt.-inakt. Cyclohex-2-enyl-[2]thienyl-essigsäure-[2-diäthylamino-äthylester]
$C_{18}H_{27}NO_2S$, Formel I (R = C_2H_5).

B. Beim Erwärmen von opt.-inakt. Cyclohex-2-enyl-[2]thienyl-essigsäure (F: 104°
bis 107° [S. 4226]) mit Diäthyl-[2-chlor-äthyl]-amin und Isopropylalkohol (*Leonard*, Am.
Soc. **74** [1952] 2915, 2916) oder mit Diäthyl-[2-chlor-äthyl]-amin, Kaliumcarbonat und
Äthylacetat (*Leonard, Simet*, Am. Soc. **74** [1952] 3218, 3222). Beim Erhitzen von opt.-
inakt. Cyclohex-2-enyl-[2]thienyl-essigsäure-methylester (S. 4226) mit 2-Diäthylamino-
äthanol, wenig Natrium und Xylol unter Entfernen des entstehenden Methanols (*Le., Si.,*
Am. Soc. **74** 3222).

Bei 135—145°/0,001 Torr destillierbar; n_D^{20}: 1,5222 (*Le., Si.,* Am. Soc. **74** 3222).

Hydrochlorid $C_{18}H_{27}NO_2S \cdot HCl$. Krystalle; F: 152—153,5° [unkorr.; aus E. + A.]
(*Le., Si.,* Am. Soc. **74** 3222), 151—153° [unkorr.; aus Butanon + Ae.] (*Le.*).

Hydrogenoxalat $C_{18}H_{27}NO_2S \cdot C_2H_2O_4$. Krystalle (aus A. + Ae.); F: 130,5—132°
[unkorr.] (*Leonard, Simet*, Am. Soc. **77** [1955] 2855, 2859).

*Opt.-inakt. Diäthyl-[2-(cyclohex-2-enyl-[2]thienyl-acetoxy)-äthyl]-methyl-ammonium,
Cyclohex-2-enyl-[2]thienyl-essigsäure-[2-(diäthyl-methyl-ammonio)-äthylester]
$[C_{19}H_{30}NO_2S]^+$, Formel II (R = C_2H_5, X = CH_3).

Jodid $[C_{19}H_{30}NO_2S]I$. *B.* Beim Erwärmen von opt.-inakt. Cyclohex-2-enyl-[2]thienyl-
essigsäure-[2-diäthylamino-äthylester] (s. o.) mit Methyljodid und Aceton (*Leonard,
Simet*, Am. Soc. **77** [1955] 2855). — Krystalle (aus Butanon + Ae.); F: 135,5—136,5°
[unkorr.] (*Le., Si.,* l. c. S. 2859).

*Opt.-inakt. Triäthyl-[2-(cyclohex-2-enyl-[2]thienyl-acetoxy)-äthyl]-ammonium,
Cyclohex-2-enyl-[2]thienyl-essigsäure-[2-triäthylammonio-äthylester] $[C_{20}H_{32}NO_2S]^+$,
Formel II (R = X = C_2H_5).

Bromid $[C_{20}H_{32}NO_2S]Br$. *B.* Beim Erwärmen von opt.-inakt. Cyclohex-2-enyl-[2]thi=
enyl-essigsäure-[2-diäthylamino-äthylester] (s. o.) mit Äthylbromid und Aceton (*Leonard,
Simet*, Am. Soc. **77** [1955] 2855, 2860). — Krystalle (aus Acn. + Ae.); F: 149—150°
[unkorr.] (*Le., Si.,* l. c. S. 2859).

*Opt.-inakt. Cyclohex-2-enyl-[2]thienyl-essigsäure-[2-diisopropylamino-äthylester]
$C_{20}H_{31}NO_2S$, Formel I (R = $CH(CH_3)_2$).

B. Beim Erwärmen von opt.-inakt. Cyclohex-2-enyl-[2]thienyl-acetylchlorid (vgl.
S. 4229) mit 2-Diisopropylamino-äthanol, Triäthylamin und Benzol (*McMillan, Scott,*
J. Am. pharm. Assoc. **45** [1956] 578, 580).

$Kp_{0,3}$: 143—146°.

Hydrochlorid $C_{20}H_{31}NO_2S \cdot HCl$. Krystalle (aus E.); F: 119—121° [unkorr.].

I   II

*Opt.-inakt. [2-(Cyclohex-2-enyl-[2]thienyl-acetoxy)-äthyl]-diisopropyl-methyl-
ammonium, Cyclohex-2-enyl-[2]thienyl-essigsäure-[2-(diisopropyl-methyl-ammonio)-
äthylester] $[C_{21}H_{34}NO_2S]^+$, Formel II (R = $CH(CH_3)_2$, X = CH_3).

Bromid $[C_{21}H_{34}NO_2S]Br$. *B.* Beim Erwärmen von opt.-inakt. Cyclohex-2-enyl-[2]thi=
enyl-essigsäure-[2-diisopropylamino-äthylester] (s. o.) mit Methylbromid und Aceton
(*McMillan, Scott,* J. Am. pharm. Assoc. **45** [1956] 578, 581). — Krystalle (aus A. + Ae.);
F: 176—178° [unkorr.].

*Opt.-inakt. Cyclohex-2-enyl-[2]thienyl-essigsäure-[2-dibutylamino-äthylester]
$C_{22}H_{35}NO_2S$, Formel I (R = $[CH_2]_3-CH_3$).

B. Beim Erwärmen von opt.-inakt. Cyclohex-2-enyl-[2]thienyl-acetylchlorid (S. 4229)
mit 2-Dibutylamino-äthanol und Benzol (*Leonard, Simet*, Am. Soc. **77** [1955] 2855, 2860).

Bei 144—155°/0,001 Torr destillierbar; n_D^{20}: 1,5100 (*Le.*, *Si.*, l. c. S. 2859).
Hydrochlorid $C_{22}H_{35}NO_2S \cdot HCl$. Krystalle (aus E. + Ae.); F: 106,5—107,5° [unkorr.] (*Le.*, *Si.*, l. c. S. 2859).

*Opt.-inakt. Diäthyl-benzyl-[2-(cyclohex-2-enyl-[2]thienyl-acetoxy)-äthyl]-ammonium, Cyclohex-2-enyl-[2]thienyl-essigsäure-[2-(diäthyl-benzyl-ammonio)-äthylester]
$[C_{25}H_{34}NO_2S]^+$, Formel II (R = C_2H_5, X = CH_2-C_6H_5).
Bromid $[C_{25}H_{34}NO_2S]Br$. *B*. Beim Erwärmen von opt.-inakt. Cyclohex-2-enyl-[2]thienyl-essigsäure-[2-diäthylamino-äthylester] (S. 4227) mit Benzylbromid und Aceton (*Leonard, Simet*, Am. Soc. **77** [1955] 2855). — Krystalle (aus E. + A. + Ae.); F: 124° bis 125° [unkorr.] (*Le.*, *Si.*, l. c. S. 2859).

*Opt.-inakt. Äthoxycarbonylmethyl-diäthyl-[2-(cyclohex-2-enyl-[2]thienyl-acetoxy)-äthyl]-ammonium, {Diäthyl-[2-(cyclohex-2-enyl-[2]thienyl-acetoxy)-äthyl]-ammonio}-essigsäure-äthylester $[C_{22}H_{34}NO_4S]^+$, Formel II (R = C_2H_5, X = CH_2-CO-O-C_2H_5).
Bromid $[C_{22}H_{34}NO_4S]Br$. *B*. Beim Erwärmen von opt.-inakt. Cyclohex-2-enyl-[2]thienyl-essigsäure-[2-diäthylamino-äthylester] (S. 4227) mit Bromessigsäure-äthylester und Aceton (*Leonard, Simet*, Am. Soc. **77** [1955] 2855). — Krystalle (aus Acn. + A.); F: 136—137° [unkorr.] (*Le.*, *Si.*, l. c. S. 2859).

*Opt.-inakt. α,α'-Bis-{diäthyl-[2-(cyclohex-2-enyl-[2]thienyl-acetoxy)-äthyl]-ammonio}-p-xylol, N,N,N',N'-Tetraäthyl-N,N'-bis-[2-(cyclohex-2-enyl-[2]thienyl-acetoxy)-äthyl]-N,N'-p-xylylen-di-ammonium $[C_{44}H_{62}N_2O_4S_2]^{2+}$, Formel III.
Dibromid $[C_{44}H_{62}N_2O_4S_2]Br_2$. *B*. Beim Erwärmen von opt.-inakt. Cyclohex-2-enyl-[2]thienyl-essigsäure-[2-diäthylamino-äthylester] (S. 4227) mit α,α'-Dibrom-p-xylol und Aceton (*Leonard, Simet*, Am. Soc. **77** [1955] 2855). — Krystalle (aus A. + Ae.); F: 174,5° bis 176° [unkorr.].

III

*Opt.-inakt. Cyclohex-2-enyl-[2]thienyl-essigsäure-[3-diäthylamino-propylester]
$C_{19}H_{29}NO_2S$, Formel IV (R = $[CH_2]_3$-$N(C_2H_5)_2$).
B. Beim Erwärmen von opt.-inakt. Cyclohex-2-enyl-[2]thienyl-essigsäure (S. 4226) mit 3-Diäthyl-[3-chlor-propyl]-amin, Kaliumcarbonat und Benzol (*Leonard, Simet*, Am. Soc. **77** [1955] 2855, 2860).
Bei 138—148°/0,001 Torr destillierbar; n_D^{20}: 1,5109 (*Le.*, *Si.*, l. c. S. 2859).
Hydrochlorid $C_{19}H_{29}NO_2S \cdot HCl$. Krystalle (aus E.); F: 138—139° [unkorr.] (*Le.*, *Si.*, l. c. S. 2859).

*Opt.-inakt. Cyclohex-2-enyl-[2]thienyl-essigsäure-[3-dipropylamino-propylester]
$C_{21}H_{33}NO_2S$, Formel IV (R = $[CH_2]_3$-$N(CH_2$-CH_2-$CH_3)_2$).
B. Beim Erwärmen von opt.-inakt. Cyclohex-2-enyl-[2]thienyl-essigsäure (S. 4226) mit [3-Chlor-propyl]-dipropyl-amin, Kaliumcarbonat und Benzol (*Leonard, Simet*, Am. Soc. **77** [1955] 2855, 2860).
$Kp_{0,001}$: 148—150°; n_D^{20}: 1,5100 (*Le.*, *Si.*, l. c. S. 2859).
Hydrobromid $C_{21}H_{33}NO_2S \cdot HBr$. Krystalle (aus E. + Ae.); F: 112,5—113,5° [unkorr.] (*Le.*, *Si.*, l. c. S. 2859).

*Opt.-inakt. Cyclohex-2-enyl-[2]thienyl-essigsäure-[β-diäthylamino-isopropylester]
$C_{19}H_{29}NO_2S$, Formel IV (R = $CH(CH_3)$-CH_2-$N(C_2H_5)_2$).
B. Beim Erwärmen von opt.-inakt. Cyclohex-2-enyl-[2]thienyl-acetylchlorid (S. 4229) mit (±)-1-Diäthylamino-propan-2-ol und Benzol (*Leonard, Simet*, Am. Soc. **77** [1955] 2855,

2860).

Kp$_{0,001}$: 134—135°; n$_D^{20}$: 1,5173 (*Le., Si.*, l. c. S. 2859).
Hydrobromid C$_{19}$H$_{29}$NO$_2$S·HBr. Krystalle (aus Acn. + Ae.); F: 149—151° [unkorr.] (*Le., Si.*, l. c. S. 2859).

*Opt.-inakt. Cyclohex-2-enyl-[2]thienyl-essigsäure-[β,β'-bis-diäthylamino-isopropylester],
Tetra-*N*-äthyl-2-[cyclohex-2-enyl-[2]thienyl-acetoxy]-propandiyldiamin C$_{23}$H$_{38}$N$_2$O$_2$S,
Formel V (R = C$_2$H$_5$).
B. Beim Erwärmen von opt.-inakt. Cyclohex-2-enyl-[2]thienyl-acetylchlorid (s. u.) mit
1,3-Bis-diäthylamino-propan-2-ol und Benzol (*Leonard, Simet,* Am. Soc. 77 [1955] 2855,
2860).
Bei 140—149°/0,001 Torr destillierbar; n$_D^{20}$: 1,5098 (*Le., Si.*, l. c. S. 2859).
Hydrochlorid C$_{23}$H$_{38}$N$_2$O$_2$S·HCl. Krystalle (aus E. + Ae.); F: 124,5—125,5°
[unkorr.] (*Le., Si.*, l. c. S. 2859).

IV   V   VI   VII

*Opt.-inakt. Cyclohex-2-enyl-[2]thienyl-essigsäure-[5-diäthylamino-pentylester]
C$_{21}$H$_{33}$NO$_2$S, Formel IV (R = [CH$_2$]$_5$-N(C$_2$H$_5$)$_2$).
B. Beim Erwärmen von opt.-inakt. Cyclohex-2-enyl-[2]thienyl-essigsäure-[5-brompentylester] (S. 4226) mit Diäthylamin und Benzol (*Leonard, Simet,* Am. Soc. 77 [1955]
2855, 2860).
Bei 150—175°/0,001 Torr destillierbar; n$_D^{20}$: 1,5146 (*Le., Si.*, l. c. S. 2859).
Hydrobromid C$_{21}$H$_{33}$NO$_2$S·HBr. Krystalle (aus E. + Ae.); F: 102—103° [unkorr.]
(*Le., Si.*, l. c. S. 2859).

*Opt.-inakt. Cyclohex-2-enyl-[2]thienyl-essigsäure-[3-diäthylamino-2,2-dimethyl-propyl-
ester] C$_{21}$H$_{33}$NO$_2$S, Formel IV (R = CH$_2$-C(CH$_3$)$_2$-CH$_2$-N(C$_2$H$_5$)$_2$).
B. Beim Erwärmen von opt.-inakt. Cyclohex-2-enyl-[2]thienyl-acetylchlorid (s. u.) mit
3-Diäthylamino-2,2-dimethyl-propan-1-ol und Benzol (*Leonard, Simet,* Am. Soc. 77
[1955] 2855, 2860).
Bei 135—150°/0,001 Torr destillierbar; n$_D^{20}$: 1,5126 (*Le., Si.*, l. c. S. 2859).
Hydrogensulfat C$_{21}$H$_{33}$NO$_2$S·H$_2$SO$_4$. Krystalle (aus Isopropylalkohol + Ae.); F:
129,5—130,5° [unkorr.] (*Le., Si.*, l. c. S. 2859).

*Opt.-inakt. Cyclohex-2-enyl-[2]thienyl-acetylchlorid C$_{12}$H$_{13}$ClOS, Formel VI (X = Cl).
B. Beim Erwärmen von opt.-inakt. Cyclohex-2-enyl-[2]thienyl-essigsäure (S. 4226) mit
Thionylchlorid und Chloroform (*Leonard, Simet,* Am. Soc. 77 [1955] 2855, 2857).
Kp$_{0,7}$: 111—112°. n$_D^{20}$: 1,5602.

*Opt.-inakt. Cyclohex-2-enyl-[2]thienyl-essigsäure-amid C$_{12}$H$_{15}$NOS, Formel VI
(X = NH$_2$).
B. Neben Cyclohex-2-enyl-[2]thienyl-essigsäure (S. 4226) beim Erwärmen von Cyan-
cyclohex-2-enyl-[2]thienyl-essigsäure-äthylester (Kp$_{0,03}$: 122,5—123°; n$_D^{20}$: 1,5348) mit
30%ig. wss.-äthanol. Kalilauge (*Leonard, Simet,* Am. Soc. 74 [1952] 3218, 3221).
Krystalle (aus Bzl. + PAe.); F: 168,5—170° [unkorr.].

*Opt.-inakt. Cyclohex-2-enyl-[2]thienyl-essigsäure-[2-diäthylamino-äthylamid],
N,N-Diäthyl-*N'*-[cyclohex-2-enyl-[2]thienyl-acetyl]-äthylendiamin C$_{18}$H$_{28}$N$_2$OS,
Formel VI (X = NH-CH$_2$-CH$_2$-N(C$_2$H$_5$)$_2$).
B. Beim Erwärmen von opt.-inakt. Cyclohex-2-enyl-[2]thienyl-acetylchlorid (s. o.) mit
N,N-Diäthyl-äthylendiamin und Benzol (*Leonard, Simet,* Am. Soc. 77 [1955] 2855, 2860).
Bei 150—165°/0,001 Torr destillierbar; n$_D^{20}$: 1,5430 (*Le., Si.*, l. c. S. 2859).

Hydrochlorid $C_{18}H_{28}N_2OS \cdot HCl$. Krystalle (aus E. + Ae.); F: 135—136° [unkorr.] (*Le., Si.*, l. c. S. 2859).

*Opt.-inakt. Cyclohex-2-enyl-[2]thienyl-acetonitril $C_{12}H_{13}NS$, Formel VII.
B. Beim Behandeln von [2]Thienylacetonitril mit (±)-3-Brom-cyclohexen, Natrium= amid und Toluol oder mit (±)-3-Brom-cyclohexen, Natriummethylat und Dioxan sowie mit (±)-3-Brom-cyclohexen und einem Kaliumhydroxid-Formaldehyd-dibutylacetal-Addukt (*Leonard, Simet*, Am. Soc. **74** [1952] 3218, 3220).
Kp_4: 132—135°. n_D^{20}: 1,5557.

*Opt.-inakt. Cyclohex-2-enyl-[2]thienyl-thioessigsäure-S-[2-diäthylamino-äthylester] $C_{18}H_{27}NOS_2$, Formel VIII.
B. Beim Erwärmen von opt.-inakt. Cyclohex-2-enyl-[2]thienyl-acetylchlorid (S. 4229) mit 2-Diäthylamino-äthanthiol und Benzol (*Leonard, Simet*, Am. Soc. **77** [1955] 2855, 2860).
Bei 145—160°/0,001 Torr destillierbar; n_D^{20}: 1,5522 (*Le., Si.*, l. c. S. 2859).
Hydrochlorid $C_{18}H_{27}NOS_2 \cdot HCl$. Krystalle (aus E. + Ae.); F: 130,5—132° [unkorr.] (*Le., Si.*, l. c. S. 2859).

---

*Opt.-inakt. [5-Phenyl-tetrahydro-[3]furyl]-essigsäure $C_{12}H_{14}O_3$, Formel IX (R = H).
B. Beim Erwärmen von opt.-inakt. Hydroxy-[2-oxo-6-phenyl-tetrahydro-pyran-4-yl]-essigsäure (F: 132—134°) mit 20%ig. wss. Schwefelsäure (*Gandini*, G. **81** [1951] 251, 258).
Krystalle (aus PAe. + Ae.); F: 85—86° (*Ga.*, l. c. S. 257).
Beim Erwärmen mit Acetylchlorid und wenig Zinkchlorid und Erhitzen des Reaktions-produkts unter 1,5 Torr sind kleine Mengen 4-[β-Chlor-phenäthyl]-dihydro-furan-2-on (F: 122° [E III/IV **17** 4999]) erhalten worden.

VIII   IX   X

*Opt.-inakt. [5-Phenyl-tetrahydro-[3]furyl]-essigsäure-äthylester $C_{14}H_{18}O_3$, Formel IX (R = C_2H_5).
B. Beim Behandeln eines warmen Gemisches von opt.-inakt. [5-Phenyl-tetrahydro-[3]furyl]-essigsäure (s. o.) und Äthanol mit Chlorwasserstoff (*Gandini*, G. **81** [1951] 251, 258).
$Kp_{1,5}$: 142—145°.

---

*Opt.-inakt. 2-Cyclopent-2-enyl-3-[2]furyl-propionsäure $C_{12}H_{14}O_3$, Formel X (R = H).
B. Beim Erhitzen von Cyclopent-2-enyl-furfuryl-malonsäure-diäthylester mit äthanol. Kalilauge bis auf 160° und Erhitzen des nach Ansäuern mit wss. Salzsäure erhaltenen Reaktionsprodukts auf 180° (*Moffett et al.*, Am. Soc. **69** [1947] 1849, 1851).
$Kp_{0,07}$: 110°. D_4^{25}: 1,1239. n_D^{25}: 1,5090.

*Opt.-inakt. 2-Cyclopent-2-enyl-3-[2]furyl-propionsäure-[2-diäthylamino-äthylester] $C_{18}H_{27}NO_3$, Formel X (R = $CH_2\text{-}CH_2\text{-}N(C_2H_5)_2$).
B. Beim Erwärmen eines mit methanol. Natriummethylat neutralisierten Gemisches von opt.-inakt. 2-Cyclopent-2-enyl-3-[2]furyl-propionsäure (s. o.) und Isopropylalkohol mit Diäthyl-[2-chlor-äthyl]-amin (*Moffett et al.*, Am. Soc. **69** [1947] 1849, 1853).
Hydrochlorid $C_{18}H_{27}NO_3 \cdot HCl$. Krystalle (aus Isopropylalkohol + Ae.), die zwischen 69° und 78° schmelzen.

*Opt.-inakt. 2-Cyclopent-2-enyl-3-[2]thienyl-propionsäure $C_{12}H_{14}O_2S$, Formel XI (R = H).
B. Beim Erhitzen von Cyclopent-2-enyl-[2]thienylmethyl-malonsäure-diäthylester mit

wss.-äthanol. Kalilauge und anschliessenden Ansäuern mit wss. Salzsäure (*Leonard*, Am. Soc. **74** [1952] 2915, 2917; s. a. *Moffett et al.*, J. org. Chem. **15** [1950] 343, 345, 348). Kp$_6$: 178—180° (*Le.*). Kp$_{0,06}$: 130°; D$_4^{25}$: 1,1649; n$_D^{25}$: 1,5449 (*Mo. et al.*, l. c. S. 348).

*Opt.-inakt. 2-Cyclopent-2-enyl-3-[2]thienyl-propionsäure-[2-diäthylamino-äthylester]
C$_{18}$H$_{27}$NO$_2$S, Formel XI (R = CH$_2$-CH$_2$-N(C$_2$H$_5$)$_2$).
  B. Beim Erwärmen eines Gemisches von opt.-inakt. 2-Cyclopent-2-enyl-3-[2]thienyl-propionsäure (S. 4230) und Isopropylalkohol mit Diäthyl-[2-chlor-äthyl]-amin (*Leonard*, Am. Soc. **74** [1952] 2915, 2916; s. a. *Moffett et al.*, J. org. Chem. **15** [1950] 343, 350, 352). Kp$_{0,015}$: 120°; D$_4^{25}$: 1,0483; n$_D^{25}$: 1,5128 (*Mo. et al.*, l. c. S. 350).
  Hydrochlorid C$_{18}$H$_{27}$NO$_2$S·HCl. Krystalle; F: 117—119° [unkorr.; aus Iso= propylalkohol + Ae.] (*Le.*), 111—113° (*Mo. et al.*).

*Opt.-inakt. 3-[4-Isopropyl-phenyl]-oxirancarbonsäure, 2,3-Epoxy-3-[4-isopropyl-phenyl]-propionsäure C$_{12}$H$_{14}$O$_3$, Formel XII (R = H).
  Natrium-Salz. *B.* Beim Erwärmen von opt.-inakt. 3-[4-Isopropyl-phenyl]-oxirancarbonsäure-äthylester (s. u.) mit wss.-äthanol. Natronlauge (*Ohloff*, Ar. **287** [1954] 258, 268). — Krystalle; F: 200°.

XI   XII   XIII

*Opt.-inakt. 3-[4-Isopropyl-phenyl]-oxirancarbonsäure-äthylester, 2,3-Epoxy-3-[4-isopropyl-phenyl]-propionsäure-äthylester C$_{14}$H$_{18}$O$_3$, Formel XII (R = C$_2$H$_5$) (vgl. E II 276).
  B. Aus 4-Isopropyl-benzaldehyd beim Behandeln einer Lösung in Toluol mit Chlor= essigsäure-äthylester und Natriumäthylat in Äthanol (*Ohloff*, Ar. **287** [1954] 258, 268; vgl. E II 276) sowie beim Behandeln einer Lösung in Xylol mit Chloressigsäure-äthyl= ester und Natrium (*I. G. Farbenind.*, D.R.P. 591 452 [1930]; Frdl. **19** 288; *Winthrop Chem. Co.*, U.S.P. 1 899 340 [1931]).
  Kp$_{4-5}$: 165—170° (*I.G. Farbenind.*). D$_4^{20}$: 1,0599; n$_D^{20}$: 1,5118 (*Oh.*).

*Opt.-inakt. 3-Methyl-3-phenäthyl-oxirancarbonsäure-äthylester, 2,3-Epoxy-3-methyl-5-phenyl-valeriansäure-äthylester C$_{14}$H$_{18}$O$_3$, Formel XIII (R = C$_2$H$_5$).
  Diese Konstitution kommt der im Hauptwerk (s. H **18** 306) als 3-Benzyl-3-methyl-oxirancarbonsäure-äthylester beschriebenen, dort als β-Methyl-β-benzyl-glycidsäure-äthylester bezeichneten Verbindung (Kp$_{16}$: 175—180°) zu (vgl. *Hanley et al.*, J. org. Chem. **23** [1958] 1461, 1462 Anm. 9).
  B. Beim Behandeln von 4-Phenyl-butan-2-on mit Chloressigsäure-äthylester, Natrium und Xylol (*I.G. Farbenind.*, D.R.P. 602 816 [1930]; Frdl. **20** 217; *Winthrop Chem. Co.*, U.S.P. 1 899 340 [1931]), auch unter Zusatz von Äthanol (*Kulesza, Góra*, Przem. chem. **42** [1963] 218; C.A. **60** [1964] 5425).
  Kp$_9$: 160—165° (*IG. Farbenind.*). Kp$_5$: 145—147°; D$_{20}^{20}$: 1,0579; n$_D^{20}$: 1,5020 (*Ku.*, *Góra*).

*Opt.-inakt. 2-Phenyl-3-propyl-oxirancarbonsäure-amid, 2,3-Epoxy-2-phenyl-hexan= säure-amid C$_{12}$H$_{15}$NO$_2$, Formel I.
  B. Beim Behandeln eines Gemisches von 2-Phenyl-hex-2-ennitril (E III **9** 2808) und Aceton mit wss. Wasserstoffperoxid und wss. Natriumcarbonat-Lösung (*Murray, Cloke*, Am. Soc. **56** [1934] 2749).
  Krystalle; F: 145—146° [korr.].

*Opt.-inakt. 3-Isopropyl-2-phenyl-oxirancarbonsäure-amid, 2,3-Epoxy-4-methyl-2-phen=yl-valeriansäure-amid $C_{12}H_{15}NO_2$, Formel II.

B. Beim Behandeln eines Gemisches von 4-Methyl-2-phenyl-pent-2-ennitril (E III **9** 2811) und Aceton mit wss. Wasserstoffperoxid und wss. Natriumcarbonat-Lösung (*Murray, Cloke,* Am. Soc. **58** [1936] 2014, 2017).

Krystalle (aus W.); F: 148—149° [korr.].

2,2-Dimethyl-chroman-6-carbonsäure $C_{12}H_{14}O_3$, Formel III (X = OH).

B. Beim Behandeln von 4-Hydroxy-benzoesäure-äthylester mit Isopren, Zink=chlorid und Essigsäure und Behandeln des Reaktionsprodukts mit äthanol. Kalilauge (*Lauer, Moe,* Am. Soc. **65** [1943] 289, 292). Beim Erwärmen von 4-Hydroxy-3-[3-methyl-but-2-enyl]-benzoesäure-äthylester mit wss.-methanol. Salzsäure und Erwärmen des Reaktionsprodukts mit wss. Natronlauge (*Kaczka et al.,* Am. Soc. **78** [1956] 4125). Beim Erwärmen von 4-Acetoxy-3-[3-methyl-but-2-enyl]-benzoesäure mit wss.-äthanol. Salz=säure und Erwärmen des Reaktionsprodukts mit wss.-äthanol. Natronlauge (*Hinman et al.,* Am. Soc. **79** [1957] 3789, 3796).

Krystalle; F: 184° [korr.; Kofler-App.; aus A.] (*Hi. et al.,* l. c. S. 3795), 178—180° [Kofler-App.; aus Ae. + PAe.] (*Ka. et al.*), 176—177° [aus A.] (*La., Moe*). Absorptions-maximum einer wss. Lösung vom pH 2: 262 nm; einer wss. Lösung vom pH 11: 252 nm (*Ka. et al.*).

I   II   III   IV

2,2-Dimethyl-chroman-6-carbonsäure-methylester $C_{13}H_{16}O_3$, Formel III (X = O-CH₃).

B. Beim Behandeln von 2,2-Dimethyl-chroman-6-carbonsäure mit Diazomethan in Äther (*Kaczka et al.,* Am. Soc. **78** [1956] 4125).

Krystalle (aus Ae.); F: 79—80°.

2,2-Dimethyl-chroman-6-carbonsäure-[4-brom-phenacylester] $C_{20}H_{19}BrO_4$, Formel III (X = O-CH₂-CO-C₆H₄-Br).

B. Beim Behandeln des Natrium-Salzes der 2,2-Dimethyl-chroman-6-carbonsäure mit 2-Brom-1-[4-brom-phenyl]-äthanon in Äthanol (*Kaczka et al.,* Am. Soc. **78** [1956] 4125).

Krystalle; F: 149° [Kofler-App.; aus A.] (*Ka. et al.*), 147—148° (*Lauer, Moe,* Am. Soc. **65** [1943] 289, 292).

2,2-Dimethyl-chroman-6-carbonylchlorid $C_{12}H_{13}ClO_2$, Formel III (X = Cl).

B. Aus 2,2-Dimethyl-chroman-6-carbonsäure mit Hilfe von Thionylchlorid (*Spencer et al.,* Am. Soc. **78** [1956] 2655).

F: 95—97°.

2,2-Dimethyl-chroman-8-carbonsäure $C_{12}H_{14}O_3$, Formel IV.

B. Beim Erwärmen von 2,2-Dimethyl-chroman mit Butyllithium in Äther und Behan-deln der Reaktionslösung mit festem Kohlendioxid (*Hallet, Huls,* Bl. Soc. chim. Belg. **61** [1952] 33, 41).

Krystalle (aus wss. Me.); F: 99°.

6,8-Dimethyl-chroman-2-carbonsäure $C_{12}H_{14}O_3$, Formel V, und **3,5,7-Trimethyl-2,3-dihydro-benzofuran-2-carbonsäure** $C_{12}H_{14}O_3$, Formel VI.

Diese beiden Konstitutionsformeln kommen für die nachstehend beschriebene opt.-inakt. Verbindung in Betracht (*Adler et al.,* Ark. Kemi **16** A Nr. 12 [1943] 1, 10).

B. Beim Behandeln von 2,4-Dimethyl-6-vinyl-phenol mit wss. Natronlauge und mit Chloressigsäure (*Ad. et al.,* l. c. S. 18).

Krystalle (aus CHCl₃ + Hexan); F: 99°.

(±)-4-[2,3-Dihydro-benzofuran-2-yl]-buttersäure $C_{12}H_{14}O_3$, Formel VII (X = OH).

B. Aus (±)-4-[2,3-Dihydro-benzofuran-2-yl]-butyronitril (*Normant*, A. ch. [11] **17** [1942] 335, 345).

Krystalle (aus W. oder aus Bzl. + PAe.); F: 64°.

       V   VI   VII

(±)-4-[2,3-Dihydro-benzofuran-2-yl]-buttersäure-amid $C_{12}H_{15}NO_2$, Formel VII (X = NH$_2$).

B. Beim Behandeln von (±)-4-[2,3-Dihydro-benzofuran-2-yl]-buttersäure mit Thionyl=
chlorid und anschliessend mit wss. Ammoniak (*Normant*, A. ch. [11] **17** [1942] 335, 346).

Krystalle (aus wss. A.); F: 123—124° [Block].

(±)-4-[2,3-Dihydro-benzofuran-2-yl]-butyronitril $C_{12}H_{13}NO$, Formel VIII.

B. Beim Erwärmen von (±)-2-[3-Brom-propyl]-2,3-dihydro-benzofuran mit Natrium=
cyanid in Äthanol (*Normant*, A. ch. [11] **17** [1942] 335, 345).

Kp$_3$: 164—165°. D$_{16}^{10}$: 1,091. n$_D^{10}$: 1,5376.

4-[2,3-Dihydro-benzofuran-5-yl]-buttersäure $C_{12}H_{14}O_3$, Formel IX (X = OH).

B. Beim Erhitzen von 4-[2,3-Dihydro-benzofuran-5-yl]-4-oxo-buttersäure mit amalgamiertem Zink und wss. Salzsäure (*Chatelus*, A. ch. [12] **4** [1949] 505, 536) oder mit
Hydrazin-hydrat, Kaliumhydroxid und Diäthylenglykol (*Cagniant, Cagniant*, Bl. **1955**
931, 933).

Krystalle (aus Bzl. + PAe.); F: 87° (*Ch.*), 84,5—85° (*Ca., Ca.*). Kp$_{15}$: 220° (*Ch.*);
Kp$_{12,6}$: 221° [unkorr.] (*Ca., Ca.*).

       VIII   IX

4-[2,3-Dihydro-benzofuran-5-yl]-buttersäure-amid $C_{12}H_{15}NO_2$, Formel IX (X = NH$_2$).

B. Aus 4-[2,3-Dihydro-benzofuran-5-yl]-buttersäure (*Chatelus*, A. ch. [12] **4** [1949] 505,
537; *Cagniant, Cagniant*, Bl. **1955** 931, 933).

Krystalle; F: 135° [Block; aus Bzl. + PAe.] (*Ch.*; s. dazu *Ca., Ca.*), 132° [unkorr.;
Block; aus Bzl.] (*Ca., Ca.*).

3-[5-Methyl-2,3-dihydro-benzofuran-6-yl]-propionsäure $C_{12}H_{14}O_3$, Formel X.

Diese Konstitution ist für die nachstehend beschriebene Verbindung in Betracht
gezogen worden (*Cagniant, Cagniant*, Bl. **1957** 827, 829).

B. Neben grösseren Mengen 3-[5-Methyl-2,3-dihydro-benzofuran-7-yl]-propionsäure
beim Behandeln von 5-Methyl-2,3-dihydro-benzofuran mit Bis-chlormethyl-äther und
Essigsäure, Behandeln des Reaktionsprodukts mit der Natrium-Verbindung des Malon=
säure-diäthylesters in Äthanol und Erhitzen des nach der Hydrolyse erhaltenen Säure-
Gemisches unter vermindertem Druck auf 150° (*Ca., Ca.*, l. c. S. 829, 836).

Krystalle (aus Bzl. + PAe.); F: 87,5—88° (*Ca., Ca.*, l. c. S. 836).

3-[5-Methyl-2,3-dihydro-benzofuran-7-yl]-propionsäure $C_{12}H_{14}O_3$, Formel XI (X = OH).

B. Beim Erhitzen von [5-Methyl-2,3-dihydro-benzofuran-7-ylmethyl]-malonsäure unter
vermindertem Druck auf 150° (*Cagniant, Cagniant*, Bl. **1957** 827, 829, 836). Aus
3-[5-Methyl-2,3-dihydro-benzofuran-7-yl]-thiopropionsäure-morpholid   mit   Hilfe   von

Alkalilauge (*Ca., Ca.*, l. c. S. 832).

Krystalle (aus PAe.); F: 97—98° (*Ca., Ca.*, l. c. S. 836).

3-[5-Methyl-2,3-dihydro-benzofuran-7-yl]-propionylchlorid $C_{12}H_{13}ClO_2$, Formel XI (X = Cl).

B. Aus 3-[5-Methyl-2,3-dihydro-benzofuran-7-yl]-propionsäure (*Cagniant, Cagniant,* Bl. **1957** 827, 836).

Kp_2: 150° [unkorr.]. $n_D^{17,2}$: 1,5494.

X   XI   XII

3-[5-Methyl-2,3-dihydro-benzofuran-7-yl]-propionsäure-amid $C_{12}H_{15}NO_2$, Formel XI (X = NH_2).

B. Aus 3-[5-Methyl-2,3-dihydro-benzofuran-7-yl]-propionylchlorid (*Cagniant, Cagniant,* Bl. **1957** 827, 836).

Krystalle (aus Bzl.); F: 136° [unkorr.; Block].

(±)-2,2,3-Trimethyl-2,3-dihydro-benzofuran-5-carbonsäure $C_{12}H_{14}O_3$, Formel XII (X = OH).

B. Beim Erhitzen von 4-[3-Methyl-but-2-enyloxy]-benzoesäure-äthylester unter 50 Torr bis auf 224° und Behandeln der in kalter wss. Natronlauge nicht löslichen Anteile des Reaktionsprodukts mit methanol. Kalilauge (*Lauer, Moe,* Am. Soc. **65** [1943] 289, 291). Beim Behandeln einer Lösung von (±)-1-[2,2,3-Trimethyl-2,3-dihydro-benzofuran-5-yl]-äthanon in Methanol mit alkal. wss. Natriumhypochlorit-Lösung (*La., Moe,* l. c. S. 292). Bei der Hydrierung von 2,2-Dimethyl-3-methylen-2,3-dihydro-benzofuran-5-carbonsäure an Platin in Essigsäure (*Barton et al.,* Soc. **1958** 4393, 4396).

Krystalle; F: 186° [aus Bzl.] (*Ba. et al.*), 182—183° [aus wss. A.] (*La., Moe,* l. c. S. 292), 181—182° [aus Bzn.] (*Jackson, Short,* Soc. **1937** 513, 515). Absorptionsmaximum (A.): 264 nm (*Ba. et al.*, l. c. S. 4394).

Beim Behandeln mit wss. Natriumcarbonat-Lösung und mit wss. Kaliumpermanganat und anschliessenden Ansäuern mit wss. Salzsäure ist 3-Hydroxy-2,2,3-trimethyl-2,3-dihydro-benzofuran-5-carbonsäure erhalten worden (*Ba. et al.*, l. c. S. 4396).

(±)-2,2,3-Trimethyl-2,3-dihydro-benzofuran-5-carbonsäure-methylester $C_{13}H_{16}O_3$, Formel XII (X = $O-CH_3$).

B. Aus (±)-2,2,3-Trimethyl-2,3-dihydro-benzofuran-5-carbonsäure mit Hilfe von Diazomethan (*Barton et al.,* Soc. **1958** 4393, 4396).

n_D^{22}: 1,5325.

(±)-2,2,3-Trimethyl-2,3-dihydro-benzofuran-5-carbonsäure-[4-brom-phenacylester] $C_{20}H_{19}BrO_4$, Formel XII (X = $O-CH_2-CO-C_6H_4-Br$).

B. Aus (±)-2,2,3-Trimethyl-2,3-dihydro-benzofuran-5-carbonsäure und 2-Brom-1-[4-brom-phenyl]-äthanon (*Lauer, Moe,* Am. Soc. **65** [1943] 289, 291).

Krystalle (aus A.); F: 105—106° (*Lauer, Moe,* l. c. S. 292).

(±)-2,2,3-Trimethyl-2,3-dihydro-benzofuran-5-carbonsäure-anilid $C_{18}H_{19}NO_2$, Formel XII (X = $NH-C_6H_5$).

Bezüglich der Konstitutionszuordnung vgl. *Barton et al.,* Soc. **1958** 4393, 4394.

B. Bei aufeinanderfolgendem Behandeln von (±)-2,2,3-Trimethyl-2,3-dihydro-benzofuran-5-carbonsäure (s. o.) mit Thionylchlorid und mit Anilin (*Jackson, Short,* Soc. **1937** 513, 515).

Krystalle (aus Bzn.); F: 155—156° (*Ja., Sh.*).

Carbonsäuren $C_{13}H_{16}O_3$

*Opt.-inakt. 2-Cyclohex-2-enyl-3-[2]furyl-propionsäure $C_{13}H_{16}O_3$, Formel I (R = H).

B. Beim Erhitzen von Cyclohex-2-enyl-furfuryl-malonsäure-diäthylester mit äthanol. Kalilauge auf 160° und Erhitzen des nach Ansäuern mit wss. Salzsäure erhaltenen Reaktionsprodukts auf 180° (*Moffett et al.*, Am. Soc. **69** [1947] 1854, 1855).

$Kp_{0,03}$: 111°. D_4^{25}: 1,1153. n_D^{25}: 1,5140.

*Opt.-inakt. 2-Cyclohex-2-enyl-3-[2]furyl-propionsäure-[2-diäthylamino-äthylester]
$C_{19}H_{29}NO_3$, Formel I (R = CH_2-CH_2-N(C_2H_5)$_2$).

B. Beim Erwärmen eines mit methanol. Natriummethylat neutralisierten Gemisches von opt.-inakt. 2-Cyclohex-2-enyl-3-[2]furyl-propionsäure (s. o.) und Isopropylalkohol mit Diäthyl-[2-chlor-äthyl]-amin (*Moffett et al.*, Am. Soc. **69** [1947] 1854, 1856).

Hydrochlorid $C_{19}H_{29}NO_3 \cdot HCl$. Krystalle (aus Isopropylalkohol + Ae.), die zwischen 82° und 98° schmelzen (*Mo. et al.*, l. c. S. 1857).

I   II   III

*Opt.-inakt. 2-Cyclohex-2-enyl-3-[2]thienyl-propionsäure-[2-diäthylamino-äthylester]
$C_{19}H_{29}NO_2S$, Formel II.

Hydrochlorid $C_{19}H_{29}NO_2S \cdot HCl$. *B.* Beim Erwärmen von Cyclohex-2-enyl-[2]thienyl≈ methyl-malonsäure-diäthylester mit wss.-äthanol. Kalilauge, Erhitzen des nach Ansäuern mit wss. Salzsäure erhaltenen Reaktionsprodukts auf 180° und Erwärmen der erhaltenen 2-Cyclohex-2-enyl-3-[2]thienyl-propionsäure mit Diäthyl-[2-chlor-äthyl]-amin und Isopropylalkohol (*Leonard*, Am. Soc. **74** [1952] 2915, 2917). — Krystalle (aus Isopropylalkohol + Ae.); F: 136—137° [unkorr.].

---

*Opt.-inakt. 2-Phenyl-3-tetrahydro[2]furyl-propionsäure $C_{13}H_{16}O_3$, Formel III (R = H).

B. Neben grösseren Mengen 3-Phenyl-5-propyl-dihydro-furan-2-on (E III/IV **17** 5017) beim Erwärmen von 3-[2]Furyl-2-phenyl-acrylsäure (S. 4323) mit wss. Natronlauge und Nickel-Aluminium-Legierung (*Schering Corp.*, U.S.P. 2594355 [1947]; *Papa et al.*, J. org. Chem. **16** [1951] 253, 257).

Kp_1: 174—177° (*Papa et al.*).

*Opt.-inakt. 2-Phenyl-3-tetrahydro[2]furyl-propionsäure-äthylester $C_{15}H_{20}O_3$, Formel III (R = C_2H_5).

B. Aus opt.-inakt. 2-Phenyl-3-tetrahydro[2]furyl-propionsäure [s. o.] (*Papa et al.*, J. org. Chem. **16** [1951] 253, 257). Bei der Hydrierung von 3-[2]Furyl-2-phenyl-acrylsäure-äthylester (aus Furfural hergestellt) an Raney-Nickel in Äthanol bei 50°/50 at (*Lambert, Mastagli*, C. r. **235** [1952] 626) oder bei 130°/120 at (*Lambert*, Rev. Nickel **21** [1955] 79, 81).

Kp_{14}: 182° (*La.*); n_D^{16}: 1,511 (*La.; La., Ma.*). Kp_1: 135°; n_D^{20}: 1,5061 (*Papa et al.*).

---

*Opt.-inakt. [2-Methyl-5-phenyl-tetrahydro-[2]furyl]-essigsäure $C_{13}H_{16}O_3$, Formel IV (R = H).

B. Beim Erwärmen von (±)-6-Hydroxy-3-methyl-6-phenyl-hex-2-ensäure-isopropyl≈ ester ($Kp_{0,025}$: 115—118°; n_D^{20}: 1,5170) mit wss.-äthanol. Natronlauge (*Matsuura et al.*, J. chem. Soc. Japan Pure Chem. Sect. **77** [1956] 248, 251; C. A. **1958** 348).

$Kp_{0,001}$: 138—141°. n_D^9: 1,5300.

*Opt.-inakt. [2-Methyl-5-phenyl-tetrahydro-[2]furyl]-essigsäure-methylester $C_{14}H_{18}O_3$, Formel IV (R = CH_3).

B. Beim Behandeln von opt.-inakt. [2-Methyl-5-phenyl-tetrahydro-[2]furyl]-essigsäure

(S. 4235) mit Diazomethan in Äther (*Matsuura et al.*, J. chem. Soc. Japan Pure Chem. Sect. **77** [1956] 248, 251; C. A. **1958** 348).

$Kp_{0,01}$: 95—97°. n_D^{20}: 1,5095.

IV   V

*Opt.-inakt. 3-[4-*sec*-Butyl-phenyl]-oxirancarbonsäure-äthylester, 3-[4-*sec*-Butyl-phenyl]-2,3-epoxy-propionsäure-äthylester** $C_{15}H_{20}O_3$, Formel V.

B. Beim Behandeln von (±)-4-*sec*-Butyl-benzaldehyd mit Chloressigsäure-äthylester, Natrium und Xylol (*I.G. Farbenind.*, D.R.P. 591452 [1930]; Frdl. **19** 288; *Winthrop Chem. Co.*, U.S.P. 1899340 [1931]).

Kp_5: 170—175°.

*Opt.-inakt. 3-[5-Isopropyl-2-methyl-phenyl]-oxirancarbonsäure-äthylester, 2,3-Epoxy-3-[5-isopropyl-2-methyl-phenyl]-propionsäure-äthylester** $C_{15}H_{20}O_3$, Formel VI (vgl. E II 276).

Kp_{12}: 178—181°; n_D^{20}: 1,5171 (*Kulesza, Podlejski*, Przem. chem. **38** [1959] 296, 299; C. A. **1959** 22754).

*Opt.-inakt. 3-[4-Isopropyl-phenyl]-2-methyl-oxirancarbonsäure-äthylester, 2,3-Epoxy-3-[4-isopropyl-phenyl]-2-methyl-propionsäure-äthylester** $C_{15}H_{20}O_3$, Formel VII.

B. Beim Behandeln von 4-Isopropyl-benzaldehyd mit (±)-2-Brom-propionsäure-äthylester und Natriummethylat und Erwärmen des Reaktionsgemisches (*Bradfield et al.*, Soc. **1937** 760, 762).

Kp_{24}: 180—181°.

VI   VII   VIII

*Opt.-inakt. 3-[4-Isopropyl-phenyl]-3-methyl-oxirancarbonsäure-äthylester, 2,3-Epoxy-3-[4-isopropyl-phenyl]-buttersäure-äthylester** $C_{15}H_{20}O_3$, Formel VIII.

B. Beim Behandeln von 1-[4-Isopropyl-phenyl]-äthanon mit Chloressigsäure-äthylester, Natrium und Xylol (*I.G. Farbenind.*, D.R.P. 602816 [1930]; Frdl. **20** 217; *Winthrop Chem. Co.*, U.S.P. 1899340 [1931]).

Kp_{13}: 170—175°.

4-Chroman-6-yl-buttersäure $C_{13}H_{16}O_3$, Formel IX (X = OH).

B. Beim Erhitzen von 4-Chroman-6-yl-4-oxo-buttersäure mit amalgamiertem Zink und wss. Salzsäure (*Chatelus*, A. ch. [12] **4** [1949] 505, 523).

Krystalle (aus Bzl. + PAe.); F: 57,5—58,5°.

4-Chroman-6-yl-buttersäure-amid, 4-Chroman-6-yl-butyramid $C_{13}H_{17}NO_2$, Formel IX (X = NH_2).

B. Aus 4-Chroman-6-yl-buttersäure (*Chatelus*, A. ch. [12] **4** [1949] 505, 523).

Krystalle (aus Bzl. + PAe.); F: 119—120°.

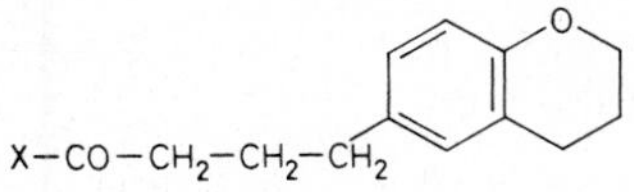

IX 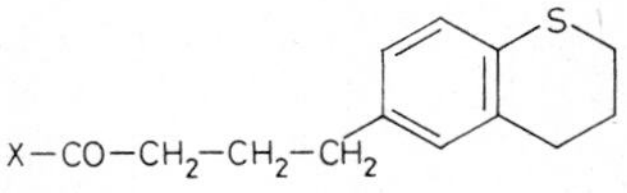　　　　　　　　　X 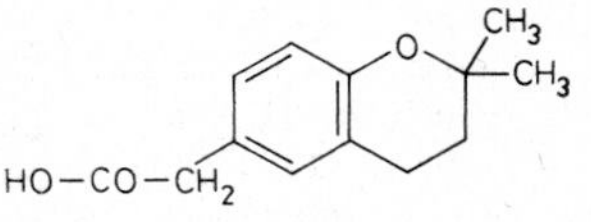　　　　　　　　　XI

4-Thiochroman-6-yl-buttersäure $C_{13}H_{16}O_2S$, Formel X (X = OH).
B. Beim Erhitzen von 4-Oxo-4-thiochroman-6-yl-buttersäure mit amalgamiertem Zink und wss. Salzsäure (*Cagniant, Deluzarche*, C. r. **223** [1946] 1012).
Krystalle (aus Bzl. + PAe.); F: 65°. Kp_{18}: 249—250°.

4-Thiochroman-6-yl-buttersäure-amid, 4-Thiochroman-6-yl-butyramid $C_{13}H_{17}NOS$, Formel X (X = NH_2).
B. Aus 4-Thiochroman-6-yl-buttersäure (*Cagniant, Deluzarche*, C. r. **223** [1946] 1012).
Krystalle (aus wss. A.); F: 117°.

[2,2-Dimethyl-chroman-6-yl]-essigsäure $C_{13}H_{16}O_3$, Formel XI.
B. Beim Erhitzen von 1-[2,2-Dimethyl-chroman-6-yl]-äthanon mit Schwefel, Pyridin und wss. Ammoniak auf 120° und Erhitzen des Reaktionsprodukts mit wss. Natronlauge (*Clemo, Ghatge*, Soc. **1955** 4347).
Krystalle (aus PAe.); F: 165°.

[2,2-Dimethyl-chroman-8-yl]-essigsäure $C_{13}H_{16}O_3$, Formel I.
Diese Konstitution ist vermutlich der nachstehend beschriebenen Verbindung zu-zuordnen (*Clemo, Ghatge*, Soc. **1955** 4347).
B. Neben 1-[2,2-Dimethyl-chroman-8-yl]-äthanon beim Erwärmen von 2,2-Dimethyl-chroman mit Acetanhydrid und wenig Zinkchlorid (*Cl., Gh.*).
Krystalle (aus PAe.); F: 181—182°.
Methylester $C_{14}H_{18}O_3$. F: 87°.

(±)-2,4,4-Trimethyl-chroman-2-carbonsäure $C_{13}H_{16}O_3$, Formel II (X = OH).
B. Neben 2,4,4-Trimethyl-chroman-2-ol ($\rightleftharpoons$4-[2-Hydroxy-phenyl]-4-methyl-pentan-2-on) beim Erhitzen von (±)-2,4,4-Trimethyl-chroman-2,6-dicarbonsäure oder von (±)-2,4,4-Trimethyl-chroman-2,7-dicarbonsäure (*Baker et al.*, Soc. **1952** 1774, 1780, 1781) sowie von (±)-2,4,4-Trimethyl-chroman-2,8-dicarbonsäure (*Ba. et al.*, l. c. S. 1783; *Sugi-yama, Taya*, J. chem. Soc. Japan Pure Chem. Sect. **80** [1959] 673, 675; C. A. **1961** 4410) mit Kupferoxid-Chromoxid und Chinolin. Beim Erwärmen von (±)-2-[2,4,4-Trimethyl-chroman-2-yl]-phenol mit Kaliumpermanganat in Aceton (*Ba. et al.*, l. c. S. 1780).
Krystalle (aus Bzl. + PAe.); F: 172° [unkorr.] (*Ba. et al.*, l. c. S. 1780), 171—172° (*Su., Taya*).
Beim Erhitzen mit Kupferoxid-Chromoxid und Chinolin sind kleine Mengen 2,4,4-Tri-methyl-chroman-2-ol ($\rightleftharpoons$4-[2-Hydroxy-phenyl]-4-methyl-pentan-2-on) erhalten worden (*Ba.*, l. c. S. 1784).

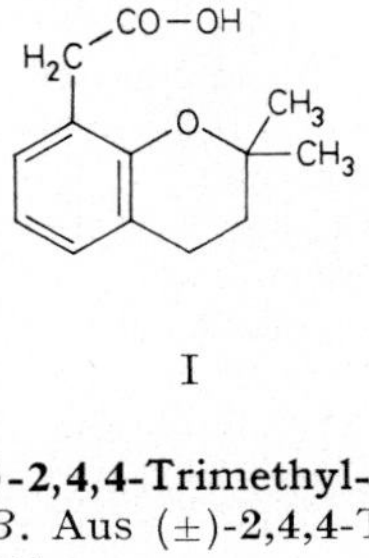

I 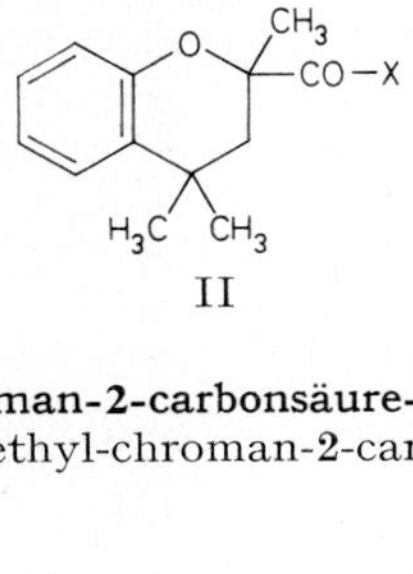　　　　　　　　　II 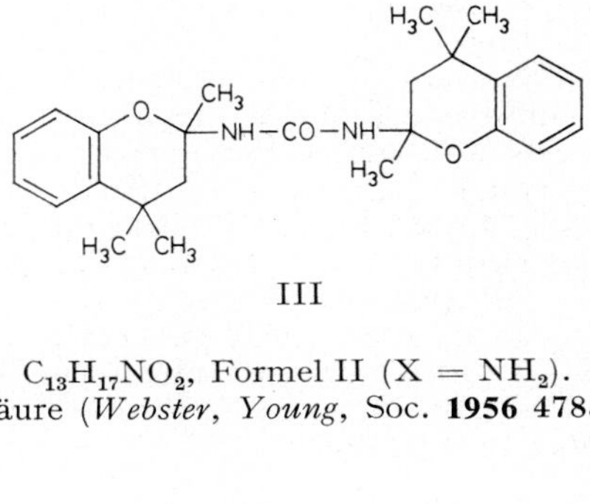　　　　　　　　　III

(±)-2,4,4-Trimethyl-chroman-2-carbonsäure-amid $C_{13}H_{17}NO_2$, Formel II (X = NH_2).
B. Aus (±)-2,4,4-Trimethyl-chroman-2-carbonsäure (*Webster, Young*, Soc. **1956** 4785, 4788).

F: 140—142°.

Beim Behandeln mit alkal. wss. Kaliumhypobromit-Lösung, zuletzt bei 80°, ist eine Verbindung $C_{25}H_{32}N_2O_3$ (F: 176—178°; vielleicht N,N'-Bis-[2,4,4-trimethyl-chroman-2-yl]-harnstoff [Formel III]), beim Behandeln mit alkal. wss. Kalium= hypobromit-Lösung und Dioxan ist hingegen 2,4,4-Trimethyl-chroman-2-ol ($\rightleftharpoons$ 4-[2-Hydr= oxy-phenyl]-4-methyl-pentan-2-on) erhalten worden.

(±)-2,2,4-Trimethyl-chroman-4-carbonsäure $C_{13}H_{16}O_3$, Formel IV.

B. In kleiner Menge neben wenig 2,2-Dimethyl-chroman-4-on beim Erwärmen von (±)-4-[2,2,4-Trimethyl-chroman-4-yl]-phenol (als Äthanol-Addukt [E III/IV **17** 1640] eingesetzt) mit Kaliumpermanganat in Aceton (*Baker et al.*, Soc. **1956** 2010, 2014).

Krystalle (aus Bzn.); F: 124—125°.

Beim Behandeln mit konz. Schwefelsäure bei 40° wird Kohlenmonoxid abgegeben.

5-[2,3-Dihydro-benzofuran-5-yl]-valeriansäure $C_{13}H_{16}O_3$, Formel V.

B. Beim Erhitzen einer Lösung von 5-[2,3-Dihydro-benzofuran-5-yl]-5-oxo-valerian= säure in Toluol mit amalgamiertem Zink und wss. Salzsäure (*Chatelus*, A. ch. [12] **4** [1949] 505, 537).

Krystalle (aus Bzl. + PAe.); F: 99°. Kp_{16}: 240°.

4-[5-Methyl-2,3-dihydro-benzofuran-7-yl]-buttersäure $C_{13}H_{16}O_3$, Formel VI (X = OH).

B. Beim Erhitzen von 4-[5-Methyl-2,3-dihydro-benzofuran-7-yl]-4-oxo-buttersäure mit Hydrazin-hydrat, Kaliumhydroxid und Diäthylenglykol (*Cagniant, Cagniant*, Bl. **1957** 827, 833).

Krystalle (aus Bzl. + PAe.); F: 104° [unkorr.; Block].

IV   V   VI

4-[5-Methyl-2,3-dihydro-benzofuran-7-yl]-buttersäure-amid $C_{13}H_{17}NO_2$, Formel VI (X = NH_2).

B. Aus 4-[5-Methyl-2,3-dihydro-benzofuran-7-yl]-buttersäure (s. o.) über das Säure= chlorid (*Cagniant, Cagniant*, Bl. **1957** 827, 833).

Krystalle (aus Bzl. + PAe.); F: 104° [unkorr.; Block].

2-*tert*-Butyl-2,3-dihydro-benzofuran-3-carbonitril $C_{13}H_{15}NO$, Formel VII.

Diese Konstitution kommt der nachstehend beschriebenen, ursprünglich (*Martynoff*, Bl. **1952** 1056, 1060; *Ramart-Lucas*, Bl. **1954** 1017, 1027) als 1-Benzofuran-3-yl-2,2-di= methyl-propan-1-on-imin angesehenen opt.-inakt. Verbindung zu (*Martynoff*, C. r. **242** [1956] 1488).

B. Neben einer Verbindung $C_{26}H_{30}N_2O_2$ (F: 175°), die sich durch Behandeln mit wss. Salzsäure oder durch Erwärmen mit Essigsäure oder Äthanol ebenfalls in 2-*tert*-Butyl-2,3-dihydro-benzofuran-3-carbonitril überführen lässt, beim Erwärmen von Benzofuran-3-carbonitril mit *tert*-Butylmagnesiumchlorid in Äther (*Ma.*, Bl. **1952** 1060).

Krystalle; F: 130—132° [Block] (*Ma.*, C. r. **242** 1491), 120° [Block; aus Cyclohexan] (*Ma.*, Bl. **1952** 1060). UV-Spektrum (230—330 nm): *Ma.*, C. r. **242** 1490.

Verbindung mit Hydroxylamin $C_{13}H_{15}NO \cdot NH_3O$. Krystalle (aus A.); F: 248° (*Ma.*, Bl. **1952** 1060).

Verbindung mit *O*-Benzyl-hydroxylamin $C_{13}H_{15}NO \cdot C_7H_9NO$. Krystalle (aus PAe.); F: 138° (*Ma.*, Bl. **1952** 1060).

Verbindung mit Phenylhydrazin $C_{13}H_{15}NO \cdot C_6H_8N_2$. Krystalle (aus A.); F: 202° (*Ma.*, Bl. **1952** 1060).

VII VIII IX X

*Opt.-inakt. 2-*tert*-Butyl-2,3-dihydro-benzo[*b*]thiophen-3-carbonitril $C_{13}H_{15}NS$, Formel VIII.

Diese Konstitution kommt der nachstehend beschriebenen, ursprünglich (*Martynoff*, C. r. **236** [1953] 385) als 1-Benzo[*b*]thiophen-3-yl-2,2-dimethyl-propan-1-on-imin angesehenen Verbindung zu (*Martynoff*, C. r. **242** [1956] 1039).

B. Beim Behandeln von Benzo[*b*]thiophen-3-carbonitril mit *tert*-Butylmagnesium= chlorid in Äther (*Ma.*, C. r. **236** 386).

Krystalle (aus PAe.); F: 68° (*Ma.*, C. r. **236** 387). UV-Spektrum (230—320 nm): *Ma.*, C. r. **242** 1041.

1,1,3,3-Tetramethyl-phthalan-4-carbonsäure $C_{13}H_{16}O_3$, Formel IX.

B. Beim Behandeln von 1,1,3,3-Tetramethyl-phthalan-4-carbaldehyd (*Nasarow*, *Wercholetowa*, Izv. Akad. S.S.S.R. Otd. chim. **1941** 556, 563; C. A. **1943** 2343) oder von 1,1,3,3-Tetramethyl-4-vinyl-phthalan (*Na.*, *We.*, l. c. S. 562; s. a. *Nasarow*, *Kusnezowa*, Izv. Akad. S.S.S.R. Otd. chim. **1941** 431, 443; C. A. **1942** 1296) mit wss. Kaliumperman= ganat-Lösung.

Krystalle (aus A.); F: 190—191° (*Na.*, *We.*, l. c. S. 562).

---

*Opt.-inakt. 1,5a,6,9,9a,9b-Hexahydro-4*H*-dibenzofuran-4a-carbonsäure $C_{13}H_{16}O_3$, Formel X.

B. Aus opt.-inakt. 1,5a,6,9,9a,9b-Hexahydro-4*H*-dibenzofuran-4a-carbaldehyd (Kp$_{1,1}$: 115°; n$_D^{20}$: 1,5240 [E III/IV **17** 5023]) mit Hilfe von Silberoxid und Alkalilauge (*Hillyer et al.*, Ind. eng. Chem. **40** [1948] 2216, 2218).

Krystalle; F: 90,5—91° (*Phillips Petrol Co.*, U.S.P. 2683151 [1949]), 89,7—90° (*Hi. et al.*).

Beim Behandeln mit Brom (Überschuss) in Chloroform ist eine als 2,7,8-Tribrom-3-hydroxy-decahydro-dibenzofuran-4a-carbonsäure-lacton angesehene Verbindung (F: 228—230° [Zers.]) erhalten worden (*Raffauf*, Am. Soc. **74** [1952] 4460).

Carbonsäuren $C_{14}H_{18}O_3$

*Opt.-inakt. 2-Benzyl-3-tetrahydro[2]furyl-propionsäure, 3-Phenyl-2-tetrahydrofurfuryl-propionsäure $C_{14}H_{18}O_3$, Formel I (R = H).

B. Beim Erhitzen von (±)-Benzyl-tetrahydrofurfuryl-malonsäure-diäthylester mit methanol. Kalilauge auf 150° und Erhitzen des nach Ansäuern mit wss. Salzsäure erhaltenen Reaktionsprodukts bis auf 170° (*Moffet*, *Hart*, J. Am. pharm. Assoc. **42** [1953] 717).

Kp$_{0,05}$: 147°. D$_4^{25}$: 1,1159. n$_D^{25}$: 1,5252.

I II

*Opt.-inakt. 2-Benzyl-3-tetrahydro[2]furyl-propionsäure-[2-diäthylamino-äthylester] $C_{20}H_{31}NO_3$, Formel I (R = CH$_2$-CH$_2$-N(C$_2$H$_5$)$_2$).

B. Beim Erwärmen eines mit äthanol. Natriumäthylat neutralisierten Gemisches von opt.-inakt. 2-Benzyl-3-tetrahydro[2]furyl-propionsäure (S. 4239) und Isopropylalkohol mit Diäthyl-[2-chlor-äthyl]-amin (*Moffet, Hart,* J. Am. pharm. Assoc. **42** [1953] 717).

Hydrochlorid $C_{20}H_{31}NO_3 \cdot HCl$. Krystalle, die zwischen 77° und 86° schmelzen.

---

*Opt.-inakt. 3-Methyl-3-[1-methyl-2-phenyl-propyl]-oxirancarbonsäure-äthylester, 2,3-Epoxy-3,4-dimethyl-5-phenyl-hexansäure-äthylester $C_{16}H_{22}O_3$, Formel II.

B. In kleiner Menge aus opt.-inakt. 3-Methyl-4-phenyl-pentan-2-on (Kp_{11}: 115—117° [E III 7 1162]) und Chloressigsäure-äthylester mit Hilfe von Natriumäthylat (*Ruzicka, Ehmann,* Helv. **15** [1932] 140, 145).

Kp_{10}: 162—163°.

---

*Opt.-inakt. 3-[4-Isopropyl-benzyl]-3-methyl-oxirancarbonsäure-äthylester, 2,3-Epoxy-4-[4-isopropyl-phenyl]-3-methyl-buttersäure-äthylester $C_{16}H_{22}O_3$, Formel III.

B. Beim Behandeln von 1-[4-Isopropyl-phenyl]-propan-2-on mit Chloressigsäure-äthylester und Natriumäthylat in Äthanol und Benzol (*Yamashita, Matsumura,* Bl. chem. Soc. Japan **16** [1941] 413, 415).

Kp_{11}: 164—167°. D_4^{23}: 1,0308. n_D^{23}: 1,4987.

5-Chroman-6-yl-valeriansäure $C_{14}H_{18}O_3$, Formel IV (X = OH).

B. Beim Erhitzen von 5-Chroman-6-yl-5-oxo-valeriansäure mit amalgamiertem Zink und wss. Salzsäure (*Chatelus,* A. ch. [12] **4** [1949] 505, 523).

Krystalle (aus Bzl. + PAe.); F: 88—88,5°.

III   IV

5-Chroman-6-yl-valeriansäure-amid, 5-Chroman-6-yl-valeramid $C_{14}H_{19}NO_2$, Formel IV (X = NH_2).

B. Aus 5-Chroman-6-yl-valeriansäure (*Chatelus,* A. ch. [12] **4** [1949] 505, 523).

Krystalle (aus Bzl. + PAe.); F: 104—105°.

5-Thiochroman-6-yl-valeriansäure $C_{14}H_{18}O_2S$, Formel V.

B. Beim Erhitzen von 5-Oxo-5-thiochroman-6-yl-valeriansäure mit amalgamiertem Zink und wss. Salzsäure (*Cagniant, Deluzarche,* C. r. **223** [1946] 1012). Beim Erhitzen eines Gemisches von 5-Oxo-5-thiochroman-6-yl-valeriansäure und wenig 5-Oxo-5-thio-chroman-8-yl-valeriansäure mit Hydrazin-hydrat, Kaliumhydroxid und Diäthylen-glykol (*Cagniant, Cagniant,* Bl. **1961** 1560, 1566).

Krystalle; F: 83° [aus Bzl. + PAe.] (*Ca., Ca.*), 79° [aus PAe.] (*Ca., De.*). IR-Spektrum (KBr; 2—15 μ): *Ca., Ca.,* l. c. S. 1563.

V   VI

(±)-2,4,4,6-Tetramethyl-chroman-2-carbonsäure $C_{14}H_{18}O_3$, Formel VI.

B. In kleiner Menge neben wenig 2,4,4-Trimethyl-chroman-2,6-dicarbonsäure beim Erwärmen von (±)-4-Methyl-2-[2,4,4,6-tetramethyl-chroman-2-yl]-phenol mit Kalium-permanganat in Aceton (*Baker et al.,* Soc. **1952** 1774, 1781).

Krystalle (aus wss. Me.); F: 143° [unkorr.].

Beim Erhitzen mit Kupferoxid-Chromoxid und Chinolin sind kleine Mengen 2,4,4,6-Tetramethyl-chroman-2-ol (⇌ 4-[2-Hydroxy-5-methyl-phenyl]-4-methyl-pentan-2-on) erhalten worden (*Baker et al.,* l. c. S. 1782).

(±)-2,4,4,7-Tetramethyl-chroman-2-carbonsäure $C_{14}H_{18}O_3$, Formel VII (X = OH).

B. Beim Erwärmen von (±)-2-Hydroxy-4-[2-methoxy-4-methyl-phenyl]-2,4-dimethyl-valeriansäure-amid (als Einschlussverbindung mit Hexan eingesetzt) mit einem Gemisch von Essigsäure und wss. Bromwasserstoffsäure (*Baker et al.*, Soc. **1951** 76, 82). Beim Erwärmen von (±)-5-Methyl-2-[2,4,4,7-tetramethyl-chroman-2-yl]-phenol mit Kalium= permanganat in Aceton (*Ba. et al.*, Soc. **1951** 80).

Tafeln (aus wss. Me.), F: 148−149° [unkorr.; stabile Modifikation]; Nadeln (aus wss. Me.), F: 148−149° [unkorr.; instabile Modifikation] (*Ba. et al.*, Soc. **1951** 82).

Bei 6-stdg. Erhitzen mit Kupferoxid-Chromoxid und Chinolin sind 2,4,4,7-Tetramethyl-chroman-2-ol (⇌ 4-[2-Hydroxy-4-methyl-phenyl]-4-methyl-pentan-2-on) und kleine Mengen 2,4,4,7-Tetramethyl-4H-chromen erhalten worden (*Baker et al.*, Soc. **1952** 1774, 1784).

VII   VIII   IX

(±)-2,4,4,7-Tetramethyl-chroman-2-carbonsäure-amid $C_{14}H_{19}NO_2$, Formel VII (X = NH₂).

B. Beim Erwärmen von (±)-2,4,4,7-Tetramethyl-chroman-2-carbonsäure mit Thionyl= chlorid und Chloroform und Behandeln des Reaktionsprodukts mit wss. Ammoniak und wenig Äther (*Baker et al.*, Soc. **1951** 76, 80).

Krystalle (aus Bzn.); F: 148° [unkorr.].

(±)-2,4,4,8-Tetramethyl-chroman-2-carbonsäure $C_{14}H_{18}O_3$, Formel VIII.

B. Neben wenig 2,4,4-Trimethyl-chroman-2,8-dicarbonsäure beim Erwärmen von (±)-2-Methyl-6-[2,4,4,8-tetramethyl-chroman-2-yl]-phenol mit Kaliumpermanganat in Aceton (*Baker et al.*, Soc. **1952** 1774, 1783).

Krystalle (aus Bzl. + Bzn.); F: 151° [unkorr.].

Beim Erhitzen mit Kupferoxid-Chromoxid und Chinolin sind 2,4,4,8-Tetramethyl-chroman-2-ol (⇌ 4-[2-Hydroxy-3-methyl-phenyl]-4-methyl-pentan-2-on) und kleine Mengen 2,4,4,8-Tetramethyl-4H-chromen erhalten worden.

4-[5-Äthyl-2,3-dihydro-benzofuran-7-yl]-buttersäure $C_{14}H_{18}O_3$, Formel IX (X = OH).

B. Beim Erhitzen von 4-[5-Äthyl-2,3-dihydro-benzofuran-7-yl]-4-oxo-buttersäure mit Hydrazin-hydrat, Kaliumhydroxid und Diäthylenglykol (*Cagniant, Cagniant*, Bl. **1957** 827, 834).

Kp_{13}: 223−224° [unkorr.].

4-[5-Äthyl-2,3-dihydro-benzofuran-7-yl]-buttersäure-amid $C_{14}H_{19}NO_2$, Formel IX (X = NH₂).

B. Aus 4-[5-Äthyl-2,3-dihydro-benzofuran-7-yl]-buttersäure über das Säurechlorid (*Cagniant, Cagniant*, Bl. **1957** 827, 834).

Krystalle (aus Bzl. + PAe.); F: 83−83,5°.

Carbonsäuren $C_{15}H_{20}O_3$

*Opt.-inakt. **3-[2,4-Diisopropyl-phenyl]-oxirancarbonsäure-äthylester, 3-[2,4-Diisopropyl-phenyl]-2,3-epoxy-propionsäure-äthylester** $C_{17}H_{24}O_3$, Formel I.

B. Beim Behandeln von 2,4-Diisopropyl-benzaldehyd mit Chloressigsäure-äthylester, Natrium und Xylol (*I.G. Farbenind.*, D.R.P. 591452 [1930]; Frdl. **19** 288; *Winthrop Chem. Co.*, U.S.P. 1899340 [1931]).

Bei 175−185°/3−4 Torr destillierbar.

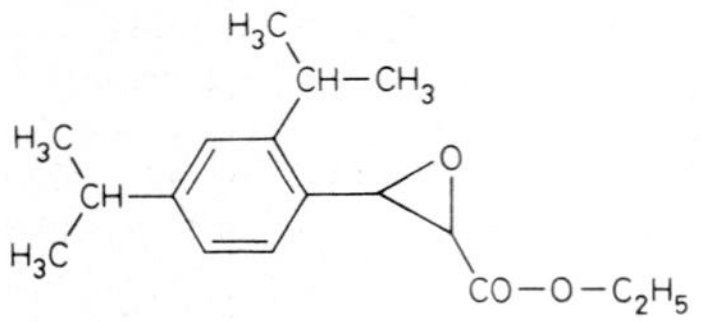

I

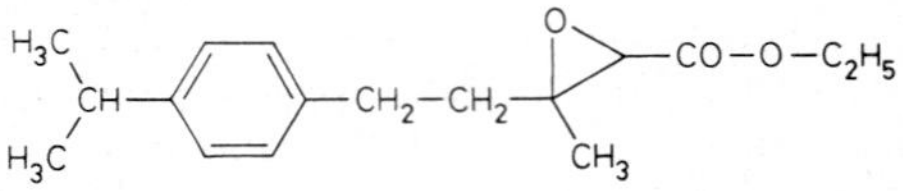

II

*Opt.-inakt. 3-[4-Isopropyl-phenäthyl]-3-methyl-oxirancarbonsäure-äthylester,
2,3-Epoxy-5-[4-isopropyl-phenyl]-3-methyl-valeriansäure-äthylester $C_{17}H_{24}O_3$, Formel II.
   B. Beim Behandeln von 4-[4-Isopropyl-phenyl]-butan-2-on mit Chloressigsäure-äthyl=
ester, Natrium und Xylol (*I.G. Farbenind.*, D.R.P. 602816 [1930]; Frdl. **20** 217; *Winthrop
Chem. Co.*, U.S.P. 1899340 [1931]).
   Bei 175—180°/3 Torr destillierbar.

---

*Opt.-inakt. 3-Methyl-3-[*trans*-2-(2,6,6-trimethyl-cyclohexa-1,3-dienyl)-vinyl]-oxiran=
carbonsäure-äthylester, 2,3-Epoxy-3-methyl-5*t*-[2,6,6-trimethyl-cyclohexa-1,3-dienyl]-
pent-4-ensäure-äthylester $C_{17}H_{24}O_3$, Formel III.
   B. Beim Behandeln von 4*t*-[2,6,6-Trimethyl-cyclohexa-1,3-dienyl]-but-3-enon mit
Chloressigsäure-äthylester und Natriummethylat bei −20° (*Karrer, Leumann*, Helv. **34**
[1951] 1408, 1410).
   Gelbes Öl; bei 115—140° destillierbar.

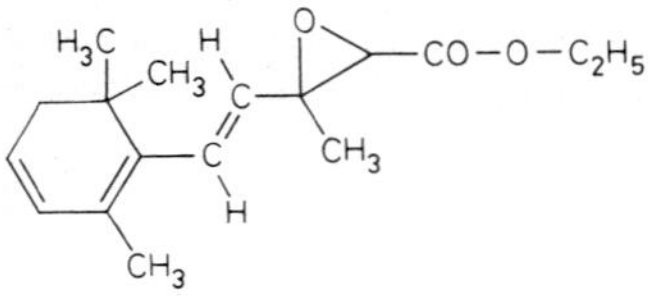

III

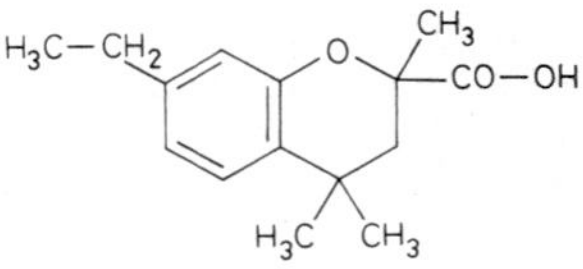

IV

(±)-7-Äthyl-2,4,4-trimethyl-chroman-2-carbonsäure $C_{15}H_{20}O_3$, Formel IV.
   B. Beim Erwärmen von (±)-5-Äthyl-2-[7-äthyl-2,4,4-trimethyl-chroman-2-yl]-phenol
mit Kaliumpermanganat in Aceton (*Baker et al.*, Soc. **1957** 3060, 3062).
   Krystalle (aus Bzn.); F: 123°.

Carbonsäuren $C_{16}H_{22}O_3$

6-*tert*-Butyl-3,8-dimethyl-chroman-2-carbonsäure $C_{16}H_{22}O_3$, Formel V, und 6-*tert*-Butyl-
2,8-dimethyl-chroman-3-carbonsäure $C_{16}H_{22}O_3$, Formel VI.
   Diese beiden Konstitutionsformeln sind für die nachstehend beschriebene opt.-inakt.
Verbindung in Betracht gezogen worden (*Hultzsch*, J. pr. [2] **158** [1941] 275, 282, 287).
   B. Beim Erhitzen von 5-*tert*-Butyl-2-hydroxy-3-methyl-benzylalkohol mit *trans*-Croton=
säure auf 200° (*Hu.*, l. c. S. 287).
   Krystalle (aus E. + PAe.); F: 164°.

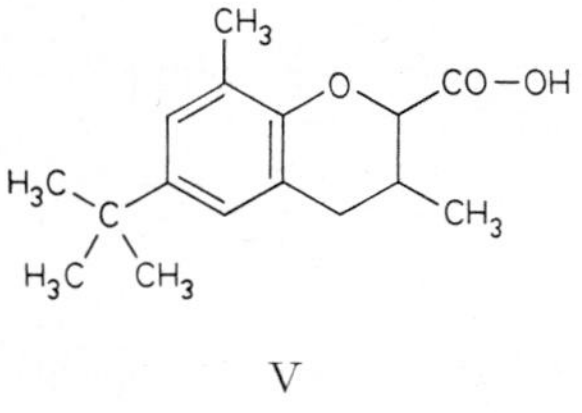

V

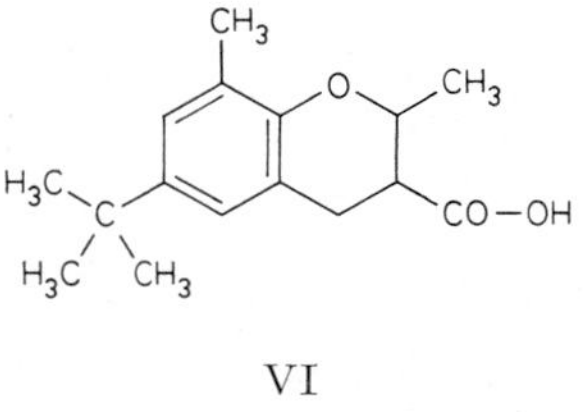

VI

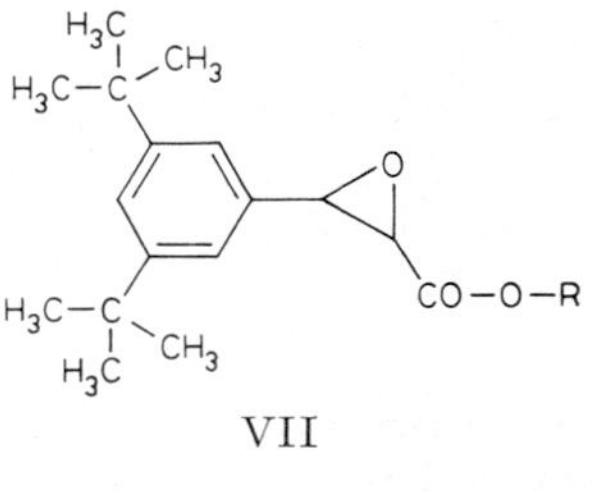

VII

Carbonsäuren $C_{17}H_{24}O_3$

*Opt.-inakt. 3-[3,5-Di-*tert*-butyl-phenyl]-oxirancarbonsäure-äthylester, 3-[3,5-Di-*tert*-
butyl-phenyl]-2,3-epoxy-propionsäure-äthylester $C_{19}H_{28}O_3$, Formel VII (R = C_2H_5).
   B. Aus 3,5-Di-*tert*-butyl-benzaldehyd und Chloressigsäure-äthylester mit Hilfe von

Natriumäthylat oder Natriumamid (*Beets et al.*, R. **78** [1959] 570, 584).

Bei $146-153°/0,2$ Torr destillierbar; n_D^{20}: 1,50.

Carbonsäuren $C_{20}H_{30}O_3$

2-Decyl-3-methyl-3-phenyl-oxirancarbonsäure-äthylester, 2-Decyl-2,3-epoxy-3-phenyl-buttersäure-äthylester $C_{22}H_{34}O_3$, Formel VIII.

Die Identität eines von *Darzens* (C. r. **195** [1932] 884, 886) unter dieser Konstitution beschriebenen, beim Behandeln von Acetophenon mit ($\pm$)-2-Chlor-dodecansäure-äthylester und Natriumäthylat in Äther erhaltenen opt.-inakt. Präparats (Kp$_5$: $185-190°$; D$_0^0$: 0,993; n_D^{20}: 1,4713) ist ungewiss (*Morris, Lawrence*, Am. Soc. **77** [1955] 1692).

VIII   IX

(3aR)-10b-Methyl-(3ar,3bt,10at,10bc,12ac)-hexadecahydro-5ac,8c-methano-cyclohepta[5,6]naphtho[2,1-b]furan-7ξ-carbonsäure $C_{20}H_{30}O_3$, Formel IX.

Diese Konstitution und Konfiguration kommt der nachstehend beschriebenen **Oxcafestansäure** zu.

B. Beim Behandeln von Oxcafestanal ((3aR)-10b-Methyl-(3ar,3bt,10at,10bc,12ac)-hexadecahydro-5ac,8c-methano-cyclohepta[5,6]naphtho[2,1-b]furan-7ξ-carbaldehyd [vgl. E III/IV **17** 5039]) mit Kaliumpermanganat in Aceton (*Chakravorty et al.*, Am. Soc. **65** [1943] 929, 931).

Krystalle (aus Acn.); F: $260-262°$. $[\alpha]_D^{30}$: $-39,7°$ [CHCl$_3$].

Methylester $C_{21}H_{32}O_3$. Krystalle (aus wss. Acn.); F: $123,5-124,5°$.

Carbonsäuren $C_{24}H_{38}O_3$

3ξ,4ξ-Epoxy-5β-cholan-24-säure $C_{24}H_{38}O_3$, Formel I.

B. Beim Behandeln von 5β-Chol-3-en-24-säure mit Peroxybenzoesäure in Chloroform (*Wieland et al.*, Z. physiol. Chem. **241** [1936] 47, 61).

Krystalle (aus wss. Me.); F: $185°$.

I   II   III

3α,4α-Epoxy-5β-cholan-24-säure-methylester $C_{25}H_{40}O_3$, Formel II.

B. Beim Erwärmen von 3α-Acetoxy-4β-brom-5β-cholan-24-säure-methylester mit methanol. Kalilauge und Behandeln des nach dem Neutralisieren mit wss. Salzsäure erhaltenen Reaktionsprodukts mit Diazomethan in Äther (*Fieser, Ettorre*, Am. Soc. **75** [1953] 1700, 1703).

Krystalle (aus Me.); F: $72-73°$. $[\alpha]_D$: $+13,3°$ [Dioxan].

8,14-Epoxy-5β,8ξ,14ξ-cholan-24-säure $C_{24}H_{38}O_3$, Formel III.

B. Beim Behandeln von 5β-Chol-8(14)-en-24-säure mit Peroxybenzoesäure in Chloro=form unter Lichtausschluss (*Wieland, Dane*, Z. physiol. Chem. **212** [1932] 263, 267).

Krystalle (aus Acn. oder Me.); F: 167° [nach Sintern bei 164°].

9,11α-Epoxy-5β-cholan-24-säure $C_{24}H_{38}O_3$, Formel IV (R = H).

B. Beim Erhitzen von 9,11α-Epoxy-3-oxo-5β-cholan-24-säure-methylester mit Hydr=azin-hydrat, Kaliumhydroxid und Triäthylenglykol (*Fieser, Rajagopalan*, Am. Soc. **73** [1951] 118, 121).

Krystalle (aus wss. Acn.); F: 158—159° [unkorr.]. $[\alpha]_D^{22}$: +17° [Dioxan].

IV   V   VI

9,11α-Epoxy-5β-cholan-24-säure-methylester $C_{25}H_{40}O_3$, Formel IV (R = CH_3).

Bezüglich der Konfiguration an den C-Atomen 9 und 11 s. *Fieser, Rajagopalan*, Am. Soc. **73** [1951] 118, 121.

B. Beim Behandeln von 5β-Chol-9(11)-en-24-säure-methylester mit Peroxybenzoesäure in Chloroform unter Lichtausschluss (*Alther, Reichstein*, Helv. **26** [1943] 492, 508; *Reich, Reichstein*, Helv. **26** [1943] 562, 583).

Krystalle; F: 74,5—76° [aus Me.] (*Al., Re.*), 74—75° [aus Me. + W.] (*Re., Re.*). $[\alpha]_D^{13}$: +18,8° [Acn.; c = 1] (*Al., Re.*).

Beim Erwärmen mit wss.-methanol. Schwefelsäure und Behandeln des Reaktions=produkts mit Diazomethan in Äther ist eine **Verbindung** $C_{25}H_{38}O_2$ (Krystalle [aus Me.], F: 88—90°; λ_{max} [Hexan]: 245 nm) erhalten worden (*Al., Re.*, l. c. S. 510).

11α,12α-Epoxy-5β-cholan-24-säure $C_{24}H_{38}O_3$, Formel V (R = H).

B. Beim Erwärmen einer Lösung von 11α,12α-Epoxy-5β-cholan-24-säure-methylester (s. u.) mit Methanol und wss. Kaliumcarbonat-Lösung (*Alther, Reichstein*, Helv. **25** [1942] 805, 819).

Krystalle (aus Ae. + Pentan); F: 155—157° [korr.; Kofler-App.].

4-[11,12-Epoxy-10,13-dimethyl-hexadecahydro-cyclopenta[a]phenanthren-17-yl]-valeriansäure-methylester $C_{25}H_{40}O_3$.

Über die Konfiguration der folgenden Stereoisomeren an den C-Atomen 11 und 12 (Cholan-Bezifferung) s. *Sorkin, Reichstein*, Helv. **29** [1946] 1218, 1224 Anm. 2.

a) **11β,12β-Epoxy-5β-cholan-24-säure-methylester** $C_{25}H_{40}O_3$, Formel VI.

B. Neben kleineren Mengen 11β,12α-Dibrom-5β-cholan-24-säure-methylester beim Behandeln von 5β-Chol-11-en-24-säure-methylester mit *N*-Brom-acetamid in wss. Aceton unter Lichtausschluss (*Reich, Reichstein*, Helv. **26** [1943] 562, 574).

Krystalle (aus wss. Me.); F: 64,5—65,5°. $[\alpha]_D^{20}$: +47,5° [Acn.; c = 2].

Bei der Hydrierung an Raney-Nickel in Methanol bei 100°/115 at sind 5β-Cholan-24-säure-methylester und 11β-Hydroxy-5β-cholan-24-säure-methylester (E III **10** 696) erhalten worden (*Re., Re.*, l. c. S. 577).

b) **11α,12α-Epoxy-5β-cholan-24-säure-methylester** $C_{25}H_{40}O_3$, Formel V (R = CH_3).

B. Beim Behandeln von 5β-Chol-11-en-24-säure-methylester mit Peroxybenzoesäure in Chloroform (*Alther, Reichstein*, Helv. **25** [1942] 805, 818).

Krystalle (aus Me.); F: 96—97°. $[\alpha]_D^{17}$: $+29{,}4°$ [Acn.; c = 2].

Bei der Hydrierung an Raney-Nickel in Methanol bei 100°/100 at sind 5β-Cholan-24-säure-methylester und kleinere Mengen 12α-Hydroxy-5β-cholan-24-säure-methylester (E III **10** 696) erhalten worden (*Al., Re.,* l. c. S. 820).

3α,8-Epoxy-5β,8α-cholan-24-säure $C_{24}H_{38}O_3$, Formel VII (R = H).

Eine von *Fieser, Rajagopalan* (Am. Soc. **73** [1951] 118, 121) unter dieser Konstitution und Konfiguration beschriebene Verbindung (F: 182—184°; $[\alpha]_D$: $+30°$ [Dioxan]) ist als 3β-Methoxy-5β-chol-9(11)-en-24-säure ($C_{25}H_{40}O_3$) zu formulieren (vgl. *Babcock, Fieser,* Am. Soc. **74** [1952] 5473).

3α,8-Epoxy-5β,8α-cholan-24-säure-methylester $C_{25}H_{40}O_3$, Formel VII (R = CH$_3$).

Eine von *Fieser, Rajagopalan* (Am. Soc. **73** [1951] 118, 121) unter dieser Konstitution und Konfiguration beschriebene Verbindung (F: 121—122°; $[\alpha]_D^{25}$: $+34°$ [Dioxan]) ist als 3β-Methoxy-5β-chol-9(11)-en-24-säure-methylester ($C_{26}H_{42}O_3$) zu formulieren (*Babcock, Fieser,* Am. Soc. **74** [1952] 5473).

4-[11,12-Dibrom-3,9-epoxy-10,13-dimethyl-hexadecahydro-cyclopenta[a]phenanthren-17-yl]-valeriansäure-methylester $C_{25}H_{38}Br_2O_3$.

a) **11β,12β-Dibrom-3α,9-epoxy-5β-cholan-24-säure-methylester** $C_{25}H_{38}Br_2O_3$, Formel VIII.

Diese Konfiguration ist der nachstehend beschriebenen, von *Mattox et al.* (J. biol. Chem. **173** [1948] 283, 291) und von *Barton, Rosenfelder* (Soc. **1951** 1048, 1050) als 11α,12β-Dibrom-3α,9-epoxy-5β-cholan-24-säure-methylester angesehenen Verbindung zuzuordnen (*Gopalakrishna et al.,* Acta cryst. [B] **25** [1969] 143, 144).

B. Neben grösseren Mengen des unter b) beschriebenen Stereoisomeren beim Behandeln von 3α,9-Epoxy-5β-chol-11-en-24-säure-methylester (S. 4291) mit Brom in Chloroform (*Mattox et al.,* J. biol. Chem. **164** [1946] 569, 583).

Krystalle; F: 123—123,5° [Fisher-Johns-App.; aus Ae. + Me.] (*Ma. et al.,* J. biol. Chem. **164** 584), 122—122,5° [unkorr.; aus CHCl$_3$ + Me.] (*Ba., Ro.,* l. c. S. 1054). Orthorhombisch; Raumgruppe $P2_12_12_1$ ($= D_2^4$); aus dem Röntgen-Diagramm ermittelte Dimensionen der Elementarzelle: a = 11,005 Å; b = 31,383 Å; c = 7,133 Å; n = 4 (*Gopalakrishna et al.,* Acta cryst. [B] **25** [1969] 1601, 1603, 1604). Dichte der Krystalle: 1,45 (*Go. et al.,* l. c. S. 1604). $[\alpha]_D$: $+20°$ [CHCl$_3$; c = 1] (*Ma. et al.,* J. biol. Chem. **164** 584); $[\alpha]_D$: $+18°$ [CHCl$_3$; c = 3] (*Ba., Ro.*).

VII   VIII   IX

b) **11β,12α-Dibrom-3α,9-epoxy-5β-cholan-24-säure-methylester** $C_{25}H_{38}Br_2O_3$, Formel IX.

Konfigurationszuordnung: *Mattox et al.,* J. biol. Chem. **173** [1948] 283, 286, 291; *Barton, Rosenfelder,* Soc. **1951** 1048, 1050.

B. s. bei dem unter a) beschriebenen Stereoisomeren.

Krystalle; F: 142,5—143° [Fisher-Johns-App.; aus Ae. + Me.] (*Mattox et al.,* J. biol. Chem. **164** [1946] 569, 583), 140,5—141° [unkorr.; aus CHCl$_3$ + Me.] (*Ba., Ro.,* l. c. S. 1054). Orthorhombisch; Raumgruppe $P2_12_12_1$ ($= D_2^4$); aus dem Röntgen-Diagramm ermittelte Dimensionen der Elementarzelle: a = 14,472 Å; b = 20,587 Å; c = 7,990 Å; n = 4 (*Gopalakrishna et al.*, Acta cryst. [B] **25** [1969] 143, 144). Dichte der Krystalle: 1,49 (*Go. et al.*, l. c. S. 144). $[\alpha]_D$: +45° [CHCl$_3$; c = 1 bzw. c = 4] (*Ma. et al.*, J. biol. Chem. **164** 583; *Ba.*, *Ro.*, l. c. S. 1054).

Beim Behandeln mit Silberoxid oder Silbercarbonat in wss. Aceton ist 12α-Brom-3α,9-epoxy-11β-hydroxy-5β-cholan-24-säure-methylester (*Turner et al.*, J. biol. Chem. **166** [1946] 345, 357; s. dazu *Ma. et al.*, J. biol. Chem. **173** 291), beim Behandeln mit Silberchromat, Chrom(VI)-oxid und wss. Aceton ist 12α-Brom-3α,9-epoxy-11-oxo-5β-cholan-24-säure-methylester (*Tu. et al.*) erhalten worden.

Carbonsäuren C$_{27}$H$_{44}$O$_3$

(25R)-5α,20αH,22αH-Furostan-26-säure C$_{27}$H$_{44}$O$_3$, Formel X.

Die Konfiguration ergibt sich aus der genetischen Beziehung zu Dihydropseudo=tigogenin ((25R)-5α,20αH,22αH-Furostan-3β,26-diol [E III/IV **17** 2101]).

B. Beim Erwärmen einer Lösung von (25R)-3-Oxo-5α,20αH,22αH-furostan-26-säure in Äthanol mit amalgamiertem Zink und wss. Salzsäure (*Parke, Davis & Co.*, U.S.P. 2 352 853 [1941]; s. a. *Marker et al.*, Am. Soc. **64** [1942] 1655, 1656).

Krystalle (aus Me.); F: 81,5—82,5° (*Parke, Davis & Co.*; s. a. *Ma. et al.*, l. c. S. 1658).

X   XI

Carbonsäuren C$_{28}$H$_{46}$O$_3$

5,6α-Epoxy-5α-cholestan-3β-carbonsäure-methylester C$_{29}$H$_{48}$O$_3$, Formel XI.

B. Neben einer bei 76—85° schmelzenden Substanz beim Behandeln von Cholest-5-en-3β-carbonsäure-methylester mit Peroxybenzoesäure in Chloroform (*Roberts et al.*, Soc. **1954** 3178, 3180).

Krystalle (aus Me.); F: 80°. $[\alpha]_D$: −30° [CHCl$_3$; c = 2].

Carbonsäuren C$_{30}$H$_{50}$O$_3$

8-[6-*tert*-Butyl-8-methyl-3-octyl-chroman-2-yl]-octansäure-methylester C$_{31}$H$_{52}$O$_3$, Formel XII, und **8-[6-*tert*-Butyl-8-methyl-2-octyl-chroman-3-yl]-octansäure-methylester** C$_{31}$H$_{52}$O$_3$, Formel XIII.

Diese beiden Konstitutionsformeln sind für die nachstehend beschriebene opt.-inakt. Verbindung in Betracht gezogen worden (*Sprengling*, Am. Soc. **74** [1952] 2937).

B. Beim Erhitzen von 5-*tert*-Butyl-2-hydroxy-3-methyl-benzylalkohol mit Ölsäure bis auf 230° und Erwärmen des Reaktionsprodukts mit Schwefelsäure enthaltendem Methanol (*Sp.*).

Kp$_{0,05}$: 207—210°. IR-Spektrum (2—12 μ): *Sp.* UV-Spektrum (Cyclohexan; 270 nm bis 300 nm [λ_{max}: 279,5 nm und 287 nm]): *Sp.*   [*Schenk*]

XII   XIII

Monocarbonsäuren $C_nH_{2n-12}O_3$

Carbonsäuren $C_9H_6O_3$

Benzofuran-2-carbonsäure, Cumarilsäure $C_9H_6O_3$, Formel I (X = OH) (H 307; E II 276).

B. Beim Erwärmen von Salicylaldehyd mit Brommalonsäure-diäthylester und Kalium=
carbonat in Butanon und Erwärmen des Reaktionsprodukts mit äthanol. Kalilauge
(*Tanaka*, J. chem. Soc. Japan Pure Chem. Sect. **72** [1951] 307; C. A. **1952** 2535; Am.
Soc. **73** [1951] 872). Beim Behandeln von 3-Oxo-2-phenoxy-propionsäure-äthylester mit
einem Gemisch von konz. Schwefelsäure und Essigsäure und Behandeln des Reaktionsprodukts mit wss. Natronlauge (*Koelsch*, *Whitney*, Am. Soc. **63** [1941] 1762). Beim Behandeln von 2-Brom-benzofuran mit Butyllithium in Äther bei −70° und anschliessend
mit festem Kohlendioxid (*Gilman*, *Melstrom*, Am. Soc. **70** [1948] 1655). Beim Behandeln
einer Lösung von Benzofuran-2-carbaldehyd in Äthanol mit Silberoxid und wss. Natron=
lauge (*Reichstein*, *Reichstein*, Helv. **13** [1930] 1275, 1280). Beim Erwärmen von 1-Benzo=
furan-2-yl-äthanon mit alkal. wss. Natriumhypochlorit-Lösung (*Farrar*, *Levine*, Am. Soc.
72 [1950] 4433, 4436).

Krystalle; F: 197—198° [korr.] (*Re.*, *Re.*), 195—196° [korr.] (*Fa.*, *Le.*), 192—193°
[aus Bzl.] (*Ta.*, Am. Soc. **73** 872). UV-Spektrum (210—310 nm) von Lösungen in Äthanol:
Andrisano, *Pappalardo*, G. **83** [1953] 108, 110; *Andrisano*, *Duro*, G. **85** [1955] 381, 383;
einer Lösung in Methanol: *Ford*, *Walters*, Soc. **1951** 824.

Verhalten des Silber-Salzes gegen Brom in Tetrachlormethan (Bildung von 5-Brom-
benzofuran-2-carbonsäure und einer als 2,3,7(?)-Tribrom-benzofuran angesehenen Verbindung [F: 81—83,5°]): *Toda*, *Nakagawa*, Bl. chem. Soc. Japan **32** [1959] 514. Beim
Erwärmen mit wss. Natronlauge und Nickel-Aluminium-Legierung ist Chroman-2-on
erhalten worden (*Papa et al.*, J. org. Chem. **16** [1951] 253, 258).

Benzofuran-2-carbonsäure-methylester $C_{10}H_8O_3$, Formel I (X = O-CH_3).

B. Beim Erwärmen von Benzofuran-2-carbonsäure mit Chlorwasserstoff enthaltendem
Methanol (*Pappalardo*, *Duro*, Boll. scient. Fac. Chim. ind. Bologna **10** [1952] 168).
Neben Benzofuran-2-carbanilid beim Erwärmen von Benzofuran-2-yl-phenyl-keton-
[(Z)-O-(toluol-4-sulfonyl)-oxim] mit wasserhaltigem Methanol (*Vargha*, *Ocskay*, Tetra-
hedron **2** [1958] 159, 162).

Krystalle; F: 57° [aus wss. Me.] (*Pa.*, *Duro*), 54—55° (*Koelsch*, *Stephens*, Am. Soc.
72 [1950] 2209, 2211). UV-Spektrum (A.; 210—320 nm [λ_{max}: 218 nm und 273 nm]):
Andrisano, *Pappalardo*, G. **83** [1953] 108, 110; *Andrisano*, *Duro*, G. **85** [1955] 381,
382, 383.

Benzofuran-2-carbonsäure-vinylester $C_{11}H_8O_3$, Formel I (X = O-CH=CH_2).

B. Aus Benzofuran-2-carbonsäure beim Erhitzen mit Acetylen in Gegenwart eines
Zink- oder Cadmium-Katalysators sowie beim Erwärmen mit Vinylacetat und Queck=
silber(II)-sulfat (*Lüssi*, Kunstst. Plastics **3** [1956] 156; s. a. *Hopff*, *Lüssi*, Makromol.
Ch. **25** [1958] 103, 116).

Krystalle; F: 45—45,5°; Kp_{0,5}: 135° (*Lü.*; *Ho.*, *Lü.*).

Benzofuran-2-carbonsäure-[2-dimethylamino-äthylester] $C_{13}H_{15}NO_3$, Formel I
(X = O-CH_2-CH_2-N(CH_3)_2).

Hydrochlorid $C_{13}H_{15}NO_3 \cdot HCl$. *B.* Beim Erwärmen von Benzofuran-2-carbonyl=
chlorid mit 2-Dimethylamino-äthanol und Benzol (*Sterling Drug Inc.*, U.S.P. 2652399
[1950]; *Clinton*, *Wilson*, Am. Soc. **73** [1951] 1852). — Krystalle [aus A. + Hexan]
(*Sterling Drug Inc.*). F: 187,5—188,8° [korr.] (*Sterling Drug Inc.*; *Cl.*, *Wi.*).

I   II   III

Benzofuran-2-carbonsäure-[2-diäthylamino-äthylester] $C_{15}H_{19}NO_3$, Formel I
(X = O-CH_2-CH_2-N(C_2H_5)_2).

Hydrochlorid $C_{15}H_{19}NO_3 \cdot HCl$. *B.* Beim Behandeln von Benzofuran-2-carbonyl=

chlorid mit 2-Diäthylamino-äthanol und Benzol (*Jerzmanowska, Orchowicz*, Acta Polon. pharm. **13** [1956] 11, 19; C. A. **1956** 16671). — Krystalle (aus A.); F: 174—175°.

Benzofuran-2-carbonsäure-benzofuran-2-ylester $C_{17}H_{10}O_4$, Formel II.

B. In kleiner Menge neben Benzofuran-2-carbonsäure und anderen Substanzen beim Erwärmen von Bis-[benzofuran-2-carbonyl]-peroxid in Benzol oder in Tetrachlormethan (*Ford, Waters*, Soc. **1951** 824).

Gelbe Krystalle (aus Me.); F: 124—125° [unkorr.]. Absorptionsspektrum (Me.; 220 nm bis 350 nm): *Ford, Wa.*

Bis-[benzofuran-2-carbonyl]-peroxid $C_{18}H_{10}O_6$, Formel III.

B. Beim Eintragen einer äther. Lösung von Benzofuran-2-carbonylchlorid in wss. Wasserstoffperoxid unter ständigem Neutralisieren mit wss. Natronlauge (*Ford, Waters*, Soc. **1951** 824).

Hellgelbe Krystalle (aus $CHCl_3$ + Bzn.), die bei 117° explodieren.

Benzofuran-2-carbonsäure-chlorid, Benzofuran-2-carbonylchlorid $C_9H_5ClO_2$, Formel I (X = Cl) (H 308).

B. Beim Erwärmen von Benzofuran-2-carbonsäure mit Thionylchlorid (*Reichstein, Reichstein*, Helv. **13** [1930] 1275, 1277) oder mit Phosphor(V)-chlorid (*Ford, Waters*, Soc. **1951** 824).

Krystalle; F: 58—61° (*Jerzmanowska, Orchowicz*, Acta Polon. pharm. **13** [1956] 11, 19; C. A. **1956** 16671), 54—55° (*Ford, Wa.*). Kp_{746}: 267—269° (*Ford, Wa.*); Kp_{19}: 146—148° (*Fuson et al.*, J. org. Chem. **6** [1941] 845, 847); Kp_{14}: ca. 130° (*Re., Re.*).

Benzofuran-2-carbonsäure-diäthylamid, N,N-Diäthyl-benzofuran-2-carbamid $C_{13}H_{15}NO_2$, Formel I (X = $N(C_2H_5)_2$).

B. Beim Erwärmen von Benzofuran-2-carbonylchlorid mit Diäthylamin und Benzol (*Papa et al.*, Am. Soc. **72** [1950] 3885).

Kp_4: 157—159°.

Benzofuran-2-carbonsäure-[3-diäthylamino-propylamid], N-[3-Diäthylamino-propyl]-benzofuran-2-carbamid, N,N-Diäthyl-N'-[benzofuran-2-carbonyl]-propandiyldiamin $C_{16}H_{22}N_2O_2$, Formel I (X = NH-$[CH_2]_3$-$N(C_2H_5)_2$).

Hydrochlorid $C_{16}H_{22}N_2O_2 \cdot HCl$. *B.* Beim Behandeln von Benzofuran-2-carbonyl=chlorid mit N,N-Diäthyl-propandiyldiamin und Benzol (*Sterling Drug Inc.*, U.S.P. 2652399 [1950]; *Clinton, Wilson*, Am. Soc. **73** [1951] 1852). — Krystalle [aus A. + Hexan] (*Sterling Drug Inc.*). F: 81—84° (*Sterling Drug Inc.*; *Cl., Wi.*).

Benzofuran-2-carbonsäure-[amid-oxim], Benzofuran-2-carbamidoxim $C_9H_8N_2O_2$, Formel IV.

B. Beim Erwärmen von Benzofuran-2-carbonitril mit Hydroxylamin und Äthanol (*Leandri et al.*, Boll. scient. Fac. Chim. ind. Bologna **15** [1957] 57, 59).

Krystalle (aus Bzl.); F: 190—191° (*Le. et al.*, l. c. S. 61).

Hydrochlorid. F: 188—189° (*Le. et al.*, l. c. S. 61).

Benzofuran-2-carbonsäure-[1-methyl-2-oxo-propylidenhydrazid], Butandion-mono-[benzofuran-2-carbonylhydrazon] $C_{13}H_{12}N_2O_3$, Formel I (X = NH-N=C(CH_3)-CO-CH_3).

B. Beim Erwärmen von Benzofuran-2-carbonsäure-hydrazid mit Butandion in Wasser (*Metze*, B. **89** [1956] 2056, 2057, 2058).

Krystalle (aus A.); F: 196°.

4-[4-Äthoxy-phenyl]-1-[benzofuran-2-carbonyl]-thiosemicarbazid $C_{18}H_{17}N_3O_3S$, Formel I (X = NH-NH-CS-NH-C_6H_4-O-C_2H_5).

B. Beim Behandeln von Benzofuran-2-carbonsäure-hydrazid mit 4-Äthoxy-phenyliso=thiocyanat in Äthanol (*Buu-Hoi et al.*, C. r. **238** [1954] 295).

Krystalle (aus A.); F: 188° [Zers.].

3-Chlor-benzofuran-2-carbonsäure $C_9H_5ClO_3$, Formel V (R = H).

B. Aus 3-Hydroxy-benzofuran-2-carbonsäure-äthylester mit Hilfe von Phosphor(V)-

chlorid (*Andrisano, Duro*, G. **85** [1955] 381, 390).

Krystalle; F: 203—204° (*An., Duro*, l. c. S. 389). UV-Spektrum (A.; 210—320 nm [λ_{max}: 218 nm, 270 nm, 282 nm und 292 nm]): *An., Duro*, l. c. S. 384.

IV   V   VI

3-Chlor-benzofuran-2-carbonsäure-methylester C$_{10}$H$_7$ClO$_3$, Formel V (R = CH$_3$).

B. Beim Erwärmen von 3-Chlor-benzofuran-2-carbonsäure mit Chlorwasserstoff enthaltendem Methanol (*Andrisano, Duro*, G. **85** [1955] 381, 390).

Krystalle (aus Ae.); F: 61—63° (*An., Duro*, l. c. S. 389). UV-Spektrum (A.; 210 nm bis 330 nm [λ_{max}: 222 nm und 277 nm]): *An., Duro*, l. c. S. 384.

5-Chlor-benzofuran-2-carbonsäure C$_9$H$_5$ClO$_3$, Formel VI (R = H) (H 308; dort als 5-Chlor-cumarilsäure bezeichnet).

B. Beim Erwärmen von 5-Chlor-2-hydroxy-benzaldehyd mit Brommalonsäure-diäthyl=ester, Kaliumcarbonat und Butanon und Erwärmen des Reaktionsprodukts mit äthanol. Kalilauge (*Andrisano, Duro*, G. **85** [1955] 381, 390).

Krystalle; F: 266—267° (*An., Duro*, l. c. S. 389). UV-Spektrum (A.; 210—320 nm [λ_{max}: 266 nm, 292 nm und 301 nm]): *An., Duro*, l. c. S. 385.

5-Chlor-benzofuran-2-carbonsäure-methylester C$_{10}$H$_7$ClO$_3$, Formel VI (R = CH$_3$).

B. Beim Erwärmen von 5-Chlor-benzofuran-2-carbonsäure mit Chlorwasserstoff enthaltendem Methanol (*Andrisano, Duro*, G. **85** [1955] 381, 390).

Krystalle; F: 96—97° (*An., Duro*, l. c. S. 389). UV-Spektrum (A.; 210—330 nm [λ_{max}: 269 nm]): *An., Duro*, l. c. S. 385.

6-Chlor-benzofuran-2-carbonsäure C$_9$H$_5$ClO$_3$, Formel VII (R = H).

B. Beim Erwärmen von 4-Chlor-2-hydroxy-benzaldehyd mit Brommalonsäure-diäthyl=ester, Kaliumcarbonat und Butanon und Erwärmen des Reaktionsprodukts mit äthanol. Kalilauge (*Andrisano, Duro*, G. **85** [1955] 381, 390).

Krystalle; F: 224—225° (*An., Duro*, l. c. S. 389). UV-Spektrum (A.; 210—320 nm [λ_{max}: 221 nm, 272 nm und 282 nm]): *An., Duro*, l. c. S. 386.

6-Chlor-benzofuran-2-carbonsäure-methylester C$_{10}$H$_7$ClO$_3$, Formel VII (R = CH$_3$).

B. Beim Erwärmen von 6-Chlor-benzofuran-2-carbonsäure mit Chlorwasserstoff enthaltendem Methanol (*Andrisano, Duro*, G. **85** [1955] 381, 390).

Krystalle; F: 102—103° (*An., Duro*, l. c. S. 389). UV-Spektrum (A.; 210—330 nm [λ_{max}: 226 nm, 230 nm und 279 nm]): *An., Duro*, l. c. S. 386.

VII   VIII   IX

7-Chlor-benzofuran-2-carbonsäure C$_9$H$_5$ClO$_3$, Formel VIII (R = H).

B. Beim Erwärmen von 3-Chlor-2-hydroxy-benzaldehyd mit Brommalonsäure-diäthyl=ester, Kaliumcarbonat und Butanon und Erwärmen des Reaktionsprodukts mit äthanol. Kalilauge (*Andrisano, Duro*, G. **85** [1955] 381, 390).

Krystalle; F: 246—247° (*An., Duro*, l. c. S. 389). UV-Spektrum (A.; 210—320 nm [λ_{max}: 220 nm und 267 nm]): *An., Duro*, l. c. S. 388.

7-Chlor-benzofuran-2-carbonsäure-methylester C$_{10}$H$_7$ClO$_3$, Formel VIII (R = CH$_3$).

B. Beim Erwärmen von 7-Chlor-benzofuran-2-carbonsäure mit Chlorwasserstoff enthaltendem Methanol (*Andrisano, Duro*, G. **85** [1955] 381, 390).

Krystalle; F: 73—74° (*An., Duro*, l. c. S. 389). UV-Spektrum (A.; 210—330 nm [λ_{max}: 226 nm, 229 nm und 273 nm]): *An., Duro*, l. c. S. 388.

5-Brom-benzofuran-2-carbonsäure $C_9H_5BrO_3$, Formel IX (H 308; dort als 5-Brom-cumarilsäure bezeichnet).

B. Neben einer als 2,3,7(?)-Tribrom-benzofuran angesehenen Verbindung (F: 81—83,5°) beim Behandeln des Silber-Salzes der Benzofuran-2-carbonsäure mit Brom in Tetra= chlormethan (*Toda, Nakagawa*, Bl. chem. Soc. Japan **32** [1959] 514).

Krystalle (aus wss. A.); F: 256° [unkorr.].

4-Nitro-benzofuran-2-carbonsäure $C_9H_5NO_5$, Formel X (R = H).

B. Beim Erwärmen von 2-Hydroxy-6-nitro-benzaldehyd mit Brommalonsäure-diäthyl= ester, Kaliumcarbonat und Butanon und Erwärmen des Reaktionsprodukts mit äthanol. Kalilauge (*Andrisano et al.*, G. **86** [1956] 1257, 1266).

Krystalle (aus Me.); F: 243—244° (*An. et al.*, l. c. S. 1267). Absorptionsspektrum (A.; 210—400 nm [λ_{max}: 240 nm, 308,5 nm und 340 nm]): *An. et al.*, l. c. S. 1261.

4-Nitro-benzofuran-2-carbonsäure-methylester $C_{10}H_7NO_5$, Formel X (R = CH₃).

B. Beim Erwärmen von 4-Nitro-benzofuran-2-carbonsäure mit Chlorwasserstoff ent= haltendem Methanol (*Andrisano et al.*, G. **86** [1956] 1257, 1268).

Krystalle (aus A.); F: 162—163° (*An. et al.*, l. c. S. 1267). Absorptionsspektrum (A.; 210—380 nm [λ_{max}: 242 nm, 308 nm und 324 nm]): *An. et al.*, l. c. S. 1263.

5-Nitro-benzofuran-2-carbonsäure $C_9H_5NO_5$, Formel XI (X = OH) (E II 276; dort als 5-Nitro-cumarilsäure bezeichnet).

B. Neben kleineren Mengen 5-Nitro-benzofuran beim Behandeln von 5-Nitro-benzo= furan-2-carbonsäure-äthylester mit äthanol. Kalilauge (*Tanaka*, J. chem. Soc. Japan Pure Chem. Sect. **73** [1952] 282, 285; C. A. **1953** 9957; s. a. *Andrisano et al.*, G. **86** [1956] 1257, 1266). Beim Erhitzen von 2-Formyl-[4-nitro-phenoxy]-essigsäure mit Acetanhydrid und Natriumacetat auf 160° (*Erlenmeyer et al.*, Helv. **31** [1948] 75).

Krystalle (aus Me.); F: 274—275° (*Er. et al.*; *Ta.*; *An. et al.*, l. c. S. 1267). Absorptions= spektrum (A.; 210—360 nm [λ_{max}: 255 nm]): *An. et al.*, l. c. S. 1262.

5-Nitro-benzofuran-2-carbonsäure-methylester $C_{10}H_7NO_5$, Formel XI (X = O-CH₃).

B. Beim Erwärmen von 5-Nitro-benzofuran-2-carbonsäure mit Chlorwasserstoff ent= haltendem Methanol (*Andrisano et al.*, G. **86** [1956] 1257, 1268).

Krystalle (aus A.); F: 164—165° (*An. et al.*, l. c. S. 1267). Absorptionsspektrum (A.; 210—370 nm [λ_{max}: 256 nm]): *An. et al.*, l. c. S. 1264.

X   XI   XII

5-Nitro-benzofuran-2-carbonsäure-äthylester $C_{11}H_9NO_5$, Formel XI (X = O-C₂H₅) (E II 277).

B. Neben kleineren Mengen 5-Nitro-benzofuran-2-carbonsäure beim Erwärmen von 2-Hydroxy-5-nitro-benzaldehyd mit Brommalonsäure-diäthylester, Kaliumcarbonat und Butanon (*Tanaka*, J. chem. Soc. Japan Pure Chem. Sect. **73** [1952] 282, 285; C. A. **1953** 9957; s. a. *Andrisano et al.*, G. **86** [1956] 1257, 1267). Neben kleineren Mengen 7-Nitro-benzofuran-2-carbonsäure-äthylester beim Behandeln von Benzofuran-2-carbonsäure-äthylester mit Salpetersäure, Acetanhydrid und wenig Schwefelsäure (*Ta.*).

Krystalle (aus Me. bzw. A.); F: 152—153° (*Ta.*; *Kakimoto et al.*, J. chem. Soc. Japan Pure Chem. Sect. **74** [1953] 636; C. A. **1954** 12071).

5-Nitro-benzofuran-2-carbonsäure-hydrazid $C_9H_7N_3O_4$, Formel XI (X = NH-NH₂).

B. Beim Erwärmen von 5-Nitro-benzofuran-2-carbonsäure-äthylester mit Hydrazin-hydrat und Äthanol (*Kakimoto et al.*, J. chem. Soc. Japan Pure Chem. Sect. **74** [1953] 636; C. A. **1954** 12071).

Krystalle (aus A.); Zers. bei 253°.

6-Nitro-benzofuran-2-carbonsäure $C_9H_5NO_5$, Formel XII (R = H).

B. Beim Erwärmen von 2-Hydroxy-4-nitro-benzaldehyd mit Brommalonsäure-diäthyl= ester, Kaliumcarbonat und Butanon und Erwärmen des Reaktionsprodukts mit äthanol. Kalilauge (*Rumpf, Gansser*, Helv. **37** [1954] 435; *Andrisano et al.*, G. **86** [1956] 1257, 1266).

Krystalle; F: 246—247° [aus Me.] (*An. et al.*), 246—247° [unkorr.; Zers.] (*Ru., Ga.*). Absorptionsspektrum (A.; 210—400 nm [λ_{max}: 214 nm, 227 nm und 313 nm]): *An. et al.*, l. c. S. 1261.

6-Nitro-benzofuran-2-carbonsäure-methylester $C_{10}H_7NO_5$, Formel XII (R = CH$_3$).

B. Beim Erwärmen von 6-Nitro-benzofuran-2-carbonsäure mit Chlorwasserstoff ent= haltendem Methanol (*Andrisano et al.*, G. **86** [1956] 1257, 1268).

Krystalle (aus A.); F: 147—148° (*An. et al.*, l. c. S. 1267). Absorptionsspektrum (A.; 210—390 nm [λ_{max}: 214 nm, 226 nm und 299 nm]): *An. et al.*, l. c. S. 1263.

7-Nitro-benzofuran-2-carbonsäure $C_9H_5NO_5$, Formel I (R = H).

B. Beim Behandeln von 7-Nitro-benzofuran-2-carbonsäure-äthylester mit äthanol. Kalilauge (*Tanaka*, J. chem. Soc. Japan Pure Chem. Sect. **73** [1952] 282, 285; C. A. **1953** 9957; s. a. *Andrisano et al.*, G. **86** [1956] 1257, 1266).

Krystalle (aus Xylol); F: 256—257° (*An. et al.*, l. c. S. 1267). Absorptionsspektrum (A.; 210—360 nm [λ_{max}: 252 nm]): *An. et al.*, l. c. S. 1262.

7-Nitro-benzofuran-2-carbonsäure-methylester $C_{10}H_7NO_5$, Formel I (R = CH$_3$).

B. Beim Erwärmen von 7-Nitro-benzofuran-2-carbonsäure mit Chlorwasserstoff ent= haltendem Methanol (*Andrisano et al.*, G. **86** [1956] 1257, 1268).

Krystalle (aus A.); F: 164—165° (*An. et al.*, l. c. S. 1267). Absorptionsspektrum (A.; 210—360 nm [λ_{max}: 255 nm]): *An. et al.*, l. c. S. 1264.

7-Nitro-benzofuran-2-carbonsäure-äthylester $C_{11}H_9NO_5$, Formel I (R = C$_2$H$_5$).

B. Neben kleinen Mengen 7-Nitro-benzofuran-2-carbonsäure beim Erwärmen von 2-Hydroxy-3-nitro-benzaldehyd mit Brommalonsäure-diäthylester, Kaliumcarbonat und Butanon (*Tanaka*, J. chem. Soc. Japan Pure Chem. Sect. **73** [1952] 282, 285; C. A. **1953** 9957; s. a. *Andrisano et al.*, G. **86** [1956] 1257, 1267).

Krystalle (aus E.); F: 91—92° (*Ta.*).

Benzofuran-2-thiocarbonsäure-S-[2-diäthylamino-äthylester] $C_{15}H_{19}NO_2S$, Formel II (R = CH$_2$-CH$_2$-N(C$_2$H$_5$)$_2$).

Hydrochlorid $C_{15}H_{19}NO_2S \cdot HCl$. *B.* Beim Erwärmen von Benzofuran-2-carbonyl= chlorid mit 2-Diäthylamino-äthanthiol und Benzol (*Sterling Drug Inc.*, U.S.P. 2652399 [1950]; *Clinton, Wilson*, Am. Soc. **73** [1951] 1852). — F: 209,5—210,5° [korr.].

Benzofuran-2-thiocarbonsäure-S-[4-diäthylamino-butylester] $C_{17}H_{23}NO_2S$, Formel II (R = [CH$_2$]$_4$-N(C$_2$H$_5$)$_2$).

Hydrochlorid $C_{17}H_{23}NO_2S \cdot HCl$. *B.* Beim Erwärmen von Benzofuran-2-carbonyl= chlorid mit 4-Diäthylamino-butan-1-thiol und Benzol (*Sterling Drug Inc.*, U.S.P. 2652399 [1950]; *Clinton, Wilson*, Am. Soc. **73** [1951] 1852). — F: 153,1—153,9° [korr.].

Benzo[b]thiophen-2-carbonsäure $C_9H_6O_2S$, Formel III (X = OH) (E II 277; dort als Thionaphthen-2-carbonsäure bezeichnet).

B. Beim Erwärmen der Natrium-Verbindung des 2-Mercapto-benzaldehyds mit wss. Natrium-chloracetat-Lösung (*Mayer*, A. **488** [1931] 259, 278). Beim Behandeln von Benzo[b]thiophen mit Butyllithium in Äther (*Shirley, Cameron*, Am. Soc. **72** [1950] 2788; *Gronowitz*, Ark. Kemi **7** [1954/55] 361, 366; *Goettsch, Wiese*, J. Am. pharm. Assoc. **47** [1958] 319) oder mit Natrium in Äther (*Schönberg et al.*, B. **66** [1933] 233, 235) und Behandeln des Reaktionsgemisches mit Kohlendioxid. Bei kurzem Erhitzen (1—2 min) von 3-Phenyl-2-thioxo-propionsäure oder von Bis-[1-carboxy-2-phenyl-vinyl]-disulfid (vgl. E III **10** 858) mit Jod in Nitrobenzol auf 200° (*Campaigne, Cline*, J. org. Chem. **21** [1956]

39, 43). Beim Erwärmen von 1-Benzo[*b*]thiophen-2-yl-äthanon mit alkal. wss. Natrium-hypochlorit-Lösung (*Farrar, Levine*, Am. Soc. **72** [1950] 4433, 4436).

Krystalle; F: 242—243° [korr.] (*Gaertner*, Am. Soc. **74** [1952] 4950), 240—241,5° [korr.] (*Fa., Le.*), 240—241° [korr.; aus CHCl₃] (*Ca., Cl.*), 237° [aus wss. Me.] (*Sh., Ca.*). Absorptionsmaxima (A.): 229 nm, 276 nm und 310 nm (*Ca., Cl.*, l. c. S. 42).

Benzo[*b*]thiophen-2-carbonsäure-methylester $C_{10}H_8O_2S$, Formel III (X = O-CH₃) (E II 277).

B. Aus Benzo[*b*]thiophen-2-carbonsäure mit Hilfe von Diazomethan (*Schönberg et al.*, B. **66** [1933] 233, 235).

F: 71—73°.

Benzo[*b*]thiophen-2-carbonsäure-vinylester $C_{11}H_8O_2S$, Formel III (X = O-CH=CH₂).

B. Aus Benzo[*b*]thiophen-2-carbonsäure beim Erhitzen mit Acetylen in Gegenwart eines Zink- oder Cadmium-Katalysators sowie beim Erwärmen mit Vinylacetat und Quecksilber(II)-sulfat (*Lüssi*, Kunstst. Plastics **3** [1956] 156; s. a. *Hopff, Lüssi*, Makromol. Ch. **25** [1958] 103, 116).

Krystalle; F: 57—58°; Kp₀,₂: 124—129° (*Lü.; Ho., Lü.*).

I   II   III

Benzo[*b*]thiophen-2-carbonsäure-[2-diisopropylamino-äthylester] $C_{17}H_{23}NO_2S$, Formel III (X = O-CH₂-CH₂-N[CH(CH₃)₂]₂).

B. Beim Erwärmen von Benzo[*b*]thiophen-2-carbonsäure mit [2-Chlor-äthyl]-diisopropyl-amin und Chloroform (*Searle & Co.*, U.S.P. 2857383 [1956]).

Bei 150°/0,02 Torr destillierbar.

Hydrochlorid. Krystalle (aus A. + Ae.); F: ca. 205—206°.

[2-(Benzo[*b*]thiophen-2-carbonyloxy)-äthyl]-diisopropyl-methyl-ammonium, Benzo-[*b*]thiophen-2-carbonsäure-[2-(diisopropyl-methyl-ammonio)-äthylester] $[C_{18}H_{26}NO_2S]^+$, Formel III (X = O-CH₂-CH₂-N[CH(CH₃)₂]₂-CH₃]⁺).

Bromid $[C_{18}H_{26}NO_2S]Br$. *B.* Beim Erwärmen von Benzo[*b*]thiophen-2-carbonsäure-[2-diisopropylamino-äthylester] mit Methylbromid und Chloroform (*Searle & Co.*, U.S.P. 2857383 [1956]). — Krystalle (aus Nitromethan + E.); F: ca. 200—201°.

(±)-Benzo[*b*]thiophen-2-carbonsäure-[2-dimethylamino-propylester] $C_{14}H_{17}NO_2S$, Formel III (X = O-CH₂-CH(CH₃)-N(CH₃)₂).

B. Beim Erwärmen von Benzo[*b*]thiophen-2-carbonsäure mit (±)-[β-Chlor-isopropyl]-dimethyl-amin in Isopropylalkohol (*Searle & Co.*, U.S.P. 2857383 [1956]).

Bei 150°/0,02 Torr destillierbar.

Oxalat. Krystalle (aus Nitromethan + Ae.), die bei 150—165° [Zers.] schmelzen.

Benzo[*b*]thiophen-2-carbonsäure-[3-diäthylamino-propylester] $C_{16}H_{21}NO_2S$, Formel III (X = O-[CH₂]₃-N(C₂H₅)₂).

B. Beim Erwärmen von Benzo[*b*]thiophen-2-carbonsäure mit Diäthyl-[3-chlor-propyl]-amin und Isopropylalkohol (*Searle & Co.*, U.S.P. 2857383 [1956]).

Bei 155—160°/0,02 Torr destillierbar.

Hydrochlorid. Krystalle (aus Isopropylalkohol + Ae.); F: ca. 144—145°.

Diäthyl-[3-(benzo[*b*]thiophen-2-carbonyloxy)-propyl]-methyl-ammonium, Benzo-[*b*]thiophen-2-carbonsäure-[3-(diäthyl-methyl-ammonio)-propylester] $[C_{17}H_{24}NO_2S]^+$, Formel III (X = O-[CH₂]₃-N(C₂H₅)₂-CH₃]⁺).

Bromid $[C_{17}H_{24}NO_2S]Br$. *B.* Beim Erwärmen von Benzo[*b*]thiophen-2-carbonsäure-[3-diäthylamino-propylester] mit Methylbromid und Chloroform (*Searle & Co.*, U.S.P. 2857383 [1956]). — Krystalle (aus Acn.); F: ca. 163—164°.

Benz >[*b*]thiophen-2-carbonsäure-amid, Benzo[*b*]thiophen-2-carbamid C₉H₇NOS,
Formel III (X = NH₂) (E II 277).
    B. Aus Benzo[*b*]thiophen-2-carbonylchlorid mit Hilfe von Ammoniak (*Goettsch, Wiese*,
J. Am. pharm. Assoc. **47** [1958] 319, 320).
    Krystalle; F: 177° (*Shirley, Cameron*, Am. Soc. **72** [1950] 2788), 176—177° [korr.]
(*Campaigne, Cline*, J. org. Chem. **21** [1956] 39, 43), 176° [aus A.] (*Go., Wi.*).

Benzo[*b*]thiophen-2-carbonsäure-hexylamid, *N*-Hexyl-benzo[*b*]thiophen-2-carbamid
C₁₅H₁₉NOS, Formel III (X = NH-[CH₂]₅-CH₃).
    B. Beim Behandeln von Benzo[*b*]thiophen-2-carbonylchlorid mit Hexylamin und
Pyridin (*Goettsch, Wiese*, J. Am. pharm. Assoc. **47** [1958] 319, 320).
    Krystalle (aus A.); F: 58—59°.

Benzo[*b*]thiophen-2-carbonsäure-allylamid, *N*-Allyl-benzo[*b*]thiophen-2-carbamid
C₁₂H₁₁NOS, Formel III (X = NH-CH₂-CH=CH₂).
    B. Beim Behandeln von Benzo[*b*]thiophen-2-carbonylchlorid mit Allylamin und
Pyridin (*Goettsch, Wiese*, J. Am. pharm. Assoc. **47** [1958] 319, 320).
    Krystalle (aus A.); F: 118°.

Benzo[*b*]thiophen-2-carbonsäure-cyclohexylamid, *N*-Cyclohexyl-benzo[*b*]thiophen-2-carb=
amid C₁₅H₁₇NOS, Formel IV.
    B. Beim Behandeln von Benzo[*b*]thiophen-2-carbonylchlorid mit Cyclohexylamin und
Pyridin (*Goettsch, Wiese*, J. Am. pharm. Assoc. **47** [1958] 319, 320).
    Krystalle (aus Acn. + A.); F: 161—162°.

IV   V

Benzo[*b*]thiophen-2-carbonsäure-anilid, Benzo[*b*]thiophen-2-carbanilid C₁₅H₁₁NOS,
Formel V (X = H).
    B. Beim Behandeln von Benzo[*b*]thiophen mit Butyllithium in Äther, Erwärmen der
Reaktionslösung mit Phenylisocyanat und Behandeln des Reaktionsgemisches mit wss.
Ammoniumchlorid-Lösung (*Shirley, Cameron*, Am. Soc. **74** [1952] 664). Beim Behandeln
von Benzo[*b*]thiophen-2-carbonylchlorid mit Anilin und Pyridin (*Goettsch, Wiese*, J. Am.
pharm. Assoc. **47** [1958] 319, 320).
    Krystalle; F: 188—189° [aus A.] (*Go., Wi.*), 187,5—188,5° [Fisher-Johns-App.; aus
Acn.] (*Sh., Ca.*).

Benzo[*b*]thiophen-2-carbonsäure-[2-chlor-anilid] C₁₅H₁₀ClNOS, Formel V (X = Cl).
    B. Beim Behandeln von Benzo[*b*]thiophen-2-carbonylchlorid mit 2-Chlor-anilin und
Pyridin (*Goettsch, Wiese*, J. Am. pharm. Assoc. **47** [1958] 319, 320).
    Krystalle (aus A.); F: 131°.

Benzo[*b*]thiophen-2-carbonsäure-[3-chlor-anilid] C₁₅H₁₀ClNOS, Formel VI (X = Cl).
    B. Beim Behandeln von Benzo[*b*]thiophen-2-carbonylchlorid mit 3-Chlor-anilin und
Pyridin (*Goettsch, Wiese*, J. Am. pharm. Assoc. **47** [1958] 319, 320).
    Krystalle (aus A.); F: 165—166°.

VI   VII

Benzo[*b*]thiophen-2-carbonsäure-[4-chlor-anilid] C₁₅H₁₀ClNOS, Formel VII (X = Cl).
    B. Beim Behandeln von Benzo[*b*]thiophen-2-carbonylchlorid mit 4-Chlor-anilin und

Pyridin (*Goettsch, Wiese*, J. Am. pharm. Assoc. **47** [1958] 319, 320).
Krystalle (aus Acn. + A.); F: 208—209°.

Benzo[*b*]thiophen-2-carbonsäure-[2,4-dichlor-anilid] $C_{15}H_9Cl_2NOS$, Formel VIII.
B. Beim Behandeln von Benzo[*b*]thiophen-2-carbonylchlorid mit 2,4-Dichlor-anilin und Pyridin (*Goettsch, Wiese*, J. Am. pharm. Assoc. **47** [1958] 319, 320).
Krystalle (aus Acn. + A.); F: 145°.

VIII   IX

Benzo[*b*]thiophen-2-carbonsäure-[2,5-dichlor-anilid] $C_{15}H_9Cl_2NOS$, Formel IX.
B. Beim Behandeln von Benzo[*b*]thiophen-2-carbonylchlorid mit 2,5-Dichlor-anilin und Pyridin (*Goettsch, Wiese*, J. Am. pharm. Assoc. **47** [1958] 319, 320).
Krystalle (aus Acn. + A.); F: 135—136°.

Benzo[*b*]thiophen-2-carbonsäure-*o*-toluidid $C_{16}H_{13}NOS$, Formel V (X = CH_3).
B. Beim Behandeln von Benzo[*b*]thiophen mit Butyllithium in Äther, Erwärmen der Reaktionslösung mit *o*-Tolylisocyanat und Behandeln des Reaktionsgemisches mit wss. Ammoniumchlorid-Lösung (*Shirley, Cameron*, Am. Soc. **74** [1952] 664).
F: 157,5—158° [Fisher-Johns-App.].

Benzo[*b*]thiophen-2-carbonsäure-*m*-toluidid $C_{16}H_{13}NOS$, Formel VI (X = CH_3).
B. Beim Behandeln von Benzo[*b*]thiophen-2-carbonylchlorid mit *m*-Toluidin und Pyridin (*Goettsch, Wiese*, J. Am. pharm. Assoc. **47** [1958] 319, 320).
Krystalle (aus Acn. + A.); F: 156°.

Benzo[*b*]thiophen-2-carbonsäure-*p*-toluidid $C_{16}H_{13}NOS$, Formel VII (X = CH_3).
B. Beim Behandeln von Benzo[*b*]thiophen-2-carbonylchlorid mit *p*-Toluidin und Pyridin (*Goettsch, Wiese*, J. Am. pharm. Assoc. **47** [1958] 319, 320).
Krystalle (aus A.); F: 165—166°.

Benzo[*b*]thiophen-2-carbonsäure-benzylamid, *N*-Benzyl-benzo[*b*]thiophen-2-carbamid $C_{16}H_{13}NOS$, Formel III (X = NH-CH_2-C_6H_5) auf S. 4252.
B. Beim Behandeln von Benzo[*b*]thiophen-2-carbonylchlorid mit Benzylamin und Pyridin (*Goettsch, Wiese*, J. Am. pharm. Assoc. **47** [1958] 319, 320).
Krystalle (aus Acn. + A.); F: 142—143°.

Benzo[*b*]thiophen-2-carbonsäure-phenäthylamid, *N*-Phenäthyl-benzo[*b*]thiophen-2-carbamid $C_{17}H_{15}NOS$, Formel III (X = NH-CH_2-CH_2-C_6H_5) auf S. 4252.
B. Beim Behandeln von Benzo[*b*]thiophen-2-carbonylchlorid mit Phenäthylamin und Pyridin (*Goettsch, Wiese*, J. Am. pharm. Assoc. **47** [1958] 319, 320).
Krystalle (aus A.); F: 123°.

Benzo[*b*]thiophen-2-carbonsäure-*o*-anisidid $C_{16}H_{13}NO_2S$, Formel V (X = O-CH_3).
B. Beim Behandeln von Benzo[*b*]thiophen-2-carbonylchlorid mit *o*-Anisidin und Pyridin (*Goettsch, Wiese*, J. Am. pharm. Assoc. **47** [1958] 319, 320).
Krystalle (aus A.); F: 121,5—122°.

Benzo[*b*]thiophen-2-carbonsäure-[4-hydroxy-anilid] $C_{15}H_{11}NO_2S$, Formel VII (X = OH).
B. Beim Behandeln von Benzo[*b*]thiophen-2-carbonylchlorid mit 4-Amino-phenol und Pyridin (*Goettsch, Wiese*, J. Am. pharm. Assoc. **47** [1958] 319, 320).
Krystalle (aus Acn. + A.); F: 229—230°.

Benzo[*b*]thiophen-2-carbonsäure-*p*-anisidid C₁₆H₁₃NO₂S, Formel VII (X = O-CH₃) auf
S. 4253.

B. Beim Behandeln von Benzo[*b*]thiophen-2-carbonylchlorid mit *p*-Anisidin und
Pyridin (*Goettsch*, *Wiese*, J. Am. pharm. Assoc. **47** [1958] 319, 320).

Krystalle (aus A.); F: 186°.

X

Bis-[4-(benzo[*b*]thiophen-2-carbonylamino)-phenyl]-sulfon C₃₀H₂₀N₂O₄S₃, Formel X.

B. Beim Erhitzen von Benzo[*b*]thiophen-2-carbonylchlorid mit Bis-[4-amino-phenyl]-
sulfon und Pyridin (*Shirley*, *Cameron*, Am. Soc. **74** [1952] 664).

Krystalle (aus Cyclohexanon); F: 333° [Zers.; Fisher-Johns-App.].

4-[Benzo[*b*]thiophen-2-carbonylamino]-2-hydroxy-benzoesäure C₁₆H₁₁NO₄S, Formel XI.

B. Beim Erhitzen von Benzo[*b*]thiophen-2-carbonylchlorid mit 4-Amino-2-hydroxy-
benzoesäure und Pyridin (*Shirley*, *Cameron*, Am. Soc. **74** [1952] 664).

Krystalle (aus Eg.); F: 272,5—273° [Fisher-Johns-App.].

XI   XII

4,4′-Bis-[3-benzo[*b*]thiophen-2-yl-*N‴*-phenyl-[*N*]formazano]-3,3′-dimethoxy-biphenyl
C₄₄H₃₄N₈O₂S₂, Formel XII und Tautomere.

B. Beim Behandeln einer mit Natriumacetat versetzten Lösung von Benzo[*b*]thiophen-
2-carbaldehyd-phenylhydrazon in Methanol und Äthanol mit einer aus 3,3′-Dimethoxy-
benzidin, Natriumnitrit und wss. Schwefelsäure hergestellten Diazoniumsalz-Lösung
(*Ried*, *Gick*, A. **581** [1953] 16, 23; s. a. *Ried et al.*, A. **581** [1953] 29, 40).

Schwarze, golden glänzende Krystalle (aus Py.); F: 248° [unkorr.; Block] (*Ried*, *Gick*).
Lösungen in Chloroform, in Pyridin und in Aceton sind blau (*Ried*, *Gick*).

3-Brom-benzo[*b*]thiophen-2-carbonsäure C₉H₅BrO₂S, Formel XIII (X = H).

B. Beim Behandeln von 2,3-Dibrom-benzo[*b*]thiophen mit Butyllithium in Äther und
anschliessend mit festem Kohlendioxid (*Ried*, *Bender*, B. **88** [1955] 34, 37). Beim Behandeln einer warmen Lösung von 3-Brom-benzo[*b*]thiophen-2-carbaldehyd in wss. Aceton
mit Kaliumpermanganat (*Ried*, *Be.*).

Krystalle (aus A.); F: 274—275° [unkorr.].

5-Brom-benzo[*b*]thiophen-2-carbonsäure C₉H₅BrO₂S, Formel XIV.

B. Beim Behandeln einer Lösung von [4-Brom-2-cyan-phenylmercapto]-essigsäure in
Chloroform mit Zinn(II)-chlorid in Äther und mit Chlorwasserstoff und Erhitzen des
Reaktionsprodukts mit wss. Salzsäure und anschliessend mit wss. Alkalilauge (*Badger
et al.*, Soc. **1957** 2624, 2628).

Krystalle (aus wss. A.); F: 235°.

5-Nitro-benzo[*b*]thiophen-2-carbonsäure C₉H₅NO₄S, Formel XV (X = OH).

B. Beim Erwärmen von 2-Chlor-5-nitro-benzaldehyd mit Natriumdisulfid in Äthanol
und anschliessend mit Natriumsulfid und wss. Natronlauge und Erwärmen des Reaktionsgemisches mit Natrium-chloracetat in Wasser (*Fries et al.*, A. **527** [1937] 83, 92; s. a.
Bordwell, *Stange*, Am. Soc. **77** [1955] 5539, 5941). Beim Erwärmen von [2-Formyl-4-nitro-
phenylmercapto]-essigsäure mit wss. Natronlauge (*Fr. et al.*).

Krystalle; F: 239—241° [über das Natrium-Salz gereinigtes Präparat] (*Fieser, Kennelly*, Am. Soc. **57** [1935] 1611, 1614), 237° [aus Eg.] (*Fr. et al.*, l. c. S. 93).

5-Nitro-benzo[*b*]thiophen-2-carbonsäure-äthylester $C_{11}H_9NO_4S$, Formel XV (X = O-C_2H_5).

B. Aus der Natrium-Verbindung des Acetessigsäure-äthylesters und 2-Brommercapto-5-nitro-benzaldehyd (*Fries et al.*, A. **527** [1937] 83, 93). Aus 5-Nitro-benzo[*b*]thiophen-2-carbonsäure und Äthanol (*Fr. et al.*).

F: 166°.

XIII   XIV   XV   XVI

5-Nitro-benzo[*b*]thiophen-2-carbonylchlorid $C_9H_4ClNO_3S$, Formel XV (X = Cl).

B. Aus 5-Nitro-benzo[*b*]thiophen-2-carbonsäure mit Hilfe von Phosphor(V)-chlorid (*Fries et al.*, A. **527** [1937] 83, 93).

Krystalle (aus Bzl. + Bzn.); F: 160°.

3-Brom-5-nitro-benzo[*b*]thiophen-2-carbonsäure $C_9H_4BrNO_4S$, Formel XIII (X = NO_2).

Diese Konstitution kommt der nachstehend beschriebenen, ursprünglich (*Martin-Smith, Gates*, Am. Soc. **78** [1956] 5351, 5357) mit Vorbehalt als 7-Brom-5-nitro-benzo[*b*]thiophen-2-carbonsäure formulierten Verbindung zu (*Martin-Smith, Reid*, Soc. **1960** 938, 940).

B. Beim Behandeln des Natrium-Salzes der 5-Nitro-benzo[*b*]thiophen-2-carbonsäure mit Brom in Wasser (*Ma.-Sm., Ga.*, l. c. S. 5357; *Ma.-Sm., Reid*, l. c. S. 943). Neben kleinen Mengen 2,3-Dibrom-5-nitro-benzo[*b*]thiophen (E III/IV **17** 493) beim Erwärmen des Silber-Salzes der 5-Nitro-benzo[*b*]thiophen-2-carbonsäure mit Brom in Tetrachlor=methan (*Ma.-Sm., Ga.*, l. c. S. 5356).

Hellgelbe Krystalle (aus A.); F: 308—310° [unkorr.] (*Ma.-Sm., Ga.*, l. c. S. 5357), 307—309° (*Ma.-Sm., Reid*, l. c. S. 943).

Benzofuran-3-carbonsäure $C_9H_6O_3$, Formel XVI (X = OH).

B. Neben kleineren Mengen Benzofuran-2,3-dicarbonsäure beim Erhitzen von [2-Carboxymethoxy-phenyl]-glyoxylsäure mit Acetanhydrid und Natriumacetat auf 180° (*Titoff et al.*, Helv. **20** [1937] 883, 888). Beim Erhitzen von Benzofuran-2,3-dicarbonsäure auf 270° (*Ti. et al.*, l. c. S. 887). Beim Erhitzen von Benzofuran-2,3-dicarbonsäure mit Kupfer-Pulver und Chinolin auf 200° (*Huntress, Hearon*, Am. Soc. **63** [1941] 2762, 2764).

Krystalle; F: 162° [korr.; nach Sublimation bei 100°/0,5 Torr] (*Ti. et al.*), 160—161° [aus Bzl. + Bzn.] (*Gilman, Melstrom*, Am. Soc. **70** [1948] 1655).

Benzofuran-3-carbonsäure-chlorid, Benzofuran-3-carbonylchlorid $C_9H_5ClO_2$, Formel XVI (X = Cl).

B. Beim Erwärmen von Benzofuran-3-carbonsäure mit Thionylchlorid (*Titoff et al.*, Helv. **20** [1937] 883, 889).

Krystalle; F: 65°.

Benzofuran-3-carbonitril C_9H_5NO, Formel I auf S. 4258.

B. Beim Erhitzen von 3-Brom-benzofuran mit Kupfer(I)-cyanid und Pyridin bis auf 240° (*Martynoff*, Bl. **1952** 1056, 1057).

Krystalle (aus PAe. oder Cyclohexan); F: 93° (*Ma.*, Bl. **1952**, 1058).

Eine von *Martynoff* (Bl. **1952** 1060) beim Behandeln mit *tert*-Butylmagnesiumchlorid in Äther erhaltene Verbindung ist als 2-*tert*-Butyl-2,3-dihydro-benzofuran-3-carbonitril (S. 4238) zu formulieren (*Martynoff*, C. r. **242** [1956] 1488).

Benzofuran-3-carbonsäure-[amid-oxim], Benzofuran-3-carbamidoxim $C_9H_8N_2O_2$,
Formel II.

B. Beim Erwärmen von Benzofuran-3-carbonitril mit Hydroxylamin und Äthanol
(*Leandri et al.*, Boll. scient. Fac. Chim. ind. Bologna **15** [1957] 57, 59).

Krystalle (aus Bzl.); F: 106—107° (*Le. et al.*, l. c. S. 61).

Hydrochlorid. F: 191—192° (*Le. et al.*, l. c. S. 61).

Benzo[*b*]thiophen-3-carbonsäure $C_9H_6O_2S$, Formel III (R = H) (E II 277; dort als
Thionaphthen-carbonsäure-(3) bezeichnet).

B. Neben anderen Verbindungen beim Erwärmen von 3-Brom-benzo[*b*]thiophen mit
Magnesium in Äther und anschliessenden Behandeln mit Kohlendioxid (*Komppa*,
Weckman, J. pr. [2] **138** [1933] 109, 116; *Crook, Davies*, Soc. **1937** 1697) sowie beim Behandeln von 3-Jod-benzo[*b*]thiophen mit Magnesium in Äther und anschliessend mit
Kohlendioxid (*Gaertner*, Am. Soc. **74** [1952] 4950). Aus Benzo[*b*]thiophen-3-carbonitril
beim Erwärmen mit äthanol. Kalilauge (*Martynoff*, C. r. **236** [1953] 385) sowie beim
Erhitzen mit einem Gemisch von wss. Schwefelsäure und Essigsäure (*Mitra et al.*, J.
scient. ind. Res. India **15** B [1956] 627). Beim Erwärmen von 1-Benzo[*b*]thiophen-3-yl-
äthanon mit alkal. wss. Natriumhypochlorit-Lösung (*Farrar, Levine*, Am. Soc. **72** [1950]
4433, 4435; vgl. E II 277). Beim Erhitzen von 1-Benzo[*b*]thiophen-3-yl-propan-1-on
(E III/IV **17** 5105) mit wss. Kalilauge und Kalium-hexacyanoferrat(III) (*Challenger*,
Miller, Soc. **1939** 1005, 1007).

Krystalle; F: 179—180° [korr.] (*Fa., Le.*), 178° [aus wss. A.] (*Ma.*), 176—177,5° [korr.]
(*Ga.*), 175° [aus wss. A.] (*Mi. et al.*), 174—175° [aus A.] (*Ko., We.*).

Silber-Salz, Kupfer(II)-Salz und Barium-Salz: *Ko., We.*, l. c. S. 117.

1,1-Dioxo-1λ^6-benzo[*b*]thiophen-3-carbonsäure $C_9H_6O_4S$, Formel IV.

B. Beim Erwärmen einer Lösung von Benzo[*b*]thiophen-3-carbonsäure in Essigsäure
mit wss. Wasserstoffperoxid (*Crook, Davies*, Soc. **1937** 1697).

Gelbe Krystalle (aus W.); F: 218° [Zers.].

Benzo[*b*]thiophen-3-carbonsäure-methylester $C_{10}H_8O_2S$, Formel III (R = CH$_3$).

B. Beim Erwärmen von Benzo[*b*]thiophen-3-carbonsäure mit Schwefelsäure enthaltendem Methanol (*Komppa, Weckman*, J. pr. [2] **138** [1933] 109, 117).

Kp$_{750}$: 285—287°; Kp$_{17}$: 165—166°.

Benzo[*b*]thiophen-3-carbonsäure-äthylester $C_{11}H_{10}O_2S$, Formel III (R = C$_2$H$_5$).

B. Beim Erwärmen von Benzo[*b*]thiophen-3-carbonsäure mit Schwefelsäure enthaltendem Äthanol (*Komppa, Weckman*, J. pr. [2] **138** [1933] 109, 118).

Kp$_{750}$: 304—306°; Kp$_{17}$: 172—173°.

Benzo[*b*]thiophen-3-carbonsäure-[2-diisopropylamino-äthylester] $C_{17}H_{23}NO_2S$,
Formel III (R = CH$_2$-CH$_2$-N[CH(CH$_3$)$_2$]$_2$).

B. Beim Erwärmen von Benzo[*b*]thiophen-3-carbonsäure mit [2-Chlor-äthyl]-diisoprop=
yl-amin und Chloroform (*Searle & Co.*, U.S.P. 2857383 [1956]).

Hydrochlorid. Krystalle (aus Isopropylalkohol + Ae.); F: ca. 170—171°.

**[2-(Benzo[*b*]thiophen-3-carbonyloxy)-äthyl]-diisopropyl-methyl-ammonium,
Benzo[*b*]thiophen-3-carbonsäure-[2-(diisopropyl-methyl-ammonio)-äthylester]**
$[C_{18}H_{26}NO_2S]^+$, Formel III (R = CH$_2$-CH$_2$-N[CH(CH$_3$)$_2$]$_2$-CH$_3$]$^+$).

Bromid $[C_{18}H_{26}NO_2S]$Br. *B*. Bei mehrtägigem Erwärmen von Benzo[*b*]thiophen-3-carb=
onsäure-[2-diisopropylamino-äthylester] mit Methylbromid und Chloroform (*Searle &
Co.*, U.S.P. 2857383 [1956]). — Krystalle (aus CHCl$_3$ + wenig Ae.); F: ca. 185—186°.

Benzo[*b*]thiophen-3-carbonsäure-[2-diallylamino-äthylester] $C_{17}H_{19}NO_2S$, Formel III
(R = CH$_2$-CH$_2$-N(CH$_2$-CH=CH$_2$)$_2$).

B. Beim Erwärmen von Benzo[*b*]thiophen-3-carbonsäure mit Diallyl-[2-chlor-äthyl]-
amin und Chloroform (*Searle & Co.*, U.S.P. 2857383 [1956]).

Bei 135—140°/0,05 Torr destillierbar.

Hydrochlorid. Krystalle; F: ca. 136—138°.

Benzo[b]thiophen-3-carbonsäure-[3-dimethylamino-propylester] $C_{14}H_{17}NO_2S$, Formel III (R = [CH$_2$]$_3$-N(CH$_3$)$_2$).

B. Beim Erwärmen von Benzo[b]thiophen-3-carbonsäure mit [3-Chlor-propyl]-di= methyl-amin und Chloroform (*Searle & Co.*, U.S.P. 2857383 [1956]).

Bei 140—145° [Badtemperatur]/0,02 Torr destillierbar.

Hydrochlorid. Krystalle; F: ca. 180—181°.

I   II   III   IV   V

[3-(Benzo[b]thiophen-3-carbonyloxy)-propyl]-trimethyl-ammonium, Benzo[b]thiophen-3-carbonsäure-[3-trimethylammonio-propylester] [$C_{15}H_{20}NO_2S$]$^+$, Formel III (R = [CH$_2$]$_3$-N(CH$_3$)$_3$]$^+$).

Jodid [$C_{15}H_{20}NO_2S$]I. *B.* Beim Behandeln von Benzo[b]thiophen-3-carbonsäure-[3-di= methylamino-propylester] mit Methyljodid und Aceton (*Searle & Co.*, U.S.P. 2857383 [1956]). — Krystalle; F: ca. 200—201°.

Benzo[b]thiophen-3-carbonsäure-[3-diäthylamino-propylester] $C_{16}H_{21}NO_2S$, Formel III (R = [CH$_2$]$_3$-N(C$_2$H$_5$)$_2$).

B. Beim Erwärmen von Benzo[b]thiophen-3-carbonsäure mit Diäthyl-[3-chlor-propyl]-amin und Isopropylalkohol (*Searle & Co.*, U.S.P. 2857383 [1956]).

Bei 160—165°/0,02 Torr destillierbar.

Hydrochlorid. Krystalle (aus Isopropylalkohol + Ae.); F: ca. 151—153°.

Diäthyl-[3-(benzo[b]thiophen-3-carbonyloxy)-propyl]-methyl-ammonium, Benzo=[b]thiophen-3-carbonsäure-[3-(diäthyl-methyl-ammonio)-propylester] [$C_{17}H_{24}NO_2S$]$^+$, Formel III (R = [CH$_2$]$_3$-N(C$_2$H$_5$)$_2$-CH$_3$]$^+$).

Bromid [$C_{17}H_{24}NO_2S$]Br. *B.* Beim Erwärmen von Benzo[b]thiophen-3-carbonsäure-[3-diäthylamino-propylester] mit Methylbromid und Chloroform (*Searle & Co.*, U.S.P. 2857383 [1956]). — Krystalle (aus Isopropylalkohol + Ae.); F: ca. 161—162°.

Benzo[b]thiophen-3-carbonsäure-chlorid, Benzo[b]thiophen-3-carbonylchlorid C_9H_5ClOS, Formel V (X = Cl).

B. Beim Erwärmen von Benzo[b]thiophen-3-carbonsäure mit Thionylchlorid (*Royer et al.*, Bl. **1961** 1534, 1538; s. a. *Crook, Davies*, Soc. **1937** 1697) oder mit Phosphor(V)-chlorid (*Komppa, Weckman*, J. pr. [2] **138** [1933] 109, 118).

Krystalle; F: ca. 65° (*Ro. et al.*), 53—54° [aus PAe.] (*Cr., Da.*), ca. 50° (*Ko., We.*). Kp$_{758}$: 296—298° (*Ko., We.*); Kp$_{0,2}$: 124—126° (*Ro. et al.*).

Benzo[b]thiophen-3-carbonsäure-amid, Benzo[b]thiophen-3-carbamid C_9H_7NOS, Formel V (X = NH$_2$).

B. Beim Behandeln von Benzo[b]thiophen-3-carbonylchlorid mit wss. Ammoniak (*Komppa, Weckman*, J. pr. [2] **138** [1933] 109, 118). Beim Erwärmen von Benzo[b]thio= phen-3-carbonitril mit 80%ig. wss. Schwefelsäure und Eintragen der Reaktionslösung in Wasser (*Martynoff*, C. r. **236** [1953] 385).

Krystalle (aus A.); F: 198° (*Ma.*), 197—198° (*Ko., We.*).

Benzo[b]thiophen-3-carbonsäure-diäthylamid, N,N-Diäthyl-benzo[b]thiophen-3-carbamid $C_{13}H_{15}NOS$, Formel V (X = N(C$_2$H$_5$)$_2$).

B. Beim Behandeln von 3-Brom-benzo[b]thiophen mit Magnesium in Äther und an= schliessend mit Chlorameisensäure-diäthylamid und Erwärmen des vom Äther befreiten Reaktionsgemisches auf 100° (*Wegler, Binder*, Ar. **275** [1937] 506, 511). Aus Benzo=[b]thiophen-3-carbonylchlorid und Diäthylamin (*We., Bi.*, l. c. S. 512).

Kp$_{11}$: 220° (*We., Bi.*, l. c. S. 512).

Benzo[*b*]thiophen-3-carbonsäure-anilid, Benzo[*b*]thiophen-3-carbanilid C₁₅H₁₁NOS,
Formel V (X = NH-C₆H₅).

B. Beim Behandeln von Benzo[*b*]thiophen-3-carbonylchlorid mit Anilin und Äther
(*Komppa, Weckman*, J. pr. [2] **138** [1933] 109, 118).

Krystalle (aus Bzl.); F: 172—173°.

**Benzo[*b*]thiophen-3-carbonsäure-[3-diäthylamino-propylamid], N-[3-Diäthylamino-
propyl]-benzo[*b*]thiophen-3-carbamid, N,N-Diäthyl-N′-[benzo[*b*]thiophen-3-carbonyl]-
propandiyldiamin** C₁₆H₂₂N₂OS, Formel V (X = NH-[CH₂]₃-N(C₂H₅)₂).

B. Beim Behandeln von Benzo[*b*]thiophen-3-carbonylchlorid mit N,N-Diäthyl-
propandiyldiamin und Äther (*Searle & Co.*, U.S.P. 2876235 [1956]).

Bei 175—180°/0,02 Torr destillierbar.

Hydrochlorid. Krystalle; F: ca. 151—152°.

Benzo[*b*]thiophen-3-carbonitril C₉H₅NS, Formel VI.

B. Beim Erhitzen von 3-Brom-benzo[*b*]thiophen mit Kupfer(I)-cyanid und Pyridin
bis auf 235° (*Martynoff*, C. r. **236** [1953] 385; *Mitra et al.*, J. scient. ind. Res. India **15**B
[1956] 627).

Krystalle; F: 74° [aus PAe.] (*Ma.*, C. r. **236** 386), 71,5—72,5° [aus wss. A.] (*Mi. et al.*).
Mit Wasserdampf flüchtig (*Ma.*, C. r. **236** 386).

Beim Behandeln mit Methylmagnesiumjodid in Äther und anschliessend mit wss.
Ammoniumchlorid-Lösung ist 1-Benzo[*b*]thiophen-3-yl-äthanon (*Ma.*, C. r. **236** 386),
beim Behandeln mit *tert*-Butylmagnesiumchlorid in Äther und anschliessend mit wss.
Ammoniumchlorid-Lösung ist eine nach *Martynoff* (C. r. **242** [1956] 1039) als 2-*tert*-
Butyl-2,3-dihydro-benzo[*b*]thiophen-3-carbonitril (S. 4239) zu formulierende Verbindung
(F: 68°) erhalten worden (*Ma.*, C. r. **236** 386).

Benzo[*b*]thiophen-3-carbonsäure-hydrazid C₉H₈N₂OS, Formel V (X = NH-NH₂).

B. Beim Erwärmen von Benzo[*b*]thiophen-3-carbonsäure-methylester mit Hydrazin-
hydrat und Äthanol (*Elliott, Harington*, Soc. **1949** 1374, 1378).

Krystalle (aus wss. Me.); F: 176—177° [unkorr.].

Benzo[*b*]thiophen-3-carbonsäure-[N′-phenyl-hydrazid] C₁₅H₁₂N₂OS, Formel V
(X = NH-NH-C₆H₅).

Diese Konstitution kommt wahrscheinlich der nachstehend beschriebenen Verbindung
zu (*Shirley et al.*, J. org. Chem. **23** [1958] 1024).

B. Neben 5-Benzo[*b*]thiophen-3-yl-4-nitroso-3-[N′-phenyl-hydrazino]-isoxazol beim
Erwärmen von Bis-[benzo[*b*]thiophen-3-carbonyl]-furoxan mit Phenylhydrazin (*Sh.
et al.*).

Krystalle (aus A.); F: 192—193,5° [unkorr.].

**N-[Benzo[*b*]thiophen-3-carbonyl]-N′-[toluol-4-sulfonyl]-hydrazin, Benzo[*b*]thiophen-
3-carbonsäure-[N′-(toluol-4-sulfonyl)-hydrazid]** C₁₆H₁₄N₂O₃S₂, Formel V
(X = NH-NH-SO₂-C₆H₄-CH₃).

B. Beim Behandeln von Benzo[*b*]thiophen-3-carbonsäure-hydrazid mit Toluol-4-sulf≈
onylchlorid und Pyridin (*Elliott, Harington*, Soc. **1949** 1374, 1378).

Krystalle (aus wss. Eg.); F: 201—203° [unkorr.].

| VI | VII | VIII | IX |

Benzo[*b*]selenophen-3-carbonsäure C₉H₆O₂Se, Formel VII.

B. Beim Behandeln von Benzo[*b*]selenophen-3-carbaldehyd mit wss. Silbernitrat-
Lösung und wss.-äthanol. Natronlauge und anschliessenden Erwärmen (*Minh et al.*, Bl.
1972 3955).

Krystalle (aus Dimethylformamid + W.); F: 189—190° (*Minh et al.*). ¹H-NMR-Ab≈
sorption (Dimethylsulfoxid): *Minh et al.*

Die Identität eines von *Komppa, Nyman* (J. pr. [2] **139** [1934] 229, 235) ebenfalls als Benzo[*b*]selenophen-3-carbonsäure beschriebenen, beim Behandeln von vermutlich nicht einheitlichem (vgl. diesbezüglich *Magdešiewa, Wdowin*, Chimija geterocikl. Soedin. **1972** 15, 16; engl. Ausg. S. 13, 15) 1-Benzo[*b*]selenophen-3-yl-äthanon (F: 91—93°) mit Benzin und alkal. wss. Natriumhypobromit-Lösung erhaltenen Präparats (Krystalle [aus A.]; Zers. bei 270—280°) ist ungewiss.

2-Chlor-benzofuran-5-carbonsäure $C_9H_5ClO_3$, Formel VIII.

B. Beim Erwärmen von 3-[2,2-Dichlor-vinyl]-4-hydroxy-benzoesäure mit wss. Natron≠lauge (*Dharwarkar, Alimchandani*, J. Univ. Bombay **9**, Tl. 3 [1940] 163, 166).

Krystalle (aus Acn.); F: 242—243°.

Calcium-Salz $Ca(C_9H_4ClO_3)_2$. Krystalle (aus W.) mit 5 Mol H_2O, die bei 110—120° 2 Mol Wasser abgeben.

Benzo[*b*]thiophen-5-carbonsäure $C_9H_6O_2S$, Formel IX.

B. Beim Erwärmen von 5-Brom-benzo[*b*]thiophen mit Magnesium, Methyljodid und Äther und anschliessenden Behandeln mit Kohlendioxid (*Badger et al.*, Soc. **1957** 2624, 2629). Beim Erhitzen von Benzo[*b*]thiophen-5-carbonitril mit einem Gemisch von wss. Schwefelsäure und Essigsäure (*Mitra et al.*, J. scient. ind. Res. India **15**B [1956] 627).

Krystalle (aus wss. A.); F: 211—212° (*Ba. et al.*), 207—208° (*Mi. et al.*).

Benzo[*b*]thiophen-5-carbonitril C_9H_5NS, Formel X.

B. Beim Erhitzen von 5-Chlor-benzo[*b*]thiophen mit Kupfer(I)-cyanid und Pyridin auf 220° (*Mitra et al.*, J. scient. ind. Res. India **15**B [1956] 627).

Krystalle (aus A.); F: 73—74°.

Benzo[*b*]thiophen-6-carbonsäure $C_9H_6O_2S$, Formel XI.

B. Beim Erwärmen von 6-Brom-benzo[*b*]thiophen mit Magnesium, Methyljodid und Äther und anschliessenden Behandeln mit Kohlendioxid (*Badger et al.*, Soc. **1957** 2624, 2630). Beim Erwärmen von Benzo[*b*]thiophen-6-carbaldehyd mit Silberoxid und wss. Natronlauge (*Matsuki, Li*, J. chem. Soc. Japan Pure Chem. Sect. **87** [1966] 186, 187; C. A. **65** [1966] 15301). Beim Erhitzen von Benzo[*b*]thiophen-6-carbonitril mit wss. Schwefelsäure (*Hansch, Schmidhalter*, J. org. Chem. **20** [1955] 1056, 1059).

Krystalle; F: 215—216° [aus Acn. + Bzn.] (*Ha., Sch.*), 212—213° (*Ma., Li*), 162° (?) [aus A.] (*Ba. et al.*). Absorptionsmaxima einer Lösung in wss. Salzsäure: 240 nm, 280 nm und 321 nm; einer Lösung des Natrium-Salzes in wss. Natronlauge: 234 nm, 275 nm und 310 nm (*Ma., Li*, l. c. S. 188).

| X | XI | XII | XIII | XIV |

Benzo[*b*]thiophen-6-carbonitril C_9H_5NS, Formel XII.

B. Beim Behandeln von Benzo[*b*]thiophen-6-ylamin mit wss. Salzsäure und Natrium≠nitrit und Behandeln des Reaktionsgemisches mit einer aus Natriumcyanid, Kupfer(I)-chlorid und Wasser bereiteten Lösung unter Zusatz von Toluol (*Hansch, Schmidhalter*, J. org. Chem. **20** [1955] 1056, 1059).

Krystalle (aus Acn. + Bzn.); F: 41,5—42°.

Benzo[*b*]thiophen-7-carbonsäure $C_9H_6O_2S$, Formel XIII.

B. Beim Erhitzen von Benzo[*b*]thiophen-7-carbonitril mit einem Gemisch von wss. Schwefelsäure und Essigsäure (*Mitra et al.*, J. scient. ind. Res. India **15**B [1956] 627). Beim Erhitzen von 3-Hydroxy-benzo[*b*]thiophen-7-carbonsäure (⇌ 3-Oxo-2,3-dihydro-benzo[*b*]thiophen-7-carbonsäure) mit amalgamiertem Zink und Essigsäure (*Badger et al.*,

Soc. **1957** 2624, 2630).

Krystalle (aus wss. A.); F: 172° (*Ba. et al.*), 171—172° (*Mi. et al.*).

Benzo[*b*]thiophen-7-carbonitril C_9H_5NS, Formel XIV.

B. Beim Erhitzen von 7-Brom-benzo[*b*]thiophen mit Kupfer(I)-cyanid und Pyridin auf 220° (*Mitra et al.*, J. scient. ind. Res. India **15**B [1956] 627).

Krystalle (aus wss. A.); F: 68—68,5°.

Carbonsäuren $C_{10}H_8O_3$

3*c*-[5-Prop-1-inyl-[2]thienyl]-acrylsäure $C_{10}H_8O_2S$, Formel I (R = H).

B. In mässiger Ausbeute beim Behandeln von 3*c*-[5-Prop-1-inyl-[2]thienyl]-acrylsäuremethylester mit wss.-äthanol. Kalilauge (*Guddal, Sörensen*, Acta chem. scand. **13** [1959] 1185, 1188).

Gelbe Krystalle (aus A. + Hexan); F: 148,5—149,5° [Zers.]. IR-Spektrum (KBr; 2—15 µ): *Gu., Sö.*, l. c. S. 1186. Absorptionsmaximum (Hexan): 326 nm (*Gu., Sö.*, l. c. S. 1188).

3-[5-Prop-1-inyl-[2]thienyl]-acrylsäure-methylester $C_{11}H_{10}O_2S$.

a) **3*c*-[5-Prop-1-inyl-[2]thienyl]-acrylsäure-methylester** $C_{11}H_{10}O_2S$, Formel I (R = CH_3).

Isolierung aus Wurzeln von Chrysanthemum vulgare: *Guddal, Sörensen*, Acta chem. scand. **13** [1959] 1185, 1187.

Krystalle (aus Hexan); F: 101° [evakuierte Kapillare]. IR-Spektrum (CHCl₃ [2—12 µ] bzw. CS₂ [12—15 µ]): *Gu., Sö.*, l. c. S. 1186. Absorptionsmaxima (Hexan (?)): 235 nm und 341,5 nm (*Gu., Sö.*, l. c. S. 1188).

Beim Erwärmen an der Luft erfolgt Zersetzung. Bei der Bestrahlung einer mit wenig Jod versetzten Lösung in Hexan mit UV-Licht ist das unter b) beschriebene Stereoisomere erhalten worden (*Gu., Sö.*, l. c. S. 1188).

I　　　　　　　　　　II　　　　　　　　　　III

b) **3*t*-[5-Prop-1-inyl-[2]thienyl]-acrylsäure-methylester** $C_{11}H_{10}O_2S$, Formel II.

B. Beim Behandeln von 5-[Prop-1-inyl]-thiophen-2-carbaldehyd mit Triphenylphos⸗ phoranyliden-essigsäure-methylester in Methanol (*Skatteböl*, Acta chem. scand. **13** [1959] 1460). Bei der Bestrahlung einer mit wenig Jod versetzten Lösung von 3*c*-[5-Prop-1-inyl-[2]thienyl]-acrylsäure-methylester in Hexan mit UV-Licht (*Guddal, Sörensen*, Acta chem. scand. **13** [1959] 1185, 1188).

Krystalle; F: 77° [aus Bzn.] (*Sk.*), 76° [aus Hexan] (*Gu., Sö.*). IR-Spektrum (KBr; 2—15 µ): *Gu., Sö.*, l. c. S. 1186. Absorptionsmaxima: 230 nm und 337 nm [Hexan (?)] (*Gu., Sö.*, l. c. S. 1188) bzw. 235 nm und 341,5 nm [A.] (*Sk.*).

(±)-2*H*-Chromen-2-carbonsäure $C_{10}H_8O_3$, Formel III.

Diese Konstitution ist der nachstehend beschriebenen Verbindung zugeordnet worden (*Dey, Radhabai*, J. Indian chem. Soc. **11** [1934] 635, 642).

B. Beim Erhitzen von (±)-Brom-[2-oxo-2*H*-chromen-3-yl]-essigsäure mit wss. Kali⸗ lauge (*Dey, Ra.*, l. c. S. 650).

Krystalle (aus wss. A.); F: 142°.

2*H*-Chromen-3-carbonsäure $C_{10}H_8O_3$, Formel IV (R = H).

B. Beim Erhitzen von 4-Hydroxy-chroman-3-carbonitril (F: 153°) oder von 2*H*-Chrom⸗ en-3-carbonitril mit wss. Natronlauge (*Taylor, Tomlinson*, Soc. **1950** 2724).

Hellgelbe Krystalle (aus A.); F: 190°.

2H-Chromen-3-carbonsäure-methylester $C_{11}H_{10}O_3$, Formel IV (R = CH_3).

B. Beim Erwärmen von 4-Hydroxy-chroman-3-carbonitril (F: 153°) oder von 2H-Chrom=
en-3-carbonsäure mit Chlorwasserstoff enthaltendem Methanol (*Taylor, Tomlinson*, Soc.
1950 2724).

Krystalle (aus Me.); F: 57°.

2H-Chromen-3-carbonitril $C_{10}H_7NO$, Formel V.

B. In kleiner Menge beim Erhitzen von Salicylaldehyd mit Acrylonitril und Wasser
unter Eintragen von wss. Natronlauge (*Taylor, Tomlinson*, Soc. **1950** 2724) oder
mit Acrylonitril und wss. Benzyl-trimethyl-ammonium-hydroxid-Lösung (*Bachman,
Levine*, Am. Soc. **70** [1948] 599, 4275).

Krystalle; F: 50° [aus PAe.] (*Ta., To.*), 48—49° [aus Me.] (*Ba., Le.*, l. c. S. 601).

2H-Chromen-4-carbonsäure $C_{10}H_8O_3$, Formel VI.

B. In kleiner Menge beim Erhitzen von [2-(2,2-Diäthoxy-äthoxy)-phenyl]-essigsäure
mit Zinkchlorid in Essigsäure (*Offe, Jatzkewitz*, B. **80** [1947] 469, 476).

Krystalle (aus Ae. + PAe.), F: 128° [korr.; Kofler-App.]; Krystalle (aus W.), F: 118°
bis 119° [korr.; Kofler-App.]. Absorptionsmaximum (A.): 245 nm (*Offe, Ja.*, l. c. S. 472).

    IV   V   VI   VII

Benzofuran-2-yl-essigsäure $C_{10}H_8O_3$, Formel VII (X = OH).

B. Beim Erwärmen von Benzofuran-2-yl-essigsäure-äthylester mit methanol. Kalilauge
(*Wagner, Tome*, Am. Soc. **72** [1950] 3477). Beim Erwärmen von Benzofuran-2-yl-aceto=
nitril mit äthanol. Kalilauge (*Gaertner*, Am. Soc. **73** [1951] 4400, 4404). Beim Erwärmen
von Benzofuran-2-yl-glyoxylsäure mit Hydrazin-hydrat und Natriumäthylat in Äthanol
und Erhitzen des von Wasser und Äthanol befreiten Reaktionsgemisches bis auf 200°
(*Reichstein, Reichstein*, Helv. **13** [1930] 1275, 1280).

Krystalle; F: 99,5—100,5° [aus Hexan] (*Ga.*), 98—99° [aus Bzl.] (*Re., Re.*), 97—99°
[aus Bzl. + Pentan] (*Wa., Tome*).

Benzofuran-2-yl-essigsäure-äthylester $C_{12}H_{12}O_3$, Formel VII (X = O-C_2H_5).

B. Beim Erwärmen von 1-Benzofuran-2-yl-2-diazo-äthanon mit Äthanol und Silber=
oxid (*Wagner, Tome*, Am. Soc. **72** [1950] 3477).

F: 18—18,5°. Kp_8: 147—148°. D^{20}: 1,140. n_D^{20}: 1,5400.

Benzofuran-2-yl-essigsäure-amid, 2-Benzofuran-2-yl-acetamid $C_{10}H_9NO_2$, Formel VII
(X = NH_2).

B. Beim Behandeln einer Lösung von 1-Benzofuran-2-yl-2-diazo-äthanon in Dioxan
mit wss. Ammoniak und wss. Silbernitrat-Lösung (*Wagner, Tome*, Am. Soc. **72** [1950]
3477). Aus Benzofuran-2-yl-essigsäure (*Wa., Tome*).

Krystalle (aus $CHCl_3$); F: 163,5—164,5°.

Benzofuran-2-yl-acetonitril $C_{10}H_7NO$, Formel VIII.

B. Neben kleineren Mengen einer bei 161,8—162,4° schmelzenden Substanz beim
Erwärmen von 2-Chlormethyl-benzofuran mit Kaliumcyanid in Aceton und Dioxan
(*Gaertner*, Am. Soc. **73** [1951] 4400, 4404).

Krystalle (aus Hexan); F: 58,5—59,7°.

Benzo[b]thiophen-2-yl-essigsäure $C_{10}H_8O_2S$, Formel IX (R = CO-OH).

Diese Konstitution kommt wahrscheinlich auch der von *Crook, Davies* (Soc. **1937** 1697)
beschriebenen Benzo[b]thiophen-x-yl-essigsäure vom F: 141° zu.

B. In kleiner Menge beim Erhitzen von Benzo[b]thiophen mit Bromessigsäure-äthyl=
ester und Kupfer-Pulver und Erwärmen des Reaktionsprodukts mit äthanol. Natronlauge
(*Cr., Da.*). Beim Erhitzen von Benzo[b]thiophen-2-yl-essigsäure-äthylester mit wss.

Natronlauge (*Blicke, Sheets*, Am. Soc. **70** [1948] 3768). Beim Erwärmen von Benzo[*b*]=
thiophen-2-yl-acetonitril mit wss.-äthanol. Natronlauge (*Blicke, Sheets*, Am. Soc. **71** [1949]
2856, 2857).

Krystalle; F: 141—142° [aus CCl$_4$] (*Bl., Sh.*, Am. Soc. **70** 3769, **71** 2857), 141° [aus W.]
(*Cr., Da.*).

Beim Erwärmen mit Raney-Nickel und wss. Natriumcarbonat-Lösung ist 4-Phenyl-
buttersäure erhalten worden (*Bl., Sh.*, Am. Soc. **70** 3770).

Benzo[*b*]thiophen-2-yl-essigsäure-methylester C$_{11}$H$_{10}$O$_2$S, Formel IX (R = CO-O-CH$_3$).

B. Beim Behandeln von Benzo[*b*]thiophen-2-carbonylchlorid mit Diazomethan in
Äther und Erwärmen des Reaktionsprodukts mit Methanol und Silberoxid (*Blicke,
Sheets*, Am. Soc. **70** [1948] 3768).

Kp$_{0,01}$: 110—114°.

Benzo[*b*]thiophen-2-yl-essigsäure-äthylester C$_{12}$H$_{12}$O$_2$S, Formel IX (R = CO-O-C$_2$H$_5$).

B. Beim Behandeln von Benzo[*b*]thiophen-2-carbonylchlorid mit Diazomethan in
Äther und Erwärmen des Reaktionsprodukts mit Äthanol und Silberoxid (*Blicke, Sheets*,
Am. Soc. **70** [1948] 3768).

Kp$_2$: 150°.

     VIII   **IX**   **X**

Benzo[*b*]thiophen-2-yl-acetonitril C$_{10}$H$_7$NS, Formel IX (R = CN).

B. Neben grösseren Mengen Benzo[*b*]thiophen-2-yl-methanol beim Erhitzen von
2-Chlormethyl-benzo[*b*]thiophen mit Kaliumcyanid in wss. Dioxan (*Blicke, Sheets*, Am.
Soc. **71** [1949] 2856, 2857).

Krystalle (aus Isopropylalkohol); F: 62—64°.

———————

Benzofuran-3-yl-essigsäure C$_{10}$H$_8$O$_3$, Formel X (X = OH).

B. Beim Erhitzen von 4-Hydroxy-3-[2-methoxy-phenyl]-*cis*-crotonsäure-lacton mit
wss. Bromwasserstoffsäure oder mit Bromwasserstoff in Essigsäure (*Marshall et al.*, J.
org. Chem. **7** [1942] 444, 453). Beim Erwärmen von 1-Benzofuran-3-yl-2-diazo-äthanon
mit Äthanol und Silberoxid und Erwärmen des erhaltenen B e n z o f u r a n - 3 - y l - e s s i g =
s ä u r e - ä t h y l e s t e r s (C$_{12}$H$_{12}$O$_3$; Öl; bei 140—150°/12 Torr destillierbar) mit methanol.
Kalilauge (*Titoff et al.*, Helv. **20** [1937] 883, 891). Beim Erhitzen von Benzofuran-3-yl-
essigsäure-amid mit wss. Kalilauge (*Ti. et al.*). Bei der Behandlung von [2-Brom-benzo=
furan-3-yl]-essigsäure mit wss. Natronlauge und anschliessenden Hydrierung an Raney-
Nickel (*Grubenmann, Erlenmeyer*, Helv. **31** [1948] 78, 83).

Krystalle; F: 89,2—91,2° [aus PAe.] (*Ma. et al.*), 89—90° [aus PAe.] (*Ti. et al.*, l. c.
S. 892), 89—90° [aus CCl$_4$ + PAe.] (*Gr., Er.*). Bei 95°/0,05 Torr destillierbar (*Ti. et al.*).

Benzofuran-3-yl-essigsäure-amid, 2-Benzofuran-3-yl-acetamid C$_{10}$H$_9$NO$_2$, Formel X
(X = NH$_2$).

B. Beim Erwärmen einer Lösung von 1-Benzofuran-3-yl-2-diazo-äthanon in Äthanol
mit wss. Ammoniak und Silbernitrat (*Titoff et al.*, Helv. **20** [1937] 883, 891). Aus Benzo=
furan-3-yl-essigsäure (*Marshall et al.*, J. org. Chem. **7** [1942] 444, 453).

Krystalle; F: 190,6—191,1° [korr.; aus Ae.] (*Ma. et al.*), 190—191° [korr.; aus A.]
(*Ti. et al.*). Bei 160—180°/0,1 Torr sublimierbar (*Ti. et al.*).

[2-Brom-benzofuran-3-yl]-essigsäure C$_{10}$H$_7$BrO$_3$, Formel XI.

B. Beim Erwärmen einer Lösung von [2-Brom-benzofuran-3-yl]-acetonitril in Essig=
säure mit konz. wss. Salzsäure (*Grubenmann, Erlenmeyer*, Helv. **31** [1948] 78, 82).

Krystalle (aus W.); F: 115—116° [korr.].

[2-Brom-benzofuran-3-yl]-acetonitril C$_{10}$H$_6$BrNO, Formel XII.

B. Beim Erwärmen einer Lösung von 2-Brom-3-brommethyl-benzofuran in Äthanol

mit Natriumcyanid in Wasser (*Grubenmann, Erlenmeyer*, Helv. **31** [1948] 78, 82).
Krystalle (aus CCl_4 + PAe.); F: 84—85°.

Benzo[b]thiophen-3-yl-essigsäure $C_{10}H_8O_2S$, Formel XIII (X = OH).
B. Beim Erwärmen von Natrium-thiophenolat mit 4-Chlor-acetessigsäure-äthylester in Methanol, Erhitzen des Reaktionsprodukts mit Phosphorsäure, Phosphor(V)-oxid und Xylol und Erwärmen des danach isolierten Reaktionsprodukts mit wss.-methanol. Natronlauge (*Dann, Kokorudz*, B. **91** [1958] 172, 179, 180). Beim Erwärmen von 1-Benzo=[b]thiophen-3-yl-2-diazo-äthanon mit Äthanol und Silberoxid und Erwärmen der Reaktionslösung mit wss. Kalilauge (*Crook, Davies*, Soc. **1937** 1697). Beim Erwärmen von Benzo[b]thiophen-3-yl-acetonitril mit wss. Natronlauge (*Blicke, Sheets*, Am. Soc. **70** [1948] 3768) oder mit wss.-äthanol. Kalilauge (*Avakian et al.*, Am. Soc. **70** [1948] 3075).
Krystalle; F: 109° [aus W.] (*Cr., Da.*), 108—109° [korr.; aus CCl_4 + Hexan] (*Gaertner*, Am. Soc. **74** [1952] 2185, 2187), 108—109° [aus wss. A.] (*Av. et al.*), 107—109° [unkorr.] (*Dann, Ko.*).
Beim Erwärmen mit Raney-Nickel und wss. Natriumcarbonat-Lösung ist 3-Phenyl-buttersäure (E III **9** 2457) erhalten worden (*Bl., Sh.*).

XI   XII   XIII   XIV

[1,1-Dioxo-1λ^6-benzo[b]thiophen-3-yl]-essigsäure $C_{10}H_8O_4S$, Formel XIV.
B. Beim Erhitzen von Benzo[b]thiophen-3-yl-essigsäure mit wss. Wasserstoffperoxid und Essigsäure (*Schlesinger, Mowry*, Am. Soc. **73** [1951] 2614).
F: 268—269° [korr.; Zers.].

Benzo[b]thiophen-3-yl-essigsäure-[3-diäthylamino-propylester] $C_{17}H_{23}NO_2S$,
Formel XIII (X = O-[CH_2]$_3$-N(C_2H_5)$_2$).
B. Beim Erwärmen von Benzo[b]thiophen-3-yl-essigsäure mit Diäthyl-[3-chlor-propyl]-amin und Chloroform (*Searle & Co.*, U.S.P. 2857383 [1956]).
Bei 150—155°/0,02 Torr destillierbar.
Oxalat. Krystalle (aus A. + Ae.); F: ca. 110—112°.

Diäthyl-[3-(benzo[b]thiophen-3-yl-acetoxy)-propyl]-methyl-ammonium, Benzo[b]=thiophen-3-yl-essigsäure-[3-(diäthyl-methyl-ammonio)-propylester] $[C_{18}H_{26}NO_2S]^+$,
Formel XIII (X = O-[CH_2]$_3$-N(C_2H_5)$_2$-CH_3]$^+$).
Bromid $[C_{18}H_{26}NO_2S]Br$. B. Beim Erwärmen von Benzo[b]thiophen-3-yl-essigsäure-[3-diäthylamino-propylester] mit Methylbromid und Chloroform (*Searle & Co.*, U.S.P. 2857383 [1956]). — Hygroskopische Krystalle (aus Nitromethan + E.); F: ca. 105—107°.

Benzo[b]thiophen-3-yl-essigsäure-amid, 2-Benzo[b]thiophen-3-yl-acetamid $C_{10}H_9NOS$,
Formel XIII (X = NH$_2$).
B. Aus Benzo[b]thiophen-3-yl-essigsäure über das Säurechlorid (*Blicke, Sheets*, Am. Soc. **70** [1948] 3768).
Krystalle; F: 172,4—174° [korr.] (*Gaertner*, Am. Soc. **74** [1952] 2185, 2187), 171—173° [aus W.] (*Bl., Sh.*).

2-Benzo[b]thiophen-3-yl-acetimidsäure-äthylester $C_{12}H_{13}NOS$, Formel I.
Hydrochlorid. B. Beim Behandeln eines Gemisches von Benzo[b]thiophen-3-yl-acetonitril, Äthanol und Benzol mit Chlorwasserstoff (*Blicke, Sheets*, Am. Soc. **70** [1948] 3768). — F: 103° [Zers. (unter Umwandlung in Benzo[b]thiophen-3-yl-essigsäure-amid)].

Benzo[b]thiophen-3-yl-acetonitril $C_{10}H_7NS$, Formel II.
B. Beim Erwärmen von 3-Chlormethyl-benzo[b]thiophen mit Kaliumcyanid in wss. Äthanol (*Avakian et al.*, Am. Soc. **70** [1948] 3075), mit Natriumcyanid in wss. Aceton (*Blicke, Sheets*, Am. Soc. **70** [1948] 3768) oder mit Kaliumcyanid in wss. Aceton (*Schlesinger, Mowry*, Am. Soc. **73** [1951] 2614).

Krystalle (aus Bzl. + PAe. bzw. aus Isopropylalkohol + PAe.); F: 66—67° (*Av. et al.*; *Bl.*, *Sh.*). Kp$_2$: 138—140° (*Bl.*, *Sh.*); Kp$_{0,2}$: 124—126° (*Av. et al.*).

I   II   III   IV

[1,1-Dioxo-1λ^6-benzo[*b*]thiophen-3-yl]-acetonitril C$_{10}$H$_7$NO$_2$S, Formel III.

B. Beim Erhitzen von Benzo[*b*]thiophen-3-yl-acetonitril mit wss. Wasserstoffperoxid und Essigsäure (*Monsanto Chem. Co.*, U.S.P. 2658068 [1951]; *Schlesinger*, *Mowry*, Am. Soc. **73** [1951] 2614).

Hellgelbe Krystalle [aus A.] (*Monsanto Chem. Co.*). F: 209—211° [korr.] (*Monsanto Chem. Co.*; *Sch.*, *Mo.*).

[(Ξ)-Benzofuran-3-yliden]-essigsäure C$_{10}$H$_8$O$_3$, Formel IV.

Für die nachstehend beschriebene Verbindung ist auch die Formulierung als Benzo=furan-3-yl-essigsäure (S. 4263) in Betracht gezogen worden (*Dey*, *Radhabai*, J. Indian chem. Soc. **11** [1934] 635, 641).

B. Beim Erhitzen von 4-Brommethyl-cumarin mit wss. Alkalilauge (*Dey*, *Ra.*, l. c. S. 648).

Krystalle (aus W.); F: 93°.

Benzo[*b*]thiophen-4-yl-essigsäure C$_{10}$H$_8$O$_2$S, Formel V.

B. Beim Erwärmen von 6,7-Dihydro-5*H*-benzo[*b*]thiophen-4-on mit Bromessigsäure-äthylester, amalgamiertem Zink, wenig Jod, Benzol und Äther, Erhitzen des nach der Hydrolyse (wss. Salzsäure) und anschliessenden Destillation erhaltenen Ester-Gemisches mit Tetrachlor-[1,4]benzochinon in Xylol und Erhitzen des Reaktionsprodukts mit wss. Natronlauge (*Kloetzel et al.*, J. org. Chem. **18** [1953] 1511, 1515).

Krystalle (aus W.); F: 146—146,5° [unkorr.].

V   VI   VII   VIII

[1,1-Dioxo-1λ^6-benzo[*b*]thiophen-4-yl]-essigsäure C$_{10}$H$_8$O$_4$S, Formel VI.

B. Beim Erhitzen von Benzo[*b*]thiophen-4-yl-essigsäure mit wss. Wasserstoffperoxid und Essigsäure (*Kloetzel et al.*, J. org. Chem. **18** [1953] 1511, 1515).

Krystalle (aus W.); F: 181° [unkorr.].

Benzo[*b*]thiophen-5-yl-essigsäure C$_{10}$H$_8$O$_2$S, Formel VII.

B. Beim Erwärmen von Benzo[*b*]thiophen-5-yl-acetonitril (F: 58—59°) mit wss.-äthanol. Kalilauge (*Matsuki*, *Fujieda*, J. chem. Soc. Japan Pure Chem. Sect. **88** [1967] 445; C. A. **68** [1968] 59638).

Krystalle (aus Bzn.); F: 136,5—137,5° (*Ma.*, *Fu.*).

Ein ebenfalls als Benzo[*b*]thiophen-5-yl-essigsäure beschriebenes Präparat (Krystalle [aus W.]; F: 119°) ist beim Behandeln des aus Benzo[*b*]thiophen-5-carbonsäure mit Hilfe von Thionylchlorid hergestellten Säurechlorids mit Diazomethan in Äther und Erwärmen des Reaktionsprodukts mit Äthanol und Silberoxid und anschliessend mit Kaliumhydroxid erhalten worden (*Kefford*, *Kelso*, Austral. J. biol. Sci. **10** [1957] 80, 82).

Benzo[*b*]thiophen-6-yl-essigsäure $C_{10}H_8O_2S$, Formel VIII.

B. Beim Erwärmen von Benzo[*b*]thiophen-6-yl-acetonitril (F: 49,5—50°) mit wss.-äthanol. Kalilauge (*Matsuki, Kanda,* J. chem. Soc. Japan Pure Chem. Sect. **86** [1965] 637, 640; C. A. **65** [1966] 674; *Matsuki, Fujieda,* J. chem. Soc. Japan Pure Chem. Sect. **88** [1967] 445; C. A. **68** [1968] 59638).

Krystalle (aus Bzn.); F: 123,5° (*Ma., Ka.*). Über eine bei 93,5—94,5° schmelzende Modifikation s. *Ma., Fu.*

Ein ebenfalls als Benzo[*b*]thiophen-6-yl-essigsäure beschriebenes Präparat (Krystalle [aus W.], F: 86°) ist beim Behandeln des aus Benzo[*b*]thiophen-6-carbonsäure mit Hilfe von Thionylchlorid hergestellten Säurechlorids mit Diazomethan in Äther und Erwärmen des Reaktionsprodukts mit Äthanol und Silberoxid und anschliessend mit Kaliumhydroxid erhalten worden (*Kefford, Kelso,* Austral. J. biol. Sci. **10** [1957] 80, 82).

Benzo[*b*]thiophen-7-yl-essigsäure $C_{10}H_8O_2S$, Formel IX.

B. Beim Erhitzen von Benzo[*b*]thiophen-7-yl-essigsäure-äthylester ($Kp_{0,9}$: 140—142°) mit wss. Kalilauge (*MacDowell, Greenwood,* J. heterocycl. Chem. **2** [1965] 44, 47). Beim Erwärmen von Benzo[*b*]thiophen-7-yl-acetonitril (F: 65—66°) mit wss.-äthanol. Kalilauge (*Matsuki, Fujieda,* J. chem. Soc. Japan Pure Chem. Sect. **88** [1967] 445; C. A. **68** [1968] 59638).

Krystalle; F: 155—156° [unkorr.; aus Ae. + Bzn.] (*MacD., Gr.*), 147,5—148,5° [aus Bzn.] (*Ma., Fu.*).

Ein ebenfalls als Benzo[*b*]thiophen-7-yl-essigsäure beschriebenes Präparat (Krystalle [aus W.]; F: 119°) ist beim Behandeln des aus Benzo[*b*]thiophen-7-carbonsäure mit Hilfe von Thionylchlorid hergestellten Säurechlorids mit Diazomethan in Äther und Erwärmen des Reaktionsprodukts mit Äthanol und Silberoxid und anschliessend mit Kaliumhydroxid erhalten worden (*Kefford, Kelso,* Austral. J. biol. Sci. **10** [1957] 80, 82).

3-Methyl-benzofuran-2-carbonsäure $C_{10}H_8O_3$, Formel X (X = OH) (H 309; dort als 3-Methyl-cumarilsäure bezeichnet).

B. Beim Erwärmen von 1-[2-Hydroxy-phenyl]-äthanon mit Brommalonsäure-diäthyl≠ ester, Kaliumcarbonat und Butanon und Erwärmen des Reaktionsprodukts mit äthanol. Kalilauge (*Tanaka,* Am. Soc. **73** [1951] 872; J. chem. Soc. Japan Pure Chem. Sect. **72** [1951] 307; C. A. **1952** 2535). Beim Erhitzen von 3-Methyl-benzofuran-2-carbon≠ säure-äthylester mit wss. Kalilauge (*Boehme,* Org. Synth. Coll. Vol. IV [1963] 590, 591; vgl. H 309). Beim Erwärmen von 3-Methyl-benzofuran-2-carbonitril mit wss.-methanol. Natronlauge (*Grubenmann, Erlenmeyer,* Helv. **31** [1948] 78, 81).

Krystalle; F: 192—193° (*Bo.*), 188,5—189,5° [aus wss. A.] (*Ta.*). UV-Spektrum (A.; 210—330 nm [λ_{max}: 270 nm und 294 nm]): *Andrisano, Pappalardo,* G. **83** [1953] 108, 110.

IX   X   XI   XII

3-Methyl-benzofuran-2-carbonsäure-methylester $C_{11}H_{10}O_3$, Formel X (X = O-CH₃) (H 309; dort als 3-Methyl-cumarilsäure-methylester bezeichnet).

B. Beim Behandeln von 3-Methyl-benzofuran-2-carbonsäure mit Diazomethan in Äther (*Grubenmann, Erlenmeyer,* Helv. **31** [1948] 78, 81) oder mit Schwefelsäure enthaltendem Methanol (*Du Pont de Nemours & Co.,* U.S.P. 2680732 [1950]).

F: 70—71° (*Du Pont*), 69—70° (*Gr., Er.*). Kp_1: 130—135° (*Du Pont*). UV-Spektrum (A.; 210—320 nm [λ_{max}: 220 nm und 276 nm]): *Andrisano, Pappalardo,* G. **83** [1953] 108, 110.

3-Methyl-benzofuran-2-carbonsäure-[2-diäthylamino-äthylester] $C_{16}H_{21}NO_3$, Formel X
(X = O-CH$_2$-CH$_2$-N(C$_2$H$_5$)$_2$).
Hydrochlorid $C_{16}H_{21}NO_3 \cdot HCl$. *B.* Beim Behandeln von 3-Methyl-benzofuran-
2-carbonylchlorid mit 2-Diäthylamino-äthanol und Benzol (*Jerzmanowska, Orchowicz,*
Acta Polon. pharm. **13** [1956] 11, 19; C.A. **1956** 16671). — Krystalle (aus A.); F: 182°
bis 183° (*Je., Or.,* l. c. S. 20).

3-Methyl-benzofuran-2-carbonylchlorid $C_{10}H_7ClO_2$, Formel X (X = Cl).
B. Beim Erwärmen von 3-Methyl-benzofuran-2-carbonsäure mit Thionylchlorid und
Benzol (*Jerzmanowska, Orchowicz,* Acta Polon. pharm. **13** [1956] 11, 19; C.A. **1956** 16671).
Krystalle (aus Bzn.); F: 72—73,5°.

3-Methyl-benzofuran-2-carbonitril $C_{10}H_7NO$, Formel XI.
B. Beim Erhitzen von 2-Brom-3-methyl-benzofuran mit Kupfer(I)-cyanid und Chinolin
(*Grubenmann, Erlenmeyer,* Helv. **31** [1948] 78, 80).
Krystalle (aus Bzn.); F: 66—67°. Bei 150°/12 Torr destillierbar.

3-Brommethyl-benzofuran-2-carbonsäure-äthylester $C_{12}H_{11}BrO_3$, Formel XII.
B. Beim Erhitzen von 3-Methyl-benzofuran-2-carbonsäure-äthylester mit *N*-Brom-
succinimid auf 130° (*Grubenmann, Erlenmeyer,* Helv. **31** [1948] 78, 81).
Krystalle (aus A.); F: 86—87°.

3-Methyl-benzo[*b*]thiophen-2-carbonsäure $C_{10}H_8O_2S$, Formel I (X = OH).
B. Beim Erhitzen von [2-Acetyl-phenylmercapto]-essigsäure mit wss. Kalilauge auf
120° (*Ricci,* Ann. Chimica **43** [1953] 323, 327). Beim Erwärmen von 3-Methyl-benzo=
[*b*]thiophen mit Butyllithium in Äther und Behandeln des Reaktionsgemisches mit
festem Kohlendioxid (*Shirley et al.,* Am. Soc. **75** [1953] 3278). Neben Benzo[*b*]thiophen-
3-yl-essigsäure und kleinen Mengen 1,2-Bis-benzo[*b*]thiophen-3-yl-äthan (?; F: 141,5°
bis 142,5° [korr.]) beim Behandeln von 3-Chlormethyl-benzo[*b*]thiophen mit Magnesium
in Äther und Behandeln des Reaktionsgemisches mit Kohlendioxid (*Gaertner,* Am. Soc.
74 [1952] 2185, 2186, 2187). Bei der Behandlung von 3-Chlormethyl-benzo[*b*]thiophen
mit Magnesium in Äther und anschliessend mit Chlorokohlensäure-äthylester und
Hydrolyse des Reaktionsprodukts (*Ga. et al.,* l. c. S. 2187). Beim Behandeln von 2-Brom-
3-methyl-benzo[*b*]thiophen mit Magnesium in Äther und anschliessend mit Kohlen=
dioxid (*Ga. et al.*).
Krystalle; F: 244,5—246° [unkorr.; Fisher-Johns-App.] (*Sh. et al.*), 244—244,5° [korr.;
aus Eg.] (*Ga.*), 239—240° [Zers.; aus Eg.] (*Ri.*).

3-Methyl-benzo[*b*]thiophen-2-carbonsäure-methylester $C_{11}H_{10}O_2S$, Formel I (X = O-CH$_3$).
B. Beim Behandeln von 3-Methyl-benzo[*b*]thiophen-2-carbonsäure mit Chlorwasserstoff
enthaltendem Methanol (*Ricci,* Ann. Chimica **43** [1953] 323, 327).
Krystalle (aus A.); F: 101—102°.

3-Methyl-benzo[*b*]thiophen-2-carbonylchlorid $C_{10}H_7ClOS$, Formel I (X = Cl).
B. Beim Erhitzen des Kalium-Salzes der 3-Methyl-benzo[*b*]thiophen-2-carbonsäure mit
Phosphor(V)-chlorid auf 140° (*Ricci,* Ann. Chimica **43** [1953] 323, 328).
Hellgelbe Krystalle (aus Bzl.); F: 108—109°.

3-Methyl-benzo[*b*]thiophen-2-carbonsäure-amid $C_{10}H_9NOS$, Formel I (X = NH$_2$).
B. Beim Behandeln von 3-Methyl-benzo[*b*]thiophen-2-carbonylchlorid mit wss. Am=
moniak (*Ricci,* Ann. Chimica **43** [1953] 323, 328).
Krystalle (aus A.); F: 181—183° [unkorr.; Fisher-Johns-App.] (*Shirley et al.,* Am. Soc.
75 [1953] 3278), 181—182° (*Ri.*).

3-Methyl-benzo[*b*]thiophen-2-carbonsäure-anilid $C_{16}H_{13}NOS$, Formel I (X = NH-C$_6$H$_5$).
B. Beim Behandeln von 3-Methyl-benzo[*b*]thiophen-2-carbonylchlorid mit Anilin und
Benzol (*Ricci,* Ann. Chimica **43** [1953] 323, 328).
Krystalle (aus A.); F: 179—180°.

I   II   III   IV

2-Methyl-benzofuran-3-carbonsäure $C_{10}H_8O_3$, Formel II (X = OH).

Eine von *Pfeiffer, Enders* (B. **84** [1951] 247, 252) und von *Stetter, Lauterbach* (B. **93** [1960] 603, 605) unter dieser Konstitution beschriebene Verbindung (F: 135—136°) ist als 3-Acetyl-3*H*-benzofuran-2-on (E III/IV **17** 6179) zu formulieren (*Geissman, Armen*, Am. Soc. **77** [1955] 1623, 1625; *Chatterjea*, J. Indian chem. Soc. **33** [1956] 175, 176; *Derkosch, Specht*, M. **91** [1960] 1011). Entsprechendes gilt für den von *Pfeiffer, Enders* (l. c. S. 252) als 2-Methyl-benzofuran-3-carbonsäure-methylester ($C_{11}H_{10}O_3$) angesehenen Methylester (F: 129,5—130°), der als 3-[1-Methoxy-äthyliden]-3*H*-benzo= furan-2-on (S. 362) zu formulieren ist (*Ge., Ar.*; *Ch.*, J. Indian chem. Soc. **33** 176).

B. Beim Behandeln von 3-Brom-2-methyl-benzofuran mit Butyllithium in Äther und anschliessend mit festem Kohlendioxid (*Ge., Ar.*, l. c. S. 1627). Beim Erhitzen von 3-Acetyl-3*H*-benzofuran-2-on mit konz. wss. Salzsäure und Essigsäure (*Chatterjea*, J. Indian chem. Soc. **34** [1957] 299, 303). Beim Erwärmen einer Lösung von 1-[2-Methyl-benzofuran-3-yl]-äthanon in Dioxan mit alkal. wss. Natriumhypobromit-Lösung (*Chat-terjea*, J. Indian chem. Soc. **34** [1957] 347, 350).

Krystalle (aus wss. A.); F: 191—192° [unkorr.] (*Ch.*, J. Indian chem. Soc. **34** 303), 190—191° (*Ge., Ar.*, l. c. S. 1626).

2-Methyl-benzofuran-3-carbonsäure-amid $C_{10}H_9NO_2$, Formel II (X = NH₂).

B. Aus 2-Methyl-benzofuran-3-carbonsäure (*Chatterjea*, J. Indian chem. Soc. **34** [1957] 299, 303).

Krystalle (aus A.); F: 179° [unkorr.].

2-Methyl-benzo[*b*]thiophen-3-carbonsäure $C_{10}H_8O_2S$, Formel III.

B. Als Hauptprodukt neben anderen Verbindungen beim Behandeln von 2-Chlor= methyl-benzo[*b*]thiophen mit Magnesium in Äther und anschliessend mit Kohlendioxid (*Gaertner*, Am. Soc. **74** [1952] 766) sowie beim Behandeln von 3-Brom-2-methyl-benzo= [*b*]thiophen mit Magnesium, Methyljodid und Äther und anschliessend mit Kohlendi= oxid (*Shirley et al.*, Am. Soc. **75** [1953] 3278).

Krystalle; F: 195,8—196,4° [korr.; nach Sublimation bei 130°/0,1 Torr] (*Ga.*), 194° bis 195° [unkorr.; Fisher-Johns-App.] (*Sh. et al.*).

4-Methyl-benzofuran-2-carbonsäure $C_{10}H_8O_3$, Formel IV (R = H).

B. Beim Erwärmen von 2-Hydroxy-6-methyl-benzaldehyd mit Brommalonsäure-diäthylester, Kaliumcarbonat und Butanon und Erwärmen des Reaktionsprodukts mit äthanol. Kalilauge (*Pappalardo, Duro*, Boll. scient. Fac. chim. ind. Bologna **10** [1952] 168).

Krystalle (aus Bzl.); F: 191° (*Pa., Duro*). UV-Spektrum (A.; 220—310 nm [λ_{max}: 222 nm und 272 nm]): *Andrisano, Pappalardo*, G. **83** [1953] 108, 110.

4-Methyl-benzofuran-2-carbonsäure-methylester $C_{11}H_{10}O_3$, Formel IV (R = CH₃).

B. Beim Erwärmen von 4-Methyl-benzofuran-2-carbonsäure mit Chlorwasserstoff ent= haltendem Methanol (*Pappalardo, Duro*, Boll. scient. Fac. Chim. ind. Bologna **10** [1952] 168).

Krystalle (aus wss. Me.); F: 109° (*Pa., Duro*). UV-Spektrum (A.; 220—330 nm [λ_{max}: 226 nm und 280,5 nm]): *Andrisano, Pappalardo*, G. **83** [1953] 108, 110.

5-Methyl-benzofuran-2-carbonsäure $C_{10}H_8O_3$, Formel V (R = H).

B. Beim Erwärmen von 2-Hydroxy-5-methyl-benzaldehyd mit Brommalonsäure-diäthylester, Kaliumcarbonat und Butanon und Erwärmen des Reaktionsprodukts mit äthanol. Kalilauge (*Pappalardo, Duro*, Boll. scient. Fac. Chim. ind. Bologna **10** [1952] 168). Beim Erwärmen von 5-Methyl-benzofuran-2-carbonsäure-äthylester mit wss.

Natronlauge (*Mndshojan, Arojan*, Izv. Armjansk. Akad. Ser. chim. **11** [1958] 45, 52; C. A. **1959** 3185).

Krystalle; F: 237° [aus wss. A.] (*Pa., Duro*), 227—228° [aus wss. Eg.] (*Mn., Ar.*). UV-Spektrum (A.; 210—320 nm [λ_{max}: 267,5 nm]): *Andrisano, Pappalardo*, G. **83** [1953] 108, 110.

5-Methyl-benzofuran-2-carbonsäure-methylester $C_{11}H_{10}O_3$, Formel V (R = CH_3).

B. Beim Erwärmen von 5-Methyl-benzofuran-2-carbonsäure mit Chlorwasserstoff enthaltendem Methanol (*Pappalardo, Duro*, Boll. scient. Fac. Chim. ind. Bologna **10** [1952] 168).

Krystalle (aus wss. Me.); F: 61° (*Pa., Duro*). UV-Spektrum (A.; 210—330 nm [λ_{max}: 274 nm): *Andrisano, Pappalardo*, G. **83** [1953] 108, 110.

5-Methyl-benzofuran-2-carbonsäure-äthylester $C_{12}H_{12}O_3$, Formel V (R = C_2H_5).

B. Beim Erwärmen von 5-Chlormethyl-benzofuran-2-carbonsäure-äthylester mit Essigsäure und Zink und anschliessend mit Chlorwasserstoff (*Mndshojan, Arojan*, Izv. Armjansk. Akad. Ser. chim. **11** [1958] 45, 52; C. A. **1959** 3185).

Kp_2: 139—142°. D_4^{20}: 1,1498. n_D^{20}: 1,5648.

V   VI   VII

5-Chlormethyl-benzofuran-2-carbonsäure-methylester $C_{11}H_9ClO_3$, Formel VI (R = CH_3).

B. Als Hauptprodukt beim Behandeln von Benzofuran-2-carbonsäure-methylester mit Paraformaldehyd, Zinkchlorid, Chloroform und Chlorwasserstoff (*Mndshojan, Arojan*, Izv. Armjansk. Akad. Ser. chim. **11** [1958] 45, 47, 50; C. A. **1959** 3185).

Krystalle (aus Me.); F: 88—89°.

5-Chlormethyl-benzofuran-2-carbonsäure-äthylester $C_{12}H_{11}ClO_3$, Formel VI (R = C_2H_5) (H 310; dort als 5-Chlormethyl-cumarilsäure-äthylester bezeichnet).

B. Als Hauptprodukt beim Behandeln von Benzofuran-2-carbonsäure-äthylester mit Paraformaldehyd, Zinkchlorid, Chloroform und Chlorwasserstoff (*Mndshojan, Arojan*, Izv. Armjansk. Akad. Ser. chim. **11** [1958] 45, 52; C. A. **1959** 3185).

Krystalle (aus Me.); F: 66—67°.

5-Methyl-benzo[*b*]thiophen-2-carbonsäure $C_{10}H_8O_2S$, Formel VII.

B. Beim Erwärmen von 5-Methyl-2-methylmercapto-benzaldehyd mit Chloressigsäure auf 100° (*Krollpfeiffer et al.*, A. **566** [1950] 139, 145).

Krystalle (aus Me.); F: 217—218°.

6-Methyl-benzofuran-2-carbonsäure $C_{10}H_8O_3$, Formel VIII (R = H) (H 310; dort als 6-Methyl-cumaron-carbonsäure-(2) und als 6-Methyl-cumarilsäure bezeichnet).

B. Beim Erwärmen von 2-Hydroxy-4-methyl-benzaldehyd mit Brommalonsäurediäthylester, Kaliumcarbonat und Butanon und Erwärmen des Reaktionsprodukts mit äthanol. Kalilauge (*Pappalardo, Duro*, Boll. scient. Fac. Chim. ind. Bologna **10** [1952] 168).

Krystalle (aus Bzl.); F: 194° (*Pa., Duro*). UV-Spektrum (A.; 210—320 nm [λ_{max}: 270 nm, 286 nm und 297 nm]): *Andrisano, Pappalardo*, G. **83** [1953] 108, 111.

6-Methyl-benzofuran-2-carbonsäure-methylester $C_{11}H_{10}O_3$, Formel VIII (R = CH_3).

B. Beim Erwärmen von 6-Methyl-benzofuran-2-carbonsäure mit Chlorwasserstoff enthaltendem Methanol (*Pappalardo, Duro*, Boll. scient. Fac. Chim. ind. Bologna **10** [1952] 168).

Krystalle (aus wss. Me.); F: 62° (*Pa., Duro*). UV-Spektrum (A.; 210—330 nm [λ_{max}: 222 nm und 281 nm]): *Andrisano, Pappalardo*, G. **83** [1953] 108, 111.

5,7-Dibrom-6-methyl-benzofuran-2-carbonsäure $C_{10}H_6Br_2O_3$, Formel IX.

B. Beim Behandeln von 2-Acetoxomercurio-3-[3,5-bis-acetoxomercurio-2-hydroxy-

4-methyl-phenyl]-3-methoxy-propionsäure (F: 228° [E III **16** 1408]) oder dem entsprechenden Methylester (F: 284° [E III **16** 1409]) mit Brom in Essigsäure und Erhitzen des jeweiligen Reaktionsprodukts mit wss. Kalilauge (*Rao, Seshadri*, Pr. Indian Acad. [A] **4** [1936] 630, 637). Beim Erwärmen von 3,6,8-Tribrom-7-methyl-cumarin mit äthanol. Kalilauge (*Rao, Seshadri*, Pr. Indian Acad. [A] **6** [1937] 238, 241).

Krystalle (aus Eg.); F: 270° (*Rao, Se.*, Pr. Indian Acad. [A] **4** 637, **6** 241).

VIII   IX   X

7-Methyl-benzofuran-2-carbonsäure $C_{10}H_8O_3$, Formel X (R = H).

B. Beim Erwärmen von 2-Hydroxy-3-methyl-benzaldehyd mit Brommalonsäurediäthylester, Kaliumcarbonat und Butanon und Erwärmen des Reaktionsprodukts mit äthanol. Kalilauge (*Pappalardo, Duro*, Boll. scient. Fac. Chim. ind. Bologna **10** [1952] 168).

Krystalle (aus Bzl.); F: 216,5° (*Pa., Duro*). UV-Spektrum (A.; 210—330 nm [λ_{max}: 210 nm und 269 nm]): *Andrisano, Pappalardo*, G. **83** [1953] 108, 111.

7-Methyl-benzofuran-2-carbonsäure-methylester $C_{11}H_{10}O_3$, Formel X (R = CH$_3$).

B. Beim Erwärmen von 7-Methyl-benzofuran-2-carbonsäure mit Chlorwasserstoff enthaltendem Methanol (*Pappalardo, Duro*, Boll. scient. Fac. Chim. ind. Bologna **10** [1952] 168).

Krystalle (aus wss. Me.); F: 56° (*Pa., Duro*). UV-Spektrum (A.; 210—330 nm [λ_{max}: 228 nm und 277,5 nm]): *Andrisano, Pappalardo*, G. **83** [1953] 108, 111.

*Opt.-inakt. 1a,6b-Dihydro-1*H*-cyclopropa[*b*]benzofuran-1-carbonsäure $C_{10}H_8O_3$, Formel XI (R = H).

B. Aus opt.-inakt. 1a,6b-Dihydro-1*H*-cyclopropa[*b*]benzofuran-1-carbonsäure-äthylester (s. u.) beim Erhitzen mit wss. Natronlauge (*Novák et al.*, Collect. **22** [1957] 1836, 1849) sowie beim Erwärmen mit äthanol. Natronlauge (*Badger et al.*, Soc. **1958** 1179, 1183). Beim Behandeln einer Lösung von opt.-inakt. 1-[1a,6b-Dihydro-1*H*-cyclopropa[*b*]benzofuran-1-yl]-äthanon (F: 63° [E III/IV **17** 5108]) in Dioxan mit alkal. wss. Natriumhypobromit-Lösung (*No. et al.*).

Krystalle, F: 182° (*Kefford*, Austral. J. biol. Sci. **12** [1959] 257, 258); Krystalle (aus wss. A.), F: 181—181,5° (*Ba. et al.*); Krystalle (aus Bzl.), F: 179—180° [unkorr.] (*No. et al.*). UV-Spektrum (A.; 220—300 nm): *Ba. et al.*, l. c. S. 1180; s. a. *No. et al.*, l. c. S. 1842.

Amid $C_{10}H_9NO_2$. Krystalle (aus W.); F: 198—199° (*Ba. et al.*, l. c S. 1183).

*Opt.-inakt. 1a,6b-Dihydro-1*H*-cyclopropa[*b*]benzofuran-1-carbonsäure-äthylester $C_{12}H_{12}O_3$, Formel XI (R = C$_2$H$_5$).

B. Aus Benzofuran und Diazoessigsäure-äthylester beim Erhitzen auf 150° (*Badger et al.*, Soc. **1958** 1179, 1183) sowie beim Erwärmen unter Zusatz von Kupfer(II)-sulfat auf 85° (*Novák et al.*, Collect. **22** [1957] 1836, 1849).

$Kp_{0,1}$: 85° (*No. et al.*). Bei 93—100°/0,04 Torr destillierbar (*Ba. et al.*).

XI   XII   XIII   XIV

1a,6b-Dihydro-1*H*-benzo[*b*]cyclopropa[*d*]thiophen-1-carbonsäure $C_{10}H_8O_2S$.

Über die Konfiguration der nachstehend beschriebenen Stereoisomeren s. *Badger et al.*,

Soc. **1958** 4777.

a) **(±)-(1a r,6b c)-1a,6b-Dihydro-1H-benzo[b]cyclopropa[d]thiophen-1c(?)-carbon=
säure** $C_{10}H_8O_2S$, vermutlich Formel XII + Spiegelbild.

B. Neben anderen Verbindungen beim Erhitzen von Benzo[b]thiophen mit Diazo=
essigsäure-äthylester auf 150° und Erwärmen der bei 113—120°/0,04 Torr bzw. bei
86°/0,01 Torr siedenden Fraktion des Reaktionsprodukts mit äthanol. Natronlauge
(*Badger et al.*, Soc. **1958** 1179, 1182, 4777).

Krystalle; F: 150° [aus Hexan] (*Ba. et al.*, l. c. S. 1182), 148° (*Ba. et al.*, l. c. S. 4777),
145—148° (*Kefford*, Austral. J. biol. Sci. **12** [1959] 257, 258). UV-Spektrum (A.; 220 nm
bis 320 nm): *Ba. et al.*, l. c. S. 1180.

4-Phenyl-phenacylester $C_{24}H_{18}O_3S$. Krystalle (aus A.); F: 129—130° (*Ba. et al.*,
l. c. S. 1182).

A m i d $C_{10}H_9NOS$. Krystalle (aus W.); F: 225° (*Ba. et al.*, l. c. S. 1182).

b) **(±)-(1a r,6b c)-1a,6b-Dihydro-1H-benzo[b]cyclopropa[d]thiophen-1t(?)-carbon=
säure** $C_{10}H_8O_2S$, vermutlich Formel XIII + Spiegelbild.

B. Neben anderen Verbindungen beim Erhitzen von Benzo[b]thiophen mit Diazoessig=
säure-äthylester auf 150° und Erwärmen der bei 98—110°/0,01 Torr siedenden Fraktion
des Reaktionsprodukts mit äthanol. Natronlauge (*Badger et al.*, Soc. **1958** 4777).

Krystalle (aus Bzn.); F: 182°. Absorptionsmaxima (A.): 250 nm, 264 nm und 292 nm.

4-Phenyl-phenacylester $C_{24}H_{18}O_3S$. Krystalle; F: 163° (*Ba. et al.*).

**(±)-2,2-Dioxo-(1a r,6b c)-1a,6b-dihydro-1H-2λ^6-benzo[b]cyclopropa[d]thiophen-
1c(?)-carbonsäure** $C_{10}H_8O_4S$, vermutlich Formel XIV + Spiegelbild.

B. Beim Behandeln von (1a r,6b c)-1a,6b-Dihydro-1H-benzo[b]cyclopropa[d]thiophen-
1c(?)-carbonsäure (s. o.) in wss. Natriumcarbonat-Lösung mit Kaliumpermanganat und
anschliessenden Erwärmen (*Badger et al.*, Soc. **1958** 1179, 1183).

Krystalle (aus W.); F: 240—241°.

Carbonsäuren $C_{11}H_{10}O_3$

7t(?)-[2]Furyl-hepta-2t(?),4t(?),6-triensäure $C_{11}H_{10}O_3$, vermutlich Formel I.

B. Beim Behandeln von 5t(?)-[2]Furyl-penta-2t(?),4-dienal (vgl. E III/IV **17** 4953) mit
Natrium und Äthanol enthaltendem Äthylacetat und Behandeln des erhaltenen 7t(?)-
[2]Furyl-hepta-2t(?),4t(?),6-triensäure-äthylesters ($C_{13}H_{14}O_3$; gelbe Krystalle
[aus wss. A.]; F: 81—82°) mit wss.-äthanol. Kalilauge (*Rallings, Smith*, Soc. **1953** 618,
619). Aus 5t(?)-[2]Furyl-penta-2t(?),4-dienal und Malonsäure mit Hilfe von Pyridin
(*Hausser et al.*, Z. physik. Chem. [B] **29** [1935] 378, 383).

Braungelbe Krystalle (*Ha. et al.*). F: 199,5—200° [korr.; aus Bzl.] (*Ha. et al.*), 194°
bis 196° (*Ra., Smi.*). Absorptionsspektrum (190—410 nm) einer Lösung in Hexan:
Smakula, Ang. Ch. **47** [1934] 657, 659; einer Lösung in Äthanol: *Ha. et al.*, l. c. S. 381.
Absorptionsmaxima: 357 nm und 377 nm [Hexan] bzw. 353 nm und 373 nm [A.] (*Sma.*,
l. c. S. 662).

A m i d $C_{11}H_{11}NO_2$. Hellgelbe Krystalle (aus wss. A.); F: 210—211° (*Ra., Smi.*).

I   II   III

7t(?)-[2]Thienyl-hepta-2t,4t(?),6-triensäure $C_{11}H_{10}O_2S$, vermutlich Formel II.

B. Beim Erwärmen von 3t(?)-[2]Thienyl-acrylaldehyd (vgl. E III/IV **17** 4708) mit
4-Brom-*trans*-crotonsäure-äthylester und amalgamiertem Zink in einem Gemisch von
Benzol und Tetrahydrofuran und Behandeln des nach der Hydrolyse (wss. Salzsäure)
erhaltenen Reaktionsprodukts mit wss.-äthanol. Kalilauge (*Miller, Nord*, J. org. Chem.
16 [1951] 1720, 1725, 1726).

Krystalle (aus Bzl. oder wss. A.); F: 189—191°.

3-Phenyl-2,3-dihydro-furan-2-carbonsäure $C_{11}H_{10}O_3$, Formel III.

Die früher (s. E II **18** 278) unter dieser Konstitution beschriebene Verbindung (F: 159°) ist als [1]Naphthoesäure ($C_{11}H_8O_2$) zu formulieren (*Gilman et al.*, Am. Soc. **56** [1934] 745). Entsprechendes gilt für die früher (s. E II **18** 278) als 5-Brom-3-phenyl-2,3-di= hydro-furan-2-carbonsäure ($C_{11}H_9BrO_3$) angesehene Verbindung (F: 251°), die als 5-Brom-[1]naphthoesäure ($C_{11}H_7BrO_2$) zu formulieren ist.

2-Phenyl-4,5-dihydro-furan-3-carbonsäure $C_{11}H_{10}O_3$, Formel IV.

B. Beim Erwärmen von 3-Oxo-3-phenyl-propionsäure-äthylester mit 1,2-Dibrom-äthan und Natriummethylat in Äthanol und Erwärmen des Reaktionsprodukts mit methanol. Kalilauge oder äthanol. Kalilauge (*Steward, Woolley*, Am. Soc. **81** [1959] 4951, 4954). Krystalle (aus Bzl. + Hexan); F: 151—154° (?) [unkorr.; Zers.].

Beim Erhitzen mit Wasser ist 4-Hydroxy-1-phenyl-butan-1-on erhalten worden.

3-Benzo[*b*]thiophen-2-yl-propionsäure $C_{11}H_{10}O_2S$, Formel V.

B. Bei der Hydrierung von 3*t*(?)-Benzo[*b*]thiophen-2-yl-acrylsäure (F: 231°) an Pal= ladium in Essigsäure (*Ried, Bender*, B. **88** [1955] 34, 36).

Krystalle (aus Me.); F: 138,5° [unkorr.].

3-Benzo[*b*]thiophen-3-yl-propionsäure $C_{11}H_{10}O_2S$, Formel VI (X = OH).

B. Beim Erwärmen von 3-Benzo[*b*]thiophen-3-yl-propionitril mit wss.-äthanol. Kali= lauge (*Cagniant*, Bl. **1949** 382, 386). Beim Erhitzen von 1-Benzo[*b*]thiophen-3-yl-propan-1-on mit Morpholin und Schwefel und Erwärmen des Reaktionsprodukts mit äthanol. Kalilauge (*Gaertner*, Am. Soc. **74** [1952] 2185, 2188). Bei der Hydrierung von 3*t*(?)-Benzo= [*b*]thiophen-3-yl-acrylsäure (F: 225°) an Palladium in Essigsäure (*Ried, Bender*, B. **88** [1955] 34, 37). Beim Erhitzen von Benzo[*b*]thiophen-3-ylmethyl-malonsäure auf Tem= peraturen oberhalb 171° (*Ca.*).

Krystalle; F: 147—148,5° [korr.; aus Bzl.] (*Ga.*), 145° [unkorr.; aus Me.] (*Ried, Be.*), 145° [aus Bzl.] (*Ca.*). Kp_{19}: 227° (*Ca.*). Bei 140°/0,2 Torr sublimierbar (*Ga.*).

IV   V   VI

3-Benzo[*b*]thiophen-3-yl-propionsäure-[3-diäthylamino-propylester] $C_{18}H_{25}NO_2S$, Formel VI (X = O-[CH$_2$]$_3$-N(C$_2$H$_5$)$_2$).

B. Beim Erwärmen von 3-Benzo[*b*]thiophen-3-yl-propionsäure mit Diäthyl-[3-chlor-propyl]-amin und Isopropylalkohol (*Searle & Co.*, U.S.P. 2857383 [1956]).

Bei ca. 170—175° [Badtemperatur]/0,02 Torr destillierbar.

3-Benzo[*b*]thiophen-3-yl-propionylchlorid $C_{11}H_9ClOS$, Formel VI (X = Cl).

B. Beim Behandeln von 3-Benzo[*b*]thiophen-3-yl-propionsäure mit Thionylchlorid und Chloroform (*Cagniant, Cagniant*, Bl. **1953** 185, 186).

Kp_1: 165° [unkorr.].

3-Benzo[*b*]thiophen-3-yl-propionsäure-amid, 3-Benzo[*b*]thiophen-3-yl-propionamid $C_{11}H_{11}NOS$, Formel VI (X = NH$_2$).

B. Beim Behandeln von 3-Benzo[*b*]thiophen-3-yl-propionylchlorid mit wss. Ammoniak (*Cagniant*, Bl. **1949** 382, 386).

Krystalle (aus Bzl. + PAe.); F: 95°.

3-Benzo[*b*]thiophen-3-yl-propionitril $C_{11}H_9NS$, Formel VII.

B. Neben einer als 3-Vinyl-benzo[*b*]thiophen angesehenen Verbindung (Kp_{22}: ca. 130°) beim Erwärmen von 3-[2-Brom-äthyl]-benzo[*b*]thiophen mit Kaliumcyanid in wss.

Äthanol (*Cagniant*, Bl. **1949** 382, 386).
Kp$_{22}$: 178—180°.

2-Benzo[*b*]thiophen-2-yl-propionsäure C$_{11}$H$_{10}$O$_2$S.
Über die Konfiguration der Enantiomeren s. *Fredga*, Tetrahedron **8** [1960] 126, 143;
Sjöberg, Acta chem. scand. **14** [1960] 273, 278, 292; *Djerassi et al.*, Acta chem. scand.
16 [1962] 1147, 1151.

    a) (*R*)-**2-Benzo[*b*]thiophen-2-yl-propionsäure** C$_{11}$H$_{10}$O$_2$S, Formel VIII.
Gewinnung aus dem unter c) beschriebenen Racemat über das Morphin-Salz: *Sjöberg*,
Ark. Kemi **12** [1958] 565, 569.
Krystalle (aus CCl$_4$ + Bzn.); F: 134—136° (*Sj.*, Ark. Kemi **12** 569). [α]$_D^{25}$: +45°
[2,2,4-Trimethyl-pentan; c = 0,2]; [α]$_D^{25}$: +13,9° [Bzl.; c = 1]; [α]$_D^{25}$: +21,8° [CHCl$_3$;
c = 1]; [α]$_D^{25}$: +35,2° [Eg.; c = 1]; [α]$_D^{25}$: +51,8° [Acn.; c = 1]; [α]$_D^{25}$: +31,2° [A.;
c = 1]; [α]$_D^{25}$: −26,3° [Natrium-Salz in W.; c = 1] (*Sj.*, Ark. Kemi **12** 569). Schmelzdiagramme der binären Systeme mit (*R*)-2-[2]Naphthyl-propionsäure, mit (*S*)-2-[2]=
Naphthyl-propionsäure und mit dem unter b) beschriebenen Enantiomeren: *Sjöberg*,
Ark. Kemi **13** [1959] 1, 4, 5.

VII   VIII   IX

    b) (*S*)-**2-Benzo[*b*]thiophen-2-yl-propionsäure** C$_{11}$H$_{10}$O$_2$S, Formel IX.
Gewinnung aus einem nach Abtrennung des unter a) beschriebenen Enantiomeren
erhaltenen partiell racemischen Präparat über das (*R*)-1-[1]Naphthyl-äthylamin-Salz:
Sjöberg, Ark. Kemi **12** [1958] 565, 569.
Krystalle (aus CCl$_4$ + Bzn.); F: 134—136° (*Sj.*, Ark. Kemi **12** 570). [α]$_D^{25}$: −31,4°
[A.; c = 1] (*Sj.*, Ark. Kemi **12** 570). Schmelzdiagramm des Systems mit dem Enantio-
meren: *Sjöberg*, Ark. Kemi **13** [1959] 1, 4.

    c) (±)-**2-Benzo[*b*]thiophen-2-yl-propionsäure** C$_{11}$H$_{10}$O$_2$S, Formel VIII + IX.
B. Beim Behandeln von (±)-2-Benzo[*b*]thiophen-2-yl-2-hydroxy-propionsäure mit
Zinn(II)-chlorid-dihydrat in Essigsäure und wss. Jodwasserstoffsäure unter Durch-
leiten von Chlorwasserstoff (*Sjöberg*, Ark. Kemi **12** [1958] 565, 568).
Krystalle (aus CCl$_4$); F: 117,5—119°.

2-Benzo[*b*]thiophen-3-yl-propionsäure C$_{11}$H$_{10}$O$_2$S.
Über die Konfiguration der Enantiomeren s. *Sjöberg*, Ark. Kemi **11** [1957] 439, 445;
Acta chem. scand. **14** [1960] 273, 278, 292; *Fredga*, Tetrahedron **8** [1960] 126, 143.

    a) (*R*)-**2-Benzo[*b*]thiophen-3-yl-propionsäure** C$_{11}$H$_{10}$O$_2$S, Formel X.
Gewinnung aus dem unter c) beschriebenen Racemat über das Cinchonidin-Salz:
Sjöberg, Ark. Kemi **11** [1957] 439, 447.
Krystalle (aus Bzn.); F: 64—66° (*Sj.*, Ark. Kemi **11** 447). [α]$_D^{25}$: −104° [2,2,4-Tri=
methyl-pentan; c = 0,2]; [α]$_D^{25}$: −109,6° [Bzl.; c = 0,7]; [α]$_D^{25}$: −83,0° [CHCl$_3$; c = 0,8];
[α]$_D^{25}$: −100,1° [Eg.; c = 0,7]; [α]$_D^{25}$: −92,2° [Acn.; c = 0,7]; [α]$_D^{25}$: −80,2° [A.; c = 0,8];
[α]$_D^{25}$: −1° [Natrium-Salz in W.] (*Sj.*, Ark. Kemi **11** 448). IR-Spektrum (KBr; 5—15 μ):
Sj., Ark. Kemi **11** 442. Schmelzdiagramme der binären Systeme mit (*R*)-2-[1]Naphthyl-
propionsäure und mit (*S*)-2-[1]Naphthyl-propionsäure: *Sjöberg*, Ark. Kemi **11** 445, **13**
[1959] 1, 6; mit dem unter b) beschriebenen Enantiomeren: *Sj.*, Ark. Kemi **11** 444, **13** 4;
und mit (*S*)-2-Indol-3-yl-propionsäure: *Sjöberg*, Ark. Kemi **12** [1958] 251, 253.

    b) (*S*)-**2-Benzo[*b*]thiophen-3-yl-propionsäure** C$_{11}$H$_{10}$O$_2$S, Formel XI.
Gewinnung aus einem nach Abtrennung des unter a) beschriebenen Enantiomeren
erhaltenen partiell racemischen Präparat über das Cinchonin-Salz: *Sjöberg*, Ark. Kemi
11 [1957] 439, 447.

Krystalle (aus Bzn.); F: 64—66° (*Sj.*, Ark. Kemi **11** 447). $[\alpha]_D^{25}$: +80,0° [A.; c = 0,7] (*Sj.*, Ark. Kemi **11** 449). Schmelzdiagramme der binären Systeme mit dem Enantiomeren: *Sj.*, Ark. Kemi **11** 444; und mit (*S*)-2-Indol-3-yl-propionsäure: *Sjöberg*, Ark. Kemi **12** [1958] 251, 253.

X   XI   XII   XIII

c) **(±)-2-Benzo[*b*]thiophen-3-yl-propionsäure** $C_{11}H_{10}O_2S$, Formel X + XI.
B. Beim Behandeln von (±)-2-Benzo[*b*]thiophen-3-yl-2-hydroxy-propionsäure mit Zinn(II)-chlorid-dihydrat und Essigsäure unter Durchleiten von Chlorwasserstoff (*Sjöberg*, Ark. Kemi **11** [1957] 439, 447).
Krystalle (aus Bzn.); F: 86,5—88°. IR-Spektrum (KBr; 5—15 μ): *Sj.*, l. c. S. 442.

[2-Methyl-benzofuran-3-yl]-essigsäure $C_{11}H_{10}O_3$, Formel XII.
B. Beim Erwärmen von 3-Chlormethyl-2-methyl-benzofuran mit Kaliumcyanid und Kaliumjodid in Aceton und Erwärmen des erhaltenen [2-Methyl-benzofuran-3-yl]-acetonitrils ($C_{11}H_9NO$; $Kp_{0,3}$: 115—118°; n_D^{20}: 1,5643) mit äthanol. Kalilauge (*Gaertner*, Am. Soc. **74** [1952] 5319). Beim Erhitzen von (±)-4-Acetyl-chroman-2-on mit wss. Salz= säure (*Lawson*, Soc. **1957** 144, 149).
Krystalle; F: 98° [aus Bzl. + PAe.] (*La.*), 96,6—97,6° [aus Hexan] (*Ga.*). Bei 90°/ 0,1 Torr sublimierbar (*Ga.*). Absorptionsmaxima (A.): 249 nm und 275 nm (*La.*).

2-Äthyl-benzofuran-3-carbonsäure $C_{11}H_{10}O_3$, Formel XIII (X = OH).
B. Beim Erhitzen von 3-Propionyl-3*H*-benzofuran-2-on mit einem Gemisch von Essig= säure und wss. Salzsäure (*Chatterjea*, J. Indian chem. Soc. **34** [1957] 299, 304). Beim Behandeln von 1-[2-Äthyl-benzofuran-3-yl]-äthanon mit alkal. wss. Natriumhypo= bromit-Lösung (*Bisagni et al.*, Soc. **1955** 3688, 3691).
Krystalle (aus wss. A.); F: 116° (*Bi. et al.*), 115° [unkorr.] (*Ch.*).

2-Äthyl-benzofuran-3-carbonylchlorid $C_{11}H_9ClO_2$, Formel XIII (X = Cl).
B. Beim Behandeln von 2-Äthyl-benzofuran-3-carbonsäure mit Phosphor(V)-chlorid (*Royer, Bisagni*, Bl. **1963** 1746, 1749).
Kp_{15}: 151—153°.

2-Äthyl-benzofuran-3-carbonsäure-amid $C_{11}H_{11}NO_2$, Formel XIII (X = NH₂).
B. Beim Behandeln von 2-Äthyl-benzofuran-3-carbonylchlorid mit wss. Ammoniak (*Royer, Bisagni*, Bl. **1963** 1746, 1749). Beim Erhitzen von 2-Äthyl-benzofuran-3-carbo= nitril mit wss. Schwefelsäure (*Bisagni et al.*, Soc. **1955** 3688, 3691).
Krystalle; F: 163—164° [aus W.] (*Bi. et al.*), 162—163° [aus Cyclohexan + Bzl.] (*Ro., Bi.*).
Beim Erwärmen mit äthanol. Kalilauge erfolgt keine Reaktion (*Bi. et al.*).

2-Äthyl-benzofuran-3-carbonitril $C_{11}H_9NO$, Formel I.
B. Beim Erhitzen von 2-Äthyl-benzofuran-3-carbaldehyd-oxim (F: 78° [E III/IV **17** 5106]) mit Acetanhydrid (*Bisagni et al.*, Soc. **1955** 3688, 3691; *Royer, Bisagni*, Bl. **1963** 1746, 1749).
Kp_{18}: 149—150°; n_D^{23}: 1,5596 (*Bi. et al.*). Kp_{11}: 130°; $n_D^{18,5}$: 1,5582 (*Ro., Bi.*).

I   II   III

2-Äthyl-benzo[*b*]thiophen-3-carbonsäure $C_{11}H_{10}O_2S$, Formel II.

B. Beim Erhitzen von 2-Acetyl-benzo[*b*]thiophen-3-carbonsäure mit amalgamiertem Zink und wss. Salzsäure (*Mayer*, A. **488** [1931] 259, 290).

Krystalle (aus W.); F: 124—125°.

[3-Methyl-benzo[*b*]thiophen-2-yl]-essigsäure $C_{11}H_{10}O_2S$, Formel III.

B. Beim Erhitzen von 1-[3-Methyl-benzo[*b*]thiophen-2-yl]-äthanon mit Morpholin und Schwefel und Erwärmen des Reaktionsprodukts mit äthanol. Kalilauge (*Gaertner*, Am. Soc. **74** [1952] 2185, 2187).

Krystalle (aus Bzl. + Hexan); F: 150,4—152° [korr.]. Bei 140°/0,1 Torr sublimierbar.

[(*Ξ*)-5-Methyl-benzofuran-3-yliden]-essigsäure $C_{11}H_{10}O_3$, Formel IV.

Für die nachstehend beschriebene Verbindung kommt ausser dieser Konstitution auch die Formulierung als [5-Methyl-benzofuran-3-yl]-essigsäure ($C_{11}H_{10}O_3$; Formel V) in Betracht (vgl. *Dey, Radhabai*, J. Indian chem. Soc. **11** [1934] 635, 641).

B. Beim Erhitzen von 4-Chlormethyl-6-methyl-cumarin oder von 4-Brommethyl-6-methyl-cumarin mit wss. Alkalilauge (*Dey, Ra.*, l. c. S. 647).

Krystalle (aus W.); F: 104°.

IV   V   VI

[(*Ξ*)-6-Methyl-benzofuran-3-yliden]-essigsäure $C_{11}H_{10}O_3$, Formel VI.

Für die nachstehend beschriebene Verbindung kommt ausser dieser Konstitution auch die Formulierung als [6-Methyl-benzofuran-3-yl]-essigsäure ($C_{11}H_{10}O_3$; Formel VII) in Betracht (vgl. *Dey, Radhabai*, J. Indian chem. Soc. **11** [1934] 635, 641).

B. Beim Erhitzen von 4-Chlormethyl-7-methyl-cumarin oder von 4-Brommethyl-7-methyl-cumarin mit wss. Alkalilauge (*Dey, Ra.*, l. c. S. 644, 646).

Krystalle (aus W.); F: 107° (*Dey, Ra.*, l. c. S. 645).

Das Silber-Salz, das Calcium-Salz und das Barium-Salz sind in Wasser schwer löslich (*Dey, Ra.*, l. c. S. 645).

A n i l i d $C_{17}H_{15}NO_2$. Krystalle (aus A.); F: 161°.

VII   VIII   IX

(±)-2-Methyl-3-methylen-2,3-dihydro-benzofuran-2-carbonsäure $C_{11}H_{10}O_3$, Formel VIII.

B. Neben 2,3-Dimethyl-benzofuran und kleinen Mengen [2-Methyl-benzofuran-3-yl]-essigsäure beim Behandeln von 3-Chlormethyl-2-methyl-benzofuran mit Magnesium in Äther und anschliessend mit Kohlendioxid (*Gaertner*, Am. Soc. **74** [1952] 5319). Neben kleinen Mengen 2,3-Dimethyl-benzofuran und 1,2-Bis-[2-methyl-benzofuran-3-yl]-äthan (?; Dipicrat, F: 150—150,6° [korr.]) bei der Behandlung von 3-Chlormethyl-2-methyl-benzofuran mit Magnesium in Äther und anschliessend mit Chlorokohlensäure-äthylester und Hydrolyse des erhaltenen (±)-2-Methyl-3-methylen-2,3-dihydro-benzo=furan-2-carbonsäure-äthylesters [$C_{13}H_{14}O_3$; $Kp_{0,3}$: 91—92°; n_D^{20}: 1,5445] (*Ga.*).

Krystalle (aus Hexan); F: 110—112° [korr.; Zers.].

Wenig beständig. Beim Erhitzen der Schmelze sowie beim Erhitzen mit Pyridin ist 2,3-Dimethyl-benzofuran erhalten worden.

5-Chlormethyl-3-methyl-benzofuran-2-carbonsäure-methylester $C_{12}H_{11}ClO_3$, Formel IX.

B. Beim Behandeln eines Gemisches von 3-Methyl-benzofuran-2-carbonsäure-methyl=
ester, Paraformaldehyd, Zinkchlorid und Chloroform mit Chlorwasserstoff bei 50°
(*Du Pont de Nemours & Co.*, U.S.P. 2680732 [1950]).

Krystalle; F: 111—112°.

3,5-Dimethyl-benzo[b]thiophen-2-carbonsäure $C_{11}H_{10}O_2S$, Formel X (R = H).

B. Beim Behandeln von *p*-Tolylmercapto-essigsäure-äthylester oder von *p*-Tolyl=
mercapto-essigsäure-amid mit Acetylchlorid, Aluminiumchlorid und Schwefelkohlenstoff
und Erwärmen des Reaktionsprodukts mit äthanol. Alkalilauge (*I.G. Farbenind.*, D.R.P.
614396 [1933]; Frdl. **22** 314). Beim Erwärmen von 1-[5-Methyl-2-methylmercapto-
phenyl]-äthanon mit Chloressigsäure (*Krollpfeiffer et al.*, A. **566** [1950] 139, 146).

Krystalle; F: 263° [aus Dioxan + Me.] (*I.G. Farbenind.*), 262° [Zers.; aus Eg.] (*Kr.
et al.*).

3,5-Dimethyl-benzo[b]thiophen-2-carbonsäure-äthylester $C_{13}H_{14}O_2S$, Formel X
(R = C_2H_5).

B. Beim Erwärmen von 1-[5-Methyl-2-methylmercapto-phenyl]-äthanon mit Chlor=
essigsäure-äthylester (*Krollpfeiffer et al.*, A. **566** [1950] 139, 146). Beim Behandeln von
3,5-Dimethyl-benzo[b]thiophen-2-carbonsäure mit Schwefelsäure enthaltendem Äthanol
(*Kr. et. al.*).

F: 59—60°.

3,6-Dimethyl-benzofuran-2-carbonsäure $C_{11}H_{10}O_3$, Formel XI (R = H) (H 310; E I 444;
E II 278; dort als 3.6-Dimethyl-cumarilsäure bezeichnet).

B. Neben 3,6-Dimethyl-benzofuran-2-carbonsäure-äthylester beim Erwärmen von
[2-Acetyl-5-methyl-phenoxy]-essigsäure-äthylester mit Natriumäthylat in Äthanol
(*Foster et al.*, Soc. **1948** 2254, 2260). Beim Behandeln von 4,7-Dimethyl-cumarin mit Brom
in Chloroform und Erwärmen des Reaktionsprodukts mit äthanol. Kalilauge (*Clinton,
Wilson*, Am. Soc. **73** [1951] 1852; vgl. H 310). Beim Behandeln einer Lösung von 3,6-Di=
methyl-benzofuran-2-carbaldehyd in Aceton mit wss. Kaliumpermanganat-Lösung (*Fo.
et al.*). Beim Erwärmen von 3,6-Dimethyl-benzofuran-2-carbonsäure-äthylester mit
wss.-äthanol. Kalilauge (*Fo. et al.*).

Krystalle; F: 220° [Zers.; aus Bzl.] (*Fo. et al.*), 214—216° [korr.; Zers.] (*Cl., Wi.*).

3,6-Dimethyl-benzofuran-2-carbonsäure-äthylester $C_{13}H_{14}O_3$, Formel XI (R = C_2H_5)
(H 310; dort als 3.6-Dimethyl-cumarilsäure-äthylester bezeichnet).

B. s. o. im Artikel 3,6-Dimethyl-benzofuran-2-carbonsäure.

Krystalle (aus wss. Me.); F: 42° (*Foster et al.*, Soc. **1948** 2254, 2260).

X　　　　　　　　　　XI　　　　　　　　　　XII

3,6-Dimethyl-benzofuran-2-carbonsäure-[2-dimethylamino-äthylester] $C_{15}H_{19}NO_3$,
Formel XI (R = CH_2-CH_2-$N(CH_3)_2$).

Hydrochlorid $C_{15}H_{19}NO_3 \cdot HCl$. *B.* Beim Erwärmen von 3,6-Dimethyl-benzofuran-
2-carbonsäure mit Thionylchlorid und Erwärmen des erhaltenen Säurechlorids mit
2-Dimethylamino-äthanol und Benzol (*Sterling Drug Inc.*, U.S.P. 2652399 [1950];
Clinton, Wilson, Am. Soc. **73** [1951] 1852). — Krystalle (aus Isopropylalkohol); F:
187,4—188,8° [korr.]

5-Brom-3,6-dimethyl-benzofuran-2-carbonsäure $C_{11}H_9BrO_3$, Formel XII.

B. Beim Erwärmen von 3,6-Dibrom-4,7-dimethyl-cumarin mit äthanol. Kalilauge
(*Rao et al.*, Pr. Indian Acad. [A] **9** [1939] 22, 27).

Krystalle (aus Eg. oder A.); F: 273°.

3,6-Dimethyl-5-nitro-benzo[*b*]thiophen-2-carbonsäure $C_{11}H_9NO_4S$, Formel XIII
(X = OH).
B. Beim Erwärmen von [2-Acetyl-5-methyl-4-nitro-phenylmercapto]-essigsäure mit
wss. Kalilauge (*Finzi et al.*, Ann. Chimica **45** [1955] 54, 59).
Krystalle (aus A.); F: 312—313° [Zers.].
Kalium-Salz $KC_{11}H_8NO_4S$. Gelbe Krystalle (aus W.).

3,6-Dimethyl-5-nitro-benzo[*b*]thiophen-2-carbonsäure-methylester $C_{12}H_{11}NO_4S$,
Formel XIII (X = O-CH₃).
B. Beim Erwärmen von 3,6-Dimethyl-5-nitro-benzo[*b*]thiophen-2-carbonylchlorid mit
Methanol (*Finzi et al.*, Ann. Chimica **45** [1955] 54, 60).
Krystalle; F: 188—189°.

3,6-Dimethyl-5-nitro-benzo[*b*]thiophen-2-carbonsäure-äthylester $C_{13}H_{13}NO_4S$,
Formel XIII (X = O-C₂H₅).
B. Beim Erwärmen von 3,6-Dimethyl-5-nitro-benzo[*b*]thiophen-2-carbonylchlorid mit
Äthanol (*Finzi et al.*, Ann. Chimica **45** [1955] 54, 60).
Krystalle; F: 128°.

3,6-Dimethyl-5-nitro-benzo[*b*]thiophen-2-carbonylchlorid $C_{11}H_8ClNO_3S$, Formel XIII
(X = Cl).
B. Beim Erhitzen des Kalium-Salzes der 3,6-Dimethyl-5-nitro-benzo[*b*]thiophen-2-carb=
onsäure mit Phosphor(V)-chlorid auf 140° (*Finzi et al.*, Ann. Chimica **45** [1955] 54, 60).
Krystalle (aus Bzl.); F: 183—184°.

3,6-Dimethyl-5-nitro-benzo[*b*]thiophen-2-carbonsäure-amid $C_{11}H_{10}N_2O_3S$, Formel XIII
(X = NH₂).
B. Beim Behandeln einer Lösung von 3,6-Dimethyl-5-nitro-benzo[*b*]thiophen-2-carb=
onylchlorid in Benzol mit wss. Ammoniak (*Finzi et al.*, Ann. Chimica **45** [1955] 54, 60).
Krystalle (aus A.); F: 231—232°.

3,7-Dimethyl-benzofuran-2-carbonsäure $C_{11}H_{10}O_3$, Formel XIV (R = H).
B. Aus 3,7-Dimethyl-benzofuran-2-carbonsäure-äthylester (*v. Wacek et al.*, B. **73** [1940]
521, 529).
Krystalle (aus wss. A.); F: 212°.

XIII   XIV   XV

3,7-Dimethyl-benzofuran-2-carbonsäure-äthylester $C_{13}H_{14}O_3$, Formel XIV (R = C₂H₅).
B. Bei der Umsetzung der Natrium-Verbindung des *o*-Kresols mit 2-Chlor-acetessig=
säure-äthylester und Behandlung des Reaktionsprodukts mit Schwefelsäure (*v. Wacek et al.*,
B. **73** [1940] 521, 529).
Krystalle (aus Bzl.); F: 35°. Kp₁₂: 162—165° [Rohprodukt].

4,6-Dimethyl-benzofuran-2-carbonsäure $C_{11}H_{10}O_3$, Formel XV (X = OH).
B. Neben [2-Formyl-3,5-dimethyl-phenoxy]-essigsäure und wenig 4,6-Dimethyl-benzo=
furan beim Erwärmen von [2-Formyl-3,5-dimethyl-phenoxy]-essigsäure-methylester mit
Natriummethylat in Methanol und anschliessend mit Wasser (*Dean et al.*, Soc. **1953**
1250, 1259).
Krystalle (aus wss. A.); F: 257°.

4,6-Dimethyl-benzofuran-2-carbonylchlorid $C_{11}H_9ClO_2$, Formel XV (X = Cl).
B. Beim Erwärmen von 4,6-Dimethyl-benzofuran-2-carbonsäure mit Thionylchlorid

(*Dean et al.*, Soc. **1953** 1250, 1259).
Krystalle; F: 75°. Kp_2: 140°.

4,6-Dimethyl-benzofuran-2-carbonsäure-amid $C_{11}H_{11}NO_2$, Formel XV (X = NH_2).
B. Aus 4,6-Dimethyl-benzofuran-2-carbonylchlorid (*Dean et al.*, Soc. **1953** 1250, 1259).
Krystalle (aus wss. A.); F: 173°.

Carbonsäuren $C_{12}H_{12}O_3$

2-Phenyl-5,6-dihydro-4H-pyran-3-carbonsäure-[2-diäthylamino-äthylester] $C_{18}H_{25}NO_3$,
Formel I (R = CH_2-CH_2-$N(C_2H_5)_2$).
B. Beim Erwärmen von 2-Phenyl-5,6-dihydro-4H-pyran-3-carbonsäure mit Diäthyl-
[2-chlor-äthyl]-amin und Isopropylalkohol (*Searle & Co.*, U.S.P. 2776300 [1951]).
Bei 160—165°/0,8 Torr destillierbar.
Hydrochlorid. Krystalle (aus E.); F: ca. 122—123°.

Diäthyl-methyl-[2-(2-phenyl-5,6-dihydro-4H-pyran-3-carbonyloxy)-äthyl]-ammonium,
2-Phenyl-5,6-dihydro-4H-pyran-3-carbonsäure-[2-(diäthyl-methyl-ammonio)-äthylester]
$[C_{19}H_{28}NO_3]^+$, Formel I (R = CH_2-CH_2-$N(C_2H_5)_2$-$CH_3]^+$).
Jodid $[C_{19}H_{28}NO_3]$I. *B.* Beim Behandeln von 2-Phenyl-5,6-dihydro-4H-pyran-3-carb=
onsäure-[2-diäthylamino-äthylester] mit Methyljodid und Chloroform (*Searle & Co.*,
U.S.P. 2776300 [1951]). — Krystalle (aus Isopropylalkohol); F: ca. 124—125°.

2-Phenyl-5,6-dihydro-4H-pyran-3-carbonsäure-[2-diisopropylamino-äthylester]
$C_{20}H_{29}NO_3$, Formel I (R = CH_2-CH_2-$N[CH(CH_3)_2]_2$).
B. Beim Erwärmen von 2-Phenyl-5,6-dihydro-4H-pyran-3-carbonsäure mit [2-Chlor-
äthyl]-diisopropyl-amin-hydrochlorid und Natriumisopropylat in Isopropylalkohol (*Searle
& Co.*, U.S.P. 2776300 [1951]).
Bei 158—163°/0,3 Torr destillierbar.
Hydrochlorid. Krystalle (aus E.); F: ca. 92—94°.

Diisopropyl-methyl-[2-(2-phenyl-5,6-dihydro-4H-pyran-3-carbonyloxy)-äthyl]-
ammonium, 2-Phenyl-5,6-dihydro-4H-pyran-3-carbonsäure-[2-(diisopropyl-methyl-
ammonio)-äthylester] $[C_{21}H_{32}NO_3]^+$, Formel I (R = CH_2-CH_2-$N[CH(CH_3)_2]_2$-$CH_3]^+$).
Bromid $[C_{21}H_{32}NO_3]$Br. *B.* Beim Erwärmen von 2-Phenyl-5,6-dihydro-4H-pyran-
3-carbonsäure-[2-diisopropylamino-äthylester] mit Methylbromid und Chloroform (*Searle
& Co.*, U.S.P. 2776300 [1951]). — Krystalle (aus Butanon); F: ca. 127—128°.

2-[2-Chlor-phenyl]-5,6-dihydro-4H-pyran-3-carbonsäure $C_{12}H_{11}ClO_3$, Formel II (R = H).
B. Beim Erwärmen von 2-[2-Chlor-phenyl]-5,6-dihydro-4H-pyran-3-carbonsäure-äthyl=
ester mit äthanol. Kalilauge (*Olin Mathieson Chem. Corp.*, U.S.P. 2746975 [1952]).
Krystalle (aus A.); F: ca. 144—145°.

I   II   III

2-[2-Chlor-phenyl]-5,6-dihydro-4H-pyran-3-carbonsäure-äthylester $C_{14}H_{15}ClO_3$,
Formel II (R = C_2H_5).
B. Beim Behandeln von 3-[2-Chlor-phenyl]-3-oxo-propionsäure-äthylester mit 1,3-Di=
brom-propan und Natriumäthylat in Äthanol (*Olin Mathieson Chem. Corp.*, U.S.P.
2746975 [1952]).
Bei 125—130°/0,25 Torr destillierbar. n_D^{25}: 1,5431.

2-[2-Chlor-phenyl]-5,6-dihydro-4H-pyran-3-carbonsäure-[2-diäthylamino-äthylester]
$C_{18}H_{24}ClNO_3$, Formel II (R = CH_2-CH_2-$N(C_2H_5)_2$).
B. Beim Erwärmen des Natrium-Salzes der 2-[2-Chlor-phenyl]-5,6-dihydro-4H-pyran-

3-carbonsäure mit Diäthyl-[2-chlor-äthyl]-amin und Isopropylalkohol (*Olin Mathieson Chem. Corp.*, U.S.P. 2746975 [1952]).

Bei 155—160°/0,3 Torr destillierbar. n_D^{25}: 1,5345.

Hydrochlorid. Krystalle (aus Butanon); F: ca. 112—114°.

Diäthyl-{2-[2-(2-chlor-phenyl)-5,6-dihydro-4H-pyran-3-carbonyloxy]-äthyl}-methyl-ammonium, 2-[2-Chlor-phenyl]-5,6-dihydro-4H-pyran-3-carbonsäure-[2-(diäthyl-methyl-ammonio)-äthylester] $[C_{19}H_{27}ClNO_3]^+$, Formel II (R = CH_2-CH_2-$N(C_2H_5)_2$-$CH_3]^+$).

Jodid $[C_{19}H_{27}ClNO_3]$I. *B.* Bei mehrtägigem Behandeln von 2-[2-Chlor-phenyl]-5,6-dihydro-4H-pyran-3-carbonsäure-[2-diäthylamino-äthylester] mit Methyljodid und Aceton (*Olin Mathieson Chem. Corp.*, U.S.P. 2746975 [1952]. — Krystalle (aus Butanon); F: ca. 114—116°.

2-[4-Chlor-phenyl]-5,6-dihydro-4H-pyran-3-carbonsäure $C_{12}H_{11}ClO_3$, Formel III (R = H).

B. Beim Behandeln von 3-[4-Chlor-phenyl]-3-oxo-propionsäure-äthylester mit 1,3-Dibrom-propan und Natriummethylat in Äthanol und Erwärmen des Reaktionsprodukts mit äthanol. Kalilauge (*Olin Mathieson Chem. Corp.*, U.S.P. 2746975 [1952]).

F: ca. 171° [Zers.].

2-[4-Chlor-phenyl]-5,6-dihydro-4H-pyran-3-carbonsäure-[2-diäthylamino-äthylester] $C_{18}H_{24}ClNO_3$, Formel III (R = CH_2-CH_2-$N(C_2H_5)_2$).

B. Beim Erwärmen des Natrium-Salzes der 2-[4-Chlor-phenyl]-5,6-dihydro-4H-pyran-3-carbonsäure mit Diäthyl-[2-chlor-äthyl]-amin und Isopropylalkohol (*Olin Mathieson Chem. Corp.*, U.S.P. 2746975 [1952]).

Bei 176—178°/0,4 Torr destillierbar.

Hydrochlorid. F: ca. 114—116°.

(±)-2-Methyl-5-phenyl-4,5-dihydro-furan-3-carbonsäure $C_{12}H_{12}O_3$, Formel IV.

Für die nachstehend beschriebene Verbindung kommt auch die Formulierung als (±)-2-Methyl-4-phenyl-4,5-dihydro-furan-3-carbonsäure ($C_{12}H_{12}O_3$; Formel V) in Betracht (*Ichikawa et al.*, J. org. Chem. **24** [1959] 1129, 1130).

B. Beim Behandeln von Styrol mit Quecksilber(II)-acetat in Essigsäure, Erwärmen des Reaktionsgemisches mit Acetessigsäure-äthylester und dem Borfluorid-Essigsäure-Addukt und Erwärmen des erhaltenen 2-Methyl-5(?)-phenyl-4,5-dihydro-furan-3-carbonsäure-äthylesters ($C_{14}H_{16}O_3$; Kp_3: 128—130°; D_4^{20}: 1,1008; n_D^{20}: 1,5285) mit äthanol. Kalilauge (*Ich. et al.*, l. c. S. 1131).

Krystalle (aus wss. A.); F: 172,5° [Zers.].

4-Benzofuran-2-yl-buttersäure $C_{12}H_{12}O_3$, Formel VI (R = H).

B. Beim Erhitzen von 4-Benzofuran-2-yl-4-oxo-buttersäure mit Hydrazin-hydrat, Kaliumhydroxid und Diäthylenglykol bis auf 210° (*Chatterjea*, J. Indian chem. Soc. **34** [1957] 306, 307).

Krystalle (aus Bzl. + PAe.); F: 82—83°.

Beim Erwärmen mit Thionylchlorid und Behandeln des erhaltenen Säurechlorids mit Zinn(IV)-chlorid und Schwefelkohlenstoff sind 3,4-Dihydro-2H-dibenzofuran-1-on und eine schwefelhaltige Substanz vom F: 216—219° [unkorr.] erhalten worden (*Ch.*, l. c. S. 308).

IV   V   VI

4-Benzofuran-2-yl-buttersäure-methylester $C_{13}H_{14}O_3$, Formel VI (R = CH_3).

B. Beim Erwärmen von 4-Benzofuran-2-yl-buttersäure mit Schwefelsäure enthalten-

dem Methanol (*Chatterjea*, J. Indian chem. Soc. **34** [1957] 306, 308).
Kp$_{2,5}$: 145—148° [unkorr.].

4-Benzo[*b*]thiophen-3-yl-buttersäure $C_{12}H_{12}O_2S$, Formel VII (X = OH).
B. Beim Erhitzen von 4-Benzo[*b*]thiophen-3-yl-4-oxo-buttersäure (*Cagniant, Cagniant*, Bl. **1952** 336, 338) oder von 4-Benzo[*b*]thiophen-3-yl-4-oxo-buttersäure-methylester (*Mitra, Tilak*, J. scient. ind. Res. India **15**B [1956] 497, 502) mit Hydrazin-hydrat, Kaliumhydroxid und Diäthylenglykol bis auf 210°. Beim Erhitzen von 4-Benzo[*b*]thio=phen-3-yl-4-oxo-buttersäure mit Toluol, amalgamiertem Zink und wss. Salzsäure (*Buu-Hoi, Cagniant*, B. **76** [1943] 1269, 1272). Beim Erhitzen von [2-Benzo[*b*]thiophen-3-yl-äthyl]-malonsäure auf Temperaturen oberhalb 156° (*Ca., Ca.*, l. c. S. 339).
Krystalle; F: 109° [unkorr.; Block; aus Bzl.] (*Ca., Ca.*), 107—108,5° [aus A.] (*Mi., Ti.*).
Kp$_{20}$: 238° (*Cagniant*, Bl. **1949** 382, 388); Kp$_{0,5}$: 192° (*Ca., Ca.*, l. c. S. 338).

4-Benzo[*b*]thiophen-3-yl-buttersäure-[3-dimethylamino-propylester] $C_{17}H_{23}NO_2S$, Formel VII (X = O-[CH$_2$]$_3$-N(CH$_3$)$_2$).
B. Beim Erwärmen von 4-Benzo[*b*]thiophen-3-yl-buttersäure mit Dimethyl-[3-chlor-propyl]-amin und Chloroform (*Searle & Co.*, U.S.P. 2857383 [1956]).
Bei 190—195°/0,02 Torr destillierbar.

4-Benzo[*b*]thiophen-3-yl-buttersäure-amid, 4-Benzo[*b*]thiophen-3-yl-butyramid
$C_{12}H_{13}NOS$, Formel VII (X = NH$_2$).
B. Beim Behandeln von 4-Benzo[*b*]thiophen-3-yl-butyrylchlorid (aus 4-Benzo[*b*]thio=phen-3-yl-buttersäure mit Hilfe von Thionylchlorid hergestellt) mit wss. Ammoniak (*Buu-Hoi, Cagniant*, B. **76** [1943] 1269, 1272; *Cagniant, Cagniant*, Bl. **1952** 336, 338).
Krystalle (aus Bzl.); F: 135—135,5° [unkorr.; Block] (*Ca., Ca.*), 130—131° (*Buu-Hoi, Ca.*).

(±)-3-Benzo[*b*]thiophen-3-yl-2-methyl-propionsäure $C_{12}H_{12}O_2S$, Formel VIII (X = OH).
B. Aus (±)-3-Benzo[*b*]thiophen-3-yl-2-methyl-propionitril mit Hilfe von wss.-äthanol. Alkalilauge (*Cagniant, Cagniant*, Bl. **1953** 185, 190). Beim Erhitzen von [Benzo[*b*]thio=phen-3-ylmethyl]-methyl-malonsäure unter vermindertem Druck (*Ca., Ca.*, l. c. S. 187).
Krystalle (aus Bzl. + PAe.); F: 103° [unkorr.; Block]; Kp$_{2,5}$: 200° [unkorr.]; Kp$_{0,8}$: 188—189° [unkorr.] (*Ca., Ca.*, l. c. S. 187).

(±)-3-Benzo[*b*]thiophen-3-yl-2-methyl-propionylchlorid $C_{12}H_{11}ClOS$, Formel VIII (X = Cl).
B. Beim Behandeln von (±)-3-Benzo[*b*]thiophen-3-yl-2-methyl-propionsäure mit Thionylchlorid und Chloroform (*Cagniant, Cagniant*, Bl. **1953** 185, 187).
Kp$_{0,8}$: 168—170° [unkorr.].

VII   VIII   IX

(±)-3-Benzo[*b*]thiophen-3-yl-2-methyl-propionsäure-amid $C_{12}H_{13}NOS$, Formel VIII (X = NH$_2$).
B. Beim Behandeln von (±)-3-Benzo[*b*]thiophen-3-yl-2-methyl-propionylchlorid mit wss. Ammoniak (*Cagniant, Cagniant*, Bl. **1953** 185, 187).
Krystalle (aus Bzl. + PAe.); F: 90—91°.

(±)-3-Benzo[*b*]thiophen-3-yl-2-methyl-propionitril $C_{12}H_{11}NS$, Formel IX.
B. In kleiner Menge neben 3-Propenyl-benzo[*b*]thiophen (vgl. E III/IV **17** 553) beim Erwärmen von (±)-3-[2-Brom-propyl]-benzo[*b*]thiophen mit Kaliumcyanid in wss. Äth=

anol (*Cagniant, Cagniant,* Bl. **1953** 185, 190).

Kp$_{14}$: 172—175° [unkorr.].

3-Äthyl-5-methyl-benzo[*b*]thiophen-2-carbonsäure C$_{12}$H$_{12}$O$_2$S, Formel X.

B. Beim Erwärmen von 1-[5-Methyl-2-methylmercapto-phenyl]-propan-1-on mit Chlor=essigsäure (*Krollpfeiffer et al.*, A. **566** [1950] 139, 146).

Krystalle (aus Me.); F: 208—209°.

X　　　　　　　　　XI　　　　　　　　　XII

[3,6-Dimethyl-benzofuran-2-yl]-essigsäure C$_{12}$H$_{12}$O$_3$, Formel XI.

B. Beim Behandeln von [3,6-Dimethyl-benzofuran-2-yl]-brenztraubensäure mit wss. Natronlauge und wss. Wasserstoffperoxid (*Foster et al.*, Soc. **1948** 2254, 2260).

Krystalle (aus wss. A.); F: 153°.

[4,6-Dimethyl-benzofuran-2-yl]-essigsäure C$_{12}$H$_{12}$O$_3$, Formel XII.

B. Neben kleineren Mengen 4,6-Dimethyl-benzofuran-2-carbonsäure beim Erhitzen von 2-Diazo-1-[4,6-dimethyl-benzofuran-2-yl]-äthanon mit *N,N*-Dimethyl-anilin und Benzylalkohol auf 190° und Erwärmen des Reaktionsprodukts mit wss. Kalilauge (*Dean et al.*, Soc. **1953** 1250, 1259).

Krystalle (aus wss. Me.); F: 113°.

2,2-Dimethyl-3-methylen-2,3-dihydro-benzofuran-5-carbonsäure C$_{12}$H$_{12}$O$_3$, Formel XIII.

Diese Konstitution kommt auch einer von *Jackson, Short* (Soc. **1937** 513, 515) als C$_{11}$H$_{10}$O$_3$ formulierten Säure (F: 215—216°) zu (*Barton et al.*, Soc. **1958** 4393, 4394).

B. Beim Erwärmen von (±)-2,2,3,5-Tetramethyl-2,3-dihydro-benzofuran mit wss. Kaliumpermanganat-Lösung (*Ba. et al.*, l. c. S. 4397). Aus (±)-3-Hydroxy-2,2,3-trimethyl-2,3-dihydro-benzofuran-5-carbonsäure beim Behandeln mit wss. Salzsäure (*Ba. et al.*, l. c. S. 4396; s. a. *Ja., Sh.*) sowie beim Erhitzen mit Essigsäure (*Ba. et al.*).

Krystalle; F: 215—216° [aus wss. Eg.] (*Ja., Sh.*), 214° [aus CHCl$_3$ + PAe.] (*Ba. et al.*, l. c. S. 4396, 4397). Absorptionsmaxima (A.): 240 nm, 246 nm, 272 nm, 316 nm und 330 nm (*Ba. et al.*, l. c. S. 4396).

3,4,6-Trimethyl-benzofuran-2-carbonsäure C$_{12}$H$_{12}$O$_3$, Formel XIV (R = H).

Die Identität des früher (s. E I **18** 444) unter dieser Konstitution beschriebenen, als 3.4.6-Trimethyl-cumarilsäure bezeichneten Präparats vom F: 149° ist ungewiss (vgl. *Dean et al.*, Soc. **1953** 1250, 1255).

B. Neben kleineren Mengen 3,4,6-Trimethyl-benzofuran-2-carbonsäure-äthylester beim Behandeln von [2-Acetyl-3,5-dimethyl-phenoxy]-essigsäure-äthylester mit Natrium=äthylat in Äthanol (*Dean et al.*). Beim Behandeln einer Lösung von 3,4,6-Trimethyl-benzofuran-2-carbaldehyd in Aceton mit Kaliumpermanganat in Wasser (*Dean et al.*).

Krystalle (aus wss. A.); F: 266—269° [Zers.].

XIII　　　　　　　　XIV　　　　　　　　　XV

3,4,6-Trimethyl-benzofuran-2-carbonsäure-äthylester $C_{14}H_{16}O_3$, Formel XIV (R = C_2H_5).
B. s. im vorangehenden Artikel.
Krystalle (aus wss. A.); F: 94—95° (*Dean et al.*, Soc. **1953** 1250, 1255).

(±)-3c(?)-Brom-1,2t-epoxy-2c-phenyl-cyclopentan-r-carbonsäure-anilid $C_{18}H_{16}BrNO_2$,
vermutlich Formel XV + Spiegelbild.
B. Beim Behandeln von (±)-[3c(?)-Brom-1,2t-epoxy-2c-phenyl-cyclopent-r-yl]-phenyl-
keton-oxim (F: 178—179° [E III/IV **17** 5475]) mit Thionylchlorid und Chloroform
(*Fuson et al.*, J. org. Chem. **7** [1942] 462, 463).
Krystalle (aus A.); F: 172—173° [Zers.].

Carbonsäuren $C_{13}H_{14}O_3$

(±)-6-Methyl-2-phenyl-5,6-dihydro-4H-pyran-3-carbonsäure-[2-diäthylamino-äthylester]
$C_{19}H_{27}NO_3$, Formel I (R = CH_2-CH_2-$N(C_2H_5)_2$).
B. Beim Erwärmen von (±)-6-Methyl-2-phenyl-5,6-dihydro-4H-pyran-3-carbonsäure
mit Diäthyl-[2-chlor-äthyl]-amin und Isopropylalkohol (*Searle & Co.*, U.S.P. 2776300
[1951]).
Bei 153—157°/0,3 Torr destillierbar.
Hydrochlorid. Krystalle (aus E. + Isopropylalkohol); F: ca. 128—129°.

**(±)-Diäthyl-methyl-[2-(6-methyl-2-phenyl-5,6-dihydro-4H-pyran-3-carbonyloxy)-äthyl]-
ammonium, (±)-6-Methyl-2-phenyl-5,6-dihydro-4H-pyran-3-carbonsäure-[2-(diäthyl-
methyl-ammonio)-äthylester]** $[C_{20}H_{30}NO_3]^+$, Formel I (R = CH_2-CH_2-$N(C_2H_5)_2$-$CH_3]^+$).
Jodid $[C_{20}H_{30}NO_3]I$. B. Beim Behandeln von (±)-6-Methyl-2-phenyl-5,6-dihydro-
4H-pyran-3-carbonsäure-[2-diäthylamino-äthylester] mit Methyljodid und Butanon
(*Searle & Co.*, U.S.P. 2776300 [1951]). — Krystalle (aus Butanon + E.); F. ca. 99—100°.

I   II

**(±)-6-Methyl-2-phenyl-5,6-dihydro-4H-pyran-3-carbonsäure-[2-diisopropylamino-äthyl⸗
ester]** $C_{21}H_{31}NO_3$, Formel I (R = CH_2-CH_2-$N[CH(CH_3)_2]_2$).
B. Beim Erwärmen von (±)-6-Methyl-2-phenyl-5,6-dihydro-4H-pyran-3-carbonsäure
mit [2-Chlor-äthyl]-diisopropyl-amin und Natriumisopropylat in Isopropylalkohol (*Searle
& Co.*, U.S.P. 2776300 [1951]).
Bei 163—165°/0,2 Torr destillierbar.
Hydrochlorid. Krystalle (aus E.); F: ca. 143,5—144,5°.

**(±)-Diisopropyl-methyl-[2-(6-methyl-2-phenyl-5,6-dihydro-4H-pyran-3-carbonyloxy)-
äthyl]-ammonium, (±)-6-Methyl-2-phenyl-5,6-dihydro-4H-pyran-3-carbonsäure-
[2-(diisopropyl-methyl-ammonio)-äthylester]** $[C_{22}H_{34}NO_3]^+$, Formel I
(R = CH_2-CH_2-$N[CH(CH_3)_2]_2$-$CH_3]^+$).
Bromid $[C_{22}H_{34}NO_3]Br$. B. Beim Erwärmen von (±)-6-Methyl-2-phenyl-5,6-dihydro-
4H-pyran-3-carbonsäure-[2-diisopropylamino-äthylester] mit Methylbromid und Chloro⸗
form (*Searle & Co.*, U.S.P. 2776300 [1951]). — Krystalle (aus Butanon); F: ca. 120,5°
bis 121°.

2-Cyclohex-1-enyl-3t(?)-[2]furyl-acrylsäure $C_{13}H_{14}O_3$, vermutlich Formel II.
Bezüglich der Konfigurationszuordnung vgl. die analog hergestellte 2-Phenyl-3t-[2]thi⸗
enyl-acrylsäure (S. 4325).
B. Beim Erhitzen von Cyclohex-1-enyl-essigsäure (*Schwenk, Papa*, Am. Soc. **67** [1945]
1432, 1434) oder von [1-Hydroxy-cyclohexyl]-essigsäure (*Schering Corp.*, U.S.P. 2516153

[1945]) mit Furfural, Acetanhydrid und Triäthylamin auf 110°.

Krystalle (aus wss. Acn.); F: 151,5—152° (*Schw.*, *Papa*), 151,3—151,8° (*Schering Corp.*).

Beim Erwärmen mit wss. Natronlauge und Nickel-Aluminium-Legierung sind 3-Cyclohexyl-5-propyl-dihydro-furan-2-on (Kp$_3$: 130—132° [E III/IV **17** 4388]) und 2-Cyclohexyl-3-tetrahydro[2]furyl-propionsäure (Kp$_2$: 174° [S. 3910]) erhalten worden (*Papa et al.*, J. org. Chem. **16** [1951] 253, 258).

3,6,8-Trimethyl-4*H*-chromen-2-carbonsäure C$_{13}$H$_{14}$O$_3$, Formel III, und 2,6,8-Trimethyl-4*H*-chromen-3-carbonsäure C$_{13}$H$_{14}$O$_3$, Formel IV.

Diese beiden Konstitutionsformeln kommen für die nachstehend beschriebene Verbindung in Betracht (*Hultzsch*, J. pr. [2] **158** [1941] 275, 283).

B. Bei der Hydrolyse des durch Erhitzen von 2-Hydroxy-3,5-dimethyl-benzylalkohol mit Acetessigsäure-äthylester bis auf 200° erhältlichen Äthylesters [C$_{15}$H$_{18}$O$_3$; Krystalle (aus Me.), F: 75,5°] (*Hu.*, l. c. S. 291).

Krystalle (aus A.); F: 230—235° [Zers.] (*Hu.*, l. c. S. 292).

III   IV   V

5-Benzo[*b*]thiophen-2-yl-valeriansäure C$_{13}$H$_{14}$O$_2$S, Formel V (X = OH).

B. Beim Erhitzen von 5-Benzo[*b*]thiophen-2-yl-5-oxo-valeriansäure mit Hydrazinhydrat, Kaliumhydroxid und Diäthylenglykol bis auf 210° (*Cagniant*, *Cagniant*, Bl. **1952** 629, 631).

Krystalle (aus Bzl. + PAe.); F: 96,5°.

5-Benzo[*b*]thiophen-2-yl-valeriansäure-amid, 5-Benzo[*b*]thiophen-2-yl-valeramid C$_{13}$H$_{15}$NOS, Formel V (X = NH$_2$).

B. Beim Behandeln von 5-Benzo[*b*]thiophen-2-yl-valeriansäure mit Thionylchlorid und Chloroform und Behandeln des erhaltenen Säurechlorids mit wss. Ammoniak (*Cagniant*, *Cagniant*, Bl. **1952** 629, 631).

Krystalle (aus Bzl.); F: 144° [Block].

5-Benzo[*b*]thiophen-3-yl-valeriansäure C$_{13}$H$_{14}$O$_2$S, Formel VI.

B. Beim Erhitzen von 5-Benzo[*b*]thiophen-3-yl-5-oxo-valeriansäure mit Hydrazinhydrat, Kaliumhydroxid und Diäthylenglykol bis auf 210° (*Cagniant*, *Cagniant*, Bl. **1952** 629, 631). Beim Erhitzen von [3-Benzo[*b*]thiophen-3-yl-propyl]-malonsäure auf Temperaturen oberhalb 155° (*Ca.*, *Ca.*, l. c. S. 632).

Krystalle (aus Bzn.); F: 97°. Kp$_2$: 220°.

(±)-4-Benzo[*b*]thiophen-3-yl-3-methyl-buttersäure C$_{13}$H$_{14}$O$_2$S, Formel VII (X = OH).

B. Aus (±)-4-Benzo[*b*]thiophen-3-yl-3-methyl-buttersäure-äthylester (s. u.) mit Hilfe von wss.-äthanol. Alkalilauge (*Cagniant*, *Cagniant*, Bl. **1953** 185, 188). Beim Erhitzen von (±)-[2-Benzo[*b*]thiophen-3-yl-1-methyl-äthyl]-malonsäure unter vermindertem Druck (*Ca.*, *Ca.*, l. c. S. 190).

Krystalle (aus Bzl. + PAe.); F: 100,5—101,5° [unkorr.; Block].

(±)-4-Benzo[*b*]thiophen-3-yl-3-methyl-buttersäure-äthylester C$_{15}$H$_{18}$O$_2$S, Formel VII (X = O-C$_2$H$_5$).

B. Beim Behandeln von (±)-3-Benzo[*b*]thiophen-3-yl-2-methyl-propionylchlorid mit Diazomethan in Äther und Erwärmen des Reaktionsprodukts mit Äthanol und Silberoxid (*Cagniant*, *Cagniant*, Bl. **1953** 185, 188).

Kp$_2$: 184,5°. D$_4^{19}$: 1,136. n$_D^{18}$: 1,5680.

VI   VII   VIII

(±)-4-Benzo[b]thiophen-3-yl-3-methyl-buttersäure-amid $C_{13}H_{15}NOS$, Formel VII
(X = NH₂).

B. Aus (±)-4-Benzo[b]thiophen-3-yl-3-methyl-buttersäure über das Säurechlorid (*Cagniant, Cagniant*, Bl. **1953** 185, 188).

Krystalle (aus Bzl. + PAe.); F: 108°.

3-Benzo[b]thiophen-3-yl-2,2-dimethyl-propionsäure-amid $C_{13}H_{15}NOS$, Formel VIII.

B. Beim Erhitzen von 3-Benzo[b]thiophen-3-yl-2,2-dimethyl-1-phenyl-propan-1-on mit Natriumamid in Toluol (*Cagniant*, Bl. **1949** 382, 385).

Krystalle (aus Bzl. + PAe.); F: 103°.

3-Äthyl-4,6-dimethyl-benzofuran-2-carbonsäure $C_{13}H_{14}O_3$, Formel IX.

B. Beim Erwärmen von [3,5-Dimethyl-2-propionyl-phenoxy]-essigsäure-äthylester mit Natriumäthylat in Äthanol (*Dean et al.*, Soc. **1953** 1250, 1258). Beim Behandeln einer Lösung von 3-Äthyl-4,6-dimethyl-benzofuran-2-carbaldehyd in Aceton mit wss. Kalium-permanganat-Lösung (*Dean et al.*).

Krystalle (aus Eg.); F: 230°.

[3,4,6-Trimethyl-benzofuran-2-yl]-essigsäure $C_{13}H_{14}O_3$, Formel X (X = OH).

B. Beim Behandeln von [3,4,6-Trimethyl-benzofuran-2-yl]-brenztraubensäure mit wss. Kalilauge und mit wss. Wasserstoffperoxid (*Dean et al.*, Soc. **1953** 1250, 1255).

Krystalle (aus Eg. oder wss. Me.); F: 186°.

Beim Erwärmen mit Phosphor(V)-chlorid und Chloroform, Behandeln des gebildeten [3,4,6-Trimethyl-benzofuran-2-yl]-acetylchlorids mit der Äthoxymagnesium-Verbindung (oder der Natrium-Verbindung) des Acetessigsäure-äthylesters in Äther und Behandeln des Reaktionsprodukts mit konz. Schwefelsäure ist 4,6,2′-Trimethyl-3-methylen-4′-oxo-3H-spiro[benzofuran-2,1′-cyclopent-2′-en]-3′-carbonsäure-äthylester erhalten worden.

IX   X   XI

[3,4,6-Trimethyl-benzofuran-2-yl]-essigsäure-amid $C_{13}H_{15}NO_2$, Formel X (X = NH₂).

B. Beim Erwärmen von [3,4,6-Trimethyl-benzofuran-2-yl]-essigsäure mit Phosphor(V)-chlorid und Chloroform und Behandeln des Reaktionsprodukts mit wss. Ammoniak (*Dean et al.*, Soc. **1953** 1250, 1255).

Krystalle (aus Bzl.); F: 175°.

---

*Opt.-inakt. 3-[5,6,7,8-Tetrahydro-[1]naphthyl]-oxirancarbonsäure-äthylester,
2,3-Epoxy-3-[5,6,7,8-tetrahydro-[1]naphthyl]-propionsäure-äthylester $C_{15}H_{18}O_3$,
Formel XI.

B. Beim Behandeln von 5,6,7,8-Tetrahydro-[1]naphthaldehyd mit Chloressigsäure-äthylester und Natrium in Xylol (*I.G. Farbenind.*, D.R.P. 591452 [1930]; Frdl. **19** 288; *Winthrop Chem. Co.*, U.S.P. 1899340 [1931]).

Kp₁₀: 185—190°.

Carbonsäuren $C_{14}H_{16}O_3$

4-Benzo[*b*]thiophen-3-yl-2,2-dimethyl-buttersäure-amid $C_{14}H_{17}NOS$, Formel XII.
B. Beim Erhitzen von 4-Benzo[*b*]thiophen-3-yl-2,2-dimethyl-1-phenyl-butan-1-on mit Natriumamid in Toluol (*Cagniant*, Bl. **1949** 382, 386).
Krystalle (aus Bzl. + PAe.); F: 143°.

3-[3,4,6-Trimethyl-benzofuran-2-yl]-propionsäure $C_{14}H_{16}O_3$, Formel XIII (R = H).
B. Bei der Hydrierung von 3*t*(?)-[3,4,6-Trimethyl-benzofuran-2-yl]-acrylsäure (F: 259°) an Raney-Nickel in wss. Natronlauge bei 100°/75 at (*Dean et al.*, Soc. **1958** 4551, 4555).
Krystalle (aus wss. A.); F: 131°. Absorptionsmaxima (A.): 256 nm und 292 nm.

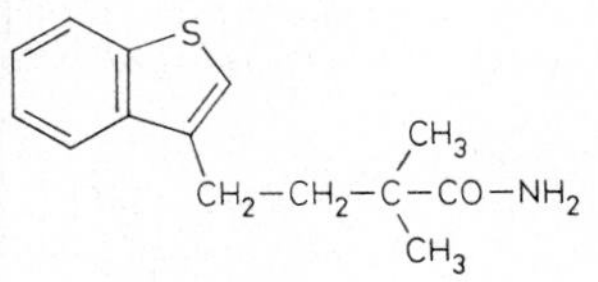

XII 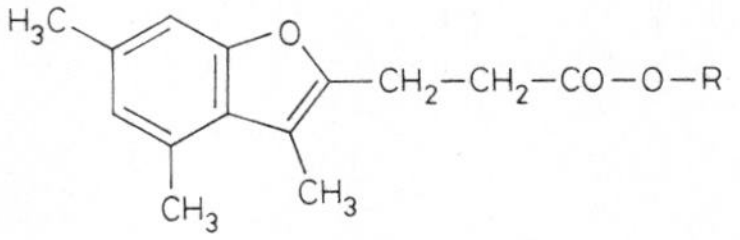   XIII 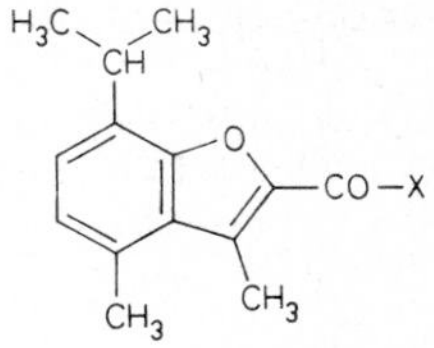   XIV

3-[3,4,6-Trimethyl-benzofuran-2-yl]-propionsäure-methylester $C_{15}H_{18}O_3$, Formel XIII (R = CH$_3$).
B. Aus 3-[3,4,6-Trimethyl-benzofuran-2-yl]-propionsäure mit Hilfe von Diazomethan (*Dean et al.*, Soc. **1958** 4551, 4555). Bei der Hydrierung von 3*t*(?)-[3,4,6-Trimethyl-benzofuran-2-yl]-acrylsäure-methylester (F: 106°) an Palladium/Kohle in Methanol (*Dean et al.*).
Krystalle (aus PAe.); F: 36—37°.

7-Isopropyl-3,4-dimethyl-benzofuran-2-carbonsäure $C_{14}H_{16}O_3$, Formel XIV (X = OH).
B. Beim Erwärmen von 7-Isopropyl-3,4-dimethyl-benzofuran-2-carbonsäure-äthylester mit wss.-äthanol. Natronlauge (*Bisagni*, *Royer*, Bl. **1959** 521, 526).
Krystalle (aus Bzl.); F: 197,5—198°.

7-Isopropyl-3,4-dimethyl-benzofuran-2-carbonsäure-äthylester $C_{16}H_{20}O_3$, Formel XIV (X = O-C$_2$H$_5$).
B. Beim kurzem Behandeln (10 s) von 2-[2-Isopropyl-5-methyl-phenoxy]-acetessigsäure-äthylester mit konz. Schwefelsäure (*Bisagni*, *Royer*, Bl. **1959** 521, 526).
Krystalle (aus A.); F: 72°.

7-Isopropyl-3,4-dimethyl-benzofuran-2-carbonylchlorid $C_{14}H_{15}ClO_2$, Formel XIV (X = Cl).
B. Beim Erwärmen von 7-Isopropyl-3,4-dimethyl-benzofuran-2-carbonsäure mit Thionylchlorid (*Bisagni*, *Royer*, Bl. **1959** 521, 526).
Krystalle (aus PAe.); F: 82°.

7-Isopropyl-3,4-dimethyl-benzofuran-2-carbonsäure-[4-hydroxy-anilid] $C_{20}H_{21}NO_3$, Formel XV.
B. Beim Erhitzen von 7-Isopropyl-3,4-dimethyl-benzofuran-2-carbonylchlorid mit 4-Amino-phenol und Pyridin (*Bisagni*, *Royer*, Bl. **1959** 521, 526).
Krystalle (aus A.); F: 219° [bei schnellem Erhitzen].

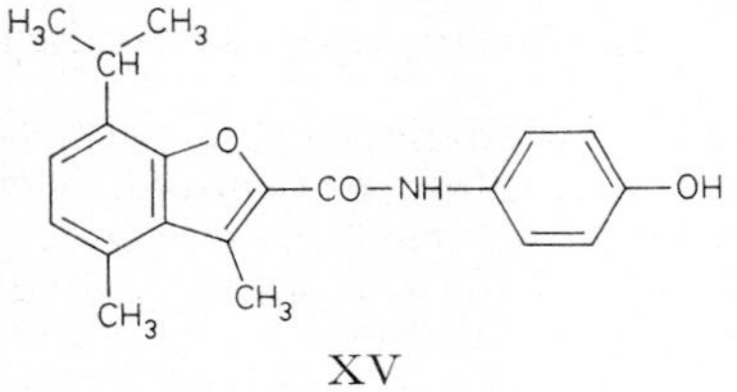

XV 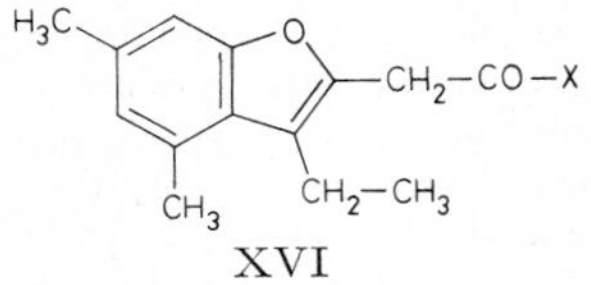   XVI

7-Isopropyl-3,4-dimethyl-benzofuran-2-carbonsäure-hydrazid $C_{14}H_{18}N_2O_2$, Formel XIV (X = NH-NH$_2$).

B. Beim Behandeln von 7-Isopropyl-3,4-dimethyl-benzofuran-2-carbonsäure-äthylester mit Hydrazin-hydrat und Äthanol (*Bisagni, Royer,* Bl. **1959** 521, 526).

Krystalle; F: 149° [Block].

[3-Äthyl-4,6-dimethyl-benzofuran-2-yl]-essigsäure $C_{14}H_{16}O_3$, Formel XVI (X = OH).

B. Beim Behandeln von [3-Äthyl-4,6-dimethyl-benzofuran-2-yl]-brenztraubensäure mit wss. Natronlauge und mit wss. Wasserstoffperoxid (*Dean et al.,* Soc. **1953** 1250, 1258).

Krystalle (aus wss. Eg.); F: 141°.

[3-Äthyl-4,6-dimethyl-benzofuran-2-yl]-essigsäure-amid $C_{14}H_{17}NO_2$, Formel XVI (X = NH$_2$).

B. Beim Erwärmen von [3-Äthyl-4,6-dimethyl-benzofuran-2-yl]-essigsäure mit Thionyl≈ chlorid und Behandeln des Reaktionsprodukts mit wss. Ammoniak (*Dean et al.,* Soc. **1953** 1250, 1258).

Krystalle (aus wss. A.); F: 172°.

Carbonsäuren $C_{15}H_{18}O_3$

(±)-6-Mesityl-3,4-dihydro-2H-pyran-2-carbonsäure $C_{15}H_{18}O_3$, Formel I (X = H).

B. Beim Hydrieren von 6-Mesityl-2,6-dioxo-hex-4-ensäure-äthylester (F: 156° [E III **10** 3594]) an Raney-Nickel in Äthanol, Erhitzen des Hydrierungsprodukts mit wss. Natrium≈ carbonat-Lösung und Erhitzen der erhaltenen 2-Hydroxy-6-mesityl-6-oxo-hexansäure unter 20 Torr (*Fuson et al.,* J. org. Chem. **4** [1939] 401, 404).

Krystalle (aus Bzl. + Bzn.); F: 149—150°.

Beim Erhitzen mit 20%ig. wss. Salpetersäure ist 2,4,6-Trimethyl-benzoesäure, beim Behandeln mit Schwefelsäure und Salpetersäure ist hingegen 5-Nitro-6-[2,4,6-trimethyl-3,5-dinitro-phenyl]-3,4-dihydro-2H-pyran-2-carbonsäure erhalten worden (*Fu. et al.,* l. c. S. 405, 406). Bildung von 2-Hydroxy-6-mesityl-6-oxo-hexansäure-methylester beim Erwärmen mit Schwefelsäure enthaltendem Methanol: *Fu. et al.,* l. c. S. 406.

(±)-5(?)-Brom-6-mesityl-3,4-dihydro-2H-pyran-2-carbonsäure $C_{15}H_{17}BrO_3$, vermutlich Formel I (X = Br).

B. Beim Behandeln von (±)-6-Mesityl-3,4-dihydro-2H-pyran-2-carbonsäure mit Brom in Tetrachlormethan (*Fuson et al.,* J. org. Chem. **4** [1939] 401, 405).

Krystalle (aus CHCl$_3$ + PAe.); F: 139°.

I   II

(±)-5-Nitro-6-[2,4,6-trimethyl-3,5-dinitro-phenyl]-3,4-dihydro-2H-pyran-2-carbonsäure $C_{15}H_{15}N_3O_9$, Formel II (R = H).

B. Beim Behandeln von (±)-6-Mesityl-3,4-dihydro-2H-pyran-2-carbonsäure mit Schwefelsäure und Salpetersäure (*Fuson et al.,* J. org. Chem. **4** [1939] 401, 406).

Gelbe Krystalle (aus Bzl.); F: 255°.

(±)-5-Nitro-6-[2,4,6-trimethyl-3,5-dinitro-phenyl]-3,4-dihydro-2H-pyran-2-carbonsäure-methylester $C_{16}H_{17}N_3O_9$, Formel II (R = CH$_3$).

B. Beim Behandeln von (±)-2-Hydroxy-6-mesityl-6-oxo-hexansäure-methylester mit Schwefelsäure und Salpetersäure (*Fuson et al.,* J. org. Chem. **4** [1939] 401, 407). Beim Erwärmen von (±)-5-Nitro-6-[2,4,6-trimethyl-3,5-dinitro-phenyl]-3,4-dihydro-2H-pyran-2-carbonsäure mit Schwefelsäure enthaltendem Methanol (*Fu. et al.,* l. c. S. 406).

Gelbe Krystalle (aus Me.); F: 162—163° (*Fu. et al.,* l. c. S. 406).

3-[3-Äthyl-4,6-dimethyl-benzofuran-2-yl]-propionsäure $C_{15}H_{18}O_3$, Formel III (R = H).

B. Bei der Hydrierung von 3t(?)-[3-Äthyl-4,6-dimethyl-benzofuran-2-yl]-acrylsäure (F: 252° [Zers.]) an Raney-Nickel in wss. Natronlauge bei 100°/75 at (*Dean et al.*, Soc. **1958** 4551, 4555).

Krystalle (aus A. + Bzn.); F: 113°.

3-[3-Äthyl-4,6-dimethyl-benzofuran-2-yl]-propionsäure-methylester $C_{16}H_{20}O_3$, Formel III (R = CH_3).

B. Bei der Hydrierung von 3t(?)-[3-Äthyl-4,6-dimethyl-benzofuran-2-yl]-acrylsäure-methylester (F: 74°) an Palladium/Kohle in Methanol (*Dean et al.*, Soc. **1958** 4551, 4555).

Krystalle; F: 33°. $Kp_{0,2}$: 210° [Rohprodukt].

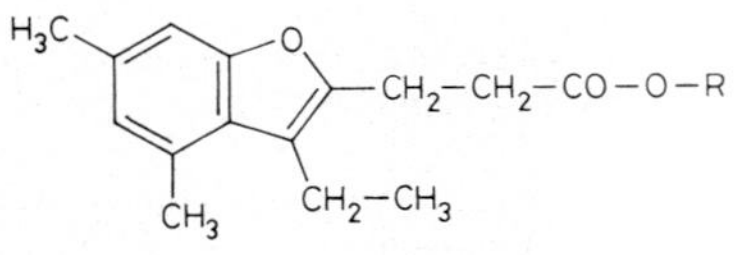

III 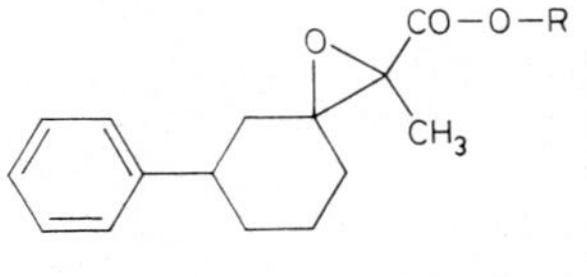   IV

3-[3-Äthyl-4,6-dimethyl-benzofuran-2-yl]-propionsäure-äthylester $C_{17}H_{22}O_3$, Formel III (R = C_2H_5).

Bildung beim Erwärmen von 3-[3-Äthyl-4,6-dimethyl-benzofuran-2-yl]-propionsäure mit Äthanol: *Dean et al.*, Soc. **1958** 4551, 4555.

$Kp_{1,5}$: 158°.

---

*Opt.-inakt. 2-Methyl-5-phenyl-1-oxa-spiro[2.5]octan-2-carbonsäure-äthylester $C_{17}H_{22}O_3$, Formel IV (R = C_2H_5).

B. Beim Behandeln von (±)-3-Phenyl-cyclohexanon mit (±)-2-Chlor-propionsäure-äthylester und Kalium-*tert*-butylat in *tert*-Butylalkohol (*Johnson et al.*, Am. Soc. **75** [1953] 4995, 4998).

Kp_1: 134—136°.

*Opt.-inakt. 2-Methyl-5-phenyl-1-oxa-spiro[2.5]octan-2-carbonsäure-*tert*-butylester $C_{19}H_{26}O_3$, Formel IV (R = $C(CH_3)_3$).

B. Beim Behandeln von (±)-3-Phenyl-cyclohexanon mit (±)-2-Chlor-propionsäure-*tert*-butylester und Kalium-*tert*-butylat in *tert*-Butylalkohol (*Johnson et al.*, Am. Soc. **75** [1953] 4995, 4998).

Krystalle (aus A.); F: 140—141°.

Carbonsäuren $C_{18}H_{24}O_3$

6-Cyclohexyl-3,8-dimethyl-chroman-2-carbonsäure $C_{18}H_{24}O_3$, Formel V, und **6-Cyclohexyl-2,8-dimethyl-chroman-3-carbonsäure** $C_{18}H_{24}O_3$, Formel VI.

Diese beiden Konstitutionsformeln kommen für die nachstehend beschriebene opt.-inakt. Verbindung in Betracht (*Hultzsch*, J. pr. [2] **158** [1941] 275, 282).

B. Beim Erhitzen von 5-Cyclohexyl-2-hydroxy-3-methyl-benzylalkohol mit *trans*-Crotonsäure bis auf 230° (*Hu.*, l. c. S. 287).

Krystalle (aus E. + PAe.); F: 158°.

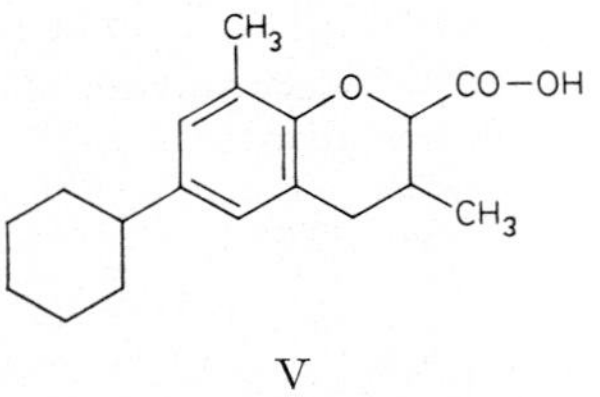

V 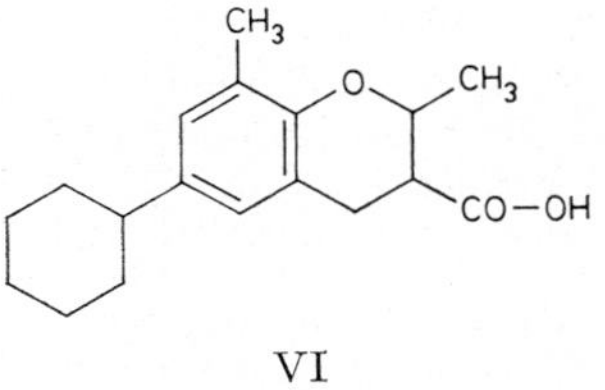   VI

Carbonsäuren $C_{20}H_{28}O_3$

(4a*R*)-5-[2-[3]Furyl-äthyl]-1*t*,4a,6-trimethyl-(4a*r*,8a*t*)-1,2,3,4,4a,7,8,8a-octahydro-[1*c*]naphthoesäure, *ent*-15,16-Epoxy-labda-8,13(16),14-trien-19-säure [1]) $C_{20}H_{28}O_3$, Formel VII.

Konstitution und Konfiguration: *Lombard, Haeuser*, C. r. [C] **268** [1969] 2234.

B. In kleiner Menge beim Behandeln einer warmen Lösung von Illurinsäure (s. u.) in Äthanol mit Chlorwasserstoff; Isolierung über das in Wasser schwer lösliche Natrium-Salz (*Keto*, Ar. **239** [1901] 548, 573; *Lo., Ha.*).

Krystalle (aus wss. A.); F: 108—109° (*Keto; Lo., Ha.*). $[\alpha]_D^{20}$: —112,8° [CHCl$_3$]; $[\alpha]_D^{20}$: —114,5° [A.]. ^{1}H-NMR-Absorption: *Lo., Ha.* IR-Banden (CHCl$_3$) im Bereich von 6 μ bis 11,5 μ: *Lo., Ha.*

(4a*S*)-5*c*-[2-[3]Furyl-äthyl]-1*t*,4a-dimethyl-6-methylen-(4a*r*,8a*t*)-decahydro-[1*c*]naphthoesäure, *ent*-15,16-Epoxy-labda-8(20),13(16),14-trien-19-säure [1]), Illurinsäure, Daniellsäure $C_{20}H_{28}O_3$, Formel VIII.

Konstitution und Konfiguration: *Haeuser et al.*, Tetrahedron **12** [1961] 205, 207; *Lombard, Haeuser*, C. r. [C] **268** [1969] 2234. Über die Identität von Daniellsäure mit Illurinsäure s. *Lo., Ha.; Mills*, Phytochemistry **12** [1973] 2479.

Isolierung aus dem Harz von Daniellia oliveri („Copaiba-Balsam"; „Illurin-Balsam" [s. dazu *Mills*, l. c.]): *Umney*, Pharm. J. [3] **22** [1892] 449, **24** [1894] 215; *Keto*, Ar. **239** [1901] 548, 561, 562; *A. Criqui*, Diss. [Strassburg 1956] S. 69; *Ha. et al.*, l. c. S. 208.

Krystalle; F: 129—130,5° [korr.; aus Me.] (*Ha. et al.*), 129—130° (*Lo., Ha.*), 128—129° [aus A. oder Me.] (*Keto*, l. c. S. 564), 126—128° [aus Me.] (*Cr.*, l. c. S. 70), 124° [aus PAe.] (*Um.*, Pharm. J. [3] **22** 450, **24** 216). Illurinsäure krystallisiert hexagonal (*Keto*, l. c. S. 565, 566). Krystallhabitus: *Keto.* $[\alpha]_D^{18}$: —54,9° [A.; c = 5] (*Keto*, l. c. S. 565); $[\alpha]_D^{20}$: —55,5° [A.] (*Lo., Ha.*); $[\alpha]_D$: —58°; $[\alpha]_{600}$: —54°; $[\alpha]_{290}$: —258° [jeweils in A.; c = 1] (*Ha. et al.*, l. c. S. 209). IR-Banden im Bereich von 6 μ bis 11,5 μ: *Ha. et al.*, l. c. S. 209. Absorptionsmaximum (Heptan): 225 nm (*Ha. et al.*, l. c. S. 209).

Beim Behandeln einer warmen äthanol. Lösung mit Chlorwasserstoff sind kleine Mengen *ent*-15,16-Epoxy-labda-8(20),13(16),14-trien-19-säure (s. o.) erhalten worden (*Keto*, l. c. S. 572; *Lo., Ha.*).

Natrium-Salz NaC$_{20}$H$_{27}$O$_3$·6H$_2$O. Krystalle [aus A. + Ae.] (*Keto*, l. c. S. 569, 570).

Barium-Salz Ba(C$_{20}$H$_{27}$O$_3$)$_2$·4H$_2$O. Farblose Krystalle (aus A.) (*Keto*, l. c. S. 570).

Blei(II)-Salz Pb(C$_{20}$H$_{27}$O$_3$)$_2$. Krystalle [aus CHCl$_3$] (*Keto*, l. c. S. 571).

Diäthylamin-Salz C$_4$H$_{11}$N·C$_{20}$H$_{28}$O$_3$. Krystalle (aus Acn.), F: 120—122°; $[\alpha]_{578}$: —20° [A.(?)] (*Ha. et al.*, l. c. S. 209; s. a. *Cr.*, l. c. S. 69).

4,7,11b-Trimethyl-$\Delta^{7a(10a),8}$-dodecahydro-phenanthro[3,2-*b*]furan-4-carbonsäure $C_{20}H_{28}O_3$.

a) (4a*R*)-4*t*,7*c*,11b-Trimethyl-(4a*r*,6a*t*,11a*c*,11b*t*)-$\Delta^{7a(10a),8}$-dodecahydro-phenanthro[3,2-*b*]furan-4*c*-carbonsäure, 12,17-Epoxy-14α-methyl-15-nor-pimara-12,16-dien-18-säure [2]), Vinhaticosäure $C_{20}H_{28}O_3$, Formel IX (R = H).

Über die Konstitution s. *King, King*, Soc. **1953** 4158; *King et al.*, Soc. **1958** 3428, 3429; über die Konfiguration s. *Chapman et al.*, Soc. **1963** 4010, 4013; *Spencer et al.*, Am. Soc. **89** [1967] 5497.

B. Beim Erhitzen von Vinhaticosäure-methylester (S. 4289) mit Kaliumhydroxid und wenig Äthanol auf 160° (*King et al.*, Soc. **1953** 1055, 1057).

Krystalle (aus wss. A.), F: 153—154; $[\alpha]_D^{18}$: +73° [CHCl$_3$] (*King et al.*, Soc. **1953** 1057).

Beim Erhitzen mit Schwefel auf 250° ist 4,7-Dimethyl-phenanthro[3,2-*b*]furan (E III/IV **17** 726) erhalten worden (*King, King*, l. c. S. 4163).

Natrium-Salz. Krystalle [aus wss. Natronlauge] (*King et al.*, Soc. **1953** 1057).

b) (4a*R*)-4*c*,7*c*,11b-Trimethyl-(4a*r*,6a*t*,11a*c*,11b*t*)-$\Delta^{7a(10a),8}$-dodecahydro-phenanthro[3,2-*b*]furan-4*t*-carbonsäure, 12,17-Epoxy-14α-methyl-15-nor-pimara-12,16-dien-19-säure [2]), Vouacapensäure $C_{20}H_{28}O_3$, Formel X (X = OH).

Über die Konstitution und Konfiguration s. *King et al.*, Soc. **1955** 1117, 1118; *Chapman*

---

[1]) Stellungsbezeichnung bei von Labdan abgeleiteten Namen s. E IV **5** 369.

[2]) Stellungsbezeichnung bei von Pimaran abgeleiteten Namen s. E III **9** 355 Anm. 2.

et al., Soc. **1963** 4010, 4013; *Spencer et al.*, Am. Soc. **89** [1967] 5497.

Isolierung aus dem Kernholz von Vouacapoua americana: *King et al.*, l. c. S. 1122.

B. Beim Erhitzen von Vouacapensäure-methylester (s. u.) mit Kaliumhydroxid und wenig Äthanol auf 160°, mit Kaliumhydroxid und Benzylalkohol (*Spoelstra*, R. **49** [1930] 226, 232) oder mit Kaliumhydroxid und Äthylenglykol (*King et al.*, l. c. S. 1121).

Krystalle; F: 227—230° [nach Sintern bei 216°; aus A.] (*King et al.*), 226—229° [nach Sintern bei 215°; aus A. oder Acn.] (*Sp.*). $[\alpha]_D^{18}$: +107—108° [CCl$_4$; p = 4] (*Sp.*); $[\alpha]_D$: +108° [CCl$_4$; c = 3] (*King et al.*).

Natrium-Salz. Krystalle [aus W.] (*King et al.*, l. c. S. 1123).

VII   **VIII**   **IX**   **X**

**4,7,11b-Trimethyl-$\Delta^{7a(10a),8}$-dodecahydro-phenanthro[3,2-*b*]furan-4-carbonsäure-methyl=
ester** C$_{21}$H$_{30}$O$_3$.

a) **(4a*R*)-4*t*,7*c*,11b-Trimethyl-(4a*r*,6a*t*,11a*c*,11b*t*)-$\Delta^{7a(10a),8}$-dodecahydro-phenanthro=
[3,2-*b*]furan-4*c*-carbonsäure-methylester, 12,17-Epoxy-14α-methyl-15-nor-pimara-
12,16-dien-18-säure-methylester, Vinhaticosäure-methylester** C$_{21}$H$_{30}$O$_3$, Formel IX
(R = CH$_3$).

Bezüglich der Konstitution und Konfiguration s. die entsprechenden Angaben im Artikel Vinhaticosäure (S. 4288).

Isolierung aus dem Kernholz von Plathymenia reticulata: *King et al.*, Soc. **1953** 1055, 1057.

Krystalle (aus Me.); F: 108°; $[\alpha]_D^{18}$: +66,9° [CHCl$_3$]; Absorptionsmaximum (Hexan): 220 nm (*King et al.*).

Beim Behandeln einer Lösung in Äthylacetat mit Ozon (0,5 Mol) und Erwärmen des Reaktionsprodukts mit Wasser und Zink-Pulver sind (4a*R*)-6*t*-[(*R*)-1-Carboxy-äthyl]-5*c*-carboxymethyl-1*c*,4a-dimethyl-(4a*r*,8a*t*)-decahydro-[1*t*]naphthoesäure-methylester (Hauptprodukt) und 13-Formyl-14α-methyl-12-oxo-podocarpan-15-säure-methylester erhalten worden (*King, King*, Soc. **1958** 4158, 4159, 4163). Verhalten beim Behandeln einer Lösung in Chloroform mit Monoperoxyphthalsäure in Äther (Bildung von (*Z*)-14α-Methyl-12-oxo-15-nor-pimar-13(16)-en-17,18-disäure-18-methylester ⇌ (12*Ξ*,13*Z*)-12,12-Dihydroxy-14α-methyl-15-nor-pimar-13(16)-en-17,18-disäure-17-lacton-18-methyl=
ester): *King et al.* Bildung von 12,17-Epoxy-14-methyl-15-nor-pimara-8,11,13,16-tetra=
en-18-säure-methylester (S. 4338) bzw. von 4,7-Dimethyl-phenanthro[3,2-*b*]furan (E III/
IV **17** 726) beim Erhitzen mit 2 bzw. 6 Grammatom Schwefel auf 250°: *King, King*,
l. c. S. 4162, 4163. Verhalten beim Erhitzen mit Selen auf 350° (Bildung von 2-Äthyl-
1,8-dimethyl-[3]phenanthrol und wenig 2-Äthyl-1,8-dimethyl-phenanthren): *King, King*,
l. c. S. 4163. Beim Erwärmen mit Phenylmagnesiumbromid in Äther ist Diphenyl-
[(4a*R*)-4*t*,7*c*,11b-trimethyl-(4a*r*,6a*t*,11a*c*,11b*t*)-$\Delta^{7a(10a),8}$-dodecahydro-phenanthro=
[3,2-*b*]furan-4*c*-yl]-methanol (C$_{32}$H$_{38}$O$_2$; Krystalle[aus A.], F: 145—147°) erhalten
worden (*King, King*, l. c. S. 4167).

b) **(4a*R*)-4*c*,7*c*,11b-Trimethyl-(4a*r*,6a*t*,11a*c*,11b*t*)-$\Delta^{7a(10a),8}$-dodecahydro-phenanthro=
[3,2-*b*]furan-4*t*-carbonsäure-methylester, 12,17-Epoxy-14α-methyl-15-nor-pimara-
12,16-dien-19-säure-methylester, Vouacapensäure-methylester** C$_{21}$H$_{30}$O$_3$, Formel X
(X = O-CH$_3$).

Bezüglich der Konstitution und Konfiguration s. die entsprechenden Angaben im Artikel Vouacapensäure (S. 4288).

Isolierung aus dem Kernholz von Vouacapoua americana: *Spoelstra*, R. **49** [1930] 226, 228; von Vouacapoua macropetala: *King et al.*, Soc. **1955** 1117, 1121.

B. Beim Behandeln von Vouacapensäure mit Diazomethan in Äther (*Sp.*, l. c. S. 233). Krystalle; F: 105° [korr.; aus A.] (*Sp.*), 103—104° [aus Me. oder aus Acn. + Me.] (*King et al.*). Kp$_{0,5}$: 185° (*Sp.*). $[\alpha]_D^{18}$: +101° [CCl$_4$; p = 4] (*Sp.*); $[\alpha]_D$: +101° [CCl$_4$; c = 2] (*King et al.*). Absorptionsmaximum (A.): 222 nm (*King et al.*).

Hydrierung an Platin in Essigsäure sowie an Platin in Äthylacetat: *Sp.*, l. c. S. 234, 236.

(4aR)-4t,7c,11b-Trimethyl-(4ar,6at,11ac,11bt)-$\Delta^{7a(10a),8}$-dodecahydro-phenanthro[3,2-b]⸗ furan-4c-carbonsäure-äthylester, 12,17-Epoxy-14α-methyl-15-nor-pimara-12,16-dien-18-säure-äthylester, Vinhaticosäure-äthylester C$_{22}$H$_{32}$O$_3$, Formel IX (R = C$_2$H$_5$).

B. Aus dem Natrium-Salz der Vinhaticosäure (S. 4288) mit Hilfe von Diäthylsulfat (*King et al.*, Soc. **1953** 1055, 1057).

Krystalle (aus wss. A.); F: 80—81°. $[\alpha]_D$: +58,7° [CHCl$_3$].

(4aR)-4c,7c,11b-Trimethyl-(4ar,6at,11ac,11bt)-$\Delta^{7a(10a),8}$-dodecahydro-phenanthro[3,2-b]⸗ furan-4t-carbonsäure-dimethylamid, 12,17-Epoxy-14α-methyl-15-nor-pimara-12,16-dien-19-säure-dimethylamid, Vouacapensäure-dimethylamid C$_{22}$H$_{33}$NO$_2$, Formel X (X = N(CH$_3$)$_2$).

B. Beim Behandeln von Vouacapensäure (S. 4288) mit Äther, Thionylchlorid und Pyr⸗ idin und Erwärmen des Reaktionsprodukts mit wss. Dimethylamin-Lösung und Äthanol (*King et al.*, Soc. **1955** 1117, 1124).

Krystalle (aus Me.); F: 122—123°.

Carbonsäuren C$_{24}$H$_{36}$O$_3$

3α,8-Epoxy-5β,8α-chol-9(11)-en-24-säure C$_{24}$H$_{36}$O$_3$, Formel XI.

Eine von *Fieser, Rajagopalan* (Am. Soc. **73** [1951] 118, 121) unter dieser Konstitution und Konfiguration beschriebene Verbindung (F: 158—161°; $[\alpha]_D^{25}$: +38° [Dioxan]) ist als 3-Oxo-5β-chol-9(11)-en-24-säure zu formulieren; Entsprechendes gilt für den Methyl⸗ ester (F: 119—120°; $[\alpha]_D^{25}$: +36° [Dioxan]) dieser Säure (*Babcock, Fieser*, Am. Soc. **74** [1952] 5472).

XI   XII

3α,9-Epoxy-5β-chol-11-en-24-säure C$_{24}$H$_{36}$O$_3$, Formel XII (R = H).

Über die Konfiguration an den C-Atomen 3 und 9 s. *Mattox et al.*, J. biol. Chem. **173** [1948] 283.

B. Bei kurzem Behandeln (6 min) von 3α,12α-Dihydroxy-5β-chol-9(11)-en-24-säure (E III **10** 1892) mit Essigsäure und wss. Bromwasserstoffsäure (*Mattox et al.*, J. biol. Chem. **164** [1946] 569, 581). Beim Behandeln von 3α,9-Epoxy-5β-chol-11-en-24-säure-methylester mit wss.-methanol. Natronlauge unter vermindertem Druck und Behandeln des vom Methanol befreiten Reaktionsgemisches mit Wasser (*Research Corp.*, U.S.P. 2541074 [1946]).

Krystalle; F: 157—158° [aus A.] (*Research Corp.*), 157—158° [Fisher-Johns-App.; aus Me. + W.] (*Ma. et al.*, J. biol. Chem. **164** 581). $[\alpha]_D$: −57° [Me.; c = 1] (*Ma. et al.*, J. biol. Chem. **164** 581); $[\alpha]_D$: −51,6° [Me.; c = 1] (*Research Corp.*).

Beim Behandeln einer Lösung in Chloroform und Essigsäure mit Chrom(VI)-oxid und

Wasser sind kleine Mengen 3,12-Dioxo-5β-chol-9(11)-en-24-säure erhalten worden (*Ma. et al.*, J. biol. Chem. **164** 588). Hydrierung an Platin in Essigsäure unter Bildung von 3α-Hydroxy-5β-chol-9(11)-en-24-säure: *Ma. et al.*, J. biol. Chem. **164** 585. Überführung in 3α-Hydroxy-12α-methoxy-5β-chol-9(11)-en-24-säure-methylester durch Behandlung mit Methanol und kleinen Mengen wss. Salzsäure: *Ma. et al.*, J. biol. Chem. **164** 577.

3α,9-Epoxy-5β-chol-11-en-24-säure-methylester $C_{25}H_{38}O_3$, Formel XII (R = CH$_3$).

B. Beim Erhitzen von 11β,12α-Dibrom-3α-hydroxy-5β-cholan-24-säure mit Pyridin und Behandeln des Reaktionsprodukts mit Diazomethan in Äther (*Mattox et al.*, J. biol. Chem. **173** [1948] 283, 291). Beim Behandeln einer Lösung von 12α-Chlor-3α-hydroxy-5β-chol-9(11)-en-24-säure-methylester (E III **10** 970) in Chloroform mit wss. Natriumhydrogen=carbonat-Lösung oder mit heissem Pyridin (*Mattox et al.*, J. biol. Chem. **164** [1946] 569, 582). Beim Schütteln einer Lösung von 12α-Brom-3α-hydroxy-5β-chol-9(11)-en-24-säure-methylester (E III **10** 971) in Chloroform mit Wasser (*Ma. et al.*, J. biol. Chem. **164** 582). Beim Behandeln von 3α,9-Epoxy-5β-chol-11-en-24-säure mit Diazomethan in Äther (*Ma. et al.*, J. biol. Chem. **164** 581).

Krystalle; F: 53—54° [aus Me. + W. bzw. aus Acn. + W.] (*Ma. et al.*, J. biol. Chem. **164** 581, 582), 51—52° [aus wss. Me.] (*Ma. et al.*, J. biol. Chem. **173** 291). $[\alpha]_D$: −59° [CHCl$_3$; c = 1] (*Ma. et al.*, J. biol. Chem. **164** 581, **173** 291). IR-Banden (CCl$_4$ sowie CS$_2$) im Bereich von 3100 cm^{-1} bis 700 cm^{-1}: *Henbest et al.*, Soc. **1954** 800, 802.

Reaktion mit Brom in Chloroform unter Bildung von 11β,12α-Dibrom-3α,9-epoxy-5β-cholan-24-säure-methylester (S. 4245) und geringeren Mengen 11β,12β-Dibrom-3α,9-ep=oxy-5β-cholan-24-säure-methylester (S. 4245): *Ma. et al.*, J. biol. Chem. **164** 583, 584. Hydrierung an Platin in Essigsäure enthaltendem Äthanol unter Bildung von 3α-Hydr=oxy-5β-chol-9(11)-en-24-säure-methylester: *Ma. et al.*, J. biol. Chem. **164** 586.

[*Schurek*]

Monocarbonsäuren $C_nH_{2n-14}O_3$

Carbonsäuren $C_{11}H_8O_3$

3-Phenyl-furan-2-carbonsäure-methylester $C_{12}H_{10}O_3$, Formel I.

B. Beim Erhitzen von opt.-inakt. 2,3-Epoxy-5,5-dimethoxy-3-phenyl-valeriansäure-methylester (Kp$_{0,5}$: 119—123°; n$_D^{25}$: 1,5020) mit wenig Toluol-4-sulfonsäure auf 250° (*Burness*, J. org. Chem. **21** [1956] 102).

Krystalle (aus Heptan); F: 63,5—64,5°.

2-[4-Chlor-phenyl]-furan-3-carbonsäure $C_{11}H_7ClO_3$, Formel II (R = H).

B. Beim Behandeln von 2-[4-Chlor-phenyl]-furan-3-carbonsäure-äthylester mit äthanol. Kalilauge (*Wibaut, Dhont*, R. **62** [1943] 272, 279).

Krystalle; F: 194° [über das Natrium-Salz gereinigtes Präparat] (*Wi., Dh.*), 193—194° [aus PAe.] (*Johnson*, Soc. **1946** 895, 898).

I

II

III

2-[4-Chlor-phenyl]-furan-3-carbonsäure-äthylester $C_{13}H_{11}ClO_3$, Formel II (R = C$_2$H$_5$).

B. Neben 2-[4-Chlor-phenyl]-pyrrol-3-carbonsäure-äthylester bei mehrtägigem Behandeln von 3-[4-Chlor-phenyl]-3-oxo-propionsäure-äthylester mit ($\pm$)-1-Äthoxy-1,2-di=chlor-äthan und wss. Ammoniak (*Wibaut, Dhont*, R. **62** [1943] 272, 278; *Johnson*, Soc. **1946** 895, 898).

Krystalle (aus Bzn.); F: 63° (*Wi., Dh.*). Kp$_{0,15}$: 132—135° (*Wi., Dh.*); Kp$_{0,1}$: 125—130° (*Jo.*).

5-Phenyl-furan-3-carbonsäure $C_{11}H_8O_3$, Formel III (X = OH).

B. Bei 24-stdg. Erwärmen von 5-Phenyl-furan-3-carbonsäure-anilid mit äthanol. Kalilauge (*Fuson et al.*, Am. Soc. **60** [1938] 1994, 1997).

Krystalle (aus A.); F: 208—209°.

5-Phenyl-furan-3-carbonsäure-anilid $C_{17}H_{13}NO_2$, Formel III (X = NH-C_6H_5).

B. Beim Behandeln einer Lösung von Phenyl-[5-phenyl-[3]furyl]-keton-oxim (F: 149—149,4° [E III/IV **17** 5497]) in Äther mit Phosphor(V)-chlorid (*Fuson et al.*, Am. Soc. **60** [1938] 1994, 1997).

Krystalle (aus A.); F: 192—193°.

5-Phenyl-furan-2-carbonsäure $C_{11}H_8O_3$, Formel IV (X = H).

B. Beim Behandeln einer Lösung von Furan-2-carbonsäure in Aceton mit wss. Benzol= diazoniumchlorid-Lösung und mit wss. Kupfer(II)-chlorid-Lösung (*Krutošíková et al.*, Collect. **39** [1974] 767, 769). Beim Behandeln von 5-Phenyl-furan-2-carbaldehyd (aus 2-Phenyl-furan mit Hilfe von Dimethylformamid und Phosphorylchlorid hergestellt) mit wss. Natronlauge und Silberoxid (*Masamune et al.*, Bl. chem. Soc. Japan **48** [1975] 491, 494).

Krystalle; F: 152—155° [aus W.] (*Kr.*, l. c. S. 768), 150—150,5° [unkorr.; aus CHCl₃] (*Ma. et al.*). ¹H-NMR-Absorption: *Ma. et al.* Absorptionsmaxima (Dioxan): 218 nm, 303 nm und 314 nm (*Kr. et al.*, l. c. S. 770). Elektrolytische Dissoziation in 50 %ig. wss. Äthanol: *Kr. et al.*, l. c. S. 770.

Über ein ebenfalls als 5-Phenyl-furan-2-carbonsäure beschriebenes Präparat (Kp₃₀: 120—122°) von ungewisser Einheitlichkeit s. *Akashi, Oda,* J. chem. Soc. Japan Ind. Chem. Sect. **55** [1952] 271; C. A. **1954** 3953.

5-[4-Chlor-phenyl]-furan-2-carbonsäure $C_{11}H_7ClO_3$, Formel IV (X = Cl).

B. Beim Behandeln einer Lösung von Furan-2-carbonsäure in Aceton mit wss. 4-Chlor- benzoldiazonium-Salz-Lösung und wss. Kupfer(II)-chlorid-Lösung (*Krutošíková et al.*, Collect. **39** [1974] 767, 769; s. a. *Malinowski*, Roczniki Chem. **27** [1953] 54, 58; C. A. **1954** 13678; *Akashi, Oda,* J. chem. Soc. Japan, Ind. Chem. Sect. **55** [1952] 271; C. A. **1954** 3953). Aus 5-[4-Chlor-phenyl]-furan-2-carbaldehyd beim Erhitzen mit wss. Natronlauge (*Ma.*, l. c. S. 63) sowie beim Erwärmen mit äthanol. Natronlauge (*Ak., Oda*).

Krystalle; F: 198—201° [aus wss. A.] (*Kr. et al.*, l. c. S. 768), 197—198° [aus A.] (*Ak., Oda*), 156—158°(?) (*Ma.*, l. c. S. 59). Absorptionsmaxima (Dioxan): 218 nm, 302 nm und 317 nm (*Kr. et al.*, l. c. S. 770). Elektrolytische Dissoziation in 50 %ig. wss. Äthanol: *Kr. et al.*, l. c. S. 770.

IV   V   VI

5-[4-Nitro-phenyl]-furan-2-carbonsäure $C_{11}H_7NO_5$, Formel IV (X = NO_2).

B. Beim Behandeln einer Lösung von Furan-2-carbonsäure in Aceton mit wss. 4-Nitro- benzoldiazonium-Salz-Lösung und wss. Kupfer(II)-chlorid-Lösung (*Malinowski*, Roczniki Chem. **27** [1953] 54, 62; C. A. **1954** 13678; *Krutošíková et al.*, Collect. **39** [1974] 767, 769; s. a. *Akashi, Oda,* J. chem. Soc. Japan Ind. Chem. Sect. **55** [1952] 271; C. A. **1954** 3953). Beim Erhitzen von 5-[4-Nitro-phenyl]-furan-2-carbaldehyd mit wss. Natronlauge (*Ma.*, l. c. S. 63).

Krystalle, F: 251—252° [aus Eg.] (*Kr. et al.*, l. c. S. 768), 250—252° [aus Butanon] (*Ma.*, l. c. S. 62); gelbe Krystalle (aus A.), F: 230—231° (*Ak., Oda*). Absorptionsmaxima (Dioxan): 216 nm und 339 nm (*Kr. et al.*, l. c. S. 770). Elektrolytische Dissoziation in 50 %ig. wss. Äthanol: *Kr. et al.*, l. c. S. 770.

Über ein ebenfalls als 5-[4-Nitro-phenyl]-furan-2-carbonsäure beschriebenes Präparat vom F: 204—205° s. *Freund*, Soc. **1952** 3068, 3070.

5-Phenyl-thiophen-2-carbonsäure $C_{11}H_8O_2S$, Formel V (X = OH).

B. Beim Behandeln von 2-Phenyl-thiophen mit Butyllithium in Äther und anschliessend mit festem Kohlendioxid (*Kosak et al.*, Am. Soc. **76** [1954] 4450, 4453 Anm. 28). Beim Erwärmen von 2-Brom-5-phenyl-thiophen mit Magnesium, Cyclohexylbromid und Äther und anschliessend mit festem Kohlendioxid (*Ko. et al.*). Beim Behandeln von 2-Jod-5-phenyl-thiophen mit Magnesium, Äthylbromid und Äther und anschliessend mit Kohlendioxid (*Steinkopf, Gording*, Bio. Z. **292** [1937] 368). Beim Behandeln von 5*t*-Phenyl-2-thioxo-pent-4-ensäure (⇌ 2-Mercapto-5*t*-phenyl-penta-2ξ,4-diensäure [F: 148° bis 151°]) mit Jod in Äthanol oder von 5*t*,5′*t*-Diphenyl-2,2′-disulfandiyl-di-penta-2ξ,4-diensäure (F: 184—185°) mit Jod in Dioxan und Behandeln des jeweils erhaltenen Reaktionsprodukts mit wss. Natronlauge und wss. Kaliumpermanganat-Lösung (*Campaigne, Cline*, J. org. Chem. **21** [1956] 39, 42).

Krystalle; F: 187—188° [korr.; aus CHCl$_3$] (*Ca., Cl.*), 186—187° [aus wss. Eg.] (*Ko. et al.*), 184—185° [aus Bzn.] (*St., Go.*). Absorptionsmaximum (A.): 310 nm (*Ca., Cl.*).

5-Phenyl-thiophen-2-carbonylchlorid C$_{11}$H$_7$ClOS, Formel V (X = Cl).
B. Beim Erwärmen von 5-Phenyl-thiophen-2-carbonsäure mit Thionylchlorid (*Steinkopf, Gording*, Bio. Z. **292** [1937] 368).
Krystalle (aus Bzn.); F: 80°.

5-Phenyl-thiophen-2-carbonsäure-amid C$_{11}$H$_9$NOS, Formel V (X = NH$_2$).
B. Aus 5-Phenyl-thiophen-2-carbonsäure über das Säurechlorid (*Campaigne, Cline*, J. org. Chem. **21** [1956] 39, 42).
F: 197—198° [korr.].

5-[4-Chlor-phenyl]-thiophen-2-carbonsäure C$_{11}$H$_7$ClO$_2$S, Formel VI.
B. Beim Erwärmen von 1-[5-(4-Chlor-phenyl)-[2]thienyl]-äthanon mit alkal. wss. Natriumhypobromit-Lösung (*Buu-Hoï, Hoán*, R. **69** [1950] 1455, 1469).
Krystalle (aus Eg.); F: 254°.

3*t*(?)-Benzo[*b*]thiophen-2-yl-acrylsäure C$_{11}$H$_8$O$_2$S, vermutlich Formel VII (R = H).
B. Aus Benzo[*b*]thiophen-2-carbaldehyd beim Erwärmen mit Malonsäure und Pyridin (*Ried, Bender*, B. **88** [1955] 34, 36) sowie beim Erhitzen mit Malonsäure, Pyridin und wenig Piperidin (*Collins, Brown*, Am. Soc. **79** [1957] 1103, 1107). Beim Erwärmen von 3*t*(?)-Benzo[*b*]thiophen-2-yl-acrylonitril (F: 107° [s. u.]) mit wss.-methanol. Natronlauge (*Ried, Reitz*, B. **89** [1956] 2570, 2576).
Krystalle; F: 236—237° [aus A.] (*Co., Br.*), 231° [unkorr.; aus Me.] (*Ried, Be.*), 231° [unkorr.; aus Me. + W.] (*Ried, Re.*).

3*t*(?)-Benzo[*b*]thiophen-2-yl-acrylsäure-methylester C$_{12}$H$_{10}$O$_2$S, vermutlich Formel VII (R = CH$_3$).
B. Beim Behandeln einer Lösung von 3*t*(?)-Benzo[*b*]thiophen-2-yl-acrylsäure (s. o.) in Dioxan mit Diazomethan in Äther (*Collins, Brown*, Am. Soc. **79** [1957] 1103, 1107).
Krystalle (aus Bzn.); F: 124,5—125,5°. UV-Spektrum (A.; 220—360 nm [λ_{max} 233 nm, 258 nm und 319,5 nm]): *Co., Br.*, l. c. S. 1105.

VII   VIII   IX

3*t*(?)-Benzo[*b*]thiophen-2-yl-acrylonitril C$_{11}$H$_7$NS, vermutlich Formel VIII.
Die Konfigurationszuordnung ist auf Grund der genetischen Beziehung zu 3*t*(?)-Benzo-[*b*]thiophen-2-yl-acrylsäure (s. o.) erfolgt.
B. Beim Erhitzen von 4-Benzo[*b*]thiophen-2-yl-2-hydroxyimino-but-3-ensäure (F: 160—165° [Zers.]) mit Acetanhydrid (*Ried, Reitz*, B. **89** [1956] 2570, 2576).
Krystalle (aus Me. + W.); F: 107°.

3ξ-Benzo[*b*]thiophen-2-yl-2-nitro-acrylonitril $C_{11}H_6N_2O_2S$, Formel IX.

B. Beim Behandeln von Benzo[*b*]thiophen-2-carbaldehyd mit Nitroacetonitril, Äthanol, wenig Methylamin-hydrochlorid und Natriumcarbonat (*Ried, Köhler,* A. **598** [1955] 145, 156).

Orangefarbene Krystalle (aus CCl_4); F: 194°.

3*t*(?)-Benzo[*b*]thiophen-3-yl-acrylsäure $C_{11}H_8O_2S$, vermutlich Formel X.

B. Beim Erwärmen von Benzo[*b*]thiophen-3-carbaldehyd mit Malonsäure und Pyridin (*Ried, Bender,* B. **88** [1955] 34, 37).

Krystalle (aus Me.); F: 225° [unkorr.].

X   XI

3ξ-Benzo[*b*]thiophen-3-yl-2-nitro-acrylonitril $C_{11}H_6N_2O_2S$, Formel XI.

B. Beim Behandeln von Benzo[*b*]thiophen-3-carbaldehyd mit Nitroacetonitril, Äthanol, wenig Methylamin-hydrochlorid und Natriumcarbonat (*Ried, Köhler,* A. **598** [1955] 145, 156).

Orangefarbene Krystalle (aus $CHCl_3$ oder Xylol); F: 203—204°.

Carbonsäuren $C_{12}H_{10}O_3$

(±)-Phenyl-[2]thienyl-essigsäure $C_{12}H_{10}O_2S$, Formel I (X = OH) auf S. 4296.

B. Beim Behandeln einer Lösung von 2-Benzyl-thiophen in Äther mit Kaliumamid in flüssigem Ammoniak und Behandeln des vom Ammoniak befreiten Reaktionsgemisches mit festem Kohlendioxid (*Brown et al.,* Soc. **1949** Spl. 113). Beim Behandeln von (±)-Hydr‑oxy-phenyl-[2]thienyl-essigsäure mit Zinn(II)-chlorid-dihydrat in Essigsäure unter Durchleiten von Chlorwasserstoff (*Blicke, Tsao,* Am. Soc. **66** [1944] 1645, 1647).

Krystalle; F: 115—116° [aus wss. Eg.] (*Bl., Tsao*), 113° [aus wss. A.] (*Br. et al.*).

(±)-Phenyl-[2]thienyl-essigsäure-methylester $C_{13}H_{12}O_2S$, Formel I (X = O-CH$_3$) auf S. 4296.

B. Beim Erwärmen von (±)-Phenyl-[2]thienyl-essigsäure mit Schwefelsäure enthal‑tendem Methanol (*Feldkamp, Faust,* Am. Soc. **71** [1949] 4012).

Krystalle (aus Heptan); F: 71—73°.

(±)-Phenyl-[2]thienyl-essigsäure-äthylester $C_{14}H_{14}O_2S$, Formel I (X = O-C$_2$H$_5$) auf S. 4296.

B. Beim Behandeln einer Lösung von 2-Benzyl-thiophen in Äther mit Kaliumamid in flüssigem Ammoniak und Behandeln des Reaktionsprodukts mit Diäthylcarbonat in Äther (*Brown et al.,* Soc. **1949** Spl. 113). Beim Erwärmen von (±)-Phenyl-[2]thienyl-essigsäure mit Schwefelsäure enthaltendem Äthanol (*Br. et al.*). Beim Behandeln eines Gemisches von (±)-Hydroxy-phenyl-[2]thienyl-essigsäure-äthylester, Zinn(II)-chlorid-dihydrat und Essigsäure mit Chlorwasserstoff (*Leonard, Ehrenthal,* Am. Soc. **73** [1951] 2216).

Kp_1: 120—121°; n_D^{20}: 1,5676 (*Le., Eh.*). $Kp_{0,1}$: 123°; n_D^{15}: 1,5652; n_D^{19}: 1,5640 (*Br. et al.*).

Beim Erwärmen mit Natriumamid, Diäthyl-[2-chlor-äthyl]-amin und Toluol ist 4-Diäthylamino-2-phenyl-2-[2]thienyl-buttersäure-äthylester erhalten worden (*Br. et al.*).

(±)-Phenyl-[2]thienyl-essigsäure-[2-methylamino-äthylester] $C_{15}H_{17}NO_2S$, Formel I (X = O-CH$_2$-CH$_2$-NH-CH$_3$) auf S. 4296.

Hydrochlorid $C_{15}H_{17}NO_2S \cdot HCl$. *B.* Beim Erwärmen von (±)-Phenyl-[2]thienyl-essigsäure mit [2-Chlor-äthyl]-methyl-amin und Isopropylalkohol (*Blicke,* U.S.P. 2541634 [1949]). Beim Behandeln einer Suspension von (±)-Phenyl-[2]thienyl-essigsäure-[(2-hydroxy-äthyl)-methyl-amid] in Isopropylalkohol mit Chlorwasserstoff (*Feldkamp,*

Faust, Am. Soc. **71** [1949] 4012). — Krystalle; F: 132,5—134° (*Bl.*), 132—134° [aus E.] (*Fe., Fa.*).

(±)-Phenyl-[2]thienyl-essigsäure-[2-dimethylamino-äthylester] $C_{16}H_{19}NO_2S$, Formel I (X = O-CH$_2$-CH$_2$-N(CH$_3$)$_2$).

B. Als Hydrochlorid (s. u.) beim Erwärmen von (±)-Phenyl-[2]thienyl-essigsäure mit [2-Chlor-äthyl]-dimethyl-amin und Isopropylalkohol (*Blicke*, U.S.P. 2541024 [1946], 2541634 [1949]) sowie beim Erwärmen von (±)-Phenyl-[2]thienyl-acetylchlorid (aus (±)-Phenyl-[2]thienyl-essigsäure mit Hilfe von Thionylchlorid hergestellt) mit 2-Di≠methylamino-äthanol und Benzol (*Feldkamp, Faust*, Am. Soc. **71** [1949] 4012).

Kp$_{0,05}$: 174—176° (*Fe., Fa.*); Kp$_{0,01}$: 156—160° (*Bl.*).
Hydrochlorid $C_{16}H_{19}NO_2S \cdot HCl$. Krystalle [aus E.] (*Fe., Fa.*). F: 113—115° (*Fe., Fa.; Bl.*).

(±)-Phenyl-[2]thienyl-essigsäure-[2-diäthylamino-äthylester] $C_{18}H_{23}NO_2S$, Formel I (X = O-CH$_2$-CH$_2$-N(C$_2$H$_5$)$_2$).

B. Als Hydrochlorid (s. u.) beim Erwärmen von (±)-Phenyl-[2]thienyl-essigsäure mit Diäthyl-[2-chlor-äthyl]-amin und Isopropylalkohol (*Blicke, Tsao*, Am. Soc. **66** [1944] 1645, 1648).

Kp$_{0,2}$: 197—199° (*Feldkamp, Faust*, Am. Soc. **71** [1949] 4012).
Hydrochlorid $C_{18}H_{23}NO_2S \cdot HCl$. Krystalle (aus A. + Ae.); F: 98—100° (*Bl., Tsao*, l. c. S. 1647).
Hydrobromid $C_{18}H_{23}NO_2S \cdot HBr$. Krystalle (aus Isopropylalkohol); F: 115—117° (*Fe., Fa.*).

(±)-Diäthyl-methyl-[2-(phenyl-[2]thienyl-acetoxy)-äthyl]-ammonium, (±)-Phenyl-[2]thienyl-essigsäure-[2-(diäthyl-methyl-ammonio)-äthylester] $[C_{19}H_{26}NO_2S]^+$, Formel I (X = O-CH$_2$-CH$_2$-N(C$_2$H$_5$)$_2$-CH$_3$]$^+$).

Bromid $[C_{19}H_{26}NO_2S]Br$. *B.* Beim Behandeln einer Lösung von (±)-Phenyl-[2]thienyl-essigsäure-[2-diäthylamino-äthylester] in Äthanol mit Methylbromid (*Feldkamp, Faust*, Am. Soc. **71** [1949] 4012). — Krystalle (aus A. + E.); F: 65—66°.

(±)-Phenyl-[2]thienyl-essigsäure-[2-diisopropylamino-äthylester] $C_{20}H_{27}NO_2S$, Formel I (X = O-CH$_2$-CH$_2$-N[CH(CH$_3$)$_2$]$_2$).

B. Als Hydrochlorid (s. u.) beim Erwärmen von (±)-Phenyl-[2]thienyl-essigsäure mit [2-Chlor-äthyl]-diisopropyl-amin und Isopropylalkohol sowie beim Erwärmen von (±)-Phenyl-[2]thienyl-acetylchlorid (aus (±)-Phenyl-[2]thienyl-essigsäure mit Hilfe von Thionylchlorid hergestellt) mit 2-Diisopropylamino-äthanol und Benzol (*Feldkamp, Faust*, Am. Soc. **71** [1949] 4012, 4013).

Kp$_{0,05}$: 174—176°.
Hydrochlorid $C_{20}H_{27}NO_2S \cdot HCl$. Krystalle (aus A. + Ae.); F: 99—100°.

(±)-Phenyl-[2]thienyl-essigsäure-[2-dibutylamino-äthylester] $C_{22}H_{31}NO_2S$, Formel I (X = O-CH$_2$-CH$_2$-N([CH$_2$]$_3$-CH$_3$)$_2$).

B. Beim Erwärmen von (±)-Phenyl-[2]thienyl-essigsäure mit Dibutyl-[2-chlor-äthyl]-amin und Isopropylalkohol und Behandeln des Reaktionsprodukts mit wss. Natrium≠carbonat-Lösung (*Feldkamp, Faust*, Am. Soc. **71** [1949] 4012).

Kp$_{0,01}$: 180—183°.

(±)-Phenyl-[2]thienyl-essigsäure-[2-cyclohexylamino-äthylester] $C_{20}H_{25}NO_2S$, Formel I (X = O-CH$_2$-CH$_2$-NH-C$_6$H$_{11}$).

Hydrobromid $C_{20}H_{25}NO_2S \cdot HBr$. *B.* Beim Erwärmen von (±)-Phenyl-[2]thienyl-essigsäure mit [2-Brom-äthyl]-cyclohexyl-amin und Isopropylalkohol (*Feldkamp, Faust*, Am. Soc. **71** [1949] 4012). — Krystalle (aus Isopropylalkohol + Diisopropyläther); F: 151—152°.

(±)-Phenyl-[2]thienyl-essigsäure-[2-dicyclohexylamino-äthylester] $C_{26}H_{35}NO_2S$, Formel I (X = O-CH$_2$-CH$_2$-N(C$_6$H$_{11}$)$_2$).

Hydrochlorid $C_{26}H_{35}NO_2S \cdot HCl$. *B.* Beim Erwärmen von (±)-Phenyl-[2]thienyl-essigsäure mit [2-Chlor-äthyl]-dicyclohexyl-amin und Isopropylalkohol (*Blicke*, U.S.P. 2541634 [1949]). Beim Erwärmen von (±)-Phenyl-[2]thienyl-acetylchlorid (aus (±)-Phen= yl-[2]thienyl-essigsäure mit Hilfe von Thionylchlorid hergestellt) mit 2-Dicyclohexyl= amino-äthanol und Benzol (*Feldkamp, Faust*, Am. Soc. **71** [1949] 4012). — Krystalle (aus Isopropylalkohol); F: 184—185° (*Fe., Fa.; Bl.*).

I   II   III

(±)-Phenyl-[2]thienyl-essigsäure-[2-anilino-äthylester] $C_{20}H_{19}NO_2S$, Formel I (X = O-CH_2-CH_2-NH-C_6H_5).
Hydrochlorid $C_{20}H_{19}NO_2S \cdot HCl$. *B.* Beim Erwärmen von (±)-Phenyl-[2]thienyl-essigsäure mit *N*-[2-Chlor-äthyl]-anilin und Isopropylalkohol (*Blicke*, U.S.P. 2541634 [1949]). Beim Erwärmen von (±)-Phenyl-[2]thienyl-acetylchlorid (aus (±)-Phenyl-[2]thienyl-essigsäure mit Hilfe von Thionylchlorid hergestellt) mit 2-Anilino-äthanol und Isopropylalkohol (*Feldkamp, Faust*, Am. Soc. **71** [1949] 4012). — Krystalle (aus A.); F: 164—165° (*Fe., Fa.; Bl.*).

(±)-1-[*N*-Äthyl-anilino]-2-[phenyl-[2]thienyl-acetoxy]-äthan, (±)-Phenyl-[2]thienyl-essigsäure-[2-(*N*-äthyl-anilino)-äthylester] $C_{22}H_{23}NO_2S$, Formel I (X = O-CH_2-CH_2-$N(C_2H_5)$-C_6H_5).
B. Beim Erwärmen von (±)-Phenyl-[2]thienyl-essigsäure mit *N*-Äthyl-*N*-[2-chlor-äthyl]-anilin und Isopropylalkohol (*Blicke*, U.S.P. 2541634 [1949]). Beim Erhitzen von (±)-Phenyl-[2]thienyl-essigsäure-methylester mit 2-[*N*-Äthyl-anilino]-äthanol und wenig Natriummethylat auf 200° (*Feldkamp, Faust*, Am. Soc. **71** [1949] 4012).
Hydrobromid $C_{22}H_{23}NO_2S \cdot HBr$. Krystalle; F: 160—162° (*Bl.*), 158—160° [aus Isopropylalkohol] (*Fe., Fa.*).

(±)-Phenyl-[2]thienyl-essigsäure-[3-diäthylamino-propylester] $C_{19}H_{25}NO_2S$, Formel I (X = O-$[CH_2]_3$-$N(C_2H_5)_2$).
B. Als Hydrochlorid (s. u.) beim Erwärmen von (±)-Phenyl-[2]thienyl-essigsäure mit Diäthyl-[3-chlor-propyl]-amin und Isopropylalkohol (*Blicke, Tsao*, Am. Soc. **66** [1944] 1645, 1648).
$Kp_{0,01}$: 162—165° (*Blicke*, U.S.P. 2541024 [1946], 2541634 [1949]).
Hydrochlorid $C_{19}H_{25}NO_2S \cdot HCl$. Krystalle (aus A. + Ae.); F: 87—89° (*Bl., Tsao*, l. c. S. 1647).

(±)-Dibutyl-methyl-[3-(phenyl-[2]thienyl-acetoxy)-propyl]-ammonium, (±)-Phenyl-[2]thienyl-essigsäure-[3-(dibutyl-methyl-ammonio)-propylester] $[C_{24}H_{36}NO_2S]^+$, Formel I (X = O-$[CH_2]_3$-$N([CH_2]_3$-$CH_3)_2$-$CH_3]^+$).
Bromid $[C_{24}H_{36}NO_2S]Br$. *B.* Beim Erwärmen von Phenyl-[2]thienyl-essigsäure mit Dibutyl-[3-chlor-propyl]-amin und Isopropylalkohol und Behandeln einer Lösung des Reaktionsprodukts in Äthanol mit Methylbromid (*Blicke, Tsao*, Am. Soc. **66** [1944] 1645, 1647, 1648). — Krystalle; F: 131—133° (*Blicke*, U.S.P. 2541024 [1946], 2541634 [1949]), 129—132° [aus A. + Ae.] (*Bl., Tsao*).

***Opt.-inakt. Phenyl-[2]thienyl-essigsäure-[β-diäthylamino-isopropylester]** $C_{19}H_{25}NO_2S$, Formel I (X = O-$CH(CH_3)$-CH_2-$N(C_2H_5)_2$).
B. Beim Erwärmen von (±)-Phenyl-[2]thienyl-essigsäure mit (±)-Diäthyl-[2-chlor-propyl]-amin und Isopropylalkohol und Behandeln des Reaktionsprodukts mit wss. Natriumcarbonat-Lösung (*Feldkamp, Faust*, Am. Soc. **71** [1949] 4012).
$Kp_{0,01}$: 162—165°.

(±)-Phenyl-[2]thienyl-essigsäure-[3-dimethylamino-2,2-dimethyl-propylester] $C_{19}H_{25}NO_2S$, Formel I (X = O-CH_2-$C(CH_3)_2$-CH_2-$N(CH_3)_2$).
Hydrochlorid $C_{19}H_{25}NO_2S \cdot HCl$. *B.* Beim Erwärmen von (±)-Phenyl-[2]thienyl-

essigsäure mit [3-Chlor-2,2-dimethyl-propyl]-dimethyl-amin und Isopropylalkohol (*Feld-kamp, Faust*, Am. Soc. **71** [1949] 4012). — Krystalle (aus E.); F: 126—128°.

(±)-Phenyl-[2]thienyl-essigsäure-[(2-hydroxy-äthyl)-methyl-amid] $C_{15}H_{17}NO_2S$,
Formel I (X = N(CH$_3$)-CH$_2$-CH$_2$-OH).

B. Beim Erhitzen von (±)-Phenyl-[2]thienyl-essigsäure-methylester mit 2-Methyl=amino-äthanol und wenig Natriummethylat auf 150° (*Feldkamp, Faust*, Am. Soc. **71** [1949] 4012).

Krystalle (aus A.); F: 153—154°.

2-[2]Thienylmethyl-benzoesäure $C_{12}H_{10}O_2S$, Formel II (X = H).

B. Beim Erhitzen von 2-[Thiophen-2-carbonyl]-benzoesäure mit wss. Ammoniak, wenig Kupfer(II)-sulfat und Zink-Pulver (*Schroeder, Weinmayr*, Am. Soc. **74** [1952] 4357, 4359).

F: 109°.

2-Chlor-6-[2]thienylmethyl-benzoesäure $C_{12}H_9ClO_2S$, Formel II (X = Cl).

B. Beim Erhitzen von 2-Chlor-6-[thiophen-2-carbonyl]-benzoesäure mit wss. Am=moniak, wenig Kupfer(II)-sulfat und Zink-Pulver (*Schroeder, Weinmayr*, Am. Soc. **74** [1952] 4357, 4359).

F: 117°.

5-Chlor-2-[2]thienylmethyl-benzoesäure $C_{12}H_9ClO_2S$, Formel III.

B. Beim Erhitzen von 5-Chlor-2-[thiophen-2-carbonyl]-benzoesäure mit wss. Am=moniak, wenig Kupfer(II)-sulfat und Zink-Pulver (*Schroeder, Weinmayr*, Am. Soc. **74** [1952] 4357, 4359).

F: 155°.

4-Chlor-2-[2]thienylmethyl-benzoesäure $C_{12}H_9ClO_2S$, Formel IV.

B. Beim Erhitzen von 4-Chlor-2-[thiophen-2-carbonyl]-benzoesäure mit wss. Am=moniak, wenig Kupfer(II)-sulfat und Zink-Pulver (*Schroeder, Weinmayr*, Am. Soc. **74** [1952] 4357, 4359).

F: 134°.

3-Chlor-2-[2]thienylmethyl-benzoesäure $C_{12}H_9ClO_2S$, Formel V.

B. Beim Erhitzen von 3-Chlor-2-[thiophen-2-carbonyl]-benzoesäure mit wss. Am=moniak, wenig Kupfer(II)-sulfat und Zink-Pulver (*Schroeder, Weinmayr*, Am. Soc. **74** [1952] 4357, 4359).

F: 113—114°.

Beim Erhitzen mit Zinkchlorid, Essigsäure und Acetanhydrid sind 4-Acetoxy-8-chlor-naphtho[2,3-*b*]thiophen und kleine Mengen einer als 1-[4-Acetoxy-8-chlor-naphtho=[2,3-*b*]thiophen-2-yl]-äthanon angesehenen Verbindung (F: 211—212°) erhalten worden.

5-Benzyl-furan-2-carbonsäure $C_{12}H_{10}O_3$, Formel VI (R = H).

B. Beim Erwärmen von 5-Benzyl-furan-2-carbonsäure-methylester mit wss. Natron=lauge (*Mndshojan et al.*, Doklady Akad. Armjansk. S.S.R. **25** [1957] 133, 136; C. A. **1958** 6306).

Krystalle (aus Bzl.); F: 106—107°.

5-Benzyl-furan-2-carbonsäure-methylester $C_{13}H_{12}O_3$, Formel VI (R = CH$_3$).

B. Beim Behandeln von 5-Chlormethyl-furan-2-carbonsäure-methylester mit Benzol und Aluminiumchlorid (*Mndshojan et al.*, Doklady Akad. Armjansk. S.S.R. **25** [1957] 133, 136; C. A. **1958** 6306).

F: 43—44°. Kp$_1$: 153—155° [Rohprodukt].

5-Benzyl-furan-2-carbonsäure-[2-dimethylamino-äthylester] $C_{16}H_{19}NO_3$, Formel VI (R = CH$_2$-CH$_2$-N(CH$_3$)$_2$).

B. Beim Erwärmen von 5-Benzyl-furan-2-carbonylchlorid mit 2-Dimethylamino-äthanol und Benzol (*Mndshojan et al.*, Doklady Akad. Armjansk. S.S.R. **25** [1957] 133, 137; C. A. **1958** 6306).

Kp₃: 204°; D_4^{20}: 1,0969; n_D^{20}: 1,5330 (*Mn. et al.*, l. c. S. 138).

Hydrochlorid. F: 152° (*Mn. et al.*, l. c. S. 139).

[2-(5-Benzyl-furan-2-carbonyloxy)-äthyl]-trimethyl-ammonium, 5-Benzyl-furan-2-carbonsäure-[2-trimethylammonio-äthylester] $[C_{17}H_{22}NO_3]^+$, Formel VI
(R = CH₂-CH₂-N(CH₃)₃]⁺).

Jodid $[C_{17}H_{22}NO_3]I$; *O*-[5-Benzyl-furan-2-carbonyl]-cholin-jodid. *B*. Beim Behandeln von 5-Benzyl-furan-2-carbonsäure-[2-dimethylamino-äthylester] mit Methyl=jodid und Äther (*Mndshojan et al.*, Doklady Akad. Armjansk. S.S.R. **25** [1957] 133, 137, 139; C. A. **1958** 6306). — Krystalle; F: 157° (*Mn. et al.*, l. c. S. 139, 140).

Äthyl-[2-(5-benzyl-furan-2-carbonyloxy)-äthyl]-dimethyl-ammonium, 5-Benzyl-furan-2-carbonsäure-[2-(äthyl-dimethyl-ammonio)-äthylester] $[C_{18}H_{24}NO_3]^+$, Formel VI
(R = CH₂-CH₂-N(CH₃)₂-C₂H₅]⁺).

Jodid $[C_{18}H_{24}NO_3]I$. *B*. Beim Behandeln von 5-Benzyl-furan-2-carbonsäure-[2-dimeth=ylamino-äthylester] mit Äthyljodid und Äther (*Mndshojan et al.*, Doklady Akad. Arm-jansk. S.S.R. **25** [1957] 133, 137; C. A. **1958** 6306). — Krystalle; F: 109—110° (*Mn. et al.*, l. c. S. 139, 140).

5-Benzyl-furan-2-carbonsäure-[2-diäthylamino-äthylester] $C_{18}H_{23}NO_3$, Formel VI
(R = CH₂-CH₂-N(C₂H₅)₂).

B. Beim Erwärmen von 5-Benzyl-furan-2-carbonylchlorid mit 2-Diäthylamino-äthanol und Benzol (*Mndshojan et al.*, Doklady Akad. Armjansk. S.S.R. **25** [1957] 133, 137; C. A. **1958** 6306).

Kp₃: 206—207°; D_4^{20}: 1,0697; n_D^{20}: 1,5240 (*Mn. et al.*, l. c. S. 138).

Hydrochlorid. F: 112—113° (*Mn et al.*, l. c. S. 139).

Diäthyl-[2-(5-benzyl-furan-2-carbonyloxy)-äthyl]-methyl-ammonium, 5-Benzyl-furan-2-carbonsäure-[2-(diäthyl-methyl-ammonio)-äthylester] $[C_{19}H_{26}NO_3]^+$, Formel VI
(R = CH₂-CH₂-N(C₂H₅)₂-CH₃]⁺).

Jodid $[C_{19}H_{26}NO_3]I$. *B*. Beim Behandeln von 5-Benzyl-furan-2-carbonsäure-[2-diäthyl=amino-äthylester] mit Methyljodid und Äther (*Mndshojan et al.*, Doklady Akad. Arm-jansk. S.S.R. **25** [1957] 133, 137; C. A. **1958** 6306). — Krystalle; F: 101—102° (*Mn. et al.*, l. c. S. 139, 140).

IV   V   VI

Triäthyl-[2-(5-benzyl-furan-2-carbonyloxy)-äthyl]-ammonium, 5-Benzyl-furan-2-carbonsäure-[2-triäthylammonio-äthylester] $[C_{20}H_{28}NO_3]^+$, Formel VI
(R = CH₂-CH₂-N(C₂H₅)₃]⁺).

Jodid $[C_{20}H_{28}NO_3]I$. *B*. Beim Behandeln von 5-Benzyl-furan-2-carbonsäure-[2-diäthyl=amino-äthylester] mit Äthyljodid und Äther (*Mndshojan et al.*, Doklady Akad. Arm-jansk. S.S.R. **25** [1957] 133, 137; C. A. **1958** 6306). — Krystalle; F: 108—109° (*Mn. et al.*, l. c. S. 139, 140).

5-Benzyl-furan-2-carbonsäure-[3-dimethylamino-propylester] $C_{17}H_{21}NO_3$, Formel VI
(R = [CH₂]₃-N(CH₃)₂).

B. Beim Erwärmen von 5-Benzyl-furan-2-carbonylchlorid mit 3-Dimethylamino-propan-1-ol und Benzol (*Mndshojan et al.*, Doklady Akad. Armjansk. S.S.R. **25** [1957] 133, 137; C. A. **1958** 6306).

Kp₅: 205°; D_4^{20}: 1,0700; n_D^{20}: 1,5280 (*Mn. et al.*, l. c. S. 138).

Hydrochlorid. F: 159—160° (*Mn. et al.*, l. c. S. 139).

[3-(5-Benzyl-furan-2-carbonyloxy)-propyl]-trimethyl-ammonium, 5-Benzyl-furan-2-carbonsäure-[3-trimethylammonio-propylester] $[C_{18}H_{24}NO_3]^+$, Formel VI (R = $[CH_2]_3$-N(CH_3)_3]^+$).

Jodid $[C_{18}H_{24}NO_3]I$. *B.* Beim Behandeln von 5-Benzyl-furan-2-carbonsäure-[3-di= methylamino-propylester] mit Methyljodid und Äther (*Mndshojan et al.*, Doklady Akad. Armjansk. S.S.R. **25** [1957] 133, 137; C. A. **1958** 6306). — Krystalle; F: 135—136° (*Mn. et al.*, l. c. S. 139).

Äthyl-[3-(5-benzyl-furan-2-carbonyloxy)-propyl]-dimethyl-ammonium, 5-Benzyl-furan-2-carbonsäure-[3-(äthyl-dimethyl-ammonio)-propylester] $[C_{19}H_{26}NO_3]^+$, Formel VI (R = $[CH_2]_3$-N(CH_3)_2$-C_2H_5]^+$).

Jodid $[C_{19}H_{26}NO_3]I$. *B.* Beim Behandeln von 5-Benzyl-furan-2-carbonsäure-[3-di= methylamino-propylester] mit Äthyljodid und Äther (*Mndshojan et al.*, Dokaldy Akad. Armjansk. S.S.R. **25** [1957] 133, 137; C. A. **1958** 6306). — Krystalle; F: 112° (*Mn. et al.*, l. c. S. 139, 140).

5-Benzyl-furan-2-carbonsäure-[3-diäthylamino-propylester] $C_{19}H_{25}NO_3$, Formel VI (R = $[CH_2]_3$-N(C_2H_5)_2$).

B. Beim Erwärmen von 5-Benzyl-furan-2-carbonylchlorid mit 3-Diäthylamino-propan-1-ol und Benzol (*Mndshojan et al.*, Doklady Akad. Armjansk. S.S.R. **25** [1957] 133, 137; C. A. **1958** 6306).

Kp$_5$: 235°; D$_4^{20}$: 1,0513; n$_D^{20}$: 1,5220 (*Mn. et al.*, l. c. S. 138).

Hydrochlorid. F: 80—81° (*Mn. et al.*, l. c. S. 139).

Diäthyl-[3-(5-benzyl-furan-2-carbonyloxy)-propyl]-methyl-ammonium, 5-Benzyl-furan-2-carbonsäure-[3-(diäthyl-methyl-ammonio)-propylester] $[C_{20}H_{28}NO_3]^+$, Formel VI (R = $[CH_2]_3$-N(C_2H_5)_2$-CH_3]^+$).

Jodid $[C_{20}H_{28}NO_3]I$. *B.* Beim Behandeln von 5-Benzyl-furan-2-carbonsäure-[3-diäthyl= amino-propylester] mit Methyljodid und Äther (*Mndshojan et al.*, Doklady Akad. Armjansk. S.S.R. **25** [1957] 133, 137; C. A. **1958** 6306). — Krystalle; F: 129° (*Mn. et al.*, l. c. S. 139, 140).

Triäthyl-[3-(5-benzyl-furan-2-carbonyloxy)-propyl]-ammonium, 5-Benzyl-furan-2-carbonsäure-[3-triäthylammonio-propylester] $[C_{21}H_{30}NO_3]^+$, Formel VI (R = $[CH_2]_3$-N(C_2H_5)_3]^+$).

Jodid $[C_{21}H_{30}NO_3]I$. *B.* Beim Behandeln von 5-Benzyl-furan-2-carbonsäure-[3-diäthyl= amino-propylester] mit Äthyljodid und Äther (*Mndshojan et al.*, Doklady Akad. Armjansk. S.S.R. **25** [1957] 133, 137; C. A. **1958** 6306). — Krystalle; F: 97° (*Mn. et al.*, l. c. S. 139, 140).

5-Benzyl-furan-2-carbonsäure-[β,β′-bis-dimethylamino-isopropylester] $C_{19}H_{26}N_2O_3$, Formel VII (R = CH_3).

B. Beim Erwärmen von 5-Benzyl-furan-2-carbonylchlorid mit 1,3-Bis-dimethylamino-propan-2-ol und Benzol (*Mndshojan et al.*, Doklady Akad. Armjansk. S.S.R. **25** [1957] 133, 137; C. A. **1958** 6306).

Kp$_3$: 217—218°; D$_4^{20}$: 1,0748; n$_D^{20}$: 1,5220 (*Mn. et al.*, l. c. S. 138).

2-[5-Benzyl-furan-2-carbonyloxy]-1,3-bis-trimethylammonio-propan, 5-Benzyl-furan-2-carbonsäure-[β,β′-bis-trimethylammonio-isopropylester] $[C_{21}H_{32}N_2O_3]^{2+}$, Formel VIII (R = X = CH_3).

Dijodid $[C_{21}H_{32}N_2O_3]I_2$. *B.* Beim Behandeln von 5-Benzyl-furan-2-carbonsäure-[β,β′-bis-dimethylamino-isopropylester] mit Methyljodid und Äther (*Mndshojan et al.*, Doklady Akad. Armjansk. S.S.R. **25** [1957] 133, 137; C. A. **1958** 6306). — Krystalle; F: 178—179° (*Mn. et al.*, l. c. S. 139, 142).

1,3-Bis-[äthyl-dimethyl-ammonio]-2-[5-benzyl-furan-2-carbonyloxy]-propan, 5-Benzyl-furan-2-carbonsäure-[β,β′-bis-(äthyl-dimethyl-ammonio)-isopropylester] $[C_{23}H_{36}N_2O_3]^{2+}$, Formel VIII (R = CH_3, X = C_2H_5).

Dijodid $[C_{23}H_{36}N_2O_3]I_2$. *B.* Beim Behandeln von 5-Benzyl-furan-2-carbonsäure-

[β,β'-bis-dimethylamino-isopropylester] mit Äthyljodid und Äther (*Mndshojan et al.*, Doklady Akad. Armjansk. S.S.R. **25** [1957] 133, 137; C. A. **1958** 6306). — Krystalle; F: 146—147° (*Mn. et al.*, l. c. S. 139, 142).

VII   VIII

5-Benzyl-furan-2-carbonsäure-[β,β'-bis-diäthylamino-isopropylester] $C_{23}H_{34}N_2O_3$, Formel VII (R = C_2H_5).

B. Beim Erwärmen von 5-Benzyl-furan-2-carbonylchlorid mit 1,3-Bis-diäthylamino-propan-2-ol und Benzol (*Mndshojan et al.*, Doklady Akad. Armjansk. S.S.R. **25** [1957] 133, 137; C. A. **1958** 6306).

Kp_3: 234—235°; D_4^{20}: 1,0254; n_D^{20}: 1,5110 (*Mn. et al.*, l. c. S. 138).

2-[5-Benzyl-furan-2-carbonyloxy]-1,3-bis-[diäthyl-methyl-ammonio]-propan, 5-Benzyl-furan-2-carbonsäure-[β,β'-bis-(diäthyl-methyl-ammonio)-isopropylester] $[C_{25}H_{40}N_2O_3]^{2+}$, Formel VIII (R = C_2H_5, X = CH_3).

Dijodid $[C_{25}H_{40}N_2O_3]I_2$. B. Beim Behandeln von 5-Benzyl-furan-2-carbonsäure-[β,β'-bis-diäthylamino-isopropylester] mit Methyljodid und Äther (*Mndshojan et al.*, Doklady Akad. Armjansk. S.S.R. **25** [1957] 133, 137; C. A. **1958** 6306). — Krystalle; F: 132—133° (*Mn. et al.*, l. c. S. 139, 142).

2-[5-Benzyl-furan-2-carbonyloxy]-1,3-bis-triäthylammonio-propan, 5-Benzyl-furan-2-carbonsäure-[β,β'-bis-triäthylammonio-isopropylester] $[C_{27}H_{44}N_2O_3]^{2+}$, Formel VIII (R = X = C_2H_5).

Dijodid $[C_{27}H_{44}N_2O_3]I_2$. B. Beim Behandeln von 5-Benzyl-furan-2-carbonsäure-[β,β'-bis-diäthylamino-isopropylester] mit Äthyljodid und Äther (*Mndshojan et al.*, Doklady Akad. Armjansk. S.S.R. **25** [1957] 133, 137; C. A. **1958** 6306). — Krystalle; F: 99—100° (*Mn. et al.*, l. c. S. 139, 142).

($\pm$)-5-Benzyl-furan-2-carbonsäure-[3-dimethylamino-1-methyl-propylester] $C_{18}H_{23}NO_3$, Formel IX (R = $CH(CH_3)$-CH_2-CH_2-$N(CH_3)_2$).

B. Beim Erwärmen von 5-Benzyl-furan-2-carbonylchlorid mit ($\pm$)-4-Dimethylamino-butan-2-ol und Benzol (*Mndshojan et al.*, Doklady Akad. Armjansk. S.S.R. **25** [1957] 133, 137; C. A. **1958** 6306).

Kp_3: 193—194°; D_4^{20}: 1,0601; n_D^{20}: 1,5000 (*Mn. et al.*, l. c. S. 138).

Hydrochlorid. F: 95—96° (*Mn. et al.*, l. c. S. 139).

($\pm$)-[3-(5-Benzyl-furan-2-carbonyloxy)-butyl]-trimethyl-ammonium, ($\pm$)-5-Benzyl-furan-2-carbonsäure-[1-methyl-3-trimethylammonio-propylester] $[C_{19}H_{26}NO_3]^+$, Formel IX (R = $CH(CH_3)$-CH_2-CH_2-$N(CH_3)_3]^+$).

Jodid $[C_{19}H_{26}NO_3]I$. B. Beim Behandeln von ($\pm$)-5-Benzyl-furan-2-carbonsäure-[3-dimethylamino-1-methyl-propylester] mit Methyljodid und Äther (*Mndshojan et al.*, Doklady Akad. Armjansk. S.S.R. **25** [1957] 133, 137; C. A. **1958** 6306). — Krystalle; F: 195—196° (*Mn. et al.*, l. c. S. 139, 140).

($\pm$)-Äthyl-[3-(5-benzyl-furan-2-carbonyloxy)-butyl]-dimethyl-ammonium, ($\pm$)-5-Benzyl-furan-2-carbonsäure-[3-(äthyl-dimethyl-ammonio)-1-methyl-propylester] $[C_{20}H_{28}NO_3]^+$, Formel IX (R = $CH(CH_3)$-CH_2-CH_2-$N(CH_3)_2$-$C_2H_5]^+$).

Jodid $[C_{20}H_{28}NO_3]I$. B. Beim Behandeln von ($\pm$)-5-Benzyl-furan-2-carbonsäure-[3-dimethylamino-1-methyl-propylester] mit Äthyljodid und Äther (*Mndshojan et al.*, Doklady Akad. Armjansk. S.S.R. **25** [1957] 133, 137; C. A. **1958** 6306). — Krystalle; F: 153—154° (*Mn. et al.*, l. c. S. 139, 140).

(±)-5-Benzyl-furan-2-carbonsäure-[3-diäthylamino-1-methyl-propylester] $C_{20}H_{27}NO_3$,
Formel IX (R = $CH(CH_3)$-CH_2-CH_2-$N(C_2H_5)_2$).
B. Beim Erwärmen von 5-Benzyl-furan-2-carbonylchlorid mit (±)-4-Diäthylamino-
butan-2-ol und Benzol (*Mndshojan et al.*, Doklady Akad. Armjansk. S.S.R. **25** [1957]
133, 137; C. A. **1958** 6306).
Kp$_3$: 212—213°; D$_4^{20}$: 1,0436; n$_D^{20}$: 1,5160 (*Mn. et al.*, l. c. S. 138).
Hydrochlorid. F: 72—73° (*Mn. et al.*, l. c. S. 139).

(±)-Diäthyl-[3-(5-benzyl-furan-2-carbonyloxy)-butyl]-methyl-ammonium,
(±)-5-Benzyl-furan-2-carbonsäure-[3-(diäthyl-methyl-ammonio)-1-methyl-propylester]
$[C_{21}H_{30}NO_3]^+$, Formel IX (R = $CH(CH_3)$-CH_2-CH_2-$N(C_2H_5)_2$-$CH_3]^+$).
Jodid [$C_{21}H_{30}NO_3$]I. B. Beim Behandeln von (±)-5-Benzyl-furan-2-carbonsäure-
[3-diäthylamino-1-methyl-propylester] mit Methyljodid und Äther (*Mndshojan et al.*,
Doklady Akad. Armjansk. S.S.R. **25** [1957] 133, 137; C. A. **1958** 6306). — Krystalle;
F: 110—111° (*Mn. et al.*, l. c. S. 139, 140).

(±)-Triäthyl-[3-(5-benzyl-furan-2-carbonyloxy)-butyl]-ammonium, (±)-5-Benzyl-
furan-2-carbonsäure-[1-methyl-3-triäthylammonio-propylester] $[C_{22}H_{32}NO_3]^+$,
Formel IX (R = $CH(CH_3)$-CH_2-CH_2-$N(C_2H_5)_3]^+$).
Jodid [$C_{22}H_{32}NO_3$]I. B. Beim Behandeln von (±)-5-Benzyl-furan-2-carbonsäure-
[3-diäthylamino-1-methyl-propylester] mit Äthyljodid und Äther (*Mndshojan et al.*,
Doklady Akad. Armjansk. S.S.R. **25** [1957] 133, 137; C. A. **1958** 6306). — Krystalle;
F: 140—141° (*Mn. et al.*, l. c. S. 139, 140).

*Opt.-inakt. 5-Benzyl-furan-2-carbonsäure-[3-dimethylamino-1,2-dimethyl-propylester]
$C_{19}H_{25}NO_3$, Formel IX (R = $CH(CH_3)$-$CH(CH_3)$-CH_2-$N(CH_3)_2$).
B. Beim Erwärmen von 5-Benzyl-furan-2-carbonylchlorid mit opt.-inakt. 4-Dimethyl=
amino-3-methyl-butan-2-ol (Kp$_{22}$: 72—75°) und Benzol (*Mndshojan et al.*, Doklady Akad.
Armjansk. S.S.R. **25** [1957] 133, 137; C. A. **1958** 6306).
Kp$_3$: 208—209°; D$_4^{20}$: 1,0520; n$_D^{20}$: 1,5200 (*Mn. et al.*, l. c. S. 138).
Hydrochlorid. F: 92° (*Mn. et al.*, l. c. S. 139).

*Opt.-inakt. [3-(5-Benzyl-furan-2-carbonyloxy)-2-methyl-butyl]-trimethyl-ammonium,
5-Benzyl-furan-2-carbonsäure-[1,2-dimethyl-3-trimethylammonio-propylester]
$[C_{20}H_{28}NO_3]^+$, Formel IX (R = $CH(CH_3)$-$CH(CH_3)$-CH_2-$N(CH_3)_3]^+$).
Jodid [$C_{20}H_{28}NO_3$]I. B. Beim Behandeln von opt.-inakt. 5-Benzyl-furan-2-carbon=
säure-[3-dimethylamino-1,2-dimethyl-propylester] (Kp$_3$: 208—209° [s. o.]) mit Methyl=
jodid und Äther (*Mndshojan et al.*, Doklady Akad. Armjansk. S.S.R. **25** [1957] 133,
137; C. A. **1958** 6306). — Krystalle; F: 140—141° (*Mn. et al.*, l. c. S. 139, 141).

*Opt.-inakt. Äthyl-[3-(5-benzyl-furan-2-carbonyloxy)-2-methyl-butyl]-dimethyl-
ammonium, 5-Benzyl-furan-2-carbonsäure-[3-(äthyl-dimethyl-ammonio)-1,2-dimethyl-
propylester] $[C_{21}H_{30}NO_3]^+$, Formel IX (R = $CH(CH_3)$-$CH(CH_3)$-CH_2-$N(CH_3)_2$-$C_2H_5]^+$).
Jodid [$C_{21}H_{30}NO_3$]I. B. Beim Behandeln von opt.-inakt. 5-Benzyl-furan-2-carbon=
säure-[3-dimethylamino-1,2-dimethyl-propylester] (Kp$_3$: 208—209° [s. o.]) mit Äthyl=
jodid und Äther (*Mndshojan et al.*, Doklady Akad. Armjansk. S.S.R. **25** [1957] 133,
137; C. A. **1958** 6306). — Krystalle; F: 106—107° (*Mn. et al.*, l. c. S. 139, 141).

IX   X   XI

*Opt.-inakt. 5-Benzyl-furan-2-carbonsäure-[3-diäthylamino-1,2-dimethyl-propylester]
$C_{21}H_{29}NO_3$, Formel IX (R = $CH(CH_3)$-$CH(CH_3)$-CH_2-$N(C_2H_5)_2$).
B. Beim Erwärmen von 5-Benzyl-furan-2-carbonylchlorid mit opt.-inakt. 4-Diäthyl=
amino-3-methyl-butan-2-ol (vgl. E III **4** 803) und Benzol (*Mndshojan et al.*, Doklady
Akad. Armjansk. S.S.R. **25** [1957] 133, 137; C. A. **1958** 6306).
Kp$_3$: 220—221°; D$_4^{20}$: 1,0323; n$_D^{20}$: 1,5120 (*Mn. et al.*, l. c. S. 138).

*Opt.-inakt. Diäthyl-[3-(5-benzyl-furan-2-carbonyloxy)-2-methyl-butyl]-methyl-ammonium, 5-Benzyl-furan-2-carbonsäure-[3-(diäthyl-methyl-ammonio)-1,2-dimethyl-propylester] $[C_{22}H_{32}NO_3]^+$, Formel IX (R = $CH(CH_3)$-$CH(CH_3)$-CH_2-$N(C_2H_5)_2$-$CH_3]^+$).
Jodid $[C_{22}H_{32}NO_3]I$. *B.* Beim Behandeln von opt.-inakt. 5-Benzyl-furan-2-carbon=säure-[3-diäthylamino-1,2-dimethyl-propylester] (Kp$_3$: 220—221° [S. 4301]) mit Methyl=jodid und Äther (*Mndshojan et al.*, Doklady Akad. Armjansk. S.S.R. **25** [1957] 133, 137; C. A. **1958** 6306). — Krystalle; F: 87—88° (*Mn. et al.*, l. c. S. 139, 141).

*Opt.-inakt. Triäthyl-[3-(5-benzyl-furan-2-carbonyloxy)-2-methyl-butyl]-ammonium, 5-Benzyl-furan-2-carbonsäure-[1,2-dimethyl-3-triäthylammonio-propylester] $[C_{23}H_{34}NO_3]^+$, Formel IX (R = $CH(CH_3)$-$CH(CH_3)$-CH_2-$N(C_2H_5)_3]^+$).
Jodid $[C_{23}H_{34}NO_3]I$. *B.* Beim Behandeln von opt.-inakt. 5-Benzyl-furan-2-carbon=säure-[3-diäthylamino-1,2-dimethyl-propylester] (Kp$_3$: 220—221° [S. 4301]) mit Äthyl=jodid und Äther (*Mndshojan et al.*, Doklady Akad. Armjansk. S.S.R. **25** [1957] 133, 137; C. A. **1958** 6306). — Krystalle; F: 95—96° (*Mn. et al.*, l. c. S. 139, 141).

5-Benzyl-furan-2-carbonsäure-[3-dimethylamino-2,2-dimethyl-propylester] $C_{19}H_{25}NO_3$, Formel IX (R = CH_2-$C(CH_3)_2$-CH_2-$N(CH_3)_2$).
B. Beim Erwärmen von 5-Benzyl-furan-2-carbonylchlorid mit 3-Dimethylamino-2,2-dimethyl-propan-1-ol und Benzol (*Mndshojan et al.*, Doklady Akad. Armjansk. S.S.R. **25** [1957] 133, 137; C. A. **1958** 6306).
Kp$_3$: 205—206°; D_4^{20}: 1,0500; n_D^{20}: 1,5160 (*Mn. et al.*, l. c. S. 138).
Hydrochlorid. F: 95—96° (*Mn. et al.*, l. c. S. 139).|

[3-(5-Benzyl-furan-2-carbonyloxy)-2,2-dimethyl-propyl]-trimethyl-ammonium, 5-Benzyl-furan-2-carbonsäure-[2,2-dimethyl-3-trimethylammonio-propylester] $[C_{20}H_{28}NO_3]^+$, Formel IX (R = CH_2-$C(CH_3)_2$-CH_2-$N(CH_3)_3]^+$).
Jodid $[C_{20}H_{28}NO_3]I$. *B.* Beim Behandeln von 5-Benzyl-furan-2-carbonsäure-[3-di=methylamino-2,2-dimethyl-propylester] mit Methyljodid und Äther (*Mndshojan et al.*, Doklady Akad. Armjansk. S.S.R. **25** [1957] 133, 137; C. A. **1958** 6306). — Krystalle; F: 158—159° (*Mn. et al.*, l. c. S. 139, 141).

Äthyl-[3-(5-benzyl-furan-2-carbonyloxy)-2,2-dimethyl-propyl]-dimethyl-ammonium, 5-Benzyl-furan-2-carbonsäure-[3-(äthyl-dimethyl-ammonio)-2,2-dimethyl-propylester] $[C_{21}H_{30}NO_3]^+$, Formel IX (R = CH_2-$C(CH_3)_2$-CH_2-$N(CH_3)_2$-$C_2H_5]^+$).
Jodid $[C_{21}H_{30}NO_3]I$. *B.* Beim Behandeln von 5-Benzyl-furan-2-carbonsäure-[3-di=methylamino-2,2-dimethyl-propylester] mit Äthyljodid und Äther (*Mndshojan et al.*, Doklady Akad. Armjansk. S.S.R. **25** [1957] 133, 137; C. A. **1958**, 6306). — Krystalle; F: 79—80° (*Mn. et al.*, l. c. S. 139, 141).

5-Benzyl-furan-2-carbonsäure-[3-diäthylamino-2,2-dimethyl-propylester] $C_{21}H_{29}NO_3$, Formel IX (R = CH_2-$C(CH_3)_2$-CH_2-$N(C_2H_5)_2$).
B. Beim Erwärmen von 5-Benzyl-furan-2-carbonylchlorid mit 3-Diäthylamino-2,2-di=methyl-propan-1-ol und Benzol (*Mndshojan et al.*, Doklady Akad. Armjansk. S.S.R. **25** [1957] 133, 137; C. A. **1958** 6306).
Kp$_3$: 212—213°; D_4^{20}: 1,0320; n_D^{20}: 1,5120 (*Mn. et al.*, l. c. S. 138).

Diäthyl-[3-(5-benzyl-furan-2-carbonyloxy)-2,2-dimethyl-propyl]-methyl-ammonium, 5-Benzyl-furan-2-carbonsäure-[3-(diäthyl-methyl-ammonio)-2,2-dimethyl-propylester] $[C_{22}H_{32}NO_3]^+$, Formel IX (R = CH_2-$C(CH_3)_2$-CH_2-$N(C_2H_5)_2$-$CH_3]^+$).
Jodid $[C_{22}H_{32}NO_3]I$. *B.* Beim Behandeln von 5-Benzyl-furan-2-carbonsäure-[3-diäthyl=amino-2,2-dimethyl-propylester] mit Methyljodid und Äther (*Mndshojan et al.*, Doklady Akad. Armjansk. S.S.R. **25** [1957] 133, 137; C. A. **1958** 6306). — Krystalle; F: 143—144° (*Mn. et al.*, l. c. S. 139, 141).

5-Benzyl-furan-2-carbonylchlorid $C_{12}H_9ClO_2$, Formel X (X = Cl).
B. Beim Erwärmen von 5-Benzyl-furan-2-carbonsäure mit Thionylchlorid und Benzol (*Mndshojan et al.*, Doklady Akad. Armjansk. S.S.R. **25** [1957] 133, 136; C. A. **1958** 6306).
Kp$_2$: 153—155°. D_4^{20}: 1,2306. n_D^{20}: 1,5835.

N-[5-Benzyl-furan-2-carbonyl]-*N'*-thiocarbamoyl-hydrazin, 1-[5-Benzyl-furan-2-carb⹀onyl]-thiosemicarbazid C₁₃H₁₃N₃O₂S, Formel X (X = NH-NH-CS-NH₂) auf S. 4301.

B. Beim Behandeln von 5-Benzyl-furan-2-carbonylchlorid mit Thiosemicarbazid und Pyridin (*Mndshojan, Afrikjan,* Doklady Akad. Armjansk. S.S.R. **25** [1957] 201, 204; C. A. **1958** 8116).

Krystalle (aus Eg. + A.); F: 190—191°.

5-Benzyl-thiophen-2-carbonsäure C₁₂H₁₀O₂S, Formel XI auf S. 4301.

B. Aus 1-[5-Benzyl-[2]thienyl]-äthanon mit Hilfe von wss. Natriumhypobromit-Lösung (*Sy et al.,* C. r. **239** [1954] 1224).

Krystalle (aus W.); F: 131—132°.

2-[2-Methyl-6-nitro-phenyl]-thiophen-3-carbonsäure C₁₂H₉NO₄S.

a) **(−)-2-[2-Methyl-6-nitro-phenyl]-thiophen-3-carbonsäure** C₁₂H₉NO₄S, Formel XII oder Spiegelbild.

Gewinnung aus dem unter b) beschriebenen Racemat über das Brucin-Salz (s. u.): *Owen, Nord,* J. org. Chem. **16** [1951] 1864, 1867.

F: 185—187° [nach Erweichen bei 170°]; $[\alpha]_D^{20}$: −11,2° (Anfangswert) → 0° (Endwert nach 1 h) [Me.; c = 0,4] (*Owen, Nord,* l. c. S. 1868).

Brucin-Salz C₂₃H₂₆N₂O₄·C₁₂H₉NO₄S. Krystalle (aus wss. A.) mit 1 Mol H₂O; F: 122° bis 126°; $[\alpha]_D^{20}$: +30,35° (Anfangswert) → −28,5° (Endwert nach 2,5 h) [CHCl₃; c = 0,4] (*Owen, Nord,* l. c. S. 1867).

b) **(±)-2-[2-Methyl-6-nitro-phenyl]-thiophen-3-carbonsäure** C₁₂H₉NO₄S, Formel XII + Spiegelbild.

B. In kleiner Menge beim Erhitzen von 2-Brom-thiophen-3-carbonsäure-methylester mit 2-Brom-3-nitro-toluol und Kupfer-Pulver bis auf 250° und Erhitzen des Reaktions⹀produkts mit wss. Kalilauge (*Owen, Nord,* J. org. Chem. **16** [1951] 1864, 1867).

Hellgelbe Krystalle (aus Bzl. + PAe.); F: 183—186° [nach Erweichen bei 175°].

XII   XIII   XIV

(±)-2-[2-Methyl-6-nitro-phenyl]-thiophen-3-carbonsäure-methylester C₁₃H₁₁NO₄S, Formel XIII (X = O-CH₃).

B. Beim Behandeln von (±)-2-[2-Methyl-6-nitro-phenyl]-thiophen-3-carbonsäure mit Diazomethan in Äther (*Owen, Nord,* J. org. Chem. **16** [1951] 1864, 1867).

F: 109—110° [nach Erweichen bei 100°].

(±)-2-[2-Methyl-6-nitro-phenyl]-thiophen-3-carbonsäure-amid C₁₂H₁₀N₂O₃S, Formel XIII (X = NH₂).

B. Beim Erwärmen von (±)-2-[2-Methyl-6-nitro-phenyl]-thiophen-3-carbonsäure mit Thionylchlorid und Chloroform und Behandeln des Reaktionsgemisches mit Natrium⹀hydroxid enthaltendem wss. Ammoniak (*Owen, Nord,* J. org. Chem. **16** [1951] 1864, 1867).

Gelbe Krystalle (aus wss. A.); F: 164—165° [nach Erweichen bei 150°].

5-*p*-Tolyl-furan-2-carbonsäure C₁₂H₁₀O₃, Formel XIV.

B. Beim Behandeln einer Lösung von Furan-2-carbonsäure in Aceton mit einer aus *p*-Toluidin, wss. Salzsäure und Natriumnitrit hergestellten Diazoniumsalz-Lösung und anschliessend mit wss. Kupfer(II)-chlorid-Lösung (*Krutoštková et al.,* Collect. **39** [1974] 767, 769; s. a. *Akashi, Oda,* J. chem. Soc. Japan Ind. Chem. Sect. **55** [1952] 271; C. A. **1954** 3953).

Krystalle; F: 188—190° [aus Bzl.] (*Kr. et al.,* l. c. S. 768), 154—155° [aus A. + W.] (*Ak., Oda*). Absorptionsmaxima (Dioxan): 218 nm, 308 nm und 320 nm (*Kr. et al.,* l. c. S. 770). Elektrolytische Dissoziation in 50%ig. wss. Äthanol: *Kr. et al.,* l. c. S. 770.

5-p-Tolyl-thiophen-2-carbonsäure $C_{12}H_{10}O_2S$, Formel XV.

B. Beim Erwärmen von 1-[5-p-Tolyl-[2]thienyl]-äthanon mit alkal. wss. Natriumhypo‌bromit-Lösung (*Buu-Hoi, Hoán,* R. **69** [1950] 1455, 1469).

Krystalle (aus Chlorbenzol); F: 217°.

2-Methyl-5-phenyl-furan-3-carbonsäure $C_{12}H_{10}O_3$, Formel XVI (H 311).

B. Beim Erwärmen einer Lösung von [2-Methyl-5-phenyl-[3]furyl]-glyoxal in Äthanol mit wss. Wasserstoffperoxid sowie beim Erwärmen von [2-Methyl-5-phenyl-[3]furyl]-glyoxylonitril mit wss.-äthanol. Kalilauge (*Sprio, Madonia,* G. **87** [1957] 454, 463, 464).

Krystalle (aus Bzl. + PAe.); F: 180°.

3-Benzo[b]thiophen-3-yl-ξ-crotonsäure $C_{12}H_{10}O_2S$, Formel XVII (R = H).

B. Beim Erhitzen des im folgenden Artikel beschriebenen Äthylesters mit wss. Kalilauge (*Miller, Nord,* J. org. Chem. **15** [1950] 89, 94).

Krystalle (aus A.); F: 149—150° [Fisher-Johns-App.] (*Mi., Nord,* l. c. S. 91).

XV XVI XVII

3-Benzo[b]thiophen-3-yl-ξ-crotonsäure-äthylester $C_{14}H_{14}O_2S$, Formel XVII (R = C_2H_5).

B. Beim Erwärmen von 1-Benzo[b]thiophen-3-yl-äthanon mit Bromessigsäure-äthyl‌ester, Zink-Pulver und Benzol und Behandeln des Reaktionsgemisches mit wss. Salzsäure (*Miller, Nord,* J. org. Chem. **15** [1950] 89, 94).

Kp_1: 137—140°; n_D^{30}: 1,6002 (*Mi., Nord,* l. c. S. 91).

Carbonsäuren $C_{13}H_{12}O_3$

3-Phenyl-2-[2]thienyl-propionsäure $C_{13}H_{12}O_2S$.

a) **(R)-3-Phenyl-2-[2]thienyl-propionsäure** $C_{13}H_{12}O_2S$, Formel I.

Konfigurationszuordnung: *Pettersson,* Ark. Kemi **10** [1956/57] 297, 299, 302.

Gewinnung aus dem unter c) beschriebenen Racemat über das Cinchonidin-Salz (s. u.): *Pettersson,* Ark. Kemi **7** [1954/55] 279, 281.

Krystalle (aus Bzn.); F: 71—72° (*Pe.,* Ark. Kemi **7** 282). $[\alpha]_D^{25}$: +75,1° [Bzl.; c = 1]; $[\alpha]_D^{25}$: +79,6° [Eg.; c = 1]; $[\alpha]_D^{25}$: +88,3° [Acn.; c = 1]; $[\alpha]_D^{25}$: +78,1° [A.; c = 1]; (*Pe.,* Ark. Kemi **7** 283). Schmelzdiagramme der binären Systeme mit dem Enantiomeren, mit (R)-2-Phenyl-3-[2]thienyl-propionsäure und mit (S)-2-Phenyl-3-[2]thienyl-propionsäure. *Pe.,* Ark. Kemi **7** 279, 280; mit (R)-2,3-Diphenyl-propionsäure, mit (S)-2,3-Diphenyl propionsäure und mit (S)-2,3-Bis-[2]thienyl-propionsäure: *Pettersson,* Ark. Kemi **8** [1955/56] 387, 388, 389.

Cinchonidin-Salz. Krystalle (aus wss. A.); F: 137° (*Pe.,* Ark. Kemi **7** 281).

b) **(S)-3-Phenyl-2-[2]thienyl-propionsäure** $C_{13}H_{12}O_2S$, Formel II.

Gewinnung aus einem nach Abtrennung des Enantiomeren erhaltenen partiell race‌mischen Präparat über das Salz des (−)-Ephedrins (s. u.): *Pettersson,* Ark. Kemi **7** [1954/55] 279, 281.

Krystalle (aus Bzn.); F: 71—72°; $[\alpha]_D^{25}$: −87,7° [Acn.; c = 1] (*Pe.,* Ark. Kemi **7** 283). Schmelzdiagramm des Systems mit dem Enantiomeren: *Pe.,* Ark. Kemi **7** 279; des Systems mit (S)-2,3-Bis-[2]thienyl-propionsäure: *Pettersson,* Ark. Kemi **8** [1955/56] 387, 389.

Salz des (−)-Ephedrins ((1R,2S)-2-Methylamino-1-phenyl-propan-1-ol-Salz). Kry‌stalle (aus wss. A.); F: 149° (*Pe.,* Ark. Kemi **7** 282).

c) **(±)-3-Phenyl-2-[2]thienyl-propionsäure** $C_{13}H_{12}O_2S$, Formel I + II.

B. Beim Behandeln eines Gemisches von 2-Hydroxy-3-phenyl-2-[2]thienyl-propion‌säure, Zinn(II)-chlorid-dihydrat und Essigsäure mit Chlorwasserstoff (*Blicke, Tsao,* Am.

Soc. **66** [1944] 1645, 1646, 1647). Beim Erwärmen von (±)-2-Cyan-3-phenyl-2-[2]thienyl-propionsäure-äthylester mit äthanol. Kalilauge und Erhitzen der Reaktionslösung mit wss. Kalilauge (*Pettersson*, Acta chem. scand. **4** [1950] 395).

Krystalle; F: 76—78° [aus wss. Eg.] (*Bl.*, *Tsao*), 74,5—75,5° [aus Bzn.] (*Pe.*).

I   II   III

(±)-Diäthyl-methyl-[3-(3-phenyl-2-[2]thienyl-propionyloxy)-propyl]-ammonium,
(±)-3-Phenyl-2-[2]thienyl-propionsäure-[3-(diäthyl-methyl-ammonio)-propylester]
$[C_{21}H_{30}NO_2S]^+$, Formel III.

Bromid $[C_{21}H_{30}NO_2S]$Br. *B.* Beim Erwärmen von (±)-3-Phenyl-2-[2]thienyl-propionsäure mit Diäthyl-[3-chlor-propyl]-amin und Isopropylalkohol und Behandeln des Reaktionsprodukts mit Methylbromid und Äthanol (*Blicke*, *Tsao*, Am. Soc. **66** [1944] 1645, 1648). — Krystalle (aus A.); F: 134—136° (*Bl.*, *Tsao*, l. c. S. 1647).

(±)-3-[2]Furyl-2-phenyl-propionsäure $C_{13}H_{12}O_3$, Formel IV (R = H).
B. Bei der Hydrierung von 3t(?)-[2]Furyl-2-phenyl-acrylsäure an Raney-Nickel in wss. Natronlauge bei 35°/50 at (*Lambert*, *Mastagli*, C. r. **235** [1952] 626; *Lambert*, Rev. Nickel **21** [1955] 79, 81). Aus (±)-3-[2]Furyl-2-phenyl-propionitril beim Erhitzen mit äthanol. Kalilauge auf 190° (*Morren et al.*, Ind. chim. belge **20** [1955] 733, 736) sowie beim Erhitzen mit Kaliumhydroxid in Benzylalkohol (*Avramoff*, *Sprinzak*, Am. Soc. **80** [1958] 493, 495).
F: 105° [korr.] (*Av.*, *Sp.*, l. c. S. 494), 101° (*Mo. et al.*), 95,5° (*La.*, *Ma.*; *La.*).

(±)-3-[2]Furyl-2-phenyl-propionsäure-methylester $C_{14}H_{14}O_3$, Formel IV (R = CH_3).
B. Aus (±)-3-[2]Furyl-2-phenyl-propionsäure mit Hilfe von Diazomethan (*Morren et al.*, Ind. chim. belge **20** [1955] 733, 736).
$Kp_{0,5}$: 117—118°.

(±)-1-[2-Diäthylamino-äthoxy]-1-[3-[2]furyl-2-phenyl-propionyloxy]-äthan,
(±)-3-[2]Furyl-2-phenyl-propionsäure-[2-(2-diäthylamino-äthoxy)-äthylester]
$C_{21}H_{29}NO_4$, Formel IV (R = CH_2-CH_2-O-CH_2-CH_2-$N(C_2H_5)_2$).
B. Beim Erhitzen von (±)-3-[2]Furyl-2-phenyl-propionsäure-methylester mit 2-[2-Diäthylamino-äthoxy]-äthanol und wenig Natrium unter Entfernen des entstehenden Methanols (*Union Chim. Belge*, U.S.P. 2842585 [1954]).
$Kp_{0,01}$: 150°.

(±)-3-[2]Furyl-2-phenyl-propionsäure-[β,β'-bis-diäthylamino-isopropylester]
$C_{24}H_{36}N_2O_3$, Formel IV (R = $CH[CH_2N(C_2H_5)_2]_2$).
B. Beim Erhitzen von (±)-3-[2-Furyl-2-phenyl-propionsäure-methylester mit 1,3-Bis-diäthylamino-propan-2-ol und wenig Natrium unter Entfernen des entstehenden Methanols (*Morren et al.*, Ind. chim. belge **20** [1955] 733, 739 Anm. c).
$Kp_{0,005}$: 128—130°.

(±)-3-[2]Furyl-2-phenyl-propionitril $C_{13}H_{11}NO$, Formel V.
B. Aus Furfurylchlorid und der Natrium-Verbindung des Phenylacetonitrils (*Morren et al.*, Ind. chim. belge **20** [1955] 733, 736). Beim Erhitzen von 3c-[2]Furyl-2-phenyl-acrylonitril mit Kaliumbenzylat in Benzylalkohol auf 190° (*Avramoff*, *Sprinzak*, Am. Soc. **80** [1958] 493, 495).
Kp_{30}: 185—189°; n_D^{25}:1,5480 (*Av.*, *Sp.*). Kp_{13}: 167—170° (*Mo. et al.*).

2-Phenyl-3-[2]thienyl-propionsäure $C_{13}H_{12}O_2S$.
    a) **(R)-2-Phenyl-3-[2]thienyl-propionsäure** $C_{13}H_{12}O_2S$, Formel VI.
Gewinnung aus einem nach Abtrennung des Enantiomeren erhaltenen partiell race-

mischen Präparat über das (R)-1-Phenyl-äthylamin-Salz (s. u.): *Pettersson*, Ark. Kemi **7** [1954/55] 279, 282.

Krystalle (aus Bzn.); F: 83,5—85°; $[\alpha]_D^{25}$: —123,4° [Bzl.; c = 1]; $[\alpha]_D^{25}$: —119,9° [Eg.; c = 1]; $[\alpha]_D^{25}$: —127,9° [Acn.; c = 1]; $[\alpha]_D^{25}$: —114,0° [A.; c = 1] (*Pe.*, Ark. Kemi **7** 283). Schmelzdiagramme der binären Systeme mit dem Enantiomeren und mit (R)-3-Phen‑yl-2-[2]thienyl-propionsäure: *Pe.*, Ark. Kemi **7** 279, 280; mit (S)-2,3-Diphenyl-propion‑säure und mit (S)-2,3-Bis-[2]thienyl-propionsäure: *Pettersson*, Ark. Kemi **8** [1955/56] 387, 388, 389.

(R)-1-Phenyl-äthylamin-Salz. Krystalle (aus wss. A.); F: 185—187° (*Pe.*, Ark. Kemi **7** 282).

IV   V   VI   VII

b) **(S)-2-Phenyl-3-[2]thienyl-propionsäure** $C_{13}H_{12}O_2S$, Formel VII.
Konfigurationszuordnung: *Pettersson*, Ark. Kemi **9** [1956] 509, 514.
Gewinnung aus dem unter c) beschriebenen Racemat über das (S)-2-Amino-1-phenyl-propan-Salz: *Pettersson*, Ark. Kemi **7** [1954/55] 279, 282.
Krystalle (aus Bzn.); F: 83—85°; $[\alpha]_D^{25}$: +126,9° [Acn.; c = 1] (*Pe.*, Ark. Kemi **7** 283). Schmelzdiagramme der binären Systeme mit dem Enantiomeren und mit (R)-3-Phen‑yl-2-[2]thienyl-propionsäure: *Pe.*, Ark. Kemi **7** 279, 280; mit (S)-2,3-Diphenyl-propionsäure und mit (S)-2,3-Bis-[2]thienyl-propionsäure: *Pettersson*, Ark. Kemi **8** [1955/56] 387, 388, 389.
(S)-2-Amino-1-phenyl-propan-Salz. Krystalle (aus wss. A.); F: 184° (*Pe.*, Ark. Kemi **7** 282).

c) **(±)-2-Phenyl-3-[2]thienyl-propionsäure** $C_{13}H_{12}O_2S$, Formel VI + VII.
B. Beim Erhitzen von Phenyl-[2]thienylmethyl-malonsäure-diäthylester mit wss.-äthanol. Alkalilauge und Behandeln des Reaktionsprodukts mit wss. Salzsäure (*Blicke, Leonard*, Am. Soc. **68** [1946] 1934; *Fredga, Pettersson*, Acta chem. scand. **4** [1950] 1306).
Krystalle (aus Bzn.), F: 73—74° (*Bl., Le.*), 71,5—72° (*Fr., Pe.*); über eine Modifikation vom F: 66,5° s. *Pettersson*, Ark. Kemi **10** [1956/57] 297, 316.

(±)-1-[2-Diäthylamino-äthoxy]-2-[2-phenyl-3-[2]thienyl-propionyloxy]-äthan, (±)-2-Phenyl-3-[2]thienyl-propionsäure-[2-(2-diäthylamino-äthoxy)-äthylester] $C_{21}H_{29}NO_3S$, Formel VIII (R = CH_2-CH_2-O-CH_2-CH_2-$N(C_2H_5)_2$).
B. Beim Erhitzen von (±)-2-Phenyl-3-[2]thienyl-propionylchlorid ($C_{13}H_{11}ClOS$; $Kp_{0,5}$: 155—160°) mit 2-[2-Diäthylamino-äthoxy]-äthanol und Pyridin (*Union Chim. Belge*, U.S.P. 2842585 [1954]).
$Kp_{0,01}$: 175—180°.

(±)-2-Phenyl-3-[2]thienyl-propionsäure-[2-diäthylamino-äthylester] $C_{19}H_{25}NO_2S$, Formel VIII (R = CH_2-CH_2-$N(C_2H_5)_2$).
Hydrobromid $C_{19}H_{25}NO_2S \cdot HBr$. *B.* Beim Erwärmen von (±)-2-Phenyl-3-[2]thienyl-propionsäure mit Diäthyl-[2-brom-äthyl]-amin und Isopropylalkohol (*Blicke, Leonard*, Am. Soc. **68** [1946] 1934). — Krystalle (aus Acn. + Ae.); F: 94—96°.

(±)-3-[2]Furyl-3-phenyl-propionsäure $C_{13}H_{12}O_3$, Formel IX (X = OH).
B. Beim Erwärmen von (±)-3-[2]Furyl-3-phenyl-propionsäure-diphenylamid mit äthanol. Kalilauge (*Maxim, Zugravescu*, Bl. [5] **1** [1934] 1087, 1095). Beim Erhitzen von (±)-[[2]Furyl-phenyl-methyl]-malonsäure unter vermindertem Druck (*Maxim, Georgescu*, Bl. [5] **3** [1936] 1114, 1121).
Krystalle; F: 105° (*Ma., Zu.; Ma., Ge.*). Kp_{15}: 186° (*Ma., Ge.*).

(±)-3-[2]Furyl-3-phenyl-propionsäure-äthylester $C_{15}H_{16}O_3$, Formel IX (X = O-C_2H_5).

B. Beim Erhitzen von (±)-3-[2]Furyl-3-phenyl-propionsäure mit Schwefelsäure enthaltendem Äthanol (*Maxim, Zugravescu*, Bl. [5] **1** [1934] 1087, 1097).

Kp_{15}: 172°.

(±)-3-[2]Furyl-3-phenyl-propionylchlorid $C_{13}H_{11}ClO_2$, Formel IX (X = Cl).

B. Beim Erwärmen von (±)-3-[2]Furyl-3-phenyl-propionsäure mit Thionylchlorid und Benzol (*Maxim, Zugravescu*, Bl. [5] **1** [1934] 1087, 1096).

Kp_{31}: 88°.

(±)-3-[2]Furyl-3-phenyl-propionsäure-amid $C_{13}H_{13}NO_2$, Formel IX (X = NH$_2$).

B. Beim Behandeln von (±)-3-[2]Furyl-3-phenyl-propionylchlorid mit wss. Ammoniak (*Maxim, Zugravescu*, Bl. [5] **1** [1934] 1087, 1096).

Krystalle (aus W.); F: 137,5°.

(±)-3-[2]Furyl-3-phenyl-propionsäure-diäthylamid $C_{17}H_{21}NO_2$, Formel IX (X = N(C_2H_5)$_2$).

B. Beim Erwärmen von 3*t*-[2]Furyl-acrylsäure-diäthylamid mit Phenylmagnesiumbromid in Äther (*Maxim, Zugravescu*, Bl. [5] **1** [1934] 1087, 1097).

Öl; bei 218°/23 Torr destillierbar.

VIII   IX   X   XI

(±)-3-[2]Furyl-3-phenyl-propionsäure-[*N*-methyl-anilid] $C_{20}H_{19}NO_2$, Formel IX (X = N(CH$_3$)-C_6H_5).

B. Beim Erwärmen von 3*t*-[2]Furyl-acrylsäure-[*N*-methyl-anilid] mit Phenylmagnesiumbromid in Äther (*Maxim, Zugravescu*, Bl. [5] **1** [1934] 1087, 1098).

Kp_{11}: 213°.

(±)-3-[2]Furyl-3-phenyl-propionsäure-[*N*-äthyl-anilid] $C_{21}H_{21}NO_2$, Formel IX (X = N(C_2H_5)-C_6H_5).

B. Beim Erwärmen von 3*t*-[2]Furyl-acrylsäure-[*N*-äthyl-anilid] mit Phenylmagnesiumbromid in Äther (*Maxim, Zugravescu*, Bl. [5] **1** [1934] 1087, 1098).

Kp_{14}: 236°.

(±)-3-[2]Furyl-3-phenyl-propionsäure-diphenylamid $C_{25}H_{21}NO_2$, Formel IX (X = N(C_6H_5)$_2$).

B. Beim Erwärmen von 3*t*-[2]Furyl-acrylsäure-diphenylamid mit Phenylmagnesiumbromid in Äther (*Maxim, Zugravescu*, Bl. [5] **1** [1934] 1087, 1095).

Krystalle; F: 83°. Kp_{12}: 291° [Rohprodukt].

(±)-3-[2]Furyl-3-phenyl-propionitril $C_{13}H_{11}NO$, Formel X (X = H).

B. Beim Behandeln von opt.-inakt. 2-Cyan-3-[2]furyl-3-phenyl-propionsäure-methylester (Kp_4: 172—174°) mit wss.-methanol. Natronlauge, Behandeln des Reaktionsprodukts mit wss. Salzsäure und Erhitzen der erhaltenen Säure auf 200° (*Farbw. Hoechst*, D.B.P. 849108 [1951]; D.R.B.P. Org. Chem. 1950—1951 **3** 86, 87).

Krystalle (aus wss. A.); F: 53°.

(±)-3-[4-Chlor-phenyl]-3-[2]furyl-propionitril $C_{13}H_{10}ClNO$, Formel X (X = Cl).

B. Beim Erhitzen von opt.-inakt. 3-[4-Chlor-phenyl]-2-cyan-3-[2]furyl-propionsäure-methylester (Kp_4: 188—190°) mit wss. Natronlauge, Ansäuern der Reaktionslösung mit wss. Salzsäure und Erhitzen des Reaktionsprodukts mit Chinolin auf 170° (*Farbw.*

Hoechst, D.B.P. 849108 [1951]; D.R.B.P. Org. Chem. 1950—1951 **3** 86, 88).
Kp_4: 172°.

(±)-3-Phenyl-3-[2]thienyl-propionsäure $C_{13}H_{12}O_2S$, Formel XI (X = OH).
B. Beim Erwärmen von 3-Phenyl-3-[2]thienyl-acrylsäure-äthylester
($C_{15}H_{14}O_2S$; $Kp_{0,2}$: 135—140°) mit Äthanol und Natrium-Amalgam (*Acheson et al.*, Soc.
1956 698, 701).
Krystalle (aus Bzn.); F: 147—148°.

(±)-3-Phenyl-3-[2]thienyl-propionsäure-amid $C_{13}H_{13}NOS$, Formel XI (X = NH_2).
B. Aus (±)-3-Phenyl-3-[2]thienyl-propionsäure (*Acheson et al.*, Soc. **1956** 698, 701).
Krystalle (aus W.); F: 115—116°.

(±)-3-Phenyl-3-[2]thienyl-propionitril $C_{13}H_{11}NS$, Formel XII.
B. Beim Erhitzen von opt.-inakt. 2-Cyan-3-phenyl-3-[2]thienyl-propionsäure-methyl=
ester (Kp_2: 192°) mit wss. Natronlauge, Ansäuern der Reaktionslösung mit wss. Salzsäure
und Erhitzen des Reaktionsprodukts mit Chinolin auf 170° (*Farbw. Hoechst*, D.B.P.
849108 [1951]; D.R.B.P. Org. Chem. 1950—1951 **3** 86, 88).
Kp_2: 168°.

5-Phenäthyl-thiophen-2-carbonsäure $C_{13}H_{12}O_2S$, Formel XIII.
B. Beim Erwärmen von 1-[5-Phenäthyl-[2]thienyl]-äthanon mit alkal. wss. Natrium=
hypobromit-Lösung (*Sy*, Bl. **1955** 1175, 1177).
Krystalle (aus Bzl.); F: 122°.

(±)-5-[1-Phenyl-äthyl]-furan-2-carbonsäure $C_{13}H_{12}O_3$, Formel XIV (R = H).
B. Beim Erhitzen von (±)-5-[1-Phenyl-äthyl]-furan-2-carbonsäure-äthylester mit wss.
Natronlauge (*Mndshojan*, *Arojan*, Doklady Akad. Armjansk. S.S.R. **25** [1957] 267, 273;
C. A. **1958** 12834).
Krystalle (aus Bzl. + PAe.); F: 102—104°.

XII   XIII   XIV

(±)-5-[1-Phenyl-äthyl]-furan-2-carbonsäure-äthylester $C_{15}H_{16}O_3$, Formel XIV
(R = C_2H_5).
B. Beim Erwärmen von (±)-5-[1-Chlor-äthyl]-furan-2-carbonsäure-äthylester mit
Benzol und Aluminiumchlorid (*Mndshojan*, *Arojan*, Doklady Akad. Armjansk. S.S.R.
25 [1957] 267, 273; C. A. **1958** 12834).
Kp_3: 162—163°. D_4^{20}: 1,1086. n_D^{20}: 1,5420.

(±)-5-[1-Phenyl-äthyl]-thiophen-2-carbonsäure $C_{13}H_{12}O_2S$, Formel I.
B. Beim Behandeln von (±)-2-[1-Phenyl-äthyl]-thiophen mit Äther, Natrium (oder
Natrium-Amalgam) und Äthylchlorid und Behandeln des Reaktionsgemisches mit festem
Kohlendioxid (*Schick*, *Hartough*, Am. Soc. **70** [1948] 1645).
Krystalle (aus W.); F: 99,5—101,5°.

3,6-Dichlor-2-[3-methyl-[2]thienylmethyl]-benzoesäure $C_{13}H_{10}Cl_2O_2S$, Formel II.
B. Beim Erhitzen von 3,6-Dichlor-2-[3-methyl-thiophen-2-carbonyl]-benzoesäure mit
wss. Ammoniak, Zink-Pulver und wenig Kupfer(II)-sulfat (*Peters*, *Walker*, Soc. **1957**
1525, 1532).
Krystalle (aus wss. Eg.); F: 178—179°.

I II III

3,6-Dichlor-2-[5-methyl-[2]thienylmethyl]-benzoesäure $C_{13}H_{10}Cl_2O_2S$, Formel III.

B. Beim Erhitzen von 3,6-Dichlor-2-[5-methyl-thiophen-2-carbonyl]-benzoesäure mit wss. Ammoniak, Zink-Pulver und wenig Kupfer(II)-sulfat (*Peters, Walker*, Soc. **1957** 1525, 1531).

Krystalle (aus wss. Eg.); F: 107—108°.

5-[4-Methyl-benzyl]-furan-2-carbonsäure $C_{13}H_{12}O_3$, Formel IV (R = H).

B. Beim Erwärmen von 5-[4-Methyl-benzyl]-furan-2-carbonsäure-methylester mit wss. Natronlauge (*Mndshojan et al.*, Doklady Akad. Armjansk. S.S.R. **27** [1958] 305, 312; C. A. **1960** 481).

Krystalle (aus Bzl. + PAe.); F: 110—112°.

5-[4-Methyl-benzyl]-furan-2-carbonsäure-methylester $C_{14}H_{14}O_3$, Formel IV (R = CH₃).

B. Beim Behandeln von 5-Chlormethyl-furan-2-carbonsäure-methylester mit Toluol und Aluminiumchlorid (*Mndshojan et al.*, Doklady Akad. Armjansk. S.S.R. **27** [1958] 305, 311; C. A. **1960** 481).

Kp_2: 157—158°. D_4^{20}: 1,1334. n_D^{20}: 1,5560.

3-[5-Phenyl-[2]furyl]-propionsäure $C_{13}H_{12}O_3$, Formel V (X = OH).

B. Beim Erwärmen von 4,7-Dioxo-7-phenyl-heptansäure mit Phosphor(V)-oxid in Benzol (*Robinson, Todd*, Soc. **1939** 1743, 1744). Beim Erwärmen von 3-[5-Phenyl-[2]furyl]-propionsäure-äthylester mit wss.-äthanol. Kalilauge (*Blicke et al.*, Am. Soc. **66** [1944] 1675). Beim Behandeln einer wss. Lösung des Natrium-Salzes der 3t(?)-[5-Phenyl-[2]furyl]-acrylsäure (F: 163—165° [korr.]) mit Natrium-Amalgam (*Bailey et al.*, J. org. Chem. **20** [1955] 1034, 1043).

Krystalle; F: 116° [aus Toluol] (*Ro., Todd*), 113—115° [korr.; aus Ae.] (*Ba. et al.*), 113—115° (*Bl. et al.*). UV-Spektrum (A.; 220—320 nm [λ_{max}: 287 nm]): *Turner*, Am. Soc. **71** [1949] 612, 614; *Elpern, Nachod*, Am. Soc. **72** [1950] 3379, 3380.

IV V

3-[5-Phenyl-[2]furyl]-propionsäure-äthylester $C_{15}H_{16}O_3$, Formel V (X = O-C₂H₅).

B. Beim Erwärmen von 3-[5-Phenyl-[2]furyl]-propionsäure oder von 4,7-Dioxo-7-phenyl-heptansäure mit Schwefelsäure enthaltendem Äthanol, im zweiten Falle neben kleinen Mengen 4,7-Dioxo-7-phenyl-heptansäure-äthylester (*Robinson, Todd*, Soc. **1939** 1743, 1744). Beim Erhitzen von 4,7-Dioxo-7-phenyl-heptansäure-äthylester unter vermindertem Druck (*Blicke et al.*, Am. Soc. **66** [1944] 1675).

Krystalle; F: 20—21° (*Ro., Todd*). Kp_4: 167—168° (*Bl. et al.*); Kp_{2-3}: 165—167° (*Ro., Todd*). n_D^{28}: 1,5508 (*Ro., Todd*).

3-[5-Phenyl-[2]furyl]-propionsäure-hydrazid $C_{13}H_{14}N_2O_2$, Formel V (X = NH-NH₂).

B. Beim Erhitzen von 3-[5-Phenyl-[2]furyl]-propionsäure-äthylester mit Hydrazinhydrat (*Robinson, Todd*, Soc. **1939** 1743, 1744; *Blicke et al.*, Am. Soc. **66** [1944] 1675).

Krystalle (aus W.); F: 110° (*Ro., Todd*), 109—110° (*Bl. et al.*).

3-[5-Phenyl-[2]thienyl]-propionsäure $C_{13}H_{12}O_2S$, Formel VI (X = OH).

B. Beim Erhitzen von 3-[5-Phenyl-[2]thienyl]-propionsäure-methylester mit wss. Natronlauge (*Robinson, Todd*, Soc. **1939** 1743, 1745).

Krystalle (aus Bzl.) mit 0,5 Mol H_2O; F: 148°.

3-[5-Phenyl-[2]thienyl]-propionsäure-methylester $C_{14}H_{14}O_2S$, Formel VI (X = O-CH₃).

B. Beim Erwärmen von 4,7-Dioxo-7-phenyl-heptansäure-methylester mit Phosphor(V)-sulfid (*Robinson, Todd*, Soc. **1939** 1743, 1745).

Krystalle (aus A.) mit 0,5 Mol H_2O; F: 75°.

3-[5-Phenyl-[2]thienyl]-propionsäure-hydrazid $C_{13}H_{14}N_2OS$, Formel VI (X = NH-NH₂).

B. Beim Erhitzen von 3-[5-Phenyl-[2]thienyl]-propionsäure-methylester mit Hydrazin-hydrat (*Robinson, Todd*, Soc. **1939** 1743, 1745).

Krystalle (aus A.); F: 151°.

2,5-Dimethyl-4-phenyl-furan-3-carbonsäure $C_{13}H_{12}O_3$, Formel VII (R = H).

B. Beim Erwärmen von 2,5-Dimethyl-4-phenyl-furan-3-carbonsäure-äthylester mit wss.-methanol. Kalilauge (*Boberg, Schultze*, B. **90** [1957] 1215, 1223).

Krystalle (aus Me.); F: 182°.

VI   VII

2,5-Dimethyl-4-phenyl-furan-3-carbonsäure-äthylester $C_{15}H_{16}O_3$, Formel VII (R = C₂H₅).

B. Beim Erwärmen von 2-Acetyl-4-*aci*-nitro-3-phenyl-valeriansäure-äthylester (Zers. bei 88°) mit Methanol unter Zusatz von Harnstoff und Erhitzen des Reaktionsprodukts mit konz. wss. Salzsäure (*Boberg, Schultze*, B. **90** [1957] 1215, 1221). Beim Erwärmen von 2-Acetyl-4-oxo-3-phenyl-valeriansäure-äthylester (F: 92° oder F: 51°) mit konz. wss. Salzsäure (*Bo., Sch.*, l. c. S. 1222).

$Kp_{0,6}$: 113°; $Kp_{0,2}$: 106°; D_4^{20}: 1,0927; n_D^{20}: 1,5390 [aus 2-Acetyl-4-*aci*-nitro-3-phenyl-valeriansäure-äthylester hergestelltes Präparat].

2,5-Dimethyl-4-[2-nitro-phenyl]-furan-3-carbonsäure $C_{13}H_{11}NO_5$.

a) **(+)-2,5-Dimethyl-4-[2-nitro-phenyl]-furan-3-carbonsäure** $C_{13}H_{11}NO_5$, Formel VIII oder Spiegelbild.

Gewinnung aus dem unter c) beschriebenen Racemat über das Chinin-Salz (s. u.): *Khawam, Brown*, Am. Soc. **74** [1952] 5603.

F: 168—169° [nach Erweichen bei 156°]; $[\alpha]_D^{25}$: +12,3° (Anfangswert) →0° (Endwert nach 3 h) [CHCl₃] (vermutlich Präparat von ungewisser konfigurativer Einheitlichkeit). Chinin - Salz $C_{20}H_{24}N_2O_2 \cdot C_{13}H_{11}NO_5$. Krystalle (aus Acn.); F: 183—185°. $[\alpha]_D^{25}$: —52° [CHCl₃]. Beim Erwärmen mit Äthanol ist ein Gemisch mit dem Chinin-Salz des Enantiomeren erhalten worden.

b) **(−)-2,5-Dimethyl-4-[2-nitro-phenyl]-furan-3-carbonsäure** $C_{13}H_{11}NO_5$, Formel VIII oder Spiegelbild.

Gewinnung aus dem unter c) beschriebenen Racemat über das Chinin-Salz (s. u.): *Khawam, Brown*, Am. Soc. **74** [1952] 5603.

F: 170—171° [nach Erweichen bei 162°]; $[\alpha]_D^{25}$: —7,8° (Anfangswert) →0° (Endwert nach 3 h) [CHCl₃] (vermutlich Präparat von ungewisser konfigurativer Einheitlichkeit). Chinin- Salz $C_{20}H_{24}N_2O_2 \cdot C_{13}H_{11}NO_5$. Krystalle (aus Acn.); F: 167—168°. $[\alpha]_D^{25}$: —38° [CHCl₃]. Beim Erwärmen mit Äthanol ist ein Gemisch mit dem Chinin-Salz des Enantiomeren erhalten worden.

c) **(±)-2,5-Dimethyl-4-[2-nitro-phenyl]-furan-3-carbonsäure** $C_{13}H_{11}NO_5$, Formel VIII + Spiegelbild.

B. Beim Erhitzen von 4-Jod-2,5-dimethyl-furan-3-carbonsäure-äthylester mit 1-Brom-

2-nitro-benzol und Kupfer-Pulver auf 240° und Erwärmen des Reaktionsprodukts mit wss.-äthanol. Natronlauge (*Khawam, Brown*, Am. Soc. **74** [1952] 5603).
F: 175—176°.

VIII   IX

3-Benzo[*b*]thiophen-3-yl-2-methyl-ξ-crotonsäure $C_{13}H_{12}O_2S$, Formel IX.
B. Beim Erhitzen von 3-Benzo[*b*]thiophen-3-yl-3-hydroxy-2-methyl-buttersäure-äthyl=ester (aus 1-Benzo[*b*]thiophen-3-yl-äthanon und 2-Brom-propionsäure-äthylester mit Hilfe von Zink-Pulver hergestellt) mit wss. Kalilauge und Ansäuern der Reaktionslösung mit wss. Salzsäure (*Miller, Nord*, J. org. Chem. **15** [1950] 89, 93).
F: 52—53°.

6,7,8,9-Tetrahydro-dibenzofuran-3-carbonsäure $C_{13}H_{12}O_3$, Formel X (R = H) (E II 278; dort als 5.6.7.8-Tetrahydro-diphenylenoxyd-carbonsäure-(2) bezeichnet).
B. Beim Erwärmen von 1-[6,7,8,9-Tetrahydro-dibenzofuran-3-yl]-äthanon mit wss. Dioxan, Jod, Kaliumjodid und wss. Natronlauge (*Gilman et al.*, Am. Soc. **57** [1935] 2095, 2097).
Krystalle (aus A. oder Eg.); F: 247—248°.

X   XI   XII

6,7,8,9-Tetrahydro-dibenzofuran-3-carbonsäure-methylester $C_{14}H_{14}O_3$, Formel X (R = CH₃).
B. Aus 6,7,8,9-Tetrahydro-dibenzofuran-3-carbonsäure mit Hilfe von Diazomethan (*Gilman et al.*, Am. Soc. **57** [1935] 2095, 2097).
Krystalle (aus wss. Me.); F: 72,5—73,5°.

6,7,8,9-Tetrahydro-dibenzofuran-4-carbonsäure $C_{13}H_{12}O_3$, Formel XI.
B. In kleiner Menge beim Erwärmen von 1,2,3,4-Tetrahydro-dibenzofuran mit Phenyl=lithium in Äther und Behandeln des Reaktionsgemisches mit festem Kohlendioxid (*Gilman et al.*, Am. Soc. **57** [1935] 2095, 2098).
Krystalle (aus E.); F: 197°.

(±)-1,2,3,4-Tetrahydro-dibenzofuran-4-carbonsäure $C_{13}H_{12}O_3$, Formel XII.
Diese Konstitution ist für die nachstehend beschriebene Verbindung in Betracht gezogen worden (*Gilman et al.*, Am. Soc. **57** [1935] 2095, 2098).
B. Beim Behandeln von Dibenzofuran-4-carbonsäure mit Äthanol und Natrium (*Gi. et al.*).
Krystalle (aus wss. Acn.); F: 168°.

Carbonsäuren $C_{14}H_{14}O_3$

(±)-2,6-Dimethyl-4-phenyl-4*H*-pyran-3-carbonsäure-äthylester $C_{16}H_{18}O_3$, Formel I.
B. Beim Erwärmen von (±)-3-Acetoxy-1-brom-1-phenyl-but-2-en (Kp₂: 122—124°) mit der Natrium-Verbindung des Acetessigsäure-äthylesters in Äthanol (*Matschinškaja*,

Barchasch, Ž. obšč. Chim. **28** [1958] 2873, 2877; engl. Ausg. S. 2899, 2902).
Kp$_2$: 148—151°.

(±)-2-Benzyl-3-[2]thienyl-propionsäure, (±)-3-Phenyl-2-[2]thienylmethyl-propionsäure
$C_{14}H_{14}O_2S$, Formel II (X = OH).

B. Beim Erwärmen von 2-Chlormethyl-thiophen mit Benzylmalonsäure-diäthylester und Natriumäthylat in Äthanol und anschliessend mit äthanol. Kalilauge und Erhitzen des nach dem Ansäuern mit wss. Salzsäure erhaltenen Säure-Gemisches auf 130° (*Fredga et al.*, Ark. Kemi **3** [1951] 331, 334). Beim Erhitzen von Benzyl-[2]thienylmethyl-malon= säure auf 180° (*Blicke, Leonard*, Am. Soc. **68** [1946] 1934).

Krystalle; F: 70—71° [aus Bzl. + Bzn.] (*Bl., Le.*), 66,8° [aus PAe.] (*Fr. et al.*). Kp$_7$: 212—214° (*Bl., Le.*). Schmelzdiagramme der binären Systeme mit 2-Benzyl-3-phenyl-propionsäure und mit 3-[2]Thienyl-2-[2]thienylmethyl-propionsäure: *Fr. et al.*, l. c. S. 333.

(±)-2-Benzyl-3-[2]thienyl-propionsäure-[2-methylamino-äthylester] $C_{17}H_{21}NO_2S$,
Formel II (X = O-CH$_2$-CH$_2$-NH-CH$_3$).

Hydrochlorid $C_{17}H_{21}NO_2S \cdot$ HCl. *B.* Beim Erwärmen von (±)-2-Benzyl-3-[2]thienyl-propionsäure mit [2-Chlor-äthyl]-methyl-amin und Isopropylalkohol (*Blicke*, U.S.P. 2541024 [1948]). Beim Erwärmen von (±)-2-Benzyl-3-[2]thienyl-propionsäure-[(2-hydr= oxy-äthyl)-methyl-amid] mit konz. wss. Salzsäure (*Blicke, Leonard*, Am. Soc. **68** [1946] 1934). — Krystalle (aus A. + Ae.); F: 130—131° (*Bl., Le.; Bl.*).

(±)-2-Benzyl-3-[2]thienyl-propionsäure-[2-diäthylamino-äthylester] $C_{20}H_{27}NO_2S$,
Formel II (X = O-CH$_2$-CH$_2$-N(C$_2$H$_5$)$_2$).

Hydrochlorid $C_{20}H_{27}NO_2S \cdot$ HCl. *B.* Beim Erwärmen von (±)-2-Benzyl-3-[2]thienyl-propionsäure mit Diäthyl-[2-chlor-äthyl]-amin und Isopropylalkohol (*Blicke, Leonard*, Am. Soc. **68** [1946] 1934). — Krystalle (aus Isopropylalkohol + Ae.); F: 119—120°.

(±)-2-Benzyl-3-[2]thienyl-propionylchlorid $C_{14}H_{13}ClOS$, Formel II (X = Cl).

B. Beim Erwärmen von (±)-2-Benzyl-3-[2]thienyl-propionsäure mit Thionylchlorid (*Blicke, Leonard*, Am. Soc. **68** [1946] 1934).
Kp$_5$: 170—172°.

I   II   III   IV

(±)-2-Benzyl-3-[2]thienyl-propionsäure-[(2-hydroxy-äthyl)-methyl-amid] $C_{17}H_{21}NO_2S$,
Formel II (X = N(CH$_3$)-CH$_2$-CH$_2$OH).

B. Beim Behandeln einer Lösung von (±)-2-Benzyl-3-[2]thienyl-propionylchlorid in Äther mit 2-Methylamino-äthanol und wss. Natronlauge (*Blicke, Leonard*, Am. Soc. **68** [1946] 1934).
F: 55—57°. Kp$_{0,05}$: 185—190° [Rohprodukt].

---

*Opt.-inakt. 3-[2]Furyl-2-phenyl-buttersäure $C_{14}H_{14}O_3$, Formel III (X = OH).

B. Beim Erwärmen von opt.-inakt. 3-[2]Furyl-2-phenyl-butyronitril (S. 4313) mit wss.-äthanol. Kalilauge (*Maxim, Aldea*, Bl. [5] **3** [1936] 1329, 1330).
Kp$_{18}$: 208°.

Opt.-inakt. 3-[2]Furyl-2-phenyl-buttersäure-äthylester $C_{16}H_{18}O_3$, Formel III
(X = O-C$_2$H$_5$).

B. Beim Erwärmen von opt.-inakt. 3-[2]Furyl-2-phenyl-buttersäure (s. o.) mit Schwe= felsäure enthaltendem Äthanol (*Maxim, Aldea*, Bl. [5] **3** [1936] 1329, 1331).
Kp$_{15}$: 128° (?).

*Opt.-inakt. 3-[2]Furyl-2-phenyl-butyrylchlorid $C_{14}H_{13}ClO_2$, Formel III (X = Cl).

B. Beim Behandeln von opt.-inakt. 3-[2]Furyl-2-phenyl-buttersäure (S. 4312) mit Thionylchlorid (*Maxim, Aldea*, Bl. [5] **3** [1936] 1329, 1331).

Kp$_{12}$: 165°.

*Opt.-inakt. 3-[2]Furyl-2-phenyl-buttersäure-amid $C_{14}H_{15}NO_2$, Formel III (X = NH$_2$).

B. Beim Behandeln eines Gemisches von opt.-inakt. 3-[2]Furyl-2-phenyl-butyryl= chlorid (s. o.) und Benzol mit Ammoniak (*Maxim, Aldea*, Bl. [5] **3** [1936] 1329, 1331).

Kp$_{15}$: 221°.

*Opt.-inakt. 3-[2]Furyl-2-phenyl-butyronitril $C_{14}H_{13}NO$, Formel IV.

B. Beim Behandeln von 3c-[2]Furyl-2-phenyl-acrylonitril mit Methylmagnesiumjodid in Äther (*Maxim, Aldea*, Bl. [5] **3** [1936] 1329, 1330).

Kp$_{10}$: 167°.

5-[3-Phenyl-propyl]-thiophen-2-carbonsäure $C_{14}H_{14}O_2S$, Formel V.

B. Beim Erwärmen von 1-[5-(3-Phenyl-propyl)-[2]thienyl]-äthanon mit alkal. wss. Natriumhypobromit-Lösung (*Sy*, Bl. **1955** 1175, 1177).

Hellgelbe Krystalle (aus Bzl.); F: 73°.

V   VI

4-[5-Phenyl-[2]thienyl]-buttersäure $C_{14}H_{14}O_2S$, Formel VI.

B. Beim 3-tägigen Behandeln von 4-Oxo-4-[5-phenyl-[2]thienyl]-buttersäure mit amalgamiertem Zink, wss. Salzsäure und Essigsäure und Erhitzen des mit Toluol versetzten Reaktionsgemisches (*Horton*, J. org. Chem. **14** [1949] 761, 768).

Krystalle (aus A.); F: 100—102°.

3-[4-Methyl-5-phenyl-[2]furyl]-propionsäure $C_{14}H_{14}O_3$, Formel VII.

B. In kleiner Menge beim Erwärmen von 3ξ-[2]Furyl-2-methyl-1-phenyl-propenon (F: 58—59° [E III/IV **17** 5272]) mit wss.-äthanol. Salzsäure (*Turner*, Am. Soc. **71** [1949] 612, 614).

Krystalle (aus Bzl.); F: 139—140°. UV-Spektrum (A.; 220—320 nm [λ_{max}: 287 nm]): *Tu.*

2,5-Dimentyl-4-[2-methyl-6-nitro-phenyl]-furan-3-carbonsäure $C_{14}H_{13}NO_5$.

a) **(+)-2,5-Dimethyl-4-[2-methyl-6-nitro-phenyl]-furan-3-carbonsäure** $C_{14}H_{13}NO_5$, Formel VIII oder Spiegelbild.

Gewinnung aus dem unter c) beschriebenen Racemat über das Chinin-Salz (s. u.): *Khawam, Brown*, Am. Soc. **74** [1952] 5603.

F: 223—224°. [α]$_D^{25}$: +22,1° [CHCl$_3$; c = 0,8].

Beim Erwärmen mit Äthanol erfolgt Racemisierung.

Chinin-Salz $C_{20}H_{24}N_2O_2 \cdot C_{14}H_{13}NO_5$. Krystalle (aus A.); F: 110—114°. [α]$_D^{25}$: —128,3° [CHCl$_3$; c = 0,7].

b) **(−)-2,5-Dimethyl-4-[2-methyl-6-nitro-phenyl]-furan-3-carbonsäure** $C_{14}H_{13}NO_5$, Formel VIII oder Spiegelbild.

Gewinnung aus dem unter c) beschriebenen Racemat über das Chinin-Salz (s. u.): *Khawam, Brown*, Am. Soc. **74** [1952] 5603.

F: 220—222°. [α]$_D^{25}$: —22,8° [CHCl$_3$; c = 1].

Beim Erwärmen mit Äthanol erfolgt Racemisierung.

Chinin-Salz $C_{20}H_{24}N_2O_2 \cdot C_{14}H_{13}NO_5$. Krystalle (aus A.) mit 0,5 Mol H$_2$O; F: 110—115° [nach Erweichen bei 100°]. [α]$_D^{25}$: —30,3° [CHCl$_3$; c = 2].

c) (±)-2,5-Dimethyl-4-[2-methyl-6-nitro-phenyl]-furan-3-carbonsäure $C_{14}H_{13}NO_5$, Formel VIII + Spiegelbild.

B. Beim Erhitzen von 4-Jod-2,5-dimethyl-furan-3-carbonsäure-äthylester mit 2-Brom-3-nitro-toluol und Kupfer-Pulver auf 240° und Erwärmen des Reaktionsprodukts mit wss.-äthanol. Natronlauge (*Khawam, Brown*, Am. Soc. **74** [1952] 5603).

Krystalle (nach Sublimation unter vermindertem Druck); F: 225—226°.

VII   VIII   IX

2,5-Dimethyl-4-[2-methyl-6-nitro-phenyl]-thiophen-3-carbonsäure $C_{14}H_{13}NO_4S$.

a) (+)-2,5-Dimethyl-4-[2-methyl-6-nitro-phenyl]-thiophen-3-carbonsäure $C_{14}H_{13}NO_4S$, Formel IX (X = OH) oder Spiegelbild.

Gewinnung aus dem unter c) beschriebenen Racemat über das Brucin-Salz (s. u.): *Jean*, J. org. Chem. **21** [1956] 419, 421.

Krystalle; F: 209—211° [nach Erweichen bei 204°]; $[\alpha]_D^{25}$: +3,2° [CHCl$_3$]; $[\alpha]_D^{25}$: +3,3° [Me.] (vermutlich Präparat von ungewisser konfigurativer Einheitlichkeit).

Brucin-Salz $C_{23}H_{26}N_2O_4 \cdot C_{14}H_{13}NO_4S$. Krystalle (aus A.); F: 114—116° [nach Erweichen bei 109°]. $[\alpha]_D^{25}$: —54,9° [CHCl$_3$].

b) (−)-2,5-Dimethyl-4-[2-methyl-6-nitro-phenyl]-thiophen-3-carbonsäure $C_{14}H_{13}NO_4S$, Formel IX (X = OH) oder Spiegelbild.

Gewinnung aus dem unter c) beschriebenen Racemat über das Brucin-Salz (s. u.): *Jean*, J. org. Chem. **21** [1956] 419, 421.

Krystalle (aus Acn. + PAe.), F: 208—210°; $[\alpha]_D^{25}$: —4,2° [CHCl$_3$]; $[\alpha]_D^{25}$: —5,3° [Eg.]; $[\alpha]_D^{25}$: —3,9° [Me.] (vermutlich Präparat von ungewisser konfigurativer Einheitlichkeit).

Geschwindigkeitskonstante der Racemisierung in Chloroform bei 61°, in Essigsäure bei 118° und in Methanol bei 65°: *Jean*, l. c. S. 420.

Brucin-Salz $C_{23}H_{26}N_2O_4 \cdot C_{14}H_{13}NO_4S$. Krystalle (aus A.); F: 115—117°. $[\alpha]_D^{25}$: —36,6° [CHCl$_3$].

c) (±)-2,5-Dimethyl-4-[2-methyl-6-nitro-phenyl]-thiophen-3-carbonsäure $C_{14}H_{13}NO_4S$, Formel IX (X = OH) + Spiegelbild.

B. Beim Erhitzen von 4-Jod-2,5-dimethyl-thiophen-3-carbonsäure-methylester mit 2-Jod-3-nitro-toluol und Kupfer-Pulver bis auf 250° und Erwärmen des Reaktionsprodukts mit wss. Kalilauge (*Jean, Nord*, J. org. Chem. **20** [1955] 1363, 1366).

Gelbe Krystalle (aus wss. A.); F: 211—212° [unkorr.; nach Erweichen bei 204°; Fisher-Johns-App.] (*Jean, Nord*, J. org. Chem. **20** 1366). UV-Spektrum (A.; 220—300 nm): *Jean, Nord*, J. org. Chem. **20** [1955] 1370, 1373, 1376.

(±)-2,5-Dimethyl-4-[2-methyl-6-nitro-phenyl]-thiophen-3-carbonsäure-methylester $C_{15}H_{15}NO_4S$, Formel IX (X = O-CH$_3$) + Spiegelbild.

B. Beim Behandeln von (±)-2,5-Dimethyl-4-[2-methyl-6-nitro-phenyl]-thiophen-3-carbonsäure mit Diazomethan in Äther (*Jean, Nord*, J. org. Chem. **20** [1955] 1363, 1367).

Gelbe Krystalle (aus wss. A.); F: 58—59° (*Jean, Nord*, J. org. Chem. **20** 1367). UV-Spektrum (A.; 220—300 nm): *Jean, Nord*, J. org. Chem. **20** [1955] 1370, 1374, 1376.

(±)-2,5-Dimethyl-4-[2-methyl-6-nitro-phenyl]-thiophen-3-carbonsäure-amid $C_{14}H_{14}N_2O_3S$, Formel IX (X = NH$_2$) + Spiegelbild.

B. Beim Erwärmen von (±)-2,5-Dimethyl-4-[2-methyl-6-nitro-phenyl]-thiophen-3-carbonsäure mit Thionylchlorid und Chloroform und Behandeln des Reaktionsgemisches mit wss. Ammoniak und Natriumhydroxid (*Jean, Nord*, J. org. Chem. **20** [1955] 1363, 1367).

Gelbe Krystalle (aus A. + W.); F: 177—178° [unkorr.; nach Erweichen bei 162°; Fisher-Johns-App.] (*Jean, Nord*, J. org. Chem. **20** 1367). Absorptionsspektrum (A.; 220—300 nm): *Jean, Nord*, J. org. Chem. **20** [1955] 1370, 1375, 1376.

5-Äthyl-2-methyl-4-phenyl-furan-3-carbonsäure $C_{14}H_{14}O_3$, Formel X (R = H).
B. Beim Erwärmen von 5-Äthyl-2-methyl-4-phenyl-furan-3-carbonsäure-äthylester mit
wss.-methanol. Kalilauge (*Boberg, Schultze*, B. **90** [1957] 1215, 1223).
Krystalle (aus Me.); F: 139°.

5-Äthyl-2-methyl-4-phenyl-furan-3-carbonsäure-äthylester $C_{16}H_{18}O_3$, Formel X
(R = C_2H_5).
B. Beim Erwärmen von 2-Acetyl-4-*aci*-nitro-3-phenyl-hexansäure-äthylester (Zers.
bei 79°) mit Methanol unter Zusatz von Harnstoff und Erhitzen des Reaktionsprodukts
mit konz. wss. Salzsäure (*Boberg, Schultze*, B. **90** [1957] 1215, 1223).
F: 41°. $Kp_{0,8}$: 122°.

2-Äthyl-5-methyl-4-phenyl-furan-3-carbonsäure $C_{14}H_{14}O_3$, Formel XI (R = H).
B. Beim Erwärmen von 2-Äthyl-5-methyl-4-phenyl-furan-3-carbonsäure-äthylester mit
wss.-methanol. Kalilauge (*Boberg*, A. **626** [1959] 71, 81).
Krystalle (aus Me.); F: 170° (*Bo.*, l. c. S. 82).

X   XI   XII

2-Äthyl-5-methyl-4-phenyl-furan-3-carbonsäure-äthylester $C_{16}H_{18}O_3$, Formel XI
(R = C_2H_5).
B. Beim Erwärmen von 4-*aci*-Nitro-3-phenyl-2-propionyl-valeriansäure-äthylester
(Zers. bei 71 — 73°) mit Methanol unter Zusatz von Harnstoff und Erhitzen des Reaktions-
produkts mit konz. wss. Salzsäure (*Boberg*, A. **626** [1959] 71, 80).
$Kp_{0,3}$: 120°; n_D^{20}: 1,5320 (*Bo.*, l. c. S. 81).

3*t*(?)-[3,4,6-Trimethyl-benzofuran-2-yl]-acrylsäure $C_{14}H_{14}O_3$, vermutlich Formel XII
(R = H).
B. Beim Erwärmen von 3,4,6-Trimethyl-benzofuran-2-carbaldehyd mit Malonsäure,
Pyridin und wenig Piperidin (*Dean et al.*, Soc. **1958** 4551, 4555).
Hellgelbe Krystalle (aus A.); F: 259°. Absorptionsmaxima (A.): 247 nm, 255 nm und
335 nm.

3*t*(?)-[3,4,6-Trimethyl-benzofuran-2-yl]-acrylsäure-methylester $C_{15}H_{16}O_3$, vermutlich
Formel XII (R = CH_3).
B. Aus 3*t*(?)-[3,4,6-Trimethyl-benzofuran-2-yl]-acrylsäure (s. o.) mit Hilfe von Di=
azomethan (*Dean et al.*, Soc. **1958** 4551, 4555).
Gelbe Krystalle (aus Me.); F: 106°.

Carbonsäuren $C_{15}H_{16}O_3$

(±)-4-Phenyl-2-[2]thienylmethyl-buttersäure $C_{15}H_{16}O_2S$, Formel I (R = H).
B. Beim Erhitzen von Phenäthyl-[2]thienylmethyl-malonsäure auf 180° (*Blicke,
Leonard*, Am. Soc. **68** [1946] 1934).
Kp_8: 224 — 226°.

(±)-4-Phenyl-2-[2]thienylmethyl-buttersäure-[2-diäthylamino-äthylester] $C_{21}H_{29}NO_2S$,
Formel I (R = CH_2-CH_2-N(C_2H_5)$_2$).
Hydrochlorid $C_{21}H_{29}NO_2S \cdot HCl$. *B.* Beim Erwärmen von (±)-4-Phenyl-2-[2]thienyl=
methyl-buttersäure mit Diäthyl-[2-chlor-äthyl]-amin und Isopropylalkohol (*Blicke,
Leonard*, Am. Soc. **68** [1946] 1934). — Krystalle (aus Isopropylalkohol + Ae.); F:
97 — 98°.

---

*Opt.-inakt. 3-[2]Furyl-2-phenyl-valeriansäure $C_{15}H_{16}O_3$, Formel II (X = OH).

B. Beim Erwärmen von opt.-inakt. 3-[2]Furyl-2-phenyl-valeriansäure-äthylester (s. u.) mit äthanol. Kalilauge (*Maxim, Stancovici*, Bl. [5] **3** [1936] 1319, 1325). Beim Erwärmen von opt.-inakt. 3-[2]Furyl-2-phenyl-valeronitril (S. 4317) mit wss.-äthanol. Kalilauge (*Maxim, Aldea*, Bl. [5] **2** [1935] 582, 585).

Krystalle (aus wss. Eg.); F: 93° (*Ma., Al.; Ma., St.*).

*Opt.-inakt. 3-[2]Furyl-2-phenyl-valeriansäure-äthylester $C_{17}H_{20}O_3$, Formel II (X = O-C_2H_5).

B. Beim Erwärmen von 3t(?)-[2]Furyl-2-phenyl-acrylsäure-äthylester (F: 54° [S. 4323]) mit Äthylmagnesiumbromid in Äther (*Maxim, Stancovici*, Bl. [5] **3** [1936] 1319, 1325). Beim Erwärmen von opt.-inakt. 3-[2]Furyl-2-phenyl-valeriansäure (s. o.) mit Schwefel= säure enthaltendem Äthanol (*Maxim, Aldea*, Bl. [5] **2** [1935] 582, 586).

Kp_{22}: 180° (*Ma., Al.*); Kp_9: 158° (*Ma., St.*).

Überführung des aus 3t(?)-[2]Furyl-2-phenyl-acrylsäure-äthylester hergestellten Prä= parats (Kp_9: 158°) in 3-[2]Furyl-2-phenyl-valeriansäure (F: 93° [s. o.]) durch Erwärmen mit äthanol. Kalilauge: *Ma., St.*

*Opt.-inakt. 3-[2]Furyl-2-phenyl-valeriansäure-propylester $C_{18}H_{22}O_3$, Formel II (X = O-CH_2-CH_2-CH_3).

B. Beim Erwärmen von 3t(?)-[2]Furyl-2-phenyl-acrylsäure-propylester (Kp_{17}: 187° [S. 4323]) mit Äthylmagnesiumbromid in Äther (*Maxim, Stancovici*, Bl. [5] **3** [1936] 1319, 1325).

Kp_8: 170°.

Überführung in 3-[2]Furyl-2-phenyl-valeriansäure (F: 93° [s. o.]) durch Erwärmen mit äthanol. Kalilauge: *Ma., St.*

I   II   III

*Opt.-inakt. 3-[2]Furyl-2-phenyl-valeriansäure-butylester $C_{19}H_{24}O_3$, Formel II (X = O-[CH_2]$_3$-CH_3).

B. Beim Erwärmen von 3t(?)-[2]Furyl-2-phenyl-acrylsäure-butylester (Kp_{17}: 204° [S. 4323]) mit Äthylmagnesiumbromid in Äther (*Maxim, Stancovici*, Bl. [5] **3** [1936] 1319, 1325).

Kp_{10}: 179°.

Überführung in 3-[2]Furyl-2-phenyl-valeriansäure (F: 93° [s. o.]) durch Erwärmen mit äthanol. Kalilauge: *Ma., St.*

*Opt.-inakt. 3-[2]Furyl-2-phenyl-valeriansäure-pentylester $C_{20}H_{26}O_3$, Formel II (X = O-[CH_2]$_4$-CH_3).

B. Beim Erwärmen von 3t(?)-[2]Furyl-2-phenyl-acrylsäure-pentylester (Kp_{17}: 210° [S. 4323]) mit Äthylmagnesiumbromid in Äther (*Maxim, Stancovici*, Bl. [5] **3** [1936] 1319, 1326).

Kp_7: 192°.

Überführung in 3-[2]Furyl-2-phenyl-valeriansäure (F: 93° [s. o.]) durch Erwärmen mit äthanol. Kalilauge: *Ma., St.*

*Opt.-inakt. 3-[2]Furyl-2-phenyl-valerylchlorid $C_{15}H_{15}ClO_2$, Formel II (X = Cl).

B. Beim Erwärmen von opt.-inakt. 3-[2]Furyl-2-phenyl-valeriansäure (s. o.) mit Thionylchlorid und Benzol (*Maxim, Aldea*, Bl. [5] **2** [1935] 582, 586).

Kp_{18}: 167°.

*Opt.-inakt. 3-[2]Furyl-2-phenyl-valeriansäure-amid $C_{15}H_{17}NO_2$, Formel II (X = NH_2).

B. Beim Behandeln von opt.-inakt. 3-[2]Furyl-2-phenyl-valerylchlorid (s. o.) mit wss. Ammoniak sowie beim Erwärmen von opt.-inakt. 3-[2]Furyl-2-phenyl-valeronitril (s. u.) mit äthanol. Kalilauge (*Maxim, Aldea*, Bl. [5] **2** [1935] 582, 586).

Krystalle (aus Bzl. oder W.); F: 136°.

*Opt.-inakt. 3-[2]Furyl-2-phenyl-valeriansäure-diäthylamid $C_{19}H_{25}NO_2$, Formel II (X = $N(C_2H_5)_2$).

B. Beim Erwärmen von 3t(?)-[2]Furyl-2-phenyl-acrylsäure-diäthylamid (Kp_{17}: 211° [S. 4324]) mit Äthylmagnesiumbromid in Äther (*Maxim, Stancovici*, Bl. [5] **3** [1936] 1319, 1323).

Kp_{12}: 223°.

*Opt.-inakt. 3-[2]Furyl-2-phenyl-valeriansäure-[N-methyl-anilid] $C_{22}H_{23}NO_2$, Formel II (X = $N(CH_3)$-C_6H_5).

B. Beim Erwärmen von 3t(?)-[2]Furyl-2-phenyl-acrylsäure-[N-methyl-anilid] (Kp_{17}: 234° [S. 4324]) mit Äthylmagnesiumbromid in Äther (*Maxim, Stancovici*, Bl. [5] **3** [1936] 1319, 1324).

Kp_{12}: 244°.

*Opt.-inakt. 3-[2]Furyl-2-phenyl-valeriansäure-diphenylamid $C_{27}H_{25}NO_2$, Formel II (X = $N(C_6H_5)_2$).

B. Beim Erwärmen von 3t(?)-[2]Furyl-2-phenyl-acrylsäure-diphenylamid (F: 108° [S. 4325]) mit Äthylmagnesiumbromid in Äther (*Maxim, Stancovici*, Bl. [5] **3** [1936] 1319, 1322).

Rötlichgelbes Öl; Kp_{11}: 262°.

Überführung in 3-[2]Furyl-2-phenyl-valeriansäure (F: 93° [S. 4316]) durch Erwärmen mit äthanol. Kalilauge: *Ma., St.*

*Opt.-inakt. 3-[2]Furyl-2-phenyl-valeronitril $C_{15}H_{15}NO$, Formel III.

B. Beim Erwärmen von 3c-[2]Furyl-2-phenyl-acrylonitril mit Äthylmagnesiumbromid in Äther (*Maxim, Aldea*, Bl. [5] **2** [1935] 582, 585).

Kp_{18}: 181°.

5-[4-Phenyl-butyl]-thiophen-2-carbonsäure $C_{15}H_{16}O_2S$, Formel IV.

B. Beim Erwärmen von 1-[5-(4-Phenyl-butyl)-[2]thienyl]-äthanon mit alkal. wss. Natriumhypobromit-Lösung (*Sy*, Bl. **1955** 1175, 1178).

Hellgelbe Krystalle (aus wss. A.); F: 116—117°.

      IV   V

(+)-4-[(Ξ)-2-Methyl-3ξ-(4-nitro-phenyl)-allyliden]-tetrahydro-furan-2-carbonsäure $C_{15}H_{15}NO_5$, Formel V.

Diese Konstitution kommt der nachstehend beschriebenen **Aureothinsäure** zu.

B. In kleiner Menge neben wenig Aureothinketon ((+)-1-{4-[(Ξ)-2-Methyl-3ξ-(4-nitro-phenyl)-allyliden]-tetrahydro-[2]furyl}-propan-1-on [E III/IV **17** 5245]) beim Behandeln von Aureothin ((+)-2-Methoxy-3,5-dimethyl-6-{4-[2-methyl-3-(4-nitro-phenyl)-allyliden]-tetrahydro-[2]furyl}-pyran-4-on; F: 158°; $[\alpha]_D^{18}$: +51° [CHCl$_3$]) mit äthanol. Kalilauge und wss. Wasserstoffperoxid (*Hirata et al.*, J. chem. Soc. Japan Pure Chem. Sect. **79** [1958] 390, 392; C. A. **1961** 6462; Tetrahedron **14** [1961] 252, 269).

Krystalle (aus A.); F: 149—151° [unkorr.] (*Hi. et al.*, Tetrahedron **14** 270), 147—149° (*Hi. et al.*, J. chem. Soc. Japan Pure Chem. Sect. **79** 392). $[\alpha]_D^{28}$: +54° [Me.] (*Hi. et al.*, Tetrahedron **14** 270). IR-Banden (CHCl$_3$) im Bereich von 5,6 µ bis 6,7 µ: *Hi. et al.*, Tetrahedron **14** 270. UV-Absorptionsmaxima (A.): 249 nm und 345 nm (*Hi. et al.*, J. chem. Soc. Japan Pure Chem. Sect. **79** 392; Tetrahedron **14** 270).

Beim Behandeln einer Lösung in Chloroform mit Ozon und Erwärmen des Reaktionsprodukts mit Wasser sind Formaldehyd, wenig 4-Nitro-benzaldehyd, 2-Methyl-3-[4-nitrophenyl]-acrylaldehyd und Äpfelsäure erhalten worden (*Hi. et al.*, J. chem. Soc. Japan Pure Chem. Sect. **79** 392, 393; s. a. *Hi. et al.*, Tetrahedron **14** 270).

Methylester $C_{16}H_{17}NO_5$. F: 118—119° (*Hi. et al.*, Tetrahedron **14** 257).

4-Brom-phenacylester $C_{23}H_{20}BrNO_6$. F: 174—175° (*Hi. et al.*, J. chem. Soc. Japan Pure Chem. Sect. **79** 392; *Nakata et al.*, Bl. chem. Soc. Japan **33** [1960] 1458).

4-[5-Benzyl-[2]thienyl]-buttersäure $C_{15}H_{16}O_2S$, Formel VI.

B. Beim Erhitzen von 4-[5-Benzyl-[2]thienyl]-4-oxo-buttersäure mit Hydrazin-hydrat, Kaliumhydroxid und Diäthylenglykol (*Sy et al.*, C. r. **239** [1954] 1224).

Krystalle (aus PAe.); F: 36°. Kp_{16}: 253—254°.

VI   VII

4-[5-*p*-Tolyl-[2]thienyl]-buttersäure $C_{15}H_{16}O_2S$, Formel VII.

B. Beim Erhitzen von 4-Oxo-4-[5-*p*-tolyl-[2]thienyl]-buttersäure mit Hydrazin-hydrat, Kaliumhydroxid und Diäthylenglykol (*Buu-Hoï, Lavit*, Bl. **1958** 290, 292).

Krystalle (aus Cyclohexan); F: 100°.

4-[2,4-Dimethyl-6-nitro-phenyl]-2,5-dimethyl-furan-3-carbonsäure $C_{15}H_{15}NO_5$.

a) **(+)-4-[2,4-Dimethyl-6-nitro-phenyl]-2,5-dimethyl-furan-3-carbonsäure** $C_{15}H_{15}NO_5$, Formel VIII oder Spiegelbild.

Gewinnung aus dem unter c) beschriebenen Racemat über das Chinin-Salz (s. u.): *Khawam, Brown*, Am. Soc. **74** [1952] 5603.

F: 203—206° [nach Sintern bei 198°]; $[\alpha]_D^{25}$: +26,2° [CHCl$_3$] (vermutlich Präparat von ungewisser konfigurativer Einheitlichkeit).

Beim Erwärmen mit Äthanol erfolgt Racemisierung.

Chinin-Salz $C_{20}H_{24}N_2O_2 \cdot C_{15}H_{15}NO_5$. Krystalle (aus A.) mit 1 Mol H$_2$O; F: 112° bis 114°. $[\alpha]_D^{25}$: −53,5° [CHCl$_3$].

b) **(−)-4-[2,4-Dimethyl-6-nitro-phenyl]-2,5-dimethyl-furan-3-carbonsäure** $C_{15}H_{15}NO_5$, Formel VIII oder Spiegelbild.

Gewinnung aus dem unter c) beschriebenen Racemat über das Chinin-Salz (s. u.): *Khawam, Brown*, Am. Soc. **74** [1952] 5603.

F: 206—208° [nach Sintern bei 205°]; $[\alpha]_D^{25}$: −33,6° [CHCl$_3$] (vermutlich Präparat von ungewisser konfigurativer Einheitlichkeit).

Beim Erwärmen mit Äthanol erfolgt Racemisierung.

Chinin-Salz $C_{20}H_{24}N_2O_2 \cdot C_{15}H_{15}NO_5$. Krystalle (aus A.) mit 1 Mol H$_2$O; F: 114° bis 115°. $[\alpha]_D^{25}$: +52,6° [CHCl$_3$].

c) **(±)-4-[2,4-Dimethyl-6-nitro-phenyl]-2,5-dimethyl-furan-3-carbonsäure** $C_{15}H_{15}NO_5$, Formel VIII + Spiegelbild.

B. Beim Erhitzen von 4-Jod-2,5-dimethyl-furan-3-carbonsäure-äthylester mit 2-Brom-1,5-dimethyl-3-nitro-benzol und Kupfer-Pulver auf 240° und Erwärmen des Reaktionsprodukts mit wss.-äthanol. Natronlauge (*Khawam, Brown*, Am. Soc. **74** [1952] 5603).

F: 218—220°.

3*t*(?)-[3-Äthyl-4,6-dimethyl-benzofuran-2-yl]-acrylsäure $C_{15}H_{16}O_3$, vermutlich Formel IX (R = H).

B. Beim Erwärmen von 3-Äthyl-4,6-dimethyl-benzofuran-2-carbaldehyd mit Malonsäure, Pyridin und wenig Piperidin (*Dean et al.*, Soc. **1958** 4551, 4555).

Hellgelbe Krystalle (aus Dioxan); F: 252° [Zers.]. Absorptionsmaxima (A.): 245 nm und 330 nm.

VIII   IX

3*t*(?)-[3-Äthyl-4,6-dimethyl-benzofuran-2-yl]-acrylsäure-methylester $C_{16}H_{18}O_3$, vermutlich Formel IX (R = CH_3).

B. Beim Behandeln einer Suspension von 3*t*(?)-[3-Äthyl-4,6-dimethyl-benzofuran-2-yl]-acrylsäure (S. 4318) in Methanol mit Diazomethan in Äther (*Dean et al.*, Soc. **1958** 4551, 4555).

Krystalle (aus wss. Me.); F: 74°.

Carbonsäuren $C_{16}H_{18}O_3$

*Opt.-inakt. 3-[2]Furyl-2-phenyl-hexansäure $C_{16}H_{18}O_3$, Formel I (X = OH).

B. Beim Erwärmen von opt.-inakt. 3-[2]Furyl-2-phenyl-hexannitril (s. u.) mit wss.-äthanol. Kalilauge (*Maxim*, *Aldea*, Bl. [5] **2** [1935] 582, 587).

Krystalle (aus wss. Eg.); F: 124°.

*Opt.-inakt. 3-[2]Furyl-2-phenyl-hexansäure-äthylester $C_{18}H_{22}O_3$, Formel I (X = O-C_2H_5).

B. Beim Erwärmen von opt.-inakt. 3-[2]Furyl-2-phenyl-hexansäure (s. o.) mit Schwefel=säure enthaltendem Äthanol (*Maxim*, *Aldea*, Bl. [5] **2** [1935] 582, 588).

Kp_{18}: 184°.

*Opt.-inakt. 3-[2]Furyl-2-phenyl-hexanoylchlorid $C_{16}H_{17}ClO_2$, Formel I (X = Cl).

B. Beim Erwärmen von opt.-inakt. 3-[2]Furyl-2-phenyl-hexansäure (s. o.) mit Thionyl=chlorid und Benzol (*Maxim*, *Aldea*, Bl. [5] **2** [1935] 582, 587).

Kp_{18}: 174—175°.

I   II   III

*Opt.-inakt. 3-[2]Furyl-2-phenyl-hexansäure-amid $C_{16}H_{19}NO_2$, Formel I (X = NH_2).

B. Beim Behandeln von opt.-inakt. 3-[2]Furyl-2-phenyl-hexanoylchlorid (s. o.) mit wss. Ammoniak sowie beim Erwärmen von opt.-inakt. 3-[2]Furyl-2-phenyl-hexannitril (s. u.) mit äthanol. Kalilauge (*Maxim*, *Aldea*, Bl. [5] **2** [1935] 582, 588).

Krystalle (aus Bzl. oder W.); F: 164°.

*Opt.-inakt. 3-[2]Furyl-2-phenyl-hexannitril $C_{16}H_{17}NO$, Formel II.

B. Beim Erwärmen von 3*c*-[2]Furyl-2-phenyl-acrylonitril mit Propylmagnesiumbromid in Äther (*Maxim*, *Aldea*, Bl. [5] **2** [1935] 582, 587).

Kp_{23}: 191°.

4-[5-Phenäthyl-[2]thienyl]-buttersäure $C_{16}H_{18}O_2S$, Formel III.

B. Beim Erhitzen von 4-Oxo-4-[5-phenäthyl-[2]thienyl]-buttersäure mit Hydrazin-hydrat, Kaliumhydroxid und Diäthylenglykol (*Sy et al.*, C. r. **239** [1954] 1224).

Krystalle (aus PAe.); F: 48—49°. Kp_{22}: 262—264°.

Carbonsäuren $C_{17}H_{20}O_3$

*Opt.-inakt. 3-[2]-Furyl-5-methyl-2-phenyl-hexansäure $C_{17}H_{20}O_3$, Formel IV (X = OH).

B. Beim Erwärmen von opt.-inakt. 3-[2]Furyl-5-methyl-2-phenyl-hexannitril (S. 4320)

mit wss.-äthanol. Kalilauge (*Maxim, Aldea*, Bl. [5] **2** [1935] 582, 588).
Krystalle (aus W.); F: 107°.

*Opt.-inakt. 3-[2]Furyl-5-methyl-2-phenyl-hexansäure-äthylester $C_{19}H_{24}O_3$, Formel IV (X = O-C$_2$H$_5$).
B. Beim Erwärmen von opt.-inakt. 3-[2]Furyl-5-methyl-2-phenyl-hexansäure (S. 4319) mit Schwefelsäure enthaltendem Äthanol (*Maxim, Aldea*, Bl. [5] **2** [1935] 582, 589).
Kp$_{18}$: 184—185°.

*Opt.-inakt. 3-[2]Furyl-5-methyl-2-phenyl-hexanoylchlorid $C_{17}H_{19}ClO_2$, Formel IV (X = Cl).
B. Aus opt.-inakt. 3-[2]Furyl-5-methyl-2-phenyl-hexansäure (S. 4319) mit Hilfe von Thionylchlorid (*Maxim, Aldea*, Bl. [5] **2** [1935] 582, 589).
Kp$_{25}$: 185°.

*Opt.-inakt. 3-[2]Furyl-5-methyl-2-phenyl-hexansäure-amid $C_{17}H_{21}NO_2$, Formel IV (X = NH$_2$).
B. Beim Behandeln von opt.-inakt. 3-[2]Furyl-5-methyl-2-phenyl-hexanoylchlorid (s. o.) mit wss. Ammoniak (*Maxim, Aldea*, Bl. [5] **2** [1935] 582, 589).
Krystalle (aus Bzl.); F: 132°.

IV   V   VI

*Opt.-inakt. 3-[2]Furyl-5-methyl-2-phenyl-hexannitril $C_{17}H_{19}NO$, Formel V.
B. Beim Erwärmen von 3c-[2]Furyl-2-phenyl-acrylonitril mit Isobutylmagnesium=chlorid in Äther (*Maxim, Aldea*, Bl. [5] **2** [1935] 582, 588).
Kp$_{19}$: 187°.

5-Methyl-2-pentyl-4-phenyl-furan-3-carbonsäure $C_{17}H_{20}O_3$, Formel VI.
B. Beim Behandeln von 2-Nitro-1c-phenyl-propen (F: 65°; über die Konfiguration dieser Verbindung s. *Watarai et al.*, Bl. chem. Soc. Japan **40** [1967] 1448) mit der Natrium-Verbindung des 3-Oxo-octansäure-äthylesters in Äther, Erwärmen des Reaktionsprodukts mit Methanol unter Zusatz von Harnstoff und anschliessend mit konz. wss. Salzsäure und Erwärmen des erhaltenen 5-Methyl-2-pentyl-4-phenyl-furan-3-carbonsäure-äthylesters mit wss.-methanol. Kalilauge (*Boberg*, A. **626** [1959] 71, 80, 81).
Krystalle (aus Eg.); F: 94° (*Bo.*, l. c. S. 82).

Carbonsäuren $C_{18}H_{22}O_3$

*Opt.-inakt. 3-[2]Furyl-6-methyl-2-phenyl-heptansäure $C_{18}H_{22}O_3$, Formel VII (X = OH).
B. Beim Erwärmen von opt.-inakt. 3-[2]Furyl-6-methyl-2-phenyl-heptannitril (S. 4321) mit wss.-äthanol. Kalilauge (*Maxim, Aldea*, Bl. [5] **3** [1936] 1329, 1333).
Kp$_{12}$: 215°.

*Opt.-inakt. 3-[2]Furyl-6-methyl-2-phenyl-heptansäure-äthylester $C_{20}H_{26}O_3$, Formel VII (X = O-C$_2$H$_5$).
B. Beim Erwärmen von opt.-inakt. 3-[2]Furyl-6-methyl-2-phenyl-heptansäure (s. o.) mit Schwefelsäure enthaltendem Äthanol (*Maxim, Aldea*, Bl. [5] **3** [1936] 1329, 1333).
Kp$_{20}$: 192°.

*Opt.-inakt. 3-[2]Furyl-6-methyl-2-phenyl-heptanoylchlorid $C_{18}H_{21}ClO_2$, Formel VII (X = Cl).
B. Beim Behandeln von opt.-inakt. 3-[2]Furyl-6-methyl-2-phenyl-heptansäure (s. o.)

mit Thionylchlorid und Benzol (*Maxim*, *Aldea*, Bl. [5] **3** [1936] 1329, 1333).
Kp_{10}: 187°.

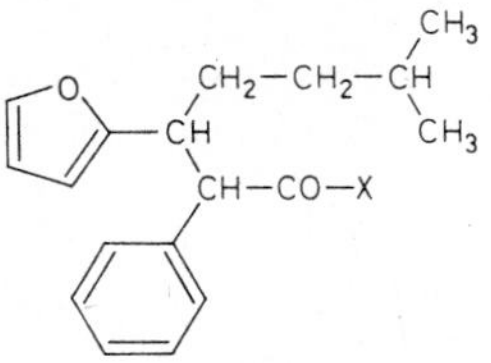

VII 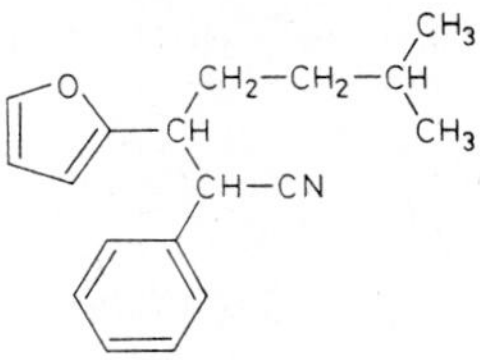   VIII

*Opt.-inakt. 3-[2]Furyl-6-methyl-2-phenyl-heptansäure-amid $C_{18}H_{23}NO_2$, Formel VII
(X = NH_2).
B. Beim Behandeln eines Gemisches von opt.-inakt. 3-[2]Furyl-6-methyl-2-phenyl-heptanoylchlorid (S. 4320) und Benzol mit Ammoniak (*Maxim*, *Aldea*, Bl. [5] **3** [1936] 1329, 1333).
Krystalle (aus Bzl.); F: 130°.

*Opt.-inakt. 3-[2]Furyl-6-methyl-2-phenyl-heptannitril $C_{18}H_{21}NO$, Formel VIII.
B. Beim Erwärmen von 3c-[2]Furyl-2-phenyl-acrylonitril mit Isopentylmagnesium≈
bromid in Äther (*Maxim*, *Aldea*, Bl. [5] **3** [1936] 1329, 1333).
Kp_{13}: 187°.

Carbonsäuren $C_{20}H_{26}O_3$

**(4a*R*)-4*t*,7,11b-Trimethyl-(4a*r*,11b*t*)-1,2,3,4,4a,5,6,8,9,11b-decahydro-phenanthro≈
[3,2-*b*]furan-4*c*-carbonsäure-methylester, 12,17-Epoxy-14-methyl-15-nor-pimara-8,11,13-
trien-18-säure-methylester** [1]) $C_{21}H_{28}O_3$, Formel IX.
Über die Konstitution s. *King*, *King*, Soc. **1953** 4158, 4159, 4167; die Konfiguration
ergibt sich aus der genetischen Beziehung zu Vinhaticosäure-methylester (S. 4289).
B. Bei der Hydrierung von 12,17-Epoxy-14-methyl-15-nor-pimara-8,11,13,16-tetraen-
18-säure-methylester an Platin in Essigsäure (*King*, *King*, l. c. S. 4167).
Krystalle (aus A.); F: 137°. $[\alpha]_D^{20}$: +52,1° [$CHCl_3$; c = 10].

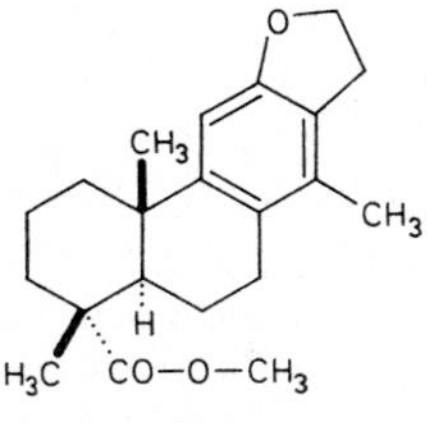

IX 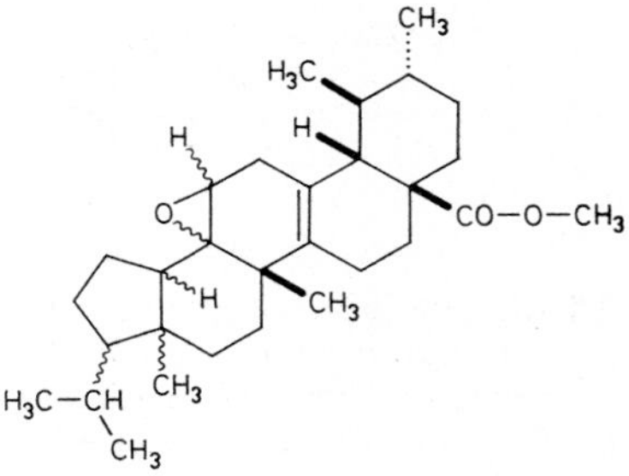   X

Carbonsäuren $C_{29}H_{44}O_3$

**(5a*S*)-13ξ,13a-Epoxy-3ξ-isopropyl-3a,5a,10*t*,11c-tetramethyl-(3aξ,5a*r*,11a*c*,13aξ,≈
13bξ)-Δ⁵ᵇ⁽¹¹ᵇ⁾-octadecahydro-cyclopenta[*a*]chrysen-7a*c*-carbonsäure-methylester,
9,11ξ-Epoxy-3ξ-isopropyl-5-methyl-*A*,23,24,25,27-pentanor-5ξ,9ξ,10ξ-urs-13-en-
28-säure-methylester** [2]), **9,11ξ-Epoxy-3ξ*H*,5ξ,9ξ,10ξ-*A*:*B*-neo-27-nor-urs-13-en-28-säure-
methylester** [3]) $C_{30}H_{46}O_3$, Formel X.
Diese Konstitution ist wahrscheinlich der nachstehend beschriebenen Verbindung auf

---

[1]) Stellungsbezeichnung bei von Pimaran abgeleiteten Namen s. E III **9** 355 Anm. 2.
[2]) Stellungsbezeichnung bei von Ursan abgeleiteten Namen s. E III **5** 1340.
[3]) Über die Bezeichnung „*A*:*B*-neo" s. *Allard*, *Ourisson*, Tetrahedron **1** [1957] 277.

Grund ihrer Bildungsweise zuzuordnen; die Konfiguration ergibt sich aus der genetischen Beziehung zu Pyroanhydrochinovasäure (E III **9** 3264).

B. Beim Behandeln von Pyroanhydrochinovasäure-methylester (3ξ-Isopropyl-5-meth≠ yl-*A*,23,24,25,27-pentanor-5ξ,10ξ-ursa-9(11),13-dien-28-säure-methylester; nicht charakterisiert) mit Peroxybenzoesäure (1 Mol) in Chloroform (*Wieland et al.*, A. **539** [1939] 219, 241).

Krystalle (aus Acn.); F: 189,5°. [*Winckler*]

Monocarbonsäuren $C_nH_{2n-16}O_3$

Carbonsäuren $C_{13}H_{10}O_3$

2-[2]Furyl-3-[2-nitro-phenyl]-acrylsäure $C_{13}H_9NO_5$.
Über die Konfiguration der Stereoisomeren s. *Amstutz, Spitzmiller,* Am. Soc. **65** [1943] 367.

a) **2-[2]Furyl-3c(?)-[2-nitro-phenyl]-acrylsäure** $C_{13}H_9NO_5$, vermutlich Formel I.
B. s. bei dem unter b) beschriebenen Stereoisomeren.
Krystalle (aus W.); F: 137,6—138,2° [korr.] (*Amstutz, Spitzmiller,* Am. Soc. **65** [1943] 367).
Beim Erhitzen einer Lösung in Nitrobenzol mit wenig Jod auf 210° erfolgt partielle Umwandlung in das unter b) beschriebene Stereoisomere. Beim Erhitzen mit Kupferoxid-Chromoxid und Chinolin auf 225° ist *trans*(?)-1-[2]Furyl-2-[2-nitro-phenyl]-äthylen (F: 92,8—93,6° [E III/IV **17** 569]) erhalten worden.

b) **2-[2]Furyl-3t(?)-[2-nitro-phenyl]-acrylsäure** $C_{13}H_9NO_5$, vermutlich Formel II.
B. Neben kleineren Mengen des unter a) beschriebenen Stereoisomeren beim Erwärmen von 2-Nitro-benzaldehyd mit dem Kalium-Salz der [2]Furylessigsäure und Acetanhydrid (*Amstutz, Spitzmiller,* Am. Soc. **65** [1943] 367).
Krystalle (aus wss. Eg.); F: 192—192,4° [korr.].
Überführung in *cis*(?)-1-[2]Furyl-2-[2-nitro-phenyl]-äthylen (Kp$_3$: 152—154° [E III/IV **17** 569]) durch Erhitzen mit Kupferoxid-Chromoxid und Chinolin: *Am., Sp.,* l. c. S. 369.

I   II   III   IV

3c(?)-Phenyl-2-[2]thienyl-acrylonitril $C_{13}H_9NS$, vermutlich Formel III (X = H).
Bezüglich der Konfigurationszuordnung s. *Baker, Howes,* Soc. **1953** 119, 121.
B. Beim Behandeln von [2]Thienylacetonitril mit Benzaldehyd und äthanol. Kalilauge bei Raumtemperatur (*Cagniant,* Bl. **1949** 847, 850) oder mit Benzaldehyd und äthanol. Natriumäthylat-Lösung bei Siedetemperatur (*Crowe, Nord,* J. org. Chem. **15** [1950] 1177, 1182).
Gelbe Krystalle; F: 75,5—76,5° (*Cr., Nord*), 75° [aus A.] (*Ca.*).

3c(?)-[4-Fluor-phenyl]-2-[2]thienyl-acrylonitril $C_{13}H_8FNS$, vermutlich Formel III (X = F).
Bezüglich der Konfigurationszuordnung s. *Baker, Howes,* Soc. **1953** 119, 121.
B. Beim Erwärmen einer Lösung von [2]Thienylacetonitril in Äthanol mit 4-Fluor-benzaldehyd und wss. Kalilauge (*Buu-Hoï et al.,* Soc. **1952** 4590, 4592, 4593).
Krystalle (aus A.); F: 77°.

3c(?)-[4-Chlor-phenyl]-2-[2]thienyl-acrylonitril $C_{13}H_8ClNS$, vermutlich Formel III (X = Cl).
Bezüglich der Konfigurationszuordnung s. *Baker, Howes,* Soc. **1953** 119, 121.

B. Beim Erwärmen einer Lösung von [2]Thienylacetonitril in Äthanol mit 4-Chlor-benzaldehyd und wss. Kalilauge (*Buu-Hoi et al.*, Soc. **1950** 2130, 2134).
Gelbe Krystalle (aus A.); F: 90°.

3c(?)-[2,4-Dichlor-phenyl]-2-[2]thienyl-acrylonitril $C_{13}H_7Cl_2NS$, vermutlich Formel IV.
Bezüglich der Konfigurationszuordnung s. *Baker, Howes*, Soc. **1953** 119, 121.
B. Beim Erwärmen einer Lösung von [2]Thienylacetonitril in Äthanol mit 2,4-Di=chlor-benzaldehyd und wss. Kalilauge (*Buu-Hoi et al.*, Soc. **1952** 4590, 4592, 4593).
Krystalle (aus A.); F: 150°.

3c(?)-[3,4-Dichlor-phenyl]-2-[2]thienyl-acrylonitril $C_{13}H_7Cl_2NS$, vermutlich Formel V.
B. Beim Erwärmen einer Lösung von [2]Thienylacetonitril in Äthanol mit 3,4-Dichlor-benzaldehyd und wss. Kalilauge (*Buu-Hoi et al.*, Soc. **1952** 4590, 4592, 4593).
Krystalle (aus A.); F: 119°.

3t(?)-[2]Furyl-2-phenyl-acrylsäure $C_{13}H_{10}O_3$, vermutlich Formel VI (X = OH) (vgl.
H 312; dort als Furfuryliden-phenylessigsäure bezeichnet).
Bezüglich der Konfigurationszuordnung vgl. die analog hergestellte 2-Phenyl-3t-[2]thienyl-acrylsäure (S. 4325).
B. Beim Erhitzen von Furfural mit dem Natrium-Salz der Phenylessigsäure und Acetanhydrid (*Schering Corp.*, U.S.P. 2594355 [1947]).
Krystalle (aus Acn. + W.); F: 147—148° (*Schering Corp.*).
Beim Erwärmen mit wss. Natronlauge und Nickel-Aluminium-Legierung sind 3-Phenyl-5-propyl-dihydro-furan-2-on (Kp₁: 145—147°; n_D^{20}: 1,5225) und kleinere Mengen 2-Phenyl-3-tetrahydro[2]furyl-propionsäure (Kp₁: 174—177°) erhalten worden (*Schering Corp.*; *Papa et al.*, J. org. Chem. **16** [1951] 253, 257).

3t(?)-[2]Furyl-2-phenyl-acrylsäure-methylester $C_{14}H_{12}O_3$, vermutlich Formel VI (X = O-CH₃).
B. Beim Erwärmen von 3t(?)-[2]Furyl-2-phenyl-acrylsäure (F: 144°) mit Schwefel=säure enthaltendem Methanol (*Maxim, Stancovici*, Bl. [5] **2** [1935] 600, 601).
Hellgelbe Krystalle (aus A.); F: 88° (*Ma., St.*). Absorptionsspektrum (A.; 210—350 nm): *Maxim, Focşăneanu*, C. r. Acad. Roum. **8** [1946/47] 70, 71.

3t(?)-[2]Furyl-2-phenyl-acrylsäure-äthylester $C_{15}H_{14}O_3$, vermutlich Formel VI (X = O-C₂H₅).
B. Beim Erwärmen von 3t(?)-[2]Furyl-2-phenyl-acrylsäure (F: 144°) mit Schwefelsäure enthaltendem Äthanol (*Maxim, Stancovici*, Bl. [5] **2** [1935] 600, 601).
Krystalle (aus Me.); F: 54° (*Ma., St.*, Bl. [5] **2** 601). Absorptionsspektrum (A.; 200 nm bis 360 nm): *Maxim, Focşăneanu*, C. r. Acad. Roum. **8** [1946/47] 70, 71.
Beim Behandeln mit Phenylmagnesiumbromid in Äther sind 3-[2]Furyl-2,3-diphenyl-propionsäure-äthylester (Kp₈: 210°) und 3t(?)-[2]Furyl-1,1,2-triphenyl-allylalkohol (F: 174°) erhalten worden (*Maxim, Stancovici*, Bl. [5] **3** [1936] 1319, 1326).

3t(?)-[2]Furyl-2-phenyl-acrylsäure-propylester $C_{16}H_{16}O_3$, vermutlich Formel VI (X = O-CH₂-CH₂-CH₃).
B. Beim Erwärmen von 3t(?)-[2]Furyl-2-phenyl-acryloylchlorid (S. 4324) mit Propan-1-ol (*Maxim, Stancovici*, Bl. [5] **2** [1935] 600, 602).
Kp₁₇: 187°.

3t(?)-[2]Furyl-2-phenyl-acrylsäure-butylester $C_{17}H_{18}O_3$, vermutlich Formel VI (X = O-[CH₂]₃-CH₃).
B. Beim Erwärmen von 3t(?)-[2]Furyl-2-phenyl-acryloylchlorid (S. 4324) mit Butan-1-ol (*Maxim, Stancovici*, Bl. [5] **2** [1935] 600, 602).
Gelbes Öl; Kp₁₇: 204°.

3t(?)-[2]Furyl-2-phenyl-acrylsäure-pentylester $C_{18}H_{20}O_3$, vermutlich Formel VI (X = O-[CH₂]₄-CH₃).
B. Beim Erwärmen von 3t(?)-[2]Furyl-2-phenyl-acryloylchlorid (S. 4324) mit Pentan-

1-ol (*Maxim, Stancovici*, Bl. [5] **2** [1935] 600, 602).
Gelbes Öl; Kp_{17}: 210°.

3*t*(?)-[2]Furyl-2-phenyl-acrylsäure-[2-diäthylamino-äthylester] $C_{19}H_{23}NO_3$, vermutlich Formel VI (X = O-CH$_2$-CH$_2$-N(C$_2$H$_5$)$_2$).
Hydrochlorid $C_{19}H_{23}NO_3 \cdot HCl$. *B.* Beim Erwärmen von 3*t*(?)-[2]Furyl-2-phenyl-acrylsäure (F: 144°) mit Diäthyl-[2-chlor-äthyl]-amin und Isopropylalkohol (*Burtner, Cusic*, Am. Soc. **65** [1943] 262, 266). — Krystalle (aus Acn.); F: 157° (*Bu., Cu.*, l. c. S. 263).

3*t*(?)-[2]Furyl-2-phenyl-acryloylchlorid $C_{13}H_9ClO_2$, vermutlich Formel VI (X = Cl).
B. Beim Erwärmen von 3*t*(?)-[2]Furyl-2-phenyl-acrylsäure (F: 144°) mit Thionyl=
chlorid und Benzol (*Maxim, Stancovici*, Bl. [5] **2** [1935] 600).
F: 43°; Kp_{15}: 183°.

V   VI   VII   VIII

3*t*(?)-[2]Furyl-2-phenyl-acrylsäure-amid $C_{13}H_{11}NO_2$, vermutlich Formel VI (X = NH$_2$).
B. Beim Behandeln einer Lösung von 3*t*(?)-[2]Furyl-2-phenyl-acryloylchlorid (s. o.) in Äther mit Ammoniak (*Maxim, Stancovici*, Bl. [5] **2** [1935] 600, 603).
Krystalle (aus W.); F: 127° (*Ma., St.*). UV-Spektrum (A.; 200—330 nm): *Maxim, Focşăneanu*, C. r. Acad. Roum. **8** [1946/47] 70, 71.

3*t*(?)-[2]Furyl-2-phenyl-acrylsäure-dimethylamid $C_{15}H_{15}NO_2$, vermutlich Formel VI (X = N(CH$_3$)$_2$).
B. Beim Erwärmen von 3*t*(?)-[2]Furyl-2-phenyl-acryloylchlorid (s. o.) mit Dimethyl=
amin und Äther (*Maxim, Stancovici*, Bl. [5] **2** [1935] 600, 604).
Kp_{16}: 205°.

3*t*(?)-[2]Furyl-2-phenyl-acrylsäure-diäthylamid $C_{17}H_{19}NO_2$, vermutlich Formel VI (X = N(C$_2$H$_5$)$_2$).
B. Beim Behandeln von 3*t*(?)-[2]Furyl-2-phenyl-acryloylchlorid (s. o.) mit Diäthyl=
amin und Benzol (*Maxim, Stancovici*, Bl. [5] **2** [1935] 600, 603).
Kp_{17}: 211° (*Ma., St.*, Bl. [5] **2** 603).
Beim Behandeln mit Phenylmagnesiumbromid in Äther ist 3-[2]Furyl-2,3-diphenyl-
propionsäure-diäthylamid (Kp_{14}: 232°) erhalten worden (*Maxim, Stancovici*, Bl. [5] **3** [1936] 1319, 1324).

3*t*(?)-[2]Furyl-2-phenyl-acrylsäure-anilid $C_{19}H_{15}NO_2$, vermutlich Formel VI (X = NH-C$_6$H$_5$).
B. Beim Behandeln von 3*t*(?)-[2]Furyl-2-phenyl-acryloylchlorid (s. o.) mit Anilin und Benzol (*Maxim, Stancovici*, Bl. [5] **2** [1935] 600, 603).
Krystalle (aus A.); F: 104°.

3*t*(?)-[2]Furyl-2-phenyl-acrylsäure-[*N*-methyl-anilid] $C_{20}H_{17}NO_2$, vermutlich Formel VI (X = N(CH$_3$)-C$_6$H$_5$).
B. Beim Behandeln von 3*t*(?)-[2]Furyl-2-phenyl-acryloylchlorid (s. o.) mit *N*-Methyl-
anilin und Benzol (*Maxim, Stancovici*, Bl. [5] **2** [1935] 600, 604).
Kp_{17}: 234°.

3*t*(?)-[2]Furyl-2-phenyl-acrylsäure-[*N*-äthyl-anilid] $C_{21}H_{19}NO_2$, vermutlich Formel VI (X = N(C$_2$H$_5$)-C$_6$H$_5$).
B. Beim Behandeln von 3*t*(?)-[2]Furyl-2-phenyl-acryloylchlorid (s. o.) mit *N*-Äthyl-

anilin und Benzol (*Maxim, Stancovici*, Bl. [5] **2** [1935] 600, 604).
Kp$_{18}$: 236°.

3t(?)-[2]Furyl-2-phenyl-acrylsäure-diphenylamid C$_{25}$H$_{19}$NO$_2$, vermutlich Formel VI
(X = N(C$_6$H$_5$)$_2$).
B. Beim Erhitzen von 3t(?)-[2]Furyl-2-phenyl-acryloylchlorid (S. 4324) mit Diphenyl‹
amin und Toluol auf 140° (*Maxim, Stancovici*, Bl. [5] **2** [1935] 600, 605).
Hellgelbe Krystalle (aus Ae.); F: 108° (*Ma., St.*). UV-Spektrum (A.; 220—340 nm):
Maxim, Focşăneanu, C. r. Acad. Roum. **8** [1946/47] 70, 71.

3c-[2]Furyl-2-phenyl-acrylonitril C$_{13}$H$_9$NO, Formel VII (X = H)
Diese Konfiguration ist dem früher (s. H **18** 312) beschriebenen 3-[2]Furyl-2-phenyl-
acrylonitril („Furfuryliden-phenylacetonitril") vom F: 42—43° auf Grund seiner Bildungsweise zuzuordnen (*Doré, Viel*, J. Pharm. Belg. [N S] **28** [1973] 3, 9, 22).
Krystalle (aus Isopropylalkohol oder Me.); F: 38,5—39° (*Doré, Viel*, l. c. S. 22).

2-[3,4-Dichlor-phenyl]-3c(?)-[2]furyl-acrylonitril C$_{13}$H$_7$Cl$_2$NO, vermutlich Formel VII
(X = Cl).
Bezüglich der Konfigurationszuordnung vgl. das analog hergestellte 3c-[2]Furyl-
2-phenyl-acrylonitril (s. o.).
B. Beim Erwärmen von [3,4-Dichlor-phenyl]-acetonitril mit Furfural, Äthanol und
wss. Natronlauge (*Buu-Hoï, Xuong*, Bl. **1957** 650, 651, 654).
Krystalle (aus Bzl. oder A.); F: 138°.

3t(?)-[2]Furyl-2-[4-nitro-phenyl]-acrylsäure C$_{13}$H$_9$NO$_5$, vermutlich Formel VIII.
Bezüglich der Konfigurationszuordnung vgl. die analog hergestellte 2-[4-Nitro-phenyl]-
3t-[2]thienyl-acrylsäure (S. 4328).
B. Als Hauptprodukt beim Behandeln eines Gemisches von Furfural und 4-Methoxy-
benzaldehyd mit dem Natrium-Salz der [4-Nitro-phenyl]-essigsäure und Acetanhydrid
(*Crawford, Little*, Soc. **1959** 722, 728).
Gelbe Krystalle; F: 241° [Zers.].

3c(?)-[2]Furyl-2-[4-nitro-phenyl]-acrylonitril C$_{13}$H$_8$N$_2$O$_3$, vermutlich Formel IX (vgl.
H 313; dort als 4-Nitro-α-furfuryliden-phenylacetonitril bezeichnet).
Bezüglich der Konfigurationszuordnung vgl. das analog hergestellte 2-[4-Nitro-
phenyl]-3c-[2]thienyl-acrylonitril (S. 4328).
B. Beim Behandeln von [4-Nitro-phenyl]-acetonitril mit Äthanol, Furfural und kleinen
Mengen äthanol. Kalilauge (*Cagniant*, A. ch. [12] **7** [1952] 442, 449; vgl. H 313).
Gelbe Krystalle (aus A.); F: 174°.

2-Phenyl-3-[2]thienyl-acrylsäure C$_{13}$H$_{10}$O$_2$S.
a) **2-Phenyl-3c-[2]thienyl-acrylsäure** C$_{13}$H$_{10}$O$_2$S, Formel X (X = H).
Konfigurationszuordnung: *Fisichella et al.*, Ann. Chimica **63** [1973] 55, 57.
B. s. bei dem unter b) beschriebenen Stereoisomeren.
Krystalle (aus Bzn.); F: 127—128° (*Fi. et al.*, l. c. S. 59). ^{1}H-NMR-Absorption: *Fi. et al.*,
l. c. S. 57. Absorptionsmaxima (A.): 232 nm und 317 nm (*Fi. et al.*, l. c. S. 57).

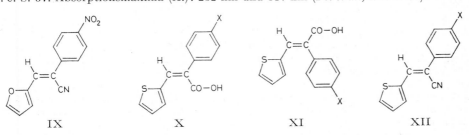

IX   X   XI   XII

b) **2-Phenyl-3t-[2]thienyl-acrylsäure** C$_{13}$H$_{10}$O$_2$S, Formel XI (X = H).
Konfigurationszuordnung: *Badger et al.*, Austral. J. Chem. **19** [1966] 1243, 1244, 1247;

Fisichella et al., Ann. Chimica **63** [1973] 55, 57.

B. Neben kleinen Mengen des unter a) beschriebenen Stereoisomeren beim Erhitzen von Thiophen-2-carbaldehyd mit Phenylessigsäure, Acetanhydrid und Triäthylamin (*Ba. et al.*, l. c. S. 1247; *Fi. et al.*). Bei 3-tägigem Erhitzen von 2-Phenyl-3*c*-[2]thienyl-acrylonitril (s. u.) mit wss. Natronlauge und Butan-1-ol (*Buu-Hoi, Sy,* C. r. **242** [1956] 2011).

Krystalle (aus A.); F: 194° (*Buu-Hoi, Sy*), 188,5—190° (*Ba. et al.*), 187—188° (*Fi. et al.*). ¹H-NMR-Absorption: *Fi. et al.*, l. c. S. 57. Absorptionsmaxima (A.): 230 nm und 304 nm (*Fi. et al.*, l. c. S. 57).

2-Phenyl-3*c*-[2]thienyl-acrylonitril $C_{13}H_9NS$, Formel XII (X = H).

Konfigurationszuordnung: *Doré, Viel,* J. Pharm. Belg. [NS] **28** [1973] 3, 9, 22.

B. Beim Erwärmen von Thiophen-2-carbaldehyd mit Phenylacetonitril und Natriumäthylat in Äthanol (*Crowe, Nord,* J. org. Chem. **15** [1950] 1177, 1182; *Doré, Viel,* l. c. S. 9; s. a. *Buu-Hoi et al.*, Soc. **1950** 2130, 2134).

Gelbe Krystalle (*Cr., Nord; Buu-Hoi et al.*, l. c. S. 2133); F: 90—91° [aus Isopropylalkohol oder Me.] (*Doré, Viel,* l. c. S. 22), 90° [aus A.] (*Buu-Hoi et al.*), 89,5—90,5° (*Cr., Nord*), 89° (*Buu-Hoi, Sy,* C. r. **242** [1956] 2011, 2012). Bei 200—210°/13 Torr destillierbar (*Buu-Hoi et al.*).

2-[4-Fluor-phenyl]-3*c*(?)-[2]thienyl-acrylonitril $C_{13}H_8FNS$, vermutlich Formel XII (X = F).

Bezüglich der Konfigurationszuordnung vgl. das analog hergestellte 2-Phenyl-3*c*-[2]thienyl-acrylonitril (s. o.).

B. Beim Erwärmen von Thiophen-2-carbaldehyd mit [4-Fluor-phenyl]-acetonitril, Äthanol und wss. Kalilauge (*Buu-Hoi et al.*, Soc. **1952** 4590, 4592, 4593).

Krystalle (aus A.); F: 94°.

3*c*(?)-[5-Chlor-[2]thienyl]-2-phenyl-acrylonitril $C_{13}H_8ClNS$, vermutlich Formel XIII (X = H).

Bezüglich der Konfigurationszuordnung vgl. das analog hergestellte 2-Phenyl-3*c*-[2]thienyl-acrylonitril (s. o.).

B. Beim Erwärmen von 5-Chlor-thiophen-2-carbaldehyd mit Phenylacetonitril, Äthanol und wss. Kalilauge (*Buu-Hoi et al.*, Soc. **1950** 2130, 2133, 2134).

Gelbe Krystalle (aus A.); F: 149°.

2-[4-Chlor-phenyl]-3*c*(?)-[2]thienyl-acrylonitril $C_{13}H_8ClNS$, vermutlich Formel XII (X = Cl).

Bezüglich der Konfigurationszuordnung vgl. das analog hergestellte 2-Phenyl-3*c*-[2]thienyl-acrylonitril (s. o.).

B. Beim Erwärmen von Thiophen-2-carbaldehyd mit [4-Chlor-phenyl]-acetonitril, Äthanol und wss. Kalilauge (*Buu-Hoi et al.*, Soc. **1952** 4590, 4592, 4593).

Krystalle (aus A.); F: 124°.

2-[4-Chlor-phenyl]-3*c*(?)-[5-chlor-[2]thienyl]-acrylonitril $C_{13}H_7Cl_2NS$, vermutlich Formel XIII (X = Cl.).

Bezüglich der Konfigurationszuordnung vgl. das analog hergestellte 2-Phenyl-3*c*-[2]thienyl-acrylonitril (s. o.).

B. Beim Erwärmen von 5-Chlor-thiophen-2-carbaldehyd mit [4-Chlor-phenyl]-acetonitril, Äthanol und wss. Kalilauge (*Buu-Hoi et al.*, Soc. **1952** 4590, 4592, 4593).

Krystalle (aus A.); F: 177°.

2-[3,4-Dichlor-phenyl]-3*c*(?)-[2]thienyl-acrylonitril $C_{13}H_7Cl_2NS$, vermutlich Formel XIV.

Bezüglich der Konfigurationszuordnung vgl. das analog hergestellte 2-Phenyl-3*c*-[2]thienyl-acrylonitril (s. o.).

B. Beim Erwärmen von [3,4-Dichlor-phenyl]-acetonitril mit Thiophen-2-carbaldehyd, Äthanol und wss. Natronlauge (*Buu-Hoi, Xuong,* Bl. **1957** 650, 651, 654).

Krystalle (aus Bzl. oder A.); F: 162°.

3c(?)-[5-Brom-[2]thienyl]-2-phenyl-acrylonitril $C_{13}H_8BrNS$, vermutlich Formel XV (X = H).

Bezüglich der Konfigurationszuordnung vgl. das analog hergestellte 2-Phenyl-3c-[2]thi= enyl-acrylonitril (S. 4326).

B. Beim Behandeln von 5-Brom-thiophen-2-carbaldehyd mit Phenylacetonitril, Äthanol und wss. Natronlauge (*Buu-Hoi, Lavit*, Soc. **1958** 1721).

Krystalle (aus A.); F: 146°.

2-[4-Brom-phenyl]-3c(?)-[2]thienyl-acrylonitril $C_{13}H_8BrNS$, vermutlich Formel XII (X = Br) auf S. 4325.

Bezüglich der Konfigurationszuordnung vgl. das analog hergestellte 2-Phenyl-3c-[2]thi= enyl-acrylonitril (S. 4326).

B. Beim Erwärmen von Thiophen-2-carbaldehyd mit [4-Brom-phenyl]-acetonitril, Äthanol und wss. Kalilauge (*Buu-Hoi et al.*, Soc. **1952** 4590, 4592, 4593).

Krystalle (aus A.); F: 118°.

3c(?)-[5-Brom-[2]thienyl]-2-[4-chlor-phenyl]-acrylonitril $C_{13}H_7BrClNS$, vermutlich Formel XV (X = Cl).

Bezüglich der Konfigurationszuordnung vgl. das analog hergestellte 2-Phenyl-3c-[2]thi= enyl-acrylonitril (S. 4326).

B. Beim Behandeln von 5-Brom-thiophen-2-carbaldehyd mit [4-Chlor-phenyl]-aceto= nitril, Äthanol und wss. Natronlauge (*Buu-Hoi, Lavit*, Soc. **1958** 1721).

Krystalle (aus A.); F: 179°.

2-[4-Brom-phenyl]-3c(?)-[5-chlor-[2]thienyl]-acrylonitril $C_{13}H_7BrClNS$, vermutlich Formel XIII (X = Br).

Bezüglich der Konfigurationszuordnung vgl. das analog hergestellte 2-Phenyl-3c-[2]thi= enyl-acrylonitril (S. 4326).

B. Beim Erwärmen von 5-Chlor-thiophen-2-carbaldehyd mit [4-Brom-phenyl]-aceto= nitril, Äthanol und wss. Kalilauge (*Buu-Hoi et al.*, Soc. **1952** 4590, 4592, 4593).

Krystalle (aus A.); F: 171°.

XIII   XIV   XV   XVI

2-[4-Brom-phenyl]-3c(?)-[5-brom-[2]thienyl]-acrylonitril $C_{13}H_7Br_2NS$, vermutlich Formel XV (X = Br).

Bezüglich der Konfigurationszuordnung vgl. das analog hergestellte 2-Phenyl-3c-[2]thi= enyl-acrylonitril (S. 4326).

B. Beim Behandeln von 5-Brom-thiophen-2-carbaldehyd mit [4-Brom-phenyl]-aceto= nitril, Äthanol und wss. Natronlauge (*Buu-Hoi, Lavit*, Soc. **1958** 1721).

Krystalle (aus A.); F: 183°.

2-[4-Jod-phenyl]-3c(?)-[2]thienyl-acrylonitril $C_{13}H_8INS$, vermutlich Formel XII (X = I) auf S. 4325.

Bezüglich der Konfigurationszuordnung vgl. das analog hergestellte 2-Phenyl-3c-[2]thi= enyl-acrylonitril (S. 4326).

B. Beim Erwärmen von Thiophen-2-carbaldehyd mit [4-Jod-phenyl]-acetonitril, Äthanol und wss. Kalilauge (*Buu-Hoi et al.*, Soc. **1952** 4590, 4592, 4593).

Krystalle (aus A.); F: 112°.

3c(?)-[5-Chlor-[2]thienyl]-2-[4-jod-phenyl]-acrylonitril $C_{13}H_7ClINS$, vermutlich Formel XIII (X = I).
Bezüglich der Konfigurationszuordnung vgl. das analog hergestellte 2-Phenyl-3c-[2]thi= enyl-acrylonitril (S. 4326).
B. Beim Erwärmen von 5-Chlor-thiophen-2-carbaldehyd mit [4-Jod-phenyl]-aceto= nitril, Äthanol und wss. Kalilauge (*Buu-Hoi et al.*, Soc. **1952** 4590, 4592, 4593).
Krystalle (aus A.); F: 167°.

2-[4-Nitro-phenyl]-3-[2]thienyl-acrylsäure $C_{13}H_9NO_4S$.
Über die Konfiguration der Stereoisomeren s. *Fisichella et al.*, Ann. Chimica **63** [1973] 55, 57.

a) **2-[4-Nitro-phenyl]-3c-[2]thienyl-acrylsäure** $C_{13}H_9NO_4S$, Formel X (X = NO₂) auf S. 4325.
B. s. bei dem unter b) beschriebenen Stereoisomeren.
Krystalle (aus wss. A.); F: 183—184° (*Fisichella et al.*, Ann. Chimica **63** [1973] 55, 60). ¹H-NMR-Absorption: *Fi. et al.*, l. c. S. 57. Absorptionsmaxima (A.): 280 nm und 380 nm (*Fi. et al.*, l. c. S. 57).

b) **2-[4-Nitro-phenyl]-3t-[2]thienyl-acrylsäure** $C_{13}H_9NO_4S$, Formel XI (X = NO₂) auf S. 4325.
B. Neben kleinen Mengen des unter a) beschriebenen Stereoisomeren beim Erhitzen von Thiophen-2-carbaldehyd mit [4-Nitro-phenyl]-essigsäure, Acetanhydrid und Pyridin auf 130° (*Fisichella et al.*, Ann. Chimica **63** [1973] 55, 59).
Krystalle (aus wss. A.); F: 233—234° (*Fi. et al.*, l. c. S. 60). ¹H-NMR-Absorption: *Fi. et al.*, l. c. S. 57. Absorptionsmaximum (A.): 289 nm (*Fi. et al.*, l. c. S. 57).
2-[4-Nitro-phenyl]-3t-[2]thienyl-acrylsäure hat vermutlich in einem Präparat (grüne Krystalle [aus Eg.], F: 235—238°) vorgelegen, das neben anderen Verbindungen beim Behandeln einer mit Natriumacetat versetzten Lösung von 3t-[2]Thienyl-acrylsäure in Aceton mit einer aus 4-Nitro-anilin bereiteten wss. Diazoniumsalz-Lösung und mit Kupfer(II)-chlorid erhalten worden ist (*Freund*, Soc. **1953** 2889).

2-[4-Nitro-phenyl]-3c-[2]thienyl-acrylonitril $C_{13}H_8N_2O_2S$, Formel XII (X = NO₂) auf S. 4325.
Konfigurationszuordnung: *Doré, Viel*, J. Pharm. Belg. [NS] **28** [1973] 3, 9, 22.
B. Beim Erwärmen von Thiophen-2-carbaldehyd mit [4-Nitro-phenyl]-acetonitril und Äthanol unter Zusatz von Piperidin (*Buu-Hoi et al.*, Soc. **1950** 2130, 2134) oder von äthanol. Natriumäthylat-Lösung (*Doré, Viel*, l. c. S. 9).
Gelbe Krystalle (*Buu-Hoi et al.*); F: 204° [aus A.] (*Buu-Hoi et al.*, l. c. S. 2133), 202,5° [aus Isopropylalkohol oder Me.] (*Doré, Viel*, l. c. S. 22).

3c(?)-[5-Chlor-[2]thienyl]-2-[4-nitro-phenyl]-acrylonitril $C_{13}H_7ClN_2O_2S$, vermutlich Formel XIII (X = NO₂).
Bezüglich der Konfigurationszuordnung vgl. das analog hergestellte 2-Phenyl-3c-[2]thi= enyl-acrylonitril (S. 4326).
B. Beim Erwärmen von 5-Chlor-thiophen-2-carbaldehyd mit [4-Nitro-phenyl]-aceto= nitril, Äthanol und wenig Piperidin (*Buu-Hoi et al.*, Soc. **1950** 2130, 2133, 2134).
Gelbe Krystalle (aus A.); F: 234° [unter Sublimation].

3c(?)-[5-Brom-[2]thienyl]-2-[4-nitro-phenyl]-acrylonitril $C_{13}H_7BrN_2O_2S$, vermutlich Formel XV (X = NO₂).
Bezüglich der Konfigurationszuordnung vgl. das analog hergestellte 2-Phenyl-3c-[2]thi= enyl-acrylonitril (S. 4326).
B. Beim Erwärmen von 5-Brom-thiophen-2-carbaldehyd mit [4-Nitro-phenyl]-aceto= nitril, Äthanol und wenig Piperidin (*Buu-Hoi, Lavit*, Soc. **1958** 1721).
Krystalle (aus A.); F: 230°.

2-Phenyl-3t(?)-selenophen-2-yl-acrylsäure $C_{13}H_{10}O_2Se$, vermutlich Formel XVI.
Bezüglich der Konfigurationszuordnung vgl. die analog hergestellte 2-Phenyl-3t-[2]thi= enyl-acrylsäure (S. 4325).
B. Beim Erhitzen von Selenophen-2-carbaldehyd mit Phenylessigsäure, Acetanhydrid

und Triäthylamin (*Jur'ew et al.*, Ž. obšč. Chim. **29** [1959] 3239, 3241; engl. Ausg. S. 3203, 3204).

Krystalle (aus wss. Me.); F: 185—186°.

2-Phenyl-3c(?)-[3]thienyl-acrylonitril $C_{13}H_9NS$, Formel I.

Bezüglich der Konfigurationszuordnung vgl. das analog hergestellte 2-Phenyl-3c-[2]thienyl-acrylonitril (S. 4326).

B. Beim Erwärmen von Thiophen-3-carbaldehyd mit Phenylacetonitril und Natriummethylat in Methanol (*Mihailović, Tot*, J. org. Chem. **22** [1957] 652).

Krystalle (aus Me.); F: 68°.

4-[ξ-2-[2]Thienyl-vinyl]-benzoesäure $C_{13}H_{10}O_2S$, Formel II.

B. Neben einer als 2-[4-Carboxy-phenyl]-3-[2]thienyl-acrylsäure ($C_{14}H_{10}O_4S$) angesehenen Substanz (bei 270—280° schmelzend) beim Behandeln einer mit Natriumacetat versetzten Lösung von 3t-[2]Thienyl-acrylsäure in Aceton mit einer aus 4-Aminobenzoesäure, Natriumnitrit und wss. Salzsäure bereiteten Diazoniumsalz-Lösung und mit Kupfer(II)-chlorid (*Freund*, Soc. **1953** 2889).

Krystalle (aus Eg.); F: 251—254°.

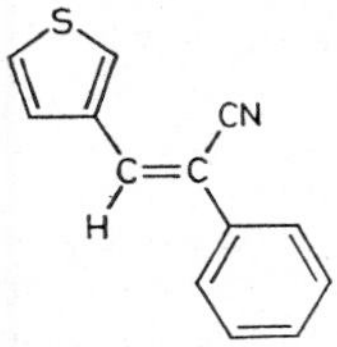

I 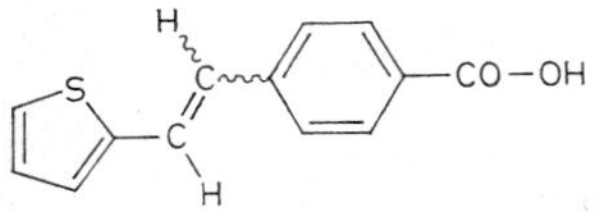 II 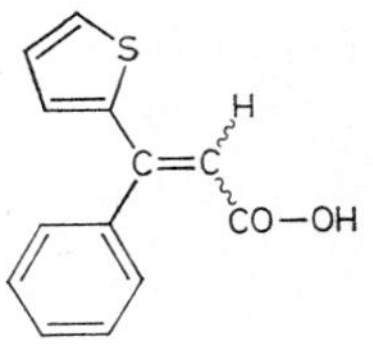 III

3ξ-Phenyl-3ξ-[2]thienyl-acrylsäure $C_{13}H_{10}O_2S$, Formel III.

B. Aus (±)-3-Hydroxy-3-phenyl-3-[2]thienyl-propionsäure-äthylester durch Dehydratisierung (wss. Oxalsäure) und Hydrolyse (*Acheson et al.*, Soc. **1956** 698, 701).

Krystalle (aus Bzn.); F: 136—137°.

Über Präparate vom F: 147,5—148° bzw. vom F: 113° s. *Kimura et al.*, Chem. pharm. Bl. **8** [1960] 103, 107 bzw. *Kurihara et al.*, Ann. Rep. Tohoku Coll. Pharm. Nr. 14 [1967] 51, 57.

4-Nitro-5-*trans*(?)-styryl-furan-2-carbonsäure $C_{13}H_9NO_5$, vermutlich Formel IV (R = H).

B. Beim Erhitzen einer Lösung von 4-Nitro-5-*trans*(?)-styryl-furan-2-carbonsäure-methylester (s. u.) in Essigsäure mit wss. Schwefelsäure (*Rinkes*, R. **57** [1938] 390, 393).

Hellgelbe Krystalle (aus Propionsäure); F: 237°.

4-Nitro-5-*trans*(?)-styryl-furan-2-carbonsäure-methylester $C_{14}H_{11}NO_5$, vermutlich Formel IV (R = CH_3).

Bezüglich der Konfigurationszuordnung vgl. den analog hergestellten 4-Nitro-5-*trans*-styryl-thiophen-2-carbonsäure-methylester (S. 4330).

B. Beim Erhitzen von 5-Methyl-4-nitro-furan-2-carbonsäure-methylester mit Benzaldehyd und Piperidin auf 120° (*Rinkes*, R. **51** [1932] 349, 354).

Hellgelbe Krystalle (aus Eg.); F: 151°.

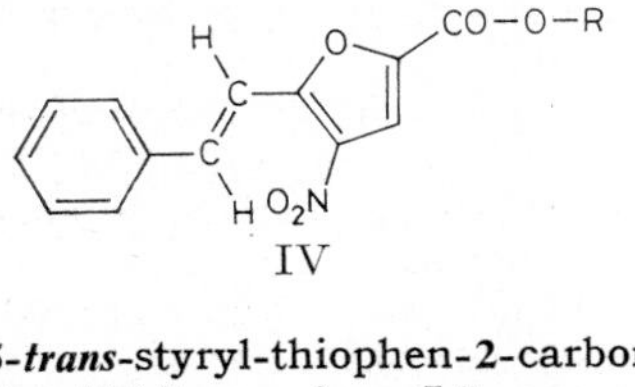

IV 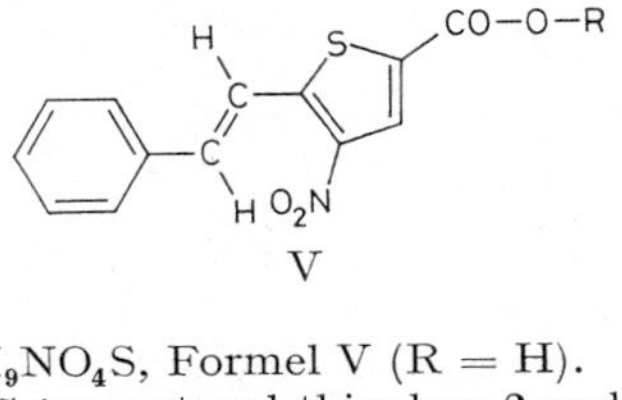 V

4-Nitro-5-*trans*-styryl-thiophen-2-carbonsäure $C_{13}H_9NO_4S$, Formel V (R = H).

B. Beim Erhitzen einer Lösung von 4-Nitro-5-*trans*-styryl-thiophen-2-carbonsäure-methylester (s. u.) in Essigsäure mit wss. Schwefelsäure (*Rinkes*, R. **52** [1933] 538, 546). Gelbe Krystalle (aus Eg.); F: 222°.

4-Nitro-5-*trans*-styryl-thiophen-2-carbonsäure-methylester $C_{14}H_{11}NO_4S$, Formel V (R = CH₃).

Konfigurationszuordnung: *Srinivasan et al.*, Synthesis **1973** 313.

B. Aus 5-Methyl-4-nitro-thiophen-2-carbonsäure-methylester beim Erhitzen mit Benz= aldehyd und wenig Piperidin auf 120° (*Rinkes*, R. **52** [1933] 538, 546) sowie beim Er= wärmen mit Benzaldehyd, Äthanol und wenig Pyrrolidin (*Sr. et al.*).

Gelbe Krystalle (*Ri.*); F: 110 [aus A.] (*Ri.*) bzw. F: 106—107° [aus A.] (*Sr. et al.*). ¹H-NMR-Absorption: *Sr. et al.*, l. c. S. 314. Absorptionsmaxima (A.): 243 nm und 367 nm (*Sr. et al.*).

3*t*(?)-[5-Phenyl-[2]furyl]-acrylsäure $C_{13}H_{10}O_3$, vermutlich Formel VI (X = H).

Bezüglich der Konfigurationszuordnung vgl. die analog hergestellte 3*t*-[2]Furyl-acryl= säure (S. 4143).

B. Beim Erwärmen von 5-Phenyl-furan-2-carbaldehyd mit Malonsäure, Pyridin und wenig Piperidin (*Bailey et al.*, J. org. Chem. **20** [1955] 1034, 1043).

Gelbe Krystalle; F: 163—165° [korr.].

3*t*(?)-[5-(4-Chlor-phenyl)-[2]furyl]-acrylsäure $C_{13}H_9ClO_3$, vermutlich Formel VI (X = Cl).

Bezüglich der Konfigurationszuordnung vgl. die analog hergestellte 3*t*-[2]Furyl-acryl= säure (S. 4143).

B. Beim Erwärmen von 5-[4-Chlor-phenyl]-furan-2-carbaldehyd mit Malonsäure und Pyridin (*Akashi, Oda*, J. chem. Soc. Japan Ind. Chem. Sect. **55** [1952] 206; C. A. **1954** 9360). Beim Erhitzen von 5-[4-Chlor-phenyl]-furan-2-carbaldehyd mit Natriumacetat und Acetanhydrid auf 140° sowie beim Behandeln einer mit Natriumacetat versetzten Lösung von 3*t*(?)-[2]Furyl-acrylsäure in Aceton mit einer aus 4-Chlor-anilin bereiteten wss. Diazoniumsalz-Lösung und mit Kupfer(II)-chlorid (*Ak., Oda*).

Gelbe Krystalle (aus A.); F: 223—225° (*Ak., Oda*).

VI   VII

3*ξ*-[5-(2-Nitro-phenyl)-[2]furyl]-acrylsäure $C_{13}H_9NO_5$, Formel VII.

Konstitutionszuordnung: *Freund*, Soc. **1952** 3068, 3071.

B. Beim Behandeln einer mit Natriumacetat versetzten Lösung von 3-[2]Furyl-acryl= säure (nicht charakterisiert) in Aceton mit einer aus 2-Nitro-anilin, Natriumnitrit und wss. Salzsäure bereiteten Diazoniumsalz-Lösung und mit Kupfer(II)-chlorid (*Fr.*, l. c. S. 3070).

Krystalle (aus Bzl.); F: 178° [unkorr.].

3*t*(?)-[5-(4-Nitro-phenyl)-[2]furyl]-acrylsäure $C_{13}H_9NO_5$, vermutlich Formel VI (X = NO₂).

Bezüglich der Konfigurationszuordnung vgl. die analog hergestellte 3*t*-[2]Furyl-acryl= säure (S. 4143).

B. Beim Erwärmen von 5-[4-Nitro-phenyl]-furan-2-carbaldehyd mit Malonsäure und Pyridin (*Akashi, Oda*, J. chem. Soc. Japan Ind. Chem. Sect. **55** [1952] 206; C. A. **1954** 9360). Beim Erhitzen von 5-[4-Nitro-phenyl]-furan-2-carbaldehyd mit Natriumacetat und Acetanhydrid auf 140° (*Ak., Oda*). Beim Behandeln einer mit Natriumacetat versetzten Lösung von 3*t*(?)-[2]Furyl-acrylsäure in Aceton mit einer aus 4-Nitro-anilin bereiteten wss. Diazoniumsalz-Lösung und mit Kupfer(II)-chlorid (*Ak., Oda*).

Gelbe Krystalle (aus Acn. + W.); F: 203—204° (*Ak., Oda*).

Über ein als 3-[5-(4-Nitro-phenyl)-[2]furyl]-acrylsäure beschriebenes Präparat vom
F: 262° [unkorr.] s. *Freund*, Soc. **1952** 3068, 3070.

5-[ξ-2-Nitro-vinyl]-2-phenyl-furan-3-carbonsäure-äthylester $C_{15}H_{13}NO_5$, Formel VIII.
B. Beim Behandeln einer Lösung von 5-Formyl-2-phenyl-furan-3-carbonsäure-äthyl=
ester mit Äthanol, Nitromethan und methanol. Kalilauge (*García González et al.*, An. Soc.
españ. [B] **47** [1951] 545, 548).
Gelbe Krystalle (aus A.); F: 93—95°.

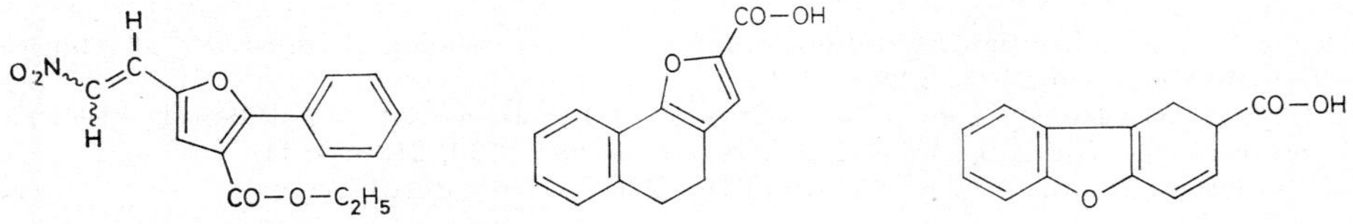

VIII   IX   X

4,5-Dihydro-naphtho[1,2-b]furan-2-carbonsäure $C_{13}H_{10}O_3$, Formel IX.
B. Beim Behandeln von 1-[4,5-Dihydro-naphtho[1,2-b]furan-2-yl]-propan-1,2-dion mit
Tetrahydrofuran und Perjodsäure (1 Mol) in Wasser (*Ott, Tarbell*, Am. Soc. **74** [1952]
6266, 6271). Neben kleineren Mengen [(*E*?)-1-Oxo-3,4-dihydro-1*H*-[2]naphthyliden]-
essigsäure (F: 185—186°) beim Behandeln von 5-[1-Hydroxy-3,4-dihydro-[2]naphthyl]-
pent-4-en-2,3-dion (F: 157—158°) mit Tetrahydrofuran und Perjodsäure (2 Mol) in Wasser (*Ott, Ta.*).
Krystalle (aus Bzl.); F: 222° [korr.].

(±)-1,2-Dihydro-dibenzofuran-2-carbonsäure $C_{13}H_{10}O_3$, Formel X.
B. Beim Behandeln von 1,4-Dihydro-dibenzofuran mit Phenyllithium in Äther bei —15°
und anschliessend mit festem Kohlendioxid (*Gilman, Bradley*, Am. Soc. **60** [1938] 2333,
2335).
Krystalle (aus A.); F: 278—279°.

Carbonsäuren $C_{14}H_{12}O_3$

3c(?)-[2]Thienyl-2-p-tolyl-acrylonitril $C_{14}H_{11}NS$, vermutlich Formel I (X = H).
Bezüglich der Konfigurationszuordnung vgl. das analog hergestellte 2-Phenyl-
3c-[2]thienyl-acrylonitril (S. 4326).
B. Beim Erwärmen von Thiophen-2-carbaldehyd mit *p*-Tolylacetonitril, Äthanol und
wss. Kalilauge (*Buu-Hoi et al.*, Soc. **1950** 2130, 2133, 2134).
Gelbe Krystalle (aus A.); F: 118°.

3c(?)-[5-Chlor-[2]thienyl]-2-p-tolyl-acrylonitril $C_{14}H_{10}ClNS$, vermutlich Formel I
(X = Cl).
Bezüglich der Konfigurationszuordnung vgl. das analog hergestellte 2-Phenyl-
3c-[2]thienyl-acrylonitril (S. 4326).
B. Beim Erwärmen von 5-Chlor-thiophen-2-carbaldehyd mit *p*-Tolylacetonitril in
Äthanol unter Zusatz von wss. Kalilauge (*Buu-Hoi et al.*, Soc. **1950** 2130, 2133, 2134).
Gelbe Krystalle (aus A.); F: 154°.

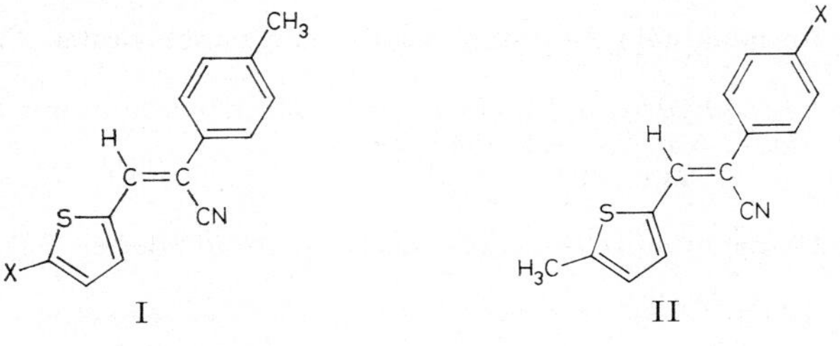

I   II

3c(?)-[5-Brom-[2]thienyl]-2-*p*-tolyl-acrylonitril $C_{14}H_{10}BrNS$, vermutlich Formel I (X = Br).

Bezüglich der Konfigurationszuordnung vgl. das analog hergestellte 2-Phenyl-3c-[2]thienyl-acrylonitril (S. 4326).

B. Beim Behandeln von 5-Brom-thiophen-2-carbaldehyd mit *p*-Tolylacetonitril, Äthanol und wss. Natronlauge (*Buu-Hoi, Lavit,* Soc. **1958** 1721).

Krystalle (aus A.); F: 150°.

3c(?)-[5-Methyl-[2]thienyl]-2-phenyl-acrylonitril $C_{14}H_{11}NS$, vermutlich Formel II (X = H).

Bezüglich der Konfigurationszuordnung vgl. das analog hergestellte 2-Phenyl-3c-[2]thienyl-acrylonitril (S. 4326).

B. Beim Erwärmen von 5-Methyl-thiophen-2-carbaldehyd mit Phenylacetonitril, Äthanol und wss. Kalilauge (*Buu-Hoi et al.,* Soc. **1950** 2130, 2133, 2134).

Gelbe Krystalle (aus A.); F: 83°. Bei 210−220°/13 Torr destillierbar.

3c(?)-[5-Methyl-[2]thienyl]-2-[4-nitro-phenyl]-acrylonitril $C_{14}H_{10}N_2O_2S$, vermutlich Formel II (X = NO_2).

Bezüglich der Konfigurationszuordnung vgl. das analog hergestellte 2-Phenyl-3c-[2]thienyl-acrylonitril (S. 4326).

B. Beim Erwärmen von 5-Methyl-thiophen-2-carbaldehyd mit [4-Nitro-phenyl]-acetonitril, Äthanol und wenig Piperidin (*Buu-Hoi et al.,* Soc. **1950** 2130, 2133, 2134).

Gelbe Krystalle (aus A.); F: 227° [oberhalb 200° sublimierend].

5,6-Dihydro-4*H*-benzo[6,7]cyclohepta[1,2-*b*]furan-2-carbonsäure $C_{14}H_{12}O_3$, Formel III.

B. Beim Behandeln von 5-[5-Hydroxy-8,9-dihydro-7*H*-benzocyclohepten-6-yl]-pent-4-en-2,3-dion (F: 162−162,5°) mit Tetrahydrohydrofuran und mit Perjodsäure (2 Mol) in Wasser (*Ott, Tarbell,* Am. Soc. **74** [1952] 6266, 6271).

Krystalle (aus Bzl.); F: 208−209° [korr.].

2-Methyl-4,5-dihydro-naphtho[1,2-*b*]furan-3-carbonsäure $C_{14}H_{12}O_3$, Formel IV (R = H).

B. Beim Erwärmen von (±)-2-[1-Oxo-1,2,3,4-tetrahydro-[2]naphthyl]-acetessigsäure-äthylester bzw. von 3-Acetyl-4,5-dihydro-3*H*-naphtho[1,2-*b*]furan-2-on (E III/IV **17** 6355) mit Chlorwasserstoff enthaltendem Äthanol bzw. Methanol und Erwärmen des Reak=tionsprodukts mit wss.-methanol. Kalilauge (*Wilds, Johnson,* Am. Soc. **68** [1946] 86, 87; *Wilds et al.,* Am. Soc. **68** [1946] 89, 91). Aus 2-Methyl-4,5-dihydro-naphtho[1,2-*b*]furan-3-carbonsäure-äthylester mit Hilfe von methanol. Kalilauge (*Weidlich, Daniels,* B. **72** [1939] 1590, 1598).

Krystalle (aus E.); F: 231,5−232,5° [korr.] (*Wi., Jo.*), 225−226° (*We., Da.*).

III   IV   V

2-Methyl-4,5-dihydro-naphtho[1,2-*b*]furan-3-carbonsäure-methylester $C_{15}H_{14}O_3$, Formel IV (R = CH_3).

B. Aus 2-Methyl-4,5-dihydro-naphtho[1,2-*b*]furan-3-carbonsäure mit Hilfe von Diazo=methan (*Wilds, Johnson,* Am. Soc. **68** [1946] 86, 88).

Krystalle (aus PAe.); F: 30−31,5°.

2-Methyl-4,5-dihydro-naphtho[1,2-*b*]furan-3-carbonsäure-äthylester $C_{16}H_{16}O_3$, Formel IV (R = C_2H_5).

B. Aus (±)-2-[1-Oxo-1,2,3,4-tetrahydro-[2]naphthyl]-acetessigsäure-äthylester beim

Erhitzen mit wss. Salzsäure (*Weidlich, Daniels*, B. **72** [1939] 1590, 1598) sowie beim Erwärmen mit Chlorwasserstoff enthaltendem Äthanol (*Wilds, Johnson*, Am. Soc. **68** [1946] 86, 87).

$Kp_{0,4}$: 152° (*We., Da.*); $Kp_{0,2}$: 155—158° (*Wi., Jo.*).

(±)-**2-Methyl-1,2-dihydro-naphtho[2,1-*b*]furan-4-carbonsäure** $C_{14}H_{12}O_3$, Formel V (R = H).

B. Beim Erwärmen von (±)-2-Methyl-1,2-dihydro-naphtho[2,1-*b*]furan-4-carbonsäure-methylester mit wss.-äthanol. Natronlauge (*E. Lilly & Co.*, U.S.P. 2633468 [1951]).

Krystalle (aus wss. A.); F: ca. 177—179°.

(±)-**2-Methyl-1,2-dihydro-naphtho[2,1-*b*]furan-4-carbonsäure-methylester** $C_{15}H_{14}O_3$, Formel V (R = CH_3).

B. Beim Erhitzen von 4-Allyl-3-hydroxy-[2]naphthoesäure-methylester mit wenig Pyridin-hydrochlorid auf 250° (*E. Lilly & Co.*, U.S.P. 2633468 [1951]).

Krystalle (aus PAe.); F: ca. 105—106°.

Carbonsäuren $C_{15}H_{14}O_3$

2-[4-Äthyl-phenyl]-3*c*(?)-[2]furyl-acrylonitril $C_{15}H_{13}NO$, vermutlich Formel VI.

Bezüglich der Konfigurationszuordnung vgl. das analog hergestellte 2-Phenyl-3*c*-[2]thienyl-acrylonitril (S. 4326).

B. Beim Erwärmen von [4-Äthyl-phenyl]-acetonitril mit Furan-2-carbaldehyd, Äthanol und wss. Natronlauge (*Buu-Hoi, Xuong*, Bl. **1957** 650, 651).

Kp_{13}: 220° (*Buu-Hoi, Xu.*, l. c. S. 652).

3*c*(?)-[5-Methyl-[2]thienyl]-2-*p*-tolyl-acrylonitril $C_{15}H_{13}NS$, vermutlich Formel VII.

Bezüglich der Konfigurationszuordnung vgl. das analog hergestellte 2-Phenyl-3*c*-[2]thienyl-acrylonitril (S. 4326).

B. Beim Erwärmen von 5-Methyl-thiophen-2-carbaldehyd mit *p*-Tolylacetonitril, Äthanol und wss. Kalilauge (*Buu-Hoi et al.*, Soc. **1950** 2130, 2133, 2134).

Gelbe Krystalle (aus A.); F: 110°.

3*t*(?)-[5-Äthyl-[2]thienyl]-2-phenyl-acrylsäure $C_{15}H_{14}O_2S$, vermutlich Formel VIII.

Bezüglich der Konfigurationszuordnung vgl. die analog hergestellte 2-Phenyl-3*t*-[2]thienyl-acrylsäure (S. 4325).

B. Bei 3-tägigem Erhitzen von 3*c*(?)-[5-Äthyl-[2]thienyl]-2-phenyl-acrylonitril (s. u.) mit wss. Natronlauge und Butan-1-ol (*Buu-Hoi, Sy*, C. r. **242** [1956] 2011).

Krystalle (aus wss. A.); F: 183°.

VI   VII   VIII

3*c*(?)-[5-Äthyl-[2]thienyl]-2-phenyl-acrylonitril $C_{15}H_{13}NS$, vermutlich Formel IX (X = H).

Bezüglich der Konfigurationszuordnung vgl. das analog hergestellte 2-Phenyl-3*c*-[2]thienyl-acrylonitril (S. 4326).

B. Beim Behandeln von 5-Äthyl-thiophen-2-carbaldehyd mit Phenylacetonitril und wenig Natriumäthylat in Äthanol (*Cagniant, Cagniant*, Bl. **1952** 713, 717).

Gelbes Pulver (aus A.); F: 105°.

3c(?)-[5-Äthyl-[2]thienyl]-2-[4-fluor-phenyl]-acrylonitril $C_{15}H_{12}FNS$, vermutlich Formel IX (X = F).

Bezüglich der Konfigurationszuordnung vgl. das analog hergestellte 2-Phenyl-3c-[2]thienyl-acrylonitril (S. 4326).

B. Beim Erwärmen von 5-Äthyl-thiophen-2-carbaldehyd mit [4-Fluor-phenyl]-aceto= nitril, Äthanol und wss. Kalilauge (*Buu-Hoi et al.*, Soc. **1952** 4590, 4592, 4593).

Krystalle (aus A.); F: 90°.

3c(?)-[5-Äthyl-[2]thienyl]-2-[4-chlor-phenyl]-acrylonitril $C_{15}H_{12}ClNS$, vermutlich Formel IX (X = Cl).

Bezüglich der Konfigurationszuordnung vgl. das analog hergestellte 2-Phenyl-3c-[2]thienyl-acrylonitril (S. 4326).

B. Beim Erwärmen von 5-Äthyl-thiophen-2-carbaldehyd mit [4-Chlor-phenyl]-acetonitril, Äthanol und wss. Kalilauge (*Buu-Hoi et al.*, Soc. **1952** 4590, 4592, 4593).

Krystalle (aus A.); F: 121°.

3c(?)-[5-Äthyl-[2]thienyl]-2-[4-brom-phenyl]-acrylonitril $C_{15}H_{12}BrNS$, vermutlich Formel IX (X = Br).

Bezüglich der Konfigurationszuordnung vgl. das analog hergestellte 2-Phenyl-3c-[2]thienyl-acrylonitril (S. 4326).

B. Beim Erwärmen von 5-Äthyl-thiophen-2-carbaldehyd mit [4-Brom-phenyl]-aceto= nitril, Äthanol und wss. Kalilauge (*Buu-Hoi et al.*, Soc. **1952** 4590, 4592, 4593; s. a. *Cagniant, Cagniant*, Bl. **1952** 713, 717).

Krystalle (aus A.); F: 120° (*Buu-Hoi et al.*), 118° (*Ca., Ca.*).

IX   X

3c(?)-[5-Äthyl-[2]thienyl]-2-[4-jod-phenyl]-acrylonitril $C_{15}H_{12}INS$, vermutlich Formel IX (X = I).

Bezüglich der Konfigurationszuordnung vgl. das analog hergestellte 2-Phenyl-3c-[2]thienyl-acrylonitril (S. 4326).

B. Beim Erwärmen von 5-Äthyl-thiophen-2-carbaldehyd mit [4-Jod-phenyl]-aceto= nitril, Äthanol und wss. Kalilauge (*Buu-Hoi et al.*, Soc. **1952** 4590, 4592, 4593).

Krystalle (aus A.); F: 128°.

3c(?)-[5-Äthyl-[2]thienyl]-2-[4-nitro-phenyl]-acrylonitril $C_{15}H_{12}N_2O_2S$, vermutlich Formel IX (X = NO₂).

Bezüglich der Konfigurationszuordnung vgl. das analog hergestellte 2-Phenyl-3c-[2]thienyl-acrylonitril (S. 4326).

B. Beim Erwärmen von 5-Äthyl-thiophen-2-carbaldehyd mit [4-Nitro-phenyl]-aceto= nitril, Äthanol und wenig Piperidin (*Buu-Hoi et al.*, Soc. **1952** 4590, 4592, 4593).

Krystalle (aus A.); F: 173°.

2-[2,5-Dimethyl-[3]thienyl]-3c(?)-[4-fluor-phenyl]-acrylonitril $C_{15}H_{12}FNS$, vermutlich Formel X (X = F).

Bezüglich der Konfigurationszuordnung vgl. *Baker, Howes*, Soc. **1953** 119, 121.

B. Beim Erwärmen von [2,5-Dimethyl-[3]thienyl]-acetonitril mit 4-Fluor-benzaldehyd, Äthanol und wss. Kalilauge (*Buu-Hoi et al.*, Soc. **1952** 4590, 4592, 4593).

Krystalle (aus A.); F: 85°.

3c(?)-[4-Chlor-phenyl]-2-[2,5-dimethyl-[3]thienyl]-acrylonitril $C_{15}H_{12}ClNS$, vermutlich Formel X (X = Cl).

Bezüglich der Konfigurationszuordnung vgl. *Baker, Howes*, Soc. **1953** 119, 121.

B. Beim Erwärmen von [2,5-Dimethyl-[3]thienyl]-acetonitril mit 4-Chlor-benzaldehyd, Äthanol und wss. Kalilauge (*Buu-Hoi et al.*, Soc. **1952** 4590, 4592, 4593).

Krystalle (aus A.); F: 106° (*Buu-Hoi et al.*).

2-[2,5-Dimethyl-[3]thienyl]-3t(?)-[2-nitro-phenyl]-acrylsäure $C_{15}H_{13}NO_4S$, vermutlich Formel XI.

Bezüglich der Konfigurationszuordnung vgl. die analog hergestellte 2-[2]Furyl-3t(?)-[2-nitro-phenyl]-acrylsäure (S. 4322).

B. Beim Erhitzen von 2-Nitro-benzaldehyd mit dem Natrium-Salz der [2,5-Dimethyl-[3]thienyl]-essigsäure, Acetanhydrid und wenig Zinkchlorid bis auf 170° (*Dann, Distler*, B. **87** [1954] 365, 370).

Gelbe Krystalle (aus Eg.); F: 196° [unkorr.] (*Dann, Di.*).

3c(?)-[2,5-Dimethyl-[3]thienyl]-2-phenyl-acrylonitril $C_{15}H_{13}NS$, vermutlich Formel XII (X = H).

Bezüglich der Konfigurationszuordnung vgl. das analog hergestellte 2-Phenyl-3c-[2]thienyl-acrylonitril (S. 4326).

B. Beim Erwärmen von 2,5-Dimethyl-thiophen-3-carbaldehyd mit Phenylacetonitril, Äthanol und wss. Kalilauge (*Buu-Hoi et al.*, Soc. **1950** 2130, 2133, 2134).

Gelbe Krystalle (aus A.); F: 85°.

3c(?)-[2,5-Dimethyl-[3]thienyl]-2-[4-fluor-phenyl]-acrylonitril $C_{15}H_{12}FNS$, vermutlich Formel XII (X = F).

Bezüglich der Konfigurationszuordnung vgl. das analog hergestellte 2-Phenyl-3c-[2]thienyl-acrylonitril (S. 4326).

B. Beim Erwärmen von 2,5-Dimethyl-thiophen-3-carbaldehyd mit [4-Fluor-phenyl]-acetonitril, Äthanol und wss. Kalilauge (*Buu-Hoi et al.*, Soc. **1952** 4590, 4592, 4593).

Krystalle (aus A.); F: 98°.

XI   XII

2-[4-Chlor-phenyl]-3c(?)-[2,5-dimethyl-[3]thienyl]-acrylonitril $C_{15}H_{12}ClNS$, vermutlich Formel XII (X = Cl).

Bezüglich der Konfigurationszuordnung vgl. das analog hergestellte 2-Phenyl-3c-[2]thienyl-acrylonitril (S. 4326).

B. Beim Erwärmen von 2,5-Dimethyl-thiophen-3-carbaldehyd mit [4-Chlor-phenyl]-acetonitril, Äthanol und wss. Kalilauge (*Buu-Hoi et al.*, Soc. **1952** 4590, 4592, 4593).

Krystalle (aus A.); F: 147°.

2-[4-Brom-phenyl]-3c(?)-[2,5-dimethyl-[3]thienyl]-acrylonitril $C_{15}H_{12}BrNS$, vermutlich Formel XII (X = Br).

Bezüglich der Konfigurationszuordnung vgl. das analog hergestellte 2-Phenyl-3c-[2]thienyl-acrylonitril (S. 4326).

B. Beim Erwärmen von 2,5-Dimethyl-thiophen-3-carbaldehyd mit [4-Brom-phenyl]-acetonitril, Äthanol und wss. Kalilauge (*Buu-Hoi et al.*, Soc. **1952** 4590, 4592, 4593).

Krystalle (aus A.); F: 157°.

3c(?)-[2,5-Dimethyl-[3]thienyl]-2-[4-jod-phenyl]-acrylonitril $C_{15}H_{12}INS$, vermutlich Formel XII (X = I).

Bezüglich der Konfigurationszuordnung vgl. das analog hergestellte 2-Phenyl-3c-[2]thienyl-acrylonitril (S. 4326).

B. Beim Erwärmen von 2,5-Dimethyl-thiophen-3-carbaldehyd mit [4-Jod-phenyl]-acetonitril, Äthanol und wss. Kalilauge (*Buu-Hoi et al.*, Soc. **1952** 4590, 4592, 4593).

Krystalle (aus A.); F: 146°.

3c(?)-[2,5-Dimethyl-[3]thienyl]-2-[4-nitro-phenyl]-acrylonitril $C_{15}H_{12}N_2O_2S$, vermutlich Formel XII (X = NO₂).

Bezüglich der Konfigurationszuordnung vgl. das analog hergestellte 2-Phenyl-3c-[2]thienyl-acrylonitril (S. 4326).

B. Beim Erwärmen von 2,5-Dimethyl-thiophen-3-carbaldehyd mit [4-Nitro-phenyl]-acetonitril, Äthanol und wenig Piperidin (*Buu-Hoi et al.*, Soc. **1950** 2130, 2133, 2134).

Gelbe Krystalle (aus A.); F: 188°.

Carbonsäuren $C_{16}H_{16}O_3$

3c(?)-[5-Äthyl-[2]thienyl]-2-p-tolyl-acrylonitril $C_{16}H_{15}NS$, vermutlich Formel I.

Bezüglich der Konfigurationszuordnung vgl. das analog hergestellte 2-Phenyl-3c-[2]thienyl-acrylonitril (S. 4326).

B. Beim Erwärmen von 5-Äthyl-thiophen-2-carbaldehyd mit *p*-Tolylacetonitril, Äthanol und wss. Kalilauge (*Buu-Hoi et al.*, Soc. **1952** 4590, 4592, 4593).

Krystalle (aus A.); F: 87°.

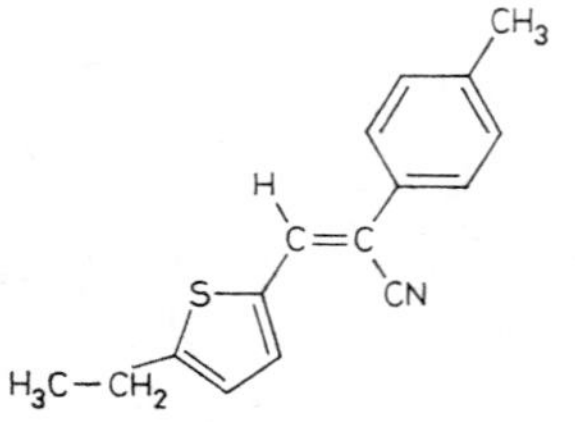

I

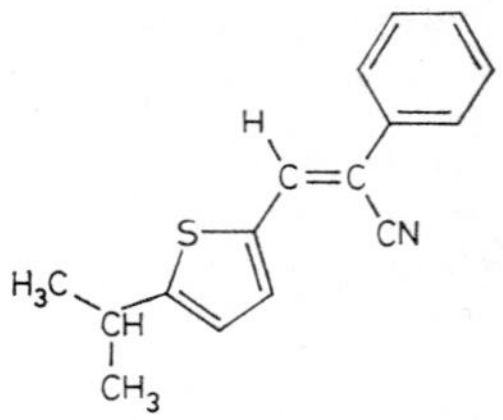

II

3c(?)-[5-Isopropyl-[2]thienyl]-2-phenyl-acrylonitril $C_{16}H_{15}NS$, vermutlich Formel II.

Bezüglich der Konfigurationszuordnung vgl. das analog hergestellte 2-Phenyl-3c-[2]thienyl-acrylonitril (S. 4326).

B. Aus 5-Isopropyl-thiophen-2-carbaldehyd und Phenylacetonitril mit Hilfe von Alkali (*Sy et al.*, Soc. **1955** 21, 23).

Gelbliche Krystalle (aus A.); F: 72°.

3c(?)-[2,5-Dimethyl-[3]thienyl]-2-p-tolyl-acrylonitril $C_{16}H_{15}NS$, vermutlich Formel III.

Bezüglich der Konfigurationszuordnung vgl. das analog hergestellte 2-Phenyl-3c-[2]thienyl-acrylonitril (S. 4326).

B. Beim Erwärmen von 2,5-Dimethyl-thiophen-3-carbaldehyd mit *p*-Tolylacetonitril, Äthanol und wss. Kalilauge (*Buu-Hoi et al.*, Soc. **1950** 2130, 2133, 2134).

Gelbe Krystalle (aus A.); F: 91°.

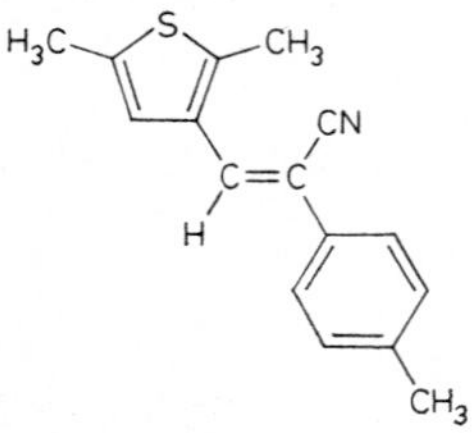

III

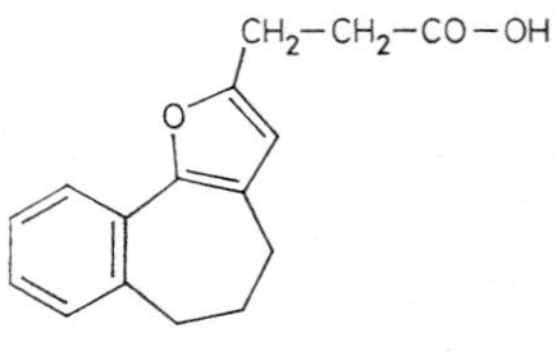

IV

3-[5,6-Dihydro-4H-benzo[6,7]cyclohepta[1,2-b]furan-2-yl]-propionsäure C₁₆H₁₆O₃, Formel IV.

B. In kleiner Menge beim Erwärmen von 6-Furfuryliden-6,7,8,9-tetrahydro-benzocyclohepten-5-on (F: 126—127° [E III/IV **17** 5365]) mit wss.-äthanol. Salzsäure (*Gardner et al.*, Am. Soc. **80** [1958] 143, 148).

Krystalle (aus Bzl. sowie nach Sublimation bei 0,1 Torr); F: 133—134° [korr.].

Carbonsäuren C₁₇H₁₈O₃

3c(?)-[5-Isobutyl-[2]thienyl]-2-phenyl-acrylonitril C₁₇H₁₇NS, vermutlich Formel V (X = H).

Bezüglich der Konfigurationszuordnung vgl. das analog hergestellte 2-Phenyl-3c-[2]thi⸗enyl-acrylonitril (S. 4326).

B. Beim Erwärmen von 5-Isobutyl-thiophen-2-carbaldehyd mit Phenylacetonitril, Äthanol und wss. Kalilauge (*Buu-Hoi et al.*, Soc. **1952** 4590, 4592, 4593).

Krystalle (aus A.); F: 53°.

2-[4-Fluor-phenyl]-3c(?)-[5-isobutyl-[2]thienyl]-acrylonitril C₁₇H₁₆FNS, vermutlich Formel V (X = F).

Bezüglich der Konfigurationszuordnung vgl. das analog hergestellte 2-Phenyl-3c-[2]thi⸗enyl-acrylonitril (S. 4326).

B. Beim Erwärmen von 5-Isobutyl-thiophen-2-carbaldehyd mit [4-Fluor-phenyl]-acetonitril, Äthanol und wss. Kalilauge (*Buu-Hoi et al.*, Soc. **1952** 4590, 4592, 4593).

Krystalle (aus A.); F: 86°.

2-[4-Chlor-phenyl]-3c(?)-[5-isobutyl-[2]thienyl]-acrylonitril C₁₇H₁₆ClNS, vermutlich Formel V (X = Cl.)

Bezüglich der Konfigurationszuordnung vgl. das analog hergestellte 2-Phenyl-3c-[2]thi⸗enyl-acrylonitril (S. 4326).

B. Beim Erwärmen von 5-Isobutyl-thiophen-2-carbaldehyd mit [4-Chlor-phenyl]-acetonitril, Äthanol und wss. Kalilauge (*Buu-Hoi et al.*, Soc. **1952** 4590, 4592, 4593).

Krystalle (aus A.); F: 96°.

2-[4-Brom-phenyl]-3c(?)-[5-isobutyl-[2]thienyl]-acrylonitril C₁₇H₁₆BrNS, vermutlich Formel V (X = Br).

Bezüglich der Konfigurationszuordnung vgl. das analog hergestellte 2-Phenyl-3c-[2]thi⸗enyl-acrylonitril (S. 4326).

B. Beim Erwärmen von 5-Isobutyl-thiophen-2-carbaldehyd mit [4-Brom-phenyl]-acetonitril, Äthanol und wss. Kalilauge (*Buu-Hoi et al.*, Soc. **1952** 4590, 4592, 4593).

Krystalle (aus A.); F: 88°.

V   VI

3c(?)-[5-Isobutyl-[2]thienyl]-2-[4-jod-phenyl]-acrylonitril C₁₇H₁₆INS, vermutlich Formel V (X = I).

Bezüglich der Konfigurationszuordnung vgl. das analog hergestellte 2-Phenyl-3c-[2]thi⸗enyl-acrylonitril (S. 4326).

B. Beim Erwärmen von 5-Isobutyl-thiophen-2-carbaldehyd mit [4-Jod-phenyl]-aceto⸗nitril, Äthanol und wss. Kalilauge (*Buu-Hoi et al.*, Soc. **1952** 4590, 4592, 4593).

Krystalle (aus A.); F: 89°.

3c(?)-[5-Isobutyl-[2]thienyl]-2-[4-nitro-phenyl]-acrylonitril $C_{17}H_{16}N_2O_2S$, vermutlich Formel V (X = NO_2).

Bezüglich der Konfigurationszuordnung vgl. das analog hergestellte 2-Phenyl-3c-[2]thienyl-acrylonitril (S. 4326).

B. Beim Erwärmen von 5-Isobutyl-thiophen-2-carbaldehyd mit [4-Nitro-phenyl]-acetonitril, Äthanol und wenig Piperidin (*Buu-Hoi et al.*, Soc. **1952** 4590, 4592, 4593). Krystalle (aus A.); F: 159°.

3c(?)-[5-*tert*-Butyl-[2]thienyl]-2-phenyl-acrylonitril $C_{17}H_{17}NS$, vermutlich Formel VI.

Bezüglich der Konfigurationszuordnung vgl. das analog hergestellte 2-Phenyl-3c-[2]thienyl-acrylonitril (S. 4326).

B. Beim Erwärmen von 5-*tert*-Butyl-thiophen-2-carbaldehyd mit Phenylacetonitril, Äthanol und wss. Natronlauge (*Sy et al.*, Soc. **1954** 1975, 1977). Gelbe Krystalle (aus A.); F: 100°.

Carbonsäuren $C_{18}H_{20}O_3$

3-[5-(3-Methyl-5,6,7,8-tetrahydro-[2]naphthyl)-[2]furyl]-propionsäure $C_{18}H_{20}O_3$, Formel VII.

B. Aus 7-[3-Methyl-5,6,7,8-tetrahydro-[2]naphthyl]-4,7-dioxo-heptansäure beim Behandeln mit Natriummethylat in Methanol, beim Erhitzen mit Acetanhydrid sowie beim Behandeln einer äthanol. Lösung mit Acetylchlorid und Erwärmen des Reaktionsprodukts mit Natriummethylat in Methanol (*Butenandt et al.*, Z. Naturf. **4b** [1949] 69, 74, 75).

Krystalle (aus Acn.); F: 143° (*Bu. et al.*). UV-Spektrum (Ae.; 240–320 nm): *Bu. et al.*, l. c. S. 71.

Bei der Hydrierung an Platin in Äthanol, zuletzt in Gegenwart von Schwefelsäure, und Behandlung des Reaktionsprodukts mit warmer methanol. Kalilauge ist 7-[3-Methyl-5,6,7,8-tetrahydro-[2]naphthyl]-heptansäure (bei 45–50° schmelzend; λ_{max} [Ae.]: 279 nm) erhalten worden (*Bu. et al.*, l. c. S. 75).

VII   VIII

Carbonsäuren $C_{20}H_{24}O_3$

(4aR)-4t,7,11b-Trimethyl-(4ar,11bt)-1,2,3,4,4a,5,6,11b-octahydro-phenanthro-[3,2-b]furan-4c-carbonsäure-methylester, 12,17-Epoxy-14-methyl-15-nor-pimara-8,11,13,16-tetraen-18-säure-methylester [1]) $C_{21}H_{26}O_3$, Formel VIII.

B. Beim Erhitzen von Vinhaticosäure-methylester (12,17-Epoxy-14α-methyl-15-nor-pimara-12,16-dien-18-säure-methylester [S. 4289]) mit Schwefel auf 250° (*King, King*, Soc. **1953** 4158, 4163).

Krystalle (aus Isopropylalkohol); F: 182–184°; $[\alpha]_D^{18}$: +59,2° [$CHCl_3$; c = 5] (*King, King*, l. c. S. 4163).

Hydrierung an Platin in Essigsäure unter Bildung von 12,17-Epoxy-14-methyl-15-nor-pimara-8,11,13-trien-18-säure-methylester (S. 4321): *King, King*, l.c. S. 4167. Beim Behandeln einer Lösung in Tetrachlormethan mit Ozon und Behandeln des Reaktionsprodukts mit Wasser und Zink-Pulver ist (4aS)-7-Formyl-6-hydroxy-1c,4a,8-trimethyl-(4ar,10at)-1,2,3,4,4a,9,10,10a-octahydro-phenanthren-1t-carbonsäure-methylester erhalten worden (*King, King*, l. c. S. 4165). Bildung von 1,3t-Dimethyl-cyclohexan-1r,2t,3c-tri-

---

[1]) Stellungsbezeichnung bei von Pimaran abgeleiteten Namen s. E III **9** 355 Anm. 2.

carbonsäure beim Erhitzen mit 75 %ig. wss. Salpetersäure: *King et al.*, Soc. **1958** 3428, 3431.

1β,4β-Epoxy-A-homo-14ξ-östra-5,7,9-trien-17β-carbonsäure $C_{20}H_{24}O_3$, vermutlich Formel IX (R = H).

B. Beim Behandeln einer Lösung von Trianhydrostrophanthidin (1β,4β-Epoxy-A-homo-19-nor-14ξ-carda-5,7,9,20(22)-tetraenolid; über die Konstitution und Konfiguration dieser Verbindung s. *L. F. Fieser*, *M. Fieser*, Steroids [New York 1959] S. 476; dtsch. Ausg. Steroide [Weinheim 1961] S. 822; *Fieser*, *Goto*, Am. Soc. **82** [1960] 1697, 1699) in Aceton mit Kaliumpermanganat (*Jacobs*, *Gustus*, J. biol. Chem. **74** [1927] 805, 808).

Krystalle (aus A.); F: 206—208° (*Ja.*, *Gu.*).

Beim Behandeln mit Thionylchlorid und Erwärmen des gebildeten Säurechlorids mit Natriumazid in Benzol, Erwärmen der Reaktionslösung mit Methanol und Erwärmen des danach isolierten Reaktionsprodukts mit äthanol. Kalilauge auf 100° ist eine vermutlich als 17β-Amino-1β,4β-epoxy-A-homo-14ξ-östra-5,7,9-trien ($C_{19}H_{25}NO$) zu formulierende Verbindung (Hydrochlorid: F: 248—250° [Zers.]) erhalten worden (*Jacobs*, *Elderfield*, J. biol. Chem. **108** [1935] 693, 700).

IX   X

1β,4β-Epoxy-A-homo-14ξ-östra-5,7,9-trien-17β-carbonsäure-methylester $C_{21}H_{26}O_3$, Formel IX (R = CH$_3$).

B. Aus der im vorangehenden Artikel beschriebenen Säure mit Hilfe von Diazomethan (*Jacobs*, *Elderfield*, J. biol. Chem. **108** [1935] 693, 699).

Krystalle (aus Me.); F: 88° (*Ja.*, *El.*). Absorptionsspektrum (A.; 210—370 nm): *Elderfield*, *Rothen*, J. biol. Chem. **106** [1934] 71, 74.

Beim Erwärmen mit Phenylmagnesiumbromid in Äther und Behandeln des Reaktionsgemisches mit wss. Schwefelsäure ist 1β,4β-Epoxy-20,20-diphenyl-A-homo-19,21-dinor-14ξ-pregna-5,7,9-trien-20-ol erhalten worden (*Ja.*, *El.*).

Carbonsäuren $C_{21}H_{26}O_3$

3c(?)-[2,5-Di-*tert*-butyl-[3]thienyl]-2-phenyl-acrylonitril $C_{21}H_{25}NS$, vermutlich Formel X (R = H).

Bezüglich der Konfigurationszuordnung vgl. das analog hergestellte 2-Phenyl-3c-[2]thienyl-acrylonitril (S. 4326).

B. Aus 2,5-Di-*tert*-butyl-thiophen-3-carbaldehyd und Phenylacetonitril mit Hilfe von Alkali (*Sy et al.*, Soc. **1955** 21, 23).

Gelbe Krystalle (aus A.); F: 136°.

Carbonsäuren $C_{22}H_{28}O_3$

3c(?)-[2,5-Di-*tert*-butyl-4-methyl-[3]thienyl]-2-phenyl-acrylonitril $C_{22}H_{27}NS$, vermutlich Formel X (R = CH$_3$).

Bezüglich der Konfigurationszuordnung vgl. das analog hergestellte 2-Phenyl-3c-[2]thienyl-acrylonitril (S. 4326).

B. Aus 2,5-Di-*tert*-butyl-4-methyl-thiophen-3-carbaldehyd und Phenylacetonitril mit Hilfe von Alkali (*Sy et al.*, Soc. **1955** 21, 23).

Gelbe Krystalle (aus A.); F: 144°.   [*Schenk*]

Monocarbonsäuren $C_nH_{2n-18}O_3$

Carbonsäuren $C_{13}H_8O_3$

Naphtho[2,3-*b*]furan-2-carbonsäure $C_{13}H_8O_3$, Formel I.

B. Neben kleineren Mengen [3-Formyl-[2]naphthyloxy]-essigsäure beim Erwärmen der Natrium-Verbindung des 3-Hydroxy-[2]naphthaldehyds mit Bromessigsäure-äthyl= ester und Äthanol und Erwärmen des Reaktionsgemisches mit Natriummäthylat in Äthanol (*Takeda et al.*, J. pharm. Soc. Japan **70** [1950] 268; C. A. **1951** 1574; s. a. C. A. **1952** 3538). Neben Naphtho[2,3-*b*]furan beim Erhitzen von [3-Formyl-[2]naphthyloxy]-essig= säure mit Acetanhydrid und Natriumacetat (*Emmott, Livingstone*, Soc. **1957** 3144, 3146).

Krystalle; F: 291° [aus Me.] (*Ta. et al.*), 285° [aus A.] (*Em., Li.*).

Naphtho[1,2-*b*]furan-2-carbonsäure $C_{13}H_8O_3$, Formel II.

B. Beim Erhitzen von opt.-inakt. 3,4-Dibrom-3,4-dihydro-benzo[*h*]chromen-2-on (F: 113° [E III/IV **17** 5268]) mit wss.-äthanol. Kalilauge (*Emmott, Livingstone*, Soc. **1957** 3144, 3147).

F: 250° [Zers.].

I   II   III   IV

Naphtho[1,2-*b*]thiophen-2-carbonsäure $C_{13}H_8O_2S$, Formel III.

B. Beim Erwärmen von 3-[2]Naphthyl-2-thioxo-propionsäure oder von Bis-[1-carb= oxy-2-[2]naphthyl-vinyl]-disulfid (F: 214—215°) mit Jod in Dioxan (*Campaigne, Cline*, J. org. Chem. **21** [1956] 39, 43). Beim Behandeln von 3-[2]Naphthyl-2-thioxo-propion= säure mit wss. Natronlauge und Kalium-hexacyanoferrat(III) (*Ca., Cl.*).

Krystalle (aus Toluol); F: 257—258° [korr.]. Absorptionsmaxima (A.): 272 nm, 301 nm, 341 nm und 358 nm (*Ca., Cl.*, l. c. S. 42).

Naphtho[2,1-*b*]furan-2-carbonsäure $C_{13}H_8O_3$, Formel IV (H 313; dort als 4.5-Benzo-cumaron-carbonsäure-(2) und als [Naphtho-2′.1′:2.3-furan]-carbonsäure-(5) bezeichnet).

B. Beim Erwärmen von 2-Hydroxy-[1]naphthaldehyd mit Brommalonsäure-diäthyl= ester und Äthanol, Behandeln des Reaktionsprodukts mit wss. Salzsäure und anschliessen-den Erwärmen mit äthanol. Kalilauge (*Duro, Mazzone*, Boll. Accad. Gioenia Catania [4] **4** [1957] 61, 63). Beim Erhitzen von [1-Formyl-[2]naphthyloxy]-essigsäure-äthylester mit wss. Kalilauge (*Emmott, Livingstone*, Soc. **1957** 3144, 3147). Beim Erwärmen von 2-Brom-benzo[*f*]chromen-3-on mit Äthanol und wss. Kalilauge (*Dey et al.*, J. Indian chem. Soc. **9** [1932] 281, 288).

Hellgelbe Krystalle; F: 194—196° [aus wss. Me.] (*Duro, Ma.*), 192° [aus Bzl.] (*Em., Li.*).

K a l i u m - S a l z. Gelbe Krystalle (aus W.) (*Dey et al.*).

Naphtho[2,1-*b*]thiophen-2-carbonsäure $C_{13}H_8O_2S$, Formel V.

B. Beim Erwärmen von Bis-[1-carboxy-2-[1]naphthyl-vinyl]-disulfid (F: 223—224°) mit Jod in Dioxan (*Campaigne, Cline*, J. org. Chem. **21** [1956] 39, 44).

Krystalle (aus Xylol); F: 277—278° [korr.]. Absorptionsmaxima (A.): 236 nm, 246 nm und 316 nm (*Ca., Cl.*, l. c. S. 42).

Dibenzofuran-1-carbonsäure $C_{13}H_8O_3$, Formel VI (R = H).

B. Beim Behandeln von 1-Brom-dibenzofuran mit Magnesium in Äther und anschlies-send mit festem Kohlendioxid (*Gilman, Van Ess*, Am. Soc. **61** [1939] 1365, 1370). Beim Behandeln von 1-Methyl-dibenzofuran mit wss. Kaliumpermanganat-Lösung (*Chatterjea*,

J. Indian chem. Soc. **43** [1957] 306, 309).

Krystalle; F: 232—233° [aus wss. A.] (*Gi., Van Ess*), 232—233° [unkorr.] (*Ch.*).

V   VI   VII

Dibenzofuran-1-carbonsäure-methylester $C_{14}H_{10}O_3$, Formel VI (R = CH_3).

B. Beim Behandeln einer Lösung von Dibenzofuran-1-carbonsäure in Methanol mit Chlorwasserstoff (*Gilman, Van Ess*, Am. Soc. **61** [1939] 1365, 1370). Beim Behandeln von Dibenzofuran-1-carbonsäure mit Diazomethan in Äther (*Chatterjea*, J. Indian chem. Soc. **34** [1957] 306, 309).

Krystalle (aus Me.); F: 63° (*Gi., Van Ess*).

Beim Behandeln mit wss. Salpetersäure (D: 1,42) und Erhitzen des Reaktionsprodukts mit Essigsäure und konz. wss. Salzsäure ist eine wahrscheinlich als 3(oder 7)-Nitro-dibenzofuran-1-carbonsäure zu formulierende Säure $C_{13}H_7NO_5$ (hellgelbe Krystalle [aus Eg.], F: 297—298°; Methylester ($C_{14}H_9NO_5$): Krystalle [aus Eg.], F: 216°) erhalten worden (*Gi., Van Ess*).

Dibenzothiophen-1-carbonsäure $C_{13}H_8O_2S$, Formel VII (R = H).

B. Beim Behandeln von 1-Brom-dibenzothiophen mit Magnesium in Äther und anschliessend mit Kohlendioxid (*Gilman, Jacoby*, J. org. Chem. **3** [1938] 108, 115).

Krystalle (aus Me.); F: 176—177°.

Dibenzothiophen-1-carbonsäure-methylester $C_{14}H_{10}O_2S$, Formel VII (R = CH_3).

B. Beim Behandeln von Dibenzothiophen-1-carbonsäure mit Diazomethan in Äther (*Gilman, Jacoby*, J. org. Chem. **3** [1938] 108, 115).

Krystalle (aus Me.); F: 72—72,5°.

Dibenzofuran-2-carbonsäure $C_{13}H_8O_3$, Formel VIII (R = H) (H 314; E II 279; dort als Diphenylenoxyd-carbonsäure-(3) bezeichnet).

B. Beim Erwärmen von 2-Brom-dibenzofuran mit Benzol und mit Butyllithium in Äther und Behandeln des Reaktionsgemisches mit festem Kohlendioxid (*Gilman et al.*, Am. Soc. **62** [1940] 346). Beim Behandeln von 2-Jod-dibenzofuran mit Magnesium in Äther und anschliessend mit festem Kohlendioxid (*Gilman et al.*, Am. Soc. **56** [1934] 2473, 2476; s. a. *Gluschkowa, Kotscheschkow*, Izv. Akad. S.S.S.R. Otd. chim. **1957** 1391; engl. Ausg. S. 1408). Beim Behandeln von 2-Methyl-dibenzofuran (*Kruber, Lauenstein*, B. **74** [1941] 1693, 1695) oder von Dibenzofuran-2-carbaldehyd (*Hinkel et al.*, Soc. **1937** 778) mit wss. Alkalilauge und Kaliumpermanganat. Aus (±)-1,2-Dihydro-dibenzofuran-2-carbonsäure beim Erhitzen mit Schwefel auf 250° sowie beim Erhitzen mit Brom in Essigsäure (*Gilman, Bradley*, Am. Soc. **60** [1938] 2333, 2335). Aus 1-Dibenzofuran-2-yl-äthanon (*Gilman et al.*, Am. Soc. **61** [1939] 2836, 2841), aus 2-Chlor-1-dibenzofuran-2-yl-äthanon (*Kirkpatrick, Parker*, Am. Soc. **57** [1935] 1123, 1124) oder aus 2-Brom-1-dibenzofuran-2-yl-äthanon (*Mosettig, Robinson*, Am. Soc. **57** [1935] 2186, 2187 Anm. a) mit Hilfe von Calciumhypochlorit bzw. Natriumhypochlorit.

Krystalle; F: 252—255° [unkorr.; aus Eg.] (*Johnson et al.*, Am. Soc. **76** [1954] 6407), 252—253° [aus A.] (*Gl., Ko.*).

Dodecylamin-Salz $C_{12}H_{27}N \cdot C_{13}H_8O_3$. F: 87,5—88,5° (*Hunter*, Iowa Coll. J. **15** [1941] 223, 228).

Octadecylamin-Salz $C_{18}H_{39}N \cdot C_{13}H_8O_3$. F: 88—89° (*Hu.*, l. c. S. 227).

Dibenzofuran-2-carbonsäure-methylester $C_{14}H_{10}O_3$, Formel VIII (R = CH_3).

B. Aus Dibenzofuran-2-carbonsäure beim Behandeln mit Diazomethan in Äther (*Gilman et al.*, Am. Soc. **62** [1940] 346) sowie beim Behandeln mit Methanol und mit Chlorwasserstoff (*Gilman et al.*, Am. Soc. **61** [1939] 2836, 2841).

Krystalle; F: 81—82° [aus wss. A.] (*Gi. et al.*, Am. Soc. **62** 347), 81° (*Kruber, Lauenstein*, B. **74** [1941] 1693, 1695).

Dibenzofuran-2-carbonsäure-äthylester $C_{15}H_{12}O_3$, Formel VIII (R = C_2H_5).
B. Bei aufeinanderfolgender Umsetzung von Dibenzofuran-2-carbonsäure mit Thionyl$=$chlorid und mit Äthanol (*Gilman et al.*, Am. Soc. **61** [1939] 2836, 2841).
F: 54°.

Dibenzofuran-2-carbonsäure-[3-chlor-propylester] $C_{16}H_{13}ClO_3$, Formel VIII
(R = $CH_2\text{-}CH_2\text{-}CH_2Cl$).
B. Beim Erhitzen von Dibenzofuran-2-carbonylchlorid mit 3-Chlor-propan-1-ol auf 150° (*Burtner, Lehmann*, Am. Soc. **62** [1940] 527, 530).
Krystalle (aus PAe.); F: 85°.

Dibenzofuran-2-carbonsäure-[2-diäthylamino-äthylester] $C_{19}H_{21}NO_3$, Formel VIII
(R = $CH_2\text{-}CH_2\text{-}N(C_2H_5)_2$).
Hydrochlorid $C_{19}H_{21}NO_3 \cdot HCl$. *B.* Beim Erwärmen von Dibenzofuran-2-carbon$=$säure mit Phosphor(III)-chlorid und Behandeln des Reaktionsprodukts mit 2-Diäthyl$=$amino-äthanol (*Burtner, Lehmann*, Am. Soc. **62** [1940] 527, 530). Beim Behandeln eines heissen Gemisches von Dibenzofuran-2-carbonsäure und 2-Chlor-äthanol mit Chlor$=$wasserstoff und Erhitzen des Reaktionsprodukts mit Diäthylamin auf 110° (*Bu., Le.*).
— F: 185°.

VIII   IX   X

Dibenzofuran-2-carbonsäure-[2-isobutylamino-äthylester] $C_{19}H_{21}NO_3$, Formel VIII
(R = $CH_2\text{-}CH_2\text{-}NH\text{-}CH_2\text{-}CH(CH_3)_2$).
B. Beim Behandeln von Dibenzofuran-2-carbonylchlorid mit 2-Isobutylamino-äthanol und wss. Natronlauge (*Burtner, Lehmann*, Am. Soc. **62** [1940] 527, 530).
Hydrochlorid $C_{19}H_{21}NO_3 \cdot HCl$. F: 212°.

Dibenzofuran-2-carbonsäure-[2-pentylamino-äthylester] $C_{20}H_{23}NO_3$, Formel VIII
(R = $CH_2\text{-}CH_2\text{-}NH\text{-}[CH_2]_4\text{-}CH_3$).
B. Beim Behandeln von Dibenzofuran-2-carbonylchlorid mit 2-Pentylamino-äthanol und wss. Natronlauge (*Burtner, Lehmann*, Am. Soc. **62** [1940] 527, 530).
Hydrochlorid $C_{19}H_{21}NO_3 \cdot HCl$. F: 160°.

Dibenzofuran-2-carbonsäure-[3-diäthylamino-propylester] $C_{20}H_{23}NO_3$, Formel VIII
(R = $[CH_2]_3\text{-}N(C_2H_5)_2$).
Hydrochlorid $C_{20}H_{23}NO_3 \cdot HCl$. *B.* Beim Erwärmen von Dibenzofuran-2-carbon$=$säure mit Phosphor(III)-chlorid und Behandeln des Reaktionsprodukts mit 3-Diäthyl$=$amino-propan-1-ol (*Burtner, Lehmann*, Am. Soc. **62** [1940] 527, 530). Beim Erhitzen von Dibenzofuran-2-carbonsäure-[3-chlor-propylester] mit Diäthylamin auf 110° (*Bu., Le.*). — F: 185°.

Dibenzofuran-2-carbonsäure-chlorid, Dibenzofuran-2-carbonylchlorid $C_{13}H_7ClO_2$,
Formel IX (X = Cl).
B. Beim Erwärmen von Dibenzofuran-2-carbonsäure mit Thionylchlorid (*Gilman, Avakian*, Am. Soc. **68** [1946] 2104).
Krystalle (aus Bzl.); F: 103—104°.

Dibenzofuran-2-carbonsäure-amid, Dibenzofuran-2-carbamid $C_{13}H_9NO_2$, Formel IX
(X = NH_2).
B. Beim Erwärmen von Dibenzofuran mit Carbamoylchlorid und Aluminiumchlorid (*Hopff, Ohlinger*, Ang. Ch. **61** [1944] 183).
F: 214—215°.

Dibenzofuran-2-carbonsäure-diäthylamid, *N,N*-Diäthyl-dibenzofuran-2-carbamid
$C_{17}H_{17}NO_2$, Formel IX (X = $N(C_2H_5)$).

B. Aus Dibenzofuran-2-carbonylchlorid und Diäthylamin (*Willis*, Iowa Coll. J. **18** [1943] 98, 99).

F: 77—78°.

Dibenzofuran-2-carbonsäure-dodecylamid, *N*-Dodecyl-dibenzofuran-2-carbamid
$C_{25}H_{33}NO_2$, Formel IX (X = NH-$[CH_2]_{11}$-CH_3).

B. Beim Erhitzen des Dodecylamin-Salzes der Dibenzofuran-2-carbonsäure unter Stickstoff bis auf 250° (*Hunter*, Iowa Coll. J. **15** [1941] 223, 228).

F: 112—113°.

Dibenzofuran-2-carbonsäure-octadecylamid, *N*-Octadecyl-dibenzofuran-2-carbamid
$C_{31}H_{45}NO_2$, Formel IX (X = NH-$[CH_2]_{17}$-CH_3).

B. Beim Erhitzen des Octadecylamin-Salzes der Dibenzofuran-2-carbonsäure unter Stickstoff bis auf 250° (*Hunter*, Iowa Coll. J. **15** [1941] 223, 227).

F: 118—118,5°.

Dibenzofuran-2-carbonsäure-anilid, **Dibenzofuran-2-carbanilid** $C_{19}H_{13}NO_2$, Formel IX
(X = NH-C_6H_5) (E II 279; dort als Diphenylenoxyd-carbonsäure-(3)-anilid bezeichnet.

Bestätigung der Konstitutionszuordnung: *Johnson et al.*, Am. Soc. **76** [1954] 6407.

B. Beim Behandeln von Dibenzofuran-2-yl-phenyl-keton-(*Z*)-oxim mit Phosphor(V)-chlorid in Benzol (*Jo. et al.*).

Krystalle (aus A.); F: 164—165,5° [unkorr.].

Dibenzofuran-2-carbonsäure-[*N*-methyl-anilid], *N*-Methyl-dibenzofuran-2-carbanilid
$C_{20}H_{15}NO_2$, Formel IX (X = $N(CH_3)$-C_6H_5).

B. Beim Erhitzen von Dibenzofuran mit Methyl-phenyl-carbamoylchlorid und Aluminiumchlorid (*Weygand, Mitgau*, B. **88** [1955] 301, 307).

Krystalle (aus Ae.); F: 126—127° [unkorr.].

8-Brom-dibenzofuran-2-carbonsäure $C_{13}H_7BrO_3$, Formel X (R = H).

B. Aus 1-[8-Brom-dibenzofuran-2-yl]-äthanon mit Hilfe von Alkalihypochlorit-Lösung (*Gilman et al.*, Am. Soc. **61** [1939] 2836, 2841). Beim Erhitzen von 8-Brom-dibenzofuran-2-carbonsäure-äthylester mit Essigsäure und wss. Salzsäure (*Gi. et al.*).

F: 328° [Zers.].

8-Brom-dibenzofuran-2-carbonsäure-äthylester $C_{15}H_{11}BrO_3$, Formel X (R = C_2H_5).

B. Neben kleineren Mengen 8-Brom-dibenzofuran-2-carbonsäure beim Erhitzen von Dibenzofuran-2-carbonsäure-äthylester mit Brom in Essigsäure bis auf 115° (*Gilman et al.*, Am. Soc. **61** [1939] 2836, 2841).

F: 130°.

3-Nitro-dibenzofuran-2-carbonsäure $C_{13}H_7NO_5$, Formel XI.

B. Beim Erwärmen von 2-Äthyl-3-nitro-dibenzofuran mit Pyridin und wss. Kaliumpermanganat-Lösung (*Natori*, Pharm. Bl. **5** [1957] 539, 543).

Krystalle [aus Me.]; F: 180—182°.

7-Nitro-dibenzofuran-2-carbonsäure $C_{13}H_7NO_5$, Formel XII (X = OH).

B. Beim Erhitzen von 1-[7-Nitro-dibenzofuran-2-yl]-äthanon mit Chrom(VI)-oxid in Essigsäure (*Gilman et al.*, Am. Soc. **61** [1939] 2836, 2840; s. a. *Burtner, Lehmann*, Am. Soc. **62** [1940] 527, 530 Anm. 9).

Zers. bei 300° nach Erweichen bei 295° (*Gi. et al.*).

7-Nitro-dibenzofuran-2-carbonsäure-methylester $C_{14}H_9NO_5$, Formel XII (X = O-CH_3).

B. Bei längerem Behandeln von Dibenzofuran-2-carbonsäure-methylester mit konz. Salpetersäure (*Gilman et al.*, Am. Soc. **61** [1939] 2836, 2841).

F: 239—240°.

7-Nitro-dibenzofuran-2-carbonsäure-äthylester $C_{15}H_{11}NO_5$, Formel XII (X = O-C$_2$H$_5$).

B. Beim Erwärmen von 7-Nitro-dibenzofuran-2-carbonsäure mit Äthanol in Gegenwart von Schwefelsäure (*Shibata et al.*, Pharm. Bl. **2** [1954] 45, 46).

Hellgelbe Krystalle (aus Acn.); F: 180—181,5°.

XI   XII

7-Nitro-dibenzofuran-2-carbonsäure-[2-diäthylamino-äthylester] $C_{19}H_{20}N_2O_5$, Formel XII (X = O-CH$_2$-CH$_2$-N(C$_2$H$_5$)$_2$).

B. Aus 7-Nitro-dibenzofuran-2-carbonylchlorid und 2-Diäthylamino-äthanol (*Burtner, Lehmann*, Am. Soc. **62** [1940] 527, 530).

F: 161°.

7-Nitro-dibenzofuran-2-carbonylchlorid $C_{13}H_6ClNO_4$, Formel XII (X = Cl).

B. Beim Erwärmen von 7-Nitro-dibenzofuran-2-carbonsäure mit Thionylchlorid (*Burtner, Lehmann*, Am. Soc. **62** [1940] 527, 530).

Krystalle (aus Toluol); F: 225°.

8-Nitro-dibenzofuran-2-carbonsäure-methylester $C_{14}H_9NO_5$, Formel I.

B. Beim Behandeln von Dibenzofuran-2-carbonsäure-methylester mit Salpetersäure, Essigsäure und Acetanhydrid (*Du Pont de Nemours & Co.*, U.S.P. 2680730 [1950]).

Hellgelbe Krystalle (aus Dioxan + W.); F: 180—182°.

Dibenzothiophen-2-carbonsäure $C_{13}H_8O_2S$, Formel II (R = H) (E II 279; dort als Diphenylensulfid-carbonsäure-(3) bezeichnet).

B. Beim Behandeln von 1-Dibenzothiophen-2-yl-äthanon mit Dioxan, mit Jod und Kaliumjodid in wss. Lösung und mit wss. Natronlauge (*Gilman, Jacoby*, J. org. Chem. **3** [1938] 108, 112).

F: 253°.

Dibenzothiophen-2-carbonsäure-methylester $C_{14}H_{10}O_2S$, Formel II (R = CH$_3$).

B. Beim Behandeln von Dibenzothiophen-2-carbonsäure mit Diazomethan in Äther (*Gilman, Jacoby*, J. org. Chem. **3** [1938] 108, 112).

Krystalle (aus Me.); F: 74—75°.

I   II   III

Dibenzothiophen-2-carbonsäure-[2-diäthylamino-äthylester] $C_{19}H_{21}NO_2S$, Formel II (R = CH$_2$-CH$_2$-N(C$_2$H$_5$)$_2$).

Hydrochlorid $C_{19}H_{21}NO_2S \cdot HCl$. *B.* Beim Erwärmen von Dibenzothiophen-2-carbonsäure mit Phosphor(III)-chlorid und Behandeln des Reaktionsprodukts mit 2-Diäthylamino-äthanol (*Burter, Lehmann*, Am. Soc. **62** [1940] 527, 530). Beim Behandeln eines heissen Gemisches von Dibenzothiophen-2-carbonsäure und 2-Chlor-äthanol mit Chlorwasserstoff und Erhitzen des Reaktionsprodukts mit Diäthylamin auf 110° (*Bu., Le.*). — F: 219°.

Dibenzothiophen-2-carbonitril $C_{13}H_7NS$, Formel III.

B. Beim Erhitzen von 2-Brom-dibenzothiophen mit Kupfer(I)-cyanid bis auf 270° (*Burger, Bryant*, J. org. Chem. **4** [1939] 119, 122).

Krystalle (aus A.); F: 159—160°.

Dibenzofuran-3-carbonsäure $C_{13}H_8O_3$, Formel IV (R = H) (H 313; dort als Diphenylenoxyd-carbonsäure-(2) bezeichnet).

B. Beim Behandeln von 3-Brom-dibenzofuran mit Magnesium in Äther und anschliessend mit festem Kohlendioxid (*Gilman et al.*, Am. Soc. **61** [1939] 2839] 2836, 2840). Beim Behandeln von 3-Methyl-dibenzofuran mit Kaliumpermanganat und Magnesiumsulfat in Wasser (*Kruber, Marx*, B. **71** [1938] 2478, 2483). Beim Behandeln einer Suspension von 6,7,8,9-Tetrahydro-benzofuran-3-carbonsäure in Essigsäure mit Brom und Erhitzen des Reaktionsgemisches (*Gilman et al.*, Am. Soc. **57** [1935] 2095, 2097).

Krystalle; F: 272° (*Kr., Marx*), 271,5—272° [aus Eg.] (*Gi. et al.*, Am. Soc. **57** 2097).

IV   V   VI

Dibenzofuran-3-carbonsäure-methylester $C_{14}H_{10}O_3$, Formel IV (R = CH_3).

B. Beim Behandeln von Dibenzofuran-3-carbonsäure mit Diazomethan in Äther (*Gilman et al.*, Am. Soc. **57** [1935] 2095, 2097) oder mit Methanol und Chlorwasserstoff (*Gilman et al.*, Am. Soc. **61** [1939] 2836, 2840).

Krystalle (aus PAe.); F: 138,5° (*Gi. et al.*, Am. Soc. **57** 2097).

Dibenzofuran-3-carbonsäure-[2-diäthylamino-äthylester] $C_{19}H_{21}NO_3$, Formel IV (R = CH_2-CH_2-$N(C_2H_5)_2$).

Hydrochlorid $C_{19}H_{21}NO_3 \cdot HCl$. *B.* Beim Erwärmen von Dibenzofuran-3-carbonsäure mit Phosphor(III)-chlorid und Behandeln des Reaktionsprodukts mit 2-Diäthylamino-äthanol (*Burter, Lehmann*, Am. Soc. **62** [1940] 527, 530). Beim Behandeln eines heissen Gemisches von Dibenzofuran-3-carbonsäure und 2-Chlor-äthanol mit Chlorwasserstoff und Erhitzen des Reaktionsprodukts mit Diäthylamin auf 110° (*Bu., Le.*). — F: 221°.

Dibenzofuran-3-carbonitril $C_{13}H_7NO$, Formel V (H 313; dort als 2-Cyan-diphenylenoxyd bezeichnet).

Krystalle (aus Eg.); F: 122—123° [unkorr.] (*Chatterjea*, J. Indian Chem. Soc. **33** [1956] 447, 452).

Dibenzofuran-3-carbonsäure-[amid-imin], Dibenzofuran-3-carbamidin $C_{13}H_{10}N_2O$, Formel VI.

B. Bei mehrtägigem Behandeln eines Gemisches von Dibenzofuran-3-carbonitril und Äthanol mit Chlorwasserstoff und Erwärmen des Reaktionsprodukts mit Ammoniak in Äthanol (*Natori*, Pharm. Bl. **5** [1957] 539, 540).

Hydrochlorid $C_{13}H_{10}N_2O \cdot HCl$. Krystalle (aus W.) mit 1 Mol H_2O; F: 296—298°.

8-Chlor-dibenzofuran-3-carbonsäure $C_{13}H_7ClO_3$, Formel VII (X = OH).

B. Beim Erhitzen von 8-Chlor-dibenzofuran-3-carbonitril mit Kaliumhydroxid in Butan-1-ol (*Shibata et al.*, Pharm. Bl. **2** [1954] 45, 46).

Hellgelbe Krystalle (aus Eg.); F: 289—290°.

8-Chlor-dibenzofuran-3-carbonsäure-äthylester $C_{15}H_{11}ClO_3$, Formel VII (X = O-C_2H_5).

B. Beim Behandeln eines Gemisches von 8-Chlor-dibenzofuran-3-carbonsäure und Äthanol mit Chlorwasserstoff (*Shibata et al.*, Pharm. Bl. **2** [1954] 45, 46).

Krystalle (aus Me.); F: 108—110°.

8-Chlor-dibenzofuran-3-carbonsäure-amid $C_{13}H_8ClNO_2$, Formel VII (X = NH_2).

B. Beim Erwärmen von 8-Chlor-dibenzofuran-3-carbonitril mit äthanol. Kalilauge und wss. Wasserstoffperoxid (*Shibata et al.*, Pharm. Bl. **2** [1954] 45, 46).

Krystalle (aus Me.); F: 271—272°.

VII   VIII   IX

8-Chlor-dibenzofuran-3-carbonitril $C_{13}H_6ClNO$, Formel VIII.

B. Beim Behandeln von 8-Chlor-dibenzofuran-3-ylamin mit Natriumnitrit und wss. Schwefelsäure, Eintragen des Reaktionsgemisches in eine wss. Lösung von Kupfer(I)-cyanid und Kaliumcyanid und anschliessenden Erwärmen (*Shibata et al.*, Pharm. Bl. **2** [1954] 45, 46).

Krystalle (aus A. + E.); F: 208—209°.

8-Chlor-dibenzofuran-3-carbonsäure-hydrazid $C_{13}H_9ClN_2O_2$, Formel VII (X = NH-NH₂).

B. Beim Erwärmen von 8-Chlor-dibenzofuran-3-carbonsäure-äthylester mit Hydrazin-hydrat und Äthanol (*Shibata et al.*, Pharm. Bl. **2** [1954] 45, 46).

Krystalle; F: 274—277°.

2-Nitro-dibenzofuran-3-carbonsäure $C_{13}H_7NO_5$, Formel IX.

B. Beim Behandeln einer aus 2-Nitro-dibenzofuran-3-ylamin bereiteten Diazonium-salz-Lösung mit Kupfer(I)-cyanid und Erwärmen des erhaltenen Nitrils mit methanol. Kalilauge (*Langenbeck et al.*, J. pr. [4] **4** [1957] 136, 145).

F: 237°.

7-Nitro-dibenzofuran-3-carbonsäure-methylester $C_{14}H_9NO_5$, Formel X.

Diese Konstitution kommt vermutlich der nachstehend beschriebenen Verbindung zu.

B. Neben 8-Nitro-dibenzofuran-3-carbonsäure-methylester beim Behandeln von Dibenzofuran-3-carbonsäure-methylester mit Salpetersäure (*Gilman et al.*, Am. Soc. **61** [1939] 2836, 2840).

F: 202—203°.

8-Nitro-dibenzofuran-3-carbonsäure $C_{13}H_7NO_5$, Formel XI (R = H).

B. Beim Erhitzen von 8-Nitro-dibenzofuran-3-carbonsäure-methylester mit einem Gemisch von Essigsäure und wss. Salzsäure (*Gilman et al.*, Am. Soc. **61** [1939] 2836, 2840).

Unterhalb 330° nicht schmelzend.

8-Nitro-dibenzofuran-3-carbonsäure-methylester $C_{14}H_9NO_5$, Formel XI (R = CH₃).

B. Neben kleineren Mengen 7(?)-Nitro-dibenzofuran-3-carbonsäure-methylester (s. o.) beim Behandeln von Dibenzofuran-3-carbonsäure-methylester mit Salpetersäure (*Gilman et al.*, Am. Soc. **61** [1939] 2836, 2840).

Krystalle (aus Eg.); F: 235—236°.

Dibenzothiophen-3-carbonsäure $C_{13}H_8O_2S$, Formel I (R = H).

B. Beim Erwärmen von Dibenzothiophen mit Phenylcalciumjodid in Äther und Behandeln des Reaktionsgemisches mit festem Kohlendioxid (*Gilman et al.*, J. org. Chem. **3** [1938] 120, 122).

Krystalle (aus Me.); Zers. bei 300—305°.

Dibenzothiophen-3-carbonsäure-methylester $C_{14}H_{10}O_2S$, Formel I (R = CH₃).

B. Beim Behandeln von Dibenzothiophen-3-carbonsäure mit Diazomethan in Äther (*Gilman et al.*, J. org. Chem. **3** [1938] 120, 123).

Krystalle (aus Me. + A.); F: 129—130°.

Dibenzofuran-4-carbonsäure $C_{13}H_8O_3$, Formel II (X = OH).

B. Beim Behandeln von 3-Amino-2-phenoxy-benzoesäure mit Natriumnitrit und wss. Salzsäure und Eintragen des Reaktionsgemisches in heisse wss. Schwefelsäure (*Natori*, Pharm. Bl. **5** [1957] 539, 542). Beim Behandeln von Dibenzofuran mit Methyllithium, Butyllithium oder Phenyllithium in Äther oder Tetrahydrofuran und anschliessend mit festem Kohlendioxid (*Gilman, Gray*, J. org. Chem. **23** [1958] 1476, 1478, 1479; s. a.

Gilman, Gorsich, J. org. Chem. **22** [1957] 687; *Gilman et al.,* Am. Soc. **63** [1941] 2479, 2480; *Gilman, Young,* J. org. Chem. **1** [1936] 315, 326; Am. Soc. **56** [1934] 1415). Beim Erwärmen von 4-Brom-dibenzofuran mit Butyllithium in Äther und Benzol und Behandeln des Reaktionsgemisches mit festem Kohlendioxid (*Gilman et al.,* Am. Soc. **61** [1939] 1371). Beim Behandeln von 4- Jod-dibenzofuran mit Lithium (*Willis,* Iowa Coll. J. **18** [1943] 98, 99) oder Magnesium (*Gi., Yo.,* Am. Soc. **56** 1415) in Äther und anschliessend mit festem Kohlendioxid. Aus 4-Methyl-dibenzofuran mit Hilfe von Kaliumpermanganat (*Kruber,* B. **65** [1932] 1382, 1393).

Krystalle; F: 213—214° [aus wss. A.] (*Gi., Go.*), 212—213° [unkorr.; aus A. + W.] (*Gi., Gray*), 208—209° [aus A.] (*Gi., Yo.,* Am. Soc. **56** 1415).

Reaktion mit Brom unter Bildung von 8-Brom-dibenzofuran-4-carbonsäure: *Oita et al.,* J. org. Chem. **20** [1955] 657, 660 Anm. 11.

I

II

Dibenzofuran-4-carbonsäure-methylester $C_{14}H_{10}O_3$, Formel II (X = O-CH₃).

B. Beim Behandeln eines Gemisches von Dibenzofuran-4-carbonsäure und Methanol mit Chlorwasserstoff (*Gilman et al.,* Am. Soc. **61** [1939] 643, 645). Beim Behandeln von Dibenzofuran-4-carbonylchlorid mit Methanol (*Gi. et al.*).

F: 92—94°.

Beim Behandeln mit Salpetersäure sind 7-Nitro-dibenzofuran-4-carbonsäure-methylester, 8-Nitro-dibenzofuran-4-carbonsäure-methylester, x,x-Dinitro-dibenzofuran-4-carbonsäure-methylester ($C_{14}H_8N_2O_7$; F: 230—231°), x,x,x-Trinitro-dibenzofuran-4-carbonsäure-methylester ($C_{14}H_7N_3O_9$; F: 208—210°) und eine Additionsverbindung (F: 170—172°) von Dibenzofuran-4-carbonsäure-methylester und x-Nitrodibenzofuran-4-carbonsäure-methylester erhalten worden.

Dibenzofuran-4-carbonsäure-[2-diäthylamino-äthylester] $C_{19}H_{21}NO_3$, Formel II (X = O-CH₂-CH₂-N(C₂H₅)₂).

Hydrochlorid $C_{19}H_{21}NO_3 \cdot HCl$. *B.* Beim Erwärmen von Dibenzofuran-4-carbonsäure mit Phosphor(III)-chlorid und Behandeln des Reaktionsprodukts mit 2-Diäthylaminoäthanol (*Burtner, Lehmann,* Am. Soc. **62** [1940] 527, 530). Beim Behandeln eines heissen Gemisches von Dibenzofuran-4-carbonsäure und 2-Chlor-äthanol mit Chlorwasserstoff und Erhitzen des Reaktionsprodukts mit Diäthylamin auf 110° (*Bu., Le.*). — F: 210°.

Dibenzofuran-4-carbonsäure-chlorid, Dibenzofuran-4-carbonylchlorid $C_{13}H_7ClO_2$, Formel II (X = Cl).

B. Aus Dibenzofuran-4-carbonsäure mit Hilfe von Thionylchlorid (*Kirkpatrick, Parker,* Am. Soc. **57** [1935] 1123, 1126).

Krystalle (nach Sublimation); F: 118°.

Dibenzofuran-4-carbonsäure-amid, Dibenzofuran-4-carbamid $C_{13}H_9NO_2$, Formel II (X = NH₂).

B. Aus Dibenzofuran-4-carbonylchlorid mit Hilfe von wss. Ammoniak (*Kirkpatrick, Parker,* Am. Soc. **57** [1935] 1123, 1126).

Krystalle (aus A.); F: 181—182°.

Dibenzofuran-4-carbonsäure-dimethylamid, *N,N*-Dimethyl-dibenzofuran-4-carbamid $C_{15}H_{13}NO_2$, Formel II (X = N(CH₃)₂).

B. Aus Dibenzofuran-4-carbonylchlorid und Dimethylamin (*Willis,* Iowa Coll. J. **18** [1943] 98, 99).

F: 116,5°.

Dibenzofuran-4-carbonsäure-[3,4-dimethoxy-phenacylamid], *N*-[3,4-Dimethoxy-phenacyl]-dibenzofuran-4-carbamid $C_{23}H_{19}NO_5$, Formel III.

B. Beim Behandeln einer Lösung von Dibenzofuran-4-carbonylchlorid in Äther mit

2-Amino-1-[3,4-dimethoxy-phenyl]-äthanon-hydrochlorid und wss. Kalilauge (*Gilman et al.*, Am. Soc. **61** [1939] 2836, 2845).

Krystalle (aus A.); F: 178—179°.

III

IV

2-Chlor-dibenzofuran-4-carbonsäure $C_{13}H_7ClO_3$, Formel IV.

B. Beim Behandeln von 2-Chlor-dibenzofuran mit Butyllithium in Äther und anschliessend mit festem Kohlendioxid (*Oita et al.*, J. org. Chem. **20** [1955] 657, 663).

Hellgelbe Krystalle (aus Eg.); F: 272—272,5° [unkorr.].

Hydrierung an Palladium in Äthanol unter Druck (Bildung von Dibenzofuran-4-carbonsäure): *Oita et al.*

8-Chlor-dibenzofuran-4-carbonsäure $C_{13}H_7ClO_3$, Formel V.

B. Beim Behandeln eines Gemisches von Dibenzofuran-4-carbonsäure, Tetrachlormethan und Eisen-Pulver mit Chlor und anschliessenden Erwärmen (*Oita et al.*, J. org. Chem. **20** [1955] 657, 665).

Krystalle (aus Eg.); F: 279—280° [unkorr.].

2-Brom-dibenzofuran-4-carbonsäure $C_{13}H_7BrO_3$, Formel VI (R = H).

B. Neben Dibenzofuran beim Behandeln von 2-Brom-dibenzofuran mit Benzol und mit Butyllithium in Äther, erneuten Versetzen mit 2-Brom-dibenzofuran und Behandeln des Reaktionsgemisches mit festem Kohlendioxid und Äther (*Gilman et al.*, Am. Soc. **62** [1940] 346; s. a. *Gilman et al.*, Am. Soc. **61** [1939] 951, 954).

Krystalle (aus Eg.); F: 285—286° (*Gi. et al.*, Am. Soc. **61** 954).

2-Brom-dibenzofuran-4-carbonsäure-methylester $C_{14}H_9BrO_3$, Formel VI (R = CH_3).

B. Beim Behandeln von 2-Brom-dibenzofuran-4-carbonsäure mit Diazomethan in Äther (*Gilman et al.*, Am. Soc. **61** [1939] 951, 954).

Krystalle (aus Eg.); F: 189—189,5°.

V

VI

VII

8-Brom-dibenzofuran-4-carbonsäure $C_{13}H_7BrO_3$, Formel VII (R = H).

B. Beim Behandeln von 3-Amino-2-[4-brom-phenoxy]-benzoesäure mit Natriumnitrit und wss. Salzsäure und Eintragen des Reaktionsgemisches in heisse wss. Schwefelsäure (*Gilman et al.*, Am. Soc. **61** [1939] 643, 646). Aus Dibenzofuran-4-carbonsäure und Brom (*Oita et al.*, J. org. Chem. **20** [1955] 657, 660 Anm. 11). Beim Erhitzen von 8-Brom-dibenzofuran-4-carbonsäure-methylester mit Essigsäure und konz. wss. Salzsäure (*Gi. et al.*).

F: 263—264° (*Gi. et al.*).

8-Brom-dibenzofuran-4-carbonsäure-methylester $C_{14}H_9BrO_3$, Formel VII (R = CH_3).

B. Beim Erwärmen von Dibenzofuran-4-carbonsäure-methylester mit Brom in Tetrachlormethan (*Gilman et al.*, Am. Soc. **61** [1939] 643, 646).

Krystalle (aus Me.); F: 166—167°.

Beim Erwärmen mit Salpetersäure sind 8-Brom-7-nitro-dibenzofuran-4-carbonsäure-methylester und 8-Brom-x,x-dinitro-dibenzofuran-4-carbonsäure-methylester

($C_{14}H_7BrN_2O_7$; hellgelbe Krystalle [aus Bzl. + PAe.], F: 259,5—260,5°) erhalten worden (*Gi. et al.*, l. c. S. 647).

7-Nitro-dibenzofuran-4-carbonsäure $C_{13}H_7NO_5$, Formel VIII (R = H).
B. Beim Erhitzen von 7-Nitro-dibenzofuran-4-carbonsäure-methylester mit Essigsäure und konz. wss. Salzsäure (*Gilman et al.*, Am. Soc. **61** [1939] 643, 645).
Zers. bei 260—265°.

7-Nitro-dibenzofuran-4-carbonsäure-methylester $C_{14}H_9NO_5$, Formel VIII (R = CH$_3$).
B. Neben 8-Nitro-dibenzofuran-4-carbonsäure-methylester und anderen Verbindungen beim Behandeln von Dibenzofuran-4-carbonsäure-methylester mit Salpetersäure (*Gilman et al.*, Am. Soc. **61** [1939] 643, 645).
Krystalle (aus Eg.); F: 156—158°.

8-Nitro-dibenzofuran-4-carbonsäure $C_{13}H_7NO_5$, Formel IX (R = H).
B. Beim Erhitzen von 8-Nitro-dibenzofuran-4-carbonsäure-methylester mit Essigsäure und konz. wss. Salzsäure (*Gilman et al.*, Am. Soc. **61** [1939] 643, 645).
Zers. bei 300—305°.

VIII   IX   X

8-Nitro-dibenzofuran-4-carbonsäure-methylester $C_{14}H_9NO_5$, Formel IX (R = CH$_3$).
B. Neben 7-Nitro-dibenzofuran-4-carbonsäure-methylester und anderen Verbindungen beim Behandeln von Dibenzofuran-4-carbonsäure-methylester mit Salpetersäure (*Gilman et al.*, Am. Soc. **61** [1939] 643, 645).
Krystalle (aus Eg.); F: 205—205,5°.

8-Brom-7-nitro-dibenzofuran-4-carbonsäure $C_{13}H_6BrNO_5$, Formel X (R = H).
B. Beim Erhitzen von 8-Brom-7-nitro-dibenzofuran-4-carbonsäure-methylester mit Essigsäure und konz. wss. Salzsäure (*Gilman et al.*, Am. Soc. **61** [1939] 643, 647).
Gelbe Krystalle (aus Eg.); F: 331—334°.

8-Brom-7-nitro-dibenzofuran-4-carbonsäure-methylester $C_{14}H_8BrNO_5$, Formel X (R = CH$_3$).
B. Beim Erwärmen von 8-Brom-dibenzofuran-4-carbonsäure-methylester mit Sal= petersäure (*Gilman et al.*, Am. Soc. **61** [1939] 643, 647).
Hellgelbe Krystalle (aus Eg.); F: 205—206°.

Dibenzothiophen-4-carbonsäure $C_{13}H_8O_2S$, Formel XI (X = OH).
B. Beim Behandeln von Dibenzothiophen mit Methyllithium, Butyllithium oder Phenyl= lithium in Äther oder Tetrahydrofuran und anschliessend mit festem Kohlendioxid (*Gilman, Gray*, J. org. Chem. **23** [1958] 1476, 1477, 1479). Beim Behandeln von 1-Di= benzothiophen-4-yl-äthanon mit Dioxan, mit Jod und Kaliumjodid in Wasser und mit wss. Alkalilauge (*Burger, Bryant*, J. org. Chem. **4** [1939] 119, 120).
Krystalle; F: 261—264° [unkorr.; aus Eg.] (*Gi., Gray*), 261—262° [Zers.; evakuierte Kapillare; nach Sublimation] (*Bu., Br.*). Absorptionsmaxima (A.): 282 nm und 340 nm (*Burlant, Gould*, Am. Soc. **76** [1954] 5775).

5,5-Dioxo-5λ⁶-dibenzothiophen-4-carbonsäure $C_{13}H_8O_4S$, Formel XII (X = OH).
B. Beim Behandeln von Dibenzothiophen-5,5-dioxid mit Butyllithium in Äther bei —20° und anschliessend mit festem Kohlendioxid (*Gilman, Esmay*, Am. Soc. **75** [1953] 278, 280). Beim Erwärmen von Dibenzothiophen-4-carbonsäure mit Essigsäure und wss. Wasserstoffperoxid (*Gi., Es.*).
Krystalle (aus Dioxan); F: 338—339° [unkorr.].

Dibenzothiophen-4-carbonsäure-methylester $C_{14}H_{10}O_2S$, Formel XI (X = O-CH$_3$).
B. Beim Behandeln von Dibenzothiophen-4-carbonsäure mit Diazomethan in Äther (*Gilman, Jacoby*, J. org. Chem. **3** [1938] 108, 113).
Krystalle; F: 95° [aus Me.] (*Gi., Ja.*), 94–95° [aus wss. Me.] (*Burger, Bryant*, J. org. Chem. **4** [1939] 119, 121).

Dibenzothiophen-4-carbonsäure-[2-diäthylamino-äthylester] $C_{19}H_{21}NO_2S$, Formel XI (X = O-CH$_2$-CH$_2$-N(C$_2$H$_5$)$_2$).
Hydrochlorid $C_{19}H_{21}NO_2S \cdot HCl$. *B*. Beim Erwärmen von Dibenzothiophen-4-carbonsäure mit Phosphor(III)-chlorid und Behandeln des Reaktionsprodukts mit 2-Diäthylamino-äthanol (*Burtner, Lehmann*, Am. Soc. **62** [1940] 527, 530). Beim Behandeln eines heissen Gemisches von Dibenzothiophen-4-carbonsäure und 2-Chlor-äthanol mit Chlorwasserstoff und Erhitzen des Reaktionsprodukts mit Diäthylamin auf 110° (*Bu., Le.*). – F: 213°.

XI   XII   XIII   XIV

Dibenzothiophen-4-carbonsäure-chlorid, Dibenzothiophen-4-carbonylchlorid $C_{13}H_7ClOS$, Formel XI (X = Cl).
B. Aus Dibenzothiophen-4-carbonsäure mit Hilfe von Thionylchlorid (*Gilman, Avakian*, Am. Soc. **68** [1946] 2104).
Krystalle (aus Bzl.); F: 159–160°.

Dibenzothiophen-4-carbonsäure-amid, Dibenzothiophen-4-carbamid $C_{13}H_9NOS$, Formel XI (X = NH$_2$).
B. Aus Dibenzothiophen-4-carbonylchlorid mit Hilfe von wss. Ammoniak (*Gilman, Esmay*, Am. Soc. **74** [1952] 2021, 2024).
Krystalle (aus Dioxan); F: 250–251° [unkorr.].

5,5-Dioxo-5λ^6-dibenzothiophen-4-carbonsäure-amid $C_{13}H_9NO_3S$, Formel XII (X = NH$_2$).
B. Beim Erwärmen von Dibenzothiophen-4-carbamid mit Essigsäure und wss. Wasserstoffperoxid (*Gilman, Esmay*, Am. Soc. **74** [1952] 2021, 2024).
Krystalle (aus Me.); F: 236–238° [unkorr.].

Dibenzoselenophen-4-carbonsäure $C_{13}H_8O_2Se$, Formel XIII.
B. Beim Erwärmen von Dibenzoselenophen mit Butyllithium in Äther und Eintragen des Reaktionsgemisches in eine Suspension von festem Kohlendioxid in Äther (*Burlant, Gould*, Am. Soc. **76** [1954] 5775).
Krystalle (aus Me.); F: 262–265° [korr.; Zers.]. Absorptionsmaxima (A.): 288 nm, 296 nm und 342 nm.

5-Oxo-5λ^4-dibenzoselenophen-4-carbonsäure $C_{13}H_8O_3Se$, Formel XIV.
B. Beim Behandeln von Dibenzoselenophen-4-carbonsäure mit Essigsäure und wss. Wasserstoffperoxid (*Burlant, Gould*, Am. Soc. **76** [1954] 5775).
Bei 192–194° erfolgt Zersetzung unter Bildung von Dibenzoselenophen-4-carbonsäure und Sauerstoff.

Carbonsäuren $C_{14}H_{10}O_3$

Xanthen-4-carbonsäure $C_{14}H_{10}O_3$, Formel I.
B. Beim Erhitzen von (±)-Xanthen-4,9-dicarbonsäure bis auf 290° (*Akagi, Iwashige*, J. pharm. Soc. Japan **74** [1952] 610, 612; C. A. **1954** 10742).
Krystalle (aus Me.); F: 183–184°.

Xanthen-9-carbonsäure $C_{14}H_{10}O_3$, Formel II (R = H) (E II 279).

B. Beim Erwärmen von Xanthen mit Butyllithium in Äther und anschliessenden Behandeln mit festem Kohlendioxid (*Burtner, Cusic*, Am. Soc. **65** [1943] 1582). Beim Behandeln einer Lösung von Xanthen in Benzol mit einer aus Chlorbenzol, Natrium und Toluol hergestellten Lösung von Phenylnatrium und anschliessend mit festem Kohlendioxid (*Akagi, Iwashige*, J. pharm. Soc. Japan **74** [1954] 608; C. A. **1954** 10742).

Krystalle; F: 222° (*Bu., Cu.*). UV-Spektrum (A.; 200—300 nm): *Matta, Nunes*, Anais Azevedos **4** [1952] 161, 163. Scheinbarer Dissoziationsexponent pK'_a (Wasser ?): 5,9 (*Goldberg, Wragg*, Soc. **1957** 4823, 4826).

Xanthen-9-carbonsäure-methylester $C_{15}H_{12}O_3$, Formel II (R = CH$_3$) (E II 279).

B. Beim Behandeln einer Lösung von Xanthen-9-carbonsäure in Methanol mit Chlorwasserstoff (*Evdomikoff, Calò*, Ann. Chimica **49** [1959] 1321, 1325).

Krystalle (aus Me.); F: 85—86°.

Xanthen-9-carbonsäure-äthylester $C_{16}H_{14}O_3$, Formel II (R = C$_2$H$_5$).

B. Beim Erwärmen von Xanthen-9-carbonsäure mit Chlorwasserstoff enthaltendem Äthanol (*Acheson et al.*, Soc. **1956** 698, 705).

Krystalle (aus wss. A.); F: 58°.

Xanthen-9-carbonsäure-[2-chlor-äthylester] $C_{16}H_{13}ClO_3$, Formel II (R = CH$_2$-CH$_2$Cl).

B. Beim Erwärmen von Xanthen-9-carbonsäure mit 2-Chlor-äthanol, Tetrachlormethan und wenig Schwefelsäure (*Yoshida, Iwashige*, Pharm. Bl. **3** [1955] 417, 420).

Öl; bei 150—153°/0,01 Torr destillierbar.

Xanthen-9-carbonsäure-[2-brom-äthylester] $C_{16}H_{13}BrO_3$, Formel II (R = CH$_2$-CH$_2$Br).

B. Beim Erwärmen von Xanthen-9-carbonsäure mit 2-Brom-äthanol, Tetrachlormethan und wenig Schwefelsäure (*Yoshida Iwashige*, Pharm. Bl. **3** [1955] 417, 420).

Öl; bei 135—139°/0,0005 Torr destillierbar.

Trimethyl-[2-(xanthen-9-carbonyloxy)-äthyl]-ammonium, Xanthen-9-carbonsäure-[2-trimethylammonio-äthylester] $[C_{19}H_{22}NO_3]^+$, Formel III (R = X = CH$_3$).

Chlorid $[C_{19}H_{22}NO_3]Cl$; *O*-[Xanthen-9-carbonyl]-cholin-chlorid. *B.* Beim Erwärmen von Xanthen-9-carbonsäure-[2-dimethylamino-äthylester] mit Methylchlorid und Aceton (*Searle & Co.*, D.B.P. 948333 [1950]; U.S.P. 2659732 [1952]). — Krystalle; F: 130°.

I   II   III

Xanthen-9-carbonsäure-[2-diäthylamino-äthylester] $C_{20}H_{23}NO_3$, Formel IV (R = X = C$_2$H$_5$) auf S. 4353.

B. Beim Erhitzen von Xanthen mit Kohlensäure-bis-[2-diäthylamino-äthylester] und Kalium unter Stickstoff (*Searle & Co.*, U.S.P. 2691017 [1952]). Beim Erwärmen von Xanthen-9-carbonsäure mit Diäthyl-[2-chlor-äthyl]-amin und Isopropylalkohol (*Burtner, Cusic*, Am. Soc. **65** [1943] 1582, 1584) oder mit Diäthyl-[2-chlor-äthyl]-amin, Chloroform und Kaliumcarbonat (*Goldberg, Wragg*, Soc. **1957** 4823, 4829). Beim Erwärmen von Xanthen-9-carbonsäure-[2-chlor-äthylester] mit Diäthylamin (*Yoshida, Iwashige*, Pharm. Bl. **3** [1955] 417, 421).

Öl; bei 140—145°/0,002 Torr destillierbar (*Yo., Iw.*).

Hydrochlorid $C_{20}H_{23}NO_3 \cdot HCl$. Krystalle (aus Isopropylalkohol + E.); F: 159° bis 160° (*Bu., Cu.*).

Diäthyl-methyl-[2-(xanthen-9-carbonyloxy)-äthyl]-ammonium, Xanthen-9-carbonsäure-[2-(diäthyl-methyl-ammonio)-äthylester] $[C_{21}H_{26}NO_3]^+$, Formel III (R = C_2H_5, X = CH_3).

Chlorid $[C_{21}H_{26}NO_3]$Cl. *B.* Beim Erwärmen von Xanthen-9-carbonsäure-[2-diäthyl=amino-äthylester] mit Methylchlorid und Aceton (*Searle & Co.*, D.B.P. 948333 [1950]; U.S.P. 2659732 [1952]). — Hygroskopische Krystalle (aus Acn.); F: 162° (*Searle & Co.*).

Bromid $[C_{21}H_{26}NO_3]$Br; Methanthelinium-bromid, Banthin. *B.* Beim Behandeln des Silber-Salzes der Xanthen-9-carbonsäure mit Diäthyl-[2-brom-äthyl]-methyl-ammo=nium-bromid in Wasser (*Yoshida, Iwashige*, J. pharm. Soc. Japan **74** [1954] 605; C. A. **1954** 10582). Beim Erwärmen von Xanthen-9-carbonsäure-[2-brom-äthylester] mit Diäthyl-methyl-amin und Aceton (*Yoshida, Iwashige*, Pharm. Bl. **3** [1955] 417, 421). Beim Behandeln einer Lösung von Xanthen-9-carbonsäure-[2-diäthylamino-äthylester] in Butanon mit Methylbromid (*Searle & Co.*). — Krystalle; F: 180—182° [aus A.] (*Searle & Co.*), 175—176° [korr.] (*Cusic, Robinson*, J. org. Chem. **16** [1951] 1921, 1922), 173—175° [aus A. + Acn. + Ae.] (*Yo., Iw.*, Pharm. Bl. **3** 421), 173—174° [aus A. + Ae.] (*Yo., Iw.*, J. pharm. Soc. Japan **74** 605). UV-Spektrum (A.; 200—390 nm): *Matta, Nunes*, Anais Azevedos **4** [1952] 161, 163. UV-Spektrum (200—300 nm) einer wss. Lösung vom pH 10: *Nogami et al.*, Chem. pharm. Bl. **6** [1958] 277, 280. Kinetik der Hydrolyse in wss. Lösungen vom pH 1 bis pH 11 bei 0° bis 62,5°: *No. et al.*

Jodid $[C_{21}H_{26}NO_3]$I. *B.* Beim Behandeln von Xanthen-9-carbonsäure-[2-diäthylamino-äthylester] mit Methyljodid und Äther (*Searle & Co.*). — Krystalle (aus Isopropylalkohol); F: 178—179° (*Searle & Co.*).

Methylsulfat $[C_{21}H_{26}NO_3]CH_3O_4S$. *B.* beim Erwärmen von Xanthen-9-carbonsäure-[2-diäthylamino-äthylester] mit Dimethylsulfat und Butanon (*Searle & Co.*). — Krystalle; F: ca. 114—118° (*Searle & Co.*).

Nitrat $[C_{21}H_{26}NO_3]NO_3$. *B.* Aus dem Jodid [s. o.] (*Searle & Co.*). — Krystalle (aus Butanon); F: 142—143° (*Searle & Co.*).

Citrat. *B.* Aus dem Bromid [s. o.] (*Searle & Co.*). — Krystalle; F: 96—98° (*Searle & Co.*).

Toluol-4-sulfonat $[C_{21}H_{26}NO_3]C_7H_7O_3S$. *B.* Beim Behandeln von Xanthen-9-carbon=säure-[2-diäthylamino-äthylester] mit Toluol-4-sulfonsäure-methylester und Butanon (*Searle & Co.*). — Krystalle; F: 137—138° (*Searle & Co.*).

Triäthyl-[2-(xanthen-9-carbonyloxy)-äthyl]-ammonium, Xanthen-9-carbonsäure-[2-triäthylammonio-äthylester] $[C_{22}H_{28}NO_3]^+$, Formel III (R = X = C_2H_5).

Bromid $[C_{22}H_{28}NO_3]$Br. *B.* Beim Erwärmen von Xanthen-9-carbonsäure-[2-diäthyl=amino-äthylester] mit Äthylbromid und Butanon (*Searle & Co.*, U.S.P. 2659732 [1952]) oder mit Äthylbromid und Benzol (*Goldberg, Wragg*, Soc. **1957** 4823, 4829). — Krystalle; F: 195—196° [aus Isopropylalkohol] (*Searle & Co.*), 195—196° [korr.] (*Cusic, Robinson*, J. org. Chem. **16** [1951] 1921, 1922), 194° (*Go., Wr.*).

Diäthyl-propyl-[2-(xanthen-9-carbonyloxy)-äthyl]-ammonium, Xanthen-9-carbonsäure-[2-(diäthyl-propyl-ammonio)-äthylester] $[C_{23}H_{30}NO_3]^+$, Formel III (R = C_2H_5, X = CH_2-CH_2-CH_3).

Jodid $[C_{23}H_{30}NO_3]$I. *B.* Beim Erwärmen von Xanthen-9-carbonsäure-[2-diäthylamino-äthylester] mit Propyljodid und Butanon (*Searle & Co.*, U.S.P. 2659732 [1952]). — F: 124—125°.

Xanthen-9-carbonsäure-[2-dipropylamino-äthylester] $C_{22}H_{27}NO_3$, Formel IV (R = X = CH_2-CH_2-CH_3).

Hydrochlorid. *B.* Beim Erwärmen von Xanthen-9-carbonsäure mit Thionylchlorid und Benzol und Erwärmen des Reaktionsprodukts mit 2-Dipropylamino-äthanol und Butanon (*Searle & Co.*, U.S.P. 2659732 [1952]). — Krystalle; F: 120—122°.

Methyl-dipropyl-[2-(xanthen-9-carbonyloxy)-äthyl]-ammonium, Xanthen-9-carbonsäure-[2-(methyl-dipropyl-ammonio)-äthylester] $[C_{23}H_{30}NO_3]^+$, Formel III (R = CH_2-CH_2-CH_3, X = CH_3).

Bromid $[C_{23}H_{30}NO_3]$Br. *B.* Beim Erwärmen von Xanthen-9-carbonsäure-[2-dipropyl=amino-äthylester] mit Methylbromid und Chloroform (*Searle & Co.*, U.S.P. 2659732 [1952]). — Krystalle (aus Isopropylalkohol + E.); F: 155—156°.

1-[Isopropyl-methyl-amino]-2-[xanthen-9-carbonyloxy]-äthan, Xanthen-9-carbonsäure-[2-(isopropyl-methyl-amino)-äthylester] $C_{20}H_{23}NO_3$, Formel IV (R = CH$_3$, (X = CH(CH$_3$)$_2$).
B. Beim Erhitzen von Xanthen-9-carbonsäure mit [2-Chlor-äthyl]-isopropyl-methyl-amin, Toluol und Isopropylalkohol (*Searle & Co.*, U.S.P. 2659732 [1952]).
Hydrochlorid $C_{20}H_{23}NO_3 \cdot HCl$. Krystalle; F: 105—106° (*Searle & Co.*), 105—106° [korr.] (*Cusic, Robinson*, J. org. Chem. **16** [1951] 1921, 1922).

Isopropyl-dimethyl-[2-(xanthen-9-carbonyloxy)-äthyl]-ammonium, Xanthen-9-carbonsäure-[2-(isopropyl-dimethyl-ammonio)-äthylester] $[C_{21}H_{26}NO_3]^+$, Formel III (R = CH$_3$, X = CH(CH$_3$)$_2$) auf S. 4351.
Bromid $[C_{21}H_{26}NO_3]Br$. *B.* Beim Behandeln von Xanthen-9-carbonsäure-[2-(isopropyl-methyl-amino)-äthylester] mit Methylbromid und Butanon (*Searle & Co.*, U.S.P. 2659732 [1952]). — Krystalle (aus Isopropylalkohol); F: 188°.

1-[Äthyl-isopropyl-amino]-2-[xanthen-9-carbonyloxy]-äthan, Xanthen-9-carbonsäure-[2-(äthyl-isopropyl-amino)-äthylester] $C_{21}H_{25}NO_3$, Formel IV (R = C$_2$H$_5$, X = CH(CH$_3$)$_2$).
B. Beim Erwärmen von Xanthen-9-carbonsäure mit Äthyl-[2-chlor-äthyl]-isopropyl-amin und Isopropylalkohol (*Cusic, Robinson*, J. org. Chem. **16** [1951] 1921, 1922, 1929).
Hydrochlorid $C_{21}H_{25}NO_3 \cdot HCl$. Krystalle; F: 172—173° [korr.].

(±)-Äthyl-isopropyl-methyl-[2-(xanthen-9-carbonyloxy)-äthyl]-ammonium, (±)-Xanthen-9-carbonsäure-[2-(äthyl-isopropyl-methyl-ammonio)-äthylester] $[C_{22}H_{28}NO_3]^+$, Formel V (R = CH(CH$_3$)$_2$).
Bromid $[C_{22}H_{28}NO_3]Br$. *B.* Beim Erwärmen von Xanthen-9-carbonsäure-[2-(äthyl-isopropyl-amino)-äthylester] mit Methylbromid und Chloroform (*Searle & Co.*, U.S.P. 2659732 [1952]). — Krystalle (aus Isopropylalkohol + Ae.); F: 178—179°.

Diäthyl-isopropyl-[2-(xanthen-9-ylcarbonyloxy)-äthyl]-ammonium, Xanthen-9-carbonsäure-[2-(diäthyl-isopropyl-ammonio)-äthylester] $[C_{23}H_{30}NO_3]^+$, Formel III (R = C$_2$H$_5$, X = CH(CH$_3$)$_2$) auf S. 4351.
Chlorid $[C_{23}H_{30}NO_3]Cl$. *B.* Beim Erwärmen von Xanthen-9-carbonsäure mit Thionylchlorid und Benzol und Erwärmen des Reaktionsprodukts mit Diäthyl-[2-hydroxy-äthyl]-isopropyl-ammonium-chlorid (*Searle & Co.*, U.S.P. 2659732 [1952]; *Cusic, Robinson*, J. org. Chem. **16** [1951] 1921, 1925). — Hygroskopische Krystalle [aus CHCl$_3$ +Ae.] (*Searle & Co.*).

IV   V   VI

Xanthen-9-carbonsäure-[2-diisopropylamino-äthylester] $C_{22}H_{27}NO_3$, Formel IV (R = X = CH(CH$_3$)$_2$).
B. Beim Erwärmen von Xanthen-9-carbonsäure mit [2-Chlor-äthyl]-diisopropyl-amin und Chloroform (*Goldberg, Wragg*, Soc. **1957** 4823, 4829) oder mit [2-Chlor-äthyl]-diisopropyl-amin und Isopropylalkohol (*Cusic, Robinson*, J. org. Chem. **16** [1951] 1921, 1929). Beim Erhitzen von Xanthen-9-carbonsäure-[2-chlor-äthylester] mit Diisopropylamin auf 110° (*Yoshida, Iwashige*, Pharm. Bl. **3** [1955] 417, 421).
Öl; bei 200—210°/0,0005 Torr destillierbar (*Yo., Iw.*, l. c. S. 418).
Hydrochlorid $C_{22}H_{27}NO_3 \cdot HCl$. Krystalle; F: 111—112° [korr.] (*Cu., Ro.*).

Diisopropyl-methyl-[2-(xanthen-9-carbonyloxy)-äthyl]-ammonium, Xanthen-9-carbonsäure-[2-(diisopropyl-methyl-ammonio)-äthylester] $[C_{23}H_{30}NO_3]^+$, Formel III (R = CH(CH$_3$)$_2$, X = CH$_3$) auf S. 4351.
Bromid $[C_{23}H_{30}NO_3]Br$; Propanthelin-bromid, Probanthin. *B.* Beim Erwärmen

von Xanthen-9-carbonsäure-[2-diisopropylamino-äthylester] mit Methylbromid und Chloroform (*Searle & Co.*, U.S.P. 2 659 732 [1952]). — Krystalle (aus Isopropylalkohol); F: 157—158°. IR-Spektrum (KBr; 2—15 µ): Drug Stand. **25** [1957] 103.

Äthyl-diisopropyl-[2-(xanthen-9-carbonyloxy)-äthyl]-ammonium, Xanthen-9-carbonsäure-[2-(äthyl-diisopropyl-ammonio)-äthylester] $[C_{24}H_{32}NO_3]^+$, Formel III ($R = CH(CH_3)_2$, $X = C_2H_5$) auf S. 4351.

Bromid $[C_{24}H_{32}NO_3]Br$. *B.* Aus dem Jodid [s. u.] (*Cusic, Robinson*, J. org. Chem. **16** [1951] 1921, 1925, 1929; *Searle & Co.*, U.S.P. 2 659 732 [1952]). — Krystalle (aus Isopropylalkohol); F: 151—152° [korr.] (*Cu., Ro.; Searle & Co.*).

Jodid $[C_{24}H_{32}NO_3]I$. *B.* Beim Erwärmen von Xanthen-9-carbonylchlorid mit Äthyl-[2-hydroxy-äthyl]-diisopropyl-ammonium-chlorid und Behandeln einer Lösung des Reaktionsprodukts in Butanon mit Natriumjodid in Aceton (*Cu., Ro.*; s. a. *Searle & Co.*). — Krystalle (aus Isopropylalkohol); F: 148—149° (*Cu., Ro.*).

Diäthyl-butyl-[2-(xanthen-9-carbonyloxy)-äthyl]-ammonium, Xanthen-9-carbonsäure-[2-(diäthyl-butyl-ammonio)-äthylester] $[C_{24}H_{32}NO_3]^+$, Formel III ($R = C_2H_5$, $X = [CH_2]_3\text{-}CH_3$) auf S. 4351.

Bromid $[C_{24}H_{32}NO_3]Br$. *B.* Beim Erwärmen von Xanthen-9-carbonsäure-[2-diäthylamino-äthylester] mit Butylbromid und Butanon (*Searle & Co.*, U.S.P. 2 659 732 [1952]). — Krystalle (aus Isopropylalkohol + Ae.); F: 117—118°.

Dibutyl-methyl-[2-(xanthen-9-carbonyloxy)-äthyl]-ammonium, Xanthen-9-carbonsäure-[2-(dibutyl-methyl-ammonio)-äthylester] $[C_{25}H_{34}NO_3]^+$, Formel III ($R = [CH_2]_3\text{-}CH_3$, $X = CH_3$) auf S. 4351.

Bromid $[C_{25}H_{34}NO_3]Br$. *B.* Beim Erwärmen von Xanthen-9-carbonylchlorid (aus Xanthen-9-carbonsäure mit Hilfe von Thionylchlorid hergestellt) mit 2-Dibutylamino-äthanol und Butanon und Erwärmen des erhaltenen Xanthen-9-carbonsäure-[2-dibutylamino-äthylesters] ($C_{24}H_{31}NO_3$; Öl) mit Methylbromid und Chloroform (*Searle & Co.*, U.S.P. 2 659 732 [1952]). — Krystalle (aus Isopropylalkohol); F: 163—164°.

(±)-Äthyl-*sec*-butyl-methyl-[2-(xanthen-9-carbonyloxy)-äthyl]-ammonium, (±)-Xanthen-9-carbonsäure-[2-(äthyl-*sec*-butyl-methyl-ammonio)-äthylester] $[C_{23}H_{30}NO_3]^+$, Formel V ($R = CH(CH_3)\text{-}CH_2\text{-}CH_3$).

Bromid $[C_{23}H_{30}NO_3]Br$. *B.* Beim Erwärmen von Xanthen-9-carbonsäure mit Äthyl-*sec*-butyl-[2-chlor-äthyl]-amin (Kp$_8$: 59°) und Chloroform, Behandeln des Reaktionsprodukts mit Kaliumcarbonat in Wasser und Behandeln des danach isolierten Amins mit Methylbromid und Chloroform (*Searle & Co.*, U.S.P. 2 659 732 [1952]). — Krystalle; F: 131—132°.

Xanthen-9-carbonsäure-[2-diallylamino-äthylester] $C_{22}H_{23}NO_3$, Formel IV ($R = X = CH_2\text{-}CH=CH_2$).

Hydrochlorid. *B.* Beim Erwärmen von Xanthen-9-carbonylchlorid mit 2-Diallylamino-äthanol und Butanon (*Searle & Co.*, U.S.P. 2 776 299 [1954]). — F: 147—148°.

VII   **VIII**   **IX**

Diallyl-methyl-[2-(xanthen-9-carbonyloxy)-äthyl]-ammonium, Xanthen-9-carbonsäure-[2-(diallyl-methyl-ammonio)-äthylester] $[C_{23}H_{26}NO_3]^+$, Formel III ($R = CH_2\text{-}CH=CH_2$, $X = CH_3$) auf S. 4351.

Bromid $[C_{23}H_{26}NO_3]Br$. *B.* Beim Erwärmen von Xanthen-9-carbonsäure-[2-diallylamino-äthylester] mit Methylbromid und Chloroform (*Searle & Co.*, U.S.P. 2 776 299 [1954]). — Krystalle (aus Isopropylalkohol); F: 134—135°.

Diäthyl-[2-hydroxy-äthyl]-[2-(xanthen-9-carbonyloxy)-äthyl]-ammonium, Xanthen-9-carbonsäure-{2-[diäthyl-(2-hydroxy-äthyl)-ammonio]-äthylester} $[C_{22}H_{28}NO_4]^+$, Formel III (R = C_2H_5, X = CH_2-CH_2-OH) auf S. 4351.

Bromid $[C_{22}H_{28}NO_4]$Br. *B*. Beim Erwärmen von Xanthen-9-carbonsäure-[2-diäthyl=amino-äthylester] mit 2-Chlor-äthanol und Butanon (*Searle & Co.*, U.S.P. 2776299 [1954]). — Krystalle (aus Isopropylalkohol + Butanon); F: 149°.

(±)-Trimethyl-[β-(xanthen-9-carbonyloxy)-isopropyl]-ammonium, (±)-Xanthen-9-carbonsäure-[2-trimethylammonio-propylester] $[C_{20}H_{24}NO_3]^+$, Formel VI (R = X = CH_3) auf S. 4353.

Bromid $[C_{20}H_{24}NO_3]$Br. *B*. Beim Behandeln von (±)-Xanthen-9-carbonsäure-[2-di=methylamino-propylester] mit Methylbromid und Butanon (*Searle & Co.*, U.S.P. 2659732 [1952]). — Krystalle (aus Isopropylalkohol); F: 175—177°.

(±)-Xanthen-9-carbonsäure-[2-diäthylamino-propylester] $C_{21}H_{25}NO_3$, Formel VII (R = C_2H_5).

B. Beim Erwärmen von Xanthen-9-carbonsäure mit (±)-Diäthyl-[β-chlor-isopropyl]-amin und Isopropylalkohol (*Searle & Co.*, U.S.P. 2334310 [1942]). Beim Erwärmen von Xanthen-9-carbonsäure mit Thionylchlorid und Toluol und Erhitzen des Reaktions-produkts mit (±)-2-Diäthylamino-propan-1-ol und Toluol (*Searle & Co.*, U.S.P. 2659732 [1952]).

Öl (*Searle & Co.*, U.S.P. 2334310).

Hydrochlorid. Krystalle; F: 155—156° (*Searle & Co.*, U.S.P. 2659732), 145° (*Searle & Co.*, U.S.P. 2334310).

(±)-Diäthyl-methyl-[β-(xanthen-9-carbonyloxy)-isopropyl]-ammonium, (±)-Xanthen-9-carbonsäure-[2-(diäthyl-methyl-ammonio)-propylester] $[C_{22}H_{28}NO_3]^+$, Formel VI (R = C_2H_5, X = CH_3) auf S. 4353.

Jodid $[C_{22}H_{28}NO_3]$I. *B*. Beim Erwärmen von (±)-Xanthen-9-carbonsäure-[2-diäthyl=amino-propylester] mit Methyljodid und Butanon (*Searle & Co.*, U.S.P. 2659732 [1952]). — Krystalle (aus Isopropylalkohol); F: 149—150°.

Xanthen-9-carbonsäure-[3-diäthylamino-propylester] $C_{21}H_{25}NO_3$, Formel VIII (R = C_2H_5).

B. Beim Erwärmen von Xanthen-9-carbonsäure mit Diäthyl-[3-chlor-propyl]-amin und Isopropylalkohol (*Searle & Co.*, U.S.P 2334310 [1942]).

Öl.

Hydrochlorid. F: 124°.

Diäthyl-methyl-[3-(xanthen-9-carbonyloxy)-propyl]-ammonium, Xanthen-9-carbonsäure-[3-(diäthyl-methyl-ammonio)-propylester] $[C_{22}H_{28}NO_3]^+$, Formel IX (R = C_2H_5, X = CH_3).

Bromid $[C_{22}H_{28}NO_3]$Br. *B*. Beim Behandeln von Xanthen-9-carbonsäure-[2-diäthyl=amino-propylester] mit Methylbromid und Butanon (*Searle & Co.*, U.S.P. 2659732 [1952]). — Krystalle (aus Isopropylalkohol); F: 186—187°.

Triäthyl-[3-(xanthen-9-carbonyloxy)-propyl]-ammonium, Xanthen-9-carbonsäure-[3-triäthylammonio-propylester] $[C_{23}H_{30}NO_3]^+$, Formel IX (R = X = C_2H_5).

Bromid $[C_{23}H_{30}NO_3]$Br. *B*. Beim Erwärmen von Xanthen-9-carbonsäure-[3-diäthyl=amino-propylester] mit Äthylbromid und Butanon (*Searle & Co.*, U.S.P. 2659732 [1952]). — Krystalle (aus Isopropylalkohol + Ae.); F: 123—124°.

(±)-Xanthen-9-carbonsäure-[β-dimethylamino-isopropylester] $C_{19}H_{21}NO_3$, Formel X (R = CH_3).

B. Beim Behandeln von Xanthen-9-carbonsäure-äthylester mit Kalium in Toluol und Erhitzen des Reaktionsgemisches mit (±)-[2-Chlor-propyl]-dimethyl-amin (*Acheson et al.*, Soc. **1956** 698, 705).

Hydrochlorid $C_{19}H_{21}NO_3 \cdot$ HCl. Krystalle (aus E. + A.) mit 1,5 Mol H_2O, die bei 120° das Krystallwasser abgeben; das wasserfreie Salz schmilzt bei 190°.

Picrat $C_{19}H_{21}NO_3 \cdot C_6H_3N_3O_7$. Krystalle (aus A.); F: 161°.

Xanthen-9-carbonsäure-[β-diäthylamino-isopropylester] $C_{21}H_{25}NO_3$, Formel X (R = C_2H_5).

B. Beim Erwärmen von Xanthen-9-carbonsäure mit Thionylchlorid und Benzol und Erwärmen einer Lösung des Reaktionsprodukts in Toluol mit 1-Diäthylamino-propan-2-ol und Benzol (*Searle & Co.*, U.S.P. 2 659 732 [1952]).

Krystalle (aus Butanon); F: 155—156°.

(±)-Diäthyl-methyl-[2-(xanthen-9-carbonyloxy)-propyl]-ammonium, (±)-Xanthen-9-carbonsäure-[β-(diäthyl-methyl-ammonio)-isopropylester] $[C_{22}H_{28}NO_3]^+$, Formel XI.

Bromid $[C_{22}H_{28}NO_3]Br$. *B.* Beim Erwärmen von Xanthen-9-carbonsäure-[β-diäthyl= amino-isopropylester] mit Methylbromid und Butanon (*Searle & Co.*, U.S.P. 2 659 732 [1952]). — Krystalle (aus Butanon); F: 139—143°.

Jodid $[C_{22}H_{28}NO_3]I$. *B.* Beim Behandeln von Xanthen-9-carbonsäure-[β-diäthylamino-isopropylester] mit Methyljodid und Butanon (*Searle & Co.*), — Krystalle (aus Isopropyl= alkohol); F: 154—155°.

X   XI   XII

Xanthen-9-carbonsäure-amid, Xanthen-9-carbamid $C_{14}H_{11}NO_2$, Formel XII (X = NH_2).

B. Beim Erwärmen von Xanthen-9-carbonsäure-methylester mit wss. Ammoniak (*Evdokimoff, Calò*, Ann. Chimica **49** [1959] 1321, 1325).

Krystalle (aus wss. A.); F: 235—236°.

Xanthen-9-carbonsäure-dimethylamid, N,N-Dimethyl-xanthen-9-carbamid $C_{16}H_{15}NO_2$, Formel XII (X = $N(CH_3)_2$).

B. Beim Behandeln des aus Xanthen-9-carbonsäure mit Hilfe von Thionylchlorid her-gestellten Säurechlorids mit Dimethylamin und Toluol (*Searle & Co.*, U.S.P. 2 838 509 [1956]) oder mit Äther und mit wss. Dimethylamin-Lösung (*Acheson et al.*, Soc. **1956** 698, 705).

Krystalle; F: 140—141° [aus Me.] (*Searle & Co.*), 140° [aus wss. A.] (*Ach. et al.*).

Xanthen-9-carbonsäure-diäthylamid, N,N-Diäthyl-xanthen-9-carbamid $C_{18}H_{19}NO_2$, Formel XII (X = $N(C_2H_5)_2$).

B. Beim Erwärmen von Xanthen-9-carbonylchlorid mit Diäthylamin und Benzol (*Searle & Co.*, U.S.P. 2 661 353 [1951]).

Krystalle [aus A.].

Xanthen-9-carbonsäure-[2-diäthylamino-äthylamid], N-[2-Diäthylamino-äthyl]-xanthen-9-carbamid, N,N-Diäthyl-N'-[xanthen-9-carbonyl]-äthylendiamin $C_{20}H_{24}N_2O_2$, Formel XII (X = $NH-CH_2-CH_2-N(C_2H_5)_2$).

Hydrochlorid. *B.* Beim Erwärmen von Xanthen-9-carbonylchlorid mit N,N-Di= äthyl-äthylendiamin und Benzol (*Searle & Co.*, U.S.P. 2 661 351 [1951]). — Krystalle (aus E. + Isopropylalkohol); F: 137—138° [unkorr.].

XIII   XIV   XV

Diäthyl-methyl-[2-(xanthen-9-carbonylamino)-äthyl]-ammonium $[C_{21}H_{27}N_2O_2]^+$, Formel XIII.

Bromid $[C_{21}H_{27}N_2O_2]$Br. *B*. Beim Erwärmen von Xanthen-9-carbonsäure-[2-diäthyl= amino-äthylamid] mit Methylbromid und Butanon (*Searle & Co.*, U.S.P. 2 661 351 [1951]). — Krystalle (aus Isopropylalkohol); F: 185—186° [unkorr.].

Xanthen-9-carbonsäure-[cyclohexyl-(2-diäthylamino-äthyl)-amid], *N*-Cyclohexyl-*N*-[2-diäthylamino-äthyl]-xanthen-9-carbamid, *N,N*-Diäthyl-*N'*-cyclohexyl-*N'*-[xanthen-9-carbonyl]-äthylendiamin $C_{26}H_{34}N_2O_2$, Formel XIV.

Hydrochlorid. *B*. Beim Hydrieren eines Gemisches von Cyclohexanon und *N,N*-Diäthyl-äthylendiamin an Raney-Nickel in Äthanol bei 120° unter Druck und Er-wärmen des Reaktionsprodukts mit Xanthen-9-carbonylchlorid und Butanon (*Searle & Co.*, U.S.P. 2 661 353 [1951]). — Krystalle (aus Isopropylalkohol); F: 216—217° [unkorr.].

Xanthen-9-carbonsäure-[*N*-(2-diäthylamino-äthyl)-anilid], *N,N*-Diäthyl-*N'*-phenyl-*N'*-[xanthen-9-carbonyl]-äthylendiamin $C_{26}H_{28}N_2O_2$, Formel XII
(X = N(C$_6$H$_5$)-CH$_2$-CH$_2$-N(C$_2$H$_5$)$_2$).

Hydrochlorid. *B*. Beim Erwärmen von Xanthen-9-carbonylchlorid mit *N,N*-Diäthyl-*N'*-phenyl-äthylendiamin und Benzol (*Searle & Co.*, U.S.P. 2 661 353 [1951]). — Krystalle (aus wss. Isopropylalkohol); F: 229—230° [unkorr.].

Xanthen-9-carbonsäure-[benzyl-(2-diäthylamino-äthyl)-amid], *N*-Benzyl-*N*-[2-diäthyl= amino-äthyl]-xanthen-9-carbamid, *N,N*-Diäthyl-*N'*-benzyl-*N'*-[xanthen-9-carbonyl]-äthylendiamin $C_{27}H_{30}N_2O_2$, Formel XII (X = N(CH$_2$-C$_6$H$_5$)-CH$_2$-CH$_2$-N(C$_2$H$_5$)$_2$).

Hydrochlorid. *B*. Beim Erwärmen von Xanthen-9-carbonylchlorid mit *N,N*-Diäthyl-*N'*-benzyl-äthylendiamin und Butanon (*Searle & Co.*, U.S.P. 2 661 353 [1951]). — Kry= stalle (aus wss. Isopropylalkohol); F: 207—208° [unkorr.].

Xanthen-9-carbonsäure-[3-dimethylamino-propylamid], *N*-[3-Dimethylamino-propyl]-xanthen-9-carbamid, *N,N*-Dimethyl-*N'*-[xanthen-9-carbonyl]-propandiyldiamin $C_{19}H_{22}N_2O_2$, Formel XII (X = NH-[CH$_2$]$_3$-N(CH$_3$)$_2$).

Hydrochlorid. *B*. Beim Erwärmen von Xanthen-9-carbonylchlorid mit *N,N*-Di= methyl-propandiyldiamin und Butanon (*Searle & Co.*, U.S.P. 2 661 351 [1951]). — Kry= stalle (aus wss. Isopropylalkohol); F: 217—218° [unkorr.].

Xanthen-9-carbonsäure-[3-diäthylamino-propylamid], *N*-[3-Diäthylamino-propyl]-xanthen-9-carbamid, *N,N*-Diäthyl-*N'*-[xanthen-9-carbonyl]-propandiyldiamin $C_{21}H_{26}N_2O_2$, Formel XII (X = NH-[CH$_2$]$_3$-N(C$_2$H$_5$)$_2$).

Hydrochlorid. *B*. Beim Erwärmen von Xanthen-9-carbonylchlorid mit *N,N*-Diäth= yl-propandiyldiamin und Butanon (*Searle & Co.*, U.S.P. 2 661 351 [1951]). — Krystalle (aus Isopropylalkohol); F: 159—160° [unkorr.].

Xanthen-9-carbonitril $C_{14}H_9NO$, Formel XV.

B. Aus Xanthen-9-carbamid beim Erhitzen mit Phosphorylchlorid (*Evdokimoff, Calò*, Ann. Chimica **49** [1959] 1321, 1325) sowie beim Behandeln mit Benzolsulfonylchlorid und Pyridin (*Stephens et al.*, Am. Soc. **77** [1955] 1701).

Krystalle (aus wss. A.); F: 97—99° (*Ev., Calò*).

Thioxanthen-9-carbonsäure $C_{14}H_{10}O_2S$, Formel I (R = H).

B. Beim Behandeln von Thioxanthen mit Butyllithium in Äther und anschliessend mit festem Kohlendioxid (*Burtner, Cusic*, Am. Soc. **65** [1943] 1582).

Krystalle (aus Isopropylalkohol); F: 228—229° (*Heacock et al.*, Ann. appl. Biol. **46** [1958] 352, 357), 227° (*Bu., Cu.*).

Thioxanthen-9-carbonsäure-[2-diäthylamino-äthylester] $C_{20}H_{23}NO_2S$, Formel I
(R = CH$_2$-CH$_2$-N(C$_2$H$_5$)$_2$).

B. Beim Erwärmen von Thioxanthen-9-carbonsäure mit Diäthyl-[2-chlor-äthyl]-amin und Isopropylalkohol (*Burtner, Cusic*, Am. Soc. **65** [1943] 1582, 1583, 1584).

Krystalle (aus Isopropylalkohol); F: 195°.

I   II   III

Diäthyl-methyl-[2-(thioxanthen-9-carbonyloxy)-äthyl]-ammonium, Thioxanthen-9-carbonsäure-[2-(diäthyl-methyl-ammonio)-äthylester] $[C_{21}H_{26}NO_2S]^+$, Formel I
($R = CH_2\text{-}CH_2\text{-}N(C_2H_5)_2\text{-}CH_3]^+$).

Bromid $[C_{21}H_{26}NO_2S]Br$. *B.* Beim Behandeln von Thioxanthen-9-carbonsäure-[2-diäthylamino-äthylester] mit Butanon und Methylbromid (*Searle & Co.*, U.S.P. 2776299 [1954]). — Krystalle (aus Isopropylalkohol + Butanon); F: 208—209°.

[(Ξ)-Naphtho[1,2-b]furan-3-yliden]-essigsäure $C_{14}H_{10}O_3$, Formel II.
Zwei unter dieser Konstitution beschriebene Präparate (Krystalle [aus wss. A.], F: 130° bzw. Krystalle [aus wss. A.], F: 162°) sind beim Erhitzen von 4-Brommethyl-benzo[h]chromen-2-on mit wss. Kalilauge erhalten worden (*Dey, Radhabai*, J. Indian chem. Soc. **11** [1934] 635, 648; *Dey, Sankaranarayanan*, J. Indian chem. Soc. **11** [1934] 687).

3-Methyl-naphtho[1,2-b]furan-2-carbonsäure $C_{14}H_{10}O_3$, Formel III (R = H) (H 314; E I 445; dort als 3-Methyl-6.7-benzo-cumaron-carbonsäure-(2) und 4-Methyl-[naphtho-1'.2': 2.3-furan]-carbonsäure-(5) bezeichnet).
B. Beim Erwärmen von 1-[1-Hydroxy-[2]naphthyl]-äthanon mit Brommalonsäure-diäthylester und Kaliumcarbonat in Aceton und Erwärmen des Reaktionsprodukts mit äthanol. Kalilauge (*Tanaka*, Bl. chem. Soc. Japan **30** [1957] 575).
Hellgelbe Krystalle (aus Eg.); F: 255—256° [unkorr.; Zers.].

3-Methyl-naphtho[1,2-b]furan-2-carbonsäure-äthylester $C_{16}H_{14}O_3$, Formel III (R = C_2H_5) (H 314).
B. Beim Erwärmen von 3-Methyl-naphtho[1,2-b]furan-2-carbonsäure mit Chlorwasserstoff enthaltendem Äthanol (*Tanaka*, Bl. chem. Soc. Japan **30** [1957] 575).
Krystalle (aus A.); F: 107—108° [unkorr.].

2-Methyl-naphtho[1,2-b]furan-3-carbonsäure $C_{14}H_{10}O_3$, Formel IV (R = H).
B. Beim Erwärmen von 2-Methyl-naphtho[1,2-b]furan-3-carbonsäure-methylester mit wss.-methanol. Kalilauge (*Wilds, Johnson*, Am. Soc. **68** [1946] 86, 88).
Krystalle (aus Dioxan + E.); F: 248—249,5° [korr.].

2-Methyl-naphtho[1,2-b]furan-3-carbonsäure-methylester $C_{15}H_{12}O_3$, Formel IV (R = CH_3).
B. Beim Erwärmen von 3-Acetyl-3H-naphtho[1,2-b]furan-2-on mit Chlorwasserstoff enthaltendem Methanol (*Wilds et al.*, Am. Soc. **68** [1946] 89, 91). Beim Erhitzen von 2-Methyl-4,5-dihydro-naphtho[1,2-b]furan-3-carbonsäure-methylester mit Palladium bis auf 300° (*Wilds, Johnson*, Am. Soc. **68** [1946] 86, 88).
Krystalle (aus Me.); F: 63—64,5° (*Wi. et al.*).

Naphtho[2,1-b]thiophen-3-yl-essigsäure $C_{14}H_{10}O_2S$, Formel V.
B. Bei der Behandlung von Naphthalin-2-thiol mit Äthanol und Natrium, anschliessender Umsetzung mit 4-Chlor-acetessigsäure-äthylester, Behandlung des Reaktionsprodukts mit Phosphorsäure, Phosphor(V)-oxid und Xylol unter Erwärmen und anschliessender Hydrolyse (*Dann, Kokorudz*, B. **91** [1958] 172, 180).
Krystalle; F: 209—211°.

IV   V   VI   VII

[(Ξ)-Naphtho[2,1-b]furan-1-yliden]-essigsäure $C_{14}H_{10}O_3$, Formel VI.

Eine unter dieser Konstitution beschriebene Verbindung (hellgelbe Krystalle [aus W.], F: 172°) ist beim Erhitzen von 1-Brommethyl-benzo[f]chromen-3-on mit wss. Alkalilauge erhalten worden (*Dey, Sankaranarayanan*, J. Indian chem. Soc. **11** [1934] 687).

1-Methyl-naphtho[2,1-b]furan-2-carbonsäure $C_{14}H_{10}O_3$, Formel VII (R = H) (H 314; dort als 3-Methyl-4.5-benzo-cumaron-carbonsäure-(2) und als 4-Methyl-[naphtho-2′.1′:2.3-furan]-carbonsäure-(5) bezeichnet).

B. Beim Erwärmen von 1-[2-Hydroxy-[1]naphthyl]-äthanon mit Brommalonsäure-diäthylester und Kaliumcarbonat in Butanon und Erwärmen des Reaktionsprodukts mit äthanol. Kalilauge (*Duro, Mazzone*, Boll. Accad. Gioenia Catania [4] **4** [1957] 61, 64). Beim Erhitzen von 2-Chlor-1-methyl-benzo[f]chromen-3-on mit wss. Kalilauge (*Dey, Lakshminarayanan*, J. Indian chem. Soc. **11** [1934] 373, 379). Neben 2-[2-Hydroxy-[1]naphthyl]-propionaldehyd beim Erhitzen von 2-Brom-1-methyl-benzo[f]chromen-3-on mit wss. Natronlauge (*Dey, La.*).

Krystalle; F: 253—254° [aus wss. Me.] (*Duro, Ma.*), 240° [aus Eg.] (*Dey, La.*).

1-Methyl-naphtho[2,1-b]furan-2-carbonsäure-methylester $C_{15}H_{12}O_3$, Formel VII (R = CH₃).

B. Beim Behandeln von 2-Chlor-acetessigsäure-methylester mit Natrium-[2]naphtholat bei 100—115° und Eintragen des Reaktionsprodukts in konz. Schwefelsäure (*Du Pont de Nemours & Co.*, U.S.P. 2680732 [1950]).

Krystalle (aus CH₂Cl₂ + Me.); F: 120—122°.

1-Methyl-naphtho[2,1-b]furan-2-carbonsäure-äthylester $C_{16}H_{14}O_3$, Formel VII (R = C₂H₅) (H 314).

B. Aus 1-Methyl-naphtho[2,1-b]furan-2-carbonsäure (*Dey, Lakshminarayanan*, J. Indian chem. Soc. **11** [1934] 373, 379).

Krystalle (aus A.); F: 100°.

Dibenzofuran-2-yl-essigsäure $C_{14}H_{10}O_3$, Formel VIII (X = OH).

B. Beim Erwärmen von Dibenzofuran-2-yl-essigsäure-amid mit äthanol. Kalilauge (*Gilman, Avakian*, Am. Soc. **68** [1946] 2104). Aus Dibenzofuran-2-yl-acetonitril beim Erhitzen mit wss. Schwefelsäure und Essigsäure (*Gi., Av.*).

Krystalle; F: 162—163° [aus A.].

Dibenzofuran-2-yl-essigsäure-amid, 2-Dibenzofuran-2-yl-acetamid $C_{14}H_{11}NO_2$, Formel VIII (X = NH₂).

B. Beim Erhitzen von 1-Dibenzofuran-2-yl-äthanon mit wss. Ammoniumsulfid-Lösung, Schwefel und Dioxan auf 160° (*Gilman, Avakian*, Am. Soc. **68** [1946] 2104). Beim Eintragen von wss. Ammoniak und von wss. Silbernitrat-Lösung in eine heisse Lösung von 2-Diazo-1-dibenzofuran-2-yl-äthanon in Dioxan (*Gi., Av.*).

Krystalle (aus A.); F: 209—210°.

VIII   IX   X

Dibenzofuran-2-yl-acetonitril $C_{14}H_9NO$, Formel IX.

B. Beim Erwärmen von 2-Chlormethyl-dibenzofuran mit Kaliumcyanid in Äthanol (*Gilman, Avakian*, Am. Soc. **68** [1946] 2104).

Krystalle; F: 102,5—103,5° [unkorr.] (*Johnson et al.*, J. org. Chem. **21** [1956] 457, 458), 100—102° [aus A.] (*Gi., Av.*). Kp$_2$: 202—206° [unkorr.] (*Jo. et al.*).

Die Identität eines von *Wenner* (J. org. Chem. **15** [1950] 548, 551) ebenfalls als Di=benzofuran-2-yl-acetonitril beschriebenen Präparats vom F: 89—90° ist ungewiss.

Dibenzofuran-4-yl-essigsäure $C_{14}H_{10}O_3$, Formel X (X = OH).

B. Beim Erhitzen von Dibenzofuran-4-yl-essigsäure-amid mit wss. Natronlauge (*Gilman et al.*, Am. Soc. **61** [1939] 2836, 2844).

Krystalle (aus A.); F: 213,5—214,5°.

Dibenzofuran-4-yl-essigsäure-amid, 2-Dibenzofuran-4-yl-acetamid $C_{14}H_{11}NO_2$, Formel X (X = NH$_2$).

B. Beim Erwärmen einer Lösung von 2-Diazo-1-dibenzofuran-4-yl-äthanon in Dioxan mit wss. Ammoniak und mit wss. Silbernitrat-Lösung (*Gilman et al.*, Am. Soc. **61** [1939] 2836, 2844).

Krystalle (aus A.); F: 211—212°.

Dibenzofuran-4-yl-essigsäure-[3,4-dimethoxy-phenacylamid] $C_{24}H_{21}NO_5$, Formel XI.

B. Beim Erwärmen von Dibenzofuran-4-yl-essigsäure mit Thionylchlorid und Be=handeln einer Lösung des erhaltenen Säurechlorids in Äther mit 2-Amino-1-[3,4-dimeth=oxy-phenyl]-äthanon und wss. Kalilauge (*Gilman et al.*, Am. Soc. **61** [1939] 2836, 2844).

Krystalle (aus Bzl.); F: 186—187°.

Dibenzothiophen-4-yl-essigsäure $C_{14}H_{10}O_2S$, Formel XII (X = OH).

B. Beim Erwärmen von Dibenzothiophen-4-yl-essigsäure-amid mit äthanol. Kalilauge (*Gilman, Avakian*, Am. Soc. **68** [1946] 2104).

Krystalle (aus A.); F: 161,5—162,5°.

XI   XII

Dibenzothiophen-4-yl-essigsäure-amid, 2-Dibenzothiophen-4-yl-acetamid $C_{14}H_{11}NOS$, Formel XII (X = NH$_2$).

B. Beim Behandeln einer heissen Lösung von 2-Diazo-1-dibenzothiophen-4-yl-äthanon in Dioxan mit wss. Ammoniak und mit wss. Silbernitrat-Lösung (*Gilman, Avakian*, Am. Soc. **68** [1946] 2104).

Krystalle (aus A.); F: 205—206°.

8-Methyl-dibenzofuran-2-carbonsäure $C_{14}H_{10}O_3$, Formel XIII (R = H).

B. Beim Behandeln von 2,8-Dimethyl-dibenzofuran mit Chrom(VI)-oxid, Essigsäure und Acetanhydrid (*Sugii, Shindo*, J. pharm. Soc. Japan **53** [1933] 571, 576; dtsch. Ref. S. 97; C. A. **1934** 151).

Krystalle, die unterhalb 270° nicht schmelzen.

8-Methyl-dibenzofuran-2-carbonsäure-methylester $C_{15}H_{12}O_3$, Formel XIII (R = CH$_3$).

B. Beim Behandeln von 8-Methyl-dibenzofuran-2-carbonsäure mit Diazomethan in Äther (*Sugii, Shindo*, J. pharm. Soc. Japan **53** [1933] 571, 577; dtsch. Ref. S. 97; C. A. **1934** 151).

Krystalle (aus wss. A.); F: 103°.

7-Methyl-dibenzofuran-3-carbonsäure $C_{14}H_{10}O_3$, Formel XIV (R = H).
B. Beim Erwärmen von 3,7-Dimethyl-dibenzofuran mit Chrom(VI)-oxid, Essigsäure und Acetanhydrid (*Sugii, Shindo*, J. pharm. Soc. Japan **54** [1934] 829, 842; dtsch. Ref. S. 149, 152; C. A. **1935** 791).
Krystalle (aus Eg.), die unterhalb 280° nicht schmelzen.

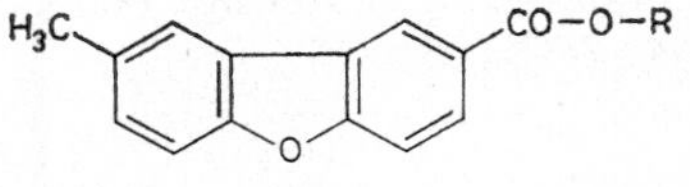

H₃C—[...]—CO—O—R

XIII 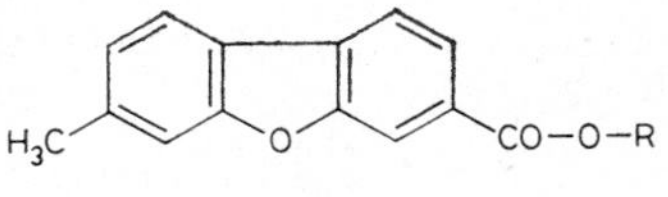   **XIV** 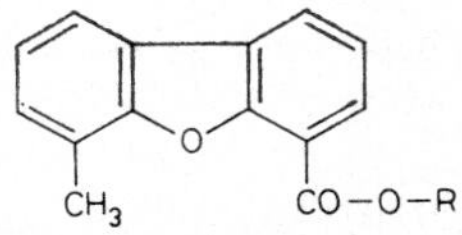   **XV**

7-Methyl-dibenzofuran-3-carbonsäure-methylester $C_{15}H_{12}O_3$, Formel XIV (R = CH₃).
B. Beim Behandeln von 7-Methyl-dibenzofuran-3-carbonsäure mit Diazomethan in Äther (*Sugii, Shindo*, J. pharm. Soc. Japan **54** [1934] 829, 842; dtsch. Ref. S. 149, 152; C. A. **1935** 791).
Hellgelbe Krystalle (aus Me.); F: 139°.

6-Methyl-dibenzofuran-4-carbonsäure $C_{14}H_{10}O_3$, Formel XV (R = H).
B. Beim Behandeln von 4-Methyl-dibenzofuran mit Butyllithium in Äther und anschliessend mit festem Kohlendioxid (*Gilman, Young*, Am. Soc. **57** [1935] 1121). Beim Erhitzen von 4,6-Dimethyl-dibenzofuran mit wss. Salpetersäure (*Kruber, Raeithel*, B. **85** [1952] 327, 331).
Krystalle (aus A.); F: 238—240° (*Gi., Yo.*), 233—235° (*Kr., Ra.*).

6-Methyl-dibenzofuran-4-carbonsäure-methylester $C_{15}H_{12}O_3$, Formel XV (R = CH₃).
B. Beim Behandeln von 6-Methyl-dibenzofuran-4-carbonsäure mit Methanol und Chlorwasserstoff (*Gilman, Young*, Am. Soc. **57** [1935] 1121).
F: 80—81°.   [*Schurek*]

Carbonsäuren $C_{15}H_{12}O_3$

5*t*-Phenyl-2-[2]thienyl-penta-2*c*(?),4-diennitril $C_{15}H_{11}NS$, vermutlich Formel I.
Bezüglich der Konfigurationszuordnung vgl. *Baker, Howes*, Soc. **1953** 119, 121.
B. Beim Behandeln von [2]Thienylacetonitril mit *trans*-Zimtaldehyd und äthanol. Kalilauge (*Cagniant, Cagniant*, C. r. **229** [1949] 1150).
Gelbe Krystalle (aus A.); F: 107°.

(±)-3-[*trans*-3-Phenyl-oxiranyl]-benzoesäure-methylester, (α*RS*,α′*RS*)-α,α′-Epoxy-bibenzyl-3-carbonsäure-methylester $C_{16}H_{14}O_3$, Formel II + Spiegelbild.
B. Bei 3-tägigem Behandeln von *trans*-Stilben-3-carbonsäure-methylester mit Peroxybenzoesäure in Benzol (*Berti, Bottari*, G. **89** [1959] 2371, 2379).
Krystalle (aus PAe.); F: 62—64°.

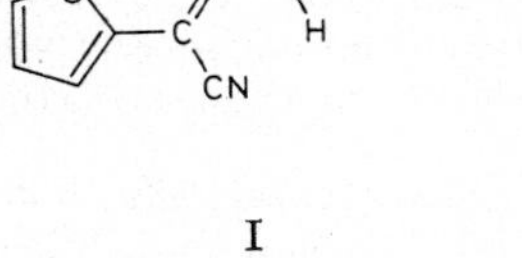

I 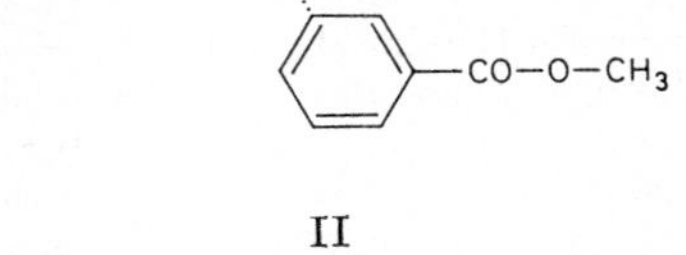   II 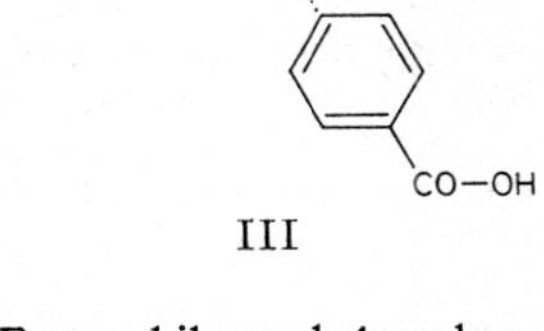   III

(±)-4-[*cis*-3-Phenyl-oxiranyl]-benzoesäure, (α*RS*,α′*SR*)-α,α′-Epoxy-bibenzyl-4-carbonsäure $C_{15}H_{12}O_3$, Formel III + Spiegelbild.
B. Bei 3-tägigem Behandeln von *cis*-Stilben-4-carbonsäure mit Peroxybenzoesäure in

Benzol (*Berti, Bottari*, G. **89** [1959] 2371, 2379).
Krystalle (aus Bzl. + Bzn.); F: 156—158° [Kofler-App.].

(±)-4-[*trans*-3-Phenyl-oxiranyl]-benzoesäure-methylester, (αRS,α'RS)-α,α'-Epoxy-bibenzyl-4-carbonsäure-methylester $C_{16}H_{14}O_3$, Formel IV + Spiegelbild.
B. Bei 3-tägigem Behandeln von *trans*-Stilben-4-carbonsäure-methylester mit Peroxy-benzoesäure in Benzol (*Berti, Bottari*, G. **89** [1959] 2371, 2379).
Krystalle (aus PAe.); F: 91—92°.

———

2,3-Diphenyl-oxirancarbonsäure, 2,3-Epoxy-2,3-diphenyl-propionsäure, α,α'-Epoxy-bibenzyl-α-carbonsäure $C_{15}H_{12}O_3$.
Über die Konfiguration der folgenden Stereoisomeren s. *Zimmerman et al.*, Am. Soc. **81** [1959] 108, 111.

a) (±)-2,3c-Diphenyl-oxiran-*r*-carbonsäure, (2RS,3RS)-2,3-Epoxy-2,3-diphenyl-propionsäure $C_{15}H_{12}O_3$, Formel V (X = OH) + Spiegelbild.
B. Beim Erwärmen von (2RS,3RS)-2,3-Epoxy-2,3-diphenyl-propionsäure-methylester mit methanol. Kalilauge (*Kohler, Brown*, Am. Soc. **55** [1933] 4299, 4303).
F: 90° (*Ko., Br.*, l. c. S. 4304).

b) (±)-2,3t-Diphenyl-oxiran-*r*-carbonsäure, (2RS,3SR)-2,3-Epoxy-2,3-diphenyl-propionsäure $C_{15}H_{12}O_3$, Formel VI (X = OH) + Spiegelbild.
B. Beim Erwärmen von (2RS,3SR)-2,3-Epoxy-2,3-diphenyl-propionsäure-methylester mit methanol. Kalilauge (*Kohler, Brown*, Am. Soc. **55** [1933] 4299, 4303). Beim Behandeln von (2RS,3SR)-2,3-Epoxy-2,3-diphenyl-propionsäure-äthylester mit äthanol. Natronlauge (*Blicke et al.*, Am. Soc. **76** [1954] 3161).
Krystalle; F: 121—122° [Zers.; aus Ae. + Bzn.] (*Bl. et al.*), 121° (*Ko., Br.*, l. c. S. 4304).

2,3-Diphenyl-oxirancarbonsäure-methylester, 2,3-Epoxy-2,3-diphenyl-propionsäure-methylester, α,α'-Epoxy-bibenzyl-α-carbonsäure-methylester $C_{16}H_{14}O_3$.
Über die Konfiguration der folgenden Stereoisomeren s. *Zimmerman et al.*, Am. Soc. **81** [1959] 108, 115.

a) (±)-2,3c-Diphenyl-oxiran-*r*-carbonsäure-methylester, (2RS,3RS)-2,3-Epoxy-2,3-diphenyl-propionsäure-methylester $C_{16}H_{14}O_3$, Formel V (X = O-CH$_3$) + Spiegelbild.
B. Aus (2RS,3RS)-2,3-Epoxy-2,3-diphenyl-propionimidsäure-methylester beim Behandeln mit Schwefelsäure enthaltendem Methanol (*Kohler, Brown*, Am. Soc. **55** [1933] 4299, 4301, 4303) sowie beim Erwärmen mit wss.-methanol. Schwefelsäure, in diesem Falle neben wenig (2RS,3RS)-2,3-Epoxy-2,3-diphenyl-propionsäure-amid (*Zimmerman et al.*, Am. Soc. **81** [1959] 108, 115).
F: 35° (*Ko., Br.*, l. c. S. 4304). IR-Banden: 5,86 μ, 9,06 μ und 9,90 μ (*Zi. et al.*).
Beim Behandeln mit wss. Säure sind (2RS,3SR?)-2,3-Dihydroxy-2,3-diphenyl-propionsäure (F: 184°) und (2RS,3SR?)-2,3-Dihydroxy-2,3-diphenyl-propionsäure-methylester (F: 144°) erhalten worden (*Ko., Br.*, l. c. S. 4302, 4304). Reaktion mit Ammoniak in wss. Lösung (Bildung von (2RS,3RS)-2,3-Epoxy-2,3-diphenyl-propion-säure-amid): *Ko., Br.*, l. c. S. 4301, 4303.

b) (±)-2,3t-Diphenyl-oxiran-*r*-carbonsäure-methylester, (2RS,3SR)-2,3-Epoxy-2,3-diphenyl-propionsäure-methylester $C_{16}H_{14}O_3$, Formel VI (X = O-CH$_3$) + Spiegelbild.
B. Aus (2RS,3SR)-2,3-Epoxy-2,3-diphenyl-propionsäure mit Hilfe von Diazomethan (*Blicke et al.*, Am. Soc. **76** [1954] 3161). Aus (2RS,3SR)-2,3-Epoxy-2,3-diphenyl-propionimidsäure-methylester beim Behandeln mit Schwefelsäure enthaltendem Methanol (*Kohler, Brown*, Am. Soc. **55** [1933] 4299, 4303) sowie beim Erwärmen mit wss.-methanol. Schwefelsäure (*Zimmerman et al.*, Am. Soc. **81** [1959] 108, 115).
Krystalle; F: 80° (*Ko., Br.*, l. c. S. 4304), 78—79° [aus Ae. + Hexan] (*Zi. et al.*), 71—72° [aus Me.] (*Bl. et al.*). IR-Banden: 5,87 μ, 7,06 μ, 7,87 μ, 9,84 μ und 11,94 μ (*Zi. et al.*).
Beim Behandeln mit wss. Säure sind (2RS,3RS?)-2,3-Dihydroxy-2,3-diphenyl-propionsäure (F: 204°) und (2RS,3RS?)-2,3-Dihydroxy-2,3-diphenyl-propionsäure-methylester (F: 153°) erhalten worden (*Ko., Br.*, l. c. S. 4302, 4304). Reaktion mit

Ammoniak in wss. Lösung (Bildung von (2*RS*,3*RS*)-2,3-Dihydroxy-2,3-diphenyl-propion⹀
säure-amid (?) [F: 135°]): *Ko., Br.,* l. c. S. 4301, 4303.

IV   V   VI

(±)-2,3*t*-Diphenyl-oxiran-*r*-carbonsäure-äthylester, (2*RS*,3*SR*)-2,3-Epoxy-2,3-diphenyl-propionsäure-äthylester, (α*RS*,α'*SR*)-α,α'-Epoxy-bibenzyl-α-carbonsäure-äthylester $C_{17}H_{16}O_3$, Formel VI (X = O-C_2H_5) + Spiegelbild.

Konfigurationszuordnung: *Zimmerman et al.*, Am. Soc. **81** [1959] 108, 111 Anm. 26.

B. Beim Behandeln von Benzaldehyd mit (±)-Chlor-phenyl-essigsäure-äthylester und Natriumäthylat in Äther (*Blicke et al.*, Am. Soc. **76** [1954] 3161) oder mit (±)-Brom-phenyl-essigsäure-äthylester und Kalium-*tert*-butylat in *tert*-Butylalkohol (*Morris et al.*, Am. Soc. **79** [1957] 411, 413).

Krystalle; F: 59—60° [aus A.] (*Bl. et al.*), 58—59° (*Zi. et al.*, l. c. S. 116), 56—57° [aus A.] (*Mo. et al.*).

(±)-2,3*t*-Diphenyl-oxiran-*r*-carbonsäure-[2-diäthylamino-äthylester], (2*RS*,3*SR*)-2,3-Epoxy-2,3-diphenyl-propionsäure-[2-diäthylamino-äthylester], (α*RS*,α'*SR*)-α,α'-Epoxy-bibenzyl-α-carbonsäure-[2-diäthylamino-äthylester] $C_{21}H_{25}NO_3$, Formel VI (X = O-CH_2-CH_2-N(C_2H_5)$_2$) + Spiegelbild.

Hydrochlorid $C_{21}H_{25}NO_3 \cdot HCl$. B. Beim Erwärmen von (2*RS*,3*SR*)-2,3-Epoxy-2,3-diphenyl-propionsäure mit Diäthyl-[2-chlor-äthyl]-amin und Chloroform (*Blicke et al.*, Am. Soc. **76** [1954] 3161). — Krystalle (aus $CHCl_3$ + Ae.); F: 154—155°.

2,3-Diphenyl-oxirancarbonsäure-amid, 2,3-Epoxy-2,3-diphenyl-propionsäure-amid, α,α'-Epoxy-bibenzyl-α-carbonsäure-amid $C_{15}H_{13}NO_2$.

a) (±)-2,3*c*-Diphenyl-oxiran-*r*-carbonsäure-amid, (2*RS*,3*RS*)-2,3-Epoxy-2,3-di⹀phenyl-propionsäure-amid $C_{15}H_{13}NO_2$, Formel V (X = NH_2) + Spiegelbild.

Konfigurationszuordnung: *Zimmerman et al.*, Am. Soc. **81** [1959] 108, 111.

B. Beim Behandeln von 2,3*c*-Diphenyl-acrylonitril mit wss. Aceton, wss. Wasserstoff⹀peroxid und wss. Natriumcarbonat-Lösung (*Murray, Cloke*, Am. Soc. **56** [1934] 2749) oder mit wss. Wasserstoffperoxid und wss.-alkohol. Natronlauge (*McMaster, Noller*, J. Indian Chem. Soc. **12** [1935] 652; *Zi. et al.*, l. c. S. 115). Beim Behandeln von (2*RS*,3*RS*)-2,3-Epoxy-2,3-diphenyl-propionsäure-methylester mit wss. Ammoniak (*Kohler, Brown*, Am. Soc. **55** [1933] 4299, 4303).

Krystalle; F: 205° (*Ko., Br.,* l. c. S. 4304), 203—204° [korr.; aus W.] (*Mu., Cl.*), 202,6° [korr.; aus W.] (*McM., No.*), 202—204° [Fisher-Johns-App.] (*Zi. et al.*, l. c. S. 115).

Beim Behandeln mit wss. Schwefelsäure ist (2*RS*,3*SR*)-2,3-Dihydroxy-2,3-diphenyl-propionsäure-amid (?) (F: 235°) erhalten worden (*Ko., Br.,* l. c. S. 4301).

b) (±)-2,3*t*-Diphenyl-oxiran-*r*-carbonsäure-amid, (2*RS*,3*SR*)-2,3-Epoxy-2,3-di⹀phenyl-propionsäure-amid $C_{15}H_{13}NO_2$, Formel VI (X = NH_2) + Spiegelbild.

Konfigurationszuordnung: *Payne, Williams*, J. org. Chem. **26** [1961] 651, 654.

B. Beim Behandeln einer als (2*RS*,3*RS*)-2-Chlor-3-hydroxy-2,3-diphenyl-propionsäure-amid oder als (2*RS*,3*SR*)-3-Chlor-2-hydroxy-2,3-diphenyl-propionsäure-amid zu formu-lierenden Verbindung (F: 210°; aus (2*RS*,3*SR*)-2,3-Epoxy-2,3-diphenyl-propionimid⹀säure-methylester [S. 4364] hergestellt) mit wss. Natriumcarbonat-Lösung (*Kohler, Brown*, Am. Soc. **55** [1933] 4299, 4302, 4303). Beim Erwärmen von 2,3*t*-Diphenyl-acrylsäure-amid mit Essigsäure und wss. Wasserstoffperoxid (*Pa., Wi.,* l. c. S. 658).

Krystalle; F: 124—125° und (nach Wiedererstarren bei weiterem Erhitzen) F: 133° bis 134° [aus $CHCl_3$ + Pentan] (*Pa., Wi.,* l. c. S. 657 Anm. 37), 124° (*Ko., Br.*).

2,3-Diphenyl-oxirancarbimidsäure-methylester, 2,3-Epoxy-2,3-diphenyl-propionimidsäure-methylester, α,α'-Epoxy-bibenzyl-α-carbimidsäure-methylester $C_{16}H_{15}NO_2$.
Über die Konfiguration der folgenden Stereoisomeren s. *Zimmerman et al.*, Am. Soc. **81** [1959] 108, 115.

a) **($\pm$)-2,3c-Diphenyl-oxiran-r-carbimidsäure-methylester, (2RS,3RS)-2,3-Epoxy-2,3-diphenyl-propionimidsäure-methylester** $C_{16}H_{15}NO_2$, Formel VII (X = H) + Spiegelbild.
B. Aus (2RS,3SR)-2,3-Epoxy-2,3-diphenyl-propionitril beim Behandeln mit Kalium≈cyanid und Methanol (*Kohler*, *Brown*, Am. Soc. **55** [1933] 4299, 4303) sowie beim Erwär≈men mit Natriumhydrogencarbonat und Methanol (*Zimmerman et al.*, Am. Soc. **81** [1959] 108, 115).
Krystalle; F: 85° [aus Bzl. + PAe.] (*Ko.*, *Br.*), 80—82° [aus Ae. + Hexan] (*Zi. et al.*).
Beim Behandeln einer Lösung in Benzol oder Äther mit Chlorwasserstoff ist eine als (2RS,3SR)-2-Chlor-3-hydroxy-2,3-diphenyl-propionsäure-amid oder (2RS,3RS)-3-Chlor-2-hydroxy-2,3-diphenyl-propionsäure-amid zu formulierende Verbindung (F: 180°) erhalten worden (*Ko.*, *Br.*, l. c. S. 4301, 4303).

b) **($\pm$)-2,3t-Diphenyl-oxiran-r-carbimidsäure-methylester, (2RS,3SR)-2,3-Epoxy-2,3-diphenyl-propionimidsäure-methylester** $C_{16}H_{15}NO_2$, Formel VIII (X = H) + Spiegelbild.
B. Als Hauptprodukt neben dem unter a) beschriebenen Stereoisomeren und anderen Verbindungen bei 4-tägigem Behandeln von ($\pm$)-α-Chlor-desoxybenzoin mit Methanol, Kaliumcyanid und wenig Wasser (*Kohler*, *Brown*, Am. Soc. **55** [1933] 4299, 4302). Aus (2RS,3RS)-2,3-Epoxy-2,3-diphenyl-propionitril beim Behandeln mit Kaliumcyanid und Methanol (*Ko.*, *Br.*, l. c. S. 4303) sowie beim Erwärmen mit Natriumhydrogencarb≈onat und Methanol (*Zimmerman et al.*, Am. Soc. **81** [1959] 108, 115).
Krystalle; F: 110° [aus Bzl. + PAe.] (*Ko.*, *Br.*), 104—105° [Fisher-Johns-App.; aus Ae. + Hexan] (*Zi. et al.*).
Beim Behandeln einer Lösung in Benzol oder Äther mit Chlorwasserstoff ist eine als (2RS,3RS)-2-Chlor-3-hydroxy-2,3-diphenyl-propionsäure-amid oder (2RS,3SR)-3-Chlor-2-hydroxy-2,3-diphenyl-propionsäure-amid zu formulierende Verbindung (F: 210°) erhalten worden (*Ko.*, *Br.*, l. c. S. 4301, 4303).

2,3-Diphenyl-oxirancarbonitril, 2,3-Epoxy-2,3-diphenyl-propionitril, α,α'-Epoxy-bibenzyl-α-carbonitril $C_{15}H_{11}NO$.

a) **($\pm$)-2,3c-Diphenyl-oxiran-r-carbonitril, (2RS,3SR)-2,3-Epoxy-2,3-diphenyl-propionitril** $C_{15}H_{11}NO$, Formel IX + Spiegelbild.
B. s. u. bei dem unter b) beschriebenen Stereoisomeren.
Krystalle; F: 65—66° [aus Ae. + Hexan] (*Zimmerman et al.*, Am. Soc. **81** [1959] 108, 115), 52° (*Kohler*, *Brown*, Am. Soc. **55** [1933] 4299, 4303). IR-Banden im Bereich von 4,3 μ bis 15,5 μ: *Zi. et al.*

VII   VIII   IX

b) **($\pm$)-2,3t-Diphenyl-oxiran-r-carbonitril, (2RS,3RS)-2,3-Epoxy-2,3-diphenyl-propionitril** $C_{15}H_{11}NO$, Formel X + Spiegelbild.
B. Neben kleineren Mengen des unter a) beschriebenen Stereoisomeren beim Behandeln einer Lösung von ($\pm$)-α-Chlor-desoxybenzoin in Methanol mit Kaliumcyanid in Wasser (*Zimmerman et al.*, Am. Soc. **81** [1959] 108, 115; s. a. *Richard*, C. r. **198** [1934] 943).
Krystalle; F: 77—78° (*Ri.*), 72—73° [aus Ae. + Hexan] (*Zi. et al.*), 72° [aus PAe.] (*Kohler*, *Brown*, Am. Soc. **55** [1933] 4299, 4303). IR-Banden im Bereich von 4,3 μ bis 14,4 μ: *Zi. et al.*
Reaktion mit Hydroxylamin (Bildung einer Verbindung $C_{15}H_{12}N_2O$ [F: 161—162°]):

Ri. Beim Erhitzen mit Anilin sind Cyanwasserstoff und α-Anilino-desoxybenzoin erhalten worden (*Ri.*).

2,3-Diphenyl-oxirancarbohydroximsäure-methylester, 2,3-Epoxy-2,3-diphenyl-propiono-hydroximsäure-methylester, α,α'-Epoxy-bibenzyl-α-carbohydroximsäure-methylester $C_{16}H_{15}NO_3$.

a) **(±)-2,3c-Diphenyl-oxiran-r-carbohydroximsäure-methylester, (2RS,3RS)-2,3-Ep-oxy-2,3-diphenyl-propionohydroximsäure-methylester** $C_{16}H_{15}NO_3$, Formel VII (X = OH) + Spiegelbild.

B. Beim Behandeln von (2RS,3RS)-2,3-Epoxy-2,3-diphenyl-propionimidsäure-methyl-ester mit Hydroxylamin und Methanol (*Kohler, Brown,* Am. Soc. **55** [1933] 4299, 4303). Krystalle; F: 150° (*Ko., Br.,* l. c. S. 4304).

b) **(±)-2,3t-Diphenyl-oxiran-r-carbohydroximsäure-methylester, (2RS,3SR)-2,3-Ep-oxy-2,3-diphenyl-propionohydroximsäure-methylester** $C_{16}H_{15}NO_3$, Formel VIII (X = OH) + Spiegelbild.

B. Beim Behandeln von (2RS,3SR)-2,3-Epoxy-2,3-diphenyl-propionimidsäure-methyl-ester mit Hydroxylamin und Methanol (*Kohler, Brown,* Am. Soc. **55** [1933] 4299, 4303). Krystalle; F: 172° (*Ko., Br.,* l. c. S. 4304).

(±)-3t(?)-[4-Chlor-phenyl]-2-phenyl-oxiran-r-carbonsäure, (2RS,3SR?)-3-[4-Chlor-phenyl]-2,3-epoxy-2-phenyl-propionsäure, (αRS,α'SR?)-4'-Chlor-α,α'-epoxy-bibenzyl-α-carbonsäure $C_{15}H_{11}ClO_3$, vermutlich Formel XI (R = H) + Spiegelbild.

B. Beim Behandeln von (2RS,3SR?)-3-[4-Chlor-phenyl]-2,3-epoxy-2-phenyl-propion-säure-methylester (s. u.) mit methanol. Kalilauge (*Dahn et al.,* Helv. **40** [1957] 1521, 1528). Krystalle (aus Ae. + PAe.); F: 126° [korr.; Kofler-App.].

(±)-3t(?)-[4-Chlor-phenyl]-2-phenyl-oxiran-r-carbonsäure-methylester, (2RS,3SR?)-3-[4-Chlor-phenyl]-2,3-epoxy-2-phenyl-propionsäure-methylester, (αRS,α'SR?)-4'-Chlor-α,α'-epoxy-bibenzyl-α-carbonsäure-methylester $C_{16}H_{13}ClO_3$, vermutlich Formel XI (R = CH$_3$) + Spiegelbild.

Bezüglich der Konfigurationszuordnung vgl. den analog hergestellten (2RS,3SR)-2,3-Epoxy-2,3-diphenyl-propionsäure-äthylester (S. 4362).

B. Beim Behandeln von 4-Chlor-benzaldehyd mit (±)-Chlor-phenyl-essigsäure-methyl-ester und Natriummethylat in Methanol (*Dahn et al.,* Helv. **40** [1957] 1521, 1528). Krystalle (aus PAe.); F: 105° [korr.; Kofler-App.].

(±)-3,3-Diphenyl-oxirancarbonsäure, (±)-2,3-Epoxy-3,3-diphenyl-propionsäure $C_{15}H_{12}O_3$, Formel XII (X = OH).

In den von *Pointet* (s. H **18** 314) und von *Rutowškiǐ, Da'ew* (Ž. obšč. Chim. **1** [1931] 185, 188; B. **64** [1931] 693, 698) unter dieser Konstitution beschriebenen Präparaten (F: 116° bzw. F: 114—115°) hat Diphenylbrenztraubensäure vorgelegen (*Ecary,* A. ch. [12] **3** [1948] 445, 446; *Blicke, Faust,* Am. Soc. **76** [1954] 3156).

B. Beim Behandeln von (±)-2,3-Epoxy-3,3-diphenyl-propionsäure-methylester (*Ec.,* l. c. S. 450) oder von (±)-2,3-Epoxy-3,3-diphenyl-propionsäure-äthylester (*Bl., Fa.,* l. c. S. 3157) mit äthanol. Natronlauge.

Krystalle, F: 80° [Zers.] (*Ec.,* l. c. S. 449); Krystalle (aus Ae.) mit 1 Mol H_2O, F: 70—71° [Zers.] (*Bl., Fa.*).

Beim Erwärmen der wasserfreien Verbindung auf Temperaturen oberhalb 60° ist Diphenylacetaldehyd erhalten worden (*Ec.*).

X   XI   XII   XIII

(±)-3,3-Diphenyl-oxirancarbonsäure-methylester, (±)-2,3-Epoxy-3,3-diphenyl-propion-säure-methylester $C_{16}H_{14}O_3$, Formel XII (X = O-CH$_3$).

B. Beim Behandeln von Benzophenon mit Chloressigsäure-methylester und Natri-ummethylat (*Ecary*, A. ch. [12] **3** [1948] 445, 450) oder mit Chloressigsäure-methylester und Natriumamid in Äther (*Blicke, Faust*, Am. Soc. **76** [1954] 3156, 3157).

Krystalle; F: 56—57° [aus Bzn.] (*Ec.*), 53—54° [aus Me.] (*Bl., Fa.*). Kp$_5$: 174—175° (*Ec.*), 165—167° (*Bl., Fa.*).

Beim Erhitzen mit Chloressigsäure auf 200° (*Ec.*) sowie beim Behandeln mit Chlor-wasserstoff bei 200° (*Bl., Fa.*) ist Diphenylbrenztraubensäure-methylester erhalten worden.

(±)-3,3-Diphenyl-oxirancarbonsäure-äthylester, (±)-2,3-Epoxy-3,3-diphenyl-propion-säure-äthylester $C_{17}H_{16}O_3$, Formel XII (X = O-C$_2$H$_5$) (H 314; dort als $\beta.\beta$-Diphenyl-glycidsäure-äthylester bezeichnet).

Diese Verbindung hat auch in den von *Pointet* (s. H **18** 315) und von *Rutowski, Dajew* (s. H **18** 315) unter dieser Konstitution beschriebenen, von *Troell* (s. H **18** 314) und von *Kohler et al.* (s. H **18** 314) jedoch als Diphenylbrenztraubensäure-äthylester ange-sehenen Präparaten vom F: 47° vorgelegen (*Ecary*, A. ch. [12] **3** [1948] 445, 448, 449; *Blicke, Faust*, Am. Soc. **76** [1954] 3156). In dem von *Kohler et al.* (s. H **18** 315) beschrie-benen Präparat vom F: 37° hat dagegen Diphenylbrenztraubensäure-äthylester vor-gelegen (*Ec.*; *Bl., Fa.*).

B. Beim Behandeln von Chloressigsäure-äthylester mit der Natrium-Verbindung des Benzophenons in Äther (*Rutowski, Dajew*, B. **64** [1931] 693, 698; Ž. obšč. Chim. **1** [1931] 185, 188), mit Benzophenon und Natriumhydrid in Äther (*House, Blaker*, Am. Soc. **80** [1958] 6389, 6391), mit Benzophenon und Natriumäthylat (*Ec.*, l. c. S. 450) oder mit Benzophenon und Natriumäthylat in Äther (*Bl., Fa.*, l. c. S. 3157) und Erwärmen des jeweils erhaltenen Reaktionsgemisches auf 100°. Beim Behandeln von (±)-2,3-Epoxy-3,3-diphenyl-propionimidsäure-äthylester-hydrochlorid mit Wasser (*Bl., Fa.*, l. c. S. 3159).

Krystalle; F: 48—49° [aus A.] (*Bl., Fa.*; *Ho., Bl.*), 47° [aus A.] (*Ru., Da.*), 47° [aus Bzn.] (*Ec.*). Kp$_{11}$: 190—193°; Kp$_1$: 152—153° (*Bl., Fa.*). Absorptionsmaximum (A.): 258 nm (*Ho., Bl.*).

Bei 4-tägigem Behandeln mit Ammoniak in wss. Äthanol ist 2,3-Epoxy-3,3-diphenyl-propionsäure-amid (*Bl., Fa.*, l. c. S. 3159), bei 16-stdg. Erhitzen mit Ammoniak in Äthanol auf 130° ist hingegen eine als 3-Amino-2-hydroxy-3,3-diphenyl-propionsäure-amid angesehene Verbindung (F: 122—123°) erhalten worden (*Martynow et al.*, Ž. obšč. Chim. **26** [1956] 1405, 1412; engl. Ausg. S. 1585, 1590).

(±)-3,3-Diphenyl-oxirancarbonsäure-[2-diäthylamino-äthylester], (±)-2,3-Epoxy-3,3-diphenyl-propionsäure-[2-diäthylamino-äthylester] $C_{21}H_{25}NO_3$, Formel XII (X = O-CH$_2$-CH$_2$-N(C$_2$H$_5$)$_2$).

Hydrochlorid $C_{21}H_{25}NO_3 \cdot$ HCl. B. Beim Erwärmen von (±)-2,3-Epoxy-3,3-diphenyl-propionsäure mit Diäthyl-[2-chlor-äthyl]-amin und Isopropylalkohol (*Blicke, Faust*, Am. Soc. **76** [1954] 3156, 3158). — Krystalle (aus Acn. + A.); F: 155—156°.

(±)-3,3-Diphenyl-oxirancarbonsäure-amid, (±)-2,3-Epoxy-3,3-diphenyl-propionsäure-amid $C_{15}H_{13}NO_2$, Formel XII (X = NH$_2$).

B. Bei 4-tägigem Behandeln von (±)-2,3-Epoxy-3,3-diphenyl-propionsäure-äthylester mit Ammoniak in wss. Äthanol (*Blicke, Faust*, Am. Soc. **76** [1954] 3156, 3159; s. a. *Martynow et al.*, Ž. obšč. Chim. **26** [1956] 1405, 1412; engl. Ausg. S. 1585, 1590).

Krystalle (aus A.); F: 148—149° (*Bl., Fa.*), 126—127° (*Ma. et al.*).

(±)-3,3-Diphenyl-oxirancarbimidsäure-äthylester, (±)-2,3-Epoxy-3,3-diphenyl-propion-imidsäure-äthylester $C_{17}H_{17}NO_2$, Formel XIII (R = C$_2$H$_5$).

Hydrochlorid $C_{17}H_{17}NO_2 \cdot$ HCl. B. Beim Behandeln einer Lösung von (±)-2,3-Epoxy-3,3-diphenyl-propionitril in Äther mit Chlorwasserstoff enthaltendem Äthanol (*Blicke, Faust*, Am. Soc. **76** [1954] 3156, 3159). — F: 108—109° [Zers.].

(±)-3,3-Diphenyl-oxirancarbonitril, (±)-2,3-Epoxy-3,3-diphenyl-propionitril $C_{15}H_{11}NO$, Formel I.

B. Beim Behandeln von Benzophenon mit Chloracetonitril und Natriumäthylat in

Äther (*Blicke, Faust*, Am. Soc. **76** [1954] 3156, 3159; *Martynow, Schtschelkunow*, Ž. obšč. Chim. **28** [1958] 3248, 3251; engl. Ausg. S. 3275, 3277).
Krystalle (aus A.); F: 72° (*Ma., Sch.*). $Kp_{0,01}$: 124—126° [Rohprodukt] (*Bl., Fa.*).

3-Phenyl-2,3-dihydro-benzofuran-2-carbonsäure $C_{15}H_{12}O_3$, Formel II.

a) Opt.-inakt. Stereoisomeres vom F: 196°.

B. Beim Behandeln einer Suspension von 3-Phenyl-benzofuran-2-carbonsäure in Wasser mit Natrium-Amalgam (*Fuson et al.*, J. org. Chem. **6** [1941] 845, 851).
F: 186—188° [bei schnellem Erhitzen] und (nach Wiedererstarren) F: 195—196°.

b) Opt.-inakt. Stereoisomeres vom F: 147° (E II 280; dort als 3-Phenyl-2.3-dihydro-cumarilsäure bezeichnet).

B. Beim Erwärmen einer Suspension von 3-Phenyl-benzofuran-2-carbonsäure in Wasser mit Natrium-Amalgam (*Fuson et al.*, J. org. Chem. **6** [1941] 845, 851).
Krystalle (aus Bzl. + PAe.); F: 146—147°.

I   II   III   IV

(±)-10,11-Dihydro-dibenz[*b,f*]oxepin-10-carbonsäure $C_{15}H_{12}O_3$, Formel III.

B. Beim Behandeln einer aus (±)-2-Amino-10,11-dihydro-dibenz[*b,f*]oxepin-10-carbon= säure, Natriumnitrit und wss. Salzsäure bereiteten Diazoniumsalz-Lösung mit Phosphin= säure (Hypophosphorigsäure) in Wasser (*Loudon, Summers*, Soc. **1957** 3809, 3812).
Krystalle (aus Bzl.); F: 186°.

Xanthen-9-yl-essigsäure $C_{15}H_{12}O_3$, Formel IV (H 315; dort als Xanthylessigsäure be= zeichnet).

B. Beim Erwärmen von Xanthen-9-ol mit Malonsäure und Pyridin (*Matsuno, Oka-bayashi*, J. pharm. Soc. Japan **77** [1957] 1145, 1148; C. A. **1958** 5403). Beim Erhitzen von Xanthen-9-yl-acetonitril mit 40%ig. wss. Schwefelsäure (*Ma., Ok.*).
Krystalle (aus wss. A.); F: 155—156° (*Ma., Ok.*), 154—156° (*Goldberg, Wragg*, Soc. **1957** 4823, 4826). Scheinbarer Dissoziationsexponent pK'_a (Wasser ?): 6,6 (*Go., Wr.*).
Beim Erwärmen mit Brom (1 Mol) in Essigsäure ist [x,x-Dibrom-xanthen-9-yl]- essigsäure ($C_{15}H_{10}Br_2O_3$) vom F: 192°, beim Erwärmen mit Thionylchlorid, mit Brom (1 Mol) und Thionylchlorid und anschliessend mit Wasser und Behandeln des Reaktions-produkts mit wss. Natriumcarbonat-Lösung ist [x-Brom-xanthen-9-yl]-essigsäure ($C_{15}H_{11}BrO_3$) vom F: 160—162° erhalten worden (*Go., Wr.*, l. c. S. 4827).

Xanthen-9-yl-essigsäure-[2-dimethylamino-äthylester] $C_{19}H_{21}NO_3$, Formel V (R = CH_3).

B. Aus Xanthen-9-yl-essigsäure und [2-Chlor-äthyl]-dimethyl-amin (*Matsuno, Oka-bayashi*, J. pharm. Soc. Japan **77** [1957] 1145, 1148; C. A. **1958** 5403). Beim Erwärmen von Xanthen-9-yl-acetylchlorid mit 2-Dimethylamino-äthanol und Benzol (*McConnel et al.*, Soc. **1956** 812; s. a. *Ma., Ok.*).
Hydrochlorid $C_{19}H_{21}NO_3 \cdot HCl$. Krystalle; F: 158° (*McC. et al.*), 148—149° [aus A. + Ae.] (*Ma., Ok.*).
Picrat $C_{19}H_{21}NO_3 \cdot C_6H_3N_3O_7$. Gelbe Krystalle; F: 133—134° (*Ma., Ok.*).

Trimethyl-[2-(xanthen-9-yl-acetoxy)-äthyl]-ammonium, Xanthen-9-yl-essigsäure-[2-trimethylammonio-äthylester] $[C_{20}H_{24}NO_3]^+$, Formel VI (R = X = CH_3).
Bromid $[C_{20}H_{24}NO_3]Br$; *O*-[Xanthen-9-yl-acetyl]-cholin-bromid. *B.* Beim

Behandeln von Xanthen-9-yl-essigsäure-[2-dimethylamino-äthylester] mit Methylbromid und Aceton (*McConnel et al.*, Soc. **1956** 812). — F: 225°.

Äthyl-dimethyl-[2-(xanthen-9-yl-acetoxy)-äthyl]-ammonium, Xanthen-9-yl-essigsäure-[2-(äthyl-dimethyl-ammonio)-äthylester] $[C_{21}H_{26}NO_3]^+$, Formel VI (R = CH$_3$, X = C$_2$H$_5$).
Bromid $[C_{21}H_{26}NO_3]$Br. *B.* Beim Erwärmen von Xanthen-9-yl-essigsäure-[2-dimethyl$=$ amino-äthylester] mit Äthylbromid und Aceton (*McConnel et al.*, Soc. **1956** 812). — Krystalle mit 0,5 Mol H$_2$O; F: 135°.

Xanthen-9-yl-essigsäure-[2-diäthylamino-äthylester] $C_{21}H_{25}NO_3$, Formel V (R = C$_2$H$_5$).
B. Beim Erwärmen von Xanthen-9-yl-essigsäure mit Diäthyl-[2-chlor-äthyl]-amin und Isopropylalkohol (*Iwashige, Takagi*, J. pharm. Soc. Japan **74** [1954] 614, 616; C. A. **1954** 10743; s. a. *Matsuno, Okabayashi*, J. pharm. Soc. Japan **77** [1957] 1145, 1148; C. A. **1958** 5403) oder mit Diäthyl-[2-chlor-äthyl]-amin, Kaliumcarbonat und Chloroform (*Goldberg, Wragg*, Soc. **1957** 4823, 4829). Beim Erwärmen von Xanthen-9-yl-acetylchlorid mit 2-Diäthylamino-äthanol und Benzol (*McConnel et al.*, Soc. **1956** 812; s. a. *Ma., Ok.*).
Hydrochlorid $C_{21}H_{25}NO_3 \cdot$HCl. Krystalle; F: 164—165° [aus Isopropylalkohol] (*Iw., Ta.*), 146—148° [aus Bzl.] (*Go., Wr.*), 146—147° [aus A. + Ae.] (*Ma., Ok.*), 140° (*McC. et al.*).
Picrat $C_{21}H_{25}NO_3 \cdot C_6H_3N_3O_7$. Gelbe Krystalle; F: 94—95° (*Ma., Ok.*).
Hydrogenoxalat $C_{21}H_{25}NO_3 \cdot C_2H_2O_4$. Krystalle (aus A.); F: 132° (*Go., Wr.*, l. c. S. 4829).

Diäthyl-methyl-[2-(xanthen-9-yl-acetoxy)-äthyl]-ammonium, Xanthen-9-yl-essigsäure-[2-(diäthyl-methyl-ammonio)-äthylester] $[C_{22}H_{28}NO_3]^+$, Formel VI (R = C$_2$H$_5$, X = CH$_3$).
Bromid $[C_{22}H_{28}NO_3]$Br. *B.* Beim Behandeln des Silber-Salzes der Xanthen-9-yl-essig$=$ säure mit Diäthyl-[2-chlor-äthyl]-methyl-ammonium-bromid in Wasser (*Yoshida, Iwashige*, J. pharm. Soc. Japan **74** [1954] 605; C. A. **1954** 10582). Beim Behandeln von Xanthen-9-yl-essigsäure-[2-diäthylamino-äthylester] mit Methylbromid und Benzol (*Iwashige, Takagi*, J. pharm. Soc. Japan **74** [1954] 614, 616; C. A. **1954** 10743) oder mit Methylbromid und Aceton (*McConnel et al.*, Soc. **1956** 812). — Krystalle, F: 158° (*McC. et al.*); Krystalle (aus A. + Ae.) mit 1 Mol H$_2$O, die bei 130—140° schmelzen (*Iw., Ta.*). Absorptionsmaxima (A.) des Monohydrats: 246 nm und 282 nm (*Iw., Ta.*).
Picrat $[C_{22}H_{28}NO_3]C_6H_2N_3O_7$. *B.* Aus dem Bromid (*Yo., Iw.*). — Orangegelbe Krystalle (aus Me.); F: 93—94° (*Yo., Iw.*).

| V | VI |

Triäthyl-[2-(xanthen-9-yl-acetoxy)-äthyl]-ammonium, Xanthen-9-yl-essigsäure-[2-tri$=$ äthylammonio-äthylester] $[C_{23}H_{30}NO_3]^+$, Formel VI (R = X = C$_2$H$_5$).
Bromid $[C_{23}H_{30}NO_3]$Br. *B.* Aus Xanthen-9-yl-essigsäure-[2-diäthylamino-äthylester] beim Behandeln mit Äthylbromid und Äther (*Goldberg, Wragg*, Soc. **1957** 4823, 4829) sowie beim Erwärmen mit Äthylbromid und Aceton (*McConnel et al.*, Soc. **1956** 812). — F: 164° (*Go., Wr.*), 125° (*McC. et al.*).

Dimethyl-propyl-[2-(xanthen-9-yl-acetoxy)-äthyl]-ammonium, Xanthen-9-yl-essigsäure-[2-(dimethyl-propyl-ammonio)-äthylester] $[C_{22}H_{28}NO_3]^+$, Formel VI (R = CH$_3$, X = CH$_2$-CH$_2$-CH$_3$).
Bromid $[C_{22}H_{28}NO_3]$Br. *B.* Beim Erwärmen von Xanthen-9-yl-essigsäure-[2-dimethyl$=$ amino-äthylester] mit Propylbromid und Aceton (*McConnel et al.*, Soc. **1956** 812). — F: 125°.

Diäthyl-propyl-[2-(xanthen-9-yl-acetoxy)-äthyl]-ammonium, Xanthen-9-yl-essigsäure-[2-(diäthyl-propyl-ammonio)-äthylester] $[C_{24}H_{32}NO_3]^+$, Formel VI $(R = C_2H_5, X = CH_2\text{-}CH_2\text{-}CH_3)$.

Bromid $[C_{24}H_{32}NO_3]Br$. *B.* Beim Erwärmen von Xanthen-9-yl-essigsäure-[2-diäthyl= amino-äthylester] mit Propylbromid und Aceton (*McConnel et al.*, Soc. **1956** 812). — Krystalle mit 0,5 Mol H_2O; F: 130°.

Xanthen-9-yl-essigsäure-[2-dipropylamino-äthylester] $C_{23}H_{29}NO_3$, Formel V $(R = CH_2\text{-}CH_2\text{-}CH_3)$.

B. Beim Erwärmen von Xanthen-9-yl-acetylchlorid mit 2-Dipropylamino-äthanol und Benzol (*McConnel et al.*, Soc. **1956** 812).

$Kp_{0,05}$: 160°.

Methyl-dipropyl-[2-(xanthen-9-yl-acetoxy)-äthyl]-ammonium, Xanthen-9-yl-essigsäure-[2-(methyl-dipropyl-ammonio)-äthylester] $[C_{24}H_{32}NO_3]^+$, Formel VI $(R = CH_2\text{-}CH_2\text{-}CH_3, X = CH_3)$.

Bromid $[C_{24}H_{32}NO_3]Br$. *B.* Beim Behandeln von Xanthen-9-yl-essigsäure-[2-dipropyl= amino-äthylester] mit Methylbromid und Aceton (*McConnel et al.*, Soc. **1956** 812). — F: 138—139°.

Äthyl-dipropyl-[2-(xanthen-9-yl-acetoxy)-äthyl]-ammonium, Xanthen-9-yl-essigsäure-[2-(äthyl-dipropyl-ammonio)-äthylester] $[C_{25}H_{34}NO_3]^+$, Formel VI $(R = CH_2\text{-}CH_2\text{-}CH_3, X = C_2H_5)$.

Bromid $[C_{25}H_{34}NO_3]Br$. *B.* Beim Erwärmen von Xanthen-9-yl-essigsäure-[2-dipropyl= amino-äthylester] mit Äthylbromid und Aceton (*McConnel et al.*, Soc. **1956** 812). — F: 158°.

Tripropyl-[2-(xanthen-9-yl-acetoxy)-äthyl]-ammonium, Xanthen-9-yl-essigsäure-[2-tri= propylammonio-äthylester] $[C_{26}H_{36}NO_3]^+$, Formel VI $(R = X = CH_2\text{-}CH_2\text{-}CH_3)$.

Bromid $[C_{26}H_{36}NO_3]Br$. *B.* Beim Erwärmen von Xanthen-9-yl-essigsäure-[2-dipropyl= amino-äthylester] mit Propylbromid und Aceton (*McConnel et al.*, Soc. **1956** 812). — F: 113—115°.

Isopropyl-dimethyl-[2-(xanthen-9-yl-acetoxy)-äthyl]-ammonium, Xanthen-9-yl-essig= säure-[2-(isopropyl-dimethyl-ammonio)-äthylester] $[C_{22}H_{28}NO_3]^+$, Formel VI $(R = CH_3, X = CH(CH_3)_2)$.

Bromid $[C_{22}H_{28}NO_3]Br$. *B.* Beim Erwärmen von Xanthen-9-yl-essigsäure-[2-dimethyl= amino-äthylester] mit Isopropylbromid und Aceton (*McConnel et al.*, Soc. **1956** 812). — Krystalle mit 1 Mol H_2O; F: 145°.

Diäthyl-isopropyl-[2-(xanthen-9-yl-acetoxy)-äthyl]-ammonium, Xanthen-9-yl-essig= säure-[2-(diäthyl-isopropyl-ammonio)-äthylester] $[C_{24}H_{32}NO_3]^+$, Formel VI $(R = C_2H_5, X = CH(CH_3)_2)$.

Bromid $[C_{24}H_{32}NO_3]Br$. *B.* Beim Erwärmen von Xanthen-9-yl-essigsäure-[2-diäthyl= amino-äthylester] mit Isopropylbromid und Aceton (*McConnel et al.*, Soc. **1956** 812). — Krystalle mit 0,5 Mol H_2O; F: 165°.

Xanthen-9-yl-essigsäure-[2-diisopropylamino-äthylester] $C_{23}H_{29}NO_3$, Formel V $(R = CH(CH_3)_2)$.

B. Aus Xanthen-9-yl-essigsäure und [2-Chlor-äthyl]-diisopropyl-amin (*Matsuno, Oka= bayashi*, J. pharm. Soc. Japan **77** [1957] 1145, 1148; C. A. **1958** 5403). Beim Erwärmen von Xanthen-9-yl-acetylchlorid mit 2-Diisopropylamino-äthanol und Benzol (*McConnel et al.*, Soc. **1956** 812; s. a. *Ma., Ok.*).

Hydrochlorid $C_{23}H_{29}NO_3 \cdot HCl$. Krystalle (aus A. + Ae.) mit 1 Mol H_2O, F: 170° bis 171° (*Ma., Ok.*); Krystalle mit 0,5 Mol H_2O, F: 130° (*McC. et al.*).

Xanthen-9-yl-essigsäure-[2-dicyclohexylamino-äthylester] $C_{29}H_{37}NO_3$, Formel VII.

B. Aus Xanthen-9-yl-essigsäure und [2-Chlor-äthyl]-dicyclohexyl-amin (*Matsuno, Oka= bayashi*, J. pharm. Soc. Japan **77** [1957] 1145, 1148; C. A. **1958** 5403). Aus Xanthen-9-yl-acetylchlorid und 2-Dicyclohexylamino-äthanol (*Ma., Ok.*).

Hydrochlorid $C_{29}H_{37}NO_3 \cdot HCl$. Krystalle (aus A. + Ae.) mit 0,5 Mol H_2O, F: 176° bis 177°.

VII   VIII

(±)-Xanthen-9-yl-essigsäure-[2-diäthylamino-propylester] $C_{22}H_{27}NO_3$, Formel VIII.
B. Beim Erwärmen von Xanthen-9-yl-acetylchlorid mit (±)-2-Diäthylamino-propanol und Benzol (*McConnel et al.*, Soc. **1956** 812).
$Kp_{0,1}$: 180°.

(±)-Diäthyl-methyl-[β-(xanthen-9-yl-acetoxy)-isopropyl]-ammonium, (±)-Xanthen-9-yl-essigsäure-[2-(diäthyl-methyl-ammonio)-propylester] $[C_{23}H_{30}NO_3]^+$, Formel IX.
Bromid $[C_{23}H_{30}NO_3]Br$. *B.* Beim Behandeln von (±)-Xanthen-9-yl-essigsäure-[2-diäthylamino-propylester] mit Methylbromid und Aceton (*McConnel et al.*, Soc. **1956** 812). — F: 148°.

IX   X

Xanthen-9-yl-essigsäure-[3-diäthylamino-propylester] $C_{22}H_{27}NO_3$, Formel X.
B. Beim Erwärmen von Xanthen-9-yl-acetylchlorid mit 3-Diäthylamino-propanol und Benzol (*McConnel et al.*, Soc. **1956** 812).
$Kp_{0,3}$: 180°.

Diäthyl-methyl-[3-(xanthen-9-yl-acetoxy)-propyl]-ammonium, Xanthen-9-yl-essigsäure-[3-(diäthyl-methyl-ammonio)-propylester] $[C_{23}H_{30}NO_3]^+$, Formel XI.
Bromid $[C_{23}H_{30}NO_3]Br$. *B.* Beim Behandeln von Xanthen-9-yl-essigsäure-[3-diäthylamino-propylester] mit Methylbromid und Aceton (*McConnel et al.*, Soc. **1956** 812). — F: 98—101°.

(±)-Xanthen-9-yl-essigsäure-[β-dimethylamino-isopropylester] $C_{20}H_{23}NO_3$, Formel XII.
B. Aus Xanthen-9-yl-essigsäure und (±)-[2-Chlor-propyl]-dimethyl-amin sowie aus Xanthen-9-yl-acetylchlorid und (±)-1-Dimethylamino-propan-2-ol (*Matsuno, Okabayashi*, J. pharm. Soc. Japan **77** [1957] 1145, 1148; C. A. **1958** 5403).
Hydrochlorid $C_{20}H_{23}NO_3 \cdot HCl$. Krystalle (aus A. + Ae.) mit 1 Mol H_2O; F: 168° bis 170°.
Picrat $C_{20}H_{23}NO_3 \cdot C_6H_3N_3O_7$. Gelbe Krystalle; F: 65—67°.

Xanthen-9-yl-acetylchlorid $C_{15}H_{11}ClO_2$, Formel XIII (X = Cl).
B. Beim Erwärmen von Xanthen-9-yl-essigsäure mit Thionylchlorid und Benzol (*Goldberg, Wragg*, Soc. **1957** 4823, 4826).
Krystalle; F: 98° [aus Bzl.] (*Go., Wr.*), 92—93° (*Matsuno, Okabayashi*, J. pharm. Soc. Japan **77** [1957] 1145, 1148; C. A. **1958** 5403).

Xanthen-9-yl-essigsäure-amid, 2-Xanthen-9-yl-acetamid $C_{15}H_{13}NO_2$, Formel XIII (X = NH_2).
B. Beim Erwärmen von Xanthen-9-yl-acetylchlorid mit wss. Ammoniak (*Matsuno,*

Okabayashi, J. pharm. Soc. Japan **77** [1957] 1145, 1148; C. A. **1958** 5403; s. a. *Goldberg*, *Wragg*, Soc. **1957** 4823, 4826).
Krystalle; F: 194° [aus Bzl.] (*Go.*, *Wr.*), 189—190° [aus A.] (*Ma.*, *Ok.*).

XI XII XIII

Xanthen-9-yl-essigsäure-anilid $C_{21}H_{17}NO_2$, Formel XIII (X = NH-C_6H_5) (H 315).
B. Aus Xanthen-9-yl-acetylchlorid und Anilin (*Goldberg*, *Wragg*, Soc. **1957** 4823, 4826).
Krystalle (aus A.); F: 220°.

Xanthen-9-yl-essigsäure-[4-chlor-anilid] $C_{21}H_{16}ClNO_2$, Formel XIII (X = NH-C_6H_4-Cl).
B. Aus Xanthen-9-yl-acetylchlorid und 4-Chlor-anilin (*Goldberg*, *Wragg*, Soc. **1957** 4823, 4826).
Krystalle (aus Bzl.); F: 225°.

Xanthen-9-yl-essigsäure-[2-hydroxy-äthylamid] $C_{17}H_{17}NO_3$, Formel XIII (X = NH-CH_2-CH_2-OH).
B. Beim Erhitzen von Xanthen-9-yl-essigsäure-äthylester mit 2-Amino-äthanol auf 150° (*Jones et al.*, Am. Soc. **70** [1948] 2843, 2844, 2845).
Krystalle (aus 1,2-Dichloräthan oder aus E. + PAe.); F: 157—158°.

Xanthen-9-yl-essigsäure-[2-diäthylamino-äthylamid], *N,N*-Diäthyl-*N'*-[xanthen-9-yl-acetyl]-äthylendiamin $C_{21}H_{26}N_2O_2$, Formel XIII (X = NH-CH_2-CH_2-N(C_2H_5)$_2$).
B. Beim Erwärmen von Xanthen-9-yl-acetylchlorid mit *N,N*-Diäthyl-äthylendiamin und Benzol (*Goldberg*, *Wragg*, Soc. **1957** 4823, 4829).
Krystalle (aus Bzn.); F: 122°.

Xanthen-9-yl-essigsäure-[3-diäthylamino-propylamid], *N,N*-Diäthyl-*N'*-[xanthen-9-yl-acetyl]-propandiyldiamin $C_{22}H_{28}N_2O_2$, Formel XIII (X = NH-$[CH_2]_3$-N(C_2H_5)$_2$).
B. Beim Erwärmen von Xanthen-9-yl-acetylchlorid mit *N,N*-Diäthyl-propandiyl=diamin und Benzol (*Goldberg*, *Wragg*, Soc. **1957** 4823, 4829).
Krystalle; F: 106°.

(±)-[3-Chlor-xanthen-9-yl]-essigsäure $C_{15}H_{11}ClO_3$, Formel I.
B. Beim Erhitzen von (±)-[3-Chlor-xanthen-9-yl]-malonsäure mit Pyridin (*Goldberg*, *Wragg*, Soc. **1957** 4823, 4828).
Krystalle (aus wss. Me.); F: 118—120°.

(±)-Brom-xanthen-9-yl-essigsäure $C_{15}H_{11}BrO_3$, Formel II.
B. Beim mehrtägigen Behandeln von Xanthen-9-ol mit Brommalonsäure und Essig=säure und Erhitzen des Reaktionsprodukts mit einem Gemisch von Toluol und wenig Benzol (*Goldberg*, *Wragg*, Soc. **1957** 4823, 4827).
Krystalle (aus PAe.); F: 148—150°. Scheinbarer Dissoziationsexponent pK'_a (Wasser?): 3,9.
Bei $^1/_2$-stdg. Erhitzen mit wss. Kaliumcarbonat-Lösung sind 9-Methylen-xanthen und kleinere Mengen Hydroxy-xanthen-9-yl-essigsäure, bei 24-stdg. Erhitzen mit Dinatrium=hydrogenphosphat und Kaliumdihydrogenphosphat in wss. Dioxan sind hingegen Hydroxy-xanthen-9-yl-essigsäure und kleine Mengen 9-Methylen-xanthen erhalten worden (*Go.*, *Wr.*, l. c. S. 4828). Überführung in Xanthen-9-yliden-essigsäure durch Erhitzen mit wss. Natronlauge (2 n): *Go.*, *Wr.*, l. c. S. 4824, 4828.

I   II   III   IV

Thioxanthen-9-yl-essigsäure $C_{15}H_{12}O_2S$, Formel III (R = H).

B. Beim Erwärmen von Thioxanthen-9-ol mit Malonsäure und Pyridin (*Jones et al.*, Am. Soc. **70** [1948] 2843, 2848). Beim Erhitzen von Thioxanthen-9-yl-acetonitril mit 40%ig. wss. Schwefelsäure (*Okabayashi*, J. pharm. Soc. Japan **78** [1958] 274, 277; C. A. **1958** 11831). Beim Erwärmen von Thioxanthen-9-yl-malonsäure mit Pyridin (*Ok.*).

Krystalle (aus wss. A.); F: 167—168° (*Jo. et al.*; *Ok.*).

[10,10-Dioxo-10λ^6-thioxanthen-9-yl]-essigsäure $C_{15}H_{12}O_4S$, Formel IV.

B. Beim Erwärmen einer Lösung von Thioxanthen-9-yl-essigsäure in Essigsäure mit wss. Wasserstoffperoxid (*Okabayashi*, J. pharm. Soc. Japan **78** [1958] 498, 500; C. A. **1958** 17251). Beim Erhitzen von [10,10-Dioxo-10λ^6-thioxanthen-9-yl]-acetonitril mit 40%ig. wss. Schwefelsäure (*Ok.*).

Krystalle (aus A.); F: 211—212°.

Thioxanthen-9-yl-essigsäure-methylester $C_{16}H_{14}O_2S$, Formel III (R = CH$_3$).

B. Beim Behandeln von Thioxanthen-9-yl-essigsäure mit Schwefelsäure enthaltendem Methanol (*Jones et al.*, Am. Soc. **70** [1948] 2843, 2848).

Kp$_2$: 182—184°.

Thioxanthen-9-yl-essigsäure-[2-dimethylamino-äthylester] $C_{19}H_{21}NO_2S$, Formel V (R = CH$_3$).

Hydrochlorid $C_{19}H_{21}NO_2S \cdot HCl$. B. Beim Erwärmen von Thioxanthen-9-yl-essig=säure mit Thionylchlorid und Erwärmen des erhaltenen Säurechlorids mit 2-Dimethyl=amino-äthanol und Benzol (*Okabayashi*, J. pharm. Soc. Japan **78** [1958] 274, 277; C. A. **1958** 11831). — Krystalle (aus A. + Ae.) mit 1 Mol H$_2$O; F: 164—165°.

Thioxanthen-9-yl-essigsäure-[2-diäthylamino-äthylester] $C_{21}H_{25}NO_2S$, Formel V (R = C$_2$H$_5$).

Hydrochlorid $C_{21}H_{25}NO_2S \cdot HCl$. B. Beim Erwärmen von Thioxanthen-9-yl-essig=säure mit Diäthyl-[2-chlor-äthyl]-amin und Isopropylalkohol (*Okabayashi*, J. pharm. Soc. Japan **78** [1958] 274, 277; C. A. **1958** 11831). — Krystalle (aus A. + Ae.) mit 0,5 Mol H$_2$O; F: 138—139°.

V   VI

Thioxanthen-9-yl-essigsäure-[2-diisopropylamino-äthylester] $C_{23}H_{29}NO_2S$, Formel V (R = CH(CH$_3$)$_2$).

Hydrochlorid $C_{23}H_{29}NO_2S \cdot HCl$. B. Beim Erwärmen von Thioxanthen-9-yl-essig=säure mit Thionylchlorid und Erwärmen des erhaltenen Säurechlorids mit 2-Diisopropyl=amino-äthanol und Benzol (*Okabayashi*, J. pharm. Soc. Japan **78** [1958] 274, 277; C. A. **1958** 11831). — Krystalle (aus A. + Ae.); F: 157—158°.

Thioxanthen-9-yl-essigsäure-[2-dicyclohexylamino-äthylester] $C_{29}H_{37}NO_2S$, Formel VI.

Hydrochlorid $C_{29}H_{37}NO_2S \cdot HCl$. B. Beim Erwärmen von Thioxanthen-9-yl-essig=säure mit Thionylchlorid und Erwärmen des erhaltenen Säurechlorids mit 2-Dicyclo=

hexylamino-äthanol und Benzol (*Okabayashi*, J. pharm. Soc. Japan **78** [1958] 274, 277; C. A. **1958** 11831). — Krystalle (aus A. + Ae.); F: 189—190°.

[10,10-Dioxo-10λ⁶-thioxanthen-9-yl]-essigsäure-[2-dimethylamino-äthylester]

$C_{19}H_{21}NO_4S$, Formel VII (R = CH_3).

Hydrochlorid $C_{19}H_{21}NO_4S \cdot HCl$. *B*. Beim Erwärmen von [10,10-Dioxo-10λ⁶-thioxanthen-9-yl]-essigsäure mit Thionylchlorid und Erwärmen des erhaltenen Säurechlorids mit 2-Dimethylamino-äthanol und Benzol (*Okabayashi*, J. pharm. Soc. Japan **78** [1958] 498, 501; C. A. **1958** 17251). — Krystalle (aus A. + Ae.) mit 0,5 Mol H_2O; F: 193° bis 194°.

[10,10-Dioxo-10λ⁶-thioxanthen-9-yl]-essigsäure-[2-diäthylamino-äthylester] $C_{21}H_{25}NO_4S$,

Formel VII (R = C_2H_5).

Hydrochlorid $C_{21}H_{25}NO_4S \cdot HCl$. *B*. Beim Erwärmen von [10,10-Dioxo-10λ⁶-thioxanthen-9-yl]-essigsäure mit Diäthyl-[2-chlor-äthyl]-amin und Isopropylalkohol (*Okabayashi*, J. pharm. Soc. Japan **78** [1958] 498, 501; C. A. **1958** 17251). — Krystalle (aus A. + Ae.); F: 190—191°.

VII   VIII

[10,10-Dioxo-10λ⁶-thioxanthen-9-yl]-essigsäure-[2-diisopropylamino-äthylester]

$C_{23}H_{29}NO_4S$, Formel VII (R = $CH(CH_3)_2$).

Hydrochlorid $C_{23}H_{29}NO_4S \cdot HCl$. *B*. Beim Erwärmen von [10,10-Dioxo-10λ⁶-thioxanthen-9-yl]-essigsäure mit Thionylchlorid und Erwärmen des erhaltenen Säurechlorids mit 2-Diisopropylamino-äthanol und Benzol (*Okabayashi*, J. pharm. Soc. Japan **78** [1958] 498, 501; C. A. **1958** 17251). — Krystalle (aus A. + Ae.); F: 172—173°.

[10,10-Dioxo-10λ⁶-thioxanthen-9-yl]-essigsäure-[2-dicyclohexylamino-äthylester]

$C_{29}H_{37}NO_4S$, Formel VIII.

Hydrochlorid $C_{29}H_{37}NO_4S \cdot HCl$. *B*. Beim Erwärmen von [10,10-Dioxo-10λ⁶-thioxanthen-9-yl]-essigsäure mit Thionylchlorid und Erwärmen des erhaltenen Säurechlorids mit 2-Dicyclohexylamino-äthanol und Benzol (*Okabayashi*, J. pharm. Soc. Japan **78** [1958] 498, 501; C. A. **1958** 17251). — Krystalle (aus A. + Ae.); F: 207—208°.

(±)-Thioxanthen-9-yl-essigsäure-[β-dimethylamino-isopropylester] $C_{20}H_{23}NO_2S$,

Formel IX (X = O-$CH(CH_3)$-CH_2-$N(CH_3)_2$).

Hydrochlorid $C_{20}H_{23}NO_2S \cdot HCl$. *B*. Beim Erwärmen von Thioxanthen-9-yl-essigsäure mit Thionylchlorid und Erwärmen des erhaltenen Säurechlorids mit (±)-1-Dimethylamino-propan-2-ol und Benzol (*Okabayashi*, J. pharm. Soc. Japan **78** [1958] 274, 277; C. A. **1958** 11831). — Krystalle (aus A. + Ae.) mit 1 Mol H_2O; F: 173—174°.

(±)-[10,10-Dioxo-10λ⁶-thioxanthen-9-yl]-essigsäure-[β-dimethylamino-isopropylester]

$C_{20}H_{23}NO_4S$, Formel X.

Hydrochlorid $C_{20}H_{23}NO_4S \cdot HCl$. *B*. Beim Erwärmen von [10,10-Dioxo-10λ⁶-thioxanthen-9-yl]-essigsäure mit Thionylchlorid und Erwärmen des erhaltenen Säurechlorids mit (±)-1-Dimethylamino-propan-2-ol und Benzol (*Okabayashi*, J. pharm. Soc. Japan **78** [1958] 498, 501; C. A. **1958** 17251). — Krystalle (aus A. + Ae.) mit 1 Mol H_2O; F: 200—202°.

Thioxanthen-9-yl-essigsäure-amid, 2-Thioxanthen-9-yl-acetamid $C_{15}H_{13}NOS$, Formel IX

(X = NH_2).

B. Beim Erwärmen von Thioxanthen-9-yl-essigsäure mit Thionylchlorid und Erwärmen des erhaltenen Säurechlorids mit wss. Ammoniak (*Okabayashi*, J. pharm. Soc. Japan **78**

[1958] 274, 277; C. A. **1958** 11831).
Krystalle (aus wss. A.); F: 194—195°.

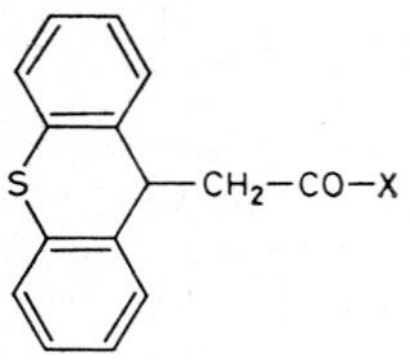

IX 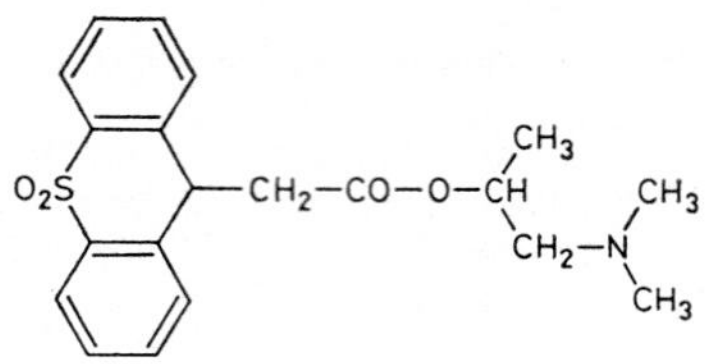   X 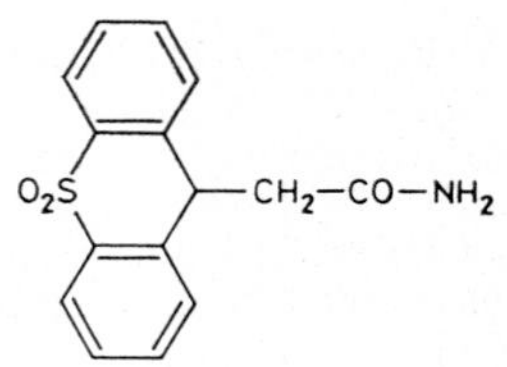   XI

Thioxanthen-9-yl-essigsäure-[2-hydroxy-äthylamid] $C_{17}H_{17}NO_2S$, Formel IX
(X = NH-CH$_2$-CH$_2$-OH).
B. Beim Erhitzen von Thioxanthen-9-yl-essigsäure-methylester mit 2-Amino-äthanol
bis auf 150° (*Jones et al.*, Am. Soc. **70** [1948] 2843, 2844, 2845).
Krystalle (aus 1,2-Dichlor-äthan oder aus E. + PAe.); F: 148—149°.

[10,10-Dioxo-10λ^6-thioxanthen-9-yl]-essigsäure-amid $C_{15}H_{13}NO_3S$, Formel XI.
B. Beim Erwärmen einer Lösung von Thioxanthen-9-yl-essigsäure-amid in Essigsäure
mit wss. Wasserstoffperoxid (*Okabayashi*, J. pharm. Soc. Japan **78** [1958] 498, 501;
C. A. **1958** 17251). Beim Erwärmen von [10,10-Dioxo-10λ^6-thioxanthen-9-yl]-essigsäure
mit Thionylchlorid und Erwärmen des erhaltenen Säurechlorids mit wss. Ammoniak (*Ok.*).
Krystalle (aus A.); F: 192—193°.

Thioxanthen-9-yl-acetonitril $C_{15}H_{11}NS$, Formel I.
B. Beim Erhitzen von Cyan-thioxanthen-9-yl-essigsäure mit Pyridin (*Okabayashi*, J.
pharm. Soc. Japan **78** [1958] 274, 277; C. A. **1958** 11831).
Krystalle (aus wss. A.); F: 76—77°.

[10,10-Dioxo-10λ^6-thioxanthen-9-yl]-acetonitril $C_{15}H_{11}NO_2S$, Formel II.
B. Beim Erhitzen von Cyan-[10,10-dioxo-10λ^6-thioxanthen-9-yl]-essigsäure mit Pyridin
(*Okabayashi*, J. pharm. Soc. Japan **78** [1958] 498, 500; C. A. **1958** 17251).
Krystalle (aus wss. Acn.); F: 210—212°.

(±)-2-Methyl-xanthen-9-carbonsäure $C_{15}H_{12}O_3$, Formel III (R = H).
B. Beim Erwärmen von 2-Methyl-xanthen mit Butyllithium in Äther und Behandeln
der Reaktionslösung mit festem Kohlendioxid (*McConnel et al.*, Soc. **1956** 812).
Krystalle (aus Bzl. + Bzn.); F: 198—199°.

(±)-2-Methyl-xanthen-9-carbonsäure-[2-diäthylamino-äthylester] $C_{21}H_{25}NO_3$, Formel III
(R = CH$_2$-CH$_2$-N(C$_2$H$_5$)$_2$).
B. Beim Erwärmen von (±)-2-Methyl-xanthen-9-carbonsäure mit Diäthyl-[2-chlor-
äthyl]-amin und Isopropylalkohol (*McConnel et al.*, Soc. **1956** 812).
Kp$_{0,2}$: 160°.

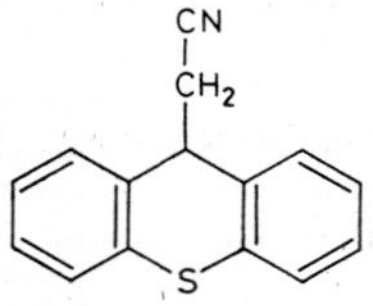

I 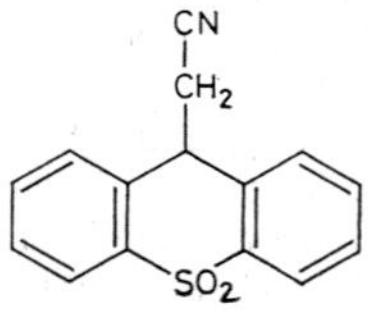   II 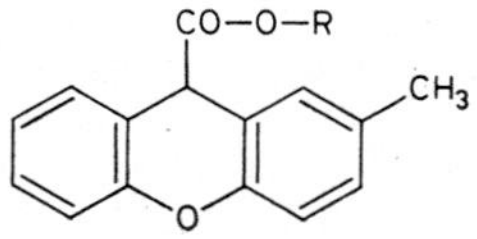   III 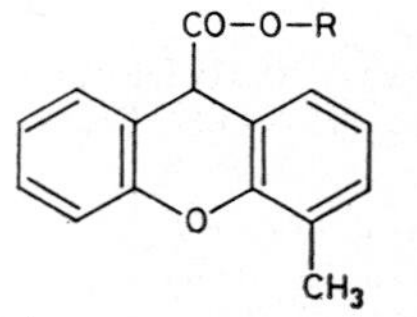   IV

(±)-Diäthyl-methyl-[2-(2-methyl-xanthen-9-carbonyloxy)-äthyl]-ammonium,
(±)-2-Methyl-xanthen-9-carbonsäure-[2-(diäthyl-methyl-ammonio)-äthylester]
$[C_{22}H_{28}NO_3]^+$, Formel III (R = CH$_2$-CH$_2$-N(C$_2$H$_5$)$_2$-CH$_3$]$^+$).
Bromid $[C_{22}H_{28}NO_3]$Br. *B.* Beim Behandeln von (±)-2-Methyl-xanthen-9-carbonsäure-

[2-diäthylamino-äthylester] mit Methylbromid und Aceton (*McConnel et al.*, Soc. **1956** 812). — Hygroskopische Krystalle (aus Isopropylalkohol + Ae.); F: 137—138°.

(±)-Triäthyl-[2-(2-methyl-xanthen-9-carbonyloxy)-äthyl]-ammonium, (±)-2-Methyl-xanthen-9-carbonsäure-[2-triäthylammonio-äthylester] [$C_{23}H_{30}NO_3$]$^+$, Formel III (R = CH_2-CH_2-$N(C_2H_5)_3$]$^+$).
Bromid [$C_{23}H_{30}NO_3$]Br. *B.* Beim Erhitzen von (±)-2-Methyl-xanthen-9-carbonsäure-[2-diäthylamino-äthylester] mit Äthylbromid und Aceton (*McConnel et al.*, Soc. **1956** 812). — Hygroskopische Krystalle (aus Isopropylalkohol + Ae.); F: 153—154°.

(±)-4-Methyl-xanthen-9-carbonsäure $C_{15}H_{12}O_3$, Formel IV (R = H).
B. Beim Erwärmen von 4-Methyl-xanthen mit Butyllithium in Äther und Behandeln des Reaktionsgemisches mit festem Kohlendioxid (*McConnel et al.*, Soc. **1956** 812).
Krystalle (aus Bzl.); F: 202—203°.

(±)-4-Methyl-xanthen-9-carbonsäure-[2-diäthylamino-äthylester] $C_{21}H_{25}NO_3$, Formel IV (R = CH_2-CH_2-$N(C_2H_5)_2$).
B. Beim Erwärmen von (±)-4-Methyl-xanthen-9-carbonsäure mit Diäthyl-[2-chlor-äthyl]-amin und Isopropylalkohol (*McConnel et al.*, Soc. **1956** 812).
$Kp_{0,1}$: 152°.

(±)-Diäthyl-methyl-[2-(4-methyl-xanthen-9-carbonyloxy)-äthyl]-ammonium,
(±)-4-Methyl-xanthen-9-carbonsäure-[2-(diäthyl-methyl-ammonio)-äthylester]
[$C_{22}H_{28}NO_3$]$^+$, Formel IV (R = CH_2-CH_2-$N(C_2H_5)_2$-CH_3]$^+$).
Bromid [$C_{22}H_{28}NO_3$]Br. *B.* Beim Behandeln von (±)-4-Methyl-xanthen-9-carbonsäure-[2-diäthylamino-äthylester] mit Methylbromid und Aceton (*McConnel et al.*, Soc. **1956** 812). — Krystalle (aus Isopropylalkohol + Ae.); F: 182—183°.

9-Methyl-xanthen-9-carbonsäure-methylester $C_{16}H_{14}O_3$, Formel V (E II 280).
B. Beim Behandeln von Xanthen-9-carbonsäure-methylester mit Natriumamid in Äther und flüssigem Ammoniak und mit Methyljodid (*Anet, Bavin*, Canad. J. Chem. **35** [1957] 1084, 1085).
Krystalle (aus Hexan oder Me.); F: 95—96°. UV-Spektrum (Me.; 200—300 nm): *Anet, Ba.*

V	VI	VII

3-Äthyl-naphtho[1,2-*b*]furan-2-carbonsäure $C_{15}H_{12}O_3$, Formel VI.
B. Beim Erwärmen von 1-[1-Hydroxy-[2]naphthyl]-propan-1-on mit Brommalonsäure-diäthylester, Kaliumcarbonat und Aceton und Erwärmen des Reaktionsprodukts mit wss.-äthanol. Kalilauge (*Tanaka*, Bl. chem. Soc. Japan **30** [1957] 575).
Krystalle (aus Bzl.); F: 218—219° [unkorr.].

1,3-Dimethyl-naphtho[1,2-*c*]thiophen-4-carbonsäure $C_{15}H_{12}O_2S$, Formel VII.
B. Beim Behandeln einer aus 3*t*(?)-[2-Amino-phenyl]-2-[2,5-dimethyl-[3]thienyl]-acryl‍säure (Hydrochlorid; F: 215—217°), Natriumnitrit und wss. Schwefelsäure bereiteten Diazoniumsalz-Lösung mit Kupfer-Pulver (*Dann, Distler*, B. **87** [1954] 365, 371).
Goldgelbe Krystalle (aus Eg. + W.); F: 226—227° [Zers.; geschlossene Kapillare].

3-Dibenzofuran-2-yl-propionsäure $C_{15}H_{12}O_3$, Formel VIII.
B. Beim Erhitzen von 1-Dibenzofuran-2-yl-propan-1-on mit Schwefel und Morpholin

und Behandeln des Reaktionsprodukts mit äthanol. Kalilauge (*Buu-Hoi, Royer*, R. **67** [1948] 175, 185).
Krystalle (aus Ae. + Bzn.); F: 127—128°.

3-Dibenzofuran-4-yl-propionsäure $C_{15}H_{12}O_3$, Formel IX (R = H).
B. Beim Behandeln von 3*t*(?)-Dibenzofuran-4-yl-acrylsäure (F: 228°) mit wss. Natron=
lauge und anschliessend mit Natrium-Amalgam (*Chatterjea*, J. Indian chem. Soc. **33**
[1956] 369, 372).
Krystalle (aus wss. A.); F: 148° [unkorr.].

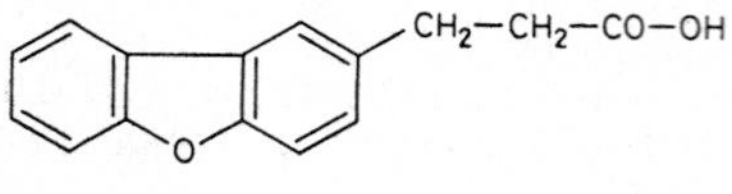

VIII 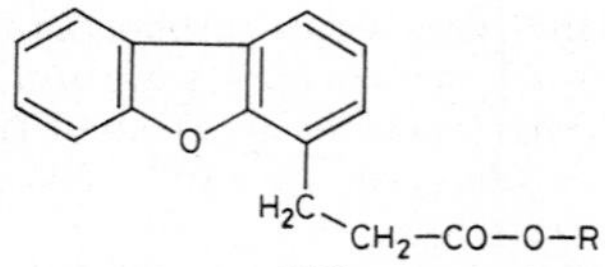   IX

3-Dibenzofuran-4-yl-propionsäure-methylester $C_{16}H_{14}O_3$, Formel IX (R = CH$_3$).
B. Aus 3-Dibenzofuran-4-yl-propionsäure mit Hilfe von Diazomethan (*Chatterjea*, J.
Indian chem. Soc. **33** [1956] 369, 372).
Krystalle; F: 22—23°.

Carbonsäuren $C_{16}H_{14}O_3$

***Opt.-inakt. 2-Benzyl-3-phenyl-oxirancarbonitril, 2-Benzyl-2,3-epoxy-3-phenyl-
propionitril** $C_{16}H_{13}NO$, Formel I.
B. Beim Behandeln einer Lösung von (±)-1-Chlor-1,3-diphenyl-aceton in Äthanol mit
wss. Kaliumcyanid-Lösung (*Prévost, Sommière*, Bl. [5] **2** [1935] 1151, 1163).
Krystalle (aus Bzn.); F: 118,5°.

2-Indan-5-yl-3*c*(?)-[2]thienyl-acrylonitril $C_{16}H_{13}NS$, vermutlich Formel II.
Bezüglich der Konfigurationszuordnung vgl. das analog hergestellte 2-Phenyl-3*c*-
[2]thienyl-acrylonitril (S. 4326)
B. Beim Behandeln von Thiophen-2-carbaldehyd mit Indan-5-yl-acetonitril und
Natriumäthylat in Äthanol (*Cagniant, Cagniant*, C. r. **232** [1951] 238).
Hellgelbe Krystalle (aus A.); F: 111,5° [unkorr.].

(±)-2-Xanthen-9-yl-propionsäure $C_{16}H_{14}O_3$, Formel III (R = H).
B. Beim Erhitzen von Xanthen-9-ol mit Methylmalonsäure und Pyridin (*McConnel
et al.*, Soc. **1956** 812; s. a. *Iwashige, Takagi*, J. pharm. Soc. Japan **74** [1954] 614, 616;
C.A. **1954** 10743).
Krystalle; F: 125—126° (*Iw., Ta.*), 122° [aus Bzn.] (*McC. et al.*).

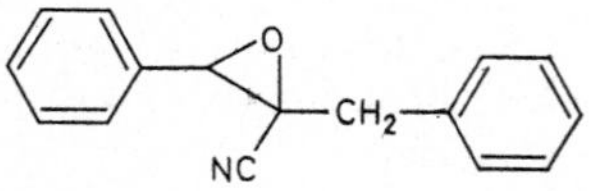

I 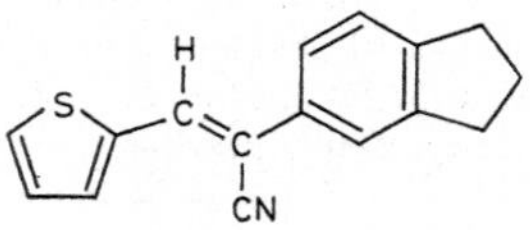   II 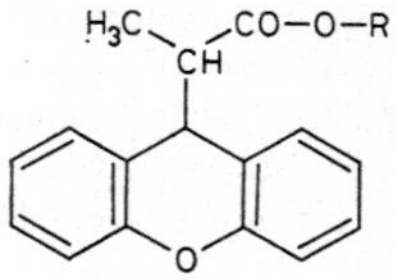   III

**(±)-Diäthyl-methyl-[2-(2-xanthen-9-yl-propionyloxy)-äthyl]-ammonium,
(±)-2-Xanthen-9-yl-propionsäure-[2-(diäthyl-methyl-ammonio)-äthylester]**
$[C_{23}H_{30}NO_3]^+$, Formel III (R = CH$_2$-CH$_2$-N(C$_2$H$_5$)$_2$-CH$_3$)$^+$).
Bromid $[C_{23}H_{30}NO_3]$Br. *B.* Beim Erwärmen von (±)-2-Xanthen-9-yl-propionsäure mit
Diäthyl-[2-chlor-äthyl]-amin und Isopropylalkohol, Behandeln des Reaktionsprodukts
mit wss. Alkalicarbonat-Lösung und Behandeln des danach isolierten Amins mit Methyl=
bromid und Benzol (*Iwashige, Takagi*, J. pharm. Soc. Japan **74** [1954] 614, 616; C.A. **1954**

10743). — Krystalle (aus A. + Ae.) mit 1 Mol H_2O, die bei 150—160° schmelzen. Absorptionsmaxima (A.): 240 nm und 281 nm.

2,7-Dimethyl-xanthen-9-carbonsäure $C_{16}H_{14}O_3$, Formel IV (R = H).

B. Beim Behandeln von 2,7-Dimethyl-xanthen mit Butyllithium in Äther und anschliessend mit festem Kohlendioxid (*Gootjes et al.*, J. med. pharm. Chem. **3** [1961] 157, 159).

Krystalle; F: 238° [aus wss. A.] (*Go. et al.*), 226—230° [Zers.] (*Searle & Co.*, U.S.P. 2 776 299 [1954]).

2,7-Dimethyl-xanthen-9-carbonsäure-[2-diäthylamino-äthylester] $C_{22}H_{27}NO_3$, Formel IV (R = CH_2-CH_2-$N(C_2H_5)_2$).

B. Beim Erwärmen von 2,7-Dimethyl-xanthen-9-carbonsäure mit Diäthyl-[2-chloräthyl]-amin und Isopropylalkohol (*Searle & Co.*, U.S.P. 2 776 299 [1954]).

Hydrochlorid $C_{22}H_{27}NO_3 \cdot HCl$. Krystalle (aus E. + PAe.); F: 142—143°.

IV   V   VI

Diäthyl-methyl-[2-(2,7-dimethyl-xanthen-9-carbonyloxy)-äthyl]-ammonium,
2,7-Dimethyl-xanthen-9-carbonsäure-[2-(diäthyl-methyl-ammonio)-äthylester]
$[C_{23}H_{30}NO_3]^+$, Formel IV (R = CH_2-CH_2-$N(C_2H_5)_2$-CH_3]$^+$).

Bromid $[C_{23}H_{30}NO_3]Br$. B. Beim Behandeln von 2,7-Dimethyl-xanthen-9-carbonsäure-[2-diäthylamino-äthylester] mit Methylbromid und Butanon (*Searle & Co.*, U.S.P. 2 776 299 [1954]) oder mit Methylbromid und Chloroform (*Gootjes et al.*, J. med. pharm. Chem. **3** [1961] 157, 162, 163). — Krystalle (aus Acn. + Ae.) mit 0,5 Mol H_2O, F: 152° (*Go. et al.*); Krystalle (aus Isopropylalkohol + E.), F: 151,5—153° (*Searle & Co.*).

3-Propyl-naphtho[1,2-b]furan-2-carbonsäure $C_{16}H_{14}O_3$, Formel V.

B. Beim Erwärmen von 1-[1-Hydroxy-[2]naphthyl]-butan-1-on mit Brommalonsäurediäthylester, Kaliumcarbonat und Aceton und Erwärmen des Reaktionsprodukts mit wss.-äthanol. Kalilauge (*Tanaka*, Bl. chem. Soc. Japan **30** [1957] 575).

Krystalle (aus $CHCl_3$); F: 203—204° [unkorr.].

(±)-3-[(Z)-Äthyliden]-2-methyl-2,3-dihydro-naphtho[1,2-b]furan-2-carbonsäure $C_{16}H_{14}O_3$, Formel VI.

Diese Konfiguration ist vermutlich der nachstehend beschriebenen Verbindung auf Grund der Bildungsweise zuzuordnen.

B. Beim Erwärmen von (±)-9a-Methyl-8,9a-dihydro-cyclopenta[b]naphtho[2,1-d]furan-9-on mit äthanol. Kalilauge (*Molho, Mentzer*, C. r. **223** [1946] 333).

Krystalle (aus Eg.); F: 280°.

4-Dibenzofuran-2-yl-buttersäure $C_{16}H_{14}O_3$, Formel VII (R = H) (E II 281; dort als Diphenylenoxyd-[γ-buttersäure]-(3) bezeichnet).

B. Aus 4-Dibenzofuran-2-yl-4-oxo-buttersäure beim Erhitzen mit amalgamiertem Zink, wss. Salzsäure und Toluol (*Gilman et al.*, Am. Soc. **61** [1939] 2836, 2842) sowie beim Behandeln mit wss. Natronlauge und anschliessendem Hydrieren an einem Nickel-Chromoxid-Katalysator bei 200°/200 at (*Reppe et al.*, A. **596** [1955] 1, 158, 224).

Krystalle; F: 114—115° (*Mosettig, Robinson*, Am. Soc. **57** [1935] 902, 904), 112—113° [aus PAe.] (*Gi. et al.*), 109° [aus Bzl. + Bzn.] (*Re. et al.*).

Beim Behandeln mit 88 %ig. wss. Schwefelsäure (*Gi. et al.*) ist 9,10-Dihydro-8H-benzo[b]naphtho[2,3-d]furan-7-on, beim Behandeln mit 96 %ig. wss. Schwefelsäure

(*Chatterjea*, J. Indian chem. Soc. **30** [1953] 103, 108) sowie beim Erhitzen mit Poly=
phosphorsäure auf 170° (*Robinson, Mosettig*, Am. Soc. **61** [1939] 1148, 1149) sind daneben
kleine Mengen 3,4-Dihydro-2H-benzo[b]naphtho[1,2-d]furan-1-on erhalten worden.

4-Dibenzofuran-2-yl-buttersäure-äthylester $C_{18}H_{18}O_3$, Formel VII (R = C_2H_5) (E II 281).
  B. Aus 4-Dibenzofuran-2-yl-buttersäure (*Reppe et al.*, A. **596** [1955] 1, 158, 224).
Kp$_{0,2-0,3}$: 188—192°.

VII   VIII

4-Dibenzothiophen-2-yl-buttersäure $C_{16}H_{14}O_2S$, Formel VIII (X = OH).
  B. Aus 4-Dibenzothiophen-2-yl-4-oxo-buttersäure beim Erhitzen mit wss. Hydrazin-
hydrat, Kaliumhydroxid und Diäthylenglykol bis auf 200° (*Werner*, R. **68** [1949] 520,
523) sowie beim Erhitzen mit amalgamiertem Zink, wss. Salzsäure und Toluol (*Buu-Hoï*,
Cagniant, B. **76** [1943] 1269, 1273; s. a. *Gilman, Jacoby*, J. org. Chem. **3** [1938] 108, 118).
  Krystalle; F: 131° [aus wss. Me.] (*Gi., Ja.*), 129,5—130,5° [aus wss. Me.] (*We.*), 127°
[unkorr.] (*Buu-Hoï, Ca.*). Kp$_{2,2}$: 270° (*Buu-Hoï, Ca.*).
  Beim Behandeln mit 88%ig. wss. Schwefelsäure (*Gi., Ja.*) sowie beim Erwärmen mit
Phosphor(V)-chlorid in Chlorbenzol und Behandeln des Reaktionsgemisches mit Alu=
miniumchlorid (*We.*) ist 9,10-Dihydro-8H-benzo[b]naphtho[2,3-d]thiophen-7-on erhalten
worden.

4-Dibenzothiophen-2-yl-buttersäure-amid, 4-Dibenzothiophen-2-yl-butyramid
$C_{16}H_{15}NOS$, Formel VIII (X = NH$_2$).
  B. Aus 4-Dibenzothiophen-2-yl-buttersäure (*Buu-Hoï, Cagniant*, B. **76** [1943] 1269,
1273).
  Krystalle; F: 139°.

4-Dibenzoselenophen-2-yl-buttersäure $C_{16}H_{14}O_2Se$, Formel IX.
  B. Beim Erhitzen von 4-Dibenzoselenophen-2-yl-4-oxo-buttersäure mit Hydrazin-
hydrat, Kaliumhydroxid und Diäthylenglykol bis auf 200° (*Buu-Hoï, Hoán*, Soc. **1952**
3745).
  Krystalle (aus Bzl. + Bzn.); F: 119°.

IX   X

4-Dibenzoselenophen-2-yl-buttersäure-[2]naphthylamid $C_{26}H_{21}NOSe$, Formel X.
  B. Beim Behandeln von 4-Dibenzoselenophen-2-yl-buttersäure mit Thionylchlorid und
Behandeln des erhaltenen Säurechlorids mit [2]Naphthylamin und Pyridin (*Buu-Hoï*,
Hoán, Soc. **1952** 3745).
  Krystalle (aus Chlorbenzol); F: 217° [Zers.].

4-Dibenzoselenophen-2-yl-buttersäure-biphenyl-4-ylamid $C_{28}H_{23}NOSe$, Formel XI.
  B. Beim Behandeln von 4-Dibenzoselenophen-2-yl-buttersäure mit Thionylchlorid und
Behandeln des erhaltenen Säurechlorids mit Biphenyl-4-ylamin und Pyridin (*Buu-Hoï*,
Hoán, Soc. **1952** 3745).
  Krystalle (aus Chlorbenzol); F: 238° [Zers.].

XI

4-Dibenzofuran-3-yl-buttersäure $C_{16}H_{14}O_3$, Formel XII.

B. Beim Erhitzen von 4-Dibenzofuran-3-yl-4-oxo-buttersäure mit Hydrazin-hydrat, Kaliumhydroxid und Diäthylenglykol bis auf 200° (*Chatterjea*, J. Indian chem. Soc. **33** [1956] 447, 453).

Krystalle (aus Bzl. + PAe.); F: 116° [unkorr.].

XII　　　　　　　　　　　　　　　　XIII

4-Dibenzofuran-4-yl-buttersäure $C_{16}H_{14}O_3$, Formel XIII.

B. Beim Behandeln von 3-Dibenzofuran-4-yl-propionsäure mit Thionylchlorid, Benzol und wenig Pyridin, Behandeln einer Lösung des gebildeten Säurechlorids in Benzol mit Diazomethan in Äther, Erwärmen des Reaktionsprodukts mit Methanol und Silberoxid und Erwärmen des erhaltenen Esters mit äthanol. Natronlauge (*Chatterjea*, J. Indian chem. Soc. **33** [1956] 369, 372).

Krystalle (aus PAe.); F: 89—90°.

Carbonsäuren $C_{17}H_{16}O_3$

(±)-3,3-Dibenzyl-oxirancarbonsäure, (±)-3-Benzyl-2,3-epoxy-4-phenyl-buttersäure $C_{17}H_{16}O_3$, Formel I.

B. Beim Erwärmen von 1,3-Diphenyl-aceton mit Chloressigsäure-äthylester und Natriumäthylat in Äther und Behandeln des Reaktionsprodukts mit äthanol. Natronlauge (*Scheibler*, *Tutundzitsch*, B. **64** [1931] 2916, 2920).

Krystalle; oberhalb 80° erfolgt Zersetzung unter Bildung von 2-Benzyl-3-phenyl-propionaldehyd.

I　　　　　　　　　II　　　　　　　　III　　　　　　　　IV

(±)-3,3-Dibenzyl-oxirancarbonitril, (±)-3-Benzyl-2,3-epoxy-4-phenyl-butyronitril $C_{17}H_{15}NO$, Formel II.

B. Beim Behandeln von 1,3-Diphenyl-aceton mit Chloracetonitril und Natriumäthylat in Äther (*Martynow*, *Schtschelkunow*, Ž. obšč. Chim. **28** [1958] 3248, 3252; engl. Ausg. S. 3275, 3277).

Kp_{10}: 197°. D_4^{20}: 1,0966. n_D^{20}: 1,5667.

(±)-3,3-Di-*p*-tolyl-oxirancarbonitril, (±)-2,3-Epoxy-3,3-di-*p*-tolyl-propionitril $C_{17}H_{15}NO$, Formel III.

B. Beim Behandeln von 4,4'-Dimethyl-benzophenon mit Chloracetonitril und Natriumäthylat in Äther (*Martynow*, *Schtschelkunow*, Ž. obšč. Chim. **28** [1958] 3248, 3252; engl. Ausg. S. 3275, 3277).

Krystalle (aus A.); F: 108°.

2-[4-Brom-phenyl]-3c(?)-[4,5,6,7-tetrahydro-benzo[b]thiophen-2-yl]-acrylonitril
$C_{17}H_{14}BrNS$, vermutlich Formel IV (X = Br).
Bezüglich der Konfigurationszuordnung s. *Baker, Howes*, Soc. **1953** 119, 121.
B. Beim Erwärmen von 4,5,6,7-Tetrahydro-benzo[b]thiophen-2-carbaldehyd mit [4-Brom-phenyl]-acetonitril, Äthanol und wss. Natronlauge (*Buu-Hoi, Khenissi*, Bl. **1958** 359).
Hellgelbe Krystalle (aus A.); F: 163°.

2-[4-Jod-phenyl]-3c(?)-[4,5,6,7-tetrahydro-benzo[b]thiophen-2-yl]-acrylonitril
$C_{17}H_{14}INS$, vermutlich Formel IV (X = I).
Bezüglich der Konfigurationszuordnung s. *Baker, Howes*, Soc. **1953** 119, 121.
B. Beim Erwärmen von 4,5,6,7-Tetrahydro-benzo[b]thiophen-2-carbaldehyd mit [4-Jod-phenyl]-acetonitril, Äthanol und wss. Natronlauge (*Buu-Hoi, Khenissi*, Bl. **1958** 359).
Hellgelbe Krystalle (aus A.); F: 156°.

(±)-2-Xanthen-9-yl-buttersäure $C_{17}H_{16}O_3$, Formel V (R = H).
B. Beim Erhitzen von Xanthen-9-ol mit Äthylmalonsäure und Pyridin (*McConnel et al.*, Soc. **1956** 812).
Krystalle (aus PAe.); F: 114—116°.

(±)-2-Xanthen-9-yl-buttersäure-[2-diäthylamino-äthylester] $C_{23}H_{29}NO_3$, Formel V
(R = CH_2-CH_2-N(C_2H_5)$_2$).
Hydrochlorid $C_{23}H_{29}NO_3 \cdot HCl$. *B.* Beim Erwärmen von (±)-2-Xanthen-9-yl-butter= säure mit Diäthyl-[2-chlor-äthyl]-amin und Isopropylalkohol (*McConnel et al.*, Soc. **1956** 812). — Krystalle (aus A. + Ae.); F: 166°.

V   VI

(±)-Diäthyl-methyl-[2-(2-xanthen-9-yl-butyryloxy)-äthyl]-ammonium, (±)-2-Xanthen-9-yl-buttersäure-[2-(diäthyl-methyl-ammonio)-äthylester] $[C_{24}H_{32}NO_3]^+$, Formel V
(R = CH_2-CH_2-N(C_2H_5)$_2$-CH_3]$^+$).
Bromid $[C_{24}H_{32}NO_3]$Br. *B.* Beim Behandeln von (±)-2-Xanthen-9-yl-buttersäure-[2-diäthylamino-äthylester] mit Methylbromid und Aceton (*McConnel et al.*, Soc. **1956** 812). — Krystalle (aus Isopropylalkohol + Ae.) mit 0,5 Mol H_2O; F: 158°.

4-[8-Methyl-dibenzofuran-2-yl]-buttersäure $C_{17}H_{16}O_3$, Formel VI.
Diese Konstitution ist der nachstehend beschriebenen Verbindung zugeordnet worden (*Chatterjea*, J. Indian chem. Soc. **34** [1957] 347, 353).
B. Beim Erhitzen einer als 4-[8-Methyl-dibenzofuran-2-yl]-4-oxo-buttersäure an= gesehenen Verbindung (F: 236—237°; aus 2-Methyl-dibenzofuran und Bernsteinsäure= anhydrid mit Hilfe von Aluminiumchlorid hergestellt) mit Hydrazin-hydrat, Natrium= hydroxid und Diäthylenglykol (*Ch.*).
Krystalle (aus Bzl. + PAe.); F: 79—80°.
Beim Behandeln mit 90%ig. wss. Schwefelsäure ist eine als 2-Methyl-9,10-dihydro-8H-benzo[b]naphtho[2,3-d]furan-7-on angesehene Verbindung (F: 159° [E III/IV **17** 5467] erhalten worden.

Carbonsäuren $C_{18}H_{18}O_3$

(±)-2-[2-(2,4-Dimethyl-phenyl)-oxiranylmethyl]-benzoesäure, (±)-2-[2-(2,4-Dimethyl-phenyl)-2,3-epoxy-propyl]-benzoesäure $C_{18}H_{18}O_3$, Formel VII.
Für die nachstehend beschriebene Verbindung wird auch die Formulierung als

2-[β-Methoxy-2,4-dimethyl-styryl]-benzoesäure ($C_{18}H_{18}O_3$, Formel VIII) in Betracht gezogen (*Huang, Lee*, Soc. **1959** 923, 924).

B. Neben 3-[2,4-Dimethyl-phenyl]-isocumarin und anderen Verbindungen beim Behandeln von 2-[2,4-Dimethyl-phenacyl]-benzoesäure mit Diazomethan in Äther (*Hu., Lee*, l. c. S. 926).

Krystalle (aus Bzl. + PAe.); F: 129—130°.

VII   VIII   IX

Carbonsäuren $C_{19}H_{20}O_3$

2-[4-Cyclohexyl-phenyl]-3c(?)-[2]furyl-acrylonitril $C_{19}H_{19}NO$, vermutlich Formel IX.

Bezüglich der Konfigurationszuordnung vgl. das analog hergestellte 3c-[2]Furyl-2-phenyl-acrylonitril (S. 4325).

B. Beim Behandeln von Furan-2-carbaldehyd mit [4-Cyclohexyl-phenyl]-acetonitril und wenig Natriumäthylat in Äthanol (*Buu-Hoï, Cagniant*, Bl. [5] **11** [1944] 127, 134).

Krystalle (aus A.); F: 64°.

Carbonsäuren $C_{20}H_{22}O_3$

*Opt.-inakt. [5,5-Dimethyl-2,4-diphenyl-tetrahydro-[2]furyl]-essigsäure $C_{20}H_{22}O_3$, Formel X.

B. Bei der Hydrierung von (±)-[5,5-Dimethyl-2,4-diphenyl-2,5-dihydro-[2]furyl]-essigsäure (F: 138—139°; über die Konstitution dieser Verbindung s. *Pawlowa et al.*, Ž. obšč. Chim. **30** [1960] 735, 736; engl. Ausg. S. 754, 755) an Platin in Äthanol (*Wenuš-Danilowa, Orlowa*, Ž. obšč. Chim. **23** [1953] 681, 684; engl. Ausg. S. 707, 710).

Krystalle (aus Ae.); F: 128—129° (*We.-Da., Or.*).

X   XI

Carbonsäuren $C_{24}H_{30}O_3$

1-Undecyl-naphtho[2,1-b]furan-2-carbonsäure $C_{24}H_{30}O_3$, Formel XI (R = H, n = 9).

Die Identität eines von *Desai, Waravdekar* (Pr. Indian Acad. [A] **23** [1946] 341, 345) unter dieser Konstitution beschriebenen, beim Erwärmen einer als [1-Lauroyl-[2]naphth= yloxy]-essigsäure-äthylester angesehenen Verbindung (Kp: 230°) mit Natriumäthylat in Äthanol und Erwärmen des als 1-Undecyl-naphtho[2,1-b]furan-2-carbonsäure-äthylester ($C_{26}H_{34}O_3$; Formel XI [R = C_2H_5, n = 9]) angesehenen Reaktions-produkts (Kp: 215°) mit äthanol. Alkalilauge erhaltenen Präparats (Krystalle [aus PAe.]; F: 42—43°) ist ungewiss (vgl. *Buu-Hoï, Lavit*, J. org. Chem. **20** [1955] 823, 824).

14,21c-Epoxy-14β-chola-3,5,20,22c(?)-tetraen-24-säure $C_{24}H_{30}O_3$, vermutlich Formel XII (R = H).

Diese Konstitution und Konfiguration kommt der nachstehend beschriebenen Iso= **scillaridin-A-säure** zu (s. die entsprechenden Angaben im folgenden Artikel).

B. Beim Erwärmen von Isoscillaridin-A-säure-methylester (s. u.) mit wss.-äthanol. Natronlauge (*Stoll et al.*, Helv. **17** [1934] 641, 660).

Krystalle (aus Dioxan); F: 264° [korr.]. Im Hochvakuum bei 130—150° sublimierbar. $[\alpha]_D^{20}$: −292° [Dioxan; c = 0,4].

14,21c-Epoxy-14β-chola-3,5,20,22c(?)-tetraen-24-säure-methylester $C_{25}H_{32}O_3$, vermutlich Formel XII (R = CH₃).

Diese Konstitution und Konfiguration kommt dem nachstehend beschriebenen **Iso=scillaridin-A-säure-methylester** zu (*L. F. Fieser, M. Fieser*, Steroids [New York 1959] S. 782, 783; dtsch. Ausg.: Steroide [Weinheim 1961] S. 862, 863; *Ch. W. Shoppee*, Chemistry of the Steroids, 2. Aufl. [London 1964] S. 373).

B. Beim Behandeln von Scillaridin-A (14-Hydroxy-14β-bufa-3,5,20,22-tetraenolid [S. 682]) mit methanol. Kalilauge und Behandeln der Reaktionslösung mit wss. Salzsäure (*Stoll et al.*, Helv. **17** [1934] 641, 659). Beim Erwärmen von Isoscillaren-A-säure-methyl=ester (14,21c-Epoxy-3β-α-scillabiosyloxy-14β-chola-4,20,22c(?)-trien-24-säure-methylester) mit wss.-methanol. Schwefelsäure (*Stoll, Hofmann*, Helv. **18** [1935] 82, 94).

Krystalle (aus CHCl₃ + Me. bzw. aus Dioxan + Me.); F: 176° [korr.] (*St. et al.*, l. c. S. 664), 175° [korr.] (*St. et al.*, l. c. S. 659; *St., Ho.*). Im Hochvakuum bei 120—130° sublimierbar (*St. et al.*); $[\alpha]_D^{20}$: −301° [Dioxan; c = 2] (*St. et al.*, l. c. S. 659).

14,21c-Epoxy-14β-chola-3,5,20,22c(?)-tetraen-24-säure-äthylester $C_{26}H_{34}O_3$, vermutlich Formel XII (R = C₂H₅).

Diese Konstitution und Konfiguration kommt dem nachstehend beschriebenen **Iso=scillaridin-A-säure-äthylester** zu (s. die entsprechenden Angaben im vorangehenden Artikel.

B. Beim Behandeln von Scillaridin-A (14-Hydroxy-14β-bufa-3,5,20,22-tetraenolid [S. 682]) mit äthanol. Kalilauge und Behandeln der Reaktionslösung mit wss. Salzsäure (*Stoll et al.*, Helv. **17** [1934] 641, 660).

Krystalle (aus A.); F: 125° [korr.]. Im Hochvakuum bei 110° sublimierbar. $[\alpha]_D^{20}$: −270° [Dioxan; c = 1].

XII   XIII

Carbonsäuren $C_{28}H_{38}O_3$

1-Pentadecyl-naphtho[2,1-b]furan-2-carbonsäure $C_{28}H_{38}O_3$, Formel XI (R = H, n = 13).

Die Identität eines von *Desai, Waravdekar* (Pr. Indian Acad. [A] **23** [1946] 341, 344) unter dieser Konstitution beschriebenen, beim Erwärmen einer als [1-Palmitoyl-[2]naphthyloxy]-essigsäure-äthylester angesehenen Verbindung (Kp: 263°) mit Natri=umäthylat-Lösung in Äthanol und Erwärmen des als 1-Pentadecyl-naphtho=[2,1-b]furan-2-carbonsäure-äthylester ($C_{30}H_{42}O_3$; Formel XI [R = C₂H₅, n = 13]) angesehenen Reaktionsprodukts (Kp: 245°) mit äthanol. Alkalilauge erhaltenen Präpa=rats (Krystalle [aus PAe.]; F: 56—57°) ist ungewiss (vgl. *Buu-Hoi, Lavit*, J. org. Chem. **20** [1955] 823, 824).

Carbonsäuren $C_{29}H_{40}O_3$

12,19-Epithio-24-nor-oleana-9(11),12,18-trien-28-säure-methylester [1]) $C_{30}H_{42}O_2S$, Formel XIII.

Diese Konstitution ist wahrscheinlich der nachstehend beschriebenen Verbindung auf

---

[1]) Stellungsbezeichnung bei von Oleanan abgeleiteten Namen s. E III **5** 1341.

Grund der Bildungsweise (vgl. 12,19-Epithio-oleana-9(11),12,18-trien-3β-ol [E III/IV 17 1657]) zuzuordnen.

B. Beim Erhitzen von Hedragansäure-methylester (24-Nor-olean-12-en-28-säure-methylester [E III 9 3128]) mit Schwefel unter Stickstoff auf 220° (*Jacobs, Fleck,* J. biol. Chem. **88** [1930] 153, 156).

Krystalle (aus A.); F: 137—138°.

Beim Behandeln einer Lösung in Essigsäure mit wss. Kaliumpermanganat-Lösung sind 12,19-Dioxo-24-nor-oleana-9(11),13(18)-dien-28-säure-methylester (E III 10 3623) und 13ξ,18ξ-Epoxy-12,19-dioxo-24-nor-olean-9(11)-en-28-säure-methylester (F: 274° bis 275°; [α]$_D^{25}$: −16° [Py.]) erhalten worden (*Ja., Fl.,* l. c. S. 157, 159).

<h3 style="text-align:center">Carbonsäuren C$_{30}$H$_{42}$O$_3$</h3>

1-Heptadecyl-naphtho[2,1-*b*]furan-2-carbonsäure C$_{30}$H$_{42}$O$_3$, Formel XI (R = H, n = 15) auf S. 4381.

Die Identität eines von *Desai, Waravdekar* (Pr. Indian Acad. [A] **23** [1946] 341, 343) unter dieser Konstitution beschriebenen, beim Erwärmen einer als [1-Stearoyl-[2]naphthyloxy]-essigsäure-äthylester angesehenen Verbindung (Kp: 279°) mit Natriumäthylat in Äthanol und Erwärmen des als 1-Heptadecyl-naphtho[2,1-*b*]furan-2-carbonsäure-äthylester (C$_{32}$H$_{46}$O$_3$; Formel XI [R = C$_2$H$_5$, n = 15]) angesehenen Reaktionsprodukts (Kp: 265°) mit äthanol. Alkalilauge erhaltenen Präparats (Krystalle [aus Hexan]; F: 60—61°) ist ungewiss (vgl. *Buu-Hoï, Lavit,* J. org. Chem. **20** [1955] 823, 824).

[*Schenk*]

<h1 style="text-align:center">Monocarbonsäuren C$_n$H$_{2n-20}$O$_3$</h1>

<h3 style="text-align:center">Carbonsäuren C$_{15}$H$_{10}$O$_3$</h3>

3-Phenyl-benzofuran-2-carbonsäure C$_{15}$H$_{10}$O$_3$, Formel I (X = OH).

B. Beim Behandeln von 2-Brom-3-oxo-3-phenyl-propionsäure-äthylester mit Natriumphenolat in Äthanol, Behandeln des gebildeten 3-Oxo-2-phenoxy-3-phenyl-propionsäure-äthylesters mit konz. Schwefelsäure und Erhitzen des danach isolierten Reaktionsprodukts mit wss. Natronlauge (*Fuson et al.,* J. org. Chem. **6** [1941] 845, 850). Beim Erwärmen von 3-Phenyl-benzofuran-2-carbonsäure-äthylester mit äthanol. Natronlauge (*Chatterjea,* J. Indian chem. Soc. **33** [1956] 339, 341).

Krystalle; F: 234° [unkorr.; aus Eg.] (*Ch.*), 232—233° [aus wss. A.] (*Fu. et al.*).

Überführung in eine Säure C$_{15}$H$_{18}$O$_3$ (Krystalle [aus wss. A.]; F: 160—162°) durch Behandlung mit wss. Natronlauge und anschliessende Hydrierung an Raney-Nickel bei 75°/340 at: *Fu. et al.* Beim Behandeln mit Wasser und Natrium-Amalgam ist bei 70° eine 3-Phenyl-2,3-dihydro-benzofuran-2-carbonsäure vom F: 146—147°, bei Raumtemperatur hingegen eine 3-Phenyl-2,3-dihydro-benzofuran-2-carbonsäure vom F: 186° bis 188° und (nach Wiedererstarren) F: 195—196° erhalten worden (*Fu. et al.,* l. c. S. 850, 851).

3-Phenyl-benzofuran-2-carbonsäure-methylester C$_{16}$H$_{12}$O$_3$, Formel I (X = O-CH$_3$).

B. Aus 3-Phenyl-benzofuran-2-carbonsäure mit Hilfe von Diazomethan (*Chatterjea,* J. Indian chem. Soc. **33** [1956] 339, 343).

Krystalle (aus Me.); F: 97°.

3-Phenyl-benzofuran-2-carbonsäure-äthylester C$_{17}$H$_{14}$O$_3$, Formel I (X = O-C$_2$H$_5$).

B. Neben kleinen Mengen 3-Phenyl-benzofuran-2-carbonsäure beim Erwärmen von 2-Hydroxy-benzophenon mit Bromessigsäure-äthylester, Kaliumcarbonat und Aceton und Erwärmen des Reaktionsprodukts mit Natriumäthylat in Äthanol (*Chatterjea,* J. Indian chem. Soc. **33** [1956] 339, 341).

Krystalle (aus A.); F: 64°.

3-Phenyl-benzofuran-2-carbonsäure-diäthylamid C$_{19}$H$_{19}$NO$_2$, Formel I (X = N(C$_2$H$_5$)$_2$).

B. Aus 3-Phenyl-benzofuran-2-carbonsäure über 3-Phenyl-benzofuran-2-carbonylchlorid (*Papa et al.,* Am. Soc. **72** [1950] 3885).

F: 84—85°.

3-Phenyl-benzofuran-2-carbonsäure-hydrazid $C_{15}H_{12}N_2O_2$, Formel I (X = NH-NH$_2$).

B. Beim Erwärmen von 3-Phenyl-benzofuran-2-carbonsäure-methylester mit Hydrazin-hydrat und Äthanol (*Chatterjea*, J. Indian. chem. Soc. **33** [1956] 339, 343).

Krystalle (aus Me.); F: 79—80°.

Picrat. Gelbe Krystalle (aus A.); F: 195° [unkorr.; Zers.].

I   II   III

N-Benzolsulfonyl-*N'*-[3-phenyl-benzofuran-2-carbonyl]-hydrazin, **3-Phenyl-benzofuran-2-carbonsäure-[*N'*-benzolsulfonyl-hydrazid]** $C_{21}H_{16}N_2O_4S$, Formel I (X = NH-NH-SO$_2$-C$_6$H$_5$).

B. Beim Behandeln von 3-Phenyl-benzofuran-2-carbonsäure-hydrazid mit Benzol-sulfonylchlorid und Pyridin (*Chatterjea*, J. Indian. chem. Soc. **33** [1956] 339, 343).

Krystalle (aus Me.); F: 233—234° [unkorr.; Zers.].

3-Phenyl-benzo[*b*]thiophen-2-carbonsäure $C_{15}H_{10}O_2S$, Formel II (X = H).

B. Beim Behandeln einer Lösung von 5-Amino-3-phenyl-benzo[*b*]thiophen-2-carbon-säure in Essigsäure mit Natriumnitrit und konz. Schwefelsäure und Eintragen des Reak-tionsgemisches in eine Suspension von Kupfer(I)-oxid in Äthanol (*Middleton*, Austral. J. Chem. **12** [1959] 218, 222).

Krystalle (aus Bzl. + PAe.); F: 199—200° [unkorr.].

5-Chlor-3-phenyl-benzo[*b*]thiophen-2-carbonsäure $C_{15}H_9ClO_2S$, Formel II (X = Cl).

B. Beim Erhitzen von 5-Chlor-2-methylmercapto-benzophenon mit Chloressigsäure (5 Mol) bis auf 130° (*Schuetz, Ciporin*, J. org. Chem. **23** [1958] 206).

Krystalle (aus Bzl.); F: 263—265° [Zers.] (*Sch., Ci.*, l. c. S. 207, 208). UV-Spektrum (Cyclohexan; 220—340 nm; λ_{max}: 236 nm): *Schuetz, Ciporin*, J. org. Chem. **23** [1958] 209.

5-Nitro-3-phenyl-benzo[*b*]thiophen-2-carbonsäure $C_{15}H_9NO_4S$, Formel III (X = OH).

B. Beim Erhitzen von [2-Benzoyl-4-nitro-phenylmercapto]-essigsäure mit wss. Kali-lauge (*Angelini*, Ann. Chimica **47** [1957] 705, 708). Beim Erwärmen von [2-Benzoyl-4-nitro-phenylmercapto]-essigsäure-äthylester mit wss.-äthanol. Kalilauge (*An.*, l. c. S. 709).

Gelbliche Krystalle (aus wss. A.); F: 250—251° (*An.*, l. c. S. 708).

5-Nitro-3-phenyl-benzo[*b*]thiophen-2-carbonsäure-methylester $C_{16}H_{11}NO_4S$, Formel III (X = O-CH$_3$).

B. Beim Erwärmen von 5-Nitro-3-phenyl-benzo[*b*]thiophen-2-carbonylchlorid mit Natriummethylat in Methanol (*Angelini*, Ann. Chimica **47** [1957] 705, 709).

Krystalle (aus Me.); F: 166°.

5-Nitro-3-phenyl-benzo[*b*]thiophen-2-carbonsäure-äthylester $C_{17}H_{13}NO_4S$, Formel III (X = O-C$_2$H$_5$).

B. Bei kurzem Erwärmen von [2-Benzoyl-4-nitro-phenylmercapto]-essigsäure-äthyl-ester mit wss. Kalilauge (*Angelini*, Ann. Chimica **47** [1957] 705, 709). Bei kurzem Er-wärmen von 5-Nitro-3-phenyl-benzo[*b*]thiophen-2-carbonylchlorid mit Äthanol (*An.*).

Krystalle; F: 144—145°.

5-Nitro-3-phenyl-benzo[*b*]thiophen-2-carbonylchlorid $C_{15}H_8ClNO_3S$, Formel III (X = Cl).

B. Beim Erwärmen von 5-Nitro-3-phenyl-benzo[*b*]thiophen-2-carbonsäure mit Thionyl-chlorid (*Angelini*, Ann. Chimica **47** [1957] 705, 708).

Gelbe Krystalle (aus Bzl.); F: 148°.

5-Nitro-3-phenyl-benzo[*b*]thiophen-2-carbonsäure-amid $C_{15}H_{10}N_2O_3S$, Formel III
(X = NH$_2$).

B. Beim Erhitzen von [2-Benzoyl-4-nitro-phenylmercapto]-essigsäure-amid mit wss.
Kalilauge (*Angelini*, Ann. Chimica **47** [1957] 705, 709). Beim Behandeln von 5-Nitro-
3-phenyl-benzo[*b*]thiophen-2-carbonylchlorid mit wss. Ammoniak (*An.*).

Krystalle (aus A.); F: 185—186°.

5-Nitro-3-phenyl-benzo[*b*]thiophen-2-carbonsäure-diäthylamid $C_{19}H_{18}N_2O_3S$, Formel III
(X = N(C$_2$H$_5$)$_2$).

B. Beim Behandeln von 5-Nitro-3-phenyl-benzo[*b*]thiophen-2-carbonylchlorid mit Di=
äthylamin (*Angelini*, Ann. Chimica **47** [1957] 705, 709).

Krystalle (aus A.); F: 150—151°.

7-Jod-5-nitro-3-phenyl-benzo[*b*]thiophen-2-carbonsäure $C_{15}H_8INO_4S$, Formel IV.

B. Beim Behandeln von 7-Amino-5-nitro-3-phenyl-benzo[*b*]thiophen-2-carbonsäure
mit Natriumnitrit und wss. Salzsäure und Erwärmen der Reaktionslösung mit Kalium=
jodid und wss. Schwefelsäure (*Angelini*, Ann. Chimica **48** [1958] 637, 641).

Gelbliche Krystalle (aus A.); F: 260—261° [Zers.].

5,7-Dinitro-3-phenyl-benzo[*b*]thiophen-2-carbonsäure $C_{15}H_8N_2O_6S$, Formel V (X = OH).

B. Beim Erwärmen von 2-Chlor-3,5-dinitro-benzophenon mit Mercaptoessigsäure und
Natriumhydrogencarbonat (3 Mol) in Äthanol (*Angelini*, Ann. Chimica **48** [1958] 637,
639). Beim Erhitzen von [2-Benzoyl-4,6-dinitro-phenylmercapto]-essigsäure mit wss.
Natriumcarbonat-Lösung (*An.*, l. c. S. 640).

Gelbe Krystalle (aus A. + Me.); F: 252—253° (*An.*, l. c. S. 640).

Beim Erwärmen mit Ammoniumsulfid in wss. Äthanol ist 7-Amino-5-nitro-3-phenyl-
benzo[*b*]thiophen-2-carbonsäure erhalten worden (*An.*, l. c. S. 641).

5,7-Dinitro-3-phenyl-benzo[*b*]thiophen-2-carbonsäure-methylester $C_{16}H_{10}N_2O_6S$, Formel V
(X = O-CH$_3$).

B. Beim Erwärmen von 5,7-Dinitro-3-phenyl-benzo[*b*]thiophen-2-carbonylchlorid mit
Methanol (*Angelini*, Ann. Chimica **48** [1958] 637, 640).

Gelbe Krystalle (aus Me.); F: 193°.

5,7-Dinitro-3-phenyl-benzo[*b*]thiophen-2-carbonsäure-äthylester $C_{17}H_{12}N_2O_6S$, Formel V
(X = O-C$_2$H$_5$).

B. Beim Erwärmen von 5,7-Dinitro-3-phenyl-benzo[*b*]thiophen-2-carbonylchlorid mit
Äthanol (*Angelini*, Ann. Chimica **48** [1958] 637, 640).

Gelbe Krystalle; F: 153°.

5,7-Dinitro-3-phenyl-benzo[*b*]thiophen-2-carbonylchlorid $C_{15}H_7ClN_2O_5S$, Formel V
(X = Cl).

B. Beim Erwärmen von 5,7-Dinitro-3-phenyl-benzo[*b*]thiophen-2-carbonsäure mit
Thionylchlorid (*Angelini*, Ann. Chimica **48** [1958] 637, 640).

Gelbe Krystalle (aus Bzl.); F: 187°.

IV   V   VI

5,7-Dinitro-3-phenyl-benzo[*b*]thiophen-2-carbonsäure-amid $C_{15}H_9N_3O_5S$, Formel V
(X = NH$_2$).

B. Beim Behandeln von 5,7-Dinitro-3-phenyl-benzo[*b*]thiophen-2-carbonylchlorid mit
wss. Ammoniak (*Angelini*, Ann. Chimica **48** [1958] 637, 640).

Gelbe Krystalle (aus Eg. oder A.); F: 253—254°.

5,7-Dinitro-3-phenyl-benzo[*b*]thiophen-2-carbonsäure-diäthylamid $C_{19}H_{17}N_3O_5S$, Formel V (X = $N(C_2H_5)_2$).

B. Beim Behandeln von 5,7-Dinitro-3-phenyl-benzo[*b*]thiophen-2-carbonylchlorid mit Diäthylamin (*Angelini*, Ann. Chimica **48** [1958] 637, 640).

Gelbe Krystalle (aus A.); F: 177°.

2-Phenyl-benzofuran-3-carbonsäure $C_{15}H_{10}O_3$, Formel VI (X = OH).

B. Neben 2′-Hydroxy-desoxybenzoin beim Erwärmen von 2-[2-Methoxy-phenyl]-3-oxo-3-phenyl-propionsäure-äthylester mit Aluminiumchlorid in Benzol (*Chatterjea*, J. Indian chem. Soc. **33** [1956] 447, 449).

Krystalle (aus A.); F: 195° [unkorr.; Zers.].

2-Phenyl-benzofuran-3-carbonsäure-methylester $C_{16}H_{12}O_3$, Formel VI (X = O-CH$_3$).

B. Aus 2-Phenyl-benzofuran-3-carbonsäure mit Hilfe von Diazomethan (*Chatterjea*, J. Indian chem. Soc. **33** [1956] 175, 181).

Krystalle (aus PAe.); F: 80°.

2-Phenyl-benzofuran-3-carbonsäure-amid $C_{15}H_{11}NO_2$, Formel VI (X = NH$_2$).

B. Beim Erwärmen von 2-Phenyl-benzofuran-3-carbonitril mit wss.-äthanol. Kalilauge (*Chatterjea*, J. Indian chem. Soc. **33** [1956] 175, 181).

Krystalle (aus Eg.); F: 261° [unkorr.].

2-Phenyl-benzofuran-3-carbonitril $C_{15}H_9NO$, Formel VII.

B. Bei kurzem Erhitzen (1 min) einer Lösung von 2-[2-Hydroxy-phenyl]-3-oxo-3-phenyl-propionitril in Essigsäure mit konz. wss. Salzsäure (*Chatterjea*, J. Indian chem. Soc. **33** [1956] 175, 181).

Krystalle (aus wss. Eg.); F: 80—82°.

Beim Erwärmen mit wss.-äthanol. Kalilauge ist 2-Phenyl-benzofuran-3-carbonsäure-amid, beim Erhitzen mit Kaliumhydroxid in Diäthylenglykol auf 170° sind Benzoesäure und kleinere Mengen 2-Phenyl-benzofuran-3-carbonsäure erhalten worden.

2-Nitro-dibenz[*b*,*f*]oxepin-10-carbonsäure $C_{15}H_9NO_5$, Formel VIII.

B. Beim Erhitzen von [5-Nitro-2-phenoxy-phenyl]-brenztraubensäure mit Poly-phosphorsäure auf 160° (*Loudon, Summers*, Soc. **1957** 3809, 3811).

Hellgelbe Krystalle (aus Bzl. + Bzn.); F: 224°.

Beim Behandeln mit Kaliumpermanganat in Aceton, zuletzt unter Zusatz von Wasser, ist 4-Nitro-2,2′-oxy-di-benzoesäure, beim Erhitzen mit Natriumdichromat in Essigsäure ist 2-Nitro-xanthen-9-on erhalten worden (*Lo., Su.*, l. c. S. 3813).

VII   VIII   IX

2-Nitro-dibenzo[*b*,*f*]thiepin-10-carbonsäure $C_{15}H_9NO_4S$, Formel IX (R = H).

B. Aus [5-Nitro-2-phenylmercapto-phenyl]-brenztraubensäure beim Erhitzen mit einem Gemisch von wss. Bromwasserstoffsäure und Essigsäure sowie beim Erhitzen mit Polyphosphorsäure auf 160° (*Loudon et al.*, Soc. **1957** 3814, 3817).

F: 248° [aus Bzl. + Me.].

Beim Erhitzen mit Kupfer-Draht unter Stickstoff auf 300° sind kleine Mengen 2-Nitro-phenanthren und 2-Nitro-phenanthren-9-carbonsäure erhalten worden.

2-Nitro-dibenzo[*b*,*f*]thiepin-10-carbonsäure-methylester $C_{16}H_{11}NO_4S$, Formel IX (R = CH$_3$).

B. Beim Erwärmen von 2-Nitro-dibenzo[*b*,*f*]thiepin-10-carbonsäure mit Schwefelsäure enthaltendem Methanol (*Loudon et al.*, Soc. **1957** 3814, 3817).

F: 156° [aus Methylacetat + Me.].

Bei kurzem Erhitzen (7,5 min) mit Kupfer-Pulver in Phthalsäure-diäthylester ist 2-Nitro-phenanthren-9-carbonsäure-methylester erhalten worden (*Lo. et al.*, l. c. S. 3818).

Xanthen-9-yliden-essigsäure $C_{15}H_{10}O_3$, Formel X (R = H).

B. Beim Erhitzen von (±)-Brom-xanthen-9-yl-essigsäure mit wss. Natronlauge (*Goldberg*, *Wragg*, Soc. **1957** 4823, 4827).

Hellgelbe Krystalle (aus Bzl. + Bzn.); F: 142°. Scheinbarer Dissoziationsexponent pK'_a (Wasser ?): 7,4 (*Go.*, *Wr.*, l. c. S. 4825, 4828).

Xanthen-9-yliden-essigsäure-[2-diäthylamino-äthylester] $C_{21}H_{23}NO_3$, Formel X (R = CH_2-CH_2-$N(C_2H_5)_2$).

B. Beim Erwärmen von Xanthen-9-yliden-essigsäure mit Diäthyl-[2-chlor-äthyl]-amin, Kaliumcarbonat und Chloroform (*Goldberg*, *Wragg*, Soc. **1957** 4823, 4829).

Hydrogenoxalat $C_{21}H_{23}NO_3 \cdot C_2H_2O_4$. Krystalle (aus A.); F: 172—174°.

Triäthyl-[2-(xanthen-9-yliden-acetoxy)-äthyl]-ammonium, Xanthen-9-yliden-essigsäure-[2-triäthylammonio-äthylester] $[C_{23}H_{28}NO_3]^+$, Formel X (R = CH_2-CH_2-$N(C_2H_5)_3$]⁺).

Bromid $[C_{23}H_{28}NO_3]Br$. *B.* Bei mehrtägigem Erwärmen von Xanthen-9-yliden-essig≈ säure-[2-diäthylamino-äthylester] mit Äthylbromid und Benzol (*Goldberg*, *Wragg*, Soc. **1957** 4823, 4829). — Krystalle; F: 168°.

3*t*(?)-Dibenzofuran-2-yl-acrylsäure $C_{15}H_{10}O_3$, vermutlich Formel XI (R = H).

B. Beim Erhitzen von Dibenzofuran-2-carbaldehyd mit Acetanhydrid und Natrium≈ acetat (*Hinkel et al.*, Soc. **1937** 778). Beim Erhitzen von Dibenzofuran-2-ylmethylen-malonsäure auf 215° (*Hi. et al.*).

Krystalle (aus Toluol); F: 239—240°.

X   XI   XII

3*t*(?)-Dibenzofuran-2-yl-acrylsäure-methylester $C_{16}H_{12}O_3$, vermutlich Formel XI (R = CH_3).

B. Beim Erwärmen von 3*t*(?)-Dibenzofuran-2-yl-acrylsäure (s. o.) mit Chlorwasserstoff enthaltendem Methanol (*Hinkel et al.*, Soc. **1937** 778).

Krystalle (aus wss. A.); F: 130°.

3*t*(?)-Dibenzofuran-2-yl-acrylsäure-[2-diäthylamino-äthylester] $C_{21}H_{23}NO_3$, vermutlich Formel XI (R = CH_2-CH_2-$N(C_2H_5)_2$).

Hydrochlorid $C_{21}H_{23}NO_3 \cdot HCl$. *B.* Beim Erwärmen von 3*t*(?)-Dibenzofuran-2-yl-acrylsäure (s. o.) mit Phosphor(III)-chlorid und Behandeln des erhaltenen Säurechlorids mit 2-Diäthylamino-äthanol (*Burtner*, *Lehmann*, Am. Soc. **62** [1940] 527, 530). — F: 185°.

3*t*(?)-Dibenzofuran-4-yl-acrylsäure $C_{15}H_{10}O_3$, vermutlich Formel XII.

B. Beim Erwärmen von Dibenzofuran-4-carbaldehyd mit Malonsäure, Pyridin und wenig Piperidin (*Chatterjea*, J. Indian chem. Soc. **33** [1956] 369, 371).

Krystalle (aus A.); F: 228° [unkorr.].

Carbonsäuren $C_{16}H_{12}O_3$

(±)-Benzhydryliden-oxirancarbonsäure-methylester, (±)-2,3-Epoxy-4,4-diphenyl-but-3-ensäure-methylester $C_{17}H_{14}O_3$, Formel I (R = CH$_3$).

Die früher (s. E II **18** 281) unter dieser Konstitution beschriebene Verbindung („β-Diphenylmethylen-glycidsäure-methylester") vom F: 145° ist wahrscheinlich als 5-Methoxy-2,2-diphenyl-furan-3-on (S. 729) zu formulieren (vgl. *Kende*, Chem. and Ind. **1956** 1053).

(±)-Benzhydryliden-oxirancarbonsäure-äthylester, (±)-2,3-Epoxy-4,4-diphenyl-but-3-ensäure-äthylester $C_{18}H_{16}O_3$, Formel I (R = C$_2$H$_5$).

Die früher (s. E II **18** 281) unter dieser Konstitution beschriebene Verbindung („β-Diphenylmethylen-glycidsäure-äthylester") vom F: 124° ist als 5-Äthoxy-2,2-diphenyl-furan-3-on (S. 729) zu formulieren (*Kende*, Chem. and Ind. **1956** 1053). In dem aus dieser Verbindung hergestellten, früher (s. E II **18** 282) als (±)-2-Brom-2,3-epoxy-4,4-diphenyl-but-3-ensäure-äthylester („α-Brom-β-diphenylmethylen-glycidsäure-äthylester") angesehenen Bromierungsprodukt $C_{18}H_{15}BrO_3$ (F: 117°) hat vermutlich 5-Äthoxy-4-brom-2,2-diphenyl-furan-3-on vorgelegen.

(±)-[1]Naphthyl-[2]thienyl-essigsäure $C_{16}H_{12}O_2S$, Formel II (R = H).

B. Beim Behandeln von (±)-Hydroxy-[1]naphthyl-[2]thienyl-essigsäure mit Zinn(II)-chlorid-dihydrat und Essigsäure unter Durchleiten von Chlorwasserstoff (*Blicke, Tsao*, Am. Soc. **66** [1944] 1645, 1647).

Krystalle (aus wss. Eg.); F: 133—135° (*Bl., Tsao*, l. c. S. 1646).

I   II   III   IV

(±)-[1]Naphthyl-[2]thienyl-essigsäure-[3-diäthylamino-propylester] $C_{23}H_{27}NO_2S$, Formel II (R = [CH$_2$]$_3$-N(C$_2$H$_5$)$_2$).

H y d r o c h l o r i d $C_{23}H_{27}NO_2S \cdot HCl$. *B.* Beim Erwärmen von (±)-[1]Naphthyl-[2]thienyl-essigsäure mit Diäthyl-[3-chlor-propyl]-amin und Isopropylalkohol (*Blicke, Tsao*, Am. Soc. **66** [1944] 1645, 1648). — Krystalle (aus A. + Ae.); F: 151—153° (*Bl., Tsao*, l. c. S. 1647).

Dibutyl-methyl-[3-([1]naphthyl-[2]thienyl-acetoxy)-propyl]-ammonium, [1]Naphthyl-[2]thienyl-essigsäure-[3-(dibutyl-methyl-ammonio)-propylester] $[C_{28}H_{38}NO_2S]^+$, Formel II (R = [CH$_2$]$_3$-N([CH$_2$]$_3$-CH$_3$)$_2$-CH$_3$]$^+$).

Bromid $[C_{28}H_{38}NO_2S]Br$. *B.* Beim Erwärmen von (±)-[1]Naphthyl-[2]thienyl-essigsäure mit Dibutyl-[3-chlor-propyl]-amin und Isopropylalkohol und Behandeln des Reaktionsprodukts mit Methylbromid und Äthanol (*Blicke, Tsao*, Am. Soc. **66** [1944] 1645, 1648). — Krystalle (aus A. + Ae.); F: 162—164° (*Bl., Tsao*, l. c. S. 1647).

1-[2]Thienylmethyl-[2]naphthoesäure $C_{16}H_{12}O_2S$, Formel III.

B. Beim Erhitzen von 1-[Thiophen-2-carbonyl]-[2]naphthoesäure mit wss. Kalilauge und Zink-Pulver (*Newman, Ihrman*, Am. Soc. **80** [1958] 3652, 3655).

F: 180—182° [korr.].

2-[2]Thienylmethyl-[1]naphthoesäure $C_{16}H_{12}O_2S$, Formel IV.

B. Beim Erhitzen von 2-[Thiophen-2-carbonyl]-[1]naphthoesäure mit wss. Kalilauge und Zink-Pulver (*Newman, Ihrman*, Am. Soc. **80** [1958] 3652, 3655).

F: 88—90° [Rohprodukt].

3-Benzyl-benzofuran-2-carbonsäure $C_{16}H_{12}O_3$, Formel V (X = OH).

B. Beim Erwärmen von 2-Hydroxy-desoxybenzoin mit Bromessigsäure-äthylester, Kaliumcarbonat und Aceton und Erhitzen des Reaktionsprodukts mit Natriumäthylat in Äthanol und anschliessend mit wss. Natronlauge (*Chatterjea, Roy,* J. Indian chem. Soc. **34** [1957] 155, 160).

Krystalle (aus Eg.); F: 206° [unkorr.].

3-Benzyl-benzofuran-2-carbonsäure-methylester $C_{17}H_{14}O_3$, Formel V (X = O-CH₃).

B. Aus 3-Benzyl-benzofuran-2-carbonsäure beim Behandeln mit Diazomethan in Äther sowie beim Erwärmen mit Schwefelsäure enthaltendem Methanol (*Chatterjea, Roy,* J. Indian chem. Soc. **34** [1957] 155, 160).

Krystalle (aus Me.), F: 123° [unkorr.] (stabile Modifikation) bzw. F: 81—82° (instabile Modifikation).

Beim Erwärmen mit Hydrazin-hydrat und Äthanol ist eine V e r b i n d u n g $C_{16}H_{16}N_4O_2$(?) (Krystalle [aus A.], F: 196° [unkorr.]; Bis(?)-N-benzolsulfonyl-Derivat, F: 235°) erhalten worden, die sich durch Erhitzen mit wss. Alkalilauge in 3-Benzyl-benzofuran-2-carbon≠ säure hat überführen lassen.

3-Benzyl-benzofuran-2-carbonsäure-[N-methyl-anilid] $C_{23}H_{19}NO_2$, Formel V (X = N(CH₃)-C₆H₅).

B. Beim Erwärmen von 3-Benzyl-benzofuran-2-carbonylchlorid mit N-Methyl-anilin und Benzol (*Chatterjea, Roy,* J. Indian chem. Soc. **34** [1957] 155, 161).

Krystalle (aus A.); F: 148—149° [unkorr.].

V   VI   VII

3-Benzyl-benzofuran-2-carbonsäure-p-toluidid $C_{23}H_{19}NO_2$, Formel VI.

B. Beim Erwärmen von 3-Benzyl-benzofuran-2-carbonylchlorid mit p-Toluidin und Benzol (*Chatterjea, Roy,* J. Indian chem. Soc. **34** [1957] 155, 160).

Krystalle (aus Eg.); F: 253° [unkorr.].

2-Benzyl-benzofuran-3-carbonsäure $C_{16}H_{12}O_3$, Formel VII.

B. Beim Erwärmen einer Lösung von 1-[2-Benzyl-benzofuran-3-yl]-äthanon in Dioxan mit alkal. wss. Natriumhypobromit-Lösung (*Chatterjea,* J. Indian chem. Soc. **34** [1957] 347, 350).

Krystalle (aus Eg.); F: 188° [unkorr.].

2-m-Tolyl-benzofuran-3-carbonsäure $C_{16}H_{12}O_3$, Formel VIII (X = OH).

B. Neben kleinen Mengen 3-Methyl-benzoesäure beim Erhitzen von 2-m-Tolyl-benzo≠ furan-3-carbonsäure-amid mit Natriumhydroxid in Diäthylenglykol auf 200° (*Chatterjea,* J. Indian chem. Soc. **33** [1956] 447, 450).

Krystalle (aus wss. A.); F: 168—169° [unkorr.].

2-m-Tolyl-benzofuran-3-carbonsäure-amid $C_{16}H_{13}NO_2$, Formel VIII (X = NH₂).

B. Beim Erwärmen von 2-m-Tolyl-benzofuran-3-carbonitril mit äthanol. Natronlauge (*Chatterjea,* J. Indian chem. Soc. **33** [1956] 447, 450).

Krystalle (aus Eg.); F: 241° [unkorr.].

VIII   IX   X

2-m-Tolyl-benzofuran-3-carbonitril $C_{16}H_{11}NO$, Formel IX.

B. Beim Erwärmen von [2-Hydroxy-phenyl]-acetonitril mit *m*-Toluylsäure-äthylester und Natriumäthylat in Benzol und Erwärmen des Reaktionsprodukts mit Essigsäure und konz. wss. Salzsäure (*Chatterjea*, J. Indian chem. Soc. **33** [1956] 447, 450).

Krystalle (aus Eg.); F: 71—72°.

[3-Phenyl-benzofuran-2-yl]-essigsäure $C_{16}H_{12}O_3$, Formel X.

B. Beim Erwärmen einer Lösung von 2-Diazo-1-[3-phenyl-benzofuran-2-yl]-äthanon in Dioxan mit Silbernitrat und wss. Ammoniak und Erwärmen des erhaltenen [3-Phenyl-benzofuran-2-yl]-essigsäure-amids mit wss.-äthanol. Kalilauge (*Chatterjea*, J. Indian chem. Soc. **33** [1956] 339, 342). Beim Behandeln von [3-Phenyl-benzofuran-2-yl]-brenz≠ traubensäure mit wss. Natronlauge und wss. Wasserstoffperoxid (*Ch.*).

Gelbliche Krystalle (aus Bzl. + PAe. oder aus Eg.); F: 146° [unkorr.].

[3-Phenyl-benzofuran-2-yl]-essigsäure-benzo[*b*]naphtho[1,2-*d*]furan-5-ylester $C_{32}H_{20}O_4$, Formel I.

Diese Konstitution kommt der nachstehend beschriebenen, ursprünglich (*Chatterjea*, J. Indian chem. Soc. **33** [1956] 339, 342) als Benzo[*b*]naphtho[1,2-*d*]furan-5-ol ($C_{16}H_{10}O_2$) angesehenen Verbindung zu (*Chatterjea et al.*, Indian J. Chem. **11** [1973] 958).

B. Beim Erwärmen von 3-Phenyl-benzofuran-2-carbonsäure mit Phosphor(V)-oxid in Benzol (*Ch.*).

Gelbliche Krystalle (aus Eg.); F: 142° [unkorr.] (*Ch.*).

I   II

[3-Phenyl-benzofuran-2-yl]-essigsäure-*p*-toluidid $C_{23}H_{19}NO_2$, Formel II.

B. Aus [3-Phenyl-benzofuran-2-yl]-essigsäure (*Chatterjea*, J. Indian chem. Soc. **33** [1956] 339, 342).

Krystalle (aus Eg.); F: 183° [unkorr.].

[2-Phenyl-benzofuran-3-yl]-essigsäure $C_{16}H_{12}O_3$, Formel III.

B. Beim Erwärmen einer Lösung von 2-Diazo-1-[2-phenyl-benzofuran-3-yl]-äthanon in Dioxan mit Silbernitrat und wss. Ammoniak und Erwärmen des erhaltenen [2-Phenyl-benzofuran-3-yl]-essigsäure-amids mit wss.-äthanol. Kalilauge (*Chatterjea*, J. Indian chem. Soc. **33** [1956] 447, 450).

Krystalle (aus E. + PAe.); F: 142—143° [unkorr.].

III   IV

[2-Phenyl-benzofuran-3-yl]-essigsäure-benzo[*b*]naphtho[2,1-*d*]furan-5-ylester $C_{32}H_{20}O_4$, Formel IV.

Diese Konstitution kommt der nachstehend beschriebenen, ursprünglich (*Chatterjea*, J. Indian chem. Soc. **33** [1956] 447, 451) als Benzo[*b*]naphtho[2,1-*d*]furan-5-ol ($C_{16}H_{10}O_2$) angesehenen Verbindung zu (*Chatterjea et al.*, Indian J. Chem. **11** [1973] 958).

B. Beim Erwärmen von [2-Phenyl-benzofuran-3-yl]-essigsäure mit Phosphor(V)-oxid in Benzol (*Ch.*).

Gelbliche Krystalle (aus Eg.); F: 204—205° [unkorr.] (*Ch.*).

Überführung in 2-[2-Carboxy-phenyl]-benzofuran-3-carbonsäure durch Erhitzen einer Suspension in Essigsäure mit wss. Wasserstoffperoxid: *Ch.*

[2-Phenyl-benzofuran-3-yl]-essigsäure-*p*-toluidid $C_{23}H_{19}NO_2$, Formel V.

B. Aus [2-Phenyl-benzofuran-3-yl]-essigsäure über das Säurechlorid (*Chatterjea*, J. Indian chem. Soc. **33** [1956] 447, 451).

Krystalle (aus Eg.); F: 209° [unkorr.].

5-Methyl-3-phenyl-benzofuran-2-carbonsäure $C_{16}H_{12}O_3$, Formel VI (X = OH).

B. Beim Erwärmen von 5-Methyl-3-phenyl-benzofuran-2-carbonsäure-äthylester mit wss.-äthanol. Kalilauge (*Du Pont de Nemours & Co.*, U.S.P. 2680732 [1950]).

Krystalle (aus A.); F: 227—228°.

V   VI

5-Methyl-3-phenyl-benzofuran-2-carbonsäure-äthylester $C_{18}H_{16}O_3$, Formel VI (X = O-C_2H_5).

B. Beim Erwärmen von Natrium-*p*-kresolat mit 2-Chlor-3-oxo-3-phenyl-propionsäure-äthylester in Benzol und Behandeln des Reaktionsprodukts mit konz. Schwefelsäure (*Du Pont de Nemours & Co.*, U.S.P. 2680732 [1950]).

Krystalle (aus PAe.); F: 85—87°.

5-Methyl-3-phenyl-benzofuran-2-carbonylchlorid $C_{16}H_{11}ClO_2$, Formel VI (X = Cl).

B. Beim Erwärmen von 5-Methyl-3-phenyl-benzofuran-2-carbonsäure mit Thionyl-chlorid (*Du Pont de Nemours & Co.*, U.S.P. 2680732 [1950]).

F: 91—93°.

5-Brommethyl-3-phenyl-benzofuran-2-carbonsäure-methylester $C_{17}H_{13}BrO_3$, Formel VII.

B. Beim Erhitzen von 5-Methyl-3-phenyl-benzofuran-2-carbonylchlorid mit Brom (1 Mol) in Chlorbenzol auf 130° und Erwärmen des Reaktionsprodukts mit Methanol (*Du Pont de Nemours & Co.*, U.S.P. 2680732 [1950]).

Krystalle (aus CH_2Cl_2 + Ae.); F: 125—127°.

5-Methyl-3-phenyl-benzo[*b*]thiophen-2-carbonsäure $C_{16}H_{12}O_2S$, Formel VIII.

B. Beim Erwärmen von 5-Methyl-2-methylmercapto-benzophenon mit Chloressigsäure (*Krollpfeiffer et al.*, A. **566** [1950] 139, 145).

Krystalle (aus Eg.); Zers. bei 260° (*Kr. et al.*, l. c. S. 147).

8-Methyl-2-nitro-dibenzo[*b,f*]thiepin-10-carbonsäure $C_{16}H_{11}NO_4S$, Formel IX (R = H).

B. Beim Erhitzen von [5-Nitro-2-*p*-tolylmercapto-phenyl]-brenztraubensäure mit einem Gemisch von wss. Bromwasserstoffsäure und Essigsäure oder mit Polyphosphor-säure (*Loudon et al.*, Soc. **1957** 3814, 3816).

Krystalle (aus Eg.); F: 276°.

Beim Erhitzen mit Kupfer-Pulver und Chinolin ist 2-Methyl-7-nitro-phenanthren erhalten worden.

8-Methyl-2-nitro-dibenzo[*b,f*]thiepin-10-carbonsäure-methylester $C_{17}H_{13}NO_4S$, Formel IX (R = CH_3).

B. Beim Erwärmen von 8-Methyl-2-nitro-dibenzo[*b,f*]thiepin-10-carbonsäure mit

Schwefelsäure enthaltendem Methanol (*Loudon et al.*, Soc. **1957** 3814, 3816).

Bei kurzem Erhitzen (7,5 min) mit Kupfer-Pulver in Diäthylphthalat ist 7-Methyl-2-nitro-phenanthren-9-carbonsäure-methylester erhalten worden.

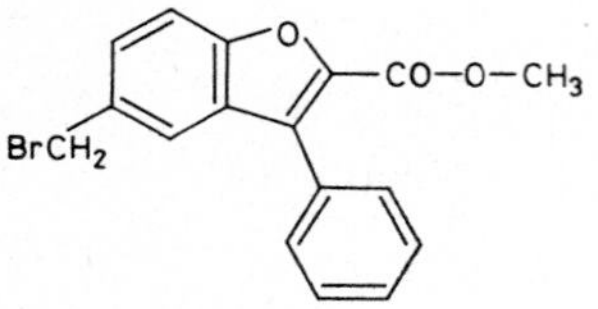

VII 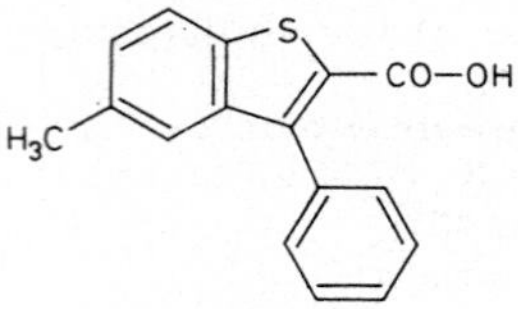   VIII 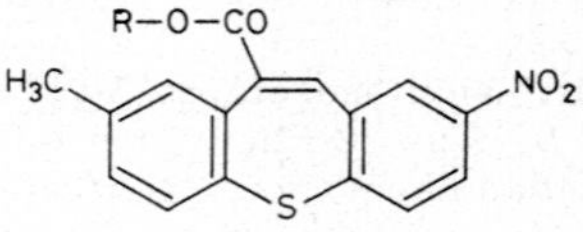   IX

Carbonsäuren $C_{17}H_{14}O_3$

(±)-1,1-Dioxo-3,4-diphenyl-2,5-dihydro-1λ^6-thiophen-2-carbonsäure-methylester $C_{18}H_{16}O_4S$, Formel I.

B. Neben kleinen Mengen 3,4-Diphenyl-thiophen-2-carbonsäure-methylester beim Erwärmen einer Lösung von 1,1-Dioxo-3,4-diphenyl-1λ^6-thiophen-2-carbonsäure-methylester in Essigsäure mit Zink-Pulver und wss. Salzsäure (*Melles*, R. **71** [1952] 869, 878).

Krystalle (aus Bzl. + Me.); F: 163° [unter Abgabe von Schwefeldioxid].

Beim Erhitzen mit Maleinsäure-anhydrid auf 190° ist 4,5-Diphenyl-cyclohex-4-en-1r,2c,3ξ-tricarbonsäure-1,2-anhydrid-3-methylester (F: 220,5—221,5°) erhalten worden.

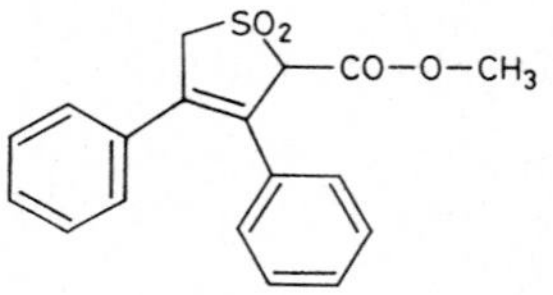

I 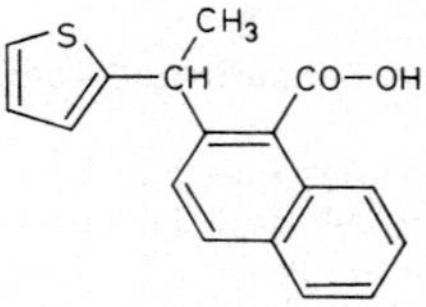   II

(±)-2-[1-[2]Thienyl-äthyl]-[1]naphthoesäure $C_{17}H_{14}O_2S$, Formel II.

B. Beim Erwärmen von (±)-2-[1-Hydroxy-1-[2]thienyl-äthyl]-[1]naphthoesäure-lacton mit wss.-äthanol. Natronlauge und Erhitzen des Reaktionsprodukts mit verkupfertem Zink-Pulver und wss. Natronlauge (*Sandin, Fieser*, Am. Soc. **62** [1940] 3098, 3103).

Krystalle (aus A.); F: 132—134° [korr.].

2-Äthyl-5-[2]naphthyl-furan-3-carbonsäure $C_{17}H_{14}O_3$, Formel III (R = H).

B. Beim Erwärmen von 2-Äthyl-5-[2]naphthyl-furan-3-carbonsäure-äthylester mit methanol. Kalilauge (*Weidlich, Daniels*, B. **72** [1939] 1590, 1598).

Krystalle (aus Ae. + PAe.); F: 196°.

2-Äthyl-5-[2]naphthyl-furan-3-carbonsäure-äthylester $C_{19}H_{18}O_3$, Formel III (R = C_2H_5).

Bildung beim Erhitzen von 4-[2]Naphthyl-4-oxo-2-propionyl-buttersäure-äthylester unter vermindertem Druck: *Weidlich, Daniels*, B. **72** [1939] 1590, 1592, 1598.

Krystalle (aus Me.); F: 61—62°.

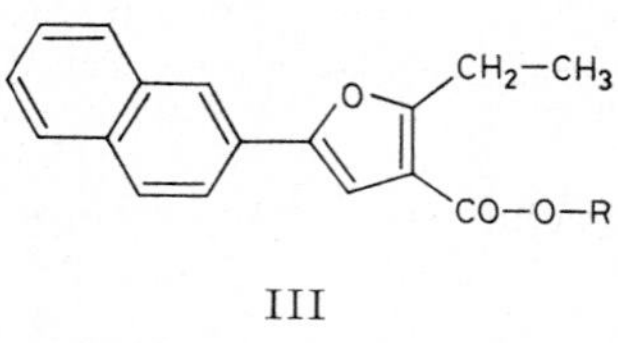

III 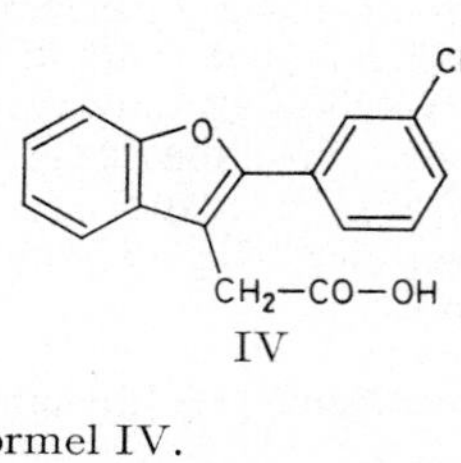   IV

[2-m-Tolyl-benzofuran-3-yl]-essigsäure $C_{17}H_{14}O_3$, Formel IV.

B. Beim Erwärmen von 2-m-Tolyl-benzofuran-3-carbonsäure mit Thionylchlorid,

Benzol und wenig Pyridin, Behandeln des Reaktionsprodukts mit Diazomethan in Äther, Erwärmen einer Lösung des gebildeten 2-Diazo-1-[2-*m*-tolyl-benzofuran-3-yl]-äthanons ($C_{17}H_{12}N_2O_2$; gelbe Krystalle, F: 126—127° [unkorr.; Zers.]) in Dioxan mit Silbernitrat und wss. Ammoniak und Erwärmen des erhaltenen [2-*m*-Tolyl-benzofuran-3-yl]-essigsäure-amids mit wss.-äthanol. Kalilauge (*Chatterjea*, J. Indian chem. Soc. **33** [1956] 447, 451).

Krystalle (aus E. + PAe.); F: 114° [unkorr.].

[2-*m*-Tolyl-benzofuran-3-yl]-essigsäure-[2-methyl-benzo[*b*]naphtho[2,1-*d*]furan-5-yl= ester] $C_{34}H_{24}O_4$, Formel V.

Diese Konstitution kommt wahrscheinlich der nachstehend beschriebenen, ursprünglich (*Chatterjea*, J. Indian chem. Soc. **33** [1956] 447, 451) als 2-Methyl-benzo[*b*]naphtho=[2,1-*d*]furan-5-ol ($C_{17}H_{12}O_2$) angesehenen Verbindung zu (vgl. *Chatterjea et al.*, Indian J. Chem. **11** [1973] 958).

B. Beim Erwärmen von [2-*m*-Tolyl-benzofuran-3-yl]-essigsäure mit Phosphor(V)-oxid in Benzol (*Ch.*).

Gelbliche Krystalle (aus Eg.); F: 165—166° [unkorr.] (*Ch.*).

V   VI

[2-*m*-Tolyl-benzofuran-3-yl]-essigsäure-*p*-toluidid $C_{24}H_{21}NO_2$, Formel VI.

B. Aus [2-*m*-Tolyl-benzofuran-3-yl]-essigsäure (*Chatterjea*, J. Indian chem. Soc. **33** [1956] 447, 451).

Krystalle (aus Eg.); F: 190° [unkorr.].

Carbonsäuren $C_{18}H_{16}O_3$

(±)-5,6-Diphenyl-3,4-dihydro-2*H*-pyran-2(?)-carbonitril $C_{18}H_{15}NO$, vermutlich Formel VII.

Diese Konstitution kommt vermutlich der nachstehend beschriebenen Verbindung zu (*Fiesselmann, Ribka*, B. **89** [1956] 27, 32).

B. In kleiner Menge neben Phenyl-[2,5,6-triphenyl-3,4-dihydro-2*H*-pyran-2-yl]-keton beim Erhitzen von 1,2-Diphenyl-propenon mit Acrylnitril, Nitrobenzol und wenig Hydrochinon bis auf 205° (*Fi., Ri.*, l. c. S. 38).

Krystalle (aus Bzl. + PAe.); F: 121—122° [unkorr.].

VII   VIII   IX

6,8-Dimethyl-3-phenyl-4*H*-chromen-2-carbonsäure $C_{18}H_{16}O_3$, Formel VIII, und
6,8-Dimethyl-2-phenyl-4*H*-chromen-3-carbonsäure $C_{18}H_{16}O_3$, Formel IX.

Diese beiden Konstitutionsformeln kommen für die nachstehend beschriebene Verbindung in Betracht.

B. Beim Erhitzen von 2-Hydroxy-3,5-dimethyl-benzylalkohol mit Phenylpropiolsäure-methylester auf 200° und Behandeln des Reaktionsprodukts mit wss. Natronlauge (*Hultzsch*, J. pr. [2] **158** [1941] 275, 292).

Krystalle (aus E.); F: 205—208°.

2-[5-Methyl-2,3-dihydro-benzofuran-7-yl]-3c(?)-phenyl-acrylonitril $C_{18}H_{15}NO$, vermutlich Formel X.

Bezüglich der Konfigurationszuordnung vgl. *Baker, Howes*, Soc. **1953** 119, 121.

B. Beim Behandeln von [5-Methyl-2,3-dihydro-benzofuran-7-yl]-acetonitril mit Benzaldehyd und äthanol. Natronlauge (*Cagniant, Cagniant*, Bl. **1957** 827, 836).

Hellgelbe Krystalle (aus A.); F: 101,5—102° (*Ca., Ca.*).

X　　　　　　　　XI　　　　　　　　XII

Carbonsäuren $C_{20}H_{20}O_3$

(±)-[5,5-Dimethyl-2,4-diphenyl-2,5-dihydro-[2]furyl]-essigsäure $C_{20}H_{20}O_3$, Formel XI (X = OH).

Diese Konstitution kommt der nachstehend beschriebenen, ursprünglich (*Wenuš-Danilowa, Orlowa*, Ž. obšč. Chim. **23** [1953] 681, 682; engl. Ausg. S. 707, 708) als (±)-2-Acetyl-4-methyl-2,3-diphenyl-pent-3-ensäure angesehenen Verbindung zu (*Pawlowa et al.*, Ž. obšč. Chim. **30** [1960] 735, 736; engl. Ausg. S. 754, 755).

B. Beim Erhitzen von 4-Hydroxy-4-methyl-1,3-diphenyl-pent-2c-en-1-on ($\rightleftharpoons$5,5-Dimethyl-2,4-diphenyl-2,5-dihydro-furan-2-ol) mit Acetanhydrid (*We.-Da., Or.*, l. c. S. 683).

Krystalle (aus Ae.); F: 138—139° (*We.-Da., Or.*).

Ammonium-Salz [NH_4]$C_{20}H_{19}O_3$, Silber-Salz $AgC_{20}H_{19}O_3$ und Barium-Salz $Ba[C_{20}H_{19}O_3]_2$: *We.-Da., Or.*, l. c. S. 683, 684.

(±)-[5,5-Dimethyl-2,4-diphenyl-2,5-dihydro-[2]furyl]-essigsäure-methylester $C_{21}H_{22}O_3$, Formel XI (X = O-CH_3).

B. Aus (±)-[5,5-Dimethyl-2,4-diphenyl-2,5-dihydro-[2]furyl]-essigsäure (s. o.) beim Behandeln mit Diazomethan in Äther sowie beim Erwärmen des Silber-Salzes mit Methyljodid und Methanol (*Wenuš-Danilowa, Orlowa*, Ž. obšč. Chim. **23** [1953] 681, 684; engl. Ausg. S. 707, 710).

Krystalle; F: 64—65°.

(±)-[5,5-Dimethyl-2,4-diphenyl-2,5-dihydro-[2]furyl]-essigsäure-amid $C_{20}H_{21}NO_2$, Formel XI (X = NH_2).

B. Beim Behandeln einer Lösung des aus (±)-[5,5-Dimethyl-2,4-diphenyl-2,5-dihydro-[2]furyl]-essigsäure (s. o.) hergestellten Säurechlorids in Äther mit Ammoniak (*Wenuš-Danilowa, Orlowa*, Ž. obšč. Chim. **23** [1953] 681, 684; engl. Ausg. S. 707, 710).

Krystalle (aus Ae. + PAe.); F: 92—93,5°.

Carbonsäuren $C_{22}H_{24}O_3$

(±)-6-[1,1-Diphenyl-äthyl]-2,2-dimethyl-3,4-dihydro-2H-pyran-3-carbonsäure $C_{22}H_{24}O_3$, Formel XII.

B. Beim Erwärmen von (±)-6c-[α-Hydroxy-benzhydryl]-2,2,6t-trimethyl-tetrahydro-pyran-3r-carbonsäure-methylester mit Phosphor(V)-oxid in Benzol und Erwärmen des Reaktionsprodukts mit äthanol. Kalilauge (*Rupe, Zweidler*, Helv. **23** [1940] 1025, 1033).

Krystalle (aus Bzn. + Bzl.); F: 145°.

Monocarbonsäuren C$_n$H$_{2n-22}$O$_3$

Carbonsäuren C$_{17}$H$_{12}$O$_3$

3-[5-Phenyl-[2]furyl]-benzonitril C$_{17}$H$_{11}$NO, Formel I.

B. Beim Erhitzen von 3-[4-Oxo-4-phenyl-but-2t(?)-enoyl]-benzonitril (F: 126—127°) mit Zinn(II)-chlorid-dihydrat, Essigsäure und konz. wss. Salzsäure (*Hoffmann-La Roche*, U.S.P. 2641601 [1950]).

Krystalle (aus Me.); F: 92,5—93°.

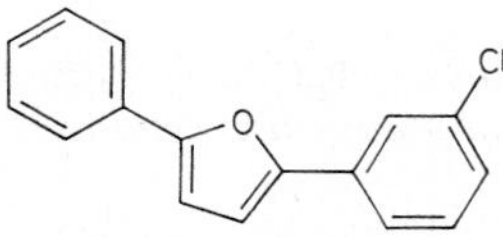

I 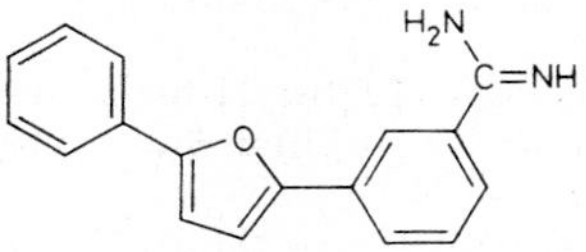   II

3-[5-Phenyl-[2]furyl]-benzamidin C$_{17}$H$_{14}$N$_2$O, Formel II.

B. Beim Behandeln einer Lösung von 3-[5-Phenyl-[2]furyl]-benzonitril in Chloroform und Methanol mit Chlorwasserstoff und Erwärmen des erhaltenen 3-[5-Phenyl-[2]furyl]-benzimidsäure-methylester-hydrochlorids mit Ammoniak in Methanol (*Hoffmann-La Roche*, U.S.P. 2641601 [1950]).

Hydrochlorid. Krystalle (aus wss. Acetonitril + Ae.); F: 215—216°.

3-[3-Chlor-5-phenyl-[2]furyl]-benzoesäure C$_{17}$H$_{11}$ClO$_3$, Formel III (X = OH), und
3-[4-Chlor-5-phenyl-[2]furyl]-benzoesäure C$_{17}$H$_{11}$ClO$_3$, Formel IV (X = OH).

Diese beiden Konstitutionsformeln kommen für die nachstehend beschriebene Verbindung in Betracht.

B. Beim Erwärmen von 3-[3(oder 4)-Chlor-5-phenyl-[2]furyl]-benzoesäure-methylester (s. u.) mit wss.-methanol. Natronlauge (*Hoffmann-La Roche*, U.S.P. 2641601 [1950]).

Krystalle (aus Bzl. + E.); F: 223—224°. Bei 220°/1 Torr sublimierbar.

3-[3-Chlor-5-phenyl-[2]furyl]-benzoesäure-methylester C$_{18}$H$_{13}$ClO$_3$, Formel III
(X = O-CH$_3$), und **3-[4-Chlor-5-phenyl-[2]furyl]-benzoesäure-methylester** C$_{18}$H$_{13}$ClO$_3$,
Formel IV (X = O-CH$_3$).

Diese beiden Konstitutionsformeln kommen für die nachstehend beschriebene Verbindung in Betracht.

B. Beim Erhitzen von 3-[3(oder 4)-Chlor-5-phenyl-[2]furyl]-benzimidsäure-methyl=
ester-hydrochlorid (S. 4396) mit Wasser (*Hoffmann-La Roche*, U.S.P. 2641601 [1950]).

Krystalle (aus Me.); F: 109—111°.

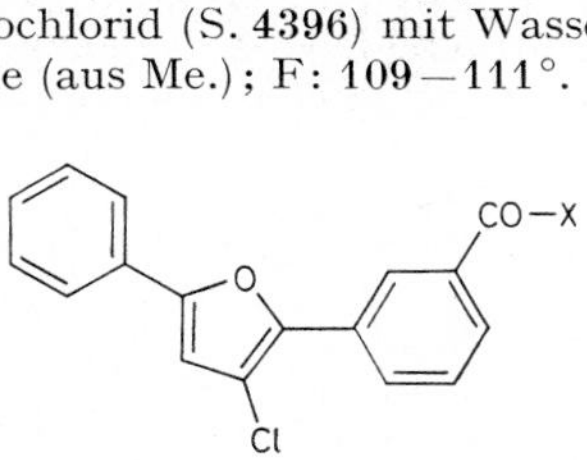

III 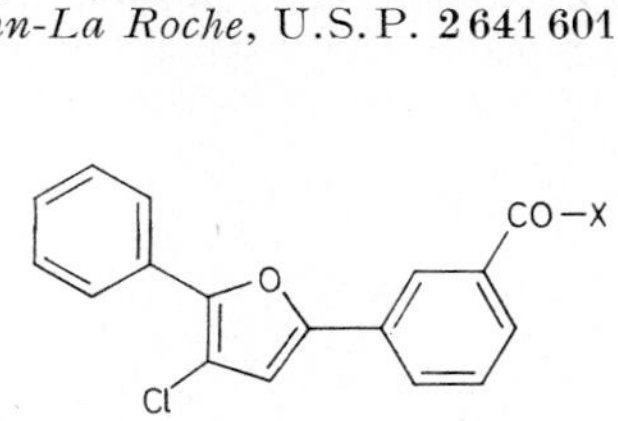   IV

3-[3-Chlor-5-phenyl-[2]furyl]-benzoylchlorid C$_{17}$H$_{10}$Cl$_2$O$_2$, Formel III (X = Cl), und
3-[4-Chlor-5-phenyl-[2]furyl]-benzoylchlorid C$_{17}$H$_{10}$Cl$_2$O$_2$, Formel IV (X = Cl).

Diese beiden Konstitutionsformeln kommen für die nachstehend beschriebene Verbindung in Betracht.

B. Beim Erwärmen von 3-[3(oder 4)-Chlor-5-phenyl-[2]furyl]-benzoesäure (s. o.) mit Thionylchlorid (*Hoffmann-La Roche*, U.S.P. 2641601 [1950]).

Krystalle (aus Ae. + PAe.); F: 111—113°.

3-[3-Chlor-5-phenyl-[2]furyl]-benzoesäure-[2-diäthylamino-äthylamid] $C_{23}H_{25}ClN_2O_2$, Formel III (X = NH-CH$_2$-CH$_2$-N(C$_2$H$_5$)$_2$), und **3-[4-Chlor-5-phenyl-[2]furyl]-benzoesäure-[2-diäthylamino-äthylamid]** $C_{23}H_{25}ClN_2O_2$, Formel IV (X = NH-CH$_2$-CH$_2$-N(C$_2$H$_5$)$_2$).

Diese beiden Konstitutionsformeln kommen für die nachstehend beschriebene Verbindung in Betracht.

B. Beim Behandeln einer Lösung von 3-[3(oder 4)-Chlor-5-phenyl-[2]furyl]-benzoylchlorid (S. 4395) in Äther mit *N,N*-Diäthyl-äthylendiamin und wss. Natronlauge sowie beim Erhitzen von 3-[3(oder 4)-Chlor-5-phenyl-[2]furyl]-benzoesäure-methylester (S. 4395) mit *N,N*-Diäthyl-äthylendiamin (*Hoffmann-La Roche,* U.S.P. 2641601 [1950]).

Hydrochlorid. Krystalle (aus Me. + Bzl. + Ae.); F: 159—161°.

3-[3-Chlor-5-phenyl-[2]furyl]-benzimidsäure-methylester $C_{18}H_{14}ClNO_2$, Formel V (X = O-CH$_3$), und **3-[4-Chlor-5-phenyl-[2]furyl]-benzimidsäure-methylester** $C_{18}H_{14}ClNO_2$, Formel VI (X = O-CH$_3$).

Diese beiden Konstitutionsformeln werden für die nachstehend beschriebene Verbindung in Betracht gezogen (*Hoffmann-La Roche,* U.S.P. 2641601 [1950]).

Hydrochlorid. *B.* Beim Einleiten von Chlorwasserstoff in ein Gemisch von 3-[4-Oxo-4-phenyl-but-2*t*(?)-enoyl]-benzonitril (F: 126—127°), Methanol und Äther (*Hoffmann-La Roche*). — Gelbe Krystalle (aus Me. + Ae.); F: 193—194°.

V   VI

3-[3-Chlor-5-phenyl-[2]furyl]-benzamidin $C_{17}H_{13}ClN_2O$, Formel V (X = NH$_2$), und **3-[4-Chlor-5-phenyl-[2]furyl]-benzamidin** $C_{17}H_{13}ClN_2O$, Formel VI (X = NH$_2$).

Diese beiden Konstitutionsformeln kommen für die nachstehend beschriebene Verbindung in Betracht.

B. Beim Erwärmen von 3-[3(oder 4)-Chlor-5-phenyl-[2]furyl]-benzimidsäure-methylester-hydrochlorid (s. o.) mit Ammoniak in Methanol (*Hoffmann-La Roche,* U.S.P. 2641601 [1950]).

Hydrochlorid. Hellgelbe Krystalle (aus Acetonitril + wss. Salzsäure); F: 250—253°.

4-[5-Phenyl-[2]furyl]-benzoesäure-methylester $C_{18}H_{14}O_3$, Formel VII (X = O-CH$_3$).

B. Beim Behandeln einer Lösung von 4-[5-Phenyl-[2]furyl]-benzonitril in Methanol und Chloroform mit Chlorwasserstoff und Erhitzen des gebildeten 4-[5-Phenyl-[2]furyl]-benzimidsäure-methylester-hydrochlorids mit Wasser (*Hoffmann-La Roche,* U.S.P. 2641601 [1950]).

Krystalle (aus Me.); F: 153—155°.

VII   VIII

4-[5-Phenyl-[2]furyl]-benzoesäure-[2-diäthylamino-äthylamid] $C_{23}H_{26}N_2O_2$, Formel VII (X = NH-CH$_2$-CH$_2$-N(C$_2$H$_5$)$_2$).

B. Beim Erhitzen von 4-[5-Phenyl-[2]furyl]-benzoesäure-methylester mit *N,N*-Diäthyl-äthylendiamin (*Hoffmann-La Roche,* U.S.P. 2641601 [1950]).

Krystalle (aus Acetonitril); F: 106—107°.

4-[5-Phenyl-[2]furyl]-benzonitril $C_{17}H_{11}NO$, Formel VIII.

B. Beim Erhitzen von 4-[4-Oxo-4-phenyl-but-2*t*(?)-enoyl]-benzonitril (F: 143—145°)

mit Zinn(II)-chlorid-dihydrat, Essigsäure und konz. wss. Salzsäure (*Hoffmann-La Roche*, U.S.P. 2 641 601 [1950]).

Krystalle (aus Me.); F: 122—124°.

4-[5-Phenyl-[2]furyl]-benzamidin $C_{17}H_{14}N_2O$, Formel IX.

B. Beim Behandeln einer Lösung von 4-[5-Phenyl-[2]furyl]-benzonitril in Methanol und Chloroform mit Chlorwasserstoff und Erwärmen des erhaltenen 4-[5-Phenyl-[2]furyl]-benzimidsäure-methylester-hydrochlorids mit Ammoniak in Methanol (*Hoffmann-La Roche*, U.S.P. 2 641 601 [1950]).

Hydrochlorid. Krystalle (aus A.); F: 283—284°.

IX   X

4-[3-Chlor-5-phenyl-[2]furyl]-benzimidsäure-methylester $C_{18}H_{14}ClNO_2$, Formel X (R = H, X = Cl), und **4-[4-Chlor-5-phenyl-[2]furyl]-benzimidsäure-methylester** $C_{18}H_{14}ClNO_2$, Formel X (R = Cl, X = H).

Diese beiden Konstitutionsformeln werden für die nachstehend beschriebene Verbindung in Betracht gezogen (*Hoffmann-La Roche*, U.S.P. 2 641 601 [1950]).

Hydrochlorid. *B.* Beim Behandeln von 4-[4-Oxo-4-phenyl-but-2t(?)-enoyl]-benzonitril (F: 143—145°) mit Chlorwasserstoff enthaltendem Methanol (*Hoffmann-La Roche*). — F: 230—235°.

3,4-Diphenyl-furan-2-carbonsäure $C_{17}H_{12}O_3$, Formel I (X = OH) (E I 445).

Trikline Krystalle (aus wss. A.); F: 234° [Zers.] (*Backer, Stevens*, R. **59** [1940] 423, 426).

3,4-Diphenyl-furan-2-carbonsäure-methylester $C_{18}H_{14}O_3$, Formel I (X = O-CH_3).

B. Neben anderen Verbindungen beim Erwärmen von Benzil mit Bis-methoxycarbonylmethyl-äther und Natriummethylat in Methanol (*Backer, Stevens*, R. **59** [1940] 423, 428). Beim Erwärmen von 3,4-Diphenyl-furan-2-carbonsäure mit Chlorwasserstoff enthaltendem Methanol (*Ba., St.*, l. c. S. 429).

Krystalle (aus A. + W. oder aus Me.); F: 124,5—126°.

3,4-Diphenyl-furan-2-carbonylchlorid $C_{17}H_{11}ClO_2$, Formel I (X = Cl).

B. Beim Erwärmen von 3,4-Diphenyl-furan-2-carbonsäure mit Phosphor(V)-chlorid in Benzol (*Kleinfeller*, B. **72** [1939] 249, 254).

Gelbe Krystalle (aus Bzn.); F: 155—156°.

I   II   III

3,4-Diphenyl-thiophen-2-carbonsäure $C_{17}H_{12}O_2S$, Formel II (R = X = H).

B. Aus 3,4-Diphenyl-thiophen-2-carbonsäure-methylester (*Melles, Backer*, R. **72** [1953] 314, 319).

Krystalle; F: 225—225,5° (*Me., Ba.*), 222—224° [Zers.; aus wss. A.] (*Backer, Stevens*, R. **59** [1940] 423, 436).

3,4-Diphenyl-thiophen-2-carbonsäure-methylester $C_{18}H_{14}O_2S$, Formel II (R = CH₃, X = H).

B. Beim Erhitzen von 3,4-Diphenyl-thiophen-2,5-dicarbonsäure-monomethylester mit Kupfer-Pulver auf 300° (*Melles, Backer,* R. **72** [1953] 314, 319).

Violett fluorescierende Krystalle (aus Me.); F: 145—146°.

1,1-Dioxo-3,4-diphenyl-1λ⁶-thiophen-2-carbonsäure-methylester $C_{18}H_{14}O_4S$, Formel III.

B. Aus 3,4-Diphenyl-thiophen-2-carbonsäure-methylester beim Erhitzen mit wss. Wasserstoffperoxid und Essigsäure sowie beim Behandeln mit Peroxybenzoesäure in Chloroform (*Melles, Backer,* R. **72** [1953] 314, 320).

Gelbliche Krystalle (aus Me.); F: 205—205,5° [unter Abgabe von Schwefeldioxid; im vorgeheizten Bad].

Beim Erwärmen einer Lösung in Essigsäure mit Zink-Pulver und konz. wss. Salzsäure sind 1,1-Dioxo-3,4-diphenyl-2,5-dihydro-1λ⁶-thiophen-2-carbonsäure-methylester und kleine Mengen 3,4-Diphenyl-thiophen-2-carbonsäure-methylester erhalten worden (*Melles,* R. **71** [1952] 867, 878).

5-Brom-3,4-diphenyl-thiophen-2-carbonsäure $C_{17}H_{11}BrO_2S$, Formel II (R = H, X = Br).

B. Neben kleineren Mengen 2,5-Dibrom-3,4-diphenyl-thiophen beim Behandeln einer wss. Lösung des Dinatrium-Salzes der 3,4-Diphenyl-thiophen-2,5-dicarbonsäure mit Brom in Wasser unter Durchleiten von Kohlendioxid (*Melles, Backer,* R. **72** [1953] 314, 321).

Krystalle (aus A.); F: 263° [Zers.]. Bei 210°/12 Torr sublimierbar.

3,4-Diphenyl-selenophen-2-carbonsäure $C_{17}H_{12}O_2Se$, Formel IV (R = H).

B. In kleiner Menge neben anderen Verbindungen beim Erwärmen von Benzil mit Bis-methoxycarbonylmethyl-selenid und Natriummethylat in Methanol und Erwärmen des Reaktionsgemisches mit Wasser (*Backer, Stevens,* R. **59** [1940] 423, 439).

Krystalle (aus A.); F: ca. 220° [Zers.].

3,4-Diphenyl-selenophen-2-carbonsäure-methylester $C_{18}H_{14}O_2Se$, Formel IV (R = CH₃).

B. Beim Erwärmen von 3,4-Diphenyl-selenophen-2-carbonsäure mit Chlorwasserstoff enthaltendem Methanol (*Backer, Stevens,* R. **59** [1940] 423, 441).

Krystalle (aus Me.); F: 133,5—134°.

IV   V   VI

3,4-Diphenyl-selenophen-2-carbonsäure-äthylester $C_{19}H_{16}O_2Se$, Formel IV (R = C₂H₅).

B. Beim Erwärmen von 3,4-Diphenyl-selenophen-2-carbonsäure mit Chlorwasserstoff enthaltendem Äthanol (*Backer, Stevens,* R. **59** [1940] 423, 441).

Krystalle (aus A.); F: 87,5—88°.

———————

3,5-Diphenyl-thiophen-2-carbonsäure $C_{17}H_{12}O_2S$, Formel V.

B. Beim Erwärmen von 3,5-Diphenyl-thiophen-2-carbonitril mit äthanol. Kalilauge (*Buu-Hoï et al.,* C. r. **237** [1953] 397).

Krystalle (aus Eg.); F: 224°.

3,5-Diphenyl-thiophen-2-carbonitril $C_{17}H_{11}NS$, Formel VI.

B. Beim Behandeln von 3,5-Diphenyl-thiophen-2-carbaldehyd-oxim (F: 139° [E III/IV **17** 5500]) mit Thionylchlorid (*Buu-Hoï et al.,* C. r. **237** [1953] 397).

F: ca. 118°.

3,5-Diphenyl-selenophen-2-carbonsäure $C_{17}H_{12}O_2Se$, Formel VII.

B. Beim Erwärmen von 3,5-Diphenyl-selenophen-2-carbonitril mit äthanol. Kalilauge (*Buu-Hoi et al.*, C. r. **237** [1953] 397).

Krystalle (aus Eg.); F: 232°.

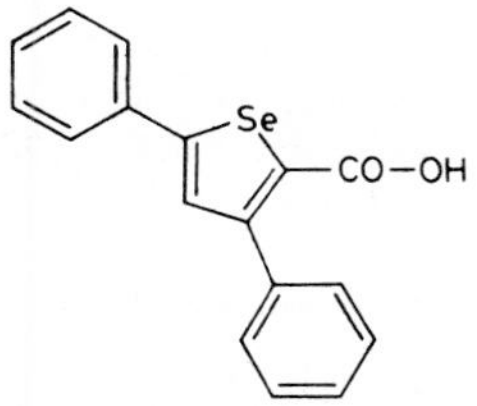

VII 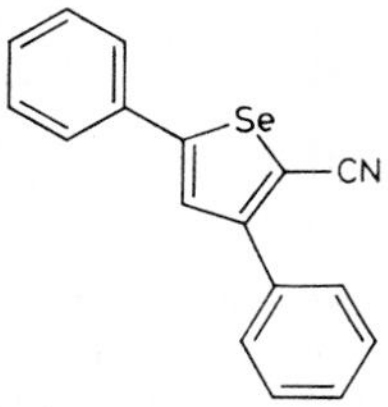   VIII 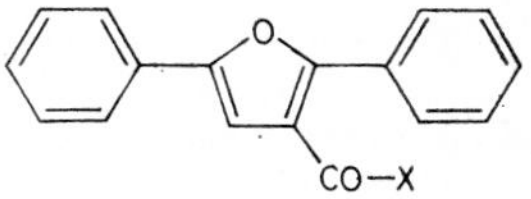   IX

3,5-Diphenyl-selenophen-2-carbonitril $C_{17}H_{11}NSe$, Formel VIII.

B. Beim Behandeln von 3,5-Diphenyl-selenophen-2-carbaldehyd-oxim (F: 159° [E III/IV **17** 5500]) mit Thionylchlorid (*Buu-Hoi et al.*, C. r. **237** [1953] 397).

F: ca. 130°.

2,5-Diphenyl-furan-3-carbonsäure $C_{17}H_{12}O_3$, Formel IX (X = OH) (H 316; E I 445).

B. Beim Behandeln von 3-Brom-2,5-diphenyl-furan mit Magnesium in Äther und anschliessend mit Kohlendioxid (*Lutz, Smith*, Am. Soc. **63** [1941] 1148; *Lutz, Rowlett*, Am. Soc. **70** [1948] 1359, 1361).

F: 219° [korr.] (*Lutz, Sm.*).

2,5-Diphenyl-furan-3-carbonylchlorid $C_{17}H_{11}ClO_2$, Formel IX (X = Cl).

B. Beim Erwärmen von 2,5-Diphenyl-furan-3-carbonsäure mit Thionylchlorid (*Lutz, Rowlett*, Am. Soc. **70** [1948] 1359, 1361).

Gelbe Krystalle (aus Bzn.); F: 95—97°.

3c(?)-[1]Naphthyl-2-[2]thienyl-acrylonitril $C_{17}H_{11}NS$, vermutlich Formel X.

Bezüglich der Konfigurationszuordnung vgl. *Baker, Howes*, Soc. **1953** 119, 121.

B. Beim Erwärmen von [2]Thienyl-acetonitril mit [1]Naphthaldehyd und Äthanol unter Zusatz von wss. Kalilauge (*Cagniant, Cagniant*, C. r. **229** [1949] 1150, 1151; *Buu-Hoi et al.*, Soc. **1952** 4590, 4592, 4593).

Krystalle (aus A.); F: 110° (*Buu-Hoi et al.*).

3c(?)-[2]Naphthyl-2-[2]thienyl-acrylonitril $C_{17}H_{11}NS$, vermutlich Formel XI.

Bezüglich der Konfigurationszuordnung vgl. *Baker, Howes*, Soc. **1953** 119, 121.

B. Beim Erwärmen von [2]Thienyl-acetonitril mit [2]Naphthaldehyd und Äthanol unter Zusatz von wss. Kalilauge (*Buu-Hoi et al.*, Soc. **1952** 4590, 4592, 4593).

Krystalle (aus A.); F: 115° (*Buu-Hoi et al.*).

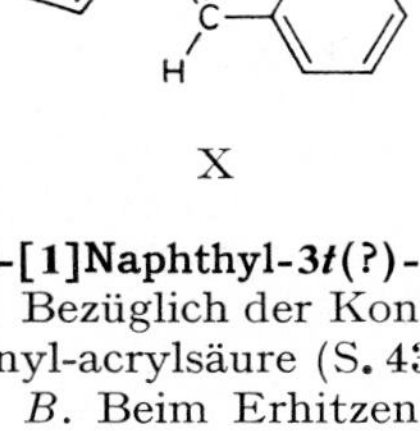

X 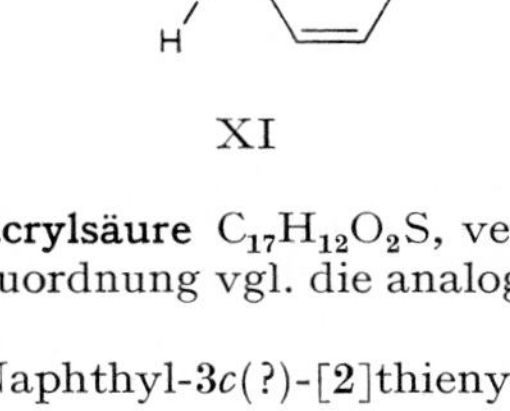   XI 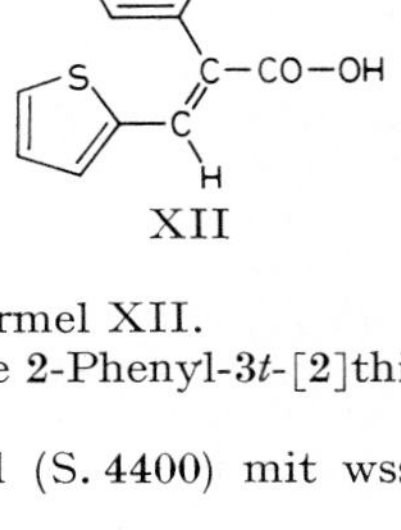   XII

2-[1]Naphthyl-3t(?)-[2]thienyl-acrylsäure $C_{17}H_{12}O_2S$, vermutlich Formel XII.

Bezüglich der Konfigurationszuordnung vgl. die analog hergestellte 2-Phenyl-3t-[2]thi=enyl-acrylsäure (S. 4325).

B. Beim Erhitzen von 2-[1]Naphthyl-3c(?)-[2]thienyl-acrylonitril (S. 4400) mit wss.

Natronlauge und Butan-1-ol (*Buu-Hoi, Sy*, C. r. **242** [1956] 2011).
Krystalle (aus A.); F: 220°.

2-[1]Naphthyl-3c(?)-[2]thienyl-acrylonitril $C_{17}H_{11}NS$, vermutlich Formel I (X = H).
Bezüglich der Konfigurationszuordnung vgl. das analog hergestellte 2-Phenyl-3c-[2]thi=
enyl-acrylonitril (S. 4326).
B. Beim Erwärmen von Thiophen-2-carbaldehyd mit [1]Naphthyl-acetonitril und
Äthanol unter Zusatz von wss. Kalilauge (*Buu-Hoi et al.*, Soc. **1950** 2130, 2133, 2134).
Gelbe Krystalle (aus A.); F: 97°.

2-[4-Fluor-[1]naphthyl]-3c(?)-[2]thienyl-acrylonitril $C_{17}H_{10}FNS$, vermutlich Formel I
(X = F).
Bezüglich der Konfigurationszuordnung vgl. das analog hergestellte 2-Phenyl-3c-[2]thi=
enyl-acrylonitril (S. 4326).
B. Beim Erwärmen von Thiophen-2-carbaldehyd mit [4-Fluor-[1]naphthyl]-acetonitril
in Äthanol unter Zusatz von wss. Natronlauge (*Buu-Hoi et al.*, J. org. Chem. **23** [1958]
189).
Krystalle (aus A.); F: 162°.

I   II   III

3c(?)-[5-Chlor-[2]thienyl]-2-[1]naphthyl-acrylonitril $C_{17}H_{10}ClNS$, vermutlich Formel II.
Bezüglich der Konfigurationszuordnung vgl. das analog hergestellte 2-Phenyl-3c-[2]thi=
enyl-acrylonitril (S. 4326).
B. Beim Erwärmen von 5-Chlor-thiophen-2-carbaldehyd mit [1]Naphthylacetonitril
und Äthanol unter Zusatz von wss. Kalilauge (*Buu-Hoi et al.*, Soc. **1950** 2130, 2133, 2134).
Gelbe Krystalle (aus A.); F: 152°.

2-[2]Naphthyl-3c(?)-[2]thienyl-acrylonitril $C_{17}H_{11}NS$, vermutlich Formel III (X = H).
Bezüglich der Konfigurationszuordnung vgl. das analog hergestellte 2-Phenyl-3c-[2]thi=
enyl-acrylonitril (S. 4326).
B. Beim Erwärmen von Thiophen-2-carbaldehyd mit [2]Naphthylacetonitril und
Äthanol unter Zusatz von wss. Kalilauge (*Buu-Hoi et al.*, Soc. **1952** 4590, 4592, 4593).
Krystalle (aus A.); F: 127°.

3c(?)-[5-Brom-[2]thienyl]-2-[2]naphthyl-acrylonitril $C_{17}H_{10}BrNS$, vermutlich Formel III
(X = Br).
Bezüglich der Konfigurationszuordnung vgl. das analog hergestellte 2-Phenyl-3c-[2]thi=
enyl-acrylonitril (S. 4326).
B. Beim Behandeln von 5-Brom-thiophen-2-carbaldehyd mit [2]Naphthylacetonitril
und Äthanol unter Zusatz von wss. Natronlauge (*Buu-Hoi, Lavit*, Soc. **1958** 1721).
Krystalle (aus A.); F: 194°.

2-Benzo[*b*]thiophen-3-yl-3c(?)-phenyl-acrylonitril $C_{17}H_{11}NS$, vermutlich Formel IV
(X = H).
Bezüglich der Konfigurationszuordnung vgl. *Baker, Howes*, Soc. **1953** 119, 121.
B. Beim Erwärmen von Benzo[*b*]thiophen-3-yl-acetonitril mit Benzaldehyd und
Äthanol unter Zusatz von wss. Kalilauge (*Buu-Hoi, Hoán*, Soc. **1951** 251, 253, 254)
oder unter Zusatz von äthanol. Natriumäthylat-Lösung (*Cagniant, Cagniant*, C. r. **232**
[1951] 238).
Gelbe Krystalle (aus A.); F: 114° (*Buu-Hoi, Hoán*), 110° (*Ca., Ca.*).

2-Benzo[*b*]thiophen-3-yl-3*c*(?)-[4-fluor-phenyl]-acrylonitril C$_{17}$H$_{10}$FNS, vermutlich Formel IV (X = F).

Bezüglich der Konfigurationszuordnung vgl. *Baker, Howes*, Soc. **1953** 119, 121.

B. Beim Erwärmen von Benzo[*b*]thiophen-3-yl-acetonitril mit 4-Fluor-benzaldehyd und Äthanol unter Zusatz von wss. Kalilauge (*Buu-Hoi, Hoán*, Soc. **1951** 251, 253, 254).

Gelbe Krystalle (aus A.); F: 154° (*Buu-Hoi, Hoán*).

2-Benzo[*b*]thiophen-3-yl-3*c*(?)-[4-chlor-phenyl]-acrylonitril C$_{17}$H$_{10}$ClNS, vermutlich Formel IV (X = Cl).

Bezüglich der Konfigurationszuordnung vgl. *Baker, Howes*, Soc. **1953** 119, 121.

B. Beim Erwärmen von Benzo[*b*]thiophen-3-yl-acetonitril mit 4-Chlor-benzaldehyd und Äthanol unter Zusatz von wss. Kalilauge (*Buu-Hoi, Hoán*, Soc. **1951** 251, 253, 254).

Gelbe Krystalle (aus A.); F: 146° (*Buu-Hoi, Hoán*).

IV   V   VI

2-Benzo[*b*]thiophen-3-yl-3*c*(?)-[2,4-dichlor-phenyl]-acrylonitril C$_{17}$H$_9$Cl$_2$NS, vermutlich Formel V (R = H, X = Cl).

Bezüglich der Konfigurationszuordnung vgl. *Baker, Howes*, Soc. **1953** 119, 121.

B. Beim Erwärmen von Benzo[*b*]thiophen-3-yl-acetonitril mit 2,4-Dichlor-benzaldehyd und Äthanol unter Zusatz von wss. Kalilauge (*Buu-Hoi, Hoán*, Soc. **1951** 251, 253, 254).

Gelbe Krystalle (aus A.); F: 142° (*Buu-Hoi, Hoán*).

2-Benzo[*b*]thiophen-3-yl-3*c*(?)-[3,4-dichlor-phenyl]-acrylonitril C$_{17}$H$_9$Cl$_2$NS, vermutlich Formel V (R = Cl, X = H).

Bezüglich der Konfigurationszuordnung vgl. *Baker, Howes*, Soc. **1953** 119, 121.

B. Beim Erwärmen von Benzo[*b*]thiophen-3-yl-acetonitril mit 3,4-Dichlor-benzaldehyd und Äthanol unter Zusatz von wss. Kalilauge (*Buu-Hoi, Hoán*, Soc. **1951** 251, 253, 254).

Gelbe Krystalle (aus A.); F: 153° (*Buu-Hoi, Hoán*).

2-Benzo[*b*]thiophen-3-yl-3*c*(?)-[3-nitro-phenyl]-acrylonitril C$_{17}$H$_{10}$N$_2$O$_2$S, vermutlich Formel VI.

Bezüglich der Konfigurationszuordnung vgl. *Baker, Howes*, Soc. **1953** 119, 121.

B. Beim Erwärmen von Benzo[*b*]thiophen-3-yl-acetonitril mit 3-Nitro-benzaldehyd und Äthanol unter Zusatz von wss. Kalilauge (*Buu-Hoi, Hoán*, Soc. **1951** 251, 253, 254).

Gelbe Krystalle (aus A.); F: 150° (*Buu-Hoi, Hoán*).

3*c*(?)-Benzo[*b*]thiophen-2-yl-2-phenyl-acrylonitril C$_{17}$H$_{11}$NS, vermutlich Formel VII.

Bezüglich der Konfigurationszuordnung vgl. *Baker, Howes*, Soc. **1953** 119, 121.

B. Beim Behandeln von Benzo[*b*]thiophen-2-carbaldehyd mit Phenylacetonitril und Äthanol unter Zusatz von wss. Kalilauge (*Shirley, Danzig*, Am. Soc. **74** [1952] 2935).

Krystalle (aus A.); F: 127—128° (*Sh., Da.*).

3*c*(?)-Benzo[*b*]thiophen-3-yl-2-phenyl-acrylonitril C$_{17}$H$_{11}$NS, vermutlich Formel VIII (X = H).

Bezüglich der Konfigurationszuordnung vgl. *Baker, Howes*, Soc. **1953** 119, 121.

B. Beim Erwärmen von Benzo[*b*]thiophen-3-carbaldehyd mit Phenylacetonitril und Äthanol unter Zusatz von äthanol. Kalilauge (*Cagniant*, Bl. **1949** 382, 384) oder unter Zusatz von wss. Kalilauge (*Buu-Hoi, Hoán*, Soc. **1951** 251, 253, 254).

Gelbe Krystalle; F: 132° [aus Acn.] (*Buu-Hoi, Hoán*), 129,5° (*Ca.*, l. c. S. 388).

3c(?)-Benzo[b]thiophen-3-yl-2-[4-chlor-phenyl]-acrylonitril $C_{17}H_{10}ClNS$, vermutlich Formel VIII (X = Cl).

Bezüglich der Konfigurationszuordnung vgl. *Baker, Howes*, Soc. **1953** 119, 121.

B. Beim Erwärmen von Benzo[b]thiophen-3-carbaldehyd mit [4-Chlor-phenyl]-aceto‗ nitril und Äthanol unter Zusatz von wss. Kalilauge (*Buu-Hoï, Hoán*, Soc. **1951** 251, 253, 254).

Gelbe Krystalle (aus A.); F: 180° (*Buu-Hoï, Hoán*).

3c(?)-Benzo[b]thiophen-3-yl-2-[4-brom-phenyl]-acrylonitril $C_{17}H_{10}BrNS$, vermutlich Formel VIII (X = Br).

Bezüglich der Konfigurationszuordnung vgl. *Baker, Howes*, Soc. **1953** 119, 121.

B. Beim Erwärmen von Benzo[b]thiophen-3-carbaldehyd mit [4-Brom-phenyl]-aceto‗ nitril und Äthanol unter Zusatz von wss. Kalilauge (*Buu-Hoï, Hoán*, Soc. **1951** 251, 253, 254).

Gelbe Krystalle (aus A.); F: 175° (*Buu-Hoï, Hoán*).

VII   VIII   IX

3c(?)-Benzo[b]thiophen-3-yl-2-[4-nitro-phenyl]-acrylonitril $C_{17}H_{10}N_2O_2S$, vermutlich Formel VIII (X = NO_2).

Bezüglich der Konfigurationszuordnung vgl. *Baker, Howes*, Soc. **1953** 119, 121.

B. Beim Erwärmen von Benzo[b]thiophen-3-carbaldehyd mit [4-Nitro-phenyl]-aceto‗ nitril und Äthanol unter Zusatz von Piperidin (*Buu-Hoï, Hoán*, Soc. **1951** 251, 253, 254).

Orangefarbene Krystalle (aus A.); F: 209° (*Buu-Hoï, Hoán*).

(±)-7,7-Dioxo-(6ar)-6aH-7λ⁶-benzo[b]naphtho[1,2-d]thiophen-11bt(?)-carbonsäure $C_{17}H_{12}O_4S$, vermutlich Formel IX + Spiegelbild.

Diese Konstitution und Konfiguration kommt der früher (s. H **11** 197) beschriebenen Atronylensulfonsäure (F: ca. 258° [Zers.]) zu (*Voigtländer, Graf*, A. **625** [1959] 196, 200).

B. Neben kleinen Mengen Benzo[b]naphtho[1,2-d]thiophen-7,7-dioxid beim Erwärmen von (±)-β-Isatropasäure ((±)-1-Phenyl-1,2,3,4-tetrahydro-naphthalin-1r,4c-dicarbonsäure) mit Schwefelsäure (*Vo., Graf*, l. c. S. 197, 200).

Krystalle (aus wss. A.); F: 268—269° [Zers.] (*Vo., Graf*, l. c. S. 201).

Die bei der Bestrahlung von wss. Lösungen des Natrium-Salzes mit Sonnenlicht erhaltene, als Atroninsulfon bezeichnete Verbindung (F: 193°; s. H **11** 197) ist als (±)-trans(?)-6a,11b-Dihydro-benzo[b]naphtho[1,2-d]thiophen-7,7-dioxid (E III/IV **17** 690) zu formulieren (*Vo., Graf*, l. c. S. 200, 201).

Carbonsäuren $C_{18}H_{14}O_3$

Diphenyl-[2]thienyl-essigsäure $C_{18}H_{14}O_2S$, Formel I (R = H).

B. Beim Behandeln von Thiophen mit Benzilsäure, Essigsäure und konz. Schwefel‗ säure (*Ancízar-Sordo, Bistrzycki*, Helv. **14** [1931] 141, 142).

Krystalle (aus Me.); F: 217—218°.

Beim Erhitzen mit wss. Kalilauge auf 180° ist 2-Benzhydryl-thiophen (*An.-So., Bi.*, l. c. S. 146, 147), beim Behandeln mit einem Gemisch von konz. Schwefelsäure und wenig Essigsäure bei 35° ist Diphenyl-[2]thienyl-methanol erhalten worden (*An.-So., Bi.*, l. c. S. 144).

Silber-Salz $AgC_{18}H_{13}O_2S$. In Wasser schwer löslich; lichtempfindlich (*An.-So., Bi.*, l. c. S. 143).

Diphenyl-[2]thienyl-essigsäure-methylester $C_{19}H_{16}O_2S$, Formel I (R = CH$_3$).

B. Beim Erwärmen von Diphenyl-[2]thienyl-essigsäure mit methanol. Kalilauge und Methyljodid (*Ancizar-Sordo, Bistrzycki,* Helv. **14** [1931] 141, 143).

Krystalle (aus Me.); F: 149—150°.

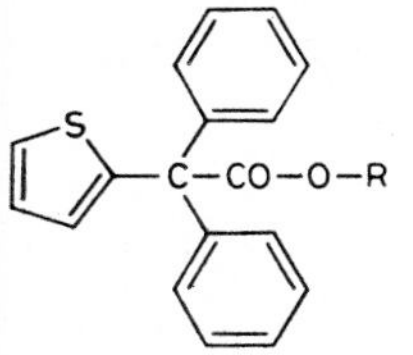

I 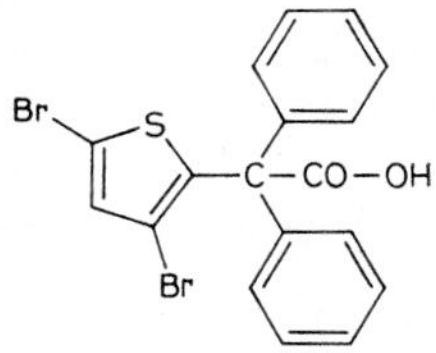   II 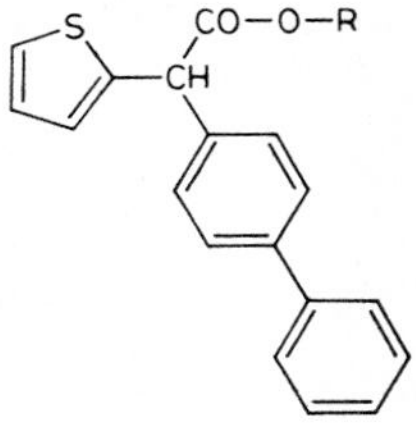   III

[3(?),5(?)-Dibrom-[2]thienyl]-diphenyl-essigsäure $C_{18}H_{12}Br_2O_2S$, vermutlich Formel II.

Diese Konstitution ist der nachstehend beschriebenen Verbindung zugeordnet worden (*Ancizar-Sordo, Bistrzycki,* Helv. **14** [1931] 141, 144).

B. Beim Erhitzen von Diphenyl-[2]thienyl-essigsäure mit Brom (2 Mol) in Essigsäure (*An.-So., Bi.,* l. c. S. 143).

Krystalle (aus Bzl.); F: 213—214° [Zers.].

(±)-Biphenyl-4-yl-[2]thienyl-essigsäure $C_{18}H_{14}O_2S$, Formel III (R = H).

B. Beim Behandeln von (±)-Biphenyl-4-yl-hydroxy-[2]thienyl-essigsäure mit Zinn(II)-chlorid-dihydrat und Essigsäure unter Durchleiten von Chlorwasserstoff (*Blicke, Tsao,* Am. Soc. **66** [1944] 1645, 1647).

Krystalle (aus wss. Eg.); F: 137—139° (*Bl., Tsao,* l. c. S. 1646).

(±)-Biphenyl-4-yl-[2]thienyl-essigsäure-[2-diäthylamino-äthylester] $C_{24}H_{27}NO_2S$, Formel III (R = CH$_2$-CH$_2$-N(C$_2$H$_5$)$_2$).

Hydrochlorid $C_{24}H_{27}NO_2S \cdot HCl$. *B.* Beim Erwärmen von (±)-Biphenyl-4-yl-[2]thienyl-essigsäure mit Diäthyl-[2-chlor-äthyl]-amin und Isopropylalkohol (*Blicke, Tsao,* Am. Soc. **66** [1944] 1645, 1648). Beim Erwärmen von (±)-Biphenyl-4-yl-[2]thienyl-acetylchlorid (aus (±)-Biphenyl-4-yl-[2]thienyl-essigsäure mit Hilfe von Thionylchlorid hergestellt) mit 2-Diäthylamino-äthanol und Benzol (*Blicke,* U.S.P. 2541024 [1946], 2541634 [1949]). — Krystalle (aus A. + Ae.); F: 101—103° (*Bl., Tsao,* l. c. S. 1647; *Bl.*).

2-Methyl-4,5-diphenyl-furan-3-carbonsäure $C_{18}H_{14}O_3$, Formel IV.

B. Beim Erwärmen von (±)-3-Acetyl-4,5-diphenyl-5*H*-furan-2-on mit Essigsäure und konz. wss. Salzsäure (*Lacey,* Soc. **1954** 822, 825).

Krystalle (aus E.); F: 212° [korr.; Kofler-App.].

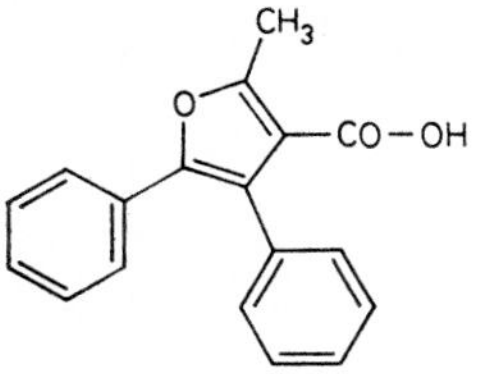

IV 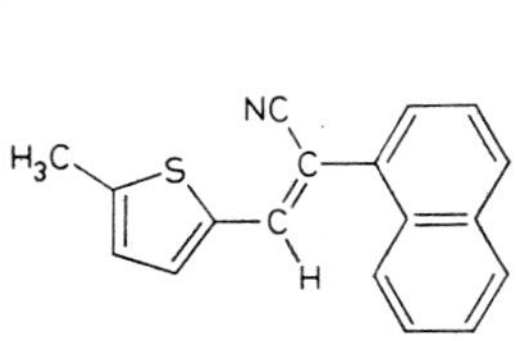   V 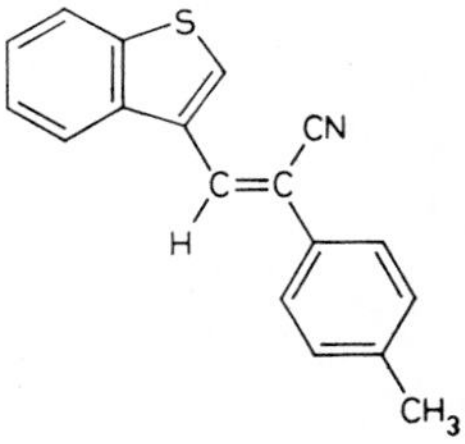   VI

3c(?)-[5-Methyl-[2]thienyl]-2-[1]naphthyl-acrylonitril $C_{18}H_{13}NS$, vermutlich Formel V.

Bezüglich der Konfigurationszuordnung vgl. das analog hergestellte 2-Phenyl-3*c*-[2]thienyl-acrylonitril (S. 4326).

B. Beim Erwärmen von 5-Methyl-thiophen-2-carbaldehyd mit [1]Naphthylacetonitril und Äthanol unter Zusatz von wss. Kalilauge (*Buu-Hoi et al.*, Soc. **1950** 2130, 2133, 2134). Orangefarbene Krystalle (aus A.); F: 145°.

3c(?)-Benzo[*b*]thiophen-3-yl-2-*p*-tolyl-acrylonitril $C_{18}H_{13}NS$, vermutlich Formel VI.
Bezüglich der Konfigurationszuordnung vgl. *Baker, Howes*, Soc. **1953** 119, 121.
B. Beim Erwärmen von Benzo[*b*]thiophen-3-carbaldehyd mit *p*-Tolylacetonitril und Äthanol unter Zusatz von wss. Kalilauge (*Buu-Hoi, Hoán*, Soc. **1951** 251, 253).
Gelbe Krystalle (aus A.); F: 139° (*Buu-Hoi, Hoán*, l. c. S. 254).

2-Methyl-10,11-dihydro-phenanthro[1,2-*b*]furan-1-carbonsäure $C_{18}H_{14}O_3$, Formel VII (R = H).
B. Beim Erwärmen von 2-Methyl-10,11-dihydro-phenanthro[1,2-*b*]furan-1-carbon≠säure-äthylester mit wss.-methanol. Kalilauge (*Wilds*, Am. Soc. **64** [1942] 1421, 1426).
Gelbliche Krystalle (aus Dioxan); F: 328—331° [Block].
Bei 2-tägigem Erhitzen mit Essigsäure und konz. wss. Salzsäure ist 2-Acetonyl-3,4-dihydro-2*H*-phenanthren-1-on erhalten worden (*Wi.*, l. c. S. 1427).

2-Methyl-10,11-dihydro-phenanthro[1,2-*b*]furan-1-carbonsäure-methylester $C_{19}H_{16}O_3$, Formel VII (R = CH₃).
B. Aus 2-Methyl-10,11-dihydro-phenanthro[1,2-*b*]furan-1-carbonsäure beim Behandeln einer Lösung in Dioxan mit Diazomethan in Äther sowie beim Erwärmen mit Chlor≠wasserstoff enthaltendem Methanol (*Wilds*, Am. Soc. **64** [1942] 1421, 1426).
Krystalle (aus Acn. + Me.); F: 121,5—122,5°. Bei 200—220°/0,5 Torr destillierbar.

2-Methyl-10,11-dihydro-phenanthro[1,2-*b*]furan-1-carbonsäure-äthylester $C_{20}H_{18}O_3$, Formel VII (R = C₂H₅).
B. Neben kleinen Mengen 2-Methyl-10,11-dihydro-phenanthro[1,2-*b*]furan-1-carbon≠säure (s. o.) bei 2-stdg. Erhitzen von 2-[1-Oxo-1,2,3,4-tetrahydro-[2]phenanthryl]-acetessigsäure-äthylester (vgl. E III **10** 3629) mit Essigsäure und konz. wss. Salzsäure (*Wilds*, Am. Soc. **64** [1942] 1421, 1426). Beim Erwärmen von 1-Acetyl-10,11-di≠hydro-1*H*-phenanthro[1,2-*b*]furan-2-on (E III/IV **17** 6490) oder von 2-Methyl-10,11-dihydro-phenanthro[1,2-*b*]furan-1-carbonsäure mit Chlorwasserstoff enthaltendem Äthanol (*Wi.*).
Tafeln (aus A.), F: 88,5—90°; Nadeln (aus Acn. + Me.), F: 78—80°. Die Modifikation vom F: 78—80° lässt sich durch Impfen der Schmelze in die Modifikation vom F: 88,5° bis 90° umwandeln.

2-Methyl-4,5-dihydro-phenanthro[4,3-*b*]furan-3-carbonsäure $C_{18}H_{14}O_3$, Formel VIII (R = H).
B. Beim Erwärmen von 2-Methyl-4,5-dihydro-phenanthro[4,3-*b*]furan-3-carbonsäure-äthylester mit wss.-methanol. Kalilauge (*Wilds, Close*, Am. Soc. **68** [1946] 83, 85).
Krystalle (aus Dioxan); F: 262—263° [unkorr.; Pyrexglas-Kapillare].

VII   VIII

2-Methyl-4,5-dihydro-phenanthro[4,3-*b*]furan-3-carbonsäure-methylester $C_{19}H_{16}O_3$, Formel VIII (R = CH₃).
B. Beim Behandeln von 2-Methyl-4,5-dihydro-phenanthro[4,3-*b*]furan-3-carbonsäure mit Diazomethan in Äther (*Wilds, Close*, Am. Soc. **68** [1946] 83, 85).
Krystalle (aus Me.); F: 87,5—88°.

2-Methyl-4,5-dihydro-phenanthro[4,3-*b*]furan-3-carbonsäure-äthylester $C_{20}H_{18}O_3$, Formel VIII (R = C_2H_5).

B. Beim Erwärmen von 2-[4-Oxo-1,2,3,4-tetrahydro-[3]phenanthryl]-acetessigsäure-äthylester (E III **10** 3630) mit Chlorwasserstoff enthaltendem Äthanol (*Wilds, Close,* Am. Soc. **68** [1946] 83, 85).

Tafeln (aus A.) vom F: 71,5—72° sowie Nadeln (aus A.) vom F: 70,5—71,5°.

Carbonsäuren $C_{19}H_{16}O_3$

*Opt.-inakt. 3-[2]Furyl-2,3-diphenyl-propionsäure $C_{19}H_{16}O_3$, Formel I (X = OH).

B. Beim Erwärmen von opt.-inakt. 3-[2]Furyl-2,3-diphenyl-propionsäure-äthylester (s. u.) mit äthanol. Kalilauge (*Maxim, Stancovici,* Bl. [5] **3** [1936] 1319, 1327). Beim Erwärmen von opt.-inakt. 3-[2]Furyl-2,3-diphenyl-propionitril (S. 4406) mit wss.-äthanol. Kalilauge (*Maxim, Aldea,* Bl. [5] **2** [1935] 582, 590).

Krystalle [aus wss. Eg.] (*Ma., Al.*). F: 172° (*Ma., Al.; Ma., St.*).

*Opt.-inakt. 3-[2]Furyl-2,3-diphenyl-propionsäure-äthylester $C_{21}H_{20}O_3$, Formel I (X = O-C_2H_5).

B. Neben kleineren Mengen 3*t*(?)-[2]Furyl-1,1,2-triphenyl-allylalkohol (E III/IV **17** 1752) beim Behandeln von 3*t*(?)-[2]Furyl-2-phenyl-acrylsäure-äthylester (F: 54° [S. 4323]) mit Phenylmagnesiumbromid in Äther (*Maxim, Stancovici,* Bl. [5] **3** [1936] 1319, 1326). Beim Erwärmen von opt.-inakt. 3-[2]Furyl-2,3-diphenyl-propionsäure (s. o.) mit Schwefelsäure enthaltendem Äthanol (*Maxim, Aldea,* Bl. [5] **2** [1935] 582, 591).

Fest; Kp_{10}: 213° (*Ma., Al.*). Gelbe Flüssigkeit; Kp_8: 210° (*Ma., St.*).

*Opt.-inakt. 3-[2]Furyl-2,3-diphenyl-propionsäure-propylester $C_{22}H_{22}O_3$, Formel I (X = O-CH_2-CH_2-CH_3).

B. Neben 3*t*(?)-[2]Furyl-1,1,2-triphenyl-allylalkohol (E III/IV **17** 1752) beim Behandeln von 3*t*(?)-[2]Furyl-2-phenyl-acrylsäure-propylester (Kp_{17}: 187° [S. 4323]) mit Phenylmagnesiumbromid in Äther (*Maxim, Stancovici,* Bl. [5] **3** [1936] 1319, 1327).

Kp_9: 226°.

Überführung in 3-[2]Furyl-2,3-diphenyl-propionsäure (s. o.) durch Erwärmen mit äthanol. Kalilauge: *Ma., St.*

*Opt.-inakt. 3-[2]Furyl-2,3-diphenyl-propionsäure-butylester $C_{23}H_{24}O_3$, Formel I (X = O-[CH_2]$_3$-CH_3).

B. Neben kleineren Mengen 3*t*(?)-[2]Furyl-1,1,2-triphenyl-allylalkohol (E III/IV **17** 1752) beim Behandeln von 3*t*(?)-[2]Furyl-2-phenyl-acrylsäure-butylester (Kp_{17}: 204° [S. 4323]) mit Phenylmagnesiumbromid in Äther (*Maxim, Stancovici,* Bl. [5] **3** [1936] 1319, 1328).

Gelbes Öl; Kp_9: 230°.

Überführung in 3-[2]Furyl-2,3-diphenyl-propionsäure (s. o.) durch Erwärmen mit äthanol. Kalilauge: *Ma., St.*

*Opt.-inakt. 3-[2]Furyl-2,3-diphenyl-propionsäure-pentylester $C_{24}H_{26}O_3$, Formel I (X = O-[CH_2]$_4$-CH_3).

B. Neben kleineren Mengen 3*t*(?)-[2]Furyl-1,1,2-triphenyl-allylalkohol (E III/IV **17** 1752) beim Behandeln von 3*t*(?)-[2]Furyl-2-phenyl-acrylsäure-pentylester (Kp_{17}: 210° [S. 4323]) mit Phenylmagnesiumbromid in Äther (*Maxim, Stancovici,* Bl. [5] **3** [1936] 1319, 1328).

Gelbes Öl; Kp_9: 236°.

Überführung in 3-[2]Furyl-2,3-diphenyl-propionsäure (s. o.) durch Erwärmen mit äthanol. Kalilauge: *Ma., St.*

*Opt.-inakt. 3-[2]Furyl-2,3-diphenyl-propionylchlorid $C_{19}H_{15}ClO_2$, Formel I (X = Cl).

B. Beim Erwärmen von opt.-inakt. 3-[2]Furyl-2,3-diphenyl-propionsäure (s. o.) mit Thionylchlorid und Benzol (*Maxim, Aldea,* Bl. [5] **2** [1935] 582, 590).

Kp_{14}: 210°.

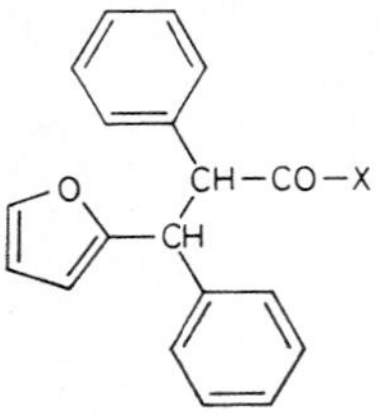

  I 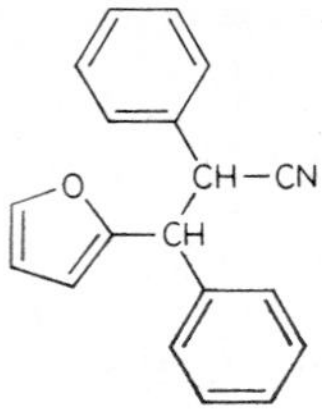   II 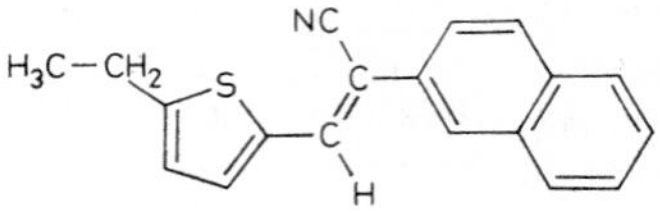   III

*Opt.-inakt. 3-[2]Furyl-2,3-diphenyl-propionsäure-amid $C_{19}H_{17}NO_2$, Formel I (X = NH₂).
B. Beim Behandeln eines Gemisches von opt.-inakt. 3-[2]Furyl-2,3-diphenyl-propionyl=
chlorid (S. 4405) und Benzol mit Ammoniak (*Maxim, Aldea*, Bl. [5] **2** [1935] 582, 590).
Krystalle (aus Bzl.); F: 179°.

*Opt.-inakt. 3-[2]Furyl-2,3-diphenyl-propionsäure-diäthylamid $C_{23}H_{25}NO_2$, Formel I
(X = N(C₂H₅)₂).
B. Beim Behandeln von 3*t*(?)-[2]Furyl-2-phenyl-acrylsäure-diäthylamid (Kp₁₇: 211°
[S. 4324]) mit Phenylmagnesiumbromid in Äther (*Maxim, Stancovici*, Bl. [5] **3** [1936]
1319, 1324).
Kp₁₄: 232°.

*Opt.-inakt. 3-[2]Furyl-2,3-diphenyl-propionsäure-[N-methyl-anilid] $C_{26}H_{23}NO_2$,
Formel I (X = N(CH₃)-C₆H₅).
B. Beim Behandeln von 3*t*(?)-[2]Furyl-2-phenyl-acrylsäure-[N-methyl-anilid] (Kp₁₇:
234° [S. 4324]) mit Phenylmagnesiumbromid in Äther (*Maxim, Stancovici*, Bl. [5] **3**
[1936] 1319, 1324).
Kp₁₃: 262°.

*Opt.-inakt. 3-[2]Furyl-2,3-diphenyl-propionsäure-diphenylamid $C_{31}H_{25}NO_2$, Formel I
(X = N(C₆H₅)₂).
B. Beim Behandeln von 3*t*(?)-[2]Furyl-2-phenyl-acrylsäure-diphenylamid (F: 108°
[S. 4325]) mit Phenylmagnesiumbromid in Äther (*Maxim, Stancovici*, Bl. [5] **3** [1936]
1319, 1323).
Kp₁₀: 261°.
Überführung in 3-[2]Furyl-2,3-diphenyl-propionsäure (S. 4405) durch Erwärmen mit
äthanol. Kalilauge: *Ma., St.*

*Opt.-inakt. 3-[2]Furyl-2,3-diphenyl-propionitril $C_{19}H_{15}NO$, Formel II.
B. Beim Behandeln von 3*c*-[2]Furyl-2-phenyl-acrylonitril mit Phenylmagnesiumbromid
in Äther (*Maxim, Aldea*, Bl. [5] **2** [1935] 582, 590).
Kp₁₅: 225°.

3*c*(?)-[5-Äthyl-[2]thienyl]-2-[2]naphthyl-acrylonitril $C_{19}H_{15}NS$, vermutlich Formel III.
Bezüglich der Konfigurationszuordnung vgl. das analog hergestellte 2-Phenyl-3*c*-[2]thi=
enyl-acrylnitril (S. 4326).
B. Beim Behandeln von 5-Äthyl-thiophen-2-carbaldehyd mit [2]Naphthylacetonitril
und wenig Natriumäthylat in Äthanol (*Cagniant, Cagniant*, Bl. **1952** 713, 717).
Gelbe Krystalle (aus A.); F: 102°.

2-[2,5-Dimethyl-[3]thienyl]-3*c*(?)-[1]naphthyl-acrylonitril $C_{19}H_{15}NS$, vermutlich
Formel IV.
Bezüglich der Konfigurationszuordnung vgl. *Baker, Howes*, Soc. **1953** 119, 121.
B. Beim Erwärmen von [2,5-Dimethyl-[3]thienyl]-acetonitril mit [1]Naphthaldehyd
und Äthanol unter Zusatz von wss. Kalilauge (*Buu-Hoi et al.*, Soc. **1952** 4590, 4592,
4593).
Krystalle (aus A.); F: 100° (*Buu-Hoi et al.*).

2-[2,5-Dimethyl-[3]thienyl]-3c(?)-[2]naphthyl-acrylonitril C₁₉H₁₅NS, vermutlich Formel V.

Bezüglich der Konfigurationszuordnung vgl. *Baker, Howes,* Soc. **1953** 119, 121.

B. Beim Erwärmen von [2,5-Dimethyl]-[3]thienyl]-acetonitril mit [2]Naphthaldehyd und Äthanol unter Zusatz von wss. Kalilauge (*Buu-Hoi et al.,* Soc. **1952** 4590, 4592, 4593).

Krystalle (aus A.); F: 102° (*Buu-Hoi et al.*).

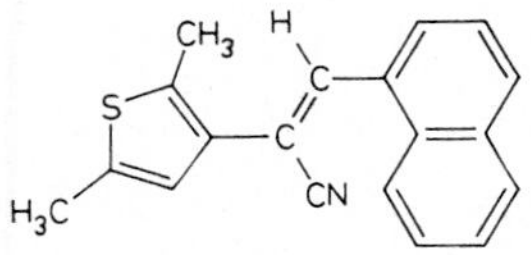

IV 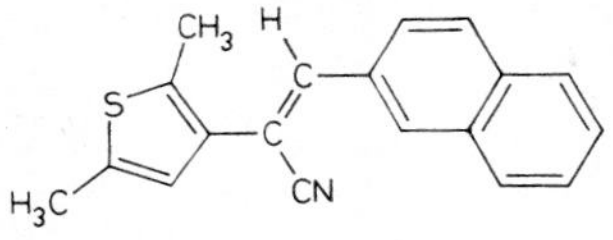 V 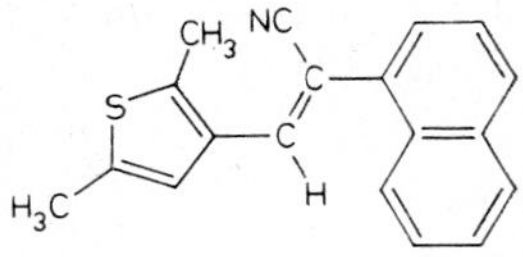 VI

3c(?)-[2,5-Dimethyl-[3]thienyl]-2-[1]naphthyl-acrylonitril C₁₉H₁₅NS, vermutlich Formel VI.

Bezüglich der Konfigurationszuordnung vgl. das analog hergestellte 2-Phenyl-3c-[2]thi= enyl-acrylonitril (S. 4326).

B. Beim Erwärmen von 2,5-Dimethyl-thiophen-3-carbaldehyd mit [1]Naphthyl= acetonitril und Äthanol unter Zusatz von wss. Kalilauge (*Buu-Hoi et al.,* Soc. **1950** 2130, 2133, 2134).

Gelbe Krystalle (aus A.); F: 76°.

3c(?)-[2,5-Dimethyl-[3]thienyl]-2-[2]naphthyl-acrylonitril C₁₉H₁₅NS, vermutlich Formel VII.

Bezüglich der Konfigurationszuordnung vgl. das analog hergestellte 2-Phenyl-3c-[2]thi= enyl-acrylonitril (S. 4326).

B. Beim Erwärmen von 2,5-Dimethyl-thiophen-3-carbaldehyd mit [2]Naphthyl= acetonitril und Äthanol unter Zusatz von wss. Kalilauge (*Buu-Hoi et al.,* Soc. **1952** 4590, 4592, 4593).

Krystalle (aus A.); F: 131°.

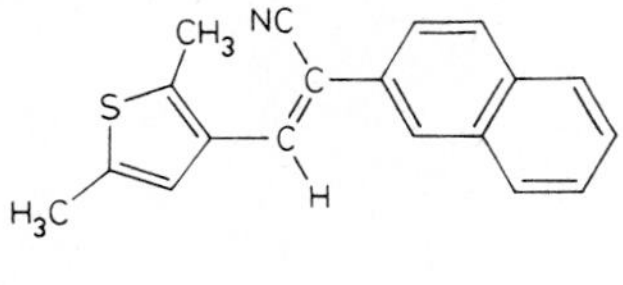

VII 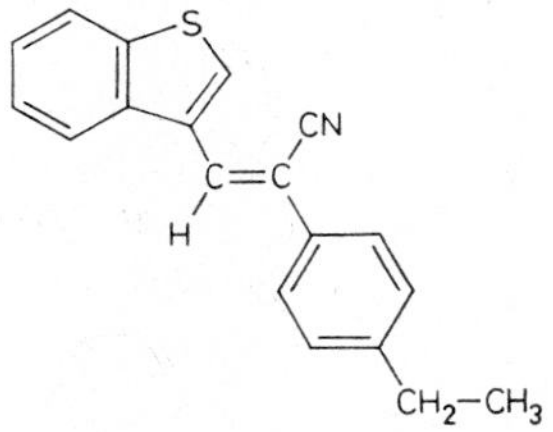 VIII

2-[4-Äthyl-phenyl]-3c(?)-benzo[b]thiophen-3-yl-acrylonitril C₁₉H₁₅NS, vermutlich Formel VIII.

Bezüglich der Konfigurationszuordnung vgl. *Baker, Howes,* Soc. **1953** 119, 121.

B. Beim Erwärmen von Benzo[b]thiophen-3-carbaldehyd mit [4-Äthyl-phenyl]-aceto= nitril und Äthanol unter Zusatz von wss. Kalilauge (*Buu-Hoi, Hoán,* Soc. **1951** 251, 253, 254).

Gelbe Krystalle (aus A.); F: 115° (*Buu-Hoi, Hoán*).

Carbonsäuren C₂₀H₁₈O₃

*Opt.-inakt. 3-[2]Furyl-2,4-diphenyl-buttersäure C₂₀H₁₈O₃, Formel IX (X = OH).

B. Beim Erwärmen von opt.-inakt. 3-[2]Furyl-2,4-diphenyl-butyronitril (S. 4408) mit wss.-äthanol. Kalilauge (*Maxim, Aldea,* Bl. [5] 3 [1936] 1329, 1332).

Krystalle (aus wss. Eg.); F: 118°.

*Opt.-inakt. 3-[2]Furyl-2,4-diphenyl-buttersäure-äthylester $C_{22}H_{22}O_3$, Formel IX (X = O-C$_2$H$_5$).

B. Beim Erwärmen von opt.-inakt. 3-[2]Furyl-2,4-diphenyl-buttersäure (S. 4407) mit Schwefelsäure enthaltendem Äthanol (*Maxim, Aldea,* Bl. [5] **3** [1936] 1329, 1332).
Kp$_{17}$: 230°.

*Opt.-inakt. 3-[2]Furyl-2,4-diphenyl-butyrylchlorid $C_{20}H_{17}ClO_2$, Formel IX (X = Cl).

B. Aus opt.-inakt. 3-[2]Furyl-2,4-diphenyl-buttersäure (S. 4407) mit Hilfe von Thionyl=
chlorid (*Maxim, Aldea,* Bl. [5] **3** [1936] 1329, 1332).
Kp$_{17}$: 184°.

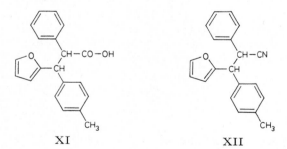

IX   X

*Opt.-inakt. 3-[2]Furyl-2,4-diphenyl-buttersäure-amid $C_{20}H_{19}NO_2$, Formel IX (X = NH$_2$).

B. Beim Behandeln eines Gemisches von opt.-inakt. 3-[2]Furyl-2,4-diphenyl-butyryl=
chlorid (s. o.) und Benzol mit Ammoniak (*Maxim, Aldea,* Bl. [5] **3** [1936] 1329, 1332).
Krystalle (aus Bzl.); F: 165°.

*Opt.-inakt. 3-[2]Furyl-2,4-diphenyl-butyronitril $C_{20}H_{17}NO$, Formel X.

B. Beim Behandeln von 3c-[2]Furyl-2-phenyl-acrylonitril mit Benzylmagnesiumchlorid in Äther (*Maxim, Aldea,* Bl. [5] **3** [1936] 1329, 1331).
Kp$_{18}$: 241°.

---

*Opt.-inakt. 3-[2]Furyl-2-phenyl-3-p-tolyl-propionsäure $C_{20}H_{18}O_3$, Formel XI.

B. Beim Erhitzen von opt.-inakt. 3-[2]Furyl-2-phenyl-3-p-tolyl-propionitril (s. u.) mit wss.-äthanol. Kalilauge (*Maxim, Aldea,* Bl. [5] **3** [1936] 1329, 1334).
Krystalle (aus wss. A.); F: 163°.

XI   XII

*Opt.-inakt. 3-[2]Furyl-2-phenyl-3-p-tolyl-propionitril $C_{20}H_{17}NO$, Formel XII.

B. Beim Behandeln von 3c-[2]Furyl-2-phenyl-acrylonitril mit p-Tolylmagnesiumbromid in Äther (*Maxim, Aldea,* Bl. [5] **3** [1936] 1329, 1334).
Kp$_{20}$: 219°.

Carbonsäuren $C_{21}H_{20}O_3$

3c(?)-[5-Isobutyl-[2]thienyl]-2-[2]naphthyl-acrylonitril $C_{21}H_{19}NS$, vermutlich Formel XIII.

Bezüglich der Konfigurationszuordnung vgl. das analog hergestellte 2-Phenyl-3c-[2]thi=
enyl-acrylonitril (S. 4326).

B. Beim Erwärmen von 5-Isobutyl-thiophen-2-carbaldehyd mit [2]Naphthylacetonitril

und Äthanol unter Zusatz von wss. Kalilauge (*Buu-Hoi et al.*, Soc. **1952** 4590, 4592, 4593).
Krystalle (aus A.); F: 110°.

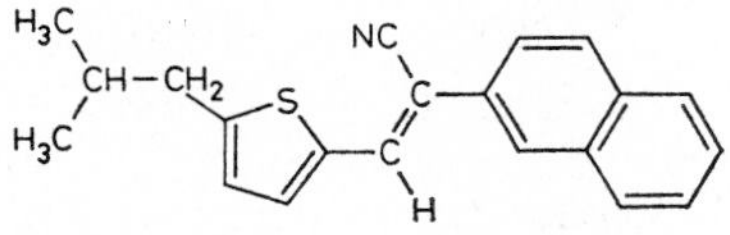

XIII

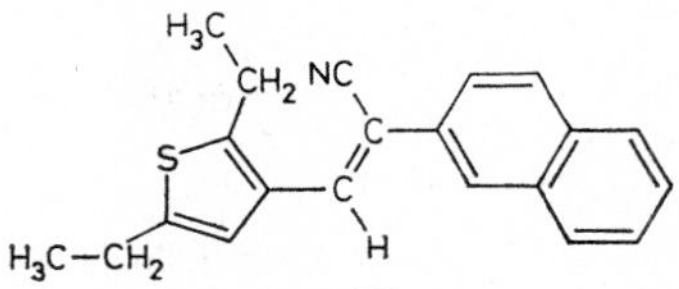

XIV

3c(?)-[2,5-Diäthyl-[3]thienyl]-2-[2]naphthyl-acrylonitril $C_{21}H_{19}NS$, vermutlich
Formel XIV.
Bezüglich der Konfigurationszuordnung vgl. das analog hergestellte 2-Phenyl-3c-[2]thi=
enyl-acrylonitril (S. 4326).
B. Beim Behandeln von 2,5-Diäthyl-thiophen-3-carbaldehyd mit [2]Naphthylaceto=
nitril und Äthanol unter Zusatz von wss.-äthanol. Kalilauge (*Cagniant, Cagniant*, Bl.
1953 713, 722).
Hellgelbe Krystalle (aus A.); F: 80°.

Monocarbonsäuren $C_nH_{2n-24}O_3$

Carbonsäuren $C_{17}H_{10}O_3$

Benzo[*b*]naphtho[2,3-*d*]furan-6-carbonsäure $C_{17}H_{10}O_3$, Formel I.
Diese Konstitution ist für die nachstehend beschriebene, von *Chatterjea* (J. Indian
chem. Soc. **34** [1957] 347, 348) mit Vorbehalt als Benzo[*b*]naphtho[2,3-*d*]furan-
11-carbonsäure (Formel II) formulierte Verbindung auf Grund ihrer genetischen
Beziehung zu Benzo[*b*]naphtho[2,3-*d*]furan-6-carbaldehyd (E III/IV **17** 5533) in Betracht
zu ziehen.
B. Beim Erwärmen von Benzo[*b*]naphtho[2,3-*d*]furan-6-carbaldehyd mit wss. Kalium=
permanganat-Lösung (*Ch.*, l. c. S. 352).
F: 260° [unkorr.].

Benzo[*b*]naphtho[1,2-*d*]furan-5-carbonsäure $C_{17}H_{10}O_3$, Formel III (R = H).
B. Beim Erhitzen einer Lösung von [3-Phenyl-benzofuran-2-yl]-brenztraubensäure in
Essigsäure mit wss. Bromwasserstoffsäure (*Chatterjea*, J. Indian Soc. **33** [1956] 339, 344).
Krystalle (aus Eg.); F: 290° [unkorr.].

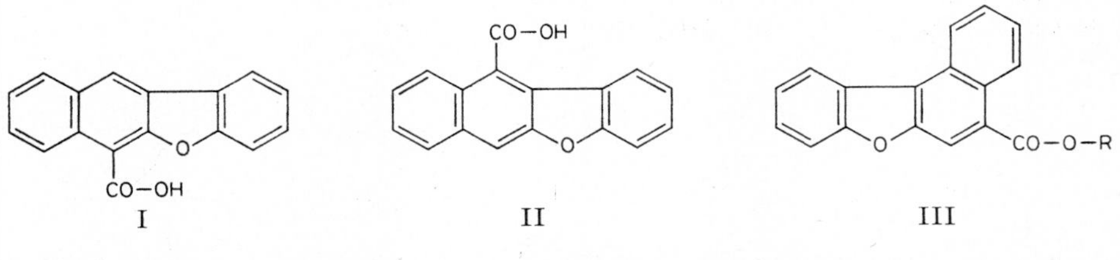

I

II

III

Benzo[*b*]naphtho[1,2-*d*]furan-5-carbonsäure-methylester $C_{18}H_{12}O_3$, Formel III (R = CH₃).
B. Aus Benzo[*b*]naphtho[1,2-*d*]furan-5-carbonsäure mit Hilfe von Diazomethan (*Chat-
terjea*, J. Indian chem. Soc. **33** [1956] 339, 344).
Krystalle (aus Me.); F: 101° [unkorr.].

Benzo[*b*]naphtho[1,2-*d*]thiophen-5-carbonsäure $C_{17}H_{10}O_2S$, Formel IV (R = H).
B. Beim Erwärmen von Benzo[*b*]naphtho[1,2-*d*]thiophen-5-carbonsäure-äthylester mit
methanol. Kalilauge (*Voigtländer, Graf*, A. **625** [1959] 196, 202).
Krystalle (aus Dioxan); F: 312—313°.

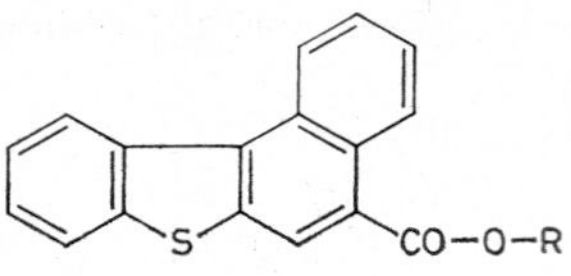

IV 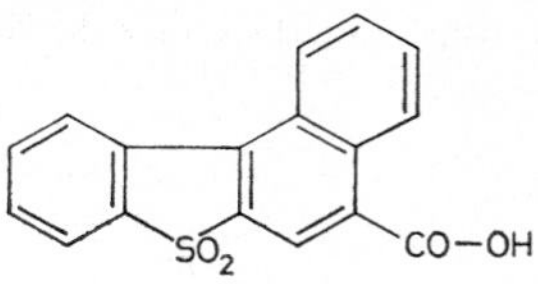   V

7,7-Dioxo-7λ⁶-benzo[b]naphtho[1,2-d]thiophen-5-carbonsäure $C_{17}H_{10}O_4S$, Formel V.

B. Beim Erhitzen einer Lösung von Benzo[b]naphtho[1,2-d]thiophen-5-carbonsäure in Essigsäure mit wss. Wasserstoffperoxid (*Voigtländer, Graf*, A. **625** [1959] 196, 202).

Krystalle; F: 315—318° [nach Sublimation von 275° an].

Benzo[b]naphtho[1,2-d]thiophen-5-carbonsäure-äthylester $C_{19}H_{14}O_2S$, Formel IV (R = C_2H_5).

B. Beim Erhitzen von (±)-4c-Chlorcarbonyl-4t-phenyl-1,2,3,4-tetrahydro-[1r]naphthoe≈ säure-äthylester mit Thionylchlorid unter 0,01 Torr bis auf 175° (*Voigtländer, Graf*, A. **625** [1959] 196, 202).

Krystalle (aus PAe.); F: 108—109°.

Carbonsäuren $C_{18}H_{12}O_3$

1-Methyl-phenanthro[1,2-b]furan-2-carbonsäure $C_{18}H_{12}O_3$, Formel VI (R = H).

B. Beim Erwärmen von 1-[1-Hydroxy-[2]phenanthryl]-äthanon mit Brommalonsäure-diäthylester, Kaliumcarbonat und Butanon und Erwärmen der in Äther löslichen Anteile des nach dem Ansäuern mit wss. Mineralsäuren erhaltenen Reaktionsprodukts mit äthanol. Kalilauge (*Tanaka, Kawai*, J. chem. Soc. Japan Pure Chem. Sect. **80** [1959] 1183, 1185; C. A. **1961** 4466).

F: 260—262° [unkorr.; Zers.] (Rohprodukt).

1-Methyl-phenanthro[1,2-b]furan-2-carbonsäure-äthylester $C_{20}H_{16}O_3$, Formel VI (R = C_2H_5).

B. Beim Erwärmen von 1-Methyl-phenanthro[1,2-b]furan-2-carbonsäure (s. o.) mit Chlorwasserstoff enthaltendem Äthanol (*Tanaka, Kawai*, J. chem. Soc. Japan Pure Chem. Sect. **80** [1959] 1183, 1186; C. A. **1961** 4466).

Krystalle (aus Bzn.); F: 128—128,5°.

2-Methyl-phenanthro[1,2-b]furan-1-carbonsäure $C_{18}H_{12}O_3$, Formel VII (R = H).

B. Beim Erwärmen von 2-Methyl-phenanthro[1,2-b]furan-1-carbonsäure-äthylester mit wss.-methanol. Kalilauge (*Wilds*, Am. Soc. **64** [1942] 1421, 1427).

Krystalle (aus Eg.); F: 323—325° [Block].

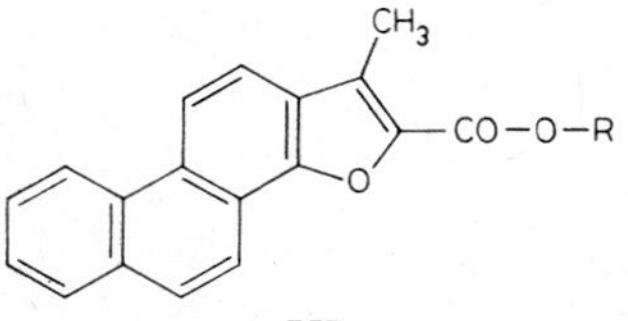

VI 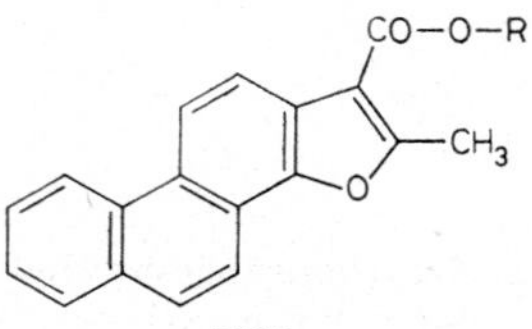   VII 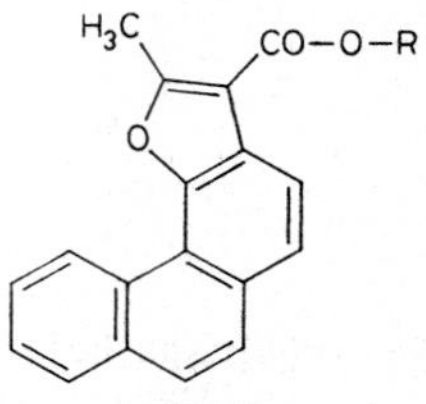   VIII

2-Methyl-phenanthro[1,2-b]furan-1-carbonsäure-methylester $C_{19}H_{14}O_3$, Formel VII (R = CH_3).

B. Beim Erhitzen von 2-Methyl-10,11-dihydro-phenanthro[1,2-b]furan-1-carbonsäure-methylester mit Palladium/Kohle auf 200° (*Wilds*, Am. Soc. **64** [1942] 1421, 1427).

Krystalle (aus Acn. + Me.); F: 142,5—144°.

2-Methyl-phenanthro[1,2-*b*]furan-1-carbonsäure-äthylester $C_{20}H_{16}O_3$, Formel VII
(R = C_2H_5).

B. Beim Erhitzen von 2-Methyl-10,11-dihydro-phenanthro[1,2-*b*]furan-1-carbonsäure-
äthylester mit Palladium/Kohle auf 200° (*Wilds*, Am. Soc. **64** [1942] 1421, 1427).

Krystalle (aus Acn. + A.), die in einem auf 110° vorgeheizten Bad bei 116,5—124°
schmelzen.

2-Methyl-phenanthro[4,3-*b*]furan-3-carbonsäure $C_{18}H_{12}O_3$, Formel VIII (R = H).

B. Beim Erwärmen von 2-Methyl-phenanthro[4,3-*b*]furan-3-carbonsäure-äthylester mit
wss.-methanol. Kalilauge (*Wilds*, *Close*, Am. Soc. **68** [1946] 83, 85).

Krystalle (aus Dioxan); F: 308—309° [unkorr.; Pyrexglas-Kapillare].

2-Methyl-phenanthro[4,3-*b*]furan-3-carbonsäure-methylester $C_{19}H_{14}O_3$, Formel VIII
(R = CH_3).

B. Bei 3-tägigem Erwärmen von 3-Acetyl-3*H*-phenanthro[4,3-*b*]furan-2-on (E III/IV
17 6511) mit Chlorwasserstoff enthaltendem Methanol (*Wilds et al.*, Am. Soc. **68** [1946]
89, 92). Aus 2-Methyl-phenanthro[4,3-*b*]furan-3-carbonsäure (s. o.) mit Hilfe von Diazo=
methan (*Wilds*, *Close*, Am. Soc. **68** [1946] 83, 85).

Krystalle (aus Me.); F: 136—136,5° [korr.] (*Wi.*, *Cl.*).

2-Methyl-phenanthro[4,3-*b*]furan-3-carbonsäure-äthylester $C_{20}H_{16}O_3$, Formel VIII
(R = C_2H_5).

B. Beim Erhitzen von 2-Methyl-4,5-dihydro-phenanthro[4,3-*b*]furan-3-carbonsäure-
äthylester mit Palladium/Kohle bis auf 200° (*Wilds*, *Close*, Am. Soc. **68** [1946] 83, 85).

Krystalle (aus A.); F: 129° [korr.] und (nach Wiedererstarren) F: 135—136° [korr.].

Carbonsäuren $C_{19}H_{14}O_3$

3*c*(?)-[5-(3-Chlor-phenyl)-[2]thienyl]-2-phenyl-acrylonitril $C_{19}H_{12}ClNS$, vermutlich
Formel IX.

Bezüglich der Konfigurationszuordnung vgl. das analog hergestellte 2-Phenyl-3*c*-[2]thi=
enyl-acrylonitril (S. 4326).

B. Beim Erwärmen von 5-[3-Chlor-phenyl]-thiophen-2-carbaldehyd mit Phenylaceto=
nitril und Äthanol unter Zusatz von wss. Natronlauge (*Demerseman et al.*, Soc. **1954**
4193, 4195).

Gelbe Krystalle (aus A.); F: 161°.

IX   X   XI

2-Benzo[*b*]thiophen-3-yl-5*t*-phenyl-penta-2*c*(?),4-diennitril $C_{19}H_{13}NS$, vermutlich
Formel X.

Bezüglich der Konfigurationszuordnung vgl. *Baker*, *Howes*, Soc. **1953** 119, 121.

B. Beim Behandeln von Benzo[*b*]thiophen-3-yl-acetonitril mit *trans*-Zimtaldehyd und
wenig Natriumäthylat in Äthanol (*Cagniant*, *Cagniant*, C. r. **232** [1951] 238).

Hellgelbe Krystalle (aus A.); F: 135,5° (*Ca.*, *Ca.*).

3*c*(?)-Acenaphthen-5-yl-2-[2]thienyl-acrylonitril $C_{19}H_{13}NS$, vermutlich Formel XI.

Bezüglich der Konfigurationszuordnung vgl. *Baker*, *Howes*, Soc. **1953** 119, 121.

B. Beim Erwärmen von [2]Thienylacetonitril mit Acenaphthen-5-carbaldehyd und
Äthanol unter Zusatz von wss. Kalilauge (*Buu-Hoi et al.*, Soc. **1952** 4590, 4592, 4593).

Krystalle (aus A.); F: 143° (*Buu-Hoi et al.*).

Carbonsäuren $C_{20}H_{16}O_3$

3t(?)-[5-Benzyl-[2]thienyl]-2-phenyl-acrylsäure $C_{20}H_{16}O_2S$, vermutlich Formel I.

Bezüglich der Konfigurationszuordnung vgl. die analog hergestellte 2-Phenyl-3t-[2]thienyl-acrylsäure (S. 4325).

B. Beim Erhitzen von 3c(?)-[5-Benzyl-[2]thienyl]-2-phenyl-acrylonitril (s.u.) mit wss. Schwefelsäure oder mit wss. Natronlauge und Butan-1-ol (*Buu-Hoi, Sy*, J. org. Chem. **23** [1958] 97).

Krystalle (aus A.); F: 139°.

3c(?)-[5-Benzyl-[2]thienyl]-2-phenyl-acrylonitril $C_{20}H_{15}NS$, vermutlich Formel II (X = H).

Bezüglich der Konfigurationszuordnung vgl. das analog hergestellte 2-Phenyl-3c-[2]thienyl-acrylonitril (S. 4326).

B. Beim Erwärmen von 5-Benzyl-thiophen-2-carbaldehyd mit Phenylacetonitril und Äthanol unter Zusatz von wss. Kalilauge (*Buu-Hoi et al.*, Soc. **1952** 4590, 4592, 4593).

Krystalle (aus A.); F: 95°.

3c(?)-[5-Benzyl-[2]thienyl]-2-[4-fluor-phenyl]-acrylonitril $C_{20}H_{14}FNS$, vermutlich Formel II (X = F).

Bezüglich der Konfigurationszuordnung vgl. das analog hergestellte 2-Phenyl-3c-[2]thienyl-acrylonitril (S. 4326).

B. Beim Erwärmen von 5-Benzyl-thiophen-2-carbaldehyd mit [4-Fluor-phenyl]-acetonitril und Äthanol unter Zusatz von wss. Kalilauge (*Buu-Hoi et al.*, Soc. **1952** 4590, 4592, 4593).

Krystalle (aus A.); F: 102°.

I   II

3c(?)-[5-Benzyl-[2]thienyl]-2-[4-chlor-phenyl]-acrylonitril $C_{20}H_{14}ClNS$, vermutlich Formel II (X = Cl).

Bezüglich der Konfigurationszuordnung vgl. das analog hergestellte 2-Phenyl-3c-[2]thienyl-acrylonitril (S. 4326).

B. Beim Erwärmen von 5-Benzyl-thiophen-2-carbaldehyd mit [4-Chlor-phenyl]-acetonitril und Äthanol unter Zusatz von wss. Kalilauge (*Buu-Hoi et al.*, Soc. **1952** 4590, 4592, 4593).

Krystalle (aus A.); F: 105°.

3c(?)-[5-Benzyl-[2]thienyl]-2-[4-brom-phenyl]-acrylonitril $C_{20}H_{14}BrNS$, vermutlich Formel II (X = Br).

Bezüglich der Konfigurationszuordnung vgl. das analog hergestellte 2-Phenyl-3c-[2]thienyl-acrylonitril (S. 4326).

B. Beim Erwärmen von 5-Benzyl-thiophen-2-carbaldehyd mit [4-Brom-phenyl]-acetonitril und Äthanol unter Zusatz von wss. Kalilauge (*Buu-Hoi et al.*, Soc. **1952** 4590, 4592, 4593).

Krystalle (aus A.); F: 132°.

3c(?)-[5-Benzyl-[2]thienyl]-2-[4-jod-phenyl]-acrylonitril $C_{20}H_{14}INS$, vermutlich Formel II (X = I).

Bezüglich der Konfigurationszuordnung vgl. das analog hergestellte 2-Phenyl-3c-[2]thienyl-acrylonitril (S. 4326).

B. Beim Erwärmen von 5-Benzyl-thiophen-2-carbaldehyd mit [4-Jod-phenyl]-acetonitril und Äthanol unter Zusatz von wss. Kalilauge (*Buu-Hoi et al.*, Soc. **1952** 4590,

4592, 4593).
Krystalle (aus A.); F: 142°.

3c(?)-[5-Benzyl-[2]thienyl]-2-[4-nitro-phenyl]-acrylonitril $C_{20}H_{14}N_2O_2S$, vermutlich
Formel II (X = NO_2).
Bezüglich der Konfigurationszuordnung vgl. das analog hergestellte 2-Phenyl-3c-[2]thi=
enyl-acrylonitril (S. 4326).
B. Beim Erwärmen von 5-Benzyl-thiophen-2-carbaldehyd mit [4-Nitro-phenyl]-aceto=
nitril und Piperidin (*Buu-Hoi et al.*, Soc. **1952** 4590, 4592, 4593).
Krystalle (aus A.); F: 152°.

2-Phenyl-3c(?)-[5-m-tolyl-[2]thienyl]-acrylonitril $C_{20}H_{15}NS$, vermutlich Formel III.
Bezüglich der Konfigurationszuordnung vgl. das analog hergestellte 2-Phenyl-3c-[2]thi=
enyl-acrylonitril (S. 4326).
B. Beim Erwärmen von 5-m-Tolyl-thiophen-2-carbaldehyd mit Phenylacetonitril und
Äthanol unter Zusatz von wss. Natronlauge (*Demerseman et al.*, Soc. **1954** 4193, 4196).
Gelbe Krystalle (aus A.); F: 139°.

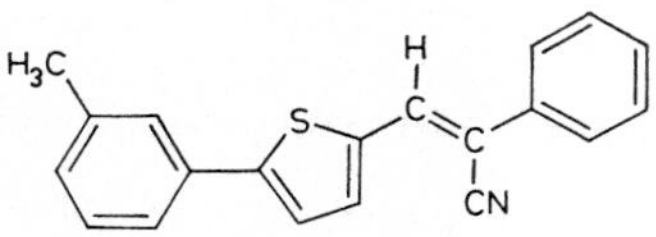

III 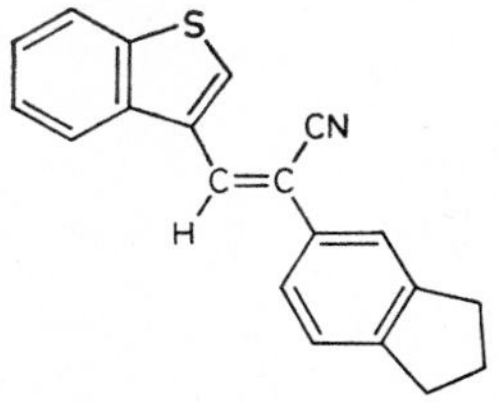   IV

2-Indan-5-yl-3c(?)-benzo[b]thiophen-3-yl-acrylonitril $C_{20}H_{15}NS$, vermutlich Formel IV.
Bezüglich der Konfigurationszuordnung vgl. *Baker, Howes*, Soc. **1953** 119, 121.
B. Beim Behandeln von Benzo[b]thiophen-3-carbaldehyd mit Indan-5-yl-acetonitril
und wenig Natriumäthylat in Äthanol (*Cagniant, Cagniant*, C. r. **232** [1951] 238).
Hellgelbe Krystalle (aus A.); F: 145° (*Ca., Ca.*).

Carbonsäuren $C_{21}H_{18}O_3$

3t(?)-[5-Phenäthyl-[2]thienyl]-2-phenyl-acrylsäure $C_{21}H_{18}O_2S$, vermutlich Formel V.
Bezüglich der Konfigurationszuordnung vgl. die analog hergestellte 2-Phenyl-3t-[2]thi=
enyl-acrylsäure (S. 4325).
B. Beim Erhitzen von 3c(?)-[5-Phenäthyl-[2]thienyl]-2-phenyl-acrylonitril (s. u.) mit
wss. Schwefelsäure oder mit wss. Natronlauge und Butan-1-ol (*Buu-Hoi, Sy*, J. org.
Chem. **23** [1958] 97).
Krystalle (aus A.); F: 179°.

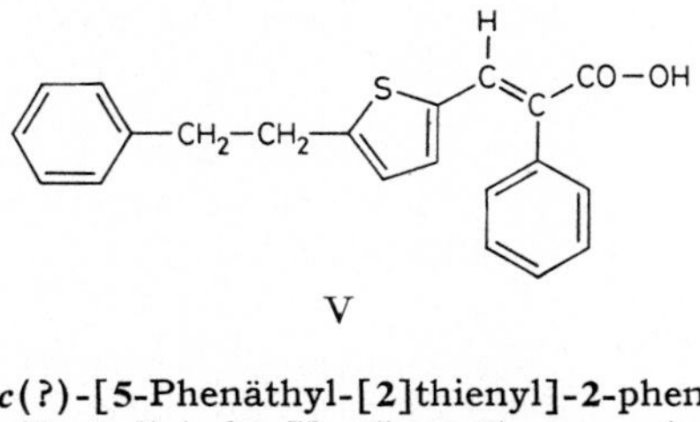

V 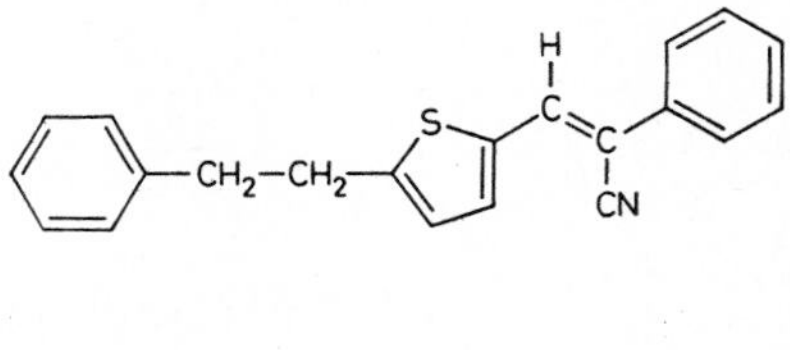   VI

3c(?)-[5-Phenäthyl-[2]thienyl]-2-phenyl-acrylonitril $C_{21}H_{17}NS$, vermutlich Formel VI.
Bezüglich der Konfigurationszuordnung vgl. das analog hergestellte 2-Phenyl-3c-[2]thi=
enyl-acrylonitril (S. 4326).
B. Beim Behandeln von 5-Phenäthyl-thiophen-2-carbaldehyd mit Phenylacetonitril und
Äthanol unter Zusatz von wss. Natronlauge (*Buu-Hoi, Sy*, J. org. Chem. **23** [1958] 97).
Gelbliche Krystalle (aus A.); F: 111°.

3c(?)-[5-Benzyl-[2]thienyl]-2-p-tolyl-acrylonitril C₂₁H₁₇NS, vermutlich Formel VII.

Bezüglich der Konfigurationszuordnung vgl. das analog hergestellte 2-Phenyl-3c-[2]thi=
enyl-acrylonitril (S. 4326).

B. Beim Erwärmen von 5-Benzyl-thiophen-2-carbaldehyd mit p-Tolylacetonitril und
Äthanol unter Zusatz von wss. Kalilauge (*Buu-Hoi et al.*, Soc. **1952** 4590, 4592, 4593).
Krystalle (aus A.); F: 110°.

VII   VIII

2-[2]Naphthyl-3c(?)-[4,5,6,7-tetrahydro-benzo[b]thiophen-2-yl]-acrylonitril C₂₁H₁₇NS,
vermutlich Formel VIII.

Bezüglich der Konfigurationszuordnung s. *Baker, Howes*, Soc. **1953** 119, 121.

B. Aus 4,5,6,7-Tetrahydro-benzo[b]thiophen-2-carbaldehyd und [2]Naphthylaceto=
nitril mit Hilfe von Alkalilauge (*Cagniant, Cagniant*, Bl. **1955** 1252, 1255).
Gelbe Krystalle (aus Bzl. + A.); F: 180°]Block[(*Ca., Ca.*).

Carbonsäuren C₂₂H₂₀O₃

2-Phenyl-3t(?)-[5-(3-phenyl-propyl)-[2]thienyl]-acrylsäure C₂₂H₂₀O₂S, vermutlich
Formel IX.

Bezüglich der Konfigurationszuordnung vgl. die analog hergestellte 2-Phenyl-3t-[2]thi=
enyl-acrylsäure (S. 4325).

B. Beim Erhitzen von 2-Phenyl-3c(?)-[5-(3-phenyl-propyl)-[2]thienyl]-acrylonitril
(s. u.) mit wss. Schwefelsäure oder mit wss. Natronlauge und Butan-1-ol (*Buu-Hoi, Sy*,
J. org. Chem. **23** [1958] 97).
Krystalle (aus A.); F: 148°.

IX   X

2-Phenyl-3c(?)-[5-(3-phenyl-propyl)-[2]thienyl]-acrylonitril C₂₂H₁₉NS, vermutlich
Formel X.

Bezüglich der Konfigurationszuordnung vgl. das analog hergestellte 2-Phenyl-3c-[2]thi=
enyl-acrylonitril (S. 4326).

B. Beim Behandeln von 5-[3-Phenyl-propyl]-thiophen-2-carbaldehyd mit Phenylaceto=
nitril und Äthanol unter Zusatz von wss. Natronlauge (*Buu-Hoi, Sy*, J. org. Chem.
23 [1958] 97).
Gelbliche Krystalle (aus A.); F: 59°.

Monocarbonsäuren CₙH₂ₙ₋₂₆O₃

Carbonsäuren C₁₉H₁₂O₃

1-Phenyl-naphtho[2,1-b]thiophen-2-carbonsäure C₁₉H₁₂O₂S, Formel I.

B. Beim Erhitzen von [2]Naphthylmercapto-essigsäure-methylester mit Benzoylchlorid
und Aluminiumchlorid auf 120° und Erwärmen des Reaktionsprodukts mit wss.-methanol.
Natronlauge (*I.G. Farbenind.*, D.R.P. 614396 [1933]; Frdl. **22** 314).
Gelbliche Krystalle (aus wss. Eg.); F: 224—225°.

I   II

10-Nitro-benzo[*b*]naphtho[2,1-*f*]thiepin-7-carbonsäure $C_{19}H_{11}NO_4S$, Formel II.

B. Beim Erhitzen von [2-[1]Naphthylmercapto-5-nitro-phenyl]-brenztraubensäure mit Polyphosphorsäure auf 230° (*Loudon et al.*, Soc. **1957** 3814, 3818).

Gelbe Krystalle (aus Bzl. + Me.); F: 274° [Zers.].

Carbonsäuren $C_{20}H_{14}O_3$

2-Thioxanthen-9-yl-benzoesäure $C_{20}H_{14}O_2S$, Formel III.

B. Beim Erwärmen einer Lösung von 2-[2,7-Dibrom-9-hydroxy-thioxanthen-9-yl]-benzoesäure-lacton in Äthanol mit Natrium-Amalgam und Behandeln des warmen Reaktionsgemisches mit Natrium (*Knapp*, M. **56** [1930] 106, 110).

Krystalle (aus Eg. unter Luftausschluss); F: 215 — 216°.

Beim Erhitzen der Säure mit Essigsäure unter Luftzutritt sowie beim Leiten von Luft durch eine heisse alkal. wss. Lösung des Natrium-Salzes ist 2-[9-Hydroxy-thio⹀ xanthen-9-yl]-benzoesäure-lacton erhalten worden.

9-Phenyl-xanthen-9-carbonsäure $C_{20}H_{14}O_3$, Formel IV (R = H).

B. Beim Erwärmen einer Suspension von 9-Phenyl-xanthen in Äther und Benzol mit Butyllithium in Äther und Behandeln des Reaktionsgemisches mit festem Kohlendioxid (*Akagi, Iwashige*, J. pharm. Soc. Japan **74** [1954] 610, 612; C. A. **1954** 10742).

Krystalle (aus Me.); F: 202 — 204° [Zers.] (*Ak., Iw.*, l. c. S. 613). Absorptionsmaxima (A.): 243 nm und 285 nm (*Ak., Iw.*, l. c. S. 614).

III   IV

9-Phenyl-xanthen-9-carbonsäure-[2-diäthylamino-äthylester] $C_{26}H_{27}NO_3$, Formel IV (R = CH_2-CH_2-$N(C_2H_5)_2$).

Hydrochlorid $C_{26}H_{27}NO_3 \cdot HCl$. *B*. Beim Erwärmen von 9-Phenyl-xanthen-9-carbon⹀ säure mit Diäthyl-[2-chlor-äthyl]-amin und Isopropylalkohol (*Iwashige, Takagi*, J. pharm. Soc. Japan **74** [1954] 614, 616; C. A. **1954** 10743). — Krystalle (aus E.) mit 0,5 Mol H_2O; F: 116 — 118°.

Diäthyl-methyl-[2-(9-phenyl-xanthen-9-carbonyloxy)-äthyl]-ammonium, 9-Phenyl-xanthen-9-carbonsäure-[2-(diäthyl-methyl-ammonio)-äthylester] $[C_{27}H_{30}NO_3]^+$, Formel IV (R = CH_2-CH_2-$N(C_2H_5)_2$-CH_3]$^+$).

Bromid $[C_{27}H_{30}NO_3]Br$. *B*. Beim Behandeln von 9-Phenyl-xanthen-9-carbonsäure-[2-diäthylamino-äthylester] mit Methylbromid und Benzol (*Iwashige, Takagi*, J. pharm. Soc. Japan **74** [1954] 614, 616; C. A. **1954** 10743). — Krystalle (aus A. + Ae.) mit 0,5 Mol H_2O; F: 199 — 200° [Zers.]. Absorptionsmaximum (A.): 288 nm.

Carbonsäuren $C_{21}H_{16}O_3$

***Opt.-inakt. 1,3-Diphenyl-phthalan-1-carbonsäure** $C_{21}H_{16}O_3$, Formel V (R = H).

B. Beim Erwärmen von 1,2-Bis-phenylglyoxyloyl-benzol mit äthanol. Kalilauge (*Weiss, Bloch*, M. **63** [1933] 39, 48).

Krystalle (aus Eg. oder A.); F: 200—202° [rote Schmelze].

Beim Erhitzen unter 18 Torr auf 270° ist 2,3-Diphenyl-inden-1-on, beim Erhitzen mit Acetanhydrid sind daneben kleine Mengen 2-Benzoyl-benzilsäure (⇌ 1,4-Dihydroxy-1,4-diphenyl-isochroman-3-on [E III **10** 4492]) erhalten worden (*We., Bl.*, l. c. S. **49, 50**). Bildung von 1,4-Diphenyl-isochroman-3-on (F: 166° [E III/IV **17** 5569]) beim Erhitzen einer Lösung in Essigsäure mit wss. Jodwasserstoffsäure und rotem Phosphor: *We., Bl.*, l. c. S. 50.

***Opt.-inakt. 1,3-Diphenyl-phthalan-1-carbonsäure-methylester** $C_{22}H_{18}O_3$, Formel V (R = CH_3).

B. Beim Behandeln der im vorangehenden Artikel beschriebenen Säure mit Diazomethan in Äther (*Weiss, Bloch*, M. **63** [1933] 39, 49).

Krystalle (aus Xylol); F: 197°.

9-*o*-Tolyl-xanthen-9-carbonsäure $C_{21}H_{16}O_3$, Formel VI (R = H).

B. Beim Behandeln von 9-*o*-Tolyl-xanthen mit Butyllithium in Äther und Benzol und Behandeln des Reaktionsgemisches mit festem Kohlendioxid (*Akagi, Iwashige*, J. pharm. Soc. Japan **74** [1954] 610, 613; C. A. **1954** 10742).

Krystalle (aus Me.); F: 208—210° [Zers.].

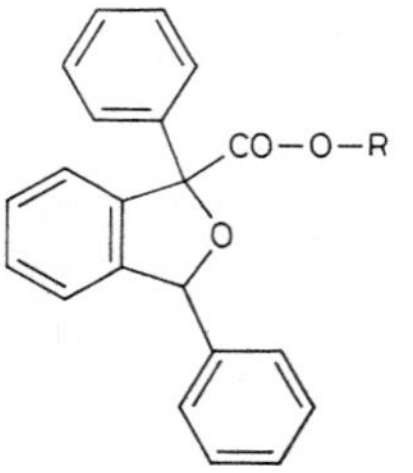

V

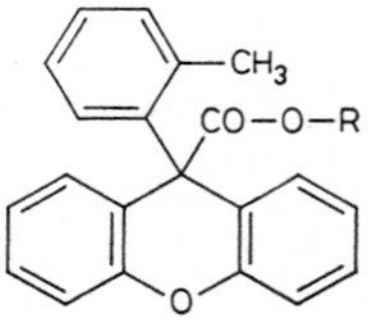

VI

9-*o*-Tolyl-xanthen-9-carbonsäure-[2-diäthylamino-äthylester] $C_{27}H_{29}NO_3$, Formel VI (R = CH_2-CH_2-$N(C_2H_5)_2$).

Hydrochlorid $C_{27}H_{29}NO_3 \cdot HCl$. *B.* Beim Erwärmen von 9-*o*-Tolyl-xanthen-9-carbonsäure mit Diäthyl-[2-chlor-äthyl]-amin und Isopropylalkohol (*Iwashige, Takagi*, J. pharm. Soc. Japan **74** [1954] 614, 616; C. A. **1954** 10743). — Krystalle (aus A. + Ae.); F: 188—189° [Zers.].

Diäthyl-methyl-[2-(9-*o*-tolyl-xanthen-9-carbonyloxy)-äthyl]-ammonium, 9-*o*-Tolyl-xanthen-9-carbonsäure-[2-(diäthyl-methyl-ammonio)-äthylester] $[C_{28}H_{32}NO_3]^+$, Formel VI (R = CH_2-CH_2-$N(C_2H_5)_2$-$CH_3]^+$).

Bromid $[C_{28}H_{32}NO_3]Br$. *B.* Beim Behandeln von 9-*o*-Tolyl-xanthen-9-carbonsäure-[2-diäthylamino-äthylester] mit Methylbromid und Benzol (*Iwashige, Takagi*, J. pharm. Soc. Japan **74** [1954] 614, 616; C. A. **1954** 10743). — Krystalle mit 0,5 Mol H_2O; F: 217° [Zers.]. Absorptionsmaximum (A.): 289 nm.

Carbonsäuren $C_{22}H_{18}O_3$

(±)-3-Phenyl-2-xanthen-9-yl-propionsäure $C_{22}H_{18}O_3$, Formel VII (R = H).

B. Beim Erwärmen von Xanthen-9-ol mit Benzylmalonsäure und Pyridin (*McConnel et al.*, Soc. **1956** 812).

Krystalle (aus Bzn.); F: 165°.

(±)-3-Phenyl-2-xanthen-9-yl-propionsäure-[2-diäthylamino-äthylester] $C_{28}H_{31}NO_3$,
Formel VII (R = CH_2-CH_2-$N(C_2H_5)_2$).

Hydrochlorid $C_{28}H_{31}NO_3 \cdot HCl$. *B.* Beim Erwärmen von (±)-3-Phenyl-2-xanthen-9-yl-propionsäure mit Thionylchlorid und Benzol und Erwärmen des gebildeten Säurechlorids mit 2-Diäthylamino-äthanol und Benzol (*McConnel et al.*, Soc. **1956** 812). — Krystalle (aus Me. + E.) mit 0,5 Mol H_2O (?); F: 169°.

VII   VIII

(±)-Diäthyl-methyl-[2-(3-phenyl-2-xanthen-9-yl-propionyloxy)-äthyl]-ammonium,
(±)-3-Phenyl-2-xanthen-9-yl-propionsäure-[2-(diäthyl-methyl-ammonio)-äthylester]
$[C_{29}H_{34}NO_3]^+$, Formel VII (R = CH_2-CH_2-$N(C_2H_5)_2$-$CH_3]^+$).

Bromid $[C_{29}H_{34}NO_3]Br$. *B.* Aus (±)-3-Phenyl-2-xanthen-9-yl-propionsäure-[2-diäthyl≤amino-äthylester] und Methylbromid (*McConnel et al.*, Soc. **1956** 812). — Krystalle (aus Isopropylalkohol + Ae.) mit 0,5 Mol H_2O (?); F: 177—180°.

2-[5-Methyl-2,3-dihydro-benzofuran-7-yl]-3c(?)-[1]naphthyl-acrylonitril $C_{22}H_{17}NO$,
vermutlich Formel VIII.

Bezüglich der Konfigurationszuordnung vgl. *Baker, Howes*, Soc. **1953** 119, 121.

B. Beim Behandeln von [5-Methyl-2,3-dihydro-benzofuran-7-yl]-acetonitril mit [1]Naphthaldehyd und äthanol. Natronlauge (*Cagniant, Cagniant*, Bl. **1957** 827, 836).

Hellgelbe Krystalle (aus A.); F: 186—187° (*Ca., Ca.*).

Monocarbonsäuren $C_nH_{2n-28}O_3$

Carbonsäuren $C_{21}H_{14}O_3$

3c(?)-[9]Anthryl-2-[2]thienyl-acrylonitril $C_{21}H_{13}NS$, vermutlich Formel I.

Bezüglich der Konfigurationszuordnung vgl. *Baker, Howes*, Soc. **1953** 119, 121.

B. Beim Erwärmen von [2]Thienylacetonitril mit Anthracen-9-carbaldehyd und Äthanol unter Zusatz von wss. Kalilauge (*Buu-Hoi, Hoán*, J. org. Chem. **16** [1951] 874, 880).

Orangegelbe Krystalle (aus A. + Bzl.); F: 203° (*Buu-Hoi, Hoán*, l. c. S. 876).

2-Benzo[*b*]thiophen-3-yl-3c(?)-[1]naphthyl-acrylonitril $C_{21}H_{13}NS$, vermutlich Formel II.

Bezüglich der Konfigurationszuordnung vgl. *Baker, Howes*, Soc. **1953** 119, 121.

B. Beim Erwärmen von Benzo[*b*]thiophen-3-yl-acetonitril mit [1]Naphthaldehyd und Äthanol unter Zusatz von wss. Kalilauge (*Buu-Hoi, Hoán*, Soc. **1951** 251, 253) oder unter Zusatz von äthanol. Natriumäthylat-Lösung (*Cagniant, Cagniant*, C. r. **232** [1951] 238).

Gelbe Krystalle (aus A.); F: 140° (*Ca., Ca.*), 138° (*Buu-Hoi, Hoán*, l. c. S. 254).

I   II   III

2-Benzo[*b*]thiophen-3-yl-3*c*(?)-[2]naphthyl-acrylonitril $C_{21}H_{13}NS$, vermutlich Formel III.

Bezüglich der Konfigurationszuordnung vgl. *Baker, Howes,* Soc. **1953** 119, 121.

B. Beim Erwärmen von Benzo[*b*]thiophen-3-yl-acetonitril mit [2]Naphthaldehyd und Äthanol unter Zusatz von wss. Kalilauge (*Buu-Hoi, Hoán,* Soc. **1951** 251, 253).

Gelbe Krystalle (aus A.); F: 148° (*Buu-Hoi, Hoán,* l. c. S. 254).

3*c*(?)-Benzo[*b*]thiophen-3-yl-2-[1]naphthyl-acrylonitril $C_{21}H_{13}NS$, vermutlich Formel IV.

Bezüglich der Konfigurationszuordnung vgl. *Baker, Howes,* Soc. **1953** 119, 121.

B. Beim Erwärmen von Benzo[*b*]thiophen-3-carbaldehyd mit [1]Naphthylacetonitril und Äthanol unter Zusatz von wss. Kalilauge (*Buu-Hoi, Hoán,* Soc. **1951**, 251 253).

Gelbe Krystalle (aus A.); F: 144° (*Buu-Hoi, Hoán,* l. c. S. 254).

IV   V

3*c*(?)-Benzo[*b*]thiophen-3-yl-2-[2]naphthyl-acrylonitril $C_{21}H_{13}NS$, vermutlich Formel V.

Bezüglich der Konfigurationszuordnung vgl. *Baker, Howes,* Soc. **1953** 119, 121.

B. Beim Erwärmen von Benzo[*b*]thiophen-3-carbaldehyd mit [2]Naphthylacetonitril und Äthanol unter Zusatz von wss. Kalilauge (*Buu-Hoi, Hoán,* Soc. **1951** 251, 253).

Gelbe Krystalle (aus A.); F: 179° (*Buu-Hoi, Hoán,* l. c. S. 254).

Carbonsäuren $C_{22}H_{16}O_3$

Benzo[*b*]thiophen-3-yl-diphenyl-essigsäure $C_{22}H_{16}O_2S$, Formel VI (R = H).

Diese Konstitution kommt der nachstehend beschriebenen, ursprünglich (*Ancizar-Sordo, Bistrzycki,* Helv. **14** [1931] 141, 149) mit Vorbehalt als Benzo[*b*]thiophen-2-yl-diphenyl-essigsäure ($C_{22}H_{16}O_2S$) formulierten Verbindung zu (*Blicke, Sheets,* Am. Soc. **71** [1949] 4010).

B. Beim Behandeln von Benzo[*b*]thiophen mit Benzilsäure, Essigsäure und konz. Schwefelsäure (*An.-So., Bi.*).

Krystalle (aus A.); F: 244—245° [Zers.] (*An.-So., Bi.*).

Verhalten beim Erhitzen mit wss. Kalilauge auf 180° (Bildung von 3-Benzhydryl-benzo[*b*]thiophen [E III/IV **17** 753]): *An.-So., Bi.,* l. c. S. 151. Beim Erwärmen mit einem Gemisch von konz. Schwefelsäure und wenig Essigsäure ist Benzo[*b*]thiophen-3-yl-diphenyl-methanol (E III/IV **17** 1728) erhalten worden (*An.-So., Bi.,* l. c. S. 150). Bildung von 2,2,3-Triphenyl-buttersäure beim Erwärmen mit wss. Natriumcarbonat-Lösung und Raney-Nickel: *Bl., Sh.* Reaktion mit Brom in Essigsäure unter Bildung von [2(?)-Brom-benzo[*b*]thiophen-3-yl]-diphenyl-essigsäure ($C_{22}H_{15}BrO_2S$; Krystalle [aus Bzl.], F: 223—224° [Zers.]): *An.-So., Bi.,* l. c. S. 151.

Natrium-Salz $NaC_{22}H_{15}O_2S$. Krystalle [aus W.] (*An.-So., Bi.,* l. c. S. 149).

Benzo[*b*]thiophen-3-yl-diphenyl-essigsäure-methylester $C_{23}H_{18}O_2S$, Formel VI (R = CH₃).

B. Beim Erwärmen von Benzo[*b*]thiophen-3-yl-diphenyl-essigsäure (s. o.) mit methanol. Kalilauge und Methyljodid (*Ancizar-Sordo, Bistrzycki,* Helv. **14** [1931] 141, 149).

Krystalle (aus Me.); F: 151—152°.

Benzo[*b*]selenophen-3-yl-diphenyl-essigsäure $C_{22}H_{16}O_2Se$, Formel VII.

B. Beim Behandeln von Benzo[*b*]selenophen mit Benzilsäure, Essigsäure und konz. Schwefelsäure (*Komppa, Nyman,* J. pr. [2] **139** [1934] 229, 236).

Krystalle (aus Acn. oder wss. A.); F: 254—255° [korr.].

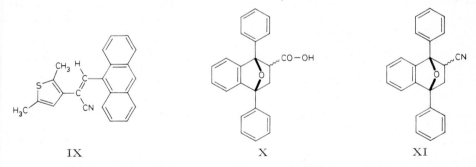

VI   VII   VIII

3c(?)-[10-Methyl-[9]anthryl]-2-[2]thienyl-acrylonitril $C_{22}H_{15}NS$, vermutlich Formel VIII.

Bezüglich der Konfigurationszuordnung vgl. *Baker, Howes*, Soc. **1953** 119, 121.

B. Beim Erwärmen von [2]Thienylacetonitril mit 10-Methyl-anthracen-9-carbaldehyd und Äthanol unter Zusatz von wss. Kalilauge (*Buu-Hoi, Hoán*, J. org. Chem. **16** [1951] 874, 880).

Orangefarbene Krystalle (aus A. + Bzl.); F: 196° (*Buu-Hoi, Hoán*, l. c. S. 877).

Carbonsäuren $C_{23}H_{18}O_3$

3c(?)-[9]Anthryl-2-[2,5-dimethyl-[3]thienyl]-acrylonitril $C_{23}H_{17}NS$, vermutlich Formel IX.

Bezüglich der Konfigurationszuordnung vgl. *Baker, Howes*, Soc. **1953** 119, 121.

B. Beim Erwärmen von [2,5-Dimethyl-[3]thienyl]-acetonitril mit Anthracen-9-carbaldehyd und Äthanol unter Zusatz von wss. Kalilauge (*Buu-Hoi, Hoán*, J. org. Chem. **16** [1951] 874, 880).

Orangegelbe Krystalle (aus A. + Bzl.); F: 210° (*Buu-Hoi, Hoán*, l. c. S. 876).

(±)-1,4-Diphenyl-1,2,3,4-tetrahydro-1r,4c-epoxido-naphthalin-2ξ-carbonsäure $C_{23}H_{18}O_3$, Formel X + Spiegelbild.

Zwei Präparate vom F: 211—212° bzw. vom F: 190,5° (jeweils Krystalle [aus Acn.]) sind bei 3-tägigem Behandeln von 1,3-Diphenyl-isobenzofuran mit Acrylsäure und Chloroform unter Lichtausschluss erhalten worden (*Étienne et al.*, Bl. **1952** 750, 754).

IX   X   XI

(±)-1,4-Diphenyl-1,2,3,4-tetrahydro-1r,4c-epoxido-naphthalin-2ξ-carbonitril $C_{23}H_{17}NO$, Formel XI + Spiegelbild.

B. Beim Behandeln von 1,3-Diphenyl-isobenzofuran mit Acrylonitril und Chloroform unter Lichtausschluss (*Étienne et al.*, Bl. **1952** 750, 754).

Krystalle (aus A.); F: 153—154° [im vorgeheizten Block].

Beim Erhitzen mit einem Gemisch von Essigsäure und konz. wss. Salzsäure ist 1,4-Diphenyl-[2]naphthonitril erhalten worden.

Carbonsäuren $C_{24}H_{20}O_3$

*Opt.-inakt. 3-Methyl-1,4-diphenyl-1,2,3,4-tetrahydro-1,4-epoxido-naphthalin-2-carbonsäure $C_{24}H_{20}O_3$, Formel XII (R = H).

B. Bei 8-tägigem Behandeln von 1,3-Diphenyl-isobenzofuran mit *trans*-Crotonsäure und Chloroform unter Lichtausschluss (*Étienne et al.*, Bl. **1952** 750, 755).

Krystalle (aus A.); F: 235° [im vorgeheizten Block].

Bei langsamem Erhitzen sind 1,3-Diphenyl-isobenzofuran und *trans*-Crotonsäure erhalten worden. Verhalten beim Erwärmen mit Chlorwasserstoff enthaltendem Äthanol (Bildung von 3-Methyl-1,4-diphenyl-[2]naphthoesäure und wenig 2-Methyl-1,4-diphenylnaphthalin): *Ét. et al.*

*Opt.-inakt. 3-Methyl-1,4-diphenyl-1,2,3,4-tetrahydro-1,4-epoxido-naphthalin-2-carbon\=säure-äthylester $C_{26}H_{24}O_3$, Formel XII (R = C_2H_5).

B. Bei mehrwöchigem Behandeln von 1,3-Diphenyl-isobenzofuran mit *trans*-Croton\=säure-äthylester und Chloroform unter Lichtausschluss (*Étienne et al.*, Bl. **1952** 750, 755).

Krystalle (aus E.); F: 155° [im vorgeheizten Block].

Bei langsamem Erhitzen auf Temperaturen oberhalb von 100° sind 1,3-Diphenyl-isobenzofuran und *trans*-Crotonsäure-äthylester zurückerhalten worden.

XII   XIII

Carbonsäuren $C_{25}H_{22}O_3$

*Opt.-inakt. [5-Methyl-2,4,5-triphenyl-2,5-dihydro-[2]furyl]-essigsäure $C_{25}H_{22}O_3$, Formel XIII.

Diese Konstitution kommt wahrscheinlich der nachstehend beschriebenen, ursprünglich (*Wenuš-Danilowa, Orlowa*, Ž. obšč. Chim. **23** [1953] 1886, 1887; engl. Ausg. S. 1995, 1996) als 2-Acetyl-2,3,4-triphenyl-pent-3-ensäure angesehenen Verbindung zu (*Pawlowa et al.*, Ž. obšč. Chim. **30** [1960] 735, 738; engl. Ausg. S. 754, 756).

B. Beim Erhitzen von (±)-4-Hydroxy-1,3,4-triphenyl-pent-2c-en-1-on (⇌ 5-Methyl-2,4,5-triphenyl-2,5-dihydro-furan-2-ol) mit Acetanhydrid auf 120° (*We.-Da., Or.*, l. c. S. 1888).

Amorph; F: 82—83° [Zers.].

Monocarbonsäuren $C_nH_{2n-30}O_3$

Carbonsäuren $C_{23}H_{16}O_3$

2,4,5-Triphenyl-furan-3-carbonsäure $C_{23}H_{16}O_3$, Formel I (R = H).

B. Beim Behandeln von 3-Brom-2,4,5-triphenyl-furan mit Butyllithium in Äther und Behandeln des Reaktionsgemisches mit festem Kohlendioxid (*Gilman, Melstrom*, Am. Soc. **68** [1946] 103). Beim Erwärmen von 3-Benzoyl-4,5-diphenyl-5H (oder 3H)-furan-2-on (F: 137—138° [E III/IV **17** 6587]) mit Essigsäure und konz. wss. Salzsäure (*Lacey*, Soc. **1954** 822, 826).

Krystalle (aus Eg.); F: 257—258° [von 210° an sublimierend] (*Gi., Me.*), 257° [korr.; Kofler-App.] (*La.*).

2,4,5-Triphenyl-furan-3-carbonsäure-methylester $C_{24}H_{18}O_3$, Formel I (R = CH_3).

B. Beim Behandeln von 2,4,5-Triphenyl-furan-3-carbonsäure mit Diazomethan in Äther (*Gilman, Melstrom*, Am. Soc. **68** [1946] 103).

Krystalle (aus A.); F: 123,5—124°.

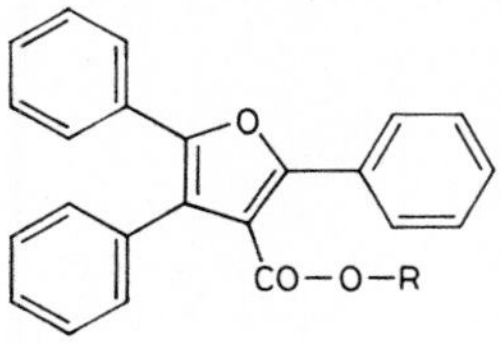

I 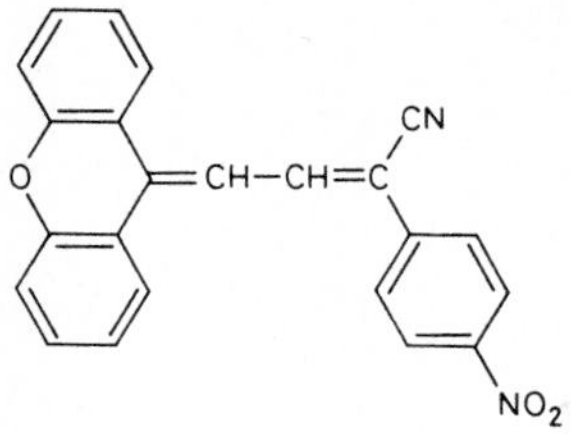   II 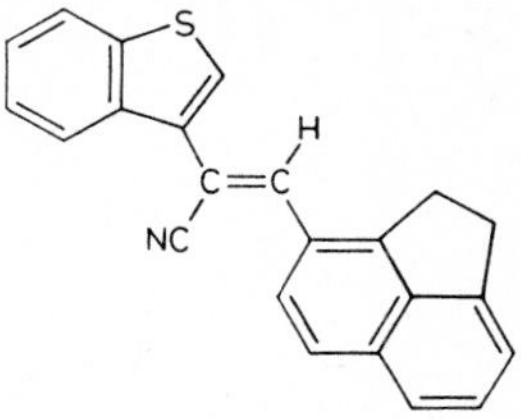   III

2-[4-Nitro-phenyl]-4-xanthen-9-yliden-ξ-crotononitril $C_{23}H_{14}N_2O_3$, Formel II.

B. Beim Erhitzen von Xanthen-9-yliden-acetaldehyd mit [4-Nitro-phenyl]-acetonitril, Pyridin und wenig Piperidin (*Wizinger, Arni*, B. **92** [1959] 2309, 2319).

Braune Krystalle; F: 228—230° (*Wi., Arni*). Absorptionsmaximum (Eg.): 442 nm (*Wi., Arni*, l. c. S. 2315).

3c(?)-Acenaphthen-3-yl-2-benzo[b]thiophen-3-yl-acrylonitril $C_{23}H_{15}NS$, vermutlich Formel III.

Bezüglich der Konfigurationszuordnung vgl. *Baker, Howes*, Soc. **1953** 119, 121.

B. Beim Erwärmen von Benzo[b]thiophen-3-yl-acetonitril mit Acenaphthen-3-carb= aldehyd und Äthanol unter Zusatz von wss. Kalilauge (*Buu-Hoi, Hoán*, Soc. **1951** 251, 253).

Orangefarbene Krystalle (aus A.); F: 176° (*Buu-Hoi, Hoán*, l. c. S. 254).

Carbonsäuren $C_{24}H_{18}O_3$

3c(?)-[5-Benzyl-[2]thienyl]-2-[2]naphthyl-acrylonitril $C_{24}H_{17}NS$, vermutlich Formel IV.

Bezüglich der Konfigurationszuordnung vgl. *Baker, Howes*, Soc. **1953** 119, 121.

B. Beim Erwärmen von 5-Benzyl-thiophen-2-carbaldehyd mit [2]Naphthylacetonitril und Äthanol unter Zusatz von wss. Kalilauge (*Buu-Hoi et al.*, Soc. **1952** 4590, 4593).

Krystalle (aus A.); F: 131° (*Buu-Hoi et al.*, l. c. S. 4592).

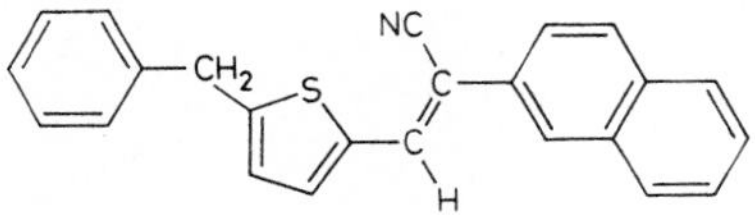

IV 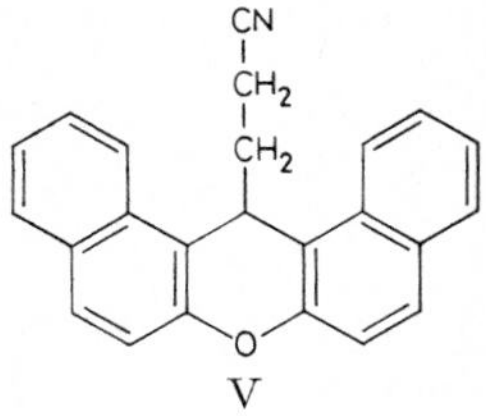   V

3-[14H-Dibenzo[a,j]xanthen-14-yl]-propionitril $C_{24}H_{17}NO$, Formel V.

B. Beim Erhitzen von 14-[2-Chlor-äthyl]-14H-dibenzo[a,j]xanthen mit Kaliumcyanid in Äthanol auf 170° (*Damiens, Delaby*, Bl. **1953** 476).

Gelbliche Krystalle (aus A.); F: 180°.

Monocarbonsäuren $C_nH_{2n-32}O_3$

3c(?)-[3,5-Diphenyl-[2]thienyl]-2-phenyl-acrylonitril $C_{25}H_{17}NS$, vermutlich Formel VI.

Bezüglich der Konfigurationszuordnung vgl. das analog hergestellte 2-Phenyl-3c-[2]thi= enyl-acrylonitril (S. 4326).

B. Beim Erwärmen von 3,5-Diphenyl-thiophen-2-carbaldehyd mit Phenylacetonitril und Äthanol unter Zusatz von wss. Natronlauge (*Demerseman et al.*, Soc. **1954** 4193, 4196).

Gelbe Krystalle (aus A.); F: 178°.

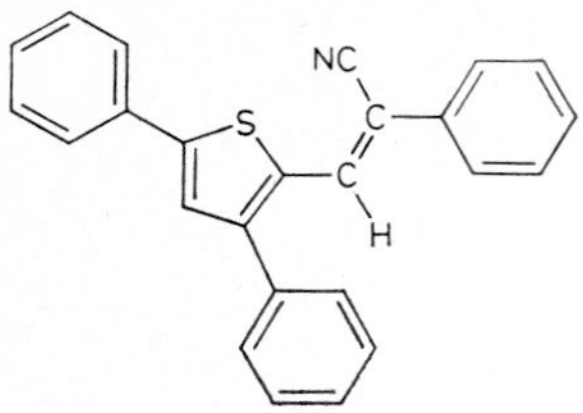

VI 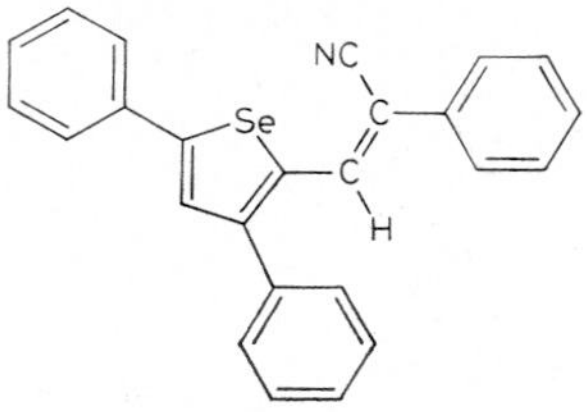   VII 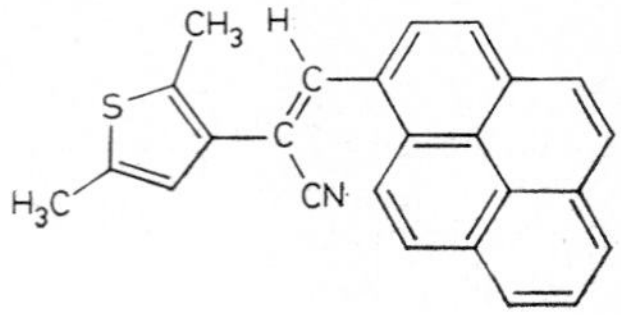   VIII

3c(?)-[3,5-Diphenyl-selenophen-2-yl]-2-phenyl-acrylonitril $C_{25}H_{17}NSe$, vermutlich Formel VII.

Bezüglich der Konfigurationszuordnung vgl. das analog hergestellte 2-Phenyl-3c-[2]thi= enyl-acrylonitril (S. 4326).

B. Beim Erwärmen von 3,5-Diphenyl-selenophen-2-carbaldehyd mit Phenylacetonitril und Äthanol unter Zusatz von wss. Natronlauge (*Demerseman et al.*, Soc. **1954** 4193, 4196).

Gelbe Krystalle (aus A.); F: 171°.

2-[2,5-Dimethyl-[3]thienyl]-3c(?)-pyren-1-yl-acrylonitril $C_{25}H_{17}NS$, vermutlich Formel VIII.

Bezüglich der Konfigurationszuordnung vgl. *Baker, Howes*, Soc. **1953** 119, 121.

B. Beim Erwärmen von [2,5-Dimethyl-[3]thienyl]-acetonitril mit Pyren-1-carbaldehyd und Äthanol unter Zusatz von wss. Kalilauge (*Buu-Hoï et al.*, Soc. **1952** 4590, 4593).

Krystalle (aus A.); F: 182° (*Buu-Hoï et al.*, l. c. S. 4592).

Monocarbonsäuren $C_nH_{2n-34}O_3$

3c(?)-[9]Anthryl-2-benzo[b]thiophen-3-yl-acrylonitril $C_{25}H_{15}NS$, vermutlich Formel IX.

Bezüglich der Konfigurationszuordnung vgl. *Baker, Howes*, Soc. **1953** 119, 121.

B. Beim Erwärmen von Benzo[b]thiophen-3-yl-acetonitril mit Anthracen-9-carb= aldehyd und Äthanol unter Zusatz von wss. Kalilauge (*Buu-Hoï, Hoán*, Soc. **1951** 251, 253).

Orangefarbene Krystalle (aus A.); F: 220° (*Buu-Hoï, Hoán*, l. c. S. 254).

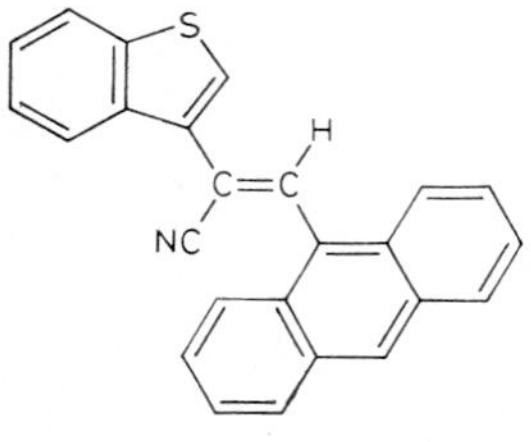

IX 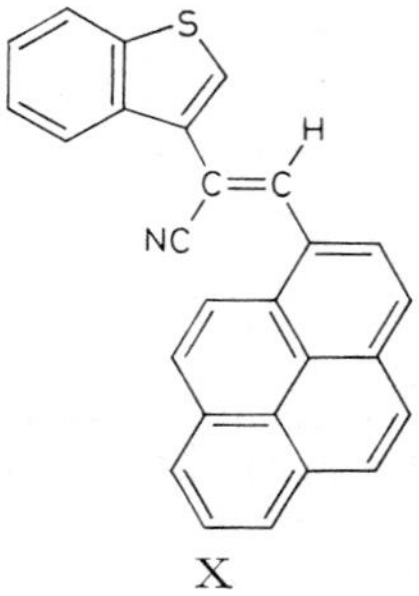   X

Monocarbonsäuren $C_nH_{2n-38}O_3$

2-Benzo[b]thiophen-3-yl-3c(?)-pyren-1-yl-acrylonitril $C_{27}H_{15}NS$, vermutlich Formel X.

Bezüglich der Konfigurationszuordnung vgl. *Baker, Howes*, Soc. **1953** 119, 121.

B. Beim Erwärmen von Benzo[b]thiophen-3-yl-acetonitril mit Pyren-1-carbaldehyd und Äthanol unter Zusatz von wss. Kalilauge (*Buu-Hoï, Hoán*, Soc. **1951** 251, 253).

Orangefarbene Krystalle (aus A.); F: 231° (*Buu-Hoï, Hoán*, l. c. S. 254).

Monocarbonsäuren $C_nH_{2n-40}O_3$

(±)-1,4-Di-[1]naphthyl-1,2,3,4-tetrahydro-1r,4c-epoxido-naphthalin-2ξ-carbonsäure
$C_{31}H_{22}O_3$, Formel XI (R = H) + Spiegelbild.

B. Beim Erwärmen einer Lösung von 1,3-Di-[1]naphthyl-isobenzofuran in Benzol mit Acrylsäure in Wasser (*Buchta et al.*, B. **91** [1958] 228, 240).

F: 228—230° [Zers.; nach Grünfärbung; aus Acn. + W.].

Beim Erhitzen mit Aluminiumchlorid und wenig Natriumchlorid auf 130° und Erhitzen des Reaktionsprodukts unter 0,1 Torr bis auf 500° sind kleine Mengen Tribenzo=[*de,kl,rst*]pentaphen (E III **5** 2729) erhalten worden (*Bu. et al.*, l. c. S. 235, 241).

(±)-1,4-Di-[1]naphthyl-1,2,3,4-tetrahydro-1r,4c-epoxido-naphthalin-2ξ-carbonsäure-äthylester $C_{33}H_{26}O_3$, Formel XI (R = C_2H_5) + Spiegelbild.

B. Beim Erwärmen von 1,3-Di-[1]naphthyl-isobenzofuran mit Äthylacrylat und Benzol (*Buchta et al.*, B. **91** [1958] 228, 241).

Krystalle (aus Bzl.); F: 210—212° [Zers.; nach Grünfärbung].

Beim Erhitzen mit Aluminiumchlorid und wenig Natriumchlorid auf 130° und Erhitzen des Reaktionsprodukts unter 0,1 Torr bis auf 500° sind kleine Mengen Tribenzo=[*de,kl,rst*]pentaphen (E III **5** 2729) erhalten worden.

XI   XII

(±)-1,4-Di-[1]naphthyl-1,2,3,4-tetrahydro-1r,4c-epoxido-naphthalin-2ξ-carbonitril
$C_{31}H_{21}NO$, Formel XII + Spiegelbild.

B. Beim Erwärmen von 1,3-Di-[1]naphthyl-isobenzofuran mit Acrylnitril und Benzol (*Buchta et al.*, B. **91** [1958] 228, 239).

Krystalle (aus Acn. + W.); F: 211—212° [nach Gelbfärbung von 170° an].

Beim Behandeln einer Lösung in Äthanol und Chloroform mit Chlorwasserstoff ist [1,1′;4′,1″]Ternaphthalin-2′-carbonitril, beim Erhitzen mit Aluminiumchlorid und wenig Natriumchlorid auf 130° und Erhitzen des Reaktionsprodukts unter 0,1 Torr bis auf 400° ist Tribenzo[*de,kl,rst*]pentaphen-7-carbonitril erhalten worden (*Bu. et al.*, l. c. S. 239, 240).

[*Winckler*]

B. Dicarbonsäuren

Dicarbonsäuren $C_nH_{2n-4}O_5$

Dicarbonsäuren $C_4H_4O_5$

Oxiran-2,3-dicarbonsäure, Epoxybernsteinsäure $C_4H_4O_5$.

a) *cis*-**Oxiran-2,3-dicarbonsäure,** *meso***-Epoxybernsteinsäure** $C_4H_4O_5$, Formel I (X = H) (E I 446; E II 283; dort als Maleinglycidsäure und als *cis*-Äthylenoxid-α.α'-di= carbonsäure bezeichnet).

B. Beim Erwärmen von Maleinsäure mit wss. Natronlauge (1,5 Mol NaOH) und wss. Wasserstoffperoxid in Gegenwart von Natriumwolframat (*Payne, Williams*, J. org. Chem. **24** [1959] 54). Neben DL-Weinsäure beim Behandeln von Hydrochinon oder von [1,4]Benzochinon mit wss. Natronlauge und wss. Wasserstoffperoxid (*Weitz et al.*, B. **68** [1935] 1163, 1166).

Krystalle; F: 151° [bei schnellem Erhitzen] (*Timmermans et al.*, Bl. Soc. chim. Belg. **60** [1951] 424, 426), 150—151° [aus E. + PAe.] (*Schöpf, Arnold*, A. **558** [1947] 109, 122), 148—149° (*Pa., Wi.*). Verbrennungswärme bei 15°: *Wassermann*, Z. physik. Chem. [A] **146** [1930] 462, 463. Enthalpie beim Lösen in Wasser sowie Enthalpie der Dissoziation der ersten Dissoziationsstufe und der zweiten Dissoziationsstufe: *Wa.*

b) **(R)-*trans*-Oxiran-2,3-dicarbonsäure, L_g-*threo*-Epoxybernsteinsäure** $C_4H_4O_5$, Formel II (R = H) (E II 283; dort als „linksdrehende *trans*-Äthylenoxid-α.α'-dicarbon= säure" bezeichnet).

Die Konfiguration ergibt sich aus der genetischen Beziehung (vgl. E II **18** 283) zu D-*erythro*-3-Chlor-2-hydroxy-bernsteinsäure (E III **3** 921).

Gewinnung aus dem unter d) beschriebenen Racemat über das Morphin-Salz: *Timmermans et al.*, Bl. Soc. chim. Belg. **60** [1951] 424, 426. Gewinnung aus D-Glucose mit Hilfe von Aspergillus fumigatus: *Birkinshaw et al.*, Biochem. J. **39** [1945] 70.

Krystalle; F: 187° [bei schnellem Erhitzen] (*Ti. et al.*), 186° [aus E. + PAe] (*Bi. et al.*). $[\alpha]_D^{20}$: −108,8° [W.; c = 5] (*Ti. et al.*); $[\alpha]_{579}^{18}$: −105,1° [W.; p = 10]; $[\alpha]_{546}^{18}$: −119,3° [W.; p = 10] (*Bi. et al.*).

c) **(S)-*trans*-Oxiran-2,3-dicarbonsäure, D_g-*threo*-Epoxybernsteinsäure** $C_4H_4O_5$, Formel III (R = H) (E II 283; dort als „rechtsdrehende *trans*-Äthylenoxyd-α.α'-dicarbon= säure" bezeichnet).

Die Konfiguration ergibt sich aus der genetischen Beziehung (vgl. E II **18** 283) zu L-*erythro*-3-Chlor-2-hydroxy-bernsteinsäure (E III **3** 921).

Gewinnung aus dem unter d) beschriebenen Racemat über das Morphin-Salz (s. u.): *Timmermans et al.*, Bl. Soc. chim. Belg. **60** [1951] 424, 426.

F: 187° [bei schnellem Erhitzen]. $[\alpha]_D^{20}$: +108,8° [W.; c = 5].

Morphin-Salz. $[\alpha]_D^{20}$: −81,8° [W.; c = 2] (*Ti. et al.*).

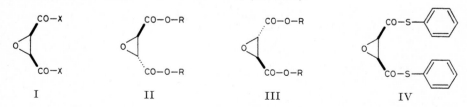

I   II   III   IV

d) **(±)-*trans*-Oxiran-2,3-dicarbonsäure, *racem.*-Epoxybernsteinsäure** $C_4H_4O_5$, Formel II + III (R = H) (H 318; E I 446; E II 283; dort als Fumarylglycidsäure bezeichnet).

B. Beim Behandeln einer mit Äther versetzten wss. Lösung des Natrium-Salzes der

Fumarsäure mit *N*-Brom-succinimid und Erwärmen des Reaktionsgemisches mit wss. Natronlauge (*Guss, Rosenthal*, Am. Soc. **77** [1955] 2549). Beim Erwärmen von Fumarsäure mit wss. Natronlauge (1,5 Mol NaOH) und wss. Wasserstoffperoxid in Gegenwart von Natriumwolframat (*Payne, Williams*, J. org. Chem. **24** [1959] 54).

Krystalle; F: 233° [korr.; bei schnellem Erhitzen] (*Pa., Wi.*), 232° [bei schnellem Erhitzen] (*Timmermans et al.*, Bl. Soc. chim. Belg. **60** [1951] 424, 425), 212—213° (*Guss, Ro.*). Dichte der Krystalle bei 21°: 1,732 (*Wassermann*, Z. physik. Chem. [A] **146** [1930] 462 Anm. 5). Verbrennungswärme bei 15°: *Wa.*, l. c. S. 463. Enthalpie beim Lösen in Wasser sowie Enthalpie der Dissoziation der ersten Dissoziationsstufe und der zweiten Dissoziationsstufe: *Wa.*

Oxiran-2,3-dicarbonsäure-dimethylester, Epoxybernsteinsäure-dimethylester $C_6H_8O_5$.

a) *cis*-**Oxiran-2,3-dicarbonsäure-dimethylester**, *meso*-**Epoxybernsteinsäure-dimethyl‌ester** $C_6H_8O_5$, Formel I (X = O-CH$_3$).

B. Beim Behandeln von *meso*-Epoxybernsteinsäure mit Diazomethan in Äther (*Gawron et al.*, Am. Soc. **80** [1958] 5856, 5857).

Kp$_{760}$: 240—244°.

Beim Behandeln mit Malonsäure-dimethylester und Natriummethylat in Methanol, Erwärmen des gebildeten Esters mit wss. Salzsäure und Erhitzen des danach isolierten Reaktionsprodukts unter vermindertem Druck auf 100° sind 5-Oxo-tetrahydro-furan-2*r*,3*t*-dicarbonsäure und kleine Mengen 5-Oxo-tetrahydro-furan-2*r*,3*c*-dicarbonsäure erhalten worden.

b) (±)-*trans*-**Oxiran-2,3-dicarbonsäure-dimethylester**, *racem.*-**Epoxybernsteinsäure-dimethylester** $C_6H_8O_5$, Formel II + III (R = CH$_3$) (H 318).

B. Beim Behandeln von *racem.*-Epoxybernsteinsäure mit Diazomethan in Äther (*Gawron et al.*, Am. Soc. **80** [1958] 5856).

Krystalle (aus Ae.); F: 75—76°.

Bei 1$^1/_2$-stdg. bzw. 15-stdg. Behandeln mit Malonsäure-dimethylester und Natrium‌methylat in Methanol, Erwärmen des jeweils gebildeten Esters mit wss. Salzsäure und Erhitzen des danach isolierten Reaktionsprodukts unter vermindertem Druck auf 100° ist 5-Oxo-tetrahydro-furan-2*r*,3*c*-dicarbonsäure bzw. 5-Oxo-tetrahydro-furan-2*r*,3*t*-dicarbon‌säure als Hauptprodukt erhalten worden (*Ga. et al.*, l. c. S. 5859).

cis-**Oxiran-2,3-dicarbonsäure-dichlorid**, *cis*-**Oxiran-2,3-dicarbonylchlorid**, *meso*-**Epoxy‌succinylchlorid** $C_4H_2Cl_2O_3$, Formel I (X = Cl).

B. Aus *meso*-Epoxybernsteinsäure mit Hilfe von Phosphor(V)-chlorid (*Schöpf, Arnold*, A. **558** [1947] 109, 122; *King et al.*, J. org. Chem. **16** [1951] 1100, 1106).

Krystalle; F: 36—41° [nach Destillation bei 95°/13 Torr] (*Sch., Ar.*). Kp$_{25}$: 104—108° [unreines Präparat] (*King et al.*).

cis-**Oxiran-2,3-dicarbonsäure-dianilid**, *cis*-**Oxiran-2,3-dicarbanilid**, *meso*-**Epoxybernstein‌säure-dianilid** $C_{16}H_{14}N_2O_3$, Formel I (X = NH-C$_6$H$_5$).

B. Beim Behandeln von *meso*-Epoxysuccinylchlorid mit Anilin und Äther (*Schöpf, Arnold*, A. **558** [1947] 109, 122).

Krystalle (aus wss. A.); F: 161—162° [nach Sintern bei 159°].

cis-**Oxiran-2,3-bis-thiocarbonsäure-*S,S'*-diphenylester**, *meso*-**2,3-Epoxy-1,4-dithio-bernsteinsäure-*S,S'*-diphenylester** $C_{16}H_{12}O_3S_2$, Formel IV.

B. Beim Behandeln von *meso*-Epoxysuccinylchlorid mit Natrium-thiophenolat in Wasser (*King et al.*, J. org. Chem. **16** [1951] 1100, 1107).

Krystalle (aus A.); F: 89,5—90,5°.

Dicarbonsäuren $C_5H_6O_5$

(±)-**3-Methyl-oxiran-2,2-dicarbonsäure-diäthylester** $C_9H_{14}O_5$, Formel V.

B. Beim Behandeln einer Lösung von Äthylidenmalonsäure-diäthylester in Methanol mit wss. Natronlauge und wss. Wasserstoffperoxid-Lösung (*Payne*, J. org. Chem. **24** [1959] 2048).

Kp_1: 80—81°. n_D^{20}: 1,4294.

Bei der Hydrierung an Raney-Nickel in Äthanol bei 100°/20—60 at ist Äthylmalon=säure-diäthylester erhalten worden.

(±)-2-Methyl-oxiran-2r,3t-dicarbonsäure, (2RS,3RS)-2,3-Epoxy-2-methyl-bernsteinsäure $C_5H_6O_5$, Formel VI + Spiegelbild. (vgl. H 319; E II 284).

Diese Verbindung hat vermutlich auch in den früher (s. H **18** 319) beschriebenen Präparaten vom F: 162° bzw. F: 160° vorgelegen (vgl. *Liwschitz et al.*, Soc. **1962** 1116, 1119).

B. Beim Erwärmen von Methylfumarsäure mit wss. Natronlauge (1,5 Mol NaOH) und mit wss. Wasserstoffperoxid in Gegenwart von Natriumwolframat (*Li. et al.*).

F: 155—156° [aus Ae. + PAe.] (*Li. et al.*).

In dem beim Behandeln des Barium-Salzes mit wss. Schwefelsäure und Erwärmen der Reaktionslösung mit wss. Schwefelsäure erhaltenen, früher (s. E II **18** 284) als Methylweinsäure angesehenen Präparat (F: 100° [Zers.]) hat ein Gemisch von (2RS,=3RS)-2,3-Dihydroxy-2-methyl-bernsteinsäure und (2RS,3SR)-2,3-Dihydroxy-2-methyl-bernsteinsäure vorgelegen (*Schmidt*, *Perkow*, B. **83** [1950] 484, 488).

V   VI   VII

---

*Opt.-inakt. 3-Cyan-3-methyl-oxirancarbonsäure-äthylester 3-Cyan-2,3-epoxy-butter=säure-äthylester $C_7H_9NO_3$, Formel VII.

B. Beim Behandeln von 2-Chlor-acetessigsäure-äthylester mit Kaliumcyanid in Wasser (*Favrel*, *Prévost*, Bl. [4] **49** [1931] 243, 253).

Kp_{10}: 108°.

Dicarbonsäuren $C_6H_8O_5$

Tetrahydro-furan-2r,5c-dicarbonsäure, *cis*-**Tetrahydro-furan-2,5-dicarbonsäure** $C_6H_8O_5$, Formel VIII (X = OH) (H 320; E I 446; E II 284).

B. Bei der Hydrierung von Furan-2,5-dicarbonsäure an Palladium in Essigsäure (*Taniyama*, *Takata*, J. chem. Soc. Japan Ind. Chem. Sect. **57** [1954] 149, 151; C. A. **1955** 1484). Beim Erwärmen von *cis*(?)-5-Hydroxymethyl-tetrahydro-furan-2-carbonsäure mit wss. Salpetersäure [D: 1,42] (*Haworth et al.*, Soc. **1945** 1, 3).

Krystalle; F: 126—127° [aus Ae. + PAe.] (*Ha. et al.*), 125,7—126,8° [korr.; aus Ae. + PAe.] (*Cope*, *Baxter*, Am. Soc. **77** [1955] 393, 395), 124° (*Tan.*, *Tak.*).

cis-Tetrahydro-furan-2,5-dicarbonsäure-dimethylester $C_8H_{12}O_5$, Formel VIII (X = O-CH$_3$).

B. Beim Erwärmen von *cis*-Tetrahydro-furan-2,5-dicarbonsäure mit Chlorwasserstoff enthaltendem Methanol (*Haworth et al.*, Soc. **1945** 1, 4). Bei der Hydrierung von Furan-2,5-dicarbonsäure-dimethylester an Raney-Nickel in Methanol bei 90°/80 at (*Cope*, *Baxter*, Am. Soc. **77** [1955] 393, 394) oder bei 125—145°/80 at (*Shono*, *Hachihama*, J. chem. Soc. Japan Ind. Chem. Sect. **57** [1954] 836; C. A. **1956** 295).

Kp_4: 104—106°; D_4^{15}: 1,1921; n_D^{15}: 1,4600 (*Sh.*, *Ha.*). $Kp_{0,1}$: 81—83°; n_D^{25}: 1,452 (*Cope*, *Ba.*). Bei 90°/0,03 Torr destillierbar; n_D^{15}: 1,4550 (*Ha. et al.*).

cis-Tetrahydro-furan-2,5-dicarbonsäure-diäthylester $C_{10}H_{16}O_5$, Formel VIII (X = O-C$_2$H$_5$).

B. Beim Erhitzen von *meso*-2,5-Dihydroxy-adipinsäure mit Wasser bis auf 210° und Erhitzen des Reaktionsprodukts mit Äthanol, Toluol und wenig Schwefelsäure (*Gryszkie-wicz-Trochimowski et al.*, Bl. **1958** 603).

Kp_3: 114—116°. D_4^{25}: 1,104. n_D^{25}: 1,4437.

cis-Tetrahydro-furan-2,5-dicarbonsäure-diamid, *cis*-Tetrahydro-furan-2,5-dicarbamid
$C_6H_{10}N_2O_3$, Formel VIII (X = NH_2).

B. Beim Behandeln von *cis*-Tetrahydro-furan-2,5-dicarbonsäure-dimethylester mit
Ammoniak in Methanol (*Haworth et al.*, Soc. **1945** 1, 4).

Krystalle (aus Acn. + Me.); F: 189°.

cis-Tetrahydro-furan-2,5-dicarbonsäure-bis-dimethylamid, Tetra-*N*-methyl-*cis*-tetrahydro-
furan-2,5-dicarbamid $C_{10}H_{18}N_2O_3$, Formel VIII (X = $N(CH_3)_2$).

B. Aus *cis*-Tetrahydro-furan-2,5-dicarbonsäure-dimethylester (*Kiss et al.*, Chimia **13**
[1959] 336).

$Kp_{0,01}$: 143—146°.

Tetrahydro-thiophen-2,5-dicarbonsäure $C_6H_8O_4S$.

a) **Tetrahydro-thiophen-2*r*,5*c*-dicarbonsäure, *cis*-Tetrahydro-thiophen-2,5-dicarbon-
säure** $C_6H_8O_4S$, Formel IX (X = OH).

B. Beim Behandeln des Dinatrium-Salzes der *meso*-2,5-Dibrom-adipinsäure mit Natriumsulfid in Wasser (*Fredga*, J. pr. [2] **150** [1938] 124, 130) oder mit Natriumhydrogen-
sulfid (Überschuss) in Wasser (*Schotte*, Ark. Kemi **9** [1956] 377, 384). Beim Erhitzen
von *cis*-Tetrahydro-thiophen-2,5-dicarbonsäure-diäthylester mit wss. Schwefelsäure und
Essigsäure (*Turner, Hill*, J. org. Chem. **14** [1949] 476, 478).

Krystalle; F: 144—146° [aus W.] (*Sch.*), 144—145° [aus W. oder E. + Bzl.] (*Fr.*).
Scheinbare Dissoziationskonstante K'_{a1} (Wasser; konduktometrisch ermittelt): $4,6 \cdot 10^{-4}$
(*Fr.*, l. c. S. 131). Löslichkeit in Wasser bei 25°: 115,2 g/l (*Fr. et al.*, l. c. S. 131).

Charakterisierung als cyclisches Anhydrid (F: 149—150°): *Horák*, Chem. Listy **44**
[1950] 34; C. A. **1952** 103.

b) (***R***)-**Tetrahydro-thiophen-2*r*,5*t*-dicarbonsäure, (***R***)-*trans*-Tetrahydro-thiophen-
2,5-dicarbonsäure** $C_6H_8O_4S$, Formel X.

Konfigurationszuordnung: *Claeson, Jonsson*, Ark. Kemi **26** [1967] 247, 252, 253.

Gewinnung aus dem unter d) beschriebenen Racemat über das Brucin-Salz (s. u.):
Fredga, J. pr. [2] **150** [1938] 124, 128.

Krystalle (aus W.); F: 179—180°; $[\alpha]_D^{25}$: $-225,3°$ [wss. Salzsäure] (*Fr.*, J. pr. [2]
150 129). Schmelzdiagramm des Systems mit dem Enantiomeren: *Fredga*, J. pr. [2]
150 126; Tetrahedron **8** [1960] 126, 130.

B r u c i n - S a l z $C_{23}H_{26}N_2O_4 \cdot C_6H_8O_4S$. Krystalle (aus W.); $[\alpha]_D^{25}$: $-91,4°$ [wss. Salzsäure]
(*Fr.*, J. pr. [2] **150** 128).

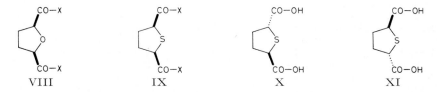

VIII   IX   X   XI

c) (***S***)-**Tetrahydro-thiophen-2*r*,5*t*-dicarbonsäure, (***S***)-*trans*-Tetrahydro-thiophen-
2,5-dicarbonsäure** $C_6H_8O_4S$, Formel XI.

Konfigurationszuordnung: *Claeson, Jonsson*, Ark. Kemi **26** [1967] 247, 252, 253.

Isolierung aus den nach Abtrennung des sauren Brucin-Salzes der Enantiomeren verbliebenen Mutterlaugen über das Chinin-Salz: *Fredga*, J. pr. [2] **150** [1938] 124, 129.

Krystalle (aus W.); F: 179—180° (*Fr.*, J. pr. [2] **150** 129). $[\alpha]_D^{25}$: $+238,5°$ [E.; c = 1];
$[\alpha]_D^{25}$: $+292,3°$ [Eg.; c = 1]; $[\alpha]_D^{25}$: $+258,5°$ [A.; c = 1]; $[\alpha]_D^{25}$: $+225,9°$ [wss. Salzsäure];
$[\alpha]_{546}^{25}$: $+283,3°$ [E.; c = 1]; $[\alpha]_{546}^{25}$: $+347,1°$ [Eg.; c = 1]; $[\alpha]_{546}^{25}$: $+306,8°$ [A.; c = 1];
$[\alpha]_{546}^{25}$: $+268,1°$ [wss. Salzsäure] (*Fr.*, J. pr. [2] **150** 130). Optisches Drehungsvermögen
$[\alpha]_D^{25}$ und $[\alpha]_{546}^{25}$ einer mit 1 Mol und einer mit 2 Mol wss. Alkalilauge versetzten wss.
Lösung: *Fr.*, J. pr. [2] **150** 130. Schmelzdiagramme der binären Systeme mit dem unter
b) beschriebenen Enantiomeren und mit (*R*)-*trans*-Tetrahydro-selenophen-2,5-dicarbon-
säure (S. 4430): *Fredga*, J. pr. [2] **150** 126; Tetrahedron **8** [1960] 126, 130; mit (*S*)-*trans*-
Tetrahydro-selenophen-2,5-dicarbonsäure (S. 4430): *Fr.*, Tetrahedron **8** 130; mit
(*R*)-*trans*-[1.2]Dithiolan-3,5-dicarbonsäure und mit (*S*)-*trans*-[1.2]Dithiolan-3,5-di-

carbonsäure: *Schotte*, Ark. Kemi **9** [1956] 441, 463.

d) (±)-Tetrahydro-thiophen-2*r*,5*t*-dicarbonsäure, (±)-*trans*-Tetrahydro-thiophen-2,5-dicarbonsäure $C_6H_8O_4S$, Formel X + XI (H 320).

B. Beim Behandeln des Dinatrium-Salzes der *racem.*-2,5-Dibrom-adipinsäure mit Natriumsulfid in Wasser (*Fredga*, J. pr. [2] **150** [1938] 124, 127).

Krystalle; F: 165—166° [aus W. oder aus E. + Bzl.] (*Fr.*), 165—166° [aus W.] (*Schotte*, Ark. Kemi **9** [1956] 377, 384). Scheinbare Dissoziationskonstante K'_{a1} (Wasser; konduktometrisch ermittelt): $5{,}0 \cdot 10^{-4}$ (*Fr.*, l. c. S. 128). Löslichkeit in Wasser bei 25°: 81,7 g/l (*Fr.*, l. c. S. 127).

1-Oxo-tetrahydro-1λ^4-thiophen-2*r*,5*c*-dicarbonsäure $C_6H_8O_5S$, Formel XII (X = OH).

B. Bei 2-tägigem Behandeln einer Lösung von *cis*-Tetrahydro-thiophen-2,5-dicarbonsäure in Essigsäure mit wss. Wasserstoffperoxid (*Bacchetti, Gallone Arnaboldi*, R.A.L. [8] **15** [1953] 75, 81).

Krystalle (aus W.); F: 189°.

1,1-Dioxo-tetrahydro-1λ^6-thiophen-2*r*,5*c*-dicarbonsäure $C_6H_8O_6S$, Formel XIII (R = H).

B. Bei mehrtägigem Behandeln einer Lösung von 1-Oxo-tetrahydro-1λ^4-thiophen-2*r*,5*c*-dicarbonsäure in Essigsäure mit wss. Wasserstoffperoxid (*Bacchetti, Gallone Arnaboldi*, R.A.L. [8] **15** [1953] 75, 82).

Krystalle (aus W.); F: 325° [Zers.].

***cis*-Tetrahydro-thiophen-2,5-dicarbonsäure-diäthylester** $C_{10}H_{16}O_4S$, Formel IX (X = O-C$_2$H$_5$).

B. Beim Behandeln von *meso*-2,5-Dibrom-adipinsäure-diäthylester mit Natriumsulfid und wenig Kaliumjodid in Äthanol (*Turner, Hill*, J. org. Chem. **14** [1949] 476, 477). Beim Erwärmen von *cis*-Tetrahydro-thiophen-2,5-dicarbonsäure mit Chlorwasserstoff enthaltendem Äthanol (*Brown, Kilmer*, Am. Soc. **65** [1943] 1674).

Kp_{10}: 157° (*Br., Ki.*); $Kp_{0,3}$: 100°; n_D^{25}: 1,4808 (*Tu., Hill*).

1,1-Dioxo-tetrahydro-1λ^6-thiophen-2*r*,5*c*-dicarbonsäure-diäthylester $C_{10}H_{16}O_6S$, Formel XIII (R = C$_2$H$_5$).

B. Bei mehrtägigem Behandeln einer Lösung von *cis*-Tetrahydro-thiophen-2,5-dicarbonsäure-diäthylester in Essigsäure mit wss. Wasserstoffperoxid (*Turner, Hill*, J. org. Chem. **14** [1949] 476, 479; *Bacchetti, Gallone Arnaboldi*, R.A.L. [8] **15** [1953] 75, 82). Aus 1,1-Dioxo-tetrahydro-1λ^6-thiophen-2*r*,5*c*-dicarbonsäure (*Ba., Ga. Ar.*).

Krystalle; F: 87° [aus A.] (*Ba., Ga. Ar.*).

***cis*-Tetrahydro-thiophen-2,5-dicarbonsäure-bis-[2-diäthylamino-äthylester]** $C_{18}H_{34}N_2O_4S$, Formel IX (X = O-CH$_2$-CH$_2$-N(C$_2$H$_5$)$_2$).

B. Beim Erwärmen von *cis*-Tetrahydro-thiophen-2,5-dicarbonylchlorid mit 2-Diäthylamino-äthanol und Benzol (*Runge et al.*, J. pr. [4] **2** [1955] 279, 290).

Kp_1: 184°; n_D^{20}: 1,4857 (*Ru. et al.*).

Die gleiche Verbindung hat vermutlich als Hauptbestandteil in einem von *Turner, Hill* (J. org. Chem. **14** [1949] 476, 479), beim Erhitzen von *cis*-Tetrahydro-thiophen-2,5-dicarbonsäure-diäthylester mit 2-Diäthylamino-äthanol und wenig Natrium erhaltenen Präparat ($Kp_{0,75}$: 177—179°; n_D^{25}: 1,4858) vorgelegen.

***cis*-Tetrahydro-thiophen-2,5-dicarbonsäure-bis-[3-diäthylamino-propylester]** $C_{20}H_{38}N_2O_4S$, Formel IX (X = O-[CH$_2$]$_3$-N(C$_2$H$_5$)$_2$).

Diese Verbindung hat vermutlich in dem nachstehend beschriebenen Präparat als Hauptbestandteil vorgelegen.

B. Beim Erhitzen von *cis*-Tetrahydro-thiophen-2,5-dicarbonsäure-diäthylester mit 3-Diäthylamino-propan-1-ol und wenig Natrium bis auf 170° (*Turner, Hill*, J. org. Chem. **14** [1949] 476, 479).

Kp_1: 195—197°. n_D^{25}: 1,4840.

***cis*-Tetrahydro-thiophen-2,5-dicarbonsäure-dichlorid, *cis*-Tetrahydro-thiophen-2,5-dicarbonylchlorid** $C_6H_6Cl_2O_2S$, Formel IX (X = Cl).

B. Beim Behandeln von *cis*-Tetrahydro-thiophen-2,5-dicarbonsäure mit Thionylchlorid

(*Runge et al.*, J. pr. [4] **2** [1955] 279, 289).

Kp$_{10}$: 142°; n$_D^{20}$: 1,5445 (*Ru. et al.*).

Beim Behandeln mit Diazomethan in Äther, Behandeln einer Lösung des Reaktions-produkts in Dioxan mit wss. Bromwasserstoffsäure und mehrstündigen Aufbewahren des gebildeten *cis*-2,5-Bis-bromacetyl-tetrahydro-thiophens (E III/IV **17** 5992) ist 2,5-Diacetyl-thiophen erhalten worden (*Horák*, *Pacák*, Chem. Listy **46** [1952] 645; C. A. **1953** 8060; Collect **18** [1953] 384, 386).

XII   XIII   XIV   XV

(±)-*cis*-5-Phenylcarbamoyl-tetrahydro-thiophen-2-carbonsäure, (±)-*cis*-Tetrahydro-thiophen-2,5-dicarbonsäure-monoanilid C$_{12}$H$_{13}$NO$_3$S, Formel XIV + Spiegelbild.

B. Beim Erwärmen von *cis*-Tetrahydro-thiophen-2,5-dicarbonsäure-anhydrid mit Anilin und Benzol (*Horák*, Chem. Listy **44** [1950] 34; C. A. **1952** 103).

F: 140° [über das Natrium-Salz gereinigtes Präparat].

cis-Tetrahydro-thiophen-2,5-dicarbonsäure-diamid, _cis_-Tetrahydro-thiophen-2,5-dicarb = amid C$_6$H$_{10}$N$_2$O$_2$S, Formel IX (X = NH$_2$) auf S. 4427.

B. Beim Behandeln von *cis*-Tetrahydro-thiophen-2,5-dicarbonylchlorid mit Ammoniak in Äther (*Runge et al.*, J. pr. [4] **2** [1955] 279, 289).

Krystalle (aus W.); F: 186° (*Ru. et al.*).

Die gleiche Verbindung hat vermutlich auch in einem von *Turner*, *Hill* (J. org. Chem. **14** [1949] 476, 478) beim Behandeln von *cis*-Tetrahydro-thiophen-2,5-dicarbonsäure-diäthylester mit Natriummethylat in Methanol und anschliessend mit wss. Ammoniak erhaltenen, als (±)-*trans*-Tetrahydro-thiophen-2,5-dicarbonsäure-diamid angesehenen Präparat (F: 179—181°) vorgelegen, aus dem beim Erwärmen mit Phosphorylchlorid *cis*-Tetrahydro-thiophen-2,5-dicarbonsäure-imid erhalten worden ist.

cis-Tetrahydro-thiophen-2,5-dicarbonsäure-bis-diäthylamid, Tetra-_N_-äthyl-_cis_-tetrahydro-thiophen-2,5-dicarbamid C$_{14}$H$_{26}$N$_2$O$_2$S, Formel IX (X = N(C$_2$H$_5$)$_2$) auf S. 4427.

B. Beim Behandeln von *cis*-Tetrahydro-thiophen-2,5-dicarbonylchlorid mit Diäthyl = amin und Benzol (*Runge et al.*, J. pr. [4] **2** [1955] 279, 290).

Verbindung mit Chlorwasserstoff C$_{14}$H$_{26}$N$_2$O$_2$S · 2 HCl. Krystalle; F: 206°.

1-Oxo-tetrahydro-1λ⁴-thiophen-2r,5c-dicarbonsäure-diamid C$_6$H$_{10}$N$_2$O$_3$S, Formel XII (X = NH$_2$).

B. Beim Behandeln einer Lösung des aus 1-Oxo-tetrahydro-1λ⁴-thiophen-2r,5c-di = carbonsäure mit Hilfe von Thionylchlorid hergestellten Säurechlorids in Benzol mit Ammoniak (*Bacchetti*, *Gallone Arnaboldi*, R.A.L. [8] **15** [1953] 75, 81).

Krystalle (aus Me.); F: 200°.

cis(?)-Tetrahydro-thiophen-2,5-dicarbonitril C$_6$H$_6$N$_2$S, vermutlich Formel XV.

Die Konfigurationszuordnung für die nachstehend beschriebene, von *Turner*, *Hill* (J. org. Chem. **14** [1949] 476, 478) als (±)-*trans*-Tetrahydro-thiophen-2,5-dicarbonitril angesehene Verbindung ist auf Grund der Bildungsweise aus *cis*(?)-Tetrahydro-thiophen-2,5-dicarbonsäure-diamid (s. o.) erfolgt.

B. In kleiner Menge beim Erhitzen von *cis*(?)-Tetrahydro-thiophen-2,5-dicarbonsäure-diamid (F: 179—181°) mit Phosphor(V)-chlorid bis auf 120° (*Tu.*, *Hill*).

Krystalle (aus wss. A.); F: 87°.

cis-Tetrahydro-thiophen-2,5-dicarbonsäure-dihydrazid C$_6$H$_{12}$N$_4$O$_2$S, Formel IX (X = NH-NH$_2$) auf S. 4427.

B. Beim Erwärmen von *cis*-Tetrahydro-thiophen-2,5-dicarbonsäure-diäthylester mit

Hydrazin-hydrat und Äthanol (*Brown, Kilmer*, Am. Soc. **65** [1943] 1674). Krystalle (aus A.); F: 208—209°.

Tetrahydro-selenophen-2,5-dicarbonsäure $C_6H_8O_4Se$.

a) **Tetrahydro-selenophen-2r,5c-dicarbonsäure, cis-Tetrahydro-selenophen-2,5-di⹀ carbonsäure** $C_6H_8O_4Se$, Formel I.

B. Beim Behandeln einer Lösung von *meso*-2,5-Dibrom-adipinsäure in Aceton mit wss. Natriumcarbonat-Lösung und anschliessend mit Kaliumdiselenid in Wasser (*Fredga*, J. pr. [2] **127** [1930] 103, 105) oder mit Kaliumselenid in Wasser (*Fredga*, J. pr. [2] **130** [1931] 180).

Krystalle (aus W.); F: 173° (*Fr.* J. pr. [2] **127** 105). Scheinbare Dissoziationskonstante K'_{a1} bzw. K'_{a2} (Wasser; potentiometrisch ermittelt) bei 25°: $2,82 \cdot 10^{-4}$ und $2,84 \cdot 10^{-4}$ bzw. $2,75 \cdot 10^{-5}$ und $2,80 \cdot 10^{-5}$ [jeweils zwei Messungen] (*A. Fredga*, Diss. [Uppsala 1935] S. 214, 215). Scheinbare Dissoziationskonstante K'_{a1} (Wasser; konduktometrisch ermittelt) bei 25°: $2,7 \cdot 10^{-4}$ (*Fredga*, J. pr. [2] **127** 106). Löslichkeit in Wasser bei 15°: 39,7 g/l (*Fr.*, Diss. S. 58); bei 25°: 63,6 g/l (*Fr.* J. pr. [2] **127** 105).

S i l b e r - S a l z $Ag_2C_6H_6O_4Se$. Amorpher Niederschlag, der sich beim Aufbewahren in der wss. Mutterlauge in Krystalle mit 2 Mol Wasser umwandelt (*Fr.*, J. pr. [2] **127** 106).

b) **(R)-Tetrahydro-selenophen-2r,5t-dicarbonsäure, (R)-$trans$-Tetrahydro-selenophen-2,5-dicarbonsäure** $C_6H_8O_4Se$, Formel II.

Bezüglich der Konfigurationszuordnung vgl. *Claeson, Jonsson*, Ark. Kemi **26** [1967] 247, 252.

Gewinnung aus dem unter d) beschriebenen Racemat über das saure Brucin-Salz: *Fredga*, J. pr. [2] **130** [1931] 180, 181.

Krystalle (aus W.); F: 173°; $[\alpha]_D^{25}$: $-270,5°$ [E.; c = 1]; $[\alpha]_D^{25}$: $-260°$ [Acn.; c = 1]; $[\alpha]_D^{25}$: $-298°$ [A.; c = 1]; $[\alpha]_D^{25}$: $-290,5°$ [wss. HCl]; $[\alpha]_D^{25}$: $-303,5°$ [Mononatrium-Salz in W.]; $[\alpha]_D^{25}$: $-317°$ [Dinatrium-Salz in W.] (*Fr.*, J. pr. [2] **130** 182). Schmelzdiagramme der binären Systeme mit (S)-$trans$-Tetrahydro-thiophen-2,5-dicarbonsäure (S. 4427) und mit dem unter c) beschriebenen Enantiomeren: *Fredga*, J. pr. [2] **150** [1938] 124, 126; Tetrahedron **8** [1960] 126, 130.

Beim Behandeln mit Kaliumhydrogencarbonat und Jod in Wasser ist $(-)$-1-O x o - t e t r a h y d r o - 1 λ^4-s e l e n o p h e n - 2r,5t-d i c a r b o n s ä u r e ($C_6H_8O_5Se$; $[M]_D^{25}$: $-585,5°$ [W.]) erhalten worden (*A. Fredga*, Diss. [Uppsala 1935] S. 68, 69).

S a u r e s B r u c i n - S a l z $C_{23}H_{26}N_2O_4 \cdot C_6H_8O_4Se$. Krystalle (aus W. + A.); $[\alpha]_D^{25}$: $-124,4°$ [wss. Salzsäure] (*Fr.*, J. pr. [2] **130** 181).

N e u t r a l e s B r u c i n - S a l z $2C_{23}H_{26}N_2O_4 \cdot C_6H_8O_2Se$. Krystalle mit ca. 5 Mol H_2O (*Fr.*, J. pr. [2] **130** 184).

I   II   III   IV

c) **(S)-Tetrahydro-selenophen-2r,5t-dicarbonsäure, (S)-$trans$-Tetrahydro-selenophen-2,5-dicarbonsäure** $C_6H_8O_4Se$, Formel III.

Bezüglich der Konfigurationszuordnung vgl. *Claeson, Jonsson*, Ark. Kemi **26** [1967] 247, 252.

Isolierung aus den nach Abtrennung des sauren Brucin-Salzes des Enantiomeren verbliebenen wss.-äthanol. Mutterlaugen über das Chinin-Salz (S. 4431): *Fredga*, J. pr. [2] **130** [1931] 180, 183.

Krystalle (aus W.); F: 173° (*Fr.*, J. pr. [2] **130** 183). $[\alpha]_D^{15}$: $+293,5°$ [wss. Salzsäure]; $[\alpha]_D^{25}$: $+291,5°$ [wss. Salzsäure] (*Fredga*, J. pr. [2] **130** 184). Schmelzdiagramm des Systems mit (S)-$trans$-Tetrahydro-thiophen-2,5-dicarbonsäure (S. 4427): *Fredga*, Tetrahedron **8** [1960] 126, 130; des Systems mit dem Enantiomeren: *Fredga*, J. pr. [2] **150** [1938] 124, 126; Tetrahedron **8** 130.

Chinin-Salz $C_{20}H_{24}N_2O_2 \cdot C_6H_8O_4Se$. Krystalle (aus wss. A.) mit 1,5 Mol H_2O, die bei 90° das Krystallwasser abgeben (*Fr.*, J. pr. [2] **130** 183).

d) **(±)-Tetrahydro-selenophen-2r,5t-dicarbonsäure, (±)-*trans*-Tetrahydro-selenophen-2,5-dicarbonsäure** $C_6H_8O_4Se$, Formel II + III.

B. Beim Behandeln des Dinatrium-Salzes der *racem.*-2,5-Dibrom-adipinsäure mit Kali= umselenid in Wasser (*Fredga*, J. pr. [2] **127** [1930] 103, 106). Herstellung aus gleichen Mengen der unter b) und c) beschriebenen Enantiomeren: *Fredga*, J. pr. [2] **130** [1931] 180, 184.

Krystalle (aus W.); F: 195° (*Fr.*, J. pr. [2] **127** 106), 194° (*Fr.*, J. pr. [2] **130** 184). Scheinbare Dissoziationskonstante K'_{a1} bzw. K'_{a2} (Wasser; potentiometrisch ermittelt) bei 25°: $3,50 \cdot 10^{-4}$ bzw. $4,51 \cdot 10^{-5}$ (*A. Fredga*, Diss. [Uppsala 1935] S. 214). Scheinbare Dissoziationskante K'_{a1} (Wasser; konduktometrisch ermittelt) bei 25°: $3,4 \cdot 10^{-4}$ (*Fr.*, J. pr. [2] **127** 107). Löslichkeit in Wasser bei 15°: 12,16 g/l (*Fr.*, Diss. [Uppsala 1935] S. 58); bei 25°: 20,1 g/l (*Fr.*, J. pr. [2] **127** 107).

Silber-Salz. $Ag_2C_6H_6O_4Se$. Krystalle (*Fr.*, J. pr. [2] **127** 107).

Dihydro-furan-3,3-dicarbonsäure-diäthylester $C_{10}H_{16}O_5$, Formel IV.

Diese Konstitution ist der nachstehend beschriebenen Verbindung zugeordnet worden (*Ghosh, Raha*, Am. Soc. **76** [1954] 282).

B. Beim Erwärmen der Natrium-Verbindung des Hydroxymethyl-malonsäure-diäthyl= esters mit 2-Chlor-äthanol und Äthanol (*Gh., Raha*).

$Kp_{0,6}$: 152—153° (*Gh., Raha*).

Tetrahydro-thiophen-3,4-dicarbonsäure $C_6H_8O_4S$.

a) **Tetrahydro-thiophen-3r,4c-dicarbonsäure, *cis*-Tetrahydro-thiophen-3,4-dicarbon=** säure $C_6H_8O_4S$, Formel V (R = H).

B. Beim Erwärmen von *cis*-Tetrahydro-thiophen-3,4-dicarbonsäure-anhydrid (F: 84° bis 85°) mit Wasser (*Brown et al.*, J. org. Chem. **12** [1947] 155, 158).

Krystalle (aus Acn. + Bzl.); F: 134—135° [korr.] (*Br. et al.*).

Bei 4-stdg. Erwärmen mit 20%ig. wss. Natronlauge auf 100° erfolgt zu 60% Umwand-lung in *trans*-Tetrahydro-thiophen-3,4-dicarbonsäure (*Baker et al.*, J. org. Chem. **13** [1948] 123, 129).

b) **(±)-Tetrahydro-thiophen-3r,4t-dicarbonsäure, (±)-*trans*-Tetrahydro-thiophen-3,4-dicarbonsäure** $C_6H_8O_4S$, Formel VI (X = OH) + Spiegelbild.

B. Beim Erwärmen von *cis*-Tetrahydro-thiophen-3,4-dicarbonsäure mit 20%ig. wss. Natronlauge (*Baker et al.*, J. org. Chem. **13** [1948] 123, 129). Beim Behandeln von (±)-*trans*(?)-Tetrahydro-thiophen-3,4-dicarbonsäure-diäthylester (aus Thiophen-3,3,4,4-tetracarbonsäure-tetraäthylester hergestellt) mit wss.-äthanol. Natronlauge (*Brown et al.*, J. org. Chem. **12** [1947] 155, 157). Beim Erwärmen von (±)-2,3-Dihydro-thiophen-3,4-di= carbonsäure mit wss. Natronlauge und mit Natrium-Amalgam (*Ba. et al.*).

Krystalle (aus Acn. + Bzl.); F: 131—134° und (nach Wiedererstarren) F: 140—141° [korr.] (*Br. et al.*, l. c. S. 157). Die niedriger schmelzende Modifikation wandelt sich innerhalb von 18 Monaten vollständig in die höher schmelzende Modifikation um (*Br. et al*).

Überführung in *cis*-Tetrahydro-thiophen-3,4-dicarbonsäure-anhydrid durch Erwärmen mit Acetylchlorid und Erhitzen des Reaktionsprodukts auf 150°: *Br. et al.*, l. c. S. 158.

(±)-*cis*-Tetrahydro-thiophen-3,4-dicarbonsäure-monomethylester $C_7H_{10}O_4S$, Formel VII (X = O-CH_3) + Spiegelbild.

B. Beim Erwärmen von *cis*-Tetrahydro-thiophen-3,4-dicarbonsäure-anhydrid mit Methanol (*Baker et al.*, J. org. Chem. **12** [1947] 174, 178).

Krystalle (aus Bzl.); F: 107,5—109°.

Beim Erwärmen des mit Hilfe von Thionylchlorid und Benzol hergestellten Säure= chlorids mit Anilin und Benzol und Erwärmen des danach isolierten Reaktionsprodukts (F: 122—127°) mit wss. Methanol ist *cis*-Tetrahydro-thiophen-3,4-dicarbonsäure-phenyl= imid erhalten worden.

Tetrahydro-thiophen-3,4-dicarbonsäure-dimethylester $C_8H_{12}O_4S$.

a) **cis-Tetrahydro-thiophen-3,4-dicarbonsäure-dimethylester** $C_8H_{12}O_4S$, Formel V ($R = CH_3$).

B. Beim Behandeln einer Lösung von *cis*-Tetrahydro-thiophen-3,4-dicarbonsäure in Methanol mit Diazomethan in Äther (*Brown et al.*, J. org. Chem. **12** [1947] 155, 158; *Baker et al.*, J. org. Chem. **12** [1947] 174, 181).

Kp_{13}: 154—156° (*Ba. et al.*).

Beim Erwärmen mit Hydrazin-hydrat und Äthanol ist *trans*-Tetrahydro-thiophen-3,4-dicarbonsäure-dihydrazid erhalten worden (*Br. et al.*).

b) **(±)-trans-Tetrahydro-thiophen-3,4-dicarbonsäure-dimethylester** $C_8H_{12}O_4S$, Formel VI ($X = O$-CH_3) + Spiegelbild.

B. Beim Behandeln einer Lösung von (±)-*trans*-Tetrahydro-thiophen-3,4-dicarbonsäure in Methanol mit Diazomethan in Äther (*Brown et al.*, J. org. Chem. **12** [1947] 155, 158; *Baker et al.*, J. org. Chem. **12** [1947] 174, 181). Beim Erwärmen von (±)-*trans*-Tetrahydro-thiophen-3,4-dicarbonsäure mit Methanol und Acetylchlorid (*Ba. et al.*).

Krystalle (aus Ae. + PAe.); F: 51,5—53° (*Ba. et al.*).

(±)-cis-Tetrahydro-thiophen-3,4-dicarbonsäure-monoäthylester $C_8H_{12}O_4S$, Formel VII ($X = O$-C_2H_5) + Spiegelbild.

B. Beim Erwärmen von *cis*-Tetrahydro-thiophen-3,4-dicarbonsäure-anhydrid mit Äthanol (*Baker et al.*, J. org. Chem. **12** [1947] 174, 178).

Krystalle; F: 55—59° [Rohprodukt].

(±)-trans(?)-Tetrahydro-thiophen-3,4-dicarbonsäure-diäthylester $C_{10}H_{16}O_4S$, vermutlich Formel VI ($X = O$-C_2H_5) + Spiegelbild.

Die Konfigurationszuordnung ist auf Grund der Bildungsweise erfolgt.

B. Beim Erwärmen von Thiophen-3,3,4,4-tetracarbonsäure-tetraäthylester mit wss. Natronlauge bzw. wss.-äthanol. Natronlauge und Behandeln des Reaktionsprodukts mit Chlorwasserstoff enthaltendem Äthanol (*Kilmer et al.*, J. biol. Chem. **145** [1942] 495, 499) bzw. mit Schwefelsäure enthaltendem Äthanol und Benzol unter Erwärmen (*Marvel, Ryder*, Am. Soc. **77** [1955] 66).

Kp_{18}: 132—132,5° [unkorr.]; n_D^{21}: 1,4821 (*Ma., Ry.*).

V	VI	VII	VIII

4-Phenylcarbamoyl-tetrahydro-thiophen-3-carbonsäure, Tetrahydro-thiophen-3,4-dicarbonsäure-monoanilid $C_{12}H_{13}NO_3S$.

a) **(±)-cis-4-Phenylcarbamoyl-tetrahydro-thiophen-3-carbonsäure** $C_{12}H_{13}NO_3S$, Formel VII ($X = NH$-C_6H_5) + Spiegelbild.

B. Beim Erwärmen von *cis*-Tetrahydro-thiophen-3,4-dicarbonsäure-anhydrid mit Anilin und Benzol (*Baker et al.*, J. org. Chem. **12** [1947] 174, 178).

Krystalle; F: 140—142°.

Beim Erwärmen mit wss. Methanol oder mit Acetylchlorid ist *cis*-Tetrahydro-thiophen-3,4-dicarbonsäure-phenylimid erhalten worden.

b) **(±)-trans-4-Phenylcarbamoyl-tetrahydro-thiophen-3-carbonsäure** $C_{12}H_{13}NO_3S$, Formel VIII ($X = OH$) + Spiegelbild.

B. Beim Erwärmen von (±)-*trans*-4-Phenylcarbamoyl-tetrahydro-thiophen-3-carbonsäure-methylester mit wss.-äthanol. Alkalilauge (*Baker et al.*, J. org. Chem. **12** [1947] 322, 325).

F: 223—224°.

4-[Methyl-phenyl-carbamoyl]-tetrahydro-thiophen-3-carbonsäure, Tetrahydro-thiophen-3,4-dicarbonsäure-mono-[N-methyl-anilid] $C_{13}H_{15}NO_3S$.

a) **(±)-cis-4-[Methyl-phenyl-carbamoyl]-tetrahydro-thiophen-3-carbonsäure**
$C_{13}H_{15}NO_3S$, Formel IX (R = H) + Spiegelbild.
B. Beim Erwärmen von *cis*-Tetrahydro-thiophen-3,4-dicarbonsäure-anhydrid mit *N*-Methyl-anilin und Benzol (*Baker et al.*, J. org. Chem. **12** [1947] 174, 178).
Krystalle (aus Bzl.); F: 161—162°.

b) **(±)-trans-4-[Methyl-phenyl-carbamoyl]-tetrahydro-thiophen-3-carbonsäure**
$C_{13}H_{15}NO_3S$, Formel X (X = OH) + Spiegelbild.
B. Neben kleinen Mengen *trans*-Tetrahydro-thiophen-3,4-dicarbonsäure beim Erhitzen von (±)-*trans*-4-[Methyl-phenyl-carbamoyl]-tetrahydro-thiophen-3-carbonsäure-hydrazid mit wss. Salzsäure (*Baker et al.*, J. org. Chem. **12** [1947] 174, 179, 180).
Krystalle (aus wss. A.); F: 190—191°.

(±)-trans-4-Phenylcarbamoyl-tetrahydro-thiophen-3-carbonsäure-methylester
$C_{13}H_{15}NO_3S$, Formel VIII (X = O-CH$_3$) + Spiegelbild.
B. Beim Erwärmen (20 min) von (±)-*trans*-Tetrahydro-thiophen-3,4-dicarbonsäure-dimethylester mit wss.-methanol. Natronlauge, Erwärmen des gebildeten (±)-*trans*-Tetrahydro-thiophen-3,4-dicarbonsäure-monomethylesters mit Thionylchlorid und Benzol und Behandeln des danach isolierten Reaktionsprodukts mit Anilin und Benzol (*Baker et al.*, J. org. Chem. **12** [1947] 174, 182, 322, 325).
Krystalle (aus Bzl.); F: 150—151° (*Ba. et al.*, l. c. S. 325).

4-[Methyl-phenyl-carbamoyl]-tetrahydro-thiophen-3-carbonsäure-methylester
$C_{14}H_{17}NO_3S$.

a) **(±)-cis-4-[Methyl-phenyl-carbamoyl]-tetrahydro-thiophen-3-carbonsäure-methylester** $C_{14}H_{17}NO_3S$, Formel IX (R = CH$_3$) + Spiegelbild.
B. Beim Erwärmen von (±)-*cis*-Tetrahydro-thiophen-3,4-dicarbonsäure-monomethyl=ester mit Thionylchlorid und Benzol und Erwärmen des erhaltenen Säurechlorids mit *N*-Methyl-anilin und Benzol (*Baker et al.*, J. org. Chem. **12** [1947] 174, 178). Beim Behandeln von (±)-*cis*-4-[Methyl-phenyl-carbamoyl]-tetrahydro-thiophen-3-carbonsäure (s. o.) mit Diazomethan in Äther (*Ba. et al.*).
Krystalle (aus Bzl. + PAe.); F: 107—107,5°.
Beim Erwärmen mit Natriummethylat in Methanol erfolgt Umwandlung in *trans*-4-[Methyl-phenyl-carbamoyl]-tetrahydro-thiophen-3-carbonsäure-methylester   (s. u.).
Beim Erhitzen mit Hydrazin-hydrat auf 140° sind *trans*-4-[Methyl-phenyl-carbamoyl]-tetrahydro-thiophen-3-carbonsäure-hydrazid (S. 4434), *trans*-Tetrahydro-thiophen-3,4-di=carbonsäure-dihydrazid und *cis*-Hexahydro-thieno[3,4-*d*]pyridazin-1,4-dion erhalten wor-den (*Ba. et al.*, l. c. S. 179).

b) **(±)-trans-4-[Methyl-phenyl-carbamoyl]-tetrahydro-thiophen-3-carbonsäure-methylester** $C_{14}H_{17}NO_3S$, Formel X (X = O-CH$_3$) + Spiegelbild.
B. Neben kleinen Mengen von *trans*-4-[Methyl-phenyl-carbamoyl]-tetrahydro-thiophen-3-carbonsäure (s. o.) beim Erwärmen von (±)-*cis*-4-[Methyl-phenyl-carbamoyl]-tetra=hydro-thiophen-3-carbonsäure-methylester mit Natriummethylat in Methanol (*Baker et al.*, J. org. Chem. **12** [1947] 174, 179). Beim Erwärmen (20 min) von (±)-*trans*-Tetra=hydro-thiophen-3,4-dicarbonsäure-dimethylester mit wss.-methanol. Natronlauge und Erwärmen des erhaltenen *trans*-Tetrahydro-thiophen-3,4-dicarbonsäure-monomethyl=esters mit Thionylchlorid und anschliessend mit *N*-Methyl-anilin und Benzol (*Ba. et al.*, l. c. S. 182).
Krystalle (aus Bzl. + PAe.); F: 124—126° (*Ba. et al.*, l. c. S. 179).

      IX   X   XI   XII

trans(?)-Tetrahydro-thiophen-3,4-dicarbonsäure-bis-methylamid, *N,N'*-Dimethyl-*trans*(?)-tetrahydro-thiophen-3,4-dicarbamid $C_8H_{14}N_2O_2S$, vermutlich Formel VI (X = NH-CH$_3$) [auf S. 4432] + Spiegelbild.

Diese Konstitution ist der nachstehend beschriebenen Verbindung zugeordnet worden (*Marvel et al.*, Am. Soc. **78** [1956] 6171, 6172); die Konfigurationszuordnung ist auf Grund der Bildungsweise erfolgt.

B. Neben grösseren Mengen *cis*-Tetrahydro-thiophen-3,4-dicarbonsäure-methylimid beim Behandeln von *cis*-Tetrahydro-thiophen-3,4-dicarbonsäure-anhydrid mit wss. Methylamin-Lösung und wenig Schwefelsäure und Erhitzen des Reaktionsgemisches bis auf 275° (*Ma. et al.*).

Krystalle (aus A.); F: 298—300°.

(±)-*trans*-4-Phenylcarbamoyl-tetrahydro-thiophen-3-carbonsäure-hydrazid,
(±)-*trans*-Tetrahydro-thiophen-3,4-dicarbonsäure-anilid-hydrazid $C_{12}H_{15}N_3O_2S$,
Formel VIII (X = NH-NH$_2$) [auf S. 4432] + Spiegelbild.

B. Beim Erhitzen von (±)-*trans*-4-Phenylcarbamoyl-tetrahydro-thiophen-3-carbon=säure-methylester mit Hydrazin-hydrat (*Baker et al.*, J. org. Chem. **12** [1947] 322, 325).

Krystalle (aus wss. A.); F: 200—201°.

(±)-*trans*-4-[Methyl-phenyl-carbamoyl]-tetrahydro-thiophen-3-carbonsäure-hydrazid,
(±)-*trans*-Tetrahydro-thiophen-3,4-dicarbonsäure-hydrazid-[*N*-methyl-anilid]
$C_{13}H_{17}N_3O_2S$, Formel X (X = NH-NH$_2$) + Spiegelbild.

B. Beim Erhitzen von (±)-*trans*-4-[Methyl-phenyl-carbamoyl]-tetrahydro-thiophen-3-carbonsäure-methylester mit Hydrazin-hydrat auf 140° (*Baker et al.*, J. org. Chem. **12** [1947] 174, 179).

Krystalle (aus W.); F: 176—178°.

(±)-*trans*-4-[Methyl-phenyl-carbamoyl]-tetrahydro-thiophen-3-carbonsäure-iso=propylidenhydrazid, (±)-*trans*-Tetrahydro-thiophen-3,4-dicarbonsäure-isopropyliden=hydrazid-[*N*-methyl-anilid] $C_{16}H_{21}N_3O_2S$, Formel X (X = NH-N=C(CH$_3$)$_2$) + Spiegelbild.

B. Beim Erwärmen von (±)-*trans*-4-[Methyl-phenyl-carbamoyl]-tetrahydro-thiophen-3-carbonsäure-hydrazid mit Aceton (*Baker et al.*, J. org. Chem. **12** [1947] 174, 179).

Krystalle (aus Acn. + Heptan); F: 191—193°.

(±)-*trans*-Tetrahydro-thiophen-3,4-dicarbonsäure-dihydrazid $C_6H_{12}N_4O_2S$, Formel VI (X = NH-NH$_2$) [auf S. 4432] + Spiegelbild.

B. Beim Behandeln einer Lösung von *cis*-Tetrahydro-thiophen-3,4-dicarbonsäure oder von (±)-*trans*-Tetrahydro-thiophen-3,4-dicarbonsäure in Methanol mit Diazomethan in Äther und Erwärmen des erhaltenen Dimethylesters mit Hydrazin-hydrat und Äthanol (*Brown et al.*, J. org. Chem. **12** [1947] 155, 158). Neben öligen Substanzen beim Erwärmen von (±)-*trans*(?)-Tetrahydro-thiophen-3,4-dicarbonsäure-diäthylester (aus Thiophen-3,3,4,4-tetracarbonsäure-tetraäthylester hergestellt) mit Hydrazin-hydrat auf 100° (*Kilmer et al.*, J. biol. Chem. **145** [1942] 495, 499).

Krystalle; F: 226—227° [unkorr.; nach Erweichen; aus wss. A.] (*Ki. et al.*), 223—224° (*Br. et al.*).

(±)-Oxiranylmethyl-malonsäure-diäthylester, (±)-[2,3-Epoxy-propyl]-malonsäure-diäthylester $C_{10}H_{16}O_5$, Formel XI.

B. Bei mehrtägigem Behandeln von Allylmalonsäure-diäthylester mit Peroxyessigsäure in Essigsäure unter Zusatz von Natriumacetat (*Warner & Co.*, U.S.P. 2464137 [1946]).

Kp$_{0,08}$: 83—87°. D$_4^{25}$: 1,0947. n$_D^{25}$: 1,4362.

***Opt.-inakt. 2,3-Dimethyl-oxiran-2,3-dicarbonsäure, 2,3-Epoxy-2,3-dimethyl-bernstein=säure** $C_6H_8O_5$, Formel XII.

B. In kleiner Menge beim Behandeln von opt.-inakt. 3-Chlor-2-hydroxy-2,3-dimethyl-bernsteinsäure (F: 173—174° [E III **3** 942]) mit Bariumhydroxid in Wasser (*Tarbell, Bartlett*, Am. Soc. **59** [1937] 407, 409).

Krystalle (aus E. + Bzl.); F: 158—160° [Zers.].

Dicarbonsäuren $C_7H_{10}O_5$

Tetrahydro-pyran-2r,6c-dicarbonsäure, *cis*-Tetrahydro-pyran-2,6-dicarbonsäure
$C_7H_{10}O_5$, Formel I (X = OH).
B. Bei der Hydrierung von Pyran-2,6-dicarbonsäure an Platin in Essigsäure (*Czorno-dola*, Roczniki Chem. **16** [1936] 459, 461; C. **1937** I 3146). Aus *cis*-Tetrahydro-pyran-2,6-di=carbonsäure-diäthylester beim Erwärmen mit äthanol. Kalilauge (*Cope, Fournier*, Am. Soc. **79** [1957] 3896, 3897) sowie beim Erhitzen mit konz. wss. Salzsäure (*Dávila*, An. Soc. españ. **27** [1929] 637, 640).
Krystalle; F: 192,5—193° [aus wss. Salzsäure] (*Cz.*), 191—192,2° [korr.] (*Cope, Fo.*), 188° (*Dá.*).
Charakterisierung als cyclisches Anhydrid (F: 71°): *Cz.*, l. c. S. 463.
Brucin-Salz $C_{23}H_{26}N_2O_4 \cdot C_7H_{10}O_5$. Krystalle; Zers. bei 187—192°; $[\alpha]_D^{20}$: —19° [W.] (*Cz.*, l. c. S. 462).

cis-Tetrahydro-pyran-2,6-dicarbonsäure-dimethylester $C_9H_{14}O_5$, Formel I (X = O-CH_3).
B. Bei der Hydrierung von Pyran-2,6-dicarbonsäure-dimethylester an Platin in Essig=säure (*Czornodola*, Roczniki Chem. **16** [1936] 459, 461; C. **1937** I 3146).
Krystalle (aus Ae.), F: 53—54°; bei 156°/8 Torr destillierbar (*Cz.*, l. c. S. 463).

cis-Tetrahydro-pyran-2,6-dicarbonsäure-diäthylester $C_{11}H_{18}O_5$, Formel I (X = O-C_2H_5).
B. Bei der Hydrierung von Pyran-2,6-dicarbonsäure an Palladium/Kohle in Äthanol und Behandlung der warmen Reaktionslösung mit Benzol und wenig Schwefelsäure (*Cope, Fournier*, Am. Soc. **79** [1957] 3896, 3897). Bei der Hydrierung von 4-Oxo-4*H*-pyran-2,6-dicarbonsäure-diäthylester an Platin in Essigsäure (*Dávila*, An. Soc. españ. **27** [1929] 637, 638).
Kp_{20}: 170° (*Dá.*, l. c. S. 639). $Kp_{0,07}$: 95°; D_4^{25}: 1,118; n_D^{25}: 1,4527 (*Cope, Fo.*).

cis-Tetrahydro-pyran-2,6-dicarbonsäure-diamid, *cis*-Tetrahydro-pyran-2,6-dicarbamid
$C_7H_{12}N_2O_3$, Formel I (X = NH_2).
B. Beim Erwärmen von *cis*-Tetrahydro-pyran-2,6-dicarbonsäure mit Phosphor(V)-chlorid und Eintragen des erhaltenen *cis*-Tetrahydro-pyran-2,6-dicarbonylchlorids in wss. Ammoniak (*Czornodola*, Roczniki Chem. **16** [1936] 459, 463; C. **1937** I 3146). Beim Erwärmen von *cis*-Tetrahydro-pyran-2,6-dicarbonsäure-diäthylester mit wss. Ammoniak (*Dávila*, An. Soc. españ. **27** [1929] 637, 640).
Krystalle mit 1 Mol H_2O; F: 263° [aus W.] (*Cz.*), 262° [Zers.] (*Dá.*).

Tetrahydro-thiopyran-2,6-dicarbonsäure $C_7H_{10}O_4S$.

a) **Tetrahydro-thiopyran-2r,6c-dicarbonsäure, *cis*-Tetrahydro-thiopyran-2,6-dicarbon=säure** $C_7H_{10}O_4S$, Formel II (R = H).
B. Beim Behandeln des Natrium-Salzes der *meso*-2,6-Dibrom-heptandisäure (F: 154° bis 155°) mit Natriumsulfid in Wasser (*Fehnel, Oppenlander*, Am. Soc. **75** [1953] 4660, 4662). Neben kleineren Mengen des unter d) beschriebenen Racemats beim Behandeln des Natrium-Salzes der opt.-inakt. 2,6-Dibrom-heptandisäure (Stereoisomeren-Gemisch; F: 136—140°) mit Natriumsulfid in Wasser (*Schotte*, Ark. Kemi **7** [1954] 493, 497) sowie beim Erwärmen von opt.-inakt. Tetrahydro-thiopyran-2,6-dicarbonsäure-dimethylester (Kp_{13}: 161—163°; aus opt.-inakt. 2,6-Dibrom-heptandisäure-dimethylester [Kp_{12}: 185° bis 192°] hergestellt) mit methanol. Kalilauge (*Fe., Op.*).
Krystalle (aus W.); F: 212—213° (*Fe., Op.*), 210—211° (*Sch.*). IR-Spektrum (KBr [2—15 μ] bzw. Nujol [7,5—15 μ]): *Sch.*, l. c. S. 496.
Beim Erhitzen bis auf 220° erfolgt partielle Umwandlung in *trans*-Tetrahydro-thio=pyran-2,6-dicarbonsäure (*Sch.*, l. c. S. 497, 498).
Charakterisierung als cyclisches Anhydrid (F: 168—169° bzw. F: 168°): *Fe., Op.*; *Sch.*, l. c. S. 498.

b) **(+)-Tetrahydro-thiopyran-2r,6t-dicarbonsäure, (+)-*trans*-Tetrahydro-thiopyran-2,6-dicarbonsäure** $C_7H_{10}O_4S$, Formel III oder Spiegelbild.
Partiell racemische Präparate ($[\alpha]_D^{25}$: +14,3° [A.] bzw. $[\alpha]_D^{25}$: +91° [A.]) sind aus dem unter d) beschriebenen Racemat über das Brucin-Salz (*Schotte*, Ark. Kemi **7** [1954] 493,

498) bzw. über das Chinin-Salz (*Némorin et al.*, Ark. Kemi **30** [1969] 403, 405) erhalten worden.

c) **(−)-Tetrahydro-thiopyran-2r,6t-dicarbonsäure, (−)-*trans*-Tetrahydro-thiopyran-2,6-dicarbonsäure** $C_7H_{10}O_4S$, Formel III oder Spiegelbild.

Isolierung aus den nach Abtrennung des Chinin-Salzes des Enantiomeren verbliebenen Mutterlaugen über das Strychnin-Salz: *Némorin et al.*, Ark. Kemi **30** [1969] 403, 406. Über ein aus dem unter d) beschriebenen Racemat über das Strychnin-Salz erhalzenes partiell racemisches Präparat s. *Schotte*, Ark. Kemi **7** [1954] 493, 498.

Krystalle (aus Ameisensäure); F: 148—149°; $[\alpha]_D^{25}$: −115,5° [A.; c = 0,6] (*Né. et al.*). Schmelzdiagramme der binären Systeme mit dem unter b) beschriebenen partiell racemischen Enantiomeren, mit (+)-*trans*-Tetrahydro-selenopyran-2,6-dicarbonsäure (S. 4437) und mit (−)-*trans*-Tetrahydro-selenopyran-2,6-dicarbonsäure (S. 4437): *Né. et al.*, l. c. S. 404.

d) **(±)-Tetrahydro-thiopyran-2r,6t-dicarbonsäure, (±)-*trans*-Tetrahydro-thiopyran-2,6-dicarbonsäure** $C_7H_{10}O_4S$, Formel III + Spiegelbild.

B. Beim Behandeln des Natrium-Salzes der *racem.*-2,6-Dibrom-heptandisäure mit Natriumsulfid in Wasser (*Némorin et al.*, Ark. Kemi **30** [1969] 403, 405). Bildung beim Erhitzen des unter a) beschriebenen Stereoisomeren bis auf 220°: *Schotte*, Ark. Kemi **7** [1954] 493, 497.

Krystalle (aus W.); F: 148—149° (*Sch.*), 146—147° (*Né. et al.*). IR-Spektrum (KBr [2—15 μ] bzw. Nujol [7,5—15 μ]): *Sch.*, l. c. S. 496.

1,1-Dioxo-tetrahydro-1λ^6-thiopyran-2r,6c-dicarbonsäure $C_7H_{10}O_6S$, Formel IV (R = H).

B. Beim Behandeln von *cis*-Tetrahydro-thiopyran-2,6-dicarbonsäure mit Peroxyessig= säure in Essigsäure und Acetanhydrid (*Fehnel, Oppenlander*, Am. Soc. **75** [1953] 4660, 4663).

Krystalle; F: 183—185°.

Beim Erhitzen mit Essigsäure ist ein Gemisch von 1,1-Dioxo-tetrahydro-1λ^6-thiopyran-2,6-dicarbonsäuren erhalten worden.

cis-Tetrahydro-thiopyran-2,6-dicarbonsäure-dimethylester $C_9H_{14}O_4S$, Formel II (R =CH$_3$).

B. Aus *cis*-Tetrahydro-thiopyran-2,6-dicarbonsäure mit Hilfe von Diazomethan (*Schotte*, Ark. Kemi **7** [1954] 493, 499).

F: 40—43°.

Beim Behandeln mit Natriummethylat in Methanol und anschliessend mit äthanol. Natronlauge ist ein Gemisch von Tetrahydro-thiopyran-2,6-dicarbonsäuren erhalten worden.

1,1-Dioxo-tetrahydro-1λ^6-thiopyran-2r,6c-dicarbonsäure-dimethylester $C_9H_{14}O_6S$, Formel IV (R = CH$_3$).

B. Beim Behandeln von 1,1-Dioxo-tetrahydro-1λ^6-thiopyran-2r,6c-dicarbonsäure mit Diazomethan in Äther (*Fehnel, Oppenlander*, Am. Soc. **75** [1953] 4660, 4663).

Krystalle (aus Me.); F: 140—141°.

Tetrahydro-selenopyran-2,6-dicarbonsäure $C_7H_{10}O_4Se$.

a) **Tetrahydro-selenopyran-2r,6c-dicarbonsäure, *cis*-Tetrahydro-selenopyran-2,6-di= carbonsäure** $C_7H_{10}O_4Se$, Formel V.

B. Beim Behandeln des Natrium-Salzes der *meso*-2,6-Dibrom-heptandisäure mit Natriumselenid in Wasser (*Fredga, Styrman*, Ark. Kemi **14** [1959] 461, 462).

Krystalle (aus Ameisensäure); F: 185—186,5°.

Beim Erhitzen bis auf 220° ist ein Gemisch mit dem unter d) beschriebenen Racemat erhalten worden.

b) **(+)-Tetrahydro-selenopyran-2r,6t-dicarbonsäure**, **(+)-*trans*-Tetrahydro-seleno=pyran-2,6-dicarbonsäure** $C_7H_{10}O_4Se$, Formel VI oder Spiegelbild.

Gewinnung aus dem unter d) beschriebenen Racemat über das Chinin-Salz: *Fredga, Styrman*, Ark. Kemi **14** [1959] 461, 463.

Krystalle (aus wss. Salzsäure); F: 146,5—148,5° (*Fr., St.*). $[\alpha]_D^{25}$: +144,6° [CHCl₃; c = 2]; $[\alpha]_D^{25}$: +113,6° [E.; c = 2]; $[\alpha]_D^{25}$: +154,3° [Eg.; c = 2]; $[\alpha]_D^{25}$: +112,3° [Acn.; c = 2]; $[\alpha]_D^{25}$: +111,9° [Acn.; c = 4]; $[\alpha]_D^{25}$: +139,2° [A.; c = 2]; $[\alpha]_D^{25}$: +121,7° [wss. Salzsäure] (*Fr., St.*, l. c. S. 464). Schmelzdiagramme der binären Systeme mit (−)-*trans*-Tetrahydro-thiopyran-2,6-dicarbonsäure (S. 4436) und mit dem unter c) beschriebenen Enantiomeren: *Némorin et al.*, Ark. Kemi **30** [1969] 403, 404.

c) **(−)-Tetrahydro-selenopyran-2r,6t-dicarbonsäure**, **(−)-*trans*-Tetrahydro-seleno=pyran-2,6-dicarbonsäure** $C_7H_{10}O_4Se$, Formel VI oder Spiegelbild.

Isolierung aus dem nach Abtrennung des Chinin-Salzes der Enantiomeren verbliebenen wss.-äthanol. Mutterlaugen über das Brucin-Salz: *Fredga, Styrman*, Ark. Kemi **14** [1959] 461, 464.

Krystalle (aus wss. Salzsäure); F: 146,5—148,5°; $[\alpha]_D^{25}$: −112° [Acn.; c = 2] (*Fr., St.*). Schmelzdiagramme der binären Systeme mit (−)-*trans*-Tetrahydro-thiopyran-2,6-dicarbonsäure und mit dem unter b) beschriebenen Enantiomeren: *Némorin et al.*, Ark. Kemi **30** [1969] 403, 404.

V   VI   VII   VIII

d) **(±)-Tetrahydro-selenopyran-2r,6t-dicarbonsäure**, **(±)-*trans*-Tetrahydro-seleno=pyran-2,6-dicarbonsäure** $C_7H_{10}O_4Se$, Formel VI + Spiegelbild.

B. Beim Behandeln des Natrium-Salzes der *racem.*-2,6-Dibrom-heptandisäure mit Natriumselenid in Wasser (*Fredga, Styrman*, Ark. Kemi **14** [1959] 461, 463). Herstellung aus gleichen Mengen der unter b) und c) beschriebenen Enantiomeren: *Fr., St.*

Krystalle (aus Ameisensäure); F: 174—175°.

Tetrahydro-thiopyran-3,4-dicarbonsäure $C_7H_{10}O_4S$.

a) **(±)-Tetrahydro-thiopyran-3r,4c-dicarbonsäure**, **(±)-*cis*-Tetrahydro-thiopyran-3,4-dicarbonsäure** $C_7H_{10}O_4S$, Formel VII + Spiegelbild.

B. Beim Erwärmen von (±)-*cis*-Tetrahydro-thiopyran-3,4-dicarbonsäure-anhydrid mit wss. Natronlauge (*Baker, Ablondi*, J. org. Chem. **12** [1947] 328, 331).

Krystalle (aus Acn. + Bzl.); F: 167—168°.

b) **(±)-Tetrahydro-thiopyran-3r,4t-dicarbonsäure**, **(±)-*trans*-Tetrahydro-thiopyran-3,4-dicarbonsäure** $C_7H_{10}O_4S$, Formel VIII (X = OH) + Spiegelbild.

B. Beim Behandeln von 5,6-Dihydro-2*H*-thiopyran-3,4-dicarbonsäure-anhydrid mit wss. Natronlauge und anschliessenden Erwärmen mit Natrium-Amalgam, Behandeln des Reaktionsprodukts mit Chloroform, Methanol und wenig Schwefelsäure und Erwärmen einer methanol. Lösung des gebildeten Tetrahydro-thiopyran-3,4-dicarbonsäure-dimethylesters ($C_9H_{14}O_4S$; Kp₁₂: 155—159°) mit wenig Natriummethylat und anschliessend mit Kaliumhydroxid und Wasser (*Baker, Ablondi*, J. org. Chem. **12** [1947] 328, 330).

Krystalle (aus Acn. + Bzl.); F: 175,5—177°.

(±)-*trans*-Tetrahydro-thiopyran-3,4-dicarbonsäure-dihydrazid $C_7H_{14}N_4O_2S$, Formel VIII (X = NH-NH₂) + Spiegelbild.

B. Beim Erwärmen von (±)-*cis*-Tetrahydro-thiopyran-3,4-dicarbonsäure-dimethylester (aus (±)-*cis*-Tetrahydro-thiopyran-3,4-dicarbonsäure [s. o.] mit Hilfe von Diazomethan hergestellt) oder von opt.-inakt. Tetrahydro-thiopyran-3,4-dicarbonsäure-dimethylester

(Kp_{12}: 155—159° [S. 4437]) mit Hydrazin-hydrat und Methanol (*Baker, Ablondi*, J. org. Chem. **12** [1947] 321, 328).
Krystalle (aus wss. Propan-1-ol); F: 206—208°.

Tetrahydro-pyran-4,4-dicarbonsäure $C_7H_{10}O_5$, Formel IX (X = OH) (E I 446).
B. Beim Erwärmen von Tetrahydro-pyran-4,4-dicarbonsäure-diäthylester mit wss. Salzsäure (*Hanousek, Prelog*, Collect. **4** [1932] 259, 263). Beim Erwärmen von 4-Cyan-tetrahydro-pyran-4-carbonsäure-äthylester mit wss.-äthanol. Kalilauge (*Gibson, Johnson*, Soc. **1930** 2525, 2529).
Krystalle; F: 172—173° [unkorr.] (*Stanfield, Daugherty*, Am. Soc. **81** [1959] 5169), 171° [unkorr.; aus Ae. + PAe.] (*Ha., Pr.*).

Tetrahydro-pyran-4,4-dicarbonsäure-monoäthylester $C_9H_{14}O_5$, Formel X (X = O-C_2H_5).
B. Beim Erwärmen von Tetrahydro-pyran-4,4-dicarbonsäure-diäthylester mit Natrium=äthylat in Äthanol (*Stanfield, Daugherty*, Am. Soc. **81** [1959] 5167, 5169).
Krystalle (aus W.); F: 97—98°.

Tetrahydro-pyran-4,4-dicarbonsäure-diäthylester $C_{11}H_{18}O_5$, Formel IX (X = O-C_2H_5) (E I 446; E II 284).
Kp_{12}: 134—135° (*Gibson, Johnson*, Soc. **1930** 2525, 2527); Kp_4: 120—125° (*Blood et al.*, Soc. **1952** 2268, 2270); $Kp_{0,4}$: 99° (*Ziegler, Holl*, A. **528** [1937] 143, 149). $D_4^{13,8}$: 1,1061; $n_{656,3}^{12,4}$: 1,4465; $n_D^{12,4}$: 1,4486; $n_{486,1}^{12,4}$: 1,4544; $n_{434}^{12,4}$: 1,4591 (*Hanousek, Prelog*, Collect. **4** [1952] 259, 262).

4-Allophanoyl-tetrahydro-pyran-4-carbonsäure, Tetrahydro-pyran-4,4-dicarbonsäure-monoureid $C_8H_{12}N_2O_5$, Formel X (X = NH-CO-NH_2).
B. Beim Erwärmen von Tetrahydro-pyran-4,4-dicarbonsäure-diäthylester mit Harn=stoff und Natriumisopropylat in Isopropylalkohol und Behandeln einer wss. Lösung des Reaktionsprodukts (überwiegend aus dem Dinatrium-Salz des 9-Oxa-2,4-diaza-spiro=[5.5]undecan-1,3,5-trions bestehend) mit wss. Salzsäure (*Stanfield, Daugherty*, Am. Soc. **81** [1959] 5167, 5170).
Krystalle (aus Isopropylalkohol); F: 236—236,5° [unkorr.].

Tetrahydro-pyran-4,4-dicarbonsäure-diamid, Tetrahydro-pyran-4,4-dicarbamid $C_7H_{12}N_2O_3$, Formel IX (X = NH_2).
B. Bei mehrtägigem Behandeln von Tetrahydro-pyran-4,4-dicarbonsäure-diäthylester mit wss. Ammoniak (*Stanfield, Daugherty*, Am. Soc. **81** [1959] 5167, 5169).
F: 156,5—157° [korr.].

IX   X   XI   XII

Tetrahydro-pyran-4,4-dicarbonsäure-bis-diäthylamid, Tetra-*N*-äthyl-tetrahydro-pyran-4,4-dicarbamid $C_{15}H_{28}N_2O_3$, Formel IX (X = N(C_2H_5)$_2$).
B. Beim Behandeln des aus Tetrahydro-pyran-4,4-dicarbonsäure mit Hilfe von Phos=phor(V)-chlorid hergestellten Säurechlorids mit Diäthylamin und Äther (*Geigy A.G.*, Schweiz.P. 235515 [1942]; U.S.P. 2447194 [1943]).
Krystalle (aus PAe.), F: 47—48°. Bei 153—154°/0,15 Torr destillierbar.

4-Cyan-tetrahydro-pyran-4-carbonsäure $C_7H_9NO_3$, Formel XI (X = OH).
B. Beim Behandeln von 4-Cyan-tetrahydro-pyran-4-carbonsäure-äthylester mit wss.-methanol. Kalilauge (*Gibson, Johnson*, Soc. **1930** 2525, 2528; *Henze, McKee*, Am. Soc. **64** [1942] 1672).
Krystalle (aus W.); F: 163—164° [korr.] (*He., McKee*), 160—162° (*Gi., Jo.*).

4-Cyan-tetrahydro-pyran-4-carbonsäure-äthylester $C_9H_{13}NO_3$, Formel XI (X = O-C_2H_5).
B. Beim Erwärmen von Cyanessigsäure-äthylester mit Bis-[2-chlor-äthyl]-äther und

Natriumäthylat in Äthanol (*Gibson, Johnson*, Soc. **1930** 2525, 2528; *Henze, McKee*, Am. Soc. **64** [1942] 1672).

Kp_{23}: 130—134° (*Harnest, Burger*, Am. Soc. **65** [1943] 370); Kp_{16}: 122—125° (*Gi., Jo.*). Kp_{16}: 135° (?). D_4^{20}: 1,1109; Oberflächenspannung bei 20°: 37,4 g·s^{-2}; n_D^{20}: 1,4539 (*He., McKee*).

4-Cyan-tetrahydro-pyran-4-carbonsäure-amid $C_7H_{10}N_2O_2$, Formel XI (X = NH_2).

B. Beim Behandeln von 4-Cyan-tetrahydro-pyran-4-carbonsäure-äthylester mit wss. Ammoniak (*Gibson, Johnson*, Soc. **1930** 2525, 2529).

Krystalle (aus A.); F: 158°.

Tetrahydro-thiopyran-4,4-dicarbonsäure-diäthylester $C_{11}H_{18}O_4S$, Formel XII.

B. Neben anderen Verbindungen beim Behandeln von Malonsäure-diäthylester mit Natriumäthylat (2 Mol) in Äthanol und Erwärmen der Reaktionslösung mit Bis-[2-chlor-äthyl]-sulfid (*Giacomello, Malatesta*, Farmaco **6** [1951] 684, 686).

Kp_5: 160—165°.

(±)-[cis(?)-5-Carboxy-tetrahydro[2]furyl]-essigsäure, (±)-cis(?)-5-Carboxymethyl-tetrahydro-furan-2-carbonsäure $C_7H_{10}O_5$, vermutlich Formel I + Spiegelbild.

Die Konfigurationszuordnung ist auf Grund der Bildungsweise erfolgt.

B. Bei der Behandlung von [5-Carboxy-[2]furyl]-essigsäure mit wss. Natriumcarbonat-Lösung und anschliessenden Hydrierung an Raney-Nickel bei 60—130° unter Druck (*Hayashi et al.*, J. chem. Soc. Japan Ind. Chem. Sect. **60** [1957] 355; C. A. **1959** 8105).

Krystalle (aus Ae.); F: 86—87°.

(±)-2ξ-Methyl-tetrahydro-thiophen-3r,4c(?)-dicarbonsäure $C_7H_{10}O_4S$, vermutlich Formel II (X = OH) + Spiegelbild.

Diese Konfiguration ist vermutlich der nachstehend beschriebenen Verbindung auf Grund ihrer genetischen Beziehung zu (±)-4ξ-Methyl-(3ar,6ac)-tetrahydro-thieno[3,4-d]-imidazol-2-on (Zers. oberhalb 350°) zuzuordnen.

B. Beim Erwärmen von opt.-inakt. 3-Hydroxy-2-methyl-tetrahydro-thiophen-3,4-di-carbonsäure-diäthylester ($Kp_{0,05}$: 101—102°) mit Thionylchlorid, Pyridin und Chloro-form, Behandeln des Reaktionsprodukts ($Kp_{0,1}$: 100—103°; überwiegend aus 3-Chlor-2-methyl-tetrahydro-thiophen-3,4-dicarbonsäure-diäthylester bestehend) mit Zink-Pulver, Natriumjodid und wss. Essigsäure und Erwärmen des erhaltenen 2ξ-Methyl-tetra-hydro-thiophen-3r,4c(?)-dicarbonsäure-diäthylesters ($C_{11}H_{18}O_4S$; $Kp_{0,02}$: 98° bis 101°) mit Bariumhydroxid in wss. Äthanol (*Schnider et al.*, Helv. **28** [1945] 510, 514).

F: 60°.

Überführung in 2ξ-Methyl-tetrahydro-thiophen-3r,4c(?)-dicarbonylchlorid ($C_7H_8Cl_2O_2S$; Kp_{12}: 135—137°) durch Erwärmen mit Thionylchlorid und Benzol: *Sch. et al.*, l. c. S. 516.

Barium-Salz $BaC_7H_8O_4S$. Krystalle (aus W. + A.), die unterhalb 250° nicht schmelzen.

I　　　　　II　　　　　III　　　　　IV

(±)-2ξ-Methyl-tetrahydro-thiophen-3r,4c(?)-dicarbonsäure-dihydrazid $C_7H_{14}N_4O_2S$, vermutlich Formel II (X = NH-NH$_2$) + Spiegelbild.

B. Beim Erwärmen von (±)-2ξ-Methyl-tetrahydro-thiophen-3r,4c(?)-dicarbonsäure-diäthylester ($Kp_{0,02}$: 98—101° [s. o.]) in Äthanol mit Hydrazin-hydrat (*Schnider et al.*, Helv. **28** [1945] 510, 515).

Krystalle (aus W.); F: 241—242°.

3,3-Bis-carboxymethyl-oxetan, Oxetan-3,3-diyl-di-essigsäure $C_7H_{10}O_5$, Formel III (R = H).

B. Beim Erwärmen von 3,3-Bis-cyanmethyl-oxetan mit Bariumhydroxid in Wasser (*Cornand, Govaert*, Meded. vlaam. Acad. **16** [1954] Nr. 14, S. 3, 13).

Krystalle (aus Acn. + PAe.).

Beim Behandeln des Barium-Salzes (s. u.) mit wss. Ammoniumsulfat-Lösung, Erhitzen einer mit Ammoniak gesättigten äthanol. Lösung des gebildeten Ammonium-Salzes auf 220° und Erhitzen des danach isolierten Reaktionsprodukts auf 200° ist 2-Oxa-7-aza-spiro[4.4]nonan-3,8-dion erhalten worden (*Co., Go.*, l. c. S. 17).

Barium-Salz $BaC_7H_8O_5$. Krystalle mit 1 Mol H_2O (*Co., Go.*, l. c. S. 13).

3,3-Bis-methoxycarbonylmethyl-oxetan, Oxetan-3,3-diyl-di-essigsäure-dimethylester $C_9H_{14}O_5$, Formel III (R = CH_3).

B. Beim Behandeln von 3,3-Bis-carboxymethyl-oxetan mit Diazomethan in Äther (*Cornand, Govaert*, Meded. vlaam. Acad. **16** [1954] Nr. 14, S. 3, 14).

$Kp_{0,01}$: 169°.

3,3-Bis-cyanmethyl-oxetan, Oxetan-3,3-diyl-di-acetonitril $C_7H_8N_2O$, Formel IV.

B. Beim Erwärmen von 3,3-Bis-chlormethyl-oxetan (*Campbell*, J. org. Chem. **22** [1957] 1029, 1032) oder von 3,3-Bis-brommethyl-oxetan (*Cornand, Govaert*, Meded. vlaam. Acad. **16** [1954] Nr. 14, S. 3, 8) mit Natriumcyanid in Äthanol.

Dipolmoment (ε; Bzl.): 3,33 D (*Fonteyne et al.*, Natuurw. Tijdschr. **25** [1943] 67, 70). Krystalle (aus Bzl.); F: 76,5° (*Fo. et al.*; *Co., Go.*; *Ca.*). Bei 138°/0,4 Torr destillierbar (*Fo. et al.*; *Co., Go.*). Raman-Spektrum: *Fo. et al.*

Verhalten gegen Chlorwasserstoff in Äthanol und Äther: *Co., Go.*, l. c. S. 14, 15. Verhalten gegen Bromwasserstoff in Benzol: *Co., Go.*, l. c. S. 19. Verhalten beim Erwärmen mit wss. Bromwasserstoffsäure (Bildung von 3-Brommethyl-3-hydroxymethyl-glutaro=nitril): *Co., Go.*, l. c. S. 18. Beim Erhitzen mit wss. Ammoniak auf 220° und Erhitzen des Reaktionsprodukts unter vermindertem Druck bis auf 210° ist 2-Oxa-7-aza-spiro=[4.4]nonan-3,8-dion erhalten worden (*Co., Go.*, l. c. S. 16). Bildung von 2,7-Dioxa-spiro[4.4]nonan-3,8-dion beim Erwärmen mit 5%ig. wss. Natronlauge und Erwärmen der mit wss. Schwefelsäure angesäuerten Reaktionslösung: *Co., Go.*, l. c. S. 8, 9.

---

*Opt.-inakt. [2,3-Epoxy-1-methyl-propyl]-malonsäure-diäthylester $C_{11}H_{18}O_5$, Formel V.

B. Bei mehrtägigem Behandeln von ($\pm$)-[1-Methyl-allyl]-malonsäure-diäthylester mit Monoperoxyphthalsäure in Äther unter Lichtausschluss (*Warner & Co.*, U.S.P. 2464137 [1946]).

$Kp_{0,1}$: 84—87°. n_D^{25}: 1,439.

---

*Opt.-inakt. 2,3-Epoxy-3-methyl-adipinsäure-dibutylester $C_{15}H_{26}O_5$, Formel VI (R = $[CH_2]_3-CH_3$).

B. Beim Behandeln von Lävulinsäure-butylester mit Chloressigsäure-butylester und Natriumamid in Benzol oder mit Chloressigsäure-butylester und Kalium-*tert*-butylat in *tert*-Butylalkohol (*Maekawa et al.*, Bl. chem. Soc. Japan **28** [1955] 54, 57).

Kp_{15}: 189—191°; D_4^{20}: 1,021; n_D^{20}: 1,4458 [mit Hilfe von Kalium-*tert*-butylat hergestelltes Präparat]. $Kp_{1,5}$: 148—149°; D_4^{20}: 1,023; n_D^{20}: 1,4478 [mit Hilfe von Natriumamid hergestelltes Präparat].

V   VI

---

*Opt.-inakt. 2,3-Epoxy-3-methyl-adipinsäure-1-[2-äthyl-hexylester]-6-butylester $C_{19}H_{34}O_5$, Formel VI (R = CH_2-$CH(C_2H_5)$-$[CH_2]_3$-CH_3).

B. In kleiner Menge beim Behandeln von Lävulinsäure-butylester mit ($\pm$)-Chloressig=

säure-[2-äthyl-hexylester] und Natriumamid in Benzol (*Maekawa et al.*, Bl. chem. Soc. Japan **28** [1955] 54, 55, 57).

Kp_1: 163—165°. n_D^{20}: 1,4537.

*Opt.-inakt. 2,3-Epoxy-3-methyl-adipinsäure-6-[2-äthyl-hexylester]-1-butylester $C_{19}H_{34}O_5$, Formel VII (R = $[CH_2]_3$-CH_3).

B. In kleiner Menge beim Behandeln von (±)-Lävulinsäure-[2-äthyl-hexylester] mit Chloressigsäure-butylester und Natriumamid in Benzol (*Maekawa et al.*, Bl. chem. Soc. Japan **28** [1955] 54, 55, 57).

Kp_1: 159°. n_D^{20}: 1,4532.

*Opt.-inakt. 2,3-Epoxy-3-methyl-adipinsäure-bis-[2-äthyl-hexylester] $C_{23}H_{42}O_5$, Formel VII (R = CH_2-$CH(C_2H_5)$-$[CH_2]_3$-CH_3).

B. In kleiner Menge beim Behandeln von (±)-Lävulinsäure-[2-äthyl-hexylester] mit (±)-Chloressigsäure-[2-äthyl-hexylester] und Natriumamid in Benzol (*Maekawa et al.*, Bl. chem. Soc. Japan **28** [1955] 54, 55, 57).

$Kp_{0,1}$: ca. 160°. n_D^{20}: 1,4599.

*Opt.-inakt. 2,3-Epoxy-3-methyl-adipinsäure-6-butylester-1-dodecylester $C_{23}H_{42}O_5$, Formel VI (R = $[CH_2]_{11}$-CH_3).

B. Beim Behandeln von Lävulinsäure-butylester mit Chloressigsäure-dodecylester und Natriumamid in Benzol (*Maekawa et al.*, Bl. chem. Soc. Japan **28** [1955] 54, 55, 57).

$Kp_{0,1}$: ca. 190°. n_D^{20}: 1,4602.

VII   VIII

*Opt.-inakt. 2,3-Epoxy-3-methyl-adipinsäure-1-butylester-6-dodecylester $C_{23}H_{42}O_5$, Formel VIII (R = $[CH_2]_3$-CH_3).

B. Beim Behandeln von Lävulinsäure-dodecylester mit Chloressigsäure-butylester und Natriumamid in Benzol (*Maekawa et al.*, Bl. chem. Soc. Japan **28** [1955] 54, 55, 57).

$Kp_{0,1}$: ca. 195°. n_D^{20}: 1,4595.

*Opt.-inakt. 2,3-Epoxy-3-methyl-adipinsäure-6-[2-äthyl-hexylester]-1-dodecylester $C_{27}H_{50}O_5$, Formel VII (R = $[CH_2]_{11}$-CH_3).

B. Beim Behandeln von (±)-Lävulinsäure-[2-äthyl-hexylester] mit Chloressigsäure-dodecylester und Natriumamid in Benzol (*Maekawa et al.*, Bl. chem. Soc. Japan **28** [1955] 54, 55, 57).

$Kp_{0,1}$: ca. 200°. n_D^{20}: 1,4650.

*Opt.-inakt. 2,3-Epoxy-3-methyl-adipinsäure-1-[2-äthyl-hexylester]-6-dodecylester $C_{27}H_{50}O_5$, Formel VIII (R = CH_2-$CH(C_2H_5)$-$[CH_2]_3$-CH_3).

B. Beim Behandeln von Lävulinsäure-dodecylester mit (±)-Chloressigsäure-[2-äthyl-hexylester] und Natriumamid in Benzol (*Maekawa et al.*, Bl. chem. Soc. Japan **28** [1955] 54, 55, 57).

$Kp_{0,1}$: ca. 200°. n_D^{20}: 1,4642.

*Opt.-inakt. 2,3-Epoxy-3-methyl-adipinsäure-didodecylester $C_{31}H_{58}O_5$, Formel VIII (R = $[CH_2]_{11}$-CH_3).

B. Beim Behandeln von Lävulinsäure-dodecylester mit Chloressigsäure-dodecylester und Natriumamid in Benzol oder mit Chloressigsäure-dodecylester und Kalium-*tert*-butylat in *tert*-Butylalkohol (*Maekawa et al.*, Bl. chem. Soc. Japan **28** [1955] 54, 55, 57).

$Kp_{0,1}$: ca. 220°; n_D^{20}: 1,4708 [mit Hilfe von Natriumamid hergestelltes Präparat].

$Kp_{0,1}$: ca. 220°; n_D^{20}: 1,4695 [mit Hilfe von Kalium-*tert*-butylat hergestelltes Präparat].

Dicarbonsäuren $C_8 H_{12} O_5$

(±)-Tetrahydropyran-2-yl-malonsäure $C_8 H_{12} O_5$, Formel I (R = H).
B. Beim Erwärmen von (±)-Tetrahydropyran-2-yl-malonsäure-diäthylester mit wss.-äthanol. Natronlauge (*Zelinski et al.*, Am. Soc. **74** [1952] 1504).
Krystalle (aus Diisopropyläther + Bzn.); F: 140—141° [Zers.].

(±)-Tetrahydropyran-2-yl-malonsäure-diäthylester $C_{12} H_{20} O_5$, Formel I (R = $C_2 H_5$).
B. Beim Behandeln eines Gemisches von 3,4-Dihydro-2*H*-pyran und Toluol mit Chlor=wasserstoff und Behandeln der Reaktionslösung mit einer Suspension der Natrium-Verbindung des Malonsäure-diäthylesters in Toluol (*Gane's Chem. Works*, U.S.P. 2522966 [1948]; s. a. *Zelinski et al.*, Am. Soc. **74** [1952] 1504).
Kp$_7$: 135—140° (*Gane's Chem. Works*); Kp$_{1-2}$; 120—122° (*Ze. et al.*). D^{20}: 1,075 (*Ze. et al.*). n$_D^{20}$: 1,4480 (*Ze. et al.*), 1,4463 (*Gane's Chem. Works*).

***Opt.-inakt. [3-Chlor-tetrahydro-pyran-2-yl]-malonsäure-diäthylester** $C_{12} H_{19} Cl O_5$, Formel II.
B. Beim Erwärmen der Natrium-Verbindung des Malonsäure-diäthylesters mit opt.-inakt. 2,3-Dichlor-tetrahydro-pyran (Kp$_{20}$: 86—90°; n$_D^{20}$: 1,4945 [E III/IV **17** 53]) und Äthanol (*Crombie et al.*, Soc. **1956** 136, 142).
Kp$_{0,08}$: 110—115°. n$_D^{15}$: 1,4642.

Tetrahydropyran-4-yl-malonsäure $C_8 H_{12} O_5$, Formel III (X = OH).
B. Beim Erwärmen von Tetrahydropyran-4-yl-malonsäure-diäthylester mit wss. Salz=säure (*Prelog et al.*, A. **532** [1937] 69, 75).
Krystalle (aus Ae. + PAe.); F: 151°.

I   II   III

Tetrahydropyran-4-yl-malonsäure-diäthylester $C_{12} H_{20} O_5$, Formel III (X = O-$C_2 H_5$).
B. Beim Behandeln von Tetrahydro-pyran-4-ol mit Benzolsulfonylchlorid und wss. Natronlauge und Erwärmen des Reaktionsprodukts mit der Natrium-Verbindung des Malonsäure-diäthylesters in Äthanol (*Prelog et al.*, A. **532** [1937] 69, 74).
Kp$_{13}$: 156—160°.

Tetrahydropyran-4-yl-malonsäure-bis-diäthylamid $C_{16} H_{30} N_2 O_3$, Formel III (X = N($C_2 H_5$)$_2$).
B. Beim Behandeln des aus Tetrahydropyran-4-yl-malonsäure mit Hilfe von Phos=phor(V)-chlorid hergestellten Säurechlorids mit Diäthylamin und Äther (*Geigy A.G.*, U.S.P. 2447194 [1943]).
Kp$_{0,1}$: 150—151°.

(±)-Tetrahydrofurfuryl-malonsäure-diäthylester $C_{12} H_{20} O_5$, Formel IV.
B. Beim Erwärmen von (±)-2-Brommethyl-tetrahydro-furan mit der Natrium-Ver=bindung des Malonsäure-diäthylesters in Äthanol (*Barger et al.*, Soc. **1937** 718, 719). Bei der Hydrierung von Furfurylidenmalonsäure-diäthylester an Raney-Nickel ohne Lösungsmittel bei 110°/85 at (*Paul, Hilly*, C. r. **208** [1939] 359) oder an Raney-Nickel in Äthanol bei 100—130°/125 at (*Hinz et al.*, B. **76** [1943] 676, 684).
Kp$_{17}$: 166—167° (*Paul, Hi.*); Kp$_{10}$: 150—151° (*Hinz et al.*); Kp$_1$: 123° (*Ba. et al.*). D$_{15}^{11}$: 1,089; n$_D^{11}$: 1,4485 (*Paul, Hi.*).

IV   V   VI

*Opt.-inakt. 2-Cyan-3-tetrahydro[2]furyl-propionsäure-äthylester $C_{10}H_{15}NO_3$, Formel V.

B. Beim Erwärmen von (±)-2-Brommethyl-tetrahydro-furan mit der Natrium-Ver=
bindung des Cyanessigsäure-äthylesters in Äthanol (*Barry, McCormick*, Pr. Irish Acad.
59 B [1958] 345, 348).

$Kp_{0,2}$: 85—88°. n_D^{23}: 1,4517.

(±)-Chlor-tetrahydrofurfuryl-malonsäure $C_8H_{11}ClO_5$, Formel VI.

B. Beim Behandeln einer Lösung von Tetrahydrofurfuryl-malonsäure in Äther mit
Chlor (*Hinz et al.*, Reichsamt Wirtschaftsausbau Chem. Ber. **1942** 1043, 1047).

Krystalle (aus Eg.); F: 127° [Zers.].

**[5-Carboxy-2-methyl-tetrahydro-[2]furyl]-essigsäure, 5-Carboxymethyl-5-methyl-tetra=
hydro-furan-2-carbonsäure** $C_8H_{12}O_5$.

Über die Konfiguration der folgenden Stereoisomeren s. *Kubota, Matsuura*, Soc. **1958**
3667, 3668.

   a) **(±)-[5c-Carboxy-2-methyl-tetrahydro-[2r]furyl]-essigsäure** $C_8H_{12}O_5$, Formel VII
+ Spiegelbild.

B. Beim Behandeln einer Lösung von (±)-7-Methyl-5,6,7,8-tetrahydro-4*H*-4*r*,7*c*-ep=
oxido-cycloocta[*b*]furan-9-on in Chloroform mit Ozon und Behandeln des Reaktionsprodukts mit wss. Schwefelsäure und Kaliumdichromat (*Kubota, Matsuura*, Soc. **1958**
3667, 3673).

Krystalle (aus E.); F: 121—122°.

VII   VIII   IX

   b) **(±)-[5t-Carboxy-2-methyl-tetrahydro-[2r]furyl]-essigsäure** $C_8H_{12}O_5$, Formel VIII
(R = H) + Spiegelbild.

B. Neben anderen Verbindungen beim Behandeln eines Gemisches von opt.-inakt.
5-Methyl-2,3,4,5-tetrahydro-[2,3′]bifuryl-5-yl]-essigsäure-methylester ($Kp_{0,01}$: 87—89°;
n_D^{17}: 1,4820) und Chloroform mit Ozon und Behandeln des Reaktionsprodukts mit wss.
Schwefelsäure und Kaliumdichromat (*Kubota, Matsuura*, Soc. **1958** 3667, 3672).

Krystalle (aus E.); F: 146—147°.

**(±)-[5t-Methoxycarbonyl-2-methyl-tetrahydro-[2r]furyl]-essigsäure-methylester,
(±)-5t-Methoxycarbonylmethyl-5c-methyl-tetrahydro-furan-2r-carbonsäure-methylester**
$C_{10}H_{16}O_5$, Formel VIII (R = CH_3) + Spiegelbild.

B. Aus (±)-[5t-Carboxy-2-methyl-tetrahydro-[2r]furyl]-essigsäure (s. o.) mit Hilfe von
Diazomethan (*Kubota, Matsuura*, Soc. **1958** 3667, 3673).

Bei 90—110°/2 Torr destillierbar. $n_D^{6,5}$: 1,4551.

***Opt.-inakt. 3-[2-Äthoxycarbonyl-3-methyl-oxiranyl]-buttersäure-äthylester,
2-[2-Äthoxycarbonyl-1-methyl-äthyl]-3-methyl-oxirancarbonsäure-äthylester** $C_{12}H_{20}O_5$,
Formel IX.

B. Beim Erwärmen von (±)-2-Äthyliden-3-methyl-glutarsäure-diäthylester (vgl. H 2
793) mit Peroxyessigsäure in Äthylacetat (*MacPeek et al.*, Am. Soc. **81** [1959] 680, 683).

$Kp_{0,2}$: 100°. D^{20}: 1,0355. n_D^{30}: 1,4370.

Dicarbonsäuren $C_9H_{14}O_5$

(±)-Tetrahydropyran-2-ylmethyl-malonsäure-diäthylester $C_{13}H_{22}O_5$, Formel X.

B. Beim Erwärmen von (±)-2-Brommethyl-tetrahydro-pyran mit Malonsäure-diäthyl=
ester und Natriumäthylat in Äthanol (*Paul, Tchelitcheff*, Bl. **1954** 672, 674). Beim Be-

handeln von (±)-Tetrahydropyran-2-yl-methanol mit Benzolsulfonylchlorid und Natriumhydroxid in Benzol und Erwärmen des Reaktionsprodukts mit der Natrium-Verbindung des Malonsäure-diäthylesters in Äthanol (*Haco-Ges.*, U.S.P. 2778829 [1955]).

Kp$_{20}$: 174—175° (*Paul, Tch.*); Kp$_{11}$: 156—157° (*Haco-Ges.*). D$_4^{24}$: 1,055; n$_D^{24}$: 1,4469 (*Paul, Tch.*).

Tetrahydropyran-4-ylmethyl-malonsäure $C_9 H_{14} O_5$, Formel XI (R = H).

B. Beim Erhitzen von Tetrahydropyran-4-ylmethyl-malonsäure-diäthylester mit wss. Salzsäure (*Prelog, Cerkovnikov,* A. **532** [1937] 83, 85).

Krystalle (aus Bzl. + PAe.); F: 114—115° [Zers.].

X   XI   XII

Tetrahydropyran-4-ylmethyl-malonsäure-diäthylester $C_{13} H_{22} O_5$, Formel XI (R = $C_2 H_5$).

B. Beim Erwärmen von 4-Brommethyl-tetrahydro-pyran mit der Natrium-Verbindung des Malonsäure-diäthylesters in Äthanol (*Prelog, Cerkovnikov,* A. **532** [1937] 83, 85).

Kp$_{13}$: 166—169.

---

*Opt.-inakt. [5-Methyl-tetrahydro-furfuryl]-malonsäure-diäthylester $C_{13} H_{22} O_5$, Formel XII.

B. Beim Erwärmen von opt.-inakt. 2-Brommethyl-5-methyl-tetrahydro-furan (Kp$_{20}$: 66—68°; n$_D^{24}$: 1,4748 [E III/IV **17** 83]) mit Malonsäure-diäthylester und Natriumäthylat in Äthanol (*Colonge, Lagier,* Bl. **1949** 17, 23).

Kp$_{16}$: 159—160°. D$_4^{19}$: 1,054. n$_D^{19}$: 1,4435.

2-Propyl-tetrahydro-thiophen-3,4-dicarbonsäure $C_9 H_{14} O_4 S$.

a) **(±)-2ξ-Propyl-tetrahydro-thiophen-3r,4c-dicarbonsäure** $C_9 H_{14} O_4 S$, Formel XIII + Spiegelbild.

B. Beim Erhitzen von (±)-2ξ-Propyl-tetrahydro-thiophen-3r,4t-dicarbonsäure (F: 156° bis 157° [s. u.]) mit Propionsäure-anhydrid und Erwärmen des Reaktionsprodukts mit wss. Natronlauge (*Baker et al.,* J. org. Chem. **12** [1947] 138, 150).

Krystalle (aus CCl$_4$ + PAe.); F: 130—131°.

Beim Erwärmen mit Acetylchlorid und Erhitzen des gebildeten Anhydrids mit wasserhaltigem Hydrazin-hydrat ist 5ξ-Propyl-(4ar,7ac)-hexahydro-thieno[3,4-d]pyridazin-1,4-dion (F: 81—82°) erhalten worden (*Ba. et al.,* l. c. S. 152).

Charakterisierung als Imid (F: 94—96°): *Ba. et al.,* l. c. S. 152.

XIII   XIV   XV   XVI

b) **(±)-2ξ-Propyl-tetrahydro-thiophen-3r,4t-dicarbonsäure** $C_9 H_{14} O_4 S$, Formel XIV (X = OH) + Spiegelbild.

B. Beim Erhitzen von opt.-inakt. 4-Cyan-4-hydroxy-2-propyl-tetrahydro-thiophen-3-carbonsäure-äthylester (Kp$_1$: 142—145°; n$_D^{26}$: 1,4911) mit Essigsäure und wss. Salzsäure, Erhitzen der gebildeten 4-Hydroxy-2-propyl-tetrahydro-thiophen-3,4-dicarbonsäure mit wasserhaltiger Phosphorsäure unter 8 Torr bis auf 210°, Erwärmen des Reaktionsprodukts mit wss. Natronlauge und Behandeln der erhaltenen Reaktionslösung mit Natrium-Amalgam (*Baker et al.,* J. org. Chem. **12** [1947] 138, 146, 147, 149).

Krystalle (aus Bzl. + Acn.); F: 156—157°.

(±)-2ξ-Propyl-tetrahydro-thiophen-3r,4t-dicarbonsäure-dihydrazid $C_9H_{18}N_4O_2S$,
Formel XIV (X = NH-NH$_2$) + Spiegelbild.

B. Beim Behandeln von (±)-2ξ-Propyl-tetrahydro-thiophen-3r,4t-dicarbonsäure mit
Diazomethan in Äther und Erwärmen des erhaltenen Dimethylesters mit wasserhaltigem
Hydrazin-hydrat und Methanol (*Baker et al.*, J. org. Chem. **12** [1947] 138, 150). Beim
Erwärmen von (±)-2ξ-Propyl-tetrahydro-thiophen-3r,4c-dicarbonsäure-imid (F: 94—96°)
oder von (±)-5ξ-Propyl-(4ar,7ac)-hexahydro-thieno[3,4-d]pyridazin-1,4-dion (F: 81—82°)
mit wasserhaltigem Hydrazin-hydrat (*Ba. et al.*, l. c. S. 152).

Krystalle; F: 240° [Zers.] (*Ba. et al.*, l. c. S. 152).

3,3-Diäthyl-oxetan-2,4-dicarbonsäure, 3,3-Diäthyl-2,4-epoxy-glutarsäure $C_9H_{14}O_5$.

a) **3,3-Diäthyl-oxetan-2r,4c-dicarbonsäure** $C_9H_{14}O_5$, Formel XV (R = H).
Diese Konstitution und Konfiguration kommt der früher (s. E II **3** 493) als 3,3-Diäthyl-
2-oxo-glutarsäure formulierten Verbindung vom F: 127—128° zu; in der früher (s. E II
3 494) als 3,3-Diäthyl-2-semicarbazono-glutarsäure formulierten Verbindung (F: 181°
[Zers.]) hat ein Semicarbazid-Salz (C$_5$H$_3$N$_3$O·C$_9$H$_{14}$O$_5$) der 3,3-Diäthyl-oxetan-2r,4c-di‡
carbonsäure vorgelegen (*Wiberg, Holmquist*, J. org. Chem. **24** [1959] 578).

b) **(±)-3,3-Diäthyl-oxetan-2r,4t-dicarbonsäure** $C_9H_{14}O_5$, Formel XVI (R = H)
+ Spiegelbild.
Diese Konstitution und Konfiguration kommt der früher (s. E II **10** 328) als 3,3-Di‡
äthyl-1-hydroxy-cyclopropan-1,2-dicarbonsäure („1.1-Diäthyl-cyclopropanol-(2)-dicarb‡
onsäure-(2.3)") formulierten Verbindung vom F: 199—200° zu (*Wiberg, Holmquist*,
J. org. Chem. **24** [1959] 578); der früher (s. E II **10** 328) als 3,3-Diäthyl-1-hydroxy-
cyclopropan-1,2-dicarbonsäure-diäthylester angesehene Diäthylester (Kp$_{25}$: 180—184°)
dieser Säure ist dementsprechend als (±)-3,3-Diäthyl-oxetan-2r,4t-dicarbonsäu‡
re-diäthylester (C$_{13}$H$_{22}$O$_5$, Formel XVI [R = C$_2$H$_5$] + Spiegelbild) zu formulieren.

3,3-Diäthyl-oxetan-2,4-dicarbonsäure-dimethylester $C_{11}H_{18}O_5$.

a) **3,3-Diäthyl-oxetan-2r,4c-dicarbonsäure-dimethylester** $C_{11}H_{18}O_5$, Formel XV
(R = CH$_3$).
B. Aus 3,3-Diäthyl-oxetan-2r,4c-dicarbonsäure (s. o.) mit Hilfe von Diazomethan
(*Wiberg, Holmquist*, J. org. Chem. **24** [1959] 578).

Kp$_{0,5}$: 112—114°. ^{1}H-NMR-Spektrum: *Wi., Ho.*

b) **(±)-3,3-Diäthyl-oxetan-2r,4t-dicarbonsäure-dimethylester** $C_{11}H_{18}O_5$, Formel XVI
(R = CH$_3$) + Spiegelbild.
B. Aus (±)-3,3-Diäthyl-oxetan-2r,4t-dicarbonsäure (s. o.) mit Hilfe von Diazomethan
(*Wiberg, Holmquist*, J. org. Chem. **24** [1959] 578).

F: 58—60°. ^{1}H-NMR-Spektrum: *Wi., Ho.*

Dicarbonsäuren $C_{10}H_{16}O_5$

(±)-Äthyl-tetrahydropyran-2-yl-malonsäure-diäthylester $C_{14}H_{24}O_5$, Formel I.

B. Beim Behandeln eines Gemisches von 3,4-Dihydro-2*H*-pyran und Toluol mit Chlor‡
wasserstoff und Behandeln der Reaktionslösung mit einer Suspension der Natrium-
Verbindung des Äthylmalonsäure-diäthylesters in Toluol (*Gane's Chem. Works*, U.S.P.
2522966 [1942]).

Kp$_2$: 115—117°. n$_D^{20}$: 1,4525.

Äthyl-tetrahydropyran-4-yl-malonsäure $C_{10}H_{16}O_5$, Formel II (R = H).

B. Aus Äthyl-tetrahydropyran-4-yl-malonsäure-diäthylester mit Hilfe von wss.-äthanol.
Kalilauge (*Prelog*, A. **545** [1940] 229, 238).

Krystalle (aus W.); F: 174—175°.

Äthyl-tetrahydropyran-4-yl-malonsäure-diäthylester $C_{14}H_{24}O_5$, Formel II (R = C_2H_5).

B. Beim Erwärmen von Tetrahydropyran-4-yl-malonsäure-diäthylester mit Äthyljodid und Natriumäthylat in Äthanol (*Prelog*, A. **545** [1940] 229, 238).

Kp_{13}: 162—164°.

Methyl-tetrahydropyran-4-ylmethyl-malonsäure-diäthylester $C_{14}H_{24}O_5$, Formel III.

B. Beim Erwärmen von 4-Brommethyl-tetrahydro-pyran mit der Natrium-Verbindung des Methylmalonsäure-diäthylesters in Äthanol (*Burger et al.*, Am. Soc. **72** [1950] 5512, 5514).

$Kp_{0,5}$: 134—137°.

(2R)-5ξ-Chlor-2,3t,4c-trimethyl-tetrahydro-pyran-2r,5ξ-dicarbonsäure $C_{10}H_{15}ClO_5$, Formel IV.

Die Konstitution kommt der nachstehend beschriebenen, ursprünglich (*de Waal et al.*, J. S. African chem. Inst. **4** [1951] 115, 117) als 2-Äthyl-5-chlor-4-methyl-tetra=hydro-pyran-2,5-dicarbonsäure, später als 5-Chlor-2,2,4-trimethyl-tetra=hydro-pyran-3,5-dicarbonsäure (*Adams, Gianturco*, Am. Soc. **78** [1956] 4458, 4462) und als 4-Carboxy-2-[1-chlor-äthyl]-4,5-epoxy-2,3-dimethyl-valeriansäure (*de Waal, van Duuren*, Am. Soc. **78** [1956] 4464, 4466) formulierten Verbindung zu (*de Waal et al.*, Soc. **1963** 953, 954); die Konfiguration ergibt sich aus der genetischen Beziehung zu Sceleratinsäure-dilacton ((1R)-1-Chlormethyl-4,7syn,8anti-trimethyl-2,5-di=oxa-bicyclo[2.2.2]octan-3,6-dion [über die Konfiguration dieser Verbindung s. *Coetzer, Wiechers*, Acta cryst. [B] **29** [1973] 917]).

B. Beim Erwärmen des Dikalium-Salzes der (2R)-5t-Hydroxy-2,3t,4c-trimethyl-tetra=hydro-pyran-2r,5c-dicarbonsäure mit Thionylchlorid (*de Waal et al.*, J. S. African chem. Inst. **4** 121).

Krystalle; F: 231° (?) [korr.; Kofler-App.; aus Ae. + Bzn.] (*de Waal et al.*, J. S. African chem. Inst. **4** 121), 131° (*de Waal et al.*, Soc. **1963** 954).

(±)-2,6,6-Trimethyl-tetrahydro-pyran-2r,5c-dicarbonsäure $C_{10}H_{16}O_5$, Formel V (R = H) + Spiegelbild (H 322; E I 447; E II 285; dort als „inaktive Cineolsäure" bezeichnet).

Die Konfiguration an den C-Atomen 2 und 5 ergibt sich aus der genetischen Beziehung zu 1,8-Cineol (1,8-Epoxy-p-menthan [E III/IV **17** 213]) und zu (±)-Ketocineol (1,8-Epoxy-p-menthan-2-on [E III/IV **17** 4368]).

B. Beim Behandeln von (±)-1,3,3-Trimethyl-2-oxa-bicyclo[2.2.2]oct-6endo-ylqueck=silber-chlorid mit wss. Natronlauge und anschliessend mit wss. Kaliumpermanganat-Lösung (*Brook, Wright*, J. org. Chem. **22** [1957] 1314, 1319).

Krystalle (aus W.); F: 207° [korr.] (*Br., Wr.*), 204—205° [korr.] (*Jacobson, Haller*, Am. Soc **69** [1947] 709).

(±)-2,6,6-Trimethyl-tetrahydro-pyran-2r,5c-dicarbonsäure-dimethylester $C_{12}H_{20}O_5$, Formel V (R = CH_3) + Spiegelbild (H 323; dort als „inaktiver Cineolsäure-dimethyl=ester" bezeichnet).

B. Beim Erwärmen von (±)-2,6,6-Trimethyl-tetrahydro-pyran-2r,5c-dicarbonsäure (s. o.) mit wss. Natronlauge und Dimethylsulfat (*Abe*, J. chem. Soc. Japan **64** [1943] 302, 303; C. A. **1947** 3777).

Krystalle; F: 31—32° (*Tichonowa, Gorjaew*, Izv. Akad. Kazachsk. S.S.R. Ser. chim. **1959** Nr. 2, S. 79; C. A. **1959** 20119), 31° (*Ogura*, J. pharm. Soc. Japan **78** [1958] 932; C. A. **1958** 20227). Kp_{25}: 150—152°; D_4^{20}: 1,1072; n_D^{20}: 1,4572 (*Abe*). Kp_2: 95—96°; D_4^{20}: 1,1094; n_D^{20}: 1,4578 (*Ti., Go.*).

Verbindung mit Phosphorsäure $C_{12}H_{20}O_5 \cdot H_3PO_4$. F: 30—30,5° (*Og.*).

Verbindung mit Hexacyanoeisen(III)-säure. F: 176—177° (*Og.*).

Verbindung mit [1]Naphthol $C_{12}H_{20}O_5 \cdot C_{10}H_8O$. F: 30—31° (*Og.*).

Verbindung mit Resorcin $2 C_{12}H_{20}O_5 \cdot C_6H_6O_2$. F: 76—77° (*Og.*).

Verbindung mit Hydrochinon $2 C_{12}H_{20}O_5 \cdot C_6H_6O_2$. F: 97—99° (*Og.*).

Verbindung mit Pyrogallol $C_{12}H_{20}O_5 \cdot C_6H_6O_3$. F: 42—44° (*Og.*).

IV   V   VI

(±)-2,6,6-Trimethyl-tetrahydro-pyran-2r,5c-dicarbonsäure-diäthylester $C_{14}H_{24}O_5$,
Formel V (R = C_2H_5) + Spiegelbild (H 323; dort als „inaktiver Cineolsäure-diäthyl=
ester" bezeichnet).
    Kp$_2$: 111—112°; D$_4^{20}$: 1,0586; n$_D^{20}$: 1,4524 (*Tichonowa, Gorjaew*, Izv. Akad. Kazachsk.
S.S.R. Ser. chim. **1959** Nr. 2, S. 79; C. A. **1959** 20119).

(±)-2,6,6-Trimethyl-tetrahydro-pyran-2r,5c-dicarbonsäure-dipropylester $C_{16}H_{28}O_5$,
Formel V (R = CH_2-CH_2-CH_3) + Spiegelbild.
    B. Beim Erhitzen von (±)-2,6,6-Trimethyl-tetrahydro-pyran-2r,5c-dicarbonsäure
(S. 4446) mit Chlorwasserstoff enthaltendem Propan-1-ol (*Tichonowa, Gorjaew*, Izv. Akad.
Kazachsk. S.S.R. Ser. chim. **1959** Nr. 2, S. 79; C. A. **1959** 20119).
    Kp$_2$: 111—112°. D$_4^{20}$: 1,0410. n$_D^{20}$: 1,4532.

(±)-2,6,6-Trimethyl-tetrahydro-pyran-2r,5c-dicarbonsäure-dibutylester $C_{18}H_{32}O_5$,
Formel V (R = $[CH_2]_3$-CH_3).
    B. Beim Erhitzen von (±)-2,6,6-Trimethyl-tetrahydro-pyran-2r,5c-dicarbonsäure
(S. 4446) mit Chlorwasserstoff enthaltendem Butan-1-ol (*Tichonowa, Gorjaew*, Izv. Akad.
Kazachsk. S.S.R. Ser. chim. **1959** Nr. 2, S. 79; C. A. **1959** 20119).
    Kp$_2$: 148—149°. D$_4^{20}$: 1,0195. n$_D^{20}$: 1,4555.

(±)-2,6,6-Trimethyl-tetrahydro-pyran-2r,5c-dicarbonsäure-diisopentylester $C_{20}H_{36}O_5$,
Formel V (R = CH_2-CH_2-$CH(CH_3)_2$) + Spiegelbild.
    B. Beim Erhitzen von (±)-2,6,6-Trimethyl-tetrahydro-pyran-2r,5c-dicarbonsäure
(S. 4446) mit Chlorwasserstoff enthaltendem Isopentylalkohol (*Tichonowa, Gorjaew*, Izv.
Akad. Kazachsk. S.S.R. Ser. chim. **1959** Nr. 2, S. 79; C. A. **1959** 20119).
    Kp$_2$: 149—150°. D$_4^{20}$: 1,0012. n$_D^{20}$: 1,4550.

(±)-5c(?)-Carbamoyl-2,6,6-trimethyl-tetrahydro-pyran-2r-carbonsäure $C_{10}H_{17}NO_4$,
vermutlich Formel VI + Spiegelbild.
    Diese Konstitution ist von *Minardi* (Farmaco Ed. scient. **10** [1955] 486, 493) der
nachstehend beschriebenen Verbindung zugeordnet worden; die Konfigurationszuordnung
ist auf Grund der genetischen Beziehung zu (±)-Cineolsäure-anhydrid ((±)-2,6,6-Tri=
methyl-tetrahydro-pyran-2r,5c-dicarbonsäure-anhydrid) erfolgt.
    B. Beim Erwärmen von (±)-1,3,3-Trimethyl-2-oxa-bicyclo[2.2.2]octan-5,6-dion-5-oxim
auf 100° und Erwärmen des Reaktionsprodukts mit Wasser (*Mi.*, l. c. S. 493). Aus
(±)-Cineolsäure-anhydrid mit Hilfe von Ammoniak (*Mi.*).
    Krystalle; F: 84—85°.

(±)-6c-Carbamoyl-2,2,6t-trimethyl-tetrahydro-pyran-3r-carbonsäure $C_{10}H_{17}NO_4$,
Formel VII + Spiegelbild (vgl. H 323).
    Diese Konstitution und Konfiguration ist der früher (s. H **18** 323) beschriebenen, als
„inaktives Cineolsäure-monoamid" bezeichneten Verbindung zuzuordnen (vgl. *Quelet et al.*,
A. ch. [14] **2** [1967] 23, 30).
    B. Beim Behandeln einer Lösung von (±)-Cineolsäure-anhydrid ((±)-2,6,6-Trimethyl-
tetrahydro-pyran-2r,5c-dicarbonsäure-anhydrid) in Äther mit Ammoniak (*Qu. et al.*; vgl.
H 323).
    Krystalle (aus A.); F: 210°.

(±)-[3-Tetrahydro[2]furyl-propyl]-malonsäure-diäthylester $C_{14}H_{24}O_5$, Formel VIII.
    B. Aus (±)-2-[3-Brom-propyl]-tetrahydro-furan und der Natrium-Verbindung des

Malonsäure-diäthylesters (*Szarvasi et al.*, Chim. et Ind. **62** [1949] 143).
Kp$_5$: 157—161°; Kp$_3$: 151—153°. D$_4^{20}$: 1,0808. n$_D^{22}$: 1,4475.

---

cis(?)-2,5-Bis-[2-carboxy-äthyl]-tetrahydro-furan, 3,3'-[*cis*(?)-Tetrahydro-furan-2,5-diyl]-di-propionsäure $C_{10}H_{16}O_5$, vermutlich Formel IX (X = OH) (vgl. E II 285).
Die Zuordnung der Konfiguration an den C-Atomen 2 und 5 ist auf Grund der Bildungsweise erfolgt.
B. Beim Erhitzen des im folgenden Artikel beschriebenen Diäthylesters (Kp$_{3,5}$: 140° bis 145°) mit wss. Kalilauge (*Yoda*, Makromol. Ch. **55** [1962] 174, 180; s. a. *Iwakura et al.*, J. chem. Soc. Japan Ind. Chem. Sect. **60** [1957] 706, 708; C. A. **1959** 11343). Bei der Hydrierung des Dinatrium-Salzes des 2,5-Bis-[2-carboxy-äthyl]-furans an Raney-Nickel in Wasser bei 50—100°/50—60 at (*Hachihama*, *Hayashi*, Makromol. Ch. **13** [1954] 201, 208; *Hayashi*, *Hachihama*, J. chem. Soc. Japan Ind. Chem. Sect. **57** [1954] 504; C. A. **1955** 15848).
Krystalle (aus W.); F: 103° (*Iw. et al.*; *Yoda*, l. c. S. 180, 182), 102—103° (*Hach.*, *Hay.*, Makromol. Ch. **13** 201; *Hay.*, *Hach.*). IR-Spektrum (KBr; 2—15 µ): *Yoda*, l. c. S. 182.
Äthylendiamin-Salz. F: 141—143° (*Hachihama*, *Hayashi*, Makromol. Ch. **17** [1955/56] 43, 45).
Butandiyldiamin-Salz. F: 174—175° (*Hach.*, *Hay.*, Makromol. Ch. **17** 45).
Pentandiyldiamin-Salz. F: 181—182° (*Hach.*, *Hay.*, Makromol. Ch. **17** 45).
Hexandiyldiamin-Salz. F: 193—194° (*Hach.*, *Hay.*, Makromol. Ch. **13** 206), 192—194° (*Hach.*, *Hay.*, Makromol. Ch. **17** 45).
Heptandiyldiamin-Salz. F: 219—221° (*Hach.*, *Hay.*, Makromol. Ch. **17** 45).
Octandiyldiamin-Salz. F: 190—192° (*Hach.*, *Hay.*, Makromol. Ch. **17** 45).
Nonandiyldiamin-Salz. F: 133—135° (*Hach.*, *Hay.*, Makromol. Ch. **17** 45).
Decandiyldiamin-Salz. F: 141—142° (*Hach.*, *Hay.*, Makromol. Ch. **13** 206, **17** 45).

---

cis(?)-2,5-Bis-[2-äthoxycarbonyl-äthyl]-tetrahydro-furan, 3,3'-[*cis*(?)-Tetrahydro-furan-2,5-diyl]-di-propionsäure-diäthylester $C_{14}H_{24}O_5$, vermutlich Formel IX (X = O-C$_2$H$_5$).
B. Beim Erhitzen der im vorangehenden Artikel beschriebenen Säure (F: 102—103°) mit Äthanol, Benzol und wenig Schwefelsäure [oder Toluol-4-sulfonsäure] (*Hayashi*, *Hachihama*, J. chem. Soc. Japan Ind. Chem. Sect. **57** [1954] 504; C. A. **1955** 15848). Bei der Hydrierung von 2,5-Bis-[2-äthoxycarbonyl-äthyl]-furan an Raney-Nickel in Äthanol bei 100°/50 at (*Iwakura et al.*, J. chem. Soc. Japan Ind. Chem. Sect. **60** [1957] 706, 708; C. A. **1959** 11343) oder bei 100°/100 at (*Yoda*, Makromol. Ch. **55** [1962] 174, 180).
Kp$_6$: 163—165°; n$_D^{25}$: 1,4485 (*Iw. et al.*). Kp$_{3,5}$: 140—145° (*Yoda*). Kp$_{0,5}$: 138—140°; D$_4^{15}$: 1,0504; n$_D^{15}$: 1,4508 (*Ha.*, *Ha.*). In 100 ml Wasser lösen sich bei 20° 0,06 g (*Ha.*, *Ha.*).

VII   VIII   IX

---

cis(?)-2,5-Bis-[2-butoxycarbonyl-äthyl]-tetrahydro-furan, 3,3'-[*cis*(?)-Tetrahydro-furan-2,5-diyl]-di-propionsäure-dibutylester $C_{18}H_{32}O_5$, vermutlich Formel IX (X = O-[CH$_2$]$_3$-CH$_3$).
B. Beim Erhitzen von *cis*(?)-2,5-Bis-[2-carboxy-äthyl]-tetrahydro-furan (F: 102—103° [s. o.]) mit Butan-1-ol, Toluol und wenig Schwefelsäure [oder Toluol-4-sulfonsäure] (*Hayashi*, *Hachihama*, J. chem. Soc. Japan Ind. Chem. Sect. **57** [1954] 504; C. A. **1955** 15848).
Kp$_3$: 196—198°. D$_4^{20}$: 1,0158. n$_D^{20}$: 1,4536. In 100 ml Wasser lösen sich bei 20° 0,01 g.

*Opt.-inakt. cis(?)-2,5-Bis-[2-(2-äthyl-hexyloxycarbonyl)-äthyl]-tetrahydro-furan, 3,3′-[cis(?)-Tetrahydro-furan-2,5-diyl]-di-propionsäure-bis-[2-äthyl-hexylester] $C_{26}H_{48}O_5$, vermutlich Formel IX (X = O-CH$_2$-CH(C$_2$H$_5$)-[CH$_2$]$_3$-CH$_3$).

B. Beim Erhitzen von *cis*(?)-2,5-Bis-[2-carboxy-äthyl]-tetrahydro-furan (F: 102—103° [S. 4448]) mit (±)-2-Äthyl-hexan-1-ol, Toluol und wenig Toluol-4-sulfonsäure (*Hayashi, Hachihama*, J. chem. Soc. Japan Ind. Chem. Sect. **57** [1954] 504; C. A. **1955** 15848).

E: —60°. Kp$_3$: 246—248°. D$_4^{20}$: 0,9665. n$_D^{20}$: 1,4582.

cis(?)-2,5-Bis-[2-cyclohexyloxycarbonyl-äthyl]-tetrahydro-furan, 3,3′-[cis(?)-Tetra= hydro-furan-2,5-diyl]-di-propionsäure-dicyclohexylester $C_{22}H_{36}O_5$, vermutlich Formel X.

B. Beim Erhitzen von *cis*-2,5-Bis-[2-carboxy-äthyl]-tetrahydro-furan (F: 102—103° [S. 4448]) mit Cyclohexanol, Toluol und wenig Schwefelsäure [oder Toluol-4-sulfonsäure] (*Hayashi, Hachihama*, J. chem. Soc. Japan Ind. Chem. Sect. **57** [1954] 504; C. A. **1955** 15848).

E: —35°. Kp$_3$: 235—238°. D$_4^{20}$: 1,0666. n$_D^{20}$: 1,4829.

cis(?)-2,5-Bis-[2-benzyloxycarbonyl-äthyl]-tetrahydro-furan, 3,3′-[cis(?)-Tetrahydro-furan-2,5-diyl]-di-propionsäure-dibenzylester $C_{24}H_{28}O_5$, vermutlich Formel IX (X = O-CH$_2$-C$_6$H$_5$).

B. Beim Erhitzen von *cis*(?)-2,5-Bis-[2-carboxy-äthyl]-tetrahydro-furan (F: 102—103° [S.4448]) mit Benzylalkohol, Toluol und wenig Schwefelsäure [oder Toluol-4-sulfonsäure] (*Hayashi, Hachihama*, J. chem. Soc. Japan Ind. Chem. Sect. **57** [1954] 504; C. A. **1955** 15848).

E: —40°. Kp$_3$: 268—270°. D$_4^{20}$: 1,1341. n$_D^{20}$: 1,5318.

cis(?)-2,5-Bis-[2-carbazoyl-äthyl]-tetrahydro-furan, 3,3′-[cis(?)-Tetrahydro-furan-2,5-diyl]-di-propionsäure-dihydrazid $C_{10}H_{20}N_4O_3$, vermutlich Formel IX (X = NH-NH$_2$).

B. Beim Erwärmen von *cis*(?)-2,5-Bis-[2-äthoxycarbonyl-äthyl]-tetrahydro-furan (Kp$_6$: 163—165°; n$_D^{25}$: 1,4485 [S. 4448]) mit Hydrazin-hydrat und Äthanol (*Iwakura et al.*, J. chem. Soc. Japan Ind. Chem. Sect. **60** [1957] 706, 709; C. A. **1959** 11343).

Krystalle (aus A.); F: 115—116°.

X   XI   XII

*Opt.-inakt. 2,5-Bis-[2-carboxy-äthyl]-tetrahydro-thiophen, 3,3′-[Tetrahydro-thiophen-2,5-diyl]-di-propionsäure $C_{10}H_{16}O_4S$, Formel XI.

a) Stereoisomeres vom F: 139°.

B. Beim Erwärmen von opt.-inakt. 4,7-Dibrom-decandisäure-diäthylester (F: 62—63°) mit Natriumsulfid in Äthanol und Erwärmen des Reaktionsprodukts mit wss. Natron= lauge (*Hayashi, Iwakura*, J. chem. Soc. Japan Pure Chem. Sect. **79** [1958] 1134, 1137; C. A. **1960** 5610).

Krystalle (aus W.); F: 138—139°.

b) Stereoisomeres vom F: 130°.

B. Beim Erwärmen von opt.-inakt. 4,7-Dibrom-decandisäure-diäthylester (aus opt.-inakt. 4,7-Dihydroxy-decandisäure-1→4;10→7-dilacton [F: 34—36°]) hergestellt) mit Natriumsulfid in Äthanol und Erwärmen des Reaktionsprodukts mit wss. Natronlauge (*Hayashi, Iwakura*, J. chem. Soc. Japan **79** [1958] 1134, 1137; C. A. **1960** 5610).

Krystalle (aus W.); F: 129—130°.

---

*Opt.-inakt. 2,5-Bis-äthoxycarbonylmethyl-2,5-dimethyl-tetrahydro-furan, [2,5-Dimethyl-tetrahydro-furan-2,5-diyl]-di-essigsäure-diäthylester $C_{14}H_{24}O_5$, Formel XII.

B. Beim Erwärmen von opt.-inakt. 3,6-Dihydro-3,6-dimethyl-octandisäure-diäthyl=

ester ($Kp_{0,005}$: $142-143°$) mit Phosphorylchlorid oder mit Phosphor(V)-oxid in Benzol (*Buchta, Burger*, A. **580** [1953] 125, 130, 131).

$Kp_{0,1}$: $109-111°$ [mit Hilfe von Phosphorylchlorid hergestelltes Präparat]; $Kp_{0,05}$: $103-106°$ [mit Hilfe von Phosphor(V)-oxid hergestelltes Präparat].

Dicarbonsäuren $C_{11}H_{18}O_5$

(±)-Isopropyl-tetrahydropyran-2-yl-malonsäure-diäthylester $C_{15}H_{26}O_5$, Formel XIII (R = $CH(CH_3)_2$).

B. Beim Behandeln eines Gemisches von 3,4-Dihydro-2*H*-pyran und Toluol mit Chlorwasserstoff und Behandeln der Reaktionslösung mit einer Suspension der Natrium-Verbindung des Isopropylmalonsäure-diäthylesters in Toluol (*Gane's Chem. Works*, U.S.P. 2522966 [1948]).

Kp_6: $126-130°$. n_D^{20}: 1,4570.

Dicarbonsäuren $C_{12}H_{20}O_5$

(±)-Butyl-tetrahydropyran-2-yl-malonsäure-diäthylester $C_{16}H_{28}O_5$, Formel XIV (n = 3).

B. Beim Behandeln eines Gemisches von 3,4-Dihydro-2*H*-pyran und Toluol mit Chlor=wasserstoff und Behandeln der Reaktionslösung mit einer Suspension der Natrium-Verbindung des Butylmalonsäure-diäthylesters in Toluol (*Gane's Chem. Works*, U.S.P. 2522966 [1948]).

Kp_3: $121-125°$. n_D^{20}: 1,4535.

(±)-Isobutyl-tetrahydropyran-2-yl-malonsäure-diäthylester $C_{16}H_{28}O_5$, Formel XIII (R = $CH_2-CH(CH_3)_2$).

B. Beim Behandeln eines Gemisches von 3,4-Dihydro-2*H*-pyran und Toluol mit Chlor=wasserstoff und Behandeln der Reaktionslösung mit einer Suspension der Natrium-Verbindung des Isobutylmalonsäure-diäthylesters in Toluol (*Gane's Chem. Works*, U.S.P. 2522966 [1948]).

Kp_5: $123-124°$. n_D^{20}: 1,4541.

Dicarbonsäuren $C_{13}H_{22}O_5$

*Opt.-inakt. [1-Methyl-butyl]-tetrahydropyran-2-yl-malonsäure-diäthylester $C_{17}H_{30}O_5$, Formel XIII (R = $CH(CH_3)-CH_2-CH_2-CH_3$).

B. Beim Behandeln eines Gemisches von 3,4-Dihydro-2*H*-pyran und Toluol mit Chlor=wasserstoff und Behandeln der Reaktionslösung mit einer Suspension der Natrium-Verbindung des (±)-[1-Methyl-butyl]-malonsäure-diäthylesters in Toluol (*Gane's Chem. Works*, U.S.P. 2522966 [1948]).

Kp: $132-135°$. n_D^{20}: 1,4583.

XIII   XIV   XV

(±)-Isopentyl-tetrahydropyran-2-yl-malonsäure-diäthylester $C_{17}H_{30}O_5$, Formel XIII (R = $CH_2-CH_2-CH(CH_3)_2$).

B. Beim Behandeln eines Gemisches von 3,4-Dihydro-2*H*-pyran und Toluol mit Chlor=wasserstoff und Behandeln der Reaktionslösung mit einer Suspension der Natrium-Ver=bindung des Isopentymalonsäure-diäthylesters in Toluol (*Gane's Chem. Works*, U.S.P. 2522966 [1948]).

Kp_5: $125°$. n_D^{20}: 1,4530.

Dicarbonsäuren $C_{14}H_{24}O_5$

(±)-Hexyl-tetrahydropyran-2-yl-malonsäure-diäthylester $C_{18}H_{32}O_5$, Formel XIV (n = 5).
B. Beim Behandeln eines Gemisches von 3,4-Dihydro-2H-pyran und Toluol mit Chlor=
wasserstoff und Behandeln der Reaktionslösung mit einer Suspension der Natrium-
Verbindung des Hexylmalonsäure-diäthylesters in Toluol (Gane's Chem. Works, U.S.P.
2522966 [1948]).
Kp$_3$: 158—159°. n$_D^{20}$: 1,4540.

Dicarbonsäuren $C_{16}H_{28}O_5$

*Opt.-inakt. [2,3-Epoxy-4,4-dimethyl-2-neopentyl-pentyl]-bernsteinsäure $C_{16}H_{28}O_5$,
Formel XV.
B. Aus (±)-[4,4-Dimethyl-2-neopentyl-pent-2ξ-enyl]-bernsteinsäure (F: 169° [E III 2
1985]) beim Behandeln mit wss. Natriumcarbonat-Lösung und anschliessend mit Ozon
sowie beim Erwärmen mit einem Gemisch von Essigsäure, wss. Wasserstoffperoxid und
wenig Schwefelsäure (Alder, Söll, A. 565 [1949] 57, 71, 72).
Krystalle (aus Acetonitril); F: 175°.   [Schenk]

Dicarbonsäuren $C_nH_{2n-6}O_5$

Dicarbonsäuren $C_6H_6O_5$

4,5-Dihydro-furan-2,3-dicarbonsäure $C_6H_6O_5$, Formel I (R = H).
B. Neben grösseren Mengen 4,5-Dihydro-furan-2,3-dicarbonsäure-3-methylester beim
Behandeln von 4,5-Dihydro-furan-2,3-dicarbonsäure-dimethylester mit wss. Kalilauge
(2,2 Mol KOH) bei 40° (Korte, Machleidt, B. 90 [1957] 2150, 2160).
Krystalle (aus Acn. + Bzl. + wenig Cyclohexan); F: 198°. Absorptionsmaximum
(Me.): 282 nm.

4,5-Dihydro-furan-2,3-dicarbonsäure-3-methylester $C_7H_8O_5$, Formel I (R = CH$_3$).
B. s. im vorangehenden Artikel.
Krystalle (aus Bzl. + Cyclohexan + wenig Ae.); F: 96—97° (Korte, Machleidt, B. 90
[1957] 2150, 2159). Absorptionsmaximum (Me.): 264 nm.

4,5-Dihydro-furan-2,3-dicarbonsäure-dimethylester $C_8H_{10}O_5$, Formel II.
B. Beim Erwärmen der beiden opt.-inakt. 2-Methoxy-tetrahydro-furan-2,3-dicarbon=
säure-dimethylester (F: 60—61° bzw. Kp$_{0,03}$: 73°) mit wenig Polyphosphorsäure und
konz. Schwefelsäure unter 0,05 Torr (Korte, Machleidt, B. 90 [1957] 2150, 2159).
Kp$_{0,02}$: 75°. Absorptionsmaximum (Me.): 261 nm.

I   II   III

4,5-Dihydro-thiophen-2,3-dicarbonsäure $C_6H_6O_4S$, Formel III (R = H).
B. Beim Erwärmen von 4,5-Dihydro-thiophen-2,3-dicarbonsäure-diäthylester mit
methanol. Natronlauge (Korte, Löhmer, B. 90 [1957] 1290, 1294).
Krystalle (aus Me. + Bzl. + PAe.); F: 199° [Zers.]. Absorptionsmaximum (Me.):
330 nm.

4,5-Dihydro-thiophen-2,3-dicarbonsäure-diäthylester $C_{10}H_{14}O_4S$, Formel III (R = C$_2$H$_5$).
B. Beim Erwärmen von [2-Oxo-tetrahydro-[3]thienyl]-glyoxylsäure-äthylester mit
Chlorwasserstoff enthaltendem Äthanol (Korte, Löhmer, B. 90 [1957] 1290, 1294).
Kp$_{0,05}$: 96—98°. Absorptionsmaximum (Me.): 303 nm.

(±)-2,3-Dihydro-thiophen-3,4-dicarbonsäure $C_6H_6O_4S$, Formel IV (X = OH).

B. Beim Erwärmen von 4-Cyan-2,5-dihydro-thiophen-3-carbonsäure-methylester mit wss.-äthanol. Natronlauge (*Baker et al.*, J. org. Chem. **13** [1948] 123, 129).

Krystalle (aus Acn. + Bzl.); F: 180—181° [Zers.]. UV-Spektrum (W.; 220—340 nm): *Ba. et al.*, l. c. S. 124, 125.

Beim Erwärmen mit wss. Natronlauge und Natrium-Amalgam ist *trans*-Tetrahydro-thiophen-3,4-dicarbonsäure erhalten worden.

(±)-2,3-Dihydro-thiophen-3,4-dicarbonsäure-dianilid $C_{18}H_{16}N_2O_2S$, Formel IV (X = NH-C_6H_5).

B. Beim Erwärmen von (±)-2,3-Dihydro-thiophen-3,4-dicarbonsäure mit Thionyl=chlorid, Benzol und wenig Pyridin und Behandeln des erhaltenen Säurechlorids mit Anilin und Benzol (*Baker et al.*, J. org. Chem. **13** [1948] 123, 132).

Krystalle (aus Bzl. + Acn.); F: 190—192°.

2,5-Dihydro-thiophen-3,4-dicarbonsäure $C_6H_6O_4S$, Formel V.

B. Beim Erhitzen von 4-Cyan-2,5-dihydro-thiophen-3-carbonsäure-methylester mit Essigsäure und wss. Salzsäure (*Baker et al.*, J. org. Chem. **13** [1948] 123, 129).

Krystalle (aus Acn. + Bzl.); F: 183—184° (*Ba. et al.*, l. c. S. 129). Absorptions=spektrum (W.; 220—340 nm): *Ba. et al.*, l. c. S. 124, 125.

Beim Erwärmen mit wss. Natronlauge und Natrium-Amalgam ist ein Gemisch der beiden Tetrahydro-thiophen-3,4-dicarbonsäuren erhalten worden (*Ba. et al.*, l. c. S. 129).

Charakterisierung durch Überführung in 2,5-Dihydro-thiophen-3,4-dicarbonsäure-anhydrid (F: 164—166°) mit Hilfe von Thionylchlorid und Benzol: *Ba. et al.*, l. c. S. 132.

IV   V   VI

4-Cyan-2,5-dihydro-thiophen-3-carbonsäure-methylester $C_7H_7NO_2S$, Formel VI (R = CH$_3$).

B. Beim Behandeln einer Lösung von 4-Oxo-tetrahydro-thiophen-3-carbonsäure-methylester in Methanol mit flüssigem Cyanwasserstoff und kleinen Mengen wss. Kalilauge und Erwärmen des Reaktionsprodukts mit Phosphorylchlorid, Benzol und Pyridin (*Baker et al.*, J. org. Chem. **13** [1948] 123, 128).

Krystalle (aus Heptan + Bzl.); F: 55—57° (*Ba. et al.*, l. c. S. 128). UV-Spektrum (W.; 220—340 nm): *Ba. et al.*, l. c. S. 124.

Beim Erhitzen mit Essigsäure und wss. Salzsäure ist 2,5-Dihydro-thiophen- 3,4-di=carbonsäure, beim Erwärmen mit wss.-äthanol. Natronlauge ist 2,3-Dihydro-thiophen-3,4-dicarbonsäure als Hauptprodukt erhalten worden (*Ba. et al.*, l. c. S. 129).

4-Cyan-2,5-dihydro-thiophen-3-carbonsäure-äthylester $C_8H_9NO_2S$, Formel VI (R = C_2H_5).

Diese Verbindung hat wahrscheinlich als Hauptbestandteil neben (±)-4-Cyan-2,3-di=hydro-thiophen-3-carbonsäure-äthylester in dem nachstehend beschriebenen Präparat vorgelegen.

B. Beim Behandeln von 4-Oxo-tetrahydro-thiophen-3-carbonsäure-äthylester mit flüssigem Cyanwasserstoff und kleinen Mengen wss. Kalilauge und Erwärmen des Reak-tionsprodukts mit Phosphorylchlorid, Benzol und Pyridin (*Brown et al.*, J. org. Chem. **12** [1947] 155, 157).

Kp_1: 122—125°.

Dicarbonsäuren $C_7H_8O_5$

3,6-Dihydro-pyran-2,2-dicarbonsäure $C_7H_8O_5$, Formel VII (X = OH).

B. Beim Erhitzen von 3,6-Dihydro-pyran-2,2-dicarbonitril mit wss. Natronlauge (*Achmatowicz, Zamojski,* Croat. chem. Acta **29** [1957] 269, 271).

Hellgelbes Öl; als Bis-[4-brom-phenacylester] (S. 4453) und als Diamid (S. 4453) charak-terisiert.

3,6-Dihydro-pyran-2,2-dicarbonsäure-diäthylester $C_{11}H_{16}O_5$, Formel VII (X = O-C_2H_5).

B. Beim Erhitzen von Mesoxalsäure-diäthylester mit Buta-1,3-dien und wenig Hydro=
chinon auf 135° (*Achmatowicz, Zamojski*, Croat. chem. Acta **29** [1957] 269, 274). Beim
Erwärmen des Disilber-Salzes der 3,6-Dihydro-pyran-2,2-dicarbonsäure mit Äthyljodid
und Benzol (*Ach., Za.*, l. c. S. 272).

Hellgelbes Öl; Kp_{20}: 142—144° (*Ach., Za.*, l. c. S. 274).

3,6-Dihydro-pyran-2,2-dicarbonsäure-bis-[4-brom-phenacylester] $C_{23}H_{18}Br_2O_7$, Formel
VII (X = O-CH_2-CO-C_6H_4-Br).

B. Aus 3,6-Dihydro-pyran-2,2-dicarbonsäure (*Achmatowicz, Zamojski*, Croat. chem.
Acta **29** [1957] 269, 272).

Krystalle (aus A.); F: 166—167° [unkorr.].

3,6-Dihydro-pyran-2,2-dicarbonsäure-diamid, 3,6-Dihydro-pyran-2,2-dicarbamid
$C_7H_{10}N_2O_3$, Formel VII (X = NH_2).

B. Beim Behandeln von 3,6-Dihydro-pyran-2,2-dicarbonsäure-diäthylester mit wss.
Ammoniak (*Achmatowicz, Zamojski*, Croat. chem. Acta **29** [1957] 269, 272, 274).

Krystalle (aus W.); F: 228—230° [unkorr.].

VII   VIII   IX

3,6-Dihydro-pyran-2,2-dicarbonitril $C_7H_6N_2O$, Formel VIII.

B. Beim Behandeln von Mesoxalonitril mit Buta-1,3-dien und Petroläther (*Achmatowicz, Zamojski*, Croat. chem. Acta **29** [1957] 269, 271).

F: 16°. Kp_2: 69—70°. D_4^{20}: 1,110. n_D^{20}: 1,4621.

5,6-Dihydro-4H-thiopyran-2,3-dicarbonsäure-diäthylester $C_{11}H_{16}O_4S$, Formel IX.

B. Beim Erwärmen von [2-Oxo-tetrahydro-thiopyran-3-yl]-glyoxylsäure-äthylester mit
Chlorwasserstoff enthaltendem Äthanol (*Korte, Löhmer*, B. **91** [1958] 1397, 1403).

Hellgelbes Öl; $Kp_{0,3}$: 119—120°. Absorptionsmaximum (Me.): 289 nm.

(±)-3,4-Dihydro-2H-pyran-2,6-dicarbonsäure $C_7H_8O_5$, Formel X.

B. Beim Behandeln von 4H-Pyran-2,6-dicarbonsäure mit wss. Natriumcarbonat-
Lösung und Behandeln der Reaktionslösung mit Natrium-Amalgam (*Czornodola*,
Roczniki Chem. **16** [1936] 459, 464; C. **1937** I 3146).

Krystalle (aus W.); F: 210°.

Bei der Hydrierung an Platin in Essigsäure ist *cis*-Tetrahydro-pyran-2,6-dicarbonsäure
erhalten worden.

X   XI   XII

4-Cyan-5,6-dihydro-2H-thiopyran-3-carbonsäure-äthylester $C_9H_{11}NO_2S$, Formel XI.

Ein unter dieser Konstitution beschriebenes Präparat (Kp_1: 125—128°) von ungewisser
Einheitlichkeit ist beim Behandeln von 4-Oxo-tetrahydro-thiopyran-3-carbonsäure-
äthylester mit flüssigem Cyanwasserstoff und kleinen Mengen wss. Kalilauge und Erwärmen des Reaktionsprodukts mit Phosphorylchlorid, Benzol und Pyridin erhalten
worden (*Baker, Ablondi*, J. org. Chem. **12** [1947] 328, 329, 330).

Tetrahydro[2]furyliden-malonsäure-diäthylester $C_{11}H_{16}O_5$, Formel XII.

Konstitutionszuordnung: *Haynes et al.*, Soc. **1956** 4661, 4662; *Svendsen, Boll*, Acta chem. scand. [B] **29** [1975] 197, 198.

B. Beim Behandeln von 4-Brom-butyrylchlorid mit Methoxomagnesio-malonsäure-diäthylester in Äther (*Ha. et al.*, l. c. S. 4664). Beim Behandeln von 4-Brom-butyryl= bromid mit Äthoxomagnesio-malonsäure-diäthylester in Äther (*Sv., Boll*, l. c. S. 199). Beim Behandeln von [4-Chlor-butyryl]-malonsäure-diäthylester mit Natriumhydrid in Benzol oder mit äthanol. Kalilauge (*Sv., Boll*).

Krystalle (aus PAe.); F: $55-57°$ (*Sv., Boll*), $52,5-54°$ (*Ha. et al.*). ^1H-NMR-Spektrum (CCl_4): *Sv., Boll*. Absorptionsmaximum (A.): 247 nm (*Ha. et al.*).

Dicarbonsäuren $C_8H_{10}O_5$

Cyan-tetrahydropyran-4-yliden-essigsäure $C_8H_9NO_3$, Formel I (R = H).

B. Beim Erhitzen von Cyan-tetrahydropyran-4-yliden-essigsäure-äthylester mit wss. Salzsäure (*Prelog et al.*, A. **532** [1937] 69, 78).

Krystalle (aus W.); F: $137-138°$.

Beim Erhitzen ist [3,6-Dihydro-2H-pyran-4-yl]-acetonitril erhalten worden.

Cyan-tetrahydropyran-4-yliden-essigsäure-äthylester $C_{10}H_{13}NO_3$, Formel I (R = C_2H_5).

B. Beim Erwärmen von Tetrahydro-pyran-4-on mit Cyanessigsäure-äthylester, Benzol und wenig Piperidin (*Prelog et al.*, A. **532** [1937] 69, 77).

Krystalle (aus PAe.); F: $66-67°$.

Beim Erwärmen mit 2-Brom-1-[4-brom-phenyl]-äthanon und Natriumäthylat in Äthanol ist 4-[4-Brom-phenyl]-2-cyan-2-[3,6-dihydro-2H-pyran-4-yl]-4-oxo-buttersäure-äthylester erhalten worden (*Pr. et al.*, l. c. S. 79).

[3-Carboxy-5,6-dihydro-4H-pyran-2-yl]-essigsäure, 2-Carboxymethyl-5,6-dihydro-4H-pyran-3-carbonsäure $C_8H_{10}O_5$, Formel II (R = H).

Die Identität des früher (s. H **18** 325) unter dieser Konstitution beschriebenen, als 5.6-Dihydro-pyran-carbonsäure-(3)-essigsäure-(2) bezeichneten Präparats (F: 185° bis 190° [Zers.]) ist ungewiss (*Guha, Seshadriengar*, B. **69** [1936] 1207, 1209).

B. Beim Erwärmen von [3-Äthoxycarbonyl-5,6-dihydro-4H-pyran-2-yl]-essigsäure-äthylester (s. u.) mit äthanol. Kalilauge (*Guha, Se.*).

Krystalle (aus W.); F: $172-173°$.

I   II   III

[3-Äthoxycarbonyl-5,6-dihydro-4H-pyran-2-yl]-essigsäure $C_{10}H_{14}O_5$, Formel II (R = C_2H_5).

Die Identität des früher (s. H **18** 325) unter dieser Konstitution beschriebenen Präparats (F: 114°) ist ungewiss (*Guha, Seshadriengar*, B. **69** [1936] 1207, 1209).

B. Beim Behandeln von [3-Äthoxycarbonyl-5,6-dihydro-4H-pyran-2-yl]-essigsäure-äthylester (s. u.) mit konz. Schwefelsäure (*Guha, Se.*).

Krystalle (aus PAe. + $CHCl_3$); F: 83°.

[3-Äthoxycarbonyl-5,6-dihydro-4H-pyran-2-yl]-essigsäure-äthylester, 2-Äthoxycarbonyl= methyl-5,6-dihydro-4H-pyran-3-carbonsäure-äthylester $C_{12}H_{18}O_5$, Formel III (vgl. H 325).

B. Neben anderen Verbindungen beim Erhitzen der Natrium-Verbindung des 3-Oxo-glutarsäure-diäthylesters mit 1,3-Dibrom-propan in Benzol bis auf 150° (*Guha, Sesha-driengar*, B. **69** [1936] 1207, 1208; vgl. H 325).

Kp_2: 142°.

(±)-4-Methyl-5,6-dihydro-4H-pyran-2,3-dicarbonsäure-diäthylester $C_{12}H_{18}O_5$, Formel IV.

B. Beim Behandeln von (±)-[4-Methyl-2-oxo-tetrahydro-pyran-3-yl]-glyoxylsäure-äthylester mit Chlorwasserstoff enthaltendem Äthanol, Erwärmen des Reaktionsprodukts ($Kp_{0,2}$: 87 – 88°) mit wenig Polyphosphorsäure unter Durchleiten von Luft und Erhitzen des erhaltenen Reaktionsgemisches unter 0,2 Torr (*Korte et al.*, B. **92** [1959] 884, 890).

$Kp_{0,2}$: 92°. Absorptionsmaximum (Me.): 243 nm.

---

*Opt.-inakt. 2-Methyl-3,4-dihydro-2*H*-pyran-3,5-dicarbonsäure $C_8H_{10}O_5$, Formel V.

B. Beim Behandeln von opt.-inakt. 2-Methyl-3,4-dihydro-2*H*-pyran-3,5-dicarbonsäurediäthylester (s. u.) mit wss.-äthanol. Kalilauge (*Korte et al.*, B. **90** [1957] 2280, 2283).

Krystalle (aus W.); F: 241° [unter Sublimation]. Absorptionsmaximum (Me.(?)): 236 nm.

---

*Opt.-inakt. 2-Methyl-3,4-dihydro-2*H*-pyran-3,5-dicarbonsäure-3-äthylester $C_{10}H_{14}O_5$, Formel VI (R = H).

B. Bei 3-tägigem Behandeln von opt.-inakt. 5-Formyl-2-methyl-6-oxo-tetrahydropyran-3-carbonsäure-äthylester (⇌ 5-Hydroxymethylen-2-methyl-6-oxo-tetrahydro-pyran-3-carbonsäure-äthylester) mit wss. Salzsäure (*Korte, Büchel*, B. **92** [1959] 877, 881).

Krystalle (aus Bzl. + PAe.); F: 112 – 113°. Absorptionsmaximum (Me.): 236 nm.

IV   V   VI

---

*Opt.-inakt. 2-Methyl-3,4-dihydro-2*H*-pyran-3,5-dicarbonsäure-diäthylester $C_{12}H_{18}O_5$, Formel VI (R = C_2H_5).

B. Beim Behandeln von opt.-inakt. 5-Formyl-2-methyl-6-oxo-tetrahydro-pyran-3-carbonsäure-äthylester (⇌ 5-Hydroxymethylen-2-methyl-6-oxo-tetrahydro-pyran-3-carbonsäure-äthylester) mit Chlorwasserstoff enthaltendem Äthanol, Erwärmen des Reaktionsprodukts ($Kp_{0,05}$: 95°) mit wenig Polyphosphorsäure unter Durchleiten von Luft und Erhitzen des erhaltenen Reaktionsgemisches unter 0,05 Torr (*Korte et al.*, B. **90** [1957] 2280, 2283).

$Kp_{0,05}$: 86°. Absorptionsmaximum (Me.): 238 nm.

2-Methyl-5-*p*-tolylcarbamoyl-3,4-dihydro-2*H*-pyran-3-carbonsäure-methylester $C_{16}H_{19}NO_4$, Formel VII, und 6-Methyl-5-*p*-tolylcarbamoyl-5,6-dihydro-4*H*-pyran-3-carbonsäure-methylester $C_{16}H_{19}NO_4$, Formel VIII.

Diese beiden Konstitutionsformeln kommen für die nachstehend beschriebene opt.-inakt. Verbindung in Betracht.

B. Beim Erwärmen von opt.-inakt. 2-Methyl-3,4-dihydro-2*H*-pyran-3,5-dicarbonsäure (s. o.) mit Thionylchlorid, Behandeln des gebildeten Säurechlorids mit *p*-Toluidin in Äther und Erwärmen des danach isolierten Reaktionsprodukts mit Methanol (*Korte et al.*, B. **90** [1957] 2280, 2284).

Krystalle (aus Me.); F: 279° [unter Sublimation].

(±)-6-Methyl-5,6-dihydro-4*H*-pyran-2,3-dicarbonsäure $C_8H_{10}O_5$, Formel IX (R = H).

B. Beim Behandeln von (±)-[6-Methyl-2-oxo-tetrahydro-pyran-3-yl]-glyoxylsäure-äthylester mit wss. Salzsäure (*Korte, Büchel*, B. **92** [1959] 877, 881).

Krystalle (aus W.); F: 172 – 176° [unter Sublimation]. Absorptionsmaximum (Me.): 244 nm.

(±)-6-Methyl-5,6-dihydro-4*H*-pyran-2,3-dicarbonsäure-dimethylester $C_{10}H_{14}O_5$, Formel IX (R = CH_3).

B. Beim Erhitzen von (±)-[3-Hydroxy-butyl]-oxalessigsäure-dimethylester (⇌ 2-Hydr⁼

oxy-6-methyl-tetrahydro-pyran-2,3-dicarbonsäure-dimethylester) mit wenig Polyphos=
phorsäure unter 0,03 Torr (*Korte, Machleidt*, B. **90** [1957] 2150, 2155).
Kp$_{0,02}$: 95°. Absorptionsmaximum (Me.): 245 nm.

VII   VIII   IX

(±)-6-Methyl-5,6-dihydro-4*H*-pyran-2,3-dicarbonsäure-2-äthylester $C_{10}H_{14}O_5$, Formel X.
B. Beim Behandeln von (±)-[6-Methyl-2-oxo-tetrahydro-pyran-3-yl]-glyoxylsäure-
äthylester mit wss. Salzsäure bei 0° (*Korte, Büchel*, B. **92** [1959] 877, 881).
Krystalle; F: 127°. Absorptionsmaximum (Me.): 246 nm.

X   XI   XII

[4-Methyl-1,1-dioxo-2,5-dihydro-1λ^6-thiophen-3-yl]-malonsäure-diäthylester $C_{12}H_{18}O_6S$,
Formel XI.
B. Beim Erwärmen von 3-Chlor-4-methyl-2,5-dihydro-thiophen-1,1-dioxid mit der
Natrium-Verbindung des Malonsäure-diäthylesters in Äthanol (*Backer, Blaas*, R. **61**
[1942] 785, 799).
Krystalle (aus PAe.); F: 61,5—62°.

5,5-Dimethyl-4,5-dihydro-furan-2,3-dicarbonsäure-diäthylester $C_{12}H_{18}O_5$, Formel XII.
B. Beim Behandeln von [5,5-Dimethyl-2-oxo-tetrahydro-[3]furyl]-glyoxylsäure-äthyl=
ester mit Chlorwasserstoff enthaltendem Äthanol, Erwärmen des Reaktionsprodukts
(Kp$_{0,1}$: 76—78°) mit wenig Polyphosphorsäure unter Durchleiten von Luft und Erhitzen des erhaltenen Reaktionsgemisches unter 0,1 Torr (*Korte et al.*, B. **92** [1959] 884,
892).
Kp$_{0,1}$: 74°. Absorptionsmaximum (Me.): 258 nm.

2-Oxa-spiro[3.3]heptan-6,6-dicarbonsäure-diäthylester $C_{12}H_{18}O_5$, Formel I.
B. Beim Erwärmen von 3,3-Bis-chlormethyl-oxetan mit der Natrium-Verbindung des
Malonsäure-diäthylesters in einem Gemisch von Äthanol und Malonsäure-diäthylester
(*Campbell*, J. org. Chem. **22** [1957] 1029, 1033).
Kp$_{1,1}$: 105—107°.

1,2-Epoxy-cyclohexan-1,2-dicarbonsäure $C_8H_{10}O_5$, Formel II.
B. Beim Behandeln von 2*c*-Chlor-1-hydroxy-cyclohexan-1*r*,2*t*-dicarbonsäure mit wss.
Natronlauge (*Hückel, Lampert*, B. **67** [1934] 1811, 1815).
Öl; als Barium-Salz und als Blei(II)-Salz isoliert.

*Opt.-inakt. 4,5-Epoxy-cyclohexan-1,2-dicarbonsäure $C_8H_{10}O_5$, Formel III (R = H).
B. Beim Behandeln von opt.-inakt. Cyclohex-4-en-1,2-dicarbonsäure mit Peroxy=
essigsäure in Aceton (*Union Carbide & Carbon Corp.*, U.S.P. 2794028 [1953]).
F: 145—150° [Zers.].

*Opt.-inakt. **4,5-Epoxy-cyclohexan-1,2-dicarbonsäure-dimethylester** $C_{10}H_{14}O_5$, Formel III
(R = CH$_3$).

B. Beim Behandeln von opt.-inakt. Cyclohex-4-en-1,2-dicarbonsäure-dimethylester
mit Peroxyessigsäure in Aceton (*Union Carbide & Carbon Corp.*, U.S.P. 2794030 [1955])
oder mit wss. Hypochlorigsäure und Behandeln des Reaktionsprodukts mit äthanol.
Natronlauge (*Gill, Munro*, Soc. **1952** 4630).

Kp$_3$: 138—140°; n$_D^{30}$: 1,469—1,474 (*Union Carbide & Carbon Corp.*). Kp$_{0,6}$: 112° (*Gill, Mu.*).

*Opt.-inakt. **4,5-Epoxy-cyclohexan-1,2-dicarbonsäure-diäthylester** $C_{12}H_{18}O_5$, Formel III
(R = C$_2$H$_5$).

B. Aus opt.-inakt. Cyclohex-4-en-1,2-dicarbonsäure-diäthylester beim Behandeln mit
Peroxyessigsäure in Essigsäure (*Gill, Munro*, Soc. **1952** 4630) oder mit Peroxyessigsäure
in Aceton (*Union Carbide & Carbon Corp.*, U.S.P. 2794030 [1955]) sowie beim Behandeln mit wss. Hypochlorigsäure und Behandeln des Reaktionsprodukts mit äthanol.
Natronlauge (*Gill, Mu.*).

Kp$_{1,2}$: 127—129° (*Union Carbide & Carbon Corp.*); Kp$_{0,3}$: 120° (*Gill, Mu.*). n$_D^{30}$: 1,4604
(*Union Carbide & Carbon Corp.*).

*Opt.-inakt. **4,5-Epoxy-cyclohexan-1,2-dicarbonsäure-dibutylester** $C_{16}H_{26}O_5$, Formel III
(R = [CH$_2$]$_3$-CH$_3$).

B. Aus opt.-inakt. Cyclohex-4-en-1,2-dicarbonsäure-dibutylester beim Behandeln mit
Peroxyessigsäure in Essigsäure sowie beim Behandeln mit wss. Hypochlorigsäure und Behandeln des Reaktionsprodukts mit äthanol. Natronlauge (*Gill, Munro*, Soc. **1952** 4630).

Kp$_{0,8}$: 160—164°.

I   II   III   IV

*Opt.-inakt. **4,5-Epoxy-cyclohexan-1,2-dicarbonsäure-bis-[2-äthyl-hexylester]** $C_{24}H_{42}O_5$,
Formel III (R = CH$_2$-CH(C$_2$H$_5$)-[CH$_2$]$_3$-CH$_3$).

B. Aus opt.-inakt. Cyclohex-4-en-1,2-dicarbonsäure-bis-[2-äthyl-hexylester] beim Erwärmen einer Lösung in Benzol mit einem Gemisch von Essigsäure, wss. Wasserstoff=
peroxid und wenig Schwefelsäure (*Greenspan, Gall*, Ind. eng. Chem. **50** [1958] 865) sowie beim Behandeln mit Peroxyessigsäure in Aceton (*Union Carbide & Carbon Corp.*,
U.S.P. 2794030 [1955]).

Kp$_4$: 230—236° (*Gr., Gall*). Kp$_{3,5}$: ca. 230°; n$_D^{30}$: 1,4637 (*Union Carbide & Carbon Corp.*).

*Opt.-inakt. **4,5-Epoxy-cyclohexan-1,2-dicarbonsäure-diallylester** $C_{14}H_{18}O_5$, Formel III
(R = CH$_2$-CH=CH$_2$).

B. Aus opt.-inakt. Cyclohex-4-en-1,2-dicarbonsäure-diallylester beim Behandeln mit
Peroxyessigsäure in Aceton (*Union Carbide & Carbon Corp.*, U.S.P. 2794030 [1955]) sowie beim Behandeln mit wss. Hypochlorigsäure und Behandeln des Reaktionsprodukts
mit äthanol. Natronlauge (*Gill, Munro*, Soc. **1952** 4630).

Bei 140—153°/2 Torr destillierbar; n$_D^{30(?)}$: 1,483 (*Union Carbide & Carbon Corp.*). Kp$_{0,3}$:
133—136° (*Gill, Mu.*).

7-Oxa-norbornan-2,3-dicarbonsäure $C_8H_{10}O_5$.
Über die Konfiguration der nachstehend beschriebenen Stereoisomeren s. *Woodward,
Baer*, Am. Soc. **70** [1948] 1161, 1164.

a) **7-Oxa-norbornan-2*endo*,3*endo*-dicarbonsäure** $C_8H_{10}O_5$, Formel IV.
B. Bei der Hydrierung von 7-Oxa-norborn-2-en-2,3-dicarbonsäure an Platin in Essig=
säure (*Alder, Backendorf*, A. **535** [1938] 113, 119).
Krystalle (aus E.); F: 169—170°.

Überführung in 7-Oxa-norbornan-2*endo*,3*endo*-dicarbonsäure-anhydrid (F: 158—159°) mit Hilfe von Acetylchlorid: *Al.*, *Ba.*

b) **(±)-7-Oxa-norbornan-2*endo*,3*exo*-dicarbonsäure** $C_8H_{10}O_5$, Formel V + Spiegelbild.

B. Beim Erwärmen von 7-Oxa-norbornan-2*endo*,3*endo*-dicarbonsäure-dimethylester [s. u.] (*Alder*, *Backendorf*, A. **535** [1938] 113, 120; *Diels*, *Olsen*, J. pr. [2] **156** [1940] 285, 296) oder von 7-Oxa-norbornan-2*exo*,3*exo*-dicarbonsäure-dimethylester (*Alder*, *Backendorf*, A. **535** [1938] 101, 107) mit methanol. Kalilauge. Beim Erhitzen von 7-Oxa-norbornan-2*endo*,3*endo*-dicarbonsäure-imid oder von 7-Oxa-norbornan-2*exo*,3*exo*-dicarbonsäure-imid mit wss. Kalilauge (*Kwart*, *Burchuk*, Am. Soc. **74** [1952] 3094, 3096).

Krystalle; F: 179—180° [aus Acetonitril bzw. E.] (*Al.*, *Ba.*, l. c. S. 107), 179—180° [unkorr.; aus W.] (*Di.*, *Ol.*), 177° [unkorr.] (*Kw.*, *Bu.*).

c) **7-Oxa-norbornan-2*exo*,3*exo*-dicarbonsäure** $C_8H_{10}O_5$, Formel VI (R = H) (E II 285; dort als *exo-cis*-3.6-Oxido-cyclohexan-dicarbonsäure-(1.2) bezeichnet).

B. Bei der Hydrierung von Alkali-Salzen der 7-Oxa-norborn-5-en-2*exo*,3*exo*-dicarbonsäure an Raney-Nickel in Wasser (*Sharples Chem. Inc.*, U.S.P. 2550494 [1950]). Aus 7-Oxa-norbornan-2*exo*,3*exo*-dicarbonsäure-anhydrid beim Erhitzen mit Wasser sowie beim Erwärmen mit wss. Kalilauge (*Kwart*, *Burchuk*, Am. Soc. **74** [1952] 3094, 3096).

Wasserfreie Krystalle, F: 144° [unkorr.]; Krystalle (aus W.) mit 1 Mol H_2O, F: 125° [unkorr.]; das Krystallwasser wird beim Erwärmen mit einem Gemisch von Benzol und Äthylacetat abgegeben (*Kw.*, *Bu.*).

Überführung in 7-Oxa-norbornan-2*exo*,3*exo*-dicarbonsäure-anhydrid (F: 111° [unkorr.]) durch Sublimation unter vermindertem Druck: *Kw.*, *Bu.*, l. c. S. 3096, 3097.

Ein Diäthylamin-Salz $C_4H_{11}N \cdot C_8H_{10}O_5$ der Säure hat wahrscheinlich in einem von *Mel'nikow*, *Kraft* (Ž. obšč. Chim. **26** [1956] 213, 215, 217; engl. Ausg. S. 227, 230) als (±)-7-Oxa-norbornan-2*exo*,3*exo*-dicarbonsäure-mono-diäthylamid ($C_{12}H_{19}NO_4$) angesehenen, beim Behandeln von 7-Oxa-norbornan-2*exo*,3*exo*-dicarbonsäure-anhydrid mit Diäthylamin und Dioxan erhaltenen Präparat (Krystalle [aus Me. oder A.], F: 132—133° bzw. F: 136—137°) vorgelegen (*Jur'ew et al.*, Ž. obšč. Chim. **31** [1961] 2898, 2899, 2900, engl. Ausg. S. 2700).

(±)-7-Oxa-norbornan-2*exo*,3*exo*-dicarbonsäure-monomethylester $C_9H_{12}O_5$, Formel VII (X = O-CH$_3$) + Spiegelbild (vgl. E II 286).

Ein unter dieser Konstitution und Konfiguration beschriebenes Präparat (Krystalle [aus Acn. + Bzn.], F: 113—114° [unkorr.]) ist beim Behandeln von 7-Oxa-norbornan-2*exo*,3*exo*-dicarbonsäure-anhydrid mit Diazomethan in Äther und kurzen Erhitzen (1—2 min) einer wss. Lösung des Reaktionsprodukts erhalten worden (*Diels*, *Olsen*, J. pr. [2] **156** [1940] 285, 303).

7-Oxa-norbornan-2,3-dicarbonsäure-dimethylester $C_{10}H_{14}O_5$.

a) **7-Oxa-norbornan-2*endo*,3*endo*-dicarbonsäure-dimethylester** $C_{10}H_{14}O_5$, Formel VIII. Über die Konfigurationszuordnung s. *Sefirow et al.*, Ž. obšč. Chim. **35** [1965] 814, 821; engl. Ausg. S. 817, 823.

B. Bei der Hydrierung von 7-Oxa-norborna-2,5-dien-2,3-dicarbonsäure-dimethylester an Palladium in Methanol (*Diels*, *Olsen*, J. pr. [2] **156** [1940] 285, 295). Bei der Hydrierung von 5*exo*,6*exo*-Dibrom-7-oxa-norbornan-2-en-2,3-dicarbonsäure-dimethylester (F: 124° bis 125°) an Platin in Äthanol (*Se. et al.*).

Krystalle (aus Me.); F: 46—48° (*Di.*, *Ol.*), 44,5—45° (*Se. et al.*).

b) **7-Oxa-norbornan-2*exo*,3*exo*-dicarbonsäure-dimethylester** $C_{10}H_{14}O_5$, Formel VI (R = CH$_3$).

B. Beim Behandeln von 7-Oxa-norbornan-2*exo*,3*exo*-dicarbonsäure-monomethylester (F: 153°; E II **18** 286) mit Diazomethan in Äther (*Diels*, *Alder*, A. **490** [1931] 236, 256). Bei der Hydrierung von 7-Oxa-norborn-5-en-2*exo*,3*exo*-dicarbonsäure-dimethylester an Raney-Nickel in Äthylacetat (*Jolivet*, A. ch. [13] **5** [1960] 1165, 1185) oder an Raney-Nickel in Aceton bei 20°/50 at (*N. Bachem*, Diss. [Köln 1959] S. 28). Aus 7-Oxa-norbornan-2*exo*,3*exo*-dicarbonsäure-anhydrid beim Erwärmen mit Methanol, Benzol und wenig Schwefelsäure sowie beim Behandeln mit wss. Kalilauge und Dimethylsulfat (*Jo.*, l. c. S. 1186).

Krystalle; F: 80,5° (*Jo.*, l. c. S. 1186), 80—85° (*Di.*, *Al.*), 76° [aus Bzn. + E.] (*Ba.*), 75° [aus PAe.] (*Jur'ew et al.*, Ž. obšč. Chim. **31** [1961] 2898, 2900; engl. Ausg. S. 2700, 2701).

Beim Behandeln mit Lithiumalanat in Äther ist von *Jolivet* (l. c. S. 1196) 3*exo*-Hydroxy= methyl-7-oxa-norbornan-2*exo*-carbonsäure-methylester, von *Bachem* (l. c. S. 30) und von *Jur'ew et al.* (l. c. S. 2901) hingegen 2*exo*,3*exo*-Bis-hydroxymethyl-7-oxa-norbornan (E III/IV **17** 2043) erhalten worden.

Lösungen des Esters rufen auf der Haut Entzündungen und Blasenbildung hervor (*Di.*, *Al.*; *Jo.*, l. c. S. 1196).

7-Oxa-norbornan-2*exo*,3*exo*-dicarbonsäure-dipropylester $C_{14}H_{22}O_5$, Formel VI (R = CH$_2$-CH$_2$-CH$_3$).

B. Beim Erwärmen von 7-Oxa-norbornan-2*exo*,3*exo*-dicarbonsäure-anhydrid mit Prop= an-1-ol, 1,2-Dichlor-äthan und wenig Benzolsulfonsäure unter Entfernen des entstehenden Wassers (*Mel'nikow*, *Kraft*, Ž. obšč. Chim. **26** [1956] 213, 216, 217; engl. Ausg. S. 227, 229, 230).

Krystalle (aus Bzl.); F: 55—56°.

7-Oxa-norbornan-2*exo*,3*exo*-dicarbonsäure-diisopropylester $C_{14}H_{22}O_5$, Formel VI (R = CH(CH$_3$)$_2$).

B. Beim Erwärmen von 7-Oxa-norbornan-2*exo*,3*exo*-dicarbonsäure-anhydrid mit Iso= propylalkohol, 1,2-Dichlor-äthan und wenig Benzolsulfonsäure unter Entfernen des entstehenden Wassers (*Mel'nikow*, *Kraft*, Ž. obšč. Chim. **26** [1956] 213, 216, 217; engl. Ausg. S. 227, 229, 230).

Krystalle (aus Bzl.); F: 103—104°.

7-Oxa-norbornan-2*exo*,3*exo*-dicarbonsäure-dibutylester $C_{16}H_{26}O_5$, Formel VI (R = [CH$_2$]$_3$-CH$_3$).

B. Beim Erhitzen von 7-Oxa-norbornan-2*exo*,3*exo*-dicarbonsäure-anhydrid mit Butan-1-ol, 1,2-Dichlor-äthan und wenig Benzolsulfonsäure unter Entfernen des entstehenden Wassers (*Mel'nikow*, *Kraft*, Ž. obšč. Chim. **26** [1956] 213, 216, 217; engl. Ausg. S. 227, 229, 230).

Krystalle (aus Bzl.); F: 61—62°.

7-Oxa-norbornan-2*exo*,3*exo*-dicarbonsäure-diisopentylester $C_{18}H_{30}O_5$, Formel VI (R = CH$_2$-CH$_2$-CH(CH$_3$)$_2$).

B. Beim Erhitzen von 7-Oxa-norbornan-2*exo*,3*exo*-dicarbonsäure-anhydrid mit Iso= pentylalkohol, 1,2-Dichlor-äthan und wenig Benzolsulfonsäure unter Entfernen des entstehenden Wassers (*Mel'nikow*, *Kraft*, Ž. obšč. Chim. **26** [1956] 213, 216, 217; engl. Ausg. S. 227, 229, 230).

Krystalle (aus Bzl.); F: 86—87°.

7-Oxa-norbornan-2*exo*,3*exo*-dicarbonsäure-diallylester $C_{14}H_{18}O_5$, Formel VI (R = CH$_2$-CH=CH$_2$).

B. Beim Erwärmen von 7-Oxa-norbornan-2*exo*,3*exo*-dicarbonsäure-anhydrid mit Allyl= alkohol, Benzol und wenig Benzolsulfonsäure unter Entfernen des entstehenden Wassers (*Soc. Usines Chim. Rhône-Poulenc*, U.S.P. 2570029 [1949]).

Krystalle; F: 36,5°. D_4^{40}: 1,143. Bei 169—170°/2 Torr destillierbar.

7-Oxa-norbornan-2*exo*,3*exo*-dicarbonsäure-dimethallylester $C_{16}H_{22}O_5$, Formel VI (R = CH$_2$-C(CH$_3$)=CH$_2$).

B. Beim Erwärmen von 7-Oxa-norbornan-2*exo*,3*exo*-dicarbonsäure-anhydrid mit Methallylalkohol, Benzol und wenig Benzolsulfonsäure unter Entfernen des entstehenden

Wassers (*Soc. Usines Chim. Rhône-Poulenc*, U.S.P. 2570029 [1949]).

Kp$_3$: 157—160°. D$_4^{25}$: 1,104. n$_D^{20}$: 1,4830.

(±)-3exo-Phenylcarbamoyl-7-oxa-norbornan-2exo-carbonsäure, (±)-7-Oxa-norbornan-2exo,3exo-dicarbonsäure-monoanilid $C_{14}H_{15}NO_4$, Formel VII (X = NH-C$_6$H$_5$) + Spiegelbild.

B. Beim Behandeln von 7-Oxa-norbornan-2*exo*,3*exo*-dicarbonsäure-anhydrid mit Anilin und Dioxan (*Mel'nikow, Kraft*, Ž. obšč. Chim. **26** [1956] 213, 215, 217; engl. Ausg. S. 227, 228, 230).

Krystalle (aus Me. oder A.); F: 161° [Zers.].

Beim Erhitzen ist 7-Oxa-norbornan-2*exo*,3*exo*-dicarbonsäure-phenylimid erhalten worden.

(±)-3exo-[1]Naphthylcarbamoyl-7-oxa-norbornan-2exo-carbonsäure, (±)-7-Oxa-norbornan-2exo,3exo-dicarbonsäure-mono-[1]naphthylamid $C_{18}H_{17}NO_4$, Formel IX + Spiegelbild.

B. Beim Behandeln von 7-Oxa-norbornan-2*exo*,3*exo*-dicarbonsäure-anhydrid mit [1]Naphthylamin und Dioxan (*Mel'nikow, Kraft*, Ž. obšč. Chim. **26** [1956] 213, 215, 217; engl. Ausg. S. 227, 228, 230).

Krystalle (aus Me. oder A.); F: 164°.

Beim Erhitzen ist 7-Oxa-norbornan-2*exo*,3*exo*-dicarbonsäure-[1]naphthylimid erhalten worden.

IX   X   XI

(±)-3exo-[4-Carboxy-phenylcarbamoyl]-7-oxa-norbornan-2exo-carbonsäure $C_{15}H_{15}NO_6$, Formel X + Spiegelbild.

B. Beim Behandeln von 7-Oxa-norbornan-2*exo*,3*exo*-dicarbonsäure-anhydrid mit 4-Amino-benzoesäure in Dioxan (*Bokarew*, Ž. obšč. Chim. **29** [1959] 1358, 1362; engl. Ausg. S. 1334, 1337).

Krystalle (aus Dimethylformamid + CCl$_4$). Beim Erhitzen erfolgt Umwandlung in das Imid (F: 263°).

7-Oxa-norbornan-2exo,3exo-dicarbonsäure-bis-hydroxyamid, 7-Oxa-norbornan-2exo,3exo-dicarbohydroxamsäure $C_8H_{12}N_2O_5$, Formel XI.

B. Beim Erwärmen von 7-Oxa-norbornan-2*exo*,3*exo*-dicarbonsäure-dimethylester mit Hydroxylamin und Natriummethylat in Methanol (*Stolberg et al.*, Am. Soc. **79** [1957] 2615).

Krystalle (aus Acn.); F: 186° [Zers.] (*St. et al.*). Scheinbarer Dissoziationsexponent pK$_a'$ (Wasser; potentiometrisch ermittelt) bei 25°: 9,3 (*Stolberg, Mosher*, Am. Soc. **79** [1957] 2618).

Geschwindigkeitskonstante der Reaktion mit Methylphosphonsäure-fluorid-isopropylester in wss. Lösung vom pH 7,6 bei 30,5°: *St., Mo.*

Blasenziehende Wirkung: *St. et al.*

(±)-5endo,6exo-Dichlor-7-oxa-norbornan-2exo,3exo-dicarbonsäure $C_8H_8Cl_2O_5$, Formel I (R = H) + Spiegelbild.

Konfigurationszuordnung: *Sefirow et al.*, Ž. obšč. Chim. **35** [1965] 1373, 1374; engl. Ausg. S. 1379, 1380.

B. Beim Behandeln einer Lösung von 7-Oxa-norborn-5-en-2*exo*,3*exo*-dicarbonsäure-anhydrid in wss. Essigsäure mit Chlor (*Jolivet*, C. r. **243** [1956] 2085; A. ch. [13] **5** [1960] 1165, 1175; *Se. et al.*, l. c. S. 1378).

Wasserfreie Krystalle (aus W.), F: 147—148° (*Se. et al.*); Krystalle (aus W.) mit 1 Mol H$_2$O, F: 181° (*Jo.*), 176° (*Jur'ew, Sefirow*, Ž. obšč. Chim. **33** [1963] 804, 810; engl. Ausg.

S. 791, 795).

Überführung in das Anhydrid (F: 163°) mit Hilfe von Acetylchlorid: *Jo.*, A. ch. [13] **5** 1176.

(±)-5*endo*,6*exo*-Dichlor-7-oxa-norbornan-2*exo*,3*exo*-dicarbonsäure-2-methylester

$C_9H_{10}Cl_2O_5$, Formel II (R = CH_3) + Spiegelbild, und (±)-5*endo*,6*exo*-Dichlor-7-oxa-nor= bornan-2*exo*,3*exo*-dicarbonsäure-3-methylester $C_9H_{10}Cl_2O_5$, Formel III (R = CH_3) + Spie= gelbild.

Diese beiden Formeln kommen für die nachstehend beschriebene Verbindung in Be= tracht.

B. Beim Erwärmen von (±)-5*endo*,6*exo*-Dichlor-7-oxa-norbornan-2*exo*,3*exo*-dicarbon= säure-anhydrid mit Methanol (*Mel'nikow, Kraft*, Ž. obšč. Chim. **29** [1959] 968, 970; engl. Ausg. S. 949, 950).

F: 135—136°.

(±)-5*endo*,6*exo*-Dichlor-7-oxa-norbornan-2*exo*,3*exo*-dicarbonsäure-dimethylester

$C_{10}H_{12}Cl_2O_5$, Formel I (R = CH_3) + Spiegelbild.

Konfigurationszuordnung: *Sefirow et al.*, Ž. obšč. Chim. **35** [1965] 1373, 1374; engl. Ausg. S. 1379, 1380.

B. Beim Behandeln einer Lösung von 7-Oxa-norborn-5-en-2*exo*,3*exo*-dicarbonsäure-dimethylester in Chloroform mit Chlor (*Jolivet*, C. r. **243** [1956] 2085; A. ch. [13] **5** [1960] 1165, 1188; s. a. *Se. et al.*, l. c. S. 1377). Beim Erwärmen von (±)-5*endo*,6*exo*-Dichlor-7-oxa-norbornan-2*exo*,3*exo*-dicarbonsäure-anhydrid mit Methanol und wenig Benzolsulfonsäure (*Mel'nikow, Kraft*, Ž. obšč. Chim. **29** [1959] 968, 969; engl. Ausg. S. 949, 950).

Krystalle; F: 119—120,5° (*Me., Kr.*), 119—120° [aus Me.] (*Se. et al.*), 114° [aus CCl_4] (*Jo.*), 113° [aus Me.] (*Jur'ew, Sefirow*, Ž. obšč. Chim. **33** [1963] 804, 810; engl. Ausg. S. 791, 795).

(±)-5*endo*,6*exo*-Dichlor-7-oxa-norbornan-2*exo*,3*exo*-dicarbonsäure-2-äthylester

$C_{10}H_{12}Cl_2O_5$, Formel II (R = C_2H_5) + Spiegelbild, und (±)-5*endo*,6*exo*-Dichlor-7-oxa-norbornan-2*exo*,3*exo*-dicarbonsäure-3-äthylester $C_{10}H_{12}Cl_2O_5$, Formel III (R = C_2H_5) + Spiegelbild.

Diese beiden Formeln kommen für die nachstehend beschriebene Verbindung in Betracht.

B. Neben kleinen Mengen einer bei 161,5—162° schmelzenden Substanz beim Erwär= men von (±)-5*endo*,6*exo*-Dichlor-7-oxa-norbornan-2*exo*,3*exo*-dicarbonsäure-anhydrid mit Äthanol (*Mel'nikow, Kraft*, Ž. obšč. Chim. **29** [1959] 968, 969; engl. Ausg. S. 949, 950).

F: 150—151°.

     I   II   III   IV

(±)-5*endo*,6*exo*-Dichlor-7-oxa-norbornan-2*exo*,3*exo*-dicarbonsäure-diäthylester

$C_{12}H_{16}Cl_2O_5$, Formel I (R = C_2H_5) + Spiegelbild.

B. Beim Erwärmen von (±)-5*endo*,6*exo*-Dichlor-7-oxa-norbornan-2*exo*,3*exo*-dicarbon= säure (S. 4460) mit Äthanol, Benzol und wenig Schwefelsäure (*Jolivet*, A. ch. [13] **5** [1960] 1165, 1190). Beim Erwärmen von (±)-5*endo*,6*exo*-Dichlor-7-oxa-norbornan-2*exo*,3*exo*-di= carbonsäure-anhydrid mit Äthanol und wenig Benzolsulfonsäure (*Mel'nikow, Kraft*, Ž. obšč. Chim. **29** [1959] 968, 969; engl. Ausg. S. 949, 950).

Krystalle; F: 57,5° (*Jo.*), 52—53° (*Me., Kr.*).

(±)-5*endo*,6*exo*-Dichlor-7-oxa-norbornan-2*exo*,3*exo*-dicarbonsäure-dipropylester

$C_{14}H_{20}Cl_2O_5$, Formel I (R = CH_2-CH_2-CH_3) + Spiegelbild.

B. Beim Erwärmen von (±)-5*endo*,6*exo*-Dichlor-7-oxa-norbornan-2*exo*,3*exo*-dicarbon= säure-anhydrid mit Propan-1-ol und wenig Benzolsulfonsäure (*Mel'nikow, Kraft*, Ž. obšč.

Chim. **29** [1959] 968, 970; engl. Ausg. S. 949, 950).
Kp$_1$: 182°. n$_D^{20}$: 1,4858.

(±)-5*endo*,6*exo*-Dichlor-7-oxa-norbornan-2*exo*,3*exo*-dicarbonsäure-dibutylester
$C_{16}H_{24}Cl_2O_5$, Formel I (R = [CH$_2$]$_3$-CH$_3$) + Spiegelbild.
B. Beim Erwärmen von (±)-5*endo*,6*exo*-Dichlor-7-oxa-norbornan-2*exo*,3*exo*-dicarbon=
säure-anhydrid mit Butan-1-ol und wenig Benzolsulfonsäure (*Mel'nikow, Kraft,* Ž. obšč.
Chim. **29** [1959] 968, 970; engl. Ausg. S. 949, 950).
Kp$_1$: 187—189°. n$_D^{20}$: 1,4830.

(±)-5*endo*,6*exo*-Dichlor-7-oxa-norbornan-2*exo*,3*exo*-dicarbonsäure-diisopentylester
$C_{18}H_{28}Cl_2O_5$, Formel I (R = CH$_2$-CH$_2$-CH(CH$_3$)$_2$) + Spiegelbild.
B. Beim Erhitzen von (±)-5*endo*,6*exo*-Dichlor-7-oxa-norbornan-2*exo*,3*exo*-dicarbon=
säure-anhydrid mit Isopentylalkohol und wenig Benzolsulfonsäure (*Mel'nikow, Kraft,*
Ž. obšč. Chim. **29** [1959] 968, 970; engl. Ausg. S. 949, 950).
F: 27—28°. Kp$_1$: 181—183°. n$_D^{20}$: 1,4798 [unterkühlte Flüssigkeit].

(±)-3*exo*-Diäthylcarbamoyl-5*endo*,6*exo*-dichlor-7-oxa-norbornan-2*exo*-carbonsäure
$C_{12}H_{17}Cl_2NO_4$, Formel IV (X = N(C$_2$H$_5$)$_2$) + Spiegelbild, und **(±)-3*exo*-Diäthylcarbam=
oyl-5*exo*,6*endo*-dichlor-7-oxa-norbornan-2*exo*-carbonsäure** $C_{12}H_{17}Cl_2NO_4$, Formel V
(X = N(C$_2$H$_5$)$_2$) + Spiegelbild.
Diese beiden Formeln kommen für die nachstehend beschriebene Verbindung in
Betracht.
B. Beim Behandeln von (±)-5*endo*,6*exo*-Dichlor-7-oxa-norbornan-2*exo*,3*exo*-dicarbon=
säure-anhydrid mit Diäthylamin und Dioxan (*Mel'nikow, Kraft,* Ž. obšč. Chim. **26**
[1956] 213, 215; engl. Ausg. S. 227, 228).
F: 146—147°.

V   VI   VII

(±)-5*endo*,6*exo*-Dichlor-3*exo*-phenylcarbamoyl-7-oxa-norbornan-2*exo*-carbonsäure
$C_{14}H_{13}Cl_2NO_4$, Formel IV (X = NH-C$_6$H$_5$) + Spiegelbild, und **(±)-5*exo*,6*endo*-Dichlor-
3*exo*-phenylcarbamoyl-7-oxa-norbornan-2*exo*-carbonsäure** $C_{14}H_{13}Cl_2NO_4$, Formel V
(X = NH-C$_6$H$_5$) + Spiegelbild.
Diese beiden Formeln kommen für die nachstehend beschriebene Verbindung in
Betracht.
B. Beim Behandeln von (±)-5*endo*,6*exo*-Dichlor-7-oxa-norbornan-2*exo*,3*exo*-dicarbon=
säure-anhydrid mit Anilin und Dioxan (*Mel'nikow, Kraft,* Ž. obšč. Chim. **26** [1956]
213, 215; engl. Ausg. S. 227, 228).
F: 186° [im vorgeheizten Bad].

(±)-5*endo*,6*exo*-Dichlor-3*exo*-[1]naphthylcarbamoyl-7-oxa-norbornan-2*exo*-carbonsäure
$C_{18}H_{15}Cl_2NO_4$, Formel VI + Spiegelbild, und **(±)-5*exo*,6*endo*-Dichlor-3*exo*-[1]naphthyl=
carbamoyl-7-oxa-norbornan-2*exo*-carbonsäure** $C_{18}H_{15}Cl_2NO_4$, Formel VII + Spiegelbild.
Diese beiden Formeln kommen für die nachstehend beschriebene Verbindung in
Betracht.
B. Beim Behandeln von (±)-5*endo*,6*exo*-Dichlor-7-oxa-norbornan-2*exo*,3*exo*-dicarbon=
säure-anhydrid mit [1]Naphthylamin und Dioxan (*Mel'nikow, Kraft,* Ž. obšč. Chim.
29 [1959] 968, 970; engl. Ausg. S. 949, 950).
F: 206° [Zers.].

5,6-Dibrom-7-oxa-norbornan-2,3-dicarbonsäure $C_8H_8Br_2O_5$.
Über die Konstitution und Konfiguration der folgenden Stereoisomeren s. *Berson,
Swidler,* Am. Soc. **76** [1954] 4060, 4062, 4063.

a) **(+)-5endo,6exo-Dibrom-7-oxa-norbornan-2exo,3exo-dicarbonsäure** $C_8H_8Br_2O_5$,
Formel VIII (R = H) oder Spiegelbild.

Ein partiell racemisches Präparat ([α]$_D$: +14,1° [Dioxan]) ist aus dem unter c) beschriebenen Racemat mit Hilfe von Chinin erhalten worden (*Berson, Swidler*, Am. Soc. **76** [1954] 4060, 4068).

b) **(−)-5endo,6exo-Dibrom-7-oxa-norbornan-2exo,3exo-dicarbonsäure** $C_8H_8Br_2O_5$,
Formel VIII (R = H) oder Spiegelbild.

Ein partiell racemisches Präparat (Krystalle [aus W.], F: 134−135,5° [unkorr.];
[α]$_D$: −77,5° [Dioxan]) ist aus dem unter c) beschriebenen Racemat über das Chinin-Salz erhalten worden (*Berson, Swidler*, Am. Soc. **76** [1954] 4060, 4067, 4068).

c) **(±)-5endo,6exo-Dibrom-7-oxa-norbornan-2exo,3exo-dicarbonsäure** $C_8H_8Br_2O_5$,
Formel VIII (R = H) + Spiegelbild.

B. In kleiner Menge neben anderen Verbindungen beim Behandeln von Furan mit Maleinsäure in Wasser und anschliessend mit Brom (*Berson, Swidler*, Am. Soc. **75** [1953] 1721, 1726) sowie beim Behandeln von 7-Oxa-norborn-5-en-2exo,3exo-dicarbonsäure-anhydrid mit wss. Natronlauge und anschliessend mit Brom (*Woodward, Baer*, Am. Soc. **70** [1948] 1161, 1165). Als Hauptprodukt beim Behandeln einer Lösung von 7-Oxa-norborn-5-en-2exo,3exo-dicarbonsäure-anhydrid in wss. Essigsäure mit Brom in Essigsäure (*Jolivet*, C. r. **243** [1956] 2085; A. ch. [13] **5** [1960] 1165, 1175).

Krystalle (aus W.) mit 1 Mol H_2O, F: 168° (*Jo.*), 163−164° [korr.] (*Be., Sw.*), 155° (*Wo., Baer*). Das Krystallwasser wird bei 100°/3 Torr über Phosphor(V)-oxid abgegeben (*Be., Sw.*); die wasserfreie Verbindung schmilzt bei 163−164° (*Jo.*).

Überführung in das Anhydrid (F: 162−163°) mit Hilfe von Acetanhydrid: *Be., Sw.*

d) **5exo,6exo-Dibrom-7-oxa-norbornan-2exo,3exo-dicarbonsäure** $C_8H_8Br_2O_5$,
Formel IX (R = H).

B. Beim Erhitzen von 5exo,6exo-Dibrom-7-oxa-norbornan-2exo,3exo-dicarbonsäure-anhydrid (F: 331° [Zers.]) mit Wasser (*Berson, Swidler*, Am. Soc. **76** [1954] 4060, 4068).

Krystalle (aus W.); F: 331° [unkorr.; Zers.].

5,6-Dibrom-7-oxa-norbornan-2,3-dicarbonsäure-monomethylester $C_9H_{10}Br_2O_5$.

a) **(+)-5exo,6exo-Dibrom-7-oxa-norbornan-2exo,3exo-dicarbonsäure-monomethylester** $C_9H_{10}Br_2O_5$, Formel X (X = O-CH$_3$) oder Spiegelbild.

Ein partiell racemisches Präparat (F: 319° [unkorr.; Zers.]; [α]$_D$: +2,5° [wss. Kalium=carbonat-Lösung]) ist aus dem unter c) beschriebenen Racemat über das Chinin-Salz erhalten worden (*Berson, Swidler*, Am. Soc. **76** [1954] 4060, 4068).

b) **(−)-5exo,6exo-Dibrom-7-oxa-norbornan-2exo,3exo-dicarbonsäure-monomethylester** $C_9H_{10}Br_2O_5$, Formel X (X = O-CH$_3$) oder Spiegelbild.

Ein partiell racemisches Präparat (Krystalle [aus wss. Me.], F: 319° [unkorr.; Zers.]; [α]$_D$: −3,3° [wss. Kaliumhydrogencarbonat-Lösung]) ist aus dem unter c) beschriebenen Racemat über das Chinin-Salz erhalten worden (*Berson, Swidler*, Am. Soc. **76** [1954] 4060, 4068).

c) **(±)-5exo,6exo-Dibrom-7-oxa-norbornan-2exo,3exo-dicarbonsäure-monomethylester** $C_9H_{10}Br_2O_5$, Formel X (X = O-CH$_3$) + Spiegelbild.

B. Beim Erwärmen von 5exo,6exo-Dibrom-7-oxa-norbornan-2exo,3exo-dicarbonsäure-anhydrid mit Methanol und Aceton (*Berson, Swidler*, Am. Soc. **76** [1954] 4060, 4068).

Krystalle (aus Me.); F: 320−321° [unkorr.; Zers.; bei schnellem Erhitzen].

5,6-Dibrom-7-oxa-norbornan-2,3-dicarbonsäure-dimethylester $C_{10}H_{12}Br_2O_5$.

a) **(−)-5endo,6exo-Dibrom-7-oxa-norbornan-2exo,3exo-dicarbonsäure-dimethylester** $C_{10}H_{12}Br_2O_5$, Formel VIII (R = CH$_3$) oder Spiegelbild.

Ein partiell racemisches Präparat (Krystalle, F: 82−84°; [α]$_D$: −73,4° [Dioxan]) ist beim Erwärmen von partiell racemischer (−)-5endo,6exo-Dibrom-7-oxa-norbornan-2exo,=3exo-dicarbonsäure ([α]$_D$: −52,9° [Dioxan]) mit Methanol unter Zusatz von rauchender Schwefelsäure erhalten worden (*Berson, Swidler*, Am. Soc. **76** [1954] 4060, 4068).

b) **(±)-5endo,6exo-Dibrom-7-oxa-norbornan-2exo,3exo-dicarbonsäure-dimethylester** $C_{10}H_{12}Br_2O_5$, Formel VIII (R = CH$_3$) + Spiegelbild.

B. Beim Erwärmen von (±)-5endo,6exo-Dibrom-7-oxa-norbornan-2exo,3exo-dicarbon=

säure mit Methanol unter Zusatz von rauchender Schwefelsäure (*Woodward, Baer*, Am. Soc. **70** [1948] 1161, 1165) oder mit Methanol und Benzol unter Zusatz von Schwefel= säure (*Jolivet*, A. ch. [13] **5** [1960] 1165, 1188). Beim Behandeln einer Lösung von 7-Oxa- norborn-5-en-2*exo*,3*exo*-dicarbonsäure-dimethylester in wss. Essigsäure mit Brom in Essigsäure (*Jo.*, A. ch. [13] **5** 1187). Neben kleinen Mengen 5*exo*,6*exo*-Dibrom-7-oxa- norbornan-2*exo*,3*exo*-dicarbonsäure-dimethylester beim Behandeln von 7-Oxa-norborn- 5-en-2*exo*,3*exo*-dicarbonsäure-dimethylester mit Brom in Chloroform (*Jo.*, A. ch. [13] **5** 1187; s. a. *Jolivet*, C. r. **243** [1956] 2085).

Krystalle; F: 115,9—116,3° [aus W.] (*Wo., Baer*), 114,5—115,5° [korr.] (*Berson, Swidler*, Am. Soc. **75** [1953] 1721, 1726), 113° (*Jo.*, A. ch. [13] **5** 1188).

VIII   IX   X   XI

c) **5*exo*,6*exo*-Dibrom-7-oxa-norbornan-2*exo*,3*exo*-dicarbonsäure-dimethylester** $C_{10}H_{12}Br_2O_5$, Formel IX (R = CH_3).

B. Beim Erwärmen von 5*exo*,6*exo*-Dibrom-7-oxa-norbornan-2*exo*,3*exo*-dicarbonsäure- anhydrid mit Methanol unter Zusatz von rauchender Schwefelsäure (*Berson, Swidler*, Am. Soc. **76** [1954] 4060, 4068).

Krystalle; F: 205,5° [aus A.] (*Jolivet*, A. ch. [13] **5** [1960] 1165, 1187), 199—200° [unkorr.; aus E.] (*Be., Sw.*).

(±)-5*endo*,6*exo*-Dibrom-7-oxa-norbornan-2*exo*,3*exo*-dicarbonsäure-diäthylester $C_{12}H_{16}Br_2O_5$, Formel VIII (R = C_2H_5) + Spiegelbild.

B. Beim Erwärmen von (±)-5*endo*,6*exo*-Dibrom-7-oxa-norbornan-2*exo*,3*exo*-dicarbon= säure mit Äthanol, Benzol und wenig Schwefelsäure (*Jolivet*, A. ch. [13] **5** [1960] 1165, 1190).

Krystalle [aus A.] (*Jo.*, A. ch. [13] **5** 1190). F: 63,5° (*Jolivet*, C. r. **243** [1956] 2085; A. ch. [13] **5** 1190). Unter Normaldruck bei 234—236° destillierbar (*Jo.*, A. ch. [13] **5** 1190).

(±)-5*exo*,6*exo*-Dibrom-3*exo*-carbamoyl-7-oxa-norbornan-2*exo*-carbonsäure $C_8H_9Br_2NO_4$, Formel X (X = NH_2) + Spiegelbild.

B. Beim Behandeln einer Lösung von 5*exo*,6*exo*-Dibrom-7-oxa-norbornan-2*exo*,3*exo*-di= carbonsäure-anhydrid in Aceton mit wss. Ammoniak (*Berson, Swidler*, Am. Soc. **76** [1954] 4060, 4067).

Zers. oberhalb 250°.

Charakterisierung durch Überführung in das Imid (F: 296° [unkorr.; Zers.]) mit Hilfe von Thionylchlorid und von Wasser: *Be., Sw.*

2*exo*,3*exo*,5*exo*,6*exo*-Tetrabrom-7-oxa-norbornan-2*endo*,3*endo*-dicarbonsäure-dimethylester $C_{10}H_{10}Br_4O_5$, Formel XI.

Konfigurationszuordnung: *Sefirow et al.*, Ž. obšč. Chim. **36** [1966] 1897, 1898; engl. Ausg. S. 1889, 1890.

B. Beim Behandeln von 7-Oxa-norborna-2,5-dien-2,3-dicarbonsäure-dimethylester (S. 4538) mit Brom in Chloroform (*Diels, Olsen*, J. pr. [2] **156** [1940] 285, 297).

Krystalle (aus Acetonitril); F: 219—220° [unkorr.] (*Di., Ol.*).

Eine von *Diels, Olsen* (l. c.) bei der Hydrierung an Palladium/Calciumcarbonat in Dioxan erhaltene Verbindung $C_{10}H_{10}Br_2O_5$ (F: 127—128°) ist als 2*exo*,3*exo*-Dibrom-7-oxa- norborn-5-en-2*endo*,3*endo*-dicarbonsäure-dimethylester zu formulieren (*Se. et al.*, l. c. S. 1898, 1900).

Dicarbonsäuren $C_9H_{12}O_5$

(±)-[(Ξ)-6-Äthoxycarbonylmethyl-tetrahydro-pyran-2-yliden]-essigsäure-äthylester $C_{13}H_{20}O_5$, Formel I.

B. Bei der Hydrierung von 2,6-Bis-äthoxycarbonylmethylen-1-methyl-piperidin

$(Kp_{0,06}$: $170-174°$; n_D^{25}: 1,5680) an Platin in Essigsäure (*Parker et al.*, Soc. **1959** 2433, 2436).

$Kp_{0,02}$: 118°. n_D^{25}: 1,4731. Absorptionsmaximum ($CHCl_3$): 256 nm.

Beim Behandeln mit [2,4-Dinitro-phenyl]-hydrazin, Methanol und konz. Schwefelsäure ist 7-[2,4-Dinitro-phenylhydrazono]-non-2-endisäure-diäthylester (F: 111,5—113°) erhalten worden.

4,5-Dimethyl-3,6-dihydro-pyran-2,2-dicarbonsäure $C_9H_{12}O_5$, Formel II (X = OH).

B. Beim Erhitzen von 4,5-Dimethyl-3,6-dihydro-pyran-2,2-dicarbonitril mit wss. Natronlauge (*Achmatowicz, Zamojski*, Croat. chem. Acta **29** [1957] 269, 273).

Krystalle (aus Bzl. + A.) mit 1 Mol H_2O, F: 113—114° [unkorr.]; die wasserfreie Verbindung schmilzt bei 136—137° [unkorr.].

4,5-Dimethyl-3,6-dihydro-pyran-2,2-dicarbonsäure-dimethylester $C_{11}H_{16}O_5$, Formel II (X = O-CH₃).

B. Beim Erwärmen des Disilber-Salzes der 4,5-Dimethyl-3,6-dihydro-pyran-2,2-dicarbonsäure mit Methyljodid und Benzol (*Achmatowicz, Zamojski*, Croat. chem. Acta **29** [1957] 269, 273).

Kp_{16}: 160°. D_4^{20}: 1,155. n_D^{20}: 1,4720.

4,5-Dimethyl-3,6-dihydro-pyran-2,2-dicarbonsäure-diäthylester $C_{13}H_{20}O_5$, Formel II (X = O-C₂H₅).

B. Beim Erhitzen von Mesoxalsäure-diäthylester mit 2,3-Dimethyl-buta-1,3-dien und wenig Hydrochinon (*Achmatowicz, Zamojski*, Croat. chem. Acta **29** [1957] 269, 274).

$Kp_{0,5}$: 107—108°.

I   II   III   IV

4,5-Dimethyl-3,6-dihydro-pyran-2,2-dicarbonsäure-diamid $C_9H_{14}N_2O_3$, Formel II (X = NH₂).

B. Beim Behandeln von 4,5-Dimethyl-3,6-dihydro-pyran-2,2-dicarbonsäure-dimethylester oder von 4,5-Dimethyl-3,6-dihydro-pyran-2,2-dicarbonsäure-diäthylester mit wss. Ammoniak (*Achmatowicz, Zamojski*, Croat. chem. Acta **29** [1957] 269, 273, 275).

Krystalle (aus W.); F: 269—270° [unkorr.].

4,5-Dimethyl-3,6-dihydro-pyran-2,2-dicarbonitril $C_9H_{10}N_2O$, Formel III.

B. Beim Behandeln von Mesoxalonitril mit 2,3-Dimethyl-buta-1,3-dien und Petroläther (*Achmatowicz, Zamojski*, Croat. chem. Acta **29** [1957] 269, 273).

Krystalle; F: 24—26°. $Kp_{0,8}$: 62°; D_4^{25}: 1,047; n_D^{25}: 1,4631.

---

*Opt.-inakt. 2,4-Dimethyl-3,4-dihydro-2H-pyran-3,5-dicarbonsäure-3-äthylester $C_{11}H_{16}O_5$, Formel IV.

B. Bei 3-tägigem Behandeln von opt.-inakt. 5-Formyl-2,4-dimethyl-6-oxo-tetrahydro-pyran-3-carbonsäure-äthylester ⇌ 5-Hydroxymethylen-2,4-dimethyl-6-oxo-tetrahydro-pyran-3-carbonsäure-äthylester ($C_{11}H_{16}O_5$; Krystalle [aus W.], F: 100,5°; λ_{max} [Me.]: 249 nm; aus opt.-inakt. 2,4-Dimethyl-6-oxo-tetrahydro-pyran-3-carbonsäure-äthylester [$Kp_{0,08}$: 99—100°] und Äthylformiat mit Hilfe von Magnesium-bromid-diisopropylamid in Äther hergestellt [*Goehring*, Diplomarbeit [Bonn 1958] S. 23, 32]) mit konz. wss. Salzsäure (*Korte, Büchel*, B. **92** [1959] 877, 881).

Krystalle (aus Bzl. + PAe.); F: 99—102° (*Ko., Bü.*). Absorptionsmaximum (Me.): 235 nm (*Ko., Bü.*).

(±)-2-Propyl-2,5-dihydro-thiophen-3,4-dicarbonsäure $C_9H_{12}O_4S$, Formel V (R = H).

Bezüglich der Konstitution (Position der Doppelbindung) vgl. *Baker et al.*, J. org. Chem. **13** [1948] 123, 125.

B. Beim Erhitzen von opt.-inakt. 4-Cyan-4-hydroxy-2-propyl-tetrahydro-thiophen-3-carbonsäure-äthylester (Kp$_1$: 142—145°; n$_D^{26}$: 1,4911) mit Essigsäure und konz. wss. Salzsäure, Erhitzen der erhaltenen 4-Hydroxy-2-propyl-tetrahydro-thiophen-3,4-di≠ carbonsäure (Stereoisomeren-Gemisch) mit wasserhaltiger Phosphorsäure unter 2—8 Torr bis auf 210° und Behandeln des danach isolierten Reaktionsprodukts mit Wasser (*Baker et al.*, J. org. Chem. **12** [1947] 138, 147).

Krystalle (aus Bzl.); F: 150—152° (*Ba. et al.*, J. org. Chem. **12** 147).

(±)-2-Propyl-2,5-dihydro-thiophen-3,4-dicarbonsäure-dimethylester $C_{11}H_{16}O_4S$, Formel V (R = CH$_3$).

Bezüglich der Konstitution (Position der Doppelbindung) vgl. *Baker et al.*, J. org. Chem. **13** [1948] 123, 125.

B. Beim Erhitzen von opt.-inakt. 4-Hydroxy-2-propyl-tetrahydro-thiophen-3,4-di≠ carbonsäure (Stereoisomeren-Gemisch; s. dazu die Angaben im vorangehenden Artikel) mit wasserhaltiger Phosphorsäure unter 2—8 Torr bis auf 210° und Erwärmen des Reaktions-produkts mit Chloroform, Methanol und wenig Schwefelsäure (*Baker et al.*, J. org. Chem. **12** [1947] 138, 147).

Kp$_1$: 123—125°; n$_D^{23}$: 1,5018 (*Ba. et al.*, J. org. Chem. **12** 147).

V   VI   VII

(±)-4-Cyan-2-propyl-2,5-dihydro-thiophen-3-carbonsäure-methylester $C_{10}H_{13}NO_2S$, Formel VI.

Bezüglich der Konstitution (Position der Doppelbindung) vgl. *Baker et al.*, J. org. Chem. **13** [1948] 123, 125.

B. Beim Behandeln von opt.-inakt. 4-Cyan-4-hydroxy-2-propyl-tetrahydro-thiophen-3-carbonsäure-methylester (Kp$_1$: 139—142°; n$_D^{25}$: 1,4968) mit Phosphorylchlorid und Pyridin (*Baker et al.*, J. org. Chem. **12** [1947] 138, 146).

Kp$_1$: 128—132°; n$_D^{23}$: 1,5225 (*Ba. et al.*, J. org. Chem. **12** 146).

---

*Opt.-inakt. 2-[2,3-Epoxy-cyclohexyl]-malonamidsäure-äthylester $C_{11}H_{17}NO_4$, Formel VII.

B. Beim Behandeln von opt.-inakt. 2-Cyclohex-2-enyl-malonamidsäure-äthylester (F: 145°) mit Peroxyessigsäure in Essigsäure (*Abe et al.*, J. pharm. Soc. Japan **72** [1952] 394, 397; C. A. **1953** 6358).

Krystalle (aus Bzl.); F: 151°.

---

*Opt.-inakt. 4,5-Epoxy-4-methyl-cyclohexan-1,2-dicarbonsäure-dibutylester $C_{17}H_{28}O_5$, Formel VIII.

B. Beim Behandeln von opt.-inakt. 4-Methyl-cyclohex-4-en-1,2-dicarbonsäure-dibutyl≠ ester (Kp$_2$: 143°; n$_D^{30}$: 1,4600) mit Peroxyessigsäure in Aceton (*Union Carbide & Carbon Corp.*, U.S.P. 2794030 [1955]).

Kp$_{2,5}$: 168°. n$_D^{30}$: 1,4565.

---

*Opt.-inakt. 4,5-Epoxy-1-methyl-cyclohexan-1,2-dicarbonsäure-dibutylester $C_{17}H_{28}O_5$, Formel IX.

B. Beim Behandeln von opt.-inakt. 1-Methyl-cyclohex-4-en-1,2-dicarbonsäure-dibutyl≠

ester mit Peroxyessigsäure in Aceton (*Union Carbide & Carbon Corp.*, U.S.P. 2794030 [1955]).

$Kp_{2,5}$: 161°. n_D^{30}: 1,4601.

VIII   IX   X

(±)-1r,2t-Dicarboxy-(7aξ)-hexahydro-thieno[1,2-a]thiophenium $[C_9H_{13}O_4S]^+$, Formel X + Spiegelbild.

Bromid $[C_9H_{13}O_4S]Br$. *B.* Beim Erhitzen von opt.-inakt. 2ξ-[3-Phenoxy-propyl]-tetrahydro-thiophen-3r,4t-dicarbonsäure (F: 182—183°) mit wss. Bromwasserstoffsäure (*Baker et al.*, J. org. Chem. **12** [1947] 138, 153). — Krystalle; F: ca. 170° [Zers.].

8-Oxa-bicyclo[3.2.1]octan-3,3-dicarbonsäure $C_9H_{12}O_5$, Formel XI (R= H).

B. Neben den beiden 8-Oxa-bicyclo[3.2.1]octan-3-carbonsäuren (S. 3899) beim Erhitzen von 8-Oxa-bicyclo[3.2.1]octan-3,3-dicarbonsäure-diäthylester mit wss. Natronlauge und Ansäuern der Reaktionslösung mit wss. Salzsäure (*Cope, Anderson*, Am. Soc. **78** [1956] 149, 151).

Krystalle (aus E.); F: 161,4—162,6° [korr.; Zers.].

8-Oxa-bicyclo[3.2.1]octan-3,3-dicarbonsäure-diäthylester $C_{13}H_{20}O_5$, Formel XI (R = C_2H_5).

B. Beim Erhitzen von cis-2,5-Bis-[toluol-4-sulfonyloxymethyl]-tetrahydro-furan mit der Natrium-Verbindung des Malonsäure-diäthylesters in Tetrahydrofuran auf 110° (*Cope, Anderson*, Am. Soc. **78** [1956] 149, 151).

$Kp_{0,5}$: 104—104,5° [Rohprodukt]. D_4^{25}: 1,146. n_D^{25}: 1,4679.

Beim Erwärmen mit Harnstoff und Natriumäthylat in Äthanol ist Spiro[8-oxa-bicyclo[3.2.1]octan-3,5'-pyrimidin]-2',4',6'-trion erhalten worden.

3-Cyan-8-oxa-bicyclo[3.2.1]octan-3-carbonsäure $C_9H_{11}NO_3$, Formel XII (X = OH).

a) **Stereoisomeres vom F: 216°.**

B. Als Hauptprodukt beim Erhitzen von 3-Cyan-8-oxa-bicyclo[3.2.1]octan-3-carbon-säure-äthylester ($Kp_{0,75}$: 89°; n_D^{20}: 1,4700 [S. 4468]) mit wss. Natronlauge (*Cope, Anderson*, Am. Soc. **78** [1956] 149, 152).

Krystalle (aus E.); F: 214,5—216,6° [korr.; Zers.].

Beim Erhitzen mit Chinolin bis auf 200° sind 8-Oxa-bicyclo[3.2.1]octan-3-carbonitril vom F: 102,8—103,6° [korr.] und kleinere Mengen 8-Oxa-bicyclo[3.2.1]octan-3-carbo-nitril vom F: 87—88° erhalten worden.

b) **Stereoisomeres vom F: 178°.**

B. Beim Erhitzen von 3-Cyan-8-oxa-bicyclo[3.2.1]octan-3-carbonsäure-äthylester (F: 63,5—65° [S. 4468]) mit wss. Natronlauge (*Cope, Anderson*, Am. Soc. **78** [1956] 149, 152).

Krystalle (aus E. + Cyclohexan); F: 177,2—178,6° [korr.; Zers.].

Beim Erhitzen bis auf 220° ist 8-Oxa-bicyclo[3.2.1]octan-3-carbonitril vom F: 87° bis 88°, beim Erhitzen mit Chinolin bis auf 200° ist 8-Oxa-bicyclo[3.2.1]octan-3-carbonitril vom F: 102,8—103,6° [korr.] als Hauptprodukt erhalten worden.

XI   XII   XIII   XIV   XV

3-Cyan-8-oxa-bicyclo[3.2.1]octan-3-carbonsäure-äthylester $C_{11}H_{15}NO_3$, Formel XII (X = O-C_2H_5).

B. Neben einem flüssigen Präparat ($Kp_{0,75}$: 89°; n_D^{25}: 1,4700) beim Erhitzen von *cis*-2,5-Bis-[toluol-4-sulfonyloxymethyl]-tetrahydro-furan mit der Natrium-Verbindung des Cyanessigsäure-äthylesters in Tetrahydrofuran auf 110° (*Cope, Anderson,* Am. Soc. **78** [1956] 149, 152).

Krystalle (aus Bzn.); F: 63,5—65°.

3-Cyan-8-oxa-bicyclo[3.2.1]octan-3-carbonsäure-hydrazid $C_9H_{13}N_3O_2$, Formel XII (X = NH-NH_2).

a) Stereoisomeres vom F: 285°.

B. Beim Erhitzen von 3-Cyan-8-oxa-bicyclo[3.2.1]octan-3-carbonsäure-äthylester (F: 63,5—65° [s. o.]) mit Hydrazin (*Cope, Anderson,* Am. Soc. **78** [1956] 149, 152).

Krystalle (aus E.); F: 283—285° [korr.; Zers.].

b) Stereoisomeres vom F: 251°.

Bildung beim Erhitzen von 3-Cyan-8-oxa-bicyclo[3.2.1]octan-3-carbonsäure-äthylester ($Kp_{0,75}$: 89°; n_D^{25}: 1,4700 [s. o.]) mit Hydrazin: *Cope, Anderson,* Am. Soc. **78** [1956] 149, 152.

Krystalle (aus E. + Me.); F: 249,7—251,5° [korr.].

1-Methyl-7-oxa-norbornan-2,3-dicarbonsäure $C_9H_{12}O_5$.

a) **(±)-1-Methyl-7-oxa-norbornan-2*endo*,3*endo*-dicarbonsäure** $C_9H_{12}O_5$, Formel XIII + Spiegelbild.

Bezüglich der Konfigurationszuordnung vgl. *Sefirow et al.,* Ž. obšč. Chim. **35** [1965] 58; engl. Ausg. S. 54.

B. Bei der Hydrierung von (±)-1-Methyl-7-oxa-norborn-2-en-2,3-dicarbonsäure an Platin in Essigsäure (*Alder, Backendorf,* A. **535** [1938] 113, 120).

Krystalle (aus Acetonitril); F: 160—161° (*Al., Ba.*).

Überführung in das Anhydrid (F: 87—89°) mit Hilfe von Acetylchlorid: *Al., Ba.*

b) **(±)-1-Methyl-7-oxa-norbornan-2*endo*,3*exo*-dicarbonsäure** $C_9H_{12}O_5$, Formel XIV + Spiegelbild, und **(±)-1-Methyl-7-oxa-norbornan-2*exo*,3*endo*-dicarbonsäure** $C_9H_{12}O_5$, Formel XV + Spiegelbild.

Diese beiden Formeln kommen für die nachstehend beschriebene Verbindung in Betracht.

B. Beim Erwärmen von (±)-1-Methyl-7-oxa-norbornan-2*endo*,3*endo*-dicarbonsäure-dimethylester [aus der entsprechenden Dicarbonsäure mit Hilfe von Diazomethan in Äther hergestellt] (*Alder, Backendorf,* A. **535** [1938] 113, 121) oder von (±)-1-Methyl-7-oxa-norbornan-2*exo*,3*exo*-dicarbonsäure-dimethylester [s. u.] (*Alder, Backendorf,* A. **535** [1938] 101, 108) mit methanol. Kalilauge.

Krystalle (aus E. + Bzn.); F: 172—173° (*Al., Ba.,* l. c. S. 108).

c) **(±)-1-Methyl-7-oxa-norbornan-2*exo*,3*exo*-dicarbonsäure** $C_9H_{12}O_5$, Formel I (R = H) + Spiegelbild.

Konfigurationszuordnung: *Sefirow et al.,* Ž. obšč. Chim. **35** [1965] 58; engl. Ausg. S. 54.

B. Beim Erhitzen von (±)-1-Methyl-7-oxa-norbornan-2*exo*,3*exo*-dicarbonsäure-anhydrid (F: 105—106°) mit Wasser (*Alder, Backendorf,* A. **535** [1938] 101, 108).

Krystalle (aus Acetonitril); F: 158° (*Al., Ba.*).

(±)-1-Methyl-7-oxa-norbornan-2*exo*,3*exo*-dicarbonsäure-2-methylester $C_{10}H_{14}O_5$, Formel II (X = O-CH_3) + Spiegelbild, und **1-Methyl-7-oxa-norbornan-2*exo*,3*exo*-dicarbonsäure-3-methylester** $C_{10}H_{14}O_5$, Formel III (X = O-CH_3) + Spiegelbild.

Diese beiden Formeln kommen für die nachstehend beschriebene Verbindung in Betracht.

B. Beim Erwärmen von (±)-1-Methyl-7-oxa-norbornan-2*exo*,3*exo*-dicarbonsäure-anhydrid (F: 105—106°) mit Methanol (*Alder, Backendorf,* A. **535** [1938] 101, 108).

Krystalle (aus Me.); F: 118°.

(±)-1-Methyl-7-oxa-norbornan-2*exo*,3*exo*-dicarbonsäure-dimethylester $C_{11}H_{16}O_5$, Formel I (R = CH_3) + Spiegelbild.

B. Beim Behandeln der im vorangehenden Artikel beschriebenen Verbindung mit

Diazomethan in Äther (*Alder, Backendorf*, A. **535** [1938] 101, 108).
Krystalle (aus Bzn.); F: 76°.

(±)-1-Methyl-7-oxa-norbornan-2exo,3exo-dicarbonsäure-dipropylester $C_{15}H_{24}O_5$, Formel I (R = CH_2-CH_2-CH_3) + Spiegelbild.

B. Beim Erwärmen von (±)-1-Methyl-7-oxa-norbornan-2*exo*,3*exo*-dicarbonsäure-an‍hydrid mit Propan-1-ol, 1,2-Dichlor-äthan und wenig Benzolsulfonsäure unter Entfernen des entstehenden Wassers (*Mel'nikow, Kraft*, Ž. obšč. Chim. **26** [1956] 213, 216, 217; engl. Ausg. S. 227, 229, 230).
Krystalle (aus Bzl.); F: 61—62°.

(±)-1-Methyl-7-oxa-norbornan-2exo,3exo-dicarbonsäure-diisopropylester $C_{15}H_{24}O_5$, Formel I (R = $CH(CH_3)_2$) + Spiegelbild.

B. Beim Erwärmen von (±)-1-Methyl-7-oxa-norbornan-2*exo*,3*exo*-dicarbonsäure-an‍hydrid mit Isopropylalkohol, 1,2-Dichlor-äthan und wenig Benzolsulfonsäure unter Entfernen des entstehenden Wassers (*Mel'nikow, Kraft*, Ž. obšč. Chim. **26** [1956] 213, 216, 217; engl. Ausg. S. 227, 229, 230).
Krystalle (aus Bzl.); F: 76,5—77,5°.

I   II   III

(±)-1-Methyl-7-oxa-norbornan-2exo,3exo-dicarbonsäure-dibutylester $C_{17}H_{28}O_5$, Formel I (R = $[CH_2]_3$-CH_3) + Spiegelbild.

B. Beim Erwärmen von (±)-1-Methyl-7-oxa-norbornan-2*exo*,3*exo*-dicarbonsäure-an‍hydrid mit Butan-1-ol, 1,2-Dichlor-äthan und wenig Benzolsulfonsäure unter Entfernen des entstehenden Wassers (*Mel'nikow, Kraft*, Ž. obšč. Chim. **26** [1956] 213, 216, 217; engl. Ausg. S. 227, 229, 230).
Krystalle (aus Bzl.); F: 43—44°.

(±)-1-Methyl-7-oxa-norbornan-2exo,3exo-dicarbonsäure-diallylester $C_{15}H_{20}O_5$, Formel I (R = CH_2-CH=CH_2) + Spiegelbild.

B. Beim Erwärmen von (±)-1-Methyl-7-oxa-norbornan-2*exo*,3*exo*-dicarbonsäure-an‍hydrid mit Allylalkohol, Benzol und wenig Benzolsulfonsäure unter Entfernen des ent‍stehenden Wassers (*Soc. Usines Chim. Rhône-Poulenc*, U.S.P. 2570029 [1949]).
Krystalle; F: 41,7°. D_4^{50}: 1,104. Das Rohprodukt ist bei 172—177°/5 Torr destillierbar.

(±)-3exo-Dimethylcarbamoyl-1-methyl-7-oxa-norbornan-2exo-carbonsäure $C_{11}H_{17}NO_4$, Formel III (X = $N(CH_3)_2$) + Spiegelbild, und **(±)-3exo-Dimethylcarbamoyl-4-methyl-7-oxa-norbornan-2exo-carbonsäure** $C_{11}H_{17}NO_4$, Formel II (X = $N(CH_3)_2$) + Spiegelbild.

Diese beiden Formeln kommen für die nachstehend beschriebene Verbindung in Betracht.

B. Beim Behandeln von (±)-1-Methyl-7-oxa-norbornan-2*exo*,3*exo*-dicarbonsäure-an‍hydrid mit Dimethylamin und Dioxan (*Mel'nikow, Kraft*, Ž. obšč. Chim. **26** [1956] 213, 215, 217; engl. Ausg. S. 227, 228, 230).
Krystalle (aus Me. oder A.); F: 122—123°.

(±)-3exo-Diäthylcarbamoyl-1-methyl-7-oxa-norbornan-2exo-carbonsäure $C_{13}H_{21}NO_4$, Formel III (X = $N(C_2H_5)_2$) + Spiegelbild, und **(±)-3exo-Diäthylcarbamoyl-4-methyl-7-oxa-norbornan-2exo-carbonsäure** $C_{13}H_{21}NO_4$, Formel II (X = $N(C_2H_5)_2$) + Spiegelbild.

Diese beiden Formeln kommen für die nachstehend beschriebene Verbindung in Betracht.

B. Beim Behandeln von (±)-1-Methyl-7-oxa-norbornan-2*exo*,3*exo*-dicarbonsäure-an‍hydrid mit Diäthylamin und Dioxan (*Mel'nikow, Kraft*, Ž. obšč. Chim. **26** [1956] 213, 215, 217; engl. Ausg. S. 227, 228, 230).
Krystalle (aus Me. oder aus A.); F: 129—130°.

(±)-1-Methyl-3exo-phenylcarbamoyl-7-oxa-norbornan-2exo-carbonsäure $C_{15}H_{17}NO_4$, Formel III (X = NH-C$_6$H$_5$) + Spiegelbild, und **(±)-4-Methyl-3exo-phenylcarbamoyl-7-oxa-norbornan-2exo-carbonsäure** $C_{15}H_{17}NO_4$, Formel II (X = NH-C$_6$H$_5$) + Spiegelbild.

Diese beiden Formeln kommen für die nachstehend beschriebene Verbindung in Betracht.

B. Beim Behandeln von (±)-1-Methyl-7-oxa-norbornan-2exo,3exo-dicarbonsäure-an= hydrid mit Anilin und Dioxan (*Mel'nikow, Kraft,* Ž. obšč. Chim. **26** [1956] 213, 215, 217; engl. Ausg. S. 227, 228, 230).

Krystalle (aus Me. oder A.); F: 144—145°.

Beim Erhitzen ist 1-Methyl-7-oxa-norbornan-2exo,3exo-dicarbonsäure-phenylimid (F: 179,5—180°) erhalten worden.

(±)-1-Methyl-3exo-[1]naphthylcarbamoyl-7-oxa-norbornan-2exo-carbonsäure $C_{19}H_{19}NO_4$, Formel IV + Spiegelbild, und **(±)-4-Methyl-3exo-[1]naphthylcarbamoyl-7-oxa-norbornan-2exo-carbonsäure** $C_{19}H_{19}NO_4$, Formel V + Spiegelbild.

Diese beiden Formeln kommen für die nachstehend beschriebene Verbindung in Betracht.

B. Beim Behandeln von (±)-1-Methyl-7-oxa-norbornan-2exo,3exo-dicarbonsäure-an= hydrid mit [1]Naphthylamin und Dioxan (*Mel'nikow, Kraft,* Ž. obšč. Chim. **26** [1956] 213, 215, 217; engl. Ausg. S. 227, 230).

Krystalle (aus Me. oder A.); F: 143,5—144°.

5,6-Dichlor-1-methyl-7-oxa-norbornan-2,3-dicarbonsäure $C_9H_{10}Cl_2O_5$.

Über die Konfiguration der folgenden Stereoisomeren und der aus ihnen hergestellten Ester s. *Mel'nikow, Kraft,* Ž. obšč. Chim. **29** [1959] 968; engl. Ausg. S. 949.

a) **(±)-5endo,6exo-Dichlor-1-methyl-7-oxa-norbornan-2exo,3exo-dicarbonsäure** $C_9H_{10}Cl_2O_5$, Formel VI (R = H) + Spiegelbild, und **(±)-5exo,6endo-Dichlor-1-methyl-7-oxa-norbornan-2exo,3exo-dicarbonsäure** $C_9H_{10}Cl_2O_5$, Formel VII (R = H) + Spiegelbild.

Diese beiden Formeln kommen für die nachstehend beschriebene Verbindung in Betracht.

B. Bei 30-stdg. Erwärmen von (±)-5endo,6exo (oder 5exo,6endo)-Dichlor-1-methyl-7-oxa-norbornan-2exo,3exo-dicarbonsäure-dimethylester (F: 124—125°; s. u.) mit einem Gemisch von wss. Salzsäure und Äther (*Mel'nikow, Kraft,* Ž. obšč. Chim. **29** [1959] 968, 969; engl. Ausg. S. 949, 951).

F: 151—152°.

Überführung in das Anhydrid (F: 113—114°) mit Hilfe von Acetylchlorid: *Me., Kr.*

IV   V   VI   VII

b) **(±)-5exo,6exo-Dichlor-1-methyl-7-oxa-norbornan-2exo,3exo-dicarbonsäure** $C_9H_{10}Cl_2O_5$, Formel VIII (R = H) + Spiegelbild.

B. Beim Erwärmen von (±)-5exo,6exo-Dichlor-1-methyl-7-oxa-norbornan-2exo,3exo-di= carbonsäure-dimethylester (F: 66—67°; S. 4471) mit einem Gemisch von wss. Salzsäure und Äther (*Mel'nikow, Kraft,* Ž. obšč. Chim. **29** [1959] 968, 969; engl. Ausg. S. 949, 951).

Krystalle (aus W.) mit 2 Mol H$_2$O; F: 151—152°.

Überführung in das Anhydrid (F: 151—152°) mit Hilfe von Acetylchlorid: *Me., Kr.*

5,6-Dichlor-1-methyl-7-oxa-norbornan-2,3-dicarbonsäure-dimethylester $C_{11}H_{14}Cl_2O_5$.

a) **(±)-5endo,6exo-Dichlor-1-methyl-7-oxa-norbornan-2exo,3exo-dicarbonsäure-dimethylester** $C_{11}H_{14}Cl_2O_5$, Formel VI (R = CH$_3$) + Spiegelbild, und **(±)-5exo,6endo-Dichlor-1-methyl-7-oxa-norbornan-2exo,3exo-dicarbonsäure-dimethylester** $C_{11}H_{14}Cl_2O_5$, Formel VII (R = CH$_3$) + Spiegelbild.

Diese beiden Formeln kommen für die nachstehend beschriebene Verbindung in Betracht.

B. Beim Erwärmen von (±)-5*endo*,6*exo*(oder 5*exo*,6*endo*)-Dichlor-1-methyl-7-oxa-norbornan-2*exo*,3*exo*-dicarbonsäure-anhydrid (F: 113—114°) mit Methanol und wenig Benzolsulfonsäure (*Mel'nikow, Kraft,* Ž. obšč. Chim. **29** [1959] 968, 969; engl. Ausg. S. 949, 950).

Krystalle (aus Me.); F: 124—125°.

b) **(±)-5*exo*,6*exo*-Dichlor-1-methyl-7-oxa-norbornan-2*exo*,3*exo*-dicarbonsäure-dimethylester** $C_{11}H_{14}Cl_2O_5$, Formel VIII (R = CH₃) + Spiegelbild.

B. Beim Erwärmen von (±)-5*exo*,6*exo*-Dichlor-1-methyl-7-oxa-norbornan-2*exo*,3*exo*-di⸗ carbonsäure-anhydrid mit Methanol und wenig Benzolsulfonsäure (*Mel'nikow, Kraft,* Ž. obšč. Chim. **29** [1959] 968, 969; engl. Ausg. S. 949, 950).

Krystalle (aus PAe. + Me.); F: 66—67°.

5,6-Dichlor-1-methyl-7-oxa-norbornan-2,3-dicarbonsäure-diäthylester $C_{13}H_{18}Cl_2O_5$.

a) **(±)-5*endo*,6*exo*-Dichlor-1-methyl-7-oxa-norbornan-2*exo*,3*exo*-dicarbonsäure-diäthylester** $C_{13}H_{18}Cl_2O_5$, Formel VI (R = C₂H₅) + Spiegelbild, und **(±)-5*exo*,6*endo*-Di⸗ chlor-1-methyl-7-oxa-norbornan-2*exo*,3*exo*-dicarbonsäure-diäthylester** $C_{13}H_{18}Cl_2O_5$, Formel VII (R = C₂H₅) + Spiegelbild.

Diese beiden Formeln kommen für die nachstehend beschriebene Verbindung in Be-tracht.

B. Beim Erwärmen von (±)-5*endo*,6*exo*(oder 5*exo*,6*endo*)-Dichlor-1-methyl-7-oxa-norbornan-2*exo*,3*exo*-dicarbonsäure-anhydrid (F: 113—114°) mit Äthanol und wenig Benzolsulfonsäure (*Mel'nikow, Kraft,* Ž. obšč. Chim. **29** [1959] 968, 969; engl. Ausg. S. 949, 950).

F: 82—83°.

b) **(±)-5*exo*,6*exo*-Dichlor-1-methyl-7-oxa-norbornan-2*exo*,3*exo*-dicarbonsäure-diäthylester** $C_{13}H_{18}Cl_2O_5$, Formel VIII (R = C₂H₅) + Spiegelbild.

B. Beim Erwärmen von (±)-5*exo*,6*exo*-Dichlor-1-methyl-7-oxa-norbornan-2*exo*,3*exo*-di⸗ carbonsäure-anhydrid mit Äthanol und wenig Benzolsulfonsäure (*Mel'nikow, Kraft,* Ž. obšč. Chim. **29** [1959] 968, 969; engl. Ausg. S. 949, 950).

F: 92—93°.

5,6-Dichlor-1-methyl-7-oxa-norbornan-2,3-dicarbonsäure-dipropylester $C_{15}H_{22}Cl_2O_5$.

a) **(±)-5*endo*,6*exo*-Dichlor-1-methyl-7-oxa-norbornan-2*exo*,3*exo*-dicarbonsäure-dipropylester** $C_{15}H_{22}Cl_2O_5$, Formel VI (R = CH₂-CH₂-CH₃) + Spiegelbild, und **(±)-5*exo*,6*endo*-Dichlor-1-methyl-7-oxa-norbornan-2*exo*,3*exo*-dicarbonsäure-dipropylester** $C_{15}H_{22}Cl_2O_5$, Formel VII (R = CH₂-CH₂-CH₃) + Spiegelbild.

Diese beiden Formeln kommen für die nachstehend beschriebene Verbindung in Be-tracht.

B. Beim Erwärmen von (±)-5*endo*,6*exo*(oder 5*exo*,6*endo*)-Dichlor-1-methyl-7-oxa-norbornan-2*exo*,3*exo*-dicarbonsäure-anhydrid (F: 113—114°) mit Propan-1-ol und wenig Benzolsulfonsäure (*Mel'nikow, Kraft,* Ž. obšč. Chim. **29** [1959] 968, 970; engl. Ausg. S. 949, 951).

F: 58—59°.

VIII   IX   X

b) **(±)-5*exo*,6*exo*-Dichlor-1-methyl-7-oxa-norbornan-2*exo*,3*exo*-dicarbonsäure-dipropylester** $C_{15}H_{22}Cl_2O_5$, Formel VIII (R = CH₂-CH₂-CH₃) + Spiegelbild.

B. Beim Erwärmen von (±)-5*exo*,6*exo*-Dichlor-1-methyl-7-oxa-norbornan-2*exo*,3*exo*-di⸗ carbonsäure-anhydrid mit Propan-1-ol und wenig Benzolsulfonsäure (*Mel'nikow, Kraft,* Ž. obšč. Chim. **29** [1959] 968, 969; engl. Ausg. S. 949, 950).

F: 83,5—84,5°.

5,6-Dichlor-1-methyl-7-oxa-norbornan-2,3-dicarbonsäure-dibutylester $C_{17}H_{26}Cl_2O_5$.

a) **(±)-5endo,6exo-Dichlor-1-methyl-7-oxa-norbornan-2exo,3exo-dicarbonsäure-dibutylester** $C_{17}H_{26}Cl_2O_5$, Formel VI (R = [CH$_2$]$_3$-CH$_3$) [auf S. 4470] + Spiegelbild, und **(±)-5exo,6endo-Dichlor-1-methyl-7-oxa-norbornan-2exo,3exo-dicarbonsäure-dibutylester** $C_{17}H_{26}Cl_2O_5$, Formel VII (R = [CH$_2$]$_3$-CH$_3$) [auf S. 4470] + Spiegelbild.

Diese beiden Formeln kommen für die nachstehend beschriebene Verbindung in Betracht.

B. Beim Erwärmen von (±)-5endo,6exo(oder 5exo,6endo)-Dichlor-1-methyl-7-oxanorbornan-2exo,3exo-dicarbonsäure-anhydrid (F: 113—114°) mit Butan-1-ol und wenig Benzolsulfonsäure (*Mel'nikow, Kraft,* Ž. obšč. Chim. **29** [1959] 968, 969; engl. Ausg. S. 949, 950).

F: 61—62°.

b) **(±)-5exo,6exo-Dichlor-1-methyl-7-oxa-norbornan-2exo,3exo-dicarbonsäure-dibutylester** $C_{17}H_{26}Cl_2O_5$, Formel VIII (R = [CH$_2$]$_3$-CH$_3$) + Spiegelbild.

B. Beim Erwärmen von (±)-5exo,6exo-Dichlor-1-methyl-7-oxa-norbornan-2exo,3exo-dicarbonsäure-anhydrid mit Butan-1-ol und wenig Benzolsulfonsäure (*Mel'nikow, Kraft,* Ž. obšč. Chim. **29** [1959] 968, 970; engl. Ausg. S. 949, 951).

F: 26—28°. Kp$_2$: 207—209°.

5,6-Dichlor-1-methyl-7-oxa-norbornan-2,3-dicarbonsäure-diisopentylester $C_{19}H_{30}Cl_2O_5$.

a) **(±)-5endo,6exo-Dichlor-1-methyl-7-oxa-norbornan-2exo,3exo-dicarbonsäure-diisopentylester** $C_{19}H_{30}Cl_2O_5$, Formel VI (R = CH$_2$-CH$_2$-CH(CH$_3$)$_2$) [auf S. 4470] + Spiegelbild, und **(±)-5exo,6endo-Dichlor-1-methyl-7-oxa-norbornan-2exo,3exo-dicarbonsäure-diisopentylester** $C_{19}H_{30}Cl_2O_5$, Formel VII (R = CH$_2$-CH$_2$-CH(CH$_3$)$_2$) [auf S. 4470] + Spiegelbild.

Diese beiden Formeln kommen für die nachstehend beschriebene Verbindung in Betracht.

B. Beim Erwärmen von (±)-5endo,6exo(oder 5exo,6endo)-Dichlor-1-methyl-7-oxanorbornan-2exo,3exo-dicarbonsäure-anhydrid (F: 113—114°) mit Isopentylalkohol und wenig Benzolsulfonsäure (*Mel'nikow, Kraft,* Ž. obšč. Chim. **29** [1959] 968, 969; engl. Ausg. S. 949, 950).

F: 89,5—90,5°.

b) **(±)-5exo,6exo-Dichlor-1-methyl-7-oxa-norbornan-2exo,3exo-dicarbonsäure-diisopentylester** $C_{19}H_{30}Cl_2O_5$, Formel VIII (R = CH$_2$-CH$_2$-CH(CH$_3$)$_2$) + Spiegelbild.

B. Beim Erwärmen von (±)-5exo,6exo-Dichlor-1-methyl-7-oxa-norbornan-2exo,3exo-dicarbonsäure-anhydrid mit Isopentylalkohol und wenig Benzolsulfonsäure (*Mel'nikow, Kraft,* Ž. obšč. Chim. **29** [1959] 968, 969; engl. Ausg. S. 949, 950).

F: 45—46°. Kp$_1$: 194—196°.

5,6-Dichlor-1-methyl-7-oxa-norbornan-2,3-dicarbonsäure-monoanilid $C_{15}H_{15}Cl_2NO_4$.

a) **(±)-5endo,6exo-Dichlor-1(oder 4)-methyl-3exo-phenylcarbamoyl-7-oxa-norbornan-2exo-carbonsäure** $C_{15}H_{15}Cl_2NO_4$, Formel IX (R = CH$_3$, X = H oder R = H, X = CH$_3$) + Spiegelbild, und **(±)-5exo,6endo-Dichlor-1(oder 4)-methyl-3exo-phenylcarbamoyl-7-oxa-norbornan-2exo-carbonsäure** $C_{15}H_{15}Cl_2NO_4$, Formel X (R = CH$_3$, X = H oder R = H, X = CH$_3$) + Spiegelbild.

Diese Formeln kommen für die nachstehend beschriebene Verbindung in Betracht.

B. Beim Behandeln von (±)-5endo,6exo(oder 5exo,6endo)-Dichlor-1-methyl-7-oxanorbornan-2exo,3exo-dicarbonsäure-anhydrid (F: 113—114°) mit Anilin und Dioxan (*Mel'nikow, Kraft,* Ž. obšč. Chim. **29** [1959] 968, 970; engl. Ausg. S. 949, 951).

F: 185° [Zers.].

Beim Erhitzen ist 5endo,6exo(oder 5exo,6endo)-Dichlor-1-methyl-7-oxa-norbornan-2exo,3exo-dicarbonsäure-phenylimid (F: 178,5—180,5°) erhalten worden.

XI   XII   XIII

b) (±)-**5**exo,**6**exo-Dichlor-**1**-methyl-**3**exo-phenylcarbamoyl-**7**-oxa-norbornan-**2**exo-carbonsäure $C_{15}H_{15}Cl_2NO_4$, Formel XI + Spiegelbild, und (±)-**5**exo,**6**exo-Dichlor-**4**-methyl-**3**exo-phenylcarbamoyl-**7**-oxa-norbornan-**2**exo-carbonsäure $C_{15}H_{15}Cl_2NO_4$, Formel XII + Spiegelbild.

Diese beiden Formeln kommen für die nachstehend beschriebene Verbindung in Betracht.

B. Beim Behandeln von (±)-5exo,6exo-Dichlor-1-methyl-7-oxa-norbornan-2exo,3exo-dicarbonsäure-anhydrid mit Anilin und Dioxan (*Mel'nikow, Kraft*, Ž. obšč. Chim. **29** [1959] 968, 970; engl. Ausg. S. 949, 951).

F: 175° [Zers.].

Beim Erhitzen ist 5exo,6exo-Dichlor-1-methyl-7-oxa-norbornan-2exo,3exo-dicarbonsäure-phenylimid (F: 183,5—184,5°) erhalten worden.

Dicarbonsäuren $C_{10}H_{14}O_5$

(±)-**Cyan**-[(**4**Ξ)-**2**r,**5**t-dimethyl-tetrahydro-thiopyran-**4**-yliden]-essigsäure $C_{10}H_{13}NO_2S$, Formel XIII (R = H) + Spiegelbild.

B. Beim Erwärmen von (±)-Cyan-[-2r,5t-dimethyl-tetrahydro-thiopyran-4-yliden]-essigsäure-äthylester (s. u.) mit Essigsäure und konz. wss. Salzsäure (*Nasarow, Kusnezowa*, Ž. obšč. Chim. **22** [1952] 835, 841; engl. Ausg. S. 897, 902).

Krystalle (aus Bzl.); F: 162—163°.

Beim Behandeln einer Lösung in Chloroform mit Ozon bei Raumtemperatur und Erwärmen der Reaktionslösung mit Wasser ist *trans*-2,5-Dimethyl-1,1-dioxo-tetrahydro-$1\lambda^6$-thiopyran-4-on (E III/IV **17** 4210) als Hauptprodukt erhalten worden.

(±)-**Cyan**-[(**4**Ξ)-**2**r,**5**t-dimethyl-tetrahydro-thiopyran-**4**-yliden]-essigsäure-äthylester $C_{12}H_{17}NO_2S$, Formel XIII (R = C_2H_5) + Spiegelbild.

Ein Präparat (Kp_5: 154—155°; D_4^{20}: 1,1072; n_D^{20}: 1,5255), in dem eine Verbindung dieser Konstitution und Konfiguration als Hauptbestandteil vorgelegen hat, ist beim Erhitzen von (±)-*trans*-2,5-Dimethyl-tetrahydro-thiopyran-4-on mit Cyanessigsäure-äthylester, Essigsäure, Ammoniumacetat und Benzol unter Entfernen des entstehenden Wassers erhalten worden (*Nasarow, Kusnezowa*, Ž. obšč. Chim. **22** [1952] 835, 841; engl. Ausg. S. 897, 901, 902).

(±)-**4,6,6**-Trimethyl-**5,6**-dihydro-**4**H-pyran-**2,3**-dicarbonsäure-dimethylester $C_{12}H_{18}O_5$, Formel I.

B. Beim Erhitzen von opt.-inakt. 2-Methoxy-4,6,6-trimethyl-tetrahydro-pyran-2,3-dicarbonsäure-dimethylester ($Kp_{0,01}$: 74°) mit wenig Polyphosphorsäure unter 0,05 Torr (*Korte, Machleidt*, B. **90** [1957] 2150, 2157).

$Kp_{0,01}$: 79°. Absorptionsmaximum (Me.): 245 nm.

I   II   III

(±)(**2**Ξ,**3**Ξ)-**3**-[(**1**Ξ)-*trans*-**2**-Methoxycarbonyl-cyclopentyl]-**3**-methyl-oxirancarbonsäure-äthylester, (±)(**2**Ξ,**3**Ξ)-**2,3**-Epoxy-**3**-[(**1**Ξ)-*trans*-**2**-methoxycarbonyl-cyclopentyl]-buttersäure-äthylester $C_{13}H_{20}O_5$, Formel II + Spiegelbild.

B. Beim Behandeln von (±)-*trans*-2-Acetyl-cyclopentancarbonsäure-methylester mit Chloressigsäure-äthylester und Natriumäthylat in Äther (*Trave et al.*, Chimica e Ind. **40** [1958] 887, 893).

$Kp_{0,6}$: 128—130°. n_D^{30}: 1,4638.

9-Oxa-bicyclo[3.3.1]nonan-**3,3**-dicarbonsäure $C_{10}H_{14}O_5$, Formel III (R = H).

B. Beim Erwärmen von 9-Oxa-bicyclo[3.3.1]nonan-3,3-dicarbonsäure-diäthylester mit wss.-äthanol. Kalilauge (*Cope, Fournier*, Am. Soc. **79** [1957] 3896, 3898).

Krystalle (aus E.); F: 186,5—187° [korr.; Zers.].

Beim Erhitzen auf 200° sind 9-Oxa-bicyclo[3.3.1]nonan-3-carbonsäure vom F: 137,2° bis 137,8° und kleine Mengen 9-Oxa-bicyclo[3.3.1]nonan-3-carbonsäure vom F: 90—90,6° erhalten worden.

9-Oxa-bicyclo[3.3.1]nonan-3,3-dicarbonsäure-diäthylester $C_{14}H_{22}O_5$, Formel III (R = C_2H_5).

B. Beim Erhitzen von *cis*-2,6-Bis-[toluol-4-sulfonyloxymethyl]-tetrahydro-pyran mit der Natrium-Verbindung des Malonsäure-diäthylesters in Tetrahydrofuran auf 120° (*Cope, Fournier*, Am. Soc. **79** [1957] 3896, 3897).

$Kp_{0,15}$: 104° [unkorr.]. D_4^{25}: 1,133. n_D^{25}: 1,4650.

1,4-Dimethyl-7-oxa-norbornan-2,3-dicarbonsäure $C_{10}H_{14}O_5$.

a) **1,4-Dimethyl-7-oxa-norbornan-2*endo*,3*endo*-dicarbonsäure** $C_{10}H_{14}O_5$, Formel IV (R = H).

Bezüglich der Konfigurationszuordnung vgl. *Sefirow et al.*, Ž. obšč. Chim. **35** [1965] 58; engl. Ausg. S. 54.

B. Bei der Hydrierung von 1,4-Dimethyl-7-oxa-norborn-2-en-2,3-dicarbonsäure an Platin in Essigsäure (*Alder, Backendorf*, A. **535** [1938] 113, 121).

Krystalle (aus E.); F: 202—203° (*Al., Ba.*).

Überführung in das Anhydrid (F: 175—177°) mit Hilfe von Acetylchlorid: *Al., Ba.*

b) **(±)-1,4-Dimethyl-7-oxa-norbornan-2*endo*,3*exo*-dicarbonsäure** $C_{10}H_{14}O_5$, Formel V + Spiegelbild.

B. Beim Erwärmen von 1,4-Dimethyl-7-oxa-norbornan-2*endo*,3*endo*-dicarbonsäure-dimethylester [s. u.] (*Alder, Backendorf*, A. **535** [1938] 113, 122) oder von 1,4-Dimethyl-7-oxa-norbornan-2*exo*,3*exo*-dicarbonsäure-dimethylester [s. u.] (*Alder, Backendorf*, A. **535** [1938] 101, 110) mit methanol. Kalilauge.

Krystalle (aus E.); F: 212—213° [Zers.] (*Al., Ba.*, l. c. S. 110).

(±)-1,4-Dimethyl-7-oxa-norbornan-2*exo*,3*exo*-dicarbonsäure-monomethylester $C_{11}H_{16}O_5$, Formel VI (R = H) + Spiegelbild.

B. Beim Erwärmen von Isocantharidin (1,4-Dimethyl-7-oxa-norbornan-2*exo*,3*exo*-dicarbonsäure-anhydrid; über die Konfiguration dieser Verbindung s. *Sefirow et al.*, Ž. obšč. Chim. **35** [1965] 58; engl. Ausg. S. 54) mit Methanol (*Alder, Backendorf*, A. **535** [1938] 101, 109).

Krystalle (aus Me.); F: 106—108° (*Al., Ba.*).

IV   V   VI   VII

1,4-Dimethyl-7-oxa-norbornan-2,3-dicarbonsäure-dimethylester $C_{12}H_{18}O_5$.

a) **1,4-Dimethyl-7-oxa-norbornan-2*endo*,3*endo*-dicarbonsäure-dimethylester** $C_{12}H_{18}O_5$, Formel IV (R = CH_3).

B. Beim Behandeln von 1,4-Dimethyl-7-oxa-norbornan-2*endo*,3*endo*-dicarbonsäure mit Diazomethan in Äther (*Alder, Backendorf*, A. **535** [1938] 113, 122).

Krystalle (aus PAe.); F: 41—42°.

b) **1,4-Dimethyl-7-oxa-norbornan-2*exo*,3*exo*-dicarbonsäure-dimethylester** $C_{12}H_{18}O_5$, Formel VI (R = CH_3).

B. Beim Behandeln von (±)-1,4-Dimethyl-7-oxa-norbornan-2*exo*,3*exo*-dicarbonsäure-monomethylester mit Diazomethan in Äther (*Alder, Backendorf*, A. **535** [1938] 101, 109).

Krystalle (aus Bzn.); F: 83—84°.

2*endo*,3*endo*-Dimethyl-7-oxa-norbornan-2*exo*,3*exo*-dicarbonsäure, Cantharidinsäure $C_{10}H_{14}O_5$, Formel VII (H 326; E I 448).

Bezüglich der Konfigurationszuordnung vgl. die E II **19** 179 im Artikel Cantharidin zitierte Literatur.

Scheinbare Dissoziationskonstante K'_a (Wasser): $5 \cdot 10^{-9}$ (*Hecht, Parks*, J. Am. pharm. Assoc. **29** [1940] 71, 75).

Dicarbonsäuren $C_{11}H_{16}O_5$

(±)-Allyl-tetrahydropyran-2-yl-malonsäure-diäthylester $C_{15}H_{24}O_5$, Formel VIII (X = H).
B. Beim Behandeln eines Gemisches von 3,4-Dihydro-2*H*-pyran und Toluol mit Chlor=wasserstoff und Behandeln der Reaktionslösung mit einer Suspension der Natrium-Verbindung des Allylmalonsäure-diäthylesters in Toluol (*Gane's Chem. Works*, U.S.P. 2522966 [1948]).
Kp_{10}: 151—154°. n_D^{20}: 1,4611.

(±)-[2-Brom-allyl]-tetrahydropyran-2-yl-malonsäure-diäthylester $C_{15}H_{23}BrO_5$, Formel VIII (X = Br).
B. Beim Behandeln eines Gemisches von 3,4-Dihydro-2*H*-pyran und Toluol mit Chlor=wasserstoff und Behandeln der Reaktionslösung mit einer Suspension der Natrium-Verbindung des [2-Brom-allyl]-malonsäure-diäthylesters in Toluol (*Gane's Chem. Works*, U.S.P. 2522966 [1948]).
Kp_5: 155—157°. n_D^{20}: 1,4860.

Cyan-[(Ξ)-2,2,5,5-tetramethyl-dihydro-[3]furyliden]-essigsäure-äthylester $C_{13}H_{19}NO_3$, Formel IX.
B. Beim Erhitzen von 2,2,5,5-Tetramethyl-dihydro-furan-3-on mit Cyanessigsäure-äthylester, Natriumacetat, Essigsäure und Benzol auf 110° (*Tamate*, J. chem. Soc. Japan Pure Chem. Sect. **78** [1957] 1293, 1298; C. A. **1960** 476).
Krystalle (aus A.); F: 50—51°.
Beim Hydrieren an Palladium/Calciumcarbonat in Äthanol, Erhitzen des Hydrierungs-produkts (Kp_2: 114—115°) mit wss. Kalilauge und Erhitzen des danach isolierten Reak-tionsprodukts auf 160° sind [2,2,5,5-Tetramethyl-tetrahydro-[3]furyl]-essigsäure, [2,2,5,5-Tetramethyl-2,5-dihydro-[3]furyl]-essigsäure (?; S. 3906) und [2,2,5,5-Tetra=methyl-dihydro-[3]furyliden]-essigsäure (S. 3906) erhalten worden.

VIII   IX   X

Dicarbonsäuren $C_{12}H_{18}O_5$

(±)-Methallyl-tetrahydropyran-2-yl-malonsäure-diäthylester $C_{16}H_{26}O_5$, Formel X.
B. Beim Behandeln eines Gemisches von 3,4-Dihydro-2*H*-pyran und Toluol mit Chlor=wasserstoff und Behandeln der Reaktionslösung mit einer Suspension der Natrium-Verbindung des Methallylmalonsäure-diäthylesters in Toluol (*Gane's Chem. Works*, U.S.P. 2522966 [1948]).
$Kp_{1,5}$: 117—120°. n_D^{20}: 1,4642.

Dicarbonsäuren $C_{13}H_{20}O_5$

***Opt.-inakt. 4-[2-Äthoxycarbonyl-4-methyl-1-oxa-spiro[2.5]oct-4-yl]-buttersäure-äthyl=ester, 4-[3-Äthoxycarbonyl-propyl]-4-methyl-1-oxa-spiro[2.5]octan-2-carbonsäure-äthyl=ester** $C_{17}H_{28}O_5$, Formel XI.
B. Aus (±)-4-[1-Methyl-2-oxo-cyclohexyl]-buttersäure-äthylester und Chloressigsäure-

äthylester mit Hilfe von Natriummäthylat (*Ruzicka et al.*, Helv. **14** [1931] 1151, 1171). $Kp_{0,1}$: 148—150°.

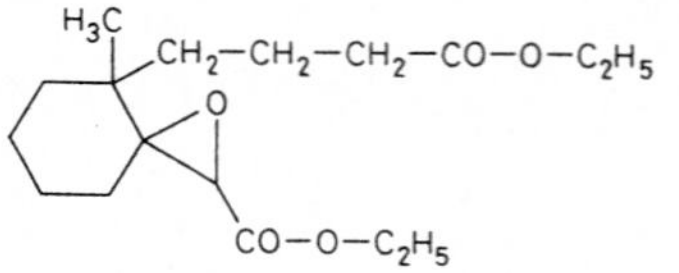

XI 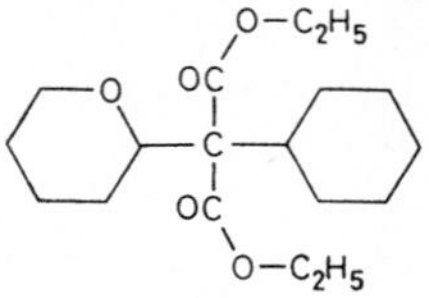   XII

Dicarbonsäuren $C_{14}H_{22}O_5$

(±)-Cyclohexyl-tetrahydropyran-2-yl-malonsäure-diäthylester $C_{18}H_{30}O_5$, Formel XII.

B. Beim Behandeln eines Gemisches von 3,4-Dihydro-2*H*-pyran und Toluol mit Chlor=
wasserstoff und Behandeln der Reaktionslösung mit einer Suspension der Natrium-
Verbindung des Cyclohexylmalonsäure-diäthylesters in Toluol (*Gane's Chem. Works*,
U.S.P. 2522966 [1948]).

Bei 149—154°/2 Torr destillierbar. n_D^{20}: 1,4760.

Dicarbonsäuren $C_{15}H_{24}O_5$

(±)-Cyclohexylmethyl-tetrahydrofurfuryl-malonsäure-diäthylester $C_{19}H_{32}O_5$, Formel XIII.

B. Aus (±)-Tetrahydrofurfuryl-malonsäure-diäthylester (*Moffet, Hart*, J. Am. pharm.
Assoc. **42** [1953] 717).

$Kp_{0,02}$: 105°. D_4^{25}: 1,0511. n_D^{25}: 1,4700.

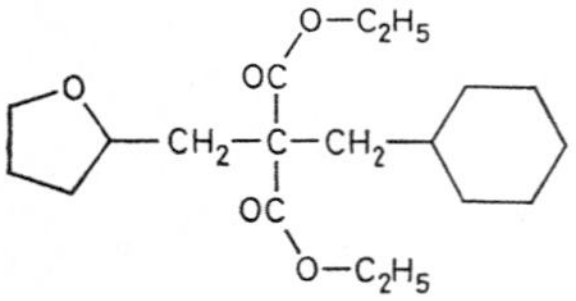

XIII 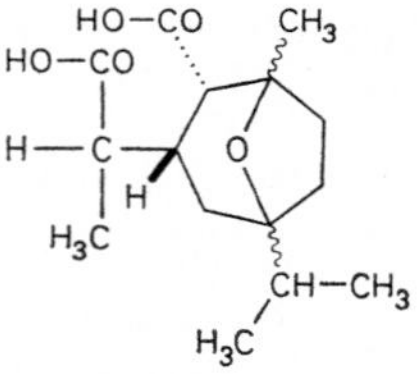   XIV 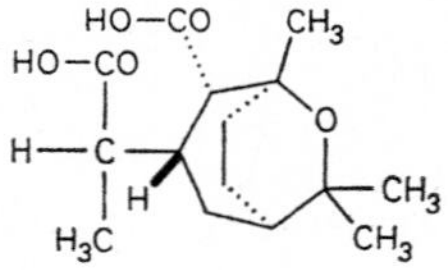   XV

**(S)-2-[(1Ξ,2S)-2r-Carboxy-5-isopropyl-1-methyl-8-oxa-bicyclo[3.2.1]oct-3c-yl]-
propionsäure, *ent*-7,10-Epoxy-2,3-seco-7ξH,10ξH-guajan-2,3-disäure** [1]) $C_{15}H_{24}O_5$,
Formel XIV.

Diese Konstitution und Konfiguration kommt der nachstehend beschriebenen **β-Kessyl=
onsäure** zu.

B. Neben β-Kessylonsäure-anhydrid ((S)-2-[(1Ξ,2S)-2r-Carboxy-5-isopropyl-
1-methyl-8-oxa-bicyclo[3.2.1]oct-3c-yl]-propionsäure-anhydrid) beim Behandeln einer
Lösung von *ent*-7,10-Epoxy-2-oxo-7ξH,10ξH-guajan-3-carbaldehyd (E III/IV **17** 6061)
in Chloroform mit Ozon und Erwärmen des Reaktionsprodukts mit Wasser (*Asahina
et al.*, J. pharm. Soc. Japan **52** [1932] 1, 3; dtsch. Ref. S. 1, 2; C. **1932** I 2460). Beim
Erwärmen von β-Kessylonsäure-anhydrid mit Alkalilauge (*As. et al.*).

Krystalle (aus A. oder Ae.); F: 184°; $[\alpha]_D^{15}$: +4,1° [CHCl$_3$] (*As. et al.*).

**(S)-2-[(1R)-4exo-Carboxy-5,7,7-trimethyl-6-oxa-bicyclo[3.2.2]non-3exo-yl]-propion=
säure, *ent*-10,11-Epoxy-2,3-seco-7βH-guajan-2,3-disäure** [1]), **α-Kessylonsäure** $C_{15}H_{24}O_5$,
Formel XV.

B. Neben α-Kessylonsäure-anhydrid (*ent*-10,11-Epoxy-2,3-seco-7βH-guajan-2,3-di=
säure-anhydrid) beim Behandeln einer Lösung von *ent*-10,11-Epoxy-2-oxo-7βH-guajan-
3-carbaldehyd (E III/IV **17** 6062) in Chloroform mit Ozon und Erwärmen des Reaktionsprodukts mit Wasser (*Asahina, Nakanishi*, J. pharm. Soc. Japan **1926** Nr. 536, S. 823,

---

[1]) Stellungsbezeichnung bei von G u a j a n abgeleiteten Namen s. E III/IV **17** 4677, 4678.

832; dtsch. Ref. S. 75, 78; C. **1927** I 429; J. pharm. Soc. Japan **1927** Nr. 544, S. 485,
499; dtsch. Ref. S. 65, 70; C. **1927** II 1036; *Asahina et al.*, J. pharm. Soc. Japan **52**
[1932] 1, 3; dtsch. Ref. S. 1, 2; C. **1932** I 2460). Beim Erwärmen von α-Kessylonsäure-
anhydrid mit äthanol. Kalilauge (*As.*, *Na.*, J. pharm. Soc. Japan **1927** Nr. 544, S. 499).
Krystalle (aus Ae.); F: **239°** [Zers.]; [α]$_D^{18}$: +8,9° [A.; c = 2] (*As.*, *Na.*, J. pharm.
Soc. Japan **1927** Nr. 544, S. 499).   [*Schurek*]

Dicarbonsäuren $C_nH_{2n-8}O_5$

Dicarbonsäuren $C_6H_4O_5$

Furan-2,3-dicarbonsäure $C_6H_4O_5$, Formel I (R = H) (E II 287).
    B. Beim Erwärmen von 3-Carbamoyl-furan-2-carbonsäure-äthylester mit wss. Natron=
lauge oder mit wss. Salzsäure (*Jones*, Am. Soc. **77** [1955] 4069, 4072). Beim Erwärmen
von [3-Äthoxycarbonyl-[2]furyl]-hydroxyimino-essigsäure-äthylester (aus [3-Äthoxy=
carbonyl-[2]furyl]-essigsäure-äthylester mit Hilfe von Äthylnitrit in Äther hergestellt)
mit wss. Kalilauge, anschliessenden Erhitzen mit Hydroxylamin-hydrochlorid und wss.
Salzsäure und Erhitzen des Reaktionsprodukts mit Acetanhydrid und anschliessend mit
wss. Kalilauge (*Reichstein*, *Zschokke*, Helv. **15** [1932] 268, 272).
    F: 225—226° [Zers.; evakuierte Kapillare; durch Destillation im Vakuum gereinigtes
Präparat] (*Späth*, *Pesta*, B. **67** [1934] 853, 856), 225° [korr.; aus Dioxan + Toluol]
(*Re.*, *Zsch.*; *Andrisano*, *Pappalardo*, G. **83** [1953] 340, 345), 224—225° [durch Destillation
im Vakuum gereinigtes Präparat] (*Meijer*, R. **58** [1939] 1119, 1121), 223—224° [aus W.]
(*Jo.*), 220—221° [aus E.] (*Makšjutina*, *Kolešnikow*, Ž. obšč. Chim. **29** [1959] 3836, 3839;
engl. Ausg. S. 3797, 3799), 220—221° [Block; aus Acn. + Ae.] (*Kincl et al.*, Soc. **1956**
4163, 4168). UV-Spektrum (A.; 220—290 nm): *An.*, *Pa.*, l. c. S. 342. Absorptionsmaxima: 216 nm und 261 nm [A.] bzw. 267,5 nm [W.] (*An.*, *Pa.*, l. c. S. 341).

Furan-2,3-dicarbonsäure-dimethylester $C_8H_8O_5$, Formel I (R = CH$_3$) (E II 287).
    B. Beim Behandeln von Furan-2,3-dicarbonsäure mit Diazomethan in Äther (*Späth*,
Pesta, B. **67** [1934] 853, 856; *Stoll et al.*, Helv. **33** [1950] 1637, 1643; *Bickel*, *Schmid*,
Helv. **36** [1953] 664, 681; s. a. *Wessely*, *Kallab*, M. **59** [1932] 161, 173; *Späth*, *v. Christiani*,
B. **66** [1933] 1150, 1154).
    F: 38—39° [nach Destillation im Vakuum] (*We.*, *Ka.*), 38° [nach Destillation im
Vakuum] (*St. et al.*), 37° [nach Destillation im Vakuum] (*Sp.*, *v. Ch.*), 37° [aus Me.]
(*Reichstein et al.*, Helv. **16** [1933] 276, 281), 36—36,3° [geschlossene Kapillare; aus
wss. Me.] (*Bi.*, *Sch.*). UV-Spektrum (A.; 200—290 nm): *Andrisano*, *Pappalardo*, G. **83**
[1953] 340, 342. Absorptionsmaxima: 217,5 nm und 260,5 nm [A.] bzw. 265,5 nm [W.]
(*An.*, *Pa.*, l. c. S. 341).

Furan-2,3-dicarbonsäure-diäthylester $C_{10}H_{12}O_5$, Formel I (R = C$_2$H$_5$).
    B. Beim Behandeln von Furan-2,3-dicarbonsäure mit Chlorwasserstoff enthaltendem
Äthanol (*Andrisano*, *Pappalardo*, G. **83** [1953] 340, 345).
    Kp$_3$: 103—105°. UV-Spektrum (A.; 200—300 nm): *An.*, *Pa.*, l. c. S. 342. Absorptions-
maxima: 217 nm und 260 nm [A.] bzw. 264 nm [W.] (*An.*, *Pa.*, l. c. S. 341).

3-Carbamoyl-furan-2-carbonsäure-äthylester $C_8H_9NO_4$, Formel II.
    B. Beim Erwärmen von 5,5-Diäthoxy-3-cyan-2-oxo-valeriansäure-äthylester oder von
5-Äthoxy-3-cyan-2-oxo-pent-4-ensäure-äthylester (Kp$_{0,5}$: 123—124°; n$_D^{25}$: 1,4770) mit
konz. Schwefelsäure (*Jones*, Am. Soc. **77** [1955] 4069, 4072).
    Krystalle (aus W.); F: 171—172°.

5-Nitro-furan-2,3-dicarbonsäure $C_6H_3NO_7$, Formel III (R = H).
    B. Beim Erhitzen von 5-Nitro-furan-2,3-dicarbonsäure-dimethylester mit wss. Schwe=
felsäure (*Gilman*, *Burtner*, Am. Soc. **71** [1949] 1213).
    Krystalle (aus Ae. + Bzl.); F: 225° [Zers.].

5-Nitro-furan-2,3-dicarbonsäure-dimethylester $C_8H_7NO_7$, Formel III (R = CH$_3$).
    B. Beim Behandeln von Furan-2,3-dicarbonsäure-dimethylester mit Salpetersäure und

Acetanhydrid (*Gilman, Burtner*, Am. Soc. **71** [1949] 1213).
Krystalle (aus Me.); F: 97°.

Thiophen-2,3-dicarbonsäure $C_6H_4O_4S$, Formel IV (X = OH) (H 327).
B. Beim Erwärmen von 2-Methyl-thiophen-3-carbonsäure (*Gaertner*, Am. Soc. **73** [1951] 3934, 3936) oder von 1-[3-Methyl-[2]thienyl]-äthanon (*Linstead et al.*, Soc. **1937** 911, 915; *Baker et al.*, J. org. Chem. **18** [1953] 138, 146) mit wss. Natronlauge und Kalium=permanganat.
F: 277—278° [Zers.; korr.; evakuierte Kapillare; aus W.] (*Sicé*, J. org. Chem. **19** [1954] 70, 73), 272—274° [Zers.; korr.; Block] (*Ga.*).

Thiophen-2,3-dicarbonsäure-2-methylester $C_7H_6O_4S$, Formel IV (X = O-CH$_3$).
B. Neben Thiophen-2,3-dicarbonsäure-dimethylester beim Erwärmen von Thiophen-2,3-dicarbonsäure mit Methanol und Acetylchlorid (*Baker et al.*, J. org. Chem. **18** [1953] 138, 146). Beim Erwärmen von Thiophen-2,3-dicarbonsäure-anhydrid mit Methanol (*Ba. et al.*).
Krystalle (aus Toluol); F: 122—124°.

I   II   III   IV

Thiophen-2,3-dicarbonsäure-3-methylester $C_7H_6O_4S$, Formel V (X = OH).
B. Beim Behandeln einer Lösung von Thiophen-2,3-dicarbonsäure-dimethylester in Aceton mit wss. Salzsäure (*Baker et al.*, J. org. Chem. **18** [1953] 138, 146).
Krystalle (aus Heptan); F: 103—105°.
Beim Behandeln des mit Hilfe von Thionylchlorid hergestellten Säurechlorids mit Aluminiumchlorid und Benzol sind 3-Benzoyl-thiophen-2-carbonsäure-methylester und Thiophen-2,3-dicarbonsäure-2-methylester erhalten worden (*Ba. et al.*, l. c. S. 148).

Thiophen-2,3-dicarbonsäure-dimethylester $C_8H_8O_4S$, Formel V (X = O-CH$_3$) (H 327).
B. Aus Thiophen-2,3-dicarbonsäure beim Erwärmen mit Methanol und Acetylchlorid (*Baker et al.*, J. org. Chem. **18** [1953] 138, 146) sowie mit Hilfe von Diazomethan (*Sicé*, J. org. Chem. **19** [1954] 70, 73).
Krystalle, F: 58° (*Linstead et al.*, Soc. **1937** 911, 915); Krystalle (aus Hexan), F: 32—33° [evakuierte Kapillare] (*Sicé*). Absorptionsmaximum (Hexan): 254 nm (*Sicé*).

2-Carbamoyl-thiophen-3-carbonsäure $C_6H_5NO_3S$, Formel IV (X = NH$_2$), und **3-Carb=amoyl-thiophen-2-carbonsäure** $C_6H_5NO_3S$, Formel VI (X = NH$_2$).
Diese beiden Konstitutionsformeln kommen für die nachstehend beschriebene Ver-bindung in Betracht.
B. Neben Thiophen-2,3-dicarbamid beim Behandeln einer Lösung des aus Thiophen-2,3-dicarbonsäure mit Hilfe von Thionylchlorid hergestellten Säurechlorids in Benzol mit Ammoniak (*Linstead et al.*, Soc. **1937** 911, 916).
F: 238°.

2-[Methyl-phenyl-carbamoyl]-thiophen-3-carbonsäure $C_{13}H_{11}NO_3S$, Formel IV (X = N(CH$_3$)-C$_6$H$_5$).
B. Beim Erwärmen von 2-[Methyl-phenyl-carbamoyl]-thiophen-3-carbonsäure-methyl=ester mit wss.-äthanol. Natronlauge (*Baker et al.*, J. org. Chem. **18** [1953] 138, 148). Beim Behandeln von Thiophen-2,3-dicarbonsäure-2-hydrazid mit Chloroform, wss. Salz=säure und Natriumnitrit und Behandeln des Reaktionsprodukts mit *N*-Methyl-anilin (*Ba. et al.*).
Krystalle (aus Toluol); F: 169—170°.
Beim Erhitzen mit Chinolin und Kupferoxid bis auf 180° und Erhitzen des Reaktions-produkts mit Essigsäure und wss. Salzsäure ist Thiophen-3-carbonsäure erhalten worden.

V   VI   VII   VIII

3-[Methyl-phenyl-carbamoyl]-thiophen-2-carbonsäure $C_{13}H_{11}NO_3S$, Formel VI
(X = N(CH₃)-C₆H₅).
B. Beim Erwärmen von 3-[Methyl-phenyl-carbamoyl]-thiophen-2-carbonsäure-methyl=
ester mit wss.-äthanol. Natronlauge (*Baker et al.*, J. org. Chem. **18** [1953] 138, 148).
Krystalle (aus Toluol); F: 153—155°.

2-[Methyl-phenyl-carbamoyl]-thiophen-3-carbonsäure-methylester $C_{14}H_{13}NO_3S$,
Formel V (X = N(CH₃)-C₆H₅).
B. Beim Behandeln des aus Thiophen-2,3-dicarbonsäure-3-methylester mit Hilfe von
Thionylchlorid hergestellten Säurechlorids mit N-Methyl-anilin und Benzol (*Baker et al.*,
J. org. Chem. **18** [1953] 138, 147).
Krystalle (aus Heptan); F: 113—115°.

3-[Methyl-phenyl-carbamoyl]-thiophen-2-carbonsäure-methylester $C_{14}H_{13}NO_3S$,
Formel VII.
B. Beim Behandeln des aus Thiophen-2,3-dicarbonsäure-2-methylester mit Hilfe von
Thionylchlorid hergestellten Säurechlorids mit N-Methyl-anilin und Benzol (*Baker et al.*,
J. org. Chem. **18** [1953] 138, 147).
Krystalle (aus Heptan); F: 90—92°.

Thiophen-2,3-dicarbonsäure-diamid, Thiophen-2,3-dicarbamid $C_6H_6N_2O_2S$, **Formel VIII.**
B. Beim Behandeln einer Lösung des aus Thiophen-2,3-dicarbonsäure mit Hilfe von
Thionylchlorid hergestellten Säurechlorids in Benzol mit Ammoniak (*Linstead et al.*, Soc.
1937 911, 916).
Krystalle (aus W.); F: 228°.

Thiophen-2,3-dicarbonitril $C_6H_2N_2S$, **Formel IX.**
B. Beim Erhitzen von Thiophen-2,3-dicarbamid mit Phosphor(V)-oxid unter 3 Torr bis
auf 190° (*Linstead et al.*, Soc. **1937** 911, 916).
Krystalle (aus PAe.); F: 140°.

Thiophen-2,3-dicarbonsäure-2-hydrazid, 2-Carbazoyl-thiophen-3-carbonsäure $C_6H_6N_2O_3S$,
Formel IV (X = NH-NH₂).
B. Beim Erwärmen von Thiophen-2,3-dicarbonsäure-2-methylester mit Hydrazin-
hydrat und Äthanol (*Baker et al.*, J. org. Chem. **18** [1953] 138, 147).
Krystalle (aus W.); F: 329—331° [Zers.].

**Thiophen-2,3-dicarbonsäure-2-benzylidenhydrazid, 2-Benzylidencarbazoyl-thiophen-
3-carbonsäure** $C_{13}H_{10}N_2O_3S$, **Formel X.**
B. Aus Thiophen-2,3-dicarbonsäure-2-hydrazid und Benzaldehyd (*Baker et al.*, J. org.
Chem. **18** [1953] 138, 147).
Krystalle (aus wss. A.); F: 220—221°.

Furan-2,4-dicarbonsäure $C_6H_4O_5$, **Formel XI (R = H) (H 327).**
B. Beim Erhitzen von Furan-2,4-dicarbonsäure-diäthylester mit wss. Natronlauge
(*Jones*, Am. Soc. **77** [1955] 4074). Beim Behandeln von 5-Acetyl-furan-3-carbonsäure mit
wss. Natronlauge und Kaliumpermanganat (*Eugster*, *Waser*, Helv. **40** [1957] 888, 901).
Beim Erhitzen von Furan-2,3,5-tricarbonsäure auf 250° (*Reichstein, Grüssner*, Helv. **16**
[1933] 555, 557). Beim Behandeln von Vanillin mit Natriumchlorit und wss. Essigsäure
(*Pearl, Barton*, Am. Soc. **74** [1952] 1357).

F: 274—275° (*Jo.*), 268° [nach Sublimation im Hochvakuum] (*Eu., Wa.*), 266° [aus W.] (*Andrisano, Pappalardo*, G. **83** [1953] 340, 345), 264° [Block; aus Me. + CHCl₃] (*Pe., Ba.*). UV-Spektrum (A.; 220—270 nm): *An., Pa.*, l. c. S. 342. Absorptionsmaximum: 236 nm [A.] bzw. 241 nm [W.] (*An., Pa.*, l. c. S. 341). Polarographie: *Nakaya et al.*, J. chem. Soc. Japan Pure Chem. Sect. **78** [1957] 935; C. A. **1959** 21 276.

IX   X   XI   XII

Furan-2,4-dicarbonsäure-4-methylester $C_7H_6O_5$, Formel XII (X = OH).

B. Beim Erwärmen von Furan-2,4-dicarbonsäure-dimethylester mit Kaliumhydroxid (1 Mol) in Methanol (*Gilman et al.*, Am. Soc. **55** [1933] 403, 404; *Kuhn, Krüger*, B. **90** [1957] 264, 273).

Krystalle; F: 132,5° (*Gi. et al.*).

Furan-2,4-dicarbonsäure-dimethylester $C_8H_8O_5$, Formel XI (R = CH₃) (H 327).

B. Beim Behandeln von Furan-2,4-dicarbonsäure mit Schwefelsäure enthaltendem Methanol (*Reichstein, Grüssner*, Helv. **16** [1933] 555).

Krystalle (aus Me.); F: 109—110° (*Andrisano, Pappalardo*, G. **83** [1953] 340, 345), 106° [korr.] (*Re., Gr.*). UV-Spektrum (A.; 200—270 nm): *An., Pa.*, l. c. S. 342. Absorptionsmaxima: 242,5 nm [A.] bzw. 246 nm [W.] (*An., Pa.*, l. c. S. 341).

Furan-2,4-dicarbonsäure-diäthylester $C_{10}H_{12}O_5$, Formel XI (R = C₂H₅).

B. Beim Behandeln von 2,2-Diäthoxy-4-formyl-glutarsäure-diäthylester mit konz. Schwefelsäure (*Jones*, Am. Soc. **77** [1955] 4074). Beim Behandeln von Furan-2,4-dicarbonsäure mit Chlorwasserstoff enthaltendem Äthanol (*Andrisano, Pappalardo*, G. **83** [1953] 340, 345).

F: 45—47° (*An., Pa.*), 43—44° [aus PAe.] (*Jo.*). Kp₃: 110—112° (*An., Pa.*). UV-Spektrum (A.; 200—270 nm): *An., Pa.*, l. c. S. 342. Absorptionsmaximum: 243 nm [A.] bzw. 246 nm [W.] (*An., Pa.*, l. c. S. 341).

5-Chlorcarbonyl-furan-3-carbonsäure-methylester $C_7H_5ClO_4$, Formel XII (X = Cl).

B. Beim Erwärmen von Furan-2,4-dicarbonsäure-4-methylester mit Thionylchlorid und Benzol (*Gilman et al.*, Am. Soc. **55** [1933] 403, 405).

Krystalle (aus CCl₄); F: 83—84° (*Gi. et al.*), 83° (*Kuhn, Krüger*, B. **90** [1957] 264, 273).

5-Brom-furan-2,4-dicarbonsäure $C_6H_3BrO_5$, Formel I.

B. Beim Erhitzen von Furan-2,4-dicarbonsäure-dimethylester mit Brom auf 160° und anschliessendem Behandeln mit äthanol. Kalilauge (*Gilman, Burtner*, Am. Soc. **55** [1933] 2903, 2907).

Krystalle (aus W.); F: 250°.

Thiophen-2,4-dicarbonsäure $C_6H_4O_4S$, Formel II (R = H) (H 327).

B. Beim Erhitzen von 2,2-Diäthoxy-4-formyl-glutarsäure-diäthylester mit Phosphor(V)-sulfid in Toluol und Erwärmen des Reaktionsprodukts mit wss.-äthanol. Natronlauge (*Jones*, Am. Soc. **77** [1955] 4074). Beim Behandeln von 4-Aminomethyl-thiophen-2-carbonsäure-hydrochlorid mit Kaliumpermanganat in alkal. Lösung (*Cinnéide*, Pr. Irish Acad. **42** B [1934/35] 359, 362).

Krystalle (aus W.), die oberhalb 200° sublimieren; oberhalb 250° erfolgt Zersetzung (*Jo.*).

Charakterisierung als Dimethylester (120,5—122°) und als Diäthylester (F: 35—37°): *Ci.*

Thiophen-2,4-dicarbonsäure-dimethylester $C_8H_8O_4S$, Formel II (R = CH₃) (H 328).

B. Neben kleinen Mengen Thiophen-2,5-dicarbonsäure-dimethylester beim Erhitzen von Acrylsäure-methylester mit Schwefel bis auf 200° (*Hopff, v. d. Crone*, Chimia **13**

[1959] 107). Beim Behandeln von Thiophen-2,4-dicarbonsäure mit Methanol und wenig Schwefelsäure (*Jones*, Am. Soc. **77** [1955] 4074).

F: 123° [aus PAe.] (*Jo.*), 120,5—122° [aus wss. A.] (*Cinnéide*, Pr. Irish Acad. **42** B [1934/35] 359, 362), 120—121° (*Ho., v.d.Cr.*). UV-Spektrum (A.; 220—290 nm): *Ho., v.d.Cr.*

Thiophen-2,4-dicarbonsäure-diäthylester $C_{10}H_{12}O_4S$, Formel II (R = C_2H_5) (H 328).

B. Beim Erwärmen des Silber-Salzes der Thiophen-2,4-dicarbonsäure mit Äthyljodid und Äther (*Cinnéide*, Pr. Irish Acad. **42** B [1934/35] 359, 362; vgl. H 328).

F: 35—37°.

Furan-2,5-dicarbonsäure, Dehydroschleimsäure $C_6H_4O_5$, Formel III (R = H) (H 328; E I 448; E II 288).

Isolierung aus Harn von Menschen: *Flaschenträger, Bernhard*, Z. physiol. Chem. **246** [1937] 124, 128; *Flaschenträger et al.*, Helv. **28** [1945] 1489, 1494; *Flaschenträger, Kamel*, A. **607** [1957] 150.

B. Beim Behandeln von Furan mit Pentylnatrium in Octan und Behandeln des Reaktionsgemisches mit festem Kohlendioxid (*Morton, Patterson*, Am. Soc. **65** [1943] 1346). Beim Erhitzen von 5-Brom-furan-2-carbonsäure mit Kaliumcyanid, Kupfer(I)-cyanid und Wasser bis auf 220° (*Moldenhauer et al.*, A. **580** [1953] 169, 190). Neben Furan beim Erhitzen des Kalium-Salzes der Furan-2-carbonsäure in Gegenwart von Cadmium-Katalysatoren unter Kohlendioxid (*Raecke*, Ang. Ch. **70** [1958] 1, 4). Beim Erhitzen von Furan-2,5-dicarbonsäure-monomethylester mit wss. Kalilauge (*Andrisano*, Ann. Chimica **40** [1950] 35, 39). Beim Behandeln von 5-Formyl-furan-2-carbonsäure mit wss. Natron=lauge und mit Wasserstoffperoxid (*Mo. et al.*, l. c. S. 188). Neben 5-Hydroxymethyl-furan-2-carbonsäure beim Erhitzen von 5-Formyl-furan-2-carbonsäure mit Bariumhydroxid in Wasser (*Votoček, Malachta*, Collect. **6** [1934] 241, 248). Beim Erwärmen von 5-Chlor-methyl-furan-2-carbonsäure-methylester mit wss. Salpetersäure [D: 1,4] (*Taniyama, Takata*, J. chem. Soc. Japan Ind. Chem. Sect. **57** [1954] 149; C. A. **1955** 1484; *Hachihama et al.*, Technol. Rep. Osaka Univ. **8** [1958] 475, 477; s. a. *Mo. et al.*, l. c. S. 188; *Tundo*, Boll. scient. Fac. Chim. ind. Bologna **14** [1956] 63; *Minṭer, Birnbaum*, Rev. Chim. Buka-rest **9** [1958] 420; C. A. **1961** 9937). Beim Erhitzen von 5-Formyloxymethyl-furan-2-carb=onsäure-methylester mit wss. Salpetersäure (*Mo. et al.*, l. c. S. 188). Beim Erhitzen von 5-[Benzoylamino-methyl]-furan-2-carbonsäure mit wss. Kalilauge und Kalium-hexa=cyanoferrat(III) (*Cinnéide*, Pr. Irish Acad. **49** B [1943/44] 143, 146). Beim Erwärmen von 5-[1-Chlor-äthyl]-furan-2-carbonsäure-äthylester mit wss. Salpetersäure (*Mndshojan, Arojan*, Doklady Akad. Armjansk. S.S.R. **25** [1957] 267, 272; C. A. **1958** 12834). Beim Erwärmen von 5-Acetyl-furan-2-carbonsäure-methylester mit wss. Natriumhypochlorit-Lösung (*Modena, Passerini*, Boll. scient. Fac. Chim. ind. Bologna **13** [1955] 72, 73).

F: 342° (*Haworth et al.*, Soc. **1945** 1, 3; *Martuscelli, Pedone*, Acta cryst. [B] **24** [1968] 175), 323—325° [Zers.; geschlossene Kapillare; oberhalb 200° sublimierend] (*Nowizkiǐ et al.*, Ž. obšč. Chim. **32** [1962] 399, 402; engl. Ausg. S. 391, 393). Im Hochvakuum sublimierbar (*Flaschenträger et al.*, Mikroch. Acta **1957** 390, 392). Monoklin; Raumgruppe $P2_1/m$ (= $C_{2h}^{2\ast}$); aus dem Röntgen-Diagramm ermittelte Dimensionen der Elementarzelle: a = 4,97Å; b = 16,69Å; c = 3,66Å; β = 96°; n = 2 (*Ma., Pe.*). Dichte der Krystalle: 1,74 (*Ma., Pe.*). UV-Spektrum einer Lösung in Äthanol (200—310 nm): *Andrisano, Pappalardo*, G. **83** [1953] 340, 342; von Lösungen in Wasser (180—290 nm bzw. 200—260 nm): *Hausser et al.*, Z. physik. Chem. [B] **29** [1935] 378, 382; *Andrisano, Tundo*, G. **81** [1951] 414, 415. Absorptionsmaximum: 263 nm [A.] (*An., Pa.*, l. c. S. 341) bzw. 264 nm [W.] (*An., Tu.*).

S-Benzyl-isothiuronium-Salz $[C_8H_{11}N_2S]_2C_6H_2O_5$. Unterhalb 320° nicht schmel-zend (*Ta., Ta.*).

I   II   III   IV

Furan-2,5-dicarbonsäure-monomethylester $C_7H_6O_5$, Formel IV (R = CH_3) (H 329).

B. Beim Behandeln von 5-Chlormethyl-furan-2-carbonsäure-methylester mit wss. Salpetersäure (*Andrisano*, Ann. Chimica **40** [1950] 35, 39; *Minţer, Birnbaum*, Rev. Chim. Bukarest **9** [1958] 420; C. A. **1961** 9937).

Krystalle (aus Toluol); F: 201° (*Andrisano, Tundo*, G. **81** [1951] 414, 417). UV-Spektrum (W.; 200—310 nm): *An., Tu.*

Furan-2,5-dicarbonsäure-dimethylester $C_8H_8O_5$, Formel III (R = CH_3) (H 329).

B. Beim Behandeln von 2,5-Dioxo-adipinsäure-dimethylester ($\rightleftharpoons$ 2,5-Dihydroxy-hexa-2,4-diendisäure-dimethylester) mit konz. Schwefelsäure (*BASF*, D.B.P. 850751 [1950]). Beim Erwärmen von Furan-2,5-dicarbonsäure mit Chlorwasserstoff enthaltendem Methanol (*Haworth et al.*, Soc. **1945** 1, 3; vgl. H 329). Aus Furan-2,5-dicarbonsäure mit Hilfe von Diazomethan (*Morton, Patterson*, Am. Soc. **65** [1943] 1346). Beim Erwärmen von Furan-2,5-dicarbonsäure-monomethylester mit Schwefelsäure enthaltendem Methanol (*Andrisano*, Ann. Chimica **40** [1950] 35, 40; *Minţer, Birnbaum*, Rev. Chim. Bukarest **9** [1958] 420; C. A. **1961** 9937).

F: 112° [aus Me.] (*Shono, Hachihama*, J. chem. Soc. Japan, Ind. Chem. Sect. **57** [1954] 836; C. A. **1956** 295), 109,4—110,4° [korr.] (*Cope, Baxter*, Am. Soc. **77** [1955] 393, 394), 110° [aus Me.] (*Ha. et al.*), 109° [aus Bzn.] (*An.*), 107,2—108,2° [aus wss. Acn.] (*Mo., Pa.*). UV-Spektrum (200—290 nm) einer Lösung in Äthanol: *Andrisano, Pappalardo*, G. **83** [1953] 340, 342; einer Lösung in Wasser: *Andrisano, Tundo*, G. **81** [1951] 414, 415. Absorptionsmaximum: 263 nm [A.] (*An., Pa.*, l. c. S. 341) bzw. 266 nm [W.] (*An., Tu.*). Polarographie: *Nakaya et al.*, J. chem. Soc. Japan Pure Chem. Sect. **78** [1957] 935; C. A. **1959** 21276.

Furan-2,5-dicarbonsäure-monoäthylester $C_8H_8O_5$, Formel IV (R = C_2H_5) (H 329).

B. In kleiner Menge beim Behandeln von 2,5-Dioxo-adipinsäure-diäthylester ($\rightleftharpoons$ 2,5-Dihydroxy-hexa-2,4-diendisäure-diäthylester) mit konz. Schwefelsäure (*Kuhn, Dury*, A. **571** [1951] 44, 60).

F: 154° [aus Ae. + PAe.] (*Kuhn, Dury*), 149° [aus Toluol] (*Andrisano, Tundo*, G. **81** [1951] 414, 417). UV-Spektrum (W.; 200—290 nm): *An., Tu.*, l. c. S. 415.

Furan-2,5-dicarbonsäure-diäthylester $C_{10}H_{12}O_5$, Formel III (R = C_2H_5) (H 329).

B. Aus 2,5-Dioxo-adipinsäure-diäthylester ($\rightleftharpoons$ 2,5-Dihydroxy-hexa-2,4-diendisäure-diäthylester) beim Behandeln mit konz. Schwefelsäure (*Kuhn, Dury*, A. **571** [1951] 44, 60; *BASF*, D.B.P. 850751 [1950]) sowie beim Erhitzen mit Silbersulfat und Kieselgur unter vermindertem Druck auf 200° (*Kuhn, Dury*). Beim Behandeln von 2,5-Diacetoxy-hexa-2,4-diendisäure-diäthylester mit konz. Schwefelsäure (*Kuhn, Dury*). Beim Erwärmen von Furan-2,5-dicarbonsäure-monoäthylester mit Schwefelsäure enthaltendem Äthanol (*Andrisano, Tundo*, G. **81** [1951] 414, 418).

F: 47° [aus PAe. oder wss. A.] (*Kuhn, Dury; An., Tu.*). D_4^{55}: 1,12604 (*Sörensen*, A. **546** [1941] 57, 89). $n_{667,8}^{55}$: 1,47494; n_D^{55}: 1,48019; $n_{587,6}^{55}$: 1,48053; $n_{501,6}^{55}$: 1,49045; $n_{471,31}^{55}$: 1,49536 (*Sö.*). UV-Spektrum (200—290 nm) einer Lösung in Äthanol: *Andrisano, Pappalardo*, G. **83** [1953] 340, 342; einer Lösung in Wasser: *An., Tu.* Absorptionsmaximum: 264 nm [A.] (*An., Pa.*, l. c. S. 341) bzw. 267 nm [W.] (*An., Tu.*).

Furan-2,5-dicarbonsäure-dipropylester $C_{12}H_{16}O_5$, Formel III (R = $CH_2\text{-}CH_2\text{-}CH_3$) (H 329).

B. Beim Behandeln von 2,5-Dioxo-adipinsäure-dipropylester ($\rightleftharpoons$ 2,5-Dihydroxy-hexa-2,4-diendisäure-dipropylester) mit konz. Schwefelsäure (*BASF*, D.P.B. 850751 [1950]; *Kuhn, Dury*, U.S.P. 2673860 [1951]).

Kp_{12}: 164°.

Furan-2,5-dicarbonsäure-dibutylester $C_{14}H_{20}O_5$, Formel III (R = $[CH_2]_3\text{-}CH_3$) (H 330).

B. Beim Behandeln von 2,5-Dioxo-adipinsäure-dibutylester ($\rightleftharpoons$ 2,5-Dihydroxy-hexa-2,4-diendisäure-dibutylseter) mit konz. Schwefelsäure (*Kuhn, Dury*, A. **571** [1951] 44, 61).

Krystalle (aus wss. Me.); F: 39—40°.

Furan-2,5-dicarbonsäure-monoallylester $C_9H_8O_5$, Formel IV (R = $CH_2\text{-}CH=CH_2$).

B. Neben Furan-2,5-dicarbonsäure-diallylester beim Erwärmen von Furan-2,5-dicarbonsäure mit Allylalkohol und konz. Schwefelsäure (*Andrisano*, Ann. Chimica **40** [1950] 35, 40).

Krystalle (aus W.); F: 133° (*An.*). UV-Spektrum (W.; 200—300 nm): *Andrisano, Tundo, G.* **81** [1951] 414, 415.

Furan-2,5-dicarbonsäure-diallylester $C_{12}H_{12}O_5$, Formel III (R = CH_2-CH=CH_2) auf S. 4481.

B. Neben Furan-2,5-dicarbonsäure-monoallylester beim Erwärmen von Furan-2,5-dicarbonsäure mit Allylalkohol und konz. Schwefelsäure (*Andrisano*, Ann. Chimica **40** [1950] 35, 39).

Krystalle (*An.*). Kp_{11}: 175° (*An.*). UV-Spektrum (W.; 200—340 nm): *Andrisano, Tundo, G.* **81** [1951] 414, 415.

Furan-2,5-dicarbonsäure-di-[(1R)-menthylester] $C_{26}H_{40}O_5$, Formel V.

B. Beim Erhitzen von (1R)-Menthol mit Galactarsäure und Chlorwasserstoff auf 165° (*Lapsley et al.*, Soc. **1940** 862, 864).

Optisches Drehungsvermögen einer Lösung in Chloroform für Licht der Wellenlängen 436 nm, 546 nm und 579 nm bei 0° bis 50°: *La. et al.*, l. c. S. 865.

Furan-2,5-dicarbonsäure-bis-[2-hydroxy-äthylester] $C_{10}H_{12}O_7$, Formel III (R = CH_2-CH_2-OH)auf S. 4481.

B. Beim Erhitzen von Furan-2,5-dicarbonsäure-dimethylester mit Äthylenglykol (*Andrisano*, Ann. Chimica **40** [1950] 35, 40).

Krystalle (aus W.); F: 86° (*An.*). UV-Spektrum (W.; 200—310 nm): *Andrisano, Tundo, G.* **81** [1951] 414, 415.

5-Chlorcarbonyl-furan-2-carbonsäure-äthylester $C_8H_7ClO_4$, Formel VI.

B. Beim Erwärmen von Furan-2,5-dicarbonsäure-monoäthylester mit Thionylchlorid und Benzol (*Gilman et al.*, R. **52** [1933] 151, 154).

F: 69—70°. Kp_4: 109—112°.

Furan-2,5-dicarbonsäure-dichlorid, Furan-2,5-dicarbonylchlorid $C_6H_2Cl_2O_3$, Formel VII (X = Cl) (H 330).

B. Beim Behandeln von Furan-2,5-dicarbonsäure mit Phosphor(V)-chlorid in Benzol (*Modena, Passerini*, Boll. scient. Fac. Chim. ind. Bologna **13** [1955] 72, 73; vgl. H 330).

Krystalle (aus Bzl.); F: 80°.

V   VI   VII   VIII

5-Carbamoyl-furan-2-carbonsäure, Furan-2,5-dicarbonsäure-monoamid $C_6H_5NO_4$, Formel VIII (H 330).

B. Beim Erhitzen von 5-Brom-furan-2-carbonsäure mit Kupfer(I)-cyanid und Natriumhydrogencarbonat in wss. Äthanol bis auf 150° (*Moldenhauer et al.*, A. **580** [1953] 169, 190). Beim Erhitzen von 5-Brom-furan-2-carbonsäure-methylester mit Kaliumcyanid und Kupfer(I)-cyanid in wss. Äthanol auf 160° (*Mo. et al.*).

Krystalle (aus Eg.), F: 284° [korr.]; Krystalle (aus W.), F: 283° [korr.] (*Kuhn et al.*, Z. physiol. Chem. **247** [1937] 197, 217).

5-[(N-Acetyl-sulfanilyl)-carbamoyl]-furan-2-carbonsäure $C_{14}H_{12}N_2O_7S$, Formel IX.
B. Beim Erwärmen von 5-Chlorcarbonyl-furan-2-carbonsäure-äthylester mit der Kalium-Verbindung des N-Acetyl-sulfanilsäure-amids (*Jain et al.*, J. Indian chem. Soc. **24** [1947] 173, 175).
F: 230° [Zers.].

Furan-2,5-dicarbonsäure-diamid, Furan-2,5-dicarbamid $C_6H_6N_2O_3$, Formel VII (X = NH$_2$) (H 330).
B. Beim Behandeln von Furan-2,5-dicarbonylchlorid mit wss. Ammoniak (*Gilman, Yale*, Am. Soc. **72** [1950] 3593; vgl. H 330).

Furan-2,5-dicarbonsäure-bis-methylamid, N,N'-Dimethyl-furan-2,5-dicarbamid $C_8H_{10}N_2O_3$, Formel VII (X = NH-CH$_3$).
B. Beim Behandeln von Furan-2,5-dicarbonylchlorid mit wss. Methylamin-Lösung (*Gilman, Yale*, Am. Soc. **72** [1950] 3593).
Krystalle (aus Acn.); F: 97°.

Furan-2,5-dicarbonsäure-bis-[9,10-dioxo-9,10-dihydro-[1]anthrylamid], N,N'-Bis-[9,10-dioxo-9,10-dihydro-[1]anthryl]-furan-2,5-dicarbamid $C_{34}H_{18}N_2O_7$, Formel X (R = X = H).
B. Beim Erhitzen von Furan-2,5-dicarbonylchlorid mit 1-Amino-anthrachinon in Nitrobenzol bis auf 160° (*Tundo*, Ann. Chimica **46** [1956] 1183, 1184).
Gelbe Krystalle (aus Nitrobenzol), die unterhalb 300° nicht schmelzen. Absorptions-maximum (Nitrobenzol): ca. 419 nm (*Tu.*, l. c. S. 1187).

Furan-2,5-dicarbonsäure-bis-[4-chlor-9,10-dioxo-9,10-dihydro-[1]anthrylamid], N,N'-Bis-[4-chlor-9,10-dioxo-9,10-dihydro-[1]anthryl]-furan-2,5-dicarbamid $C_{34}H_{16}Cl_2N_2O_7$, Formel X (R = H, X = Cl).
B. Beim Erhitzen von Furan-2,5-dicarbonylchlorid mit 1-Amino-4-chlor-anthrachinon in Nitrobenzol bis auf 160° (*Tundo*, Ann. Chimica **46** [1956] 1183, 1184).
Gelbe Krystalle (aus Nitrobenzol), die unterhalb 300° nicht schmelzen. Absorptions-maximum (Nitrobenzol): ca. 425 nm (*Tu.*, l. c. S. 1187).

Furan-2,5-dicarbonsäure-bis-[2,4-dibrom-9,10-dioxo-9,10-dihydro-[1]anthrylamid], N,N'-Bis-[2,4-dibrom-9,10-dioxo-9,10-dihydro-[1]anthryl]-furan-2,5-dicarbamid $C_{34}H_{14}Br_4N_2O_7$, Formel X (R = X = Br).
B. Beim Erhitzen von Furan-2,5-dicarbonylchlorid mit 1-Amino-2,4-dibrom-anthrachin=on in Nitrobenzol bis auf 160° (*Tundo*, Ann. Chimica **46** [1956] 1183, 1184).
Gelbe Krystalle (aus Nitrobenzol); F: 282°. Absorptionsmaximum (Nitrobenzol): ca. 418 nm (*Tu.*, l. c. S. 1187).

Furan-2,5-dicarbonsäure-bis-[4-hydroxy-9,10-dioxo-9,10-dihydro-[1]anthrylamid], N,N'-Bis-[4-hydroxy-9,10-dioxo-9,10-dihydro-[1]anthryl]-furan-2,5-dicarbamid $C_{34}H_{18}N_2O_9$, Formel X (R = H, X = OH).
B. Beim Erhitzen von Furan-2,5-dicarbonylchlorid mit 1-Amino-4-hydroxy-anthrachin=on in Nitrobenzol bis auf 160° (*Tundo*, Ann. Chimica **46** [1956] 1183, 1184).
Rotbraune Krystalle (aus Nitrobenzol), die unterhalb 300° nicht schmelzen. Absorp-tionsmaximum (Nitrobenzol): ca. 473 nm (*Tu.*, l. c. S. 1187).

Furan-2,5-dicarbonsäure-bis-[4-methoxy-9,10-dioxo-9,10-dihydro-[1]anthrylamid], N,N'-Bis-[4-methoxy-9,10-dioxo-9,10-dihydro-[1]anthryl]-furan-2,5-dicarbamid $C_{36}H_{22}N_2O_9$, Formel X (R = H, X = O-CH$_3$).
B. Beim Erhitzen von Furan-2,5-dicarbonylchlorid mit 1-Amino-4-methoxy-anthrachin=on in Nitrobenzol bis auf 160° (*Tundo*, Ann. Chimica **46** [1956] 1183, 1184).
Rote Krystalle (aus Nitrobenzol), die unterhalb 300° nicht schmelzen. Absorptions-maximum (Nitrobenzol): ca. 448 nm (*Tu.*, l. c. S. 1187).

Furan-2,5-dicarbonsäure-bis-[2-brom-4-hydroxy-9,10-dioxo-9,10-dihydro-[1]anthryl=amid], N,N'-Bis-[2-brom-4-hydroxy-9,10-dioxo-9,10-dihydro-[1]anthryl]-furan-2,5-dicarbamid $C_{34}H_{16}Br_2N_2O_9$, Formel X (R = Br, X = OH).
B. Beim Erhitzen von Furan-2,5-dicarbonylchlorid mit 1-Amino-2-brom-4-hydroxy-

anthrachinon in Nitrobenzol bis auf 160° (*Tundo*, Ann. Chimica **46** [1956] 1183, 1184).

Kastanienrote Krystalle (aus Nitrobenzol), die unterhalb 300° nicht schmelzen. Absorptionsmaximum (Nitrobenzol): ca. 429 nm (*Tu.*, l. c. S. 1187).

IX X XI

Furan-2,5-dicarbonsäure-bis-[9,10-dioxo-4-phenylmercapto-9,10-dihydro-[1]anthryl⸗amid], *N,N'*-Bis-[9,10-dioxo-4-phenylmercapto-9,10-dihydro-[1]anthryl]-furan-2,5-dicarbamid $C_{46}H_{26}N_2O_7S_2$, Formel X (R = H, X = S-C_6H_5).

B. Beim Erhitzen von Furan-2,5-dicarbonylchlorid mit 1-Amino-4-phenylmercapto-anthrachinon in Nitrobenzol bis auf 160° (*Tundo*, Ann. Chimica **46** [1956] 1183, 1184).

Rote Krystalle (aus Chlorbenzol); F: 273°. Absorptionsmaximum (Nitrobenzol): ca. 485 nm (*Tu.*, l. c. S. 1187).

Furan-2,5-dicarbonsäure-bis-[5-hydroxy-9,10-dioxo-9,10-dihydro-[1]anthrylamid], *N,N'*-Bis-[5-hydroxy-9,10-dioxo-9,10-dihydro-[1]anthryl]-furan-2,5-dicarbamid $C_{34}H_{18}N_2O_9$, Formel XI (R = OH, X = H).

B. Beim Erhitzen von Furan-2,5-dicarbonylchlorid mit 1-Amino-5-hydroxy-anthra⸗chinon in Nitrobenzol bis auf 160° (*Tundo*, Ann. Chimica **46** [1956] 1183, 1184).

Gelbe Krystalle (aus Nitrobenzol); F: 232°. Absorptionsmaximum (Nitrobenzol): ca. 426 nm (*Tu.*, l. c. S. 1187).

Furan-2,5-dicarbonsäure-bis-[8-hydroxy-9,10-dioxo-9,10-dihydro-[1]anthrylamid], *N,N'*-Bis-[8-hydroxy-9,10-dioxo-9,10-dihydro-[1]anthryl]-furan-2,5-dicarbamid $C_{34}H_{18}N_2O_9$, Formel XI (R = H, X = OH).

B. Beim Erhitzen von Furan-2,5-dicarbonylchlorid mit 1-Amino-8-hydroxy-anthra⸗chinon in Nitrobenzol bis auf 160° (*Tundo*, Ann. Chimica **46** [1956] 1183, 1184).

Gelbe Krystalle (aus Nitrobenzol); F: 235°. Absorptionsmaximum (Nitrobenzol): ca. 429 nm (*Tu.*, l. c. S. 1187).

Furan-2,5-dicarbonsäure-bis-[4,5-dihydroxy-9,10-dioxo-9,10-dihydro-[1]anthrylamid], *N,N'*-Bis-[4,5-dihydroxy-9,10-dioxo-9,10-dihydro-[1]anthryl]-furan-2,5-dicarbamid $C_{34}H_{18}N_2O_{11}$, Formel XII.

B. Beim Erhitzen von Furan-2,5-dicarbonylchlorid mit 1-Amino-4,5-dihydroxy-anthrachinon in Nitrobenzol bis auf 160° (*Tundo*, Ann. Chimica **46** [1956] 1183, 1184).

Rotbraune Krystalle (aus Nitrobenzol), die unterhalb 300° nicht schmelzen. Absorptionsmaximum (Nitrobenzol): ca. 454 nm (*Tu.*, l. c. S. 1187).

Furan-2,5-dicarbonsäure-bis-[4-sulfamoyl-anilid] $C_{18}H_{16}N_4O_7S_2$, Formel XIII.

B. Beim Erhitzen von Furan-2,5-dicarbonylchlorid mit Sulfanilamid unter vermindertem Druck (*Jain et al.*, J. Indian chem. Soc. **24** [1947] 177, 179).

F: 255° [Zers.].

XII   XIII   XIV

Furan-2,5-dicarbonsäure-bis-[4-anilino-9,10-dioxo-9,10-dihydro-[1]anthrylamid],
N,N'-Bis-[4-anilino-9,10-dioxo-9,10-dihydro-[1]anthryl]-furan-2,5-dicarbamid
$C_{46}H_{28}N_4O_7$, Formel XIV ($R = C_6H_5$).
B. Beim Erhitzen von Furan-2,5-dicarbonylchlorid mit 1-Amino-4-anilino-anthrachinon
in Chlorbenzol (*Tundo*, Boll. scient. Fac. Chim. ind. Bologna **15** [1957] 75).
Blauviolette Krystalle (aus Nitrobenzol); F: 290°. Absorptionsmaximum (Nitrobenzol):
570—580 nm.

Furan-2,5-dicarbonsäure-bis-[4-[1]naphthylamino-9,10-dioxo-9,10-dihydro-[1]anthryl-
amid], N,N'-Bis-[4-[1]naphthylamino-9,10-dioxo-9,10-dihydro-[1]anthryl]-furan-
2,5-dicarbamid $C_{54}H_{32}N_4O_7$, Formel XV.
B. Beim Erhitzen von Furan-2,5-dicarbonylchlorid mit 1-Amino-4-[1]naphthylamino-
anthrachinon in Chlorbenzol (*Tundo*, Boll. scient. Fac. Chim. ind. Bologna **15** [1957] 75).
Blaue Krystalle (aus Nitrobenzol), die unterhalb 300° nicht schmelzen. Absorptionsmaximum (Nitrobenzol): 575—585 nm.

Furan-2,5-dicarbonsäure-bis-[4-o-anisidino-9,10-dioxo-9,10-dihydro-[1]anthrylamid],
N,N'-Bis-[4-o-anisidino-9,10-dioxo-9,10-dihydro-[1]anthryl]-furan-2,5-dicarbamid
$C_{48}H_{32}N_4O_9$, Formel XVI ($R = O\text{-}CH_3$, $X = H$).
B. Beim Erhitzen von Furan-2,5-dicarbonylchlorid mit 1-Amino-4-o-anisidino-anthra-
chinon in Chlorbenzol (*Tundo*, Boll. scient. Fac. Chim. ind. Bologna **15** [1957] 75).
Blaue Krystalle (aus Nitrobenzol); F: 239°. Absorptionsmaximum (Nitrobenzol):
580—590 nm.

Furan-2,5-dicarbonsäure-bis-[9,10-dioxo-4-o-phenetidino-9,10-dihydro-[1]anthrylamid],
N,N'-Bis-[9,10-dioxo-4-o-phenetidino-9,10-dihydro-[1]anthryl]-furan-2,5-dicarbamid
$C_{50}H_{36}N_4O_9$, Formel XVI ($R = O\text{-}C_2H_5$, $X = H$).
B. Beim Erhitzen von Furan-2,5-dicarbonylchlorid mit 1-Amino-4-o-phenetidino-
anthrachinon in Chlorbenzol (*Tundo*, Boll. scient. Fac. Chim. ind. Bologna **15** [1957] 75).
Blaue Krystalle (aus Nitrobenzol); F: 207°. Absorptionsmaximum (Nitrobenzol):
580—590 nm.

Furan-2,5-dicarbonsäure-bis-[4-p-anisidino-9,10-dioxo-9,10-dihydro-[1]anthrylamid],
N,N'-Bis-[4-p-anisidino-9,10-dioxo-9,10-dihydro-[1]anthryl]-furan-2,5-dicarbamid
$C_{48}H_{32}N_4O_9$, Formel XVI ($R = H$, $X = O\text{-}CH_3$).
B. Beim Erhitzen von Furan-2,5-dicarbonylchlorid mit 1-Amino-4-p-anisidino-anthra-
chinon in Chlorbenzol (*Tundo*, Boll. scient. Fac. Chim. ind. Bologna **15** [1957] 75).
Blauviolette Krystalle (aus Nitrobenzol), die unterhalb 300° nicht schmelzen. Ab-
sorptionsmaximum (Nitrobenzol): 575—590 nm.

XV   XVI

Furan-2,5-dicarbonsäure-bis-[9,10-dioxo-4-p-phenetidino-9,10-dihydro-[1]anthrylamid],
N,N'-Bis-[9,10-dioxo-4-p-phenetidino-9,10-dihydro-[1]anthryl]-furan-2,5-dicarbamid
$C_{50}H_{36}N_4O_9$, Formel XVI (R = H, X = O-C$_2$H$_5$).
B. Beim Erhitzen von Furan-2,5-dicarbonylchlorid mit 1-Amino-4-p-phenetidino-anthrachinon in Nitrobenzol (*Tundo*, Boll. scient. Fac. Chim. ind. Bologna **15** [1957] 75).
Blauviolette Krystalle (aus Nitrobenzol); F: 281°. Absorptionsmaximum (Nitrobenzol): 580 — 590 nm.

Furan-2,5-dicarbonsäure-bis-[4-(4-methylmercapto-anilino)-9,10-dioxo-9,10-dihydro-[1]anthrylamid], N,N'-Bis-[4-(4-methylmercapto-anilino)-9,10-dioxo-9,10-dihydro-[1]anthryl]-furan-2,5-dicarbamid $C_{48}H_{32}N_4O_7S_2$, Formel XVI (R = H, X = S-CH$_3$).
B. Beim Erhitzen von Furan-2,5-dicarbonylchlorid mit 1-Amino-4-[4-methylmercapto-anilino]-anthrachinon in Chlorbenzol (*Tundo*, Boll. scient. Fac. Chim. ind. Bologna **15** [1957] 75).
Blaue Krystalle (aus Nitrobenzol); F: 297°. Absorptionsmaximum (Nitrobenzol): 580 — 590 nm.

Furan-2,5-dicarbonsäure-bis-[4-benzolsulfonylamino-9,10-dioxo-9,10-dihydro-[1]anthryl‌amid], N,N'-Bis-[4-benzolsulfonylamino-9,10-dioxo-9,10-dihydro-[1]anthryl]-furan-2,5-dicarbamid $C_{46}H_{28}N_4O_{11}S_2$, Formel XIV (R = SO$_2$-C$_6$H$_5$).
B. Beim Erhitzen von Furan-2,5-dicarbonylchlorid mit 1-Amino-4-benzolsulfonylamino-anthrachinon in Nitrobenzol bis auf 160° (*Tundo*, Ann. Chimica **46** [1956] 1183, 1184).
Rote Krystalle (aus Nitrobenzol), die unterhalb 300° nicht schmelzen. Absorptions-maximum (Nitrobenzol): ca. 467 nm (*Tu.*, l. c. S. 1187).

Furan-2,5-dicarbonsäure-bis-[4-anilino-2-brom-9,10-dioxo-9,10-dihydro-[1]anthrylamid], N,N'-Bis-[4-anilino-2-brom-9,10-dioxo-9,10-dihydro-[1]anthryl]-furan-2,5-dicarbamid $C_{46}H_{26}Br_2N_4O_7$, Formel I (R = X = H).
B. Beim Erhitzen von Furan-2,5-dicarbonylchlorid mit 1-Amino-4-anilino-2-brom-anthrachinon in Chlorbenzol (*Tundo*, Ann. Chimica **46** [1956] 1189, 1190).
Violette Krystalle (aus Chlorbenzol); F: 290°. Absorptionsmaximum (Nitrobenzol): 526 — 538 nm (*Tu.*, l. c. S. 1192).

Furan-2,5-dicarbonsäure-bis-[2-brom-4-(2-chlor-anilino)-9,10-dioxo-9,10-dihydro-[1]anthrylamid], N,N'-Bis-[2-brom-4-(2-chlor-anilino)-9,10-dioxo-9,10-dihydro-[1]anthryl]-furan-2,5-dicarbamid $C_{46}H_{24}Br_2Cl_2N_4O_7$, Formel I (R = Cl, X = H).
B. Beim Erhitzen von Furan-2,5-dicarbonylchlorid mit 1-Amino-2-brom-4-[2-chlor-anilino]-anthrachinon in Chlorbenzol (*Tundo*, Ann. Chimica **46** [1956] 1194, 1197).
Violette Krystalle (aus Chlorbenzol), die unterhalb 300° nicht schmelzen. Absorptions-maximum (Nitrobenzol): 515 — 524 nm (*Tu.*, l. c. S. 1196).

Furan-2,5-dicarbonsäure-bis-[2-brom-4-(3-chlor-anilino)-9,10-dioxo-9,10-dihydro-[1]anthrylamid], N,N'-Bis-[2-brom-4-(3-chlor-anilino)-9,10-dioxo-9,10-dihydro-[1]anthryl]-furan-2,5-dicarbamid $C_{46}H_{24}Br_2Cl_2N_4O_7$, Formel II (X = Cl).

B. Beim Erhitzen von Furan-2,5-dicarbonylchlorid mit 1-Amino-2-brom-4-[3-chlor-anilino]-anthrachinon in Chlorbenzol (*Tundo*, Ann. Chimica **46** [1956] 1194, 1197).

Violette Krystalle (aus Chlorbenzol); F: 266°. Absorptionsmaximum (Nitrobenzol; 520—528 nm): *Tu.*, l. c. S. 1196.

Furan-2,5-dicarbonsäure-bis-[2-brom-4-(4-chlor-anilino)-9,10-dioxo-9,10-dihydro-[1]anthrylamid], N,N'-Bis-[2-brom-4-(4-chlor-anilino)-9,10-dioxo-9,10-dihydro-[1]anthryl]-furan-2,5-dicarbamid $C_{46}H_{24}Br_2Cl_2N_4O_7$, Formel I (R = H, X = Cl).

B. Beim Erhitzen von Furan-2,5-dicarbonylchlorid mit 1-Amino-2-brom-4-[4-chlor-anilino]-anthrachinon in Chlorbenzol (*Tundo*, Ann. Chimica **46** [1956] 1189, 1190).

Violette Krystalle (aus Chlorbenzol); F: 256°. Absorptionsmaximum (Nitrobenzol): 520—526 nm (*Tu.*, l. c. S. 1192).

Furan-2,5-dicarbonsäure-bis-[2-brom-9,10-dioxo-4-*o*-toluidino-9,10-dihydro-[1]anthryl-amid], N,N'-Bis-[2-brom-9,10-dioxo-4-*o*-toluidino-9,10-dihydro-[1]anthryl]-furan-2,5-dicarbamid $C_{48}H_{30}Br_2N_4O_7$, Formel I (R = CH₃, X = H).

B. Beim Erhitzen von Furan-2,5-dicarbonylchlorid mit 1-Amino-2-brom-4-*o*-toluidino-anthrachinon in Chlorbenzol (*Tundo*, Ann. Chimica **46** [1956] 1194, 1197).

Violette Krystalle (aus Chlorbenzol), die unterhalb 300° nicht schmelzen. Absorptions-maximum (Nitrobenzol): 535—540 nm (*Tu.*, l. c. S. 1196).

Furan-2,5-dicarbonsäure-bis-[2-brom-4-(4-chlor-2-methyl-anilino)-9,10-dioxo-9,10-dihydro-[1]anthrylamid], N,N'-Bis-[2-brom-4-(4-chlor-2-methyl-anilino)-9,10-dioxo-9,10-dihydro-[1]anthryl]-furan-2,5-dicarbamid $C_{48}H_{28}Br_2Cl_2N_4O_7$, Formel I (R = CH₃, X = Cl).

B. Beim Erhitzen von Furan-2,5-dicarbonylchlorid mit 1-Amino-2-brom-4-[4-chlor-2-methyl-anilino]-anthrachinon in Chlorbenzol (*Tundo*, Ann. Chimica **46** [1956] 1194, 1197).

Violette Krystalle (aus Bzl.); F: 240°. Absorptionsmaximum (Nitrobenzol): 524—526 nm (*Tu.*, l. c. S. 1196).

I   II

Furan-2,5-dicarbonsäure-bis-[2-brom-9,10-dioxo-4-*m*-toluidino-9,10-dihydro-[1]anthryl-amid], N,N'-Bis-[2-brom-9,10-dioxo-4-*m*-toluidino-9,10-dihydro-[1]anthryl]-furan-2,5-dicarbamid $C_{48}H_{30}Br_2N_4O_7$, Formel II (X = CH₃).

B. Beim Erhitzen von Furan-2,5-dicarbonylchlorid mit 1-Amino-2-brom-4-*m*-toluidino-anthrachinon in Chlorbenzol (*Tundo*, Ann. Chimica **46** [1956] 1194, 1197).

Violette Krystalle (aus Chlorbenzol); F: 269°. Absorptionsmaximum (Nitrobenzol): 525—536 nm (*Tu.*, l. c. S. 1196).

Furan-2,5-dicarbonsäure-bis-[2-brom-9,10-dioxo-4-*p*-toluidino-9,10-dihydro-[1]anthryl⸗ amid], *N,N'*-Bis-[2-brom-9,10-dioxo-4-*p*-toluidino-9,10-dihydro-[1]anthryl]-furan-2,5-dicarbamid $C_{48}H_{30}Br_2N_4O_7$, Formel I (R = H, X = CH$_3$).

B. Beim Erhitzen von Furan-2,5-dicarbonylchlorid mit 1-Amino-2-brom-4-*p*-toluidino-anthrachinon in Chlorbenzol (*Tundo*, Ann. Chimica **46** [1956] 1189, 1190).

Violette Krystalle (aus Chlorbenzol); F: 279°. Absorptionsmaximum (Nitrobenzol): 526—538 nm (*Tu.*, l. c. S. 1192).

Furan-2,5-dicarbonsäure-bis-[2-brom-9,10-dioxo-4-(2,4,6-trimethyl-anilino)-9,10-dihydro-[1]anthrylamid], *N,N'*-Bis-[2-brom-9,10-dioxo-4-(2,4,6-trimethyl-anilino)-9,10-dihydro-[1]anthryl]-furan-2,5-dicarbamid $C_{52}H_{38}Br_2N_4O_7$, Formel III.

B. Beim Erhitzen von Furan-2,5-dicarbonylchlorid mit 1-Amino-2-brom-4-[2,4,6-tri⸗ methyl-anilino]-anthrachinon in Chlorbenzol (*Tundo*, Ann. Chimica **46** [1956] 1194, 1197).

Violette Krystalle (aus Chlorbenzol); F: 298°. Absorptionsmaximum (Nitrobenzol): 515—524 nm (*Tu.*, l. c. S. 1196).

III   IV

Furan-2,5-dicarbonsäure-bis-[2-brom-4-[1]naphthylamino-9,10-dioxo-9,10-dihydro-[1]anthrylamid], *N,N'*-Bis-[2-brom-4-[1]naphthylamino-9,10-dioxo-9,10-dihydro-[1]anthryl]-furan-2,5-dicarbamid $C_{54}H_{30}Br_2N_4O_7$, Formel IV.

B. Beim Erhitzen von Furan-2,5-dicarbonylchlorid mit 1-Amino-2-brom-4-[1]naphthyl⸗ amino-anthrachinon in Chlorbenzol (*Tundo*, Ann. Chimica **46** [1956] 1189, 1190).

Violette Krystalle (aus Chlorbenzol), die unterhalb 300° nicht schmelzen. Absorptions-maximum (Nitrobenzol): 525—534 nm (*Tu.*, l. c. S. 1192).

Furan-2,5-dicarbonsäure-bis-[2-brom-4-[2]naphthylamino-9,10-dioxo-9,10-dihydro-[1]anthrylamid], *N,N'*-Bis-[2-brom-4-[2]naphthylamino-9,10-dioxo-9,10-dihydro-[1]anthryl]-furan-2,5-dicarbamid $C_{54}H_{30}Br_2N_4O_7$, Formel V.

B. Beim Erhitzen von Furan-2,5-dicarbonylchlorid mit 1-Amino-2-brom-4-[2]naphthyl⸗ amino-anthrachinon in Chlorbenzol (*Tundo*, Ann. Chimica **46** [1956] 1189, 1190).

Violette Krystalle (aus Chlorbenzol), die unterhalb 300° nicht schmelzen. Absorptions-maximum (Nitrobenzol): 530—534 nm (*Tu.*, l. c. S. 1192).

Furan-2,5-dicarbonsäure-bis-[4-biphenyl-4-ylamino-2-brom-9,10-dioxo-9,10-dihydro-[1]anthrylamid], *N,N'*-Bis-[4-biphenyl-4-ylamino-2-brom-9,10-dioxo-9,10-dihydro-[1]anthryl]-furan-2,5-dicarbamid $C_{58}H_{34}Br_2N_4O_7$, Formel I (R = H, X = C$_6$H$_5$).

B. Beim Erhitzen von Furan-2,5-dicarbonylchlorid mit 1-Amino-4-biphenyl-4-ylamino-2-brom-anthrachinon in Chlorbenzol (*Tundo*, Ann. Chimica **46** [1956] 1189, 1190).

Violette Krystalle (aus Chlorbenzol), die unterhalb 300° nicht schmelzen. Absorptions-maximum (Nitrobenzol): 530—542 nm (*Tu.*, l. c. S. 1192).

Furan-2,5-dicarbonsäure-bis-[4-*o*-anisidino-2-brom-9,10-dioxo-9,10-dihydro-[1]anthryl-amid], *N,N'*-Bis-[4-*o*-anisidino-2-brom-9,10-dioxo-9,10-dihydro-[1]anthryl]-furan-2,5-dicarbamid $C_{48}H_{30}Br_2N_4O_9$, Formel I ($R = $ O-CH$_3$, X = H) auf S. 4488.

B. Beim Erhitzen von Furan-2,5-dicarbonylchlorid mit 1-Amino-4-*o*-anisidino-2-brom-anthrachinon in Chlorbenzol (*Tundo*, Ann. Chimica **46** [1956] 1194, 1197).

Violette Krystalle (aus Chlorbenzol); F: 298°. Absorptionsmaximum (Nitrobenzol): 525—538 nm (*Tu.*, l. c. S. 1196).

Furan-2,5-dicarbonsäure-bis-[2-brom-4-(2-methylmercapto-anilino)-9,10-dioxo-9,10-dihydro-[1]anthrylamid], *N,N'*-Bis-[2-brom-4-(2-methylmercapto-anilino)-9,10-dioxo-9,10-dihydro-[1]anthryl]-furan-2,5-dicarbamid $C_{48}H_{30}Br_2N_4O_7S_2$, Formel I ($R = $ S-CH$_3$, X = H) auf S. 4488.

B. Beim Erhitzen von Furan-2,5-dicarbonylchlorid mit 1-Amino-2-brom-4-[2-methyl-mercapto-anilino]-anthrachinon in Chlorbenzol (*Tundo*, Ann. Chimica **47** [1957] 285, 286).

Violette Krystalle (aus Chlorbenzol); F: 225°. Absorptionsmaxima (Nitrobenzol): 532—542 nm, 670—680 nm und 740—750 nm (*Tu.*, l. c. S. 288).

Furan-2,5-dicarbonsäure-bis-[4-*m*-anisidino-2-brom-9,10-dioxo-9,10-dihydro-[1]anthryl-amid], *N,N'*-Bis-[4-*m*-anisidino-2-brom-9,10-dioxo-9,10-dihydro-[1]anthryl]- furan-2,5-dicarbamid $C_{48}H_{30}Br_2N_4O_9$, Formel II (X = O-CH$_3$) auf S. 4488.

B. Beim Erhitzen von Furan-2,5-dicarbonylchlorid mit 1-Amino-4-*m*-anisidino-2-brom-anthrachinon in Chlorbenzol (*Tundo*, Ann. Chimica **46** [1956] 1194, 1197).

Violette Krystalle (aus Chlorbenzol); F: 290°. Absorptionsmaximum (Nitrobenzol): 530—536 nm (*Tu.*, l. c. S. 1196).

Furan-2,5-dicarbonsäure-bis-[2-brom-4-(3-methylmercapto-anilino)-9,10-dioxo-9,10-dihydro-[1]anthrylamid], *N,N'*-Bis-[2-brom-4-(3-methylmercapto-anilino)-9,10-dioxo-9,10-dihydro-[1]anthryl]-furan-2,5-dicarbamid $C_{48}H_{30}Br_2N_4O_7S_2$, Formel II (X = S-CH$_3$) auf S. 4488.

B. Beim Erhitzen von Furan-2,5-dicarbonylchlorid mit 1-Amino-2-brom-4-[3-methyl-mercapto-anilino]-anthrachinon in Chlorbenzol (*Tundo*, Ann. Chimica **47** [1957] 285, 286).

Violette Krystalle (aus Chlorbenzol); F: 240°. Absorptionsmaxima (Nitrobenzol): 530—540 nm und 670—730 nm (*Tu.*, l. c. S. 288).

V   VI

Furan-2,5-dicarbonsäure-bis-[4-*p*-anisidino-2-brom-9,10-dioxo-9,10-dihydro-[1]anthryl-amid], *N,N'*-Bis-[4-*p*-anisidino-2-brom-9,10-dioxo-9,10-dihydro-[1]anthryl]-furan-2,5-dicarbamid $C_{48}H_{30}Br_2N_4O_9$, Formel I ($R = $ H, X = O-CH$_3$) auf S. 4488.

B. Beim Erhitzen von Furan-2,5-dicarbonylchlorid mit 1-Amino-4-*p*-anisidino-2-brom-anthrachinon in Chlorbenzol (*Tundo*, Ann. Chimica **46** [1956] 1189, 1190).

Violette Krystalle (aus Chlorbenzol); F: 288°. Absorptionsmaximum (Nitrobenzol): 532—538 nm (*Tu.*, l. c. S. 1192).

Furan-2,5-dicarbonsäure-bis-[2-brom-9,10-dioxo-4-p-phenetidino-9,10-dihydro-[1]anthrylamid], *N,N'*-Bis-[2-brom-9,10-dioxo-4-p-phenetidino-9,10-dihydro-[1]anthryl]-furan-2,5-dicarbamid $C_{50}H_{34}Br_2N_4O_9$, Formel I (R = H, X = O-C_2H_5) auf S. 4488.

B. Beim Erhitzen von Furan-2,5-dicarbonylchlorid mit 1-Amino-2-brom-4-p-phenetidino-anthrachinon in Chlorbenzol (*Tundo*, Ann. Chimica **46** [1956] 1189, 1190).

Violette Krystalle (aus Bzl.); F: 280°. Absorptionsmaximum (Nitrobenzol): 540—552 nm (*Tu.*, l. c. S. 1192).

Furan-2,5-dicarbonsäure-bis-[2-brom-4-(4-methylmercapto-anilino)-9,10-dioxo-9,10-dihydro-[1]anthrylamid], *N,N'*-Bis-[2-brom-4-(4-methylmercapto-anilino)-9,10-dioxo-9,10-dihydro-[1]anthryl]-furan-2,5-dicarbamid $C_{48}H_{30}Br_2N_4O_7S_2$, Formel I (R = H, X = S-CH_3) auf S. 4488.

B. Beim Erhitzen von Furan-2,5-dicarbonylchlorid mit 1-Amino-2-brom-4-[4-methylmercapto-anilino]-anthrachinon in Chlorbenzol (*Tundo*, Ann. Chimica **47** [1957] 285, 286).

Violette Krystalle (aus Chlorbenzol); F: 281°. Absorptionsmaximum (Nitrobenzol): 530—542 nm (*Tu.*, l. c. S. 288).

Furan-2,5-dicarbonsäure-bis-[2-brom-9,10-dioxo-4-(4-phenylmercapto-anilino)-9,10-dihydro-[1]anthrylamid], *N,N'*-Bis-[2-brom-9,10-dioxo-4-(4-phenylmercapto-anilino)-9,10-dihydro-[1]anthryl]-furan-2,5-dicarbamid $C_{58}H_{34}Br_2N_4O_7S_2$, Formel I (R = H, X = S-C_6H_5) auf S. 4488.

B. Beim Erhitzen von Furan-2,5-dicarbonylchlorid mit 1-Amino-2-brom-4-[4-phenylmercapto-anilino]-anthrachinon in Chlorbenzol (*Tundo*, Ann. Chimica **47** [1957] 285, 286).

Violette Krystalle (aus Chlorbenzol); F: 278°. Absorptionsmaximum (Nitrobenzol): 530—542 nm (*Tu.*, l. c. S. 288).

Furan-2,5-dicarbonsäure-bis-[2-brom-4-(2,5-dimethoxy-anilino)-9,10-dioxo-9,10-dihydro-[1]anthrylamid], *N,N'*-Bis-[2-brom-4-(2,5-dimethoxy-anilino)-9,10-dioxo-9,10-dihydro-[1]anthryl]-furan-2,5-dicarbamid $C_{50}H_{34}Br_2N_4O_{11}$, Formel VI.

B. Beim Erhitzen von Furan-2,5-dicarbonylchlorid mit 1-Amino-2-brom-4-[2,5-dimethoxy-anilino]-anthrachinon in Chlorbenzol (*Tundo*, Ann. Chimica **46** [1956] 1194, 1197).

Violette Krystalle (aus Chlorbenzol); F: 265°. Absorptionsmaximum (Nitrobenzol): 530—550 nm (*Tu.*, l. c. S. 1196).

Furan-2,5-dicarbonsäure-bis-[4-benzolsulfonylamino-2-brom-9,10-dioxo-9,10-dihydro-[1]anthrylamid], *N,N'*-Bis-[4-benzolsulfonylamino-2-brom-9,10-dioxo-9,10-dihydro-[1]anthryl]-furan-2,5-dicarbamid $C_{46}H_{26}Br_2N_4O_{11}S_2$, Formel VII (X = H).

B. Beim Erhitzen von Furan-2,5-dicarbonylchlorid mit 1-Amino-4-benzolsulfonylamino-2-brom-anthrachinon in Nitrobenzol (*Tundo*, Ann. Chimica **47** [1957] 285, 286).

Rotbraune Krystalle (aus 1,2-Dichlor-benzol), die unterhalb 300° nicht schmelzen. Absorptionsmaximum (Nitrobenzol): 462—480 nm (*Tu.*, l. c. S. 288).

Furan-2,5-dicarbonsäure-bis-[2-brom-4-(4-chlor-benzolsulfonylamino)-9,10-dioxo-9,10-dihydro-[1]anthrylamid], *N,N'*-Bis-[2-brom-4-(4-chlor-benzolsulfonylamino)-9,10-dioxo-9,10-dihydro-[1]anthryl]-furan-2,5-dicarbamid $C_{46}H_{24}Br_2Cl_2N_4O_{11}S_2$, Formel VII (X = Cl).

B. Beim Erhitzen von Furan-2,5-dicarbonylchlorid mit 1-Amino-2-brom-4-[4-chlor-benzolsulfonylamino]-anthrachinon in Chlorbenzol oder Nitrobenzol (*Tundo*, Ann. Chimica **47** [1957] 285, 286).

Rotbraune Krystalle (aus 1,2-Dichlor-benzol), die unterhalb 300° nicht schmelzen. Absorptionsmaximum (Nitrobenzol): 456—474 nm (*Tu.*, l. c. S. 288).

Furan-2,5-dicarbonsäure-bis-[2-brom-9,10-dioxo-4-(toluol-4-sulfonylamino)-9,10-dihydro-[1]anthrylamid], *N,N'*-Bis-[2-brom-9,10-dioxo-4-(toluol-4-sulfonylamino)-9,10-dihydro-[1]anthryl]-furan-2,5-dicarbamid $C_{48}H_{30}Br_2N_4O_{11}S_2$, Formel VII (X = CH_3).

B. Beim Erhitzen von Furan-2,5-dicarbonylchlorid mit 1-Amino-2-brom-4-[toluol-4-sulfonylamino]-anthrachinon in Chlorbenzol oder Nitrobenzol (*Tundo*, Ann. Chimica **47**

[1957] 285, 286).

Rotbraune Krystalle (aus 1,2-Dichlor-benzol), die unterhalb 300° nicht schmelzen. Absorptionsmaximum (Nitrobenzol): 450—470 nm (*Tu.*, l. c. S. 288).

VII   VIII

Furan-2,5-dicarbonsäure-bis-[5-amino-9,10-dioxo-9,10-dihydro-[1]anthrylamid],
N,N'-Bis-[5-amino-9,10-dioxo-9,10-dihydro-[1]anthryl]-furan-2,5-dicarbamid
$C_{34}H_{20}N_4O_7$, Formel VIII (R = NH$_2$, X = H).

B. Beim Erhitzen von Furan-2,5-dicarbonylchlorid mit 1,5-Diamino-anthrachinon in Nitrobenzol bis auf 160° (*Tundo*, Ann. Chimica **46** [1956] 1183, 1184).

Rotbraune Krystalle (aus Nitrobenzol), die unterhalb 300° nicht schmelzen. Absorptionsmaximum (Nitrobenzol): ca. 478 nm (*Tu.*, l. c. S. 1187).

Furan-2,5-dicarbonsäure-bis-[5-benzoylamino-9,10-dioxo-9,10-dihydro-[1]anthrylamid],
N,N'-Bis-[5-benzoylamino-9,10-dioxo-9,10-dihydro-[1]anthryl]-furan-2,5-dicarbamid
$C_{48}H_{28}N_4O_9$, Formel VIII (R = NH-CO-C$_6$H$_5$, X = H).

B. Beim Erhitzen von Furan-2,5-dicarbonylchlorid mit 1-Amino-5-benzoylamino-anthrachinon in Nitrobenzol bis auf 160° (*Tundo*, Ann. Chimica **46** [1956] 1183, 1184).

Gelbe Krystalle (aus Nitrobenzol), die unterhalb 300° nicht schmelzen. Absorptionsmaximum (Nitrobenzol): ca. 442 nm (*Tu.*, l. c. S. 1187).

Furan-2,5-dicarbonsäure-bis-[8-amino-9,10-dioxo-9,10-dihydro-[1]anthrylamid],
N,N'-Bis-[8-amino-9,10-dioxo-9,10-dihydro-[1]anthryl]-furan-2,5-dicarbamid
$C_{34}H_{20}N_4O_7$, Formel VIII (R = H, X = NH$_2$).

B. Beim Erhitzen von Furan-2,5-dicarbonylchlorid mit 1,8-Diamino-anthrachinon in Nitrobenzol bis auf 160° (*Tundo*, Ann. Chimica **46** [1956] 1183, 1184).

Rotbraune Krystalle (aus Nitrobenzol), die unterhalb 300° nicht schmelzen. Absorptionsmaximum (Nitrobenzol): ca. 430 nm (*Tu.*, l. c. S. 1187).

Furan-2,5-dicarbonsäure-bis-[8-benzoylamino-9,10-dioxo-9,10-dihydro-[1]anthrylamid],
N,N'-Bis-[8-benzoylamino-9,10-dioxo-9,10-dihydro-[1]anthryl]-furan-2,5-dicarbamid
$C_{48}H_{28}N_4O_9$, Formel VIII (R = H, X = NH-CO-C$_6$H$_5$).

B. Beim Erhitzen von Furan-2,5-dicarbonylchlorid mit 1-Amino-8-benzoylamino-anthrachinon in Nitrobenzol bis auf 160° (*Tundo*, Ann. Chimica **46** [1956] 1183, 1184).

Gelbe Krystalle (aus Nitrobenzol), die unterhalb 300° nicht schmelzen. Absorptionsmaximum (Nitrobenzol): ca. 429 nm (*Tu.*, l. c. S. 1187).

Furan-2,5-dicarbonsäure-bis-[4-anilino-9,10-dioxo-2-sulfo-9,10-dihydro-[1]anthrylamid],
4,4'-Dianilino-9,10,9',10'-tetraoxo-9,10,9',10'-tetrahydro-1,1'-[furan-2,5-bis-carbonyl=
amino]-bis-anthracen-2-sulfonsäure $C_{46}H_{28}N_4O_{13}S_2$, Formel IX (R = X = H).

B. Beim Erhitzen von Furan-2,5-dicarbonylchlorid mit 1-Amino-4-anilino-9,10-dioxo-

9,10-dihydro-anthracen-2-sulfonsäure in Essigsäure (*Tundo*, Boll. scient. Fac. Chim. ind. Bologna **15** [1957] 78).

Barium-Salz BaC$_{46}$H$_{26}$N$_4$O$_{13}$S$_2$. Blaue Krystalle.

Furan-2,5-dicarbonsäure-bis-[4-(4-chlor-anilino)-9,10-dioxo-2-sulfo-9,10-dihydro-[1]anthrylamid], 4,4′-Bis-[4-chlor-anilino]-9,10,9′,10′-tetraoxo-9,10,9′,10′-tetrahydro-1,1′-[furan-2,5-bis-carbonylamino]-bis-anthracen-2-sulfonsäure C$_{46}$H$_{26}$Cl$_2$N$_4$O$_{13}$S$_2$, Formel IX (R = H, X = Cl).

B. Beim Erhitzen von Furan-2,5-dicarbonylchlorid mit 1-Amino-4-[4-chlor-anilino]-9,10-dioxo-9,10-dihydro-anthracen-2-sulfonsäure in Essigsäure (*Tundo*, Boll. scient. Fac. Chim. ind. Bologna **15** [1957] 78).

Barium-Salz BaC$_{46}$H$_{24}$Cl$_2$N$_4$O$_{13}$S$_2$. Blaue Krystalle.

Furan-2,5-dicarbonsäure-bis-[9,10-dioxo-2-sulfo-4-*o*-toluidino-9,10-dihydro-[1]anthrylamid], 9,10,9′,10′-Tetraoxo-4,4′-di-*o*-toluidino-9,10,9′,10′-tetrahydro-1,1′-[furan-2,5-bis-carbonylamino]-bis-anthracen-2-sulfonsäure C$_{48}$H$_{32}$N$_4$O$_{13}$S$_2$, Formel IX (R = CH$_3$, X = H).

B. Beim Erhitzen von Furan-2,5-dicarbonylchlorid mit 1-Amino-9,10-dioxo-4-*o*-toluidino-9,10-dihydro-anthracen-2-sulfonsäure in Essigsäure (*Tundo*, Boll. scient. Fac. Chim. ind. Bologna **15** [1957] 78).

Barium-Salz BaC$_{48}$H$_{30}$N$_4$O$_{13}$S$_2$. Blaue Krystalle.

Furan-2,5-dicarbonsäure-bis-[9,10-dioxo-2-sulfo-4-*m*-toluidino-9,10-dihydro-[1]anthrylamid], 9,10,9′,10′-Tetraoxo-4,4′-di-*m*-toluidino-9,10,9′,10′-tetrahydro-1,1′-[furan-2,5-bis-carbonylamino]-bis-anthracen-2-sulfonsäure C$_{48}$H$_{32}$N$_4$O$_{13}$S$_2$, Formel X.

B. Beim Erhitzen von Furan-2,5-dicarbonylchlorid mit 1-Amino-9,10-dioxo-4-*m*-toluidino-9,10-dihydro-anthracen-2-sulfonsäure in Essigsäure (*Tundo*, Boll. scient. Fac. Chim. ind. Bologna **15** [1957] 78).

Barium-Salz BaC$_{48}$H$_{30}$N$_4$O$_{13}$S$_2$. Blaue Krystalle.

IX　　　　　　　　　　　　　　X

Furan-2,5-dicarbonsäure-bis-[9,10-dioxo-2-sulfo-4-*p*-toluidino-9,10-dihydro-[1]anthrylamid], 9,10,9′,10′-Tetraoxo-4,4′-di-*p*-toluidino-9,10,9′,10′-tetrahydro-1,1′-[furan-2,5-bis-carbonylamino]-bis-anthracen-2-sulfonsäure C$_{48}$H$_{32}$N$_4$O$_{13}$S$_2$, Formel IX (R = H, X = CH$_3$).

B. Beim Erhitzen von Furan-2,5-dicarbonylchlorid mit 1-Amino-9,10-dioxo-4-*p*-toluidino-9,10-dihydro-anthracen-2-sulfonsäure in Essigsäure (*Tundo*, Boll. scient. Fac. Chim. ind. Bologna **15** [1957] 78).

Barium-Salz BaC$_{48}$H$_{30}$N$_4$O$_{13}$S$_2$. Blaue Krystalle.

Furan-2,5-dicarbonsäure-bis-[4-*p*-anisidino-9,10-dioxo-2-sulfo-9,10-dihydro-[1]anthryl-amid], 4,4′-Di-*p*-anisidino-9,10,9′,10′-tetraoxo-9,10,9′,10′-tetrahydro-1,1′-[furan-2,5-bis-carbonylamino]-bis-anthracen-2-sulfonsäure $C_{48}H_{32}N_4O_{15}S_2$, Formel IX (R = H, X = O-CH$_3$).

B. Beim Erhitzen von Furan-2,5-dicarbonylchlorid mit 1-Amino-4-*p*-anisidino-9,10-dioxo-9,10-dihydro-anthracen-2-sulfonsäure in Essigsäure (*Tundo*, Boll. scient. Fac. Chim. ind. Bologna **15** [1957] 78).

Barium-Salz $BaC_{48}H_{30}N_4O_{15}S_2$. Blaue Krystalle.

Furan-2,5-dicarbonsäure-bis-[9,10-dioxo-4-*p*-phenetidino-2-sulfo-9,10-dihydro-[1]anthrylamid], 9,10,9′,10′-Tetraoxo-4,4′-di-*p*-phenetidino-9,10,9′,10′-tetrahydro-1,1′-[furan-2,5-bis-carbonylamino]-bis-anthracen-2-sulfonsäure $C_{50}H_{36}N_4O_{15}S_2$, Formel IX (R = H, X = O-C$_2$H$_5$).

B. Beim Erhitzen von Furan-2,5-dicarbonylchlorid mit 1-Amino-9,10-dioxo-4-*p*-phenetidino-9,10-dihydro-anthracen-2-sulfonsäure in Essigsäure (*Tundo*, Boll. scient. Fac. Chim. ind. Bologna **15** [1957] 78).

Barium-Salz $BaC_{50}H_{34}N_4O_{15}S_2$. Blaue Krystalle.

Furan-2,5-dicarbonitril $C_6H_2N_2O$, Formel I.

B. Beim Erhitzen von Furan-2,5-dicarbamid mit Phosphor(V)-oxid auf 200° (*Phrix-Werke*, D.B.P. 912344 [1952]).

Krystalle (aus CCl$_4$); F: 66°.

Furan-2,5-dicarbonsäure-bis-hydroxyamid, Furan-2,5-dicarbohydroxamsäure $C_6H_6N_2O_5$, Formel II (X = NH-OH).

B. Beim Behandeln einer Lösung von Furan-2,5-dicarbonylchlorid in Äther mit Hydroxylamin und Methanol (*Gilman, Yale*, Am. Soc. **72** [1950] 3593, 3595).

Krystalle (aus W.), die unterhalb 250° nicht schmelzen.

Furan-2,5-dicarbonsäure-dihydrazid $C_6H_8N_4O_3$, Formel II (X = NH-NH$_2$).

B. Beim Erwärmen von Furan-2,5-dicarbonsäure-dimethylester oder von Furan-2,5-dicarbonsäure-diäthylester mit Hydrazin-hydrat und Äthanol (*Yale et al.*, Am. Soc. **75** [1953] 1933, 1938).

Krystalle (aus Propan-1-ol); F: 220—222° (*Yale et al.*, l. c. S. 1934).

3,4-Dichlor-furan-2,5-dicarbonsäure $C_6H_2Cl_2O_5$, Formel III (R = H).

B. Beim Einleiten von Chlor in eine Schmelze von Furan-2,5-dicarbonsäure-diäthylester bei 100° und Behandeln der erhaltenen Verbindung $C_6H_9Cl_5O_5$ (Öl) mit äthanol. Natronlauge (*Gilman, Vanderwal*, R. **52** [1933] 267, 268).

Krystalle (aus W.), F: ca. 297°; der Schmelzpunkt ist von der Geschwindigkeit des Erhitzens abhängig.

I	II	III	IV

3,4-Dichlor-furan-2,5-dicarbonsäure-dimethylester $C_8H_6Cl_2O_5$, Formel III (R = CH$_3$).

B. Aus 3,4-Dichlor-furan-2,5-dicarbonsäure beim Erwärmen mit Methanol und wenig Schwefelsäure (*Gilman, Vanderwal*, R. **52** [1933] 267, 269) sowie beim Behandeln mit Chlorwasserstoff enthaltendem Methanol (*Gi., Va.*).

Krystalle (aus Me.); F: 157—158°.

5-Methoxycarbonyl-furan-2-dithiocarbonsäure-methylester, 5-Methylmercaptothio-carbonyl-furan-2-carbonsäure-methylester $C_8H_8O_3S_2$, Formel IV.

Diese Konstitution kommt wahrscheinlich der nachstehend beschriebenen Verbindung zu (*Gilman, Calloway*, Am. Soc. **55** [1933] 4197, 4202).

B. Beim Behandeln von Furan-2-carbonsäure-methylester mit Schwefelkohlenstoff, Aluminiumchlorid und Methylchlorid und Behandeln des Reaktionsprodukts mit Wasser (*Gi., Ca.*).

Rote Krystalle (aus wss. A.); F: 102—103°.

Thiophen-2,5-dicarbonsäure $C_6H_4O_4S$, Formel V (R = H) (H 330; E I 448).

B. Beim Behandeln von Thiophen mit Pentylnatrium in Heptan in Gegenwart von Natrium-*tert*-pentylat und anschliessend mit festem Kohlendioxid (*Morton, Claff*, Am. Soc. **76** [1954] 4935, 4937). Beim Behandeln von 2,5-Dijod-thiophen mit Phenyllithium in Äther und Behandeln des Reaktionsgemisches mit festem Kohlendioxid (*Campaigne, Foye*, Am. Soc. **70** [1948] 3941). Neben Thiophen beim Erhitzen des Kalium-Salzes der Thiophen-2-carbonsäure in Gegenwart von Cadmium-Katalysatoren unter Kohlendioxid (*Raecke*, Ang. Ch. **70** [1958] 1, 4). Beim Erwärmen von 5-Chlormethyl-thiophen-2-carbonsäure-äthylester (durch Behandlung von Thiophen-2-carbonsäure-äthylester mit Paraform= aldehyd, Chlorwasserstoff, Zinkchlorid und Chloroform hergestellt) mit wss. Salpetersäure [D: 1,38] (*Nakaya et al.*, J. chem. Soc. Japan Pure Chem. Sect. **78** [1957] 935, 936; C. A. **1959** 21 276). Beim Behandeln von 2,5-Bis-chlormethyl-thiophen mit wss. Kalilauge und mit Kaliumpermanganat (*Griffing, Salisbury*, Am. Soc. **70** [1948] 3416, 3417). Beim Behandeln einer Lösung von 2,5-Bis-chlormethyl-thiophen in Aceton mit Kalium= permanganat (*Birkinshaw, Chaplen*, Biochem. J. **60** [1955] 255, 260).

Krystalle (aus W.); F: 360° (*Teste, Lozac'h*, Bl. **1955** 437, 440), 358,5—359,5° [ge= schlossene Kapillare; Block] (*Hartough, Kosak*, Am. Soc. **69** [1947] 1012), 332—333° [geschlossene Kapillare] (*Gol'dfarb et al.*, Izv. Akad. S.S.S.R. Otd. chim. **1959** 2021, 2024; engl. Ausg. S. 1925, 1927, 1928). Bei 0,0001 Torr sublimierbar (*Gr., Sa.*). UV-Spektrum (Isooctan; 220—340 nm): *Uhlenbroek, Bijloo*, R. **78** [1959] 382, 388. Polarographie: *Na. et al.*

Thiophen-2,5-dicarbonsäure-monomethylester $C_7H_6O_4S$, Formel VI (R = CH$_3$).

B. Beim Erwärmen einer Lösung von Thiophen-2,5-dicarbonsäure-dimethylester in Methanol und Dioxan mit wss. Natronlauge (*Du Pont de Nemours & Co.*, U.S.P. 2680731 [1950]). Beim Behandeln von Junipinsäure-methylester (5-Prop-1-inyl-thiophen-2-carbon= säure-methylester) mit Kaliumpermanganat in Aceton (*Birkinshaw, Chaplen*, Biochem. J. **60** [1955] 255, 259).

F: 192° [aus PAe.] (*Bi., Ch.*), 187—190° [aus wss. Me.] (*Du Pont*). Absorptionsmaximum (A.): 274 nm (*Bi., Ch.*).

Thiophen-2,5-dicarbonsäure-dimethylester $C_8H_8O_4S$, Formel V (R = CH$_3$) (H 330).

B. In geringer Menge neben Thiophen-2,4-dicarbonsäure-dimethylester beim Erhitzen von Acrylsäure-methylester mit Schwefel bis auf 200° (*Hopff, v.d.Crone*, Chimia **13** [1959] 107). Beim Behandeln von Thiophen-2,5-dicarbonsäure oder von Thiophen-2,5-dicarbonsäure-monomethylester mit Diazomethan in Äther (*Birkinshaw, Chaplen*, Biochem. J. **60** [1955] 255, 260). Beim Behandeln von Thiophen-2,5-dicarbonsäure mit Methanol, Dioxan, Toluol und Chlorwasserstoff (*Griffing, Salisbury*, Am. Soc. **70** [1948] 3416, 3417).

F: 152° [aus Me.] (*Celanese Corp. Am.*, U.S.P. 2551731 [1947]), 149—150° (*Nakaya et al.*, J. chem. Soc. Japan Pure Chem. Sect. **78** [1957] 935; C. A. **1959** 21 276), 148,5° bis 149,5° [aus Me.] (*Gr., Sa.*), 147—148° [aus Me.] (*Hartough*, Am. Soc. **69** [1947] 1355, 1357; s. a. *Ho., v.d.Cr.*). UV-Spektrum (A.; 240—310 nm): *Ho., v.d.Cr.*

V   VI   VII   VIII

Thiophen-2,5-dicarbonsäure-monoäthylester $C_8H_8O_4S$, Formel VI (R = C$_2$H$_5$).

B. Beim Behandeln von Thiophen-2,5-dicarbonsäure-diäthylester mit äthanol. Kali=

lauge (*Foye et al.*, J. Am. pharm. Assoc. **41** [1952] 273, 276).
Krystalle (aus wss. A.); F: 140—142°.

Thiophen-2,5-dicarbonsäure-diphenylester $C_{18}H_{12}O_4S$, Formel V (R = C_6H_5).
B. Beim Erhitzen von Thiophen-2,5-dicarbonylchlorid mit Phenol auf 200° (*Griffing, Salisbury*, Am. Soc. **70** [1948] 3416, 3418).
Krystalle (aus A.); F: 136—137°.

5-Chlorcarbonyl-thiophen-2-carbonsäure-äthylester $C_8H_7ClO_3S$, Formel VII (X = O-C_2H_5).
B. Beim Erwärmen von Thiophen-2,5-dicarbonsäure-monoäthylester mit Thionyl=
chlorid (*Foye et al.*, J. Am. pharm. Assoc. **41** [1952] 273, 276).
Krystalle; F: 38—40°. Kp_{10}: 132—135°.

Thiophen-2,5-dicarbonsäure-dichlorid, Thiophen-2,5-dicarbonylchlorid $C_6H_2Cl_2O_2S$,
Formel VII (X = Cl).
B. Beim Erwärmen einer Suspension von Thiophen-2,5-dicarbonsäure in Benzol mit
Thionylchlorid und Pyridin (*Griffing, Salisbury*, Am. Soc. **70** [1948] 3416, 3418).
Krystalle (aus Bzl. + Heptan); F: 45—46°. Kp_2: 102—103°.

5-Allylcarbamoyl-thiophen-2-carbonsäure-äthylester $C_{11}H_{13}NO_3S$, Formel VIII
(R = CH_2-CH=CH_2).
B. Beim Behandeln von 5-Chlorcarbonyl-thiophen-2-carbonsäure-äthylester mit Allyl=
amin und Benzol (*Foye et al.*, J. Am. pharm. Assoc. **41** [1952] 273, 276).
Krystalle (aus Bzl.); F: 117—118°.

**(±)-5-[3-Acetoxomercurio-2-methoxy-propylcarbamoyl]-thiophen-2-carbonsäure-äthyl=
ester** $C_{14}H_{19}HgNO_6S$, Formel VIII (R = CH_2-CH(OCH$_3$)-CH_2-Hg-O-CO-CH_3).
B. Beim Erwärmen von 5-Allylcarbamoyl-thiophen-2-carbonsäure-äthylester mit
Quecksilber(II)-acetat und Methanol (*Foye et al.*, J. Am. pharm. Assoc. **41** [1952] 273, 276).
Krystalle (aus W.); F: 99—101°.
Beim Behandeln einer Suspension in Wasser mit Kaliumhydroxid ist eine als 5-[3-Hydr=
oxomercurio-2-methoxy-propylcarbamoyl]-thiophen-2-carbonsäure ange=
sehene Verbindung $C_{10}H_{13}HgNO_5S$ (von 143° an sinternd) erhalten worden.

3-Chlor-thiophen-2,5-dicarbonsäure $C_6H_3ClO_4S$, Formel IX (X = Cl).
B. Beim Erwärmen von 5-Äthyl-4-chlor-thiophen-2-carbonsäure mit wss. Kalilauge
und mit Kaliumpermanganat (*Teste, Lozac'h*, Bl. **1955** 437, 440).
Krystalle (aus W.); F: 259°.

3,4-Dichlor-thiophen-2,5-dicarbonsäure $C_6H_2Cl_2O_4S$, Formel X (X = Cl).
B. Neben 3,4-Dichlor-thiophen-2-carbaldehyd beim Behandeln von 3,4-Dichlor-
thiophen-2,5-dicarbaldehyd mit wss. Wasserstoffperoxid und wss. Kalilauge (*Steinkopf, Köhler*, A. **532** [1937] 250, 277).
F: 314—315° [Zers.].

3-Brom-thiophen-2,5-dicarbonsäure $C_6H_3BrO_4S$, Formel IX (X = Br).
B. Beim Erwärmen von 5-Äthyl-4-brom-thiophen-2-carbonsäure mit wss. Kalilauge und
mit Kaliumpermanganat (*Teste, Lozac'h*, Bl. **1955** 437, 441).
Krystalle; F: 269°.

3,4-Dibrom-thiophen-2,5-dicarbonsäure $C_6H_2Br_2O_4S$, Formel X (X = Br).
B. Beim Erhitzen von 3,4-Dibrom-thiophen-2,5-dicarbaldehyd mit Kaliumpermanganat
in Wasser (*Steinkopf, Köhler*, A. **532** [1937] 250, 281) oder mit Chlor in Essigsäure (*St., Kö.*).
Krystalle; F: 321° [nach Sublimation] (*Steinkopf, Eger*, A. **533** [1938] 270, 275),
317—318° [aus W.] (*St., Kö.*).

3-Nitro-thiophen-2,5-dicarbonsäure-dimethylester $C_8H_7NO_6S$, Formel XI.
B. Beim Behandeln von Thiophen-2,5-dicarbonsäure-dimethylester mit Salpetersäure

und Schwefelsäure bei −10° (*Rinkes*, R. **53** [1934] 643, 651).
　Krystalle (aus PAe.); F: 94°.

Furan-3,4-dicarbonsäure $C_6H_4O_5$, Formel XII (X = OH).
　B. Neben kleineren Mengen 7-Oxa-norborn-2-en-2,3-dicarbonsäure beim Erwärmen von
Furan mit Butindisäure-diäthylester, Hydrieren des Reaktionsprodukts an Palladium/
Calciumcarbonat in Äthylacetat, Erhitzen des erhaltenen Hydrierungsprodukts unter
vermindertem Druck und Erwärmen des danach isolierten Reaktionsprodukts mit
methanol. Kalilauge (*Alder, Rickert*, B. **70** [1937] 1354, 1359). Beim Erhitzen einer Lö-
sung von Furan-3,4-dicarbonsäure-diäthylester in Äthanol mit wss. Kalilauge (*E. Lilly &
Co.*, U.S.P. 2745845 [1950], 2744915 [1955]). Beim Erhitzen von Furan-2,3,4-tricarbon=
säure auf 280° (*Reichstein et al.*, Helv. **16** [1933] 276, 280).
　Krystalle; F: 221,5−222,5° [aus Ae. + PAe.] (*E. Lilly & Co.*), 217−218° [korr.; aus
Anisol] (*Re. et al.*). Im Hochvakuum sublimierbar (*Re. et al.*). Monoklin; Raumgruppe
$P2_1/m$ (= C_{2h}^2); aus dem Röntgen-Diagramm ermittelte Dimensionen der Elementarzelle:
a = 6,0629 Å; b = 3,6677 Å; c = 14,4126 Å; γ = 92,60°; n = 2 (*Williams, Rundle*, Am.
Soc. **86** [1964] 1660). IR-Banden im Bereich von 3,1 μ bis 13,2 μ: *Kubota*, Tetrahedron **4**
[1958] 68, 82. UV-Spektrum (A.; 200−270 nm): *Andrisano, Pappalardo*, G. **83** [1953]
340, 342. Absorptionsmaximum: 240 nm [A.] bzw. 243,5 nm [W.] (*An., Pa.*, l. c. S. 341).

　　　　IX　　　　　　　　　　X　　　　　　　　　　XI　　　　　　　　　　XII

Furan-3,4-dicarbonsäure-dimethylester $C_8H_8O_5$, Formel XII (X = O-CH$_3$).
　B. Beim Erwärmen von opt.-inakt. 2-Dimethoxymethyl-3-formyl-bernsteinsäure-
dimethylester (Kp$_{0,5}$: 125−130°; n$_D^{25}$: 1,4752) mit konz. Schwefelsäure (*Kornfeld, Jones*,
J. org. Chem. **19** [1954] 1671, 1675). Aus Furan-3,4-dicarbonsäure mit Hilfe von Diazo=
methan (*Alder, Rickert*, B. **70** [1937] 1354, 1360). Beim Behandeln von Furan-3,4-di=
carbonsäure mit Chlorwasserstoff enthaltendem Methanol (*Ko., Jo.*) oder mit Schwefel=
säure enthaltendem Methanol (*Reichstein et al.*, Helv. **16** [1933] 276, 281). Beim Erwärmen von Furan-3,4-dicarbonylchlorid mit Methanol (*Stork*, Am. Soc. **67** [1945] 884).
Beim Erhitzen von 7-Oxa-norborn-2-en-2,3-dicarbonsäure-dimethylester in Trichlor=
äthylen auf 180° (*Olin Mathieson Chem. Corp.*, U.S.P. 2866794 [1955]).
　Krystalle; F: 49−50° [aus A. + PAe.] (*Ko., Jo.*), 46° [aus Me.] (*Re. et al.; Al., Ri.*;
Andrisano, Pappalardo, G. **83** [1953] 340, 346). Kp$_1$: 91−93° (*Olin Mathieson Chem.
Corp.*). Bei 80°/5 Torr sublimierbar (*An., Pa.*). UV-Spektrum (A.; 200−260 nm): *An.,
Pa.*, l. c. S. 342. Absorptionsmaximum: 238 nm [A.] bzw. 241 nm [W.] (*An., Pa.*, l. c.
S. 341).

Furan-3,4-dicarbonsäure-diäthylester $C_{10}H_{12}O_5$, Formel XII (X = O-C$_2$H$_5$).
　B. Beim Erwärmen von opt.-inakt. 2-Diäthoxymethyl-3-formyl-bernsteinsäure-di=
äthylester (Kp$_{0,8}$: 124°; D$_{25}^{25}$: 1,117; n$_D^{25}$: 1,4682) mit konz. Schwefelsäure (*Kornfeld,
Jones*, J. org. Chem. **19** [1954] 1671, 1675) sowie mit Phosphorylchlorid, Fluorwasserstoff,
Zinkchlorid oder Phosphorsäure (*E. Lilly & Co.*, U.S.P. 2745845 [1950], 2744915 [1955]).
Beim Behandeln von Furan-3,4-dicarbonsäure mit Äthanol und Schwefelsäure (*Andrisano, Pappalardo*, G. **83** [1953] 340, 346). Beim Erhitzen von 7-Oxa-norborn-2-en-
2,3-dicarbonsäure-diäthylester auf 200° (*Williams et al.*, J. org. Chem. **20** [1955] 1139,
1142).
　Kp$_{13}$: 154−157° (*Elming, Clauson-Kaas*, Acta chem. scand. **9** [1955] 23); Kp$_6$: 125°
bis 127° (*Ko., Jo.*); Kp$_2$: 105−106° (*An., Pa.*); Kp$_{0,7}$: 79−83° (*Wi. et al.*). D$_{25}^{25}$: 1,165
(*Ko., Jo.*). n$_D^{20}$: 1,4675 (*Wi. et al.*); n$_D^{25}$: 1,4690 (*El., Cl.-Kaas*). IR-Banden im Bereich
von 3,1 μ bis 13,2 μ: *Kubota*, Tetrahedron **4** [1958] 68, 82. UV-Spektrum (A.; 200 nm
bis 260 nm): *An., Pa.*, l. c. S. 342. Absorptionsmaximum: 237,5 nm [A.] bzw. 240,5 nm
[W.] (*An., Pa.*, l. c. S. 341).

Furan-3,4-dicarbonsäure-dibutylester $C_{14}H_{20}O_5$, Formel XII (X = O-[CH$_2$]$_3$-CH$_3$).
B. Beim Hydrieren von 7-Oxa-norborna-2,5-dien-2,3-dicarbonsäure-dibutylester (aus Furan und Butindisäure-dibutylester hergestellt) an Palladium/Aluminiumoxid in Tetra= chlormethan oder Chlorbenzol sowie an Platin in Tetrachlormethan und Erhitzen des Reaktionsprodukts auf 180° (*Olin Mathieson Chem. Corp.*, U.S.P. 2866794 [1955]).
Kp$_{0,1}$: 122−125°.

Furan-3,4-dicarbonsäure-dichlorid, Furan-3,4-dicarbonylchlorid $C_6H_2Cl_2O_3$, Formel XII (X = Cl).
B. Beim Behandeln von Furan-3,4-dicarbonsäure mit Phosphor(V)-chlorid in Benzol (*Stork*, Am. Soc. **67** [1945] 884).
Krystalle (aus Bzl.); F: 76°.

Furan-3,4-dicarbonsäure-diamid, Furan-3,4-dicarbamid $C_6H_6N_2O_3$, Formel XII (X = NH$_2$).
B. Beim Behandeln von Furan-3,4-dicarbonylchlorid mit wss. Ammoniak (*Stork*, Am. Soc. **67** [1945] 884).
F: 262° [Zers.].

Furan-3,4-dicarbonsäure-dihydrazid $C_6H_8N_4O_3$, Formel XII (X = NH-NH$_2$).
B. Beim Behandeln von Furan-3,4-dicarbonsäure-diäthylester mit Hydrazin-hydrat und Methanol (*Jones*, Am. Soc. **78** [1956] 159, 162).
Krystalle; F: 270° [Zers.].
Beim Erwärmen mit wss. Salzsäure ist Furo[3,4-*d*]pyridazin-1,4-diol erhalten worden. Bildung von [4,4′]-Bipyrazolyl-3,3′-diol beim Erwärmen mit Hydrazin-hydrat: *Jo*.

Furan-3,4-dicarbonsäure-bis-[5-nitro-furfurylidenhydrazid] $C_{16}H_{10}N_6O_9$, Formel XIII.
B. Beim Behandeln einer Lösung von Furan-3,4-dicarbonsäure-dihydrazid in Wasser mit 5-Nitro-furan-2-carbaldehyd in Äthanol (*Giller*, *Šokolow*, Latvijas Akad. Vēstis Nr. 12 [1958] 125, 127; C. A. **1960** 5241).
F: 236−237° [Zers.]. Absorptionsspektrum (A.; 220−420 nm): *Gi.*, *Šo*.

Furan-3,4-dicarbonsäure-diazid, Furan-3,4-dicarbonylazid $C_6H_2N_6O_3$, Formel XII (X = N$_3$).
B. Beim Behandeln von Furan-3,4-dicarbonylchlorid mit Natriumazid in wss. Aceton (*Stork*, Am. Soc. **67** [1945] 884).
Im trockenen Zustand explosiv.

Thiophen-3,4-dicarbonsäure $C_6H_4O_4S$, Formel XIV (R = H).
B. Beim Erhitzen von opt.-inakt. 2-Diäthoxymethyl-3-formyl-bernsteinsäure-diäthyl= ester (Kp$_{0,8}$: 124°; D$_{25}^{25}$: 1,117; n$_D^{25}$: 1,4682) mit Phosphor(V)-sulfid in Toluol und Er- wärmen des Reaktionsprodukts mit wss.-äthanol. Natronlauge (*Kornfeld*, *Jones*, J. org. Chem. **19** [1954] 1671, 1676). Beim Behandeln von 3,4-Dijod-thiophen mit Butyllithium in Äther bei −60° und Behandeln des Reaktionsgemisches mit festem Kohlendioxid (*Sicé*, J. org. Chem. **19** [1954] 70, 72).
Krystalle (aus W.); F: 230−231° [korr.; evakuierte Kapillare] (*Sicé*), 225−226° [unkorr.] (*Ko.*, *Jo.*). Absorptionsmaxima (W.): 218 nm und 240 nm (*Sicé*).

XIII   XIV   XV

Thiophen-3,4-dicarbonsäure-dimethylester $C_8H_8O_4S$, Formel XIV (R = CH$_3$).
B. Aus Thiophen-3,4-dicarbonsäure mit Hilfe von Diazomethan (*Sicé*, J. org. Chem. **19** [1954] 70, 73) sowie beim Behandeln mit Methanol und Schwefelsäure (*Kornfeld*,

Jones, J. org. Chem. **19** [1954] 1671, 1676).
Krystalle; F: 60—61° [aus Ae. + PAe.] (*Ko., Jo.*), 59—60° [nach Sublimation im Vakuum] (*Sicé*).

Thiophen-3,4-dicarbonsäure-diäthylester $C_{10}H_{12}O_4S$, Formel XIV (R = C_2H_5).
B. Beim Behandeln von Thiophen-3,4-dicarbonsäure mit Äthanol und Schwefelsäure (*Kornfeld, Jones*, J. org. Chem. **19** [1954] 1671, 1676).
Kp_8: 156—157° (*Ko., Jo.*).
Beim Behandeln mit Hydrazin-hydrat und Methanol ist das Hydrazin-Salz des Thieno≈[3,4-*d*]pyridazin-1,4-diols erhalten worden (*Jones*, Am. Soc. **78** [1956] 159, 162).

2,5-Dichlor-thiophen-3,4-dicarbonsäure $C_6H_2Cl_2O_4S$, Formel XV.
B. In kleiner Menge beim Erwärmen von 2,5-Dichlor-3,4-dijod-thiophen mit Äthyl≈bromid und Magnesium in Äther und Behandeln des Reaktionsgemisches mit Kohlen≈dioxid (*Steinkopf, Köhler*, A. **532** [1937] 250, 265).
Krystalle (nach Sublimation im Vakuum bei 200°).

Dicarbonsäuren $C_7H_6O_5$

4*H*-Pyran-2,6-dicarbonsäure $C_7H_6O_5$, Formel I (H 331).
Zers. bei 255° (*Czornodola*, Roczniki Chem. **16** [1936] 459, 461; C. **1937** I 3146).
Bei der Hydrierung an Platin in Essigsäure (*Cz.*) oder an Palladium/Kohle in Äthanol (*Cope, Fournier*, Am. Soc. **79** [1957] 3896, 3897) ist *cis*-Tetrahydro-pyran-2,6-dicarbon≈säure erhalten worden.

––––––––––

[2]Furylmalonsäure $C_7H_6O_5$, Formel II (X = OH).
B. Beim Behandeln von [2]Furylmalonsäure-dimethylester mit wss. Natronlauge (*Reichstein, Morsmann*, Helv. **17** [1934] 1119, 1125).
Krystalle (aus Ae. + Bzl.); F: 106—107° [korr.; Zers.].

[2]Furylmalonsäure-dimethylester $C_9H_{10}O_5$, Formel II (X = O-CH_3).
B. Beim Behandeln von [2]Furylessigsäure-methylester mit Oxalsäure-dimethylester und Kaliummethylat in Methanol und Erhitzen des Reaktionsprodukts unter verminder≈tem Druck (*Reichstein, Morsmann*, Helv. **17** [1934] 1119, 1123). Beim Erhitzen von 2-Diazo-3-[2]furyl-3-oxo-propionsäure-methylester mit Methanol in Gegenwart von Platin bis auf 150° (*Re., Mo.*, l. c. S. 1129).
Kp_9: 130—132°.

[2]Furylmalonsäure-diäthylester $C_{11}H_{14}O_5$, Formel II (X = O-C_2H_5).
B. Beim Erhitzen von [2]Furyl-oxalessigsäure-diäthylester unter vermindertem Druck auf 127° (*Hinz et al.*, B. **76** [1943] 676, 684).
Kp_{15}: 137°. Wenig beständig.

I   II   III   IV

[2]Furylmalonsäure-diamid, 2-[2]Furyl-malonamid $C_7H_8N_2O_3$, Formel II (X = NH_2).
B. Beim Behandeln von [2]Furylmalonsäure-dimethylester mit Ammoniak in Methanol (*Reichstein, Morsmann*, Helv. **17** [1934] 1119, 1126).
Krystalle (aus A.); F: 185—186° [korr.].

[2]Thienylmalonsäure $C_7H_6O_4S$, Formel III (R = H).
B. Beim Erwärmen von [2]Thienylessigsäure mit Isopropylmagnesiumchlorid in Äther und anschliessend mit Kohlendioxid (*Ivanoff, Marécoff*, Doklady Bolgarsk. Akad. **8** [1955] Nr. 1, S. 29; C. A. **1956** 12016).
Krystalle (aus PAe. + Ae.); F: 134° [Zers.].

[2]Thienylmalonsäure-diäthylester $C_{11}H_{14}O_4S$, Formel III (R = C_2H_5).

B. Beim Behandeln von [2]Thienylessigsäure-äthylester mit Oxalsäure-diäthylester und Natriumäthylat in Äthanol und Erhitzen des Reaktionsprodukts mit Glaspulver unter 20 Torr bis auf 160° (*Blicke, Zienty,* Am. Soc. **63** [1941] 2945). Beim Erwärmen von [2]Thienylessigsäure-äthylester mit Diäthylcarbonat und Natriumäthylat unter Entfernen des entstehenden Äthanols (*Blicke, Leonard,* Am. Soc. **68** [1946] 1934).

Kp_6: 148—151° (*Bl., Le.*); Kp_5: 145—148° (*Bl., Zi.*); $Kp_{0,2}$: 124° (*Geigy Chem. Corp.,* U.S.P. 2835677 [1956]).

(±)-Cyan-[2]thienyl-essigsäure-äthylester $C_9H_9NO_2S$, Formel IV.

B. Beim Behandeln von [2]Thienylacetonitril mit Diäthylcarbonat und Natriumamid in Äther (*Pettersson,* Acta chem. scand. **4** [1950] 395). Beim Erhitzen von [2]Thienyl= acetonitril mit Diäthylcarbonat und Natriummethylat (*Leonard, Simet,* Am. Soc. **74** [1952] 3218, 3220). Beim Erhitzen der Natrium-Verbindung des [2]Thienylacetonitrils mit Diäthylcarbonat (*Pettersson,* Acta chem. scand. **7** [1953] 1311).

Kp_{14}: 156—160° (*Pe.,* Acta chem. scand. **4** 396); Kp_4: 126—130° (*Le., Si.*); Kp_{1-2}: 115—120° (*Pe.,* Acta chem. scand. **7** 1311). n_D^{20}: 1,5182 (*Le., Si.*).

[3]Thienylmalonsäure-diäthylester $C_{11}H_{14}O_4S$, Formel V.

B. Beim Behandeln von [3]Thienylessigsäure-äthylester mit Oxalsäure-diäthylester und Erhitzen des Reaktionsprodukts auf 210° (*Campaigne, Patrick,* Am. Soc. **77** [1955] 5425).

Kp_2: 151—152°.

[3-Carboxy-[2]furyl]-essigsäure, 2-Carboxymethyl-furan-3-carbonsäure $C_7H_6O_5$, Formel VI (R = H) (E II 288).

B. Beim Erhitzen von [3-Äthoxycarbonyl-[2]furyl]-essigsäure-äthylester mit wss.-äthanol. Kalilauge (*Reichstein, Zschokke,* Helv. **15** [1932] 268, 271).

Krystalle (aus W.); F: 217—218° [korr.; Zers.].

V   VI   VII   VIII

[3-Äthoxycarbonyl-[2]furyl]-essigsäure-äthylester, 2-Äthoxycarbonylmethyl-furan-3-carbonsäure-äthylester $C_{11}H_{14}O_5$, Formel VI (R = C_2H_5).

B. Beim Behandeln eines Gemisches von 3-Oxo-glutarsäure-diäthylester und 1-Äthoxy-1,2-dichlor-äthan mit wss. Natronlauge oder mit wss. Ammoniak (*Reichstein, Zschokke,* Helv. **15** [1932] 268, 270).

$Kp_{0,2}$: 86—90°.

[5-Carboxy-[2]furyl]-essigsäure, 5-Carboxymethyl-furan-2-carbonsäure $C_7H_6O_5$, Formel VII.

B. Beim Erhitzen von 5-Cyanmethyl-furan-2-carbonsäure-äthylester mit wss.-äthanol. Natronlauge (*Haworth, Jones,* Soc. **1944** 666, 670).

Krystalle; F: 217° [aus A.] (*Ha., Jo.*), 216—217° [aus W.] (*Hayashi et al.,* J. chem. Soc. Japan Ind. Chem. Sect. **60** [1957] 335; C. A. **1959** 8105).

5-Cyanmethyl-furan-2-carbonsäure-methylester $C_8H_7NO_3$, Formel VIII (R = CH_3).

B. Beim Behandeln einer Lösung von 5-Chlormethyl-furan-2-carbonsäure-methylester in Methanol mit Kaliumcyanid in Wasser (*Moldenhauer et al.,* A. **580** [1953] 169, 181).

Krystalle (aus A.); F: 54°.

5-Cyanmethyl-furan-2-carbonsäure-äthylester $C_9H_9NO_3$, Formel VIII (R = C_2H_5).

B. Beim Erhitzen einer Lösung von 5-Brommethyl-furan-2-carbonsäure-äthylester in

Äthanol mit Natriumcyanid in Wasser (*Haworth, Jones*, Soc. **1944** 666, 670). Beim Behandeln einer Lösung von 5-Chlormethyl-furan-2-carbonsäure-äthylester in Äthanol mit Kaliumcyanid und Kupfer(I)-cyanid in Wasser (*Moldenhauer et al.*, A. **580** [1953] 169, 182). Beim Erwärmen einer Lösung von 5-Chlormethyl-furan-2-carbonsäure-äthyl=ester in Äthanol mit Kaliumcyanid in Wasser (*Hayashi et al.*, J. chem. Soc. Japan Ind. Chem. Sect. **60** [1957] 355; C. A. **1959** 8105).

Krystalle; F: 42–43° [aus Ae. + PAe.] (*Ha., Jo.*; *Ha. et al.*), 42° [aus A.] (*Mo. et al.*).

4-Methyl-furan-2,3-dicarbonsäure $C_7H_6O_5$, Formel IX (R = H).
B. Beim Erhitzen eines Gemisches von 2-Carbamoyl-4-methyl-furan-3-carbonsäure und 2-Cyan-4-methyl-furan-3-carbonsäure mit wss. Kalilauge (*Reichstein, Zschokke*, Helv. **14** [1931] 1270, 1274).
Krystalle (aus W.); F: 233° [korr.; Zers.] (*Re., Zsch.*), 229–230° (*Takada, Nagata*, Pharm. Bl. **1** [1953] 164, 169). Bei 120°/0,005 Torr sublimierbar (*Ta., Na.*).

4-Methyl-furan-2,3-dicarbonsäure-3-methylester $C_8H_8O_5$, Formel IX (R = CH_3).
B. Beim Erwärmen von 4-Methyl-furan-2,3-dicarbonsäure-dimethylester (aus 4-Methyl-furan-2,3-dicarbonsäure hergestellt) mit Kaliumhydroxid (1 Mol) in Methanol (*Gilman, Burtner*, Am. Soc. **71** [1949] 1213).
Krystalle (aus Bzl.); F: 119,5°.

IX   X   XI   XII

2-Carbamoyl-4-methyl-furan-3-carbonsäure $C_7H_7NO_4$, Formel X.
B. Neben kleinen Mengen 2-Cyan-4-methyl-furan-3-carbonsäure beim Erwärmen von [3-Carboxy-4-methyl-[2]furyl]-hydroxyimino-essigsäure mit Hydroxylamin-hydrochlorid in Wasser (*Reichstein, Zschokke*, Helv. **14** [1931] 1270, 1274).
Krystalle (aus W.); F: 228–230° [korr.].

2-Cyan-4-methyl-furan-3-carbonsäure $C_7H_5NO_3$, Formel XI (R = H).
B. Beim Erhitzen von [3-Carboxy-4-methyl-[2]furyl]-hydroxyimino-essigsäure mit Acetanhydrid (*Reichstein, Zschokke*, Helv. **14** [1931] 1270, 1273). Beim Erhitzen von [3-Äthoxycarbonyl-4-methyl-[2]furyl]-hydroxyimino-essigsäure-äthylester mit wss. Schwefelsäure (*Rinkes*, R. **50** [1931] 1127, 1130).
Krystalle; F: 203–205° [korr.; aus A. + Toluol] (*Reichstein, Grüssner*, Helv. **16** [1933] 28, 34), 203–204° [nach Sublimation im Vakuum] (*Ri.*).

2-Cyan-4-methyl-furan-3-carbonsäure-methylester $C_8H_7NO_3$, Formel XI (R = CH_3).
B. Bei 3-tägigem Erwärmen des Silber-Salzes der 2-Cyan-4-methyl-furan-3-carbonsäure mit Methyljodid und Äther (*Bilton, Linstead*, Soc. **1937** 922, 928).
Krystalle (aus W.); F: 49°.

5-Brom-4-methyl-furan-2,3-dicarbonsäure $C_7H_5BrO_5$, Formel XII (R = H).
B. Beim Erwärmen von 5-Brom-4-methyl-furan-2,3-dicarbonsäure-dimethylester mit äthanol. Kalilauge (*Gilman, Burtner*, Am. Soc. **71** [1949] 1213).
Krystalle; F: 257° [Zers.].

5-Brom-4-methyl-furan-2,3-dicarbonsäure-dimethylester $C_9H_9BrO_5$, Formel XII (R = CH_3).
B. Beim Behandeln einer Lösung von 4-Methyl-furan-2,3-dicarbonsäure-dimethylester (aus 4-Methyl-furan-2,3-dicarbonsäure hergestellt) in Chloroform mit Brom (*Gilman, Burtner*, Am. Soc. **71** [1949] 1213).
Krystalle; F: 131–132°.

4-Methyl-5-nitro-furan-2,3-dicarbonsäure $C_7H_5NO_7$, Formel I.

B. Beim Behandeln von 4-Methyl-furan-2,3-dicarbonsäure-dimethylester (aus 4-Methyl-furan-2,3-dicarbonsäure hergestellt) mit Salpetersäure und Acetanhydrid und Erhitzen des Reaktionsprodukts mit wss. Schwefelsäure (*Gilman, Burtner*, Am. Soc. **71** [1949] 1213).

Krystalle (aus Bzl.); F: 218°.

4-Methyl-selenophen-2,3-dicarbonsäure $C_7H_6O_4Se$, Formel II.

B. Beim Behandeln einer alkal. wss. Lösung von 5-Hydroxy-3,6-dimethyl-benzo=[*b*]selenophen-4,7-chinon mit wss. Wasserstoffperoxid (*Schmitt, Seilert*, A. **562** [1949] 15, 23).

Krystalle; F: 165° [Zers.].

2-Methyl-furan-3,4-dicarbonsäure $C_7H_6O_5$, Formel III (X = OH).

B. Beim Erwärmen von 2-Methyl-furan mit Butindisäure-dimethylester in Benzol, Hydrieren des Reaktionsprodukts an Palladium/Calciumcarbonat in Äthylacetat, Erhitzen des erhaltenen Hydrierungsprodukts unter vermindertem Druck und Behandeln des danach isolierten Reaktionsprodukts mit äthanol. Kalilauge (*Alder, Rickert*, B. **70** [1937] 1354, 1360). Beim Erwärmen einer Lösung von Acetessigsäure-äthylester in Äther mit Natrium und anschliessend mit Brombrenztraubensäure-äthylester und Erhitzen des Reaktionsprodukts mit wss. Salzsäure (*García González et al.*, An. Soc. españ. [B] **50** [1954] 407, 411). Beim Erwärmen von 4-Formyl-2-methyl-furan-3-carbonsäure-äthylester mit Silberoxid und wss. Natronlauge (*Ga. Go. et al.*).

Krystalle; F: 236—237° [korr.; aus E.] (*Kornfeld, Jones*, J. org. Chem. **19** [1954] 1671, 1677), 234—235° [aus W.] (*Ga. Go. et al.*), 230—231° [aus E.] (*Al., Ri.*).

2-Methyl-furan-3,4-dicarbonsäure-diäthylester $C_{11}H_{14}O_5$, Formel III (X = O-C₂H₅).

B. Beim Erwärmen von 2-[1,1-Diäthoxy-äthyl]-3-formyl-bernsteinsäure-diäthylester (aus [1,1-Diäthoxy-äthyl]-bernsteinsäure-diäthylester und Äthylformiat hergestellt) mit konz. Schwefelsäure (*Kornfeld, Jones*, J. org. Chem. **19** [1954] 1671, 1677).

Kp_9: 133—136°; Kp_6: 127—129°. D_{25}^{25}: 1,139. n_D^{25}: 1,4683.

I   II   III   IV

2-Methyl-furan-3,4-dicarbonylchlorid $C_7H_4Cl_2O_3$, Formel III (X = Cl).

B. Beim Erwärmen von 2-Methyl-furan-3,4-dicarbonsäure mit Thionylchlorid (*Hofmann, Bridgwater*, Am. Soc. **67** [1945] 738).

Kp_{25}: 150—151°.

2-Methyl-furan-3,4-dicarbonsäure-dianilid $C_{19}H_{16}N_2O_3$, Formel III (X = NH-C₆H₅).

B. Beim Erwärmen von 2-Methyl-furan-3,4-dicarbonsäure mit Thionylchlorid und Behandeln des erhaltenen Säurechlorids mit Anilin (*Alder, Rickert*, B. **70** [1937] 1354, 1360).

Krystalle (aus Me.); F: 211—212°.

5-Methyl-furan-2,3-dicarbonsäure $C_7H_6O_5$, Formel IV (X = OH).

B. Beim Behandeln von 5-Methyl-furan-2,3-dicarbonsäure-diäthylester mit wss.-äthanol. Natronlauge (*Jones*, Am. Soc. **77** [1955] 4069, 4072).

Krystalle (aus W.); F: 197° [von 175° an sublimierend].

5-Methyl-furan-2,3-dicarbonsäure-diäthylester $C_{11}H_{14}O_5$, Formel IV (X = O-C₂H₅).

B. Beim Erwärmen von Acetonyl-oxalessigsäure-diäthylester mit konz. Schwefelsäure (*Jones*, Am. Soc. **77** [1955] 4069, 4072).

Kp_{10}: 157—158°. D_{25}^{25}: 1,137. n_D^{25}: 1,4825.

5-Methyl-furan-2,3-dicarbonsäure-dihydrazid $C_7H_{10}N_4O_3$, Formel IV (X = NH-NH$_2$).

B. Beim Behandeln von 5-Methyl-furan-2,3-dicarbonsäure-diäthylester mit Hydrazin-hydrat und Methanol (*Jones*, Am. Soc. **78** [1956] 159, 162).

Krystalle; F: 196°.

5-Methyl-thiophen-2,3-dicarbonsäure $C_7H_6O_4S$, Formel V (R = H).

B. Beim Erhitzen von Acetonyl-oxalessigsäure-diäthylester mit Phosphor(V)-sulfid in Toluol und Erhitzen des Reaktionsprodukts mit wss.-äthanol. Natronlauge (*Jones*, Am. Soc. **77** [1955] 4069, 4073).

Krystalle (aus Eg.); F: 218°.

5-Methyl-thiophen-2,3-dicarbonsäure-dimethylester $C_9H_{10}O_4S$, Formel V (R = CH$_3$).

B. Beim Behandeln von 5-Methyl-thiophen-2,3-dicarbonsäure mit Methanol und Schwefelsäure (*Jones*, Am. Soc. **77** [1955] 4069, 4073).

Kp$_2$: 124—128°.

3-Jod-4-methyl-thiophen-2,5-dicarbonsäure-dimethylester $C_9H_9IO_4S$, Formel VI.

B. Beim Behandeln von 2,3,5-Trijod-4-methyl-thiophen mit Magnesium, Äthylbromid und Äther und anschliessend mit Kohlendioxid, Behandeln der Reaktionslösung mit wss. Salzsäure und Behandeln der neben 4-Jod-3-methyl-thiophen-2-carbonsäure erhaltenen Dicarbonsäure mit Diazomethan in Äther (*Steinkopf, Hanske*, A. **532** [1937] 236, 244).

Krystalle (aus Bzn.); F: 156,5—158°.

5-Methyl-furan-2,4-dicarbonsäure $C_7H_6O_5$, Formel VII (X = OH).

B. Beim Erhitzen von 5-Formyl-2-methyl-furan-3-carbonsäure-äthylester mit Silber-oxid und wss. Natronlauge (*Müller, Varga*, B. **72** [1939] 1993, 1998; *Varga*, Magyar biol. Kutatointezet Munkai **12** [1940] 359, 374; C. A. **1941** 1034). Beim Behandeln von 4-Acetyl-5-methyl-furan-2-carbonsäure mit Calciumhydroxid, Kaliumhydroxid und Wasser und anschliessend mit wss. Kaliumpermanganat-Lösung (*Gilman et al.*, Am. Soc. **56** [1934] 220). Beim Erhitzen von 1-[2-(5-Äthoxycarbonyl-2-methyl-[3]furyl)-2-oxo-äthyl]-pyridinium-bromid mit wss. Kalilauge (*Gi. et al.*).

Krystalle; F: 272—274° [aus W.] (*Mü., Va.*), 272° [aus W.] (*García González, Sequeiros*, An. Soc. españ. **41** [1945] 1463, 1475), 270—272° [nach Sublimation im Vakuum] (*Gi. et al.*), 270° [Zers.; aus E.] (*Jones*, Soc. **1945** 116, 117).

V   VI   VII   VIII

5-Methyl-furan-2,4-dicarbonsäure-dimethylester $C_9H_{10}O_5$, Formel VII (X = O-CH$_3$).

B. Beim Erwärmen von 5-Methyl-furan-2,4-dicarbonylchlorid mit Methanol (*García González*, An. Soc. españ. **32** [1934] 815, 827).

Krystalle; F: 61—62° (*Ga. Go.*), 53° [aus PAe.] (*Jones*, Soc. **1945** 116, 117). Absorptions-maximum (W.): 262 nm (*Jo.*).

5-Methyl-furan-2,4-dicarbonsäure-4-äthylester $C_9H_{10}O_5$, Formel VIII.

B. Beim Erwärmen von 5-Formyl-2-methyl-furan-3-carbonsäure-äthylester mit Silber-oxid und wss. Ammoniak (*Varga*, Magyar biol. Kutatointezet Munkai **12** [1940] 359, 374; C. A. **1941** 1034).

Krystalle; F: 146°.

5-Methyl-furan-2,4-dicarbonylchlorid $C_7H_4Cl_2O_3$, Formel VII (X = Cl).

B. Beim Erwärmen von 5-Methyl-furan-2,4-dicarbonsäure mit Thionylchlorid (*García González*, An. Soc. españ. **32** [1934] 815, 827).

F: 25—26°. Kp$_{14}$: 133—135°.

5-Methyl-furan-2,4-dicarbonsäure-diamid $C_7 H_8 N_2 O_3$, Formel VII (X = NH$_2$).
  B. Beim Behandeln einer Lösung von 5-Methyl-furan-2,4-dicarbonylchlorid in Äther mit Ammoniak (*García González*, An. Soc. españ. **32** [1934] 815, 827).
  Krystalle (aus W.); F: 210—211°.

5-Methyl-furan-2,4-dicarbonsäure-dianilid $C_{19} H_{16} N_2 O_3$, Formel VII (X = NH-C$_6$H$_5$).
  B. Beim Behandeln einer Lösung von 5-Methyl-furan-2,4-dicarbonylchlorid in Äther mit Anilin (*García González*, An. Soc. españ. **32** [1934] 815, 827).
  Krystalle (aus Toluol); F: 196—197°.

[*Herbst*]

Dicarbonsäuren $C_8 H_8 O_5$

[2]Thienylbernsteinsäure $C_8 H_8 O_4 S$.
  a) **(R)-[2]Thienylbernsteinsäure** $C_8 H_8 O_4 S$, Formel I.
  Konfigurationszuordnung: *Pettersson*, Ark. Kemi **7** [1954/55] 39, 42.
  Gewinnung aus dem unter c) beschriebenen Racemat über das Cinchonidin-Salz (s. u.): *Pe.*, l. c. S. 45.
  Durchsichtige Krystalle (aus W.), die sich bei 125—130° in eine undurchsichtige Modifikation vom F: 158—162° [Zers.] umwandeln (*Pe.*, l. c. S. 46). $[\alpha]_D^{25}$: +126,2° [E.; c = 0,8]; $[\alpha]_D^{25}$: +112,8° [Eg.; c = 0,8]; $[\alpha]_D^{25}$: +124,6° [Acn.; c = 0,8] (*Pettersson*, Ark. Kemi **7** [1954/55] 347, 352); $[\alpha]_D^{25}$: +103,5° [A.; c = 1] (*Pe.*, l. c. S. 46); $[\alpha]_D^{25}$: +102,8° [A.; c = 0,8]; $[\alpha]_D^{25}$: +40,9° [Dinatrium-Salz in W.] (*Pe.*, l. c. S. 352). UV-Spektrum (200—260 nm): *Gronowitz*, Ark. Kemi **13** [1958/59] 295, 308.
  Beim Erhitzen ohne Zusatz auf 160° erfolgt partielle, beim Erhitzen mit wss. Natronlauge erfolgt vollständige Racemisierung (*Pe.*, l. c. S. 46, 47).
  Chinchonidin-Salz $2C_{19} H_{22} N_2 O \cdot C_8 H_8 O_4 S$. $[\alpha]_D^{25}$: −73,9° [A.; c = 0,7] (*Pe.*, l. c. S. 45).
  b) **(S)-[2]Thienylbernsteinsäure** $C_8 H_8 O_4 S$, Formel II.
  Isolierung aus einem nach Abtrennung des Enantiomeren erhaltenen partiell racemischen Präparat über das (S)-1-Phenyl-äthylamin-Salz (s. u.): *Pettersson*, Ark. Kemi **7** [1954/55] 39, 45.
  Krystalle (aus W.); $[\alpha]_D^{25}$: −103,9° [A.; c = 1] (*Pe.*, l. c. S. 46).
  (S)-1-Phenyl-äthylamin-Salz $2C_8 H_{11} N \cdot C_8 H_8 O_4 S$. Krystalle (aus E. + Me.); $[\alpha]_D^{25}$: −19,6° [W.; c = 0,2] (*Pe.*, l. c. S. 45).

I   II   III   IV

  c) **(±)-[2]Thienylbernsteinsäure** $C_8 H_8 O_4 S$, Formel I + II.
  B. Beim Erwärmen von [2]Thienylmethylen-malonsäure-diäthylester mit Kaliumcyanid in Äthanol und Erhitzen der Reaktionslösung mit wss. Natronlauge (*Pettersson*, Ark. Kemi **7** [1954/55] 39, 43). Beim Erwärmen von 2-Cyan-3-[2]thienyl-acrylsäureäthylester (F: 94—98°) mit Kaliumcyanid in Äthanol und Behandeln des erhaltenen 2,3-Dicyan-3-[2]thienyl-propionsäure-äthylesters mit einem Gemisch von wss. Salzsäure und Äther (*Pe.*, Ark. Kemi **7** 44). Beim Erwärmen von (±)-2-Cyan-2-[2]thienyl-bernsteinsäure-diäthylester mit äthanol. Kalilauge und Erhitzen der Reaktionslösung mit Wasser (*Pettersson*, Acta chem. scand. **4** [1950] 1319).
  Krystalle; F: 162—163° [Zers.; aus W.] (*Pe.*, Ark. Kemi **7** 43, 44), 156—157° [Zers.; aus E.] (*Pe.*, Acta chem. scand. **4** 1319).

---

[3]Thienylbernsteinsäure $C_8 H_8 O_4 S$.
  a) **(R)-[3]Thienylbernsteinsäure** $C_8 H_8 O_4 S$, Formel III.
  Isolierung aus einem nach Abtrennung des Enantiomeren erhaltenen partiell race-

mischen Präparat über das (S)-1-Phenyl-äthylamin-Salz: *Gronowitz*, Ark. Kemi **11** [1957]
361, 368, 369.

Krystalle (aus W.); F: 170—173° [Zers.; Kofler-App.]. $[\alpha]_D^{25}$: —102,5° [A.; c = 1].

b) **(S)-[3]Thienylbernsteinsäure** $C_8H_8O_4S$, Formel IV.
Konfigurationszuordnung: *Gronowitz*, Ark. Kemi **11** [1957] 361, 367.

Gewinnung aus dem unter c) beschriebenen Racemat über das Cinchonidin-Salz: *Gr.*,
Ark. Kemi **11** 368.

Krystalle (aus W.); F: 170—173° [Zers.; Kofler-App.] (*Gr.*, Ark. Kemi **11** 369). $[\alpha]_D^{25}$:
+128,8° [E.; c = 1]; $[\alpha]_D^{25}$: +112,6° [Eg.; c = 1]; $[\alpha]_D^{25}$: +123,7° [Acn.; c = 0,8];
$[\alpha]_D^{25}$: +102,3° [A.; c = 1]; $[\alpha]_D^{25}$: +40,3° [Dinatrium-Salz in W.] (*Gr.*, Ark. Kemi **11** 369).
IR-Banden (KBr) im Bereich von 3,4 μ bis 15 μ: *Gr.*, Ark. Kemi **11** 366. UV-Spektrum
(200—260 nm): *Gronowitz*, Ark. Kemi **13** [1958/59] 295, 308.

c) **(±)-[3]Thienylbernsteinsäure** $C_8H_8O_4S$, Formel III + IV.

B. Beim Erwärmen von [3]Thienylmethylen-malonsäure-diäthylester mit Kalium=
cyanid in wss. Äthanol und Erhitzen des Reaktionsprodukts mit wss. Salzsäure (*Gronowitz*, Ark. Kemi **8** [1955/56] 441, 446).

Krystalle (aus W.); F: 172—173,5°.

Furfurylmalonsäure-dimethylester $C_{10}H_{12}O_5$, Formel V (R = CH_3).
B. Neben kleineren Mengen Difurfurylmalonsäure-dimethylester beim Erwärmen der
Natrium-Verbindung des Malonsäure-dimethylesters mit Furfurylchlorid in Methanol
(*Elming*, Acta chem. scand. **10** [1956] 1664).

$Kp_{0,1}$: 83—88°. n_D^{25}: 1,4667.

Bei der Elektrolyse eines Gemisches mit Schwefelsäure und Methanol bei —20° ist
[2,5-Dimethoxy-2,5-dihydro-furfuryl]-malonsäure-dimethylester ($Kp_{0,2}$: 129—132°; n_D^{25}:
1,4560) erhalten worden.

Furfurylmalonsäure-diäthylester $C_{12}H_{16}O_5$, Formel V (R = C_2H_5) (H 331; E II 288).
B. Bei der Hydrierung von Furfurylidenmalonsäure-diäthylester an Raney-Nickel in
Äthanol oder Äther unter Druck (*Wojcik, Adkins*, Am. Soc. **56** [1934] 2424).

Kp_6: 138—140°.

[2]Thienylmethyl-malonsäure $C_8H_8O_4S$, Formel VI (X = OH).
B. Beim Erwärmen von [2]Thienylmethyl-malonsäure-diäthylester mit wss.-äthanol.
Kalilauge (*Blicke, Leonard*, Am. Soc. **68** [1946] 1934; *Cagniant, Cagniant*, Bl. **1954** 1349,
1353). Beim Erhitzen von [2]Thienylmethyl-malononitril mit wss. Natronlauge (*Westfahl,
Gresham*, Am. Soc. **76** [1954] 1076, 1079). Beim Behandeln einer wss. Lösung des Di=
natrium-Salzes der [2]Thienylmethylen-malonsäure mit Natrium-Amalgam unter Einleiten von Kohlendioxid (*Owen, Nord*, J. org. Chem. **15** [1950] 988, 991).

Krystalle; F: 138,5—139° [unkorr.; Zers.] (*We., Gr.*, l. c. S. 1077), 138—139° [aus Acn.
+ Bzl.] (*Bl., Le.*), 136—137° [aus Acn. + Bzl.; Fisher-Johns-App.] (*Owen, Nord*), 133°
[aus Bzl.] (*Ca., Ca.*).

[2]Thienylmethyl-malonsäure-diäthylester $C_{12}H_{16}O_4S$, Formel VI (X = $O-C_2H_5$).
B. Neben kleineren Mengen Bis-[2]thienylmethyl-malonsäure-diäthylester beim Erwärmen von 2-Chlormethyl-thiophen mit der Natrium-Verbindung des Malonsäure-
diäthylesters in Äthanol oder Benzol (*Cagniant, Cagniant*, Bl. **1954** 1349, 1353; s. a. *Blicke,
Leonard*, Am. Soc. **68** [1946] 1934). Beim Erwärmen von [2]Thienylmethyl-malonsäure
mit Äthanol und wenig Schwefelsäure (*Owen, Nord*, J. org. Chem. **15** [1950] 988, 991).

$Kp_{12,2}$: 170° (*Ca., Ca.*); Kp_6: 149—152° (*Bl., Le.*); Kp_{1-2}: 125—128° (*Owen, Nord*).
D_4^{20}: 1,141 (*Ca., Ca.*). n_D^{13}: 1,4969; n_D^{21}: 1,4920 (*Ca., Ca.*).

| V | VI | VII | VIII |

[2]Thienylmethyl-malononitril $C_8H_6N_2S$, Formel VII.

B. Beim Behandeln von Thiophen mit Methylenmalononitril und Aluminiumchlorid in 1,1,2,2-Tetrachlor-äthan (*Westfahl, Gresham*, Am. Soc. **76** [1954] 1076, 1078).

F: 57—58° (*We., Gr.*, l. c. S. 1077).

[2]Thienylmethyl-malonsäure-dihydrazid $C_8H_{12}N_4O_2S$, Formel VI (X = NH-NH$_2$).

B. Beim Erhitzen von [2]Thienylmethyl-malonsäure-diäthylester mit Hydrazin-hydrat und wenig Äthanol (*Mason, Nord*, J. org. Chem. **16** [1951] 1869, 1872).

Krystalle (aus A.); F: 165—166°.

[3]Thienylmethyl-malonsäure $C_8H_8O_4S$, Formel VIII (R = H).

B. Beim Erhitzen von [3]Thienylmethyl-malonsäure-diäthylester mit wss. Natronlauge (*Campaigne, McCarthy*, Am. Soc. **76** [1954] 4466). Beim Behandeln einer wss. Lösung des Dinatrium-Salzes der [3]Thienylmethylen-malonsäure (aus Thiophen-3-carbaldehyd und Malonsäure mit Hilfe von äthanol. Ammoniak hergestellt) mit Natrium-Amalgam unter Einleiten von Kohlendioxid (*Mihailović, Tot*, J. org. Chem. **22** [1957] 652).

Krystalle (aus Bzl.); F: 140° (*Mi., Tot*), 139—140° [unkorr.; Zers.] (*Ca., McC.*).

[3]Thienylmethyl-malonsäure-diäthylester $C_{12}H_{16}O_4S$, Formel VIII (R = C_2H_5).

B. Beim Behandeln von 3-Brommethyl-thiophen mit der Natrium-Verbindung des Malonsäure-diäthylesters in Äthanol (*Campaigne, McCarthy*, Am. Soc. **76** [1954] 4466). Beim Erwärmen von [3]Thienylmethyl-malonsäure mit Äthanol und wenig Schwefelsäure (*Mihailović, Tot*, J. org. Chem. **22** [1957] 652).

Kp$_6$: 146—150°; D$_4^{20}$: 1,1428; n$_D^{20}$: 1,4950 (*Mi., Tot*). Kp$_3$: 146°; D$_4^{20}$: 1,142; n$_D^{20}$: 1,4960 (*Ca., McC.*).

3-[5-Carboxy-[2]furyl]-propionsäure, 5-[2-Carboxy-äthyl]-furan-2-carbonsäure $C_8H_8O_5$, Formel IX.

B. Beim Behandeln einer wss. Lösung von 3t(?)-[5-Carboxy-[2]furyl]-acrylsäure (F: 273—274°) mit Natrium-Amalgam (*Votoček, Krošlák*, Collect. **11** [1939] 47, 50).

Krystalle (aus Ae.); F: 180°.

[3-Diäthylcarbamoyl-4-methyl-[2]furyl]-essigsäure-diäthylamid, 2-[Diäthylcarbamoyl-methyl]-4-methyl-furan-3-carbonsäure-diäthylamid $C_{16}H_{26}N_2O_3$, Formel X (R = C_2H_5).

B. Beim Erhitzen des Dinatrium-Salzes der [3-Carboxy-4-methyl-[2]furyl]-essigsäure mit Diäthylcarbamoylchlorid auf 150° (*Geigy A.G.*, Schweiz. P. 235938 [1939]; D.R.P. 726587 [1940]; D.R.P. Org. Chem. **3** 215; U.S.P. 2317286 [1940]).

Kp$_{0,65}$: 158—160°.

[4-Carboxy-5-methyl-[2]furyl]-essigsäure, 5-Carboxymethyl-2-methyl-furan-3-carbonsäure, Methronsäure $C_8H_8O_5$, Formel XI (R = H) (H 333; E II 288).

B. Beim Erwärmen von [4-Äthoxycarbonyl-5-methyl-[2]furyl]-essigsäure mit wss. Natronlauge (*Fernández-Bolaños et al.*, An. Soc. españ. [B] **49** [1953] 57, 62). Beim Behandeln von [4-Carboxy-5-methyl-[2]furyl]-brenztraubensäure mit wss. Natronlauge und anschliessend mit wss. Wasserstoffperoxid (*Fe.-Bo.*). Beim Behandeln von 2-[4-Äthoxy-carbonyl-5-methyl-[2]furyl]-acetessigsäure-äthylester mit wss. Natronlauge (*Gault et al.*, Bl. **1959** 1167, 1173).

Krystalle; F: 207° (*Ga. et al.*), 205° [durch Sublimation gereinigtes Präparat] (*Fe.-Bo. et al.*).

[4-Methoxycarbonyl-5-methyl-[2]furyl]-essigsäure $C_9H_{10}O_5$, Formel XI (R = CH_3).

Diese Konstitution ist wahrscheinlich dem früher (s. H **18** 334) mit Vorbehalt als 5-Methoxycarbonylmethyl-2-methyl-furan-3-carbonsäure formulierten Methronsäu-re-monomethylester (F: 98°) zuzuordnen (s. dazu *Scott, Johnson*, Am. Soc. **54** [1932] 2549, 2555).

CH₂—CH₂—CO—OH formula structures at top (Formeln IX, X, XI, XII)

IX   **X**   **XI**   **XII**

[4-Äthoxycarbonyl-5-methyl-[2]furyl]-essigsäure $C_{10}H_{12}O_5$, Formel XI (R = C_2H_5).

Diese Konstitution ist auch dem früher (s. H 18 334) mit Vorbehalt als 5-Äthoxycarb=
onylmethyl-2-methyl-furan-3-carbonsäure formulierten **Methronsäure-monoäthyl=
ester** (F: 76°) zuzuordnen (*Scott, Johnson*, Am. Soc. **54** [1932] 2549, 2555).

B. Beim Behandeln von [4-Äthoxycarbonyl-5-methyl-[2]furyl]-brenztraubensäure mit
wss. Natronlauge und anschliessend mit wss. Wasserstoffperoxid (*Fernández-Bolaños et
al.*, An. Soc. españ. [B] **49** [1953] 57, 62).

Krystalle; F: 73—74,5° (*Sc., Jo.*), 68—69° [aus A.] (*Fe.-Bo. et al.*).

Beim Erhitzen auf 300° ist 2,5-Dimethyl-furan-3-carbonsäure-äthylester erhalten
worden (*Sc., Jo.*).

**[4-Äthoxycarbonyl-5-methyl-[2]furyl]-essigsäure-äthylester, 5-Äthoxycarbonylmethyl-
2-methyl-furan-3-carbonsäure-äthylester, Methronsäure-diäthylester** $C_{12}H_{16}O_5$, Formel XII
(X = O-C_2H_5) (H 334; E II 288).

B. Beim Behandeln von 2-[4-Äthoxycarbonyl-5-methyl-[2]furyl]-acetessigsäure-äthyl=
ester mit wss. Natronlauge (*Gault et al.*, Bl. **1959** 1167, 1173).

Krystalle; F: 76°.

5-Chlorcarbonylmethyl-2-methyl-furan-3-carbonsäure-äthylester $C_{10}H_{11}ClO_4$, Formel XII
(X = Cl).

B. Beim Behandeln von [4-Äthoxycarbonyl-5-methyl-[2]furyl]-essigsäure (s. o.) mit
Thionylchlorid, Pyridin und Äther (*Robinson, Thompson*, Soc. **1938** 2009, 2011).

$Kp_{0,5}$: 124—127°.

**[4-Chlorcarbonyl-5-methyl-[2]furyl]-acetylchlorid, 5-Chlorcarbonylmethyl-2-methyl-
furan-3-carbonsäure-dichlorid, Methronsäure-dichlorid** $C_8H_6Cl_2O_3$, Formel I (X = Cl).

B. Aus [4-Carboxy-5-methyl-[2]furyl]-essigsäure mit Hilfe von Thionylchlorid (*Geigy
A.G.*, Schweiz. P. 226786 [1939], 235934 [1939]; D.R.P. 726587 [1940]; D.R.P. Org.
Chem. **3** 215; U.S.P. 2317286 [1940]).

$Kp_{1,4}$: 130°.

5-[Diäthylcarbamoyl-methyl]-2-methyl-furan-3-carbonsäure-äthylester $C_{14}H_{21}NO_4$,
Formel II.

Diese Konstitution ist wahrscheinlich der nachstehend beschriebenen, von *Geigy A.G.*
(D.R.P. 726587 [1940]; D.R.P. Org. Chem. **3** 215; U.S.P. 2317286 [1940]) als [4-Di=
äthylcarbamoyl-5-methyl-[2]furyl]-essigsäure-äthylester ($C_{14}H_{21}NO_4$) for=
mulierten Verbindung auf Grund ihrer genetischen Beziehung zu [4-Äthoxycarbonyl-
5-methyl-[2]furyl]-essigsäure (s. o.) zuzuordnen.

B. Beim Behandeln von 5-Chlorcarbonylmethyl-2-methyl-furan-3-carbonsäure-äthyl=
ester mit Diäthylamin und Äther (*Geigy A.G.*).

Kp: 160—162°.

**[4-Dimethylcarbamoyl-5-methyl-[2]furyl]-essigsäure-dimethylamid, 5-[Dimethyl=
carbamoyl-methyl]-2-methyl-furan-3-carbonsäure-dimethylamid, Methronsäure-bis-
dimethylamid** $C_{12}H_{18}N_2O_3$, Formel I (X = N(CH₃)₂).

B. Beim Behandeln von [4-Chlorcarbonyl-5-methyl-[2]furyl]-acetylchlorid mit Di=
methylamin und Äther (*Geigy A.G.*, D.R.P. 726587 [1940]; D.R.P. Org. Chem. **3** 215;
U.S.P. 2317286 [1940]).

F: 80°. $Kp_{0,1}$: 178°.

**[4-Diäthylcarbamoyl-5-methyl-[2]furyl]-essigsäure-diäthylamid, 5-[Diäthylcarbamoyl-
methyl]-2-methyl-furan-3-carbonsäure-diäthylamid, Methronsäure-bis-diäthylamid**
$C_{16}H_{26}N_2O_3$, Formel I (X = N(C_2H_5)₂).

B. Beim Erhitzen des Bis-diäthylamin-Salzes der [4-Carboxy-5-methyl-[2]furyl]-

essigsäure mit Phosphorylchlorid auf 150° (*Geigy A.G.*, Schweiz. P. 235941 [1939]; D.R.P. 726587 [1940]; D.R.P. Org. Chem. **3** 215; U.S.P. 2317286 [1940]). Beim Behandeln von [4-Chlorcarbonyl-5-methyl-[2]furyl]-acetylchlorid mit Diäthylamin und Äther (*Geigy A.G.*, Schweiz. P. 226786 [1939]; D.R.P. 726587; U.S.P. 2317286). $Kp_{0,5}$: 185°.

I   II   III   IV

[4-Dipropylcarbamoyl-5-methyl-[2]furyl]-essigsäure-dipropylamid, 5-[Dipropylcarbam=oyl-methyl]-2-methyl-furan-3-carbonsäure-dipropylamid, Methronsäure-bis-dipropylamid $C_{20}H_{34}N_2O_3$, Formel I (X = $N(CH_2$-CH_2-$CH_3)_2$).
B. Beim Behandeln von [4-Chlorcarbonyl-5-methyl-[2]furyl]-acetylchlorid mit Di=propylamin und Äther (*Geigy A.G.*, Schweiz. P. 235936 [1939]; D.R.P. 726587 [1940]; D.R.P. Org. Chem. **3** 215; U.S.P. 2317286 [1940]).
Öl; bei 140—145°/0,0001 Torr destillierbar.

[4-Diallylcarbamoyl-5-methyl-[2]furyl]-essigsäure-diallylamid, 5-[Diallylcarbamoyl-methyl]-2-methyl-furan-3-carbonsäure-diallylamid, Methronsäure-bis-diallylamid $C_{20}H_{26}N_2O_3$, Formel I (X = $N(CH_2$-CH=$CH_2)_2$).
B. Beim Behandeln von [4-Chlorcarbonyl-5-methyl-[2]furyl]-acetylchlorid mit Di=allylamin und Äther (*Geigy A.G.*, Schweiz. P. 235935 [1939]; D.R.P. 726587 [1940]; D.R.P. Org. Chem. **3** 215; U.S.P. 2317286 [1940]).
Öl; bei 140°/0,0001 Torr destillierbar.

[5-Methyl-4-(methyl-phenyl-carbamoyl)-[2]furyl]-essigsäure-[N-methyl-anilid], 2-Methyl-5-[(methyl-phenyl-carbamoyl)-methyl]-furan-3-carbonsäure-[N-methyl-anilid], Methronsäure-bis-[N-methyl-anilid] $C_{22}H_{22}N_2O_3$, Formel I (X = $N(CH_3)$-C_6H_5).
B. Beim Behandeln von [4-Chlorcarbonyl-5-methyl-[2]furyl]-acetylchlorid mit N-Methyl-anilin und Äther (*Geigy A.G.*, D.R.P. 726587 [1940]; D.R.P. Org. Chem. **3** 215; U.S.P. 2317286 [1940]).
F: 124°.

4,5-Dimethyl-furan-2,3-dicarbonsäure $C_8H_8O_5$, Formel III.
B. Beim Erhitzen von 2-Cyan-4,5-dimethyl-furan-3-carbonsäure mit wss. Kalilauge auf 150° (*Reichstein, Grüssner*, Helv. **16** [1933] 28, 32).
Krystalle (aus W.); F: 252° [korr.; Zers.]. Im Hochvakuum sublimierbar.
Beim Erhitzen auf 250° ist 4,5-Dimethyl-furan-3-carbonsäure erhalten worden.

2-Cyan-4,5-dimethyl-furan-3-carbonsäure $C_8H_7NO_3$, Formel IV.
B. Beim Behandeln einer Lösung von [3-Äthoxycarbonyl-4,5-dimethyl-[2]furyl]-essig=säure-äthylester in Äther mit Äthylnitrit und Natriumäthylat in Äthanol, Erwärmen des Reaktionsprodukts mit wss. Kalilauge und Erhitzen der gebildeten [3-Carboxy-4,5-di=methyl-[2]furyl]-hydroxyimino-essigsäure mit Acetanhydrid (*Reichstein, Grüssner*, Helv. **16** [1933] 28, 31).
Krystalle (aus Toluol); F: 156—157° [korr.].

3,4-Dimethyl-thiophen-2,5-dicarbonsäure-dihydrazid $C_8H_{12}N_4O_2S$, Formel V.
B. Beim Erwärmen von 3,4-Dimethyl-thiophen-2,5-dicarbonsäure-dimethylester mit Hydrazin-hydrat und Äthanol (*Yale et al.*, Am. Soc. **75** [1953] 1933, 1938).
Krystalle (aus W.); F: 247—249° (*Yale et al.*, l. c. S. 1934).

2,5-Dimethyl-furan-3,4-dicarbonsäure $C_8H_8O_5$, Formel VI (X = OH) (H 335; dort als Carbopyrotritarsäure und als Carbuvinsäure bezeichnet).

B. Beim Erwärmen von 2,3-Diacetyl-bernsteinsäure-diäthylester mit Polyphosphor=
säure und Erwärmen des erhaltenen 2,5-Dimethyl-furan-3,4-dicarbonsäure-diäthylesters
mit äthanol. Kalilauge (*Nightingale, Sukornick*, J. org. Chem. **24** [1959] 497, 499; vgl.
H 335).

F: 225° (*Suehiro*, J. chem. Soc. Japan Pure Chem. Sect. **79** [1958] 457, 459; C.A. **1960**
4486).

Charakterisierung als Dianilid (F: 203—205° [unkorr.]): *Ni., Su.*

2,5-Dimethyl-furan-3,4-dicarbonsäure-diäthylester $C_{12}H_{16}O_5$, Formel VI (X = O-C_2H_5)
(H 335; E I 448; E II 289).

B. s. im vorangehenden Artikel.

Beim Behandeln mit Hydrazin-hydrat und Methanol ist 5,7-Dimethyl-furo[3,4-*d*]pyr=
idazin-1,4-diol (*Jones*, Am. Soc. **78** [1956] 159, 160), beim Erhitzen mit Hydrazin-hydrat
und Äthanol auf 120° ist hingegen 5,8-Dimethyl-6,7-dihydro-pyridazino[4,5-*d*]pyridazin-
1,4-diol (*Seka, Preissecker*, M. **57** [1931] 71, 83) erhalten worden.

V   VI   VII   VIII

4-Chlorcarbonyl-2,5-dimethyl-furan-3-carbonsäure-äthylester $C_{10}H_{11}ClO_4$, Formel VII.

B. Beim Erwärmen von 2,5-Dimethyl-furan-3,4-dicarbonsäure-monoäthylester mit
Thionylchlorid und Benzol (*Gilman et al.*, R. **52** [1933] 151, 155).

Kp_{18}: 149—151°.

2,5-Dimethyl-furan-3,4-dicarbonylchlorid $C_8H_6Cl_2O_3$, Formel VI (X = Cl).

B. Beim Erwärmen von 2,5-Dimethyl-furan-3,4-dicarbonsäure mit Thionylchlorid
(*Nightingale, Sukornick*, J. org. Chem. **24** [1959] 497, 499; s. a. *Geigy A.G.*, Schweiz. P.
235939 [1939]; D.R.P. 726587 [1940]; D.R.P. Org. Chem. **3** 215; U.S.P. 2317286
[1940]).

Kp_{14}: 135—137° (*Geigy A.G.*); Kp_1: 117—120° (*Ni., Su.*).

2,5-Dimethyl-furan-3,4-dicarbonsäure-bis-diäthylamid $C_{16}H_{26}N_2O_3$, Formel VI
(X = N(C_2H_5)$_2$).

B. Beim Behandeln von 2,5-Dimethyl-furan-3,4-dicarbonylchlorid mit Diäthylamin und
Äther (*Geigy A.G.*, Schweiz. P. 235939 [1939]; D.R.P. 726587 [1940]; D.R.P. Org. Chem.
3 215; U.S.P. 2317286 [1940]).

Krystalle (aus PAe.); F: 62°. $Kp_{0,4}$: 154—156°.

2,5-Dimethyl-furan-3,4-dicarbonsäure-dianilid $C_{20}H_{18}N_2O_3$, Formel VI (X = NH-C_6H_5).

B. Beim Behandeln von 2,5-Dimethyl-furan-3,4-dicarbonylchlorid mit Anilin und
Benzol (*Nightingale, Sukornick*, J. org. Chem. **24** [1959] 497, 499).

F: 203—205° [unkorr.].

4-Cyan-2,5-dimethyl-furan-3-carbonsäure $C_8H_7NO_3$, Formel VIII.

Diese Konstitution ist der nachstehend beschriebenen Verbindung zugeordnet worden
(*Bilton, Linstead*, Soc. **1937** 922, 928).

B. Beim Erhitzen von 2,5-Dimethyl-furan-3,4-dicarbonsäure-diamid mit Acetanhydrid
(*Bi., Li.*).

Krystalle (aus W.); F: 174°.

7-Oxa-norborn-2-en-2,3-dicarbonsäure $C_8H_8O_5$, Formel IX (R = H).

B. Beim Erwärmen von 7-Oxa-norborn-2-en-2,3-dicarbonsäure-dimethylester mit
methanol. Kalilauge (*Alder, Backendorf*, A. **535** [1938] 101, 110; *Diels, Olsen*, J. pr. [2]

156 [1940] 285, 296) oder mit äthanol. Kalilauge (*Diels, Alder*, A. **490** [1931] 243, 252). Beim Erwärmen von 7-Oxa-norborn-2-en-2,3-dicarbonsäure-diäthylester mit methanol. Kalilauge (*Alder, Rickert*, B. **70** [1937] 1354, 1359).

Krystalle; F: 168—170° [aus E.] (*Al., Ba.*), 167—168° [Zers.; aus E. + PAe.] (*Di., Al.*), 167° [aus E. + Bzn.] (*Al., Ri.*), 167° [unkorr.; aus Acn. + Bzn.] (*Di., Ol.*).

Hydrierung an Platin in Essigsäure unter Bildung von 7-Oxa-norbornan-2*endo*,3*endo*-dicarbonsäure (S. 4457) und wenig 7-Oxa-norbornan-2*endo*,3*exo*-dicarbonsäure: *Alder, Backendorf*, A. **535** [1938] 113, 119. Beim Erhitzen mit Buta-1,3-dien und Dioxan auf 180° ist 1,2,3,4,5,8-Hexahydro-1*t*,4*t*-epoxido-naphthalin-4a*r*,8a*c*-dicarbonsäure-anhydrid (über die Konfiguration dieser Verbindung s. *Stork et al.*, Am. Soc. **75** [1953] 384, 389) erhalten worden (*Al., Ba.*, l. c. S. 112). Reaktion mit Diazomethan in Äther unter Bildung von 4,5,6,7-Tetrahydro-3*H*-4*t*,7*t*-epoxido-indazol-3a*r*,7a*c*-dicarbonsäure-dimethylester (F: 112—113°): *Di., Al.*, l. c. S. 253; s. a. *Al., Ba.*, l. c. S. 106 Anm. 2.

7-Oxa-norborn-2-en-2,3-dicarbonsäure-dimethylester $C_{10}H_{12}O_5$, Formel IX (R = CH_3).

B. Bei der Hydrierung von 7-Oxa-norborna-2,5-dien-2,3-dicarbonsäure-dimethylester an Palladium in Aceton (*Diels, Alder*, A. **490** [1931] 243, 251; *Diels, Olsen*, J. pr. [2] **156** [1940] 285, 295; *Stork et al.*, Am. Soc. **75** [1953] 384, 389).

Krystalle (aus Bzn.); F: 52° (*Di., Ol.*), 51—52° (*Di., Al.*), 51—51,5° (*St. et al.*).

Reaktion mit Buta-1,3-dien in Gegenwart von Äthanol und Hydrochinon unter Bildung von 1,2,3,4,5,8-Hexahydro-1*t*,4*t*-epoxido-naphthalin-4a*r*,8a*c*-dicarbonsäure-dimethyl= ester: *St. et al.* Beim Erwärmen mit methanol. Kalilauge sind 7-Oxa-norborn-2-en-2,3-di= carbonsäure und kleine Mengen 2*exo*-Methoxy-7-oxa-norbornan-2*endo*,3*exo*-dicarbonsäure erhalten worden (*Alder, Backendorf*, A. **535** [1938] 101, 110). Reaktion mit Azidobenzol unter Bildung von 1-Phenyl-4,5,6,7-tetrahydro-1*H*-4*t*,7*t*-epoxido-benzotriazol-3a*r*,7a*c*-di= carbonsäure-dimethylester: *Di., Al.*, l. c. S. 253; *Al., Ba.*, l. c. S. 106 Anm. 2.

IX   X   XI   XII   XIII

7-Oxa-norborn-2-en-2,3-dicarbonsäure-diäthylester $C_{12}H_{16}O_5$, Formel IX (R = C_2H_5).

B. Beim Erwärmen von Furan mit Butindisäure-diäthylester und Hydrieren des Reaktionsprodukts an Palladium/Calciumcarbonat in Äthylacetat (*Alder, Rickert*, B. **70** [1937] 1354, 1359; *Williams et al.*, J. org. Chem. **20** [1955] 1139, 1141).

$Kp_{0,7}$: 100—105° (*Wi. et al.*, l. c. S. 1142).

Beim Erhitzen auf 200° sind Furan-3,4-dicarbonsäure-diäthylester und Äthylen erhalten worden (*Wi. et al.*).

7-Oxa-norborn-5-en-2,3-dicarbonsäure $C_8H_8O_5$.

a) **7-Oxa-norborn-5-en-2*endo*,3*endo*-dicarbonsäure** $C_8H_8O_5$, Formel X.

B. Neben 7-Oxa-norborn-5-en-2*exo*,3*exo*-dicarbonsäure (s. u.) bei 3-tägigem Behandeln von Furan mit Maleinsäure in Wasser (*Diels, Alder*, A. **490** [1931] 243, 247; *Berson, Swidler*, Am. Soc. **75** [1953] 1721, 1725; *Eggelte et al.*, Tetrahedron **29** [1973] 2491).

F: 148—149° [Zers.] (*Eg. et al.*).

b) **7-Oxa-norborn-5-en-2*exo*,3*exo*-dicarbonsäure** $C_8H_8O_5$, Formel XI (R = H).

B. Beim Erwärmen von 7-Oxa-norborn-5-en-2*exo*,3*exo*-dicarbonsäure-anhydrid (E II **19** 181) mit Wasser (*Diels, Alder*, A. **490** [1931] 243, 247).

Krystalle (aus W.); F: 103—105° [nach Sintern bei 95°] (*Di., Al.*).

Bei mehrtägigem Aufbewahren einer mit Maleinsäure versetzten wss. Lösung erfolgt partielle Umwandlung in das unter a) beschriebene Stereoisomere (*Berson, Swidler*, Am. Soc. **75** [1953] 1721, 1724). Geschwindigkeitskonstante dieser Reaktion bei 28°: *Be., Sw.*

7-Oxa-norborn-5-en-2*exo*,3*exo*-dicarbonsäure-dimethylester $C_{10}H_{12}O_5$, Formel XI (R = CH_3).

B. Beim Behandeln von 7-Oxa-norborn-5-en-2*exo*,3*exo*-dicarbonsäure-anhydrid mit wss. Kalilauge und anschliessend mit Dimethylsulfat (*Riobé, Jolivet*, C. r. **243** [1956] 164; *Jolivet*, A. ch. [13] **5** [1960] 1165, 1185).

Krystalle [aus Me.] (*Jo.*, A. ch. [13] **5** 1185); F: 119° (*Ri., Jo.; Jo.*, A. ch. [13] **5** 1185).

Beim Erhitzen auf Temperaturen oberhalb des Schmelzpunkts sind Maleinsäure-dimethylester und Furan erhalten worden (*Jo.*, A. ch. [13] **5** 1185). Über die Reaktion mit Chlor in Wasser (*Jolivet*, C. r. **243** [1956] 2085; A. ch. [13] **5** 1188) s. *Jur'ew, Zefirow*, Ž. obšč. Chim. **33** [1963] 804, 806; engl. Ausg. S. 791, 792.

(±)-7-Oxa-norborn-5-en-2*endo*,3*exo*-dicarbonitril $C_8H_6N_2O$, Formel XII + Spiegelbild.

B. Bei 2-tägigem Erwärmen von Furan mit Fumaronitril und Dioxan (*Mowry*, Am. Soc. **69** [1947] 573).

Krystalle (aus Bzl. + Hexan); F: 111° [geschlossene Kapillare].

Beim Erhitzen auf 115° sind Fumaronitril und Furan erhalten worden.

2*exo*,3*exo*-Dibrom-7-oxa-norborn-5-en-2*endo*,3*endo*-dicarbonsäure-dimethylester $C_{10}H_{10}Br_2O_5$, Formel XIII.

Über die Konstitution und Konfiguration s. *Sefirow et al.*, Ž. obšč. Chim. **36** [1966] 1897, 1898; engl. Ausg. S. 1889, 1890.

B. Bei der Hydrierung von 2*exo*,3*exo*,5*exo*,6*exo*-Tetrabrom-7-oxa-norbornan-2*endo*,=3*endo*-dicarbonsäure-dimethylester an Palladium/Calciumcarbonat in Dioxan (*Diels, Olsen*, J. pr. [2] **156** [1940] 285, 297; *Se. et al.*, l. c. S. 1900).

Krystalle (aus Me.); F: 127—128° [unkorr.] (*Di., Ol.*), 124—125° (*Se. et al.*).

Dicarbonsäuren $C_9H_{10}O_5$

[2]Thienylmethyl-bernsteinsäure $C_9H_{10}O_4S$.

a) **(*R*)-[2]Thienylmethyl-bernsteinsäure** $C_9H_{10}O_4S$, Formel I.

Konfigurationszuordnung: *Fredga*, Ark. Kemi **6** [1953/54] 277, 278.

Gewinnung aus dem unter c) beschriebenen Racemat über das (*R*)-1-Phenyl-äthylamin-Salz: *Fredga, Palm*, Ark. Kemi **26**A Nr. 26 [1949] 1, 5.

Krystalle (aus W.); F: 156,5°; $[\alpha]_D^{25}$: −7° [Ae.; c = 2]; $[\alpha]_D^{25}$: −12,3° [E.; c = 2]; $[\alpha]_D^{25}$: −1,3° [Eg.; c = 2]; $[\alpha]_D^{25}$: −14,8° [Acn.; c = 2]; $[\alpha]_D^{25}$: −7,6° [A.; c = 2]; $[\alpha]_D^{25}$: −23,3° [W.; c = 0,5]; $[\alpha]_D^{25}$: −21,9° [Dinatrium-Salz in W.] (*Fr., Palm*, l. c. S. 6). Schmelzdiagramm des Systems mit dem unter b) beschriebenen Enantiomeren: *Fr., Palm*, l. c. S. 8; *Gronowitz, Larsson*, Ark. Kemi **8** [1955/56] 567, 570; des Systems mit (*R*)-[3]Thienylmethyl-bernsteinsäure: *Gr., La.*, l. c. S. 571.

Überführung in (*S*)-Pentylbernsteinsäure durch Erwärmen des Monokalium-Salzes mit Raney-Nickel in wss. Äthanol: *Fr.*, l. c. S. 280.

b) **(*S*)-[2]Thienylmethyl-bernsteinsäure** $C_9H_{10}O_4S$, Formel II.

Isolierung aus einem nach Abtrennung des Enantiomeren erhaltenen partiell racemischen Präparat über das Strychnin-Salz: *Fredga, Palm*, Ark. Kemi **26**A Nr. 26 [1949] 1, 6.

Krystalle (aus W.); F: 156,5° (*Fr., Palm*). $[\alpha]_D^{25}$: +14,7° [Acn.; c = 2] (*Fr., Palm*, l. c. S. 7). IR-Banden (KBr) im Bereich von 3,4 μ bis 14,3 μ: *Gronowitz*, Ark. Kemi **11** [1957] 361, 364. UV-Spektrum (200—260 nm): *Gronowitz*, Ark. Kemi **13** [1958/59] 295, 308. Schmelzdiagramme der binären Systeme mit (*R*)-Benzylbernsteinsäure, mit (*S*)-Benzylbernsteinsäure, mit dem unter a) beschriebenen Enantiomeren und mit (*R*)-[3]Thienylmethyl-bernsteinsäure: *Fr., Palm*, l. c. S. 8; *Gronowitz, Larsson*, Ark. Kemi **8** [1955/56] 567, 570, 572.

     I   II   III   IV

c) **(±)-[2]Thienylmethyl-bernsteinsäure** $C_9H_{10}O_4S$, Formel I + II.

B. Beim Erwärmen von 2-Chlormethyl-thiophen mit Äthan-1,1,2-tricarbonsäure-tri=

äthylester und Natriumäthylat in Äthanol, Behandeln des gebildeten Esters mit äthanol. Kalilauge, anschliessenden Ansäuern mit wss. Salzsäure und Erhitzen des danach isolierten Reaktionsprodukts mit Wasser (*Fredga, Palm,* Ark. Kemi **26**A Nr. 26 [1949] 1, 4).

Krystalle (aus W.); F: 165,5° (*Fr., Palm,* l. c. S. 5). IR-Banden (KBr) im Bereich von 3,4 μ bis 14,6 μ: *Gronowitz,* Ark. Kemi **11** [1957] 361, 365. Schmelzdiagramm des Systems mit (±)-Benzylbernsteinsäure: *Fr., Palm,* l. c. S. 9.

---

[3]Thienylmethyl-bernsteinsäure $C_9 H_{10} O_4 S$.

a) **(R)-[3]Thienylmethyl-bernsteinsäure** $C_9 H_{10} O_4 S$, Formel III.

Gewinnung aus dem unter c) beschriebenen Racemat über das Strychnin-Salz: *Gronowitz, Larsson,* Ark. Kemi **8** [1955/56] 567, 573, 575.

Krystalle (aus W.); F: 159°; $[\alpha]_D^{25}$: +20° [Acn.; c = 2] (*Gr., La.*). IR-Banden (KBr) im Bereich von 3,4 μ bis 14,6 μ: *Gronowitz,* Ark. Kemi **11** [1957] 361, 364. UV-Spektrum (200—260 nm): *Gronowitz,* Ark. Kemi **13** [1958/59] 295, 308. Schmelzdiagramme der binären Systeme mit (*R*)-Benzylbernsteinsäure, mit (*S*)-Benzylbernsteinsäure, mit (*R*)-[2]Thienylmethyl-bernsteinsäure, mit (*S*)-[2]Thienylmethyl-bernsteinsäure und mit dem unter b) beschriebenen Enantiomeren: *Gr., La.,* l. c. S. 570.

b) **(S)-[3]Thienylmethyl-bernsteinsäure** $C_9 H_{10} O_4 S$, Formel IV.

Konfigurationszuordnung: *Gronowitz, Larsson,* Ark. Kemi **8** [1955/56] 567, 573.

Isolierung aus einem nach Abtrennung des Enantiomeren erhaltenen partiell racemischen Präparat über das (*R*)-1-Phenyl-äthylamin-Salz: *Gr., La.,* l. c. S. 575.

Krystalle (aus W.); F: 159°; $[\alpha]_D^{25}$: −13,9° [Ae.; c = 2]; $[\alpha]_D^{25}$: −19,7° [E.; c = 2]; $[\alpha]_D^{25}$: −9,4° [Eg.; c = 2]; $[\alpha]_D^{25}$: −20,0° [Acn.; c = 2]; $[\alpha]_D^{25}$: −15,0° [A.; c = 2]; $[\alpha]_D^{25}$: −24,1° [W.; c = 0,4]; $[\alpha]_D^{25}$: −20,1° [Dinatrium-Salz in W.] (*Gr., La.,* l. c. S. 576). Schmelzdiagramm des Systems mit dem unter a) beschriebenen Enantiomeren: *Gr., La.,* l. c. S. 570.

c) **(±)-[3]Thienylmethyl-bernsteinsäure** $C_9 H_{10} O_4 S$, Formel III + IV.

B. Beim Behandeln von (±)-[2,5-Dichlor-[3]thienylmethyl]-bernsteinsäure oder von (±)-[2-Brom-[3]thienylmethyl]-bernsteinsäure mit wss. Natriumcarbonat-Lösung und Behandeln der jeweiligen Reaktionslösung mit Natrium-Amalgam (*Gronowitz,* Ark. Kemi **8** [1955/56] 441, 445, 446). Beim Erwärmen von 3-[3]Thienyl-propan-1,2,2-tricarbonsäure-triäthylester mit äthanol. Kalilauge, Ansäuern mit wss. Salzsäure und Erhitzen des danach isolierten Reaktionsprodukts mit Wasser (*Gronowitz,* Ark. Kemi **6** [1954] 283).

Krystalle (aus W.); F: 136° [Kofler-App.] (*Gr.,* Ark. Kemi **6** 283), 133—135° (*Gr.,* Ark. Kemi **8** 446). IR-Banden (KBr) im Bereich von 3,4 μ bis 15 μ: *Gronowitz,* Ark. Kemi **11** [1957] 361, 365.

(±)-[2,5-Dichlor-[3]thienylmethyl]-bernsteinsäure $C_9 H_8 Cl_2 O_4 S$, Formel V.

B. Beim Erwärmen von 2,5-Dichlor-3-chlormethyl-thiophen mit Äthan-1,1,2-tricarbonsäure-triäthylester und Natriummethylat in Äthanol, Erwärmen des Reaktionsgemisches mit Kaliumhydroxid, anschliessenden Ansäuern mit wss. Salzsäure und Erhitzen des danach isolierten Reaktionsprodukts mit Wasser (*Gronowitz,* Ark. Kemi **8** [1955/56] 441, 445).

Krystalle (aus PAe. + E.); F: 105—106°.

(±)-[2-Brom-[3]thienylmethyl]-bernsteinsäure $C_9 H_9 BrO_4 S$, Formel VI.

B. Beim Erwärmen von 3-[2-Brom-[3]thienyl]-propan-1,2,2-tricarbonsäure-triäthylester mit wss.-äthanol. Kalilauge, anschliessenden Ansäuern mit wss. Salzsäure und Erhitzen des danach isolierten Reaktionsprodukts auf 145° (*Gronowitz,* Ark. Kemi **8** [1955/56] 441, 445).

Krystalle (aus W.); F: 127—128°.

V   VI   VII

[2-[2]Thienyl-äthyl]-malonsäure $C_9H_{10}O_4S$, Formel VII (R = H).
B. Beim Erwärmen von [2-[2]Thienyl-äthyl]-malonsäure-diäthylester mit wss.-äthanol. Kalilauge (*Blicke, Leonard*, Am. Soc. **68** [1946] 1934).
Krystalle; F: 130—131° [aus Acn. + Bzl.] (*Bl., Le.*), 124,5° (*Cagniant*, C. r. **226** [1948] 1376).

[2-[2]Thienyl-äthyl]-malonsäure-diäthylester $C_{13}H_{18}O_4S$, Formel VII (R = C_2H_5).
B. Beim Erwärmen von 2-[2-Chlor-äthyl]-thiophen (*Blicke, Leonard*, Am. Soc. **68** [1946] 1934) oder von 2-[2-Brom-äthyl]-thiophen (*Cagniant*, C. r. **226** [1948] 1376) mit Malonsäure-diäthylester und Natriumäthylat in Äthanol.
Kp_{10}: 175° (*Ca.*); Kp_4: 150—154° (*Bl., Le.*).

3-[2]Furyl-glutarsäure $C_9H_{10}O_5$, Formel VIII (X = H) (H 336).
B. Beim Erhitzen von 2-[2]Furyl-propan-1,1,3-tricarbonsäure auf Temperaturen oberhalb des Schmelzpunkts (*Reichstein et al.*, Helv. **15** [1932] 1118, 1123).
Krystalle (aus Toluol); F: 138° [korr.]. Bei 180°/0,4 Torr destillierbar.

3-[5-Chlor-[2]furyl]-glutarsäure $C_9H_9ClO_5$, Formel VIII (X = Cl).
B. Beim Erwärmen von 2,4-Diacetyl-3-[5-chlor-[2]furyl]-glutarsäure-diäthylester mit wss.-äthanol. Natronlauge (*Smith, Shelton*, Am. Soc. **76** [1954] 2731).
Krystalle (aus W.); F: 121—122°.

3-[5-Brom-[2]furyl]-glutarsäure $C_9H_9BrO_5$, Formel VIII (X = Br).
B. Beim Erwärmen von 2,4-Diacetyl-3-[5-brom-[2]furyl]-glutarsäure-diäthylester mit wss.-äthanol. Natronlauge (*Smith, Shelton*, Am. Soc. **76** [1954] 2731).
Krystalle (aus W.); F: 93° [Zers.].

3-[2]Furyl-2,4-dinitro-glutarsäure-diäthylester $C_{13}H_{16}N_2O_9$, Formel IX, und Tautomere.
Diäthylamin-Salz $C_4H_{11}N \cdot C_{13}H_{16}N_2O_9$. *B.* Beim Behandeln von Furfural mit Nitroessigsäure-äthylester, Diäthylamin und Äthanol (*Dornow, Wiehler*, A. **578** [1952] 113, 118). Beim Behandeln von *N*-Furfuryliden-*p*-phenetidin mit Nitroessigsäure-äthylester, Diäthylamin, Äthanol und Äther (*Dornow, Frese*, A. **578** [1952] 122, 131). — Krystalle (aus A.); F: 125° [Zers.] (*Do., Fr.*, l. c. S. 133).

VIII　　　　　　　　IX　　　　　　　　X

3-[2]Thienyl-glutarsäure $C_9H_{10}O_4S$, Formel X (X = H).
B. Beim Erwärmen von 2,4-Diacetyl-3-[2]thienyl-glutarsäure-diäthylester mit wss.-äthanol. Natronlauge (*Smith, Shelton*, Am. Soc. **76** [1954] 2731).
Krystalle (aus W.); F: 121—122°.

3-[5-Chlor-[2]thienyl]-glutarsäure $C_9H_9ClO_4S$, Formel X (X = Cl).
B. Beim Erwärmen von 2,4-Diacetyl-3-[5-chlor-[2]thienyl]-glutarsäure-diäthylester mit wss.-äthanol. Natronlauge (*Smith, Shelton*, Am. Soc. **76** [1954] 2731).
Krystalle (aus W.); F: 119—120°.

Äthyl-[2]furyl-malonsäure-dimethylester $C_{11}H_{14}O_5$, Formel XI.
B. Beim Erwärmen der Natrium-Verbindung des [2]Furylmalonsäure-dimethylesters mit Äthyljodid und Methanol (*Reichstein, Morsmann*, Helv. **17** [1934] 1119, 1126).
Kp_{14}: 136—137°; Kp_9: 130—132°.

Äthyl-[2]thienyl-malonsäure-diäthylester $C_{13}H_{18}O_4S$, Formel XII.
B. Beim Erwärmen der Natrium-Verbindung des [2]Thienylmalonsäure-diäthylesters

mit Äthylbromid und Äthanol (*Blicke, Zienty*, Am. Soc. **63** [1941] 2945).
Kp$_5$: 148—150°.

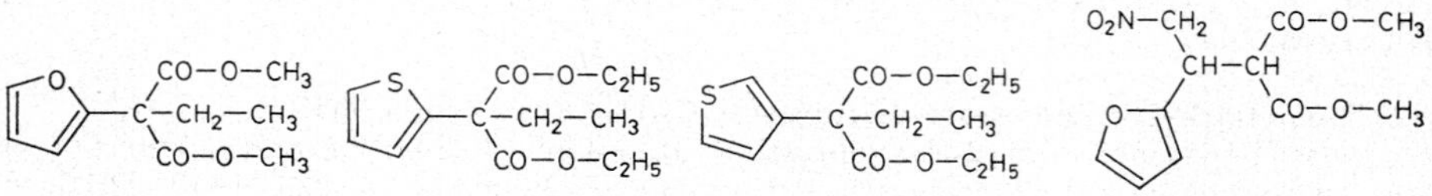

XI   XII   XIII   XIV

Äthyl-[3]thienyl-malonsäure-diäthylester $C_{13}H_{18}O_4S$, Formel XIII.
B. Beim Erwärmen der Natrium-Verbindung des [3]Thienylmalonsäure-diäthylesters
mit Äthyljodid und Äthanol (*Campaigne, Patrick*, Am. Soc. **77** [1955] 5425).
Kp$_4$: 172—174°.

(±)-[1-[2]Furyl-2-nitro-äthyl]-malonsäure-dimethylester $C_{11}H_{13}NO_7$, Formel XIV.
B. Beim Eintragen von 2-[2-Nitro-vinyl]-furan (vgl. E III/IV **17** 359) in eine methanol.
Lösung der Natrium-Verbindung des Malonsäure-dimethylesters (*Perekalin, Sobatschewa*,
Ž. obšč. Chim. **29** [1959] 2905, 2906; engl. Ausg. S. 2865).
Krystalle (aus Me.); F: 54° (*Pe., So.*, l. c. S. 2908).

(±)-[2-Nitro-1-[2]thienyl-äthyl]-malonsäure-dimethylester $C_{11}H_{13}NO_6S$, Formel I.
B. Beim Eintragen von 2-[2-Nitro-vinyl]-thiophen (vgl. E III/IV **17** 362) in eine
methanol. Lösung der Natrium-Verbindung des Malonsäure-dimethylesters (*Perekalin,
Sobatschewa*, Ž. obšč. Chim. **29** [1959] 2905, 2906; engl. Ausg. S. 2865).
Krystalle (aus Ae.); F: 35,5° (*Pe., So.*, l. c. S. 2909).

Methyl-[2]thienylmethyl-malonsäure $C_9H_{10}O_4S$, Formel II (R = H).
B. Aus Methyl-[2]thienylmethyl-malonsäure-diäthylester (*Cagniant*, C. r. **232** [1951]
734).
Krystalle (aus Bzl.); F: 158° [unkorr.; im vorgeheizten Block].

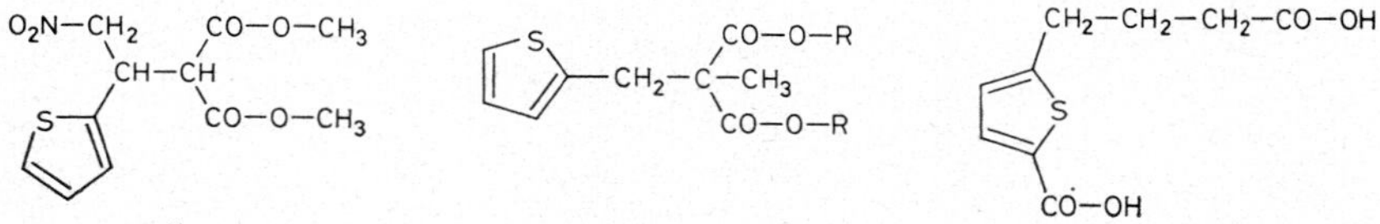

I   II   III

Methyl-[2]thienylmethyl-malonsäure-diäthylester $C_{13}H_{18}O_4S$, Formel II (R = C$_2$H$_5$).
B. Aus 2-Chlormethyl-thiophen und der Natrium-Verbindung des Methylmalonsäure-
diäthylesters (*Cagniant*, C. r. **232** [1951] 734).
Kp$_{17}$: 175°.

4-[5-Carboxy-[2]thienyl]-buttersäure, 5-[3-Carboxy-propyl]-thiophen-2-carbonsäure
$C_9H_{10}O_4S$, Formel III.
B. Aus 4-[5-Acetyl-[2]thienyl]-buttersäure-äthylester mit Hilfe von Natriumhypo=
bromit (*Buu-Hoï et al.*, C. r. **240** [1955] 442).
Krystalle (aus W. + A.); F: 194°.

5-Propyl-furan-2,4-dicarbonsäure $C_9H_{10}O_5$, Formel IV.
B. Beim Erwärmen von 5-Formyl-2-propyl-furan-3-carbonsäure-äthylester mit Silber=
oxid und wss. Natronlauge (*García González, López Aparicio*, An. Soc. españ. **43** [1947]
279, 283).
Krystalle (aus wss. A.); Zers. oberhalb 260° [unter Sublimation].

[4-Äthyl-3-carboxy-[2]furyl]-essigsäure, 4-Äthyl-2-carboxymethyl-furan-3-carbonsäure $C_9H_{10}O_5$, Formel V (R = H).

B. Beim Erwärmen von [3-Äthoxycarbonyl-4-äthyl-[2]furyl]-essigsäure-äthylester mit methanol. Kalilauge (*Reichstein, Grüssner*, Helv. **16** [1933] 6, 10).

Krystalle (aus W.); F: 192—193° [Zers.].

Beim Erhitzen auf Temperaturen oberhalb des Schmelzpunkts ist 4-Äthyl-2-methyl-furan-3-carbonsäure erhalten worden.

IV   V   VI

[3-Äthoxycarbonyl-4-äthyl-[2]furyl]-essigsäure-äthylester, 2-Äthoxycarbonylmethyl-4-äthyl-furan-3-carbonsäure-äthylester $C_{13}H_{18}O_5$, Formel V (R = C_2H_5).

B. Als Hauptprodukt beim Behandeln einer Lösung von 3-Oxo-glutarsäure-diäthylester und 1-Chlor-butan-2-on in Äther mit Ammoniak bei —15° und Erhitzen des Reaktions-produkts bis auf 120° (*Reichstein, Grüssner*, Helv. **16** [1933] 6, 9).

Bei 110—116°/0,25 Torr destillierbar.

3-Carboxy-4,5-dimethyl-[2]furyl]-essigsäure, 2-Carboxymethyl-4,5-dimethyl-furan-3-carbonsäure $C_9H_{10}O_5$, Formel VI (R = H).

B. Beim Erwärmen von [3-Äthoxycarbonyl-4,5-dimethyl-[2]furyl]-essigsäure-äthylester mit methanol. Kalilauge (*Reichstein et al.*, Helv. **15** [1932] 1112, 1116).

Krystalle (aus W.); F: 211° [Zers.].

Beim Erhitzen bis auf 250° ist 2,4,5-Trimethyl-furan-3-carbonsäure erhalten worden.

[3-Äthoxycarbonyl-4,5-dimethyl-[2]furyl]-essigsäure-äthylester, 2-Äthoxycarbonyl=methyl-4,5-dimethyl-furan-3-carbonsäure-äthylester $C_{13}H_{18}O_5$, Formel VI (R = C_2H_5).

B. Als Hauptprodukt beim Behandeln einer Lösung von 3-Oxo-glutarsäure-diäthylester und 3-Chlor-butan-2-on in Äther mit Ammoniak bei —15° und Erhitzen des Reaktions-produkts bis auf 135° (*Reichstein et al.*, Helv. **15** [1932] 1112, 1115; *Reichstein, Grüssner*, Helv. **16** [1933] 28, 30).

$Kp_{0,25}$: 124° (*Re., Gr.*); $Kp_{0,2}$: ca. 110—115° (*Re. et al.*).

(±)-1-Methyl-7-oxa-norborn-2-en-2,3-dicarbonsäure $C_9H_{10}O_5$, Formel VII.

B. Beim Erwärmen von 2-Methyl-furan mit Butindisäure-dimethylester, Hydrieren des Reaktionsprodukts an Palladium/Calciumcarbonat in Äthylacetat und Erwärmen des erhaltenen 1-Methyl-7-oxa-norborn-2-en-2,3-dicarbonsäure-dimethylesters mit methanol. Kalilauge (*Alder, Backendorf*, A. **535** [1938] 101, 111).

Krystalle (aus E.); F: 151—152° [Zers.] (*Al., Ba.*, l. c. S. 111).

Bei der Hydrierung an Platin in Essigsäure ist 1-Methyl-7-oxa-norbornan-2*endo*,=3*endo*-dicarbonsäure (S. 4468) erhalten worden (*Alder, Backendorf*, A. **535** [1938] 113, 120).

(±)-1-Methyl-7-oxa-norborn-5-en-2*exo*,3*exo*-dicarbonsäure $C_9H_{10}O_5$, Formel VIII + Spiegelbild.

Konfigurationszuordnung: *Sefirow et al.*, Ž. obšč. Chim. **35** [1965] 58; engl. Ausg. S. 54.

B. Beim Erwärmen von (±)-1-Methyl-7-oxa-norborn-5-en-2*exo*,3*exo*-dicarbonsäure-an=hydrid mit Wasser (*Alder, Backendorf*, A. **535** [1938] 101, 108).

F: 145—146°.

(±)-1-Methyl-7-oxa-norborn-5-en-2*endo*,3*exo*-dicarbonitril $C_9H_8N_2O$, Formel IX + Spiegelbild, und **(±)-1-Methyl-7-oxa-norborn-5-en-2*exo*,3*endo*-dicarbonitril** $C_9H_8N_2O$, Formel X + Spiegelbild.

Diese Formeln kommen für die nachstehend beschriebene Verbindung auf Grund ihrer Bildungsweise in Betracht.

B. Bei mehrtägigem Behandeln von 2-Methyl-furan mit Fumaronitril und Dioxan (*Mowry*, Am. Soc. **69** [1947] 573).

Krystalle (aus wss. A.); F: 100°.

VII   **VIII**   **IX**   **X**

5exo,6exo-Epoxy-norbornan-2exo,3exo-dicarbonsäure $C_9 H_{10} O_5$, Formel XI (R = H).

B. Beim Behandeln von Norborn-5-en-2*exo*,3*exo*-dicarbonsäure mit Peroxyessigsäure in Essigsäure sowie beim Erhitzen von 5*exo*,6*exo*-Epoxy-norbornan-2*exo*,3*exo*-dicarbon=säure-anhydrid mit Wasser (*Nasarow et al.*, Izv. Akad. S.S.S.R. Otd. chim. **1958** 192, 196, 197; engl. Ausg. S. 179, 183). Neben einer mit Vorbehalt als (±)-5*endo*,7*anti*-Dihydr=oxy-norbornan-2*endo*,3*endo*-dicarbonsäure-3→5-lacton ($C_9 H_{10} O_5$) formulier=ten Verbindung (Krystalle [aus Acetonitril], F: 196—197° [korr.]; mit Hilfe von Diazo=methan in Äter in einen Methylester $C_{10} H_{12} O_5$ vom F: 145—146° überführbar) beim Behandeln von Norborn-5-en-2*exo*,3*exo*-dicarbonsäure mit Trifluor-peroxyessigsäure in Dichlormethan und Chloroform (*Berson, Suzuki*, Am. Soc. **80** [1958] 4341, 4343).

Krystalle; F: 167—168° [korr.; Zers.; aus Acetonitril] (*Be., Su.*), 159—160° [Zers.; aus W.] (*Na. et al.*).

Beim Erhitzen mit Wasser ist die erwähnte Verbindung vom F: 196—197° erhalten worden (*Be., Su.*).

XI   **XII**   **XIII**

5,6-Epoxy-norbornan-2,3-dicarbonsäure-dimethylester $C_{11} H_{14} O_5$.

a) **5exo,6exo-Epoxy-norbornan-2endo,3endo-dicarbonsäure-dimethylester** $C_{11} H_{14} O_5$, Formel XII.

B. Beim Behandeln von Norborn-5-en-2*endo*,3*endo*-dicarbonsäure-dimethylester mit Peroxyessigsäure in Chloroform (*Nasarow et al.*, Izv. Akad. S.S.S.R. Otd. chim. **1958** 192, 196; engl. Ausg. S. 179, 182) oder mit Peroxybenzoesäure in Chloroform (*Alder, Stein*, A. **504** [1933] 216, 253).

Krystalle (aus Ae.); F: 46—47° (*Na. et al.*). Bei 162—169°/13 Torr destillierbar (*Al., St.*).

b) **(±)-5exo,6exo-Epoxy-norbornan-2endo,3exo-dicarbonsäure-dimethylester** $C_{11} H_{14} O_5$, Formel XIII + Spiegelbild.

B. Beim Behandeln von (±)-Norborn-5-en-2*endo*,3*exo*-dicarbonsäure-dimethylester mit Peroxyessigsäure in Chloroform (*Nasarow et al.*, Izv. Akad. S.S.S.R. Otd. chim. **1958** 192, 196; engl. Ausg. S. 179, 182) oder mit Peroxybenzoesäure in Chloroform (*Alder, Stein*, A. **504** [1933] 216, 254).

Bei 150—160°/15 Torr destillierbar (*Al., St.*); Kp_3: 131—132; D_4^{20}: 1,2536; n_D^{20}: 1,4820 (*Na. et al.*).

Beim Erwärmen mit wss. Natronlauge und Erhitzen des nach dem Ansäuern mit wss. Salzsäure isolierten Reaktionsprodukts mit Acetanhydrid ist 5*exo*-Acetoxy-6*endo*-hydroxy-norbornan-2*endo*,3*exo*-dicarbonsäure-2-lacton erhalten worden (*Al., St.*).

c) **5exo,6exo-Epoxy-norbornan-2exo,3exo-dicarbonsäure-dimethylester** $C_{11} H_{14} O_5$, Formel XI (R = CH_3).

B. Beim Behandeln von Norborn-5-en-2*exo*,3*exo*-dicarbonsäure-dimethylester mit Per=oxyessigsäure in Chloroform (*Nasarow et al.*, Izv. Akad. S.S.S.R. Otd. chim. **1958** 192,

197; engl. Ausg. S. 179, 183), mit Peroxybenzoesäure in Chloroform (*Alder*, *Stein*, A.
504 [1933] 216, 255) oder mit Trifluor-peroxyessigsäure und Natriumcarbonat in
Dichlormethan (*Berson*, *Suzuki*, Am. Soc. **80** [1958] 4341, 4343). Beim Behandeln von
5exo,6exo-Epoxy-norbornan-2exo,3exo-dicarbonsäure (S. 4516) mit Diazomethan in Äther
(*Be.*, *Su.*; *Na. et al.*).

Krystalle; F: 87—88° [aus Ae.] (*Na. et al.*), 86—88° [aus Hexan] (*Be.*, *Su.*), 86—87°
[aus Bzn.] (*Al.*, *St.*).

Dicarbonsäuren $C_{10}H_{12}O_5$

[3-[2]Furyl-propyl]-malonsäure-diäthylester $C_{14}H_{20}O_5$, Formel I.
B. Aus 2-[3-Jod-propyl]-furan und der Natrium-Verbindung des Malonsäure-diäthyl=
esters (*Rallings*, *Smith*, Soc. **1953** 618, 621).
Bei 105—112°/0,1 Torr destillierbar.

Propyl-[2]thienyl-malonsäure-diäthylester $C_{14}H_{20}O_4S$, Formel II.
B. Beim Erhitzen der Natrium-Verbindung des [2]Thienylmalonsäure-diäthylesters mit
Propylbromid und Diäthylcarbonat (*Leonard*, Am. Soc. **74** [1952] 2915, 2917).
Bei 138—144°/4 Torr destillierbar. n_D^{20}: 1,4928.

$$I \qquad\qquad II \qquad\qquad III$$

Äthyl-[2]thienylmethyl-malonsäure $C_{10}H_{12}O_4S$, Formel III (R = H).
B. Beim Erhitzen von Äthyl-[2]thienylmethyl-malonsäure-diäthylester mit wss.-
äthanol. Kalilauge (*Owen*, *Nord*, J. org. Chem. **15** [1950] 988, 991).
Krystalle (aus Acn. + Bzl.); F: 127,5—128,5°.

Äthyl-[2]thienylmethyl-malonsäure-diäthylester $C_{14}H_{20}O_4S$, Formel III (R = C_2H_5).
B. Beim Behandeln von 2-Chlormethyl-thiophen mit der Natrium-Verbindung des
Äthylmalonsäure-diäthylesters in Äthanol (*Morren et al.*, J. pharm. Belg. **7** [1952] 65, 67).
Beim Erwärmen der Natrium-Verbindung des [2]Thienylmethyl-malonsäure-diäthyl=
esters mit Äthylbromid und Äthanol (*Owen*, *Nord*, J. org. Chem. **15** [1950] 988, 991).
Kp_{14}: 175° (*Mo. et al.*, l. c. S. 68). Bei 130—135°/1—2 Torr destillierbar (*Owen*, *Nord*).

Äthyl-[3]thienylmethyl-malonsäure-diäthylester $C_{14}H_{20}O_4S$, Formel IV.
B. Beim Erwärmen der Natrium-Verbindung des [3]Thienylmethyl-malonsäure-
diäthylesters mit Äthyljodid und Äthanol (*Campaigne*, *Patrick*, Am. Soc. **77** [1955] 5425).
Kp_5: 160—164°.

5-[5-Carboxy-[2]thienyl]-valeriansäure, 5-[4-Carboxy-butyl]-thiophen-2-carbonsäure
$C_{10}H_{12}O_4S$, Formel V (R = H).
B. Beim Erhitzen von 5-[5-Cyan-[2]thienyl]-valeriansäure-äthylester mit wss. Kali=
lauge (*Du Pont de Nemours & Co.*, U.S.P. 2502344 [1946]).
Krystalle (aus wss. A.); F: 170—172°.

$$IV \qquad\qquad V \qquad\qquad VI$$

5-[5-Äthoxycarbonyl-[2]thienyl]-valeriansäure-äthylester, 5-[4-Äthoxycarbonyl-butyl]-thiophen-2-carbonsäure-äthylester $C_{14}H_{20}O_4S$, Formel V (R = C_2H_5).

B. Beim Erwärmen von 5-[5-Carboxy-[2]thienyl]-valeriansäure mit Chlorwasserstoff enthaltendem Äthanol (*Du Pont de Nemours & Co.*, U.S.P. 2502344 [1946]).

Bei 155—168°/2 Torr destillierbar; n_D^{25}: 1,505 [Rohprodukt].

5-[5-Cyan-[2]thienyl]-valeriansäure-äthylester $C_{12}H_{15}NO_2S$, Formel VI.

B. Beim Erhitzen von 5-[5-Brom-[2]thienyl]-valeriansäure-äthylester mit Kupfer(I)-cyanid und Pyridin auf 175° (*Du Pont de Nemours & Co.*, U.S.P. 2502344 [1946]).

Bei 147—150°/1 Torr destillierbar; n_D^{25}: 1,5178.

3-[5-Methyl-[2]furyl]-glutarsäure $C_{10}H_{12}O_5$, Formel VII.

B. Beim Erwärmen von 2,4-Diacetyl-3-[5-methyl-[2]furyl]-glutarsäure-diäthylester mit wss.-äthanol. Natronlauge (*Smith, Shelton,* Am. Soc. **76** [1954] 2731).

Krystalle (aus W.); F: 134—136°.

3-[5-Methyl-[2]thienyl]-glutarsäure $C_{10}H_{12}O_4S$, Formel VIII.

B. Beim Erwärmen von 2,4-Diacetyl-3-[5-methyl-[2]thienyl]-glutarsäure-diäthylester mit wss.-äthanol. Natronlauge (*Smith, Shelton,* Am. Soc. **76** [1954] 2731).

Krystalle (aus W.); F: 134—135°.

2,5-Bis-[2-carboxy-äthyl]-furan, 3,3'-Furan-2,5-diyl-di-propionsäure $C_{10}H_{12}O_5$, Formel IX (X = OH) (E I 448; E II 289; dort als Furan-di-[β-propionsäure]-(2.5) bezeichnet).

B. Beim Erhitzen von 4,7-Dioxo-decandisäure unter vermindertem Druck auf 180° (*Hayashi, Hachihama,* J. chem. Soc. Japan Ind. Chem. Sect. **57** [1954] 504; C. A. **1955** 15848; s. a. *Hachihama, Hayashi,* Makromol. Ch. **13** [1954] 201, 205, 208). Beim Behandeln einer Lösung von 2,5-Bis-[3-oxo-propyl]-furan in Äthanol mit Silbernitrat und wss. Natronlauge (*Scherlin et al.,* Ž. obšč. Chim. **8** [1938] 7, 14; C. **1939** I 1969). Aus 2,5-Bis-[2-äthoxycarbonyl-äthyl]-furan mit Hilfe von Kalilauge (*Iwakura et al.,* J. chem. Soc. Japan Ind. Chem. Sect. **60** [1957] 706, 708; C. A. **1959** 11343).

Krystalle; F: 154—154,5° [aus W.] (*Sch. et al.*), 153—154° [aus W.] (*Hach., Hay.*), 152—153° (*Iw. et al.*).

Hexandiyldiamin-Salz. F: 195—198° (*Hach., Hay.,* l. c. S. 206).

Decandiyldiamin-Salz. F: 158—159° (*Hach., Hay.,* l. c. S. 206).

VII   VIII   IX

2,5-Bis-[2-methoxycarbonyl-äthyl]-furan, 3,3'-Furan-2,5-diyl-di-propionsäure-dimethylester $C_{12}H_{16}O_5$, Formel IX (X = O-CH_3) (E II 289).

B. Beim Erhitzen von 4,7-Dioxo-decandisäure-dimethylester mit wenig Toluol-4-sulfonsäure in Dichlorbenzol unter Entfernen des entstehenden Wassers (*Iwakura et al.,* J. chem. Soc. Japan Pure Chem. Sect. **78** [1957] 746, 753; C. A. **1960** 5448). Beim Behandeln von 2,5-Bis-[2-carboxy-äthyl]-furan mit Diazomethan in Äther (*Scherlin et al.,* Ž. obšč. Chim. **8** [1938] 7, 14; C. **1939** I 1969).

F: 56,5—57,5°; Kp_{12}: 172—174° (*Sch. et al.*).

2,5-Bis-[2-äthoxycarbonyl-äthyl]-furan, 3,3'-Furan-2,5-diyl-di-propionsäure-diäthylester $C_{14}H_{20}O_5$, Formel IX (X = O-C_2H_5).

B. Beim Erhitzen von 4,7-Dioxo-decandisäure-diäthylester mit wenig Toluol-4-sulfonsäure in Toluol unter Entfernen des entstehenden Wassers (*Iwakura et al.,* J. chem. Soc. Japan Ind. Chem. Sect. **60** [1957] 706, 708; C. A. **1959** 11343).

Kp_3: 153—155°. n_D^{25}: 1,4740.

2,5-Bis-[2-carbazoyl-äthyl]-furan, 3,3′-Furan-2,5-diyl-di-propionsäure-dihydrazid
$C_{10}H_{16}N_4O_3$, Formel IX (X = NH-NH$_2$).

B. Beim Erwärmen von 2,5-Bis-[2-methoxycarbonyl-äthyl]-furan mit Hydrazin-hydrat (*Iwakura et al.*, J. chem. Soc. Japan Pure Chem. Sect. **78** [1957] 746, 753; C. A. **1960** 5448). Beim Erwärmen von 2,5-Bis-[2-äthoxycarbonyl-äthyl]-furan mit Hydrazin-hydrat und Äthanol (*Iwakura et al.*, J. chem. Soc. Japan Ind. Chem. Sect. **60** [1957] 706, 709; C. A. **1959** 11343).

Krystalle (aus A.); F: 168—169° (*Iw. et al.*, J. chem. Soc. Japan Ind. Chem. Sect. **60** 709), 166,5—167° (*Iw. et al.*, J. chem. Soc. Japan Pure Chem. Sect. **78** 753).

2,5-Bis-[2-carboxy-äthyl]-thiophen, 3,3′-Thiophen-2,5-diyl-di-propionsäure $C_{10}H_{12}O_4S$, Formel I (X = OH).

B. Beim Erwärmen von 4,7-Dioxo-decandisäure-diäthylester mit Phosphor(V)-sulfid und Erwärmen des Reaktionsprodukts mit wss.-äthanol. Natronlauge (*Iwakura et al.*, J. chem. Soc. Japan Ind. Chem. Sect. **60** [1957] 706, 708; C. A. **1959** 11343). Beim Erwärmen von 2,5-Bis-[2,2-bis-äthoxycarbonyl-äthyl]-thiophen mit wss.-äthanol. Natronlauge und Erhitzen der vom Äthanol befreiten Reaktionslösung mit wss. Salzsäure (*Griffing*, *Salisbury*, Am. Soc. **70** [1948] 3416, 3418).

Krystalle (aus W.); F: 165—167° (*Gr.*, *Sa.*), 162—163° (*Iw. et al.*).

2,5-Bis-[2-äthoxycarbonyl-äthyl]-thiophen, 3,3′-Thiophen-2,5-diyl-di-propionsäure-diäthylester $C_{14}H_{20}O_4S$, Formel I (X = O-C$_2$H$_5$).

B. Beim Erwärmen von 2,5-Bis-[2-carboxy-äthyl]-thiophen mit Äthanol, Benzol und wenig Toluol-4-sulfonsäure unter Entfernen des entstehenden Wassers (*Iwakura et al.*, J. chem. Soc. Japan Ind. Chem. Sect. **60** [1957] 706, 708; C. A. **1959** 11343).

Öl; Kp$_5$: 176—177°. n$_D^{25}$: 1,4952.

2,5-Bis-[2-carbazoyl-äthyl]-thiophen, 3,3′-Thiophen-2,5-diyl-di-propionsäure-dihydrazid
$C_{10}H_{16}N_4O_2S$, Formel I (X = NH-NH$_2$).

B. Beim Erwärmen von 2,5-Bis-[2-äthoxycarbonyl-äthyl]-thiophen mit Hydrazin-hydrat und Äthanol (*Iwakura et al.*, J. chem. Soc. Japan Ind. Chem. Sect. **60** [1957] 706, 709; C. A. **1959** 11343).

Krystalle (aus A.); F: 166—167°.

I   II   III   IV

5-Isobutyl-furan-2,4-dicarbonsäure $C_{10}H_{12}O_5$, Formel II.

B. Beim Erwärmen von 5-Formyl-2-isobutyl-furan-3-carbonsäure-äthylester mit Silberoxid und wss. Natronlauge (*García González*, *López Aparicio*, An. Soc. españ. **43** [1947] 279, 286).

Krystalle (aus wss. A.); Zers. bei 260° [unter Sublimation].

3-[4-Carboxymethyl-5-methyl-[2]furyl]-propionsäure $C_{10}H_{12}O_5$, Formel III.

B. Beim Erwärmen von 3-Acetyl-4-[2]furyl-but-3-ensäure mit Chlorwasserstoff enthaltendem Äthanol und Behandeln des Reaktionsgemisches mit Wasserdampf (*Lukeš*, *Šrogl*, Collect. **24** [1959] 220, 223).

Krystalle (aus W.); F: 138—139° [unkorr.].

3,4-Bis-carboxymethyl-2,5-dimethyl-thiophen, [2,5-Dimethyl-thiophen-3,4-diyl]-diessigsäure $C_{10}H_{12}O_4S$, Formel IV.

B. Beim Erwärmen von 3,4-Bis-cyanmethyl-2,5-dimethyl-thiophen mit wss.-äthanol.

Kalilauge (*Kondakowa, Gol'dfarb*, Izv. Akad. S.S.S.R. Otd. chim. **1958** 590, 594; engl. Ausg. S. 570, 573).
Krystalle (aus wss. A.); F: 182—183°.

3,4-Bis-cyanmethyl-2,5-dimethyl-thiophen $C_{10}H_{10}N_2S$, Formel V.
B Beim Erwärmen von 3,4-Bis-chlormethyl-2,5-dimethyl-thiophen mit Kaliumcyanid in wss. Aceton (*Kondakowa, Gol'dfarb*, Izv. Akad. S.S.S.R. Otd. chim. **1958** 590, 594; engl. Ausg. S. 570, 573).
Krystalle (aus Heptan); F: 125—125,5°.

2,5-Diäthyl-furan-3,4-dicarbonsäure $C_{10}H_{12}O_5$, Formel VI.
B. Beim Erhitzen von 2,3-Dipropionyl-bernsteinsäure-dimethylester mit wss. Schwefel=
säure (*Woodward, Eastman*, Am. Soc. **68** [1946] 2229, 2234).
Krystalle (aus Bzl. + Bzn.); F: 153—154°.

V   VI   VII   VIII

1,4-Dimethyl-7-oxa-norborn-2-en-2,3-dicarbonsäure $C_{10}H_{12}O_5$, Formel VII.
B. Beim Erwärmen von 2,5-Dimethyl-furan mit Butindinsäure-dimethylester, Hydrie=
ren des Reaktionsprodukts an Palladium/Calciumcarbonat in Äthylacetat und Erwärmen des erhaltenen 1,4-Dimethyl-7-oxa-norborn-2-en-2,3-dicarbonsäure-dimethylesters mit methanol. Kalilauge (*Alder, Backendorf*, A. **535** [1938] 101, 111).
Krystalle (aus E.); F: 173—174° [Zers.] (*Al., Ba.*, l. c. S. 111).
Bei der Hydrierung an Platin in Essigsäure ist 1,4-Dimethyl-7-oxa-norbornan-2*endo*,=
3*endo*-dicarbonsäure (S. 4474) erhalten worden (*Alder, Backendorf*, A. **535** [1938] 113, 121).

(±)-1,4-Dimethyl-7-oxa-norborn-5-en-2*endo*,3*exo*-dicarbonitril $C_{10}H_{10}N_2O$, Formel VIII
+ Spiegelbild.
B. Bei 3-wöchigem Behandeln von 2,5-Dimethyl-furan mit Fumaronitril und Dioxan (*Mowry*, Am. Soc. **69** [1947] 573).
Krystalle (aus A.); F: 72°.

(±)-5*exo*,6*exo*-Epoxy-2*endo*-methyl-norbornan-2*exo*,3*exo*-dicarbonsäure $C_{10}H_{12}O_5$,
Formel IX (R = H) + Spiegelbild.
B. Beim Behandeln von (±)-2*endo*-Methyl-norborn-5-en-2*exo*,3*exo*-dicarbonsäure mit Peroxyessigsäure in Essigsäure (*Nasarow et al.*, Izv. Akad. S.S.S.R. Otd. chim. **1958** 328, 333; engl. Ausg. S. 309, 313). Beim Erwärmen von (±)-5*exo*,6*exo*-Epoxy-2*endo*-methyl-norbornan-2*exo*,3*exo*-dicarbonsäure-anhydrid (F: 228—229°) mit Wasser (*Na. et al.*).
Krystalle (aus W.); F: 226—227° [Zers.].

5,6-Epoxy-2-methyl-norbornan-2,3-dicarbonsäure-dimethylester $C_{12}H_{16}O_5$.
a) **(±)-5*exo*,6*exo*-Epoxy-2*exo*-methyl-norbornan-2*endo*,3*endo*-dicarbonsäure-di=
methylester** $C_{12}H_{16}O_5$, Formel X + Spiegelbild.
B. Beim Behandeln von (±)-2*exo*-Methyl-norborn-5-en-2*endo*,3*endo*-dicarbonsäure-di=
methylester mit Peroxyessigsäure in Chloroform (*Nasarow et al.*, Izv. Akad. S.S.S.R. Otd. chim. **1958** 328, 330; engl. Ausg. S. 309, 311).
Krystalle (aus PAe.); F: 68—69°.

b) **(±)-5*exo*,6*exo*-Epoxy-2*exo*-methyl-norbornan-2*endo*,3*exo*-dicarbonsäure-di=
methylester** $C_{12}H_{16}O_5$, Formel XI + Spiegelbild.
B. Beim Behandeln von (±)-2*exo*-Methyl-norborn-5-en-2*endo*,3*exo*-dicarbonsäure-di=

methylester mit Peroxyessigsäure in Chloroform (*Nasarow et al.*, Izv. Akad. S.S.S.R. Otd. chim. **1958** 328, 331; engl. Ausg. S. 309, 312).
Krystalle (aus PAe.); F: 76—77°.

IX   X   XI   XII

c) (±)-5*exo*,6*exo*-Epoxy-2*endo*-methyl-norbornan-2*exo*,3*endo*-dicarbonsäure-di=methylester $C_{12}H_{16}O_5$, Formel XII + Spiegelbild.
B. Beim Behandeln von (±)-2*endo*-Methyl-norborn-5-en-2*exo*,3*endo*-dicarbonsäure-di=methylester mit Peroxyessigsäure in Chloroform (*Nasarow et al.*, Izv. Akad. S.S.S.R. Otd. chim. **1958** 328, 332; engl. Ausg. S. 309, 312).
Krystalle (aus PAe.); F: 64—65°.

d) (±)-5*exo*,6*exo*-Epoxy-2*endo*-methyl-norbornan-2*exo*,3*exo*-dicarbonsäure-dimethyl=ester $C_{12}H_{16}O_5$, Formel IX (R = CH_3) + Spiegelbild.
B. Beim Behandeln von (±)-2*endo*-Methyl-norborn-5-en-2*exo*,3*exo*-dicarbonsäure-di=methylester mit Peroxyessigsäure in Chloroform (*Nasarow et al.*, Izv. Akad. S.S.S.R. Otd. chim. **1958** 328, 333; engl. Ausg. S. 309, 313). Beim Behandeln von (±)-5*exo*,6*exo*-Epoxy-2*endo*-methyl-norbornan-2*exo*,3*exo*-dicarbonsäure (S. 4520) mit Diazomethan in Äther (*Na. et al.*).
Krystalle (aus Ae.); F: 60—61°.

Dicarbonsäuren $C_{11}H_{14}O_5$

Butyl-[2]thienyl-malonsäure-diäthylester $C_{15}H_{22}O_4S$, Formel I.
B. Beim Erhitzen der Natrium-Verbindung des [2]Thienylmalonsäure-diäthylesters mit Butylbromid und Diäthylcarbonat (*Leonard*, Am. Soc. **74** [1952] 2915, 2917).
Kp_4: 149—150°. n_D^{20}: 1,4909.

Propyl-[2]thienylmethyl-malonsäure $C_{11}H_{14}O_4S$, Formel II (R = H).
B. Beim Erwärmen von Propyl-[2]thienylmethyl-malonsäure-diäthylester mit wss.-äthanol. Kalilauge (*Blicke, Leonard*, Am. Soc. **68** [1946] 1934).
Krystalle (aus Bzl. + PAe.); F: 130—131°.

Propyl-[2]thienylmethyl-malonsäure-diäthylester $C_{15}H_{22}O_4S$, Formel II (R = C_2H_5).
B. Beim Erwärmen der Natrium-Verbindung des Propylmalonsäure-diäthylesters mit 2-Chlormethyl-thiophen und Äthanol (*Blicke, Leonard*, Am. Soc. **68** [1946] 1934).
Kp_4: 153—156°.

***Opt.-inakt. 2-Cyan-3-[2]furyl-hexansäure** $C_{11}H_{13}NO_3$, Formel III (R = H).
B. Beim Erwärmen von opt.-inakt. 2-Cyan-3-[2]furyl-hexansäure-äthylester (s. u.) mit äthanol. Kalilauge (*Maxim, Georgescu*, Bl. [5] **3** [1936] 1114, 1121).
F: 140°.

I   II   III

***Opt.-inakt. 2-Cyan-3-[2]furyl-hexansäure-äthylester** $C_{13}H_{17}NO_3$, Formel III (R = C_2H_5).
B. Beim Behandeln von 2-Cyan-3*t*-[2]furyl-acrylsäure-äthylester (S. 4532) mit Propyl=magnesiumbromid in Äther (*Maxim, Georgescu*, Bl. [5] **3** [1936] 1114, 1121).
Kp_8: 154°.

Isobutyl-[2]thienyl-malonsäure-diäthylester $C_{15}H_{22}O_4S$, Formel IV.

B. Beim Erhitzen der Natrium-Verbindung des [2]Thienylmalonsäure-diäthylesters mit Isobutylbromid und Diäthylcarbonat (*Leonard*, Am. Soc. **74** [1952] 2915, 2917).

Bei $141-147°/3,5$ Torr destillierbar. n_D^{20}: 1,4918.

Furfuryl-isopropyl-malonsäure-diäthylester $C_{15}H_{22}O_5$, Formel V (X = O-C_2H_5).

B. Beim Erwärmen einer Lösung der Natrium-Verbindung des Isopropylmalonsäure-diäthylesters in Äthanol mit Furfurylbromid und Äther (*Chem. Fabr. Wiernik & Co.*, D.R.P. 630910 [1933]; Frdl. **23** 450).

Kp_{10}: $157-160°$.

IV   V   VI

(±)-Furfuryl-isopropyl-malonsäure-monoureid, (±)-N-Carbamoyl-2-furfuryl-2-isopropyl-malonamidsäure $C_{12}H_{16}N_2O_5$, Formel VI.

B. Neben grösseren Mengen [2-Furfuryl-3-methyl-butyryl]-harnstoff und wenig Furfuryl-isopropyl-malonsäure-diamid bei 3-jährigem Behandeln des Natrium-Salzes der 5-Furfuryl-5-isopropyl-barbitursäure mit Wasser (*Fretwurst*, Arzneimittel-Forsch. **8** [1958] 44, 46, 49).

Krystalle (aus A.); F: $162-163°$ [Zers.].

Furfuryl-isopropyl-malonsäure-diamid $C_{11}H_{16}N_2O_3$, Formel V (X = NH_2).

B. s. im vorangehenden Artikel.

Krystalle (aus Ae.); F: $148-149°$ (*Fretwurst*, Arzneimittel-Forsch. **8** [1958] 44, 49).

Isopropyl-[2]thienylmethyl-malonsäure-diäthylester $C_{15}H_{22}O_4S$, Formel VII.

B. Beim Behandeln von 2-Chlormethyl-thiophen mit der Natrium-Verbindung des Isopropylmalonsäure-diäthylesters in Äthanol (*Morren et al.*, J. pharm. Belg. **7** [1952] 65, 67). Beim Behandeln der Natrium-Verbindung des [2]Thienylmethyl-malonsäure-di= äthylesters mit Isopropylhalogenid und Äthanol (*Mo. et al.*).

Kp_8: $182-183°$ (*Mo. et al.*, l. c. S. 68).

VII   VIII   IX

3-[5-Äthyl-[2]thienyl]-glutarsäure $C_{11}H_{14}O_4S$, Formel VIII.

B. Beim Erhitzen von 2,4-Diacetyl-3-[5-äthyl-[2]thienyl]-glutarsäure-diäthylester mit wss.-äthanol. Natronlauge (*Smith, Shelton*, Am. Soc. **76** [1954] 2731).

Krystalle (aus W.); F: $95-96°$.

3-[2,5-Dimethyl-[3]thienyl]-glutarsäure $C_{11}H_{14}O_4S$, Formel IX.

B. Beim Erhitzen von 2,4-Diacetyl-3-[2,5-dimethyl-[3]thienyl]-glutarsäure-diäthyl= ester mit wss.-äthanol. Natronlauge (*Smith, Shelton*, Am. Soc. **76** [1954] 2731).

Krystalle (aus W.); F: $148-149°$.

Dicarbonsäuren $C_{12}H_{16}O_5$

Pentyl-[2]thienyl-malonsäure-diäthylester $C_{16}H_{24}O_4S$, Formel I.

B. Beim Erhitzen der Natrium-Verbindung des [2]Thienylmalonsäure-diäthylesters mit

Pentylbromid und Diäthylcarbonat (*Leonard*, Am. Soc. **74** [1952] 2915, 2917).
Kp$_3$: 145—147°. n$_D^{20}$: 1,4897.

I   II   III

(±)-*sec*-Butyl-[2]thienylmethyl-malonsäure-diäthylester C$_{16}$H$_{24}$O$_4$S, Formel II.

B. Beim Behandeln von 2-Chlormethyl-thiophen mit der Natrium-Verbindung des (±)-*sec*-Butylmalonsäure-diäthylesters in Äthanol (*Morren et al.*, J. pharm. Belg. **7** [1952] 65, 67). Beim Behandeln der Natrium-Verbindung des [2]Thienylmethyl-malonsäure-diäthylesters mit (±)-*sec*-Butylhalogenid und Äthanol (*Mo. et al.*).

Kp$_{16}$: 190°.

Isobutyl-[2]thienylmethyl-malonsäure-diäthylester C$_{16}$H$_{24}$O$_4$S, Formel III.

B. Beim Behandeln von 2-Chlormethyl-thiophen mit der Natrium-Verbindung des Isobutylmalonsäure-diäthylesters in Äthanol (*Morren et al.*, J. pharm. Belg. **7** [1952] 65, 67). Beim Behandeln der Natrium-Verbindung des [2]Thienylmethyl-malonsäure-diäthylesters mit Isobutylhalogenid und Äthanol (*Mo. et al.*).

Bei 145—151°/1 Torr destillierbar.

(±)-[1-[2]Furyl-3-methyl-butyl]-malonsäure-diäthylester C$_{16}$H$_{24}$O$_5$, Formel IV.

B. Beim Behandeln von Furfurylidenmalonsäure-diäthylester mit Isobutylmagnesium=chlorid in Äther (*Maxim, Georgescu*, Bl. [5] **3** [1936] 1114, 1118).

Kp$_{14}$: 153°.

IV   V   VI

*Opt.-inakt. 2-Cyan-3-[2]furyl-5-methyl-hexansäure-äthylester C$_{14}$H$_{19}$NO$_3$, Formel V.

B. Beim Behandeln von 2-Cyan-3*t*-[2]furyl-acrylsäure-äthylester (S. 4532) mit Isobutyl=magnesiumchlorid in Äther (*Maxim, Georgescu*, Bl. [5] **3** [1936] 1114, 1122).

Kp$_{20}$: 171°.

3-[5-Propyl-[2]thienyl]-glutarsäure C$_{12}$H$_{16}$O$_4$S, Formel VI.

B. Beim Erwärmen von 2,4-Diacetyl-3-[5-propyl-[2]thienyl]-glutarsäure-diäthylester mit wss.-äthanol. Natronlauge (*Smith, Shelton*, Am. Soc. **76** [1954] 2731).

Krystalle (aus W.); F: 73—74°.

[2,5-Diäthyl-[3]thienylmethyl]-malonsäure C$_{12}$H$_{16}$O$_4$S, Formel VII (R = H).

B. Aus [2,5-Diäthyl-[3]thienylmethyl]-malonsäure-diäthylester (*Cagniant, Cagniant*, Bl. **1953** 713, 719).

Krystalle (aus Bzl.); F: 120°.

[2,5-Diäthyl-[3]thienylmethyl]-malonsäure-diäthylester C$_{16}$H$_{24}$O$_4$S, Formel VII (R = C$_2$H$_5$).

B. Beim Behandeln von 2,5-Diäthyl-3-chlormethyl-thiophen mit der Natrium-Verbin=

dung des Malonsäure-diäthylesters in Äthanol (*Cagniant, Cagniant*, Bl. **1953** 713, 719). $Kp_{10,5}$: 192°. $D_4^{20,8}$: 1,072. n_D^{20}: 1,4924.

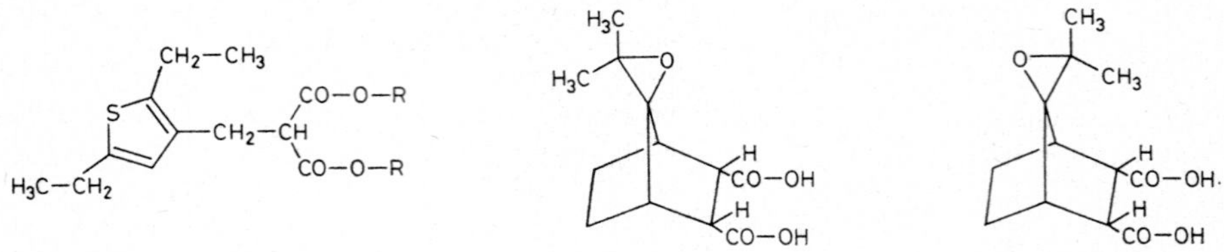

VII · VIII · IX

3',3'-Dimethyl-spiro[norbornan-7,2'-oxiran]-2,3-dicarbonsäure $C_{12}H_{16}O_5$.

a) **3',3'-Dimethyl-(7ξO)-spiro[norbornan-7,2'-oxiran]-2endo,3endo-dicarbonsäure** $C_{12}H_{16}O_5$, Formel VIII oder Formel IX.

B. Beim Erhitzen von 7ξ-[α-Acetoxy-isopropyl]-7ξ-hydroxy-norbornan-2endo,3endo-di= carbonsäure mit wss. Natronlauge (*Wilder, Winston*, Am. Soc. **78** [1956] 868, 870). Krystalle (aus Acn. + Bzn.); F: 171—172° [Zers.].

b) **3',3'-Dimethyl-(7synO)-spiro[norbornan-7,2'-oxiran]-2exo,3exo-dicarbonsäure** $C_{12}H_{16}O_5$, Formel X.

B. Beim Erwärmen von 7anti-Brom-7syn-[α-hydroxy-isopropyl]-norbornan-2exo,= 3exo-dicarbonsäure-3-äthylester-2-lacton mit wss.-äthanol. Natronlauge (*Wilder, Winston*, Am. Soc. **77** [1955] 5598, 5600). Krystalle (aus W.); F: 180—186° [Zers.].

(±)-4c,4a-Epoxy-(4ar,8at)-decahydro-naphthalin-1t,2t-dicarbonsäure $C_{12}H_{16}O_5$, Formel XI (R = H) + Spiegelbild.

B. Neben kleineren Mengen 4t,4a-Dihydroxy-(4ar,8at)-decahydro-naphthalin-1t,2t-di= carbonsäure-2→4-lacton beim Behandeln von (±)-(8ar)-1,2,3,5,6,7,8,8a-Octahydro-naphth= alin-1c,2c-dicarbonsäure mit Peroxyessigsäure in Chloroform (*Kutscherow et al.*, Ž. obšč. Chim. **29** [1959] 804, 807; engl. Ausg. S. 790, 792). Krystalle (aus Acn.); F: 167—168°.

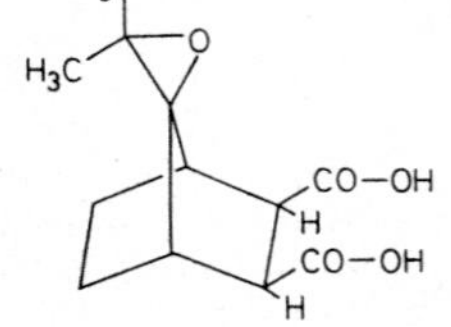

X 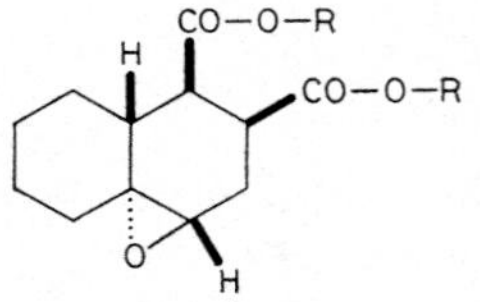 · XI

(±)-4c,4a-Epoxy-(4ar,8at)-decahydro-naphthalin-1t,2t-dicarbonsäure-dimethylester $C_{14}H_{20}O_5$, Formel XI (R = CH₃) + Spiegelbild.

B. Beim Behandeln von (±)-(8ar)-1,2,3,5,6,7,8,8a-Octahydro-naphthalin-1c,2c-dicarbon= säure-dimethylester mit Peroxyessigsäure in Chloroform (*Kutscherow et al.*, Ž. obšč. Chim. **29** [1959] 804, 807; engl. Ausg. S. 790, 793). Beim Behandeln von (±)-4c,4a-Epoxy-(4ar,8at)-decahydro-naphthalin-1t,2t-dicarbonsäure mit Diazomethan in Äther (*Ku. et al.*). Krystalle (aus Ae. + PAe.); F: 111—112°.

Dicarbonsäuren $C_{13}H_{18}O_5$

Hexyl-[2]thienyl-malonsäure-diäthylester $C_{17}H_{26}O_4S$, Formel I.
B. Beim Erhitzen der Natrium-Verbindung des [2]Thienylmalonsäure-diäthylesters mit Hexylbromid und Diäthylcarbonat (*Leonard*, Am. Soc. **74** [1952] 2915, 2917). Kp_3: 163—165°.

(±)-[1-Methyl-butyl]-[2]thienylmethyl-malonsäure-diäthylester $C_{17}H_{26}O_4S$, Formel II.

B. Beim Behandeln von 2-Chlormethyl-thiophen mit der Natrium-Verbindung des (±)-[1-Methyl-butyl]-malonsäure-diäthylesters in Äthanol (*Morren et al.,* J. pharm. Belg. **7** [1952] 65, 67). Beim Behandeln der Natrium-Verbindung des [2]Thienylmethyl-malonsäure-diäthylesters mit (±)-1-Methyl-butylhalogenid und Äthanol (*Mo. et al.*).

Kp_{18}: 192—195°.

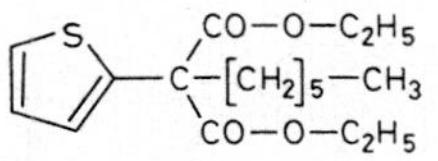

I 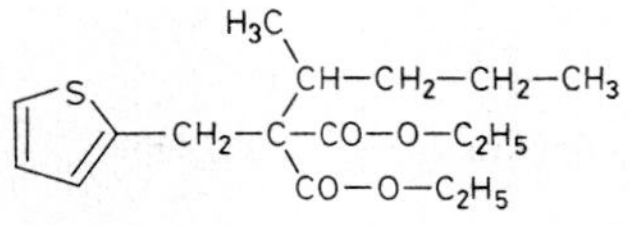　　　　　　　　　　II 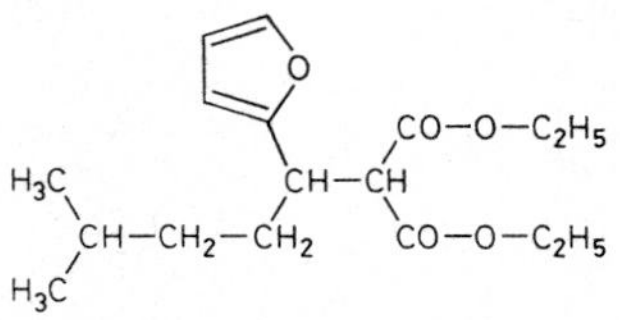　　　　　　　　　　III

(±)-[1-[2]Furyl-4-methyl-pentyl]-malonsäure-diäthylester $C_{17}H_{26}O_5$, Formel III.

B. Beim Erwärmen von Furfurylidenmalonsäure-diäthylester mit Isopentylmagnesium=bromid in Äther (*Maxim, Georgescu,* Bl. [5] **3** [1936] 1114, 1119).

Kp_{12}: 165°.

2-Isobutyl-5-propyl-furan-3,4-dicarbonsäure-3-methylester $C_{14}H_{20}O_5$, Formel IV (R = CH$_3$, X = H), und **2-Isobutyl-5-propyl-furan-3,4-dicarbonsäure-4-methylester** $C_{14}H_{20}O_5$, Formel IV (R = H, X = CH$_3$).

Diese beiden Konstitutionsformeln kommen für die nachstehend beschriebene Verbindung in Betracht.

B. Beim Erwärmen von 2-Isobutyl-5-propyl-furan-3,4-dicarbonsäure-dimethylester mit methanol. Kalilauge (*Dann et al.,* Ar. **292** [1959] 508, 514).

Krystalle (aus Eg. + W.); F: 133,5—135° [unkorr.].

2-Isobutyl-5-propyl-furan-3,4-dicarbonsäure-dimethylester $C_{15}H_{22}O_5$, Formel IV (R = X = CH$_3$).

B. Beim Behandeln von 2-Butyryl-3-isovaleryl-bernsteinsäure-dimethylester mit konz. Schwefelsäure (*Dann et al.,* Ar. **292** [1959] 508, 514).

Bei 113—117°/0,4 Torr destillierbar. n_D^{21}: 1,4740.

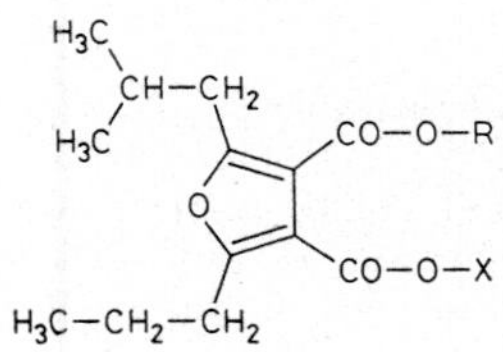

IV 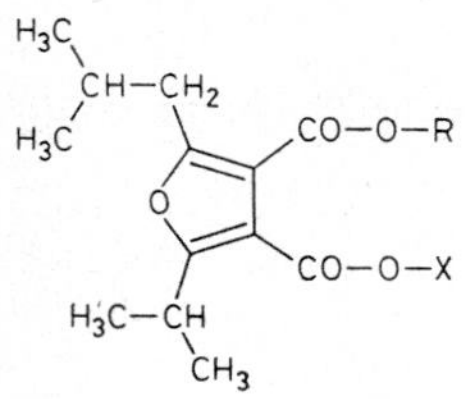　　　　　　　　　　V 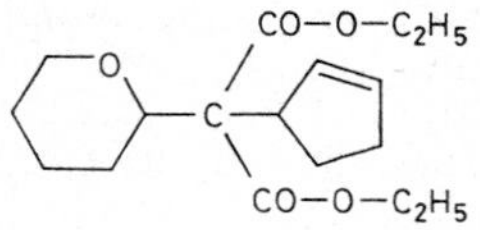　　　　　　　　　　VI

2-Isobutyl-5-isopropyl-furan-3,4-dicarbonsäure-3-methylester $C_{14}H_{20}O_5$, Formel V (R = CH$_3$, X = H), und **2-Isobutyl-5-isopropyl-furan-3,4-dicarbonsäure-4-methylester** $C_{14}H_{20}O_5$, Formel V (R = H, X = CH$_3$).

Diese beiden Konstitutionsformeln kommen für die nachstehend beschriebene Verbindung in Betracht.

B. Beim Erwärmen von 2-Isobutyl-5-isopropyl-furan-3,4-dicarbonsäure-dimethylester mit methanol. Kalilauge (*Dann et al.,* Ar. **292** [1959] 508, 514).

Krystalle (aus Eg. + W.); F: 140,5—142° [unkorr.].

2-Isobutyl-5-isopropyl-furan-3,4-dicarbonsäure-dimethylester $C_{15}H_{22}O_5$, Formel V (R = X = CH$_3$).

B. Beim Behandeln von 2-Isobutyryl-3-isovaleryl-bernsteinsäure-dimethylester mit

konz. Schwefelsäure (*Dann et al.*, Ar. **292** [1959] 508, 514).
Bei $110-121°/0,4$ Torr destillierbar; n_D^{21}: $1,4721-1,4728$.

*Opt.-inakt. Cyclopent-2-enyl-tetrahydropyran-2-yl-malonsäure-diäthylester $C_{17}H_{26}O_5$, Formel VI.
B. Beim Behandeln eines Gemisches von 3,4-Dihydro-2*H*-pyran und Toluol mit Chlor= wasserstoff und Behandeln der Reaktionslösung mit einer Suspension der Natrium-Verbindung des Cyclopent-2-enyl-malonsäure-diäthylesters in Toluol (*Gane's Chem. Works*, U.S.P. 2522966 [1948]).
Kp_4: $142-146°$. n_D^{20}: $1,4790$.

Dicarbonsäuren $C_{14}H_{20}O_5$

Hexyl-[2]thienylmethyl-malonsäure-diäthylester $C_{18}H_{28}O_4S$, Formel VII.
B. Beim Behandeln von 2-Chlormethyl-thiophen mit der Natrium-Verbindung des Hexylmalonsäure-diäthylesters in Äthanol (*Morren et al.*, J. pharm. Belg. **7** [1952] 65, 67). Beim Behandeln der Natrium-Verbindung des [2]Thienylmethyl-malonsäure-diäthyl= esters mit Hexylhalogenid und Äthanol (*Mo. et al.*).
Kp_1: $155-160°$.

VII   VIII   IX

(±)-[1,3-Dimethyl-butyl]-[2]thienylmethyl-malonsäure-diäthylester $C_{18}H_{28}O_4S$, Formel VIII.
B. Beim Behandeln von 2-Chlormethyl-thiophen mit der Natrium-Verbindung des (±)-[1,3-Dimethyl-butyl]-malonsäure-diäthylesters in Äthanol (*Morren et al.*, J. pharm. Belg. **7** [1952] 65, 67). Beim Behandeln der Natrium-Verbindung des [2]Thienylmethyl-malonsäure-diäthylesters mit (±)-1,3-Dimethyl-butylhalogenid und Äthanol (*Mo. et al.*).
Kp_1: $163°$.

2,5-Bis-[4-carboxy-butyl]-thiophen, 5,5'-Thiophen-2,5-diyl-di-valeriansäure $C_{14}H_{20}O_4S$, Formel IX (R = H).
B. Beim Erhitzen von 5-[5-(4-Methoxycarbonyl-butyl)-[2]thienyl]-5-oxo-valeriansäure-methylester mit Hydrazin-hydrat und Diäthylenglykol und Erhitzen des mit Kalium= hydroxid versetzten Reaktionsgemisches bis auf **200°** (*Gol'dfarb et al.*, Izv. Akad. S.S.S.R. Otd. chim. **1957** 1262, 1264; engl. Ausg. S. 1287).
F: $140,5-142,5°$.

2,5-Bis-[4-methoxycarbonyl-butyl]-thiophen, 5,5'-Thiophen-2,5-diyl-di-valeriansäure-dimethylester $C_{16}H_{24}O_4S$, Formel IX (R = CH₃).
B. Aus 2,5-Bis-[4-carboxy-butyl]-thiophen (*Gol'dfarb et al.*, Izv. Akad. S.S.S.R. Otd. chim. **1957** 1262, 1264; engl. Ausg. S. 1287).
Kp_1: $182-185°$. D_4^{20}: $1,0968$. n_D^{20}: $1,5000$.
Beim Erwärmen mit Äther, Xylol und Natrium ist 7-Hydroxy-15-thia-bicyclo[10.2.1]= pentadeca-12,14(1)-dien-6-on (S. 142) erhalten worden.

2,5-Diisobutyl-furan-3,4-dicarbonsäure-monomethylester $C_{15}H_{22}O_5$, Formel X (R = H).
B. Beim Erwärmen von 2,5-Diisobutyl-furan-3,4-dicarbonsäure-dimethylester mit methanol. Kalilauge (*Dann et al.*, Ar. **292** [1959] 508, 514).
Krystalle (aus Eg. + W.); F: $140,5°$ [unkorr.].

2,5-Diisobutyl-furan-3,4-dicarbonsäure-dimethylester $C_{16}H_{24}O_5$, Formel X (R = CH_3).

B. Aus 2,3-Diisovaleryl-bernsteinsäure-dimethylester beim Behandeln mit konz. Schwe=felsäure, beim Erhitzen mit wss. Phosphorsäure (D: 1,7) auf 140° sowie beim Behandeln mit Fluorwasserstoff (*Dann et al.*, Ar. **292** [1959] 508, 514).

Bei 122—135°/0,6—0,8 Torr destillierbar. n_D^{22}: 1,4695 [mit Hilfe von Phosphorsäure hergestelltes Präparat]; n_D^{22}: 1,4713 [mit Hilfe von Schwefelsäure hergestelltes Präparat]; n_D^{29}: 1,4680 [mit Hilfe von Fluorwasserstoff hergestelltes Präparat].

1,3,4-Trimethyl-6,7,8,8a-tetrahydro-isothiochroman-7,8-dicarbonsäure-7-methylester $C_{15}H_{22}O_4S$, Formel XI (R = CH_3, X = H), und **1,3,4-Trimethyl-6,7,8,8a-tetrahydro-isothiochroman-7,8-dicarbonsäure-8-methylester** $C_{15}H_{22}O_4S$, Formel XI (R = H, X = CH_3).

Diese beiden Konstitutionsformeln kommen für die nachstehend beschriebene opt.-inakt. Verbindung in Betracht.

B. Beim Erwärmen von opt.-inakt. 2,3,6-Trimethyl-4-vinyl-3,6-dihydro-2H-thiopyran (Kp$_9$: 85°; n_D^{20}: 1,5278 [E III/IV **17** 322]) mit Maleinsäure-anhydrid in Benzol und Behandeln der in Benzol löslichen Anteile des Reaktionsprodukts mit Methanol (*Nasarow et al.*, Ž. obšč. Chim. **19** [1949] 2164, 2170; engl. Ausg. S. a 637, a 643).

Krystalle (aus Ae. + Bzl.); F: 157°.

X   XI   XII

1,3,7-Trimethyl-4a,5,6,7-tetrahydro-isochroman-5,6-dicarbonsäure $C_{14}H_{20}O_5$, Formel XII.

a) **Opt.-inakt. Stereoisomeres vom F: 298°.**

B. Beim Behandeln von opt.-inakt. 1,3,7-Trimethyl-4a,5,6,7-tetrahydro-isochroman-5,6-dicarbonsäure-anhydrid vom F: 93—96° mit wasserhaltigem Äther oder mit wss. Natronlauge (*Delépine, Compagnon*, C. r. **212** [1941] 1017, 1021).

Krystalle (aus wss. A.); F: 296—298° [Block; von 250° an sublimierend].

Anilin-Salz $C_6H_7N \cdot C_{14}H_{20}O_5$. Krystalle (aus A.); F: 202—203°.

b) **Opt.-inakt. Stereoisomeres vom F: 223°.**

B. Beim Erwärmen von opt.-inakt. 1,3,7-Trimethyl-4a,5,6,7-tetrahydro-isochroman-5,6-dicarbonsäure-anhydrid vom F: 107—108° mit wss. Natronlauge (*Delépine, Compagnon*, C. r. **212** [1941] 1017, 1020).

Krystalle (aus A.) mit 1 Mol H_2O, F: 125—130° [unter Abgabe des Krystallwassers]; die wasserfreie Verbindung schmilzt bei 222—223° [Block].

Dicarbonsäuren $C_{15}H_{22}O_5$

Heptyl-[2]thienylmethyl-malonsäure-diäthylester $C_{19}H_{30}O_4S$, Formel I.

B. Beim Behandeln von 2-Chlormethyl-thiophen mit der Natrium-Verbindung des Heptylmalonsäure-diäthylesters in Äthanol (*Morren et al.*, J. pharm. Belg. **7** [1952] 65, 67). Beim Behandeln der Natrium-Verbindung des [2]Thienylmethyl-malonsäure-diäthylesters mit Heptylhalogenid und Äthanol (*Mo. et al.*).

Kp$_{0,5}$: 162—165°.

(±)-[1-Äthyl-pentyl]-[2]thienylmethyl-malonsäure-diäthylester $C_{19}H_{30}O_4S$, Formel II.

B. Beim Behandeln von 2-Chlormethyl-thiophen mit der Natrium-Verbindung des (±)-[1-Äthyl-pentyl]-malonsäure-diäthylesters in Äthanol (*Morren et al.*, J. pharm. Belg. **7** [1952] 65, 67). Beim Behandeln der Natrium-Verbindung des [2]Thienylmethyl-

malonsäure-diäthylesters mit ($\pm$)-1-Äthyl-pentylhalogenid und Äthanol (*Mo. et al.*).
Kp_1: 160—164°.

[7,8,8-Trimethyl-octahydro-4,7-methano-benzofuran-3-yl]-malonsäure $C_{15}H_{22}O_5$,
Formel III (R = H).
Die folgenden Angaben beziehen sich auf ein Präparat von unbekanntem opt. Drehungs-
vermögen.
B. Beim Erwärmen des im folgenden Artikel beschriebenen Diäthylesters mit wss.
Natronlauge (*Jäger, Färber*, B. **92** [1959] 2492, 2498).
Krystalle (aus Bzl. + PAe.); F: 127°.

I   II   III

[7,8,8-Trimethyl-octahydro-4,7-methano-benzofuran-3-yl]-malonsäure-diäthylester
$C_{19}H_{30}O_5$, Formel III (R = C_2H_5).
Die folgenden Angaben beziehen sich auf ein Präparat von unbekanntem opt. Drehungs-
vermögen.
B. Beim Erwärmen von 3-Brom-7,8,8-trimethyl-octahydro-4,7-methano-benzofuran
(E III/IV **17** 340; Präparat von unbekanntem opt. Drehungsvermögen) mit der Natrium-
Verbindung des Malonsäure-diäthylesters in Äthanol (*Jäger, Färber*, B. **92** [1959] 2492,
2498).
Krystalle (aus PAe.); F: 65°. $Kp_{0,1}$: 155°.

Dicarbonsäuren $C_{16}H_{24}O_5$

Octyl-[2]thienylmethyl-malonsäure-diäthylester $C_{20}H_{32}O_4S$, Formel IV.
B. Beim Behandeln von 2-Chlormethyl-thiophen mit der Natrium-Verbindung des
Octylmalonsäure-diäthylesters in Äthanol (*Morren et al.*, J. pharm. Belg. **7** [1952] 65, 67).
Beim Behandeln der Natrium-Verbindung des [2]Thienylmethyl-malonsäure-diäthyl=
esters mit Octylhalogenid und Äthanol (*Mo. et al.*).
$Kp_{0,5}$: 171—175°.

IV   V

($\pm$)-[1-Methyl-heptyl]-[2]thienylmethyl-malonsäure-diäthylester $C_{20}H_{32}O_4S$, Formel V.
B. Beim Behandeln von 2-Chlormethyl-thiophen mit der Natrium-Verbindung des
($\pm$)-[1-Methyl-heptyl]-malonsäure-diäthylesters in Äthanol (*Morren et al.*, J. pharm. Belg.
7 [1952] 65, 67). Beim Behandeln der Natrium-Verbindung des [2]Thienylmethyl-malon=
säure-diäthylesters mit ($\pm$)-1-Methyl-heptylhalogenid und Äthanol (*Mo. et al.*).
Kp_1: 161°.

($\pm$)-[2-Äthyl-hexyl]-[2]thienylmethyl-malonsäure-diäthylester $C_{20}H_{32}O_4S$, Formel VI.
B. Beim Behandeln von 2-Chlormethyl-thiophen mit der Natrium-Verbindung des
($\pm$)-[2-Äthyl-hexyl]-malonsäure-diäthylesters in Äthanol (*Morren et al.*, J. pharm. Belg.
7 [1952] 65, 67). Beim Behandeln der Natrium-Verbindung des [2]Thienylmethyl-malon=
säure-diäthylesters mit ($\pm$)-2-Äthyl-hexylhalogenid und Äthanol (*Mo. et al.*).
$Kp_{1,5}$: 168—170°.

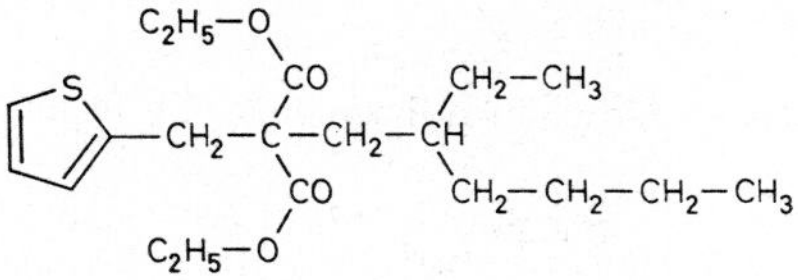

VI 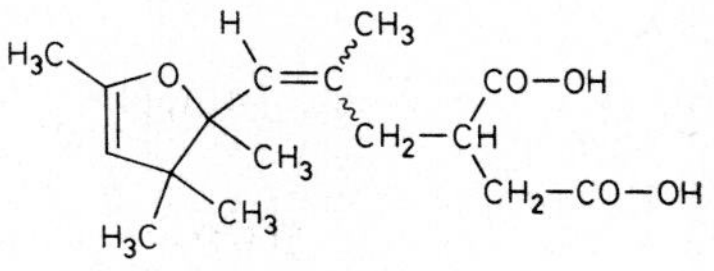   VII

*Opt.-inakt. [2-Methyl-3ξ-(2,3,3,5-tetramethyl-2,3-dihydro-[2]furyl)-allyl]-bernstein⸗ säure $C_{16}H_{24}O_5$, Formel VII.

B. Beim Erwärmen von opt.-inakt. [2-Methyl-3-(2,3,3,5-tetramethyl-2,3-dihydro-[2]furyl)-allyl]-bernsteinsäure-anhydrid (F: 94,5—95,5°) mit wss. Natronlauge (*Kolobielski*, A. ch. [12] **10** [1955] 271, 278, 298).
Krystalle (aus E. + PAe.); F: 134—135° (*Ko.*, l. c. S. 298).

Dicarbonsäuren $C_{17}H_{26}O_5$

(±)-[2]Thienylmethyl-[3,5,5-trimethyl-hexyl]-malonsäure-diäthylester $C_{21}H_{34}O_4S$, Formel VIII.

B. Beim Behandeln von 2-Chlormethyl-thiophen mit der Natrium-Verbindung des (±)-[3,5,5-Trimethyl-hexyl]-malonsäure-diäthylesters in Äthanol (*Morren et al.*, J. pharm. Belg. **7** [1952] 65, 67). Beim Behandeln der Natrium-Verbindung des [2]Thienylmethyl-malonsäure-diäthylesters mit (±)-3,5,5-Trimethyl-hexylhalogenid und Äthanol (*Mo. et al.*).
$Kp_{0,5}$: 160—161°.

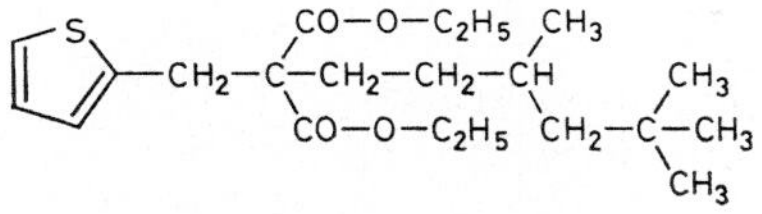

VIII 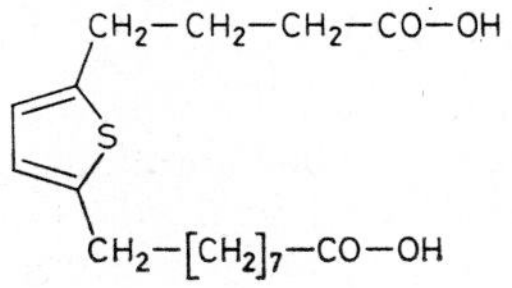   IX

9-[5-(3-Carboxy-propyl)-[2]thienyl]-nonansäure $C_{17}H_{26}O_4S$, Formel IX.

B. Beim Erwärmen von 9-[5-(3-Carboxy-propyl)-[2]thienyl]-9-oxo-nonansäure mit Hydrazin-hydrat und Diäthylenglykol und Erhitzen des mit Kaliumhydroxid versetzten Reaktionsgemisches bis auf 200° (*Buu-Hoi et al.*, Bl. **1955** 1583, 1585).
Bei 258—264°/1 Torr destillierbar.
Beim Erwärmen mit wss. Natronlauge und Nickel-Aluminium-Legierung ist Hepta⸗ decandisäure erhalten worden.

Dicarbonsäuren $C_{19}H_{30}O_5$

9-[5-(5-Carboxy-pentyl)-[2]thienyl]-nonansäure $C_{19}H_{30}O_4S$, Formel X.

B. Beim Erwärmen von 9-[5-(5-Carboxy-valeryl)-[2]thienyl]-nonansäure mit Hydrazin-hydrat und Diäthylenglykol und Erhitzen des mit Kaliumhydroxid versetzten Reaktions-gemisches bis auf 200° (*Buu-Hoi et al.*, Bl. **1955** 1583, 1586).
Bei 272—275°/1 Torr destillierbar.
Beim Erwärmen mit wss. Natronlauge und Nickel-Aluminium-Legierung ist Nona⸗ decandisäure erhalten worden.

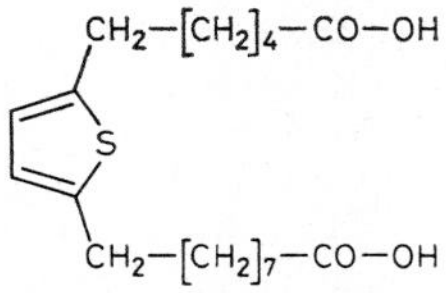

X 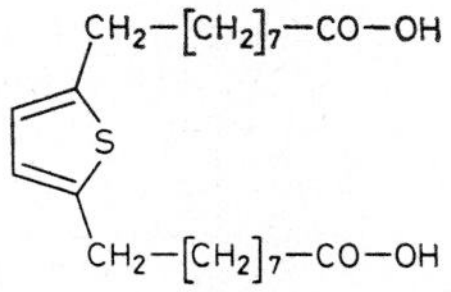   XI

Dicarbonsäuren C$_{22}$H$_{36}$O$_5$

2,5-Bis-[8-carboxy-octyl]-thiophen, 9,9'-Thiophen-2,5-diyl-di-nonansäure C$_{22}$H$_{36}$O$_4$S, Formel XI.

B. Beim Erwärmen von 9-[5-(8-Carboxy-octyl)-[2]thienyl]-9-oxo-nonansäure mit Hydrazin-hydrat und Diäthylenglykol und Erhitzen des mit Kaliumhydroxid versetzten Reaktionsgemisches bis auf 200° (*Buu-Hoï et al.*, Bl. **1955** 1583, 1586).

Bei 282–288°/0,7 Torr unter partieller Zersetzung destillierbar.

Beim Erwärmen mit wss. Natronlauge und Nickel-Aluminium-Legierung ist Docosandi≈ säure erhalten worden.

[*Winckler*]

Dicarbonsäuren C$_n$H$_{2n-10}$O$_5$

Dicarbonsäuren C$_8$H$_6$O$_5$

Furfurylidenmalonsäure C$_8$H$_6$O$_5$, Formel I (X = OH) (H 337; E I 449; E II 290).

B. Als Methylamin-Salz (s. u.) beim Erwärmen von Furfural-methylimin mit Malon≈ säure und Benzol in Gegenwart von Tri-*N*-methyl-anilinium-hydroxid (*Rodionow et al.*, Trudy Moskovsk. chim. technol. Inst. Nr. 23 [1956] 13, 16; C. A. **1958** 20117). Als 2-Amino-äthanol-Salz (s. u.) beim Behandeln von Furfural mit Malonsäure, 2-Amino-äthanol und Äthanol (*Kiprianow, Kušner*, Ž. obšč. Chim. **6** [1936] 641, 642; C. **1936** II 2349). Beim Behandeln von 3-Furfuryliden-pentan-2,4-dion mit alkal. wss. Natriumhypo≈ chlorit-Lösung (*Midorikawa*, Bl. chem. Soc. Japan **27** [1954] 213).

Krystalle (aus Eg.); F: 206° [Zers.] (*Mi.*).

Methylamin-Salz CH$_5$N·C$_8$H$_6$O$_5$. Gelbe Krystalle (aus W.); F: 138–139° (*Ro. et al.*).

2-Amino-äthanol-Salz C$_2$H$_7$NO·C$_8$H$_6$O$_5$. Krystalle (aus wss. A.); F: 137° [Zers.] (*Ki., Ku.*).

Furfurylidenmalonsäure-dimethylester C$_{10}$H$_{10}$O$_5$, Formel I (X = O-CH$_3$).

B. Beim Erwärmen von Furfural mit Malonsäure-dimethylester, Benzol und wenig Piperidin-acetat unter Entfernen des entstehenden Wassers (*Beyler, Sarett*, Am. Soc. **74** [1952] 1397, 1399).

Krystalle (aus Me.), F: 43,5–44°; bei 103–115°/0,3 Torr destillierbar (*Be., Sa.*).

Bei mehrtägigem Behandeln mit Chlorwasserstoff enthaltendem Methanol ist 3-Oxo-pentan-1,1,5-tricarbonsäure-trimethylester erhalten worden (*Be., Sa.*).

Ein ebenfalls als Furfurylidenmalonsäure-dimethylester angesehenes Präparat (F: 66°), in dem aber möglicherweise unreiner 2-[2]Furyl-propan-1,1,3,3-tetracarbonsäure-tetra≈ methylester (S. 4602) vorgelegen hat, ist beim Behandeln von Furfural mit Malonsäure-dimethylester und Natriummethylat in Methanol erhalten worden (*Tsuruta*, Bl. Inst. chem. Res. Kyoto **31** [1953] 190, 193).

I   II   III

Furfurylidenmalonsäure-diäthylester C$_{12}$H$_{14}$O$_5$, Formel I (X = O-C$_2$H$_5$) (H 338; E I 449).

B. Beim Erwärmen von Furfural mit Malonsäure-diäthylester, Benzol und wenig Piperidin (*Gardner et al.*, Am. Soc. **78** [1956] 3425, 3426 Anm. 16).

F: 41° (*Borrows et al.*, J. appl. Chem. **5** [1955] 379), 40° [aus PAe.] (*Mastagli et al.*, Bl. **1956** 796, 797). Kp$_{15}$: 174–176° (*Baba et al.*, J. scient. Res. Inst. Tokyo **52** [1958] 99, 102); Kp$_9$: 172–175° (*Hinz et al.*, B. **76** [1943] 676, 683).

Bei der Hydrierung an Raney-Nickel in Äthanol oder Äther bei 20°/100–130 at ist Furfurylmalonsäure-diäthylester (*Wojcik, Adkins*, Am. Soc. **56** [1934] 2424), bei der Hydrierung an Raney-Nickel in Äthanol bei 100–130°/125 at ist Tetrahydrofurfuryl-malonsäure-diäthylester, bei der Hydrierung an Raney-Nickel in Äthanol bei 160–175°

unter Druck sind Tetrahydrofurfuryl-malonsäure-diäthylester, 3-Tetrahydro[2]furyl-propionsäure-äthylester und eine als 4-Hydroxy-hexahydro-cyclopenta[b]furan-5-carbon=säure-äthylester angesehene Verbindung (Kp$_{13}$: 92—94°) (*Hinz et al.*, l. c. S. 684) erhalten worden. Bildung von 1,4-Bis-[2,2-bis-äthoxycarbonyl-1-[2]furyl-äthyl]-piperazin beim Erwärmen mit Piperazin (0,5 Mol) und Äthanol: *Bain, Pollard*, Am. Soc. **59** [1937] 1719. Reaktion mit Isobutylmagnesiumchlorid in Äther unter Bildung von [1-[2]Furyl-3-methyl-butyl]-malonsäure-diäthylester: *Maxim, Georgescu*, Bl. [5] **3** [1936] 1114, 1118.

[(Ξ)-Furfuryliden]-malonsäure-monoanilid, 2-[(Ξ)-Furfuryliden]-N-phenyl-malonamid= säure C$_{14}$H$_{11}$NO$_4$, Formel II (R = H).
B. Beim Erwärmen von Furfural mit N-Phenyl-malonamidsäure und wenig Pyridin (*Rathore, Ittyerah*, J. Indian chem. Soc. **36** [1959] 874).
Krystalle (aus wss. A.); F: 221° [Zers.].

[(Ξ)-Furfuryliden]-malonsäure-mono-o-toluidid, 2-[(Ξ)-Furfuryliden]-N-o-tolyl-malon= amidsäure C$_{15}$H$_{13}$NO$_4$, Formel II (R = CH$_3$).
B. Beim Erwärmen von Furfural mit N-o-Tolyl-malonamidsäure und wenig Pyridin (*Rathore, Ittyerah*, J. Indian chem. Soc. **36** [1959] 874).
Krystalle (aus wss. A.); F: 197° [Zers.].

[(Ξ)-Furfuryliden]-malonsäure-mono-m-toluidid, 2-[(Ξ)-Furfuryliden]-N-m-tolyl-malon= amidsäure C$_{15}$H$_{13}$NO$_4$, Formel III.
B. Beim Erwärmen von Furfural mit N-m-Tolyl-malonamidsäure und wenig Pyridin (*Rathore, Ittyerah*, J. Indian chem. Soc. **36** [1959] 874).
Krystalle (aus wss. A.); F: 179° [Zers.].

[(Ξ)-Furfuryliden]-malonsäure-mono-p-toluidid, 2-[(Ξ)-Furfuryliden]-N-p-tolyl-malon= amidsäure C$_{15}$H$_{13}$NO$_4$, Formel IV.
B. Beim Erwärmen von Furfural mit N-p-Tolyl-malonamidsäure und wenig Pyridin (*Rathore, Ittyerah*, J. Indian chem. Soc. **36** [1959] 874).
Krystalle (aus wss. A.); F: 210° [Zers.].

Furfurylidenmalonsäure-bis-diäthylamid C$_{16}$H$_{24}$N$_2$O$_3$, Formel I (X = N(C$_2$H$_5$)$_2$).
B. Beim Erwärmen von Furfurylidenmalonsäure mit Phosphor(V)-chlorid und Behandeln des erhaltenen Säurechlorids mit Diäthylamin und Äther (*Geigy A.G.*, U.S.P. 2447194 [1943]).
F: 38—39°. Kp$_{0,16}$: 146—148°.

2-Cyan-3t-[2]furyl-acrylsäure C$_8$H$_5$NO$_3$, Formel V (R = H) (H 338; E I 449).
Die Konfiguration ergibt sich aus der genetischen Beziehung zu 2-Cyan-3t-[2]furyl-acrylsäure-äthylester (S. 4532).
B. Beim Erwärmen von Furfural mit Cyanessigsäure und Ammoniak enthaltendem Äthanol (*Rodionow, Fedorowa*, Ar. **271** [1933] 292, 295), mit Cyanessigsäure, Diisopropyl=äther und einem Anionenaustauscher (*Astle, Gergel*, J. org. Chem. **21** [1956] 493, 495) oder mit Natrium-cyanacetat und wss. Natronlauge (*Marvel et al.*, Ind. eng. Chem. **45** [1953] 2311, 2313). Als 2-Amino-äthanol-Salz (s. u.) beim Behandeln von 2-Furfurylidenamino-äthanol mit Cyanessigsäure und Äthanol (*Charles*, C. r. **246** [1958] 3259; Bl. **1963** 1566, 1570).
Krystalle; F: 222° (*Ch.*, Bl. **1963** 1570), 221—222° (*Astle, Ge.*), 218° (*Ma. et al.*).
Ammonium-Salz. F: 175—179° (*Ro., Fe.*).
2-Amino-äthanol-Salz C$_2$H$_7$NO·C$_8$H$_5$NO$_3$. Krystalle; F: 134,5° (*Ch.*, C. r. **246** 3260; Bl. **1963** 1570).

IV   V   VI

2-Cyan-3t(?)-[2]furyl-acrylsäure-methylester $C_9H_7NO_3$, vermutlich Formel V (R = CH$_3$).
Bezüglich der Konfigurationszuordnung vgl. den analog hergestellten 2-Cyan-3t-[2]furyl-acrylsäure-äthylester (s. u.).
B. Beim Erwärmen von Furfural mit Cyanessigsäure-methylester, Pyridin und Äthanol (*Zsolnai*, Biochem. Pharmacol. **14** [1965] 1325, 1328).
Krystalle (aus A.); F: 98° (*Zs.*, l. c. S. 1341).
Beim Erwärmen eines nicht charakterisierten Präparats mit Anilin, Anilin-hydro=chlorid und Äthanol ist 2-Cyan-3t(?)-[1-phenyl-pyrrol-2-yl]-acrylsäure-methylester (F: 153°) erhalten worden (*Leditschke*, B. **85** [1952] 483, 485).

2-Cyan-3t-[2]furyl-acrylsäure-äthylester $C_{10}H_9NO_3$, Formel V (R = C$_2$H$_5$) (H 338).
Konfigurationszuordnung: *Luu Duc et al.*, Chimica therap. **4** [1969] 271, 274.
B. Beim Behandeln von Furfural mit Cyanessigsäure-äthylester und wss. Natronlauge (*Das, Dutt*, Pr. Acad. Sci. Agra Oudh **4** [1934] 288, 292). Beim Erwärmen von Furfural mit Cyanessigsäure-äthylester und Kaliumfluorid (*Baba et al.*, J. scient. Res. Inst. Tokyo **52** [1958] 99, 101).
Krystalle; F: 94° (*Borrows et al.*, J. appl. Chem. **5** [1955] 379; *Mastagli et al.*, Bl. **1956** 796; *Luu Duc et al.*, l. c. S. 273), 93° (*Das, Dutt*), 92—93° [aus A.] (*Baba et al.*). Kp$_6$: 163° (*Ma. et al.*).

2-Cyan-3t(?)-[2]furyl-acrylsäure-allylester $C_{11}H_9NO_3$, vermutlich Formel V (R = CH$_2$-CH=CH$_2$).
Bezüglich der Konfigurationszuordnung vgl. den analog hergestellten 2-Cyan-3t-[2]furyl-acrylsäure-äthylester (s. o.).
B. Beim Behandeln von Furfural mit Cyanessigsäure-allylester (nicht charakterisiert) und wenig Natriumacetat in wss. Äthanol (*Monsanto Chem. Co.*, U.S.P. 2653866 [1951]).
Gelbe Krystalle (aus A.); F: 69—70°.

Furfurylidenmalononitril $C_8H_4N_2O$, Formel VI (H 339; E II 290).
B. Beim Behandeln von Furfural mit Malononitril, Äthanol und wenig Benzylamin (*Boehm, Grohnwald*, Ar. **274** [1936] 318, 321).
Krystalle; F: 76° (*Boehm, Gr.*), 75° (*Borrows et al.*, J. appl. Chem. **5** [1955] 379). Absorptionsmaximum (A.): 339 nm (*Sausen et al.*, Am. Soc. **80** [1958] 2815, 2816).
Beim Behandeln mit Benzylamin und Äthanol sind eine als 3-Hydroxy-hepta-1,3,5-tri=en-1,1,7,7-tetracarbonitril angesehene Verbindung (Zers. bei 225° [E III **3** 1444]) und eine als [5-Benzylimino-2-hydroxy-penta-1,3-dienyl]-malononitril (⇌ [5-Benzylamino-2-hydr=oxy-penta-2,4-dienyliden]-malononitril) angesehene Verbindung (F: 161°) erhalten worden (*Boehm, Gr.*). Reaktion mit Triäthylphosphin in Tetrahydrofuran oder Äther unter Bil-dung von Triäthyl-[2,2-dicyan-1-[2]furyl-äthyl]-phosphonium-betain (F: 125° [Zers.]): *Horner, Klüpfel*, A. **591** [1955] 69, 91.

3t-[5-Brom-[2]furyl]-2-cyan-acrylsäure-äthylester $C_{10}H_8BrNO_3$, Formel VII (H 339).
B. Beim Behandeln von 5-Brom-furan-2-carbaldehyd mit Cyanessigsäure-äthylester und wenig Natriummethylat in Äthanol (*Gilman, Young*, R. **51** [1932] 761, 767). Aus 2-Cyan-3t-[2]furyl-acrylsäure-äthylester beim Erwärmen mit Brom in Essigsäure (*Gi., Yo.*; s. a. H 339).
Krystalle (aus A.); F: 110—111°.

[5-Nitro-furfuryliden]-malonsäure-diäthylester $C_{12}H_{13}NO_7$, Formel VIII (H 339).
B. Beim Erwärmen von 5-Nitro-furan-2-carbaldehyd mit Malonsäure-diäthylester, Äthanol und wenig Piperidin (*Gilman, Young*, R. **51** [1932] 761, 767). Beim Behandeln von Furfurylidenmalonsäure-diäthylester mit Salpetersäure und Acetanhydrid und Be-handeln des Reaktionsprodukts mit Pyridin oder mit Wasser (*Gi., Yo.*, l. c. S. 766; *Sasaki*, Bl. chem. Soc. Japan **27** [1954] 398, 399; vgl. H 339).
Krystalle; F: 108° [aus wss. A.] (*Gi., Yo.*), 106—108° [aus A.] (*Sa.*).

2-Cyan-3t-[5-nitro-[2]furyl]-acrylsäure $C_8H_4N_2O_5$, Formel IX (X = OH) (H 339).
B. Beim Behandeln von 2-Cyan-3t-[2]furyl-acrylsäure mit Salpetersäure und Acet=anhydrid (*Sasaki*, Bl. chem. Soc. Japan **27** [1954] 398, 400; vgl. H 339).
Krystalle (aus A.); F: 250° [Zers.].

2-Cyan-3*t*-[5-nitro-[2]furyl]-acrylsäure-methylester $C_9H_6N_2O_5$, Formel IX (X = O-CH$_3$).
B. Beim Erwärmen von 2-Cyan-3*t*-[5-nitro-[2]furyl]-acryloylchlorid mit Methanol und wenig Pyridin (*Saikachi, Suzuki*, Chem. pharm. Bl. **7** [1959] 453, 455, 456).
Gelbe Krystalle (aus A.); F: 214° [Zers.].

2-Cyan-3*t*-[5-nitro-[2]furyl]-acrylsäure-äthylester $C_{10}H_8N_2O_5$, Formel IX (X = O-C$_2$H$_5$) (H 339).
B. Beim Behandeln von 2-Cyan-3*t*-[2]furyl-acrylsäure-äthylester mit Salpetersäure und Acetanhydrid (*Sasaki*, Bl. chem. Soc. Japan **27** [1954] 398, 399; vgl. H 339).
Krystalle (aus A.); F: 153°.

2-Cyan-3*t*-[5-nitro-[2]furyl]-acrylsäure-propylester $C_{11}H_{10}N_2O_5$, Formel IX
(X = O-CH$_2$-CH$_2$-CH$_3$).
B. Beim Erwärmen von 2-Cyan-3*t*-[5-nitro-[2]furyl]-acryloylchlorid mit Propan-1-ol und wenig Pyridin (*Saikachi, Suzuki*, Chem. pharm. Bl. **7** [1959] 453, 455).
Hellgelbe Krystalle (aus A.); F: 144—146°.

2-Cyan-3*t*-[5-nitro-[2]furyl]-acrylsäure-isopropylester $C_{11}H_{10}N_2O_5$, Formel IX
(X = O-CH(CH$_3$)$_2$).
B. Beim Erwärmen von 2-Cyan-3*t*-[5-nitro-[2]furyl]-acryloylchlorid mit Isopropyl=
alkohol und wenig Pyridin (*Saikachi, Suzuki*, Chem. pharm. Bl. **7** [1959] 453, 455).
Hellgelbe Krystalle (aus A.); F: 176—177°.

2-Cyan-3*t*-[5-nitro-[2]furyl]-acrylsäure-butylester $C_{12}H_{12}N_2O_5$, Formel IX
(X = O-[CH$_2$]$_3$-CH$_3$).
B. Beim Erwärmen von 2-Cyan-3*t*-[5-nitro-[2]furyl]-acryloylchlorid mit Butan-1-ol und wenig Pyridin (*Saikachi, Suzuki*, Chem. pharm. Bl. **7** [1959] 453, 455).
Hellgelbe Krystalle (aus A.); F: 125—126°.

(±)-2-Cyan-3*t*-[5-nitro-[2]furyl]-acrylsäure-*sec*-butylester $C_{12}H_{12}N_2O_5$, Formel IX
(X = O-CH(CH$_3$)-CH$_2$-CH$_3$).
B. Beim Erwärmen von 2-Cyan-3*t*-[5-nitro-[2]furyl]-acryloylchlorid mit (±)-Butan-2-ol und wenig Pyridin (*Saikachi, Suzuki*, Chem. pharm. Bl. **7** [1959] 453, 455).
Hellgelbe Krystalle (aus A.); F: 124—125°.

2-Cyan-3*t*-[5-nitro-[2]furyl]-acrylsäure-isobutylester $C_{12}H_{12}N_2O_5$, Formel IX
(X = O-CH$_2$-CH(CH$_3$)$_2$).
B. Beim Erwärmen von 2-Cyan-3*t*-[5-nitro-[2]furyl]-acryloylchlorid mit Isobutyl=
alkohol und wenig Pyridin (*Saikachi, Suzuki*, Chem. pharm. Bl. **7** [1959] 453, 455).
Hellgelbe Krystalle (aus A.); F: 135—136°.

2-Cyan-3*t*-[5-nitro-[2]furyl]-acrylsäure-isopentylester $C_{13}H_{14}N_2O_5$, Formel IX
(X = O-CH$_2$-CH$_2$-CH(CH$_3$)$_2$).
B. Beim Erwärmen von 2-Cyan-3*t*-[5-nitro-[2]furyl]-acryloylchlorid mit Isopentyl=
alkohol und wenig Pyridin (*Saikachi, Suzuki*, Chem. pharm. Bl. **7** [1959] 453, 455).
Hellgelbe Krystalle (aus A.); F: 117—118°.

2-Cyan-3*t*-[5-nitro-[2]furyl]-acryloylchlorid $C_8H_3ClN_2O_4$, Formel IX (X = Cl).
B. Beim Erwärmen von 2-Cyan-3*t*-[5-nitro-[2]furyl]-acrylsäure mit Phosphor(V)-
chlorid in Benzol (*Saikachi, Suzuki*, Chem. pharm. Bl. **7** [1959] 453, 455).
Gelbliche Krystalle (aus Bzl.); F: 128—130°.

VII   VIII   IX

2-Cyan-3*t*-[5-nitro-[2]furyl]-acrylsäure-amid $C_8H_5N_3O_4$, Formel IX (X = NH$_2$).

B. Beim Behandeln einer Lösung von 2-Cyan-3*t*-[5-nitro-[2]furyl]-acryloylchlorid in Benzol mit Ammoniak (*Saikachi, Suzuki*, Chem. pharm. Bl. **7** [1959] 453, 454).

Braune Krystalle (aus A.); F: 260° [Zers.].

2-Cyan-3*t*-[5-nitro-[2]furyl]-acrylsäure-methylamid $C_9H_7N_3O_4$, Formel IX (X = NH-CH$_3$).

B. Beim Behandeln einer Lösung von 2-Cyan-3*t*-[5-nitro-[2]furyl]-acryloylchlorid in Benzol mit Methylamin (*Saikachi, Suzuki*, Chem. pharm. Bl. **7** [1959] 453, 454).

Gelbe Krystalle (aus A.); F: 265° [Zers.].

2-Cyan-3*t*-[5-nitro-[2]furyl]-acrylsäure-dimethylamid $C_{10}H_9N_3O_4$, Formel IX (X = N(CH$_3$)$_2$).

B. Beim Behandeln einer Lösung von 2-Cyan-3*t*-[5-nitro-[2]furyl]-acryloylchlorid in Benzol mit Dimethylamin (*Saikachi, Suzuki*, Chem. Pharm. Bl. **7** [1959] 453, 454, 455).

Gelbe Krystalle (aus A.); F: 171—172°.

2-Cyan-3*t*-[5-nitro-[2]furyl]-acrylsäure-äthylamid $C_{10}H_9N_3O_4$, Formel IX (X = NH-C$_2$H$_5$).

B. Beim Behandeln einer Lösung von 2-Cyan-3*t*-[5-nitro-[2]furyl]-acryloylchlorid in Benzol mit Äthylamin (*Saikachi, Suzuki*, Chem. pharm. Bl. **7** [1959] 453, 454).

Gelbe Krystalle (aus A.); F: 192—193°.

2-Cyan-3*t*-[5-nitro-[2]furyl]-acrylsäure-propylamid $C_{11}H_{11}N_3O_4$, Formel IX (X = NH-CH$_2$-CH$_2$-CH$_3$).

B. Beim Behandeln einer Lösung von 2-Cyan-3*t*-[5-nitro-[2]furyl]-acryloylchlorid in Benzol mit Propylamin (*Saikachi, Suzuki*, Chem. pharm. Bl. **7** [1959] 453, 454, 455).

Gelbe Krystalle (aus A. oder aus wss. A.); F: 180—181°.

2-Cyan-3*t*-[5-nitro-[2]furyl]-acrylsäure-dipropylamid $C_{14}H_{17}N_3O_4$, Formel IX (X = N(CH$_2$-CH$_2$-CH$_3$)$_2$).

B. Beim Behandeln einer Lösung von 2-Cyan-3*t*-[5-nitro-[2]furyl]-acryloylchlorid in Benzol mit Dipropylamin (*Saikachi, Suzuki*, Chem. pharm. Bl. **7** [1959] 453, 454).

Gelbe Krystalle (aus A.); F: 97—98°.

2-Cyan-3*t*-[5-nitro-[2]furyl]-acrylsäure-isopropylamid $C_{11}H_{11}N_3O_4$, Formel IX (X = NH-CH(CH$_3$)$_2$).

B. Beim Behandeln von 2-Cyan-3*t*-[5-nitro-[2]furyl]-acryloylchlorid mit Isopropylamin in Benzol (*Saikachi, Suzuki*, Chem. pharm. Bl. **7** [1959] 453, 454).

Gelbe Krystalle (aus A.); F: 178—179°.

2-Cyan-3*t*-[5-nitro-[2]furyl]-acrylsäure-butylamid $C_{12}H_{13}N_3O_4$, Formel IX (X = NH-[CH$_2$]$_3$-CH$_3$).

B. Beim Behandeln einer Lösung von 2-Cyan-3*t*-[5-nitro-[2]furyl]-acryloylchlorid in Benzol mit Butylamin (*Saikachi, Suzuki*, Chem. pharm. Bl. **7** [1959] 453, 454).

Gelbe Krystalle (aus A.); F: 173—174°.

(±)-2-Cyan-3*t*-[5-nitro-[2]furyl]-acrylsäure-*sec*-butylamid $C_{12}H_{13}N_3O_4$, Formel IX (X = NH-CH(CH$_3$)-CH$_2$-CH$_3$).

B. Beim Behandeln einer Lösung von 2-Cyan-3*t*-[5-nitro-[2]furyl]-acryloylchlorid in Benzol mit (±)-*sec*-Butylamin (*Saikachi, Suzuki*, Chem. pharm. Bl. **7** [1959] 453, 454).

Hellgelbe Krystalle (aus A.); F: 160—162°.

2-Cyan-3*t*-[5-nitro-[2]furyl]-acrylsäure-isobutylamid $C_{12}H_{13}N_3O_4$, Formel IX (X = NH-CH$_2$-CH(CH$_3$)$_2$).

B. Beim Behandeln einer Lösung von 2-Cyan-3*t*-[5-nitro-[2]furyl]-acryloylchlorid in Benzol mit Isobutylamin (*Saikachi, Suzuki*, Chem. pharm. Bl. **7** [1959] 453, 454).

Hellgelbe Krystalle (aus A.); F: 175—176°.

2-Cyan-3t-[5-nitro-[2]furyl]-acrylsäure-isopentylamid $C_{13}H_{15}N_3O_4$, Formel IX
(X = NH-CH$_2$-CH$_2$-CH(CH$_3$)$_2$) auf S. 4533.

B. Beim Behandeln einer Lösung von 2-Cyan-3t-[5-nitro-[2]furyl]-acryloylchlorid in Benzol mit Isopentylamin (*Saikachi*, *Suzuki*, Chem. pharm. Bl. **7** [1959] 453, 454).

Hellgelbe Krystalle (aus A.); F: 165—166°.

2-Cyan-3t-[5-nitro-[2]furyl]-acrylsäure-diisopentylamid $C_{18}H_{25}N_3O_4$, Formel IX
(X = N[CH$_2$-CH$_2$-CH(CH$_3$)$_2$]$_2$) auf S. 4533.

B. Beim Behandeln einer Lösung von 2-Cyan-3t-[5-nitro-[2]furyl]-acryloylchlorid in Benzol mit Diisopentylamin (*Saikachi*, *Suzuki*, Chem. pharm. Bl. **7** [1959] 453, 454).

Hellgelbe Krystalle (aus A.); F: 97—98°.

2-Cyan-3t-[5-nitro-[2]furyl]-acrylsäure-allylamid $C_{11}H_9N_3O_4$, Formel IX
(X = NH-CH$_2$-CH=CH$_2$) auf S. 4533.

B. Beim Behandeln einer Lösung von 2-Cyan-3t-[5-nitro-[2]furyl]-acryloylchlorid in Benzol mit Allylamin (*Saikachi*, *Suzuki*, Chem. pharm. Bl. **7** [1959] 453, 454).

Hellgelbe Krystalle (aus A.); F: 172—173°.

(±)-2-Cyan-3t-[5-nitro-[2]furyl]-acrylsäure-cyclohex-2-enylamid $C_{14}H_{13}N_3O_4$,
Formel X.

B. Beim Behandeln einer Lösung von 2-Cyan-3t-[5-nitro-[2]furyl]-acryloylchlorid in Benzol mit (±)-Cyclohex-2-enylamin (*Saikachi*, *Suzuki*, Chem. pharm. Bl. **7** [1959] 453, 454).

Hellgelbe Krystalle (aus A.); F: 193—194°.

2-Cyan-3t-[5-nitro-[2]furyl]-acrylsäure-anilid $C_{14}H_9N_3O_4$, Formel XI (X = H).

B. Beim Behandeln einer Lösung von 2-Cyan-3t-[5-nitro-[2]furyl]-acryloylchlorid in Benzol mit Anilin und wenig Pyridin (*Saikachi*, *Suzuki*, Chem. pharm. Bl. **7** [1959] 453, 454).

Gelbe Krystalle (aus Dioxan); F: 282° [Zers.].

2-Cyan-3t-[5-nitro-[2]furyl]-acrylsäure-[4-chlor-anilid] $C_{14}H_8ClN_3O_4$, Formel XI
(X = Cl).

B. Beim Behandeln einer Lösung von 2-Cyan-3t-[5-nitro-[2]furyl]-acryloylchlorid in Benzol mit 4-Chlor-anilin und wenig Pyridin (*Saikachi*, *Suzuki*, Chem. pharm. Bl. **7** [1959] 453, 454).

Gelbe Krystalle (aus Dioxan); F: 236° [Zers.].

2-Cyan-3t-[5-nitro-[2]furyl]-acrylsäure-[4-brom-anilid] $C_{14}H_8BrN_3O_4$, Formel XI
(X = Br).

B. Beim Behandeln einer Lösung von 2-Cyan-3t-[5-nitro-[2]furyl]-acryloylchlorid in Benzol mit 4-Brom-anilin und wenig Pyridin (*Saikachi*, *Suzuki*, Chem. pharm. Bl. **7** [1959] 453, 454).

Gelbe Krystalle (aus Dioxan); F: 239° [Zers.].

           X   XI

2-Cyan-3t-[5-nitro-[2]furyl]-acrylsäure-o-toluidid $C_{15}H_{11}N_3O_4$, Formel XII.

B. Beim Behandeln einer Lösung von 2-Cyan-3t-[5-nitro-[2]furyl]-acryloylchlorid in Benzol mit o-Toluidin und wenig Pyridin (*Saikachi*, *Suzuki*, Chem. pharm. Bl. **7** [1959] 453, 454).

Gelbe Krystalle (aus Dioxan); F: 182—183°.

XII   XIII   XIV

2-Cyan-3t-[5-nitro-[2]furyl]-acrylsäure-p-toluidid $C_{15}H_{11}N_3O_4$, Formel XI (X = CH_3).

B. Beim Behandeln einer Lösung von 2-Cyan-3t-[5-nitro-[2]furyl]-acryloylchlorid in Benzol mit *p*-Toluidin und wenig Pyridin (*Saikachi, Suzuki*, Chem. pharm. Bl. **7** [1959] 453, 454, 455).

Hellgelbe Krystalle (aus Dioxan); F: 264° [Zers.].

2-Cyan-3t-[5-nitro-[2]furyl]-acrylsäure-benzylamid $C_{15}H_{11}N_3O_4$, Formel XIII (R = CH_2-C_6H_5).

B. Beim Behandeln einer Lösung von 2-Cyan-3t-[5-nitro-[2]furyl]-acryloylchlorid in Benzol mit Benzylamin (*Saikachi, Suzuki*, Chem. pharm. Bl. **7** [1959] 453, 454).

Hellgelbe Krystalle (aus A.); F: 175—177°.

2-Cyan-3t-[5-nitro-[2]furyl]-acrylsäure-[2-hydroxy-äthylamid] $C_{10}H_9N_3O_5$, Formel XIII (R = CH_2-CH_2OH).

B. Beim Behandeln von 2-Cyan-3t-[5-nitro-[2]furyl]-acryloylchlorid mit 2-Amino-äthanol und Aceton (*Saikachi, Suzuki*, Chem. pharm. Bl. **7** [1959] 453, 454, 455).

Hellgelbe Krystalle (aus A.); F: 177—178°.

(±)-2-Cyan-3t-[5-nitro-[2]furyl]-acrylsäure-[2-hydroxy-propylamid] $C_{11}H_{11}N_3O_5$, Formel XIII (R = CH_2-$CH(OH)$-CH_3).

B. Beim Behandeln von 2-Cyan-3t-[5-nitro-[2]furyl]-acryloylchlorid mit (±)-1-Amino-propan-2-ol und Aceton (*Saikachi, Suzuki*, Chem. pharm. Bl. **7** [1959] 453, 454).

Hellgelbe Krystalle (aus A.); F: 185—186°.

2-Cyan-3t-[5-nitro-[2]furyl]-acrylsäure-[4-hydroxy-anilid] $C_{14}H_9N_3O_5$, Formel XI (X = OH).

B. Beim Behandeln einer Lösung von 2-Cyan-3t-[5-nitro-[2]furyl]-acryloylchlorid in Benzol mit 4-Amino-phenol und wenig Pyridin (*Saikachi, Suzuki*, Chem. pharm. Bl. **7** [1959] 453, 454).

Rote Krystalle (aus Dioxan); F: 270° [Zers.].

2-Cyan-3t-[5-nitro-[2]furyl]-acrylsäure-p-anisidid $C_{15}H_{11}N_3O_5$, Formel XI (X = O-CH_3).

B. Beim Behandeln einer Lösung von 2-Cyan-3t-[5-nitro-[2]furyl]-acryloylchlorid in Benzol mit *p*-Anisidin und wenig Pyridin (*Saikachi, Suzuki*, Chem. pharm. Bl. **7** [1959] 453, 454).

Rote Krystalle (aus Dioxan); F: 236° [Zers.].

[5-Nitro-furfuryliden]-malononitril $C_8H_3N_3O_3$, Formel XIV (H 339).

B. Beim Behandeln von Furfurylidenmalononitril mit Salpetersäure und Acetanhydrid (*Sasaki*, Bl. chem. Soc. Japan **27** [1954] 398, 400; vgl. H 339).

Krystalle (aus A.); F: 179°.

[2]Thienylmethylen-malonsäure $C_8H_6O_4S$, Formel I (R = H).

B. Beim Erwärmen von Thiophen-2-carbaldehyd mit Malonsäure und Ammoniak enthaltendem Äthanol (*Owen, Nord*, J. org. Chem. **15** [1950] 988, 991).

Gelbe Krystalle (aus wss. A.); F: 206—207° [Fisher-Johns-App.].

[2]Thienylmethylen-malonsäure-diäthylester $C_{12}H_{14}O_4S$, Formel I (R = C_2H_5).

B. Beim Erwärmen von Thiophen-2-carbaldehyd mit Malonsäure-diäthylester, Benzol, Piperidin und wenig Benzoesäure (*Pettersson*, Ark. Kemi **7** [1954/55] 39, 43).

Kp_1: 150—152°.

2-Cyan-3t(?)-[2]thienyl-acrylsäure $C_8H_5NO_2S$, vermutlich Formel II (R = H).

Bezüglich der Konfigurationszuordnung vgl. den analog hergestellten 2-Cyan-3t-[2]furyl-acrylsäure-äthylester (S. 4532).

B. Beim Erwärmen von Thiophen-2-carbaldehyd mit Kalium-cyanacetat in Wasser (*Pettersson*, Ark. Kemi **7** [1954/55] 39, 44).

Gelbe Krystalle; Zers. bei ca. 230°.

2-Cyan-3t(?)-[2]thienyl-acrylsäure-äthylester $C_{10}H_9NO_2S$, vernutlich Formel II (R = C_2H_5).

Bezüglich der Konfigurationszuordnung vgl. den analog hergestellten 2-Cyan-3t-[2]furyl-acrylsäure-äthylester (S. 4532).

B. Beim Behandeln von Thiophen-2-carbaldehyd mit Cyanessigsäure-äthylester und wenig Piperdin (*Pettersson*, Ark. Kemi **7** [1954/55] 39, 43; s. a. *Popp, Catala*, J. org. Chem. **26** [1961] 2738).

Krystalle; F: 94—98° [aus A.] (*Pe.*), 93—94° (*Popp, Ca.*).

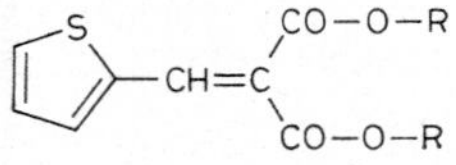

I 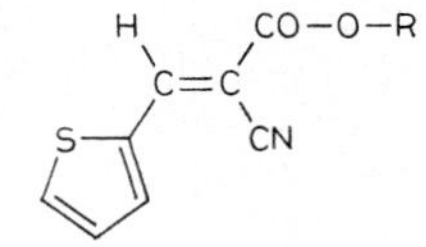   II 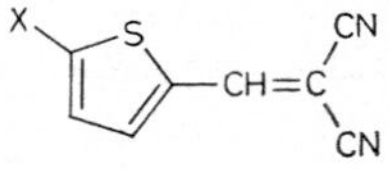   III

[2]Thienylmethylen-malononitril $C_8H_4N_2S$, Formel III (X = H).

B. Beim Behandeln von Thiophen-2-carbaldehyd mit Malononitril, Äthanol und wenig Piperidin (*Sturz, Noller*, Am. Soc. **71** [1949] 2949; *Emerson, Patrick*, J. org. Chem. **14** [1949] 790, 795).

Krystalle; F: 97—98° [aus wss. A.] (*Em., Pa.*), 95—96° [aus A.] (*St., No.*).

[5-Nitro-[2]thienylmethylen]-malononitril $C_8H_3N_3O_2S$, Formel III (X = NO$_2$).

B. Beim Erwärmen von 5-Nitro-thiophen-2-carbaldehyd mit Malononitril, Äthanol und wenig Piperidin (*Patrick, Emerson*, Am. Soc. **74** [1952] 1356).

Krystalle (aus A.); F: 149° [korr.].

Selenophen-2-ylmethylen-malonsäure $C_8H_6O_4Se$, Formel IV.

B. Beim Behandeln einer Lösung von Selenophen-2-carbaldehyd und Malonsäure in Äthanol mit Ammoniak und Erwärmen des Reaktionsgemisches (*Jur'ew, Mesenzowa*, Ž. obšč. Chim. **28** [1958] 3041, 3043; engl. Ausg. S. 3071, 3073).

Krystalle (aus W.); F: 229—230°.

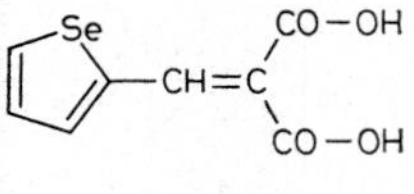

IV 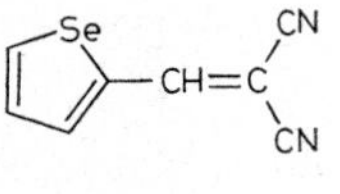   V 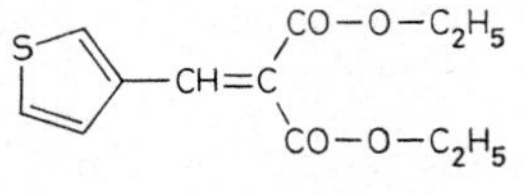   VI 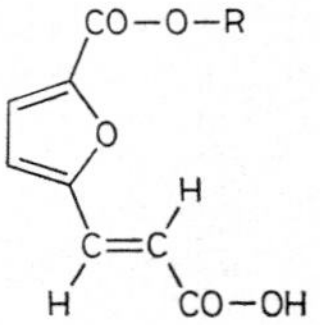   VII

Selenophen-2-ylmethylen-malononitril $C_8H_4N_2Se$, Formel V.

B. Beim Erwärmen von Selenophen-2-carbaldehyd mit Malononitril, Äthanol und wenig Pyridin (*Jur'ew, Mesenzowa*, Ž. obšč. Chim. **28** [1958] 3041, 3044; engl. Ausg. S. 3071, 3073).

Krystalle (aus A.); F: 91—92°.

---

[3]Thienylmethylen-malonsäure-diäthylester $C_{12}H_{14}O_4S$, Formel VI.

B. Beim Erwärmen von Thiophen-3-carbaldehyd mit Malonsäure-diäthylester, Benzol und wenig Piperidin unter Zusatz von wenig Thiophen-3-carbonsäure bzw. von wenig Benzoesäure und unter Entfernen des entstehenden Wassers (*Campaigne, Patrick*, Am.

Soc. **77** [1955] 5425; *Gronowitz*, Ark. Kemi **8** [1956] 441, 446).
Kp$_7$: 179—180° (*Ca., Pa.*); Kp$_3$: 148—150° (*Gr.*). n_D^{25}: 1,5491 (*Ca., Pa.*).

**3t(?)-[5-Carboxy-[2]furyl]-acrylsäure, 5-[*trans*(?)-2-Carboxy-vinyl]-furan-2-carbon-
säure** $C_8H_6O_5$, vermutlich Formel VII (R = H) (E II 290).
B. Beim Erwärmen von 5-Formyl-furan-2-carbonsäure mit Malonsäure und Pyridin
(*Votoček, Krošlák,* Collect. **11** [1939] 47, 49).
Krystalle (aus W.); F: 273—274°.

3t(?)-[5-Methoxycarbonyl-[2]furyl]-acrylsäure $C_9H_8O_5$, vermutlich Formel VII
(R = CH$_3$)
B. Beim Erwärmen von 5-Formyl-furan-2-carbonsäure-methylester mit Malonsäure
und Pyridin (*Votoček, Krošlák,* Collect. **11** [1939] 47, 50).
Gelbliche Krystalle (aus A.); F: 206—208°.

5-[*trans*-2-Carbamoyl-vinyl]-furan-2-carbonsäure $C_8H_7NO_4$, Formel VIII.
Isolierung aus dem Harn von Kaninchen nach oraler Verabreichung von 3t-[5-Methyl-
[2]furyl]-acrylsäure-amid (S. 4179): *Kuhn et al.,* Z. physiol. Chem. **247** [1939] 197, 218.
Krystalle (aus W.); F: 280° [korr.; Zers.].

| VIII | IX | X | XI |

5-[ξ-2-Cyan-vinyl]-furan-2-carbonsäure-methylester $C_9H_7NO_3$, Formel IX.
B. Beim Erhitzen von 2-Cyan-3-[5-methoxycarbonyl-[2]furyl]-acrylsäure (S. 4597)
mit Dimethylformamid (*Phrix-Werke,* D.B.P. 950915 [1954]).
Krystalle (aus W.); F: 75°. Kp$_{0,01}$: 130°.

7-Oxa-norborna-2,5-dien-2,3-dicarbonsäure-dimethylester $C_{10}H_{10}O_5$, Formel X.
B. Beim Erwärmen von Furan mit Butindisäure-dimethylester und Äther bzw. Benzol
(*Diels, Olsen,* J. pr. [2] **156** [1940] 285, 294; *Stork et al.,* Am. Soc. **75** [1953] 384, 388).
Kp$_2$: 130—133° (*St. et al.*); Kp$_{0,9}$: 130—135° (*Di., Ol.*).
Wenig beständig (*St. et al.,* l. c. S. 389). Verhalten gegen Brom in Chloroform: *Di.,
Ol.,* l. c. S. 297, 298; *Sefirow et al.,* Ž. obšč. Chim. **35** [1965] 814, 820, **36** [1966] 1897,
1898; engl. Ausg. **35** 817, 822, **36** 1889, 1890. Bei der Hydrierung an Palladium in Aceton
ist 7-Oxa-norborn-2-en-2,3-dicarbonsäure-dimethylester erhalten worden (*Di., Ol.,* l. c.
S. 295; *St. et al.,* l. c. S. 389).

7,7-Dioxo-7λ^6-thia-norborna-2,5-dien-2,3-dicarbonsäure-diäthylester $C_{12}H_{14}O_6S$,
Formel XI.
B. Beim Behandeln von Thiophen-1,1-dioxid mit Butindisäure-diäthylester und Chloro-
form (*Bailey, Cummins,* Am. Soc. **76** [1954] 1940).
Krystalle (aus CHCl$_3$ + Ae.); F: 105—106°.
Beim Erhitzen auf Temperaturen oberhalb des Schmelzpunkts sind Phthalsäure-di-
äthylester und Schwefeldioxid erhalten worden.

Dicarbonsäuren $C_9H_8O_5$

[1-[2]Thienyl-äthyliden]-malonsäure-diäthylester $C_{13}H_{16}O_4S$, Formel I.
B. Beim Erwärmen von 1-[2]Thienyl-äthanon mit Brommalonsäure-diäthylester,
Magnesium, Quecksilber(II)-chlorid, Benzol und Äther (*Miller, Nord,* J. org. Chem. **16**
[1951] 728, 729) oder mit Brommalonsäure-diäthylester, Zink-Pulver, wenig Jod, Benzol
und Toluol (*Miller, Nord,* J. org. Chem. **15** [1950] 89, 94), Behandeln des jeweiligen

Reaktionsgemisches mit wss. Salzsäure und Erhitzen des danach isolierten Reaktions-produkts mit wss. Oxalsäure.

Kp$_2$: 158—163° (*Mi., Nord*, J. org. Chem. **16** 729); Kp$_{1,5}$: 155° (*Mi., Nord*, J. org. Chem. **15** 90).

Beim Erhitzen mit wss. Kalilauge und Ansäuern der Reaktionslösung mit wss. Salz-säure ist 3-[2]Thienyl-crotonsäure (F: 112,5—113°) erhalten worden (*Mi., Nord*, J. org. Chem. **15** 90).

I   II   III

2-Cyan-3-[2]thienyl-ξ-crotonsäure-methylester C$_{10}$H$_9$NO$_2$S, Formel II.

B. Beim Erwärmen von 1-[2]Thienyl-äthanon mit Cyanessigsäure-methylester, wenig Ammoniumacetat, wenig Essigsäure und Chloroform (*Ilford Ltd.*, D.B.P. 922 729 [1951]). F: 70°.

[1-[2]Thienyl-äthyliden]-malononitril C$_9$H$_6$N$_2$S, Formel III.

B. Beim Erwärmen von 1-[2]Thienyl-äthanon mit Malononitril, Essigsäure, wenig Ammoniumacetat und Benzol (*Mowry*, Am. Soc. **67** [1945] 1050).

Krystalle (aus wss. A.); F: 86°.

[5-Methyl-[2]thienylmethylen]-malonsäure C$_9$H$_8$O$_4$S, Formel IV.

Ammonium-Salz [NH$_4$]C$_9$H$_7$O$_4$S. *B.* Beim 4-stdg. Erwärmen von 5-Methyl-thiophen-2-carbaldehyd mit Malonsäure, Ammoniumacetat (2 Mol) und Äthanol (*Gol'dfarb et al.*, Ž. obšč. Chim. **28** [1958] 213, 216; engl. Ausg. S. 213, 216). — Gelbe Krystalle (aus wss. A.); F: 182°. — Bei 18-stdg. Erwärmen mit Ammoniumacetat in Äthanol ist 3-Amino-3-[5-methyl-[2]thienyl]-propionsäure erhalten worden.

3t(?)-[4-Carboxy-5-methyl-[2]furyl]-acrylsäure, 5-[*trans*(?)-2-Carboxy-vinyl]-2-methyl-furan-3-carbonsäure C$_9$H$_8$O$_5$, vermutlich Formel V (R = H).

B. Beim Erwärmen von 3t(?)-[4-Äthoxycarbonyl-5-methyl-[2]furyl]-acrylsäure (s. u.) mit wss. Natronlauge (*Fernández Jiménez, Vázquez Roncero*, An. Soc. españ. [B] **45** [1949] 1591, 1595).

Krystalle (aus A.); F: 228—230°.

IV   V   VI

3t(?)-[4-Äthoxycarbonyl-5-methyl-[2]furyl]-acrylsäure C$_{11}$H$_{12}$O$_5$, vermutlich Formel V (R = C$_2$H$_5$).

B. Beim Erwärmen von 5-Formyl-2-methyl-furan-3-carbonsäure-äthylester mit Malon-säure und wenig Pyridin (*Fernández Jiménez, Vázquez Roncero*, An. Soc. españ. [B] **45** [1949] 1591, 1595).

Gelbe Krystalle (aus Bzl. oder aus Bzl. + Cyclohexan); F: 135° (*Bisagni et al.*, Bl. **1974** 515, 517), 134—135° (*Fe. Ji., Vá. Ro.*).

[3-Äthoxycarbonyl-5-(ξ-2-nitro-vinyl)-[2]furyl]-essigsäure-äthylester, 2-Äthoxycarbonyl-methyl-5-[ξ-2-nitro-vinyl]-furan-3-carbonsäure-äthylester C$_{13}$H$_{15}$NO$_7$, Formel VI.

B. Beim Behandeln einer Lösung von [3-Äthoxycarbonyl-5-formyl-[2]furyl]-essigsäure-

äthylester in Äthanol mit Nitromethan und wss. Natronlauge (*García González et al.*, An. Soc. españ. [B] **47** [1951] 295, 298).
Gelbe Krystalle (aus A.); F: 76—77°.

Dicarbonsäuren $C_{10}H_{10}O_5$

[2,6-Dimethyl-pyran-4-yliden]-malonsäure $C_{10}H_{10}O_5$, Formel VII.
Eine von *Woods* (Am. Soc. **80** [1958] 1440) unter dieser Konstitution beschriebene, aus [2,6-Dimethyl-pyran-4-yliden]-malononitril durch Erwärmen mit wss.-äthanol. Salzsäure hergestellte Verbindung (braune Krystalle [aus A.], F: 259,5—261° [Fisher-Johns-App.]; Diphenacylester $C_{26}H_{22}O_7$: Krystalle [aus Heptan], F: 186—188° [Fisher-Johns-App.]) ist nicht wieder erhalten worden (*Ohta, Kato*, Bl. chem. Soc. Japan **32** [1959] 707, 709).

Cyan-[2,6-dimethyl-pyran-4-yliden]-essigsäure-äthylester $C_{12}H_{13}NO_3$, Formel VIII
(X = O-C_2H_5).
B. Beim Erhitzen von 2,6-Dimethyl-pyran-4-on oder von 2,6-Dimethyl-pyran-4-thion mit Cyanessigsäure-äthylester und Acetanhydrid (*Ohta, Kato*, Bl. chem. Soc. Japan **32** [1959] 707, 709). Beim Erwärmen von 4-Methoxy-2,6-dimethyl-pyrylium-perchlorat mit Cyanessigsäure-äthylester und Natrium-*tert*-butylat in *tert*-Butylalkohol (*Ohta, Kato*, l. c. S. 710).
Hellgelbe Krystalle (aus A.); F: 184°.

Cyan-[2,6-dimethyl-pyran-4-yliden]-essigsäure-amid $C_{10}H_{10}N_2O_2$, Formel VIII
(X = NH$_2$).
B. Beim Erwärmen von [2,6-Dimethyl-pyran-4-yliden]-malonitril mit wss.-äthanol. Salzsäure (*Ohta, Kato*, Bl. chem. Soc. Japan **32** [1959] 707, 709).
Hellgelbe Krystalle (aus A.); F: 252° [Zers.].

VII VIII IX X

[2,6-Dimethyl-pyran-4-yliden]-malononitril $C_{10}H_8N_2O$, Formel IX.
B. Beim Erhitzen von 2,6-Dimethyl-pyran-4-on mit Malononitril und Acetanhydrid (*Woods*, Am. Soc. **80** [1958] 1440; *Ohta, Kato*, Bl. chem. Soc. Japan **32** [1959] 707, 709). Beim Erwärmen von 4-Methoxy-2,6-dimethyl-pyrylium-perchlorat mit Malononitril und Natrium-*tert*-butylat in *tert*-Butylalkohol (*Ohta, Kato*, l. c. S. 710).
Krystalle (aus A.), F: 191° (*Ohta, Kato*, l. c. S. 709); braunes Pulver (aus Heptan), F: 190—192° [oberhalb 180° sublimierend; Fisher-Johns-App.] (*Wo.*). IR-Banden (KBr) im Bereich von 4,5 μ bis 11,8 μ: *Wo.*, l. c. S. 1442.
Verhalten beim Erwärmen mit wss.-äthanol. Salzsäure: *Woods*; *Ohta, Kato*.

Allyl-[2]thienyl-malonsäure-diäthylester $C_{14}H_{18}O_4S$, Formel X.
B. Beim Erwärmen der Natrium-Verbindung des [2]Thienylmalonsäure-diäthylesters mit Allylbromid und Äthanol (*Leonard*, Am. Soc. **74** [1952] 2915, 2917).
Bei 130—137°/3,5 Torr destillierbar. n_D^{20}: 1,5026.

Allyl-[3]thienyl-malonsäure-diäthylester $C_{14}H_{18}O_4S$, Formel XI.
B. Beim Erwärmen der Natrium-Verbindung des [3]Thienylmalonsäure-diäthylesters mit Allylbromid und Äthanol (*Campaigne, Patrick*, Am. Soc. **77** [1955] 5425).
Kp_6: 158—159°.

[5-Äthyl-[2]thienylmethylen]-malonsäure $C_{10}H_{10}O_4S$, Formel XII.
B. Beim Erwärmen von 5-Äthyl-thiophen-2-carbaldehyd mit Malonsäure und Am=

moniumacetat (2 Mol) in Äthanol (*Gol'd̆arb et al.*, Ž. obšč. Chim. **28** [1958] 213, 217; engl. Ausg. S. 213, 217).

Krystalle (aus wss. A.); F: 136—137°.

Beim Erwärmen des Monoammonium-Salzes (s. u.) mit Ammoniumacetat (Überschuss) in Äthanol ist 3-[5-Äthyl-[2]thienyl]-3-amino-propionsäure erhalten worden (*Go. et al.*, l. c. S. 218).

Monoammonium-Salz. Gelbe Krystalle (aus wss. A.); F: 168—169°.

2-[2-Carboxy-äthyl]-5-[*trans*(?)-2-carboxy-vinyl]-furan, 3*t*(?)-[5-(2-Carboxy-äthyl)-[2]furyl]-acrylsäure $C_{10}H_{10}O_5$, vermutlich Formel XIII (R = H) (E I 449; E II 290).

Krystalle (aus W.); F: 178—179° [unkorr.]; Absorptionsmaximum: 312 nm (*Ernest, Stanĕk*, Chem. Listy **52** [1958] 302, 304; Collect. **24** [1959] 530, 533).

XI   XII   XIII

3*t*(?)-[5-(2-Methoxycarbonyl-äthyl)-[2]furyl]-acrylsäure-methylester $C_{12}H_{14}O_5$, vermutlich Formel XIII (R = CH_3) (E II 290).

Bezüglich der Konfigurationszuordnung vgl. den analog hergestellten 3*t*-[5-Methyl-[2]furyl]-acrylsäure-methylester (S. 4179).

B. Beim Behandeln einer Lösung von 4,7-Dioxo-dec-5-endisäure-dimethylester (F: 120° bis 121,5° [korr.]) in Essigsäure mit kleinen Mengen wss. Salzsäure (*Ernest, Stanĕk*, Chem. Listy **52** [1958] 302, 304; Collect. **24** [1959] 530, 533).

Krystalle (aus Me.); F: 59—60°.

---

*Opt.-inakt. 3a,4,5,6-Tetrahydro-benzofuran-4,5-dicarbonsäure $C_{10}H_{10}O_5$, Formel XIV.

Für die nachstehend beschriebene Verbindung ist ausser dieser Konstitution auf Grund ihrer Bildungsweise auch die Formulierung als opt.-inakt. 4,5,6,7-Tetrahydro-benzofuran-4,5-dicarbonsäure ($C_{10}H_{10}O_5$; Formel XV) in Betracht zu ziehen.

B. Beim Behandeln einer wahrscheinlich als opt.-inakt. 3a,4,5,6-Tetrahydro-benzofuran-4,5-dicarbonsäure-anhydrid zu formulierenden Verbindung (F: 149—150°; aus 2-Vinyl-furan und Maleinsäure-anhydrid hergestellt) mit wss. Kaliumcarbonat-Lösung (*Paul*, Bl. [5] **10** [1943] 163, 166).

Krystalle (aus Acn.); F: 225—226° [Block].

Kupfer(II)-Salz $CuC_{10}H_8O_5 \cdot 3 H_2O$. Hellgrünes amorphes Pulver; das wasserfreie Salz ist olivgrün.

XIV   XV   XVI

*Opt.-inakt. 4,5,6,7-Tetrahydro-benzo[*b*]thiophen-4,5-dicarbonsäure $C_{10}H_{10}O_4S$, Formel XVI.

B. Beim Erwärmen einer wahrscheinlich als opt.-inakt. 3a,4,5,6-Tetrahydro-benzo=[*b*]thiophen-4,5-dicarbonsäure-anhydrid zu formulierenden Verbindung (F: 164—166°; aus 2-Vinyl-thiophen und Maleinsäure-anhydrid hergestellt) mit wss. Natronlauge (*Davies, Porter*, Soc. **1957** 4958).

Krystalle (aus E.); F: 213—214° [Zers.].

Über zwei ebenfalls unter dieser Konstitution beschriebene Präparate (jeweils Krystalle [aus Me.], F: 194—195° bzw. F: 188—189°), die beim Erwärmen von 2-Vinyl-thiophen mit Maleinsäure-anhydrid in Benzol und Erwärmen des Reaktionsprodukts mit wss. Kalilauge erhalten worden sind, s. *Scully, Brown*, Am. Soc. **75** [1953] 6329.

Dicarbonsäuren $C_{11}H_{12}O_5$

Allyl-[2]thienylmethyl-malonsäure $C_{11}H_{12}O_4S$, Formel I (R = H).

B. Beim Erhitzen von Allyl-[2]thienylmethyl-malonsäure-diäthylester mit wss. Kali=
lauge (*Pratt, Archer*, Am. Soc. **70** [1948] 4065, 4069).

Krystalle (aus Bzl. + Bzn.); F: 125—127°.

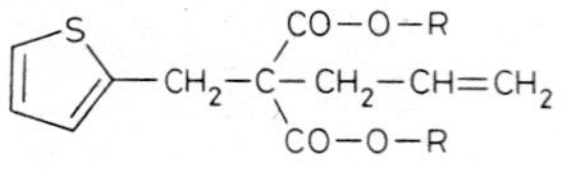

I 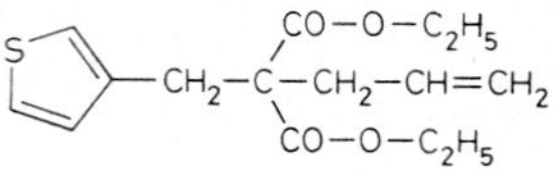   II 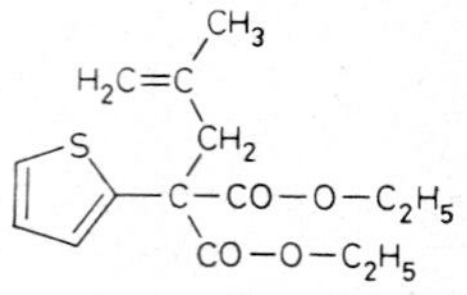   III

Allyl-[2]thienylmethyl-malonsäure-diäthylester $C_{15}H_{20}O_4S$, Formel I (R = C_2H_5).

B. Beim Erwärmen von 2-Chlormethyl-thiophen mit der Natrium-Verbindung des Allylmalonsäure-diäthylesters in Äthanol (*Pratt, Archer*, Am. Soc. **70** [1948] 4065, 4069).

$Kp_{0,6}$: 122—124°.

Allyl-[3]thienylmethyl-malonsäure-diäthylester $C_{15}H_{20}O_4S$, Formel II.

B. Beim Erwärmen der Natrium-Verbindung des [3]Thienylmethyl-malonsäure-di=
äthylesters mit Allylbromid und Äthanol (*Campaigne, Patrick*, Am. Soc. **77** [1955] 5425).

Kp_3: 155—157°.

Methallyl-[2]thienyl-malonsäure-diäthylester $C_{15}H_{20}O_4S$, Formel III.

B. Beim Erwärmen der Natrium-Verbindung des [2]Thienylmalonsäure-diäthylesters mit Methallylchlorid in Äthanol (*Leonard*, Am. Soc. **74** [1952] 2915, 2917).

Kp_3: 139—144°. n_D^{20}: 1,5041.

Dicarbonsäuren $C_{12}H_{14}O_5$

Methallyl-[2]thienylmethyl-malonsäure-diäthylester $C_{16}H_{22}O_4S$, Formel IV.

B. Beim Behandeln von 2-Chlormethyl-thiophen mit der Natrium-Verbindung des Methallylmalonsäure-diäthylesters in Äthanol (*Morren et al.*, J. Pharm. Belg. **7** [1952] 65, 67). Beim Behandeln der Natrium-Verbindung des [2]Thienylmethyl-malonsäure-
diäthylesters mit Methallylhalogenid und Äthanol (*Mo. et al.*).

Kp_1: 145°.

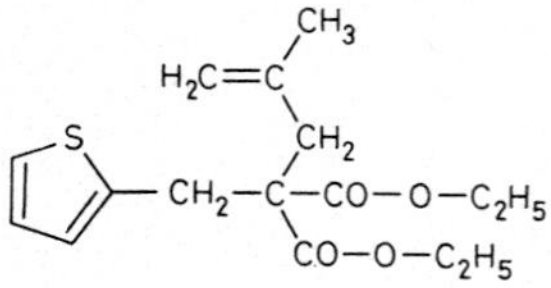

IV 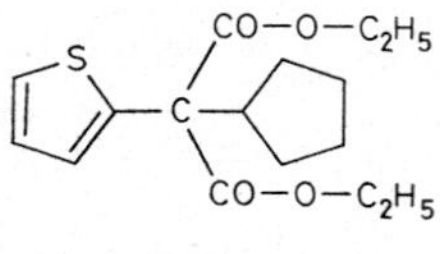   V 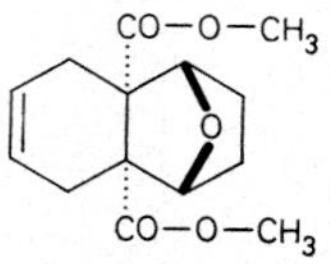   VI

Cyclopentyl-[2]thienyl-malonsäure-diäthylester $C_{16}H_{22}O_4S$, Formel V.

B. Beim Erhitzen der Natrium-Verbindung des [2]Thienylmalonsäure-diäthylesters mit Cyclopentylbromid und Diäthylcarbonat (*Leonard*, Am. Soc. **74** [1952] 2915, 2916, 2917).

Bei 160—167°/3 Torr destillierbar. n_D^{20}: 1,5128.

1,2,3,4,5,8-Hexahydro-1*t*,4*t*-epoxido-naphthalin-4a*r*,8a*c*-dicarbonsäure-dimethylester $C_{14}H_{18}O_5$, Formel VI.

B. Beim Erwärmen von 7-Oxa-norborn-2-en-2,3-dicarbonsäure-dimethylester mit Buta-1,3-dien, Äthanol und wenig Hydrochinon (*Stork et al.*, Am. Soc. **75** [1953] 384, 389).

Krystalle (aus Bzn. + A.); F: 78,5—79°.

Beim Behandeln mit methanol. Kalilauge und Ansäuern der Reaktionslösung ist 1,2,3,4,5,8-Hexahydro-1*t*,4*t*-epoxido-naphthalin-4a*r*,8a*c*-dicarbonsäure-anhydrid erhalten worden.

Dicarbonsäuren $C_{13}H_{16}O_5$

Cyclohexyl-[2]thienyl-malonsäure-diäthylester $C_{17}H_{24}O_4S$, Formel VII.

B. Beim Erhitzen der Natrium-Verbindung des [2]Thienylmalonsäure-diäthylesters mit Cyclohexylbromid und Diäthylcarbonat (*Leonard*, Am. Soc. **74** [1952] 2915, 2917).

F: 63—66°. Bei 168—178°/4 Torr destillierbar.

Cyclopentyl-furfuryl-malonsäure-diäthylester $C_{17}H_{24}O_5$, Formel VIII.

B. Bei der Hydrierung von Cyclopent-2-enyl-furfuryl-malonsäure-diäthylester an Platin in Äthanol (*Moffett et al.*, Am. Soc. **69** [1947] 1849, 1850).

$Kp_{0,07}$: 107°. D_4^{25}: 1,0925. n_D^{25}: 1,4790.

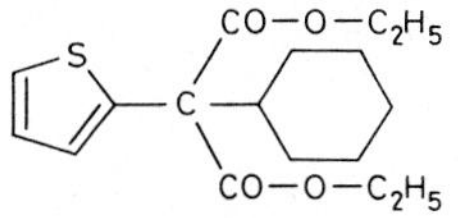

VII 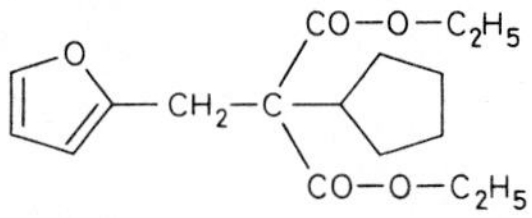   VIII 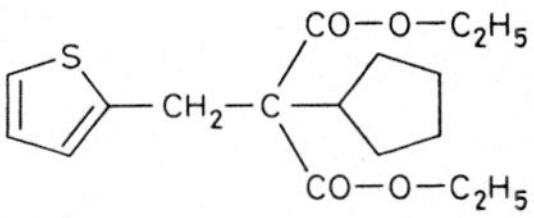   IX

Cyclopentyl-[2]thienylmethyl-malonsäure-diäthylester $C_{17}H_{24}O_4S$, Formel IX.

B. Bei der Hydrierung von Cyclopent-2-enyl-[2]thienylmethyl-malonsäure-diäthyl≈ ester an Raney-Nickel in Äthanol bei 100°/125 at (*Moffett et al.*, J. org. Chem. **15** [1950] 343, 345, 347).

$Kp_{0,02}$: 112°. D_4^{25}: 1,1252. n_D^{25}: 1,5068.

Dicarbonsäuren $C_{14}H_{18}O_5$

Cyclohexyl-[2]thienylmethyl-malonsäure-diäthylester $C_{18}H_{26}O_4S$, Formel X.

B. Beim Erhitzen von 2-Chlormethyl-thiophen mit der Natrium-Verbindung des Cyclohexylmalonsäure-diäthylesters und Diäthylcarbonat (*Blicke, Leonard*, Am. Soc. **68** [1946] 1934).

Kp_8: 201—204°.

6,7-Dimethyl-1,2,3,4,5,8-hexahydro-1*t*,4*t*-epoxido-naphthalin-4a*r*,8a*c*-dicarbonsäure-dimethylester $C_{16}H_{22}O_5$, Formel XI.

B. Beim Erwärmen von 7-Oxa-norborn-2-en-2,3-dicarbonsäure-dimethylester mit 2,3-Dimethyl-buta-1,3-dien, Äthanol und wenig Hydrochinon (*Stork et al.*, Am. Soc. **75** [1953] 384, 389).

Krystalle (aus A. + PAe.); F: 95—95,5°.

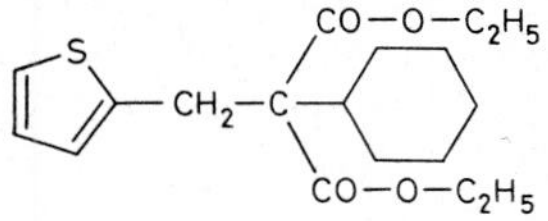

X 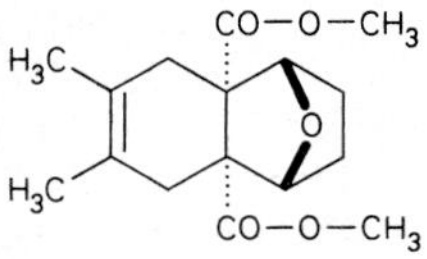   XI 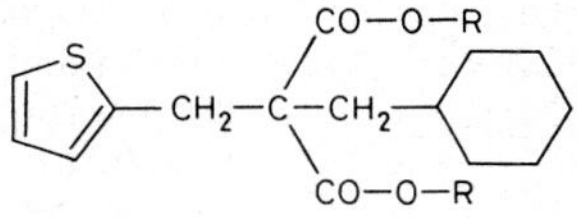   XII

Dicarbonsäuren $C_{15}H_{20}O_5$

Cyclohexylmethyl-[2]thienylmethyl-malonsäure $C_{15}H_{20}O_4S$, Formel XII (R = H).

B. Beim Erwärmen von Cyclohexylmethyl-[2]thienylmethyl-malonsäure-diäthylester

mit wss.-methanol. Kalilauge (*Blicke, Leonard*, Am. Soc. **68** [1946] 1934).
Krystalle (aus Bzl. + Bzn.); F: 151—152°.

Cyclohexylmethyl-[2]thienylmethyl-malonsäure-diäthylester $C_{19}H_{28}O_4S$, Formel XII
(R = C_2H_5).
B. Beim Erwärmen von 2-Chlormethyl-thiophen mit der Natrium-Verbindung des
Cyclohexylmethyl-malonsäure-diäthylesters in Äthanol (*Blicke, Leonard*, Am. Soc. **68**
[1946] 1934).
Kp_6: 204—206°.

Dicarbonsäuren $C_{16}H_{22}O_5$

[2-Cyclohexyl-äthyl]-[2]thienylmethyl-malonsäure $C_{16}H_{22}O_4S$, Formel XIII (R = H).
B. Beim Erwärmen von [2-Cyclohexyl-äthyl]-[2]thienylmethyl-malonsäure-diäthyl=
ester mit wss.-äthanol. Kalilauge (*Blicke, Leonard*, Am. Soc. **68** [1946] 1934).
Krystalle (aus Bzl. + Bzn.); F: 126—127°.

XIII   XIV

[2-Cyclohexyl-äthyl]-[2]thienylmethyl-malonsäure-diäthylester $C_{20}H_{30}O_4S$, Formel XIII
(R = C_2H_5).
B. Beim Erhitzen von 2-Chlormethyl-thiophen mit der Natrium-Verbindung des
[2-Cyclohexyl-äthyl]-malonsäure-diäthylesters und Diäthylcarbonat (*Blicke, Leonard*, Am.
Soc. **68** [1946] 1934).
Kp_6: 213—214°.

**(±)-6t(?)-Methyl-(4ar,6at,10bt)-2,3,4,4a,6,6a,7,8,9,10b-decahydro-1H-benzo[c]thio=
chromen-7c,8c-dicarbonsäure** $C_{16}H_{22}O_4S$, vermutlich Formel XIV + Spiegelbild.
Diese Konfiguration ist wahrscheinlich der nachstehend beschriebenen Verbindung auf
Grund ihrer Bildungsweise zuzuordnen.
B. Beim Erhitzen von (±)-6t(?)-Methyl-(4ar,6at,10bt)-2,3,4,4a,6,6a,7,8,9,10b-deca=
hydro-1H-benzo[c]thiochromen-7c,8c-dicarbonsäure-anhydrid (F: 154°; aus 2c(?)-Methyl-
4-vinyl-(4ar,8at)-4a,5,6,7,8,8a-hexahydro-2H-thiochromen [E III/IV **17** 385] und Malein=
säure-anhydrid hergestellt) mit Wasser (*Nasarow et al.*, Ž. obšč. Chim. **19** [1949] 2164,
2174; engl. Ausg. S. a 637, a 646).
Krystalle (aus W.) mit 2 Mol H_2O; F: 206°.

Dicarbonsäuren $C_{19}H_{28}O_5$

**(3aR)-9b-Methyl-(3ar,3bt,9at,9bc,11ac)-tetradecahydro-phenanthro[2,1-b]furan-5at,7t-di=
carbonsäure** $C_{19}H_{28}O_5$, Formel XV (R = X = H).
B. Neben kleineren Mengen des entsprechenden Dimethylesters (S. 4545) beim Behandeln
einer Lösung von Epoxynorcafestanon ((3aR)-10b-Methyl-(3ar,3bt,10at,10bc,12ac)-tetra=
decahydro-5ac,8c-methano-cyclohepta[5,6]naphtho[2,1-b]furan-7-on [E III/IV **17** 5036])
in Methanol mit alkal. methanol. Kaliumhypojodit-Lösung bei Raumtemperatur (*Wettstein
et al.*, Helv. **24** [1941] 332 E, 351 E).
Krystalle (aus wss. Acn.); F: 224—227° [korr.; Zers.].

**(3aR)-9b-Methyl-(3ar,3bt,9at,9bc,11ac)-tetradecahydro-phenanthro[2,1-b]furan-5at,7t-di=
carbonsäure-5a-methylester** $C_{20}H_{30}O_5$, Formel XV (R = CH_3, X = H), und **(3aR)-
9b-Methyl-(3ar,3bt,9at,9bc,11ac)-tetradecahydro-phenanthro[2,1-b]furan-5at,7t-dicarb=
onsäure-7-methylester** $C_{20}H_{30}O_5$, Formel XV (R = H, X = CH_3).
Diese beiden Formeln kommen für die nachstehend beschriebene Verbindung in Betracht

(*Wettstein*, *Miescher*, Helv. **26** [1943] 631, 634).

B. Beim Erwärmen des im folgenden Artikel beschriebenen Dimethylesters mit wss.-methanol. Kaliumcarbonat-Lösung oder mit äthanol. Kalilauge (*We.*, *Mi.*, l. c. S. 638).

Krystalle (aus Hexan + Acn.); F: 150,5—152° [korr.].

(3a*R*)-9b-Methyl-(3a*r*,3b*t*,9a*t*,9b*c*,11a*c*)-tetradecahydro-phenanthro[2,1-*b*]furan-5a*t*,7*t*-di=carbonsäure-dimethylester $C_{21}H_{32}O_5$, Formel XV (R = X = CH_3).

B. Beim Behandeln von (3a*R*)-9b-Methyl-(3a*r*,3b*t*,9a*t*,9b*c*,11a*c*)-tetradecahydro-phen=anthro[2,1-*b*]furan-5a*t*,7*t*-dicarbonsäure (S. 4544) mit Diazomethan in Äther (*Wettstein et al.*, Helv. **24** [1941] 332 E, 352 E).

Krystalle (aus Hexan + Acn. oder wss. Acn.); F: 78,5—80°. Bei 150°/0,01 Torr destillierbar.

XV   XVI

Dicarbonsäuren $C_{22}H_{34}O_5$

2-[8-Carboxy-oct-1-en-*t*(?)-yl]-5-[8-carboxy-octyl]-furan, 9*t*(?)-[5-(8-Carboxy-octyl)-[2]furyl]-non-8-ensäure $C_{22}H_{34}O_5$, vermutlich Formel XVI.

Bezüglich der Konfigurationszuordnung vgl. den analog hergestellten 3*t*-[5-Methyl-[2]furyl]-acrylsäure-methylester (S. 4179).

B. Beim Behandeln von 10,13-Dioxo-docos-11-endisäure-diäthylester (F: 73,5—74,5°) mit Chlorwasserstoff enthaltender Essigsäure und Erwärmen des Reaktionsprodukts mit wss.-äthanol. Kalilauge (*Ernest*, *Staněk*, Chem. Listy **52** [1958] 302, 305; Collect. **24** [1959] 530, 533).

Krystalle (aus W. + A.); F: 101° [unkorr.].

Dicarbonsäuren $C_nH_{2n-12}O_5$

Dicarbonsäuren $C_9H_6O_5$

4-Äthinyl-4*H*-pyran-3,5-dicarbonitril $C_9H_4N_2O$, Formel I.

Diese Konstitution kommt der nachstehend beschriebenen, ursprünglich (*Wille*, *Saffer*, A. **568** [1950] 34, 43) als 6-Äthinyl-6*H*-pyran-2,4-dicarbonitril ($C_9H_4N_2O$, Formel II) formulierten Verbindung auf Grund ihrer genetischen Beziehung zu 4-Äthinyl-4*H*-pyran-3,5-dicarbaldehyd (E III/IV **17** 6151) zu.

B. Beim Behandeln von 4-Äthinyl-4*H*-pyran-3,5-dicarbaldehyd-dioxim (E III/IV **17** 6152) mit Thionylchlorid (*Wi.*, *Sa.*, l. c. S. 43).

F: 91° [nach Sublimation unter vermindertem Druck].

I   II

Dicarbonsäuren $C_{10}H_8O_5$

[(*Z*?)-Furfuryliden]-*trans*-pentendinitril $C_{10}H_6N_2O$, vermutlich Formel III.

Bezüglich der Konfigurationszuordnung vgl. das analog hergestellte 3*c*-[2]Furyl-

2-phenyl-acrylonitril (S. 4325).

B. Beim Behandeln von Furan-2-carbaldehyd mit *trans*-Pentendinitril, Äthanol und wenig Benzylamin (*Legrand*, Bl. Soc. chim. Belg. **53** [1944] 166, 174).

Gelbe Krystalle (aus A.); F: 141—141,5°.

[3*t*(?)-[2]Furyl-allyliden]-malonsäure $C_{10}H_8O_5$, vermutlich Formel IV.

B. Beim Behandeln von Furfural mit Äthylidenmalonsäure und methanol. Kalilauge (*Skinner et al.*, Am. Soc. **79** [1957] 2843, 2846) oder mit Äthylidenmalonsäure-diäthylester und äthanol. Kalilauge (*Hamada, Isogai,* J. chem. Soc. Japan Pure Chem. Sect. **77** [1956] 1128; C. A. **1959** 5227). Beim Erhitzen einer Lösung von 3*t*(?)-[2]Furyl-acrylaldehyd in Pyridin mit Malonsäure und wenig Piperidin unter Einleiten von Kohlendioxid (*Hofmann,* Am. Soc. **66** [1944] 51; s. a. *Rallings, Smith,* Soc. **1953** 618, 621).

Hellbraun, F: 197—198° [Zers.; unkorr.; Fisher-Johns-App.] (*Sk. et al.*); rote Krystalle (aus wss. Me.), Zers. bei 190—195° (*Ho.*), F: 190—195° [Zers.] (*Ra., Sm.*).

III   IV   V

[3*t*(?)-[2]Thienyl-allyliden]-malonsäure $C_{10}H_8O_4S$, vermutlich Formel V.

B. Beim Behandeln von Thiophen-2-carbaldehyd mit Äthylidenmalonsäure und methanol. Kalilauge (*Skinner et al.*, Am. Soc. **79** [1957] 2843, 2846).

Gelbe Krystalle (aus Eg.); F: 211—212° [unkorr.; Zers.; Fisher-Johns-App.].

2-Cyan-5*t*(?)-[2]thienyl-penta-2ξ,4-diensäure $C_{10}H_7NO_2S$, vermutlich Formel VI (R = H).

B. Beim Erwärmen von 2-Cyan-5*t*(?)-[2]thienyl-penta-2ξ,4-diensäure-äthylester (s. u.) mit Bariumhydroxid in Methanol (*Miller, Nord,* J. org. Chem. **16** [1951] 1720, 1726).

Krystalle (aus Me.); F: 200,5—202°.

2-Cyan-5*t*(?)-[2]thienyl-penta-2ξ,4-diensäure-äthylester $C_{12}H_{11}NO_2S$, vermutlich Formel VI (R = C_2H_5).

B. Beim Erhitzen von 3*t*(?)-[2]Thienyl-acrylaldehyd (E III/IV **17** 4708) mit Cyan= essigsäure-äthylester, Acetamid und Essigsäure bis auf 115° (*Miller, Nord,* J. org. Chem. **16** [1951] 1720, 1726).

Gelbe Krystalle (aus Me.); F: 127,5—128°.

3,4-Dibrom-2,5-bis-[*trans*(?)-2-carboxy-vinyl]-thiophen, 3*t*(?),3′*t*(?)-[3,4-Dibrom-thiophen-2,5-diyl]-di-acrylsäure $C_{10}H_6Br_2O_4S$, vermutlich Formel VII (X = OH).

Bezüglich der Konfigurationszuordnung vgl. die analog hergestellte 3*t*-[2]Thienyl-acrylsäure (S. 4165).

B. Beim Erhitzen von 3,4-Dibrom-thiophen-2,5-dicarbaldehyd mit Acetanhydrid und Natriumacetat auf 175° (*Steinkopf et al.*, A. **541** [1939] 260, 268).

Hellgelbe Krystalle (aus Py. + Eg.), die unterhalb 350° nicht schmelzen. Im Hoch-vakuum bei 220° sublimierbar.

VI   VII   VIII

3,4-Dibrom-2,5-bis-[trans(?)-2-chlorcarbonyl-vinyl]-thiophen, 3t(?),3't(?)-[3,4-Dibrom-thiophen-2,5-diyl]-bis-acryloylchlorid C₁₀H₄Br₂Cl₂O₂S, Formel VII (X = Cl).

B. Beim Erwärmen von 3,4-Dibrom-2,5-bis-[trans(?)-2-carboxy-vinyl]-thiophen (S. 4546) mit Thionylchlorid (*Steinkopf et al.*, A. **541** [1939] 260, 269).

Gelbe Krystalle (aus Acn.); F: 172° [Zers.].

(±)-3t(?)-[2-Chlor-phenyl]-2-cyan-oxiran-r-carbonsäure, (2RS,3SR?)-3-[2-Chlor-phen=yl]-2-cyan-2,3-epoxy-propionsäure C₁₀H₆ClNO₃, Formel VIII + Spiegelbild.

B. Beim Behandeln von 3t-[2-Chlor-phenyl]-2-cyan-acrylsäure (E III **9** 4381) mit wss. Natronlauge und alkal. wss. Natriumhypochlorit-Lösung (*McRae*, *Hopkins*, Canad. J. Res. **7** [1932] 248, 255).

Krystalle (aus Toluol oder CHCl₃); F: 159°.

Beim Erwärmen mit wss. Natronlauge ist 2-Chlor-benzaldehyd erhalten worden.

Dicarbonsäuren C₁₁H₁₀O₅

Furfuryl-prop-2-inyl-malonsäure C₁₁H₁₀O₅, Formel IX (R = H).

B. Aus Furfuryl-prop-2-inyl-malonsäure-diäthylester mit Hilfe von äthanol. Kalilauge (*Schulte et al.*, Ar. **291** [1958] 227, 233).

F: 126° [Zers.].

Beim Erhitzen mit wenig Zinkcarbonat ist 3-Furfuryl-5-methyl-3H-furan-2-on erhalten worden (*Sch. et al.*, l. c. S. 234, 236).

Furfuryl-prop-2-inyl-malonsäure-diäthylester C₁₅H₁₈O₅, Formel IX (R = C₂H₅).

B. Beim Erwärmen der Natrium-Verbindung des Furfuryl-malonsäure-diäthylesters mit 3-Brom-propin und Äthanol (*Schulte et al.*, Ar. **291** [1958] 227, 233).

Kp₆: 143,5—146,5°. n²⁰_D: 1,4721.

4-[(E)-Furfuryliden]-3-methyl-trans-pentendisäure C₁₁H₁₀O₅, Formel X.

Über die Konfiguration der in den nachstehend beschriebenen Präparaten vorliegenden Verbindung s. *Petrow*, *Stephenson*, Soc. **1950** 1310, 1314; *Cawley*, Am. Soc. **77** [1955] 4125, 4127, 4128.

B. Beim Behandeln von Furan-2-carbaldehyd mit einem überwiegend aus 3-Methyl-trans-pentendisäure-dimethylester bestehenden Präparat (Kp₁₂: 112—115°; aus Iso=dehydracetsäure-äthylester [2,4-Dimethyl-6-oxo-6H-pyran-3-carbonsäure-äthylester] her-gestellt) und methanol. Kalilauge (*Ca.*, l. c. S. 4129; s. a. *Eastman Kodak Co.*, U.S.P. 2768175 [1952]) oder mit 3-Methyl-pentendisäure-diäthylester (Stereoisomeren-Gemisch) und methanol. Kalilauge (*Pe.*, *St.*).

Krystalle; F: 213° [Zers.; aus W.] (*Pe.*, *St.*), 205—208° [korr.; Zers.; aus wss. Me.] (*Eastman Kodak Co.*), 201—203° [korr.; Zers.; aus wss. Me.] (*Ca.*). Absorptionsmaximum (A. bzw. Isopropylalkohol): 305 nm bzw. 300 nm (*Ca.*; *Pe.*, *St.*, l. c. S. 1312).

IX   X

[3t(?)-[2]Furyl-1-methyl-allyliden]-malonsäure C₁₁H₁₀O₅, vermutlich Formel XI.

B. Beim Behandeln von Isopropylidenmalonsäure-diäthylester mit Furan-2-carb=aldehyd und methanol. Kalilauge und Erwärmen der Reaktionslösung mit wss. Kalilauge (*Eastman Kodak Co.*, U.S.P. 2662914 [1950]).

Nicht näher beschrieben.

Überführung in 5t-[2]Furyl-3-methyl-penta-2c,4-diensäure (S. 4206) durch Erwärmen mit wenig Kupfer(II)-acetat und Pyridin: *Eastman Kodak Co.*

XI   XII

(±)-[1,1-Dioxo-2,3-dihydro-1λ^6-benzo[*b*]thiophen-3-yl]-malonsäure-diäthylester $C_{15}H_{18}O_6S$, Formel XIII.

B. Bei mehrtägigem Erwärmen von Benzo[*b*]thiophen-1,1-dioxid mit der Natrium-Verbindung des Malonsäure-diäthylesters in Benzol (*Bordwell*, *McKellin*, Am. Soc. **72** [1950] 1985, 1987).

Krystalle (aus A.); F: 84,5−85,5°.

(±)-[2*r*-Carboxy-2,3-dihydro-benzofuran-3*t*-yl]-essigsäure, (±)-3*t*-Carboxymethyl-2,3-di=hydro-benzofuran-2*r*-carbonsäure $C_{11}H_{10}O_5$, Formel XIII (R = H) + Spiegelbild.

Bezüglich der Konfigurationszuordnung s. *Shimizu*, J. chem. Soc. Japan Pure Chem. Sect. **82** [1961] 1533; C. A. **57** [1962] 15045.

B. Aus (±)-[2*r*-Äthoxycarbonyl-2,3-dihydro-benzofuran-3*t*-yl]-essigsäure-äthylester mit Hilfe von wss. Natronlauge (*Koelsch*, Am. Soc. **67** [1945] 569, 571).

Krystalle (aus E. + Bzn.), F: 170−172°; wasserhaltige Krystalle (aus W.), die unterhalb 100° schmelzen (*Ko.*).

Silber-Salz $Ag_2C_{11}H_8O_5$. Krystalle (*Ko.*).

(±)-[2*r*-Äthoxycarbonyl-2,3-dihydro-benzofuran-3*t*-yl]-essigsäure-äthylester,
(±)-3*t*-Äthoxycarbonylmethyl-2,3-dihydro-benzofuran-2*r*-carbonsäure-äthylester
$C_{15}H_{18}O_5$, Formel XIII (R = C_2H_5) + Spiegelbild.

Bezüglich der Konfigurationszuordnung vgl. *Shimizu*, J. chem. Soc. Japan Pure Chem. Sect. **82** [1961] 1533; C. A. **57** [1962] 15045.

B. Beim Erwärmen von 2-Äthoxycarbonylmethoxy-*trans*-zimtsäure-äthylester mit wenig Natriumäthylat in Äthanol (*Koelsch*, Am. Soc. **67** [1945] 569, 570).

Kp_9: 191−193° (*Ko.*).

XIII   XIV   XV

(±)-3*t*(?)-Cyanmethyl-2,3-dihydro-benzofuran-2*r*-carbonsäure-äthylester $C_{13}H_{13}NO_3$, vermutlich Formel XIV + Spiegelbild.

Bezüglich der Konfigurationszuordnung vgl. *Shimizu*, J. chem. Soc. Japan Pure Chem. Sect. **83** [1962] 203; C. A. **59** [1963] 5120.

B. Beim Erwärmen von [2-(*cis*-2-Cyan-vinyl)-phenoxy]-essigsäure-äthylester oder von [2-(*trans*-2-Cyan-vinyl)-phenoxy]-essigsäure-äthylester mit wenig Natriumäthylat in Äthanol (*Koelsch*, Am. Soc. **67** [1945] 569, 571).

Kp_{18}: 215−216° (*Ko.*).

*Opt.-inakt. [2-Carboxy-2,3-dihydro-benzo[*b*]thiophen-3-yl]-essigsäure, 3-Carboxy=methyl-2,3-dihydro-benzo[*b*]thiophen-2-carbonsäure $C_{11}H_{10}O_4S$, Formel XV (R = H).

B. Neben kleinen Mengen [2-Carboxy-2,3-dihydro-benzo[*b*]thiophen-3-yl]-essigsäure-anhydrid(?) (F: 238−240°) beim Behandeln von opt.-inakt. [2-Methoxycarbonyl-2,3-di=hydro-benzo[*b*]thiophen-3-yl]-essigsäure-methylester (S. 4549) mit wss.-äthanol. Natron=lauge (*Koelsch*, *Stephens*, Am. Soc. **72** [1950] 2209, 2211).

Krystalle (aus W.); F: 143−144°.

*Opt.-inakt. [2-Methoxycarbonyl-2,3-dihydro-benzo[*b*]thiophen-3-yl]-essigsäure-methyl≠
ester, 3-Methoxycarbonylmethyl-2,3-dihydro-benzo[*b*]thiophen-2-carbonsäure-methyl≠
ester $C_{13}H_{14}O_4S$, Formel XVI (R = CH_3).

B. Beim Erwärmen von 2-Methoxycarbonylmethylmercapto-*trans*(?)-zimtsäure-
methylester (F: 42—43°) mit wenig Natriummethylat in Methanol (*Koelsch, Stephens,*
Am. Soc. **72** [1950] 2209, 2211).

Kp_4: 160—162°.

Dicarbonsäuren $C_{12}H_{12}O_5$

*Opt.-inakt. 2,3-Epoxy-3-phenyl-adipinsäure $C_{12}H_{12}O_5$, Formel I (R = H).

B. Beim Behandeln von opt.-inakt. 2,3-Epoxy-3-phenyl-adipinsäure-diäthylester (s. u.)
mit Natriumäthylat in Äthanol und anschliessend mit Wasser [2 Mol] (*Bergmann et al.,*
Am. Soc. **81** [1959] 2775, 2778).

Krystalle (aus Nitromethan); F: 193° [Zers.]. IR-Banden (KBr) im Bereich von 2,8 μ
bis 12 μ: *Be. et al.*

*Opt.-inakt. 2,3-Epoxy-3-phenyl-adipinsäure-diäthylester $C_{16}H_{20}O_5$, Formel I (R = C_2H_5).

B. Beim Behandeln von 4-Oxo-4-phenyl-buttersäure-äthylester mit Chloressigsäure-
äthylester und Natrium-*tert*-pentylat in *tert*-Pentylalkohol (*Bergmann et al.,* Am. Soc. **81**
[1959] 2775, 2778).

Kp_1: 170—174°. n_D^{27}: 1,4948. IR-Banden ($CHCl_3$) im Bereich von 6 μ bis 12 μ: *Be. et al.*

(±)-Cyclopent-2-enyl-[2]thienyl-malonsäure-diäthylester $C_{16}H_{20}O_4S$, Formel II.

B. Beim Behandeln der Natrium-Verbindung des [2]Thienylmalonsäure-diäthylesters
mit Äthanol und mit einer Lösung von (±)-3-Chlor-cyclopenten in Toluol (*Leonard,* Am.
Soc. **74** [1952] 2915, 2917).

Bei 175—185°/5,5 Torr destillierbar. n_D^{20}: 1,5200.

I II III

(±)-6-Methyl-chroman-2*r*,3*t*(?)-dicarbonsäure $C_{12}H_{12}O_5$, vermutlich Formel III
+ Spiegelbild.

Bezüglich der Konfigurationszuordnung s. *Hultzsch,* J. pr. [2] **158** [1941] 275, 281.

B. Beim Erhitzen von 2-Hydroxy-5-methyl-benzylalkohol mit Maleinsäure-dimethyl≠
ester bis auf 220° und Behandeln des Reaktionsprodukts mit wss. Natronlauge (*Hu.,* l. c.
S. 288, 289).

F: 247,5° [aus A.].

(±)-[2,3-Dihydro-benzofuran-2-ylmethyl]-malonsäure $C_{12}H_{12}O_5$, Formel IV.

B. Bei der Umsetzung von (±)-2-Brommethyl-2,3-dihydro-benzofuran mit der Natrium-
Verbindung des Malonsäure-diäthylesters und anschliessenden Hydrolyse (*Normant,* A. ch.
[11] **17** [1942] 335, 346).

Krystalle (aus Eg. + PAe.); F: 215°.

---

*Opt.-inakt. 1,1-Dioxo-3a,4,5,6,7,7a-hexahydro-1λ^6-4,7-ätheno-benzo[*b*]thiophen-
5,6-dicarbonsäure-dimethylester $C_{14}H_{16}O_6S$, Formel V.

B. Beim Behandeln einer Suspension von opt.-inakt. 1,1-Dioxo-3a,4,5,6,7,7a-hexa≠
hydro-1λ^6-4,7-ätheno-benzo[*b*]thiophen-5,6-dicarbonsäure-anhydrid (F: 305—306°) in
Methanol mit Chlorwasserstoff (*Backer, Melles,* Pr. Akad. Amsterdam [B] **54** [1951] 340).

Krystalle (aus W.); F: 228,5—229,5°.

IV   V   VI

(1rC^{10},2tH,3cH(?),5cH(?),6tH)-4-Oxa-tetracyclo[5.2.2.0^{2,6}.0^{3,5}]undec-10-en-8c,9c-di=
carbonsäure-dimethylester, 1c(?),2c(?)-Epoxy-(2ar,6ac)-octahydro-3t,6t-ätheno-cyclo=
butabenzen-4t,5t-dicarbonsäure-dimethylester $C_{14}H_{16}O_5$, vermutlich Formel VI.

Bezüglich der Konstitution s. *Avram et al.*, A. **636** [1960] 174, 175; die Zuordnung der
Konfiguration an den C-Atomen 3 und 5 des 4-Oxa-tetracyclo[5.2.2.0^{2,6}.0^{3,5}]undecan-
Gerüstes ist auf Grund der Bildungsweise erfolgt.

B. Beim Behandeln von (1rC^9,2tH,5tH)-Tricyclo[4.2.2.0^{2,5}]deca-3,9-dien-7c,8c-dicarbon=
säure-dimethylester (F: 52—55° [E III **9** 4401]) mit Peroxybenzoesäure in Chloroform
(*Reppe et al.*, A. **560** [1948] 1, 76).

Krystalle (aus Cyclohexan); F: 85—86° (*Re. et al.*).

Dicarbonsäuren $C_{13}H_{14}O_5$

(±)-Cyclohex-2-enyl-[2]thienyl-malonsäure-diäthylester $C_{17}H_{22}O_4S$, Formel I.

B. Beim Erhitzen der Natrium-Verbindung des [2]Thienyl-malonsäure-diäthylesters
mit Äthanol und mit einer Lösung von (±)-3-Brom-cyclohexen in Toluol (*Leonard*, Am.
Soc. **74** [1952] 2915, 2917).

Kp$_4$: 174—178°. n$_D^{20}$: 1,5239.

I   II   III   IV

＊Opt.-inakt. Cyan-cyclohex-2-enyl-[2]thienyl-essigsäure-äthylester $C_{15}H_{17}NO_2S$, Formel II.

B. Beim Erhitzen von [2]Thienylacetonitril mit Diäthylcarbonat und Natrium=
methylat bis auf 120° und Erwärmen des Reaktionsgemisches mit (±)-3-Brom-cyclohexen
(*Leonard, Simet*, Am. Soc. **74** [1952] 3218, 3221). Beim Erwärmen der Natrium-Verbin=
dung des (±)-Cyan-[2]thienyl-essigsäure-äthylesters mit (±)-3-Brom-cyclohexen und
Äthanol (*Le., Si.*).

Kp$_{0,03}$: 122,5—123°. n$_D^{20}$: 1,5348.

(±)-3c(?)-[2]Furyl-5-methyl-cyclohex-4-en-1r,2c-dicarbonsäure $C_{13}H_{14}O_5$, vermutlich
Formel III + Spiegelbild.

Über die Konstitution s. *Aršenjuk*, Ž. obšč. Chim. **31** [1961] 2924; engl. Ausg. S. 2725.

B. Beim Erwärmen von (±)-3c(?)-[2]Furyl-5-methyl-cyclohex-4-en-1r,2c-dicarbon=
säure-anhydrid (F: 73—75°; aus 1t(?)-[2]Furyl-3-methyl-buta-1,3-dien [E III/IV **17** 409]
und Maleinsäure-anhydrid hergestellt) mit wss. Natronlauge (*Aršenjuk*, Ž. obšč. Chim. **26**
[1956] 766, 769; engl. Ausg. S. 877, 879) oder mit Wasser (*Ar.*, Ž. obšč. Chim. **31** 2925).

Hellgelbe Krystalle; F: 166—167° [aus E. + Bzn.] (*Ar.*, Ž. obšč. Chim. **31** 2925),
165—167° [Zers.; aus Ae. + PAe.] (*Ar.*, Ž. obšč. Chim. **26** 769).

(±)-Cyclopent-2-enyl-furfuryl-malonsäure-diäthylester $C_{17}H_{22}O_5$, Formel IV.

B. Beim Erhitzen der Natrium-Verbindung des (±)-Cyclopent-2-enyl-malonsäure-
diäthylesters mit Furfurylhalogenid und Toluol (*Moffett et al.*, Am. Soc. **69** [1947] 1849,
1850).

Kp$_{0,2}$: 116°. D$_4^{25}$: 1,1018. n$_D^{25}$: 1,4857.

(±)-Cyclopent-2-enyl-[2]thienylmethyl-malonsäure-diäthylester $C_{17}H_{22}O_4S$, Formel V.

B. Beim Erhitzen von 2-Brommethyl-thiophen mit der Natrium-Verbindung des (±)-Cyclopent-2-enyl-malonsäure-diäthylesters in Toluol (*Moffett et al.*, J. org. Chem. **15** [1950] 343, 344). Beim Behandeln der Natrium-Verbindung des [2]Thienylmethyl-malonsäure-diäthylesters mit Äthanol und mit einer Lösung von (±)-3-Chlor-cyclopenten in Toluol (*Leonard*, Am. Soc. **74** [1952] 2915, 2917).

$Kp_{0,2}$: 138°; D_4^{25}: 1,1373; n_D^{25}: 1,5136 (*Mo. et al.*, l. c. S. 346). Bei 163—170°/5 Torr destillierbar; n_D^{20}: 1,5142 (*Le.*).

[5-Methyl-2,3-dihydro-benzofuran-7-ylmethyl]-malonsäure $C_{13}H_{14}O_5$, Formel VI (R = H).

B. Aus [5-Methyl-2,3-dihydro-benzofuran-7-ylmethyl]-malonsäure-diäthylester [s. u.] (*Cagniant, Cagniant*, Bl. **1957** 827, 836).

Krystalle (aus Bzl. + Bzn.); F: 153° [Zers.; Block] bzw. F: 143,5—144° [Zers.; bei langsamem Erhitzen].

V   VI   VII

[5-Methyl-2,3-dihydro-benzofuran-7-ylmethyl]-malonsäure-diäthylester $C_{17}H_{22}O_5$, Formel VI (R = C_2H_5).

B. Beim Erwärmen von 7-Chlormethyl-5-methyl-2,3-dihydro-benzofuran mit der Natrium-Verbindung des Malonsäure-diäthylesters in Äthanol (*Cagniant, Cagniant*, Bl. **1957** 827, 836).

Kp_{14}: 218°. D_4^{20}: 1,123. $n_D^{19,6}$: 1,5050.

(±)-[3c-Carboxy-3t,5-dimethyl-2,3-dihydro-benzofuran-2r-yl]-essigsäure, (±)-2r-Carboxy-methyl-3t,5-dimethyl-2,3-dihydro-benzofuran-3c-carbonsäure $C_{13}H_{14}O_5$, Formel VII + Spiegelbild.

Diese Konstitution und Konfiguration ist der nachstehend beschriebenen, von *Westerfeld, Lowe* (J. biol. Chem. **145** [1942] 463, 467) als [2-Carboxy-2,5-dimethyl-2,3-dihydro-benzofuran-3-yl]-essigsäure ($C_{13}H_{14}O_5$, Formel VIII) formulierten Verbindung zuzuordnen.

B. Beim Behandeln von (±)-8,9b-Dimethyl-(4ar,9bc)-4a,9b-dihydro-4H-dibenzofuran-3-on (E III/IV **17** 5230) mit Kaliumpermanganat in Aceton (*We., Lowe*).

Krystalle (aus wss. A.); F: 149—150°.

Beim Behandeln mit Acetanhydrid und Pyridin ist eine vermutlich als [3c-Carboxy-3t,5-dimethyl-2,3-dihydro-benzofuran-2r-yl]-essigsäure-anhydrid zu formulierende Verbindung (F: 125—126°) erhalten worden.

(±)-[2r-Carboxy-3c(?),6-dimethyl-2,3-dihydro-benzofuran-3t(?)-yl]-essigsäure, (±)-3t(?)-Carboxymethyl-3c(?),6-dimethyl-2,3-dihydro-benzofuran-2r-carbonsäure $C_{13}H_{14}O_5$, vermutlich Formel IX (R = H) + Spiegelbild.

B. Aus (±)-[2r-Äthoxycarbonyl-3c(?),6-dimethyl-2,3-dihydro-benzofuran-3t(?)-yl]-essigsäure-äthylester (s. u.) mit Hilfe von wss. Kalilauge (*Koelsch*, Am. Soc. **67** [1945] 569, 572).

Krystalle (aus W.); F: 177—178° [nach Sintern bei 174°].

(±)-[2r-Äthoxycarbonyl-3c(?),6-dimethyl-2,3-dihydro-benzofuran-3t(?)-yl]-essigsäure-äthylester, (±)-3t(?)-Äthoxycarbonylmethyl-3c(?),6-dimethyl-2,3-dihydro-benzofuran-2r-carbonsäure-äthylester $C_{17}H_{22}O_5$, vermutlich Formel IX (R = C_2H_5) + Spiegelbild.

Bezüglich der Konfigurationszuordnung vgl. den analog hergestellten (±)-[2r-Äthoxycarbonyl-2,3-dihydro-benzofuran-3t-yl]-essigsäure-äthylester (S. 4548).

B. Beim Behandeln von 3-[2-Äthoxycarbonylmethoxy-4-methyl-phenyl]-*trans*(?)-cro=
tonsäure-äthylester (F: 48—51° [E III **10** 881]) mit wenig Natriumäthylat in Äthanol
(*Koelsch*, Am. Soc. **67** [1945] 569, 572).
Kp$_9$: 195—196°.

VIII   IX   X

**(±)-5,6,7,8,9,9-Hexachlor-(4ar,8ac)-1,2,3,4,4a,5,8,8a-octahydro-1t,4t-epoxido-5c,8c-
methano-naphthalin-2t,3t-dicarbonsäure-monomethylester** $C_{14}H_{10}Cl_6O_5$, Formel X (R = H)
+ Spiegelbild.
B. Beim Erwärmen von 5,6,7,8,9,9-Hexachlor-(4ar,8ac)-1,2,3,4,4a,5,8,8a-octahydro-
1t,4t-epoxido-5c,8c-methano-naphthalin-2t,3t-dicarbonsäure-anhydrid mit Methanol (*Shell
Devel. Co.*, U.S.P. 2733248 [1953]).
Krystalle (aus Ae.); F: 191—192°.

**5,6,7,8,9,9-Hexachlor-(4ar,8ac)-1,2,3,4,4a,5,8,8a-octahydro-1t,4t-epoxido-5c,8c-
methano-naphthalin-2t,3t-dicarbonsäure-dimethylester** $C_{15}H_{12}Cl_6O_5$, Formel X (R = CH$_3$).
B. Beim Erwärmen von 5,6,7,8,9,9-Hexachlor-(4ar,8ac)-1,2,3,4,4a,5,8,8a-octahydro-
1t,4t-epoxido-5c,8c-methano-naphthalin-2t,3t-dicarbonsäure-anhydrid mit einem Gemisch
von Methanol und konz. wss. Salzsäure (*Shell Devel. Co.*, U.S.P. 2733248 [1953]).
Krystalle (aus Ae. + Bzl.); F: 214—215°.

Dicarbonsäuren $C_{14}H_{16}O_5$

(±)-Phenyl-tetrahydropyran-2-yl-malonsäure-diäthylester $C_{18}H_{24}O_5$, Formel I.
B. Beim Behandeln eines Gemisches von 3,4-Dihydro-2H-pyran und Toluol mit
Chlorwasserstoff und Behandeln der Reaktionslösung mit einer Suspension der Natrium-
Verbindung des Phenylmalonsäure-diäthylesters in Toluol (*Gane's Chem. Works*, U.S.P.
2522966 [1948]).
Krystalle; F: 78—81,5°. Kp$_7$: 169—171°. n$_D^{25}$: 1,5021 [unterkühlte Schmelze].

Cyclohex-1-enyl-[2]thienylmethyl-malonsäure-diäthylester $C_{18}H_{24}O_4S$, Formel II.
B. Beim Behandeln von 2-Chlormethyl-thiophen mit der Natrium-Verbindung des
Cyclohex-1-enyl-malonsäure-diäthylesters in Äthanol (*Morren et al.*, J. pharm. Belg. **7**
[1952] 65, 68).
Kp$_1$: 175—176°.

I   II   III

(±)-Cyclohex-2-enyl-furfuryl-malonsäure-diäthylester $C_{18}H_{24}O_5$, Formel III.
B. Beim Erhitzen der Natrium-Verbindung des (±)-Cyclohex-2-enyl-malonsäure-
diäthylesters mit Furfurylhalogenid in Toluol (*Moffett et al.*, Am. Soc. **69** [1947] 1854).
Kp$_{0,05}$: 124°. D$_4^{25}$: 1,1035. n$_D^{25}$: 1,4911.

(±)-Cyclohex-2-enyl-[2]thienylmethyl-malonsäure-diäthylester $C_{18}H_{24}O_4S$, Formel IV.
B. Beim Erhitzen der Natrium-Verbindung des [2]Thienylmethyl-malonsäure-diäthyl=
esters mit Äthanol und mit einer Lösung von (±)-3-Brom-cyclohexen in Toluol (*Leonard*,

Am. Soc. **74** [1952] 2915, 2917).

Kp$_5$: 189—191°. n$_D^{20}$: 1,5181.

(±)-2,4,4-Trimethyl-chroman-2,6-dicarbonsäure C$_{14}$H$_{16}$O$_5$, Formel V.

B. Beim Erhitzen von (±)-2,4,4,6-Tetramethyl-chroman-2-carbonsäure mit wss. Na≠triumcarbonat-Lösung und anschliessend mit Kaliumpermanganat (*Baker et al.,* Soc. **1952** 1774, 1781).

Krystalle (aus E. + Bzn.); F: 266° [unkorr.].

IV   V   VI

(±)-2,4,4-Trimethyl-chroman-2,7-dicarbonsäure C$_{14}$H$_{16}$O$_5$, Formel VI.

B. Beim Erhitzen von (±)-2,4,4,7-Tetramethyl-chroman-2-carbonsäure (*Baker et al.,* Soc. **1952** 1774, 1779) oder von (±)-7-Äthyl-2,4,4-trimethyl-chroman-2-carbonsäure (*Baker et al.,* Soc. **1957** 3060, 3062) mit wss. Natriumcarbonat-Lösung und anschliessend mit Kaliumpermanganat.

Krystalle (aus E. + Bzn.); F: 261° [unkorr.] (*Ba. et al.,* Soc. **1952** 1779), 260—261° (*Ba. et al.,* Soc. **1957** 3062).

(±)-2,4,4-Trimethyl-chroman-2,8-dicarbonsäure C$_{14}$H$_{16}$O$_5$, Formel VII.

B. Beim Erhitzen von (±)-2,4,4,8-Tetramethyl-chroman-2-carbonsäure mit wss. Na≠triumcarbonat-Lösung und anschliessend mit Kaliumpermanganat (*Baker et al.,* Soc. **1952** 1774, 1783). Beim Erwärmen von (±)-2-[3-Carboxy-2-hydroxy-phenyl]-2,4,4-tri≠methyl-chroman-8-carbonsäure mit wss. Kalilauge und Behandeln der Reaktionslösung mit Kaliumpermanganat (*Sugiyama, Taya,* J. chem. Soc. Japan Pure Chem. Sect. **80** [1959] 673, 675; C. A. **1961** 4410).

Krystalle; F: 198° [unkorr.; aus E. + Bzn.] (*Ba. et al.*), 198° [aus E.] (*Su., Taya*).

VII   VIII   IX

5-Methallyl-5,6,7,7a-tetrahydro-benzofuran-6,7-dicarbonsäure C$_{14}$H$_{16}$O$_5$, Formel VIII.

Diese Konstitution ist vermutlich der nachstehend beschriebenen opt.-inakt. Verbin≠dung zuzuordnen; es kommt aber auch die Formulierung als 5-Methallyl-4,5,6,7-tetrahydro-benzofuran-6,7-dicarbonsäure (C$_{14}$H$_{16}$O$_5$, Formel IX) in Betracht.

B. Beim Behandeln einer vermutlich als 5-Methallyl-5,6,7,7a-tetrahydro-benzofuran-6,7-dicarbonsäure-anhydrid zu formulierende opt.-inakt. Verbindung (F: 85°; aus α-Clausenan [1-[3]Furyl-4-methyl-penta-1,4-dien] und Maleinsäure-anhydrid hergestellt) mit wss. Kalilauge (*Rao, Subramaniam,* Pr. Indian Acad. [A] **2** [1935] 574, 575).

Krystalle (aus A. oder Ae.), F: 248°; Krystalle (aus W.) mit 9 Mol H$_2$O vom F: 98°, die bei 110° 7 Mol H$_2$O, bei 140° weitere 2 Mol H$_2$O abgeben (*Rao, Su.,* l. c. S. 576).

Dicarbonsäuren C$_{15}$H$_{18}$O$_5$

(±)-Benzyl-tetrahydropyran-2-yl-malonsäure-diäthylester C$_{19}$H$_{26}$O$_5$, Formel X.

B. Beim Behandeln eines Gemisches von 3,4-Dihydro-2H-pyran und Toluol mit Chlor≠

wasserstoff und Behandeln der Reaktionslösung mit einer Suspension der Natrium-Verbindung des Benzylmalonsäure-diäthylesters in Toluol (*Gane's Chem. Works*, U.S.P. 2522966 [1948]).

Krystalle; F: 80—81°.

X   XI

(±)-**Benzyl-tetrahydrofurfuryl-malonsäure-diäthylester** $C_{19}H_{26}O_5$, Formel XI.

B. Beim Erhitzen der Natrium-Verbindung des (±)-Tetrahydrofurfuryl-malonsäure-diäthylesters mit Benzylchlorid und Toluol (*Moffett, Hart*, J. Am. pharm. Assoc. **42** [1953] 717).

$Kp_{0,01}$: 128°. D_4^{25}: 1,0982. n_D^{25}: 1,4988.

---

*Opt.-inakt. 2-[2-**Äthoxycarbonyl-3,6-dimethyl-2,3-dihydro-benzofuran-3-yl]-buttersäure-äthylester, 3-[1-Äthoxycarbonyl-propyl]-3,6-dimethyl-2,3-dihydro-benzofuran-2-carbonsäure-äthylester** $C_{19}H_{26}O_5$, Formel XII.

B. Beim Behandeln von 3-[2-Äthoxycarbonylmethoxy-4-methyl-phenyl]-2-äthyl-*trans*(?)-crotonsäure-äthylester (Kp_{13}: 203—205° [E III **10** 902]) mit wenig Natrium-äthylat in Äthanol (*Koelsch*, Am. Soc. **67** [1945] 569, 573).

Kp_{13}: 207—210°.

(3a*S*)-3a-**Methyl-(3a*r*,3b*t*,7a*c*)-octahydro-1*t*,6a*t*-ätheno-pentaleno[1,2-*c*]furan-1*c*,6*t*-dicarbonsäure, Desoxyschellolsäure** $C_{15}H_{18}O_5$, Formel XIII (R = H).

Konstitution und Konfiguration: *Cookson et al.*, Tetrahedron **18** [1962] 547, 549.

B. Beim Erhitzen von (3a*S*)-9*anti*-Brom-8*syn*-hydroxy-3a-methyl-(3a*r*,3b*t*,7a*c*)-octahydro-1*t*,6a*t*-äthano-pentaleno[1,2-*c*]furan-1*c*,6*t*-dicarbonsäure-6-lacton (aus Schellolsäure hergestellt) mit Zink-Pulver und wss. Salzsäure (*Nagel, Mertens*, B. **72** [1939] 985, 990; *Co. et al.*, l. c. S. 556).

Krystalle (aus W.); F: 179—182° (*Co. et al.*). $[\alpha]_D$: —14° [A.; c = 3] (*Co. et al.*). IR-Banden (Nujol) im Bereich von 3 µ bis 6,5 µ: *Co. et al.*

XII   XIII

(3a*S*)-3a-**Methyl-(3a*r*,3b*t*,7a*c*)-octahydro-1*t*,6a*t*-ätheno-pentaleno[1,2-*c*]furan-1*c*,6*t*-dicarbonsäure-dimethylester, Desoxyschellolsäure-dimethylester** $C_{17}H_{22}O_5$, Formel XIII (R = CH_3).

B. Beim Behandeln der im vorangehenden Artikel beschriebenen Säure mit Diazomethan in Äther (*Nagel, Mertens*, B. **72** [1939] 985, 990; *Cookson et al.*, Tetrahedron **18** [1962] 547, 556).

Krystalle; F: 68° [aus PAe.] (*Na., Me.*), 65,5—66,5° [aus Pentan] (*Co. et al.*).

Dicarbonsäuren $C_{16}H_{20}O_5$

6-*tert*-**Butyl-8-methyl-chroman-2,3-dicarbonsäure** $C_{16}H_{20}O_5$.

Über die Konfiguration der folgenden Stereoisomeren s. *Hultzsch*, J. pr. [2] **158** [1941] 275, 281.

   a) (±)-**6-*tert*-Butyl-8-methyl-chroman-2*r*,3*c*-dicarbonsäure** $C_{16}H_{20}O_5$, Formel XIV + Spiegelbild.

B. Beim Erhitzen des unter b) beschriebenen Stereoisomeren mit Acetanhydrid und

Behandeln des Reaktionsprodukts (($\pm$)-6-*tert*-Butyl-8-methyl-chroman-2*r*,3*c*-dicarbon=säure-anhydrid ?) mit wss. Alkalilauge (*Hultzsch*, J. pr. [2] **158** [1941] 275, 288).

F: 222° [aus E. + PAe.]; beim Schmelzen erfolgt Umwandlung in das Anhydrid.

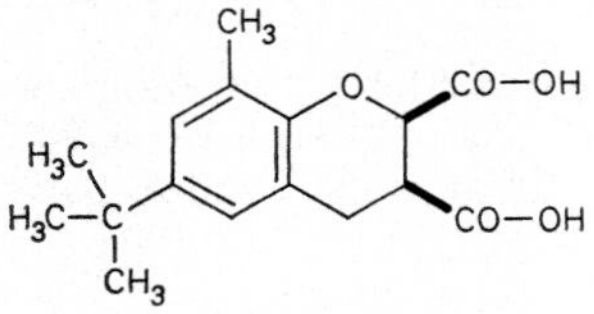

XIV 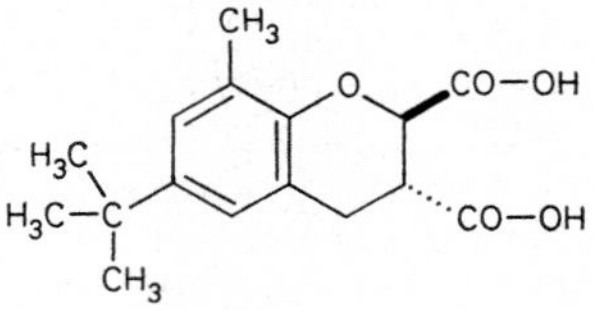   XV

b) ($\pm$)-6-*tert*-Butyl-8-methyl-chroman-2*r*,3*t*-dicarbonsäure $C_{16}H_{20}O_5$, Formel XV + Spiegelbild.

B. Beim Erhitzen von 5-*tert*-Butyl-2-hydroxy-3-methyl-benzylalkohol mit Malein=säure-diäthylester bis auf 220° und Behandeln des Reaktionsprodukts mit wss. Natron=lauge (*Hultzsch*, J. pr. [2] **158** [1941] 275, 288). Beim Erwärmen des unter a) beschriebenen Stereoisomeren mit Äthanol und wenig Schwefelsäure, Erwärmen des gebildeten Esters mit Natriummethylat in Methanol und anschliessenden Hydrolysieren (*Hu.*).

Krystalle (aus E. + A.); F: 245°.

Dicarbonsäuren $C_{18}H_{24}O_5$

2,5-Bis-[3-carboxymethyl-cyclopentyl]-thiophen $C_{18}H_{24}O_4S$, Formel XVI.

Diese Konstitution kommt vermutlich der nachstehend beschriebenen, von *Buu-Hoi*, *Cagniant* (C. r. **220** [1945] 744) als 2,5-Bis-[2-carboxymethyl-cyclopentyl]-thiophen ($C_{18}H_{24}O_4S$) formulierten opt.-inakt. Verbindung zu (vgl. die analog hergestellte ($\pm$)-[*trans*-3-*p*-Tolyl-cyclopentyl]-essigsäure [E III **9** 2873]).

B. Als Hauptprodukt bei der Behandlung von Thiophen mit ($\pm$)-Cyclopent-2-enyl-essigsäure-äthylester und Aluminiumchlorid in Schwefelkohlenstoff und Hydrolyse des erhaltenen 2,5-Bis-[3-äthoxycarbonylmethyl-cyclopentyl]-thiophens (?) [$C_{22}H_{32}O_4S$; Kp$_2$: 260°] (*Buu-Hoi*, *Ca.*, l. c. S. 746).

Krystalle; F: 227°.

Diamid $C_{18}H_{26}N_2O_2S$ (vermutlich 2,5-Bis-[3-carbamoylmethyl-cyclopentyl]-thiophen). Krystalle; F: 225°.

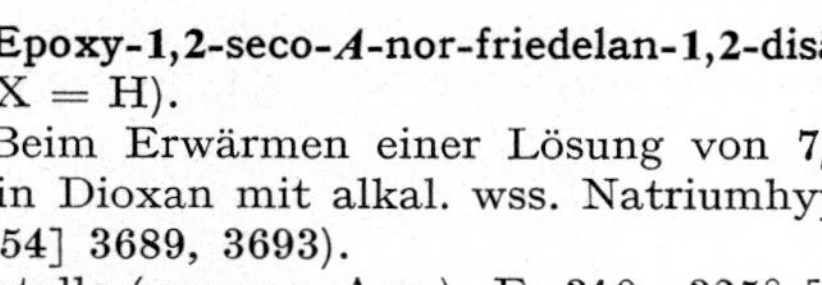

XVI 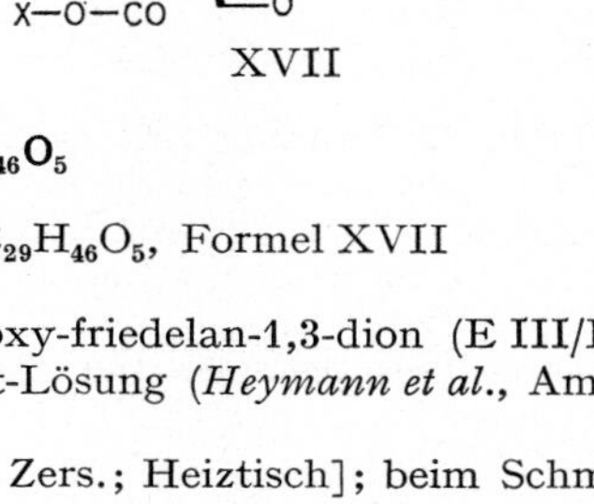   XVII

Dicarbonsäuren $C_{29}H_{46}O_5$

7β,24-Epoxy-1,2-seco-*A*-nor-friedelan-1,2-disäure [1]) $C_{29}H_{46}O_5$, Formel XVII (R = X = H).

B. Beim Erwärmen einer Lösung von 7β,24-Epoxy-friedelan-1,3-dion (E III/IV **17** 6337) in Dioxan mit alkal. wss. Natriumhypochlorit-Lösung (*Heymann et al.*, Am. Soc. **76** [1954] 3689, 3693).

Krystalle (aus wss. Acn.); F: 310—325° [unkorr.; Zers.; Heiztisch]; beim Schmelzen erfolgt Umwandlung in das Anhydrid.

---

[1]) Stellungsbezeichnung bei von Friedelan (*D*:*A*-Friedo-oleanan) abgeleiteten Namen s. E III **5** 1341, 1342.

7β,24-Epoxy-1,2-seco-*A*-nor-friedelan-1,2-disäure-1-methylester C$_{30}$H$_{48}$O$_5$, Formel XVII
(R = CH$_3$, X = H), und **7β,24-Epoxy-1,2-seco-*A*-nor-friedelan-1,2-disäure-2-methylester**
C$_{30}$H$_{48}$O$_5$, Formel XVII (R = H, X = CH$_3$).
Diese beiden Formeln kommen für die nachstehend beschriebenen Isomeren in Betracht.

a) Isomeres vom F: 290°.
B. Beim Erwärmen von 7β,24-Epoxy-1,2-seco-*A*-nor-friedelan-1,2-disäure mit Methanol
und wenig Schwefelsäure (*Heymann et al.*, Am. Soc. **76** [1954] 3689, 3693). Beim Erwärmen von 7β,24-Epoxy-1,2-seco-*A*-nor-friedelan-1,2-disäure-anhydrid mit wss.-meth=
anol. Natronlauge (*He. et al.*).
Krystalle (aus A.); Zers. bei 288—290° [unkorr.; Heiztisch].

b) Isomeres vom F: 264°.
B. Beim Erwärmen von 7β,24-Epoxy-1,2-seco-*A*-nor-friedelan-1,2-disäure-dimethyl=
ester (s. u.) mit methanol. Kalilauge (*Heymann et al.*, Am. Soc. **76** [1954] 3689, 3693).
Krystalle (aus wss. Me.); F: 255—264° [unkorr.; Heiztisch].

7β,24-Epoxy-1,2-seco-*A*-nor-friedelan-1,2-disäure-dimethylester C$_{31}$H$_{50}$O$_5$, Formel XVII
(R = X = CH$_3$).
B. Beim Behandeln von 7β,24-Epoxy-1,2-seco-*A*-nor-friedelan-1,2-disäure (S. 4555) mit
Diazomethan in Äther (*Heymann et al.*, Am. Soc. **76** [1954] 3689, 3693).
Krystalle (aus CHCl$_3$ + Me.); F: 176,8—178,8° [unkorr.; Heiztisch].

Dicarbonsäuren C$_n$H$_{2n-14}$O$_5$

Dicarbonsäuren C$_{10}$H$_6$O$_5$

Benzofuran-2,3-dicarbonsäure C$_{10}$H$_6$O$_5$, Formel I (R = H).
B. Beim Behandeln von [2-Methoxycarbonylmethoxy-phenyl]-glyoxylsäure-methyl=
ester mit Natrium in Äther und Erwärmen des Reaktionsgemisches mit Natriumäthylat
in Äthanol und anschliessend mit Wasser (*Titoff et al.*, Helv. **20** [1937] 883, 887). Beim
Erwärmen von Benzofuran-2,3-dion mit Bromessigsäure-äthylester und Natriumäthylat
in Äthanol und Erwärmen des Reaktionsgemisches mit Wasser (*Huntress, Hearon*,
Am. Soc. **63** [1941] 2762, 2764). Beim Behandeln von Benzofuran-2,3-dicarbonsäure-
3-äthylester mit wss. Natronlauge (*Koelsch, Whitney*, Am. Soc. **63** [1941] 1762).
Krystalle; F: 259—260° [korr.; aus Eg. sowie nach Sublimation im Hochvakuum]
(*Ti.*), 249—250° [aus Eg.] (*Ko., Wh.*), 248—249° [unkorr.] (*Hu., He.*).
Beim Erhitzen mit Kupfer-Pulver und Chinolin auf 200° ist Benzofuran-3-carbon=
säure erhalten worden (*Hu., He.*). Bildung von 2,3-Dihydro-benzofuro[2,3-*d*]pyridazin-
1,4-dion beim Behandeln mit Hydrazin-hydrat in Wasser und Erhitzen des gebildeten
Salzes: *Hu., He.*, l. c. S. 2764.

Benzofuran-2,3-dicarbonsäure-dimethylester C$_{12}$H$_{10}$O$_5$, Formel I (R = CH$_3$).
B. Beim Behandeln von Benzofuran-2,3-dicarbonsäure mit Diazomethan in Äther
(*Huntress, Hearon*, Am. Soc. **63** [1941] 2762, 2764).
Krystalle (aus A.); F: 63—64°.
Beim Erwärmen einer Lösung in Äthanol mit wss. Hydrazin-hydrat ist 2,3-Dihydro-
benzofuro[2,3-*d*]pyridazin-1,4-dion erhalten worden.

Benzofuran-2,3-dicarbonsäure-3-äthylester C$_{12}$H$_{10}$O$_5$, Formel II.
B. Beim Behandeln von Phenoxy-oxalessigsäure-diäthylester (aus Phenoxyessigsäure-
äthylester und Oxalsäure-diäthylester hergestellt) mit konz. Schwefelsäure und Essig=
säure und Erwärmen des Reaktionsgemisches (*Koelsch, Whitney*, Am. Soc. **63** [1941]
1762).
Krystalle (aus Bzl.); F: 186—187°.

I   II   III   IV

5-Nitro-benzofuran-2,3-dicarbonsäure $C_{10}H_5NO_7$, Formel III (R = H).

B. Beim Erwärmen von Benzofuran-2,3-dicarbonsäure mit Salpetersäure (*Huntress, Hearon*, Am. Soc. **64** [1942] 86, 88).

F: 282—284° [unkorr.].

5-Nitro-benzofuran-2,3-dicarbonsäure-dimethylester $C_{12}H_9NO_7$, Formel III (R = CH₃).

B. Beim Behandeln von 5-Nitro-benzofuran-2,3-dicarbonsäure mit Diazomethan in Äther (*Huntress, Hearon*, Am. Soc. **64** [1942] 86, 88). Beim Behandeln von Benzofuran-2,3-dicarbonsäure-dimethylester mit Salpetersäure unterhalb −10° (*Hu., He.*).

Krystalle (aus Me.); F: 150—151° [unkorr.].

Benzo[*b*]thiophen-2,3-dicarbonsäure-diäthylester $C_{14}H_{14}O_4S$, Formel IV (X = O-C₂H₅).

B. Aus Benzo[*b*]thiophen-2,3-dicarbonsäure (*Mayer*, A. **488** [1931] 259, 271).

Krystalle; F: 80—82°.

Benzo[*b*]thiophen-2,3-dicarbonsäure-dichlorid, Benzo[*b*]thiophen-2,3-dicarbonylchlorid $C_{10}H_4Cl_2O_2S$, Formel IV (X = Cl).

B. Beim Erhitzen von Benzo[*b*]thiophen-2,3-dicarbonsäure-anhydrid mit Phosphor(V)-chlorid auf 160° (*Linstead et al.*, Soc. **1937** 911, 917).

F: 70—72°.

Benzo[*b*]thiophen-2,3-dicarbonsäure-diamid, Benzo[*b*]thiophen-2,3-dicarbamid $C_{10}H_8N_2O_2S$, Formel IV (X = NH₂).

B. Beim Behandeln von Benzo[*b*]thiophen-2,3-dicarbonsäure-imid mit wss. Ammoniak (*Linstead et al.*, Soc. **1937** 911, 917). Beim Behandeln einer Lösung von Benzo[*b*]thiophen-2,3-dicarbonylchlorid in Benzol mit wss. Ammoniak (*Li. et al.*).

Krystalle (aus W.); F: 204—205°.

2-Cyan-benzo[*b*]thiophen-3-carbonsäure-amid $C_{10}H_6N_2OS$, Formel V, und **3-Cyan-benzo[*b*]thiophen-2-carbonsäure-amid** $C_{10}H_6N_2OS$, Formel VI.

Diese beiden Konstitutionsformeln kommen für die nachstehend beschriebene Verbindung in Betracht.

B. Beim Erhitzen von Benzo[*b*]thiophen-2,3-dicarbamid mit Acetanhydrid und Essigsäure (*Linstead et al.*, Soc. **1937** 911, 918).

Krystalle (aus A.); F: 192—194°.

V   VI   VII   VIII

Benzo[*b*]thiophen-2,3-dicarbonitril $C_{10}H_4N_2S$, Formel VII.

B. Beim Erhitzen von Benzo[*b*]thiophen-2,3-dicarbamid mit Acetanhydrid (*Linstead et al.*, Soc. **1937** 911, 917, 918).

Krystalle (aus A.); F: 148°.

x-Brom-benzofuran-2,5-dicarbonsäure $C_{10}H_5BrO_5$, Formel VIII.

B. Beim 3-tägigen Behandeln von 2-Oxo-2H-chromen-6-carbonsäure-methylester mit Brom in Chloroform im Tageslicht und Erwärmen des Reaktionsprodukts mit äthanol. Kalilauge (*Papa et al.*, J. org. Chem. **16** [1951] 253, 259).

Krystalle, die unterhalb 300° nicht schmelzen (*Papa et al.*).

Dimethylester $C_{12}H_9BrO_5$. F: 183—184° [korr.]. Beim Behandeln mit wss. Natronlauge und mit Nickel-Aluminium-Legierung ist eine als 3-[5-Carboxy-2-hydroxyphenyl]-propionsäure angesehene Verbindung $C_{10}H_{10}O_5$ (Krystalle [aus W.], F: 179,5—180° [korr.]) erhalten worden.

Dicarbonsäuren $C_{11}H_8O_5$

6-Chlor-4-methyl-benzo[*b*]thiophen-2,3-dicarbonsäure $C_{11}H_7ClO_4S$, Formel IX.

B. Beim Erhitzen von 6-Chlor-4-methyl-benzo[*b*]thiophen-2,3-dion mit Natrium-chloracetat und wss. Natronlauge (*Mayer*, A. **488** [1931] 259, 274). Beim Erhitzen von [2-Carboxymethylmercapto-4-chlor-6-methyl-phenyl]-glyoxylsäure mit wss. Natronlauge (*Ma.*).

Krystalle (aus Eg.); F: 259—260°.

Charakterisierung durch Überführung in das Anhydrid (F: 188—189°): *Ma.*

5-Methyl-benzofuran-2,3-dicarbonsäure $C_{11}H_8O_5$, Formel X (R = H).

B. Beim Erhitzen von 3-Chlor-6-methyl-2-oxo-2*H*-chromen-4-carbonsäure-äthylester mit äthanol. Kalilauge (*Holton et al.*, Soc. **1949** 2049, 2054). Beim Behandeln von 5-Methyl-benzofuran-2,3-dicarbonsäure-3-äthylester mit wss. Natronlauge (*Koelsch*, *Whitney*, Am. Soc. **63** [1941] 1762).

Krystalle; F: 288—290° [Zers.; aus wss. Salzsäure] (*Ho. et al.*), 282° [Block; aus Eg.] (*Ko., Wh.*).

IX   X   XI

5-Methyl-benzofuran-2,3-dicarbonsäure-dimethylester $C_{13}H_{12}O_5$, Formel X (R = CH$_3$).

B. Aus 5-Methyl-benzofuran-2,3-dicarbonsäure mit Hilfe von Diazomethan (*Holton et al.*, Soc. **1949** 2049, 2054) sowie beim Behandeln mit Methanol und wenig Schwefel-säure (*Koelsch*, *Whitney*, Am. Soc. **63** [1941] 1762).

Krystalle; F: 63—64° [aus wss. Me.] (*Ho. et al.*), 62,5—63,5° (*Ko., Wh.*).

5-Methyl-benzofuran-2,3-dicarbonsäure-3-äthylester $C_{13}H_{12}O_5$, Formel XI.

B. Beim Behandeln von *p*-Tolyloxy-oxalessigsäure-diäthylester (aus *p*-Tolyloxyessig-säure-äthylester und Oxalessigsäure-diäthylester hergestellt) mit konz. Schwefelsäure und Essigsäure und Erwärmen des Reaktionsgemisches (*Koelsch*, *Whitney*, Am. Soc. **63** [1941] 1762).

Krystalle (aus Bzl.); F: 147—148°.

6-Methyl-benzofuran-2,3-dicarbonsäure $C_{11}H_8O_5$, Formel XII (R = H) (E I 450).

B. Beim Erwärmen von 3-Chlor-7-methyl-2-oxo-2*H*-chromen-4-carbonsäure-äthylester mit wss.-äthanol. Kalilauge (*Holton et al.*, Soc. **1949** 2049, 2054; vgl. E I 450).

Krystalle (aus E.) F: 231—232°; Krystalle (aus wss. A.), F: 220—221°.

XII   XIII

6-Methyl-benzofuran-2,3-dicarbonsäure-dimethylester $C_{13}H_{12}O_5$, Formel XII (R = CH$_3$).

B. Aus 6-Methyl-benzofuran-2,3-dicarbonsäure mit Hilfe von Diazomethan (*Holton et al.*, Soc. **1949** 2049, 2054).

Krystalle (aus Me.); F: 64°.

5-Chlor-7-methyl-benzo[*b*]thiophen-2,3-dicarbonsäure $C_{11}H_7ClO_4S$, Formel XIII (E II 291).

B. Beim Erhitzen von [2-Carboxymethylmercapto-5-chlor-3-methyl-phenyl]-glyoxyl=

säure mit wss. Natronlauge (*Mayer*, A. **488** [1931] 259, 274; vgl. E II 291).

Krystalle (aus Eg.); F: 267° [bei schnellem Erhitzen] bzw. F: 253—254° [bei langsamem Erhitzen].

Charakterisierung durch Überführung in das Anhydrid (F: 190°): *Ma.*

Dicarbonsäuren $C_{12}H_{10}O_5$

(±)-2-Phenyl-2,5-dihydro-thiophen-3,4-dicarbonsäure $C_{12}H_{10}O_4S$, Formel I.

B. Beim Erhitzen von (±)-4-Cyan-2-phenyl-2,5-dihydro-thiophen-3-carbonsäure-äthyl=
ester mit wss. Natronlauge (*Surrey et al.*, Am. Soc. **66** [1944] 1933, 1935).

Krystalle (aus Eg.); F: 242—244° [Zers.].

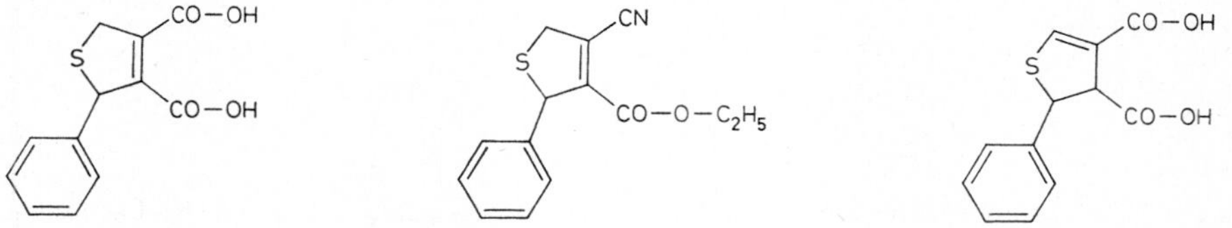

I   II   III

(±)-4-Cyan-2-phenyl-2,5-dihydro-thiophen-3-carbonsäure-äthylester $C_{14}H_{13}NO_2S$,
Formel II.

B. Beim Behandeln von opt.-inakt. 4-Cyan-4-hydroxy-2-phenyl-tetrahydro-thiophen-
3-carbonsäure-äthylester (F: 123,5—124,5°) mit Thionylchlorid und Pyridin, anfangs
bei 0°, zuletzt bei Raumtemperatur (*Surrey et al.*, Am. Soc. **66** [1944] 1933, 1935).

Krystalle (aus Heptan); F: 115—116°. UV-Spektrum (A.; 240—330 nm): *Su. et al.*,
l. c. S. 1934.

---

*Opt.-inakt. 2-Phenyl-2,3-dihydro-thiophen-3,4-dicarbonsäure $C_{12}H_{10}O_4S$, Formel III.

B. Beim Erwärmen von opt.-inakt. 4-Cyan-2-phenyl-2,3-dihydro-thiophen-3-carbon=
säure-äthylester (s. u.) mit wss.-äthanol. Kalilauge (*Surrey et al.*, Am. Soc. **66** [1944]
1933, 1935).

Krystalle (aus wss. Eg.); F: 187—188°.

*Opt.-inakt. 4-Cyan-2-phenyl-2,3-dihydro-thiophen-3-carbonsäure-äthylester $C_{14}H_{13}NO_2S$,
Formel IV.

B. Beim Behandeln von opt.-inakt. 4-Cyan-4-hydroxy-2-phenyl-tetrahydro-thiophen-
3-carbonsäure-äthylester (F: 123,5—124,5°) mit Thionylchlorid und Pyridin bei 0° (*Surrey
et al.*, Am. Soc. **66** [1944] 1933, 1935).

Krystalle (aus Heptan); F: 77—78,5°. UV-Spektrum (A.; 225—330 nm): *Su. et al.*,
l. c. S. 1934.

Benzo[b]thiophen-3-ylmethyl-malonsäure $C_{12}H_{10}O_4S$, Formel V (R = H).

B. Aus Benzo[b]thiophen-3-ylmethyl-malonsäure-diäthylester (*Cagniant*, Bl. **1949** 382,
386).

Krystalle (aus Bzl.); F: 171° [Zers.]; beim Schmelzen erfolgt Umwandlung in 3-Benzo=
[b]thiophen-3-yl-propionsäure.

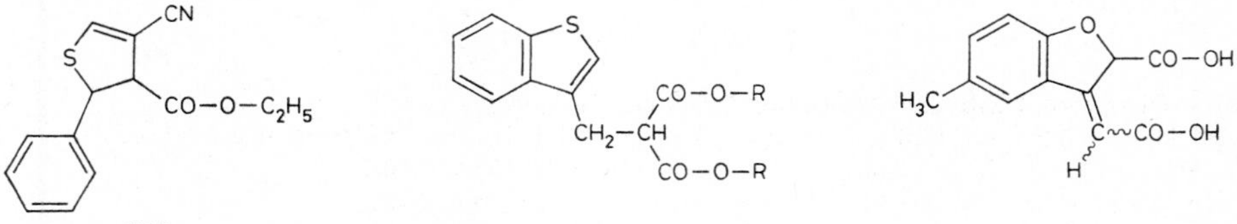

IV   V   VI

Benzo[b]thiophen-3-ylmethyl-malonsäure-diäthylester $C_{16}H_{18}O_4S$, Formel V (R = C_2H_5).

B. Beim Erwärmen von 3-Chlormethyl-benzo[b]thiophen mit der Natrium-Verbindung des Malonsäure-diäthylesters in Benzol (*Cagniant*, Bl. **1949** 382, 386).

Kp_{19}: 230°. n_D^{14}: 1,5424.

(±)-[(3*Ξ*)-2-Carboxy-5-methyl-benzofuran-3-yliden]-essigsäure, (±)-3-[(*Ξ*)-Carb=
oxymethylen]-5-methyl-2,3-dihydro-benzofuran-2-carbonsäure $C_{12}H_{10}O_5$, Formel VI.

Diese Konstitution ist der nachstehend beschriebenen, ursprünglich (s. E I 18 450) als [2-Carboxy-5-methyl-benzofuran-3-yl]-essigsäure (,,5-Methyl-cumaran-carbonsäure-(2)-essigsäure-(3)'') formulierten Verbindung zuzuordnen (*Dey, Radhabai*, J. Indian chem. Soc. **11** [1934] 635, 640).

B. Beim Erhitzen von (±)-Chlor-[6-methyl-2-oxo-2*H*-chromen-4-yl]-essigsäure oder von (±)-Brom-[6-methyl-2-oxo-2*H*-chromen-4-yl]-essigsäure mit wss. Alkalilauge (*Dey, Ra.*, l. c. S. 646, 647).

Krystalle (aus W.); F: 244°.

Dimethylester $C_{14}H_{14}O_5$. F: 102° (*Dey, Ra.*, l. c. S. 647).

Diäthylester $C_{16}H_{18}O_5$. F: 182° (*Dey, Ra.*, l. c. S. 647).

(±)-[(3*Ξ*)-2-Carboxy-6-methyl-benzofuran-3-yliden]-essigsäure, (±)-3-[(*Ξ*)-Carboxy=
methylen]-6-methyl-2,3-dihydro-benzofuran-2-carbonsäure $C_{12}H_{10}O_5$, Formel VII.

B. Beim Erhitzen von (±)-Brom-[7-methyl-2-oxo-2*H*-chromen-4-yl]-essigsäure mit wss. Kalilauge (*Dey, Radhabai*, J. Indian chem. Soc. **11** [1934] 635, 644).

Krystalle (aus W.); F: 231°.

Dimethylester $C_{14}H_{14}O_5$. Krystalle (aus Me.); F: 83°.

Diäthylester $C_{16}H_{18}O_5$. Krystalle (aus wss. A.); F: 118°.

VII   VIII

(1*rC*^{10},2*tH*,3*cH*(?),5*cH*(?),6*tH*)-4-Oxa-tetracyclo[5.2.2.0^{2,6}.0^{3,5}]undeca-8,10-dien-
8,9-dicarbonsäure-dimethylester, 1*c*(?),2*c*(?)-Epoxy-(2*ar*,6*ac*)-1,2,2a,3,6,6a-hexahydro-
3*t*,6*t*-ätheno-cyclobutabenzen-4,5-dicarbonsäure-dimethylester $C_{14}H_{14}O_5$, vermutlich Formel VIII.

Bezüglich der Konstitution und Konfiguration s. *Avram et al.*, A. **636** [1960] 174, 179; die Zuordnung der Konfiguration an den C-Atomen 3 und 5 des 4-Oxa-tetracyclo=[5.2.2.0^{2,6}.0^{3,5}]undecan-Gerüstes ist auf Grund der Bildungsweise erfolgt.

B. Beim Erwärmen von 9-Oxa-bicyclo[6.1.0]nona-2,4,6-trien mit Butindisäure-di=methylester (*Reppe et al.*, A. **560** [1948] 1, 89).

Krystalle (aus Bzl.); F: 103° (*Re. et al.*).

Bei der Hydrierung an Palladium/Calciumcarbonat in Methanol ist eine möglicher-weise als 3*t*-Hydroxy-(1*rC*^{9},2*tH*,5*tH*)-tricyclo[4.2.2.0^{2,5}]dec-7-en-7,8-dicarbon=säure-dimethylester zu formulierende Verbindung $C_{14}H_{18}O_5$ (Krystalle [aus Ae.], F: 86—87°) erhalten worden (*Re. et al.*).

Dicarbonsäuren $C_{13}H_{12}O_5$

(±)-6-Phenyl-3,4-dihydro-2*H*-pyran-2,5-dicarbonsäure $C_{13}H_{12}O_5$, Formel IX.

B. Beim Erhitzen von (±)-5-Cyan-6-phenyl-3,4-dihydro-2*H*-pyran-2-carbonsäure mit wss. Natronlauge (*Kao, Fuson*, Am. Soc. **54** [1932] 313, 316).

Krystalle (aus W.); F: 144—144,5° [Zers.]. Wenig beständig.

(±)-5-Cyan-6-phenyl-3,4-dihydro-2*H*-pyran-2-carbonsäure $C_{13}H_{11}NO_3$, Formel X
(X = OH).

B. Beim Erhitzen von (±)-5-Cyan-6-phenyl-3,4-dihydro-2*H*-pyran-2-carbonsäure-anilid mit wss.-äthanol. Kalilauge (*Kao, Fuson*, Am. Soc. **54** [1932] 313, 316).

Gelbliche Krystalle (aus wss. A.); F: 155—155,5°.

Beim Erhitzen mit 50 %ig. wss. Schwefelsäure ist 2-Hydroxy-6-oxo-6-phenyl-hexan= säure erhalten worden.

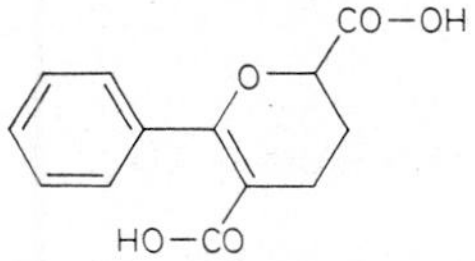

        IX 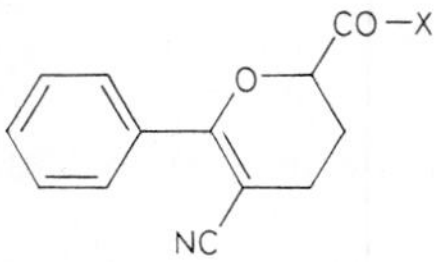   X 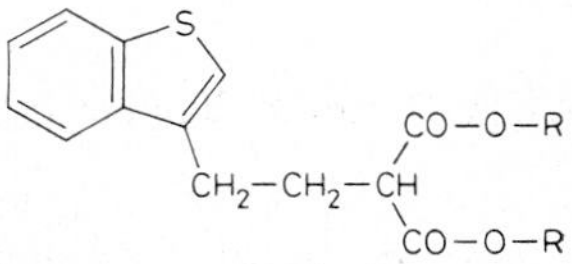   XI

(±)-5-Cyan-6-phenyl-3,4-dihydro-2*H*-pyran-2-carbonsäure-anilid $C_{19}H_{16}N_2O_2$, Formel X (X = NH-C_6H_5).

B. Beim Behandeln der beiden (±)-6-[α-Hydroxyimino-benzyl]-2-phenyl-5,6-dihydro-4*H*-pyran-3-carbonitrile (F: 156,5—157° bzw. F: 141—142°) mit Thionylchlorid und Chloroform und anschliessend mit Eis (*Kao, Fuson*, Am. Soc. **54** [1932] 313, 316).

Krystalle (aus A.); F: 156—156,5°.

[2-Benzo[*b*]thiophen-3-yl-äthyl]-malonsäure $C_{13}H_{12}O_4S$, Formel XI (R = H).

B. Beim Erhitzen von [2-Benzo[*b*]thiophen-3-yl-äthyl]-malonsäure-diäthylester mit wss.-äthanol. Kalilauge (*Cagniant, Cagniant*, Bl. **1952** 336, 339).

Krystalle (aus Bzl.); F: 156° [unkorr.; Block].

[2-Benzo[*b*]thiophen-3-yl-äthyl]-malonsäure-diäthylester $C_{17}H_{20}O_4S$, Formel XI (R = C_2H_5).

B. Beim Erwärmen von 3-[2-Brom-äthyl]-benzo[*b*]thiophen mit der Natrium-Verbin= dung des Malonsäure-diäthylesters in Äthanol (*Cagniant, Cagniant*, Bl. **1952** 336, 339).

$Kp_{0,5}$: 202—203° [unkorr.]. $D_4^{16,5}$: 1,192. $n_D^{15,6}$: 1,5478.

Benzo[*b*]thiophen-3-ylmethyl-methyl-malonsäure $C_{13}H_{12}O_4S$, Formel I (R = H).

B. Beim Erhitzen von Benzo[*b*]thiophen-3-ylmethyl-methyl-malonsäure-diäthylester mit wss.-äthanol. Kalilauge (*Cagniant, Cagniant*, Bl. **1953** 185, 187).

Krystalle (aus Bzl.); F: 168° [unkorr.; Block] bzw. F: ca. 149° [unkorr.; Zers.; bei langsamem Erhitzen].

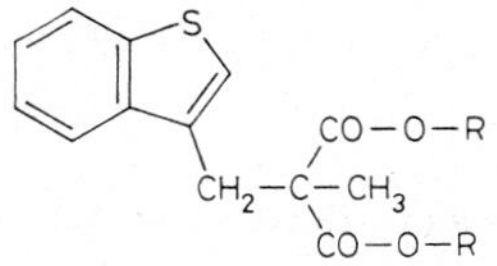

        I 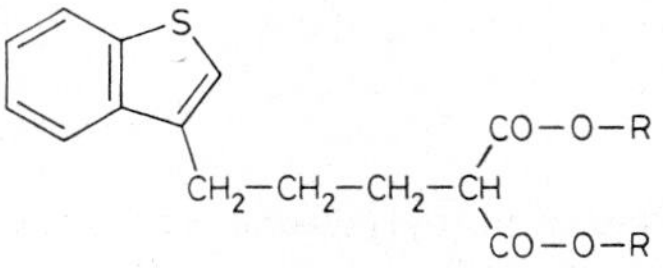   II

Benzo[*b*]thiophen-3-ylmethyl-methyl-malonsäure-diäthylester $C_{17}H_{20}O_4S$, Formel I (R = C_2H_5).

B. Beim Erhitzen von 3-Chlormethyl-benzo[*b*]thiophen mit der Natrium-Verbindung des Methylmalonsäure-diäthylesters in Xylol (*Cagniant, Cagniant*, Bl. **1953** 185, 187).

$Kp_{1,8}$: 203—205° [unkorr.]; $Kp_{0,8}$: 190° [unkorr.]. D_4^{19}: 1,165. n_D^{18}: 1,5439.

Dicarbonsäuren $C_{14}H_{14}O_5$

[3-Benzo[*b*]thiophen-3-yl-propyl]-malonsäure $C_{14}H_{14}O_4S$, Formel II (R = H).

B. Aus [3-Benzo[*b*]thiophen-3-yl-propyl]-malonsäure-diäthylester mit Hilfe von wss.-äthanol. Kalilauge (*Cagniant, Cagniant*, Bl. **1952** 629, 632).

Krystalle (aus Bzl.); F: 155° [unkorr.; Zers.; Block].

[3-Benzo[*b*]thiophen-3-yl-propyl]-malonsäure-diäthylester $C_{18}H_{22}O_4S$, Formel II (R = C_2H_5).

B. Beim Erwärmen von 3-[3-Brom-propyl]-benzo[*b*]thiophen mit der Natrium-Verbindung des Malonsäure-diäthylesters in Äthanol (*Cagniant, Cagniant,* Bl. **1952** 629, 632).

Kp$_1$: 220° [unkorr.]. $n_D^{15,6}$: 1,5551.

───────────

(±)-[2-Benzo[*b*]thiophen-3-yl-1-methyl-äthyl]-malonsäure $C_{14}H_{14}O_4S$, Formel III (R = H).

B. Aus (±)-[2-Benzo[*b*]thiophen-3-yl-1-methyl-äthyl]-malonsäure-diäthylester mit Hilfe von wss.-äthanol. Kalilauge (*Cagniant, Cagniant,* Bl. **1953** 185, 190).

Krystalle (aus PAe.); F: 125° [unkorr.; Block].

(±)-[2-Benzo[*b*]thiophen-3-yl-1-methyl-äthyl]-malonsäure-diäthylester $C_{18}H_{22}O_4S$, Formel III (R = C_2H_5).

B. Neben grösseren Mengen 3-Propenyl-benzo[*b*]thiophen beim Erwärmen von (±)-3-[2-Brom-propyl]-benzo[*b*]thiophen mit der Natrium-Verbindung des Malonsäure-di= äthylesters in Äthanol oder in Benzol (*Cagniant, Cagniant,* Bl. **1953** 185, 190).

Kp$_{1,5}$: 203−205°; Kp$_1$: 198°.

III   IV   V

Dicarbonsäuren $C_{15}H_{16}O_5$

*Opt.-inakt. 6-Methyl-spiro[benzofuran-3,1'-cyclopentan]-2,2'-dicarbonsäure $C_{15}H_{16}O_5$, Formel IV.

Diese Konstitution ist der nachstehend beschriebenen Verbindung zugeordnet worden (*Koelsch,* Am. Soc. **67** [1945] 569, 573).

B. Aus einer als 6-Methyl-spiro[benzofuran-3,1'-cyclopentan]-2,2'-dicarbonsäure-diäthylester angesehenen opt.-inakt. Verbindung (Kp$_{12}$: 219−223° [E III **10** 996]) mit Hilfe von wss. Kalilauge (*Ko.*).

Krystalle (aus W. oder wss. Eg.) mit 1 Mol H_2O, die zwischen 125° und 200° schmelzen; die wasserfreie Verbindung schmilzt bei 208−210°.

Dicarbonsäuren $C_{17}H_{20}O_5$

(±)-1-[3-Phenyl-propyl]-7-oxa-norbornan-2*endo*(?),3*endo*(?)-dicarbonsäure $C_{17}H_{20}O_5$, vermutlich Formel V + Spiegelbild.

B. Bei der Behandlung von 1-[3-Phenyl-propyl]-7-oxa-norborn-5-en-2*endo*(?),3*endo*(?)-dicarbonsäure-anhydrid (F: 75−75,5°) mit wss. Natriumcarbonat-Lösung und an-schliessenden Hydrierung an einem Nickel-Katalysator (*Pfau et al.,* Helv. **18** [1935] 935, 945).

Krystalle (aus W.); F: 146° [korr.; Zers.; Block].

Überführung in 1-[3-Phenyl-propyl]-7-oxa-norbornan-2*endo*(?),3*endo*(?)-dicarbonsäure-anhydrid (F: 96,5°) durch Erhitzen auf 180°: *Pfau et al.*

Dicarbonsäuren $C_{18}H_{22}O_5$

(±)-1,1,3,3-Tetramethyl-1,3,6,7,8,9-hexahydro-naphtho[1,2-*c*]furan-6*r*,7*c*(?)-dicarbon=säure $C_{18}H_{22}O_5$, vermutlich Formel VI (R = X = H) + Spiegelbild.

B. Beim Erwärmen von (±)-1,1,3,3-Tetramethyl-1,3,6,7,8,9-hexahydro-naphtho=[1,2-*c*]furan-6*r*,7*c*-dicarbonsäure-anhydrid mit wss. Natronlauge (*Nasarow et al.,* Ž. obšč.

Chim. **29** [1959] 3313, 3318; engl. Ausg. S. 3277, 3281).

F: 236—238° [Zers.].

(±)-1,1,3,3-Tetramethyl-1,3,6,7,8,9-hexahydro-naphtho[1,2-c]furan-6r,7c-dicarbonsäure-6-methylester C₁₉H₂₄O₅, Formel VI (R = CH₃, X = H) + Spiegelbild, und
(±)-1,1,3,3-Tetramethyl-1,3,6,7,8,9-hexahydro-naphtho[1,2-c]furan-6r,7c-dicarbonsäure-7-methylester C₁₉H₂₄O₅, Formel VI (R = H, X = CH₃) + Spiegelbild.

Diese beiden Formeln kommen für die nachstehend beschriebene Verbindung in Betracht.

B. Beim Erwärmen von (±)-1,1,3,3-Tetramethyl-1,3,6,7,8,9-hexahydro-naphtho[1,2-c]furan-6r,7c-dicarbonsäure-anhydrid mit Methanol (*Nasarow et al.*, Ž. obšč. Chim. **29** [1959] 3313, 3318; engl. Ausg. S. 3277, 3281).

Krystalle (aus Bzl. + Bzn.); F: 154—155°.

Dicarbonsäuren C₁₉H₂₄O₅

(3bS)-9b-Methyl-(3br,9ac,9bt)-3b,4,6,7,8,9,9a,9b,10,11-decahydro-5H-phenanthro[2,1-b]furan-5ac,7c-dicarbonsäure C₁₉H₂₄O₅, Formel VII (R = H).

Diese Konstitution und Konfiguration ist der nachstehend beschriebenen, ursprünglich (*Haworth, Johnstone*, Soc. **1957** 1492, 1493) als 3b-Methyl-3b,4,6,7,8,9,9a,9b,10,11-decahydro-5H-phenanthro[2,1-b]furan-5a,7-dicarbonsäure formulierten Verbindung auf Grund ihrer genetischen Beziehung zu Cafestol (E III/IV **17** 2151) zuzuordnen.

B. Beim Behandeln einer Lösung von (−)-Epoxynorcafestadienon ((3bS)-10b-Methyl-(3br,10ac,10bt)-3b,4,5,8,9,10,10a,10b,11,12-decahydro-5at,8t-methano-cyclohepta[5,6]-naphtho[2,1-b]furan-7-on [E III/IV **17** 5249]) in Methanol mit wss.-methanol. Kaliumhypojodit-Lösung und wss. Kalilauge (*Djerassi et al.*, J. org. Chem. **20** [1955] 1046, 1053).

Krystalle (aus Acn.); F: 248—250° [Kapillare] bzw. F: 225—228° [Kofler-App.] (*Dj. et al.*). [α]$_D^{24}$: +40° [Py.]; Absorptionsmaximum (A.): 223 nm (*Dj. et al.*).

(3bS)-9b-Methyl-(3br,9ac,9bt)-3b,4,6,7,8,9,9a,9b,10,11-decahydro-5H-phenanthro[2,1-b]furan-5ac,7c-dicarbonsäure-dimethylester C₂₁H₂₈O₅, Formel VII (R = CH₃).

B. Aus der im vorangehenden Artikel beschriebenen Dicarbonsäure mit Hilfe von Diazomethan (*Djerassi et al.*, J. org. Chem. **20** [1955] 1046, 1053).

Krystalle (aus wss. Me.); F: 122—125° [Kofler-App.]; bei 145°/0,05 Torr sublimierbar; [α]$_D^{24}$: +77° [CHCl₃] (*Dj. et al.*).

Beim Behandeln einer Lösung in Äthylacetat mit Ozon bei −80°, Erhitzen des gebildeten Ozonids mit wss. Wasserstoffperoxid und Behandeln der in wss. Natronlauge löslichen Anteile des Reaktionsprodukts mit Diazomethan in Äther ist (4aR)-1c-[2-Methoxycarbonyl-äthyl]-1t-methyl-(8ac)-decahydro-naphthalin-2t,4ar,6c-tricarbonsäure-trimethylester erhalten worden (*Haworth, Johnstone*, Soc. **1957** 1492, 1495). Hydrierung an Palladium/Kohle in Methanol und Äthylacetat: *Ha., Jo.*, l. c. S. 1495.

Dicarbonsäuren C_nH_{2n−16}O₅

Dicarbonsäuren C₁₂H₈O₅

2-[4-Chlor-phenyl]-furan-3,4-dicarbonsäure-diäthylester C₁₆H₁₅ClO₅, Formel I.

B. Beim Erwärmen von 2-[4-Chlor-phenyl]-furan mit Butindisäure-diäthylester, Hydrieren des Reaktionsprodukts an Platin in Äthylacetat bis zur Aufnahme von 1 Mol

Wasserstoff und Erhitzen des erhaltenen Hydrierungsprodukts unter vermindertem Druck (*Johnson*, Soc. **1946** 895, 898).
Krystalle (aus Bzn.); F: 60—61°.

5-Phenyl-furan-2,4-dicarbonsäure $C_{12}H_8O_5$, Formel II (X = OH).
B. Beim Erhitzen von 5-Formyl-2-phenyl-furan-3-carbonsäure-äthylester mit Silber=
oxid und wss. Natronlauge (*Széki, László*, B. **73** [1940] 924, 926).
Krystalle (aus Eg. + W.); F: 270—271° [Zers.].

I   II   III

5-Phenyl-furan-2,4-dicarbonsäure-dimethylester $C_{14}H_{12}O_5$, Formel II (X = O-CH$_3$).
B. Beim Erwärmen von 5-Phenyl-furan-2,4-dicarbonylchlorid mit Methanol (*Széki, László*, B. **73** [1940] 924, 927).
Krystalle (aus Me.); F: 95—96°.

5-Phenyl-furan-2,4-dicarbonylchlorid $C_{12}H_6Cl_2O_3$, Formel II (X = Cl).
B. Beim Erwärmen von 5-Phenyl-furan-2,4-dicarbonsäure mit Thionylchlorid (*Széki, László*, B. **73** [1940] 924, 927).
Krystalle (aus Bzl.); F: 68—72°.

5-Phenyl-furan-2,4-dicarbonsäure-diamid $C_{12}H_{10}N_2O_3$, Formel II (X = NH$_2$).
B. Beim Behandeln einer Lösung von 5-Phenyl-furan-2,4-dicarbonylchlorid in Äther mit Ammoniak (*Széki, László*, B. **73** [1940] 924, 927).
Krystalle (aus W.); F: 206—208°.

5-Phenyl-furan-2,4-dicarbonsäure-dianilid $C_{24}H_{18}N_2O_3$, Formel II (X = NH-C$_6$H$_5$).
B. Beim Behandeln einer Lösung von 5-Phenyl-furan-2,4-dicarbonylchlorid in Äther mit Anilin (*Széki, László*, B. **73** [1940] 924, 927).
Krystalle (aus Toluol); F: 147—150°.

Benz[*d*]oxepin-2,4-dicarbonsäure $C_{12}H_8O_5$, Formel III (R = H).
Bestätigung der Konstitutionszuordnung: *Huisgen et al.*, A. **630** [1960] 128, 129; *Jorgenson*, J. org. Chem. **27** [1962] 3224, 3225.
B. Beim Behandeln von Phthalaldehyd mit 3-Oxa-glutarsäure-diäthylester und Natrium-*tert*-butylat in *tert*-Butylalkohol (*Dimroth, Freyschlag*, B. **90** [1957] 1623, 1626). Beim Erhitzen von Benz[*d*]oxepin-2,4-dicarbonsäure-dimethylester mit wss.-methanol. Kalilauge oder mit wss. Bromwasserstoffsäure (*Hu. et al.*, l. c. S. 133).
Krystalle (aus Eg.), F: 262—265° [unkorr.; Zers.] (*Jo.*); Krystalle (aus Eg.), F: 258° bis 260° [nach Krystallumwandlung im Bereich von 215—235°] (*Di., Fr.*); F: 250—253° (*Hu. et al.*). IR-Banden (CHCl$_3$) im Bereich von 3 μ bis 6,4 μ (*Jo.*, l. c. S. 3226). UV-Spektren (220—320 nm) von Lösungen in Äthanol und in konz. Schwefelsäure: *Di., Fr.*, l. c. S. 1624.
Beim Erhitzen unter 12 Torr auf 300° ist 3-Hydroxy-[2]naphthoesäure, beim Erhitzen mit Kupfer-Pulver auf 300° sind daneben kleine Mengen Naphthalin-2,3-dicarbonsäure erhalten worden (*Hu. et al.*).

Benz[*d*]oxepin-2,4-dicarbonsäure-dimethylester $C_{14}H_{12}O_5$, Formel III (R = CH$_3$).
B. Beim Erwärmen von Phthalaldehyd mit 3-Oxa-glutarsäure-diäthylester und Natriummethylat in Methanol (*Huisgen et al.*, A. **630** [1960] 128, 133). Beim Behandeln

von Benz[*d*]oxepin-2,4-dicarbonsäure mit Diazomethan in Äther (*Dimroth, Freyschlag,* B. **90** [1957] 1623, 1626; *Jorgenson,* J. org. Chem. **27** [1962] 3224, 3227).

Gelbe Krystalle (aus Me.); F: 110,5—111° [unkorr.] (*Jo.*), 108—109° (*Di., Fr.*), 107,5—108,5° (*Hu. et al.*). ¹H-NMR-Absorption (CDCl₃): *Jo.*, l. c. S. 3225. IR-Spektrum (CCl₄; 2—12 μ): *Di., Fr.* Absorptionsspektrum (A.; 200—450 nm): *Hu. et al.*, l. c. S. 130.

Beim Behandeln mit Brom in Chloroform ist 1*r*,2*t*-Dibrom-1,2-dihydro-benz[*d*]oxepin-2*c*,4-dicarbonsäure-dimethylester erhalten worden (*Hu. et al.*).

Benzo[*d*]thiepin-2,4-dicarbonsäure C₁₂H₈O₄S, Formel IV (R = H).

Bestätigung der von *Scott* (Am. Soc. **75** [1953] 6332) und von *Dimroth, Lenke* (B. **89** [1956] 2608) getroffenen Konstitutionszuordnung: *Jorgenson,* J. org. Chem. **27** [1962] 3224, 3227; die von *Schönberg, Fayez* (J. org. Chem. **23** [1958] 104) vorgeschlagene Formulierung als |2,3*t*-Epithio-2,3-dihydro-naphthalin-2*r*,3*c*-dicarbonsäure (C₁₂H₈O₄S, Formel V) ist auf Grund von spektroskopischen Befunden wahrscheinlich auszuschliessen (*Jo.*, l. c. S. 3225, 3226).

B. Beim Behandeln von Phthalaldehyd mit 3-Thia-glutarsäure-diäthylester und Natriummethylat in Methanol (*Di., Le.*, l. c. S. 2613; *Sc.*).

Orangefarbene Krystalle (aus Me.), F: 236—237,5° [korr.; Zers.; nach Sintern und Entfärbung bei 185—195°] (*Sc.*); F: 233—234° [Zers.] (*Sch., Fa.*). Absorptionsmaximum (A.): 280 nm (*Sc.*).

Beim Erhitzen bis auf 220° (*Di., Le.*, l. c. S. 2613), beim Erwärmen mit wss. Alkalilauge (*Di., Le.*) sowie beim Erwärmen mit wss. Äthanol (*Sc.; Di., Le.*) oder mit Magnesium und wss.-äthanol. Salzsäure (*Sch., Fa.*) ist Naphthalin-2,3-dicarbonsäure erhalten worden. Reaktion mit Diazomethan in Äther unter Bildung von Benzo[*d*]thiepin-2,4-dicarbon≠ säure-dimethylester und einer als (10b*c*)-1,10b-Dihydro-benzo[4,5]thiepino[2,3-*c*]pyrazol-3a*r*,5-dicarbonsäure-dimethylester (C₁₅H₁₄N₂O₄S) oder (10b*c*)-3,10b-Dihydro-benzo≠ [4,5]thiepino[3,2-*c*]pyrazol-3a*r*,5-dicarbonsäure-dimethylester (C₁₅H₁₄N₂O₄S) angesehenen Verbindung (F: 117—119°): *Di., Le.*, l. c. S. 2614.

Benzo[*d*]thiepin-2,4-dicarbonsäure-dimethylester C₁₄H₁₂O₄S, Formel IV (R = CH₃).

B. Beim Behandeln von Phthalaldehyd mit 3-Thia-glutarsäure-diäthylester und Natriummethylat in Methanol und Behandeln des Reaktionsprodukts mit Diazomethan in Äther (*Dimroth, Lenke,* B. **89** [1956] 2608, 2614).

Orangefarbene Krystalle (aus Me.); F: 95—97° (*Di., Le.*), 89—90° (*Jorgenson,* J. org. Chem. **27** [1962] 3224, 3228). ¹H-NMR-Absorption (CDCl₃): *Jo.*, l. c. S. 3225. IR-Spektrum (CCl₄; 2—15 μ): *Di., Le.*, l. c. S. 2612. Absorptionsspektrum einer Lösung in Äthanol (200—360 nm) sowie einer Lösung in konz. Schwefelsäure (200—410 nm): *Di., Le.*, l. c. S. 2609. Absorptionsmaxima (A.): 241 nm und 287 nm (*Jo.*, l. c. S. 3226).

Beim Behandeln mit Brom in Tetrachlormethan ist eine als 3,3-Dibrom-3λ⁴-benzo≠ [*d*]thiepin-2,4-dicarbonsäure-dimethylester angesehene Verbindung C₁₄H₁₂Br₂O₄S (hellbraune Krystalle, F: 130—131° [Rohprodukt] bzw. farblose Krystalle [aus Acn.]) erhalten worden (*Di., Le.*, l. c. S. 2615, 2616). Reaktion mit Diazomethan in Äther unter Bildung einer Verbindung C₁₆H₁₆N₄O₄S (Krystalle [aus Me.], F: 98—99° [Zers.]): *Di., Le.*, l. c. S. 2615.

Verbindung mit Quecksilber(II)-chlorid C₁₄H₁₂O₄S·HgCl₂. Orangefarbene Kry- stalle; F: 134—135° (*Di., Le.*, l. c. S. 2615).

IV   V   VI   VII

Benzo[*d*]thiepin-2,4-dicarbonsäure-diäthylester C₁₆H₁₆O₄S, Formel IV (R = C₂H₅).

B. Beim Behandeln von Benzo[*d*]thiepin-2,4-dicarbonsäure mit Thionylchlorid, Pyridin und Benzol und Behandeln einer Lösung des erhaltenen Säurechlorids in Chloro≠ form mit Äthanol und Pyridin (*Dimroth, Lenke,* B. **89** [1956] 2608, 2613, 2614).

Orangefarbene Krystalle (aus PAe.); F: 75—77°.

Beim Behandeln mit Diazomethan in Äther ist eine Verbindung $C_{18}H_{20}N_4O_4S$ (Krystalle [aus Me.], F: 97—99° [Zers.]) erhalten worden.

Dicarbonsäuren $C_{13}H_{10}O_5$

5-[4-Carboxy-benzyl]-thiophen-2-carbonsäure, 4-[5-Carboxy-[2]thienylmethyl]-benzoe=säure $C_{13}H_{10}O_4S$, Formel VI.

B. Aus [4-Acetyl-phenyl]-[5-acetyl-[2]thienyl]-methan mit Hilfe von wss. Natrium=hypobromit-Lösung (*Buu-Hoi et al.*, C. r. **240** [1955] 442).

Krystalle (aus wss. A.); F: 285—286°.

3-Methyl-4-phenyl-thiophen-2,5-dicarbonsäure $C_{13}H_{10}O_4S$, Formel VII (R = H).

B. Bei 3-tägigem Behandeln von 1-Phenyl-propan-1,2-dion mit 3-Thia-glutarsäure-diäthylester und Natriumäthylat in Äthanol (*Backer, Stevens*, R. **59** [1940] 899, 901).

Krystalle (aus Eg.); F: 190° [Zers.].

3-Methyl-4-phenyl-thiophen-2,5-dicarbonsäure-dimethylester $C_{15}H_{14}O_4S$, Formel VII (R = CH$_3$).

B. Beim Erwärmen von 3-Methyl-4-phenyl-thiophen-2,5-dicarbonsäure mit Chlor=wasserstoff enthaltendem Methanol (*Backer, Stevens*, R. **59** [1940] 899, 901).

Krystalle (aus Me.); F: 134,5—135°.

3-Methyl-4-phenyl-thiophen-2,5-dicarbonsäure-diäthylester $C_{17}H_{18}O_4S$, Formel VII (R = C$_2$H$_5$).

B. Beim Erwärmen von 3-Methyl-4-phenyl-thiophen-2,5-dicarbonsäure mit Chlor=wasserstoff enthaltendem Äthanol (*Backer, Stevens*, R. **59** [1940] 899, 901).

Krystalle (aus PAe.); F: 60,5—61,5°.

Dicarbonsäuren $C_{14}H_{12}O_5$

(±)-2-Cyan-3-phenyl-2-[2]thienyl-propionsäure-äthylester $C_{16}H_{15}NO_2S$, Formel VIII.

B. Beim Erwärmen von (±)-Cyan-[2]thienyl-essigsäure-äthylester mit Benzylchlorid, Kaliumcarbonat und Aceton (*Pettersson*, Acta chem. scand. **4** [1950] 395).

Kp$_{13}$: 206—210°.

VIII   IX   X

Phenyl-[2]thienylmethyl-malonsäure-diäthylester $C_{18}H_{20}O_4S$, Formel IX.

B. Beim Erwärmen von 2-Chlormethyl-thiophen mit der Natrium-Verbindung des Phenylmalonsäure-diäthylesters in Äthanol (*Blicke, Leonard*, Am. Soc. **68** [1946] 1934; *Fredga, Pettersson*, Acta chem. scand. **4** [1950] 1306).

Bei 185—195°/9 Torr (*Fr., Pe.*) bzw. bei 174—178°/2 Torr (*Bl., Le.*) destillierbar.

(±)-2-[2-Carboxy-phenyl]-3-[2]furyl-propionsäure, (±)-2-[1-Carboxy-2-[2]furyl-äthyl]-benzoesäure $C_{14}H_{12}O_5$, Formel X.

B. Aus 2-[2-Carboxy-phenyl]-3-[2]furyl-acrylsäure (F: 216° [Zers.]) mit Hilfe von Natrium-Amalgam (*Buu-Hoi*, C. r. **211** [1940] 643).

Krystalle; F: 120°.

(±)-[[2]Furyl-phenyl-methyl]-malonsäure $C_{14}H_{12}O_5$, Formel XI (R = H).

B. Beim Erwärmen von (±)-[[2]Furyl-phenyl-methyl]-malonsäure-diäthylester mit

äthanol. Kalilauge (*Maxim, Georgescu*, Bl. [5] **3** [1936] 1114, 1121).
Krystalle (aus W.); F: 151°.

(±)-[[2]Furyl-phenyl-methyl]-malonsäure-diäthylester $C_{18}H_{20}O_5$, Formel XI (R = C_2H_5).
B. Beim Behandeln von Furfurylidenmalonsäure-diäthylester mit Phenylmagnesium=
bromid in Äther und Behandeln des Reaktionsgemisches mit wss. Essigsäure (*Maxim,
Georgescu*, Bl. [5] **3** [1936] 1114, 1120).
Kp_{14}: 203°.

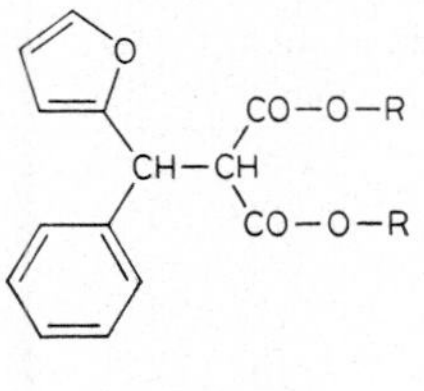

XI 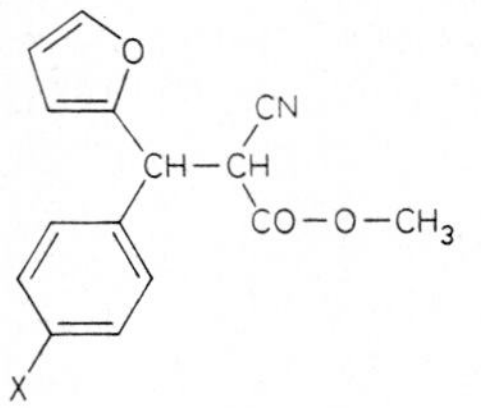   XII 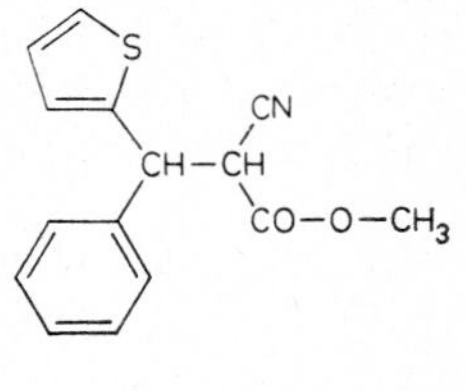   XIII

***Opt.-inakt. 2-Cyan-3-[2]furyl-3-phenyl-propionsäure-methylester** $C_{15}H_{13}NO_3$,
Formel XII (X = H).
B. Beim Behandeln einer Lösung von 2-Cyan-3*t*(?)-[2]furyl-acrylsäure-methylester
(vgl. S. 4532) in Benzol mit Phenylmagnesiumbromid in Äther und Erwärmen des
Reaktionsgemisches (*Farbw. Hoechst*, D.B.P. 849108 [1951]; D.R.B.P. Org. Chem.
1950—1951 **3** 86, 87).
Kp_4: 172—174°.

***Opt.-inakt. 3-[4-Chlor-phenyl]-2-cyan-3-[2]furyl-propionsäure-methylester** $C_{15}H_{12}ClNO_3$,
Formel XII (X = Cl).
B. Beim Behandeln einer Lösung von 2-Cyan-3*t*(?)-[2]furyl-acrylsäure-methylester
(vgl. S. 4532) in Benzol mit 4-Chlor-phenylmagnesium-bromid in Äther und Erwärmen
des Reaktionsgemisches (*Farbw. Hoechst*, D.B.P. 849108 [1951]; D.R.B.P. Org. Chem.
1950—1951 **3** 86, 88).
Kp_4: 188—190°.

***Opt.-inakt. 2-Cyan-3-phenyl-3-[2]thienyl-propionsäure-methylester** $C_{15}H_{13}NO_2S$,
Formel XIII.
B. Beim Behandeln einer Lösung von 2-Cyan-3*t*-phenyl-acrylsäure-methylester in
Benzol mit [2]Thienylmagnesiumbromid in Äther und Erwärmen des Reaktionsgemisches
(*Farbw. Hoechst*, D.B.P. 849108 [1951]; D.R.B.P. Org. Chem. 1950—1951 **3** 86, 88).
Kp_2: 192°.

**5-[4-Carboxy-phenäthyl]-thiophen-2-carbonsäure, 4-[2-(5-Carboxy-[2]thienyl)-äthyl]-
benzoesäure** $C_{14}H_{12}O_4S$, Formel I.
B. Aus 1-[4-Acetyl-phenyl]-2-[5-acetyl-[2]thienyl]-äthan mit Hilfe von wss. Natrium=
hypobromit-Lösung (*Buu-Hoi et al.*, C. r. **240** [1955] 442).
Krystalle (aus wss. A.); F: 294—295°.

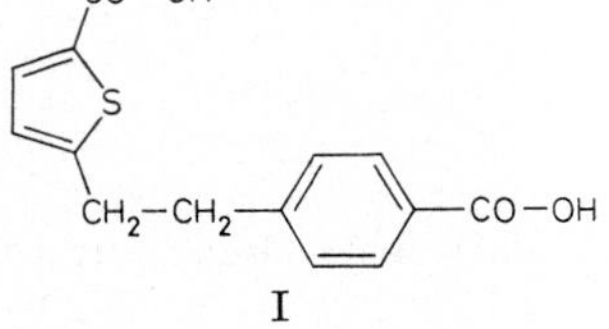

I 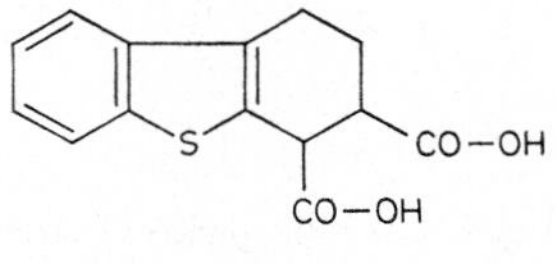   II

***Opt.-inakt. 1,2,3,4-Tetrahydro-dibenzothiophen-3,4-dicarbonsäure** $C_{14}H_{12}O_4S$, Formel II.
B. Beim Erhitzen von (±)-(4a ξ)-2,3,4,4a-Tetrahydro-dibenzothiophen-3*r*,4*c*-dicarbon=

säure-anhydrid (F: 194—195°; aus 3-Vinyl-benzo[b]thiophen [E III/IV **17** 548] und Maleinsäure-anhydrid hergestellt) mit einem Chlorwasserstoff enthaltenden Gemisch von Essigsäure und Acetanhydrid oder mit wss. Natronlauge (*Davies, Porter*, Soc. **1957** 4961, 4966).

Krystalle (aus E.); F: 236—237°.

Dicarbonsäuren $C_{15}H_{14}O_5$

Benzyl-[2]thienylmethyl-malonsäure $C_{15}H_{14}O_4S$, Formel III (R = H).

B. Beim Erwärmen von Benzyl-[2]thienylmethyl-malonsäure-diäthylester mit wss.-äthanol. Kalilauge (*Blicke, Leonard*, Am. Soc. **68** [1946] 1934).

Krystalle (aus W.); F: 162°.

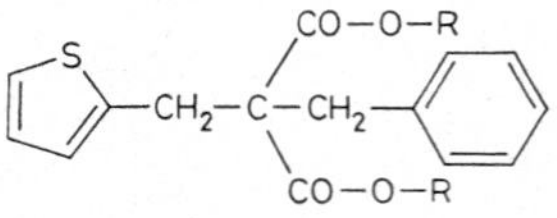

III 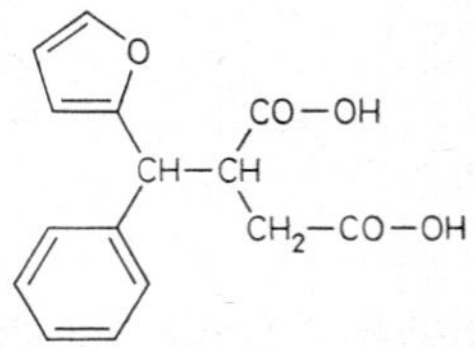   IV

Benzyl-[2]thienylmethyl-malonsäure-diäthylester $C_{19}H_{22}O_4S$, Formel III (R = C_2H_5).

B. Beim Erwärmen der Natrium-Verbindung des [2]Thienylmethyl-malonsäure-diäthylesters mit Benzylchlorid und Äthanol (*Blicke, Leonard*, Am. Soc. **68** [1946] 1934).

Kp_5: 203—206°.

[[2]Furyl-phenyl-methyl]-bernsteinsäure $C_{15}H_{14}O_5$, Formel IV.

Zwei unter dieser Konstitution beschriebene opt.-inakt. Präparate (a) Krystalle [aus W.] mit 1 Mol H_2O, F: 103—108°; b) Krystalle [aus W.] mit 1 Mol H_2O, F: 93° bis 98°) von ungewisser konfigurativer Einheitlichkeit sind beim Erhitzen von 2-[(Z)-[2]Furyl-phenyl-methylen]-bernsteinsäure-1-äthylester (S. 4570) bzw. von 2-[(E)-[2]Furyl-phenyl-methylen]-bernsteinsäure-1-äthylester (S. 4570) mit wss. Natronlauge und mit Natrium-Amalgam unter Kohlendioxid erhalten worden (*Knott*, Soc. **1945** 189).

(±)-2-Phenyl-2-[2]thienyl-glutaronitril $C_{15}H_{12}N_2S$, Formel V.

B. Beim Erwärmen einer Lösung von (±)-Phenyl-[2]thienyl-acetonitril (aus 2-Chlor-thiophen und Phenylacetonitril mit Hilfe von Natriumamid in Äther hergestellt) in Dioxan mit Acrylnitril und kleinen Mengen einer Lösung von Trimethyl-benzyl-ammonium-hydroxid in *tert*-Butylalkohol (*Tagmann et al.*, Helv. **35** [1952] 1541, 1545).

$Kp_{0,2}$: 201° [unkorr.].

Beim Erhitzen mit Kaliumhydroxid in Äthylenglykol ist 2-Phenyl-2-[2]thienyl-glutarsäure-imid erhalten worden (*Ta. et al.*, l. c. S. 1546 Anm. 4).

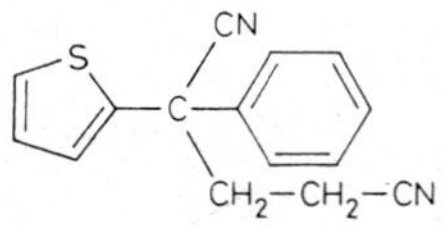

V 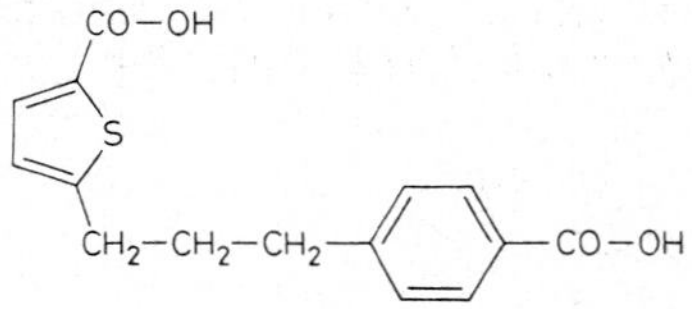   VI

5-[3-(4-Carboxy-phenyl)-propyl]-thiophen-2-carbonsäure, 4-[3-(5-Carboxy-[2]thienyl)-propyl]-benzoesäure $C_{15}H_{14}O_4S$, Formel VI.

B. Beim Erwärmen einer Lösung von 1-[4-Acetyl-phenyl]-3-[5-acetyl-[2]thienyl]-propan in Dioxan mit alkal. wss. Natriumhypobromit-Lösung (*Sy*, Bl. **1955** 1175, 1178).

Krystalle (aus wss. A.); F: 242° [Block].

Dicarbonsäuren $C_{16}H_{16}O_5$

Phenäthyl-[2]thienylmethyl-malonsäure $C_{16}H_{16}O_4S$, Formel VII (R = H).

B. Beim Erwärmen von Phenäthyl-[2]thienylmethyl-malonsäure-diäthylester mit wss.-äthanol. Kalilauge (*Blicke, Leonard*, Am. Soc. **68** [1946] 1934).

Krystalle (aus Bzl. + Acn.); F: 156—157°.

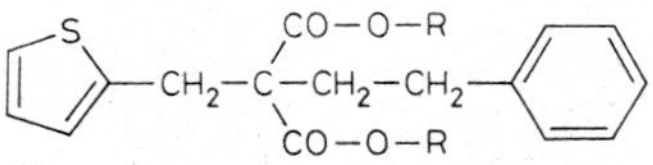

VII

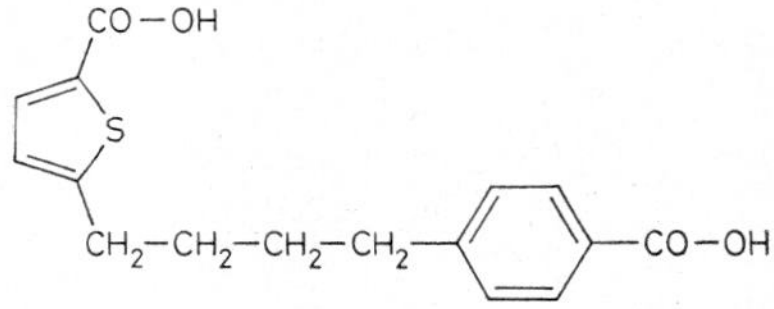

VIII

Phenäthyl-[2]thienylmethyl-malonsäure-diäthylester $C_{20}H_{24}O_4S$, Formel VII (R = C_2H_5).

B. Beim Erwärmen der Natrium-Verbindung des [2]Thienylmethyl-malonsäure-diäthylesters mit Phenäthylbromid und Äthanol (*Blicke, Leonard*, Am. Soc. **68** [1946] 1934).

Kp_8: 226—228°.

5-[4-(4-Carboxy-phenyl)-butyl]-thiophen-2-carbonsäure, 4-[4-(5-Carboxy-[2]thienyl)-butyl]-benzoesäure $C_{16}H_{16}O_4S$, Formel VIII.

B. Beim Erwärmen einer Lösung von 1-[4-Acetyl-phenyl]-4-[5-acetyl-[2]thienyl]-butan in Dioxan mit alkal. wss. Natriumhypobromit-Lösung (*Sy*, Bl. **1955** 1175, 1179).

Krystalle (aus wss. A.); F: 265° [Block].

Dicarbonsäuren $C_nH_{2n-18}O_5$

Dicarbonsäuren $C_{14}H_{10}O_5$

2-[2-Carboxy-phenyl]-3ξ-[2]furyl-acrylsäure, 2-[(Ξ)-1-Carboxy-2-[2]furyl-vinyl]-benzoesäure $C_{14}H_{10}O_5$, Formel I.

a) Stereoisomeres vom F: 234°.

B. Aus 2-[2-Carboxy-phenyl]-3-[2]furyl-acrylsäure-anhydrid (4-Furfuryliden-iso-chroman-1,3-dion) vom F: 159° (*Tirouflet, Soufi*, C. r. **248** [1959] 3568). Im Gemisch mit dem unter b) beschriebenen Stereoisomeren beim Erwärmen von Furfural mit [2-Äthoxycarbonyl-phenyl]-essigsäure-äthylester und Natriumäthylat in Äthanol und Behandeln des Reaktionsprodukts mit wss. Natronlauge (*Buu-Hoi*, C. r. **211** [1940] 643).

F: 234° [Zers.]. (*Ti., So.*).

b) Stereoisomeres vom F: 226°.

B. Aus 2-[2-Carboxy-phenyl]-3-[2]furyl-acrylsäure-anhydrid (4-Furfuryliden-iso-chroman-1,3-dion) vom F: 210° [hergestellt aus Furfural und Isochroman-1,3-dion] (*Tirouflet, Soufi*, C. r. **248** [1959] 3568).

F: 226° [Zers.].

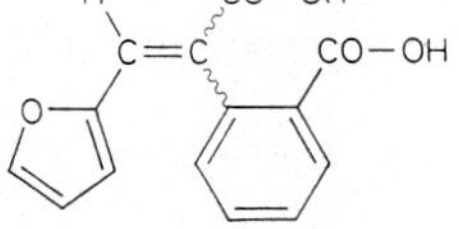

I

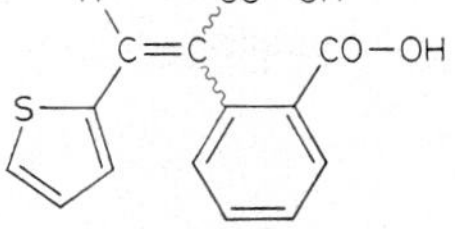

II

2-[2-Carboxy-phenyl]-3ξ-[2]thienyl-acrylsäure, 2-[(Ξ)-1-Carboxy-2-[2]thienyl-vinyl]-benzoesäure $C_{14}H_{10}O_4S$, Formel II.

B. Aus 2-[2-Carboxy-phenyl]-3-[2]thienyl-acrylsäure-anhydrid (4-[2]Thienylmeth-ylen-isochroman-1,3-dion) vom F: 239° [hergestellt aus Thiophen-2-carbaldehyd und Isochroman-1,3-dion] (*Tirouflet, Soufi*, C. r. **248** [1959] 3568).

F: 245° [Zers.].

(Ξ)-2-Cyan-3-phenyl-3-[2]thienyl-acrylsäure-äthylester $C_{16}H_{13}NO_2S$, Formel III.

B. In kleiner Menge beim Erhitzen von Phenyl-[2]thienyl-keton mit Cyanessigsäure-äthylester, Essigsäure, Ammoniumacetat und Toluol unter Entfernen des entstehenden Wassers (*Cragoe et al.*, J. org. Chem. **15** [1950] 381, 385, 388).

Krystalle (aus Cyclohexan); F: 77—78°.

III   IV

3t(?)-[5-(4-Äthoxycarbonyl-phenyl)-[2]furyl]-acrylsäure $C_{16}H_{14}O_5$, vermutlich Formel IV ($R = C_2H_5$).

B. Neben 2-[4-Äthoxycarbonyl-phenyl]-5-[4-äthoxycarbonyl-styryl]-furan (F: 144°) beim Behandeln einer Lösung von 3t(?)-[2]Furyl-acrylsäure in Aceton mit einer aus 4-Amino-benzoesäure-äthylester, wss. Salzsäure und Natriumnitrit bereiteten Diazonium‡salz-Lösung und Natriumacetat (*Freund*, Soc. **1952** 3068, 3071).

Braune Krystalle (aus Bzl.); F: 202—203° [unkorr.].

Dicarbonsäuren $C_{15}H_{12}O_5$

[[2]Furyl-phenyl-methylen]-bernsteinsäure $C_{15}H_{12}O_5$.

a) **[(Z)-[2]Furyl-phenyl-methylen]-bernsteinsäure** $C_{15}H_{12}O_5$, Formel V (R = H).

B. Beim Erwärmen von 2-[(Z)-[2]Furyl-phenyl-methylen]-bernsteinsäure-1-äthylester mit wss. Kalilauge (*Knott*, Soc. **1945** 189).

Braune Krystalle (aus Bzl.); F: 148—154°.

b) **[(E)-[2]Furyl-phenyl-methylen]-bernsteinsäure** $C_{15}H_{12}O_5$, Formel VI (R = H).

B. Beim Erwärmen von 2-[(E)-[2]Furyl-phenyl-methylen]-bernsteinsäure-1-äthylester mit wss. Kalilauge (*Knott*, Soc. **1945** 189).

Krystalle (aus Me. + W.); F: 208—215° [Zers.].

Beim Behandeln mit konz. Schwefelsäure ist [3-[2]Furyl-1-oxo-inden-2-yl]-essigsäure erhalten worden (*Kn.*, l. c. S. 191).

2-[[2]Furyl-phenyl-methylen]-bernsteinsäure-1-äthylester $C_{17}H_{16}O_5$.

a) **2-[(Z)-[2]Furyl-phenyl-methylen]-bernsteinsäure-1-äthylester** $C_{17}H_{16}O_5$, Formel V ($R = C_2H_5$).

B. Neben kleinen Mengen des unter b) beschriebenen Stereoisomeren bei 12-stdg. Behandeln von [2]Furyl-phenyl-keton mit Bernsteinsäure-diäthylester und Natrium‡äthylat in Äthanol und Erwärmen des Reaktionsgemisches (*Knott*, Soc. **1945** 189).

Hellbraune Krystalle (aus Bzl. + Bzn.); F: 93—96°.

Beim Erhitzen mit Acetanhydrid und Natriumacetat ist 4-Acetoxy-1-[2]furyl-[2]‡naphthoesäure-äthylester erhalten worden (*Kn.*, l. c. S. 191).

b) **2-[(E)-[2]Furyl-phenyl-methylen]-bernsteinsäure-1-äthylester** $C_{17}H_{16}O_5$, Formel VI ($R = C_2H_5$).

B. Beim Erwärmen von [2]Furyl-phenyl-keton mit Bernsteinsäure-diäthylester und Natriumäthylat in Äthanol (*Knott*, Soc. **1945** 189).

Krystalle (aus wss. Acn.); F: 154—156° [korr.; nach Sintern bei 149°].

Beim Erhitzen mit Acetanhydrid und Natriumacetat ist 4-Acetoxy-7-phenyl-benzo‡furan-6-carbonsäure-äthylester erhalten worden.

Dicarbonsäuren $C_{16}H_{14}O_5$

(±)-2-[1,2-Dihydro-dibenzothiophen-4-yl]-bernsteinsäure-1-äthylester $C_{18}H_{18}O_4S$, Formel VII ($R = C_2H_5$).

B. Beim Behandeln von 2,3-Dihydro-1*H*-dibenzothiophen-4-on mit Bernsteinsäure-diäthylester und Kalium-*tert*-butylat in *tert*-Butylalkohol (*Mitra, Tilak*, J. scient. ind. Res. India **15** B [1956] 497, 505).

Hellgelbe Krystalle (aus A.); F: 129—130°.

V   VI   VII

Dicarbonsäuren $C_nH_{2n-20}O_5$

Dicarbonsäuren $C_{14}H_8O_5$

Naphtho[2,3-*b*]thiophen-2,3-dicarbonsäure $C_{14}H_8O_4S$, Formel I.

B. Beim Erhitzen von [3-Carboxymethylmercapto-[2]naphthyl]-glyoxylsäure mit wss. Natronlauge (*Mayer*, A. **488** [1931] 259, 275).

F: 264—265°.

Überführung in Naphtho[2,3-*b*]thiophen-2,3-dicarbonsäure-anhydrid (F: 273—274°) durch Erhitzen mit Acetanhydrid: *Ma.*

Naphtho[2,1-*b*]thiophen-1,2-dicarbonsäure $C_{14}H_8O_4S$, Formel II.

B. Beim Erhitzen von [2-Carboxymethylmercapto-[1]naphthyl]-glyoxylsäure mit wss. Natronlauge (*Mayer*, A. **488** [1931] 259, 275).

Krystalle; F: 276° [nach Sintern von 240° an].

Überführung in Naphtho[2,1-*b*]thiophen-1,2-dicarbonsäure-anhydrid (F: 283°) durch Erhitzen mit Acetanhydrid: *Ma.*

I   II   III

Naphtho[2,1-*b*]furan-2,4-dicarbonsäure-2-äthylester $C_{16}H_{12}O_5$, Formel III.

B. Beim Behandeln von 3-Äthoxycarbonylmethoxy-4-formyl-[2]naphthoesäure-methyl=ester mit Natriumäthylat in Äthanol (*Desai et al.*, Pr. Indian Acad. [A] **23** [1946] 182, 184).

Gelbe Krystalle; F: 174—175°.

Dibenzofuran-2,3-dicarbonitril $C_{14}H_6N_2O$, Formel IV.

B. Beim Erhitzen des Natrium-Salzes der 2-Cyan-dibenzofuran-3-sulfonsäure (aus 2-Amino-dibenzofuran über 2-Amino-dibenzofuran-3-sulfonsäure hergestellt) mit Kalium=hexacyanoferrat(II) unter vermindertem Druck (*I.G. Farbenind.*, D.R.P. 742392 [1935]; D.R.P. Org. Chem. **1** Tl. 2, S. 826; Schweiz. P. 200283 [1936]).

Krystalle (aus 1,2-Dichlor-benzol); F: 277—278°.

Dibenzofuran-2,8-dicarbonsäure $C_{14}H_8O_5$, Formel V (X = OH).

B. Beim Erwärmen einer Lösung von 2,8-Dibrom-dibenzofuran in Benzol mit Butyl=lithium in Äther und Behandeln des Reaktionsgemisches mit festem Kohlendioxid (*Gilman et al.*, Am. Soc. **61** [1939] 1371). Beim Erhitzen von Dibenzofuran-2,8-dicarbamid mit Alkalilauge (*Gen. Aniline Works*, U.S.P. 2137287 [1936]; s. a. *I.G. Farbenind.*,

D.R.P. 715989 [1935]; D.R.P. Org. Chem. **6** 2293).

Unterhalb 350° nicht schmelzend (*Gi. et al.*; *I.G. Farbenind.*).

IV   V   VI

Dibenzofuran-2,8-dicarbonsäure-dimethylester $C_{16}H_{12}O_5$, Formel V (X = O-CH₃).

B. Beim Behandeln von Dibenzofuran-2,8-dicarbonsäure mit Diazomethan in Äther (*Sugii, Shindo*, J. pharm. Soc. Japan **53** [1933] 571, 578; dtsch. Ref. S. 97; C. A. **1934** 151; s. a. *Gilman et al.*, Am. Soc. **61** [1939] 1371).

Krystalle; F: 167° [aus Me.] (*Su., Sh.*), 165—166° (*Gi. et al.*).

Dibenzofuran-2,8-dicarbonsäure-bis-[2-diäthylamino-äthylester] $C_{26}H_{34}N_2O_5$, Formel V (X = O-CH₂-CH₂-N(C₂H₅)₂).

Dihydrochlorid. *B.* Aus Dibenzofuran-2,8-dicarbonsäure (*Burtner, Lehmann*, Am. Soc. **62** [1940] 527, 529). — F: 251—253°.

Dibenzofuran-2,8-dicarbonsäure-diamid, Dibenzofuran-2,8-dicarbamid $C_{14}H_{10}N_2O_3$, Formel V (X = NH₂).

B. Beim Erwärmen einer Lösung von Dibenzofuran in 1,1,2,2-Tetrachlor-äthan mit Carbamoylchlorid und Aluminiumchlorid und Erhitzen des Reaktionsgemisches bis auf 150° (*Gen. Aniline Works*, U.S.P. 2137287 [1936]). Beim Erhitzen von Dibenzofuran mit der aus Carbamoylchlorid und Aluminiumchlorid hergestellten Additionsverbindung in 1,2-Dichlor-benzol bis auf 140° (*I.G. Farbenind.*, D.R.P. 715989 [1935]; D.R.P. Org. Chem. **6** 2293).

Krystalle (aus Eg.); F: 307—308° (*I.G. Farbenind.*; *Gen. Aniline Works*).

Dibenzofuran-2,8-dicarbonsäure-bis-[N-methyl-anilid] $C_{28}H_{22}N_2O_3$, Formel V (X = N(CH₃)-C₆H₅).

B. Beim Erhitzen von Dibenzofuran mit Methyl-phenyl-carbamoylchlorid (2 Mol) und Aluminiumchlorid (2 Mol) auf 130° (*Weygand, Mitgau*, B. **88** [1955] 301, 308).

Krystalle (aus A.); F: 195° [unkorr.].

Dibenzofuran-2,8-dicarbonitril $C_{14}H_6N_2O$, Formel VI.

B. Beim Erhitzen von 2,8-Dibrom-dibenzofuran mit Kupfer(I)-cyanid und Chinolin (*Moffatt*, Soc. **1951** 625).

Krystalle (aus Eg.); F: 299°. Bei 220—230°/0,5 Torr sublimierbar.

Dibenzofuran-2,8-dicarbamidin $C_{14}H_{12}N_4O$, Formel VII.

Dihydrochlorid $C_{14}H_{12}N_4O \cdot 2HCl$. *B.* Bei 14-tägigem Behandeln von Dibenzofuran-2,8-dicarbonitril mit Chlorwasserstoff enthaltendem Äthanol und 6-stdg. Erwärmen des Reaktionsprodukts mit Ammoniak in Äthanol (*Moffatt*, Soc. **1951** 625). — Krystalle (aus wss. Salzsäure) mit 2 Mol H₂O, die unterhalb 320° nicht schmelzen.

VII   VIII

5,5-Dioxo-5λ⁶-dibenzothiophen-2,8-dicarbonsäure $C_{14}H_8O_6S$, Formel VIII.

B. Beim Erwärmen von 2,8-Diacetyl-dibenzothiophen mit wss. Natronlauge und Chlorkalk (*Cullinane et al.*, Soc. **1939** 151).

Krystalle, die unterhalb 400° nicht schmelzen.

Dibenzofuran-3,7-dicarbonsäure $C_{14}H_8O_5$, Formel IX (R = H).

B. Beim Erwärmen von 3,7-Dimethyl-dibenzofuran mit Chrom(VI)-oxid, Acet=

anhydrid und Essigsäure (*Sugii, Shindo*, J. pharm. Soc. Japan **54** [1934] 829, 843; dtsch.
Ref. S. 149, 153; C. A. **1935** 790).
Krystalle, die unterhalb 280° nicht schmelzen.

Dibenzofuran-3,7-dicarbonsäure-dimethylester $C_{16}H_{12}O_5$, Formel IX (R = CH_3).
B. Beim Behandeln von Dibenzofuran-3,7-dicarbonsäure mit Diazomethan in Äther
(*Sugii, Shindo*, J. pharm. Soc. Japan **54** [1934] 829, 843; dtsch. Ref. S. 149, 153; C. A.
1935 790).
Krystalle (aus $CHCl_3$); F: 245°.

Dibenzofuran-4,6-dicarbonsäure $C_{14}H_8O_5$, Formel X (R = H).
B. Beim Erwärmen einer Lösung von Dibenzofuran in Äther mit Natrium und Dibutyl≠
quecksilber und Behandeln des Reaktionsgemisches mit festem Kohlendioxid (*Gilman,
Young*, Am. Soc. **57** [1935] 1121).
Krystalle (aus A.); F: 325°.

IX   X   XI

Dibenzofuran-4,6-dicarbonsäure-dimethylester $C_{16}H_{12}O_5$, Formel X (R = CH_3).
B. Beim Behandeln von Dibenzofuran-4,6-dicarbonsäure mit Chlorwasserstoff enthaltendem Methanol (*Gilman, Young*, Am. Soc. **57** [1935] 1121; *Kruber, Raeithel*, B. **85**
[1952] 327, 331).
Krystalle; F: 162—162,5° [unkorr.; aus Me.] (*Kr., Ra.*), 161—162° (*Gi., Yo.*).

5,5-Dioxo-5λ^6-dibenzothiophen-4,6-dicarbonsäure $C_{14}H_8O_6S$, Formel XI.
B. Beim Behandeln von Dibenzothiophen-5,5-dioxid mit Butyllithium (3 Mol) in Äther
bei —20° und Behandeln der Reaktionslösung mit festem Kohlendioxid (*Gilman, Esmay*,
Am. Soc. **75** [1953] 278, 279).
F: 390—391° [unkorr.].

Dicarbonsäuren $C_{15}H_{10}O_5$

(±)-Xanthen-4,9-dicarbonsäure $C_{15}H_{10}O_5$, Formel XII.
B. Neben kleinen Mengen Xanthen-4-carbonsäure beim Behandeln von 4-Jod-xanthen
mit Butyllithium in Äther und Behandeln der Reaktionslösung mit festem Kohlendioxid
(*Akagi, Iwashige*, J. pharm. Soc. Japan **74** [1954] 610, 613; C. A. **1954** 10742). In kleiner
Menge neben wenig Xanthen-9-carbonsäure und wenig Xanthen-9,9-dicarbonsäure beim
Behandeln von Xanthen mit Phenylnatrium (2 Mol) in Äther und Behandeln der Reak-
tionslösung mit festem Kohlendioxid (*Akagi, Iwashige*, J. pharm. Soc. Japan **74** [1954]
608, 609; C. A. **1954** 10742; *Ak., Iw.*, l. c. S. 611, 612).
Krystalle (aus wss. A.); F: 240—242° (*Ak., Iw.*, l. c. S. 612). Absorptionsmaxima (A.):
246 nm und 300 nm (*Ak., Iw.*, l. c. S. 614).

Xanthen-9,9-dicarbonsäure $C_{15}H_{10}O_5$, Formel XIII.
B. s. o. im Artikel (±)-Xanthen-4,9-dicarbonsäure.
F: 125—130° [Zers.; beim Schmelzen erfolgt Umwandlung in Xanthen-9-carbonsäure]
(*Akagi, Iwashige*, J. pharm. Soc. Japan **74** [1954] 608, 610, 611; C. A. **1954** 10742).

**[2-Carboxy-naphtho[2,1-*b*]furan-1-yl]-essigsäure, 1-Carboxymethyl-naphtho[2,1-*b*]furan-
2-carbonsäure** $C_{15}H_{10}O_5$, Formel XIV (R = H).
B. Beim Erhitzen von [2-Chlor-3-oxo-3*H*-benzo[*f*]chromen-1-yl]-essigsäure oder von
[2-Brom-3-oxo-3*H*-benzo[*f*]chromen-1-yl]-essigsäure mit wss. Natronlauge (*Dey, Radhabai*, J. Indian chem. Soc. **11** [1934] 635, 649).
Krystalle (aus A.); F: 252° [Zers.].

XII   XIII   XIV

**[2-Methoxycarbonyl-naphtho[2,1-*b*]furan-1-yl]-essigsäure-methylester, 1-Methoxy=
carbonylmethyl-naphtho[2,1-*b*]furan-2-carbonsäure-methylester** $C_{17}H_{14}O_5$, Formel XIV
($R = CH_3$).

B. Aus [2-Carboxy-naphtho[2,1-*b*]furan-1-yl]-essigsäure (*Dey, Radhabai*, J. Indian
chem. Soc. **11** [1934] 635, 649).

Krystalle (aus A.); F: 158°.

**[2-Äthoxycarbonyl-naphtho[2,1-*b*]furan-1-yl]-essigsäure-äthylester, 1-Äthoxycarbonyl=
methyl-naphtho[2,1-*b*]furan-2-carbonsäure-äthylester** $C_{19}H_{18}O_5$, Formel XIV ($R = C_2H_5$).

B. Aus [2-Carboxy-naphtho[2,1-*b*]furan-1-yl]-essigsäure (*Dey, Radhabai*, J. Indian
chem. Soc. **11** [1934] 635, 649).

Krystalle; F: 104°.

Dicarbonsäuren $C_{16}H_{12}O_5$

6,6-Dioxo-5,7-dihydro-6λ^6-dibenzo[*c,e*]thiepin-3,9-dicarbonsäure $C_{16}H_{12}O_6S$, Formel I
($R = H$).

B. Beim Erhitzen von 6,6-Dioxo-5,7-dihydro-6λ^6-dibenzo[*c,e*]thiepin-3,9-dicarbonitril
mit 88%ig. wss. Schwefelsäure (*Truce, Emrick*, Am. Soc. **78** [1956] 6130, 6135).

Krystalle (aus Dimethylformamid) ohne Schmelzpunkt.

Überführung in ein optisch-aktives Diammonium-Salz ($[\alpha]_D^{25}$: $+2,8°$ bzw. $[\alpha]_D^{29}$:
$+1,8°$ [jeweils in Ammoniak und Harnstoff enthaltender wss. Lösung; zwei Präparate])
über das Cinchonin-Salz $C_{19}H_{22}N_2O \cdot C_{16}H_{12}O_6S$ (Krystalle [aus wss. A.] mit 2 Mol H_2O;
$[\alpha]_D^{25}$: $+121°$ [A.] bzw. $[\alpha]_D^{23}$: $+90°$ [A.]): *Tr., Em.*, l. c. S. 6136.

Brucin-Salz $2C_{23}H_{26}N_2O_4 \cdot C_{16}H_{12}O_6S$. Krystalle (aus $CHCl_3$ + A.) mit 3 Mol Äthanol;
F: $225-230°$ [Zers.; nach Sintern bei 215°]; $[\alpha]_D^{28}$: $-1,6°$ [$CHCl_3$] (*Tr., Em.*, l. c. S. 6136).

I   II   III

6,6-Dioxo-5,7-dihydro-6λ^6-dibenzo[*c,e*]thiepin-3,9-dicarbonsäure-diäthylester $C_{20}H_{20}O_6S$,
Formel I ($R = C_2H_5$).

B. Beim Erwärmen von 6,6-Dioxo-5,7-dihydro-6λ^6-dibenzo[*c,e*]thiepin-3,9-dicarbonsäure
mit Thionylchlorid und Behandeln des erhaltenen Säurechlorids mit Äthanol (*Truce,
Emrick*, Am. Soc. **78** [1956] 6130, 6134).

Krystalle (aus A.); F: $200-201°$. Absorptionsmaximum (A.): 269 nm (*Tr., Em.*, l. c.
S. 6132).

6,6-Dioxo-5,7-dihydro-6λ^6-dibenzo[*c,e*]thiepin-3,9-dicarbonitril $C_{16}H_{10}N_2O_2S$, Formel II.

B. Beim Erhitzen von 3,9-Dibrom-5,7-dihydro-dibenzo[*c,e*]thiepin-6,6-dioxid mit
Kupfer(I)-cyanid, Chinolin, wenig Benzonitril und Kupfer(II)-sulfat (*Truce, Emrick*, Am.
Soc. **78** [1956] 6130, 6135).

Krystalle (aus Eg. + Benzonitril), die unterhalb 300° nicht schmelzen.

Xanthen-9-yl-malonsäure $C_{16}H_{12}O_5$, Formel III ($X = H$) (H 341; E II 292).

B. Beim Behandeln von Xanthen-9-ol mit Malonsäure und Essigsäure (*Goldberg, Wragg*,

Soc. **1957** 4823, 4826; vgl. H 341; E II 292).

Krystalle (aus wss. Me.); F: 150—152° [bei 100° getrocknetes Präparat].

(±)-Cyan-xanthen-9-yl-essigsäure-[2-diäthylamino-äthylester] $C_{22}H_{24}N_2O_3$, Formel IV
(R = CH_2-CH_2-$N(C_2H_5)_2$).

B. Aus (±)-Cyan-xanthen-9-yl-essigsäure und Diäthyl-[2-chlor-äthyl]-amin (*Matsuno, Okabayashi*, J. pharm. Soc. Japan **77** [1957] 1145, 1148; C. A. **1958** 5403).

Picrat $C_{22}H_{24}N_2O_3 \cdot C_6H_3N_3O_7$. Gelbe Krystalle (aus wss. A.); F: 128—129°.

Xanthen-9-yl-malononitril $C_{16}H_{10}N_2O$, Formel V.

B. Beim Behandeln von Xanthen-9-ol mit Malononitril, Äthanol und Essigsäure
(*Sawicki, Oliverio*, J. org. Chem. **21** [1956] 183, 186, 189).

Krystalle; F: 186—188° [unkorr.].

(±)-[3-Chlor-xanthen-9-yl]-malonsäure $C_{16}H_{11}ClO_5$, Formel III (X = Cl).

B. Bei 4-tägigem Behandeln von (±)-3-Chlor-xanthen-9-ol mit Malonsäure und Essigsäure (*Goldberg, Wragg*, Soc. **1957** 4823, 4828).

Pulver (aus wss. Me.); F: 166—168° [Zers.].

IV   V   VI

Thioxanthen-9-yl-malonsäure $C_{16}H_{12}O_4S$, Formel VI.

B. Beim Erwärmen von Thioxanthen-9-ol mit Malonsäure und Essigsäure (*Okabayashi*,
J. pharm. Soc. Japan **78** [1958] 274, 276; C. A. **1958** 11831).

Krystalle (aus A.); F: 201° [Zers.].

(±)-Cyan-thioxanthen-9-yl-essigsäure $C_{16}H_{11}NO_2S$, Formel VII (R = H).

B. Beim Erwärmen von Thioxanthen-9-ol mit Cyanessigsäure und Essigsäure (*Okabaysi*, J. pharm. Soc. Japan **78** [1958] 274, 277; C. A. **1958** 11831).

Krystalle (aus wss. A.); F: 180° [Zers.].

(±)-Cyan-[10,10-dioxo-10λ^6-thioxanthen-9-yl]-essigsäure $C_{16}H_{11}NO_4S$, Formel VIII.

B. Beim Erwärmen einer Lösung von (±)-Cyan-thioxanthen-9-yl-essigsäure in Essigsäure mit wss. Wasserstoffperoxid (*Okabaysi*, J. pharm. Soc. Japan **78** [1958] 498, 500;
C. A. **1958** 17251).

Krystalle (aus A.); F: 187—189° [Zers.].

VII   VIII   IX

(±)-Cyan-thioxanthen-9-yl-essigsäure-[2-diäthylamino-äthylester] $C_{22}H_{24}N_2O_2S$,
Formel VII (R = CH_2-CH_2-$N(C_2H_5)_2$).

Hydrochlorid $C_{22}H_{24}N_2O_2S \cdot HCl$. *B.* Beim Erwärmen von (±)-Cyan-thioxanthen-
9-yl-essigsäure mit Diäthyl-[2-chlor-äthyl]-amin und Isopropylalkohol (*Okabayashi*, J.
pharm. Soc. Japan **78** [1958] 274, 277; C. A. **1958** 11831). — Krystalle (aus A. + Ae.);
F: 177° [Zers.].

2,8-Bis-carboxymethyl-dibenzofuran, Dibenzofuran-2,8-diyl-di-essigsäure $C_{16}H_{12}O_5$,
Formel IX (X = OH).

B. Beim Erhitzen von 2,8-Bis-carbamoylmethyl-dibenzofuran mit äthanol. Kalilauge

(*Whaley, White,* J. org. Chem. **18** [1953] 309, 311). Beim Erhitzen von 2,8-Diacetyl-dibenzofuran mit wss. Ammoniumsulfid-Lösung, Schwefel und Dioxan auf 160° und Erwärmen des erhaltenen Reaktionsgemisches mit äthanol. Kalilauge (*Gilman, Avakian,* Am. Soc. **68** [1946] 2104). Beim Erhitzen von 2,8-Diacetyl-dibenzofuran mit Schwefel und Morpholin und Erhitzen des Reaktionsprodukts mit Essigsäure und wss. Schwefelsäure (*Wh., Wh.*).

Krystalle; F: 230—231° [aus Eg.] (*Gi., Av.,* l. c. S. 2105), 230—231° (*Wh., Wh.*).

2,8-Bis-methoxycarbonylmethyl-dibenzofuran, Dibenzofuran-2,8-diyl-di-essigsäure-dimethylester $C_{18}H_{16}O_5$, Formel IX (X = O-CH$_3$).

B. Beim Erwärmen von 2,8-Bis-carboxymethyl-dibenzofuran mit Methanol und wenig Schwefelsäure (*Whaley, White,* J. org. Chem. **18** [1953] 309, 311).

Krystalle (aus wss. Me.); F: 91°.

2,8-Bis-carbamoylmethyl-dibenzofuran, Dibenzofuran-2,8-diyl-di-essigsäure-diamid $C_{16}H_{14}N_2O_3$, Formel IX (X = NH$_2$).

B. Beim Erhitzen von 2,8-Diacetyl-dibenzofuran mit wss. Ammoniumsulfid-Lösung, Schwefel und Dioxan auf 160° (*Whaley, White,* J. org. Chem. **18** [1953] 309, 310).

F: 267—269°.

Dicarbonsäuren $C_{17}H_{14}O_5$

4,4-Diphenyl-oxetan-2,2-dicarbonsäure $C_{17}H_{14}O_5$, Formel X (R = H).

Dikalium-Salz. Bezüglich der Konstitution der nachstehend beschriebenen, ursprünglich (*Achmatowicz, Leplawy,* Bl. Acad. polon. [III] **3** [1955] 547, 548) als Dikalium-Salz der 1-Hydroxy-3,3-diphenyl-cyclopropan-1,2-dicarbonsäure formulierten Verbindung vgl. *Achmatowicz, Leplawy,* Bl. Acad. polon. Ser. chim. **6** [1958] 409, 410; Roczniki Chem. **33** [1959] 1349; C. A. **1960** 13056. — *B.* Beim Erwärmen von 4,4-Diphenyl-oxetan-2,2-di=carbonitril (S. 4577) mit wss. Kalilauge (*Ach., Le.,* Bl. Acad. polon [III] **3** 548; Roczniki Chem. **33** 1360). — Krystalle; in Äthanol, Methanol und kaltem Wasser schwer löslich (*Ach., Le.,* Roczniki Chem. **33** 1360). — Eine von *Achmatowicz, Leplawy* (Bl. Acad. polon. [III] **3** 548) beim Behandeln mit wss. Salzsäure erhaltene, ursprünglich als 2-Hydroxy-5-oxo-3,3-diphenyl-tetrahydro-furan-2-carbonsäure angesehene Verbindung (F: 163,5° bis 165°) ist als 3-Hydroxy-2-oxo-5,5-diphenyl-tetrahydro-furan-3-carbonsäure zu formulieren (*Ach., Le.,* Bl. Acad. polon. Ser. chim. **6** 412; Roczniki Chem. **33** 1352).

Disilber-Salz Ag$_2$C$_{17}$H$_{12}$O$_5$. In Wasser schwer löslich (*Ach., Le.,* Roczniki Chem. **33** 1360).

4,4-Diphenyl-oxetan-2,2-dicarbonsäure-dimethylester $C_{19}H_{18}O_5$, Formel X (R = CH$_3$).

B. Beim Erwärmen des Silber-Salzes der 4,4-Diphenyl-oxetan-2,2-dicarbonsäure (s. o.) mit Methyljodid und Aceton (*Achmatowicz, Leplawy,* Roczniki Chem. **33** [1959] 1349, 1360; C. A. **1960** 13056; s. a. *Achmatowicz, Leplawy,* Bl. Acad. polon. [III] **3** [1955] 547, 548).

Krystalle (aus Me.); F: 125—127° [unkorr.] (*Ach., Le.,* Roczniki Chem. **33** 1360). IR-Spektrum (Paraffinöl; 2—15 μ): *Ach., Le.,* Roczniki Chem. **33** 1356.

Beim Erwärmen mit wss. Kalilauge und Ansäuern der Reaktionslösung mit wss. Salzsäure ist 3-Hydroxy-2-oxo-5,5-diphenyl-tetrahydro-furan-3-carbonsäure-methylester erhalten worden (*Achmatowicz, Leplawy,* Bl. Acad. polon. Ser. chim. **6** [1958] 409, 413; Roczniki Chem. **33** 1367). Überführung in [2,2-Diphenyl-vinyl]-hydroxy-malonsäure-di=methylester durch Erhitzen mit Essigsäure: *Ach., Le.,* Bl. Acad. polon. Ser. chim. **6** 411, 412; Roczniki Chem. **33** 1365, 1366.

X   XI   XII

4,4-Diphenyl-oxetan-2,2-dicarbonitril $C_{17}H_{12}N_2O$, Formel XI.

Diese Konstitution kommt der nachstehend beschriebenen, ursprünglich (*Achmatowicz*, *Leplawy*, Bl. Acad. polon. [III] **3** [1955] 547) als 1-Hydroxy-3,3-diphenyl-cyclopropan-1,2-dicarbonitril formulierten Verbindung zu (*Achmatowicz*, *Leplawy*, Bl. Acad. polon. Ser. chim. **6** [1958] 409, 410; Roczniki Chem. **33** [1959] 1349; C. A. **1960** 13056).

B. Beim Behandeln einer Lösung von 1,1-Diphenyl-äthylen in Hexan mit Mesoxalo= nitril (*Ach.*, *Le.*, Roczniki Chem. **33** 1349, 1359; s. a. *Ach.*, *Le.*, Bl. Acad. polon. [III] **3** 547).

Krystalle; F: 108° (*Ach.*, *Le.*, Bl. Acad. polon. [III] **3** 547), 107,5—108,5° [unkorr.; aus Hexan] (*Ach.*, *Le.*, Roczniki Chem. **33** 1360). IR-Spektrum (Paraffinöl; 2—15 µ): *Ach.*, *Le.*, Bl. Acad. polon. Ser. chim. **6** 414; Roczniki Chem. **33** 1355.

Überführung in 3-Hydroxy-3,3-diphenyl-propionsäure durch Behandeln einer Lösung in Aceton mit wss. Schwefelsäure und Erhitzen der Reaktionslösung: *Ach.*, *Le.*, Roczniki Chem. **33** 1364). Beim Erwärmen mit wss. Kalilauge und Behandeln des Reaktions-produkts mit wss. Salzsäure sind 3-Hydroxy-2-oxo-5,5-diphenyl-tetrahydro-furan-3-carbonsäure und kleinere Mengen 3-Hydroxy-2-oxo-5,5-diphenyl-tetrahydro-furan-3-carbonsäure-amid erhalten worden (*Ach.*, *Le.*, Roczniki Chem. **33** 1361).

---

*Opt.-inakt. [2-Carboxy-2,3-dihydro-benzofuran-3-yl]-phenyl-essigsäure, 3-[Carboxy-phenyl-methyl]-2,3-dihydro-benzofuran-2-carbonsäure $C_{17}H_{14}O_5$, Formel XII (R = H).

B. Aus opt.-inakt. [2-Methoxycarbonyl-2,3-dihydro-benzofuran-3-yl]-phenyl-essig= säure-methylester [s. u.] (*Koelsch*, *Stephens*, Am. Soc. **72** [1950] 2209, 2210).

Krystalle (aus wss. Eg.); F: 162—163°.

*Opt.-inakt. [2-Methoxycarbonyl-2,3-dihydro-benzofuran-3-yl]-phenyl-essigsäure-methylester, 3-[Methoxycarbonyl-phenyl-methyl]-2,3-dihydro-benzofuran-2-carbonsäure-methylester $C_{19}H_{18}O_5$, Formel XII (R = CH$_3$).

B. Neben Benzofuran-2-carbonsäure-methylester und Phenylessigsäure-methylester beim Erwärmen von 3-[2-Methoxycarbonylmethoxy-phenyl]-2-phenyl-acrylsäure-meth= ylester (F: 72°; aus 3-Phenyl-cumarin hergestellt) mit wenig Natriummethylat in Meth= anol (*Koelsch*, *Stephens*, Am. Soc. **72** [1950] 2209, 2210).

Krystalle (aus Ae. + Bzn.); F: 124—125°.

Dicarbonsäuren $C_{18}H_{16}O_5$

*Opt.-inakt. [2-Carboxy-6-methyl-3-phenyl-2,3-dihydro-benzofuran-3-yl]-essigsäure, 3-Carboxymethyl-6-methyl-3-phenyl-2,3-dihydro-benzofuran-2-carbonsäure $C_{18}H_{16}O_5$, Formel XIII (R = H).

B. Aus opt.-inakt. [2-Methoxycarbonyl-6-methyl-3-phenyl-2,3-dihydro-benzofuran-3-yl]-essigsäure-methylester [s. u.] (*Koelsch*, *Stephens*, Am. Soc. **72** [1950] 2209, 2210).

Krystalle (aus E. + Bzn.); F: 204—206°.

XIII　　　　　XIV　　　　　XV　　　　　XVI

*Opt.-inakt. [2-Methoxycarbonyl-6-methyl-3-phenyl-2,3-dihydro-benzofuran-3-yl]-essig= säure-methylester, 3-Methoxycarbonylmethyl-6-methyl-3-phenyl-2,3-dihydro-benzofuran-2-carbonsäure-methylester $C_{20}H_{20}O_5$, Formel XIII (R = CH$_3$).

B. Beim Erwärmen von 3-[2-Methoxycarbonylmethoxy-4-methyl-phenyl]-3-phenyl-acrylsäure-methylester (F: 87—88°; aus 7-Methyl-4-phenyl-cumarin hergestellt) mit wenig Natriummethylat in Methanol (*Koelsch, Stephens*, Am. Soc. **72** [1950] 2209, 2210). Krystalle (aus Ae. + Bzn.); F: 89—90°.

Dicarbonsäuren $C_{19}H_{18}O_5$

4,4-Di-*p*-tolyl-oxetan-2,2-dicarbonsäure $C_{19}H_{18}O_5$, Formel XIV.

Dikalium-Salz. B. Neben 1,1-Di-*p*-tolyl-äthylen beim Erhitzen von 4,4-Di-*p*-tolyl-oxetan-2,2-dicarbonitril mit wss. Kalilauge (*Achmatowicz, Leplawy*, Roczniki Chem. **33** [1959] 1371, 1373; C. A. **1960** 13056). — Krystalle; in Äthanol und in kaltem Wasser schwer löslich. — Beim Behandeln mit wss. Salzsäure ist 3-Hydroxy-2-oxo-5,5-di-*p*-tolyl-tetrahydro-furan-3-carbonsäure erhalten worden (*Ach., Le.*, l. c. S. 1374).

4,4-Di-*p*-tolyl-oxetan-2,2-dicarbonitril $C_{19}H_{16}N_2O$, Formel XV.

B. Beim Behandeln einer Lösung von 1,1-Di-*p*-tolyl-äthylen in Hexan mit Mesoxalo=nitril (*Achmatowicz, Leplawy*, Roczniki Chem. **33** [1959] 1371, 1373; C. A. **1960** 13056). Krystalle (aus Ae.); F: 94—95,5°.

Wenig beständig. Beim Behandeln einer Lösung in Aceton mit wss. Schwefelsäure und Erwärmen der Reaktionslösung ist 3-Hydroxy-3,3-di-*p*-tolyl-propionsäure erhalten worden. Bildung von [2-Acetoxy-2,2-di-*p*-tolyl-äthyl]-hydroxy-malononitril beim Er=wärmen mit Essigsäure: *Ach., Le.*, l. c. S. 1374.

---

*Opt.-inakt. 2,3-Epoxy-4,4-dimethyl-2,3-diphenyl-glutarsäure $C_{19}H_{18}O_5$, Formel XVI (vgl. H 342).

B. Neben Benzoesäure und einer vermutlich als 3,4-Epoxy-5-hydroxy-2,2-dimethyl-3,4-diphenyl-cyclopentanon zu formulierenden Verbindung (F: 124°) beim Behandeln von (±)-5-Acetoxy-2,2-dimethyl-3,4-diphenyl-cyclopent-3-enon (E III **8** 1589) mit Chrom(VI)-oxid in Essigsäure (*Burton et al.*, Soc. **1933** 720, 725; vgl. H 342).

Krystalle (aus Ae. + Bzn. oder aus Bzl.); Zers. bei 174° [unter Umwandlung in das (bei 160° schmelzende) Anhydrid].

Dicarbonsäuren $C_nH_{2n-22}O_5$

Dicarbonsäuren $C_{16}H_{10}O_5$

3-[2-Carboxy-phenyl]-5-chlor-benzo[*b*]thiophen-2-carbonsäure, 2-[2-Carboxy-5-chlor-benzo[*b*]thiophen-3-yl]-benzoesäure $C_{16}H_9ClO_4S$, Formel I.

B. Beim Erhitzen von 2-[5-Chlor-2-methylmercapto-benzoyl]-benzoesäure mit Chlor=essigsäure bis auf 130° (*Schuetz, Ciporin*, J. org. Chem. **23** [1958] 206). Krystalle (aus Bzl.) mit ca. 0,3 Mol Benzol; F: 282—284° [Zers.] (*Sch., Ci.*, l. c. S. 207). UV-Spektrum (Cyclohexan; 220—340 nm; λ_{max}: 236 nm und 286 nm): *Schuetz, Ciporin*, J. org. Chem. **23** [1958] 209.

2-[2-Carboxy-phenyl]-benzofuran-3-carbonsäure, 2-[3-Carboxy-benzofuran-2-yl]-benzoe=säure $C_{16}H_{10}O_5$, Formel II (R = H).

B. Beim Erhitzen einer Lösung von α-Brasan (Benzo[*b*]naphtho[2,1-*d*]furan [E III/IV **17** 712]) in Essigsäure mit wss. Wasserstoffperoxid (*Kruber, Oberkobusch*, B. **84** [1951] 831). Beim Erhitzen einer Lösung von [2-Phenyl-benzofuran-3-yl]-essigsäure-benzo=[*b*]naphtho[2,1-*d*]furan-5-ylester (S. 4390) in Essigsäure mit wss. Wasserstoffperoxid (*Chatterjea*, J. Indian chem. Soc. **33** [1956] 447, 451).

Krystalle; F: 280—281° [aus Eg.] (*Kr., Ob.*), 279—280° [unkorr.; aus wss. A.] (*Ch.*).

I   II   III

2-[2-Methoxycarbonyl-phenyl]-benzofuran-3-carbonsäure-methylester C$_{18}$H$_{14}$O$_5$,
Formel II (R = CH$_3$).

B. Beim Behandeln von 2-[2-Carboxy-phenyl]-benzofuran-3-carbonsäure mit Diazo=
methan in Äther (*Kruber, Oberkobusch*, B. **84** [1951] 831).

Krystalle (aus A.); F: 90—91°.

Dibenzofuran-2-ylmethylen-malonsäure C$_{16}$H$_{10}$O$_5$, Formel III.

B. Beim Erwärmen von Dibenzofuran-2-carbaldehyd mit Malonsäure und Essigsäure
(*Hinkel et al.*, Soc. **1937** 778).

Hellgelbe Krystalle (aus wss. A.); F: 213° [Zers.].

Dicarbonsäuren C$_{17}$H$_{12}$O$_5$

3-[2-Carboxy-phenyl]-5-methyl-benzo[*b*]thiophen-2-carbonsäure, 2-[2-Carboxy-5-methyl-benzo[*b*]thiophen-3-yl]-benzoesäure C$_{17}$H$_{12}$O$_4$S, Formel IV.

B. Beim Erwärmen von 2-[5-Methyl-2-methylmercapto-benzoyl]-benzoesäure mit
Chloressigsäure (*Krollpfeiffer et al.*, A. **566** [1950] 139, 145, 149).

Krystalle (aus wss. Eg.); Zers. bei 286—287°.

IV   V

Dicarbonsäuren C$_{18}$H$_{14}$O$_5$

*Opt.-inakt. Cyan-[2-phenyl-4*H*-chromen-4-yl]-essigsäure-äthylester C$_{20}$H$_{17}$NO$_3$,
Formel V.

B. Beim Behandeln einer Suspension von 2-Phenyl-chromenylium-perchlorat (E III/IV
17 1665) in Äthanol mit Cyanessigsäure-äthylester und methanol. Natronlauge [1 Mol
NaOH] (*Kröhnke, Dickoré*, B. **92** [1959] 46, 57).

Hellgelbe Krystalle (aus Bzl. + PAe.); F: 115°.

Beim Behandeln mit Kaliumpermanganat in Dimethylformamid ist Cyan-[2-phenyl-
chromen-4-yliden]-essigsäure-äthylester (F: 160°) erhalten worden (*Kr.*, *Di.*, l. c.
S. 62).

(±)-[2-Phenyl-4*H*-chromen-4-yl]-malononitril C$_{18}$H$_{12}$N$_2$O, Formel VI.

B. Beim Behandeln einer Suspension von 2-Phenyl-chromenylium-perchlorat (E III/IV
17 1665) in Dioxan mit Malononitril (3 Mol) und Triäthylamin (*Kröhnke, Dickoré*, B.
92 [1959] 46, 58).

Gelbliche Krystalle (aus Bzl. + PAe.); F: 141° [gelbe Schmelze].

VI   VII

2-[1-Carboxy-5-methyl-[2]naphthyl]-4-methyl-furan-3-carbonsäure, 2-[3-Carboxy-4-methyl-[2]furyl]-5-methyl-[1]naphthoesäure C$_{18}$H$_{14}$O$_5$, Formel VII.

Konstitutionszuordnung: *Takiura*, J. pharm. Soc. Japan **63** [1943] 40, 43; C. A. **1950**

7280.

B. Beim Schütteln einer Suspension von Tanshinon-I (1,6-Dimethyl-phenanthro[1,2-*b*]⹂furan-10,11-chinon [E III/IV **17** 6511]) in äthanol. Kalilauge mit Luft (*Ta*.).

Krystalle; F: 266° [Zers.; aus wss. A.] (*Ta*.), 265° [Hemihydrat; aus wss. A.] (*Nakao, Fukushima*, J. pharm. Soc. Japan **54** [1934] 844, 854; engl. Ref. S. 154, 158; C. A. **1935** 788).

Verhalten beim Behandeln mit wss. Natronlauge und wss. Kaliumpermanganat-Lösung: *Ta.*; *Na., Fu.*, l. c. S. 855, 857. Überführung in das Anhydrid (1,6-Dimethyl-furo[3,2-*c*]naphth[2,1-*e*]oxepin-10,12-dion; F: 185°) durch Erhitzen mit Acetanhydrid: *Na., Fu.*, l. c. S. 855.

Dicarbonsäuren $C_nH_{2n-24}O_5$

Dicarbonsäuren $C_{18}H_{12}O_5$

2,5-Bis-[3-carbamimidoyl-phenyl]-3-chlor-furan $C_{18}H_{15}ClN_4O$, Formel I.

B. Beim Behandeln einer Suspension von 1,4-Bis-[3-cyan-phenyl]-but-2-en-1,4-dion (F: 250—252°) in Äthanol mit Chlorwasserstoff und Erwärmen des nach 6 Tagen isolierten 2,5-Bis-[3-äthoxycarbimidoyl-phenyl]-3-chlor-furan-dihydrochlorids mit Ammoniak in Methanol (*Hoffmann-La Roche*, U.S.P. 2641601 [1953]).

Gelbliche Krystalle (aus Me. + W.); F: 186—188° [Zers.].

Dihydrochlorid. Hellgelbe Krystalle (aus wss. Eg. + Ae.) mit 1 Mol H_2O; F: 296° bis 298°.

I   II   III   IV

2-[3-Carbamimidoyl-phenyl]-5-[4-carbamimidoyl-phenyl]-3-chlor-furan $C_{18}H_{15}ClN_4O$, Formel II, und **5-[3-Carbamimidoyl-phenyl]-2-[4-carbamimidoyl-phenyl]-3-chlor-furan** $C_{18}H_{15}ClN_4O$, Formel III.

Diese beiden Konstitutionsformeln kommen für die nachstehend beschriebene Verbindung in Betracht.

B. Beim Behandeln einer Suspension von 1-[3-Cyan-phenyl]-4-[4-cyan-phenyl]-but-2-en-1,4-dion (F: 234—236°) in Äthanol mit Chlorwasserstoff und Erwärmen des nach 6 Tagen isolierten Reaktionsprodukts mit Ammoniak in Methanol (*Hoffmann-La Roche*, U.S.P. 2641601 [1953]).

Dihydrochlorid. Krystalle mit 1 Mol H_2O; F: 348—350°.

2,5-Bis-[4-carbamimidoyl-phenyl]-3-chlor-furan $C_{18}H_{15}ClN_4O$, Formel IV.

B. Beim Behandeln einer Suspension von 1,4-Bis-[4-cyan-phenyl]-but-2-en-1,4-dion (F: 261—262°) in Äthanol mit Chlorwasserstoff und Erwärmen des nach 8 Tagen isolierten 2,5-Bis-[4-äthoxycarbimidoyl-phenyl]-3-chlor-furan-dihydrochlorids mit Ammoniak in Methanol (*Hoffmann-La Roche*, U.S.P. 2641601 [1953]).

Dihydrochlorid. Krystalle (aus wss. Eg. + Ae.) mit 1 Mol H_2O; F: 338—339° [Zers.].

3,4-Diphenyl-furan-2,5-dicarbonsäure $C_{18}H_{12}O_5$, Formel V (R = H).

B. Neben 3,4-Diphenyl-furan-2-carbonsäure, 3,4-Diphenyl-furan-2-carbonsäure-methyl≈ ester und anderen Verbindungen beim Erwärmen von Benzil mit 3-Oxa-glutarsäure-di≈ methylester und Natriummethylat in Methanol (*Backer, Stevens*, R. **59** [1940] 423, 428). Krystalle (aus wss. A.); F: 303° [Zers.]. Triklin; α = 85,4°; β = 89,8°; γ = 76,15° (*Ba., St.*, l. c. S. 430).

3,4-Diphenyl-furan-2,5-dicarbonsäure-dimethylester $C_{20}H_{16}O_5$, Formel V (R = CH_3).

B. Beim Erwärmen von 3,4-Diphenyl-furan-2,5-dicarbonsäure mit Chlorwasserstoff enthaltendem Methanol (*Backer, Stevens*, R. **59** [1940] 423, 430). Krystalle (aus Me. + Bzl.); F: 209—210°. Triklin; α = 115,9°; β = 110,1°; γ = 94,2° (*Ba., St.*, l. c. S. 431).

3,4-Diphenyl-furan-2,5-dicarbonsäure-diäthylester $C_{22}H_{20}O_5$, Formel V (R = C_2H_5).

B. Beim Erwärmen von 3,4-Diphenyl-furan-2,5-dicarbonsäure mit Chlorwasserstoff enthaltendem Äthanol (*Backer, Stevens*, R. **59** [1940] 423, 431). Krystalle (aus A.); F: 129,5—130°.

V   VI   VII

3,4-Diphenyl-thiophen-2,5-dicarbonsäure $C_{18}H_{12}O_4S$, Formel VI (R = H) (E I 451; E II 292).

B. Neben kleineren Mengen 3,4-Diphenyl-thiophen-2,5-dicarbonsäure-monomethylester und wenig 3,4-Diphenyl-thiophen-2-carbonsäure bei 3-tägigem Behandeln von Benzil mit 3-Thia-glutarsäure-diäthylester und Natriummethylat in Methanol (*Backer, Stevens*, R. **59** [1940] 423, 435; vgl. E I 451). Krystalle (aus wss. A.); F: 341° [Zers.; im vorgeheizten Bad] (*Ba., St.*).

Beim Behandeln einer wss. Lösung des Dinatrium-Salzes mit wss. Brom-Lösung unter Durchleiten von Kohlendioxid sind 5-Brom-3,4-diphenyl-thiophen-2-carbonsäure und 2,5-Dibrom-3,4-diphenyl-thiophen erhalten worden (*Melles, Backer*, R. **72** [1953] 314, 321). Bildung von *meso*-3,4-Diphenyl-adipinsäure beim Erhitzen mit wss. Natronlauge und Nickel-Aluminium-Legierung: *Buu-Hoï et al.*, R. **75** [1956] 463, 466.

3,4-Diphenyl-thiophen-2,5-dicarbonsäure-monomethylester $C_{19}H_{14}O_4S$, Formel VII (R = CH_3).

B. Beim Erwärmen von 3,4-Diphenyl-thiophen-2,5-dicarbonsäure-dimethylester mit methanol. Natronlauge [1 Mol NaOH] (*Backer, Stevens*, R. **59** [1940] 423, 438). Krystalle (aus Me.); F: 268° [Zers.].

3,4-Diphenyl-thiophen-2,5-dicarbonsäure-dimethylester $C_{20}H_{16}O_4S$, Formel VI (R = CH_3).

B. Beim Erwärmen von 3,4-Diphenyl-thiophen-2,5-dicarbonsäure mit Chlorwasserstoff enthaltendem Methanol (*Backer, Stevens*, R. **59** [1940] 423, 437). Krystalle (aus PAe. + Toluol); F: 187—188°. Triklin; α = 89,55°; β = 70,5°; γ = 94,0°.

3,4-Diphenyl-thiophen-2,5-dicarbonsäure-monoäthylester $C_{20}H_{16}O_4S$, Formel VII (R = C_2H_5).

B. Beim Erwärmen von 3,4-Diphenyl-thiophen-2,5-dicarbonsäure-diäthylester mit äthanol. Natronlauge [1 Mol NaOH] (*Backer, Stevens*, R. **59** [1940] 423, 438). Krystalle (aus wss. A.); F: 225—226° [geringe Zers.].

3,4-Diphenyl-thiophen-2,5-dicarbonsäure-diäthylester $C_{22}H_{20}O_4S$, Formel VI (R = C_2H_5).

B. Beim Erwärmen von 3,4-Diphenyl-thiophen-2,5-dicarbonsäure mit Chlorwasserstoff enthaltendem Äthanol (*Backer, Stevens*, R. **59** [1940] 423, 438).

Krystalle (aus A.); F: 141,5—142,5°.

3,4-Bis-[4-chlor-phenyl]-thiophen-2,5-dicarbonsäure $C_{18}H_{10}Cl_2O_4S$, Formel VIII.

B. Bei 3-tägigem Behandeln von 4,4'-Dichlor-benzil mit 3-Thia-glutarsäure-diäthyl=ester und Natriummäthylat in Äthanol (*Overberger et al.*, Am. Soc. **72** [1950] 4958, 4960).

Gelbe Krystalle (aus A.); F: 299—300° [korr.].

3,4-Diphenyl-selenophen-2,5-dicarbonsäure $C_{18}H_{12}O_4Se$, Formel IX (R = H).

B. Neben kleinen Mengen 3,4-Diphenyl-selenophen-2-carbonsäure beim Erwärmen von Benzil mit 3-Selena-glutarsäure-dimethylester und Natriummethylat in Methanol (*Backer, Stevens*, R. **59** [1940] 423, 439).

Gelbliche Krystalle (aus Eg.); F: 343° [Zers.].

3,4-Diphenyl-selenophen-2,5-dicarbonsäure-dimethylester $C_{20}H_{16}O_4Se$, Formel IX (R = CH_3).

B. Beim Erwärmen von 3,4-Diphenyl-selenophen-2,5-dicarbonsäure mit Chlorwasser=stoff enthaltendem Methanol (*Backer, Stevens*, R. **59** [1940] 423, 440).

Gelbliche Krystalle (aus Me. + Bzl.); F: 185—187°. Triklin; $\alpha = 87,2°$; $\beta = 70,75°$; $\gamma = 90,2°$.

VIII   IX   X

3,4-Diphenyl-selenophen-2,5-dicarbonsäure-diäthylester $C_{22}H_{20}O_4Se$, Formel IX (R = C_2H_5).

B. Beim Erwärmen von 3,4-Diphenyl-selenophen-2,5-dicarbonsäure mit Chlorwasser=stoff enthaltendem Äthanol (*Backer, Stevens*, R. **59** [1940] 423, 441).

Krystalle (aus A.); F: 160—161°.

———

2,5-Diphenyl-furan-3,4-dicarbonsäure $C_{18}H_{12}O_5$, Formel X (X = OH) (H 342).

B. Aus 2,5-Diphenyl-furan-3,4-dicarbonsäure-dimethylester mit Hilfe von äthanol. Kalilauge (*Pfleger, Reinhardt*, B. **90** [1957] 2404, 2410).

F: 238°.

2,5-Diphenyl-furan-3,4-dicarbonsäure-dimethylester $C_{20}H_{16}O_5$, Formel X (X = O-CH_3).

B. Beim Behandeln von 2,3-Dibenzoyl-bernsteinsäure-dimethylester (Stereoisomeren-Gemisch) mit konz. Schwefelsäure (*Pfleger, Reinhardt*, B. **90** [1957] 2404, 2406, 2410).

F: 80—81°.

2,5-Diphenyl-furan-3,4-dicarbonsäure-monoäthylester $C_{20}H_{16}O_5$, Formel XI.

Diese Konstitution ist der nachstehend beschriebenen Verbindung zugeordnet worden (*Trefil'ew, Lifenow*, Ž. obšč. Chim. **11** [1941] 182, 186; C. A. **1941** 7960).

B. Beim Behandeln von *meso*-2,3-Dibenzoyl-bernsteinsäure-diäthylester (E III **10** 4076) mit wss. Bromwasserstoffsäure (*Tr., Li.*).

Krystalle (aus A.); F: 87°.

2,5-Diphenyl-furan-3,4-dicarbonsäure-diäthylester $C_{22}H_{20}O_5$, Formel X (X = O-C_2H_5) (H 343).

B. Beim Erwärmen von 2,3-Dibenzoyl-bernsteinsäure-diäthylester mit Polyphosphor=

säure (*Nightingale, Sukornick*, J. org. Chem. **24** [1959] 497, 499; vgl. H 343).
F: 84—86°.

2,5-Diphenyl-furan-3,4-dicarbonylchlorid $C_{18}H_{10}Cl_2O_3$, Formel X (X = Cl).
B. Beim Behandeln einer Lösung von 2,5-Diphenyl-furan-3,4-dicarbonsäure in Dioxan und Chloroform mit Phosphor(V)-chlorid (*Nightingale, Sukornick*, J. org. Chem. **24** [1959] 497, 499).
Krystalle (aus PAe.); F: 119—120° [unkorr.].
Beim Behandeln mit Toluol und Aluminiumchlorid sind 2,5-Diphenyl-3,4-di-*p*-toluoyl-furan und kleinere Mengen 6-Methyl-1,3-diphenyl-naphtho[2,3-*c*]furan-4,9-chinon, beim Behandeln mit Toluol, Aluminiumchlorid und Schwefelkohlenstoff ist hingegen 6-Methyl-1,3-diphenyl-naphtho[2,3-*c*]furan-4,9-chinon als Hauptprodukt erhalten worden.

2,5-Diphenyl-thiophen-3,4-dicarbonsäure $C_{18}H_{12}O_4S$, Formel XII (R = H).
B. Aus 2,5-Diphenyl-thiophen-3,4-dicarbonsäure-dimethylester mit Hilfe von methanol. Kalilauge (*Kirmse, Horner*, A. **614** [1958] 4, 18).
Krystalle; F: 200° (*Potts et al.*, J.C.S. Chem. Commun. **1969** 1129), 190,5—191,5° [aus Me. + W.] (*Wittig, Rings*, A. **719** [1968] 127, 139), 182° [Zers.] (*Ki., Ho.*).

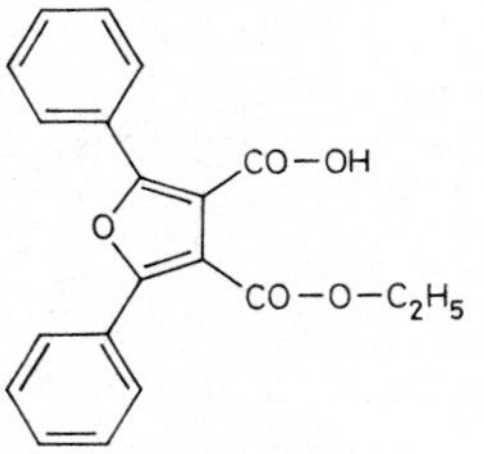

XI 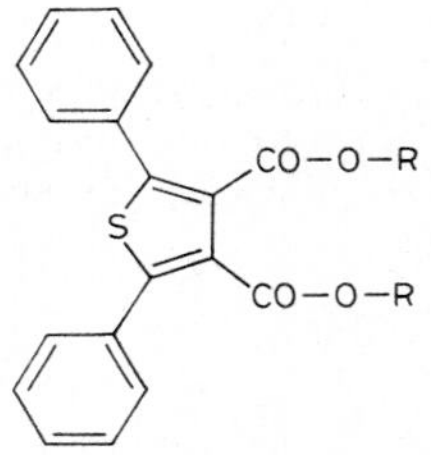   XII 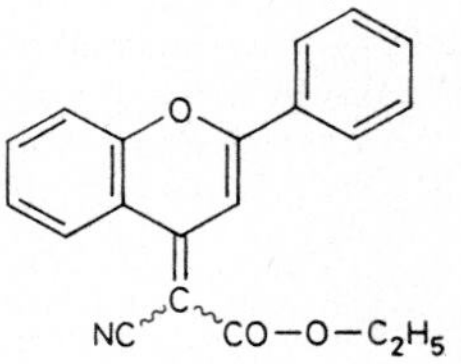   XIII

2,5-Diphenyl-thiophen-3,4-dicarbonsäure-dimethylester $C_{20}H_{16}O_4S$, Formel XII
(R = CH_3).
B. In kleiner Menge neben wenig 2-[Methoxycarbonyl-phenyl-methylen]-5-phenyl-[1,3]dithiol-4-carbonsäure-methylester (F: 198° [Zers.]) bei der Bestrahlung einer Lösung von 5-Phenyl-[1,2,3]thiadiazol-4-carbonsäure-methylester in Benzol mit UV-Licht (*Kirmse, Horner*, A. **614** [1958] 4, 18).
Krystalle (aus Isobutylalkohol); F: 165—166°.

Cyan-[(Ξ)-2-phenyl-chromen-4-yliden]-essigsäure-äthylester $C_{20}H_{15}NO_3$,
Formel XIII.
B. Beim Behandeln von opt.-inakt. Cyan-[2-phenyl-4*H*-chromen-4-yl]-essigsäure-äthylester (F: 115° [S. 4579]) mit Kaliumpermanganat in Dimethylformamid (*Kröhnke, Dickoré*, B. **92** [1959] 46, 62).
Gelbe Krystalle (aus E. + PAe.); F: 160°.

[2-Phenyl-chromen-4-yliden]-malononitril $C_{18}H_{10}N_2O$, Formel I.
B. Beim Behandeln von (±)-[2-Phenyl-4*H*-chromen-4-yl]-malononitril mit Kalium=permanganat in Dimethylformamid (*Kröhnke, Dickoré*, B. **92** [1959] 46, 62).
Gelbe Krystalle (aus Eg.); F: 179—180°.

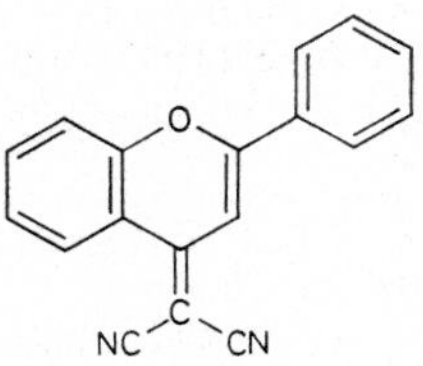

I 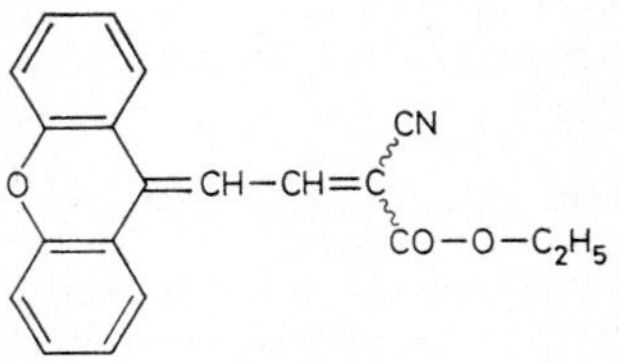   II 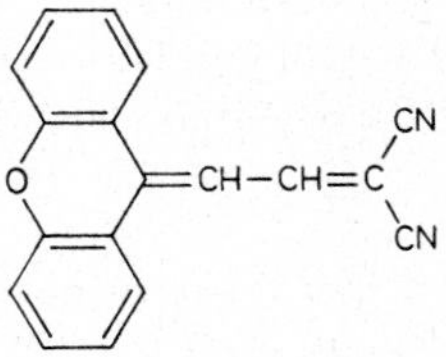   III

2-Cyan-4-xanthen-9-yliden-ξ-crotonsäure-äthylester $C_{20}H_{15}NO_3$, Formel II.

B. Beim Erhitzen von Xanthen-9-yliden-acetaldehyd mit Cyanessigsäure-äthylester, Pyridin und wenig Piperidin (*Wizinger, Arni*, B. **92** [1959] 2309, 2319).

Orangerote Krystalle (aus A.); F: 142—144°. Absorptionsmaximum (Eg.): 422 nm (*Wi., Arni*, l. c. S. 2315).

[Xanthen-9-yliden-äthyliden]-malononitril $C_{18}H_{10}N_2O$, Formel III.

B. Beim Erhitzen von Xanthen-9-yliden-acetaldehyd mit Malononitril, Pyridin und wenig Piperidin (*Wizinger, Arni*, B. **92** [1959] 2309, 2319).

Rote Krystalle; F: 238—241°. Absorptionsmaximum (Eg.): 432 nm (*Wi., Arni*, l. c. S. 2315).

Dicarbonsäuren $C_{20}H_{16}O_5$

(±)-Cyan-[2,6-diphenyl-4H-pyran-4-yl]-essigsäure-äthylester $C_{22}H_{19}NO_3$, Formel IV.

B. Beim Behandeln einer Suspension von 2,6-Diphenyl-pyrylium-perchlorat (E III/IV **17** 1685) in Äthanol mit Cyanessigsäure-äthylester und methanol. Natronlauge [1 Mol NaOH] (*Kröhnke, Dickoré*, B. **92** [1959] 46, 59).

Hellgelbe Krystalle (aus E. + PAe.); F: 118—120°.

3,4-Di-p-tolyl-thiophen-2,5-dicarbonsäure $C_{20}H_{16}O_4S$, Formel V (R = H).

B. Beim Erwärmen von 4,4'-Dimethyl-benzil mit 3-Thia-glutarsäure-diäthylester und Natriummethylat in Methanol (*Backer, Stevens*, R. **59** [1940] 899, 905).

Krystalle (aus A.); F: 313° [Zers.].

IV   V   VI

3,4-Di-p-tolyl-thiophen-2,5-dicarbonsäure-dimethylester $C_{22}H_{20}O_4S$, Formel V (R = CH$_3$).

B. Beim Behandeln von 3,4-Di-p-tolyl-thiophen-2,5-dicarbonsäure mit Chlorwasserstoff enthaltendem Methanol (*Backer, Stevens*, R. **59** [1940] 899, 905).

Krystalle (aus Me. + Bzl.); F: 211—212°.

2,5-Di-p-tolyl-furan-3,4-dicarbonsäure $C_{20}H_{16}O_5$, Formel VI (R = H).

B. Beim Erhitzen von 2,5-Di-p-tolyl-furan-3,4-dicarbonsäure-diäthylester mit wss.-äthanol. Kalilauge (*Coulson*, Soc. **1934** 1406, 1409).

Hellgelbe Krystalle (aus Eg.); F: 264° [Zers.].

2,5-Di-p-tolyl-furan-3,4-dicarbonsäure-diäthylester $C_{24}H_{24}O_5$, Formel VI (R = C$_2$H$_5$).

B. Neben einer als 2,8-Dimethyl-5a,11a-dihydro-naphthacen-5,6,11,12-tetraon angesehenen Verbindung (F: 320° [E III **8** 3891]) bei schnellem Erhitzen der beiden opt.-inakt. 2,3-Di-p-toluoyl-bernsteinsäure-diäthylester auf 320° (*Coulson*, Soc. **1934** 1406, 1409).

Gelbe Krystalle (aus A.); F: 118°.

Dicarbonsäuren $C_{22}H_{20}O_5$

3',3'-Diphenyl-spiro[norbornan-7,2'-oxiran]-2,3-dicarbonsäure $C_{22}H_{20}O_5$.

Über die Konfiguration der folgenden Stereoisomeren s. *Alder et al.*, A. **566** [1950] 27, 35, 51.

a) **3′,3′-Diphenyl-(7synO)-spiro[norbornan-7,2′-oxiran]-2endo,3endo-dicarbonsäure**
$C_{22}H_{20}O_5$, Formel VII (R = H).

B. Beim Erwärmen von 7-Benzhydryliden-norbornan-2endo,3endo-dicarbonsäure-an=
hydrid mit Essigsäure, wss. Wasserstoffperoxid und wenig Schwefelsäure (*Alder et al.*,
A. **566** [1950] 27, 51).

Krystalle (aus E.); F: 220° [Zers.].

b) **(±)-3′,3′-Diphenyl-(7synO)-spiro[norbornan-7,2′-oxiran]-2endo,3exo-dicarbon=
säure** $C_{22}H_{20}O_5$, Formel VIII + Spiegelbild.

B. Aus 3′,3′-Diphenyl-(7synO)-spiro[norbornan-7,2′-oxiran]-2endo,3endo-dicarbonsäu=
re-dimethylester mit Hilfe von Natriummethylat (*Alder et al.*, A. **566** [1950] 27, 51).

Krystalle (aus E.); F: 221°.

**3′,3′-Diphenyl-(7synO)-spiro[norbornan-7,2′-oxiran]-2endo,3endo-dicarbonsäure-
dimethylester** $C_{24}H_{24}O_5$, Formel VII (R = CH₃).

B. Beim Behandeln von 3′,3′-Diphenyl-(7synO)-spiro[norbornan-7,2′-oxiran]-2endo,=
3endo-dicarbonsäure mit Diazomethan in Äther (*Alder et al.*, A. **566** [1950] 27, 51).

Krystalle (aus Me.); F: 215°.

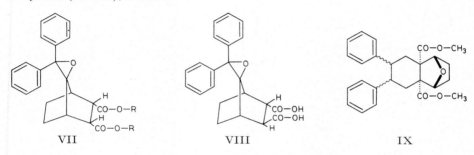

VII   VIII   IX

Dicarbonsäuren $C_{24}H_{24}O_5$

6ξ,7ξ-Diphenyl-octahydro-1t,4t-epoxido-naphthalin-4ar,8ac-dicarbonsäure-dimethylester
$C_{26}H_{28}O_5$, Formel IX.

B. Bei der Hydrierung von 6,7-Diphenyl-1,2,3,4,5,8-hexahydro-1t,4t-epoxido-naphth=
alin-4ar,8ac-dicarbonsäure-dimethylester an Raney-Nickel in Methanol (*Stork et al.*, Am.
Soc. **75** [1953] 384, 389).

Krystalle (aus Bzn.); F: 138—138,5°.

Dicarbonsäuren $C_nH_{2n-26}O_5$

Dicarbonsäuren $C_{20}H_{14}O_5$

**2-[4-Äthoxycarbonyl-phenyl]-5-[4-äthoxycarbonyl-ξ-styryl]-furan, 4-[5-(4-Äthoxy=
carbonyl-ξ-styryl)-[2]furyl]-benzoesäure-äthylester** $C_{24}H_{22}O_5$, Formel I (R = C_2H_5).

B. Neben 3t(?)-[5-(4-Äthoxycarbonyl-phenyl)-[2]furyl]-acrylsäure (F: 202—203°) beim
Behandeln einer Lösung von 3t(?)-[2]Furyl-acrylsäure in Aceton mit einer aus 4-Amino-
benzoesäure-äthylester, wss. Salzsäure und Natriumnitrit bereiteten Diazoniumsalz-
Lösung und Natriumacetat (*Freund*, Soc. **1952** 3068, 3071).

Gelbe Krystalle (aus Me.); F: 144° [unkorr.].

I   II

Dicarbonsäuren $C_{24}H_{22}O_5$

6,7-Diphenyl-1,2,3,4,5,8-hexahydro-1*t*,4*t*-epoxido-naphthalin-4a*r*,8a*c*-dicarbonsäure-dimethylester $C_{26}H_{26}O_5$, Formel II.

B. Beim Erwärmen von 7-Oxa-norborn-2-en-2,3-dicarbonsäure-dimethylester mit 2,3-Diphenyl-buta-1,3-dien, Benzol und wenig Hydrochinon (*Stork et al.*, Am. Soc. **75** [1953] 384, 389).

Krystalle (aus A.); F: 132,5—133°.

Dicarbonsäuren $C_nH_{2n-28}O_5$

2,5-Di-*trans*-styryl-furan-3,4-dicarbonsäure-dimethylester $C_{24}H_{20}O_5$, Formel III.

B. Beim Erwärmen einer Lösung von 2,3-Di-*trans*-cinnamoyl-bernsteinsäure-dimethyl≠ester in Essigsäure mit wss. Schwefelsäure (*Lampe et al.*, Roczniki Chem. **17** [1937] 216, 222; C. **1937** II 2988).

Gelbe Krystalle (aus A.) mit 0,5 Mol H_2O; F: 293°.

III   IV   V

Dicarbonsäuren $C_nH_{2n-30}O_5$

*Opt.-inakt. 1,4-Diphenyl-1,2,3,4-tetrahydro-1,4-epoxido-naphthalin-2,3-dicarbonsäure $C_{24}H_{18}O_5$, Formel IV (R = H).

B. Beim Behandeln von opt.-inakt. 1,4-Diphenyl-1,2,3,4-tetrahydro-1,4-epoxido-naphth≠alin-2,3-dicarbonsäure-anhydrid vom F: 286—287° oder vom F: 232—234° mit wss. Alkalilauge (*Dufraisse, Priou*, Bl. [5] **5** [1938] 502, 507).

F: 232—234° [Zers.; Block (unter Bildung von Maleinsäure-anhydrid und 1,3-Diphenyl-isobenzofuran)].

*Opt.-inakt. 1,4-Diphenyl-1,2,3,4-tetrahydro-1,4-epoxido-naphthalin-2,3-dicarbonsäure-diäthylester $C_{28}H_{26}O_5$, Formel IV (R = C_2H_5).

B. Bei der Hydrierung von 1,4-Diphenyl-1,4-dihydro-1,4-epoxido-naphthalin-2,3-di≠carbonsäure-diäthylester an Platin in Äthylacetat (*Berson*, Am. Soc. **75** [1953] 1240).

Krystalle (aus A.); F: 137,5—138° [korr.; Zers. (unter Bildung von 1,3-Diphenyl-isobenzofuran)].

Dicarbonsäuren $C_nH_{2n-32}O_5$

1,4-Diphenyl-1,4-dihydro-1,4-epoxido-naphthalin-2,3-dicarbonsäure $C_{24}H_{16}O_5$, Formel V (R = H).

B. Neben kleinen Mengen 1,2-Dibenzoyl-benzol beim Erwärmen von 1,4-Diphenyl-1,4-dihydro-1,4-epoxido-naphthalin-2,3-dicarbonsäure-diäthylester mit äthanol. Kalilauge (*Berson*, Am. Soc. **75** [1953] 1240).

Krystalle (aus E. + Bzl. + Hexan) mit 1 Mol H_2O; Zers. bei 144,5—145° [korr.; im vorgeheizten Bad] bzw. Zers. bei 139° [korr.; bei langsamem Erhitzen].

Beim Erhitzen unter Stickstoff auf 140° ist 5,6,11,12-Tetraphenyl-5,6,11,12-tetrahydro-

5,12;6,11-diepoxido-naphthacen-5a,11a-dicarbonsäure (F: 204—205°) erhalten worden.

1,4-Diphenyl-1,4-dihydro-1,4-epoxido-naphthalin-2,3-dicarbonsäure-diäthylester
$C_{28}H_{24}O_5$, Formel V (R = C_2H_5).
B. Beim Erwärmen von 1,3-Diphenyl-isobenzofuran mit Butindisäure-diäthylester und Benzol (*Berson*, Am. Soc. **75** [1953] 1240).
Krystalle (aus Bzl. + A.); F: 143—143,5° [korr.].

14-Trichlormethyl-14*H*-dibenzo[*a,j*]xanthen-6,8-dicarbonsäure $C_{24}H_{13}Cl_3O_5$, Formel VI (R = H).
B. In kleiner Menge beim Behandeln von 3-Hydroxy-[2]naphthoesäure mit konz. Schwefelsäure und mit Chloralhydrat (*Brass, Fiedler*, B. **65** [1932] 1654, 1657).
Krystalle (aus Py.); Zers. oberhalb 315°.

14-Trichlormethyl-14*H*-dibenzo[*a,j*]xanthen-6,8-dicarbonsäure-diäthylester $C_{28}H_{21}Cl_3O_5$, Formel VI (R = C_2H_5).
B. Beim Erwärmen von 14-Trichlormethyl-14*H*-dibenzo[*a,j*]xanthen-6,8-dicarbonsäure mit Chlorwasserstoff enthaltendem Äthanol (*Brass, Fiedler*, B. **65** [1932] 1654, 1657).
Krystalle (aus Eg.); F: 193°.

Dicarbonsäuren $C_nH_{2n-38}O_5$

11ξ,12ξ-Epoxy-9,10-diphenyl-1,2,3,4-tetrahydro-1ξ,4ξ-äthano-anthracen-2*r*,3*c*-dicarbon=säure-dimethylester $C_{32}H_{26}O_5$, Formel VII (R = CH_3).
B. Beim Behandeln von 9,10-Diphenyl-1,2,3,4-tetrahydro-1ξ,4ξ-ätheno-anthracen-2*r*,3*c*-dicarbonsäure-dimethylester (F: 187° und F: 215—216°) mit Monoperoxyphthal=säure in Chloroform (*Cook, Hunter*, Soc. **1953** 4109).
Krystalle (aus Hexan); F: 218—219°.

11ξ,12ξ-Epoxy-9,10-diphenyl-1,2,3,4-tetrahydro-1ξ,4ξ-äthano-anthracen-2*r*,3*c*-dicarbon=säure-diäthylester $C_{34}H_{30}O_5$, Formel VII (R = C_2H_5).
B. Beim Behandeln von 9,10-Diphenyl-1,2,3,4-tetrahydro-1ξ,4ξ-ätheno-anthracen-2*r*,3*c*-dicarbonsäure-diäthylester (F: 222—224°) mit Monoperoxyphthalsäure in Chloro=form (*Cook, Hunter*, Soc. **1953** 4109).
Krystalle (aus Bzn.); F: 237—238°.

VI   VII   VIII

Dicarbonsäuren $C_nH_{2n-40}O_5$

14-Phenyl-14*H*-dibenzo[*a,j*]xanthen-6,8-dicarbonsäure $C_{29}H_{18}O_5$, Formel VIII (X = OH).
B. Beim Behandeln von 3-Hydroxy-[2]naphthoesäure mit konz. Schwefelsäure und anschliessend mit Benzaldehyd und Essigsäure (*Brass, Fiedler*, B. **65** [1932] 1654, 1659). Bei kurzem Erhitzen von Bis-[2-hydroxy-3-carboxy-[1]naphthyl]-phenyl-methan mit Nitrobenzol (*Br., Fi.*).
Krystalle (aus Py.); Zers. bei 337°.

14-Phenyl-14H-dibenzo[a,j]xanthen-6,8-dicarbonsäure-diäthylester C$_{33}$H$_{26}$O$_5$, Formel VIII (X = O-C$_2$H$_5$).

B. Beim Erwärmen von 14-Phenyl-14H-dibenzo[a,j]xanthen-6,8-dicarbonsäure mit Chlorwasserstoff enthaltendem Äthanol (*Brass, Fiedler,* B. **65** [1932] 1654, 1660).

Krystalle (aus Eg.); F: 182,5—183°.

14-Phenyl-14H-dibenzo[a,j]xanthen-6,8-dicarbonsäure-dianilid C$_{41}$H$_{28}$N$_2$O$_3$, Formel VIII (X = NH-C$_6$H$_5$).

B. Bei mehrtägigem Behandeln von 3-Hydroxy-[2]naphthoesäure-anilid mit konz. Schwefelsäure, Benzaldehyd und Essigsäure (*Brass, Fiedler,* B. **65** [1932] 1654, 1660).

Krystalle (aus Py.); Zers. bei 365°.

[*Schenk*]

C. Tricarbonsäuren

Tricarbonsäuren $C_nH_{2n-6}O_7$

Tricarbonsäuren $C_8H_{10}O_7$

*Opt.-inakt. 2-Methoxycarbonylmethyl-tetrahydro-furan-3,4-dicarbonsäure-dimethylester
$C_{11}H_{16}O_7$, Formel I (X = O-CH$_3$).
B. Bei der Hydrierung von 2-Methoxycarbonylmethyl-furan-3,4-dicarbonsäure-di=
methylester an Raney-Nickel in Methanol bei 150°/220 at (*Archer, Pratt,* Am. Soc. **66**
[1944] 1656, 1658).
Kp$_{0,2}$: 140—142,5°.

*Opt.-inakt. 2-Carbazoylmethyl-tetrahydro-furan-3,4-dicarbonsäure-dihydrazid
$C_8H_{16}N_6O_4$, Formel I (X = NH-NH$_2$).
B. Beim Erwärmen von opt.-inakt. 2-Methoxycarbonylmethyl-tetrahydro-furan-
3,4-dicarbonsäure-dimethylester (s. o.) mit Hydrazin-hydrat und Methanol (*Archer,
Pratt,* Am. Soc. **66** [1944] 1656, 1658).
Krystalle (aus Me.); F: 212—214° [Zers.].

(±)-2ξ-Carboxymethyl-tetrahydro-thiophen-3r,4t-dicarbonsäure $C_8H_{10}O_6S$, Formel II
(X = OH) + Spiegelbild.
B. Beim Erwärmen von (±)-2-Carboxymethyl-2,5-dihydro-thiophen-3,4-dicarbonsäure
mit wss. Natronlauge und Natrium-Amalgam (*Baker et al.,* J. org. Chem. **13** [1948] 123,
130).
Krystalle (aus Acn. + E.); F: 191—191,5°.

(±)-2ξ-Methoxycarbonylmethyl-tetrahydro-thiophen-3r,4t-dicarbonsäure-dimethylester
$C_{11}H_{16}O_6S$, Formel II (X = O-CH$_3$) + Spiegelbild.
B. Beim Erwärmen von (±)-2ξ-Carboxymethyl-tetrahydro-thiophen-3r,4t-dicarbon=
säure (s. o.) mit Methanol, Chloroform und wenig Schwefelsäure unter Entfernen des
entstehenden Wassers (*Baker et al.,* J. org. Chem. **13** [1948] 123, 130).
Krystalle (aus Me.); F: 47°.

(±)-2ξ-Carbazoylmethyl-tetrahydro-thiophen-3r,4t-dicarbonsäure-dihydrazid $C_8H_{16}N_6O_3S$,
Formel II (X = NH-NH$_2$) + Spiegelbild.
B. Beim Erwärmen von (±)-2ξ-Methoxycarbonylmethyl-tetrahydro-thiophen-3r,4t-di=
carbonsäure-dimethylester (s. o.) mit Hydrazin-hydrat (*Baker et al.,* J. org. Chem. **13**
[1948] 123, 131).
Krystalle (aus W. + Me.); F: 241° [Zers.].

I   II   III   IV

Tricarbonsäuren $C_{11}H_{16}O_7$

(±)-2r-[4-Carboxy-butyl]-tetrahydro-thiophen-3t,4c-dicarbonsäure $C_{11}H_{16}O_6S$, Formel III
(X = OH) + Spiegelbild.
Die Konfiguration ergibt sich aus der genetischen Beziehung zu (±)-Biotin[(±)-5-[2-Oxo-

(3a*r*,6a*c*)-hexahydro-thieno[3,4-*d*]imidazol-4*t*-yl]-valeriansäure] (s. hierzu *Baker et al.*, J. org. Chem. **12** [1947] 186, 322).

B. Beim Erwärmen von (±)-2-[4-Carboxy-butyl]-2,5-dihydro-thiophen-3,4-dicarbon=säure mit wss. Natronlauge und Natrium-Amalgam (*Brown et al.*, J. org. Chem. **12** [1947] 160, 165; *Baker et al.*, J. org. Chem. **12** [1947] 167, 173).

Krystalle (aus E.), F: 123° (*Ba. et al.*, l. c. S. 173); Krystalle (aus Acn. + Bzl.) mit 0,5 Mol Aceton, F: 118—120° [Zers.]; die durch Erhitzen im Vakuum über Phosphor(V)-oxid auf 135° erhältlichen lösungsmittelfreien Krystalle schmelzen bei 124—125° (*Br. et al.*); Benzol enthaltende Krystalle (aus E. + Bzl.), die bei 103—112° [Zers.] (*Ba. et al.*, l. c. S. 173) bzw. bei 105—109° [Zers.] (*Br. et al.*) schmelzen.

Beim Erhitzen mit Acetanhydrid und Natriumacetat ist 2ξ-[4-Carboxy-butyl]-tetra=hydro-thiophen-3*r*,4*c*-dicarbonsäure (als Anhydrid [F: 110—111°] charakterisiert) erhal-ten worden (*Ba. et al.*, l. c. S. 192).

(±)-2*r*-[4-Methoxycarbonyl-butyl]-tetrahydro-thiophen-3*t*,4*c*-dicarbonsäure-dimethyl=ester C$_{14}$H$_{22}$O$_6$S, Formel III (X = O-CH$_3$) + Spiegelbild.

B. Beim Erwärmen von (±)-2*r*-[4-Carboxy-butyl]-tetrahydro-thiophen-3*t*,4*c*-dicarbon=säure mit Methanol, Chloroform und wenig Schwefelsäure unter Entfernen des ent-stehenden Wassers (*Baker et al.*, J. org. Chem. **12** [1947] 186, 191).

Öl; nicht näher beschrieben.

(±)-5-[3*t*-Carboxy-4*c*-phenylcarbamoyl-tetrahydro-[2*r*]thienyl]-valeriansäure,
(±)-2*r*-[4-Carboxy-butyl]-4*c*-phenylcarbamoyl-tetrahydro-thiophen-3*t*-carbonsäure
C$_{17}$H$_{21}$NO$_5$S, Formel IV (R = H) + Spiegelbild.

B. Beim Erwärmen von (±)-2*r*-[4-Methoxycarbonyl-butyl]-4*c*-phenylcarbamoyl-tetra=hydro-thiophen-3*t*-carbonsäure-methylester mit methanol. Natronlauge (*Baker et al.*, J. org. Chem. **12** [1947] 186, 192).

Krystalle (aus A.); F: 253—255°.

(±)-5-[3*t*-Carboxy-4*c*-phenylcarbamoyl-tetrahydro-[2*r*]thienyl]-valeriansäure-methyl=ester, (±)-2*r*-[4-Methoxycarbonyl-butyl]-4*c*-phenylcarbamoyl-tetrahydro-thiophen-3*t*-carbonsäure C$_{18}$H$_{23}$NO$_5$S, Formel V (X = O-CH$_3$) + Spiegelbild.

B. Beim Behandeln von (±)-2*r*-[4-Methoxycarbonyl-butyl]-4*c*-phenylcarbamoyl-tetra=hydro-thiophen-3*t*-carbonsäure-methylester mit methanol. Natronlauge (*Baker et al.*, J. org. Chem. **12** [1947] 322, 325).

Krystalle (aus 2-Methoxy-äthanol + W.); F: 207—209°.

(±)-5-[3*t*-Methoxycarbonyl-4*c*-phenylcarbamoyl-tetrahydro-[2*r*]thienyl]-valeriansäure-methylester, (±)-2*r*-[4-Methoxycarbonyl-butyl]-4*c*-phenylcarbamoyl-tetrahydro-thiophen-3*t*-carbonsäure-methylester C$_{19}$H$_{25}$NO$_5$S, Formel IV (R = CH$_3$) + Spiegelbild.

B. Beim Behandeln von (±)-2*r*-[4-Methoxycarbonyl-butyl]-tetrahydro-thiophen-3*t*,4*c*-dicarbonsäure-dimethylester mit methanol. Natronlauge, Erwärmen des neben an-deren Verbindungen erhaltenen 2*r*-[4-Methoxycarbonyl-butyl]-tetrahydro-thiophen-3*t*,4*c*-dicarbonsäure-3-methylesters (C$_{13}$H$_{20}$O$_6$S; Öl) mit Thionylchlorid und Benzol und Behandeln des Reaktionsprodukts mit Anilin und Benzol (*Baker et al.*, J. org. Chem. **12** [1947] 186, 191).

Krystalle (aus Me.); F: 118—124°.

(±)-2*r*-[4-Phenylcarbamoyl-butyl]-tetrahydro-thiophen-3*t*,4*c*-dicarbonsäure-dianilid
C$_{29}$H$_{31}$N$_3$O$_3$S, Formel III (X = NH-C$_6$H$_5$) + Spiegelbild.

B. Aus (±)-2*r*-[4-Carboxy-butyl]-tetrahydro-thiophen-3*t*,4*c*-dicarbonsäure über das Säurechlorid (*Brown et al.*, J. org. Chem. **12** [1947] 160, 165).

Krystalle; F: 254° [nach Sintern von 242° an] (*Baker et al.*, J. org. Chem. **12** [1947] 167, 173), 252° [nach Sintern von 240° an; aus wss. A.] (*Br. et al.*).

(±)-2*r*-[4-Carbazoyl-butyl]-4*c*-phenylcarbamoyl-tetrahydro-thiophen-3*t*-carbonsäure
C$_{17}$H$_{23}$N$_3$O$_4$S, Formel V (X = NH-NH$_2$) + Spiegelbild.

B. Beim Erwärmen von (±)-2*r*-[4-Methoxycarbonyl-butyl]-4*c*-phenylcarbamoyl-tetra=hydro-thiophen-3*t*-carbonsäure mit Hydrazin-hydrat (*Baker et al.*, J. org. Chem. **12** [1947]

322, 325).

Krystalle; F: 243—245° [Zers.].

V

VI

(±)-2r-[4-Carbazoyl-butyl]-tetrahydro-thiophen-3t,4c-dicarbonsäure-dihydrazid
$C_{11}H_{22}N_6O_3S$, Formel III (X = NH-NH$_2$) + Spiegelbild auf S. 4589.

B. Beim Erwärmen von (±)-5-[4,6-Dioxo-5-phenyl-(3a*r*,6a*c*)-hexahydro-thieno=
[3,4-*c*]pyrrol-1*ξ*-yl]-valeriansäure (F: 136—139°) mit Hydrazin-hydrat (*Baker et al.*, J. org.
Chem. **12** [1947] 186, 192). Aus (±)-2r-[4-Methoxycarbonyl-butyl]-tetrahydro-thiophen-
3t,4c-dicarbonsäure-dimethylester (*Ba. et al.*, l. c. S. 186).

Krystalle (aus Me.); F: 218—220° (*Ba. et al.*, l. c. S. 192).

**(±)-2r-[4-Benzylidencarbazoyl-butyl]-tetrahydro-thiophen-3t,4c-dicarbonsäure-bis-
benzylidenhydrazid** $C_{32}H_{34}N_6O_3S$, Formel VI + Spiegelbild.

B. Aus (±)-2r-[4-Carbazoyl-butyl]-tetrahydro-thiophen-3t,4c-dicarbonsäure-dihydrazid
(*Baker et al.*, J. org. Chem. **12** [1947] 186, 192).

Krystalle (aus 2-Methoxy-äthanol); F: 212—214°.

Tricarbonsäuren $C_nH_{2n-8}O_7$

Tricarbonsäuren $C_8H_8O_7$

(±)-2-Carboxymethyl-2,5-dihydro-thiophen-3,4-dicarbonsäure $C_8H_8O_6S$, Formel VII.

B. Beim Erhitzen von (±)-4-Cyan-5-methoxycarbonylmethyl-2,5-dihydro-thiophen-
3-carbonsäure-methylester mit Essigsäure und konz. wss. Salzsäure (*Baker et al.*, J. org.
Chem. **13** [1948] 123, 130). Beim Behandeln von (±)-2-Methoxycarbonylmethyl-4-oxo-
tetrahydro-thiophen-3-carbonsäure-methylester mit Cyanwasserstoff und kleinen Mengen
wss. Kalilauge, Erwärmen des Reaktionsprodukts mit Phosphorylchlorid, Pyridin und
Essigsäure und Erhitzen des erhaltenen 4-Cyan-2-methoxycarbonylmethyl-2,5-di=
hydro-thiophen-3-carbonsäure-methylesters (C$_{10}$H$_{11}$NO$_4$S; Öl; bei 145—158°/
1 Torr destillierbar) mit Essigsäure und konz. wss. Salzsäure (*Ba. et al.*, l. c. S. 131, 132).

Krystalle; F: 211—213° [Zers.] (*Ba. et al.*, l. c. S. 130). UV-Spektrum (W.; 220 nm bis
340 nm): *Ba. et al.*, l. c. S. 124.

(±)-[3-Cyan-4-methoxycarbonyl-2,5-dihydro-[2]thienyl]-essigsäure-methylester,
(±)-4-Cyan-5-methoxycarbonylmethyl-2,5-dihydro-thiophen-3-carbonsäure-methylester
$C_{10}H_{11}NO_4S$, Formel VIII.

B. Beim Behandeln von (±)-5-Methoxycarbonylmethyl-4-oxo-tetrahydro-thiophen-
3-carbonsäure-methylester mit Cyanwasserstoff und kleinen Mengen wss. Kalilauge und
Erwärmen des Reaktionsprodukts mit Phosphorylchlorid, Pyridin und Benzol (*Baker et al.*,
J. org. Chem. **13** [1948] 123, 130).

Hellgelbe Krystalle (aus Bzl. + Heptan); F: 88—89,5° (*Ba. et al.*, l. c. S. 130). UV-
Spektrum (W.; 220—340 nm): *Ba. et al.*, l. c. S. 124.

VII   VIII   IX   X

Tricarbonsäuren $C_9H_{10}O_7$

*Opt.-inakt. 6-Methyl-5,6-dihydro-4H-pyran-2,3,5-tricarbonsäure-triäthylester $C_{15}H_{22}O_7$, Formel IX (R = C_2H_5).

B. Beim Erhitzen von opt.-inakt. 2-Hydroxy-6-methyl-tetrahydro-pyran-2,3,5-tri$=$ carbonsäure-triäthylester ($\rightleftharpoons$ 5-Hydroxy-1-oxo-hexan-1,2,4-tricarbonsäure-triäthylester; $Kp_{0,01}$: 125—126°) in Gegenwart von Polyphosphorsäure auf 110° unter Durchleiten von Luft (*Korte et al.*, B. **90** [1957] 2280, 2284).

$Kp_{0,02}$: 124°. Absorptionsmaximum (Me.): 240 nm.

(±)-7-Oxa-norbornan-1,2exo,3exo-tricarbonsäure $C_9H_{10}O_7$, Formel X + Spiegelbild.

B. Beim Behandeln von (±)-1-Formyl-7-oxa-norbornan-2exo,3exo-dicarbonsäure (über die Konfiguration dieser Verbindung s. *Mavoungon-Gomès*, Bl. **1967** 1758, 1760) oder von (±)-1-Hydroxymethyl-7-oxa-norbornan-2exo,3exo-dicarbonsäure mit wss. Kalilauge und wss. Kaliumpermanganat-Lösung (*Suzuki*, J. chem. Soc. Japan Pure Chem. Sect. **78** [1957] 153, 156; s. a. *Murakami, Suzuki*, Mem. Inst. scient. ind. Res. Osaka Univ. **15** [1958] 191, 192; C. A. **1959** 1242).

Krystalle (aus Acn. + PAe.); F: 258—260° (*Su.*; *Mu., Su.*).

Tricarbonsäuren $C_{11}H_{14}O_7$

(±)-2-[4-Carboxy-butyl]-2,5-dihydro-thiophen-3,4-dicarbonsäure $C_{11}H_{14}O_6S$, Formel XI.

B. Beim Erhitzen von (±)-4-Cyan-5-[4-methoxycarbonyl-butyl]-2,5-dihydro-thiophen-3-carbonsäure-methylester mit Essigsäure und konz. wss. Salzsäure (*Baker et al.*, J. org. Chem. **12** [1947] 167, 172). Beim Behandeln von (±)-2-[4-Methoxycarbonyl-butyl]-4-oxo-tetrahydro-thiophen-3-carbonsäure-methylester mit Cyanwasserstoff und kleinen Mengen wss. Kalilauge, Erwärmen des Reaktionsprodukts mit Phosphorylchlorid, Pyridin und Benzol und Erhitzen des danach isolierten Reaktionsprodukts mit Essigsäure und konz. wss. Salzsäure (*Brown et al.*, J. org. Chem. **12** [1947] 160, 165).

Lösungsmittelhaltige Krystalle (aus E. + Bzl.); F: 127—129° (*Ba. et al.*, l. c. S. 173). UV-Spektrum (W.; 220—340 nm): *Baker et al.*, J. org. Chem. **13** [1948] 123, 124.

XI   XII

(±)-5-[3-Cyan-4-methoxycarbonyl-2,5-dihydro-[2]thienyl]-valeriansäure-methylester, **(±)-4-Cyan-5-[4-methoxycarbonyl-butyl]-2,5-dihydro-thiophen-3-carbonsäure-methyl$=$ ester** $C_{13}H_{17}NO_4S$, Formel XII.

B. Beim Behandeln von (±)-5-[4-Methoxycarbonyl-butyl]-4-oxo-tetrahydro-thiophen-3-carbonsäure-methylester mit Cyanwasserstoff und kleinen Mengen wss. Kalilauge und Erwärmen des Reaktionsprodukts mit Phosphorylchlorid, Pyridin und Benzol (*Baker et al.*, J. org. Chem. **12** [1947] 167, 172).

Gelbes Öl; bei 192—198°/1 Torr destillierbar.

Tricarbonsäuren $C_nH_{2n-10}O_7$

Tricarbonsäuren $C_7H_4O_7$

Furan-2,3,4-tricarbonsäure $C_7H_4O_7$, Formel I (R = H).

Über die Konstitution dieser von *Sutter* (A. **499** [1932] 47, 55) als Furan-2,3,5-tri$=$ carbonsäure formulierten Verbindung s. *Reichstein et al.*, Helv. **16** [1933] 276.

B. Neben kleineren Mengen Furan-3,4-dicarbonsäure beim Erhitzen von Furan-2,3,4,5-tetracarbonsäure im Hochvakuum auf 270° (*Re. et al.*, l. c. S. 280). Aus 4-Hydroxy-

4,5-dihydro-furan-2,3,4-tricarbonsäure-triäthylester (über die Konstitution dieser Verbindung s. *Kornfeld, Jones*, J. org. Chem. **19** [1954] 1671, 1674) beim Erhitzen mit Wasser sowie beim Behandeln mit wss. Salzsäure (*Su.*, l. c. S. 57). Beim Erhitzen von 3*c*-Hydroxy-2,3-dihydro-furan-2*r*,3*t*,4,5-tetracarbonsäure-tetraäthylester (über die Konstitution und Konfiguration dieser Verbindung s. *Cantlon et al.*, Tetrahedron **15** [1961] 46, 49) mit wss. Salzsäure (*Su.*, l. c. S. 55).

Krystalle (aus Eg.); F: 273° [Zers.] (*Su.*, l. c. S. 55).

Furan-2,3,4-tricarbonsäure-trimethylester $C_{10}H_{10}O_7$, Formel I (R = CH_3).

B. Aus Furan-2,3,4-tricarbonsäure und Methanol in Gegenwart von Schwefelsäure (*Reichstein et al.*, Helv. **16** [1933] 276, 280).

Krystalle; F: 108—109° [unkorr.] (*Kornfeld, Jones*, J. org. Chem. **19** [1954] 1671, 1678), 107,5—108,5° [aus Me.] (*Re. et al.*).

Furan-2,3,4-tricarbonsäure-triäthylester $C_{13}H_{16}O_7$, Formel I (R = C_2H_5).

B. Beim Behandeln von (±)-4-Hydroxy-4,5-dihydro-furan-2,3,4-tricarbonsäure-triäthylester mit konz. Schwefelsäure (*Reichstein et al.*, Helv. **16** [1933] 276, 280; *Kornfeld, Jones*, J. org. Chem. **19** [1954] 1671, 1679).

Krystalle; F: 45° (*Ko., Jo.*), 37° [aus A.] (*Re. et al.*). Kp_3: 175—180° (*Ko., Jo.*); $Kp_{0,4}$: 152—153° (*Ko., Jo.*, l. c. S. 1678).

Thiophen-2,3,4-tricarbonsäure $C_7H_4O_6S$, Formel II (R = H).

B. Beim Erhitzen von (±)-4,4-Diäthoxy-1-oxo-butan-1,2,3-tricarbonsäure-triäthylester mit Phosphor(V)-sulfid in Toluol und Erwärmen des Reaktionsprodukts mit wss.-äthanol. Natronlauge (*Jones*, Am. Soc. **77** [1955] 4163).

Krystalle (aus Eg.); F: 247—249° [von 225° an sublimierend].

I   II   III   IV

Thiophen-2,3,4-tricarbonsäure-trimethylester $C_{10}H_{10}O_6S$, Formel II (R = CH_3).

Die Identität des früher (s. H **18** 344) als Thiophen-2.3.4(oder 2.3.5)-tricarbonsäure-trimethylester beschriebenen Präparats ist ungewiss (*Jones*, Am. Soc. **77** [1955] 4163).

B. Beim Behandeln von Thiophen-2,3,4-tricarbonsäure mit Methanol und wenig Schwefelsäure (*Jo.*).

Krystalle (aus PAe. sowie durch Sublimation im Vakuum); F: 87—87,5°.

Furan-2,3,5-tricarbonsäure $C_7H_4O_7$, Formel III (R = H).

Eine von *Sutter* (A. **499** [1932] 47, 57) unter dieser Konstitution beschriebene Verbindung ist als Furan-2,3,4-tricarbonsäure zu formulieren (*Reichstein*, Helv. **16** [1933] 276, 280).

B. Beim Erhitzen von Furan-2,3,5-tricarbonsäure-triäthylester mit wss. Salzsäure (*Jones*, Am. Soc. **77** [1955] 4074). Beim Behandeln von 7-Hydroxy-benzofuran-2-carbonsäure mit wss. Kalilauge und mit wss. Wasserstoffperoxid (*Reichstein, Grüssner*, Helv. **16** [1933] 555). Beim Behandeln von 2-Äthoxycarbonylmethyl-5-[D_r-1t_F,2c_F,3r_F,4-tetra-hydroxy-but-cat_F-yl]-furan-3-carbonsäure-äthylester mit wss. Kalilauge und mit wss. Kaliumpermanganat-Lösung (*Széki, László*, B. **73** [1940] 924, 929).

Krystalle (aus E. + PAe.); F: 258—259° (*Jo.*).

Beim Erhitzen auf 250° ist Furan-2,4-dicarbonsäure erhalten worden (*Re., Gr.*).

Furan-2,3,5-tricarbonsäure-trimethylester $C_{10}H_{10}O_7$, Formel III (R = CH_3).

B. Beim Erwärmen von Furan-2,3,5-tricarbonsäure mit Methanol und wenig Schwefelsäure (*Reichstein, Grüssner*, Helv. **16** [1933] 555; *Jones*, Am. Soc. **77** [1955] 4074).

Krystalle; F: 79,5—80° [aus Ae. + PAe.] (*Jo.*), 76° [aus Me.] (*Re., Gr.*).

Furan-2,3,5-tricarbonsäure-triäthylester $C_{13}H_{16}O_7$, Formel III (R = C_2H_5).

B. In kleiner Menge beim Eintragen von (±)-4,4-Diäthoxy-1-oxo-butan-1,2,4-tricarbon=
säure-triäthylester in konz. Schwefelsäure (*Jones*, Am. Soc. **77** [1955] 4074).

Kp_6: 180—183°. D_{25}^{25}: 1,190. n_D^{25}: 1,4865.

Thiophen-2,3,5-tricarbonsäure $C_7H_4O_6S$, Formel IV (R = H).

B. In geringer Menge beim Erhitzen von (±)-4,4-Diäthoxy-1-oxo-butan-1,2,4-tricarbon-
säure-triäthylester mit Phosphor(V)-sulfid in Toluol und Erwärmen des Reaktionsprodukts mit wss.-äthanol. Natronlauge (*Jones*, Am. Soc. **77** [1955] 4163).

Krystalle (aus Eg.); F: 214—216°.

Thiophen-2,3,5-tricarbonsäure-trimethylester $C_{10}H_{10}O_6S$, Formel IV (R = CH_3).

B. Aus Thiophen-2,3,5-tricarbonsäure (*Jones*, Am. Soc. **77** [1955] 4163).

F: 82,5—83°.

Tricarbonsäuren $C_8H_6O_7$

2-Carboxymethyl-furan-3,4-dicarbonsäure $C_8H_6O_7$, Formel V (R = H).

B. Beim Behandeln von Brombrenztraubensäure-äthylester mit der Natrium-Ver=
bindung des 3-Oxo-glutarsäure-diäthylesters in Äther und Erhitzen des Reaktionsprodukts mit wss. Salzsäure (*Archer, Pratt*, Am. Soc. **66** [1944] 1656, 1657).

Krystalle (aus wss. Salzsäure) mit 1 Mol H_2O, F: 200—201°; die wasserfreie Verbindung
schmilzt bei 205—206°.

2-Methoxycarbonylmethyl-furan-3,4-dicarbonsäure-dimethylester $C_{11}H_{12}O_7$, Formel V
(R = CH_3).

B. Beim Erwärmen von 2-Carboxymethyl-furan-3,4-dicarbonsäure mit Methanol und
wenig Schwefelsäure (*Archer, Pratt*, Am. Soc. **66** [1944] 1656, 1657).

Krystalle (aus Me.); F: 66°. $Kp_{0,4}$: 133—135°.

2-Äthoxycarbonylmethyl-furan-3,4-dicarbonsäure-diäthylester $C_{14}H_{18}O_7$, Formel V
(R = C_2H_5).

B. Beim Behandeln von Brombrenztraubensäure-äthylester mit der Natrium-Ver=
bindung des 3-Oxo-glutarsäure-diäthylesters in Äther und Behandeln des Reaktionsprodukts mit konz. Schwefelsäure (*Archer, Pratt*, Am. Soc. **66** [1944] 1656, 1657).

$Kp_{0,5}$: 141—145°.

5-Cyan-4-methyl-furan-2,3-dicarbonsäure $C_8H_5NO_5$, Formel VI.

B. Beim Behandeln von 5-Methoxycarbonylmethyl-4-methyl-furan-2,3-dicarbonsäure-
dimethylester mit Amylnitrit und Natriummethylat in Äthanol, Erwärmen des Reaktionsprodukts mit wss. Kalilauge und Erhitzen des danach isolierten Reaktionsprodukts
mit Acetanhydrid auf 120° (*Asahina, Yanagita*, B. **69** [1936] 1646, 1648).

Krystalle (aus E. + PAe.); F: 171—172° und (nach Wiedererstarren bei weiterem
Erhitzen) F: 260°.

Beim Erhitzen mit Chinolin und wenig Kupfer-Pulver und Erwärmen des Reaktionsprodukts mit methanol. Kalilauge ist 3-Methyl-furan-2-carbonsäure erhalten worden.

V   VI   VII   VIII

Tricarbonsäuren $C_9H_8O_7$

(±)-2-Cyan-2-[2]thienyl-bernsteinsäure-diäthylester $C_{13}H_{15}NO_4S$, Formel VII.

B. Beim Erwärmen von (±)-Cyan-[2]thienyl-essigsäure-äthylester mit Chloressigsäure-

äthylester, Kaliumcarbonat und Aceton (*Pettersson*, Acta chem. scand. **4** [1950] 1319).
Kp$_{12}$: 200—205°.

5-Carboxymethyl-4-methyl-furan-2,3-dicarbonsäure C$_9$H$_8$O$_7$, Formel VIII (R = H).
B. Beim Behandeln von Usnetinsäure ([7-Acetyl-4,6-dihydroxy-3,5-dimethyl-benzo=
furan-2-yl]-essigsäure) oder von Pyrousninsäure ([4,6-Dihydroxy-3,5-dimethyl-benzo=
furan-2-yl]-essigsäure) mit wss. Kalilauge und mit wss. Wasserstoffperoxid (*Asahina,
Yanagita*, B. **69** [1936] 1646, 1648).
Krystalle (aus E. + PAe.); F: 251—252° [Zers.].

5-Methoxycarbonylmethyl-4-methyl-furan-2,3-dicarbonsäure-dimethylester C$_{12}$H$_{14}$O$_7$,
Formel VIII (R = CH$_3$).
B. Beim Behandeln von 5-Carboxymethyl-4-methyl-furan-2,3-dicarbonsäure mit Diazo=
methan in Äther (*Asahina, Yanagita*, B. **69** [1936] 1646, 1648).
Kp$_{10}$: 193—195°; Kp$_2$: 162°.

Tricarbonsäuren C$_{10}$H$_{10}$O$_7$

3-[3]Thienyl-propan-1,2,2-tricarbonsäure-triäthylester C$_{16}$H$_{22}$O$_6$S, Formel IX (X = H).
B. Beim Erwärmen von 3-Brommethyl-thiophen mit der Natrium-Verbindung des
Äthan-1,1,2-tricarbonsäure-triäthylesters in Äthanol (*Gronowitz*, Ark. Kemi **6** [1954] 283).
Kp$_{1,5}$: 152°.

IX   X

3-[2-Brom-[3]thienyl]-propan-1,2,2-tricarbonsäure-triäthylester C$_{16}$H$_{21}$BrO$_6$S, Formel IX
(X = Br).
B. Beim Erwärmen von 2-Brom-3-brommethyl-thiophen mit der Natrium-Verbindung
des Äthan-1,1,2-tricarbonsäure-triäthylesters in Äthanol (*Gronowitz*, Ark. Kemi **8** [1956]
441, 444).
Kp$_4$: 195—200°.

(±)-2-[2]Furyl-propan-1,1,3-tricarbonsäure C$_{10}$H$_{10}$O$_7$, Formel X (R = H).
B. Beim Erwärmen von (±)-2-[2]Furyl-propan-1,1,3-tricarbonsäure-triäthylester mit
wss.-äthanol. Kalilauge (*Reichstein et al.*, Helv. **15** [1932] 1118, 1123).
Krystalle (aus Acn. + Toluol), F: 158; beim Schmelzen erfolgt Umwandlung in
3-[2]Furyl-glutarsäure.

(±)-2-[2]Furyl-propan-1,1,3-tricarbonsäure-triäthylester C$_{16}$H$_{22}$O$_7$, Formel X (R = C$_2$H$_5$).
B. Beim Erwärmen von 3-[2]Furyl-acrylsäure-äthylester mit Malonsäure-diäthylester
und Natriumäthylat in Äthanol (*Reichstein et al.*, Helv. **15** [1932] 1118, 1123).
Kp$_{0,7}$: 162—165°.

Tricarbonsäuren C$_{11}$H$_{12}$O$_7$

2-[4-Carboxy-butyl]-furan-3,4-dicarbonsäure C$_{11}$H$_{12}$O$_7$, Formel XI (R = H).
B. Beim Behandeln der Natrium-Verbindung des 3-Oxo-octandisäure-diäthylesters
in Äther mit Brombrenztraubensäure-äthylester und Erhitzen des Reaktionsprodukts
mit wss. Salzsäure (*Archer, Pratt*, Am. Soc. **66** [1944] 1656, 1658). Beim Erwärmen von
2-[4-Carboxy-butyl]-furan-3,4-dicarbonsäure-diäthylester (*Hofmann*, Am. Soc. **66** [1944]
51) oder von 2-[4-Äthoxycarbonyl-butyl]-furan-3,4-dicarbonsäure-diäthylester (*CIBA*,
U.S.P. 2432016 [1943]) mit wss. Kalilauge. Beim Erhitzen von 2-[4-Piperidinocarbonyl-

butyl]-furan-3,4-dicarbonsäure mit Essigsäure und wss. Salzsäure (*CIBA*). Beim Behandeln von 2-[5-Hydroxy-pentyl]-furan-3,4-dicarbonsäure mit Chrom(VI)-oxid in Essig=
säure (*CIBA*).

Krystalle; F: 192—193° [aus W.] (*Ar., Pr.*), 188—190° [korr.; aus Me. + E.] (*Ho.*), 188—189° (*CIBA*). UV-Spektrum (A.; 220—270 nm): *Ho.*

2-[4-Methoxycarbonyl-butyl]-furan-3,4-dicarbonsäure-dimethylester $C_{14}H_{18}O_7$, Formel XI (R = CH_3).

B. Beim Behandeln von 2-[4-Carboxy-butyl]-furan-3,4-dicarbonsäure mit Methanol und wenig Schwefelsäure (*Archer, Pratt*, Am. Soc. **66** [1944] 1656, 1658).

Flüssigkeit.

Beim Behandeln mit Ammoniak in Methanol bei 20° bzw. 100° ist ein Dimethyl=
ester-monoamid $C_{13}H_{17}NO_6$ (Krystalle [aus wss. Me.]; F: 104°) bzw. ein Mono=
methylester-diamid $C_{12}H_{16}N_2O_5$ (Krystalle [aus wss. A.]; F: 156—157°) erhalten worden.

**5-[3,4-Bis-äthoxycarbonyl-[2]furyl]-valeriansäure, 2-[4-Carboxy-butyl]-furan-3,4-di=
carbonsäure-diäthylester** $C_{15}H_{20}O_7$, Formel XII (X = OH).

B. Beim Erwärmen von 5-[2]Furyl-valeriansäure mit Butindisäure-diäthylester, Hydrieren des Reaktionsprodukts an Palladium in Äthylacetat und Erhitzen des danach isolierten Reaktionsprodukts unter 16 Torr auf 200° (*Hofmann*, Am. Soc. **66** [1944] 51).

$Kp_{0,02}$: 204—206°.

2-[4-Äthoxycarbonyl-butyl]-furan-3,4-dicarbonsäure-diäthylester $C_{17}H_{24}O_7$, Formel XII (X = $O-C_2H_5$).

B. Beim Erwärmen von 5-[2]Furyl-valeriansäure-äthylester mit Butindisäure-diäthyl=
ester, Hydrieren des Reaktionsprodukts an Palladium in Äthylacetat und Erhitzen des danach isolierten Reaktionsprodukts unter vermindertem Druck (*CIBA*, U.S.P. 2432016 [1943]). Beim Erwärmen von 2-[4-Carboxy-butyl]-furan-3,4-dicarbonsäure oder von 2-[4-Carboxy-butyl]-furan-3,4-dicarbonsäure-diäthylester mit Äthanol und wenig Schwe=
felsäure (*Hofmann*, Am. Soc. **66** [1944] 51).

$Kp_{0,02}$: 165—166°; D^{24}: 1,124; n_D^{24}: 1,4741 (*Ho.*). $Kp_{0,01}$: 165—168° (*CIBA*).

2-[4-Chlorcarbonyl-butyl]-furan-3,4-dicarbonsäure-diäthylester $C_{15}H_{19}ClO_6$, Formel XII (X = Cl).

B. Beim Erwärmen von 2-[4-Carboxy-butyl]-furan-3,4-dicarbonsäure-diäthylester mit Thionylchlorid (*Hofmann*, Am. Soc. **66** [1944] 51).

$Kp_{0,02}$: 177—178°.

Charakterisierung durch Überführung in 2-[4-Piperidinocarbonyl-butyl]-furan-3,4-di=
carbonsäure (F: 132—133°): *Ho.*

Tricarbonsäuren $C_nH_{2n-12}O_7$

Tricarbonsäuren $C_9H_6O_7$

[2]Furyl-äthylentricarbonitril $C_9H_3N_3O$, Formel I.

B. Beim Erwärmen von [2]Furylglyoxylonitril mit Malononitril, Essigsäure und Benzol unter Zusatz von β-Alanin (*Sausen et al.*, Am. Soc. **80** [1958] 2815, 2819).

Gelbe Krystalle (nach Sublimation); F: 145—146°. Absorptionsmaxima: 273 nm und 383 nm ($CHCl_3$) bzw. 215 nm, 270 nm und 379 nm (A.).

I   II

2-Cyan-3ξ-[5-methoxycarbonyl-[2]furyl]-acrylsäure, 5-[(Ξ)-2-Carboxy-2-cyan-vinyl]-furan-2-carbonsäure-methylester C₁₀H₇NO₅, Formel II.

B. Beim Behandeln von 5-Formyl-furan-2-carbonsäure-methylester mit Cyanessig=säure, Anilin-hydrochlorid und Natriumhydrogencarbonat in Wasser (*Phrix-Werke*, D.B.P. 950915 [1954]).

Krystalle (aus Me.); F: 210°.

Tricarbonsäuren C₁₀H₈O₇

3ξ-[4-Carboxy-5-methyl-[2]furyl]-2-cyan-acrylsäure-äthylester, 5-[(Ξ)-2-Äthoxycarb=onyl-2-cyan-vinyl]-2-methyl-furan-3-carbonsäure C₁₂H₁₁NO₅, Formel III (X = O-C₂H₅).

B. Beim Behandeln von 5-Formyl-2-methyl-furan-3-carbonsäure mit Cyanessigsäure-äthylester, Diäthylamin und Äthanol (*García González, Rodríguez González,* An. Soc. españ. [B] **47** [1951] 537, 542).

Krystalle (aus A.); F: 221° [Zers.].

3ξ-[4-Äthoxycarbonyl-5-methyl-[2]furyl]-2-cyan-acrylsäure-äthylester, 5-[(Ξ)-2-Äthoxycarbonyl-2-cyan-vinyl]-2-methyl-furan-3-carbonsäure-äthylester C₁₄H₁₅NO₅, Formel IV (X = O-C₂H₅).

B. Beim Behandeln von 5-Formyl-2-methyl-furan-3-carbonsäure-äthylester mit Cyan=essigsäure-äthylester, Diäthylamin und Äthanol (*García González, Rodríguez González,* An. Soc. españ. [B] **47** [1951] 537, 541).

Krystalle (aus A.); F: 95—97°.

5-[(Ξ)-2-Carbamoyl-2-cyan-vinyl]-2-methyl-furan-3-carbonsäure C₁₀H₈N₂O₄, Formel III (X = NH₂).

B. Beim Behandeln von 5-Formyl-2-methyl-furan-3-carbonsäure mit Cyanessigsäure-amid, Diäthylamin und Äthanol (*García González, Rodríguez González,* An. Soc. españ. [B] **47** [1951] 537, 543).

Krystalle (aus A.); F: 275—280° [Zers.].

5-[(Ξ)-2-Carbamoyl-2-cyan-vinyl]-2-methyl-furan-3-carbonsäure-äthylester C₁₂H₁₂N₂O₄, Formel IV (X = NH₂).

B. Beim Behandeln von 5-Formyl-2-methyl-furan-3-carbonsäure-äthylester mit Cyan=essigsäure-amid, Diäthylamin und Äthanol (*García González, Rodríguez González,* An. Soc. españ. [B] **47** [1951] 537, 543).

Krystalle (aus A.); F: 154—156°.

III   IV   V   VI

5-[2,2-Dicyan-vinyl]-2-methyl-furan-3-carbonsäure C₁₀H₆N₂O₃, Formel V (R = H).

B. Beim Behandeln von 5-Formyl-2-methyl-furan-3-carbonsäure mit Malononitril, Diäthylamin und Äthanol (*García González, Rodríguez González,* An. Soc. españ. [B] **47** [1951] 537, 542).

Gelbe Krystalle (aus A.); F: 221—222° [Zers.].

5-[2,2-Dicyan-vinyl]-2-methyl-furan-3-carbonsäure-äthylester $C_{12}H_{10}N_2O_3$, Formel V
(R = C_2H_5).

B. Beim Behandeln von 5-Formyl-2-methyl-furan-3-carbonsäure-äthylester mit
Malononitril, Diäthylamin und Äthanol (*García González, Rodríguez González*, An. Soc.
españ. [B] **47** [1951] 537, 542).

Hellgelbe Krystalle (aus A.); F: 119—121°.

Tricarbonsäuren $C_{11}H_{10}O_7$

2-Äthyl-5-[2,2-dicyan-vinyl]-furan-3-carbonsäure-äthylester $C_{13}H_{12}N_2O_3$, Formel VI.

B. Beim Behandeln von 2-Äthyl-5-formyl-furan-3-carbonsäure-äthylester mit Malono=
nitril und Äthanol (*García González, Rodríguez González*, An. Soc. españ. [B] **47** [1951]
537, 543).

Krystalle (aus A.); F: 113—114°.

Tricarbonsäuren $C_nH_{2n-14}O_7$

(±)-2r-Carboxymethyl-3t-methyl-2,3-dihydro-benzofuran-3c,5-dicarbonsäure $C_{13}H_{12}O_7$,
Formel VII + Spiegelbild.

Diese Konstitution und Konfiguration kommt der nachstehend beschriebenen, ursprüng=
lich (*Westerfeld, Lowe*, J. biol. Chem. **145** [1942] 463, 467) als [3-Carboxymethyl-
2-methyl-2,3-dihydro-benzofuran-2,5-dicarbonsäure angesehenen Verbindung
zu (vgl. *Barton et al.*, Soc. **1956** 530).

B. Beim Behandeln von (±)-[3c-Carboxy-3t,5-dimethyl-2,3-dihydro-benzofuran-2r-yl]-
essigsäure (S. 4551) mit wss. Natronlauge und mit wss. Kaliumpermanganat-Lösung
(*We., Lowe*, l. c. S. 467).

Krystalle (aus wss. Me.); F: 238—240° (*We., Lowe*).

VII   VIII   IX

Tricarbonsäuren $C_nH_{2n-20}O_7$

3ξ-[4-Äthoxycarbonyl-5-phenyl-[2]furyl]-2-cyan-acrylsäure-äthylester, 5-[(Ξ)-2-Äthoxy=
carbonyl-2-cyan-vinyl]-2-phenyl-furan-3-carbonsäure-äthylester $C_{19}H_{17}NO_5$, Formel VIII
(X = O-C_2H_5).

B. Beim Behandeln von 5-Formyl-2-phenyl-furan-3-carbonsäure-äthylester mit Cyan=
essigsäure-äthylester, Diäthylamin und Äthanol (*García González, Rodríguez González*,
An. Soc. españ. [B] **47** [1951] 537, 544).

Krystalle (aus A.); F: 155—156°.

5-[(Ξ)-2-Carbamoyl-2-cyan-vinyl]-2-phenyl-furan-3-carbonsäure-äthylester $C_{17}H_{14}N_2O_4$,
Formel VIII (X = NH_2).

B. Beim Behandeln von 5-Formyl-2-phenyl-furan-3-carbonsäure-äthylester mit Cyan=
essigsäure-amid, Diäthylamin und Äthanol (*García González, Rodríguez González*, An. Soc.
españ. [B] **47** [1951] 537, 544).

Hellgelbe Krystalle (aus A.); F: 207—208° [Zers.].

5-[2,2-Dicyan-vinyl]-2-phenyl-furan-3-carbonsäure-äthylester $C_{17}H_{12}N_2O_3$, Formel IX.

B. Beim Behandeln von 5-Formyl-2-phenyl-furan-3-carbonsäure-äthylester mit Malono=
nitril in Äthanol (*García González, Rodríguez González*, An. Soc. españ. [B] **47** [1951] 537,
544).

Krystalle (aus A.).

D. Tetracarbonsäuren

Tetracarbonsäuren $C_nH_{2n-8}O_9$

Tetracarbonsäuren $C_8H_8O_9$

Furan-3,3,4,4-tetracarbonsäure-tetraäthylester $C_{16}H_{24}O_9$, Formel I.

B. Beim Erwärmen von Bis-[2,2-bis-äthoxycarbonyl-äthyl]-äther mit Äthanol und Magnesium und Erwärmen des Reaktionsgemisches mit Jod (*Ali-Sade, Arbusow,* Ž. obšč. Chim. **13** [1943] 113, 119; C. A. **1944** 352).

Kp_{6-8}: 171—174°. D_{21}^{21}: 1,1293. n_D^{20}: 1,4461.

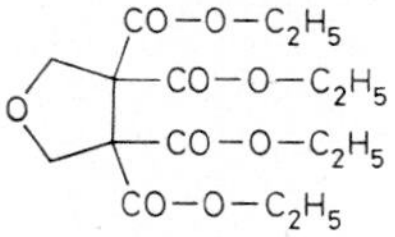

I 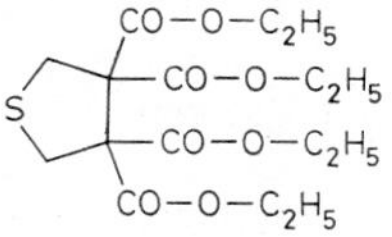 II 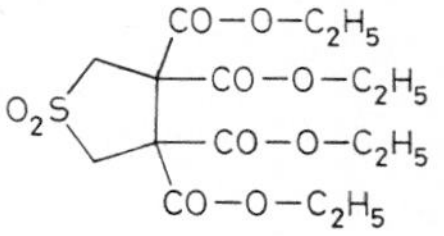 III

Thiophen-3,3,4,4-tetracarbonsäure-tetraäthylester $C_{16}H_{24}O_8S$, Formel II (E II 293).

B. Beim Erwärmen von Äthan-1,1,2,2-tetracarbonsäure-tetraäthylester mit Natrium=hydrid in Dioxan und Erwärmen des Reaktionsgemisches mit Bis-chlormethyl-sulfid (*Marvel, Ryder,* Am. Soc. **77** [1955] 66).

$Kp_{0,1}$: 142° [unkorr.]; n_D^{20}: 1,4802 (*Ma., Ry.*). Bei 200—208°/8 Torr destillierbar (*Kilmer et al.,* J. biol. Chem. **145** [1942] 495, 499).

Beim Erwärmen mit wss. oder wss.-äthanol. Natronlauge und Erhitzen der gebildeten Säure ist Tetrahydro-thiophen-3r,4c-dicarbonsäure-anhydrid erhalten worden (*Ma., Ry.; Marvel et al.,* Am. Soc. **78** [1956] 6171, 6172).

1,1-Dioxo-1λ⁶-thiophen-3,3,4,4-tetracarbonsäure-tetraäthylester $C_{16}H_{24}O_{10}S$, Formel III.

B. Beim Erwärmen von Thiophen-3,3,4,4-tetracarbonsäure-tetraäthylester mit Essig=säure und wss. Wasserstoffperoxid (*Marvel, Ryder,* Am. Soc. **77** [1955] 66).

Krystalle (aus A.); F: 102—103° [unkorr.].

Tetracarbonsäuren $C_9H_{10}O_9$

Pyran-3,3,5,5-tetracarbonsäure-tetraäthylester $C_{17}H_{26}O_9$, Formel IV.

B. Beim Erwärmen von Bis-[2,2-bis-äthoxycarbonyl-äthyl]-äther mit Äthanol und Magnesium und Erwärmen des Reaktionsgemisches mit Dibrommethan (*Ali-Sade, Arbusow,* Ž. obšč. Chim. **13** [1943] 113, 120; C. A. **1944** 352).

Kp_6: 179—182°. D_{21}^{21}: 1,1131. n_D^{21}: 1,4390.

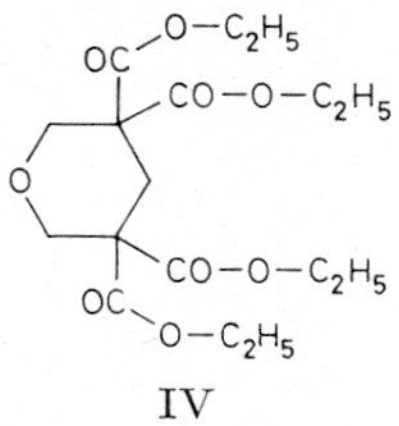

IV 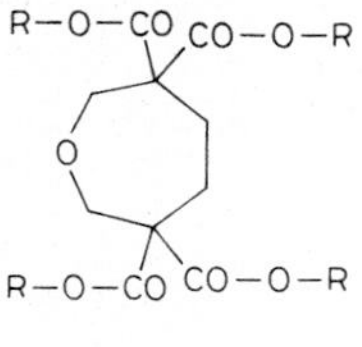 V 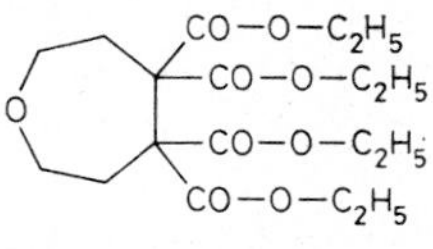 VI 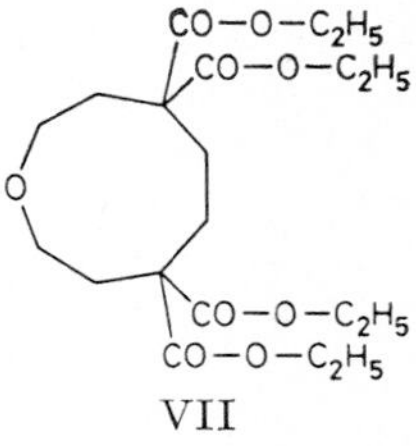 VII

Tetracarbonsäuren $C_{10}H_{12}O_9$

Oxepan-3,3,6,6-tetracarbonsäure-tetraäthylester $C_{18}H_{28}O_9$, Formel V (R = C_2H_5).

B. Beim Erwärmen von Bis-[2,2-bis-äthoxycarbonyl-äthyl]-äther mit Äthanol und Magnesium und Erwärmen des Reaktionsgemisches mit 1,2-Dibrom-äthan (*Ali-Sade,*

Arbusow, Ž. obšč. Chim. **13** [1943] 113, 120; C. A. **1944** 352).
Kp$_{1,5}$: 157−160°. D$_{21}^{21}$: 1,1110. n$_D^{20}$: 1,4385.

Oxepan-4,4,5,5-tetracarbonsäure-tetraäthylester C$_{18}$H$_{28}$O$_9$, Formel VI.
B. Beim Erwärmen von Äthan-1,1,2,2-tetracarbonsäure-tetraäthylester mit Natrium≈
äthylat in Äthanol und Erwärmen des Reaktionsgemisches mit Bis-[2-brom-äthyl]-äther
und Äthanol (*Ali-Sade, Arbusow*, Ž. obšč. Chim. **13** [1943] 113, 122; C. A. **1944** 352).
Kp$_5$: 208−212°. D$_{21}^{21}$: 1,1572. n$_D^{21}$: 1,4561.

Tetracarbonsäuren C$_{12}$H$_{16}$O$_9$

Oxonan-4,4,7,7-tetracarbonsäure-tetraäthylester C$_{20}$H$_{32}$O$_9$, Formel VII.
B. Beim Erwärmen von Butan-1,1,4,4-tetracarbonsäure-tetraäthylester mit Äthanol
und Magnesium und Erwärmen des Reaktionsgemisches mit Bis-[2-brom-äthyl]-äther
(*Ali-Sade, Arbusow*, Ž. obšč. Chim. **13** [1943] 113, 122; C. A. **1944** 352).
Krystalle; F: 75−77°. Kp$_{1,5}$: 190−194°.

Tetracarbonsäuren C$_n$H$_{2n-10}$O$_9$

Tetracarbonsäuren C$_{10}$H$_{10}$O$_9$

3-[2,2-Bis-äthoxycarbonyl-3-methyl-cyclopropyl]-oxiran-2,2-dicarbonsäure-diäthylester,
2-[3,3-Bis-äthoxycarbonyl-oxiranyl]-3-methyl-cyclopropan-1,1-dicarbonsäure-diäthylester
C$_{18}$H$_{26}$O$_9$, Formel VIII (R = C$_2$H$_5$).
Diese Konstitution kommt wahrscheinlich der nachstehend beschriebenen opt.-inakt.
Verbindung zu (*Warner*, J. org. Chem. **24** [1959] 1536, 1538).
B. Neben grösseren Mengen 2-Formyl-3-methyl-cyclopropan-1,1-dicarbonsäure-diäthyl≈
ester (2,4-Dinitro-phenylhydrazon, F: 147−147,5°) beim Behandeln von *trans*(?)-Croton≈
aldehyd mit Brommalonsäure-diäthylester und Natriumäthylat in Äthanol bei 5° (*Wa.*).
Kp$_{0,08}$: 157°. n$_D^{25}$: 1,4576. ^{1}H-NMR-Absorption: *Wa.*, l. c. S. 1539.

VIII   IX

Tetracarbonsäuren C$_{12}$H$_{14}$O$_9$

4,7-Dihydro-oxonin-3,3,8,8-tetracarbonsäure-tetraäthylester C$_{20}$H$_{30}$O$_9$, Formel IX
(R = C$_2$H$_5$).
Die Konstitution der nachstehend beschriebenen Verbindung ist nicht bewiesen.
B. Beim Erwärmen von Bis-[2,2-bis-äthoxycarbonyl-äthyl]-äther mit Äthanol und
Magnesium und Erwärmen des Reaktionsprodukts mit 1,4-Dibrom-but-2*t*-en (*Ali-Sade,
Arbusow*, Ž. obšč. Chim. **13** [1943] 113, 121; C. A. **1944** 352).
Kp$_1$: 161−164°. D$_{21}^{21}$: 1,1060. n$_D^{20}$: 1,4519.

Tetracarbonsäuren C$_n$H$_{2n-12}$O$_9$

Tetracarbonsäuren C$_8$H$_4$O$_9$

Furan-2,3,4,5-tetracarbonsäure C$_8$H$_4$O$_9$, Formel I (R = H) auf S. 4602.
B. Aus Furan-2,3,4,5-tetracarbonsäure-tetraäthylester beim Erhitzen mit wss. Salz≈
säure, zuletzt unter Zusatz von Essigsäure (*Reichstein et al.*, Helv. **16** [1933] 276, 278),
sowie beim Erhitzen mit wss. Kalilauge (*Re. et al.*; *Cocker et al.*, Tetrahedron **7** [1959] 299,
303).

Krystalle; F: 248° [Zers.] (*Co. et al.*), 247° [Zers.; aus Eg.] (*Re. et al.*). IR-Banden (Paraffin) im Bereich von 3500 cm^{-1} bis 1500 cm^{-1}: *Co. et al.*, l. c. S. 302. UV-Spektren (210–290 nm) von Lösungen in Methanol, in Wasser und in wss. Salzsäure (1 n): *Co. et al.*, l. c. S. 301. Scheinbare Dissoziationsexponenten pK'_{a1}, pK'_{a2}, pK'_{a3} und pK'_{a4} (Wasser; potentiometrisch ermittelt): 1,37, 2,10, 3,73 bzw. 7,70 (*Co. et al.*, l. c. S. 300).

Beim Erhitzen auf 270° im Hochvakuum sind Furan-2,3,4-tricarbonsäure und wenig Furan-3,4-dicarbonsäure erhalten worden (*Re. et al.*, l. c. S. 280).

Hydrazin-Salz $N_2H_4 \cdot C_8H_4O_9$. Krystalle (aus wss. Me.) mit 1,5 Mol H_2O; F: 212° [Zers.] (*Co. et al.*, l. c. S. 304).

Kalium-Salz $KC_8H_3O_9$. Krystalle (aus W.) mit 2 Mol H_2O; F: 261° [Zers.] (*Co. et al.*, l. c. S. 303; s. a. *Re. et al.*). IR-Banden (Paraffin) im Bereich von 3600 cm^{-1} bis 1500 cm^{-1}: *Co. et al.*, l. c. S. 302. In 1 l Wasser lösen sich bei 18° 14,5 g (*Co. et al.*, l. c. S. 300). Das Salz wird beim Erwärmen mit konz. wss. Salzsäure oder mit 50%ig. wss. Schwefelsäure nicht verändert (*Co. et al.*, l. c. S. 300).

Rubidium-Salz $RbC_8H_3O_9$. Krystalle (aus W.) mit 0,5 Mol H_2O; F: 275° [Zers.] (*Co. et al.*, l. c. S. 304).

Harnstoff-Salz $CH_4N_2O \cdot C_8H_4O_9$. Krystalle (aus Me.) mit 1,5 Mol H_2O; F: 170° (*Co. et al.*, l. c. S. 304).

Semicarbazid-Salz $CH_5N_3O \cdot C_8H_4O_9$. Krystalle (aus W.); F: 200–201° [Zers.] (*Co. et al.*, l. c. S. 304).

Methylamin-Salz $CH_5N \cdot C_8H_4O_9$. Krystalle (aus wss. Me.); F: 237–238° (*Co. et al.*, l. c. S. 304).

Salze mit Dimethylformamid. a) $C_3H_7NO \cdot C_8H_4O_9$. Krystalle (aus wss. Me.); F: 251° [Zers.] (*Co. et al.*, l. c. S. 304). — b) $2 C_3H_7NO \cdot C_8H_4O_9$. Krystalle (aus A.); F: 190° bis 191° (*Co. et al.*, l. c. S. 304).

Äthylamin-Salz $C_2H_7N \cdot C_8H_4O_9$. Krystalle (aus Me.); F: 203–204° (*Co. et al.*, l. c. S. 304).

Anilin-Salz $C_6H_7N \cdot C_8H_4O_9$. Krystalle (aus W.); F: 171° [Zers.] (*Co. et al.*, l. c. S. 304).

N-Methyl-anilin-Salz $C_7H_9N \cdot C_8H_4O_9$. Krystalle (aus wss. Me.); F: 216° (*Co. et al.*, l. c. S. 304).

p-Toluidin-Salz $C_7H_9N \cdot C_8H_4O_9$. Krystalle (aus W.) mit 1 Mol H_2O, die das Krystallwasser bei 150° abgeben; F: 187° [Zers.] (*Co. et al.*, l. c. S. 304).

Äthylendiamin-Salz $C_2H_8N_2 \cdot 2 C_8H_4O_9$. Krystalle (aus W.); F: 262° [Zers.].

Furan-2,3,4,5-tetracarbonsäure-tetramethylester $C_{12}H_{12}O_9$, Formel I (R = CH_3).
B. Beim Erwärmen von Furan-2,3,4,5-tetracarbonsäure mit Methanol und wenig Schwefelsäure (*Reichstein et al.*, Helv. **16** [1933] 276, 279).
Krystalle (aus Me.); F: 107–108° [korr.](*Re. et al.*). IR-Banden (Paraffin) im Bereich von 1800 cm^{-1} bis 1600 cm^{-1}: *Cocker et al.*, Tetrahedron **7** [1959] 299, 303.

Furan-2,3,4,5-tetracarbonsäure-tetraäthylester $C_{16}H_{20}O_9$, Formel I (R = C_2H_5).
B. Beim Behandeln von 3c-Hydroxy-2,3-dihydro-furan-2r,3t,4,5-tetracarbonsäure-tetraäthylester (über die Konstitution und Konfiguration dieser Verbindung s. *Cantlon et al.*, Tetrahedron **15** [1961] 46, 49) mit konz. Schwefelsäure (*Reichstein et al.*, Helv. **16** [1933] 276, 278).
Krystalle (aus A.); F: 34,5° (*Re. et al.*). $Kp_{0,2}$: ca. 175° (*Re. et al.*). Absorptionsmaximum (A.): 259 nm (*Cocker et al.*, Tetrahedron **7** [1959] 299, 302).

Thiophen-2,3,4,5-tetracarbonsäure $C_8H_4O_8S$, Formel II (R = H).
B. Aus Thiophen-2,3,4,5-tetracarbonsäure-tetramethylester (*Hopff, v.d.Crone*, Chimia **13** [1959] 107; s. a. *Michael*, B. **28** [1895] 1633, 1635).
Krystalle [aus W.] (*Mi.*).
Überführung in Thiophen-3,4-dicarbonsäure-anhydrid durch Erhitzen auf 220°: *Ho., v.d.Cr.* Beim Erhitzen mit wss. Natronlauge und Nickel-Aluminium-Legierung ist *meso*-Butan-1,2,3,4-tetracarbonsäure (E III **2** 2079) erhalten worden (*Buu-Hoi et al.*, R. **75** [1956] 463, 466).

Thiophen-2,3,4,5-tetracarbonsäure-tetramethylester $C_{12}H_{12}O_8S$, Formel II (R = CH_3) (H 344).
B. Beim Erhitzen von Maleinsäure-dimethylester oder von Fumarsäure-dimethylester

mit Schwefel (*Hopff, v.d.Crone*, Chimia **13** [1959] 107).

I	II	III	IV

Tetracarbonsäuren $C_{10}H_8O_9$

2,5-Bis-[bis-äthoxycarbonyl-methyl]-furan, Furan-2,5-diyl-di-malonsäure-tetraäthylester $C_{18}H_{24}O_9$, Formel III (R = C_2H_5), und **2,5-Bis-[bis-äthoxycarbonyl-methylen]-tetrahydro-furan, [Dihydro-furan-2,5-diyliden]-di-malonsäure-tetraäthylester** $C_{18}H_{24}O_9$, Formel IV (R = C_2H_5).

Diese beiden Konstitutionsformeln kommen für die nachstehend beschriebene Verbindung in Betracht.

B. Neben anderen Verbindungen beim Erwärmen von Succinylchlorid mit dem Natrium-Salz des Malonsäure-diäthylesters in Äther (*Ruggli, Maeder*, Helv. **26** [1943] 1499, 1504).

Krystalle; F: 82—83°.

Tetracarbonsäuren $C_{11}H_{10}O_9$

2-[2]Furyl-propan-1,1,3,3-tetracarbonsäure-tetramethylester $C_{15}H_{18}O_9$, Formel V.

B. Beim Erwärmen von Furfural mit Malonsäure-dimethylester, Piperidin, Essigsäure und Benzol (*Beyler, Sarett*, Am. Soc. **74** [1952] 1397, 1399).

F: 69°.

*Opt.-inakt. 3-[2]Furyl-2,4-dicyan-glutarsäure-diäthylester $C_{15}H_{16}N_2O_5$, Formel VI.

B. In kleiner Menge neben wenig 2-Cyan-3t-[2]furyl-acrylsäure-äthylester (S. 4532) beim Erwärmen von Furfural mit Cyanessigsäure-äthylester in Gegenwart eines Anionenaustauschers (*Mastagli et al.*, Bl. **1956** 796).

Krystalle (aus A.); F: 187°.

V	VI	VII

Tetracarbonsäuren $C_{12}H_{12}O_9$

2,5-Bis-[2,2-bis-äthoxycarbonyl-äthyl]-thiophen $C_{20}H_{28}O_8S$, Formel VII.

B. Beim Eintragen von 2,5-Bis-chlormethyl-thiophen in eine Suspension der Natrium-Verbindung des Malonsäure-diäthylesters in Äthanol und anschliessenden Erwärmen (*Griffing, Salisbury*, Am. Soc. **70** [1948] 3416, 3418).

$Kp_{0,0001}$: 163—165°. n_D^{25}: 1,4840.

Tetracarbonsäuren $C_nH_{2n-14}O_9$

3-[2]Furyl-cyclopropan-1,1,2,2-tetracarbonitril $C_{11}H_4N_4O$, Formel VIII.

B. Beim Behandeln von Furfural mit Brommalononitril, Äthanol und wss. Kaliumjodid-

Lösung (*Wideqvist*, Ark. Kemi **20**B Nr. 4 [1945] 7).
Krystalle (aus Acn. + W.); Zers. bei 190—200°.

VIII   IX   X

Tetracarbonsäuren $C_nH_{2n-24}O_9$

4-Dicyanmethylen-3-[2,2-dicyan-1-phenyl-vinyl]-2,6-dimethyl-4H-pyran, [3-(2,2-Dicyan-1-phenyl-vinyl)-2,6-dimethyl-pyran-4-yliden]-malononitril $C_{20}H_{12}N_4O$, Formel IX.

B. Beim Erhitzen von 3-Benzoyl-2,6-dimethyl-pyran-4-on mit Malononitril und Acet≤ anhydrid (*Woods, Dix*, J. org. Chem. **24** [1959] 1126).
Krystalle (aus Heptan); F: 193—194° [Fisher-Johns-App.].

Tetracarbonsäuren $C_nH_{2n-44}O_9$

Tetrakis-[4-carboxy-phenyl]-thiophen, 4,4',4'',4'''-Thiophen-2,3,4,5-tetrayl-tetra-benzoe≤ säure $C_{32}H_{20}O_8S$, Formel X (R = H).

B. Neben *trans*-Stilben-4,4'-dicarbonsäure beim Erhitzen von *p*-Toluylsäure mit Schwefel bis auf 300° (*California Research Corp.*, U.S.P. 2688631, 2610191 [1949]; s. a. *Toland et al.*, Am. Soc. **75** [1953] 2263; *Toland, Wilkes*, Am. Soc. **76** [1954] 307). Beim Behandeln von Tetrakis-[4-acetyl-phenyl]-thiophen mit wss. Natriumhypochlorit-Lösung (*Hopff, v.d.Crone*, Chimia **13** [1959] 107).
Bei 250° sinternd (*Ho., v.d.Cr.*); Zers. bei 315—316° (*California Research Corp.*).

Tetrakis-[4-methoxycarbonyl-phenyl]-thiophen, 4,4',4'',4'''-Thiophen-2,3,4,5-tetrayl-tetra-benzoesäure-tetramethylester $C_{36}H_{28}O_8S$, Formel X (R = CH₃).

B. Aus Tetrakis-[4-carboxy-phenyl]-thiophen (*Hopff, v.d.Crone*, Chimia **13** [1959] 107).
F: 193—194°.

Tetrakis-[4-äthoxycarbonyl-phenyl]-thiophen, 4,4',4'',4'''-Thiophen-2,3,4,5-tetrayl-tetra-benzoesäure-tetraäthylester $C_{40}H_{36}O_8S$, Formel X (R = C₂H₅).

B. Aus Tetrakis-[4-carboxy-phenyl]-thiophen (*Hopff, v.d.Crone*, Chimia **13** [1959] 107).
F: 153—155°.

E. Hexacarbonsäuren

Hexacarbonsäuren $C_nH_{2n-38}O_{13}$

4-Dicyanmethylen-3,5-bis-[2,2-dicyan-1-*p*-tolyl-vinyl]-2,6-dimethyl-4*H*-pyran, [3,5-Bis-(2,2-dicyan-1-*p*-tolyl-vinyl)-2,6-dimethyl-pyran-4-yliden]-malononitril $C_{32}H_{20}N_6O$, Formel I.

B. Beim Erhitzen von 2,6-Dimethyl-3,5-di-*p*-toluoyl-pyran-4-on mit Malononitril und Acetanhydrid (*Woods*, J. org. Chem. **24** [1959] 1804).

Krystalle (aus Heptan); F: 160° [Fisher-Johns-App.].

[*Schurek*]

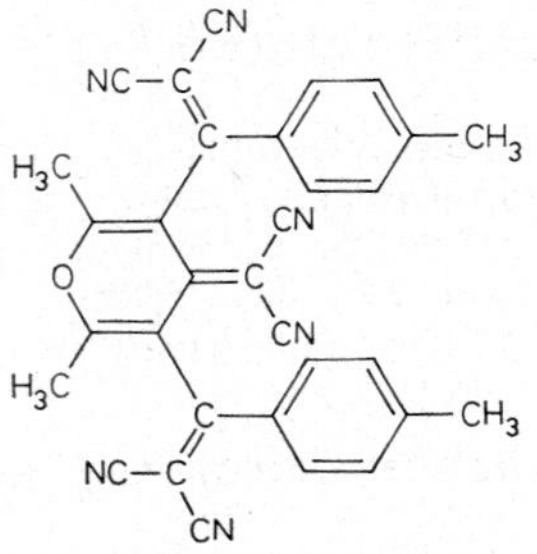

I

Sachregister

Das Register enthält die Namen der in diesem Band abgehandelten Verbindungen mit Ausnahme von Salzen, deren Kationen aus Metallionen oder protonierten Basen bestehen, und von Additionsverbindungen.

Die im Register aufgeführten Namen („Registernamen") unterscheiden sich von den im Text verwendeten Namen im allgemeinen dadurch, dass Substitutionspräfixe und Hydrierungsgradpräfixe hinter den Stammnamen gesetzt („invertiert") sind, und dass alle zur Konfigurationskennzeichnung dienenden genormten Präfixe und Symbole (s. „Stereochemische Bezeichnungsweisen") weggelassen sind.

Der Registername enthält demnach die folgenden Bestandteile in der angegebenen Reihenfolge:

1. den Register-Stammnamen (in Fettdruck); dieser setzt sich zusammen aus
   a) dem Stammvervielfachungsaffix (z.B. Bi in [1,2']Binaphthyl),
   b) stammabwandelnden Präfixen[1]),
   c) dem Namensstamm (z.B. Hex in Hexan; Pyrr in Pyrrol),
   d) Endungen (z.B. -an, -en, -in zur Kennzeichnung des Sättigungszustandes von Kohlenstoff-Gerüsten; -ol, -in, -olin, -olidin usw. zur Kennzeichnung von Ringgrösse und Sättigungszustand bei Heterocyclen),
   e) dem Funktionssuffix zur Kennzeichnung der Hauptfunktion (z.B. -ol, -dion, -säure, -tricarbonsäure),
   f) Additionssuffixen (z.B. oxid in Äthylenoxid).
2. Substitutionspräfixe, d.h. Präfixe, die den Ersatz von Wasserstoff-Atomen durch andere Substituenten kennzeichnen (z.B. Äthyl-chlor in 1-Äthyl-2-chlor-naphthalin; Epoxy in 1,4-Epoxy-*p*-menthan [vgl. dagegen das Brückenpräfix Epoxido]).
3. Hydrierungsgradpräfixe (z.B. Tetrahydro in 1,2,3,4-Tetrahydro-naphth=alin; Didehydro in 4,4'-Didehydro-β,β'-carotin-3,3'-dion).
4. Funktionsabwandlungssuffixe (z.B. oxim in Aceton-oxim; dimethylester in Bernsteinsäure-dimethylester).

Beispiele:

Dibrom-chlor-methan wird registriert als **Methan,** Dibrom-chlor-;

meso-1,6-Diphenyl-hex-3-in-2,5-diol wird registriert als **Hex-3-in-2,5-diol,** 1,6-Diphenyl-;

4a,8a-Dimethyl-octahydro-1*H*-naphthalin-2-on-semicarbazon wird registriert als **Naphthalin-2-on,** 4a,8a-Dimethyl-octahydro-1*H*-, semicarbazon;

8-Hydroxy-4,5,6,7-tetramethyl-3a,4,7,7a-tetrahydro-4,7-äthano-inden-9-on wird registriert als **4,7-Äthano-inden-9-on,** 8-Hydroxy-4,5,6,7-tetramethyl-3a,4,7,7a-tetrahydro-.

---

[1]) Zu den stammabwandelnden Präfixen gehören:

Austauschpräfixe (z.B. Dioxa in 3,9-Dioxa-undecan; Thio in Thioessigsäure),

Gerüstabwandlungspräfixe (z.B. Cyclo in 2,5-Cyclo-benzocyclohepten; Bicyclo in Bicyclo=[2.2.2]octan; Spiro in Spiro[4.5]octan; Seco in 5,6-Seco-cholestan-5-on),

Brückenpräfixe (nur zulässig in Namen, deren Stamm ein Ringgerüst ohne Seitenkette bezeichnet; z.B. Methano in 1,4-Methano-naphthalin; Epoxido in 4,7-Epoxido-inden [vgl. dagegen das Substitutionspräfix Epoxy]),

Anellierungspräfixe (z.B. Benzo in Benzocyclohepten; Cyclopenta in Cyclopenta[*a*]phen=anthren),

Erweiterungspräfixe (z.B. Homo in *D*-Homo-androst-5-en),

Subtraktionspräfixe (z.B. Nor in *A*-Nor-cholestan; Desoxy in 2-Desoxy-glucose).

Besondere Regelungen gelten für Radikofunktionalnamen, d.h. Namen, die aus einer oder mehreren Radikalbezeichnungen und der Bezeichnung einer Funktionsklasse oder eines Ions zusammengesetzt sind:

Bei Radikofunktionalnamen von Verbindungen, deren Funktionsgruppe (oder ional bezeichnete Gruppe) mit nur einem Radikal unmittelbar verknüpft ist, umfasst der (in Fettdruck gesetzte) Register-Stammname die Bezeichnung dieses Radikals und die Funktionsklassenbezeichnung (oder Ionenbezeichnung) in unveränderter Reihenfolge; Präfixe, die eine Veränderung des Radikals ausdrücken, werden hinter den Stammnamen gesetzt.

Beispiele:
> Äthylbromid, Phenyllithium und Butylamin werden unverändert registriert; 4'-Brom-3-chlor-benzhydrylchlorid wird registriert als **Benzhydrylchlorid,** 4'-Brom-3-chlor-; 1-Methyl-butyl≠amin wird registriert als **Butylamin,** 1-Methyl-.

Bei Radikofunktionalnamen von Verbindungen mit einem mehrwertigen Radikal, das unmittelbar mit den Funktionsgruppen (oder ional bezeichneten Gruppen) verknüpft ist, umfasst der Register-Stammname die Bezeichnung dieses Radikals und die (gegebenenfalls mit einem Vervielfachungsaffix versehene) Funktionsklassenbezeichnung (oder Ionenbezeichnung), nicht aber weitere im Namen enthaltene Radikalbezeichnungen, auch wenn sie sich auf unmittelbar mit einer der Funktionsgruppen verknüpfte Radikale beziehen.

Beispiele:
> Benzylidendiacetat, Äthylendiamin und Äthylenchlorid werden unverändert registriert; 1,2,3,4-Tetrahydro-naphthalin-1,4-diyldiamin wird registriert als **Naphthalin-1,4-diyldiamin,** Tetrahydro-;
> *N,N*-Diäthyl-äthylendiamin wird registriert als **Äthylendiamin,** *N,N*-Diäthyl-.

Bei Radikofunktionalnamen, deren (einzige) Funktionsgruppe mit mehreren Radikalen unmittelbar verknüpft ist, besteht hingegen der Register-Stammname nur aus der Funktionsklassenbezeichnung (oder Ionenbezeichnung); die Radikalbezeichnungen werden sämtlich hinter dieser angeordnet.

Beispiele:
> Benzyl-methyl-amin wird registriert als **Amin,** Benzyl-methyl-;
> Äthyl-trimethyl-ammonium wird registriert als **Ammonium,** Äthyl-trimethyl-;
> Diphenyläther wird registriert als **Äther,** Diphenyl-;
> [2-Äthyl-1-naphthyl]-phenyl-keton-oxim wird registriert als **Keton,** [2-Äthyl-1-naphthyl]-phenyl-, oxim.

Massgebend für die alphabetische Anordnung von Verbindungsnamen sind in erster Linie der Register-Stammname (wobei die durch Kursivbuchstaben oder Ziffern repräsentierten Differenzierungsmarken in erster Näherung unberücksichtigt bleiben), in zweiter Linie die nachgestellten Präfixe, in dritter Linie die Funktionsabwandlungssuffixe.

Beispiele:
> *o*-**Phenylendiamin,** 3-Brom- erscheint unter dem Buchstaben P nach *m*-**Phenylendiamin,** 2,4,6-Trinitro-;
> **Cyclopenta[*b*]naphthalin,** 3-Brom- erscheint nach **Cyclopenta[*a*]naphthalin,** 3-Methyl-.

Von griechischen Zahlwörtern abgeleitete Namen oder Namensteile sind einheitlich mit c (nicht mit k) geschrieben.

Die Buchstaben i und j werden unterschieden.

Die Umlaute ä, ö und ü gelten hinsichtlich ihrer alphabetischen Einordnung als ae, oe bzw. ue.

A

Abietan-18-säure
—, 8,14-Epoxy- 4196
Acenaphthen-5-carbaldehyd
— [5-brom-thiophen-2-
carbonylhydrazon] 4038
— [5-chlor-thiophen-2-
carbonylhydrazon] 4032
— [thiophen-2-carbonylhydrazon]
4025

Acetamid
s.a. unter Essigsäure-amid
—, 2-Benzofuran-2-yl- 4262
—, 2-Benzofuran-3-yl- 4263
—, 2-Benzo[b]thiophen-3-yl- 4264
—, 2-Dibenzofuran-2-yl- 4359
—, 2-Dibenzofuran-4-yl- 4360
—, 2-Dibenzothiophen-4-yl- 4360
—, 2-[3]Furyl- 4066
—, 2-[2]Thienyl- 4063
—, 2-[3]Thienyl- 4067
—, 2-Thioxanthen-9-yl- 4373
—, 2-Xanthen-9-yl- 4370

Acetamidin
—, N,N-Dipentyl-2-tetrahydropyran-4-yl-
3844
—, 2-[Thiophen-2-carbonylamino]- 4021

Acetimidsäure
—, 2-Benzo[b]thiophen-3-yl-,
— äthylester 4264
—, 2-[2]Thienyl-,
— äthylester 4064
—, 2-[Thiophen-2-carbonylamino]-,
— äthylester 4021

Aceton
— [furan-2-carbonylhydrazon] 3970
— [O-(furan-2-carbonyl)-oxim] 3968
— [5-nitro-furan-2-carbonylhydrazon]
3999
— [3-(5-nitro-[2]furyl)-
acryloylhydrazon] 4164
—, 1,3-Bis-[3-[2]furyl-acryloylamino]-
4152
—, Methoxy-,
— [furan-2-carbonylhydrazon] 3970

Acetonitril
—, [5-Äthyl-[2]thienyl]- 4109
—, Benzofuran-2-yl- 4262
—, Benzo[b]thiophen-2-yl- 4263
—, Benzo[b]thiophen-3-yl- 4264
—, [2-Brom-benzofuran-3-yl]- 4263
—, [3-Brom-5-methyl-[2]thienyl]- 4097
—, [5-Chlor-[2]thienyl]- 4065
—, Cyclohex-2-enyl-[2]thienyl- 4230
—, Cyclohexyl-[2]thienyl- 4190
—, Cyclopent-1-enyl-[2]thienyl- 4220

—, Cyclopent-2-enyl-[2]thienyl- 4220
—, Cyclopentyliden-[2]thienyl- 4220
—, Cyclopropyl-hydroxy- 3828
—, [2,5-Diäthyl-[3]thienyl]- 4128
—, Dibenzofuran-2-yl- 4360
—, [3,6-Dihydro-2H-pyran-4-yl]- 3885
—, [5,6-Dihydro-2H-pyran-3-yl]- 3885
—, [2,5-Dimethyl-[3]thienyl]- 4111
—, [1,1-Dioxo-1λ^6-benzo[b]thiophen-3-yl]-
4265
—, [10,10-Dioxo-10λ^6-thioxanthen-9-yl]-
4374
—, [2]Furyl- 4062
—, Isochroman-x-yl- 4221
—, [2-Methyl-benzofuran-3-yl]- 4274
—, [5-Methyl-2,3-dihydro-benzofuran-7-
yl]- 4222
—, [5-Methyl-[2]furyl]- 4096
—, Oxetan-3,3-diyl-di- 4440
—, Oxiranyl- 3822
—, Tetrahydro[2]furyl- 3839
—, Tetrahydropyran-4-yl- 3844
—, [2]Thienyl- 4064
—, [3]Thienyl- 4067
—, Thioxanthen-9-yl- 4374

Acetophenon
— [5-brom-furan-2-
carbonylhydrazon] 3990

Acetylchlorid
—, [5-Äthyl-[2]thienyl]- 4109
—, [4-Chlorcarbonyl-5-methyl-[2]furyl]-
4507
—, [3-Chlor-tetrahydro-[2]furyl]-
3839
—, Cyclohex-2-enyl-[2]thienyl- 4229
—, Cyclopent-2-enyl-[2]thienyl- 4219
—, [2,5-Diäthyl-[3]thienyl]- 4128
—, [5,6-Dihydro-2H-pyran-3-yl]- 3885
—, [2]Furyl- 4062
—, [3]Furyl- 4066
—, [5-Methyl-2,3-dihydro-benzofuran-7-
yl]- 4222
—, Tetrahydropyran-2-yl- 3843
—, Tetrahydropyran-4-yl- 3844
—, [2]Thienyl- 4063
—, Xanthen-9-yl- 4370

Acrylaldehyd
—, 2-Brom-3-[5-nitro-[2]thienyl]-,
— [furan-2-carbonylhydrazon] 3974
—, 3-[5-Nitro-[2]furyl]-,
— [5-brom-furan-2-
carbonylhydrazon] 3991
— [furan-2-carbonylhydrazon] 3974
— [5-nitro-furan-2-carbonylhydrazon]
4001

Acrylamid
—, 3-[2]Furyl- 4149
—, 3-[2]Thienyl- 4166

Acrylonitril (Fortsetzung)

—, 2-[4-Chlor-phenyl]-3-[5-isobutyl-[2]-thienyl]- 4337
—, 2-[4-Chlor-phenyl]-3-[2]thienyl- 4326
—, 3-[4-Chlor-phenyl]-2-[2]thienyl- 4322
—, 3-[5-(3-Chlor-phenyl)-[2]thienyl]-2-phenyl- 4411
—, 3-[5-Chlor-[2]thienyl]-2-[4-jod-phenyl]- 4328
—, 3-[5-Chlor-[2]thienyl]-2-[1]naphthyl- 4400
—, 3-[5-Chlor-[2]thienyl]-2-[4-nitro-phenyl]- 4328
—, 3-[5-Chlor-[2]thienyl]-2-phenyl- 4326
—, 3-[5-Chlor-[2]thienyl-2-p-tolyl- 4331
—, 2-[4-Cyclohexyl-phenyl]-3-[2]furyl- 4381
—, 3-[2,5-Diäthyl-[3]thienyl]-2-[2]-naphthyl- 4409
—, 3-[2,5-Di-tert-butyl-4-methyl-[3]-thienyl]-2-phenyl- 4339
—, 3-[2,5-Di-tert-butyl-[3]thienyl]-2-phenyl- 4339
—, 2-[3,4-Dichlor-phenyl]-3-[2]furyl- 4325
—, 2-[3,4-Dichlor-phenyl]-3-[2]thienyl- 4326
—, 3-[2,4-Dichlor-phenyl]-2-[2]thienyl- 4323
—, 3-[3,4-Dichlor-phenyl]-2-[2]thienyl- 4323
—, 2-[2,5-Dimethyl-[3]thienyl]-3-[4-fluor-phenyl]- 4334
—, 3-[2,5-Dimethyl-[3]thienyl]-2-[4-fluor-phenyl]- 4335
—, 3-[2,5-Dimethyl-[3]thienyl]-2-[4-jod-phenyl]- 4336
—, 2-[2,5-Dimethyl-[3]thienyl]-3-[1]-naphthyl- 4406
—, 2-[2,5-Dimethyl-[3]thienyl]-3-[2]-naphthyl- 4407
—, 3-[2,5-Dimethyl-[3]thienyl]-2-[1]-naphthyl- 4407
—, 3-[2,5-Dimethyl-[3]thienyl]-2-[2]-naphthyl- 4407
—, 3-[2,5-Dimethyl-[3]thienyl]-2-[4-nitro-phenyl]- 4336
—, 3-[2,5-Dimethyl-[3]thienyl]-2-phenyl- 4335
—, 2-[2,5-Dimethyl-[3]thienyl]-3-pyren-1-yl- 4422
—, 3-[2,5-Dimethyl-[3]thienyl]-2-p-tolyl- 4336
—, 3-[3,5-Diphenyl-selenophen-2-yl]-2-phenyl- 4422
—, 3-[3,5-Diphenyl-[2]thienyl]-2-phenyl- 4421
—, 2-[4-Fluor-[1]naphthyl]-3-[2]thienyl- 4400

—, 2-[4-Fluor-phenyl]-3-[5-isobutyl-[2]-thienyl]- 4337
—, 2-[4-Fluor-phenyl]-3-[2]thienyl- 4326
—, 3-[4-Fluor-phenyl]-2-[2]thienyl- 4322
—, 3-[2]Furyl- 4152
—, 3-[2]Furyl-2-nitro- 4165
—, 3-[2]Furyl-2-[4-nitro-phenyl]- 4325
—, 3-[2]Furyl-2-phenyl- 4325
—, 3-[2]Furyl-2-propenyl- 4205
—, 2-Indan-5-yl-3-benzo[b]thiophen-3-yl- 4413
—, 2-Indan-5-yl-3-[2]thienyl- 4376
—, 3-[5-Isobutyl-[2]thienyl]-2-[4-jod-phenyl]- 4337
—, 3-[5-Isobutyl-[2]thienyl]-2-[2]naphthyl- 4408
—, 3-[5-Isobutyl-[2]thienyl]-2-[4-nitro-phenyl]- 4338
—, 3-[5-Isobutyl-[2]thienyl]-2-phenyl- 4337
—, 3-[5-Isopropyl-[2]thienyl]-2-phenyl- 4336
—, 2-[4-Jod-phenyl]-3-[4,5,6,7-tetrahydro-benzo[b]thiophen-2-yl]- 4380
—, 2-[4-Jod-phenyl]-3-[2]thienyl- 4327
—, 3-[10-Methyl-[9]anthryl]-2-[2]thienyl- 4419
—, 2-[5-Methyl-2,3-dihydro-benzofuran-7-yl]-3-[1]naphthyl- 4417
—, 2-[5-Methyl-2,3-dihydro-benzofuran-7-yl]-3-phenyl- 4394
—, 3-[5-Methyl-[2]thienyl]-2-[1]naphthyl- 4403
—, 3-[5-Methyl-[2]thienyl]-2-[4-nitro-phenyl]- 4332
—, 3-[5-Methyl-[2]thienyl]-2-phenyl- 4332
—, 3-[5-Methyl-[2]thienyl]-2-p-tolyl- 4333
—, 2-[2]Naphthyl-3-[4,5,6,7-tetrahydro-benzo[b]thiophen-2-yl]- 4414
—, 2-[1]Naphthyl-3-[2]thienyl- 4400
—, 2-[2]Naphthyl-3-[2]thienyl- 4400
—, 3-[1]Naphthyl-2-[2]thienyl- 4399
—, 3-[2]Naphthyl-2-[2]thienyl- 4399
—, 3-[5-Nitro-[2]furyl- 4164
—, 2-[4-Nitro-phenyl]-3-[2]thienyl- 4328
—, 3-[5-Phenäthyl-[2]thienyl]-2-phenyl- 4413
—, 2-Phenyl-3-[5-(3-phenyl-propyl)-[2]-thienyl]- 4414
—, 2-Phenyl-3-[2]thienyl- 4326
—, 2-Phenyl-3-[3]thienyl- 4329
—, 3-Phenyl-2-[2]thienyl- 4322
—, 2-Phenyl-3-[5-m-tolyl-[2]thienyl]- 4413
—, 3-[2]Thienyl-2-p-tolyl- 4331

Acryloylchlorid

—, 2-Brom-3-[5-brom-[2]furyl]- 4155
—, 3-[5-Brom-[2]furyl]- 4154

Acrylsäure (Fortsetzung)
—, 2-Methyl-3-[3-methyl-[2]thienyl]-
4182
— äthylester 4182
—, 2-Methyl-3-[2-nitro-[2]furyl]-,
— [3-hydroxy-anilid] 4176
—, 2-Methyl-3-[5-nitro-[2]furyl]- 4173
— äthylamid 4174
— äthylester 4174
— allylamid 4175
— amid 4174
— anilid 4175
— p-anisidid 4177
— benzylamid 4176
— [4-brom-anilid] 4176
— butylamid 4175
— sec-butylamid 4175
— sec-butylester 4174
— [4-chlor-anilid] 4175
— cyclohexylamid 4175
— [2-hydroxy-äthylamid] 4176
— [4-hydroxy-anilid] 4176
— [2-hydroxy-propylamid] 4176
— isobutylamid 4175
— isobutylester 4174
— isopentylamid 4175
— isopropylamid 4174
— isopropylester 4174
— methylamid 4174
— methylester 4173
— [1]naphthylamid 4176
— octylamid 4175
— propylamid 4174
— propylester 4174
— o-toluidid 4176
— p-toluidid 4176
—, 3-[3-Methyl-oxiranyl]- 3883
— methylester 3883
—, 3-[5-Methyl-selenophen-2-yl]- 4180
—, 2-Methyl-3-[2]thienyl- 4177
— äthylester 4177
—, 2-Methyl-3-[3]thienyl-,
— äthylester 4178
—, 3-[3-Methyl-[2]thienyl]- 4178
— äthylester 4178
—, 3-[5-Methyl-[2]thienyl]- 4179
— äthylester 4179
—, 2-[1]Naphthyl-3-[2]thienyl- 4399
—, 3-[5-Nitro-[2]furyl]- 4155
— acetylamid 4163
— [N'-acetyl-hydrazid] 4164
— [4-acetylsulfamoyl-anilid] 4164
— [2-äthoxy-6-brom-[1]naphthylamid]
4163
— äthylamid 4157
— äthylester 4156
— allylamid 4159
— amid 4157
— anhydrid 4157

— anilid 4159
— p-anisidid 4162
— [N'-benzoyl-hydrazid] 4165
— benzylamid 4160
— [bis-(2-hydroxy-äthyl)-amid] 4161
— [4-brom-anilid] 4160
— [5-brom-2-hydroxy-anilid] 4161
— [3-brom-4-hydroxy-5-isopropyl-2-
methyl-anilid] 4162
— [1-brom-[2]naphthylamid] 4161
— [4-brom-[1]naphthylamid] 4161
— [1-brom-[2]naphthylester] 4156
— butylamid 4158
— sec-butylamid 4158
— [2-chlor-anilid] 4159
— [3-chlor-anilid] 4159
— [4-chlor-anilid] 4159
— [5-chlor-2-hydroxy-anilid] 4161
— [3-chlor-4-hydroxy-5-isopropyl-2-
methyl-anilid] 4162
— [4-chlor-[1]naphthylamid] 4160
— [4-chlor-phenylester] 4156
— [4-cyan-anilid] 4163
— diäthylamid 4157
— dibutylamid 4158
— [2,4-dichlor-anilid] 4159
— [2,5-dichlor-anilid] 4160
— diisobutylamid 4158
— diisopentylamid 4159
— diisopropylamid 4158
— dimethylamid 4157
— [4-dimethylamino-anilid] 4164
— dipropylamid 4158
— hydrazid 4164
— [2-hydroxy-äthylamid] 4161
— [2-hydroxy-anilid] 4161
— [3-hydroxy-anilid] 4162
— [4-hydroxy-anilid] 4162
— [4-hydroxy-5-isopropyl-2-methyl-
anilid] 4162
— [2-hydroxy-[1]naphthylamid] 4163
— [4-hydroxy-[1]naphthylamid] 4163
— [2-hydroxy-propylamid] 4161
— isobutylamid 4158
— isopentylamid 4158
— isopropylamid 4158
— isopropylidenhydrazid 4164
— [4-jod-anilid] 4160
— [4-mercapto-anilid] 4162
— methylamid 4157
— methylester 4156
— [1]naphthylamid 4160
— [2]naphthylamid 4160
— [2]naphthylester 4156
— [4-nitro-anilid] 4160
— [4-(4-nitro-phenylmercapto)-anilid]
4162
— phenylester 4156
— [N'-phenyl-hydrazid] 4164

Acrylsäure
—, 3-[5-Nitro-[2]furyl]-, (Fortsetzung)
— propylamid 4157
— [4-sulfamoyl-anilid] 4163
— [4-sulfamoyl-benzylamid] 4164
— *p*-toluidid 4160
—, 3-[5-(2-Nitro-phenyl)-[2]furyl]- 4330
—, 3-[5-(4-Nitro-phenyl)-[2]furyl]- 4330
—, 2-[4-Nitro-phenyl]-3-[2]thienyl- 4328
—, 3-[5-Nitro-selenophen-2-yl]- 4170
— methylester 4170
—, 3-[2-Nitro-[3]thienyl]- 4171
— äthylester 4171
—, 3-[5-Nitro-[2]thienyl]- 4169
— äthylester 4169
— amid 4169
— methylester 4169
—, 3-[5-Phenäthyl-[2]thienyl]-2-phenyl- 4413
—, 3-[5-Phenyl-[2]furyl]- 4330
—, 2-Phenyl-3-[5-(3-phenyl-propyl)-[2]thienyl]- 4414
—, 2-Phenyl-3-selenophen-2-yl- 4328
—, 2-Phenyl-3-[2]thienyl- 4325
—, 3-Phenyl-3-[2]thienyl- 4329
— äthylester 4308
—, 3-[5-Prop-1-inyl-[2]thienyl]- 4261
— methylester 4261
—, 3-[5-Propyl-[2]thienyl]- 4185
— äthylester 4185
—, 3-Selenophen-2-yl- 4170
— äthylester 4170
— methylester 4170
—, 3-[2]Thienyl- 4165
— äthylester 4166
— amid 4166
— *sec*-butylamid 4167
— isopropylamid 4167
— methylamid 4167
— methylester 4166
—, 3-[3]Thienyl- 4171
— äthylester 4171
—, 3-[3,4,6-Trimethyl-benzofuran-2-yl]- 4315
— methylester 4315

Adipinsäure
—, 2,3-Epoxy-3-methyl-,
— 1-[2-äthyl-hexylester]-6-butylester 4440
— 6-[2-äthyl-hexylester]-1-butylester 4441
— 1-[2-äthyl-hexylester]-6-dodecylester 4441
— 6-[2-äthyl-hexylester]-1-dodecylester 4441
— bis-[2-äthyl-hexylester] 4441
— 1-butylester-6-dodecylester 4441
— 6-butylester-1-dodecylester 4441
— dibutylester 4440
— didodecylester 4441
—, 2,3-Epoxy-3-phenyl- 4549
— diäthylester 4549

Äthan
—, 1-[2-Äthoxy-äthoxy]-2-[furan-2-carbonyloxy]- 3923
—, 1-[2-Äthoxy-äthoxy]-2-[tetrahydrofuran-2-carbonyloxy]- 3826
—, 1-[*N*-Äthyl-anilino]-2-[furan-2-carbonyloxy]- 3929
—, 1-[*N*-Äthyl-anilino]-2-[phenyl-[2]thienyl-acetoxy]- 4296
—, 1-[Äthyl-isopropyl-amino]-2-[xanthen-9-carbonyloxy]- 4353
—, 1,2-Bis-[5,6-dihydro-4*H*-pyran-3-carbonyloxy]- 3880
—, 1,2-Bis-[furan-2-carbonyloxy]- 3923
—, 1,2-Bis-[2-(furan-2-carbonyloxy)-äthoxy]- 3923
—, 1,2-Bis-[3-[2]furyl-acryloyloxy]- 4148
—, 1,2-Bis-[tetrahydro-furan-2-carbonyloxy]- 3826
—, 1,2-Bis-[2-(tetrahydro-furan-2-carbonyloxy)-äthoxy]- 3826
—, 1-[2-Butoxy-äthoxy]-2-[furan-2-carbonyloxy]- 3923
—, 1-[2-Butoxy-äthoxy]-2-[tetrahydrofuran-2-carbonyloxy]- 3826
—, 1-Crotonoyloxy-2-[2,3-epoxy-butyryloxy]- 3823
—, 1-Crotonoyloxy-2-[3-methyl-oxirancarbonyloxy]- 3823
—, 1-[2-Diäthylamino-äthoxy]-1-[3-[2]furyl-2-phenyl-propionyloxy]- 4305
—, 1-[2-Diäthylamino-äthoxy]-2-[4-phenyl-tetrahydro-pyran-4-carbonyloxy]- 4223
—, 1-[2-Diäthylamino-äthoxy]-2-[2-phenyl-3-[2]thienyl-propionyloxy]- 4306
—, 2-Diäthylamino-1-[furan-2-carbonyloxy]-1-phenyl- 3936
—, 1-[Isopropyl-methyl-amino]-2-[xanthen-9-carbonyloxy]- 4353
—, 1,1,1-Trichlor-2-[4-chlor-phenyl]-2-[furan-2-carbonyloxy]- 3921

1,4-Äthano-anthracen-2,3-dicarbonsäure
—, 11,12-Epoxy-9,10-diphenyl-1,2,3,4-tetrahydro-,
— diäthylester 4587
— dimethylester 4587

Äthanol
—, 2-[Furan-2-carbonyloxy]- 3922

Äthanon
—, 1-Biphenyl-4-yl-2-[furan-2-carbonylamino]- 3952
—, 1-Biphenyl-4-yl-2-[furan-2-carbonyloxy]- 3926

Äthanon (Fortsetzung)

—, 1-[4-Brom-phenyl]-2-[thiophen-3-carbonyloxy]- 4055

—, 2-Diazo-1-[2-*m*-tolyl-benzofuran-3-yl]- 4393

—, 2-[Furan-2-carbonylamino]-1-[4-nitro-phenyl]- 3952

—, 2-[Furan-2-carbonylamino]-1-phenyl- 3952

—, 2-[Furan-2-carbonyloxy]-1-[2]furyl- 3936

— semicarbazon 3937

—, 1-[2-(Furan-2-carbonyloxy)-phenyl]- 3925

—, 2-[Furan-2-carbonyloxy]-1-phenyl- 3925

—, 2-[Furan-2-carbonyloxy]-1-[2]thienyl- 3937

—, 1-[2]Furyl-,
— [furan-2-carbonylhydrazon] 3973

—, 2-Hydroxy-1-[5-nitro-[2]furyl]-,
— [5-brom-furan-2-carbonylhydrazon] 3991
— [furan-2-carbonylhydrazon] 3974

—, 1-Phenyl-2-[thiophen-2-carbonylamino]- 4020

1λ⁶-4,7-Ätheno-benzo[*b*]thiophen-5,6-dicarbonsäure

—, 1,1-Dioxo-3a,4,5,6,7,7a-hexahydro-,
— dimethylester 4549

3,6-Ätheno-cyclobutabenzen-4,5-dicarbonsäure

—, 1,2-Epoxy-1,2,2a,3,6,6a-hexahydro-,
— dimethylester 4560

—, 1,2-Epoxy-octahydro-,
— dimethylester 4550

1,6a-Ätheno-pentaleno[1,2-*c*]furan-1,6-dicarbonsäure

—, 3a-Methyl-octahydro- 4554
— dimethylester 4554

Äther

—, Bis-[2-(5,6-dihydro-4*H*-pyran-3-carbonyloxy)-äthyl]- 3880

—, Bis-[(furan-2-carbonylamino)-methyl]- 3939

—, Bis-[2-(furan-2-carbonyloxy)-äthyl]- 3923

—, Bis-[2-(tetrahydro-furan-2-carbonyloxy)-äthyl]- 3826

—, Bis-[2-(4-[2]thienyl-butyryloxy)-äthyl]- 4104

Äthylendiamin

—, *N*-Benzyl-*N'*,*N'*-dimethyl-*N*-[thiophen-2-carbonyl]- 4022

—, *N*,*N'*-Bis-[furan-2-carbonylmercaptothiocarbonyl]- 4002

—, *N*,*N'*-Bis-[2-methyl-3-(5-nitro-[2]furyl)-acryloyl]- 4177

—, *N*,*N*-Diäthyl-*N'*-benzyl-*N'*-[3-[2]furyl-acryloyl]- 4151

—, *N*,*N*-Diäthyl-*N'*-benzyl-*N'*-[xanthen-9-carbonyl]- 4357

—, *N*,*N*-Diäthyl-*N'*-[cyclohex-2-enyl-[2]thienyl-acetyl]- 4229

—, *N*,*N*-Diäthyl-*N'*-cyclohexyl-*N'*-[xanthen-9-carbonyl]- 4357

—, *N*,*N*-Diäthyl-*N'*-[cyclopent-2-enyl-[2]thienyl-acetyl]- 4220

—, *N*,*N*-Diäthyl-*N'*-[5-nitro-thiophen-2-carbonyl]- 4046

—, *N*,*N*-Diäthyl-*N'*-phenyl-*N'*-[xanthen-9-carbonyl]- 4357

—, *N*,*N*-Diäthyl-*N'*-[thiophen-2-carbonyl]- 4022

—, *N*,*N*-Diäthyl-*N'*-[xanthen-9-carbonyl]- 4356

—, *N*,*N*-Diäthyl-*N'*-[xanthen-9-yl-acetyl]- 4371

—, *N*,*N*-Dimethyl-*N'*-[thiophen-2-carbonyl]- 4022

Äthylentricarbonitril

—, [2]Furyl- 4596

Äthylidendiamin

—, *N*-Benzyl-*N'*-[5-brom-furan-2-carbonyl]-2,2,2-trichlor- 3989

—, *N*-Benzyl-2,2,2-trichlor-*N'*-[furan-2-carbonyl]- 3951

—, *N*-Benzyl-2,2,2-trichlor-*N'*-[5-nitro-furan-2-carbonyl]- 3997

—, *N*-[5-Brom-furan-2-carbonyl]-2,2,2-trichlor-*N'*-phenyl- 3989

—, 2,2,2-Trichlor-*N*-[furan-2-carbonyl]- 3951

—, 2,2,2-Trichlor-*N*-[furan-2-carbonyl]-*N'*-methyl- 3951

—, 2,2,2-Trichlor-*N*-[furan-2-carbonyl]-*N'*-phenäthyl- 3952

—, 2,2,2-Trichlor-*N*-[furan-2-carbonyl]-*N'*-phenyl- 3951

—, 2,2,2-Trichlor-*N*-[5-nitro-furan-2-carbonyl]-*N'*-phenyl- 3997

Alanin

—, *N*-Äthyl-*N*-[tetrahydro-pyran-4-carbonyl]-,
— diäthylamid 3837
— dimethylamid 3837

Amin

—, Acetyl-[3,5-dinitro-thiophen-2-carbonyl]- 4048

—, Acetyl-[9,10-epoxy-octadecanoyl]- 3874

—, Acetyl-[5-nitro-furan-2-carbonyl]- 3997

—, Acetyl-[3-(5-nitro-[2]furyl)-acryloyl]- 4163

Primäre Amine sind als Alkyl- bzw. Arylamine registriert

Amin (Fortsetzung)

—, Acetyl-[5-nitro-thiophen-2-carbonyl]-
4045

—, [N-Acetyl-sulfanilyl]-[furan-2-
carbonyl]- 3964

—, [N-Acetyl-sulfanilyl]-[3-[2]furyl-
acryloyl]- 4152

—, Acetyl-[thiophen-2-carbonyl]- 4021

—, [N-Äthoxycarbonyl-sulfanilyl]-[furan-
2-carbonyl]- 3964

—, Bis-[1-(5-brom-furan-2-
carbonylamino)-2,2,2-trichlor-äthyl]-
3989

—, Bis-[furan-2-carbonyl]- 3963

—, Bis-[2,2,2-trichlor-1-(furan-2-
carbonylamino)-äthyl]- 3952

—, [5-tert-Butyl-furan-2-carbonyl]-
[4-nitro-benzolsulfonyl]- 4119

—, [5-tert-Butyl-furan-2-carbonyl]-
sulfanilyl- 4119

—, [Furan-2-carbimidoyl]-sulfanilyl-
3968

—, [Furan-2-carbonyl]-[N-(furan-2-
carbonyl)-sulfanilyl]- 3964

—, [Furan-2-carbonyl]-[4-hydroxy-
benzolsulfonyl]- 3963

—, [Furan-2-carbonyl]-sulfanilyl- 3963

—, Tris-[furan-2-carbonyl]- 3963

—, Tris-[furan-2-thiocarbonylmercapto-
methyl]- 4008

Ammonium

—, Äthoxycarbonylmethyl-diäthyl-[2-
(cyclohex-2-enyl-[2]thienyl-acetoxy)-äthyl]-
4228

—, Äthoxycarbonylmethyl-diäthyl-[2-
(cyclopent-2-enyl-[2]thienyl-acetoxy)-
äthyl]- 4218

—, Äthyl-[2-(5-benzyl-furan-2-
carbonyloxy)-äthyl]-dimethyl- 4298

—, Äthyl-[3-(5-benzyl-furan-2-
carbonyloxy)-butyl]-dimethyl- 4300

—, Äthyl-[3-(5-benzyl-furan-2-
carbonyloxy)-2,2-dimethyl-propyl]-
dimethyl- 4302

—, Äthyl-[3-(5-benzyl-furan-2-
carbonyloxy)-2-methyl-butyl]-dimethyl-
4301

—, Äthyl-[3-(5-benzyl-furan-2-
carbonyloxy)-propyl]-dimethyl- 4299

—, Äthyl-[2-(5-brom-furan-2-
carbonyloxy)-äthyl]-dimethyl- 3982

—, Äthyl-[3-(5-brom-furan-2-
carbonyloxy)-butyl]-dimethyl- 3985

—, Äthyl-[3-(5-brom-furan-2-
carbonyloxy)-2,2-dimethyl-propyl]-
dimethyl- 3987

—, Äthyl-[3-(5-brom-furan-2-
carbonyloxy)-2-methyl-butyl]-dimethyl-
3986

—, Äthyl-[3-(5-brom-furan-2-
carbonyloxy)-propyl]-dimethyl- 3983

—, Äthyl-sec-butyl-methyl-[2-(xanthen-9-
carbonyloxy)-äthyl]- 4354

—, Äthyl-diisopropyl-[2-(xanthen-9-
carbonyloxy)-äthyl]- 4354

—, Äthyl-dimethyl-[2-(5-methyl-furan-2-
carbonyloxy)-äthyl]- 4077

—, Äthyl-dimethyl-[3-(5-methyl-furan-2-
carbonyloxy)-butyl]- 4080

—, Äthyl-dimethyl-[3-(5-methyl-furan-2-
carbonyloxy)-propyl]- 4078

—, Äthyl-[2,2-dimethyl-3-(5-methyl-
furan-2-carbonyloxy)-propyl]-dimethyl-
4083

—, Äthyl-dimethyl-[2-methyl-3-(5-
methyl-furan-2-carbonyloxy)-butyl]- 4082

—, Äthyl-dimethyl-[3-methyl-3-(5-
methyl-furan-2-carbonyloxy)-butyl]- 4081

—, Äthyl-dimethyl-[2-(xanthen-9-yl-
acetoxy)-äthyl]- 4368

—, Äthyl-dipropyl-[2-(xanthen-9-yl-
acetoxy)-äthyl]- 4369

—, Äthyl-[2-(furan-2-carbonyloxy)-äthyl]-
dimethyl- 3929

—, Äthyl-[3-(furan-2-carbonyloxy)-butyl]-
dimethyl- 3932

—, Äthyl-[3-(furan-2-carbonyloxy)-2,2-
dimethyl-propyl]-dimethyl- 3935

—, Äthyl-[3-(furan-2-carbonyloxy)-2-
methyl-butyl]-dimethyl- 3934

—, Äthyl-[3-(furan-2-carbonyloxy)-
propyl]-dimethyl- 3930

—, Äthyl-isopropyl-methyl-[2-(xanthen-9-
carbonyloxy)-äthyl]- 4353

—, [α-Allylmercapto-furfuryliden]-
dimethyl- 4007

—, [2-(Benzo[b]thiophen-2-carbonyloxy)-
äthyl]-diisopropyl-methyl- 4252

—, [2-(Benzo[b]thiophen-3-carbonyloxy)-
äthyl]-diisopropyl-methyl- 4257

—, [3-(Benzo[b]thiophen-3-carbonyloxy)-
propyl]-trimethyl- 4258

—, [2-(5-Benzyl-furan-2-carbonyloxy)-
äthyl]-trimethyl- 4298

—, [3-(5-Benzyl-furan-2-carbonyloxy)-
butyl]-trimethyl- 4300

—, [3-(5-Benzyl-furan-2-carbonyloxy)-
2,2-dimethyl-propyl]-trimethyl- 4302

—, [3-(5-Benzyl-furan-2-carbonyloxy)-2-
methyl-butyl]-trimethyl- 4301

—, [3-(5-Benzyl-furan-2-carbonyloxy)-
propyl]-trimethyl- 4299

—, [α-Benzylmercapto-furfuryliden]-
dimethyl- 4007

—, [2-(5-Brom-furan-2-carbonyloxy)-
äthyl]-trimethyl- 3982

—, [3-(5-Brom-furan-2-carbonyloxy)-
butyl]-trimethyl- 3985

Ammonium (Fortsetzung)

—, [3-(5-Brom-furan-2-carbonyloxy)-2,2-
dimethyl-propyl]-trimethyl- 3987

—, [3-(5-Brom-furan-2-carbonyloxy)-2-
methyl-butyl]-trimethyl- 3986

—, [3-(5-Brom-furan-2-carbonyloxy)-
propyl]-trimethyl- 3983

—, [2-(Cyclohex-2-enyl-[2]thienyl-
acetoxy)-äthyl]-diisopropyl-methyl- 4227

—, [2-(Cyclopent-2-enyl-[2]thienyl-
acetoxy)-äthyl]-diisopropyl-methyl- 4217

—, Diäthyl-[3-(benzo[*b*]thiophen-2-
carbonyloxy)-propyl]-methyl- 4252

—, Diäthyl-[3-(benzo[*b*]thiophen-3-
carbonyloxy)-propyl]-methyl- 4258

—, Diäthyl-[3-(benzo[*b*]thiophen-3-yl-
acetoxy)-propyl]-methyl- 4264

—, Diäthyl-benzyl-[2-(cyclohex-2-enyl-[2]⸗
thienyl-acetoxy)-äthyl]- 4228

—, Diäthyl-benzyl-[2-(cyclopent-2-enyl-
[2]thienyl-acetoxy)-äthyl]- 4217

—, Diäthyl-[2-(5-benzyl-furan-2-
carbonyloxy)-äthyl]-methyl- 4298

—, Diäthyl-[3-(5-benzyl-furan-2-
carbonyloxy)-butyl]-methyl- 4301

—, Diäthyl-[3-(5-benzyl-furan-2-
carbonyloxy)-2,2-dimethyl-propyl]-
methyl- 4302

—, Diäthyl-[3-(5-benzyl-furan-2-
carbonyloxy)-2-methyl-butyl]-methyl- 4302

—, Diäthyl-[3-(5-benzyl-furan-2-
carbonyloxy)-propyl]-methyl- 4299

—, Diäthyl-[2-(5-brom-furan-2-
carbonyloxy)-äthyl]-methyl- 3983

—, Diäthyl-[3-(5-brom-furan-2-
carbonyloxy)-butyl]-methyl- 3985

—, Diäthyl-[3-(5-brom-furan-2-
carbonyloxy)-2,2-dimethyl-propyl]-
methyl- 3987

—, Diäthyl-[3-(5-brom-furan-2-
carbonyloxy)-2-methyl-butyl]-methyl- 3986

—, Diäthyl-[3-butoxycarbonyl-allyl]-[2-
(cyclopent-2-enyl-[2]thienyl-acetoxy)-
äthyl]- 4218

—, Diäthyl-butyl-[2-(xanthen-9-
carbonyloxy)-äthyl]- 4354

—, Diäthyl-{2-[2-(2-chlor-phenyl)-5,6-
dihydro-4*H*-pyran-3-carbonyloxy]-äthyl}-
methyl- 4279

—, Diäthyl-[2-(cyclohex-2-enyl-[2]thienyl-
acetoxy)-äthyl]-methyl- 4227

—, Diäthyl-[2-(cyclopent-2-enyl-[2]⸗
thienyl-acetoxy)-äthyl]-methyl- 4216

—, Diäthyl-[2-(2,6-dimethyl-5,6-dihydro-4*H*-
pyran-3-carbonyloxy)-äthyl]-methyl- 3984

—, Diäthyl-[2,2-dimethyl-3-[5-methyl-
furan-2-carbonyloxy)-propyl]-methyl-
4083

—, Diäthyl-[2-(furan-2-carbonyloxy)-
äthyl]-methyl- 3929

—, Diäthyl-[3-(furan-2-carbonyloxy)-
butyl]-methyl- 3932

—, Diäthyl-[3-(furan-2-carbonyloxy)-2,2-
dimethyl-propyl]-methyl- 3935

—, Diäthyl-[3-(furan-2-carbonyloxy)-
propyl]-methyl- 3930

—, Diäthyl-[2-hydroxy-äthyl]-[2-
(xanthen-9-carbonyloxy)-äthyl]- 4355

—, Diäthyl-isopropyl-[2-(xanthen-9-yl-
acetoxy)-äthyl]- 4369

—, Diäthyl-isopropyl-[2-(xanthen-9-
ylcarbonyloxy)-äthyl]- 4353

—, Diäthyl-methyl-[2-(2,7-dimethyl-
xanthen-9-carbonyloxy)-äthyl]- 4377

—, Diäthyl-methyl-[2-(5-methyl-furan-2-
carbonyloxy)-äthyl]- 4077

—, Diäthyl-methyl-[3-(5-methyl-furan-2-
carbonyloxy)-butyl]- 4080

—, Diäthyl-methyl-[3-(5-methyl-furan-2-
carbonyloxy)-propyl]- 4078

—, Diäthyl-methyl-[2-methyl-3-(5-
methyl-furan-2-carbonyloxy)-butyl]- 4082

—, Diäthyl-methyl-[3-methyl-3-(5-
methyl-furan-2-carbonyloxy)-butyl]- 4081

—, Diäthyl-methyl-[2-(6-methyl-2-phenyl-
5,6-dihydro-4*H*-pyran-3-carbonyloxy)-
äthyl]- 4282

—, Diäthyl-methyl-[2-(2-methyl-xanthen-
9-carbonyloxy)-äthyl]- 4374

—, Diäthyl-methyl-[2-(4-methyl-xanthen-
9-carbonyloxy)-äthyl]- 4375

—, Diäthyl-methyl-[2-(2-phenyl-5,6-
dihydro-4*H*-pyran-3-carbonyloxy)-äthyl]-
4278

—, Diäthyl-methyl-[2-(phenyl-[2]thienyl-
acetoxy)-äthyl]- 4295

—, Diäthyl-methyl-[3-(3-phenyl-2-[2]⸗
thienyl-propionyloxy)-propyl]- 4305

—, Diäthyl-methyl-[2-(9-phenyl-xanthen-
9-carbonyloxy)-äthyl]- 4415

—, Diäthyl-methyl-[2-(3-phenyl-2-
xanthen-9-yl-propionyloxy)-äthyl]- 4417

—, Diäthyl-methyl-[2-(thioxanthen-9-
carbonyloxy)-äthyl]- 4358

—, Diäthyl-methyl-[2-(9-*o*-tolyl-xanthen-
9-carbonyloxy)-äthyl]- 4416

—, Diäthyl-methyl-[2-(xanthen-9-
carbonylamino)-äthyl]- 4357

—, Diäthyl-methyl-[2-(xanthen-9-
carbonyloxy)-äthyl]- 4352

—, Diäthyl-methyl-[*β*-(xanthen-9-
carbonyloxy)-isopropyl]- 4355

—, Diäthyl-methyl-[2-(xanthen-9-
carbonyloxy)-propyl]- 4356

—, Diäthyl-methyl-[3-(xanthen-9-
carbonyloxy)-propyl]- 4355

Ammonium (Fortsetzung)

—, Triäthyl-[3-methyl-3-(5-methyl-furan-2-carbonyloxy)-butyl]- 4081
—, Triäthyl-[2-(2-methyl-xanthen-9-carbonyloxy)-äthyl]- 4375
—, Triäthyl-[2-(xanthen-9-carbonyloxy)-äthyl]- 4352
—, Triäthyl-[3-(xanthen-9-carbonyloxy)-propyl]- 4355
—, Triäthyl-[2-(xanthen-9-yl-acetoxy)-äthyl]- 4368
—, Triäthyl-[2-(xanthen-9-yliden-acetoxy)-äthyl]- 4387
—, Trimethyl-[2-(5-methyl-furan-2-carbonyloxy)-äthyl]- 4077
—, Trimethyl-[3-(5-methyl-furan-2-carbonyloxy)-butyl]- 4080
—, Trimethyl-[3-(5-methyl-furan-2-carbonyloxy)-propyl]- 4078
—, Trimethyl-[2-methyl-3-(5-methyl-furan-2-carbonyloxy)-butyl]- 4081
—, Trimethyl-[3-methyl-3-(5-methyl-furan-2-carbonyloxy)-butyl]- 4081
—, Trimethyl-[2-(thiophen-2-carbonyloxy)-äthyl]- 4015
—, Trimethyl-[2-(xanthen-9-carbonyloxy)-äthyl]- 4351
—, Trimethyl-[β-(xanthen-9-carbonyloxy)-isopropyl]- 4355
—, Trimethyl-[2-(xanthen-9-yl-acetoxy)-äthyl]- 4367
—, Tripropyl-[2-(xanthen-9-yl-acetoxy)-äthyl]- 4369

Androst-4-en-3-on

—, 4-Chlor-17-[3-tetrahydro[2]furyl-propionyloxy]- 3847
—, 17-[Furan-2-carbonyloxy]- 3926
—, 17-[Tetrahydro-furan-2-carbonyloxy]- 3827

Anhydrid
s.a. Oxid

—, [N,N'-Äthandiyl-bis-dithiocarbamidsäure]-[furan-2-carbonsäure]-di- 4002
—, Benzoesäure-[N-(thiophen-2-carbonyl)-benzimidsäure]- 4021
—, Diisopropyldithiocarbamidsäure-[furan-2-carbonsäure]- 4002
—, Dimethyldithiocarbamidsäure-[furan-2-carbonsäure]- 4002
—, Essigsäure-[furan-2-carbonsäure]- 3928
—, Essigsäure-[3-(5-nitro-[2]furyl)-acrylsäure]- 4156
—, [Furan-2-carbonsäure]-trifluoressigsäure- 3928

Anilin

—, N-Benzoyl-N-[furan-2-thiocarbonyl]- 4006

Anthracen-2-sulfonsäure

—, 4,4'-Bis-[4-chlor-anilino]-9,10,9',10'-tetraoxo-9,10,9',10'-tetrahydro-1,1'-[furan-2,5-bis-carbonylamino]-bis- 4493
—, 4,4'-Dianilino-9,10,9',10'-tetraoxo-9,10,9',10'-tetrahydro-1,1'-[furan-2,5-bis-carbonylamino]-bis- 4492
—, 4,4'-Di-p-anisidino-9,10,9',10'-tetraoxo-9,10,9',10'-tetrahydro-1,1'-[furan-2,5-bis-carbonylamino]-bis- 4494
—, 9,10,9',10'-Tetraoxo-4,4'-di-p-phenetidino-9,10,9',10'-tetrahydro-1,1'-[furan-2,5-bis-carbonylamino]-bis- 4494
—, 9,10,9',10'-Tetraoxo-4,4'-di-m-toluidino-9,10,9',10'-tetrahydro-1,1'-[furan-2,5-bis-carbonylamino]-bis- 4493
—, 9,10,9',10'-Tetraoxo-4,4'-di-o-toluidino-9,10,9',10'-tetrahydro-1,1'-[furan-2,5-bis-carbonylamino]-bis- 4493
—, 9,10,9',10'-Tetraoxo-4,4'-di-p-toluidino-9,10,9',10'-tetrahydro-1,1'-[furan-2,5-bis-carbonylamino]-bis- 4493

Anthrachinon

—, 4-Biphenyl-4-ylamino-2-brom-1-[furan-2-carbonylamino]- 3960
—, 1,5-Bis-[furan-2-carbonylamino]- 3960
—, 1,8-Bis-[furan-2-carbonylamino]- 3960
—, 1,5-Bis-[furan-2-carbonylamino]-4-hydroxy- 3962
—, 2-Brom-1-[furan-2-carbonylamino]- 3953
—, 2-Brom-1-[furan-2-carbonylamino]-4-[1]naphthylamino- 3959
—, 2-Brom-1-[furan-2-carbonylamino]-4-[2]naphthylamino- 3960
—, 2-Brom-1-[furan-2-carbonylamino]-4-p-phenetidino- 3960
—, 2-Brom-1-[furan-2-carbonylamino]-4-p-toluidino- 3959
—, 4,8-Dianilino-2,6-dibrom-1,5-bis-[furan-2-carbonylamino]- 3961
—, 4,5-Dianilino-2,7-dibrom-1,8-[furan-2-carbonylamino]- 3961
—, 4,8-Di-p-anisidino-2,6-dibrom-1,5-bis-[furan-2-carbonylamino]- 3961
—, 4,5-Di-p-anisidino-2,7-dibrom-1,8-[furan-2-carbonylamino]- 3962
—, 2,6-Dibrom-1,5-bis-[furan-2-carbonylamino]-4,8-di-p-phenetidino- 3961
—, 2,6-Dibrom-1,5-bis-[furan-2-carbonylamino]-4,8-di-p-toluidino- 3961
—, 2,7-Dibrom-1,8-[furan-2-carbonylamino]-4,5-di-p-phenetidino- 3962
—, 2,7-Dibrom-1,8-[furan-2-carbonylamino]-4,5-di-p-toluidino- 3961

Cyclopenta[c]furan-4-carbonsäure
—, 5-Methyl-3,3a,6,6a-tetrahydro-1H-
4122
Cyclopentancarbonitril
—, 1,2-Epoxy- 3884
—, 2,3-Epoxy- 3884
—, 1-[2]Thienyl- 4186
Cyclopentancarbonsäure
—, 3-Brom-1,2-epoxy-2-phenyl-,
— anilid 4282
—, 1-[2]Thienyl- 4185
— äthylester 4185
— [2-diäthylamino-äthylester] 4185
Cyclopropa[b]benzofuran-1-carbonsäure
—, 1a,6b-Dihydro-1H- 4270
— äthylester 4270
— amid 4270
Cyclopropa[b][1]benzothiophen s. Benzo[b]cyclo≈
propa[d]thiophen
Cyclopropa[b]furan s. unter 2-Oxa-bicyclo[3.1.0]≈
hexan
Cyclopropancarbonsäure
—, 2-[2]Thienyl- 4180
— äthylester 4180
— amid 4181
— anilid 4181
— [2-diäthylamino-äthylester] 4181
Cyclopropancarbonylchlorid
—, 2-[2]Thienyl- 4181
Cyclopropan-1,1-dicarbonsäure
—, 2-[3,3-Bis-äthoxycarbonyl-oxiranyl]-3-
methyl-,
— diäthylester 4600
Cyclopropan-1,1,2,2-tetracarbonitril
—, 3-[2]Furyl- 4602
p-Cymol
—, 3-[Furan-2-carbonyloxy]- 3922

D

Daniellsäure 4288
Deca-4,8-diensäure
—, 2,3-Epoxy-5,9-dimethyl-,
— amid 4135
—, 2,3-Epoxy-2,5,9-trimethyl-,
— äthylester 4138
Decanoylchlorid
—, 10-[2]Thienyl- 4138
Decansäure
—, 2,3-Epoxy- 3863
— äthylester 3863
—, 10-[3-Hexyl-oxiranyl]- 3870
—, 10-[3-Octyl-oxiranyl]- 3875
—, 10-[2]Thienyl- 4138
— amid 4139

Dec-8-ensäure
—, 2,3-Epoxy-5,9-dimethyl-,
— äthylester 3909
—, 2,3-Epoxy-2,5,9-trimethyl-,
— äthylester 3910
Dehydroschleimsäure 4481
Desoxybenzoin
—, 2-[Furan-2-carbonyloxy]-4,6-
dimethoxy- 3927
Desoxycorticosteron
—, O-[Furan-2-carbonyl]- 3926
Desoxyschellolsäure 4554
— dimethylester 4554
Diäthylenglykol
—, O-Äthyl-O'-[furan-2-carbonyl]- 3923
—, O-Äthyl-O'-[tetrahydro-furan-2-
carbonyl]- 3826
—, O,O'-Bis-[5,6-dihydro-4H-pyran-3-
carbonyl]- 3880
—, O,O'-Bis-[furan-2-carbonyl]- 3923
—, O,O'-Bis-[tetrahydro-furan-2-
carbonyl]- 3826
—, O,O'-Bis-[4-[2]thienyl-butyryl]- 4104
—, O-Butyl-O'-[furan-2-carbonyl]- 3923
—, O-Butyl-O'-[tetrahydro-furan-2-
carbonyl]- 3826
Dibenzofuran
—, 2,8-Bis-carbamoylmethyl- 4576
—, 2,8-Bis-carboxymethyl- 4575
—, 2,8-Bis-methoxycarbonylmethyl-
4576
Dibenzofuran-2-carbamid 4342
—, N,N-Diäthyl- 4343
—, N-Dodecyl- 4343
—, N-Octadecyl- 4343
Dibenzofuran-4-carbamid 4347
—, N-[3,4-Dimethoxy-phenacyl]- 4347
—, N,N-Dimethyl- 4347
Dibenzofuran-3-carbamidin 4345
Dibenzofuran-2-carbanilid 4343
—, N-Methyl- 4343
Dibenzofuran-3-carbonitril 4345
—, 8-Chlor- 4346
Dibenzofuran-1-carbonsäure 4340
— methylester 4341
—, 3-Nitro- 4341
— methylester 4341
—, 7-Nitro- 4341
— methylester 4341
Dibenzofuran-2-carbonsäure 4341
— äthylester 4342
— amid 4342
— anilid 4343
— chlorid 4342
— [3-chlor-propylester] 4342
— diäthylamid 4343
— [2-diäthylamino-äthylester] 4342

Essigsäure (Fortsetzung)
—, [3-Äthoxycarbonyl-[2]furyl]-,
  — äthylester 4500
—, [2-Äthoxycarbonyl-5-methyl-
  benzofuran-3-yliden]-,
  — äthylester 4560
—, [2-Äthoxycarbonyl-6-methyl-
  benzofuran-3-yliden]-,
  — äthylester 4560
—, [4-Äthoxycarbonyl-5-methyl-[2]furyl]-
  4507
  — äthylester 4507
—, [6-Äthoxycarbonylmethyl-tetrahydro-
  pyran-2-yliden]-,
  — äthylester 4464
—, [2-Äthoxycarbonyl-naphtho[2,1-*b*]=
  furan-1-yl]-,
  — äthylester 4574
—, [3-Äthoxycarbonyl-5-(2-nitro-vinyl)-
  [2]furyl]-,
  — äthylester 4539
—, [4-Äthyl-3-carboxy-[2]furyl]- 4515
—, [3-Äthyl-4,6-dimethyl-benzofuran-2-
  yl]- 4286
  — amid 4286
—, [4-Äthyl-2,5-dimethyl-[3]thienyl]-,
  — amid 4128
—, [5-Äthyl-3-methyl-[2]thienyl]-,
  — amid 4121
  — [4-brom-phenacylester] 4121
—, [5-Äthyl-[2]thienyl]- 4109
  — äthylester 4109
  — amid 4109
—, Benzofuran-2-yl- 4262
  — äthylester 4262
  — amid 4262
—, Benzofuran-3-yl- 4263, 4265
  — äthylester 4263
  — amid 4263
—, Benzofuran-3-yliden- 4265
—, Benzo[*b*]selenophen-3-yl-diphenyl-
  4418
—, Benzo[*b*]thiophen-2-yl- 4262
  — äthylester 4263
  — methylester 4263
—, Benzo[*b*]thiophen-3-yl- 4264
  — amid 4264
  — [3-diäthylamino-propylester]
    4264
  — [3-(diäthyl-methyl-ammonio)-
    propylester] 4264
—, Benzo[*b*]thiophen-4-yl- 4265
—, Benzo[*b*]thiophen-5-yl- 4265
—, Benzo[*b*]thiophen-6-yl- 4266
—, Benzo[*b*]thiophen-7-yl- 4266
—, Benzo[*b*]thiophen-2-yl-diphenyl- 4418
—, Benzo[*b*]thiophen-3-yl-diphenyl- 4418
  — methylester 4418
—, Biphenyl-4-yl-[2]thienyl- 4403

  — [2-diäthylamino-äthylester] 4403
—, [2-Brom-benzofuran-3-yl]- 4263
—, [2-Brom-benzo[*b*]thiophen-3-yl]-
  diphenyl- 4418
—, [5-Brom-[2]thienyl]-,
  — amid 4066
—, [x-Brom-xanthen-9-yl]- 4367
—, Brom-xanthen-9-yl- 4371
—, [5-*tert*-Butyl-[2]thienyl]-,
  — amid 4126
  — methylester 4126
—, [2-Carboxy-2,3-dihydro-benzofuran-
  3-yl]- 4548
—, [2-Carboxy-2,3-dihydro-benzofuran-
  3-yl]-phenyl- 4577
—, [2-Carboxy-2,3-dihydro-benzo[*b*]=
  thiophen-3-yl]- 4548
—, [3-Carboxy-5,6-dihydro-4*H*-pyran-2-
  yl]- 4454
—, [2-Carboxy-2,5-dimethyl-2,3-dihydro-
  benzofuran-3-yl]- 4551
—, [2-Carboxy-3,6-dimethyl-2,3-dihydro-
  benzofuran-3-yl]- 4551
—, [3-Carboxy-3,5-dimethyl-2,3-dihydro-
  benzofuran-2-yl]- 4551
—, [3-Carboxy-4,5-dimethyl-[2]furyl]-
  4515
—, [3-Carboxy-[2]furyl]- 4500
—, [5-Carboxy-[2]furyl]- 4500
—, [2-Carboxy-5-methyl-benzofuran-3-
  yliden]- 4560
—, [2-Carboxy-6-methyl-benzofuran-
  3-yliden]- 4560
—, [4-Carboxy-5-methyl-[2]furyl]- 4506
—, [2-Carboxy-6-methyl-3-phenyl-2,3-
  dihydro-benzofuran-3-yl]- 4577
—, [5-Carboxy-2-methyl-tetrahydro-[2]=
  furyl]- 4443
—, [2-Carboxy-naphtho[2,1-*b*]furan-1-yl]-
  4573
—, [5-Carboxy-tetrahydro[2]furyl]- 4439
—, [3-Chlor-tetrahydro-[2]furyl]-,
  — methylester 3839
—, [4-Chlor-[2]thienyl]-,
  — äthylester 4065
—, [5-Chlor-[2]thienyl]- 4065
  — amid 4065
  — hydrazid 4065
  — methylester 4065
—, [3-Chlor-xanthen-9-yl]- 4371
—, Cyan-cyclohex-2-enyl-[2]thienyl-,
  — äthylester 4550
—, Cyan-[2,6-dimethyl-pyran-4-yliden]-,
  — äthylester 4540
  — amid 4540
—, Cyan-[2,5-dimethyl-tetrahydro-
  thiopyran-4-yliden]- 4473
  — äthylester 4473

Essigsäure (Fortsetzung)

—, Cyan-[10,10-dioxo-10λ^6-thioxanthen-9-yl]- 4575

—, Cyan-[2,6-diphenyl-4H-pyran-4-yl]-,
 — äthylester 4584

—, [3-Cyan-4-methoxycarbonyl-2,5-dihydro-[2]thienyl]-,
 — methylester 4591

—, Cyan-[2-phenyl-4H-chromen-4-yl]-,
 — äthylester 4579

—, Cyan-[2-phenyl-chromen-4-yliden]-,
 — äthylester 4583

—, Cyan-tetrahydropyran-4-yliden- 4454
 — äthylester 4454

—, Cyan-[2,2,5,5-tetramethyl-dihydro-[3]⁼furyliden]-,
 — äthylester 4475

—, Cyan-[2]thienyl-,
 — äthylester 4500

—, Cyan-thioxanthen-9-yl- 4575
 — [2-diäthylamino-äthylester] 4575

—, Cyan-xanthen-9-yl-,
 — [2-diäthylamino-äthylester] 4575

—, Cyclohex-2-enyl-[2]thienyl- 4226
 — äthylester 4226
 — amid 4229
 — [β,β'-bis-diäthylamino-isopropylester] 4229
 — [5-brom-pentylester] 4226
 — [2-diäthylamino-äthylamid] 4229
 — [2-diäthylamino-äthylester] 4227
 — [3-diäthylamino-2,2-dimethyl-propylester] 4229
 — [β-diäthylamino-isopropylester] 4228
 — [5-diäthylamino-pentylester] 4229
 — [3-diäthylamino-propylester] 4228
 — [2-(diäthyl-benzyl-ammonio)-äthylester] 4228
 — [2-(diäthyl-methyl-ammonio)-äthylester] 4227
 — [2-dibutylamino-äthylester] 4227
 — [2-diisopropylamino-äthylester] 4227
 — [2-(diisopropyl-methyl-ammonio)-äthylester] 4227
 — [3-dipropylamino-propylester] 4228
 — methylester 4226
 — [2-triäthylammonio-äthylester] 4227

—, Cyclohexyl-[2]thienyl- 4190
 — [2-diäthylamino-äthylester] 4190

—, Cyclopent-2-enyl-[2]thienyl- 4215
 — äthylester 4215
 — [2-(äthyl-methyl-amino)-äthylester] 4216
 — [β,β'-bis-diäthylamino-isopropylester] 4219

 — [β,β'-bis-dipropylamino-isopropylester] 4219
 — [2-brom-äthylester] 4215
 — [5-brom-pentylester] 4215
 — [2-diäthylamino-äthylamid] 4220
 — [2-diäthylamino-äthylester] 4216
 — [2-diäthylamino-cyclohexylester] 4219
 — [3-diäthylamino-2,2-dimethyl-propylester] 4219
 — [β-diäthylamino-isopropylester] 4218
 — [5-diäthylamino-pentylester] 4219
 — [3-diäthylamino-propylester] 4218
 — [2-(diäthyl-benzyl-ammonio)-äthylester] 4217
 — [2-(diäthyl-methyl-ammonio)-äthylester] 4216
 — [2-dibenzylamino-äthylester] 4218
 — [2-diisopropylamino-äthylester] 4217
 — [2-(diisopropyl-methyl-ammonio)-äthylester] 4217
 — [2-dimethylamino-äthylester] 4216
 — [2-dipropylamino-äthylester] 4217
 — [2-isopropylamino-äthylester] 4217
 — methylester 4215
 — [2-triäthylammonio-äthylester] 4217

—, Cyclopentyl-[2]thienyl- 4188
 — [2-diäthylamino-äthylester] 4188

—, [3-Diäthylcarbamoyl-4-methyl-[2]⁼furyl]-,
 — diäthylamid 4506

—, [4-Diäthylcarbamoyl-5-methyl-[2]⁼furyl]-,
 — äthylester 4507
 — diäthylamid 4507

—, {Diäthyl-[2-(cyclohex-2-enyl-[2]⁼thienyl-acetoxy)-äthyl]-ammonio}-,
 — äthylester 4228

—, {Diäthyl-[2-(cyclopent-2-enyl-[2]⁼thienyl-acetoxy)-äthyl]-ammonio}-,
 — äthylester 4218

—, [2,5-Diäthyl-[3]thienyl]- 4128
 — äthylester 4128
 — amid 4128

—, [4-Diallylcarbamoyl-5-methyl-[2]furyl]-,
 — diallylamid 4508

—, Dibenzofuran-2,8-diyl-di- 4575
 — diamid 4576
 — dimethylester 4576

—, Dibenzofuran-2-yl- 4359
 — amid 4359

—, Dibenzofuran-4-yl- 4360
 — amid 4360
 — [3,4-dimethoxy-phenacylamid] 4360

Essigsäure (Fortsetzung)

—, Dibenzothiophen-4-yl- 4360
  — amid 4360
—, [3,5-Dibrom-[2]thienyl]-diphenyl-
 4403
—, [x,x-Dibrom-xanthen-9-yl]- 4367
—, [6,7-Dihydro-benzo[b]thiophen-4-yl]-
 4210
—, [6,7-Dihydro-5H-benzo[b]thiophen-4-
 yliden]- 4210
—, [5,6-Dihydro-2H-pyran-3-yl]- 3885
  — methylester 3885
—, [5,6-Dihydro-4H-pyran-3-yl]- 3884
  — äthylester 3885
—, [3,6-Dimethyl-benzofuran-2-yl]- 4281
—, [4,6-Dimethyl-benzofuran-2-yl]- 4281
—, [4-Dimethylcarbamoyl-5-methyl-[2]≠
 furyl]-,
  — dimethylamid 4507
—, [2,2-Dimethyl-chroman-6-yl]- 4237
—, [2,2-Dimethyl-chroman-8-yl]- 4237
  — methylester 4237
—, [2,5-Dimethyl-3,6-dihydro-
 2H-thiopyran-4-yl]- 3901
—, [3,6-Dimethyl-3,6-dihydro-
 2H-thiopyran-4-yl]- 3901
—, [2,5-Dimethyl-1,1-dioxo-3,6-dihydro-
 2H-1λ⁶-thiopyran-4-yl]- 3901
—, [3,6-Dimethyl-1,1-dioxo-3,6-dihydro-
 2H-1λ⁶-thiopyran-4-yl]- 3901
—, [2,5-Dimethyl-1,1-dioxo-tetrahydro-
 1λ⁶-thiopyran-4-yliden]- 3902
—, [5,5-Dimethyl-2,4-diphenyl-2,5-
 dihydro-[2]furyl]- 4394
  — amid 4394
  — methylester 4394
—, [5,5-Dimethyl-2,4-diphenyl-
 tetrahydro-[2]furyl]- 4381
—, [2,5-Dimethyl-[3]furyl]- 4110
  — amid 4110
—, [2,5-Dimethyl-1-oxo-3,6-dihydro-
 2H-1λ⁴-thiopyran-4-yl]- 3901
—, [2,5-Dimethyl-tetrahydro-furan-2,5-
 diyl]-di-,
  — diäthylester 4449
—, [2,5-Dimethyl-tetrahydro-thiopyran-
 4-yliden]- 3902
  — anilid 3902
—, [2,5-Dimethyl-[3]thienyl]- 4110
  — amid 4111
—, [3,4-Dimethyl-[2]thienyl]-,
  — amid 4110
—, [4,5-Dimethyl-[2]thienyl]- 4110
  — amid 4110
—, [2,5-Dimethyl-thiophen-3,4-diyl]-di- 4519
—, [1,1-Dioxo-1λ⁶-benzo[b]thiophen-3-yl]-
 4264
—, [1,1-Dioxo-1λ⁶-benzo[b]thiophen-4-yl]-
 4265

—, [10,10-Dioxo-10λ⁶-thioxanthen-9-yl]-
 4372
  — amid 4374
  — [2-diäthylamino-äthylester] 4373
  — [2-dicyclohexylamino-äthylester]
 4373
  — [2-diisopropylamino-äthylester]
 4373
  — [2-dimethylamino-äthylester] 4373
  — [β-dimethylamino-isopropylester]
 4373
—, Diphenyl-[2]thienyl- 4402
  — methylester 4403
—, [4-Dipropylcarbamoyl-5-methyl-[2]≠
 furyl]-,
  — dipropylamid 4508
—, [1,2-Epoxy-5,5-dimethyl-cyclohexyl]-,
  — methylester 3908
—, [2,3-Epoxy-2,6,6-trimethyl-cyclohexyl]-
 3908
  — methylester 3908
—, [Furan-2-carbonyloxy]-,
  — äthylester 3928
—, [Furan-2-thiocarbonylmercapto]-
 4008
  — äthylester 4009
  — amid 4010
  — anilid 4010
  — benzylester 4010
  — butylester 4009
  — cyclohexylester 4009
  — dibenzylamid 4010
  — diphenylamid 4010
  — methylester 4009
  — [1-methyl-heptylester] 4009
  — [1]naphthylamid 4010
  — [2]naphthylester 4010
  — phenylester 4009
  — propylester 4009
—, [2]Furyl- 4061
  — äthylester 4061
  — anilid 4062
  — butylester 4062
  — isobutylester 4062
  — isopropylester 4062
  — methylester 4061
  — propylester 4062
  — ureid 4062
—, [3]Furyl- 4066
  — amid 4066
  — anilid 4066
  — methylester 4066
—, Isochroman-x-yl- 4221
  — äthylester 4221
  — amid 4221
  — butylester 4221
  — [2-chlor-äthylester] 4221
  — decylester 4221

Furan-2-carbonsäure (Fortsetzung)
- [2-acetyl-phenylester] 3925
- [4-(N-acetyl-sulfanilyl)-anilid] 3949
- [N'-(N-acetyl-sulfanilyl)-hydrazid] 3975
- [2-(2-äthoxy-äthoxy)-äthylester] 3923
- [1-äthoxy-2,2,2-trichlor-äthylamid] 3951
- äthylamid 3939
- [N-äthyl-anilid] 3943
- [2-(N-äthyl-anilino)-äthylester] 3929
- [2-(äthyl-dimethyl-ammonio)-äthylester] 3929
- [3-(äthyl-dimethyl-ammonio)-1,2-dimethyl-propylester] 3934
- [3-(äthyl-dimethyl-ammonio)-2,2-dimethyl-propylester] 3935
- [3-(äthyl-dimethyl-ammonio)-1-methyl-propylester] 3932
- [3-(äthyl-dimethyl-ammonio)-propylester] 3930
- äthylester 3917
- [äthylester-imin] 3964
- allenylester 3925
- allylamid 3941
- allylester 3919
- amid 3938
- [amid-imin] 3965
- [amid-oxim] 3968
- [3-amino-anilid] 3957
- [5-amino-2-chlor-anilid] 3957
- [4-amino-5-chlor-2-methoxy-anilid] 3958
- [4-amino-2-methoxy-anilid] 3958
- [5-amino-2-methoxy-anilid] 3958
- [4-amino-2-methoxy-5-methyl-anilid] 3959
- [4-amino-5-methoxy-2-methyl-anilid] 3958
- [5-amino-2-methoxy-4-methyl-anilid] 3959
- [3-amino-4-methyl-anilid] 3958
- [5-(4-amino-phenoxy)-pentylamid] 3947
- [N'-(4-amino-phenyl)-hydrazid] 3973
- [4-(4-amino-phenylsulfamoyl)-anilid] 3956
- [1-amino-2,2,2-trichlor-äthylamid] 3951
- anhydrid 3937
- anilid 3941
- [1-anilino-2,2,2-trichlor-äthylamid] 3951
- p-anisidid 3948
- azid 3976

- benzhydrylamid 3946
- [N'-benzolsulfonyl-hydrazid] 3975
- [N'-benzoyl-hydrazid] 3971
- [3-benzoyl-5-oxo-1,5-diphenyl-penta-1,3-dienylester] 3926
- [1-benzoyloxy-2,2,2-trichlor-äthylamid] 3951
- benzylamid 3944
- [1-benzylamino-2,2,2-trichlor-äthylamid] 3951
- [N-benzyl-anilid] 3944
- benzylester 3921
- benzylidenhydrazid 3970
- biphenyl-2-ylamid 3946
- biphenyl-4-ylamid 3946
- [4-biphenyl-4-ylamino-2-brom-9,10-dioxo-9,10-dihydro-[1]anthrylamid] 3960
- [β,β'-bis-(äthyl-dimethyl-ammonio)-isopropylester] 3931
- [bis-(2-cyan-äthyl)-amid] 3956
- [β,β'-bis-diäthylamino-isopropylester] 3931
- [β,β'-bis-diallylamino-isopropylester] 3932
- [β,β'-bis-dibutylamino-isopropylester] 3932
- [β,β'-bis-diisobutylamino-isopropylester] 3932
- [β,β'-bis-dimethylamino-isopropylester] 3931
- [β,β'-bis-dipropylamino-isopropylester] 3931
- [β,β'-bis-triäthylammonio-isopropylester] 3931
- [β,β'-bis-trimethylammonio-isopropylester] 3931
- [4-brom-anilid] 3942
- [2-brom-9,10-dioxo-9,10-dihydro-[1]anthrylamid] 3953
- [2-brom-9,10-dioxo-4-p-phenetidino-9,10-dihydro-[1]anthrylamid] 3960
- [2-brom-9,10-dioxo-4-p-toluidino-9,10-dihydro-[1]anthrylamid] 3959
- [5-brom-2-hydroxy-anilid] 3947
- [5-brom-2-hydroxy-4-methyl-anilid] 3949
- bromid 3938
- [4-brom-5-methyl-2-nitro-phenylester] 3920
- [2-brom-4-[1]naphthylamino-9,10-dioxo-9,10-dihydro-[1]anthrylamid] 3959
- [2-brom-4-[2]naphthylamino-9,10-dioxo-9,10-dihydro-[1]anthrylamid] 3960
- [4-brom-2-nitro-phenylester] 3920

Furan-2-carbonsäure (Fortsetzung)
—, 5-Methylmercaptothiocarbonyl-,
  — methylester 4494
—, 3-Methyl-5-nitro- 4068
  — äthylester 4068
—, 5-Methyl-4-nitro- 4086
  — methylester 4086
—, 4-[2-Methyl-3-(4-nitro-phenyl)-
allyliden]-tetrahydro- 4317
  — [4-brom-phenacylester] 4318
  — methylester 4318
—, 2-Methyl-tetrahydro- 3839
—, 5-Methyl-tetrahydro-,
  — methylester 3840
—, 3-Nitro- 3992
—, 5-Nitro- 3992
  — [4-acetoxy-anilid] 3996
  — acetylamid 3997
  — [4-acetylamino-anilid] 3998
  — [N'-acetyl-hydrazid] 4000
  — [4-acetylsulfamoyl-anilid] 3998
  — äthylester 3993
  — amid 3994
  — [4-amino-phenylester] 3994
  — anilid 3995
  — [4-anilino-anilid] 3998
  — [1-anilino-2,2,2-trichlor-äthylamid]
3997
  — p-anisidid 3996
  — [N'-benzoyl-hydrazid] 4000
  — benzylamid 3996
  — [1-benzylamino-2,2,2-trichlor-
äthylamid] 3997
  — biphenyl-2-ylamid 3996
  — [4-brom-anilid] 3995
  — butylamid 3995
  — [2-chlor-anilid] 3995
  — [4-chlor-anilid] 3995
  — [3-chlor-2-nitryloxy-propylester]
3994
  — cinnamylidenhydrazid 3999
  — [2-diäthylamino-äthylester] 3994
  — [2,4-dichlor-anilid] 3995
  — [2,4-dinitro-anilid] 3996
  — furfurylidenhydrazid 4000
  — hydrazid 3999
  — hydroxyamid 3999
  — [2-hydroxy-anilid] 3996
  — [4-hydroxy-anilid] 3996
  — isopropylidenhydrazid 3999
  — methoxyamid 3999
  — methylamid 3995
  — methylester 3993
  — [methyl-nitro-amid] 4001
  — [2-nitro-anilid] 3995
  — [4-nitro-anilid] 3995
  — [5-nitro-furfurylidenhydrazid]
4000

  — [3-(5-nitro-[2]furyl)-
allylidenhydrazid] 4001
  — [4-(4-nitro-phenylmercapto)-anilid]
3996
  — [2-nitryloxy-äthylester] 3994
  — [2-nitryloxy-propylester] 3994
  — salicylidenhydrazid 4000
  — [4-sulfamoyl-anilid] 3998
  — [4-thiocyanato-anilid] 3997
  — p-toluidid 3996
  — [2,4,6-tribrom-anilid] 3995
  — [2,4,6-trichlor-anilid] 3995
  — [2,2,2-trichlor-1-hydroxy-
äthylamid] 3997
  — [2,2,2-trichlor-1-methoxy-
äthylamid] 3997
—, 5-[4-Nitro-phenyl]- 4292
—, 4-Nitro-5-styryl- 4329
  — methylester 4329
—, 5-[2-Nitro-vinyl]-,
  — methylester 4171
—, 5-tert-Pentyl- 4125
  — methylester 4125
  — [1]naphthylamid 4125
—, 3-Phenyl-,
  — methylester 4291
—, 5-Phenyl- 4292
—, 5-[1-Phenyl-äthyl]- 4308
  — äthylester 4308
—, 3-Phenyl-2,3-dihydro- 4272
—, 2,3,4,5-Tetrabrom-tetrahydro-,
  — äthylester 3829
—, 2,3,4,5-Tetrachlor-tetrahydro-,
  — äthylester 3829
  — butylester 3829
  — methylester 3829
—, Tetrahydro- 3824
  — [2-(2-äthoxy-äthoxy)-äthylester]
3826
  — äthylester 3825
  — [2-äthyl-hexylester] 3825
  — amid 3828
  — [4-brom-phenacylester] 3827
  — [2-(2-butoxy-äthoxy)-äthylester]
3826
  — [2-butoxy-äthylester] 3825
  — chlorid 3828
  — heptylester 3825
  — hydrazid 3828
  — methylester 3824
  — [4-phenyl-phenacylester] 3827
  — propylester 3825
  — tetrahydrofurfurylester 3827
  — [3-tetrahydro[2]furyl-propylester]
3827
—, 2,4,4,5-Tetramethyl-tetrahydro-
3860
—, 5-p-Tolyl- 4303
—, 3,4,5-Trimethyl- 4111

Furan-2,5-dicarbonsäure (Fortsetzung)
- bis-[2-brom-9,10-dioxo-4-
  o-toluidino-9,10-dihydro-[1]≠
  anthrylamid] 4488
- bis-[2-brom-9,10-dioxo-4-
  p-toluidino-9,10-dihydro-[1]≠
  anthrylamid] 4489
- bis-[2-brom-9,10-dioxo-4-(toluol-4-
  sulfonylamino)-9,10-dihydro-[1]≠
  anthrylamid] 4491
- bis-[2-brom-9,10-dioxo-4-(2,4,6-
  trimethyl-anilino)-9,10-dihydro-[1]≠
  anthrylamid] 4489
- bis-[2-brom-4-hydroxy-9,10-dioxo-
  9,10-dihydro-[1]anthrylamid] 4484
- bis-[2-brom-4-(2-methylmercapto-
  anilino)-9,10-dioxo-9,10-dihydro-[1]≠
  anthrylamid] 4490
- bis-[2-brom-4-(3-methylmercapto-
  anilino)-9,10-dioxo-9,10-dihydro-[1]≠
  anthrylamid] 4490
- bis-[2-brom-4-(4-methylmercapto-
  anilino)-9,10-dioxo-9,10-dihydro-[1]≠
  anthrylamid] 4491
- bis-[2-brom-4-[1]naphthylamino-
  9,10-dioxo-9,10-dihydro-[1]≠
  anthrylamid] 4489
- bis-[2-brom-4-[2]naphthylamino-
  9,10-dioxo-9,10-dihydro-[1]≠
  anthrylamid] 4489
- bis-[4-(4-chlor-anilino)-9,10-dioxo-
  2-sulfo-9,10-dihydro-[1]anthrylamid]
  4493
- bis-[4-chlor-9,10-dioxo-9,10-
  dihydro-[1]anthrylamid] 4484
- bis-[2,4-dibrom-9,10-dioxo-9,10-
  dihydro-[1]anthrylamid] 4484
- bis-[4,5-dihydroxy-9,10-dioxo-9,10-
  dihydro-[1]anthrylamid] 4485
- bis-[9,10-dioxo-9,10-dihydro-[1]≠
  anthrylamid] 4484
- bis-[9,10-dioxo-4-o-phenetidino-
  9,10-dihydro-[1]anthrylamid] 4486
- bis-[9,10-dioxo-4-p-phenetidino-
  9,10-dihydro-[1]anthrylamid] 4487
- bis-[9,10-dioxo-4-p-phenetidino-2-
  sulfo-9,10-dihydro-[1]anthrylamid]
  4494
- bis-[9,10-dioxo-4-phenylmercapto-
  9,10-dihydro-[1]anthrylamid] 4485
- bis-[9,10-dioxo-2-sulfo-4-
  m-toluidino-9,10-dihydro-[1]≠
  anthrylamid] 4493
- bis-[9,10-dioxo-2-sulfo-4-
  o-toluidino-9,10-dihydro-[1]≠
  anthrylamid] 4493
- bis-[9,10-dioxo-2-sulfo-4-
  p-toluidino-9,10-dihydro-[1]≠
  anthrylamid] 4493

- bis-[2-hydroxy-äthylester]
  4483
- bis-hydroxyamid 4494
- bis-[4-hydroxy-9,10-dioxo-9,10-
  dihydro-[1]anthrylamid] 4484
- bis-[5-hydroxy-9,10-dioxo-9,10-
  dihydro-[1]anthrylamid] 4485
- bis-[8-hydroxy-9,10-dioxo-9,10-
  dihydro-[1]anthrylamid] 4485
- bis-[4-methoxy-9,10-dioxo-9,10-
  dihydro-[1]anthrylamid] 4484
- bis-methylamid 4484
- bis-[4-(4-methylmercapto-anilino)-
  9,10-dioxo-9,10-dihydro-[1]≠
  anthrylamid] 4487
- bis-[4-[1]naphthylamino-9,10-
  dioxo-9,10-dihydro-[1]anthrylamid]
  4486
- bis-[4-sulfamoyl-anilid] 4485
- diäthylester 4482
- diallylester 4483
- diamid 4484
- dibutylester 4482
- dichlorid 4483
- dihydrazid 4494
- dimenthylester 4483
- dimethylester 4482
- dipropylester 4482
- monoäthylester 4482
- monoallylester 4482
- monoamid 4483
- monomethylester 4482
-, 3,4-Dichlor- 4494
- dimethylester 4494
-, 3,4-Diphenyl- 4581
- diäthylester 4581
- dimethylester 4581
-, Tetrahydro- 4426
- bis-dimethylamid 4427
- diäthylester 4426
- diamid 4427
- dimethylester 4426

Furan-3,3-dicarbonsäure
-, Dihydro-,
- diäthylester 4431

Furan-3,4-dicarbonsäure 4497
- bis-[5-nitro-furfurylidenhydrazid]
  4498
- diäthylester 4497
- diamid 4498
- diazid 4498
- dibutylester 4498
- dichlorid 4498
- dihydrazid 4498
- dimethylester 4497
-, 2-[4-Äthoxycarbonyl-butyl]-,
- diäthylester 4596
-, 2-Äthoxycarbonylmethyl-,
- diäthylester 4594

Furan-2-thiocarbonsäure (Fortsetzung)
- dimethylamid 4003
- diphenylamid 4005
- furfurylidenhydrazid 4008
- hydrazid 4007
- [2-hydroxy-äthylamid] 4006
- isopropylamid 4004
- methylamid 4003
- [*N*-methyl-anilid] 4005
- [2]naphthylamid 4006
- *S*-pentachlorphenylester 4002
- *p*-phenetidid 4006
- *S*-phenylester 4002
- *S*-[3]thienylester 4002
- *S*-[2]thienylmethylester 4002
- *m*-toluidid 4005
- *o*-toluidid 4005
- *p*-toluidid 4005
- *S*-*p*-tolylester 4002

Furan-2,3,4-tricarbonsäure 4592
- triäthylester 4593
- trimethylester 4593

Furan-2,3,5-tricarbonsäure 4593
- triäthylester 4594
- trimethylester 4593

Furfural
- [5-brom-furan-2-carbonylhydrazon] 3991
- [4,4-diphenyl-semicarbazon] 3975
- [furan-2-carbonylhydrazon] 3973
- [furan-2-thiocarbonylhydrazon] 4008
- [5-nitro-furan-2-carbonylhydrazon] 4000
-, 5-Brom-,
- [5-brom-furan-2-carbonylhydrazon] 3991
-, 5-Nitro-,
- [5-brom-furan-2-carbonylhydrazon] 3991
- [furan-2-carbonylhydrazon] 3973
- [5-nitro-furan-2-carbonylhydrazon] 4000

Furoic acid
s. Furancarbonsäure

Furostan-26-säure 4246

G

Glucopyranosid
-, Tetrakis-*O*-[furan-2-carbonyl]-[tetrakis-*O*-(furan-2-carbonyl)-fructofuranosyl]- 3936

Glucose
- [furan-2-carbonylhydrazon] 3971
- [thiophen-2-carbonylhydrazon] 4027

Glutaronitril
-, 2-Phenyl-2-[2]thienyl- 4568

Glutarsäure
-, 3-[5-Äthyl-[2]thienyl]- 4522
-, 3-[5-Brom-[2]furyl]- 4513
-, 3-[5-Chlor-[2]furyl]- 4513
-, 3-[5-Chlor-[2]thienyl]- 4513
-, 3,3-Diäthyl-2,4-epoxy- 4445
-, 3-[2,5-Dimethyl-[3]thienyl]- 4522
-, 2,3-Epoxy-4,4-dimethyl-2,3-diphenyl-4578
-, 3-[2]Furyl- 4513
-, 3-[2]Furyl-2,4-dicyan-,
  - diäthylester 4602
-, 3-[2]Furyl-2,4-dinitro-,
  - diäthylester 4513
-, 3-[5-Methyl-[2]furyl]- 4518
-, 3-[5-Methyl-[2]thienyl]- 4518
-, 3-[5-Propyl-[2]thienyl]- 4523
-, 3-[2]Thienyl- 4513

Glycerin
-, Tris-*O*-[furan-2-carbonyl]- 3925

Glycidsäure s. Oxirancarbonsäure und 2,3-Epoxy-propionsäure

Glycin
-, *N*-[Furan-2-carbonyl]- 3955
-, *N*-[Furan-2-carbonyl]-*N*-phenyl-,
  - diäthylamid 3956
-, *N*-[5-Nitro-thiophen-2-carbonyl]-,
  - äthylester 4046
-, *N*-[Thiophen-2-carbonyl]-,
  - nitril 4021

Guanidin
-, [Furan-2-carbonylamino]- 3972
-, [3-[2]Furyl-acryloyl]- 4151
-, [3-[2]Furyl-2-methyl-acryloyl]- 4173
-, [3-[2]Furyl-2-methyl-propionyl]- 4106
-, [2-Methyl-3-[2]thienyl-acryloyl]- 4177
-, [3-[2]Thienyl-acryloyl]- 4167
-, [Thiophen-2-carbonylamino]- 4027

H

Harnstoff
-, [2-Äthyl-2,3-epoxy-3-methyl-butyryl]-3851
-, *N*,*N'*-Bis-[4-dimethylamino-phenyl]-*N*-[furan-2-carbonyl]- 3957
-, *N*,*N'*-Bis-[4-dimethylamino-phenyl]-*N*-[3-[2]furyl-acryloyl]- 4152
-, *N*,*N'*-Bis-[4-dimethylamino-phenyl]-*N*-[thiophen-2-carbonyl]- 4023
-, *N*,*N'*-Bis-[2,4,4-trimethyl-chroman-2-yl]- 4238
-, *N*-[5-Brom-furan-2-carbonyl]-*N'*-phenyl- 3989

Hexansäure   (Fortsetzung)

—, 2,3-Epoxy-2-phenyl-,
  — amid 4231
—, 2,3-Epoxy-3-propyl-,
  — äthylester 3861
  — anilid 3861
—, 3-[2]Furyl- 4124
  — äthylester 4124
  — diphenylamid 4124
—, 6-[2]Furyl- 4122
  — amid 4122
—, 3-[2]Furyl-5-methyl- 4130
  — amid 4130
—, 3-[2]Furyl-5-methyl-2-phenyl- 4319
  — äthylester 4320
  — amid 4320
—, 3-[2]Furyl-2-phenyl- 4319
—, 3-[2-Furyl-2-phenyl-,
  — äthylester 4319
—, 3-[2]Furyl-2-phenyl-,
  — amid 4319
—, 5-Methyl-2-[2]thienyl- 4130
  — [2-diäthylamino-äthylester] 4130
—, 2-[2]Thienyl- 4123
  — [2-diäthylamino-äthylester] 4123
—, 6-[2]Thienyl- 4123
  — amid 4123
  — methylester 4123

Hex-2-ensäure

—, 4,5-Epoxy- 3883
  — methylester 3883
—, 4,5-Epoxy-2,5-**dimethyl**-,
  — methylester 3897
—, 2-Methyl-3-[2]**thienyl**-,
  — äthylester 4187
—, 3-[2]Thienyl-,
  — äthylester 4184

Hex-4-ensäure

—, 2,3-Epoxy-3,5-dimethyl- 3897
  — methylester 3897

Hexöstrol

—, Bis-*O*-[furan-2-carbonyl]- 3925

A-**Homo-östra-5,7,9-trien**

—, 17-Amino-1,4-epoxy- 4339

A-**Homo-östra-5,7,9-trien-17-carbonsäure**

—, 1,4-Epoxy- 4339
  — methylester 4339

Hydrazin

—, *N*-[4-Acetylamino-benzoyl]-*N'*-[furan-2-carbonyl]- 3973
—, *N*-[4-Acetylamino-benzoyl]-*N'*-[5-nitro-furan-2-carbonyl]- 4000
—, *N*-Acetyl-*N'*-[furan-2-carbonyl]- 3971
—, *N*-Acetyl-*N'*-[5-nitro-furan-2-carbonyl]- 4000
—, *N*-Acetyl-*N'*-[3-(5-nitro-[2]furyl)-acryloyl]- 4164

—, *N*-[*N*-Acetyl-sulfanilyl]-*N'*-[furan-2-carbonyl]- 3975
—, *N*-Äthylcarbamoyl-*N'*-[furan-2-carbonyl]- 3971
—, *N*-Äthylcarbamoyl-*N'*-[thiophen-2-carbonyl]- 4027
—, *N*-Allylcarbamoyl-*N'*-[furan-2-carbonyl]- 3972
—, *N*-Allylcarbamoyl-*N'*-[thiophen-2-carbonyl]- 4027
—, *N*-Allylthiocarbamoyl-*N'*-[furan-2-carbonyl]- 3972
—, *N*-Allylthiocarbamoyl-*N'*-[thiophen-2-carbonyl]- 4028
—, *N*-[4-Amino-phenyl]-*N'*-[furan-2-carbonyl]- 3973
—, *N*-Benzolsulfonyl-*N'*-[furan-2-carbonyl]- 3975
—, *N*-Benzolsulfonyl-*N'*-[3-phenyl-benzofuran-2-carbonyl]- 4384
—, *N*-[Benzo[*b*]thiophen-3-carbonyl]-*N'*-[toluol-4-sulfonyl]- 4259
—, *N*-Benzoyl-*N'*-[furan-2-carbonyl]- 3971
—, *N*-Benzoyl-*N'*-[5-nitro-furan-2-carbonyl]- 4000
—, *N*-Benzoyl-*N'*-[3-(5-nitro-[2]furyl)-acryloyl]- 4165
—, *N*-[5-Benzyl-furan-2-carbonyl]-*N'*-thiocarbamoyl- 4303
—, *N,N'*-Bis-[furan-2-carbonyl]-*N*-[2,4-dinitro-phenyl]- 3974
—, *N,N'*-Bis-[furan-2-carbonyl]-*N*-methyl- 3974
—, *N,N'*-Bis-[2-methyl-3-(5-nitro-[2]furyl)-acryloyl]- 4177
—, *N,N'*-Bis-[5-nitro-furan-2-carbonyl]- 4001
—, *N,N'*-Bis-[3-(5-nitro-[2]furyl)-acryloyl]- 4165
—, *N,N'*-Bis-[thiophen-2-carbonyl]- 4028
—, *N*-Carbamoyl-*N'*-[furan-2-carbonyl]- 3971
—, *N*-Carbamoyl-*N'*-[thiophen-2-carbonyl]- 4027
—, *N*-[1-Cyan-1-methyl-äthyl]-*N'*-[furan-2-carbonyl]- 3972
—, *N*-[1-Cyan-1-methyl-äthyl]-*N'*-[thiophen-2-carbonyl]- 4028
—, *N*-Diäthylthiocarbamoyl-*N'*-[furan-2-carbonyl]- 3972
—, *N*-Diäthylthiocarbamoyl-*N'*-[thiophen-2-carbonyl]- 4028
—, *N*-Dichloracetyl-*N'*-[furan-2-carbonyl]- 3971
—, *N*-Dimethylcarbamoyl-*N'*-[furan-2-carbonyl]- 3971
—, *N*-Dimethylcarbamoyl-*N'*-[thiophen-2-carbonyl]- 4027

N

Norbornan-2,3-dicarbonsäure
—, 5,7-Dihydroxy-,
  — 3→5-lacton 4516
—, 5,6-Epoxy- 4516
  — dimethylester 4516
—, 5,6-Epoxy-2-methyl- 4520
  — dimethylester 4520
15-Nor-labdan-14-säure
—, 8,13-Epoxy- 4142
24-Nor-oleana-9(11),12,18-trien-28-säure
—, 12,19-Epithio-,
  — methylester 4382
15-Nor-pimara-12,16-dien-18-säure
—, 12,17-Epoxy-14-methyl- 4288
  — äthylester 4290
  — methylester 4289
15-Nor-pimara-12,16-dien-19-säure
—, 12,17-Epoxy-14-methyl- 4288
  — dimethylamid 4290
  — methylester 4289
15-Nor-pimaran-18-säure
—, 12,17-Epoxy-14-methyl-,
  — methylester 4195
15-Nor-pimara-8,11,13,16-tetraen-18-säure
—, 12,17-Epoxy-14-methyl-,
  — methylester 4338
15-Nor-pimara-8,11,13-trien-18-säure
—, 12,17-Epoxy-14-methyl-,
  — methylester 4321

O

Octadecansäure
—, 9,10-Epithio- 3875
—, 2,3-Epoxy- 3869
—, 6,7-Epoxy- 3870
—, 9,10-Epoxy- 3871
  — acetylamid 3874
  — äthylester 3873
  — allylester 3873
  — amid 3873
  — anilid 3874
  — decylamid 3874
  — dodecylamid 3874
  — [9,10-epoxy-octadecylester] 3873
  — [2,3-epoxy-propylester] 3873
  — hexylamid 3874
  — [2-hydroxy-äthylamid] 3874
  — methylamid 3874
  — methylester 3872
  — vinylester 3873
—, 11,12-Epoxy- 3870
—, 12,13-Epoxy-,
  — methylester 3870

Octadec-9-ensäure
—, 12,13-Epoxy- 3912
  — methylester 3913
Octa-2,6-dien
—, 1-[Furan-2-carbonyloxy]-3,7-
dimethyl- 3919
Octa-2,4-diensäure
—, 5-[2]Thienyl-,
  — äthylester 4223
Octan
—, 1-[Furan-2-carbonyloxy]-3,7-
dimethyl- 3918
Octanoylchlorid
—, 8-[2]Thienyl- 4133
Octansäure
—, 8-[6-tert-Butyl-8-methyl-2-octyl-
chroman-3-yl]-,
  — methylester 4246
—, 8-[6-tert-Butyl-8-methyl-3-octyl-
chroman-2-yl]-,
  — methylester 4246
—, 8-[4-Chlor-tetrahydro-pyran-3-yl]-,
  — methylester 3866
—, 2,3-Epoxy-3,6,7-trimethyl-,
  — äthylester 3865
—, 8-[2]Furyl- 4133
  — äthylester 4133
—, 8-[3-Octyl-3,6-dihydro-2H-pyran-4-yl]-
3913
—, 8-[4-Octyl-3,6-dihydro-2H-pyran-3-yl]-
3913
—, 8-[3-Octyl-oxiranyl]- 3871
  — acetylamid 3874
  — äthylester 3873
  — allylester 3873
  — amid 3873
  — anilid 3874
  — decylamid 3874
  — dodecylamid 3874
  — hexylamid 3874
  — [2-hydroxy-äthylamid] 3874
  — methylamid 3874
  — methylester 3872
  — vinylester 3873
—, 8-[3-Octyl-tetrahydro-pyran-4-yl]-
3913
—, 8-[4-Octyl-tetrahydro-pyran-3-yl]-
3913
—, 8-[3-Octyl-thiiranyl]- 3875
—, 2-[2]Thienyl- 4133
—, 8-[2]Thienyl- 4133
  — amid 4133
Oct-2-en
—, 2,6-Dimethyl-8-[thiophen-2-
carbonyloxy]- 4014
Oct-6-ensäure
—, 2,3-Epoxy-3,7-dimethyl-,
  — äthylester 3906

P

Phenol (Fortsetzung)

—, 4-Brom-2-[furan-2-carbonylamino]-5-methyl- 3949

—, 2-[Furan-2-carbonylamino]- 3947

—, 2-[Furan-2-carbonylamino]-5-methyl- 3949

—, 4-[Furan-2-carbonyloxy]- 3924

m-**Phenylendiamin**

—, *N*,*N'*-Bis-[furan-2-carbonyl]-4-methyl- 3957

—, 4-Chlor-*N*³-[furan-2-carbonyl]- 3957

—, *N*-[Furan-2-carbonyl]- 3957

—, *N*³-[Furan-2-carbonyl]-4-methoxy- 3958

—, *N*³-[Furan-2-carbonyl]-4-methoxy-6-methyl- 3959

—, *N*¹-[Furan-2-carbonyl]-4-methyl- 3958

—, 4-Methyl-*N*,*N'*-bis-[thiophen-2-carbonyl]- 4023

o-**Phenylendiamin**

—, *N*,*N'*-Bis-[5-brom-thiophen-2-carbonyl]- 4037

—, *N*,*N'*-Bis-[thiophen-2-carbonyl]- 4022

p-**Phenylendiamin**

—, *N*-Acetyl-*N'*-[5-brom-thiophen-2-carbonyl]- 4037

—, *N*-Acetyl-*N'*-[5-chlor-thiophen-2-carbonyl]- 4031

—, *N*-Acetyl-*N'*-[furan-2-carbonyl]- 3957

—, *N*-Acetyl-*N'*-[3-methyl-thiophen-2-carbonyl]- 4069

—, *N*-Acetyl-*N'*-[5-nitro-furan-2-carbonyl]- 3998

—, *N*-Acetyl-*N'*-[thiophen-2-carbonyl]- 4022

—, *N*,*N'*-Bis-[furan-2-thiocarbonylmercapto-methyl]-*N*,*N'*-diphenyl- 4008

—, *N*,*N'*-Bis-[5-nitro-furan-2-carbonyl]- 3998

—, 2-Chlor-*N*⁴-[furan-2-carbonyl]-5-methoxy- 3958

—, *N*,*N*-Dimethyl-*N'*-[3-(5-nitro-[2]furyl)-acryloyl]- 4164

—, *N*¹-[Furan-2-carbonyl]-2-methoxy- 3958

—, *N*¹-[Furan-2-carbonyl]-2-methoxy-5-methyl- 3959

—, *N*⁴-[Furan-2-carbonyl]-2-methoxy-5-methyl- 3958

—, 2-Methyl-*N*¹-[3-methyl-thiophen-2-carbonyl]- 4069

—, *N*-[5-Nitro-furan-2-carbonyl]-*N'*-phenyl- 3998

Phosphorsäure

—, [Furan-2-carbonyl]-,
— diäthylester 3976

Phthalan-1-carbonsäure

—, 1,3-Diphenyl- 4416
— methylester 4416

Phthalan-4-carbonsäure 4205

—, 1,1,3,3-Tetramethyl- 4239

Pimaran-18-säure

—, 8,14-Epoxy-,
— methylester 4196

Podocarpa-8(14),9(11)-dien-15-säure

—, 13-Äthyl-13-methyl- 4196

Podocarpan-15-säure

—, 13-Äthyl-8,14-epoxy-13-methyl-,
— methylester 4196

—, 8,14-Epoxy-13-isopropyl- 4196

Pregna-1,4-dien-3,20-dion

—, 21-[5-*tert*-Butyl-furan-2-carbonyloxy]-11,17-dihydroxy- 4118

—, 21-[Furan-2-carbonyloxy]-11,17-dihydroxy- 3927

Pregna-1,4-dien-3,11,20-trion

—, 21-[5-*tert*-Butyl-furan-2-carbonyloxy]-17-hydroxy- 4118

—, 21-[Furan-2-carbonyloxy]-17-hydroxy- 3927

Pregn-4-en-3,20-dion

—, 21-[Furan-2-carbonyloxy]- 3926

—, 21-[Furan-2-carbonyloxy]-11,17-dihydroxy- 3927

—, 21-[Furan-2-carbonyloxy]-17-hydroxy- 3926

Pregn-4-en-3,11,20-trion

—, 21-[Furan-2-carbonyloxy]-17-hydroxy- 3927

Probanthin 4353

Propan

—, 2-[5-Benzyl-furan-2-carbonyloxy]-1,3-bis-[diäthyl-methyl-ammonio]- 4300

—, 2-[5-Benzyl-furan-2-carbonyloxy]-1,3-bis-triäthylammonio- 4300

—, 2-[5-Benzyl-furan-2-carbonyloxy]-1,3-bis-trimethylammonio- 4299

—, 1,3-Bis-[äthyl-dimethyl-ammonio]-2-[5-benzyl-furan-2-carbonyloxy]- 4299

—, 1,3-Bis-[äthyl-dimethyl-ammonio]-2-[5-brom-furan-2-carbonyloxy]- 3984

—, 1,3-Bis-[äthyl-dimethyl-ammonio]-2-[furan-2-carbonyloxy]- 3931

—, 1,3-Bis-[äthyl-dimethyl-ammonio]-2-[5-methyl-furan-2-carbonyloxy]- 4079

—, 1,3-Bis-[diäthyl-methyl-ammonio]-2-[5-methyl-furan-2-carbonyloxy]- 4079

—, 1,3-Bis-[furan-2-carbonyloxy]- 3924

—, 1,3-Bis-[tetrahydro-furan-2-carbonyloxy]- 3826

—, 2-[5-Brom-furan-2-carbonyloxy]-1,3-bis-[diäthyl-methyl-ammonio]- 3984

Propan (Fortsetzung)

—, 2-[5-Brom-furan-2-carbonyloxy]-1,3-bis-trimethylammonio- 3984

—, 2-Butylamino-1-[furan-2-carbonyloxy]-2-methyl- 3933

—, 1-Diäthylamino-3-[furan-2-carbonyloxy]-2,2-dimethyl- 3935

—, 1-Diisobutylamino-3-[furan-2-carbonyloxy]-2,2-dimethyl- 3935

—, 1-Dimethylamino-3-[furan-2-carbonyloxy]-2,2-dimethyl- 3935

—, 1-Dipropylamino-3-[furan-2-carbonyloxy]-2,2-dimethyl- 3935

—, 2-[Furan-2-carbonylamino]-1-phenyl- 3945

—, 2-[Furan-2-carbonyloxy]-1,3-bis-triäthylammonio- 3931

—, 2-[Furan-2-carbonyloxy]-1,3-bis-trimethylammonio- 3931

—, 1-[Furan-2-carbonyloxy]-2-methyl-2-pentylamino- 3933

—, 1-[Furan-2-carbonyloxy]-2-methyl-2-propylamino- 3933

—, 1-[Furan-2-carbonyloxy]-3-tetrahydro[2]furyl- 3936

—, 2-[3-[2]Furyl-acryloylamino]-1-phenyl- 4150

—, 2-[5-Methyl-furan-2-carbonyloxy]-1,3-bis-triäthylammonio- 4079

—, 2-[2-Methyl-furan-2-carbonyloxy]-1,3-bis-trimethylammonio- 4079

—, 1-Phenyl-2-[thiophen-2-carbonylamino]- 4018

—, 1,2,3-Tris-[furan-2-carbonyloxy]- 3925

Propan-1,3-diol

—, 2-[Furan-2-carbonylamino]-1-[4-nitro-phenyl]- 3950

Propandiyldiamin

—, 2-[5-Brom-furan-2-carbonyloxy]-terta-N-methyl- 3984

—, 2-[5-Brom-furan-2-carbonyloxy]-tetra-N-propyl- 3985

—, 2-[Cyclopent-2-enyl-[2]thienyl-acetoxy]-tetra-N-propyl- 4219

—, N,N-Diäthyl-N'-[benzofuran-2-carbonyl]- 4248

—, N,N-Diäthyl-N'-[benzo[b]thiophen-3-carbonyl]- 4259

—, N,N-Diäthyl-N'-[xanthen-9-carbonyl]- 4357

—, N,N-Diäthyl-N'-[xanthen-9-yl-acetyl]- 4371

—, N,N-Dimethyl-N'-[xanthen-9-carbonyl]- 4357

—, Tetra-N-äthyl-2-[5-brom-furan-2-carbonyloxy]- 3984

—, Tetra-N-äthyl-2-[cyclohex-2-enyl-[2]≠thienyl-acetoxy]- 4229

—, Tetra-N-äthyl-2-[cyclopent-2-enyl-[2]≠thienyl-acetoxy]- 4219

—, Tetra-N-äthyl-2-[5-methyl-furan-2-carbonyloxy]- 4079

—, Tetra-N-äthyl-2-[4-phenyl-tetrahydro-pyran-4-carbonyloxy]- 4224

—, Tetra-N-methyl-2-[5-methyl-furan-2-carbonyloxy]- 4079

Propan-2-ol

—, 1-Chlor-3-[furan-2-carbonyloxy]- 3923

Propan-1-on

—, 2-[Furan-2-carbonylamino]-3-hydroxy-1-[4-nitro-phenyl]- 3952

Propan-1,1,3,3-tetracarbonsäure

—, 2-[2]Furyl-,
— tetramethylester 4602

Propanthelin-bromid 4353

Propan-1,1,3-tricarbonsäure

—, 2-[2]Furyl- 4595
— triäthylester 4595

Propan-1,2,2-tricarbonsäure

—, 3-[2-Brom-[3]thienyl]-,
— triäthylester 4595

—, 3-[3]Thienyl-,
— triäthylester 4595

Propiolsäure

—, [5-Brom-[2]furyl]- 4197
— [1]naphthylamid 4197

—, [5-Brom-[2]thienyl]- 4198

—, [5-Chlor-[2]thienyl]- 4197
— äthylester 4198

—, [2,5-Dichlor-[3]thienyl]- 4198
— äthylester 4198

—, [2]Furyl- 4197

—, [3-Methyl-[2]thienyl]- 4198
— äthylester 4198

—, [2]Thienyl- 4197
— äthylester 4197

Propionamid

—, 3-Benzo[b]thiophen-3-yl- 4272

—, 3-[2]Furyl- 4091

—, 3-[2]Thienyl- 4092

Propionimidsäure

—, 2,3-Epoxy-2,3-diphenyl-,
— methylester 4364

—, 2,3-Epoxy-3,3-diphenyl-,
— äthylester 4366

Propionitril

—, 2-Äthyl-2,3-epoxy- 3831

—, 3-Benzo[b]thiophen-3-yl- 4272

—, 3-Benzo[b]thiophen-3-yl-2-methyl- 4280

—, 2-Benzyl-2,3-epoxy-3-phenyl- 4376

—, 3-[4-Chlor-phenyl]-3-[2]furyl- 4307

—, 3-[14H-Dibenzo[a,j]xanthen-14-yl]- 4421

Propionsäure (Fortsetzung)
—, 2-Cyclopentyl-3-[2]thienyl- 4191
— [2-diäthylamino-äthylester] 4191
—, 3-[2,5-Diäthyl-[3]thienyl]- 4131
—, 3-Dibenzofuran-2-yl- 4375
—, 3-Dibenzofuran-4-yl- 4376
— methylester 4376
—, 2,3-Dibrom-3-[5-brom-[2]furyl]- 4092
— äthylester 4092
—, 2,3-Dibrom-3-[4,5-dibrom-4,5-
dihydro-[2]furyl]- 3888
— äthylester 3888
—, 2,3-Dibrom-3-[2]thienyl- 4093
— äthylester 4093
—, 3-[3,5-Di-*tert*-butyl-phenyl]-2,3-
epoxy-,
— äthylester 4242
—, 3-[5,6-Dihydro-4*H*-benzo[6,7]≠
cyclohepta[1,2-*b*]furan-2-yl]- 4337
—, 3-[2,3-Dihydro-benzofuran-2-yl]-
4221
— amid 4222
— methylester 4221
—, 2-[3,6-Dihydro-2*H*-pyran-4-yl]-2-
methyl-,
— äthylester 3900
—, 3-[2,4-Diisopropyl-phenyl]-2,3-epoxy-,
— äthylester 4241
—, 3-[2,4-Dimethyl-phenyl]-2,3-epoxy-,
— äthylester 4213
—, 3-[2,5-Dimethyl-[3]thienyl]- 4120
— amid 4121
—, 2,3-Epoxy-,
— äthylester 3821
—, 2,3-Epoxy-2,3-diphenyl- 4362
— äthylester 4363
— amid 4363
— [2-diäthylamino-äthylester] 4363
— methylester 4362
—, 2,3-Epoxy-3,3-diphenyl- 4365
— äthylester 4366
— amid 4366
— [2-diäthylamino-äthylester] 4366
— methylester 4366
—, 2,3-Epoxy-3-[5-isopropyl-2-methyl-
phenyl]-,
— äthylester 4236
—, 2,3-Epoxy-3-[4-isopropyl-phenyl]-
4231
— äthylester 4231
—, 2,3-Epoxy-3-[4-isopropyl-phenyl]-2-
methyl-,
— äthylester 4236
—, 2,3-Epoxy-2-methyl-3-phenyl- 4207
— äthylester 4207
— amid 4208
— [2-diäthylamino-äthylester] 4208
— methylamid 4208
— methylester 4207

—, 2,3-Epoxy-2-methyl-3-*p*-tolyl-,
— äthylester 4213
—, 2,3-Epoxy-3-[2-nitro-phenyl]- 4201
— äthylester 4202
— amid 4202
— methylester 4202
—, 2,3-Epoxy-3-[3-nitro-phenyl]- 4202
— äthylester 4203
— amid 4203
— methylester 4203
—, 2,3-Epoxy-3-[4-nitro-phenyl]-,
— äthylester 4203
— amid 4203
—, 2,3-Epoxy-3-phenyl- 4200
— äthylester 4200
— amid 4201
— benzylamid 4201
— methylester 4200
—, 2,3-Epoxy-3-[5,6,7,8-tetrahydro[1]≠
naphthyl]-,
— äthylester 4284
—, 2,3-Epoxy-3-*p*-tolyl-,
— äthylester 4207
—, 3-[2,3-Epoxy-2,6,6-trimethyl-
cyclohexyl]-,
— methylester 3909
—, 3-[Furan-2-carbonylamino]-2-
hydroxy- 3956
—, 2-[Furan-2-carbonylhydrazono]-
3972
—, 3,3'-Furan-2,5-diyl-di- 4518
— diäthylester 4518
— dihydrazid 4519
— dimethylester 4518
—, 3-[2]Furyl- 4090
— äthylester 4090
— amid 4091
— butylester 4091
— [2-chlor-äthylester] 4091
— dodecylester 4091
— hydrazid 4091
— methylester 4090
— propylester 4091
— [2-trimethylammonio-äthylester]
4091
—, 3-[2]Furyl-2,3-diphenyl- 4405
— äthylester 4405
— amid 4406
— butylestr 4405
— diäthylamid 4406
— diphenylamid 4406
— [*N*-methyl-anilid] 4406
— pentylester 4405
— propylester 4405
—, 3-[2]Furyl-2-methyl-,
— äthylester 4105
—, 3-[2]Furyl-2-phenyl- 4305
— [*β,β'*-bis-diäthylamino-
isopropylester] 4305

Propionsäure

—, 3-[2]Furyl-2-phenyl-, (Fortsetzung)
- [2-(2-diäthylamino-äthoxy)-
  äthylester] 4305
- methylester 4305

—, 3-[2]Furyl-3-phenyl- 4306
- [N-äthyl-anilid] 4307
- äthylester 4307
- amid 4307
- diäthylamid 4307
- diphenylamid 4307
- [N-methyl-anilid] 4307

—, 3-[2]Furyl-2-phenyl-3-p-tolyl- 4408

—, 2-Hydroxy-2-[1-hydroxy-cyclohexyl]-
  3904

—, 3-[5-Methyl-2,3-dihydro-benzofuran-
  6-yl]- 4233

—, 3-[5-Methyl-2,3-dihydro-benzofuran-
  7-yl]- 4233
- amid 4234

—, 3-[5-Methyl-[2]furyl]- 4106
- äthylester 4107
- amid 4107
- methylester 4107

—, 3-[4-Methyl-5-phenyl-[2]furyl]- 4313

—, 2-Methyl-3-tetrahydro[2]furyl- 3855
- äthylester 3855

—, 3-[5-Methyl-tetrahydro-[2]furyl]- 3855
- anilid 3855

—, 3-[5-(3-Methyl-5,6,7,8-tetrahydro-[2]≠
  naphthyl)-[2]furyl]- 4338

—, 2-Methyl-2-tetrahydropyran-4-yl-
  3858
- äthylester 3859

—, 2-Methyl-3-tetrahydropyran-4-yl-
  3858

—, 2-Methyl-3-[2]thienyl- 4106
- amid 4106

—, 3-Oxiranyl-,
- allylester 3831
- vinylester 3831

—, 3-[5-Phenyl-[2]furyl]- 4309
- äthylester 4309
- hydrazid 4309

—, 3-Phenyl-2-tetrahydrofurfuryl- 4239

—, 2-Phenyl-3-tetrahydro[2]furyl- 4235
- äthylester 4235

—, 2-Phenyl-3-[2]thienyl- 4305
- [2-(2-diäthylamino-äthoxy)-
  äthylester] 4306
- [2-diäthylamino-äthylester] 4306

—, 3-Phenyl-2-[2]thienyl- 4304
- [3-(diäthyl-methyl-ammonio)-
  propylester] 4305

—, 3-Phenyl-3-[2]thienyl- 4308
- amid 4308

—, 3-[5-Phenyl-[2]thienyl]- 4310
- hydrazid 4310
- methylester 4310

—, 3-Phenyl-2-[2]thienylmethyl- 4312

—, 3-Phenyl-2-xanthen-9-yl- 4416
- [2-diäthylamino-äthylester] 4417
- [2-(diäthyl-methyl-ammonio)-
  äthylester] 4417

—, 2-Propyl-3-[2]thienyl- 4123

—, 3-[5-Propyl-[2]thienyl]- 4126
- methylester 4126

—, 3-[4,5,6,7-Tetrahydro-benzo[b]≠
  thiophen-2-yl]- 4189

—, 3-[5,6,7,8-Tetrahydro-4H-cyclohepta≠
  [b]furan-2-yl]- 4191

—, 3,3'-[Tetrahydro-furan-2,5-diyl]-di-
  4448
- bis-[2-äthyl-hexylester] 4449
- diäthylester 4448
- dibenzylester 4449
- dibutylester 4448
- dicyclohexylester 4449
- dihydrazid 4449

—, 2-Tetrahydrofurfuryl- 3855
- äthylester 3855

—, 3-Tetrahydro[2]furyl- 3846
- äthylamid 3847
- äthylester 3846
- amid 3847
- [4-brom-phenacylester] 3846
- [4-chlor-3-oxo-androst-4-en-17-
  ylester] 3847
- [3-(5-oxo-tetrahydro-[2]furyl)-
  propylester] 3847
- [4-phenyl-phenacylester] 3847

—, 2-Tetrahydropyran-4-yl- 3851
- äthylester 3852

—, 3-Tetrahydropyran-2-yl- 3851
- äthylester 3851

—, 3-Tetrahydropyran-4-yl- 3851
- äthylester 3851

—, 2-Tetrahydropyran-4-yliden-,
- äthylester 3892

—, 3,3'-[Tetrahydro-thiophen-2,5-diyl]-di-
  4449

—, 3-[2]Thienyl- 4092
- äthylester 4092
- amid 4092

—, 3-[3]Thienyl- 4093

—, 2-[Thiophen-2-carbonylhydrazono]-
  4028

—, 3,3'-Thiophen-2,5-diyl-di- 4519
- diäthylester 4519
- dihydrazid 4519

—, 3-[3,4,6-Trimethyl-benzofuran-2-yl]-
  4285
- methylester 4285

—, 2-Xanthen-9-yl- 4376
- [2-(diäthyl-methyl-ammonio)-
  äthylester] 4376

Propionylchlorid

—, 3-[5-Äthyl-[2]thienyl]- 4120

Pyran-4-carbonsäure
—, 4-Allophanoyl-tetrahydro- 4438
—, 4-Cyan-tetrahydro- 4438
  — äthylester 4438
  — amid 4439
—, 4-Phenyl-tetrahydro- 4223
  — amid 4225
  — [β,β'-bis-diäthylamino-
    isopropylester] 4224
  — [2-(2-diäthylamino-äthoxy)-
    äthylester] 4223
  — [2-diäthylamino-äthylester] 4224
  — [2-di-sec-butylamino-äthylester]
    4224
  — [2-diisopropylamino-äthylester]
    4224
  — [4-diisopropylamino-butylester]
    4224
  — [β-diisopropylamino-
    isopropylester] 4224
  — [2-(diisopropyl-methyl-ammonio)-
    äthylester] 4224
  — [2-dipropylamino-äthylester] 4224
—, Tetrahydro- 3836
  — äthylester 3836
  — amid 3837
  — anilid 3837
  — chlorid 3837
  — methylester 3836
  — tetrahydropyran-4-ylester 3837
  — ureid 3837
Pyran-3-carbonylchlorid
—, 5,6-Dihydro-4H- 3880
—, 2,6-Dimethyl-tetrahydro- 3852
—, 6-Isopropyl-5,6-dihydro-4H-
  3900
—, 6-Methyl-5,6-dihydro-4H- 3887
—, 2,4,6,6-Tetramethyl-5,6-dihydro-4H-
  3906
—, 4,6,6-Trimethyl-5,6-dihydro-4H-
  3902
Pyran-4-carbonylchlorid
—, 4-Phenyl-tetrahydro- 4225
—, Tetrahydro- 3837
Pyran-2,2-dicarbamid
—, 3,6-Dihydro- 4453
Pyran-2,6-dicarbamid
—, Tetrahydro- 4435
Pyran-4,4-dicarbamid
—, Tetra-N-äthyl-tetrahydro- 4438
—, Tetrahydro- 4438
Pyran-2,2-dicarbonitril
—, 3,6-Dihydro- 4453
—, 4,5-Dimethyl-3,6-dihydro- 4465
Pyran-2,4-dicarbonitril
—, 6-Äthinyl-6H- 4545
Pyran-3,5-dicarbonitril
—, 4-Äthinyl-4H- 4545

Pyran-2,2-dicarbonsäure
—, 3,6-Dihydro- 4452
  — bis-[4-brom-phenacylester] 4453
  — diäthylester 4453
  — diamid 4453
—, 4,5-Dimethyl-3,6-dihydro- 4465
  — diäthylester 4465
  — diamid 4465
  — dimethylester 4465
Pyran-2,3-dicarbonsäure
—, 4-Methyl-5,6-dihydro-4H-,
  — diäthylester 4454
—, 6-Methyl-5,6-dihydro-4H- 4455
  — 2-äthylester 4456
  — dimethylester 4455
—, 4,6,6-Trimethyl-5,6-dihydro-4H-,
  — dimethylester 4473
Pyran-2,5-dicarbonsäure
—, 2-Äthyl-5-chlor-4-methyl-tetrahydro-
  4446
—, 5-Chlor-2,3,4-trimethyl-tetrahydro-
  4446
—, 6-Phenyl-3,4-dihydro-2H-
  4560
—, 2,6,6-Trimethyl-tetrahydro-
  4446
  — diäthylester 4447
  — dibutylester 4447
  — diisopentylester 4447
  — dimethylester 4446
  — dipropylester 4447
Pyran-2,6-dicarbonsäure
—, 4H- 4499
—, 3,4-Dihydro-2H- 4453
—, Tetrahydro- 4435
  — diäthylester 4435
  — diamid 4435
  — dimethylester 4435
Pyran-3,5-dicarbonsäure
—, 5-Chlor-2,2,4-trimethyl-tetrahydro-
  4446
—, 2,4-Dimethyl-3,4-dihydro-2H-,
  — 3-äthylester 4465
—, 2-Methyl-3,4-dihydro-2H- 4455
  — 3-äthylester 4455
  — diäthylester 4455
Pyran-4,4-dicarbonsäure
—, Tetrahydro- 4438
  — bis-diäthylamid 4438
  — diäthylester 4438
  — diamid 4438
  — monoäthylester 4438
  — monoureid 4438
Pyran-3,3,5,5-tetracarbonsäure
  — tetraäthylester 4599
Pyran-4-thiocarbonsäure
—, Tetrahydro-,
  — S-äthylester 3838

T

Thiophen-3-carbonsäure (Fortsetzung)
—, 4-Brom- 4058
  — amid 4058
—, 5-Brom- 4058
  — äthylester 4058
  — amid 4058
  — anilid 4058
—, 4-Brom-2,5-dimethyl- 4102
—, 4-Brom-5-nitro- 4061
  — amid 4061
—, 5-*tert*-Butyl-2-methyl- 4127
—, 2-Carbamoyl- 4478
—, 2-Carbazoyl- 4479
—, 2-[4-Carbazoyl-butyl]-4-
  phenylcarbamoyl-tetrahydro- 4590
—, 2-[4-Carboxy-butyl]-4-
  phenylcarbamoyl-tetrahydro- 4590
—, 2-Chlor- 4056
  — amid 4056
—, 5-Chlor- 4057
  — amid 4057
  — anilid 4057
—, 4-Cyan-2,5-dihydro-,
  — äthylester 4452
  — methylester 4452
—, 4-Cyan-5-[4-methoxycarbonyl-butyl]-
  2,5-dihydro-,
  — methylester 4592
—, 4-Cyan-2-methoxycarbonylmethyl-
  2,5-dihydro-,
  — methylester 4591
—, 4-Cyan-5-methoxycarbonylmethyl-
  2,5-dihydro-,
  — methylester 4591
—, 4-Cyan-2-phenyl-2,3-dihydro-,
  — äthylester 4559
—, 4-Cyan-2-phenyl-2,5-dihydro-,
  — äthylester 4559
—, 4-Cyan-2-propyl-2,5-dihydro-,
  — methylester 4466
—, 2,5-Diäthyl- 4121
  — äthylester 4121
  — amid 4121
—, 2,5-Dibrom- 4058
  — amid 4059
—, 4,5-Dibrom- 4059
  — amid 4059
—, 2,5-Dibrom-4-jod- 4059
—, 2,5-Dibrom-4-methyl- 4090
—, 2,5-Di-*tert*-butyl- 4138
—, 2,5-Dichlor- 4057
  — amid 4057
—, 4,5-Dihydro- 3877
  — methylester 3878
—, 2,5-Dijod-4-methyl- 4090
—, 2,4-Dimethyl- 4099
—, 2,5-Dimethyl- 4101
  — amid 4102
  — anilid 4102

  — methylester 4101
—, 4,5-Dimethyl- 4099
—, 2,5-Dimethyl-4-[2-methyl-6-nitro-
  phenyl]- 4314
  — amid 4314
  — methylester 4314
—, 2,5-Dipropyl- 4131
—, 4-Jod- 4059
—, 4-Jod-2,5-dimethyl- 4102
  — methylester 4102
—, 2-[4-Methoxycarbonyl-butyl]-4-
  phenylcarbamoyl-tetrahydro- 4590
  — methylester 4590
—, 2-Methyl- 4073
—, 4-Methyl- 4090
—, 5-Methyl- 4076
—, 2-Methyl-4,5-dihydro- 3882
  — methylester 3883
—, 2-[2-Methyl-6-nitro-phenyl]- 4303
  — amid 4303
  — methylester 4303
—, 2-[Methyl-phenyl-carbamoyl]- 4478
  — methylester 4479
—, 4-[Methyl-phenyl-carbamoyl]-
  tetrahydro- 4433
  — hydrazid 4434
  — isopropylidenhydrazid 4434
  — methylester 4433
—, 2-Nitro- 4060
  — amid 4060
—, 5-Nitro- 4060
  — äthylester 4060
  — amid 4060
  — anilid 4060
  — methylester 4060
—, 4-Phenylcarbamoyl-tetrahydro-
  4432
  — hydrazid 4434
  — methylester 4433
—, Tetrahydro- 3830
—, 2,4,5-Tribrom- 4059
  — amid 4059
—, 2,4,5-Trichlor- 4057
—, 2,4,5-Trimethyl- 4112
Thiophen-2-carbonylazid 4029
Thiophen-3-carbonylazid 4056
Thiophen-2-carbonylchlorid 4016
—, 5-Äthyl- 4095
—, 5-Brom- 4036
—, 5-*tert*-Butyl- 4120
—, 5-Chlor- 4031
—, 3,4-Dibrom- 4040
—, 3-Methyl- 4069
—, 5-Methyl- 4087
—, 5-Methyl-4-nitro- 4089
—, 5-Nitro- 4044
—, 5-Phenyl- 4293
—, 3,4,5-Tribrom- 4041

Valeriansäure (Fortsetzung)
—, 4,5-Epoxy-,
  — allylester 3831
  — vinylester 3831
—, 4-[11,12-Epoxy-10,13-dimethyl-
  hexadecahydro-cyclopenta[a]phenanthren-
  17-yl]-,
  — methylester 4244
—, 2,3-Epoxy-5-[4-isopropyl-phenyl]-3-
  methyl-,
  — äthylester 4242
—, 2,3-Epoxy-3-methyl-,
  — äthylester 3841
  — [N-methyl-anilid] 3842
  — p-toluidid 3842
—, 2,3-Epoxy-4-methyl-,
  — äthylester 3841
—, 3,4-Epoxy-3-methyl-,
  — methylester 3842
—, 2,3-Epoxy-3-methyl-5-phenyl-,
  — äthylester 4231
—, 2,3-Epoxy-4-methyl-2-phenyl-,
  — amid 4232
—, 2,3-Epoxy-2-phenyl-,
  — amid 4214
—, 2,3-Epoxy-3-phenyl-,
  — amid 4215
  — isopropylester 4215
—, 2,3-Epoxy-2-propyl-,
  — amid 3857
—, 4-[N'-(Furan-2-carbonyl)-hydrazino]-,
  — äthylester 3972
—, 4-[Furan-2-carbonylhydrazono]-,
  — äthylester 3973
—, 3-[2]Furyl- 4115
  — [N-äthyl-anilid] 4115
  — äthylester 4115
  — diäthylamid 4115
  — diphenylamid 4116
  — [N-methyl-anilid] 4115
—, 5-[2]Furyl- 4113
  — äthylester 4113
  — amid 4113
  — anilid 4114
—, 3-[2]Furyl-2-phenyl- 4316
  — äthylester 4316
  — amid 4316
  — butylester 4316
  — diäthylamid 4317
  — diphenylamid 4317
  — [N-methyl-anilid] 4317
  — pentylester 4316
  — propylester 4316
—, 5-[5-Heptyl-[2]thienyl- 4140
—, 5-[3-Methoxycarbonyl-4-
  phenylcarbamoyl-tetrahydro-[2]thienyl]-,
  — methylester 4590
—, 4-Methyl-5-[5-methyl-tetrahydro-[2]=
  furyl]-,

  — äthylester 3864
—, 4-Methyl-5-tetrahydro[2]furyl-,
  — äthylester 3862
—, 3-Methyl-5-[2]thienyl- 4124
  — methylester 4124
—, 4-Methyl-2-[2]thienyl- 4124
  — [2-diäthylamino-äthylester] 4124
—, 5-[5-Methyl-[2]thienyl- 4125
  — amid 4125
—, 5-[3-Nitro-2,5-dihydro-[2]thienyl]-,
  — methylester 3903
—, 5-[5-Propyl-[2]thienyl- 4134
  — amid 4134
—, 5-[4,5,6,7-Tetrahydro-benzo[b]=
  thiophen-2-yl]- 4192
  — amid 4193
—, 4-Tetrahydrofurfuryl-,
  — äthylester 3862
—, 5-Tetrahydro[2]furyl- 3859
  — äthylester 3859
—, 3-Tetrahydropyran-4-yl- 3862
  — äthylester 3862
—, 5-Tetrahydro[2]thienyl-,
  — methylester 3860
—, 2-[2]Thienyl- 4114
  — [2-diäthylamino-äthylester]
  4114
—, 5-[2]Thienyl- 4114
  — amid 4114
  — methylester 4114
—, 2-[2]Thienylmethyl- 4123
  — [2-diäthylamino-äthylester] 4124
—, 5-Thietan-2-yl- 3855
—, 5-Thiochroman-6-yl- 4240
—, 4-[Thiophen-2-carbonylhydrazono]-
  4028
—, 5,5'-Thiophen-2,5-diyl-di-
  4526
  — dimethylester 4526
—, 5-[3-Undecyl-oxiranyl]- 3870
—, 5-[5-Undecyl-[2]thienyl- 4142

Valeronitril
—, 3-Äthyl-2,3-epoxy- 3851
—, 2,3-Epoxy-2-methyl- 3841
—, 2,3-Epoxy-3-methyl- 3842
—, 2,3-Epoxy-2-propyl- 3857
—, 3-[2]Furyl-2-phenyl- 4317

Valerylchlorid
—, 5-[5-Äthyl-[2]thienyl]- 4131
—, 5-[5-tert-Butyl-[2]thienyl]- 4137
—, 5-[2,5-Diäthyl-[3]thienyl]- 4138
—, 5-[2]Furyl- 4113
—, 3-[2]Furyl-2-phenyl- 4316
—, 5-[5-Methyl-[2]thienyl]- 4125
—, 5-[5-Propyl-[2]thienyl]- 4134
—, 5-[2]Thienyl- 4114

Valin
—, N-[2]Thienylacetyl- 4064
—, N-[Thiophen-2-carbonyl]- 4021

Z

Formelregister

Im Formelregister sind die Verbindungen entsprechend dem System von *Hill* (Am. Soc. **22** [1900] 478)

1. nach der Anzahl der C-Atome,
2. nach der Anzahl der H-Atome,
3. nach der Anzahl der übrigen Elemente

in alphabetischer Reihenfolge angeordnet. Isomere sind in Form des „Registernamens" (s. diesbezüglich die Erläuterungen zum Sachregister) in alphabetischer Reihenfolge aufgeführt. Verbindungen unbekannter Konstitution finden sich am Schluss der jeweiligen Isomeren-Reihe.

C_3

C_3H_3NO
Oxirancarbonitril 3821

C_4

$C_4H_2Cl_2O_3$
Oxiran-2,3-dicarbonsäure-dichlorid 4425
$C_4H_3BrO_2$
Verbindung $C_4H_3BrO_2$ aus Furan-2-carbonsäure 3915
$C_4H_3F_3O_3$
Oxirancarbonsäure, 3-Trifluormethyl- 3823
$C_4H_4F_3NO_2$
Oxirancarbonsäure, 3-Trifluormethyl-, amid 3824
$C_4H_4O_5$
Oxiran-2,3-dicarbonsäure 4424
C_4H_5NO
Acetonitril, Oxiranyl- 3822
Oxirancarbonitril, 3-Methyl- 3823
$C_4H_6O_3$
Essigsäure, Oxiranyl- 3821
Oxirancarbonsäure, 3-Methyl- 3822

C_5

C_5Br_3ClOS
Thiophen-2-carbonylchlorid, 3,4,5-Tribrom- 4041
C_5HBr_2ClOS
Thiophen-2-carbonylchlorid, 3,4-Dibrom- 4040

$C_5HBr_2IO_2S$
Thiophen-2-carbonsäure, 4,5-Dibrom-3-jod- 4042
Thiophen-3-carbonsäure, 2,5-Dibrom-4-jod- 4059
C_5HBr_2NO
Furan-2-carbonitril, 3,5-Dibrom- 3992
—, 4,5-Dibrom- 3992
$C_5HBr_3O_2$
Furan-2-carbonylbromid, 3,5-Dibrom- 3992
—, 4,5-Dibrom- 3992
$C_5HBr_3O_2S$
Thiophen-2-carbonsäure, 3,4,5-Tribrom- 4041
Thiophen-3-carbonsäure, 2,4,5-Tribrom- 4059
$C_5HCl_3O_2$
Furan-2-carbonylchlorid, 3,4-Dichlor- 3979
—, 3,5-Dichlor- 3980
—, 4,5-Dichlor- 3979
$C_5HCl_3O_2S$
Thiophen-2-carbonsäure, 3,4,5-Trichlor- 4034
Thiophen-3-carbonsäure, 2,4,5-Trichlor- 4057
$C_5HI_3O_2S$
Thiophen-2-carbonsäure, 3,4,5-Trijod- 4042
$C_5H_2BrClOS$
Thiophen-2-carbonylchlorid, 5-Brom- 4036
$C_5H_2BrClOSe$
Selenophen-2-carbonylchlorid, 5-Brom- 4051
$C_5H_2BrClO_2$
Furan-2-carbonylchlorid, 5-Brom- 3988

C₅H₃ClO₂Se
Selenophen-2-carbonsäure, 5-Chlor- 4050
C₅H₃ClO₃
Furan-2-carbonsäure, 3-Chlor- 3977
—, 4-Chlor- 3977
—, 5-Chlor- 3977
C₅H₃Cl₂NOS
Thiophen-3-carbonsäure, 2,5-Dichlor-,
    amid 4057
C₅H₃Cl₂NO₂
Furan-2-carbonsäure, 3,5-Dichlor-, amid
    3980
—, 4,5-Dichlor-, amid 3980
C₅H₃Cl₃O₂SSi
Silan, Trichlor-[thiophen-2-carbonyloxy]-
    4030
C₅H₃Cl₃O₃Si
Silan, Trichlor-[furan-2-carbonyloxy]-
    3976
C₅H₃DO₃
Furan-2-carbonsäure, O-Deuterio- 3916
C₅H₃IO₂S
Thiophen-2-carbonsäure, 3-Jod- 4041
—, 5-Jod- 4042
Thiophen-3-carbonsäure, 4-Jod- 4059
C₅H₃IO₃
Furan-2-carbonsäure, 5-Jod- 3992
C₅H₃NO
Furan-2-carbonitril 3964
C₅H₃NO₄S
Thiophen-2-carbonsäure, 3-Nitro- 4042
—, 4-Nitro- 4042
—, 5-Nitro- 4043
Thiophen-3-carbonsäure, 2-Nitro- 4060
—, 5-Nitro- 4060
C₅H₃NO₄Se
Selenophen-2-carbonsäure, 5-Nitro- 4051
C₅H₃NO₅
Furan-2-carbonsäure, 3-Nitro- 3992
—, 5-Nitro- 3992
Furan-3-carbonsäure, 5-Nitro- 4054
C₅H₃NS
Thiophen-2-carbonitril 4023
Thiophen-3-carbonitril 4056
C₅H₃NSe
Selenophen-2-carbonitril 4050
C₅H₃N₃OS
Thiophen-2-carbonsäure-azid 4029
Thiophen-3-carbonsäure-azid 4056
C₅H₃N₃O₂
Furan-2-carbonsäure-azid 3976
Furan-3-carbonsäure-azid 4053
C₅H₃N₃O₅S
Thiophen-2-carbonsäure, 3,5-Dinitro-,
    amid 4048
C₅H₄BrNOS
Thiophen-2-carbonsäure, 5-Brom-, amid
    4036

Thiophen-3-carbonsäure, 2-Brom-, amid
    4057
—, 4-Brom-, amid 4058
—, 5-Brom-, amid 4058
C₅H₄BrNOSe
Selenophen-2-carbonsäure, 5-Brom-,
    amid 4051
C₅H₄BrNO₂
Furan-2-carbonsäure,
    3-Brom-, amid 3980
—, 4-Brom-, amid 3980
—, 5-Brom-, amid 3988
C₅H₄ClNOS
Thiophen-2-carbonsäure, 5-Chlor-, amid
    4031
Thiophen-3-carbonsäure, 2-Chlor-, amid
    4056
—, 5-Chlor-, amid 4057
C₅H₄ClNOSe
Selenophen-2-carbonsäure, 5-Chlor-,
    amid 4050
C₅H₄N₂O₃S
Thiophen-2-carbonsäure, 5-Nitro-, amid
    4045
Thiophen-3-carbonsäure, 2-Nitro-, amid
    4060
—, 5-Nitro-, amid 4060
C₅H₄N₂O₃Se
Selenophen-2-carbonsäure, 5-Nitro-,
    amid 4051
C₅H₄N₂O₄
Furan-2-carbonsäure, 5-Nitro-, amid
    3994
C₅H₄N₂O₅
Furan-2-carbonsäure, 5-Nitro-,
    hydroxyamid 3999
C₅H₄OS₂
Furan-2-dithiocarbonsäure 4008
C₅H₄O₂S
Furan-2-thiocarbonsäure 4001
Thiophen-2-carbonsäure 4011
Thiophen-3-carbonsäure 4054
C₅H₄O₂Se
Selenophen-2-carbonsäure 4048
C₅H₄O₃
Furan-2-carbonsäure 3914
Furan-3-carbonsäure 4052
C₅H₄O₄
Furan-2-peroxycarbonsäure 3937
C₅H₅BrN₂OS
Thiophen-2-carbonsäure, 5-Brom-,
    hydrazid 4037
C₅H₅BrN₂O₂
Furan-2-carbonsäure, 5-Brom-, hydrazid
    3989
C₅H₅ClN₂OS
Thiophen-2-carbonsäure, 5-Chlor-,
    hydrazid 4031

$C_5H_5ClN_2O_2$
Furan-2-carbonsäure, 5-Chlor-, hydrazid
3978
$C_5H_5ClN_2S$
Thiophen-2-carbamidin, 5-Chlor- 4031
$C_5H_5ClO_2$
Furan-3-carbonylchlorid, 4,5-Dihydro-
3877
C_5H_5NO
Furan-2-carbonitril, 4,5-Dihydro- 3877
C_5H_5NOS
Furan-2-thiocarbonsäure-amid 4003
Thiophen-2-carbonsäure-amid 4016
Thiophen-3-carbonsäure-amid 4056
C_5H_5NOSe
Selenophen-2-carbonsäure-amid 4049
$C_5H_5NO_2$
Furan-2-carbonsäure-amid 3938
Furan-3-carbonsäure-amid 4053
$C_5H_5NO_3$
Furan-2-carbonsäure-hydroxyamid 3968
$C_5H_5NS_2$
Thiophen-2-thiocarbonsäure-amid 4048
$C_5H_5N_3O_2S$
Thiophen-2-carbamidin, 4-Nitro- 4043
—, 5-Nitro- 4046
$C_5H_5N_3O_3S$
Thiophen-2-carbonsäure, 5-Nitro-,
hydrazid 4047
$C_5H_5N_3O_4$
Furan-2-carbonsäure, 5-Nitro-, hydrazid
3999
C_5H_6ClNO
Furan-2-carbonitril, 3-Chlor-tetrahydro-
3829
$C_5H_6N_2O$
Furan-2-carbamidin 3965
$C_5H_6N_2OS$
Furan-2-thiocarbonsäure-hydrazid 4007
Thiophen-2-carbonsäure-[amid-oxim] 4024
— hydrazid 4024
Thiophen-3-carbonsäure-hydrazid 4056
$C_5H_6N_2O_2$
Furan-2-carbonsäure-[amid-oxim] 3968
— hydrazid 3968
Furan-3-carbonsäure-hydrazid 4053
$C_5H_6N_2S$
Thiophen-2-carbamidin 4024
$C_5H_6N_2S_2$
Thiophen-2-thiocarbonsäure-hydrazid 4048
$C_5H_6O_2S$
Thiophen-3-carbonsäure, 4,5-Dihydro-
3877
$C_5H_6O_3$
Furan-2-carbonsäure, 4,5-Dihydro- 3876
Furan-3-carbonsäure, 4,5-Dihydro- 3877
$C_5H_6O_5$
Oxiran-2,3-dicarbonsäure, 2-Methyl- 4426

$C_5H_7ClO_2$
Furan-2-carbonylchlorid, Tetrahydro-
3828
$C_5H_7ClO_3$
Furan-2-carbonsäure, 3-Chlor-tetrahydro-
3828
C_5H_7NO
Acetonitril, Cyclopropyl-hydroxy- 3828
Furan-2-carbonitril, Tetrahydro- 3828
Oxirancarbonitril, 2-Äthyl- 3831
—, 2,3-Dimethyl- 3832
—, 3,3-Dimethyl- 3834
$C_5H_7NO_2$
Furan-2-carbonsäure, 4,5-Dihydro-,
amid 3877
$C_5H_7NO_2S$
$1\lambda^6$-Thiophen-3-carbonitril, 1,1-Dioxo-
tetrahydro- 3831
$C_5H_8ClNO_2$
Furan-2-carbonsäure, 3-Chlor-tetrahydro-,
amid 3829
$C_5H_8O_2S$
Thiophen-2-carbonsäure, Tetrahydro-
3829
Thiophen-3-carbonsäure, Tetrahydro- 3830
$C_5H_8O_3$
Essigsäure, Oxiranyl-, methylester 3821
Furan-2-carbonsäure, Tetrahydro- 3824
Furan-3-carbonsäure, Tetrahydro- 3830
Oxirancarbonsäure-äthylester 3821
Oxirancarbonsäure, 3-Äthyl- 3832
—, 3,3-Dimethyl- 3833
—, 2-Methyl-, methylester 3822
—, 3-Methyl-, methylester 3822
$C_5H_8O_4S$
$1\lambda^6$-Thiophen-2-carbonsäure, 1,1-Dioxo-
tetrahydro- 3830
C_5H_9NOS
Thiophen-2-carbonsäure, Tetrahydro-,
amid 3830
$C_5H_9NO_2$
Furan-2-carbonsäure, Tetrahydro-, amid
3828
Oxirancarbonsäure, 3,3-Dimethyl-, amid
3834
$C_5H_{10}N_2OS$
Thiophen-2-carbonsäure, Tetrahydro-,
hydrazid 3830
$C_5H_{10}N_2O_2$
Furan-2-carbonsäure, Tetrahydro-,
hydrazid 3828
Furan-3-carbonsäure, Tetrahydro-,
hydrazid 3830

C_6

C₆H₅ClO₂
Acetylchlorid, [2]Furyl- 4062
—, [3]Furyl- 4066
Furan-2-carbonylchlorid, 3-Methyl- 4067
—, 5-Methyl- 4083
Furan-3-carbonylchlorid, 4-Methyl- 4089

C₆H₅ClO₂S
Essigsäure, [5-Chlor-[2]thienyl]- 4065
Thiophen-2-carbonsäure, 5-Chlor-,
methylester 4030

C₆H₅ClO₂Se
Selenophen-2-carbonsäure, 5-Chlor-,
methylester 4050

C₆H₅ClO₃
Furan-2-carbonsäure, 5-Chlor-,
methylester 3978
Furan-3-carbonsäure, 5-Chlor-2-methyl-
4073

C₆H₅IO₂S
Thiophen-2-carbonsäure, 3-Jod-4-methyl-
4074
—, 3-Jod-5-methyl- 4088
—, 4-Jod-3-methyl- 4071
—, 5-Jod-3-methyl- 4071
—, 5-Jod-4-methyl- 4075

C₆H₅IO₃
Furan-2-carbonsäure, 5-Jod-, methylester
3992

C₆H₅NO
Acetonitril, [2]Furyl- 4062
Furan-2-carbonitril, 3-Methyl- 4068
—, 4-Methyl- 4073
—, 5-Methyl- 4084

C₆H₅NO₃S
Thiophen-2-carbonsäure, 3-Carbamoyl-
4478
Thiophen-3-carbonsäure, 2-Carbamoyl-
4478

C₆H₅NO₄
Furan-2-carbonsäure, 5-Carbamoyl- 4483

C₆H₅NO₄S
Thiophen-2-carbonsäure, 3-Methyl-4-nitro-
4071
—, 3-Methyl-5-nitro- 4071
—, 4-Methyl-5-nitro- 4075
—, 5-Methyl-4-nitro- 4088
—, 3-Nitro-, methylester 4042
—, 4-Nitro-, methylester 4043
—, 5-Nitro-, methylester 4044
Thiophen-3-carbonsäure, 5-Nitro-,
methylester 4060

C₆H₅NO₄Se
Selenophen-2-carbonsäure, 5-Nitro-,
methylester 4051

C₆H₅NO₅
Furan-2-carbonsäure, 3-Methyl-5-nitro-
4068
—, 5-Methyl-4-nitro- 4086
—, 5-Nitro-, methylester 3993

C₆H₅NS
Acetonitril, [2]Thienyl- 4064
—, [3]Thienyl- 4067
Thiophen-2-carbonitril, 5-Methyl- 4088

C₆H₅N₃O₂
Furan-2-carbonylazid, 5-Methyl- 4084
Furan-3-carbonylazid, 2-Methyl- 4072

C₆H₅N₃O₃S₂
Thioharnstoff, N-[5-Nitro-thiophen-2-
carbonyl]- 4046

C₆H₅N₃O₄S
Harnstoff, N-[5-Nitro-thiophen-2-carbonyl]-
4045

C₆H₅N₃O₆
Furan-2-carbonsäure, 5-Nitro-, [methyl-
nitro-amid] 4001

C₆H₆BrNOS
Essigsäure, [5-Brom-[2]thienyl]-, amid
4066

C₆H₆BrNOSe
Selenophen-2-carbonsäure, 5-Brom-,
methylamid 4051

C₆H₆ClNOS
Essigsäure, [5-Chlor-[2]thienyl]-, amid
4065
Thiophen-2-carbimidsäure, 5-Chlor-,
methylester 4031

C₆H₆ClNOSe
Selenophen-2-carbonsäure, 5-Chlor-,
methylamid 4050

C₆H₆Cl₂O₂S
Thiophen-2,5-dicarbonsäure, Tetrahydro-,
dichlor 4428

C₆H₆Cl₄O₃
Furan-2-carbonsäure, 2,3,4,5-Tetrachlor-
tetrahydro-, methylester 3829

C₆H₆DNOS
Furan-2-thiocarbonsäure-[N-deuterio-
methylamid] 4003

C₆H₆N₂O₂S
Thioharnstoff, [Furan-2-carbonyl]- 3953
Thiophen-2,3-dicarbonsäure-diamid 4479

C₆H₆N₂O₃
Furan-2-carbonsäure-[N'-formyl-hydrazid]
3971
Furan-2,5-dicarbonsäure-diamid 4484
Furan-3,4-dicarbonsäure-diamid 4498

C₆H₆N₂O₃S
Thiophen-2-carbimidsäure, 4-Nitro-,
methylester 4043
—, 5-Nitro-, methylester 4046
Thiophen-2,3-dicarbonsäure-2-hydrazid
4479

C₆H₆N₂O₄
Furan-2-carbonsäure, 5-Nitro-,
methylamid 3995

$C_6H_6N_2O_5$
Furan-2,5-dicarbonsäure-bis-hydroxyamid 4494
Hydroxylamin, O-Methyl-N-[5-nitro-furan-2-carbonyl]- 3999

$C_6H_6N_2S$
Thiophen-2,5-dicarbonitril, Tetrahydro-4429

$C_6H_6O_2S$
Essigsäure, [2]Thienyl- 4062
—, [3]Thienyl- 4066
Thiophen-2-carbonsäure-methylester 4012
Thiophen-2-carbonsäure, 3-Methyl- 4068
—, 4-Methyl- 4073
—, 5-Methyl- 4086
Thiophen-3-carbonsäure-methylester 4054
Thiophen-3-carbonsäure, 2-Methyl- 4073
—, 4-Methyl- 4090
—, 5-Methyl- 4076

$C_6H_6O_2S_2$
Furan-2-dithiocarbonsäure-hydroxymethylester 4008

$C_6H_6O_2Se$
Selenophen-2-carbonsäure-methylester 4049
Selenophen-2-carbonsäure, 3-Methyl- 4071
—, 5-Methyl- 4089

$C_6H_6O_3$
Essigsäure, [2]Furyl- 4061
—, [3]Furyl- 4066
Furan-2-carbonsäure-methylester 3916
Furan-2-carbonsäure, 3-Methyl- 4067
—, 4-Methyl- 4073
—, 5-Methyl- 4076
Furan-3-carbonsäure-methylester 4052
Furan-3-carbonsäure, 2-Methyl- 4072
—, 4-Methyl- 4089
—, 5-Methyl- 4076

$C_6H_6O_4S$
Thiophen-2,3-dicarbonsäure, 4,5-Dihydro-4451
Thiophen-3,4-dicarbonsäure, 2,3-Dihydro-4452
—, 2,5-Dihydro- 4452

$C_6H_6O_5$
Furan-2,3-dicarbonsäure, 4,5-Dihydro-4451

$C_6H_7ClN_2OS$
Essigsäure, [5-Chlor-[2]thienyl]-, hydrazid 4065

$C_6H_7ClO_2$
Furan-3-carbonylchlorid, 2-Methyl-4,5-dihydro- 3882
Pyran-3-carbonylchlorid, 5,6-Dihydro-4H- 3880

$C_6H_7Cl_3O_3$
Oxirancarbonsäure, 3-Trichlormethyl-, äthylester 3824

$C_6H_7F_3O_3$
Oxirancarbonsäure, 3-Trifluormethyl-, äthylester 3823

C_6H_7NO
Cyclopentancarbonitril, 1,2-Epoxy- 3884
—, 2,3-Epoxy- 3884
Pyran-2-carbonitril, 3,4-Dihydro-2H- 3879

C_6H_7NOS
Essigsäure, [2]Thienyl-, amid 4063
—, [3]Thienyl-, amid 4067
Furan-2-thiocarbimidsäure-methylester 4006
Furan-2-thiocarbonsäure-methylamid 4003
Thiophen-2-carbonsäure-[imin-methylester] 4023
— methylamid 4017

C_6H_7NOSe
Selenophen-2-carbonsäure-methylamid 4049

$C_6H_7NO_2$
Essigsäure, [3]Furyl-, amid 4066
Furan-2-carbonsäure-methylamid 3939
Furan-2-carbonsäure, 3-Methyl-, amid 4068
—, 5-Methyl-, amid 4083
Furan-3-carbonsäure, 2-Methyl-, amid 4072

$C_6H_7NO_2S$
$1\lambda^6$-Thiophen-3-carbonitril, 4-Methyl-1,1-dioxo-2,5-dihydro- 3883

$C_6H_7N_3OS_2$
Thiosemicarbazid, 1-[Thiophen-2-carbonyl]-4028

$C_6H_7N_3O_2S$
Semicarbazid, 1-[Thiophen-2-carbonyl]-4027
Thiosemicarbazid, 1-[Furan-2-carbonyl]-3972

$C_6H_7N_3O_3$
Semicarbazid, 1-[Furan-2-carbonyl]- 3971

$C_6H_8Br_2O_3$
Pyran-2-carbonsäure, 2,3-Dibrom-tetrahydro- 3836

$C_6H_8Cl_2O_2$
Acetylchlorid, [3-Chlor-tetrahydro-[2]furyl]-3839

$C_6H_8N_2OS$
Essigsäure, [2]Thienyl-, hydrazid 4065
—, [3]Thienyl-, hydrazid 4067

$C_6H_8N_2O_2$
Furan-2-carbonsäure, 3-Methyl-, hydrazid 4068
—, 5-Methyl-, hydrazid 4084
Furan-3-carbonsäure, 2-Methyl-, hydrazid 4072

$C_6H_8N_4OS$
Guanidin, [Thiophen-2-carbonylamino]-4027

C₆H₈N₄O₂
Furan-2-carbonsäure-[N'-carbamimidoyl-
hydrazid] 3972
C₆H₈N₄O₃
Furan-2,5-dicarbonsäure-dihydrazid 4494
Furan-3,4-dicarbonsäure-dihydrazid 4498
C₆H₈O₂S
Thiophen-2-carbonsäure, 4-Methyl-2,5-
dihydro- 3883
—, 4-Methyl-4,5-dihydro- 3883
Thiophen-3-carbonsäure, 4,5-Dihydro-,
methylester 3878
—, 2-Methyl-4,5-dihydro- 3882
Thiopyran-3-carbonsäure, 5,6-Dihydro-
4H- 3881
C₆H₈O₃
Acrylsäure, 3-[3-Methyl-oxiranyl]- 3883
Furan-3-carbonsäure, 4,5-Dihydro-,
methylester 3877
—, 2-Methyl-4,5-dihydro- 3882
—, 5-Methyl-4,5-dihydro- 3883
Pyran-2-carbonsäure, 3,4-Dihydro-2H-
3878
—, 3,6-Dihydro-2H- 3878
—, 5,6-Dihydro-4H- 3878
Pyran-3-carbonsäure, 5,6-Dihydro-2H-
3881
—, 5,6-Dihydro-4H- 3879
C₆H₈O₃S
1λ⁴-Thiophen-3-carbonsäure, 2-Methyl-1-
oxo-4,5-dihydro- 3882
1λ⁴-Thiopyran-3-carbonsäure, 1-Oxo-5,6-
dihydro-4H- 3881
C₆H₈O₄S
1λ⁶-Thiophen-3-carbonsäure, 2-Methyl-
1,1-dioxo-4,5-dihydro- 3883
Thiophen-2,5-dicarbonsäure, Tetrahydro-
4427
Thiophen-3,4-dicarbonsäure, Tetrahydro-
4431
1λ⁶-Thiopyran-3-carbonsäure, 1,1-Dioxo-
5,6-dihydro-4H- 3881
C₆H₈O₄Se
Selenophen-2,5-dicarbonsäure, Tetrahydro-
4430
C₆H₈O₅
Furan-2,5-dicarbonsäure, Tetrahydro-
4426
Oxiran-2,3-dicarbonsäure-dimethylester
4425
Oxiran-2,3-dicarbonsäure, 2,3-Dimethyl-
4434
C₆H₈O₅S
1λ⁴-Thiophen-2,5-dicarbonsäure, 1-Oxo-
tetrahydro- 4428
C₆H₈O₅Se
1λ⁴-Selenophen-2,5-dicarbonsäure, 1-Oxo-
tetrahydro- 4430

C₆H₈O₆S
1λ⁶-Thiophen-2,5-dicarbonsäure,
1,1-Dioxo-tetrahydro- 4428
C₆H₉ClOS
Thiopyran-4-carbonylchlorid, Tetrahydro-
3838
C₆H₉ClO₂
Pyran-4-carbonylchlorid, Tetrahydro-
3837
C₆H₉ClO₃
Furan-2-carbonsäure, 3-Chlor-tetrahydro-,
methylester 3828
C₆H₉Cl₅O₅
Verbindung C₆H₉Cl₅O₅ aus 3,4-Dichlor-
furan-2,5-dicarbonsäure 4494
C₆H₉NO
Acetonitril, Tetrahydro[2]furyl- 3839
Furan-2-carbonitril, 2-Methyl-tetrahydro-
3839
Oxirancarbonitril, 2-Äthyl-3-methyl- 3841
—, 3-Äthyl-2-methyl- 3841
—, 3-Äthyl-3-methyl- 3842
—, 2-Isopropyl- 3840
—, 2-Propyl- 3840
—, Trimethyl- 3843
Pyran-2-carbonitril, Tetrahydro- 3835
Pyran-4-carbonitril, Tetrahydro- 3838
C₆H₉NO₂
Pyran-2-carbonsäure, 3,4-Dihydro-2H-,
amid 3879
Pyran-3-carbonsäure, 5,6-Dihydro-4H-,
amid 3881
C₆H₁₀N₂O₂S
Thiophen-2,5-dicarbonsäure, Tetrahydro-,
diamid 4429
C₆H₁₀N₂O₃
Furan-2,5-dicarbonsäure, Tetrahydro-,
diamid 4427
C₆H₁₀N₂O₃S
1λ⁴-Thiophen-2,5-dicarbonsäure, 1-Oxo-
tetrahydro-, diamid 4429
C₆H₁₀O₂S
Thiopyran-4-carbonsäure, Tetrahydro-
3838
C₆H₁₀O₃
Essigsäure, Oxiranyl-, äthylester 3821
—, Tetrahydro[2]furyl- 3838
—, Tetrahydro[3]furyl- 3839
Furan-2-carbonsäure, 2-Methyl-
tetrahydro- 3839
—, Tetrahydro-, methylester 3824
Furan-3-carbonsäure, Tetrahydro-,
methylester 3830
Oxirancarbonsäure, 3,3-Dimethyl-,
methylester 3833
—, 2-Methyl-, äthylester 3822
—, 3-Methyl-, äthylester 3823
Pyran-2-carbonsäure, Tetrahydro- 3835
Pyran-3-carbonsäure, Tetrahydro- 3836

$C_6H_{10}O_3$ (Fortsetzung)
Pyran-4-carbonsäure, Tetrahydro- 3836

$C_6H_{10}O_4S$
$1\lambda^6$-Thiopyran-4-carbonsäure, 1,1-Dioxo-
　tetrahydro- 3838

$C_6H_{11}NOS$
Thiopyran-4-carbonsäure, Tetrahydro-,
　amid 3838

$C_6H_{11}NO_2$
Pyran-4-carbonsäure, Tetrahydro-, amid
　3837

$C_6H_{12}N_4O_2S$
Thiophen-2,5-dicarbonsäure, Tetrahydro-,
　dihydrazid 4429
Thiophen-3,4-dicarbonsäure, Tetrahydro-,
　dihydrazid 4434

C_7

$C_7H_2Cl_2O_2S$
Propiolsäure, [2,5-Dichlor-[3]thienyl]- 4198

$C_7H_3BrN_2O_2S$
Thiophen-2-carbonitril, 5-[2-Brom-2-nitro-
　vinyl]- 4172

$C_7H_3BrO_2S$
Propiolsäure, [5-Brom-[2]thienyl]- 4198

$C_7H_3BrO_3$
Propiolsäure, [5-Brom-[2]furyl]- 4197

$C_7H_3Br_2ClO_2$
Acryloylchlorid, 2-Brom-3-[5-brom-[2]=
　furyl]- 4155

$C_7H_3ClO_2S$
Propiolsäure, [5-Chlor-[2]thienyl]- 4197

$C_7H_3F_3O_4$
Anhydrid, [Furan-2-carbonsäure]-
　trifluoressigsäure- 3928

$C_7H_4BrClO_2$
Acryloylchlorid, 3-[5-Brom-[2]furyl]- 4154

$C_7H_4BrClO_2S$
Acrylsäure, 2-Brom-3-[5-chlor-[2]thienyl]-
　4168

$C_7H_4BrNO_4S$
Acrylsäure, 2-Brom-3-[5-nitro-[2]thienyl]-
　4169

$C_7H_4Br_2O_2S$
Acrylsäure, 2-Brom-3-[5-brom-[2]thienyl]-
　4169

$C_7H_4Br_2O_3$
Acrylsäure, 2-Brom-3-[5-brom-[2]furyl]-
　4154

$C_7H_4ClNO_4$
Acryloylchlorid, 3-[5-Nitro-[2]furyl]- 4157

$C_7H_4Cl_2O_3$
Acrylsäure, 3-[3,4-Dichlor-[2]furyl]- 4153
—, 3-[4,5-Dichlor-[2]furyl]- 4154
Furan-2,4-dicarbonylchlorid, 5-Methyl-
　4503

Furan-3,4-dicarbonylchlorid, 2-Methyl-
　4502

$C_7H_4N_2O_2S$
Thiophen-2-carbonitril, 5-[2-Nitro-vinyl]-
　4172

$C_7H_4N_2O_3$
Acrylonitril, 3-[2]Furyl-2-nitro- 4165
—, 3-[5-Nitro-[2]furyl]- 4164

$C_7H_4O_2S$
Propiolsäure, [2]Thienyl- 4197

$C_7H_4O_3$
Propiolsäure, [2]Furyl- 4197

$C_7H_4O_6S$
Thiophen-2,3,4-tricarbonsäure 4593
Thiophen-2,3,5-tricarbonsäure 4594

$C_7H_4O_7$
Furan-2,3,4-tricarbonsäure 4592
Furan-2,3,5-tricarbonsäure 4593

$C_7H_5BrCl_2O_2S$
Thiophen-2-carbonsäure, 3-Brommethyl-
　4,5-dichlor-, methylester 4070

$C_7H_5BrCl_3NO_3$
Furan-2-carbonsäure, 5-Brom-, [2,2,2-
　trichlor-1-hydroxy-äthylamid] 3988

$C_7H_5BrN_2O_3S$
Acrylsäure, 2-Brom-3-[5-nitro-[2]thienyl]-,
　amid 4169

$C_7H_5BrO_2S$
Acrylsäure, 2-Brom-3-[2]thienyl- 4168
—, 3-[5-Brom-[2]thienyl]- 4168

$C_7H_5BrO_3$
Acrylsäure, 3-[5-Brom-[2]furyl]- 4154

$C_7H_5BrO_5$
Furan-2,3-dicarbonsäure, 5-Brom-4-
　methyl- 4501

$C_7H_5Br_3O_3$
Propionsäure, 2,3-Dibrom-3-[5-brom-[2]=
　furyl]- 4092

C_7H_5ClOS
Acryloylchlorid, 3-[2]Thienyl- 4166

$C_7H_5ClO_2$
Acryloylchlorid, 3-[2]Furyl- 4149

$C_7H_5ClO_2S$
Acrylsäure, 3-[5-Chlor-[2]thienyl]- 4168

$C_7H_5ClO_3$
Acrylsäure, 3-[4-Chlor-[2]furyl]- 4153
—, 3-[5-Chlor-[2]furyl]- 4153

$C_7H_5ClO_4$
Furan-3-carbonsäure, 5-Chlorcarbonyl-,
　methylester 4480

$C_7H_5Cl_3N_2O_5$
Furan-2-carbonsäure, 5-Nitro-, [2,2,2-
　trichlor-1-hydroxy-äthylamid] 3997

$C_7H_5IO_3$
Acrylsäure, 3-[5-Jod-[2]furyl]- 4155

C_7H_5NO
Acrylonitril, 3-[2]Furyl- 4152

C₇H₅NO₃
Furan-3-carbonsäure, 2-Cyan-4-methyl-
4501

C₇H₅NO₄S
Acrylsäure, 3-[2-Nitro-[3]thienyl]- 4171
—, 3-[5-Nitro-[2]thienyl]- 4169

C₇H₅NO₄Se
Acrylsäure, 3-[5-Nitro-selenophen-2-yl]-
4170

C₇H₅NO₅
Acrylsäure, 3-[5-Nitro-[2]furyl]- 4155

C₇H₅NO₇
Furan-2,3-dicarbonsäure, 4-Methyl-5-
nitro- 4502

C₇H₅N₃O₆S
Amin, Acetyl-[3,5-dinitro-thiophen-2-
carbonyl]- 4048

C₇H₆BrIO₂S
Thiophen-2-carbonsäure, 5-Brom-3-jod-4-
methyl-, methylester 4075

C₇H₆BrNO₂
Acrylsäure, 3-[5-Brom-[2]furyl]-, amid
4154

C₇H₆BrNS
Acetonitril, [3-Brom-5-methyl-[2]thienyl]-
4097

C₇H₆Br₂O₂S
Propionsäure, 2,3-Dibrom-3-[2]thienyl-
4093
Thiophen-2-carbonsäure, 3,5-Dibrom-4-
methyl-, methylester 4074
—, 4,5-Dibrom-3-methyl-,
methylester 4070

C₇H₆Br₂O₃
Furan-2-carbonsäure, 3,5-Dibrom-,
äthylester 3992
—, 4,5-Dibrom-, äthylester 3992

C₇H₆Br₄O₃
Propionsäure, 2,3-Dibrom-3-[4,5-dibrom-
4,5-dihydro-[2]furyl]- 3888

C₇H₆ClNOS
Acrylohydroximoylchlorid, 3-[2]Thienyl-
4167
Acrylsäure, 3-[5-Chlor-[2]thienyl]-, amid
4168

C₇H₆Cl₂N₂O₃
Furan-2-carbonsäure-[N'-dichloracetyl-
hydrazid] 3971

C₇H₆Cl₂O₂S
Thiophen-2-carbonsäure, 4,5-Dichlor-3-
methyl-, methylester 4070

C₇H₆Cl₂O₃
Furan-2-carbonsäure, 3,5-Dichlor-,
äthylester 3979
—, 4,5-Dichlor-, äthylester 3979

C₇H₆Cl₃NO₃
Furan-2-carbonsäure-[2,2,2-trichlor-1-
hydroxy-äthylamid] 3950

C₇H₆I₂O₂S
Thiophen-2-carbonsäure, 3,5-Dijod-4-
methyl-, methylester 4075
—, 4,5-Dijod-3-methyl-, methylester
4071

C₇H₆N₂O
Pyran-2,2-dicarbonitril, 3,6-Dihydro- 4453

C₇H₆N₂OS
Thiophen-2-carbonsäure-[cyanmethyl-amid]
4021

C₇H₆N₂O₃S
Acrylsäure, 3-[5-Nitro-[2]thienyl]-, amid
4169

C₇H₆N₂O₄
Acrylsäure, 3-[5-Nitro-[2]furyl]-, amid
4157

C₇H₆N₂O₄S
Amin, Acetyl-[5-nitro-thiophen-2-carbonyl]-
4045

C₇H₆N₂O₅
Amin, Acetyl-[5-nitro-furan-2-carbonyl]-
3997

C₇H₆N₂O₆S
Thiophen-2-carbonsäure, 4-Methyl-3,5-
dinitro-, methylester 4075

C₇H₆N₂O₈
Furan-2-carbonsäure, 5-Nitro-,
[2-nitryloxy-äthylester] 3994

C₇H₆O₂S
Acrylsäure, 3-[2]Thienyl- 4165
—, 3-[3]Thienyl- 4171
Thiophen-2-carbonsäure-vinylester 4014

C₇H₆O₂S₃
Essigsäure, [Thiophen-2-
thiocarbonylmercapto]- 4048

C₇H₆O₂Se
Acrylsäure, 3-Selenophen-2-yl- 4170

C₇H₆O₃
Acrylsäure, 3-[2]Furyl- 4143
Furan-2-carbonsäure-vinylester 3919

C₇H₆O₃S₂
Essigsäure, [Furan-2-thiocarbonylmercapto]-
4008

C₇H₆O₄
Anhydrid, Essigsäure-[furan-2-
carbonsäure]- 3928

C₇H₆O₄S
Malonsäure, [2]Thienyl- 4499
Thiophen-2,3-dicarbonsäure-2-methylester
4478
— 3-methylester 4478
Thiophen-2,3-dicarbonsäure, 5-Methyl-
4503
Thiophen-2,5-dicarbonsäure-
monomethylester 4495

C₇H₆O₄Se
Selenophen-2,3-dicarbonsäure, 4-Methyl-
4502

C$_7$H$_6$O$_5$

Essigsäure, [3-Carboxy-[2]furyl]- 4500

Furan-2-carbonsäure, 5-Carboxymethyl-
4500

Furan-2,3-dicarbonsäure, 4-Methyl- 4501

—, 5-Methyl- 4502

Furan-2,4-dicarbonsäure-4-methylester
4480

Furan-2,4-dicarbonsäure, 5-Methyl- 4503

Furan-2,5-dicarbonsäure-monomethylester
4482

Furan-3,4-dicarbonsäure, 2-Methyl- 4502

Malonsäure, [2]Furyl- 4499

Pyran-2,6-dicarbonsäure, 4*H*- 4499

C$_7$H$_7$BrO$_2$S

Thiophen-2-carbonsäure, 5-Äthyl-4-brom-
4096

—, 4-Brom-, äthylester 4035

—, 5-Brom-, äthylester 4036

—, 3-Brom-4-methyl-, methylester 4074

—, 4-Brom-3-methyl-, methylester
4070

Thiophen-3-carbonsäure, 5-Brom-,
äthylester 4058

—, 4-Brom-2,5-dimethyl- 4102

C$_7$H$_7$BrO$_2$Se

Selenophen-2-carbonsäure, 5-Brom-,
äthylester 4051

C$_7$H$_7$BrO$_3$

Furan-2-carbonsäure,

—, 3-Brom-, äthylester 3980

—, 4-Brom-, äthylester 3980

—, 5-Brom-, äthylester 3981

—, 5-Brommethyl-, methylester 4085

Furan-3-carbonsäure, 4-Brom-2,5-
dimethyl- 4101

—, 5-Brom-2,4-dimethyl- 4098

C$_7$H$_7$ClOS

Propionylchlorid, 3-[2]Thienyl- 4092

—, 3-[3]Thienyl- 4093

Thiophen-2-carbonylchlorid, 5-Äthyl-
4095

Thiophen-3-carbonylchlorid, 2,5-Dimethyl-
4102

C$_7$H$_7$ClO$_2$

Furan-3-carbonylchlorid, 2,4-Dimethyl-
4098

—, 2,5-Dimethyl- 4100

C$_7$H$_7$ClO$_2$S

Essigsäure, [5-Chlor-[2]thienyl]-,
methylester 4065

Thiophen-2-carbonsäure, 5-Äthyl-4-chlor-
4095

—, 5-Chlor-, äthylester 4030

C$_7$H$_7$ClO$_2$Se

Selenophen-2-carbonsäure, 5-Chlor-,
äthylester 4050

C$_7$H$_7$ClO$_3$

Furan-2-carbonsäure-[2-chlor-äthylester]
3918

Furan-2-carbonsäure, 3-Chlor-,
äthylester 3977

—, 4-Chlor-, äthylester 3977

—, 5-Chlor-, äthylester 3978

—, 5-Chlormethyl-, methylester 4084

C$_7$H$_7$Cl$_3$N$_2$O$_2$

Furan-2-carbonsäure-[1-amino-2,2,2-
trichlor-äthylamid] 3951

C$_7$H$_7$IO$_2$S

Thiophen-2-carbonsäure, 3-Jod-4-methyl-,
methylester 4075

—, 5-Jod-3-methyl-, methylester
4071

Thiophen-3-carbonsäure, 4-Jod-2,5-
dimethyl- 4102

C$_7$H$_7$IO$_3$

Furan-3-carbonsäure, 4-Jod-2,5-dimethyl-
4101

C$_7$H$_7$NO

Acetonitril, [5-Methyl-[2]furyl]- 4096

Furan-2-carbonitril, 5-Äthyl- 4094

—, 4,5-Dimethyl- 4103

Furan-3-carbonitril, 2,4-Dimethyl- 4098

—, 2,5-Dimethyl- 4100

Propionitril, 3-[2]Furyl- 4091

C$_7$H$_7$NOS

Acrylsäure, 3-[2]Thienyl-, amid 4166

C$_7$H$_7$NO$_2$

Acrylsäure, 3-[2]Furyl-, amid 4149

C$_7$H$_7$NO$_2$S

Thiophen-2-carbonsäure-acetylamid 4021

Thiophen-3-carbonsäure, 4-Cyan-2,5-
dihydro-, methylester 4452

C$_7$H$_7$NO$_2$S$_2$

Furan-2-dithiocarbonsäure-
carbamoylmethylester 4010

C$_7$H$_7$NO$_3$

Acrylsäure, 3-[2]Furyl-, hydroxyamid
4153

C$_7$H$_7$NO$_4$

Furan-3-carbonsäure, 2-Carbamoyl-4-
methyl- 4501

Glycin, *N*-[Furan-2-carbonyl]- 3955

C$_7$H$_7$NO$_4$S

Thiophen-2-carbonsäure, 5-Äthyl-4-nitro-
4096

—, 3-Methyl-4-nitro-, methylester
4071

—, 3-Methyl-5-nitro-, methylester
4071

—, 4-Methyl-5-nitro-, methylester
4075

—, 5-Methyl-4-nitro-, methylester
4088

—, 4-Nitro-, äthylester 4043

—, 5-Nitro-, äthylester 4044

C₇H₇NO₄S (Fortsetzung)
Thiophen-3-carbonsäure, 5-Nitro-,
äthylester 4060
C₇H₇NO₅
Furan-2-carbonsäure, 5-Methyl-4-nitro-,
methylester 4086
—, 5-Nitro-, äthylester 3993
Furan-3-carbonsäure, 2,4-Dimethyl-5-
nitro- 4098
—, 2,5-Dimethyl-4-nitro- 4101
—, 5-Nitro-, äthylester 4054
C₇H₇NS
Propionitril, 2-[2]Thienyl- 4093
—, 3-[2]Thienyl- 4092
Thiophen-3-carbonitril, 2,5-Dimethyl-
4102
C₇H₇N₃O₂
Furan-3-carbonylazid, 2,5-Dimethyl- 4100
C₇H₇N₃O₄
Acrylsäure, 3-[5-Nitro-[2]furyl]-, hydrazid
4164
C₇H₇N₃O₅
Hydrazin, N-Acetyl-N'-[5-nitro-furan-2-
carbonyl]- 4000
C₇H₈BrNOSe
Selenophen-2-carbonsäure, 5-Brom-,
dimethylamid 4051
C₇H₈Br₄O₃
Furan-2-carbonsäure, 2,3,4,5-Tetrabrom-
tetrahydro-, äthylester 3829
C₇H₈ClNOS
Thiophen-2-carbimidsäure, 5-Chlor-,
äthylester 4031
C₇H₈ClNOSe
Selenophen-2-carbonsäure, 5-Chlor-,
dimethylamid 4050
C₇H₈Cl₂O₂S
Thiophen-3,4-dicarbonylchlorid, 2-Methyl-
tetrahydro- 4439
C₇H₈Cl₄O₂S
Thiophen-2-carbonsäure, 4,5,x,x-
Tetrachlor-3-methyl-tetrahydro-,
methylester 4069
C₇H₈Cl₄O₃
Furan-2-carbonsäure, 2,3,4,5-Tetrachlor-
tetrahydro-, äthylester 3829
C₇H₈N₂O
Oxetan, 3,3-Bis-cyanmethyl- 4440
C₇H₈N₂O₂
Acrylsäure, 3-[2]Furyl-, hydrazid 4153
C₇H₈N₂O₂S
Harnstoff, [2]Thienylacetyl- 4064
Thioharnstoff, N-[Furan-2-carbonyl]-
N'-methyl- 3953
C₇H₈N₂O₃
Furan-2-carbonsäure-[N'-acetyl-hydrazid]
3971
Furan-2,4-dicarbonsäure, 5-Methyl-,
diamid 4504

Harnstoff, [2]Furylacetyl- 4062
Malonsäure, [2]Furyl-, diamid 4499
C₇H₈N₂O₃S
Thiophen-2-carbimidsäure, 4-Nitro-,
äthylester 4043
—, 5-Nitro-, äthylester 4046
C₇H₈N₂O₄S
Thiophen-2-carbonsäure, 5-Nitro-,
[2-hydroxy-äthylamid] 4045
C₇H₈O₂S
Essigsäure, [2-Methyl-[3]thienyl]- 4094
—, [3-Methyl-[2]thienyl]- 4094
—, [5-Methyl-[2]thienyl]- 4096
—, [2]Thienyl-, methylester 4063
Propionsäure, 3-[2]Thienyl- 4092
—, 3-[3]Thienyl- 4093
Thiophen-2-carbonsäure-äthylester 4012
Thiophen-2-carbonsäure, 5-Äthyl- 4095
—, 3,4-Dimethyl- 4097
—, 3,5-Dimethyl- 4099
—, 4,5-Dimethyl- 4103
—, 3-Methyl-, methylester 4068
—, 4-Methyl-, methylester 4074
—, 5-Methyl-, methylester 4086
Thiophen-3-carbonsäure-äthylester 4055
Thiophen-3-carbonsäure, 5-Äthyl- 4094
—, 2,4-Dimethyl- 4099
—, 2,5-Dimethyl- 4101
—, 4,5-Dimethyl- 4099
C₇H₈O₂Se
Selenophen-2-carbonsäure-äthylester 4049
Selenophen-2-carbonsäure, 3,4-Dimethyl-
4097
—, 3,5-Dimethyl- 4099
—, 4,5-Dimethyl- 4103
C₇H₈O₃
Essigsäure, [2]Furyl-, methylester 4061
—, [3]Furyl-, methylester 4066
—, [5-Methyl-[2]furyl]- 4096
Furan-2-carbonsäure-äthylester 3917
Furan-2-carbonsäure, 5-Äthyl- 4094
—, 3,4-Dimethyl- 4097
—, 3,5-Dimethyl- 4099
—, 4,5-Dimethyl- 4102
—, 3-Methyl-, methylester 4067
—, 5-Methyl-, methylester 4076
Furan-3-carbonsäure-äthylester 4052
Furan-3-carbonsäure, 2-Äthyl- 4094
—, 2,4-Dimethyl- 4097
—, 2,5-Dimethyl- 4099
—, 4,5-Dimethyl- 4099
Propionsäure, 3-[2]Furyl- 4090
C₇H₈O₄
Furan-2-carbonsäure-[2-hydroxy-äthylester]
3922
C₇H₈O₅
Furan-2,3-dicarbonsäure, 4,5-Dihydro-,
3-methylester 4451

C₇H₈O₅ (Fortsetzung)

Pyran-2,2-dicarbonsäure, 3,6-Dihydro- 4452

Pyran-2,6-dicarbonsäure, 3,4-Dihydro- 2*H*- 4453

C₇H₉ClO₂

Acetylchlorid, [5,6-Dihydro-2*H*-pyran-3-yl]- 3885

2-Oxa-norcaran-7-carbonylchlorid 3890

Pyran-carbonylchlorid, 6-Methyl-5,6-dihydro-4*H*- 3887

C₇H₉ClO₃

Furan-3-carbonsäure, 5-Chlormethyl-2-methyl-4,5-dihydro- 3889

C₇H₉NO

Acetonitril, [3,6-Dihydro-2*H*-pyran-4-yl]- 3885

—, [5,6-Dihydro-2*H*-pyran-3-yl]- 3885

Cyclohexancarbonitril, 1,2-Epoxy- 3891

—, 2,3-Epoxy- 3891

—, 3,4-Epoxy- 3892

1-Oxa-spiro[2.4]heptan-2-carbonitril 3890

Pyran-2-carbonitril, 2-Methyl-3,4-dihydro-2*H*- 3886

C₇H₉NOS

Essigsäure, [3-Methyl-[2]thienyl]-, amid 4094

—, [5-Methyl-[2]thienyl]-, amid 4096

—, [2]Thienyl-, methylamid 4064

Furan-2-thiocarbimidsäure, *N*-Methyl-, methylester 4006

Furan-2-thiocarbonsäure-äthylamid 4003

— dimethylamid 4003

Propionsäure, 3-[2]Thienyl-, amid 4092

Thiophen-2-carbonsäure-äthylamid 4017

— [äthylester-imin] 4023

Thiophen-2-carbonsäure, 5-Äthyl-, amid 4095

Thiophen-3-carbonsäure-[äthylester-imin] 4056

Thiophen-3-carbonsäure, 2,5-Dimethyl-, amid 4102

C₇H₉NOSe

Selenophen-2-carbonsäure-dimethylamid 4049

C₇H₉NO₂

Essigsäure, [5-Methyl-[2]furyl]-, amid 4096

Furan-2-carbimidsäure-äthylester 3964

Furan-2-carbonsäure-äthylamid 3939

— dimethylamid 3939

Furan-3-carbonsäure, 2,5-Dimethyl-, amid 4100

Propionsäure, 3-[2]Furyl-, amid 4091

C₇H₉NO₂S

Furan-2-thiocarbonsäure-[2-hydroxy-äthylamid] 4006

Thiophen-2-carbonsäure-[2-hydroxy-äthylamid] 4019

C₇H₉NO₃

Oxirancarbonsäure, 3-Cyan-3-methyl-, äthylester 4426

Pyran-4-carbonsäure, 4-Cyan-tetrahydro- 4438

C₇H₉N₃OS

Acetamidin, 2-[Thiophen-2-carbonylamino]- 4021

C₇H₁₀Cl₂O₂

Propionylchlorid, 2-Chlor-3-tetrahydro[2]≠furyl- 3847

C₇H₁₀N₂O₂

Furan-2-carbonsäure-[*N'*,*N'*-dimethyl-hydrazid] 3969

Furan-3-carbonsäure, 2,4-Dimethyl-, hydrazid 4098

—, 2,5-Dimethyl-, hydrazid 4100

Propionsäure, 3-[2]Furyl-, hydrazid 4091

Pyran-4-carbonsäure, 4-Cyan-tetrahydro-, amid 4439

C₇H₁₀N₂O₃

Pyran-2,2-dicarbonsäure, 3,6-Dihydro-, diamid 4453

C₇H₁₀N₄O₃

Furan-2,3-dicarbonsäure, 5-Methyl-, dihydrazid 4503

C₇H₁₀O₂S

Thiophen-3-carbonsäure, 2-Methyl-4,5-dihydro-, methylester 3883

Thiopyran-3-carbonsäure, 5,6-Dihydro-4*H*-, methylester 3881

—, 2-Methyl-5,6-dihydro-4*H*- 3887

C₇H₁₀O₃

Acrylsäure, 3-[3-Methyl-oxiranyl]-, methylester 3883

Essigsäure, [5,6-Dihydro-2*H*-pyran-3-yl]- 3885

—, [5,6-Dihydro-4*H*-pyran-3-yl]- 3884

Furan-2-carbonsäure, 4,5-Dihydro-, äthylester 3876

Furan-3-carbonsäure, 4,5-Dihydro-, äthylester 3877

—, 2,5-Dimethyl-4,5-dihydro- 3889

—, 5,5-Dimethyl-4,5-dihydro- 3889

—, 2-Methyl-4,5-dihydro-, methylester 3882

—, 5-Methyl-4,5-dihydro-, methylester 3883

2-Oxa-norcaran-7-carbonsäure 3890

1-Oxa-spiro[2.4]heptan-2-carbonsäure 3889

Oxirancarbonsäure, 3-Methyl-, allylester 3823

Propionsäure, 3-Oxiranyl-, vinylester 3831

Pyran-2-carbonsäure, 3,4-Dihydro-2*H*-, methylester 3878

—, 6-Methyl-5,6-dihydro-4*H*- 3887

$C_7H_{10}O_3$ (Fortsetzung)
Pyran-3-carbonsäure, 5,6-Dihydro-4H-,
  methylester 3879
—, 4-Methyl-5,6-dihydro-4H- 3888
—, 6-Methyl-5,6-dihydro-4H- 3887
$C_7H_{10}O_4S$
Thiophen-3,4-dicarbonsäure, 2-Methyl-
  tetrahydro- 4439
—, Tetrahydro-, monomethylester
  4431
Thiopyran-2,6-dicarbonsäure, Tetrahydro-
  4435
Thiopyran-3,4-dicarbonsäure, Tetrahydro-
  4437
$C_7H_{10}O_4Se$
Selenopyran-2,6-dicarbonsäure,
  Tetrahydro- 4436
$C_7H_{10}O_5$
Furan-2-carbonsäure, 5-Carboxymethyl-
  tetrahydro- 4439
Oxetan, 3,3-Bis-carboxymethyl- 4440
Pyran-2,6-dicarbonsäure, Tetrahydro-
  4435
Pyran-4,4-dicarbonsäure, Tetrahydro-
  4438
$C_7H_{10}O_6S$
$1\lambda^6$-Thiopyran-2,6-dicarbonsäure,
  1,1-Dioxo-tetrahydro- 4436
$C_7H_{11}ClO_2$
Acetylchlorid, Tetrahydropyran-2-yl- 3843
—, Tetrahydropyran-4-yl- 3844
$C_7H_{11}ClO_3$
Crotonsäure, 4-Chlor-3-methoxy-,
  äthylester 3831
Essigsäure, [3-Chlor-tetrahydro-[2]furyl]-,
  methylester 3839
Furan-2-carbonsäure, 3-Chlor-tetrahydro-,
  äthylester 3828
Isovaleriansäure, γ-Chlor-β,γ'-epoxy-,
  äthylester 3831
Propionsäure, 2-Chlor-3-tetrahydro[2]꞊
  furyl- 3847
$C_7H_{11}NO$
Acetonitril, Tetrahydropyran-4-yl- 3844
Furan-2-carbonitril, 2-Äthyl-tetrahydro-
  3848
Oxirancarbonitril, 2-tert-Butyl- 3849
—, 3,3-Diäthyl- 3851
$C_7H_{11}NO_2$
1-Oxa-spiro[2.4]heptan-2-carbonsäure-
  amid 3890
Pyran-2-carbonsäure, 2-Methyl-3,4-
  dihydro-2H-, amid 3886
$C_7H_{12}ClNO_2$
Propionsäure, 2-Chlor-3-tetrahydro[2]꞊
  furyl-, amid 3848
$C_7H_{12}N_2O_2$
Pyran-3-carbonsäure, 2-Methyl-5,6-
  dihydro-4H-, hydrazid 3886

$C_7H_{12}N_2O_3$
Harnstoff, [Tetrahydro-pyran-4-carbonyl]-
  3837
Pyran-2,6-dicarbonsäure, Tetrahydro-,
  diamid 4435
Pyran-4,4-dicarbonsäure, Tetrahydro-,
  diamid 4438
$C_7H_{12}O_2S$
Essigsäure, Tetrahydrothiopyran-4-yl-
  3845
$C_7H_{12}O_3$
Essigsäure, [2-Methyl-tetrahydro-[3]furyl]-
  3848
—, [3-Methyl-tetrahydro-[2]furyl]-
  3845
—, Oxiranyl-, propylester 3822
—, Tetrahydropyran-2-yl- 3843
—, Tetrahydropyran-3-yl- 3844
—, Tetrahydropyran-4-yl- 3844
Furan-2-carbonsäure, 2-Äthyl-tetrahydro-
  3848
—, 2,5-Dimethyl-tetrahydro- 3849
—, 5-Methyl-tetrahydro-,
  methylester 3840
—, Tetrahydro-, äthylester 3825
Isovaleriansäure, β,γ-Epoxy-, äthylester
  3831
Oxirancarbonsäure, 3-Äthyl-, äthylester
  3832
—, 3,3-Dimethyl-, äthylester 3833
Propionsäure, 3-Tetrahydro[2]furyl- 3846
Pyran-2-carbonsäure, 4-Methyl-tetrahydro-
  3845
Pyran-4-carbonsäure, Tetrahydro-,
  methylester 3836
Valeriansäure, 3,4-Epoxy-3-methyl-,
  methylester 3842
$C_7H_{13}NO_2$
Essigsäure, Tetrahydropyran-2-yl-, amid
  3843
Oxirancarbonsäure, 3,3-Diäthyl-, amid
  3850
Propionsäure, 3-Tetrahydro[2]furyl-,
  amid 3847
$C_7H_{14}N_2O_2$
Furan-3-carbonsäure, 5-Äthyl-tetrahydro-,
  hydrazid 3849
Pyran-2-carbonsäure, 6-Methyl-tetrahydro-,
  hydrazid 3845
$C_7H_{14}N_4O_2S$
Thiophen-3,4-dicarbonsäure, 2-Methyl-
  tetrahydro-, dihydrazid 4439
Thiopyran-3,4-dicarbonsäure, Tetrahydro-,
  dihydrazid 4437

C_8

$C_8H_3ClN_2O_4$
Acryloylchlorid, 2-Cyan-3-[5-nitro-[2]furyl]-
4533

$C_8H_3N_3O_2S$
Malononitril, [5-Nitro-[2]thienylmethylen]-
4537

$C_8H_3N_3O_3$
Malononitril, [5-Nitro-furfuryliden]-
4536

$C_8H_4N_2O$
Malononitril, Furfuryliden- 4532

$C_8H_4N_2O_5$
Acrylsäure, 2-Cyan-3-[5-nitro-[2]furyl]-
4532

$C_8H_4N_2S$
Malononitril, [2]Thienylmethylen- 4537

$C_8H_4N_2Se$
Malononitril, Selenophen-2-ylmethylen-
4537

$C_8H_4O_8S$
Thiophen-2,3,4,5-tetracarbonsäure 4601

$C_8H_4O_9$
Furan-2,3,4,5-tetracarbonsäure 4600

$C_8H_5Br_2NO$
Acrylonitril, 3-[5-Brom-[2]furyl]-2-
brommethyl- 4173

$C_8H_5ClN_2O_3$
Acrylonitril, 2-Chlormethyl-3-[5-nitro-[2]≠
furyl]- 4177

$C_8H_5NOS_2$
Acryloylisothiocyanat, 3-[2]Thienyl-
4167

$C_8H_5NO_2S$
Acryloylisothiocyanat, 3-[2]Furyl- 4151
Acrylsäure, 2-Cyan-3-[2]thienyl- 4537

$C_8H_5NO_3$
Acrylsäure, 2-Cyan-3-[2]furyl- 4531

$C_8H_5NO_5$
Furan-2,3-dicarbonsäure, 5-Cyan-4-
methyl- 4594

$C_8H_5N_3O_4$
Acrylsäure, 2-Cyan-3-[5-nitro-[2]furyl]-,
amid 4534

C_8H_6ClNO
Acrylonitril, 2-Chlormethyl-3-[2]furyl-
4173

$C_8H_6ClNO_4$
Acryloylchlorid, 2-Methyl-3-[5-nitro-[2]≠
furyl]- 4174

$C_8H_6Cl_2O_3$
Acrylsäure, 3-[3,4-Dichlor-[2]furyl]-,
methylester 4153
Furan-3-carbonylchlorid,
5-Chlorcarbonylmethyl-2-methyl- 4507
Furan-3,4-dicarbonylchlorid,
2,5-Dimethyl- 4509

$C_8H_6Cl_2O_5$
Furan-2,5-dicarbonsäure, 3,4-Dichlor-,
dimethylester 4494

$C_8H_6N_2O$
7-Oxa-norborn-5-en-2,3-dicarbonitril 4511

$C_8H_6N_2S$
Malononitril, [2]Thienylmethyl- 4506

$C_8H_6O_2S$
Propiolsäure, [3-Methyl-[2]thienyl]- 4198
Thiophen-2-carbonsäure, 5-Prop-1-inyl-
4198

$C_8H_6O_3$
Furan-2-carbonsäure-allenylester 3925
— prop-2-inylester 3919

$C_8H_6O_4S$
Malonsäure, [2]Thienylmethylen- 4536

$C_8H_6O_4Se$
Malonsäure, Selenophen-2-ylmethylen-
4537

$C_8H_6O_5$
Acrylsäure, 3-[5-Carboxy-[2]furyl]- 4538
Malonsäure, Furfuryliden- 4530

$C_8H_6O_7$
Furan-3,4-dicarbonsäure,
2-Carboxymethyl- 4594

$C_8H_7BrCl_3NO_3$
Furan-2-carbonsäure, 5-Brom-, [2,2,2-
trichlor-1-methoxy-äthylamid] 3988

$C_8H_7BrO_2S$
Acrylsäure, 3-[5-Brom-[2]thienyl]-,
methylester 4168
—, 3-[5-Brom-[2]thienyl]-2-methyl-
4178

$C_8H_7BrO_3$
Acrylsäure, 3-[5-Brom-[2]furyl]-,
methylester 4154

$C_8H_7ClN_2O_8$
Furan-2-carbonsäure, 5-Nitro-, [3-chlor-2-
nitryloxy-propylester] 3994

C_8H_7ClOS
Cyclopropancarbonylchlorid, 2-[2]Thienyl-
4181

$C_8H_7ClO_2$
Acryloylchlorid, 3-[5-Methyl-[2]furyl]-
4179

$C_8H_7ClO_2S$
Acrylsäure, 3-[5-Chlor-[2]thienyl]-2-methyl-
4178

$C_8H_7ClO_3$
Acrylsäure, 3-[5-Chlor-[2]furyl]-,
methylester 4153
Furan-2-carbonsäure-[2-chlor-allylester]
3919

$C_8H_7ClO_3S$
Thiophen-2-carbonsäure, 5-Chlorcarbonyl-,
äthylester 4496

$C_8H_7ClO_4$
Furan-2-carbonsäure, 5-Chlorcarbonyl-,
äthylester 4483

$C_8H_7Cl_3N_2O_5$
Furan-2-carbonsäure, 5-Nitro-, [2,2,2-trichlor-1-methoxy-äthylamid] 3997

$C_8H_7F_3O_3$
7-Oxa-norborn-5-en-2-carbonsäure, 3-Trifluormethyl- 4112

$C_8H_7IO_3$
Acrylsäure, 3-[5-Jod-[2]furyl]-, methylester 4155

$C_8H_7NO_3$
Furan-2-carbonsäure, 5-Cyanmethyl-, methylester 4500
Furan-3-carbonsäure, 2-Cyan-4,5-dimethyl- 4508
—, 4-Cyan-2,5-dimethyl- 4509
—, 2-Cyan-4-methyl-, methylester 4501

$C_8H_7NO_4$
Furan-2-carbonsäure, 5-[2-Carbamoyl-vinyl]- 4538

$C_8H_7NO_4S$
Acrylsäure, 3-[5-Nitro-[2]thienyl]-, methylester 4169

$C_8H_7NO_4Se$
Acrylsäure, 3-[5-Nitro-selenophen-2-yl]-, methylester 4170

$C_8H_7NO_5$
Acrylsäure, 2-Methyl-3-[5-nitro-[2]furyl]- 4173
—, 3-[5-Nitro-[2]furyl]-, methylester 4156
Furan-2-carbonsäure, 5-[2-Nitro-vinyl]-, methylester 4171
Furan-3-carbonsäure, 2-Methyl-5-[2-nitro-vinyl]- 4180

$C_8H_7NO_6S$
Thiophen-2,5-dicarbonsäure, 3-Nitro-, dimethylester 4496

$C_8H_7NO_7$
Furan-2,3-dicarbonsäure, 5-Nitro-, dimethylester 4477

$C_8H_8BrClO_2$
Furan-2-carbonylchlorid, 5-Brom-4-isopropyl- 4108

$C_8H_8Br_2O_5$
7-Oxa-norbornan-2,3-dicarbonsäure, 5,6-Dibrom- 4462

$C_8H_8Cl_2OS$
Butyrylchlorid, 4-[5-Chlor-[2]thienyl]- 4105

$C_8H_8Cl_2O_5$
7-Oxa-norbornan-2,3-dicarbonsäure, 5,6-Dichlor- 4460

$C_8H_8Cl_3NO_3$
Furan-2-carbonsäure-[2,2,2-trichlor-1-methoxy-äthylamid] 3951
Furan-2-carbonsäure, 5-Methyl-, [2,2,2-trichlor-1-hydroxy-äthylamid] 4084

$C_8H_8N_2O_3$
Harnstoff, [3-[2]Furyl-acryloyl]- 4151

$C_8H_8N_2O_3S$
Propionsäure, 2-[Thiophen-2-carbonylhydrazono]- 4028
Thiophen-2-carbonsäure, 5-Nitro-, allylamid 4045

$C_8H_8N_2O_4$
Acrylsäure, 2-Methyl-3-[5-nitro-[2]furyl]-, amid 4174
—, 3-[5-Nitro-[2]furyl]-, methylamid 4157
Propionsäure, 2-[Furan-2-carbonylhydrazono]- 3972

$C_8H_8N_2O_8$
Furan-2-carbonsäure, 5-Nitro-, [2-nitryloxy-propylester] 3994

$C_8H_8O_2S$
Acrylsäure, 2-Methyl-3-[2]thienyl- 4177
—, 3-[3-Methyl-[2]thienyl]- 4178
—, 3-[5-Methyl-[2]thienyl]- 4179
—, 3-[2]Thienyl-, methylester 4166
Crotonsäure, 3-[2]Thienyl- 4172
Cyclopropancarbonsäure, 2-[2]Thienyl- 4180
Thiophen-2-carbonsäure, 5-Propenyl- 4178

$C_8H_8O_2Se$
Acrylsäure, 3-[5-Methyl-selenophen-2-yl]- 4180
—, 3-Selenophen-2-yl-, methylester 4170

$C_8H_8O_3$
Acrylsäure, 3-[2]Furyl-, methylester 4144
—, 3-[3]Furyl-, methylester 4170
—, 3-[2]Furyl-2-methyl- 4172
—, 3-[5-Methyl-[2]furyl]- 4179
Furan-2-carbonsäure-allylester 3919

$C_8H_8O_3S_2$
Essigsäure, [Furan-2-thiocarbonylmercapto]-, methylester 4009
Furan-2-dithiocarbonsäure, 5-Methoxycarbonyl-, methylester 4494

$C_8H_8O_4S$
Bernsteinsäure, [2]Thienyl- 4504
—, [3]Thienyl- 4504
Malonsäure, [2]Thienylmethyl- 4505
—, [3]Thienylmethyl- 4506
Thiophen-2,3-dicarbonsäure-dimethylester 4478
Thiophen-2,4-dicarbonsäure-dimethylester 4480
Thiophen-2,5-dicarbonsäure-dimethylester 4495
— monoäthylester 4495
Thiophen-3,4-dicarbonsäure-dimethylester 4498

$C_8H_8O_5$
Essigsäure, [4-Carboxy-5-methyl-[2]furyl]- 4506
Furan-2,3-dicarbonsäure-dimethylester 4477

$C_8H_{12}Br_2O_3$

Pyran-3-carbonsäure, 2,3-Dibrom-6-
methyl-tetrahydro-, methylester
3845

$[C_8H_{12}NOS]^+$

Ammonium, Dimethyl-[α-methylmercapto-
furfuryliden]- 4006
$[C_8H_{12}NOS]I$ 4006
Sulfonium, [α-Dimethylamino-furfuryliden]-
methyl- 4006
$[C_8H_{12}NOS]I$ 4006

$C_8H_{12}N_2O_2$

Furan-2-carbonsäure-
[dimethylaminomethyl-amid] 3950
— [N'-isopropyl-hydrazid] 3969
Furan-2-carbonsäure, 4-Isopropyl-,
hydrazid 4108

$C_8H_{12}N_2O_5$

7-Oxa-norbornan-2,3-dicarbonsäure-bis-
hydroxyamid 4460
Pyran-4-carbonsäure, 4-Allophanoyl-
tetrahydro- 4438

$C_8H_{12}N_4O_2S$

Malonsäure, [2]Thienylmethyl-,
dihydrazid 4506
Thiophen-2,5-dicarbonsäure, 3,4-Dimethyl-,
dihydrazid 4508

$C_8H_{12}O_2S$

Thiopyran-3-carbonsäure, 2-Methyl-5,6-
dihydro-4H-, methylester 3887

$C_8H_{12}O_3$

Cyclohexancarbonsäure, 3,4-Epoxy-,
methylester 3891
Essigsäure, [5,6-Dihydro-2H-pyran-3-yl]-,
methylester 3885
Furan-3-carbonsäure, 5-Äthyl-4,5-dihydro-,
methylester 3888
—, 2,5-Dimethyl-4,5-dihydro-,
methylester 3889
—, 5,5-Dimethyl-4,5-dihydro-,
methylester 3889
—, 2-Methyl-4,5-dihydro-,
äthylester 3882
—, 2,5,5-Trimethyl-4,5-dihydro- 3897
2-Oxa-bicyclo[3.1.0]hexan-6-carbonsäure-
äthylester 3884
8-Oxa-bicyclo[3.2.1]octan-3-carbonsäure
3899
1-Oxa-spiro[2.3]hexan-2-carbonsäure-
äthylester 3884
1-Oxa-spiro[2.5]octan-2-carbonsäure
3897
Oxirancarbonsäure, 3-Methyl-3-[2-methyl-
propenyl]- 3897
Propionsäure, 3-Oxiranyl-, allylester 3831
Pyran-2-carbonsäure, 3,4-Dihydro-2H-,
äthylester 3878
—, 2,5-Dimethyl-3,4-dihydro-2H-
3892

—, 4,5-Dimethyl-3,6-dihydro-2H-
3896
—, 2-Methyl-3,4-dihydro-2H-,
methylester 3885
—, 6-Methyl-5,6-dihydro-4H-,
methylester 3888
Pyran-3-carbonsäure, 5,6-Dihydro-4H-,
äthylester 3879
—, 2,6-Dimethyl-5,6-dihydro-2H-
3894
—, 2,6-Dimethyl-5,6-dihydro-4H-
3893
—, 4,6-Dimethyl-5,6-dihydro-4H-
3896
—, 2-Methyl-5,6-dihydro-4H-,
methylester 3886
—, 4-Methyl-5,6-dihydro-4H-,
methylester 3888
—, 6-Methyl-5,6-dihydro-4H-,
methylester 3887

$C_8H_{12}O_4S$

Thiophen-3,4-dicarbonsäure, Tetrahydro-,
dimethylester 4432
—, Tetrahydro-, monoäthylester
4432

$C_8H_{12}O_5$

Essigsäure, [5-Carboxy-2-methyl-
tetrahydro-[2]furyl]- 4443
Furan-2,5-dicarbonsäure, Tetrahydro-,
dimethylester 4426
Malonsäure, Tetrahydropyran-2-yl- 4442
—, Tetrahydropyran-4-yl- 4442

$C_8H_{13}ClO_2$

Pyran-3-carbonylchlorid, 2,6-Dimethyl-
tetrahydro- 3852

$C_8H_{13}ClO_3$

Furan-2-carbonsäure, 5-Chlormethyl-
tetrahydro-, äthylester 3840

$C_8H_{13}NO$

Butyronitril, 4-Tetrahydro[2]furyl-
3855
Oxirancarbonitril, 3-Äthyl-2-propyl-
3857
—, 2-Isopropyl-3,3-dimethyl- 3858

$C_8H_{13}NO_2$

1-Oxa-spiro[2.5]octan-2-carbonsäure-amid
3898
Pyran-2-carbonsäure, 4,5-Dimethyl-3,6-
dihydro-2H-, amid 3896
Pyran-3-carbonsäure, 2,6-Dimethyl-5,6-
dihydro-2H-, amid 3896
—, 2,6-Dimethyl-5,6-dihydro-4H-,
amid 3894

$C_8H_{14}N_2O_2S$

Thiophen-3,4-dicarbonsäure, Tetrahydro-,
bis-methylamid 4434

$C_8H_{14}N_2O_3$

Harnstoff, [2-Äthyl-2,3-epoxy-3-methyl-
butyryl]- 3851

C₈H₁₄O₂S
Pyran-4-thiocarbonsäure, Tetrahydro-,
  S-äthylester 3838
Thiopyran-4-carbonsäure, Tetrahydro-,
  äthylester 3838
Valeriansäure, 2,3-Epithio-3-methyl-,
  äthylester 3842
—, 3,4-Epithio-3-methyl-, äthylester
  3842
—, 5-Thietan-2-yl- 3855

C₈H₁₄O₃
Buttersäure, 3,4-Epoxy-2,3-dimethyl-,
  äthylester 3840
—, 4-Tetrahydro[2]furyl- 3854
Essigsäure, [3-Methyl-tetrahydro-[2]furyl]-,
  methylester 3845
—, Tetrahydro[3]furyl-, äthylester
  3839
Furan-2-carbonsäure, Tetrahydro-,
  propylester 3825
Furan-3-carbonsäure, 5-Äthyl-tetrahydro-,
  methylester 3849
Oxirancarbonsäure, 3-Äthyl-3-methyl-,
  äthylester 3841
—, 3-Isopropyl-, äthylester 3841
—, 2-Isopropyl-3-methyl-,
  methylester 3850
—, 3-Propyl-, äthylester 3840
—, Trimethyl-, äthylester 3843
Propionsäure, 2-Methyl-3-tetrahydro[2]=
  furyl- 3855
—, 3-[5-Methyl-tetrahydro-[2]furyl]-
  3855
—, 2-Tetrahydropyran-4-yl- 3851
—, 3-Tetrahydropyran-2-yl- 3851
—, 3-Tetrahydropyran-4-yl- 3851
Pyran-2-carbonsäure, 4,5-Dimethyl-
  tetrahydro- 3854
—, 4-Methyl-tetrahydro-,
  methylester 3845
—, 6-Methyl-tetrahydro-,
  methylester 3845
—, Tetrahydro-, äthylester 3835
Pyran-3-carbonsäure, 2,6-Dimethyl-
  tetrahydro- 3852
Pyran-4-carbonsäure, Tetrahydro-,
  äthylester 3836

C₈H₁₅NO₂
Buttersäure, 4-Tetrahydro[2]furyl-, amid
  3855
Oxirancarbonsäure, 2-Äthyl-3-propyl-,
  amid 3857
—, 3-Äthyl-2-propyl-, amid 3857
—, 3,3-Diäthyl-, methylamid 3850
Pyran-3-carbonsäure, 2,6-Dimethyl-
  tetrahydro-, amid 3853

C₈H₁₆N₆O₃S
Thiophen-3,4-dicarbonsäure,
  2-Carbazoylmethyl-tetrahydro-,
  dihydrazid 4589

C₈H₁₆N₆O₄
Furan-3,4-dicarbonsäure,
  2-Carbazoylmethyl-tetrahydro-,
  dihydrazid 4589

C₉

C₉H₃N₃O
Äthylentricarbonitril, [2]Furyl- 4596

C₉H₄BrNO₄S
Benzo[b]thiophen-2-carbonsäure, 3-Brom-
  5-nitro- 4256
—, 7-Brom-5-nitro- 4256

C₉H₄ClNO₃S
Benzo[b]thiophen-2-carbonylchlorid,
  5-Nitro- 4256

C₉H₄N₂O
Pyran-2,4-dicarbonitril, 6-Äthinyl-6H-
  4545
Pyran-3,5-dicarbonitril, 4-Äthinyl-4H-
  4545

C₉H₅BrO₂S
Benzo[b]thiophen-2-carbonsäure, 3-Brom-
  4255
—, 5-Brom- 4255

C₉H₅BrO₃
Benzofuran-2-carbonsäure, 5-Brom- 4250

C₉H₅ClOS
Benzo[b]thiophen-3-carbonylchlorid
  4258

C₉H₅ClO₂
Benzofuran-2-carbonylchlorid 4248
Benzofuran-3-carbonylchlorid 4256

C₉H₅ClO₃
Benzofuran-2-carbonsäure, 3-Chlor- 4248
—, 5-Chlor- 4249
—, 6-Chlor- 4249
—, 7-Chlor- 4249
Benzofuran-5-carbonsäure, 2-Chlor- 4260

C₉H₅NO
Benzofuran-3-carbonitril 4256

C₉H₅NO₄S
Benzo[b]thiophen-2-carbonsäure, 5-Nitro-
  4255

C₉H₅NO₅
Benzofuran-2-carbonsäure, 4-Nitro- 4250
—, 5-Nitro- 4250
—, 6-Nitro- 4251
—, 7-Nitro- 4251

C₉H₅NS
Benzo[b]thiophen-3-carbonitril 4259
Benzo[b]thiophen-5-carbonitril 4260
Benzo[b]thiophen-6-carbonitril 4260
Benzo[b]thiophen-7-carbonitril 4261

C₉H₆Cl₂O₂S

Propiolsäure, [2,5-Dichlor-[3]thienyl]-, äthylester 4198

C₉H₆N₂O₅

Acrylsäure, 2-Cyan-3-[5-nitro-[2]furyl]-, methylester 4533

C₉H₆N₂S

Malononitril, [1-[2]Thienyl-äthyliden]- 4539

C₉H₆O₂S

Benzo[b]thiophen-2-carbonsäure 4251
Benzo[b]thiophen-3-carbonsäure 4257
Benzo[b]thiophen-5-carbonsäure 4260
Benzo[b]thiophen-6-carbonsäure 4260
Benzo[b]thiophen-7-carbonsäure 4260

C₉H₆O₂S₂

Furan-2-thiocarbonsäure-S-[3]thienylester 4002
Thiophen-2-carbonsäure-[2]thienylester 4016

C₉H₆O₂Se

Benzo[b]selenophen-3-carbonsäure 4259

C₉H₆O₃

Benzofuran-2-carbonsäure 4247
Benzofuran-3-carbonsäure 4256

C₉H₆O₄S

1λ⁶-Benzo[b]thiophen-3-carbonsäure, 1,1-Dioxo- 4257

C₉H₇ClO₂S

Propiolsäure, [5-Chlor-[2]thienyl]-, äthylester 4198

C₉H₇NOS

Benzo[b]thiophen-2-carbonsäure-amid 4253
Benzo[b]thiophen-3-carbonsäure-amid 4258

C₉H₇NO₃

Acrylsäure, 2-Cyan-3-[2]furyl-, methylester 4532
Furan-2-carbonsäure, 5-[2-Cyan-vinyl]-, methylester 4538

C₉H₇NO₅

Oxirancarbonsäure, 3-[2-Nitro-phenyl]- 4201
—, 3-[3-Nitro-phenyl]- 4202

C₉H₇NO₆

Anhydrid, Essigsäure-[3-(5-nitro-[2]furyl)-acrylsäure]- 4156

C₉H₇N₃O₄

Acrylsäure, 2-Cyan-3-[5-nitro-[2]furyl]-, methylamid 4534
Benzofuran-2-carbonsäure, 5-Nitro-, hydrazid 4250

C₉H₈BrNO₄S

Acrylsäure, 2-Brom-3-[5-nitro-[2]thienyl]-, äthylester 4169

C₉H₈Br₂O₃

Acrylsäure, 2-Brom-3-[5-brom-[2]furyl]-, äthylester 4155

C₉H₈Cl₂O₄S

Bernsteinsäure, [2,5-Dichlor-[3]thienylmethyl]- 4512

C₉H₈Cl₃NO₃

Acrylsäure, 3-[2]Furyl-, [2,2,2-trichlor-1-hydroxy-äthylamid] 4151

C₉H₈N₂O

7-Oxa-norborn-5-en-2,3-dicarbonitril, 1-Methyl- 4515

C₉H₈N₂OS

Benzo[b]thiophen-3-carbonsäure-hydrazid 4259

C₉H₈N₂O₂

Benzofuran-2-carbonsäure-[amid-oxim] 4248
Benzofuran-3-carbonsäure-[amid-oxim] 4257

C₉H₈N₂O₄

Oxirancarbonsäure, 3-[2-Nitro-phenyl]-, amid 4202
—, 3-[3-Nitro-phenyl]-, amid 4203
—, 3-[4-Nitro-phenyl]-, amid 4203

C₉H₈N₂O₅

Acrylsäure, 3-[5-Nitro-[2]furyl]-, acetylamid 4163

C₉H₈O₂S

Benzo[b]thiophen-2-carbonsäure, 2,3-Dihydro- 4204
Benzo[b]thiophen-3-carbonsäure, 2,3-Dihydro- 4205
Penta-2,4-diensäure, 5-[2]Thienyl- 4199
Propiolsäure, [2]Thienyl-, äthylester 4197
Thiophen-2-carbonsäure, 5-Prop-1-inyl-, methylester 4199

C₉H₈O₃

Benzofuran-2-carbonsäure, 2,3-Dihydro- 4204
Benzofuran-5-carbonsäure, 2,3-Dihydro- 4205
Oxirancarbonsäure, 3-Phenyl- 4200
Penta-2,4-diensäure, 5-[2]Furyl- 4199
Phthalan-4-carbonsäure 4205

C₉H₈O₄S

Malonsäure, [5-Methyl-[2]thienylmethylen]- 4539

C₉H₈O₅

Acrylsäure, 3-[4-Carboxy-5-methyl-[2]furyl]- 4539
—, 3-[5-Methoxycarbonyl-[2]furyl]- 4538
Furan-2,5-dicarbonsäure-monoallylester 4482

C₉H₈O₇

Furan-2,3-dicarbonsäure, 5-Carboxymethyl-4-methyl- 4595

C₉H₉BrO₂S

Acrylsäure, 3-[5-Brom-[2]thienyl]-, äthylester 4168

C₉H₉BrO₃
Acrylsäure, 3-[5-Brom-[2]furyl]-,
　　äthylester 4154

C₉H₉BrO₄S
Bernsteinsäure, [2-Brom-[3]thienylmethyl]-
　　4512

C₉H₉BrO₅
Furan-2,3-dicarbonsäure, 5-Brom-4-
　　methyl-, dimethylester 4501
Glutarsäure, 3-[5-Brom-[2]furyl]- 4513

C₉H₉Br₃O₃
Propionsäure, 2,3-Dibrom-3-[5-brom-[2]≠
　　furyl]-, äthylester 4092

C₉H₉ClO₃
Acrylsäure, 3-[5-Chlor-[2]furyl]-,
　　äthylester 4153
—, 3-[2]Furyl-, [2-chlor-äthylester]
　　4145

C₉H₉ClO₄S
Glutarsäure, 3-[5-Chlor-[2]thienyl]- 4513

C₉H₉ClO₅
Glutarsäure, 3-[5-Chlor-[2]furyl]- 4513

C₉H₉F₃O₃
Norbornan-2-carbonsäure, 5,6-Epoxy-3-
　　trifluormethyl- 4122

C₉H₉IO₃
Acrylsäure, 3-[5-Jod-[2]furyl]-, äthylester
　　4155

C₉H₉IO₄S
Thiophen-2,5-dicarbonsäure, 3-Jod-4-
　　methyl-, dimethylester 4503

C₉H₉NO₂
Oxirancarbonsäure, 3-Phenyl-, amid 4201

C₉H₉NO₂S
Essigsäure, Cyan-[2]thienyl-, äthylester
　　4500

C₉H₉NO₃
Furan-2-carbonsäure, 5-Cyanmethyl-,
　　äthylester 4500

C₉H₉NO₄S
Acrylsäure, 3-[2-Nitro-[3]thienyl]-,
　　äthylester 4171
—, 3-[5-Nitro-[2]thienyl]-, äthylester
　　4169

C₉H₉NO₅
Acrylsäure, 2-Methyl-3-[5-nitro-[2]furyl]-,
　　methylester 4173
—, 3-[5-Nitro-[2]furyl]-, äthylester
　　4156

C₉H₉N₃O₅
Hydrazin, N-Acetyl-N′-[3-(5-nitro-[2]furyl)-
　　acryloyl]- 4164

C₉H₁₀Br₂O₂S
Propionsäure, 2,3-Dibrom-3-[2]thienyl-,
　　äthylester 4093

C₉H₁₀Br₂O₃
Acrylsäure, 3-[2,5-Dibrom-2,5-dihydro-[2]≠
　　furyl]-, äthylester 4093

—, 3-[4,5-Dibrom-4,5-dihydro-[2]≠
　　furyl]-, äthylester 4093

C₉H₁₀Br₂O₅
7-Oxa-norbornan-2,3-dicarbonsäure,
　　5,6-Dibrom-, monomethylester 4463

C₉H₁₀Br₄O₃
Propionsäure, 2,3-Dibrom-3-[4,5-dibrom-
　　4,5-dihydro-[2]furyl]-, äthylester 3888

C₉H₁₀Cl₂O₅
7-Oxa-norbornan-2,3-dicarbonsäure,
　　5,6-Dichlor-, 2-methylester 4461
—, 5,6-Dichlor-, 3-methylester 4461
—, 5,6-Dichlor-1-methyl- 4470

C₉H₁₀Cl₃NO₃
Furan-2-carbonsäure-[1-äthoxy-2,2,2-
　　trichlor-äthylamid] 3951

C₉H₁₀N₂O
Pyran-2,2-dicarbonitril, 4,5-Dimethyl-3,6-
　　dihydro- 4465

C₉H₁₀N₂O₃
Furan-2-carbonsäure-[1-methyl-2-oxo-
　　propylidenhydrazid] 3970

C₉H₁₀N₂O₄
Acrylsäure, 2-Methyl-3-[5-nitro-[2]furyl]-,
　　methylamid 4174
—, 3-[5-Nitro-[2]furyl]-, äthylamid
　　4157
—, 3-[5-Nitro-[2]furyl]-,
　　dimethylamid 4157

C₉H₁₀N₂O₅
Acrylsäure, 3-[5-Nitro-[2]furyl]-,
　　[2-hydroxy-äthylamid] 4161

C₉H₁₀N₂O₅S
Glycin, N-[5-Nitro-thiophen-2-carbonyl]-,
　　äthylester 4046

C₉H₁₀O₂S
Acrylsäure, 3-[5-Äthyl-[2]thienyl]- 4183
—, 3-[2,5-Dimethyl-[3]thienyl]- 4183
—, 2-Methyl-3-[3-methyl-[2]thienyl]-
　　4182
—, 3-[2]Thienyl-, äthylester 4166
—, 3-[3]Thienyl-, äthylester 4171
Benzo[b]thiophen-2-carbonsäure, 4,5,6,7-
　　Tetrahydro- 4183
Pent-4-ensäure, 2-[2]Thienyl- 4181

C₉H₁₀O₂Se
Acrylsäure, 3-Selenophen-2-yl-,
　　äthylester 4170

C₉H₁₀O₃
Acrylsäure, 2-Äthyl-3-[2]furyl- 4182
—, 3-[2]Furyl-, äthylester 4145
—, 3-[5-Methyl-[2]furyl]-,
　　methylester 4179
Furan-2-carbonsäure-methallylester 3919
Furan-2-carbonsäure, 5-Vinyl-, äthylester
　　4171
Pent-2-ensäure, 5-[2]Furyl- 4181

$C_9H_{13}NO_2S$
Thiophen-3-carbonsäure-[2-dimethylamino-
äthylester] 4055
$C_9H_{13}NO_3$
Furan-2-carbonsäure-[2-dimethylamino-
äthylester] 3928
Pyran-4-carbonsäure, 4-Cyan-tetrahydro-,
äthylester 4438
$C_9H_{13}N_3O_2$
Guanidin, [3-[2]Furyl-2-methyl-propionyl]-
4106
8-Oxa-bicyclo[3.2.1]octan-3-carbonsäure,
3-Cyan-, hydrazid 4468
$[C_9H_{13}O_4S]^+$
Thieno[1,2-a]thiophenium, 1,2-Dicarboxy-
hexahydro- 4467
$[C_9H_{13}O_4S]Br$ 4467
$C_9H_{13}O_5PS$
Verbindung $C_9H_{13}O_5PS$ aus Furan-2-
carbonsäure 3915
$C_9H_{13}O_6P$
Phosphorsäure, [Furan-2-carbonyl]-,
diäthylester 3976
$C_9H_{14}N_2OS$
Thiophen-2-carbonsäure-[2-dimethylamino-
äthylamid] 4022
$C_9H_{14}N_2O_3$
Furan-2-carbonsäure-[N'-(β-methoxy-
isopropyl)-hydrazid] 3969
Pyran-2,2-dicarbonsäure, 4,5-Dimethyl-3,6-
dihydro-, diamid 4465
$C_9H_{14}O_2S$
Essigsäure, [2,5-Dimethyl-3,6-dihydro-
2H-thiopyran-4-yl]- 3901
—, [3,6-Dimethyl-3,6-dihydro-
2H-thiopyran-4-yl]- 3901
—, [2,5-Dimethyl-tetrahydro-
thiopyran-4-yliden]- 3902
Thiopyran-3-carbonsäure, 2,6-Dimethyl-
5,6-dihydro-4H-, methylester 3894
$C_9H_{14}O_3$
Buttersäure, 4-Oxiranyl-, allylester 3840
Cyclohexancarbonsäure, 3,4-Epoxy-,
äthylester 3891
—, 3,4-Epoxy-2,3-dimethyl- 3905
Essigsäure, [5,6-Dihydro-4H-pyran-3-yl]-,
äthylester 3885
—, Tetrahydropyran-4-yliden-,
äthylester 3885
Furan-3-carbonsäure, 2,4,4,5-Tetramethyl-
4,5-dihydro- 3903
—, 2,5,5-Trimethyl-4,5-dihydro-,
methylester 3897
Hex-2-ensäure, 4,5-Epoxy-2,5-dimethyl-,
methylester 3897
2-Oxa-bicyclo[3.1.0]hexan-6-carbonsäure,
1-Methyl-, äthylester 3892
9-Oxa-bicyclo[3.3.1]nonan-3-carbonsäure
3905

2-Oxa-norcaran-7-carbonsäure-äthylester
3890
1-Oxa-spiro[2.4]heptan-2-carbonsäure-
äthylester 3890
Oxirancarbonsäure, 3-Methyl-3-[2-methyl-
propenyl]-, methylester 3897
Pyran-2-carbonsäure, 2,4-Dimethyl-3,4-
dihydro-2H-, methylester 3892
—, 2,5-Dimethyl-3,4-dihydro-2H-,
methylester 3892
Pyran-3-carbonsäure, 2,6-Dimethyl-5,6-
dihydro-2H-, methylester 3896
—, 2,6-Dimethyl-5,6-dihydro-4H-,
methylester 3893
—, 4,6-Dimethyl-5,6-dihydro-4H-,
methylester 3896
—, 6-Isopropyl-5,6-dihydro-4H- 3900
—, 2-Methyl-5,6-dihydro-4H-,
äthylester 3886
—, 4,6,6-Trimethyl-5,6-dihydro-4H- 3902
$C_9H_{14}O_3S$
Essigsäure, [2,5-Dimethyl-1-oxo-3,6-
dihydro-2H-1λ⁴-thiopyran-4-yl]- 3901
$C_9H_{14}O_4S$
Essigsäure, [2,5-Dimethyl-1,1-dioxo-3,6-
dihydro-2H-1λ⁶-thiopyran-4-yl]- 3901
—, [3,6-Dimethyl-1,1-dioxo-3,6-
dihydro-2H-1λ⁶-thiopyran-4-yl]- 3901
—, [2,5-Dimethyl-1,1-dioxo-
tetrahydro-1λ⁶-thiopyran-4-yliden]- 3902
Thiophen-3,4-dicarbonsäure, 2-Propyl-
tetrahydro- 4444
Thiopyran-2,6-dicarbonsäure, Tetrahydro-,
dimethylester 4436
Thiopyran-3,4-dicarbonsäure, Tetrahydro-,
dimethylester 4437
$C_9H_{14}O_5$
Malonsäure, Tetrahydropyran-4-ylmethyl-
4444
Oxetan, 3,3-Bis-methoxycarbonylmethyl-
4440
Oxetan-2,4-dicarbonsäure, 3,3-Diäthyl-
4445
Oxiran-2,2-dicarbonsäure, 3-Methyl-,
diäthylester 4425
Pyran-2,6-dicarbonsäure, Tetrahydro-,
dimethylester 4435
Pyran-4,4-dicarbonsäure, Tetrahydro-,
monoäthylester 4438
$C_9H_{14}O_6S$
1λ⁶-Thiopyran-2,6-dicarbonsäure,
1,1-Dioxo-tetrahydro-, dimethylester
4436
$C_9H_{15}ClO_2$
Propionylchlorid, 2-Methyl-3-
tetrahydropyran-4-yl- 3858
$C_9H_{15}NO_2$
Oxirancarbonsäure, 3-Cyclohexyl-, amid
3903

C₉H₁₆O₂S

Buttersäure, 4-Tetrahydro[2]thienyl-,
  methylester 3855
Essigsäure, Tetrahydrothiopyran-4-yl-,
  äthylester 3845

C₉H₁₆O₃

Buttersäure, 2-Methyl-4-tetrahydro[2]furyl-
  3860
—, 4-Tetrahydro[2]furyl-,
  methylester 3854
—, 2-Tetrahydropyran-4-yl- 3858
—, 3-Tetrahydropyran-4-yl- 3858
Essigsäure, [2-Methyl-tetrahydro-[3]furyl]-,
  äthylester 3848
—, [3-Pentyl-oxiranyl]- 3861
—, Tetrahydropyran-3-yl-,
  äthylester 3844
—, Tetrahydropyran-4-yl-,
  äthylester 3844
Furan-2-carbonsäure, 2-Äthyl-tetrahydro-,
  äthylester 3848
—, 2,4,4,5-Tetramethyl-tetrahydro-
  3860
Oxirancarbonsäure, 2-Äthyl-3,3-dimethyl-,
  äthylester 3851
—, 2-Äthyl-3-propyl-, methylester
  3856
—, 3-sec-Butyl-3-methyl-,
  methylester 3856
—, 3-Isobutyl-, äthylester 3849
—, 3-Methyl-3-propyl-, äthylester
  3850
Propionsäure, 2-Methyl-2-
  tetrahydropyran-4-yl- 3858
—, 2-Methyl-3-tetrahydropyran-4-yl-
  3858
—, 3-Tetrahydro[2]furyl-, äthylester
  3846
Pyran-2-carbonsäure, 2,6,6-Trimethyl-
  tetrahydro- 3859
Pyran-3-carbonsäure, 2,6-Dimethyl-
  tetrahydro-, methylester 3852
Valeriansäure, 5-Tetrahydro[2]furyl- 3859

C₉H₁₆O₄

Furan-3-carbonsäure, 5-Äthyl-2-methoxy-
  tetrahydro-, methylester 3889
Propionsäure, 2-Hydroxy-2-[1-hydroxy-
  cyclohexyl]- 3904

C₉H₁₇NO₂

Oxirancarbonsäure, 3,3-Dimethyl-,
  diäthylamid 3834
Propionsäure, 3-Tetrahydro[2]furyl-,
  äthylamid 3847

C₉H₁₈N₄O₂S

Thiophen-3,4-dicarbonsäure, 2-Propyl-
  tetrahydro-, dihydrazid 4445

C₁₀

C₁₀H₄Br₂Cl₂O₂S

Thiophen, 3,4-Dibrom-2,5-bis-[2-chlor≠
  carbonyl-vinyl]- 4547

C₁₀H₄Br₄O₂S₂

Thiophen-2-carbonsäure, 3,4-Dibrom-,
  [3,4-dibrom-[2]thienylmethylester] 4040

C₁₀H₄Cl₂O₂S

Benzo[b]thiophen-2,3-dicarbonsäure-
  dichlorid 4557

C₁₀H₄N₂S

Benzo[b]thiophen-2,3-dicarbonitril 4557

C₁₀H₅BrO₅

Benzofuran-2,5-dicarbonsäure, x-Brom-
  4557

C₁₀H₅NO₇

Benzofuran-2,3-dicarbonsäure, 5-Nitro-
  4557

C₁₀H₆BrNO

Acetonitril, [2-Brom-benzofuran-3-yl]- 4263

C₁₀H₆BrN₃O₅

Furan-2-carbonsäure, 5-Brom-, [5-nitro-
  furfurylidenhydrazid] 3991

C₁₀H₆Br₂N₂O₃

Furan-2-carbonsäure, 5-Brom-, [5-brom-
  furfurylidenhydrazid] 3991

C₁₀H₆Br₂O₃

Benzofuran-2-carbonsäure, 5,7-Dibrom-6-
  methyl- 4269

C₁₀H₆Br₂O₄S

Thiophen, 3,4-Dibrom-2,5-bis-[2-carboxy-
  vinyl]- 4546

C₁₀H₆ClNO₃

Oxirancarbonsäure, 3-[2-Chlor-phenyl]-2-
  cyan- 4547

C₁₀H₆N₂O

Pentendinitril, Furfuryliden- 4545

C₁₀H₆N₂O₃

Furan-3-carbonsäure, 5-[2,2-Dicyan-vinyl]-
  2-methyl- 4597

C₁₀H₆N₂OS

Benzo[b]thiophen-2-carbonsäure, 3-Cyan-,
  amid 4557
Benzo[b]thiophen-3-carbonsäure, 2-Cyan-,
  amid 4557

C₁₀H₆N₄O₇

Furan-2-carbonsäure, 5-Nitro-, [5-nitro-
  furfurylidenhydrazid] 4000

C₁₀H₆N₄O₈

Hydrazin, N,N'-Bis-[5-nitro-furan-2-
  carbonyl]- 4001

C₁₀H₆O₂S₄

Disulfan, Bis-[furan-2-thiocarbonyl]- 4011
—, Bis-[thiophen-2-carbonyl]- 4048

C₁₀H₆O₃S₂

Thiophen-3-carbonsäure-anhydrid 4055

C₁₀H₆O₄S₂

Disulfan, Bis-[furan-2-carbonyl]- 4003

$C_{10}H_8O_4$
Furan-2-carbonsäure-furfurylester 3936

$C_{10}H_8O_4S$
$2\lambda^6$-Benzo[b]cyclopropa[d]thiophen-1-
  carbonsäure, 2,2-Dioxo-1a,6b-dihydro-
  1H- 4271
Essigsäure, [1,1-Dioxo-1λ^6-benzo[b]=
  thiophen-3-yl]- 4264
—, [1,1-Dioxo-1λ^6-benzo[b]thiophen-
  4-yl]- 4265
Malonsäure, [3-[2]Thienyl-allyliden]- 4546

$C_{10}H_8O_5$
Malonsäure, [3-[2]Furyl-allyliden]- 4546

$C_{10}H_9ClOS$
Thiochroman-6-carbonylchlorid 4210

$C_{10}H_9ClO_2$
Benzofuran-5-carbonylchlorid, 2-Methyl-
  2,3-dihydro- 4211
Benzofuran-7-carbonylchlorid, 2-Methyl-
  2,3-dihydro- 4211
—, 5-Methyl-2,3-dihydro- 4212

$C_{10}H_9NO$
Benzofuran-7-carbonitril, 5-Methyl-2,3-
  dihydro- 4212
Butyronitril, 3,4-Epoxy-2-phenyl- 4207
Chroman-6-carbonitril 4210
Isochroman-1-carbonitril 4210
Oxirancarbonitril, 2-Methyl-3-phenyl-
  4208
—, 3-Methyl-3-phenyl- 4209
Pent-3-ennitril, 2-Furfuryliden- 4205

$C_{10}H_9NOS$
Benzo[b]cyclopropa[d]thiophen-1-carbon=
  säure, 1a,6b-Dihydro-1H-, amid 4271
Benzo[b]thiophen-2-carbonsäure,
  3-Methyl-, amid 4267
Essigsäure, Benzo[b]thiophen-3-yl-, amid
  4264

$C_{10}H_9NO_2$
Benzofuran-3-carbonsäure, 2-Methyl-,
  amid 4268
Cyclopropa[b]benzofuran-1-carbonsäure,
  1a,6b-Dihydro-1H-, amid 4270
Essigsäure, Benzofuran-2-yl-, amid 4262
—, Benzofuran-3-yl-, amid 4263

$C_{10}H_9NO_2S$
Acrylsäure, 2-Cyan-3-[2]thienyl-,
  äthylester 4537
Crotonsäure, 2-Cyan-3-[2]thienyl-,
  methylester 4539

$C_{10}H_9NO_3$
Acrylsäure, 2-Cyan-3-[2]furyl-, äthylester
  4532

$C_{10}H_9NO_5$
Oxirancarbonsäure, 3-Methyl-3-[3-nitro-
  phenyl]- 4209
—, 3-[2-Nitro-phenyl]-, methylester 4202
—, 3-[3-Nitro-phenyl]-, methylester 4203

$C_{10}H_9NS$
Thiochroman-6-carbonitril 4210

$C_{10}H_9N_3O_4$
Acrylsäure, 2-Cyan-3-[5-nitro-[2]furyl]-,
  athylamid 4534
—, 2-Cyan-3-[5-nitro-[2]furyl]-,
  dimethylamid 4534

$C_{10}H_9N_3O_5$
Acrylsäure, 2-Cyan-3-[5-nitro-[2]furyl]-,
  [2-hydroxy-äthylamid] 4536

$C_{10}H_{10}Br_2O_5$
7-Oxa-norborn-5-en-2,3-dicarbonsäure,
  2,3-Dibrom-, dimethylester 4511

$C_{10}H_{10}Br_4O_5$
7-Oxa-norbornan-2,3-dicarbonsäure,
  2,3,5,6-Tetrabrom-, dimethylester 4464

$C_{10}H_{10}N_2O$
7-Oxa-norborn-5-en-2,3-dicarbonitril,
  1,4-Dimethyl- 4520

$C_{10}H_{10}N_2O_2$
Essigsäure, Cyan-[2,6-dimethyl-pyran-4-
  yliden]-, amid 4540

$C_{10}H_{10}N_2O_4$
Acrylsäure, 3-[5-Nitro-[2]furyl]-,
  allylamid 4159

$C_{10}H_{10}N_2S$
Thiophen, 3,4-Bis-cyanmethyl-2,5-
  dimethyl- 4520

$C_{10}H_{10}O_2S$
Essigsäure, [6,7-Dihydro-benzo[b]thiophen-
  4-yl]- 4210
—, [6,7-Dihydro-5H-benzo[b]=
  thiophen-4-yliden]- 4210
Hexa-2,4-diensäure, 5-[2]Thienyl- 4205
Penta-2,4-diensäure, 5-[5-Methyl-[2]thienyl]-
  4206
Propiolsäure, [3-Methyl-[2]thienyl]-,
  äthylester 4198
Thiochroman-6-carbonsäure 4210

$C_{10}H_{10}O_3$
Acrylsäure, 3-[2]Furyl-, allylester 4146
Benzofuran-5-carbonsäure, 2-Methyl-2,3-
  dihydro- 4211
Benzofuran-7-carbonsäure, 2-Methyl-2,3-
  dihydro- 4211
—, 5-Methyl-2,3-dihydro- 4212
But-3-ensäure, 2-Furfuryliden-3-methyl-
  4206
Chroman-2-carbonsäure 4209
Oxirancarbonsäure, 2-Methyl-3-phenyl-
  4207
—, 3-Phenyl-, methylester 4200
Penta-2,4-diensäure, 5-[2]Furyl-3-methyl-
  4206

$C_{10}H_{10}O_4S$
Benzo[b]thiophen-4,5-dicarbonsäure,
  4,5,6,7-Tetrahydro- 4541
Malonsäure, [5-Äthyl-[2]thienylmethylen]-
  4540

$C_{10}H_{10}O_5$

Acrylsäure, 3-[5-(2-Carboxy-äthyl)-[2]furyl]-
4541

Benzofuran-4,5-dicarbonsäure, 3a,4,5,6-
Tetrahydro- 4541

—, 4,5,6,7-Tetrahydro- 4541

Malonsäure, [2,6-Dimethyl-pyran-4-yliden]-
4540

—, Furfuryliden-, dimethylester 4530

7-Oxa-norborna-2,5-dien-2,3-
dicarbonsäure-dimethylester 4538

Propionsäure, 3-[5-Carboxy-2-hydroxy-
phenyl]- 4557

$C_{10}H_{10}O_6S$

Thiophen-2,3,4-tricarbonsäure-
trimethylester 4593

Thiophen-2,3,5-tricarbonsäure-
trimethylester 4594

$C_{10}H_{10}O_7$

Furan-2,3,4-tricarbonsäure-trimethylester
4593

Furan-2,3,5-tricarbonsäure-trimethylester
4593

Propan-1,1,3-tricarbonsäure, 2-[2]Furyl-
4595

$C_{10}H_{11}BrO_2S$

Acrylsäure, 3-[5-Brom-[2]thienyl]-2-methyl-,
äthylester 4178

$C_{10}H_{11}ClO_4$

Furan-3-carbonsäure, 4-Chlorcarbonyl-2,5-
dimethyl-, äthylester 4509

—, 5-Chlorcarbonylmethyl-2-methyl-,
äthylester 4507

$C_{10}H_{11}NO$

7-Oxa-norborn-5-en-2-carbonitril,
1,4-Dimethyl-3-methylen- 4186

$C_{10}H_{11}NOS$

Thiochroman-6-carbonsäure-amid 4210

$C_{10}H_{11}NO_2$

Benzofuran-7-carbonsäure, 5-Methyl-2,3-
dihydro-, amid 4212

Isochroman-1-carbonsäure-amid 4210

Oxirancarbonsäure, 2-Methyl-3-phenyl-,
amid 4208

—, 3-Methyl-2-phenyl-, amid 4208

$C_{10}H_{11}NO_4S$

Essigsäure, [3-Cyan-4-methoxycarbonyl-
2,5-dihydro-[2]thienyl]-, methylester
4591

Thiophen-3-carbonsäure, 4-Cyan-2-
methoxycarbonylmethyl-2,5-dihydro-,
methylester 4591

$C_{10}H_{11}NO_5$

Acrylsäure, 2-Methyl-3-[5-nitro-[2]furyl]-,
äthylester 4174

Furan-3-carbonsäure, 2-Methyl-5-[2-nitro-
vinyl]-, äthylester 4180

$C_{10}H_{11}NS$

Cyclopentancarbonitril, 1-[2]Thienyl- 4186

$C_{10}H_{11}N_3O_4$

Acrylsäure, 3-[5-Nitro-[2]furyl]-,
isopropylidenhydrazid 4164

$C_{10}H_{12}Br_2O_5$

7-Oxa-norbornan-2,3-dicarbonsäure,
5,6-Dibrom-, dimethylester 4463

$C_{10}H_{12}Cl_2O_5$

7-Oxa-norbornan-2,3-dicarbonsäure,
5,6-Dichlor-, 2-äthylester 4461

—, 5,6-Dichlor-, 3-äthylester 4461

—, 5,6-Dichlor-, dimethylester 4461

$C_{10}H_{12}N_2O_3S$

Valeriansäure, 4-[Thiophen-2-
carbonylhydrazono]- 4028

$C_{10}H_{12}N_2O_4$

Acrylsäure, 2-Methyl-3-[5-nitro-[2]furyl]-,
äthylamid 4174

—, 3-[5-Nitro-[2]furyl]-,
isopropylamid 4158

—, 3-[5-Nitro-[2]furyl]-, propylamid
4157

$C_{10}H_{12}N_2O_5$

Acrylsäure, 2-Methyl-3-[5-nitro-[2]furyl]-,
[2-hydroxy-äthylamid] 4176

—, 3-[5-Nitro-[2]furyl]-, [2-hydroxy-
propylamid] 4161

$C_{10}H_{12}N_2O_7$

Buttersäure, 3-[2]Furyl-2,4-dinitro-,
äthylester 4105

$C_{10}H_{12}O_2$

Acrylsäure, 3-[2]Furyl-2-methyl-,
äthylester 4173

$C_{10}H_{12}O_2S$

Acrylsäure, 2-Methyl-3-[2]thienyl-,
äthylester 4177

—, 2-Methyl-3-[3]thienyl-, äthylester
4178

—, 3-[3-Methyl-[2]thienyl]-,
äthylester 4178

—, 3-[5-Methyl-[2]thienyl]-,
äthylester 4179

—, 3-[5-Propyl-[2]thienyl]- 4185

Crotonsäure, 3-[2]Thienyl-, äthylester
4172

—, 3-[3]Thienyl-, äthylester 4172

Cyclopentancarbonsäure, 1-[2]Thienyl-
4185

Cyclopropancarbonsäure, 2-[2]Thienyl-,
äthylester 4180

Pent-4-ensäure, 4-Methyl-2-[2]thienyl-
4184

$C_{10}H_{12}O_3$

Acrylsäure, 3-[5-Äthyl-[2]furyl]-,
methylester 4183

—, 3-[2]Furyl-, propylester 4146

—, 3-[2]Furyl-2-isopropyl- 4184

—, 3-[2]Furyl-2-propyl- 4184

—, 3-[4-Isopropyl-[2]furyl]- 4185

$C_{10}H_{14}O_2S$ (Fortsetzung)
Thiophen-2-carbonsäure-isopentylester
4014
—   pentylester 4014
Thiophen-2-carbonsäure, 4-Isopropyl-,
äthylester 4108
—, 5-Methyl-, butylester 4087
—, 5-Methyl-, isobutylester 4087
—, 5-[1-Methyl-butyl]- 4125
—, 5-tert-Pentyl- 4125
Thiophen-3-carbonsäure, 5-tert-Butyl-2-
methyl- 4127
Valeriansäure, 3-Methyl-5-[2]thienyl- 4124
—, 4-Methyl-2-[2]thienyl- 4124
—, 5-[5-Methyl-[2]thienyl]- 4125
—, 5-[2]Thienyl-, methylester 4114
—, 2-[2]Thienylmethyl- 4123
$C_{10}H_{14}O_3$
Buttersäure, 4-[2]Furyl-, äthylester
4103
Cyclohexancarbonsäure, 3,4-Epoxy-,
allylester 3892
—, 4,5-Epoxy-2-methyl-, vinylester
3899
Essigsäure, [2]Furyl-, butylester 4062
—, [2]Furyl-, isobutylester 4062
Furan-2-carbonsäure, 5-Äthyl-4-methyl-,
äthylester 4111
—, 5-tert-Butyl-, methylester 4118
—, 4-Isopropyl-, äthylester 4107
—, 5-tert-Pentyl- 4125
Furan-3-carbonsäure, 4-Äthyl-2,4-
dimethyl-5-methylen-4,5-dihydro-
4128
—, 5-Äthyl-2-methyl-, äthylester
4110
—, 5-tert-Butyl-2-methyl- 4127
—, 4,5-Diäthyl-2-methyl- 4128
—, 2-Isopropyl-, äthylester 4107
—, 2,4,5-Trimethyl-, äthylester 4112
—, 2,4,4-Trimethyl-5-methylen-4,5-
dihydro-, methylester 4122
Hexansäure, 3-[2]Furyl- 4124
—, 6-[2]Furyl- 4122
Propionsäure, 3-[2]Furyl-, propylester
4091
—, 3-[2]Furyl-2-methyl-, äthylester
4105
—, 3-[5-Methyl-[2]furyl]-, äthylester
4107
$C_{10}H_{14}O_3S$
Buttersäure, 4-[2,5-Dimethyl-[3]thienyl]-
4127
$C_{10}H_{14}O_4S$
Thiophen-2,3-dicarbonsäure, 4,5-Dihydro-,
diäthylester 4451
$C_{10}H_{14}O_5$
Äthan, 1-Crotonoyloxy-2-[3-methyl-
oxirancarbonyloxy]- 3823

Cyclohexan-1,2-dicarbonsäure, 4,5-Epoxy-,
dimethylester 4457
Essigsäure, [3-Äthoxycarbonyl-5,6-
dihydro-4H-pyran-2-yl]- 4454
9-Oxa-bicyclo[3.3.1]nonan-3,3-
dicarbonsäure 4473
7-Oxa-norbornan-2,3-dicarbonsäure-
dimethylester 4458
7-Oxa-norbornan-2,3-dicarbonsäure,
1,4-Dimethyl- 4474
—, 2,3-Dimethyl- 4475
—, 1-Methyl-, 2-methylester 4468
—, 1-Methyl-, 3-methylester 4468
Pyran-2,3-dicarbonsäure, 6-Methyl-5,6-
dihydro-4H-, 2-äthylester 4456
—, 6-Methyl-5,6-dihydro-4H-,
dimethylester 4455
Pyran-3,5-dicarbonsäure, 2-Methyl-3,4-
dihydro-2H-, 3-äthylester 4455
$[C_{10}H_{15}BrNO_3]^+$
Ammonium, [2-(5-Brom-furan-2-
carbonyloxy)-äthyl]-trimethyl- 3982
$[C_{10}H_{15}BrNO_3]I$ 3982
$C_{10}H_{15}ClO_2$
Pyran-3-carbonylchlorid, 2,4,6,6-
Tetramethyl-5,6-dihydro-4H- 3906
$C_{10}H_{15}ClO_5$
Pyran-2,5-dicarbonsäure, 5-Chlor-2,3,4-
trimethyl-tetrahydro- 4446
$C_{10}H_{15}NOS$
Buttersäure, 4-[5-Äthyl-[2]thienyl]-, amid
4126
—, 4-[2,5-Dimethyl-[3]thienyl]-,
amid 4127
Essigsäure, [4-Äthyl-2,5-dimethyl-[3]≠
thienyl]-, amid 4128
—, [5-tert-Butyl-[2]thienyl]-, amid
4126
—, [2,5-Diäthyl-[3]thienyl]-, amid
4128
Hexansäure, 6-[2]Thienyl-, amid 4123
Valeriansäure, 5-[5-Methyl-[2]thienyl]-,
amid 4125
$C_{10}H_{15}NO_2$
Furan-2-carbonsäure-isopentylamid
3940
—   [1-methyl-butylamid] 3940
—   pentylamid 3940
—   tert-pentylamid 3940
Hexansäure, 6-[2]Furyl-, amid 4122
$C_{10}H_{15}NO_3$
Furan-2-carbonsäure-[3-dimethylamino-
propylester] 3930
Furan-2-carbonsäure, 5-Methyl-,
[2-dimethylamino-äthylester] 4077
Propionsäure, 2-Cyan-3-tetrahydro[2]furyl-,
äthylester 4443

$C_{10}H_{15}NO_4S$
Valeriansäure, 5-[3-Nitro-2,5-dihydro-[2]=
thienyl]-, methylester 3903
$C_{10}H_{15}N_3OS_2$
Thiosemicarbazid, 4,4-Diäthyl-1-[thiophen-
2-carbonyl]- 4028
$C_{10}H_{15}N_3O_2S$
Thiosemicarbazid, 4,4-Diäthyl-1-[furan-2-
carbonyl]- 3972
$[C_{10}H_{16}NO_2S]^+$
Ammonium, Trimethyl-[2-(thiophen-2-
carbonyloxy)-äthyl]- 4015
$[C_{10}H_{16}NO_2S]ClO_4$ 4015
$[C_{10}H_{16}NO_3]^+$
Ammonium, [2-(Furan-2-carbonyloxy)-
äthyl]-trimethyl- 3928
$[C_{10}H_{16}NO_3]Cl$ 3928
$[C_{10}H_{16}NO_3]ClO_4$ 3929
$[C_{10}H_{16}NO_3]I$ 3929
$C_{10}H_{16}N_4O_2S$
Thiophen, 2,5-Bis-[2-carbazoyl-äthyl]-
4519
$C_{10}H_{16}N_4O_3$
Furan, 2,5-Bis-[2-carbazoyl-äthyl]- 4519
$C_{10}H_{16}O_3$
Essigsäure, [2,2,5,5-Tetramethyl-2,5-
dihydro-[3]furyl]- 3906
—, [2,2,5,5-Tetramethyl-dihydro-[3]=
furyliden]- 3906
Furan-3-carbonsäure, 2,4,4,5-Tetramethyl-
4,5-dihydro-, methylester 3903
1-Oxa-spiro[2.4]heptan-2-carbonsäure,
2-Methyl-, äthylester 3898
1-Oxa-spiro[2.5]octan-2-carbonsäure-
äthylester 3898
1-Oxa-spiro[2.5]octan-2-carbonsäure,
2-Methyl-, methylester 3903
Propionsäure, 2-Tetrahydropyran-4-yliden-,
äthylester 3892
Pyran-2-carbonsäure, 3,4-Dihydro-2H-,
butylester 3879
Pyran-3-carbonsäure, 2,6-Dimethyl-5,6-
dihydro-4H-, äthylester 3893
—, 6-Isopropyl-5,6-dihydro-4H-,
methylester 3900
—, 2,4,6,6-Tetramethyl-5,6-dihydro-
4H- 3905
—, 4,6,6-Trimethyl-5,6-dihydro-4H-,
methylester 3902
$C_{10}H_{16}O_4$
Furan-2-carbonsäure, Tetrahydro-,
tetrahydrofurfurylester 3827
Pyran-3-carbonsäure, 5,6-Dihydro-4H-,
[2-äthoxy-äthylester] 3880
$C_{10}H_{16}O_4S$
Thiophen, 2,5-Bis-[2-carboxy-äthyl]-
tetrahydro- 4449
Thiophen-2,5-dicarbonsäure, Tetrahydro-,
diäthylester 4428

Thiophen-3,4-dicarbonsäure, Tetrahydro-,
diäthylester 4432
$C_{10}H_{16}O_5$
Essigsäure, [5-Methoxycarbonyl-2-methyl-
tetrahydro-[2]furyl]-, methylester 4443
Furan, 2,5-Bis-[2-carboxy-äthyl]-
tetrahydro- 4448
Furan-2,5-dicarbonsäure, Tetrahydro-,
diäthylester 4426
Furan-3,3-dicarbonsäure, Dihydro-,
diäthylester 4431
Malonsäure, Äthyl-tetrahydropyran-4-yl-
4445
—, Oxiranylmethyl-, diäthylester
4434
Pyran-2,5-dicarbonsäure, 2,6,6-Trimethyl-
tetrahydro- 4446
$C_{10}H_{16}O_6S$
$1\lambda^6$-Thiophen-2,5-dicarbonsäure,
1,1-Dioxo-tetrahydro-, diäthylester
4428
$C_{10}H_{17}NO_4$
Pyran-2-carbonsäure, 5-Carbamoyl-2,6,6-
trimethyl-tetrahydro- 4447
Pyran-3-carbonsäure, 6-Carbamoyl-2,2,6-
trimethyl-tetrahydro- 4447
$C_{10}H_{18}N_2O_3$
Furan-2,5-dicarbonsäure, Tetrahydro-,
bis-dimethylamid 4427
$C_{10}H_{18}O_2S$
Valeriansäure, 5-Tetrahydro[2]thienyl-,
methylester 3860
$C_{10}H_{18}O_3$
Buttersäure, 3-Tetrahydro[2]furyl-,
äthylester 3855
—, 4-Tetrahydro[2]furyl-, äthylester
3854
Essigsäure, [2,2,5,5-Tetramethyl-
tetrahydro-[3]furyl]- 3863
—, [2,6,6-Trimethyl-tetrahydro-pyran-
2-yl]- 3862
Oxirancarbonsäure, 3-Äthyl-3-isopropyl-,
äthylester 3857
—, 2-Äthyl-3-propyl-, äthylester
3857
—, 3-Butyl-3-methyl-, äthylester
3856
—, 3,3-Dimethyl-2-propyl-,
äthylester 3857
—, 3-Heptyl- 3863
Propionsäure, 2-Methyl-3-tetrahydro[2]=
furyl-, äthylester 3855
—, 2-Tetrahydropyran-4-yl-,
äthylester 3852
—, 3-Tetrahydropyran-2-yl-,
äthylester 3851
—, 3-Tetrahydropyran-4-yl-,
äthylester 3851

$C_{11}H_7NO_5$

Furan-2-carbonsäure-[2-nitro-phenylester]
3920

Furan-2-carbonsäure, 5-[4-Nitro-phenyl]-
4292

$C_{11}H_7NS$

Acrylonitril, 3-Benzo[b]thiophen-2-yl-
4293

$C_{11}H_7N_3O_5S$

Thiophen-2-carbonsäure, 5-Nitro-,
[3-nitro-anilid] 4045
—, 5-Nitro-, [4-nitro-anilid] 4045

$C_{11}H_7N_3O_6$

Furan-2-carbonsäure-[2,4-dinitro-anilid]
3943

Furan-2-carbonsäure, 5-Nitro-, [2-nitro-
anilid] 3995
—, 5-Nitro-, [4-nitro-anilid] 3995

$C_{11}H_7N_3O_9$

Hydroxylamin, O-Methyl-N,N-bis-[5-nitro-
furan-2-carbonyl]- 3999

$C_{11}H_8BrNOS$

Furan-2-thiocarbonsäure-[4-brom-anilid]
4004

Thiophen-3-carbonsäure, 5-Brom-, anilid
4058

$C_{11}H_8BrNO_2$

Furan-2-carbonsäure-[4-brom-anilid] 3942
Furan-2-carbonsäure, 5-Brom-, anilid
3988

$C_{11}H_8BrNO_3$

Furan-2-carbonsäure-[5-brom-2-hydroxy-
anilid] 3947

$C_{11}H_8BrN_3O_6$

Furan-2-carbonsäure, 5-Brom-,
[2-hydroxy-1-(5-nitro-[2]furyl)-
äthylidenhydrazid] 3991

$C_{11}H_8ClNOS$

Furan-2-thiocarbonsäure-[4-chlor-anilid]
4004

Thiophen-2-carbonsäure-[3-chlor-anilid]
4017
— [4-chlor-anilid] 4017

Thiophen-3-carbonsäure, 5-Chlor-, anilid
4057

$C_{11}H_8ClNO_2$

Furan-2-carbonsäure-[2-chlor-anilid] 3941
— [3-chlor-anilid] 3941
— [4-chlor-anilid] 3942

$C_{11}H_8ClNO_3S$

Benzo[b]thiophen-2-carbonylchlorid,
3,6-Dimethyl-5-nitro- 4277

$C_{11}H_8DNOS$

Furan-2-thiocarbonsäure-[N-deuterio-
anilid] 4004

$C_{11}H_8N_2O_3S$

Thiophen-2-carbonsäure, 5-Nitro-, anilid
4045

Thiophen-3-carbonsäure, 5-Nitro-, anilid
4060

$C_{11}H_8N_2O_4$

Furan-2-carbonsäure-[2-nitro-anilid] 3942
— [3-nitro-anilid] 3942
— [4-nitro-anilid] 3942

Furan-2-carbonsäure, 5-Nitro-, anilid
3995

$C_{11}H_8N_2O_5$

Furan-2-carbonsäure, 5-Nitro-, [4-amino-
phenylester] 3994
—, 5-Nitro-, [2-hydroxy-anilid] 3996
—, 5-Nitro-, [4-hydroxy-anilid] 3996

$C_{11}H_8N_4O_6$

Furan-2-carbonsäure-[N'-(2,4-dinitro-
phenyl)-hydrazid] 3969

$C_{11}H_8O_2S$

Acrylsäure, 3-Benzo[b]thiophen-2-yl- 4293
—, 3-Benzo[b]thiophen-3-yl- 4294

Benzo[b]thiophen-2-carbonsäure-vinylester
4252

Furan-2-thiocarbonsäure-S-phenylester
4002

Thiophen-2-carbonsäure-phenylester 4014
Thiophen-2-carbonsäure, 5-Phenyl- 4292

$C_{11}H_8O_3$

Benzofuran-2-carbonsäure-vinylester 4247
Furan-2-carbonsäure-phenylester 3919
Furan-2-carbonsäure, 5-Phenyl- 4292
Furan-3-carbonsäure, 5-Phenyl- 4292

$C_{11}H_8O_4$

Furan-2-carbonsäure-[4-hydroxy-
phenylester] 3924

$C_{11}H_8O_4S$

Furan-2-carbonsäure-[2-oxo-2-[2]thienyl-
äthylester] 3937

$C_{11}H_8O_5$

Benzofuran-2,3-dicarbonsäure, 5-Methyl-
4558
—, 6-Methyl- 4558
Furan-2-carbonsäure-[2-[2]furyl-2-oxo-
äthylester] 3936

$C_{11}H_9BrN_2OS$

Thiophen-2-carbonsäure, 5-Brom-,
[N'-phenyl-hydrazid] 4037

$C_{11}H_9BrO_3$

Benzofuran-2-carbonsäure, 5-Brom-3,6-
dimethyl- 4276
Furan-2-carbonsäure, 5-Brom-3-phenyl-
2,3-dihydro- 4272

$C_{11}H_9ClN_2O_2$

Furan-2-carbonsäure-[5-amino-2-chlor-
anilid] 3957

$C_{11}H_9ClOS$

Propionylchlorid, 3-Benzo[b]thiophen-3-yl-
4272

$C_{11}H_9ClO_2$

Benzofuran-2-carbonylchlorid,
4,6-Dimethyl- 4277

$C_{11}H_9ClO_2$ (Fortsetzung)

Benzofuran-3-carbonylchlorid, 2-Äthyl-
4274

$C_{11}H_9ClO_3$

Benzofuran-2-carbonsäure, 5-Chlormethyl-,
methylester 4269

$C_{11}H_9NO$

Acetonitril, [2-Methyl-benzofuran-3-yl]-
4274

Benzofuran-3-carbonitril, 2-Äthyl- 4274

$C_{11}H_9NOS$

Furan-2-thiocarbonsäure-anilid 4004

Thiophen-2-carbonsäure-anilid 4017

Thiophen-2-carbonsäure, 5-Phenyl-,
amid 4293

Thiophen-3-carbonsäure-anilid 4056

$C_{11}H_9NO_2$

Furan-2-carbonsäure-anilid 3941

Furan-3-carbonsäure-anilid 4053

$C_{11}H_9NO_2S$

Furan-2-carbonsäure-[2-mercapto-anilid]
3948

Thiophen-2-carbohydroxamsäure,
N-Phenyl- 4024

$C_{11}H_9NO_3$

Acrylsäure, 2-Cyan-3-[2]furyl-, allylester
4532

Furan-2-carbonsäure-[N-hydroxy-anilid]
3968

— [2-hydroxy-anilid] 3947

$C_{11}H_9NO_4S$

Benzo[b]thiophen-2-carbonsäure,
3,6-Dimethyl-5-nitro- 4277

—, 5-Nitro-, äthylester 4256

$C_{11}H_9NO_5$

Benzofuran-2-carbonsäure, 5-Nitro-,
äthylester 4250

—, 7-Nitro-, äthylester 4251

$C_{11}H_9NO_5S$

Amin, [Furan-2-carbonyl]-[4-hydroxy-
benzolsulfonyl]- 3963

$C_{11}H_9NS$

Propionitril, 3-Benzo[b]thiophen-3-yl-
4272

$C_{11}H_9N_3O_3$

[1,4]Benzochinon-[furan-2-
carbonylhydrazon]-oxim 3970

$C_{11}H_9N_3O_4$

Acrylsäure, 2-Cyan-3-[5-nitro-[2]furyl]-,
allylamid 4535

$C_{11}H_9N_3O_6$

Furan-2-carbonsäure-[2-hydroxy-1-(5-nitro-
[2]furyl)-äthylidenhydrazid] 3974

$C_{11}H_9N_3O_6S$

Furan-2-carbonsäure, 5-Nitro-,
[4-sulfamoyl-anilid] 3998

$C_{11}H_{10}N_2O$

Furan-2-carbamidin, N-Phenyl- 3965

$C_{11}H_{10}N_2OS$

Thiophen-2-carbonsäure-[N'-phenyl-
hydrazid] 4025

$C_{11}H_{10}N_2O_2$

Furan-2-carbonsäure-[3-amino-anilid] 3957

$C_{11}H_{10}N_2O_3$

Furan-2-carbonsäure-[1-[2]furyl-
äthylidenhydrazid] 3973

$C_{11}H_{10}N_2O_3S$

Benzo[b]thiophen-2-carbonsäure,
3,6-Dimethyl-5-nitro-, amid 4277

$C_{11}H_{10}N_2O_3S_2$

Thiophen-2-carbonsäure-[4-sulfamoyl-
anilid] 4021

$C_{11}H_{10}N_2O_4$

Hydrazin, N,N'-Bis-[furan-2-carbonyl]-
N-methyl- 3974

Methan, Bis-[furan-2-carbonylamino]-
3950

$C_{11}H_{10}N_2O_4S$

Amin, [Furan-2-carbonyl]-sulfanilyl- 3963

Furan-2-carbonsäure-[N'-benzolsulfonyl-
hydrazid] 3975

— [4-sulfamoyl-anilid] 3956

$C_{11}H_{10}N_2O_5$

Acrylsäure, 2-Cyan-3-[5-nitro-[2]furyl]-,
isopropylester 4533

—, 2-Cyan-3-[5-nitro-[2]furyl]-,
propylester 4533

$C_{11}H_{10}N_2S$

Thiophen-2-carbamidin, N-Phenyl- 4024

$C_{11}H_{10}O_2S$

Acrylsäure, 3-[5-Prop-1-inyl-[2]thienyl]-,
methylester 4261

Benzo[b]thiophen-2-carbonsäure,
3,5-Dimethyl- 4276

—, 3-Methyl-, methylester 4267

Benzo[b]thiophen-3-carbonsäure-äthylester
4257

Benzo[b]thiophen-3-carbonsäure, 2-Äthyl-
4275

Essigsäure, Benzo[b]thiophen-2-yl-,
methylester 4263

—, [3-Methyl-benzo[b]thiophen-2-yl]-
4275

Hepta-2,4,6-triensäure, 7-[2]Thienyl- 4271

Propionsäure, 2-Benzo[b]thiophen-2-yl-
4273

—, 2-Benzo[b]thiophen-3-yl- 4273

—, 3-Benzo[b]thiophen-2-yl- 4272

—, 3-Benzo[b]thiophen-3-yl- 4272

$C_{11}H_{10}O_3$

Benzofuran-2-carbonsäure, 3,6-Dimethyl-
4276

—, 3,7-Dimethyl- 4277

—, 4,6-Dimethyl- 4277

—, 3-Methyl-, methylester 4266

—, 4-Methyl-, methylester 4268

—, 5-Methyl-, methylester 4269

$C_{11}H_{10}O_3$ (Fortsetzung)
Benzofuran-2-carbonsäure, 6-Methyl-,
    methylester 4269
—, 7-Methyl-, methylester 4270
—, 2-Methyl-3-methylen-2,3-dihydro-
    4275
Benzofuran-3-carbonsäure, 2-Äthyl- 4274
—, 2-Methyl-, methylester 4268
Chromen-3-carbonsäure, 2H-,
    methylester 4262
Essigsäure, [2-Methyl-benzofuran-3-yl]-
    4274
—, [5-Methyl-benzofuran-3-yl]- 4275
—, [6-Methyl-benzofuran-3-yl]- 4275
—, [5-Methyl-benzofuran-3-yliden]-
    4275
—, [6-Methyl-benzofuran-3-yliden]-
    4275
Furan-2-carbonsäure, 3-Phenyl-2,3-
    dihydro- 4272
Furan-3-carbonsäure, 2-Phenyl-4,5-
    dihydro- 4272
Hepta-2,4,6-triensäure, 7-[2]Furyl- 4271
$C_{11}H_{10}O_4S$
Essigsäure, [2-Carboxy-2,3-dihydro-benzo≠
    [b]thiophen-3-yl]- 4548
$C_{11}H_{10}O_5$
Essigsäure, [2-Carboxy-2,3-dihydro-
    benzofuran-3-yl]- 4548
Malonsäure, Furfuryl-prop-2-inyl- 4547
—, [3-[2]Furyl-1-methyl-allyliden]- 4547
Pentendisäure, 4-Furfuryliden-3-methyl-
    4547
$C_{11}H_{11}BrO_3$
Benzofuran-5-carbonsäure, 2-Brommethyl-
    2,3-dihydro-, methylester 4211
Benzofuran-6-carbonsäure, 2-Brommethyl-
    2,3-dihydro-, methylester 4211
Benzofuran-7-carbonsäure, 2-Brommethyl-
    2,3-dihydro-, methylester 4211
$C_{11}H_{11}ClOS$
Acetylchlorid, Cyclopent-2-enyl-[2]thienyl-
    4219
$C_{11}H_{11}ClO_2$
Acetylchlorid, [5-Methyl-2,3-dihydro-
    benzofuran-7-yl]- 4222
$C_{11}H_{11}ClO_3$
Oxirancarbonsäure, 3-[4-Chlor-phenyl]-,
    äthylester 4201
—, 3-[2-Chlor-phenyl]-2-methyl-,
    methylester 4208
$C_{11}H_{11}NO$
Acetonitril, Isochroman-x-yl- 4221
—, [5-Methyl-2,3-dihydro-benzofuran-
    7-yl]- 4222
$C_{11}H_{11}NOS$
Propionsäure, 3-Benzo[b]thiophen-3-yl-,
    amid 4272

$C_{11}H_{11}NO_2$
Benzofuran-2-carbonsäure, 4,6-Dimethyl-,
    amid 4278
Benzofuran-3-carbonsäure, 2-Äthyl-,
    amid 4274
Hepta-2,4,6-triensäure, 7-[2]Furyl-, amid 4271
$C_{11}H_{11}NO_5$
Oxirancarbonsäure, 3-[2-Nitro-phenyl]-,
    äthylester 4202
—, 3-[3-Nitro-phenyl]-, äthylester
    4203
—, 3-[4-Nitro-phenyl]-, äthylester 4203
$C_{11}H_{11}NS$
Acetonitril, Cyclopent-1-enyl-[2]thienyl-
    4220
—, Cyclopent-2-enyl-[2]thienyl- 4220
—, Cyclopentyliden-[2]thienyl- 4220
$C_{11}H_{11}N_3O_2$
Furan-2-carbonsäure-[N'-(4-amino-phenyl)-
    hydrazid] 3973
— [bis-(2-cyan-äthyl)-amid] 3956
$C_{11}H_{11}N_3O_3S$
Furan-2-carbamidin, N-Sulfanilyl- 3968
$C_{11}H_{11}N_3O_4$
Acrylsäure, 2-Cyan-3-[5-nitro-[2]furyl]-,
    isopropylamid 4534
—, 2-Cyan-3-[5-nitro-[2]furyl]-,
    propylamid 4534
$C_{11}H_{11}N_3O_4S$
Furan-2-carbonsäure-[4-hydrazinosulfonyl-
    anilid] 3957
— [N'-sulfanilyl-hydrazid] 3975
$C_{11}H_{11}N_3O_5$
Acrylsäure, 2-Cyan-3-[5-nitro-[2]furyl]-,
    [2-hydroxy-propylamid] 4536
$C_{11}H_{12}N_2O_4$
Acrylsäure, 2-Methyl-3-[5-nitro-[2]furyl]-,
    allylamid 4175
$C_{11}H_{12}O_2S$
Benzo[b]thiophen-7-carbonsäure, 2-Äthyl-
    2,3-dihydro- 4222
Essigsäure, Cyclopent-2-enyl-[2]thienyl-
    4215
Penta-2,4-diensäure, 5-[2]Thienyl-,
    äthylester 4199
—, 5-[3]Thienyl-, äthylester 4199
$C_{11}H_{12}O_3$
Acrylsäure, 3-[2]Furyl-, methallylester
    4147
Benzofuran-2-carbonsäure, 2,3-Dimethyl-
    2,3-dihydro- 4223
Benzofuran-5-carbonsäure, 2,2-Dimethyl-
    2,3-dihydro- 4223
Benz[b]oxepin-2-carbonsäure, 2,3,4,5-
    Tetrahydro- 4220
Benz[b]oxepin-7-carbonsäure, 2,3,4,5-
    Tetrahydro- 4221
Buttersäure, 3,4-Epoxy-2-methyl-4-phenyl-
    4213

$C_{11}H_{14}O_2S$ (Fortsetzung)

Propionsäure, 3-[4,5,6,7-Tetrahydro-benzo≠
  [b]thiophen-2-yl]- 4189

$C_{11}H_{14}O_3$

Acrylsäure, 2-Butyl-3-[2]furyl- 4187

—, 3-[2]Furyl-, butylester 4146

—, 3-[2]Furyl-, isobutylester 4146

—, 2-Methyl-3-[5-methyl-[2]furyl]-,
  äthylester 4183

Benzofuran-2-carbonsäure, 3,6-Dimethyl-
  4,5,6,7-tetrahydro- 4190

Benzofuran-3-carbonsäure, 2-Äthyl-4,5,6,7-
  tetrahydro- 4189

Cyclohepta[b]furan-3-carbonsäure,
  2-Methyl-5,6,7,8-tetrahydro-4H- 4189

Furan-2-carbonsäure-cyclohexylester 3919

$C_{11}H_{14}O_3S_2$

Essigsäure, [Furan-2-thiocarbonylmercapto]-,
  butylester 4009

$C_{11}H_{14}O_4$

Acrylsäure, 3-[2]Furyl-, [2-äthoxy-
  äthylester] 4148

$C_{11}H_{14}O_4S$

Glutarsäure, 3-[5-Äthyl-[2]thienyl]- 4522

—, 3-[2,5-Dimethyl-[3]thienyl]- 4522

Malonsäure, Propyl-[2]thienylmethyl- 4521

—, [2]Thienyl-, diäthylester 4500

—, [3]Thienyl-, diäthylester 4500

$C_{11}H_{14}O_5$

Furan-3-carbonsäure,
  2-Äthoxycarbonylmethyl-, äthylester
  4500

Furan-2,3-dicarbonsäure, 5-Methyl-,
  diäthylester 4502

Furan-3,4-dicarbonsäure, 2-Methyl-,
  diäthylester 4502

Malonsäure, Äthyl-[2]furyl-,
  dimethylester 4513

—, [2]Furyl-, diäthylester 4499

Norbornan-2,3-dicarbonsäure, 5,6-Epoxy-,
  dimethylester 4516

$C_{11}H_{14}O_6S$

Thiophen-3,4-dicarbonsäure, 2-[4-Carboxy-
  butyl]-2,5-dihydro- 4592

$C_{11}H_{15}BrO_3$

Furan-2-carbonsäure, 5-Brom-4-tert-butyl-,
  äthylester 4117

$C_{11}H_{15}ClOS$

Butyrylchlorid, 4-[5-Äthyl-4-methyl-[2]≠
  thienyl]- 4131

Heptanoylchlorid, 7-[2]Thienyl- 4130

Propionylchlorid, 3-[2,5-Diäthyl-[3]thienyl]-
  4132

Valerylchlorid, 5-[5-Äthyl-[2]thienyl]- 4131

$C_{11}H_{15}ClO_2$

Hexanoylchlorid, 3-[2]Furyl-5-methyl-
  4130

$C_{11}H_{15}ClO_3$

Furan-2-carbonsäure, 5-Äthyl-4-[1-chlor-
  äthyl]-, äthylester 4121

$C_{11}H_{15}NOS$

Acrylsäure, 3-[2]Thienyl-, sec-butylamid
  4167

Essigsäure, [3-[2]Thienyl-cyclopentyl]-,
  amid 4189

Furan-2-thiocarbonsäure-cyclohexylamid
  4004

$C_{11}H_{15}NO_2$

Acrylsäure, 3-[2]Furyl-, diäthylamid 4149

Furan-2-carbonsäure-cyclohexylamid 3941

$C_{11}H_{15}NO_3$

8-Oxa-bicyclo[3.2.1]octan-3-carbonsäure,
  3-Cyan-, äthylester 4468

$C_{11}H_{15}NO_3S$

Valin, N-[2]Thienylacetyl- 4064

$C_{11}H_{16}BrNO_3$

Furan-2-carbonsäure, 5-Brom-,
  [2-diäthylamino-äthylester] 3983

—, 5-Brom-, [3-dimethylamino-1-
  methyl-propylester] 3985

$[C_{11}H_{16}NOS]^+$

Ammonium, [α-Methallylmercapto-
  furfuryliden]-dimethyl- 4007
  $[C_{11}H_{16}NOS]Br$ 4007

Sulfonium, [α-Dimethylamino-furfuryliden]-
  methallyl- 4007
  $[C_{11}H_{16}NOS]Br$ 4007

$C_{11}H_{16}N_2O_3$

Furan-2-carbonsäure-[3-hydroxy-1,3-
  dimethyl-butylidenhydrazid] 3970

Harnstoff, [2-Furfuryl-3-methyl-butyryl]-
  4125

Malonsäure, Furfuryl-isopropyl-, diamid
  4522

$C_{11}H_{16}N_2O_4S$

Thiophen-2-carbonsäure, 5-Nitro-,
  [2-diäthylamino-äthylester] 4044

$C_{11}H_{16}N_2O_5$

Furan-2-carbonsäure, 5-Nitro-,
  [2-diäthylamino-äthylester] 3994

$C_{11}H_{16}N_2O_6S$

Glucose-[thiophen-2-carbonylhydrazon] 4027

$C_{11}H_{16}N_2O_7$

Glucose-[furan-2-carbonylhydrazon] 3971

$C_{11}H_{16}O_2$

Methanol, [3,6-Dimethyl-4,5,6,7-
  tetrahydro-benzofuran-2-yl]- 4190

$C_{11}H_{16}O_2S$

Buttersäure, 4-[5-Äthyl-4-methyl-[2]thienyl]-
  4131

—, 3-Methyl-4-[2]thienyl-, äthylester
  4115

Essigsäure, [5-tert-Butyl-[2]thienyl]-,
  methylester 4126

Heptansäure, 2-[2]Thienyl- 4130

—, 7-[2]Thienyl- 4129

$C_{11}H_{16}O_2S$ (Fortsetzung)
Hexansäure, 5-Methyl-2-[2]thienyl- 4130
—, 6-[2]Thienyl-, methylester 4123
Propionsäure, 3-[2,5-Diäthyl-[3]thienyl]-
4131
—, 3-[5-Propyl-[2]thienyl]-,
methylester 4126
Thiophen-2-carbonsäure, 5-tert-Butyl-,
äthylester 4119
—, 5-Methyl-, pentylester 4087
Thiophen-3-carbonsäure, 2,5-Diäthyl-,
äthylester 4121
—, 2,5-Dipropyl- 4131
Valeriansäure, 5-[5-Äthyl-[2]thienyl]- 4131
—, 5-[2,5-Dimethyl-[3]thienyl]- 4131
—, 3-Methyl-5-[2]thienyl-,
methylester 4124

$C_{11}H_{16}O_3$
Cyclohexancarbonsäure, 4,5-Epoxy-2-
methyl-, allylester 3899
Furan-2-carbonsäure, 5-tert-Butyl-,
äthylester 4118
—, 5-Hexyl- 4130
—, 5-tert-Pentyl-, methylester 4125
Furan-3-carbonsäure, 4-Äthyl-2,4-
dimethyl-5-methylen-4,5-dihydro-,
methylester 4129
Heptansäure, 7-[2]Furyl- 4129
Hexansäure, 3-[2]Furyl-5-methyl- 4130
[1]Naphthoesäure, 4,4a-Epoxy-decahydro-
4132
Propionsäure, 3-[2]Furyl-, butylester 4091
Pyran-3-carbonsäure, 4-Butyl-2-methyl-
4H- 4129
—, 2,4,6-Trimethyl-4H-, äthylester
4113
Valeriansäure, 3-[2]Furyl-, äthylester 4115
—, 5-[2]Furyl-, äthylester 4113

$C_{11}H_{16}O_4$
Furan-2-carbonsäure-[2-butoxy-äthylester]
3922

$C_{11}H_{16}O_4S$
Thiophen-3,4-dicarbonsäure, 2-Propyl-2,5-
dihydro-, dimethylester 4466
Thiopyran-2,3-dicarbonsäure, 5,6-Dihydro-
4H-, diäthylester 4453

$C_{11}H_{16}O_5$
Furan-2-carbonsäure-[2-(2-äthoxy-äthoxy)-
äthylester] 3923
Malonsäure, Tetrahydro[2]furyliden-,
diäthylester 4454
7-Oxa-norbornan-2,3-dicarbonsäure,
1,4-Dimethyl-, monomethylester 4474
—, 1-Methyl-, dimethylester 4468
Pyran-3-carbonsäure, 5-Formyl-2,4-
dimethyl-6-oxo-tetrahydro-, äthylester
4465
—, 5-Hydroxymethylen-2,4-dimethyl-
6-oxo-tetrahydro-, äthylester 4465

Pyran-2,2-dicarbonsäure, 3,6-Dihydro-,
diäthylester 4453
—, 4,5-Dimethyl-3,6-dihydro-,
dimethylester 4465
Pyran-3,5-dicarbonsäure, 2,4-Dimethyl-3,4-
dihydro-2H-, 3-äthylester 4465

$C_{11}H_{16}O_6S$
Thiophen-3,4-dicarbonsäure, 2-[4-Carboxy-
butyl]-tetrahydro- 4589
—, 2-Methoxycarbonylmethyl-
tetrahydro-, dimethylester 4589

$C_{11}H_{16}O_7$
Furan-3,4-dicarbonsäure,
2-Methoxycarbonylmethyl-tetrahydro-,
dimethylester 4589

$[C_{11}H_{17}BrNO_3]^+$
Ammonium, Äthyl-[2-(5-brom-furan-2-
carbonyloxy)-äthyl]-dimethyl- 3982
$[C_{11}H_{17}BrNO_3]I$ 3982
—, [3-(5-Brom-furan-2-carbonyloxy)-
propyl]-trimethyl- 3983
$[C_{11}H_{17}BrNO_3]I$ 3983

$C_{11}H_{17}NOS$
Essigsäure, [4-Isopropyl-2,5-dimethyl-[3]-
thienyl]-, amid 4132
Heptansäure, 7-[2]Thienyl-, amid 4130
Valeriansäure, 5-[5-Äthyl-[2]thienyl]-,
amid 4131
—, 5-[2,5-Dimethyl-[3]thienyl]-,
amid 4131

$C_{11}H_{17}NO_2$
Furan-2-carbonsäure-[1,3-dimethyl-
butylamid] 3941
Heptansäure, 7-[2]Furyl-, amid 4129
Hexansäure, 3-[2]Furyl-5-methyl-, amid
4130

$C_{11}H_{17}NO_2S$
Thiophen-3-carbonsäure-[2-diäthylamino-
äthylester] 4055

$C_{11}H_{17}NO_3$
Furan-2-carbonsäure-[2-diäthylamino-
äthylester] 3929
— [3-dimethylamino-1-methyl-
propylester] 3932
Furan-2-carbonsäure, 5-Methyl-,
[3-dimethylamino-propylester] 4078

$C_{11}H_{17}NO_4$
Malonamidsäure, 2-[2,3-Epoxy-cyclohexyl]-,
äthylester 4466
7-Oxa-norbornan-2-carbonsäure,
3-Dimethylcarbamoyl-1-methyl- 4469
—, 3-Dimethylcarbamoyl-4-methyl-
4469

$C_{11}H_{17}N_3O_3S$
Äthylendiamin, N,N-Diäthyl-N'-[5-nitro-
thiophen-2-carbonyl]- 4046

$C_{11}H_{18}ClNO_2$
2-Oxa-bicyclo[2.2.2]octan-6-carbonsäure,
6-Chlor-1,3,3-trimethyl-, amid 3909

$C_{12}H_7BrCl_2N_2O_2S$
Thiophen-2-carbonsäure, 5-Brom-,
[3,5-dichlor-2-hydroxy-
benzylidenhydrazid] 4039

$C_{12}H_7BrI_2N_2O_2S$
Thiophen-2-carbonsäure, 5-Brom-,
[2-hydroxy-3,5-dijod-
benzylidenhydrazid] 4039

$C_{12}H_7ClI_2N_2O_2S$
Thiophen-2-carbonsäure, 5-Chlor-,
[2-hydroxy-3,5-dijod-
benzylidenhydrazid] 4033

$C_{12}H_7ClO_5$
Benzoesäure, 2-[5-Chlor-furan-2-
carbonyloxy]- 3978

$C_{12}H_7Cl_3N_2OS$
Thiophen-2-carbonsäure, 5-Chlor-,
[2,4-dichlor-benzylidenhydrazid] 4032
—, 5-Chlor-, [3,4-dichlor-
benzylidenhydrazid] 4032

$C_{12}H_7N_3O_4S$
Furan-2-carbonsäure, 5-Nitro-,
[4-thiocyanato-anilid] 3997

$C_{12}H_8BrClN_2OS$
Thiophen-2-carbonsäure, 5-Brom-,
[2-chlor-benzylidenhydrazid] 4038
—, 5-Brom-, [4-chlor-
benzylidenhydrazid] 4038

$C_{12}H_8BrClN_2O_2S$
Thiophen-2-carbonsäure, 5-Brom-,
[5-chlor-2-hydroxy-benzylidenhydrazid]
4039
—, 5-Chlor-, [5-brom-2-hydroxy-
benzylidenhydrazid] 4033

$C_{12}H_8BrNO_5$
Furan-2-carbonsäure-[4-brom-5-methyl-2-
nitro-phenylester] 3920

$C_{12}H_8BrN_3O_4S$
Furan-2-carbonsäure-[2-brom-3-(5-nitro-[2]≈
thienyl)-allylidenhydrazid] 3974

$C_{12}H_8BrN_3O_5$
Furan-2-carbonsäure, 5-Brom-,
[3-(5-nitro-[2]furyl)-allylidenhydrazid]
3991

$C_{12}H_8Br_2N_2O_2S$
Thiophen-2-carbonsäure-[3,5-dibrom-4-
hydroxy-benzylidenhydrazid] 4026
Thiophen-2-carbonsäure, 5-Brom-,
[5-brom-2-hydroxy-benzylidenhydrazid]
4039

$C_{12}H_8ClN_3O_3S$
Thiophen-2-carbonsäure, 5-Chlor-,
[3-nitro-benzylidenhydrazid] 4032

$C_{12}H_8Cl_2N_2OS$
Thiophen-2-carbonsäure-[2,4-dichlor-
benzylidenhydrazid] 4025
— [3,4-dichlor-benzylidenhydrazid]
4025

Thiophen-2-carbonsäure, 5-Chlor-,
[2-chlor-benzylidenhydrazid] 4032

$C_{12}H_8Cl_2N_2O_2S$
Thiophen-2-carbonsäure, 5-Chlor-,
[5-chlor-2-hydroxy-benzylidenhydrazid]
4033

$C_{12}H_8I_2N_2O_2S$
Thiophen-2-carbonsäure-[2-hydroxy-3,5-
dijod-benzylidenhydrazid] 4026
— [4-hydroxy-3,5-dijod-
benzylidenhydrazid] 4026

$C_{12}H_8N_2O_6$
Benzoesäure, 4-[5-Nitro-furan-2-
carbonylamino]- 3997

$C_{12}H_8N_4O_7$
Furan-2-carbonsäure, 5-Nitro-, [3-(5-nitro-
[2]furyl)-allylidenhydrazid] 4001

$C_{12}H_8O_4S$
Benzo[d]thiepin-2,4-dicarbonsäure 4565
Naphthalin-2,3-dicarbonsäure, 2,3-Epithio-
2,3-dihydro- 4565

$C_{12}H_8O_5$
Benzoesäure, 2-[Furan-2-carbonyloxy]-
3928
Benz[d]oxepin-2,4-dicarbonsäure 4564
Furan-2,4-dicarbonsäure, 5-Phenyl- 4564

$C_{12}H_9BrN_2OS$
Thiophen-2-carbonsäure, 5-Brom-,
benzylidenhydrazid 4038

$C_{12}H_9BrN_2O_2$
Furan-2-carbonsäure, 5-Brom-,
benzylidenhydrazid 3989

$C_{12}H_9BrN_2O_2S$
Thiophen-2-carbonsäure, 5-Brom-,
[4-hydroxy-benzylidenhydrazid] 4039
—, 5-Brom-, salicylidenhydrazid
4038

$C_{12}H_9BrN_2O_3$
Furan-2-carbonsäure, 5-Brom-,
salicylidenhydrazid 3990
Harnstoff, N-[5-Brom-furan-2-carbonyl]-
N'-phenyl- 3989

$C_{12}H_9BrO_5$
Benzofuran-2,5-dicarbonsäure, x-Brom-,
dimethylester 4557

$C_{12}H_9ClN_2OS$
Thiophen-2-carbonsäure-[2-chlor-
benzylidenhydrazid] 4025
Thiophen-2-carbonsäure, 5-Chlor-,
benzylidenhydrazid 4031

$C_{12}H_9ClN_2O_2S$
Thiophen-2-carbonsäure, 5-Chlor-,
salicylidenhydrazid 4033

$C_{12}H_9ClN_2O_5$
Furan-2-carbonsäure-[5-chlor-2-methoxy-4-
nitro-anilid] 3947

$C_{12}H_9ClO_2$
Furan-2-carbonylchlorid, 5-Benzyl- 4302

C₁₂H₉ClO₂S
Benzoesäure, 2-Chlor-6-[2]thienylmethyl-
4297
—, 3-Chlor-2-[2]thienylmethyl- 4297
—, 4-Chlor-2-[2]thienylmethyl- 4297
—, 5-Chlor-2-[2]thienylmethyl- 4297

C₁₂H₉NO₄
Anthranilsäure, N-[Furan-2-carbonyl]-
3956

C₁₂H₉NO₄S
Thiophen-3-carbonsäure, 2-[2-Methyl-6-
nitro-phenyl]- 4303

C₁₂H₉NO₇
Benzofuran-2,3-dicarbonsäure, 5-Nitro-,
dimethylester 4557

C₁₂H₉N₃O₅
Furan-2-carbonsäure-[3-(5-nitro-[2]furyl)-
allylidenhydrazid] 3974
Furan-2-carbonsäure, 5-Nitro-,
salicylidenhydrazid 4000
Harnstoff, N-[5-Nitro-furan-2-carbonyl]-
N'-phenyl- 3997
Hydrazin, N-Benzoyl-N'-[5-nitro-furan-2-
carbonyl]- 4000

C₁₂H₉N₃O₆
Hydrazin, N-[Furan-2-carbonyl]-N'-[3-(5-
nitro-[2]furyl)-acryloyl]- 4165

C₁₂H₁₀BrNO₃
Furan-2-carbonsäure-[5-brom-2-hydroxy-4-
methyl-anilid] 3949

C₁₂H₁₀ClNO₅
Pyran-3-carbonsäure, 5,6-Dihydro-4H-,
[4-chlor-2-nitro-phenylester]
3880

C₁₂H₁₀N₂O₂
Furan-2-carbonsäure-benzylidenhydrazid
3970

C₁₂H₁₀N₂O₂S
Thioharnstoff, N-[Furan-2-carbonyl]-
N'-phenyl- 3954
Thiophen-2-carbonsäure-[4-hydroxy-
benzylidenhydrazid] 4026

C₁₂H₁₀N₂O₂Se
Selenoharnstoff, N-[Furan-2-carbonyl]-
N'-phenyl- 3955

C₁₂H₁₀N₂O₃
Furan-2-carbonsäure-[N'-benzoyl-hydrazid]
3971
— salicylidenhydrazid 3970
Furan-3-carbonsäure, 5-[2,2-Dicyan-vinyl]-
2-methyl-, äthylester 4598
Furan-2,4-dicarbonsäure, 5-Phenyl-,
diamid 4564
Harnstoff, N-[Furan-2-carbonyl]-
N'-phenyl- 3953

C₁₂H₁₀N₂O₃S
Thiophen-2-carbonsäure, 5-Nitro-,
benzylamid 4045

Thiophen-3-carbonsäure, 2-[2-Methyl-6-
nitro-phenyl]-, amid 4303

C₁₂H₁₀N₂O₄
Furan-2-carbonsäure-[2-methyl-4-nitro-
anilid] 3943
— [4-methyl-3-nitro-anilid] 3943
Furan-2-carbonsäure, 5-Nitro-,
benzylamid 3996
—, 5-Nitro-, p-toluidid 3996

C₁₂H₁₀N₂O₅
Furan-2-carbonsäure-[2-methoxy-4-nitro-
anilid] 3947
— [2-methoxy-5-nitro-anilid] 3947
Furan-2-carbonsäure, 5-Nitro-,
p-anisidid 3996

C₁₂H₁₀N₄O₆
Furan-2-carbonsäure-[N'-(2,4-dinitro-
phenyl)-N'-methyl-hydrazid] 3969

C₁₂H₁₀O₂S
Acrylsäure, 3-Benzo[b]thiophen-2-yl-,
methylester 4293
Benzoesäure, 2-[2]Thienylmethyl- 4297
Crotonsäure, 3-Benzo[b]thiophen-3-yl-
4304
Essigsäure, Phenyl-[2]thienyl- 4294
Furan-2-thiocarbonsäure-S-p-tolylester
4002
Thiophen-2-carbonsäure-benzylester 4015
Thiophen-2-carbonsäure, 5-Benzyl- 4303
—, 5-p-Tolyl- 4304

C₁₂H₁₀O₃
Furan-2-carbonsäure-benzylester 3921
— m-tolylester 3920
— o-tolylester 3920
— p-tolylester 3921
Furan-2-carbonsäure, 5-Benzyl- 4297
—, 3-Phenyl-, methylester 4291
—, 5-p-Tolyl- 4303
Furan-3-carbonsäure, 2-Methyl-5-phenyl-
4304

C₁₂H₁₀O₄
Acrylsäure, 3-[2]Furyl-, furfurylester 4149
Furan-2-carbonsäure-[2-methoxy-
phenylester] 3924

C₁₂H₁₀O₄S
Malonsäure, Benzo[b]thiophen-3-ylmethyl-
4559
Thiophen-3,4-dicarbonsäure, 2-Phenyl-2,3-
dihydro- 4559
—, 2-Phenyl-2,5-dihydro- 4559

C₁₂H₁₀O₅
Benzofuran-2,3-dicarbonsäure-3-äthylester
4556
— dimethylester 4556
Essigsäure, [2-Carboxy-5-methyl-
benzofuran-3-yliden]- 4560
—, [2-Carboxy-6-methyl-
benzofuran-3-yliden]- 4560

$C_{12}H_{10}O_6$
Äthan, 1,2-Bis-[furan-2-carbonyloxy]-
    3923
$C_{12}H_{11}BrO_3$
Benzofuran-2-carbonsäure, 3-Brommethyl-,
    äthylester 4267
$C_{12}H_{11}ClN_2O_3$
Furan-2-carbonsäure-[4-amino-5-chlor-2-
    methoxy-anilid] 3958
$C_{12}H_{11}ClOS$
Propionylchlorid, 3-Benzo[b]thiophen-3-yl-
    2-methyl- 4280
$C_{12}H_{11}ClO_3$
Benzofuran-2-carbonsäure, 5-Chlormethyl-,
    äthylester 4269
—, 5-Chlormethyl-3-methyl-,
    methylester 4276
Pyran-3-carbonsäure, 2-[2-Chlor-phenyl]-
    5,6-dihydro-4H- 4278
—, 2-[4-Chlor-phenyl]-5,6-dihydro-
    4H- 4279
$C_{12}H_{11}NOS$
Benzo[b]thiophen-2-carbonsäure-allylamid
    4253
Furan-2-thiocarbimidsäure, N-Phenyl-,
    methylester 4007
Furan-2-thiocarbonsäure-benzylamid 4005
— [N-methyl-anilid] 4005
— m-toluidid 4005
— o-toluidid 4005
— p-toluidid 4005
Thiophen-2-carbonsäure-[N-methyl-anilid]
    4017
— m-toluidid 4018
— o-toluidid 4018
— p-toluidid 4018
Thiophen-2-carbonsäure, 3-Methyl-,
    anilid 4069
$C_{12}H_{11}NOS_2$
Furan-2-dithiocarbonsäure-
    anilinomethylester 4008
$C_{12}H_{11}NO_2$
Essigsäure, [2]Furyl-, anilid 4062
—, [3]Furyl-, anilid 4066
Furan-2-carbonsäure-benzylamid 3944
— [N-methyl-anilid] 3943
— o-toluidid 3943
Furan-2-carbonsäure, 3-Methyl-, anilid
    4068
Furan-3-carbonsäure, 2-Methyl-, anilid
    4072
$C_{12}H_{11}NO_2S$
Furan-2-thiocarbonsäure-p-anisidid 4006
Penta-2,4-diensäure, 2-Cyan-5-[2]thienyl-,
    äthylester 4546
$C_{12}H_{11}NO_3$
Furan-2-carbonsäure-p-anisidid 3948
— [2-hydroxy-4-methyl-anilid] 3949

$C_{12}H_{11}NO_4S$
Benzo[b]thiophen-2-carbonsäure,
    3,6-Dimethyl-5-nitro-, methylester
    4277
$C_{12}H_{11}NO_5$
Acrylsäure, 3-[4-Carboxy-5-methyl-[2]furyl]-
    2-cyan-, äthylester 4597
$C_{12}H_{11}NS$
Propionitril, 3-Benzo[b]thiophen-3-yl-2-
    methyl- 4280
$C_{12}H_{11}N_3O_5$
Furan-2-carbonsäure-[2-[2]furyl-2-
    semicarbazono-äthylester] 3937
$C_{12}H_{12}N_2O_2$
Furan-2-carbonsäure-[3-amino-4-methyl-
    anilid] 3958
$C_{12}H_{12}N_2O_3$
Furan-2-carbonsäure-[4-amino-2-methoxy-
    anilid] 3958
— [5-amino-2-methoxy-anilid] 3958
$C_{12}H_{12}N_2O_3S_2$
Thiophen-2-carbonsäure, 3-Methyl-,
    [4-sulfamoyl-anilid] 4069
—, 5-Methyl-, [4-sulfamoyl-anilid]
    4087
$C_{12}H_{12}N_2O_4$
Furan-3-carbonsäure, 5-[2-Carbamoyl-2-
    cyan-vinyl]-2-methyl-, äthylester 4597
$C_{12}H_{12}N_2O_5$
Acrylsäure, 2-Cyan-3-[5-nitro-[2]furyl]-,
    butylester 4533
—, 2-Cyan-3-[5-nitro-[2]furyl]-,
    sec-butylester 4533
—, 2-Cyan-3-[5-nitro-[2]furyl]-,
    isobutylester 4533
Äther, Bis-[(furan-2-carbonylamino)-
    methyl]- 3939
$C_{12}H_{12}O_2S$
Benzo[b]thiophen-2-carbonsäure, 3-Äthyl-
    5-methyl- 4281
Buttersäure, 4-Benzo[b]thiophen-3-yl- 4280
Essigsäure, Benzo[b]thiophen-2-yl-,
    äthylester 4263
Propionsäure, 3-Benzo[b]thiophen-3-yl-2-
    methyl- 4280
$C_{12}H_{12}O_3$
Benzofuran-2-carbonsäure, 5-Methyl-,
    äthylester 4269
—, 3,4,6-Trimethyl- 4281
Benzofuran-5-carbonsäure, 2,2-Dimethyl-
    3-methylen-2,3-dihydro- 4281
Buttersäure, 4-Benzofuran-2-yl- 4279
Cyclopropa[b]benzofuran-1-carbonsäure,
    1a,6b-Dihydro-1H-, äthylester 4270
Essigsäure, Benzofuran-2-yl-, äthylester
    4262
—, Benzofuran-3-yl-, äthylester 4263
—, [3,6-Dimethyl-benzofuran-2-yl]-
    4281

C$_{12}$H$_{12}$O$_3$ (Fortsetzung)

Essigsäure, [4,6-Dimethyl-benzofuran-2-yl]-
4281

Furan-3-carbonsäure, 2-Methyl-4-phenyl-
4,5-dihydro- 4279

—, 2-Methyl-5-phenyl-4,5-dihydro-
4279

Pyran-3-carbonsäure, 5,6-Dihydro-4H-,
phenylester 3880

C$_{12}$H$_{12}$O$_5$

Adipinsäure, 2,3-Epoxy-3-phenyl- 4549

Chroman-2,3-dicarbonsäure, 6-Methyl-
4549

Furan-2,5-dicarbonsäure-diallylester 4483

Malonsäure, [2,3-Dihydro-benzofuran-2-
ylmethyl]- 4549

C$_{12}$H$_{12}$O$_8$S

Thiophen-2,3,4,5-tetracarbonsäure-
tetramethylester 4601

C$_{12}$H$_{12}$O$_9$

Furan-2,3,4,5-tetracarbonsäure-
tetramethylester 4601

C$_{12}$H$_{13}$BrO$_3$

Oxirancarbonsäure, 3-[4-Brom-phenyl]-3-
methyl-, äthylester 4209

C$_{12}$H$_{13}$ClOS

Acetylchlorid, Cyclohex-2-enyl-[2]thienyl-
4229

C$_{12}$H$_{13}$ClO$_2$

Chroman-6-carbonylchlorid, 2,2-Dimethyl-
4232

Propionylchlorid, 3-[5-Methyl-2,3-dihydro-
benzofuran-7-yl]- 4234

Pyran-4-carbonylchlorid, 4-Phenyl-
tetrahydro- 4225

C$_{12}$H$_{13}$ClO$_3$S

1λ^6-Thiopyran-4-carbonylchlorid,
1,1-Dioxo-4-phenyl-tetrahydro- 4225

C$_{12}$H$_{13}$NO

Butyronitril, 4-[2,3-Dihydro-benzofuran-2-
yl]- 4233

Pyran-4-carbonitril, 4-Phenyl-tetrahydro-
4225

C$_{12}$H$_{13}$NOS

Acetimidsäure, 2-Benzo[b]thiophen-3-yl-,
äthylester 4264

Buttersäure, 4-Benzo[b]thiophen-3-yl-,
amid 4280

Propionsäure, 3-Benzo[b]thiophen-3-yl-2-
methyl-, amid 4280

C$_{12}$H$_{13}$NO$_2$

Furan-3-carbonsäure, 4,5-Dihydro-,
p-toluidid 3877

Pyran-3-carbonsäure, 5,6-Dihydro-2H-,
anilid 3882

—, 5,6-Dihydro-4H-, anilid 3881

C$_{12}$H$_{13}$NO$_2$S

1λ^6-Thiopyran-4-carbonitril, 1,1-Dioxo-4-
phenyl-tetrahydro- 4226

C$_{12}$H$_{13}$NO$_3$

Essigsäure, Cyan-[2,6-dimethyl-pyran-4-
yliden]-, äthylester 4540

C$_{12}$H$_{13}$NO$_3$S

Thiophen-2-carbonsäure,
5-Phenylcarbamoyl-tetrahydro- 4429

Thiophen-3-carbonsäure,
4-Phenylcarbamoyl-tetrahydro- 4432

C$_{12}$H$_{13}$NO$_5$

Oxirancarbonsäure, 3-Methyl-3-[3-nitro-
phenyl]-, äthylester 4209

C$_{12}$H$_{13}$NO$_7$

Malonsäure, [5-Nitro-furfuryliden]-,
diäthylester 4532

C$_{12}$H$_{13}$NS

Acetonitril, Cyclohex-2-enyl-[2]thienyl-
4230

Thiopyran-4-carbonitril, 4-Phenyl-
tetrahydro- 4226

C$_{12}$H$_{13}$N$_3$O$_4$

Acrylsäure, 2-Cyan-3-[5-nitro-[2]furyl]-,
butylamid 4534

—, 2-Cyan-3-[5-nitro-[2]furyl]-,
sec-butylamid 4534

—, 2-Cyan-3-[5-nitro-[2]furyl]-,
isobutylamid 4534

C$_{12}$H$_{14}$O$_2$S

Essigsäure, Cyclohex-2-enyl-[2]thienyl-
4226

—, Cyclopent-2-enyl-[2]thienyl-,
methylester 4215

Hexa-2,4-diensäure, 5-[2]Thienyl-,
äthylester 4205

Propionsäure, 2-Cyclopent-2-enyl-3-[2]⁼
thienyl- 4230

Thiopyran-4-carbonsäure, 4-Phenyl-
tetrahydro- 4225

C$_{12}$H$_{14}$O$_3$

Benzofuran-2-carbonsäure,
3,5,7-Trimethyl-2,3-dihydro- 4232

Benzofuran-5-carbonsäure,
2,2,3-Trimethyl-2,3-dihydro- 4234

Buttersäure, 4-[2,3-Dihydro-benzofuran-2-
yl]- 4233

—, 4-[2,3-Dihydro-benzofuran-5-yl]-
4233

Chroman-2-carbonsäure, 6,8-Dimethyl-
4232

Chroman-6-carbonsäure, 2,2-Dimethyl-
4232

Chroman-8-carbonsäure, 2,2-Dimethyl-
4232

Essigsäure, Isochroman-x-yl-,
methylester 4221

—, [5-Phenyl-tetrahydro-[3]furyl]-
4230

Oxirancarbonsäure, 2,3-Dimethyl-3-
phenyl-, methylester 4215

—, 3-[4-Isopropyl-phenyl]- 4231

$C_{12}H_{14}O_3$ (Fortsetzung)

Oxirancarbonsäure, 2-Methyl-3-phenyl-,
   äthylester 4207
—, 3-Methyl-2-phenyl-, äthylester
   4208
—, 3-p-Tolyl-, äthylester 4207
Penta-2,4-diensäure, 5-[2]Furyl-4-methyl-,
   äthylester 4205
Propionsäure, 2-Cyclopent-2-enyl-3-[2]≠
   furyl- 4230
—, 3-[2,3-Dihydro-benzofuran-2-yl]-,
   methylester 4221
—, 3-[5-Methyl-2,3-dihydro-
   benzofuran-6-yl]- 4233
—, 3-[5-Methyl-2,3-dihydro-
   benzofuran-7-yl]- 4233
Pyran-4-carbonsäure, 4-Phenyl-tetrahydro-
   4223

$C_{12}H_{14}O_4$

Acrylsäure, 3-[2]Furyl-,
   tetrahydrofurfurylester 4149

$C_{12}H_{14}O_4S$

Malonsäure, [2]Thienylmethylen-,
   diäthylester 4536
—, [3]Thienylmethylen-, diäthylester
   4537
$1\lambda^6$-Thiopyran-4-carbonsäure, 1,1-Dioxo-
   4-phenyl-tetrahydro- 4225

$C_{12}H_{14}O_5$

Acrylsäure, 3-[5-(2-Methoxycarbonyl-
   äthyl)-[2]furyl]-, methylester 4541
Malonsäure, Furfuryliden-, diäthylester
   4530
Pyran-3-carbonsäure, 5,6-Dihydro-4H-,
   anhydrid 3880

$C_{12}H_{14}O_6S$

$7\lambda^6$-Thia-norborna-2,5-dien-2,3-
   dicarbonsäure, 7,7-Dioxo-,
   diäthylester 4538

$C_{12}H_{14}O_7$

Furan-2,3-dicarbonsäure,
   5-Methoxycarbonylmethyl-4-methyl-,
   dimethylester 4595

$C_{12}H_{15}NOS$

Essigsäure, Cyclohex-2-enyl-[2]thienyl-,
   amid 4229
Thiopyran-4-carbonsäure, 4-Phenyl-
   tetrahydro-, amid 4225

$C_{12}H_{15}NO_2$

Buttersäure, 4-[2,3-Dihydro-benzofuran-2-
   yl]-, amid 4233
—, 4-[2,3-Dihydro-benzofuran-5-yl]-,
   amid 4233
Oxirancarbonsäure, 3,3-Dimethyl-,
   [N-methyl-anilid] 3834
—, 3-Isopropyl-2-phenyl-, amid 4232
—, 3-Methyl-3-phenyl-,
   dimethylamid 4209
—, 2-Phenyl-3-propyl-, amid 4231

Propionsäure, 3-[5-Methyl-2,3-dihydro-
   benzofuran-7-yl]-, amid 4234
Pyran-2-carbonsäure, Tetrahydro-, anilid
   3835
Pyran-3-carbonsäure, Tetrahydro-, anilid
   3836
Pyran-4-carbonsäure, 4-Phenyl-tetrahydro-,
   amid 4225
—, Tetrahydro-, anilid 3837

$C_{12}H_{15}NO_2S$

Valeriansäure, 5-[5-Cyan-[2]thienyl]-,
   äthylester 4518

$C_{12}H_{15}NO_3S$

$1\lambda^6$-Thiopyran-4-carbonsäure, 1,1-Dioxo-
   4-phenyl-tetrahydro-, amid 4226

$C_{12}H_{15}NO_5$

Acrylsäure, 2-Methyl-3-[5-nitro-[2]furyl]-,
   sec-butylester 4174
—, 2-Methyl-3-[5-nitro-[2]furyl]-,
   isobutylester 4174
Furan-3-carbonsäure, 5-[2-Nitro-vinyl]-2-
   propyl-, äthylester 4185

$C_{12}H_{15}NS$

Acetonitril, Cyclohexyl-[2]thienyl- 4190

$C_{12}H_{15}N_3O_2S$

Thiophen-3-carbonsäure,
   4-Phenylcarbamoyl-tetrahydro-,
   hydrazid 4434

$C_{12}H_{16}Br_2O_5$

7-Oxa-norbornan-2,3-dicarbonsäure,
   5,6-Dibrom-, diäthylester 4464

$C_{12}H_{16}Cl_2O_5$

7-Oxa-norbornan-2,3-dicarbonsäure,
   5,6-Dichlor-, diäthylester 4461

$C_{12}H_{16}Cl_3NO_3$

Furan-2-carbonsäure, 5-tert-Butyl-, [2,2,2-
   trichlor-1-methoxy-äthylamid] 4119

$C_{12}H_{16}N_2O_4$

Acrylsäure, 2-Methyl-3-[5-nitro-[2]furyl]-,
   butylamid 4175
—, 2-Methyl-3-[5-nitro-[2]furyl]-,
   sec-butylamid 4175
—, 2-Methyl-3-[5-nitro-[2]furyl]-,
   isobutylamid 4175
—, 3-[5-Nitro-[2]furyl]-,
   isopentylamid 4158
Pentylamid, 3-[5-Nitro-[2]furyl]- 4158
Valeriansäure, 4-[Furan-2-
   carbonylhydrazono]-, äthylester 3973

$C_{12}H_{16}N_2O_5$

Malonsäure, Furfuryl-isopropyl-,
   monoureid 4522
Monomethylester-diamid $C_{12}H_{16}N_2O_5$
   aus 2-[4-Methoxycarbonyl-butyl]-
   furan-3,4-dicarbonsäure-dimethylester
   4596

$C_{12}H_{16}O_2S$

Acrylsäure, 3-[5-Propyl-[2]thienyl]-,
   äthylester 4185

C₁₂H₁₆O₂S (Fortsetzung)

$C_{12}H_{16}O_2S$ (Fortsetzung)

Buttersäure, 4-[4,5,6,7-Tetrahydro-benzo[b]=
thiophen-2-yl]- 4192
Cyclopentancarbonsäure, 1-[2]Thienyl-,
äthylester 4185
Essigsäure, Cyclohexyl-[2]thienyl- 4190
Hex-2-ensäure, 3-[2]Thienyl-, äthylester
4184
Pent-2-ensäure, 2-Methyl-3-[2]thienyl-,
äthylester 4184
Propionsäure, 2-Cyclopentyl-3-[2]thienyl-
4191

$C_{12}H_{16}O_3$

Acrylsäure, 3-[2]Furyl-, isopentylester
4146
—, 3-[2]Furyl-, pentylester 4146
Benzofuran-3-carbonsäure, 2-Methyl-
4,5,6,7-tetrahydro-, äthylester 4186
Cycloocta[b]furan-3-carbonsäure,
2-Methyl-4,5,6,7,8,9-hexahydro- 4191
Furan-2-carbonsäure, 5-[1-Methyl-
cyclohexyl]- 4190
Propionsäure, 2-Cyclopentyl-3-[2]furyl-
4191
—, 3-[5,6,7,8-Tetrahydro-
4H-cyclohepta[b]furan-2-yl]- 4191

$C_{12}H_{16}O_4$

Furan-2-carbonsäure-[3-tetrahydro[2]furyl-
propylester] 3936
Pyran-2-carbonsäure, 3,4-Dihydro-2H-,
[3,4-dihydro-2H-pyran-2-ylmethylester]
3879

$C_{12}H_{16}O_4S$

Glutarsäure, 3-[5-Propyl-[2]thienyl]- 4523
Malonsäure, [2,5-Diäthyl-[3]thienylmethyl]-
4523
—, [2]Thienylmethyl-, diäthylester
4505
—, [3]Thienylmethyl-, diäthylester
4506

$C_{12}H_{16}O_5$

Essigsäure, [4-Äthoxycarbonyl-5-methyl-[2]=
furyl]-, äthylester 4507
Furan, 2,5-Bis-[2-methoxycarbonyl-äthyl]-
4518
Furan-2,5-dicarbonsäure-dipropylester
4482
Furan-3,4-dicarbonsäure, 2,5-Dimethyl-,
diäthylester 4509
Malonsäure, Furfuryl-, diäthylester 4505
Naphthalin-1,2-dicarbonsäure, 4,4a-Epoxy-
decahydro- 4524
Norbornan-2,3-dicarbonsäure, 5,6-Epoxy-
2-methyl-, dimethylester 4520
7-Oxa-norborn-2-en-2,3-dicarbonsäure-
diäthylester 4510
Spiro[norbornan-7,2'-oxiran]-2,3-
dicarbonsäure, 3',3'-Dimethyl- 4524

$C_{12}H_{17}ClOS$

Butyrylchlorid, 4-[2,5-Diäthyl-[3]thienyl]-
4135
Hexanoylchlorid, 6-[5-Äthyl-[2]thienyl]-
4134
Octanoylchlorid, 8-[2]Thienyl- 4133
Valerylchlorid, 5-[5-Propyl-[2]thienyl]-
4134

$C_{12}H_{17}ClO_2$

Heptanoylchlorid, 3-[2]Furyl-6-methyl-
4134

$C_{12}H_{17}Cl_2NO_4$

7-Oxa-norbornan-2-carbonsäure,
3-Diäthylcarbamoyl-5,6-dichlor- 4462
—, 3-Diäthylcarbamoyl-5,6-dichlor-
4462

$C_{12}H_{17}NO_2$

Acrylsäure, 3-[2]Furyl-, isopentylamid
4149

$C_{12}H_{17}NO_2S$

Essigsäure, Cyan-[2,5-dimethyl-tetrahydro-
thiopyran-4-yliden]-, äthylester 4473

$C_{12}H_{17}NO_2S_2$

Anhydrid, Diisopropyldithiocarbamidsäure-
[furan-2-carbonsäure]- 4002

$C_{12}H_{18}BrNO_3$

Furan-2-carbonsäure, 5-Brom-,
[3-diäthylamino-propylester] 3983
—, 5-Brom-, [3-dimethylamino-1,2-
dimethyl-propylester] 3986
—, 5-Brom-, [3-dimethylamino-2,2-
dimethyl-propylester] 3987

$[C_{12}H_{18}NO_3]^+$

Ammonium, [2-(3-[2]Furyl-acryloyloxy)-
äthyl]-trimethyl- 4149
$[C_{12}H_{18}NO_3]Cl$ 4149
$[C_{12}H_{18}NO_3]C_6H_2N_3O_7$ 4149

$C_{12}H_{18}N_2OS$

Thiophen-2-carbonsäure-
heptylidenhydrazid 4025
— [1-methyl-hexylidenhydrazid]
4025

$C_{12}H_{18}N_2O_3$

Essigsäure, [4-Dimethylcarbamoyl-5-
methyl-[2]furyl]-, dimethylamid 4507

$C_{12}H_{18}N_2O_4$

Valeriansäure, 4-[N'-(Furan-2-carbonyl)-
hydrazino]-, äthylester 3972

$C_{12}H_{18}N_2O_4S$

Thiophen-2-carbonsäure, 5-Methyl-4-nitro-,
[2-diäthylamino-äthylester] 4089

$C_{12}H_{18}O_2S$

Buttersäure, 4-[4-tert-Butyl-[2]thienyl]-
4134
—, 4-[5-tert-Butyl-[2]thienyl]- 4135
—, 4-[2,5-Diäthyl-[3]thienyl]- 4135
Essigsäure, [2,5-Diäthyl-[3]thienyl]-,
äthylester 4128
Hexansäure, 6-[5-Äthyl-[2]thienyl]- 4134

C₁₂H₁₈O₂S (Fortsetzung)

Octansäure, 2-[2]Thienyl- 4133

—, 8-[2]Thienyl- 4133

Valeriansäure, 5-[5-Propyl-[2]thienyl]- 4134

C₁₂H₁₈O₃

Furan-2-carbonsäure, 5-Hexyl-, methylester 4131

Furan-3-carbonsäure, 5-*tert*-Butyl-2-methyl-, äthylester 4127

—, 2-Methyl-4,5-dipropyl- 4135

Heptansäure, 3-[2]Furyl-6-methyl- 4134

Hexansäure, 3-[2]Furyl-, äthylester 4124

[1]Naphthoesäure, 4,4a-Epoxy-decahydro-, methylester 4132

Octansäure, 8-[2]Furyl- 4133

Spiro[naphthalin-1,2'-oxiran]-3'-carbonsäure, Octahydro- 4136

C₁₂H₁₈O₅

Cyclohexan-1,2-dicarbonsäure, 4,5-Epoxy-, diäthylester 4457

Essigsäure, [3-Äthoxycarbonyl-5,6-dihydro-4*H*-pyran-2-yl]-, äthylester 4454

Furan-2,3-dicarbonsäure, 5,5-Dimethyl-4,5-dihydro-, diäthylester 4456

7-Oxa-norbornan-2,3-dicarbonsäure, 1,4-Dimethyl-, dimethylester 4474

2-Oxa-spiro[3.3]heptan-6,6-dicarbonsäure-diäthylester 4456

Pyran-2,3-dicarbonsäure, 4-Methyl-5,6-dihydro-4*H*-, diäthylester 4454

—, 4,6,6-Trimethyl-5,6-dihydro-4*H*-, dimethylester 4473

Pyran-3,5-dicarbonsäure, 2-Methyl-3,4-dihydro-2*H*-, diäthylester 4455

C₁₂H₁₈O₆

Äthan, 1,2-Bis-[tetrahydro-furan-2-carbonyloxy]- 3826

C₁₂H₁₈O₆S

Malonsäure, [4-Methyl-1,1-dioxo-2,5-dihydro-1λ⁶-thiophen-3-yl]-, diäthylester 4456

[C₁₂H₁₉BrNO₃]⁺

Ammonium, Äthyl-[3-(5-brom-furan-2-carbonyloxy)-propyl]-dimethyl- 3983

[C₁₂H₁₉BrNO₃]I 3983

—, [3-(5-Brom-furan-2-carbonyloxy)-butyl]-trimethyl- 3985

[C₁₂H₁₉BrNO₃]I 3985

—, Diäthyl-[2-(5-brom-furan-2-carbonyloxy)-äthyl]-methyl- 3983

[C₁₂H₁₉BrNO₃]I 3983

C₁₂H₁₉BrN₂O₃

Furan-2-carbonsäure, 5-Brom-, [β,β'-bis-dimethylamino-isopropylester] 3984

C₁₂H₁₉ClO₅

Malonsäure, [3-Chlor-tetrahydro-pyran-2-yl]-, diäthylester 4442

C₁₂H₁₉NOS

Hexansäure, 6-[5-Äthyl-[2]thienyl]-, amid 4134

Octansäure, 8-[2]Thienyl-, amid 4133

Valeriansäure, 5-[5-Propyl-[2]thienyl]-, amid 4134

C₁₂H₁₉NO₂

Heptansäure, 3-[2]Furyl-6-methyl-, amid 4134

Oxirancarbonsäure, 3-[2,6-Dimethyl-hepta-1,5-dienyl]-, amid 4135

C₁₂H₁₉NO₂S

Thiophen-2-carbonsäure-[β-propylamino-isobutylester] 4016

C₁₂H₁₉NO₃

Furan-2-carbonsäure-[3-diäthylamino-propylester] 3930

— [3-dimethylamino-1,2-dimethyl-propylester] 3933

— [3-dimethylamino-2,2-dimethyl-propylester] 3935

— [1-dimethylaminomethyl-1-methyl-propylester] 3933

— [β-propylamino-isobutylester] 3933

Furan-2-carbonsäure, 5-Methyl-, [2-diäthylamino-äthylester] 4077

—, 5-Methyl-, [3-dimethylamino-1-methyl-propylester] 4079

C₁₂H₁₉NO₄

7-Oxa-norbornan-2,3-dicarbonsäure-mono-diäthylamid 4458

[C₁₂H₂₀NO₃]⁺

Ammonium, Äthyl-dimethyl-[2-(5-methyl-furan-2-carbonyloxy)-äthyl]- 4077

[C₁₂H₂₀NO₃]I 4077

—, Äthyl-[3-(furan-2-carbonyloxy)-propyl]-dimethyl- 3930

[C₁₂H₂₀NO₃]I 3930

—, Diäthyl-[2-(furan-2-carbonyloxy)-äthyl]-methyl- 3929

[C₁₂H₂₀NO₃]I 3929

—, [3-(Furan-2-carbonyloxy)-butyl]-trimethyl- 3932

[C₁₂H₂₀NO₃]I 3932

—, [2-(3-[2]Furyl-propionyloxy)-äthyl]-trimethyl- 4091

[C₁₂H₂₀NO₃]Cl 4091

[C₁₂H₂₀NO₃]C₆H₂N₃O₇ 4091

—, Trimethyl-[3-(5-methyl-furan-2-carbonyloxy)-propyl]- 4078

[C₁₂H₂₀NO₃]I 4078

C₁₂H₂₀N₂O₃

Furan-2-carbonsäure-[β,β'-bis-dimethylamino-isopropylester] 3931

C₁₂H₂₀O₃

Cyclohexancarbonsäure, 2,3-Epoxy-2,6,6-trimethyl-, äthylester 3908

Essigsäure, [2,3-Epoxy-2,6,6-trimethyl-cyclohexyl]-, methylester 3908

C₁₂H₂₀O₃ (Fortsetzung)
m-Menthan-9-säure, 3,8-Epoxy-,
    äthylester 3907
1-Oxa-spiro[2.7]decan-2-carbonsäure-
    äthylester 3907
1-Oxa-spiro[2.5]octan-2-carbonsäure-
    tert-butylester 3898
1-Oxa-spiro[2.5]octan-2-carbonsäure,
    2-Äthyl-, äthylester 3907
—, 2-Methyl-, propylester 3904
Oxirancarbonsäure, 3-Cyclohexyl-3-
    methyl-, äthylester 3907
—, 3-Methyl-3-[4-methyl-pent-3-enyl]-,
    äthylester 3906
Pent-2-ensäure, 3-Tetrahydropyran-4-yl-,
    äthylester 3905

C₁₂H₂₀O₄
Furan-2-carbonsäure, Tetrahydro-,
    [3-tetrahydro[2]furyl-propylester] 3827

C₁₂H₂₀O₅
Buttersäure, 3-[2-Äthoxycarbonyl-3-
    methyl-oxiranyl]-, äthylester 4443
Malonsäure, Tetrahydrofurfuryl-,
    diäthylester 4442
—, Tetrahydropyran-2-yl-,
    diäthylester 4442
—, Tetrahydropyran-4-yl-,
    diäthylester 4442
Pyran-2,5-dicarbonsäure, 2,6,6-Trimethyl-
    tetrahydro-, dimethylester 4446

C₁₂H₂₂O₃
Essigsäure, [2,6,6-Trimethyl-tetrahydro-
    pyran-2-yl]-, äthylester 3862
Furan-2-carbonsäure, Tetrahydro-,
    heptylester 3825
Nonansäure, 9-Oxiranyl-, methylester 3864
Oxirancarbonsäure, 3-*sec*-Butyl-3-methyl-,
    isobutylester 3856
—, 3,3-Dimethyl-2-pentyl-,
    äthylester 3863
—, 3-Heptyl-, äthylester 3863
—, 2-Heptyl-3,3-dimethyl- 3866
—, 3-Hexyl-3-methyl-, äthylester 3863
Valeriansäure, 4-Methyl-5-tetrahydro[2]≠
    furyl-, äthylester 3862
—, 3-Tetrahydropyran-4-yl-,
    äthylester 3862

C₁₃

C₁₃H₆BrNO₅
Dibenzofuran-4-carbonsäure, 8-Brom-7-
    nitro- 4349

C₁₃H₆ClNO
Dibenzofuran-3-carbonitril, 8-Chlor- 4346

C₁₃H₆ClNO₄
Dibenzofuran-2-carbonylchlorid, 7-Nitro-
    4344

C₁₃H₇BrClNS
Acrylonitril, 2-[4-Brom-phenyl]-3-[5-chlor-
    [2]thienyl]- 4327
—, 3-[5-Brom-[2]thienyl]-2-[4-chlor-
    phenyl]- 4327

C₁₃H₇BrN₂O₂S
Acrylonitril, 3-[5-Brom-[2]thienyl]-2-
    [4-nitro-phenyl]- 4328

C₁₃H₇BrO₃
Dibenzofuran-2-carbonsäure, 8-Brom-
    4343
Dibenzofuran-4-carbonsäure, 2-Brom-
    4348
—, 8-Brom- 4348

C₁₃H₇Br₂NS
Acrylonitril, 2-[4-Brom-phenyl]-3-[5-brom-
    [2]thienyl]- 4327

C₁₃H₇ClINS
Acrylonitril, 3-[5-Chlor-[2]thienyl]-2-[4-jod-
    phenyl]- 4328

C₁₃H₇ClN₂O₂S
Acrylonitril, 3-[5-Chlor-[2]thienyl]-2-
    [4-nitro-phenyl]- 4328

C₁₃H₇ClOS
Dibenzothiophen-4-carbonylchlorid
    4350

C₁₃H₇ClO₂
Dibenzofuran-2-carbonylchlorid 4342
Dibenzofuran-4-carbonylchlorid 4347

C₁₃H₇ClO₃
Dibenzofuran-3-carbonsäure, 8-Chlor-
    4345
Dibenzofuran-4-carbonsäure, 2-Chlor-
    4348
—, 8-Chlor- 4348

C₁₃H₇Cl₂NO
Acrylonitril, 2-[3,4-Dichlor-phenyl]-3-[2]≠
    furyl- 4325

C₁₃H₇Cl₂NS
Acrylonitril, 2-[4-Chlor-phenyl]-3-[5-chlor-
    [2]thienyl]- 4326
—, 2-[3,4-Dichlor-phenyl]-3-[2]thienyl-
    4326
—, 3-[2,4-Dichlor-phenyl]-2-[2]thienyl-
    4323
—, 3-[3,4-Dichlor-phenyl]-2-[2]thienyl-
    4323

C₁₃H₇NO
Dibenzofuran-3-carbonitril 4345

C₁₃H₇NO₅
Dibenzofuran-1-carbonsäure, 3-Nitro-
    4341
—, 7-Nitro- 4341
Dibenzofuran-2-carbonsäure, 3-Nitro-
    4343
—, 7-Nitro- 4343
Dibenzofuran-3-carbonsäure, 2-Nitro-
    4346
—, 8-Nitro- 4346

C₁₃H₇NO₅ (Fortsetzung)
Dibenzofuran-4-carbonsäure, 7-Nitro-
4349
—, 8-Nitro- 4349

C₁₃H₇NS
Dibenzothiophen-2-carbonitril 4344

C₁₃H₈BrNS
Acrylonitril, 2-[4-Brom-phenyl]-3-[2]⸗
thienyl- 4327
—, 3-[5-Brom-[2]thienyl]-2-phenyl-
4327

C₁₃H₈ClNO₂
Dibenzofuran-3-carbonsäure, 8-Chlor-,
amid 4345

C₁₃H₈ClNO₅
Acrylsäure, 3-[5-Nitro-[2]furyl]-, [4-chlor-
phenylester] 4156

C₁₃H₈ClNS
Acrylonitril, 2-[4-Chlor-phenyl]-3-[2]⸗
thienyl- 4326
—, 3-[4-Chlor-phenyl]-2-[2]thienyl-
4322
—, 3-[5-Chlor-[2]thienyl]-2-phenyl-
4326

C₁₃H₈Cl₂N₂O₄
Acrylsäure, 3-[5-Nitro-[2]furyl]-,
[2,4-dichlor-anilid] 4159
—, 3-[5-Nitro-[2]furyl]-, [2,5-dichlor-
anilid] 4160

C₁₃H₈Cl₄O₃
Furan-2-carbonsäure-[2,2,2-trichlor-1-(4-
chlor-phenyl)-äthylester] 3921

C₁₃H₈FNS
Acrylonitril, 2-[4-Fluor-phenyl]-3-[2]⸗
thienyl- 4326
—, 3-[4-Fluor-phenyl]-2-[2]thienyl-
4322

C₁₃H₈INS
Acrylonitril, 2-[4-Jod-phenyl]-3-[2]thienyl-
4327

C₁₃H₈N₂O₂S
Acrylonitril, 2-[4-Nitro-phenyl]-3-[2]⸗
thienyl- 4328

C₁₃H₈N₂O₃
Acrylonitril, 3-[2]Furyl-2-[4-nitro-phenyl]-
4325

C₁₃H₈O₂S
Dibenzothiophen-1-carbonsäure 4341
Dibenzothiophen-2-carbonsäure 4344
Dibenzothiophen-3-carbonsäure 4346
Dibenzothiophen-4-carbonsäure 4349
Naphtho[1,2-*b*]thiophen-2-carbonsäure
4340
Naphtho[2,1-*b*]thiophen-2-carbonsäure
4340

C₁₃H₈O₂Se
Dibenzoselenophen-4-carbonsäure 4350

C₁₃H₈O₃
Dibenzofuran-1-carbonsäure 4340

Dibenzofuran-2-carbonsäure 4341
Dibenzofuran-3-carbonsäure 4344
Dibenzofuran-4-carbonsäure 4346
Naphtho[1,2-*b*]furan-2-carbonsäure 4340
Naphtho[2,1-*b*]furan-2-carbonsäure 4340
Naphtho[2,3-*b*]furan-2-carbonsäure 4340

C₁₃H₈O₃Se
5λ⁴-Dibenzoselenophen-4-carbonsäure,
5-Oxo- 4350

C₁₃H₈O₄S
5λ⁶-Dibenzothiophen-4-carbonsäure,
5,5-Dioxo- 4349

C₁₃H₉BrN₂O₄
Acrylsäure, 3-[5-Nitro-[2]furyl]-, [4-brom-
anilid] 4160

C₁₃H₉BrN₂O₅
Acrylsäure, 3-[5-Nitro-[2]furyl]-, [5-brom-
2-hydroxy-anilid] 4161

C₁₃H₉BrO₃S
Thiophen-3-carbonsäure-[4-brom-
phenacylester] 4055

C₁₃H₉ClN₂O₂
Dibenzofuran-3-carbonsäure, 8-Chlor-,
hydrazid 4346

C₁₃H₉ClN₂O₄
Acrylsäure, 3-[5-Nitro-[2]furyl]-, [2-chlor-
anilid] 4159
—, 3-[5-Nitro-[2]furyl]-, [3-chlor-
anilid] 4159
—, 3-[5-Nitro-[2]furyl]-, [4-chlor-
anilid] 4159

C₁₃H₉ClN₂O₅
Acrylsäure, 3-[5-Nitro-[2]furyl]-, [5-chlor-
2-hydroxy-anilid] 4161

C₁₃H₉ClO₂
Acryloylchlorid, 3-[2]Furyl-2-phenyl- 4324

C₁₃H₉ClO₃
Acrylsäure, 3-[5-(4-Chlor-phenyl)-[2]furyl]-
4330

C₁₃H₉IN₂O₄
Acrylsäure, 3-[5-Nitro-[2]furyl]-, [4-jod-
anilid] 4160

C₁₃H₉NO
Acrylonitril, 3-[2]Furyl-2-phenyl- 4325

C₁₃H₉NOS
Dibenzothiophen-4-carbonsäure-amid 4350

C₁₃H₉NO₂
Dibenzofuran-2-carbonsäure-amid 4342
Dibenzofuran-4-carbonsäure-amid 4347

C₁₃H₉NO₃S
5λ⁶-Dibenzothiophen-4-carbonsäure,
5,5-Dioxo-, amid 4350

C₁₃H₉NO₄S
Acrylsäure, 2-[4-Nitro-phenyl]-3-[2]thienyl-
4328
Thiophen-2-carbonsäure, 4-Nitro-5-styryl-
4329

$C_{13}H_9NO_5$

Acrylsäure, 2-[2]Furyl-3-[2-nitro-phenyl]-
4322

—, 3-[2]Furyl-2-[4-nitro-phenyl]- 4325

—, 3-[5-Nitro-[2]furyl]-, phenylester
4156

—, 3-[5-(2-Nitro-phenyl)-[2]furyl]-
4330

—, 3-[5-(4-Nitro-phenyl)-[2]furyl]-
4330

Furan-2-carbonsäure, 4-Nitro-5-styryl-
4329

$C_{13}H_9NS$

Acrylonitril, 2-Phenyl-3-[2]thienyl- 4326

—, 2-Phenyl-3-[3]thienyl- 4329

—, 3-Phenyl-2-[2]thienyl- 4322

$C_{13}H_9N_3O_2S_2$

Thioharnstoff, N-[Furan-2-carbonyl]-N'-
[4-thiocyanato-phenyl]- 3955

$C_{13}H_9N_3O_6$

Acrylsäure, 3-[5-Nitro-[2]furyl]-, [4-nitro-
anilid] 4160

$C_{13}H_{10}BrCl_3N_2O_2$

Furan-2-carbonsäure, 5-Brom-, [1-anilino-
2,2,2-trichlor-äthylamid] 3989

$C_{13}H_{10}ClNO$

Propionitril, 3-[4-Chlor-phenyl]-3-[2]furyl-
4307

$C_{13}H_{10}Cl_2O_2S$

Benzoesäure, 3,6-Dichlor-2-[3-methyl-[2]≠
thienylmethyl]- 4308

—, 3,6-Dichlor-2-[5-methyl-[2]≠
thienylmethyl]- 4309

$C_{13}H_{10}Cl_3N_3O_4$

Furan-2-carbonsäure, 5-Nitro-, [1-anilino-
2,2,2-trichlor-äthylamid] 3997

$C_{13}H_{10}N_2O$

Dibenzofuran-3-carbonsäure-[amid-imin]
4345

$C_{13}H_{10}N_2O_3S$

Thiophen-2,3-dicarbonsäure-2-
benzylidenhydrazid 4479

$C_{13}H_{10}N_2O_4$

Acrylsäure, 3-[5-Nitro-[2]furyl]-, anilid
4159

$C_{13}H_{10}N_2O_4S$

Acrylsäure, 3-[5-Nitro-[2]furyl]-,
[4-mercapto-anilid] 4162

$C_{13}H_{10}N_2O_5$

Acrylsäure, 3-[5-Nitro-[2]furyl]-,
[2-hydroxy-anilid] 4161

—, 3-[5-Nitro-[2]furyl]-, [3-hydroxy-
anilid] 4162

—, 3-[5-Nitro-[2]furyl]-, [4-hydroxy-
anilid] 4162

Furan-2-carbonsäure-[4-nitro-
phenacylamid] 3952

$C_{13}H_{10}N_2O_6$

Furan-2-carbonsäure, 5-Nitro-, [4-acetoxy-
anilid] 3996

$C_{13}H_{10}O_2S$

Acrylsäure, 2-Phenyl-3-[2]thienyl- 4325

—, 3-Phenyl-3-[2]thienyl- 4329

Benzoesäure, 4-[2-[2]Thienyl-vinyl]- 4329

$C_{13}H_{10}O_2Se$

Acrylsäure, 2-Phenyl-3-selenophen-2-yl-
4328

$C_{13}H_{10}O_3$

Acrylsäure, 3-[2]Furyl-, phenylester 4147

—, 3-[2]Furyl-2-phenyl- 4323

—, 3-[5-Phenyl-[2]furyl]- 4330

Dibenzofuran-2-carbonsäure, 1,2-Dihydro-
4331

Naphtho[1,2-b]furan-2-carbonsäure,
4,5-Dihydro- 4331

$C_{13}H_{10}O_3S_2$

Essigsäure, [Furan-2-thiocarbonylmercapto]-,
phenylester 4009

$C_{13}H_{10}O_4$

Acrylsäure, 3-[2]Furyl-, [2-hydroxy-
phenylester] 4148

—, 3-[2]Furyl-, [3-hydroxy-
phenylester] 4148

—, 3-[2]Furyl-, [4-hydroxy-
phenylester] 4148

Furan-2-carbonsäure-[2-acetyl-phenylester]
3925

— phenacylester 3925

$C_{13}H_{10}O_4S$

Thiophen-2-carbonsäure, 5-[4-Carboxy-
benzyl]- 4566

Thiophen-2,5-dicarbonsäure, 3-Methyl-4-
phenyl- 4566

$C_{13}H_{10}O_5$

Benzoesäure, 2-[Furan-2-carbonyloxy]-4-
methyl- 3928

$C_{13}H_{11}BrN_2OS$

Thiophen-2-carbonsäure, 5-Brom-,
[4-methyl-benzylidenhydrazid] 4038

$C_{13}H_{11}BrN_2O_2$

Furan-2-carbonsäure, 5-Brom-, [4-methyl-
benzylidenhydrazid] 3990

—, 5-Brom-, [1-phenyl-
äthylidenhydrazid] 3990

$C_{13}H_{11}BrN_2O_2S$

Thiophen-2-carbonsäure, 5-Brom-,
[4-acetylamino-anilid] 4037

—, 5-Brom-, [4-methoxy-
benzylidenhydrazid] 4039

$C_{13}H_{11}BrN_2O_3S$

Thiophen-2-carbonsäure, 5-Brom-,
[2-hydroxy-3-methoxy-
benzylidenhydrazid] 4040

$C_{13}H_{11}ClN_2O_2S$

Thiophen-2-carbonsäure, 5-Chlor-,
[4-acetylamino-anilid] 4031

$C_{13}H_{11}ClN_2O_2S$ (Fortsetzung)
Thiophen-2-carbonsäure, 5-Chlor-,
[4-methoxy-benzylidenhydrazid] 4033

$C_{13}H_{11}ClN_2O_3S$
Thiophen-2-carbonsäure, 5-Chlor-,
[2-hydroxy-3-methoxy-
benzylidenhydrazid] 4033

$C_{13}H_{11}ClOS$
Propionylchlorid, 2-Phenyl-3-[2]thienyl-
4306

$C_{13}H_{11}ClO_2$
Propionylchlorid, 3-[2]Furyl-3-phenyl-
4307

$C_{13}H_{11}ClO_3$
Furan-3-carbonsäure, 2-[4-Chlor-phenyl]-,
äthylester 4291

$C_{13}H_{11}Cl_3N_2O_2$
Furan-2-carbonsäure-[1-anilino-2,2,2-
trichlor-äthylamid] 3951

$C_{13}H_{11}NO$
Propionitril, 3-[2]Furyl-2-phenyl- 4305
—, 3-[2]Furyl-3-phenyl- 4307

$C_{13}H_{11}NO_2$
Acrylsäure, 3-[2]Furyl-, anilid 4150
—, 3-[2]Furyl-2-phenyl-, amid 4324

$C_{13}H_{11}NO_2S$
Thiophen-2-carbonsäure-phenacylamid
4020

$C_{13}H_{11}NO_2S_2$
Furan-2-dithiocarbonsäure-
[phenylcarbamoyl-methylester] 4010

$C_{13}H_{11}NO_3$
Furan-2-carbonsäure-phenacylamid 3952
Pyran-2-carbonsäure, 5-Cyan-6-phenyl-3,4-
dihydro-2H- 4560

$C_{13}H_{11}NO_3S$
Thiophen-2-carbonsäure, 3-[Methyl-
phenyl-carbamoyl]- 4479
Thiophen-3-carbonsäure, 2-[Methyl-
phenyl-carbamoyl]- 4478

$C_{13}H_{11}NO_4$
Anthranilsäure, N-[5-Methyl-furan-2-
carbonyl]- 4084

$C_{13}H_{11}NO_4S$
Thiophen-3-carbonsäure, 2-[2-Methyl-6-
nitro-phenyl]-, methylester 4303

$C_{13}H_{11}NO_5$
Furan-3-carbonsäure, 2,5-Dimethyl-4-
[2-nitro-phenyl]- 4310

$C_{13}H_{11}NS$
Propionitril, 3-Phenyl-3-[2]thienyl- 4308

$C_{13}H_{11}N_3O_4$
Acrylsäure, 3-[5-Nitro-[2]furyl]-,
[N'-phenyl-hydrazid] 4164

$C_{13}H_{11}N_3O_5$
Furan-2-carbonsäure, 5-Nitro-,
[4-acetylamino-anilid] 3998

$C_{13}H_{11}N_3O_6S$
Acrylsäure, 3-[5-Nitro-[2]furyl]-,
[4-sulfamoyl-anilid] 4163

$C_{13}H_{11}N_3O_7S$
Furan-2-carbonsäure, 5-Nitro-,
[4-acetylsulfamoyl-anilid] 3998

$C_{13}H_{12}BrNOS$
Thiophen-2-carbonsäure, 5-Brom-,
[2,3-dimethyl-anilid] 4037

$C_{13}H_{12}ClNO$
Furan-3-carbimidoylchlorid, 2,4-Dimethyl-
N-phenyl- 4098

$C_{13}H_{12}N_2O_2S$
Thioharnstoff, N-Benzyl-N'-[furan-2-
carbonyl]- 3954
—, N'-[Furan-2-carbonyl]-N-methyl-
N-phenyl- 3954
—, N-[Furan-2-carbonyl]-N'-m-tolyl-
3954
—, N-[Furan-2-carbonyl]-N'-o-tolyl-
3954
—, N-[Furan-2-carbonyl]-N'-p-tolyl-
3954
Thiophen-2-carbonsäure-[4-acetylamino-
anilid] 4022
— [4-methoxy-benzylidenhydrazid]
4026

$C_{13}H_{12}N_2O_3$
Benzofuran-2-carbonsäure-[1-methyl-2-oxo-
propylidenhydrazid] 4248
Furan-2-carbonsäure-[4-acetylamino-anilid]
3957
Furan-3-carbonsäure, 2-Äthyl-5-
[2,2-dicyan-vinyl]-, äthylester 4598
Harnstoff, N-[5-Methyl-furan-2-carbonyl]-
N'-phenyl- 4084

$C_{13}H_{12}N_2O_5$
Furan-2-carbonsäure-[2-methoxy-4-methyl-
5-nitro-anilid] 3949
— [2-methoxy-5-methyl-4-nitro-
anilid] 3949
— [5-methoxy-2-methyl-4-nitro-
anilid] 3949

$C_{13}H_{12}N_2O_5S$
Amin, [N-Acetyl-sulfanilyl]-[furan-2-
carbonyl]- 3964

$C_{13}H_{12}N_2O_6$
Furan-2-carbonsäure-[2,5-dimethoxy-4-
nitro-anilid] 3950

$C_{13}H_{12}O_2S$
Crotonsäure, 3-Benzo[b]thiophen-3-yl-2-
methyl- 4311
Essigsäure, Phenyl-[2]thienyl-,
methylester 4294
Propionsäure, 2-Phenyl-3-[2]thienyl- 4305
—, 3-Phenyl-2-[2]thienyl- 4304
—, 3-Phenyl-3-[2]thienyl- 4308
—, 3-[5-Phenyl-[2]thienyl- 4310

C₁₃H₁₂O₂S (Fortsetzung)

$C_{13}H_{12}O_2S$ (Fortsetzung)

Thiophen-2-carbonsäure-phenäthylester
    4015
Thiophen-2-carbonsäure, 5-Phenäthyl-
    4308
—, 5-[1-Phenyl-äthyl]- 4308

$C_{13}H_{12}O_3$

Dibenzofuran-3-carbonsäure, 6,7,8,9-
    Tetrahydro- 4311
Dibenzofuran-4-carbonsäure, 1,2,3,4-
    Tetrahydro- 4311
—, 6,7,8,9-Tetrahydro- 4311
Furan-2-carbonsäure-[3,4-dimethyl-
    phenylester] 3921
—   [3,5-dimethyl-phenylester] 3921
Furan-2-carbonsäure, 5-Benzyl-,
    methylester 4297
—, 5-[4-Methyl-benzyl]- 4309
—, 5-[1-Phenyl-äthyl]- 4308
Furan-3-carbonsäure, 2,5-Dimethyl-4-
    phenyl- 4310
Propionsäure, 3-[2]Furyl-2-phenyl- 4305
—, 3-[2]Furyl-3-phenyl- 4306
—, 3-[5-Phenyl-[2]furyl]- 4309

$C_{13}H_{12}O_4S$

Malonsäure, [2-Benzo[b]thiophen-3-yl-
    äthyl]- 4561
—, Benzo[b]thiophen-3-ylmethyl-
    methyl- 4561

$C_{13}H_{12}O_5$

Benzofuran-2,3-dicarbonsäure, 5-Methyl-,
    3-äthylester 4558
—, 5-Methyl-, dimethylester 4558
—, 6-Methyl-, dimethylester 4558
Pyran-2,5-dicarbonsäure, 6-Phenyl-3,4-
    dihydro-2H- 4560

$C_{13}H_{12}O_6$

Propan, 1,3-Bis-[furan-2-carbonyloxy]-
    3924

$C_{13}H_{12}O_7$

Benzofuran-2,5-dicarbonsäure,
    3-Carboxymethyl-2-methyl-2,3-
    dihydro- 4598
Benzofuran-3,5-dicarbonsäure,
    2-Carboxymethyl-3-methyl-2,3-dihydro-
    4598

$C_{13}H_{13}BrN_2OS_2$

Thiophen-2-carbonsäure, 5-Brom-,
    [(5-propyl-[2]thienylmethylen)-hydrazid]
    4040

$C_{13}H_{13}BrO_4$

Furan-2-carbonsäure, Tetrahydro-,
    [4-brom-phenacylester] 3827

$C_{13}H_{13}ClN_2OS_2$

Thiophen-2-carbonsäure, 5-Chlor-,
    [(5-propyl-[2]thienylmethylen)-hydrazid]
    4034

$C_{13}H_{13}NOS$

Furan-2-thiocarbonsäure-[N-äthyl-anilid]
    4005
Propionsäure, 3-Phenyl-3-[2]thienyl-,
    amid 4308
Thiophen-2-carbonsäure-[2,3-dimethyl-
    anilid] 4018
—   [2,4-dimethyl-anilid] 4018
—   [2,5-dimethyl-anilid] 4018
—   [2,6-dimethyl-anilid] 4018
—   [3,4-dimethyl-anilid] 4018
Thiophen-2-carbonsäure, 3-Methyl-,
    p-toluidid 4069
Thiophen-3-carbonsäure, 2,5-Dimethyl-,
    anilid 4102

$C_{13}H_{13}NO_2$

Furan-2-carbonsäure-[N-äthyl-anilid] 3943
—   [2,3-dimethyl-anilid] 3944
—   [2,4-dimethyl-anilid] 3945
—   [2,5-dimethyl-anilid] 3945
—   [2,6-dimethyl-anilid] 3944
—   [3,4-dimethyl-anilid] 3944
—   [1-phenyl-äthylamid] 3944
Furan-3-carbonsäure, 2,4-Dimethyl-,
    anilid 4098
Propionsäure, 3-[2]Furyl-3-phenyl-, amid
    4307

$C_{13}H_{13}NO_2S$

Furan-2-thiocarbonsäure-p-phenetidid
    4006

$C_{13}H_{13}NO_3$

Benzofuran-2-carbonsäure, 3-Cyanmethyl-
    2,3-dihydro-, äthylester 4548
Furan-2-carbonsäure-p-phenetidid 3948

$C_{13}H_{13}NO_4S$

Benzo[b]thiophen-2-carbonsäure,
    3,6-Dimethyl-5-nitro-, äthylester 4277

$C_{13}H_{13}N_3O_2S$

Hydrazin, N-[5-Benzyl-furan-2-carbonyl]-
    N'-thiocarbamoyl- 4303

$C_{13}H_{13}N_3O_5S$

Furan-2-carbonsäure-[N'-(N-acetyl-
    sulfanilyl)-hydrazid] 3975

$[C_{13}H_{14}NOS]^+$

Ammonium, Dimethyl-[α-phenylmercapto-
    furfuryliden]- 4007
    [$C_{13}H_{14}NOS$]I 4007
Sulfonium, [α-Dimethylamino-furfuryliden]-
    phenyl- 4007
    [$C_{13}H_{14}NOS$]I 4007

$C_{13}H_{14}N_2OS$

p-Phenylendiamin, 2-Methyl-N'-[3-methyl-
    thiophen-2-carbonyl]- 4069
Propionsäure, 3-[5-Phenyl-[2]thienyl]-,
    hydrazid 4310

$C_{13}H_{14}N_2OS_2$

Thiophen-2-carbonsäure, 5-Propyl-,
    [[2]thienylmethylen-hydrazid] 4106

C₁₃H₁₈O₂S (Fortsetzung)
Valeriansäure, 5-[4,5,6,7-Tetrahydro-
benzo[b]thiophen-2-yl]- 4192

C₁₃H₁₈O₃
Acrylsäure, 3-[2]Furyl-, [2-äthyl-butylester]
4146
Benzofuran-3-carbonsäure, 2-Äthyl-4,5,6,7-
tetrahydro-, äthylester 4189
Cyclohepta[b]furan-3-carbonsäure,
2-Methyl-5,6,7,8-tetrahydro-4H-,
äthylester 4189
Cycloocta[b]furan-3-carbonsäure, 2-Äthyl-
4,5,6,7,8,9-hexahydro- 4192
Furan-2-carbonsäure, 5-[1-Methyl-
cyclohexyl]-, methylester 4191

C₁₃H₁₈O₄S
Malonsäure, Äthyl-[2]thienyl-,
diäthylester 4513
—, Äthyl-[3]thienyl-, diäthylester
4514
—, Methyl-[2]thienylmethyl-,
diäthylester 4514
—, [2-[2]Thienyl-äthyl]-, diäthylester
4513

C₁₃H₁₈O₅
Essigsäure, [3-Äthoxycarbonyl-4-äthyl-[2]⁼
furyl]-, äthylester 4515
—, [3-Äthoxycarbonyl-4,5-dimethyl-
[2]furyl]-, äthylester 4515

C₁₃H₁₉ClOS
Nonanoylchlorid, 9-[2]Thienyl- 4137
Thiophen-3-carbonylchlorid, 2,5-Di-
tert-butyl- 4138
Valerylchlorid, 5-[5-tert-Butyl-[2]thienyl]-
4137
—, 5-[2,5-Diäthyl-[3]thienyl]- 4138

C₁₃H₁₉NOS
Valeriansäure, 5-[4,5,6,7-Tetrahydro-
benzo[b]thiophen-2-yl]-, amid 4193

C₁₃H₁₉NO₃
Essigsäure, Cyan-[2,2,5,5-tetramethyl-
dihydro-[3]furyliden]-, äthylester 4475

C₁₃H₂₀BrNO₃
Furan-2-carbonsäure, 5-Brom-,
[3-diäthylamino-1-methyl-propylester]
3985

C₁₃H₂₀O₂S
Buttersäure, 4-[5-Isopentyl-[2]thienyl]-
4137
Heptansäure, 7-[2]Thienyl-, äthylester
4129
Nonansäure, 9-[2]Thienyl- 4136
Thiophen-2-carbonsäure, 5-[1,1,3,3-
Tetramethyl-butyl]- 4137
Thiophen-3-carbonsäure, 2,5-Di-tert-butyl-
4138
Valeriansäure, 5-[5-tert-Butyl-[2]thienyl]-
4137
—, 5-[2,5-Diäthyl-[3]thienyl]- 4137

C₁₃H₂₀O₃
Acrylsäure, 3-[2,3-Epoxy-2,6,6-trimethyl-
cyclohexyl]-, methylester 4135
Pentalen-3-carbonsäure, 1,2-Epoxy-1,2,4-
trimethyl-hexahydro-, methylester
4136
Pyran-3-carbonsäure, 4-Butyl-2-methyl-
4H-, äthylester 4129
Spiro[norbornan-2,2'-oxiran]-3'-
carbonsäure, 7,7-Dimethyl-,
äthylester 4133

C₁₃H₂₀O₅
Essigsäure, [6-Äthoxycarbonylmethyl-
tetrahydro-pyran-2-yliden]-, äthylester
4464
Furan-2-carbonsäure-[2-(2-butoxy-äthoxy)-
äthylester] 3923
8-Oxa-bicyclo[3.2.1]octan-3,3-
dicarbonsäure-diäthylester 4467
Oxirancarbonsäure, 3-[2-Methoxycarbonyl-
cyclopentyl]-3-methyl-, äthylester 4473
Pyran-2,2-dicarbonsäure, 4,5-Dimethyl-3,6-
dihydro-, diäthylester 4465

C₁₃H₂₀O₆
Propan, 1,3-Bis-[tetrahydro-furan-2-
carbonyloxy]- 3826

C₁₃H₂₀O₆S
Thiophen-3,4-dicarbonsäure,
2-[4-Methoxycarbonyl-butyl]-
tetrahydro-, 3-methylester 4590

[C₁₃H₂₁BrNO₃]⁺
Ammonium, Äthyl-[3-(5-brom-furan-2-
carbonyloxy)-butyl]-dimethyl- 3985
[C₁₃H₂₁BrNO₃]I 3985
—, [3-(5-Brom-furan-2-carbonyloxy)-
2,2-dimethyl-propyl]-trimethyl- 3987
[C₁₃H₂₁BrNO₃]I 3987
—, [3-(5-Brom-furan-2-carbonyloxy)-
2-methyl-butyl]-trimethyl- 3986
[C₁₃H₂₁BrNO₃]I 3986
—, Triäthyl-[2-(5-brom-furan-2-
carbonyloxy)-äthyl]- 3983
[C₁₃H₂₁BrNO₃]I 3983

C₁₃H₂₁NOS
Nonansäure, 9-[2]Thienyl-, amid 4137
Valeriansäure, 5-[5-tert-Butyl-[2]thienyl]-,
amid 4137

C₁₃H₂₁NO₂
Valeriansäure, 3-[2]Furyl-, diäthylamid
4115

C₁₃H₂₁NO₂S
Thiophen-2-carbonsäure-[β-butylamino-
isobutylester] 4016

C₁₃H₂₁NO₃
Furan-2-carbonsäure-[β-butylamino-
isobutylester] 3933
— [3-diäthylamino-1-methyl-
propylester] 3932

$C_{14}H_8N_2O_9$
Acrylsäure, 3-[5-Nitro-[2]furyl]-,
anhydrid 4157
$C_{14}H_8O_4S$
Naphtho[2,1-*b*]thiophen-1,2-dicarbonsäure
4571
Naphtho[2,3-*b*]thiophen-2,3-dicarbonsäure
4571
$C_{14}H_8O_5$
Dibenzofuran-2,8-dicarbonsäure 4571
Dibenzofuran-3,7-dicarbonsäure 4572
Dibenzofuran-4,6-dicarbonsäure 4573
$C_{14}H_8O_6S$
$5\lambda^6$-Dibenzothiophen-2,8-dicarbonsäure,
5,5-Dioxo- 4572
$5\lambda^6$-Dibenzothiophen-4,6-dicarbonsäure,
5,5-Dioxo- 4573
$C_{14}H_9BrCl_3NO_4$
Furan-2-carbonsäure, 5-Brom-,
[1-benzoyloxy-2,2,2-trichlor-äthylamid]
3989
$C_{14}H_9BrO_3$
Dibenzofuran-4-carbonsäure, 2-Brom-,
methylester 4348
—, 8-Brom-, methylester 4348
$C_{14}H_9Br_2Cl_6N_3O_4$
Amin, Bis-[1-(5-brom-furan-2-
carbonylamino)-2,2,2-trichlor-äthyl]-
3989
$C_{14}H_9NO$
Acetonitril, Dibenzofuran-2-yl- 4360
Xanthen-9-carbonitril 4357
$C_{14}H_9NO_5$
Dibenzofuran-1-carbonsäure, 3-Nitro-,
methylester 4341
—, 7-Nitro-, methylester 4341
Dibenzofuran-2-carbonsäure, 7-Nitro-,
methylester 4343
—, 8-Nitro-, methylester 4344
Dibenzofuran-3-carbonsäure, 7-Nitro-,
methylester 4346
—, 8-Nitro-, methylester 4346
Dibenzofuran-4-carbonsäure, 7-Nitro-,
methylester 4349
—, 8-Nitro-, methylester 4349
$C_{14}H_9N_3O_4$
Acrylsäure, 2-Cyan-3-[5-nitro-[2]furyl]-,
anilid 4535
—, 3-[5-Nitro-[2]furyl]-, [4-cyan-
anilid] 4163
$C_{14}H_9N_3O_5$
Acrylsäure, 2-Cyan-3-[5-nitro-[2]furyl]-,
[4-hydroxy-anilid] 4536
$C_{14}H_{10}BrNS$
Acrylonitril, 3-[5-Brom-[2]thienyl]-2-
p-tolyl- 4332
$C_{14}H_{10}ClNS$
Acrylonitril, 3-[5-Chlor-[2]thienyl]-2-*p*-tolyl-
4331

$C_{14}H_{10}Cl_3NO_4$
Furan-2-carbonsäure-[1-benzoyloxy-2,2,2-
trichlor-äthylamid] 3951
$C_{14}H_{10}Cl_6O_5$
1,4-Epoxido-5,8-methano-naphthalin-2,3-
dicarbonsäure, 5,6,7,8,9,9-Hexachlor-
1,2,3,4,4a,5,8,8a-octahydro-,
monomethylester 4552
$C_{14}H_{10}N_2O_2S$
Acrylonitril, 3-[5-Methyl-[2]thienyl]-2-
[4-nitro-phenyl]- 4332
$C_{14}H_{10}N_2O_3$
Dibenzofuran-2,8-dicarbonsäure-diamid
4572
$C_{14}H_{10}N_2O_6$
Benzoesäure, 4-[3-(5-Nitro-[2]furyl)-
acryloylamino]- 4163
$C_{14}H_{10}N_4O_8$
Hydrazin, N,N'-Bis-[3-(5-nitro-[2]furyl)-
acryloyl]- 4165
$C_{14}H_{10}O_2S$
Dibenzothiophen-1-carbonsäure-
methylester 4341
Dibenzothiophen-2-carbonsäure-
methylester 4344
Dibenzothiophen-3-carbonsäure-
methylester 4346
Dibenzothiophen-4-carbonsäure-
methylester 4350
Essigsäure, Dibenzothiophen-4-yl- 4360
—, Naphtho[2,1-*b*]thiophen-3-yl-
4358
Thioxanthen-9-carbonsäure 4357
$C_{14}H_{10}O_3$
Dibenzofuran-1-carbonsäure-methylester
4341
Dibenzofuran-2-carbonsäure-methylester
4341
Dibenzofuran-2-carbonsäure, 8-Methyl-
4360
Dibenzofuran-3-carbonsäure-methylester
4345
Dibenzofuran-3-carbonsäure, 7-Methyl-
4361
Dibenzofuran-4-carbonsäure-methylester
4347
Dibenzofuran-4-carbonsäure, 6-Methyl-
4361
Essigsäure, Dibenzofuran-2-yl- 4359
—, Dibenzofuran-4-yl- 4360
—, [Naphtho[1,2-*b*]furan-3-yliden]-
4358
—, [Naphtho[2,1-*b*]furan-1-yliden]-
4359
Naphtho[1,2-*b*]furan-2-carbonsäure,
3-Methyl- 4358
Naphtho[1,2-*b*]furan-3-carbonsäure,
2-Methyl- 4358

C$_{14}$H$_{10}$O$_3$ (Fortsetzung)
Naphtho[2,1-*b*]furan-2-carbonsäure,
  1-Methyl- 4359
Xanthen-4-carbonsäure 4350
Xanthen-9-carbonsäure 4351

C$_{14}$H$_{10}$O$_4$S
Acrylsäure, 2-[2-Carboxy-phenyl]-3-[2]≠
  thienyl- 4569
—, 2-[4-Carboxy-phenyl]-3-[2]thienyl-
  4329

C$_{14}$H$_{10}$O$_5$
Acrylsäure, 2-[2-Carboxy-phenyl]-3-[2]≠
  furyl- 4569
—, 3-[2]Furyl-, anhydrid 4149

C$_{14}$H$_{10}$O$_6$
Peroxid, Bis-[3-[2]furyl-acryloyl]- 4149

C$_{14}$H$_{11}$BrN$_2$O$_2$
Furan-2-carbonsäure, 5-Brom-,
  cinnamylidenhydrazid 3990

C$_{14}$H$_{11}$BrN$_2$O$_4$
Acrylsäure, 2-Methyl-3-[5-nitro-[2]furyl]-,
  [4-brom-anilid] 4176

C$_{14}$H$_{11}$ClN$_2$O$_4$
Acrylsäure, 2-Methyl-3-[5-nitro-[2]furyl]-,
  [4-chlor-anilid] 4175

C$_{14}$H$_{11}$Cl$_6$N$_3$O$_4$
Amin, Bis-[2,2,2-trichlor-1-(furan-2-
  carbonylamino)-äthyl]- 3952

C$_{14}$H$_{11}$NOS
Essigsäure, Dibenzothiophen-4-yl-, amid
  4360

C$_{14}$H$_{11}$NO$_2$
Essigsäure, Dibenzofuran-2-yl-, amid
  4359
—, Dibenzofuran-4-yl-, amid 4360
Xanthen-9-carbonsäure-amid 4356

C$_{14}$H$_{11}$NO$_3$S
Hydroxylamin, *N*-Benzoyl-*O*-[3-[2]thienyl-
  acryloyl]- 4167

C$_{14}$H$_{11}$NO$_4$
Hydroxylamin, *N*-Benzoyl-*O*-[3-[2]furyl-
  acryloyl]- 4152
Malonsäure, Furfuryliden-, monoanilid
  4531

C$_{14}$H$_{11}$NO$_4$S
Thiophen-2-carbonsäure, 4-Nitro-5-styryl-,
  methylester 4330

C$_{14}$H$_{11}$NO$_5$
Furan-2-carbonsäure, 4-Nitro-5-styryl-,
  methylester 4329

C$_{14}$H$_{11}$NS
Acrylnitril, 3-[5-Methyl-[2]thienyl]-2-
  phenyl- 4332
—, 3-[2]Thienyl-2-*p*-tolyl- 4331

C$_{14}$H$_{11}$N$_3$O$_2$S$_2$
Thioharnstoff, *N*-[Furan-2-carbonyl]-*N'*-
  [2-methyl-4-thiocyanato-phenyl]- 3955

C$_{14}$H$_{11}$N$_3$O$_4$
Furan-2-carbonsäure, 5-Nitro-,
  cinnamylidenhydrazid 3999

C$_{14}$H$_{11}$N$_3$O$_5$
Hydrazin, *N*-Benzoyl-*N'*-[3-(5-nitro-[2]≠
  furyl)-acryloyl]- 4165

C$_{14}$H$_{12}$BrCl$_3$N$_2$O$_2$
Furan-2-carbonsäure, 5-Brom-,
  [1-benzylamino-2,2,2-trichlor-
  äthylamid] 3989

C$_{14}$H$_{12}$BrN$_3$O$_3$
Furan-2-carbonsäure, 5-Brom-,
  [4-acetylamino-benzylidenhydrazid]
  3990

C$_{14}$H$_{12}$Br$_2$O$_4$S
3λ^4-Benzo[*d*]thiepin-2,4-dicarbonsäure,
  3,3-Dibrom-, dimethylester 4565

C$_{14}$H$_{12}$Cl$_3$N$_3$O$_4$
Furan-2-carbonsäure, 5-Nitro-,
  [1-benzylamino-2,2,2-trichlor-
  äthylamid] 3997

C$_{14}$H$_{12}$N$_2$O$_2$S$_2$
Harnstoff, *N*-[3-[2]Thienyl-acryloyl]-*N'*-[2-
  [2]thienyl-äthyliden]- 4167
—, *N*-[3-[2]Thienyl-acryloyl]-*N'*-[2-[2]≠
  thienyl-vinyl]- 4167

C$_{14}$H$_{12}$N$_2$O$_3$
Harnstoff, *N*-[3-[2]Furyl-acryloyl]-
  N'-phenyl- 4151

C$_{14}$H$_{12}$N$_2$O$_4$
Acrylsäure, 2-Methyl-3-[5-nitro-[2]furyl]-,
  anilid 4175
—, 3-[5-Nitro-[2]furyl]-, benzylamid
  4160
—, 3-[5-Nitro-[2]furyl]-, *p*-toluidid
  4160

C$_{14}$H$_{12}$N$_2$O$_4$S$_4$
Anhydrid, [*N,N'*-Äthandiyl-bis-
  dithiocarbamidsäure]-[furan-2-
  carbonsäure]-di- 4002

C$_{14}$H$_{12}$N$_2$O$_5$
Acrylsäure, 2-Methyl-3-[2-nitro-[2]furyl]-,
  [3-hydroxy-anilid] 4176
—, 2-Methyl-3-[5-nitro-[2]furyl]-,
  [4-hydroxy-anilid] 4176
—, 3-[5-Nitro-[2]furyl]-, *p*-anisidid
  4162

C$_{14}$H$_{12}$N$_2$O$_6$
Furan-2-carbonsäure-[1-hydroxymethyl-2-
  (4-nitro-phenyl)-2-oxo-äthylamid] 3952

C$_{14}$H$_{12}$N$_2$O$_7$S
Furan-2-carbonsäure, 5-[(*N*-Acetyl-
  sulfanilyl)-carbamoyl]- 4484

C$_{14}$H$_{12}$N$_4$O
Dibenzofuran-2,8-dicarbamidin 4572

C$_{14}$H$_{12}$N$_4$O$_6$
Hydrazin, *N*-[4-Acetylamino-benzoyl]-*N'*-
  [5-nitro-furan-2-carbonyl]- 4000

$C_{14}H_{16}O_4$

Pyran-2-carbonsäure, Tetrahydro-,
phenacylester 3835

$C_{14}H_{16}O_5$

3,6-Ätheno-cyclobutabenzen-4,5-
dicarbonsäure, 1,2-Epoxy-octahydro-,
dimethylester 4550

Benzofuran-6,7-dicarbonsäure,
5-Methallyl-4,5,6,7-tetrahydro- 4553

—, 5-Methallyl-5,6,7,7a-tetrahydro-
4553

Chroman-2,6-dicarbonsäure,
2,4,4-Trimethyl- 4553

Chroman-2,7-dicarbonsäure,
2,4,4-Trimethyl- 4553

Chroman-2,8-dicarbonsäure,
2,4,4-Trimethyl- 4553

$C_{14}H_{16}O_6S$

$1\lambda^6$-4,7-Ätheno-benzo[b]thiophen-5,6-
dicarbonsäure, 1,1-Dioxo-3a,4,5,6,7,7a-
hexahydro-, dimethylester 4549

$C_{14}H_{17}NOS$

Buttersäure, 4-Benzo[b]thiophen-3-yl-2,2-
dimethyl-, amid 4285

$C_{14}H_{17}NO_2$

Essigsäure, [3-Äthyl-4,6-dimethyl-
benzofuran-2-yl]-, amid 4286

Pyran-3-carbonsäure, 6-Methyl-5,6-
dihydro-4H-, p-toluidid 3887

$C_{14}H_{17}NO_2S$

Benzo[b]thiophen-2-carbonsäure-
[2-dimethylamino-propylester] 4252

Benzo[b]thiophen-3-carbonsäure-
[3-dimethylamino-propylester] 4258

$C_{14}H_{17}NO_3S$

Thiophen-3-carbonsäure, 4-[Methyl-
phenyl-carbamoyl]-tetrahydro-,
methylester 4433

$C_{14}H_{17}N_3O_4$

Acrylsäure, 2-Cyan-3-[5-nitro-[2]furyl]-,
dipropylamid 4534

$C_{14}H_{18}N_2O_2$

Benzofuran-2-carbonsäure, 7-Isopropyl-
3,4-dimethyl-, hydrazid 4286

$C_{14}H_{18}N_2O_4$

Acrylsäure, 2-Methyl-3-[5-nitro-[2]furyl]-,
cyclohexylamid 4175

$C_{14}H_{18}O_2S$

Essigsäure, Cyclohex-2-enyl-[2]thienyl-,
äthylester 4226

Octa-2,4-diensäure, 5-[2]Thienyl-,
äthylester 4223

Valeriansäure, 5-Thiochroman-6-yl- 4240

$C_{14}H_{18}O_3$

Buttersäure, 4-[5-Äthyl-2,3-dihydro-
benzofuran-7-yl]- 4241

Chroman-2-carbonsäure, 2,4,4,6-
Tetramethyl- 4240

—, 2,4,4,7-Tetramethyl- 4241

—, 2,4,4,8-Tetramethyl- 4241

Essigsäure, [2,2-Dimethyl-chroman-8-yl]-,
methylester 4237

—, Isochroman-x-yl-, isopropylester 4221

—, [2-Methyl-5-phenyl-tetrahydro-[2]-
furyl]-, methylester 4235

—, [5-Phenyl-tetrahydro-[3]furyl]-,
äthylester 4230

Oxirancarbonsäure, 2-Äthyl-3-phenyl-,
propylester 4214

—, 3-Äthyl-3-phenyl-, isopropylester
4215

—, 3-[4-Isopropyl-phenyl]-,
äthylester 4231

—, 3-Methyl-3-phenäthyl-,
äthylester 4231

—, 3-Methyl-3-p-tolyl-,
isopropylester 4214

Propionsäure, 2-Benzyl-3-tetrahydro[2]-
furyl- 4239

Valeriansäure, 5-Chroman-6-yl- 4240

$C_{14}H_{18}O_4S$

Malonsäure, Allyl-[2]thienyl-,
diäthylester 4540

—, Allyl-[3]thienyl-, diäthylester 4540

$C_{14}H_{18}O_5$

Cyclohexan-1,2-dicarbonsäure, 4,5-Epoxy-,
diallylester 4457

1,4-Epoxido-naphthalin-4a,8a-
dicarbonsäure, 1,2,3,4,5,8-Hexahydro-,
dimethylester 4543

7-Oxa-norbornan-2,3-dicarbonsäure-
diallylester 4459

Tricyclo[4.2.2.0^{2,5}]dec-7-en-7,8-
dicarbonsäure, 3-Hydroxy-,
dimethylester 4560

$C_{14}H_{18}O_6$

Äthan, 1,2-Bis-[5,6-dihydro-4H-pyran-3-
carbonyloxy]- 3880

$C_{14}H_{18}O_7$

Furan-3,4-dicarbonsäure,
2-Äthoxycarbonylmethyl-,
diäthylester 4594

—, 2-[4-Methoxycarbonyl-butyl]-,
dimethylester 4596

$C_{14}H_{19}HgNO_6S$

Thiophen-2-carbonsäure,
5-[3-Acetoxomercurio-2-methoxy-
propylcarbamoyl]-, äthylester 4496

$C_{14}H_{19}NO_2$

Buttersäure, 4-[5-Äthyl-2,3-dihydro-
benzofuran-7-yl]-, amid 4241

Chroman-2-carbonsäure, 2,4,4,7-
Tetramethyl-, amid 4241

Furan-2-carbonsäure, 2-Äthyl-tetrahydro-,
p-toluidid 3848

Oxirancarbonsäure, 3,3-Diäthyl-,
[N-methyl-anilid] 3850

$C_{14}H_{23}NOS$
Decansäure, 10-[2]Thienyl-, amid 4139
$C_{14}H_{23}NO_2S$
Thiophen-2-carbonsäure-[β-pentylamino-
isobutylester] 4016
$C_{14}H_{23}NO_3$
Furan-2-carbonsäure-[3-diäthylamino-1,2-
dimethyl-propylester] 3934
— [3-diäthylamino-2,2-dimethyl-
propylester] 3935
— [4-diäthylamino-1-methyl-
butylester] 3933
— [3-dipropylamino-propylester]
3930
— [β-pentylamino-isobutylester]
3933
Furan-2-carbonsäure, 5-Methyl-,
[3-diäthylamino-1-methyl-propylester]
4080
$C_{14}H_{23}N_3O_3S$
Thiophen-2-carbonsäure, 5-Nitro-,
[4-diäthylamino-1-methyl-butylamid]
4046
$[C_{14}H_{24}NO_3]^+$
Ammonium, Äthyl-dimethyl-[3-(5-methyl-
furan-2-carbonyloxy)-butyl]- 4080
$[C_{14}H_{24}NO_3]I$ 4080
—, Äthyl-[3-(furan-2-carbonyloxy)-
2,2-dimethyl-propyl]-dimethyl- 3934
$[C_{14}H_{24}NO_3]I$ 3934
—, Äthyl-[3-(furan-2-carbonyloxy)-2-
methyl-butyl]-dimethyl- 3934
$[C_{14}H_{24}NO_3]I$ 3934
—, Diäthyl-[3-(furan-2-carbonyloxy)-
butyl]-methyl- 3932
$[C_{14}H_{24}NO_3]I$ 3932
—, Diäthyl-methyl-[3-(5-methyl-furan-
2-carbonyloxy)-propyl]- 4078
$[C_{14}H_{24}NO_3]I$ 4078
—, [2,2-Dimethyl-3-(5-methyl-furan-2-
carbonyloxy)-propyl]-trimethyl- 4082
$[C_{14}H_{24}NO_3]I$ 4082
—, Triäthyl-[3-(furan-2-carbonyloxy)-
propyl]- 3930
$[C_{14}H_{24}NO_3]I$ 3930
—, Triäthyl-[2-(5-methyl-furan-2-
carbonyloxy)-äthyl]- 4078
$[C_{14}H_{24}NO_3]I$ 4078
—, Trimethyl-[2-methyl-3-(5-methyl-
furan-2-carbonyloxy)-butyl]- 4081
$[C_{14}H_{24}NO_3]I$ 4081
—, Trimethyl-[3-methyl-3-(5-methyl-
furan-2-carbonyloxy)-butyl]- 4081
$[C_{14}H_{24}NO_3]I$ 4081
$C_{14}H_{24}O_3$
Chroman-2-carbonsäure, 2,5,5,8a-
Tetramethyl-hexahydro- 3911
Nonansäure, 9-Oxiranyl-, allylester 3865

1-Oxa-spiro[2.5]octan-2-carbonsäure,
2-Butyl-, äthylester 3909
Oxirancarbonsäure, 3-[2,6-Dimethyl-hept-
5-enyl]-, äthylester 3909
Propionsäure, 3-Cyclohexyl-2-
tetrahydrofurfuryl- 3910
Pyran-3-carbonsäure, 6-[1-Äthyl-1-methyl-
propyl]-2,2-dimethyl-3,4-dihydro-2H-
3867
$C_{14}H_{24}O_3S$
Thiophen-2-orthocarbonsäure-
tripropylester 4013
$C_{14}H_{24}O_5$
Furan, 2,5-Bis-[2-äthoxycarbonyl-äthyl]-
tetrahydro- 4448
—, 2,5-Bis-äthoxycarbonylmethyl-2,5-
dimethyl-tetrahydro- 4449
Malonsäure, Äthyl-tetrahydropyran-2-yl-,
diäthylester 4445
—, Äthyl-tetrahydropyran-4-yl-,
diäthylester 4446
—, Methyl-tetrahydropyran-4-
ylmethyl-, diäthylester 4446
—, [3-Tetrahydro[2]furyl-propyl]-,
diäthylester 4447
Pyran-2,5-dicarbonsäure, 2,6,6-Trimethyl-
tetrahydro-, diäthylester 4447
$[C_{14}H_{25}BrN_2O_3]^{2+}$
Furan-2-carbonsäure, 5-Brom-, [β,β'-bis-
trimethylammonio-isopropylester]
3984
$[C_{14}H_{25}BrN_2O_3]I_2$ 3984
$C_{14}H_{25}ClO_3$
Octansäure, 8-[4-Chlor-tetrahydro-pyran-3-
yl]-, methylester 3866
$C_{14}H_{25}NO_3$
Pyran-3-carbonsäure, 2,6-Dimethyl-5,6-
dihydro-4H-, [2-diäthylamino-
äthylester] 3894
$C_{14}H_{26}N_2O_2S$
Thiophen-2,5-dicarbonsäure, Tetrahydro-,
bis-diäthylamid 4429
$C_{14}H_{26}N_2O_3$
Buttersäure, 2-[Äthyl-(tetrahydro-pyran-4-
carbonyl)-amino]-, dimethylamid 3837
$[C_{14}H_{26}N_2O_3]^{2+}$
Furan-2-carbonsäure- [β,β'-Bis-
trimethylammonio-isopropylester]
3931
$[C_{14}H_{26}N_2O_3]I_2$ 3931
$C_{14}H_{26}O_3$
Oxirancarbonsäure, 2-Heptyl-3,3-dimethyl-,
äthylester 3866
—, 3-Methyl-3-octyl-, äthylester 3866
Pyran-3-carbonsäure, 6-[1-Äthyl-1-methyl-
propyl]-2,2-dimethyl-tetrahydro- 3867

C₁₅

C₁₅H₇ClN₂O₅S
Benzo[*b*]thiophen-2-carbonylchlorid,
5,7-Dinitro-3-phenyl- 4385

C₁₅H₈ClNO₃S
Benzo[*b*]thiophen-2-carbonylchlorid,
5-Nitro-3-phenyl- 4384

C₁₅H₈INO₄S
Benzo[*b*]thiophen-2-carbonsäure, 7-Jod-5-
nitro-3-phenyl- 4385

C₁₅H₈N₂O₆S
Benzo[*b*]thiophen-2-carbonsäure,
5,7-Dinitro-3-phenyl- 4385

C₁₅H₉ClO₂S
Benzo[*b*]thiophen-2-carbonsäure, 5-Chlor-
3-phenyl- 4384

C₁₅H₉Cl₂NOS
Benzo[*b*]thiophen-2-carbonsäure-
[2,4-dichlor-anilid] 4254
— [2,5-dichlor-anilid] 4254

C₁₅H₉NO
Benzofuran-3-carbonitril, 2-Phenyl-
4386

C₁₅H₉NO₄S
Benzo[*b*]thiophen-2-carbonsäure, 5-Nitro-
3-phenyl- 4384
Dibenzo[*b,f*]thiepin-10-carbonsäure,
2-Nitro- 4386

C₁₅H₉NO₅
Dibenz[*b,f*]oxepin-10-carbonsäure, 2-Nitro-
4386

C₁₅H₉NO₆
Amin, Tris-[furan-2-carbonyl]- 3963

C₁₅H₉N₃O₅S
Benzo[*b*]thiophen-2-carbonsäure,
5,7-Dinitro-3-phenyl-, amid
4385

C₁₅H₁₀BrNOS
Thiophen-2-carbonsäure, 5-Brom-,
[1]naphthylamid 4037
—, 5-Brom-, [2]naphthylamid
4037

C₁₅H₁₀Br₂O₃
Essigsäure, [x,x-Dibrom-xanthen-9-yl]-
4367

C₁₅H₁₀ClNOS
Benzo[*b*]thiophen-2-carbonsäure-[2-chlor-
anilid] 4253
— [3-chlor-anilid] 4253
— [4-chlor-anilid] 4253

C₁₅H₁₀N₂O₃S
Benzo[*b*]thiophen-2-carbonsäure, 5-Nitro-
3-phenyl-, amid 4385

C₁₅H₁₀O₂S
Benzo[*b*]thiophen-2-carbonsäure, 3-Phenyl-
4384
Thiophen-2-carbonsäure-[1]naphthylester
4015

C₁₅H₁₀O₃
Acrylsäure, 3-Dibenzofuran-2-yl- 4387
—, 3-Dibenzofuran-4-yl- 4387
Benzofuran-2-carbonsäure, 3-Phenyl-
4383
Benzofuran-3-carbonsäure, 2-Phenyl- 4386
Essigsäure, Xanthen-9-yliden- 4387
Furan-2-carbonsäure-[1]naphthylester 3922
— [2]naphthylester 3922

C₁₅H₁₀O₅
Essigsäure, [2-Carboxy-naphtho[2,1-*b*]⁼
furan-1-yl]- 4573
Xanthen-4,9-dicarbonsäure 4573
Xanthen-9,9-dicarbonsäure 4573

C₁₅H₁₁BrO₃
Dibenzofuran-2-carbonsäure, 8-Brom-,
äthylester 4343
Essigsäure, [x-Brom-xanthen-9-yl]- 4367
—, Brom-xanthen-9-yl- 4371

C₁₅H₁₁ClO₂
Acetylchlorid, Xanthen-9-yl- 4370

C₁₅H₁₁ClO₃
Dibenzofuran-3-carbonsäure, 8-Chlor-,
äthylester 4345
Essigsäure, [3-Chlor-xanthen-9-yl]- 4371
Oxirancarbonsäure, 3-[4-Chlor-phenyl]-2-
phenyl- 4365

C₁₅H₁₁NO
Oxirancarbonitril, 2,3-Diphenyl- 4364
—, 3,3-Diphenyl- 4366

C₁₅H₁₁NOS
Benzo[*b*]thiophen-2-carbonsäure-anilid
4253
Benzo[*b*]thiophen-3-carbonsäure-anilid
4259
Furan-2-thiocarbonsäure-[2]naphthylamid
4006
Thiophen-2-carbonsäure-[1]naphthylamid
4019
— [2]naphthylamid 4019

C₁₅H₁₁NO₂
Benzofuran-3-carbonsäure, 2-Phenyl-,
amid 4386
Furan-2-carbonsäure-[1]naphthylamid 3945
— [2]naphthylamid 3946

C₁₅H₁₁NO₂S
Acetonitril, [10,10-Dioxo-
10λ⁶-thioxanthen-9-yl]- 4374
Benzo[*b*]thiophen-2-carbonsäure-
[4-hydroxy-anilid] 4254

C₁₅H₁₁NO₅
Dibenzofuran-2-carbonsäure, 7-Nitro-,
äthylester 4344

C₁₅H₁₁NO₆S
Naphthalin-2-sulfonsäure, 7-[Furan-2-
carbonylamino]-4-hydroxy- 3957

C₁₅H₁₁NS
Acetonitril, Thioxanthen-9-yl- 4374

$C_{15}H_{11}NS$ (Fortsetzung)

Penta-2,4-diennitril, 5-Phenyl-2-[2]thienyl-
4361

$C_{15}H_{11}N_3O_4$

Acrylsäure, 2-Cyan-3-[5-nitro-[2]furyl]-,
benzylamid 4536

—, 2-Cyan-3-[5-nitro-[2]furyl]-,
o-toluidid 4535

—, 2-Cyan-3-[5-nitro-[2]furyl]-,
p-toluidid 4536

$C_{15}H_{11}N_3O_5$

Acrylsäure, 2-Cyan-3-[5-nitro-[2]furyl]-,
p-anisidid 4536

$C_{15}H_{12}BrNS$

Acrylonitril, 3-[5-Äthyl-[2]thienyl]-2-
[4-brom-phenyl]- 4334

—, 2-[4-Brom-phenyl]-3-[2,5-dimethyl-
[3]thienyl]- 4335

$C_{15}H_{12}ClNO_3$

Propionsäure, 3-[4-Chlor-phenyl]-2-cyan-3-
[2]furyl-, methylester 4567

$C_{15}H_{12}ClNS$

Acrylonitril, 3-[5-Äthyl-[2]thienyl]-2-
[4-chlor-phenyl]- 4334

—, 2-[4-Chlor-phenyl]-3-[2,5-dimethyl-
[3]thienyl]- 4335

—, 3-[4-Chlor-phenyl]-2-[2,5-dimethyl-
[3]thienyl]- 4335

$C_{15}H_{12}Cl_6O_5$

1,4-Epoxido-5,8-methano-naphthalin-2,3-
dicarbonsäure, 5,6,7,8,9,9-Hexachlor-
1,2,3,4,4a,5,8,8a-octahydro-,
dimethylester 4552

$C_{15}H_{12}FNS$

Acrylonitril, 3-[5-Äthyl-[2]thienyl]-2-
[4-fluor-phenyl]- 4334

—, 2-[2,5-Dimethyl-[3]thienyl]-3-
[4-fluor-phenyl]- 4334

—, 3-[2,5-Dimethyl-[3]thienyl]-2-
[4-fluor-phenyl]- 4335

$C_{15}H_{12}INS$

Acrylonitril, 3-[5-Äthyl-[2]thienyl]-2-[4-jod-
phenyl]- 4334

—, 3-[2,5-Dimethyl-[3]thienyl]-2-
[4-jod-phenyl]- 4336

$C_{15}H_{12}N_2O$

Verbindung $C_{15}H_{12}N_2O$ aus
2,3-Diphenyl-oxiran-carbonitril 4364

$C_{15}H_{12}N_2OS$

Benzo[b]thiophen-3-carbonsäure-
[N'-phenyl-hydrazid] 4259

$C_{15}H_{12}N_2O_2$

Benzofuran-2-carbonsäure, 3-Phenyl-,
hydrazid 4384

$C_{15}H_{12}N_2O_2S$

Acrylonitril, 3-[5-Äthyl-[2]thienyl]-2-
[4-nitro-phenyl]- 4334

—, 3-[2,5-Dimethyl-[3]thienyl]-2-
[4-nitro-phenyl]- 4336

$C_{15}H_{12}N_2S$

Glutaronitril, 2-Phenyl-2-[2]thienyl- 4568

$C_{15}H_{12}O_2S$

Essigsäure, Thioxanthen-9-yl- 4372

Naphtho[1,2-c]thiophen-4-carbonsäure,
1,3-Dimethyl- 4375

$C_{15}H_{12}O_3$

Benzoesäure, 4-[3-Phenyl-oxiranyl]- 4361

Benzofuran-2-carbonsäure, 3-Phenyl-2,3-
dihydro- 4367

Dibenzofuran-2-carbonsäure-äthylester
4342

Dibenzofuran-2-carbonsäure, 8-Methyl-,
methylester 4360

Dibenzofuran-3-carbonsäure, 7-Methyl-,
methylester 4361

Dibenzofuran-4-carbonsäure, 6-Methyl-,
methylester 4361

Dibenz[b,f]oxepin-10-carbonsäure, 10,11-
Dihydro- 4367

Essigsäure, Xanthen-9-yl- 4367

Naphtho[1,2-b]furan-2-carbonsäure,
3-Äthyl- 4375

Naphtho[1,2-b]furan-3-carbonsäure,
2-Methyl-, methylester 4358

Naphtho[2,1-b]furan-2-carbonsäure,
1-Methyl-, methylester 4359

Oxirancarbonsäure, 2,3-Diphenyl- 4362

—, 3,3-Diphenyl- 4365

Propionsäure, 3-Dibenzofuran-2-yl- 4375

—, 3-Dibenzofuran-4-yl- 4376

Xanthen-9-carbonsäure-methylester 4351

Xanthen-9-carbonsäure, 2-Methyl- 4374

—, 4-Methyl- 4375

$C_{15}H_{12}O_4S$

Essigsäure, [10,10-Dioxo-10λ^6-thioxanthen-
9-yl]- 4372

$C_{15}H_{12}O_5$

Bernsteinsäure, [[2]Furyl-phenyl-methylen]-
4570

$C_{15}H_{13}NO$

Acrylonitril, 2-[4-Äthyl-phenyl]-3-[2]furyl-
4333

$C_{15}H_{13}NOS$

Essigsäure, Thioxanthen-9-yl-, amid 4373

$C_{15}H_{13}NO_2$

Dibenzofuran-4-carbonsäure-
dimethylamid 4347

Essigsäure, Xanthen-9-yl-, amid 4370

Oxirancarbonsäure, 2,3-Diphenyl-, amid
4363

—, 3,3-Diphenyl-, amid 4366

$C_{15}H_{13}NO_2S$

Propionsäure, 2-Cyan-3-phenyl-3-[2]-
thienyl-, methylester 4567

$C_{15}H_{13}NO_3$

Propionsäure, 2-Cyan-3-[2]furyl-3-phenyl-,
methylester 4567

$C_{15}H_{13}NO_3S$
Essigsäure, [10,10-Dioxo-10λ^6-thioxanthen-
9-yl]-, amid 4374

$C_{15}H_{13}NO_4$
Hydroxylamin, O-[3-[2]Furyl-acryloyl]-N-
[α-methoxy-benzyliden]- 4152
Malonsäure, Furfuryliden-, mono-
m-toluidid 4531
—, Furfuryliden-, mono-o-toluidid
4531
—, Furfuryliden-, mono-p-toluidid
4531

$C_{15}H_{13}NO_4S$
Acrylsäure, 2-[2,5-Dimethyl-[3]thienyl]-3-
[2-nitro-phenyl]- 4335

$C_{15}H_{13}NO_5$
Furan-3-carbonsäure, 5-[2-Nitro-vinyl]-2-
phenyl-, äthylester 4331

$C_{15}H_{13}NS$
Acrylonitril, 3-[5-Äthyl-[2]thienyl]-2-
phenyl- 4333
—, 3-[2,5-Dimethyl-[3]thienyl]-2-
phenyl- 4335
—, 3-[5-Methyl-[2]thienyl]-2-p-tolyl-
4333

$C_{15}H_{13}N_3O_7S$
Acrylsäure, 3-[5-Nitro-[2]furyl]-,
[4-acetylsulfamoyl-anilid] 4164

$C_{15}H_{14}N_2O_4$
Acrylsäure, 2-Methyl-3-[5-nitro-[2]furyl]-,
benzylamid 4176
—, 2-Methyl-3-[5-nitro-[2]furyl]-,
o-toluidid 4176
—, 2-Methyl-3-[5-nitro-[2]furyl]-,
p-toluidid 4176

$C_{15}H_{14}N_2O_5$
Acrylsäure, 2-Methyl-3-[5-nitro-[2]furyl]-,
p-anisidid 4177

$C_{15}H_{14}N_2O_5S$
Amin, [N-Acetyl-sulfanilyl]-[3-[2]furyl-
acryloyl]- 4152

$C_{15}H_{14}O_2S$
Acrylsäure, 3-[5-Äthyl-[2]thienyl]-2-phenyl-
4333
—, 3-Phenyl-3-[2]thienyl-, äthylester
4308

$C_{15}H_{14}O_3$
Acrylsäure, 3-[2]Furyl-, phenäthylester
4147
—, 3-[2]Furyl-2-phenyl-, äthylester
4323
Naphtho[1,2-b]furan-3-carbonsäure,
2-Methyl-4,5-dihydro-, methylester
4332
Naphtho[2,1-b]furan-4-carbonsäure,
2-Methyl-1,2-dihydro-, methylester
4333

$C_{15}H_{14}O_4$
Furan-3-carbonsäure, 2,4-Dimethyl-,
phenacylester 4097

$C_{15}H_{14}O_4S$
Malonsäure, Benzyl-[2]thienylmethyl- 4568
Thiophen-2-carbonsäure, 5-[3-(4-Carboxy-
phenyl)-propyl]- 4568
Thiophen-2,5-dicarbonsäure, 3-Methyl-4-
phenyl-, dimethylester 4566

$C_{15}H_{14}O_5$
Bernsteinsäure, [[2]Furyl-phenyl-methyl]-
4568

$C_{15}H_{15}ClO_2$
Valerylchlorid, 3-[2]Furyl-2-phenyl- 4316

$C_{15}H_{15}ClO_3$
Furan-2-carbonsäure-[4-$tert$-butyl-2-chlor-
phenylester] 3921

$C_{15}H_{15}Cl_2NO_4$
7-Oxa-norbornan-2-carbonsäure,
5,6-Dichlor-1-methyl-3-
phenylcarbamoyl- 4472
—, 5,6-Dichlor-4-methyl-3-
phenylcarbamoyl- 4472

$C_{15}H_{15}Cl_3N_2O_2$
Furan-2-carbonsäure-[2,2,2-trichlor-1-
phenäthylamino-äthylamid] 3952

$C_{15}H_{15}NO$
Valeronitril, 3-[2]Furyl-2-phenyl- 4317

$C_{15}H_{15}NO_2$
Acrylsäure, 3-[2]Furyl-, [N-äthyl-anilid]
4150
—, 3-[2]Furyl-, phenäthylamid 4150
—, 3-[2]Furyl-2-phenyl-,
dimethylamid 4324

$C_{15}H_{15}NO_4S$
Thiophen-3-carbonsäure, 2,5-Dimethyl-4-
[2-methyl-6-nitro-phenyl]-,
methylester 4314

$C_{15}H_{15}NO_5$
Furan-2-carbonsäure, 4-[2-Methyl-3-(4-
nitro-phenyl)-allyliden]-tetrahydro-
4317
Furan-3-carbonsäure, 4-[2,4-Dimethyl-6-
nitro-phenyl]-2,5-dimethyl- 4318

$C_{15}H_{15}NO_6$
7-Oxa-norbornan-2-carbonsäure,
3-[4-Carboxy-phenylcarbamoyl]- 4460

$C_{15}H_{15}N_3O_4$
p-Phenylendiamin, N,N-Dimethyl-N'-[3-(5-
nitro-[2]furyl)-acryloyl]- 4164

$C_{15}H_{15}N_3O_9$
Pyran-2-carbonsäure, 5-Nitro-6-[2,4,6-
trimethyl-3,5-dinitro-phenyl]-3,4-
dihydro-2H- 4286

$C_{15}H_{16}N_2O_2$
Furan-2-carbamidin, N-Allyl-N'-
[4-methoxy-phenyl]- 3967

C₁₅H₁₆N₂O₅

Glutarsäure, 3-[2]Furyl-2,4-dicyan-,
diäthylester 4602

C₁₅H₁₆N₂O₆S

Furan-2-carbonsäure, 5-tert-Butyl-,
[4-nitro-benzolsulfonylamid] 4119

C₁₅H₁₆O₂S

Buttersäure, 4-[5-Benzyl-[2]thienyl]- 4318

—, 4-Phenyl-2-[2]thienylmethyl- 4315

—, 4-[5-p-Tolyl-[2]thienyl]- 4318

Thiophen-2-carbonsäure, 5-[4-Phenyl-
butyl]- 4317

C₁₅H₁₆O₃

Acrylsäure, 3-[3-Äthyl-4,6-dimethyl-
benzofuran-2-yl]- 4318

—, 3-[3,4,6-Trimethyl-benzofuran-2-
yl]-, methylester 4315

Furan-2-carbonsäure-[2-isopropyl-5-methyl-
phenylester] 3922

Furan-2-carbonsäure, 5-[1-Phenyl-äthyl]-,
äthylester 4308

Furan-3-carbonsäure, 2,5-Dimethyl-4-
phenyl-, äthylester 4310

4,7-Methano-inden, 5-[Furan-2-
carbonyloxy]-3a,4,5,6,7,7a-hexahydro-
3922

—, 6-[Furan-2-carbonyloxy]-3a,4,5,6,⁼
7,7a-hexahydro- 3922

Propionsäure, 3-[2]Furyl-3-phenyl-,
äthylester 4307

—, 3-[5-Phenyl-[2]furyl]-, äthylester
4309

Valeriansäure, 3-[2]Furyl-2-phenyl- 4316

C₁₅H₁₆O₅

Spiro[benzofuran-3,1'-cyclopentan]-2,2'-
dicarbonsäure, 6-Methyl- 4562

C₁₅H₁₆O₆

Pentan, 1,5-Bis-[furan-2-carbonyloxy]-
3924

C₁₅H₁₇BrO₃

Pyran-2-carbonsäure, 5-Brom-6-mesityl-
3,4-dihydro-2H- 4286

C₁₅H₁₇BrO₄

Essigsäure, 2-Methyl-tetrahydro-[3]furyl-,
[4-brom-phenacylester] 3849

—, Tetrahydropyran-2-yl-, [4-brom-
phenacylester] 3843

Propionsäure, 3-Tetrahydro[2]furyl-,
[4-brom-phenacylester] 3846

C₁₅H₁₇NOS

Benzo[b]thiophen-2-carbonsäure-
cyclohexylamid 4253

C₁₅H₁₇NO₂

Furan-2-carbonsäure-[1-phenyl-butylamid]
3945

Valeriansäure, 5-[2]Furyl-, anilid 4114

—, 3-[2]Furyl-2-phenyl-, amid 4316

C₁₅H₁₇NO₂S

Essigsäure, Cyan-cyclohex-2-enyl-[2]⁼
thienyl-, äthylester 4550

—, Phenyl-[2]thienyl-, [(2-hydroxy-
äthyl)-methyl-amid] 4297

—, Phenyl-[2]thienyl-,
[2-methylamino-äthylester] 4294

C₁₅H₁₇NO₃

Furan-2-carbonsäure-[2-(N-äthyl-anilino)-
äthylester] 3929

— [4-butoxy-anilid] 3948

C₁₅H₁₇NO₃S

Thiophen-2-carbonsäure-[3,4-dimethoxy-
phenäthylamid] 4020

C₁₅H₁₇NO₄

7-Oxa-norbornan-2-carbonsäure,
1-Methyl-3-phenylcarbamoyl- 4470

—, 4-Methyl-3-phenylcarbamoyl-
4470

C₁₅H₁₈N₂O

Furan-2-carbamidin, N-Butyl-N'-phenyl-
3965

C₁₅H₁₈N₂O₄S

Furan-2-carbonsäure, 5-tert-Butyl-,
sulfanilylamid 4119

C₁₅H₁₈O₂S

Buttersäure, 4-Benzo[b]thiophen-3-yl-3-
methyl-, äthylester 4283

C₁₅H₁₈O₃

Chromen-2-carbonsäure, 3,6,8-Trimethyl-
4H-, äthylester 4283

Chromen-3-carbonsäure, 2,6,8-Trimethyl-
4H-, äthylester 4283

Oxirancarbonsäure, 3-[5,6,7,8-Tetrahydro-
[1]naphthyl]-, äthylester 4284

Propionsäure, 3-[3-Äthyl-4,6-dimethyl-
benzofuran-2-yl]- 4287

—, 3-[3,4,6-Trimethyl-benzofuran-2-
yl]-, methylester 4285

Pyran-2-carbonsäure, 6-Mesityl-3,4-
dihydro-2H- 4286

Säure C₁₅H₁₈O₃ aus 3-Phenyl-
benzofuran-2-carbonsäure 4383

C₁₅H₁₈O₅

1,6a-Ätheno-pentaleno[1,2-c]furan-1,6-
dicarbonsäure, 3a-Methyl-octahydro-
4554

Essigsäure, [2-Äthoxycarbonyl-2,3-
dihydro-benzofuran-3-yl]-, äthylester
4548

Malonsäure, Furfuryl-prop-2-inyl-,
diäthylester 4547

C₁₅H₁₈O₆S

Malonsäure, [1,1-Dioxo-2,3-dihydro-
1λ⁶-benzo[b]thiophen-3-yl]-,
diäthylester 4548

C₁₅H₁₈O₉

Propan-1,1,3,3-tetracarbonsäure,
2-[2]Furyl-, tetramethylester 4602

$C_{15}H_{19}ClO_6$
Furan-3,4-dicarbonsäure,
   2-[4-Chlorcarbonyl-butyl]-,
   diäthylester 4596
$C_{15}H_{19}NOS$
Benzo[b]thiophen-2-carbonsäure-
   hexylamid 4253
Essigsäure, [2,5-Dimethyl-tetrahydro-
   thiopyran-4-yliden]-, anilid 3902
$C_{15}H_{19}NO_2$
1-Oxa-spiro[2.5]octan-2-carbonsäure-
   [N-methyl-anilid] 3898
$C_{15}H_{19}NO_2S$
Benzofuran-2-thiocarbonsäure-S-
   [2-diäthylamino-äthylester] 4251
$C_{15}H_{19}NO_3$
Benzofuran-2-carbonsäure-[2-diäthylamino-
   äthylester] 4247
Benzofuran-2-carbonsäure, 3,6-Dimethyl-,
   [2-dimethylamino-äthylester] 4276
$[C_{15}H_{20}NO_2S]^+$
Ammonium, [3-(Benzo[b]thiophen-3-
   carbonyloxy)-propyl]-trimethyl- 4258
   $[C_{15}H_{20}NO_2S]I$ 4258
$C_{15}H_{20}O_3$
Chroman-2-carbonsäure, 7-Äthyl-2,4,4-
   trimethyl- 4242
Essigsäure, Isochroman-x-yl-, butylester
   4221
Furan-2-carbonsäure-[3,7-dimethyl-octa-
   2,6-dienylester] 3919
Oxirancarbonsäure, 3-[4-sec-Butyl-phenyl]-,
   äthylester 4236
—, 3-[5-Isopropyl-2-methyl-phenyl]-,
   äthylester 4236
—, 3-[4-Isopropyl-phenyl]-2-methyl-,
   äthylester 4236
—, 3-[4-Isopropyl-phenyl]-3-methyl-,
   äthylester 4236
Propionsäure, 2-Phenyl-3-tetrahydro[2]≠
   furyl-, äthylester 4235
$C_{15}H_{20}O_4S$
Malonsäure, Allyl-[2]thienylmethyl-,
   diäthylester 4542
—, Allyl-[3]thienylmethyl-,
   diäthylester 4542
—, Cyclohexylmethyl-[2]≠
   thienylmethyl- 4543
—, Methallyl-[2]thienyl-,
   diäthylester 4542
$C_{15}H_{20}O_5$
7-Oxa-norbornan-2,3-dicarbonsäure,
   1-Methyl-, diallylester 4469
$C_{15}H_{20}O_7$
Valeriansäure, 5-[3,4-Bis-äthoxycarbonyl-
   [2]furyl]- 4596
$C_{15}H_{21}NO_2$
Buttersäure, 2-Tetrahydropyran-4-yl-,
   anilid 3858

Oxirancarbonsäure, 3,3-Diäthyl-, [N-äthyl-
   anilid] 3850
—, 3,3-Dipropyl-, anilid 3861
Pyran-3-carbonsäure, 2,6-Dimethyl-
   tetrahydro-, [N-methyl-anilid] 3854
$C_{15}H_{21}NO_2S$
Essigsäure, Cyclopent-2-enyl-[2]thienyl-,
   [2-dimethylamino-äthylester] 4216
$C_{15}H_{22}Cl_2O_5$
7-Oxa-norbornan-2,3-dicarbonsäure,
   5,6-Dichlor-1-methyl-, dipropylester
   4471
$C_{15}H_{22}N_2O_4$
Acrylsäure, 3-[5-Nitro-[2]furyl]-,
   dibutylamid 4158
—, 3-[5-Nitro-[2]furyl]-,
   diisobutylamid 4158
$C_{15}H_{22}O_2S$
Buttersäure, 4-Cyclohexyl-
   2-[2]thienylmethyl- 4193
Thiophen-2-carbonsäure-[3,7-dimethyl-oct-
   6-enylester] 4014
$C_{15}H_{22}O_3$
Acrylsäure, 3-[2]Furyl-, [1-methyl-
   heptylester] 4146
Cycloocta[b]furan-3-carbonsäure, 2-Äthyl-
   4,5,6,7,8,9-hexahydro-, äthylester 4192
Oxirancarbonsäure, 3-Methyl-3-[2-(2,6,6-
   trimethyl-cyclohex-1-enyl)-vinyl]- 4194
—, 3-Methyl-3-[2-(2,6,6-trimethyl-
   cyclohex-2-enyl)-vinyl]- 4193
$C_{15}H_{22}O_3S_2$
Essigsäure, [Furan-2-thiocarbonylmercapto]-,
   [1-methyl-heptylester] 4009
$C_{15}H_{22}O_4S$
Isothiochroman-7,8-dicarbonsäure,
   1,3,4-Trimethyl-6,7,8,8a-tetrahydro-,
   7-methylester 4527
—, 1,3,4-Trimethyl-6,7,8,8a-
   tetrahydro-, 8-methylester 4527
Malonsäure, Butyl-[2]thienyl-,
   diäthylester 4521
—, Isobutyl-[2]thienyl-, diäthylester
   4522
—, Isopropyl-[2]thienylmethyl-,
   diäthylester 4522
—, Propyl-[2]thienylmethyl-,
   diäthylester 4521
$C_{15}H_{22}O_5$
Furan-3,4-dicarbonsäure, 2,5-Diisobutyl-,
   monomethylester 4526
—, 2-Isobutyl-5-isopropyl-,
   dimethylester 4525
—, 2-Isobutyl-5-propyl-,
   dimethylester 4525
Malonsäure, Furfuryl-isopropyl-,
   diäthylester 4522
—, [7,8,8-Trimethyl-octahydro-4,7-
   methano-benzofuran-3-yl]- 4528

$C_{15}H_{27}ClO_3$

Pyran-3-carbonsäure, 6-[1-Äthyl-1-chlor-
propyl]-2,2,6-trimethyl-tetrahydro-,
methylester 3867

$C_{15}H_{27}NO_3$

Pyran-3-carbonsäure, 2-Methyl-5,6-
dihydro-4H-, [2-diisopropylamino-
äthylester] 3886

$[C_{15}H_{28}NO_3]^+$

Ammonium, Diäthyl-[2-(2,6-dimethyl-5,6-
dihydro-4H-pyran-3-carbonyloxy)-
äthyl]-methyl- 3894
$[C_{15}H_{28}NO_3]Br$ 3894

$C_{15}H_{28}N_2O_3$

Alanin, N-Äthyl-N-[tetrahydro-pyran-4-
carbonyl]-, diäthylamid 3837
Buttersäure, 2-[Propyl-(tetrahydro-pyran-4-
carbonyl)-amino]-, dimethylamid 3837
Pyran-4,4-dicarbonsäure, Tetrahydro-,
bis-diäthylamid 4438

$[C_{15}H_{28}N_2O_3]^{2+}$

Furan-2-carbonsäure, 5-Methyl-, [β,β'-bis-
trimethylammonio-isopropylester]
4079
$[C_{15}H_{28}N_2O_3]I_2$ 4079

$C_{15}H_{28}O_2S$

Undecansäure, 11-Tetrahydro[2]thienyl-
3867

$C_{15}H_{28}O_3$

Oxirancarbonsäure, 2-Decyl-3,3-dimethyl-
3868
—, 3,3-Dimethyl-2-octyl-, äthylester
3866
—, 3-Methyl-3-nonyl-, äthylester
3866
—, 3-Octyl-, butylester 3865
Pyran-3-carbonsäure, 6-[1-Äthyl-1-methyl-
propyl]-2,2-dimethyl-tetrahydro-,
methylester 3867

$C_{15}H_{28}O_4S$

Undecansäure, 11-[1,1-Dioxo-tetrahydro-
1λ^6-[2]thienyl]- 3868

C_{16}

$C_{16}H_9ClO_4S$

Benzo[b]thiophen-2-carbonsäure,
3-[2-Carboxy-phenyl]-5-chlor- 4578

$C_{16}H_{10}Br_2N_2O_2S_2$

o-Phenylendiamin, N,N'-Bis-[5-brom-
thiophen-2-carbonyl]- 4037

$C_{16}H_{10}N_2O$

Malononitril, Xanthen-9-yl- 4575

$C_{16}H_{10}N_2O_2S$

6λ^6-Dibenzo[c,e]thiepin-3,9-dicarbonitril,
6,6-Dioxo-5,7-dihydro- 4574

$C_{16}H_{10}N_2O_6S$

Benzo[b]thiophen-2-carbonsäure,
5,7-Dinitro-3-phenyl-, methylester
4385

$C_{16}H_{10}N_4O_8$

Hydrazin, N,N'-Bis-[furan-2-carbonyl]-N-
[2,4-dinitro-phenyl]- 3974
p-Phenylendiamin, N,N'-Bis-[5-nitro-furan-
2-carbonyl]- 3998

$C_{16}H_{10}N_6O_9$

Furan-3,4-dicarbonsäure-bis-[5-nitro-
furfurylidenhydrazid] 4498

$C_{16}H_{10}O_5$

Benzofuran-3-carbonsäure, 2-[2-Carboxy-
phenyl]- 4578
Keton, [4-(Furan-2-carbonyloxy)-phenyl]-
[2]furyl- 3937
Malonsäure, Dibenzofuran-2-ylmethylen-
4579

$C_{16}H_{10}O_6$

Benzol, 1,2-Bis-[furan-2-carbonyloxy]-
3924
—, 1,3-Bis-[furan-2-carbonyloxy]-
3924
—, 1,4-Bis-[furan-2-carbonyloxy]-
3924

$C_{16}H_{11}ClO_2$

Benzofuran-2-carbonylchlorid, 5-Methyl-3-
phenyl- 4391

$C_{16}H_{11}ClO_5$

Malonsäure, [3-Chlor-xanthen-9-yl]- 4575

$C_{16}H_{11}NO$

Benzofuran-3-carbonitril, 2-m-Tolyl- 4390

$C_{16}H_{11}NO_2S$

Essigsäure, Cyan-thioxanthen-9-yl- 4575

$C_{16}H_{11}NO_4S$

Benzoesäure, 4-[Benzo[b]thiophen-2-
carbonylamino]-2-hydroxy- 4255
Benzo[b]thiophen-2-carbonsäure, 5-Nitro-
3-phenyl-, methylester 4384
Dibenzo[b,f]thiepin-10-carbonsäure,
8-Methyl-2-nitro- 4391
—, 2-Nitro-, methylester 4386
Essigsäure, Cyan-[10,10-dioxo-
10λ^6-thioxanthen-9-yl]- 4575

$C_{16}H_{11}NO_5$

Benzol, 1-[Furan-2-carbonylamino]-2-
[furan-2-carbonyloxy]- 3947

$C_{16}H_{12}N_2O_2S$

Thioharnstoff, N-[Furan-2-carbonyl]-N'-[1]≠
naphthyl- 3955
—, N-[Furan-2-carbonyl]-N'-[2]≠
naphthyl- 3955

$C_{16}H_{12}N_2O_2S_2$

o-Phenylendiamin, N,N'-Bis-[thiophen-2-
carbonyl]- 4022

$C_{16}H_{12}N_2O_6S$

Amin, [Furan-2-carbonyl]-[N-(furan-2-
carbonyl)-sulfanilyl]- 3964

C₁₆H₂₂O₄S (Fortsetzung)

Malonsäure, Methallyl-[2]thienylmethyl-,
diäthylester 4542

C₁₆H₂₂O₅

1,4-Epoxido-naphthalin-4a,8a-
dicarbonsäure, 6,7-Dimethyl-1,2,3,4,5,8-
hexahydro-, dimethylester 4543

7-Oxa-norbornan-2,3-dicarbonsäure-
dimethallylester 4459

C₁₆H₂₂O₆S

Propan-1,2,2-tricarbonsäure, 3-[3]Thienyl-,
triäthylester 4595

C₁₆H₂₂O₇

Äther, Bis-[2-(5,6-dihydro-4*H*-pyran-3-
carbonyloxy)-äthyl]- 3880

Propan-1,1,3-tricarbonsäure, 2-[2]Furyl-,
triäthylester 4595

C₁₆H₂₃NO₂S

Essigsäure, Cyclopent-2-enyl-[2]thienyl-,
[2-(äthyl-methyl-amino)-äthylester]
4216

—, Cyclopent-2-enyl-[2]thienyl-,
[2-isopropylamino-äthylester] 4217

C₁₆H₂₃NO₃

Oxirancarbonsäure, 2-Methyl-3-phenyl-,
[2-diäthylamino-äthylester] 4208

C₁₆H₂₄Cl₂O₅

7-Oxa-norbornan-2,3-dicarbonsäure,
5,6-Dichlor-, dibutylester 4462

C₁₆H₂₄N₂O₃

Malonsäure, Furfuryliden-,
bis-diäthylamid 4531

C₁₆H₂₄N₂O₄

Acrylsäure, 2-Methyl-3-[5-nitro-[2]furyl]-,
octylamid 4175

C₁₆H₂₄O₂S

Buttersäure, 4-[5-(3-Cyclopentyl-propyl)-[2]≈
thienyl]- 4194

C₁₆H₂₄O₃

Cycloocta[*b*]furan-3-carbonsäure, 2-Pentyl-
4,5,6,7,8,9-hexahydro- 4195

Pent-3-ensäure, 2-Hydroxy-3-methyl-5-
[2,6,6-trimethyl-cyclohex-2-enyliden]-,
methylester 4194

C₁₆H₂₄O₄

Cyclohexancarbonsäure, 4,5-Epoxy-2-
methyl-, [4,5-epoxy-2-methyl-
cyclohexylmethylester] 3899

Pyran-2-carbonsäure, 2,5-Dimethyl-3,4-
dihydro-2*H*-, [2,5-dimethyl-3,4-
dihydro-2*H*-pyran-2-ylmethylester]
3893

C₁₆H₂₄O₄S

Malonsäure, *sec*-Butyl-[2]thienylmethyl-,
diäthylester 4523

—, [2,5-Diäthyl-[3]thienylmethyl]-,
diäthylester 4523

—, Isobutyl-[2]thienylmethyl-,
diäthylester 4523

—, Pentyl-[2]thienyl-, diäthylester
4522

Thiophen, 2,5-Bis-[4-methoxycarbonyl-
butyl]- 4526

C₁₆H₂₄O₅

Bernsteinsäure, [2-Methyl-3-(2,3,3,5-
tetramethyl-2,3-dihydro-[2]furyl)-allyl]-
4529

Furan-3,4-dicarbonsäure, 2,5-Diisobutyl-,
dimethylester 4527

Malonsäure, [1-[2]Furyl-3-methyl-butyl]-,
diäthylester 4523

C₁₆H₂₄O₈S

Thiophen-3,3,4,4-tetracarbonsäure-
tetraäthylester 4599

C₁₆H₂₄O₉

Furan-3,3,4,4-tetracarbonsäure-
tetraäthylester 4599

C₁₆H₂₄O₁₀S

1λ⁶-Thiophen-3,3,4,4-tetracarbonsäure,
1,1-Dioxo-, tetraäthylester 4599

C₁₆H₂₅NO₂S

Cyclopentancarbonsäure, 1-[2]Thienyl-,
[2-diäthylamino-äthylester] 4185

C₁₆H₂₆BrNO₃

Furan-2-carbonsäure, 5-Brom-,
[3-dipropylamino-2,2-dimethyl-
propylester] 3988

C₁₆H₂₆N₂O₃

Essigsäure, [3-Diäthylcarbamoyl-4-methyl-
[2]furyl]-, diäthylamid 4506

—, [4-Diäthylcarbamoyl-5-methyl-[2]≈
furyl]-, diäthylamid 4507

Furan-3,4-dicarbonsäure, 2,5-Dimethyl-,
bis-diäthylamid 4509

C₁₆H₂₆O₂S

Valeriansäure, 5-[5-Heptyl-[2]thienyl]- 4140

C₁₆H₂₆O₃

Dodecansäure, 12-[2]Furyl- 4140

C₁₆H₂₆O₅

Cyclohexan-1,2-dicarbonsäure, 4,5-Epoxy-,
dibutylester 4457

Malonsäure, Methallyl-tetrahydropyran-2-
yl-, diäthylester 4475

7-Oxa-norbornan-2,3-dicarbonsäure-
dibutylester 4459

C₁₆H₂₆O₈

Äthan, 1,2-Bis-[2-(tetrahydro-furan-2-
carbonyloxy)-äthoxy]- 3826

[C₁₆H₂₇BrNO₃]⁺

Ammonium, Triäthyl-[3-(5-brom-furan-2-
carbonyloxy)-2-methyl-butyl]- 3987

[C₁₆H₂₇BrNO₃]I 3987

C₁₆H₂₇BrN₂O₃

Furan-2-carbonsäure, 5-Brom-, [β,β'-bis-
diäthylamino-isopropylester] 3984

C₁₆H₂₇NO₂

Dodecansäure, 12-[2]Furyl-, amid 4140

$C_{16}H_{27}NO_2S$

Hexansäure, 2-[2]Thienyl-,
[2-diäthylamino-äthylester] 4123
Thiophen-2-carbonsäure-[3-dibutylamino-
propylester] 4015
Thiophen-3-carbonsäure-[3-dibutylamino-
propylester] 4055
Valeriansäure, 4-Methyl-2-[2]thienyl-,
[2-diäthylamino-äthylester] 4124
—, 2-[2]Thienylmethyl-,
[2-diäthylamino-äthylester] 4124

$C_{16}H_{27}NO_3$

Furan-2-carbonsäure-[3-dibutylamino-
propylester] 3930
— [3-dipropylamino-1,2-dimethyl-
propylester] 3934
— [3-dipropylamino-2,2-dimethyl-
propylester] 3935

$[C_{16}H_{28}NO_3]^+$

Ammonium, Diäthyl-[2,2-dimethyl-3-(5-
methyl-furan-2-carbonyloxy)-propyl]-
methyl- 4083
$[C_{16}H_{28}NO_3]I$ 4083
—, Diäthyl-methyl-[2-methyl-3-(5-
methyl-furan-2-carbonyloxy)-butyl]-
4082
$[C_{16}H_{28}NO_3]I$ 4082
—, Diäthyl-methyl-[3-methyl-3-(5-
methyl-furan-2-carbonyloxy)-butyl]-
4081
$[C_{16}H_{28}NO_3]I$ 4081
—, Triäthyl-[3-(furan-2-carbonyloxy)-
2-methyl-butyl]- 3934
$[C_{16}H_{28}NO_3]I$ 3934
—, Triäthyl-[3-(5-methyl-furan-2-
carbonyloxy)-butyl]- 4080
$[C_{16}H_{28}NO_3]I$ 4080

$C_{16}H_{28}N_2O_3$

Furan-2-carbonsäure-[β,β'-bis-
diäthylamino-isopropylester] 3931

$C_{16}H_{28}O_3$

Essigsäure, [2,5,5,8a-Tetramethyl-
hexahydro-chroman-2-yl]-,
methylester 3912
1-Oxa-spiro[2.5]octan-2-carbonsäure,
2-Hexyl-, äthylester 3911

$C_{16}H_{28}O_5$

Bernsteinsäure, [2,3-Epoxy-4,4-dimethyl-2-
neopentyl-pentyl]- 4451
Malonsäure, Butyl-tetrahydropyran-2-yl-,
diäthylester 4450
—, Isobutyl-tetrahydropyran-2-yl-,
diäthylester 4450
Pyran-2,5-dicarbonsäure, 2,6,6-Trimethyl-
tetrahydro-, dipropylester 4447

$[C_{16}H_{29}BrN_2O_3]^{2+}$

Furan-2-carbonsäure, 5-Brom-, [β,β'-bis-
(äthyl-dimethyl-ammonio)-
isopropylester] 3984
$[C_{16}H_{29}BrN_2O_3]I_2$ 3984

$C_{16}H_{29}NO_3$

Pyran-3-carbonsäure, 2,6-Dimethyl-5,6-
dihydro-4H-, [2-diisopropylamino-
äthylester] 3894

$[C_{16}H_{30}NO_3]^+$

Ammonium, Diisopropyl-methyl-[2-(2-
methyl-5,6-dihydro-4H-pyran-3-
carbonyloxy)-äthyl]- 3886
$[C_{16}H_{30}NO_3]Br$ 3886

$C_{16}H_{30}N_2O_3$

Buttersäure, 2-[Äthyl-(tetrahydro-pyran-4-
carbonyl)-amino]-, diäthylamid 3837
Malonsäure, Tetrahydropyran-4-yl-,
bis-diäthylamid 4442

$[C_{16}H_{30}N_2O_3]^{2+}$

Furan-2-carbonsäure- [β,β'-Bis-(äthyl-
dimethyl-ammonio)-isopropylester]
3931
$[C_{16}H_{30}N_2O_3]I_2$ 3931

$C_{16}H_{30}O_2S$

Dodecansäure, 12-Tetrahydro[2]thienyl-
3868

$C_{16}H_{30}O_3$

Oxirancarbonsäure, 3,3-Dimethyl-2-nonyl-,
äthylester 3867
—, 3-Tridecyl- 3869

C_{17}

$C_{17}H_9Cl_2NS$

Acrylonitril, 2-Benzo[b]thiophen-3-yl-3-
[2,4-dichlor-phenyl]- 4401
—, 2-Benzo[b]thiophen-3-yl-3-
[3,4-dichlor-phenyl]- 4401

$C_{17}H_{10}BrNO_2$

Propiolsäure, [5-Brom-[2]furyl]-,
[1]naphthylamid 4197

$C_{17}H_{10}BrNO_5$

Acrylsäure, 3-[5-Nitro-[2]furyl]-, [1-brom-
[2]naphthylester] 4156

$C_{17}H_{10}BrNS$

Acrylonitril, 3-Benzo[b]thiophen-3-yl-2-
[4-brom-phenyl]- 4402
—, 3-[5-Brom-[2]thienyl]-2-[2]≈
naphthyl- 4400

$C_{17}H_{10}ClNS$

Acrylonitril, 2-Benzo[b]thiophen-3-yl-3-
[4-chlor-phenyl]- 4401
—, 3-Benzo[b]thiophen-3-yl-2-
[4-chlor-phenyl]- 4402
—, 3-[5-Chlor-[2]thienyl]-2-[1]≈
naphthyl- 4400

C₁₇H₁₀Cl₂O₂
Benzoylchlorid, 3-[3-Chlor-5-phenyl-[2]⸗
  furyl]- 4395
—, 3-[4-Chlor-5-phenyl-[2]furyl]- 4395

C₁₇H₁₀FNS
Acrylonitril, 2-Benzo[b]thiophen-3-yl-3-
  [4-fluor-phenyl]- 4401
—, 2-[4-Fluor-[1]naphthyl]-3-[2]⸗
  thienyl- 4400

C₁₇H₁₀N₂O₂S
Acrylonitril, 2-Benzo[b]thiophen-3-yl-3-
  [3-nitro-phenyl]- 4401
—, 3-Benzo[b]thiophen-3-yl-2-[4-nitro-
  phenyl]- 4402

C₁₇H₁₀O₂S
Benzo[b]naphtho[1,2-d]thiophen-5-
  carbonsäure 4409

C₁₇H₁₀O₃
Benzo[b]naphtho[1,2-d]furan-5-
  carbonsäure 4409
Benzo[b]naphtho[2,3-d]furan-6-
  carbonsäure 4409
Benzo[b]naphtho[2,3-d]furan-11-
  carbonsäure 4409

C₁₇H₁₀O₄
Benzofuran-2-carbonsäure-benzofuran-2-
  ylester 4248

C₁₇H₁₀O₄S
7λ⁶-Benzo[b]naphtho[1,2-d]thiophen-5-
  carbonsäure, 7,7-Dioxo- 4410

C₁₇H₁₁BrN₂O₄
Acrylsäure, 3-[5-Nitro-[2]furyl]-, [1-brom-
  [2]naphthylamid] 4161
—, 3-[5-Nitro-[2]furyl]-, [4-brom-[1]⸗
  naphthylamid] 4161

C₁₇H₁₁BrO₂S
Thiophen-2-carbonsäure, 5-Brom-3,4-
  diphenyl- 4398

C₁₇H₁₁ClN₂O₄
Acrylsäure, 3-[5-Nitro-[2]furyl]-, [4-chlor-
  [1]naphthylamid] 4160

C₁₇H₁₁ClO₂
Furan-2-carbonylchlorid, 3,4-Diphenyl-
  4397
Furan-3-carbonylchlorid, 2,5-Diphenyl-
  4399

C₁₇H₁₁ClO₃
Benzoesäure, 3-[3-Chlor-5-phenyl-[2]furyl]-
  4395
—, 3-[4-Chlor-5-phenyl-[2]furyl]- 4395

C₁₇H₁₁NO
Benzonitril, 3-[5-Phenyl-[2]furyl]- 4395
—, 4-[5-Phenyl-[2]furyl]- 4396

C₁₇H₁₁NO₅
Acrylsäure, 3-[5-Nitro-[2]furyl]-,
  [2]naphthylester 4156

C₁₇H₁₁NS
Acrylonitril, 2-Benzo[b]thiophen-3-yl-3-
  phenyl- 4400

—, 3-Benzo[b]thiophen-2-yl-2-phenyl-
  4401
—, 3-Benzo[b]thiophen-3-yl-2-phenyl- 4401
—, 2-[1]Naphthyl-3-[2]thienyl- 4400
—, 2-[2]Naphthyl-3-[2]thienyl- 4400
—, 3-[1]Naphthyl-2-[2]thienyl- 4399
—, 3-[2]Naphthyl-2-[2]thienyl- 4399
Thiophen-2-carbonitril, 3,5-Diphenyl- 4398

C₁₇H₁₁NSe
Selenophen-2-carbonitril, 3,5-Diphenyl-
  4399

C₁₇H₁₁N₃O₆S
Furan-2-carbonsäure, 5-Nitro-, [4-(4-nitro-
  phenylmercapto)-anilid] 3996

C₁₇H₁₂BrNOS
Thiophen-2-carbonsäure, 5-Brom-,
  biphenyl-4-ylamid 4037

C₁₇H₁₂N₂O
Oxetan-2,2-dicarbonitril, 4,4-Diphenyl-
  4577

C₁₇H₁₂N₂O₂
Äthanon, 2-Diazo-1-[2-m-tolyl-benzofuran-
  3-yl]- 4393

C₁₇H₁₂N₂O₃
Furan-3-carbonsäure, 5-[2,2-Dicyan-vinyl]-
  2-phenyl-, äthylester 4598

C₁₇H₁₂N₂O₄
Acrylsäure, 3-[5-Nitro-[2]furyl]-,
  [1]naphthylamid 4160
—, 3-[5-Nitro-[2]furyl]-,
  [2]naphthylamid 4161
Furan-2-carbonsäure, 5-Nitro-, biphenyl-
  2-ylamid 3996

C₁₇H₁₂N₂O₄S
Furan-2-carbonsäure-[4-(4-nitro-
  phenylmercapto)-anilid] 3948

C₁₇H₁₂N₂O₅
Acrylsäure, 3-[5-Nitro-[2]furyl]-,
  [2-hydroxy-[1]naphthylamid] 4163
—, 3-[5-Nitro-[2]furyl]-, [4-hydroxy-
  [1]naphthylamid] 4163

C₁₇H₁₂N₂O₆S
Benzo[b]thiophen-2-carbonsäure,
  5,7-Dinitro-3-phenyl-, äthylester 4385
Furan-2-carbonsäure-[4-(4-nitro-
  benzolsulfonyl)-anilid] 3948

C₁₇H₁₂O₂S
Acrylsäure, 2-[1]Naphthyl-3-[2]thienyl-
  4399
Thiophen-2-carbonsäure, 3,4-Diphenyl-
  4397
—, 3,5-Diphenyl- 4398

C₁₇H₁₂O₂Se
Selenophen-2-carbonsäure, 3,4-Diphenyl-
  4398
—, 3,5-Diphenyl- 4399

C₁₇H₁₂O₃
Furan-2-carbonsäure, 3,4-Diphenyl- 4397
Furan-3-carbonsäure, 2,5-Diphenyl- 4399

$C_{17}H_{12}O_3S_2$

Essigsäure, [Furan-2-thiocarbonylmercapto]-,
[2]naphthylester 4010

$C_{17}H_{12}O_4S$

$7\lambda^6$-Benzo[b]naphtho[1,2-d]thiophen-11b-
carbonsäure, 7,7-Dioxo-6aH- 4402
Benzo[b]thiophen-2-carbonsäure,
3-[2-Carboxy-phenyl]-5-methyl- 4579

$C_{17}H_{13}BrO_3$

Benzofuran-2-carbonsäure, 5-Brommethyl-
3-phenyl-, methylester 4391

$C_{17}H_{13}ClN_2O$

Benzamidin, 3-[3-Chlor-5-phenyl-[2]furyl]-
4396
—, 3-[4-Chlor-5-phenyl-[2]furyl]- 4396

$C_{17}H_{13}NOS$

Furan-2-thiocarbonsäure-diphenylamid
4005
Thiophen-2-carbonsäure-acenaphthen-5-
ylamid 4019
— biphenyl-2-ylamid 4019
— biphenyl-4-ylamid 4019

$C_{17}H_{13}NO_2$

Furan-2-carbonsäure-acenaphthen-5-
ylamid 3946
— biphenyl-2-ylamid 3946
— biphenyl-4-ylamid 3946
— diphenylamid 3943
Furan-3-carbonsäure, 5-Phenyl-, anilid
4292

$C_{17}H_{13}NO_2S_2$

Furan-2-dithiocarbonsäure-[[1]≠
naphthylcarbamoyl-methylester] 4010

$C_{17}H_{13}NO_4S$

Benzo[b]thiophen-2-carbonsäure, 5-Nitro-
3-phenyl-, äthylester 4384
Dibenzo[b,f]thiepin-10-carbonsäure,
8-Methyl-2-nitro-, methylester 4391

$C_{17}H_{13}N_3O_4$

Furan-2-carbonsäure, 5-Nitro-, [4-anilino-
anilid] 3998

$C_{17}H_{13}N_3O_5S_2$

Thiophen-2-carbonsäure-[4-(4-nitro-
phenylsulfamoyl)-anilid] 4021

$C_{17}H_{13}N_3O_6S$

Furan-2-carbonsäure-[4-(4-nitro-
phenylsulfamoyl)-anilid] 3956

$C_{17}H_{14}BrNS$

Acrylonitril, 2-[4-Brom-phenyl]-3-[4,5,6,7-
tetrahydro-benzo[b]thiophen-2-yl]-
4380

$C_{17}H_{14}INS$

Acrylonitril, 2-[4-Jod-phenyl]-3-[4,5,6,7-
tetrahydro-benzo[b]thiophen-2-yl]-
4380

$C_{17}H_{14}N_2O$

Benzamidin, 3-[5-Phenyl-[2]furyl]- 4395
—, 4-[5-Phenyl-[2]furyl]- 4397

$C_{17}H_{14}N_2O_2S_2$

m-Phenylendiamin, 4-Methyl-N,N'-bis-
[thiophen-2-carbonyl]- 4023

$C_{17}H_{14}N_2O_3S_2$

Thiophen-2-carbonsäure-
[4-phenylsulfamoyl-anilid] 4021

$C_{17}H_{14}N_2O_4$

Furan-3-carbonsäure, 5-[2-Carbamoyl-2-
cyan-vinyl]-2-phenyl-, äthylester 4598
Toluol, 2,4-Bis-[furan-2-carbonylamino]-
3957

$C_{17}H_{14}N_2O_4S$

Furan-2-carbonsäure-[4-phenylsulfamoyl-
anilid] 3956
— [4-sulfanilyl-anilid] 3949

$C_{17}H_{14}N_4O$

Formazan, 3-[2]Furyl-1,5-diphenyl- 3975

$C_{17}H_{14}O_2S$

[1]Naphthoesäure, 2-[1-[2]Thienyl-äthyl]-
4392

$C_{17}H_{14}O_3$

Benzofuran-2-carbonsäure, 3-Benzyl-,
methylester 4389
—, 3-Phenyl-, äthylester 4383
Essigsäure, [2-m-Tolyl-benzofuran-3-yl]-
4392
Furan-3-carbonsäure, 2-Äthyl-5-[2]≠
naphthyl- 4392
Oxirancarbonsäure, Benzhydryliden-,
methylester 4388

$C_{17}H_{14}O_5$

Essigsäure, [2-Carboxy-2,3-dihydro-
benzofuran-3-yl]-phenyl- 4577
—, [2-Methoxycarbonyl-naphtho≠
[2,1-b]furan-1-yl]-, methylester 4574
Oxetan-2,2-dicarbonsäure, 4,4-Diphenyl-
4576

$C_{17}H_{15}NO$

Oxirancarbonitril, 3,3-Dibenzyl- 4379
—, 3,3-Di-p-tolyl- 4379

$C_{17}H_{15}NOS$

Benzo[b]thiophen-2-carbonsäure-
phenäthylamid 4254

$C_{17}H_{15}NO_2$

Essigsäure, [6-Methyl-benzofuran-3-yliden]-,
anilid 4275
Furan-3-carbonsäure, 2,5-Dimethyl-,
[1]naphthylamid 4100

$C_{17}H_{15}N_3O_3S_2$

Thiophen-2-carbonsäure-[4-(4-amino-
phenylsulfamoyl)-anilid] 4022

$C_{17}H_{15}N_3O_4S$

Furan-2-carbonsäure-[4-(4-amino-
phenylsulfamoyl)-anilid] 3956

$C_{17}H_{16}BrNS$

Acrylonitril, 2-[4-Brom-phenyl]-3-
[5-isobutyl-[2]thienyl]- 4337

$C_{17}H_{26}O_3$ (Fortsetzung)
Pent-4-ensäure, 2,3-Epoxy-3-methyl-5-[2,6,6-trimethyl-cyclohex-2-enyl]-, äthylester 4194

$C_{17}H_{26}O_4S$
Malonsäure, Hexyl-[2]thienyl-, diäthylester 4524
—, [1-Methyl-butyl]-[2]thienylmethyl-, diäthylester 4525
Nonansäure, 9-[5-(3-Carboxy-propyl)-[2]-thienyl]- 4529

$C_{17}H_{26}O_5$
Malonsäure, Cyclopent-2-enyl-tetrahydropyran-2-yl-, diäthylester 4526
—, [1-[2]Furyl-4-methyl-pentyl]-, diäthylester 4525

$C_{17}H_{26}O_9$
Pyran-3,3,5,5-tetracarbonsäure-tetraäthylester 4599

$C_{17}H_{27}NO_2S$
Cyclohexancarbonsäure, 1-[2]Thienyl-, [2-diäthylamino-äthylester] 4188
Essigsäure, Cyclopentyl-[2]thienyl-, [2-diäthylamino-äthylester] 4188

$C_{17}H_{28}N_2O_4S$
Thiophen-2-carbonsäure, 5-Methyl-4-nitro-, [3-dibutylamino-propylester] 4089

$C_{17}H_{28}O_2S$
Thiophen-2-carbonsäure-dodecylester 4014
Undecansäure, 11-[2]Thienyl-, äthylester 4139

$C_{17}H_{28}O_3$
Furan-2-carbonsäure-dodecylester 3918

$C_{17}H_{28}O_5$
Buttersäure, 4-[2-Äthoxycarbonyl-4-methyl-1-oxa-spiro[2.5]oct-4-yl]-, äthylester 4475
Cyclohexan-1,2-dicarbonsäure, 4,5-Epoxy-1-methyl-, dibutylester 4466
—, 4,5-Epoxy-4-methyl-, dibutylester 4466
7-Oxa-norbornan-2,3-dicarbonsäure, 1-Methyl-, dibutylester 4469

$C_{17}H_{29}NO_2$
Furan-2-carbonsäure-dodecylamid 3941

$C_{17}H_{29}NO_2S$
Hexansäure, 5-Methyl-2-[2]thienyl-, [2-diäthylamino-äthylester] 4130

$[C_{17}H_{30}NO_3]^+$
Ammonium, Triäthyl-[2,2-dimethyl-3-(5-methyl-furan-2-carbonyloxy)-propyl]- 4083
$[C_{17}H_{30}NO_3]I$ 4083
—, Triäthyl-[2-methyl-3-(5-methyl-furan-2-carbonyloxy)-butyl]- 4082
$[C_{17}H_{30}NO_3]I$ 4082

—, Triäthyl-[3-methyl-3-(5-methyl-furan-2-carbonyloxy)-butyl]- 4081
$[C_{17}H_{30}NO_3]I$ 4081

$C_{17}H_{30}N_2O_3$
Furan-2-carbonsäure, 5-Methyl-, [β,β'-bis-diäthylamino-isopropylester] 4079

$C_{17}H_{30}O_3$
1-Oxa-spiro[2.5]octan-2-carbonsäure, 2-Heptyl-, äthylester 3911

$C_{17}H_{30}O_5$
Malonsäure, Isopentyl-tetrahydropyran-2-yl-, diäthylester 4450
—, [1-Methyl-butyl]-tetrahydropyran-2-yl-, diäthylester 4450

$C_{17}H_{31}NO_2$
1-Oxa-spiro[2.14]heptadecan-2-carbonsäure-amid 3912

$[C_{17}H_{32}NO_3]^+$
Ammonium, [2-(2,6-Dimethyl-5,6-dihydro-4H-pyran-3-carbonyloxy)-äthyl]-diisopropyl-methyl- 3894
$[C_{17}H_{32}NO_3]Br$ 3894

$[C_{17}H_{32}N_2O_3]^{2+}$
Furan-2-carbonsäure, 5-Methyl-, [β,β'-bis-(äthyl-dimethyl-ammonio)-isopropylester] 4079
$[C_{17}H_{32}N_2O_3]I_2$ 4079

$C_{17}H_{32}O_2S$
Dodecansäure, 12-Tetrahydro[2]thienyl-, methylester 3868

$C_{17}H_{32}O_3$
Oxirancarbonsäure, 2-Decyl-3,3-dimethyl-, äthylester 3868
—, 3-[4,8-Dimethyl-nonyl]-3-methyl-, äthylester 3868
—, 3-Hexyl-, [2-äthyl-hexylester] 3861
—, 3-Tridecyl-, methylester 3869

$C_{17}H_{34}N_2O$
Acetamidin, N,N-Dipentyl-2-tetrahydropyran-4-yl- 3844

C_{18}

$C_{18}H_{10}Cl_2O_3$
Furan-3,4-dicarbonylchlorid, 2,5-Diphenyl-4583

$C_{18}H_{10}Cl_2O_4S$
Thiophen-2,5-dicarbonsäure, 3,4-Bis-[4-chlor-phenyl]- 4582

$C_{18}H_{10}N_2O$
Malononitril, [2-Phenyl-chromen-4-yliden]-4583
—, [Xanthen-9-yliden-äthyliden]-4584

$C_{18}H_{10}O_6$
Peroxid, Bis-[benzofuran-2-carbonyl]-4248

C₁₈H₁₂Br₂O₂S
Essigsäure, [3,5-Dibrom-[2]thienyl]-
diphenyl- 4403

C₁₈H₁₂N₂O
Malononitril, [2-Phenyl-4H-chromen-4-yl]-
4579

C₁₈H₁₂O₃
Benzo[b]naphtho[1,2-d]furan-5-
carbonsäure-methylester 4409
Phenanthro[1,2-b]furan-1-carbonsäure,
2-Methyl- 4410
Phenanthro[1,2-b]furan-2-carbonsäure,
1-Methyl- 4410
Phenanthro[4,3-b]furan-3-carbonsäure,
2-Methyl- 4411

C₁₈H₁₂O₄S
Thiophen-2,5-dicarbonsäure-diphenylester
4496
Thiophen-2,5-dicarbonsäure, 3,4-Diphenyl-
4581
Thiophen-3,4-dicarbonsäure, 2,5-Diphenyl-
4583

C₁₈H₁₂O₄Se
Selenophen-2,5-dicarbonsäure,
3,4-Diphenyl- 4582

C₁₈H₁₂O₅
Furan-2,5-dicarbonsäure, 3,4-Diphenyl-
4581
Furan-3,4-dicarbonsäure, 2,5-Diphenyl-
4582

C₁₈H₁₃BrN₂OS
Thiophen-2-carbonsäure, 5-Brom-,
[acenaphthen-5-ylmethylen-hydrazid]
4038

C₁₈H₁₃ClN₂OS
Thiophen-2-carbonsäure, 5-Chlor-,
[acenaphthen-5-ylmethylen-hydrazid]
4032

C₁₈H₁₃ClO₃
Benzoesäure, 3-[3-Chlor-5-phenyl-[2]furyl]-,
methylester 4395
—, 3-[4-Chlor-5-phenyl-[2]furyl]-,
methylester 4395

C₁₈H₁₃F₃N₄S
Formazan, N-Phenyl-3-[2]thienyl-N'''-
[3-trifluormethyl-phenyl]- 4029

C₁₈H₁₃NOS
Thiophen-2-carbonsäure-fluoren-2-ylamid
4019

C₁₈H₁₃NO₂
Furan-2-carbonsäure-fluoren-2-ylamid
3946

C₁₈H₁₃NO₂S
Anilin, N-Benzoyl-N-[furan-2-
thiocarbonyl]- 4006

C₁₈H₁₃NS
Acrylonitril, 3-Benzo[b]thiophen-3-yl-2-
p-tolyl- 4404

—, 3-[5-Methyl-[2]thienyl]-2-[1]≠
naphthyl- 4403

C₁₈H₁₄ClNO₂
Benzimidsäure, 3-[3-Chlor-5-phenyl-[2]≠
furyl]-, methylester 4396
—, 3-[4-Chlor-5-phenyl-[2]furyl]-,
methylester 4396
—, 4-[3-Chlor-5-phenyl-[2]furyl]-,
methylester 4397
—, 4-[4-Chlor-5-phenyl-[2]furyl]-,
methylester 4397

C₁₈H₁₄N₂OS
Thiophen-2-carbonsäure-[acenaphthen-5-
ylmethylen-hydrazid] 4025

C₁₈H₁₄N₂O₂S
Thioharnstoff, N'-[Furan-2-carbonyl]-
N,N-diphenyl- 3954

C₁₈H₁₄N₂O₄
Acrylsäure, 2-Methyl-3-[5-nitro-[2]furyl]-,
[1]naphthylamid 4176

C₁₈H₁₄N₄O₂S
Benzoesäure, 2-[N'''-Phenyl-3-[2]thienyl-[N]≠
formazano]- 4029

C₁₈H₁₄O₂S
Essigsäure, Biphenyl-4-yl-[2]thienyl- 4403
—, Diphenyl-[2]thienyl- 4402
Thiophen-2-carbonsäure, 3,4-Diphenyl-,
methylester 4398

C₁₈H₁₄O₂Se
Selenophen-2-carbonsäure, 3,4-Diphenyl-,
methylester 4398

C₁₈H₁₄O₃
Benzoesäure, 4-[5-Phenyl-[2]furyl]-,
methylester 4396
Furan-2-carbonsäure, 3,4-Diphenyl-,
methylester 4397
Furan-3-carbonsäure, 2-Methyl-4,5-
diphenyl- 4403
Phenanthro[1,2-b]furan-1-carbonsäure,
2-Methyl-10,11-dihydro- 4404
Phenanthro[4,3-b]furan-3-carbonsäure,
2-Methyl-4,5-dihydro- 4404

C₁₈H₁₄O₄S
1λ⁶-Thiophen-2-carbonsäure, 1,1-Dioxo-
3,4-diphenyl-, methylester 4398

C₁₈H₁₄O₅
Benzofuran-3-carbonsäure,
2-[2-Methoxycarbonyl-phenyl]-,
methylester 4579
Furan-3-carbonsäure, 2-[1-Carboxy-5-
methyl-[2]naphthyl]-4-methyl- 4579

C₁₈H₁₄O₉
Propan, 1,2,3-Tris-[furan-2-carbonyloxy]-
3925

C₁₈H₁₅BrO₃
But-3-ensäure, 2-Brom-2,3-epoxy-4,4-
diphenyl-, äthylester 4388
Furan-3-on, 5-Äthoxy-4-brom-2,2-
diphenyl- 4388

C₁₈H₁₅ClN₄O
Furan, 2,5-Bis-[3-carbamimidoyl-phenyl]-3-
　　chlor- 4580
—, 2,5-Bis-[4-carbamimidoyl-phenyl]-
　　3-chlor- 4580
—, 2-[3-Carbamimidoyl-phenyl]-5-
　　[4-carbamimidoyl-phenyl]-3-chlor- 4580
—, 5-[3-Carbamimidoyl-phenyl]-2-
　　[4-carbamimidoyl-phenyl]-3-chlor- 4580

C₁₈H₁₅Cl₂NO₄
7-Oxa-norbornan-2-carbonsäure,
　　5,6-Dichlor-3-[1]naphthylcarbamoyl-
　　4462

C₁₈H₁₅NO
Acrylonitril, 2-[5-Methyl-2,3-dihydro-
　　benzofuran-7-yl]-3-phenyl- 4394
Pyran-2-carbonitril, 5,6-Diphenyl-3,4-
　　dihydro-2H- 4393

C₁₈H₁₅NOS
Furan-2-thiocarbonsäure-[N-benzyl-anilid]
　　4005
Thiophen-2-carbonsäure, 3-Methyl-,
　　biphenyl-4-ylamid 4069

C₁₈H₁₅NO₂
Furan-2-carbonsäure-benzhydrylamid
　　3946
— [N-benzyl-anilid] 3944

C₁₈H₁₅NO₃S₆
Amin, Tris-[furan-2-thiocarbonylmercapto-
　　methyl]- 4008

C₁₈H₁₅N₃OS
Harnstoff, N-Phenyl-N′-[N-phenyl-
　　thiophen-2-carbimidoyl]- 4024

C₁₈H₁₅N₃O₂
Furan-2-carbamidin, N-Phenyl-
　　N′-phenylcarbamoyl- 3967
Furfural-[4,4-diphenyl-semicarbazon]
　　3975

C₁₈H₁₆BrNO₂
Cyclopentancarbonsäure, 3-Brom-1,2-
　　epoxy-2-phenyl-, anilid 4282

C₁₈H₁₆N₂O₂S
Thiophen-3,4-dicarbonsäure, 2,3-Dihydro-,
　　dianilid 4452

C₁₈H₁₆N₄O₇S₂
Furan-2,5-dicarbonsäure-bis-[4-sulfamoyl-
　　anilid] 4485

C₁₈H₁₆O₃
Benzofuran-2-carbonsäure, 5-Methyl-3-
　　phenyl-, äthylester 4391
Chromen-2-carbonsäure, 6,8-Dimethyl-3-
　　phenyl-4H- 4393
Chromen-3-carbonsäure, 6,8-Dimethyl-2-
　　phenyl-4H- 4393
Oxirancarbonsäure, Benzhydryliden-,
　　äthylester 4388

C₁₈H₁₆O₄S
1λ⁶-Thiophen-2-carbonsäure, 1,1-Dioxo-
　　3,4-diphenyl-2,5-dihydro-, methylester
　　4392

C₁₈H₁₆O₅
Dibenzofuran, 2,8-Bis-
　　methoxycarbonylmethyl- 4576
Essigsäure, [2-Carboxy-6-methyl-3-phenyl-
　　2,3-dihydro-benzofuran-3-yl]- 4577

C₁₈H₁₇NO₄
7-Oxa-norbornan-2-carbonsäure,
　　3-[1]Naphthylcarbamoyl- 4460

C₁₈H₁₇N₃O₃S
Thiosemicarbazid, 4-[4-Äthoxy-phenyl]-1-
　　[benzofuran-2-carbonyl]- 4248

C₁₈H₁₈N₄O₈
Äthylendiamin, N,N′-Bis-[2-methyl-3-(5-
　　nitro-[2]furyl)-acryloyl]- 4177

C₁₈H₁₈O₃
Benzoesäure, 2-[2-(2,4-Dimethyl-phenyl)-
　　oxiranylmethyl]- 4380
—, 2-[β-Methoxy-2,4-dimethyl-styryl]-
　　4381
Buttersäure, 4-Dibenzofuran-2-yl-,
　　äthylester 4378

C₁₈H₁₈O₄S
Bernsteinsäure, 2-[1,2-Dihydro-
　　dibenzothiophen-4-yl]-, 1-äthylester
　　4570

C₁₈H₁₉NO₂
Benzofuran-5-carbonsäure,
　　2,2,3-Trimethyl-2,3-dihydro-, anilid
　　4234
Xanthen-9-carbonsäure-diäthylamid 4356

C₁₈H₂₀N₄O₄S
Verbindung C₁₈H₂₀N₄O₄S aus Benzo[d]=
　　thiepin-2,4-dicarbonsäure-diäthylester
　　4566

C₁₈H₂₀N₄O₁₀
s. bei [C₁₂H₁₈NO₃]⁺

C₁₈H₂₀O₃
Acrylsäure, 3-[2]Furyl-2-phenyl-,
　　pentylester 4323
Propionsäure, 3-[5-(3-Methyl-5,6,7,8-
　　tetrahydro-[2]naphthyl)-[2]furyl]- 4338

C₁₈H₂₀O₄S
Malonsäure, Phenyl-[2]thienylmethyl-,
　　diäthylester 4566

C₁₈H₂₀O₅
Malonsäure, [[2]Furyl-phenyl-methyl]-,
　　diäthylester 4567

C₁₈H₂₁ClO₂
Heptanoylchlorid, 3-[2]Furyl-6-methyl-2-
　　phenyl- 4320

C₁₈H₂₁Cl₃N₂O₂
Furan-2-carbonsäure, 5-tert-Butyl-,
　　[1-benzylamino-2,2,2-trichlor-
　　äthylamid] 4119

C₁₈H₂₁NO

Heptannitril, 3-[2]Furyl-6-methyl-2-phenyl-
4321

C₁₈H₂₂N₂O₃

Furan-2-carbamidin, *N*-[4-Äthoxycarbonyl-
phenyl]-*N'*-butyl- 3967

C₁₈H₂₂N₄O₁₀

s. bei [C₁₂H₂₀NO₃]⁺

C₁₈H₂₂O₃

Heptansäure, 3-[2]Furyl-6-methyl-2-
phenyl- 4320

Hexansäure, 3-[2]Furyl-2-phenyl-,
äthylester 4319

Valeriansäure, 3-[2]Furyl-2-phenyl-,
propylester 4316

C₁₈H₂₂O₄S

Malonsäure, [2-Benzo[*b*]thiophen-3-yl-1-
methyl-äthyl]-, diäthylester
4562

—, [3-Benzo[*b*]thiophen-3-yl-propyl]-,
diäthylester 4562

C₁₈H₂₂O₅

Naphtho[1,2-*c*]furan-6,7-dicarbonsäure,
1,1,3,3-Tetramethyl-1,3,6,7,8,9-
hexahydro- 4562

C₁₈H₂₃NO₂

Heptansäure, 3-[2]Furyl-6-methyl-2-
phenyl-, amid 4321

C₁₈H₂₃NO₂S

Essigsäure, Phenyl-[2]thienyl-,
[2-diäthylamino-äthylester] 4295

C₁₈H₂₃NO₃

Furan-2-carbonsäure, 5-Benzyl-,
[2-diäthylamino-äthylester] 4298

—, 5-Benzyl-, [3-dimethylamino-1-
methyl-propylester] 4300

C₁₈H₂₃NO₅S

Valeriansäure, 5-[3-Carboxy-4-
phenylcarbamoyl-tetrahydro-[2]thienyl]-,
methylester 4590

C₁₈H₂₄ClNO₃

Pyran-3-carbonsäure, 2-[2-Chlor-phenyl]-
5,6-dihydro-4*H*-, [2-diäthylamino-
äthylester] 4278

—, 2-[4-Chlor-phenyl]-5,6-dihydro-
4*H*-, [2-diäthylamino-äthylester]
4279

[C₁₈H₂₄NO₃]⁺

Ammonium, Äthyl-[2-(5-benzyl-furan-2-
carbonyloxy)-äthyl]-dimethyl- 4298
[C₁₈H₂₄NO₃]I 4298

—, [3-(5-Benzyl-furan-2-carbonyloxy)-
propyl]-trimethyl- 4299
[C₁₈H₂₄NO₃]I 4299

C₁₈H₂₄N₂O₂

Furan-2-carbamidin, *N*-[4-Äthoxy-phenyl]-
N'-isopentyl- 3966

—, *N*-[4-Äthoxy-phenyl]-*N'*-[1-methyl-
butyl]- 3966

—, *N*-[4-Äthoxy-phenyl]-*N'*-pentyl-
3966

C₁₈H₂₄O₃

Chroman-2-carbonsäure, 6-Cyclohexyl-3,8-
dimethyl- 4287

Chroman-3-carbonsäure, 6-Cyclohexyl-2,8-
dimethyl- 4287

C₁₈H₂₄O₄S

Malonsäure, Cyclohex-1-enyl-[2]-
thienylmethyl-, diäthylester
4552

—, Cyclohex-2-enyl-[2]thienylmethyl-,
diäthylester 4552

Thiophen, 2,5-Bis-[2-carboxymethyl-
cyclopentyl]- 4555

—, 2,5-Bis-[3-carboxymethyl-
cyclopentyl]- 4555

C₁₈H₂₄O₅

Malonsäure, Cyclohex-2-enyl-furfuryl-,
diäthylester 4552

—, Phenyl-tetrahydropyran-2-yl-,
diäthylester 4552

C₁₈H₂₄O₉

Furan, 2,5-Bis-[bis-äthoxycarbonyl-methyl]-
4602

—, 2,5-Bis-[bis-äthoxycarbonyl-
methylen]-tetrahydro- 4602

C₁₈H₂₅NO₂S

Propionsäure, 3-Benzo[*b*]thiophen-3-yl-,
[3-diäthylamino-propylester]
4272

C₁₈H₂₅NO₃

Pyran-3-carbonsäure, 2-Phenyl-5,6-
dihydro-4*H*-, [2-diäthylamino-
äthylester] 4278

C₁₈H₂₅N₃O₄

Acrylsäure, 2-Cyan-3-[5-nitro-[2]furyl]-,
diisopentylamid 4535

[C₁₈H₂₆NO₂S]⁺

Ammonium, [2-(Benzo[*b*]thiophen-2-
carbonyloxy)-äthyl]-diisopropyl-methyl-
4252
[C₁₈H₂₆NO₂S]Br 4252

—, [2-(Benzo[*b*]thiophen-3-
carbonyloxy)-äthyl]-diisopropyl-methyl-
4257
[C₁₈H₂₆NO₂S]Br 4257

—, Diäthyl-[3-(benzo[*b*]thiophen-3-yl-
acetoxy)-propyl]-methyl-
4264
[C₁₈H₂₆NO₂S]Br 4264

C₁₈H₂₆N₂O₂S

Thiophen, 2,5-Bis-[3-carbamoylmethyl-
cyclopentyl]- 4555

C₁₈H₂₆O₄S

Malonsäure, Cyclohexyl-[2]thienylmethyl-,
diäthylester 4543

$C_{18}H_{26}O_9$

Oxiran-2,2-dicarbonsäure, 3-[2,2-Bis-
  äthoxycarbonyl-3-methyl-cyclopropyl]-,
  diäthylester 4600

$C_{18}H_{27}NOS_2$

Thioessigsäure, Cyclohex-2-enyl-[2]thienyl-,
  S-[2-diäthylamino-äthylester] 4230

$C_{18}H_{27}NO_2S$

Essigsäure, Cyclohex-2-enyl-[2]thienyl-,
  [2-diäthylamino-äthylester] 4227
—, Cyclopent-2-enyl-[2]thienyl-,
  [β-diäthylamino-isopropylester] 4218
—, Cyclopent-2-enyl-[2]thienyl-,
  [3-diäthylamino-propylester] 4218
Propionsäure, 2-Cyclopent-2-enyl-3-[2]=
  thienyl-, [2-diäthylamino-äthylester]
  4231

$C_{18}H_{27}NO_3$

Propionsäure, 2-Cyclopent-2-enyl-3-[2]=
  furyl-, [2-diäthylamino-äthylester] 4230
Pyran-4-carbonsäure, 4-Phenyl-tetrahydro-,
  [2-diäthylamino-äthylester] 4224

$C_{18}H_{27}NO_4S$

$1\lambda^6$-Thiopyran-4-carbonsäure, 1,1-Dioxo-
  4-phenyl-tetrahydro-, [2-diäthylamino-
  äthylester] 4225

$C_{18}H_{28}Cl_2O_5$

7-Oxa-norbornan-2,3-dicarbonsäure,
  5,6-Dichlor-, diisopentylester 4462

$[C_{18}H_{28}NO_2S]^+$

Ammonium, Diäthyl-[2-(cyclopent-2-enyl-
  [2]thienyl-acetoxy)-äthyl]-methyl-
  4216
    $[C_{18}H_{28}NO_2S]I$ 4216

$C_{18}H_{28}N_2OS$

Essigsäure, Cyclohex-2-enyl-[2]thienyl-,
  [2-diäthylamino-äthylamid] 4229

$C_{18}H_{28}O_2S$

Hexansäure, 6-[5-(3-Cyclopentyl-propyl)-
  [2]thienyl]- 4195

$C_{18}H_{28}O_3$

Cycloocta[b]furan-3-carbonsäure, 2-Pentyl-
  4,5,6,7,8,9-hexahydro-, äthylester 4195

$C_{18}H_{28}O_4S$

Malonsäure, [1,3-Dimethyl-butyl]-[2]=
  thienylmethyl-, diäthylester 4526
—, Hexyl-[2]thienylmethyl-,
  diäthylester 4526

$C_{18}H_{28}O_9$

Oxepan-3,3,6,6-tetracarbonsäure-
  tetraäthylester 4599
Oxepan-4,4,5,5-tetracarbonsäure-
  tetraäthylester 4600

$C_{18}H_{29}NO_2S$

Essigsäure, Cyclohexyl-[2]thienyl-,
  [2-diäthylamino-äthylester] 4190
Propionsäure, 2-Cyclopentyl-3-[2]thienyl-,
  [2-diäthylamino-äthylester] 4191

$C_{18}H_{29}NO_3$

Propionsäure, 2-Cyclopentyl-3-[2]furyl-,
  [2-diäthylamino-äthylester] 4191

$C_{18}H_{30}O_2S$

Buttersäure, 4-[5-(5-Äthyl-octyl)-[2]thienyl]-
  4141

$C_{18}H_{30}O_3$

Oxirancarbonsäure, 3-sec-Butyl-3-methyl-,
  [3,7-dimethyl-octa-2,6-dienylester] 3856

$C_{18}H_{30}O_5$

Buttersäure, 2-Tetrahydrofurfuryl-,
  [3-(4-äthyl-5-oxo-tetrahydro-[2]furyl)-
  propylester] 3860
Malonsäure, Cyclohexyl-tetrahydropyran-
  2-yl-, diäthylester 4476
7-Oxa-norbornan-2,3-dicarbonsäure-
  diisopentylester 4459

$C_{18}H_{31}NO_3$

Furan-2-carbonsäure-[3-diisobutylamino-
  2,2-dimethyl-propylester] 3935

$C_{18}H_{32}O_3$

1-Oxa-spiro[2.5]octan-2-carbonsäure,
  2-Octyl-, äthylester 3912
Undec-9-ensäure, 11-[3-Pentyl-oxiranyl]-
  3912

$C_{18}H_{32}O_5$

Furan, 2,5-Bis-[2-butoxycarbonyl-äthyl]-
  tetrahydro- 4448
Malonsäure, Hexyl-tetrahydropyran-2-yl-,
  diäthylester 4451
Pyran-2,5-dicarbonsäure, 2,6,6-Trimethyl-
  tetrahydro-, dibutylester 4447

$[C_{18}H_{33}BrN_2O_3]^{2+}$

Furan-2-carbonsäure, 5-Brom-, [β,β'-bis-
  (diäthyl-methyl-ammonio)-
  isopropylester] 3984
    $[C_{18}H_{33}BrN_2O_3]I_2$ 3984

$C_{18}H_{34}N_2O_4S$

Thiophen-2,5-dicarbonsäure, Tetrahydro-,
  bis-[2-diäthylamino-äthylester] 4428

$C_{18}H_{34}O_2S$

Octansäure, 8-[3-Octyl-thiiranyl]- 3875
Verbindung $C_{18}H_{34}O_2S$ s. bei 8-[3-Octyl-
  thiiranyl]-octansäure 3875

$C_{18}H_{34}O_3$

Decansäure, 10-[3-Hexyl-oxiranyl]- 3870
Octansäure, 8-[3-Octyl-oxiranyl]- 3871
Oxirancarbonsäure, 3-Pentadecyl- 3869
Valeriansäure, 5-[3-Undecyl-oxiranyl]-
  3870

$C_{18}H_{35}NO_2$

Octansäure, 8-[3-Octyl-oxiranyl]-, amid
  3873

C₁₉

C₁₉H₁₃N₃O₆S
Acrylsäure, 3-[5-Nitro-[2]furyl]-, [4-(4-nitro-phenylmercapto)-anilid] 4162

C₁₉H₃₂O₂S
Buttersäure, 4-[5-Undecyl-[2]thienyl]-
4141

C₁₉H₁₀BrNO₄
Anthrachinon, 2-Brom-1-[furan-2-carbonylamino]- 3953

C₁₉H₁₁NO₄
Anthrachinon, 1-[Furan-2-carbonylamino]-
3953
Phenanthren-9,10-chinon, 2-[Furan-2-carbonylamino]- 3953

C₁₉H₁₁NO₄S
Benzo[b]naphtho[2,1-f]thiepin-7-carbonsäure, 10-Nitro- 4415

C₁₉H₁₁NO₅
Anthrachinon, 1-[Furan-2-carbonylamino]-
4-hydroxy- 3953

C₁₉H₁₂ClNS
Acrylonitril, 3-[5-(3-Chlor-phenyl)-[2]⸗
thienyl]-2-phenyl- 4411

C₁₉H₁₂O₂S
Naphtho[2,1-b]thiophen-2-carbonsäure,
1-Phenyl- 4414

C₁₉H₁₃NO₂
Dibenzofuran-2-carbonsäure-anilid 4343

C₁₉H₁₃NO₃S
Anhydrid, Benzoesäure-[N-(thiophen-2-carbonyl)-benzimidsäure]- 4021

C₁₉H₁₃NS
Acrylonitril, 3-Acenaphthen-5-yl-2-[2]⸗
thienyl- 4411
Penta-2,4-diennitril, 2-Benzo[b]thiophen-3-
yl-5-phenyl- 4411

C₁₉H₁₄O₂S
Benzo[b]naphtho[1,2-d]thiophen-5-carbonsäure-äthylester 4410

C₁₉H₁₄O₃
Phenanthro[1,2-b]furan-1-carbonsäure,
2-Methyl-, methylester 4410
Phenanthro[4,3-b]furan-3-carbonsäure,
2-Methyl-, methylester 4411

C₁₉H₁₄O₄
Furan-2-carbonsäure-[4-phenyl-phenacylester] 3926

C₁₉H₁₄O₄S
Thiophen-2,5-dicarbonsäure, 3,4-Diphenyl-,
monomethylester 4581

C₁₉H₁₅BrN₂O₅
Acrylsäure, 3-[5-Nitro-[2]furyl]-,
[2-äthoxy-6-brom-[1]naphthylamid]
4163

C₁₉H₁₅ClO₂
Propionylchlorid, 3-[2]Furyl-2,3-diphenyl-
4405

C₁₉H₁₅NO
Propionitril, 3-[2]Furyl-2,3-diphenyl- 4406

C₁₉H₁₅NO₂
Acrylsäure, 3-[2]Furyl-, diphenylamid
4150
—, 3-[2]Furyl-2-phenyl-, anilid 4324

C₁₉H₁₅NO₂S₂
Furan-2-dithiocarbonsäure-
[diphenylcarbamoyl-methylester] 4010

C₁₉H₁₅NO₃
Furan-2-carbonsäure-[4-phenyl-phenacylamid] 3952

C₁₉H₁₅NS
Acrylonitril, 2-[4-Äthyl-phenyl]-3-benzo[b]⸗
thiophen-3-yl- 4407
—, 3-[5-Äthyl-[2]thienyl]-2-[2]⸗
naphthyl- 4406
—, 2-[2,5-Dimethyl-[3]thienyl]-3-[1]⸗
naphthyl- 4406
—, 2-[2,5-Dimethyl-[3]thienyl]-3-[2]⸗
naphthyl- 4407
—, 3-[2,5-Dimethyl-[3]thienyl]-2-[1]⸗
naphthyl- 4407
—, 3-[2,5-Dimethyl-[3]thienyl]-2-[2]⸗
naphthyl- 4407

C₁₉H₁₆N₂O
Oxetan-2,2-dicarbonitril, 4,4-Di-p-tolyl-
4578

C₁₉H₁₆N₂O₂
Pyran-2-carbonsäure, 5-Cyan-6-phenyl-3,4-
dihydro-2H-, anilid 4561

C₁₉H₁₆N₂O₂S
Thioharnstoff, N-Benzyl-N'-[furan-2-carbonyl]-N-phenyl- 3955

C₁₉H₁₆N₂O₃
Furan-2,4-dicarbonsäure, 5-Methyl-,
dianilid 4504
Furan-3,4-dicarbonsäure, 2-Methyl-,
dianilid 4502

C₁₉H₁₆N₂O₅S
Furan-2-carbonsäure-[4-(N-acetyl-sulfanilyl)-anilid] 3949

C₁₉H₁₆O₂S
Essigsäure, Diphenyl-[2]thienyl-,
methylester 4403

C₁₉H₁₆O₂Se
Selenophen-2-carbonsäure, 3,4-Diphenyl-,
äthylester 4398

C₁₉H₁₆O₃
Phenanthro[1,2-b]furan-1-carbonsäure,
2-Methyl-10,11-dihydro-, methylester
4404
Phenanthro[4,3-b]furan-3-carbonsäure,
2-Methyl-4,5-dihydro-, methylester
4404

$C_{19}H_{16}O_3$ (Fortsetzung)
Propionsäure, 3-[2]Furyl-2,3-diphenyl-
4405

$C_{19}H_{17}NO_2$
Furan-2-carbonsäure-dibenzylamid 3944
Propionsäure, 3-[2]Furyl-2,3-diphenyl-,
amid 4406

$C_{19}H_{17}NO_5$
Acrylsäure, 3-[4-Äthoxycarbonyl-5-phenyl-
[2]furyl]-2-cyan-, äthylester 4598

$C_{19}H_{17}N_3O_5S$
Benzo[b]thiophen-2-carbonsäure,
5,7-Dinitro-3-phenyl-, diäthylamid
4386

$C_{19}H_{18}Cl_2O_4$
Essigsäure, Isochroman-x-yl-,
{2-[2,4-dichlor-phenoxy]-äthylester}
4221

$C_{19}H_{18}N_2O_3S$
Benzo[b]thiophen-2-carbonsäure, 5-Nitro-
3-phenyl-, diäthylamid 4385

$C_{19}H_{18}O_3$
Furan-3-carbonsäure, 2-Äthyl-5-[2]≠
naphthyl-, äthylester 4392

$C_{19}H_{18}O_4$
Furan-2-carbonsäure, Tetrahydro-,
[4-phenyl-phenacylester] 3827

$C_{19}H_{18}O_5$
Essigsäure, [2-Äthoxycarbonyl-naphtho≠
[2,1-b]furan-1-yl]-, äthylester 4574
—, [2-Methoxycarbonyl-2,3-dihydro-
benzofuran-3-yl]-phenyl-, methylester
4577
Glutarsäure, 2,3-Epoxy-4,4-dimethyl-2,3-
diphenyl- 4578
Oxetan-2,2-dicarbonsäure, 4,4-Diphenyl-,
dimethylester 4576
—, 4,4-Di-p-tolyl- 4578

$C_{19}H_{19}NO$
Acrylnitril, 2-[4-Cyclohexyl-phenyl]-3-[2]≠
furyl- 4381

$C_{19}H_{19}NO_2$
Benzofuran-2-carbonsäure, 3-Phenyl-,
diäthylamid 4383

$C_{19}H_{19}NO_4$
7-Oxa-norbornan-2-carbonsäure,
1-Methyl-3-[1]naphthylcarbamoyl-
4470
—, 4-Methyl-3-[1]naphthylcarbamoyl-
4470

$C_{19}H_{20}N_2O$
Furan-2-carbamidin, N-Butyl-N'-[1]≠
naphthyl- 3965
—, N-Butyl-N'-[2]naphthyl- 3965

$C_{19}H_{20}N_2O_5$
Dibenzofuran-2-carbonsäure, 7-Nitro-,
[2-diäthylamino-äthylester] 4344

$C_{19}H_{21}NO_2S$
Dibenzothiophen-2-carbonsäure-
[2-diäthylamino-äthylester] 4344
Dibenzothiophen-4-carbonsäure-
[2-diäthylamino-äthylester] 4350
Essigsäure, Thioxanthen-9-yl-,
[2-dimethylamino-äthylester] 4372

$C_{19}H_{21}NO_3$
Dibenzofuran-2-carbonsäure-
[2-diäthylamino-äthylester] 4342
— [2-isobutylamino-äthylester] 4342
Dibenzofuran-3-carbonsäure-
[2-diäthylamino-äthylester] 4345
Dibenzofuran-4-carbonsäure-
[2-diäthylamino-äthylester] 4347
Essigsäure, Xanthen-9-yl-,
[2-dimethylamino-äthylester] 4367
Xanthen-9-carbonsäure-[β-dimethylamino-
isopropylester] 4355

$C_{19}H_{21}NO_4S$
Essigsäure, [10,10-Dioxo-10λ^6-thioxanthen-
9-yl]-, [2-dimethylamino-äthylester]
4373

$[C_{19}H_{22}NO_3]^+$
Ammonium, Trimethyl-[2-(xanthen-9-
carbonyloxy)-äthyl]- 4351
$[C_{19}H_{22}NO_3]Cl$ 4351

$C_{19}H_{22}N_2O_2$
Xanthen-9-carbonsäure-[3-dimethylamino-
propylamid] 4357

$C_{19}H_{22}O_4S$
Malonsäure, Benzyl-[2]thienylmethyl-,
diäthylester 4568

$C_{19}H_{23}NO_2$
Buttersäure, 2-Methyl-4-tetrahydro[2]furyl-,
[1]naphthylamid 3860

$C_{19}H_{23}NO_3$
Acrylsäure, 3-[2]Furyl-2-phenyl-,
[2-diäthylamino-äthylester] 4324

$C_{19}H_{24}N_2O_2$
Furan-2-carbamidin, N-[4-Äthoxy-phenyl]-
N'-cyclohexyl- 3967

$C_{19}H_{24}O_3$
Hexansäure, 3-[2]Furyl-5-methyl-2-phenyl-,
äthylester 4320
Valeriansäure, 3-[2]Furyl-2-phenyl-,
butylester 4316

$C_{19}H_{24}O_5$
Naphtho[1,2-c]furan-6,7-dicarbonsäure,
1,1,3,3-Tetramethyl-1,3,6,7,8,9-
hexahydro-, 6-methylester 4563
—, 1,1,3,3-Tetramethyl-1,3,6,7,8,9-
hexahydro-, 7-methylester 4563
Phenanthro[2,1-b]furan-5a,7-dicarbonsäure,
9b-Methyl-3b,4,6,7,8,9,9a,9b,10,11-
decahydro-5H- 4563

$C_{19}H_{25}NO$
A-Homo-östra-5,7,9-trien, 17-Amino-1,4-
epoxy- 4339

$C_{19}H_{30}O_4S$ (Fortsetzung)

Nonansäure, 9-[5-(5-Carboxy-pentyl)-[2]≠
thienyl]- 4529

$C_{19}H_{30}O_5$

Malonsäure, [7,8,8-Trimethyl-octahydro-
4,7-methano-benzofuran-3-yl]-,
diäthylester 4528

$C_{19}H_{31}NO_2S$

Propionsäure, 2-Cyclohexyl-3-[2]thienyl-,
[2-diäthylamino-äthylester] 4192

$C_{19}H_{32}O_2S$

Buttersäure, 4-[5-(2-Methyl-decyl)-[2]≠
thienyl]- 4141

Thiophen-2-carbonsäure-tetradecylester
4014

Valeriansäure, 5-[5-Decyl-[2]thienyl]- 4141

$C_{19}H_{32}O_3$

15-Nor-labdan-14-säure, 8,13-Epoxy- 4142

14-Oxa-8-podocarpan-15-säure,
13-Isopropyl- 4141

Propionsäure, 3-[2]Furyl-, dodecylester
4091

$C_{19}H_{32}O_5$

Malonsäure, Cyclohexylmethyl-
tetrahydrofurfuryl-, diäthylester 4476

$C_{19}H_{34}O_3$

Undec-9-ensäure, 11-[3-Pentyl-oxiranyl]-,
methylester 3913

$C_{19}H_{34}O_5$

Adipinsäure, 2,3-Epoxy-3-methyl-,
1-[2-äthyl-hexylester]-6-butylester 4440

—, 2,3-Epoxy-3-methyl-, 6-[2-äthyl-
hexylester]-1-butylester 4441

$C_{19}H_{35}NO_2$

1-Oxa-spiro[2.16]nonadecan-2-carbonsäure-
amid 3913

$[C_{19}H_{36}N_2O_3]^{2+}$

Furan-2-carbonsäure, 5-Methyl-, [β,β'-bis-
(diäthyl-methyl-ammonio)-
isopropylester] 4079

$[C_{19}H_{36}N_2O_3]I_2$ 4079

$C_{19}H_{36}O_3$

Octansäure, 8-[3-Octyl-oxiranyl]-,
methylester 3872

Oxirancarbonsäure, 3-Octyl-, [2-äthyl-
hexylester] 3865

Undecansäure, 11-[3-Pentyl-oxiranyl]-,
methylester 3870

$C_{19}H_{37}NO_2$

Octansäure, 8-[3-Octyl-oxiranyl]-,
methylamid 3874

C_{20}

$C_{20}H_{12}N_4O$

Malononitril, [3-(2,2-Dicyan-1-phenyl-
vinyl)-2,6-dimethyl-pyran-4-yliden]-
4603

$C_{20}H_{14}BrNS$

Acrylonitril, 3-[5-Benzyl-[2]thienyl]-2-
[4-brom-phenyl]- 4412

$C_{20}H_{14}ClNS$

Acrylonitril, 3-[5-Benzyl-[2]thienyl]-2-
[4-chlor-phenyl]- 4412

$C_{20}H_{14}FNS$

Acrylonitril, 3-[5-Benzyl-[2]thienyl]-2-
[4-fluor-phenyl]- 4412

$C_{20}H_{14}INS$

Acrylonitril, 3-[5-Benzyl-[2]thienyl]-2-
[4-jod-phenyl]- 4412

$C_{20}H_{14}N_2O_2S$

Acrylonitril, 3-[5-Benzyl-[2]thienyl]-2-
[4-nitro-phenyl]- 4413

$C_{20}H_{14}O_2S$

Benzoesäure, 2-Thioxanthen-9-yl- 4415

$C_{20}H_{14}O_3$

Xanthen-9-carbonsäure, 9-Phenyl- 4415

$C_{20}H_{14}O_6$

Benzol, 1,3-Bis-[3-[2]furyl-acryloyloxy]-
4148

$C_{20}H_{15}NO_2$

Dibenzofuran-2-carbonsäure-[N-methyl-
anilid] 4343

$C_{20}H_{15}NO_3$

Crotonsäure, 2-Cyan-4-xanthen-9-yliden-,
äthylester 4584

Essigsäure, Cyan-[2-phenyl-chromen-4-
yliden]-, äthylester 4583

$C_{20}H_{15}NS$

Acrylonitril, 3-[5-Benzyl-[2]thienyl]-2-
phenyl- 4412

—, 2-Indan-5-yl-3-benzo[b]thiophen-3-yl-
4413

—, 2-Phenyl-3-[5-m-tolyl-[2]thienyl]-
4413

$C_{20}H_{16}O_2S$

Acrylsäure, 3-[5-Benzyl-[2]thienyl]-2-
phenyl- 4412

$C_{20}H_{16}O_3$

Phenanthro[1,2-b]furan-1-carbonsäure,
2-Methyl-, äthylester 4411

Phenanthro[1,2-b]furan-2-carbonsäure,
1-Methyl-, äthylester 4410

Phenanthro[4,3-b]furan-3-carbonsäure,
2-Methyl-, äthylester 4411

$C_{20}H_{16}O_4S$

Thiophen-2,5-dicarbonsäure, 3,4-Diphenyl-,
dimethylester 4581

—, 3,4-Diphenyl-, monoäthylester
4581

—, 3,4-Di-p-tolyl- 4584

Thiophen-3,4-dicarbonsäure, 2,5-Diphenyl-,
dimethylester 4583

$C_{20}H_{16}O_4Se$

Selenophen-2,5-dicarbonsäure,
3,4-Diphenyl-, dimethylester 4582

$C_{20}H_{16}O_5$
Furan-2,5-dicarbonsäure, 3,4-Diphenyl-,
  dimethylester 4581
Furan-3,4-dicarbonsäure, 2,5-Diphenyl-,
  dimethylester 4582
—, 2,5-Diphenyl-, monoäthylester
  4582
—, 2,5-Di-p-tolyl- 4584

$C_{20}H_{17}ClO_2$
Butyrylchlorid, 3-[2]Furyl-2,4-diphenyl-
  4408

$C_{20}H_{17}NO$
Butyronitril, 3-[2]Furyl-2,4-diphenyl- 4408
Propionitril, 3-[2]Furyl-2-phenyl-3-p-tolyl-
  4408

$C_{20}H_{17}NO_2$
Acrylsäure, 3-[2]Furyl-2-phenyl-,
  [N-methyl-anilid] 4324

$C_{20}H_{17}NO_3$
Essigsäure, Cyan-[2-phenyl-4H-chromen-4-
  yl]-, äthylester 4579

$C_{20}H_{17}N_3O_6$
Carbamidsäure, [2'-(5-Nitro-furan-2-
  carbonylamino)-biphenyl-4-yl]-,
  äthylester 3998

$C_{20}H_{18}N_2O_3$
Furan-3,4-dicarbonsäure, 2,5-Dimethyl-,
  dianilid 4509

$C_{20}H_{18}O_3$
Buttersäure, 3-[2]Furyl-2,4-diphenyl- 4407
Phenanthro[1,2-b]furan-1-carbonsäure,
  2-Methyl-10,11-dihydro-, äthylester
  4404
Phenanthro[4,3-b]furan-3-carbonsäure,
  2-Methyl-4,5-dihydro-, äthylester 4405
Propionsäure, 3-[2]Furyl-2-phenyl-3-
  p-tolyl- 4408

$C_{20}H_{19}BrO_4$
Benzofuran-5-carbonsäure,
  2,2,3-Trimethyl-2,3-dihydro-, [4-brom-
  phenacylester] 4234
Chroman-6-carbonsäure, 2,2-Dimethyl-,
  [4-brom-phenacylester] 4232

$C_{20}H_{19}NO_2$
Buttersäure, 3-[2]Furyl-2,4-diphenyl-,
  amid 4408
Propionsäure, 3-[2]Furyl-3-phenyl-,
  [N-methyl-anilid] 4307

$C_{20}H_{19}NO_2S$
Essigsäure, Phenyl-[2]thienyl-, [2-anilino-
  äthylester] 4296

$C_{20}H_{20}O_3$
Essigsäure, [5,5-Dimethyl-2,4-diphenyl-2,5-
  dihydro-[2]furyl]- 4394

$C_{20}H_{20}O_5$
Essigsäure, [2-Methoxycarbonyl-6-methyl-
  3-phenyl-2,3-dihydro-benzofuran-3-yl]-,
  methylester 4577

$C_{20}H_{20}O_6S$
6λ^6-Dibenzo[c,e]thiepin-3,9-dicarbonsäure,
  6,6-Dioxo-5,7-dihydro-, diäthylester
  4574

$C_{20}H_{21}NO_2$
Essigsäure, [5,5-Dimethyl-2,4-diphenyl-2,5-
  dihydro-[2]furyl]-, amid 4394
Furan-2-carbonsäure, 5-tert-Pentyl-,
  [1]naphthylamid 4125

$C_{20}H_{21}NO_3$
Benzofuran-2-carbonsäure, 7-Isopropyl-
  3,4-dimethyl-, [4-hydroxy-anilid] 4285

$C_{20}H_{22}O_3$
Essigsäure, [5,5-Dimethyl-2,4-diphenyl-
  tetrahydro-[2]furyl]- 4381

$C_{20}H_{23}NO_2S$
Essigsäure, Thioxanthen-9-yl-,
  [β-dimethylamino-isopropylester] 4373
Thioxanthen-9-carbonsäure-
  [2-diäthylamino-äthylester] 4357

$C_{20}H_{23}NO_3$
Dibenzofuran-2-carbonsäure-
  [3-diäthylamino-propylester] 4342
— [2-pentylamino-äthylester] 4342
Essigsäure, Xanthen-9-yl-,
  [β-dimethylamino-isopropylester] 4370
Xanthen-9-carbonsäure-[2-diäthylamino-
  äthylester] 4351
— [2-(isopropyl-methyl-amino)-
  äthylester] 4353

$C_{20}H_{23}NO_4S$
Essigsäure, [10,10-Dioxo-10λ^6-thioxanthen-
  9-yl]-, [β-dimethylamino-isopropylester]
  4373

$[C_{20}H_{24}NO_3]^+$
Ammonium, Trimethyl-[β-(xanthen-9-
  carbonyloxy)-isopropyl]- 4355
  [$C_{20}H_{24}NO_3$]Br 4355
—, Trimethyl-[2-(xanthen-9-yl-
  acetoxy)-äthyl]- 4367
  [$C_{20}H_{24}NO_3$]Br 4367

$C_{20}H_{24}N_2O_2$
Xanthen-9-carbonsäure-[2-diäthylamino-
  äthylamid] 4356

$C_{20}H_{24}N_2O_3$
Furan-2-carbamidin, N-[4-Äthoxycarbonyl-
  phenyl]-N'-cyclohexyl-
  3968

$C_{20}H_{24}O_3$
A-Homo-östra-5,7,9-trien-17-carbonsäure,
  1,4-Epoxy- 4339

$C_{20}H_{24}O_4S$
Malonsäure, Phenäthyl-[2]thienylmethyl-,
  diäthylester 4569

$C_{20}H_{25}NO_2S$
Essigsäure, Phenyl-[2]thienyl-,
  [2-cyclohexylamino-äthylester] 4295

$C_{20}H_{32}O_4S$ (Fortsetzung)

Malonsäure, Octyl-[2]thienylmethyl-,
    diäthylester 4528

$C_{20}H_{32}O_9$

Oxonan-4,4,7,7-tetracarbonsäure-
    tetraäthylester 4600

$C_{20}H_{33}NO_2S$

Propionsäure, 2-Cyclohexylmethyl-3-[2]≠
    thienyl-, [2-diäthylamino-äthylester]
    4193

$C_{20}H_{34}N_2O_3$

Essigsäure, [4-Dipropylcarbamoyl-5-
    methyl-[2]furyl]-, dipropylamid 4508

$C_{20}H_{34}O_2S$

Buttersäure, 4-[5-Dodecyl-[2]thienyl]- 4142

Valeriansäure, 5-[5-Undecyl-[2]thienyl]-
    4142

$C_{20}H_{35}BrN_2O_3$

Furan-2-carbonsäure, 5-Brom-, [β,β'-bis-
    dipropylamino-isopropylester] 3985

$C_{20}H_{36}N_2O_3$

Furan-2-carbonsäure-[β,β'-bis-
    dipropylamino-isopropylester] 3931

$C_{20}H_{36}O_3$

Octansäure, 8-[3-Octyl-oxiranyl]-,
    vinylester 3873

1-Oxa-spiro[2.5]octan-2-carbonsäure,
    2-Decyl-, äthylester 3913

$C_{20}H_{36}O_5$

Pyran-2,5-dicarbonsäure, 2,6,6-Trimethyl-
    tetrahydro-, diisopentylester 4447

$C_{20}H_{37}NO_3$

Amin, Acetyl-[9,10-epoxy-octadecanoyl]-
    3874

Propionsäure, 3-Cyclohexyl-2-
    tetrahydrofurfuryl-, [2-diäthylamino-
    äthylester] 3911

$[C_{20}H_{38}N_2O_3]^{2+}$

Furan-2-carbonsäure-[β,β'-bis-
    triäthylammonio-isopropylester] 3931
    $[C_{20}H_{38}N_2O_3]I_2$ 3931

$C_{20}H_{38}N_2O_4S$

Thiophen-2,5-dicarbonsäure, Tetrahydro-,
    bis-[3-diäthylamino-propylester] 4428

$C_{20}H_{38}O_3$

Decansäure, 10-[3-Octyl-oxiranyl]- 3875

Octansäure, 8-[3-Octyl-oxiranyl]-,
    äthylester 3873

$C_{20}H_{39}NO_3$

Octansäure, 8-[3-Octyl-oxiranyl]-,
    [2-hydroxy-äthylamid] 3874

C_{21}

$C_{21}H_{13}NS$

Acrylonitril, 3-[9]Anthryl-2-[2]thienyl-
    4417

—, 2-Benzo[b]thiophen-3-yl-3-[1]≠
    naphthyl- 4417

—, 2-Benzo[b]thiophen-3-yl-3-[2]≠
    naphthyl- 4418

—, 3-Benzo[b]thiophen-3-yl-2-[1]≠
    naphthyl- 4418

—, 3-Benzo[b]thiophen-3-yl-2-[2]≠
    naphthyl- 4418

$C_{21}H_{16}ClNO_2$

Essigsäure, Xanthen-9-yl-, [4-chlor-anilid]
    4371

$C_{21}H_{16}N_2O_4S$

Hydrazin, N-Benzolsulfonyl-N'-[3-phenyl-
    benzofuran-2-carbonyl]- 4384

$C_{21}H_{16}O_3$

Phthalan-1-carbonsäure, 1,3-Diphenyl-
    4416

Xanthen-9-carbonsäure, 9-o-Tolyl- 4416

$C_{21}H_{17}NO_2$

Essigsäure, Xanthen-9-yl-, anilid 4371

$C_{21}H_{17}NS$

Acrylonitril, 3-[5-Benzyl-[2]thienyl]-2-
    p-tolyl- 4414

—, 2-[2]Naphthyl-3-[4,5,6,7-
    tetrahydro-benzo[b]thiophen-2-yl]-
    4414

—, 3-[5-Phenäthyl-[2]thienyl]-2-
    phenyl- 4413

$C_{21}H_{18}O_2S$

Acrylsäure, 3-[5-Phenäthyl-[2]thienyl]-2-
    phenyl- 4413

$C_{21}H_{18}O_6$

Furan-2-carbonsäure-[4,6-dimethoxy-α-oxo-
    bibenzyl-2-ylester] 3927

$C_{21}H_{19}NO_2$

Acrylsäure, 3-[2]Furyl-2-phenyl-, [N-äthyl-
    anilid] 4324

$C_{21}H_{19}NO_2S_2$

Furan-2-dithiocarbonsäure-
    [dibenzylcarbamoyl-methylester] 4010

$C_{21}H_{19}NS$

Acrylonitril, 3-[2,5-Diäthyl-[3]thienyl]-2-[2]≠
    naphthyl- 4409

—, 3-[5-Isobutyl-[2]thienyl]-2-[2]≠
    naphthyl- 4408

$C_{21}H_{20}O_3$

Propionsäure, 3-[2]Furyl-2,3-diphenyl-,
    äthylester 4405

$C_{21}H_{21}NO_2$

Propionsäure, 3-[2]Furyl-3-phenyl-,
    [N-äthyl-anilid] 4307

Valeriansäure, 3-[2]Furyl-, diphenylamid
    4116

$C_{21}H_{22}O_3$

Essigsäure, [5,5-Dimethyl-2,4-diphenyl-2,5-
    dihydro-[2]furyl]-, methylester 4394

$C_{21}H_{22}O_4$

Propionsäure, 3-Tetrahydro[2]furyl-,
    [4-phenyl-phenacylester] 3847

C₂₁H₂₃NO₃

$C_{21}H_{23}NO_3$

Acrylsäure, 3-Dibenzofuran-2-yl-,
  [2-diäthylamino-äthylester] 4387
Essigsäure, Xanthen-9-yliden-,
  [2-diäthylamino-äthylester] 4387

$C_{21}H_{25}NO_2S$

Essigsäure, Thioxanthen-9-yl-,
  [2-diäthylamino-äthylester] 4372

$C_{21}H_{25}NO_3$

Essigsäure, Xanthen-9-yl-,
  [2-diäthylamino-äthylester] 4368
Oxirancarbonsäure, 2,3-Diphenyl-,
  [2-diäthylamino-äthylester] 4363
—, 3,3-Diphenyl-, [2-diäthylamino-
  äthylester] 4366
Xanthen-9-carbonsäure-[2-(äthyl-isopropyl-
  amino)-äthylester] 4353
— [β-diäthylamino-isopropylester]
  4356
— [2-diäthylamino-propylester] 4355
— [3-diäthylamino-propylester] 4355
Xanthen-9-carbonsäure, 2-Methyl-,
  [2-diäthylamino-äthylester] 4374
—, 4-Methyl-, [2-diäthylamino-
  äthylester] 4375

$C_{21}H_{25}NO_4S$

Essigsäure, [10,10-Dioxo-10λ⁶-thioxanthen-
  9-yl]-, [2-diäthylamino-äthylester] 4373

$C_{21}H_{25}NS$

Acrylonitril, 3-[2,5-Di-*tert*-butyl-[3]thienyl]-
  2-phenyl- 4339

$[C_{21}H_{26}NO_2S]^+$

Ammonium, Diäthyl-methyl-[2-
  (thioxanthen-9-carbonyloxy)-äthyl]-
  4358
  $[C_{21}H_{26}NO_2S]Br$ 4358

$[C_{21}H_{26}NO_3]^+$

Ammonium, Äthyl-dimethyl-[2-(xanthen-9-
  yl-acetoxy)-äthyl]- 4368
  $[C_{21}H_{26}NO_3]Br$ 4368
—, Isopropyl-dimethyl-[2-(xanthen-9-
  carbonyloxy)-äthyl]- 4353
  $[C_{21}H_{26}NO_3]Br$ 4353

$C_{21}H_{26}N_2O_2$

Essigsäure, Xanthen-9-yl-,
  [2-diäthylamino-äthylamid] 4371
Xanthen-9-carbonsäure-[3-diäthylamino-
  propylamid] 4357

$C_{21}H_{26}O_3$

A-Homo-östra-5,7,9-trien-17-carbonsäure,
  1,4-Epoxy-, methylester 4339
15-Nor-pimara-8,11,13,16-tetraen-18-säure,
  12,17-Epoxy-14-methyl-, methylester
  4338

$[C_{21}H_{27}N_2O_2]^+$

Ammonium, Diäthyl-methyl-[2-(xanthen-9-
  carbonylamino)-äthyl]- 4357
  $[C_{21}H_{27}N_2O_2]Br$ 4357

$C_{21}H_{28}O_3$

15-Nor-pimara-8,11,13-trien-18-säure,
  12,17-Epoxy-14-methyl-, methylester
  4321

$C_{21}H_{28}O_5$

Phenanthro[2,1-*b*]furan-5a,7-dicarbonsäure,
  9b-Methyl-3b,4,6,7,8,9,9a,9b,10,11-
  decahydro-5*H*-, dimethylester 4563

$C_{21}H_{29}NO_2S$

Buttersäure, 4-Phenyl-2-[2]thienylmethyl-,
  [2-diäthylamino-äthylester] 4315

$C_{21}H_{29}NO_3$

Furan-2-carbonsäure, 5-Benzyl-,
  [3-diäthylamino-1,2-dimethyl-
  propylester] 4301
—, 5-Benzyl-, [3-diäthylamino-2,2-
  dimethyl-propylester] 4302

$C_{21}H_{29}NO_3S$

Propionsäure, 2-Phenyl-3-[2]thienyl-,
  [2-(2-diäthylamino-äthoxy)-äthylester]
  4306

$C_{21}H_{29}NO_4$

Propionsäure, 3-[2]Furyl-2-phenyl-,
  [2-(2-diäthylamino-äthoxy)-äthylester]
  4305

$[C_{21}H_{30}NO_2S]^+$

Ammonium, Diäthyl-methyl-[3-(3-phenyl-
  2-[2]thienyl-propionyloxy)-propyl]-
  4305
  $[C_{21}H_{30}NO_2S]Br$ 4305

$[C_{21}H_{30}NO_3]^+$

Ammonium, Äthyl-[3-(5-benzyl-furan-2-
  carbonyloxy)-2,2-dimethyl-propyl]-
  dimethyl- 4302
  $[C_{21}H_{30}NO_3]I$ 4302
—, Äthyl-[3-(5-benzyl-furan-2-
  carbonyloxy)-2-methyl-butyl]-dimethyl-
  4301
  $[C_{21}H_{30}NO_3]I$ 4301
—, Diäthyl-[3-(5-benzyl-furan-2-
  carbonyloxy)-butyl]-methyl- 4301
  $[C_{21}H_{30}NO_3]I$ 4301
—, Triäthyl-[3-(5-benzyl-furan-2-
  carbonyloxy)-propyl]- 4299
  $[C_{21}H_{30}NO_3]I$ 4299

$C_{21}H_{30}N_2OS_2$

Thiophen-2-carbonsäure, 5-Undecyl-,
  [[2]thienylmethylen-hydrazid] 4140

$C_{21}H_{30}O_3$

15-Nor-pimara-12,16-dien-18-säure, 12,17-
  Epoxy-14-methyl-, methylester 4289
15-Nor-pimara-12,16-dien-19-säure, 12,17-
  Epoxy-14-methyl-, methylester 4289

$C_{21}H_{31}NO_2S$

Essigsäure, Cyclopent-2-enyl-[2]thienyl-,
  [2-diäthylamino-cyclohexylester] 4219

$C_{21}H_{31}NO_3$

Pyran-3-carbonsäure, 6-Methyl-2-phenyl-
5,6-dihydro-4H-, [2-diisopropylamino-
äthylester] 4282

$[C_{21}H_{32}NO_3]^+$

Ammonium, Diisopropyl-methyl-[2-(2-
phenyl-5,6-dihydro-4H-pyran-3-
carbonyloxy)-äthyl]- 4278
$[C_{21}H_{32}NO_3]Br$ 4278

$[C_{21}H_{32}NO_4S]^+$

Ammonium, Äthoxycarbonylmethyl-
diäthyl-[2-(cyclopent-2-enyl-[2]thienyl-
acetoxy)-äthyl]- 4218
$[C_{21}H_{32}NO_4S]Br$ 4218

$[C_{21}H_{32}N_2O_3]^{2+}$

Furan-2-carbonsäure, 5-Benzyl-, [β,β'-bis-
trimethylammonio-isopropylester]
4299
$[C_{21}H_{32}N_2O_3]I_2$ 4299

$C_{21}H_{32}O_3$

Essigsäure, Isochroman-x-yl-, decylester
4221
5a,8-Methano-cyclohepta[5,6]naphtho-
[2,1-b]furan-7-carbonsäure,
10b-Methyl-hexadecahydro-,
methylester 4243

$C_{21}H_{32}O_5$

Phenanthro[2,1-b]furan-5a,7-dicarbonsäure,
9b-Methyl-tetradecahydro-,
dimethylester 4545

$C_{21}H_{33}NO_2S$

Essigsäure, Cyclohex-2-enyl-[2]thienyl-,
[3-diäthylamino-2,2-dimethyl-
propylester] 4229
—, Cyclohex-2-enyl-[2]thienyl-,
[5-diäthylamino-pentylester] 4229
—, Cyclohex-2-enyl-[2]thienyl-,
[3-dipropylamino-propylester] 4228

$C_{21}H_{33}NO_3$

Pyran-4-carbonsäure, 4-Phenyl-tetrahydro-,
[β-diisopropylamino-isopropylester]
4224

$[C_{21}H_{34}NO_2S]^+$

Ammonium, [2-(Cyclohex-2-enyl-[2]-
thienyl-acetoxy)-äthyl]-diisopropyl-
methyl- 4227
$[C_{21}H_{34}NO_2S]Br$ 4227

$[C_{21}H_{34}NO_3]^+$

Ammonium, Diisopropyl-methyl-[2-(4-
phenyl-tetrahydro-pyran-4-
carbonyloxy)-äthyl]- 4224
$[C_{21}H_{34}NO_3]Br$ 4224

$C_{21}H_{34}O_3$

15-Nor-pimaran-18-säure, 12,17-Epoxy-14-
methyl-, methylester 4195
Pimaran-18-säure, 8,14-Epoxy-,
methylester 4196

$C_{21}H_{34}O_4S$

Malonsäure, [2]Thienylmethyl-[3,5,5-
trimethyl-hexyl]-, diäthylester 4529

$C_{21}H_{35}NO_2S$

Buttersäure, 4-Cyclohexyl-2-[2]-
thienylmethyl-, [2-diäthylamino-
äthylester] 4193

$C_{21}H_{36}O_2S$

Thiophen-2-carbonsäure-hexadecylester
4014

$C_{21}H_{36}O_3$

Labdan-15-säure, 8,13-Epoxy-,
methylester 4142

$C_{21}H_{38}O_3$

Octansäure, 8-[3-Octyl-3,6-dihydro-
2H-pyran-4-yl]- 3913
—, 8-[4-Octyl-3,6-dihydro-2H-pyran-
3-yl]- 3913
—, 8-[3-Octyl-oxiranyl]-, allylester
3873

$C_{21}H_{38}O_4$

Octadecansäure, 9,10-Epoxy-, [2,3-epoxy-
propylester] 3873

$[C_{21}H_{40}N_2O_3]^{2+}$

Furan-2-carbonsäure, 5-Methyl-, [β,β'-bis-
triäthylammonio-isopropylester] 4079
$[C_{21}H_{40}N_2O_3]I_2$ 4079

$C_{21}H_{40}N_6O_4$

Verbindung $C_{21}H_{40}N_6O_4$ aus 8-[4-Octyl-
3,6-dihydro-2H-pyran-3-yl]-octansäure
oder 8-[3-Octyl-3,6-dihydro-2H-pyran-
4-yl]-octansäure 3913

$C_{21}H_{40}O_3$

Octansäure, 8-[3-Octyl-tetrahydro-pyran-4-
yl]- 3913
—, 8-[4-Octyl-tetrahydro-pyran-3-yl]-
3913

C$_{22}$

$C_{22}H_{13}BrN_2OS$

Thiophen-2-carbonsäure, 5-Brom-, [pyren-
1-ylmethylen-hydrazid] 4038

$C_{22}H_{13}ClN_2OS$

Thiophen-2-carbonsäure, 5-Chlor-, [pyren-
1-ylmethylen-hydrazid] 4032

$C_{22}H_{14}N_2OS$

Thiophen-2-carbonsäure-[pyren-1-
ylmethylen-hydrazid] 4026

$C_{22}H_{14}N_4O_8$

Benzidin, N,N'-Bis-[5-nitro-furan-2-
carbonyl]- 3999

$C_{22}H_{15}BrO_2S$

Essigsäure, [2-Brom-benzo[b]thiophen-3-yl]-
diphenyl- 4418

$C_{22}H_{15}NS$

Acrylonitril, 3-[10-Methyl-[9]anthryl]-2-[2]-
thienyl- 4419

$C_{22}H_{16}N_2O_2S_2$
Benzidin, N,N'-Bis-[thiophen-2-carbonyl]-
4023
$C_{22}H_{16}N_2O_4$
Benzidin, N,N'-Bis-[furan-2-carbonyl]-
3958
$C_{22}H_{16}N_2O_4S_3$
Sulfon, Bis-[4-(thiophen-2-carbonylamino)-
phenyl]- 4020
$C_{22}H_{16}N_2O_6S$
Sulfon, Bis-[4-(furan-2-carbonylamino)-
phenyl]- 3949
$C_{22}H_{16}O_2S$
Essigsäure, Benzo[b]thiophen-2-yl-
diphenyl- 4418
—, Benzo[b]thiophen-3-yl-diphenyl-
4418
$C_{22}H_{16}O_2Se$
Essigsäure, Benzo[b]selenophen-3-yl-
diphenyl- 4418
$C_{22}H_{17}Cl_2N_3O_3S$
Thiosemicarbazid, 1-[Bis-(4-chlor-phenyl)-
acetyl]-4-[3-[2]furyl-acryloyl]- 4151
$C_{22}H_{17}NO$
Acrylonitril, 2-[5-Methyl-2,3-dihydro-
benzofuran-7-yl]-3-[1]naphthyl- 4417
$C_{22}H_{18}O_3$
Phthalan-1-carbonsäure, 1,3-Diphenyl-,
methylester 4416
Propionsäure, 3-Phenyl-2-xanthen-9-yl-
4416
$C_{22}H_{19}NO_3$
Essigsäure, Cyan-[2,6-diphenyl-4H-pyran-
4-yl]-, äthylester 4584
$C_{22}H_{19}NS$
Acrylonitril, 2-Phenyl-3-[5-(3-phenyl-
propyl)-[2]thienyl]- 4414
$C_{22}H_{20}O_2S$
Acrylsäure, 2-Phenyl-3-[5-(3-phenyl-
propyl)-[2]thienyl]- 4414
$C_{22}H_{20}O_4S$
Thiophen-2,5-dicarbonsäure, 3,4-Diphenyl-,
diäthylester 4582
—, 3,4-Di-p-tolyl-, dimethylester
4584
$C_{22}H_{20}O_4Se$
Selenophen-2,5-dicarbonsäure,
3,4-Diphenyl-, diäthylester 4582
$C_{22}H_{20}O_5$
Furan-2,5-dicarbonsäure, 3,4-Diphenyl-,
diäthylester 4581
Furan-3,4-dicarbonsäure, 2,5-Diphenyl-,
diäthylester 4582
Spiro[norbornan-7,2'-oxiran]-2,3-
dicarbonsäure, 3',3'-Diphenyl- 4584
$C_{22}H_{22}N_2O_3$
Essigsäure, [5-Methyl-4-(methyl-phenyl-
carbamoyl)-[2]furyl]-, [N-methyl-anilid]
4508

$C_{22}H_{22}O_3$
Buttersäure, 3-[2]Furyl-2,4-diphenyl-,
äthylester 4408
Propionsäure, 3-[2]Furyl-2,3-diphenyl-,
propylester 4405
$C_{22}H_{23}NO_2$
Hexansäure, 3-[2]Furyl-, diphenylamid
4124
Valeriansäure, 3-[2]Furyl-2-phenyl-,
[N-methyl-anilid] 4317
$C_{22}H_{23}NO_2S$
Essigsäure, Phenyl-[2]thienyl-, [2-(N-äthyl-
anilino)-äthylester] 4296
$C_{22}H_{23}NO_3$
Xanthen-9-carbonsäure-[2-diallylamino-
äthylester] 4354
$C_{22}H_{24}N_2O_2S$
Essigsäure, Cyan-thioxanthen-9-yl-,
[2-diäthylamino-äthylester] 4575
$C_{22}H_{24}N_2O_3$
Essigsäure, Cyan-xanthen-9-yl-,
[2-diäthylamino-äthylester] 4575
$C_{22}H_{24}N_4O_2S$
Harnstoff, N,N'-Bis-[4-dimethylamino-
phenyl]-N-[thiophen-2-carbonyl]- 4023
$C_{22}H_{24}N_4O_3$
Harnstoff, N,N'-Bis-[4-dimethylamino-
phenyl]-N-[furan-2-carbonyl]- 3957
$C_{22}H_{24}O_3$
Pyran-3-carbonsäure, 6-[1,1-Diphenyl-
äthyl]-2,2-dimethyl-3,4-dihydro-2H-
4394
$C_{22}H_{27}NO_3$
Essigsäure, Xanthen-9-yl-,
[2-diäthylamino-propylester] 4370
—, Xanthen-9-yl-, [3-diäthylamino-
propylester] 4370
Xanthen-9-carbonsäure-
[2-diisopropylamino-äthylester] 4353
— [2-dipropylamino-äthylester] 4352
Xanthen-9-carbonsäure, 2,7-Dimethyl-,
[2-diäthylamino-äthylester] 4377
$C_{22}H_{27}NS$
Acrylonitril, 3-[2,5-Di-tert-butyl-4-methyl-
[3]thienyl]-2-phenyl- 4339
$[C_{22}H_{28}NO_3]^+$
Ammonium, Äthyl-isopropyl-methyl-[2-
(xanthen-9-carbonyloxy)-äthyl]- 4353
$[C_{22}H_{28}NO_3]Br$ 4353
—, Diäthyl-methyl-[2-(2-methyl-
xanthen-9-carbonyloxy)-äthyl]- 4374
$[C_{22}H_{28}NO_3]Br$ 4374
—, Diäthyl-methyl-[2-(4-methyl-
xanthen-9-carbonyloxy)-äthyl]- 4375
$[C_{22}H_{28}NO_3]Br$ 4375
—, Diäthyl-methyl-[β-(xanthen-9-
carbonyloxy)-isopropyl]- 4355
$[C_{22}H_{28}NO_3]I$ 4355

[C$_{22}$H$_{28}$NO$_3$]$^+$ (Fortsetzung)

Ammonium, Diäthyl-methyl-[2-(xanthen-9-carbonyloxy)-propyl]- 4356
  [C$_{22}$H$_{28}$NO$_3$]Br 4356
  [C$_{22}$H$_{28}$NO$_3$]I 4356

—, Diäthyl-methyl-[3-(xanthen-9-carbonyloxy)-propyl]- 4355
  [C$_{22}$H$_{28}$NO$_3$]Br 4355

—, Diäthyl-methyl-[2-(xanthen-9-yl-acetoxy)-äthyl]- 4368
  [C$_{22}$H$_{28}$NO$_3$]Br 4368
  [C$_{22}$H$_{28}$NO$_3$]C$_6$H$_2$N$_3$O$_7$ 4368

—, Dimethyl-propyl-[2-(xanthen-9-yl-acetoxy)-äthyl]- 4368
  [C$_{22}$H$_{28}$NO$_3$]Br 4368

—, Isopropyl-dimethyl-[2-(xanthen-9-yl-acetoxy)-äthyl]- 4369
  [C$_{22}$H$_{28}$NO$_3$]Br 4369

—, Triäthyl-[2-(xanthen-9-carbonyloxy)-äthyl]- 4352
  [C$_{22}$H$_{28}$NO$_3$]Br 4352

[C$_{22}$H$_{28}$NO$_4$]$^+$

Ammonium, Diäthyl-[2-hydroxy-äthyl]-[2-(xanthen-9-carbonyloxy)-äthyl]- 4355
  [C$_{22}$H$_{28}$NO$_4$]Br 4355

C$_{22}$H$_{28}$N$_2$O$_2$

Essigsäure, Xanthen-9-yl-, [3-diäthylamino-propylamid] 4371

C$_{22}$H$_{29}$NO$_7$S

s. bei [C$_{21}$H$_{26}$NO$_3$]$^+$

C$_{22}$H$_{31}$NO$_2$S

Essigsäure, Phenyl-[2]thienyl-, [2-dibutylamino-äthylester] 4295

[C$_{22}$H$_{32}$NO$_3$]$^+$

Ammonium, Diäthyl-[3-(5-benzyl-furan-2-carbonyloxy)-2,2-dimethyl-propyl]-methyl- 4302
  [C$_{22}$H$_{32}$NO$_3$]I 4302

—, Diäthyl-[3-(5-benzyl-furan-2-carbonyloxy)-2-methyl-butyl]-methyl- 4302
  [C$_{22}$H$_{32}$NO$_3$]I 4302

—, Triäthyl-[3-(5-benzyl-furan-2-carbonyloxy)-butyl]- 4301
  [C$_{22}$H$_{32}$NO$_3$]I 4301

C$_{22}$H$_{32}$N$_2$OS$_2$

Thiophen-2-carbonsäure, 5-Dodecyl-, [[2]thienylmethylen-hydrazid] 4141

C$_{22}$H$_{32}$O$_3$

15-Nor-pimara-12,16-dien-18-säure, 12,17-Epoxy-14-methyl-, äthylester 4290

C$_{22}$H$_{32}$O$_4$S

Thiophen, 2,5-Bis-[3-äthoxycarbonylmethyl-cyclopentyl]- 4555

C$_{22}$H$_{33}$NO$_2$

15-Nor-pimara-12,16-dien-19-säure, 12,17-Epoxy-14-methyl-, dimethylamid 4290

[C$_{22}$H$_{34}$NO$_3$]$^+$

Ammonium, diisopropyl-methyl-[2-(6-methyl-2-phenyl-5,6-dihydro-4H-pyran-3-carbonyloxy)-äthyl]- 4282
  [C$_{22}$H$_{34}$NO$_3$]Br 4282

[C$_{22}$H$_{34}$NO$_4$S]$^+$

Ammonium, Äthoxycarbonylmethyl-diäthyl-[2-(cyclohex-2-enyl-[2]thienyl-acetoxy)-äthyl]- 4228
  [C$_{22}$H$_{34}$NO$_4$S]Br 4228

C$_{22}$H$_{34}$O$_3$

Oxirancarbonsäure, 2-Decyl-3-methyl-3-phenyl-, äthylester 4243

C$_{22}$H$_{34}$O$_5$

Non-8-ensäure, 9-[5-(8-Carboxy-octyl)-[2]furyl]- 4545

C$_{22}$H$_{35}$NO$_2$S

Essigsäure, Cyclohex-2-enyl-[2]thienyl-, [2-dibutylamino-äthylester] 4227

C$_{22}$H$_{35}$NO$_3$

Pyran-4-carbonsäure, 4-Phenyl-tetrahydro-, [2-di-sec-butylamino-äthylester] 4224

—, 4-Phenyl-tetrahydro-, [4-diisopropylamino-butylester] 4224

C$_{22}$H$_{36}$N$_2$O$_2$S

Essigsäure, Cyclopent-2-enyl-[2]thienyl-, [β,β'-bis-diäthylamino-isopropylester] 4219

C$_{22}$H$_{36}$O$_4$S

Thiophen, 2,5-Bis-[8-carboxy-octyl]- 4530

C$_{22}$H$_{36}$O$_5$

Furan, 2,5-Bis-[2-cyclohexyloxycarbonyl-äthyl]-tetrahydro- 4449

C$_{22}$H$_{42}$O$_2$S

Dodecansäure, 12-[3-Octyl-thiiranyl]- 3876
Verbindung C$_{22}$H$_{42}$O$_2$S s. bei 12-[3-Octyl-thiiranyl]-dodecansäure 3876

C$_{22}$H$_{42}$O$_3$

Dodecansäure, 12-[3-Octyl-oxiranyl]- 3875
Oxirancarbonsäure, 3-Nonadecyl- 3875

—, 3-Undecyl-, [2-äthyl-hexylester] 3867

C$_{22}$H$_{43}$NO$_2$

Dodecansäure, 12-[3-Octyl-oxiranyl]-, amid 3876

C$_{23}$

C$_{23}$H$_{14}$N$_2$O$_3$

Crotononitril, 2-[4-Nitro-phenyl]-4-xanthen-9-yliden- 4421

C$_{23}$H$_{15}$NOS

Thiophen-2-carbonsäure-chrysen-6-ylamid 4019

C$_{23}$H$_{15}$NS

Acrylonitril, 3-Acenaphthen-3-yl-2-benzo[b]thiophen-3-yl- 4421

[C$_{23}$H$_{30}$NO$_3$]$^+$ (Fortsetzung)

Ammonium, Triäthyl-[2-(xanthen-9-yl-acetoxy)-
äthyl]- 4368
[C$_{23}$H$_{30}$NO$_3$]Br 4368

[C$_{23}$H$_{34}$NO$_3$]$^+$

Ammonium, Triäthyl-[3-(5-benzyl-furan-2-
carbonyloxy)-2-methyl-butyl]- 4302
[C$_{23}$H$_{34}$NO$_3$]I 4302

C$_{23}$H$_{34}$N$_2$O$_3$

Furan-2-carbonsäure, 5-Benzyl-, [β,β'-bis-
diäthylamino-isopropylester] 4300

[C$_{23}$H$_{36}$N$_2$O$_3$]$^{2+}$

Furan-2-carbonsäure, 5-Benzyl-, [β,β'-bis-
(äthyl-dimethyl-ammonio)-
isopropylester] 4299
[C$_{23}$H$_{36}$N$_2$O$_3$]I$_2$ 4299

C$_{23}$H$_{38}$N$_2$O$_2$S

Essigsäure, Cyclohex-2-enyl-[2]thienyl-,
[β,β'-bis-diäthylamino-isopropylester]
4229

C$_{23}$H$_{38}$N$_2$O$_3$

Pyran-4-carbonsäure, 4-Phenyl-tetrahydro-,
[β,β'-bis-diäthylamino-isopropylester]
4224

C$_{23}$H$_{40}$O$_2$S

Thiophen-2-carbonsäure, 5-Octadecyl-
4142

C$_{23}$H$_{41}$NO$_2$

Furan-2-carbonsäure-octadecylamid 3941

C$_{23}$H$_{42}$O$_5$

Adipinsäure, 2,3-Epoxy-3-methyl-,
bis-[2-äthyl-hexylester] 4441
—, 2,3-Epoxy-3-methyl-, 1-butylester-
6-dodecylester 4441
—, 2,3-Epoxy-3-methyl-, 6-butylester-
1-dodecylester 4441

C$_{23}$H$_{44}$O$_3$

Dodecansäure, 12-[3-Octyl-oxiranyl]-,
methylester 3876

C$_{24}$

C$_{24}$H$_{13}$Cl$_3$O$_5$

Dibenzo[a,j]xanthen-6,8-dicarbonsäure,
14-Trichlormethyl-14H- 4587

C$_{24}$H$_{14}$N$_2$O$_6$

Anthrachinon, 1,5-Bis-[furan-2-
carbonylamino]- 3960
—, 1,8-Bis-[furan-2-carbonylamino]-
3960
Phenanthren-9,10-chinon, 2,7-Bis-[furan-3-
carbonylamino]- 4053

C$_{24}$H$_{14}$N$_2$O$_7$

Anthrachinon, 1,5-Bis-[furan-2-
carbonylamino]-4-hydroxy- 3962

C$_{24}$H$_{16}$Cl$_2$N$_2$O$_{10}$S$_2$

Stilben-2,2'-disulfonsäure, 5,5'-Dichlor-
4,4'-bis-[furan-2-carbonylamino]- 3962

C$_{24}$H$_{16}$O$_5$

1,4-Epoxido-naphthalin-2,3-dicarbonsäure,
1,4-Diphenyl-1,4-dihydro- 4586

C$_{24}$H$_{17}$NO

Propionitril, 3-[14H-Dibenzo[a,j]xanthen-
14-yl]- 4421

C$_{24}$H$_{17}$NS

Acrylonitril, 3-[5-Benzyl-[2]thienyl]-2-[2]-
naphthyl- 4421

C$_{24}$H$_{18}$N$_2$O$_3$

Furan-2,4-dicarbonsäure, 5-Phenyl-,
dianilid 4564

C$_{24}$H$_{18}$N$_2$O$_{10}$S$_2$

Stilben-2,2'-disulfonsäure, 4,4'-Bis-[furan-
2-carbonylamino]- 3962

C$_{24}$H$_{18}$O$_3$

Furan-3-carbonsäure, 2,4,5-Triphenyl-,
methylester 4420

C$_{24}$H$_{18}$O$_3$S

Benzo[b]cyclopropa[d]thiophen-1-
carbonsäure, 1a,6b-Dihydro-1H-,
4-phenyl-phenacylester 4271

C$_{24}$H$_{18}$O$_5$

1,4-Epoxido-naphthalin-2,3-dicarbonsäure,
1,4-Diphenyl-1,2,3,4-tetrahydro- 4586

C$_{24}$H$_{19}$N$_5$O$_2$

Formazan, N-Diphenylcarbamoyl-3-[2]-
furyl-N'''-phenyl- 3975

C$_{24}$H$_{20}$N$_2$O$_6$

Bibenzyl-2,2'-diol, α,α'-Bis-[furan-2-
carbonylamino]- 3959

C$_{24}$H$_{20}$O$_3$

1,4-Epoxido-naphthalin-2-carbonsäure,
3-Methyl-1,4-diphenyl-1,2,3,4-
tetrahydro- 4419

C$_{24}$H$_{20}$O$_5$

Furan-3,4-dicarbonsäure, 2,5-Di-styryl-,
dimethylester 4586

C$_{24}$H$_{21}$NO$_2$

Essigsäure, [2-m-Tolyl-benzofuran-3-yl]-,
p-toluidid 4393

C$_{24}$H$_{21}$NO$_5$

Essigsäure, Dibenzofuran-4-yl-,
[3,4-dimethoxy-phenacylamid] 4360

C$_{24}$H$_{22}$O$_5$

Furan, 2-[4-Äthoxycarbonyl-phenyl]-5-
[4-äthoxycarbonyl-styryl]- 4585

C$_{24}$H$_{24}$O$_5$

Furan-3,4-dicarbonsäure, 2,5-Di-p-tolyl-,
diäthylester 4584
Spiro[norbornan-7,2'-oxiran]-2,3-
dicarbonsäure, 3',3'-Diphenyl-,
dimethylester 4585

C$_{24}$H$_{26}$N$_4$O$_3$

Harnstoff, N,N'-Bis-[4-dimethylamino-
phenyl]-N-[3-[2]furyl-acryloyl]- 4152

C$_{24}$H$_{26}$O$_3$

Propionsäure, 3-[2]Furyl-2,3-diphenyl-,
pentylester 4405

C$_{24}$H$_{27}$NO$_2$S
Essigsäure, Biphenyl-4-yl-[2]thienyl-,
[2-diäthylamino-äthylester] 4403

C$_{24}$H$_{27}$N$_3$O$_6$
Pyran-3-carbonsäure, 5,6-Dihydro-4H-,
[4,4'-bis-äthoxycarbonylamino-
biphenyl-2-ylamid] 3881

C$_{24}$H$_{28}$O$_5$
Furan, 2,5-Bis-[2-benzyloxycarbonyl-äthyl]-
tetrahydro- 4449

C$_{24}$H$_{30}$O$_3$
Chola-3,5,20,22-tetraen-24-säure, 14,21-
Epoxy- 4381
Naphtho[2,1-b]furan-2-carbonsäure,
1-Undecyl- 4381

C$_{24}$H$_{30}$O$_4$
Androst-4-en-3-on, 17-[Furan-2-
carbonyloxy]- 3926

C$_{24}$H$_{31}$NO$_3$
Xanthen-9-carbonsäure-[2-dibutylamino-
äthylester] 4354

[C$_{24}$H$_{32}$NO$_2$S]$^+$
Ammonium, Diäthyl-benzyl-[2-(cyclopent-
2-enyl-[2]thienyl-acetoxy)-äthyl]- 4217
[C$_{24}$H$_{32}$NO$_2$S]Br 4217

[C$_{24}$H$_{32}$NO$_3$]$^+$
Ammonium, Äthyl-diisopropyl-[2-
(xanthen-9-carbonyloxy)-äthyl]- 4354
[C$_{24}$H$_{32}$NO$_3$]Br 4354
[C$_{24}$H$_{32}$NO$_3$]I 4354
—, Diäthyl-butyl-[2-(xanthen-9-
carbonyloxy)-äthyl]- 4354
[C$_{24}$H$_{32}$NO$_3$]Br 4354
—, Diäthyl-isopropyl-[2-(xanthen-9-
yl-acetoxy)-äthyl]- 4369
[C$_{24}$H$_{32}$NO$_3$]Br 4369
—, Diäthyl-methyl-[2-(2-xanthen-9-yl-
butyryloxy)-äthyl]- 4380
[C$_{24}$H$_{32}$NO]Br 4380
—, Diäthyl-propyl-[2-(xanthen-9-yl-
acetoxy)-äthyl]- 4369
[C$_{24}$H$_{32}$NO$_3$]Br 4369
—, Methyl-dipropyl-[2-(xanthen-9-yl-
acetoxy)-äthyl]- 4369
[C$_{24}$H$_{32}$NO$_3$]Br 4369

C$_{24}$H$_{34}$O$_4$
Androst-4-en-3-on, 17-[Tetrahydro-furan-
2-carbonyloxy]- 3827

C$_{24}$H$_{35}$ClN$_2$OS$_2$
Thiophen-2-carbonsäure, 5-Chlor-,
[(5-tetradecyl-[2]thienylmethylen)-
hydrazid] 4034

[C$_{24}$H$_{36}$NO$_2$S]$^+$
Ammonium, Dibutyl-methyl-[3-(phenyl-[2]-
thienyl-acetoxy)-propyl]- 4296
[C$_{24}$H$_{36}$NO$_2$S]Br 4296

C$_{24}$H$_{36}$N$_2$OS$_2$
Thiophen-2-carbonsäure, 5-Tetradecyl-,
[[2]thienylmethylen-hydrazid] 4141

C$_{24}$H$_{36}$N$_2$O$_3$
Propionsäure, 3-[2]Furyl-2-phenyl-,
[β,β'-bis-diäthylamino-isopropylester]
4305

C$_{24}$H$_{36}$O$_3$
Chol-9(11)-en-24-säure, 3,8-Epoxy- 4290
Chol-11-en-24-säure, 3,9-Epoxy- 4290

C$_{24}$H$_{38}$O$_3$
Cholan-24-säure, 3,4-Epoxy- 4243
—, 3,8-Epoxy- 4245
—, 8,14-Epoxy- 4244
—, 9,11-Epoxy- 4244
—, 11,12-Epoxy- 4244

C$_{24}$H$_{39}$NO$_2$
Octansäure, 8-[3-Octyl-oxiranyl]-, anilid
3874

C$_{24}$H$_{42}$O$_5$
Cyclohexan-1,2-dicarbonsäure, 4,5-Epoxy-,
bis-[2-äthyl-hexylester] 4457

C$_{24}$H$_{43}$N$_3$O$_2$S
Semicarbazid, 4-Octadecyl-1-[thiophen-2-
carbonyl]- 4027

C$_{24}$H$_{43}$N$_3$O$_3$
Semicarbazid, 1-[Furan-2-carbonyl]-4-
octadecyl- 3972

C$_{24}$H$_{44}$N$_2$O$_3$
Furan-2-carbonsäure-[β,β'-bis-
dibutylamino-isopropylester] 3932
— [β,β'-bis-diisobutylamino-
isopropylester] 3932

C$_{24}$H$_{46}$O$_3$
Dodecansäure, 12-[3-Octyl-oxiranyl]-,
äthylester 3876

C$_{24}$H$_{47}$NO$_2$
Octansäure, 8-[3-Octyl-oxiranyl]-,
hexylamid 3874

C$_{25}$

C$_{25}$H$_{15}$NS
Acrylonitril, 3-[9]Anthryl-2-benzo[b]-
thiophen-3-yl- 4422

C$_{25}$H$_{17}$NS
Acrylonitril, 2-[2,5-Dimethyl-[3]thienyl]-3-
pyren-1-yl- 4422
—, 3-[3,5-Diphenyl-[2]thienyl]-2-
phenyl- 4421

C$_{25}$H$_{17}$NSe
Acrylonitril, 3-[3,5-Diphenyl-selenophen-2-
yl]-2-phenyl- 4422

C$_{25}$H$_{19}$NO$_2$
Acrylsäure, 3-[2]Furyl-2-phenyl-,
diphenylamid 4325

C$_{25}$H$_{21}$NO$_2$
Propionsäure, 3-[2]Furyl-3-phenyl-,
diphenylamid 4307

$C_{25}H_{22}O_3$
Essigsäure, [5-Methyl-2,4,5-triphenyl-2,5-
dihydro-[2]furyl]- 4420
$C_{25}H_{32}N_2O_3$
Harnstoff, N,N'-Bis-[2,4,4-trimethyl-
chroman-2-yl]- 4238
$C_{25}H_{32}O_3$
Chola-3,5,20,22-tetraen-24-säure, 14,21-
Epoxy-, methylester 4382
$C_{25}H_{33}NO_2$
Dibenzofuran-2-carbonsäure-dodecylamid
4343
$[C_{25}H_{34}NO_2S]^+$
Ammonium, Diäthyl-benzyl-[2-(cyclohex-2-
enyl-[2]thienyl-acetoxy)-äthyl]-
4228
    $[C_{25}H_{34}NO_2S]Br$ 4228
$[C_{25}H_{34}NO_3]^+$
Ammonium, Äthyl-dipropyl-[2-(xanthen-9-
yl-acetoxy)-äthyl]- 4369
    $[C_{25}H_{34}NO_3]Br$ 4369
—, Dibutyl-methyl-[2-(xanthen-9-
carbonyloxy)-äthyl]- 4354
    $[C_{25}H_{34}NO_3]Br$ 4354
$C_{25}H_{35}ClN_2O_3S$
Thiophen-2-carbonsäure, 5-Chlor-,
[4-dodecyloxy-3-methoxy-
benzylidenhydrazid] 4033
$C_{25}H_{36}N_2O_3S$
Thiophen-2-carbonsäure-[4-dodecyloxy-3-
methoxy-benzylidenhydrazid]
4027
$C_{25}H_{38}Br_2O_3$
Cholan-24-säure, 11,12-Dibrom-3,9-epoxy-,
methylester 4245
$[C_{25}H_{38}NO_4S]^+$
Ammonium, Diäthyl-[3-butoxycarbonyl-
allyl]-[2-(cyclopent-2-enyl-[2]thienyl-
acetoxy)-äthyl]- 4218
    $[C_{25}H_{38}NO_4S]Br$ 4218
$C_{25}H_{38}O_2$
Verbindung $C_{25}H_{38}O_2$ aus 9,11-Epoxy-
cholan-24-säure-methylester 4244
$C_{25}H_{38}O_3$
Chol-11-en-24-säure, 3,9-Epoxy-,
methylester 4291
$[C_{25}H_{40}N_2O_3]^{2+}$
Furan-2-carbonsäure, 5-Benzyl-, [β,β'-bis-
(diäthyl-methyl-ammonio)-
isopropylester] 4300
    $[C_{25}H_{40}N_2O_3]I_2$ 4300
$C_{25}H_{40}O_3$
Cholan-24-säure, 3,4-Epoxy-, methylester
4243
—, 3,8-Epoxy-, methylester 4245
—, 9,11-Epoxy-, methylester 4244
—, 11,12-Epoxy-, methylester
4244

C_{26}

$C_{26}H_{17}BrN_2O_4$
Anthrachinon, 2-Brom-1-[furan-2-
carbonylamino]-4-p-toluidino-
3959
$C_{26}H_{21}NOSe$
Buttersäure, 4-Dibenzoselenophen-2-yl-,
[2]naphthylamid 4378
$C_{26}H_{22}O_7$
Malonsäure, [2,6-Dimethyl-pyran-4-yliden]-,
diphenacylester 4540
$C_{26}H_{23}NO_2$
Propionsäure, 3-[2]Furyl-2,3-diphenyl-,
[N-methyl-anilid] 4406
$C_{26}H_{24}O_3$
1,4-Epoxido-naphthalin-2-carbonsäure,
3-Methyl-1,4-diphenyl-1,2,3,4-
tetrahydro-, äthylester 4420
$C_{26}H_{26}O_5$
1,4-Epoxido-naphthalin-4a,8a-
dicarbonsäure, 6,7-Diphenyl-1,2,3,4,5,8-
hexahydro-, dimethylester 4586
$C_{26}H_{27}NO_3$
Xanthen-9-carbonsäure, 9-Phenyl-,
[2-diäthylamino-äthylester] 4415
$C_{26}H_{28}N_2O_2$
Xanthen-9-carbonsäure-
[N-(2-diäthylamino-äthyl)-anilid] 4357
$C_{26}H_{28}O_5$
1,4-Epoxido-naphthalin-4a,8a-
dicarbonsäure, 6,7-Diphenyl-
octahydro-, dimethylester 4585
$C_{26}H_{28}O_7$
Pregna-1,4-dien-3,11,20-trion, 21-[Furan-2-
carbonyloxy]-17-hydroxy- 3927
$C_{26}H_{30}N_2O_2$
Verbindung $C_{26}H_{30}N_2O_2$ aus
2-$tert$-Butyl-2,3-dihydro-benzofuran-3-
carbonitril 4238
$C_{26}H_{30}O_7$
Pregna-1,4-dien-3,20-dion, 21-[Furan-2-
carbonyloxy]-11,17-dihydroxy- 3927
Pregn-4-en-3,11,20-trion, 21-[Furan-2-
carbonyloxy]-17-hydroxy- 3927
$C_{26}H_{32}O_5$
Pregn-4-en-3,20-dion, 21-[Furan-2-
carbonyloxy]- 3926
$C_{26}H_{32}O_6$
Pregn-4-en-3,20-dion, 21-[Furan-2-
carbonyloxy]-17-hydroxy- 3926
$C_{26}H_{32}O_7$
Pregn-4-en-3,20-dion, 21-[Furan-2-
carbonyloxy]-11,17-dihydroxy- 3927
$C_{26}H_{34}N_2O_2$
Xanthen-9-carbonsäure-[cyclohexyl-(2-
diäthylamino-äthyl)-amid] 4357

C$_{26}$H$_{34}$N$_2$O$_5$
Dibenzofuran-2,8-dicarbonsäure-bis-
[2-diäthylamino-äthylester] 4572

C$_{26}$H$_{34}$O$_3$
Chola-3,5,20,22-tetraen-24-säure, 14,21-
Epoxy-, äthylester 4382
Naphtho[2,1-*b*]furan-2-carbonsäure,
1-Undecyl-, äthylester 4381

C$_{26}$H$_{35}$NO$_2$S
Essigsäure, Phenyl-[2]thienyl-,
[2-dicyclohexylamino-äthylester] 4295

[C$_{26}$H$_{36}$NO$_3$]$^+$
Ammonium, Tripropyl-[2-(xanthen-9-yl-
acetoxy)-äthyl]- 4369
[C$_{26}$H$_{36}$NO$_3$]Br 4369

C$_{26}$H$_{37}$ClO$_4$
Androst-4-en-3-on, 4-Chlor-17-
[3-tetrahydro[2]furyl-propionyloxy]-
3847

C$_{26}$H$_{40}$O$_5$
Furan-2,5-dicarbonsäure-dimenthylester
4483

C$_{26}$H$_{44}$N$_2$O$_2$S
Essigsäure, Cyclopent-2-enyl-[2]thienyl-,
[β,β'-bis-dipropylamino-isopropylester]
4219

C$_{26}$H$_{48}$O$_5$
Furan, 2,5-Bis-[2-(2-äthyl-
hexyloxycarbonyl)-äthyl]-tetrahydro-
4449

C$_{27}$

C$_{27}$H$_{15}$NS
Acrylonitril, 2-Benzo[*b*]thiophen-3-yl-3-
pyren-1-yl- 4422

C$_{27}$H$_{19}$BrN$_2$O$_5$
Anthrachinon, 2-Brom-1-[furan-2-
carbonylamino]-4-*p*-phenetidino- 3960

C$_{27}$H$_{19}$N$_5$O$_9$S$_2$
Naphthalin-2-sulfonsäure, 7-[Furan-2-
carbonylamino]-4-hydroxy-3-[4-(4-sulfo-
phenylazo)-phenylazo]- 3962

C$_{27}$H$_{25}$NO$_2$
Valeriansäure, 3-[2]Furyl-2-phenyl-,
diphenylamid 4317

C$_{27}$H$_{29}$NO$_2$S
Essigsäure, Cyclopent-2-enyl-[2]thienyl-,
[2-dibenzylamino-äthylester] 4218

C$_{27}$H$_{29}$NO$_3$
Xanthen-9-carbonsäure, 9-*o*-Tolyl-,
[2-diäthylamino-äthylester] 4416

[C$_{27}$H$_{30}$NO$_3$]$^+$
Ammonium, Diäthyl-methyl-[2-(9-phenyl-
xanthen-9-carbonyloxy)-äthyl]- 4415
[C$_{27}$H$_{30}$NO$_3$]Br 4415

C$_{27}$H$_{30}$N$_2$O$_2$
Xanthen-9-carbonsäure-[benzyl-(2-
diäthylamino-äthyl)-amid] 4357

[C$_{27}$H$_{44}$N$_2$O$_3$]$^{2+}$
Furan-2-carbonsäure, 5-Benzyl-, [β,β'-bis-
triäthylammonio-isopropylester] 4300
[C$_{27}$H$_{44}$N$_2$O$_3$]I$_2$ 4300

C$_{27}$H$_{44}$O$_3$
Furostan-26-säure 4246

C$_{27}$H$_{50}$O$_5$
Adipinsäure, 2,3-Epoxy-3-methyl-,
1-[2-äthyl-hexylester]-6-dodecylester
4441
—, 2,3-Epoxy-3-methyl-, 6-[2-äthyl-
hexylester]-1-dodecylester 4441

C$_{28}$

C$_{28}$H$_{21}$Cl$_3$O$_5$
Dibenzo[*a,j*]xanthen-6,8-dicarbonsäure,
14-Trichlormethyl-14*H*-, diäthylester
4587

C$_{28}$H$_{21}$N$_5$O$_2$
Formazan, 3-[2]Furyl-*N*-[[2]naphthyl-
phenyl-carbamoyl]-*N*'''-phenyl- 3975

C$_{28}$H$_{22}$N$_2$O$_3$
Dibenzofuran-2,8-dicarbonsäure-bis-
[*N*-methyl-anilid] 4572

C$_{28}$H$_{22}$O$_6$
Bibenzyl, α,α'-Diäthyliden-4,4'-bis-[furan-
2-carbonyloxy]- 3925

C$_{28}$H$_{23}$NOSe
Buttersäure, 4-Dibenzoselenophen-2-yl-,
biphenyl-4-ylamid 4378

C$_{28}$H$_{24}$N$_2$O$_8$
Bibenzyl, 2,2'-Diacetoxy-α,α'-bis-[furan-2-
carbonylamino]- 3959

C$_{28}$H$_{24}$O$_5$
1,4-Epoxido-naphthalin-2,3-dicarbonsäure,
1,4-Diphenyl-1,4-dihydro-,
diäthylester 4587

C$_{28}$H$_{26}$O$_5$
1,4-Epoxido-naphthalin-2,3-dicarbonsäure,
1,4-Diphenyl-1,2,3,4-tetrahydro-,
diäthylester 4586

C$_{28}$H$_{26}$O$_6$
Bibenzyl, α,α'-Diäthyl-4,4'-bis-[furan-2-
carbonyloxy]- 3925

C$_{28}$H$_{30}$N$_4$O$_{10}$
s. bei [C$_{22}$H$_{28}$NO$_3$]$^+$

C$_{28}$H$_{31}$NO$_3$
Propionsäure, 3-Phenyl-2-xanthen-9-yl-,
[2-diäthylamino-äthylester] 4417

[C$_{28}$H$_{32}$NO$_3$]$^+$
Ammonium, Diäthyl-methyl-[2-(9-*o*-tolyl-
xanthen-9-carbonyloxy)-äthyl]- 4416
[C$_{28}$H$_{32}$NO$_3$]Br 4416

$C_{31}H_{22}O_3$
1,4-Epoxido-naphthalin-2-carbonsäure,
    1,4-Di-[1]naphthyl-1,2,3,4-tetrahydro-
    4423
$C_{31}H_{25}NO_2$
Propionsäure, 3-[2]Furyl-2,3-diphenyl-,
    diphenylamid 4406
$C_{31}H_{45}NO_2$
Dibenzofuran-2-carbonsäure-
    octadecylamid 4343
$C_{31}H_{50}O_5$
1,2-Seco-A-nor-friedelan-1,2-disäure, 7,24-
    Epoxy-, dimethylester 4556
$C_{31}H_{52}O_3$
Octansäure, 8-[6-$tert$-Butyl-8-methyl-2-
    octyl-chroman-3-yl]-, methylester 4246
—, 8-[6-$tert$-Butyl-8-methyl-3-octyl-
    chroman-2-yl]-, methylester 4246
$C_{31}H_{58}O_5$
Adipinsäure, 2,3-Epoxy-3-methyl-,
    didodecylester 4441

C_{32}

$C_{32}H_{20}N_6O$
Malononitril, [3,5-Bis-(2,2-dicyan-1-p-tolyl-
    vinyl)-2,6-dimethyl-pyran-4-yliden]-
    4604
$C_{32}H_{20}O_4$
Essigsäure, [2-Phenyl-benzofuran-3-yl]-,
    benzo[b]naphtho[2,1-d]furan-5-ylester
    4390
—, [3-Phenyl-benzofuran-2-yl]-,
    benzo[b]naphtho[1,2-d]furan-5-ylester
    4390
$C_{32}H_{20}O_8S$
Thiophen, Tetrakis-[4-carboxy-phenyl]-
    4603
$C_{32}H_{23}N_5O_2$
Formazan, N-[Di-[2]naphthyl-carbamoyl]-
    3-[2]furyl-N''''-phenyl- 3975
$C_{32}H_{26}O_5$
1,4-Äthano-anthracen-2,3-dicarbonsäure,
    11,12-Epoxy-9,10-diphenyl-1,2,3,4-
    tetrahydro-, dimethylester 4587
$C_{32}H_{29}N_5O_{10}S_2$
Naphthalin-2-sulfonsäure, 3-[5-$tert$-Butyl-
    2-methoxy-4-(4-sulfo-phenylazo)-
    phenylazo]-7-[furan-2-carbonylamino]-
    4-hydroxy- 3963
$C_{32}H_{34}N_6O_3S$
Thiophen-3,4-dicarbonsäure,
    2-[4-Benzylidencarbazoyl-butyl]-
    tetrahydro-, bis-benzylidenhydrazid
    4591

$C_{32}H_{38}O_2$
Methanol, Diphenyl-[4,7,11 b-trimethyl-
    $\Delta^{7a(10a),8}$-dodecahydro-
    phenanthro[3,2-b]furan-4-yl]- 4289
$C_{32}H_{46}O_3$
Naphtho[2,1-b]furan-2-carbonsäure,
    1-Heptadecyl-, äthylester 4383

C_{33}

$C_{33}H_{26}O_3$
1,4-Epoxido-naphthalin-2-carbonsäure,
    1,4-Di-[1]naphthyl-1,2,3,4-tetrahydro-,
    äthylester 4423
$C_{33}H_{26}O_5$
Dibenzo[a,j]xanthen-6,8-dicarbonsäure,
    14-Phenyl-14H-, diäthylester 4588

C_{34}

$C_{34}H_{14}Br_4N_2O_7$
Furan-2,5-dicarbonsäure-bis-[2,4-dibrom-
    9,10-dioxo-9,10-dihydro-[1]anthrylamid]
    4484
$C_{34}H_{16}Br_2N_2O_9$
Furan-2,5-dicarbonsäure-bis-[2-brom-4-
    hydroxy-9,10-dioxo-9,10-dihydro-[1]≠
    anthrylamid] 4484
$C_{34}H_{16}Cl_2N_2O_7$
Furan-2,5-dicarbonsäure-bis-[4-chlor-9,10-
    dioxo-9,10-dihydro-[1]anthrylamid]
    4484
$C_{34}H_{18}N_2O_7$
Furan-2,5-dicarbonsäure-bis-[9,10-dioxo-
    9,10-dihydro-[1]anthrylamid] 4484
$C_{34}H_{18}N_2O_9$
Furan-2,5-dicarbonsäure-bis-[4-hydroxy-
    9,10-dioxo-9,10-dihydro-[1]anthrylamid]
    4484
—   bis-[5-hydroxy-9,10-dioxo-9,10-
    dihydro-[1]anthrylamid] 4485
—   bis-[8-hydroxy-9,10-dioxo-9,10-
    dihydro-[1]anthrylamid] 4485
$C_{34}H_{18}N_2O_{11}$
Furan-2,5-dicarbonsäure-bis-
    [4,5-dihydroxy-9,10-dioxo-9,10-dihydro-
    [1]anthrylamid] 4485
$C_{34}H_{20}N_4O_7$
Furan-2,5-dicarbonsäure-bis-[5-amino-9,10-
    dioxo-9,10-dihydro-[1]anthrylamid]
    4492
—   bis-[8-amino-9,10-dioxo-9,10-
    dihydro-[1]anthrylamid] 4492
$C_{34}H_{24}O_4$
Essigsäure, [2-m-Tolyl-benzofuran-3-yl]-,
    [2-methyl-benzo[b]naphtho[2,1-d]furan-
    5-ylester] 4393

C$_{46}$H$_{24}$Br$_2$Cl$_2$N$_4$O$_7$ (Fortsetzung)

Furan-2,5-dicarbonsäure-bis-[2-brom-4-
(3-chlor-anilino)-9,10-dioxo-9,10-dihydro-
[1]anthrylamid] 4488

— bis-[2-brom-4-(4-chlor-anilino)-
9,10-dioxo-9,10-dihydro-[1]anthrylamid]
4488

C$_{46}$H$_{24}$Br$_2$Cl$_2$N$_4$O$_{11}$S$_2$

Furan-2,5-dicarbonsäure-bis-[2-brom-4-(4-
chlor-benzolsulfonylamino)-9,10-dioxo-
9,10-dihydro-[1]anthrylamid] 4491

C$_{46}$H$_{26}$Br$_2$N$_4$O$_7$

Furan-2,5-dicarbonsäure-bis-[4-anilino-2-
brom-9,10-dioxo-9,10-dihydro-[1]=
anthrylamid] 4487

C$_{46}$H$_{26}$Br$_2$N$_4$O$_{11}$S$_2$

Furan-2,5-dicarbonsäure-bis-
[4-benzolsulfonylamino-2-brom-9,10-
dioxo-9,10-dihydro-[1]anthrylamid]
4491

C$_{46}$H$_{26}$Cl$_2$N$_4$O$_{13}$S$_2$

Furan-2,5-dicarbonsäure-bis-[4-(4-chlor-
anilino)-9,10-dioxo-2-sulfo-9,10-
dihydro-[1]anthrylamid] 4493

C$_{46}$H$_{26}$N$_2$O$_7$S$_2$

Furan-2,5-dicarbonsäure-bis-[9,10-dioxo-4-
phenylmercapto-9,10-dihydro-[1]=
anthrylamid] 4485

C$_{46}$H$_{28}$N$_4$O$_7$

Furan-2,5-dicarbonsäure-bis-[4-anilino-
9,10-dioxo-9,10-dihydro-[1]anthrylamid]
4486

C$_{46}$H$_{28}$N$_4$O$_{11}$S$_2$

Furan-2,5-dicarbonsäure-bis-
[4-benzolsulfonylamino-9,10-dioxo-
9,10-dihydro-[1]anthrylamid] 4487

C$_{46}$H$_{28}$N$_4$O$_{13}$S$_2$

Furan-2,5-dicarbonsäure-bis-[4-anilino-
9,10-dioxo-2-sulfo-9,10-dihydro-[1]=
anthrylamid] 4492

C$_{48}$

C$_{48}$H$_{28}$Br$_2$Cl$_2$N$_4$O$_7$

Furan-2,5-dicarbonsäure-bis-[2-brom-4-(4-
chlor-2-methyl-anilino)-9,10-dioxo-9,10-
dihydro-[1]anthrylamid] 4488

C$_{48}$H$_{28}$N$_4$O$_9$

Furan-2,5-dicarbonsäure-bis-
[5-benzoylamino-9,10-dioxo-9,10-
dihydro-[1]anthrylamid] 4492

— bis-[8-benzoylamino-9,10-dioxo-
9,10-dihydro-[1]anthrylamid] 4492

C$_{48}$H$_{30}$Br$_2$N$_4$O$_7$

Furan-2,5-dicarbonsäure-bis-[2-brom-9,10-
dioxo-4-m-toluidino-9,10-dihydro-[1]=
anthrylamid] 4488

— bis-[2-brom-9,10-dioxo-4-
o-toluidino-9,10-dihydro-[1]=
anthrylamid] 4488

— bis-[2-brom-9,10-dioxo-4-
p-toluidino-9,10-dihydro-[1]=
anthrylamid] 4489

C$_{48}$H$_{30}$Br$_2$N$_4$O$_7$S$_2$

Furan-2,5-dicarbonsäure-bis-[2-brom-4-(2-
methylmercapto-anilino)-9,10-dioxo-
9,10-dihydro-[1]anthrylamid] 4490

— bis-[2-brom-4-(3-methylmercapto-
anilino)-9,10-dioxo-9,10-dihydro-[1]=
anthrylamid] 4490

— bis-[2-brom-4-(4-methylmercapto-
anilino)-9,10-dioxo-9,10-dihydro-[1]=
anthrylamid] 4491

C$_{48}$H$_{30}$Br$_2$N$_4$O$_9$

Furan-2,5-dicarbonsäure-bis-[4-
m-anisidino-2-brom-9,10-dioxo-9,10-
dihydro-[1]anthrylamid] 4490

— bis-[4-o-anisidino-2-brom-9,10-
dioxo-9,10-dihydro-[1]anthrylamid]
4490

— bis-[4-p-anisidino-2-brom-9,10-
dioxo-9,10-dihydro-[1]anthrylamid]
4490

C$_{48}$H$_{30}$Br$_2$N$_4$O$_{11}$S$_2$

Furan-2,5-dicarbonsäure-bis-[2-brom-9,10-
dioxo-4-(toluol-4-sulfonylamino)-9,10-
dihydro-[1]anthrylamid] 4491

C$_{48}$H$_{32}$N$_4$O$_7$S$_2$

Furan-2,5-dicarbonsäure-bis-[4-(4-
methylmercapto-anilino)-9,10-dioxo-
9,10-dihydro-[1]anthrylamid] 4487

C$_{48}$H$_{32}$N$_4$O$_9$

Furan-2,5-dicarbonsäure-bis-[4-o-anisidino-
9,10-dioxo-9,10-dihydro-[1]anthrylamid]
4486

Furan-2,5-dicarbonsäure-bis-[4-
p-anisidino-9,10-dioxo-9,10-dihydro-[1]=
anthrylamid] 4486

C$_{48}$H$_{32}$N$_4$O$_{13}$S$_2$

Furan-2,5-dicarbonsäure-bis-[9,10-dioxo-2-
sulfo-4-m-toluidino-9,10-dihydro-[1]=
anthrylamid] 4493

— bis-[9,10-dioxo-2-sulfo-4-
o-toluidino-9,10-dihydro-[1]=
anthrylamid] 4493

— bis-[9,10-dioxo-2-sulfo-4-
p-toluidino-9,10-dihydro-[1]=
anthrylamid] 4493

C$_{48}$H$_{32}$N$_4$O$_{15}$S$_2$

Furan-2,5-dicarbonsäure-bis-[4-p-anisidino-
9,10-dioxo-2-sulfo-9,10-dihydro-[1]=
anthrylamid] 4494

C_{50}

C_{50}H_{34}Br_2N_4O_9
Furan-2,5-dicarbonsäure-bis-[2-brom-9,10-
    dioxo-4-*p*-phenetidino-9,10-dihydro-
    [1]anthrylamid] 4491

C_{50}H_{34}Br_2N_4O_{11}
Furan-2,5-dicarbonsäure-bis-[2-brom-4-
    (2,5-dimethoxy-anilino)-9,10-dioxo-
    9,10-dihydro-[1]anthrylamid] 4491

C_{50}H_{36}N_4O_9
Furan-2,5-dicarbonsäure-bis-[9,10-dioxo-4-
    o-phenetidino-9,10-dihydro-[1]=
    anthrylamid] 4486
— bis-[9,10-dioxo-4-*p*-phenetidino-
    9,10-dihydro-[1]anthrylamid] 4487

C_{50}H_{36}N_4O_{15}S_2
Furan-2,5-dicarbonsäure-bis-[9,10-dioxo-4-
    p-phenetidino-2-sulfo-9,10-dihydro-[1]=
    anthrylamid] 4494

C_{52}

C_{52}H_{38}Br_2N_4O_7
Furan-2,5-dicarbonsäure-bis-[2-brom-9,10-
    dioxo-4-(2,4,6-trimethyl-anilino)-9,10-
    dihydro-[1]anthrylamid] 4489

C_{52}H_{38}O_{27}
Glucopyranosid, Tetrakis-*O*-[furan-2-
    carbonyl]-[tetrakis-*O*-(furan-2-carbonyl)-
    fructofuranosyl]- 3936

C_{54}

C_{54}H_{30}Br_2N_4O_7
Furan-2,5-dicarbonsäure-bis-[2-brom-4-[1]=
    naphthylamino-9,10-dioxo-9,10-
    dihydro-[1]anthrylamid] 4489
— bis-[2-brom-4-[2]naphthylamino-
    9,10-dioxo-9,10-dihydro-[1]anthrylamid]
    4489

C_{54}H_{32}N_4O_7
Furan-2,5-dicarbonsäure-bis-[4-[1]=
    naphthylamino-9,10-dioxo-9,10-
    dihydro-[1]anthrylamid] 4486

C_{58}

C_{58}H_{34}Br_2N_4O_7
Furan-2,5-dicarbonsäure-bis-[4-biphenyl-4-
    ylamino-2-brom-9,10-dioxo-9,10-
    dihydro-[1]anthrylamid] 4489

C_{58}H_{34}Br_2N_4O_7S_2
Furan-2,5-dicarbonsäure-bis-[2-brom-9,10-
    dioxo-4-(4-phenylmercapto-anilino)-
    9,10-dihydro-[1]anthrylamid] 4491